实用袋滤除尘技术

郭丰年　徐天平　编著

北　京
冶 金 工 业 出 版 社
2015

内 容 提 要

本书详细介绍了袋式除尘器的过滤机理、技术性能、品种类型、滤料选择、应用领域、除尘系统技术措施以及除尘器的测试、调试、运行、维护检修等内容，是一部实用的袋滤技术参考资料。

本书可供包括环保、冶金、电力、垃圾焚烧、建材等行业在除尘技术开发与应用领域的设计、制造、科研、维护、教学、管理人员参考使用，也可为除尘器、滤料及配件企业的相关人员提供参考。

图书在版编目(CIP)数据

实用袋滤除尘技术/郭丰年，徐天平编著.—北京：冶金工业出版社，2015.1

ISBN 978-7-5024-6706-7

Ⅰ.①实… Ⅱ.①郭… ②徐… Ⅲ.①滤袋除尘器 Ⅳ.①TM925.31

中国版本图书馆CIP数据核字(2014)第244382号

出版人 谭学余
地　　址 北京市东城区嵩祝院北巷39号 邮编 100009 电话 (010)64027926
网　　址 www.cnmip.com.cn 电子信箱 yjcbs@cnmip.com.cn
责任编辑 刘小峰 美术编辑 彭子赫 版式设计 孙跃红
责任校对 王永欣 责任印制 李玉山
ISBN 978-7-5024-6706-7
冶金工业出版社出版发行;各地新华书店经销;三河市双峰印刷装订有限公司印刷
2015年1月第1版,2015年1月第1次印刷
787mm×1092mm 1/16;71印张;1726千字;1120页
270.00元

冶金工业出版社 投稿电话 (010)64027932 投稿信箱 tougao@cnmip.com.cn
冶金工业出版社营销中心 电话 (010)64044283 传真 (010)64027893
冶金书店 地址 北京市东四西大街46号(100010) 电话 (010)65289081(兼传真)
冶金工业出版社天猫旗舰店 yjgy.tmall.com
(本书如有印装质量问题，本社营销中心负责退换)

前　　言

本书是一本袋滤除尘技术的参考文献。

国际上袋滤除尘技术的发展已有百余年历史。我国自20世纪50年代开始至今的60余年，特别是在改革开放的30余年中，在引进国外先进技术基础上，通过学习、消化、移植，使袋滤除尘技术实现了国产化，并得到了进一步的开发和创新，取得了迅猛的发展，目前已跻身于世界先进行列，并实现袋滤除尘技术的产品出口。我国在这段成长、发展过程中，积累了大量经验和教训，不少有志人士，为开发、研制除尘器或滤料，花尽毕生精力，为促进我国袋滤除尘技术的发展做出了卓越的贡献。

鉴于此，作者在学习、收集和归纳国内外文献、资料的基础上，特编写了本书，以提供一些具有实用性价值的资料，供从事袋滤除尘技术设计、制造、科研、教学以及大气污染治理行业相关的应用部门，在设计、使用、管理及维护袋滤除尘技术及产品时，能找到一些解决的方案。本书如能对当前国内袋滤除尘技术的发展和应用起到一点帮助，这将是作者编写本书的最大愿望。

本书的编写主要考虑以下三个方面：

第一，袋式除尘器是除尘器、滤料、配件三位一体的除尘设备，本书按照三位一体的思路进行总结；

第二，重点是国产化技术；

第三，突出实用性。

本书没有对袋滤除尘技术从理论上进行全面、系统的介绍，而是着力如实地记录我国袋滤除尘技术的发展历程以及国外的一些具有启发性的袋滤除尘技术及其今后发展的方向。

为此，作者期望本书是一本中国式、实用性、三位一体的袋滤除尘技术参考书。本书在编写中，引用了一些记载和见证我国袋滤除尘技术成长、演变、发展和成就的相关文献、资料，为资料收集和汇编提供了有利的帮助，特此深表谢意。同时，在编写及出版过程中得到了科林环保装备股份有限公司的鼎力支持，在此深致谢忱！

本书在接近编辑尾声时，深深感到，虽然作者已尽力将多年积累的技术、资料、经验及教训认真汇编，但有些问题还说不透、资料还不够完整，因此，本书只是一块砖，作者愿在有志者的协助下，继续再版，竭尽全力为使它成为一块中国玉而积极努力。

鉴于作者的能力、水平及接触面所限，不足和疏漏之处在所难免，还望得到各界读者朋友的批评、指正，并能不断地加以充实、完善。

编著者

2014 年 5 月

目　录

绪　言

袋式除尘器、静电除尘器及文丘里洗涤器是国际公认的微粒控制三大除尘设备，在设计选型、系统配置、参数确定、加工制造及维护管理等条件下，都具有良好的净化效率。然而在不同的工况环境下，三大除尘设备都各有优劣与高下，只有在达到环保排放标准的前提下，通过技术经济分析比较，才有“最佳选择”之论。

袋式除尘器是三大除尘设备中应用范围最广、适应性最强、净化效率最高的一种除尘器。

中国袋滤除尘技术经历了半个多世纪从无到有，从小到大，从单机到成套的发展历程，目前已跻身于世界先进行列。无论是袋式除尘器的类型，还是滤料等配件品种，都达到了国际相当水平，并具有中国自己的特色。

上海宝山钢铁公司是我国具有国际水平的、现代化的钢铁企业，在 1985 年 9 月投产的一期工程中，所选用的袋式除尘器全部从日本引进，一些体积较大的风管、箱体壁板以及灰斗等部件，需要从日本拆分后海运到上海再组装。然而，在 1992 年 5 月投产的二期工程中，袋式除尘器则几乎全部是国产设备。在宝钢三期工程建设期间，袋式除尘器不仅全部国产化，一些品牌企业的袋式除尘器还出口到国外。由此可见，我国袋滤除尘技术通过对国外技术的学习、消化、移植以及研制、开发，已日趋成熟，为我国环保事业做出了巨大贡献。

袋式除尘器主要是依靠其“清灰方式的改革”、“滤料的开发”及“袋式除尘结构设计的改进”而取得不断的完善与发展。同时通过对除尘系统及除尘设备的设计提升，使其应用范围日趋广泛。目前我国袋式除尘器不仅可以满足一般含尘气体高效净化的需要，而且还可以对高温、高湿、黏结性、爆炸性、磨琢性以及超细烟尘等气体进行高效净化，同时还可以作为生产过程中物料回收的工艺设备。

综上所述，当前我国各行业在袋式除尘器的设计选型时，可以根据本行业及本企业的生产工艺特性，参考《实用袋滤除尘技术》一书对以往半个多世纪所积累的经验教训、科技成果及国内外一些成功运行管理经验。相信目前国内袋滤除尘技术与产品能够满足各行业、各企业日趋严格的环保排放达标要求。

本书是一部较实用的参考书，书中各章节根据实际应用需要进行了汇集和编辑。其内容主要包括袋式除尘器的过滤机理、技术性能、结构设计、品种类型、滤料选择、应用领域，除尘系统技术措施以及除尘器的测试、调试、运行、维护检修等有关章节，希望能为各行业企业的粉尘及烟气净化的设计选型及运行管理提供参考。

为了便于学习、借鉴国外先进经验和工程实际运用，书中个别地方保留了英制单位和工程单位，以满足查阅原文数据的需要。

1 袋式除尘器的沿革

1.1 国外袋滤技术的发展

据有关国外文献报道，全世界在使用的袋式除尘器情况如下：

台　数	200000 万台
气流量	约 10 亿 cfm
使用行业	大于 100 个行业
设备大小	从几平方英尺到几百万平方英尺
单台气流量	从小于 100acfm 到几百万 acfm

世界上袋滤技术的发展主要体现在除尘器清灰方式的改革及滤料的开发两个方面。

1.1.1 除尘器清灰方式的改革

公元 50 年：据 Plin 记载，罗马人用球胆罩在脸上，防止吸入氧化铅。

150 年：据 Pollux 报道，埃及在开矿工作时，女人头上包扎麻布直到颈部，只在观看部位留出一个小窗口。

1500 年：据 Da Vinci 记载，用湿布罩住嘴和鼻子，以示“过滤”。

1800 年：矿山采用了口罩，并设置羊毛织物及木炭过滤。

1800 年后：装有上千条棉布或羊毛织物滤袋的大型钢结构袋式除尘器问世，采用反吹风清灰方式。

1852 年：美国 S. T. Jones 在处理氧化锌烟气中获得了第一个袋式除尘器专利。有趣的是：

滤袋——$\phi 2.44m$，$L = 21.34m$。

滤料——棉布、羊毛或亚麻织布。

清灰——采用滤袋停止过滤后摇动滤袋，后来改进为在滤袋外部敲打。

使用——使用在 60 台小反应釜炉子上。

1881 年：德国 Beth 工厂的机械振动清灰袋滤器设计首次获得德国专利权，尽管外壳是木结构，但从此开拓了袋滤器的商品生产。

1890 年后：袋房普遍采用机械振动清灰。

1920 年代：出现反吹风清灰法。由此，国际上袋式除尘器均以机械振动清灰法及反吹风清灰法为主。

1954 年：美国 H. J. Hersey 发明逆喷型气环反吹脉冲袋滤器，首次实现在线连续清灰，被认为是对袋滤效能的首次突破。

1957 年：美国 T. V. Reinauer 发明脉冲袋式除尘器，实现了在不停机情况下反吹清灰，被认为是对袋滤器的一次革命，它后来居上，发展迅速，几十年不变，至今仍保持其旺盛发展之势。

1960 年：在袋式除尘器中，脉冲清灰开始广泛应用。

1962 年：滤袋预附助滤剂的吸附气相或液相烟雾技术，为袋滤器开发了新的应用领域，美国哈佛空气净化实验室于 1962 年在南加利福尼亚 Edison 公司的燃煤锅炉上，用此法吸附 SO_2，获得成功。

1962 年：日本栗本铁工厂获日本首创“回转反吹扁袋除尘器”专利。同期美国 Carter－Day 公司推出 RJ，RF 两个系列产品。美国 Pneumafil 公司推出 PN 系列回转反吹圆袋除尘器。澳大利亚 1960 年 Howden 型低压回转脉冲袋滤技术在一些小型老电站中进行试验。

1.1.2　滤料品种的开发

1910 年：人造纤维及人造丝问世。

1935 年：尼龙纤维问世。

1939 年：尼龙纤维出现正式商业产品。由此，袋式除尘器开始采用合成化纤滤料，引起了袋滤技术的再次发展。

1950 年：第二次世界大战后，在公路建设中化纤滤料显示出其独特的优越性，对化纤滤料在袋式除尘器中的应用产生很大的影响。

1954 年：美国 Dupont 公司于 1938 年发现 PTFE，1954 年进入商品生产，商标为 TEFLON。

1960 年：美国 Dupont 公司开始研制 Nomex®产品。

1969 年：美国 Dupont 公司将 Nomex®纤维在高温滤袋上应用。

1970～80 年代：各研究部门积极研究高温下延长滤袋寿命以及提高过滤风速。在高于 260℃的高温烟气中采用烧结滤料、陶瓷滤料以及不锈钢丝滤料。

1973 年：美国 GORE 公司首创覆膜滤料，开创了袋滤技术的表面过滤新局面。

1977 年：美国菲利浦（Phillip）石油公司和纤维公司首创 PPS。

1983 年：美国菲利浦（Phillip）石油公司和纤维公司正式向市场推出该纤维，牌号 Ryton。

1984 年：奥地利 Inspect 公司于 1984 年首创 Polyimide 纤维，牌号为 P84®。

1.2　中国袋滤技术的发展

中国的袋滤技术是在引进国外技术基础上，通过学习、消化、移植实现了国产化，并进一步进行开发、研制而成长、发展起来的。

1.2.1　除尘器的开发

1950 年代：主要采用旋风、湿式除尘器（洗涤塔、水浴除尘器）。对于高温烟气，开始采用电除尘器。袋式除尘器主要是仿苏的机械抖动/反吹风型，实际上是联邦德国技术。

1956 年：上海正泰橡胶厂出现炭黑行业最早的反吹风清灰袋房。

1958 年：“大跃进”时，北京义利石粉厂、无锡江南石粉厂因陋就简地开发了人工拍打式清灰简易袋房。

1958年后：辽宁盖县许家屯矽砂矿及复县松树矽砂矿均建成了中央除尘装置（大型压出式袋房），但仍停留在人工拍打清灰的水平。

1965年：根据国外报道的气环反吹型除尘器，鞍钢炼铁厂高炉喷煤粉系统建成我国第一台气环反吹袋滤器。

1966年：我国第一台脉冲除尘器是北京农药一厂和北京铅笔厂引进的英国马克派尔（Mikropul）型脉冲除尘器。

1968年：我国自制的第一台脉冲除尘器是富春江冶炼厂的炼铜烟气处理系统。

1971年：鞍山焦耐设计院会同原冶金部武汉安技所、哈尔滨机械厂、上海耐火材料厂以及沈阳气动仪表厂、鞍山无线电四厂研制出我国第一套系列化MC型脉冲袋式除尘器。

1975年：北京劳动保护研究所与清华大学合作进行脉冲喷吹的实验研究。

1975年：原机械部一院研制成我国第一台1500m^{2}喷气回转反吹扁袋除尘器，并于1976年1月正式用在上海机修总厂铸钢车间清理工段落砂机地坑除尘系统中。

1977年：原江油水泥研究所（即现今的合肥水泥研究设计院）为常州水泥厂转窑设计的“反吸风缩袋清灰型玻纤袋房”，是我国水泥窑尾高温袋滤器方面的首次突破。

1979年：国内回转反吹扁袋除尘器基本定型，并实现系列化。

1979年：我国第一台低压长袋脉冲除尘器是北京钢厂九车间电炉排烟系统引进的瑞典FLAKT公司的LKP型脉冲除尘器。

1979年：原冶金部武汉安技所、湖北省原潜江县机械厂根据武汉钢铁公司○七工程冷轧厂引进联邦德国的环隙喷吹脉冲袋式除尘器，研制出我国第一套环隙喷吹脉冲袋式除尘器系列化产品。

1980年：北京劳动保护研究所与吴江除尘设备厂（科林环保）根据国外技术自主研发了顺喷（LSB型）脉冲袋式除尘器。

1980年：北京劳动保护研究所与吴江除尘设备厂（科林环保）根据国外技术自主研发了对喷（LDB型）脉冲袋式除尘器，并首次在燃煤锅炉上应用。

1981年：重庆钢铁设计研究院根据上海宝钢引进的日本反吹风袋式除尘器，移植、开发出我国第一套反吹风袋式除尘器系列化产品——TFC、GFC、DFC型反吹风袋式除尘器。

1985年：原机械电子工业部组织哈尔滨机械厂为解决燃煤电厂的烟气净化，引进美国JOY公司的反吹风袋式除尘器。

1985年：鞍钢设计院开发、研制出具有我国特色的KB型机械振打玻纤扁袋除尘器系列化产品。

1986年：自贡炭黑研究所在引进英国列格公司PHR、SHR脉冲除尘器基础上，研制出适应我国炭黑行业的脉冲除尘器系列化产品。

1988年：沈阳铝镁设计研究院根据包头铝厂阳极焙烧烟气净化系统引进的法国空气工业公司蜂窝状袋滤器，消化移植成国产的MFL、LLZB型菱形组合袋式除尘器。

1988年：贵阳铝镁设计研究院根据日本三兴铁工制作所20世纪70年代开发的系列产品，消化移植成国产的PBC型旁插扁袋除尘器。

1988年：建材总局引进美国Fuller公司全套水泥厂的袋式除尘器，其中包括箱式脉冲、反吹风及库顶袋式除尘器，并形成国产系列化产品。

1989年：北京劳动保护研究所和吴江除尘设备厂（科林环保）根据从德国引进的木

材系统双层滤袋除尘器，研制成我国第一套 FSF－BLW 型三状态反吹风袋式除尘器系列化产品。

1989 年：吴江除尘设备厂（科林环保）根据国外技术自主研发了分室侧喷（LCPM 型）脉冲袋式除尘器。

1995 年：上海宝钢 150t 电炉排烟系统引进法国 Clecim 公司反吹风袋式除尘器，过滤面积 28000m^2，被国务院发展研究中心列为中华之最。

1999 年：机械工业部通过全球环境基金（GEF）项目引进美国环境技术公司（EEC）燃煤锅炉袋式除尘技术。

2001 年：内蒙古呼和浩特丰泰电厂 200MW 机组引进德国 Lurge 公司的低压回转脉冲袋式除尘器。

1.2.2 滤料的发展

1950 年：中国没有滤料生产厂，市场上也没有专供用作滤料的产品。当时仅以棉、毛、丝绸、工业呢等天然织物作为滤料。

1957 年：上海耀华玻璃厂首次生产推出圆筒玻纤袋，为我国袋式除尘器在高温中的应用开创了先决条件。

1974 年：武汉安全环保研究所开发研制的 208 涤纶单面绒布，成为国内第一个用于脉冲除尘器的滤料。

1980 年：膨体纱玻纤滤料问世。

1985 年：抚顺产业用布厂在原纺织工业部的积极支持下，引进了英国和联邦德国两条涤纶针刺毡流水线，至此，我国才开始有针刺毡滤料，为我国脉冲除尘器采用针刺毡滤料开创了先例，赶上了世界水平。

1986 年：上海纺织科学研究所 729 涤纶机织布，首创我国第一个不织布化纤滤料。

1990 年：在东北大学及抚顺产业用布厂的共同努力下，试制成功，并生产出我国第一个玻纤针刺毡系列产品。

1992 年：在上海市计委、科委共同主持，上海工业技术发展基金会组织协调下，由上海纺织科学研究院、上海第八化纤厂、上海赛璐珞厂以及上海向阳化工厂共同合作、开发、研制的聚砜酰胺（芳砜纶）制品，于 20 世纪 80 年代中试成功，并于 1992 年通过国家机械电子工业部的部级鉴定，从而有了耐高温的合成纤维滤料，Nomex 实现了国产化。

1994 年：凌桥环保设备厂在国内首先实现薄膜滤料国产化。

1996 年：德国 BWF 公司在无锡开办了我国第一个外资滤料公司，首先推出防油防水针刺毡滤料。

1998 年：营口玻璃纤维有限公司与抚顺市工业用布厂合作开发、申请了“多功能玻璃纤维复合滤料及其制造方法”专利，为我国从单一纤维滤料发展到多种纤维复合滤料开创了先例，并推出氟美斯（FMS）耐高温针刺毡系列产品。

2006 年：PPS 及 PTFE 开始实施国产化。

2006 年：营口市洪源玻纤科技有限公司开发的玄武岩滤料实现国产化。

2010 年：国内引进的德国 Fleissner 公司的水刺滤料生产线投入使用。

2011 年：P84®聚酰亚胺纤维开始实施国产化。

2 袋式除尘器的过滤机理

2.1 烟尘的特性

2.1.1 粉尘的概念

2.1.1.1 粉尘（dust）

尘是当溶剂蒸发之后溶质凝结成悬浮于空气中的固体微粒子。例如喷漆作业产生漆尘等。

由固体物料经机械撞击、研磨、碾轧形成的固体微粒，经气流扬散悬浮于空气中，称为粉尘。其粒径约0.25～20μm，大都为0.5～5μm。

含有尘或固体微粒的空气一般称为含尘空气，更确切的名称是气溶胶（aerosol）。

2.1.1.2 烟雾（smoke）

物料（草料、木材、油、煤等）燃烧时产生的未充分燃烧的微粒，或残存的不燃的灰分生成的黑烟，一般称为烟雾（smoke）。其粒径极细，甚至在0.5μm以下。

2.1.1.3 烟尘（fume）

因物理、化学过程而产生的微细固体粒子称为烟尘（fume）。例如冶炼、燃烧、金属焊接等过程中，由于升华、冷凝而形成尘粒。其粒径大都比较细，一般在1.0μm以下。

2.1.1.4 粉末（powder）

工艺生产过程中的粉料称为粉末。粉末通常都比较粗，是生产中的原料或成品，有的回收后可再利用。

2.1.1.5 微粒（fine particulates）

微粒概念的确定是随国际上对空气污染控制的要求日益严格而提出的。各国对微粒的定义各不相同，如：美国、法国定为3.0μm以下；土耳其、芬兰定为3.5μm以下；瑞典、德国定为7.0μm以下；瑞士甚至定为10μm以下。一般可认为是3.0μm以下的固体微粒。

在严格的排放标准要求下，需要控制的已不仅仅是一般的粉尘，对微粒也要进行控制。

2.1.2 粉尘的分类

2.1.2.1 无机粉尘

无机粉尘包括矿物性粉尘（如石英、石棉、滑石粉、煤尘等）、金属粉尘（如铁、铅、铝、铍、锌及其氧化物等）和人工无机性粉尘（如金刚砂、水泥、耐火材料、石墨、玻璃粉等）。

2.1.2.2 有机粉尘

有机粉尘包括动物性粉尘（如毛发、骨质、角质等）、植物性粉尘（如棉、亚麻、谷物、烟草、茶叶等）和人工有机粉尘（如炸药、合成纤维、有机染料等）。

2.1.2.3 混合性粉尘

混合性粉尘是几种粉尘的混合物，大气中的粉尘通常都是混合性粉尘。

2.1.3 粉尘对人体的危害

（1）硅尘，它是含游离氧化硅的粉尘或较多结合性氧化硅的粉尘，如石英粉尘、滑石尘、云母石等，吸入这种粉尘将使肺组织纤维化，形成硅结节。

（2）石棉尘，它是具有纤维状结构的粉尘，吸入这种粉尘将导致石棉肺，并诱发肿瘤病。

（3）放射性粉尘，吸入人体将产生放射线损伤。

（4）有毒粉尘，如含铅、镉、锰、铬的粉尘，吸入人体将产生各种中毒病状。

（5）一般无毒粉尘，如煤尘、水泥尘等，长期吸入人体将导致各种尘肺病。

2.1.4 粉尘的粒径

2.1.4.1 粉尘粒径的分类

根据粉尘的光学特征，粉尘的粒径可分成三类：

（1）可见粉尘，是指用肉眼可见的粒径大于10μm以上的粉尘；

（2）显微粉尘，是指粒径为0.25～10μm，需用一般光学显微镜观察的粉尘；

（3）超显微粉尘，是指粒径小于0.25μm，只有在超显微镜或电子显微镜下才能见到的粉尘。

所谓超微米粉尘（亚微米粉尘）是指粒径在1.0μm以下的粉尘。

2.1.4.2 粉尘粒径对袋式除尘器的主要影响

粉尘粒径对袋式除尘器的主要影响如下：

（1）压力损失。一般，粗尘粒之间的空隙比细尘粒之间的空隙要大，故其气流流动阻力就比细粉尘要小。因此，粉尘中的微细部分对压力损失的影响就比较突出。所以，表示粒度分布时应关注其微细部分的组成。

在实际中很少有真正的、完美的圆形尘粒，针状结晶尘粒和薄片状尘粒容易堵塞滤料的孔隙，并能凝聚成絮状物的纤维尘粒，如木工粉尘等，同时，扁平的尘粒会被压紧在一起，都会增加滤料阻力。

（2）磨损。粉尘中的粗颗粒部分对滤料和除尘器结构的磨损起决定性作用。但是，它只是在入口浓度高和硬度大时，影响才比较严重。

（3）当除尘器过滤速度过高时，在线清灰的脉冲袋式除尘器中的粉尘就很难从滤袋表面脱落。此时，必须适当控制过滤速度，或根据粉尘的密度控制气流的上升速度，必要时加大滤袋间的间距。

（4）尘粒形状及毒性的影响：

1）圆的及硬的尘粒容易流动，但在灰尘处理时，会给处理系统造成麻烦。

2）尖锐的尘粒会嵌入到滤料中去，切断纤维，缩短滤料的寿命。

3）对于有毒尘粒，粒子越细，毒性越大。

2.1.4.3 尘粒的沉降

极安静的屋内，充满比重为2的各种不同粒径的球形尘粒，在室温为26℃时，室内各不同粒径大小的粒子的沉降状态如下：

粒径 30μm 的尘粒	从天花板沉降到地面上，约需 1 分钟
粒径 3μm 的尘粒	从早晨离开天花板，到达地面时将是晚上
粒径 0.3μm 的尘粒	尘粒离开天花板，1 小时后只移动 1.4in
粒径 0.03μm 的尘粒	早上放入，第二天沉淀下来不到 2in

2.1.4.4 各种除尘器适应的灰尘粒度（图 2-1）

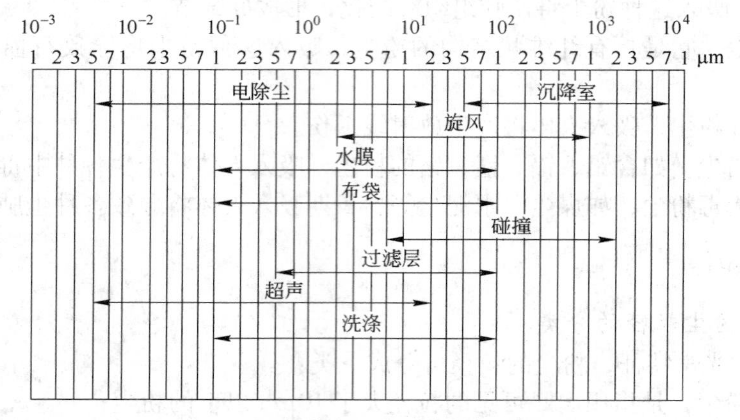

图 2-1 各种除尘器适应的灰尘粒度

2.1.5 粉尘的分散度

2.1.5.1 分散度分类

粉尘的各种粒径的分布状态称为分散度。

分散度是指粉尘中各种粒径的颗粒所占的百分数。

（1）分散度按质量计算的称为计重分散度；

（2）分散度按数量计算的称为计数分散度。

2.1.5.2 分散度与压力降关系

粉尘的分散度会影响滤袋表面的压力降，其关系如下：

（1）含有细颗粒粉尘较多的小烟气量气流通过滤料时，其压力降与含有粗颗粒粉尘较多的大烟气量气流相当；

（2）气流中尘粒分布越广，该气流过滤时的压力降越高；

（3）含尘气流中，由于细颗粒粉尘会嵌入粗颗粒粉尘之间，因此，气流中细颗粒粉尘增加，将增加压力降；

（4）大部分情况下，粗颗粒粉尘的存在，将减少通过尘饼的压力降；

（5）热尘粒容易聚在一起，结果比同样大小的尘粒和粒子分布相同的尘粒的流动阻力要高些。

2.1.6 粉尘的密度和比重

2.1.6.1 粉尘的密度

粉尘的密度是指单位体积粉尘的质量，其单位为 g/cm^3 或 kg/m^3。它有真密度、堆积密度之分：

（1）真密度是不考虑粉尘颗粒与颗粒之间空隙的粉尘颗粒本身实有的密度。

（2）堆积密度是指尘粒除其本身实有的密度外，颗粒与颗粒之间还有许多空隙，在尘粒自然堆积时，其单位体积的质量。

堆积密度是与粉尘粒径分布、凝聚性、附着性直接有关的测定值。堆积密度也关系到袋式除尘器的压力损失及其与所需的过滤面积大小。通常，堆积密度越小，清灰越困难，从而使袋式除尘器的压力损失增大，导致必须选用较大的过滤面积。

此外，粉尘的堆积密度对排灰装置能力的选定至关重要。

几种工业粉尘的真密度和堆积密度如表2－1所示。

表2－1 几种工业粉尘的密度 （g/cm^3）

粉尘名称或尘源	真密度	堆积密度	粉尘名称或尘源	真密度	堆积密度
滑石粉	2.75	0.59～0.71	烟灰（0.7～56μm）	2.2	1.07
烟灰	2.15	1.2	硅酸盐水泥（0.7～91μm）	3.12	1.5
炭黑	1.85	0.04	造型用黏土	2.47	0.72～0.8
硅砂粉（105μm）	2.63	1.55	烧结矿粉	3.8～4.2	1.5～2.6
硅砂粉（30μm）	2.63	1.45	氧化铜（0.9～42μm）	6.4	2.62
硅砂粉（8μm）	2.63	1.15	锅炉炭末	2.1	0.6
硅砂粉（0.5～72μm）	2.63	1.26	烧结炉	3～4	1.0
电炉	4.5	0.6～1.5	转炉	5.0	0.7
化铁炉	2.0	0.8	铜精炼	4～5	0.2
黄铜熔解炉	4～8	0.25～1.2	石墨	2	约0.3
亚铅精炼	5	0.5	铸物砂	2.7	1.0
铅精炼	6	—	铅再精炼	约6	约1.2
铝二次精炼	3	0.3	黑液回收	3.1	0.13
水泥干燥窑	3	0.6			

不同燃烧方式锅炉的烟尘分散度如表2－2所示。

表2－2 不同燃烧方式锅炉的烟尘分散度 （%）

粒径/μm	链条炉排	往复炉排	抛煤机	煤粉炉
<5	3.1	4.2	1.5	6.4
5～10	5.4	3.9	3.6	13.9
10～20	11.3	12.4	8.5	22.9
20～30	8.8	10.6	8.1	15.3
30～47	11.7	13.8	11.2	16.4
47～60	6.9	6.7	7.0	6.4
60～74	6.3	7.0	6.1	5.3
>74	46.5	36.4	54.0	13.4

2.1.6.2 粉尘的比重

粉尘的比重是指粉尘的质量与同体积标准物质的质量之比，因而是无因次量。通常都采用压力为 1.013×10^5Pa、温度为4℃时的纯水作为标准物质。

由于在这种状态下 1cm^3 的水的质量为 1g，因而粉尘的比重在数值上就等于其密度（g/cm^3）。

尘粒的比重对袋式除尘器的影响并不大。但是，在出口浓度用 mg/Nm^3 表示其含尘浓度时，像铅和铅氧化物等尘粒（即尘粒比重特别大的粉尘），与一般情况相比，若用计数标准表示出口浓度就会显得比较少，但实质上，其所含的量不一定少。为此，必须加以重视。

2.1.6.3 密度与比重的关系

比重和密度是两个不同的概念，比重和密度的数值相同，但比重是无因次的。

2.1.7 粉尘的安息角（堆积角、静止角）

2.1.7.1 粉尘安息角的分类

粉尘的安息角有运动安息角与静止安息角之分。

A 粉尘的运动安息角

粉尘的运动安息角（ϕ_γ）是指粉尘从漏斗状开口处落到水平面上自然堆积成一个圆锥体时，圆锥体母线与水平面之间的夹角，一般粉尘的运动安息角约为 35°～55°，如图 2－2（a）所示。

B 粉尘的静止安息角

静止安息角是将粉尘安置于光滑的平板上，使该板倾斜到粉尘能沿直线滑下的角度，一般粉尘的静止安息角约为 45°～55°，如图 2－2（b）所示。

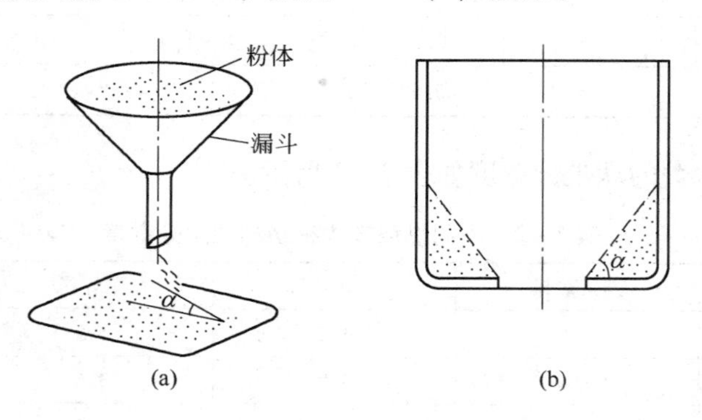

图2－2 安息角示意图
（a）注入角；（b）排出角

除尘设备灰斗的倾斜角应按粉尘的静止安息角考虑，一般不应小于 55°（最大可达 70°），以确保灰斗内的粉尘能够自然卸出。

2.1.7.2 粉尘安息角技术参数（表2-3）

表2-3 粉尘颗粒的安息角

种类	粉尘颗粒	安息角/(°)	种类	粉尘颗粒	安息角/(°)
金属矿山岩石	石灰石（粗粒）	25	化学	铝矾土	35
	石灰石（粉碎物）	47		硫铵	45
	沥青煤（干燥）	29		飘尘	40~42
	沥青煤（湿）	40		生石灰	43
	沥青煤（含水多）	33		石墨（粉碎）	21
	无烟煤（粉碎）	22		水泥	33~39
	硅石（粉碎）	32		黏土	35~45
	页岩	39		焦炭	28~34
	土（室内干燥）、河沙	35		木炭	35
	沙子（粗粒）	30		硫酸铜	31
	沙子（微粒）	32~37		石膏	45
	沙粒（球状）	30		氧化铁	40
	沙粒（破碎）	40		氧化锰	39
	铁矿石	40		高岭土	35~45
	铁粉	40~42		氧化锌	45
	云母	36		白云石	41
	钢球	33~37		玻璃	26~32
	锌矿石	38		岩盐	25
有机	棉花种子	29		炉屑（粉碎）	25
	米	20		石板	28~35
	废橡胶	35		碱灰	22~37
	锯屑（木粉）	45		硫酸铅	45
	大豆	27		磷酸钙	30
	肥皂	30		磷酸钠	26
	小麦	23		硫酸钠	31
化学	氧化铝	22~34		硫	32~45
	氢氧化铝	34		离子交换树脂	29

粉尘颗粒的安息角越大，粉尘的流动性越差。

粉尘的流动性可分为三级，其安息角以 α 为指标：

（1）$\alpha < 30°$的粉尘流动性好；

（2）$\alpha = 30° \sim 45°$的粉尘流动性中等；

（3）$\alpha > 45°$的粉尘流动性差。

2.1.8 粉尘的磨琢性

粉尘的磨琢性是由于粉尘随气流运动时带有一定的惯性力，会冲刷管道、设备，产生切削和摩擦，从而引起磨损。

粉尘磨琢性的强弱与下列因素有关：

（1）与粉尘物质材料的硬度有关。硬度高，磨琢性强。

（2）与尘粒表面粗糙度有关。带有尖锐棱角的尘粒（特别是烧结粉尘），其磨琢性极大。

（3）与粉尘的粒径有关。粉尘对壁面的磨琢，随粉尘的粒径增大而加剧，尘粒粒度减小时，磨琢也随之减轻，粒径 $d_P=(90\pm2)\ \mu m$ 时，磨琢最重；$d_P<5\sim10\mu m$ 时，粉尘对壁面的磨琢变得不明显。但粒径增大到某一最大值后，磨琢性也会开始下降。

（4）与气流的流速有关。粉尘的磨琢性与气流速度的2~3次方成正比。

（5）与气流中粉尘浓度有关。随着气流中粉尘浓度的增高，粉尘对壁面的碰撞次数增加，磨琢加剧。但是，当气流中粉尘浓度增加到一定值后，运动中的尘粒由于互相碰撞机会增加，减少了对壁面直接碰撞的几率，反而使磨琢降低。

在处理铝粉、硅砂粉、烧结矿等硬度高且粒度粗的粉尘时，有可能对除尘器和滤袋造成磨损。

2.1.9 粉尘的浸润性

粉尘的浸润性是由于原来的固－气界面被新的固－液界面所代替而形成的。

粉尘的浸润性又称吸湿性、潮解性。吸湿性、潮解性强的粉尘（如氯化钾、氯化镁、氯化铵等），在除尘器的过滤中极易在滤料表面吸湿形成固化，或因遇水潮解而成为稠状物，造成压力损失增大，清灰困难，甚至迫使除尘器停止运行。

2.1.9.1 粉尘浸润性的影响

粉尘的浸润性与粉尘的形状、大小有关：

（1）球形粒子的浸润性比不规则粒子要小；

（2）粉尘越细，亲水能力越差。例如，石英的亲水性好，但粉碎成粉末后，亲水能力大大降低。

2.1.9.2 粉尘浸润性的表示

粉尘的浸润性可以用液体对试管中粉尘的浸润速度来表示，通常取浸润时间为20min，测出此时的浸润长度 L_{20}(mm)，并以 v_{20}(mm/min) 作为评定粉尘浸润性的指标：

$$v_{20}=\frac{L_{20}}{20} \tag{2-1}$$

2.1.9.3 粉尘浸润性的分类

按粉尘浸润性的指标评定，可将粉尘分为四类，如表2－4所示。

表2－4 粉尘对水的浸润性

粉尘类型	Ⅰ	Ⅱ	Ⅲ	Ⅳ
浸润性	绝对憎水	憎水	中等亲水	强亲水
v_{20}/mm·min^{-1}	<0.5	0.5~2.5	2.5~8.0	>8.0
粉尘举例	石蜡、聚四氟乙烯、沥青	石墨、煤、硫	玻璃微球、石英	锅炉飞灰、钙

2.1.10　粉尘的自燃性

2.1.10.1　可燃性粉尘的分类

可燃性粉尘按其自燃温度的不同可分成两大类。

第一类：粉尘的自燃温度高于周围环境的温度，因而只能在加热时才能引起燃烧。

第二类：粉尘的自燃温度低于周围环境的温度，可在不加热时引起燃烧，这种粉尘造成火灾危险性最大。

悬浮于空气中的粉尘自燃温度，比堆积的粉尘的自燃温度要高很多。因为悬浮于空气中的粉尘的浓度不高，只有当周围空气温度很高时，氧化反应的产热速度才能超过放热速度（粉尘的产热速度高于放热速度时就会产生放热速度）。

2.1.10.2　可燃性物质自燃的诱发原因

根据可燃性物质自燃的诱发原因，可将其分为三类。

第一类：在空气作用下自燃的物质，如褐煤、煤炭、机采泥煤、炭黑、干草、锯末、亚硫酸铁粉、胶木粉、锌粉、铝粉、黄磷等，自燃的原因主要是由于在低温下氧化产热的能力。

第二类：在水的作用下自燃的物质，如钾、钠、碳化钙、碱金属碳化物、二磷化三钙、磷化三钠、硫代硫酸钠、生石灰等。上述大部分物质（碱金属——钾、钠等、氢化钾、氢化钠、氢化钙等）在其与水作用时，会散发出氢和大量热，结果氢会自燃，并与金属共同燃烧。

第三类：互相之间混合时产生自燃的物质，这类物质有各种氧化剂，如硝酸分解时散发出氢，可能引起焦油、亚麻及其他有机物的自燃。

2.1.11　粉尘的爆炸性

2.1.11.1　粉尘爆炸的形成

在封闭空间内可燃性悬浮粉尘的燃烧会导致化学爆炸，但它只是在一定浓度的范围内才能发生爆炸，这一浓度称为爆炸的浓度极限。能发生爆炸的粉尘最低浓度和最高浓度称为爆炸的下限和上限。处于上下限浓度之间的粉尘都属于有爆炸危险的粉尘，在封闭容器内，低于爆炸浓度下限或高于爆炸浓度上限的粉尘，都属于安全的。

2.1.11.2　粉尘爆炸性及火灾危险性的分类

根据粉尘爆炸性及火灾危险性，可将其分成四类。

Ⅰ类：爆炸下限浓度小于15g/m^3 的粉尘，是爆炸危险性最大的粉尘，这类粉尘有砂糖、泥煤、胶木粉、硫及松香等；

Ⅱ类：爆炸下限浓度为16～65g/m^3 的粉尘是具有爆炸危险的粉尘，这类粉尘有铝粉、亚麻、页岩、面粉、淀粉等；

Ⅲ类：自燃温度小于250℃，爆炸的下限浓度大于65g/m^3 是火灾危险性最大的粉尘，这类粉尘有烟草粉尘（250℃）等；

Ⅳ类：自燃温度大于250℃，爆炸的下限浓度大于65g/m^3 的粉尘是有火灾危险的粉尘，这类粉尘有锯末（275℃）等。

各种粉尘的爆炸特性值如表2－5所示。

表2－5 各种粉尘的爆炸特性值

粉尘种类	最低着火温度/℃	爆炸下限/g·m^{-3}	最小着火能量/mJ	最大爆炸压力/kN·m^{-2}	压力上升速度/kN·(m^2·s)$^{-1}$
锆	室温	40	15	290	28000
镁	520	20	20	500	33300
铝	645	35	20	620	39900
钛	460	45	120	310	7700
铁	315	120	<100	250	3000
锌	680	500	900	90	2100
苯粉	460	35	10	430	22100
聚乙烯	410	20	80	580	8700
尿素	470	70	30	460	4600
乙烯树脂	550	40	160	340	3400
合成橡胶	320	30	30	410	13100
无水邻苯二甲（酸）酐	650	15	15	340	11900
树脂稳定剂	510	180	40	360	14000
酪蛋白	520	45	60	340	3500
棉花絮	470	50	25	470	20900
木粉	430	40	20	430	14600
纸浆	480	60	80	420	10200
玉米	470	45	40	500	15120
大豆	560	40	100	460	17200
小麦	470	60	160	410	—
花生	570	85	370	290	24500
砂糖	410	19	—	390	—
煤尘	610	35	40	320	5600
硬质橡胶	350	25	50	400	23500
肥皂	430	45	60	420	9100
硫	232	2.27	15	290	12700
硬脂酸铝	400	15	15	430	14700

2.1.12 粉尘的黏结性

2.1.12.1 粉尘黏结性的分类

前苏联根据对粉尘层采用垂直拉断法测出的断裂强度，将粉尘的黏结性分为四类。

第一类：不黏性粉尘包括干矿渣粉、石英粉（干砂）、干黏土等；

第二类：微黏性粉尘包括含有许多未燃烧完全的飞灰、焦粉、干镁粉、页岩灰、干滑石粉、高炉灰、炉料粉等；

第三类：中黏性粉尘包括含有许多完全燃尽的飞灰、泥煤粉、泥煤灰、湿镁粉、金属粉、黄铁矿粉、氧化铅、氧化锌、氧化锡、干水泥、炭黑、干牛奶粉、面粉、锯末等；

第四类：强黏性粉尘，包括潮湿空气中的水泥、石膏粉、雪花石膏粉、熟料灰、含盐的钠、纤维尘（石棉、棉纤维、毛纤维）等。

2.1.12.2 粉尘黏结性的影响条件

以上粉尘黏结性的分类是有条件的：

（1）粉尘的受潮或干燥都将影响粉尘间各种力的变化，从而使其黏性也发生很大变化；

（2）粉尘的形状、分散度等物性对黏性也会有影响，如粉尘中含有60%～70%小于10μm的尘粒，其黏性会大大增加；

（3）滤袋的清灰效果和穿过滤袋的粉尘量，也与凝聚性和附着性有关。

目前尚无确切的凝聚性和附着性表示方法，无法给出一些与袋式除尘器有关的数据。因此，可以按照粉尘的种类和用途的不同，根据经验采取措施。

2.1.13 粉尘的荷电性

2.1.13.1 粉尘荷电的可能性

空气中的粉尘粒子大多带有静电荷，其荷电的可能性有四种：

（1）有些中性粉尘有可能由于摩擦失去某种电荷，从而带有正电荷或负电荷。

（2）近地面的空气中通常含有300～500e/cm^3，正离子的浓度比负离子的浓度约高20%，空气中的粉尘粒子吸附了这些离子从而带有电荷。

（3）空气中运动着的粉尘发生摩擦，产生电荷，物质在粉碎过程中因摩擦带电，或与空气中的离子碰撞带电。

（4）粉尘粒子在外加电场作用下获得电荷。

此外，放射性粉尘由于自充电效应，也会带有少量电荷。

2.1.13.2 影响粉尘荷电的条件

（1）尘粒的荷电量取决于尘粒的大小，并与温度、湿度有关。温度升高时荷电量增高，湿度增加时荷电量降低。

（2）粉尘的荷电性对粉尘在空气中的悬浮性有一定的影响，带有相同电荷的尘粒，由于互相排斥而不易沉降，因而增加了尘粒空气中的悬浮性，带异性电荷的尘粒，则因相互吸引，易于凝聚，而加速沉降。

2.2 气体的物理特性

2.2.1 气体的体积、压力和温度

2.2.1.1 气体的体积

气体的体积一般有标况体积和工况体积两种。

A 标况体积（V_N）

气体在绝对压力（一般为101.325kPa）及绝对温度（一般为273.15K）状态下的体

积称为标准状态，一般以 Nm^3/h 或 Nm^3/min 表示。

B 工况体积（V_A）

袋滤器在过滤含尘气体时，在实际温度和压力下所产生的气体体积称为工况状态，一般以 Am^3/h 或 Am^3/min 表示。

气体的标况体积与工况体积的转换可按下式进行：

$$\frac{V_N P_N}{T_N}=\frac{V_A P_A}{T_A}=常数 \tag{2-2}$$

式中 V_N——标况状态（理想状态）下的气体体积，Nm^3/h；

P_N——标况状态（理想状态）下的气体绝对压力，一般为 101.325kPa；

T_N——标况状态（理想状态）下气体的绝对温度，一般为 273.15K；

V_A——工况状态下气体的体积，Am^3/h；

P_A——工况状态下气体的压力，一般为（$101.325 \pm P$）kPa（P 为气体所处的实际压力，Pa）；

T_A——工况状态下气体的温度，一般为（$273+t$）℃（t 为气体所处的实际温度，℃）。

2.2.1.2 气体的压力

气体的压力一般分为静压力、动压力、全压力、压强、总压力。

（1）静压力。气体在除尘器或管道内，不论它是否流动，对其周围壁面都产生垂直于壁面的一种压力，这种压力称为静压力。

静压力通常以大气压力为基准进行计量，即以大气压力计量为零，静压力超过大气压力的值为正，低于大气压力的值为负。

（2）动压力。流动着的气体沿其流动方向产生的一种压力，称为动压力。

动压力值任何时候都为正值。

（3）全压力。静压力和动压力的代数和称为气体的全压力。

（4）压强。单位面积上的压力称为压强，一般使用中习惯将压强称为压力。

（5）总压力。总面积上所受的压力称为气体的总压力。

压力的单位为帕斯卡，简称帕，符号为 Pa，即在 $1m^2$ 面积上的总压力为 1 牛顿（N）。

通常习惯用压差计上的液柱高度来度量压力的大小，故压力又可用毫米水柱（mmH_2O）来表示，$1mmH_2O=9.8Pa$。

2.2.1.3 气体的温度

气体的温度是表示其冷热程度的物理量。

在国际单位制中，温度的单位是开尔文，用符号 K 表示。常用单位为摄氏度，用符号℃表示；或华氏度，用符号℉表示。

气体的物理状态取决于三个要素：体积（V）、温度（T）及绝对压力（P）（见式（2-2）），其中任意两个量发生变化，必将影响第三个量的变化。

气体的工况状态可近似认为服从气体理想状态的基本规律，也就是说，当气体的温度 T 不变时，一定质量气体的体积 V 与其压力 P（绝对压力）成反比，当气体的压力 P 不变时，一定质量气体的体积 V 与绝对温度 T 成正比。

2.2.2 气体的密度

气体的密度是指单位体积气体的质量：

$$\rho = \frac{m}{V} \tag{2-3}$$

式中 ρ——气体的密度，kg/m^3；

m——气体的质量，kg；

V——气体的体积，m^3。

气体的密度是随温度和压力的变化而变化的。如果压力不变，气体的密度与温度的变化成正比。气体温度每升高100℃，密度大约减少20%。气体在不同状态下，其密度关系式为：

$$\rho = \rho_0 \frac{P}{P_0} \frac{T_0}{T} \tag{2-4}$$

式中 ρ_0——气体在标准状态下的密度，kg/m^3；

ρ——气体在工况条件下的密度，kg/m^3。

标准状态的密度是指绝对压力 $P_0 = 1.013 \times 10^5 Pa$，绝对温度 $T_0 = 273K$ 时的密度。

工况条件的密度是指气体所处的实际工况压力 P（Pa），及气体所处的实际工况温度 $T = 273 + t$（℃）时的密度。

在含尘气体的密度中，其气体部分的密度仅为含尘气体密度的一小部分，一般约为1%左右。

2.2.3 气体的湿度与露点温度

气体的湿度是表示气体中含水蒸气量的多少，即含湿程度。一般有绝对湿度和相对湿度两种表示方式。

2.2.3.1 绝对湿度

绝对湿度又称绝对含湿量，有四种表述形式：

（1）每1kg干气体中含有的水分量（kg），其单位为kg/kg。

（2）在一定温度、压力下，每$1m^3$气体中含有的水分量（kg），其单位为kg/m^3。

（3）在标准状态下的干气体中含有的水分量，其单位为kg/Nm^3（d）。

（4）在标准状态下的湿气体中含有的水分量，其单位为kg/Nm^3（w）。

当湿气体中水蒸气的含量达到该温度下所能容纳的最大值时，该气体状态称为饱和状态。

2.2.3.2 相对湿度（φ）

在相同温度下，$1m^3$湿气体中的水分含量（d）与在饱和状态下$1m^3$湿气体中水分含量（d_H）的比值称为相对湿度，用百分数（%）表示：

$$\varphi = \frac{d}{d_H} \times 100\% \tag{2-5}$$

相对湿度还可以用湿气体中水蒸气分压力（P）与在饱和状态下水蒸气的分压力（P_H）的比值表示：

$$\varphi = \frac{P}{P_{\mathrm{H}}} \times 100\% \tag{2-6}$$

气压为101.325kPa时，各种温度下的含湿量和水蒸气分压力如表2-6所示。

表2-6 饱和状态气体的含湿量和水蒸气分压力

温度/℃	水蒸气分压力/Pa	含湿量		
		每1m³湿空气中的水分量（密度）/g·m⁻³	标准状态下1m³干空气中的水分量/g·m⁻³	标准状态下1m³湿空气中的水分量/g·m⁻³
0	610.5	4.84	4.8	4.8
5	866.5	6.8	7.0	6.9
10	1226.4	9.4	9.8	9.7
15	1706.2	12.8	13.7	13.5
20	2332.8	17.3	18.9	18.5
25	3172.5	23.0	26.0	25.2
30	4238.9	30.4	35.1	33.6
35	5625.3	39.6	47.3	44.6
40	7371.5	51.1	63.1	58.5
45	9584.3	65.4	84.0	76.0
50	12343.6	83.0	111.4	97.9
55	15729.0	104.3	148	125
60	19915.0	130	196	158
65	24993.8	161.1	265	190
70	31152.2	197.9	361	240
75	38537.0	241.6	499	308
80	47334.8	293	716	379
85	57798.9	353	1092	463
90	70089.1	423	1877	563
95	84498.9	504	4381	679
100	101308	597		816

2.2.3.3 露点温度（t_{P}）

含有一定水分的气体随着温度的降低、相对湿度的增加，当温度降至某一温度值、气体的相对湿度达到饱和状态（100%）时，这时气体中的水分开始冷凝出来，这种使水分开始冷凝的温度称为露点温度。

露点温度可分为水露点和酸露点两种。

A 水露点

水露点是指气体中只含有水分时的露点温度，可通过图2-3水露点曲线图查得。

B 酸露点

气体中含有水分及硫的氧化物（SO_3）蒸气时的露点温度称为酸露点。

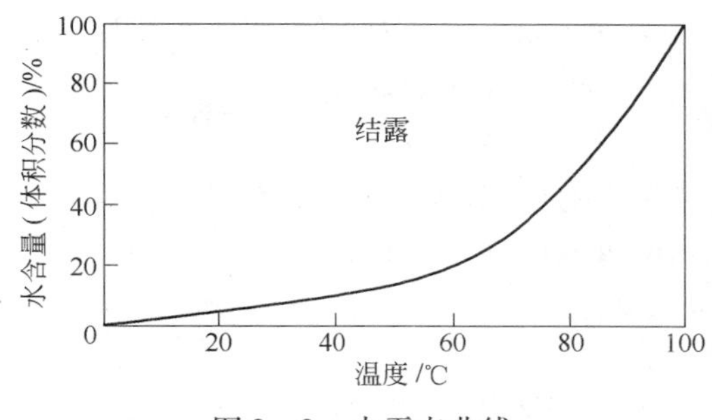

图 2-3 水露点曲线

a 酸露点特性

一般矿物燃料都含有一定量的硫。例如天然气差不多含有50%的硫化氢，污泥中含有0.5%~1%的有机物。

当这些燃料在燃烧时，硫就氧化成 SO_2，SO_2 是一种污染物，它对炉窑、锅炉和烟囱的影响较小，但是当 SO_2 进一步氧化为 SO_3 时，在一定条件下将对上述材料产生腐蚀影响。为此，在所有烟气中，SO_3 才是所要关注的。

当温度低于酸露点时，SO_3 和水之间具有极大的亲和力，两者立即（1秒钟之内）就能组合在一起成为硫酸。硫酸的产生提高酸露点温度，它对钢、塑料以及水泥构件，如混凝土、铸件、枪炮以及用灰泥涂抹的构件等，都会起腐蚀作用。

SO_2 一般在没有催化剂情况下，会慢慢氧化成 SO_3。在炉温1000℃（1832 ℉）下，SO_2 的转换率是极慢的。而在150℃（302 ℉）时理论转换率就非常快，结果是形成高的酸露点温度。

一般，煤中平均每1%含硫量，就会有0.1%~0.2%的硫转化为 SO_3。

硫酸溶液一般蒸发压力低，从而具有一定的沸腾温度（azcotrope），其沸腾温度和腐蚀性能与溶液中的硫酸浓度有关：

（1）浓度98.2%的硫酸具有常规的沸腾温度，为330℃（631℉）。

（2）当硫酸浓度降低到85%时，硫酸溶液的气态液滴中的硫酸比例就剧烈地减少到1%（以重量计）。为此，气态液滴中的这些1%硫酸，就会具有液态下浓度85%硫酸的腐蚀性能。

（3）在液相浓度70%（以重量计）时，该液体具有正常的沸点温度，为165℃（631℉），其气态液滴中的硫酸比例就剧烈地少到0.01%（以重量计）。为此，气态液滴中的这些0.01%硫酸，就会具有液态下浓度70%硫酸的腐蚀性能。

因此，在燃烧烟气中，只要有极少量的 SO_3，就能与烟气中的水分相结合，形成相当浓度的硫酸，这样即使是在负压下，它也具有高的沸腾温度。

例如，如果一种燃烧烟气含有10%的水蒸气，即使含有小到40ppm（0.004%，以体积计）的 SO_3，其液态也相当于在沸腾温度148℃（298℉）和0.1大气压下浓度为82.5%（以重量计）的气相硫酸。当这种混合液滴在低于148℃时，就会形成液态酸液；这种强烈的酸液将冷凝在所有固体的表面，造成腐蚀影响。

b 酸露点的计算

（1）原苏联 А. И. Баранова 的计算公式。含有 H_2O 及 SO_3 蒸气的水露点和酸露点曲线

（图 2－4）是根据原苏联 A. И. Бараноьа 的数据绘制的。利用这些数据可以建立以下关系式：

$$t_P = 186 + 20\lg\phi_{H_2O} + 26\lg\phi_{SO_3} \quad (2-7)$$

式中 t_P——露点，℃；

ϕ_{H_2O}——被冷却的气体中含有的 H_2O 的体积百分数，%；

ϕ_{SO_3}——被冷却的气体中含有的 SO_3 的体积百分数，%。

酸露点可通过图 2－4 查得。

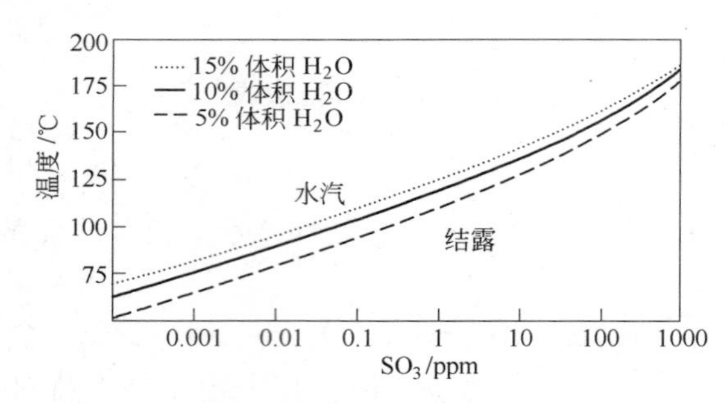

图 2－4 酸露点曲线（1ppm = 10^{-6}）

（2）美国 F. H. Verhoff 和 J. T. Banehero 的计算公式：

$$\frac{1000}{T_{DP}} = 1.7842 + 0.0269\lg P_{H_2O} - 0.1029\lg P_{SO_3} + 0.0329\lg P_{H_2O}\lg P_{SO_3}$$

式中 T_{DP}——露点，K（273 + ℃）；

P——压力，atm。

例如，在压力为 1atm 的烟气中，水汽含量为 10%，SO_3 含量为 100ppm，P_{H_2O} 为 10^{-1} atm，P_{SO_3} 为 10^{-4}atm。利用方程中这些数值，即可取得 $T_{DP} = 435K = 162℃$（324 ℉）。

（3）图 2－5、图 2－6 为根据美国 Thomas 和 Barker 数据与 R. Haase 和 H. W. Borgmann 的相互关系编制的 SO_3 露点温度曲线。曲线只有 4℃的偏差。

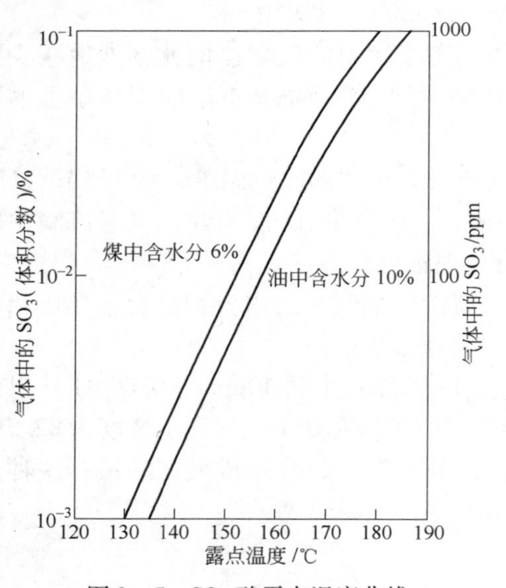

图 2－5 SO_3 酸露点温度曲线

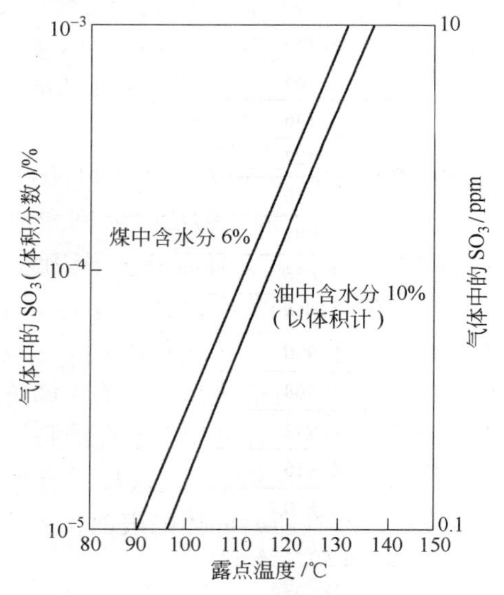

图 2－6 SO_3 酸露点温度曲线

c 燃油、煤设备烟气中的 SO_3 参考数据（表2-7）

表2-7 燃油、煤设备烟气中的 SO_3 参考数据

油燃烧设备							
燃料中的硫/%		0.5	1.0	2.0	3.0	4.0	5.0
过量氧							
空气/%	烟气/%	烟气中具有的 SO_3/ppm					
5	1	2	3	3	4	5	6
11	2	6	7	8	10	12	14
17	3	10	13	15	19	22	25
25	4	12	15	18	22	26	30
煤燃烧设备							
25	4.0	3~7	7~14	14~28	20~40	17~54	33~66

2.2.4 气体的黏度

气体的黏度随温度的增高而增大，液体的黏度随温度的增高而减少。气体的黏度与压力几乎没有关系。

气体的黏度随着温度的升高而增大的幅度相当大。不同温度下空气的黏度可由表2-8查得。

表2-8 干空气物理参数（100kPa）

温度 t/℃	密度 ρ/kg·m^{-3}	质量热容 c_p/kJ·(kg·K)$^{-1}$	动力黏度 μ/Pa·s	运动黏度 ν/m^2·s^{-1}
-20	1.365	1.009	16.28×10^{-6}	11.93×10^{-6}
0	1.252	1.009	17.16×10^{-6}	13.70×10^{-6}
5	1.229	1.009	17.45×10^{-6}	14.20×10^{-6}
10	1.206	1.009	17.75×10^{-6}	14.70×10^{-6}
15	1.185	1.011	18.00×10^{-6}	15.20×10^{-6}
20	1.164	1.013	18.24×10^{-6}	15.70×10^{-6}
25	1.146	1.013	18.49×10^{-6}	16.16×10^{-6}
30	1.127	1.013	18.73×10^{-6}	16.61×10^{-6}
35	1.110	1.013	18.98×10^{-6}	17.11×10^{-6}
40	1.092	1.013	19.22×10^{-6}	17.60×10^{-6}
50	1.056	1.017	19.61×10^{-6}	18.60×10^{-6}
60	1.025	1.017	20.10×10^{-6}	19.60×10^{-6}
70	0.996	1.017	20.40×10^{-6}	20.45×10^{-6}
80	0.968	1.022	20.99×10^{-6}	21.70×10^{-6}
90	0.942	1.022	21.57×10^{-6}	22.90×10^{-6}
100	0.916	1.022	21.77×10^{-6}	23.78×10^{-6}
120	0.870	1.026	22.75×10^{-6}	26.20×10^{-6}
140	0.827	1.026	23.54×10^{-6}	28.45×10^{-6}
160	0.789	1.030	24.12×10^{-6}	30.60×10^{-6}
180	0.755	1.034	25.01×10^{-6}	33.17×10^{-6}

2.2.5 气体的排放浓度与烟气黑度

烟气中有害物质的排放标准分为两大类：

（1）以有害物质的浓度或排放量为基准的排放浓度。

（2）以人们感观对颜色、气味为基准的污染物烟气黑度。

2.2.5.1 气体的排放浓度

气体的排放浓度是指气体中含有固态颗粒状污染物的程度。

排放浓度的表示有质量浓度、体积浓度以及质量体积浓度三种形式。

A 质量浓度

质量浓度（C_m）是用颗粒物的质量（m_k）除以气体的质量（m_l）和颗粒物质量（m_k）之和，其计量单位为kg/kg：

$$C_m = \frac{m_k}{m_l + m_k} \tag{2-8}$$

式中 m_k——颗粒物的质量，kg；

m_l——气体的质量，kg。

B 体积浓度

体积浓度（C_v）是用颗粒物的体积（V_k）除以气体的体积（V_l）和颗粒物的体积（V_k）之和。其计量单位为m^3/m^3：

$$C_v = \frac{V_k}{V_l + V_k} \tag{2-9}$$

式中 V_k——颗粒物的体积，m^3；

V_l——气体的体积，m^3。

C 质量体积浓度

质量体积浓度（C）是用颗粒物的质量（m_k）除以气体的体积（V_l）和颗粒物的体积（V_k）之和。其计量单位为g/m^3：

$$C = \frac{m_k}{V_l + V_k} \tag{2-10}$$

一般多采用质量体积浓度（C）来表示气体的排放浓度，通常以g/m^3或g/Nm^3表示，其含义是指单位体积（m^3）或单位标准状态下体积（Nm^3）气体（空气）中含有的粉尘质量（g）。

对于袋式除尘器，不管入口含尘浓度大小如何，其排放浓度应确保其稳定，当除尘器入口含尘浓度变大时，设计时需降低其过滤风速，以防影响出口的排放浓度。

2.2.5.2 气体的烟气黑度

A 烟气黑度的分级

气体的烟气黑度的分级是指用一个标准的林格曼卡（Ringelmann Card）与肉眼观测从烟囱内排出的烟羽进行对比，由此来评价烟羽是否满足要求的一种指标。

19世纪末，法国科学家林格曼（Ringelmann）将烟气黑度分为从0级（全白色）到5级（全黑色），共六级，此即林格曼数（Ringelmann number）。

林格曼数的标准形式是由6个不同黑度的长方形小块（14cm×21cm）组成，其中除全白、全黑分别代表烟气黑度的0级和5级外，其余4个级别是根据黑色条格占整块面积的百分数来确定。评价烟气黑度的图称为林格曼烟气黑度浓度图，其6个级别称为林格曼级。

0级——全白。

1级——黑色条格的面积占整块面积的20%。

2级——黑色条格的面积占整块面积的40%。

3级——黑色条格的面积占整块面积的60%。

4级——黑色条格的面积占整块面积的80%。

5级——全黑。

B 烟气黑度的测试

烟气黑度的测试通常有对照法、测烟望远镜观察和光电仪三种方式。

a 对照法

对照法是用林格曼烟气黑度浓度图与烟囱排出的烟气，按一定的要求比较测得。

b 测烟望远镜观察

测烟望远镜具有体积小、便于携带、观察方便等特点。使用测烟望远镜观察时可将烟气与镜片内的黑度图比较测定。

c 光电仪

光电仪是一种能够在仪器内部标定，自动测定烟气黑度等级的仪器。

光电仪通过光学系统处理，把光信号变成电信号输出，由此显示出烟气的黑度等级。

用光电测烟仪测试比较客观准确，但需要避免在多云、大风或雨雾天观测。

2.2.6 气体的排放标准

气体排放标准的表示形式大致可分为三种：

（1）按排出气体中的含尘浓度，mg/m^3；

（2）按单位时间的排放量，kg/h；

（3）按单位产品的排放量，kg/t（产品）或kg/kcal（热）或ng/J等，根据产品的性质确定。

2.3 袋式除尘器过滤机理

2.3.1 过滤效应

通常认为袋式除尘器是依靠滤料（机织布或针刺毡）来分离含尘气体中的粉尘达到过滤的目的。这种概念是对的，但不太确切。

一般袋式除尘器过滤的气体中所含的尘粒粒径以μm计，甚至小于0.1μm。但空气中的尘粒粒径仅为0.03μm，而一般滤料（机织布或针刺毡）中的空隙率可达70~100μm，甚至300~700μm。由此，在滤料过滤灰尘时，由于滤料的孔隙大于灰尘的粒径，灰尘容易穿透滤料，其过滤效率是极低的。

因此，确切地说，滤料的过滤，实际上是由于粉尘通过滤料时产生的筛滤、惯性（碰撞）、拦截（钩住）、扩散、静电和重力等六种效应进行过滤的（图2－7），其中以筛滤效应为主。

滤料的真正过滤效应，是通过上述六种效应形成的一次尘（即所谓的尘饼）来过滤不断流过的气体中的灰尘，也就是说，滤料只是一种框架，通过它积聚起一次尘，再用一次尘上的灰尘来过滤含尘气流中的灰尘。所以，袋式除尘器的过滤不是单纯依靠滤料本身，而是主要依靠滤料表面积聚的尘饼来过滤气流中的灰尘，这才是袋式除尘器真正的过滤机理。

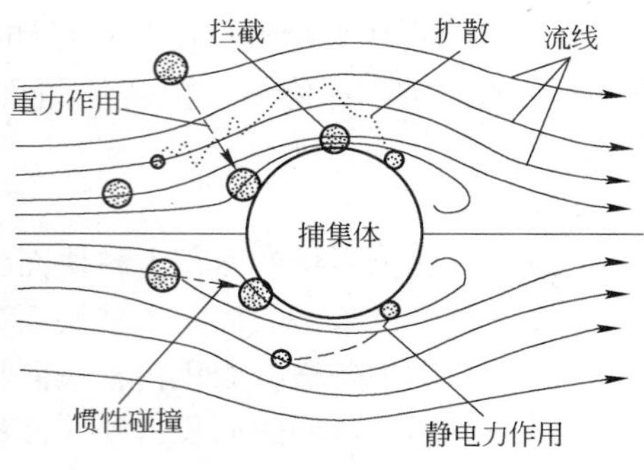

图2－7　经典的过滤效应机理

2.3.1.1　筛滤效应

含尘气体通过滤料时，依靠滤料纤维间的空隙或吸附在滤料表面的粉尘层间的空隙，把大于空隙直径的粉尘分离下来，称为筛滤效应（图2－8）。简单地说，像过滤一个大于筛孔的尘粒筛子。

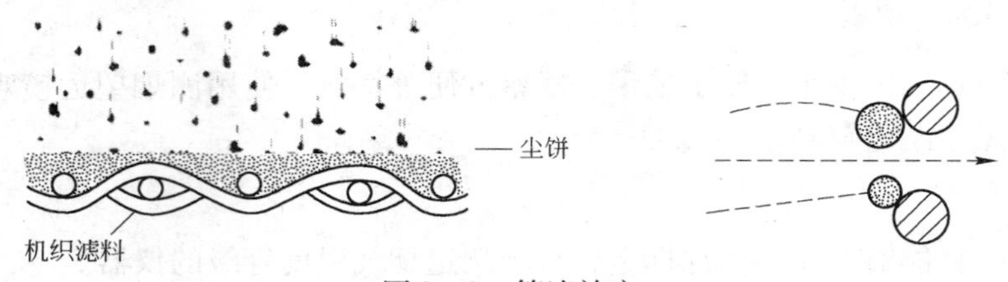

图2－8　筛滤效应

对于新滤布，由于纤维之间的空隙很大（滤料网眼一般为5～50μm），其筛滤效应不明显，除尘效率极低。

在新滤料的过滤初期，机织布与针刺毡的过滤机理是不同的：

（1）机织布过滤时，首先是粉尘粒子在织布的空隙内架桥，形成粉尘层，然后除尘效率才能慢慢上升。一般当机织布的空隙大于粉尘粒子10倍以上时，其除尘效率是极差的。

（2）针刺毡过滤时，粉尘粒子不仅能附着于纤维上形成粉尘层，而且还能侵入滤布内部，具有内部过滤的倾向。

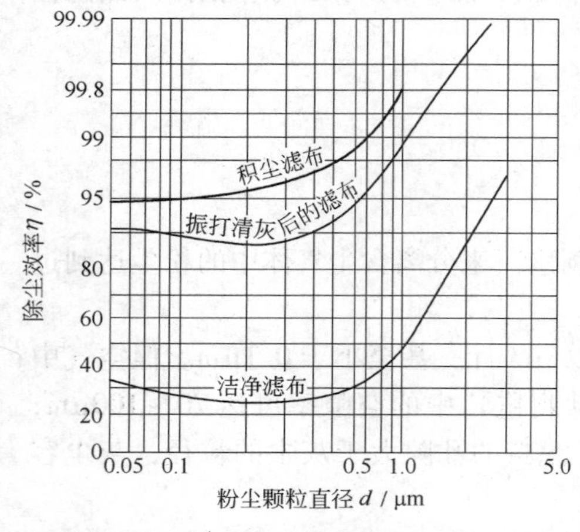

图2－9　滤布在不同状态下的除尘效率

因而可以认为，在滤尘初期筛滤效应并不能起很大作用，主要的除尘机理是惯性冲击、扩散和拦截，此外，静电力和重力也有一定作用。在此期间，其除尘效率约为50%～80%。

当使用一定时间后，滤布表面建立了一定厚度的粉尘层，筛滤作用才比较显著。即使滤料在清灰后，由于滤布表面及滤布内部还残留一定量的粉尘，所以仍能保持较高的除尘效率。

对于针刺毡或起绒滤布，由于毡或起绒滤布本身形成厚实的多孔滤层，所以能充分发挥其筛滤作用，建立起粉尘层来保持较高的除尘效率。

滤布在不同状态下的除尘效率如图2－9所示。

2.3.1.2 惯性（碰撞）效应

含尘气流沿流线运动，接近纤维时，气流弯曲绕过纤维，形成气流的流线轨迹（图2－10）。而气流中大于1μm的尘粒由于惯性作用仍保持直线运动，撞击到纤维上被捕集，称为惯性（碰撞）效应。

气流中尘粒的中心流线，在距滤袋表面撞击范围内的所有尘粒，均能与滤袋相撞而被拦截，此即为极限轨迹。

设想一辆汽车沿着冰一样的弧形公路飞快行驶，汽车即会被甩出公路，并撞在一根电线杆上。用尘粒和纤维来替代汽车和电线杆，就可以设想惯性撞击，如图2－10所示。

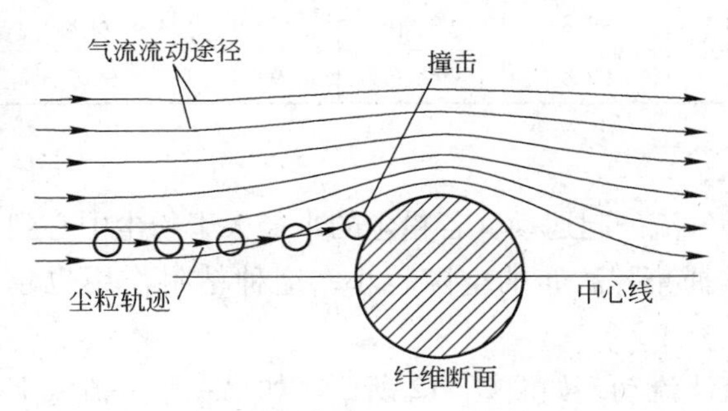

图2－10 惯性（碰撞）效应

尘粒的惯性趋势比它随气流流向的流动要强烈得多，从而能撞向纤维。如果其运动途径靠近纤维，就形成了撞击。设想如果尘粒没有质量（因此也就没有惯性），它就会随气流的流线流走，并离开纤维。在没有惯性力的接触中，尘粒与流线的结合比较紧密，除尘就被阻止。当尘粒小于1μm时，就不可能通过撞击的方式被捕集。

粉尘的颗粒直径越大，其惯性作用越大。含尘气流通过滤袋的过滤风速越高，惯性作用也越大。但过滤风速太高，通过滤布的气量也增大，气流中的尘粒就会从滤布薄弱处（即滤布孔隙多处）穿过，反而降低了除尘效率，气速越高，穿破现象越严重。图2－11表明，过滤风速越高，出口气体含尘浓度也越大，除尘效率越低。

惯性撞击的除尘效率计算公式是由Landahl和Hermann以及Langmuir和Blodgett编制的：

$$\eta_{惯性}=0.519+0.5138\ln\varphi^{1/2} \tag{2-11}$$

$$\varphi^{1/2}=[C_c\rho_p v_0/(18\mu D)]^{1/2}d \tag{2-12}$$

$$0.4<\varphi^{1/2}<2.5$$

式中 $\eta_{惯性}$——惯性撞击的除尘效率，%；

C_c——Cunningham－Millikan修正系数，无因次；

ρ_p——尘粒密度，g/cm^3；

v_0——自由流线的速度，cm/s；

μ——流体黏度，g/(cm·s)；

D——纤维直径，cm；

d——尘粒直径，cm。

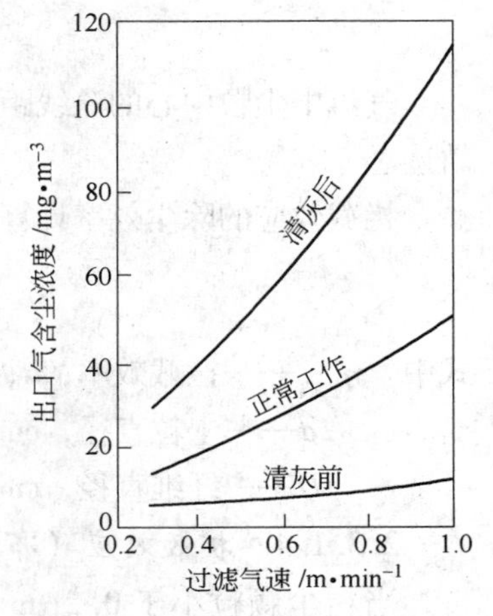

图2－11 过滤风速与出口气体含尘浓度的关系

袋式除尘器的除尘效率除与过滤风速有关外，还与滤料材质有关。据有关文献报道，除尘效率与滤料材质之间的关系如表2－9所示。对于机织布（斜纹玻璃布、薄缎纹玻璃布、厚缎纹玻璃布和平绸），由于滤布较薄，容易穿过。所以，随着过滤风速的增大，其除尘效率下降也较快。而对于绒布、毡料（单面绒布、呢料和针刺毡），由于滤料较厚，不容易穿过，所以，随着过滤风速的增加，除尘效率下降极小，几乎不变。

表 2-9 滤料材质对除尘效率的影响

除尘效率/%		压力损失为 0~300Pa 时			压力损失为 300~1200Pa 时		
过滤气速/m·min⁻¹		0.5	1.0	1.5	0.5	1.0	1.5
滤布	斜纹玻璃布	98.5	77.0	67.0	99.8	93.3	85.4
	薄缎纹玻璃布	89.5	71.0	57.5	95.0	80.3	68.7
	厚缎纹玻璃布	98.0	75.0	65.0	99.8	90.0	82.0
	平绸	98.7	76.0	66.0	99.8	90.5	84.0
	平面绒棉布	99.9	99.8	99.8	99.96	99.9	99.8
	呢料	99.9	99.8	99.8	99.9	99.8	99.2

2.3.1.3 拦截（钩住、粘住）效应

当含尘气体接近滤布时，细小的粉尘仍随气流一起运动，若粉尘的半径大于粉尘中心到滤布边缘的距离时，则粉尘被滤布粘附而被捕集。滤布的空隙越小，这种粘附作用也越显著。

气流中不同大小的尘粒都会跟着气流的流线流动，如图 2-12 所示。如果在某一流线上的尘粒中心点正好于 $d_p/2$ 处接触到滤料表面，则该尘粒即被拦截，此即为拦截效应。

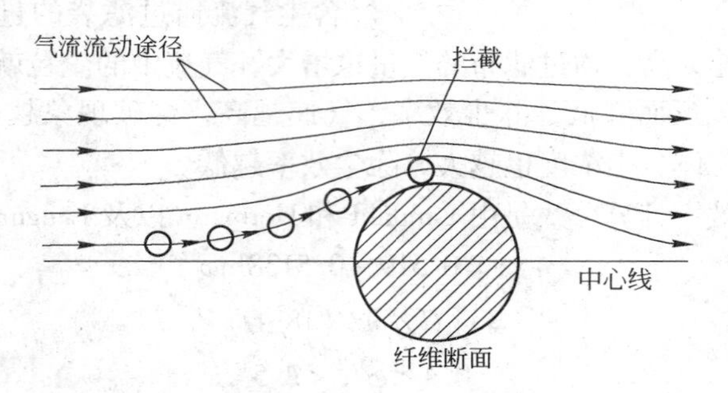

图 2-12 拦截效应

气流中尘粒中心的流线距滤袋表面在拦截范围内的所有尘粒，均能被拦截，此即为极限轨迹。

拦截效应的除尘效率计算如下：

$$\eta_{拦截} = 1 + \frac{d}{D} - \frac{1}{1 + d/D} \tag{2-13}$$

式中 $\eta_{拦截}$——拦截效率，%；

d——尘粒直径，cm；

D——纤维直径，cm。

2.3.1.4 扩散效应（布朗运动）

当粉尘颗粒小于 0.2μm 时，由于粉尘极为细小，因而产生如气体分子热运动的碰撞，偏离流线作不规则的布朗运动，这就增加了粉尘与滤布表面的接触机会，尘粒会随流线沿着纤维而运动，在这种扩散过程中会使粉尘撞到纤维上而被捕集，此即称为扩散

效应（图2－13）。

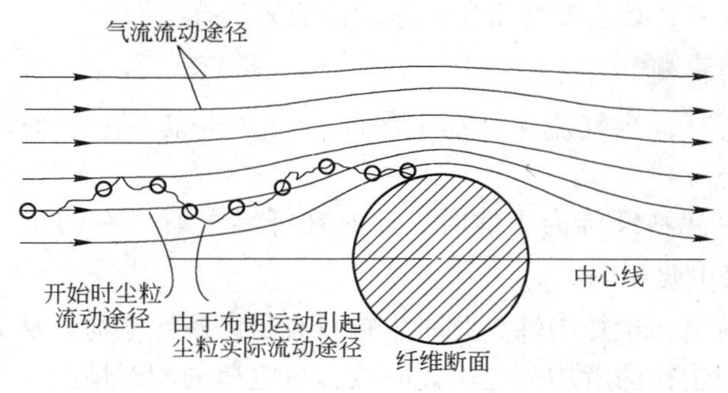

图2－13 扩散效应

这种扩散作用与碰撞（惯性）作用相反，它是随过滤风速的降低而增大，随气体温度的提高而增加，并随纤维和尘粒直径的减小而增强。以玻璃纤维为例，纤维越细除尘效率越高（表2－10）。但纤维直径细的压力损失要比粗纤维大，耐蚀性也越细越差。

表2－10 玻璃纤维直径与除尘效率的关系

玻璃纤维直径/μm	除尘效率/%	玻璃纤维直径/μm	除尘效率/%
125	80	4	95～99
20	90	1	100

扩散效率：

$$\eta_{扩散} = 0.755Pe^{-0.6}(C_{dc}Re_{oc}/2)^{0.4} \tag{2-14}$$

式中 $\eta_{扩散}$——扩散除尘效率，%；

Pe——贝克来数，$Pe = v_0D/D_F$；

D_F——尘粒的扩散性，cm^2/s；

Re_{oc}——纤维雷诺数；

C_{dc}——纤维阻力系数（drag coefficient）。

2.3.1.5 静电效应

A 静电电荷的产生

袋式除尘器在过滤含尘气流时，有以下两种情况会产生电荷：

（1）某些粉尘颗粒在运动中，颗粒间相互撞击会放出电子，产生静电，使尘粒带上电荷；

（2）含尘气流在冲刷滤布纤维时，由于摩擦作用可使纤维带电荷。

B 静电电荷的作用

（1）当粉尘与滤布所带的电荷相斥（相反）时，粉尘就被吸附在滤布上，从而提高了除尘效率，但滤料在清灰时，表面所吸引的灰尘就较难清除。

（2）反之，当粉尘与滤布两者所带的电荷相同时，相互之间则产生排斥力，致使除尘效率下降。

因此，静电效应既能改善滤布的除尘效率，又会影响滤布的清灰效率。所以，静电作用既能改善，也能妨碍滤布的除尘效率。图2－14所示为静电效应。为此，为保证除尘效率，必须根据粉尘的电荷性质来选择滤布。

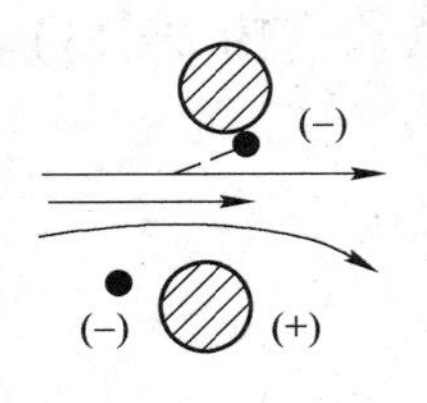

图2－14 静电效应

C 静电效应的出现

含尘气流通过滤料，当气流无外加电场时，会产生以下三种情况静电效应：

（1）尘粒荷电。滤料纤维为中性时，此时在纤维上所具有的反向诱导电荷会产生静电吸引力。

（2）滤料纤维荷电，尘粒中性。此时尘粒只有反向诱导电荷，从而产生静电吸引力。

（3）滤料纤维与尘粒两者均荷电。此时按各自电荷的配对情况，可能会有吸引力，也可能会有排斥力。

D 人为的静电效应

一般尘粒和滤料的自然带电量都很少，其静电作用力也极小。但如果有意识地人为给尘粒和滤料荷电，静电作用力将非常明显，从而使净化效果大大增强。

一般“静电效应”只有在粉尘粒径大于1μm以及过滤风速很低时，才显示出来。在外加电场的情况下，可加强静电作用，提高除尘效率。

当粒子和纤维所带电荷正负相反，并有足够电位差时，粒子克服了惯性力，就沉积在纤维上。如果粒子和纤维带有相同的电荷，则形成多孔的、容易清除的尘饼。

2.3.1.6 重力效应

含尘气流在一定流速情况下，尘粒依靠其自身的重力沉降的效应，称为重力效应。

从袋式除尘器入口进入的含尘气流，由于在除尘器下部灰斗中流速降低和挡板的撞击，粗颗粒粉尘能够从气流中分离沉降下来，使含尘气流在到达滤布之前，粉尘浓度可能比入口处下降一半左右。

在上升气流中，重力起负作用。除非尘粒很大，在大多数情况下，重力沉降的作用较小。由此可见，含尘气体中只有在尘粒较大、气体速度较小时，重力沉降的作用才较明显。

对于水平横向圆柱捕集体，尘粒的重力沉降捕集效率应为：

$$\eta_{重力} = G(1 + R) \tag{2-15}$$

$$G = \frac{v_g}{v_0} = \frac{C_u \rho_p d_g^2 g}{18\mu V_0} \tag{2-16}$$

式中 $\eta_{重力}$——重力沉降捕集效率；

v_g——重力沉降速度；

v_0——气体特征速度；

C_u——修正系数；

ρ_p——尘粒密度；

d_g——尘粒的当量直径；

g——重力加速度；

μ——气体黏度。

2.3.1.7 各种效应的关系

各种过滤速度、尘粒、纤维直径与过滤效应的关系如表2－11所示。

表2－11 各种过滤速度、尘粒、纤维直径与过滤效应的关系

过滤条件	重力效应	筛滤效应	碰撞效应	钩住效应	扩散效应
尘粒直径↗	↗	↗	↗	↗	↘
尘粒密度↗	↗	—	↗	—	↘
过滤速度↗	↗	—	↗	—	↘
过滤速度↘	↘	—	↘	—	↗
纤维直径↗	—	↘	↘	↘	↘
纤维直径↘	—	↗	↗	↗	显↗

注：↗表示增加；↘表示减少不了；↗表示显著增加；—表示没有影响。

各种过滤效应的效率与尘粒粒径之间的定性关系如图2－15所示。由图2－16中可见，粒径在0.5μm左右时，综合过滤效率最低；当粒径在2.0μm左右时，综合过滤效率最高。

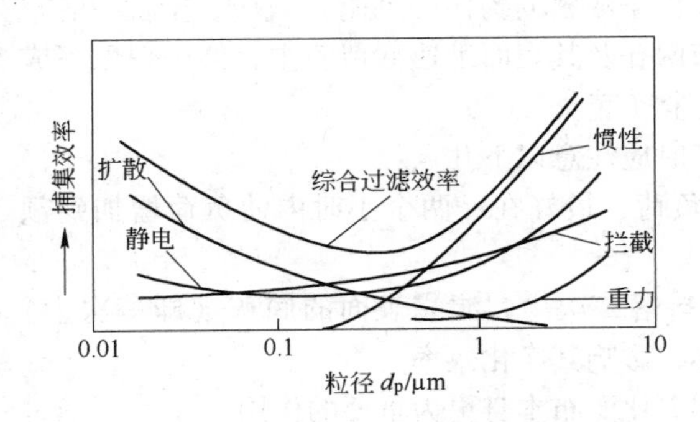

图2－15 各种过滤效应的效率与尘粒粒径之间的定性关系

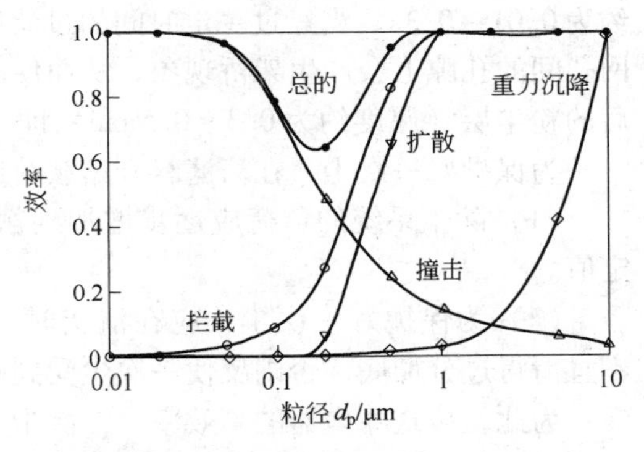

图2－16 各种过滤效应的综合效率与尘粒粒径之间的关系

2.3.2 一次尘和二次尘

2.3.2.1 一次尘

A 一次尘的理解

袋式除尘器在开始运转时，新滤布上是没有粉尘的。

使用平纹织物时，布本身的除尘效率为85%～90%，效率比较低。但是当滤布表面由于粉尘附着而堆积时，可得到99.5%以上的高除尘效率。因而有必要在清除粉尘之后，使滤布表面残留一些粉尘层，以防除尘效率下降。这种残留的粉尘层称之为一次过滤层（即一次尘），在它上面再堆积需被清除的灰尘，则称二次过滤层（即二次尘）。

一次尘由架桥现象形成，厚度约有0.3～0.5mm。当含尘气流从滤布表面渗透流过时，滤料（毛毡型）的内层就会慢慢形成厚度为0.5～0.7mm的粉尘层，称为内层过滤层。

一般滤料的结构为：

(1) 合成纤维布的纤维直径一般为20~50μm，网孔为20~50μm。

(2) 针刺毡的纤维直径一般为10~20μm，网孔为5~10μm。

由于一次尘中粉尘的粒径通常都比纤维的网孔小，因此使筛滤、惯性、钩住、扩散等效应都有所增加，从而使除尘效率显著提高。

由此可见，袋式除尘器不应该单纯理解为是用滤料作过滤材料，确切地说，应该理解为：利用滤料作骨架，使其形成粉尘层（即一次尘），再用形成的粉尘层来过滤烟气中的烟尘，袋式除尘器滤料的真正过滤机理是用灰尘本身来过滤灰尘。因此它的过滤效率几乎不受烟气中尘粒大小的限制。关键是一次尘要积好，而且在运行过程中，特别是在清灰时，要保护好一次尘，一旦一次尘破坏，其净化效率将受到很大的影响。

B 一次尘的保护

一次尘要完全保护好是极为困难的。

一次尘在滤料清灰时总有一部分要被剥落。由于滤料的纤维之间不可能始终十分均匀，含尘气流中的尘粒就从薄弱处渗漏，致使滤料的除尘效率急剧下降。但过几秒钟滤布表面又形成了过滤层，除尘效率又上升，由此，滤料每清一次灰，就有可能排出一定量的粉尘。

含尘气流经过滤布时，过滤风速一般为0.5~3.0m/min，尘粒在纤维层内的运行时间约为0.01~0.3s。当经过一定时间的过滤后，由于滤料的钩住（粘附）效应，尘粒在滤布网孔间的孔隙上会产生架桥现象，从而使滤布网孔及其表面迅速截留粉尘，架桥现象完成后的粉尘层（厚度约为0.3~0.5mm）即一次尘（底灰）。

为保护好一次尘，在新滤料开始载荷试车时应注意以下几点：

(1) 除尘系统的负荷应逐步增加到额定负荷，最好在一两个小时内使负荷增加到额定值。

(2) 为保护好一次尘，应在清灰时，只抖落二次尘，滤袋表面的底灰（即一次尘）不宜清得过分彻底，否则反使一次尘受到破坏，影响其净化效率。

为此，袋式除尘器的高效率，一次尘是起着比滤布本身更为重要的作用。

C 一次尘的附着力

一次尘在滤布上的附着力是非常强的，当过滤风速为0.28m/min时，其附着力在不同纤维直径时为：

(1) 直径10μm粉尘在滤布上的附着力，可以达到尘粒自重的1000倍。

(2) 直径5μm粉尘在滤布上的附着力，可以达到尘粒自重的4200倍。

所以，在滤袋清灰之后，粉尘层仍会继续存在。

D 一次尘的作用

(1) 对于袋式除尘器，由于一次尘的作用，它在捕集非黏结性、非纤维性的粉尘时，即使含尘气体的初始浓度为0.0001~1000g/m^3，粉尘粒径为0.1~200μm，其除尘效率仍可高达99%以上，而且比较稳定。

但是，袋式除尘器一般不适用于黏性的、含水的含尘气流，在气体中含有水蒸气时，将出现结露、黏结现象。

(2) 通常滤料初始过滤时，最大约200目（0.074mm）的灰尘会积聚在滤料表面，较小尘粒会穿透针刺毡，但当尘饼建立起来后，滤料外表面的有效孔隙缩小、减少，尘饼即可捕集细小尘粒。滤料形成一个良好的尘饼后，过滤小到 1.0μm 的尘粒效率达 99.99%，并能过滤一些亚微米的尘粒。

（3）尘饼是由很多层尘粒组成，细颗粒粉尘堆积在大颗粒粉尘之上，没有细颗粒尘饼，细尘就会穿透过去，影响滤料的净化效率。

尘饼的厚度至少 1/16in（1.5mm），相当于 200 目（0.074mm）的灰尘 14.5 粒，相当于 1μm 的尘粒 1587.5 粒。

（4）尘粒小于 1μm 后，滤料的过滤通常是无效的，因此，对小于 0.3μm 的粒子组成的烟气，袋式除尘器是无法捕集的。

滤料过滤的各种状况如图 2－17 所示。

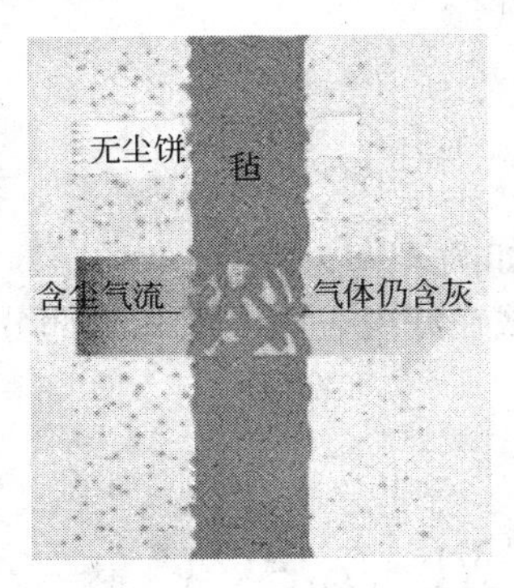

滤料表面无尘饼时

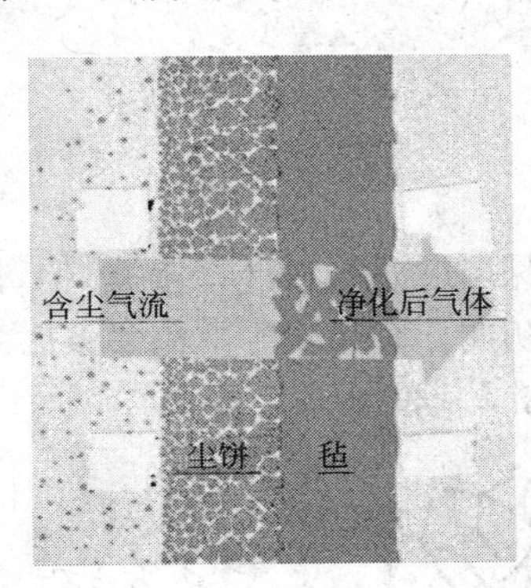

滤料表面有尘饼时

滤料无法过滤的烟气

图 2－17 滤料过滤的状况

2.3.2.2 二次尘

滤料建立一次过滤层（即一次尘）后，在它上面再次堆积的会被清除的灰尘称为二次过滤层（即二次尘）。

二次尘的形成与过滤风速有关，过滤风速高，二次尘形成快；过滤风速小，二次尘形成慢。二次尘继续加厚后，必须及时清除，否则会导致阻力过高或尘饼的自动剥落，从而导致粉尘层间的漏气现象，降低捕集粉尘的效果。

对于平纹织物，它本身的除尘效率仅为 85%～90%，效率较低。随着二次尘的不断积聚，除尘效率将不断提高，此时滤料的阻力也将急剧上升，影响除尘系统的抽风效果。因而，在二次尘积聚到一定程度时，必须及时进行清灰，使滤布表面恢复到残留 0.3～0.5mm 厚的一次尘状态。

应该注意到，滤布的清灰不彻底，除尘器阻力下不来，会导致除尘器的清灰频率加快。反之，滤布的清灰过分，会破坏滤布表面残留的一次尘，使滤料表面个别地方被吹透，从而使除尘效率急剧下降。

2.3.3 深层过滤、表面过滤

2.3.3.1 深层过滤

普通滤料在过滤含尘气流中，是用滤料表面形成的粉尘层（一次尘）来达到过滤粉尘的目的。袋式除尘技术正是利用这种一次尘的过滤作用，才能达到极高的过滤效果，致使袋式除尘技术成为当今世界上一致公认的高效除尘技术。这种过滤方式即称为深层过滤技术（图2－18）。

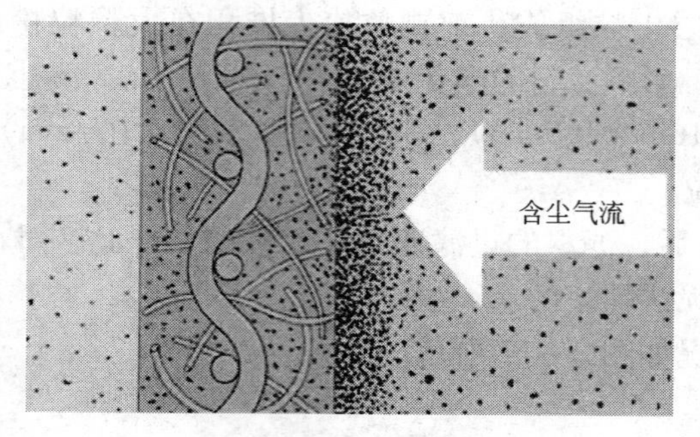

图2－18 深层过滤技术

A 深层过滤的过滤原理

（1）未使用过的、新的普通深层过滤滤料（纤维滤料）如图2－19所示。

（2）纤维滤料在开始过滤的初期，有些粉尘微粒会被捕截在滤料表面，而一小部分细小的粉尘微粒会穿透过滤料，如图2－20所示。

图2－19 未使用过的、新的普通深层过滤滤料（纤维滤料）

图2－20 粉尘微粒被捕截在滤料表面

（3）纤维滤料上被捕截的粉尘微粒（一般大于99%）在滤料表面积聚，形成一层粉尘层，称为尘饼（即二次尘），如图2－21所示。它具有一定的过滤作用。含尘气流通过滤料时，首先要经过尘饼，由此得以达到净化过滤。

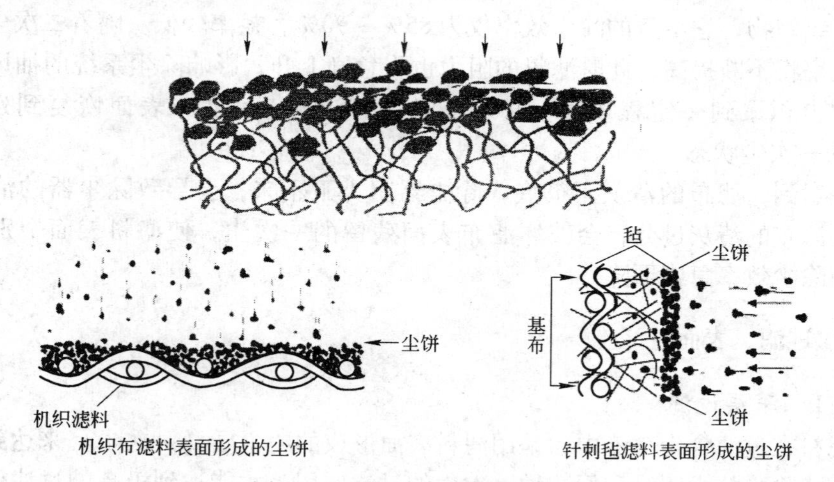

图2－21 滤料表面形成的尘饼

（4）当过多粉尘微粒在滤料表面积聚后，滤料的阻力就会增大，由此增加了气流通过滤料的难度。此时，滤料表面过量的粉尘必须进行清灰，滤料经过清灰后表面恢复保持一次尘状态（图2－22），继续对气流进行过滤。

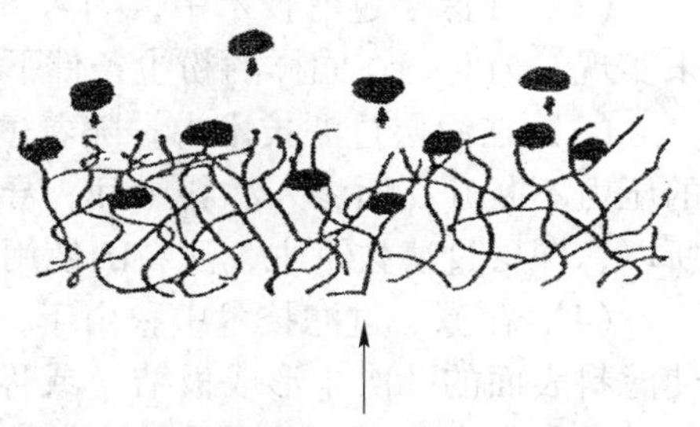

图2－22 滤料表面清灰后的状态

B 深层过滤的过滤功能

a 粉尘粒子容易穿透滤布

美国莱兹（Leith）和弗斯特（Firth）认为，深层过滤在过滤含尘气流时，粉尘粒子会穿透滤布，由此造成收尘效率的下降。

粉尘粒子的穿透主要有三种因素（图2－23），即：

（1）直通（straight）；

（2）压出（seepage）；

（3）气孔（pinhole plugs）。

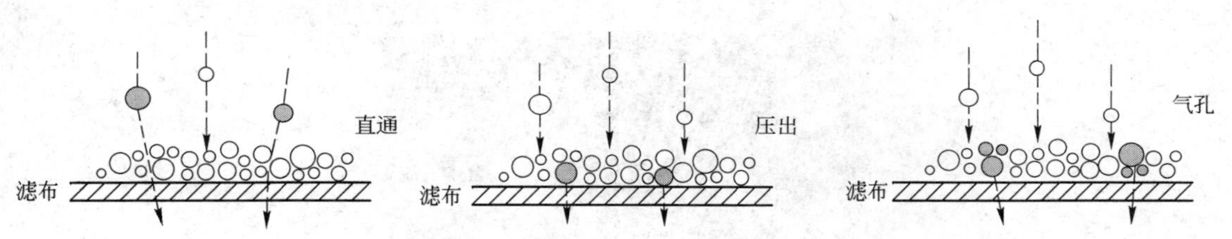

图2－23 粉尘透过滤布的机理

随着粉尘堆积层（二次尘）的变厚，直通（straight）现象减少，但是压出（seepage）和气孔（pinhole plugs）现象则有增强的趋势。

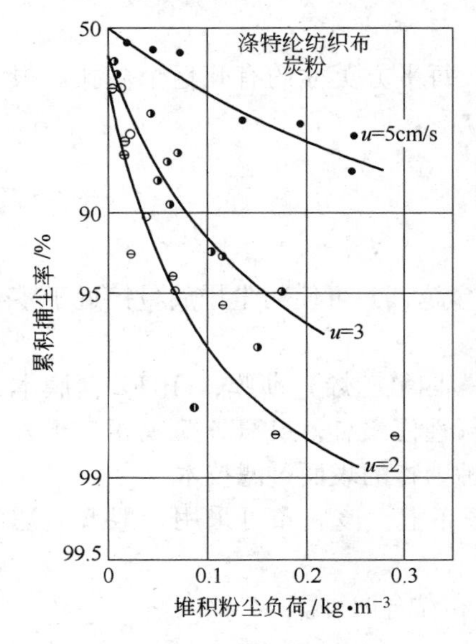

图2－24 堆积粉尘负荷与捕尘率的关系

b 堆积粉尘负荷与压力降成正比

在深层过滤时，为提高滤料的净化效率，应尽可能增大堆积粉尘负荷（二次尘）。但堆积粉尘负荷（二次尘）增大后，会提高滤料的压力降，增加除尘系统的功率消耗。

c 堆积粉尘负荷与捕尘率成正比

深层过滤的堆积粉尘负荷与捕尘率的关系如图2－24所示，图中表明，堆积粉尘负荷越高，滤料的捕尘率越大，反之亦然。为此，为提高捕尘率，滤料应选用较低的过滤速度，相应地增大除尘器。

C 深层过滤的特性

深层过滤技术的一次尘是其高效过滤的基础，但它又会在过滤过程中引起以下现象：

（1）在深层过滤技术中，净化效率与一次尘阻力始终是一对矛盾，加强一次尘来提高净化效率时，其阻力也随之上升，致使在深层过滤技术中除尘器设备阻力均偏高。

（2）在深层过滤技术中，为求得适当的净化效率和设备阻力，往往通过控制过滤风速来实现。为此，在同样的粉尘条件下，深层过滤技术的过滤风速不宜过高。

（3）在深层过滤技术中，随着过滤的延续，粉尘层逐渐增厚，而且粉尘还会顺着气流的压力不断升高而渗入滤料中间，导致粉尘渗漏、阻力增加，直接影响滤料的使用寿命。所以，深层过滤技术中，滤料的使用寿命都较短。

（4）在深层过滤技术中，由于一次尘的存在，含有一定湿度或具有黏结性的粉尘容易使滤料表面的一次尘形成板结（或称堵塞，滤袋透气性为2cfm或更小时，即称为堵塞），造成设备阻力猛增，甚至导致滤料的过早失效，大大影响滤料的使用寿命。

2.3.3.2 表面过滤

基于一次尘有利于过滤的理论，可人为地在滤料表面覆合上一层有微孔的薄膜，以提高除尘效果。薄膜的表面过滤机理，主要是靠薄膜上微孔的筛分作用，它与一次尘的过滤机理是一样的。由于薄膜的孔径很小，能将大部分尘粒阻留在薄膜的表面，完成气固分离，此称为表面过滤，滤料表面的薄膜又称人造一次尘（图2－25）。

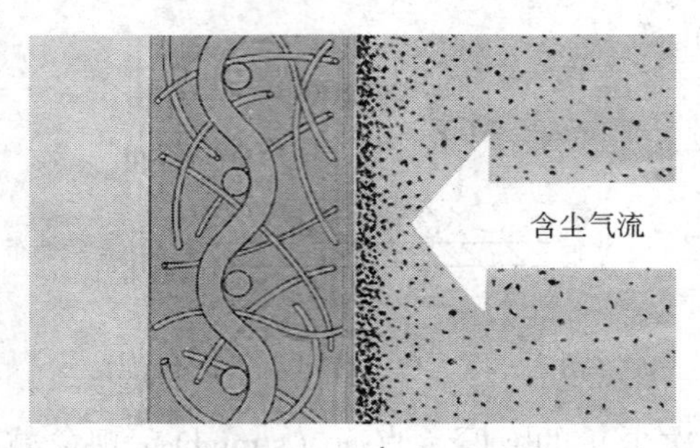

图2－25 表面过滤技术

A 表面过滤的结构组成

（1）滤料表面覆盖的微孔薄膜，其厚度大约50丝，每平方英寸约有几亿个微孔。根据过滤用途的不同，薄膜上的微孔孔径是变化的。

1）过滤普通粉尘时，微孔孔径通常小于2μm；

2）过滤细菌时，微孔孔径应小于0.3μm；

3）过滤病毒时，微孔孔径应小于0.05μm。

（2）由于薄膜的组织极为细密，能使粉尘粒子无法穿越，并可使粉尘排放量接近于零的水平。

（3）目前国际上所采用的薄膜，都为ePTFE（膨化聚四氟乙烯）薄膜，ePTFE薄膜本身具有不粘尘、憎水和抗化学性稳定的特点，因此，清灰性能极佳。ePTFE薄膜相当于人造一次尘，可替代深层过滤中的一次尘，从而创造出一种独特的表面过滤技术。

（4）表面过滤技术中的ePTFE薄膜覆盖在滤料的底布上，该底布可采用一般普通滤料，底布的品种应根据气体性质进行选择。

（5）表面过滤中的ePTFE薄膜，其覆合方式有热合和黏合两种。

B 表面过滤的过滤原理

表面过滤技术与深层过滤技术的运行原理比较如图2－26所示。

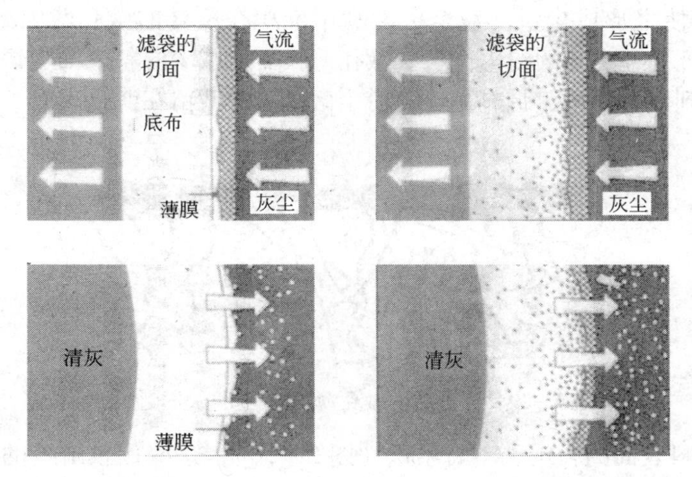

图 2－26　表面过滤技术与深层过滤技术的运行原理

表面过滤的气固分离过程与普通滤料的分离过程不同，粉尘被阻留在薄膜的表面，而不深入到滤料的纤维内部。从而在滤袋开始过滤时，就能在薄膜表面形成相当于透气性极好的粉尘层（即人造一次尘），它能在较低的阻力下，保证较高的除尘效率，清灰也容易。

表面过滤的过滤原理如下：

（1）在普通滤料表面覆合一层微孔薄膜（图 2－27），覆合后的微孔薄膜滤料的初始阻力会略高于普通滤料（图 2－28）。

图 2－27　普通滤料表面覆合一层微孔薄膜

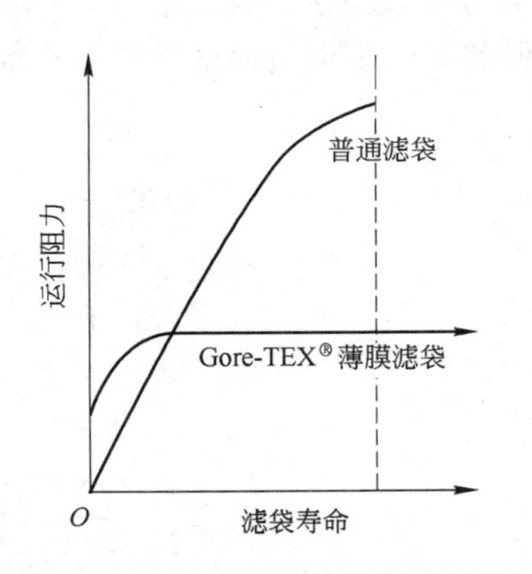

- 由于 Gore-TEX® 薄膜的纤维结构极为细密，其初始压降要比未经使用的普通滤料高
- 但由于 Gore-TEX® 薄膜滤袋具有极佳的清灰性能，所以能在运行过程中始终保持比普通滤袋低得多的运行阻力
- 低运行阻力使 Gore-TEX® 薄膜滤袋的使用寿命大大延长

图 2－28　覆合后的微孔薄膜滤料的初始阻力会略高于普通滤料

（2）在表面过滤中，过滤的起始阶段，覆合后的微孔薄膜滤料就能捕截细小的粉尘微

粒（图 2－29），使之形成尘饼。甚至可以利用堆积在覆合的微孔薄膜滤料表面的尘饼，来捕截比薄膜微孔孔径更细的粉尘微粒。微孔薄膜更能减少滤料表面尘饼的崩塌，防止细小粉尘微粒渗透到滤料内层，带有黏性的粉尘微粒会被截留在滤料表面。

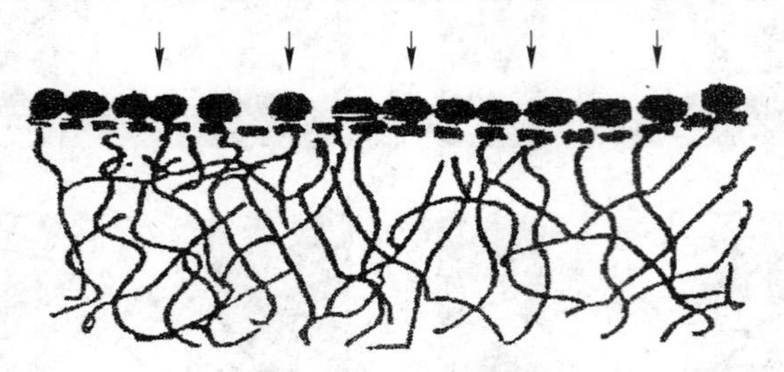

图 2－29　覆合后的微孔薄膜滤料上的粉尘微粒

（3）随着滤料表面的粉尘层不断累积（图 2－30），这些比较疏松的粉尘层，会使滤料的阻力逐渐上升，此时需进行脉冲喷吹（或反吹风）清灰。

（4）当微孔薄膜滤料进行清灰后，覆合微孔薄膜滤料表面的粉尘几乎全部被清除，滤料的透气能力得以再生（图 2－31）。

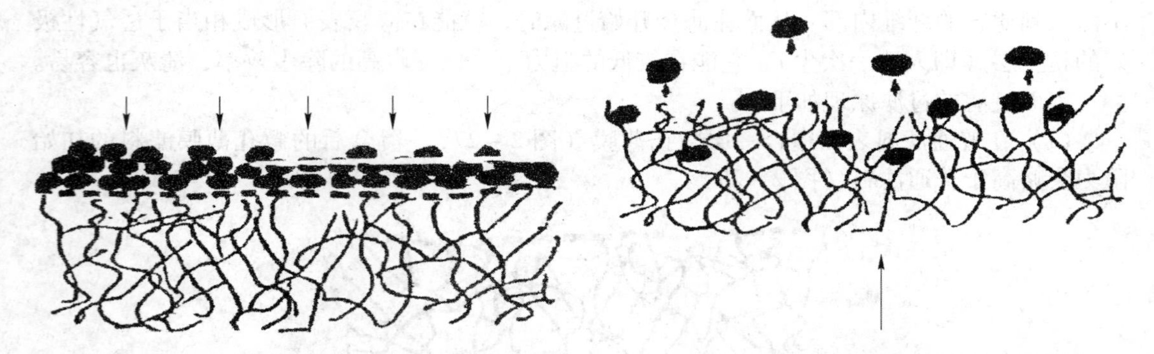

图 2－30　滤料表面粉尘层不断累积　　图 2－31　覆合微孔薄滤料透气能力的再生

覆合后的微孔薄膜滤料称为覆膜滤料（或渗膜滤料），可以实现滤料的表面过滤功能。而在普通滤料表面采用防油防水、PTFE 涂层等滤料表面涂抹处理，以及超细纤维面层等，它们虽能对滤料的过滤性能有所改善，但起不到表面过滤的作用，不能称作为表面过滤，还是一种深层过滤。

3 袋式除尘器的技术特性

3.1 袋式除尘器的特征

袋式除尘装置的特点如下：

（1）净化效率高。对细尘的除尘效率，一般可达99.9%以上，可用于净化要求极高的场合。

（2）适应性强：

1）可捕集各类性质的粉尘，不受粉尘比电阻等性质的影响。

2）适应的烟尘浓度广，可从每立方米数百毫克到上千克。

3）当入口含尘浓度和烟气量波动范围大时，除尘器的净化效率和压力损失也不会有明显的变化。

4）便于回收物料。

5）不需污水处理、无废水污染以及腐蚀等问题。

6）维护简单。

7）可处理300℃以下的高温烟气。

8）在净化“粘结性”强、“吸湿性”强的粉尘，或处理“露点”很高的烟气时，可采取“预喷涂”、“吸附法”、“保温”、“加热”等措施。

（3）规格多样化：

1）处理风量从数百 m^3/h 到数百万 m^3/h。

2）除尘器可制成直接设在室内产尘设备旁的小型机组，还可制成大型袋滤室。

3.2 袋式除尘器的技术参数

3.2.1 处理烟气量

3.2.1.1 处理烟气量的大小

袋式除尘器的处理烟气量，一般可分为大风量、中风量及小风量三种：

大风量　　200000 ~ 5000000 m^3/h（工况）

中风量　　20000 ~ 200000 m^3/h（工况）

小风量　　< 20000 m^3/h（工况）

袋式除尘器的处理烟气量必须满足系统设计要求，并考虑管道漏风系数、系统风量波动，设计中应按最高风量选用袋式除尘器。

3.2.1.2 标况处理风量、工况处理风量

A 标况处理风量

标况处理风量是指气体在标准状态（在绝对压力为101.325kPa及绝对温度为273.15K时的状态）下的处理风量。

标况处理风量在实际应用中是无法通过测试仪表进行标定的。

B 工况处理风量

工况处理风量是指气体实际通过袋式除尘器时（在实际所处的温度和压力状态下）的处理风量。

工况处理风量是指除尘器在实际运行中的风量，这种风量可以通过测试仪表进行测量。为此，袋式除尘器的选型应以工况处理风量为依据。

对于高温烟气，应按其进入袋式除尘器前的实际工况温度折算为工况处理风量（V）来选择袋式除尘器的过滤面积。其折算方法可参阅2.2.1节。

对于处于高海拔、低气压地区，如西藏、昆明等地，其标况处理风量与工况处理风量的折算方法按2.2.1节式（2－2）进行计算，它除考虑气体的温度外，还需考虑气体所处地区的实际大气压力。

3.2.1.3 处理烟气量的几点注意事项

（1）处理烟气量应严格遵守生产工艺提供的参数，并折算到工况处理风量来选用除尘器。

（2）当生产工艺无法提供有关参数时，可采取以下措施解决：

1）通过工艺设备的实际情况，进行计算确定。

2）参考以往类似的应用实例，进行对比确定。

3）现场实际测定。

4）对生产过程有可能发生波动的系统，处理烟气量应留有一定的富裕系数。

3.2.2 烟气温度

3.2.2.1 烟气温度的分类

袋式除尘器的处理烟气温度，一般可分为高温（热）、中温（中）以及常温（冷）三种：

高温（热）　130～280℃

中温（中）　60～130℃

常温（冷）　<60℃

3.2.2.2 烟气温度与除尘器的有关因素

选用袋式除尘器时，必须考虑烟气温度因素。

A 滤料允许的使用温度

滤料的使用温度一般有长期使用温度和瞬间最高温度两种：

（1）瞬间最高使用温度。瞬间最高使用温度是指滤料在运行中，每次不超过十几分钟，但每天只能出现一次，或每天出现几次时，其几次的累计不超过十几分钟的使用温度。

(2) 长期使用温度。长期使用温度是指滤料可在该温度下长期连续使用的温度。

B 选用滤料时应考虑的因素

特别应该注意的是，各种滤料的长期使用温度是单纯从温度角度而言，而在实际选用时，还应考虑各种滤料的其他不利因素：

(1) 如聚酯（涤纶）滤料，其长期使用温度为130℃，但聚酯（涤纶）滤料易水解。因此，当烟气含湿量超过10%时，聚酯（涤纶）滤料的长期使用温度只能达到60℃。

(2) 同样的，对于PPS滤料，其长期使用温度为190℃，但PPS滤料易氧化，它在烟气含O_2或NO_2高时，滤料的强度就会减弱。因此，当烟气含氧量超过8%，或含NO_2超过14.5mg/Nm^{3}时，PPS滤料的长期使用温度只能达到140～160℃。

(3) 对于Nomex®滤料，其长期使用温度为204℃，但由于Nomex®滤料的耐酸性差，因此：

1) 当SO_2含量在50～400ppm范围内，温度在120℃时，滤料强度下降到40%～50%；如果温度提高到180℃，滤料强度即大大减弱；

2) 当烟气中无SO_2时，滤料保持正常强度。

由此可见，对于Nomex®滤料，烟气在无SO_2时，其长期使用温度可采用204℃。但当烟气中含有SO_2时，则应根据其所含SO_2的浓度不同，来降低其长期使用温度，也就是说，如果仍旧使用204℃，Nomex®滤料就无法保持正常的强度，滤料的使用寿命即会缩短，如：

204℃	无SO_2	强度一直保持
180℃	SO_2 50～400ppm	强度产生很大变化
120℃	SO_2 50～400ppm	强度保持约50%

由此看来，滤料的长期使用温度，不能单纯地按滤料的耐温性能来确定，而应该根据各种滤料的耐温、耐水解、耐酸、耐氧化等性能的全面综合考虑，最后确定该滤料的长期使用温度。

3.2.2.3 阿伦纽斯规则

1859～1927年瑞士化学家Svante Arrhenius创建的阿伦纽斯规则（Arrhenius rule）：“烟气温度每降低10℃，其化学反应速度可减少一半”。

3.2.2.4 滤料温度的确定

滤料的选用一般应根据长期使用的温度来选择，同时考虑瞬间最高使用温度的影响，切不可按滤料的瞬间最高使用温度来选择滤料。也就是说，袋式除尘器的烟气应在低于滤料的长期使用温度的状态下，进入除尘器进行过滤运行。

3.2.2.5 处理烟气的最佳温度

在高温烟气袋式除尘器中，除尘器内烟气的最佳温度应维持在180～300℃范围内，其原因有以下几方面：

(1) 由式（2-7）可见，对于任何高温烟气，其酸露点的绝对最高值为186℃。为此，烟气温度在180℃以上的状态下，在任何情况下是不会出现露点的。

(2) 烟气温度高于300℃后将出现以下情况：

1) 纤维滤料无法适应；

2）除尘器的结构将采用特殊处理；

3）对除尘器的配套件也提出了严防的要求；

4）除尘器的工况处理风量将增大，由此袋式除尘器的过滤面积增加、设备庞大、占地大、投资高。

（3）除尘器内的烟气温度应保持高于露点温度10～20℃以上。

3.2.2.6 烟气温度的注意事项

（1）当除尘器入口温度低于露点温度时，应采取以下措施：

1）烟气通过除尘器的紧急旁路管道临时放空；

2）混入热烟气提高除尘器入口烟气温度，这种措施通常会增加工况烟气量；

3）通过热交换器（电加热器或蒸汽加热器）提高除尘器的入口烟气温度；

4）在提高烟气温度的同时，应对入口管道及除尘器本体进行保温；

5）尽量选用防水解的滤料。

（2）当除尘器入口温度高于滤料允许的使用温度时，可采取以下措施：

1）烟气通过除尘器的紧急旁路管道临时放空；

2）在除尘器入口管道上设置冷风阀，混入室外冷空气降低除尘器入口烟气的温度，并应考虑系统风量的适应性；

3）采用管道内喷水或设置喷水降温塔，直接喷水降低烟气温度，此时，应防止过度喷水出现烟气的带水现象；

4）采用烟气冷却器（水冷或风冷）降低烟气温度。

3.2.3 烟气湿度

3.2.3.1 物料湿度与烟气湿度的概念

袋式除尘器设计中物料湿度与烟气湿度是两种概念。

物料湿度是指物料（如矿石、石灰石、煤、飞灰等物质）中含有水分的数量。一般物料湿度在6%～8%以上后，就不会扬尘，也就是说，就不需要用袋式除尘器来除尘。

烟气湿度是指需要用袋式除尘器来净化的气体中含有水分的数量。

烟气湿度对袋式除尘器的影响有以下两点：

（1）烟气中的含湿量越大，其露点温度越高，对除尘器越不利。烟气降到露点温度以下形成结露后，不管采用何种袋式除尘器，或何种滤料（甚至于薄膜滤料），都无法正常运行；反之，烟气中的含湿量再大（甚至于达到80%～90%），只要不降到露点温度，袋式除尘器都可以采取一定措施使之正常运行。

（2）烟气中的含湿量对滤料具有一定的影响。一般含湿量在6%～8%以下时，对任何滤料都不会有影响，含湿量达到10%以上后，有些滤料（如聚酯、Nomex®、P84®等）就会产生水解，从而影响滤料的强度，特别是Nomex®滤料，烟气在一定温度上含湿量达到20%时，滤料的强度将降低一半。具体可查阅本书第6章中袋式除尘器的滤料的各种滤料技术性能图表。

3.2.3.2 烟气湿度与烟气其他参数的关系

烟气湿度对除尘器的影响，最突出的表现在露点温度，除此之外，烟气湿度还与烟气含硫和温度有关。

A 烟气湿度与烟气含硫的关系

一般情况下，单纯含水的烟气露点温度约为 40～60℃，但当含水烟气中带有酸气（SO_2、SO_3），即形成酸露点，其露点温度立即上升。烟气中的含酸（硫）浓度对酸露点温度的反应，比烟气中的含水量要敏感得多，只要烟气中含有一点酸（SO_2、SO_3），其酸露点温度马上升高，甚至于高达 120～130℃，酸露点温度与烟气中的含水与含硫量有关，具体应查阅酸露点温度的计算公式（见式（2－7））或其图表。

B 烟气湿度与烟气温度的关系

烟气在一定的含湿度情况下，达到一定温度时，烟气中的水分达到饱和，形成“机械水”，即产生结露。当高于此温度后，就不会结露。因此，烟气温度与烟气的结露具有密切的关系。

袋式除尘器内的气体湿度，有时不完全受净化烟气本身的影响，而是与周围环境有关。如在间断性运行的生产工艺系统中，在袋式除尘器停运期间，尽管除尘器箱体内部的烟气湿度没有变化，但是，由于停运时间过长，即使对除尘器箱体进行保温，当室外气候变化（降低）时，除尘器箱体内的气体也会冷凝结露，致使滤料上的尘饼板结、灰斗积灰搭桥，在重新开机时，就会影响除尘器的正常运行。为此，在这种情况下，应采取适当措施防止停运期间除尘器产生不利影响。

3.2.3.3 烟气湿度的注意事项

（1）烟气湿度主要应注意烟气中的含水分及其含酸量（H_2SO_4、HCl 等），特别是烟气中的含酸量。

（2）烟气湿度在下列情况下，会对袋式除尘器产生影响：

1）烟气中存在水分（酸气），温度低于露点（酸露点）温度时；

2）烟气中存在水分（酸气），进入除尘器前掺入过多的室外冷空气，使烟气温度低于露点（酸露点）温度后；

3）烟气中含有水分（酸气）时，负压式除尘器会通过除尘器的人孔、检修孔、卸灰阀以及箱体各处不严密处渗入室外冷空气。

（3）含湿烟气度的水露点或酸露点，对袋式除尘器的主要影响是：

1）滤料表面尘饼黏结、阻力升高、滤料寿命缩短、抽风量减少、扬尘点冒烟。

2）除尘器灰斗积尘搭桥，无法排灰；严重时，须振打灰斗排灰（图 3－1），甚至灰斗开洞或卸下卸灰阀捅灰。

3）酸露点会腐蚀滤料及除尘器的箱体、灰斗、花板、袋笼及有关配件。

图 3－1 习惯用大锤敲击灰斗壁板清灰

3.2.3.4 解决烟气结露的措施

（1）减少烟气中的水分（酸气），或采取脱水（脱酸）措施；

（2）尽可能使烟气温度保持在露点（酸露点）温度以上；

（3）采取除尘器保温（伴热），及入口管

道保温措施；

（4）烟气进入除尘器前，采取混入生产工艺的热烟气、电加热器间接加热、蒸汽热交换器间接加热、煤气加热器间接加热等加热措施；

（5）对含湿量较大的烟气，除尘器选用不易水解的滤料，如亚克力、薄膜滤料等滤料。

3.2.4 烟气含尘浓度

3.2.4.1 入口含尘浓度

入口含尘浓度是袋式除尘器中仅次于处理风量的一个重要因素。入口含尘浓度对袋式除尘器产生的影响有以下几方面：

（1）对压力损失和清灰周期的影响。烟气的入口含尘浓度对除尘器的压力损失和清灰周期影响极大。入口含尘浓度增大，会使同一过滤面积上的压力损失随之增加，结果迫使缩短清灰周期，甚至影响系统的抽风效果。

（2）设备的磨损。烟气中含强磨损性的尘粒时，其对设备的磨损量与含尘浓度成正比。

（3）增加预收尘器的设置。当处理烟气的入口含尘浓度极高时，为减少高入口含尘浓度烟气对袋式除尘器运行参数的影响，除尘器前往往需增设各种形式的预收尘器。

（4）实践证明，袋式除尘器可处理1.0～2.0kg/m^{3}入口含尘浓度的烟气。

以往国内外在煤磨系统中，由于气体的入口含尘浓度高达1.0kg/m^3，均采用粗分离器、细分离器两级分离，然后用袋式除尘器进行尾气处理，以达到既回收煤粉，又使尾气排放达标的目的。经过多年的实践经验，目前在煤磨系统中，已取消粗分离器、细分离器，直接用袋式除尘器一级即可实现回收煤粉及排放达标。

据国外报道，实用上也有入口含尘浓度在2.0kg/m^{3}左右，而不设预收尘器的袋式除尘器。

（5）提高排灰装置的能力。高入口含尘浓度烟气直接关系到袋式除尘器排灰装置的能力的提高。

3.2.4.2 出口含尘浓度

出口含尘浓度（即排放浓度）必须满足国家环保标准所规定的要求。

A 袋式除尘器的出口含尘浓度

袋式除尘器的出口含尘浓度与处理烟气的特性、烟尘特性、除尘器形式及设计参数、滤料性质等有密切关系。

国内对袋式除尘器的出口含尘浓度，从一开始的150mg/Nm^{3}以下，提高到50mg/Nm^{3}以下。目前，由于环保对烟气排放总量控制，大部分地区和企业要求袋式除尘器的出口含尘浓度达到30～50mg/Nm^3。对于重点行业的重点地区，袋式除尘器的出口含尘浓度已要求达到20mg/Nm^{3}以下。

对于含有铅、镉等有害物质的烟气，其要求排放浓度更低，袋式除尘器在精心设计下，能满足环保要求。

B “平均浓度”和“瞬间浓度”

出口含尘浓度应特别注意“平均浓度”和“瞬间浓度”之间的区别。

a 平均出口含尘浓度

平均出口含尘浓度是指滤料在过滤时，随着滤料表面粉尘量的不断增多，收尘效率不断提高，出口含尘浓度不断减少时的出口含尘浓度。

图 3－2 表示累积收尘率（按平均浓度计算的收尘率）随着滤袋（毡类滤料）上沉积灰尘量的增加而增高的倾向。

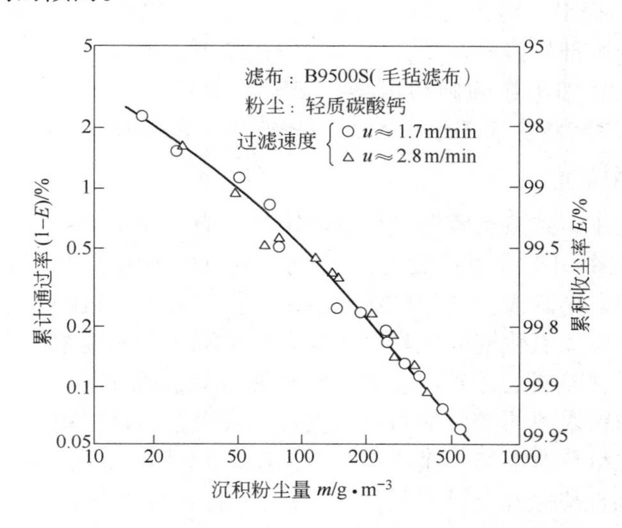

图 3－2 累积收尘效率与沉积粉尘量的关系

b 瞬间出口含尘浓度

瞬间出口含尘浓度是指滤料在每次清灰之后（即重新开始过滤时），由于滤料表面的一次尘总会受到一些影响时的出口含尘浓度，此时，其出口含尘浓度可达平均出口含尘浓度值的 10～1000 倍。

图 3－3 表示毡类滤料的累积收尘率与瞬间收尘率之间相差的情况。

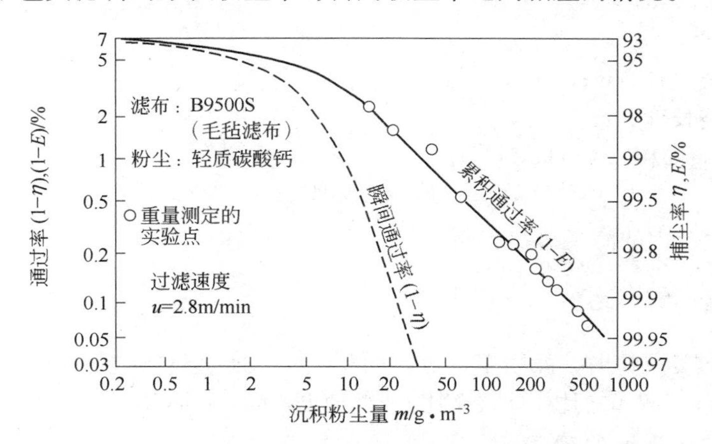

图 3－3 累积收尘率与瞬间收尘率的比较

C 排放浓度的注意事项

（1）袋式除尘器的排放浓度必须严格遵守国家规定的有关标准。

（2）袋式除尘器用于工艺流程中，作为回收煤气（如钢铁厂高炉煤气净化）、回收成品（如炭黑回收、医药厂等）时，则应根据工艺要求进行确定。国内目前高炉煤气干法净化袋式除尘器的净化后的煤气含尘浓度可达5mg/Nm^{3}以下。

（3）对具有毒性的尘粒（如铅、铍等），其排放浓度要求极为严格，袋式除尘器设计中应采取一些特殊措施。

（4）目前国际上提出，对排出的烟气重点要解决微粒控制。特别是对小于0.3μm的微细尘粒，它被吸入肺部后容易沉淀，一旦残留在肺部，会对人体产生不利的影响。

国际上目前尚无微细尘粒的确切定义，美国通常将5μm以下的微粒称为微细尘粒；我国《GB 3095—2012》将小于等于2.5μm（PM2.5）颗粒物作为细颗粒物。

D 排放浓度的测定

在排放浓度测定中，除按正常测试规定测定外，尚应注意以下两点：

（1）测定时，应密切配合生产工艺。如中、小型炼钢电弧炉，每炉钢的冶炼分熔化期、氧化期及还原期三个阶段，其中氧化期散发的烟气最大，还原期散发的烟气最小。因此，排放浓度的测定应以氧化期冶炼阶段为准，否则测定的排放浓度就不够确切。

（2）测定时，除密切配合生产工艺外，还应观察袋式除尘器的运转状态。由于除尘器在刚喷吹清灰后，滤料表面的二次尘剥落，仅剩一次尘；而且，由于一次尘的尘饼尘粒大小组成不均，以及滤料孔隙不匀，或者喷吹（反吹风）清灰过于激烈，致使清灰后一次尘会产生一些孔隙（国外称穿孔（pin hole））。此时，在恢复烟气过滤时，就会降低滤料的过滤效率，烟气的排放浓度会暂时升高。

鉴于此，排放浓度的测定应在袋式除尘器正常过滤时测定，不能在喷吹（或反吹风）清灰时测定，这样才能真正反映出除尘器的真实情况。否则，测定的排放浓度是不确切的。

3.2.5 过滤面积

单条滤袋的过滤面积（f，m^2）：

$$f = \pi DL \tag{3-1}$$

式中 D——滤袋直径，m；

L——滤袋长度，m。

除尘器总过滤面积（F，m^2）：

$$F = nf \tag{3-2}$$

式中 n——除尘器内的滤袋总数，条。

3.2.6 过滤风速（气布比）

袋式除尘器过滤气体时，滤袋单位过滤面积（m^2）所透过的气量（m^3/h），称为过滤风速（v_f），也称烟气与滤布之比（即气布比）或面速度（face velocity），其单位以m/min表示。

3.2.6.1 过滤风速的确定

根据国内外实践证实，过滤风速无法通过计算确定，只有通过实际使用经验的积累和总结而得。

过滤风速（v_f）是衡量袋式除尘器性能的重要指标，也是确定除尘器规格大小的关键指标，一般可按下式计算：

$$v_f = \frac{Q}{60A} \tag{3-3}$$

式中 Q——袋式除尘器处理风量，m^3/h；

A——袋式除尘器过滤面积，m^2。

过滤风速可以采取以下方式确定：

（1）根据各行业含尘烟气的不同工况，将长期运行中积累起来的有效过滤风速参数，作为日后过滤风速选定的依据。表3-1给出部分经验数据（仅供参考）。

表3-1 袋式除尘器的过滤风速（仅供参考）

粉尘种类	常用过滤风速/m·min⁻¹			粉尘种类	常用过滤风速/m·min⁻¹		
	振打式	脉冲式	反吹式		振打式	脉冲式	反吹式
氧化铝	0.8~0.9	1.5~2.0	0.5~0.6	皮革粉尘	0.7~0.9	1.5~2.5	
石棉	0.9~1.1	1.5~2.0		石灰	0.5~0.6	1.3~1.6	0.7~0.9
铝土矿	0.8~1.0	1.7~2.0		石灰石	0.7~0.9	2.0~2.5	0.8~1.0
炭黑		0.5~0.6	0.3~0.4	云母	0.7~0.9	1.5~2.5	0.8~1.0
煤	0.5~0.7	1.6~2.0	0.9~1.0	颜料	0.8~0.9	2.1~3.4	0.6~0.7
可可粉、巧克力	0.9~1.0	1.5~2.0	0.8~1.0	纸	0.7~0.9	1.5~2.5	0.7~0.9
黏土	0.5~0.7	1.5~2.5	0.7~1.0	塑料制品	0.6~0.8	1.2~2.0	0.8~1.0
水泥	0.5	1.2~1.4	0.4~0.6	石英	0.6~0.8	1.5~2.5	0.8~1.0
化妆品	0.5~0.6	1.5~2.5	0.9~1.0	岩石粉	0.7~0.9	1.5~2.0	0.8~1.0
搪瓷玻璃料	0.5~0.6	1.2~2.5	0.9~1.0	砂	0.6~0.8	1.5~2.5	0.8~1.0
饲料、谷物	0.7~0.9	1.5~2.5		锯末	0.7~0.9	1.5~2.5	0.9~1.0
长石	0.7~0.9	1.2~2.0	0.9~1.0	硅石	0.7~0.9	1.2~2.0	0.8~1.0
肥料	0.9~1.1	1.2~2.0	0.9~1.0	板岩	0.8~0.9	1.5~2.5	0.9~1.0
面粉	0.9~1.1	3.0~3.5	0.9~1.0	肥皂洗涤剂	0.6~0.8	1.5~1.8	0.8~0.9
石墨	0.6~0.8	1.5~1.8	0.8~1.0	香料	0.6~0.8	1.5~2.5	0.8~1.0
石膏	0.6~0.8	1.5~2.5	0.9~1.0	淀粉	0.7~0.9	1.2~2.0	0.8~1.0
铁矿石	0.7~0.9	1.5~2.5	0.8~1.0	糖	0.6~0.8	1.5~2.0	0.8~1.0
氧化铁	0.7~0.9	1.2~2.0	0.9~1.0	滑石粉	0.6~0.8	1.5~2.0	0.8~1.0
硫酸铁	0.5~0.7	1.2~2.0	0.8~1.0	烟草	0.8~0.9	1.5~2.5	0.8~1.0
氧化锌	0.6~0.8	1.5~1.8	0.4~0.5				

注：表中所列数据是以物质的一般粒径、形状特性和低中等含尘量为基准。

美国MikroPul公司根据其自身在脉冲喷吹袋式除尘器中积累的经验，开发出一种供其内部使用的方程式，该方程式的组成因素包括产尘点的工艺、烟尘类型、烟气温度、烟尘粒度、烟气入口含尘浓度。通过这五个因素的乘积，即可选定除尘器的规格大小。

（2）在正在运行的同类生产工艺系统中，引出一股气流，设置一套试验装置，并改变其过滤风速，寻求最佳结论，以供设计选用。试验装置应运转较长的时间，以取得在长期运行中具有代表性的数据，一般通常是几个月，有时可能较短，为几个星期。

据美国资料报道，脉冲喷吹袋式除尘器采用毡料滤袋时的过滤风速，可以为反吹风袋式除尘器采用机织布滤袋时的1.5~3.0倍。

3.2.6.2 各类袋式除尘器的过滤风速范围

振动式 0.6～1.8m/min

反吹风式 0.3～1.2m/min

脉冲式 0.6～4.5m/min

3.2.6.3 过滤风速的特性

A 全过滤风速与净过滤风速

全过滤风速（又称粗过滤风速，gross net air－to－cloth ratio）是指进入除尘器的总风量与总过滤面积之比。

净过滤风速（net air－to－cloth ratio）是指当一个室离线清灰或维修时，进入过滤器的总风量与除尘器净过滤面积之比。

B 过滤风速的有关因素

过滤风速与清灰方式、粉尘特性、入口含尘浓度、气体温度、滤料特性及设备阻力等因素有密切关系。

过滤风速（v_f）的大小也与除尘器选型、除尘效率、设备阻力、占地面积以及设备投资有密切关系。过滤风速大，除尘器规格小、除尘效率低、设备阻力高、占地大、投资多；过滤风速小，除尘器大、效率高、阻力低、占地小、投资少。

a 过滤风速与清灰方式的关系

由表3－1可见，机械振动和反吹风清灰采用的过滤风速较低，因此，除尘器所需外形尺寸大些。有时候采用两者组合清灰时，可提高过滤风速，以提高除尘器的除尘效率。

脉冲喷吹和气环反吹清灰除尘器中可采用较高的过滤风速。

b 过滤风速与清灰周期的关系

如清灰周期设定较长，则过滤风速应取较低值；反之，可取较高值。

c 过滤风速与粉尘特性的关系

粉尘特性中的粒度、密度、温度以及黏性等因素，对袋式除尘器的过滤风速影响最大。

同一种袋式除尘器的过滤风速，会因粉尘特性的不同而有很大的差异。一般粒度越细、密度越小、黏性越大的粉尘，清灰就越困难，其过滤风速越小；反之，粒度粗、密度大、黏性小的粉尘，清灰就容易些，其过滤风速可选大些。

d 过滤风速与入口含尘浓度的关系

滤料上粉尘的堆积负荷（m）是时间的函数，入口含尘浓度越高，其粉尘堆积负荷（m）增长越快，清灰也越频繁。为了使清灰不致于太频繁，在入口含尘浓度较高时，其过滤风速应选低些。

过滤风速（v_f）与堆积负荷的关系如图3－4所示。

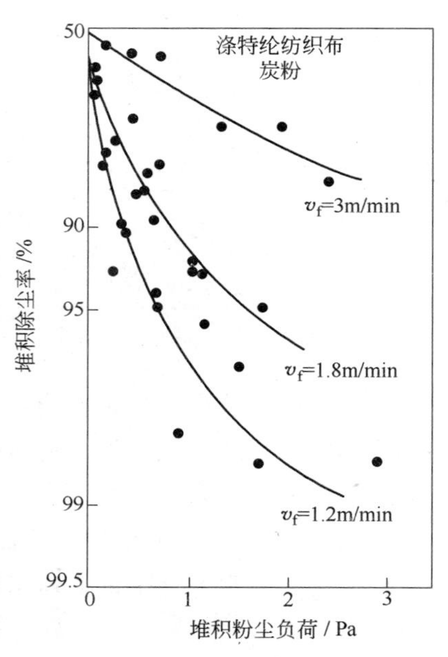

图3－4 过滤风速与粉尘堆积负荷的关系

e 过滤风速与气体温度的关系

一般处理高温气体时的过滤风速应低于处理常温气体。

f 过滤风速与滤料特性的关系

由于机织布滤料的孔隙率为30% ~60%，针刺毡滤料可达70% ~80%，因而在过滤风速相同时，气体穿过针刺毡滤料的实际流速，只有机织布滤料的1/2左右；而且，针刺毡滤料的孔隙细而弯曲，具有比机织布滤料高得多的除尘效率，因而允许采用较高的过滤风速。

根据国内长期运行的实践经验证明，对于化纤滤料，机织布适用于机械振打及反吹风袋式除尘器，其过滤风速一般取0.2 ~1.0m/min范围内，最高不超过1.3m/min；针刺毡则可适用于机械振打、反吹风及脉冲喷吹各类袋式除尘器，其过滤风速范围比较广，甚至每分钟可达好几米。

表3 -2为南京玻璃纤维研究院第七研究所对玻璃纤维滤料过滤风速的推荐数据。

g 过滤风速与除尘器类型的关系

	过滤风速
反吹风袋式除尘器	0.3 ~1.2m/min（1 ~4ft/min）
振动式袋式除尘器	0.6 ~1.8m/min（2 ~6ft/min）
脉冲喷吹袋式除尘器	0.6 ~4.5m/min（2 ~15ft/min）

h 过滤风速与设备阻力的关系

各种袋式除尘器推荐的过滤风速都是以维持一定设备阻力作为前提的，过滤风速过高，必将使除尘设备的阻力升高；反之，欲使设备阻力降低，则应选用较低的过滤风速。

图3 -5给出压力降与气布比（G/C）的关系。

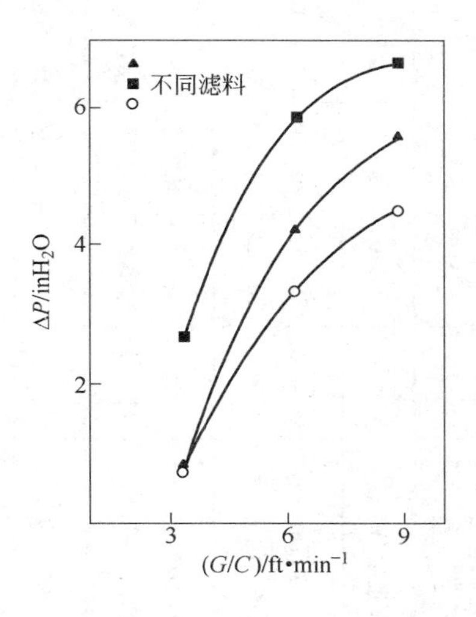

图3 -5 压力降与气布比（G/C）的关系

（1inH$_2$O =248.9Pa，1ft/min =0.3m/min）

表3-2 典型玻璃纤维过滤材料性能表

性能指标		玻纤布								玻纤膨体纱					玻纤针刺毡
		CWF300 CWF300A	CWF450 CWF450A	CWF500 CWF500A	EWF300 EWF300A	EWF350 EWF350A	EWF500 EWF500A	EWF600 EWF600A	EWTF500 EWTF500A	CWTF600	CWTF750	EWTF550 EWTF550A	EWTF650	EWTF800	$ENW_9-1050-1$
单位面积质量/$g\cdot m^{-2}$		≥300	≥450	≥500	≥300	≥350	≥500	≥600	≥450	≥550	≥660	≥480	≥600	≥750	1050±100
断裂强度/$N\cdot 25mm^{-1}$	经	≥1500	≥2250	≥2250	≥1600	≥2400	≥3000	≥3000	≥2100	≥2100	≥2100	≥2600	≥2800	≥3000	≥1400
	纬	≥1250	≥1500	≥2250	≥1600	≥1800	≥2100	≥3000	≥1400	≥1800	≥1900	≥1800	≥1900	≥2100	≥1400
断裂强度/MPa		>2.4	>3.0	>3.5	>2.9	>3.1	>3.5	>3.8	>3.5	>3.9	>4.7	>4.4	4.5	>4.9	>3.9
透气量/$cm^3\cdot(cm^2\cdot s)^{-1}$ 后缀A产品的透气性		35~45 10~20	35~45 10~20	20~30 20~30	35~40 10~20	35~45 10~20	35~45 10~20	20~30 20~30	35~45 10~20	35~45	30~40	35~45 35~45	30~40	25~35	15~30
织物结构 (后缀A产品的织物结构)		斜纹 破斜纹	斜纹 破斜纹	纬二重 纬二重	斜纹 破斜纹	斜纹 破斜纹	斜纹 破斜纹	纬二重 纬二重	斜纹 纬二重	纬二重	纬二重	斜纹 斜纹	纬二重	纬二重	针刺毡
处理剂配方		FCA(用此配方处理的滤布的工作温度小于180℃)、PSi、FS_2、FQ、RH													
长期工作温度/℃		<260			<280				<260			<280			<280
适用清灰方式		反吹风清灰					反吹风清灰、回转反吹风清灰、机械振打清灰、脉冲清灰								脉冲清灰
过滤风速/$m\cdot min^{-1}$		≤0.40	≤0.45	≤0.50	≤0.40	≤0.45	≤0.50	≤0.55	≤0.50	≤0.55	≤0.70	≤0.55	≤0.65	≤0.8	≤1.0

注：1. FCA系列配方：长期使用温度在180℃以下，具有良好的疏水性，适用于含湿量较高的工业烟气净化，如水泥磨机、各种物料烘干机等。

2. PSi系列配方：长期使用可达280℃，适用于炭黑、水泥立窑、燃煤锅炉等高温烟气粉尘过滤。

3. FS_2系列配方：工作温度不大于280℃，适用于冶炼行业的高炉、转炉、电炉等扬尘点的烟气粉尘治理。

4. FQ系列配方：工作温度在260℃以下，具有一定疏水性及耐腐蚀性，如水泥旋窑、炭黑等烟尘治理。

5. RH系列配方：具有良好的耐酸性、疏水性，耐高温280℃，适合于处理含酸性成分、温湿度波动大的烟尘粉尘。

3.2.7 上升速度

上升速度，国外又称 can speed（嵌速度），如图 3－6 所示，当含尘气流从灰斗进入除尘器后，该气流在滤袋底部的孔隙面积中向上流动的速度称为上升速度。

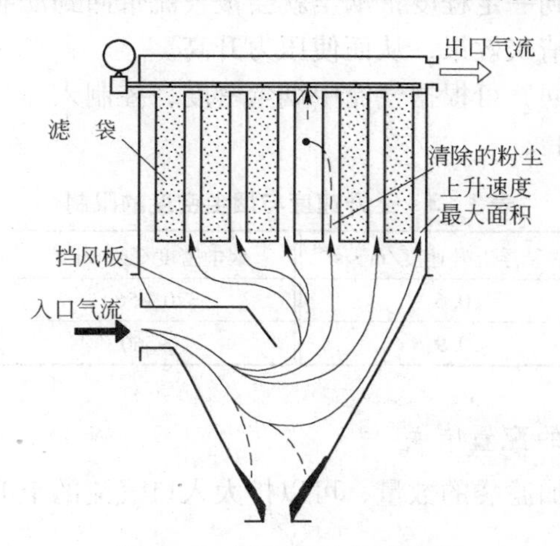

图 3－6 除尘器的上升速度

在上升速度高到一定程度时，滤袋清除的粉尘被上升气流带回到滤袋表面，增加滤袋的过滤负荷，提高滤袋过滤阻力，这称为上升速度再返回。

3.2.7.1 上升速度的计算

上升速度等于烟气量除以垂直于烟气流动方向的滤袋之间空间的总面积，其表达式如下：

$$v = \frac{Q}{A} \tag{3-4}$$

式中 v——上升速度，m/s；

Q——烟气量，m^3/s；

A——滤袋之间空间的总面积，m^2，A 由下式计算：

$$A = A_1 - A_2 \tag{3-5}$$

A_1——垂直于气流方向的箱体总面积，m^2；

A_2——垂直于气流方向的滤袋总投影面积，m^2。

3.2.7.2 上升速度的特征

A 上升速度与除尘器清灰方式有关

除尘器在线清灰时容易产生上升速度再返回，离线清灰时不存在上升速度再返回。

B 上升速度与除尘器进风方式有关

除尘器在灰斗进风（见 4.2.1 节）时容易产生上升速度再返回，一般设有挡板的中箱体进风（见 4.2.2 节）及直通均流式进风（见 4.2.3.1 节），可使进口气流上下分流，就不会产生上升速度再返回。

C 上升速度与过滤速度有关

除尘器在一定处理风量情况下，上升速度的大小与过滤速度的取值有关，过滤速度取值越大则上升速度越大，反之则越小。

D 上升速度与烟尘密度有关

由于气流的上升速度与滤袋表面清下的烟尘是逆向流动，因此在烟尘较细、比重较轻时，一旦气流上升速度高到一定程度，烟尘就会被气流带回到滤袋表面，产生上升速度再返回，它会影响除尘器的清灰效果，从而使压力升高。

为防止上升速度再返回，可根据气流中烟尘密度，控制入口气流的上升速度，使其限制在表 3－3 所示的范围内。

表 3－3 上升速度与烟尘密度的限制

烟尘密度/$kg \cdot m^{-3}$	烟尘的悬浮上升速度/$m \cdot s^{-1}$	烟尘密度/$kg \cdot m^{-3}$	烟尘的悬浮上升速度/$m \cdot s^{-1}$
<160	<0.6	320～560	<1.2
160～320	<0.9	>560	<1.5

E 上升速度与滤袋的配置有关

缩短滤袋的长度，增加滤袋的数量，可以扩大入口气流的上升流通面积，降低上升速度，防止上升速度再返回。

示例（图 3－7）：

花板编号	A	B
花板面积	0.34m^2	0.65m^2
滤袋数量	9	18
滤袋规格	ϕ114mm×4.88m	ϕ114mm×2.44m
滤袋投影面积	0.01m^2/条	0.01m^2/条
滤袋总截面积	0.09m^2	0.18m^2
烟气量	2570m^3/h	2570m^3/h
过滤风速	2.7m/min	2.7m/min
气流上升截面积	0.25m^2	0.47m^2
上升速度	2.86m/s	1.52m/s

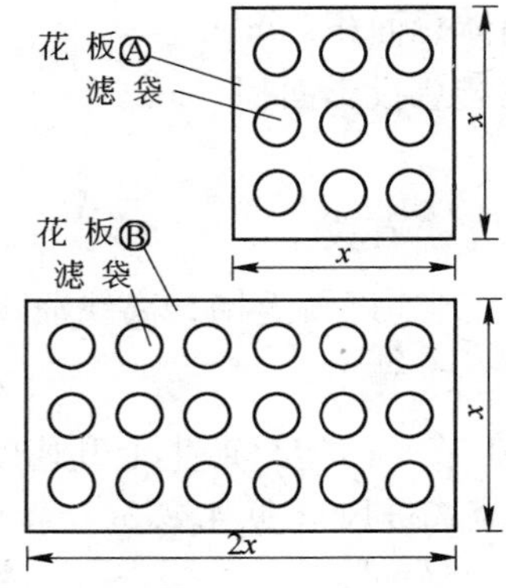

图 3－7 缩短滤袋长度，增加滤袋数量，扩大上升速度的总面积

由上例可见：

（1）上升速度再返回与烟气量、过滤风速无关。

（2）当上升速度过高时拉开滤袋之间距离，并非理想措施。

（3）除尘器在追求长袋时，应充分考虑其对上升速度再返回的影响。

（4）采取缩短滤袋长度，增加滤袋数量，以扩大气流上升截面积，降低上升速度，可防止上升速度再返回。

3.2.8 压力降及滤料阻力系数（Drag）

3.2.8.1 除尘器的压力降（ΔP）

袋式除尘器的压力降（ΔP）俗称设备阻力，是指袋式除尘器入口法兰到出口法兰之间的压力降。

A 除尘器压力降（ΔP）的组成

袋式除尘器的压力降（ΔP）与除尘器结构、滤布种类、粉尘种类、粉尘性质及粉尘层特征、清灰方式、过滤方式、气体温、湿度等因素有关。

袋式除尘器的压力降（ΔP）一般包括结构阻力（ΔP_c）、滤料阻力（ΔP_f）和粉尘层阻力（ΔP_d）三部分：

$$\Delta P = \Delta P_c + \Delta P_f + \Delta P_d$$

a 结构阻力（ΔP_c）

结构阻力（ΔP_c）是指气流从除尘器入口进入后直至除尘器出口排出之间所产生的阻力，俗称法兰到法兰的压力降。其中包括除尘器内部的进风口、挡板、花板、引射器及出风口等的阻力。

各种不同大小和类别的袋式除尘器，其结构阻力均不相同。在同一台除尘器中，除尘器的结构阻力随过滤速度的增高而增大。

在除尘器结构设计中应尽可能减少这部分阻力。正常情况下，除尘器的结构阻力约为500~900Pa。当除尘器采用直通式进出口时，结构阻力（ΔP_c）会适当降低（约为300Pa左右）。

b 滤料阻力（ΔP_f）

滤料阻力（ΔP_f）是指未附着粉尘的清洁滤料的阻力，一般比较小，约为30~50Pa。

对于清洁滤料，实用时常以滤料的透气度指标表示其阻力。

透气度是指滤料两侧施加127Pa（12.7mmH_2O）压差时，单位时间流过的气流体积。滤料的透气度越小，滤布的压力损失（或阻抗）越大。因此，透气度大的滤料，其清灰效果比透气度小的滤料要好。

气体在滤布中的流动是属于层流，其压力损失（mmH_2O）可用下式表示：

$$\Delta P_f = \zeta_0 v_f \mu / g_c \qquad (3-6)$$

式中 ζ_0——滤布的阻力系数，1/m，一般为10^7/m左右；

v_f——过滤风速，m/s；

μ——气体的黏性系数，kg/(m·s)；

g_c——重力换算系数，kg·m/s^2。

各种滤料的滤料阻力特性为：

（1）一般长纤维滤料的滤料阻力高于短纤维滤料；

（2）机织布滤料的滤料阻力高于针刺毡滤料；

（3）较重的滤料阻力高于较轻的滤料。

清洁滤料的阻力在除尘器中一般都不被重视（即可忽略不计），这是因为：

（1）由于清洁滤料的滤料阻力值较低，相对于除尘器压力降的影响是极其微小的；

（2）而且清洁滤料始终是在附着、堆积粉尘情况下工作的，因此，在除尘器中，清洁滤料是不会独立存在的。

c 粉尘层阻力（ΔP_d）

滤料的粉尘层阻力（ΔP_d）一般是与气体的含尘浓度、粉尘粒度、气体性质和气流的过滤速度等有关。

粉尘层阻力一般应控制在500～1500Pa范围内。

粉尘层阻力（mmH_2O）可按式（3－7）计算：

$$\Delta P_d = \zeta_d \mu v_f / g_c = \alpha m \mu v_f / g_c \tag{3-7}$$

式中 ζ_d——粉尘层的阻力系数，取$10^8 \sim 10^{11}$/m；

α——粉尘的比阻力，m/kg，取$10^9 \sim 10^{12}$m/kg；

m——粉尘层负荷，kg/m²，一般为0.1～1.0kg/m²；

v_f——气流过滤风速，m/min。

粉尘层负荷（m，kg/m²）可按下式确定：

$$m = C_1 v_f t \tag{3-8}$$

式中 C_1——气体的含尘浓度，kg/m³；

t——滤袋的清灰周期，min。

粉尘的比阻力（α）通常不是常数，它与粉尘层负荷（m）、粒径（d_p）、粉尘层孔隙率（ε）及滤料特性有关，如图3－8所示。

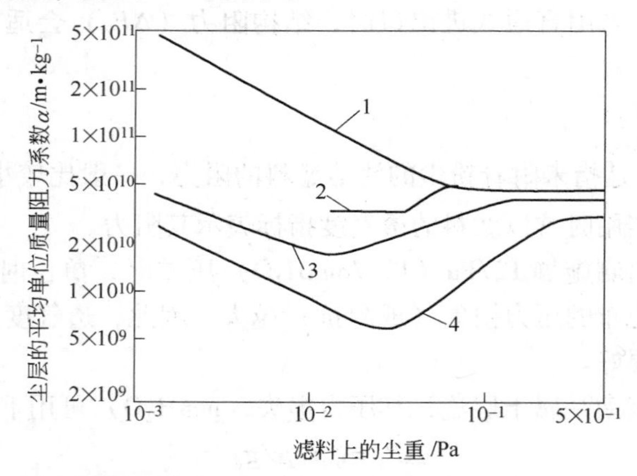

图3－8 滤料的平均α值（v_f＝0.6～6m/min时）

1—长丝滤料；2—光滑滤料滤；3—机织布；4—208绒布

B 含尘滤料（脏滤料）阻力（$\Delta P_f + \Delta P_d$）

清洁滤料阻力一般都比较小，阻力小意味着滤料孔隙大，粉尘容易穿透，除尘效率也很低。因此，袋式除尘器只有在滤料积聚了粉尘层后，才具有高的除尘效率。

一般情况下，新滤袋刚开始运行时，其滤料本身的阻力增加较快，在1个月内逐步趋于稳定。过1个月后，虽然不断增加，但其增长就比较缓慢，多数接近拟定值。

含尘滤料（脏滤料）的压力损失随粉尘在滤袋上的捕集而增加，一般，当压力损失超过1000～2000Pa后，考虑到滤布的强度和孔隙的堵塞（堵塞后压力损失就不能恢复），以及风机的经济性等方面的原因，滤料即应停止过滤，进行清灰。

一般，滤料的运行都是在表面堆积了粉尘层的状态下进行的，其堆积的粉尘层构造是随时间而变化的。一般经过半年或一年后，其压力损失会变大，当压力损失增到很大时（即形成滤布的堵塞），就需要更换滤袋。

表3－4为滤袋在不同粉尘负荷下的含尘滤料（脏滤料）阻力，图3－9为毡类滤料在捕尘时的阻力特性。

表3－4　不同粉尘负荷的滤袋过滤阻力

过滤风速 /m·min^{-1}	滤袋粉尘负荷/g·m^{-2}					
	100	200	300	400	500	600
	过滤阻力/Pa					
0.5	300	360	410	460	500	540
1.0	370	460	520	580	630	690
1.5	450	530	610	680	750	820
2.0	520	620	710	790	880	970
2.5	590	700	810	900	1000	—
3.0	650	770	900	1000	—	—

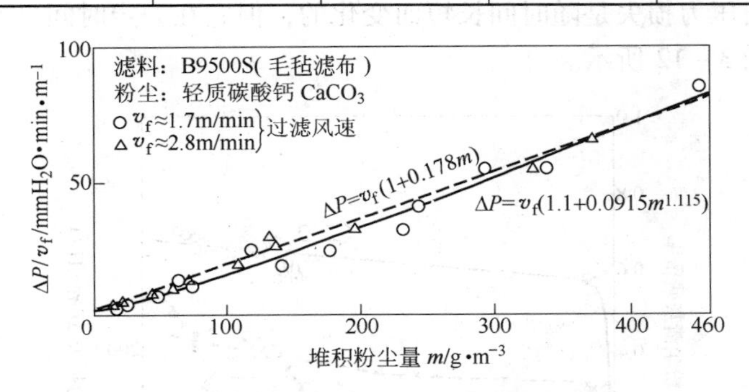

图3－9　毡类滤料在捕尘时的阻力特性

C　除尘器压力降（ΔP）的特性

a　除尘器的压力损失与过滤风速的关系

除尘器压力损失与过滤风速的关系如图3－10所示。由图中可见：

（1）随着过滤风速的增大，含尘滤料阻力呈上升趋势，当含尘滤料阻力达到预定值时，就需要对滤料进行清灰处理。

（2）由于清灰后的滤袋仍需残留一些附着粉尘层，为此滤料的清灰不能清得太彻底。一般清灰后的含尘滤料阻力只能降到清灰前阻力的20%～80%，以免影响滤料的一次尘的完整保留。然而，清灰不彻底，附着粉尘层即成斑点状，如继续滤尘，压力损失就会急剧上升。

堆积粉尘负荷与压力损失的清灰特性如图3－11所示。

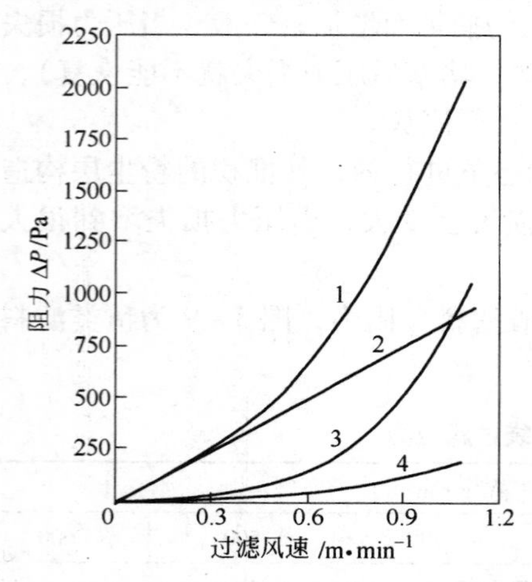

图3－10 压力损失与过滤风速的关系

1—总阻力；2—滤料与剩余粉尘的阻力；

3—粉尘层阻力；4—除尘器出入口阻力

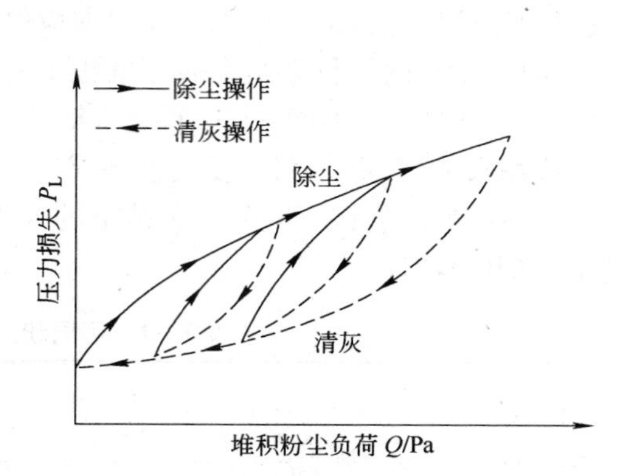

图3－11 堆积粉尘负荷与压力损失的清灰特性

b 滤袋压力损失的增长

一般情况下，滤袋的压力损失在安装后增长较快，但在1个月后即趋稳定，以后虽有增长，但比较缓慢，多数近似地为定值。

清灰残留率与压力损失是随时间长短而变化的，但它在一定时间（约1个月左右）后即趋于稳定，如图3－12所示。

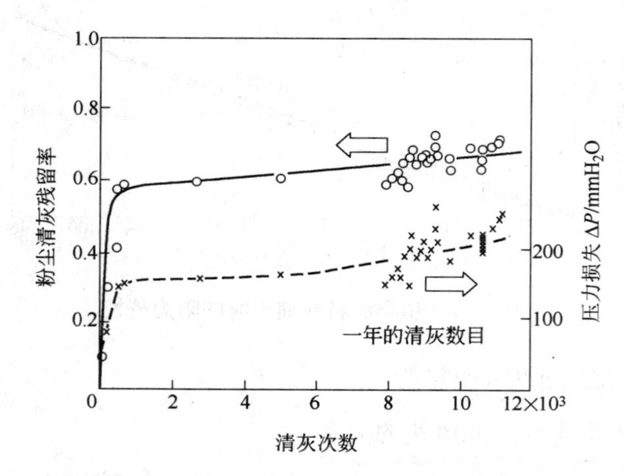

图3－12 随时间变化的清灰残留率与压力损失曲线

3.2.8.2 Drag（D_P）

A Drag（D_P）的含义

Drag是国外评价含尘滤料的滤料阻力（压力降）的一种指标系数，可理解为是含尘滤料的一个阻力系数。

Drag（阻力系数）是通过实践经验积累起来的一个系数，代表符号为 S。

Drag 是滤料的压力降，或是花板的压力降（ΔP）除以气布比（G/C），其公式为：

$$S=\frac{\Delta P}{v_{\mathrm{f}}}\rightarrow S=K_1+K_2W \tag{3-9}$$

式中 S——滤料的 Drag（阻力系数）；

ΔP——袋式除尘器花板的压力降，Pa；

v_{f}——除尘器的过滤风速，是指袋式除尘器每 1m^2 滤袋表面积上透过的 m^3/min 烟气量，m/min；

K_1，K_2——根据经验取得。

由于通过滤袋的烟气中均含有一定量的灰尘，因此，过滤风速越高，通过滤袋的烟气量越多，滤袋表面的灰尘堆积就越多。但是，实质上，过滤风速的真正含义应该是代表滤袋表面积聚的灰尘的多少，也就是说，过滤风速越高，滤袋表面的灰尘堆积越多。所以，过滤风速应理解为除尘器滤袋表面粉尘的负荷，它直接关系到除尘器的压力降（ΔP）。

B Drag（D_{P}）的类型

滤料的压力降和有关的 Drag（阻力系数），它们至少有三个类型。

（1）剩余值：滤料的剩余值是出现在滤料清灰后，它的含义是在滤料清灰完毕后滤料表面所剩余的灰尘值。

（2）平均值：滤料的平均值是指滤料在清灰前保持的滤料的压力降。

（3）峰值：滤料的峰值是风机所能承受的最高值。

C Drag（D_{P}）的特性

滤料的 Drag（阻力系数）S 可以理解为除尘器的压力降（ΔP）与除尘器滤袋表面灰尘负荷的比例关系，一般可用图 3－13 表示。

在图 3－13 中，纵坐标表示 Drag（阻力系数）S，它是压力降（ΔP）除以速度 v_{c}（即式（3－8））；横坐标表示灰尘负荷，或者说是滤料表面所积聚的尘饼。

滤料在清灰后开始过滤，过滤循环经过一段时间，慢慢地在滤料表面形成一层尘饼。刚开始时，Drag（阻力系数）增加极为迅速，过后，等到尘饼均匀地形成时，即达到一个正常的比例，图 3－13 中的斜线即为尘饼系数（K_2），它在清灰时即会被剥离。

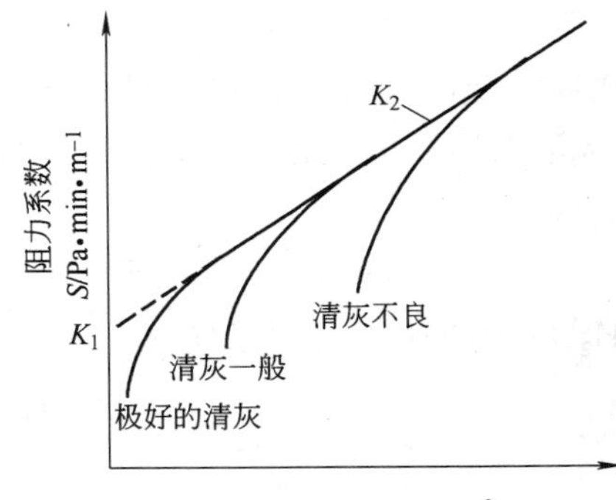

图 3－13 滤料的 Drag（阻力系数）与灰尘负荷比的图表

由此可见，Drag（阻力系数）S 是表示除尘器的阻力（ΔP）与过滤风速（v_{c}）之间关系的一个系数。它是通过对除尘器在不同特性的烟气（如炼钢电弧炉烟气、燃煤锅炉烟气、石灰窑烟气、水泥窑尾烟气等）及在使用不同滤料（化纤、玻纤、覆膜滤料、机织布、针刺毡等滤料）的实践下，长期积累起来的除尘器阻力（ΔP）与过滤风速（v_{f}）的数据所计算求得的 Drag（阻力系数）S 值，由此就可以具有一整套完整的过滤各种不同烟气时的 Drag（阻力系数）S。通过这个 Drag（阻力系数）S，在日常设计中，就不用进行理论计算（理论计算也不一定准确），就可以容易地利用Drag（阻力系数）S求得在设定的过滤风速（v_f）情况下的除尘器阻力（ΔP），或者在除尘器要求达到一定的阻力（ΔP）时，应采用的过滤风速（v_f）。

例如，美国通过对玻纤覆膜滤料在炼钢电弧炉烟气中的Drag（阻力系数）的长期积累，取得$S=110$。也就是说，过滤风速$v_f=1\text{m/min}$时，其滤料的阻力$\Delta P=110\text{mmH}_2\text{O}$，因此在过滤风速$v_f=1.2\text{m/min}$时，其滤料的阻力$\Delta P=132\text{mmH}_2\text{O}$；换言之，如果滤料的阻力$\Delta P$希望控制在$150\text{mmH}_2\text{O}$以下的话，则过滤风速（$v_f$）就应采用：

$$v_f=\frac{\Delta P}{S}=\frac{150}{110}=1.36\ (\text{m/min})$$

因此，Drag（阻力系数）S是除尘系统设计中，确定除尘器阻力的一个简便的、实用的、有效的系数，它是国外提出的一种确定滤料阻力的方法，值得借鉴，并根据我国的实际情况，通过长期的实践积累总结后，提出我国自己的Drag（阻力系数）S。

3.2.8.3 影响除尘器压力降的主要因素

影响除尘器阻力的主要因素有以下几个方面：

（1）袋式除尘器的设备阻力很大程度取决于气流的过滤风速。除尘器的结构阻力、滤料阻力、粉尘层阻力都随过滤风速的提高而增加。

（2）粉尘的堆积负荷对积尘滤料的阻力有决定性的影响，直接关系到粉尘层阻力（ΔP_d）的大小。也就是说，滤料表面粉尘层积得越多，除尘器的阻力越大。滤料表面粉尘层的堆积负荷一般为$0.1\sim1.0\text{kg/m}^2$。

（3）不同结构的滤料阻力，通常有如下关系：

1）长纤维滤料高于短纤维滤料；

2）不起绒滤料高于起绒滤料；

3）机织布滤料高于针刺毡滤料；

4）布重较重的滤料高于较轻的滤料。

（4）袋式除尘器过滤过程中，其设备阻力不是定值，而是随时间的变化而变化。随着过滤的进行，滤料表面粘附的粉尘量逐渐增多，透气性降低，阻力相应增加，并有可能将滤料缝隙间的沉积粉尘压出，使除尘效率降低。此时滤料即需进行清灰，以便将阻力控制在一定范围之内，确保除尘器的正常运行。

（5）在同样条件下，采用高能量的清灰方式（如脉冲清灰、气环反吹等）的设备阻力较低，而采用低能量的清灰方式（如机械振打、反吹风清灰等）的设备阻力较高，这完全是由于滤料清灰后滤料表面的剩余粉尘量不同所致。

3.2.8.4 除尘器压力降（ΔP）的计算

据美国有关资料报道，含尘滤料的阻力（ΔP，mmH_2O）可采用以下计算方法：

$$\Delta P=\zeta_0\mu v_f+\alpha_m\mu {v_f}^2C_it \tag{3-10}$$

式中 ζ_0——滤布阻力系数；

α_m——粉尘层比阻力，m/kg；

C_i——气流含尘浓度，kg/m^3；

μ——气流的黏度，$\text{kg}\cdot\text{s/m}^2$；

v_f——过滤风速，m/s；

t——过滤时间，s。

对袋式除尘器的压力降计算，虽然国外经过各方面的试验、研究，希望寻求一个确实的计算公式，以便使除尘系统在投产运行前，即能通过计算来确定袋式除尘器的压力降，但是，实践证明，由于影响除尘器压力降的因素极为复杂，特别是各种不同的烟尘和不同的滤料粉尘层阻力差异较大，因此，理论计算与实际运行的结果差距极大，一般的理论计算只能作为参考，袋式除尘器的压力降主要还是依靠经验来确定。

3.2.9 袋式除尘器的清灰方法

3.2.9.1 滤袋的清灰机理

一般，滤料表面积聚的灰尘（尘饼）是由下列一种或几种组合效应进行剥离的。

（1）滤料/尘饼的偏离。滤袋向内吸瘪、向外鼓胀、机械振动或气流振动波的影响，使尘饼从滤料表面折裂、剥离。

（2）滤料/尘饼的加速度。滤袋通过向内吸瘪、向外鼓胀、机械振动或气流振动波产生的表面加速度，形成的尘饼加速度，使尘饼与滤料之间产生了分离力。

（3）逆气流的空气动力，将滤料表面的尘饼剥离下来，落入灰斗内。

3.2.9.2 袋式除尘器的清灰顺序

袋式除尘器的清灰有在线清灰和离线清灰两种基本顺序。

A 在线清灰

在线清灰是除尘器滤袋在过滤状态下进行清灰的一种清灰顺序。

在振动、反吹风袋式除尘器中不可能实现在线清灰，只有离线才能实现滤袋的清灰。

在线清灰易使滤袋清灰时剥落的灰尘再吸附，减少滤袋的再吸附，可改善滤袋灰尘的剥离。

在线清灰结构比较简单、可靠，所花费用相对的要低些。

B 离线清灰

离线清灰是在一组过滤小室（或单元）中的一个小室（或单元）进行停风清灰。当一个过滤小室（个别情况下也又多于一个小室的）清灰时，该小室停止过滤。含尘气流就从该小室转移到其他各室中去进行净化，然后逐室进行离线清灰，直到所有室全部清过灰。

脉冲喷吹袋式除尘器的离线清灰一般适用于难于清除的灰尘。

C 在线清灰和离线清灰的比较

（1）振动、反吹风袋式除尘器通常采用离线清灰，脉冲喷吹袋式除尘器根据系统的需要，可采用在线清灰，也可采用离线清灰。

（2）离线清灰能使脉冲清灰时滤袋剥落的灰尘再吸附达到最低程度。

（3）离线脉冲喷吹清灰比在线更有效，通常可使用较低的喷吹压力。

（4）离线脉冲喷吹清灰需要更大的初投资，因为它需要分室和隔离阀门。

（5）离线清灰除尘器能运行在更高的气布比。

（6）离线清灰不像在线除尘器那样清灰频繁，可延长脉冲阀的使用寿命。

（7）在线清灰比较简单、可靠、初投资费用要低些。离线脉冲喷吹清灰，因为需要分室和隔离阀门，初投资较大。但是离线清灰能提高气布比，能补偿部分费用。

3.2.9.3 袋式除尘器的清灰控制

袋式除尘器的清灰控制主要有定时控制和定压控制两种方式。

（1）定时控制。通过预先设定的时间进行清灰循环，称为定时控制。

（2）定压控制。通过预先设定的差压开始进行清灰循环，称为定压控制。

3.2.9.4 滤袋清灰的比较

A 气布比（G/C）的比较

滤袋清灰的一种比较方法是考查滤袋的气布比（G/C）。

各种滤袋清灰方法的气布比比较示于表3－5中。

表3－5 三种清灰方法的气布比（过滤速度）比较

清灰方法	气布比		过滤速度	
	$(cm^3/s)/cm^2$	$(ft^3/min)/ft^2$	cm/s	ft/min
振动	(1～3):1	(2～6):1	(1～3):1	(2～6):1
反吹风	(0.5～2.0):1	(1～4):1	(0,5～2.0):1	(1～4):1
脉冲喷吹	(2.5～7.5):1	(5～15):1	(2.5～7.5):1	(5～15):1

各种袋式除尘器滤袋清灰参数的比较示于表3－6中。

表3－6 滤袋清灰参数的比较

参　数	振动清灰	反吹风清灰	脉冲喷吹清灰
频率	秒；可调	通常一次清一个室的灰，逐室连续清灰； 可采用定压控制、定时控制进行连续或开始清灰	通常，一次清一排滤袋，逐排连续清灰； 可采用定压控制、定时控制进行连续或开始清灰
动作型式	简单的谐波	滤袋温和地吸瘪使滤袋泄气	震动波随滤袋下行，滤袋膨胀清灰
最高加速度	（1～10）g	—	—
振幅	零点几至几英寸	—	—
清灰形式	离线	离线	在线清灰或在遇到难清灰的灰尘时，可采用单室离线清灰
持续时间	10～100次循环； 30秒至几分钟	1～2min（包括打开阀门、清灰及灰尘沉降周期）； 反吹气流本身一般为10～30s	压缩空气（100psi）喷吹持续时间0.1s
滤袋尺寸	直径5in、8in、12in 长度8～10ft、22ft、30ft	直径8in、12in 长度22ft、30ft、40ft	直径5～6in 长度8～12ft
滤袋张力	—	50～75lbs	—

B 清灰方法的比较

清灰方式的演变是推动袋式除尘器发展的基础，除尘器清灰方法主要有振动清灰、反吹风清灰、脉冲清灰和声波清灰四种方法。

a 振动清灰

在振动清灰中，振打滤袋顶部或抖动一组滤袋，使滤袋产生偏离，并通过滤袋产生的加速度进行滤袋的清灰。

振动清灰通常与反吹清灰组合在一起，组成振动/反吹风清灰。

b 反吹风清灰

在反吹风清灰中，滤袋的偏离（向内吸瘪）及反吹气流使滤料内表面的灰尘剥离。

在这种过程中滤袋产生的强力非常低，因此经常用于易损伤的滤料，例如玻纤滤料。

c 脉冲清灰

脉冲清灰是一种外滤式袋式除尘器，它在过滤时，滤袋用铁丝袋笼顶住滤袋的吸瘪。在清灰时，高压的脉冲气流由滤袋内部吹向滤袋外部（逆气流方向），使滤袋膨胀，引起滤袋/尘饼突然转向和高惯性力，使灰尘从滤袋上剥离下来。

d 声波清灰

在声波清灰中，声波能量来自高压压缩空气气流提供的动力喇叭，喇叭声波产生的气流震动波形成了加速力，从而使滤袋上的尘饼剥离。

3.2.10 除尘器的结构强度

除尘器的结构强度与除尘器的结构阻力是两种不同的概念。

除尘器的结构阻力是指气流在通过除尘器时，由于除尘器各部分结构（如管道、挡板、花板、文氏管等）造成的气流的压力损失。

除尘器的结构强度是指除尘系统中，由于抽风机的抽力，形成除尘器在系统中所处的负压度。为此，要求除尘器的结构应具有足够强度（又称设计耐压度），以防除尘器结构出现意外事故。

通常情况下，除尘器的结构强度要求达到7000～8000Pa以上，对于采用罗茨鼓风机为动力的吸引式气力输送系统装置，其设计耐压度应为15000～50000Pa负压。另外，有些钢铁厂高炉煤气净化及化工行业的特殊系统袋式除尘器的设计耐压度较高，一般除尘器外壳制成圆筒形，壳体厚度采用$\delta=10\sim16$mm钢板，并应参照压力容器的要求进行设计。

3.2.11 除尘效率

3.2.11.1 除尘效率的确定

含尘气体通过袋式除尘器时，被捕集的粉尘量占进入除尘器的总粉尘量的百分数称为除尘效率，可用下式表示：

$$\eta=\frac{G_c}{G_i}\times100\% \tag{3-11}$$

式中 η——除尘效率，%；

G_c——被捕集的粉尘量，kg；

G_i——进入除尘器的总粉尘量，kg。

3.2.11.2 除尘效率的测定

A 除尘器总效率的测定

除尘器总效率（η）通常有三种测定方法。

（1）根据同一时间内所测得的除尘器进出口管内烟气含尘浓度计算。

$$\eta = \left(1 - \frac{S_o}{S_i}\right) \times 100\% = \left(1 - \frac{C_o Q_o}{C_i Q_i}\right) \times 100\% \qquad (3-12)$$

式中 η——除尘器总效率，%；

S_o，S_i——除尘器出、进口管内单位时间内通过的尘量，kg/h；

C_o，C_i——除尘器出、进口烟气浓度，kg/Nm^3；

Q_o，Q_i——除尘器出、进口烟气量，Nm^3/h。

当除尘器不漏风时，$Q_o = Q_i$

$$\eta = \left(1 - \frac{C_o}{C_i}\right) \times 100\% \qquad (3-13)$$

（2）根据除尘器进口管单位时间内通过的尘量和除尘器所收集的尘量计算：

$$\eta = \frac{S_c}{S_i} \times 100\% \qquad (3-14)$$

式中 S_c——单位时间内除尘器收集的尘量，kg/h。

（3）根据除尘器出口管烟气含尘浓度和单位时间除尘器收集的尘量计算：

$$\eta = \frac{S_c}{S_c + Q_o C_o} \times 100\% \qquad (3-15)$$

上述三种测定除尘器总效率的方法都是正确的，但是由于进口管内烟气含尘浓度较大，尘粒粒径也较大，因而采样时的准确性受到一定影响。一般在除尘器的出口管上测定烟气含尘浓度较准确，因此应尽量采用第三种方法计算。

B 除尘器分级效率的测定

a 分级效率的特性

除尘器分级效率是指除尘器在某种工况下，对烟尘中不同粒径尘粒的除尘效率。

粉尘粒径常用分级效率表示，在大小不等的各种粒径（或粒径范围）中，同种滤料在不同状态下的分级效率，如图 3-14 所示。

由图中可见：

（1）清洁滤料的除尘效率最低，积尘后滤料的除尘效率最高，清灰后滤料的除尘效率又有所降低。

（2）同时，其中 0.2～0.4μm 的尘粒分级效率，无论是清洁滤料或积尘后的滤料都是最低。这是由于这一粒径范围的尘粒处于拦截效应的下限、扩散效应的上限，因此，0.2～0.4μm 尘粒是最难捕集的。

b 除尘器分级效率的计算

除尘器分级效率可用以下几种计算方法。

（1）根据除尘器收集的烟尘和出口烟尘的分散度计算：

$$\eta_\alpha = \frac{\varphi_s'\eta}{\varphi_s'\eta + \varphi_s(1-\eta)} \times 100\% \tag{3-16}$$

式中 η_α——除尘器分级效率,%;

φ_s'——除尘器收集下来的烟尘分散度,%;

η——除尘器总效率,%;

φ_s——除尘器出口烟尘分散度,%。

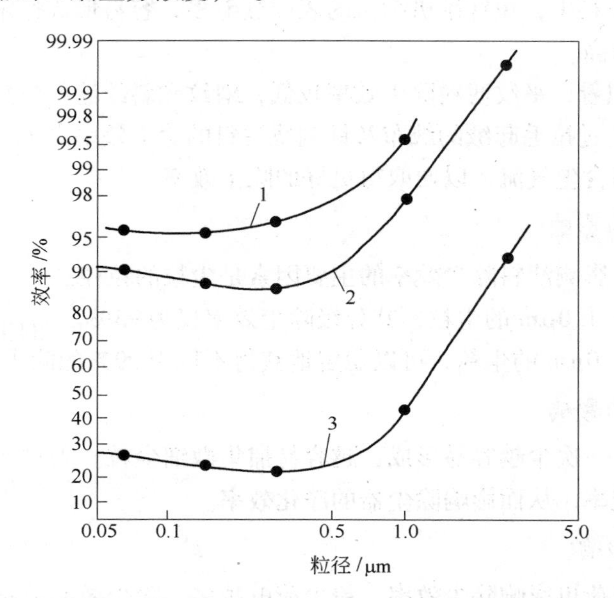

图 3-14 同种滤料在不同状态下的分级效率

1—积尘的滤料;2—清灰后的滤料;3—清洁滤料

(2) 根据除尘器进、出口烟尘分散度计算:

$$\eta_\alpha = \frac{\varphi_s\eta - \varphi_s(1-\eta)}{\varphi_s\eta} \times 100\% \tag{3-17}$$

式中 φ_s——除尘器进口烟尘分散度,%。

(3) 根据除尘器进口和收集下来的烟尘分散度计算:

$$\eta_\alpha = \frac{\varphi_s'\eta}{\varphi_s\eta} \times 100\% \tag{3-18}$$

3.2.11.3 影响除尘效率的主要因素

除尘效率是衡量袋式除尘器性能最基本的技术参数,它是评价除尘器性能的唯一指标。它受除尘器滤料上的堆积粉尘负荷、滤料的性质、粉尘的特性和过滤风速等诸多因素的影响。

A 滤料表面粉尘堆积负荷的影响

清洁的新滤料除尘效率是很低的。

当烟气在过滤初期建立一次尘后,滤袋对粉尘的捕集,主要是靠滤料表面堆积的二次尘起作用,滤料表面二次尘负荷增加后,其除尘效率便随之提高。

由于二次尘的作用，它不仅对较粗的尘粒（大于1.0μm），而且对细尘粒（小于1.0μm）都有很好的捕集作用。

当滤料清灰后，二次尘明显减少，其除尘效率随之降低，清灰越彻底，则净化效率的降低越显著。

B 滤料性质的影响

（1）在机织布滤料中，短纤维机织布的表面绒毛多，容易形成稳定的一次尘，因而除尘效率比长纤维织物高。

（2）从织物组织看，平纹滤料除尘效率较低，缎纹和斜纹滤料较高。

（3）滤料表面经过拉毛起绒的绒布及针刺毡滤料的除尘效率高于机织布。一般绒布滤料应以光面一侧迎向含尘气流，以便取得更好的除尘效率。

C 粉尘特性的影响

在粉尘特性中，影响滤料除尘效率的主要因素是尘粒的粒径：

（1）对于不大于1.0μm的尘粒，其分级除尘效率仅为95%。

（2）对于大于1.0μm的尘粒，可以稳定地获得不低于99%的除尘效率。

D 过滤风速的影响

过滤风速越低，一次尘越容易形成，越容易捕集微细尘粒。当过滤风速提高时，将加剧尘粒对滤料的穿透率，从而影响除尘器的净化效率。

E 静电荷的影响

尘粒携带的静电荷也影响除尘效率，粉尘荷电越多，除尘效率就越高。现已利用这一特性，在气流通过滤料前，预先给尘粒以荷电，从而可使1.6μm的尘粒捕集效率达到99.99%以上。

一般影响袋式除尘器性能的因素见表3-7。

表3-7 影响袋式除尘器性能的因素

影响因素	除尘器性能			
	减少压力损失	提高除尘效率	延长滤袋寿命	降低设备费用
过滤风速（v_f）	A′	A′	A′	B′
清灰作用力	B′	A′	A′	A
清灰周期（T）	A′	B′	B′	（B）
气体温度	A′	A	A′	A
气体相对湿度		B	A	A
气体压力	A′			大气压
粒径（d）	B′	B′	A	B
入口含尘质量浓度（c）	A′	B	A	（A）
粉尘密度（ρ）		（B）	（A）	

注：1. A、B系指某影响因素的趋向对除尘器性能的影响。其中，A为低或短或小；B为高或长或大。

2. A′、B′表示影响大的因素，（A）、（B）表示影响很小。

3.2.12 滤袋寿命

滤袋寿命也是衡量袋式除尘器性能的指标之一。

3.2.12.1 滤袋寿命的定义

滤袋寿命的定义很难明确，按国外的一般定义是：

（1）除尘器内的破损滤袋占总滤袋数的10%时，该滤袋所使用的时间，作为滤袋的平均寿命；

（2）由于滤料粉尘堵塞，除尘器阻力增高，而系统风量减少10%以上时，作为滤袋的平均寿命。

3.2.12.2 滤料寿命的有关因素

滤料寿命与滤袋材质，气体的温湿度、成分、酸露点，粉尘的性质除尘器结构及清灰方式等因素有关，同时也受维护管理、清灰频率、过滤风速、粉尘浓度的影响。

一般来说，滤袋正常的使用寿命为2~3年。

滤袋寿命与过滤风速的关系，如图3-15所示。

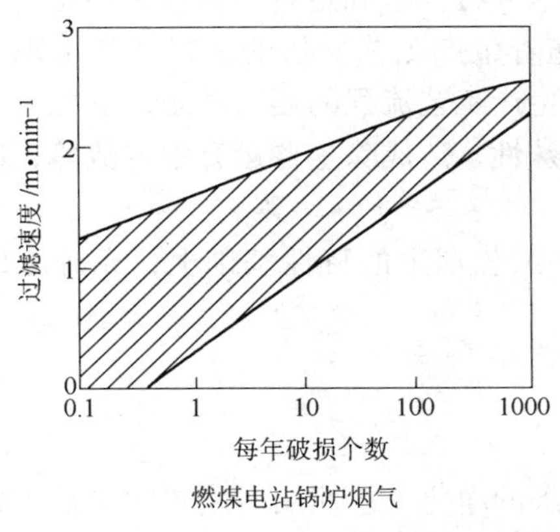

燃煤电站锅炉烟气

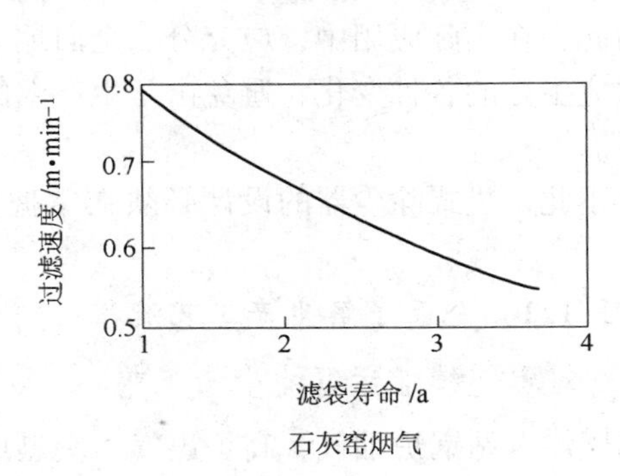

石灰窑烟气

图3-15 滤袋寿命与过滤风速的关系

3.2.13 保证值

（1）满足系统各点的设计风量；

（2）除尘器运行阻力；

（3）滤袋使用寿命；

（4）除尘器漏风率；

（5）排放浓度。

4 袋式除尘器的结构及相关设计

4.1 袋式除尘器的设计

4.1.1 设计依据

袋式除尘器是一种为生产工艺服务的环保设备，为此，袋式除尘器的设计必须充分了解生产工艺流程、工艺流程布置的现状和发展、生产中的突发事故、烟尘特性及其对除尘器的要求。

袋式除尘器的设计，主要根据进入除尘器的烟气特性来确定各项参数。但是，烟气特性只是一种相对稳定的参数，实践证明，它会随着生产工艺操作的运行经常出现一些变化。为此，在实际应用中，应充分、全面地了解生产工艺流程的运行动态，使除尘器的设计能适应生产的各种变化，避免由于生产上的特殊性，造成除尘器运行中的故障，影响正常运行。

鉴于此，袋式除尘器的设计必须在掌握生产工艺烟尘的特性基础上，充分考虑以下因素。

4.1.1.1 全面了解生产工艺流程

A 对于连续性运行的生产工艺

如燃煤电站锅炉烟气、高炉煤气、炭黑烟气等的净化工艺使用的袋式除尘器，必须考虑其安全性、可靠性，一旦除尘器发生故障，将直接影响生产工艺。

宝钢5000m^3级高炉煤气净化系统中，考虑到由于大型高炉炉顶压力高于0.2MPa，除尘器采用圆筒单元组合，净化系统设有12个筒体，其中2~3个筒体作为反吹离线清灰及检修备用，另9~10个筒体作为正常过滤用。

燃煤电站锅炉烟气净气系统，为防止其开炉低温点火，燃油升温，袋式除尘器在开炉前进行预喷涂，以防滤袋粘油、结饼，系统无法正常运行。

B 对于间断性运行的生产工艺

如钢铁厂高炉出铁场除尘、地区供暖热电厂、垃圾焚烧炉等，必须使除尘器及其系统适应生产工艺的需要，以防袋式除尘器在停炉期间产生不利影响。

高炉的出铁是间断性的，出铁场各产尘点（铁口、渣口、撇渣器、铁水罐、开铁口、闭铁口等）又不是同时产生扬尘，为此，除尘系统袋式除尘器的处理能力应按各产尘点同时扬尘时的最大风量确定，并对系统风机采取调速控制，以实现在不出铁及产尘点扬尘最小时的风量调节，达到节能的目的。

有些地区供暖热电厂及垃圾焚烧炉每年都要停炉熄火一段时间，此时应采取：

（1）在停炉后，让系统风机延时关机，使袋式除尘器内剩余的烟气全部被外部干净空气替代。

（2）袋式除尘器在停炉前对滤袋进行彻底喷吹清灰。

（3）停炉后应排空灰斗内的余灰，以防停炉期间灰尘的结饼、堵塞。

（4）必要时，对袋式除尘器整体采用热风循环保温，使除尘器内部在停炉期间始终保持在露点温度以上。

C 生产工艺运行中的各种变动

如燃煤电站锅炉的脱硫烟气净化、钢铁厂电炉排烟及冶炼各种品种铁合金炉烟气净化等，袋式除尘器的设计应全面考虑到生产工艺运行中的各种动态。

燃煤电站锅炉的脱硫烟气净化系统采用半干法脱硫工艺时，袋式除尘器的含尘浓度从脱硫前的40~60g/m^3 提高到800~1000g/m^3，烟气温度从脱硫前的130~160℃降低到70~80℃，为此，脱硫烟气净化系统袋式除尘器的设计参数及滤料选择都应充分了解燃煤电站锅炉的具体生产工艺及不同的脱硫技术，进行袋式除尘器及滤料设计选型。

我国中小型炼钢电炉，同样是公称容量5t电弧炉，由于各厂的生产工艺的要求不同，其实际最大出钢量有时可达8t、10t、12t，甚至高达18t。为此，根据电弧炉的公称容量来确定除尘器的大小是不合适的，而且，我国目前较多采用大型炼钢电炉，应根据使用厂矿实际生产中的最大出钢量及掺铁水量来确定袋式除尘器的大小。

铁合金电炉一般是用来冶炼FeSi、FeMn、Si-Mn、Si-Ca等铁合金，通常都用来冶炼单一品种的铁合金，如FeSi电炉、FeMn电炉或Si-Mn电炉等，但有些小铁合金厂，在同一台炉子上，根据产品需要有时随时变动其冶炼品种。此时袋式除尘器设计，就应在全面了解电炉冶炼的产品基础上，来满足冶炼的各种品种的要求。

D 生产工艺发展（扩建）的需要

除尘器设计中需要考虑生产工艺发展（扩建）的需要，一般应考虑以下措施：

（1）在分期建设的生产工艺中，应预留出安放除尘器的场地，以满足发展（扩建）的需要；

（2）新设计的袋式除尘器留有可以增加滤袋室的可能。特别应该提醒的是，此时，除尘器的布置场地、系统管道及有关阀门应按除尘器扩容后的需要考虑；

（3）袋式除尘器设计时预先留有扩大的容量，以满足日后生产工艺发展（扩建）后的需要。

4.1.1.2 充分掌握生产工艺烟尘的特性

设计袋式除尘器前，必须全面掌握各种有关工艺参数。

（1）除尘器用于净化什么样的污染物及其简要工艺流程。

（2）烟气量：标况风量、工况风量；最大风量、最小风量；正常风量、突发风量。

（3）烟气温度：最高温度、最低温度。

（4）烟气化学成分。

（5）烟尘特性：入口浓度、出口浓度要求；烟尘化学成分、烟尘粒度分布；烟尘形状及比重、烟尘荷电性、磨琢性、爆炸性以及粉尘的回收价值等。

（6）系统运行压力。

（7）除尘器布置位置及其场地是否符合当前及将来发展的需要。

（8）除尘系统在处理该生产工艺烟尘时，需要配备的其他设备（如冷却器、预分离器、火花捕集器、防爆阀、消声器、风机调速装置、管道膨胀节等）。

（9）袋式除尘器设在有腐蚀性气体泄漏，或有腐蚀性粉尘的环境中，以及设在受海水影响的海岸和船上时，应充分考虑袋式除尘器的结构材质和外表的防腐涂层。

（10）袋式除尘器设置在高出地面20～30m的高处时，必须使其最大一面的垂直面能充分承受强风时的风压冲击。

（11）公用设施的状况：水、电、压缩空气等。

（12）袋式除尘器一般以设在室外为主，特别是大型袋式除尘器，室外设置的除尘器应考虑采取各种防雨（防雨棚、防雨罩）、防雷措施。

4.1.2 设计中应考虑的主要因素（表4－1）

表4－1 设计的主要因素

设计要求达到的目的	设计中的关键因素	设计要求达到的目的	设计中的关键因素
满足所需的过滤效率	烟气量 过滤风速 滤料选用 滤袋在花板上的密封性	烟气及灰尘分布均匀性	管道设计 切换阀 进出口阀门 风机控制
理想的滤袋寿命	过滤风速 清灰方式 滤料型式 滤袋与框架的结构 适当的仪表 清灰能力控制的调节 合适的温控装置	除尘器灰尘顺利、畅通地排出	灰斗排灰阀 输灰系统 灰斗加热器 灰斗料位计
良好的清灰能力	清灰方法 在线清灰还是离线清灰 有效的清灰动力 合适的仪表 清灰能力控制的调节	良好的运行及维护	合适的仪表 良好的检查、维修通道 除尘器优良的结构品质 适当的保温及油漆

袋式除尘器设计措施：

（1）大型袋式除尘器必须在现场组装，一般采用组合式为好；

（2）小型袋式除尘器可以在制造厂内装配好，再整机运到现场；

（3）除尘器设置的场所，无论是在室内，还是在室外或在高处，都需要进行安装前的现场勘察；

（4）对安装现场所经的路径、可能搬运的最大间距、各处障碍以及装配必须所需的起吊搬运机械等，都应事先做好设计和安排。

4.1.3 设计的原始参数（表4－2）

表4－2 用户调查表

用户名称	电 话
地 址	传 真
邮 编	E－mail

需要的基本参数

（1）使用的叙述
（2）入口烟气量
（3）入口烟气温度
（4）粉尘的叙述

需要的其他参数

（1）设备可用的场地（草图或图纸）
（2）需要的辅助设备
（3）尘粒污染物

粉尘的形状	颗粒大小
腐 蚀 性	爆 炸 性
易 燃 性	黏 度
密 度	
允许的排放浓度	
入口含尘浓度	
含尘量（%重量）	

（4）气体污染物（形状及浓度）
（5）辅助说明（例如：位置等）
（6）负荷型式： 间隙性 连续性
（7）运行压力
（8）现场的电力及压缩空气容量

4.2 烟气入口形式

4.2.1 灰斗进风

4.2.1.1 灰斗进风的特征

灰斗进风是袋式除尘器最常用的一种进风方式，通常反吹风清灰、振动清灰及脉冲清灰袋式除尘器的含尘气流，都是采用从滤袋底部灰斗进入。

灰斗进风的主要特点为：

（1）结构简单；

（2）灰斗容积大，可使进入的高速气流分散，使大颗粒粉尘在灰斗内沉降，起到预除尘作用；

（3）灰斗容积大，有条件设置气流均布装置，以减少进入气流的偏流；

（4）据国外报道，有人认为，虽然灰斗进风能使大颗粒尘粒由于重力作用落入灰斗，从而减少滤袋表面的灰负荷，但它会使滤袋表面的细颗粒灰尘增多，反而降低了尘饼的透气性，失去大颗粒尘粒的尘饼会提高滤袋的压力降，这对滤袋是不利的。

对于这种设想，有人通过试验证明：

在一条直径 12.0in，长 32.0ft（直径 30.5cm，长 9.8m），气布比 2ft/min（1cm/s）的滤袋中，当灰斗进口速度为 256ft/min（130cm/s）时，气流的垂直速度为 25.6ft/min（13.0cm/s），而垂直速度 25ft/min 恰好是 50μm 尘粒的沉积速度，通常气流中大部分灰尘的平均粒径都小于 50μm，因此只有少量（仅 10% 左右）细灰吸到滤袋表面，由此可以断定，对大部分灰尘来说，细尘粒对滤袋的影响是不大的。

4.2.1.2 各种类型袋式除尘器的灰斗进风

A 脉冲喷吹袋式除尘器的灰斗进风

脉冲喷吹袋式除尘器灰斗进风后含尘气流向上流动，但在在线清灰时，由于滤袋表面灰尘的剥落，会引起部分灰尘的再吸附，从而减少落入灰斗的灰尘量。

相反，顶部进风的含尘气流是向下流动的，它会减少，甚至促进灰尘落入灰斗，从而增加了落入灰斗中的灰尘量。

B 反吹风袋式除尘器的灰斗进风

反吹风袋式除尘器的灰斗进风，气流中的粗颗粒灰尘会落入灰斗内，气流的细颗粒灰尘会积聚在滤袋表面形成尘饼。待各分室（单元）离线清灰后，反吹气流所带的细尘粒就会流到除尘器其他各分室（单元）中去进行过滤，它将引起靠近进风管末端的分室的压力降增加。

由图 4－1 可见，反吹风袋式除尘器的底部进风（灰斗进风），各分室（单元）清灰是用一种第二次含尘气流（即含尘气流过滤后含有未被过滤掉的极细尘粒的气流）来进行清灰。

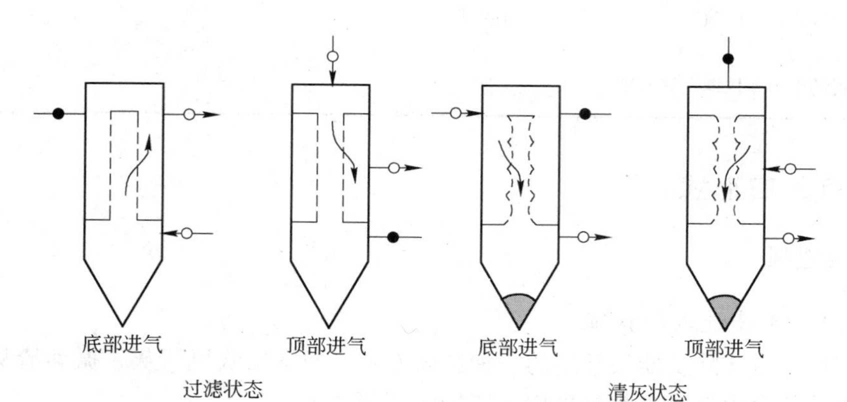

图 4－1 反吹风清灰袋式除尘器顶部进风和底部进风形式的比较

而反吹风袋式除尘器的顶部进风（图 4－2）含尘气流是过滤后就直接离开各分室，从而避免将细灰从一个分室流到另一个分室。

由此可以断定，从清灰角度看，底部进风比顶部进风的清灰要彻底，且顶部进风会引起上花板的积灰（图 4－3）。据国外报道，上花板积灰可采用倾斜板防积灰措施（图 4－4）或在花板上采用移动刮板消除积灰的措施。

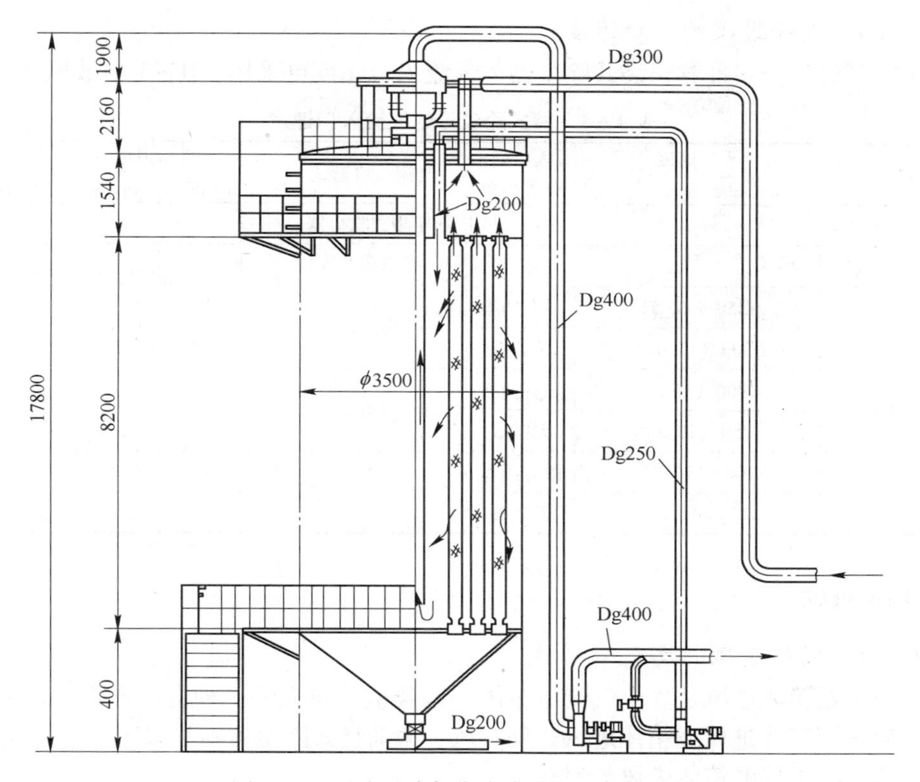

图 4－2　反吹风清灰袋式除尘器的顶部进风

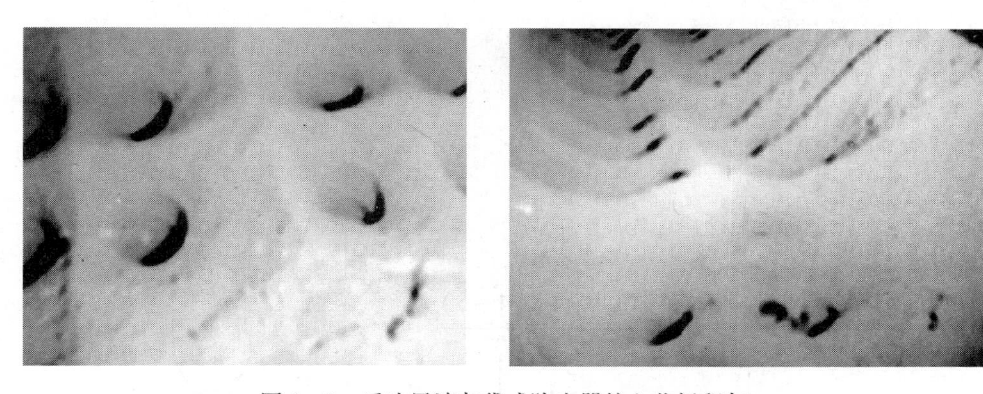

图 4－3　反吹风清灰袋式除尘器的上花板积灰

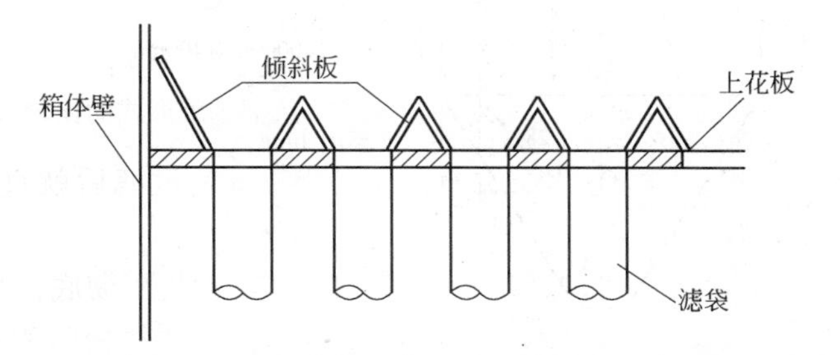

图 4－4　反吹风清灰袋式除尘器的上花板防积灰措施

4.2.1.3 灰斗进风的入口速度

据美国某滤料公司推荐，袋式除尘器的气流入口速度可采用表4－3中数据。

表4－3 袋式除尘器的气流入口速度

气流入口形式	入口速度 /m·min^{-1}(m·s^{-1})	入口处有无挡板	气流入口形式	入口速度 /m·min^{-1}(m·s^{-1})	入口处有无挡板
反吹风袋式除尘器			脉冲袋式除尘器		
1. 船形灰斗入口			1. 船形灰斗入口		
a. 端部入口	1350（22.5）	加有挡板	a. 端部入口	1000（16.7）	加有挡板
	900（15.0）	无挡板		750（12.5）	无挡板
b. 侧面入口	1000（16.7）	加有挡板	b. 侧面入口	900（15.0）	加有挡板
	750（12.5）	无挡板		600（10.0）	无挡板
2. 锥形灰斗入口	1000（16.7）	加有挡板	2. 锥形灰斗入口	1000（16.7）	加有挡板
	750（12.5）	无挡板		750（12.5）	无挡板

4.2.2 箱体进风

4.2.2.1 箱体进风的类型

袋式除尘器箱体进风是含尘气流从箱体（滤袋室）进入的一种进风方式，脉冲袋式除尘器除一般采用灰斗进风或箱体进风，反吹风、振动袋式除尘器则只采用灰斗进风。

脉冲袋式除尘器的箱体进风类型有：

（1）箱体底部进风；

（2）箱体中部进风；

（3）箱体与灰斗结合式进风；

（4）圆筒形箱体旋风式进风；

（5）直通均流式进风。

A 箱体底部进风

a 箱体底部进风的类型

上海某焚烧炉除尘器箱体底部进风（图4－5）

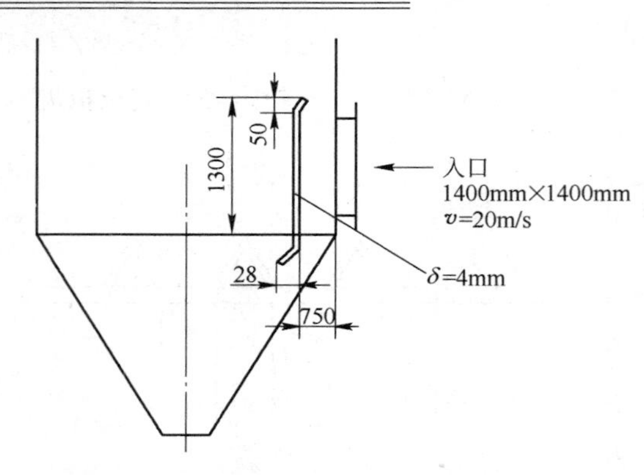

图4－5 上海某焚烧炉除尘器箱体底部进风

法国 Alstom 箱体底部进风（图 4－6）

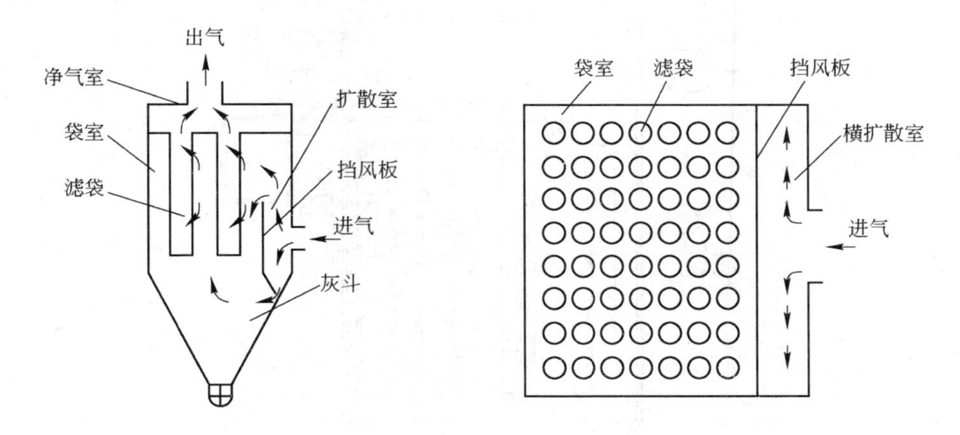

图 4－6 法国 Alstom 箱体底部进风

美国 BHA 箱体底部进风（图 4－7）

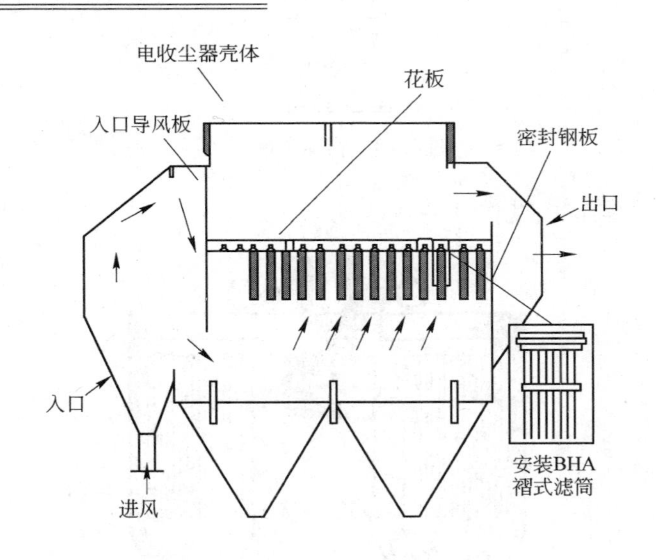

图 4－7 美国 BHA 箱体底部进风

b 箱体底部进风的特点

（1）气流从除尘器箱体下部侧向进入滤袋室，进口处应设有挡风板，以避免冲刷滤袋，影响滤袋的寿命。

（2）由于挡风板的作用，气流向上流动进入滤袋室上部，再向下流动，使气流在滤袋室内分布均匀。

（3）气流进入滤袋室后，向下流动的气流中的粗颗粒粉尘沉降落入灰斗，具有一定的预除尘作用，减轻了滤袋的过滤负荷，一般适用于高浓度烟气除尘。

（4）由于挡风板占据滤袋室一定空间，影响了除尘器的结构大小及设备重量。

B 箱体中部进风（图4-8）

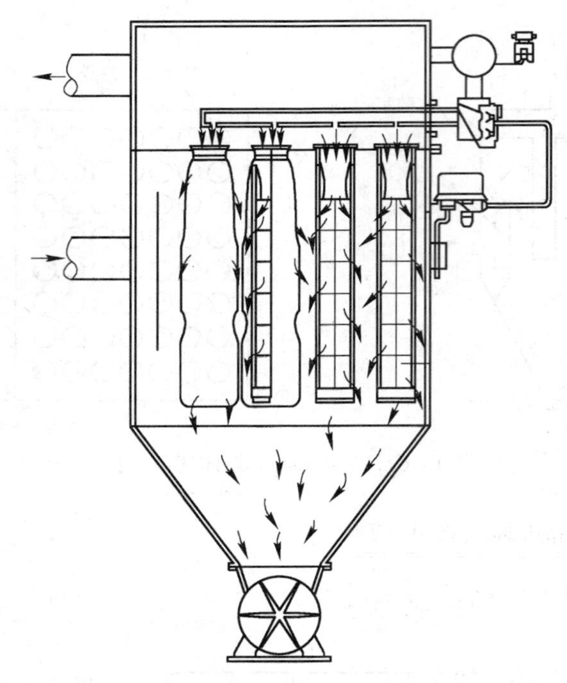

图4-8 箱体中部进风

C 箱体与灰斗结合式进风（图4-9）

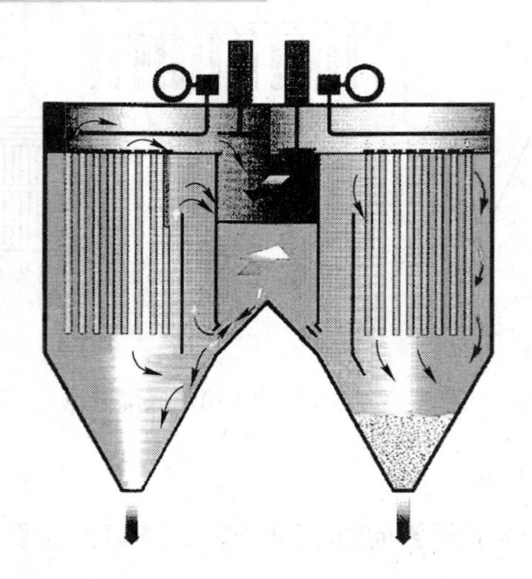

图4-9 箱体与灰斗结合式进风

D 圆筒形箱体的旋风式进风

a 圆筒形箱体的旋风式进风类型

日本 Kurimoto 型回转反吹袋式除尘器（图4-10）

1962年日本栗本（Kurimoto）铁工厂首创回转反吹袋式除尘器。

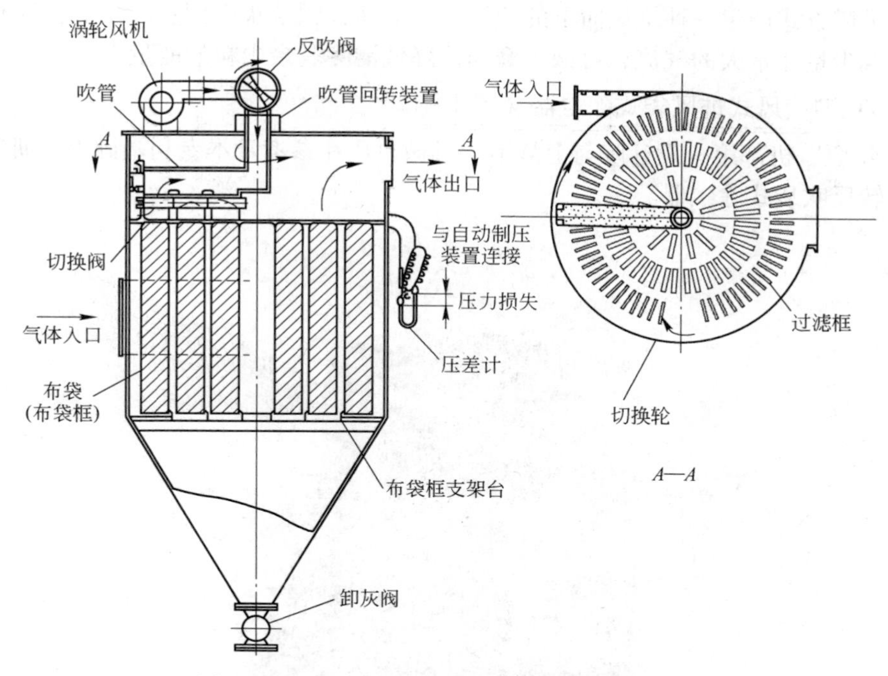

图 4 - 10 日本 Kurimoto 型回转反吹袋式除尘器

美国 ToritRF 型旋风式进风除尘器（图 4 - 11）

美国 Karter - Day 公司推出 RJ、RF 型 2 个系列，美国 Pneumafil 公司推出 PN 型系列产品。

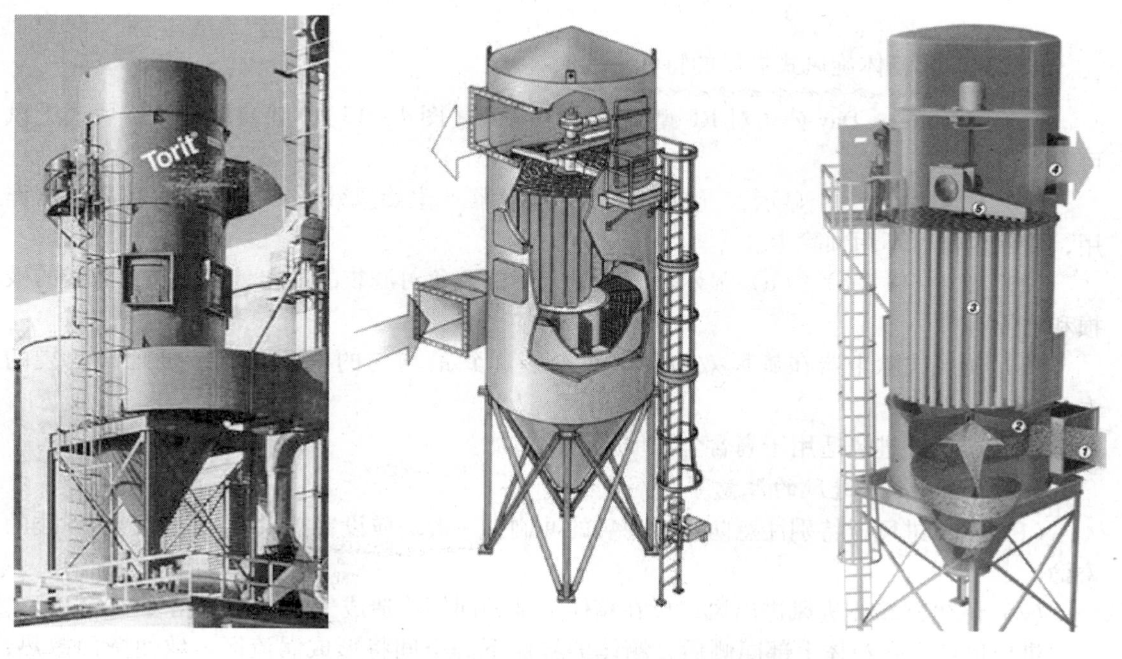

图 4 - 11 美国 ToritRF 型旋风式进风除尘器

这种进风方式产生一种旋风向下的气流，它能使大颗粒灰尘到灰斗中去。这种分离方式可用于含尘量非常大的气流，可减少磨损及降低清除剩余尘粒的能量。

中国 ZC 型旋风式进风袋式除尘器（图 4 – 12）

1975 年原一机部第一设计院与上海冶金机械总厂在参考日本专利基础上，研制出我国第一台回转反吹袋式除尘器。

图 4 – 12　中国 ZC 型旋风式进风袋式除尘器

b　圆筒形箱体旋风式进风的特性

据美国 Karter – Day 公司对 RF 型旋风式的测试（图 4 – 13），圆筒形箱体旋风式进风可取得以下效应：

（1）图 4 – 13（a）显示，气流切线进入除尘器产生旋风效应，大颗粒尘粒起分离作用，使除尘器可不用预除尘。

（2）图 4 – 13（b）、（c）显示，气流进入后能避免对滤袋的冲击，从而防止滤袋的破损和磨损。

（3）旋风式除尘器在旋风效应下，对滤袋起到最均匀的气流分布，可延长滤袋的寿命。

（4）旋风式进风适用于高含尘浓度烟尘的过滤。

4.2.2.2　箱体进风的注意事项

（1）箱体进风应特别注意防止对滤袋的冲刷，一般均应设置挡风板，以免影响滤袋的寿命。

（2）除尘器箱体进风进出风口设在箱体上部的同侧将造成气流短路（图 4 – 14）。

进出风口设在箱体上部同侧后，箱体的异侧下部空间将形成涡流区，致使壁面散热，降温结露。

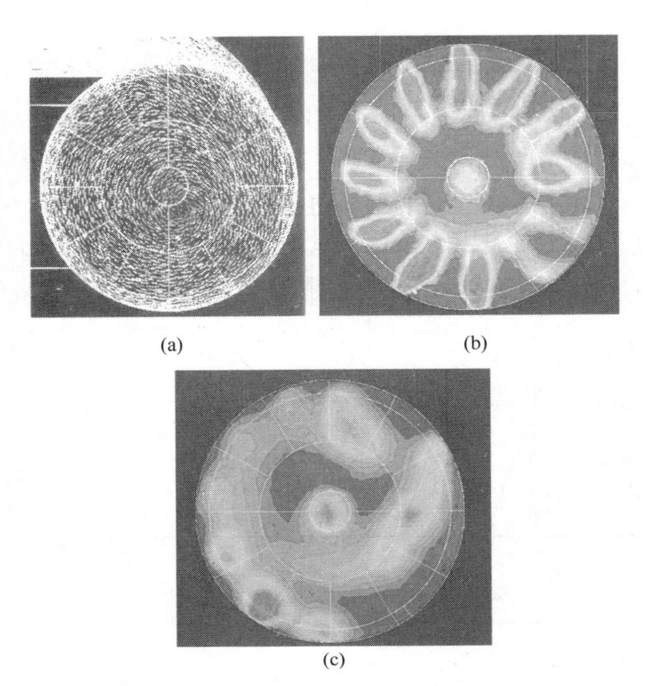

(a) (b) (c)

图 4－13 美国 ToritRF 型旋风式进风气流的动态

（a）切线进入；（b）没有气流旋风时；（c）有气流旋风时

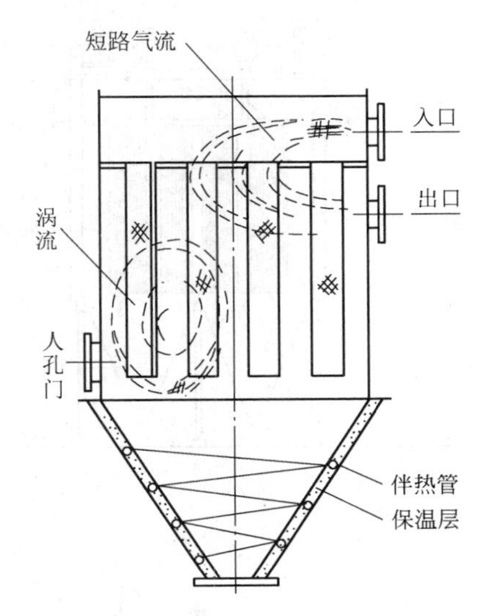

图 4－14 进出风口设在箱体上部同侧的教训

4.2.3 直通均流式进风

4.2.3.1 直通均流式进风类型

A 德国 Lurgi 直通均流式进风

德国 Lurgi 公司的回转管喷吹式袋式除尘器进气方式采用的是直通均流式进风（图 4－15）。

烟气从进口喇叭水平进入袋室，通过喇叭口扩散及分布板的均布作用，使烟气进入袋室前能均匀分布，避免烟气对滤袋的局部冲刷。由于气流是直通式，流经滤袋间隙时阻力较大，为此，箱体内在滤袋组两侧和下部留出流通空间，使上升速度保持在一定的范围内，以利过滤时气流均流的要求。

回转管喷吹式袋式除尘器的滤袋为椭圆形，滤袋截面 150mm × 60mm（相当于 ϕ130mm），长 8.0m。每个除尘器箱体设 2 组滤袋组，滤袋组滤袋呈圆周辐射形布置，径向间距 114mm，圆周方向（弧长）间距 200 ~ 220mm。

这种结构的优点是：

（1）进气侧和出气侧在袋室的两端，因而滤袋负荷均匀。

（2）直通均流式进风使气流在整个流程中的结构阻力很小，因而能节省能耗。

（3）缺点是单位面积钢耗较大。

B 德国 Wolf 直通均流式进风

德国 Wolf 的袋式除尘器采用的也是直通均流式进气方式（图 4－16）。

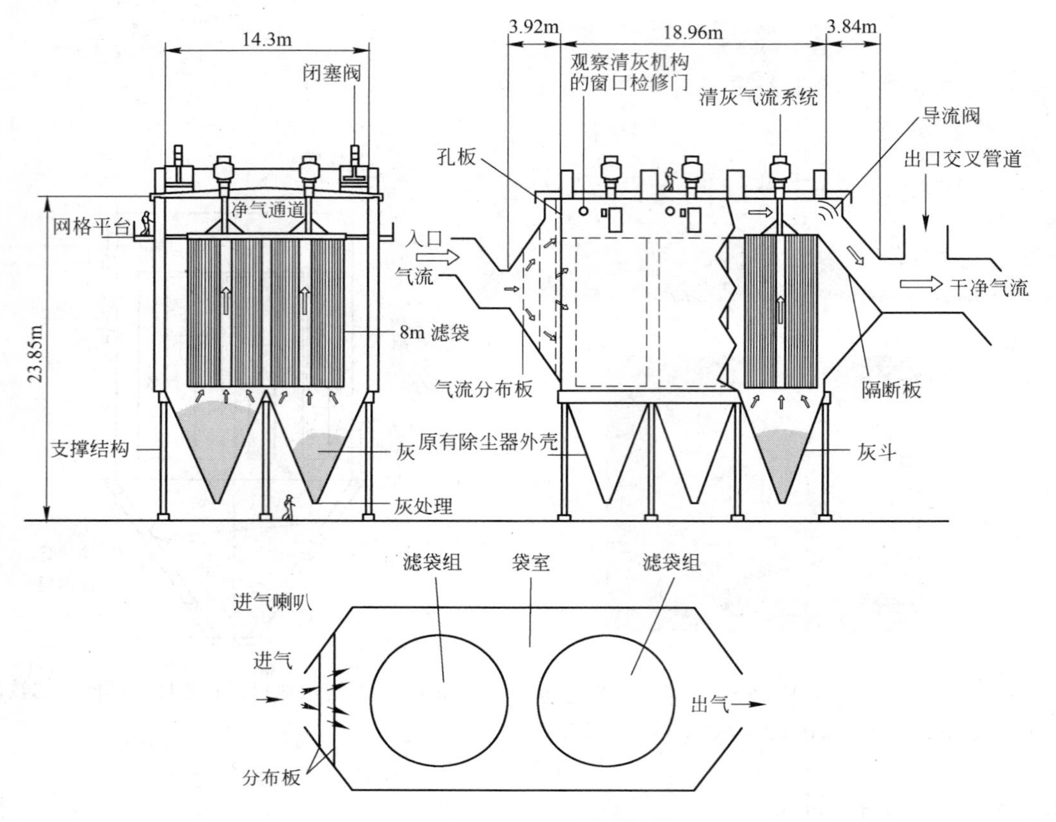

图 4 - 15 德国 Lurgi 直通均流式进风

烟气从进气口进入横向扩散室，由于挡风板的作用使烟气从横向扩散室向上运动进入滤袋室上部，再从上部进入滤袋室向下运动，扩散室的下部有一个小口与灰斗相通，使含尘气流在这里进入灰斗，因而可使滤袋负荷均匀。

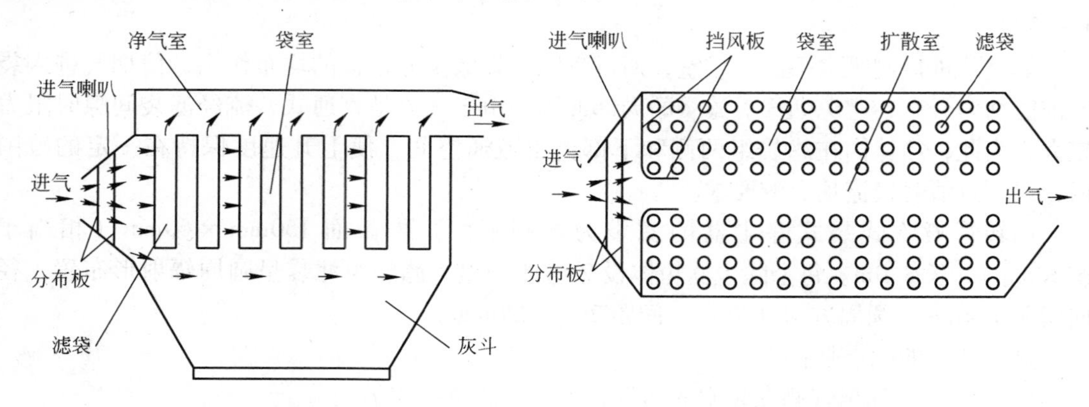

图 4 - 16 德国 Wolf 直通均流式进风

Wolf 袋式除尘器类似 Lurgi 结构，其不同之处如下：

（1） Lurgi 袋式除尘器采用的是椭圆袋，滤袋组呈圆形布置，而 Wolf 袋式除尘器滤袋采用的是圆形袋：ϕ150mm、长 7300mm，滤袋以间距 220mm × 220mm 的矩形逐行布置。

（2）Lurgi 采用的是回转喷吹（俗称模糊喷吹），而 Wolf 采用常规的逐行喷吹，滤袋的清灰效果较可靠。

（3）Wolf 袋式除尘器采用气流从滤袋室两端进入和排出，因而滤袋负荷均匀，气流在除尘器中的结构阻力小。

（4）Wolf 袋式除尘器为使气流能顺利流向后排的滤袋，在滤袋组中间留有 400mm 宽的气流通道。

C 国内直通均流式进风

国家“863”课题示范工程——燃煤电厂锅炉烟气袋式除尘技术与示范工程，于 2003 年在河南省焦作电厂 3 号炉 220MW 燃煤机组原有电除尘器的改造中，设计了直通均流式进风结构的袋式除尘器。

a 直通均流式袋式除尘器研制的基点

袋式除尘器相对于电除尘器，其不足之处是设备运行阻力高，特别是袋式除尘器常用的灰斗进风及箱体进风，其结构阻力占据的比例较大，为此，在开展国家“863”课题示范工程——燃煤电厂锅炉烟气袋式除尘技术与示范工程中，其基点是如何减小除尘器的结构阻力，在袋式除尘器的结构设计上，尽量满足低阻流动的基本条件，以达到传统大型袋式除尘器所不具有的效果。

b 直通均流式袋式除尘器的结构

一般脉冲袋式除尘器进风口都是设在中箱体下部或灰斗上，经过试验比较后，该除尘器采取了直进直出的进风方式（见图 4－17）。

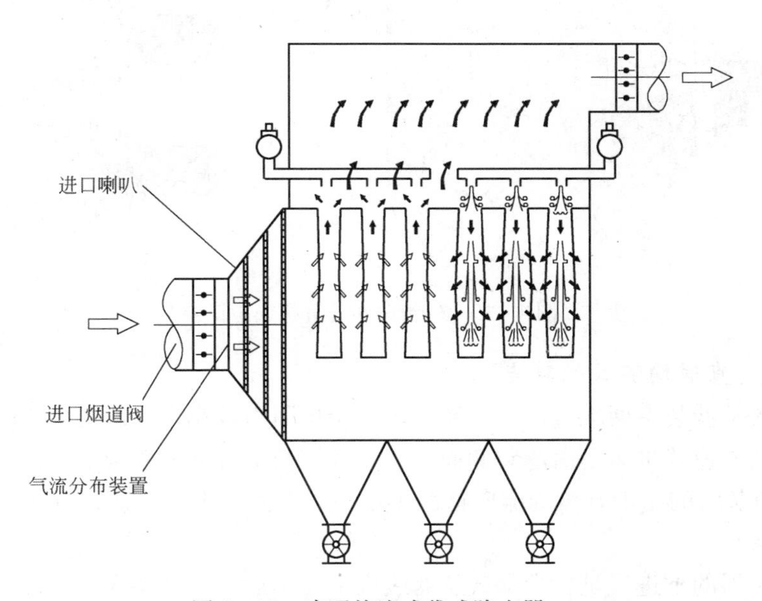

图 4－17 直通均流式袋式除尘器

除尘器进口设置风量调节导流板和导流通道，组织并疏导气流流入预定空间，将风量均匀输送和分配到各个滤袋室。

烟气进口喇叭内保留了原电除尘器的气流分布装置（板），并在进口喇叭内设置新的气流分布装置和导流板。

这种进气方式的最大优点是：流程短、流动顺畅、设备结构阻力小。

c 气流分布装置的实验室模拟试验

气流分布装置通过计算机模拟试验和实验室相似模化试验的结果进行比较，以确保最佳风量分配和气流分布参数的装置形式，并进行现场实物试验调整修正。

实验室模化试验的结构装置如图 4－18 所示。气流分布计算机模拟试验如图 4－19 所示。

图 4－18 实验室模化试验的结构装置

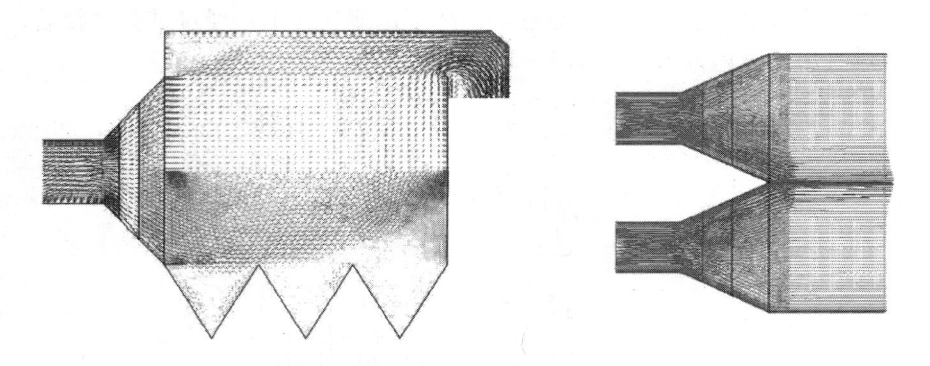

图 4－19 气流分布计算机模拟试验

4.2.3.2 直通均流式的特点

（1）气流从滤袋室两端进出，气流流动中结构阻力较小，一般可为 300Pa。

（2）直通均流式进风是由滤袋侧面进入，气流流动方向与粉尘的沉降方向垂直，气流流向与滤袋清灰时的粉尘剥落的流向抵触矛盾小，大大减少了清灰过程的二次吸附，从而提高清灰效果。

（3）除尘器的下进气是含尘烟气从滤袋底部向上运动，会使大部分粗颗粒粉尘沉积在滤袋下部，而细颗粒粉尘沉积在滤袋上部，致使滤袋过滤的尘粒不一致，滤袋越长这种缺陷越大。而直通均流式进风侧进气粉尘颗粒的粗细分布均匀，粉尘层的阻力小，清灰效果也更好。

（4）直通均流式除尘器由于结构形式的特点使用在线清灰较为方便。

4.3 气流分布装置

4.3.1 气流分布装置的作用

(1) 气流分布的目的是：要使烟气进入除尘器后，达到每平方米滤袋上都能有相同的灰尘负荷、尘粒大小的分布及气流速度，使在除尘器所有过滤面积上形成适当的尘饼及保持相等的过滤风速，以提供除尘器最小的压差及最长的滤袋寿命。

(2) 气流分布的设计中，进口管道、进口阀门、滤袋间距及长度、尘粒大小的分布，以及尘粒的比重等，均应按正规要求执行，以取得灰尘及气流分布的均匀。

(3) 为使气流与灰尘分布均匀，管道系统必须按正常速度设计，并使紊流最小。同时需要使进出口阀门的大小及位置适当。

4.3.2 气流分布装置的形式

4.3.2.1 气流进气口烟道

在多室组合的袋式除尘器中，为将烟气均匀地分配至各室，烟道总管的设计应满足以下要求：

(1) 使系统的机械压力降最小。

(2) 使各室之间的烟气及灰尘分布达到平衡。

(3) 使灰尘在进口烟道里的沉降达到最小。

A 烟道总管的结构形式

烟道总管有喇叭型斜坡进气口烟道、带有挡流板喇叭型斜坡进气口烟道和台阶式进气口烟道几种形式，如图 4-20 所示。

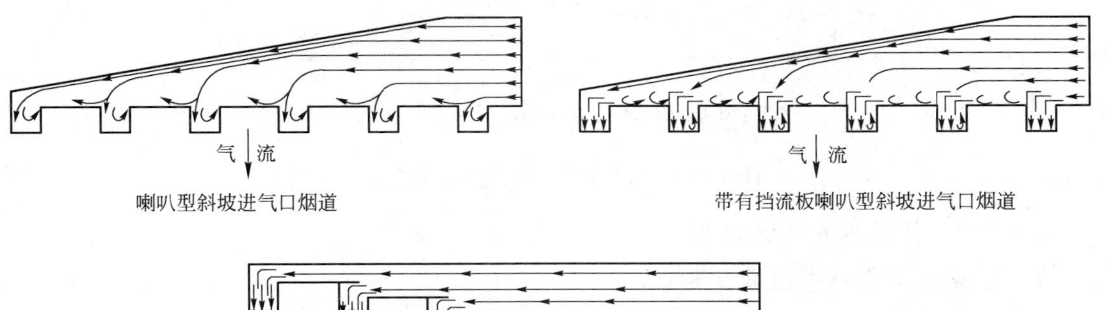

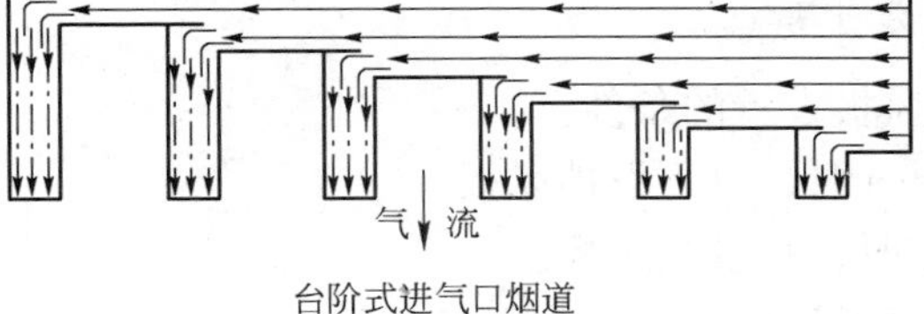

图 4-20 进气口烟道

台阶式进气口烟道，在每个弯头处设有多重导向叶片，并采用适当低的烟气速度，以达到各单元的气流平衡。

台阶式进气口烟道与传统的斜坡烟道相比，烟道内的每一转弯处均单独加设导向叶片，以引导气流的流向，并使灰尘的沉积达到最小。

B 烟道总管的性能特性（图 4－21）

经美国 EEC 公司的模型研究和实际的运行经验证实，台阶式烟道的压力损失维持在 1.0～1.5inH$_2$O，因此，它是一种较好的烟道总管形式。

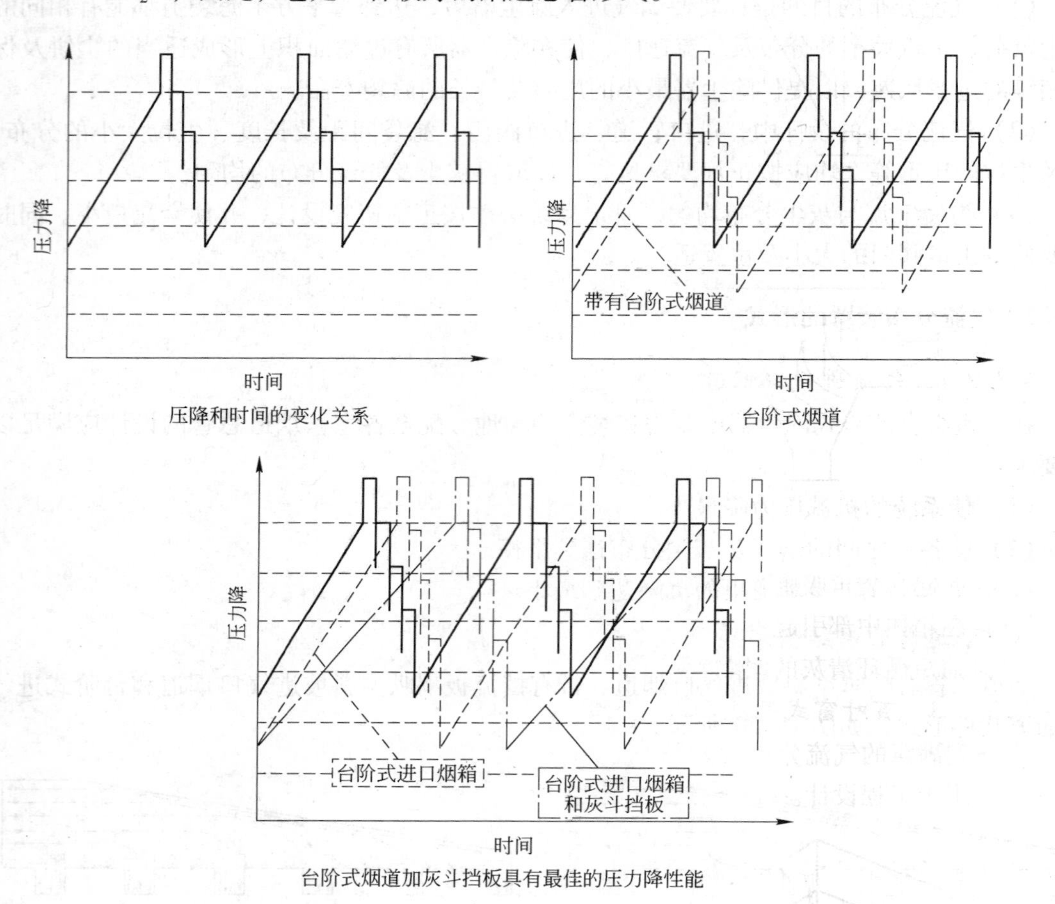

图 4－21 各种进气口烟箱的性能特性

4.3.2.2 挡风板和气流分布

A 挡板式气流分布的设计要点

（1）除尘器进风管口挡风板设置的条件：

1）气流速度不大于 10m/s 时，可不设挡风板。

2）气流速度大于 10m/s 时，宜设挡风板。

（2）除尘器进风管位置靠近袋底比靠近袋顶好。

（3）一般灰斗进风管入口挡风板的尺寸如图 4－22 所示。

B 无挡风板的气流分布（图 4－23）

无挡风板的气流分布将造成：

（1）拐角处滤袋的损伤，引起滤袋的磨损。

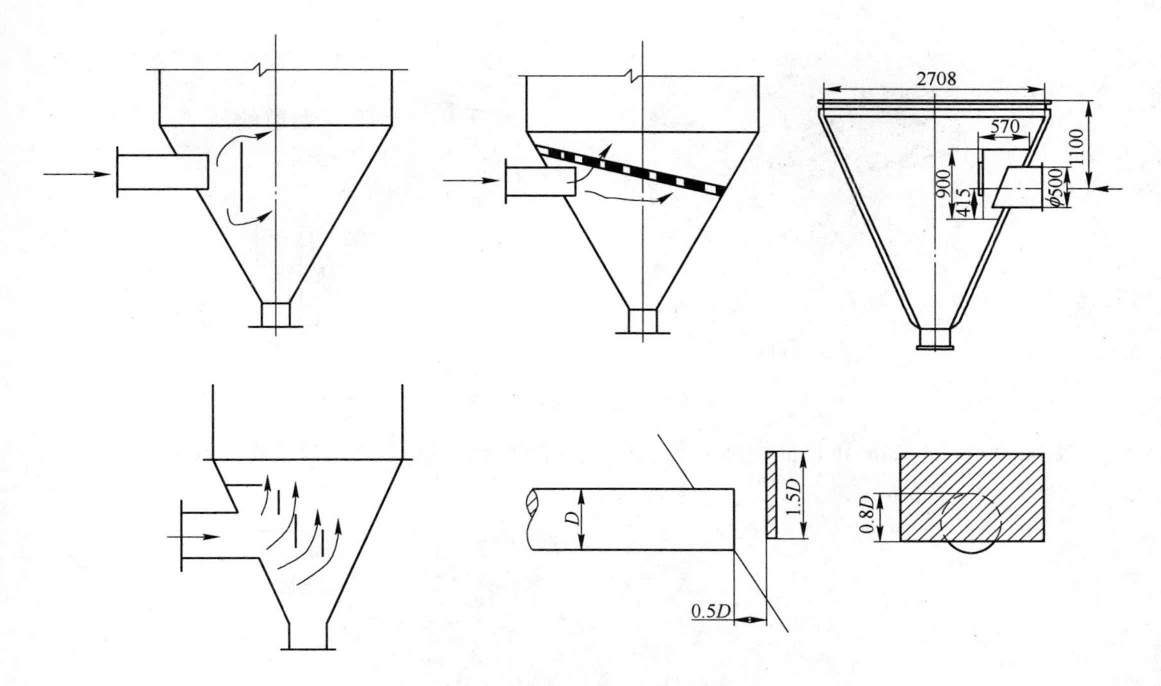

图 4－22　进风管入口挡风板

（2）引起滤袋再吸附的二次扬尘。

（3）在箱体中部引起不良的气流，减少有效的气布比。

（4）缩短循环清灰的间隔时间。

4.3.2.3　百叶窗式气流分布（图 4－24）

为达到满意的气流分布效果，百叶窗式气流分布一般都应进行试验室试验或计算模拟后，才能用于工程设计。

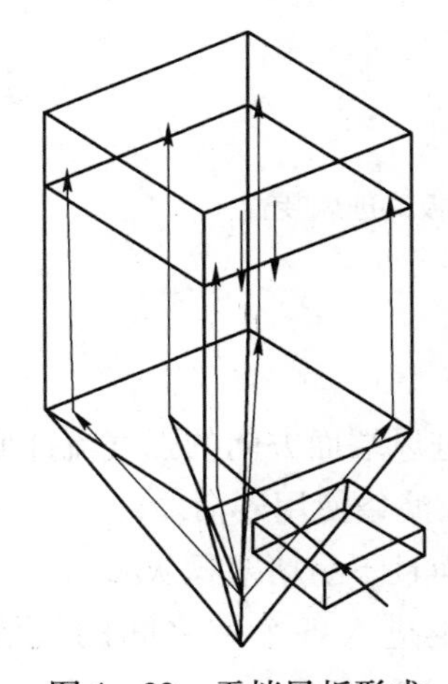

图 4－23　无挡风板形式

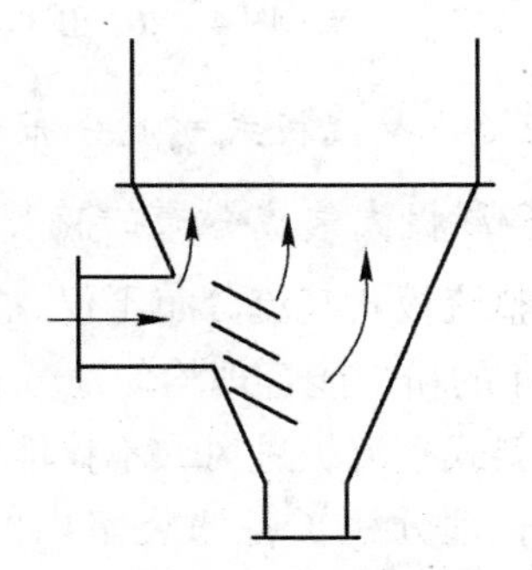

图 4－24　百叶窗式气流分布

4.3.2.4　孔板式气流分布（图 4－25）

一般孔板式气流分布采用的孔板，开孔的孔径为 φ10～12mm，开孔率大于 50%。

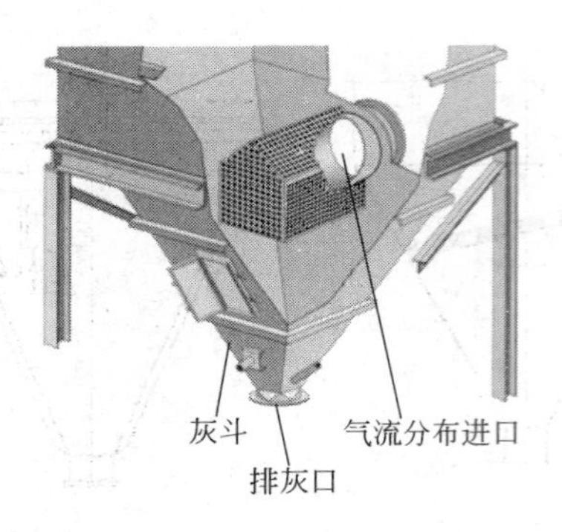

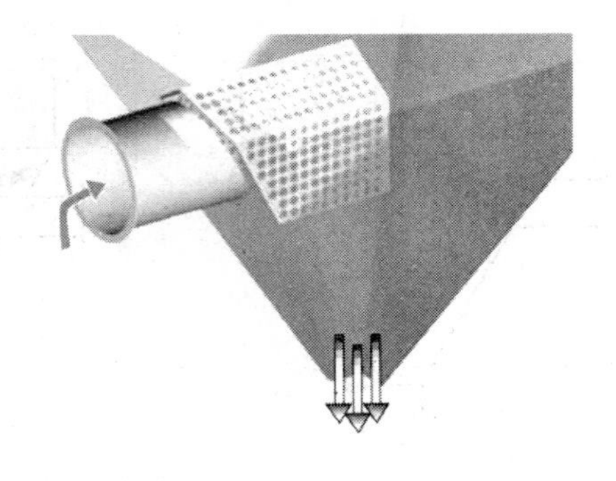

图 4-25 孔板式气流分布

美国 Wheelabrator JET Ⅲ型脉冲袋式除尘器的孔板式进口装置如图 4-26 所示。

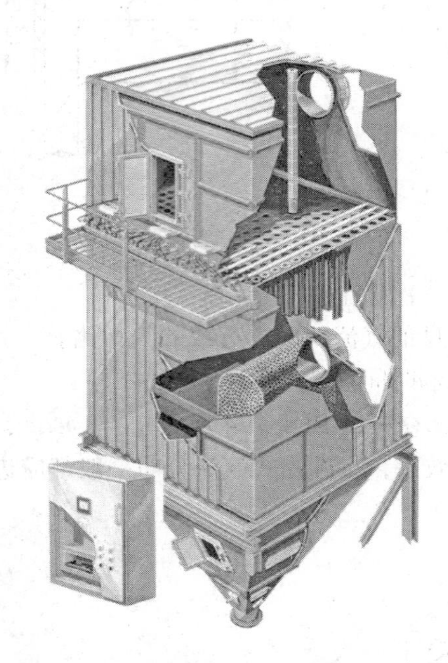

图 4-26 JET Ⅲ型脉冲袋式除尘器的孔板式进风装置

4.3.2.5 整流板式气流分布

A 整流板式气流分布的特征

（1）整流板式气流分布不仅克服气流及粉尘对灰斗进风端面方向的强气流冲刷，同时使进入灰斗的粉尘能合理均匀地分布到各滤袋上，可延长滤袋使用寿命。

（2）斜式整流板进风，不仅能降低阻力便于沉降，而且不易堵塞积灰。

（3）合理分配了各滤袋室内气流和粉尘分布，减少进入各个室之间的气流量差异（一般不大于 5%）。

B 整流板式气流分布的结构（图 4-27）

一般，整流板式气流分布适用于反吹风袋式除尘器。

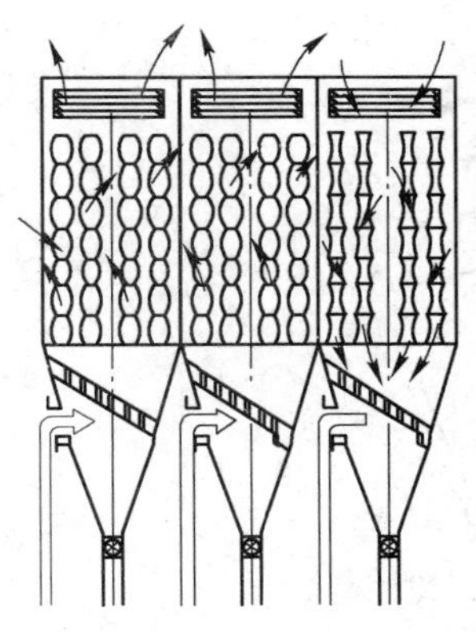

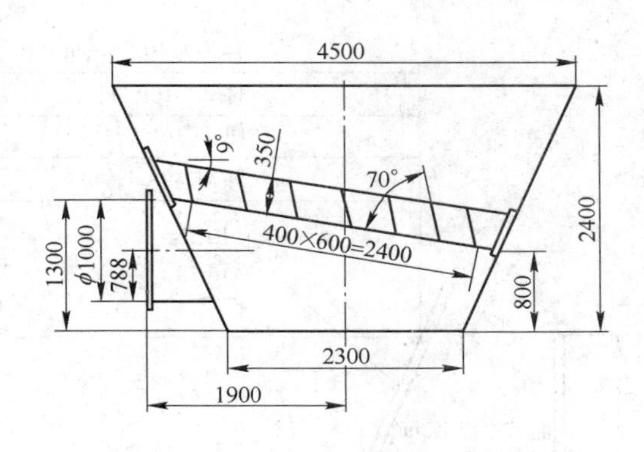

图4－27　反吹风袋式除尘器的整流板式气流分布

4.3.2.6　灰斗挡流板气流分布

美国EEC公司的袋式除尘器，在除尘器每个室的灰斗内，采用该公司的专利分布叶片（图4－28），可以保证含尘烟气均匀地进入各个滤袋，并使烟尘实现有效沉降，可避免局部气流速度过高使得滤袋过早损坏。

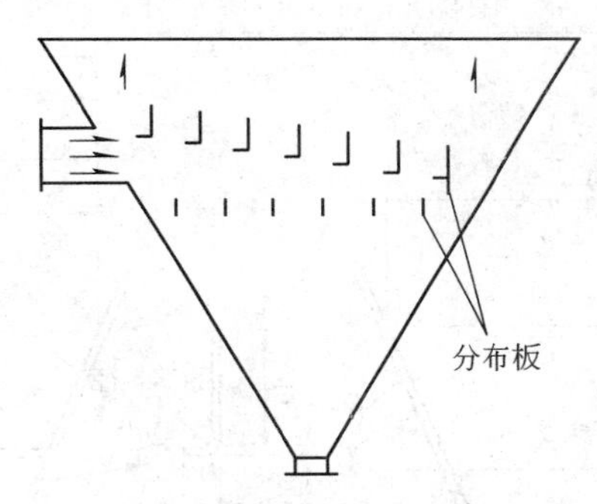

图4－28　灰斗挡流板气流分布

美国EEC公司对常规的袋式除尘器，经力学实验室的试验，发现以下几种现象：

（1）高速气流进入每个室的灰斗中，都存在偏斜。

（2）高速气流进入每个室的灰斗中，部分气流会向下流到灰斗底部，并在灰斗四角向上返回，引起灰斗底部积聚粉尘的再飞扬，结果会引起滤袋的过早损伤及高压降。

鉴于此，美国EEC公司开发了灰斗挡流板气流分布的专利（图4－29），其具有两个特点：

（1）灰斗进风口处设计有直角形挡板，致使：1）气流进入灰斗后壁的烟气偏斜最小。2）直角叶片可使气流向上流向过滤区域，使气流及粉尘的分布达到一致，以延长滤袋的寿命。

（2）灰斗进风口下缘设有立式挡板，使气流向下流动达到最小度限，以减少灰斗内粉尘的飞扬。

4.3.2.7　旋转式气流分布

A　旋转式气流分布的产生

美国MikroPul1956年创建了第一台脉冲喷吹袋式除尘器，至今已建造了160000个除

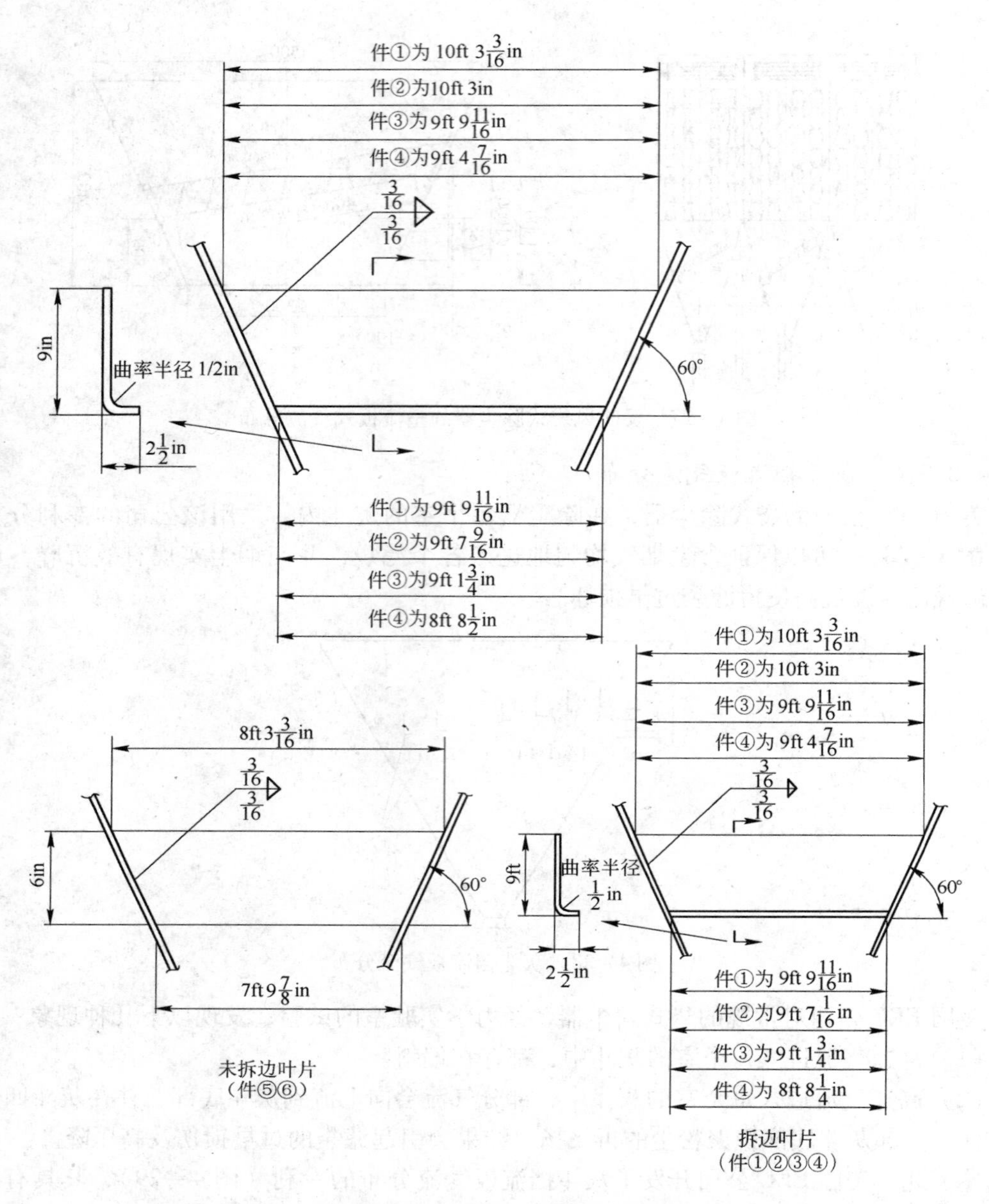

图 4－29 灰斗挡流板气流分布的结构形式

尘系统。

MikroPul 经过八年现场及试验室的测试、研究，发现袋式除尘器的主要问题是滤袋室的气流分布不均匀。

MikroPul 通过对挡板式、多孔圆盘式、多孔信箱式等多种扩散器的研究，发现所有形式中，除尘器内气流均有两种旋涡流动：第一种旋涡流动发生在滤袋室内，引起非常高的含尘气流速度；第二种旋涡流动发生在灰斗的较低部位，引起高料位粉尘的再返回及排灰不均匀。

这种旋涡流动主要会引起以下问题：滤袋的磨损、滤袋寿命短、灰尘渗漏、高压降、气流量减少、清灰能耗高。

由此，MikroPul 设计研究所为解决气流的均匀分布，开发了瀑布式灰斗（Cascadair hopper）和膨胀扩散侧进风（expandiffuse side inter）两个专利，MikroPul 统称其为 Advantaflo™气流进口技术。

瀑布式（Cascadair™）和膨胀扩散（Expandiffuse™）专利在澳大利亚、加拿大、欧共体、日本和美国受到保护，其专利号如表 4-4 所示。

表 4-4 瀑布式和膨胀扩散专利号

国家和地区	专利号		国家和地区	专利号	
	瀑布式	膨胀扩散		瀑布式	膨胀扩散
澳大利亚	6036821	615029、612233	欧共体	1296753	1329364、0328419
美国	4799934	4883509、4883510	日本	1737735	1857754、1880843
加拿大	1325185	1337594、1327944			

B 灰斗瀑布气流式入口

灰斗瀑布气流式入口（图 4-30）解决了常规设计中的气流分布问题。

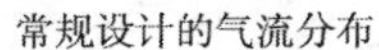
常规设计的气流分布　　灰斗瀑布气流式入口

图 4-30 灰斗瀑布气流式入口

瀑布式™扩散器（Cascadair™）是利用一种孔口板引导含尘气流进入灰斗后进行转向，使气流逐步转向分配，其效果能达到：

- 延长滤袋寿命；
- 降低除尘器阻损，较大地增加气流量；
- 减少灰尘的再吸附；
- 全面提高除尘器性能。

C 膨胀扩散侧进风

膨胀扩散器™（Expandiffuse™）（图 4-31）是在袋式除尘器的每个单元中，气流通过扩散器从右上角进入，以降低 90% 的速度进入滤袋室箱体内。

这种设计改善了高达 40% 的脉冲喷吹性能，如果与 MikroPul 的长袋技术结合在一起，改善效果将会更佳。

膨胀扩散（Expandiffuse™）式入口可使45mile/h的大风改变为2mile/h的温和微风。

图4-31 膨胀扩散侧进风

膨胀扩散器™的优点为：

（1）高的气布比，即具有更大的气流量；

（2）较长的滤袋寿命；

（3）压力损失的降低；

（4）减少粉尘的再吸附；

（5）降低喷吹的耗气量；

（6）全面提高除尘器性能；

（7）显著地降低维护费。

膨胀扩散器™的缺点为：

（1）比较复杂，增加加工难度；

（2）烟气进气均匀的效果有限；

（3）只适用于中小型除尘器，难于应用于大型除尘器。

D Advantaflo™气流进口技术的效应

a 入口含尘浓度对过滤风量的影响

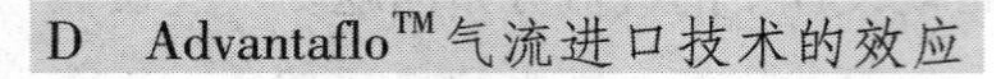

从图4-32中可见，瀑布式灰斗（cascadair hopper）和膨胀扩散侧进风（expandiffuse side inter）与其他袋式除尘器相比，在相同的入口含尘浓度下，其处理风量可大些。相反，在相同的处理风量下，可处理较大的入口含尘浓度。

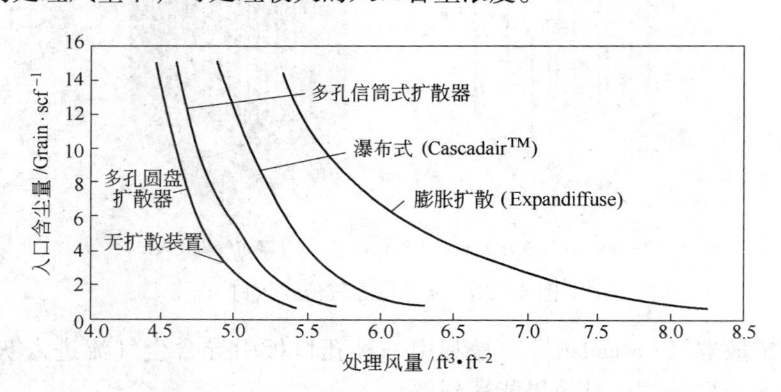

图4-32 入口含尘浓度对处理风量的影响

b 压力降对处理风量的影响

从图4-33中可见，瀑布式灰斗（cascadair hopper）和膨胀扩散侧进风（expandiffuse side inter）与其他袋式除尘器相比，在相同的压力降下，其处理风量可大些。相反的，在相同的处理风量下，其压力降可低些。

c 具有处理较大含尘浓度烟气的能力

从图4-34中可见，瀑布式灰斗（cascadair hopper）和膨胀扩散侧进风（expandiffuse side inter）与其他袋式除尘器相比，可处理较大的含尘浓度烟气。

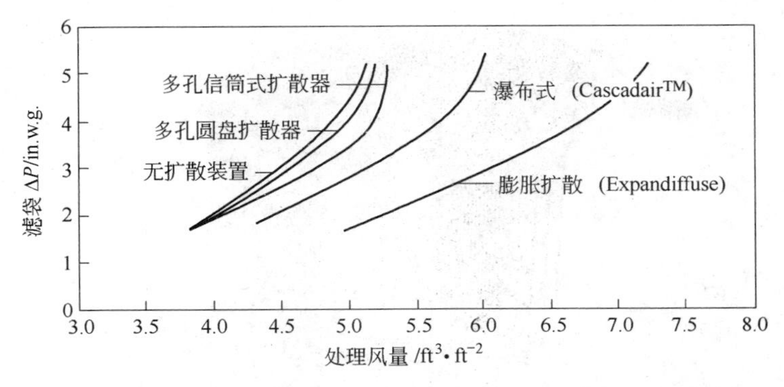

图 4-33 压力降对处理风量的影响

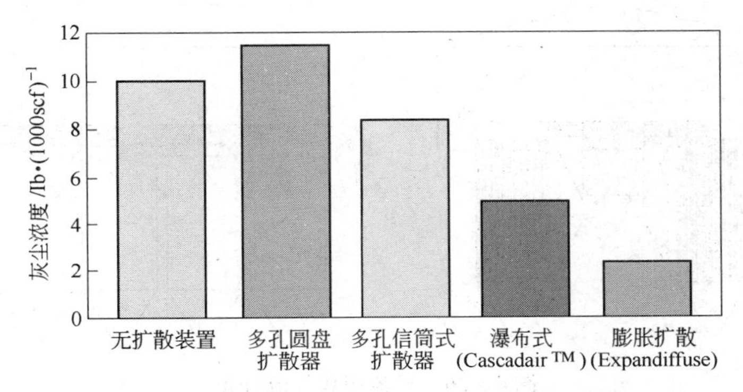

图 4-34 各种除尘器处理烟气的含尘浓度能力

d 节约年维护费用（图 4-35）

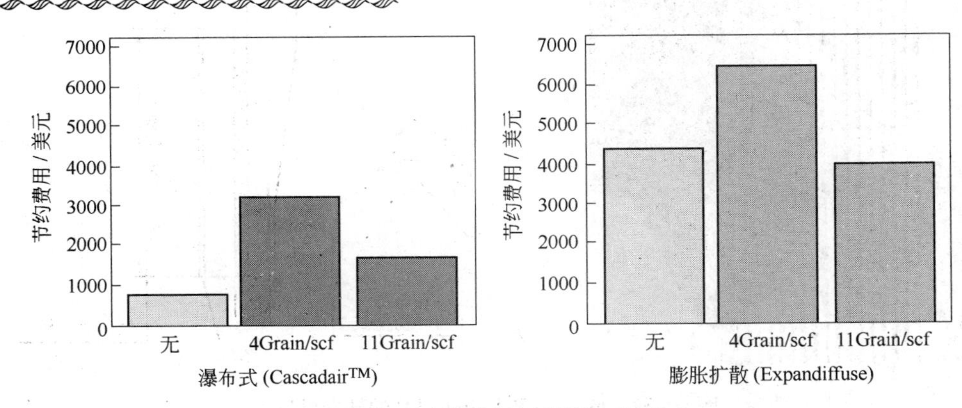

图 4-35 估计每年节约的费用

4.3.2.8 导流板式气流分布

美国 Mikro-PulsaireK/LP 型袋式除尘器用在水泥窑灰尘中的一种改型扩散式（即导流板式气流分布）设计如图 4-36 所示。

导流板式气流分布使气流从支管通过一个阀门，然后设置一个转向叶片（图 4-37）引导气流向上和向下流动，气流流过一个最后设置的扩散叶片，进入滤袋室内。含尘气流进入除尘器后，气流中的尘粒即沉淀，大于 90% 的灰尘直接落入灰斗内。

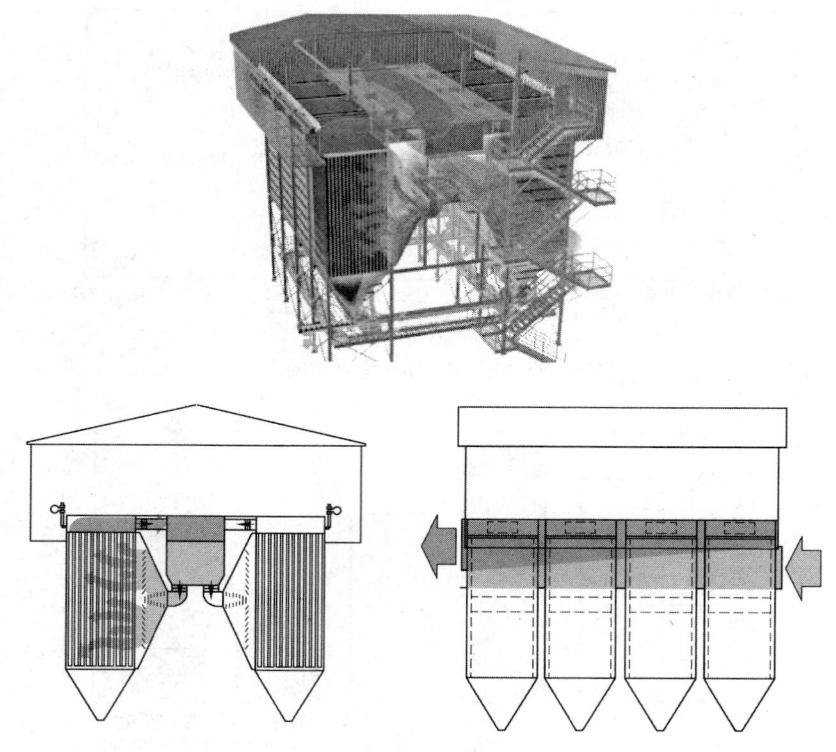

图 4－36 导流板式气流分布

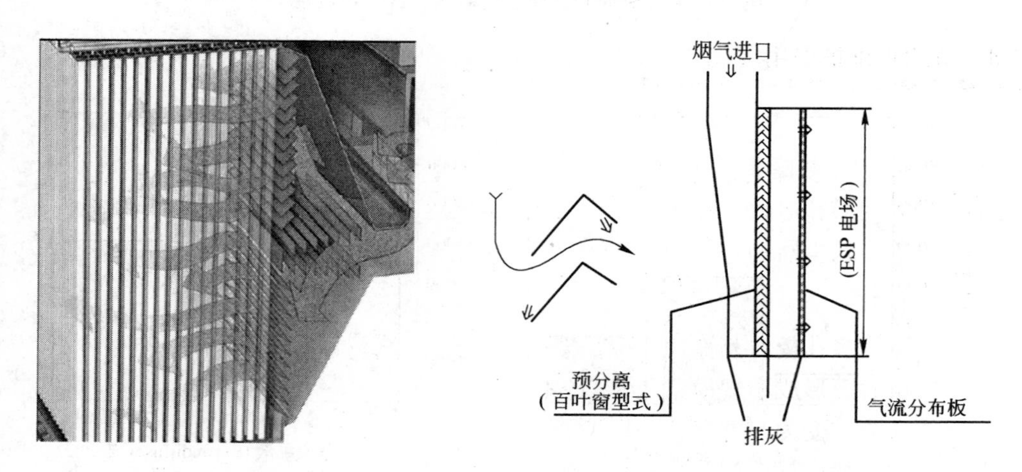

图 4－37 Mikro－PulsaireK/LP 的转向叶片

Mikro－PulsaireK/LP 焙烧窑袋式除尘器简单且布置紧凑。每个除尘器单元可以用阀门进行隔离。维护人员在维护滤袋和脉冲阀时能有通畅的场地。

4.3.2.9 气流分布屏

丹麦 F. L. Smidth & Co., Ltd. 的 FabriClean™直通导流分布式脉冲喷吹袋式除尘器进风气流采用的是气流分布屏分布形式（见图 4－38 和图 4－39）。

气流分布屏的结构特点：

（1）Smidth 直通导流分布式袋式除尘器滤袋采用的是矩形逐行布置，滤袋为圆袋：ϕ130mm，长度 5～8m，滤袋间距 175mm×175mm。

（2）Smidth 的进气方式是箱体内设有横向扩散室及纵向扩散室，将一个滤袋室内的滤袋分成了两部分，扩散室与滤袋室之间设有气流分布屏。

（3）烟气从进气口同时进入纵向扩散室和横向扩散室。由于入口挡风板的作用，使气流在扩散室内向上运动进入滤袋室上部，然后再向下运动。

（4）扩散室下部有阻流板与灰斗相通，使气流中的粗颗粒粉尘沉降后落入灰斗。

（5）这种结构由于在滤袋室内部增设了纵向扩散室，烟气可以通过纵向扩散室直接进入滤袋室后部的滤袋，大大改善了滤袋室后部滤袋的过滤效果。

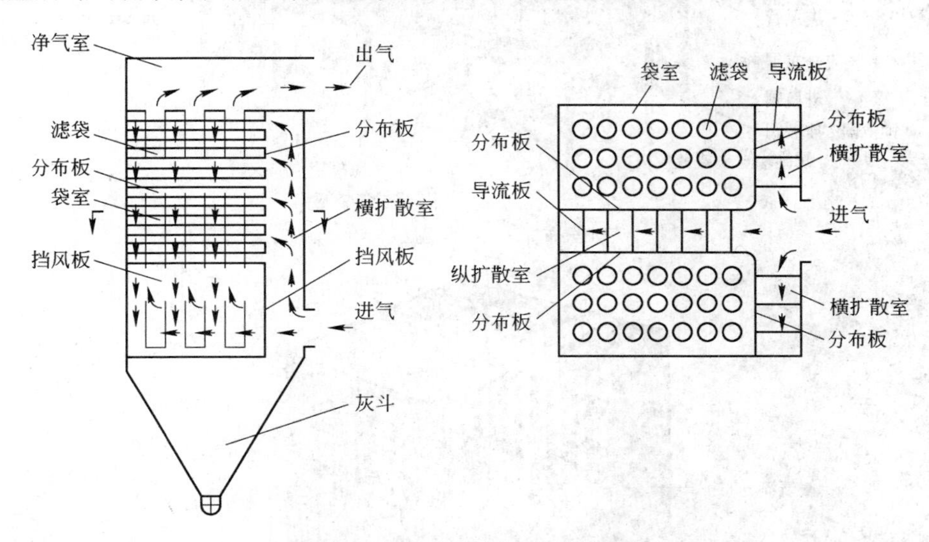

图 4－38 Smidth 气流分布屏配置

4.3.2.10 静电除尘器的分布板、导流板

在电袋除尘器和电改袋除尘器中，常采用直通均流式进风。为此，其进风的气流分布一般都参照电袋除尘器的进风气流分布方式，常采用分布板、导流板。

A 分布板

分布板又称多孔板，其作用是通过增加多孔板的阻力，把分布板前面大规模的紊流分散，使分布板后面形成小规模紊流，从而在短距离内将紊流强度减弱，使原来与气流分布板不垂直的气流，变为与气流分布板垂直。

分布板的一般设计原则如下：

（1）分布板的材料采用 3～5mm 钢板；

（2）根据不同的开孔率在分布板上均布 ϕ40～60mm 的孔；

（3）分布板宽度为 400～800mm；

（4）分布板沿高度方向整体制作，分段加工后再拼接；

（5）为使分布板有一定刚度不变形，每块分布板两侧按 90°折边 20～30mm；

（6）分布板上端用螺栓连接在喇叭管上，下端与喇叭管底面保持 150～250mm 的间隙；

（7）分布板的开孔率、分布板的层数及分布板之间的距离应通过试验确定。

B 导流板

导流板又称折流板，其安置结构如图 4 - 39 所示。

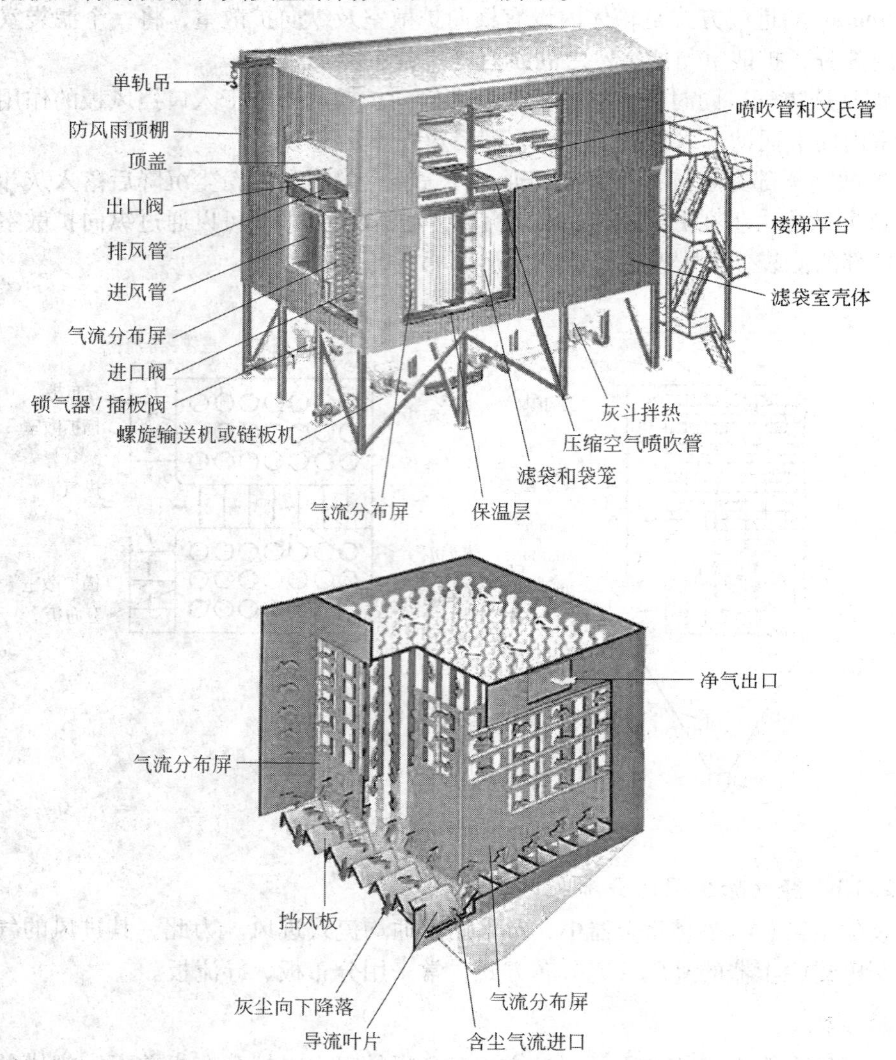

图 4 - 39 Smidth 气流分布屏透视

除尘器的进口气流由于折流板作用，使气流中的粉尘失去动能沉积下来，因此它还有预除尘作用，可用于含尘浓度较大的烟气。

折流板有纵向折流板和横向折流板两种。

（1）直通均流式进风一般采用纵向折流板。

（2）垂直于喇叭管上进风的折流板（图 4 - 40（b），即纵向折流板）在水平和垂直方向的折板为宽度不同、间距不同和角度不同的折流板，通过对这些参数的调整，可改善进口气流偏转。

（3）垂直于喇叭管下进风的折流板采用横向折流板，即图 4 - 40（a）中所示的横向折流板。

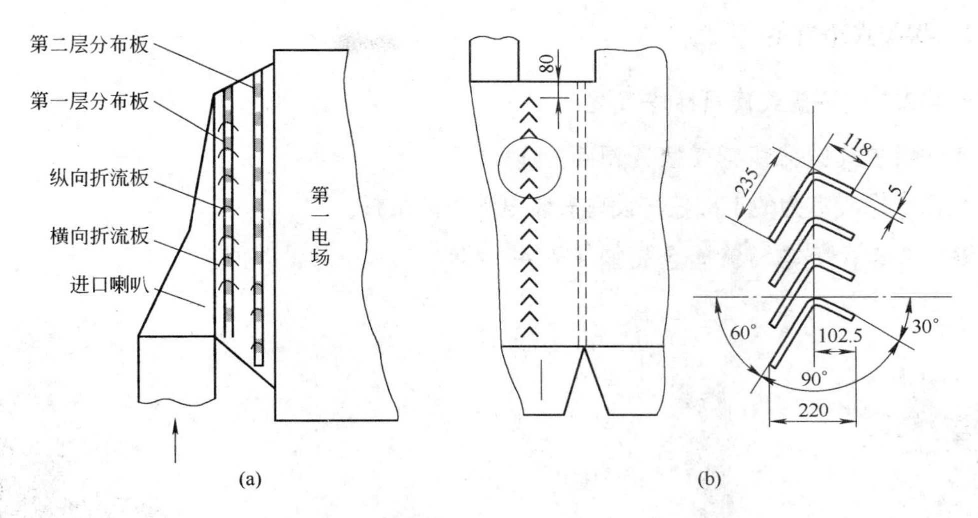

图4－40　导流板的安置结构

（a）带折流分布板；（b）折板形均布板

4.4　净气室（上箱体）

脉冲袋式除尘器中，含尘烟气通过滤袋净化后排入的箱体称为净气室。一般花板以上的箱体可视作净气室。

脉冲袋式除尘器的净气室有揭盖式和进入式两种。

4.4.1　净气室的组成

袋式除尘器的净气室是由喷吹管、气包、脉冲阀、花板、上箱体、顶盖、支架等（图4－41）组成。

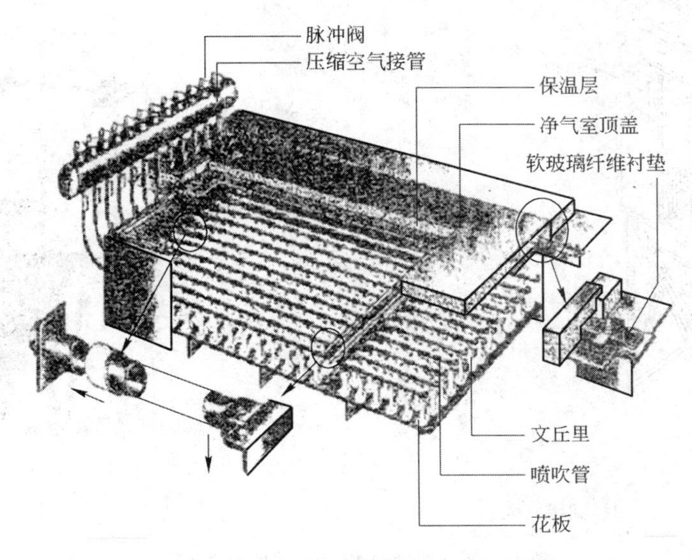

图4－41　净气室的组成

4.4.2 揭盖式净气室

4.4.2.1 揭盖式圆筒体净气室

A 翻盖式圆筒体净气室（图4－42）

翻盖式净气室为便于翻盖，设有安装电葫芦的吊杆。

B 分体式顶盖圆筒体净气室（图4－43）

图4－42 翻盖式圆筒体净气室　　图4－43 分体式顶盖圆筒体净气室

4.4.2.2 揭盖式矩形箱体净气室

A 小型揭盖式矩形箱体净气室（图4－44）

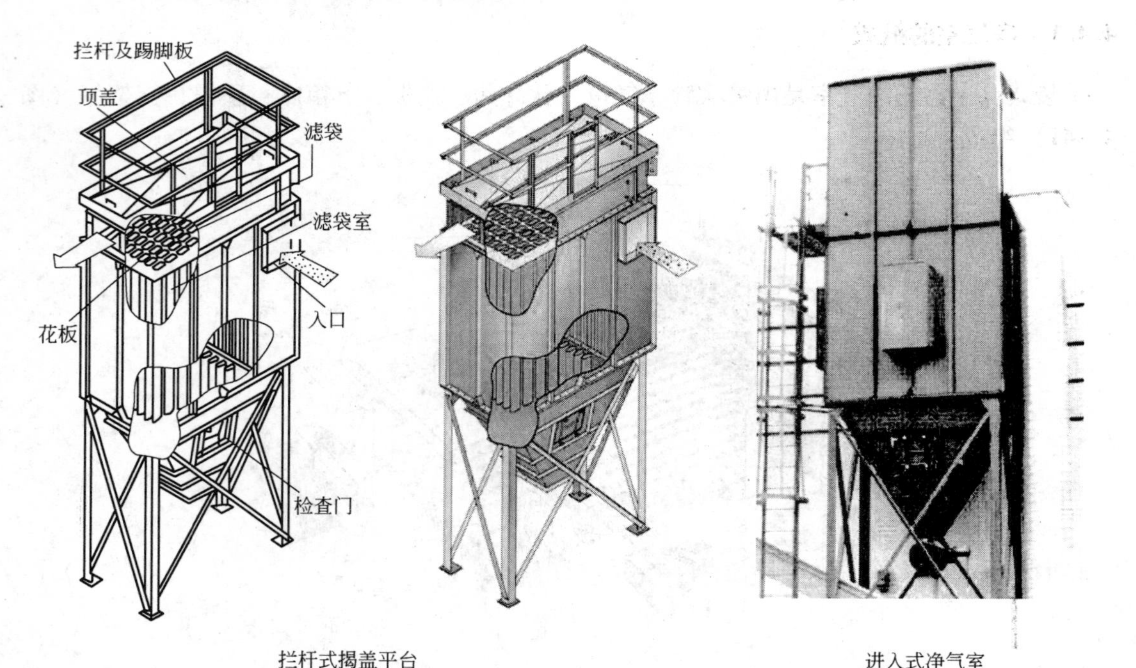

图4－44 小型揭盖式矩形箱体净气室

B 大型盖板式矩形箱体净气室

大型盖板式矩形箱体净气室一般有定位式揭盖和移动式揭盖两种。

a 大型定位式揭盖矩形箱体净气室（图4－45）

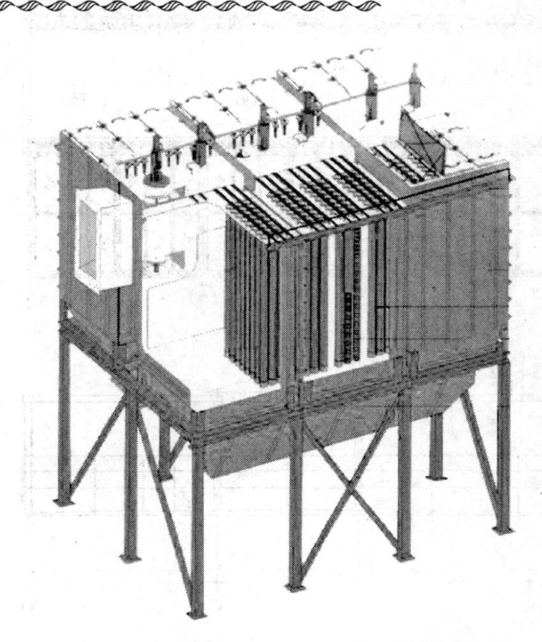

图4－45 大型定位式揭盖矩形箱体净气室

b 大型移动式揭盖矩形箱体净气室（图4－46）

大型移动式揭盖矩形箱体净气室的盖板一般都比较小，以便两个人就能抬动。为此，每个室最多时需设置6～8块。

净气室顶部为使揭盖方便，有时可设置门形架和电动葫芦装置。

4.4.2.3 敞开式防雨棚

敞开式防雨棚（图4－47(c)）是在除尘器顶盖上安装一个构筑物，防雨棚只是用钢材构筑一个顶盖的钢框架而已，其围护结构可以不设置，必要时只需设置简单的围护结构和适当的门、亮光、通风即可。

敞开式防雨棚的功能主要是保护操作人员维护检修，以及除尘器顶盖上的阀门等部件免受雨淋的影响。

4.4.2.4 TOP式净气室

TOP式结构是净气室采用预组装形式的一种整体上箱体。

丹麦Smith公司在为用户提供大型袋式除尘器时，将除尘器净气室在厂内预先组装成一种TOP式结构，然后运至现场组装成大型袋式除尘器。

TOP式结构的主要优点为：

（1）厂内组装的净气室加工质量要比现场组装更有保证。

（2）厂内组装能减少净气室各组合件在运输过程中的损伤。

（3）厂内组装能节省现场的安装周期，特别是在电改袋时可减少除尘器的停运时间。

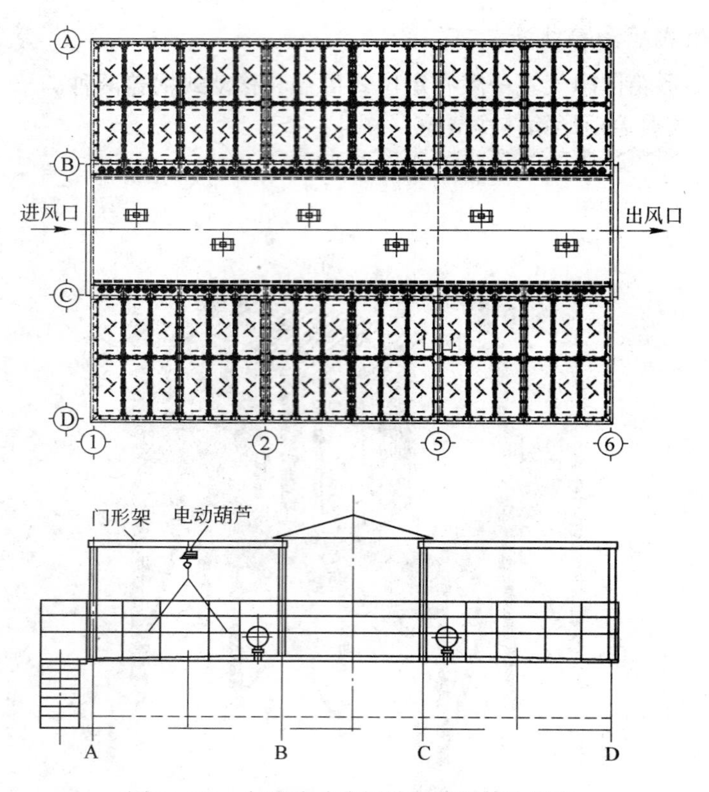

图 4-46 大型移动式揭盖矩形箱体净气室

A TOP 式净气室的结构

TOP 式结构的整体上箱体（图 4-47(a)）包括：花板、脉冲喷吹管、上箱体壳体、上箱体盖板、气包、脉冲阀、压缩空气装置以及电控装置。

TOP 式结构出厂前的整体上箱体如图 4-47(b) 所示。

电改袋除尘器整体上箱体安装后的状况如图 4-47(c) 所示。

B 电改袋 TOP 式净气室的安装

步骤 1，除尘器组装前的准备：

(1) TOP 式净气室的所有内部、顶部、保温箱体以及 T/R 装置等都预先在厂内组装好。

(2) 组装好的 TOP 式净气室吊装到靠近电除尘器边上（图 4-48(a)）。

(3) 靠近电除尘器边上制作一个 TOP 式净气室的托架（图 4-48(b)）。

(4) 最大好处是现有电除尘器仍能正常运行。

步骤 2，TOP 式净气室现场拼装：

(1) TOP 式净气室安放在托架上（图 4-49(a)）。

(2) 净气室滤袋的预安装（图 4-49(b)）。

步骤 3，现场电除尘器的改造：

(1) 揭掉电除尘器顶盖（钢结构或混凝土结构）（图 4-50(a)）。

(2) 拆除电除尘器内部构件。

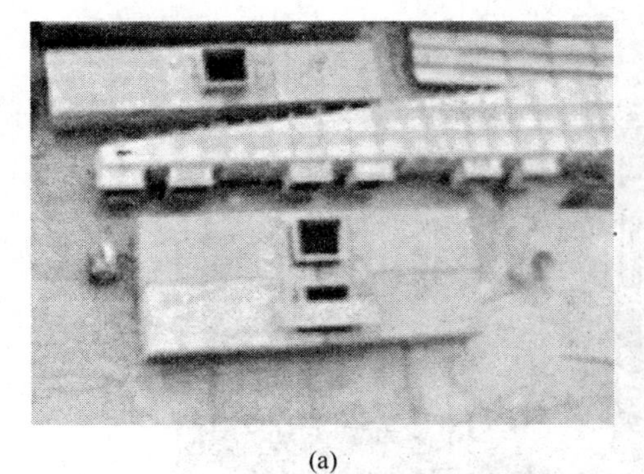

(a)

(b)

(c)

图4－47　出厂前及安装后的整体上箱体

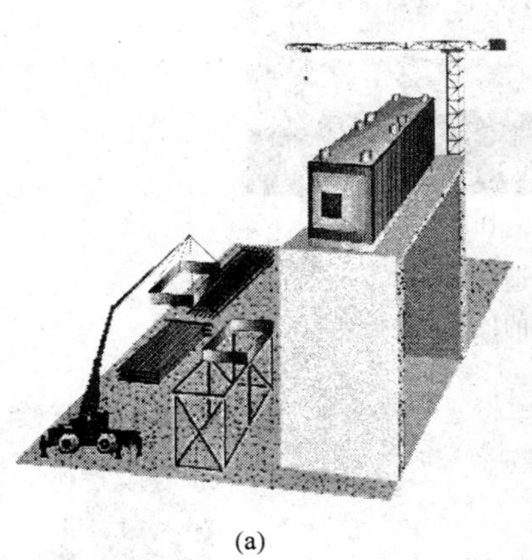

(a)

(b)

(c)

图4－48　TOP式净气室吊装前的准备

（a）净气室吊装到靠近电除尘器边；（b）安装用托架；（c）施工时工地全貌

（3）安放TOP式净气室的顶盖就位（图4－50（b））。

步骤4，除尘器改造的结尾工作：

（1）TOP式净气室的吊装（图4－51（a））。

（2）TOP式净气室安装在现有电除尘器顶部就位（图4－51（b）、（c））。

（3）完成所有机械及电气部位的安装工作。

（4）改造后的除尘器即可投入运行。

(a)

(b)

图 4-49 TOP 式净气室的现场预组装

（a）净气室安放在托架上；（b）净气室滤袋的预安装

(a)

(b)

图 4-50 现场电除尘器的改造

（a）揭掉电除尘器顶盖；（b）安放净气室的顶盖就位

(a)

(b)

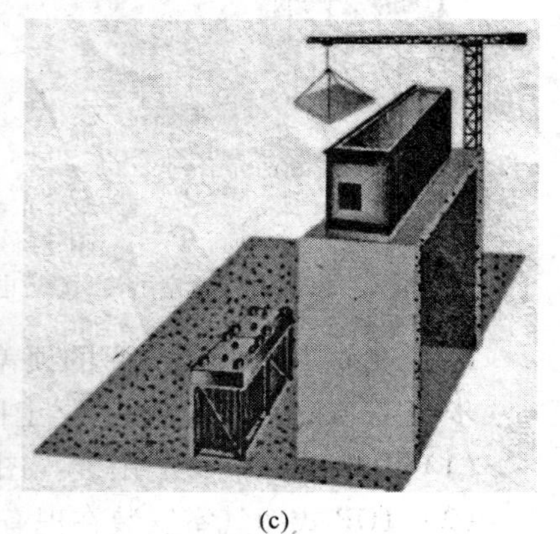

(c)

图 4-51 TOP 式净气室安装在现有电除尘器壳体上

（a）净气室的吊装；（b）净气室的就位；（c）净气室的就位完毕

（5）所有工作只需锅炉停产12～20天。

C TOP式净气室的特点

（1）充分利用现有除尘器的箱体。

（2）投资低，减少安装费用。

（3）改造时锅炉停产时间短。

4.4.3 进入式净气室

4.4.3.1 进入式净气室的结构

进入式净气室又称走入式烟道，它是在滤袋花板上部设置一个带防雨棚的密封净气室（或称烟道）（图4－52）。

进入式净气室主要是为保护除尘器顶棚上露天的部件，以及便于操作人员维护、检修时更换及安装滤袋用，它给维护人员提供了一个良好的维护环境。

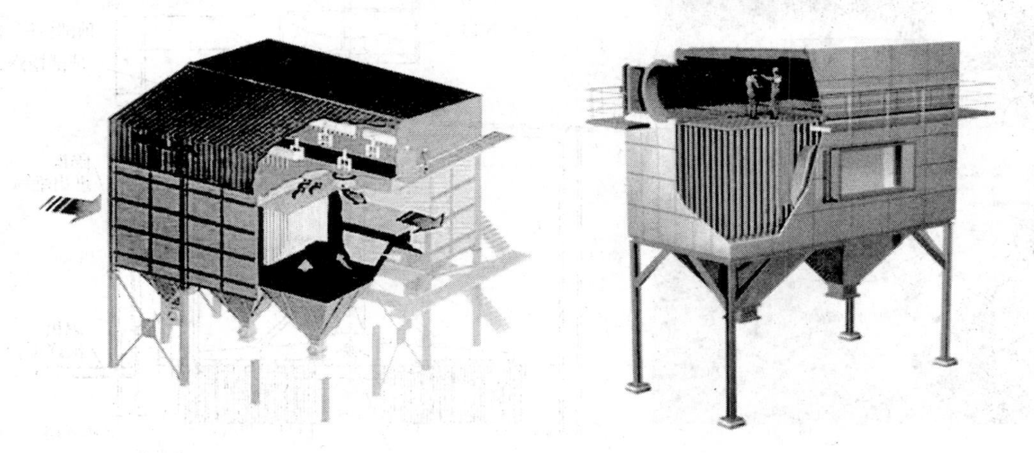

图4－52 进入式净气室

4.4.3.2 进入式净气室的特征

进入式净气室的主要特点如下：

（1）除尘器顶面的上箱体没有大量的小盖板，而是整台除尘器顶面设计成一个密封的净气室。

（2）密封的净气室只需设置一个铰链式门以供工作人员出入，供操作人员在室内取出或安装滤袋。它与揭盖式净气室相比，具有密封垫少，容易维护；除尘器的漏风率小的特点。

（3）进入式净气室的高度应根据除尘器滤袋的长度决定，一般采用3.0m高。当滤袋长度为4.0~6.0m时，可将袋笼分为2节，滤袋长度为7.0~8.0m或更长时，可将袋笼分为3节（图4-53）。

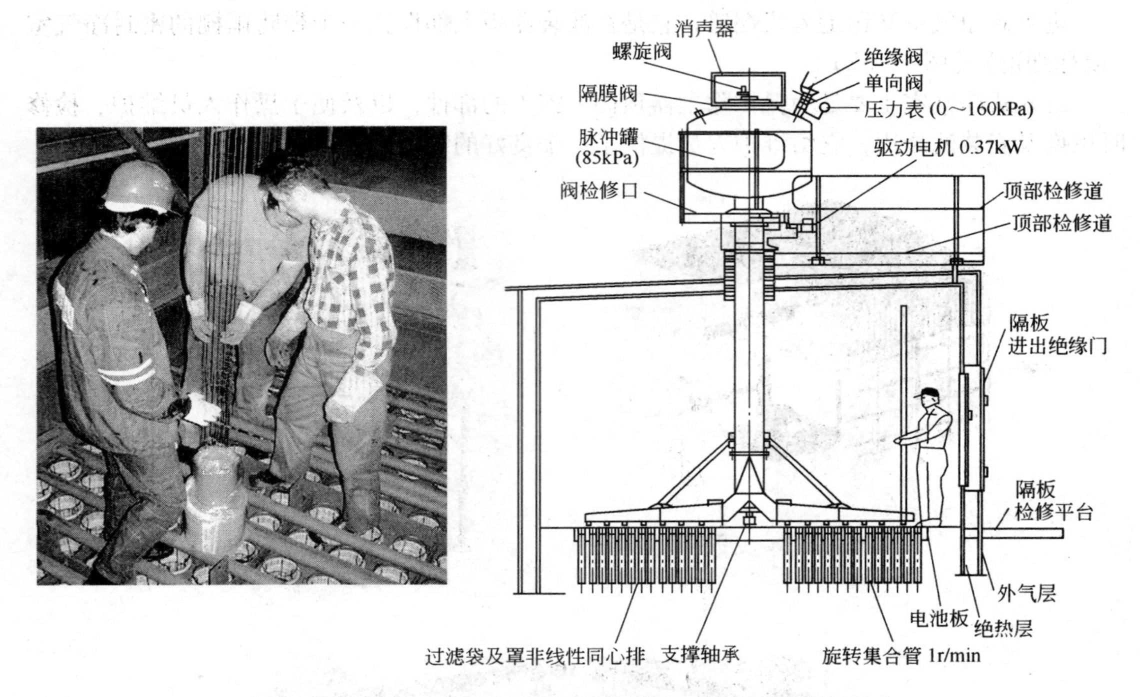

图4-53　进入式净气室可使滤袋安装和更换不受环境的影响

4.5 灰　斗

4.5.1 灰斗的作用

袋式除尘器的灰斗是除尘器设计中一个为满足含尘气流进入除尘器后粗颗粒粉尘的沉降，及滤袋清灰后灰尘排除的一个过渡部件（从花板过渡到卸灰阀的过渡部件），它可视为除尘器的一个漏斗。

特别应注意的是：除尘器上的灰斗只是用来收集含尘气流和滤袋清灰落下灰尘的一个临时存放物，切不可作为除尘器储藏灰尘用的储灰斗。

除尘器灰斗并不是一个储灰斗。除尘器净化下来的灰尘应该经过灰斗然后由卸灰阀将灰尘送入输灰系统，再输入一个专门用作储藏灰尘的储灰斗（或储灰系统）内，定期运走。这是因为：

（1）实际上，除尘器灰斗均为锥形（上大下小，像一个漏斗），灰斗上一般都设有进风口及人孔，灰斗去掉进风口及人孔等部件，剩下的一小部分锥体其容积很小，存不了多少灰尘。

（2）除尘器灰斗的进风口及人孔处一般不允许积灰，如果一旦进风口及入孔处堆积灰尘，它将引起：

1）灰斗内储藏灰尘过多后，容易引起粉尘的再吸附；

2）灰斗进风口堆积灰尘后，影响含尘气流进入除尘器；

3）灰斗人孔堆积灰尘后，除尘器维护检修时，造成灰尘的外逸，检修人员无法工作。

（3）除尘器灰斗内如储存灰尘过多，将导致灰斗的积灰、搭桥、堵塞，在高温烟气中，甚至会引起烧袋。

4.5.2 灰斗设计的注意事项

（1）灰斗壁板一般用6mm 钢板制作。

（2）灰斗强度应能满足气流压力、风负荷以及当地的地震要求。

（3）为确保除尘器的密封性，不宜将灰斗内的灰尘完全排空，以免造成室外空气通过灰斗下部的排灰口吸入，影响除尘器的净化效率。一般在灰斗下部排灰口以上，应留有一定高度的灰封（即灰尘层），以保证除尘器排出口的气密性。

灰斗灰封的高度（H，mm）可按下式计算：

$$H = \frac{0.1\Delta P}{\Gamma} + 100 \tag{4-1}$$

式中 ΔP——除尘器内排出口处与大气之间的压差（绝对值），Pa；

Γ——粉尘的堆积密度，g/cm^3。

（4）灰斗的有效储灰容积应不小于8 小时运行的捕灰量。

4.5.3 灰斗形式

除尘器灰斗的形式有：锥形灰斗、船形灰斗、平底灰斗、抽屉式灰斗及无灰斗除尘器等。

4.5.3.1 锥形灰斗（图4-54）

锥形灰斗是袋式除尘器最常用的一种灰斗。

锥形灰斗的锥角应根据处理粉尘的安息角决定，一般不小于55°，常用60°，最大为70°。

锥形灰斗的壁厚采用5～6mm 的钢板。

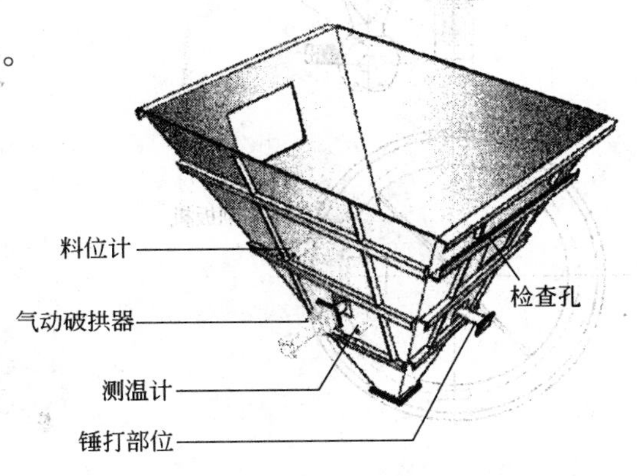

图4-54 锥形灰斗

4.5.3.2 船形灰斗（图4-55）

一般除尘器多室合用一个灰斗时，可采用船形灰斗，有时单室灰斗为降低灰斗高度，也会采用船形灰斗。

船形灰斗一般具有以下特点：

(1) 船形灰斗与锥形灰斗相比，高度较矮。

(2) 船形灰斗的侧壁倾角较大，与锥形灰斗相比，它不容易搭桥、堵塞。

(3) 船形灰斗底部通常设有螺旋输送机或刮板输送机，并在端部设置卸灰阀卸灰；也有配套空气斜槽进行气力输灰。

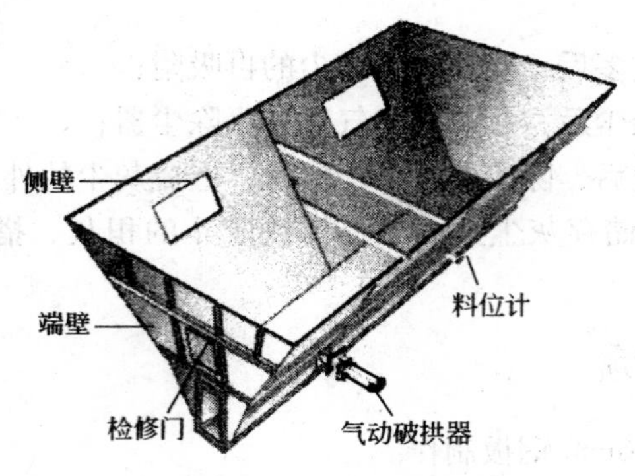

图4-55 船形灰斗

4.5.3.3 平底灰斗（图4-56）

平底灰斗一般用于安装在车间内高度受到一定限制的除尘器上。

平底灰斗一般具有以下特点：

(1) 平底灰斗可降低除尘器的高度。

(2) 平底灰斗的底部设有回转形的平刮板机，它可将灰斗内的灰尘刮到卸灰口，然后通过卸灰阀排出。

(3) 平底灰斗的平刮板机转速一般采用47r/min。

4.5.3.4 抽屉式灰斗（图4-57）

抽屉式灰斗一般用于小型除尘机组的袋滤器，灰尘落入抽屉（或桶）内定期由人工进行清理。

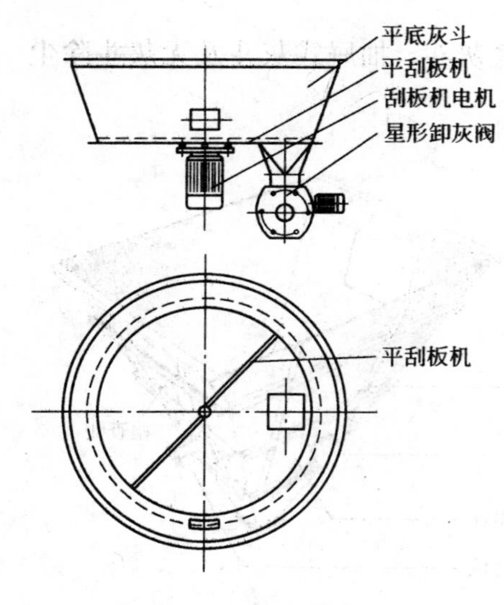

图4-56 平底灰斗

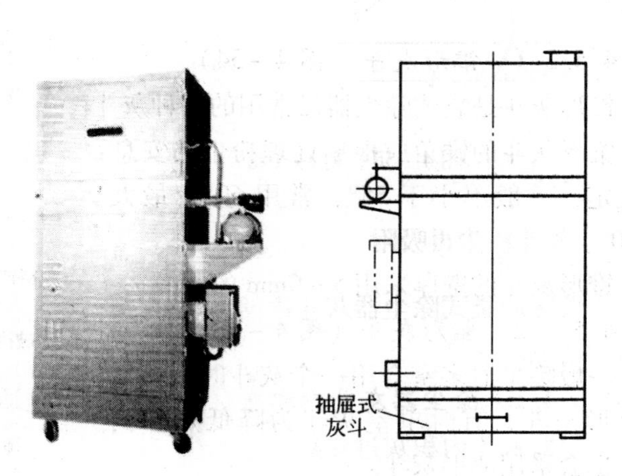

图4-57 抽屉式灰斗

4.5.3.5 无灰斗除尘器

一般仓顶除尘器（图 4－58）及扬尘设备的就地除尘用的除尘器（图 4－59）可不设灰斗，除尘器箱体可直接坐落在料仓顶盖或扬尘设备的密闭罩上。

常用的仓顶除尘器有振打式袋式除尘器、脉冲袋式除尘器及回转反吹扁袋除尘器等类型（图 4－60）。

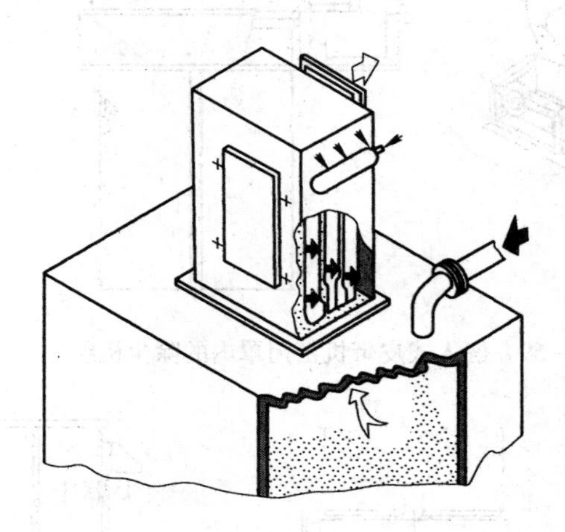

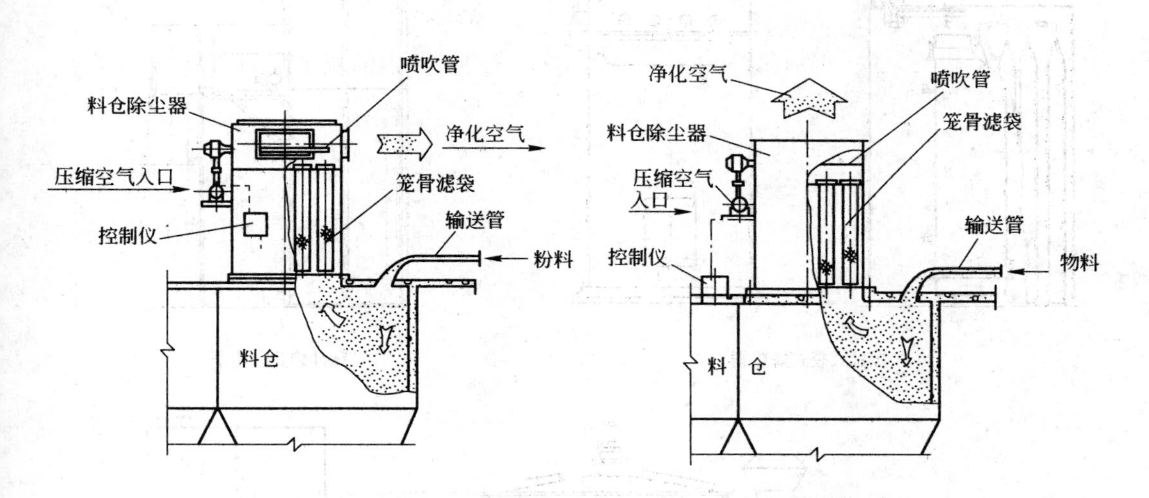

图 4－58 粉料（石灰石等）输入料仓排气除尘用的无灰斗除尘器

4.5.4 灰斗粉尘再吸附

一般脉冲袋式除尘器灰斗内的粉尘再吸附有灰斗内积灰过多及相邻两室灰尘的相互影响两种情况。

4.5.4.1 除尘器灰斗内积灰过多造成的粉尘再吸附

除尘器灰斗内积灰过多后，进入的气流会引起灰斗内堆积的粉尘再飞扬，造成粉尘的再吸附（图 4－61）。

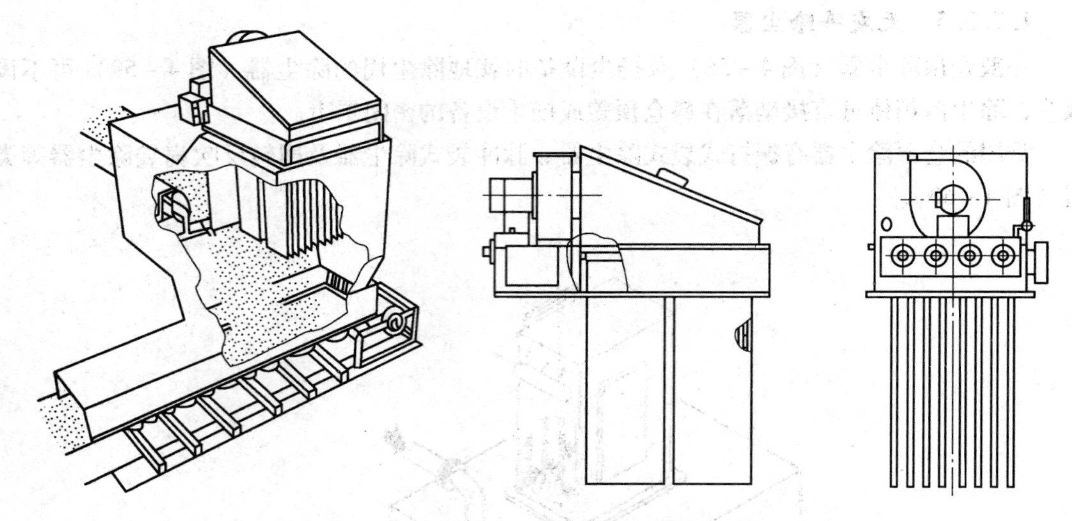

图 4－59　嵌入式皮带机密闭罩内的除尘机组

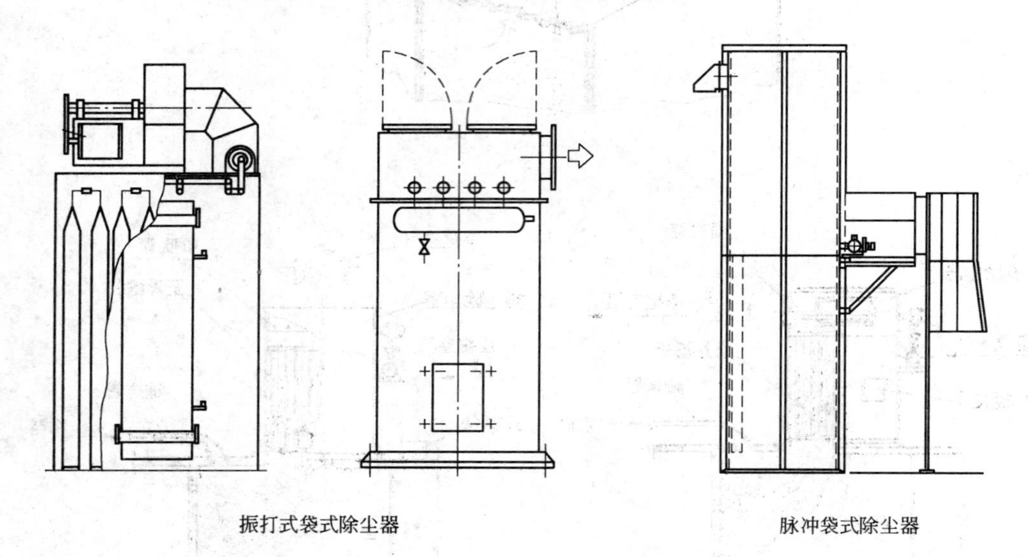

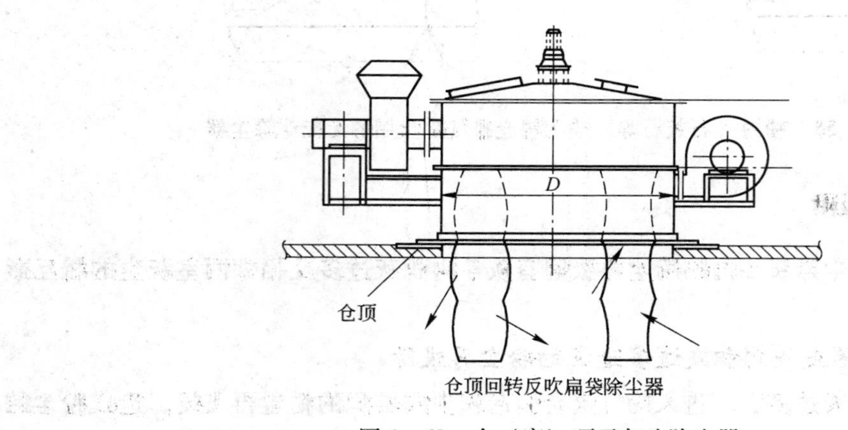

仓顶回转反吹扁袋除尘器

图 4－60　仓（库）顶无灰斗除尘器

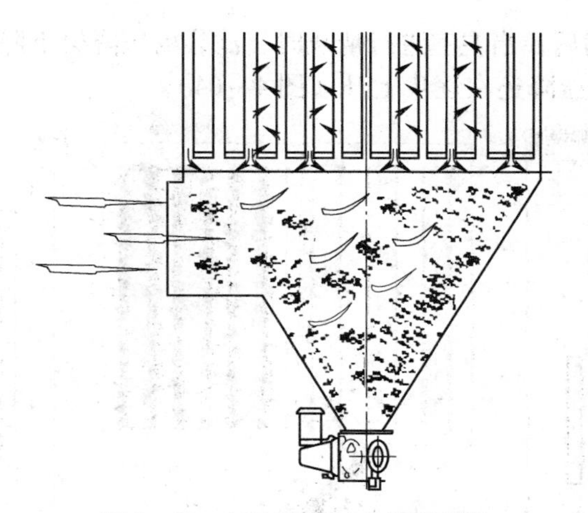

图4-61 灰斗积灰过多的再吸附

4.5.4.2 除尘器相邻两室灰尘的相互影响

当脉冲袋式除尘器两个分室合用一个灰斗，除尘器在在线清灰时，在一定情况下会造成两室之间飞尘的再吸附弊病，其状况如下：

（1）正常过滤时，左右两室的压降是相同的（图4-62）。

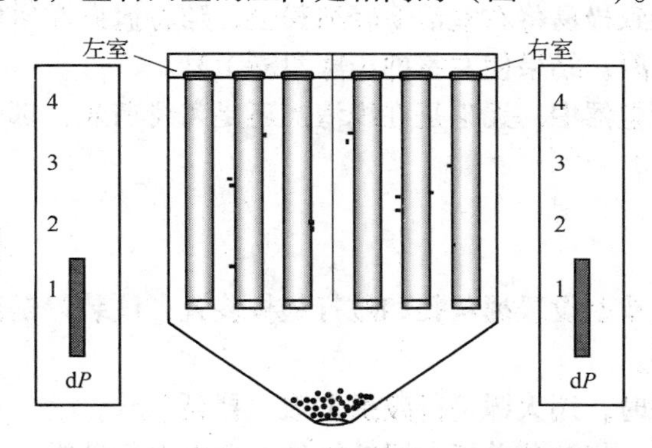

图4-62 除尘器在正常过滤时

（2）除尘器经过过滤后，滤袋表面形成粉尘层，此时滤袋的压降会上升，但此时两个室的压降也是相同的（图4-63）。

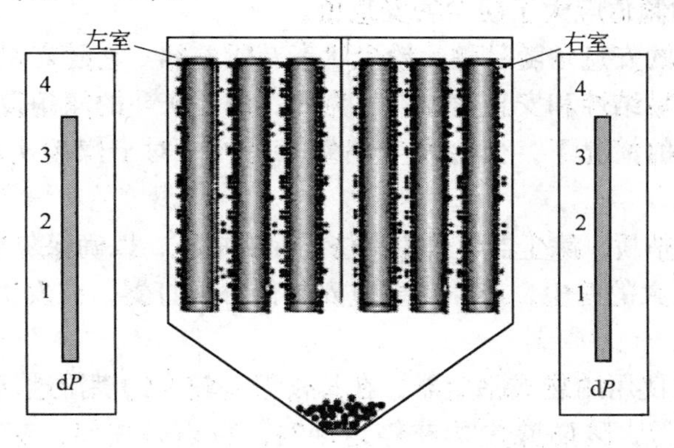

图4-63 除尘器在过滤一段时间后

（3）过滤一段时间后，当左室进行清灰时，滤袋的压降会下降；此时，右室的滤袋还处在过滤状态，滤袋的压降还在逐步上升（图4－64）。

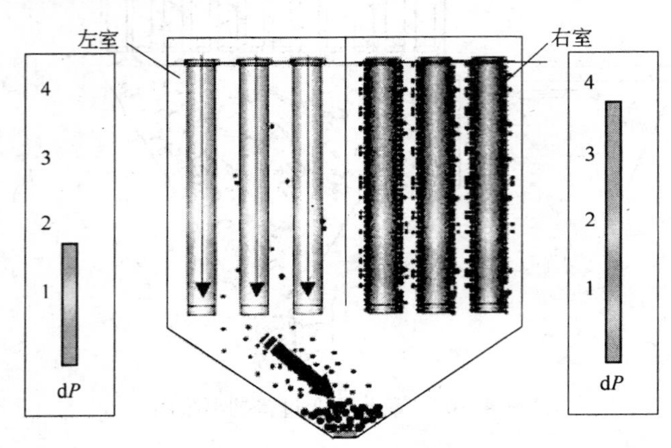

图4－64 左室清灰停止后两室滤袋的压降不平衡

当左室停止清灰时，左室滤袋压降极低，而右室的滤袋压降还在升高。

（4）接着，右室进行清灰时，其清下的含尘气流，由于左室滤袋压降极低，使右室气流流向左室的流速很高，导致极易将右室清下轻细粉尘，随着流向左室的气流穿越间隔隔板吹向左室，造成粉尘再吸附，结果使左室的压降急剧上升。

鉴于此，在脉冲袋式除尘器中，无论是在线清灰还是离线清灰，都不宜采用两个分室合用一个灰斗的结构。

4.5.5 灰斗防搭桥

早期国内外曾采用在灰斗上设置捅灰孔和敲打垫板装置，该装置是设在靠近灰斗排灰口处，以帮助解决灰尘搭桥。

敲打垫板是当出现搭桥时，用大锤进行破拱击破“搭桥”。

捅灰孔是在出现事故时，打开其盖板，用铁棒伸入孔内进行破拱。

目前由于除尘器结构设计的不断提高，已采用更科学、先进的防搭桥措施。主要有以下几种：

（1）灰斗壁面的倾角应大于粉尘的安息角。

如炭黑系统炭黑的安息角随品种、粉尘状态有所差异。它随着炭黑的温度降低、湿度加大，使炭黑粉尘的黏结性和安息角加大。为此，即使灰斗的倾角设计成60°～65°，但在温度较低、湿度较大的情况下，也会发生堵塞。另外，对于煤粉类粉尘应加大安息角设计，通常不小于70°。

（2）为防止灰斗搭桥，除尘器应采用严格的保温措施，以确保灰斗温度高于烟气露点。

（3）对于黏度较大的粉尘，灰斗侧壁应安装偏心振打器，在发生堵塞时，进行机械振动，以防堵灰。

（4）对于间隙性使用的袋式除尘器，在日夜温差较大的潮湿地区，除尘器的灰斗应设保温及加热或伴热装置，以防除尘器在停运期间，特别是夜间，灰斗内产生搭桥、堵塞现象。

（5）灰斗的防棚板。1981 年上海宝钢引进的日本反吹风袋式除尘器中，在灰斗内悬吊了一块防棚板（图 4－65），并在防棚板左侧灰斗外壁配以偏心振打器。

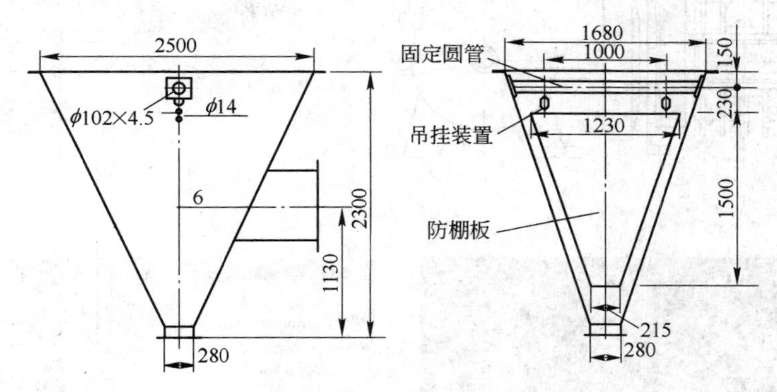

图 4－65 灰斗的防棚板

防棚板的作用是：

1）除尘器在正常运行时，灰斗防棚板两侧堆积的灰尘基本上是相当的，防棚板左右两侧受灰尘侧压力是相同的，因此防棚板是固定不动的。

2）当灰斗排出口要排灰时，启动灰斗左侧外壁的偏心振打器，使左壁板内壁与堆积的灰尘松动，此时防棚板左侧侧压力就小于右侧侧压力，防棚板产生向左移动，形成防棚板右侧侧压力大于左侧，防棚板右侧的灰尘由此可通过排灰口排出；当防棚板右侧灰尘排出时，又使防棚板右侧侧压力小于左侧，防棚板又会向右移动，防棚板左侧灰尘又松动落下排出，以此防棚板自动地反复动作，即可使灰斗避免产生搭桥、堵塞现象。

（6）对于圆筒形袋式除尘器，可将灰斗改为上圆下长方形，保持下长方形长边侧水平倾斜角 65°。在长方形口处装设上开口螺旋输送器，以使料斗底部形成一个连续搅动状态，可以有效地解决堵塞问题。

4.5.6 灰斗振动器

灰斗振动器是在灰斗粘灰、搭桥时，通过振动器的动作，使灰斗壁板与灰尘之间的摩擦力减少，从而解决灰斗壁板的粘灰、搭桥问题，使灰斗内的灰尘能顺利地排出。

灰斗振动器既可间歇性爆发振动，又可连续性振动。

灰斗振动器品种繁多，有电动型及气动型两大类。常用的电动型有电动振动器、电磁振动器、电动锤等。常用的气动型有气动振动器、气动破拱器、空气炮等。

4.5.6.1 电动振动器

电动振动器是由一台振动电机（图 4－66（a））发出偏心振动，产生大范围的振动频率及振幅，以清除料仓内的物料起拱、搭桥闭塞现象。

A LFZ 系列电动振动器的结构性能

LFZ 系列电动振动器是国内生产的一种电动振动器，又称料仓防闭塞装置。振动器的振动电机是动力源与振动源合为一体的激振源，其激振动力可无级调节。

JZO 型电动机为通用型振动电机，振动电机中间部位是特制的电机，轴两端各装置可以调节角度的两块偏心块，外加两个防护罩封闭组成。

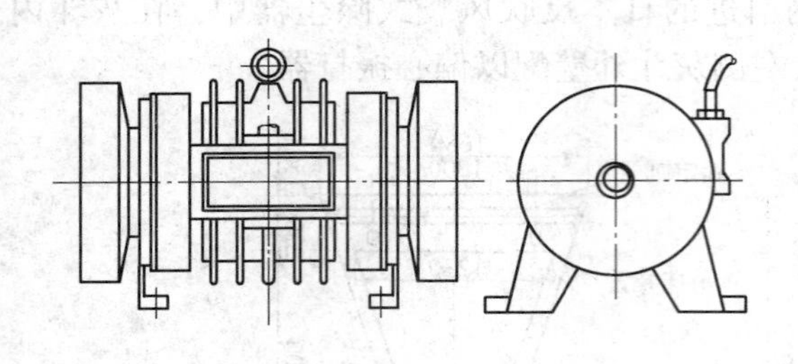

(a)

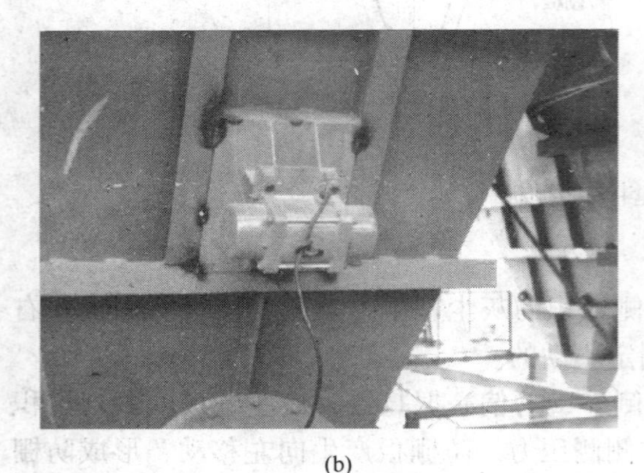

(b)

(c)

图4－66 电动振动器（料仓防闭塞装置）

（a）JZO 型振动电机；（b）电动振动器的安装；（c）灰斗上的振动器

JZO 型振动电机环境温度不得超过40℃，海拔不得超过1000m，周围空气中不能有含腐蚀性及爆炸性的气体，如有特殊防爆要求，电机应采用 JZO－KB 型。

LFZ 系列电动振动器的规格如表4－5所示。

表4－5 LFZ 系列电动振动器的规格

型 号	适用料仓的壁厚/mm	锥部仓容/t	配用振动电机	激振力/kg	功率/kW	重量/kg	外形尺寸/mm
LZF－2	1～1.6	0.1	JZO－0.7－2	30	0.075	14	150×188×200
LZF－3	1.6～3.2	0.35	JZO－0.7－2	70	0.075	17	240×185×245
LZF－4	3.2～4.5	1	JZO－1.5－2	150	0.15	25	270×330×280
LZF－5	4.5～6	3	JZO－2.5－2	250	0.25	35	280×338×280
LZF－6	6～8	10	JZO－5－2	500	0.4	55	400×460×350
LZF－10	8～10	20	JZO－8－2	800	0.75	82	420×460×410
LZF－15	10～13	50	JZO－16－2	1600	1.5	186	594×669×410
LZF－25	15～25	150	JZO－30－2	3000	3	220	597×728×430
LZF－40	25～40	200	JZO－35－2	3500	3	280	673×820×450

袋式除尘器灰斗壁板当采用 $\delta=6$mm 钢板，振动器可采用 LZF－6 型电动振动器，其性能参数为：

配用振动电机　　JZO－5－2 型

激振力　　500kg

功率	0.4kW
振次	3000 次/min
重量	35kg

B LFZ 系列电动振动器的安装

LFZ 系列电动振动器在钢制灰斗上，一般可焊在灰斗壁面上，如图 4－66(b) 所示。

LFZ 系列电动振动器在混凝土灰斗及带加强筋钢制灰斗上，应在灰斗内敷设振动板，然后振动器应焊在振动板上。

4.5.6.2 电磁振动器

电磁振动器是利用一个由电磁线圈带动的电枢振动，通常用 50Hz 电功率激发，并发出 50Hz 的振动力。

A CZ 型仓壁振动器的工作原理

仓壁振动器是由振动体、共振弹簧、电磁铁、底座等部件组成（图 4－67），铁芯和衔铁分别固定在仓壁的底座和振动体上，振动体等部件构成质点 m，底座等部件构成质点 n，质点 m 和质点 n 由弹性系统联系在一起。由于底座紧固在灰斗壁上，这样就构成了单质点定向强迫振动系统。根据机械振动的共振原理，电磁铁的激振频率为 ω，弹性系统的自振频率为 ω_0，使其比值 ω/ω_0 为 0.9 左右，处于低临界状态下共振。

电磁线圈由交流电经可控硅半波整流供电，当线路接通后，正半周脉动直流电压加在电磁线圈上，在振动体和底座之间产生脉冲的电磁力，使振动体被吸引，此时弹性系统储存势能；在负半周，弹性系统释放能量，振动体向相反的方向振动，这样周而复始，振动体以交流电的频率往复振动。

振动体周期性高频振动的惯性力传递给灰斗壁面，使仓壁周期性振动，这样可使物料与仓壁脱离接触，同时使物料受交变的速度和加速度影响，处于不稳定状态，由此有效地克服物料与仓壁间的摩擦力和物料本身的内聚力，使物料从灰斗排出口顺利排出。

仓壁振动器控制系统采用可控硅半波整流供电，控制原理如图 4－68 所示。

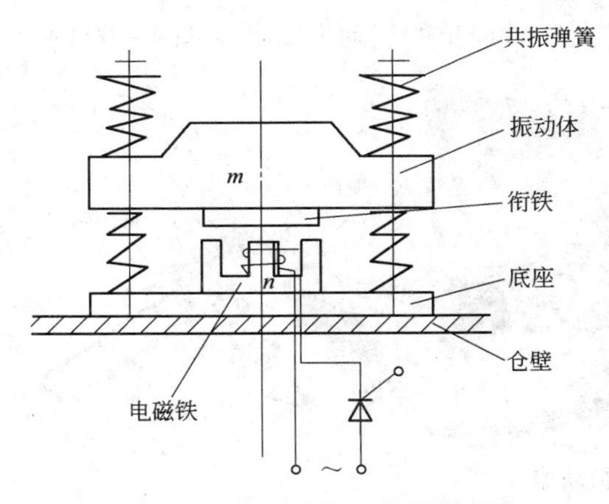

图 4－67 CZ 型仓壁电磁振动器

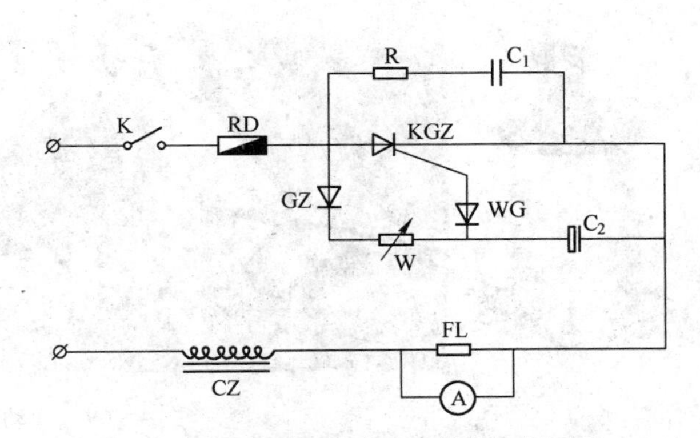

图 4－68 可控硅半波整流供电控制原理

B CZ 型仓壁振动器的规格性能

CZ 型仓壁振动器的规格性能如表 4－6 所示。

表 4-6 CZ 型仓壁振动器的规格性能

项目	型号		
	CZ 250	CZ 600	CZ 1000
振动力/kg	250	600	1000
功率/W	60	150	200
工作电压/V	220	220	220
电源频率/Hz	50	50	50
工作电流/A	1.0	2.3	3.8
振动频率/次 · min^{-1}	3000	3000	3000
振动体振幅/mm	1.5	1.5	1.5
控制方法	可控半波整流	可控半波整流	可控半波整流
整机重量/kg	25	70	139
外形尺寸(长×宽×高)/mm	290×185×265	410×240×380	520×295×460
适于安装金属料仓壁厚/mm	1.0~4.0	3.0~8.0	6.0~14.0

C CZ 型仓壁振动器使用注意事项

(1) 振动器在工作过程中铁芯和衔铁不允许碰撞，当发生碰撞时，必须立即调解振动体的振幅和工作间隙。

(2) 使用仓壁振动器前必须先将灰斗出口的排灰阀打开，否则灰斗内的储存灰尘将被振实。

(3) 当振动器长期不使用又重新使用时，首先应检查线圈是否受潮，如受潮需烘干再用。

(4) CZ 型仓壁振动器不适用于具有防爆要求的场合。

4.5.6.3 气动破拱器

气动破拱器（pneumatic hammer）又称气锤，是一种简单的气动振动器（图 4-69）。

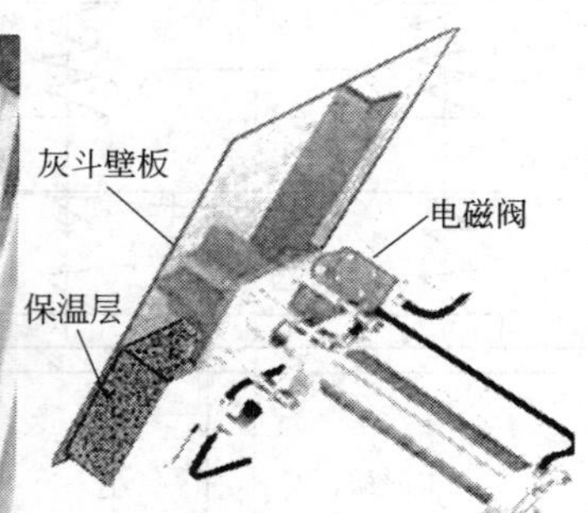

图 4-69 气动振动器

A 气动破拱器的作用

气动破拱器是利用气缸活塞的振动，使气缸在封闭的轨迹中活动，活塞由压缩空气控制，通常是在运动轨迹的一端进行冲击灰斗壁，使气动破拱器产生一种振动，以对灰斗中的灰尘产生振打力，避免在灰斗底部灰尘的积聚、搭桥，便于灰斗中灰尘顺利排出。

B 气动破拱器的形式

气动破拱器根据使用要求，常用的形式有两种：

M/3030 型：正常使用。

M/3040 型：可提供两次冲击。

C 气动破拱器的结构特性

气动破拱器是由安装在一个架子上的气缸、电磁阀、空气压力控制器、时间继电器及振动锤组成。

气动锤是由时间继电器控制，由电磁阀打开压缩空气进入，使活塞杆伸向锤打侧，经1秒钟后，压缩空气阀门气流反向流动，气缸即恢复到停止状态。

气缸设有专用的橡胶板，以降低打击时的噪声。

对于一台除尘器，在同一时间内，只允许有2～3个气缸动作，以减少振打噪声。

气动破拱器的振打力可通过改变压缩空气的压力来调节，以确保破拱的连续性，减少压缩空气量。

压缩空气的参数为：

压力　　500～700kPa

消耗量　　0.013Nm³/次或0.023Nm³/次

压缩空气必须进行清灰

气动破拱器一般每小时振打5次。

4.5.6.4 空气炮

AC（AIRCHOC）型空气炮是法国生产的一种空气炮产品。

A AC空气炮的工作原理

空气炮是在一定容积的气包内储存压力为0.8MPa左右的压缩空气，当与气包连通的膜片阀快速打开时，气包内压缩空气以声速向料仓内冲击，使成拱的灰尘松动，达到破拱作用。

空气炮的动作如图4－70所示：

图4－70(a)：压缩空气通过电磁阀推动膜片，使气包形成密封及充气。

图4－70(b)：等待状态，无压缩空气消耗。

图4－70(c)：喷吹。电磁阀处于放气位置，膜片打开，压缩空气通过空气炮排出口瞬间喷出。

空气炮的法兰（1）的直径与法兰（2）的直径相同。

B AC空气炮的结构外形

AC空气炮的结构外形如图4－71所示。

C AC空气炮的功能

AC空气炮的作用功能如图4－72所示。

AC空气炮的振动波能解决物流的流动，可使灰仓容积得到满负荷使用。

AC空气炮可以安装在混凝土、钢结构及玻璃钢制的灰斗上，而不会引起灰斗的粘灰、

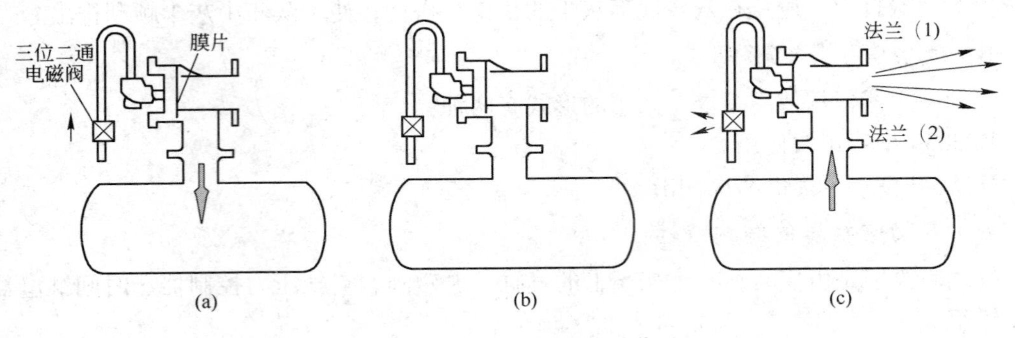

图 4－70　AC 空气炮的动作

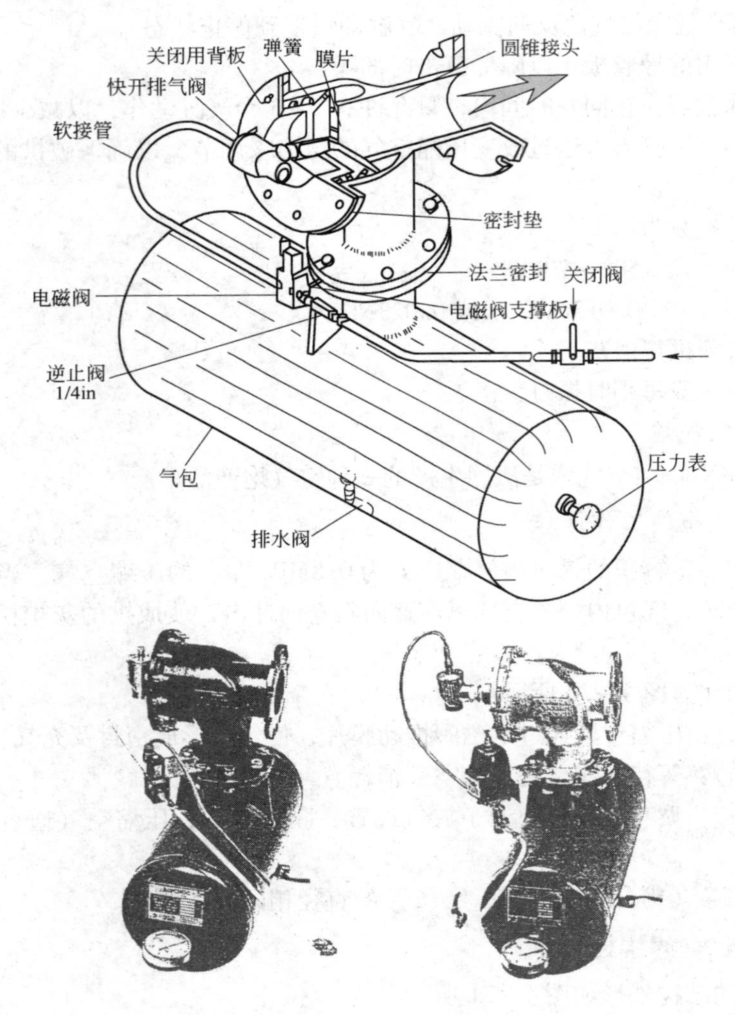

图 4－71　AC 空气炮的结构外形

堵塞。

AC 空气炮喷出的压缩空气量与灰仓体积相比，其百分比是非常小的，因此提高压缩空气的压力，对灰斗的排灰不会起多大作用。

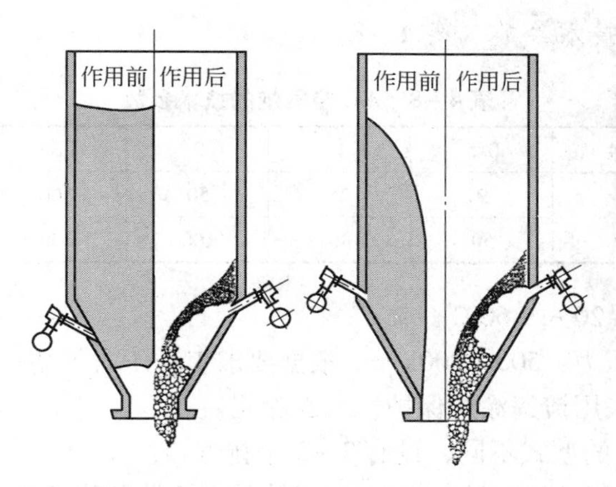

图 4－72　AC 空气炮作用功能示意

D　AC 空气炮的品种规格

AC 空气炮的品种有标准结构和高温结构两种。

标准结构有嵌入金属板的橡胶膜片，外壳涂有热塑性塑料的涂层。

高温结构能承受 1100℃的操作温度；有铝或不锈钢膜片；外壳涂有铝的涂层；密封垫是金属与金属的密封。

AC 空气炮的规格如表 4－7 所示。

表 4－7　AC 空气炮的规格

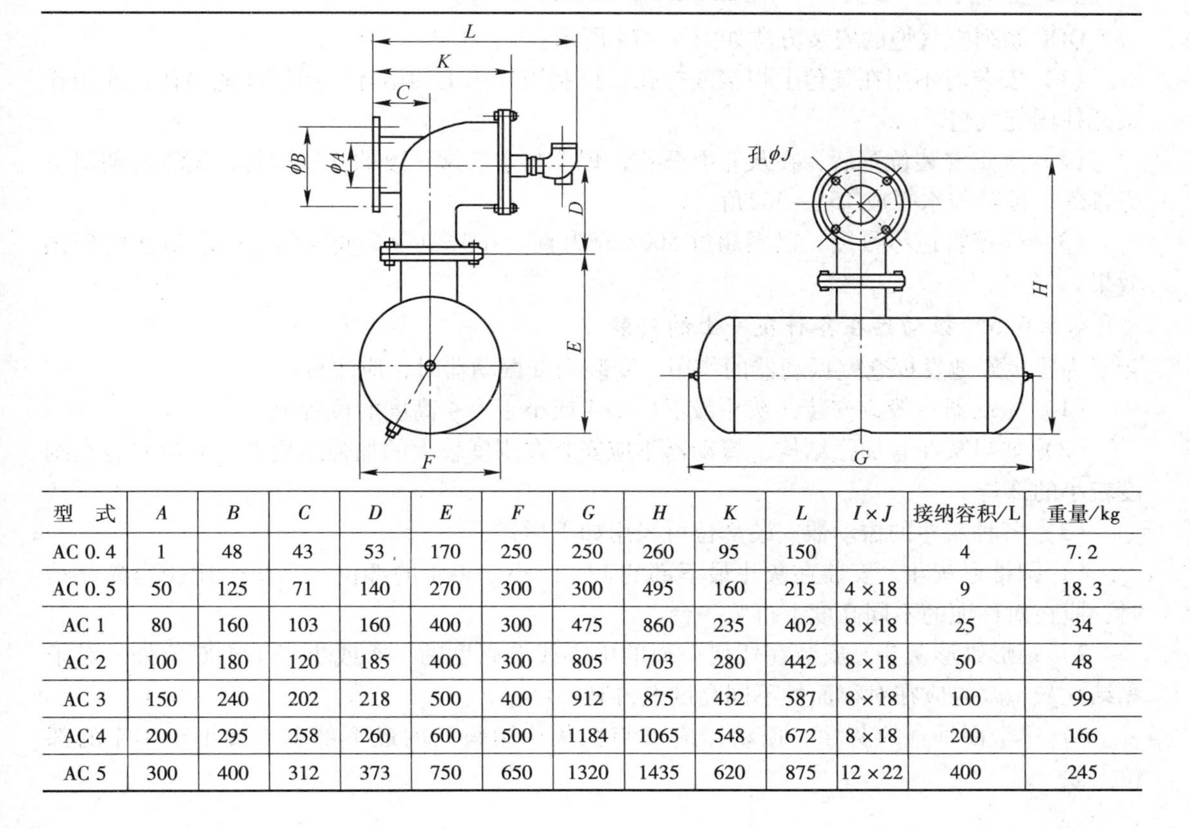

型　式	A	B	C	D	E	F	G	H	K	L	I×J	接纳容积/L	重量/kg
AC 0.4	1	48	43	53	170	250	250	260	95	150		4	7.2
AC 0.5	50	125	71	140	270	300	300	495	160	215	4×18	9	18.3
AC 1	80	160	103	160	400	300	475	860	235	402	8×18	25	34
AC 2	100	180	120	185	400	300	805	703	280	442	8×18	50	48
AC 3	150	240	202	218	500	400	912	875	432	587	8×18	100	99
AC 4	200	295	258	260	600	500	1184	1065	548	672	8×18	200	166
AC 5	300	400	312	373	750	650	1320	1435	620	875	12×22	400	245

E AC空气炮的技术参数（表4-8）

表4-8 AC空气炮的技术参数

型式（AC）	0.4	0.5	1	2	3	4	5
容量 D_N/L	4	9	25	50	100	200	400
出口直径/mm	25	50	80	100	150	200	300

（1）环境温度：-20～+60℃。

（2）常用的工作压力：500～800kPa，根据要求工作压力可超过800kPa。

（3）内部及外部采用镀锌涂层保护，二次涂层。

（4）按AIRCHOC的型式不同，设有2～3个排气口。

（5）空气炮最好每天至少工作一次，以保持其灵活性及清洁管道。

（6）据上海博世机电公司QCP系列空气炮的测试，压缩空气气源压力与灰斗的破拱力的关系如图4-73所示。

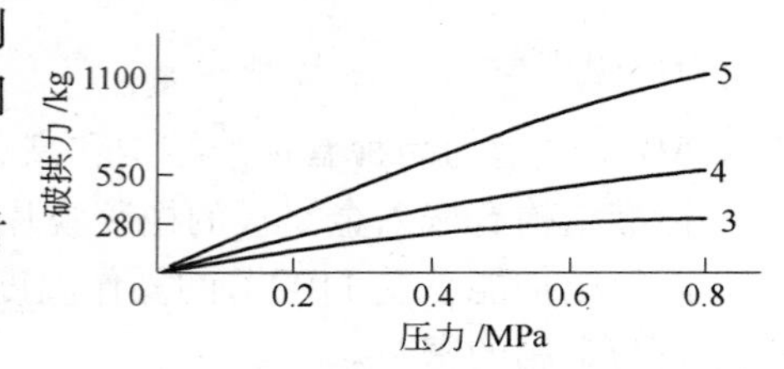

图4-73 气源压力与灰斗破拱力的关系

（7）应经常检查各法兰连接处有否漏气，及时更换密封垫。

（8）禁止在未与灰斗连接时进行放炮。

（9）应定期打开气包排污放水。

F 空气炮的安装

QCP系列空气炮的安装方法如图4-74所示：

（1）安装时不用在气包上焊接或打孔，可利用气包上的吊环，用钢丝绳吊住，或用托架托住固定气包。

（2）选定安装位置后，在灰斗上开孔，焊上与空气炮一致的连接钢管，钢管应朝斜下方排气，推荐与水平成15°～30°角。

（3）连接管道尽量短，以不超过500mm为宜，并避免弯头或阀门，以求最佳的破拱效果。

4.5.6.5 振动器在各种灰斗上的安装

为了更好地发挥仓壁振动器的作用，安装仓壁振动器时，应注意：

（1）振动器一般应安装在灰斗最下部1/4或小于1/4高度的位置上。

（2）如果灰斗有加强结构，振动器不应安装在刚度较大的加强结构上，而应安装在刚度较小的部位。

（3）各种灰斗的振动器安装部位可采用如下形式：

1）圆锥形灰斗。安装在灰斗最下部的1/4或小于1/4的部位，当灰尘比较容易黏结时，应在对称面的不同高度上再装一台。

2）矩形锥形灰斗。安装在任何一面的中心线上高度的1/4或小于1/4部位处，对于黏结性灰尘，也应在对称面的不同高度上再装一台。

3）一个面垂直的灰斗。振动器应安装在灰斗倾斜面的最下部1/4或小于1/4的部位上。

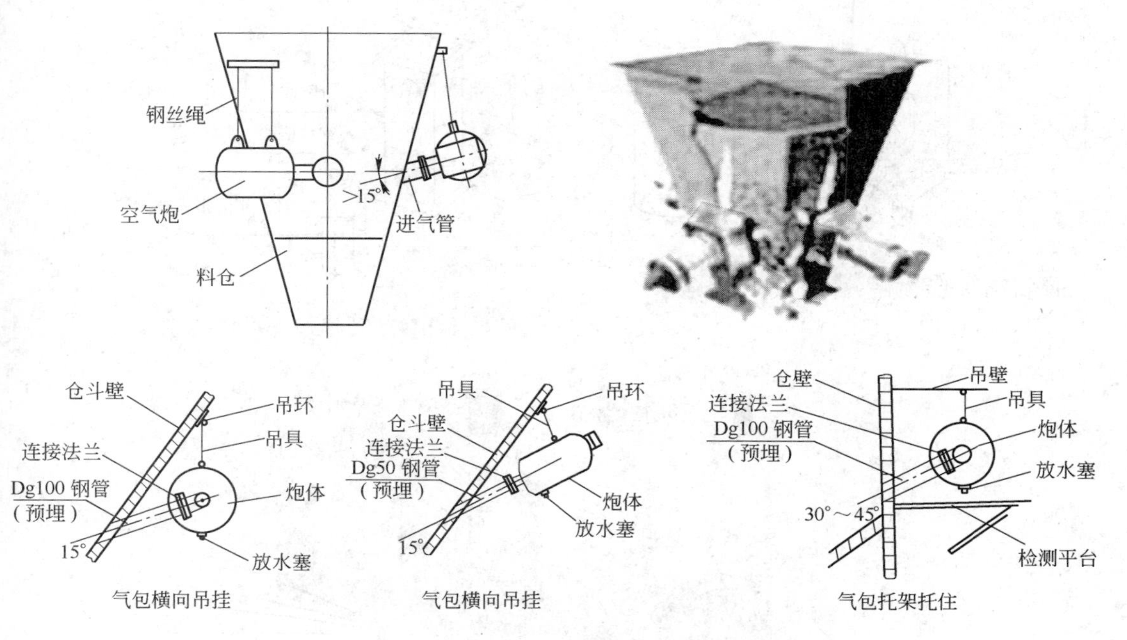

图 4－74　QCP 空气炮的安装图

4）非钢制（混凝土或木制）灰斗。非钢制（混凝土或木制）灰斗不应将振动器直接安装在灰斗壁上，而在灰斗内壁衬上一层钢板（图 4－75）作为振动板，然后将振动器和振动板一同紧固在灰斗壁上。

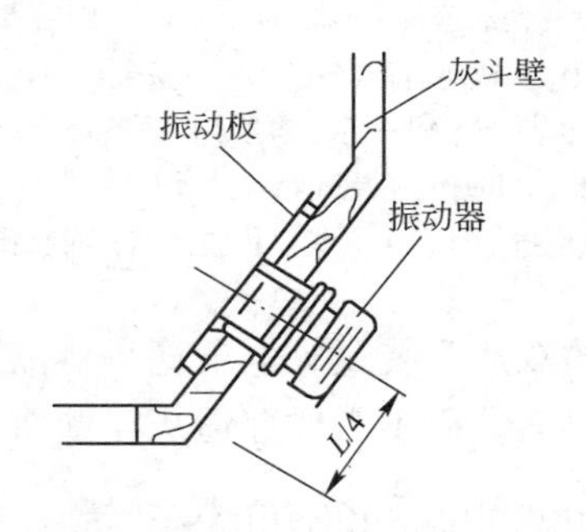

图 4－75　非钢制（混凝土或木制）灰斗的振动器安装

4.5.7　灰斗料位计

袋式除尘系统中，一般在除尘器灰斗内、储料容器内及管道易堵部位应设置料位计，并连接有报警装置（图 4－76）。

料位计一般有辐射吸收系统（radiation absorption systems）及阻移式系统多种形式。

4.5.7.1　辐射吸收系统（radiation absorption systems）

辐射吸收料位计一般是采用 γ 射线吸收原理运行的一种料位计，其放射性能源是从它的保护壳体内发射出来的狭窄 γ 射线电波，这种电波透过灰斗外壁到检波器。在灰斗内料位高于波源时，γ 射线电波即被吸收。当 γ 射线数量降低到预先设定的程度时，检波器的逻辑电路即结束，物料即呈现出来。

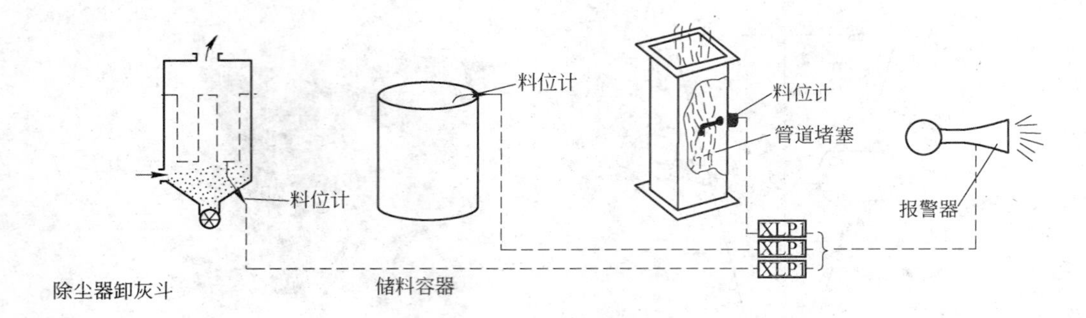

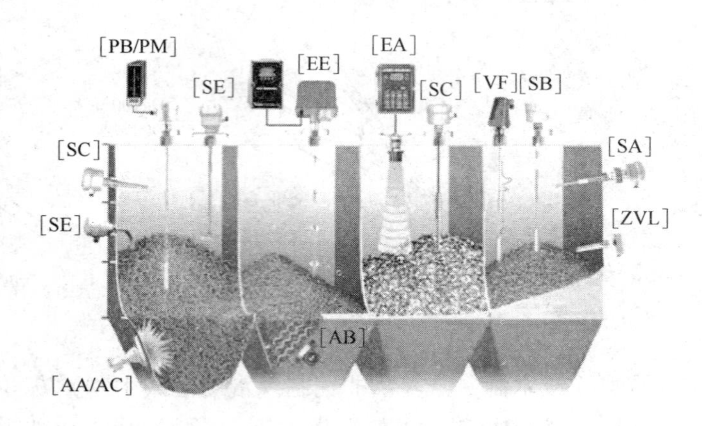

图 4-76 袋式除尘系统的料位计设置

[AA/AC]—空气锤；[AB]—空气振动器/振动器 PLC；[AD/AE]—集尘机用膜片阀及顺序控制器；[EA]—超音波物/液位指示计；[ED]—转速监控器；[EE]—重锤物位量测系统；[GP/GK]—温度传感器；[PB/PM]—微电脑控制型盘面电表；[SA]—静电容物/液位开关；[SB]—导纳式静电容物位开关；[SC]—音叉式物位开关；[SE]—阻旋式物位开关；[ZVL]—音叉式物/液位开关；[VG]—雷达波物/液位指示计；•—集尘机膜片阀；布头检出器；压力传送器

图 4-77 所示为一个典型的双灰斗装置。电子管和料位计管采用铝外壳，整个料位计是将铝外壳直接贴在灰斗外壁侧面，而不需要穿透灰斗壁面和保温层。

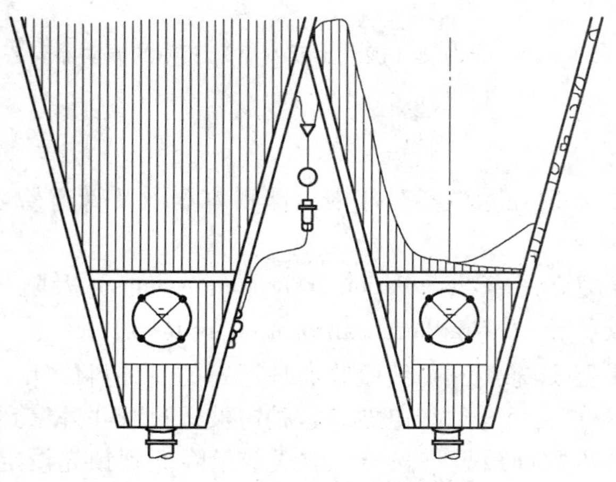

图 4-77 γ 射线料位计装置

4.5.7.2 阻移式系统

UL 型阻移式物位计（图 4－78）是一种阻移式系统。

图 4－78 UL 型阻移式物位计

A UL 型阻移式物位计的工作原理（图 4－79）

UL－1 型阻移式物位计是采用活塞式运行机构，当灰斗内料面上升到使检测板受阻时，主轴静止，电机继续运行，进而克服弹簧力，使微动开关动作，发出料面讯号，并切断仪表电机的电源。当料面下降，阻力消失，机构受弹簧力作用而复位，微动开关重新接通电机电源，仪表恢复往复运动状态。

UL－2 型阻移式物位计是采用摆动式传动系统。检测板受阻时，主轴受阻力矩而静止，电机继续运行，进而驱动脱扣器脱扣，压板将微动开关压下，发出料面讯号，同时切断电机电源。当料面下降时，阻力矩消失，脱扣器受弹簧力作用而复位，仪表恢复摆动状态。

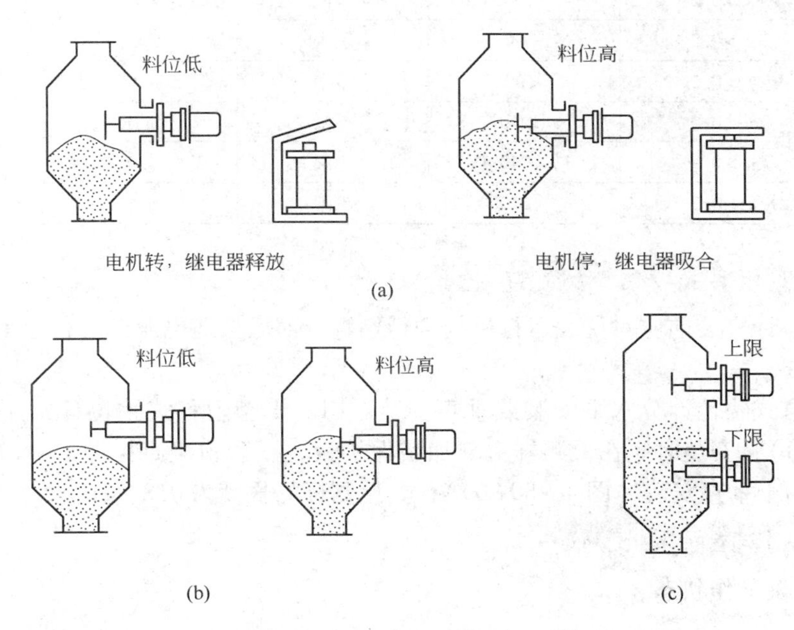

图 4－79 阻移式物位计的工作状态

（a）继电器型；（b）常规型；（c）上限、下限料位计

B UL 型阻移式物位计的特点

UL 型阻移式物位计最显著的特点是检测部分与仪表运行机构之间分开隔离，料仓灰尘不可能进入仪表机体，无繁杂线路，使得该仪表动作可靠、不需调试、易于维修、不受环境影响，可长期连续运行，使料位控制、报警极为可靠。

C UL 型阻移式物位计的技术数据（表 4－9）

供电电源　　　　交流 220V，50Hz（或 110V、36V、24V）

输出接点容量　　220V，5A

消耗功率　　5W
检测板往复频率　　5 次/min
环境湿度　　小于 85%
环境温度　　−25 ~ 80℃
动作延迟时间　　2 ~ 6s

表 4 − 9　UL 型阻移式物位计的技术数据

型号规格	物料密度/g·cm⁻³	物料温度/℃	仓库高度/m	料仓压力/MPa	粒度/mm
UL − 1B	>0.4	<240	10	常压	<20
UL − 1BC	>0.2	<240	10	常压	<20
UL − 1L	>0.4	<90	10	常压	<20
UL − 1LC	>0.2	<90	10	常压	<20
UL − 2K	>0.2	<90	8	常压	<40
UL − 2LT	>0.2	<90	不限	常压	<30
UL − 2L	>0.2	<90	不限	常压	<30
UL − 2LP	>0.2	<90	不限	1.0	<30
UL − 2B	>0.2	<240	不限	常压	<30
UL − 2BP	>0.2	<240	不限	1.0	<30
UL − 2AL	>0.2	<240	不限	0.6	<30

D　UL 型阻移式物位计的安装须知

（1）物位计安装前应对仪表运行机构进行检查，而后接通电源试运行，动作无误后即可安装。

（2）阻移式物位计分水平安装或垂直安装。UL − 1 型阻移式物位计常用于水平安装（图 4 − 80(a)），安装时应在检测杆上部加装保护板，以防粉尘直接冲击。UL − 2 型阻移式物位计常用于垂直安装（图 4 − 80(b)），其检测杆的长度为 0.8 ~ 2m。

E　UL − 12 型闪光报警仪

a　报警仪工作状态

UL − 12 型闪光报警仪专为 UL 型阻移式物位计配置，报警仪收到阻移式物位计信号后，可闪光及声响报警，并输出继电器触点信号，以供控制使用，其工作状态如表 4 − 10 所示。

报警仪可安装于仪表盘上。

表 4 − 10　UL − 12 型闪光报警仪的工作状态

输入信号状态	灯光指示	声响	输出继电器触点状态
无输入	无光	无声	常开断开，常闭闭合
无输入	闪光	声响	常开闭合，常闭打开
报警后 50 ~ 60s	常亮	无声	常开闭合，常闭打开

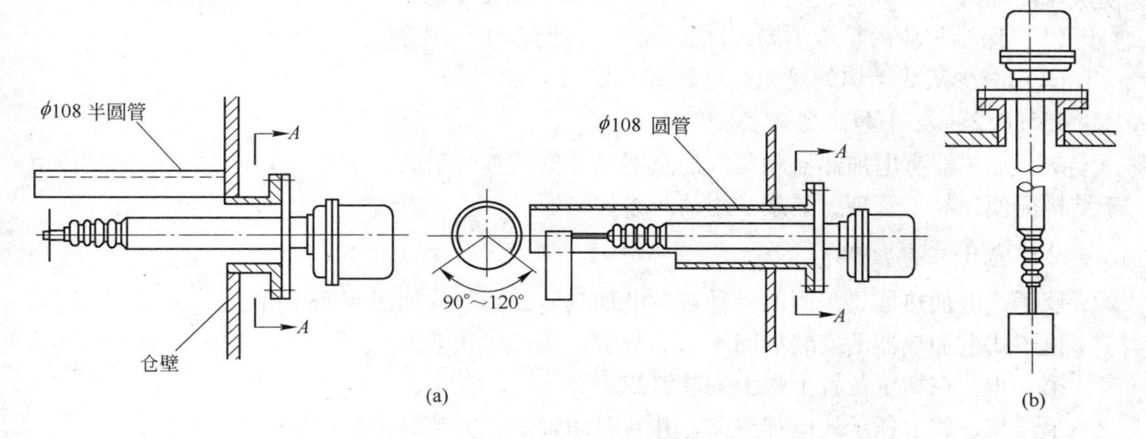

图 4－80 阻移式物位计的安装形式

（a）阻移式物位计的水平安装；（b）阻移式物位计的垂直安装

b 闪光报警仪主要技术性能

电源　　　　　AC220V ±10%，50Hz

工作环境　　　 +5 ~ +45℃

音响报警　　　随机备有外接电铃

报警回路　　　上限、下限

指示灯　　　　6.3V，0.1A

输出触点容量　AC220V，5A

c 闪光报警仪的试验

闪光报警仪上设有按钮供检查闪光报警仪的试验用。

当按钮接通后，二路信号灯均闪光，且有声响，经 50 ~ 60 秒后，声响消失，灯常亮。松开按钮，灯光熄灭，此时说明报警仪正常。

当外接信号消失后，灯光熄灭，无声响。

d UL－12 型闪光报警仪外形尺寸（图 4－81）

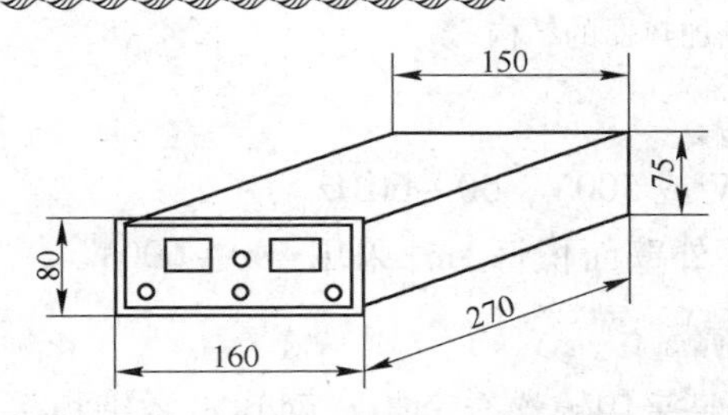

图 4－81 UL－12 型闪光报警仪外形尺寸

4.5.8 灰斗加热器

4.5.8.1 灰斗加热器的作用

灰斗加热器是在灰斗外壁与保温层之间贴上一种加热器，加热元件设有恒温控制器，使灰斗内维持80～90℃较高温度，温度应在除尘器试车时调整确定，其主要作用为：

（1）保持灰斗内粉尘干燥，减少黏结，以防灰尘的堵塞。

（2）减少灰斗结构的腐蚀，延长灰斗使用寿命。

4.5.8.2 灰斗加热器的类型

灰斗加热器有电加热器和蒸汽加热器（盘管式或蛇形管式加热器）两种，电加热器由于结构简便，易于管理，是最常用的灰斗加热器。

A 毯子式电加热器

毯子式电加热器是美国的一种灰斗电加热器，其结构如图4－82所示。

毯子式电加热器的安装如图4－83所示，其程序如下：

第一步，在指定位置上焊上安装钉销。

第二步，放上毯子式电加热器，并暂时用带子在安装钉销上绑好。

第三步，将绝缘体放在安装钉销上。

第四步，在绝缘体安装钉销上铺上金属网。

第五步，用手压张开金属网，使电热毯与灰斗表面紧密地贴紧，在绝缘体钉销上安上高速夹（speed clips）。

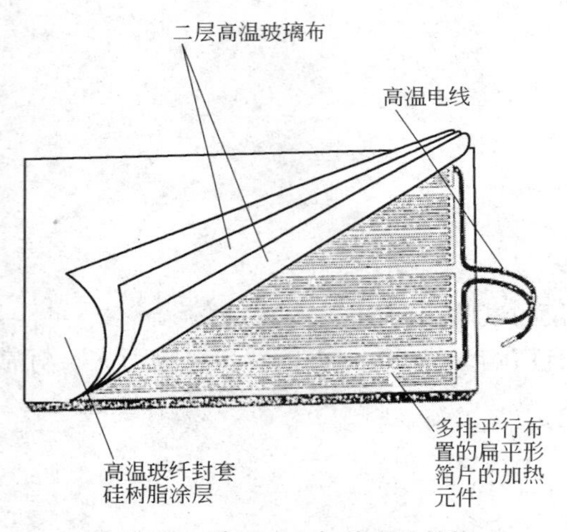

图4－82 毯子式电加热器的结构

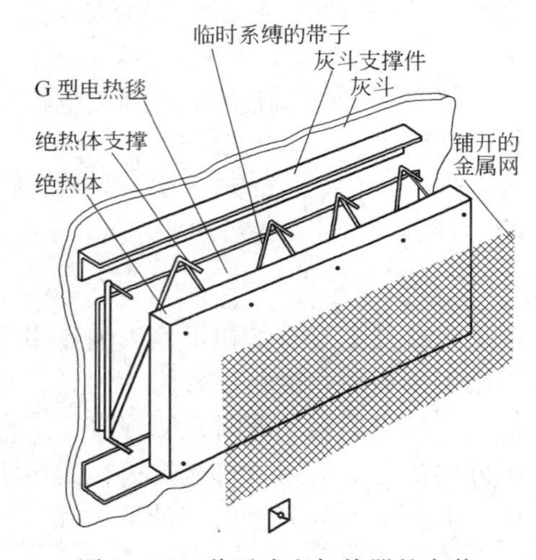

图4－83 毯子式电加热器的安装

电加热器的设计参数为：

电加热器 400V或500V，50～60Hz

加热量 灰斗外壁面积每$1m^2$采用400～600W

B 灰斗TR系列电加热器

灰斗TR系列电加热器是采用镍铬合金带、网和不锈钢板等材料制成，并配套控制设备，可实现远距离控制、监视和自动化管理。

a TR系列电加热器的结构外形

TR系列电加热器（图4－84）外壳采用1Cr18Ni9Ti耐热钢板，电热元件采用Cr20Ni80电阻材料，绝缘为云母质材料组合制成。

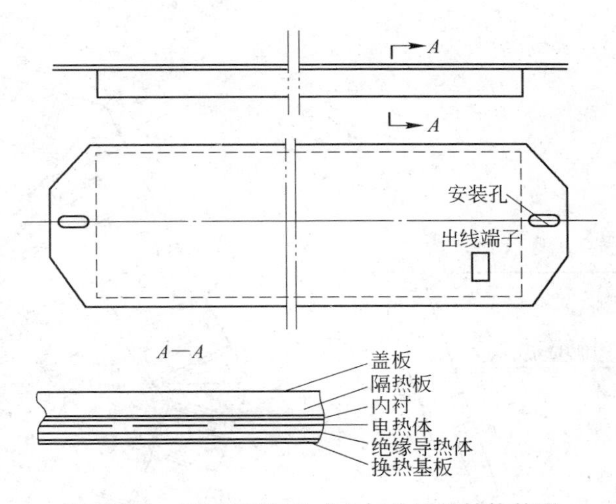

图 4－84　TR 系列灰斗式电加热器的结构外形

TR 系列电加热器的规格如表 4－11 所示。

表 4－11　TR 系列灰斗式电加热器的规格尺寸

电功率/W	外形尺寸/mm	压板尺寸/mm	电功率/W	外形尺寸/mm	压板尺寸/mm
250	360×220	360×80×25	470	690×220	690×60×20
270	440×220	400×70×20	780	690×280	960×80×25
370	530×220	530×70×20	840	760×380	760×100×20

b　TR 系列电加热器的组合布置

TR 系列电加热器是根据灰斗壁面的面积大小、外表面特征及使用条件确定电加热器的总功率、型号、规格、件数后，由多种规格的电加热器经组合、搭配、布置而成。

TR 系列电加热器在灰斗上各部位的功率分布，采取下大上小、照顾边角的原则布置，使灰斗壁面的整体功率近似图 4－85 所示分配比率，电加热器的布置高度约为灰斗高度的2/3，使达到加热温度分布的均匀。电加热器一般安装在灰斗外壁面的保温层内，如图 4－86 所示。板式加热器的安装如图 4－87 所示。

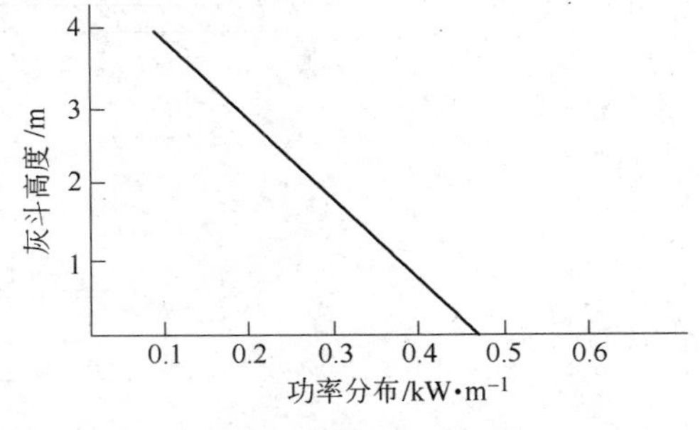

图 4－85　灰斗的通体功率近似的分布

灰斗整体温度的测控点测温元件，应选择安装在有代表性的位置上，TR 电加热器的所有引出线、测温线应接至灰斗的接线箱上，然后接至除尘器的控制柜上受控。

c　TR 系列电加热器的配套控制设备

（1）TR 系列电加热器的配套控制设备采用单体集装制式，由几个单体控制单元组成群体控制单元。对于用单体的 TR 系列板式电加热器，则由一个单元完成独立控制；对于群体的 TR 系列板式电加热器，则由一台或数台集中装有 2～8 个控制单元的集装式控制柜，完成全部控制。如一台 800MW 发电机组，除尘器由 32 只灰斗组成，可用 4 台 TR 系

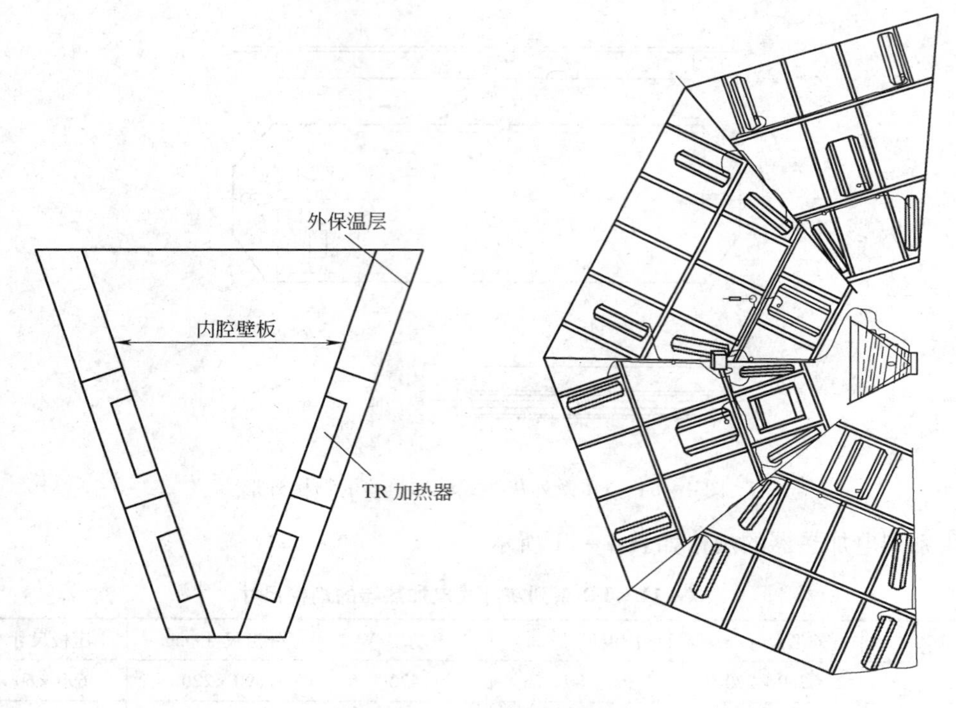

图 4－86　TR 电加热器的布置

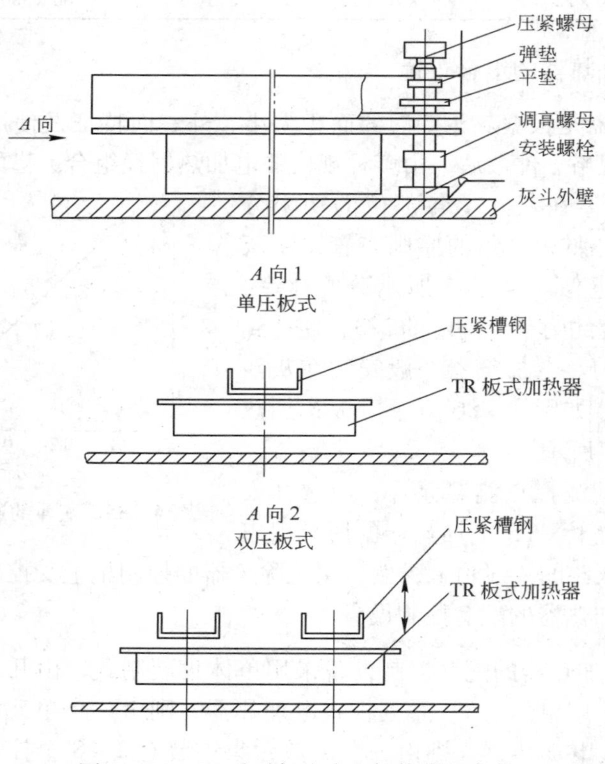

图 4－87　TR 系列灰斗式电加热器的安装

列板式电加热器集装有 8 个控制单元的 JWK－08 型集装式控制柜完成全部控制。

（2）各控制单元设有的温度检测、温度控制设定、调节可控硅（或 SSR）控制主回路，可分别设单独的电源电路，以便于操作、维护和情况处理。

（3）由 2～8 个单元组成的集装式控制柜，根据使用要求，可设置超温、欠温、故障报警和 TR 工作故障等巡视，并提供 4～20MA/0～200℃统一温度变送信号，供总台或值班室处理，用以监视和管理。

（4）集装式控制柜为立式标准型，下接线式。

d TR 系列灰斗式电加热器的主要技术指标

电源	380V，±1%
三相不平衡功率	<0.5%
工作加热温度	0～180℃
最高工作温度	200℃
配用测温元件分度号	PC 100
温度测量、指示范围	0～200℃
温度设定、控制范围	0～199℃
温度控制误差	不大于 5℃

灰斗外壁面电加热器的功率一般按照 600W/m² 设计，当灰斗内要求保持 200℃恒温时，宜按照 800W/m² 设计。

e TR 系列电加热器的安装注意事项

（1）TR 电加热器在安装前应清除安装面表面异物，加热器下面的调高螺母调整要合适，防止加热器与加热面接触不良或将加热器压变形。

（2）加热器至接线箱的连线应用支架架空走线，如图 4－88（a）所示。

（3）灰斗接线箱至加热器及控制柜的连线，外露部分可如图 4－88（b）所示的用金属软管作护套。

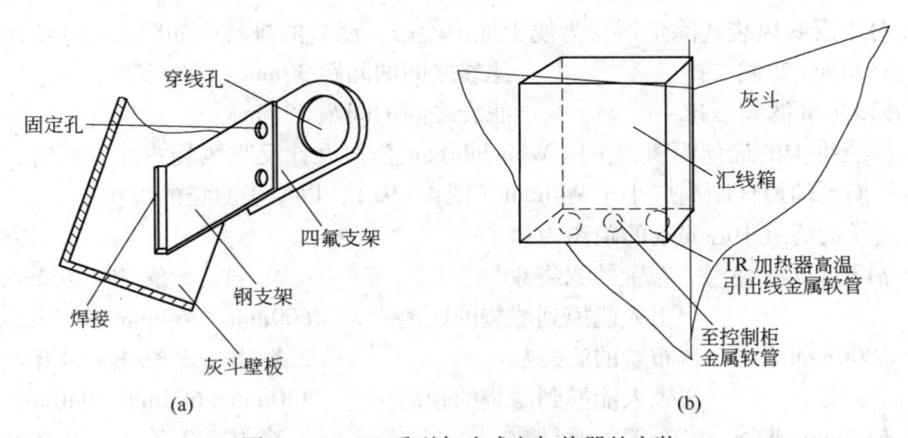

图 4－88 TR 系列灰斗式电加热器的安装

f TR 系列电加热器的调试与试用

TR 系列电加热器安装就位后，在灰斗保温以前应进行系统调试，TR 系列电加热器的接线箱应在汇线连接后引至控制柜，送电前应检查绝缘电阻、TR电源电路、测温电路（含其他增设电路），直至每个单元及整个系统工作正常后再覆盖保温层。

如在调试或运行中发生故障，应按随设备出厂的有关资料进行检查后排除。由于TR配套设备结构简单，各控制单元独立，故障查找及元件更换很方便，无需大面积停机检修。

C 灰斗蒸汽加热器

灰斗蒸汽式加热器一般有盘管式和蛇形管式两种。

灰斗蒸汽加热器的加热系统应与除尘器箱体的加热系统分成两路，灰斗蒸汽加热器应单独设置一路加热系统。

袋式除尘器	3室
加热器型式	蒸汽盘管式（图4－89）
灰斗外壁面积	$200m^2$
蒸汽压力	0.2MPa
保温材料	岩棉板
保温层厚度	80mm
灰斗单位面积供热量	600W（0.6kW）
灰斗总供热量	200×0.6＝120kW
外壳应供的蒸汽量	120÷0.5814＝206.4kg（0.5814为0.2MPa压力的蒸汽热值，kW/kg）
蒸汽盘管材料	Dg65/40

4.6 花 板

4.6.1 花板的布置

4.6.1.1 反吹风袋式除尘器花板的布置

（1）对于反吹风袋式除尘器，为便于维护检修，滤袋的排数应如图4－90所示：

ϕ300mm滤袋二排	滤袋之间的间距30mm
ϕ200mm滤袋三排	滤袋之间的间距50mm

（2）滤袋维护的最佳距离：美国Wheelabretor公司设计反吹风袋式除尘器时，认为滤袋中心容易摸到的最佳距离应小于940mm（图4－91），以便于滤袋的维护。

各种直径的滤袋中心要求的距离为：

对于ϕ130mm滤袋	布置的滤袋数	4条/排	5条/排	6条/排
	工人能摸到滤袋的距离	600mm	760mm	914mm
对于ϕ200mm滤袋	布置的滤袋数	2条/排	3条/排	4条/排
	工人能摸到滤袋的距离	430mm	680mm	940mm
对于ϕ300mm滤袋	布置的滤袋数	1条/排	2条/排	3条/排
	工人能摸到滤袋的距离	230mm	580mm	940mm

（3）滤袋室内通道与滤袋间的距离：在反吹风滤袋室内，花板的上部通道主要是为滤袋张紧而设置，一般可比下部通道窄一些，其典型宽度可为380mm。

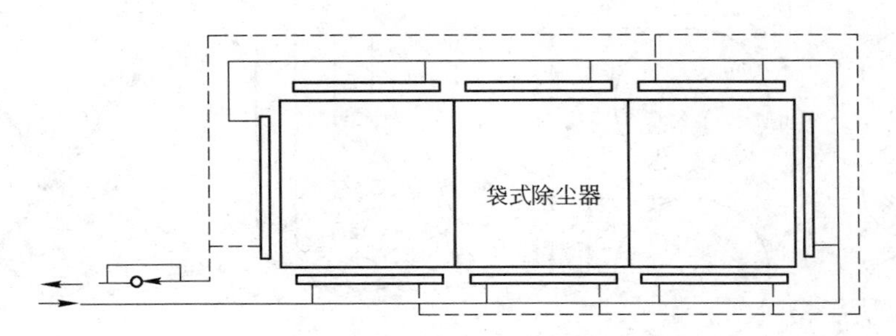

除尘器加热器的布置

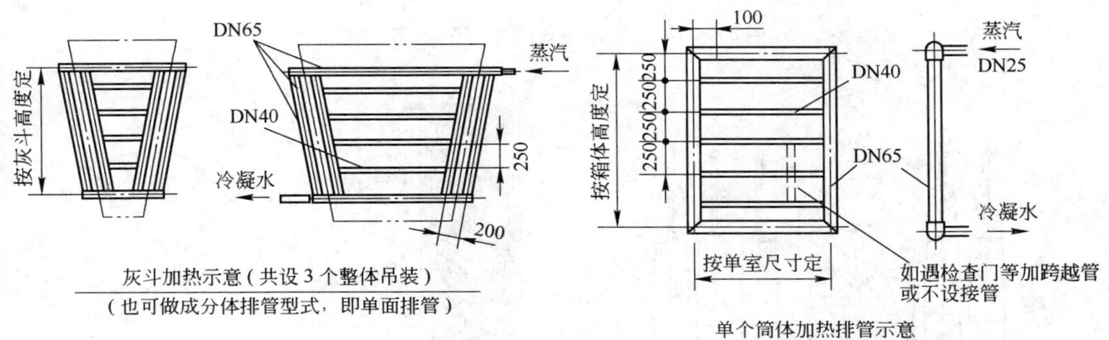

蒸汽盘管的结构尺寸

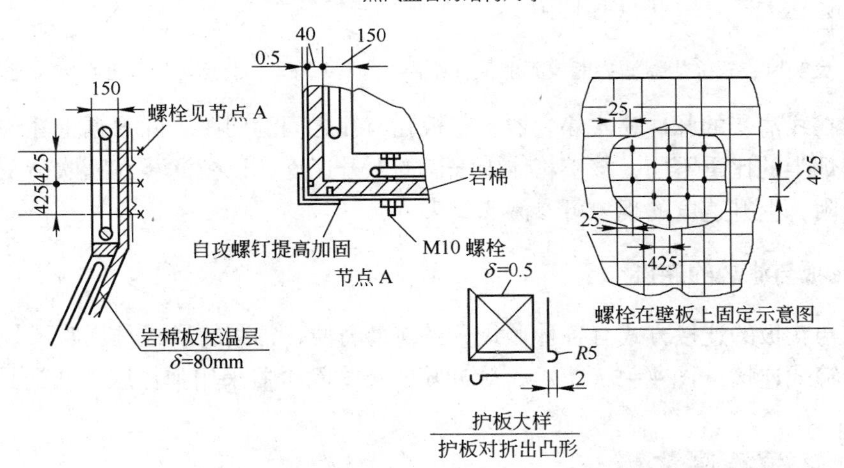

蒸汽盘管安装结构

图4-89 蒸汽盘管式灰斗加热器

滤袋室上部通道与各种不同直径的滤袋之间的距离如图4-92所示。

4.6.1.2 脉冲袋式除尘器花板的布置

脉冲袋式除尘器花板孔与孔之间的间距，一般可采用以下距离：

滤袋长度		孔与孔之间的间距
	小于3m	35mm
	4~6m	50mm
	大于8m	75mm

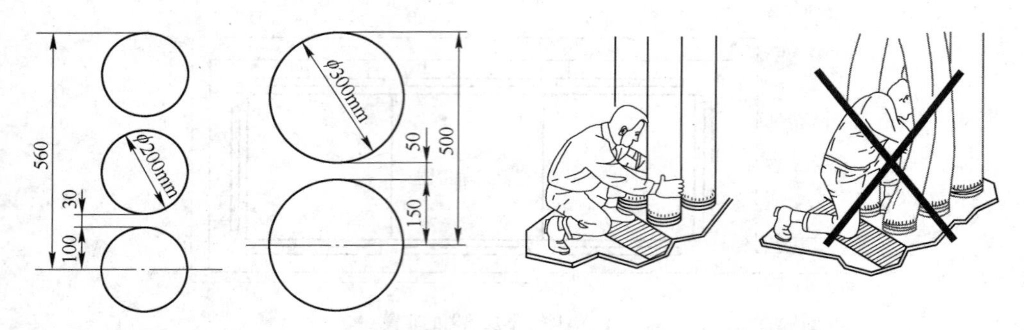

图4－90 反吹风袋式除尘器的滤袋布置

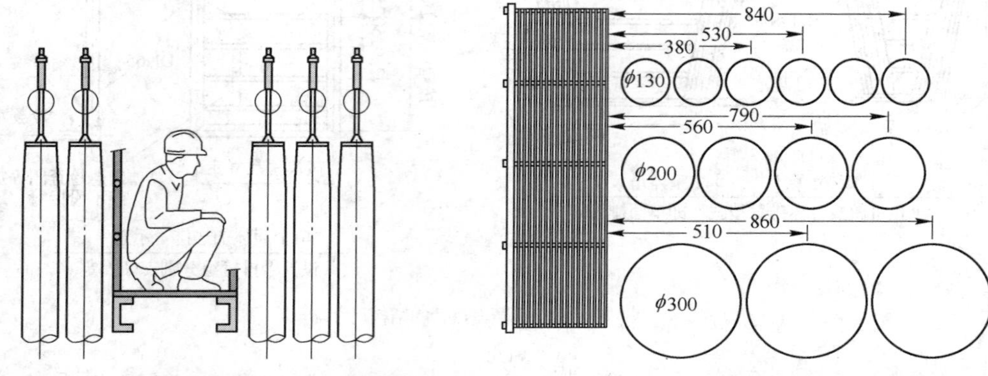

图4－91 反吹风袋式除尘器滤袋能摸到的最佳距离　图4－92 滤袋室上部通道与滤袋之间的距离

对于在线清灰的脉冲喷吹除尘器，花板孔与孔之间的间距，除根据上述规定的外，同时应根据烟尘的比重不同，核实箱体内气流的上升速度，以免滤袋在喷吹清灰后，造成粉尘的再吸附，上升速度的现象可参阅3.2.7节。

4.6.2 花板与滤袋的连接

滤袋与花板的连接方式有各种形式，目前最简便、常用的形式是反吹风袋式除尘器采用套管卡箍式连接（图4－93（a）），脉冲喷吹袋式除尘器采用弹性胀圈式连接（图4－93（b））。

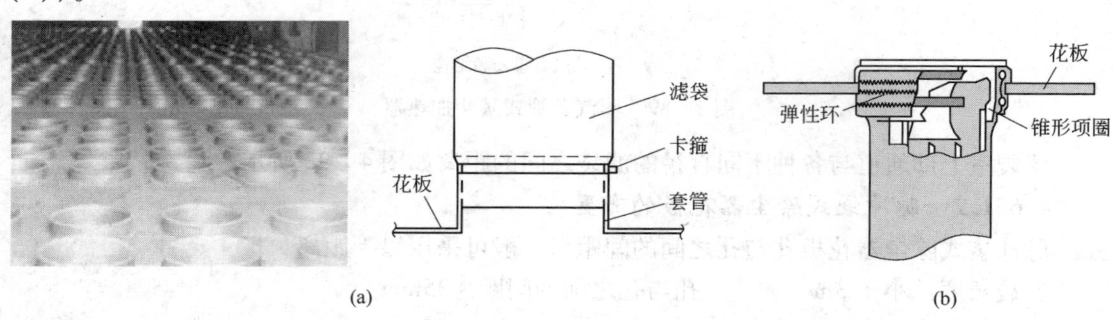

图4－93 滤袋与花板的连接

（a）反吹风袋式除尘器的套管卡箍式连接；（b）脉冲袋式除尘器的弹性胀圈式连接

4.6.3 花板孔的尺寸要求

在脉冲袋式除尘器中，当滤袋袋口与花板孔采用带槽弹性环密封方式时，花板孔的尺寸、形状和条件必须准确合适，一般要求满足以下公差：

花板孔直径公差　　　　　　　　0，+0.3

花板孔直径最大允许椭圆度误差　　0.76mm

例如，ϕ130mm 滤袋，其花板孔直径为 $133^{+0.3}_{0}$mm。

据美国 BHA 公司资料报道，脉冲喷吹袋式除尘器的花板孔公差（图 4－94）要求如下：

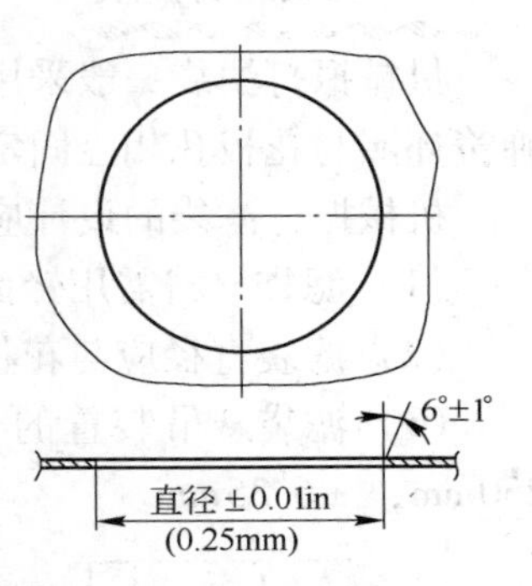

图 4－94　花板孔公差

（1）花板孔可以采用激光切割、等离子切割或冲孔的方式制造，应优先采用激光切割。切割时应始终在孔内进行，以防孔边凹凸不平。

（2）切割时造成的突起部位和尖利部位应打平，孔边缘应做一定的倒角或斜边，以防滤袋磨损。

（3）等离子切割花板孔特别应注意：孔直径以测量的最小直径为基准，切割时造成的孔内侧轻度的破坏，表面凹陷应小于 0.0127mm。

（4）花板孔不得有毛刺、毛边，每个花板孔均应能够与滤袋口密封，一切可能导致滤袋口漏气的毛刺、毛边不可接受。

（5）花板孔直径公差要求 ±0.254mm（0.010in），最大允许椭圆度（最大直径与最小直径之差）误差为：0.762mm（0.030in）。

（6）所有花板 X 和 Y 轴向实测偏移 ±1/16in（1.587mm），花板长、宽向侧平面度偏差应小于 1/8in（3.175mm）。花板在储放、搬移和运输中，上述偏差不得有影响。

（7）花板与滤袋的配合要合理，花板制作时应将花板样板与加工后的滤袋进行试配合（图 4－95），确认合理后，花板与滤袋方可全面展开制作。

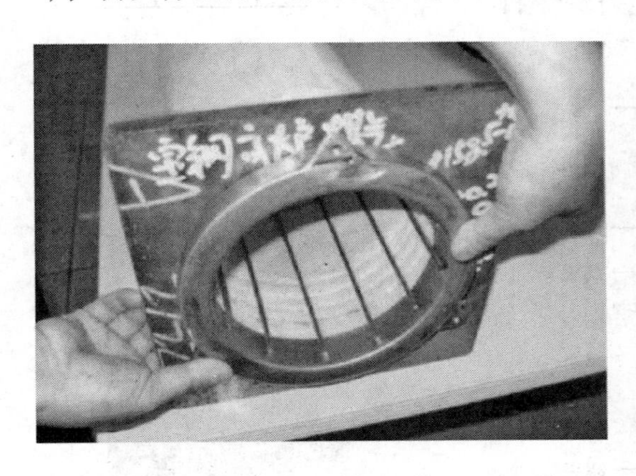

图 4－95　花板与滤袋的试配合

（8）花板底部设有加强筋，防止承重压变形，花板由箱体内部的钢构件支架固定，并满焊在箱体内。

4.7 滤 袋

4.7.1 滤袋的品种

4.7.1.1 圆袋

A 圆袋的形式

a 机械振打滤袋

机械振打滤袋一般采用内滤式滤袋，滤袋用连接装置悬挂在振动驱动机构上，底部用弹簧环圈与花板孔相互固定（图4－96(a)）。

机械振打滤袋的设计应注意以下几点：

（1）滤袋材料需用轻而柔软的机织布类材料。

（2）滤袋直径应与花板孔及连接振动驱动机构的悬吊挂钩精确匹配。

（3）滤袋悬吊装置的长度约355～405mm，滤袋底部加强护套层的长度应在100～250mm，±6.35mm。

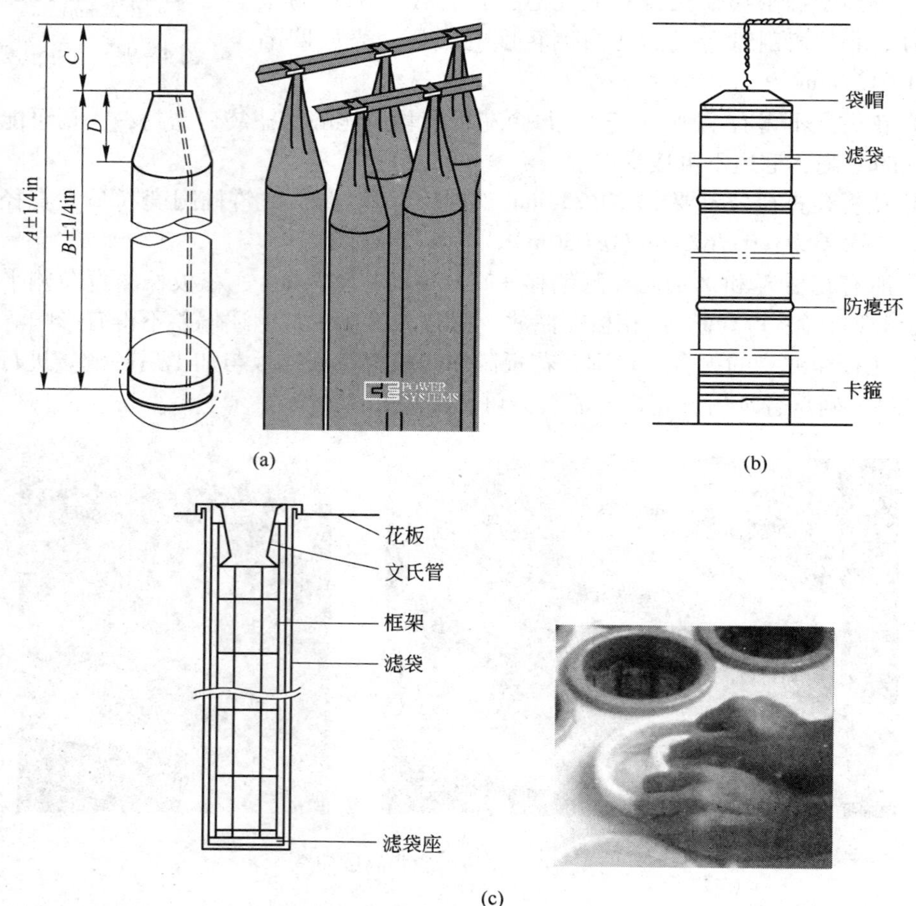

图4－96 袋式除尘器的圆袋

（a）机械振打袋式除尘器滤袋；（b）反吹风袋式除尘器滤袋；（c）脉冲袋式除尘器的滤袋

b 反吹风滤袋

反吹风滤袋为内滤式滤袋，滤袋是用带钩子的帽盖挂在除尘器内（图 4－96(b)），底部用卡箍将滤袋固定在花板的短管上，或用弹簧环与短管固定，清灰时，用反吹气流将滤袋吸瘪。为此，滤袋袋身缝有防瘪环，以防吸瘪滤袋，防瘪环的间距为相等距离。

反吹风滤袋的设计应注意以下几点：

（1）滤袋材料所用机织布类织物比用于机械振打的滤袋略重。

（2）滤袋直径应与花板孔精确匹配。

（3）缝制滤袋防瘪环的滤料应与袋身材质相同，滤袋第一个防瘪环应缝在从花板向上的 2～3 倍滤袋直径处。防瘪环之间的距离，一般采用：

ϕ200mm：支撑环之间的距离 800～1000mm；

ϕ300mm：支撑环之间的距离 1500～2000mm。

（4）滤袋的底部及顶部都应采用夹紧装置（如卡箍等）固定。

（5）反吹风滤袋的径长比（L/D）一般为 25～40，径长比过大，将使滤袋袋口流速过高，造成袋口的磨损，袋口流速一般应保持 1.25～1.5m/s。

c 脉冲喷吹滤袋

脉冲喷吹滤袋是外滤式滤袋（图 4－96(c)），干净气体从袋顶开口处排出。清灰时，高速气流（空气或氮气）从袋口喷入，使滤袋外表面的粉尘层被喷吹气流冲出并剥离。

脉冲喷吹滤袋内装有框架（即袋笼），使滤袋喷吹清灰时不被吸瘪，高压喷吹清灰时，袋顶装有不同形状的文丘里，以使脉冲气流达到最佳的清灰效果。

脉冲袋式除尘器由于有高压气流喷吹的脉冲及滤袋与框架的撞击，应采用质地较强的针刺毡和高强度重量级的织物滤料。

B 圆袋的规格

圆袋的直径	反吹风袋式除尘器	ϕ80～300mm
	脉冲袋式除尘器	ϕ120～160mm
圆袋的长度	反吹风袋式除尘器	3～10m
	脉冲袋式除尘器	2～7.0m

据美国 Donaldson 公司介绍，美国部分制造商（OEM）的布袋规格如表 4－12 所示。

表 4－12 美国部分除尘器设备制造商（OEM）的布袋规格 (in)

OEM 代码	花板孔尺寸	滤袋名义直径	滤袋框架直径	缝宽（毡类滤料）	平面宽（毡）	缝宽（玻纤）	平面宽（玻纤）	滤袋顶部结构
A. P.	5×3/16	4 5/8	4 1/2	15 3/8	7 7/16	16 1/4	7 1/4	RE
A. P.	5 1/4×5	4 5/8	4 1/2	15 3/8	7 7/16	16	7 1/4	TWLCK
A. P.	5×3/16	5	4 1/2	15 3/8	7 7/16	16 1/4	7 1/4	DBS
A. A.	15 1/4×3/16	5	4 7/8	16 3/8	7 15/16			DBS
A. A.	5 1/4×3/16	5 3/8		17 3/8	8 9/16			RE
A. A.	5×3 1/16	5	4 7/8	16 3/8	7 15/16			

续表 4-12

OEM 代码	花板孔尺寸	滤袋名义直径	滤袋框架直径	缝宽（毡类滤料）	平面宽（毡）	缝宽（玻纤）	平面宽（玻纤）	滤袋顶部结构
A.	$6\frac{1}{4}\times\frac{3}{16}$	6	$5\frac{7}{8}$	$20\frac{1}{8}$	$9\frac{15}{16}$			FLNG/DBS
A.	$5\times3\frac{1}{16}$	$4\frac{5}{8}$	$4\frac{1}{2}$	$15\frac{3}{8}$	$7\frac{7}{16}$			DBS
B. G.	$5\frac{1}{4}\times\frac{3}{16}$	$5\frac{1}{8}$	$4\frac{7}{8}$	$16\frac{3}{4}$	$8\frac{1}{8}$			DBS
B. G.	$5\frac{3}{8}\times\frac{3}{16}$	5	$4\frac{7}{8}$	$16\frac{3}{8}$	$7\frac{15}{16}$			DBS
B. G.	$5\frac{3}{8}\times\frac{3}{16}$	5	$4\frac{7}{8}$	$16\frac{3}{8}$	$7\frac{15}{16}$			FLNG TOP
F. K.	$6\frac{1}{4}\times\frac{3}{16}$	$5\frac{7}{8}$	$5\frac{5}{8}$	$19\frac{1}{4}$	$9\frac{3}{8}$			DBS
F. K.	N/A	$5\frac{7}{8}$	$5\frac{5}{8}$	$19\frac{1}{4}$	$9\frac{3}{8}$			RE
F.	$5\frac{1}{4}\times\frac{3}{16}$	5	$4\frac{7}{8}$	$16\frac{3}{8}$	$7\frac{15}{16}$			DBS
F.	$5\frac{1}{4}\times\frac{3}{16}$	5	$4\frac{7}{8}$	$16\frac{3}{8}$	$7\frac{15}{16}$			FLNG TOP
F.	N/A	$5\frac{7}{8}$	$4\frac{7}{8}$	$16\frac{3}{8}$	$7\frac{15}{16}$			RE
M. E.	$6\frac{1}{4}\times\frac{3}{16}$	$5\frac{7}{8}$	$5\frac{5}{8}$	$19\frac{1}{4}$	$9\frac{3}{8}$			DBS
M.	$5\times\frac{3}{16}$	$4\frac{5}{8}$	$4\frac{1}{2}$	$15\frac{3}{8}$	$7\frac{7}{16}$	16	$7\frac{1}{4}$	RE/DBS
M.	$5\frac{1}{16}\times\frac{3}{16}$	$4\frac{5}{8}$	$4\frac{1}{2}$	$15\frac{3}{8}$	$7\frac{7}{16}$	16	$7\frac{1}{4}$	RE/DBS
M.	$5\frac{1}{4}\times\frac{3}{16}$	$4\frac{5}{8}$	$4\frac{1}{2}$	$15\frac{3}{8}$	$7\frac{7}{16}$	16	$7\frac{1}{4}$	RE/DBS
M.	$6\frac{1}{4}\times\frac{3}{16}$	$5\frac{5}{8}$	$5\frac{5}{8}$	$19\frac{1}{4}$	$9\frac{3}{8}$	20	$8\frac{3}{4}$	DBS
M.	$6\frac{1}{4}\times\frac{3}{16}$	$6\frac{1}{8}$	$5\frac{7}{8}$	$20\frac{1}{8}$	$9\frac{13}{16}$	$20\frac{7}{8}$	$9\frac{1}{4}$	DBS
M.	$5\frac{1}{4}\times5$	$4\frac{5}{8}$	$4\frac{1}{2}$	$15\frac{3}{8}$	$7\frac{7}{16}$	16	$7\frac{1}{4}$	TWLCK
M.	GMBH 122mm	$4\frac{5}{8}$	$4\frac{1}{2}$	$15\frac{3}{8}$	$7\frac{7}{16}$	16	$7\frac{1}{4}$	RING

注：滤袋结构代码：DBS—滤袋口为带槽型弹性环结构；FLNG—滤袋口为法兰式；RE—滤袋口为毛边开口；TWLCK—滤袋口为与文丘里引射器配合。

除尘器设备制造商（OEM）代码：A. P. —美国 Aeropulse 公司；A. A. —美国 AmericanAir 公司；A. —美国 Astec 公司；M. E. —美国 Mac Equipment 公司；B. G. —美国 Barber Green 公司；F. K. —美国 Flex Kleen 公司；F. —美国 Fuller 公司；M. —美国 Mikropul 公司。

4.7.1.2 *扁袋*

扁袋，国外又称信封式（envelipes）滤袋。

A 扁袋的形式

扁袋可组装成机组式扁袋除尘器、横插式扁袋除尘器、整体框架振打式扁袋除尘器等形式（图 4-97）。

B 扁袋的结构

（1）扁袋（信封式）滤袋可用针刺毡或机织布制作，滤袋由金属框架作支撑，以使气流流过时保持滤料的绷紧。

（2）扁袋是一种外滤式滤袋，含尘气流从滤袋外部流入，过滤后的干净气流由滤袋的开口端排出，滤袋采用逆气流清灰时，逆气流通过滤袋的开口端进入，使滤袋外表面的灰尘落入灰斗中（图 4-98）。

（3）扁袋除尘器可使每单位体积内装置更多的过滤面积。

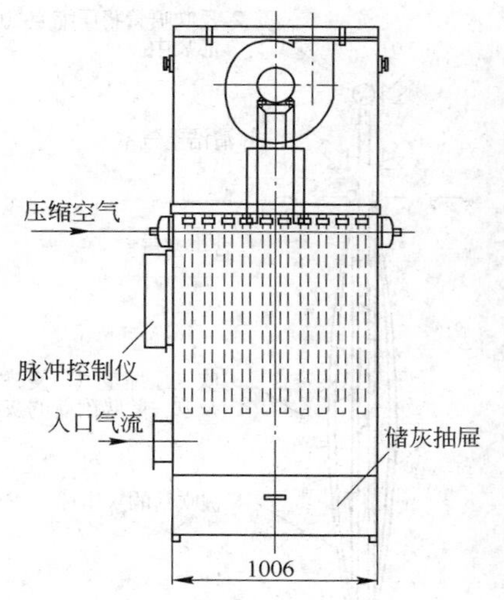

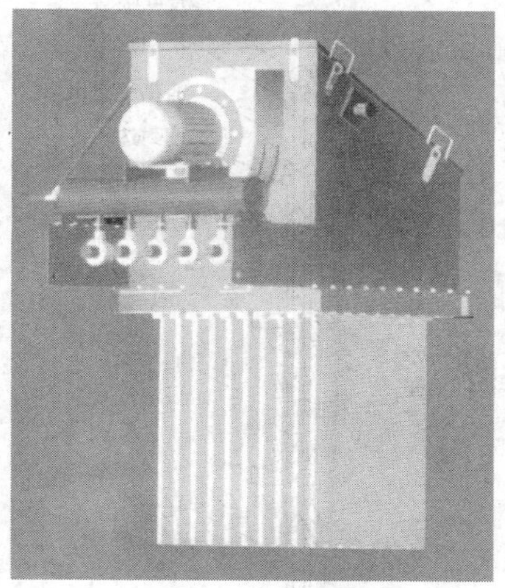

机组式扁袋除尘器

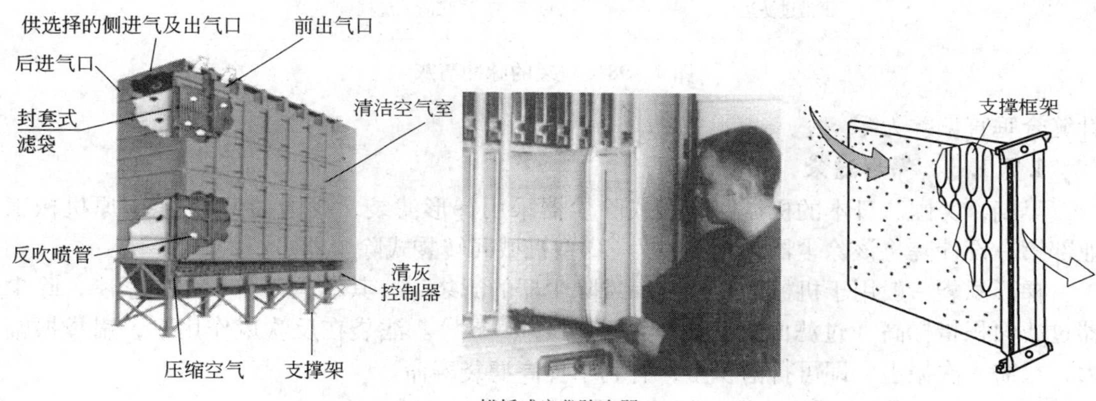

横插式扁袋除尘器

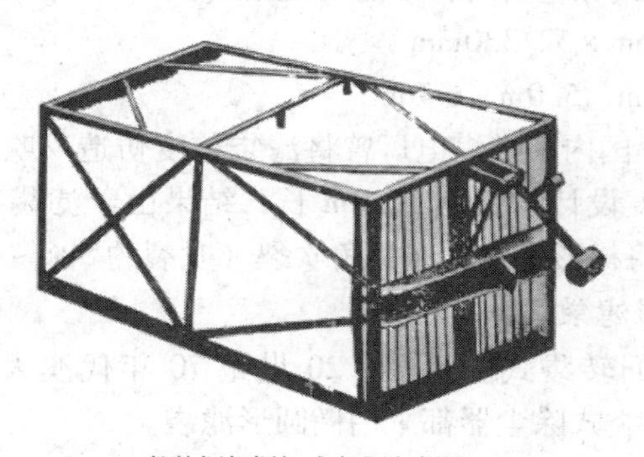

整体框架振打式扁袋除尘器

图 4－97 扁袋除尘器的各种型式

（4）扁袋除尘器的滤袋规格为：

横插式扁袋除尘器　　1500mm×750mm×25mm（长×宽×厚）

机组式扁袋除尘器　　滤袋袋长为 0.7～1.0m

（5）滤袋的缝制除应符合 GB 12625—90 指标外，要求周长尺寸误差小于 ±1mm，三

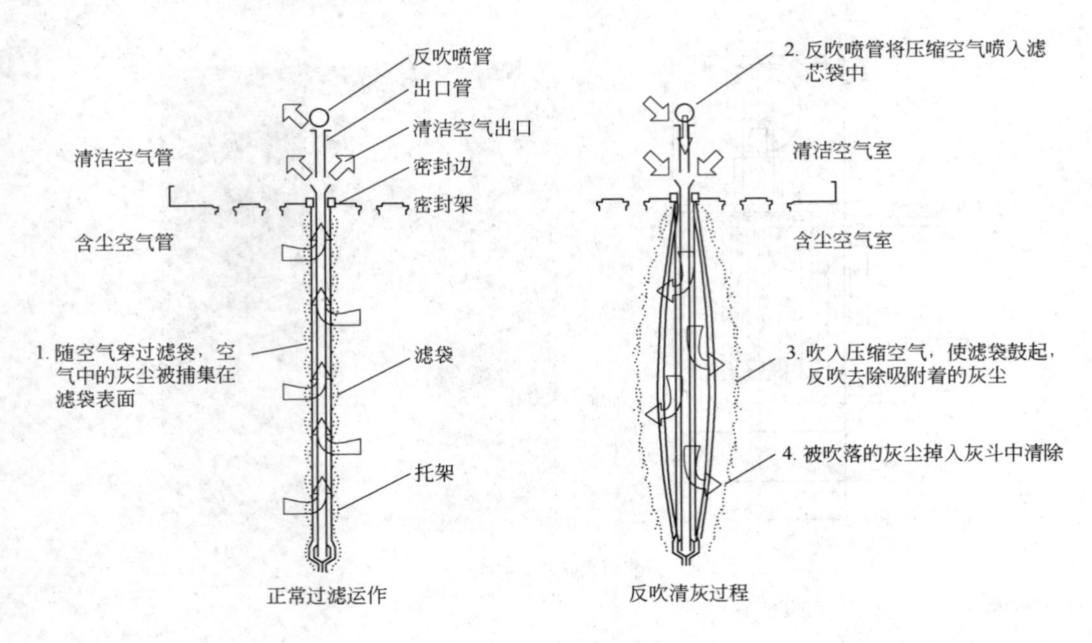

图 4－98 扁袋的脉冲清灰

针缝合垂直偏差为零。

4.7.1.3 梯形滤袋

早期，美国、日本的机械回转袋式除尘器采用梯形滤袋，我国在 1975 年由原机械工业部第一设计院将该除尘器消化移植为 ZC 型机械回转袋式除尘器。

梯形滤袋一般用于机械回转反吹扁袋除尘器的滤袋上，其结构简单、布置紧凑、除尘器过滤面积指标高（过滤面积密度指标可达 $13m^2/m^3$）。滤袋在反吹风作用下，扁袋振幅大，只需一次振击，即可抖落积尘，有利于提高滤袋寿命。

ZC 型机械回转袋式除尘器的梯形滤袋规格（图 4－99）为：

断面　　82mm × 52/330mm

长度　　4.0m、5.0m、6.0m

20 世纪 80 年代，国内某燃煤电厂曾将滤袋长度仿造反吹风袋式除尘器，在断面规格不变情况下，滤袋长度设计增长到 10.0m 长，结果由于滤袋长度过长，袋口入口风量过大，流速过高，最终将梯形滤袋的四只角吹裂（吹裂约 500～600mm 长）。

4.7.1.4 椭圆形滤袋

美国早期的机械回转袋式除尘器、20 世纪 70 年代澳大利亚 HOWDEN 和当前德国 Lurge 的低压回转脉冲袋式除尘器都采用椭圆形滤袋。

德国 Lurge 的椭圆形滤袋断面规格（图 4－100）如下：

长径　　168mm

短径　　78mm

袋长　　8.0m

4.7.1.5 蜂窝状滤袋

蜂窝状滤袋又称菱形滤袋，是法国空气工业公司在铝行业烟气干法净化系统中广泛使

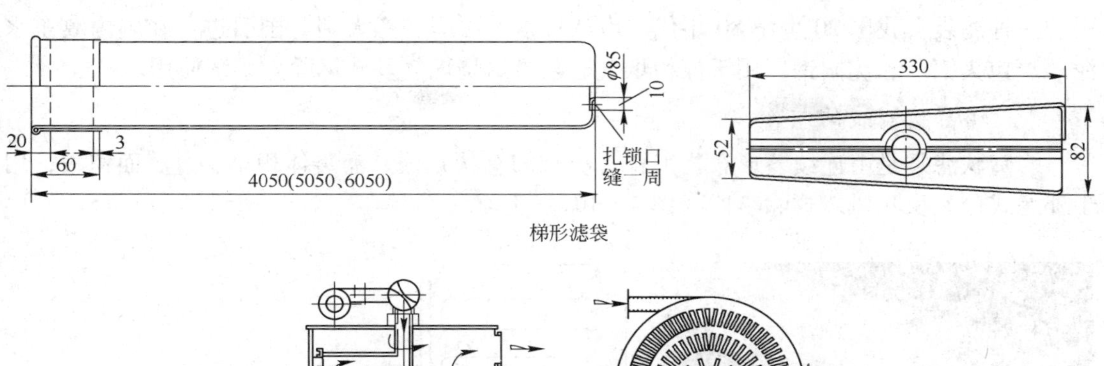

梯形滤袋

机械回转袋式除尘器

图 4-99 梯形滤袋及机械回转袋式除尘器

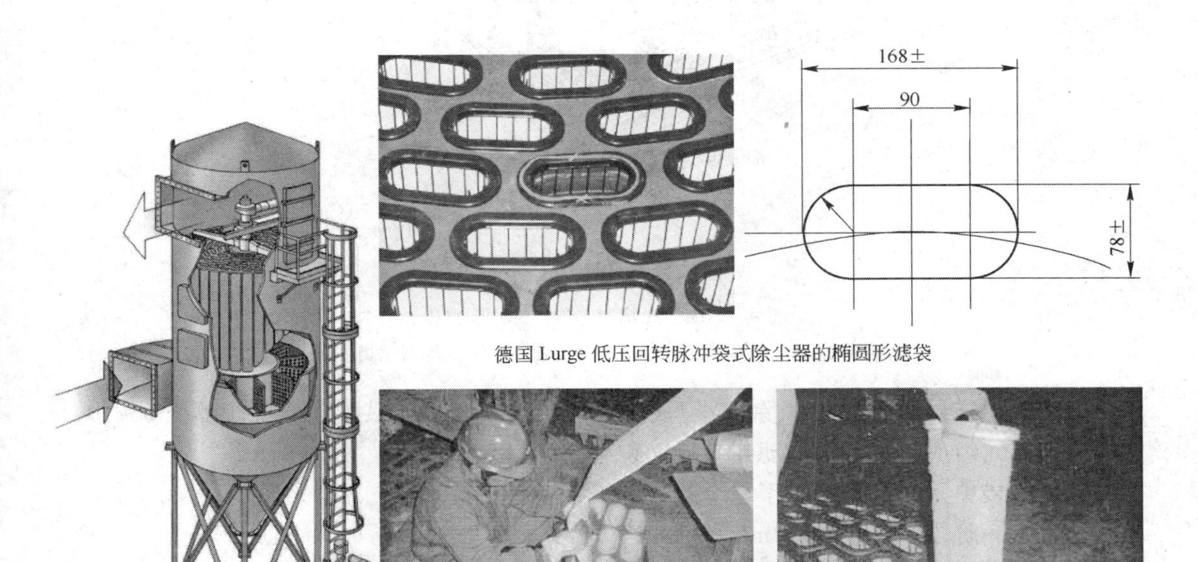

德国 Lurge 低压回转脉冲袋式除尘器的椭圆形滤袋

美国早期 Torit RF 型
机械回转袋式除尘器

8m 长的椭圆形滤袋

图 4-100 椭圆形滤袋

用的一种滤袋。我国20世纪80年代先后从日本、法国、意大利等国引进，在国内冀东水泥厂、包头铝厂、沈阳钢厂用于煤粉烟气、阳极焙烧烟气及轧钢除尘系统使用。

A 蜂窝状滤袋的结构

蜂窝状滤袋是由连续菱形布袋组合（类似蜂窝状）成，滤袋体积小、过滤面积大，用于外滤式分室反吹风袋式除尘器（图4-101）上。

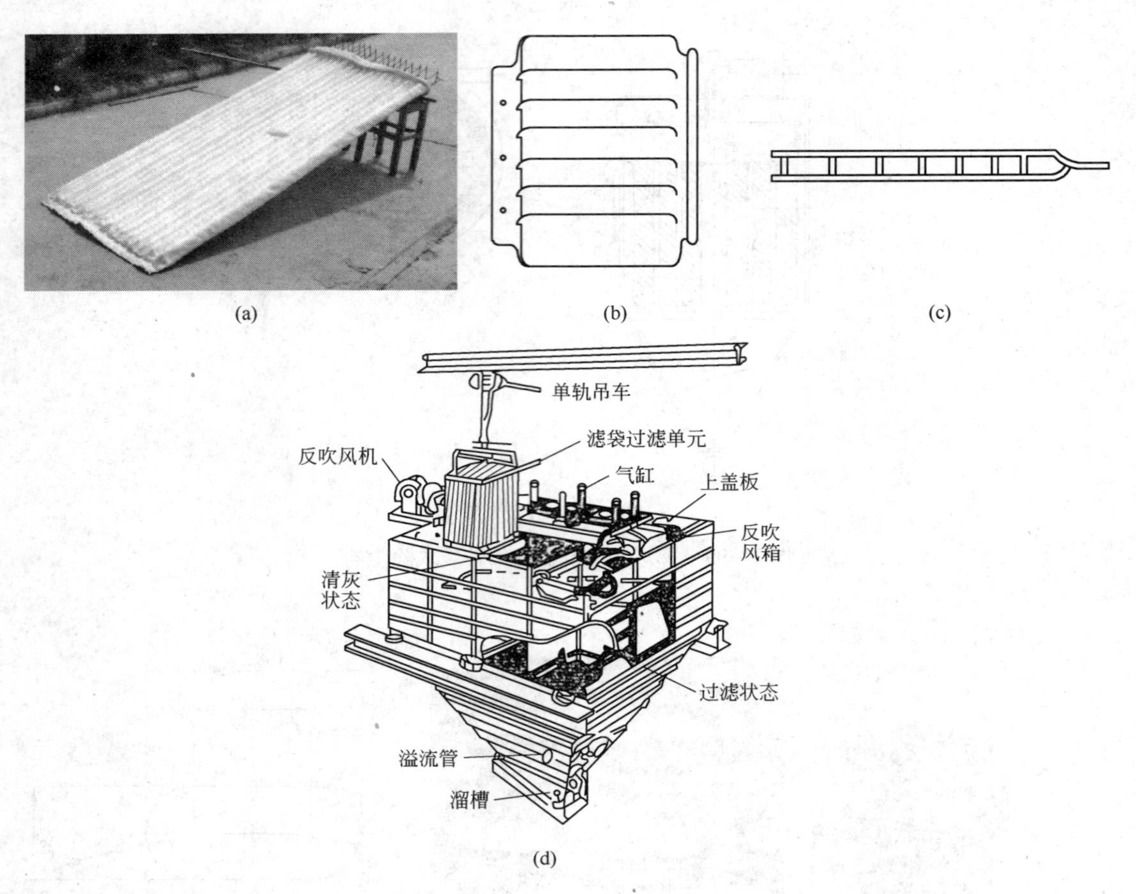

图4-101 蜂窝状滤袋（菱形滤袋）

（a）菱形滤袋；（b）滤袋的缝制；（c）骨架；（d）蜂窝状袋式除尘器

蜂窝状滤袋（菱形滤袋）除尘器采用标准滤袋单元组合形式，每台除尘器由6~10个标准滤袋单元组成，每个标准滤袋单元面积有65~185m^2。

标准滤袋单元的组合经历了三个阶段：

第一阶段 9.2m^2/条

第二阶段 10.3m^2/条

第三阶段 12.9m^2/条

铝行业的蜂窝状滤袋是采用聚丙烯针刺毡滤料制成，在两层针刺毡滤料纵向（图4-101(b)）间隔一定距离缝上缝线，制成袋形，然后在纵向间隔的中间插上骨架（扁平的框架），形成蜂窝状滤袋。

滤袋的骨架用6mm圆钢制成，围成一个没有棱角的长方框，中间安几个支撑扁钢（图4－101(c)）。

考虑到滤袋下部入口处气流速度过高，对滤袋磨损大，滤袋下部约200mm高处缝有双层滤布。

滤袋的纵向缝采用搭接，搭边20mm，用三针缝纫，以防滤袋纵向拉伸时被拉断。滤布的宽度和缝制的距离必须保证一定的尺寸，否则滤袋与骨架接触不匀，在清灰时造成滤袋局部严重磨损。

B 蜂窝状滤袋的过滤面积

每条滤袋的过滤面积计算公式如下：

$$F = 4n\sqrt{\left(\frac{a}{2}\right)^2 + \left(\frac{b}{2}\right)^2} \cdot l_c \tag{4-2}$$

式中 F——过滤面积，m^2；

n——骨架数量；

a——骨架宽，m；

b——骨架间的距离，m；

l_c——滤袋有效长度，m。

C 蜂窝状滤袋单元的组合

蜂窝状滤袋单元（图4－102）组合是将多条滤袋固定在一块花板上，每块花板开有12个两端半圆形的长孔，孔口焊一圈50mm高的边框，用以固定滤袋。

滤袋放到花板上之后，用一个环形压框把滤袋压紧在花板上，然后用活节螺栓调节压框的密封程度。

压框上有与骨架数量相同的沟框，用以固定骨架（是一个通长的钢制框架，图4－101(c)）。骨架放入滤袋开口处把滤袋撑开，使各个滤袋分开，形成一种蜂窝状（即菱形）的滤袋。

骨架比滤袋撑开的间隙大2～4mm，可以上下自由移动。每条滤袋之间的间隙为40～60mm。

蜂窝状滤袋单元的框架用4根钢管做成立柱，焊在花板上，下面用4根钢管做拉杆，形成一个刚性的框架。框架与支撑扁钢连接处必须经过处理，清除毛刺，以免刺破滤袋，整个单元的结构形式示于图4－102。框架上有4个吊耳，在检修换袋时，挂在吊具上，平稳地提起。

滤袋下部设有隔板，用以把滤袋下部固定在一根钢棒上，滤袋骨架坐落在钢棒上。钢棒穿过滤袋下部的开口处用绳扎紧，防止漏风。整个滤袋就紧靠钢棒和骨架的自重拉紧，这种拉紧形式是非常理想的。

4.7.1.6 滤筒

滤筒（cartridges）形式有以下几种形式：(1) 圆形褶叠滤袋；(2) 圆柱形褶叠滤筒；(3) 矩形褶叠滤袋；(4) 螺管式滤袋。

A 圆形褶叠滤袋

a 圆形褶叠滤袋的形式

丹麦Nordic圆形褶叠式滤袋有上插入式和下吊装式两种。

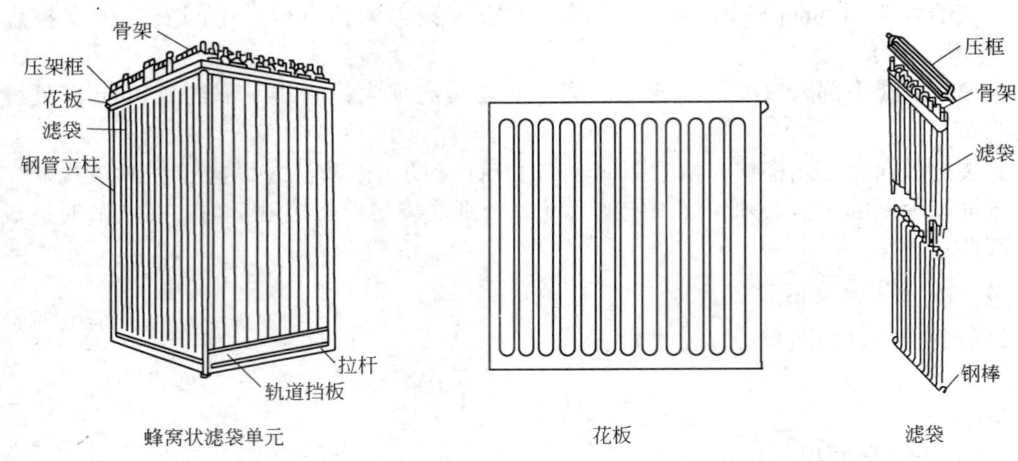

图 4－102　蜂窝状滤袋的组合单元

上插入式与圆形布袋安装方法相同，可不改变原除尘器花板，方便更换（图 4－103）。

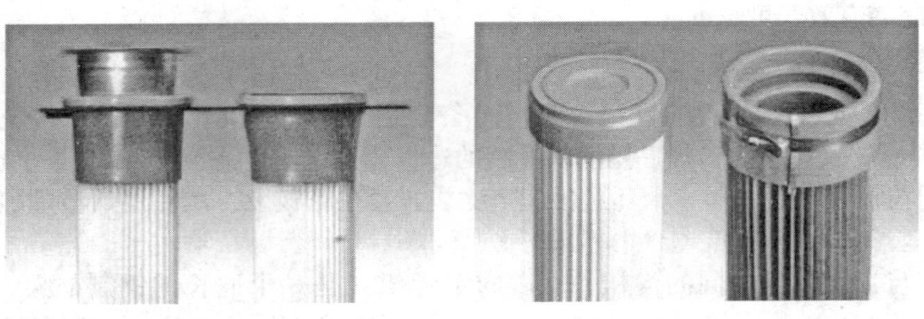

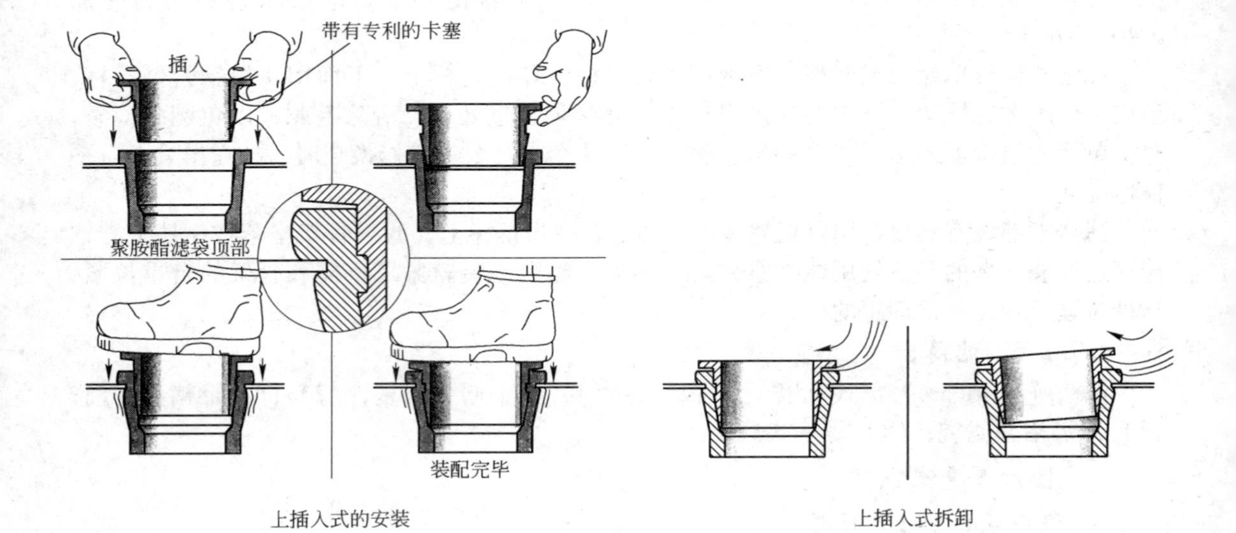

图 4－103　Nordic 褶叠式滤袋的安装

b 圆形褶叠滤袋的规格

丹麦 Nordic 圆形褶叠滤袋的规格如表 4－13 所示。

表 4－13 Nordic 褶叠式滤袋的规格尺寸

筒径/mm	筒长/mm	褶深/mm	褶距/mm	Ⅰ型		Ⅱ型		Ⅲ型	
				褶数	过滤面积/m²	褶数	过滤面积/m²	褶数	过滤面积/m²
φ123	600	16	7.72～9.65	40	0.77	45	0.86	50	0.96
	1000				1.28		1.44		1.60
	1400				1.79		2.02		2.24
	2000				2.56		2.88		3.20
φ148	600	16	6.64～9.19	50	0.96	60	1.15	70	1.34
	1000				1.60		1.92		2.24
	1400				2.2		2.69		3.14
	2000				3.20		3.84		4.48
φ150	600	28	9.42～11.75	40	1.34	45	1.68	50	2.02
	1000				2.25		2.80		3.36
	1400				3.14		3.92		4.70
	2000				4.88		5.60		6.72

c 圆形褶叠滤袋的特点

Nordic 圆形褶叠滤袋的特点如下：

（1）圆形褶叠滤袋适用于细微尘粒排出物的控制，其新滤料对 0.3μm 的细微尘粒过滤起始效率为：

新滤料滤袋　　10%～20%

过滤后滤袋　　90%

（2）由于圆形褶叠滤袋采用褶叠结构，提高了滤袋的单位过滤面积，从而使除尘器的结构大大缩小（一般至少比普通圆形滤袋的过滤面积大 2～4 倍），可减少除尘器的结构和系统的投资。

（3）一般圆形褶叠滤袋比圆袋要贵，但是圆形褶叠滤袋能使除尘器结构缩小，并能提高对细尘粒的气布比，结果使节约的费用大大抵消了圆形褶叠滤袋的较高价格。

（4）圆形褶叠滤袋除尘器的安装和更换简单，过滤表面积非常大，可用多种不同的纤维制作，通常采用脉冲清灰。

B 圆柱形褶叠滤筒

a 圆柱形褶叠滤筒的材质

圆柱形褶叠滤筒的材质有微纤维纸、聚酯微纤维纸、抗静电聚酯微纤维、玻璃微纤维。

滤筒顶部、底部内管采用镀锌钢材。

b 圆柱形褶叠滤筒的形式

圆柱形褶叠滤筒的形式有水平式和垂直式（图4－104）两种。

普通式样　滤筒直径210/325mm（内径/外径）

滤筒高度660mm

过滤面积$5m^2$、$7m^2$、$10m^2$、$20m^2$（根据褶深、褶距不同）

二合一式　滤筒高度为1200mm

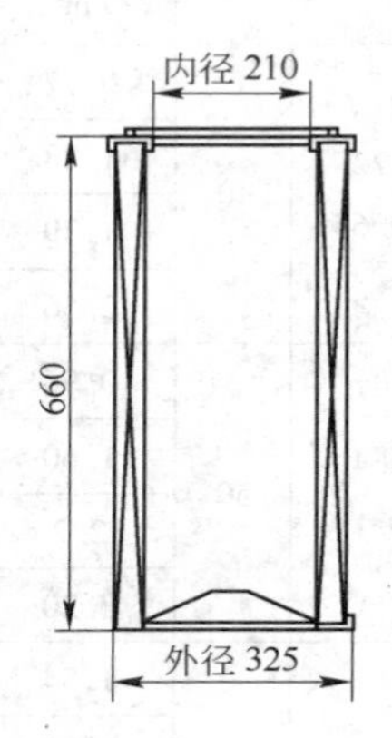

滤筒

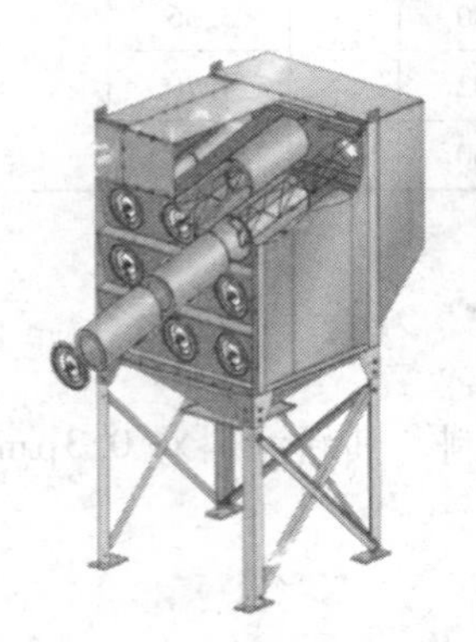

水平式滤筒除尘器

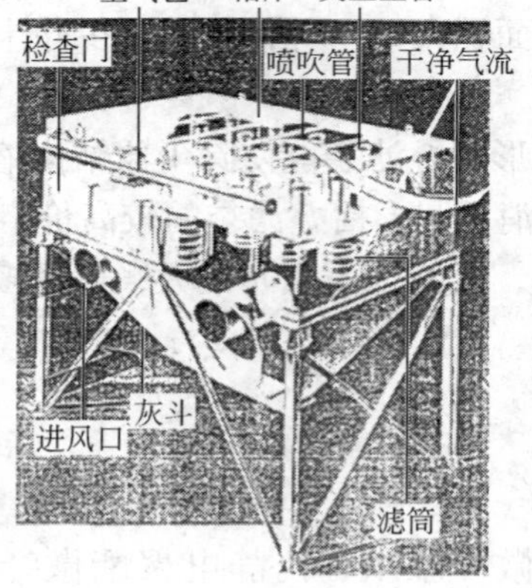

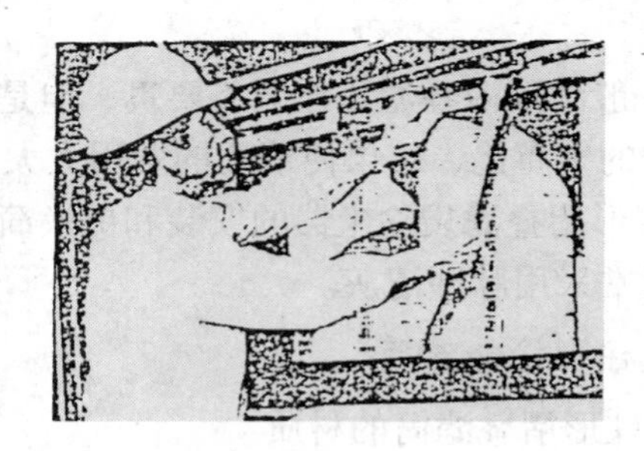

垂直式滤筒除尘器

图4－104　圆柱形褶叠滤筒

c 圆柱形褶叠滤筒的品种规格

丹麦 Nordic 圆柱形褶叠滤筒的品种（表4－14）

表4－14 Nordic 圆柱形褶叠滤筒的品种

品 种	NA－806	NA－806PTFE	NA－806ALU 加铝	NA－806PTFE＋铝	NA－806 覆膜
材 质	聚酯	聚酯	聚酯	聚酯	聚酯
重量/$g \cdot m^{-2}$	260	265	265	265	275
透气率/$m^3 \cdot (m^2 \cdot h)^{-1}$（在200Pa下）	570	550	550	530	550
温度/℃	130	130	130	130	130
表面材料处理	无	PTFE 表面涂层	加铝涂层，抗静电效果	加铝加 PTFE 涂层	覆膜
过滤标准	满足德国 U. S. G. C 标准				
品 种	NA－107	NA－137	NA－138FH	NA－796	NA－25
材 质	聚酯	80%微纤维纸＋20%聚酯	80%微纤维纸＋20%聚酯	80%微纤维纸＋20%聚酯	70%微纤维纸＋30%聚酯和覆膜
重量/$g \cdot m^{-2}$	170	150	140	180	206
透气率/$m^3 \cdot (m^2 \cdot h)^{-1}$（在200Pa下）	980	360	520	1020	1090
温度/℃	130	90	90	70	60
表面材料处理	有覆膜	有覆膜	有覆膜	有覆膜	加特种覆抹膜
过滤标准	满足德国 U. S. G. C 标准				

海斯康公司圆柱形褶叠滤筒的规格（表4－15）

表4－15 海斯康公司褶叠式滤筒的规格

编 号	规 格	滤筒材料	过滤面积/m^2	凸缘类型
C010	ϕ325H660	微纤维纸	7	喷漆钢板
C014	ϕ325H660	微纤维纸	10	喷漆钢板
C018	ϕ325H660	微纤维纸	20	喷漆钢板
C037	ϕ325H660	聚酯纤维	7	喷漆钢板
C041	ϕ325H660	聚酯纤维	10	喷漆钢板
C053	ϕ325H660	抗静电聚酯纤维	19	喷漆钢板
C065	ϕ325H660	聚酯纤维	10	圆孔铝板
C067	ϕ325H1200	聚酯纤维	5	圆孔铝板
C069	ϕ325H1200	聚酯纤维	10	圆孔铝板
C073	ϕ325H1200	抗静电聚酯纤维	5	圆孔铝板
C074	ϕ325H1200	抗静电聚酯纤维	10	圆孔铝板

HS/Z 型木浆纤维纸质滤筒的规格

HS/Z 型木浆纤维纸质滤筒采用高效木浆纤维材料制作。

HS/Z 型木浆纤维纸质滤筒的端盖和内外护网均采用电化板，有较好的防锈、防腐性能。

HS/Z 型木浆纤维纸质滤筒的规格如表 4－16 所示。

表 4－16 HS/Z 型褶叠式滤筒的规格

代 号	外径/mm	内径/mm	长度/mm	过滤面积/m^2
HS/Z－3167	316	208	675	21
HS/Z－3250	324	213	500	16
HS/Z－3266	324	213	660	21
HS/Z－3275	324	213	750	22.5
HS/Z－3287	324	213	871	27.5
HS/Z－3550	352	241	500	17.4
HS/Z－3566	352	241	660	23
HS/Z－4088	408	291	880	35.7
HS/Z－4467	445	360	675	18.8

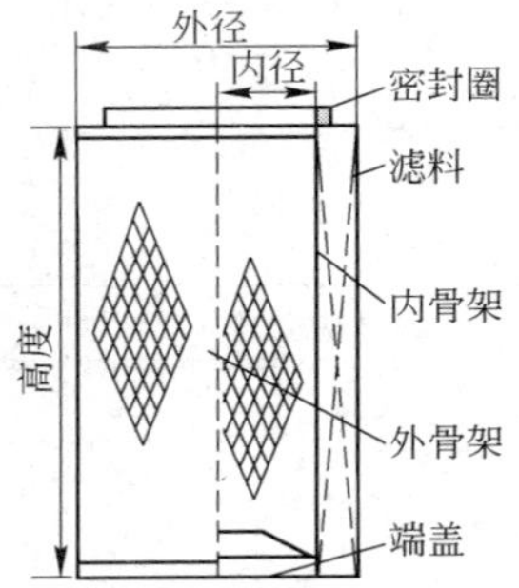

HS/P 型长纤维聚酯滤筒的规格

HS/P 型长纤维聚酯滤筒采用 100% 合成高强度聚酯长纤维材料制作。

HS/P 型木浆纤维纸质滤筒采用坚韧耐用的聚酯滤材与防腐钢板网支撑结构结合而成，与传统滤袋相比，过滤面积增加 2～3 倍，其规格如表 4－17 所示。

表 4－17 HS/P 型褶叠式滤筒的规格

代 号	外径/mm	内径/mm	长度/mm	过滤面积/m^2
HS/P－1210/1220	124	105	1048/2048	1.4/2.7
HS/P－1210/1220A	155.58/124	—	1064/2648	1.4/2.7
HS/P－1510/1520	153	128	1064/2064	2.3/4.6
HS/P－3250	324	213	500	7.1
HS/P－3266	324	213	660	9.4
HS/P－3550	352	241	500	7.1
HS/P－3566	352	241	660	9.4

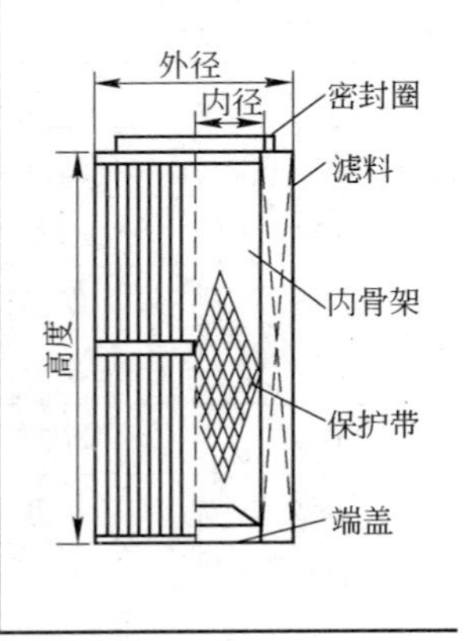

HS/F 型膜聚合酯滤筒的规格

HS/F 型膜聚合酯滤筒采用 PTFE 树脂作原料的微孔薄膜滤料制成，其具有薄膜滤料的特性，规格如表 4－18 所示。

表 4－18 HS/F 型膜聚合酯滤筒的规格

代 号	外径/mm	内径/mm	长度/mm	过滤面积/m^2
HS/F－3250	324	213	500	7.1
HS/F－3266	324	213	660	9.4
HS/F－3275	324	213	750	10.6
HS/F－3550	352	241	500	7.1
HS/F－3566	352	241	660	9.4
HS/F－4088	408	291	880	15.5

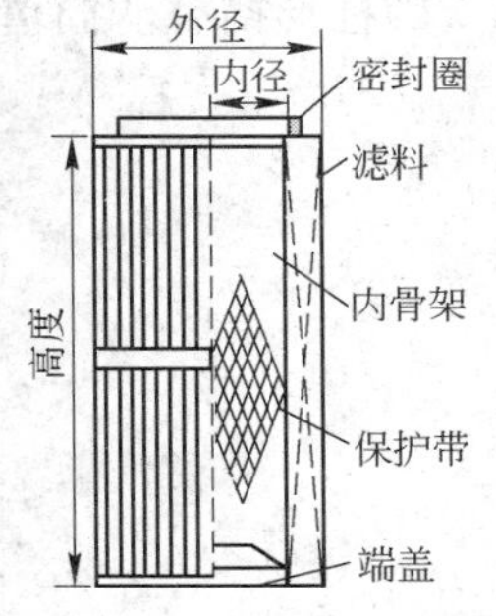

外径
内径
密封圈
滤料
内骨架
高度
保护带
端盖

d 圆柱形褶叠滤筒的技术性能

丹麦 Nordic 圆柱形褶叠滤筒的技术性能

Nordic 圆柱形褶叠滤筒的技术性能如表 4－19 所示。

表 4－19 Nordic 圆柱形褶叠滤筒的技术性能

品 种	材 料	过滤面积 /m^2	透气率（在 200Pa 下）/$m^3 \cdot (m^2 \cdot h)^{-1}$	重量 /$g \cdot m^{-2}$	BIA 过滤等级认证
NA－137	纤维纸＋聚酯	10 20	340	150	U.S.G.C
NA－137ALU	纤维纸＋聚酯＋抗静电加铝	14 20	520	150	
NA－138FH	纤维纸＋聚酯＋抗阻火星	10 20	520	170	
NA－139GT	纤维纸＋聚酯	15	940	120	
NA－796	纤维纸＋聚酯	15	1020	180	
NA－25	纤维纸＋PP 覆膜	15	1090	208	
NA－93	聚丙烯	15	1000	200	
NA－98	聚丙烯	15	390	230	
NA－220	聚酯＋PP 覆膜	15	940	220	
NA－170	聚酯	15	955	178	
NA－170ALU	聚酯	15	950	180	
NA－800membrane	聚酯＋PTFE 覆膜	10	127	300	
NA－800membrane＋anti	聚酯抗静电＋PTFE 覆膜	10	300	310	
NA－806	聚酯	10	570	260	
NA－806ALU	聚酯抗静电涂层	10	560	265	
NA－806PTFE	聚酯＋PTFE 涂层	10	530	270	
NA－806ALU＋PTFE	聚酯抗静电＋PTFE 涂层	10	510	275	
NA－807	聚酯	10	810	235	

清灰后的 Nordic 圆柱形褶叠滤筒，在喷吹压力（4～6）$\times 10^5$Pa 情况下，过滤风量与

阻力的关系示于图 4－105 中。

圆柱形褶叠滤筒清灰时，滤筒上下的空气压力转变对照如图 4－106 所示。

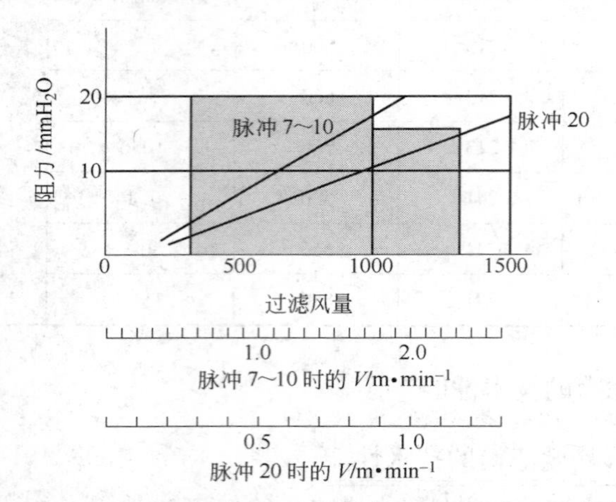

图 4－105 海斯康公司褶叠式滤筒的过滤风量与阻力的关系

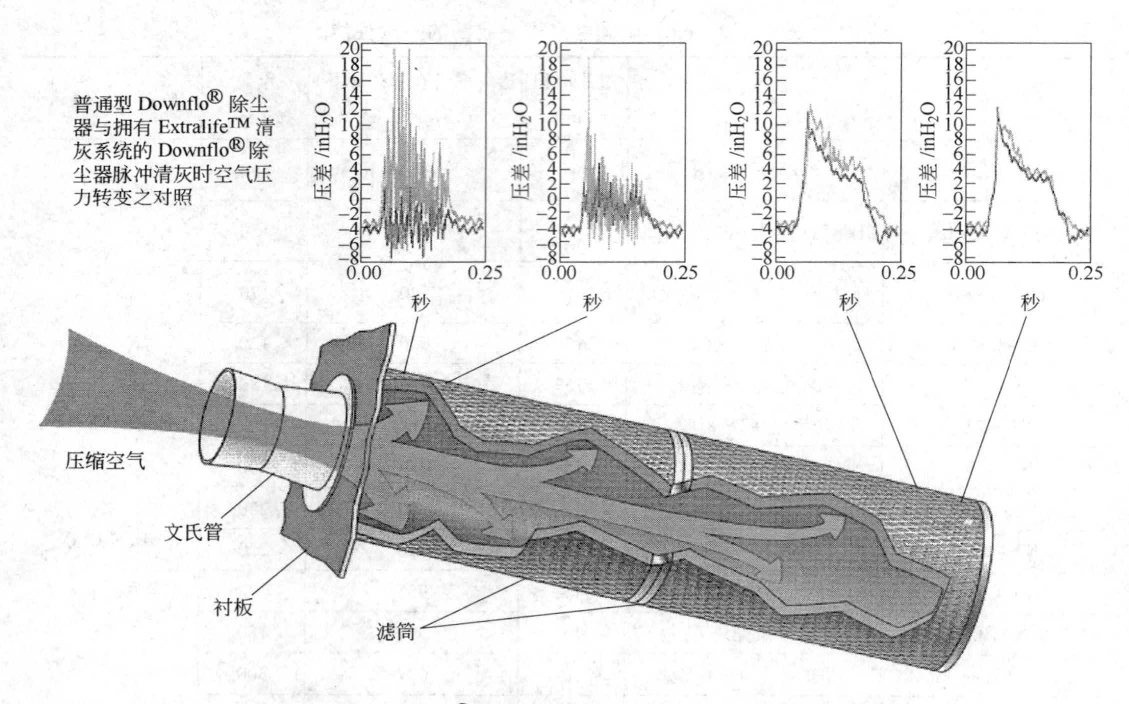

图 4－106 Downflo® 褶叠式滤筒清灰时空气压力转变的对照

美国 BHA 公司对三种滤料试验的比较

美国 BHA 公司在 VESA 变化环境模拟实验中，对用以下三种滤料制成的圆柱形褶叠滤筒作出口浓度比较的试验比较：标准型聚酯滤料①、PTFE 聚四氟乙烯覆膜聚酯滤料②、500g/m^2 普通针刺毡聚酯滤料③。

试验的条件为：

过滤速度　　　　　1.5m/min

粉尘半径粒径	0.5μm
进口含尘浓度	69g/m^3
清灰压力	5.5kgf/cm^2
清灰周期	15min
运行时间	50h

标准型聚酯滤料①滤筒的性能：

滤料重量	270g/m^2
最高工作温度	135℃
抗张力强度纵向	102kgf/5cm
抗张力强度横向	99kgf/5cm
抗破锭力	25kg/cm^2
透气性	6m^3/(m^2·min)（在12.5mmH_2O压差时）
除尘效率	99.990%~99.998%
滤料阻力	65~75mmH_2O

试验后出口浓度的比较

试验后出口浓度比较如图4-107所示。由图中可知，当进口浓度为69g/m^3（69000mg/m^3）时滤筒的出口浓度为：

标准型滤料①为0.0025grain/ft^3（5.73g/m^3），仅为普通聚酯毡的42%。

BHA-TEX®②为普通聚酯毡的17%。

注：1grain=64.8mg

1grain/ft^3=2288.14mg/m^3

grain/ft^3	0.001	0.002	0.003	0.004	0.005	0.006
mg/m^3	2.29	4.58	6.68	9.15	11.44	13.73

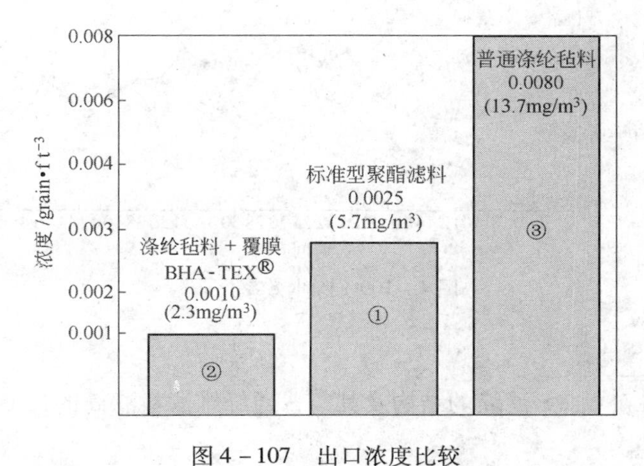

图4-107 出口浓度比较

试验后压差的比较

试验后压差比较如图4-108所示，各种滤料滤筒的压差为：

标准型聚酯滤料①为70mmH_2O左右；

BHA－TEX®滤料②为 75～85mmH_2O 左右。

但标准型聚酯滤料①随时间的增长，进入滤料内部的微细粉尘不断增多。

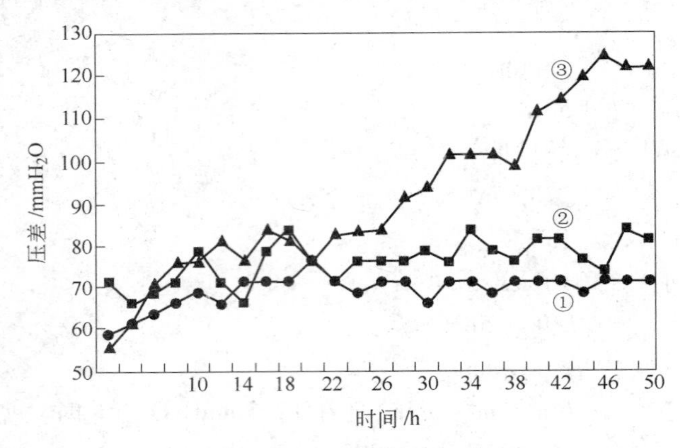

图 4－108 出口浓度比较

试验后除尘效率的比较

试验后除尘效率比较如图 4－109 所示。

标准型滤料①除尘效率虽然仍能保持 99.99% 以上，但它是深层过滤，在连续除尘作业过程后，由于微细粉尘不断进入滤料内部，填充了原有纤维间的一些空隙，而另外一些粉尘会从纤维间空隙较大处贯穿过去，致使除尘效率不断降低。

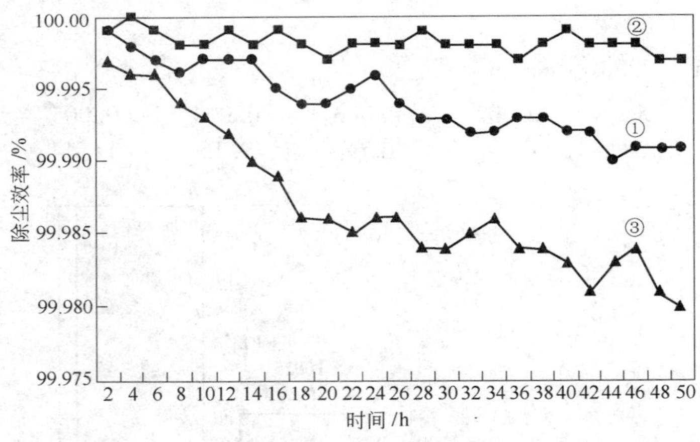

图 4－109 除尘效率比较

Donaldson 的 VS 滤筒

美国 Donaldson 公司 VS 滤筒的结构及其与普通纤维滤料滤筒的过滤效率比较如图 4－110 所示。

美国 Donaldson 公司认为，传统的褶叠滤筒过滤介质的褶深为 2in（50mm），而 Donaldson 公司的褶叠滤筒过滤介质的褶深只有 1.5in（38mm），与传统的褶叠滤筒过滤介质的褶深相比，短褶壁比较坚固，而且不易弯曲，因为弯曲的褶尖会将粉尘围起来，清灰时难以将粉尘去除（图 4－111）。

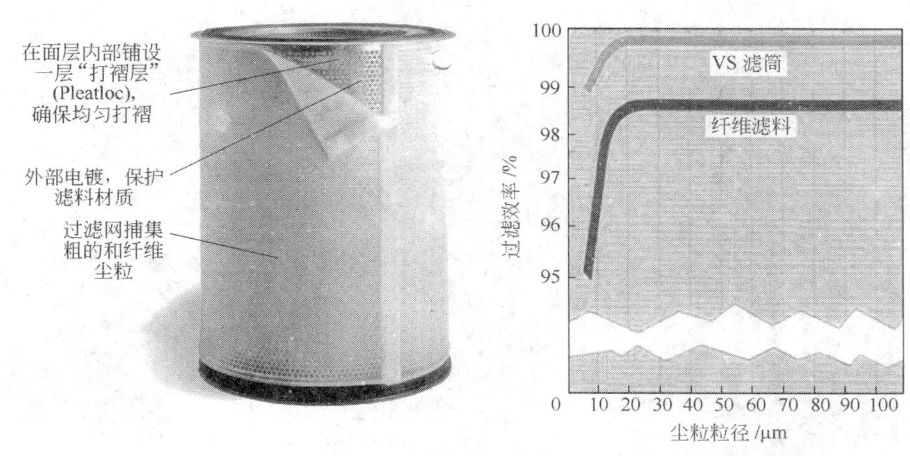

图 4－110 VS 滤筒结构以及与普通纤维滤料滤筒过滤效率比较

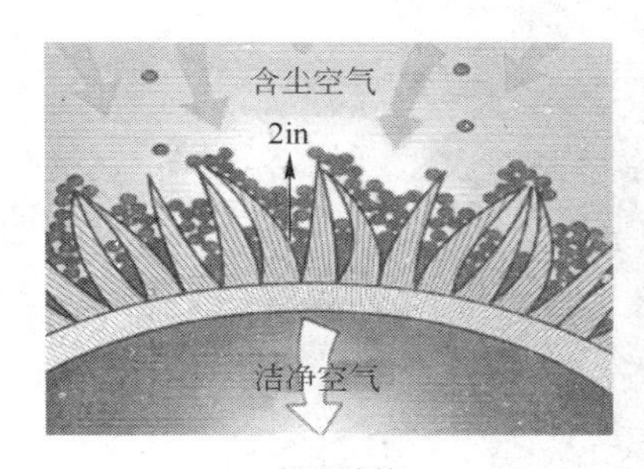

标准滤筒

含尘空气

1.5in

洁净空气

Donaldson 的褶叠滤筒

图 4－111 Donaldson 褶叠滤筒与传统的比较

C 矩形褶叠滤袋

a 矩形褶叠滤袋的结构

矩形褶叠滤袋的结构形式如图 4－112 所示。

b 矩形褶叠滤袋的规格

澳大利亚 Madison Filter™矩形褶叠滤袋的规格（表 4－20）

表 4－20 Madison Filter™矩形褶叠滤袋的规格

L/mm	矩形褶叠滤袋宽度的过滤面积/m^2	
	250mm	500mm
600	0.7	1.4
800	0.9	1.8
1000	1.1	2.3
1200	1.4	2.8

法国 Alstom 公司的矩形褶叠滤袋

Alstom 公司 LJSK 型盒式袋式除尘器矩形褶叠滤袋的规格如表 4－21 所示。

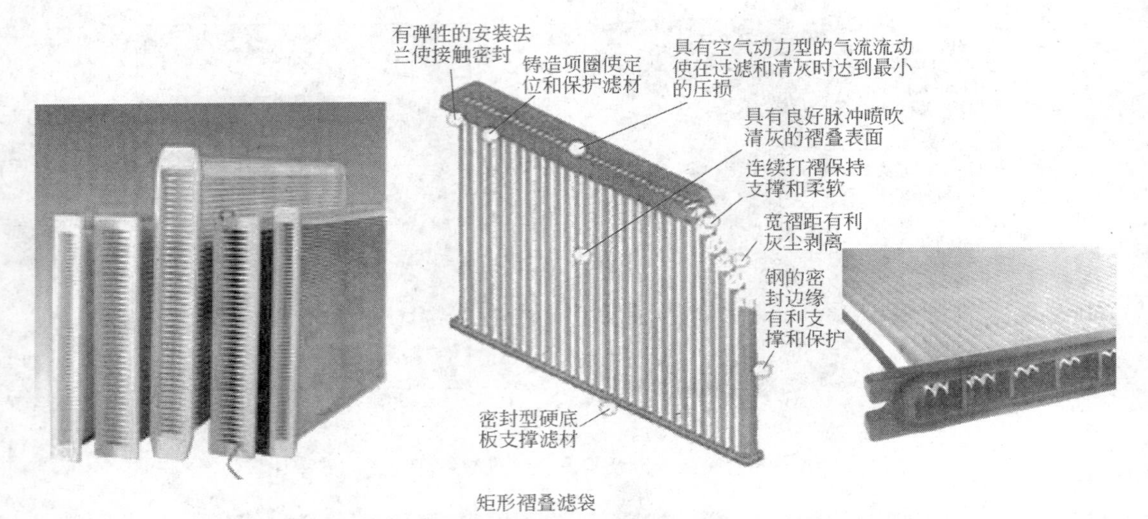

矩形褶叠滤袋

矩形褶叠滤袋除尘器

图 4－112　矩形褶叠滤袋

表 4－21　LJSK 型盒式矩形褶叠滤袋的规格

型　号	过滤面积/m²	滤　料	重量/kg
LJZX－3－4－30－0－0－3－0	3.6	聚　酯	12.5
LJZX－2－4－50－0－0－0－0	8.8	烧　结	16.5

D　螺管式滤袋

螺管式滤袋是美国 BHA 公司用 ePTFE（膨化聚四氟乙烯）薄膜滤料制作生产的一种类似滤筒的滤袋，代号为 STS™螺旋管。

a STS™螺旋管的结构形式

STS™螺旋管板式滤袋（图4-113）是由螺旋线型管子组成，螺旋管也可单独使用，板式滤袋通常用钢材或铝材制成框架。

螺旋管是一种自我支撑的滤袋，它由覆有BHA-TEX®膨化PTFE薄膜的纽带状的织物材质制成，纽带采用热合式缝合，以确保螺旋管的气密结构。

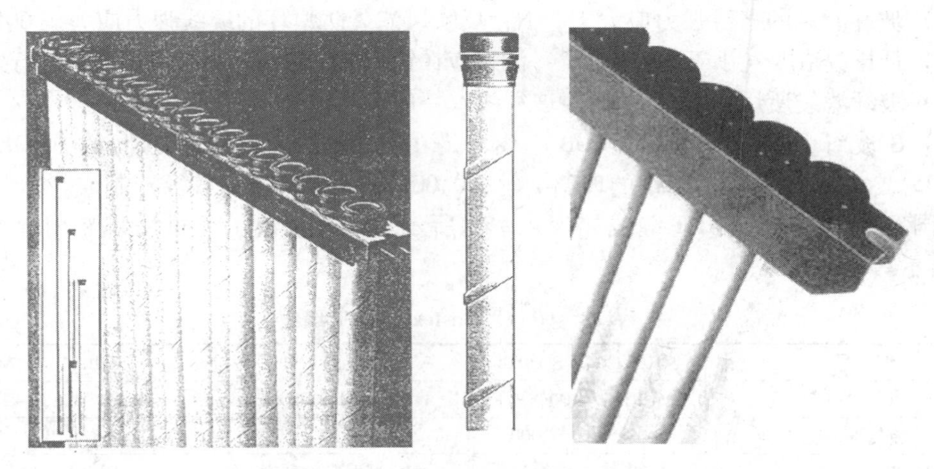

图4-113 STS™螺旋管的结构形式

b STS™螺旋管板式滤袋的特征

（1）STS™螺旋管的螺旋结构保持了螺旋管的自我支撑，滤袋不需另设袋笼。

（2）STS™螺旋管柔韧的密封管口提供了与花板之间固定的极好气密性。

（3）STS™螺旋管咔嚓一声的安装方式可缩短安装时间。

（4）STS™螺旋管板式滤袋上的螺旋管损坏时可单根进行更换，从而节约了维护费用。

（5）STS™螺旋管板式滤袋可用于瓷器的涂釉、激光或等离子切割系统、喷粉涂层系统、化学工业和制药工业等气体净化系统中。

4.7.2 滤袋的结构特性

4.7.2.1 滤袋的结构材质

滤袋的结构材质必须详细说明以下各项：

滤料型式：机织布、针刺毡；

滤料材质：面纱及基布的材质；

耐温性能：连续温度、瞬间高温；

滤料单重：g/m^2；

滤袋类型：脉冲袋、反吹风袋、圆袋、扁袋、椭圆袋等；

表面处理：防油防水、防静电、耐酸、防水解、阻燃性等；

滤料透气性：$m^3/(m^2 \cdot min)$；

结构尺寸：直径、长度等；

其他。

4.7.2.2 滤袋的缝制

A 缝纫用的缝线

一般，滤袋的缝线应采用与滤料相同的材质、强度和弹性一样的线，并能满足运行条件（如温度、气流成分）和张紧度的要求。

（1）化纤滤袋的缝线材质应与滤料相同，或优于滤料材质，其缝纫强力应大于27N。

（2）玻纤滤袋的缝线强力应大于35N，反吹风滤袋防瘪环的缝线强力应大于60N。

（3）低排放浓度（小于20mg/Nm^3）滤袋应在针孔部位粘贴薄膜，或用树脂进行处理。

（4）玻纤滤袋所用的Teflon®涂层玻纤线，一般可涂以12%的Teflon®。

（5）β玻纤（Beta - glass，ECB）线，是由比用在玻璃过滤织物的ECDE细丝（0.00025″或6.4μm直径）更细的玻璃细丝（0.00025in或3.5μm直径）制成。

美国Gore™Rastex® MHT缝线如表4－22所示。上海金由工业过滤袋专用缝线如表4－23所示。

表4－22 Gore™Rastex® MHT缝线

编　号	SO10T1	SO20T4	编　号	SO10T1	SO20T4
材　质	100% PTFE	100% PTFE	工作温度/℃	-212～288	-212～288
密度/den	1000	2000	收缩率/%	<3	<3
最小断裂强度/kg	4.08	8.16	潮湿影响和颜色	无/白	无/白
常温下抗拉伸强度/g·den^{-1}	>4.3	>4.3	规格/kg·轴$^{-1}$	0.45	0.45
高温下抗拉伸强度/g·den^{-1}	>1.4	>1.4	每千克长度/m	9066	4533

表4－23 金由工业过滤袋专用缝线

编　号	Jf10T1	Jf12T1	Jf15T1	Jf20T1
材　质	100% PTFE	100% PTFE	100% PTFE	100% PTFE
线密度/den	1000	1250	1500	2000
最小断强力/N	39	46	56	86
常温时抗拉强度	>4g/den >36CN/Tex	>4g/den >36CN/Tex	>4g/den >36CN/Tex	>4g/den >36CN/Tex
232℃条件下抗拉强度	>1.3g/den >12CN/Tex	>1.3g/den >12CN/Tex	>1.3g/den >12CN/Tex	>1.3g/den >12CN/Tex
耐温性/℃	-212～288	-212～288	-212～288	-212～288
收缩性/%	<3	<3	<3	<3
颜色	白	白	白	白
每千克长度/m	9050	7580	6100	4525

B 滤袋的缝纫形式

滤袋的基本缝纫形式按U.S. Fedreal Standard715A的定义有三种（图4－114）：101型链式缝纫、301型锁式缝纫、401型双锁式缝纫。

101型链式缝纫是针刺毡的一种缝线形式，它穿过滤布，并将它自己链接在滤布的下表面。

301 型锁式缝纫有两条缝线，一条是针状缝线 A，另一条是绕线筒（线轴）缝线 B。缝线 A 穿过滤布绕成环形，并用缝线 B 锁住，缝线 A 再抽回来，由此在滤布表面之间进行锁紧缝合。

401 型双锁式缝纫（也叫多缝线链式），它有两条缝线，一条是环形针状缝线 A，另一种是绕线筒（线轴）缝线 B。环形针状缝线 A 穿过滤布，用缝线 B 交织锁住，并向下在滤料底部定期地往返来回穿过。

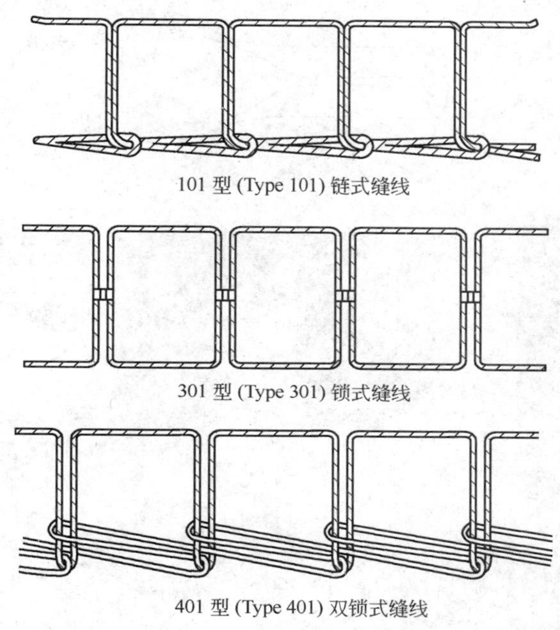

图 4－114　缝纫形式

缝纫的每针间距（即每针的纱线）应为 1in 以内，间距过大，将使滤袋拉力增大，会引起缝线过早损坏和损害滤袋。

C　反吹风滤袋的缝制

反吹风滤袋的缝制、热熔的工艺及设备如表 4－24 所示。

表 4－24　反吹风滤袋的缝制、热熔工艺及设备

工　序	工艺及设备	
	缝纫法	热熔法
下　料	裁剪台、电动裁剪刀	滤料纵向切割机
筒形卷接	高速三针六线缝纫机	自动热熔机
缝　环	高速双针筒式水平全回转旋梭平缝长臂缝纫机	
袋　口	高速单针筒式水平全回转旋梭平缝综合送料缝纫机	
检查整理	专用检验台	

a　筒形卷管

滤袋在筒形卷管下料时，其长度应考虑在实际使用温度时的滤料热收缩率。

反吹风滤袋是在张紧情况下运行的，因此下料裁剪前，应对滤料在额定工况张力下测定其伸长率，然后再计算出实际裁剪尺寸。

滤袋下料裁剪时，应注意加上合适的缝纫宽度，除了三针、两针的宽距外，还应考虑缝针与滤料边缘的距离。

筒形卷接是将一块平幅的滤料缝制或粘合成一个长的卷筒（图4－115），滤料通过卷布器送料时应保证筒形直径和滤料咬边重叠的尺寸。

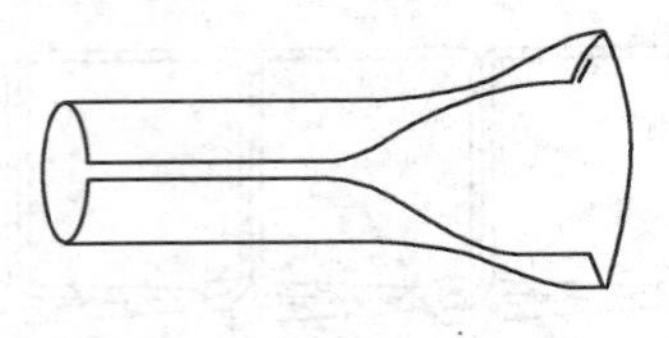

管状滤袋

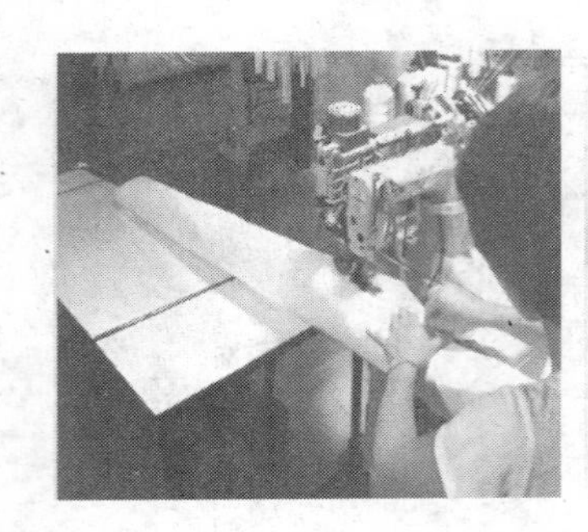

人工缝纫

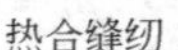

热合缝纫

图4－115　管状滤袋的缝纫

通常，管状滤袋是采用一种折叠起来缝合的形式，这种形式是采用将滤料的边折叠起来，并用双针缝合或三针缝合的缝纫方法（见图4－116）。

双针缝合一般用于 ϕ5in（ϕ13cm）或 ϕ8in（ϕ20cm）滤袋；三针缝合一般用于 ϕ11.5in（ϕ29.2cm）或 ϕ12.0in（ϕ30.5cm）滤袋。

双针缝合需将滤料折叠起来缝合，两排缝线应穿过四层滤布。但是，如果一层滤布的宽度狭窄，结果将会使针脚只穿过三层滤布。为此，三针缝合就能避免缝合时穿过一层空缺的边缘，从而确保缝纫的安全。

折叠起来缝合能具有最大的缝纫强度，与化纤滤料相比，由于玻纤滤料缝合时容易出现打滑，就显得更明显。

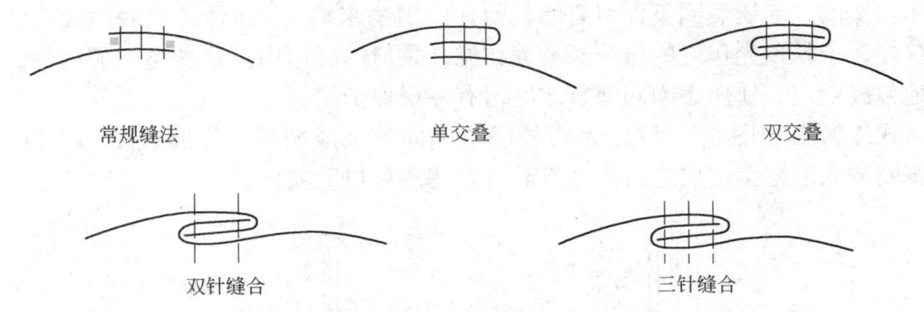

图 4－116 折叠起来缝合的缝纫方法

图 4－114 所示的 101 型链式缝线，常常用来缝纫垂直的缝合，因为较长的连续缝合比锁式缝线更易缝合，其缝合长度依赖于线轴线的容量。

在缝好的筒形管上配置袋口、弹簧圈、绳索、加厚层或袋底等时，应采用单针双道缝纫。

b 反吹风滤袋的翻边

反吹风滤袋的管口翻边是为了将滤袋固定在进口短管上，以及在滤袋顶部帽盖上用。

翻边的缝纫

翻边常用双锁式缝纫（图 4－114），其优点是缝纫后不会散开。

翻边用的缝线通常与滤袋材质相同，与制管用的缝线同样大小。

翻边的边应有足够的宽度，其宽度应高于套管（短管）的顶部，或低于帽盖的底部。一般典型的宽度为 1.5～3.0in（3.8～7.6cm）。

翻边的形式

翻边一般应将滤袋末端向外翻转，并嵌入适当的构件，然后在滤袋表面将翻边的内边塞好，使针孔充分重叠覆盖，并缝合定位，以防止灰尘的渗透。

翻边的紧固

滤袋翻边的紧固形式有三种：玻璃丝绳绑扎（glass rope construction）、压紧圈（compression bands）、卡箍（“啪”一声的箍）。

玻璃丝绑扎（glass rope construction）

玻璃丝绳绑扎是用来将滤袋绑扎在花板短管上，或将滤袋固定在帽盖上的附件，以避免滤袋从帽盖或短管上掉下来。

玻璃丝绳应夹紧在帽盖或短管的凹槽内，为绑紧滤袋，玻璃丝绳绑扎另配有专用的夹具。

压紧圈（compression bands）

压紧圈是专作滤袋箍紧在帽盖上的附件，由 301 不锈钢制作。

压紧圈可以在不用专用夹具的情况下快速、简易地进行滤袋的安装，但它与滤袋的尺寸配合极为关键。

压紧圈有分体式和整体式两种型式。

分体式压紧圈（图 4－117）是将压簧圈预先包一层滤料薄片，并缝合就位。包有滤料薄片的压簧圈，在压簧圈下面留有滤料薄片的织物末端（尾巴），然后用线将滤袋和尾巴就地缝好，于是预先包好的压簧圈就缝在滤袋袋口的翻边内。这种型式的构件，将压簧圈稳定地包裹就位，使压簧圈和滤袋之间留有一层保护层。

整体式压簧圈（图 4－117）是将滤袋末端向外翻成两层，将滤袋尾部再翻一次边，再将压簧圈放入两层翻边层之内，并将其缝在滤袋袋口上就位。

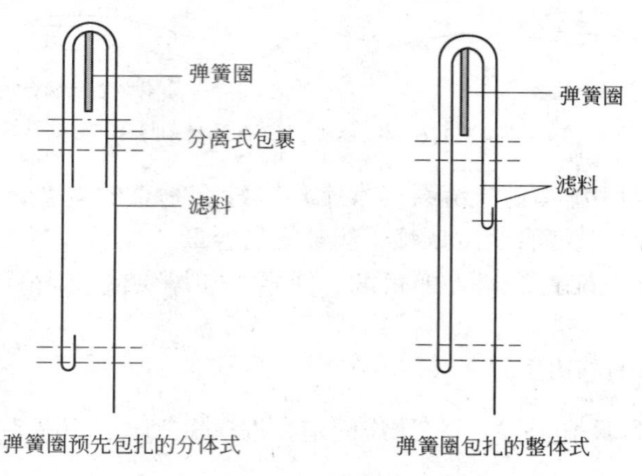

图 4－117　压紧圈包扎的构造

喀嚓声的箍

喀嚓声的箍是专门为配合花板短管而设计，由特别硬的 301 不锈钢制成，一般用于 ϕ5in（ϕ13cm）、ϕ8in（ϕ20cm）和 ϕ11.5in（ϕ29cm）滤袋上。

喀嚓声的箍的包裹结构类似分体式压簧圈的包扎，用多层滤料包扎，起到衬垫的保护作用。

反吹风滤袋的翻边缝纫如图 4－118 所示，其袋口、袋底的缝纫方法如图 4－119 所示。

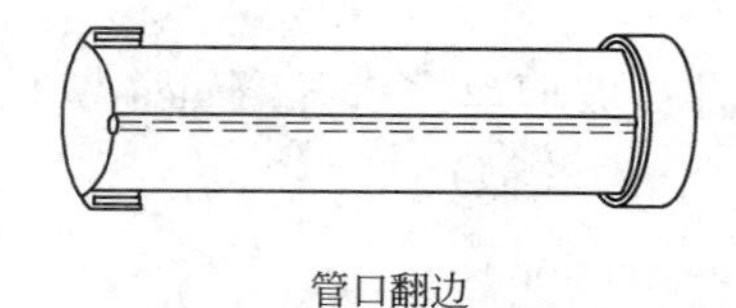

管口翻边

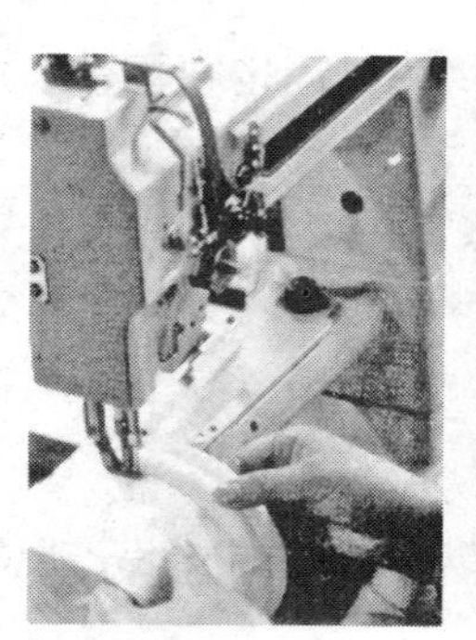
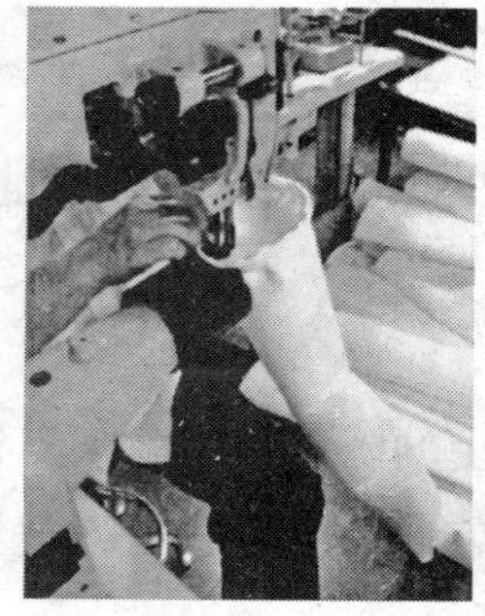
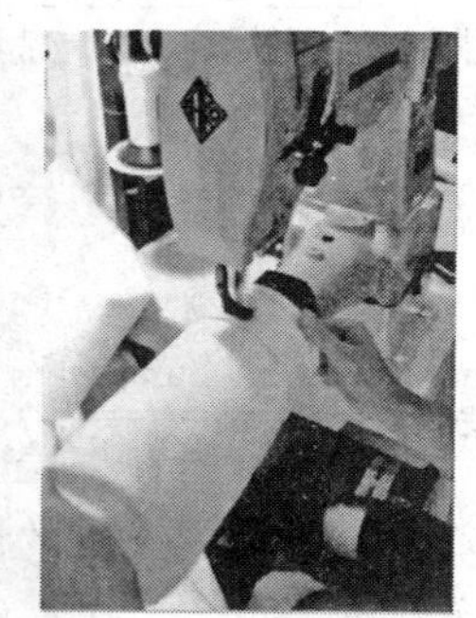

翻边缝纫机

图 4－118　反吹风滤袋的翻边缝纫

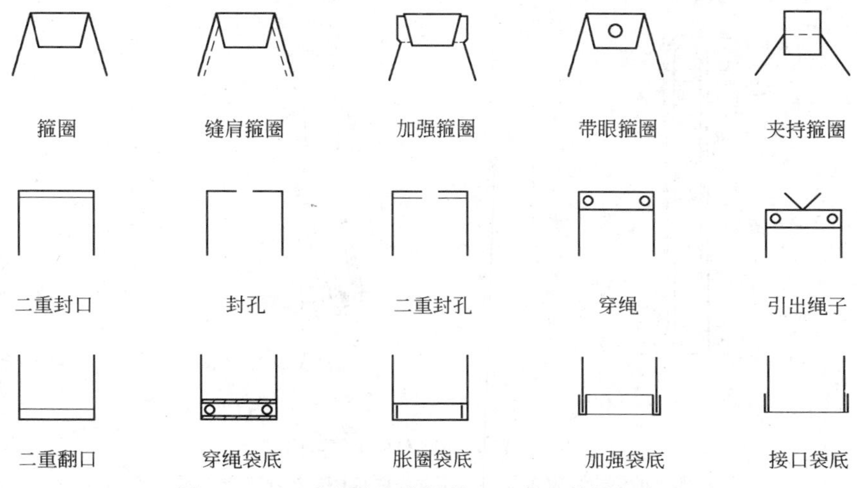

图 4 – 119 反吹风滤袋的袋口、袋底的缝纫方法

c 反吹风滤袋的防瘪环

反吹风滤袋的防瘪环是为防止滤袋在清灰时被吸瘪而设置的。

防瘪环的材质

反吹风滤袋的防瘪环采用直径为 3/16in（4.76mm）钢丝制成，钢丝材质如下：

一般烟气	中碳钢
潮湿环境下	镉板或镀锌碳钢
高腐蚀或酸露点的环境中	不锈钢

防瘪环的包布一般采用与滤袋材料相同的材质，也可用与滤袋材料的结构和表面处理不同的、专门的、更耐用的织物，以防包布受损，提高包布的使用寿命。

防瘪环的布置及加工

防瘪环的包扎

防瘪环的包扎具有避免防瘪环接触滤袋，及保护滤袋免受防瘪环的腐蚀双重目的。

典型的防瘪环包扎结构是采用包围形，它是用一条包布将滤袋四周围满一圈，包布的宽度大约为防瘪环全部盖满所需宽度的 4 倍。然后将包布的宽度对折起来，形成双层的包布（图 4 – 120(a)）。将这种预先缝好的包布沿防瘪环围起来，包布两端与滤袋的袋体缝在一起。

防瘪环按要求的位置缝在折叠的包布内，折叠包布的两端缝在滤袋上，这种防瘪环与防瘪环包布的组合使得在防瘪环外部有两层包布，同时在防瘪环与滤袋之间也有两层包布(图 4 – 120(a))。

防瘪环包布的圆周应大于滤袋的圆周，使防瘪环包布末端重叠起来，防瘪环包布加工后的宽度一般为 1.0 ~2.0in(2.5 ~5.0cm)。

防瘪环的缝制

防瘪环应缝在滤袋外边（图 4 – 121）。反吹风滤袋防瘪环采用双针筒式水平旋梭长臂缝纫机缝制。

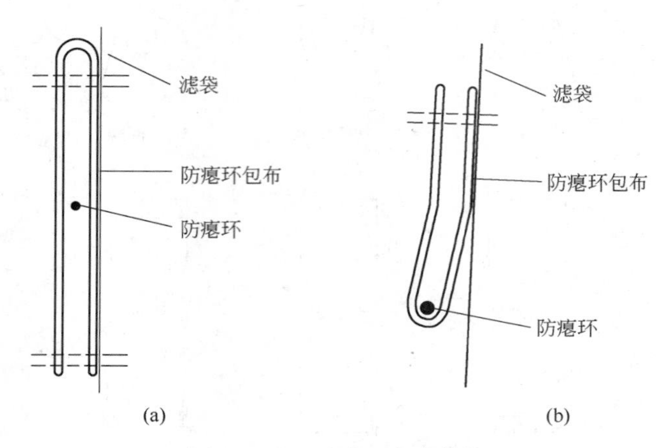

图 4－120 防瘪环包布结构

（a）典型的信封型包布；（b）泪珠型防瘪环包布（不宜于玻纤袋）

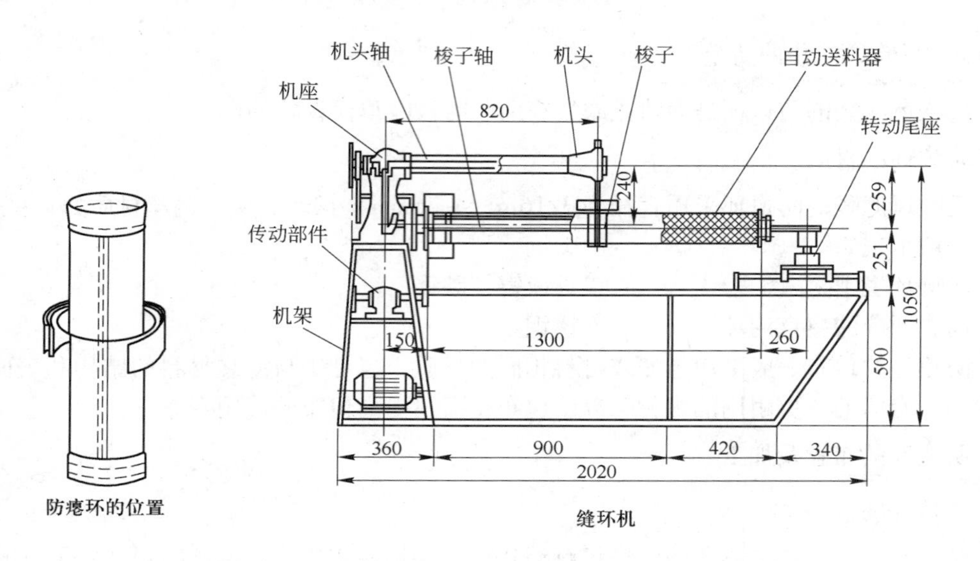

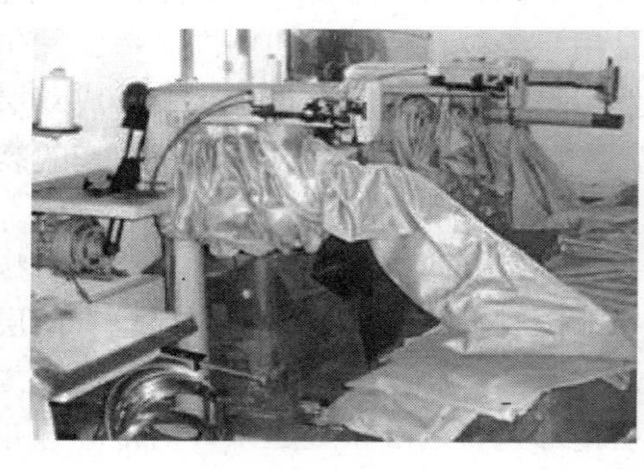

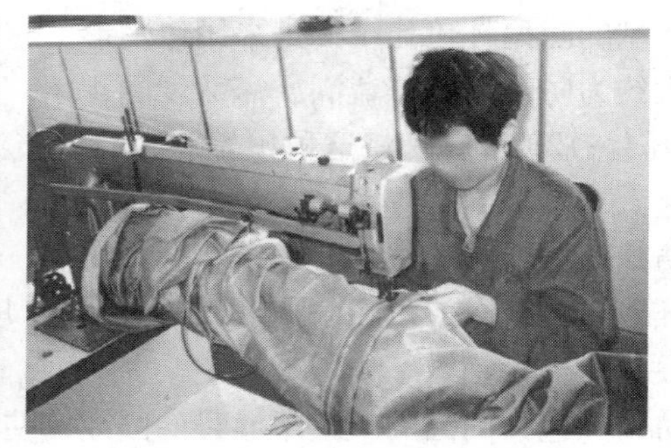

防瘪环缝纫

图 4－121 防瘪环的缝制

在缝制防瘪环时，应将防瘪环预先焊好后，再缝到滤袋（已缝好的滤袋）外表面，即防瘪环为先焊后缝。切忌将防瘪环卷制成型后，套到滤袋（已缝好的滤袋）外表面，缝制后，再在滤袋外表面上焊接防瘪环，即防止瘪环为先缝后焊，这种先缝后焊，易造成为防止焊接防瘪环时烫伤滤袋，而不敢多焊，造成挂袋使用后防瘪环开裂，刮破滤袋，直接影响过滤效果，以及滤袋寿命。

反吹风滤袋制成筒形后，可以先缝环，再缝袋口、袋底，也可以先缝袋口、袋底，再缝环。但玻纤滤料应先缝袋口、袋底，对于针刺毡滤袋，袋口、袋底缝有不锈钢圈的，应先缝防瘪环。

防瘪环的缝纫形式如图 4 – 122 所示。

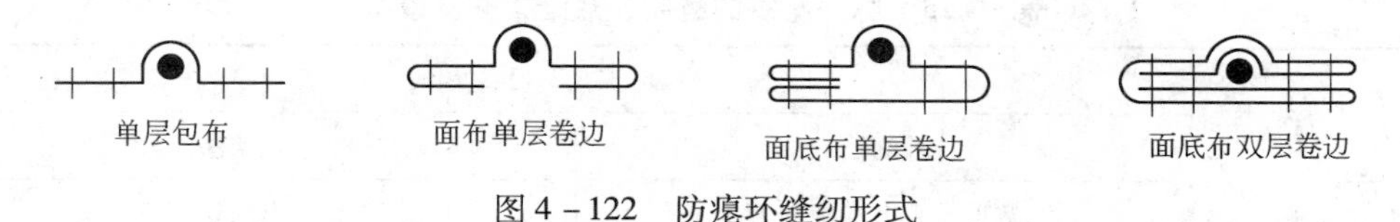

图 4 – 122 防瘪环缝纫形式

防瘪环与滤袋的配合

防瘪环与滤袋的配合应适当，如图 4 – 123 所示。

防瘪环如果太大，将从滤袋上涨开，使防瘪环包布和缝线处于极大的张力，并使防瘪环包布和滤袋之间的缝纫裸露（无遮蔽），引起缝线处产生孔洞，灰尘容易渗漏，最终引起滤袋的损坏、防瘪环包布的过度磨损、或缝线的损坏。

防瘪环如果太小，滤袋即被束腰，使缝线处增加强度，它同样会使滤袋织物引起折叠或收拢，形成讨厌的张紧。

合适的大小示于图 4 – 123(c) 上。

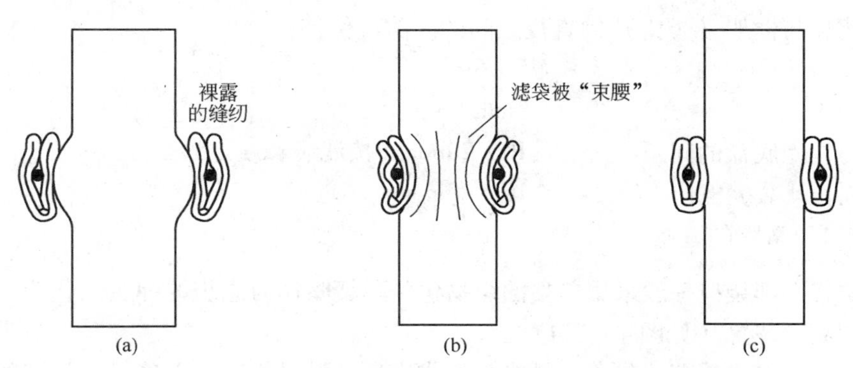

图 4 – 123 防瘪环的大小

（a）防瘪环太大；（b）防瘪环太小；（c）正确的防瘪环

防瘪环的间距

防瘪环之间的间距采用 1.2 ~ 2.0m，一般取 1.5m，防瘪环的设置也可等距离布置。根据实践经验，滤袋靠近顶部的防瘪环间距可大些，靠近底部的可小些，以减少滤袋靠近袋底的张力。

泪珠型防瘪环包布

美国流行在化纤滤袋中使用垂吊式泪珠型防瘪环包布（图 4 – 120(b)）。

泪珠型防瘪环包布是将防瘪环用两层机织包布或一层毡包布包在滤袋上，只有防瘪环包布的顶部开口端缝在滤袋上，使防瘪环与防瘪环包布呈泪珠型。

这种型式的防瘪环包布不适用于玻纤袋，因为它在反吹风气流清灰时，大部分张力都由单排缝线承受，会使玻纤滤料上的纱线缝线打滑，造成玻纤滤料的裂口，含尘气流就会渗漏出去。

D 脉冲滤袋的缝制

脉冲滤袋的缝制、热熔工艺及设备如表4－25所示。

表4－25 脉冲滤袋的缝制、热熔工艺及设备

工　序	工艺及设备	
	缝纫法	热熔法
下　料	裁剪台、电动裁剪刀	滤料纵向切割机
筒形卷接	高速三针六线缝纫机	自动热熔机
袋口袋底	高速双针筒式水平全回转旋梭平缝长臂缝纫机	
检查整理	专用检验台	

a 筒形卷管

脉冲滤袋制管的缝制与反吹风滤袋相同，如图4－115所示。

脉冲滤袋与框架（袋笼）的配合过宽或过窄都将直接影响滤袋的清灰效果和使用寿命。

脉冲滤袋与框架（袋笼）的直径之间的间隙应保持：

化纤袋　　5～6mm

玻纤袋　　3mm

袋长与袋笼底盘的间距　　10～20mm（按滤袋长度定）

滤袋周长比袋笼宽出　　10～20mm

b 袋口弹簧圈的缝制

脉冲滤袋上部袋口一般采用单独的织物包裹弹簧圈作为滤袋的弹簧圈包边，或作为固定袋笼上的夹紧装置（见图4－124）。

脉冲滤袋袋口弹簧圈的包裹材料应与滤袋袋身的材料相同，以确保有相同的耐温和耐化学性能。需要时可用更高级的材料来做，但不能用低一级质量的或耐温/耐化学性较差的纤维来做。

脉冲滤袋袋口与花板孔的密封性应保持良好。

c 袋底的翻边

脉冲滤袋在下列情况下，滤袋与滤袋的袋底之间容易产生摩擦（图4－125）。

（1）长袋滤袋；

（2）滤袋与滤袋之间的间距太小；

（3）花板不平度过大；

（4）滤袋垂直度太差。

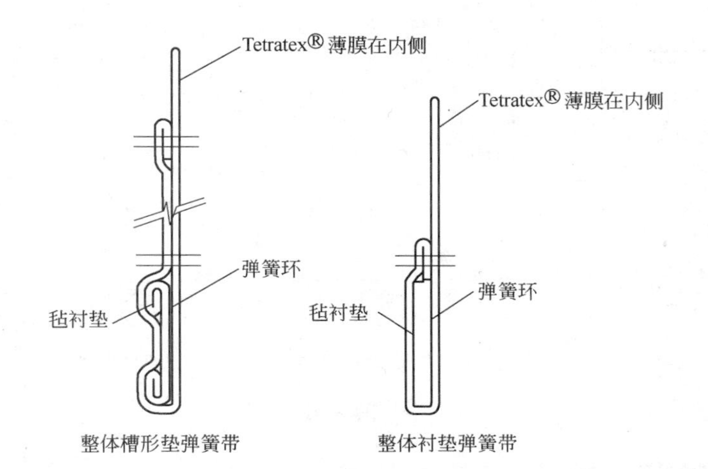

整体槽形垫弹簧带　　整体衬垫弹簧带

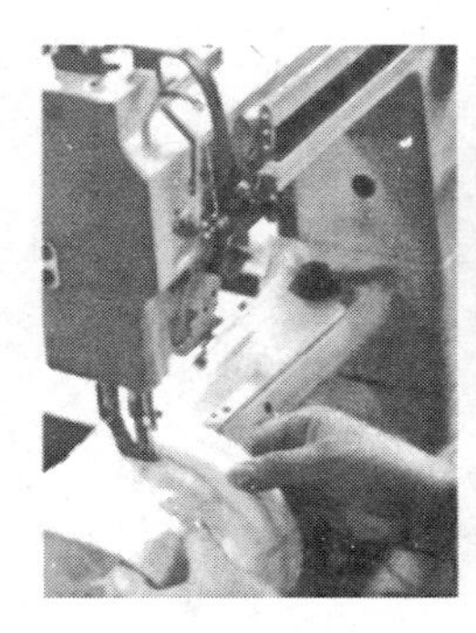
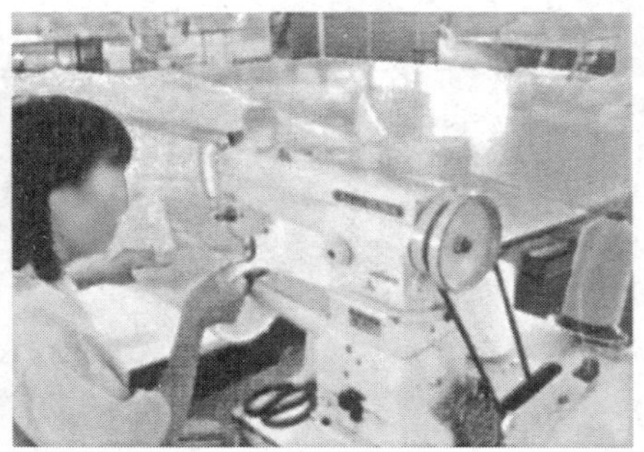

袋口的弹簧圈缝制

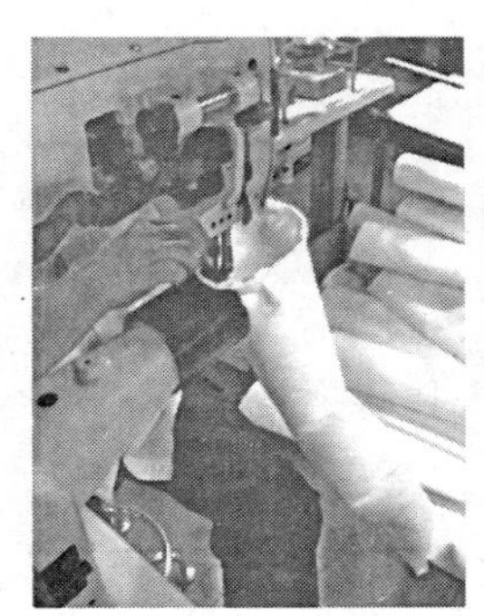
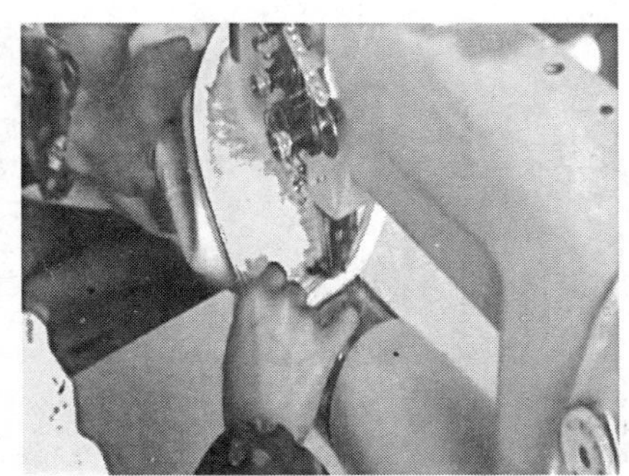

袋底的缝制

图 4－124　滤袋袋口、袋底的缝制

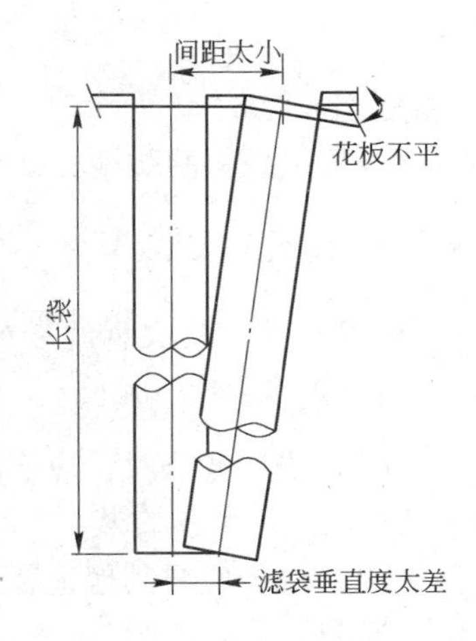

图 4－125　滤袋与滤袋的袋底之间的碰撞、摩擦

为此，滤袋袋底应加厚，并再翻边加厚，这称为缓冲器，加厚层的材料要求与滤袋的材料相同，一般翻边加厚的长度为 50～100mm 或更长。

脉冲滤袋袋口、袋底的缝制如图 4－126 所示。

4.7.2.3　滤袋的检验及整理

滤袋缝制完毕应检验尺寸和配件，剪修多余缝线。

滤袋长度检查宜在检验台上进行：

（1）反吹风滤袋应使用相配的袋帽在额定张力工况下进行检验（图 4－127）。

（2）脉冲滤袋的袋口应使用相配的孔板（孔板内径应与花板上的孔径一致）检验

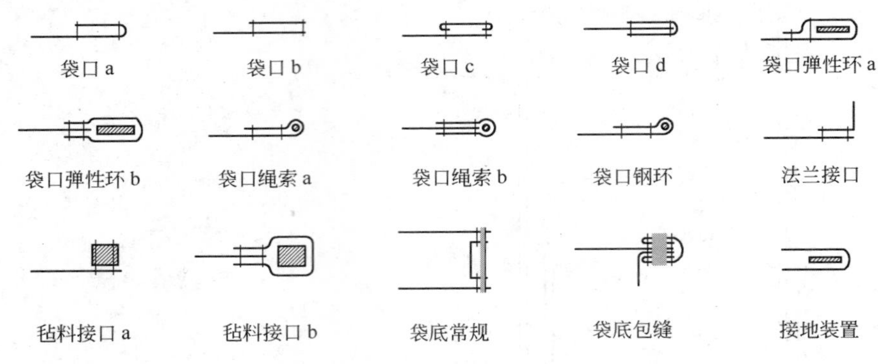

图 4－126　脉冲滤袋袋口、袋底的缝制

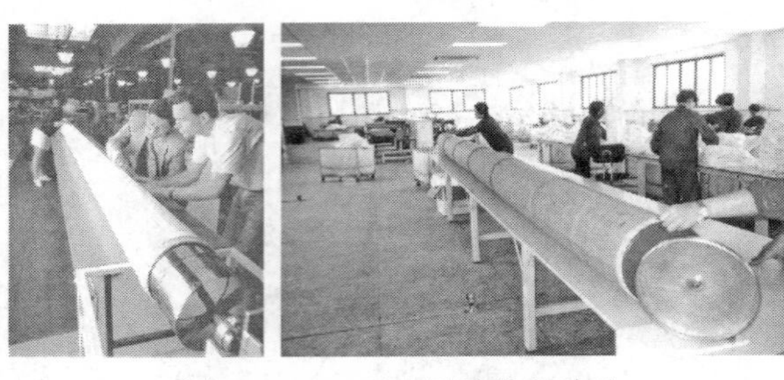

图 4－127　反吹风滤袋的检验

（参见图 4－94）。

对机织滤料的跳纱、接头处应使用树脂进行处理。

4.7.3　滤袋的安装

4.7.3.1　反吹风滤袋的安装

A　安装前的准备

（1）安装滤袋时，应将滤袋包装箱原封运到除尘器旁，最好是在花板上打开，滤袋逐条从包装箱内取出安装。

（2）滤袋应与其他金属结构件（袋帽、吊杆、弹簧、袋笼、卡箍等）分开装运，以保护滤袋不受损伤。

（3）滤袋包装箱内应备有安装说明书，安装人员必须熟悉安装说明书的使用。

（4）除尘器的清理和检查：

1）滤袋安装前必须确认箱体、灰斗内的残留物全部清扫干净。

2）认真确认箱体内所有焊接工作均已完成，切忌在滤袋安装后再进行补焊，以防烧损滤袋。

3）花板和袋座（短管）上的焊缝应保持连续焊接，确认无渗漏。

4）袋座及袋座上的凸环必须圆整，并检查尺寸的准确性。

5）袋座边缘的锐角应打造平整、光滑。

6）检查除尘器侧壁上是否有螺钉、尖锐的边角和凸起，特别是滤袋箱体内的斜撑或横梁，对滤袋有无碰撞或磨损的影响。

7）检查上花板支座中心是否对准下花板短管中心（图 4－128），其偏差应保持在 1.5%以下，一般不大于 15mm。以每个箱体四角的 4 条滤袋为检测标准。

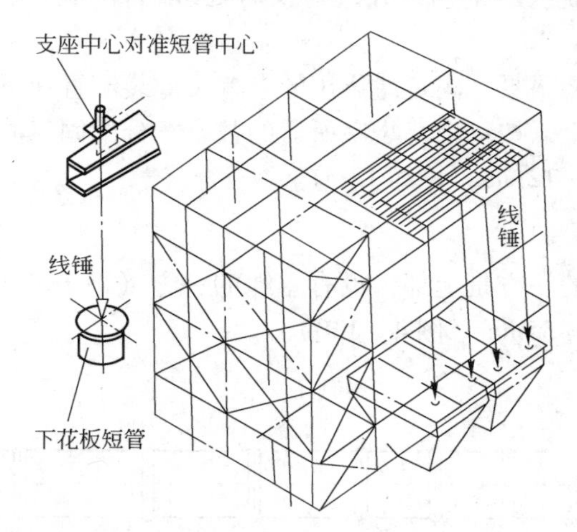

图 4－128 上花板支座中心对准下花板短管中心

8）检查所有除尘器出入口阀门、三通切换阀、反吹风风量调节阀的开关方向正确性，及其启闭的严密性。

9）检查所有的出入口挡板，确保合理的气流分布。

10）确认反吹风管配置的正确性、反吹风机设置的必要性和正确性。

11）确认除尘器过滤风速、反吹风风量、反吹制度、反吹状态、反吹次数、反吹时间、反吹周期等的正确性。

B 滤袋的安装

a 吊杆的组装（图 4－129）

(1) 在吊杆的下部插入连接螺栓（U 形螺栓），并拧上上部螺母定位。

(2) U 形螺栓插入滤袋帽盖的罩孔内，并拧上下部螺母。

(3) 装好后，调定连接螺栓的高度，并加以固定。

(4) 固定后，将上部螺母紧固。

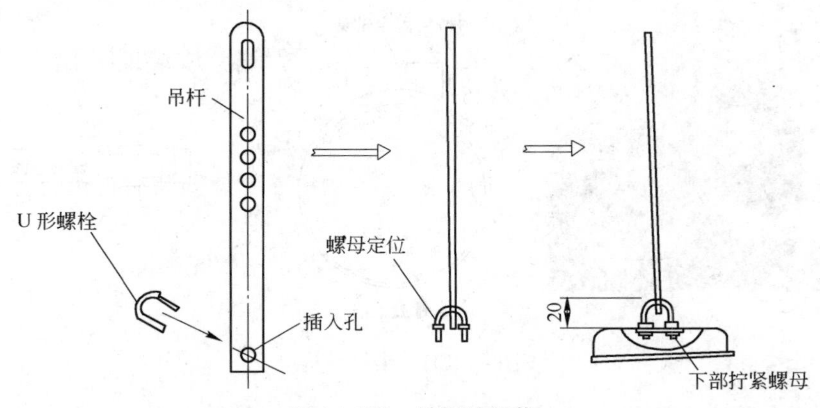

图 4－129 吊杆的组装

b 滤袋、吊具、固定件的组装和配置

（1）检查滤袋有无脱线、刮伤，并进行及时处理，直到确认滤袋完好无损，才允许安装。

（2）吊具装配后，将吊具、固定滤袋用的卡箍及滤袋配置在下花板平台上。

（3）在下花板平台上，按每个滤袋室所需的数量，分配固定滤袋用的卡箍、滤袋及滤袋吊装用的尼龙绳（ϕ6～12mm，长约12m）。

c 滤袋装入管座

（1）滤袋带有软线的一方是上部，没有露绳的一方（下方）与下花板短接管相连接，滤袋端部距下花板面应为35mm（图4－130）。

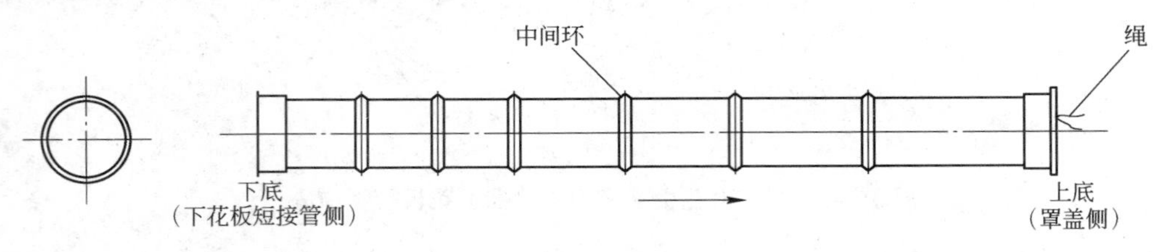

图4－130 滤袋外形

（2）滤袋位置固定后，装上滤袋卡箍。

（3）安装时应特别注意滤袋卡箍应紧固在短管（袋座）的凸缘下方，若卡箍紧固在凸缘上方，就会影响紧固效果产生漏气。

（4）装卡箍时，箍带顶端的凸出部位一定要卡进箍带的槽内，然后将钩子挂在孔内张紧固定（图4－131）。卡箍紧固操作时，应注意不要使滤袋产生折损变形。

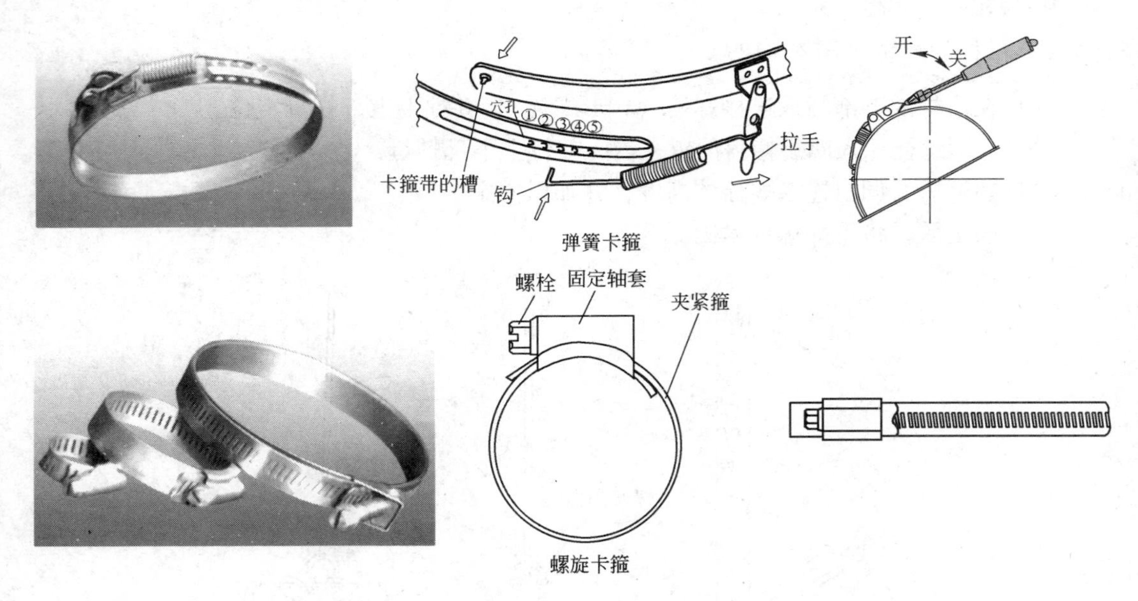

图4－131 卡箍结构

（5）滤袋上部安上滤袋帽盖，在离帽盖上部约60mm处结上绳子，并保持水平。

（6）滤袋帽盖固定后，将滤袋临时固定在下花板的短管上（图4－132）。

（7）滤袋安装前的准备工作，至此即告一段落。

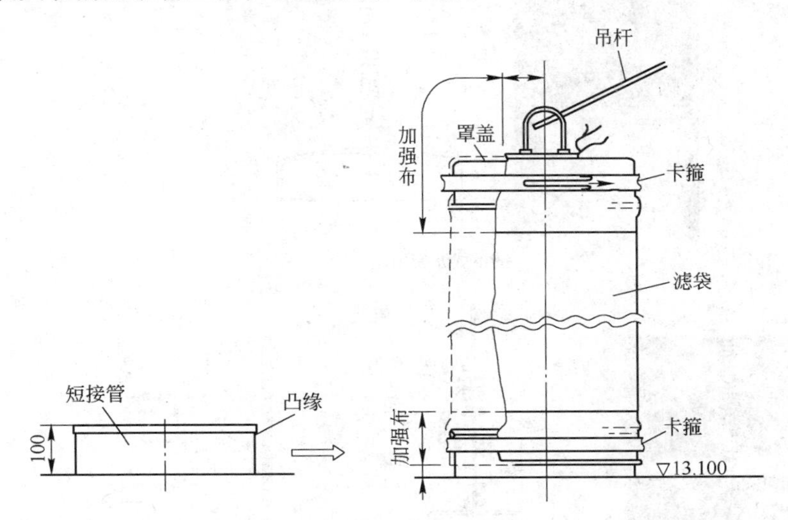

图4－132 组装后的滤袋

d 滤袋的起吊

（1）将弹簧套入上花板的吊滤袋的底座内，并把吊绳穿过弹簧放至下花板（图4－133），并与吊杆用活节系牢（注意，绳头不大于ϕ24mm）。

（2）滤袋装配结束后，将吊绳临时装入帽盖上，并尽量使滤袋的缝线位置面对走道，然后按信号员指示起吊（图4－133）。

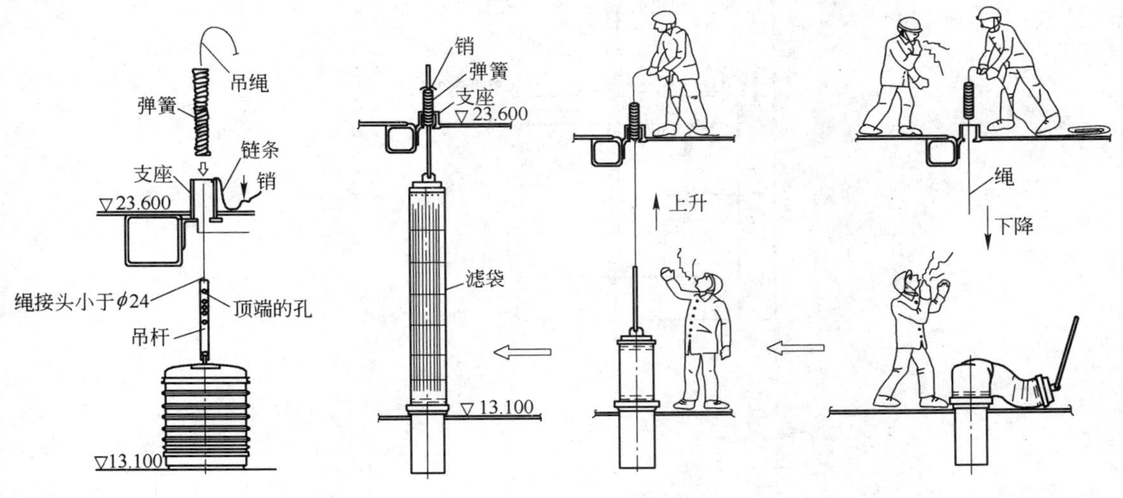

图4－133 滤袋的吊装指挥

（3）滤袋起吊后，要先确定无翘曲，再稍稍拉紧，按原样将销子插入支座上部的吊孔内，并进行临时固定。此时，应注意滤袋的垂直缝线部分不产生扭曲。

（4）滤袋的吊挂拉紧方式有各种形式。

如图4－134所示，有链条式滤袋吊挂、吊杆插销式滤袋吊挂及吊杆螺丝式滤袋吊挂。

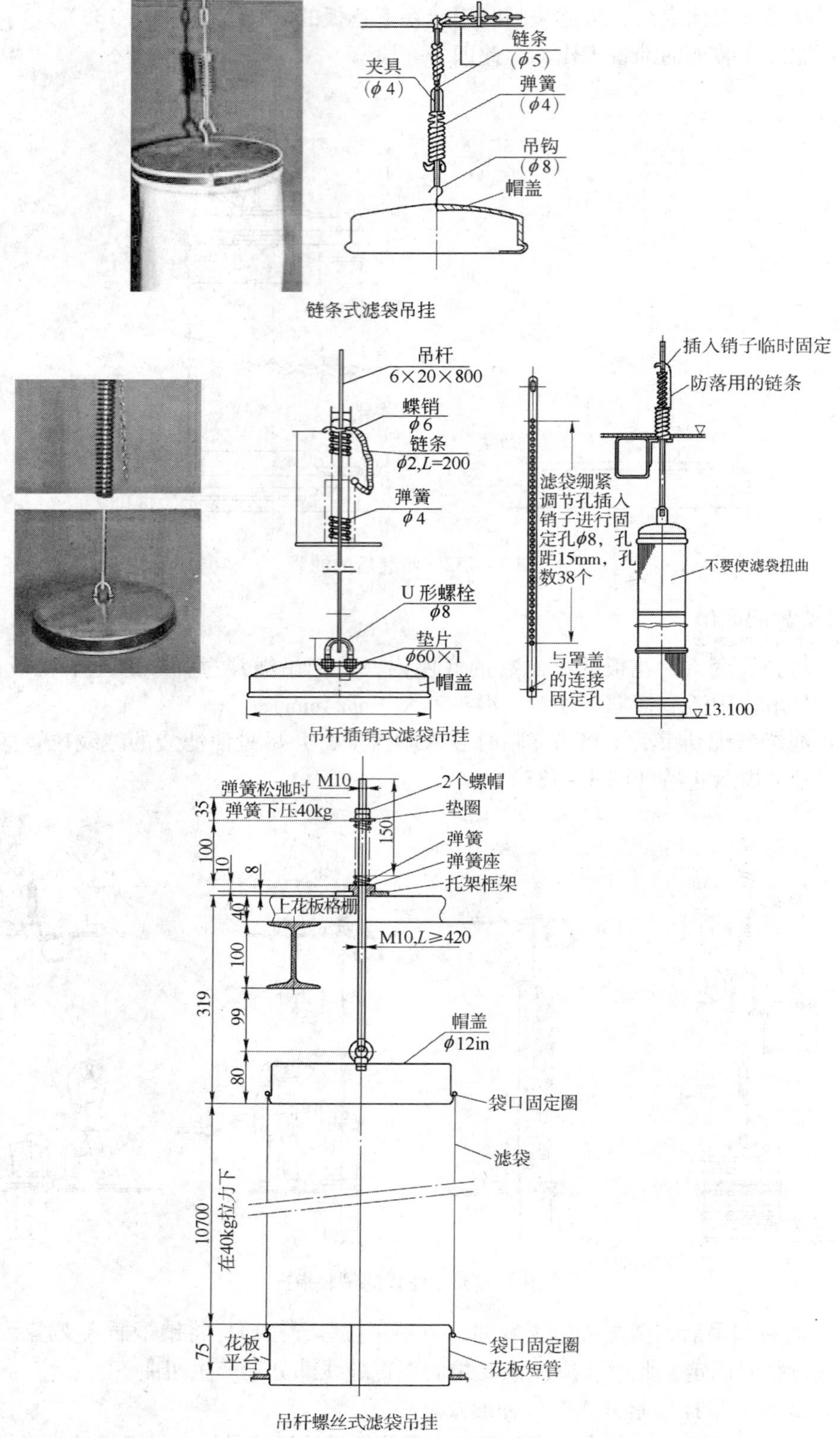

图4-134 滤袋吊挂形式

由于销子易丢失，应预先将其连接在支座上扎紧，以防销子落下。

(5) 滤袋拉平固定时，应注意不要弄破滤袋，或使卡箍倾斜。

e 滤袋的张紧

(1) 滤袋张紧采用油压千斤顶（专用工具）（图4－135）和吊秤（弹簧秤），在绷紧、调整油压千斤顶拉紧吊杆后，在吊杆的孔洞上插入销子固定。

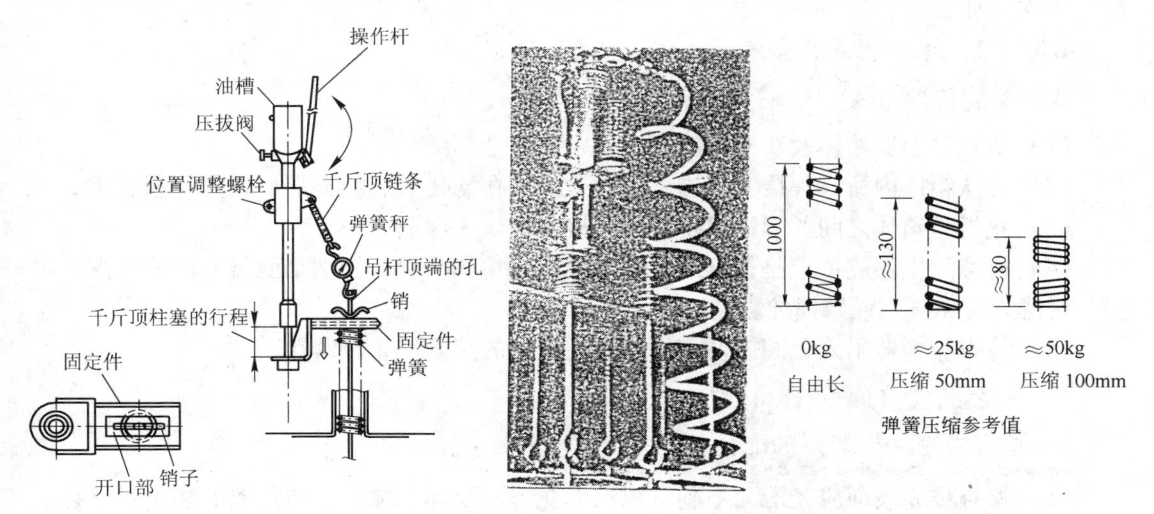

图4－135 顶部安装的拉紧装置油压千斤顶

(2) 滤袋吊挂的张力：

ϕ5in × 14ft（ϕ127mm × 4.3m）　　张力为10～16kg

ϕ8in × 22ft（ϕ200mm × 6.7m）　　张力为18～27kg

ϕ12in × 33ft（ϕ300mm × 10m）　　张力为23～36kg

(3) 绷紧、调整油压千斤顶的操作步骤：

1) 将油压千斤顶上部的压拔阀慢慢放松（向左拧转），从上部压下，使千斤顶柱活塞的行程为最小。

2) 将油压千斤顶下部的固定件压在弹簧上面，并将钩子挂在吊杆顶端的孔内，要使固定件面上留有切口，以供销子插入用。

3) 将压拔阀向右拧转，拧紧后，摆动操作杆。

4) 在弹簧稍微压缩后，取下销子，摆动操作杆。当吊秤的刻度指向25～35kg后，将销子插入吊秤下的吊杆孔内，固定在弹簧上面。吊杆上销子位置的固定，是当吊秤指在25～35kg时，再操作操作杆，加上40～50kg（即所需的张紧力）后，再插入销子，以决定销子的位置。

5) 插入销子后，当将压拔阀慢慢摆动（向左拧转），千斤顶柱活塞就下降，使弹簧的荷重达到稳定。

6) 从吊杆上取下钩子，移开千斤顶，固定即结束。

7) 油压千斤顶使用后，必须关闭压拔阀。

(4) 滤袋的固定全部结束后，检查滤袋上下部的卡箍安装、滤袋扭曲、张紧程度等状况，以确认滤袋的垂直度达到不大于0.1%～0.2%（最大不大于15mm）。

（5）对于化纤滤袋，由于滤料存在一定的延伸率。为此，滤袋在安装完毕2~3天后，应用张力测试仪检查弹簧的压缩长度、滤袋的张紧力，必要时进行滤袋的张紧力二次（再次）张紧，重新调整滤袋的张紧力，使之达到标准值，以防由于滤袋的延伸，减少滤袋的张紧力，造成滤袋的摆动、摇晃，导致相互碰撞、摩擦，影响滤袋的使用寿命。

对于玻纤滤袋，由于其延伸率极小（玻纤滤料断裂延伸率仅为3%），可不必进行二次（再次）张紧。

4.7.3.2 脉冲滤袋的安装

A 安装前的准备

（1）清理除尘器箱体及灰斗内的残留物，确认全部清扫干净。

（2）确认箱体内所有焊接工作均已完成，切忌在滤袋安装后补焊，以防烧损滤袋。

（3）花板与箱体之间的焊缝保持连续焊接，确认无渗漏。

（4）检查除尘器侧壁上是否有螺钉、尖锐的边角和凸起，特别是滤袋室内的斜撑或横梁，对滤袋有无碰撞或磨损的影响。

（5）检查除尘器出入口阀门及离线阀开关方向的正确性、严密性。

B 安装滤袋前的检查

a 检查袋笼（框架）的配合

（1）检查袋笼表面应光滑无毛刺，焊点无漏焊、脱焊、虚焊，质量差的袋笼对滤袋的破损影响如图4－136所示。

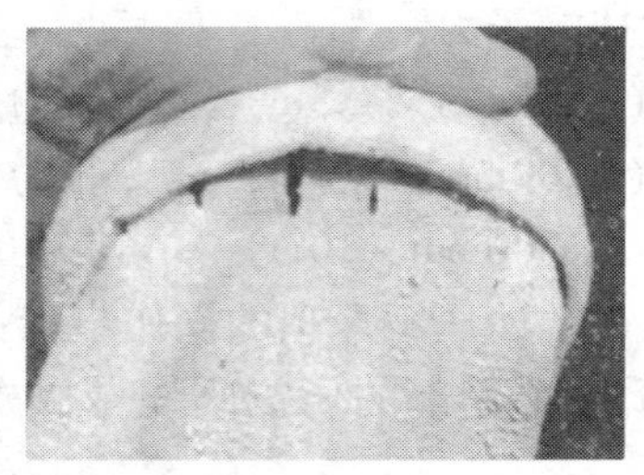

图4－136 袋笼质量对滤袋破损的影响

（2）袋笼无弯曲、变形。

（3）袋笼外径应比滤袋内径小5mm左右，袋笼外径过大，将使袋笼装卸困难，袋笼外径过小，将增加滤袋与袋笼的碰撞、摩擦。

（4）袋笼长度一般应比滤袋短10~20mm，不允许比滤袋长。袋笼应支撑在花板上，千万不能将袋笼重量全部压在滤袋上。

b 检查花板的配合

（1）花板上面的净气室在滤袋安装前必须全部打扫干净。

（2）花板与箱体的所有连接部分的焊接必须连续焊缝，确保其严密性。

（3）花板必须平整无扭曲，其不平度应不超过3~5mm。否则，由于花板不平、袋笼不直，造成滤袋底部相互碰撞（见图4－125和图4－137），使滤袋袋底产生摩擦，直接影响其使用寿命。

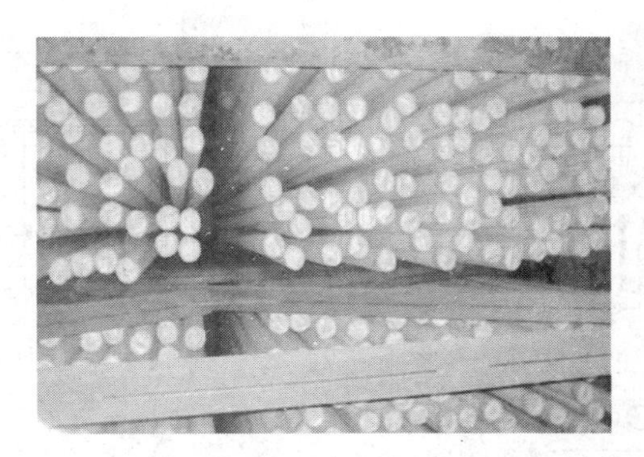

图 4 – 137　花板不平、袋笼不直造成滤袋摩擦

（4）检查花板孔与孔之间的间距，需保持一定距离，否则易造成图 4 – 137 所示的现象。

（5）对于在线清灰的除尘器，花板孔与孔之间的间距，除按规定的间距设置外，同时应根据烟尘的比重不同，核实箱体内气流的上升速度，以免滤袋在喷吹清灰后，造成粉尘的再吸附。

对于离线清灰的除尘器，由于清灰时箱体内的气流停止过滤，所以不存在上升速度的影响。上升速度只在在线清灰时有影响，一般离线清灰不存在上升速度的再吸附。

（6）当滤袋袋口与花板孔采用带槽弹性环密封时，花板孔的尺寸、形状和条件，必须满足要求，准确合适。

（7）当花板上有油漆或涂层，必须将花板内侧的油漆或涂层清除干净。

c　检查脉冲喷吹管的配合

为防止滤袋袋口受喷吹气流吹破的影响，应特别注意检查以下内容：

（1）检查喷吹管上各喷吹口与喷吹口之间间距的均匀性，保证花板上各孔口的间距误差达到最小。

（2）保证喷吹管上所有喷吹口中心线都在一条直线上，保证喷吹孔口的垂直度，使每个喷吹口底部对准滤袋孔的中心。

（3）检查喷吹管上的喷吹口至花板上花板孔的距离，应使喷吹口喷出的气流能全部吹入滤袋口内。

d　检查进入除尘器气流对滤袋的影响

除尘器入口气流的布置必须合理，并应设置气流分布装置，以防气流对滤袋的吹刷，影响滤袋的使用寿命（图 4 – 138）。

C　滤袋的安装

脉冲滤袋通常都在袋口装有带槽弹性环（通称弹簧圈），从花板上方进行安装，其安装步骤如下：

（1）从包装盒内取出滤袋，立即放入花板孔内，在将滤袋从包装盒内取出到装入花板之前，不要将滤袋放置在其他任何地方。

（2）安装一般的没有覆膜的化纤滤袋（或玻纤滤袋）可参阅图 4 – 139 所示进行。

（3）安装覆膜滤袋时，应先将保护套放入花板孔内（图 4 – 140），保护套直径应比花

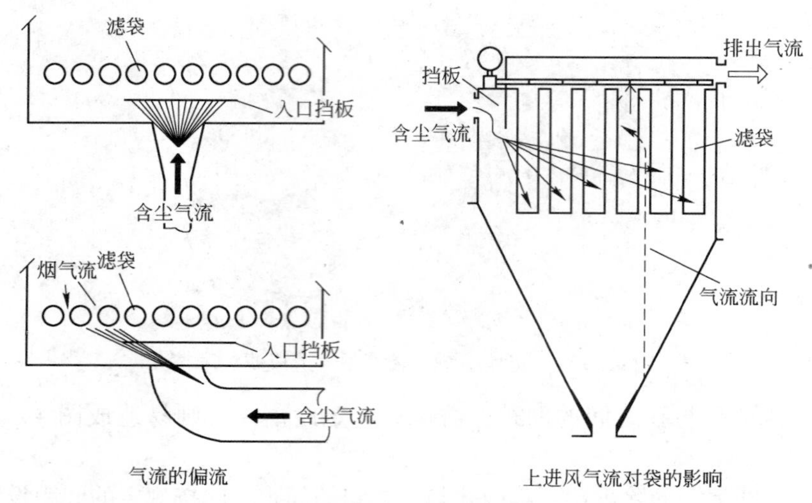

图 4 - 138 除尘器入口的气流分布装置

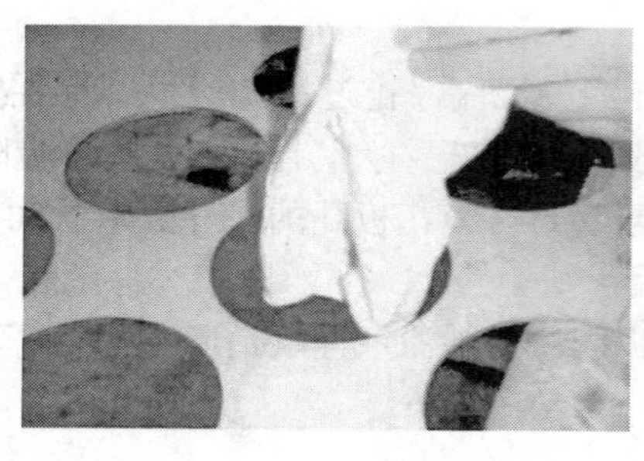

图 4 - 139 普通滤料的安装

板孔直径大 25 ~ 50mm，保护套套口的金属环应放在花板面上。

（4）安装覆膜滤袋时，应先将保护套放入花板孔内，然后将滤袋通过保护套放下，滤袋放下时应一手抓住滤袋的开口端，另一手将滤袋底部折叠起来，随后慢慢放下。当滤袋在花板下完全打开后，松开滤袋的顶部，将滤袋袋口的弹性环放在花板上方，当中垫着安装保护套（图 4 - 140）。

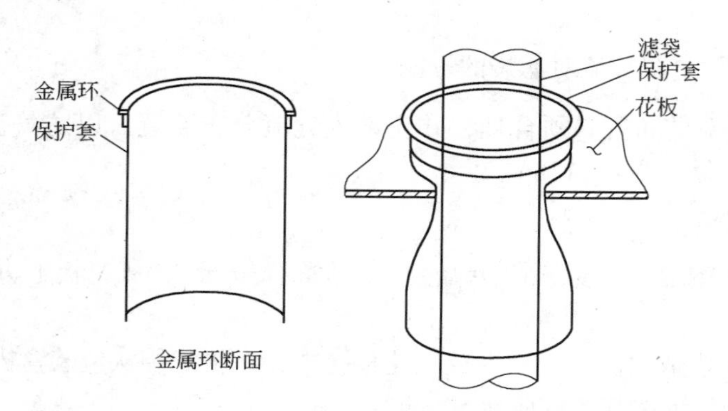

图 4 - 140 保护套安装示意

（5）抓住保护套的金属环，将保护套拉出来，放到另一个花板孔内，然后利用滤袋自身的重量，使滤袋悬挂在花板上（图4－141）。

（6）将滤袋袋口从花板孔口提起，用双手将袋口的弹性环压成C形（图4－142(a)），用一手抓住弹性环使其保持C形，另一手将C形的根部靠紧花板边缘（图4－142(b)），然后，慢慢放开弹性环，使弹性环上的凹槽都塞进花板孔的边缘。

（7）当弹性环完全张开时，应听到“啪”的一声，如听不到“啪”的一声，就要用另一只手的拇指把弹性环向花板孔内边推去（图4－142(d)），使弹性环的凹槽正好嵌入花板孔内边。

图4－141　滤袋悬挂在花板上

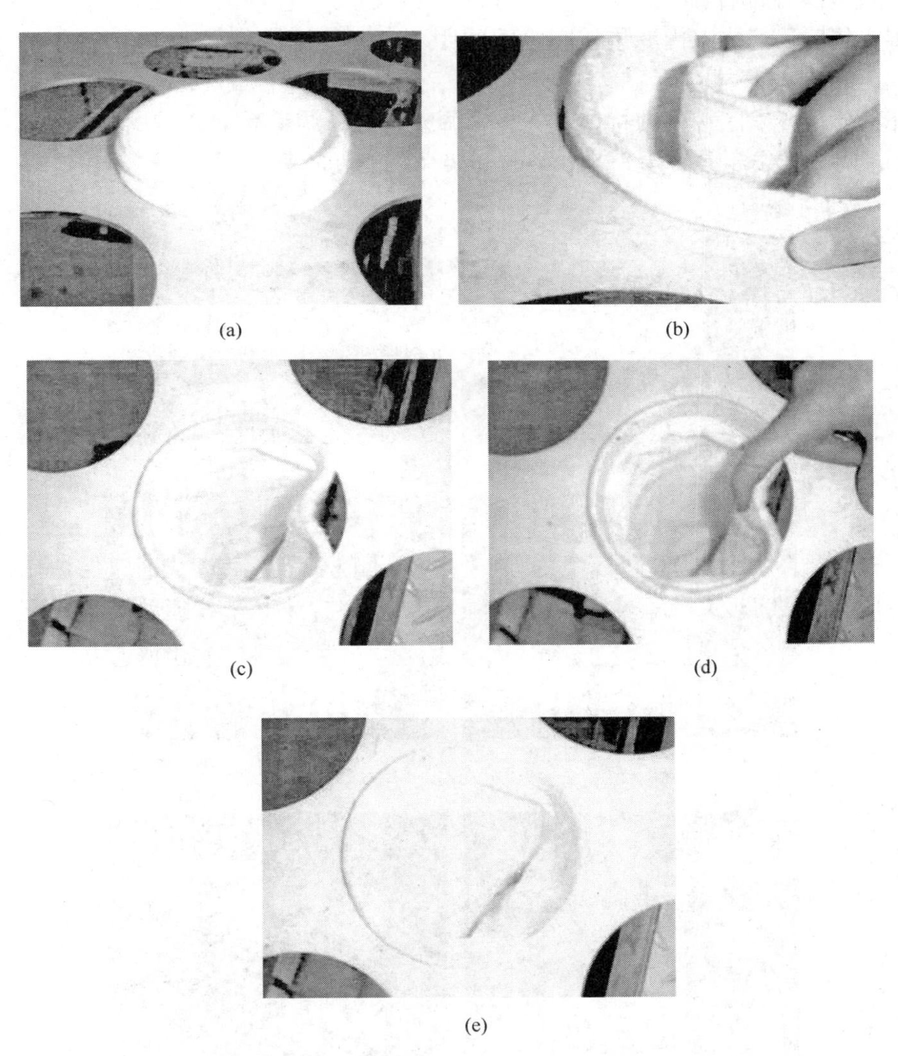

图4－142　滤袋袋口弹性环的安装

（a）袋口凹槽塞进花板孔边缘；（b）C形根部靠紧花板孔边缘；（c）袋口凹槽基本就绪；（d）用手指轻轻一拨；（e）滤袋正式就位

(8) 每条滤袋的安装在任何一种情况下，都应听到“啪”的一声，如果没有听到“啪”的一声，则应将弹性环从另一点重新压成C形，从花板内提起，再重新按上述步骤安装一次，直到滤袋正式就位为止（图4－142(e)）。

(9) 滤袋安装好后，应将袋笼放入滤袋内（图4－143），以防止安装人员从滤袋袋口踏过，使滤袋弹性环被移位。

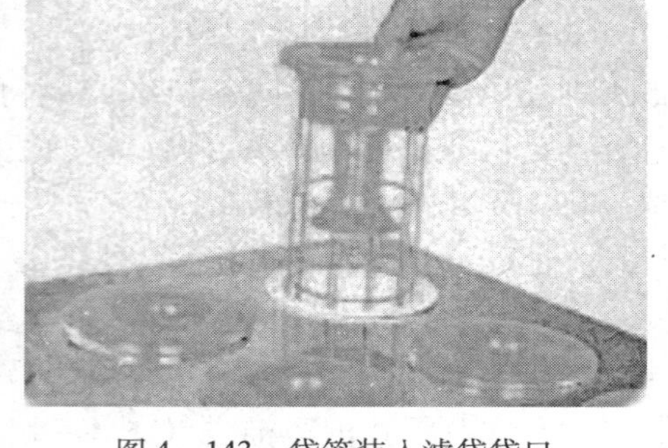

图4－143 袋笼装入滤袋袋口

D 滤袋安装后的调整

由于除尘器各部件加工时不可避免地存在公差，滤袋安装后，滤袋室内滤袋袋底之间间距不一，使滤袋袋底碰撞、摩擦（图4－144(a)）。

国外某公司开发了一种独特调节式袋笼调整装置，调整后滤袋袋底排列整齐（图4－144(b)），调节式袋笼参阅4.8节滤袋的框架（袋笼）。

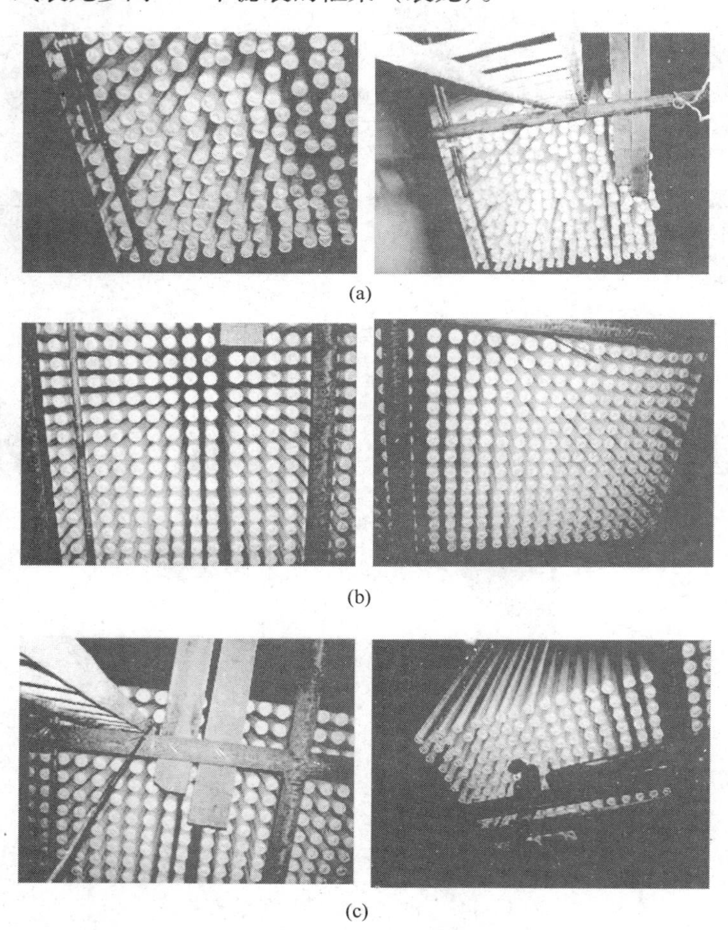

(a)

(b)

(c)

图4－144 调节式袋笼的调整措施

(a) 滤袋安装后袋底的状况；(b) 滤袋调节后袋底的状况；(c) 滤袋的调节

4.7.4 滤袋常见的故障

滤袋的常见故障有三种：

（1）灰尘从滤料中渗透过去，过滤效率过低。

（2）滤料受机械磨损、化学腐蚀，造成滤料使用寿命过短。

（3）滤料粘灰，或清灰系统不完善，滤料表面积灰过多，阻力过高。

4.7.5 滤袋的注意事项

各种滤袋应该注意的事项如表4－26所示。

表4－26 滤袋的注意事项

滤袋型式	注意事项	滤袋型式	注意事项
普　通	按滤袋特征检查结构材质 表面处理的完整性	反吹风式	滤袋与防瘪环的缝制 防瘪环的间距 滤袋与袋帽的安装 全长的检验 滤袋卷边及防瘪环外部包布的结构
脉冲喷吹	滤袋与框架的配合 花板附件的安装 滤袋袋口及袋底的翻边	振动式	滤袋与环的装配 全长的检验

4.8 滤袋的框架

4.8.1 框架的类型

4.8.1.1 按形式分类

滤袋框架按形式可分为线状框架和网孔状框架两种：

（1）线状框架。线状框架是由竖筋及横圈焊接成袋笼状构成。

（2）网孔状框架。网孔状框架是由金属丝线网根据需要的尺寸用夹紧方式或焊接方式，将线网覆在竖筋上编织而成的。线网网孔采用1in×2in，机织布滤袋框架则采用1/2in×1/2in线网。

4.8.1.2 按装卸方式分类

滤袋框架按装卸方式可分为上装式框架和侧装式框架两种：

（1）上装式框架。上装式框架是指从除尘器上部装卸的框架。

（2）侧装式框架。侧装式框架是指从除尘器侧面装卸的框架。

4.8.1.3 按结构方式分类

滤袋框架按结构方式分类可分为笼式框架、拉簧式框架和分节式框架三种：

（1）笼式框架。笼式框架是指由支撑环和竖筋组成的笼形框架。

（2）拉簧式框架。拉簧式框架是指由钢丝绕成拉簧形的框架。

（3）分节式框架。分节式框架是指由二节或二节以上的笼式框架拼接而成的框架。

4.8.2 框架的结构形式

框架的结构形式有弹簧框架、圆形框架、扁袋形框架、八角形框架、梯形框架、椭圆形框架、调节式框架。

4.8.2.1 弹簧框架

弹簧框架（图 4－145）是我国早期使用的一种滤袋框架，现在已很少采用。

图 4－145 弹簧框架

4.8.2.2 圆形框架

一般圆形框架的外形如图 4－146 所示。

圆形框架的规格如表 4－27 所示。

表 4－27 圆形框架规格 （mm）

框架外径	顶盖法兰外径	底盘外径	圈的直径	竖筋直径
ϕ115	ϕ147	ϕ107	4	3～3.5
ϕ125	ϕ157	ϕ117	4	3～3.5
ϕ147	ϕ180	ϕ139	4	3～3.5
ϕ155	ϕ190	ϕ147	4	3～3.5

直 径 ϕ115mm、ϕ125mm、ϕ147mm、ϕ155mm

配 ϕ120mm、ϕ130mm、ϕ150mm、ϕ160mm 滤袋

长 度 2440～5990mm，最长达 7990mm

配 2450～6000mm 8000mm 滤袋

圆形框架的底盘有盘式和圈式两种（图 4－146）。

圆形框架的盖帽有法兰式和竖筋折弯式两种（图 4－146、图 4－147）。

4.8.2.3 扁袋形框架

（1）扁袋形框架。国外又称信封式框架，如图 4－148 所示。

扁袋形框架的规格如下：

框架周长 P＝800mm、900mm

配备周长 P＝800mm、900mm 滤袋

框架长度 L＝2000mm、3000mm、4000mm、5000mm、6000mm

扁袋形框架与滤袋的配合应采用负公差。

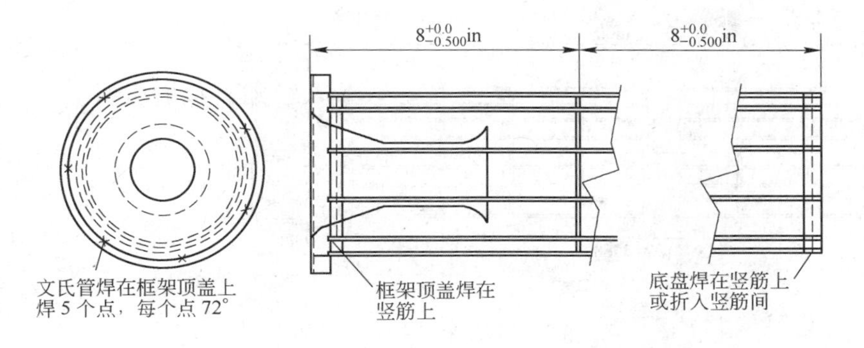

圆形框架的结构

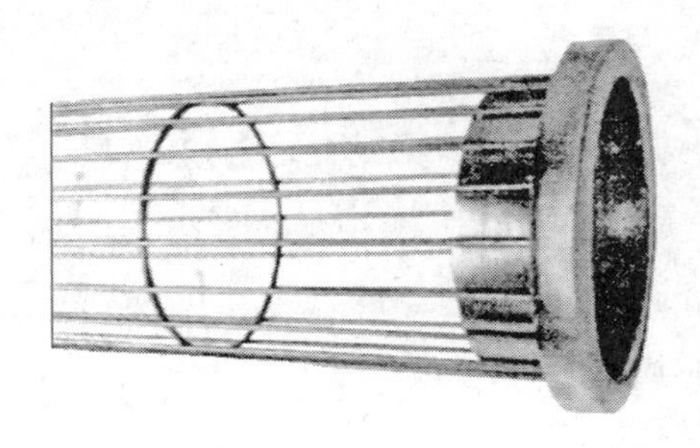

法兰盘式顶盖

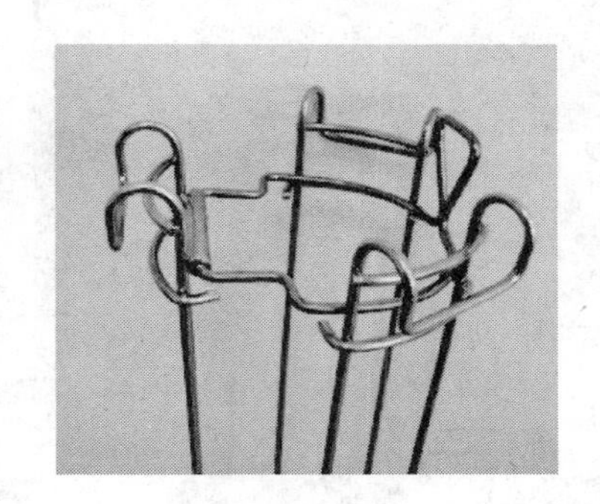

竖筋折弯式顶盖

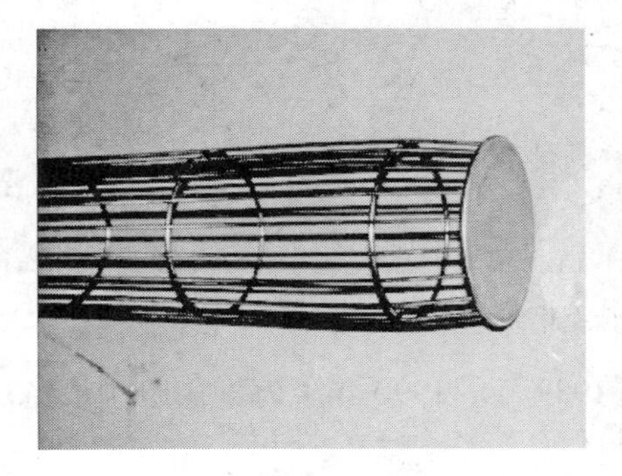

焊接或嵌入式底盘

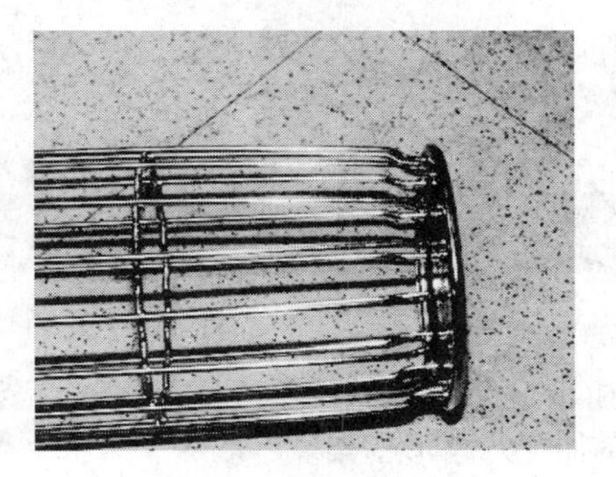

钢圈式底圈

图 4 - 146　圆形框架的结构形式

(2) 国外的特殊信封式框架如图 4 - 149 所示。

国外信封式框架：

长 × 宽 × 厚 = 1500mm × 750mm × 25mm

配用滤袋长 × 宽 × 厚 = 1500mm × 750mm × 25mm

4.8.2.4　八角形框架

八角形框架又称星形框架（图 4 - 150），框架根据滤袋直径大小不同，一般有八角形和十角形两种。

八角形框架（星形框架）是 1979 年北京钢厂九车间电炉排烟除尘系统建设时，从瑞典菲达（FLAKT）公司引进的，LKP 型脉冲除尘器中滤袋采用的就是八角形框架。

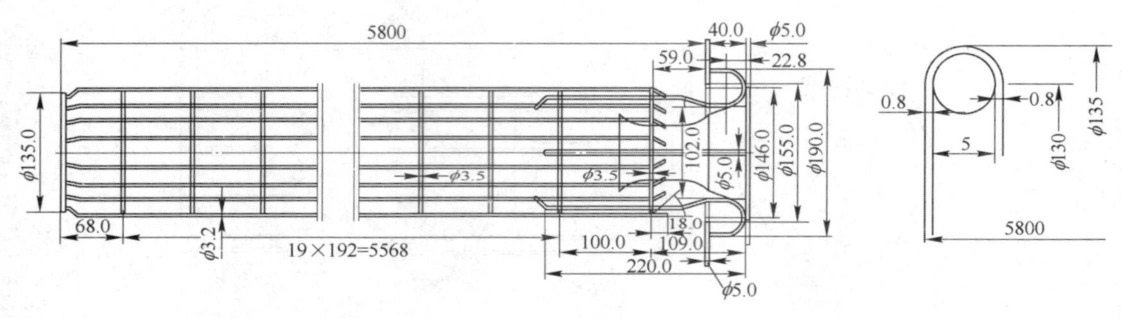

图 4－147 竖筋折弯式盖帽

图 4－148 扁袋形框架的结构形式

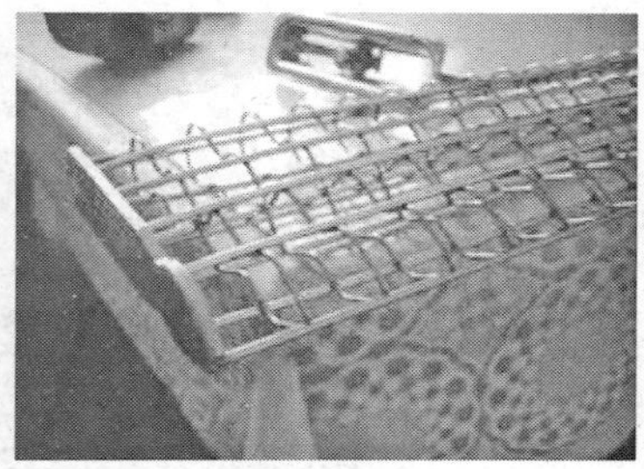

图 4－149 特殊型信封式框架

国内 1983 年才开始使用八角形框架，至 1989 年、1990 年上海泰山除尘设备厂就能用专用设备加工八角形框架。

八角形框架的特点：

（1）滤袋安装、更换时，框架容易插入及抽出。

（2）烟气过滤时，滤袋在两根竖筋之间向内吸瘪时，可减少滤袋与挡圈的摩擦，有利于延长滤袋的寿命。

（3）八角形框架在挡圈附近的清灰效果比圆形框架好。

4.8.2.5 梯形框架和椭圆形框架

A 梯形框架

梯形框架一般用于机械回转反吹扁袋除尘器滤袋。

自 1975 年我国开发了机械回转反吹扁袋除尘器后，除尘器经过回转型、拖板型、脉动型、步进型、回转型等不断改型发展，滤袋的梯形框架形式也经历了多次改革。

早期的 ZC－Ⅰ型，是将滤袋和框架绑在一体，导口用退拔销固定，下端用定位架限

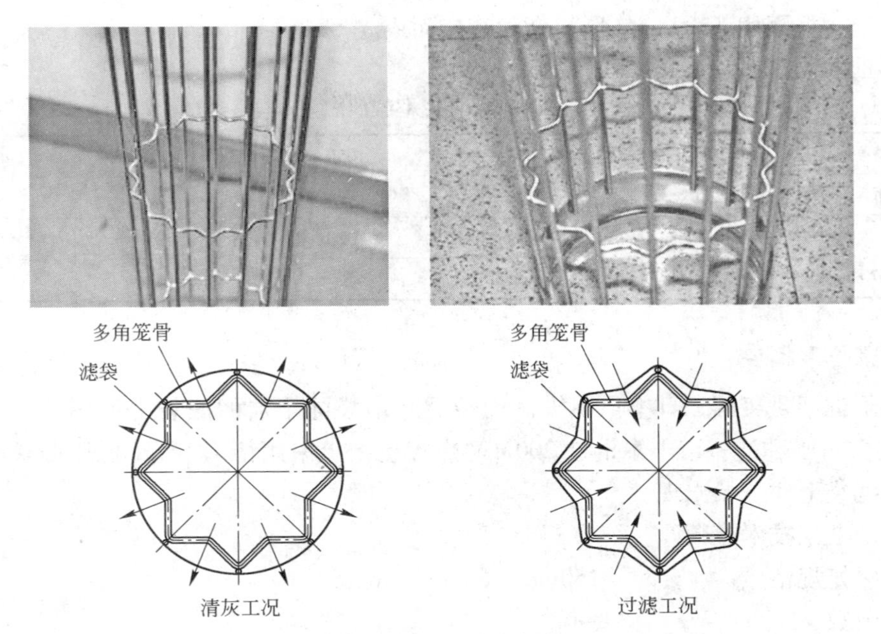

图 4－150 八角形框架

位。框架立筋为 ϕ8mm×115mm 钢管，横筋为 ϕ6mm 钢筋（图 4－151）。

经试制，采用 δ＝1.2mm 薄板轧制成 V 形筋镶嵌点焊而成，致使框架重量减轻一半。

分段连接框架，采用长腰形断面，每段长 800～1000mm，段间用螺栓连接。

ZC－Ⅱ型，转向滤袋口与框架分体，袋口靠撑圈式自重压紧密封的方式，下端仍靠定位架限位。

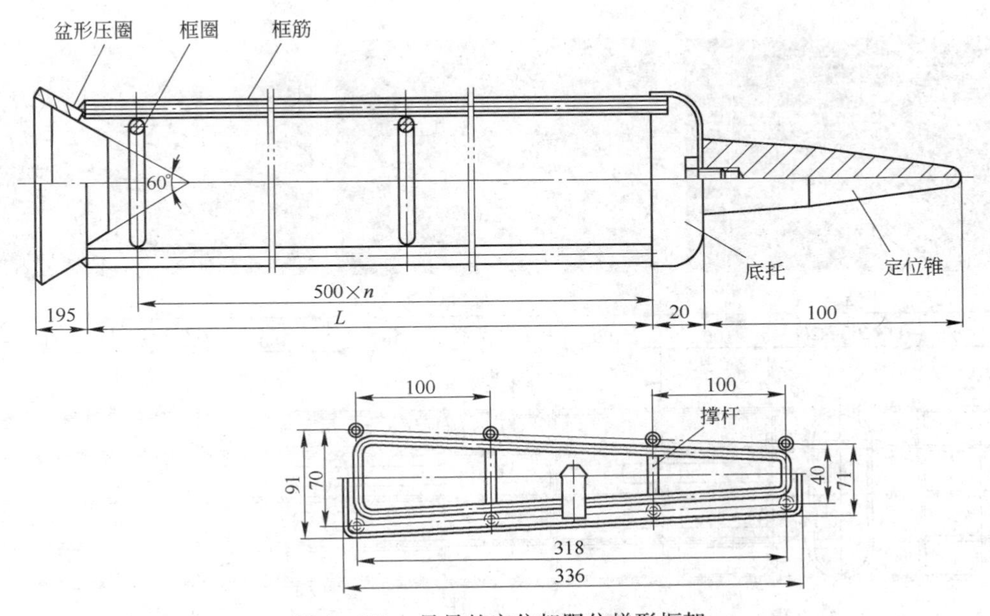

图 4－151 最早的定位架限位梯形框架

后来又采用内外框架，滤袋下端不再有阻挡物，滤袋与框架彻底分开，框架为整体式结构，框筋、框圈用 ϕ3mm、ϕ4mm 钢丝焊接而成。

梯形框架的规格如表 4－28 所示。

表 4－28 梯形框架的规格 （mm）

袋长	2050	3050	4050	5020	6020
断面	91×71/336				
长度 L	2020	3020	4020	5020	6020
框圈数 n	4	6	8	10	11

B 椭圆形框架

椭圆形框架是美国、日本早期机械回转反吹扁袋除尘器的滤袋中配用的，我国是在 2001 年内蒙古呼和浩特市丰泰电站 200MW 燃煤机组上采用德国 Lurge 低压回转脉冲袋式除尘器的滤袋上才开始出现。

椭圆形框架技术参数

椭圆袋笼规格	150mm×60mm×8000mm
袋笼节数	三节
袋笼竖筋根数	10 根
竖筋规格	ϕ4.2mm
水平圈规格	ϕ4.0mm
水平圈间距	100mm
长度公差	1/1000

椭圆形框架的结构如图 4－152 所示。

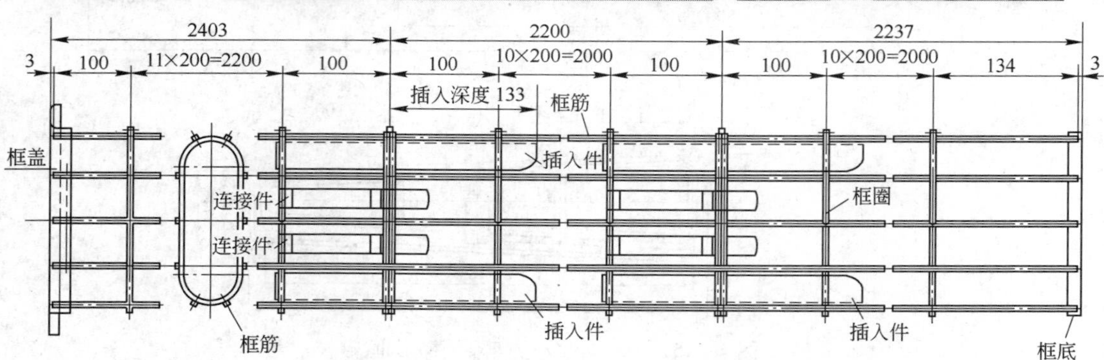

图 4－152 椭圆形框架的结构

4.8.2.6 调节式框架

调节式框架（图4－153）是参照法国 Alstom 公司的技术，在广州市宏运电厂燃煤电站的袋式除尘器滤袋上应用。

A 调节式框架的规格尺寸

调节式袋笼（图4－153）的技术规格：

袋笼尺寸	ϕ130mm×2450mm
材　　质	20号钢（GB699）
规　　格	ϕ4mm
竖筋数	10根
支撑环	12个
底　　盘	δ=1.2mm
表面处理	除锈后热镀锌
两端支撑中间下垂扰度	小于3mm

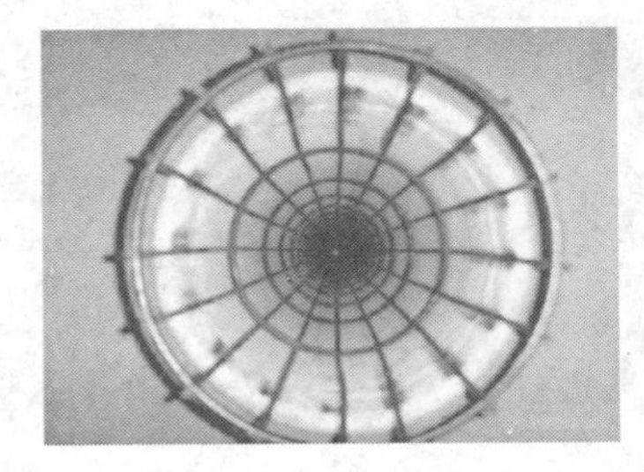

图4－153　调节式框架

B 调节方式

（1）滤袋安装后调节前如图4－154所示。

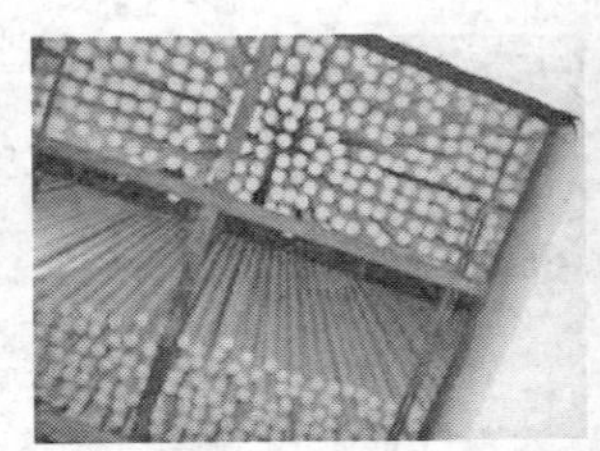

图4－154　调节式框架调节前

（2）滤袋调节后如图4－155所示。

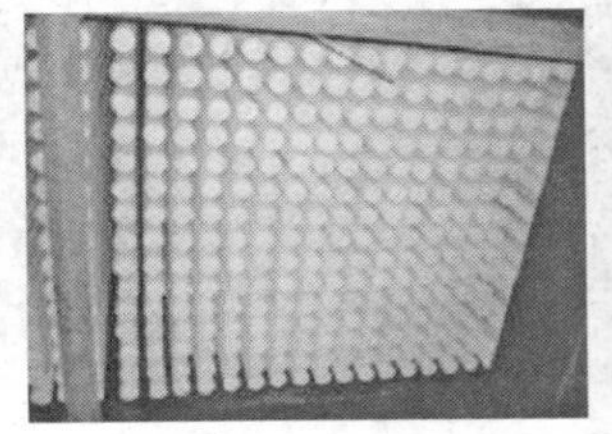
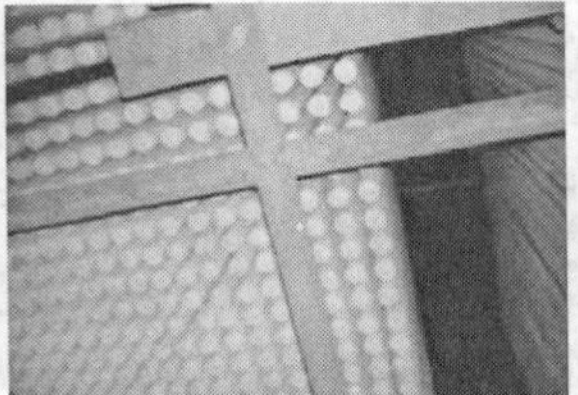
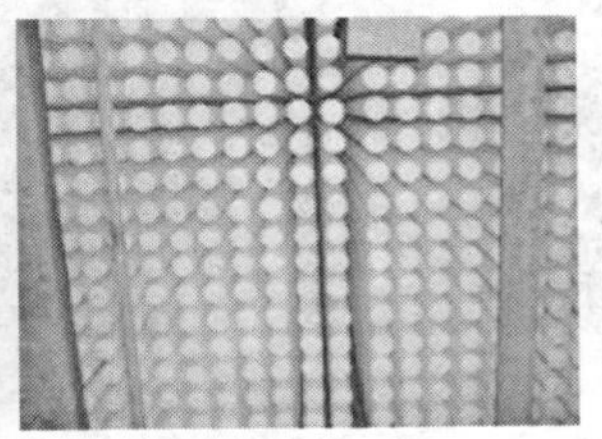

图4－155　调节式框架调节后

4.8.3 框架的分节

4.8.3.1 框架节数的确定

长度小于4m　　一节

长度　4～6m　　二节

长度大于8m　　三节

4.8.3.2 分节框架的连接

分节框架的连接方式有挂接式连接、铰接式连接、插接式（插入式）连接、保险扣式卡箍连接。

A　挂接式连接（图4－156）

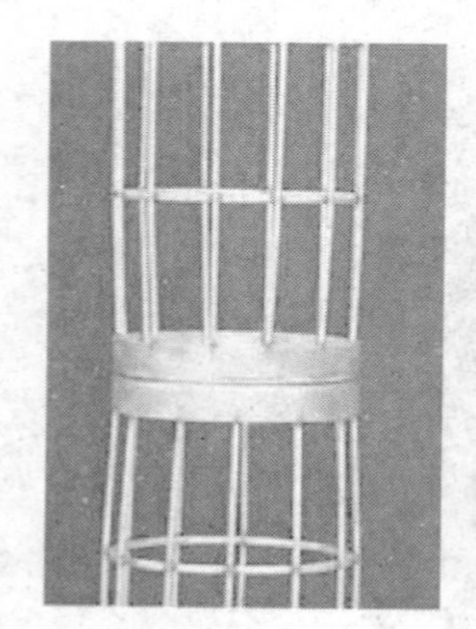

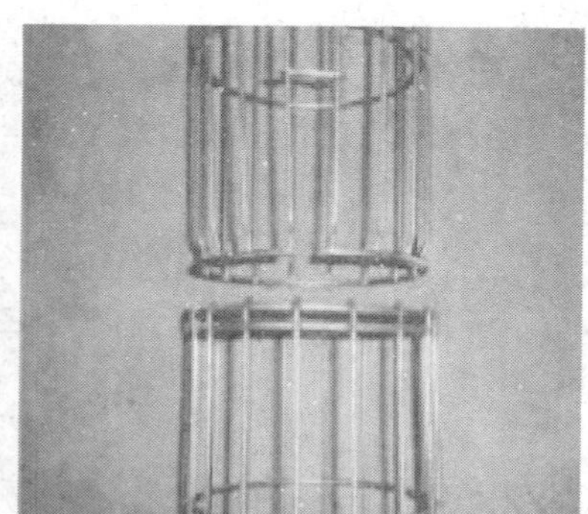

对扣式连接配件

挂扣式连接配件

图4－156　挂接式连接

B 铰接式连接（图4－157）

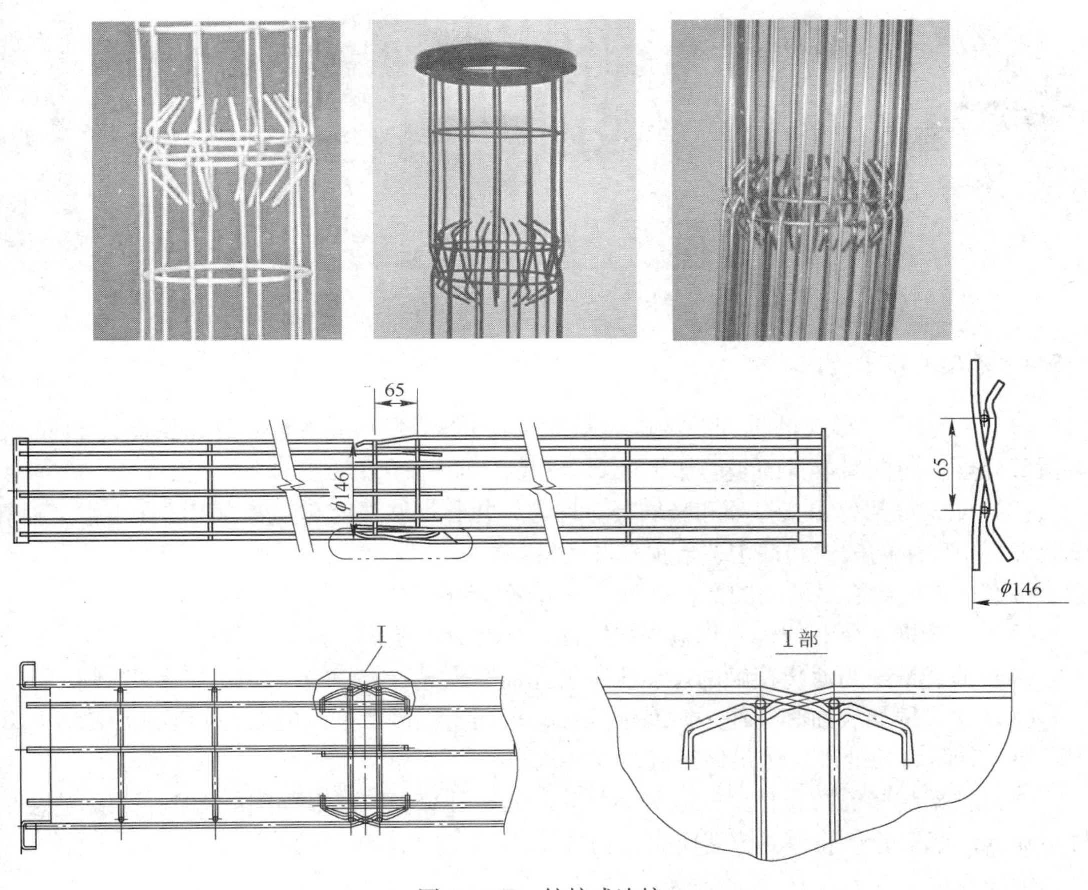

图4－157 铰接式连接

C 插接式（插入式）连接

插接式（插入式）连接是2001年内蒙呼和浩特市丰泰电站200MW燃煤机组上采用德国Lurge低压回转脉冲袋式除尘器的滤袋上所采用的一种滤袋框架（图4－158），它是由插入件和连接卡键两个构件组成。

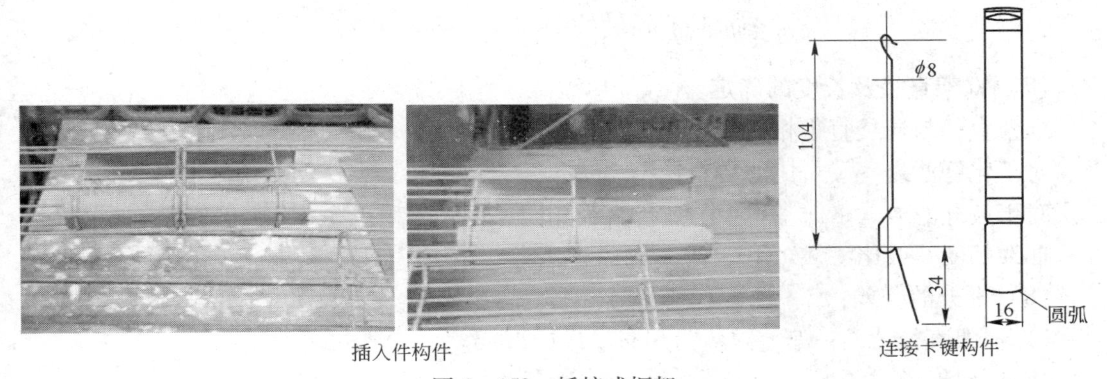

图4－158 插接式框架

D 保险扣式卡箍连接（图4－159）

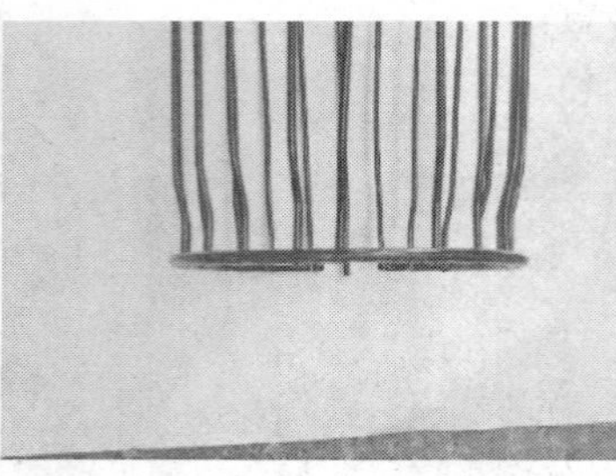
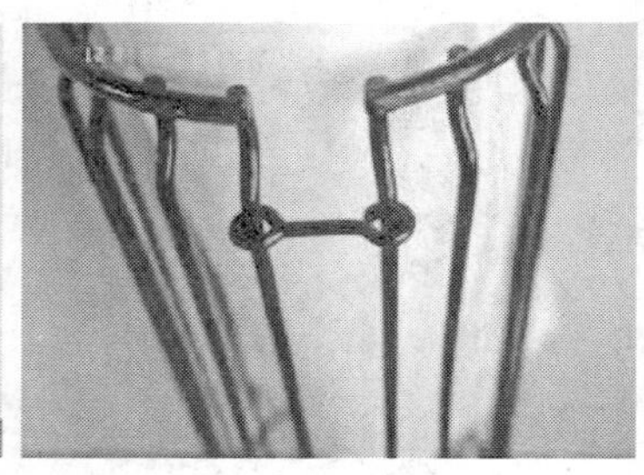

图4－159 保险扣式框架

4.8.4 框架的技术要求

（1）对于任何形式的框架，为配合框架支撑的需要，应设置盖帽（顶圈）和底盘，盖帽部分也可用框架本身的竖筋加工达到盖帽的功能。

（2）笼式框架要求支撑环和竖筋分布均匀，并有足够强度和刚度，以防在正常运输和安装过程中发生的碰撞和冲击造成损坏和变形。

拉簧式框架要有足够的圈数和弹性，拉开后间距要均匀。

（3）滤袋框架所有的焊点均应焊接牢固，不允许有脱焊、虚焊和漏焊。

（4）滤袋框架与滤袋接触的表面应平滑光洁，不允许有焊疤、凹凸不平和毛刺。

（5）滤袋框架表面必须经过防腐蚀处理，根据不同需要进行电镀、喷塑或涂漆，如用于高温，其防腐蚀处理应满足使用温度的要求。

（6）框架的竖筋数应根据框架竖筋之间的间距计算确定，竖筋间的间距应根据滤袋的材质确定，框架的竖筋和支撑圈应分布均匀。

化纤滤袋　　间距38mm

玻纤滤袋　　间距19mm

如ϕ130mm化纤滤袋

$$\text{竖筋数量 } n=\frac{\pi D}{38}=\frac{3.14\times 130}{38}=10\text{ 根}$$

如ϕ130mm玻纤滤袋

$$\text{竖筋数量 } n=\frac{\pi D}{19}=\frac{3.14\times 130}{19}=20\text{ 根}$$

（7）框架直径及长度的确定。

框架直径与滤袋直径相比：

对于化纤滤袋　　比滤袋直径小5mm

对于玻纤滤袋　　基本上与滤袋直径相同，可大略稍小些

框架长度一般比滤袋短10～20mm。

（8）框架的公差：

1）框架直径公差：偏差限值为0mm，－0.8mm。

2）框架外径：

化纤滤袋应为松动公差，通常比滤袋内径小5mm。

玻纤滤袋为0公差，应为负公差，只能小，不能大，以免损伤滤袋。

3）水平支撑圈须与竖筋垂直，偏差允许 -1°～+1°。对于机织布和针刺毡，最大间距分别为151mm和200mm。

4）框架垂直度的偏差如下：

框架长度	不大于1000mm	偏差	不大于8mm
	1001～2000mm		不大于12mm
	2001～3000mm		不大于16mm
	3001～4000mm		不大于20mm
	大于4000mm		不大于24mm

5）框架长度公差 -1.6，0，对于袋长6000mm的滤袋小于20mm。

（9）框架的结构尺寸：

1）框架的竖筋一般可采用：

框架长度小于4m	ϕ3.2mm 钢丝
框架长度大于4m	ϕ3.5mm 钢丝
支撑环	ϕ4.0mm 钢丝

钢丝材质采用11号粗钢、镀锌钢丝制作。

2）框架的支撑圈圈距：

①按滤料织物分：

对于化纤滤袋：

机织布	圈距 = 150mm
针刺毡	圈距 = 200mm

对于玻纤滤袋：

框架直径小于140mm	圈距不大于200mm
框架直径小于165mm	圈距不大于150mm
框架直径大于165mm	圈距不大于100mm

②按框架的直径分

脉冲除尘器滤袋框架支撑环的间距根据框架直径分：

框架直径	ϕ 不大于120mm	支撑环间距	不大于250mm
	ϕ 不大于140mm		不大于200mm
	ϕ 不大于160mm		不大于150mm
	ϕ 不小于160mm		不大于100mm

③框架支撑环距袋口及底盘的间距一般为150mm。

框架支撑环间距公差：-0.8，0。

框架支撑环的钢筋直径：ϕ3.2mm。

（10）框架的底盘钢板厚度 δ = 1.5mm，底盘外径应等于或略小于袋笼直径1.0mm（玻纤滤袋可为0.5mm），底盘折边高度应不小于20mm。

框架底盘应坚固，焊接或褶在纵筋上，底盘最大部分直径不能超过框架外径。

4.8.5 框架的选材及表面涂层

4.8.5.1 框架适应的环境要求

框架应适应以下的环境要求：高温烟气（温度高达250～300℃）、含湿烟气、含酸、碱的烟气、含有机溶剂的烟气和含氧化剂的烟气。

4.8.5.2 框架的选材

袋式除尘器的框架材质一般可采用碳素钢、镀锌钢丝、不锈钢304、不锈钢321、不锈钢316L。

A 碳素钢

碳素钢是具有高韧性、易于拉伸的线材，以20号钢最好，框架钢筋材质用标准的20号钢比Q215、Q195好。

B 各种不锈钢

不锈钢铬的含量一般都在12%以上，是一种在酸碱等化学侵蚀介质中具有抗腐蚀性能的钢种，其特点是钢的化学成分改变后，会使钢表面形成一层化学稳定性高的钝化膜，并提高了钢的电极电位。用作框架的不锈钢，均为奥氏体型。

a 0Cr18Ni9系18－8型奥氏体不锈钢

0Cr18Ni9系18－8型奥氏体不锈钢因含碳量低，有良好的加工成型性和抗氧化性，它耐腐蚀性较强，耐晶间腐蚀性优于Cr18Ni9钢和2Cr18Ni9钢，具有良好的焊接性能，与美国304型和日本SUS304型相近似。

b 0Cr19Ni9（美国304型和日本SUS304型）奥氏体不锈钢

0Cr19Ni9（美国304型和日本SUS304型）奥氏体不锈钢耐腐蚀性能较强，使用广泛。

c 0Cr17Ni12Mo2（美国310型）奥氏体不锈钢

0Cr17Ni12Mo2（美国310型）奥氏体不锈钢在海水及其他各种介质中的耐腐蚀性比0Cr19Ni9好，主要作耐腐蚀材料。

d 00Cr17Ni12Mo2（美国316型）奥氏体不锈钢

00Cr17Ni12Mo2（美国316型）奥氏体不锈钢是0Cr17Ni12Mo2的超低碳钢，比其耐晶间腐蚀性好。

4.8.5.3 框架的表面涂层

框架的常规表面处理应适应所通过的气体的理化特性。要不被腐蚀、氧化，表面处理的方式根据不同需要有以下几种：电镀锌处理、喷塑处理、有机硅喷粉处理、涂漆处理。

A 电镀锌处理

框架的电镀锌（碳钢）处理是最常见、广泛的一种表面处理方式。

电镀锌（碳钢）处理的特征为：

（1）镀锌层只在无腐蚀性、干燥的大气环境中才具有较高的防腐蚀性。

（2）在含有SO_2和H_2S海洋性潮湿大气中，镀锌层的防蚀性变差。

（3）在60～70℃以上的水中，耐蚀性显著降低。

（4）镀锌层易被酸腐蚀，但若在铬酐溶液中进行钝化，使镀锌层表面形成一层致密的稳定性的薄膜，能提高其抗蚀能力。但要求导电、导磁和焊接的框架不应进行钝化。

（5）镀锌（碳钢）框架适用于无腐蚀性的气体、干燥的大气，镀锌层使用温度不应超过250℃。

（6）镀锌层的厚度一般条件下为7～20μm，恶劣条件下20～40μm。

（7）近几年，出现用镀锌钢丝直接焊制成框架，而不需再进行镀锌处理。

（8）框架的镀锌表面要牢固、光滑、无花斑，阴角处不得有漏镀，一旦发现表面有漏镀锌，不得擅自刷金属银粉漆。

B 喷塑或有机硅喷粉处理

喷塑或有机硅喷粉处理的一般程序为：

去油—清洗—磷化—喷粉—高温固化

喷塑或有机硅喷粉处理的设备有预处理设备、静电喷涂装置、加热装置（隧道或烘箱）。

在美国，表面涂层有各种形式，如Vinyl、Zpoxy、Nylon（尼龙）及ZincP（镀锌P），美国的表面涂层均要执行FDA认可的涂层要求。

美国的各种表面涂层的特性如表4－29所示。

表4－29 框架表面涂层的特性

表面涂层形式	Vinyl	Zpoxy	Nylon	ZincP
酸 性	好	极好	良好	不好
碱 性	好	好	极好	不好
溶 剂	差	好	极好	极好
盐	好	极好	极好	良好
温度/℃	107	121	177	315

喷塑的各种塑料有低压聚乙烯、聚丙烯、氯化聚醚、聚三氟氯乙烯、聚四氟乙烯等：

（1）低压聚乙烯（HDPE）：

1）低压聚乙烯（HDPE）具有优良的介电性，耐冲击性、耐水性好、耐化学腐蚀、耐低温、成型收缩率大。

2）使用温度80～100℃。

3）可喷涂于金属表面。

（2）聚丙烯（PP）塑料：

1）聚丙烯（PP）塑料无色、无味、无毒、密度小。

2）可耐热100℃以上。

3）具有较高的耐化学腐蚀稳定性，几乎不吸水。

4）聚丙烯（PP）塑料低温易脆裂，成型收缩率较大，阳光作用下易老化。

（3）氯化聚醚（CPE）塑料：

1）氯化聚醚（CPE）塑料耐磨好、吸水率极小、收缩率小、尺寸稳定性高、抗氧化性好。

2）氯化聚醚（CPE）塑料对多种酸碱和溶剂有良好的抗蚀能力，抗化学腐蚀性仅低于聚四氟乙烯，可与聚三氟氯乙烯相比。

3）但在高温下不耐浓硝酸、浓双氧水和湿氯气等。

4）氯化聚醚（CPE）塑料长期使用温度120℃。

5）可用火焰喷镀法涂于金属表面。

（4）聚三氟氯乙烯（PCTFE，F－3）塑料：

1）聚三氟氯乙烯（PCTFE，F－3）塑料耐热性、电性能和化学稳定性仅次于聚四氟乙烯，在180℃的酸碱和盐的溶液中，不溶胀或浸蚀。

2）长期使用温度为－195～＋190℃。

3）悬浮液涂层与金属有一定的附着力，表面坚韧、耐磨，有较高的强度。

（5）聚四氟乙烯（PTFE，F－4）塑料：

1）聚四氟乙烯（PTFE，F－4）塑料俗称塑料王，具有优异的化学稳定性，与强酸、强碱或强氧化剂均不起作用，只有对熔融状态的碱金属及高温下的氟元素，才会耐蚀。

2）可长期连续使用在260℃。

3）聚四氟乙烯（PTFE，F－4）塑料有优异的电绝缘性，耐大气老化性能好，突出的表面不黏性。

4）其缺点是刚性差、冷流性大、热导率低、热膨胀大，其分散液可做涂层及浸渍多孔制品。

C 涂漆表面处理

一般常温下耐酸碱腐蚀的油漆有沥青漆、过氯乙烯漆、乙烯漆、聚氨酯漆、环氧树脂漆等。

耐高温防腐漆主要有醇酸耐热漆、有机硅树脂漆等。

a 411耐酸沥青漆

411耐酸沥青漆是由天然或石油沥青和干性油熬炼后，用有机溶液稀释而成，并加有干燥剂。

411耐酸沥青漆对金属、非金属有良好的附着力，在常温下能耐氧化氮、SO_2、氨气、盐酸气及中等浓度以下的无机酸等介质的腐蚀，但不耐石油类溶剂、丙酮、氧化剂等的腐蚀。

b 冷固型环氧树脂漆

冷固型环氧树脂漆具有优良的耐酸、耐碱、耐盐类及有机溶液的腐蚀，漆膜具有优良的耐温、耐寒性。

c C61－200醇酸耐热漆

C61－200醇酸耐热漆由醇酸树脂、铝粉浆催干剂、溶液等组成。

C61－200醇酸耐热漆具有一般醇酸漆所有的特性，耐热达200℃。

d WE61－400耐高温防腐涂料

WE61－400耐高温防腐涂料由烷基硅酸酯、有机硅树脂、超细锌粉、特种耐温抗蚀颜料填料、添加剂、固化剂、有机溶剂等组成。

WE61－400耐高温防腐涂料可长期耐400℃高温，常温下自干固化，能耐腐蚀、耐化工大气、耐气候老化、耐水、防潮。

e　WE61－28 除尘器专用高温漆

WE61－28 除尘器专用高温漆由改性有机硅树脂、固化剂、高温颜料等组成。

WE61－28 除尘器专用高温漆的附着力好、自干、耐磨、防腐，可在 200～500℃条件下使用。

耐碱性：10% NaOH，24h 不起泡、不脱落。

耐酸性：10% H_2SO_4 或 10% HF，24h 不起泡、不脱落。

4.8.5.4　框架的表面涂层操作（图 4－160）

图 4－160　框架的表面涂层操作

4.8.6　框架的加工

4.8.6.1　框架的加工要求

（1）框架的加工要求尺寸准确，直径及长度公差满足标准要求。

（2）框架要求挺直，不允许出现弯曲不平，保证垂直度的公差。

（3）框架加工的焊接点不允许出现脱焊、虚焊和漏焊，焊接强度要求经多次扭转能回弹。

（4）框架表面要求平滑光洁，不允许有焊疤痕，凹凸不平和毛刺。

（5）对前道工序的钢丝直度、有无痕迹、钢丝长度进行检验，合格后才能选用。

（6）对焊时应逐点观察熔化程度，发现有不良点，坚决重新对焊一次，做到 100% 焊牢，并注意控制毛刺的产生。

（7）对焊时，要经常复量圆环箍的间距，误差不能大于 1.5mm，累积不大于 5mm。

（8）圆环箍与每根竖钢丝要保持垂直，歪斜度不得大于 1mm。

（9）圆环箍的接头应避开竖钢丝的边缘 10～5mm，并保证上一只圆环箍的接头在下一只圆环箍的接头的错开的位置上，圆环箍的接头每隔一只就在对称的位置上。

（10）框架全部焊接结束后，有专人对毛刺、焊渣清理，在清理过程的同时，对圆箍的对接点及其与竖筋的电焊点逐点检查牢固状况，合格后方能进入下道工序。

（11）底盘、冲洗干净的钢丝要及时碰焊、清理、表面处理，以免二次生锈，影响框架的质量。

（12）框架碰焊时要注意：

1）压缩空气压力必须在400kPa ± 5%范围内才能进行。

2）ϕ5mm钢丝，输出电流为2600～2900A，脉冲周期为21～25个周期；ϕ4mm钢丝，输出电流为1300～1600A，脉冲周期为12～15个周期；ϕ3mm钢丝，输出电流为1300～1600A，脉冲周期为10～14个周期。

3）注意循环水的流量及冷却情况，一旦断水，立即停止工作。

4）框架碰焊后要保证焊接深度为钢丝直径的1/4～1/5。

4.8.6.2 框架的加工设备

A 自动滤袋框架焊接机（主机）

框架制造的主要设备是专用的自动滤袋框架焊接机，在自动滤袋框架焊接机上焊接时，通常有两种工艺：

一种是被焊接的纵向钢丝处于自然状态下焊接（图4－161(a)）。这种焊接方法，被焊接的纵向钢丝在自然状态下与支撑环或横向钢丝焊接，这种焊接方式方便、快捷、产量高，但焊成的笼形或网格在受到外力作用时容易变形。

另一种是被焊接的纵向钢丝在拉力状态下焊接（图4－161(b)）。这种焊接方法焊成的笼形或网格挺拔，受到外力不易变形，但焊接工艺较复杂，操作较麻烦。

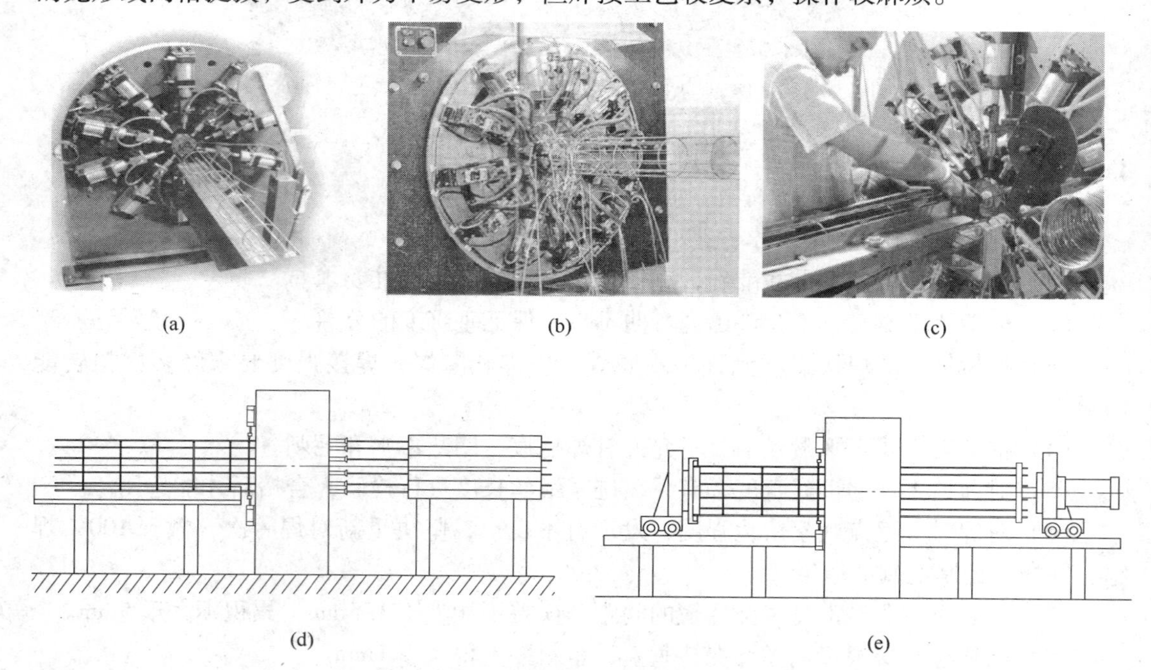

图4－161 自动滤袋框架焊接机

B 钢丝调直切断机（图4－162）

图4－162 钢丝调直切断机

C 数控自动圆圈成型机（图4－163）

图4－163 数控自动圆圈成型机

D 圆圈焊接机（图4－164）

图4－164 圆圈焊接机

E 框架头圈、底盘焊接机（图4－165）

框架头圈、底盘的冲压模具，委托外加工制作。

F 框架底盘冲凹机（图4－166）

图4－165 框架头圈、底盘焊接机

图4－166 框架底盘冲凹机

G 空压机及常用工具（略）

4.8.6.3 框架加工的生产流程

中国台湾YH咏翔焊接网厂有限公司的框架生产流程如下：

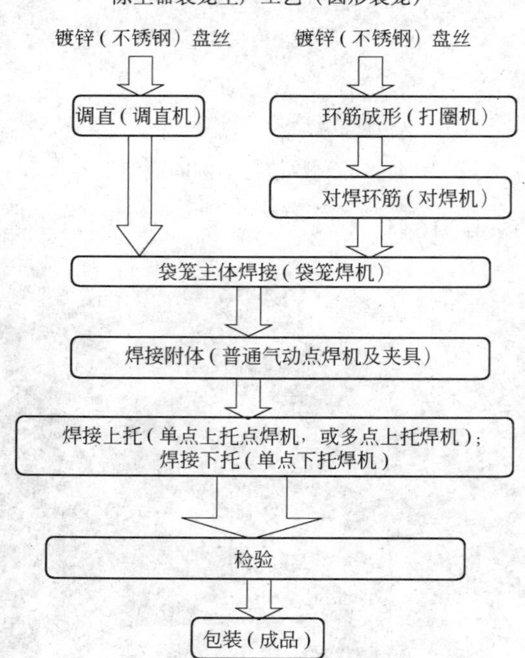

中国台湾YH咏翔焊接网厂有限公司的框架生产流程图如图4－167所示。

取料区　圆圈成型　圆圈焊接

圆圈焊接　圆圈自动成型，点焊　圆圈焊接

竖筋拉直剪切　框架组装　框架组装

框架组装　框架组装　框架安装头部及文氏管

框架安装底盘

图 4－167　框架生产流程

1995 年科林环保引进日本技术，建成框架（袋笼）加工自动生产流水线，实现批量生产。

4.8.7 框架的检验

4.8.7.1 框架的预组装检验（图 4－168）

图 4－168 框架的预组装检验

4.8.7.2 框架的检验

A 偏摆度的检验（图 4－169）

偏摆度公差为：X 轴上下对齐，或 Y 轴上下对齐，框架竖筋偏摆不可超出线径。目测方式：将袋笼放在地板上，让袋笼滚动，观看框架有无椭圆状态。

图 4－169 偏摆度的检验

B 圆周（外径）的检验

a 真圆度的检验

框架的所谓真圆度是由于制造机器的不同，而造成真圆度的误差。例如：一般市场上的框架焊接机，由于焊接方式的不同，即有的是一次焊接二点，有的一次焊接六点，这就使焊接时产生了所谓的平均误差加大。

所谓的平均误差，即 X 轴与 Y 轴长度之差不能大于 0.3mm。为此，应采取补强（即整圆动作）措施，使真圆度达到标准。

b 圆周（外径）的检验（图 4－170）

一般使用光标卡尺检验时误差会稍大。世界各国常用卷尺量圆周，如对 ϕ125mm，其圆周率为 125×3.1416＝392.7mm，其公差可达－0.5mm 以内。

图 4－170 圆周（外径）的检验

c 垂直度的检验

以 300cm 来说，上下不得超过线径的一半。

目测的方式：将框架垂直吊起做一个检验平台用靠模的动作进行检验。

按日本 ICE 公司的验收方法，一中心支点和两端支点分别测录框架全长的挠曲度。

d 截距（PICH）的检验（图 4－171）

常用的截距（PICH）为 150～250 之间。

截距的检验不外乎用游标卡尺、卷尺等方式，若以游标卡尺检验，一般在框架底段量 2 个、中段量 2 个、上段量 2 个。

图 4－171 截距（PICH）的检验

e 焊点的检验（图 4 – 172）

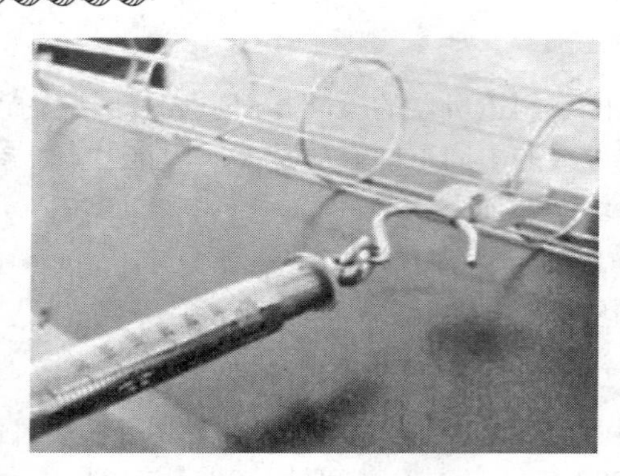

图 4 – 172 焊点的检验

4.8.8 框架的搬运、储存、包装、运输

4.8.8.1 框架的搬运

（1）拉直、切断的钢丝在搬运时应采用多根一起，或扎在钢管上，或放在槽钢内等办法来搬运，以防钢丝局部弯曲。

（2）一个人搬运一条框架时，手臂尽可能向中心两边展开托起框架，拿住圆环箍与竖筋的交点处。两个人搬运一条框架时，分别要以框架的两端为基准，尽可能托开手臂拿住靠近中心圆的环箍，以防弯曲变形。

（3）四只框架的小包装，搬运时要注意两个人的协调性，走路要轻、幅度小，不能使框架引起共振。

（4）搬、运时防止碰撞、冲击、重摔、重压，以免造成损伤、损坏。

4.8.8.2 框架的储存（图 4 – 173）

（1）储存框架的堆放地面必须平整。

（2）堆放时要求包装夹对整。

（3）堆放层数在中间没有横梁架空时，限叠四层。

（4）堆放场所应避免有腐蚀气体，并防止雨淋和浸水。

4.8.8.3 框架的包装

（1）框架包装必须牢固，吊钩设置在包装箱的最上部，防止夹带变形。

（2）包装箱上应挂上“小心轻放，严禁踩踏、防潮”的标记。

（3）包装箱内每隔 2 ~ 3 层用横梁架空，必要时每 4 只框架用一层薄膜包装。

（4）包装箱内或框架上应有“合格”标记。

（5）包装时应注意框架最好一正一反，底盘与头圈不要叠在一起，必须错位，以防压弯（以 4 只一包为例）。

（6）包装夹最好放在靠近框架圆环圈的位置。

框架（袋笼）的包装主要有裸装、塑料袋包装、木箱（木架）包装、铁箱（铁架）包装等，如长途运输，宜采用木箱（木架）包装、铁箱（铁架）包装。

框架的裸装如图 4 – 174 所示。框架塑料袋包装如图 4 – 175 所示。框架木箱包装如图 4 – 176 所示。框架铁箱包装如图 4 – 177 所示。

露天堆放

库存堆放

图 4－173　框架的储存和堆放

图 4－174　框架的裸装

图 4－175　框架塑料袋包装

4.8.8.4　框架的运输

汽车运输如图 4－178 所示。集装箱运输如图 4－179 所示。

图 4－176　木箱（木架）包装

图 4－177　铁箱（铁架）包装

图 4－178 汽车运输

图 4－179 集装箱运输

4.9 管道设计

4.9.1 管道结构设计

4.9.1.1 管道选型

管道截面可采用圆形或矩形，考虑除尘系统的阻力损失和管道强度，一般情况下采用圆形居多。

4.9.1.2 管道流速

管道流速经济一般为15～18m/s，不易超过21m/s。

管道流速小于12m/s，水平管道内将产生大量积尘。

管道流速大于21m/s，管道阻力损失大，但有利于粉尘输送。

除尘管道最低流速可参照GB 50019—2003表6。

4.9.1.3 管道壁厚

	直　管	弯　管
ϕ400mm以下	δ=3～4mm	δ=5～6mm
ϕ400～900mm	δ=4～5mm	δ=6～8mm
ϕ900～1500mm	δ=5～6mm	δ=8～10mm
ϕ1500～2200mm	δ=6mm	δ=10～12mm
ϕ2200～3000mm	δ=6～8mm	δ=10～12mm
ϕ3000～4500mm	δ=8～10mm	δ=12～14mm
ϕ4500～5000mm	δ=12mm	δ=12～14mm
大于ϕ5500mm	δ=14mm	

管道拐弯处的管壁应视粉尘磨琢性大小予以加厚，加厚的幅度在20%～50%。

4.9.1.4 管道材质

直径小于250mm管道	采用螺旋焊管、焊接钢管、无缝钢管或钢板焊管
温度小于400℃管道	采用Q235A钢板卷焊管或螺旋焊管
温度大于400℃管道	采用耐热钢板，可用16Mo或15Mo3

Q235A材料的国家标准如下：

磷小于0.045%，硫小于0.05%，硅小于0.03%

屈服点　σ_s大于235N/mm^2

抗拉强度　σ_b=375～460N/mm^2

管道筋焊接采用连续焊接，加强筋与管道用50mm（或150mm）的间断焊接，碳素钢管材焊接用E43系列型焊条。

4.9.1.5 管道加固

对矩形管道或直径大于ϕ2000mm的除尘管道，通常需对管道增设加强筋进行加固，以增加管道强度和延长管道的使用寿命；同时也便于管道支架跨距的选择布置。

加强筋的规格与管道壁厚、管道内压力情况和烟气温度有关。

A 加强筋的材料

除尘系统的正负压一般都在 8000Pa 以内，加强筋可采用扁钢、角钢、型钢等。常用的规格有：

－50×5mm、－70×5mm、－80×5mm

L50×50×5mm、L63×63×6mm、L70×70×6mm、L80×80×6mm

[No. 10、[No. 12、[No. 16

B 加强筋的间距

（1）圆形管道：在管道的适当间距设横向加强筋，间距一般取 1500～3000mm 以内，当气体温度在 150℃以上时，取 1500mm。

（2）矩形管道：在管道的适当间距设横向和纵向加强筋，间距一般在 400～800mm 以内。

圆形管道横向加固筋的尺寸如表 4－30 所示。

表 4－30 管道横向加固筋尺寸

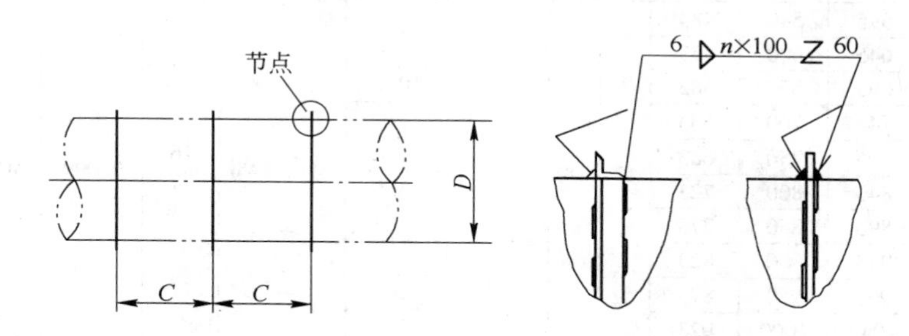

<table>
<tr><th rowspan="3">管子外径×厚度
D×δ/mm</th><th colspan="3">加 固 筋</th></tr>
<tr><th rowspan="2">规 格</th><th colspan="2">间距/mm</th></tr>
<tr><th>用于烟温在 150～500℃时</th><th>用于烟温在 150℃以下</th></tr>
<tr><td>1020×3～1520×3</td><td>－60×6</td><td rowspan="7">1500</td><td rowspan="2">4000</td></tr>
<tr><td>1620×3～2020×3</td><td>L63×63×6</td></tr>
<tr><td>2220×4～2820×4</td><td>L75×75×7</td><td rowspan="2">3000</td></tr>
<tr><td>3020×4～3620×4</td><td>L80×80×8</td></tr>
<tr><td>1620×5～2020×5</td><td>－60×6</td><td>4000</td></tr>
<tr><td>2220×5～2820×5</td><td>L63×63×6</td><td rowspan="2">3000</td></tr>
<tr><td>3020×5～3620×5</td><td>L75×75×7</td></tr>
</table>

4.9.2 管道构件

4.9.2.1 管道法兰（表 4－31）

表 4-31 管道法兰尺寸 (mm)

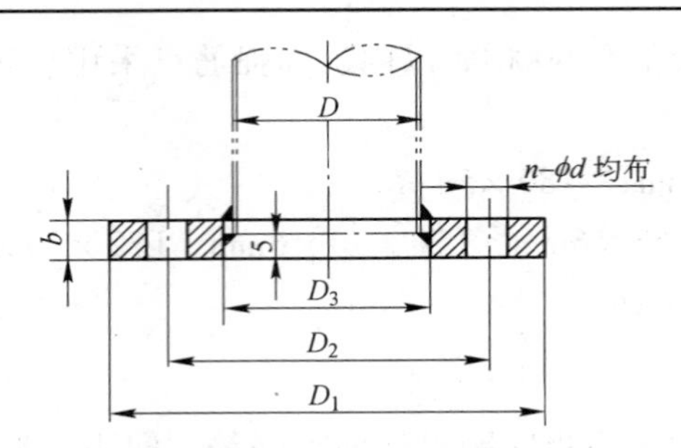

公称管径 Dg	管外径 *D*	D_1	D_2	D_3	*b*	*d*	螺栓孔数 *n*/个	重量 /kg	六角螺栓			六角螺母		
									规格	数量	重量 /kg	规格	数量	重量 /kg
200	219	311	275	221	10	14	8	2.9	M12×40	8	0.019	M12	8	0.016
250	273	365	330	275			12	3.4		12			12	
300	325	427	385	327				4.1						
350	377	479	435	379				5.1						
400	426	528	490	428				5.7						
450	480	595	540	483	12	18		6.6	M16×45		0.099	M16		0.034
500	530	645	600	533				9.4						
550	580	695	650	583			16	10.1		16			16	
600	630	745	700	633				11						
650	680	795	750	683				11.6						
700	720	843	800	723				13.5						
750	770	893	850	773				14.3						
800	820	943	900	823			20	15.2		20			20	
850	870	993	950	873				16						
900	920	1043	1000	923				17						
950	970	1093	1050	973	14	22		20.4	M20×55		0.193	M20		0.062
1000	1020	1153	1100	1023				23.4						
1100	1120	1253	1200	1123				25.8						
1200	1220	1353	1300	1223				26.1						
1300	1320	1453	1400	1323			24	30.1		24			24	
1400	1420	1553	1500	1423	16		28	36.9		28			28	
1500	1520	1653	1610	1523				39.1						
1600	1620	1753	1710	1623				41.7						
1700	1720	1853	1810	1723				44.2						
1800	1820	1963	1910	1823		26		50.1	M24×65		0.335	M24		0.112
1900	1920	2063	2010	1923				52.8						
2000	2020	2163	2110	2023			32	55.4		32			32	
2200	2220	2363	2310	2223	18		36	68.1		36			36	
2400	2420	2563	2510	2423			40	74.6		40			40	
2500	2520	2663	2610	2523				77.1						
2600	2620	2763	2710	2623	20			89.1						
2800	2820	2983	2915	2823		32	44	104.3	M30×75	44	0.626	M30	44	0.234
3000	3020	3183	3115	3023				114.1						
3200	3220	3383	3315	3223	22		52	135.9		52			52	
3400	3420	3583	3515	3423				143.6						
3500	3520	3683	3615	3523			56	147.7		56			56	
3600	3620	3783	3715	3623				152.7						

4.9.2.2 管道弯头

A 管道常用弯头（表4－32）

表4－32 管道弯头尺寸

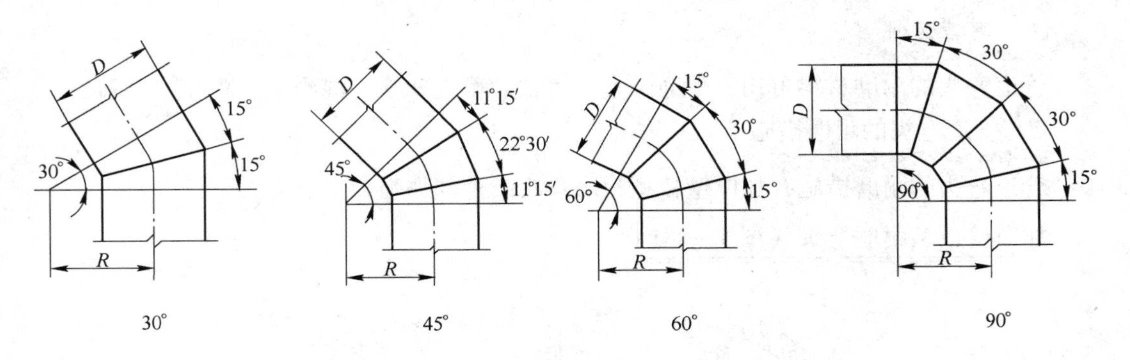

管子直径 Dg/mm	弯曲半径 R/mm	弯曲角度和最少节数							
		90°		60°		45°		30°	
		中节	端节	中节	端节	中节	端节	中节	端节
200～300	R＝Dg，1.5Dg	2	2	1	2	1	2	—	2
350～500	R＝Dg，1.5Dg	2	2	1	2	1	2	—	2
550～1000	R＝Dg	2	2	1	2	1	2	—	2
1100～2500	R＝Dg	3	2	2	2	2	2	—	2
2600～3600	R＝Dg	3	2	2	2	2	2	—	2

注：D为管道外径。

B 直角导流叶片弯头（图4－180）

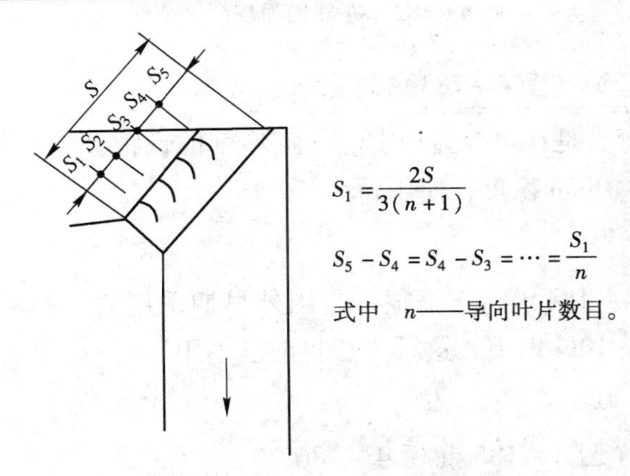

$$S_1=\frac{2S}{3(n+1)}$$

$$S_5-S_4=S_4-S_3=\cdots=\frac{S_1}{n}$$

式中 n——导向叶片数目。

图4－180 直角导流叶片弯头

C 管道弯头的磨损

a 磨损程度

管道弯头的耐磨性：

磨损量与气流流速（v）成0.5～3.3次方比例；磨损量与时间（t）成1.3次方比例。

b 耐磨材料

管道弯头的耐磨材料可用：耐磨合金、铸铁、稀土球铁、混凝土、辉绿岩、陶瓷。

c 管道弯头的耐磨措施

管道弯头的耐磨措施有加厚壁板型耐磨弯头及外部加强型耐磨弯头。

加厚壁板型耐磨弯头（图4－181）

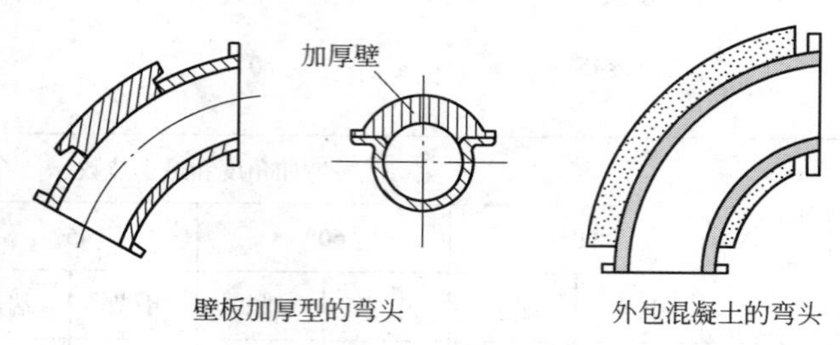

图4－181 加厚壁板型耐磨弯头

外部加强型耐磨弯头（图4－182）

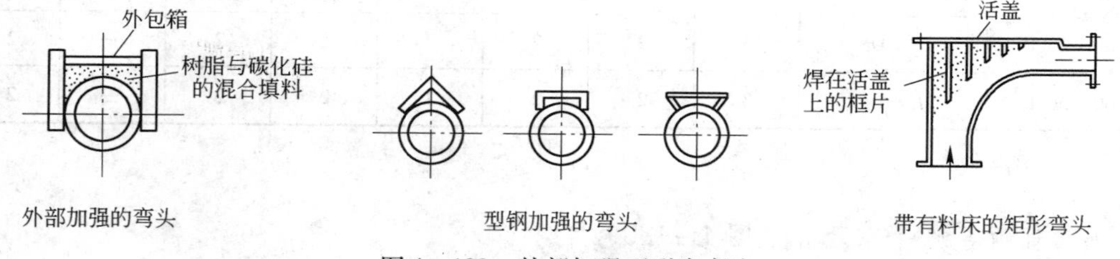

图4－182 外部加强型耐磨弯头

可换盖板型耐磨弯头（图4－183）

可换盖板型耐磨弯头是在可换盖板上焊一定斜度的铁板（也可用耐磨铸铁或辉绿岩）叶片，铁板上固定$\delta=10$mm橡皮，使用耐久。

弯头开缝法

弯头开缝法（图4－184）防止磨损，是国外早期采用的一种不是办法的办法，开缝后，附加风量约控制在10%以下，这种方法目前已不用。

4.9.2.3 管道三通

A 常用三通管（图4－185和图4－186）

支管应逐步扩展并具有30°角或小于45°角，如可能，支管不要设在主管的底部。

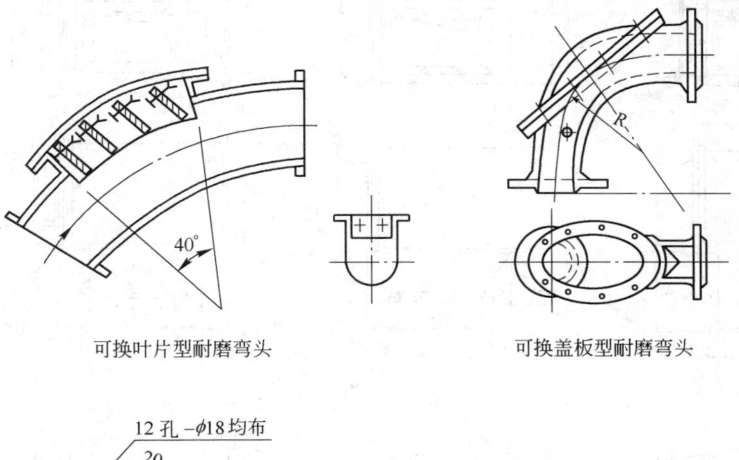

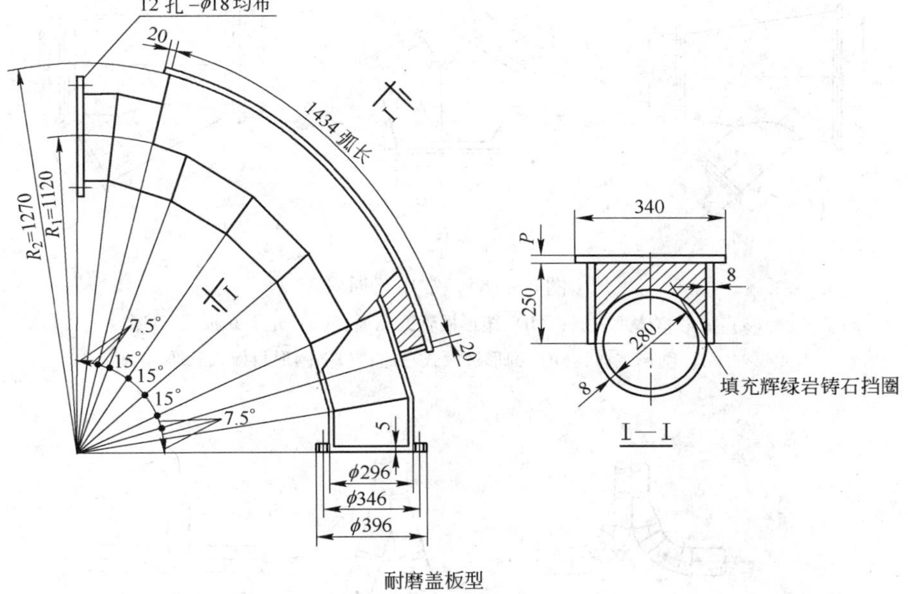

图 4-183 可换盖板型耐磨弯头

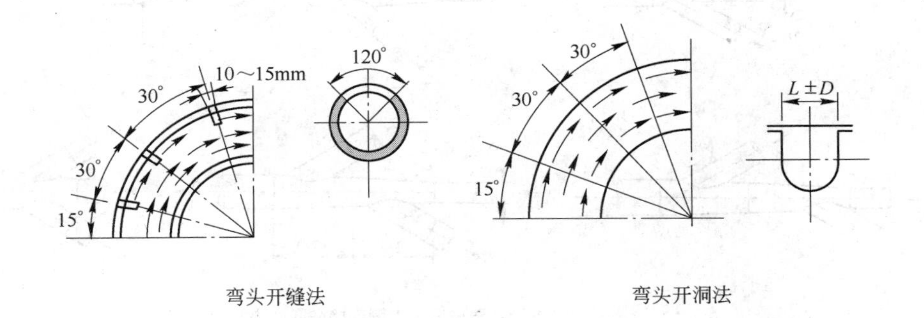

图 4-184 弯头开缝法

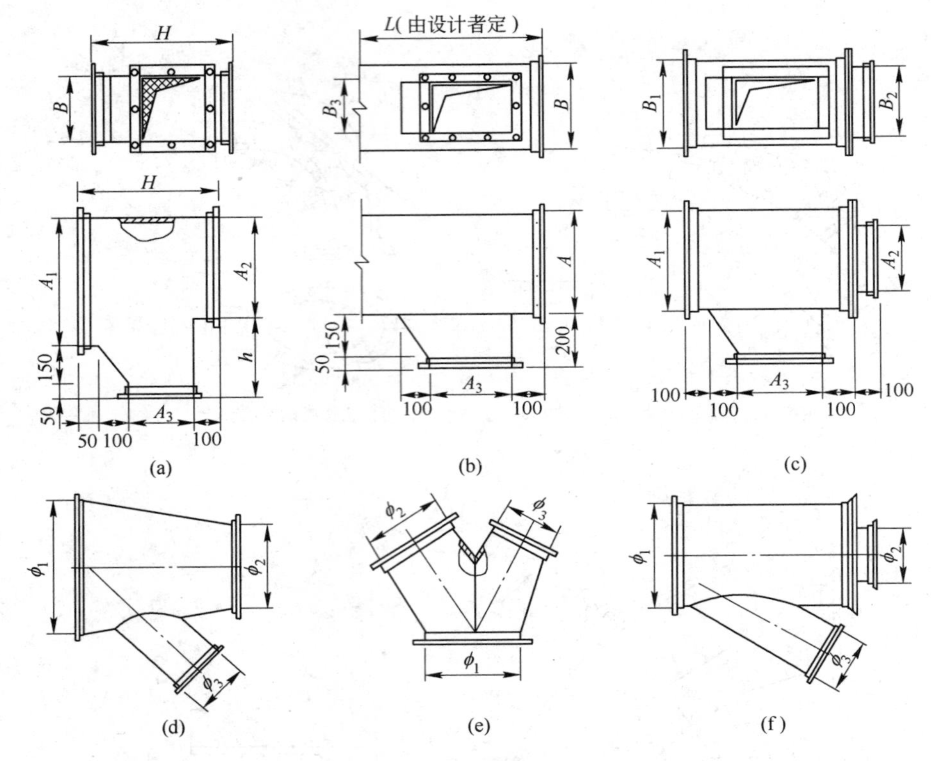

图 4－185 常用三通管

（a）矩形整体式三通；（b）矩形插管式三通；（c）矩形封板式三通；（d）圆形三通；（e）圆形裤衩式三通；（f）圆形封板式三通

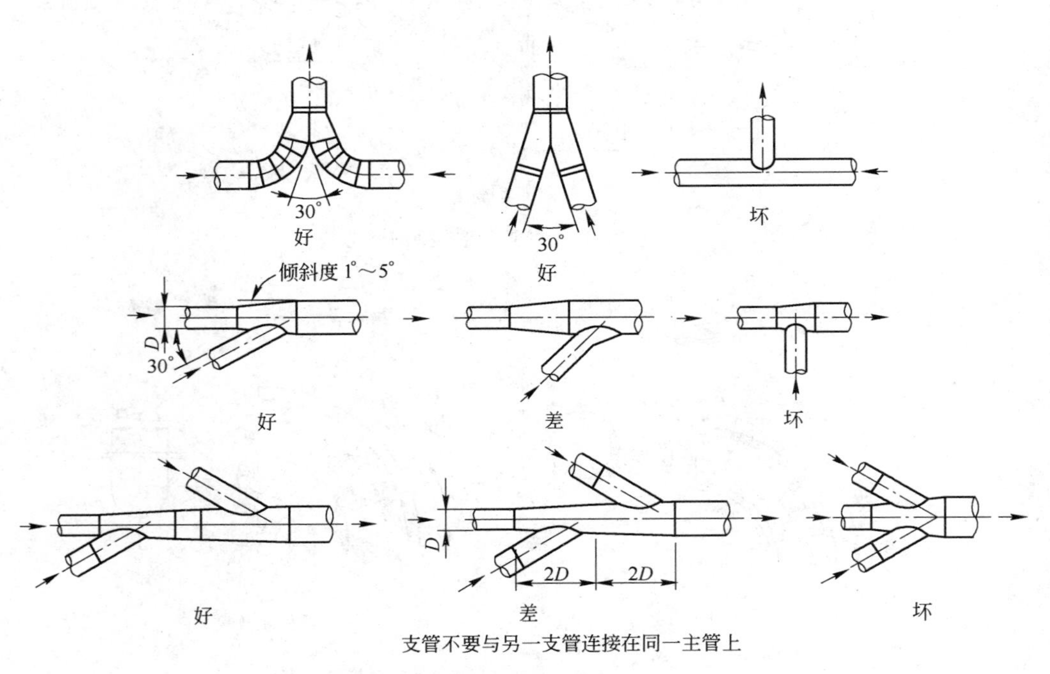

图 4－186 通风管道常用的三通结构形式

B 等径三通管（双接板式）（图4－187和表4－33）

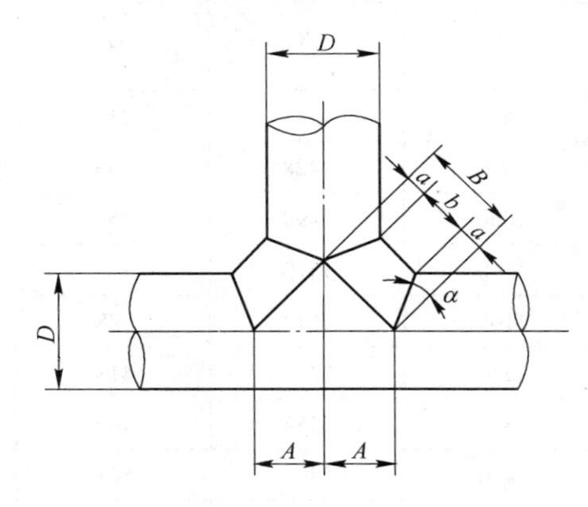

图4－187 等径三通管

已知：$\alpha = 22°30'$ $\tan 22°30' = 0.4142$ 选定：$A = D/2 + 200$

则：$a = D/2 \times \tan 22°30' = 0.2071$ $B = 1.414 \times A$ $b = B - 2a$

表4－33 等径三通管（双接板）尺寸 （mm）

公称管径 Dg	管外径 D	A	B	a	b	备 注
200	219	310	353	45	263	
250	273	337	447	57	363	
300	325	363	513	67	379	
350	377	389	550	78	394	
400	426	413	584	88	408	
450	480	440	622	99	424	
500	530	465	658	110	438	
550	580	490	693	120	453	
600	630	515	728	130	468	
650	680	540	764	141	482	
700	720	560	792	149	494	
750	770	585	827	159	508	
800	820	610	863	170	523	
850	870	635	898	180	538	
900	920	660	933	191	551	
950	970	685	969	201	567	
1000	1020	710	1004	211	582	
1100	1120	760	1075	232	611	
1200	1220	810	1145	253	639	
1300	1320	860	1216	273	670	
1400	1420	910	1287	294	699	

续表 4－33

公称管径 Dg	管外径 D	A	B	a	b	备 注
1500	1520	960	1357	315	727	
1600	1620	1010	1428	336	756	
1700	1720	1060	1499	356	787	
1800	1820	1110	1570	377	816	
1900	1920	1160	1640	398	844	
2000	2020	1210	1711	418	875	
2200	2220	1310	1852	460	932	
2400	2420	1410	1994	501	992	
2500	2520	1460	2064	522	1020	
2600	2620	1510	2135	543	1049	
2800	2820	1610	2277	584	1109	
3000	3020	1710	2418	625	1168	
3200	3220	1810	2559	667	1225	
3400	3420	1910	2700	708	1284	
3500	3520	2010	2842	729	1384	
3600	3620	2110	2984	750	1484	

C 异径三通管（单接板式）（图 4－188）

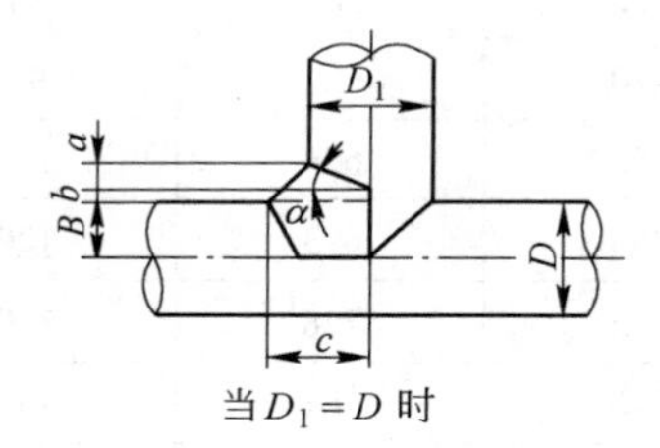

当 $D_1 = D$ 时

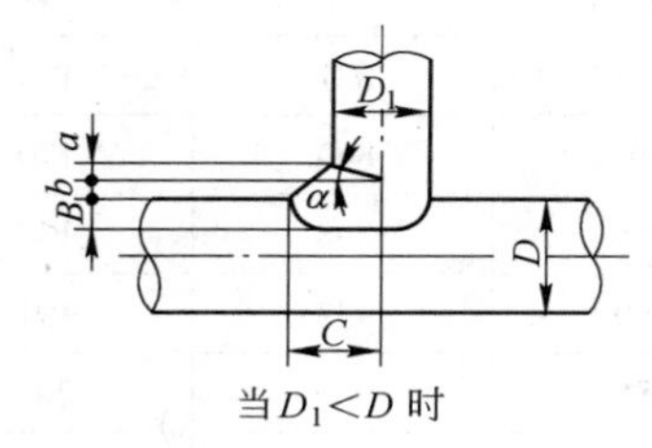

当 $D_1 < D$ 时

图 4－188 异径三通管

已知：$\alpha = 22°30'$，$\tan 22°30' = 0.4142$

选定：$b = 0.2D_1$

则：$a = \frac{D_1}{2} \times \tan 22°30'$，$C = a + b + \frac{D_1}{2}$，$B = \frac{D}{2} - \left[\left(\frac{D}{2}\right)^2 - \left(\frac{D_1}{2}\right)^2\right]^{\frac{1}{2}}$

4.9.2.4 管端堵板（图4-189和表4-34）

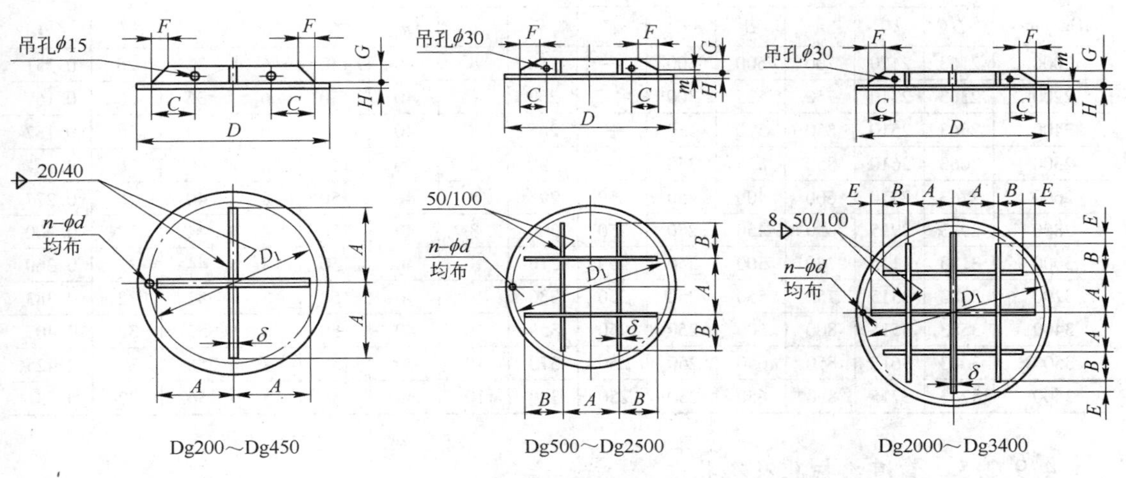

图4-189 管端堵板图

表4-34 管端堵板尺寸

公称管径 Dg/mm	堵板尺寸表											螺栓孔		重量 /kg
	D	D_1	A	B	C	E	F	H	m	G	δ	n	d	
200	311	275	110	—	50	—	40	4	—	40	4	8	14	0.008
250	365	330	130	—	60	—	40	4	—	40	4	12	14	0.009
300	427	385	150	—	70	—	50	5	—	50	4	12	14	0.013
350	479	435	170	—	80	—	50	5	—	50	4	12	14	0.016
400	528	490	200	—	80	—	50	5	—	50	4	12	14	0.017
450	595	540	200	—	80	—	50	5	—	50	4	12	18	0.019
500	645	600	200	140	80	—	70	6	25	75	6	12	18	0.029
550	695	650	200	150	90	—	75	6	25	75	6	16	18	0.033
600	745	700	250	160	100	—	80	6	25	75	6	16	18	0.036
650	795	750	250	170	110	—	85	6	25	75	6	16	18	0.037
700	843	800	300	180	110	—	90	6	25	100	6	16	18	0.043
750	893	850	300	200	120	—	95	6	25	100	6	16	18	0.046
800	943	900	300	230	120	—	115	6	25	100	6	20	18	0.049
850	993	950	300	240	130	—	120	6	25	100	6	20	18	0.051
900	1043	1000	350	250	140	—	130	6	25	110	6	20	18	0.057
950	1093	1050	350	260	150	—	130	6	25	110	6	20	22	0.058
1000	1153	1100	400	265	150	—	130	6	25	110	6	20	22	0.062
1100	1253	1200	450	280	160	—	140	7	25	120	6	20	22	0.076
1200	1353	1300	450	305	180	—	150	7	25	120	6	20	22	0.081
1300	1453	1400	500	340	200	—	170	7	25	120	6	24	22	0.089
1400	1553	1500	550	350	210	—	175	7	30	130	6	28	22	0.097
1500	1653	1610	600	360	250	—	180	7	30	130	6	28	22	0.102
1600	1753	1710	600	410	250	—	205	8	30	130	6	28	22	0.120
1700	1853	1810	650	430	250	—	215	8	40	140	6	28	22	0.131
1800	1963	1910	650	450	280	—	225	8	40	140	6	28	26	0.138
1900	2063	2010	700	470	280	—	240	8	40	140	6	28	26	0.144

续表 4 - 34

公称管径 Dg/mm	堵板尺寸表											螺栓孔		重量 /kg
	D	D_1	A	B	C	E	F	H	m	G	δ	n	d	
2000	2163	2110	700	500	300	—	250	8	40	140	6	32	26	0.151
2200	2363	2310	750	525	300	—	260	8	40	150	6	36	26	0.167
2400	2563	2510	850	570	350	—	285	8	40	150	6	40	26	0.182
2500	2663	2610	850	575	350	—	290	8	40	150	6	40	26	0.187
2600	2763	2710	600	400	250	250	295	8	40	150	8	40	26	0.277
2800	2983	2915	650	450	250	250	300	8	40	150	8	44	32	0.300
3000	3183	3115	700	500	250	250	310	10	40	150	8	44	32	0.360
3200	3383	3315	750	550	250	250	330	10	40	150	8	52	32	0.383
3400	3583	3515	800	600	250	250	350	10	40	150	8	52	32	0.407
3500	3683	3615	850	650	250	250	370	10	40	150	8	56	32	0.425
3600	3783	3715	850	650	250	250	390	10	40	150	8	56	32	0.431

4.9.2.5 管道吹扫孔及人孔

A 吹扫孔

管道吹扫孔是管网系统上用作吹扫管内积灰的孔口，一般设在管网系统的端部，如图 4 - 190 所示。

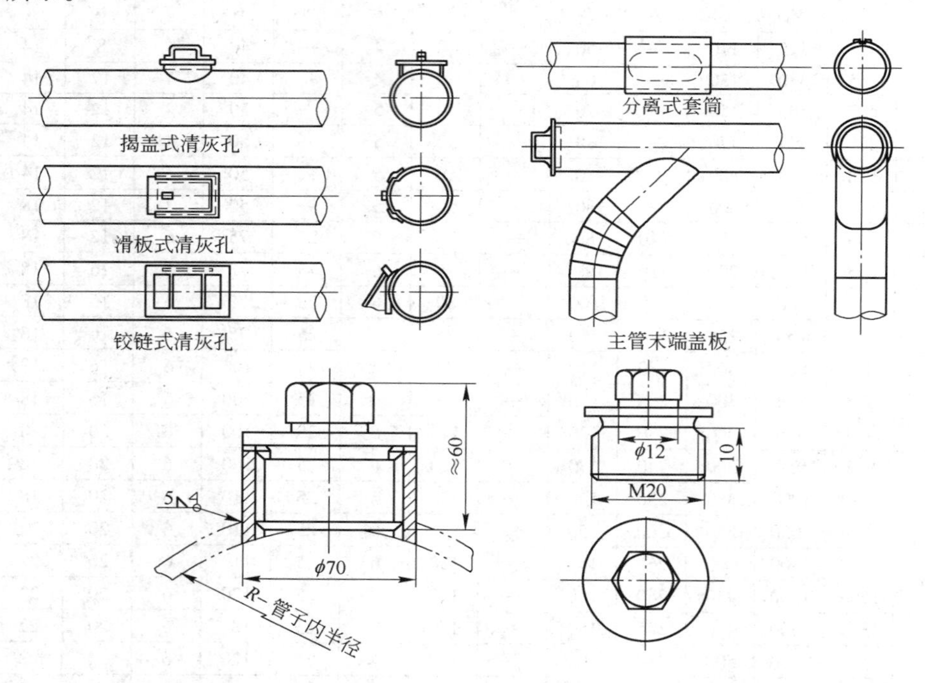

图 4 - 190 管道吹扫孔

B φ500mm 圆形焊制人孔

φ500mm 圆形焊制人孔（图 4 - 191）一般安在灰斗或管网上作检查及清扫用，总重：为 35.2kg。

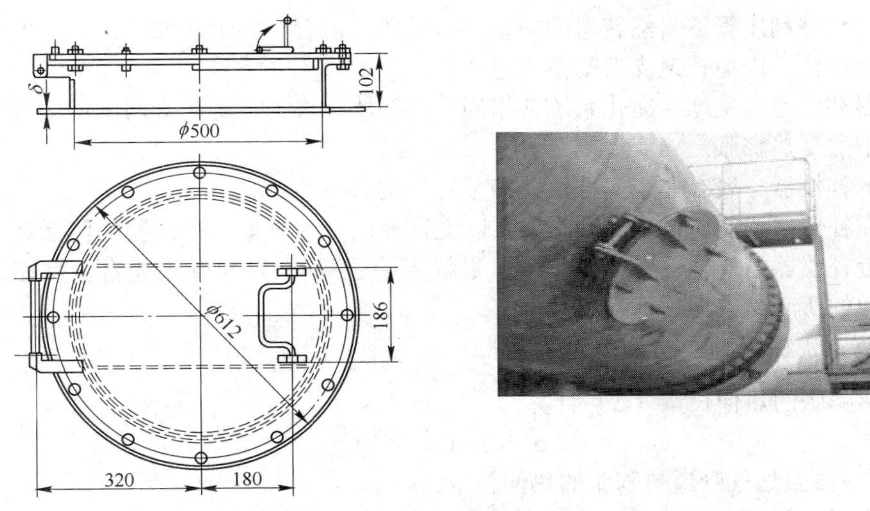

图 4－191 ϕ500mm 圆形焊制人孔

C 500mm × 600mm 矩形保温人孔

500mm × 600mm 矩形保温人孔（图 4－192）一般安在灰斗或管网上作检查及清扫用，它具有保温功能，总重为 49.6kg。

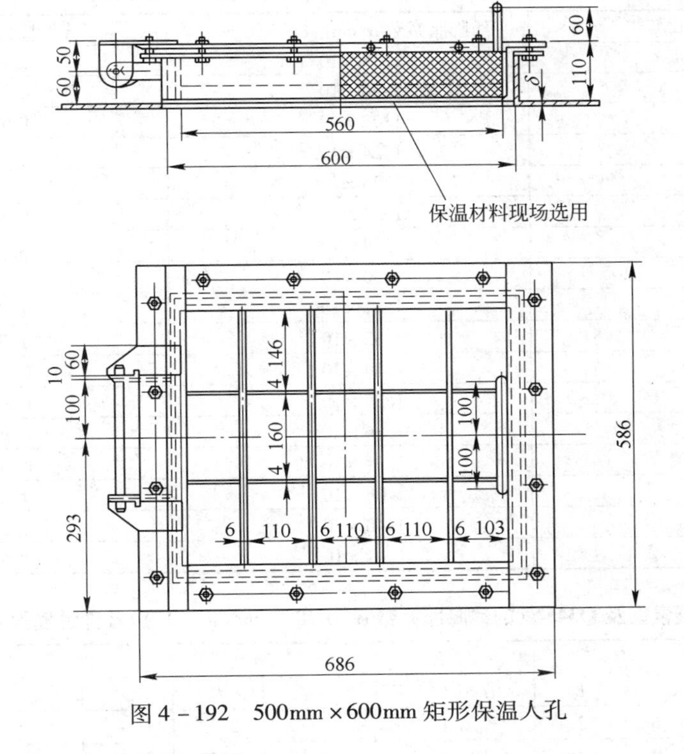

图 4－192 500mm × 600mm 矩形保温人孔

4.9.2.6 管道热膨胀与补偿器

A 管道的热膨胀

管道受热膨胀伸长产生推力，其热膨胀的补偿方法有自然补偿和补偿器补偿两种。

自然补偿是利用管道自然转弯的伸缩进行补偿，但管径在Dg1000mm以上的管道，不宜采用自然补偿，以免管道支架受扭力过大。

补偿器补偿是高温烟气净化系统常用的一种补偿方法，它是在管网中增设补偿器，以吸收管道中的受热膨胀。

管道的补偿器一般有非金属补偿器和金属补偿器两种。

一般在补偿器两侧应设置活动支架，以支持补偿器的重量，补偿器两侧活动支架的跨距以越靠近补偿器越好，一般为3~4m，最好不超过6m，以使管道能自由伸缩，两个固定支架之间的所有支架均为活动支架。

a 管道的热膨胀量

管道热膨胀的热伸长量（Δ）计算：

$$\Delta = L\alpha(t_2 - t_1) \tag{4-3}$$

式中 Δ——高温烟气管道热膨胀的热伸长量，cm；

L——管道长度，m；

α——管道线膨胀系数（表4-35、表4-36），cm/(m·℃)；

t_1——管壁外温度，℃，按当地最冷月平均温度或冬季采暖计算温度计；

t_2——管壁最高温度，℃（不是指烟气最高温度）。

表4-35 普通碳素钢在不同温度下的线膨胀系数及弹性模数

管壁温度 t/℃	线膨胀系数 α/cm·(m·℃)$^{-1}$	弹性模数 E/kg·cm^{-2}
20	1.18×10^{-3}	2.05×10^{6}
75	1.20×10^{-3}	1.99×10^{6}
100	1.22×10^{-3}	1.975×10^{6}
125	1.24×10^{-3}	1.95×10^{6}
150	1.25×10^{-3}	1.93×10^{6}
175	1.27×10^{-3}	1.915×10^{6}
200	1.28×10^{-3}	1.875×10^{6}
225	1.30×10^{-3}	1.847×10^{6}
250	1.31×10^{-3}	1.82×10^{6}
275	1.32×10^{-3}	1.79×10^{6}
300	1.34×10^{-3}	1.755×10^{6}
325	1.35×10^{-3}	1.727×10^{6}
350	1.36×10^{-3}	1.695×10^{6}
375	1.37×10^{-3}	1.665×10^{6}
400	1.38×10^{-3}	1.63×10^{6}
425	1.40×10^{-3}	1.60×10^{6}
450	1.41×10^{-3}	1.57×10^{6}

表4-36 优质碳素钢及Q345钢的线膨胀系数 α（$\times10^{-3}$cm/(m·℃)）及弹性模数 E（$\times10^{6}$kg/cm^2）

钢 号		10		15		20		25		Q345	
符 号		α	E	α	E	α	E	α	E	α	E
计算温度/℃	20	1.16	2	—	2.02	—	2.02	—	2.02	—	2.1
	100	1.19	1.95	1.19	1.96	1.16	1.87	1.11	2	1.20	2.08
	200	1.26	1.85	1.25	1.88	1.26	1.79	1.23	1.95	1.26	2.05
	300	1.28	1.75	1.3	1.75	1.28	1.7	1.28	1.89	1.32	1.97
	400	1.3	1.6	1.33	1.61	1.3	1.51	1.33	1.67	1.37	1.89

b 管道的摩擦推力

管道的摩擦推力（N，kg）为：

$$N = \mu Q \tag{4-4}$$

式中 Q——垂直荷载（包括管道自重、灰重、保温材料重量等），kg；

μ——摩擦系数，对于活动支架，钢与钢接触处 $\mu=0.3$，钢与混凝土接触处 $\mu=0.6$，对于滚珠支架，钢与钢接触处 $\mu=0.1$。

B 管道的非金属补偿器

非金属补偿器一般不但具有吸收管道热胀、冷缩所产生的变形的功能，而且在用于风机等设备的连接上，还可有消声隔振作用。

a 柔性橡胶膨胀器

RBD 型柔性橡胶膨胀器是原冶金部武汉钢铁设计研究院于 1988 年开发的一种非金属补偿器。

RBD 型柔性橡胶膨胀器（图 4－193）主要由以下三部分组成：

柔性膨胀波纹管：供伸缩用。

金属密封法兰：将柔性膨胀波纹管夹在中间，供密封用。

金属套管：供防止粉尘集聚在柔性波纹短管内，影响伸缩，其一端固定在管道上，另一端自由伸缩。

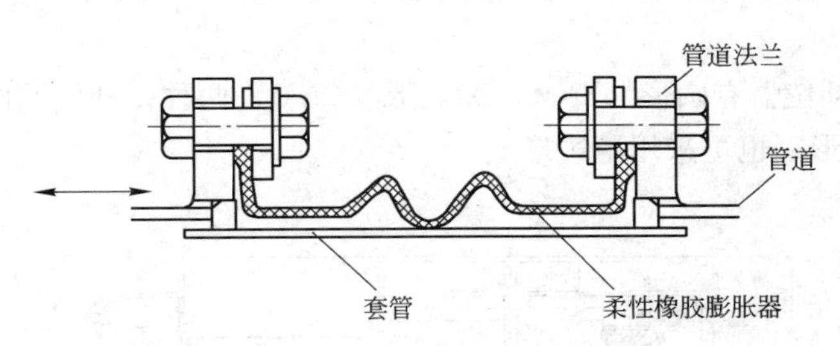

图 4－193 柔性橡胶膨胀器

RBD 型柔性橡胶膨胀器的技术性能

使用温度：	中温型	－40～120℃
	高温型	－40～300℃
使用压力		1000mmH_2O
补偿量 Δ		100mm （安装时根据温度可适当预伸缩，可增加膨胀量）
材　质		波纹由橡胶制成（不宜用于含强酸强碱气体）
扯断强度		80kg/cm^2
扯断伸长率		400%
规　格		ϕ400～3400mm

RBD 型柔性橡胶膨胀器的主要特性：

（1）金属膨胀器在伸缩时出现的反弹力，对固定支架会产生很大的推力，致使固定支架的断面大、耗材多，而柔性橡胶膨胀器则无此问题。

（2）由于柔性橡胶膨胀器所需的固定支架断面小、占地少，并简化了支架的计算，有利于旧厂改造中的布置。

（3）RBD 型柔性橡胶膨胀器重量轻、体积小、安装和更换方便、运输方便、不怕碰撞、不会变形。

（4）RBD 型柔性橡胶膨胀器只能沿管道轴向伸缩，不宜横向运动，所以需要稳固的导向滚动或滑动支架，要求摩擦力小，为此在柔性橡胶膨胀器两端应设置导向支架。膨胀器的管段安装应当是一条直线，不允许用膨胀器来适应管路安装的偏差。

（5）固定支架所受的力大致有管内介质产生的盲板力、使膨胀器一定移位所需的力、滚动或滑动支架的摩擦力等。

为此，在下列位置处应设固定支架：管道盲板处、流动方向改变处、管道大的变径处、膨胀器的两端、管道分支处。

（6）安装膨胀器时应按当地室外温度进行预拉伸。

b　NM 型非金属补偿器

NM 型非金属补偿器是由一个柔性补偿元件（圈带）与两个端管法兰组成的挠性部件（图 4－194）。

柔性补偿元件（圈带）采用硅橡胶、氟橡胶、三元乙丙烯橡胶和玻璃纤维布压制硫化处理而成。

NM 型非金属补偿器有圆形（SNM）和矩形（CNM）两种，补偿元件（圈带）与两个端管连接采用直通形，也可采用翻边形式。

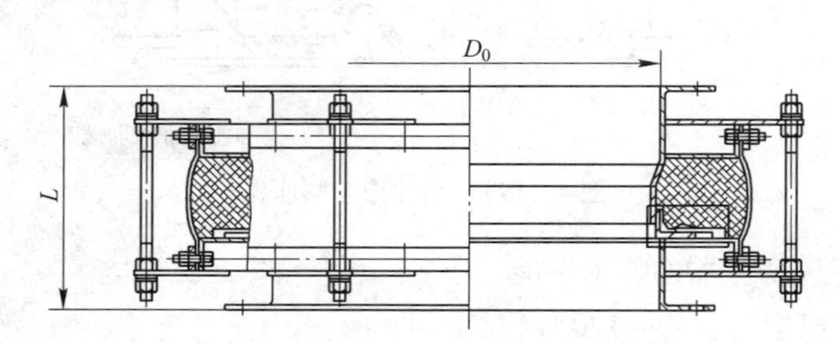

图 4－194　NM 型非金属补偿器

NM 型非金属补偿器主要性能

设备承受压力　　≤0.03MPa

温度等级　　9 级

等级	A	B	C	D	E	F	G	H	I
温度/℃	常温	≤100	≤150	≤250	≤350	≤450	≤550	≤700	≥700

规　　格　圆形非金属补偿器（SNM）　　DN200～6000mm

　　　　　矩形非金属补偿器（CNM）　　外径边长 200～6000mm

连接尺寸　安装长度与位移量的大小有直接关系，安装长度与位移补偿量见表 4－37。

表 4-37 安装长度与位移补偿量

位移方向	安装长度/mm	300	350	400	450	500	550	600	700
		补偿量/mm							
轴向位移	压缩 $-X$	-30	-45	-60	-70	-90	-100	-120	-150
	拉伸 $+X$	+10	+15	+20	+25	+30	+35	+40	+50
横向位移	圆形（SNM）	±15	±20	±25	±30	±35	±40	±45	±50
	矩形（CNM）	±8/±4	±10/±6	±12/±8	±16/±10	±18/±12	±20/±14	±22/±16	±25/±18

NM 型非金属补偿器主要特征：

（1）非金属补偿器可在较小的长度范围内提供多维的位移补偿，与金属补偿器相比，简化了补偿器的结构形式。

（2）由于非金属补偿器元件采用橡胶、聚四氟乙烯与无碱玻璃纤维复合材料，具有方向性补偿和吸收热膨胀推力的能力，几乎无反弹力，简化了管路设计。

（3）橡胶玻璃纤维复合材料能减少系统产生的噪声和振动。

（4）采用不同的橡胶复合材料和圈带内部设置的隔热材料，可适应较宽的温度范围。

（5）结构简单、重量轻、安装维修方便。

c 插入式补偿器

ϕ4500mm 插入式补偿器如图 4-195 所示。ϕ4500mm 插入式补偿器重量为 2713.32kg。

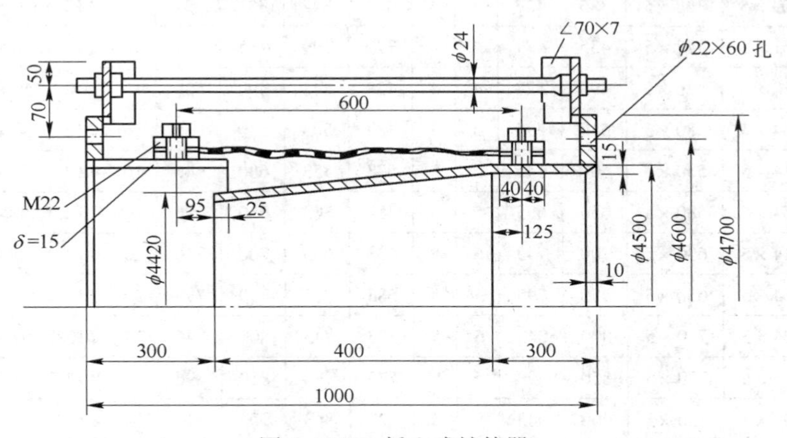

图 4-195 插入式补偿器

d 套筒形补偿器（图 4-196）

套筒形补偿器主要性能规格

工作温度　　≤120℃

伸 缩 量　　<100mm

伸缩材料　　双层涤纶帆布（外刷调和漆两遍）

结构尺寸　　Dg200～3600mm（表 4-38）

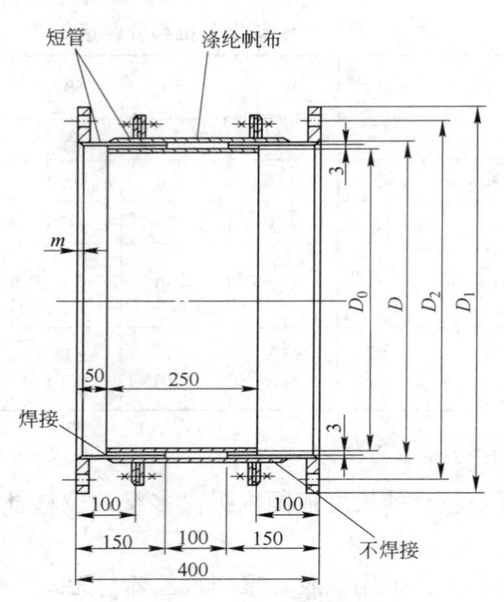

图 4-196 套筒形补偿器

表 4-38 套筒形补偿器尺寸 (mm)

公称管径 Dg	管外径 D	$D_4\times\delta$	$D\times\delta$	D_2	D_1	m	h_0	ϕ_0	ϕ_1	ϕ_2	ϕ_3	$n-f$	角钢 $b\times b\times\delta$	扁钢 $a\times\delta$
200	219	203×5	219×5	275	311	4	4	221	241	275	309	8-Φ12	40×40×5	30×5
250	273	257×5	273×5	330	365	4	4	275	295	330	364	12-Φ12	40×40×5	30×5
300	325	309×5	325×5	385	427	4	4	327	347	385	431	12-Φ12	50×50×5	40×5
350	377	361×5	377×5	435	479	4	4	379	399	435	481	12-Φ12	50×50×5	40×5
400	426	410×5	426×5	490	528	4	4	428	448	490	536	16-Φ12	50×50×5	40×5
450	480	464×5	480×5	540	595	5	5	483	503	540	586	16-Φ12	50×50×5	40×5
500	530	514×5	530×5	600	645	5	5	533	553	600	646	16-Φ12	50×50×5	40×5
550	580	564×5	580×5	650	695	5	5	583	603	650	696	16-Φ12	50×50×5	40×5
600	630	614×5	630×5	700	745	5	5	633	653	700	746	20-Φ12	50×50×5	40×5
650	680	664×5	680×5	750	795	5	5	683	703	750	796	20-Φ12	50×50×5	40×5
700	720	704×5	720×5	800	843	5	5	723	743	800	846	24-Φ12	50×50×5	40×5
750	770	754×5	770×5	850	893	5	5	773	793	850	896	24-Φ12	50×50×5	40×5
800	820	804×5	820×5	900	943	5	5	823	843	900	946	24-Φ12	50×50×5	40×5
850	870	854×5	870×5	950	993	5	5	873	893	950	996	24-Φ12	50×50×5	40×5
900	920	904×5	920×5	1000	1043	5	5	923	943	1000	1046	24-Φ12	50×50×5	40×5
950	970	954×5	970×5	1050	1093	6	6	973	993	1050	1096	24-Φ12	50×50×5	40×5
1000	1020	1004×5	1020×5	1100	1153	6	6	1023	1043	1100	1146	28-Φ12	50×50×5	40×5
1100	1120	1102×6	1120×6	1200	1253	6	6	1123	1143	1200	1246	32-Φ12	50×50×5	40×5
1200	1220	1202×6	1220×6	1300	1353	6	6	1223	1243	1300	1346	32-Φ12	50×50×5	40×5
1300	1320	1302×6	1320×6	1400	1453	6	6	1323	1343	1400	1446	36-Φ12	50×50×5	40×5

续表 4-38

公称管径 Dg	管外径 D	$D_4 \times \delta$	$D \times \delta$	D_2	D_1	m	h_0	ϕ_0	ϕ_1	ϕ_2	ϕ_3	$n-f$	角钢 $b \times b \times \delta$	扁钢 $a \times \delta$
1400	1420	1402×6	1420×6	1500	1553	6	6	1423	1443	1500	1546	36-Φ12	50×50×5	40×5
1500	1520	1502×6	1520×6	1610	1653	6	6	1523	1543	1610	1664	40-Φ12	60×60×6	50×6
1600	1620	1600×7	1620×7	1710	1753	6	6	1623	1643	1710	1764	40-Φ12	60×60×6	50×6
1700	1720	1700×7	1720×7	1810	1853	6	6	1723	1743	1810	1864	44-Φ12	60×60×6	50×6
1800	1820	1800×7	1820×7	1910	1963	6	6	1823	1843	1910	1964	44-Φ12	60×60×6	50×6
1900	1920	1900×7	1920×7	2010	2063	6	6	1923	1943	2010	2064	48-Φ12	60×60×6	50×6
2000	2020	2000×7	2020×7	2110	2163	6	6	2023	2043	2110	2178	48-Φ12	75×75×6	65×6
2200	2220	2200×7	2220×7	2310	2363	8	6	2223	2243	2310	2378	52-Φ12	75×75×6	65×6
2400	2420	2400×7	2420×7	2510	2563	8	6	2423	2443	2510	2578	56-Φ12	75×75×6	65×6
2500	2520	2500×7	2520×7	2610	2663	8	6	2523	2543	2610	2678	56-Φ12	75×75×6	65×6
2600	2620	2600×7	2620×7	2710	2763	8	6	2623	2643	2710	2778	60-Φ12	75×75×6	65×6
2800	2820	2800×7	2820×7	2915	2983	8	6	2823	2843	2915	2983	64-Φ12	75×75×6	65×6
3000	3020	3000×7	3020×7	3115	3183	8	6	3023	3043	3115	3187	68-Φ12	80×80×8	70×8
3200	3220	3200×7	3220×7	3315	3383	8	6	3223	3243	3315	3387	72-Φ12	80×80×8	70×8
3400	3420	3400×7	3420×7	3515	3583	8	6	3423	3443	3515	3587	76-Φ12	80×80×8	70×8
3500	3520	3500×7	3520×7	3615	3683	8	6	3523	3543	3615	3687	80-Φ12	80×80×8	70×8
3600	3620	3600×7	3620×7	3715	3783	8	6	3623	3643	3715	3787	84-Φ12	80×80×8	70×8

套筒形补偿器的主要特征：

（1）套筒形补偿器构造简单。

（2）套筒形补偿器在吸收管道变形时，只产生摩擦推力。

（3）套筒形补偿器安装时要求严格试压，不准漏气。

（4）“膨胀节”所采用的织物安装在平面法兰之间时，织物内部应避免积灰并不应影响管道内部直径的减少。

（5）“膨胀节”安装时应注意管道系统中每个“膨胀节”的气流流向应达到一致。

C 金属补偿器

金属波形补偿器有单波、双波和三波三种类型。

a 金属波形补偿器的技术性能

金属波形补偿器一般采用钢板压制焊接而成，器壁通常为2~3mm，较薄。

金属补偿器的压缩量（或拉伸量）

金属补偿器的压缩量（或拉伸量）Δ 可按式（4-5）计算：

$$\Delta = \Delta_{max} \times n \tag{4-5}$$

式中 Δ——补偿器总的压缩量（或拉伸量），cm；

Δ_{max}——一级补偿器压缩（或拉伸）的最大量（表4-39），cm；

n——补偿器级数。

表 4-39 波形补偿器补偿性能表

公称通径 Dg/mm	每个波节补偿性能Δ/mm							
	预先不拉长				预先拉长$\frac{\Delta}{2}$			
	介质温度/℃							
	≤100	>100~200	>200~300	>300~400	≤100	>100~200	>200~300	>300~400
200~400	11	10	8	7	22	20	16	14
450~1000	18	17	14	12	36	34	28	24
1100~3600	15	14	12	10	30	28	24	20

注：1. 对于双波补偿器，上述补偿性能的数值（Δ）应乘1.7。

2. 对于三波补偿器，上述补偿性能的数值（Δ）应乘2.5。

金属补偿器每节的压缩量（或拉伸量）Δ_{max}也可按式（4-6）计算：

$$\Delta_{max} = \frac{3W}{40} \times \frac{\sigma_s d^2}{E \cdot \delta \cdot K} \tag{4-6}$$

式中 W——由β决定的系数，

$$W = \frac{6.9}{1-\beta}\left(\frac{1-\beta^2}{\beta^2} - \frac{4ln^2\beta}{1-\beta^2}\right) \tag{4-7}$$

β——系数（表4-40）：

$$\beta = \frac{d}{D} \tag{4-8}$$

d——补偿器内径（即管道内径），cm；

D——补偿器外径，cm；

σ_s——钢材在不同温度下的屈服强度（表4-41），kg/cm^2，20、20g钢 $t=400$℃时，$\sigma_s \approx 1300$kg/cm^2，AsF钢[1] $t=200$℃时，$\sigma_s=2510$kg/cm^2；

E——钢材在不同温度下的弹性模数，kg/cm^2，20、20g钢 $t=400$℃时，$E=1.51\times10^6$kg/cm^2；AsF钢[1] $t=200$℃时，$E=1.875\times10^6$kg/cm^2；

δ——补偿器的壁厚，cm，Dg=200~1500mm，$\delta=0.2$cm，Dg=1600~3600mm，$\delta=0.3$cm；

K——安全系数，$P\leqslant2.5$kg/cm^{2}时，$K=1.2$。

表 4-40 波形补偿器计算中用的系数值

公称直径 Dg/mm	管外径 D_W/mm	$\beta=\frac{d}{D}$	W	ϕ
200	219	0.42	12.06	1.583
250	273	0.48	7.169	1.158
300	325	0.52	5.086	0.947
350	377	0.55	3.927	0.817
400	426	0.58	3.023	0.706

[1] AsF钢恐为A3F钢之误。

续表4-40

公称直径 Dg/mm	管外径 D_W/mm	$\beta=\frac{d}{D}$	W	ϕ
450	480	0.54	4.281	0.859
500	530	0.56	3.601	0.778
550	580	0.59	2.768	0.671
600	630	0.61	2.317	0.608
650	680	0.62	2.117	0.579
700	720	0.64	1.763	0.524
750	770	0.65	1.606	0.498
800	820	0.67	1.329	0.450
850	872	0.68	1.206	0.427
900	920	0.69	1.093	0.405
950	970	0.70	0.989	0.384
1000	1020	0.71	0.894	0.364
1100	1120	0.73	0.725	0.326
1200	1220	0.75	0.582	0.290
1300	1320	0.76	0.519	0.273
1400	1420	0.78	0.410	0.242
1500	1520	0.79	0.362	0.227
1600	1620	0.76	0.519	0.274
1700	1720	0.77	0.462	0.257
1800	1820	0.78	0.410	0.242
1900	1920	0.79	0.362	0.227
2000	2020	0.80	0.318	0.213
2200	2220	0.81	0.279	0.198
2400	2420	0.82	0.243	0.185
2500	2520	0.83	0.210	0.172
2600	2620	0.84	0.181	0.159
2800	2820	0.85	0.154	0.146
3000	3020	0.85	0.154	0.146
3200	3220	0.86	0.131	0.135
3400	3420	0.87	0.109	0.123
3500	3520	0.88	0.091	0.112
3600	3620	0.88	0.091	0.112

表4-41 常用钢材的屈服强度 σ_s

钢号	各种温度下的屈服强度/kg·cm^{-2}			
	20℃	100℃	200℃	300℃
A3、A3F	2380	2170	2510	1490
10	2650	2150	2251	1800
15	2200	—	2100	1750
20	2880	—	2340	1700
25	3250	3370	3290	2020

实际应用中，一般只取理论计算补偿器的一级压缩量（或拉伸量）最大值的1/2～2/3，即取（1/2～2/3）Δ 或（1/2～2/3）Δ_{max}。

在预先冷紧50%的条件下，其允许补偿量一般可取 $\Delta_{max}=2\Delta$。

补偿器对固定支架的推力

补偿器达到最大压缩量 Δ_{max} 时，其相应的弹性推力（N_{tx}，kg）按下式计算：

$$N_{tx}=\frac{1.25\delta^2\pi\sigma_s}{(1-\beta)K} \tag{4-9}$$

每级补偿器的单位压缩量（或拉伸量）的弹性推力（N_{so}，kg/cm）为：

$$N_{so}=N_{tx}/\Delta_{max} \tag{4-10}$$

补偿器作用于固定支架上的弹性推力（N_s）与补偿器的冷紧情况和补偿量采用的级数有关，N_s(kg) 可按式（4－11）计算：

$$N_s=\frac{\Delta\delta}{n}N_{so} \tag{4-11}$$

式中 Δ——两固定支架间管段的补偿量，cm；

δ——冷紧系数；不冷紧时，$\delta=1$，冷紧50%时，$\delta=0.5$，对常温管道冷紧时，$\delta=0.63$（考虑安装误差约为20%）；

n——补偿器级数。

补偿器内气压对固定支架的推力

补偿器内气体压力作用在补偿器壁上，一部分为补偿器本身所抵消，一部分通过管道作用于固定支架上，其气体内压产生的推力（N_{ny}，kg）可按式（4－12）计算：

$$N_{ny}=\varphi\frac{Pd^2}{K} \tag{4-12}$$

式中 φ——系数，kg：

$$\varphi=\frac{\pi(1-\beta)(1+2\beta)}{12\beta^2} \tag{4-13}$$

P——管道内气体压力，kg/cm²。

气体作用于管道的盲板力（N_p）

气体作用于管道弯头、堵板上的力称为盲板力 N_p。

通过管道作用于固定支架上的（N_p，kg），可按式（4－14）计算：

$$N_p=\frac{\pi d^2}{4}P \tag{4-14}$$

在高温烟气系统中，P 按 0.1kg/cm² 计算。

b 单波波形补偿器

单波波形补偿器外形结构如图4－197、图4－198所示。

单波波形补偿器尺寸表如表4－42、表4－43所示。

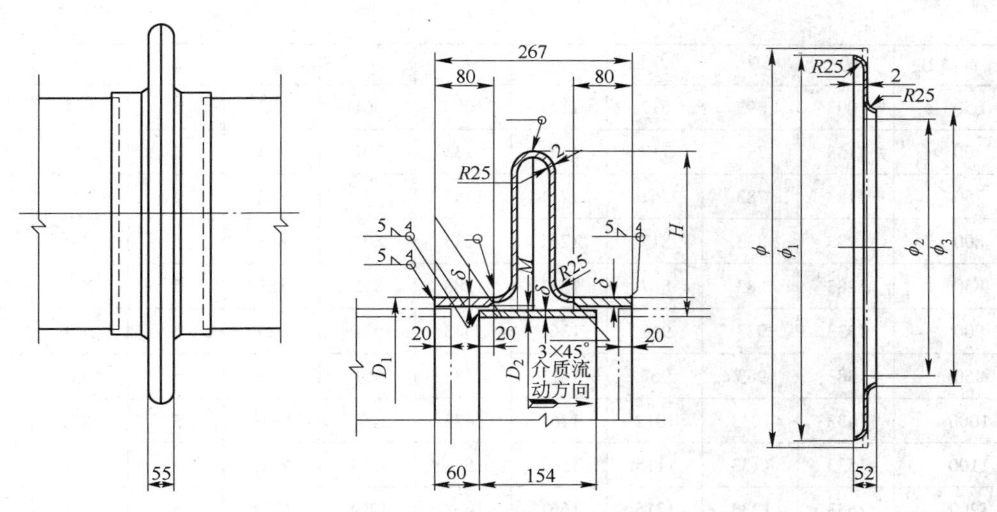

图 4－197 Dg200～1500mm 单波波形补偿器

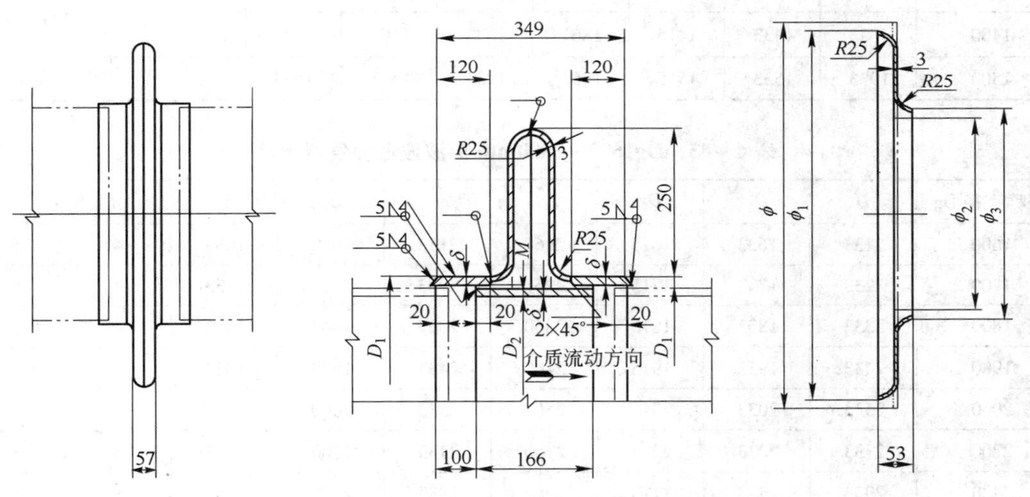

图 4－198 Dg1600～3600mm 单波波形补偿器

表 4－42 Dg200～1500mm 单波波形补偿器尺寸 （mm）

公称直径 Dg	D	D_1	D_2	ϕ	ϕ_1	ϕ_2	ϕ_3	δ	H	M
200	529	229	219	557	529	197	229	3	150	2
250	583	283	273	611	583	251	283	3	150	2
300	635	335	325	663	635	303	335	3	150	2
350	687	387	377	715	687	355	387	3	150	2
400	736	436	426	764	736	404	436	3	150	2
450	894	494	480	922	894	462	494	5	200	2
500	944	544	530	972	944	512	544	5	200	2
550	995	594	580	1022	994	562	594	5	200	2
600	1043	643	627	1071	1043	611	643	5	200	3

续表 4-42

公称直径 Dg	D	D_1	D_2	ϕ	ϕ_1	ϕ_2	ϕ_3	δ	H	M
650	1093	693	677	1121	1093	661	693	5	200	3
700	1133	733	717	1161	1133	701	733	5	200	3
750	1183	783	767	1211	1183	751	783	5	200	3
800	1233	833	817	1261	1233	801	833	5	200	3
850	1283	883	867	1311	1283	851	883	5	200	3
900	1333	933	917	1361	1333	901	933	5	200	3
950	1383	983	967	1411	1383	951	983	5	200	3
1000	1433	1033	1017	1461	1433	1001	1033	5	200	3
1100	1533	1133	1115	1561	1533	1101	1133	5	200	4
1200	1633	1233	1215	1661	1633	1201	1233	5	200	4
1300	1733	1333	1315	1761	1733	1301	1333	5	200	4
1400	1833	1433	1415	1861	1833	1401	1433	5	200	4
1500	1933	1533	1515	1961	1933	1501	1533	5	200	4

表 4-43 Dg1600~3600mm 单波波形补偿器尺寸 (mm)

公称直径 Dg	D	D_1	D_2	ϕ	ϕ_1	ϕ_2	ϕ_3	M	δ
1600	2133	1633	1615	2160	2133	1600	1633	4	5
1700	2233	1733	1715	2260	2233	1700	1733	4	5
1800	2333	1833	1815	2360	2333	1800	1833	4	5
1900	2433	1933	1915	2460	2433	1900	1933	4	5
2000	2533	2033	2015	2560	2533	2000	2033	4	5
2200	2733	2233	2213	2760	2733	2200	2233	5	5
2400	2933	2433	2413	2960	2933	2400	2433	5	5
2500	3033	2533	2513	3060	3033	2500	2533	5	5
2600	3133	2633	2613	3160	3133	2600	2633	5	5
2800	3333	2833	2813	3360	3333	2800	2833	5	5
3000	3533	3033	3013	3560	3533	3000	3033	5	5
3200	3733	3233	3213	3760	3733	3200	3233	5	5
3400	3933	3433	3413	3960	3933	3400	3433	5	5
3500	4033	3533	3513	4060	4033	3500	3533	5	5
3600	4133	3633	3613	4160	4133	3600	3633	5	5

c 双波波形补偿器

双波波形补偿器外形结构如图 4-199、图 4-200 所示。

双波波形补偿器尺寸表如表 4-44、表 4-45 所示。

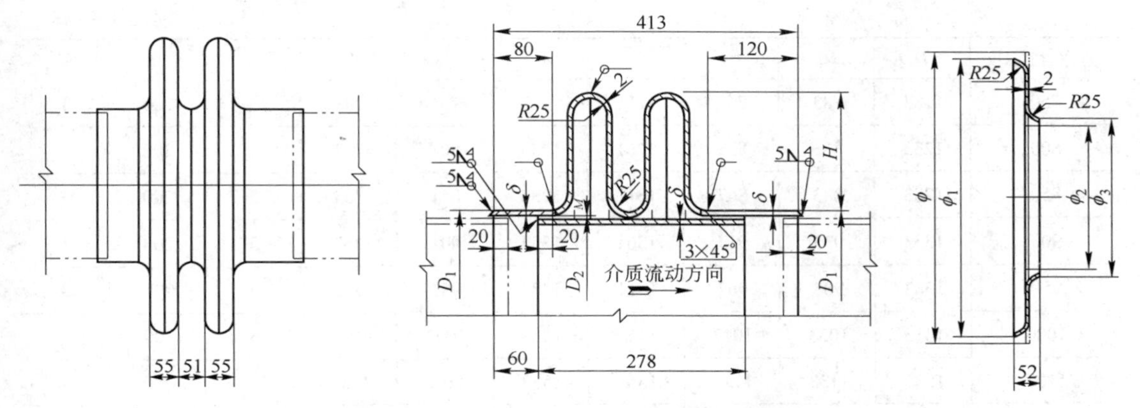

图 4-199 Dg200~1500mm 双波波形补偿器

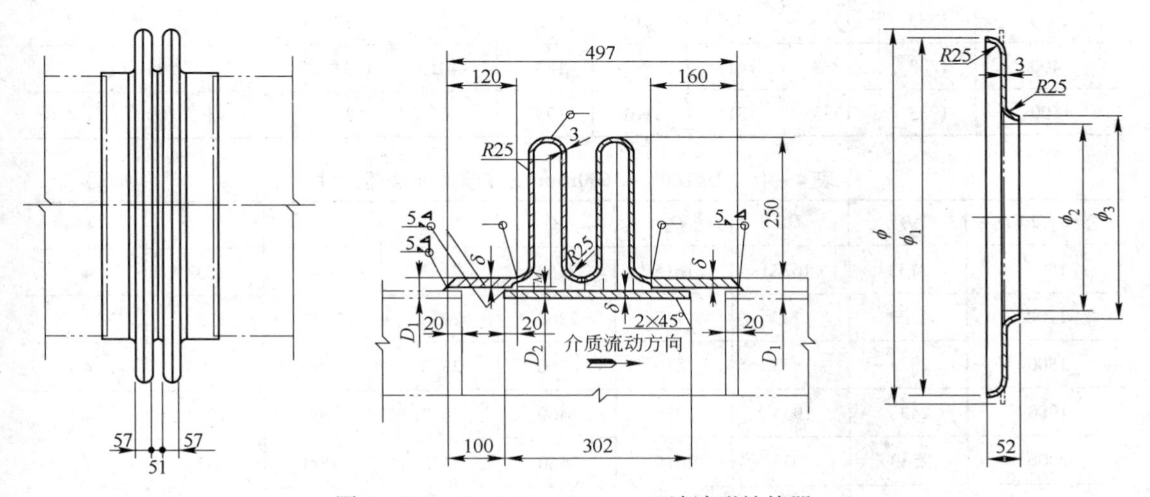

图 4-200 Dg1600~3600mm 双波波形补偿器

表 4-44 Dg200~1500mm 双波波形补偿器尺寸 (mm)

公称直径 Dg	D	D_1	D_2	ϕ	ϕ_1	ϕ_2	ϕ_3	δ	H	M
200	529	229	219	557	529	197	229	3	150	2
250	583	283	273	611	583	251	283	3	150	2
300	635	335	325	663	635	303	335	3	150	2
350	687	387	377	715	687	355	387	3	150	2
400	736	436	426	764	736	404	436	3	150	2
450	894	494	480	922	894	462	494	5	200	2
500	944	544	530	972	944	512	544	5	200	2
550	994	594	580	1022	994	562	594	5	200	2
600	1043	643	627	1071	1043	611	643	5	200	3
650	1093	693	677	1121	1093	661	693	5	200	3
700	1133	733	717	1161	1133	701	733	5	200	3

续表 4－44

公称直径 Dg	D	D_1	D_2	ϕ	ϕ_1	ϕ_2	ϕ_3	δ	H	M
750	1183	783	767	1211	1183	751	783	5	200	3
800	1233	833	817	1261	1233	801	833	5	200	3
850	1283	883	867	1311	1283	851	883	5	200	3
900	1333	933	917	1361	1333	901	933	5	200	3
950	1383	983	967	1411	1383	951	983	5	200	3
1000	1433	1033	1017	1461	1433	1001	1033	5	200	3
1100	1533	1133	1115	1561	1533	1101	1133	5	200	4
1200	1633	1233	1215	1661	1633	1201	1233	5	200	4
1300	1733	1333	1315	1761	1733	1301	1333	5	200	4
1400	1833	1433	1415	1861	1833	1401	1433	5	200	4
1500	1933	1533	1515	1961	1933	1501	1533	5	200	4

表 4－45 Dg1600～3600mm 双波波形补偿器尺寸 (mm)

公称直径 Dg	D	D_1	D_2	ϕ	ϕ_1	ϕ_2	ϕ_3	M
1600	2133	1633	1615	2160	2133	1600	1633	4
1700	2233	1733	1715	2260	2233	1700	1733	4
1800	2333	1833	1815	2360	2333	1800	1833	4
1900	2433	1933	1915	2460	2433	1900	1933	4
2000	2533	2033	2015	2560	2533	2000	2033	4
2200	2733	2233	2213	2760	2733	2200	2233	5
2400	2933	2433	2413	2960	2933	2400	2433	5
2500	3033	2533	2513	3060	3033	2500	2533	5
2600	3133	2633	2613	3160	3133	2600	2633	5
2800	3333	2833	2813	3360	3333	2800	2833	5
3000	3533	3033	3013	3560	3533	3000	3033	5
3200	3733	3233	3213	3760	3733	3200	3233	5
3400	3933	3433	3413	3960	3933	3400	3433	5
3500	4033	3533	3513	4060	4033	3500	3533	5
3600	4133	3633	3613	4160	4133	3600	3633	5

d 三波波形补偿器

三波波形补偿器外形结构如图 4－201、图 4－202 所示。

三波波形补偿器尺寸表如表 4－44、表 4－45 所示。

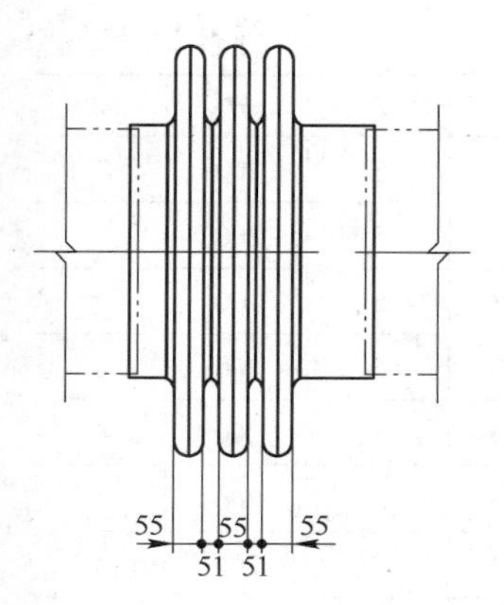

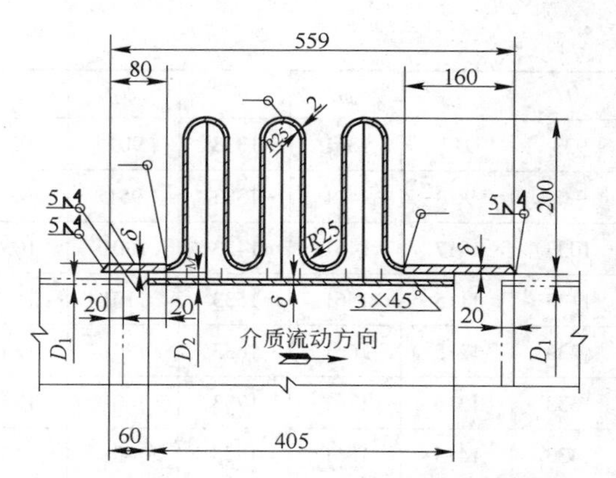

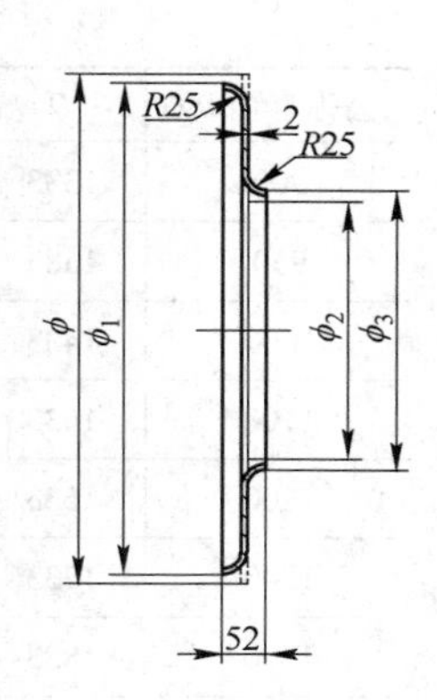

图 4－201 Dg200～1500mm 三波波形补偿器

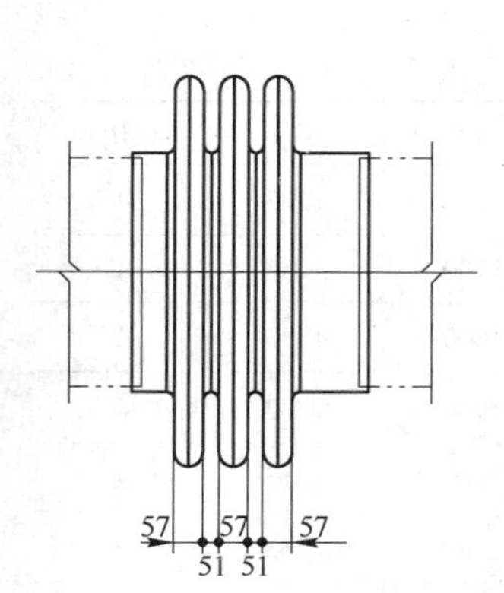

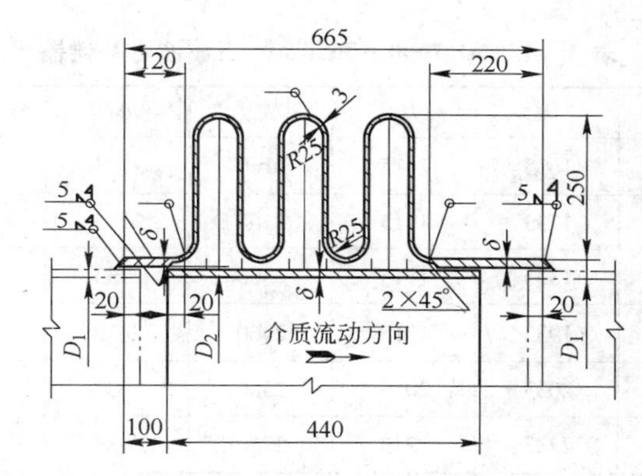

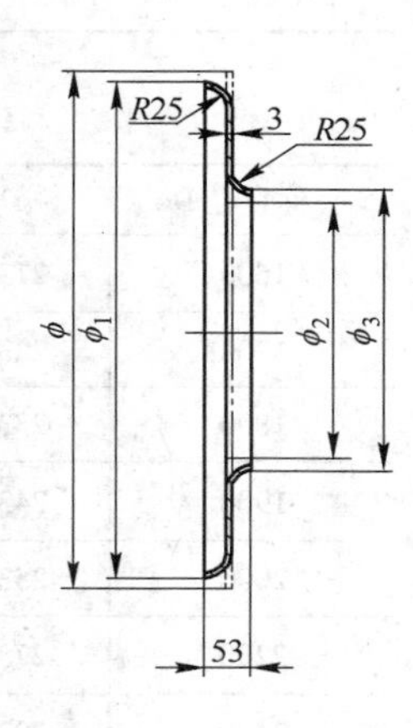

图 4－202 Dg1600～3600mm 三波波形补偿器

表 4－46 Dg200～1500mm 三波波形补偿器尺寸 (mm)

公称直径 Dg	D	D_1	D_2	ϕ	ϕ_1	ϕ_2	ϕ_3	δ	H	M
200	529	229	219	557	529	197	229	3	150	2
250	583	283	273	611	583	251	283	3	150	2
300	635	355	325	663	635	303	335	3	150	2
350	687	387	377	715	687	365	387	3	150	2
400	736	436	426	764	736	404	436	3	150	2
450	894	494	480	922	894	462	494	5	200	2
500	944	544	530	972	944	512	544	5	200	2
550	994	594	580	1022	994	562	594	5	200	2
600	1043	643	627	1071	1043	611	643	5	200	3
650	1093	693	677	1121	1093	661	693	5	200	3
700	1133	733	717	1161	1133	701	733	5	200	3
750	1185	785	767	1211	1183	751	783	5	200	3
800	1233	833	817	1261	1233	801	833	5	200	3
850	1283	883	867	1311	1283	851	883	5	200	3

续表 4－46

公称直径 Dg	D	D_1	D_2	ϕ	ϕ_1	ϕ_2	ϕ_3	δ	H	M
900	1333	933	917	1361	1333	901	933	5	200	3
950	1383	983	967	1411	1383	951	983	5	200	3
1000	1433	1033	1017	1461	1433	1001	1033	5	200	
1100	1533	1133	1115	1561	1533	1101	1133	5	200	4
1200	1633	1233	1215	1661	1633	1201	1233	5	200	4
1300	1733	1333	1315	1761	1733	1301	1333	5	200	4
1400	1833	1433	1415	1861	1833	1401	1433	5	200	4
1500	1933	1533	1515	1961	1933	1501	1533	5	200	4

表 4－47 Dg1600～3600mm 三波波形补偿器尺寸 (mm)

公称直径 Dg	D	D_1	D_2	ϕ	ϕ_1	ϕ_2	ϕ_3	M
1600	2133	1633	1615	2160	2133	1600	1633	4
1700	2233	1733	1715	2260	2233	1700	1733	4
1800	2333	1833	1815	2360	2333	1800	1833	4
1900	2433	1933	1915	2460	2433	1900	1933	4
2000	2533	2033	2015	2560	2533	2000	2033	4
2200	2733	2233	2213	2760	2733	2200	2233	5
2400	2933	2433	2413	2960	2933	2400	2433	5
2500	3033	2533	2513	3060	3033	2500	2533	5
2600	3133	2633	2613	3160	3133	2600	2633	5
2800	3333	2833	2813	3360	3333	2800	2833	5
3000	3533	3033	3013	3560	3533	3000	3033	5
3200	3733	3233	3213	3760	3733	3200	3233	5
3400	3933	3433	3413	3960	3933	3400	3433	5
3500	4033	3533	3513	4060	4033	3500	3533	5
3600	4133	3633	3613	4160	4133	3600	3633	5

4.9.3 管网设计

（1）管网是将车间的排气罩用管道连接到袋式除尘器中形成一个除尘系统的构件。

（2）在开展管网设计前，应对以下数据、资料进行全面了解：

1）车间生产工艺流程及其操作过程；

2）车间生产工艺设备的布置，以及可以设置除尘器设备位置的周围环境；

3）车间建筑布置情况，包括车间行列线布置、柱子结构及断面尺寸、吊车轨面、车间门窗等的布置；

4）污染源的烟气特性：包括风量、温度、烟气成分、含尘浓度、粉尘的磨琢性等；

5）车间各污染源的排气罩规格及其接口的平面位置和标高。

（3）管网的设计步骤：

1）绘制除尘系统草图，包括排风管道布置、风管总管及各支管的长度、三通、弯头、异径管的结构规格、风机及除尘器的位置等均应在系统草图中标明；

2）通过流速的选定，确定风管的规格；

3）计算及平衡除尘系统的压力损失；

4）除尘系统所需的风机、电机型式及规格的确定。

（4）除尘系统管道流速尽可能选用：

吸尘罩到除尘器之间管道　　17～22m/s

水平管道　　大于21m/s

除尘器到风机之间管道　　约17m/s

烟囱出口　　约15m/s

除尘管道最小直径不宜小于 ϕ80mm。

（5）管网的平衡：

1）管网中各分支管之间的平衡应保持在5%～10%左右。

2）在多支管管道系统中，管网一般可以通过设计计算来平衡，但设计中应在支管或排气罩接口处设置阀门，以备实际运行中出现与设计的平衡不符时，可采用阀门来调节补救。

但是，特别应注意的是，切不能完全依赖于阀门的调节而不进行管网的计算平衡。

正常情况下，在管道变径处不应设置阀门，除非在需要的时候。

3）管网平衡方法的比较。由上述情况可见，管网平衡可采取设计计算（即无阀门平衡）及阀门平衡两种方法，设计计算与阀门平衡两种方法的比较如表4－48所示。

表4－48　管网平衡方法的比较

阀门平衡	设计计算（无阀门平衡）
优点： 1. 设计风量的平衡简易、可靠，易于解决支管阻力的不平衡计算，比设计计算简单； 2. 阀门平衡允许设计中有适当的误差，排气量设计预计不足时易于修正； 3. 运行后对改变、调节烟气量的适应性较大； 4. 管道遇到障碍物时，可以适当作一些小的变动	优点： 1. 系统能全面地、清晰地、准确地确定管网的布置； 2. 可避免产生支管最大阻力的不良现象； 3. 能准确地选定除尘系统各部件的规格、型号； 4. 不会像有阀门那样产生不正常的腐蚀和堵塞； 5. 设计中对系统总风量留有适当的裕量（一般富裕系数为10%～15%），有助于弥补管网不平衡时的补充
缺点： 1. 烟气量即使很小心地调节也容易引起改变，由此会产生烟气量的变化，影响排烟效果； 2. 一旦阀门无意中被动过，或安装不合适，会影响排气量，严重时甚至造成管道堵塞； 3. 阀门关闭后会影响活动部位的腐蚀、积灰	缺点： 1. 操作人员想要改变风量时无法调节； 2. 投产后设备改变或添加，只能作微量调节； 3. 对没有实践经验的排风量，只能通过改变管径来解决； 4. 设计计算极为费时

为此，系统设计中应尽量使用设计计算达到各支管的阻力自我平衡，不依赖于阀门平衡的调节。

（6）管道尽可能垂直布置，减少水平管道，以防积灰。

水平管道的支架负荷应考虑管道断面上具有25%的积灰可能。

水平管网的端部应设有清扫孔，立管底部应设有排灰口。

（7）管道与设备的连接应避免积灰，拐弯不宜过多，必要时在靠近管道弯头、管道节头处及阀门的前后应设清扫孔进行检查或清扫。

（8）管网的布置应注意：

1）尽可能支撑在建筑物结构上，户外管道应架空敷设，且要顺向坡，尽量利用管道自由膨胀。

2）根据直径不同，每隔3~6m设一个支架。

3）架空管道底部标高应不妨碍车辆运输，底部标高超过2.5m时，凡装有管道附件和其他经常需要维护操作的部位，应设置平台和梯子。

4）两根管道平行敷设时，应尽量上下排列布置，管道之间应留有一定间距：

大于ϕ600mm的管道净距	不小于600mm
小于ϕ500mm的管道净距	等于管道直径
管壁与墙、柱子的净距	不小于500mm
管底至屋面的净距	600~800mm
考虑屋面的积灰时，管底至屋面的净距	不小于1500mm。

管道穿楼板、墙壁时应设预留孔，预留孔与管道间隙应小于20~100mm。

（9）根据管径不同，管道需设加强筋。

（10）为消除管内气体摩擦产生静电，管道应进行可靠的接地，每隔一定距离要安装接地装置，一般每个固定支架处装一个。管道两端与设备没有法兰连接的管道，可不考虑设接地装置。

（11）为防止系统漏风，管道法兰间应设适当的橡胶垫。

（12）在高温区域的管道内壁，应设适当的耐火内衬。

（13）除尘管道的弯头宜采用圆弧形弯头，其曲率半径一般不宜小于（1.5~2.0）D，以防管道局部阻力系数太大，造成系统阻力过高。

（14）对ϕ2.0~3.0m，甚至ϕ3.0~4.0m的大型管道，其曲率半径采用（1.5~2.0）D后，弯头的结构尺寸太大，可能造成管网占地太大，甚至无法布置。在这种情况下，一般可采用带导流板的直角弯头（图4-180）。

4.10 阀 门

阀门是除尘系统中用作启闭及调节风量用的一种部件。

4.10.1 阀门的设计及安装

（1）所有阀门的结构特性都应适应气流的性能，阀门两端应设有连接法兰，并由托架托起。

（2）阀门均需明确标注其气流的流向及其启闭的位置，并确保内部阀板的启闭与外部的标记完全一致，严防安装错误。

（3）阀门应合适地安装在水平或垂直管道上。

（4）阀门的漏风率是指在正常满负荷时风量的百分数，一般不超过1%。

（5）阀门的所有转动部分必须封闭，每个阀门均应设有“防雨罩”，以防周围环境（灰尘、水、雾等）对阀门控制装置的影响。

（6）理想的流量控制阀应设置在袋式除尘器的下游，避免暴露在脏的环境中。

4.10.2 阀门的类型

4.10.2.1 插板阀

插板阀又称闸板阀，插板阀的形式及用途极多，一般有手动调节插板阀、密闭式斜插板阀、检修插板阀等。

A 手动调节插板阀

手动调节插板阀（图4-203）结构简单、滑动灵活、插抽省力、拆换方便，阀板有单板和双板两种。

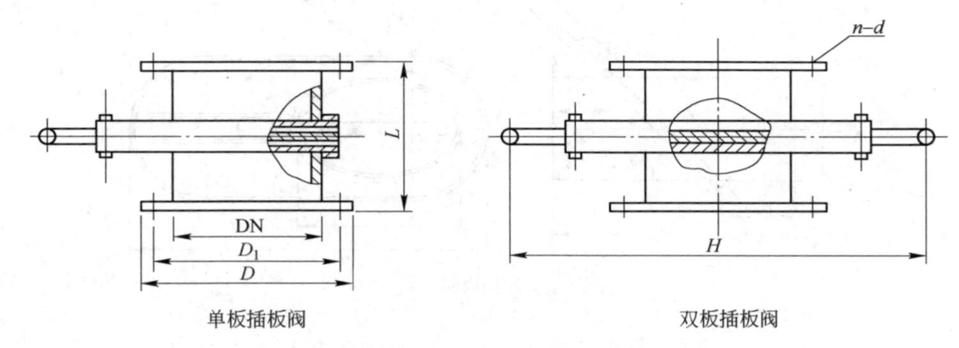

图4-203 手动调节插板阀

手动调节插板阀的技术参数如下：

公称通径 DN80～560mm

公称压力 50kPa

介质流速 小于23m/s

使用温度 80～160℃

局部阻力系数 $\xi=0.3\sim0.5$

手动调节插板阀的规格尺寸如表4-49所示。

表4-49 手动调节插板阀的规格尺寸 （mm）

DN	80	90	100	110	120	130	140	150	160	170	180	190	200	210	220	240
D	150	160	170	180	190	200	210	220	230	240	250	260	270	280	290	310
D_1	120	130	140	150	160	170	180	190	200	210	220	230	240	250	260	280
L	150															
H	240	255	270	285	300	315	330	345	360	375	390	405	420	435	450	465
$n-d$	4-ϕ10						6-ϕ10				8-ϕ10					

续表 4－49

DN	250	260	280	300	320	340	360	380	400	420	450	480	500	530	560	
D	320	330	350	380	400	420	440	460	480	500	530	560	580	610	640	
D_1	290	300	320	345	365	385	405	425	445	465	495	525	545	575	605	
L	150															
H	480	495	510	525	540	1020	1045	1070	1110	1140	1210	1270	1310	1370	1400	
n－*d*	4－ϕ10					8－ϕ12			10－ϕ12			10－ϕ12				

B 密闭式斜插板阀

密闭式斜插板阀（图 4－204）适用于密闭性要求较高的除尘和气力输送管道。

密闭式斜插板阀在水平管道上，插板应以 45°顺气流安装；在垂直管道上（气流向上）插板应以 45°逆气流安装。

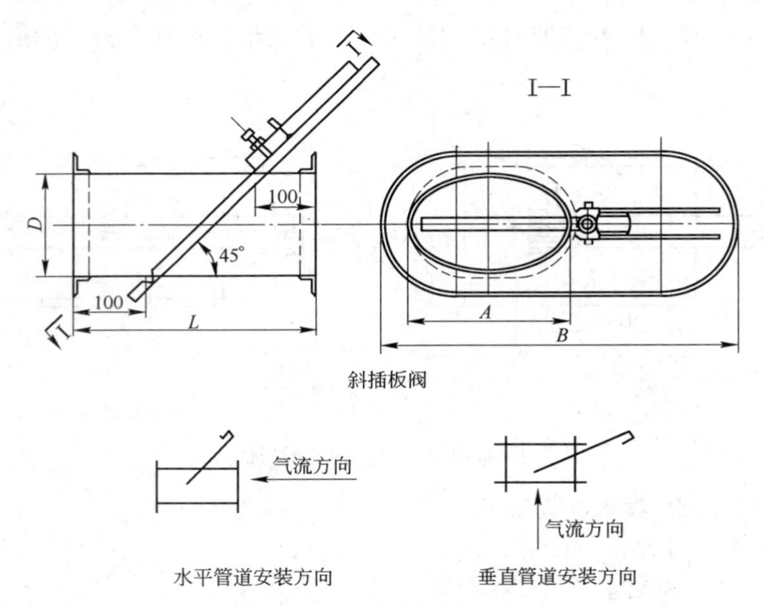

图 4－204 密闭式斜插板阀

密闭式斜插板阀的尺寸如表 4－50 所示。

表 4－50 密闭式斜插板阀尺寸

D/mm	100	125	150	175	200	225	250	275	300	320	340
A/mm	141	177	212	248	282	318	353	388	424	452	481
B/mm	332	404	474	546	624	696	766	836	908	964	1022
L/mm	300	325	350	375	400	425	450	475	500	520	540
重量/kg	3.5	4.6	5.8	7.1	9.2	10.9	12.7	14.5	16.5	18.1	19.9

C 检修插板阀

1978 年上海宝钢引进的日本反吹风袋式除尘器中，所有除尘器的卸灰阀上均设有插板阀，作为检修卸灰阀时临时关闭灰斗的排灰用，以免检修卸灰阀时需排空灰斗内的积尘，造成灰尘的二次飞扬，此插板阀即称检修插板阀。

检修插板阀的使用方法（图 4 – 205）：

（1）除尘器正常运行时，检修插板阀两端用盲板封闭，使卸灰阀正常排灰，此时插板挂在插板阀边上。

（2）除尘器卸灰阀需要检修时，打开一端盲板，将插板插入阀体内，使灰斗内的积尘不致排出，便于卸灰阀的检修。

正常运行时，盲板密封

正常运行时，插板挂在边上

卸灰阀检修时，插板插入阀门内

图 4 – 205 检修插板阀

4.10.2.2 蝶阀

A 单板蝶阀

单板蝶阀有手动、电动、气动三种。

单板蝶阀分圆形和方形两种。

单板蝶阀为钢板焊接结构，体积小、重量轻、启闭灵活、使用维修方便。

单板蝶阀性能参数：

公称压力　　0.05MPa

气流速度　　小于 23m/s

适用温度　　小于 300℃

手动单板蝶阀如图 4 – 206、表 4 – 51、表 4 – 52 所示。

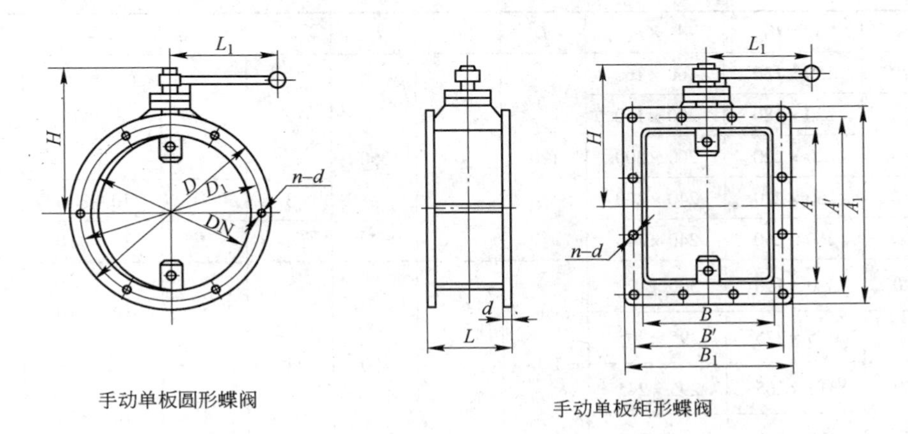

手动单板圆形蝶阀　　手动单板矩形蝶阀

图 4 – 206 手动单板蝶阀

表 4－51 手动单板圆形蝶阀尺寸 （mm）

DN	D	D_1	L	b	H	L_1	$n-d$	重量/kg
100	164	140	80	6	160	350	8－ϕ10	9
120	184	150			170			11
140	214	184			180		8－ϕ12	13
160	234	204			190			15
180	254	224			200			17
200	274	244			216			20
220	294	264		8	225	450		22
250	330	300	100		240		12－ϕ14	24
280	360	330			255			27
320	400	370			275			32
360	440	410			295			40
400	480	450			320		16－ϕ14	44
450	530	500			345			56
500	580	550			399			72
560	640	610			415			88
600	680	650		10	440	600	20－ϕ14	96
630	710	680			455			113
700	784	754	120		490		24－ϕ14	128
800	890	854			540			164
900	990	954			590			188
1000	1090	1054	160		640		28－ϕ14	212
1120	1210	1174			720			242
1200	1290	1254						

表 4－52 手动单板矩形蝶阀尺寸 （mm）

$A \times B$	$A_1 \times B_1$	$A_2 \times B_2$	L	b	L_1	X	Y	$n-d$	重量/kg
120×120	180×180	160×160	120	6	350	2	2	8－ϕ10	18
160×120	220×180	200×160							20
160×160	220×220	200×200							22
200×160	260×220	240×200				3	2	10－ϕ10	25
200×200	260×260	240×240				4	2	12－ϕ10	27
250×120	320×190	300×170	140	8	450	4	3	14－ϕ10	25
250×160	315×225	295×205							29
250×200	315×265	295×245					4	16－ϕ10	32
250×250	315×315	295×295							38

续表 4－52

$A\times B$	$A_1\times B_1$	$A_2\times B_2$	L	b	L_1	X	Y	$n-d$	重量/kg
320×160	385×225	365×205	140	8	450	5	3	16－ϕ10	32
320×200	385×265	365×245					4	18－ϕ10	38
320×250	385×315	365×295							44
320×320	385×385	265×265					5	20－ϕ10	52
400×200	470×270	445×245				6	4	20－ϕ12	44
400×250	470×320	445×295							52
400×320	470×390	445×365					5	22－ϕ12	56
400×400	470×470	445×445					6	24－ϕ12	65
500×200	570×270	545×245				7	4	22－ϕ12	52
500×250	570×320	545×295							56
500×320	570×390	545×365					5	24－ϕ12	65
500×400	570×470	545×445					6	26－ϕ12	72
500×500	570×570	545×545					7	28－ϕ12	88
630×250	700×320	675×295	160	10	600	8	4	24－ϕ12	65
630×320	700×390	675×365					5	26－ϕ12	74
630×400	700×470	675×445					6	28－ϕ12	88
630×500	700×570	675×545					7	30－ϕ12	105
630×630	700×700	675×675					8	32－ϕ12	130
800×320	880×400	854×374				10	5	30－ϕ14	88
800×400	880×480	854×454					6	32－ϕ14	105
800×500	880×580	854×554					7	34－ϕ14	130
800×630	880×710	854×684					8	36－ϕ14	147
800×800	880×880	854×854					10	40－ϕ14	182

电动单板蝶阀如图 4－207、表 4－53、表 4－54 所示。

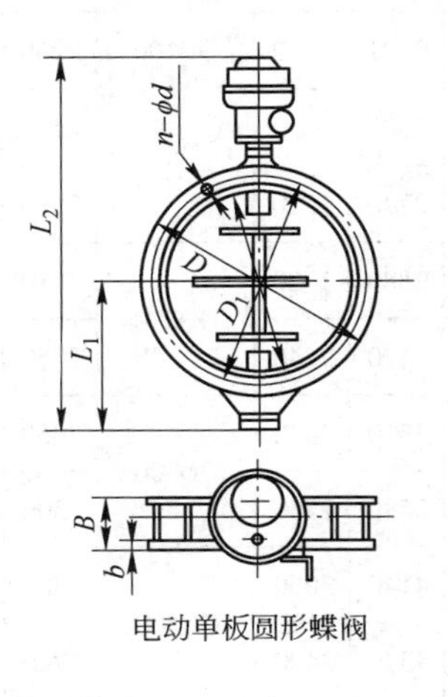

电动单板圆形蝶阀

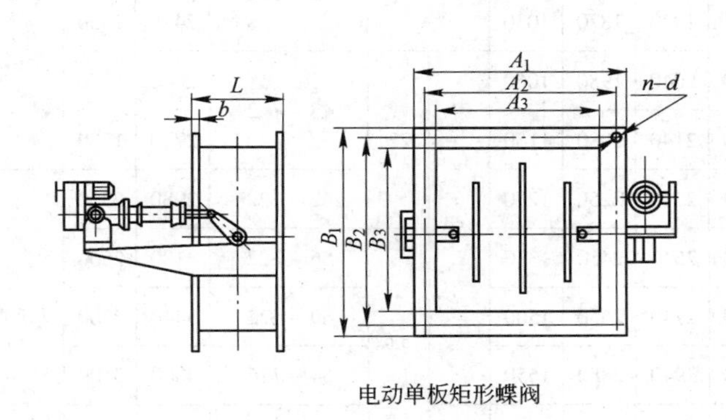

电动单板矩形蝶阀

图 4－207 电动单板蝶阀

表 4－53 电动单板圆形蝶阀尺寸 (mm)

D_1	D	D_2	L_1	B	b	$n-\phi d$	QD941W－1			QQ641W－1			QQ341W－1	
							L_2	质量/kg	电动装置	L_3	质量/kg	气动装置	L_4	质量/kg
100	176	138	88	100	4	8－ϕ10	450	42	Q5－2	400	25	QQ5	270	20
150	226	188	113			8－ϕ13.5	500	48		450	31		335	25
200	276	238	136				550	53		475	36		350	29
250	326	288	163			12－ϕ13.5	600	60	Q10－2	525	42	QQ12.5	440	34
300	370	338	188		5		650	67		575	50		525	40
350	426	388	213				700	72		625	55		585	44
400	478	438	243		6	16－ϕ13.5	570	85		685	68		630	62
450	526	488	268				810	110	Q30－2	735	83	QQ25	680	66
500	576	538	293		8		860	180		785	120		730	96
600	676	638	323		10	20－ϕ13.5	920	195		915	135		1006	108
700	776	738	383				1000	210		1055	150		1118	120
800	890	850	460	120	12	24－ϕ13.5	1235	270	Q60－1	1220	210	QQ50	1300	168
900	990	950	510				1335	320		1320	250		1400	200
1000	1090	1050	560	150	14	28－ϕ13.5	1450	370		1475	300		1500	240
1100	1190	1150	650			32－ϕ14	1640	430		1658	350		1600	280
1200	1290	1350	700				1740	500		1758	420		1720	350
1300	1390	1450	750			34－ϕ16	1870	580		1858	520		1820	416
1400	1490	1570	800				1940	600		1958	600		1920	480
1500	1620	1570	850	200	18	40－ϕ14	2120	750	Q120－1	2155	680	QQ100	2010	524
1600	1720	1670	930				2276	710		2291	880		2110	724
1700	1820	1770	980			44－ϕ18	2376	1100		2391	1010		2260	832
1800	1920	1870	1030				2486	1350		2500	1290		2410	1004
1900	2040	1980	1060	250	22	48－ϕ22	2600	1570		2740	1510		2510	1208
2000	2140	2080	1150				2740	1780		2880	1720	QQ200	2610	1376
2200	2340	2250	1270			52－ϕ22	2980	2300	Q500－1	3120	2240		2860	1792
2400	2540	2450	1370			56－ϕ22	3180	2500		3320	2440	QQ300	3060	1952
2600	2740	2650	1500		24	60－ϕ22	3440	2800		3580	2750		3300	2240
2800	2940	2880	1650			64－ϕ26	4000	3100		4140	3060	QQ500	3500	2630
3000	3140	3000	1750			68－ϕ26	4200	3500		4340	3400		3700	3070

表 4-54 电动单板矩形蝶阀尺寸 (mm)

$A_3 \times B_3$	$A_1 \times B_1$	$A_2 \times B_2$	b	$n-d$	L	FD9$_Z$41		FD9$_T$41	FD641	FD341	重量/kg
						L_1	执行器	执行器	执行器	执行器	
120×120	200×200	170×170	10	8-ϕ12	140	390	DKJ-210	DTⅡ6320-M	QGBⅡ-D63×120	S-01	80
160×160	240×240	210×210				430					89
200×200	280×280	258×258	14			470					105
250×250	330×330	300×300				520					112
320×320	400×400	370×370	16		170	590					148
400×400	500×500	470×470		12-ϕ15	190	670					170
500×500	600×600	570×570				800	DKJ-310	DTⅡ10020-M	QGBⅡ-D100×160	S-02	210
630×630	750×750	710×710	18	16-ϕ17	210	930					260
800×800	920×920	880×880				1180					372
1000×1000	1120×1120	1080×1080		20-ϕ17	250	1380	DKJ-410	DTⅡ30040-M	QGBⅡ-D200×250	S-03	540
1250×1250	1370×1370	1330×1330	20	24-ϕ17		1630					810
1600×1600	1740×1740	1690×1690	24	32-ϕ19	300	2040	DKJ-510	DTⅡ100070-M	QGBⅡ-D250×400	S-05	1240
2000×2000	2140×2140	2095×2095		40-ϕ19		2630	DKJ-610				3030
2500×2500	2650×2650	2600×2600	28	52-ϕ22	400	3130	DKJ-710			S-06	3640
3000×3000	3150×3150	3100×3100		60-ϕ22		3630					4150
160×120	240×200	210×170	10	8-ϕ12	140	390	DKJ-210	DTⅡ6320-M	QGBⅡ-D63×120	S-01	85
200×120	280×200	250×170				390					95
250×120	330×200	300×170				390					103
200×160	280×240	250×210	14			430					101
250×160	330×240	300×210		10-ϕ12		430					108
250×200	330×280	300×250				470					110
320×160	400×240	370×210	16		170	430					135
320×200	400×280	370×250				470					140
320×250	400×330	370×300				520					145
400×200	500×300	465×265		12-ϕ15	190	470					151
400×250	500×350	465×315				520					159
400×320	500×420	465×385				590					166
500×200	600×300	565×265				500	DKJ-310	DTⅡ10020-M	QGBⅡ-D100×160	S-02	175
500×250	600×350	565×315				550					181
500×320	600×420	565×385				620					192
500×400	600×500	565×465				700					201
630×250	750×370	710×330	18	14-ϕ17	210	550					230
630×320	750×440	710×400				620					238
630×400	750×520	710×400				700					247
630×500	750×620	710×580		16-ϕ17		800					255
800×320	920×440	880×400				620					342
800×400	920×520	880×480				700					350
800×500	920×620	880×580				800					351
800×630	920×750	880×710		18-ϕ17		930					366
1000×320	1120×440	1080×400			250	620					513
1000×400	1120×520	1080×480				700					527

续表 4－54

$A_3 \times B_3$	$A_1 \times B_1$	$A_2 \times B_2$	b	$n-d$	L	FD9$_Z$41		FD9$_T$41	FD641	FD341	重量/kg
						L_1	执行器	执行器	执行器	执行器	
1000×500	1120×620	1080×580	18	22－ϕ17	250	880	DKJ－410	DTⅡ10020－M	QGBⅡ－D100×160	S－03	539
1000×630	1120×750	1080×710				1010					551
1000×800	1120×920	1080×880				1180					565
1250×400	1370×520	1330×480	20	24－ϕ17		780					628
1250×500	1370×620	1330×580				880					643
1250×630	1370×750	1330×710				1010					665
1250×800	1370×920	1330×880		26－ϕ17		1180		DTⅡ10050－M			681
1250×1000	1370×1120	1330×1080				1380					710
1600×500	1740×640	1695×595	22	28－ϕ19	300	940	DKJ－510		QGBⅡ－D130×250	S－04	929
1600×630	1740×770	1695×725				1070					945
1600×800	1740×940	1695×895		30－ϕ19		1240					974
1600×1250	1740×1390	1695×1345				1690		DTⅡ10070－M	QGBⅡ－D200×250	S－05	996
2000×800	2140×940	2095×895	24	36－ϕ19		1430	DKJ－610				1982
2000×1000	2140×1140	2095×1095				1630					2015
2000×1250	2140×1390	2095×1345				1880					2088
2000×1600	2140×1740	2095×1695				2230	DKJ－710	DTⅡ1000100－M	QGBⅡ－D250×250	S－06	2210
2500×1250	2650×1400	2600×1350	28	40－ϕ22	400	1880					2360
2500×1600	2650×1750	2600×1700				2230					2800
2500×2000	2650×2150	2600×2100		52－ϕ22		2630		DTⅡ1000100－M	QGBⅡ－D250×400		3010
3000×1600	3150×1750	3100×1700				2530					3430
3000×2000	3150×2150	3100×2100				2930					3620
3000×2500	3150×2650	3100×2600		60－ϕ22		3430					4010

B 多叶蝶阀

丹麦 F. L. Smidth & Co., Ltd. 公司 M 型多叶蝶阀的结构及使用如下：

（1）M 型多叶蝶阀是由一组安装在框架内的叶片，和安在框架外表面的电动机及遥控指示器组成，并能将信号自动输入中央显示屏，显示叶片的位置。

（2）M 型多叶蝶阀的叶片有 3～8 片组合，叶片可在 0°～90°范围内调节。

（3）M 型多叶蝶阀的叶片开启方向可顺时针或逆时针变更。

（4）M 型多叶蝶阀设计耐温可达 450℃。

（5）M 型多叶蝶阀可水平或垂直安装。

（6）多叶阀漏风率规定为 1%，要求每年维修一次。

M 型多叶蝶阀的外形结构及尺寸如图 4－208 及表 4－55 所示。

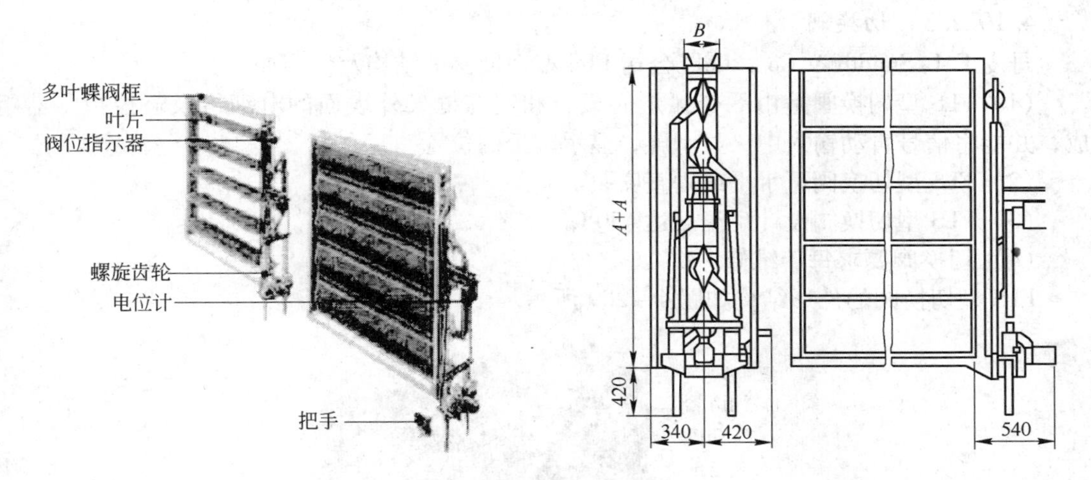

图 4-208 M 型多叶蝶阀

表 4-55 M 型多叶蝶阀的结构尺寸

型 号	尺寸/mm		面积/m^2	重量/kg
	A	*B*		
M1000×1000	1000	200	0.74	360
M1060×1060	1060	200	0.85	375
M1120×1120	1120	200	0.97	395
M1180×1180	1180	200	1.10	410
M1250×1250	1250	200	1.25	435
M1320×1320	1320	200	1.40	490
M1400×1400	1400	200	1.50	515
M1500×1500	1500	200	1.70	560
M1600×1600	1600	200	2.00	600
M1700×1700	1700	200	2.30	640
M1800×1800	1800	200	2.50	715
M1900×1900	1900	200	2.80	760
M2000×2000	2000	200	3.20	770
M2120×2120	2120	220	3.60	905
M2240×2240	2240	220	3.90	990
M2360×2360	2360	220	4.40	1105
M2500×2500	2500	220	5.00	1135
M2650×2650	2650	220	5.55	1275
M2800×2800	2800	220	6.20	1285
M3000×3000	3000	260	7.30	1555
M3150×3150	3150	260	8.20	1925
M3350×3350	3350	260	9.00	2060
M3550×3550	3550	260	10.30	2205
M3750×3750	3750	300	11.30	2680

4.10.2.3 切换阀

丹麦 F. L. Smidth & Co.，Ltd. 公司 FLS 型切换阀的结构及使用如下：

（1）FLS 型切换阀是由一个弧形阀板，和安在框架外表面的电动机及遥控指示器组成，并能将信号自动输入中央显示屏，显示阀板的位置。

（2）FLS 型切换阀可水平或垂直安装。

（3）FLS 型切换阀设计耐温可达 450℃。

（4）切换阀要求每年维修一次。

FLS 型切换阀的外形结构如图 4-209 所示。

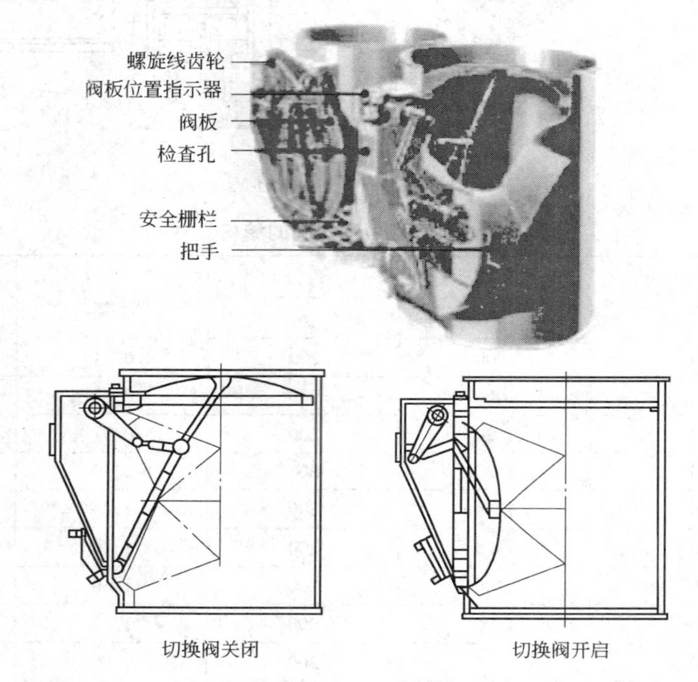

图 4-209 切换阀的结构

4.10.2.4 薄板式盘型提升阀

美国久益技术公司（Joy Technology Design，West Precipitation Division）在 1988 年研制出一种可广泛用于袋式除尘器的薄板式盘型提升阀。

A 结构特征

薄板式盘型提升阀（图 4-210）主要由气缸、气缸座（包括行程限位装置等）、轴、阀板、阀座等部件组成，由气缸往复运动实现阀板的启闭。

根据国外某些公司的试验研究及国内的一些实践，得出的阀板的直径与加强板板厚、相应的加强板直径和板厚的关系如表 4-56 所示。

表 4-56 阀板直径与厚度、加强板直径和板厚的关系

阀板直径 D_1/mm	加强板直径 D_2/mm	阀板厚度 t_1/mm	加强板厚度 t_2/mm
400 ~ 700	$0.75D_1$	2.0	4.0
750 ~ 1500		4.0	6.0
1500 ~ 1800		6.0	8.0

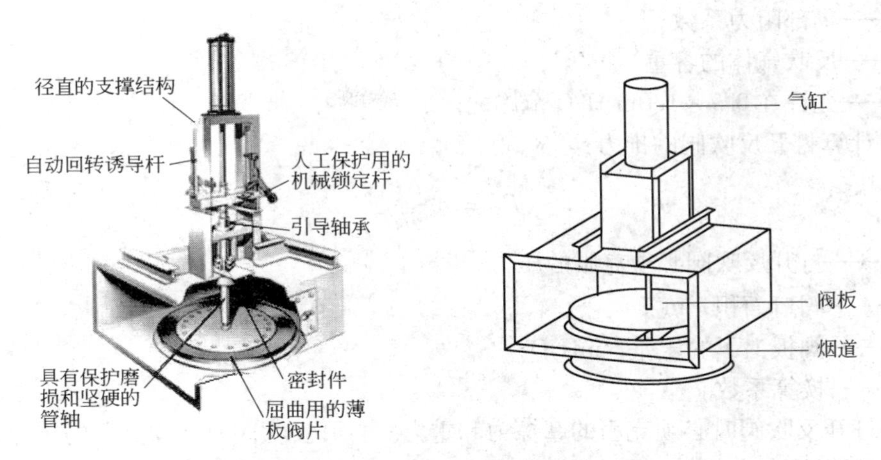

图 4-210 薄板式盘型提升阀

薄板式盘型提升阀的特征如下：

（1）薄板式盘型提升阀的阀板采用高温板，在阀板对阀座压紧后，显示出一定的柔性，所以密封性能极好。

（2）薄板式盘型提升阀可省去柔性密封件、连杆机构和固定轴头的轴承等部件，由于它没有柔性密封件，所以特别适用于高温气体。

（3）薄板式盘型提升阀结构简单、重量轻。

B 提升阀的设计计算

以反吹风阀为例（英制计算），提升阀的设计计算可按如下过程进行：

（1）阀口面积的确定：

$$A = \frac{Q_{反}}{v_{反}} \tag{4-15}$$

式中 A——反吹阀口的面积，ft^2；

$Q_{反}$——反吹风量，ft^3/s；

$v_{反}$——通过反吹阀口的风速，ft/s，一般取 36 ~ 40ft/s。

（2）反吹阀板直径的确定：

$$D_1 = \sqrt{\frac{A}{0.785}} + B \tag{4-16}$$

式中 D_1——反吹阀板的直径，ft；

B——偏移量，in。

（3）阀板开启高度的确定：

$$H = \frac{KA}{\pi D} \tag{4-17}$$

式中 H——阀板开启的高度，ft；

K——面积比系数，可取 1.5。

（4）局部阻力（ΔP）的验算：

$$\Delta P = 0.003\xi V_{反}^2 \rho \tag{4-18}$$

式中 ξ——局部阻力系数；

ρ——反吹气体的容重，lb/ft^3；

ΔP——允许在0.7～1.0in H_2O 范围之内。

（5）计算打开反吹阀的推力：

$$F_1 = A\frac{\Delta P_1}{27.7} \tag{4-19}$$

式中 F_1——打开反吹阀必须克服的压力；

A——阀口面积，in^2；

ΔP_1——阀板上下的压差，inH_2O；

27.7——换算系数。

（6）打开反吹阀时必须克服的摩擦力和重力。打开反吹阀时必须克服的压力和重力为（F_2，lb）开阀的合力（F，lb），即

$$F > F_1 + F_2 \tag{4-20}$$

【例】

已知：反吹风量 $32121ft^3/min$

反吹气体温度 150℃

净气室的静压力 $-15inH_2O$

反吹风管的静压力 $-7inH_2O$

计算：

1）确定反吹阀口的面积（A）

$$A = \frac{32121}{37 \times 60} = 14.5\ (ft^2)\ （取\ v = 37ft/s）$$

2）确定反吹阀板的直径（D）

比阀口的面积（A）大一点，即大 B（即偏移量，in）。

3）确定阀板的开启高度（H）

$$H = \frac{1.5 \times 14.5}{4.1 \times 3.14} = 1.61\ (ft)$$

4）验算局部阻力（ΔP）

由阻力系数曲线查得阀门的 $\xi = 4.1$；

在气体温度150℃时，$P = 0.052lb/ft^3$

$$\Delta P = 0.003 \times 4.1 \times 37^2 \times 0.052 = 0.867\ (inH_2O)$$

ΔP 在0.7～1.0inH_2O 允许范围内，合适。

5）计算开阀推力（F）

开阀必须克服的压力（F_1）为：

$$F_1 = A\frac{\Delta P}{27.7} = (14.5 \times 12^2) \times \frac{8}{27.7} = 604(lbs)$$

式中，ΔP = 阀板上下的压力差$(-7)-(-15)=8(inH_2O)$。

据经验，阀的重力（F_2）约为500lb，所以开阀时必须克服的压力（F_1）和重力（F_2）的合力（F）为：

$$F > F_1 + F_2 = 604 + 500 = 1104\ (\mathrm{lb})$$

6）再根据合力（F）的大小选择合适的气缸，但必须有缓冲装置，防止关阀板时对阀座的冲击，使之能缓慢地压紧阀座。

本计算来自美国的技术报告（Engineering Report · E－81，Thin Disc Poppet Valve Design，January 15，1988），以上是用于反吹风阀中的薄板式盘型提升阀（图 4－211），当薄板式盘型提升阀用于其他出口阀、旁通阀时，由于型式、场合不同，其计算方法和设计参数也有所不同。

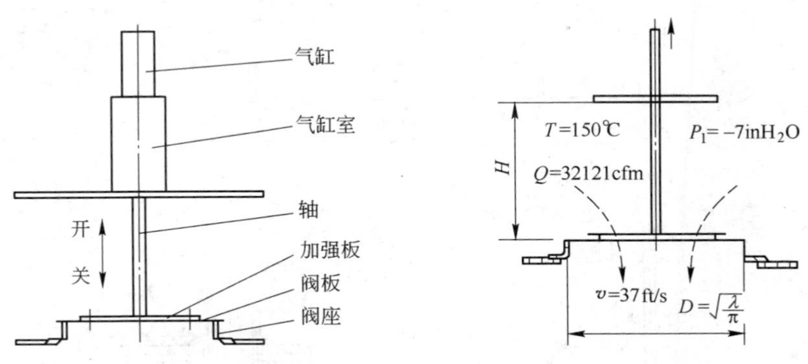

图 4－211 薄板式提升阀

C 提升切换阀泄漏的检验

反吹风袋式除尘器提升切换阀的泄漏率检验，首先用阀板把排风口关闭，反吹风口用盲板封严，阀体内用空气压缩机充压到 4kPa，然后稳压 1h。记录初始时间、温度、压力；1h 后再记录结束时间、温度、压力，并按下式计算阀门漏风率：

$$A = \frac{1}{t}\left(1 - \frac{P_2 T_1}{P_1 T_2}\right) \times 100\%$$

式中 A——每小时平均漏风率，%；

P_1，P_2——检验开始、结束时设备内绝对压强，kPa；

T_1，T_2——检验开始、结束时设备内绝对温度，K；

t——检验时间，h。

平均泄漏率小于 1% 为合格。

D 薄板式盘型提升阀实例

上海浦东焚烧炉烟气净化系统的 ϕ800mm 盘型启闭三通阀如图 4－212 所示。

4.10.2.5 混风阀

混风阀又名冷风阀，主要用于气流温度不稳定的除尘系统，使除尘设备的温度控制在设定范围内运行，从而提高设备的使用寿命，确保系统的正常运行。

混风阀一般安装在袋式除尘器入口前的气流管道上。当气流温度高于控制温度时，混风阀自动开启，混入冷风，当气流温度低于控制温度时，混风阀就自动关闭。

A 混风阀的技术特征

（1）为保护袋式除尘器的滤袋，当系统高温烟气温度超过滤袋能承受的温度时，即打开混风阀吸进冷风，降低烟气温度，以保护滤袋的正常运行。

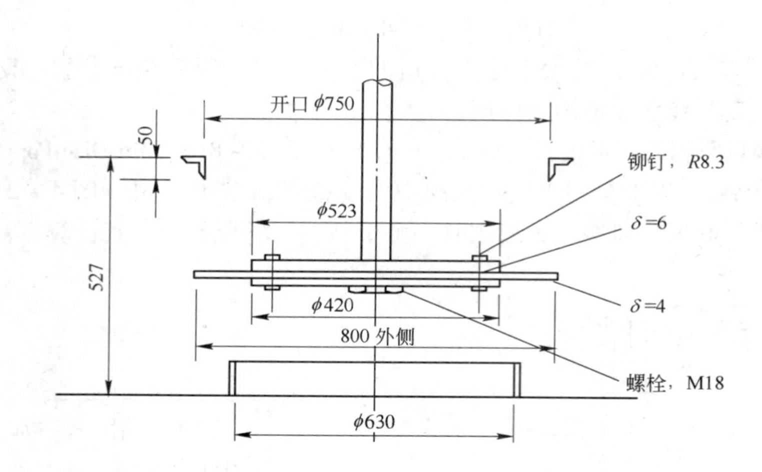

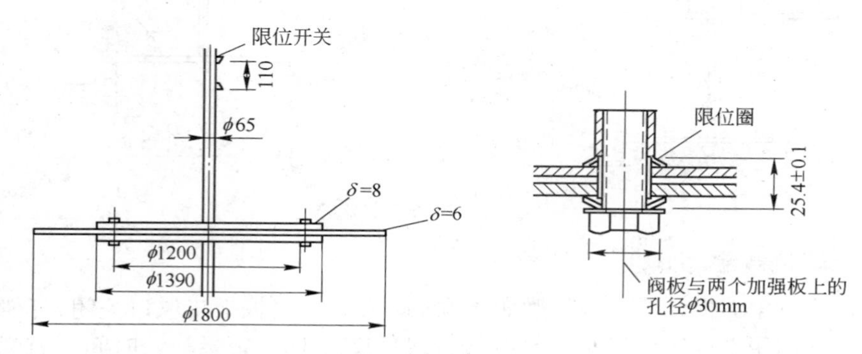

图 4-212　ϕ800mm 盘型启闭三通阀

（2）混风阀采用电动推杆（或气缸）传动，并在除尘系统中设有检测烟气温度的信号装置，按此信号驱动电动推杆（或气缸）传动装置进行开闭操作。

（3）混风阀是全闭、全开动作，一般不作系统的风量调节控制。

（4）混风阀一般有蝶阀型混风阀和盘型提升型混风阀两种类型。

B　蝶阀型混风阀

蝶阀型混风阀（图 4-213）结构简单，安装布置方便。

1982 年，在上海宝钢建设期间引进日本高炉出铁场除尘系统时，日方在选择除尘系统混风阀时认为：蝶阀型混风阀虽然比较简单，但蝶阀型混风阀的阀门周边容易磨损，产生漏气，而且蝶阀处于气流中，寿命短，使用中不如盘型提升型混风阀。

图 4-213　蝶阀型混风阀

C 盘型提升型混风阀

a 盘型提升型混风阀的结构类型

盘型提升型混风阀结构动作如图 4－214 所示。

一般在系统正常运行时，混风阀阀板位于 A 位置上，当系统高温烟气超温后，通过系统温控仪的控制，阀板即移向 B 位置，外部气体即沿虚线箭头（a→b）吸入管网内，阀板的上下动作的动力是通过电动推杆或气缸控制。

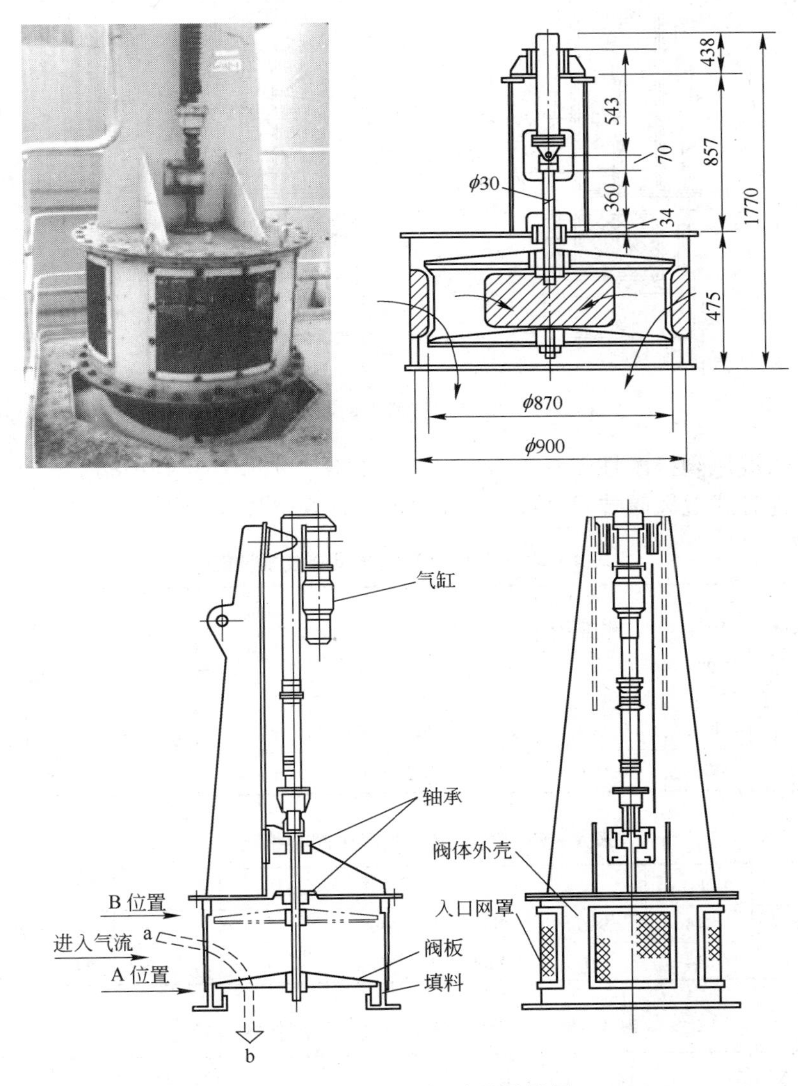

图 4－214 盘型提升型混风阀

盘型提升型混风阀的维修检查事项如下：

（1）检查时在入口网罩上用乙烯基、纸等异物来观测是否粘附于网罩上。

（2）检查阀板关闭到 A 位置时，阀板碰到填料、阀座有无响声。

（3）在阀体的各销、轴承等处应每个月加一次 GEAS－2 润滑油脂。

b 盘型提升式混风阀的品种

盘型提升式混风阀有气缸式和电动推杆式两种（图4－215）。

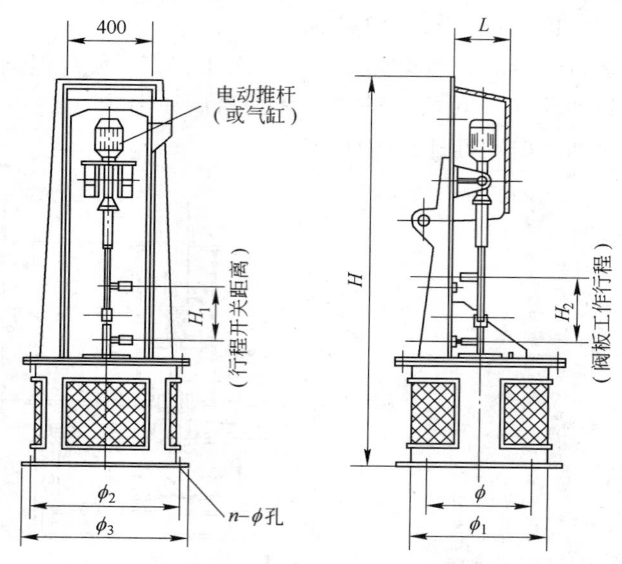

图4－215 电动推杆或气缸提升式混风阀

气缸提升式混风阀技术性能示于表4－57，规格尺寸示于表4－58。
电动推杆提升式混风阀技术性能示于表4－59，规格尺寸示于表4－60。

表4－57 气缸提升式混风阀技术性能

规格	混入风量 /m³·h⁻¹	行程 /mm	工作压力 /MPa	气缸			
				型号	规格	气压 /kg·m⁻²	气量/m³
ϕ700	20000	400	0.004	JB型	ϕ125×400	4~6	来往一次工况气量：0.0008 自由气量：0.0032~0.0048
ϕ750	22500	400	0.004	JB型	ϕ125×400	4~6	

表4－58 气缸提升式混风阀规格尺寸 （mm）

ϕ	ϕ_1	ϕ_2	ϕ_3	H	H_1	H_2	L	$n-\phi$孔	重量/kg
700	916	844	916	2369	398	—	—	24－ϕ17	489.3
750	916	844	916	2369	398	—	—	24－ϕ17	529.2

表4－59 电动推杆提升式混风阀技术性能

规格 /mm	混入风量 /m³·h⁻¹	行程 /mm	工作压力 /MPa	电动机			
				型号	规格	电机功率/kW	额定推力/kg
ϕ500	10000	300	0.004	DG20030H－D	IA07124	0.25	200
ϕ600	15000	300		DG30030H－D	IA01734	0.37	300
ϕ700	20000	400		DG50050M－B	Y801－4	0.75	500
ϕ800	25000	400		DG50050M－B	Y801－4	0.75	500

表 4-60 气动提升式混风阀规格尺寸

ϕ	ϕ_1	ϕ_2	ϕ_3	H	H_1	H_2	L	$n-\phi$ 孔	重量/kg
500	640	700	760	1860	200~220	300	260	24-ϕ23	315
600	740	800	860	1860	200~220	300	260	24-ϕ23	390

c 盘型提升式混风阀的设计参数（表 4-61）

表 4-61 混风阀的设计参数

序号	项 目	ϕ500	ϕ600	ϕ700	ϕ800
1	混风量/$m^3 \cdot h^{-1}$	100000	150000	200000	350000
2	风速/$m \cdot s^{-1}$	14.2	14.8	14.5	13.8
3	阀板吸力①/kg（按 600mmH_2O 计）	120	170	231	302
4	阀板重量/kg（δ-12mm）	25	34	45	57
5	其他重量/kg	25	30	30	31
6	总重/kg	170	234	306	390
7	电动推杆推力/kg	200	300	500	500
8	混风口面积/m^2（按管断面的 1.6 倍）	0.32	0.45	0.62	0.80
9	选用混风口面积/m^2	0.4	0.48	0.72	0.82
10	选用混风口规格/mm	460×290，3 个	560×290，3 个	450×390，4 个	525×390，4 个
11	混风阀行程/mm	300	300	400	400
12	电动推杆	DG20030M-D	DG30030M-D	DG50050M-B	DG50050M-B
13	推杆行程/mm	300	300	500	500
14	额定速度/$m \cdot s^{-1}$	46.6	46.6	42	42
15	电机	IAO7124	IAO7134	Y801-4	Y801-4
16	电机容量/kW	0.25	0.37	0.75	0.75
17	设备总重/kg	315	380	560	650
18	行程开关	LX19-212	LX19-212	LX19-222	LX19-222

①阀板吸力 = $(\pi/4)D^2 \times 0.06$（kg）。

【例】 ϕ800mm 混风阀

（1）已知：

设计风量 25000m^3/h

选用 ϕ800mm 管径的流速

$$V = \frac{25000}{(\pi/4) \times (0.8)^2 \times 3600} = 13.8(m/s)$$

（2）推力计算

工作压力 400mmH_2O，设计按 600mmH_2O 计。

阀板负压（P）为：

$$P = (\pi/4)D^2 \times 0.06 = (\pi/4) \times 80^2 \times 0.06 = 302(kg)$$

阀板重量（G）为：

$$G=(\pi/4)\times 0.87^2\times 12\times 8=57(\mathrm{kg})$$

式中 0.87——阀板直径，比管径0.80m大70mm；

12——阀板采用12mm厚的钢板；

8——阀板每厚度1mm的重量为8kg。

其他重量为31kg

$$总重=302+57+31=390(\mathrm{kg})$$

选用500kg推力的电动推杆。

(3) 混风口面积确定。

混风口面积按管口面积的1.6倍计，则：

$$(\pi/4)\times 0.8^2\times 1.6=0.8(\mathrm{m}^2)$$

选用525×390mm孔4个，混风口总面积（F）则为：

$$F=0.525\times 0.39\times 4=0.82\mathrm{m}^2>0.8\mathrm{m}^2$$

阀板行程为400mm，行程开关型号：ϕ800mm为LX19－222

选用DG50050M－B电动推杆：

推　力	500kg
速　度	42m/s
行　程	500mm
电机型号	Y801－4
功　率	0.75kW
重　量	60kg

4.10.2.6 防爆阀

防爆阀有爆破片（膜）和泄爆阀（门）两种形式。

爆破片（膜）是一种泄爆装置，它在一定的开启压力下破裂或打开，并使爆破口永远开启。

泄爆阀（门）是一种泄爆装置，它在一定的开启压力下打开，在泄爆后可再关闭泄爆门。

A 粉尘爆炸泄压的引用标准

粉尘爆炸泄压引用标准包括《粉尘爆炸泄压指南》（GB/T 15605—2008）、《粉尘防爆安全规程》（GB 15577—2007）、《粉尘防爆术语》（GB/T 15604—2008）及《防爆系统第1部分，空气中可燃粉尘爆炸指数的测定》（ISO 6184－1—1995）。

B 粉尘爆炸泄压的有关单位、术语

(1) 粉尘爆炸泄压一般采用SI单位制，其压力单位除标明绝对压力外，均为表压。

(2) 可燃粉尘云（粉尘云）、可爆混合物：指可燃粉尘与空气混合形成的一种可爆气固混合物。

(3) 化学计量混合物：可燃粉尘与氧化剂的混合物，其氧化剂浓度按化学反应式计算刚够完全氧化可燃物质。

(4) 燃烧速度：可燃混合物燃烧时其火焰前沿的阵面，该阵面在未燃混合物中垂直向上移动的速度。

（5）围包体：围包可燃粉尘的器体，它可以是房间、建筑物、容器（或除尘器）、设备、管道等的容积。

（6）泄爆压力（P_{red}）：某一粉尘浓度爆炸时，在围包体中达到的最大表压值。

（7）最大泄爆压力（P_{redmax}）：含有各种粉尘浓度范围泄爆时，其中泄爆压力最大的粉尘浓度的泄爆压力。

（8）泄爆压力上升速率：某一粉尘浓度泄压时，围包体内的最大压力上升速率。

（9）最大泄爆压力上升速率：含有各种粉尘浓度范围内泄爆时，其中泄爆压力上升速率最大的粉尘浓度的泄爆压力上升速率。

（10）开启静压（P_{stat}）：粉尘爆燃时，刚能使围包体上的泄爆装置开启的静压。

（11）泄爆装置：安装在围包体上进行泄爆的装置。

（12）泄爆口外最大火焰长度：泄爆时从泄爆口喷出火焰长度的最大值。

（13）粉尘爆炸等级：按爆炸指数（K_{max}）将粉尘爆炸的猛烈程度分成的等级，一般分为三级（表4－62）。

表4－62 粉尘爆炸等级的分级

粉尘爆炸等级	爆炸指数 K_{max}/MPa·(m/s)
St1 级	>0～20.0
St2 级	20.0～30.0
St3 级	>30.0

（14）反坐力：粉尘爆炸时，围包体的内壁或构件受到与泄爆气流流动方向相反的反作用力。最大反坐力是指在发生最大泄爆压力时，泄出气体产生的最大反坐力。

围包体的支撑结构必须牢固，以承受反坐力。

最大反坐力（Fr_{max}）可按式（4－21）计算

$$Fr_{max} = \alpha A P_{redmax} \tag{4-21}$$

式中 Fr_{max}——最大反坐力，kN；

α——动力系数，通常取1900；

A——泄爆面积，m^2；

P_{redmax}——最大泄爆压力，MPa。

实际反坐力（F_r）计算可采用式（4－22）

$$F_r = 1190 b A P_{redmax} \tag{4-22}$$

式中 b——考虑到反坐力随时间变化影响，加以修正的系数，即称负载因子，通常取 $b=0.52$ 加上安全系数50%，即 $b=0.78$。

C 可爆粉尘的技术参数

农业产品可爆粉尘的爆炸性技术参数如表4－63所示。

金属粉尘可爆粉尘的爆炸性技术参数如表4－64所示。

塑料粉尘可爆粉尘的爆炸性技术参数如表4－65所示。

化学粉尘可爆粉尘的爆炸性技术参数如表4－66所示。

碳质粉尘可爆粉尘的爆炸性技术参数如表4－67所示。

表 4-63 农业产品可爆粉尘的爆炸性技术参数

粉尘类型	中位径/μm	爆炸下限浓度/g·m⁻³	最大爆炸压力/MPa	最大压力上升速率/MPa·s⁻¹	爆炸指数 K_{max}/MPa·(m/s)	爆炸等级
纤维素	33	60	0.97	22.9	22.9	St2
纤维素	42	30	0.99	6.2	6.2	St1
软木料	42	30	0.96	20.2	20.2	St2
谷物	28	60	0.94	7.5	7.5	St1
蛋白	17	125	0.83	3.8	3.8	St1
奶粉	83	60	0.58	2.8	2.8	St1
大豆粉	20	200	0.92	11.0	11.0	St1
玉米淀粉	7	—	1.03	20.2	20.2	St2
大米淀粉	18	60	0.92	10.1	10.1	St1
面粉	52.7	70	0.68	8.0	8.0	St1
精粉	52.7	80	0.63	5.0	5.0	St1
玉米淀粉（抚顺）	15.2	50	0.82	11.5	11.5	St1
玉米淀粉	16	60	0.97	15.8	15.8	St1
玉米淀粉	<10		1.02	12.8	12.8	St1
中国石松子粉	35.5	20	0.70	12.2	12.2	St1
石松子粉	—	—	0.76	15.5	15.5	St1
石松子粉	—	—	0.65	13.5	13.5	St1
亚麻	65.3	60	0.57	8.7	8.7	St1
中国棉花	—	40	0.56	1.5	1.5	St1
小麦淀粉	22	30	0.99	11.5	11.5	St1
糖	30	200	0.85	13.8	13.8	St1
糖	27	60	0.83	8.2	8.2	St1
甜菜薯粉	22	125	0.94	6.2	6.2	St1
乳浆	41	125	0.93	14.0	14.0	St1
木粉	29	—	1.05	20.5	20.5	St2

表 4-64 金属粉尘可爆粉尘的爆炸性技术参数

粉尘类型	中位径/μm	爆炸下限浓度/g·m⁻³	最大爆炸压力/MPa	最大压力上升速率/MPa·s⁻¹	爆炸指数 K_{max}/MPa·(m/s)	爆炸等级
铝粉	29	30	1.24	41.5	41.5	St3
铝粉	22	30	1.15	110.0	110.0	St3
铝粒	41	60	1.02	10.0	10.0	St1
铁粉	12	500	0.52	5.0	5.0	St1
黄铜	18	750	0.41	3.1	3.1	St1
铁	<10	125	0.61	11.1	11.1	St1
碳基镁	28	30	1.75	11.0	11.0	St1
锌	10	250	0.67	12.5	12.5	St3
锌	<10	125	0.73	17.6	17.6	St1
硅钙	12.4	60	0.84	19.8	19.8	St1/St2
硅钙粉	26	—	0.76	17.0	17.0	St1
硅铁粉	29	—	0.65	3.4	3.4	St1

表 4-65 塑料粉尘可爆粉尘的爆炸性技术参数

粉尘类型	中位径 /μm	爆炸下限浓度 /g·m^{-3}	最大爆炸压力 /MPa	最大压力上升速率/MPa·s^{-1}	爆炸指数 K_{max} /MPa·(m/s)	爆炸等级
聚丙酰胺	10	250	0.59	1.2	1.2	St1
聚丙烯腈	25	—	0.85	12.1	12.1	St1
聚乙烯（低压过程）	<10	30	0.80	15.6	15.6	St1
环氧树脂	26	30	0.79	12.9	12.9	St1
密胺树脂	18	125	1.02	11.0	11.0	St1
模制密胺（木粉和矿物填充的酚甲醛）	15	60	0.75	4.1	4.1	St1
模制密胺（酚纤维素）	12	60	1.00	12.7	12.7	St1
聚丙烯酸甲酯	21	30	0.94	26.9	26.9	St2
聚丙胺酸甲酯乳剂聚合物	18	30	1.01	20.2	20.2	St2
酚醛树脂	<10	15	0.93	12.9	12.9	St1
聚丙烯	25	30	0.84	10.1	10.1	St1
萜酚树脂	10	15	0.8	14.3	14.3	St1
模制尿素甲醛/纤维素	13	60	10.2	13.6	13.6	St1
聚乙酸乙烯酯/乙烯共聚物	32	30	0.86	11.9	11.9	St1
聚乙烯醇	26	60	0.89	12.8	12.8	St1
聚乙烯丁缩醛	65	30	0.89	14.7	14.7	St1
聚氯乙烯	107	200	0.76	4.6	4.6	St1
聚氯乙烯乙烯乙炔乳剂共聚物	35	60	0.82	9.5	9.5	St1
聚氯乙烯乙炔/乙烯乙炔悬浮共聚物	60	60	0.83	9.8	9.8	St1

表 4-66 化学粉尘可爆粉尘的爆炸性技术参数

粉尘类型	中位径 /μm	爆炸下限浓度 /g·m^{-3}	最大爆炸压力 /MPa	最大压力上升速率/MPa·s^{-1}	爆炸指数 K_{max} /MPa·(m/s)	爆炸等级
乙二酸	<10	60	0.80	9.7	9.7	St1
蒽 酸	<10	—	1.06	36.4	36.4	St3
抗坏血酸	39	60	0.90	11.1	11.1	St1
乙酸钙	92	500	0.53	0.9	0.9	St1
乙酸钙	85	250	0.65	2.1	2.1	St1
硬脂酸钙	12	30	0.91	13.2	13.2	St1
羧基甲基纤维素	24	125	0.92	13.6	13.6	St1
糊 精	41	60	0.88	10.6	10.6	St1
乳 糖	23	60	0.77	8.1	8.1	St1
硬脂酸铅	12	30	0.92	15.2	15.2	St1
甲基纤维素	75	60	0.95	13.4	13.4	St1
仲甲醛	23	60	0.99	17.8	17.8	St1
抗坏血酸钠	23	60	0.84	11.9	11.9	St1
硬脂酸钠	22	30	0.88	12.3	12.3	St1
硫	20	30	0.68	15.1	15.1	St1

表 4－67　碳质粉尘可爆粉尘的爆炸性技术参数

粉尘类型	中位径 /μm	爆炸下限浓度 /g·m^{-3}	最大爆炸压力 /MPa	最大压力上升速率/MPa·s^{-1}	爆炸指数 K_{max} /MPa·(m/s)	爆炸等级
活性炭	28	60	0.77	4.4	4.4	St1
木　炭	14	60	0.90	1.0	1.0	St1
烟　煤	24	60	0.92	12.9	12.9	St1
石油焦炭	15	125	0.76	4.7	4.7	St1
灯　黑	<10	60	0.84	12.1	12.1	St1
烟煤（29%挥发分）	16.4	30	0.86	14.9	14.9	St1
烟煤（43%挥发分）	17.5	40	0.75	14.5	14.5	St1
泥煤（15%H_2O）	—	58	0.5	15.7	15.7	St1
泥煤（15%H_2O）	—	45	1.25	6.9	6.9	St1
永川煤粉	—	—	0.75	15.3	15.3	St1
煤　粉	—	—	0.79	16.9	16.9	St1
前江煤	—	—	0.79	6.8	6.8	St1
兖川煤	—	—	0.79	13.2	13.2	St1
淮南煤	—	—	0.77	12.4	12.4	St1
大屯局煤	—	—	0.71	14.0	14.0	St1
石嘴山煤	—	—	0.68	6.8	6.8	St1
窑街局煤	—	—	0.77	9.2	9.2	St1
潞安局煤	—	—	0.70	4.1	4.1	St1
峰峰局煤	—	—	0.70	2.5	2.5	St1
石炭井煤	—	—	0.71	8.0	8.0	St1
西山局煤	—	—	0.73	7.3	7.3	St1
松树局煤	<10	—	0.79	2.6	2.6	St1

D　泄爆装置的选择和安装设计

（1）泄爆口的位置应尽量设置在：

1）靠近可能产生引爆源的地方；

2）设置在围包体顶部或上部；

3）不得泄向易燃易爆危险场所，以免点燃其他可燃物；

4）不得泄向公共场所，以免泄爆伤害；

5）为防止防爆片破裂后大量气体充入车间，可将防爆片接排气管直通室外。

（2）泄爆阀的活动部分的总质量（包括隔热材料和固定用的元件）应尽可能轻，启动惯性小，一般不超过10kg/m^2，但应考虑泄爆阀避免受到室外风力影响而被吸开。

（3）泄爆阀的开启时间尽可能短，而且不应使泄爆口被堵塞。

（4）泄爆阀的阀板必须设计和安装成可以自由转动，不受其他障碍物的影响。

（5）当爆破片为侧面泄压时，尽可能不采用易碎材料（如水泥板或玻璃），避免爆炸装置碎片对人员和设备造成危害，否则应设置阻挡装置，以减小伤害力。

（6）泄爆口必须设置栏杆，以免落入。

（7）泄爆阀应避免冰雪、杂物等因素的覆盖，以免增大阀的实际开启压力值。

（8）泄爆阀的泄爆盖应避免受大风的影响而被吸开。

E 防爆阀泄爆面积的计算

a 爆炸指数（K_{max}）诺模图法

（1）爆炸指数（K_{max}）诺模图的使用范围：

1）最大泄爆压力（P_{redmax}）在0.02～0.2MPa之间；

2）开启压力（P_{stat}）为0.01MPa；

3）爆炸指数（K_{max}）在1～60MPa·(m/s)之间；

4）St1、St2级粉尘其最大爆炸压力小于1.1MPa或St3级粉尘其最大爆炸压力小于1.3MPa；

5）围包体容积不大于1000m³；

6）围包体长径比小于5；

7）无泄爆管相连；

8）初始压力为大气压。

查图4－216爆炸指数（K_{max}）诺模图即可求得。

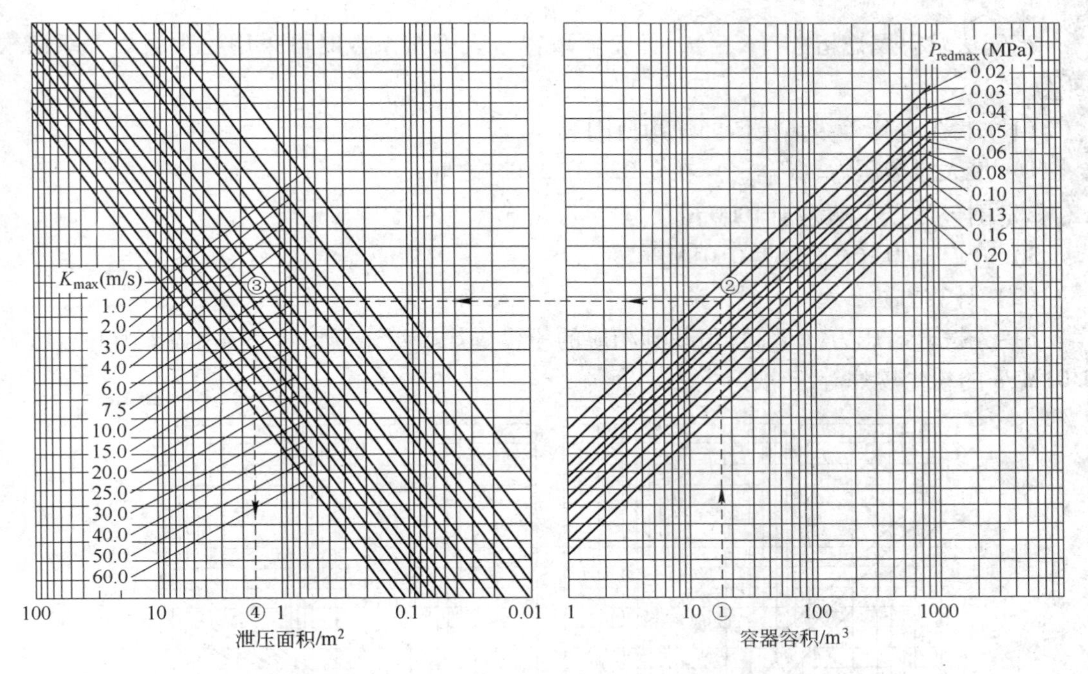

图4－216 开启压力为0.01MPa时的爆炸指数（K_{max}）诺模图

（2）计算方法：

1）先按开启压力（P_{stat}）值，找到相应的爆炸指数（K_{max}）诺模图（图4－216为0.01MPa开启压力的爆炸指数（K_{max}）诺模图）；

2）在图4－216右边横坐标上，按需泄爆的围包体有效容积向上引垂直线与最大泄爆压力（P_{redmax}）斜线相交；

3）再从此交点引水平线与左边爆炸指数（K_{max}）斜线相交；

4）再从此交点引垂线向下与横坐标相交，此交点即为所需的泄爆面积。

容器容积点①→P_{redmax}点②→K_{max}点③→泄压面积点④

一般最大泄爆压力（P_{redmax}）及爆炸指数（K_{max}）可由表4-63～表4-67查得。

（3）辛蒲松回归公式。辛蒲松回归公式是对爆炸指数（K_{max}）诺模图的回归公式，其使用范围与诺模图相同，计算式如下：

$$A_v = aK_{max}^b P_{redmax}^c V^{7/8} \tag{4-23}$$

式中 A_v——泄压面积，m^2；

V——围包体容积，m^3；

K_{max}——爆炸指数，MPa·(m/s)；

P_{redmax}——设计最大泄爆压力，MPa；

$a=0.000571\exp(20P_{stat})$；

$b=0.978\exp(-1.05P_{stat})$；

$c=-0.687\exp(2.26P_{stat})$；

P_{stat}——开启静压，MPa。

b 粉尘爆炸等级诺模图法

当无法求得爆炸指数（K_{max}），并希望取得更大安全系数时可采用粉尘爆炸等级诺模图法。

（1）粉尘爆炸等级诺模图的使用范围：

1）最大泄爆压力（P_{redmax}）在0.02～0.2MPa之间；

2）围包体容积不大于$1000m^3$；

3）开启压力（P_{stat}）为0.01MPa。

（2）计算方法：

1）先按开启压力（P_{stat}）值找到相应的粉尘爆炸等级诺模图（图4-217为开启压力0.01MPa的粉尘爆炸等级诺模图）；

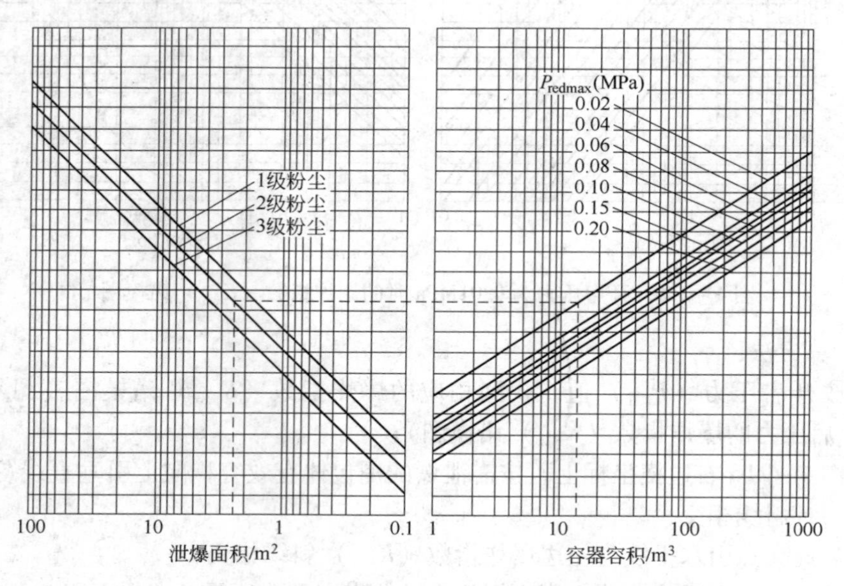

图4-217 开启压力为0.01MPa时的粉尘爆炸等级诺模图

2）在图4－217右边横坐标上，按需泄爆的围包体有效容积向上引垂直线与最大泄爆压力（P_{redmax}）斜线相交；

3）从此交点引水平线交相应的粉尘爆炸等级斜线相交；

4）再从此交点向下引垂线与横坐标相交，即得相应的泄爆面积。

一般最大爆炸压力（P_{redmax}）及粉尘爆炸等级可由表4－63～表4－67中查得。

c 安全系数的确定

在低压强度泄爆中，最大泄爆压力（P_{redmax}）至少超过开启压力（P_{stat}）0.0024MPa。

$$P_{redmax} = 0.0024 + P_{stat} \tag{4-24}$$

$$安全系数 = \frac{P_{max}}{0.0024 + P_{stat}} \tag{4-25}$$

【例】

已知：粉尘的性质为木粉和矿物填充的酚甲醛，除尘器体积为254m³，防爆阀型号选用FB42－0.5型（石家庄阀门二厂）；求：泄爆阀面积。

解：查表4－65塑料粉尘可爆粉尘的爆炸性技术参数，得：

最大爆炸压力 $P_{redmax}=0.75$MPa

爆炸指数 $K_{max}=4.1$MPa·（m/s）（K值越大泄爆面积越大）

爆炸等级 St1

最大泄爆压力 $P_{redmax}>0.0024+P_{sred}$（爆破压力）$=0.0024+0.05=0.0524$（MPa）

取 $P_{redmax}=0.06$MPa

查图4－216，得

有效容积254m³

$$P_{redmax}=0.06\text{MPa}$$
$$K_{max}=4.1\text{MPa}\cdot(\text{m/s})$$

得泄爆面积0.8～0.9m²

$$安全系数=\frac{0.75}{0.06}=12.5倍$$

F 防爆阀的类型

防爆阀的类型有防爆片（膜）、弹压式防爆阀、弹簧式防爆阀、重锤式防爆阀等类型。

a 防爆片（膜）

防爆片（膜）的技术性能

（1）防爆片（膜）开启压力允许误差为设计开启压力值的±25%。

（2）防爆片（膜）的工作压力一般取防爆片开启压力的50%、70%，要避免防爆片错误打开。

（3）防爆片的孔径不宜太大，以避免容器内压力波动时，使片（膜）颤动降低寿命。

（4）防爆片的开启压力随膜的厚度、机械加工的缺陷、湿度、老化和温度有很大的变化，开启压力与膜的厚度成正比，与面积成反比。

（5）防爆片的材料应选用：

1）抗拉强度低；

2）耐腐蚀性能好；

3）抗老化、抗疲劳性能好；

4）防爆片应尽可能轻，以使开启时惯性小，动作时间短；

5）防爆片如在高温下使用时，需要选择耐高温材料。

由于铁片爆破有火花，所以防爆片常用铜材和铝材，其厚度如下：

$$\delta_{铜}=(0.12\sim0.15)\times0.001\times P\times d$$

$$\delta_{铝}=(0.316\sim0.407)\times0.001\times P\times d$$

式中 δ——防爆片厚度，cm；

P——防爆片的爆破压力，kg/cm^2；

d——防爆孔的直径，cm。

（6）大部分防爆片的膜片都是电绝缘材料，由于电荷的建立，引起了粉尘的积聚积，从而影响开启压力，故防爆片与密封垫都应采用具有导电性的材质，并设置接地装置，其接地电阻值不大于10Ω。

（7）在高温条件下，如需将防爆口隔热时，可在防爆片两边与绝热材料组合在一起。

防爆片（膜）的品种

FB42L－0.3(0.5、1）C 型防爆片式防爆阀

FB42L－0.3(0.5、1）C 型防爆片式防爆阀是石家庄市阀门二厂生产的一种防爆片式安全泄压装置。

FB42L－0.3（0.5、1）C 型防爆片式防爆阀的技术参数如下：

公称压力	0.03、0.05、0.1MPa
适用介质	空气、含尘烟气
适用温度	≤100℃
设计破裂压力	工作压力的1.25倍
主要零件材料	阀　体：碳钢
	防爆片：铝片

FB42L－0.3（0.5、1）C 型防爆片式防爆阀规格尺寸示于表4－68中。

表4－68 防爆片式防爆阀规格尺寸 （mm）

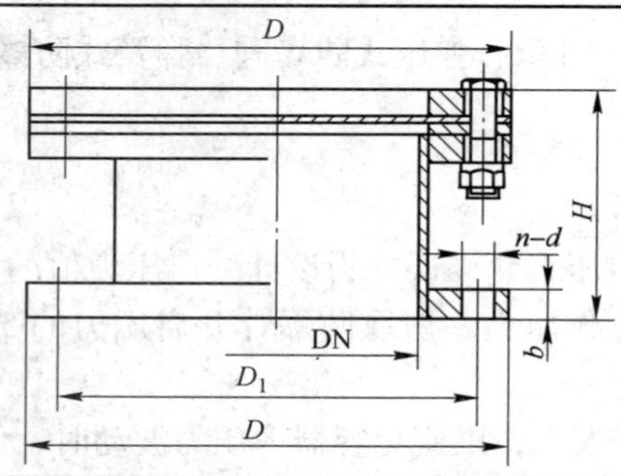

DN	D	D_1	D_2	n－d	b	H	质量/kg
200	200	320	280	8－18	22	150	26
250	250	375	335	12－18	24	150	38
300	300	440	395	12－22	24	150	50

续表 4－68

DN	D	D_1	D_2	$n-d$	b	H	质量/kg
350	350	490	445	12－22	26	150	62
400	400	540	495	16－22	28	150	74
450	450	595	550	16－22	30	150	90
500	500	645	600	20－22	32	150	105

FBF 型防爆片防爆阀

FBF 型防爆片防爆阀（图 4－218）是浙江省瑞安市阀门一厂生产的一种防爆装置，它有Ⅰ型、Ⅱ型两种类型。

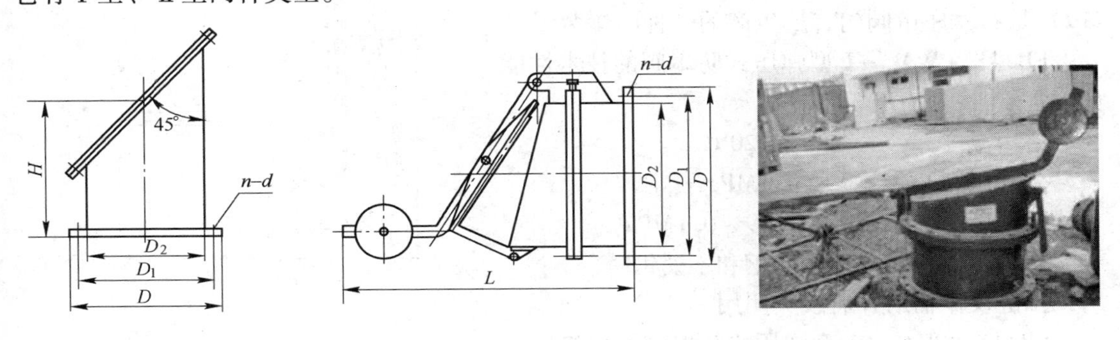

图 4－218 防爆片式防爆阀

FBF－Ⅰ型：超压时爆破片自然破裂。

FBF－Ⅱ型：超压时爆破片自然破裂时，防爆阀由于重锤作用，阀盖自动关闭，可避免介质大量外泄。

FBF 型防爆片防爆阀的技术参数：

适用温度　　≤300℃

公称压力　　0.03MPa、0.05MPa、0.1MPa

启爆压力　　≤0.1MPa

防爆片材质　　铝板

FBF－Ⅰ、Ⅱ型防爆片式防爆阀的规格尺寸示于表 4－69 中。

表 4－69 FBF－Ⅰ、Ⅱ型防爆片式防爆阀规格尺寸 （mm）

DN	D	D_1	D_2	$n-d$	FBF－Ⅰ		FBF－Ⅱ	
					H	质量/kg	L	质量/kg
250	370	335	270	12－ϕ18	250	24	740	40
300	430	385	325	12－ϕ18	300	33	777	50
350	480	435	377	12－ϕ18	320	40	807	57
400	540	490	426	16－ϕ18	350	52	912	72
450	590	540	478	16－ϕ18	400	60	941	80
500	640	600	529	20－ϕ18	450	86	1070	109
560	705	655	590	20－ϕ18	450	101	1105	132
600	750	700	630	20－ϕ18	500	120	1143	145

续表 4 - 69

DN	D	D_1	D_2	n - d	FBF - Ⅰ		FBF - Ⅱ	
					H	质量/kg	L	质量/kg
700	850	800	720	22 - ϕ22	500	150	1278	182
800	950	900	820	24 - ϕ22	550	202	1335	245
900	1075	1020	920	24 - ϕ25	600	260	1518	305
1000	1175	1120	1020	28 - ϕ30	600	310	1576	350

b 弹压式防爆阀

FB44X（W） -1 型弹压式防爆阀（图 4 - 219）是石家庄市阀门二厂生产的一种防爆装置。

FB44X（W） -1 型弹压式防爆阀的技术性能如下：

适用温度 ≤120℃

公称压力 0. 1MPa

开启压力 0. 09 ~0. 1MPa

主要零件材料 碳钢和不锈钢

拉链仅作辅助开启或关闭用。

FB44X（W） -1 型弹压式防爆阀的规格尺寸示于表 4 -70 中。

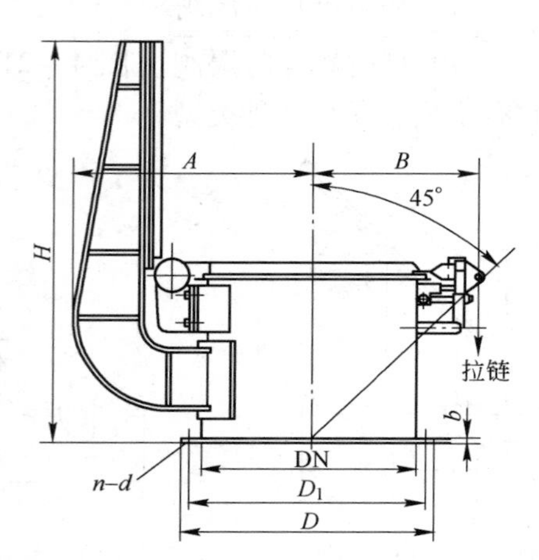

图 4 -219 FB44X(W) -1 型弹压式防爆阀

表 4 -70 FB44X（W） -1 型弹压式防爆阀规格尺寸 （mm）

DN	D	D_1	D_2	n - d	H	A	B	防爆面积 /m²	质量 /kg
300	440	395	16	12 - ϕ22	700	450	375	0. 07	296
350	490	445	16	12 - ϕ22	800	500	400	0. 096	320
400	540	495	16	16 - ϕ22	900	550	425	0. 125	345
450	595	550	16	16 - ϕ22	1040	600	450	0. 16	375
500	645	600	20	20 - ϕ22	1130	630	490	0. 2	410
560	700	650	20	20 - ϕ26	1200	660	520	0. 25	450
600	755	705	20	20 - ϕ26	1260	680	540	0. 28	500
700	860	810	20	22 - ϕ26	1380	780	590	0. 38	560
800	975	920	20	24 - ϕ30	1500	880	640	0. 5	640
1000	1175	1120	20	28 - ϕ30	1800	1000	740	0. 785	700

c 弹簧式防爆阀

FB45X -0. 5 型弹簧式防爆阀（图 4 -220）是石家庄市阀门二厂生产的一种防爆装置。

弹簧式防爆阀可用于可能发生超压的气体介质管路或装置上，对管路或装置起保护作用。

弹簧式防爆阀可在设定压力下自动打开，并在能量释放后自动复位关闭，可反复多次使用。

FB45X -0. 5 型弹簧式防爆阀的技术性能如下：

适用介质　　空气、含尘烟气

适用温度　　≤120℃

启跳压力　　0.05MPa

安装要求　　竖直安装或倾斜小于45°

拉链仅作辅助开启或关闭用。

调整螺栓不得随意调整或更换。

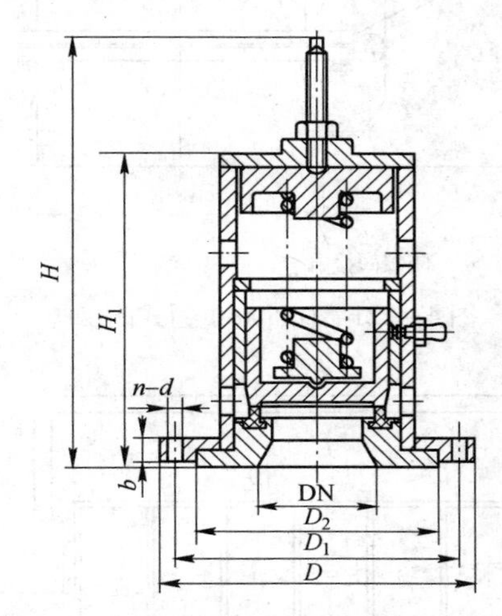

图 4-220　FB45X-0.5 型弹簧式防爆阀

FB45X-0.5 型弹簧式防爆阀的规格尺寸示于表 4-71 中。

表 4-71　FB45X-0.5 型弹簧式防爆阀规格尺寸　　(mm)

DN	D	D_1	D_2	$n-d$	b	H	H_1	质量/kg
100	265	225	200	8-17.5	18	342	258	31
150	320	280	258	8-17.5	18	342	258	48
200	375	335	312	12-17.5	18	414	330	70
250	440	395	365	12-22	20	414	330	95
300	490	445	415	12-22	20	560	460	127

d　重锤式防爆阀

DN500 重锤式防爆阀（图 4-221）用于高炉煤气袋式除尘器，其参数如下：

容器容积　　$120m^3$

工作压力　　0.15MPa

泄爆压力　　0.2MPa

设计压力　　0.25MPa

4.10.2.7　*旁通阀*

A　旁路管式旁通阀

旁路管式旁通阀（图 4-222）是最早、最通用的一种旁通阀。

旁路管式旁通阀是在除尘器进出口管道上设置一条旁路烟道，并在旁路烟道上安装一个旁通阀。

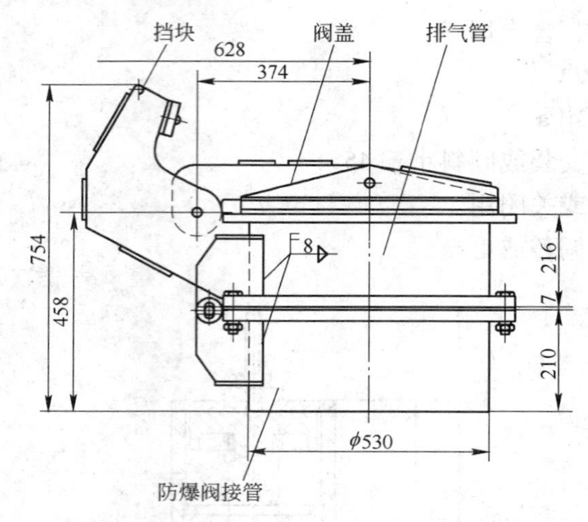

图 4－221 DN500 重锤式防爆阀

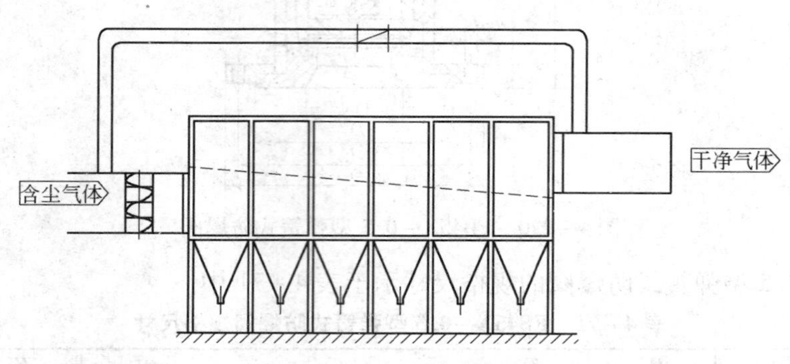

图 4－222 旁通管式旁通阀

当除尘系统正常运行时，含尘气流的进口阀开启，旁通阀关闭。当系统烟气需要旁通时，含尘气流的进口阀关闭，开启旁通阀，使含尘气流通过旁路烟道不流入袋式除尘器直接排出。

B 短路式旁通阀

短路式旁通阀（图 4－223）是德国 Martin 公司设计的一种旁通阀（图 4－225），它在除尘器出风口处，与含尘气流的端部增设一条短路式旁通管，并在旁通管上安装一个旁通阀。

当除尘系统正常运行时，排出口阀门打开，旁通阀关闭。当系统烟气需要旁通时，关闭排出口阀门，开启短路式旁通阀，使含尘气流通过旁路烟道流入除尘器的排风管直接排出。

C 切换式盘型提升旁通阀

上海浦东焚烧炉烟气净化系统中采用了一种切换式盘型提升旁通阀（图 4－224），它是在除尘器进口处增设了一种切换式的三通盘型提升旁通阀，旁通阀进口端设有使含尘气流进入的接口，旁通阀出口端设有两个接口分别与除尘器进口相接的，和与除尘器净化后的出口相接。

当除尘器在正常运行时，提升旁通阀的盘型阀板向上，关闭排风口，使含尘气流进入除尘器正常过滤；当除尘器需要走旁通时，旁通阀的盘型阀板下降，关闭进风口，使含尘

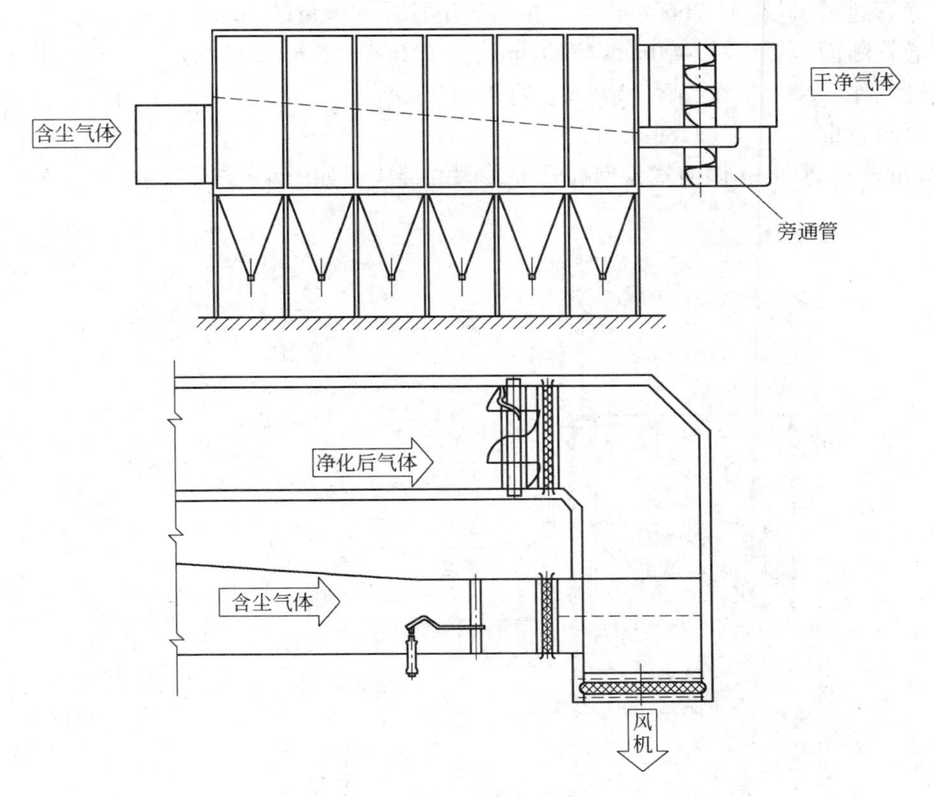

图4－223 短路式旁通阀

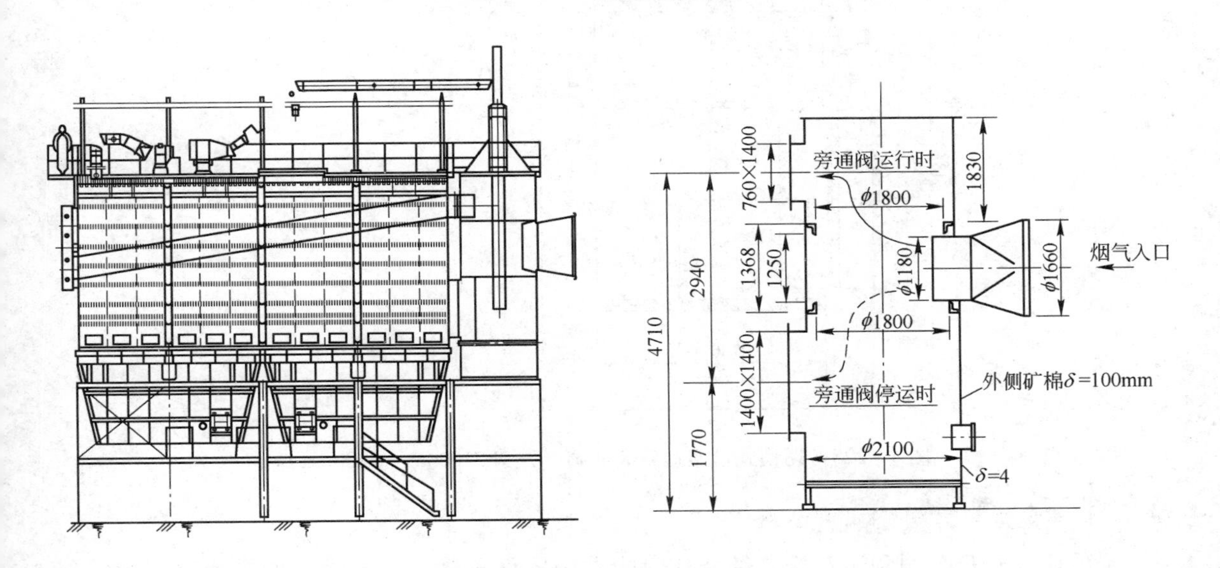

图4－224 切换式盘型提升旁通阀

气流不经除尘器直接由出风管排出。

ϕ1660mm 切换式盘型提升旁通阀的技术参数如下：

除尘器处理风量　　145440m^3/h

旁通管通过风量　　76608m³/h（相当于正常处理风量的50%）
旁通管断面　　1400mm×760mm（$f=1.064\mathrm{m}^2$，$v=20\mathrm{m/s}$）
气缸工作　　直径250mm，行程1970mm
旁通阀总重　　2280kg

2200mm×2200mm切换式盘型提升旁通阀的结构图如图4－225所示。

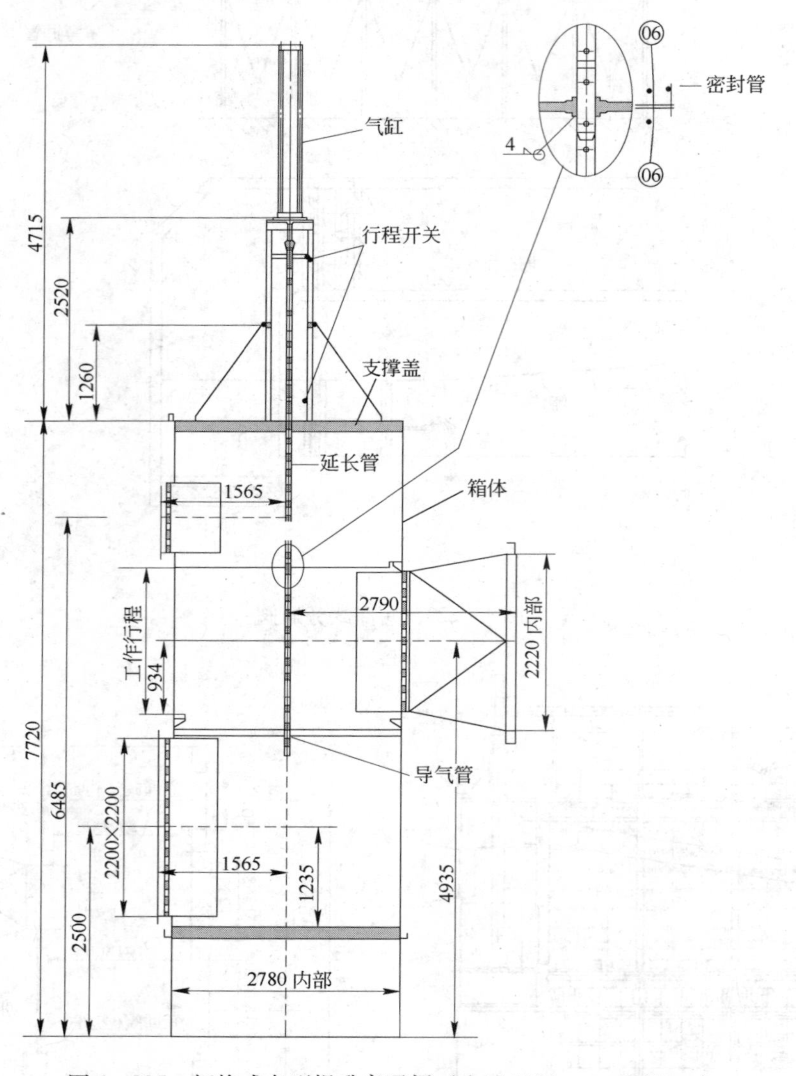

图4－225　切换式盘型提升旁通阀（入口2200mm×2200mm）

D　盘型提升短路式旁通阀

美国原EEC公司利用双排脉冲袋式除尘器中间设置进、排风管布置的特征，在每个滤袋室的进、排风管中间隔板上设置盘型提升短路式的旁通阀（图4－226）。

当除尘器正常运行时，关闭旁通阀，使进、排风管的气流各行其道，实现除尘器的正常过滤；当除尘器需要旁通气流时，即打开旁通阀，使除尘器进、排风管的气流短路，使含尘气流通过旁通阀直接排出除尘器。

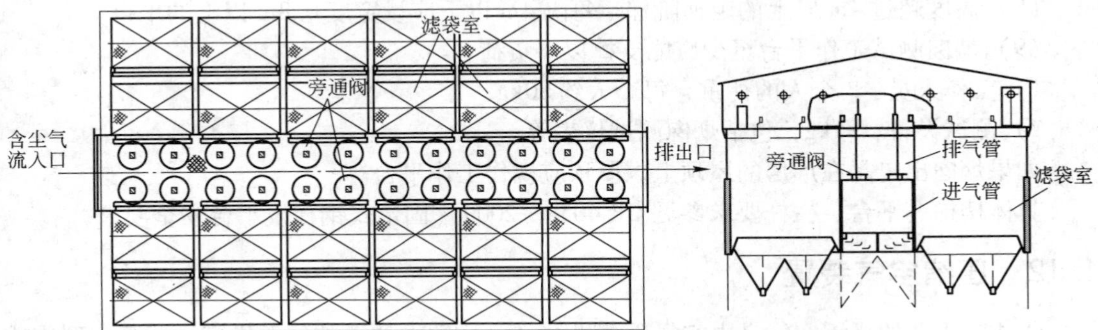

图4－226 盘型提升短路式旁通阀

4.11 楼梯、平台

（1）除尘器各室的检查门、阀门、灰斗检查孔、除尘器顶部防雨棚等处应设楼梯、平台，以供除尘器维护检修时上下使用，并在防雨棚到地面处设有快速上下的直爬梯。

（2）德国 DIN 标准对楼梯、平台的规定如图4－227所示。

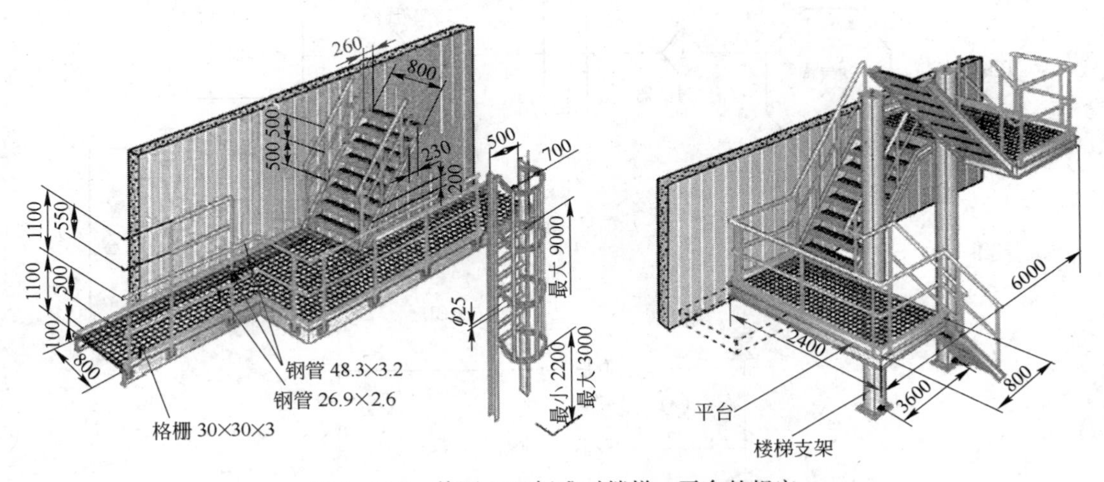

图4－227 德国 DIN 标准对楼梯、平台的规定

（3）通行平台应安全、易行，其要求为：

1）通行平台最小宽度应大于0.8m。

2）通行平台应配套转角平台和平台栏杆。

3）通行平台、走梯等处应设扶手（栏杆），以防工作人员靠近坠落，扶手（栏杆）高度应为1100～1200mm以上，并应安装高度为50mm以上的挡板。

4）通行平台、走梯的底板厚为4.5mm以上。

（4）通行平台、走梯、通道的地板及走梯踏板，应采用钢板网、钢格栅、花纹钢板等防滑材料。

（5）走梯踏板之间的间隔应按150～230mm等距离布置。

（6）平台、通道等底板与上方障碍物的间隔高度应为2000mm以上，不得已情况下除外。

（7）除尘器上的走梯倾斜度应尽可能与水平线成45°，最大也不能超过75°。

（8）高度超过4m以上的走梯阶梯，每隔4m以下应设宽度0.8m以上的平台。

（9）烟囱测试工作平台至少应能支撑以下负荷：

1）工作人员：3个人的荷重，每个人约80kg；

2）测试设备：91kg，包括烟囱测试仪表等。

如果烟囱出口是在厂房的屋顶上，屋顶应视作工作平台。

具体楼梯、平台、栏杆要求参见GB 4053—2009《固定式钢梯及平台安全要求》。

4.12 压缩空气装置

袋式除尘器的压缩空气是由空气压缩机站（又称动力站）的气源供应，对于大型袋式除尘器或没有空气压缩机站的用户，应在除尘器旁设置专用的空气压缩机。

4.12.1 压缩空气入口装置

压缩空气装置也称压缩空气入口装置，是由截止阀、压力表和流量计，以及压缩空气三联件（减压阀、油雾器、水分分离器）等组成（图4-228）。

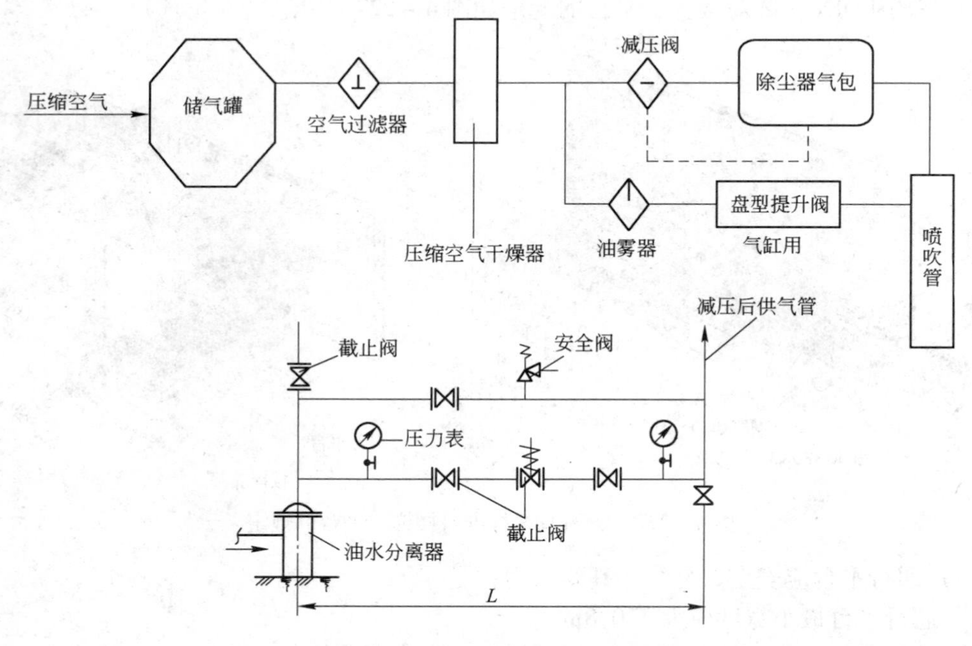

图4-228 压缩空气管道入口装置

压缩空气在袋式除尘器中主要是用于脉冲除尘器的喷吹清灰，以及反吹风除尘器的气动阀门用气。

脉冲除尘器喷吹清灰用气源要求如下：

高压脉冲喷吹　　0.40～0.60MPa

低压脉冲喷吹　　0.25～0.35MPa

反吹风除尘器气动阀门　　0.7～0.8MPa

喷吹用压缩空气的技术要求，按国际标准 ISO 8573—2010（相当于国标 GB/T 13277—2008）的参数为：

含尘量　　三级，5μm，浓度 $5mg/m^3$

水　分　　三级，－20℃压力露点（$8kg/cm^2$，－20℃下的饱和水量）

相当于大气压力下－30～－40℃

含湿量　　$0.6373\times10^{-3}kg/kg$

含油量　　五级，$25mg/m^3$

注：m^3 为在 0.1MPa，20℃，相对湿度 60% 下的体积。

每 $1m^3/min$ 压缩空气耗电 5.5kW。

据法国 Alstom 公司 LJSK 型盒式除尘器要求，除尘器压缩空气允许的最高含水量如下：

压缩空气的温度/℃	允许最高含水量（g/m^3）的自由空气
+5	0.97
+20	2.40
+30	4.30
+60（最高温度）	18.00

压缩空气采用干燥措施时应干燥到 $0.017g/m^3$ 自由空气。

压缩空气的含油量应不超过 $0.02g/m^3$ 自由空气。

当压缩空气入口装置的供气压力为 0.8MPa，在使用压力不大于 0.3MPa 时，可采用减压阀进行调节；在使用压力为 0.4～0.6MPa 时，可用减压阀或两只截止阀减压后供气。

压缩空气管道入口装置尺寸（L）如下：

减压阀 DN	20	25	32	40	50	65	80	100	125	150
L/m	1.0	1.1	1.2	1.3	1.4	1.7	1.8	2.0	2.2	2.4

压缩空气管道入口装置应安设在距地面 1.2～1.5m 高度处。

4.12.2 储气罐

储气罐主要用于缓冲压缩空气的高峰负荷，保持压力稳定，在下列情况下应设储气罐：

（1）在脉冲性的瞬时用气负荷较大时，宜用稳压、缓冲用的储气罐。

（2）压缩空气负荷波动大，或要求压力稳定时，宜在除尘器附近设储气罐。

C 型储气罐的图形如图 4－229 所示。

C 型储气罐的技术性能及规格尺寸如表 4－72 所示。

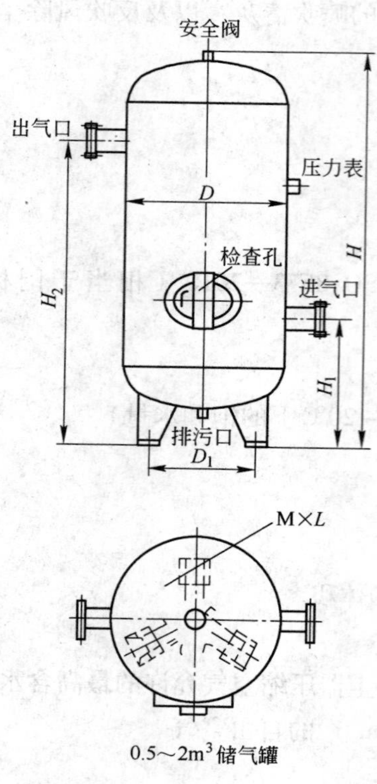

0.5～2m³储气罐

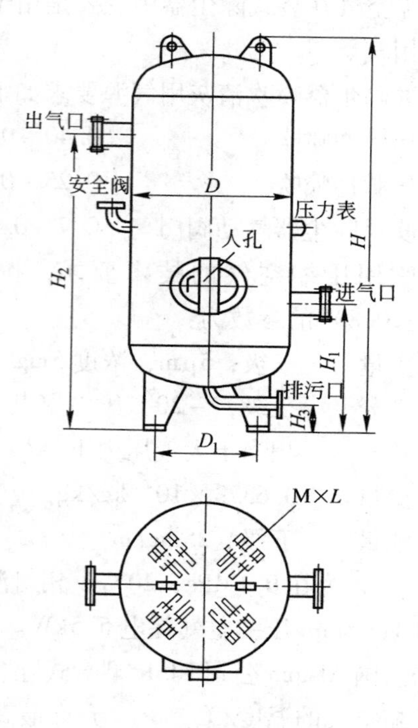

3.0～26m³储气罐

图 4－229 C 型储气罐

表 4－72 C 型储气罐技术性能及规格尺寸 (mm)

规格/m³	0.5	1.0	1.5	2.0	3.0	4.0	5.0	6.0	10	14	20	26
压力	0.8MPa											
温度	常温											
H	1804	2170	1770	3005	3160	3910	3730	4440	5530	6070	5970	7543
H_1	620	653	700	770	790	860	830	990	1100	1350	1280	1280
H_2	1370	1703	2250	2520	2520	2807	3030	2780	3500	5110	4943	6480
H_3	—				100	110						
Dg	700	800	900	1000	1200	1200	1400	1400	1600	1800	2200	2200
D_1	φ510	φ610	φ630	φ710	φ800	φ840	φ1050		φ1200	φ1350	φ1650	
a	C2in	Pg10 Dg70	Pg10 Dg100				Pg10 Dg125	Pg10 Dg150			Pg10 Dg250	
b	C2in	Pg10 Dg70	Pg10 Dg100				Pg10 Dg125	Pg10 Dg150			Pg10 Dg250	
c	G1in	G1¾in	G2in	G2in	Pg10 Dg50		Pg10 Dg50			Pg10 Dg70		
d	G3/4in	G3/4in	G3/4in	G3/4in	G3/4in	G3/4in	Pg10 Dg32	Pg11 Dg32	Pg10 Dg32	Pg10 Dg32	Pg10 Dg40	Pg10 Dg40
M×L	M20×450			M20×500			M24×600				M30×600	
重量/kg	326	608	720	856	1240	1580	1760	1870	2780	3690	4690	5760

4.12.3 压缩空气三联件

4.12.3.1 空气过滤器

空气过滤器又名气液分离器或水分分离器（图4－230）。空气过滤器主要技术参数如表4－73所示。空气过滤器主要外形尺寸如表4－74所示。

表4－73 空气过滤器主要技术参数

型　号	通径/mm	接管/in	最高工作压力/MPa	过滤度/μm
QSL－8	8	G 1/4	1.00	50
QSL－10	10	G 3/8		
QSL－15	15	G 1/2		
QSL－20	20	G 3/4		
QSL－25	25	G 1		
QSL－40	40	G 1½	0.8	

表4－74 空气过滤器主要外形尺寸

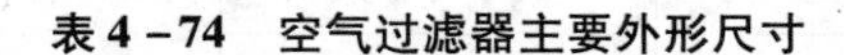

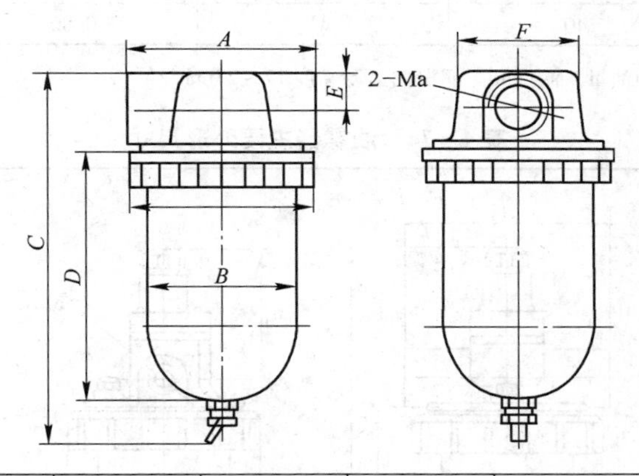

型　号	Ma/in	*A*	*B*	*C*	*D*	*E*	*F*
QSL－8	G 1/4	90	ϕ70	160	114	14	ϕ55
QSL－10	G 3/8						
QSL－15	G 1/2						
QSL－20	G 3/4	115	ϕ90	215	151	21	ϕ66
QSL－25	G 1						
QSL－40	G 1½	132		310	228	32	ϕ82

4.12.3.2 油雾器

油雾器又名油分离器（图4－231），它可使压缩空气在进气状态下补充润滑油。油雾器主要技术参数如表4－75所示。油雾器主要外形尺寸如表4－76所示。

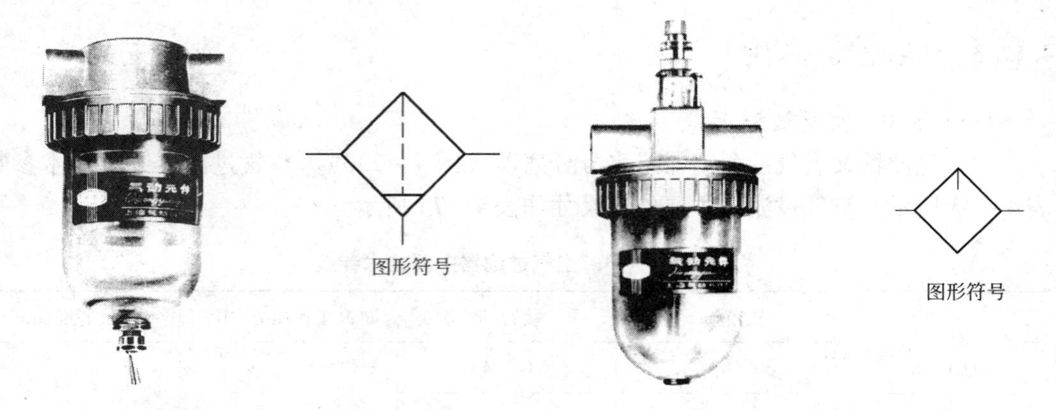

图 4－230 空气过滤器　　　　图 4－231 油分离器

表 4－75 油雾器主要技术参数

型 号	通径/mm	接管/in	最高工作压力/MPa	起雾流量①/L·min^{-1}
QIU－8	8	G 1/4	1.00	210
QIU－10	10	G 3/8		300
QIU－15	15	G 1/2		480
QIU－20	20	G 3/4		1160
QIU－25	25	G 1		1600
QIU－40	40	G 1½	0.80	4000

①工作压力 0.63MPa，滴油量 5 滴/min。润滑油运动黏度 17～23mm²/h。

表 4－76 油雾器主要外形尺寸

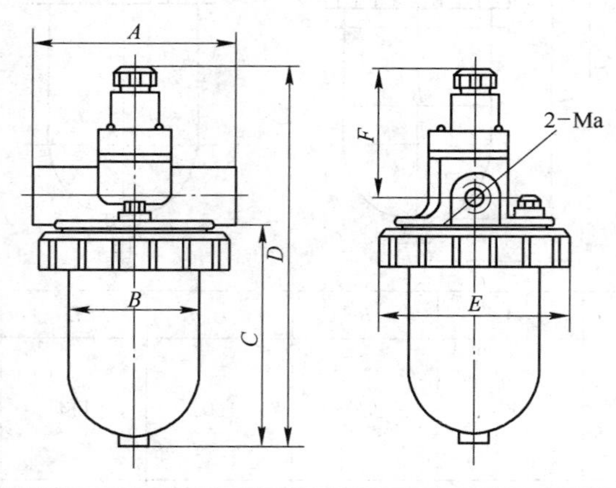

型 号	Ma/in	A	B	C	D	E	F
QSL－8	G 1/4	90	φ70	114	200	φ88	69
QSL－10	G 3/8						
QSL－15	G 1/2						
QSL－20	G 3/4	115	φ90	270	250	φ110	74
QSL－25	G 1						
QSL－40	G 1½				270		106

4.12.3.3 空气减压阀

空气减压阀（图4－232）又名减压阀。空气减压阀主要技术参数如表4－77所示。空气减压阀主要外形尺寸如表4－78所示。

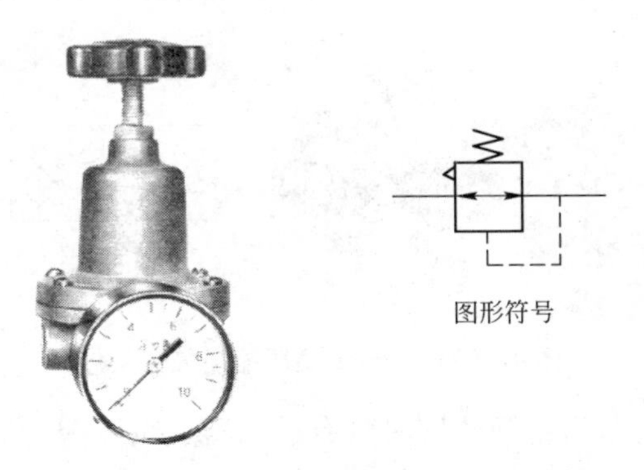

图4－232 空气减压阀

表4－77 空气减压阀主要技术参数

型　号	通径/mm	接管/in	最高工作压力/MPa	调压范围/MPa
QTY－8	8	G 1/4	1.00	0.05～0.63
QTY－10	10	G 3/8		
QTY－15	15	G 1/2		
QTY－20	20	G 3/4		
QTY－25	25	G 1		
QTY－40	40	G 1½	0.80	

表4－78 空气减压阀主要外形尺寸

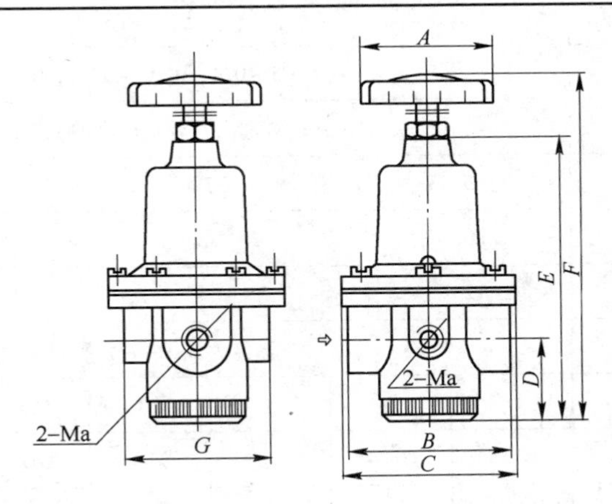

型　号	Ma/in	Mb	*A*	*B*	*C*	*D*	*E*	*F*	*G*
QTY－8	G 1/4	M10×1	ϕ60	74	ϕ80	36	122	180	64
QTY－10	G 3/8								
QTY－15	G 1/2								
QTY－20	G 3/4		ϕ90	109	ϕ120	48	1871	250	113
QTY－25	G 1								
QTY－40	G 1½			136		69	218	280	104

4.12.3.4 压缩空气三联件

QLPY 型过滤、减压、油雾压缩空气三联件（图 4－233）是由济南华能气动元器件公司生产的一种压缩空气三联件，它是由过滤器、减压阀、油雾器组合而成。

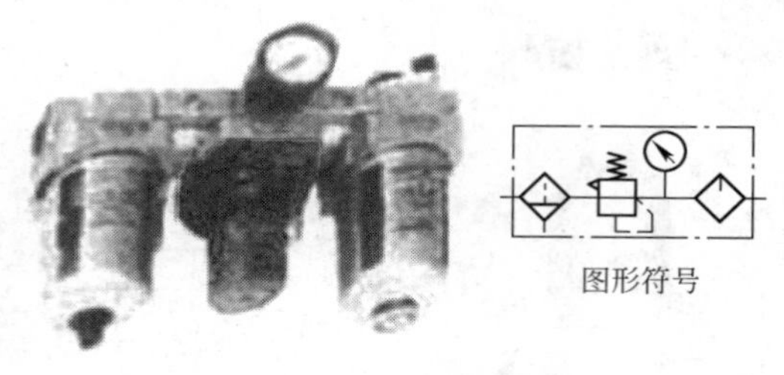

图 4－233 QLPY 型压缩空气三联件

压缩空气三联件具有节省空间，同时具有过滤器、减压阀、油雾器的功能，及模块式联结、拆卸方便、体积小、重量轻等特点（图4－234）。

QLPY 型压缩空气三联件主要技术参数如表 4－79 所示。QLPY 型压缩空气三联件主要外形尺寸如表 4－80 所示。

表 4－79 QLPY 型压缩空气三联件主要技术参数

规 格	QLPY1		QLPY2			QLPY3	
最高工作压力/MPa	1						
保证耐压力/MPa	1.5						
适用温度范围/℃	5～60						
过滤精度/μm	5，10，25，50						
水分离效率/%	>85						
调压范围/MPa	0.05～0.4；0.05～0.63；0.05～0.8						
溢流压力	高于调定压力的 15%						
起雾流量/NL·min⁻¹	65		100			300	
储油量/cm³	20		85			350	
排水容量/cm³	12		45			110	
使 用 油	黏度为 2.5～7°E 的润滑油①						
公称通径/mm	6	8	8	10	15	20	25
接口螺纹	G1/8	G1/4	G1/4	G3/8	G1/2	G3/4	G1
额定流量/NL·min⁻¹	600	1000	2200	2500	2800	5000	5000
备 注	1. 起雾流量指在进口压力 0.4MPa，润滑油量为 5 滴/分钟时的空气流量；2. 额定流量指进口压力为 0.7MPa，调定压力为 0.5 MPa，压力降为 0.1 MPa 的情况下（标准状态下）						

①$\nu = 0.0731°E - 0.0631/°E$。

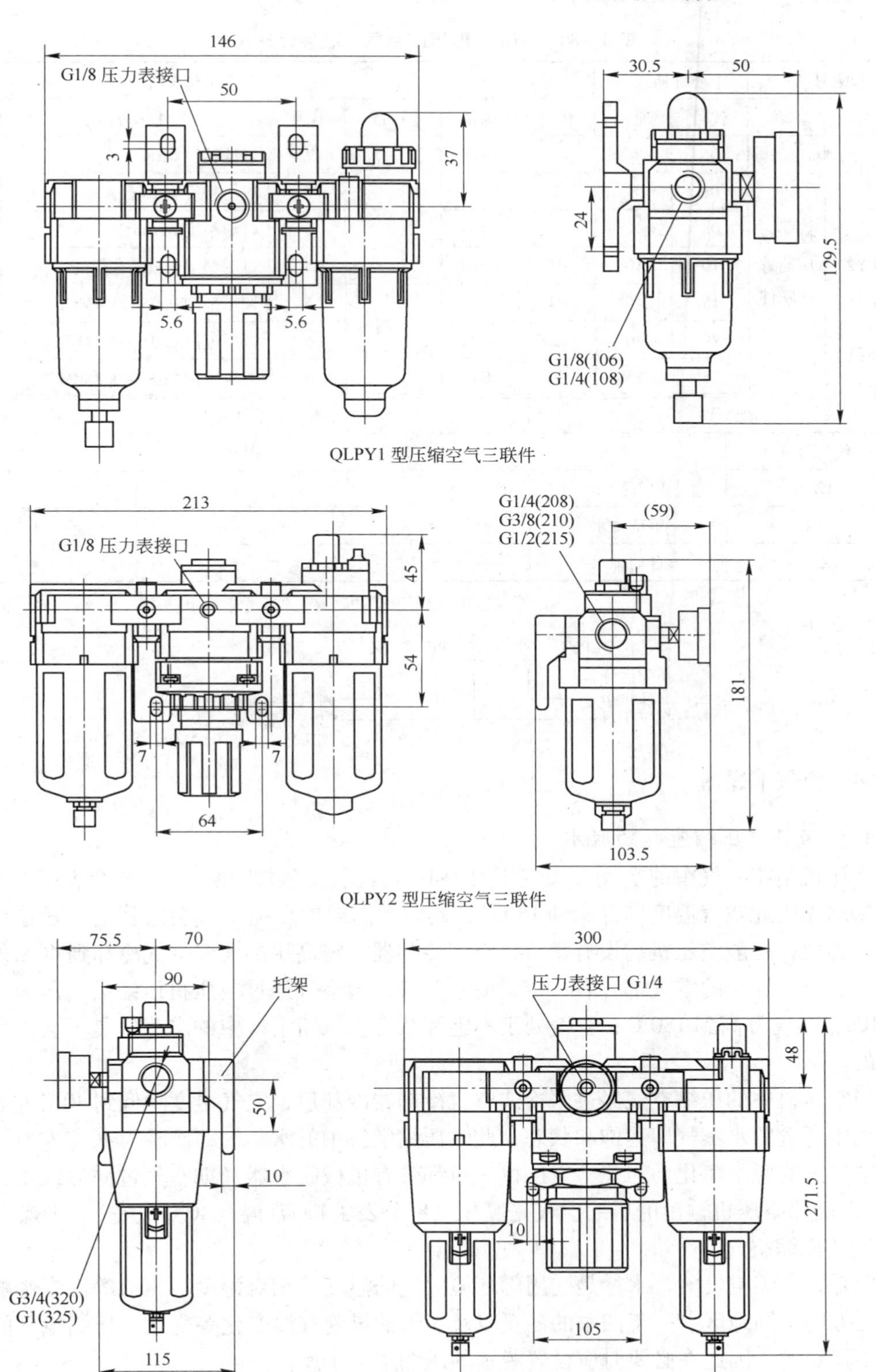

QLPY1 型压缩空气三联件

QLPY2 型压缩空气三联件

QLPY3 型压缩空气三联件

图 4－234 QLPY 型压缩空气三联件

表 4-80 QLPY 型压缩空气三联件外形尺寸

型号		公称通径		接口螺纹		任选规格				
代号	名称	代号	通径	代号	螺纹	项目		代号	任选规格	
QLPY1	过滤减压油雾三联件	06	6	01	G1/8	4	滤芯	1	过滤精度 5μm	适用过滤器
		08	8	02	G1/4			2	过滤精度 10μm	
QLPY2		08	8	02	G1/4			3	过滤精度 25μm	
		10	10	03	G3/8			4	过滤精度 50μm	
		15	15	04	G1/2	5	调压范围	5	调压范围 0.05~0.4MPa	适用减压阀
QLPY3		20	20	05	G3/4			6	调压范围 0.05~0.63MPa	
		25	25	06	G1			7	调压范围 0.05~0.8MPa	

配件		适用型号		
代号	项目	QLPY1	QLPY2	QLPY3
TZ	停气排水	•	•	
不标	手动排水	•	•	•
Z	自动排水		•	•

型号说明：

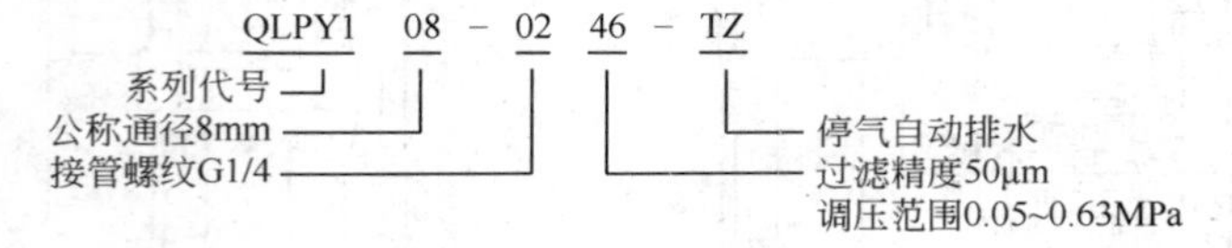

4.12.4 空气干燥器

4.12.4.1 压缩空气的脱水

空压机是将大气中的空气（大气压力为 1 个表压）经过绝热压缩到 8 个表压，由于它是绝热压缩因此空气温度即升高到 180℃，此时，高温的压缩空气会给管道输送造成一定困难。为此，一般空压机均设有水冷式空气冷却器，将高压的压缩空气冷却到 40℃左右。

由于自然界中的空气都含有一定量的水蒸气，当空气经过空压机压缩后，压力增大到 0.8MPa，温度升高到 180℃，空气处于不饱和状态，压缩空气中的水蒸气是不会凝结成机械水的。

当空压机中的压缩空气经过水冷式空气冷却器冷却后，空气温度降低到 40℃左右，压缩空气中所含的水蒸气即达饱和状态，此时压缩空气中的水蒸气即冷凝为 40℃左右，致使压缩空气需要脱水净化。为此，空压机一般都带有机械脱水器（如空气过滤器或水分分离器），以确保空压机输出的压缩空气是高压（8 个表压）、常温（40℃左右）、干燥（无机械水）的压缩空气。

但是，压缩空气的含水量是受周围环境大气的温度、相对湿度、压力等因素影响，南方与北方的不同地区、一年四季的冬夏以及一天的早晚气温变化等变化，压缩空气的含水量是不稳定的，因此在必要时应设置脱水的压缩空气干燥器。

对于脉冲袋式除尘器，压缩空气是滤袋喷吹清灰的主要动力，压缩空气带水直接影响滤袋的清灰效果，造成喷吹口和喷吹口周边喷吹管的磨损，以及气包的积水、冻结。

压缩空气从空气压缩机站（动力站）输出时是高压、常温（40℃左右）、干燥无水，但压缩空气在输送过程中，由于室外环境温度的变化，特别是在北方寒冷地区冬季温度很低，甚至形成管道、气包的结冰、冻结，必须引起注意，这是使用中至关重要的环节，切勿轻便从事。

据法国 Alstom 公司规定，压缩空气进入除尘器的最高含水量应保持：

压缩空气的温度/℃	+5	+20	+30	+60
最高含水量/$g \cdot m^{-3}$（自由空气）	0.97	2.40	4.31	18.00

灰尘、滤料对水雾极为敏感，故需对压缩空气进行干燥吸附，使达到：

含水量　　<0.017g/m^3（自由空气）

含油量　　<0.02g/m^3（自由空气）

4.12.4.2 自热再生式压缩空气干燥器

ARD－Ⅱ系列压缩空气干燥器是广东省肇庆化工机械厂生产的一种自热再生式压缩空气干燥器装置。

ARD 系列自热再生式（也称无热再生式）干燥装置是根据变压吸附原理，应用自热再生方法对压缩空气进行干燥的一种设备。

ARD 系列自热再生式（也称无热再生式）干燥装置（图 4－235）设有 A、B 两个干燥器，压缩空气从干燥装置进气口进入气动切断阀，经连接管进入干燥器 A，湿空气沿干燥吸附剂床层（干燥吸附剂床上设有硅胶吸附剂）上升脱水干燥，后经逆止阀输出，其中约 85% 的干燥空气经过粉尘过滤器，过滤后成为成品气输送入储气罐供使用。约 15% 的干燥空气，通过干燥装置的限流孔板降至常压（小于 0.03MPa）进入干燥器 B，使已被吸附过水分的干燥剂获得再生，再生的废气由气动切断阀经消音器排入大气。

图 4－235　ARD－Ⅱ系列自热再生式压缩空气干燥器

干燥装置上的干燥器 A 和干燥器 B 成对配置，交替工作、再生。干燥器工作时的吸附时间为 5 分钟，然后切换，到再生时间 4 分钟，并附有 1 分钟缓慢的充压和均压过程，工作周期时间为 10 分钟，执行机构的工作周期程序由干燥装置上的微电脑自动控制，其工作周期安排如表 4－81 所示。

表 4－81　微电脑自动控制工作周期

时　间	10 分钟（一周期）			
	5 分钟		5 分钟	
	4 分钟	1 分钟	4 分钟	1 分钟
A	——	——	－－－－	AAAAA
	工作	工作	再生	充压、均压
B	－－－－	AAAAA	——	——
	再生	充压、均压	工作	工作

ARD系列自热再生式干燥装置设有ARD－LK型露点控制器。由于干燥装置的吸附剂（硅胶、铝胶）吸附饱和的时间是受压缩空气的流量、流速、压力、温度等因素影响。而所有这些因素随一天的工作时间、空气温度、相对湿度而变化，再生气的需求量也受上述因素影响。因此，原来程序控制器固定5分钟切换工作时间，就意味着有时在外因条件的变化情况下，会有部分的再生成品气被白白浪费。

ARD－LK型露点控制器是通过传感器直接监测成品气的露点，微机控制系统根据出气露点自行调整切换工作时间，达到节能效果。

ARD－Ⅱ系列压缩空气干燥器的规格型号和技术参数如表4－82所示。

表4－82 ARD－Ⅱ系列压缩空气干燥器的型号规格和技术参数

型号 规格	ARD－Ⅱ 1/8	ARD－Ⅱ 3/8	ARD－Ⅱ 6/8	ARD－Ⅱ 12/8	ARD－Ⅱ 20/8	ARD－Ⅱ 30/8	ARD－Ⅱ 40/8	ARD－Ⅱ 60/8	ARD－Ⅱ 80/8	ARD－Ⅱ 100/8
额定处理气量 $/m^3 \cdot min^{-1}$	1	3	6	12	20	30	40	60	80	100
有效供气量 $/m^3 \cdot min^{-1}$	0.85	2.55	5.1	10.2	17	25.5	34	51	68	85
工作压力	0.8MPa级（1.2 MPa级，1.6 MPa级，2.5 MPa级，4 MPa级）									
压力损失/MPa	<0.04									
进气温度/℃	<40									
成品气露点/℃	<－40（常压下）									
再生耗气率	10%～50%									
成品气含尘量	$\leq$1mg/ m^3 最大粒径$\leq$1μm									
干燥剂	活性氧化铝（ϕ3～5mm）									
再生方式	自热再生（无热再生）									
工作方式	两个干燥器交替连续工作（10分钟为一周期）									
操作方式	全自动									
用电功率	220V，耗电约60W									
安装方式	单元组合式									
安装位置	室内									
重量/kg	227	351	626	1070	1442	2101	2325	3455	5384	6449
外形（长×宽×高）/mm	820× 465× 1635	1033× 580× 1572	1215× 630× 2030	1683× 751× 2551	1945× 881× 2666	2353× 1003× 2762	2450× 1094× 2812	3170× 1150× 3100	3400× 1300× 2500	3580× 1450× 3525

4.12.4.3 冷冻式压缩空气干燥机

RAD系列冷冻式压缩空气干燥机是吴县市日益机械厂生产的一种冷冻式压缩空气干燥器装置。

A 冷冻式压缩空气干燥器装置的原理

冷冻式压缩空气干燥器装置是根据冷冻凝露原理制冷技术开发的一种压缩空气干燥机，经冷冻式压缩空气干燥机处理后的压缩空气可达到：

常压露点温度　　　－23℃以下

含油量　　　　　　小于5ppm

如配上高精度过滤器，可除去0.01μm以上的固态杂质，且残油分含量不大于0.01ppm，从而得到干燥、洁净的压缩空气。

冷冻式压缩空气干燥机配置的工艺流程图如图4－236所示。

制冷干燥系统结构原理如图4－237所示。

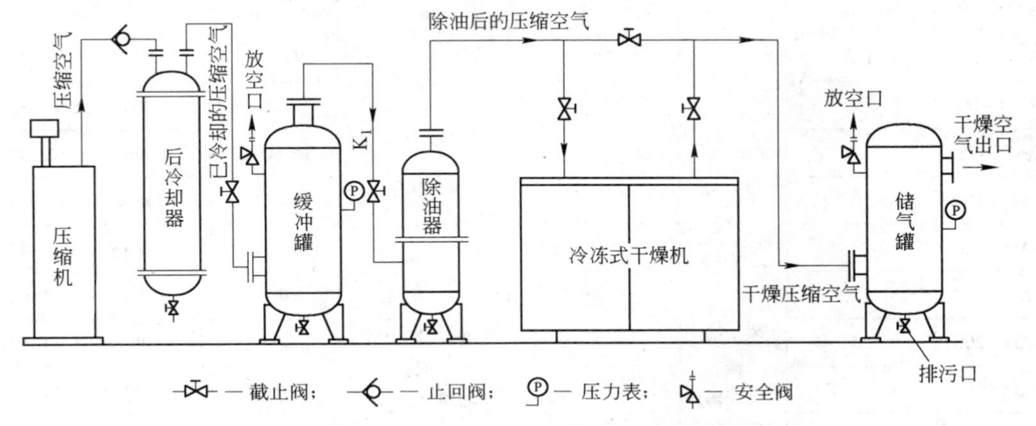

图4－236　冷冻式压缩空气干燥机配置工艺流程

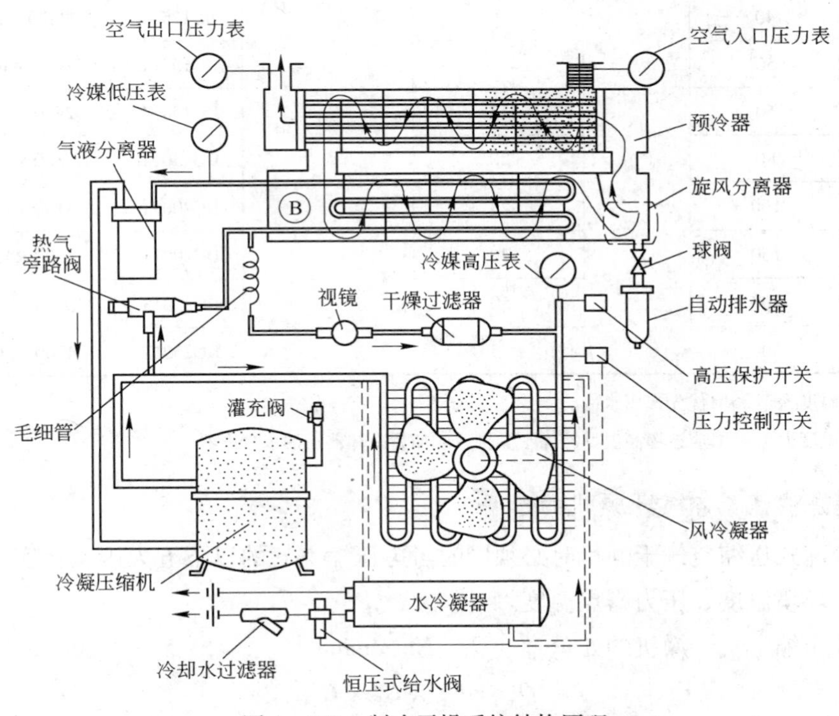

图4－237　制冷干燥系统结构原理

B　RAD系列冷冻式压缩空气干燥机的技术参数

RAD系列冷冻式压缩空气干燥机的技术参数如表4－83所示。

表 4-83 RAD 系列冷冻式压缩空气干燥机的技术参数

型　号	空气处理量 /Nm^3·mm^{-1}	冷却方式	制冷压缩机功率/HP	电　源	空气接管口径	外形尺寸 (长×宽×高)/mm
RAD-5	0.5	风冷或水冷	1/4	1ϕ220V50Hz 或 3ϕ380V50Hz	ZG1/2in	600×420×580
RAD-10	1.0		3/8		ZG1in	752×420×682
RAD-20	2.0		3/4		ZG1¼in	752×420×682
RAD-30	3.0		1		ZG1½in	752×420×682
RAD-60	6.0		1½		ZG2in	1096×525×1082
RAD-75	7.5		2		DG50FL	1096×525×1142
RAD-100	10		3		DG65FL	1480×525×1142
RAD-120	12		3½		DG65FL	1480×525×1142
RAD-150	15		4		DG80FL	1480×605×1362
RAD-200	20		6		DG80FL	1480×605×1362
RAD-250	25		6½		DG100FL	1700×625×1502
RAD-300	30		7½		DG100FL	1926×705×1502
RAD-400	40		10		DG125FL	2420×1080×820
RAD-500	50		12½		DG150FL	2420×1080×1880
RAD-600	60		15		DG150FL	2420×1280×1950
RAD-800	80		20		DG150FL	2800×1350×2000
RAD-1000	100		25		DG200FL	3100×1450×2000
RAD-1500	150		40		DG200FL	3500×1500×2050
RAD-2000	200		50		DG250FL	3850×1600×2100
RAD-3000	300		75		DG250FL	4200×2000×2200

注：环境温度大于35℃优先选用水冷。

进气温度大于45℃应选用高温型冷冻干燥机，或加后冷却器、油水分离器。

C 冷冻式压缩空气干燥机的选用

选用冷冻式压缩空气干燥机时必须同时考虑压缩空气的以下五大因素：实际流量、压力、温度、环境温度、压力露点温度。

冷冻式压缩空气干燥机的处理量（Q_s，Nm^3/min）：

$$Q_s = Q_a \times C_1 \times C_2 \tag{4-26}$$

式中 Q_a——压缩空气的实际流量，Nm^3/min；

C_1——压缩空气压力和温度的修正系数（表 4-84）；

C_2——环境温度与压力露点的修正系数（表 4-85）。

表4-84 压缩空气压力和温度的修正系数（C_1）

进气温度/℃	进气压力/MPa						
	0.4	0.5	0.6	0.7	0.8	0.9	1.0
25	0.71	0.65	0.62	0.59	0.57	0.55	0.54
30	0.92	0.85	0.81	0.77	0.75	0.72	0.70
35	1.20	1.11	1.05	1.00	0.97	0.94	0.92
40	1.40	1.30	1.23	1.17	1.13	1.10	1.07
45	1.70	1.58	1.49	1.42	1.38	1.33	1.30
50	2.00	1.85	1.75	1.67	1.62	1.57	1.53

表4-85 环境温度与压力露点的修正系数（C_2）

环境温度/℃	压力露点（P.D.P.）/℃	
20	0.72	0.51
25		
30	0.92	0.65
35	1.10	0.78
40	1.42	1.01

【例】

已知：入口空气压力　1MPa

入口空气温度　45℃

环境温度　35℃

压缩空气的实际流量（Q_a）　6.5Nm³/min

要求压力露点（P.D.P.）　2℃

根据式（4-26），冷干机的处理量为：

$$Q_s = Q_a C_1 C_2$$

查表4-84，在入口温度45℃，入口空气压力1MPa时 $C_1 = 1.3$。

查表4-85，在环境温度35℃，压力露点2℃时 $C_2 = 1.1$。

得　$Q_s = 6.5 \times 1.3 \times 1.1 = 9.295(\mathrm{Nm^3/min})$

查表4-83，选用RAD-100型冷冻式压缩空气干燥机，其技术参数为：

型　号　RAD-100型

冷却形式　风冷

处理量　10m³/min

工作压力　0.4～1.2MPa

压力露点　≤5℃

含油量　≤5ppm

进气温度　≤45℃

环境温度　≤40℃

冷冻机马力　3HP

电　源　380V

空气接管口径　DG65FL

外形尺寸　1480mm×525mm×1142mm

4.12.5 压缩空气管道设计

（1）压缩空气系统管网为无缝钢管：

1）压缩空气系统管网耐压等级应为工作压力的1.5倍以上。

2）压缩空气系统管网实验压力为工作压力的1.25倍。

（2）炎热地区和温暖地区的压缩空气管道宜采用架空敷设。

（3）严寒地区压缩空气管道架空敷设时，宜取防冻措施（如与热力管道同行敷设）。

（4）压缩空气管道立管的安装如图4-238所示。

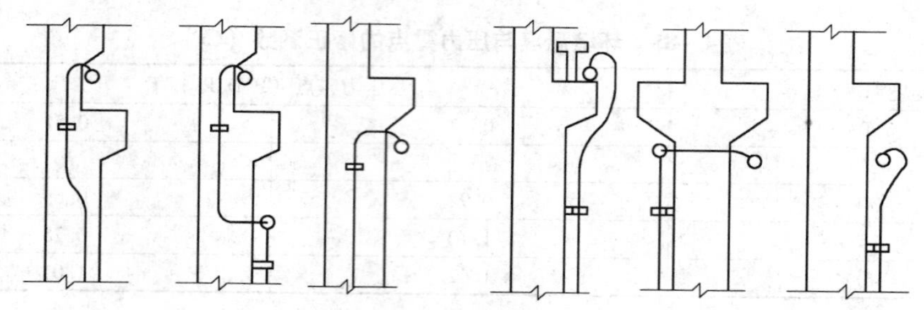

图4-238 压缩空气管道立管的安装

（5）输送饱和压缩空气管道应设置能排放管道内积存油、水的装置，设有坡度的管道，其坡度不宜小于0.002。

（6）压缩空气管道的连接，除与设备、阀门等用法兰或螺纹连接外，其他部位宜采用焊接。

4.13 电控装置

4.13.1 我国袋式除尘系统电控装置的沿革

我国20世纪60~70年代的袋式除尘系统电控装置主要是采用：

（1）继电器逻辑程控器；

（2）半导体数字逻辑电路程控器；

（3）少数采用以TP801单板机、MCS48单片机为核心的电控装置。

这种电控装置的主要问题如下：

（1）抗干扰能力差；

（2）平均无故障工作时间短；

（3）检测参数少；

（4）特别是大多数无软件资源的支持，使袋式除尘系统难以长期、可靠地运行，难以实现在线控制。

自20世纪70年代开始，大量先进的大型除尘设备从国外引进，这些大型除尘设备中的电控装置采用可编程序控制器（简称PLC）为核心。

80年代中期，在学习、消化、移植国外先进技术基础上，少数大型企业的除尘系统采用了西门子型、日本日立公司的C20型、三菱公司的F型小型可编程序控制器，虽然其检测参数很少，特别是软件功能利用不多，但在设备的长期连续运行的可靠性方面取得了满意的效果。

90 年代我国大、中型袋式除尘系统的电控装置均以电子计算机（如微处理器、可编程序控制器、微型电子计算机）为核心，配上各种新型的传感元件对除尘系统的主要运行参数（如温度、压力、差压、排放浓度等）进行检测，实现了除尘系统的在线控制。

随着除尘设备智能化发展，利用现场总线技术，可以获取除尘器现场大量丰富信息，能更好地满足工厂自动化及信息集成化，使除尘器具有在线故障诊断、报警等功能，还可完成除尘器现场设备的远程参数设定及修改，增强了除尘器控制的可维护性。

电子计算机在除尘系统中的应用，以及自动控制技术中的由硬件转向软件的发展，除尘系统设计出了各种应用软件，例如，根据系统阻力的变化和变化的速度，采取不同的方法调整清灰时间和清灰周期，使用较为复杂的清灰状态程序，采用自动调整风量、滤袋的自动检漏装置等。

目前袋式除尘系统应用的各种自动控制程序如下：

（1）根据差压的监测，调节清灰时间和清灰周期；

（2）根据温度的监测，PID 控制调节混风阀开度和风量调节阀；

（3）根据灰斗料位的监测，调节卸灰时间和卸灰周期；

（4）根据切换阀转动角度的监测，检查阀门的运行状态和位置；

（5）根据出口排放浓度的监测，确定漏袋所在箱体；

（6）各种声光报警及显示系统……

4.13.2　袋式除尘的自动控制系统

袋式除尘自动控制系统的器件、仪表一般由电控仪、流量计、温度计、灰斗料位指示仪、阀门开度位置、出口浓度计等组成。自动控制系统的测定数据均输入连续记录装置（如带状记录卡、多点记录仪或资料存储装置）内（图 4－239）。

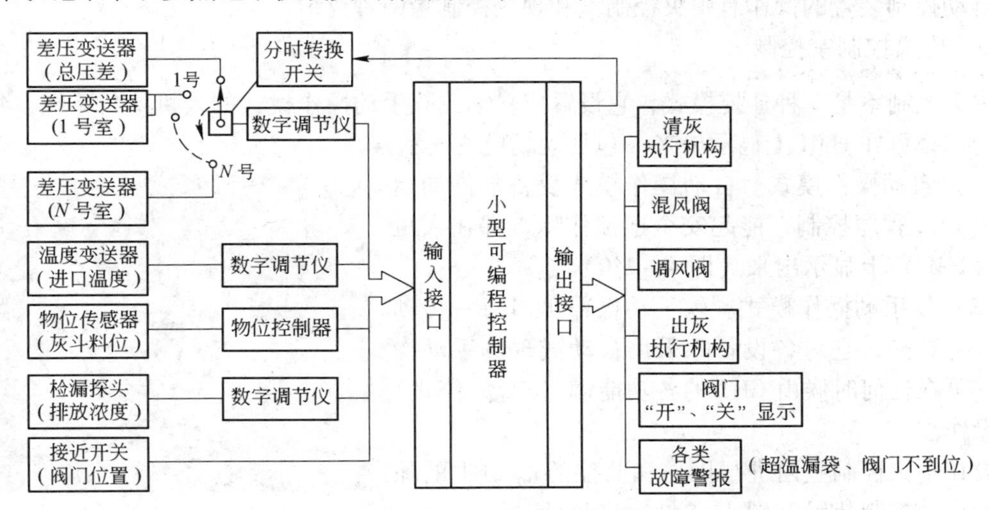

图 4－239　袋式除尘自控系统原理框图

4.13.2.1　自动控制系统的组成

袋式除尘系统是由风机、除尘器、输灰装置、阀门等装置组成，自动控制系统是由控制对象和控制装置两大部分组成。

A 控制对象

控制对象是指被控制的设备，如风机、阀门、电机、仪表等。

B 控制装置

控制装置是指实现自动控制的各种装置，归纳起来有以下四类：

（1）自动检测和报警装置。自动连续检测，并设上下限进行声光报警的装置。

（2）自动保护装置。当声光报警后故障仍未排除时，自动保护装置将自动采取保护措施，如对风机进行跳闸连锁。

（3）自动操作装置。根据生产工艺要求自动对除尘系统和设备进行操作。

（4）自动调节装置。有些工艺参数需要维持在一定范围内，当参数发生变化时，自动调节装置将使工艺参数自动回复到规定的设定值。

这些自动控制装置的功能都可以在可编程序控制器 PLC 上完成。

4.13.2.2 自动控制系统的运行及操作

A 自动控制系统的运行

除尘系统自动控制系统的运行有程序控制和定值控制两种方式：

（1）程序控制。自动控制系统的程序控制是指除尘系统的风机、除尘器、输灰装置、阀门等按一定程序、规律、时间进行系统的操作和控制。

（2）定值控制。自动控制系统的定值控制是指对除尘系统内的烟气参数（温度、压力、流量等）规定一定的设定值，当设定值发生偏差后，自动控制系统能使偏差的参数回复到设定值的一种控制装置。

B 自动控制装置的操作

自动控制装置的操作有中央控制室和现场控制箱两种。

a 中央控制室控制

中央控制室是一种遥控模式，它设置成自动或软手动操作模式的人机接口系统，每种方式的选择可在 HMI 上显示出来（包括现场模式显示）。

（1）自动操作模式。自动操作模式设备部件的运行可由 PLC 程序控制，能起安全连锁作用，并在人机接口（HMI）上显示出来（图 4－240）。

（2）软手动操作模式。软手动操作可对每一传动设备进行选择，它对各设备除采用自动或现场手动操作外，可在任何时候由 CRT 的各功能键（启动/停止）进行操作。

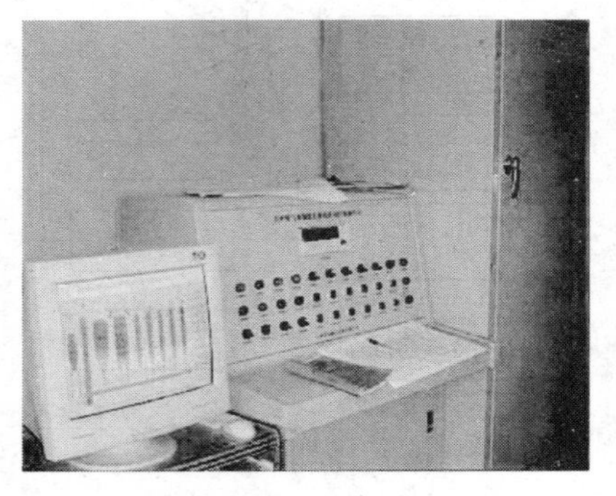

图 4－240 PLC 程序控制系统

设在中央控制室内进行操作和监控的带 CRT 的除尘系统自动控制装置（图 4－241）应包括：

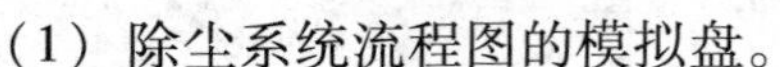

（1）除尘系统流程图的模拟盘。

（2）对清灰各参数进行查看、设定、修改，并实时显示各脉冲阀的运行状态。

（3）对袋式除尘器的进出口温度及其他温度进行显示，并可设定其报警温度。

(4) 对袋式除尘器的差压进行显示和设定，并自动选择最佳清灰方式。

(5) 对袋式除尘器各室进行差压测试，自动判断是否破袋，并报警显示室号。

(6) 对袋式除尘器的压力、氧浓度、CO 浓度等参数进行检测和控制。

(7) 对袋式除尘器出口烟道的浊度进行检测和显示。

(8) 除尘系统运行的记录、报表功能。

(9) 同工厂上位机或当地环保部门的环境监控系统联网，实现资源共享。

(10) 通过 GPRS 或互联网可与计算机站远程联网，实现远程遥测遥控。

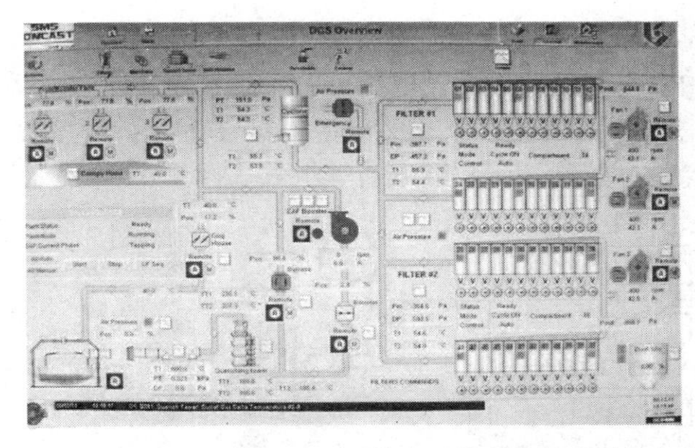

图 4－241　带 CRT 除尘系统自动控制装置的操作室

b　现场控制箱控制

现场控制箱是指在现场为每个单独传动设备设置的控制箱（图 4－242），它是用作现场操作的开/关按钮和选择开关（现场/遥控）。

图 4－242　单独传动设备的现场控制箱

现场操作模式可以设置成：

（1）现场操作的操作箱。

（2）遥控操作的现场操作箱。

但对储灰斗的卸灰阀和空气炮防棚装置，必须有现场操作。

4.13.3 反吹风袋式除尘器电控仪

反吹风袋式除尘器电控系统是对除尘器的管道温度、除尘器阻力、各室阻力、清灰方式、卸灰方式的全方位、多功能、智能化控制。

电控系统具有很强的显示和设定功能，对运行在不同工况环境下除尘器的清灰、卸灰、状态、功能、时间等参数都能修改和重新设定，有很强的适应性。

电控系统不但设有操作室的主清灰柜、主卸灰柜的自动控制，还配有机旁清灰柜、机旁卸灰柜的调试控制以及机旁清灰、机旁卸灰、振动卸灰的手动控制。

电控系统还有能在无人值守的情况下，根据设备阻力和时间自动完成除尘设备的管理功能。

4.13.3.1 电控柜的类型

A 主清灰控制柜

主清灰控制柜是由总电源开关、控制电源开关、总压差显示表、若干压差显示表、自动清灰控制仪、手动清灰控制仪、直流开关电源、盘装24V、5V直流电源、自动及手动清灰转换开关、输出保险、控制按钮和继电器等组成（图4－243）。

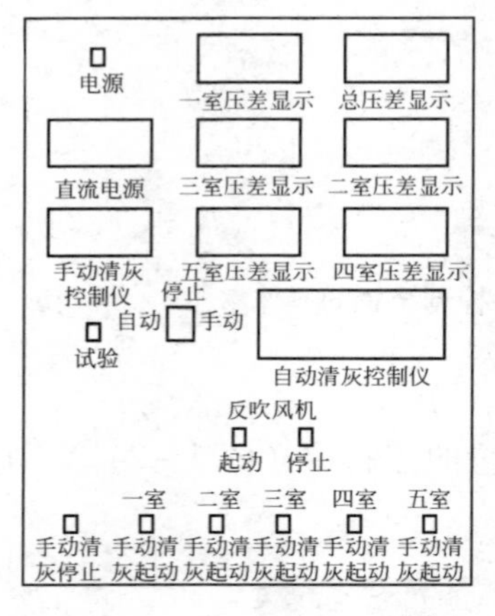

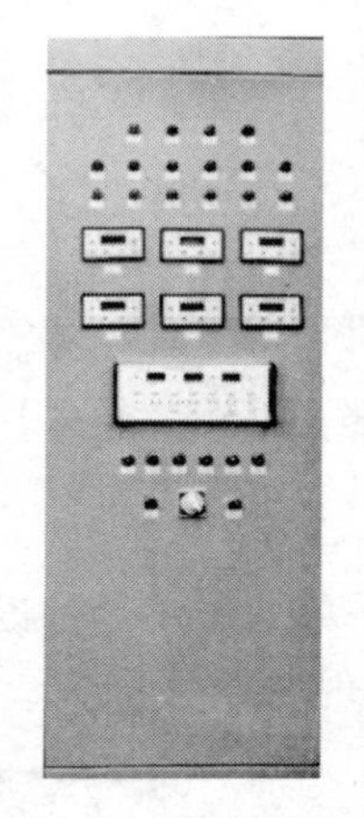
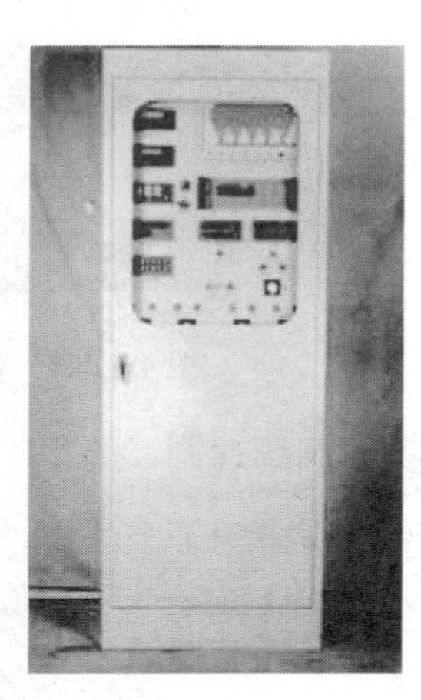

图4－243 主清灰控制柜

主清灰控制柜上的自动清灰控制仪（图4－244），根据手动按钮或总压差达到设定值时，就会自动进入除尘器原定的清灰程序。反吹风除尘器电控技术要求详见5.2.4节“反吸风清灰方式”及“反吸清灰状态”两节。

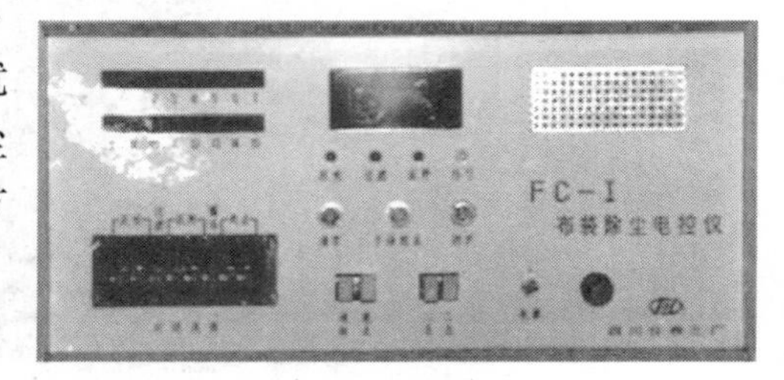

图4－244 自动清灰控制仪

B 机旁清灰控制柜

机旁清灰控制柜由手动清灰控制仪、直流开

关电源、手动、调试转换开关、输出转换开关、指示灯等组成（图4－245）。

（1）机旁清灰控制柜中当手动、调试转换开关转换到手动时，就会自动停止主清灰控制柜的全部控制，将控制转向机旁清灰控制柜，即可实现各室的分别清灰或多室同时清灰的手动控制。

（2）机旁清灰控制柜中当手动、调试转换开关转换到调试时，也会自动停止主清灰控制柜的全部控制，将控制转向机旁清灰控制柜，这时输出转换开关接通电磁阀即得电，断开时电磁阀即失电，无锁定电路，可多室同时调试。

（3）在机旁清灰控制柜的手动清灰、调试结束后，一定要将盘装转换开关转回到停止，将控制仪转回到主清灰控制柜。

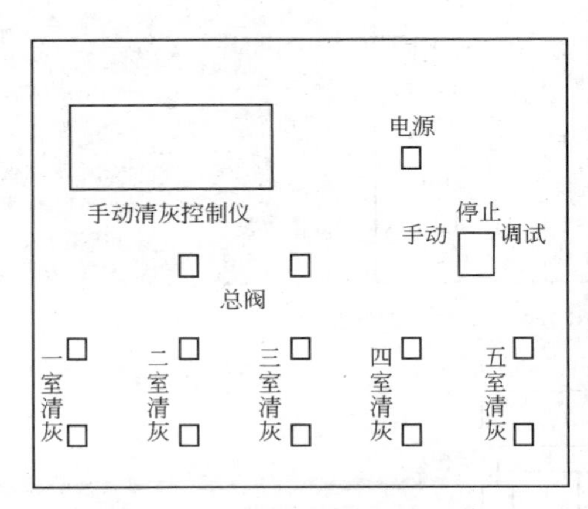

图4－245 机旁清灰控制柜

C 主卸灰控制柜

反吹风袋式除尘器的主卸灰控制柜主要是控制、调节除尘器的螺旋输灰机、卸灰阀及振打电机。

主卸灰控制柜主要由总电源开关、控制电源开关、温度显示表、自动卸灰控制仪、手动卸灰控制仪、直流开关电源、盘装24V/5V直流电源、反吹风电机的空气开关、接触器和热继、螺旋输灰电机的空气开关、接触器和热继、振打电机的空气开关、接触器和热继、卸灰的自动和手动转换开关、输出保险、控制按钮和继电器等组成（图4－246）。

反吹风袋式除尘器的主卸灰控制柜上的自动卸灰控制仪如图4－247所示，当自动卸灰控制仪转到自动后，控制仪即会自动进入原定程序，即

先启动螺旋输送机→延迟30s（时间可调）→一室双级锁气器上阀打开5s（时间可调）

→卸灰后关闭上阀→延迟5s（时间可调）→下阀打开卸灰5s（时间可调）

→卸灰后关闭下阀→延迟5s（时间可调）→再打开上阀，结束卸灰

→往复循环5次，→依次逐室清灰

→卸灰全部结束后，延迟60s（时间可调），螺旋输送机停止，卸灰程序全部结束

D 机旁卸灰控制柜

机旁卸灰控制柜是由手动卸灰控制仪、电源、手动和调试用转换开关、调试上下电磁阀用选择按钮、输出转换开关、指示灯等组成（图4－248）。

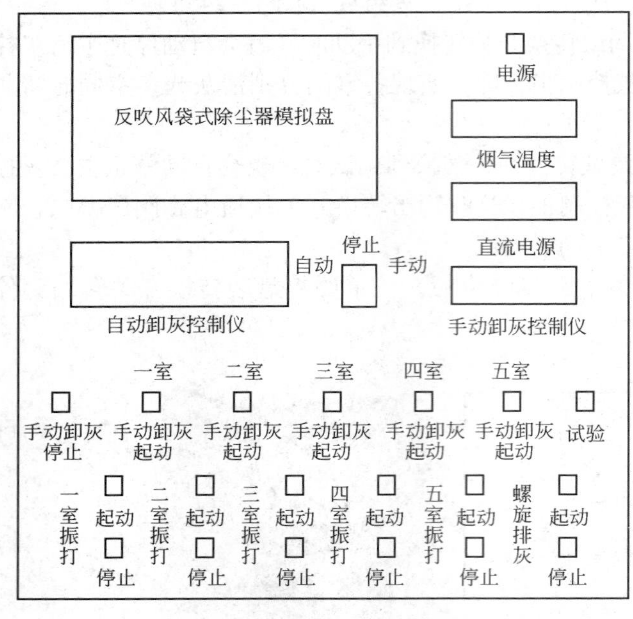

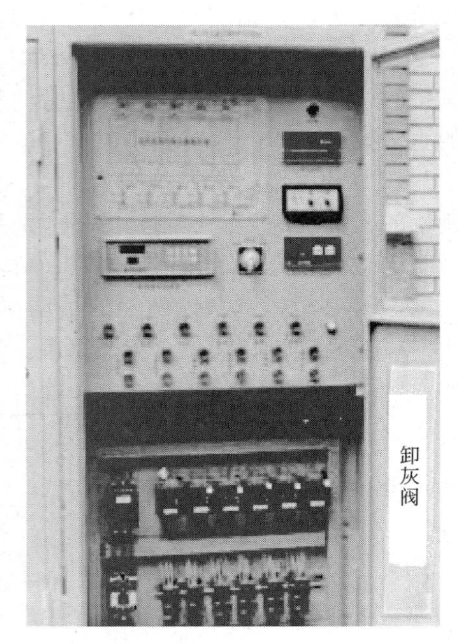

图 4－246　主卸灰控制柜

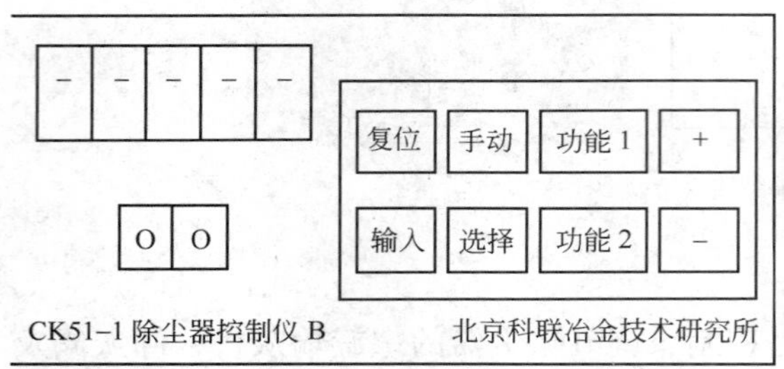

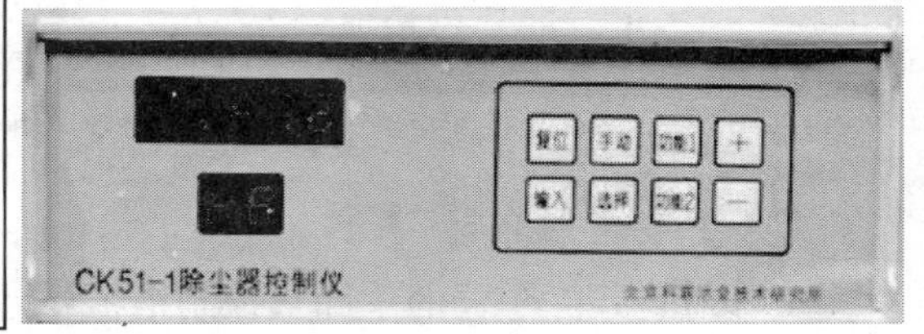

图 4－247　自动卸灰控制仪

（1）当盘装转换开关转到手动时，会自动停止主卸灰控制柜的全部控制，转向由机旁卸灰控制柜操作，一切由手动卸灰控制仪来控制，可实现各室的分别卸灰或多室同时卸灰的手动控制。

（2）当盘装转换开关转到调试时，也会自动停止卸灰控制柜的全部控制，转向由机旁卸灰控制柜操作，一切由手动卸灰控制仪来控制，可多室进行调试。

（3）当机旁卸灰控制柜的手动卸灰、调试结束后，一定要将盘装转换开关转回到停止后，将控制仪转灰到主卸灰控制柜。

手动卸灰控制是一套完全独立的卸灰控制系统，它是由手动卸灰控制仪（图 4－249）、直流开关电源、带锁定各室的选择继电器电路组成。

当手动卸灰控制仪的转换开关转到手动时，手动卸灰控制仪盘面带有两组播码盘，可以以秒为单位来设定上阀卸灰时间和下阀卸灰时间，上下动作间隔 5s 是固定的。

手动卸灰控制仪卸灰时，首先要启动螺旋输灰机，然后按下某室卸灰按钮，便能按设定的时间不断卸灰，按停止钮时停止。

手动卸灰仪 电源

调试 卸灰上阀 调试 卸灰下阀 螺旋排灰 手动 停止 调试

卸灰上阀 卸灰上阀 卸灰上阀 卸灰上阀 卸灰上阀

卸灰下阀 卸灰下阀 卸灰下阀 卸灰下阀 卸灰下阀

一室卸灰 二室卸灰 三室卸灰 四室卸灰 五室卸灰

一室振打 二室振打 三室振打 四室振打 五室振打

图 4-248 机旁卸灰控制柜

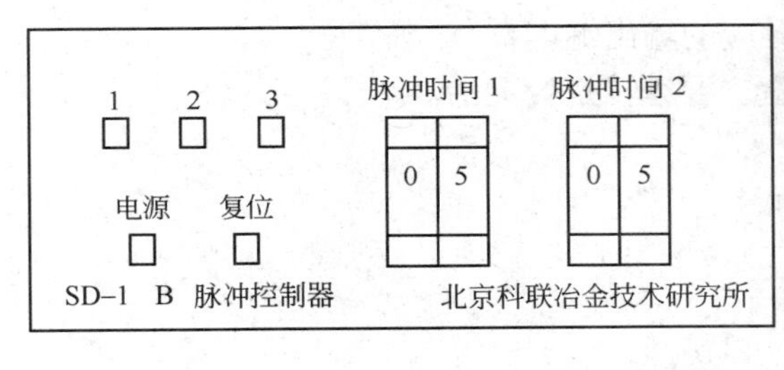

图 4-249 手动卸灰控制仪

卸灰控制仪中的振打控制装置设有控制室控制和机旁控制两种振打控制形式，在除尘器灰斗有积灰情况下，启用机旁手动控制振打。

4.13.3.2 电控柜的安装

主清灰控制柜、主卸灰控制柜安装在中心控制室内或现场，并要有可靠的接地。

机旁清灰控制柜应安装在能便于观察到总阀、三通阀工作处，并要能防雨水、防日晒，安装牢固。

机旁卸灰控制柜应安装在能便于观察到螺旋输灰机、双级锁气阀工作处，并要能防雨水、防日晒，安装牢固。

4.13.3.3 电控柜的调试

A 清灰系统的调试

（1）清灰系统的调试首先要用机旁清灰控制柜的调试控制调试总阀、三通换向阀气缸动作是否到位，调节上下行程开关，使模拟盘有动作指示。

（2）上述调试正常后，再用清灰机旁控制柜的手动控制调试，检查总阀、三通换向阀气缸动作是否灵活。

(3) 当一切正常后，可退出机旁控制，由中心控制室内的主清灰控制柜控制，并用手动、自动逐步调试。

(4) 在调试中，如果无输出，可检查：

1) 电源、总开关、控制开关、保险。

2) 手动、自动清灰控制仪设置是否正确。

(5) 如果某路无动作，可检查对应的输出继电器。

B 卸灰系统的调试

(1) 卸灰系统的调试首先要用机旁卸灰控制柜的调试控制调试双级锁气阀上下气缸动作是否灵活，调节对应行程开关，使模拟盘有动作指示。

(2) 正常后，再用卸灰机旁控制柜的手动控制调试，检查双级锁气阀上、下气缸动作是否灵活。

(3) 当一切正常后，可退出机旁控制，由中心控制室内主卸灰控制柜控制，并从手动、自动逐步调试。

(4) 在调试中，如果无输出，可检查：

1) 电源、总开关、控制开关、保险。

2) 手动、自动清灰控制仪设置是否正确。

(5) 如果某路无动作，可检查对应的输出继电器。

(6) 螺旋输灰机要进行盘车试验，看运转是否灵活。

(7) 振打器要调节好振动幅度。

4.13.4 脉冲袋式除尘器电控仪

4.13.4.1 电控仪的技术性能

A 电控仪的清灰功能

脉冲控制仪是发出脉冲信号，控制气动阀或电磁阀，使脉冲阀喷吹清灰的脉冲信号发生器。

脉冲控制仪工作原理如图 4-250 所示。

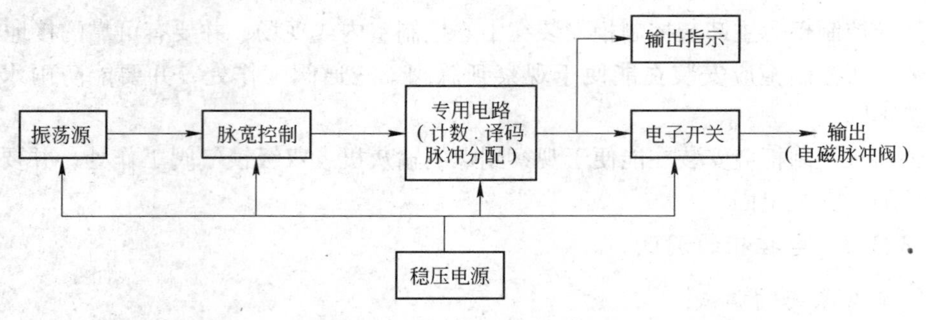

图 4-250 脉冲控制仪工作原理

脉冲控制仪可以根据清灰要求，调整脉冲宽度、脉冲间隔，对除尘器实施定时清灰：

脉冲宽度 输出一个信号的持续时间，0.03 ~0.2s 范围内可调

脉冲间隔 输出两个信号之间的间隔时间，1～30s 范围内可调

脉冲喷吹程序控制一般采用三种程序：

低喷吹率 20s 间隔

正常喷吹率 15s 间隔

高喷吹率 10s 间隔

脉冲周期：输出电信号完成一个循环所需的时间。1～30min 范围内可调

脉冲控制仪的清灰方式有定压清灰、定时清灰两种。

定压清灰：除尘器运行压差达到预先设定的压差值时，控制仪即开始按顺序清灰，一般适用于气体量或含尘量有改变的除尘器。

定时清灰：除尘器运行到预先设定的时间值时，控制仪即开始按顺序清灰，一般适用于含尘气体量或含尘量较稳定时，比较有效。

B 脉冲控制仪的技术指标

额定输入电压	AC220V，+10%～20% 50Hz
额定输出电压	DC24V
额定输出电流	1A
耗　电	不大于 12W
输出脉冲间隔调节范围	1～30s
输出脉冲宽度调节范围	0.03～0.2s
最大串接台数	100 台
压差接点	一对开关触点（触点容量大于 1A）
使用环境	温度 -25～+55℃
	空气相对湿度小于 85%
	无严重的腐蚀气体和导电尘埃
	无剧烈震动或冲击
安装方式	直接安装在除尘器上或集中控制室的屏柜中
体　积	约 230mm×185mm×95mm

C 脉冲控制仪的清灰程序

（1）常用的脉冲喷吹程序是对滤袋室各排滤袋逐排进行轮流清灰。

（2）采用交替式的脉冲喷吹程序：对滤袋室各排滤袋进行交替式的喷吹清灰，即在一排滤袋清灰后，其邻近排滤袋不清灰，跳跃性地对每排滤袋进行喷吹循环，每次喷吹清灰时每排滤袋喷吹二次。

（3）脉冲喷吹应避免产生过分清灰及过少清灰，以确保：

1）保持好良好的尘饼（一次尘）。

2）一个可靠的尘饼（一次尘），其差压应维持在 750～1250Pa。

3）如果喷吹间隔太大，含尘气流就会涌向刚清完灰的那排滤袋，因为那排滤袋的阻力最低。

4.13.4.2 脉冲控制仪的类型

脉冲控制仪可分为气动脉冲控制仪和电动脉冲控制仪。

A 气动脉冲控制仪

气动脉冲控制仪是以干净压缩空气为能源输出气动脉冲信号，与其配套使用的是气动阀、脉冲阀。

QMY－4KA 型气动脉冲控制仪是由过滤减压器、电磁阀和双输出脉冲源组成，其工作原理如图 4－251 所示。

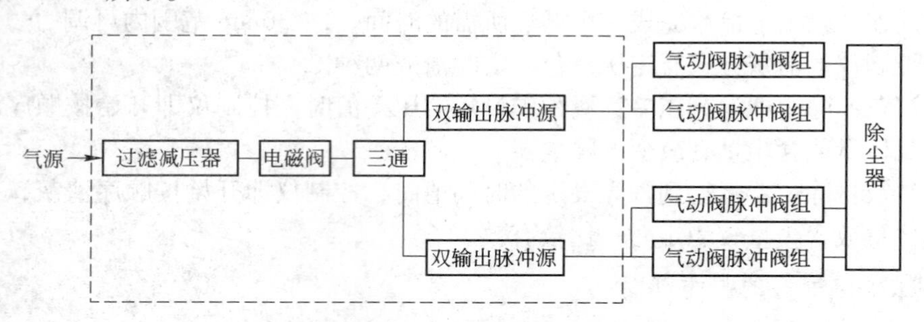

图 4－251 QMY－4KA 型气动脉冲控制仪的工作原理

当电磁阀通电后，过滤减压器的输出就通入双输出脉冲源，双输出脉冲源是一个由气阻和气容组成的气动振荡器，它发出频率可调的脉冲信号，触发气动阀和脉冲阀组进行喷吹清灰。

B 电动脉冲控制仪

电动脉冲控制仪是以交流 220V 电源作为能源，输出电动脉冲信号，与其配套使用的是电磁阀、脉冲阀或电磁脉冲阀。

一般常用的是电动脉冲控制仪，DTMKB－12254C 型电动脉冲控制仪的工作原理如图 4－252 所示。

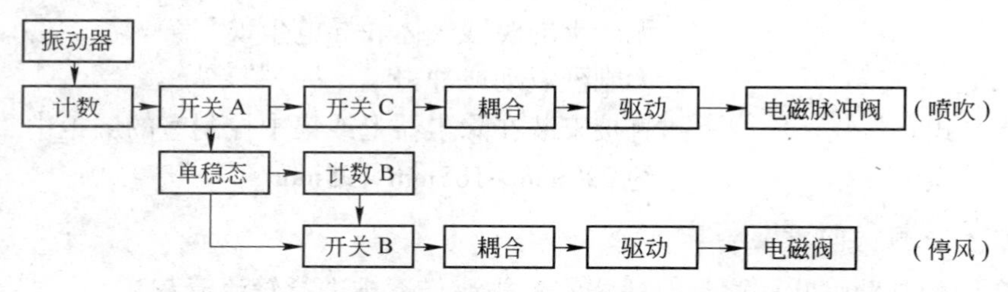

图 4－252 DTMKB－12254C 型电动脉冲控制仪的工作原理

DTMKB－12254C 型电动脉冲控制仪在工作时，开关 A 开关接通，由计数器 A 输出端状态决定，开关 B、C 路开关接通，由计数器 B 输出端状态决定。

控制仪的振动器产生脉冲，经过开关 A 触发单稳电路，由计数器 B 控制开关 B、C 路，并通过开关 B 的耦合电路、驱动电路使某室停风电磁阀工作，关闭该室阀门。

控制仪的振动器之后产生的 n 个脉冲，相继通过开关 A、开关 C 及耦合电路、驱动电路使该室 n 个脉冲阀进行喷吹清灰，静停一段时间，单稳态电路返回原状态，该室阀门打开，清灰过程结束，经过一段时间，对该室相邻的一室进行上述工作。

DTMKB－12254C 型电动脉冲控制仪用于分室停风脉冲除尘器，也可用于一般脉冲除尘器。

C 小型可编程序控制器（简称 PLC）

小型可编程序控制器（图4－253，简称 PLC）、计算机辅助生产与设计（CAP/CAD）及机器人（ROBIT）被称为现代工业自动化的三大支柱。

由于可编程序控制器控制脉冲清灰过程较脉冲控制仪既准确又可靠，所以一般只有小型脉冲袋式除尘器用脉冲控制仪控制，大中型脉冲袋式除尘器一般都用可编程序控制器。

脉冲控制仪一般只具备除尘器清灰的功能，除尘系统中的其他功能则需另采取其他措施。而采用可编程序控制器除了可控制清灰过程外，还可控制排灰装置、除尘器温度、压力等。

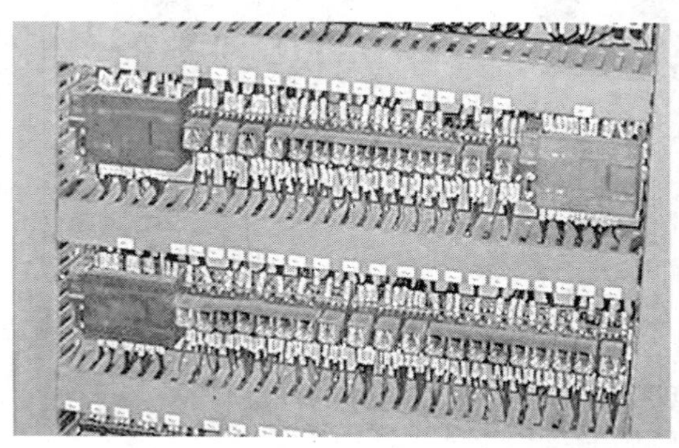

图4－253 小型可编程序控制器（简称 PLC）

PLC 与其他机种相比，虽然运行速度较慢，指令系统不够丰富，但却有自身的突出优点：

（1）可在恶劣环境中工作：工作温度 0～50℃，相对湿度小于 90% RH，不需要空气净化和空调房间；

（2）有很强的抗电磁干扰能力，电源电压允许范围为 AC160～250V，允许瞬间干扰电压小于 1000V/1μm；

（3）平均无故障工作时间大于 2.5 万小时（约 3 年），一般都大大超过这个时间；

（4）编程采用阶梯图，十分简易，方便灵活；

（5）具有可靠的通信接口；

（6）带有智能模块，内存容量大，扫描速度快。

D 智能布袋除尘控制器

B－PAC100C 型智能布袋除尘控制器是美国费尔升公司生产的一种袋式除尘器控制器，它集脉冲喷吹、压力测量、泄漏检测和其他检测（如引风机电源检测等）于一台布袋除尘控制器，实时探测定位泄漏排、故障电磁阀、故障振动膜，实现了自动化诊断。

a B－PAC100C 型智能布袋除尘控制器的功能

B－PAC100C 型智能布袋除尘控制器（图4－254）集成了以下功能：

（1）清灰功能键。清灰功能键可用来选择采用智能脉冲技术还是传统技术清灰。通过高功率输出三端双向可控硅和 AC 电压的同步、精确的微处理器控制、高性能结构来确保 10 个电磁阀定时的可靠性。

（2）压力测量功能键。压力测量功能键用于提供差压显示和控制，压力的测量采用内置的固态传感器，对高浓度粉尘除尘器可升级选用防堵压力变送器，以防压力变送器的堵塞。

（3）泄漏检测功能键。泄漏检测功能键是用来显示除尘器泄漏，且无需调整和参考基数。它利用 ProFLOW 技术使可靠性远高于摩擦静电式布袋破漏探测器。

（4）辅助功能键。辅助功能键是用来控制和显示集成进入系统的其他传感器，如储灰斗的料位、气体流量、风机电流、温度、喷吹气源压力等。

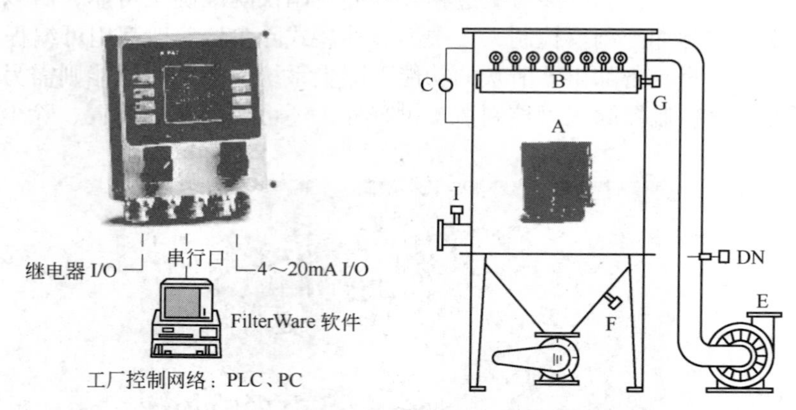

图 4－254 B－PAC100C 型智能布袋除尘控制器

b B－PAC100C 型智能布袋除尘控制器的性能规格

控制单元

AC 输入	115VAC/60Hz，230VAC/50Hz
功率	10W（电磁阀关时）
电磁阀定时器	10 个固态输出，200W 每 8A/600V，高功率 TRIAC，＋/－1ms 定时
压力测量	0～10inWC 压差显示
变送器	0～27inWC 范围，＋/－2.5% 全温
泄漏检测	10～1000Pa
4～20mA 输入	1 个，为引入风机电流、温度或其他信号。125Ω、可隔离
开/关输入	1 个，为远程定时器开/关或打开整流晶体管
继电器输出	2 个，为报警和过程控制。SPST 格式 A，8A/240VAC
4～20mA 输出	2 路选择，为引入风机电流、温度或其他信号，125Ω，可隔离
串行口	1 路选择，为远程操作，PLC/DCS 联网。ModBusRS－485，两线式，主流通用协议：以太网、Profibus－DP
实时时钟	1 路选择，为数据登录和定时器开/关，5 年保用锂电
温 度	－25～－70℃
封 装	NEMA4X、NEMA4/7/9，－25～－70℃
认 证	CE、FM、CSA

ProFLOW 技术泄漏传感器

探头长度	3in、5in、10in（标准），15in、20in（选择）
安 装	1/2in NPT（标准），或快件夹装（选择）
材 料	304SS、特氟隆或其他
封 装	NEMA4X 铝、NEMA4/7/9（选择）

最高温度　　120℃、232℃（选择）
压　力　　全真空 -30psi（2.11kg/cm²）

辅助传感器

防堵压力变送器　免去了在脏气体一边的连接管子，0~10in WC 差压范围，误差小于 +/-1.5%
储灰斗料位　RF 点料位检测，继电器输出，1/2in NPT 安装、0~100psi 传感器
喷吹气源压力　内置在控制单元内
温　度　J 型热电偶，带 4~20mA 输出
过程气体流量　皮托管、防堵式或其他
风机电流　AC 电流传感器

4.14 灰尘的输送与处理

4.14.1 机械输送系统

4.14.1.1 机械输送系统的流程及配置

典型的袋式除尘器机械输灰系统的流程及配置如图 4-255、图 4-256 所示。

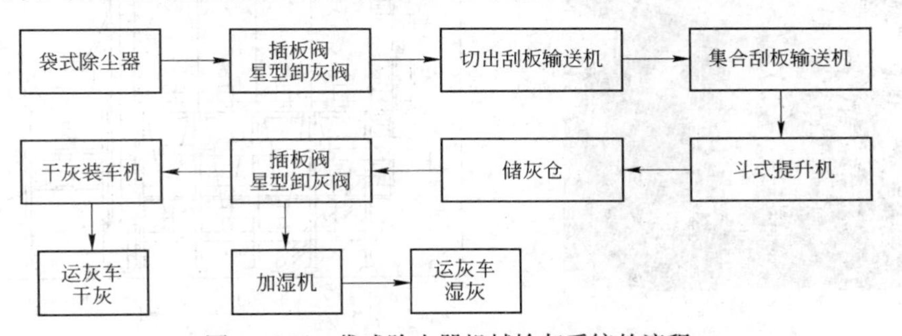

图 4-255 袋式除尘器机械输灰系统的流程

4.14.1.2 螺旋输送机

A 螺旋输送机的工作原理

螺旋输送机是一种机械输送设备，主要用于输送粉状、小颗粒和小块状物料，可水平、倾斜布置。

螺旋输送机结构简单、横截面积小、造价低、操作方便、进出口位置布置灵活，能满足多点进料、多点排料的要求。

B 螺旋输送机的技术特性

环境温度　　-20~50℃
物料温度　　不大于 200℃
输送机长度　　不大于 40m，输送长度 40~70m 时，可采取双端驱动型
输送倾角　　不大于 20°，每增加 1°填充系数大约降低 2%
输送机方向　　单向输送或双向输送

螺旋输送机不宜输送易变质的、黏性大的、易结块的物料，因为这些物料在输送时会黏结在螺旋叶片上，造成物料的堵塞和功率消耗的增大，使设备不能正常工作。

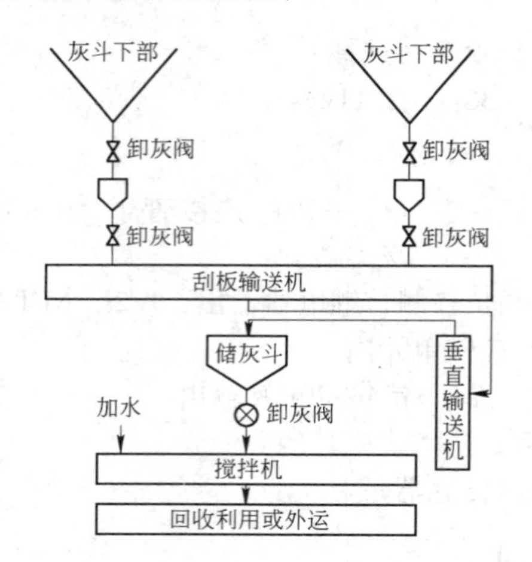

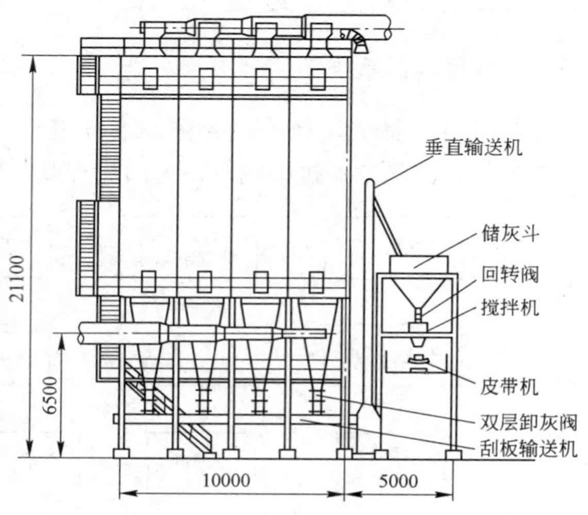

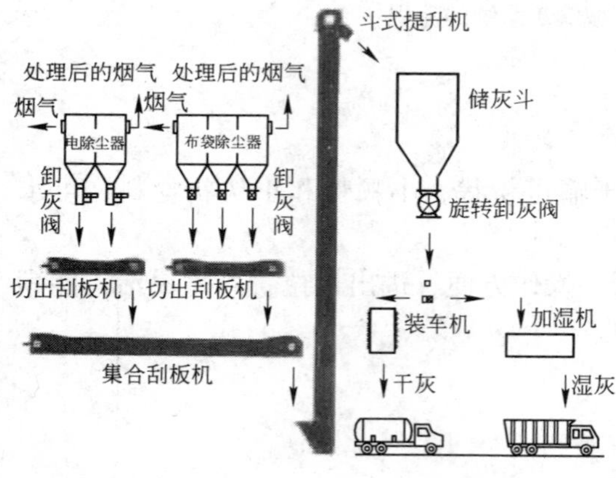

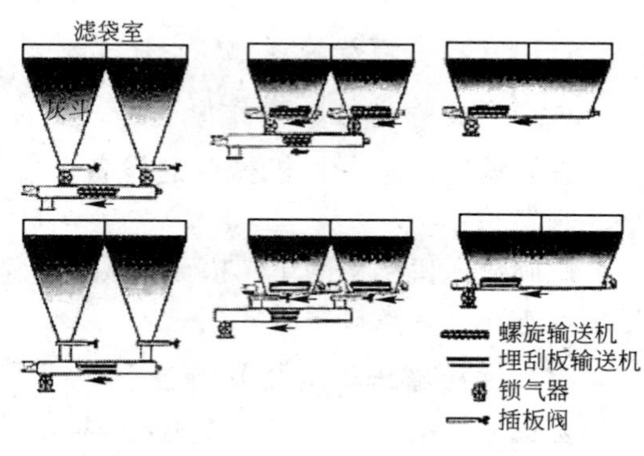

图 4-256 袋式除尘器机械输灰系统的配置

C 螺旋输送机的选型计算

a 输送能力（Q，t/h）近似计算

$$Q = 47D^2 nt\varphi\rho C \tag{4-27}$$

式中 D——螺旋输送机直径，m；

n——螺旋轴转速，r/m；

t——螺距，m；

φ——物料充填系数（表4－86）；

ρ——物料松散密度，t/m^3；

C——输送机倾角系数（表4－87）。

表4－86 物料的充填系数及综合特性系数

物料粒度	物料的磨琢性	物料名称	推荐充填系数 φ	推荐螺旋面形式	K	A
粉状	无（半）磨琢性	石灰、石墨	0.35～0.40	实体螺旋面	0.0415	75
粉状	磨琢性	水泥	0.25～0.30	实体螺旋面	0.0565	35
粉状	无（半）磨琢性	泥煤	0.25～0.35	实体螺旋面	0.0490	50
粉状	磨琢性	炉渣、型砂、砂	0.25～0.30	实体螺旋面	0.0600	30
<60mm	无（半）磨琢性	煤、石灰石	0.25～0.30	实体螺旋面	0.0537	40
<60mm	磨琢性	卵石、砂岩、干炉渣	0.20～0.25	实体螺旋面或带式螺旋面	0.0645	25
>60mm	无（半）磨琢性	块煤、块状石灰	0.20～0.25	实体螺旋面或带式螺旋面	0.0600	30
>60mm	磨琢性	干黏土、焦炭	0.125～0.2	实体螺旋面或带式螺旋面	0.0795	15

表4－87 螺旋输送机倾斜安装时输送量的校正系数

倾斜角 β	0°	≤5°	≤10°	≤15°	≤20°
C	1.0	0.9	0.8	0.7	0.65

b 功率近似计算

螺旋输送机轴功率（P_0）的近似计算公式：

$$P_0 = [Q(\omega_o L + H)/367] + DL/20 \tag{4-28}$$

式中 Q——输送量，t/h；

ω_o——物料阻力系数，1.2～4.0；

L——螺旋输送机长度，m；

H——螺旋输送机倾斜布置时的垂直高度，m；

D——螺旋输送机直径，m。

电动机功率（P，kW）

$$P = P_0/\eta \tag{4-29}$$

式中 η——驱动装置总效率，一般取0.75～0.9。

考虑到物料阻力系数、机械阻力等众多因素的影响，为保证其使用性能，计算功率值根据具体情况一般可适当放大。

D 螺旋输送机的品种

a LS系列螺旋输送机

LS系列螺旋输送机采用JB/T 7679—2008标准设计制造，其外形示意及外形如表4－88所示。

表 4-88 LS 系列螺旋输送机外形尺寸 (mm)

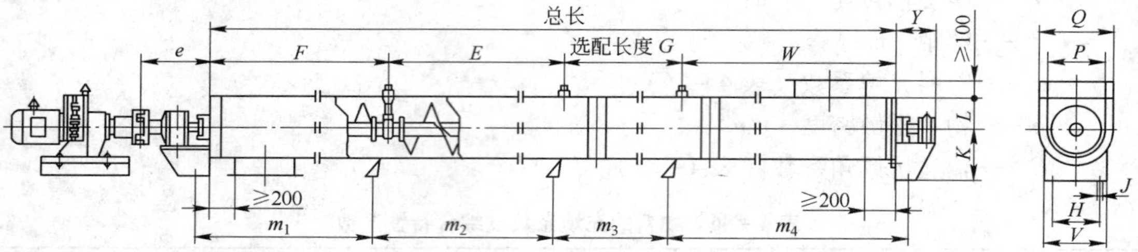

尺寸	LS160	LS200	LS250	LS315	LS400	LS500	LS630	LS800
e	350	370	410	410	430	480	520	560
F	2200	2400	2620	2620	3200	3200	3200	3200
E	3000	3000	3875	4080	4080	4120	4120	4150
G	根据实际情况选配							
W	1800	1800	2100	2200	3200	3200	3200	3200
Y	190	195	204	225	225	230	260	320
K	240	240	300	300	380	360	400	480
L	95	130	155	185	225	285	340	380
Q	302	342	392	457	542	642	772	942
P	190	230	280	345	430	530	660	830
H	160	200	200	240	320	420	530	700
V	200	240	260	320	400	500	630	800
m_1	2200	2250	2550	2550	3300	3300	3400	3400
m_2	2000	2000	2400	2400	3000	3000	3000	3000
m_3	根据实际情况选配							
m_4	2050	2050	2250	2250	2950	2900	2800	2650
J	20	20	30	40	40	40	50	50

b GLS 系列螺旋输送机

GLS 系列螺旋输送机是 LS 系列螺旋输送机的改进型，改进后提高了吊挂轴承的寿命，降低了能耗，应用范围更广，更适合粉状物料的输送，其外形示意及尺寸如表 4-89 所示。

表 4-89 GLS 系列螺旋输送机外形尺寸 (mm)

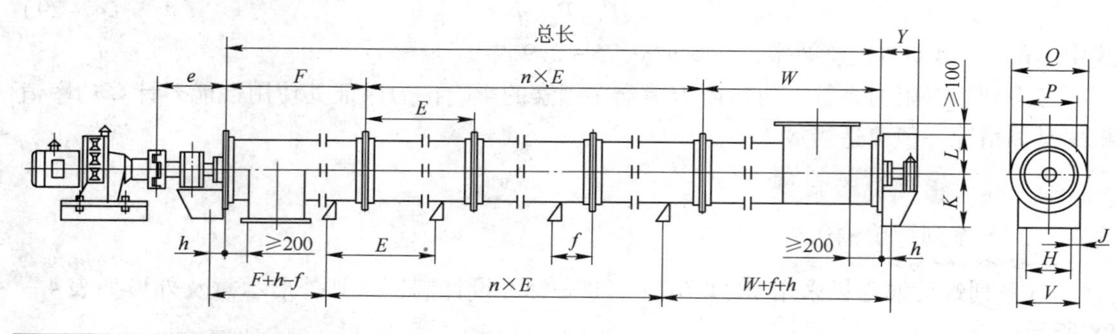

续表 4-89

尺寸	GLS160	GLS200	GLS250	GLS315	GLS400	GLS500	GLS630	GLS800
e	400	400	450	450	450	500	500	550
F	2000	2000	2400	3000	3000	3000	3000	3000
E	2500	2500	3000	3000	3000	3000	3000	3000
W	2500	2500	3000	3000	3000	3000	3000	3000
Y	200	200	250	250	270	300	300	320
K	240	260	300	365	400	420	485	580
L	120	160	200	215	300	360	410	500
Q	294	345	399	466	550	660	780	950
P	194	245	299	366	450	560	680	850
H	120	160	200	320	420	500	600	800
V	160	200	260	400	500	580	680	900
h	80	80	100	100	120	150	180	200
f	120	150	200	300	300	300	400	400
J	20	20	30	40	40	40	40	50

E 螺旋输送机选用注意事项

（1）螺旋输送机适用于水平或倾斜度小于20°情况下输送粉状或粒状物料，不适用于输送湿度大、黏性或腐蚀性强的物料。

（2）输送物料的温度应小于200℃，环境温度为20~50℃。

（3）螺旋输送机长度从3m起，中间段为每隔0.5m为一级，直到70m止。但为安全可靠起见，螺旋输送机长度不宜超过50m。

（4）设计时应将驱动装置及出料口装在头节（有止推轴承）处，使螺旋轴处于受拉状态较为有利。

4.14.1.3 刮板输送机

A 刮板输送机的工作原理

刮板输送机是一种在封闭的矩形断面壳体内借助于运动着的刮板链条，连续输送散状物料的运输设备。

链条刮板输送机一般安在袋式除尘器灰斗的卸灰阀下面，以将灰斗内收集的灰输送到储灰斗中去。

粉尘经刮板输送机进料口均匀地进入槽体底部，由从机尾方向作封闭连续运行的承载刮板输送链，将物料从进料口处连续均匀地输送至出料口排出。它可实现多点进料或多点卸料。

刮板输送机机尾设有丝杆调节输送链的松紧度，以保证其在运行中始终保持适度张紧状态，使设备处于稳定的运行状态。

刮板输送机是输送粉状、小颗粒状干态粉尘的连续输送机械设备，可以水平、倾斜布置。

刮板输送机水平输送时，尘粒受刮板链条在运动方向的压力，及尘粒自身重量的作用，在尘粒间产生了内摩擦力。该摩擦力保证了尘粒层之间的稳定状态，并足以克服尘粒在机槽中移动产生的外摩擦阻力，使尘粒形成连续整体的料流输送。

刮板输送机垂直提升时，尘粒受到刮板链条在运动方向的压力，在尘粒中产生了横向的侧面压力，形成了尘粒的内摩擦力。同时由于水平段的不断给料，下部尘粒相继对上部尘粒产生推移力。该摩擦力和推移力足以克服尘粒在机槽中移动，而产生外摩擦阻力和尘粒自身的质量，使尘粒形成连续整体的料流输送。

刮板输送机的设备结构简单、运行平稳可靠、输送距离长、密封性能好、磨损小、噪声低。

B 刮板输送机的技术特性

刮板输送机一般有水平型（SMS 型）、垂直型（CMS 型）和 Z 型（ZMS 型）三种类型（图 4－257），其基本参数以机槽宽度（B）和机槽高度（h）表示。

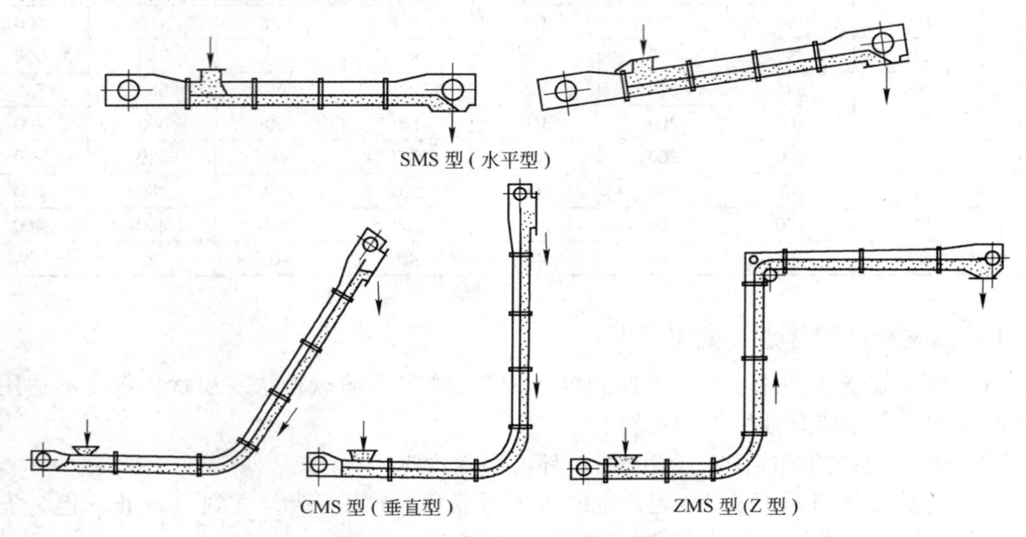

图 4－257 各种机型的刮板输送机

刮板输送机由机头部件、中间槽体、机尾部件、刮板输送链、驱动装置、安装枕梁等组成。输送机为全封闭机壳，设备运行时无物料外泄。输送链采用优质合金模锻件，经热处理，强度大、耐磨损；设备的进出料口、输送长度可根据要求灵活设计布置。

链条刮板输送机的特性如下：

链条材质	16Mn，Cr 5 打制
链环强度（破裂负荷）	20t
长　度	按设计要求
链环硬度	55～60HRC
厚　度	10mm
底　板	8mm 厚（IS：2062，A），并有 10mm 厚衬
侧　板	6mm 厚（IS：2062，A），衬 10mm 硬衬
顶　盖	3.15mm 厚（IS：2062，A），衬里硬度至少 HV 500
链条速度	小于 0.06m/s

C 刮板输送机的品种

a 国标 MS、MC、MZ（又名 SMS、CMS、ZMS）系列刮板输送机

国标 MS、MC、MZ 系列刮板输送机适用于输送流动性一般、黏性小的粉状、小颗粒和小块状物料；一般不宜输送可破碎性小、硬度大的块状物料，磨损性大、黏结性固化性

大的物料以及高温、易爆等物料。

常用的国标 MS、MC、MZ 系列刮板输送机有三种型式，十二种规格，其外形及技术参数见表 4-90 ~ 表 4-92。

表 4-90 MS 型刮板输送机技术参数

项 目	MS16	MS20	MS25	MS32	MS40
槽宽/mm	160	200	250	320	400
槽高/mm	160	200	250	320	360
输送能力/$m^3 \cdot h^{-1}$	10 ~ 25	15 ~ 39	23 ~ 54	45 ~ 88	65 ~ 120
链条节距/mm	100	125	160	200	200
链速/$m \cdot min^{-1}$	9.6 ~ 19.2	9.6 ~ 19.2	9.6 ~ 19.2	12 ~ 19.2	12 ~ 19.2
链条型式	模锻、滚子				
刮板型式	DT	DT	DT	DT	DT
输送距离/m	5 ~ 80	5 ~ 80	5 ~ 80	5 ~ 80	5 ~ 80
输送斜度/(°)	≤15				
电机功率/kW	1.5 ~ 7.5	1.5 ~ 15	2.2 ~ 18.5	4 ~ 30	5.5 ~ 37
驱动装置安装型式	左右装、旁置式				
传动型式	链传动				
适用粒度/mm	<8	<10	<13	<16	<20
适用湿度/%	≤5				
适用温度/℃	≤150				

表 4-91 MC 型刮板输送机技术参数

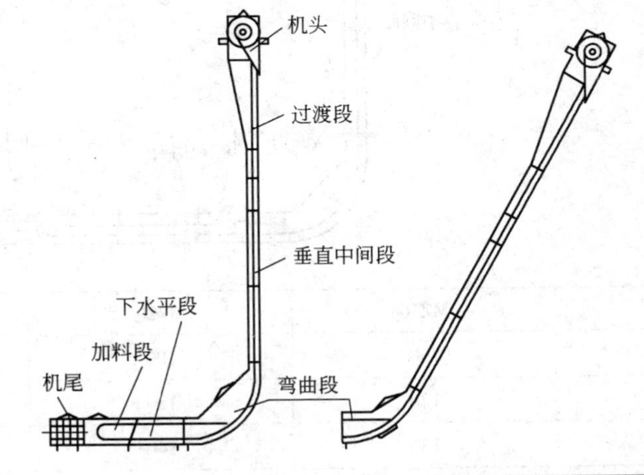

项 目	MC16	MC20	MC25	MC32
槽宽/mm	160	200	250	320

续表 4 - 91

项　目	MC16	MC20	MC25	MC32
承载槽高/mm	120	130	160	200
空载槽高/mm	130	140	170	215
输送能力/$m^3 \cdot h^{-1}$	10 ~ 22	15 ~ 30	23 ~ 46	45 ~ 74
链条节距/mm	100	125	160	200
链速/$m \cdot min^{-1}$	9.6 ~ 19.2	9.6 ~ 19.2	9.6 ~ 19.2	12 ~ 19.2
链条型式	模锻、滚子			
刮板型式	D*T*、D0	D*T*、D0	D*T*、D0	D*T*、D0、$D0_4$
最大输送高度/m	<30			
安装角度/(°)	30、45、60、75、90（也可根据用户需要设计）			
电机功率/kW	1.5 ~ 7.5	1.5 ~ 15	2.2 ~ 18.5	4 ~ 30
驱动装置安装型式	左右装、旁置式			
传动型式	链传动			
适用粒度/mm	<8	<10	<13	<16
适用湿度/%	≤5			
适用温度/℃	≤150			

表 4 - 92　MZ 型刮板输送机技术参数

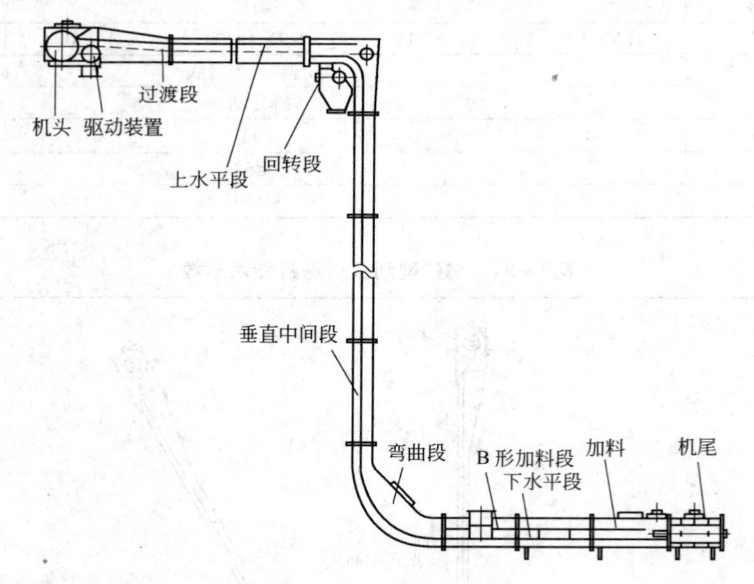

项　目	MZ16	MZ20	MZ25
槽宽/mm	160	200	250
承载槽高/mm	120	130	160
空载槽高/mm	130	140	170
输送能力/$m^3 \cdot h^{-1}$	10 ~ 22	15 ~ 30	23 ~ 46
链条节距/mm	100	125	160

续表 4－92

项　目	MZ16	MZ20	MZ25
链速/m·min^{-1}	9.6～19.2	9.6～19.2	9.6～19.2
链条型式	模锻链		
刮板型式	DV		
最大输送高度/m	<20		
上水平部分最大长度/m	<30		
电机功率/kW	3～7.5	3～22	4～30
驱动装置安装型式	左右装、旁置式		
传动型式	链传动		
适用粒度/mm	<8	<10	<13
适用湿度/%	≤5		
适用温度/℃	≤150		

b　YD 系列刮板输送机

YD 系列刮板输送机适用于输送磨琢性小、堆积密度小的粉状、小颗粒及小块状干态物料。当输送磨琢性大、堆积密度大的粉状、小颗粒状干态物料时，可选用 HS 系列刮板输送机。

YD 系列刮板输送机的技术参数见表 4－93，外形尺寸见表 4－94。

表 4－93　YD 系列刮板输送机技术参数

项　目	YD200	YD250	YD310	YD430
槽宽/mm	200	250	310	430
输送能力/m^3·h^{-1}	2～5	4～8	6～12	10～14
链速/m·min^{-1}	2.4～5	2.4～5	2.4～5	2.4～5
链条节距/mm	150	150	200	200
输送距离/m	6～60	6～60	8～60	10～50
输送斜度/(°)	≤15			
电机功率/kW	1.5～5.5	1.5～7.5	2.2～11	3～11
驱动装置安装型式	左右装、背装式			
传动型式	链传动			
适用粒度/mm	<3	<5	<8	<10
适用湿度/%	≤5			
适用温度/℃	≤150			

表 4－94　YD 系列刮板输送机外形尺寸　　(mm)

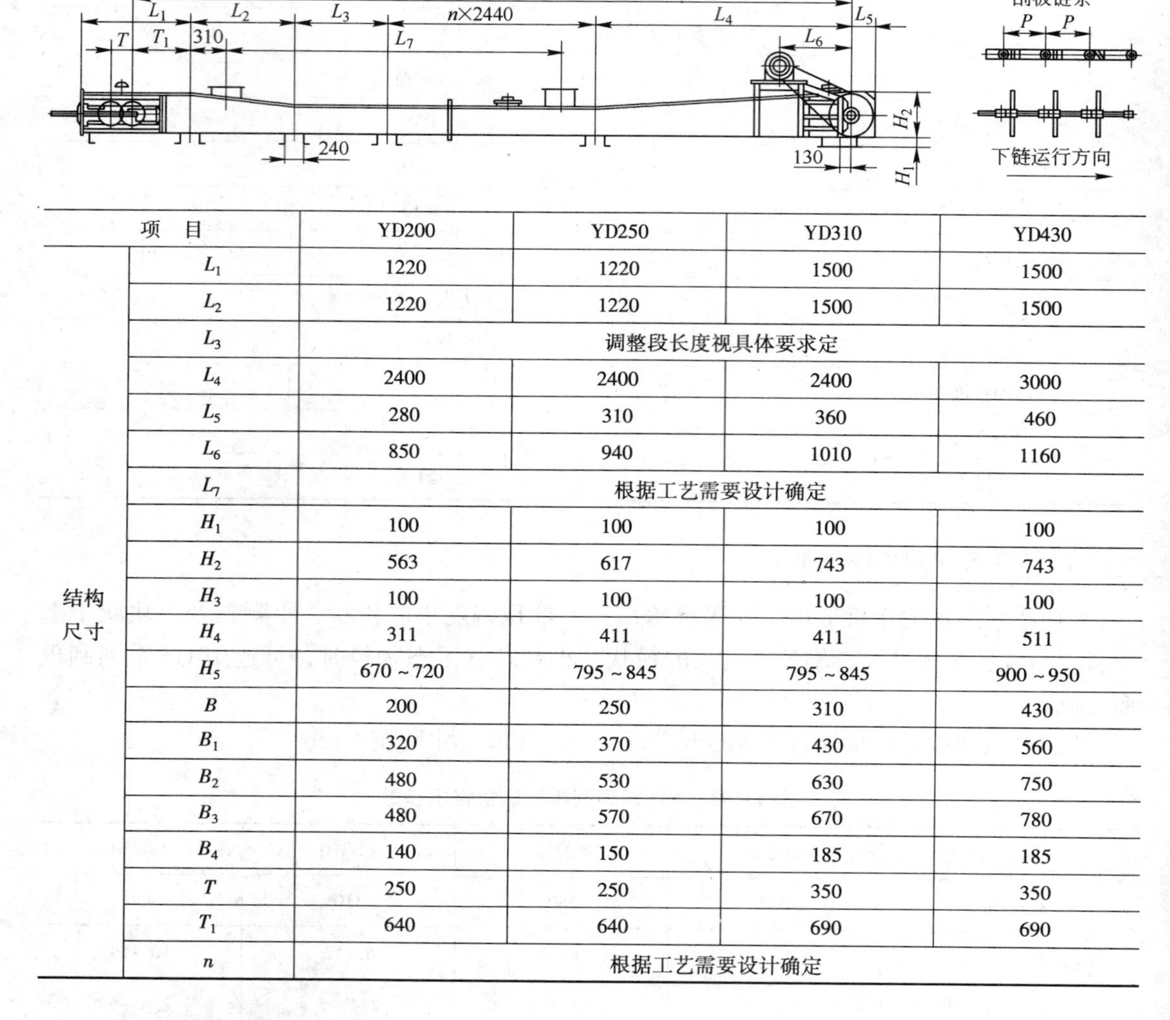

项　目		YD200	YD250	YD310	YD430
结构尺寸	L_1	1220	1220	1500	1500
	L_2	1220	1220	1500	1500
	L_3	调整段长度视具体要求定			
	L_4	2400	2400	2400	3000
	L_5	280	310	360	460
	L_6	850	940	1010	1160
	L_7	根据工艺需要设计确定			
	H_1	100	100	100	100
	H_2	563	617	743	743
	H_3	100	100	100	100
	H_4	311	411	411	511
	H_5	670～720	795～845	795～845	900～950
	B	200	250	310	430
	B_1	320	370	430	560
	B_2	480	530	630	750
	B_3	480	570	670	780
	B_4	140	150	185	185
	T	250	250	350	350
	T_1	640	640	690	690
	n	根据工艺需要设计确定			

c　HS 系列刮板输送机

HS 系列刮板输送机的技术参数见表 4－95，外形尺寸见表 4－96。

表 4－95　HS 系列刮板输送机技术参数

项　目	HS200	HS250	HS310	HS400	HS450
槽宽/mm	200	250	310	400	450
输送能力/$m^3 \cdot h^{-1}$	2～5	4～8	6～12	10～15	15～20
链速/$m \cdot min^{-1}$	2.4～4	2.4～4	2.4～4	2.4～4	2.4～4
链条节距/mm	152.4	152.4	152.4	200	200
输送距离/m	5～60	6～60	6～60	8～50	8～50
输送斜度/(°)	≤15				
电机功率/kW	1.5～5.5	1.5～7.5	2.2～11	3～11	4～15

续表 4－95

项　目	HS200	HS250	HS310	HS400	HS450
驱动装置安装型式	左右装、背装式				
传动型式	链传动				
适用粒度/mm	<5	<8	<12	<15	<20
适用湿度/%	≤5				
适用温度/℃	≤150				

表 4－96　HS 系列刮板输送机外形尺寸

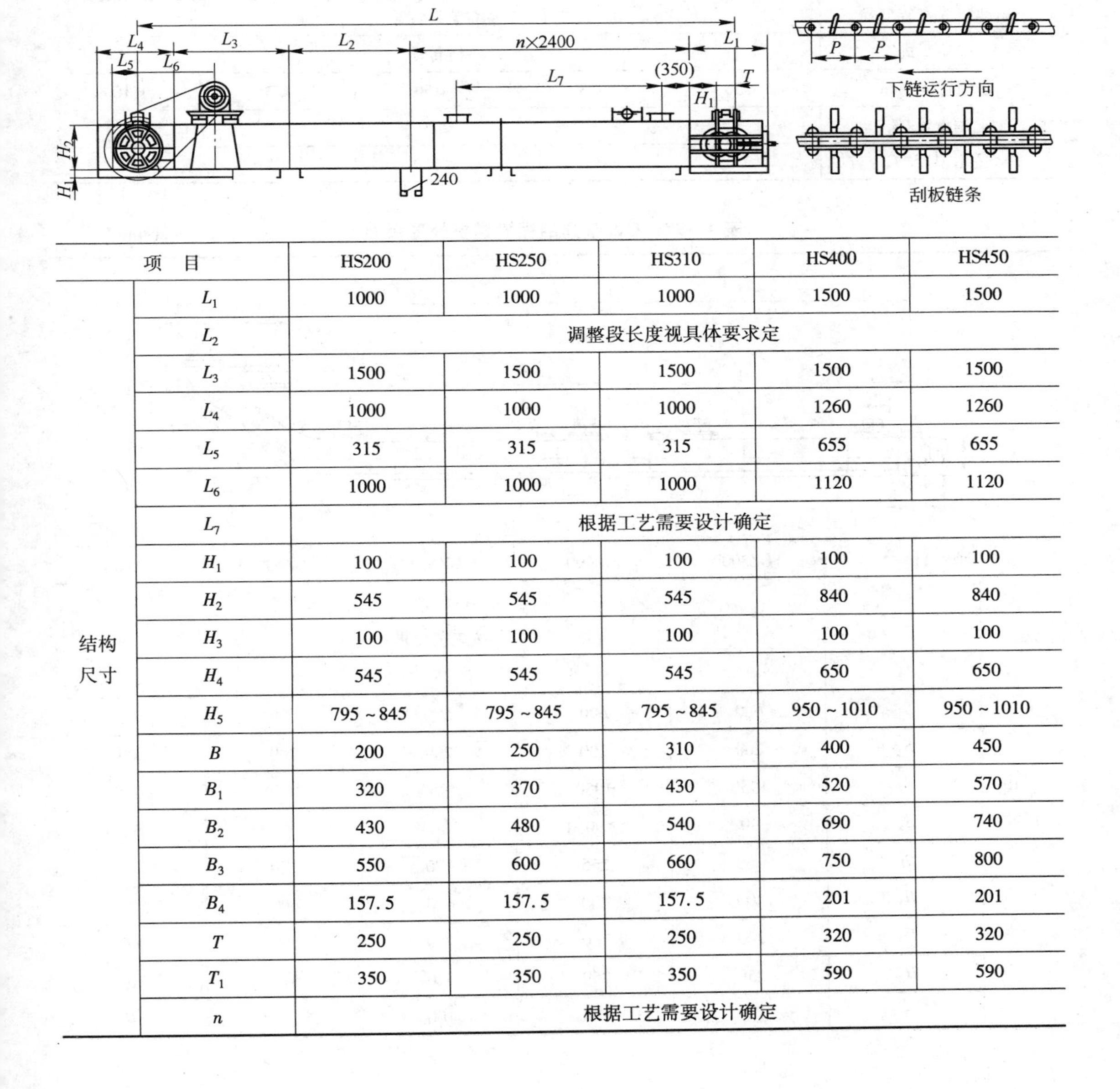

项　目		HS200	HS250	HS310	HS400	HS450
结构尺寸	L_1	1000	1000	1000	1500	1500
	L_2	调整段长度视具体要求定				
	L_3	1500	1500	1500	1500	1500
	L_4	1000	1000	1000	1260	1260
	L_5	315	315	315	655	655
	L_6	1000	1000	1000	1120	1120
	L_7	根据工艺需要设计确定				
	H_1	100	100	100	100	100
	H_2	545	545	545	840	840
	H_3	100	100	100	100	100
	H_4	545	545	545	650	650
	H_5	795～845	795～845	795～845	950～1010	950～1010
	B	200	250	310	400	450
	B_1	320	370	430	520	570
	B_2	430	480	540	690	740
	B_3	550	600	660	750	800
	B_4	157.5	157.5	157.5	201	201
	T	250	250	250	320	320
	T_1	350	350	350	590	590
	n	根据工艺需要设计确定				

d GZ系列刮板输送机

GZ系列刮板输送机的技术参数见表4－97，外形尺寸见表4－98。

表4－97 GZ系列刮板输送机技术参数

项目	GZ300	GZ400	GZ500	GZ600	GZ800
槽宽/mm	300	400	500	600	800
输送能力/$m^3 \cdot h^{-1}$	1～5	2～12	3～20	5～30	7～40
链速/$m \cdot min^{-1}$	1.8～12	1.8～12	1.8～12	1.8～10	1.8～10
刮板间距/mm	200	320/280	400/350	480/420	560/480
输送距离/m	4～50	4～50	6～50	6～40	6～40
电机功率/kW	2.2～7.5	3～15	4～22	4～30	5.5～37
驱动装置安装型式	左右装、背装式				
传动型式	链传动				
适用粒度/mm	<30	<30	<50	<70	<100
适用湿度/%	≤60				
适用温度/℃	≤150				

表4－98 GZ系列刮板输送机外形尺寸 (mm)

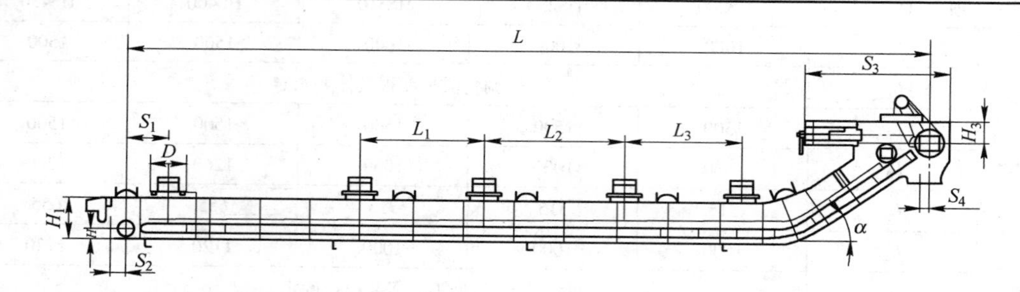

项目		GZ300	GZ400	GZ500	GZ600	GZ800
结构尺寸	L_1	按工艺要求				
	L_2					
	L_3					
	S_1	600	600	600	600	600
	S_2	200	200	200	200	200
	S_3	1950	1950	1950	1950	1950
	S_4	90	90	90	90	90
	H	165	165	170	170	170
	H_1	400	400	600	600	800
	H_2	700	700	700	700	900
	H_3	250	250	310	310	310
	h	100	100	100	100	140

续表 4－98

项　目		GZ300	GZ400	GZ500	GZ600	GZ800
结构尺寸	α	按工艺要求				
	B	300	400	500	600	800
	B_1	126	226	340	400	600
	B_2	226	326	440	500	700
	t	330	330	330	440	550

e FU 系列刮板输送机

FU 系列刮板输送机的技术参数见表 4－99，外形尺寸见表 4－100。

表 4－99　FU 系列刮板输送机技术参数

项　目	FU200	FU270	FU350	FU410	FU500
槽宽/mm	200	270	350	410	500
输送能力/$m^3 \cdot h^{-1}$	10～30	20～60	35～100	50～130	80～200
链速/$m \cdot min^{-1}$	10～30	10～30	12～30	12～25	12～30
链条节距/mm	125	185	200	200	300
输送距离/m	8～50	8～50	8～50	8～50	8～50
输送斜度/(°)	≤15				
电机功率/kW	2.2～7.5	3～15	4～22	4～30	5.5～45
驱动装置安装型式	左右装、背装式				
传动型式	链传动				
适用粒度/mm	<5	<7	<9	<11	<25
适用湿度/%	≤5				
适用温度/℃	≤150				

表 4－100　FU 系列刮板输送机外形尺寸　（mm）

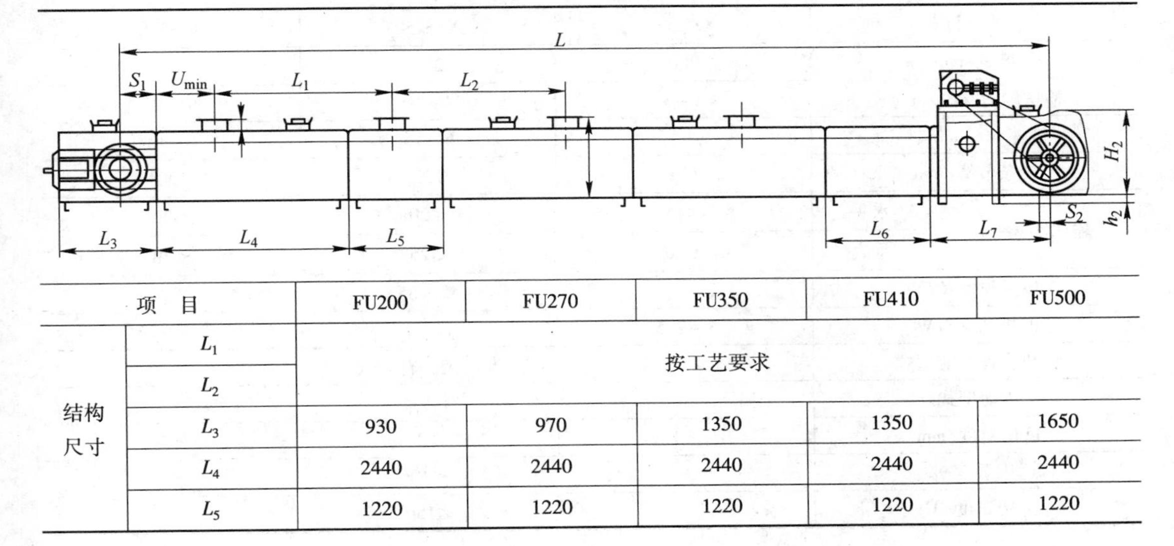

项　目		FU200	FU270	FU350	FU410	FU500
结构尺寸	L_1	按工艺要求				
	L_2					
	L_3	930	970	1350	1350	1650
	L_4	2440	2440	2440	2440	2440
	L_5	1220	1220	1220	1220	1220

续表 4－100

项　目		FU200	FU270	FU350	FU410	FU500
结构尺寸	L_6	按工艺要求				
	L_7	1200	1230	1550	1550	2000
	H_1	755	910	1110	1250	1350
	H_2	605	760	960	1100	1200
	h	100	100	140	140	140
	h_1	150	150	150	150	150
	h_2	100	100	100	100	100
	B	200	270	350	410	500
	B_1	470	660	702	762	862
	B_2	690	770	850	910	1000
	S_1	300	270	375	450	500
	S_2	100	130	150	150	210
	U_{min}	700	700	700	800	1000

f　XZS 系列提升式刮板输送机

XZS 系列提升式刮板输送机是水平加提升输送粉状、小颗粒干态物料的连续输送机械设备。它具有布置灵活、占用空间小、运行平稳可靠、密封性能好等优点。

XZS 系列提升式刮板输送机由机尾部件、下水平段、下弯曲段、提升中间段、上过渡段、机头部件、刮板输送链、驱动装置、安装机架等组成。

XZS 系列提升式刮板输送机专门用于磨琢性小、流动性一般的粉尘、小颗粒状干态物料的水平提升输送。

XZS 系列提升式刮板输送机的技术参数见表 4－101，外形尺寸见表 4－102。

表 4－101　XZS 系列提升式刮板输送机技术参数

项　目		XZS200	XZS250	XZS310
槽宽/mm		200	250	310
输送能力/$m^3 \cdot h^{-1}$		2～5	4～10	6～15
链速/$m \cdot min^{-1}$		6～15	6～15	6～15
链条节距/mm		125	125	150
输送距离/m	水平	≤15	≤20	≤20
	垂直	≤20	≤25	≤30
输送斜度/(°)		45～85		
电机功率/kW		3～7.5	4～11	5.5～22
驱动装置安装型式		左右装，背装式		
传动型式		链传动		
适用粒度/mm		<1	<3	<5
适用湿度/%		≤10		
适用温度/℃		≤150		

表 4-102 XZS 系列提升式刮板输送机外形尺寸 (mm)

项目		XZS200	XZS250	XZS310
结构尺寸	L_1	1220	1220	1500
	L_2	1220	1220	1500
	L_3	调整段长度视具体要求定		
	L_4	调整段长度视具体要求定		
	L_5	2000~2400	2000~2400	2400
	L_6	280	310	360
	H_1	100	100	100
	H_2	550	600	730
	H_3	100	100	100
	H_4	310	410	410
	H_5	625~725	800~850	800~850
	B	200	250	310
	B_1	320	370	430
	B_2	480	530	630
	B_3	480	570	670
	B_4	140	150	185
	T	250	250	350
	T_1	640	640	690
	n	根据工艺需要设计确定		

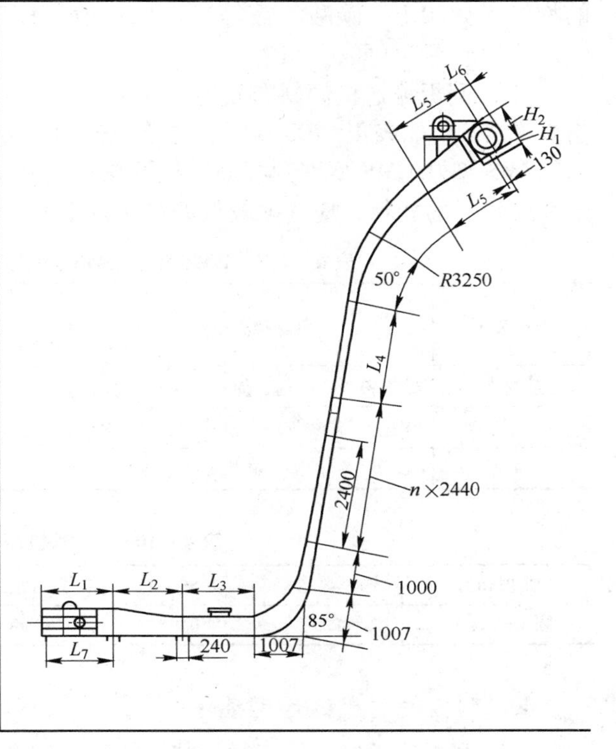

D 刮板输送机的技术参数

a 刮板输送机输送量（Q，t/h）

$$Q = 3600BHv\rho\eta \tag{4-30}$$

式中 B——机槽宽度，m；

H——机槽高度，m；

v——刮板链条速度，m/s；

ρ——物料密度，t/m^3；

η——输送效率，%。

b 刮板输送机链条速度（v）

刮板输送机刮板链条速度（v）有0.16m/s、0.20m/s、0.25m/s、0.32m/s四种。

刮板链条速度主要应根据输送物料的性质来确定，对流动性较好且悬浮性比较大的（如磷矿粉、水泥等）、磨损性较大的（如石英砂、烧结返矿等）的物料，建议取低速。对其他物料一般取 $v=0.2\sim0.25$m/s。

c 刮板输送机输送效率（η）

（1）刮板输送机水平布置时（$\alpha=0°$）。对于SMS型埋刮板输送机，水平布置时（$\alpha=0°$）推荐如下：

SMS16、SMS20　　$\eta=0.75\%\sim0.85\%$

SMS25、SMS32、SMS40　　$\eta=0.65\%\sim0.75\%$

对于悬浮性比较大的、流动性比较好（如磷矿粉、水泥等），粘附性、压结性比较大的物料（如陶土、碳酸氢铵等）应取小值；轻物料类可取大值；一般物料（如碎煤、活性炭、炉渣等）可取中间值。

（2）刮板输送机倾斜布置时（$\alpha \leqslant 15°$）。对于刮板输送机倾斜布置时（$\alpha \leqslant 15°$），输送效率（η）如表4－103所示，再乘以倾斜系数（K_0），K_0按表4－104取值。

ZMS型及CMS型埋刮板输送机的输送效率推荐值按表4－103中的网点部分选取。对于性质较强的物料，应选取较低的输送效率值；性质次强的物料可选取较高值。

表4－103　ZMS型、CMS型埋刮板输送机输送效率推荐值

物料类别	典型物料举例	输送效率 η								
		0.55	0.60	0.65	0.70	0.75	0.80	0.85	0.90	0.95
悬浮类	黏土粉、磷矿粉、煤粉、炭黑、水泥									
粘附压强类	陶土、碳酸氢铵、氯化铵、苏打粉									
一般类	碎煤、锅炉渣、硫铁矿渣、活性炭									

表4－104　输送机倾斜系数（K_0）

倾斜角 α	0°～2.5°	2.5°～5°	5°～7.5°	7.5°～10°	10°～12.5°	12.5°～15°
倾斜系数 K_0	1.0	0.95	0.90	0.85	0.80	0.70

E　刮板输送机的适用条件

（1）刮板输送机可用于粉尘状、小颗粒状和小块状物料。

（2）ZMS型刮板输送机用于物料密度 $\rho=0.2\sim1.8t/m^3$ 时，推荐 $\rho<1.0t/m^3$。

（3）物料温度不超过80℃。

（4）物料的含水率与物料的粒度、黏度有关，一般不得使用于捏成团后不易松散的物料。

（5）刮板输送机输送物料的粒度与其硬度有关，其推荐值如表4－105所示。

表4－105　输送物料的粒度与硬度有关数值　（mm）

型号	硬度低的物料		坚硬的物料		型号	硬度低的物料		坚硬的物料	
	适宜的粒度	最大的粒度（允许含有10%）	适宜的粒度	最大的粒度（允许含有10%）		适宜的粒度	最大的粒度（允许含有10%）	适宜的粒度	最大的粒度（允许含有10%）
SMS16	<8	16	<4	8	CMS20	<6	12	<3	6
SMS20	<18	20	<5	10	CMS25	<8	16	<4	8
SMS25	<13	25	<7	13	CMS32	<10	20	<5	10
SMS32	<16	32	<8	16	ZMS16	<5	10	<3	5
SMS40	<20	40	<10	20	ZMS20	<6	12	<3	6
CMS16	<5	10	<3	5	ZMS25	<8	16	<4	8

注：硬度低的物料指能用脚踩碎的物料。

（6）刮板输送机可用于输送碎煤、煤粉、碎炉渣、飞灰、烟灰、炭黑、磷矿粉、硫铁矿渣、焦炭粉、石灰石粉、石灰、铬矿粉、白云石粉、铜精矿粉、氧化铝粉、氧化铁粉、石英砂、烧结返矿、水泥、黏土粉、陶土、黄砂、铸造旧砂等物料，但不适用于输送高温、有毒、易爆、磨损性、腐蚀性、黏性（附着性）、悬浮性、流动性特好和极脆而不希望被破碎的物料。

（7）刮板输送机在输送密度大、物料中较大粒度的百分比较高、细粒状或粉状物料含水率较高而易黏结、压结的物料时，往往会产生刮板链条浮于输送物料之上，此现象称为浮链或漂链。

浮链或漂链一般常见于水平输送，对输送易于浮链的物料，在选型设计时应考虑采取措施，如：

1）输送机单机长度不宜过长。

2）型号选择可适当放大。

3）对于 SMS16 ~ SMS25 应优先采用滚子链。

4）刮板可按 70°倾斜焊接在链条上；用压板防止链条浮起。

F 刮板输送机的布置

（1）刮板输送机一般应单机布置。

（2）对于 SMS 型埋刮板输送机可水平或小倾斜布置，倾角 $0° \leqslant \alpha \leqslant 15°$，单台设备长度不得大于 80m。

对于 CMS 型埋刮板输送机可垂直或大倾斜布置，倾角 $60° \leqslant \alpha \leqslant 90°$，单台设备长度不得大于 30m。

对于 ZMS 型埋刮板输送机可水平 - 垂直布置，倾角 $0° \leqslant \alpha \leqslant 15°$，单台设备输送高度不大于 20m；上水平部分总长度不大于 30m。

（3）当所需输送长度或高度超出上述单台设备时，或为满足某一流水线的要求时，可用各种相同型号或不同型号的埋刮板输送机串接，组合成特种布置形式，以满足布置的需要，部分组合布置形式如图 4 - 258 所示。

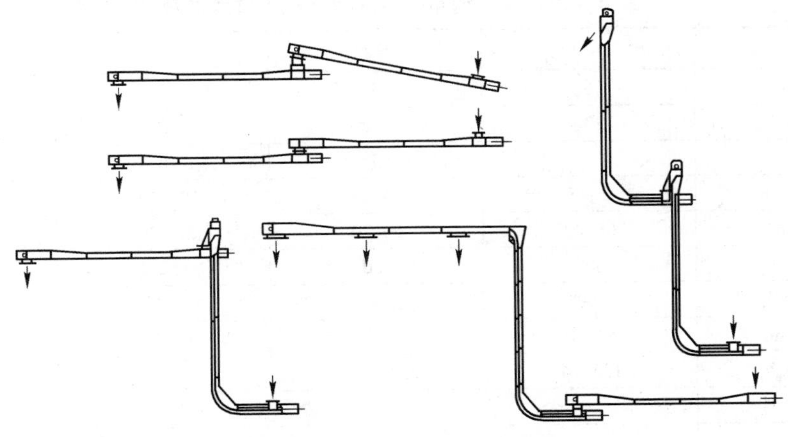

图 4 - 258 部分组合布置形式

（4）SMS 型埋刮板输送机附有中间加料口时，允许在水平中间段上任意位置布置，以满足多点进料的布置要求。

SMS 型、ZMS 型刮板输送机附有中间加料口，允许在水平中间段和过渡段上任意位置布置，以满足多点进料的布置要求。

所有刮板输送机的头部出轴均有左右装两种型式（站在输送机尾部，沿着输送方向看，出轴在左侧为左装，出轴在右侧为右装）。

4.14.1.4 斗式提升机

A 斗式提升机的工作原理

斗式提升机是垂直输送粉状、小颗粒状和小块状干态物料的连续输送机械设备。设备结构简单、运行平稳可靠、安装维修方便、提升高度高、密封性能好。

斗式提升机是将物料经设备进料口，均匀地导入安装固定在连续封闭运行的提升链（或胶带）上的料斗中，物料即从机尾进料口处提升至机头出料口排出，实现单点进料、单点重力式或混合式卸料。

B 斗式提升机的结构特点

斗式提升机由机尾部件、中间槽体、机头部件、斗链组件、驱动装置组成。全封闭机壳，设备运行时无物料外泄，头部设置逆止器，逆止可靠；设备的进出料口、提升高度可根据要求灵活布置。

提升输送链采用重锤杠杆式自动张紧装置（TD 型系列斗式提升机的提升输送带，则采用丝杆调节装置来调节输送带的松紧度），保证提升链在运行中始终保持适度张紧状态，使设备处于最佳运行状态。

C 斗式提升机的品种

常用的斗式提升机有 DT、TH、TD、DTR 型等系列。

a DT 型系列斗式提升机

DT 型系列斗式提升机的提升链采用冲压板式链，分单链、双链两种型式。

DT 型系列斗式提升机的技术参数见表 4 – 106，外形尺寸见表 4 – 107。

表 4 – 106 DT 型系列斗式提升机的技术参数

项　目	DT16	DT25	DT30	DT45
斗宽/mm	160	250	300	450
斗距/mm	200	200	305	400
斗容/L	1	3	8	20
输送能力/$m^3 \cdot h^{-1}$	2 ~ 5	4 ~ 12	8 ~ 25	15 ~ 50
链速/$m \cdot min^{-1}$	6 ~ 20	6 ~ 20	6 ~ 20	6 ~ 20
链条节距/mm	100	100	152.4	200
链条输送型式	单排	单排	单排	双排
提升高度/m	5 ~ 20	5 ~ 25	6 ~ 30	8 ~ 40
电机功率/kW	1.5 ~ 4	2.2 ~ 5.5	4 ~ 7.5	5.5 ~ 15
驱动装置安装型式	左、右装			
传动型式	链传动			
适用输送料物	堆积密度 $\rho \leqslant 2t/m^3$ 粉状、颗粒状、小块状磨琢性、半磨琢性或无磨琢性物料，如炼钢粉尘、铁烧粉尘、水泥、煤、砂石、锅炉灰渣等			
适用粒度/mm	<20	<30	<40	<50
适用湿度/%	≤10			
适用温度/℃	≤200			

表 4-107 DT 系列斗式提升机外形尺寸 (mm)

项目		DT16	DT25	DT30	DT45
结构尺寸	B_1	800	970	970	1498
	B_2	890	1230	1230	1441
	B_3	390	440	490	791
	B_4	2000	2000	1920	2200
	B_5	1500	1700	1745	2000
	B_6	1150	1150	1150	1700
	B_7	800	1000	1000	1180
	B_8	1400	1300	1300	1550
	B_9	517.5	542.5	567.5	759.5
	H	头尾轮中心距（$H_6+H_9+H_{10}-H_4$）			
	H_1	3235	2735	2735	4474
	H_2	150	100	100	200
	H_3	100	190	190	100
	H_4	730	750	750	856
	H_5	1500	1500	1500	3626
	H_6	2400	2440	2440	3714
	H_7	3030	3030	3030	3030
	H_8	调整段高度由工艺要求定			
	H_9	$N\times3030+H_8$	$N\times3030+H_8$	$N\times3030+H_8$	$N\times3030+H_8$
	H_{10}	3000	2440	2440	3050
	H_{11}	1000	1100	1100	2630
	H_{12}	1250	1120	1120	1575
	H_{13}	2860	2860	2860	3200

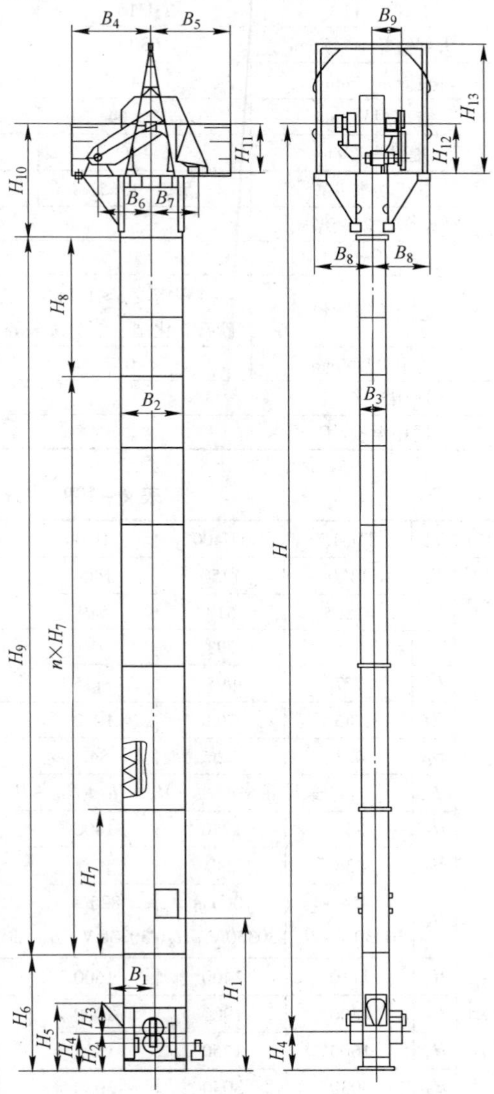

b TH 型系列斗式提升机

TH 型系列斗式提升机的提升链采用锻造环形链，均为双链外斗布置形式。

TH 型系列斗式提升机的技术参数见表 4-108，外形尺寸见表 4-109。

表 4-108 TH 型系列斗式提升机的技术参数

项目	TH315		TH400		TH500		TH630	
斗宽/mm	315		400		500		630	
斗距/mm	512		512		688		688	
斗容/L	Zh3.75	Sh6.0	Zh5.9	Sh9.5	Zh9.3	Sh15	Zh14.6	Sh23.6
输送能力/$m^3\cdot h^{-1}$	35	59	58	94	73	118	114	185

续表 4－108

项　目	TH315	TH400	TH500	TH630
头部链轮节径/mm	630	710	800	900
链速/m·min^{-1}	1.4	1.4	1.5	1.5
链环规格/mm	ϕ18×64	ϕ18×64	ϕ22×86	ϕ22×86
提升高度/m	6～40	6～40	7～40	7～40
电机功率/kW	5.5～18.5	7.5～22	11～30	18.5～45
驱动装置安装型式	左、右装			
传动型式	链传动			
适用输送物料	堆积密度$\rho\leq1.5t/m^3$粉状、颗粒状、小块状无磨琢性或半磨琢性物料，如水泥、煤、砂石、化肥、锅炉灰渣等			
适用粒度/mm	<40	<40	<50	<70
适用湿度/%	≤10			
适用温度/℃	≤250			

表 4－109　TH 系列斗式提升机外形尺寸　（mm）

项	目	TH315	TH400	TH500	TH630
结构尺寸	B_1	1300	1350	1400	1589
	B_2	418.5	518	579	644
	B_3	575	793	910	1066
	B_4	777	995	1115	1270
	B_5	785	793	1012	1066
	B_6	623	726	842	986
	H	头尾轮中心距（$H_6+H_9+H_{10}-H_4$）			
	H_1	836	1250	1400	1600
	H_2	436	280	320	370
	H_3	1454＋30330$N+H_8$	1000＋30330$N+H_8$	825＋30330$N+H_8$	750＋30330$N+H_8$
	H_4	1110	1400	1600	1800
	H_5	1800	1900	2000	2200
	H_6	1600	1750	1825	1950
	H_7	3030	3030	3030	3030
	H_8	调整段高度由工艺要求定			
	H_9	900	950	1060	1250
	A_1	1792	1850	1900	1950
	A_2	1252	1394	1545	1706
	A_3	768	1060	1215	1315
	A_4	1250	1400	1600	1800
	A_5	1350	1546	1768	1968
	A_6	1441	1637	1859	2059
	A_7	1398	1566	1808	2028
	A_8	650	960	1115	1290
	A_9	1156	1200	1300	1400

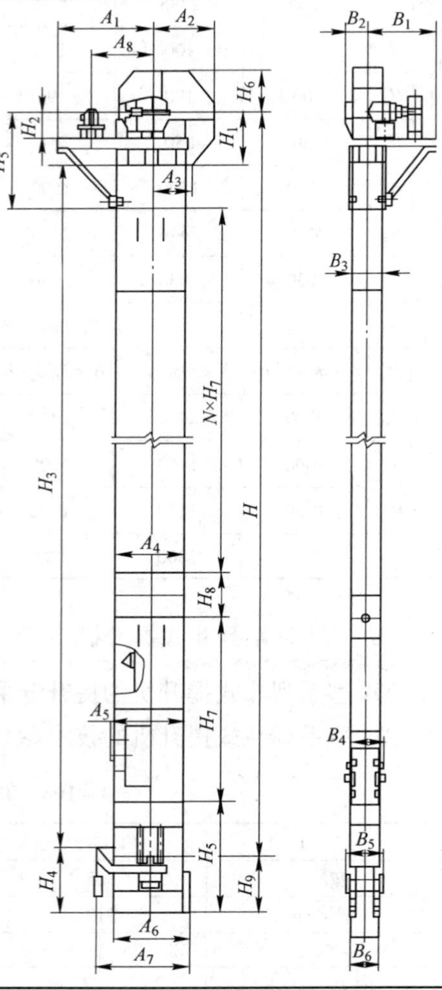

c TD 型系列斗式提升机

TD 型系列斗式提升机的提升输送带采用橡胶带，外斗布置形式。

TD 型系列斗式提升机有：Q 型（浅斗）、H 型（弧底斗）、Zd 型（中深斗）以及 Sd 型（深斗）四种斗型。

TD 系列斗式提升机的技术参数见表 4－110，外形尺寸见表 4－111。

表 4－110 TD 型系列斗式提升机的技术参数

项 目	TD160				TD250				TD315			
斗宽/mm	160				250				315			
斗距/mm	280		350		360		450		400		500	
斗容/L	Q	H	Zd	Sd	Q	H	Zd	Sd	Q	H	Zd	Sd
	0.49	0.9	1.2	1.9	1.22	2.24	3	4.6	1.95	3.55	3.75	5.8
输送能力/$m^3 \cdot h^{-1}$	9	16	16	27	20	36	38	59	28	50	42	67
头部链轮节径/mm	200/1.4				300/1.6				400/1.6			
链速/$m \cdot min^{-1}$	400				500				500			
链环规格/mm	67				61				61			
提升高度/m	5～20				5～25				8～30			
电机功率/kW	3～7.5				5.5～15				7.5～15			
驱动装置安装型式	左、右装											
传动型式	带式传动											
适用输送物料	堆积密度 $\rho \leqslant 1.5t/m^3$ 粉状、颗粒状、小块状无磨琢性或半磨琢性物料，如砂、石灰、水泥、煤、谷物、化肥等											
适用粒度/mm	<10				<20				<40			
适用湿度/%	≤10											
适用温度/℃	一般≤60；高温≤200											
项 目	TD400				TD500				TD630			
斗宽/mm	400				500				630			
斗距/mm	480		560		500		625		710			
斗容/L	Q	H	Zd	Sd	Q	H	Zd	Sd	Q	H	Zd	Sd
	3.1	5.6	5.9	9.4	4.84	9.0	9.3	14.9	—	14	14.6	23.5
输送能力/$m^3 \cdot h^{-1}$	40	76	68	110	63	116	96	154	—	142	148	238
头部链轮节径/mm	500/1.8				600/1.8				700/2.0			
链速/$m \cdot min^{-1}$	630				630				800			
链环规格/mm	55				55				48			
提升高度/m	8～30				10～40				10～40			
电机功率/kW	11～30				15～30				22～45			
驱动装置安装型式	左、右装											
传动型式	带式传动											
适用输送物料	堆积密度 $\rho \leqslant 1.5t/m^3$ 粉状、颗粒状、小块状无磨琢性或半磨琢性物料，如砂、石灰、水泥、煤、谷物、化肥等											
适用粒度/mm	<50				<70				<100			
适用湿度/%	≤10											
适用温度/℃	一般≤60；高温≤200											

表4-111 TD系列斗式提升机外形尺寸 (mm)

项目		TD160	TD250	TD315	TD400	TD500	TD630
结构尺寸	B_1	815	960	1050	1300	1380	1500
	B_2	914	1021	1147	1443	1705	1765
	B_3	425	582	694	820	940	1060
	B_4	525	682	794	920	1040	1160
	B_5	475	610	710	835	1000	1100
	B_6	461	596	706	828	980	1110
	H	头尾轮中心距（$H_6+H_9+H_{10}-H_4$）					
	H_1	630	750	795	850	1000	1200
	H_2	290	340	335	405	445	450
	H_3	$1055+3030N+H_8$	$1050+3030N+H_8$	$1173+3030N+H_8$	$1050+3030N+H_8$	$1355+3030N+H_8$	$1165+3030N+H_8$
	H_4	1000	1320	1320	1600	1600	1885
	H_5	1500	1800	1800	2000	2300	2500
	H_6	1185	1320	1488	1500	1655	1750
	H_7	3030	3030	3030	3030	3030	3030
	H_8	调整段高度由工艺要求定					
	H_9	700	800	850	950	900	1060
	A_1	1245	1273	1290	1600	1640	1725
	A_2	985	1175	1200	1350	1410	1590
	A_3	548	713	763	824	885	1045
	A_4	982	1152	1254	1548	1570	1850
	A_5	1021	1302	1400	1580	1630	1910
	A_6	996	1266	1266	1558	1610	1890
	A_7	1235	1600	1700	1980	2200	2500
	A_8	868	898.5	925	1045	1252.5	1106
	N	按现场布置需求定					

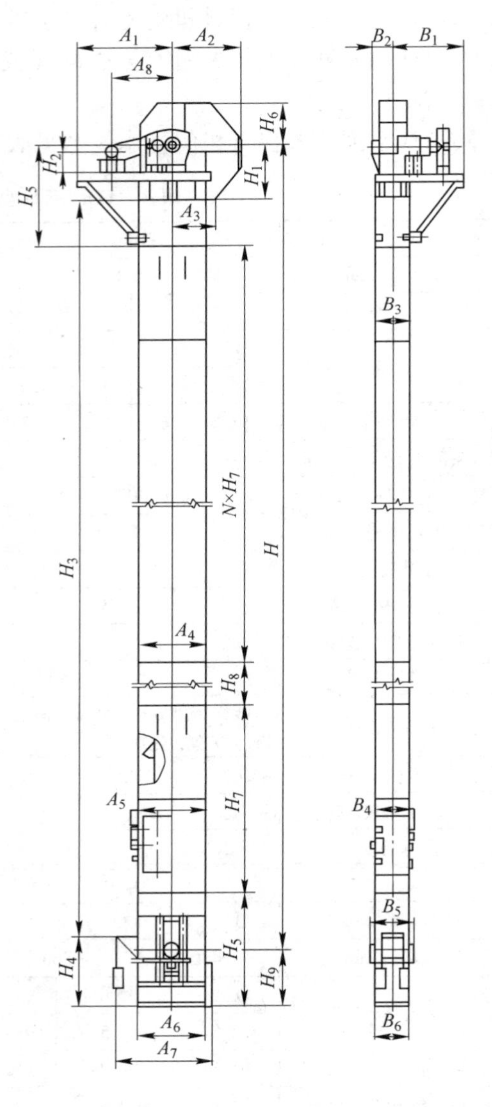

4.14.1.5 卸灰阀

A 星形卸灰阀

星形卸灰阀（图4-259）是由电动机通过减速器带动主轴和叶轮旋转，使粉尘连续、均匀地排出的一种卸灰阀。

星形卸灰阀具有体积小、质量轻、能力大、维修操作方便等特点。

a 结构特性

（1）星形卸灰阀是一种旋转式给料装置，是物料输送、料仓及除尘器灰斗均匀卸料和锁气密封用的专用设备。

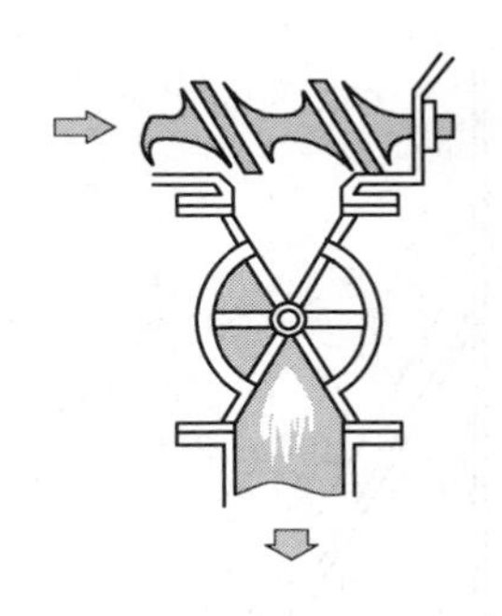

图 4 - 259 星形卸灰阀

(2) 星形卸灰阀一般都配用摆线针轮减速机，其结构特点如下：

1) 一般采用带有硬质表面的铸铁壳体制造。

2) 转动叶片采用 MS 制造，且淬火处理，叶片表面用 20 × 15 的钻石焊剂（2 ~ 3mmht），淬火达到硬度 HV 250 ~ 300。

3) 使用 EN8 的轴。

(3) 为保证星形卸灰阀连接处严密不漏风，在星形卸灰阀上部应保持一定高度的粉尘，即灰封。

(4) 为便于卸灰阀的维护检修，灰斗卸灰阀上方应设检修插板阀。

(5) 在星形卸灰阀使用中，经常会出现灰斗内的积灰易搭桥、卡死、叶片磨损、密封性差等现象，以至影响除尘器的正常运行。

(6) 星形卸灰阀的排灰量，可按下式确定：

$$S = Vn\rho_d Kg \tag{4-31}$$

式中 S——排灰量，kg/h；

V——星形卸灰阀空格的有效容积，m^3；

ρ_d——粉尘的堆积密度，kg/m^3；

g——重力加速度，$9.81m/s^2$；

n——叶轮转速，r/min；

K——粉尘在星形叶片空格内的填充系数，一般取 40 ~ 50。

(7) 星形卸灰阀的转速选择应考虑物料的品种及性质。

对于含水量少、黏性小的粉尘和颗粒状物料，一般转速为不大于 45r/min；对于密度较大而且干燥的颗粒状物料，转速可达 60r/min。

(8) 星形卸灰阀的功率消耗，通常为：在 $0.005m^3/r$ 以下时，取 0.2 ~ 0.3kW；在 $0.005m^3/r$ 以上时，取 0.3 ~ 0.5kW。

b 品种类型

星形卸灰阀有直连式及链式传动两种形式。

电动式回转卸灰阀

电动式回转卸灰阀（图 4 - 260）采用减速电动机带动，卸灰阀入口为 200mm × 200mm，是采暖通风国家标准图（T509 - 1）的标准卸灰阀。

200 × 200 电动式回转卸灰阀用来连续转送干燥粉状或小颗粒物料，物料主要靠自重流

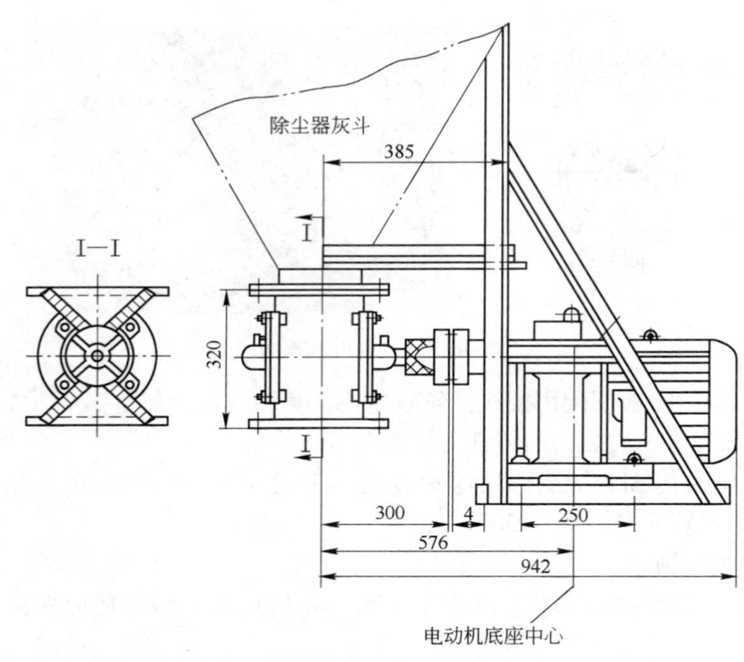

图 4-260 电动式回转卸灰阀

动，故必须垂直安装使用。

卸灰阀的技术参数如下：

公称规格（相接法兰内径） 200mm×200mm

叶轮外径 199mm

最大转速 约 30r/min

最大下料能力 $54m^3/h$

配用电机功率 1.0kW

电动式回转卸灰阀用于不允许停机的除尘系统中时，应在卸灰阀上部加装检修插板，以备卸灰阀检修时使用。

电动式回转卸灰阀的托架宽度为 580mm。

YXD 型星形卸灰阀

YXD 型星形卸灰阀一般适用于温度不低于 200℃的工况。YXD 型星形卸灰阀的技术性能参数见表 4-112，外形尺寸见表 4-113。

表 4-112 YXD 型星形卸灰阀的技术性能参数

序号	型 号	输送能力/$m^3 \cdot h^{-1}$	减速机型号	电机功率/kW	电机转速/$r \cdot min^{-1}$	工作温度/℃	重量/kg
1	YXD-200	7	BWY15-59	0.55	1460	≤200	255
2	YXD-300	15	BWY18-59	1.1	1460	≤200	458
3	YXD-350	24	BWY22-59	1.5	1460	≤200	570
4	YXD-400	30	BWY22-59	2.2	1460	≤200	685
5	YXD-500	40	BWY27-43	3	1460	≤200	780
6	YXD-600	65	BWY27-43	3	1460	≤200	935

表 4-113 YXD 型星形卸灰阀的外形尺寸 (mm)

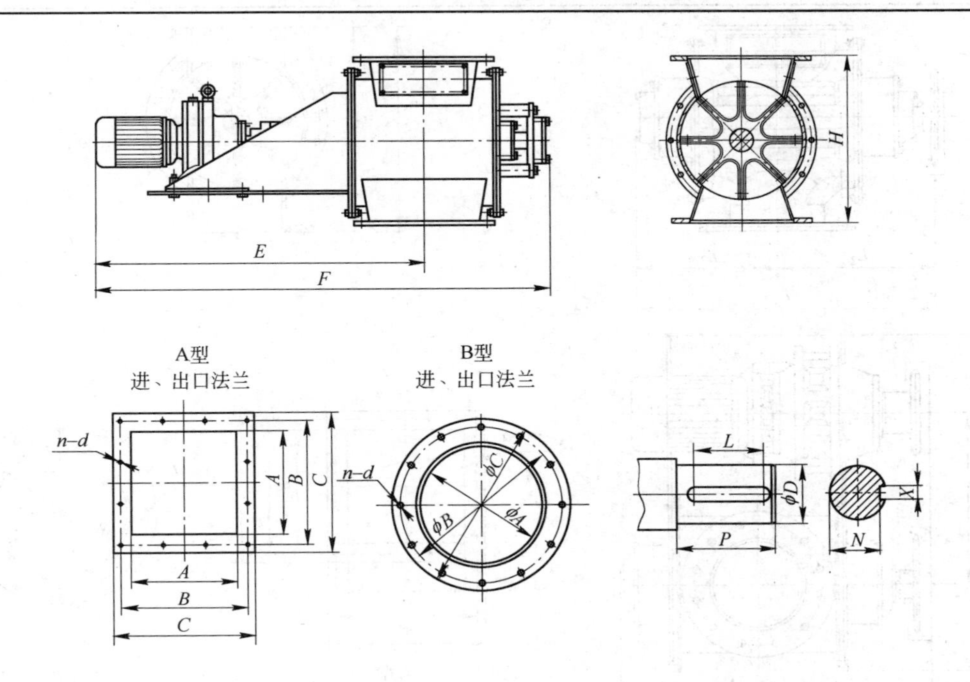

尺寸		YXD200A YXD200B	YXD300A YXD300B	YXD350A YXD350B	YXD400A YXD400B	YXD500A YXD500B	YXD600A YXD600B
进料口法兰	*A*	200	300	350	400	500	600
	B	250	360	405	460	560	660
	C	300	400	450	520	620	720
	$n-\phi d$	$8-\phi12$	$12-\phi14$	$12-\phi14$	$16-\phi18$	$20-\phi18$	$24-\phi24$
H		360	460	520	580	680	780
E		700	960	1120	1170	1320	1440
F		920	1250	1400	1450	1600	1720
P		50	50	60	70	80	90
D		$\phi35$	$\phi40$	$\phi45$	$\phi55$	$\phi60$	$\phi65$
L		25	30	40	50	60	70
N		30	35	39.5	49	53	57.5
X		10	12	12	16	16	20

注：A—进出料口为方型；B—进出料口为圆型。

XG 型星形卸灰阀

XG 型星形卸灰阀一般适用于温度不低于 200℃的工况。XG 型星形卸灰阀的技术性能参数及外形尺寸见表 4-114。

表 4-114 XG 型星形卸灰阀的技术参数及外形尺寸 (mm)

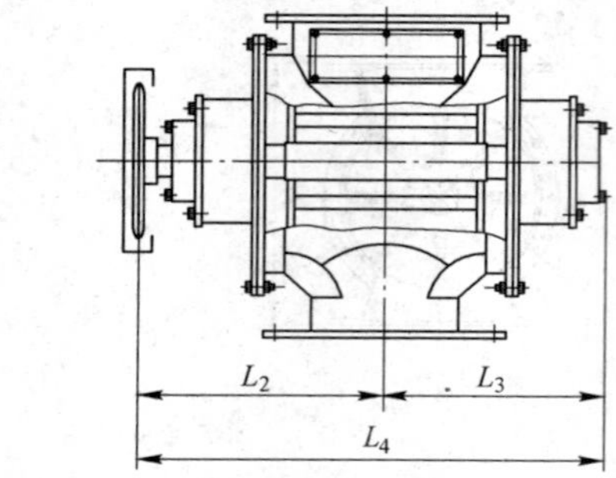

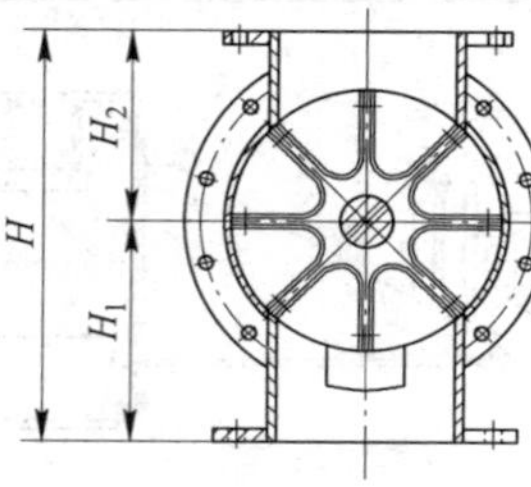

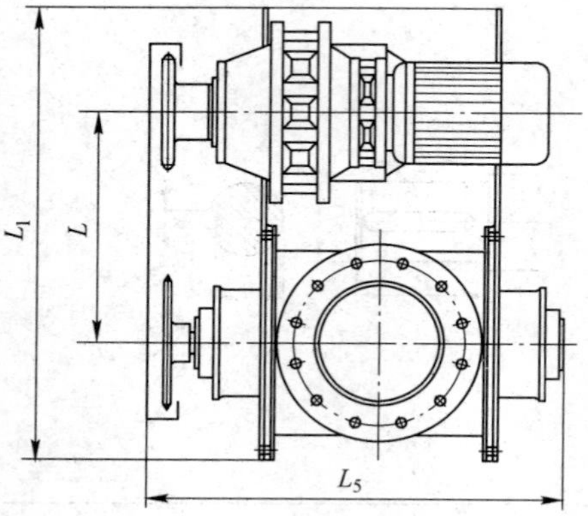

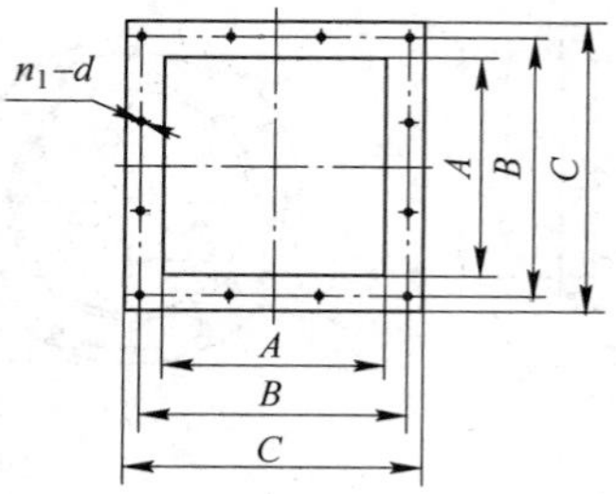

方型
进、出口法兰

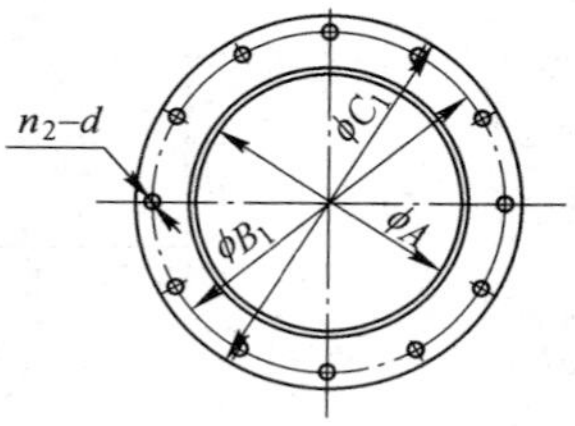

圆型
进、出口法兰

型 号		XG-20	XG-25	XG-30	XG-35	XG-40	XG-50	XG-60
容积效率		0.9	0.9	0.9	0.85	0.85	0.85	0.8
公称出力/$m^3 \cdot h^{-1}$		5	10	15	20	40	60	80
电机型号		Y801-4	Y802-4	Y90S-4	Y90L-4	Y100L1-4	Y100L2-4	Y112M-4
电机功率/kW		0.55	0.75	1.1	1.5	2.2	3	4
外形尺寸	L	320	320	400	500	600	690	780
	L_1	625	625	825	900	998	1100	1200
	L_2	325	325	350	380	415	460	520
	L_3	285	285	300	320	348	400	440
	L_4	608	608	650	700	763	860	960
	L_5	624	624	710	760	810	910	1010
	H	360	380	460	520	580	680	780
	H_1	180	180	220	250	280	330	380
	H_2	180	200	240	270	300	350	400
	A	200	240	300	350	400	500	600
	B	250	305	360	405	460	560	660
	C	300	340	400	450	520	620	720
	B_1	250	300	360	405	495	560	660
	C_1	300	340	400	450	535	620	720
	n_1	8	12	12	12	18	20	24
	n_2	8	12	12	12	16	20	24
	d	12	12	12	12	16	16	20

偏心回转卸灰阀

偏心回转卸灰阀（图 4－261），靠物料自重回转不需要动力。

图 4－261　偏心回转卸灰阀

B　双层卸灰阀

a　双层卸灰阀的特点

实验证明，干式排灰装置的严密性会直接影响除尘器的除尘效率。当排灰装置的漏气量为5%时，除尘器的除尘效率将下降50%；而漏气量为15%时，除尘效率即下降为零。

双层卸灰阀（图4－262）是采用双层阀体组合结构，两层阀体之间在输料时交替开关，适合于限量给料的输灰设备，设备具有密封性好、输送量可调范围大等特点。而通常的干式排灰装置，即使结构严密、转动灵活，也会漏气。而双层卸灰阀是上下阀板轮流启闭，当上层阀排灰时，下层阀关闭，间隔一定时间后下层阀排灰，上层阀关闭，这样可以避免漏气。

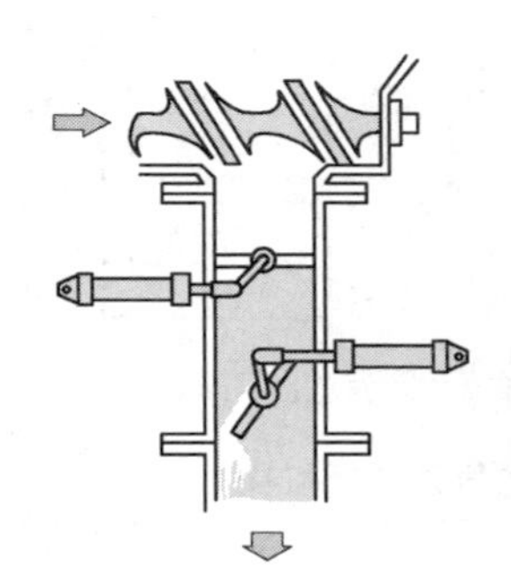

图4－262　双层卸灰阀

b　双层卸灰阀的品种

SXF 型气动双层卸灰阀

SXF 型气动双层卸灰阀采用圆锥形阀芯，通过气动执行机构实现卸灰阀的启、闭控制。

SXF 型气动双层卸灰阀的特征如下：

（1）通过调节单向节流阀，保证阀的开启时间大于3s。

（2）卸灰阀上下层阀物料排放时间间隔可调，由电控系统按要求设定。

（3）为保证气动执行机构正常动作，供气源应为仪表用气，并带有储气罐及单向阀，供气压力控制在0.4～0.7MPa之间。

SXF 型气动双层卸灰阀的外形如图4－263所示，安装尺寸如表4－115所示，气动执行机构如表4－116所示。

表4－115　SXF 型气动双层卸灰阀的安装尺寸　（mm）

型　号	A	B	a	b	A_1	B_1	C	D	c	d	n_1
SXF300	400	400	116	116	300	300	400	400	116	116	3
SXF400	520	520	160	160	400	400	520	520	160	160	3

续表 4－115

型　号	n_2	C_1	D_1	H	H_1	H_2	H_3	H_4	L_1	L_2	L_3
SXF300	3	300	300	1300	600	100	90	1200	427	461	876
SXF400	3	400	400	1300	700	120	100	1380	477	511	926

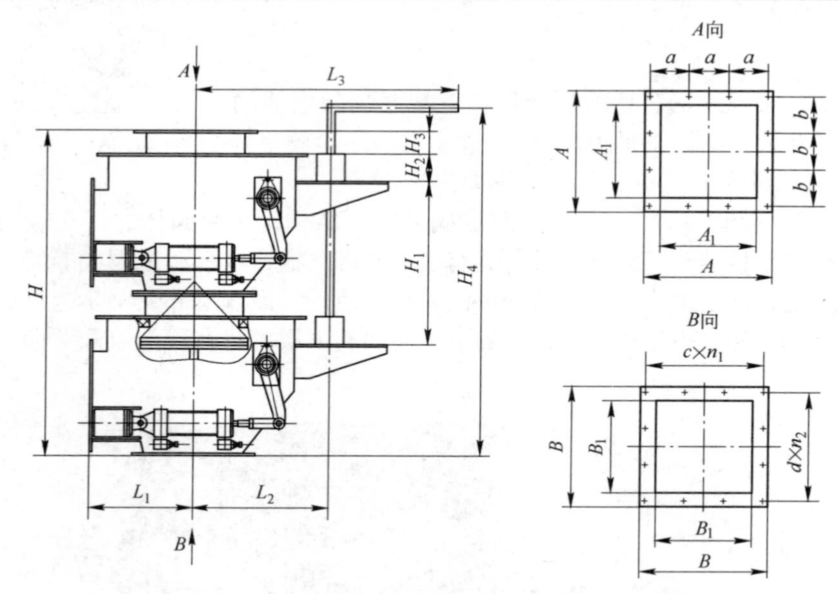

图 4－263　SXF 型气动双层卸灰阀的外形示意图

表 4－116　SXF 型气动双层卸灰阀的气动执行机构

双层卸灰阀型号	SXF300	SXF400
气缸缸径×行程/mm	100×200	100×200
气源压力/MPa	0.4～0.7	

重锤双层翻板式卸灰阀

重锤双层翻板式卸灰阀的技术特性

重锤双层翻板式卸灰阀的结构原理是靠重力作用的杠杆机构，其密封作用主要取决于灰柱高度。

灰柱高度（H）可按下式确定：

$$H = \frac{\Delta P}{\rho_d g} + 0.1 \qquad (4-32)$$

式中　H——灰柱高度，m；

ΔP——灰斗中的负压值，Pa；

ρ_d——粉尘的堆积密度，kg/m^3；

g——重力加速度，9.81m/s^2。

重锤双层翻板式卸灰阀的进口接管直径，可由下式确定：

$$D = 1.12\sqrt{\frac{S_b}{q}} \qquad (4-33)$$

式中 D——翻板式卸灰阀的进口接管直径，m；

S_b——捕集的粉尘量，kg/s；

q——翻板式卸灰阀单位负荷，可在 60 ~ 100kg/(m^2 · s) 范围内选取。

重锤双层翻板式卸灰阀的结构尺寸

ϕ100 型和 ϕ150 型翻板式卸灰阀的结构尺寸见图 4 – 264，括号内尺寸为 ϕ150 型，无括号为两种型号的尺寸。

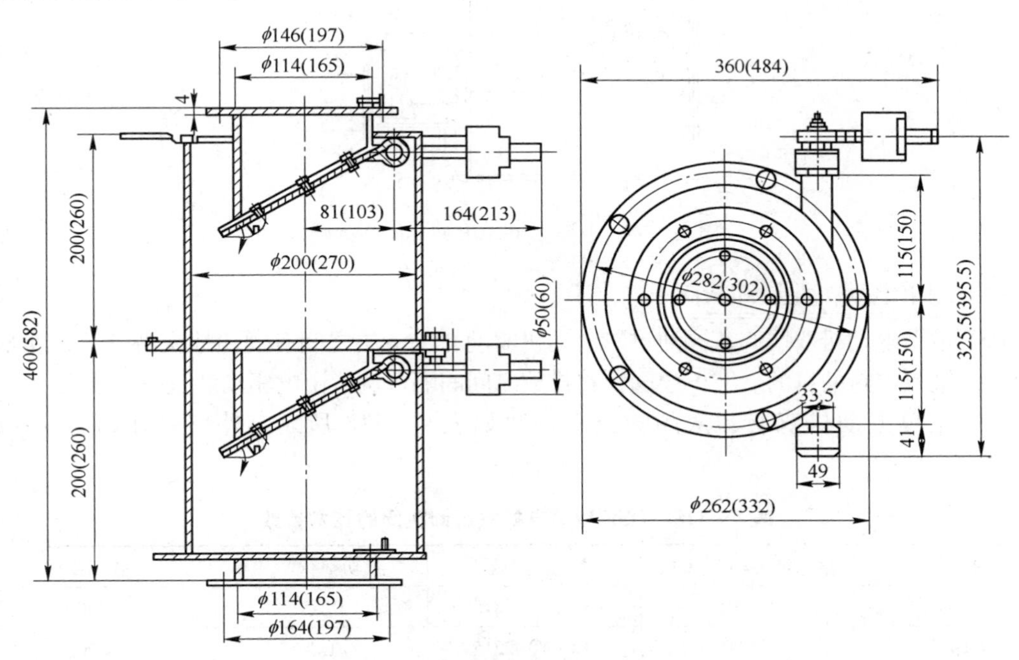

图 4 – 264 重锤双层翻板式卸灰阀

DXF – Ⅱ型电动双层卸灰阀

DXF – Ⅱ型双层卸灰阀是一种电动的双层卸灰阀。DXF – Ⅱ型电动双层卸灰阀的技术性能如表 4 – 117 所示。DXF – Ⅱ型电动双层卸灰阀的外形如图 4 – 265 所示。

表 4 – 117 DXF – Ⅱ型电动双层卸灰阀的技术性能

规格								
规格	圆形	ϕ150	ϕ200	ϕ300	ϕ400	ϕ500	ϕ600	ϕ700
	方形	150 × 150	200 × 200	300 × 300	400 × 400	500 × 500	600 × 600	700 × 700
卸灰能力/$m^3 \cdot h^{-1}$		1.5 ~ 3	2.5 ~ 5	5 ~ 10	8 ~ 15	12 ~ 25	17 ~ 35	25 ~ 50
电动推杆型号		DTI6320 – M	DTI10020 – M		DTI30020 – M		DTI30040 – H	
功率/kW		0.25			0.37		0.55	

适用温度：≤100℃，≤150℃，≤300℃

电源电压：380V，AC

启闭时间：5 ~ 15s

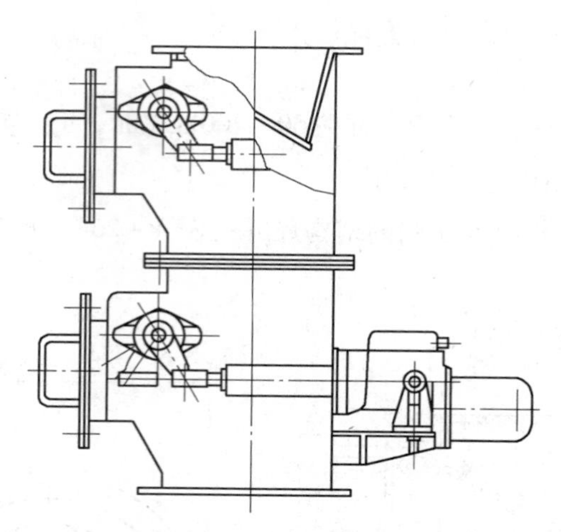

图 4 - 265　DXF - Ⅱ型电动双层卸灰阀

DSF 型单电动机双层卸灰阀

DSF 型单电动机双层卸灰阀通过单电动机驱动，上下层之间有规律地交替开关，实现均匀给料及锁气密封的目的。上下层阀物料排放时间间隔可调，由电驱动装置按要求设定。

DSF 型单电动机双层卸灰阀的技术参数如表 4 - 118 所示，外形尺寸如表 4 - 119 所示。

表 4 - 118　DSF 型单电机双层卸灰阀的技术参数

型　号	输送能力/$m^3 \cdot h^{-1}$	减速机型号	功率/kW	工作温度/℃
DSF300	5 ~ 20	BW(Y) 1815	0.55	<200
DSF400	8 ~ 30	BW(Y) 2215	1.1	<200

表 4 - 119　DSF 型单电机双层卸灰阀的外形尺寸　(mm)

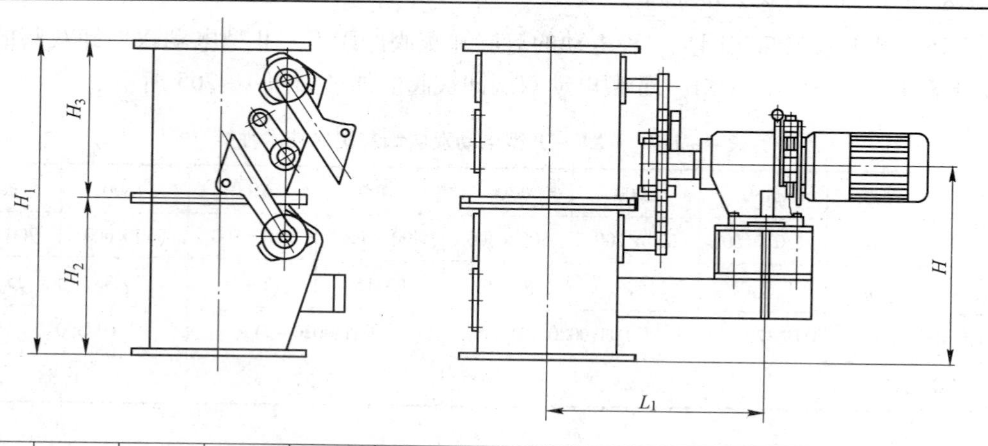

型　号	H	H_1	H_2	H_3	L_1	a_1	n	L_2	$m-d$	A	B
DSF300	501	800	399	399	499	20	3	120	12 - ϕ14	300	400
DSF400	805	1400	699	699	601	20	4	120	16 - ϕ17	400	520

DSFZ 型重锤式单电动机双层卸灰阀

DSZF 型重锤式单电动机双层卸灰阀通过单电动机驱动，上下层阀体可通过悬挂重垂锁气密封，有规律地交替开关，实现均匀给料及锁气密封的目的。

重锤式单电动机双层卸灰阀上下层阀物料排放时间间隔可调，由电动机驱动装置按要求设定。

DSFZ 型单电动机双层卸灰阀的技术参数如表 4－120 所示，外形尺寸如表 4－121 所示。

表 4－120　DSFZ 型单电机双层卸灰阀的技术参数

型　号	输送能力/$m^3 \cdot h^{-1}$	减速机型号	功率/kW	工作温度/℃
DSFZ300	5～20	BW（Y） 1815	0.55	<200
DSFZ400	8～30	BW（Y） 2215	1.1	<200

表 4－121　DSFZ 型系列单电机双层卸灰阀的外形尺寸　　（mm）

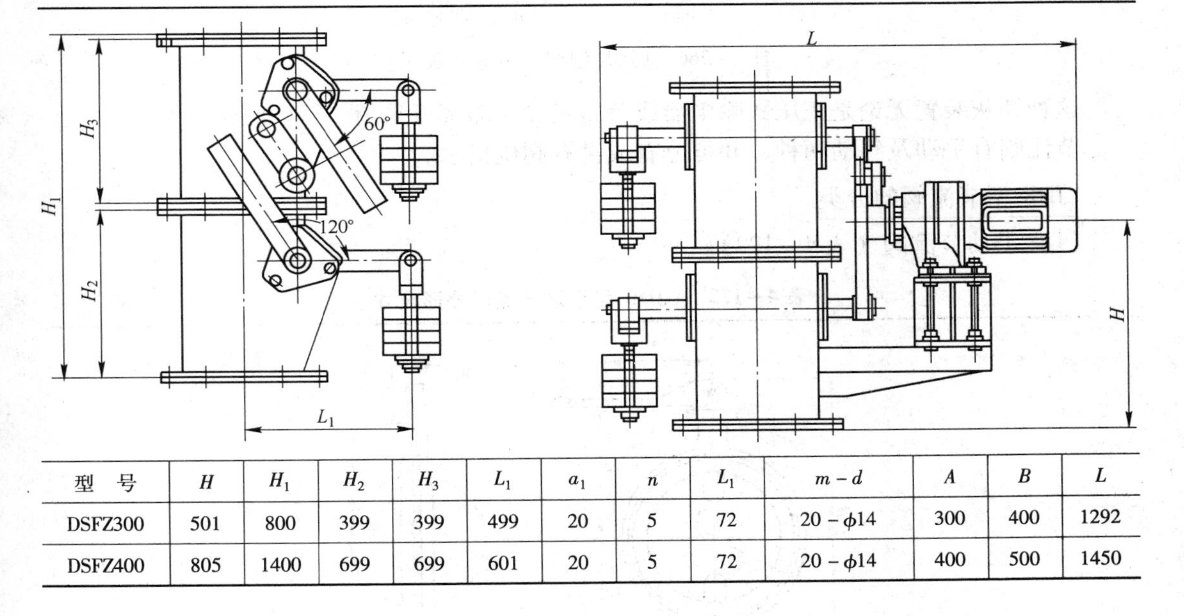

型　号	H	H_1	H_2	H_3	L_1	a_1	n	L_1	$m-d$	A	B	L
DSFZ300	501	800	399	399	499	20	5	72	20－ϕ14	300	400	1292
DSFZ400	805	1400	699	699	601	20	5	72	20－ϕ14	400	500	1450

双层节流卸灰阀

法国 Alstom 公司开发出一种 LJDK 型双层节流卸灰阀（图 4－266），它是由两层 LJDK 型节流阀和中间设置一个中间溜槽组成。

LJDK 型双层节流卸灰阀的结构特征

LJDK 型节流阀是用于粉尘、油泥、气体及液体的开关及排泄，可用作除尘器（或分离器）卸灰口的排灰阀。

除尘器排灰口一般设两个节流阀，如图 4－266 所示。上下阀门由程序控制器控制其启闭，中间连接中间溜槽。正常情况下，上部阀门是开启的，中间溜槽内积聚除尘器收集的灰尘。当除尘器卸灰时，在打开下部阀门的同时会关闭上部阀门，待中间溜槽内的积尘全部卸空后，阀门即恢复原位。以此，周而复始地循环排灰。

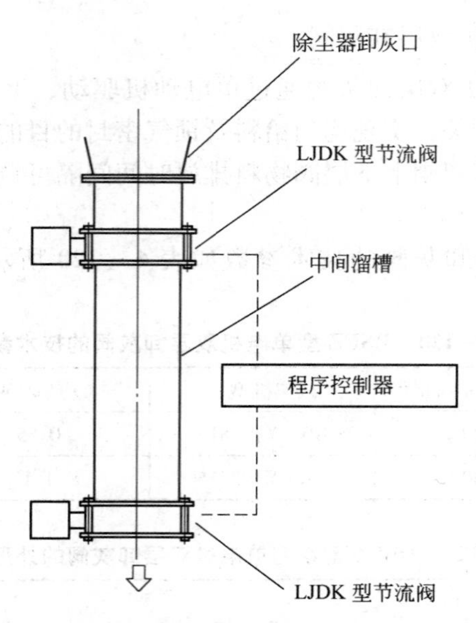

图 4－266 LJDK 型双层节流卸灰阀

这种卸灰装置无论是正压式除尘器或负压式除尘器都可采用。

节流阀有手动及气动两种，并可分有或没有阀位指示。

LJDK 型节流阀的分类

（1）手动节流阀（表 4－122）。

表 4－122 LJDK 型手动节流阀外形尺寸 （mm）

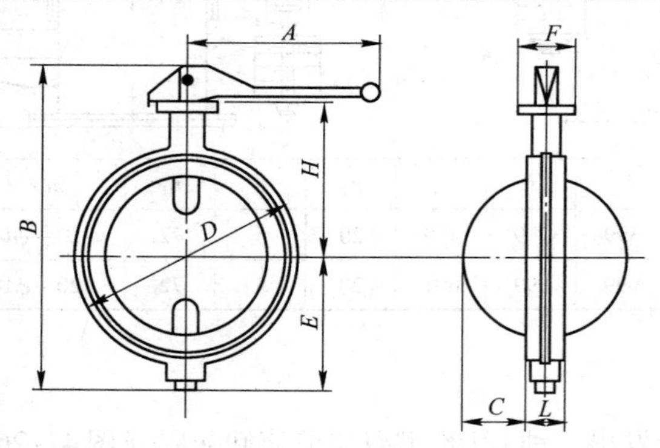

LJDK	A	B	C	D	E	F	H	L	重量/kg
100	261	320	26	160	125	99	150	52	5.6
125	261	345	36	190	130	99	163	56	6.6
150	261	372	49	216	150	99	176	56	8.1
200	341	448	70	271	183	99	216	60	12.7
250	341	498	91	326	210	99	241	68	19.1

（2）气动节流阀（表 4－123）。

表 4－123 LJDK 型气动节流阀外形尺寸 (mm)

LJDK	A	B	D	E	F	G	H	J	K	L	M	N	重量/kg
100	250	20	160	104. 5	125	150	100	100	47. 5	52	475	87	8
125	296	20	190	118	130	163	116	100	55	56	509	93	10. 7
150	296	20	216	118	150	176	116	100	55	56	542	93	12. 2
200	342	20	271	136. 5	183	216	131	110	62. 5	60	640	104	19. 5
250	402	30	326	146	210	241	142	110	68	68	703	108	28. 5
300	402	30	376	146	250	275	142	110	68	78	777	108	35. 5
350	542	50	436	201	280	310	200	120	95	78	910	136	74
400	620	50	487	305	305	335	230	120	108	102	990	150	107

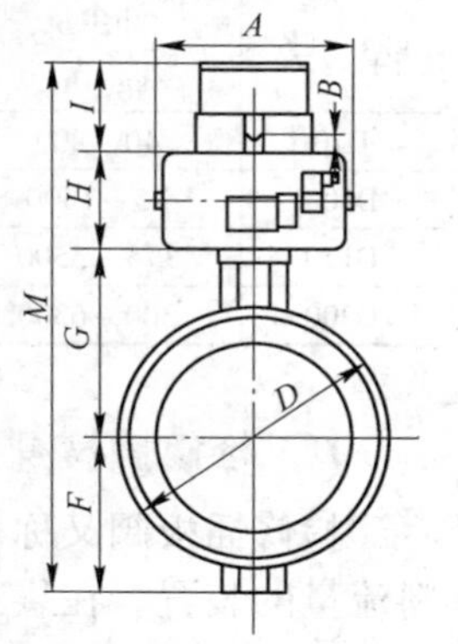

LJDK 型节流阀的安装：

（1）LJDK 型节流阀是用法兰夹紧安装，法兰夹紧后极为密闭，法兰间不需另设密封垫。

（2）节流阀阀板边两侧设有内衬，确保其密封。

（3）气体或液体中的尘粒压入内衬后，阀门即更密封，它不会损伤密封。

（4）LJDK 型节流阀在安装及更换时，不需特殊工具。

C 圆锥式闪动阀

圆锥式闪动阀是靠杠杆原理，不需要动力的一种卸灰阀，它能自动保持一定高度的灰封。

圆锥式闪动阀有单级圆锥式闪动阀和双级圆锥式闪动阀两种（图 4－267），双级圆锥式闪动阀的气密性更好。

圆锥式闪动阀的性能尺寸见表 4－124。

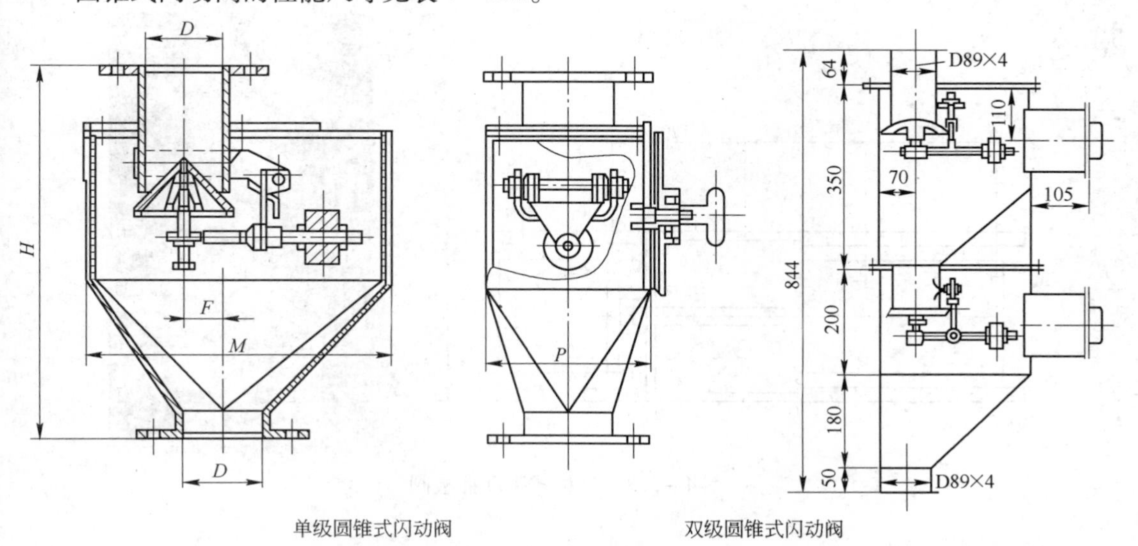

单级圆锥式闪动阀　　双级圆锥式闪动阀

图 4－267 圆锥式闪动阀

表 4-124 圆锥式闪动卸尘阀性能尺寸

型 号	卸尘量 /kg·h^{-1}	质量/kg	尺寸/mm				
			D	*H*	*F*	*M*	*P*
D70	40~800	16.61	70	450	30	340	160
D100	75~1500	20.63	100	470	40	380	210
D150	175~3500	30.20	150	600	50	490	270
D200	300~6300	50.75	200	690	75	600	330

D 检修插板阀

检修插板阀又称检修闸板阀，是一种用于物料输送过程中截止物料流，或粗略控制物料流量的装置。在袋式除尘器中，一般可与除尘器灰斗出口卸灰阀配套使用，作为卸灰阀检修时防止灰斗内粉尘外泄之用，故称为检修插板阀。

检修插板阀通常安装在除尘器灰斗出口与卸灰阀进口法兰之间。在卸灰阀检修时，关闭检修插板阀，以防灰斗内灰尘流出，便于卸灰阀的检修。

袋式除尘器的检修插板阀，通常都采用手动式插板阀，常用的有盲板式手动插板阀和螺杆式手动插板阀两种。

a 盲板式手动插板阀

用途

一般，除尘器正常运行时，阀板两端的法兰是用盲板盲死的，阀板不插入阀门中，挂在手动插板阀的旁边。当卸灰阀发生故障需要检修或更换时，可打开插板阀一端盲板，将阀板插上，使灰斗内的粉尘不会落下，以便卸灰阀的检修、更换。

结构

盲板式手动插板阀由阀体阀板、端板（盲板）、连接法兰和密封垫片等组成，属于一般钢板焊接构件，其外形如图 4-268 所示。

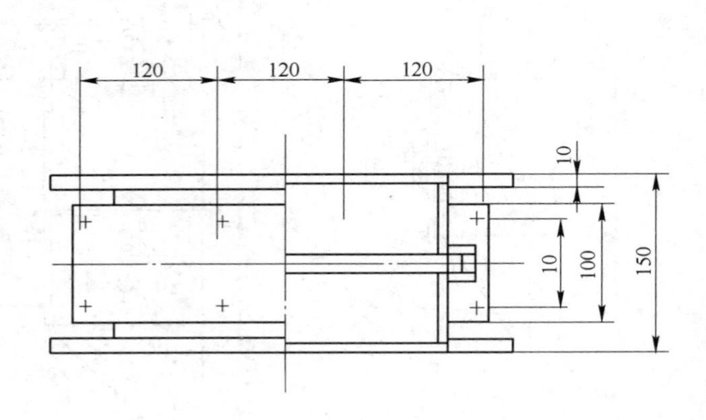

图 4-268 盲板式手动插板阀

安装要点

（1）检修插板阀与卸灰阀之间的法兰连接要求密封，不得漏风。

(2) 检修插板阀的安装具有方向性，插板的入口应在灰斗防闭塞装置检修平台同侧，以便插板阀的操作。

(3) 盲板式手动插板阀安装好后，应试插阀板，要求阀板进出顺利、灵活，然后将阀板取下，其进口端部的盲板应密封好。

(4) 检修插板阀安好后，本身无需操作，只有当与其连接的灰斗发生故障时，才将阀板进口的端板卸下，以便插入阀板。

b 螺杆式手动插板阀

ZFLY 型螺杆式手动插板阀分圆口螺杆式手动插板阀和方口螺杆式手动插板阀两种。

ZFLY 型圆口螺杆式手动插板阀的外形尺寸如表 4－125 所示。

ZFLF 型方口螺杆式手动插板阀的外形尺寸如表 4－126 所示。

表 4－125 ZFLY 型圆口螺杆式手动插板阀的外形尺寸 (mm)

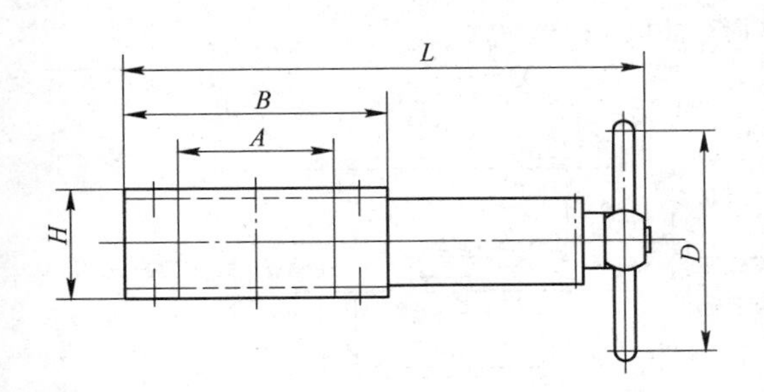

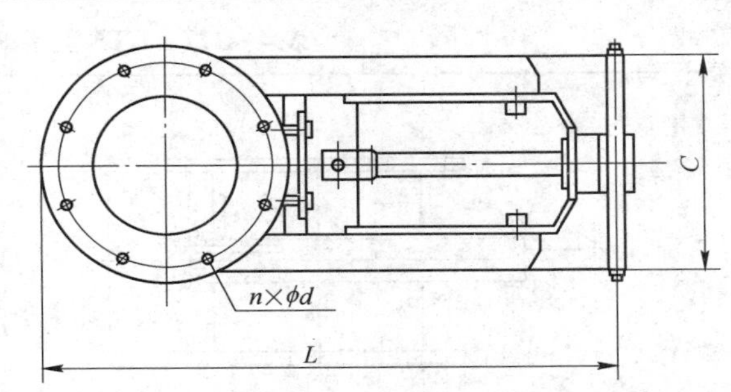

型 号	A	B	C	H	L	D	n	d
ZFLY200	ϕ200	ϕ340	306	150	795	ϕ300	8	ϕ12
ZFLY300	ϕ300	ϕ440	406	150	1015	ϕ300	8	ϕ14
ZFLY350	ϕ350	ϕ490	456	150	1115	ϕ300	8	ϕ14
ZFLY400	ϕ400	ϕ540	506	150	1205	ϕ300	8	ϕ16
ZFLY500	ϕ500	ϕ640	606	150	1405	ϕ300	8	ϕ18

表 4－126 ZFLF 型方口螺杆式手动插板阀的外形尺寸 (mm)

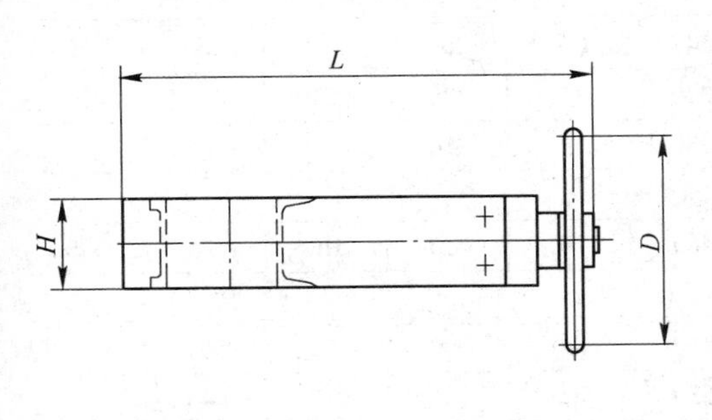

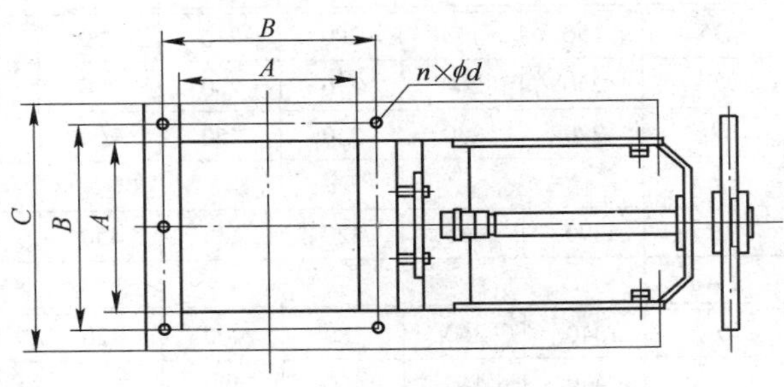

型 号	A	B	C	H	L	D	n	d
ZFLF200	200	130×2	306	120	765	ϕ300	8	ϕ14
ZFLF300	300	120×3	406	120	965	ϕ300	12	ϕ14
ZFLF350	350	135×3	456	120	1065	ϕ300	12	ϕ14

续表 4 – 126

型 号	*A*	*B*	*C*	*H*	*L*	*D*	*n*	*d*
ZFLF400	400	115 ×4	520	140	1235	ϕ300	16	ϕ18
ZFLF500	500	112 ×5	620	140	1435	ϕ300	18	ϕ18

E 手动调节插板阀

CTF 型手动调节插板阀的技术参数如下：

公称压力　50kPa

介质温度　80 ~160℃

阻力系数　ξ =0.3 ~0.5

CTF 型手动调节插板阀的外形尺寸如表 4 – 127 所示。

表 4 – 127　CTF 型手动调节插板阀外形尺寸　（mm）

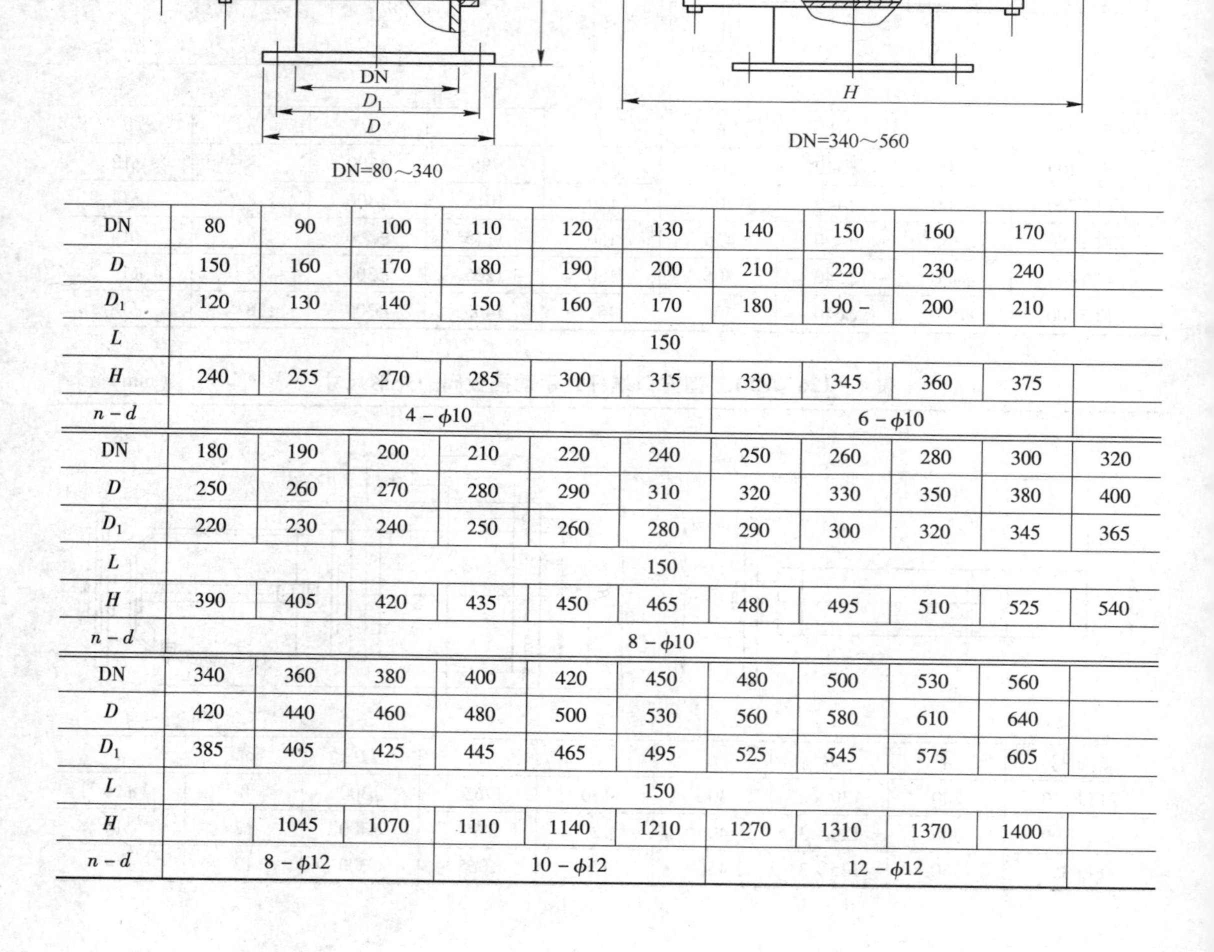

DN	80	90	100	110	120	130	140	150	160	170	
D	150	160	170	180	190	200	210	220	230	240	
D_1	120	130	140	150	160	170	180	190 –	200	210	
L	150										
H	240	255	270	285	300	315	330	345	360	375	
n – d	4 – ϕ10						6 – ϕ10				
DN	180	190	200	210	220	240	250	260	280	300	320
D	250	260	270	280	290	310	320	330	350	380	400
D_1	220	230	240	250	260	280	290	300	320	345	365
L	150										
H	390	405	420	435	450	465	480	495	510	525	540
n – d	8 – ϕ10										
DN	340	360	380	400	420	450	480	500	530	560	
D	420	440	460	480	500	530	560	580	610	640	
D_1	385	405	425	445	465	495	525	545	575	605	
L	150										
H		1045	1070	1110	1140	1210	1270	1310	1370	1400	
n – d	8 – ϕ12			10 – ϕ12			12 – ϕ12				

4.14.1.6 储灰斗

储灰斗用于储存除尘器清下的灰尘，经一定时间后用运灰车运走。

A 储灰斗的结构设计

储灰斗由灰斗本体、框架、梯子、检修平台、安全栏杆、料位指示器、防闭塞装置以及排气装置等组成，完整的储灰装置与储灰斗配套组成的还有检修插板阀、星形卸灰阀和灰尘发送装置等部件。

（1）储灰斗本体包括筒体、锥体和顶盖三部分，属钢结构件，用$\delta=6$mm 的钢板焊接而成。

（2）储灰斗框架为钢结构件，由立柱、横梁和斜撑等构件组成，立柱和横梁的材料为 H 型钢，斜撑是槽钢和角钢。

（3）梯子、检修平台、安全栏杆等均为钢结构件，由各种型钢焊接而成。

（4）储灰斗的容积应根据烟气量、灰尘比重、烟气含尘浓度、排放浓度以及要求储藏的时间计算确定。

（5）储灰斗内灰尘的储藏时间，一般可取 8～24h，当烟气含尘浓度小时，可根据具体情况确定。

B 储灰斗的系列规格

a HC 型储灰斗

HC 型储灰斗是输灰系统中储存灰尘的一种装置，它由灰斗、灰斗支架、仓顶除尘器、料位计、振打电机（或空气炮）、检修插板阀等组成。

HC 型储灰斗的规格和电气参数如表 4－128、表 4－129 所示，外形尺寸如图 4－269 所示。

表 4－128 HC 型储灰斗的规格

项　目	HC3017	HC3220	HC3525	HC3536	HC3748
直径 ϕD/mm	ϕ3000	ϕ3200	ϕ3500	ϕ3500	ϕ3700
储灰能力/m^3	17	20	25	36	48
锥筒体高 H_1/mm	3200	3200	3400	3400	3700
直筒体高 H_2/mm	2200	2200	2450	3300	3300

表 4－129 HC 型储灰斗的电气参数

参　数	上料位仪	下料位仪	振动电机
电　源	220V，50Hz	220V，50Hz	380V，50Hz
功　率	4W	8W	0.37～1.5kW

b LCZ 型储灰斗

LCZ 型储灰斗由灰斗本体、顶盖、检修人孔、排气装置、料位指示器、防闭塞装置、检修插板阀、回转卸灰阀、减速机、电动机等组成，并配有支架框架、检修平台、安全栏杆、拉杆。

LCZ 型储灰斗的性能规格及外形尺寸如表 4－130 所示。

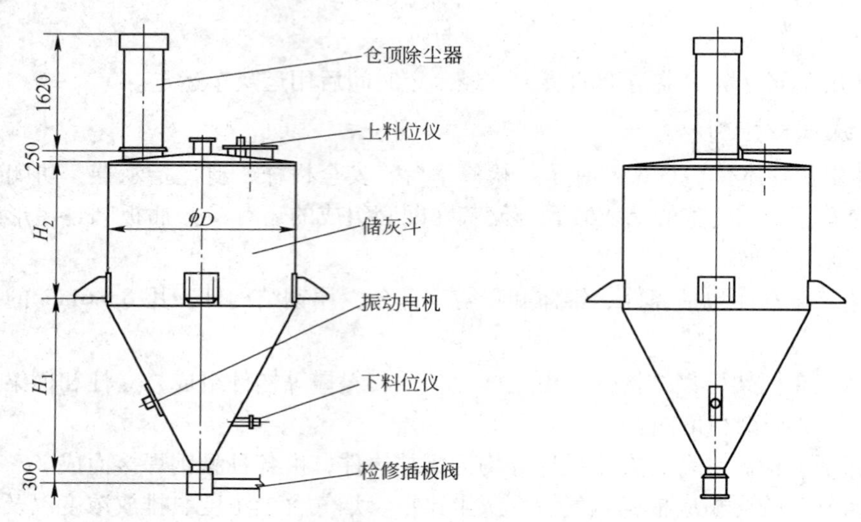

图 4－269　HC 型储灰斗的外形尺寸

表 4－130　LCZ 型储灰斗的性能规格及外形尺寸

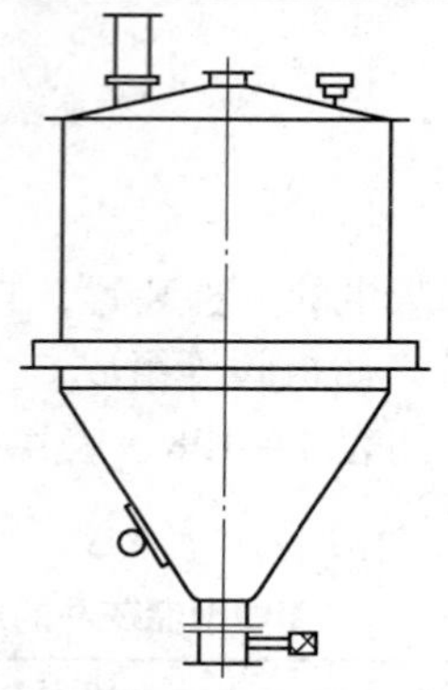

容积/m³		本体外形尺寸/mm	排气装置/mm	卸料能力/m³·h⁻¹		重量
公　称	实际充料	$\phi/d\times L$	L	额定量	实际能力	/kg
5	6.8	1730/300×3720	1740	5.77	6.72	1089
10	13.65	1730/300×6630 2580/300×4900	1740	11.54	11.88	1890
12	16.38	2580/300×4410	1740	13.85	15.84	2220
14	9.11	2580/300×4900	1740	16.15	19.8	2500
15	20.48	2580/300×5150	1740	17.31	19.8	2655
16	21.84	2580/300×5450	1740	18.46	19.8	2835
18	24.57	2580/300×5950	1740	20.77	23.76	3185
20	27.3	2580/300×6500	1740	23.08	23.76	3540
22	30.03	2580/300×7000	1740	25.39	27.72	3892
24	32.7	3500/300×5550	1740	27.69	27.72	4246
25	34.1	3500/300×5700	1740	28.85	27.72	4423
26	35.5	3500/300×5850	1740	30	31.68	4600
28	38.22	3500/300×6050	1740	32.31	35.64	4955

续表 4-130

容积/m^3		本体外形尺寸/mm	排气装置/mm	卸料能力/$m^3 \cdot h^{-1}$		重量/kg
公称	实际充料	$\phi/d \times L$	L	额定量	实际能力	
30	40.9	3500/300×6410	1740	34.62	35.64	5308
35	47.7	3500/300×7120	2140	40.39	42	6195
40	54.6	3500/300×7840	2140	46.68	49.5	7080
45	61.4	3500/300×8540	2140	49.48	59.4	8102
50	68.2	3500/300×9250	2140	56.28	59.4	8906

LCZ 型储灰斗的电气配用参数为：

卸灰阀卸灰　　小于 2.2kW

防闭塞装置振动　　0.4～1.12kW，380V，1.27A

料位计　　小于 3.0kW，220V

C 储灰斗的安装

（1）储灰斗的框架、梯子、检修平台及安全栏杆均为现场组装。

（2）储灰斗的框架的柱、梁和斜撑要保持平直，不得有局部变形现象，组装前应严格检查，如发现有变形的，应校正后再进行组装。

（3）储灰斗的安装精度应符合下列要求：

柱子行（柱）线：间距　　允许偏差　　±5mm

垂直度　　允许偏差　　$\Delta h = \frac{h}{1000}$mm

水平对角线　　允许偏差　　$\Delta L = \pm 5$mm

横梁：安装水平度　　允许偏差　　$L/1000$mm

侧向弯曲　　允许偏差　　$f = \frac{L}{1000}$mm

（4）框架所有构件组装完毕后应进行安装尺寸的校对工作，经校对调整符合规定的尺寸和允许的公差值后，再进行连接处的焊接工作。

（5）框架安装完毕后，再吊装储灰斗本体，灰斗本体的中心线应保持垂直。

（6）装完灰斗本体后再安装梯子、检修平台和安全栏杆等，接着安装防闭塞装置、料位指示器、排气装置等。

（7）全部安装完毕后，开始刷防腐油漆，油漆的种类和颜色如下：

储灰斗及框架　　标准色卡代号 702，中灰棕色

所有安全栏杆　　标准色卡代号 107，中黄色

D 试运转要点

（1）储灰斗安装完毕后正式运行前，应对星形卸灰阀、防闭塞装置、灰尘发送装置等排灰装置进行试运转，确定运转正常后，才能投入使用。

（2）对料位指示器进行试验，检查报警装置及斗式提升机等输灰装置的电气连锁是否可靠。

E 操作维护要点

（1）储灰斗正式使用后要定时进行排灰，一般 8～24h 排灰一次，以免储灰斗内积灰

过多。

（2）根据实际情况，定期启动防闭塞装置，防止灰斗内灰尘悬料。

（3）每次储灰斗卸灰时，应先将专用运灰车在卸灰阀下就位，然后启动星形卸灰阀，落下的灰尘就随气流进入专门的运灰车上。

（4）储灰斗顶部 CDC－6 型除尘器应定期摇动振打装置进行清灰，以保持排气装置的畅通。

（5）对星形卸灰阀和防闭塞装置等配套设备应定期进行维修。

（6）排气装置的滤袋如有破损，应及时更换新袋。

（7）储灰斗、框架、安全栏杆及其他配套设备，每隔两年应刷一次油漆，油漆的种类和颜色应和原漆相同。

（8）各配套设备应定期加油。

（9）一旦料位指示器报警，必须立即进行处理，以恢复除尘系统的正常运行。

4.14.1.7 排灰吸引装置及输灰车

A 排灰吸引装置

XY 型排灰吸引装置（图 4－270），是在学习、消化、移植上海宝钢引进的日本反吹风袋式除尘系统后，开发的一种排灰吸引装置。

一般储灰斗排灰时，首先将专用输灰车的吸尘软管与灰尘发送装置连接好，然后启动输灰车上的真空泵往储灰斗里打气。压缩空气通过灰尘发送装置的旁通管进入储灰斗将灰尘搅松使其悬浮。约 1 分钟后，真空泵运行停止。然后打开灰尘发送装置的截止阀及气动真空泵进行抽气，再启动星形卸灰阀，落下的灰尘就随气流进入专用的输灰车上。

储灰斗停止卸灰时，先停星形卸灰阀，3 分钟后再停真空泵，关闭截止阀。

图 4－270 XY 型排灰吸引装置

XY 型排灰吸引装置的技术参数如表 4－131 所示。

表 4－131 XY 型排灰吸引装置的技术参数

型　号	XY－15A	XY－15B	XY－15C	XY－15D
工作能力/t·h^{-1}	3.5～30	3.5～30	3.5～30	3.5～30
密度范围/t·m^{-3}	1.0～1.4	1.0～1.4	1.0～1.4	1.0～1.4
电机功率/kW	1.5	1.5	1.5	1.5
电机转速/r·min^{-1}	4～40	4～40	4～40	4～40
旋转阀转速/r·min^{-1}	2～19	2～19	2～19	2～19
旋转阀直径/mm	ϕ350	ϕ350	ϕ350	ϕ350

B 输灰车

气动粉料装卸罐式汽车主要用于粉料运输，它能自动迅速地完成装卸任务，以减轻繁重的体力劳动。

a WHZ5090GSN 型罐式汽车

WHZ5090GSN 型罐式汽车外形如图 4－271 所示。

WHZ5090GSN 型罐式汽车利用压缩空气进行装卸粉尘，汽车可用外接气源，也可按要求配备空气压缩机，其技术性能如表 4－132 所示。

WHZ5090GSN 型罐式汽车配置的空压机技术性能如下：

空压机型号　　WB－4.8/2

空压机型式　　往复摆杆式空气压缩机

额定转速　　1200r/min

排　　量　　4.8m^3/min

工作压力　　196kPa（2kg/cm^2）

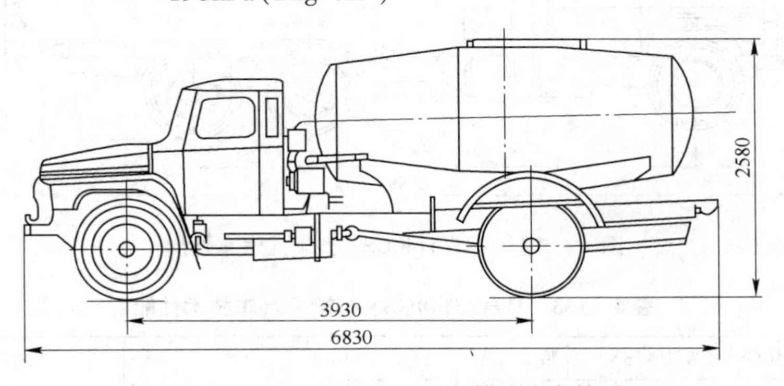

图 4－271　WHZ5090GSN 型罐式汽车外形

表 4－132　WHZ5090GSN 型罐式汽车技术性能

型号	WHZ5090GSNA（WH－QD5C）	底盘型号	EQ140J
质量参数/kg	最大装载质量		4500
	空载（包括油、水、备胎、工具）	整车整备质量	4650
		前轴轴载	2100
		后桥轴载	2550
	满载	最大总质量	9340
		前轴轴载	2390
		后桥轴载	6950
性能参数	最高车速/km·h^{-1}		85
	最大爬坡度/%		≥28
	最小转弯直径/m		<16
	每百公里油耗/L		28
卸料性能	输送水平距离/m		5
	输送垂直距离/m		15
	平均卸料速度/t·min^{-1}		>0.1
	剩余率/%		<0.4
	最高工作压力/kPa		196

尺寸/mm			
尺寸/mm	整车	全长	6830
		总宽	2430
		高（空载）	2580
	罐体	装载容积/m^3	4.5
		总长	3950
		最大直径	1450
	轴距	前轴至后桥	3950
	轮距	前轴	1810
		后桥	1800
	行驶角	接近角	38°
		离去角	23°
	最小离地间隙		265
	进料口	物料通过直径	ϕ430
		中心距尾端距离	2200

b WHZ5140GSN 型罐式汽车

WHZ5140GSN 型罐式汽车外形如图 4－272 所示。

WHZ5140GSN 型罐式汽车利用压缩空气进行装卸粉尘，汽车可用外接气源，也可按要求配备空气压缩机，其技术性能如表 4－133 所示。

WHZ5140GSN 型罐式汽车配置的空压机技术性能如下：

空压机型号	SLT45
空压机型式	无油润滑滑片式压缩机
额定转速	1500r/min
排　　量	$45m^3/min$
工作压力	$196kPa(2kg/cm^2)$

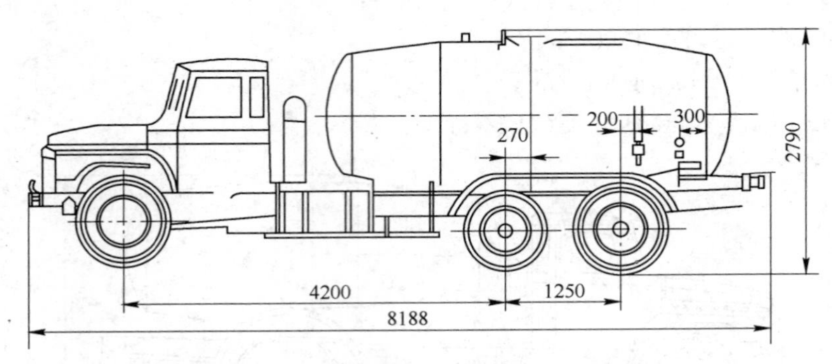

图 4－272 WHZ5140GSN 型罐式汽车外形

表 4－133 WHZ5140GSN 型罐式汽车技术性能

型号	WHZ5140GSN（WH144SN）	底盘型号	EQ144
质量参数/kg	最大装载质量		7400
	空载（包括油、水、备胎、工具）	整车整备质量	5700
		前轴轴载	1776
		中、后桥轴载	3924
	满载	最大总质量	13300
		前轴轴载	2554
		中、后桥轴载	10746
性能参数	最高车速/$km \cdot h^{-1}$		70
	最大爬坡度/%		18
	最小转弯直径/m		<20
	每百公里油耗/L		34
卸料性能	输送水平距离/m		5
	输送垂直距离/m		15
	平均卸料速度/$t \cdot min^{-1}$		>1.1
	剩余率/%		<0.4
	最高工作压力/kPa		196

尺寸/mm			
	整车	全长	8188
		总宽	2430
		高（空载）	2790
	罐体	装载容积/m^3	7.2
		总长	4500
		最大直径	1700
	轴距	前轴至中桥中心	4200
		中桥中心至后桥	1250
	轮距	前轴	1810
		中桥	1800
		动桥	1980
	行驶角	接近角	38°
		离去角	27°
	最小离地间隙		265
	进料口	物料通过直径	$\phi430$
		中心距尾端距离	3718

c WHZ5170GSN 型罐式汽车

WHZ5170GSN 型罐式汽车外形如图 4 - 273 所示。

WHZ5170GSN 型罐式汽车利用压缩空气进行装卸粉尘，汽车可用外接气源，也可按要求配备空气压缩机，其技术性能如表 4 - 134 所示。

WHZ5170GSN 型罐式汽车配置的空压机技术性能如下：

空压机型号　　HP - 5.2/2

空压机型式　　无油润滑滑片式压缩机

额定转速　　1200r/min

排　　量　　5.2m^3/min

工作压力　　196kPa（2kg/cm^2）

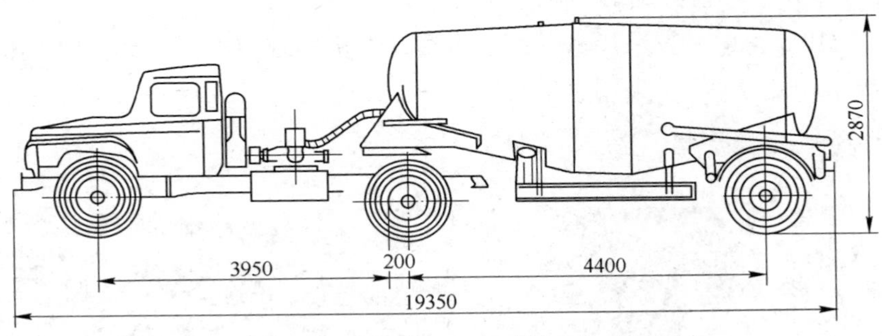

图 4 - 273 WHZ5170GSN 型罐式汽车外形

表 4 - 134 WHZ5170GSN 型罐式汽车技术性能

型号	WHZ5170GSN（WH930SN）	底盘型号	EQ140K
质量参数/kg	最大装载质量		10000
	空载（包括油、水、备胎、工具）	整车整备质量	7270
		前轴轴载	2254
		中、后桥轴载	2808/2208
	满载	最大总质量	17450
		前轴轴载	2500
		中、后桥轴载	7150/7800
性能参数	最高车速/km·h^{-1}		60
	最大爬坡度/%		10
	最小转弯直径/m		17
	每百公里油耗/L		40
卸料性能	输送水平距离/m		5
	输送垂直距离/m		15
	平均卸料速度/t·min^{-1}		>1.1
	剩余率/%		<0.4
	最高工作压力/kPa		196

尺寸/mm	项目	参数	数值
	整车	全长	10350
		总宽	2400
		高（空载）	2870
	罐体	装载容积/m^3	10
		总长	5100
		最大直径	1900
	轴距	前轴至中桥中心	3950
		中桥中心至后桥	4400
	轮距	前轴	1810
		中、后桥	1800
	行驶角	接近角	38°
		离去角	45°
	最小离地间隙		300
	进料口	物料通过直径	ϕ430
		中心距尾端距离	2950

4.14.1.8 给脂装置

1981年上海宝钢引进的日本反吹风袋式除尘器中，除尘器各运动部件的轴承上配置了统一的自动给脂装置，该给脂系统由给脂站、给脂管网及各部件的给脂接管组成。

A 给脂装置的标准

国际给脂装置的标准有两大标准：

德国标准　　压力等级400kg

日本大金工业株式会社　　压力等级210kg，100kg

我国目前主要按日本大金工业株式会社标准，各压力等级采用的给脂装置如下：

压力等级400kg　　适用于点多（400～600点），管路长（270m以上），采用循环供油

压力等级210kg　　采用电动泵，可配计算机实现定时（如半小时）供一次

压力等级100kg　　采用手动泵

B 给脂装置的给脂站（图4-274）

图4-274　手动给脂泵

C 给脂系统的管网（图4-275）

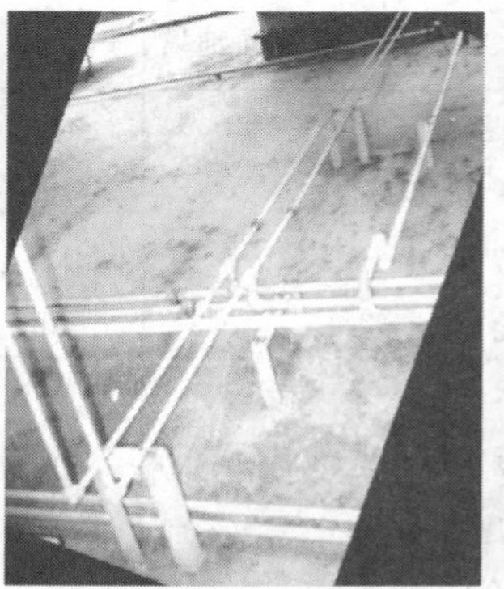

图4-275　给脂系统的管网

D 各部件的给脂装置

a 三通切换阀的给脂（图 4－276）

图 4－276 三通切换阀的给脂

b 卸灰阀的给脂（图 4－277）

星形卸灰阀的给脂

双层卸灰阀的给脂

图 4－277 卸灰阀的给脂

c 螺旋输送机（刮板输送机）的给脂（图 4－278）

图 4－278 螺旋输送机（刮板输送机）的给脂

d 斗式提升机的给脂（图 4－279）

图 4－279 斗式提升机的给脂

4.14.2 气力输送系统

袋式除尘器气力输送系统有低压气力输送系统和高压压送式气力输送系统两种。

4.14.2.1 低压气力输送系统

A 低压气力输送系统的组成及性能

常用的袋式除尘器低压气力输送系统有低压压送式（图 4－280）和低压吸送式（图 4－281）两种，其简要性能如表 4－135 所示。

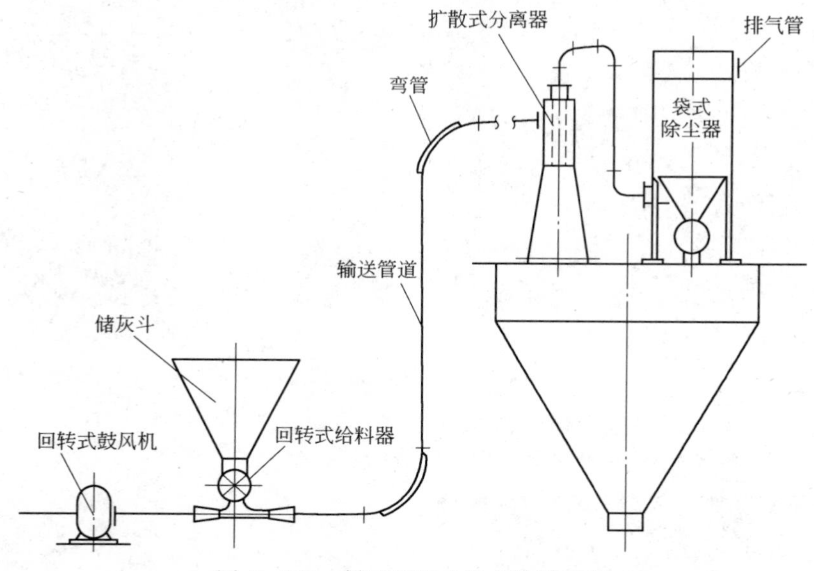

图 4－280 低压压送式气力输送系统

表 4－135 粉尘气力输送系统的简要性能

型式	给料装置型式	技术性能			主要用途	特点
		输送量 /t·h⁻¹	输送距离 /m	工作压力 /MPa		
低压吸入式	喉管	1～5	<100	－0.01～－0.02	小容量近距离输送	1. 可由几处向一处集中输送； 2. 输送管道内负压，无灰尘飞扬； 3. 给料装置结构简单，锁气器（卸灰阀）要求严密

续表 4－135

型 式	给料装置型式	技术性能			主要用途	特 点
		输送量 /t·h⁻¹	输送距离 /m	工作压力 /MPa		
低压压送式	喷射式给料器 回转式给料器	5～10	<100	+0.05	中、小容量近距离输送	1. 可由一处向几处输送； 2. 粉尘不经过风机，风机磨损小； 3. 锁气器可以简单，给料装置、管道连接处等要求严密

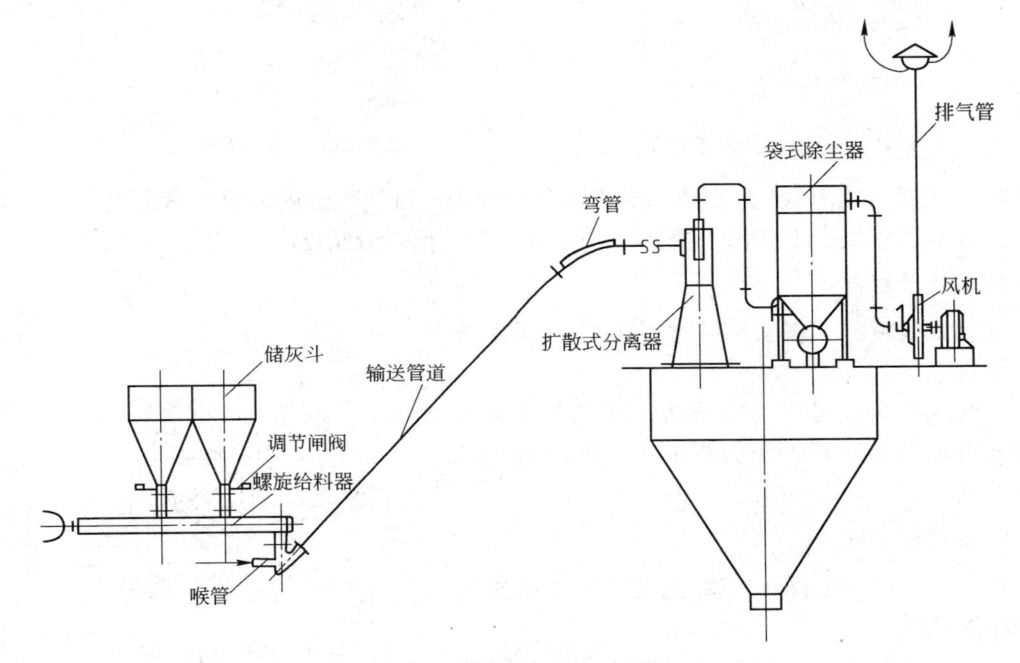

图 4－281 低压吸送式气力输送系统

B 低压气力输送系统的主要部件

低压气力输送系统主要部件由给料装置、输送管道、分离器、除尘器和动力机械等部件组成。

a 给料装置

低压吸送气力输送系统的给料装置一般多称喉管，喉管本身不能起到均匀给料作用，因此，在储灰斗和喉管进料口之间应加装定量给料机，如螺旋输送机、回转式给料机或可调节给料量的闸阀等。

水平型喉管（图 4－282）

倾斜型喉管（图 4－283）

倾斜型喉管的设计应注意以下几点：

（1）进砂管与喉管间夹角不宜太小（如 30°），以免造成喉管突然改变方向向上运动转 150°大弯，消耗大量能量，甚至使灰尘送不上去尾管大量漏灰。一般夹角如图 4－283 所示至少 60°。

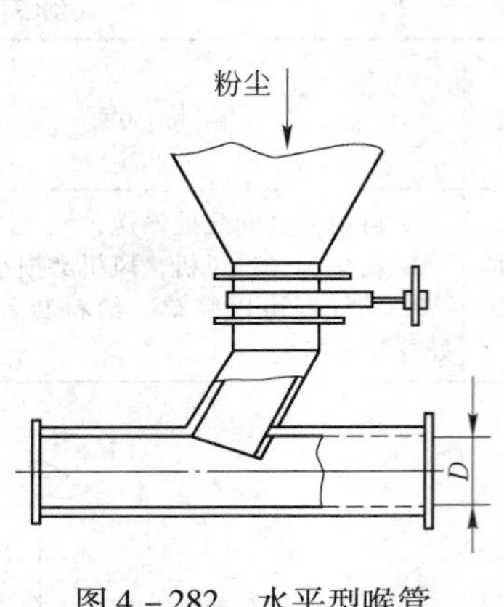

图 4－282　水平型喉管

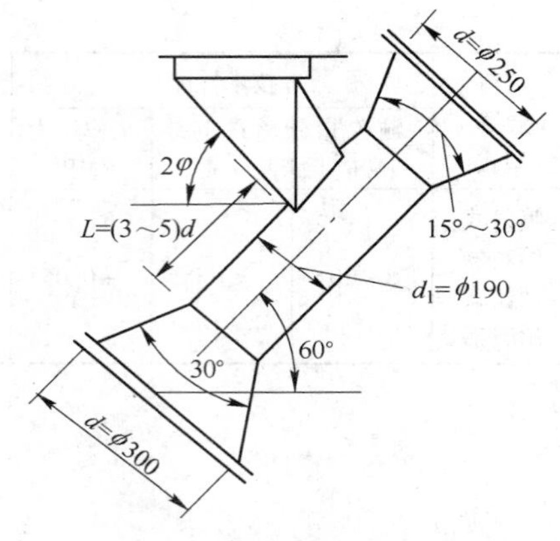

图 4－283　倾斜型喉管

（2）喉管长度（L）过短两端渐扩管角度过大，将使喉管内造成大量滑流，这对灰尘顺利送入输送管极为不利，一般 $L=(3\sim5)d$，两端渐扩管角度小于 30°。

回转式给料器

回转式给料器（图 4－284）多用于低压压送气力输送系统。

回转式给料器可以连续输送，通过改变给料器转速可调节给料量，压力损失小；但结构不易做到严密。

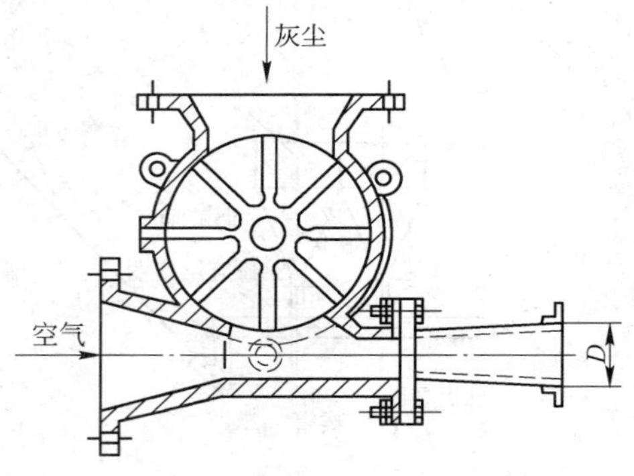

图 4－284　回转式给料器

喷射式给料器

喷射式给料器（图 4－285）可用于低压压送气力输送系统。

喷射式给料器无转动部件，设计合理时可使下料口处于负压，空气不会上吹，安装位置也较小，但压力损失较大，约占系统压力损失的 1/3～1/2。

喷射式给料器在最佳输送状态时，喷嘴出口速度为音速的 0.6 倍，喷嘴极易磨损。

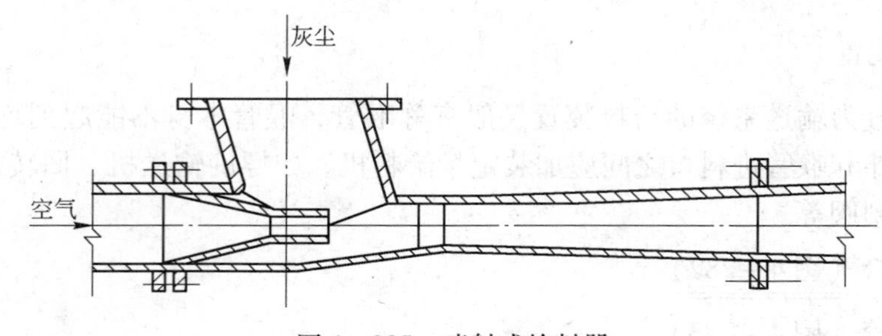

图 4－285　喷射式给料器

b　输送管道和排气管道

输送管道包括直管（水平、垂直或倾斜）和弯管，设计中应注意以下几方面：

（1）直管一般可用水煤气管、无缝钢管或螺旋焊管。当输送管道直径较大，难以采用标准钢管时，也可采用钢板卷焊。

(2) 弯管为气力输送系统中最易磨损的部件，对于低压式系统，弯管曲率半径 $R>5D$（D 为输送管道直径）。为延长弯管使用寿命，弯管材质可采用铸铁、铸钢或内衬铸石，也可在弯管结构上采取局部耐磨措施。

(3) 输送管道一般可采用地面、架空或沿车间墙、柱敷设等形式布置，但应考虑便于管道的维修与更换，且不影响交通和其他设备的布置，布置管路时应使起止点间的管道长度最短，并尽可能减少弯管，防止在水平管道上出现凹形，以免物料在管底沉积。

(4) 输送高温粉尘的管道受热伸长会产生应力，当自然补偿不能解决问题时，可在水平输送管道上加装填料式补偿器。

c 分离器和除尘器

常用的分离器有重力和离心两种。

(1) 重力分离器结构简单，但其断面风速小、体积较大。当储灰斗容积较大时，储灰斗本身也可兼作重力分离器。

(2) 离心分离器可采用 CLT/A、XLP/A、XLP/B 和 XCX 等型号的旋风除尘器。

(3) 为保证气力输送系统排出的尾气达到排放标准，一般采用袋式除尘器作为末级尾气净化。

(4) 当吸送系统的真空度较高时，袋式除尘器应注意其外壳强度和气密性。

d 切换阀和卸灰阀

(1) 对多分支管、多台分离器、除尘器交替工作的系统，一般用插板阀切换。

(2) 吸入式系统均为负压，分离器、除尘器卸料口不严时将直接影响系统效率，因此，要求分离器、除尘器排灰口必须设置卸灰阀，一般采用回转式、翻板式、双级圆锥闪动式卸灰阀。

(3) 压送式系统均为正压，为使分离器、除尘器卸灰时不致扬尘，在分离器、除尘器排灰口处也应设置与吸入式系统相同的卸灰阀。

e 动力机械

低压吸入式和低压压送式系统采用 9－19、9－26 型高压离心风机、D80 型高压鼓风机及回转式（罗茨）鼓风机。

回转式（罗茨）鼓风机噪声大，应将鼓风机放在单独房间内，并考虑消声措施。

4.14.2.2 高压气力输送系统

高压气力输送系统又称高压压送式气力输送系统。

高压压送式气力输送系统主要由灰路、气路、仓式泵及控制器等部分组成，仓式泵是发送灰尘的主体设备。

仓式泵又名空气发送罐，故高压压送式气力输送系统又称空气发送罐气力输送系统。

A 仓式泵的结构

仓式泵的结构如图 4－286 所示，仓式泵的出口位于仓式泵上方。

B 仓式泵的操作流程

仓式泵的工作过程如图 4－287 所示分为四个阶段，即进料阶段、流化阶段、输送阶

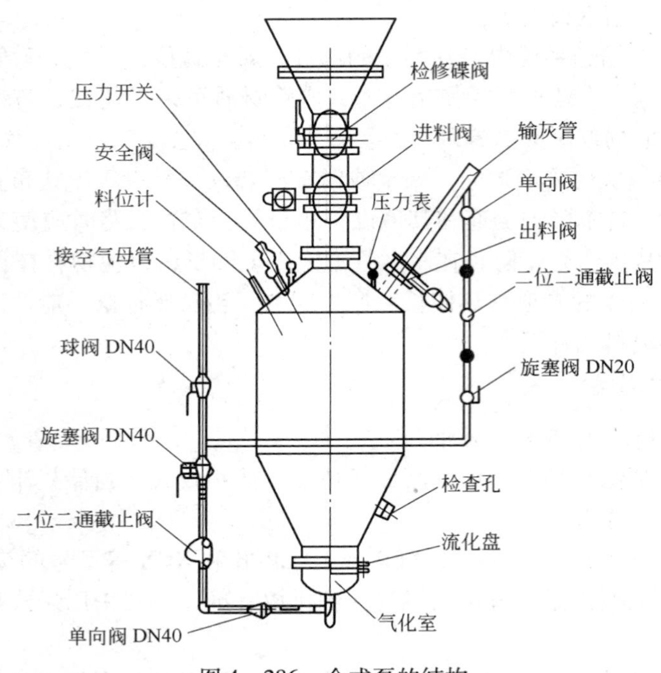

图 4－286　仓式泵的结构

段和吹扫阶段。

图 4－287 的气力输送系统称为 DEPAC，是采用低气量、高气压的压缩空气与飞灰混合成尘气混合物，通过小孔径管道进行输送的一种气力输送系统。

DEPAC 气力输送系统根据输送的距离，其粉尘与压缩空气的混合比为 30～1（由设计者确定）。输送管道是标准尺寸 Dg40 管，所有弯头处的连接都是标准的 150lb 法兰型式。

DEPAC 气力输送系统是在除尘器每个灰斗下面安装一个空气发送罐，一罐一罐地发送，每罐的发送量是可调的。

尘气混合物的飞灰是一股一股地通过管道输送，混合物中只有一小部分飞灰输送时沿着管壁滑动接触到管壁，混合物在管壁的输送速度比管中心要低。因此，飞灰对管壁的摩擦很小，它只是在弯头处产生碰撞和冲击。

气力输送系统的动作是通过状态Ⅰ装料、状态Ⅱ加压、状态Ⅲ放料及状态Ⅳ输送四种状态完成整个输送循环，周而复始地一罐一罐发送。

a　状态Ⅰ装料

状态Ⅰ装料是整个输送循环的一个程序，此时，关闭压缩空气的进口阀及出口阀，打开飞灰进口阀，直到发送罐内充满。

b　状态Ⅱ加压

状态Ⅱ加压是在发送罐充满飞灰后，料位计就自动控制关闭飞灰进口阀，同时打开压缩空气进口阀，此时压缩空气通过流化盘输入，发送罐即处于加压状态。等到发送罐内压力达到预定压力后，压缩空气的气量即通过压力调节器和流量孔板的结合或由压力调节器进行自动调节。加压状态一般为 5～90 秒。

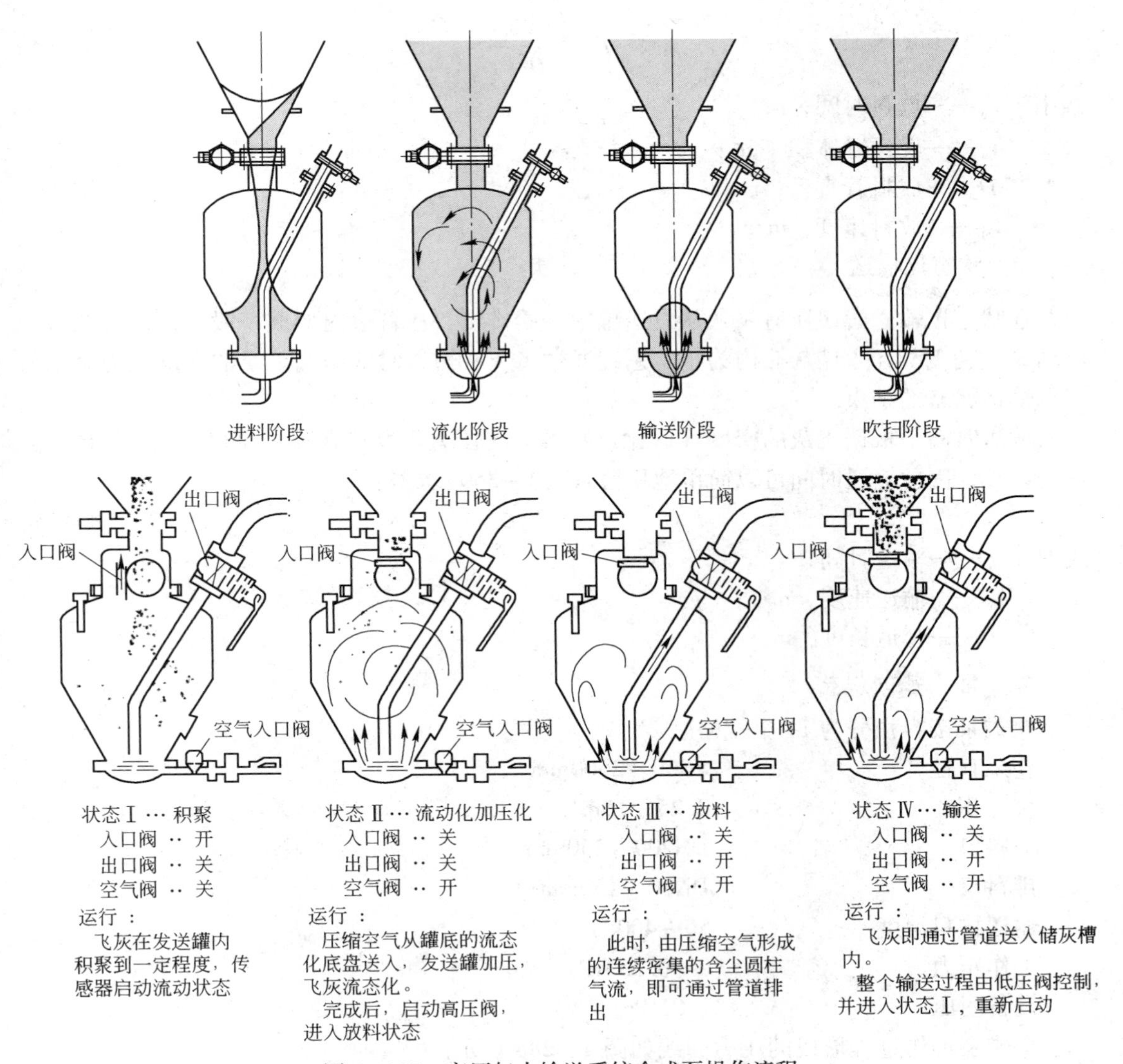

图4－287　高压气力输送系统仓式泵操作流程

c　状态Ⅲ放料

在状态Ⅲ放料时打开出口阀，使加压后的飞灰外逸压出，直到飞灰从发送罐内全部排完才关闭出口阀。压力调节器从加压状态结束时开始打开，压力调节器动作时放料阀打开，此时其他阀门保持不动；放料状态结束后，指示器上就没有信号，系统立即进入输送阶段。

影响放料时间的主要因素是物料密度、系统压力、放料管尺寸以及发送罐体积四个参数。

在大部分应用中，飞灰的假比重大约为50lb/ft^2，在放料时间的计算公式（4－34）中可作为常数考虑。同样地，系统压力通常都保持在45psig（lb/in^2 表压），计算时也可作为常数考虑。由于飞灰的假比重及系统压力保持常数，放料速度也是常数，于是放料时间的公式结果为：

$$T_{\mathrm{d}} = \frac{4V_{\mathrm{t}}}{D^2 V_{\mathrm{d}}} \tag{4-34}$$

式中 T_{d}——放料时间，s；

V_{t}——发送罐体积，m^3；

D——放料管直径，mm；

V_{d}——放料速度，m/s。

d 状态Ⅳ输送

在状态Ⅳ输送阶段所有飞灰从发送罐中开始排出，在管道内形成一股一股的含灰气流流动，直到飞灰卸入储灰斗内为止。系统通过飞灰在输送时低压阀记录的系统压力降信号表示输送状态的结束。

输送时间是根据飞灰的密度（假比重）及系统压力都保持常数，同时管道直径也是正常的计算，因此输送时间可以简单地用公式（4－35）求得：

$$T_{\mathrm{c}} = V_{\mathrm{c}} L \tag{4-35}$$

式中 T_{c}——输送时间，s；

V_{c}——输送速度，m/s；

L——管道长度，m。

C 仓式泵的规格

仓式泵按容积分为 11 个规格。

仓泵直径	ϕ800～2600mm
容　积	0.25～15m^3
进料口	DN200～250mm
排料口	DN80～150mm
输送物料温度	50～400℃
工作压力	0～0.25MPa
设备耐压	1.0MPa

仓式泵工作过程形成的压力曲线如图 4－288 所示。

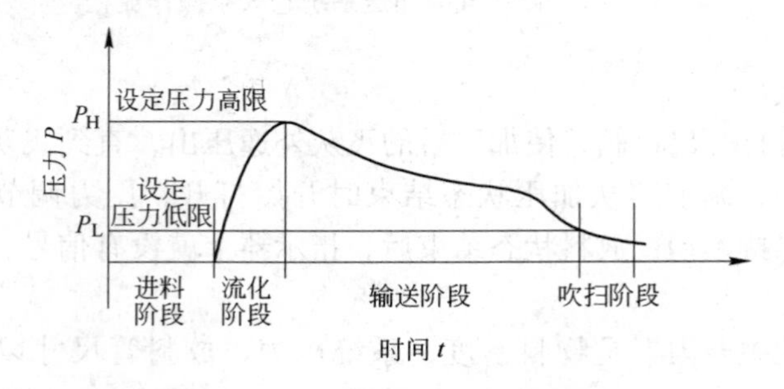

图 4－288 仓式泵工作过程压力曲线

D 仓式泵输送装置的特点

仓式泵输送是属于一种正压、浓相气力输送系统，其主要特点如下：

（1）灰气比高，一般可达 25～35kg/kg（灰/气），空气消耗量为稀相系统的 1/3～

1/2。

（2）输送速度低，为6~12m/s，是稀相系统的1/3~1/2。输灰直管采用普通无缝钢管，基本解决了管道磨损、阀门磨损等问题。

（3）流态化仓泵采用多层帆布板或宝塔形多孔钢板结构。压缩空气通过气控进气阀进入仓泵底部的汽化室，粉尘颗粒在仓泵内被流化盘透过的压缩空气充分包裹，使粉尘颗粒能被气体充分流化形成具有流体性质的拟流体，从而具有良好的流动性，从而使颗粒粉尘能沿管道浓相顺利输送。

（4）仓式泵的灰块不会造成仓泵堵塞，助推器技术用于正压浓相流态化小仓泵系统，从而解决了堵管问题。

（5）可实现远距离输送，其单级输送距离达1500m，输送压力一般为0.15~0.22MPa，高于稀相系统。

（6）关键件，如进出料阀、泵体、控制元件寿命长，且按通用规范设计互换性、通用性强。

4.14.3 粉尘处理装置

4.14.3.1 粉尘的处理方式

粉尘的处理方式有以下几种：

（1）粉尘处理后就地回用，直接返回到生产工艺中去。

（2）粉尘处理后返回到前道工艺流程中，混合加工后回收利用。

（3）烟尘收集后，另作加工处理，变废为宝。例如：

1）在岩石采石场中，可以将回收的采石粉尘用到沥青烟气的过滤中，作沥青烟气的吸附料用。

2）在木材处理厂中，可将锯木废屑通过气力输送到炉子中作燃料燃烧。

3）烟尘收集后，作为垃圾倾倒、掩埋。

4.14.3.2 粉尘的处理设备

对于细尘粒的输送和处理，曾采用过几种方法，其中包括挤压法、成块法及成粒法。实践证明，成粒法是最成功的一种方法，在正常情况下，成粒后的物质易于运输和处理，如用铲子来铲或装入卡车。

A 粉尘成粒机

除尘器灰尘的成粒，是将灰尘在加湿、滚动中成球，这种过程也可归结为灰尘调节、灰尘成粒以及微粒成球。实际上，它并不是一个真正的圆形小球，大部分为不规则的粒状颗粒或小球，一般为1/8~1/4in大小，有时直径可达1/2~5/8in。

国际上，早在1950~1960年，个别钢厂就在处理BOF炼钢转炉及电弧炉的烟尘上使用过粉尘成粒机。成粒机虽然有成粒桶、搅拌机、混合机等多种设备，但使用最多的是倾斜形盘形成粒机（图4-289）。

倾斜形盘形成粒机具有一种自然分级作用，它在物料滚动过程中，自然分离出细微尘粒及球状物料。因此，只有符合要求的小球排出，小球的大小是通过改变平底锅（盘子）的角度及速度来控制，同时通过加料多少及喷水量来改变。它在对最后成品的规格（小球大小）精确度要求较高时，倾斜形盘形成粒机具有极大的优势。

a 美国的倾斜形盘形成粒机

在美国，倾斜形盘形成粒机的有效标准规格，直径从6in~25ft，需要1/4~200马力。成粒装置包括平底锅、主轴、轴、基础、犁、犁的支座、电动机、齿轮减速机、齿轮及小齿轮、喷雾系统及排出溜槽。

Ferro－Tech公司生产的直径18in的倾斜形盘形成粒机（图4－290），配有Spin－Kleen™回转刮片机、液压调节倾斜度，以及安装在低速减速器上的平底锅（盘子）。它选用Slide Kleen™的盘衬及Spring－Kleen™自我调节弹簧式刀架刮刀，以减少平底锅盘边壁板上黏结物料。

图4－289 倾斜形盘形成粒机

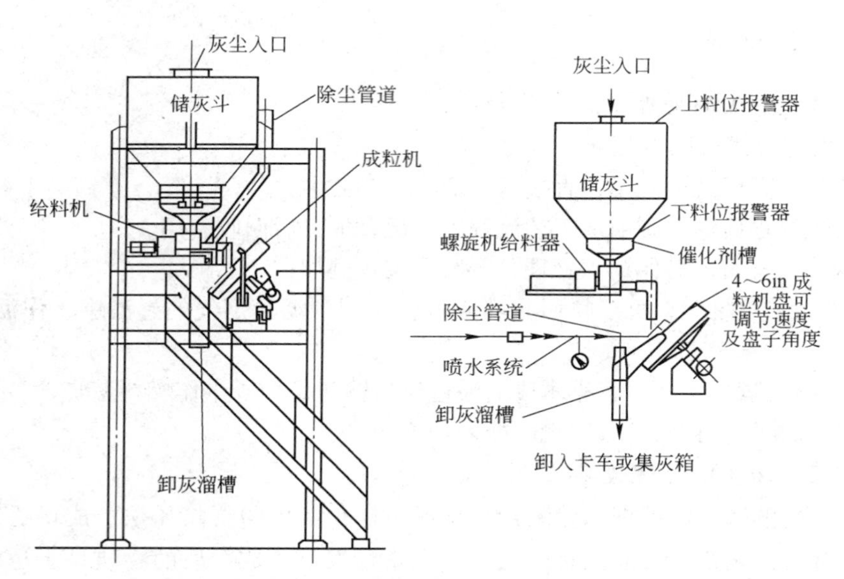

图4－290 18in的倾斜形盘形成粒机

b Pin Agglomerator成粒机

美国Ferro－Tech公司还开发出一种Ferro－Tech－Turbulator™专用成粒机，即Pin Agglomerator成粒机（图4－291），它用来处理从除尘器排出的干细灰。

Pin Agglomerator成粒机灰尘在有水情况下由旋转轴针进行搅拌。成粒机在激烈的凝聚中将细灰加工成粒状颗粒，可制成大于100网孔（相当于150μm）的尘粒。

1960年后开发出第二代灰尘成球设备，其包括一个储灰斗及一个倾斜形式的盘子或锥形溜槽，还增加了水喷雾的控制。这种系统通常是将储灰斗设在除尘器附近，通过螺旋输送机（埋刮板输送机）及斗式提升机，或气力输送将烟尘输入储灰斗，成粒机直接装在储灰斗下面，将灰尘成球后，通过卸灰溜槽卸入手提式灰箱或卡车内。根据需要，成粒机可以几天甚至一周运行一次。

图4－291 Ferro－Tech公司的Pin Agglomerator成粒机

c 瑞典斯威斯格（SK）公司的制粒机（图4－292）

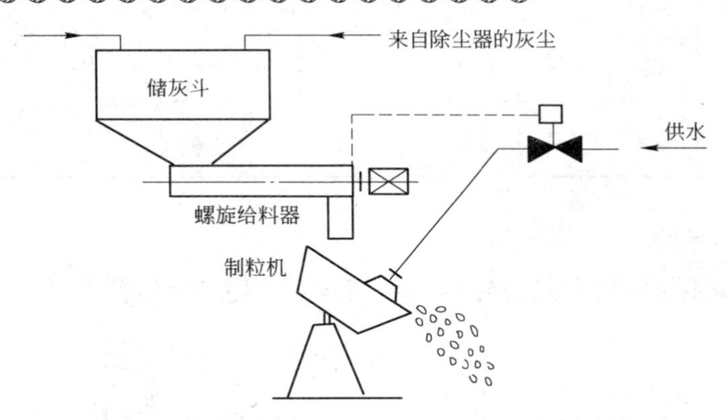

图4－292 瑞典斯威斯格（SK）公司的制粒机

d 日本纺锭株式会社（Nihon Spindle）造粒机

造粒机的类型

日本纺锭株式会社（Nihon Spindle）的造粒机按造粒器皿（转盘）的转速、倾斜角度可分为固定型和可变型两种。

造粒机的造粒过程（图4－293）如下：

（1）首先给粉尘加一定量黏结剂充分混合，并适当加湿，然后加入到回转的造粒器皿中，由于造粒器皿是倾斜回转，尘粒即向盘底扩散。水分、黏结剂与粉末结合，如图中的步骤ⓐ所示。

（2）结合体再次结合，形成核心（如图中的步骤ⓑ→ⓖ）。

（3）核体旋转，表面逐渐粘灰变大形成尘粒（如图中的步骤ⓗ→ⓙ）。

（4）最后靠离心力作用连续从盘边排出。

造粒机的技术规格

造粒机的技术规格及外形尺寸如表4－136所示。

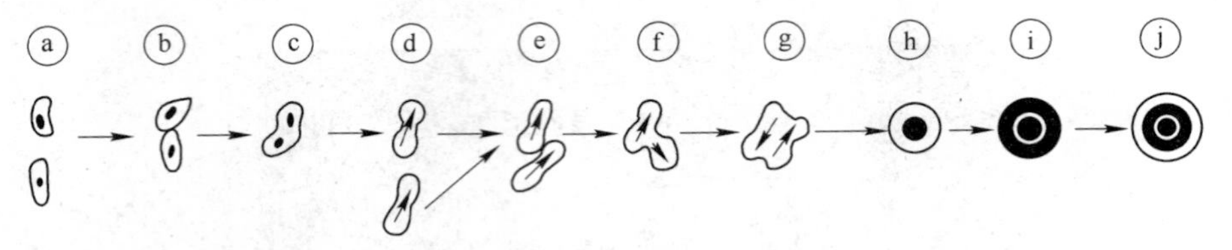

图 4-293 粉尘的造粒过程

表 4-136 造粒机的技术规格

项目		PEL-140	PEL-180	PEL-220	PEL-280	PEL-320	PEL-400	PEL-500
尺寸/mm	D	1400	1800	2200	2800	3200	4000	5000
	H	280	360	450	560	640	800	1000
	A	900	1100	1400	1700	2000	2400	3000
	B	1850	2300	2650	3300	4050	4900	6300
电动机/kW		2.2	5.5	7.5	18.5	22	37	75
处理能力/$t \cdot h^{-1}$		0.3	0.5	0.7	1.2	1.5	2.4	3.8

造粒机的造粒系统

造粒机的造粒系统结构布置如图 4-294 所示，结构尺寸如表 4-137 所示。

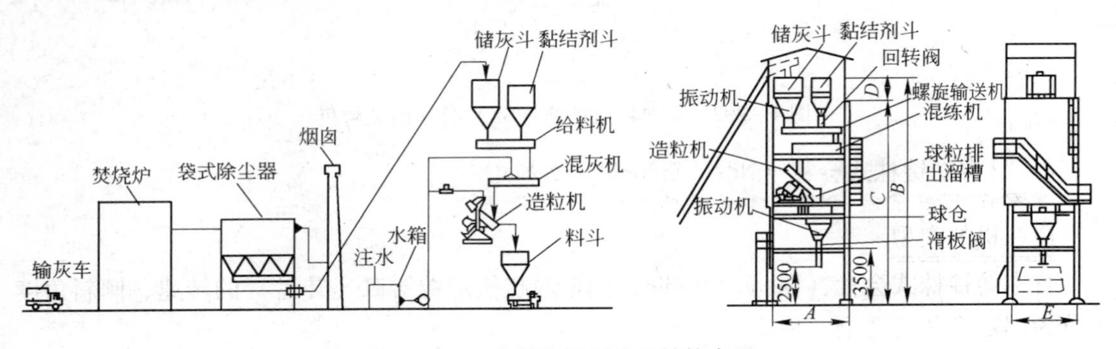

图 4-294 造粒装置系统的结构布置

表 4-137 造粒装置结构布置尺寸

处理能力/$t \cdot h^{-1}$		0.7	1.2	1.5	2.4	3.0
型号		PEL-220	PEL-280	PEL-320	PEL-280×2	PEL-220×2
尺寸/mm	A	6.000	6.500	7.000	9.000	9.000
	B	17.500	20.500	21.000	21.000	22.500
	C	16.500	18.000	18.500	18.500	20.000
	D	1.000	2.500	2.500	2.500	2.500
	E	5.000	5.500	6.000	7.000	7.000
	F	φ1.900	φ1.900	φ2.400	φ2.400	φ2.400
	G	φ2.400	φ2.400	φ2.400	φ2.400	φ2.400

e 挪威 Elkem 公司粉尘成粒机

早在 1974 年 Elkem 公司已经设计、运行及建造了完善的粉尘处理设备，包括粉尘成粒系统。

Elkem 公司完善的粉尘成粒成套设备包括储灰斗、给料机、混合机、成粒机及筛网等。

Elkem 公司的粉尘成粒盘（图 4 - 295）容量可高达 20t/h。

Elkem 公司研究中心能对粉尘的质量品位（粒度大小及强度）及添加剂的性质（添加剂的形式及质量）进行所需的试验。

图 4 - 295 粉尘成粒盘

B 粉尘加湿机

a 工作原理

粉尘加湿机只是一种加湿粉尘，使排卸粉尘时减少二次扬尘的设备。

粉尘加湿机是由定量均匀给料、叶片击打搅拌输送、供水加湿、驱动装置及电控、固定支架等五部分组成。

粉尘加湿机工作时，由旋转给料机均匀供料进入主机，在主机内把粉料与给水装置定量供应的水进行强制混合、搅拌，并将符合湿度要求的物料送至出料口排出，以达到消除二次扬尘的目的。

粉尘加湿机的供水加湿系统由供水管道、电磁进水阀、流量调节阀、加湿喷嘴等组成。通过电磁进水阀的连锁控制，然后根据加湿要求，对给水量通过流量调节球阀进行调节，使设备排出的物料达到满意的加湿效果。

该设备具有结构简单、运行稳定、操作简便、加湿均匀、处理量大、噪声低等优点。

b 品种类型

粉尘加湿机有单轴搅拌和双轴搅拌两种类型。

DSZ 系列粉尘加湿机

DSZ 系列粉尘加湿机是一种单轴搅拌的粉尘加湿设备，是由高速旋转的输送叶轮把物料带入搅拌混料筒内，通过高速旋转的搅拌叶片，将物料与水进行强制混合、搅拌的一种粉尘加湿机。

DSZ 系列粉尘加湿机适用于对亲水性较好、加水后黏性较小的物料进行加湿。当物料亲水性较差、加水后黏性较大时，宜选用双轴搅拌的粉尘加湿机。

DSZ 系列粉尘加湿机的工作流程如图 4 - 296 所示，技术参数如表 4 - 138 所示，外形示意如图 4 - 297 所示，外形尺寸如表 4 - 139 所示。

表 4 - 138 DSZ 系列粉尘加湿机的技术参数

型 号	DSZ50	DSZ60	DSZ80	DSZ100	DSZ120
生产能力/$t \cdot h^{-1}$	15	30	60	100	160
主机功率/kW	7.5	11	18.5	37	45
给料机功率/kW	1.5	1.5	1.5	2.2	2.2

续表 4 - 138

型 号	DSZ50	DSZ60	DSZ80	DSZ100	DSZ120
振动机功率/kW	0.75	0.75	2.0	2.5	3.7
适用温度/℃	≤300	≤300	≤300	≤300	≤300
水量/MPa	≥0.2	≥0.2	≥0.2	≥0.2	≥0.2
重量/t	2.7	3.2	4.7	7.7	8.9

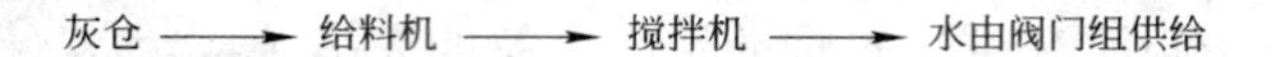

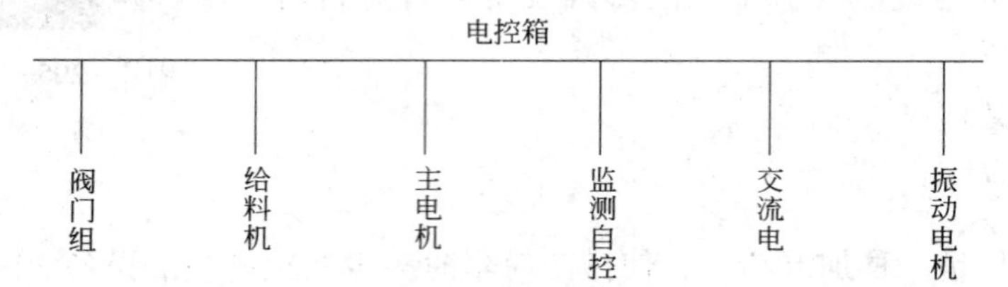

图 4 - 296 DSZ 系列粉尘加湿机的工作流程

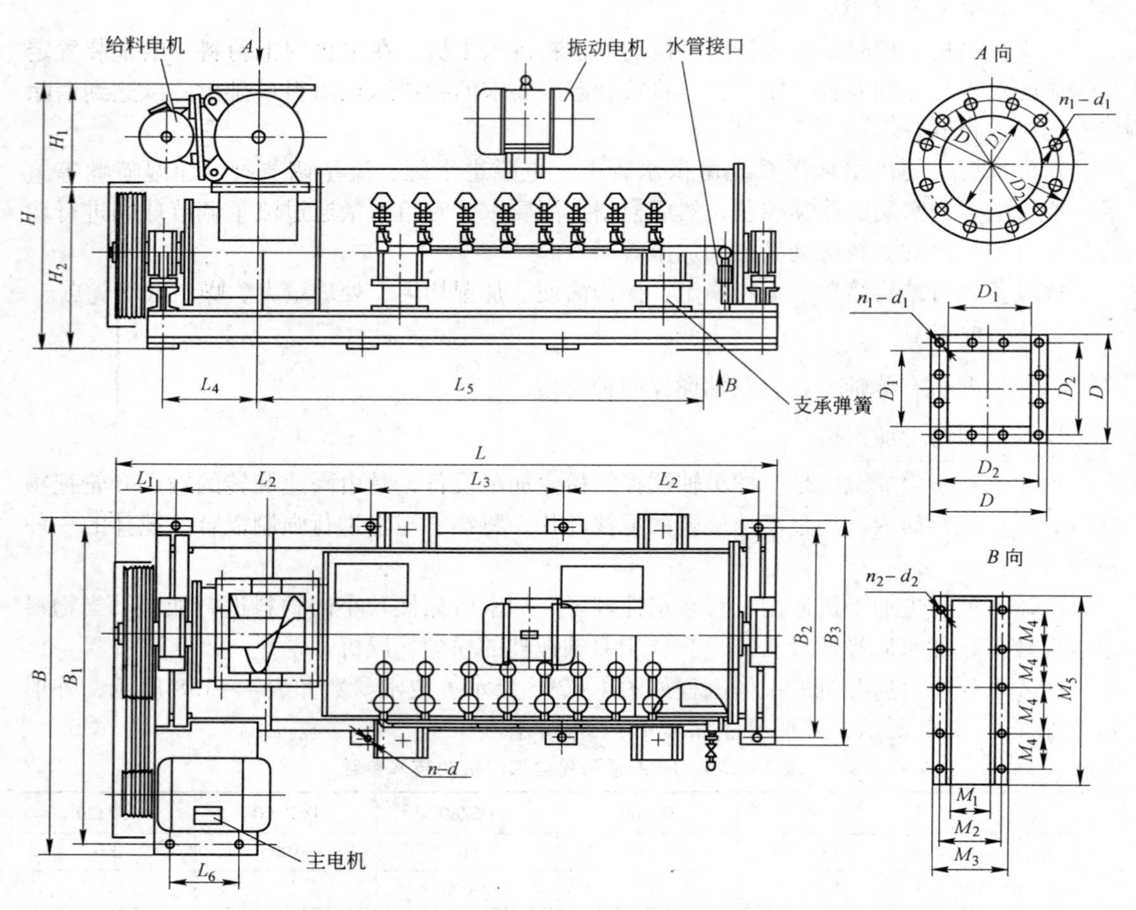

图 4 - 297 DSZ 系列粉尘加湿机的外形示意图

表 4-139 DSZ 系列粉尘加湿机的外形尺寸 (mm)

尺寸	DSZ50	DSZ60	DSZ80	DSZ100	DSZ120
H	1110	1160	1280	1750	1770
H_1	500	500	500	600	550
H_2	610	660	780	1150	1220
L	2700	2900	3100	3850	3760
L_1	80	80	80	80	80
L_2	800	840	920	1075	1140
L_3	800	830	900	1070	1140
L_4	385	385	415	580	435
L_5	1640	1840	2050	2475	2675
L_6	380	380	380	380	380
B	1300	1350	1740	2090	2090
B_1	1220	1270	1660	2010	2010
B_2	690	790	1000	1220	1200
B_3	760	860	1060	1290	1290
D	520	520	520	570	570
D_1	400	400	400	450	450
D_2	480	480	480	530	530
M_1	300	300	300	300	450
M_2	350	350	350	350	510
M_3	390	390	390	390	550
M_4	110	130	160	190	190
M_5	450	550	750	950	950
$n-d$	9-18	9-18	9-22	9-24	9-24
n_1-d_1	12-18	12-18	12-18	16-18	16-18
n_2-d_2	10-9	10-9	10-11	10-11	10-11
水管接口	1	1	2	2	2

YJS 系列粉尘加湿机

YJS 系列粉尘加湿机是一种双轴搅拌的粉尘加湿设备，通过中速旋转的输送搅拌轴上成螺旋线布置的叶片，把进入混合槽体的物料与水进行强制混合、搅拌的一种粉尘加湿机。

YJS 系列粉尘加湿机不但适用于对亲水性较好、加水后黏性较小的物料进行加湿，它特别适用于对亲水性较差、加水后黏性较大的物料进行加湿，是一种应用范围广、适用性强的粉尘加湿设备。

YJS 系列粉尘加湿机可根据需要，增设电拌热、蒸汽拌热保温功能，以保证在寒冷气候下设备的正常运行。

YJS 系列粉尘加湿机的工作流程如图 4-298 所示，技术参数如表 4-140 所示，外形示意如图 4-299 所示，外形尺寸如表 4-141 所示。

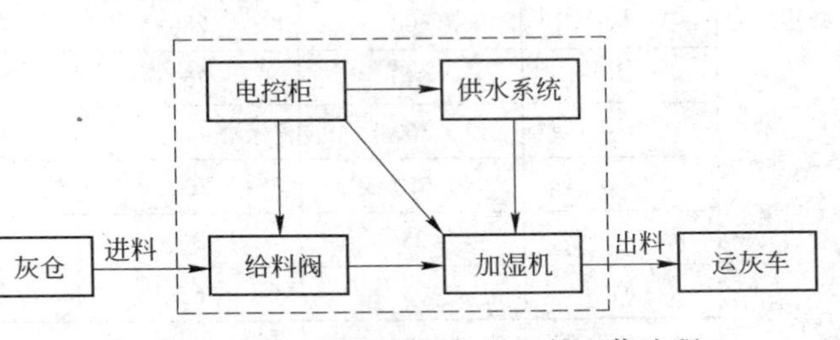

图 4-298 YJS 系列粉尘加湿机的工作流程

表 4-140 YJS 系列粉尘加湿机的技术参数

项　目	YJS250	YJS350	YJS400	YJS450	YJS500
生产能力/$m^3 \cdot h^{-1}$	15	30	50	80	100
加湿方式	双轴复合式搅拌				
主从动轴转速/$r \cdot min^{-1}$	85	63	85	85	85
电机参数	7.5kW，380V，4p	11kW，380V，4p	18.5kW，380V，4p	22kW，380V，4p	37kW，380V，4p
平均加水量/$m^3 \cdot h^{-1}$	2.2～3.7	4.5～7.5	7.5～12.5	12～20	18～30
粉尘加湿后平均含水量/%	15～25				
水压范围/MPa	0.3～0.6				
适用温度/℃	≤300				
水管接口尺寸	Dg25	Dg32	Dg40	Dg40	Dg50
给料阀电机参数	0.55kW	1.1kW	2.2kW	2.2kW	3kW

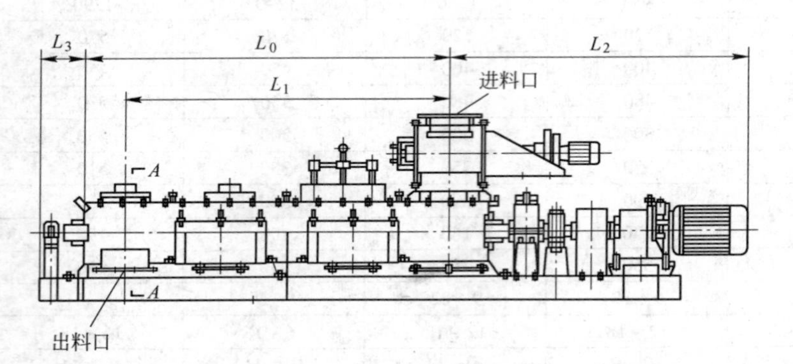

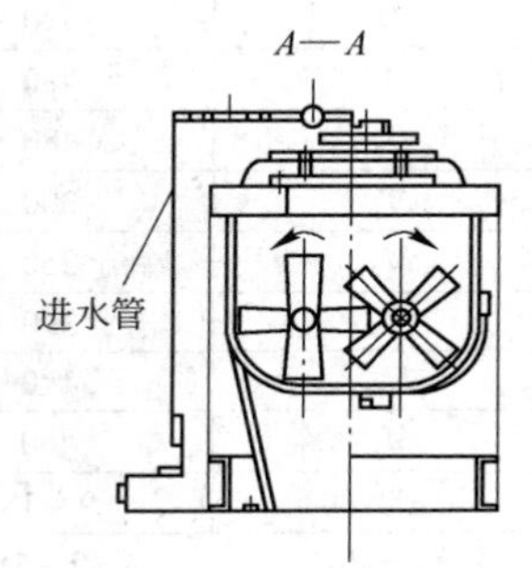

图 4-299 YJS 系列粉尘加湿机的外形

表 4-141 YJS 系列粉尘加湿机的外形尺寸 (mm)

项　目		YJS250	YJS350	YJS400	YJS450	YJS500
结构尺寸	L	3450	4636	5196	6360	6900
	F	560	760	860	960	1000
	H	1060	1170	1580	1880	2080
	L_0	1750	2500	2750	3750	3800
	L_1	1500	2000	2500	3450	3400
	L_2	1400	1856	2136	2300	2740
	L_3	300	280	310	310	360
	H_1	640	760	1000	1100	
	H_2	360	410	460	520	
	F_1	510	700	800	900	940
	F_2	25	30	30	30	30
	F_3	53	65	65	75	75
	F_4	420	460	550	650	725

C 粉尘挤块机

CK1－Ⅲ型粉尘挤块机用于干法除尘的粉尘，经喷雾增湿搅拌，挤成条状或团块状排出，以利于运输，防止二次扬尘。

CK1－Ⅲ型粉尘挤块机（图4－300）可直接装在除尘器下部，可自动控制，也可定时、定期操作，结构简单，体积小。

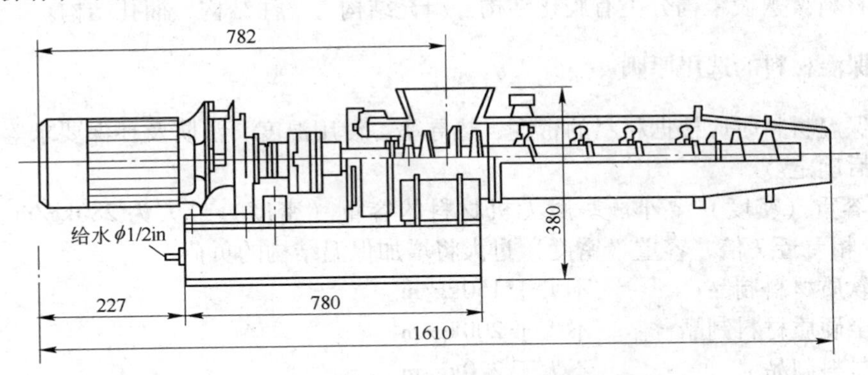

图4－300 CK1－Ⅲ型粉尘挤块机

CK1－Ⅲ型粉尘挤块机的技术参数：

生产率	2.5m³/h
转　速	115r/min
螺旋直径	ϕ150mm
螺旋方向	右旋
耗水量	120～300kg/h
功　率	2.2kW
重　量	165kg

4.15 保温装置

4.15.1 保温的目的

除尘系统的管道和设备，因其所处理的烟气性质的要求不同，因而对管道和设备的保温提出了不同要求，其保温的主要目的：

（1）当高温烟气管道穿过的房间或区域不希望环境温度过高时，应采用保温措施。

（2）工作区域的高温管道、设备影响操作和检修，应采用保温措施。

（3）环境温度影响管道、设备内烟气温度稳定，进而引起介质的结露、冻结，一般应采用保温措施。

（4）除尘区域管道、设备表面温度过高影响周围易燃易爆的危险品，管道、设备表面应采用保温、隔热措施。

4.15.2 保温材料的分类

保温材料又称绝热材料。

保温材料按种类可分为以下几种：

（1）松散材料制品，如膨胀珍珠岩、硅酸铝棉等。

（2）矿纤软质材料制品，如岩棉、矿渣棉毡等。

（3）矿纤半硬质材料制品，如岩棉、矿渣棉板等。

（4）硬质材料制品，如硅酸钙等。

保温材料按敷设结构分类有胶化结构、填充结构、浇注结构、捆扎结构。

4.15.3 保温材料的选用原则

选用保温材料时应根据材料的密度、热导率、使用温度、消防及环保要求等方面进行全面比较后确定。

（1）容重（密度）要小。一般无机材料的容重（密度）最大为 280kg/m^3，最小仅 45kg/m^3，相差近 7 倍，容重（密度）过大将增加保温结构的负荷。

矿纤软质材料制品	不大于 150kg/m^3
矿纤半硬质材料制品	不大于 200kg/m^3
硬质材料制品	不大于 220kg/m^3

（2）导热系数（热导率）要小。导热系数（热导率）的大小决定保温材料的用量和使用周期，导热系数大时，为使管道、设备内介质不致降温，将增加保温材料的用量。

导热系数（热导率）随载热体温度升高而略有上升，但最大值一般不超过 0.10W/(m·K)。

（3）使用温度应耐高温。选用的保温材料使用温度必须大于烟气温度，否则保温材料将会发生变质。例如，超细玻璃棉的使用温度小于450℃，若烟气温度高于450℃，就会使超细玻璃棉发生粉化，烟气温度达600℃时，超细玻璃棉就会回溶化为珠粒，为此，保温材料应按使用温度进行选择。

（4）良好的耐腐蚀性。保温材料应对除尘器壳体没有腐蚀作用，同时保温材料要经得起烟气渗漏时产生的腐蚀，例如回转窑废气中就含有酸性物质，就应选用耐酸的保温材料。

（5）吸水率小。由于水的导热系数比空气导热系数大 24 倍，故保温材料吸水率高后，其导热系数相应加大，保温效果就会下降。为此，应选用憎水率高的保温材料，即保温材料浸水后其抵抗水渗透的性能要高。

（6）满足消防、环保要求。保温材料应选用不燃性（A）材料，并具备消防的鉴定报告及符合环保要求。

（7）保温材料价格要低廉，施工应方便。

4.15.4 保温材料的种类

常用的保温材料有矿渣棉、玻璃纤维、玻璃棉、泡沫石棉制品、泡沫混凝土、硅酸铝棉、水泥珍珠岩、水泥蛭石等多种类型。

4.15.4.1 *矿渣棉*

矿渣棉又称矿棉，是利用工业废料矿渣为主要原料，经熔化、高速离心法或喷吹法制成的一种棉丝状的保温、隔热、吸声、防震无机纤维材料。

矿渣棉具有质轻、导热系数低、不燃、防蛀、耐腐蚀、化学稳定性强、吸声性能好、价廉等特点。

矿渣棉的技术性能、规格如表4－142所示。

表4－142 矿渣棉的技术性能、规格

技术性能					规格
容重（19.6kPa压力下）/kg·m^{-3}	导热系数（20～30℃时）/W·(m·K)$^{-1}$	渣球含量（渣球＞0.5mm）/%	相对恢复系数/%	烧结温度/℃	纤维直径/μm
≤70	0.035～0.044	＜5	70～90	800 使用温度600	≤7
≤100	≤0.044	＜6	—	800	6
114～130	0.033～0.044	2.63～7.5	—	780～320	3.63～4.20
112～140	0.037～0.047	10～12	—	750～350	12～10
≤130	0.04	—	—	—	3.62～4.0

保温用的矿渣棉一般取：

$\Gamma = 120 \sim 140 kg/m^3$

$\lambda = 0.04 \sim 0.05 W/(m \cdot K)$

耐热500～600℃

每1m^{3}矿渣棉相当于可铺7m^{2}的面积。

4.15.4.2 膨胀珍珠岩

膨胀珍珠岩是珍珠岩矿石经过破碎、筛分、预热，并在高温（1260℃左右）中悬浮瞬间焙烧，体积骤然膨胀而成的一种白色或灰白色的中性无机砂状材料。颗粒结构呈蜂窝泡沫状，质量特轻，风吹可扬起。

膨胀珍珠岩具有保温、绝热、吸音、无毒、不燃、无臭等特性，是一种很好的保温材料。

膨胀珍珠岩的技术参数如下：

容　重　　一　级　$\Gamma \leq 80 kg/m^3$

　　　　　二　级　$\Gamma = 80 \sim 150 kg/m^3$

　　　　　三　级　$\Gamma = 150 \sim 250 kg/m^3$

　　　　　混　合　$\Gamma = 50 \sim 80 kg/m^3$

导热系数　高温下　$\lambda = 0.06 \sim 0.075 W/(m \cdot K)$

　　　　　常温下　$\lambda = 0.037 \sim 0.06 W/(m \cdot K)$

　　　　　低温下　$\lambda = 0.028 \sim 0.038 W/(m \cdot K)$

每1m^{3}膨胀珍珠岩相当于可铺$\delta = 50mm$厚20m^{2}左右的面积。

膨胀珍珠岩（珠光砂）颗粒0.2～1.4mm的技术参数如下：

容　重　$\Gamma = 130 \sim 180 kg/m^3$

导热系数　$\lambda = 0.04 W/(m \cdot K)$

膨胀珍珠岩的产品性能、规格如表4－143所示。

表4－143 膨胀珍珠岩的产品性能、规格及生产单位

生产单位	规格或颗粒粒径/mm	容重/kg·m^{-3}	导热系数/W·(m·K)$^{-1}$			吸声系数(频率/Hz / 吸声系数)	耐火度/℃	使用温度/℃	吸水率/%	吸湿率/%
			高温下	常温下	低温					
南京市第三化工机械厂	散料（混合）	60～80	—	0.042	（1）真空下（真空为1.3×10^{-4}），2.19×10^{-2}；（2）常压下（压力为98kPa），2.16×10^{-1}	—	1000	－200～860	—	0.2
天津市保温材料厂	一级 二级 三级	40～80 80～150 150～250	0.06～0.075	0.037～0.05 0.05～0.06 0.06～0.076	0.19～0.024	$\frac{125}{0.12}$，$\frac{250}{0.13}$，$\frac{500}{0.67}$，$\frac{1000}{0.68}$，$\frac{2000}{0.82}$，$\frac{3000}{0.92}$	1380	－256～800	<2	0.18
北京窦店砖瓦厂	0.1～3.0	60～80	—	0.035～0.047	真空：0.0027 低温（－196℃）：0.083		变黄：900 开始熔化:950	－200～950		1.12（湿度85%，96h）
大连耐火材料厂	一级 二级 三级	<80 80～150 150～250	—	0.05 0.05～0.064 0.064～0.075	0.028～0.037		1280～1360	－200～800	400（15～30分钟）	0.006～0.08
包头二十二冶研究所轻质保温材料厂	0.5～4.0	35～90	—	0.019～0.029	—	—	1000	－200～1000	—	—
新疆水泥制品厂	一级 二级 三级	<80 80～150 150～250	—	<0.05 0.05～0.064 0.064～0.075	—	—	1000	－253～800	<2	—
河南省新乡保温材料厂	混合	40～80	—	0.034～0.05	—	—	—	－200～1000	—	0.01
武汉玻璃钢制品厂	ϕ1～4	60～100	—	0.04	—	—	—	－200～800	—	—
青岛保温材料厂	混合	60～100	—	0.037～0.05	—	—	—	－256～800	—	≤2
山东省县青烟集南门保温材料厂	—	60～80	0.06～0.075	0.036～0.047	低温常压下 0.28～0.038	$\frac{125}{0.12}$，$\frac{250}{0.13}$，$\frac{500}{0.67}$，$\frac{1000}{0.68}$，$\frac{2000}{0.82}$，$\frac{3000}{0.92}$	1280～1360	－256～800	重量吸水率300	容重80 0.006
河北万全县珍珠岩制品厂	混合	50～70	—	0.03～0.037	—		≤1300	－200～1000	—	—
西安市巩桥区保温材料厂	混合	78	—	0.047	0.0017		≤1000	－200～950	—	1.12
大连石材厂	0.3～1.2 1.2～5.0 5.0～10	350～400	—	—	—	—	—	—	8～10	—
上海轻质建筑材料厂	一级 二级 三级	≤80 80～150 150～250	—	≤0.04 0.04～0.05 0.05～0.064	—	—	—	－200～800	—	1.1
长沙市南区保温材料厂	混合	35～80	—	0.036～0.047	—	—	—	－200～950	—	—
新疆电力安装公司保温材料制品厂	混合	80～120	—	0.047～0.09	—	—	—	800	—	—
长沙市朝阳保温材料厂	混合	40～80	—	0.03～0.04	—	—	1380	－200～1000	—	—

4.15.4.3 玻璃棉

玻璃棉是由高温熔融玻璃原料或玻璃制成的一种矿物棉。

玻璃棉的技术参数如下：

容　　重　　$\Gamma = 40kg/m^3$

导热系数　　$\lambda = 0.028 \sim 0.032W/(m \cdot K)$

保温层厚度　一般为 $\delta = 70 \sim 80mm$

每 $1m^3$ 玻璃棉相当于可铺 $\delta = 70mm$ 厚 $9m^2$ 左右的面积。

超细玻璃棉毡的技术参数：

容　　重　$\Gamma = 20kg/m^3$　　导热系数　$\lambda = 0.032W/(m \cdot K)$

容　　重　$\Gamma = 18kg/m^3$　　导热系数　$\lambda = 0.028W/(m \cdot K)$

容　　重　$\Gamma = 26kg/m^3$　　导热系数　$\lambda = 0.026W/(m \cdot K)$

容　　重　$\Gamma = 27kg/m^3$　　导热系数　$\lambda = 0.0243W/(m \cdot K)$

有碱超细玻璃棉毡　　耐热 350 ~ 400℃

无碱超细玻璃棉毡　　耐热 600 ~ 650℃

超细玻璃棉管的技术参数：

容　　重　　$\Gamma = 40 \sim 60kg/m^3$

导热系数　　$\lambda = 0.028W/(m \cdot K)$

耐　　热　　350 ~ 400℃

规　　格　　ϕ1in、ϕ2in、ϕ4in、ϕ6in、ϕ10in。

长　　度　　500mm、1000mm

4.15.4.4 硅酸铝棉

硅酸铝棉是以硬质黏土熟料为原料，经电阻或电弧炉熔融，使用喷吹、甩丝或喷吹—甩丝成纤工艺生产而成，其产品具有容重轻、耐高温、热导率低、热稳定性及化学稳定性优良、无毒等特点，广泛用于冶金、电力、机械、化工的热能设备的保温。

硅酸铝棉的型号及化学成分如表 4-144 所示。

表 4-144　硅酸铝棉的分类及化学成分

型　号	推荐使用温度/℃	成分/%				
		Al_2O_3	$Al_2O_3 + SiO_2$	$Na_2O + K_2O$	Fe_2O_3	$Na_2O + K_2O + Fe_2O_3$
1 号（低温型）	≤800	≥40	≥95	≤2.0	≤1.5	<3.0
2 号（标准型）	≤1000	≥45	≥96	≤0.5	≤1.2	—
3 号（高纯型）	≤1100	≥47	≥98	≤0.4	≤0.3	—
		≥43	≥99	≤0.2	≤0.2	—
4 号（高铝型）	≤1200	≥53	≥99	≤0.4	≤0.3	—
5 号（含锆型）	≤1300	$Al_2O_3 + SiO_2 + ZrO_2$ ≥99		≤0.2	≤0.2	ZrO_2 ≥15

硅酸铝棉的物理性能指标如表 4-145 所示。

表 4-145　硅酸铝棉的物理性能指标

渣球含量（粒径大于 0.21mm）/%	导热系数（平均温度 500 ± 10℃）
≤20.0	≤0.153

注：测试导热系数时试样体积密度为 $160kg/m^3$。

4.15.4.5 蛭石

蛭石的技术性能：

膨胀蛭石　　颗　　粒　1～12mm
　　　　　　容　　重　$\Gamma = 100 \sim 170\text{kg/m}^3$
　　　　　　导热系数　$\lambda < 0.06\text{W/(m} \cdot \text{K)}$

膨胀蛭石粉　颗　　粒　小于1mm
　　　　　　容　　重　$\Gamma = 280\text{kg/m}^3$
　　　　　　导热系数　$\lambda < 0.06\text{W/(m} \cdot \text{K)}$

水泥蛭石制品是膨胀蛭石加水泥制成的制品，有块状、管状，无一定规格。

　　　　　　容　　重　$\Gamma < 500\text{kg/m}^3$
　　　　　　导热系数　$\lambda < 0.12\text{W/(m} \cdot \text{K)}$
　　　　　　耐　　热　800℃
　　　　　　有一定吸水性

膨胀蛭石的产品规格见表4－146。

4.15.4.6 泡沫塑料

泡沫塑料是以各种树脂为基料，加入一定剂量的发泡剂、催化剂、稳定剂等辅助材料，经加热发泡制成的一种新型轻质保温、隔热、吸声、防震材料。

泡沫塑料的种类很多，均以所用树脂取名，如聚苯乙烯泡沫塑料、聚乙烯泡沫塑料、聚氯乙烯泡沫塑料、聚氨酯泡沫塑料、脲醛泡沫塑料、酚醛泡沫塑料、有机硅泡沫塑料、环氧树脂泡沫塑料、聚乙烯醇缩甲醛泡沫塑料等。有的泡沫塑料又分几类，如聚氨酯泡沫塑料又分硬质聚氨酯泡沫塑料、软质聚氨酯泡沫塑料；聚苯乙烯泡沫塑料又分可发性聚苯乙烯泡沫塑料、自熄性聚苯乙烯泡沫塑料和乳液聚苯乙烯泡沫塑料等。

A 聚苯乙烯泡沫塑料

a 聚苯乙烯泡沫塑料的种类

聚苯乙烯泡沫塑料有普通型可发性聚苯乙烯泡沫塑料、自熄型可发性聚苯乙烯泡沫塑料、乳液聚苯乙烯泡沫塑料几种。

普通型可发性聚苯乙烯泡沫塑料

凡用低沸点液体的可发性聚苯乙烯树脂为基料，经加工进行预发泡后，再放在模具中加热成型，制成一种具有微细闭孔结构的硬质泡沫塑料，称为普通型可发性聚苯乙烯泡沫塑料。

普通型可发性聚苯乙烯泡沫塑料具有以下特点：

（1）质轻。

（2）保温、隔热、吸声、防震性能好。

（3）吸水性小。

（4）耐低温性好。

表4-146 膨胀蛭石的产品规格

生产单位	粒径/mm					容重/kg·m^{-3}					导热系数/W·(m·K)$^{-1}$					吸声系数（频率为512Hz）	比热容/J·(kg·K)$^{-1}$
	1号	2号	3号	4号	5号	1号	2号	3号	4号	5号	1号	2号	3号	4号	5号		
天津市保温材料厂	12~23	7~12	3.5~7	1~3.5	—	<80	<100	<110	<170	—	0.06					—	657
包头市二十二冶建筑研究所轻质保温材料厂	0.1~2（不分级）					80~130					0.05~0.07					—	—
河北省阜平县保温材料厂	12~25	7~12	3.5~7	1~3.5	1以下	60	80	100	150	200	0.07					—	657
河南省灵宝县蛭石厂	12~25	7~12	3.5~7	1~3.5	<1	80	100	140	170	280	0.05					0.78	657
武汉市玻璃钢制品厂	10~25	5~12	1~5	<2	—	<110	<150	<240	<350	—	0.06					—	657
山东省曹县青烟集保温材料厂	5~12	2.5~5	1~2.5	28目以下（混合）	—	80~90	110~140	150~170	混合<200		0.05~0.06				混合0.06	—	—
山东省金乡县吉术综合厂	5~12	2.5~5	1~2.5	28目以下（混合）	—	80~90	110~140	150~170	200~280	—	0.05					—	—
山西省闻喜县建筑材料厂	12~25	6~12	3~6	1~3	<1	80	100	130	170	280	0.05~0.07					—	—
长沙市南区保温材料厂	不分级					80~120					≤0.07					—	—
成都弥牟蛭石厂	12~15	7~12	3.5~7	1~3.5	<1	80	100	140	170	270	0.05					0.63~0.88	—
西安市坝桥区保温材料厂	12~15	7~12	3.5~7	1~3.5	<1	157					0.08~0.09					—	—
新疆维吾尔自治区电力安装公司保温材料厂	12~26	7~12	3~5	1~5	—	80	100	130	160		0.07		0.09		—	—	—
长沙市朝阳保温材料厂	混合散料					140~180					≤0.07					—	—
郑州市保温材料厂	0.6~5	0.6~2.5	0.3~1.2	—	—	<150	<170	200	—	—	0.07~0.075	0.075~0.08	0.08~0.087	—	—	—	—
太原矿棉制品厂	混合散料					90~150					0.05~0.07					—	—

（5）耐酸碱性好。

（6）有一定的弹性。

（7）制品可用木工锯或电阻丝进行切割。

普通型可发性聚苯乙烯泡沫塑料制品有板材和管材，可用作吸声、保温、隔热、防震材料及制冷设备、冷藏装备和各种管道的绝热材料，也可加工成普通型可发性聚苯乙烯珠粒，用蒸汽或热水、热空气等简单处理经几秒钟后，制成各种不同比重、形状的泡沫塑料。

硬质聚苯乙烯泡沫塑料的技术参数：

容　重 $\Gamma < 0.033 g/m^3$，导热系数 $\lambda = 0.0276 W/(m \cdot K)$

容　重 $\Gamma < 0.025 g/m^3$，导热系数 $\lambda = 0.027 W/(m \cdot K)$

容　重 $\Gamma < 0.0215 g/m^3$，导热系数 $\lambda = 0.0215 W/(m \cdot K)$

容　重 $\Gamma < 0.41 g/m^3$，导热系数 $\lambda = 0.0195 W/(m \cdot K)$

适用温度　-80~75℃

自熄型可发性聚苯乙烯泡沫塑料

自熄型可发性聚苯乙烯泡沫塑料的生产方法与普通型可发性聚苯乙烯泡沫塑料相同，但自熄型可发性聚苯乙烯泡沫塑料在加入发泡剂的同时还加入火焰熄灭剂、自熄增效剂、抗氧化剂和紫外线吸收剂等，由此它具有较强的耐气候性和自熄性。

自熄型可发性聚苯乙烯泡沫塑料的特点是：泡沫体放在火焰上就燃烧，移开火源后1~2秒内即自行熄灭。

自熄型可发性聚苯乙烯泡沫塑料的制品有板材、管材和珠粒，广泛用作吸音、保温材料。

乳液聚苯乙烯泡沫塑料

凡以乳液聚合粉状聚苯乙烯树脂为原料，以固体的有机和无机化学发泡剂模压成坯，再发泡成硬质泡沫材料，称为乳液聚苯乙烯泡沫塑料。

乳液聚苯乙烯泡沫塑料的特点是：比可发性聚苯乙烯泡沫塑料硬度要大、耐热度高、机械强度大、泡沫体尺寸稳定性好。

乳液聚苯乙烯泡沫塑料可加工成板材，特别适用于要求硬度大、耐热度高、机械强度大的保温、隔热、吸音、防震等工程。

b　聚苯乙烯泡沫塑料的品种及技术性能

聚苯乙烯泡沫塑料的品种及技术性能、规格见表4-147。

B　聚氯乙烯泡沫塑料

凡以聚氯乙烯树脂与适量的化学发泡剂、稳定剂、溶剂等，经过捏合、球磨、模塑、发泡制成的一种闭孔泡沫材料，统称聚氯乙烯泡沫塑料。

聚氯乙烯泡沫塑料可分为硬质、软质两种。

聚氯乙烯泡沫塑料泡沫孔也可制成开口孔和闭口孔两种。

硬质聚氯乙烯泡沫塑料一般均为闭孔结构，色泽为白色（软质的也有黑色及其他色）。

表4－147 聚苯乙烯泡沫塑料的产品种类、规格

制品名称		规格/mm	技术指标					生产单位
			密度/g·m^{-3}	抗压强度/kPa	抗拉强度/kPa	吸水性	导热系数/W·(m·K)$^{-1}$	
普通型及自熄型可发性聚苯乙烯泡沫塑料板、管	板材	1500×1000×50 1500×750×(50，100) 1840×920×(10~415)	0.02~0.04	≥147	≥117.6	≤1 (体积%)	≤0.03	北京市泡沫塑料厂
		1500×1000× (20，25，30，50，100)	≤0.03	≥147	≥215.6	≤0.01 g/cm^2	≤0.04	上海塑料制品十四厂
		1500×1000× (20，50，100)	0.035~0.045	—	—	—	0.03~0.031	广州市塑料制品七厂
		1000×1000×(50，100) 1500×1500×(50，100)	0.03~0.035	147~196	176.4~215.6	≤0.08 g/cm^2	≤0.038	南京塑料四厂
		1000×1000×(50，100)	0.025~0.05	196~1960	196~490	≤0.1 g/cm^2	0.031~0.037	山西阳泉市泡沫塑料厂
		1500×750×(10，20，30，40，50，60，70，80，90，100，120，130，150，200) 2000×1000× (10，20，30，40，50)	0.02~0.05	≥147		<0.02 g/cm^2	0.02~0.035	武汉市塑料五厂
		1500×1000× (50，100，200)	≤0.02 0.02~0.03 0.03~0.04	≥147 ≥196 ≥294	—	—	—	济南塑料四厂
		910×600×51 1000×500×300 2000×1000×100	0.02~0.04	≥147	—	≤0.02 g/cm^2	0.03~0.038	西安市塑料制品三厂
		牌号　长与宽　厚			—	g/cm^2		重庆合成化工厂
		PB1－7　400~500　55	0.06~0.08	≥294	—	0.02	—	
		PB1－10　400~500　50	0.08~0.12	≥784	—	0.02	—	
		PB1－15　350~450　45	0.12~0.18	≥1470	—	0.02	—	
		PB1－20　300~400　40	0.18~0.22	≥2940	—	0.02	—	
		PB4－4　500~650　65	0.035~0.05	≥166.6	—	0.02	—	
		PB4－6　400~600　60	0.05~0.08	≥392	—	0.02	—	
		800×500×50 1500×1000×(50，100)	≤0.05	≥147		≤0.08 kg/m^2	≤0.04	国营惠安化工厂
		1000×500×(40~100) 1500×750×(40~100) 1500×1000×(40~100) 2000×1000×(40~100)	0.02~0.03	≥147		≤0.1kg/m^2	≤0.031	湖南长沙泡沫塑料厂
		910×910×(20，100) 1870×870×(30，40，50) 1890×900×(20，80)	0.018~0.03	—	392	0.2kg/m^2 (体积%)	0.031	成都市七一塑料厂
		PKb－18型，白色： 1500×1000×(50，100，230) TKb－18型，红色： 1500×1000×(50，100，230) ZKb－18型，蓝色： 1500×1000×100	≤0.03	≥147	≥176	≤0.08 kg/m^2	0.041~0.044	上海塑料制品七厂

续表 4－147

制品名称		规格/mm	技术指标					生产单位
			密度/g·m^{-3}	抗压强度/kPa	抗拉强度/kPa	吸水性	导热系数/W·(m·K)$^{-1}$	
普通型及自熄型可发性聚苯乙烯泡沫塑料板、管	管、材	内径：ϕ38，57，76，89，108，133，159（各种壁厚）	同板材					济南塑料四厂
		$\phi33\times103\times1000$ $\phi38\times108\times1000$ $\phi76\times176\times1000$ $\phi89\times189\times1000$	同板材					国营惠安化工厂
		$\phi20\times120$ $\phi25\times125$ $\phi33\times133$ $\phi38\times138$ $\phi48\times148$ $\phi57\times157$ $\phi76\times176$ $\phi89\times189$ $\phi108\times208$ $\phi133\times233$ $\phi162\times262$ $\phi219\times319$ $\phi273\times373$	同板材					湖南长沙泡沫塑料厂
		各种规格	同板材					成都市七一塑料厂
		最大外径：800；长度：925 或按图加工	同板材					北京市泡沫塑料厂
		内 径：20，25，33，38，48，60，76，89，111，233，262，319 壁厚：50 长度：1000	同板材					上海塑料制品七厂

硬质聚氯乙烯泡沫塑料的特点如下：

（1）比重轻，比重较软木轻 4 倍左右。

（2）导热系数低。

（3）不吸水。

（4）不燃烧。

（5）其强度、耐溶剂性、耐燃性等均较软木优越。

（6）硬质板可根据需要用钢锯或电丝切割或用胶粘剂黏结成各种形状。

（7）价格较贵。

聚氯乙烯泡沫塑料的物理机械性能及耐化学性能如表 4－148 所示。

硬质聚氯乙烯泡沫塑料板的产品性能如表 4－149 所示。

软质聚氯乙烯泡沫塑料板的产品性能和规格如表 4－150 所示。

表 4-148 聚氯乙烯泡沫塑料的物理机械性能及耐化学性能

物理机械性能	指标	物理机械性能	指 标	耐化学性能	指 标
容重/kg·m⁻³	≤45	导热系数/W·(m·K)⁻¹	≤0.04	耐酸性	20%盐酸中浸24h无变化
抗拉强度/kPa	≥392	吸水性/kg·m⁻²	<0.2	耐碱性	45%苛性钠中浸24h无变化
抗压强度/kPa	≥176.4	耐热性/℃	80(2h不发黏)	耐油性	在1级汽油中浸24h无变化
线收缩率/%	≤4	耐寒性/℃	-35(15min不龟裂)		
伸长率/%	≥10	可燃性（离开火源后）10s自熄			

表 4-149 硬质聚氯乙烯泡沫塑料板的产品性能

规格/mm			技术指标					生产单位
			抗压强度/kPa	线收缩/%	吸水性/kg·m⁻²	耐寒性/℃	容重/kg·m⁻²	
520×520×75（小于0.94kg/块）			≥176	≤4	≤0.1	-35	≤45	南京塑料四厂
牌号	长度、宽度	厚度						重庆合成化工厂
PLY-10	400~500	55	490	1.0	0.2	—	90~130	
PLY-15	350~500	50	784	1.0	0.2	—	130~170	
PLY-20	300~450	45	1470	1.0	0.2	—	170~220	

表 4-150 软质聚氯乙烯泡沫塑料板的产品性能和规格

规格/mm	技术指标						生产单位
	容重/kg·m⁻³	抗压强度/kPa	体积收缩率/%	吸水性/kg·m⁻²	可燃性	导热系数/W·(m·K)⁻¹	
450×450×17 500×500×55	10.0	抗张强度≥1.0	≤15	≤1	—	0.05	重庆合成化工厂
厚：20，30 长，宽：根据要求加工							成都市七一塑料厂

C 聚氨酯泡沫塑料（聚氨基甲酸酯泡沫塑料）

凡以聚醚树脂或聚酯树脂为主要原料，与甲苯二异氰酸酯、水、催化剂、泡沫稳定剂等按一定比例混合搅拌，进行发泡制成的一种开孔泡沫材料，称为聚氨酯泡沫塑料，又名聚氨基甲酸酯泡沫塑料。

聚氨酯泡沫塑料按主要原料不同，分为聚醚型及聚酯型两种，又按产品软硬不同，分为软质、硬质两种。

聚氨酯泡沫塑料的特点是质轻、柔软、弹性好、导热系数小、透气、吸尘、吸油、吸水性好、耐化学腐蚀性好、能耐肥皂水洗涤、吸音、防震性好，使用温度范围大，有各种色泽，紫外线长期照射后，稍有褪色，但性能不变。

聚氨酯泡沫塑料可加工成泡沫片和板材，在建筑上用作保温、隔热、吸音、防震、空气过滤、吸尘、吸油、吸水等材料。

硬质聚氨酯泡沫塑料的产品技术指标如表4－151所示。

表4－151 硬质聚氨酯泡沫塑料的产品技术指标

技术指标								生产单位
容重 /kg·m^{-3}	抗压强度 /kPa	抗拉强度 /kPa	吸水率 /kg·m^{-3}	尺寸稳定性（湿度100%）	尺寸稳定温度范围/℃	导热系数 /W·(m·K)$^{-1}$	自熄性 /s	
Ⅰ：≤45	≥245	—	≤0.2	<±1%	－60～120	0.026	2	上海塑料制品六厂
Ⅱ：≤65	≥490	—	≤0.2	≤±0.5%	－60～120	0.028	2	
40～500	根据密度不同而不同	根据密度不同而不同	—	—	－100～100	0.029～0.041	2	山西阳泉市泡沫塑料厂
40～60	≥196	—	≤0.2	—	130	0.017～0.029	2	重庆长风化工厂
40～50 100～120 200～300	≥245 ≥980 ≥1960		≤1.5（体积：%）	—	—	≤0.035 ≤0.047 ≤0.08	—	北京市泡沫塑料厂

聚酯型软质聚氨酯泡沫塑料的规格和技术指标如表4－152所示。

聚醚型软质聚氨酯泡沫塑料的规格和技术指标如表4－153所示。

表4－152 聚酯型软质聚氨酯泡沫塑料的规格和技术指标

规格 /mm	技术指标													生产单位
	容重 /kg·m^{-3}	导热系数 /W·(m·K)$^{-1}$	抗拉强度 /kPa	伸长率 /%	孔度 /个·cm^{-2}	压缩变定 /%	压缩负荷（压缩50%）/kPa	回弹性 /%	使用温度 /℃	老化系数（140℃，24h加速烤化）	干老化剩余强度/%	剩余伸长 /%	上油高度（25±5℃）/mm	
片材长：2000～4000 宽：1200 厚：不限	38～45	—	68.5～98	100～200	—	10～12	1.67～4.41	30～40	—	0.9	—	—	≥10	武汉建汉化工厂

软质聚氨酯泡沫塑料的技术参数如下：

容　　重　$\Gamma < 0.04\text{g/m}^3$

导热系数　$\lambda = 0.036\text{W/(m·K)}$

适用温度　－30～80℃

表 4－153　聚醚型软质聚氨酯泡沫塑料的规格和技术指标

规格/mm				技术指标										生产单位
	片材	型材	泡沫体	容重 /g·cm^{-3}	导热系数 /W·(m·K)$^{-1}$	抗拉强度 /kPa	伸长率 /%	压缩变定 /%	压缩负荷（压缩50%）/kPa	回弹性 /%	使用温度 /℃	吸声系数（频率3000Hz）	上油高度（25±5℃）/mm	
	长：2000，2500，3000，4000，5000 宽：最大1200 厚：3，4，5，6，8，10，12，15，20，25，30，40，50，60，80，100，120，150，200，250，300	如需一定形状、尺寸之产品，可用切割或专用模具进行加工	长：≤5000 宽：≤1200 厚：30～35	30～40	0.47	98～197	150～300	≤12	2.94～6.86	30～55	-50～100	0.60	—	北京泡沫塑料厂
JM1 P.I	长：4500～5000 宽：900～1000 最大厚：25～30	如需一定形状、尺寸之产品，可用切割或专用模具进行加工	长：≤5000 宽：≤1200 厚：30～35	38	≤0.041	98	200	12	1.67	30	80	—	—	上海塑料制品六厂
JM2	长：4500～5000 宽：900～1000 最大厚：25～30	如需一定形状、尺寸之产品，可用切割或专用模具进行加工	长：≤5000 宽：≤1200 厚：30～35	42	≤0.041	79	130	10	2.45	35	160	—	—	
JM3	长：4500～5000 宽：900～1000 最大厚：25～30	如需一定形状、尺寸之产品，可用切割或专用模具进行加工	长：≤5000 宽：≤1200 厚：30～35	32～46	≤0.041	98	150	—	3.92	40	120	—	10	
JM4	长：4500～5000 宽：1000～1100 最大厚：25～30	如需一定形状、尺寸之产品，可用切割或专用模具进行加工	长：≤5000 宽：≤1100 厚：30～35	45	—	69	100	10	4.41	35	—	—	—	
	长：≤4000 宽：900～1250 厚：4～250	如需一定形状、尺寸之产品，可用切割或专用模具进行加工	长：200～4000 宽：900～1250 厚：30～300	30～45	0.029～0.041	≥176	≥250	≤10	>4.9	≥25	-100～100	—	>20	山西阳泉市泡沫塑料厂

4.15.5 保温层的设计安装

4.15.5.1 保温层的设计

保温层结构由保温层和保护层两部分组成。

常见的保温层结构形式有胶化结构、填充结构、包扎结构、缠绕结构、浇灌结构、捆扎结构。

保温材料的缚设方法可采用捆扎结构，外缚钢丝网、涂油玻璃布或薄钢板等作保护壳。一般应根据具体情况设计，以下列举几种缚设方法供参考。

A 超细玻璃棉管的保温（图4－301）

超细玻璃棉管的保温可用超细玻璃棉作保温层，外面用铝皮作保护层，其操作程序如下：

（1）首先在管壁外表面烧焊保温钩钉，保温钩钉纵横向间距均在300～400mm范围，钩钉高度为90mm（按保温层厚度计）。

（2）烧焊骨架，圆管部分用扁钢作骨架（除尘器壳体平面部分用角钢作骨架），骨架横向间距视壁面外形而定，但一般不大于200～400mm，骨架高度为90mm（按保温层厚度计），要使保护层铝皮与骨架铆牢，不致被大风揪起或产生鼓胀。

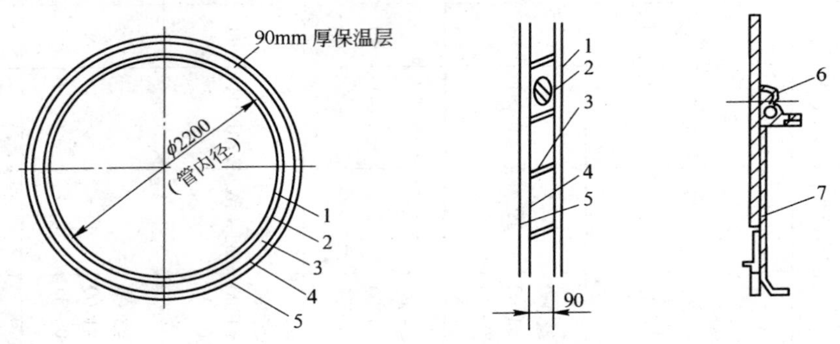

图4－301 ϕ2200mm 管道超细玻璃棉保温

1—管道或除尘器壁面；2—超细玻璃棉保温材料；3—拉钉；4—角铁骨架（管道用扁铁）；5—铝皮保护层；6—铝质螺钉；7—钢拉铆钉

B 工业玻璃棉板保温（图4－302）

玻璃棉保温时，一般在壁面上焊 ϕ6mm×100mm螺栓，螺栓间距为400～450mm，贴上玻璃棉板，用铁丝绑扎，外包 $\delta=1$mm镀锌铁皮。

C 水玻璃膨胀珍珠岩保温

水玻璃膨胀珍珠岩保温如图4－303所示。

4.15.5.2 保温层的安装

保温层的安装施工应严格遵守我国有关建筑安装工程安全技术和劳动保护规程、防火标准及其他有关规范的规定。

（1）安装前的准备。所有保温主材（如超细玻璃棉等）应包装入库保管好，不要雨天运输、露天堆放，以防受潮。

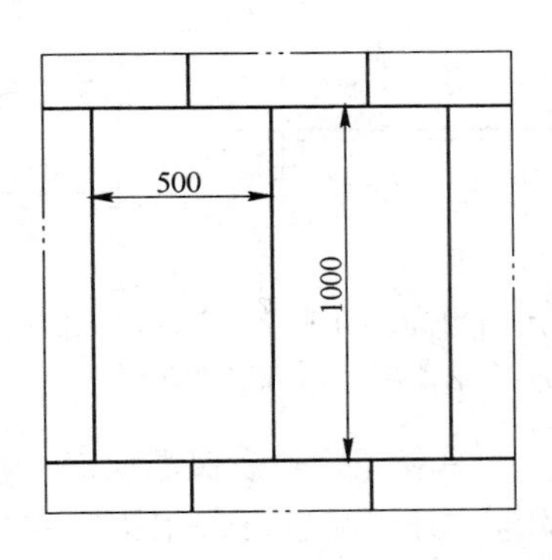

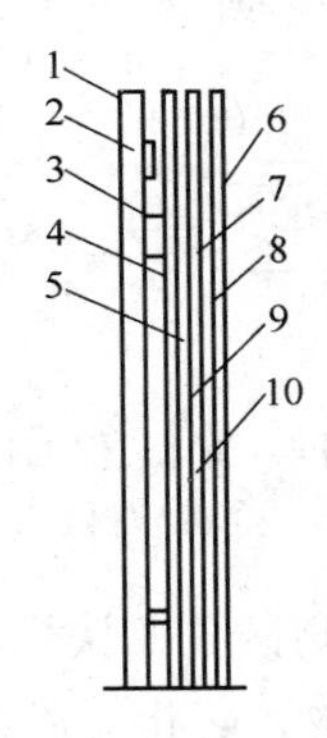

图4-302 除尘器工业玻璃棉板保温

1—设备壳体；2—铆钉；3—工业玻璃棉板保温层；4—石棉板；5—空隙；
6—钢板网；7—粉刷水泥保温层；8—沥青；9—清漆；10—灰漆

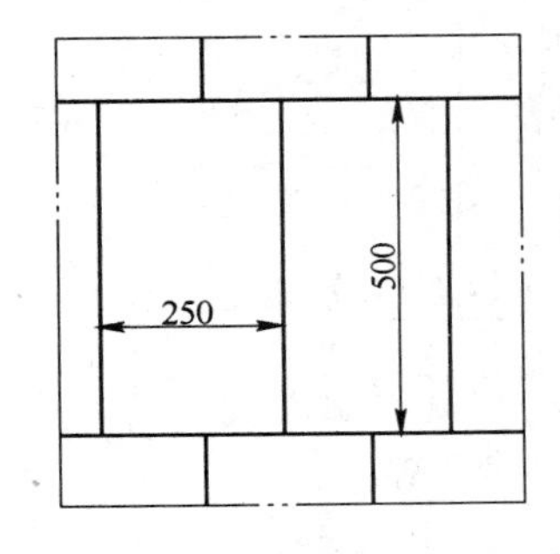

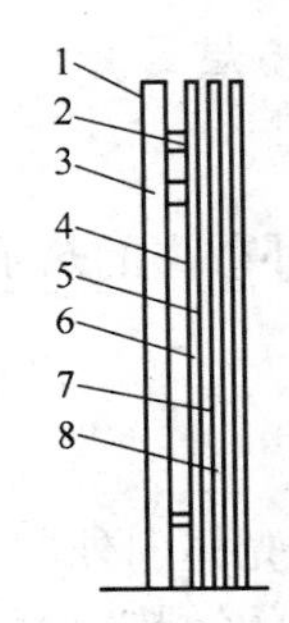

图4-303 除尘器水玻璃膨胀珍珠岩保温

1—设备壳体；2—主保温层水玻璃膨胀珍珠岩制品；3—铆钉；4—石棉板；
5—沥青油毡；6—镀锌铝丝网；7—粉刷水泥保护层；8—沥青

（2）用ϕ8mm长120mm的圆钢弯制加工好保温钩钉（图4-304(a)）。

（3）用36×36×4mm角钢加工好角钢骨架（图4-304(b)）。

（4）在除尘器的检修平台、检查门、测试孔、扶梯、栏杆等全部焊接好后，清除铁锈污垢，涂一遍红丹防锈漆后开始敷设保温层，敷设时应注意让开加强筋、柱等所有障碍物，边角窟窿等处要填实，不得有遗漏现象，以避免散热损失。

（5）敷设保温层时应利用保温钩钉，用ϕ1mm直径的镀锌铁丝网将保温层网络好。在网络铁丝网时，要与钩钉上端顶部绑扎牢固，不得有脱落现象，最后再安装铝皮保护层。

（6）用滚波纹机或压线机将铝皮压制成两道波纹缝（图4-304(c)）。

（7）铝皮保护层的安装。将压制成形的铝皮，自上而下地铺设在（保温层）表面。安装时先将相邻两张铝皮波纹对齐，并对准骨架铆牢，两张铝皮接头处一定要对准骨架。因此在焊接骨架排列时，间距应按铝皮的规格布排好，否则如对得不准就会使铝皮保护层与骨架铆空。不论平壁面还是圆管表面，铝皮保护层均要横向布置，两接缝下部用自攻螺钉连接，对用5mm的自攻螺钉只钻ϕ3.5mm孔，用4mm自攻螺钉只能钻ϕ2.8mm孔。孔钻得过大就连接不牢，容易松动。尤其是在露天敷设的铝皮，接缝处连接不好，很容易被大风掀起，造成铝皮脱落，维修频繁。

一般岩棉毡保温层可用$\delta=1$mm镀锌铁皮作保护层。

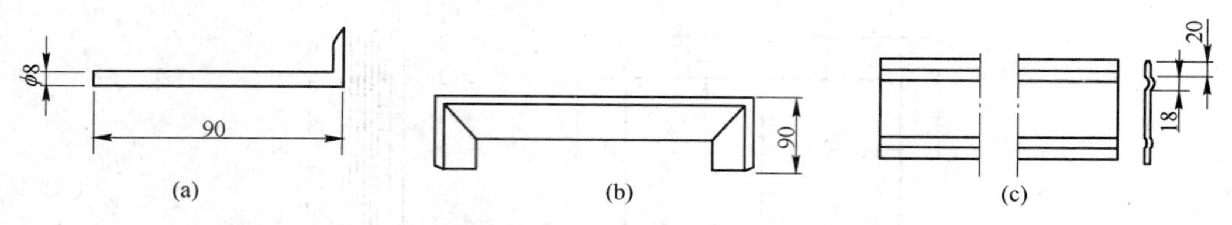

图 4－304 保温层安装用的钩钉、角钢骨架、铝皮保护层
（a）保温钩钉；（b）角钢骨架；（c）铝皮保护层

（8）在检修孔、测试孔、扶梯、栏杆、平台等处敷设保温层时，应特别注意处理好接缝的密封，防止漏雨水，防止受风力而掀起，必要时也可采用铝皮卷边、绑扎等方法进行保温层的敷设。

4.15.6 保温层的计算

A 除尘器壁面保温层计算

a 计算方法一

（1）除尘器壳体向外散失的热量（Q）：

$$Q = \frac{F(t_p - t_a)}{\dfrac{1}{\alpha_1} + \dfrac{\delta}{\lambda} + \dfrac{1}{\alpha_2}} \tag{4-36}$$

式中 Q——通过除尘器壳体向外散失的热量，W；

F——除尘器壳体的散热面积，m^2；

t_p——除尘器内烟气的平均温度，℃；

t_a——周围环境温度，℃，若在室内，按实际的最低温度确定，若在室外，按冬季采暖室外计算温度确定；

λ——相应温度下保温材料的导热系数，W/(m^2·℃)；

δ——保温层厚度，m；

α_1——烟气在除尘器内壁的放热系数，W/(m^2·℃)，由于除尘器内部的气流分布及流动都比较复杂，要准确地确定 α_1 比较困难，实际上，热阻 $1/\alpha_1$ 较小，可忽略不计；

α_2——保温层外表面传到周围空气的放热系数，W/(m^2·℃)，当除尘器在室内时，α_2 可取 9.0～11.0W/(m^2·℃)，当除尘器在室外时，α_2 可近似地取 22～26W/(m^2·℃)。

除尘器金属壳体及保温结构中保护层的热阻在本公式中可忽视不计。

（2）除尘器内部烟气从进口到出口，因温度下降而损失的热量为：

$$Q' = GC\Delta t' \tag{4-37}$$

式中 Q'——除尘器内烟气温降损失的热量，kW；

G——除尘器处理的烟气量，kg/s；

C——烟气的比热，kJ/(kg·℃)，查表 4－154、表 4－155 根据烟气成分的组合计算求得；

$\Delta t'$——除尘器内烟气最大允许温降，℃。

表 4-154 常压下几种气体的平均比热 (kJ/(m³·℃))

温度 t/℃	氮	一氧化碳	二氧化碳	空气	水蒸气
0	1.039	1.040	0.815	1.004	1.859
100	1.040	1.042	0.866	1.006	1.873
200	1.043	1.046	0.910	1.012	1.894
300	1.049	1.054	0.949	1.019	1.919
400	1.057	1.063	0.983	1.028	1.948
500	1.066	1.075	1.013	1.039	1.978

表 4-155 几种气体的密度 (kg/Nm³)

氮	二氧化碳	一氧化碳	空气	水蒸气
1.25	1.977	1.250	1.293	0.804

(3) 根据热平衡 $Q = Q'$，并忽略热阻 $1/\alpha_1$，可得除尘器保温层必须的厚度（δ）：

$$\delta = \lambda\left[\frac{F(t_p - t_a)}{1000GC\Delta t'} - \frac{1}{\alpha_2}\right] \tag{4-38}$$

除尘器内部烟气分布是不均匀的，因此用式（4-38）设计时应乘以修正系数 k_o，一般取 $k_o = 2 \sim 10$，为此式（4-38）应改为：

$$\delta = k_o\lambda\left[\frac{F(t_p - t_a)}{1000GC\Delta t'} - \frac{1}{\alpha_2}\right] \tag{4-39}$$

b 计算方法二

$$\delta = \lambda\left(\frac{t_1 - t_2}{q} - R\right) \tag{4-40}$$

式中 δ——保温层厚度，m；

λ——保温材料导热系数，kcal/(m·h·℃)；

t_1——除尘器内的废气温度，℃；

t_2——周围空气温度，℃；

q——平面单位热损失；

R——平壁保温层外表面到空气温度的热阻，一般取 0.04m²·h·℃/kcal，保温层厚度还应进行修正，一般修正范围为 3～10mm。

【例】

已知：风　量　除尘器入口　76000～85000Nm³/h

　　　　　　　除尘器出口　104000～111000Nm³/h

　　　温　度　除尘器入口　190～238℃

　　　　　　　除尘器出口　174～210℃

　　　浓　度　除尘器入口　23～35g/Nm³

　　　　　　　除尘器出口　84～131mg/Nm³

露点温度 70℃

求：保温层厚度。

解： 选择保温材料，在表4－156中对超细玻璃棉、工业玻璃棉板、水玻璃膨胀珍珠岩三种保温材料进行了对比。

表4－156 三种保温材料的对比

保温材料	超细玻璃棉	工业玻璃棉板	水玻璃膨胀珍珠岩
导热系数/kcal·(m·h·℃)$^{-1}$	0.028	0.033	0.046～0.057
容重/kg·m^{-3}	20	80～100	250～450
吸水率	90（容积比）		10～130（24小时）
使用温度/℃	<450	400	<600
耐腐蚀性	无腐蚀性	无腐蚀性	无腐蚀性
价格①/元·吨$^{-1}$	3680	2300～2590	220

①指国内1986年的价格。

从表4－156的对比中可以看出，新型超细玻璃棉外敷铝皮的保温方案是比较理想的保温材料，它具有导热系数低、质轻、施工层次少、成本低等特点。

按式（4－40）计算，其中：

超细玻璃棉导热系数（λ,kcal/(m·h·℃)）为

$$\lambda = 0.026 + 0.0002t_p$$

当废气温度为200℃，周围空气温度选用5℃时，烟气平均温度 $t_p = 115$℃，

$$\lambda \approx 0.05\text{kcal}/(\text{m}\cdot\text{h}\cdot℃)$$

除尘器内的废气温度（t_1）取185℃，周围空气温度（t_2）取5℃，平面单位热损失（q）取97kcal/(m^2·h)，平壁保温层外表面到空气温度的热阻（R）一般取0.04m^2·h·℃/kcal，则保温层厚度

$$\delta = 0.093\text{m} \approx 91\text{mm}$$

B 圆管保温层厚度计算

a 计算方法一

（1）烟气通过保温管道壁向外散发的散热量（Q_1），可按下式计算：

$$Q_1 = \frac{k_a l(t_{p1} - t_a)}{\dfrac{1}{\pi d\alpha_{11}} + \dfrac{1}{2\pi\lambda\ln(D/d)} + \dfrac{1}{\pi D\alpha_{22}}} \tag{4-41}$$

式中 Q_1——烟气通过保温管道壁向外散发的散热量，W；

l——管道长度，m；

t_{p1}——管道内烟气的平均温度，℃；

d——管道直径，m；

D——保温层的外径，m；

k_a——支架影响的修正系数，$k_a = 1.25$；

α_{11}——烟气到管道表面的放热系数，W/(m^2·℃)；

α_{22}——保温结构外表面到周围空气的放热系数，W/(m^2·℃)。

对于管道长 1m、ϕ1m 的圆筒壁的放热系数 α_{11}，可由表 4－157 查得。

当管长和管径变化时，则按表 4－158、表 4－159 中的修正系数进行修正。

表 4－157 管道长 1m 的圆筒壁内表面放热系数 α_{11} （W/(m^2·℃)）

压力速度（大气压/m·s^{-1}）	烟气温度/℃						
	100	200	300	400	500	600	700
5	14.0	12.2	10.9	9.9	9.2	8.7	8.1
10	24.2	21.1	19.1	17.1	15.3	15.0	14.2
25	49.8	43.5	38.8	35.3	32.7	29.8	29.1
50	86.1	75.6	37.5	60.5	57.0	53.5	50.0

表 4－158 长度修正值

长度/m	1	3	8	25	90
修正系数	1	0.95	0.9	0.85	0.8

表 4－159 直径修正值

直径/m	0.10	0.16	0.20	0.32	0.4
修正系数	1.45	1.34	1.29	1.21	1.16

管道在室内时，$\alpha_{22}=9\sim12$W/(m^2·℃)。

管道在室外时，α_{22}按下式计算：

$$\alpha_{22} = \alpha_0 + 7\sqrt{v} \tag{4-42}$$

式中 α_0——无风时保温结构外表面到周围空气的放热系数，W/(m^2·℃)；当表面温度未知时，近似取 $\alpha_0=11.6$W/(m^2·℃)；

v——室外风速，m/s。

（2）管道内部烟气温降的热损失（Q_2）用下式表示：

$$Q_2 = GC(t_1 - t_2) \tag{4-43}$$

式中 Q_2——管道内烟气的热损失，kW；

G——管道内烟气流量，kg/s；

C——烟气的比热，kJ/(kg·℃)；

t_1——管道的始端烟气温度，℃；

t_2——管道的终端烟气温度，℃。

（3）根据热平衡 $Q_1=Q_2$，则：

$$\frac{k_a l(t_{p1} - t_a)}{\frac{1}{\pi d\alpha_{11}} + \frac{1}{2\pi\lambda}\ln(D/d) + \frac{1}{\pi D\alpha_{22}}} = 1000GC(t_1 - t_2) \tag{4-44}$$

计算表明，保温结构外表面向周围空气的放热热阻 $1/(\pi D\alpha_{22})$ 较小，一般占保温管道向周围空气总放热热阻的 10% 左右，为了便于求解上式，放热热阻 $1/(\pi D\alpha_{22})$ 可以忽略不计，由此则可得：

$$\frac{D}{d} = \exp\left\{2\pi\lambda\left[\frac{k_a l(t_{p1} - t_a)}{1000GC(t_1 - t_2)} - \frac{1}{\pi d\alpha_{11}}\right]\right\} \tag{4-45}$$

因此，可得管道保温层的厚度（δ）为：

$$\delta = \frac{d}{2}\left(\frac{D}{d} - 1\right) \tag{4-46}$$

b 计算方法二

$$\delta = 2.75\frac{D_0^{1.2}\lambda^{1.25}t_1^{1.73}}{q^{1.5}} \tag{4-47}$$

式中 δ——保温层厚度，mm；

D_0——管道外径，mm；

λ——保温材料导热系数，kcal/(m · h · ℃)；

t_1——管道外表面温度，℃；

q——最大允许热损失，kcal/(m^2 · h)。

管道直径一般超过2m时，最大允许热损失 q 值也可按平面壁的热损失值考虑，因此管道的保温层厚度与除尘器本体保温层厚度相同，可不必另行计算。

C 灰斗的保温

一般袋式除尘器的保温应将除尘器箱体和灰斗外表全部保温，当单纯为防止灰斗粘灰、搭桥时，则可对灰斗单独进行保温（图4-305）。

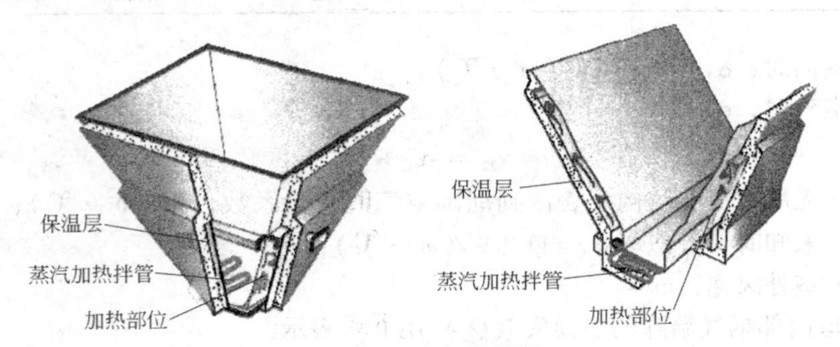

图4-305 灰斗保温

4.15.7 保温层的设计注意事项

（1）除尘器保温层的设计应满足除尘器外表温度小于50℃，一般在烟气温度150℃时，除尘器各部分温度应为：

环境温度	20℃
烟气温度	150℃
除尘器内壁温度	大于140℃
除尘器外表温度	小于50℃

（2）袋式除尘器保温层一般可采用以下材料：

保温层材料	矿渣棉、玻璃棉毡、膨胀珍珠岩等
保温层厚度	80～100mm，或经计算确定
保温层外包	δ=0.5～1.0mm 镀锌铁皮用铁丝绑
保温层安装螺钉	ϕ6mm×100mm，水平距离400mm×450mm 垂直方向按镀锌铁皮宽度

（3）除尘器和灰斗外表面全部保温。

（4）除尘器保温时应特别注意避免出现冷区，如对所有法兰、伸缩节、阀门、探测孔、人孔等构件均应采取妥善保温措施。

（5）除尘器的楼梯、平台应单独支撑，否则应与除尘器之间采用绝热隔离，以免与除尘器壁板间产生冷区，以及避免由于热膨胀不同而产生应力，对管道支托架也应考虑类似措施。

（6）用于高温烟气净化的袋式除尘器，为保持在滤袋室内可进行维护检修，应对相邻滤袋室之间的隔板也进行保温。

（7）必要时除尘器外表面应设有逐点温度记录仪，以免在启动运行时发现冷区（即除尘器保温层外表面出现热区）。

4.16 风机与电动机

4.16.1 风机的结构

风机通常是由一个壳体（外壳）包裹，通过叶轮排出气流。

4.16.1.1 外壳

（1）外壳及进风箱应由 1999（RA2004，IS2026）“软钢”板制成，连续焊接并加强，以防振动。

（2）风机的轴承及进风箱应设有法兰、螺钉组成的检修孔。

（3）风机的进风箱及外壳应采用螺钉连接的分离接点，以便叶轮及轴承可在不需拆除管道的情况下取出检查。

（4）风机外壳最小厚度为 8mm，进风箱最小厚度为 6mm，并提供适当的硬度。

（5）在壳体及进风箱处的轴部位应密封。

（6）风机输送含水气流时，壳体底部应设排水管，直径不小于 ϕ50mm。

（7）风机及传动电动机应安放在结构钢底板上，以利安装简便。

（8）风机进出口可设置帆布软性接头。

4.16.1.2 叶轮

（1）叶轮采用焊接钢制成，叶片设计为反弧形、辐射形，并具有无过负荷动力特性。

（2）叶轮设计中，叶轮的转速应设计成高于最高运行速度 35% 的临界速度。

（3）叶轮背板最小厚度为 12mm，叶片及覆盖板（Shrond）为 8mm，表面设置适当的耐磨衬垫。

4.16.1.3 轴

（1）轴采用 EN8 材料。

（2）带有叶轮的风机轴安装在半连轴器上，需要进行动平衡。

（3）轴承应安置在风机壳体及进风箱的外侧。

（4）轴承应具有适当的温度保护，以防其在无润滑状况下运转。

4.16.1.4 传动联轴器

（1）风机可采用直接传动。

（2）工业应用上风机与电动机之间的联轴器连接可采用活动耦合形式。

（3）在传动轴与联轴器露出部位应设有保护罩（防雨罩）。

4.16.1.5 基座

（1）风机基座应由软钢制成，以支撑风机外壳、轴承座、联轴器及传动电动机。

（2）所有支撑面在焊接完成后应用机械加工。

4.16.1.6 进口/出口阀门

（1）风机进口可设置多叶板阀门。

（2）叶片应进行平衡试验。

（3）风机出口可设置开/关型阀门。

4.16.2 风机的类型

按风机的形式分有：

离心风机：气流从叶轮的叶片跟部向端部高速放射形流出，然后围绕蜗轮外壳甩出。通常风机压力可高达2.0psig（55in H_2O 或13.7kPa），排出较高压力的风机称为压缩机。

轴流风机：气流在风机轴向加速旋转，然后通过外壳轴向吹出，压力通常在2～10psig，它又称为风扇。

因为袋式除尘器需要的压力降一般都超过55in H_2O（12.5kPa）以上，因此都采用离心风机。

风机（离心风机）按叶轮形式分有：放射叶片型（radial - blade）、前倾型（forward - curved）、后倾型（backward - curved）、倾斜型（inclined）、螺旋桨型（airfoil）。

4.16.2.1 放射叶片型

放射叶片型（radial - blade）（图4 - 306）的特性如下：

（1）叶轮可在相对低的风量下达到高的静压；

（2）风机在高速下能提供高风压；

（3）风机叶轮具有结实的结构强度；

（4）叶片具有自我清洗能力；

（5）叶轮适用于输送含尘气体、高压气力输送排气系统或高压烟气除尘系统；

（6）放射叶片型风机不常用于通风换气系统；

（7）需要大容量电动机时，一般都采用同步检波器电动机（Synchronous - motor）；

（8）风机可在不同范围内的风量中稳定运行。

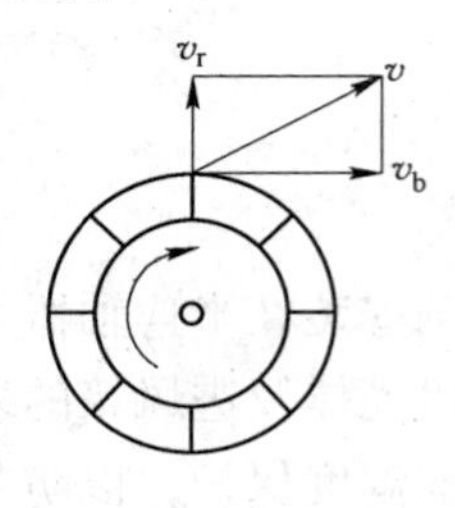

图4 - 306 放射叶片型叶轮

v—气流离开叶片时的绝对速度；v_r—气流离开叶片时的速度；v_b—叶片端部的速度

4.16.2.2 前倾型

前倾型（forward - curved）（图 4 - 307）的特性如下：

（1）由图 4 - 307 和图 4 - 308 中可见，在相同的叶片端部速度（v_b）情况下，前倾型叶轮风机比后倾型叶轮风机的气流离开叶片时的速度（v_r）要高些。

（2）风机在排出高速气流时，前倾型叶轮风机比其他类型风机的运转速度要慢些，因此，风机在采用长轴连接时，采用前倾型叶轮风机比较合适。

（3）风机运转十分安静，需要的地方小。

（4）风机在低速下具有大风量。

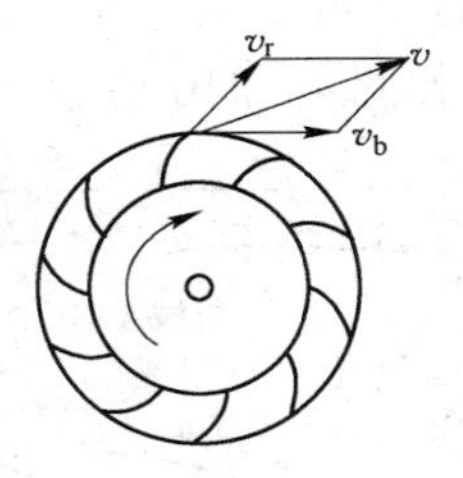

图 4 - 307 前倾型叶轮

v—气流离开叶片时的绝对速度；v_r—气流离开叶片时的速度；v_b—叶片端部的速度

4.16.2.3 后倾型

后倾型（backward - curved）（图 4 - 308）的特性如下：

（1）风机的叶片为弧形或向后翘起一个角度，在同样动力情况下压力大。

（2）风机为中速运转，具有广阔的压力 - 风量能力，在相同尺寸下比前倾型叶轮风机的速度头（velocity head）小。

（3）在系统风量改变时，压力改变较小，所以使用这种风机易于控制。

（4）后倾型叶轮能产生良好的抽风效果，为此适用于抽风系统，但它不适用于大块物料（如木块）或纤维性物质的抽风。

（5）在风机从密闭系统中抽出气体时，为防止风机在停机后产生逆转，对于有些后倾型叶轮风机在管网中应设置逆止阀。

4.16.2.4 螺旋桨型

螺旋桨型（airfoil）（图 4 - 309）的特性如下：

（1）这种后倾型叶片叶轮具有一种螺旋桨型式，可增加其稳定性、效率及性能。

（2）螺旋桨型离心风机一般比其他风机运行要平稳，而且在运行时不会跳动，因为气体流过叶轮时很少紊乱。

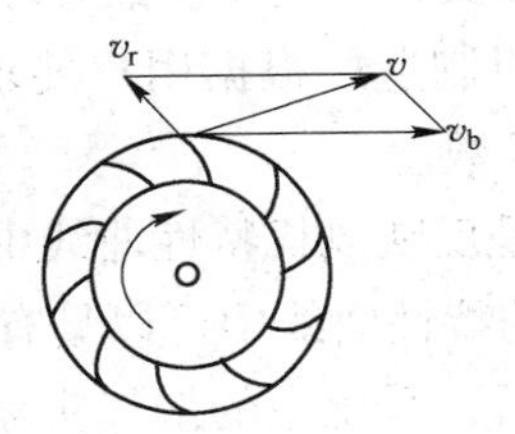

图 4 - 308 后倾型叶轮

v—气流离开叶片时的绝对速度；v_r—气流离开叶片时的速度；v_b—叶片端部的速度

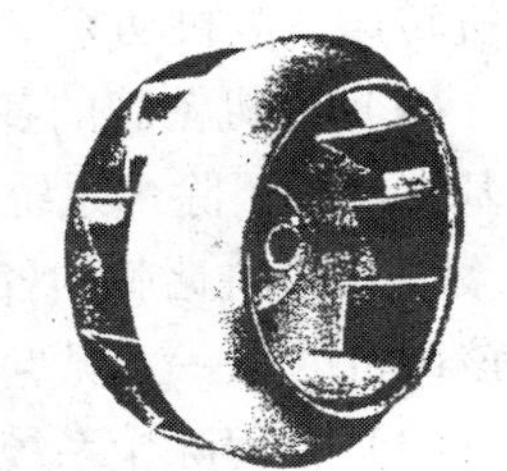

图 4 - 309 螺旋桨型叶轮

对于正压式袋式除尘器的风机，由于风机处于除尘器前的含尘烟气中，建议采用放射叶片型叶轮风机；对于负压式袋式除尘器的风机，由于风机处于除尘器净化后的干净烟气中，可采用后倾型叶轮风机。

4.16.3 风机的特性曲线

A 风机的特性曲线

风机进出口之间的气流比容积变化是极小的，一般在 10inH$_2$O 压力降情况下，气流的比容积变化小于3%，因此，可以认为气体是不会被压缩的。

典型的风机特性曲线如图 4－310 所示。

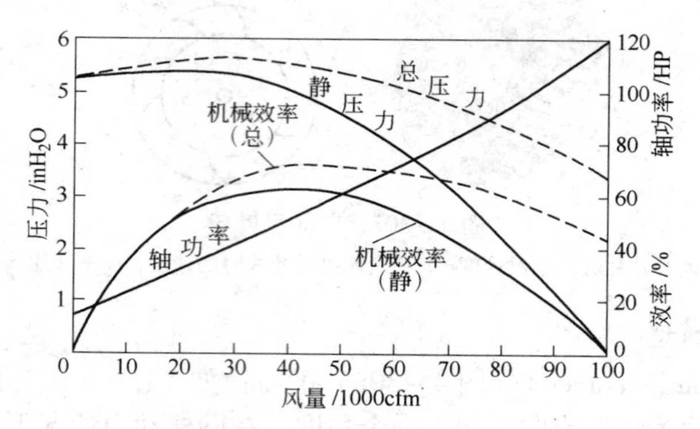

图 4－310 典型的风机特性曲线

从图 4－310 风机特性曲线中可看到以下几点：

（1）每种型号、规格的风机都有它本身各不相同的特性曲线，图 4－310 是某种风机型号（如 Y4－73 型、G4－73 型、W9－26 型等）中的一种规格的特性曲线。

（2）图中水平轴为风量，纵轴是轴功率及静效率，风机转速为常规。

（3）风机在一个既定的风量时，特性曲线上即能显示出一个匹配的压力和功率。

（4）风机制造厂提供的风机特性曲线，一般都不是将风机整个曲线全部列出，而只列出风机效率最高的那一段曲线（约为风机全部效率曲线中最高的90%那一段），使提供的风机具有高效、低耗的效果。

B 风机铭牌与风机特性曲线的关系

风机制造厂提供的风机外壳表面一般都有一块风机铭牌，铭牌上都标有风量、风压、风机转速、电机功率、气体比重等参数，对这些参数可理解为：

（1）风机铭牌的各项参数是风机制造厂根据用户要求提供的工况点的一组性能参数，它基本反映了除尘系统所需的设计参数。

（2）风机铭牌的各项参数，只是反映风机特性曲线中某一个工况点的性能参数，它不是该风机的唯一工况点，每台风机的特性曲线中可以具有无数个工况点。

（3）任何除尘系统在投入运行后，系统中的烟气实际运行工况参数与设计参数肯定存在差异，特别是由于下列情况会造成实际运行工况的波动。

1）实际运行工况与设计参数产生差异。

2）除尘系统投入运行时，系统各抽风点及管网的调试平衡不够完善造成差异。

3）系统运行一段时间后，周围环境参数的变动，及生产工艺中实际工况的波动，造成系统烟气参数的不稳定。

4）除尘系统经过改造、扩建后，运行工况参数有所改变。

（4）特别要注意的是：除尘系统在改、扩建时，千万不能将风机铭牌的各项参数作为风机的唯一性能参数，而应该找出该风机的特性曲线，另选其他工况点来适应除尘系统改、扩建的要求，必要时可在提高电动机转速及功率的情况下，提高风机的风量、风压，以适应系统的改、扩建的要求，不一定非要更换其他风机不可，只有当该风机的特性曲线上无法找到合适的工况点时，才选择更换其他型号的风机。

鉴此，风机铭牌的各项参数不宜作为该风机的唯一参数依据，风机的特性曲线才是全面反映风机性能的参数。

C　风机的功流比

风机的功流比指风机的功率与风机的流量（风量）之比。

风机的功率（N）常用下式计算：

$$N = \frac{QH}{3600\eta_1\eta_2\eta_3} \quad (4-48)$$

式中　N——风机的功率，kW；

Q——风机的流量（风量），m^3/h；

H——风机的风压，mmH_2O；

η_1——风机的工作效率，%；

η_2——风机的传动效率，%；

η_3——风机的机械效率，%。

从式（4－48）中可知，风机的功率（N）与风机的流量（Q）成正比，即风机风量大，所需功率就大；风机风量小，所需功率就小。

从式（4－48）中也可以看出风机的功率（N）与风机的流量（Q）之间是不可能产生直接关系，它们之间还有一个风压（H）的关系，要想出现“风机风量大，功率还小”的现象，只有在风机风压（H）降低到一定程度时才存在。

要降低风机的风压（H）只有两种可能：

（1）减少除尘设备的阻力或降低管道流速，但将由此造成除尘系统的庞大。

（2）如果除尘系统处于低阻力运行，则除尘系统在开始尚能维持正常运行，但不久就会影响系统的效率。

鉴于此，必须全面、正确地来理解风机的功流比。

4.16.4　风机的风量、风压的调节

除尘系统的风量和风压是随工艺生产过程中的经常性和间断性的变化而变化的，风量和风压的变化将会引起管网性能的变化。为适应风量和风压的变化满足生产需要，就需对运行风机进行调节，调节的目的在于改变风机的运行工况点，以达到节能的理想效果。

由于风机的运行工况点是风机性能曲线与管网性能曲线的交点，因此改变风机性能曲线或管网性能曲线均可实现对风机的调节。

风机的调节方法一般分为两类：

第一类是改变管网的性能：通过管网的阀门来调节，又称阀门调节。

第二类是改变风机的性能：调节方法有改变风机进口导流叶片角度和改变风机转速两种。

4.16.4.1 阀门调节

图 4－311 为管网性能曲线，图中的 p、P、η 为风机的工作压力、功率、效率曲线，由图可见若系统需要减少风量，可关小管道上的阀门开度，此时管网性能曲线 R_1 就会变成管网性能曲线 R_2。

当关闭阀门时，管网阻力损失由 p_1 上升到 p_2，管网阻力 Δp_2 中的一部分用于克服阀门阻力，风量即由 Q_1 减少到 Q_2，这时风机的功率应该可以从 P_1 下降到 P_2，但是此时风机的效率也会从 η_1 下降到 η_2，由此导致风机的功率下降不明显。

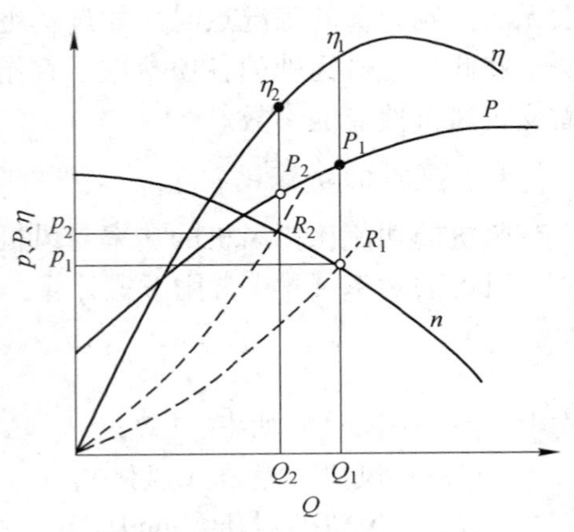

图 4－311 改变管网性能曲线

如果阀门调节范围过大，则管网阻力会有很大一部分能量消耗在阀门上，造成能源的浪费，所以阀门调节只能用于小范围的风量调节。

阀门调节方法的特点如下：

（1）设备费用低，运行维护方便。

（2）人为增大管路损耗，增加管网阻力，可使风量减少，但会浪费功率，为节约能源，必须尽量少用。

（3）阀门调节可采用常速的感应电机，风机传动装置形式的浪费最少，并使风机长期在正常运转范围内运行，风机连续运转比改变转速运转好。

（4）当采用风机的出口阀调节时，存在风机振动区大的问题。

4.16.4.2 改变风机进口导流器叶片安装角度调节

在风机叶轮进口前设置导流器，通过改变导流器叶片安装角度，使进入风机叶轮的气流方向发生变化，此时风机的性能曲线也随之改变，从而达到调节流量的目的，如图 4－312 所示。

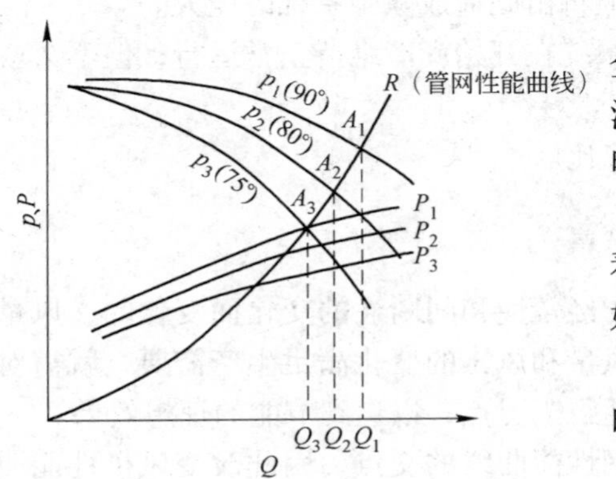

图 4－312 改变风机进口导流叶片角度

图 4－312 中给出导流器叶片安装角度为 90°全开时的性能曲线，当逐步关小到 80°、75°时，流量由 Q_1 下降到 Q_3，功率虽也有所下降，但不明显。

导流器结构简单，使用可靠，从节能省电来看，该种调节方法的调节效率虽然不如风机调速好，但比用阀门调节的方法要好得多。

风机进口导流叶片（Inlet guide vanes）调节的特点如下：

（1）风机进口导流叶片调节比出口阀门控制所需的马力小。

（2）风机进口导流叶片是一个具有旋转角度的叶轮，气流流过它后改变气流的流向，可使风机在较低的功率下提供所需的压力。

（3）进口导流叶片一般在降低风机负荷下用作调节是有效的，但投资高于阀门控制，低于风机的变速调节。

（4）风机进口导流叶片通常在流量下降到正常流量的30%以下时才能提供平滑的控制；但是在大型、射流风机及强制风机上，叶片关闭到正常流量的30%～60%时，就会出现振动的问题。

（5）设有进口导流叶片的风机应避免系统管道出现高速运行，特别要注意使进口和出口管道达到平滑的气流流动模式，同时要使管道尽可能结实，以防振动的危险。振动是由于紊乱和不适当的进口导流叶片设置引起的。

4.16.4.3 改变风机转速调节

A 改变风机转速调速的原理

如图4－313所示，改变风机转速后风机性能曲线也会随之改变，但其对风机效率曲线的影响不大，一般可以忽略效率的变化。

由图4－313中可见，风机转速从 n_1 变化到 n_2 时，工况点 A_1 将沿着管网性能曲线 R 移动到 A_3，此时流量 Q、压力 p、功率 P 均发生了变化。

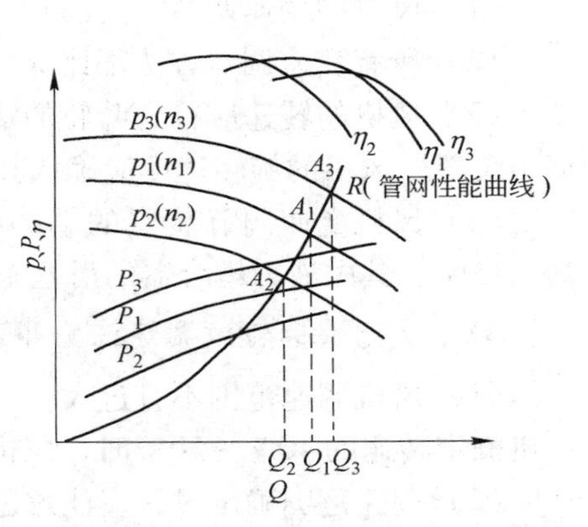

图4－313 改变风机转速性能曲线

改变风机转速后风量、压力、功率关系式如下：

$$\frac{n_1}{n_2}=\frac{Q_1}{Q_2}=\sqrt{\frac{p_1}{p_2}}=\sqrt[3]{\frac{P_1}{P_2}} \qquad (4-49)$$

根据式（4－49），表4－160表明风机调速与流量、压力和轴功率的关系。因此，改变风机转速是一种最优的调节手段，而且节能效果显著。

表4－160 风机调速与流量、压力、轴功率的关系

转速 n/%	流量 Q/%	压力 P/%	轴功率/%	转速 n/%	流量 Q/%	压力 P/%	轴功率/%
100	100	100	100	70	70	49	34.3
90	90	81	72.9	50	50	25	12.5
80	80	64	51.2	40	40	16	6.4

有转差损耗的调速装置，主要是液力耦合器调速；高效类调速装置主要有变频电机和绕线型异步电动机串级调速。前者设备简单、投资费用低，但运行效率比后者低，节能效果比不如后者。

B 改变风机转速调节装置的类型

常用的变速调节装置有以下类型：

（1）磁性联轴器。磁性联轴器是壳体内用两个线圈改变电场，电场强度的变化改变了它的转动，从而改变风机的速度，它适用于大规格的变速装置。

（2）液力耦合器。液力耦合器适用于大规格的变速装置。

（3）专门的机械传动装置。改变V形皮带的间距（pitch）及改变行星传送速度，是专门的机械传动装置的实例。

（4）变速直流电机。

（5）变速交流电机。

（6）双速交流电机。双速交流电机可用作阀门控制的补充，可在配合一个简单阀门调节时，改善风机的效率，双速交流电机的价值要低于变速交流电机，双速交流电机的高速与低速之间的范围不要太大：

高速为1200r/min时，其低速不小于900r/min；

高速为900r/min时，其低速不小于720r/min。

C 改变风机转速调节装置的特性

（1）风机的变速调节需要设置变速装置，导致风机效率有所损失，功率有所浪费。

（2）所有变速调节方法都比降低效率的阀门控制更为有利。

（3）风机的转速应符合叶轮的端部速度测试说明书的要求。为此，只要风机设有变速调节装置，风机的旋转速度应确认其端部速度，这是极为重要的。

（4）风机变速调节装置的动力损耗，根据变速调节装置的类型及质量不同，约为2%～5%，其中液力耦合器的滑差率为3%左右。

D 改变风机转速调速注意事项

（1）风机调速范围不宜过大，一般为风机额定转速的70%～100%。因为当转速低于风机额定转速的40%～50%时，风机本身效率已明显下降。

（2）调速范围确定时，应注意避开机组的机械临界共振转速，否则当调速至该谐振频率时，将可能损害机组。

（3）调速装置的性能应尽可能与风机负载特性一致，否则达不到理想的调速效率。

（4）在购买大型风机时应注意：

1）电机驱动装置应由风机厂随风机一起供应，以防在选用电机及联轴器时出现一些问题。

2）购买时，风机必须带有同等的基础底板、风机与电机下面的底板以及联轴器防护装置。

3）风机制造厂还必须提供相应的风机瞬间惯性的预期速度与转矩曲线，以便用户选择适应于电气要求的电机及安装时所需的位置。

4.16.4.4 各种调节方法的比较

各种变速调节装置的优缺点示于表4－161中。

图4－314表示各种调节方法的消耗功率与流量之间的关系。

表4－161 几种变速调节装置的优缺点

优　点	缺　点
直流变速电机	
可调范围广，无级调速，变速范围大	初投资高 需设置交流变直流设备，存在维护、安装问题

续表 4-161

优　点	缺　点
交流变速电机	
具有直流变速电机的所有优点 不需要换向器及刷子的维护	初投资高
双速交流电机	
改变速度简单	局限于两种速度的改变： （1）单一绕组（single-winding），归结电极机械（consequent-pole machines）速度比 2:1； （2）速度比可达 3:2 到 3:1
液力耦合器	
造价低 简　单 电动机启动时，转矩低 通常无麻烦	满负荷时，效率低 有些无离合器变速，在接近满负荷时难于控制 需要一套辅助的润滑油系统

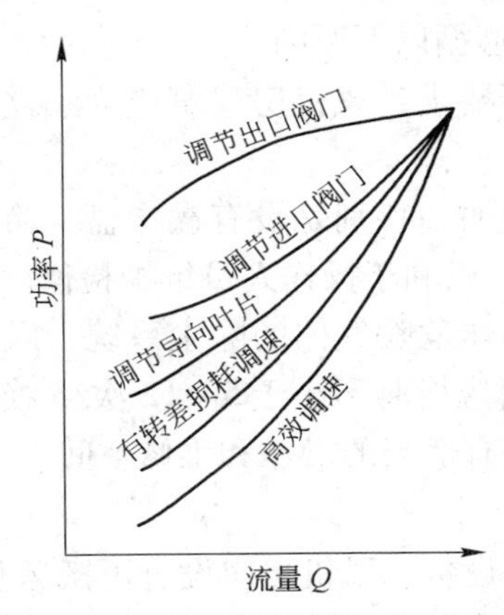

图 4-314　各种调节方法的消耗功率与流量的典型关系

综上所述，风机的变速调节是控制风机风量的最有效的方法，它可减少风机的动力消耗。

风机转速与风机性能特性的比例一般为：

风量　∝　转速

压力　∝　转速^2

功率　∝　转速^3

由上述比例中可见：转速减少一半，风量将减少一半，压力减少 1/4，功率减少 1/8。

4.16.5　风机的配置、安装

4.16.5.1　风机的配置

风机可布置在室内（风机房内或车间内），也可布置在室外。不管采用何种布置方式，均应遵循以下原则：

（1）考虑到除尘效果和节能，风机应尽可能靠近需要除尘的工作场所附近。

（2）风机进出口管道设柔性连接管，机壳外贴吸声隔音材料，必要时对负压除尘系统在风机出口段设置消声器，对于正压除尘系统，袋式除尘器本身就起到消音作用，故风机出口段可不设消声器。

（3）风机安设在地面混凝土基础上是最理想的，混凝土基座的重量应为风机旋转元件重量的6倍以上。

（4）风机基础地脚螺栓一般均采用二次浇灌，二次浇灌预留孔的尺寸可查表4-162，预留孔深度一般为地脚螺栓长度加50mm。

表4-162 风机基础二次浇灌预留孔尺寸

地脚螺栓尺寸/mm	二次浇灌预留孔尺寸/mm	地脚螺栓尺寸/mm	二次浇灌预留孔尺寸/mm
M10、M12、M16	100×100	M30、M36	200×200
M20、M24	150×150	M42、M48	220×220

（5）室外的风机电机防护等级应采用IP54以上（含IP54），执行器和电气仪表箱、柜等的防护等级应采用IP65以上（含IP65）。

（6）一般风机房的设计应遵循以下原则：

1）考虑到风机的消声隔振要求，风机房建筑应为独立建筑，风机基础采用独立的隔振基础。

2）风机房内应有良好的照明，特别是设有操作盘、箱和装有观察仪表的部位，需加强人工照明，保证足够的照明，以利于操作人员维护检修。

3）对于输送含有尘毒、爆炸危险气体的除尘系统，风机房应设通风换气装备，换气次数可按5~8次/h设计，同时应设有不小于5~12次/h换气次数的事故排气系统。

4）风机房的布置应考虑留有适当的操作和维修空间，主要检修通道应不小于2m，非主要通道应不小于0.8m。

5）对大中型风机、电机等设备，风机房应设有可搬运和吊装设备的吊装机械。

6）风机房内应有清洁用的水龙头和排水地漏，同时地坪设计应有坡度。

7）对于输送易燃易爆气体的风机，机房应有消防措施、火警信号以及安全门等，机房的所有门、窗均应向外开启。

4.16.5.2 风机的安装

（1）风机安装在基础上时，垫片及底板需使风机、电机及其传动装置连成一体，应特别注意风机运转温度的升高，使外壳、轴及叶轮达到正常的运转温度，并应继续监视风机的振动。因为，在这种情况下，由于温度的升高，如果振动还在增加，说明上述装置的连成一体不理想。

（2）如果风机必须安设在悬空的结构（如炉顶、钢结构平台等）上时，必须注意：

1）安设风机的钢结构平台楼板必须有足够的强度来承受风机的重量，以防风机运转时造成楼板的颤动，并由此引起噪声。

2）风机必须保持平衡，必要时应进行整机的振动分析，以防结构的摇动。

（3）当风机在V形皮带传动的轴上采用滚珠轴承或滚子轴承时，应防止皮带过紧超负荷（它有可能使轴弯曲）。采用V形皮带的风机应在风机制造厂内安装好皮带轮，并在厂内进行平衡。

（4）风机轴承温度超过82℃及低于－34℃时，需采用专用润滑剂。同时，轴承制造厂应采用一种抗摩擦轴承材料制作一种专用轴承。

（5）在热和脏的烟气中使用的高速风机，建议装设振动敏感器。

（6）当风机采用独立的润滑系统时，必须提供防止风机运转中没有润滑剂的措施。

（7）离心风机在入口斜接弯头时的影响比轴流风机少。但是，当风机入口处气流流向出现突然改变时，可以认为其效率损失高达15%。

（8）风机进出口连接管必须符合设计规范，如表4－163所示。

表4－163 风机进出口连接管的设计规范

设 计	不规范	规 范
风机进口	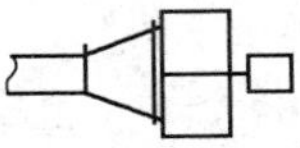	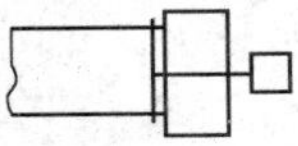
	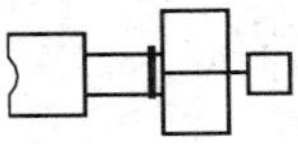	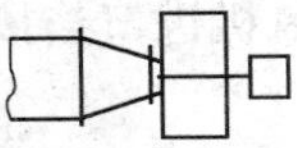
	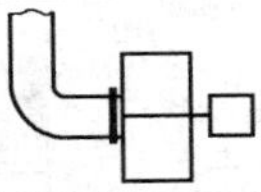	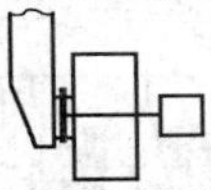
风机出口		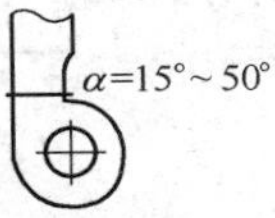 $\alpha=15°\sim50°$
	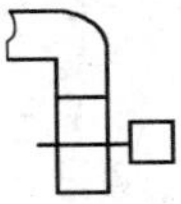	 调流片

（9）风机出口的连接管应便于风机机壳顶部壳体的拆卸安装（图4－315）。

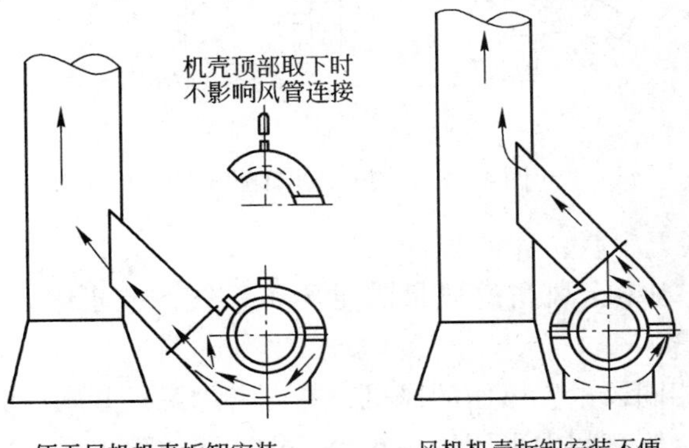

图4－315 风机出口连接管的安装

（10）风机进出口连接管的各种现象：

1）风机出口连接管如图4－316所示。

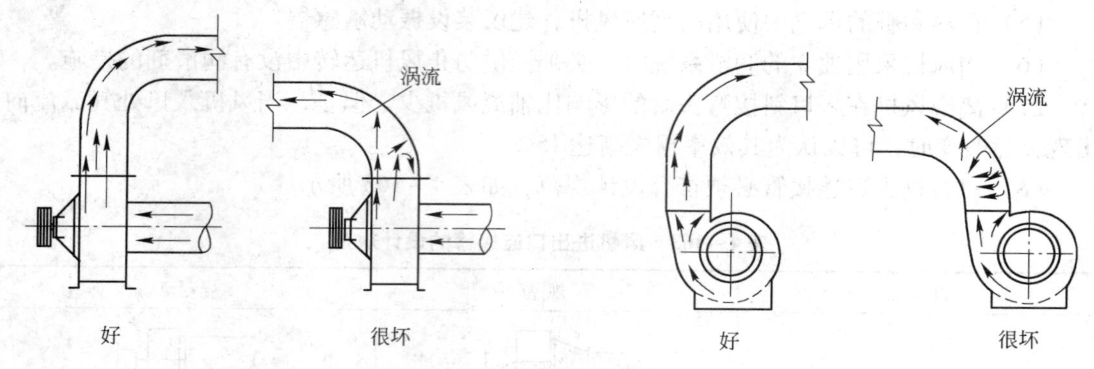

图4－316 风机出口配管方式

2）风机进口连接管如图4－317所示。

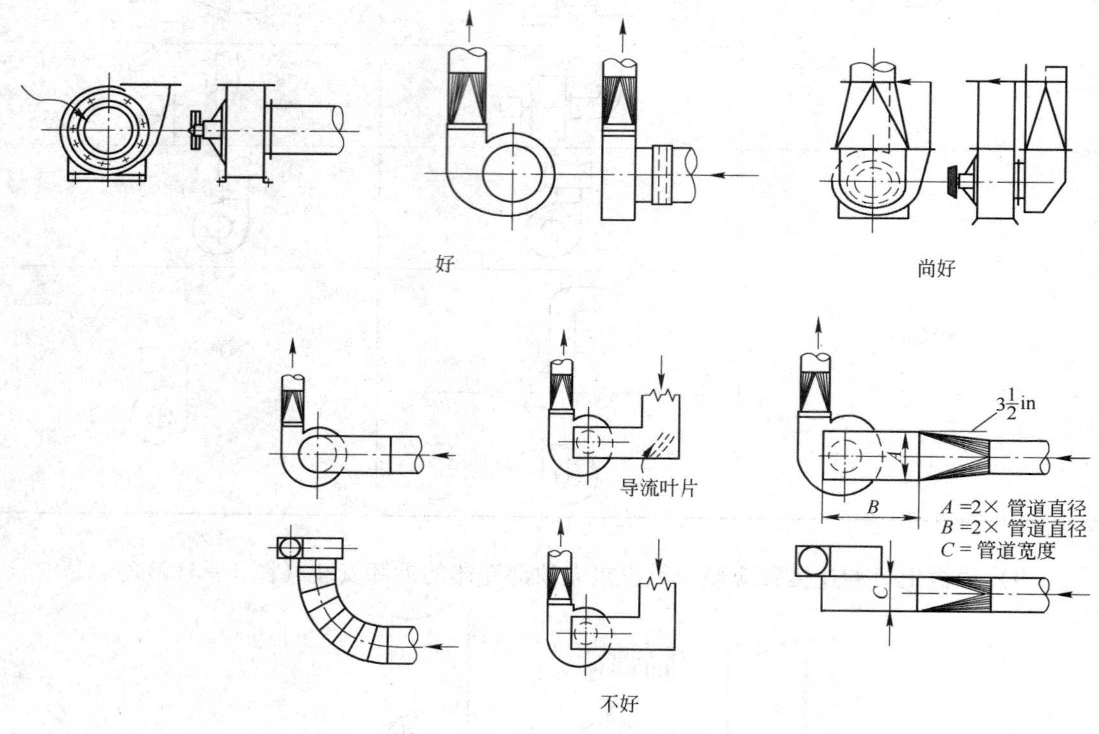

图4－317 风机进口配管方式

（11）风机的并联、串联：

1）风机的并联：当单台风机的风量满足不了系统的要求时，可采用多台风机并联，以提高除尘系统的风量。

并联风机宜采用相同风量、风压的风机，并应考虑风机并联后的并联系数。

国外曾在钢铁厂冶炼车间中采用最多6台风机并联的除尘系统，如图4－318所示。

2）风机的串联：当单台风机的风压满足不了系统的要求时，可采用多台风机串联，

图 4-318 6 台风机并联的除尘系统

以提高除尘系统的风压，串联风机宜采用相同风量的风机。

4.16.6 风机的隔振、喘振

风机和电机在运转时，由于机械之间存在力的传递，因而会产生振动和噪声。其中一部分机器的振动直接向空间辐射，形成了空气声；另一部分振动通过设备本身的基础向地层和建筑物结构传递，这种传递的声音被称为固体声。

振动不仅能激发噪声，而且还能形成对设备本身和建筑物的破坏。所以，在设计风机系统时，应考虑风机的隔振和消声。

风机的隔振可采取以下措施：风机本体的低振和吸振；风机基础的隔振和减振措施。

4.16.6.1 风机的低振和吸振

（1）风机本体设计中，在提高风机效率的同时，积极采用低振动风机。

（2）风机外壳用隔音吸声材料包覆，以阻滞、吸收被激发的固体声和辐射的空气声。风机外壳包覆结构设计如图 4-319 所示，包覆层厚度可根据风机的结构形式和技术参数，以及吸声材料的性质来决定，厚度一般在 200～300mm。

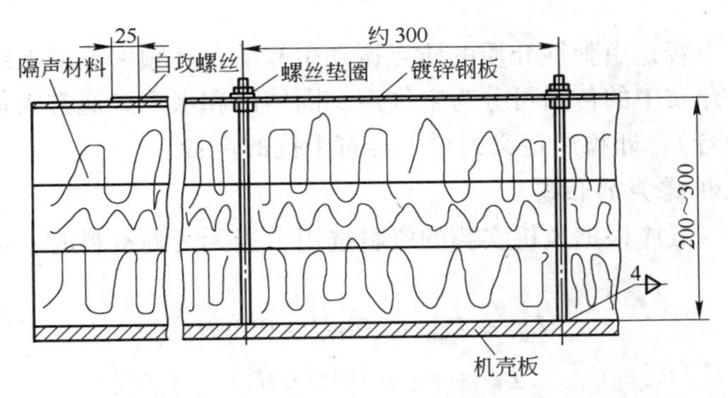

图 4-319 风机外壳包覆结构

4.16.6.2 风机的隔振和减振

（1）风机在下列情况下会产生振动：

1）风机叶轮不平衡。

2）风机叶片、叶轮粘灰。

3）风机前部叶片受到磨损、腐蚀。

（2）风机隔振、减振采取的主要措施：

1）布置在地面上的风机，宜设置独立的混凝土基础。

2）布置在楼板上的中小型风机，宜采用带有阻尼减振器的钢支架基础或混凝土基础。

3）靠近办公室、操作室及居住区的风机，应设在风机房内。

4）风机进出口管道连接采用软性接头连接。

4.16.6.3 风机的喘振

A 风机喘振的产生

喘振是气流在动态压缩中不稳定气流的一种现象。

在一般除尘系统中，有时由于安装时阀门的启闭指针显示的误差，或系统运行时阀门出现故障等，造成系统管道（特别是总管）阀门关闭、堵塞，使系统阻力增大，风量减小（接近闭塞），导致引起风机喘振。

风机的特性曲线中一般都标有喘振点的范围，系统运行时应尽量躲开喘振点。一旦出现喘振，即应积极采取反喘振控制措施。

B 风机的反喘振控制措施

风机的反喘振措施主要包括以下内容：

（1）对于输送空气的风机，可将风机的风量放一部分气流到大气中去，使风机维持在喘振点以上运行。

（2）对于诱导抽风（空气）用的风机，也可引一部分空气到抽风侧，使风机维持在喘振点以上运行。

（3）对于工业烟气的高压风机，可旁通一部分排出烟气返回到吸入侧，以保持流量高于需要的最小流量，避免喘振。这些烟气应从系统的排风管网中某个点抽出，必须是冷的，必要时还应设逆止阀。

4.16.7 风机的噪声及其防止

人耳能听到的声音是由弹性介质的质点振动引起的，其频率范围大约在16～16000Hz。

噪声按声音在介质中的传播可分为空气声、固体声和水声。通常人们把不需要听的声音称为噪声（或噪音），即噪声定义为对人耳有干扰的声音。

4.16.7.1 风机噪声的估算

风机的消声器一般应根据风机实测的资料选用，当无实测资料时，可用下列经验公式估算：

$$L_W = L_{W0} + 10\lg Q + 20\lg H \tag{4-50}$$

或

$$L_W = L_A - 10\lg(QH^2) \tag{4-51}$$

式中 L_W——声功率级，dB(A)；

L_{W0}——比声功率级，即单位风量下产生的声功率级，dB(A)；

Q——风机工况风量，m^3/h；

H——风机工况风压，mmH_2O；

L_A——噪声级（指距风机1m或等叶轮直径处的A声级），dB(A)。

4.16.7.2 风机噪声的注意事项

（1）风机的噪声一般高达100~130dB(A)，其声源主要来自以下三个部位：风机进出口产生的空气动力噪声，风机外壳及电机、轴承等产生的机械噪声，基础振动辐射的固体噪声。

其中空气动力噪声比机械噪声、固体噪声大10~20dB(A)，为此风机的噪声是以空气动力噪声为主。

（2）一般送风系统，由于进口比出口大，在进口装消声器较好。但对于排风系统，由于风机的进口一般都与管道连接，连接的管道有一定隔声作用，致使其空气动力噪声对环境的干扰退居次要地位，为此消声器安在出口较好，当然进出口都装更好。

（3）风机必须严格控制在噪声标准规定的噪声值以下运行，当出现超标时，即应采取消声或隔音措施。

（4）风机制造厂应提供风机的噪声值，并确保风机始终在该噪声值范围内正常运行。

4.16.7.3 风机的消声或隔音措施

（1）安装消声器。

消声器分阻尼消声器、抗性消声器、阻抗复合式消声器、微穿孔板消声器及电子消声器（即声源消声器）。

目前国内外趋向于采用阻性消声器，对体积较大、消声频率较窄的抗性消声器已很少使用。供各类风机配用的宽频率F型阻性消声器系列，在低中高频的较宽频率范围内，均有良好的消声性能。

（2）风机及进出口管道外表面包扎隔音材料。

风机及进出口管道在包扎隔音材料前，应先在设备及管道表面涂阻尼层，阻尼层厚度要求等于壳体板厚的3倍，然后外包扎吸声材料（如玻璃棉毡等）。

（3）风机机组加装隔声罩。

4.16.7.4 风机的消声器

消声器是通过在圆形或矩形管道内填充标准的或特定的材料制成。

风机的噪声包括电机的电磁噪声、振动引起的机械噪声和空气动力噪声。

空气动力噪声又包括旋转噪声和涡流噪声。旋转噪声是风机叶片旋转时，气流沿各截面不断发生变化引起的噪声，又称离散频率噪声；涡流噪声又称离散紊流噪声，它是由紊流边界层及其脱离引起气流压力脉动造成的。涡流噪声具有很宽的频率范围，所以又称宽频噪声。风机的消声措施主要是针对空气动力噪声而言。

消声器的种类很多，通常用于风机配套系列的消声器有阻尼消声器、抗性消声器、微穿孔板消声器、阻抗复合式消声器。

（1）阻尼消声器对中高频消声效果好，加工制造简单，应用较普遍；但它不适用于高温、潮湿或有粉尘的场合。

（2）抗性消声器不用吸声材料，对中低频消声效果好。

（3）微穿孔板消声器，对中低频宽带消声有较好的效果，主要用于空调等系统。

（4）阻抗复合式消声器，综合了上述三种类型的消声器特点，具有宽频带、高吸收的消声效果，主要用于声级很高、低中频带消声。但由于阻性段有吸声材料，因此它同样不适用于高温、潮湿或有粉尘的场合。

4.16.8 风机的耐磨

4.16.8.1 风机磨损条件的分析

（1）除尘系统一般宜采用负压式系统，由于负压式系统风机设在袋式除尘器后面，流过风机的气流都是经过除尘器净化后的干净气流，这样就大大减少了含尘气流对风机的磨损。

（2）正压式除尘系统，风机设在袋式除尘器前面，流过风机的气流都未经净化，不利于风机的耐磨。

但是正压式除尘系统具有以下优点：

1）除尘器不需要烟囱。

2）由于正压式系统的风机是设在袋式除尘器前面，风机的噪声可由袋式除尘器的滤袋吸收，因此风机后面可以不设消声器。

3）正压式系统的袋式除尘器是处于大气压力下的正压状态，因此除尘器花板以上的上箱体可以不需密封受压，除尘器上箱体可以适当敞开，箱体结构简单，框架负荷轻，除尘器结构重量轻。

4）正压式系统除尘器不存在漏风率，可降低风机风量的漏风系数，减少风机的抽风量。

鉴于上述原因，除尘系统一般优先采用负压系统，但从技术经济综合因素统筹考虑，在可以使用正压式系统的情况下，还是应该采用正压式系统。

（3）不恰当地采用正压式除尘系统造成风机磨损如图 4－320 所示。

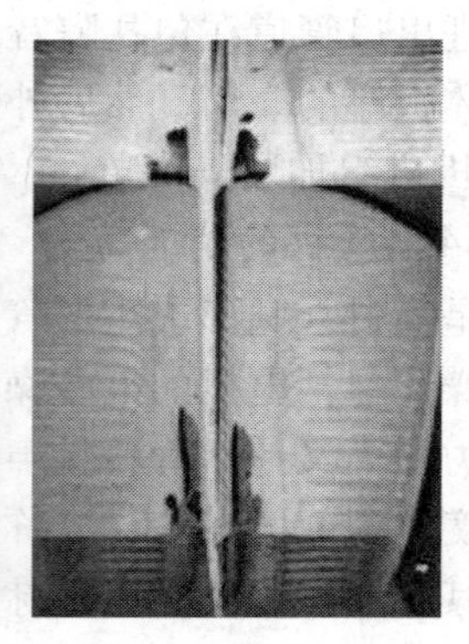

图 4－320 正压式除尘系统造成风机的耐磨

（4）从技术经济综合因素统筹考虑，在全面考虑下列条件后，可以采用正压式除尘系统：

1）一般烟气含尘浓度低于 $3g/m^3$ 时可采用正压式除尘系统，含尘浓度高于 $3g/m^3$ 时应采用负压式除尘系统。

2）烟气含尘粒较软时可采用正压式除尘系统，含尘粒较硬时应采用负压式除尘系统。

3）烟气含尘粒较细时可采用正压式除尘系统，含尘粒较粗时应采用负压式除尘系统。

上述三项应同时统筹综合考虑，例如钢铁厂的烧结、焦炭粉尘比较硬，因此其含尘浓度即使在3g/m³以下，也应采用负压式除尘系统。钢铁厂高炉出铁场和铸铁机的石墨粉粉尘比较软，因此含尘浓度即使高达5g/m³，也可采用正压式除尘系统。

（5）由于风机转速与风机叶片的磨损成3次方比例，因此风机在输送容易磨损的粉尘时，风机转速应尽可能采用较低的速度，一般为1450r/min以下。

（6）经常注意除尘器滤袋的破损及花板接口的漏风，并及时处理、维修（图4－321）。

图4－321 滤袋破损后未及时处理，造尘风机磨损

4.16.8.2 风机叶片耐磨措施

（1）可在风机叶片易磨表面堆焊Cr－Mn等硬质合金或白口铁，一般堆焊厚度$\delta=3\sim4$mm，并必须注意转子的平衡。

（2）叶片表面渗碳处理。叶片渗碳热处理工艺过程如下：

1）先将用普通低碳钢板制成的叶片焊在辅助板上，然后成批放入铁箱内；

2）箱内四周空隙用木炭粉加Na_2CO_3（两者的重量比为80%～90%/10%～20%）混合后，填满铁箱，并用耐火泥密封；

3）铁箱放入反射炉中，加热至900～1000℃，维持4～5h（如时间太长，叶片因过度碳热变脆，容易产生裂纹）；

4）从炉中取出铁箱，打开铁箱取出叶片，放入冷水中淬火，操作中注意勿使叶片留在空气中过久，以免氧化。

经上述处理后叶片渗碳厚度可在1mm左右，其硬度可达HRC67～68，比原钢板提高3倍以上。由于叶片带有辅助板，安装时将辅助板焊于后壁，叶片不致退火。

（3）等离子喷镀。将硬度耐磨材料喷镀到叶片容易磨损的部位，可以提高耐磨性。目前一般喷镀的材料是耐磨硬质合金。

等离子喷镀方法如下：

1）先用铁砂布将需要喷镀的部位打光；

2）用丙酮或甲苯将表面的油污洗净，然后用镍块和电力拉毛机打毛；

3）最后用金属喷枪将耐磨材料喷镀到需要加镀的叶片表面上。

（4）风机叶片表面贴陶瓷片。

4.16.9 风机的防腐

4.16.9.1 风机的防腐

（1）轴流风机的轴及轴承是密封在风机中的，它比离心风机更易受到腐蚀的影响。

（2）离心风机向后弯的叶片或翼形风机具有最高的效率和最好的空气动力性能。

但是离心力将使沉淀物及尘粒物质堆积在风机叶片的背面。另外，在翼形风机中，凹形叶片易于形成汽珠，致使叶片内部积有液体，该部位即会出现腐蚀，形成叶轮的不平衡，需要及时进行修补。

4.16.9.2 风机的涂层

风机采用专门的涂层材料加强防腐比用特殊材料防腐造价更低，但是，成功的涂层应用依赖于大量实践经验。

（1）涂层一般可分为以下两种：

空气干燥型：如专用油漆、沥青、空气干燥的酚（石碳酸）、乙烯基硅橡胶、硅树脂或纯锌。

烘烤型：如聚酯（有或无玻纤加强）、烘焙聚乙烯基氯化物、烘烤的环氧树脂以及烘烤的石碳酸。

（2）选用涂层时运行温度的限制：

空气干燥的乙烯基硅橡胶（air - dried Vinyls），通常限制在66℃以下；纯锌或石碳酸可在230℃或稍高的温度下运行。

（3）采用改良石碳酸及石碳酸，经过烘烤处理，可具有相当坚硬的表面，经得起较小的磨蚀。但是，一旦涂层损坏其防腐性能即毁灭。

（4）采用涂层时，必须明确指出其厚薄，涂层的表面准备及使用方法必须与涂层制造商指定的一致。

（5）内外表面都要求涂层的部件，很难采用烘烤型。在有些场合下，只要在气流流过的表面涂层即可，而且还可降低造价。

（6）涂层的允许温度应比运行温度高一些。

（7）橡胶衬里是风机的最好涂层，其使用温度低于82℃。橡胶在风机壳体和箱体的静止部件上是非常有用的。但是，如果叶轮要用橡胶衬里，则应采用专用的高合金钢。衬有橡胶的风机叶轮端部速度约为6604cm/s，在厚涂层时叶轮端部速度可适当减小些。

（8）按理，标准的大型风机其端部速度极限较高，约为20320cm/s，在这样的高速下，在空气中压力可提高25%。但是，只要叶轮采用涂层，就应采用较慢的速度，它限制了风机的压力比。

（9）环氧树脂内衬，如Coroline（Ceilcote Co. Berea，OH），或聚酯树脂内衬，如Flakeline（Coilcote Co.），在腐蚀气体中对风机表面的保护很成功。

这些涂层可用在风机叶轮端部速度10160～14224cm/s下。但是，如果气流中含有磨损性尘粒或液滴时，涂层就易被磨坏。在这种情况下，风机本体就应采用合适的材料制造。

（10）一般在涂层之前，必须将尖锐的边角及拐角处清理干净，以使表面具有一个较好的涂层。但是，对于不规则几何形状的风机叶轮，其准备工作比涂层本身要难得多。

但是，涂层并不是一种好方法，其使用寿命仅在几个月或一年，它永远替代不了专用的防腐金属。大部分空气干燥涂层，如环氧树脂及乙烯基硅橡胶厚度仅为0.001in，很快就会被磨损，除非是在风机压力非常低以及叶片端部速度极低时。

4.16.9.3 加强塑料纤维型玻璃钢风机

风机制造行业最近有了极大的发展，即采用加强塑料纤维（fiber - reinforced plastic，FRP）制作风机，即玻璃钢风机。

（1）FRP风机中接触到腐蚀气流的一面是用一层薄的、面纱玻璃布覆在加强面层上，这种加强面层是用最少两层1.5oz玻纤垫或树脂制成，这三种面层所形成的结构称为耐化学屏障。

树脂可采用聚酯、亚乙烯基及环氧树脂，有时也采用防火聚酯树脂（Hetron）、Atlac、Derakane及Dion Cor - res等树脂。

（2）FRP风机局限于运行温度约为66℃及叶片末端速度大约8636cm/s的条件下，有些情况下，对于具有热稳定叶片的FRP风机，可用于温度超过93℃；专用结构的FRP风机，其叶片末端速度高达12700cm/s时仍能保持足够的安全。

（3）对后倾型叶轮的FRP风机，在3H_2O，8200ft/min的端部速度下可处理风量65000ft^3/min。对于特殊支撑及加强的放射叶片型叶轮的FRP风机，在处理风量高达45000ft^3/min，16500ft/min的端部速度下压力可高达20inH_2O。

（4）FRP风机具有更好的耐腐蚀性，它用在烟气中比用在含尘气体中更合适。

（5）粉状碳化物涂层在改善FRP风机的表面耐磨性上已取得成功的应用。

4.16.9.4 低风量－高风压风机在腐蚀气体中的应用

对于低风量－高风压的风机，风机叶轮都非常窄，叶轮的进口直径与末端直径的比例变得更大，以至于几乎不可能将叶片与护板及叶片与法兰之间进行焊接。因此，经常是在叶片与护板之间用焊接，而在叶片末端与法兰接触处，将叶片弯成L形，然后用铆钉或螺钉与法兰连接，由此形成化学物质聚积条件，它将是引起化学腐蚀的陷阱。

4.16.10 电动机

电动机用作风机的传动装置比用其他传动装置的能耗少、效率高。

4.16.10.1 电动机的型式

电动机有密闭式和开启式两种：

（1）密闭式电动机。在袋式除尘系统中常选用密闭式电动机，由于它是密闭式，在各种特定环境下都能有效地运行。但是，因为它很贵，而且电动机内部要通风散热，所以一般不选用密闭式。

（2）开启式电动机。开启式电动机允许空气流过电动机内部，有助于电动机内部热量的散发及降低电动机内部温度。

4.16.10.2 电动机的选择

对于大于几个马力的风机可采用鼠笼型感应电动机，这种型式的电动机在较大负荷范围内相对地要便宜些、可靠些，而且效率高些。

电动机越接近额定负荷，功率因数越好，电动机效率也越高。在系统中安装启动阀，使风机在降低负荷的条件下启动，是值得采取的措施，特别是对于需要较大启动转矩的大型风机更有意义。

在高温应用场合达到工作温度之前，应采用具有节流机构的减速启动装置，可显著节约电动机的电耗。

4.16.11 风机的运行故障和排除方法

除尘系统运行时的风机故障来自多方面，有管网系统的性能故障、设备机械故障、机械振动、轴承故障和润滑系统的故障等，其中尤以性能故障和机械故障最为常见。

4.16.11.1 系统性能故障分析和排除方法

风机运行时，常常发生流量过多或不足等情况，产生这种现象的原因有很多，故障分析和排除方法如表4－164所示。

表 4-164 系统性能故障分析和排除方法

序号	故障名称	产生故障的原因	排除方法
1	流量不足	系统管网包括阀门等发生被粉尘和杂物堵塞	对系统管网和风机等设备进行清扫
		气体温度过低，引起气体密度增大	通过对气体密度的测定，消除密度增大的原因
		风机排气管道破裂，或管道法兰漏气	更换法兰垫片或进行补焊
2	流量过大	气体温度过高，引起气体密度减小	通过对气体密度的测定，消除密度减小的原因；调节阀门开度或改变风机的转速
		风机进气管道破裂或管道法兰漏气	更换法兰垫片或进行补焊
3	风机压力降低	管网特性发生变化，阻力增大，风机工作点改变	调整管网特性，减小阻力，尽可能恢复原风机工作点
		风机本身有缺陷或发生磨损	更换风机或进行检修
		风机转速降低	提高风机转速
		风机在非稳定区工作	调整到稳定区工作
4	系统调节失灵	在对系统流量调小时，管网发生堵塞，使风机在非稳定区工作，产生逆流反击风机转子现象	在进行系统流量调节时，应注意流速降低的同时，是否会造成管网堵塞，并应及时检查和清扫
		阀门故障或被卡住，压力表失灵等	更换或进行检修
5	风机噪声大	风机制造质量差	检修风机或更换
		机壳无隔音措施和出口管道无消音器等	加设隔音装置
		管道和阀门等连接松动	检查后进行加固

4.16.11.2 设备机械故障分析和排除方法

风机运行时，因设备本身原因发生的故障分析和排除方法见表 4-165。

表 4-165 机械故障分析和排除方法

序号	故障名称	产生故障的原因	排除方法
1	叶轮损坏或磨损	机壳和进风口与叶轮摩擦	校正并保持机壳或进风口与叶轮的适当间隙
		叶片表面受粉尘磨损和腐蚀	对叶片磨损部位修复，叶片磨损严重时应更换叶轮
		叶轮变形过大，使叶轮径向跳动或端面跳动很大	卸下叶轮，用铁锤等工具进行校正
		铆钉和叶片松动	更换铆钉
2	轴承箱剧烈振动	风机轴与电动机轴安装不同心，联轴器未装正	进行安装调整
		叶轮变形，叶轮铆钉松动和轴松动等	修复叶轮，拧紧螺母和更换配件
		基础刚度不够或不牢固	采取加固措施并拧紧螺母
		转子不平衡和松动，叶片受磨损	修复叶片并重找平衡
		叶轮损坏或磨损	修复或更换叶轮
3	电动机电流过大和温升过高	开车时，进风阀门未关闭	关闭阀门，并按操作程序开机
		电动机输入电压过低或电源单相断电	检查电源并进行修复
		系统流量超过规定值	检查设计参数，并关小阀门或降低转速
		输送的气体密度过大或温度过低	检查设计参数，调整气体密度或温度
		轴承箱剧烈振动	找原因并消除轴承箱的剧烈振动

续表 4－165

序号	故障名称	产生故障的原因	排 除 方 法
4	机壳过热	风机在阀门关闭的情况下，运行时间过长	停车，待机壳冷却后按操作程序开车
5	密封圈损坏或磨损	机壳变形，转子振动过大，密封圈与轴套不同轴以及密封齿内有金属粒和焊渣等杂物	先消除机壳变形和转子振动过大等不利因素，然后更换密封圈并调整其安置位置
6	轴承温升过高	润滑油脂质量较差、变质或含有杂质太多	定期检查和更换润滑油脂
		轴承箱剧烈振动	找出引起轴承箱的剧烈振动的原因并予以消除
		滚动轴承损坏	更换滚动轴承
		轴与滚动轴承安装歪斜，前后两轴承不同心	重新安装

4.17 烟 囱

烟囱（或称排气筒）是用来排放经除尘设备净化处理后的废气。烟囱的排放高度与气体的排放速率和排放浓度有关，烟囱的设置又与地方的气象因素、地形条件和建筑环境有关，总之烟囱排气必须符合国家排放标准。

4.17.1 烟囱的选择

4.17.1.1 烟囱截面计算

烟囱通常为等截面的钢制烟囱，烟囱截面可按下式计算：

$$S = \frac{V}{3600v} \tag{4-52}$$

式中 S——烟囱截面积，m^2；

V——气体体积流量，m^3/h；

v——烟囱截面流速，一般为 12～16m/s。

4.17.1.2 烟囱高度的确定

（1）烟囱的污染物排放必须符合国家大气污染物综合排放标准，既要符合排放浓度标准值，又需符合排放速率标准值。

（2）烟囱可根据气体排放浓度、排放速率及当地环保要求，查大气污染物排放极限值，以确定烟囱（或称排气筒）高度。

（3）烟囱高度除满足排放速率标准值外，还应高出周围 200m 半径范围内的建筑物高度的 5m 以上（含 5m）。对于达不到要求高度的烟囱，应按其高度所对应的排放速率标准值减少 50% 执行。

（4）烟囱高度最低不得低于 15m。

4.17.1.3 单一烟囱高度的计算

单一烟囱高度的计算可按烟柱抬升高度（ΔH）和利用输入参数和大气质量标准的要求确定必需的烟囱高度（H）两部分进行计算。

在烟囱排出口气流没有被下降的影响情况下，烟气在烟囱排出口处，由于烟气的出口动力与热浮力作用，要继续上升一个高度，然后沿风的吹向扩散，如图 4－322 所示。

烟柱抬升高度（ΔH）是指烟囱顶部与污染物分布质量中心轴线间的距离（ΔH），而烟囱有效高度（H_e）即烟囱本身的高度（H）与烟柱抬升高度（ΔH）之和。

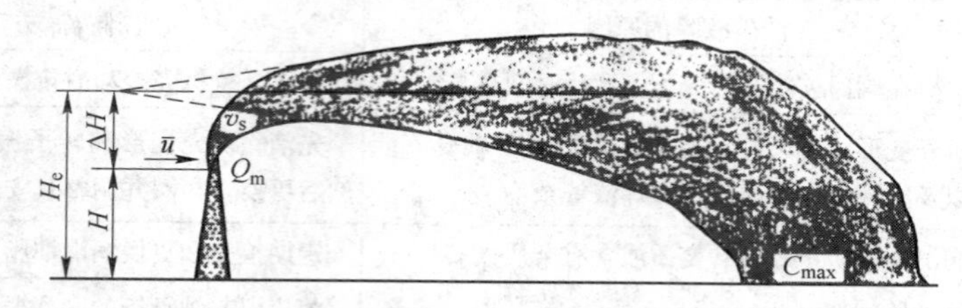

图 4－322 自烟囱排出的污染物在大气中的扩散

4.17.2 烟囱的辅助部件

4.17.2.1 避雷针

烟囱的避雷针应安装在烟囱顶部上面 1500mm 处，将包铅线绞成一股后，再包以铜的圆环扁带状导线。该避雷针导线连接到埋入地面的细长棒上，该棒伸出地面约 750mm，以便在瞬间光电闪电时通过地面的细长棒连线进行保护。

4.17.2.2 飞行警灯

(1) 当烟囱高度距地面 45m 以上时，烟囱上应设飞行警灯。

(2) 飞行警灯采用氖灯，亮度约为 100lm，以使对地面有明显的照度。

(3) 烟囱在顶部的 1/3 高度处应设明显的色带，色带的宽度为 0.7～3.0m，颜色为较黑的颜色。色带的油漆应为耐酸性的，同时应经得起烟囱顶部的温度。

(4) 在烟囱“飞行警灯”处，沿烟囱周围设计环形平台。

4.17.2.3 爬梯

(1) 烟囱应设爬梯。

(2) 爬梯应每隔 10m 设一个休息处、栏杆扶手、油漆工的挂钩等。

4.17.2.4 清扫及检修门

烟囱底部应设检修门。

4.17.2.5 取样点

应按照环保要求设置取样点。

4.17.2.6 清扫区域

每座烟囱周围应具有 3 倍尺寸的清扫区域，该区域至少距烟囱每边的内壁 3.0m 以上。

4.18 除尘器的耐腐蚀、涂装

4.18.1 耐腐蚀

4.18.1.1 腐蚀的定义

腐蚀是一种金属或合金材料的电化学反应的破坏，电化学反应是电流与化学物质相互之间的作用。因此，腐蚀是一种金属或合金材料的化学变化，它是由一种电流引起，或由电流对气流引起。

腐蚀率通常是以 mg/(dm · d)（milligrams per decimeter per day，即 mdd）表示，其表

达式为单位时间内单位面积上所损失的重量或每年的千分之一的浸透量（mils penetration per year，即 mpy），是单位时间内损失的金属厚度的表达，或者更明确地说，一定周期内金属厚度的损失量统称为腐蚀。

腐蚀率可利用式（4－53）从一种比率换算到另外一种比率。

$$\mathrm{mdd} \times \frac{0.052}{D} = \mathrm{mpy} \tag{4-53}$$

式中 D——金属的密度，$\mathrm{lb/in^3}$。

4.18.1.2 腐蚀的分级

金属按腐蚀率分级可分为：

优秀的：腐蚀率小于5mpy，这种金属适宜制作要求高的部件，如弹簧或阀垫。

良好的：腐蚀率5～50mpy，这种金属适宜制作要求不太高的部件。

不太良好的：腐蚀率超过50mpy。

4.18.1.3 腐蚀的分类

腐蚀可分为一般腐蚀、电腐蚀、裂缝腐蚀、化学腐蚀斑、晶粒间腐蚀以及应力腐蚀六种类型。

A 一般腐蚀

金属表面产生一层均匀的腐蚀称为一般腐蚀（general corrosion）。

一般腐蚀的形成有很多因素，如酸性、温度、浓度、氧化程度、暴露在空气中的程度，等等，这些因素相互之间具有一定的影响。

例如，在含水的铁腐蚀中，暴露在空气中的氧化腐蚀可以有两种作用：

（1）氧相当于是一种去极剂（depolarizer），它由于阴极的反应速度上升而增加其腐蚀率。

（2）氧又可能是一种纯化剂（passivator），它会促进形成一层稳定的、被动的锈蚀薄膜。

按一般规律而言，温度的增加会增加氧的反应率，但是，增加温度也会使溶液从气体中挥发出来。由此，通常可采用缓慢的加热，以挥发氧的反应。

同样地，浓度在腐蚀中也可以有两种作用：

（1）在反应物浓度增加时，大多数化学反应率是上升的。

（2）但是，增加溶液中盐的浓度后，溶液中就会降低其溶解度。

B 电腐蚀

当不同的金属在电解液中进行电接触时，相异金属受到的腐蚀比它在单一金属存在时要大得多。因为，相异金属接触时，相当于是一个有电流的电池，这种现象的影响即为电腐蚀（galvanic corrosion）。

不同金属与合金之间的接触中，金属显示阳极时即会腐蚀，显示阴极时即可保护其不受腐蚀。两种金属之间的距离与其电压差成正比，即形成通常的腐蚀率。

通常在腐蚀金属的有皱纹或有槽的部位，最容易产生电腐蚀。

C 裂缝腐蚀

当一种金属接触到一定浓度的化学物质时即会产生腐蚀，并慢慢扩散。但是，金属表面一旦产生裂缝，就相当于使扩散受到限制，裂缝处却加速腐蚀，这就称为裂缝腐蚀（crevice corrosion）。

例如，就像在一个漏的木桶上，液体渗出后沿木桶边缘流下，液体慢慢地边流边挥发。但是，一旦流到木桶周围的铁箍上时，此时铁箍相当于一个裂缝的沟槽，液体即加速了该部位的腐蚀，其腐蚀率比铁箍泡在溶液中的腐蚀率更高。

防止裂缝腐蚀的措施有以下几种：

（1）新设备上具有大的接缝时，焊接时应完全焊透，以防背面产生微小裂缝。

（2）焊接时应避免重叠的焊接点，避免用焊接金属、焊料或不相匹配的堵缝材料密封，并在使用中避免产生裂缝及空隙，一旦发现，应迅速加以消除。

（3）重叠的焊点及焊接的斑点，会形成明显的裂缝腐蚀，必须清除干净。同时，所有液体有可能渗入的沟缝（铆钉头、重叠部位及所有类似的裂缝）应予以密封。

（4）在容器设计中，应避免尖角、坑凹或易于沉积物料的可能。

（5）对所有易于积聚堆积物的金属表面、梯子及各部位，应及时清扫干净。

D 化学腐蚀斑

化学腐蚀斑（chemical pitting）是由于化学腐蚀而在金属表面产生的一种斑点。如前所述，金属表面为阳极时就会腐蚀，而显示阴极时就可保护其不受腐蚀。而且，金属表面保持稳定的阳极，要比来回改变其极性的腐蚀好一些。但是，在这种情况下，由于各种化学因素，最突出的是卤盐（halide salts），特别是氯化物，会使金属表面在保持稳定的阳极时产生化学腐蚀斑，斑点式的化学腐蚀要比一般腐蚀要好一些。

氯化物离子积聚在金属阳极表面时，由于氯化物会水解为盐酸，阳极面上的酸度增加，就会提高其腐蚀率。氧化剂的氯化物，如二价铁、二价铜及汞的氯化物是最易形成化学腐蚀斑的物质。对于没有氧化剂的氯化物，其氧化反应是一种阴极反应，斑点形成较慢，因为阴极反应是通过氧在阴极上的扩散来控制的。

E 晶粒间腐蚀

晶粒间腐蚀（intergranu corrosion）是一种金属或合金的晶粒之间的局部损伤，其腐蚀是在金属某一个部位产生，该部位的金属中的晶粒受到影响，由此丧失了该金属的强度及其特性。

晶粒间腐蚀是由不正常的热处理或焊接时的热量引起的，它会引起某些合金内晶体的损坏。奥氏体不锈钢中铬的碳化物在加热到430～760℃时，会接近于粒状晶，由此减少了铬的成分，使不锈钢受到影响。

F 应力腐蚀

应力腐蚀（stress corrosion）是指金属由于超负荷运行，或频繁、激烈地动作而造成损伤。

4.18.1.4 腐蚀现象

袋式除尘器的腐蚀现象主要有三种：

（1）由于气流或尘粒性质与结构材质不匹配，造成基材的化学侵蚀；

（2）由于除尘器中某部位采用了不同的结构材料，而引起电腐蚀；

（3）由于除尘器运行中水露点或酸露点引起冷凝，发生腐蚀，如：

1）除尘系统开炉、停炉期间易结露；

2）除尘器灰斗、箱体流速较低，除尘器外壁遇到冷气流造成冷凝结露；

3）除尘器壳体、检修门等不严密处漏风，引起气流冷凝结露；

4）分室除尘器中，个别单室停机检修造成冷凝结露。

4.18.1.5 防腐材料

橡胶是使用极广的防腐材料，橡胶分为天然橡胶和合成橡胶两种：

（1）天然橡胶。天然橡胶是一种天然形成的橡胶制品。

（2）合成橡胶。合成橡胶（又称人造橡胶）是一种由化学合成的橡胶制品，它从第二次世界大战发展至今，品种极多，包括氯丁橡胶、丁基合成橡胶、氯化丁基合成橡胶、苯乙烯－丁二烯（styrene-butadiene）、乙烯－丙烯－丁二烯（ethylene-propylene-diene）、氯化酯（chloro sulphonated）、聚乙烯（polyethylene）以及丁钠橡胶或丁二烯丙烯橡胶（butadiene-acrylonitrile）。

在除尘设备中橡胶可用作膨胀节、阀门、管道及容器壳体各种形式的内衬，柔软的橡胶是极为耐磨的，可用于除尘设备中的风机、水泵、弯头上，它们必须具有耐化学及耐磨的综合功能。

选择人造橡胶合成材料是根据各种条件，特别是耐化学、耐温及耐物理特性等。人造橡胶可通过对软性材料及硬性材料的混合变化而形成各种形式，它依赖于硫化过程中硫的数量，及混合物数量的合成比例。

人造橡胶的显著限制之一是温度，在使用中必须根据烟气的化学性及温度妥善选择橡胶材质。

管道和设备的橡胶内衬有时可用塑料内衬来替代，这是由于塑料内衬要求的人工劳动力较少，这些塑料内衬包括亚乙烯氯化物（vinylidene chloride）、聚丙烯、Kynar®、Teflon®。

4.18.2 涂装技术

除尘系统的设备和管道都是用钢材制成的，钢容易腐蚀，它不仅影响设备和管道的外观，而且腐蚀严重时还会影响设备和管道的使用寿命，所以对涂装技术应予高度重视。

涂装技术包括除锈、油漆牌号、油漆色卡、施工要求等。

4.18.2.1 除锈

A 常用的除锈方法

对钢材表面进行除锈处理是涂装设计的前道工序，常用的除锈方法主要有手工除锈、喷砂除锈、酸洗除锈和火焰除锈等。

钢材除锈前应将表面的毛刺、杂物、松散的氧化皮和焊渣等清除干净，表面应无油污和油渣。

a 手工除锈

手工除锈有手工工具除锈和动力工具除锈两种。

手工除锈主要用刮刀、手锤、钢丝刷和砂布等工具除锈。

动力工具除锈主要用风动或电动砂轮、刷轮和各种除锈机等动力工具除锈。

手工除锈的优点是：使用的工具简单，易在任何场合下操作，费用低。但它劳动强度大、效率低，适用于一般的涂装要求。

手工和动力除锈以字母 St 表示，按除锈质量程度分两个等级：

St2：钢材表面应无附着不牢的氧化铁皮、锈、涂层和附着物，涂层和附着物外观应相当于标示的 BSt2、CSt2、DSt2 的照片。

St3：钢材表面应无附着不牢的氧化铁皮、锈、涂层和附着物，除锈应比 St2 更彻底，钢材的显露部分表面应具有金属光泽，其外观应相当于标示 BSt3、CSt3、DSt3 的照片。

b 喷砂除锈

喷砂除锈是指抛丸除锈和喷射除锈，主要工具有喷射机、空压机。

喷射用的磨料应符合下列要求：

（1）粒状物的磨料应比重大、韧性强，有一定粒度要求。

（2）磨料在使用过程中应不易碎裂，散释出的粉尘量应少。

（3）磨料喷射后残余磨料不宜残留在钢材的表面。

（4）各种粒状物的磨料表面不得有油污，含水率不得大于 1%。

磨料的粒径和喷射工艺指标如表 4－166 所示。

表 4－166 磨料的粒径和喷射工艺指标

磨料名称	磨料粒径/mm	压缩空气压力/MPa	喷嘴最小直径/mm	喷射角/(°)	喷距/mm
石英砂	3.2～0.63 0.8 筛余量不小于 40%	0.50～0.60	6～8	35～70	100～200
硅质河砂或海砂	3.2～0.63 0.8 筛余量不小于 40%	0.40～0.60	6～8	35～70	100～200
金刚砂	2.0～0.63 0.8 筛余量不小于 40%	0.35～0.45	4～5	35～70	100～200
钢线粒	线粒直径 1.0，长度等于直径，其偏差不大于直径的 40%	0.50～0.60	4～5	35～70	100～200
铁丸或钢丸	1.6～0.63 0.8 筛余量不小于 40%	0.50～0.60	4～5	35～70	100～200

喷砂除锈后的钢材表面粗糙度应不大于 40～60μm 或涂层总厚度的 1/3～1/2。

喷砂除锈的优点是：能满足和达到不同工艺所需的表面粗糙度要求，除锈质量可以保证，但是设备操作复杂，且操作环境较差和费用高。

喷砂（射）除锈以字母 Sa 表示，按除锈质量程度分四个等级：

Sa1：钢材表面应无附着不牢的氧化铁皮、锈、涂层和附着物（焊接飞溅物、焊渣、可溶性盐等），其外观应相当于标示的 BSa1、CSa1、DSa1 的照片。

Sa2：钢材表面的氧化铁皮、锈、涂层和附着物已基本清除，其残留物应是牢固附着的（牢固附着是指氧化铁皮和锈等物不能用金属腻子刀从钢材表面上剥离下来），其外观应相当于标示的 BSa2、CSa2、DSa2 的照片。

Sa$2^1/_2$：钢材表面应无可见的氧化铁皮、锈、涂层和附着物，任何残留的痕迹应只是点状或条状的轻微色斑，其外观应相当于标示的 ASa2$^1/_2$、BSa2$^1/_2$、CSa2$^1/_2$、DSa2$^1/_2$ 的照片。

Sa3：钢材表面应完全除去氧化铁皮、锈、涂层和附着物，应显示均匀的金属光泽，其外观应相当于标示的 ASa3、BSa3、CSa3、DSa3 的照片。

c 酸洗除锈

酸洗除锈应选用硫酸、盐酸、磷酸等配置成的酸洗液在车间酸洗槽里进行。

酸洗除锈工艺过程如下：

(1) 除锈—热水洗到中性—钝化；

(2) 除锈—水洗—中和—水洗—钝化；

(3) 除锈—水洗—活化—成膜—水洗—封闭。

酸洗除锈的优点是：除锈质量和效率都较高、费用低，但除锈工艺复杂，环境污染较高，而且废液不易处理。

酸洗除锈以字母 Be 表示，只有一个等级，没有标示照片：

Be：钢材表面应无可见的氧化铁皮、锈、涂层和附着物，个别残留点允许用手工或机械方法除掉。

d 火焰除锈

火焰除锈是利用氧乙炔焰及喷嘴进行除锈的一种方法，喷嘴的形状与大小要适合于待除锈的钢材表面状况。

火焰除锈适用于厚度 5mm 以上、没有涂层或要完全去掉旧涂层的钢材，对近于 5mm 厚的钢材进行除锈时，应注意火焰的温度。

对钢材锈蚀不严重的表面，一般用火焰普遍掠过一次即可，并用刷子等工具除去残留物。对钢材锈蚀严重或有涂层的表面，可用火焰多次掠过表面，通过加热、冷却的过程，获得锈层或涂层爆裂的效果，除掉锈层。

火焰除锈以字母 FI 表示：

FI：钢材表面应无氧化铁皮、锈、涂层和附着物，任何残留的痕迹应仅为表面变色（不同颜色的暗影），其外观应相当于标示的 AFI、BFI、CFI、DFI 的照片。

一般在钢结构制造厂或加工厂除锈时，必须采用喷射方法；在施工现场安装前和修补漆时，可用手工和动力工具方法除锈。

B 锈蚀等级和除锈等级

钢材表面的锈蚀等级和除锈等级参见国家标准 GB 8923—2008《涂装前钢材表面锈蚀等级和除锈等级》。

a 钢材表面锈蚀等级的分级

钢材表面的锈蚀等级按锈蚀程度分 A、B、C、D 四个等级：

A 级：钢材表面全面覆盖着氧化铁皮，几乎没有锈蚀；

B 级：钢材表面已发生锈蚀，并且部分氧化皮有锈蚀；

C 级：钢材表面氧化皮已因锈蚀而剥落，或者可以刮除，且有少量的点蚀；

D 级：钢材表面氧化皮已因锈蚀全面剥落，并且已普遍发生点蚀。

b 钢材表面除锈等级的分级

除锈等级与涂料底漆的关系如表4－167所示。

表4－167 除锈等级与涂料底漆的关系

底 漆	手工除锈		喷砂除锈			酸洗除锈
	St3	St2	Sa3	$Sa2^1/_2$	Sa2	Sp－8
油基漆	2	3	1	1	1	1
醇酸漆	2	3	1	1	1	1
酚醛漆	2	3	1	1	1	1
磷化底漆	2	4	1	1	1	1
聚氨酯漆	3	4	1	1	2	2
沥青	2	3	1	1	1	1
氯化橡胶漆	3	4	1	1	2	2
氯磺化聚乙烯漆	3	4	1	1	2	2
环氧煤焦油	2	3	1	1	1	1
环氧漆	2	3	1	1	1	1
有机富锌漆	3	4	1	1	2	3
无机富锌漆	4	4	1	1	2	4
无机硅底漆	4	4	1	2	3	2

注：1—好；2—较好；3—可用；4—不可用。

4.18.2.2 涂层

A 涂层的喷涂刷分类

涂层（coating）即油漆，相当于是一种匀称溶液（vehicls solids，即没有浓淡颜色的一种溶液）。这种匀称溶液是用一种液体（带有挥发性的溶解物质或水）调（混）入颜料中，它利用液体带有的黏性，和颜料混合后，刷到金属表面，利用液体的挥发，金属表面即形成一层涂层薄膜，即涂层。涂层可以用作底层或面层。

涂层的种类繁多，性能各不相同，钢材表面的涂层有底漆、中间漆和面漆三层。

底漆：应具备较好的防锈性能和较强的附着力。

中间漆：除应具有一定的底漆性能外，还应兼有一定的面漆性能，一般每道漆膜厚度应比底漆和面漆厚。

面漆：直接与腐蚀环境接触，应具有较强的防腐蚀能力和耐气候、抗老化性能。

涂层的底漆、中间漆和面漆必须采用同一生产厂家的组合配套牌号，即涂层的作用种类、硬度、化学和物理性能指标、温度等均需配套使用，它们不能单独使用。

a 底漆

X06－1乙烯磷化底漆

X06－1乙烯磷化底漆宜采用喷涂（用非金属罐喷枪施工），也可采用刷涂，但不宜往复涂刷。

X06－1 乙烯磷化底漆的施工黏度：
刷涂为 30～50s
喷涂为 20～25s
X06－1 乙烯磷化底漆的每道涂层使用量与膜厚：

使用量	刷涂为 60～80g/m^2
	喷涂为 80～120g/m^2
膜　厚	8～12μm/道

Y53－31 红丹油性防锈漆

Y53－31 红丹油性防锈漆应以刷涂为主，不宜采用喷涂。
Y53－31 红丹油性防锈漆的每道涂层使用量与膜厚：

使用量	100～130g/m^2
膜　厚	30～35μm/道

红丹与铝、锌易起化学反应，故该漆不能作为铝、锌材的防锈漆。

C53－31 红丹醇酸防锈漆

C53－31 红丹醇酸防锈漆应以刷涂为主，不宜采用喷涂。
C53－31 红丹醇酸防锈漆的施工黏度以 40～60s 为宜。
C53－31 红丹醇酸防锈漆的每道涂层使用量与膜厚：

使用量	120～150g/m^2
膜　厚	30～35μm/道

C06－1 铁红醇酸底漆

C06－1 铁红醇酸底漆可采用刷涂或喷涂。
C06－1 铁红醇酸底漆的施工黏度：

刷　涂	50～80s
空气喷涂	20～30s
高压无气喷涂	40～80s

C53－31 红丹醇酸防锈漆的每道涂层使用量与膜厚：

使用量	100～120g/m^2
膜　厚	20～25μm/道

J52－81 氯磺化聚乙烯底漆

J52－81 氯磺化聚乙烯底漆以喷涂或刷涂为宜，刷涂时宜轻刷，并不宜多次往复涂刷。
J52－81 氯磺化聚乙烯底漆的施工黏度：

刷　涂	60～80s
喷　涂	20～30s

J52－81 氯磺化聚乙烯底漆的每道涂层使用量与膜厚：

使用量	刷涂时为 100～120g/m^2
	喷涂时为 120～150g/m^2
膜　厚	刷涂时为 20～25μm/道

喷涂时为 18 ~ 22μm/道

G06 – 4 锌黄、铁红过氯乙烯底漆

钢材表面经喷射或酸洗除锈后，应在钢材表面先涂一道 X06 – 1 乙烯磷化底漆或进行磷化处理后，方可喷涂或刷涂 G06 – 4 锌黄、铁红过氯乙烯底漆。

G06 – 4 锌黄、铁红过氯乙烯底漆施工应以喷涂为主，也可刷涂。

G06 – 4 锌黄、铁红过氯乙烯底漆施工黏度：

喷　涂　　15 ~ 18s

刷　涂　　30 ~ 50s

H06 – 4 环氧富锌底漆

H06 – 4 环氧富锌底漆宜采用刷涂，也可喷涂。

H06 – 4 环氧富锌底漆施工黏度：

刷　涂　　25 ~ 50s

空气喷涂　　18 ~ 25s

高压无气喷涂　　20 ~ 30s

H06 – 4 环氧富锌底漆的每道涂层使用量与膜厚：

使用量　　170 ~ 200g/m²

膜　厚　　20 ~ 25μm/道

H06 – 13 环氧沥青底漆

H06 – 13 环氧沥青底漆以喷涂为主，也可采用刷涂。

H06 – 13 环氧沥青底漆的施工黏度

高压无气喷涂　　140 ~ 180s

刷　涂　　70 ~ 100s

H06 – 13 环氧沥青底漆的每道涂层使用量与膜厚：

使用量	高压无气喷涂	200 ~ 300g/m²
	刷　涂	120 ~ 160g/m²
膜　厚	高压无气喷涂	80 ~ 120μm/道
	刷　涂	50 ~ 70μm/道

S06 – 28 铁红聚氨酯底漆

S06 – 28 铁红聚氨酯底漆采用刷涂或高压无气喷涂。

S06 – 28 铁红聚氨酯底漆的施工黏度：

刷　涂　　40 ~ 60s

高压无气喷涂　　50 ~ 60s

S06 – 28 铁红聚氨酯底漆的每道涂层使用量与膜厚：

使用量　　刷涂为 100 ~ 120g/m²

膜　厚　　25 ~ 30μm/道

E06 – 4 无机硅酸锌底漆

E06 – 4 无机硅酸锌底漆可采用刷涂或高压无气喷涂。

E06－4 无机硅酸锌底漆的施工黏度：

刷　涂　　20～30s

高压无气喷涂　　15～30s

E06－4 无机硅酸锌底漆的每道涂层使用量与膜厚：

使用量　　140～180g/m^2

膜　厚　　20～25μm/道

X53－1 云铁高氯化聚乙烯防锈漆

X53－1 云铁高氯化聚乙烯防锈漆可采用刷涂或喷涂。

X53－1 云铁高氯化聚乙烯防锈漆的施工黏度：

刷　涂　　90～140s

X53－1 云铁高氯化聚乙烯防锈漆的每道涂层使用量与膜厚：

使用量　　180～220g/m^2

膜　厚　　40～45μm/道

b　中间漆

C53－34 云铁醇酸防锈漆

C53－34 云铁醇酸防锈漆以刷涂为主，也可喷涂。

C53－34 云铁醇酸防锈漆的施工黏度：

刷　涂　　70～120s

高压无气喷涂　　70～120s

C53－34 云铁醇酸防锈漆的每道涂层使用量与膜厚：

使用量　　120～160g/m^2

膜　厚　　30～40μm/道

C52－31 各色过氯乙烯防锈漆

C52－31 各色过氯乙烯防锈漆以喷涂为主，也可刷涂。

C52－31 各色过氯乙烯防锈漆的施工黏度：

空气喷涂　　16～18s

高压无气喷涂　　25～30s

刷　涂　　25～30s

C52－31 各色过氯乙烯防锈漆的每道涂层使用量与膜厚：

使用量　　80～100g/m^2

膜　厚　　18～22μm/道

J52－氯磺化聚乙烯中间漆

J52－氯磺化聚乙烯中间漆可采用喷涂或刷涂。

J52－氯磺化聚乙烯中间漆的施工黏度：

喷　涂　　80～140s

刷　涂　　100～160s

J52－氯磺化聚乙烯中间漆的每道涂层使用量与膜厚：

使用量　　200～250g/m^2

膜　厚　　　40～45μm/道

J52－13 云铁氯化橡胶防锈漆

J52－13 云铁氯化橡胶防锈漆以喷涂为主，也可刷涂。

J52－13 云铁氯化橡胶防锈漆的施工黏度：

喷　涂　　　30～60s

刷　涂　　　60～100s

J52－13 云铁氯化橡胶防锈漆的每道涂层使用量与膜厚：

使用量　　　喷　涂　160～200g/m^2

　　　　　　刷　涂　130～160g/m^2

膜　厚　　　喷　涂　30～40μm/道

　　　　　　刷　涂　30～40μm/道

S53－云铁聚氨酯中间漆

S53－云铁聚氨酯中间漆采用刷涂或高压无气喷涂。

S53－云铁聚氨酯中间漆的施工黏度：

刷　涂　　　70～90s

高压无气喷涂　　　80～100s

S53－云铁聚氨酯中间漆的每道涂层使用量与膜厚：

使用量　　　刷　涂　　　130～160g/m^2

　　　　　　高压无气喷涂 160～200g/m^2

膜　厚　　　40～50μm/道

c　面漆

C04－2 各色醇酸磁漆

C04－2 各色醇酸磁漆可采用刷涂或喷涂。

C04－2 各色醇酸磁漆的施工黏度：

刷　涂　　　60～90s

空气喷涂　　　20～30g/m^2

高压无气喷涂　　　50～80s

C04－2 各色醇酸磁漆的每道涂层使用量与膜厚：

使用量　　　刷　涂　　　100～120g/m^2

　　　　　　高压无气喷涂 120～150g/m^2

膜　厚　　　15～20μm/道

C04－42 各色醇酸磁漆

C04－42 各色醇酸磁漆可采用刷涂或喷涂。

C04－42 各色醇酸磁漆的施工黏度：

刷　涂　　　60～90s

空气喷涂　　　20～30g/m^2

高压无气喷涂　　　50～80s

C04－42 各色醇酸磁漆的每道涂层使用量与膜厚：

使用量　　刷　涂　100 ~ 120g/m^2

　　　　　高压无气喷涂　120 ~ 150g/m^2

膜　厚　　刷　涂　15 ~ 20μm/道

　　　　　高压无气喷涂　25 ~ 35μm/道

G52 - 2 过氯乙烯防酸漆

G52 - 2 过氯乙烯防酸漆以喷涂为主，也可刷涂。

G52 - 2 过氯乙烯防酸漆的施工黏度：

空气喷涂　15 ~ 18s

高压无气喷涂　25 ~ 30s

G52 - 2 过氯乙烯防酸漆的每道涂层使用量与膜厚：

使用量　60 ~ 80g/m^2

膜　厚　18 ~ 20μm/道

J52 - 61 氯磺化聚乙烯防酸漆

J52 - 61 氯磺化聚乙烯防酸漆可用喷涂和刷涂，刷涂时宜轻刷，并不宜多次往复刷涂。

J52 - 61 氯磺化聚乙烯防酸漆的施工黏度：

刷　涂　60 ~ 80s

空气喷涂　20 ~ 25s

高压无气喷涂　50 ~ 70s

J52 - 61 氯磺化聚乙烯防酸漆的每道涂层使用量与膜厚：

使用量　　喷　涂　60 ~ 80g/m^2

　　　　　刷　涂　100 ~ 120g/m^2

膜　厚　20 ~ 25μm/道

S04 - 各色聚氨酯磁漆

S04 - 各色聚氨酯磁漆可用刷涂或喷涂。

S04 - 各色聚氨酯磁漆的施工黏度：

刷　涂　30 ~ 40s

喷　涂　20 ~ 25s

S04 - 各色聚氨酯磁漆的每道涂层使用量与膜厚：

使用量　　刷　涂　100 ~ 120g/m^2

　　　　　喷　涂　140 ~ 160g/m^2

膜　厚　20 ~ 25μm/道

J52 - 11 各色氯化橡胶防腐面漆

J52 - 11 各色氯化橡胶防腐面漆可用刷涂、喷涂或高压无气喷涂。

J52 - 11 各色氯化橡胶防腐面漆的施工黏度：

刷　涂　50 ~ 90s

喷　涂　30 ~ 40s

高压无气喷涂　70 ~ 90s

J52－11 各色氯化橡胶防腐面漆的每道涂层使用量与膜厚：

使用量　　刷　涂　100～120g/m²
　　　　　喷　涂　120～150g/m²
　　　　　高压无气喷涂　150～180g/m²

膜　厚　　30～35μm/道

W61－64 有机硅高温防腐漆

W61－64 有机硅高温防腐漆可用刷涂或喷涂。

W61－64 有机硅高温防腐漆的施工黏度为 30～60s

W61－64 有机硅高温防腐漆的每道涂层使用量与膜厚：

使用量　　100～120g/m²

膜　厚　　20～25μm/道

X52－11 各色高氯化聚乙烯磁漆

X52－11 各色高氯化聚乙烯磁漆可用刷涂或喷涂。

X52－11 各色高氯化聚乙烯磁漆的施工黏度：

刷　涂　　80～120s

X52－11 各色高氯化聚乙烯磁漆的每道涂层使用量与膜厚：

使用量　　150～180g/m²

膜　厚　　30～40μm/道

B　管道和设备对涂层的要求

管道和设备对涂层的要求如表 4－168 所示。

表 4－168　管道和设备对涂层的要求

序号	涂装对象	表面温度/℃	涂装等级和大气环境	涂料名称及型号	道数	厚度/μm	耐用年限
1	保温和不保温管道和设备	常温	普通等级和一般城市大气环境	H53－8 环氧红丹底漆	1	35	5 年左右
				H53－6 环氧云铁中间漆	1	100	
				C04－42 醇酸磁漆	2	50	
				小　计	4	185	
2	保温和不保温管道和设备	常温	中等等级和一般城市大气环境	H53－8 环氧红丹底漆	1	35	8 年左右
				H53－6 环氧云铁中间漆	1	100	
				J52－61 氯磺化聚乙烯	2	50	
				或 X52－11 高氧化面漆	2	60	
				小　计	4	185 或 195	
3	保温和不保温管道和设备	常温	高等等级和重工业及化工大气环境	H06－1－1 环氧富锌底漆	1	40	10 年左右
				H53－6 环氧云铁中间漆	1	100	
				J52－11 氯化橡胶面漆	2	60	
				或 S52－40 聚氨酯面漆	2	80	
				小　计	4	200 或 220	

续表 4 - 168

序号	涂装对象	表面温度/℃	涂装等级和大气环境	涂料名称及型号	道数	厚度/μm	耐用年限
4	保温和不保温管道和设备	100 ~ 150	中等等级	FH61 - 150 耐热防腐涂料底漆	2	100	10 年左右
				FH61 - 150 耐热防腐涂料面漆	2	100	
				小　计	4	200	
5	保温和不保温管道和设备	100 ~ 150	高级等级	S61 - 160 聚氨酯耐热防腐底漆	2	60	10 年左右
				S61 - 160 聚氨酯耐热防腐涂料面漆	2	60	
				小　计	4	120	
6	保温和不保温管道和设备	150 ~ 200	高温等级	E06 - 1 无机富锌底漆	2	120	10 年左右
				C61 - 200 醇酸耐热漆	2	60	
				小　计	4	180	
7	保温和不保温管道和设备	200 ~ 400	高温等级	WE61 - 400 耐高温防腐涂料底漆	2	60	10 年左右
				WE61 - 400 耐高温防腐涂料面漆	2	50	
				小　计	4	110	
8	保温和不保温管道和设备	400 ~ 500	高温等级	W61 - 500 有机硅耐高温防腐涂料底漆	2	40	10 年左右
				WE61 - 500 有机硅耐高温防腐涂料面漆	2	40	
				小　计	4	80	
9	保温和不保温管道和设备	500 ~ 600	高温等级	W61 - 600 有机硅耐高温防腐涂料底漆	2	50	10 年左右
				WE61 - 600 有机硅耐高温防腐涂料面漆	2	50	
				小　计	4	100	
10	保温和不保温管道和设备	600 ~ 700	高温等级	WE61 - 700 有机硅耐高温防腐涂料底漆	2	50	10 年左右
				WE61 - 700 有机硅耐高温防腐涂料面漆	2	50	
				小　计	4	100	

注：需保温的管道和设备只需采用二道底漆。

4.18.2.3　涂层材质的特性

涂层（coating）的材质有有机涂层（表 4 - 169）和无机涂层（表 4 - 170）两种。

表 4 - 169　各种有机涂层的特性

1	亚克力（Acrylic）	这种热性塑料树脂是从天然气中取得； 对水的抵制最有效，特别是抗风化力； 一般耐酸及耐碱性不好
2	醇酸树脂（Alkyd）	这种合成树脂是由一定量的酸和酒精与变量的干石油蒸馏而成； 这种树脂耐酸、耐湿，但其抗风化力和耐碱性差

续表 4－169

3	含沥青的 (Bituminous)	这种树脂是从煤焦油或沥青中提炼而成，它可制成热态或乳状液； 从煤焦油中提炼的树脂比从沥青中提炼的树脂的耐湿性和耐碳氢化合物更好
4	氯化橡胶 (Chlorinate Rubber)	这种树脂是由氯化物与天然气一起制成的； 它具有良好的耐酸和耐碱性，但其耐溶解性差； 它能适应各种气候条件
5	煤焦油环氧 (Coal Tar Epoxy)	这种树脂是由耐黏及耐湿的煤焦油与一种热稳定的催化环氧一起合成的涂层； 它具有良好的耐酸和耐碱性，但耐溶解性差
6	环氧树脂 (Epoxy)	这种树脂是由表氯醇（Epichlorohydrin）与双酚 A（Bisphenol）组合而成； 涂层通常具有良好的耐酸、耐碱和耐溶解性，但经不起气候变化； 环氧树脂的涂层有三种形式： 1）催化剂：使用前，预先将一种胺或聚酰胺催化剂加到环氧树脂中去的涂层，这种涂层可以用来保养机器的交叉连接； 2）烘焙：这种树脂可通过加热转换成一层固体薄膜； 3）硅酯（Esters）：这种涂层是通过环氧树脂和干油的反应制成的； 其特性介于醇酸树脂及催化环氧涂层之间
7	油基或油树脂涂料（Oil Base or Oleoresionous）	油基或油树脂涂料是由油组成的，它可以通过空气中的氧的反应转换成一种固体； 它形成的薄膜比其他薄膜具有较小的耐化学性及较高的水蒸气及气体的渗透性
8	酚的（石炭酸） (Phenolic)	这种合成树脂是由酚和甲醛的反应而成； 干的酚气比烷基（Alkyds）具有更好的耐化学性及耐水性，但耐紫外线辐射光较小； 烘焙的酚具有更好的忍耐性，通常用于内部涂料
9	聚　酯 (Polyesters)	酯（Esters）是一种酸和酒精的反应； Polyesters 不含油，由很多分子组成，它可与烷基酸（Phthalic Acid）、异酞酸（Isophtalics Acid）或双酚 A（Bisphenol）合成，它们合成后，可溶解在苯乙烯（Styrene）中成为一种溶液，它与聚酯起真正的反应，并成为涂料的一部分； 它具有十分良好的耐酸、耐水和耐磨性，但耐碱性及光泽差
10	聚亚胺酯 (Polyurethanes)	这种树脂是由包括异氰酸盐（酯）（Isocyanate）及氢氧基组（Hydroxyl Groups）在内的反应所组成，这种反应通过聚合形成聚亚胺酯，它们是无单节显性（monomeric）的聚胺酯橡胶； ASTM 将它们划分为五种形式的催化氨基甲酸酯树脂（Urethance），它们是单纯包油式、防湿式以及防热式，最后两种是具有互补性的防催化剂原（Catalyat），以及防多烃基化合物（Polyolcured）树脂； 它们具有好的耐酸、耐碱、耐溶解性，非常好的耐磨性，但是较低的构造特性
11	硅树脂 (Silicone)	这种树脂是用于高温涂层，它具有较差的溶解性
12	乙烯基 (Vinyls)	它是一种漆型式的涂层，它在溶剂蒸发时干燥； 它具有良好的耐酸、耐碱性，但耐溶解性差，与金属的粘贴性差，及低的建造特性

表 4－170　各种无机涂层的特性

1	镀　锌	镀锌不是一种真正的涂料，实际上是在钢表面复合一层合金来防腐蚀； 这种涂层必须在清洁的钢材表面上使用
2	金属生物化学 (Metallizing)	这是一种处理方法； 它是在镍合金（蒙乃尔铜）、铝、锌及铅金属上，用氧、电石气及空气喷涂在其表面； 这种产品具有十分良好的耐磨和耐腐蚀性
3	锌－无机物	这种涂层是由大量锌与各种成分的硅树脂一起合成的； 它要求良好的表面处理； 它具有十分良好的耐磨性、耐气候性、耐溶解及沥青酯性，但其耐酸性差

涂装的防腐剂有醇酸漆、高氯化聚乙烯漆、环氧树脂漆、氯化橡胶漆、乙烯漆、氯磺化聚乙烯漆、聚亚胺酯、有机硅漆等种类，以及上述种类的改性涂料。

各种涂层材质的性能比较如表4－171所示。

表4－171 各种涂层材质的性能比较

涂层名称	风化	磨损	耐热	耐水	耐盐	耐溶解	耐碱	耐酸
Polyesters	好	好	好	极好	极好	好	较差	极好
乙烯基	极好	较差	差	极好	极好	差	好	极好
环氧树脂	好	好	好	好	极好	好	极好	好
聚亚胺脂	极好	极好	好	好	极好	好	好	极好
氯化橡胶	较差	较差	差	极好	极好	差	好	好
乳胶	好	较差	差	差	差	差	差	较差
亚克力，瓷釉	好	好	较差	好	好	差	好	好
醇酸树脂，瓷釉	好	较差	好	好	好	差	差	较差
煤焦油，环氧树脂	较差	差	较差	极好	极好	较差	好	极好
硅树脂	好	较差	极好	好	好	较差	较差	较差

4.18.2.4 涂层的颜色

A 颜料的分类

颜料一般可分为活性颜料和惰性颜料两种：

（1）活性颜料。活性颜料有颜色和不透明度。

（2）惰性颜料。惰性颜料主要用作填充物，增加黏度和控制流动性，相当于增加结构强度。

颜料在用于颜色、隐蔽及强度的涂层中，其粒度细度是不同的。

B 颜料的颜色

宝钢袋式除尘器的色标如表4－172所示。

表4－172 宝钢袋式除尘器的色标

序 号	名 称	颜 色
1	袋式除尘器壁板	浅灰棕色（701）
2	袋式除尘器框架、灰斗、梯子和平台等	中灰棕色（702）
3	中间储灰斗及框架	中灰棕色（702）
4	气动换气阀、双级卸灰阀	灰绿色（507）
5	储灰斗下部卸料阀、输灰装置	灰绿色（507）
6	进、排风管，反吹风管和压缩空气管	铂灰色（602）
7	差压计配管	铂灰色（602）

注：括号内数字为《宝钢股份色卡》（2002）代号。

5　袋式除尘器的品种类型

5.1　袋式除尘器的类型

袋式除尘器按滤袋的清灰方式通常分为振动式、反吹风式、脉冲喷吹式和复合式四种，如图5－1所示。

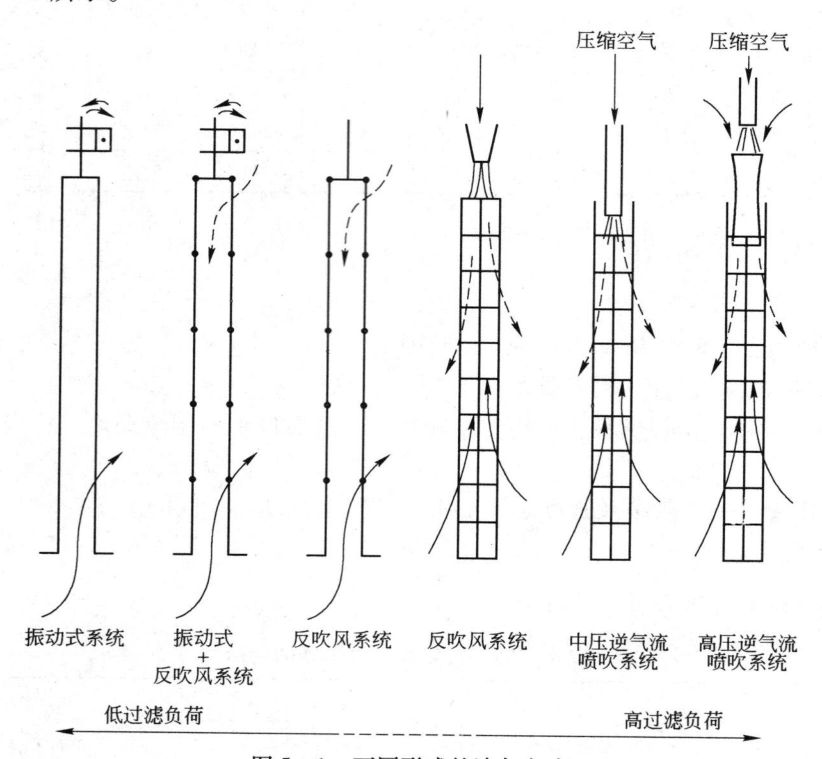

图5－1　不同形式的清灰方式

5.2　振动式袋式除尘器

5.2.1　振动式袋式除尘器的沿革

振动式清灰是最老的一种袋式除尘器形式，发源地是欧洲，但目前在美国仍有非常显著的地位。

1881年，联邦德国贝茨（Beth）工厂的振动式袋式除尘器首次取得德国专利。

1900年以前，振动式袋式除尘器采用手动振动式清灰，随后经过以下几个阶段的发展：

（1）操作从手动发展到电动或气动自动化操作。

（2）动作从垂直振动发展到水平振动或两种振动组合。

（3）振打形式从一般敲打发展到滤袋扭转或其他动作（图5－2）。

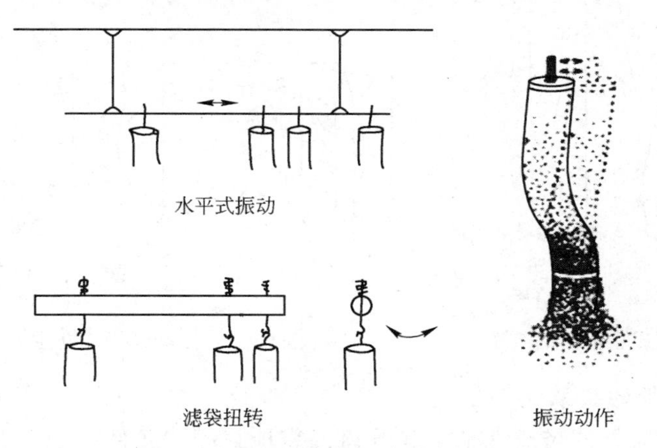

图5－2 滤袋振动形式

20世纪30年代出现机械振动/逆气流清灰结合的复合式除尘器。20世纪70年代以前，联邦德国等国采用这种机械振动/逆气流清灰型式。苏联的袋滤技术比较落后，传统袭用德国的机械振动/逆气流清灰袋式除尘器，苏联的Mϕ－LY、ϕB型（即我国50年代仿苏产品LD8/1、LD18型）袋滤除尘器即属于此类型。

20世纪50年代，我国在苏联援建下，大部分采用苏式机械振动式袋式除尘器，由于其效率低、维护工作量大、滤袋寿命短，致使大量设备处于瘫痪状态。由于机械振动式清灰会使滤袋损坏加剧，特别是玻璃丝布袋，抗折性差，易损坏；同时，它的过滤速度不能太高，所以逐渐被反吹风及脉冲袋式除尘器所替代。

振动式袋式除尘器使用在美国各种大小的袋式除尘器上，图5－3是美国的大型结构设备。

图5－3 美国大型振动式袋式除尘器

5.2.2 振动式袋式除尘器的结构

5.2.2.1 振动式袋式除尘器的清灰结构

振动式袋式除尘器一般有摆动清灰、摇动清灰及声波清灰等类型（图5－4）。

振动式袋式除尘器的运行状态如图5－5所示。

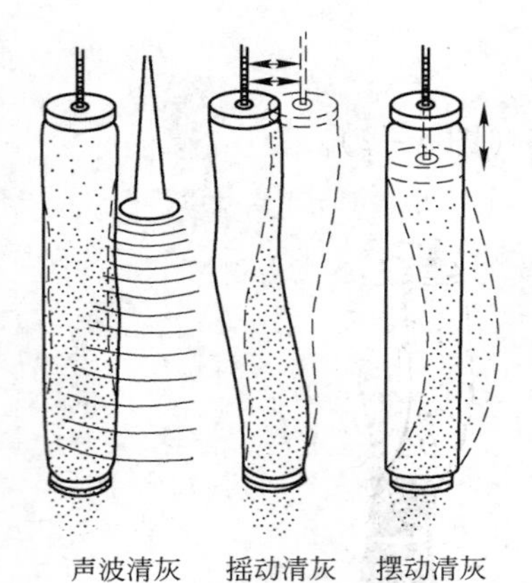

图 5-4 振动式袋式除尘器的类型

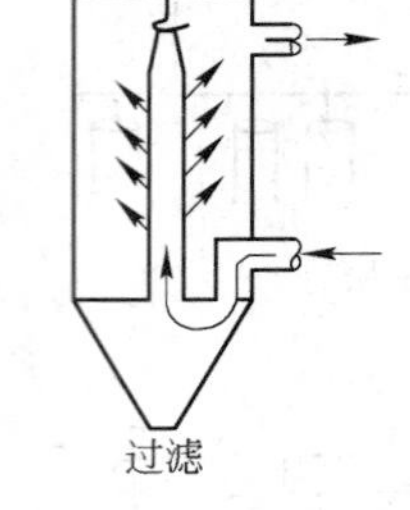
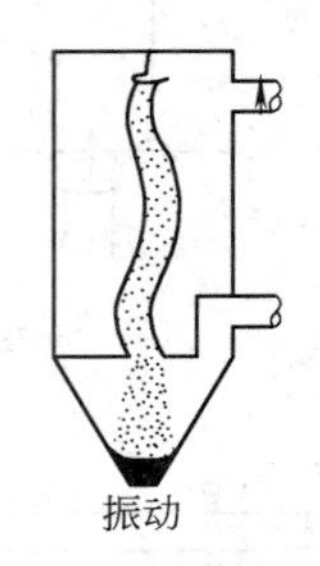
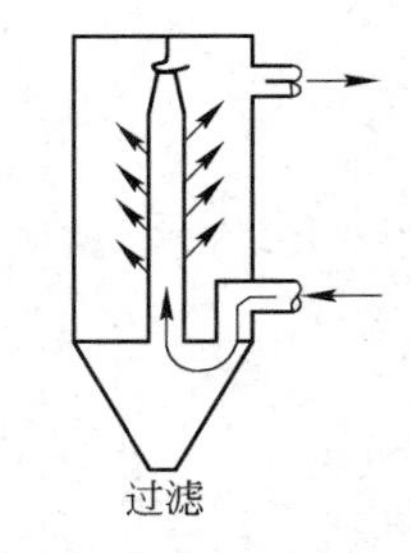

图 5-5 振动式袋式除尘器的运行状态

5.2.2.2 滤袋的安装

振动式袋式除尘器滤袋通常是袋底开口，袋顶封闭，底部固定在花板上（图 5-6），顶部与振动机械连接（图 5-7），滤袋通常不设防瘪环和袋笼。

振动式袋式除尘器一般采用内滤式，灰尘收集在滤袋内部。

振动式袋式除尘器滤袋的安装有顶部安装和底部安装两种。

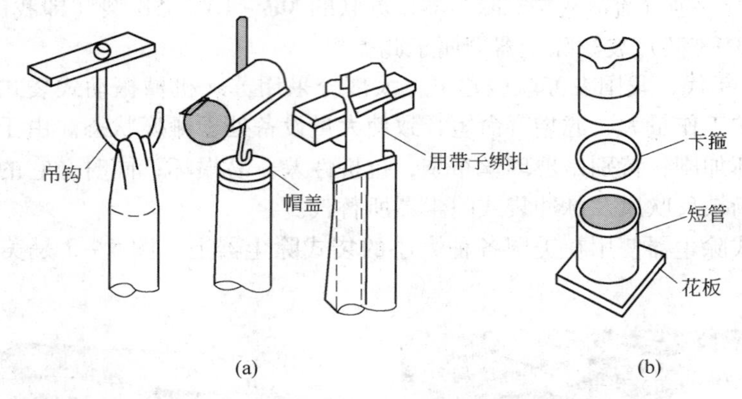

图 5-6 振动式清灰袋式除尘器的滤袋安装
（a）滤袋的顶部安装；（b）滤袋的底部安装

图 5-7 AAF 公司的振动支撑原木

（1）顶部安装：滤袋顶部是密封式或封闭型的，然后由吊钩或扎紧吊挂起来（图5-6(a)）。

（2）底部安装：滤袋底部是敞开式连接在花板上（图5-6(b)）。

滤袋通常会在滤袋顶部吊装滤袋的地方出现损伤，或在滤袋底部安装滤袋的花板处产生问题。因此，滤袋清灰的适当频率对避免滤袋过早产生损坏是极为重要的。

5.2.2.3 滤袋的振动机构

振动式袋式除尘器的振动清灰可以用手动和机动两种，工业袋式除尘器通常用机动。

A 手动振动式袋式除尘器

对于处理气流小于500cfm(14.2m^3/min）的小型袋式除尘器常用手动杠杆式清灰。但是由于它存在以下问题：

（1）手动振动式除尘器必须用几分钟才能作到彻底清灰。

（2）另外，这种小设备一般没有仪表显示滤袋需要清灰的压差。

因此，在工业颗粒物污染控制中使用不多。

B 机动振动式袋式除尘器

机动是利用电动机连接到一根轴上传动一根杆上的滤袋来完成振动，它是一种滤袋温和振动的低能流程。

振动式除尘器的典型振动机构如图5-8所示。滤袋安装在除尘器宽度方向的两排框架上，电机驱动振动杆转动时引起框架活动，促使滤袋振动。

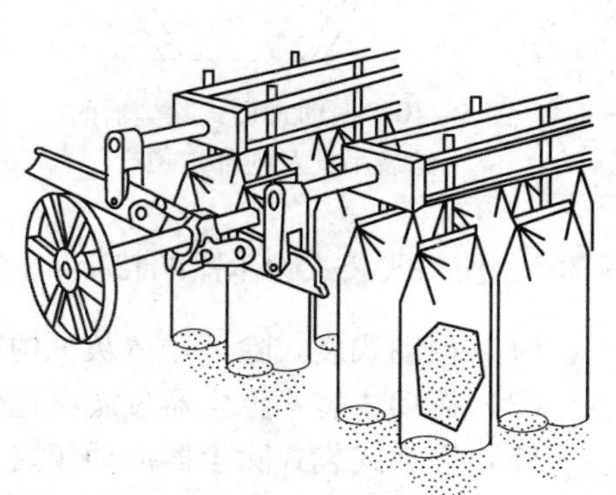

图5-8 振动杠杆系统的详图

图5-9所示为振动装置实例。

滤袋由顶部安装的摆动框架摇动，从而引起滤袋的微微波动，并使灰尘剥落（图5-10）。

在振动式袋式除尘器中，滤袋如果采用在线清灰，不管滤袋采用什么振动形式，即使滤袋的压差小于0.05inH_2O(12Pa)，也会明显地阻碍滤袋的清灰。因此，振动式袋式除尘器必须采用离线（即停止过滤）清灰。滤袋振动时，利用一小股反吹气流协助清灰，也是有益的。

美国AAF多件组合的振动装置

Wheelabrator Air Pollution Control Co.
改良型振动式袋式除尘器

图5-9 振动装置的实例

典型的振动式袋式除尘器，振动杆是由安装在滤袋室外部的电机传动（图 5－11）。滤袋振动时，灰尘落入滤袋下面的灰斗内。清灰循环的持续时间从 30 秒钟到几分钟，但通常至少为 30 秒。

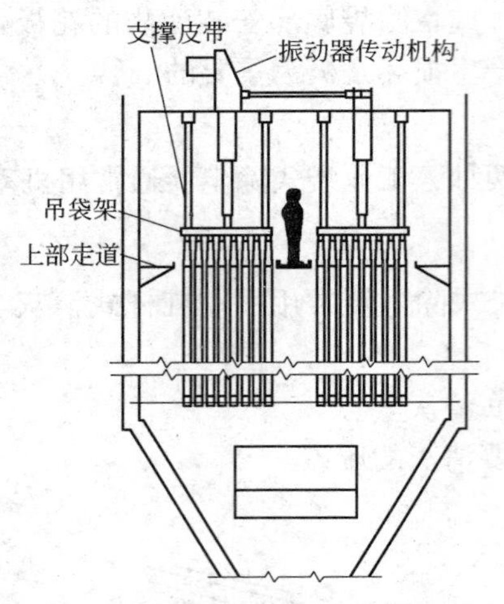

图 5－10 振动式袋式除尘器的滤袋吊挂及内部走道

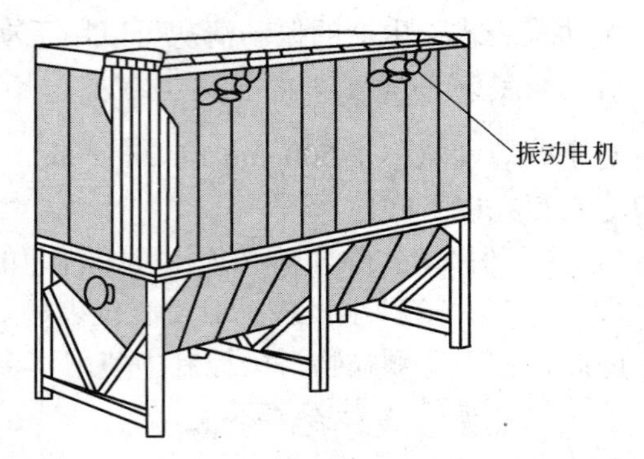

图 5－11 典型的振动式清灰袋式除尘器

5.2.3 振动式袋式除尘器的特征

（1）振动式袋式除尘器清灰机构简单，操作方便，运行能耗低，工作稳定。

（2）振动式袋式除尘器过滤风速低，外形体积大。

（3）振动式袋式除尘器振动频繁（每秒数周）、振幅大（25～75mm），滤袋易损。

（4）振动式袋式除尘器清灰时需停机，机组连续运行性差。

（5）当收集黏性灰尘时，由于清除黏性灰尘所需的力能撕裂或撕破滤袋，故不宜采用振动式袋式除尘。

为此，振动式袋式除尘器一般适用于小风量、净化要求不高的地方，但美国也有用于大型机组。

5.2.4 振动式袋式除尘器的性能参数

典型的振动式袋式除尘器的主要参数如表 5－1 所示。

表 5－1 振动式清灰参数

频　率	通常每秒几次；可调
运　动	单谐波或 sinusoidal
峰值加速度	（1～10）g（重力）
滤袋动作（振幅）	零点几英寸到几英寸，25～75mm
运行模式	清灰时该室停止过滤（离线）
持续时间	10～100 循环，30 秒到几分钟
通常滤袋的尺寸	5in、8in 或 12in 直径，8ft、10ft、22ft 或 30ft 长

资料来源：McKenna and Greiner1982；McKenna and Turner1989；Adapted and reproduced by permission of ETS Inc.。

（1）频率：每分钟振打次数。

（2）振幅：滤袋移动的距离。

（3）加速度：滤布所受的加速度与振幅×频率^2 的积成比例。

（4）振打持续时间。

美国的振动式袋式除尘器滤袋常采用机织布，气布比低于4:1。美国也曾在振动清灰中尝试采用针刺毡，但结果引起清灰不良、高压降及滤料振动开裂等问题。

振动式袋式除尘器中，影响清灰效率的主要参数是频率、振动和振幅。

为获得连续振动清灰，滤袋清灰时含尘气流必须停止过滤，为此除尘器必须分隔成若干个小室，滤袋每次清灰时有一个小室停止过滤，然后逐室停止过滤清灰，以使除尘器实现连续清灰。

5.2.5 振动式袋式除尘器的清灰

美国 Dennis 和 Wilder 通过实验室试验，对滤袋的振动清灰进行分析。

5.2.5.1 滤袋的振动机理

在 Dennis 和 Wilder 的滤袋振动清灰分析中，他们开发了一种涉及振动频率、敲打长度及滤袋的各种特性（包括尺寸、弹性模数（系数）和安装张力）的滤袋振动理论。

Dennis 和 Wilder 认为：

（1）滤袋的振动清灰效果与滤袋过滤时的灰尘捕集力的大小有关。

（2）滤料加速或减速分离灰尘时，其剪切力能促进、消除灰尘与滤料之间的黏合，惯性力与滤料表面成直角形（垂直）作用。

（3）在滤袋振动分析中，Dennis 和 Wilder 认为：滤袋就像一条颤动的线，在滤袋的末端用振动机械进行摆动（颤动），其摆动是越摆动越慢。在适当的频率下，摆动波外加移位产生一种持续的波，这就是共振频率。

5.2.5.2 清灰程序

间歇性振动清灰的正常清灰程序如下：

（1）关闭气流进口阀门，同时关闭出口气流阀门（如果需要时），滤袋停止过滤，压降达到零。

（2）滤袋开始振动清灰，振动次数连续达到数百次。

（3）滤袋停止振动清灰后，该单元瞬间保持休眠（即静止）状态，直到灰尘沉降完毕。

（4）打开阀门，滤袋恢复过滤状态。

（5）此时，如果进行反吹风辅助振动清灰，在一系列反复振动的同时进行清灰循环，使除尘器恢复过滤之前进行反吹风清灰循环。

5.2.5.3 滤袋的张力

滤袋张力是波的传播和抑制变化的重要因素，其变化为：

（1）张力是垂直悬吊滤袋的重力，它随滤袋长度而变化。

（2）张力同时随滤袋的灰尘负荷（随过滤时间的增加而增加）而变化。

（3）张力是随振动清灰时所采用的力和滤袋的动作而变化。

5.2.5.4 滤袋的振幅（Y）

Dennis 和 Wilder 得出一般滤袋振幅（Y）的计算公式：

$$Y = \frac{1}{Df}\frac{1}{ML}T_{m}(T_{m} - T_{im}) \tag{5-1}$$

式中 Y——滤袋移动的平均振幅，m；

f——滤袋振动频率，s^{-1}；

M——滤袋的弹性系数，kg/m^2；

L——滤袋的长度（夹具之间），m；

D——滤袋单位长度的质量，kg/m；

T_m——滤袋动态张力（力）中部平均，$kg \cdot m/s^2$；

T_{im}——振动开始时，中部的平均张力（静态）力，$kg \cdot m/s^2$。

从式（5－1）中可得出以下结论：

（1）计算所得的振幅（Y）值大约低于摄影测量的振幅30%。

摄影测量的程序是：在静止点（中止点）上测量一个最大的振幅，在返回的静止点（中止点）上测量一个最小的振幅，并取它们的平均值。

（2）从式（5－1）中可见，平均振幅（Y）值与振动频率（f）成反比。

（3）滤袋振打的作用点是已知的，该点的最大加速度（a_m）可由下式求得：

$$a_{m} = 4\pi^{2}f^{2}Y \tag{5-2}$$

（4）滤袋上的所有点与振动臂具有同样的频率。

5.2.5.5 滤袋残留灰负荷与平均滤袋加速度的关系

滤袋的残留灰负荷是滤袋在平均滤袋加速度（即滤袋上所有点的最大加速度的平均值）下振动清灰后表面残留的灰尘。

振动清灰的残留灰负荷和平均加速度之间的关系显著影响滤袋的寿命。Dennis 和 Wilder 表示，滤袋表面的残留灰负荷与平均滤袋加速度的平方根成反比变化（图5－12）。

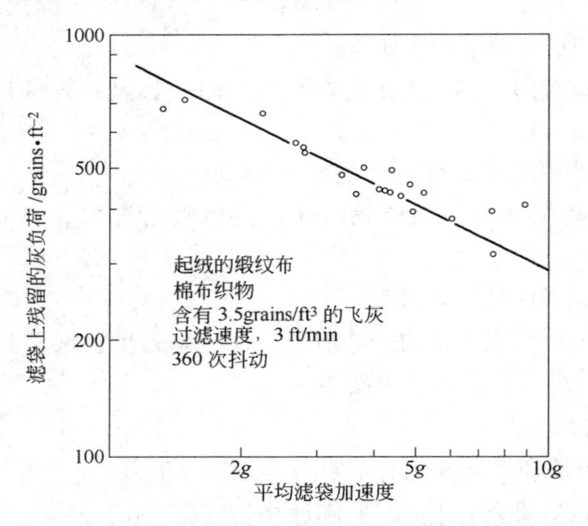

图5－12 滤袋上残留灰负荷与平均滤袋加速度的对比

滤袋上残留灰负荷取决于振动清灰前的最初灰负荷，假设滤袋张力全部相同，残留灰负荷取决于平均滤袋振幅（Y）以及振动机的频率（f）。

图5－13表明，各种不同新滤料（图中N符号）和同类使用过的旧滤料（图中O符号）中，残留的灰负荷与振动次数有关。

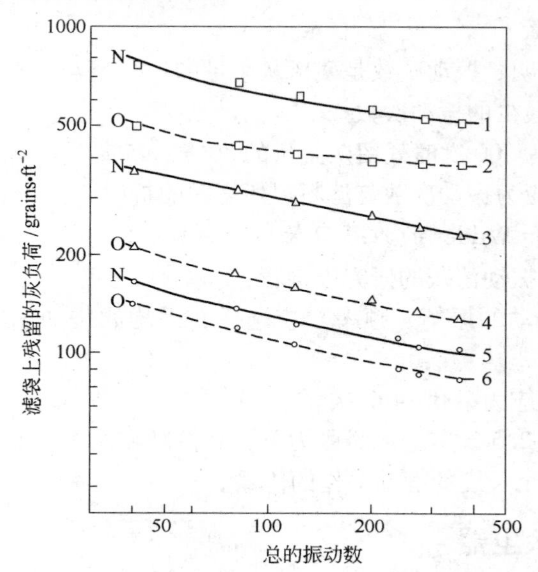

图5－13 各种滤料上的残留灰负荷与振动次数关系

（8CPS，1in振幅振动）

1，2—起绒的缎纹棉织物；3，4—平针织物Dacron；

5，6—鱼尾纹Dacron；N—新的，10000振动；O—0.14，2×10^7振动

所有织物的寿命会因为织物材质的不可更新（和/或织物纤维通过孔隙的堵塞）随残留灰负荷的提高而缩短。

5.2.5.6 滤料负荷（W_T）与过滤阻力系数（Drag，S_T）的关系

图5－14是Dennis和Wilder总结在标准振动形式下的滤料负荷（W_T）与过滤阻力系数（Drag，S_T）关系的一条合成曲线。

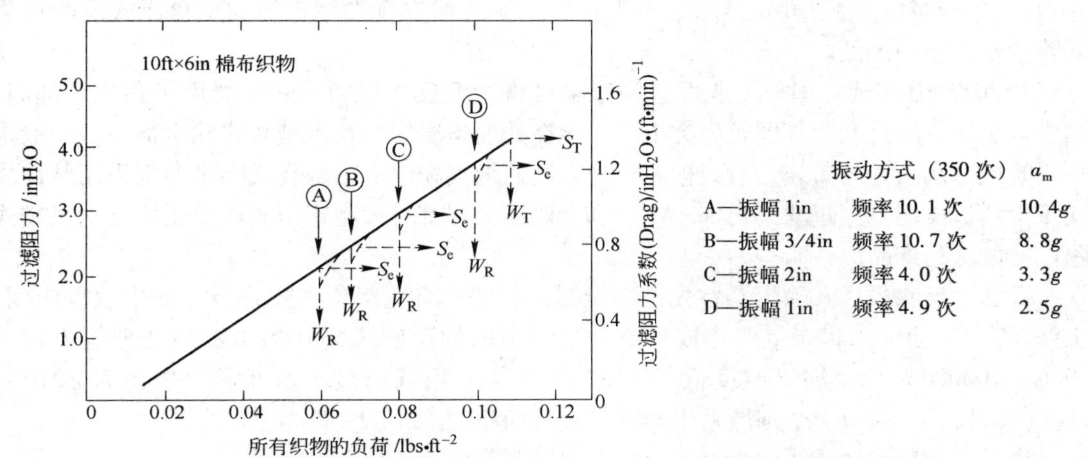

图5－14 标准振动形式的织物负荷与过滤阻力系数特性综合曲线

阻力系数（Drag）值和织物负荷（W_T）随着振动清灰可划分为从 A 到 D 四个不同的振动清灰界限，虽然滤袋平均加速度和残留灰负荷之间成平方根的反比不是很绝对的，但残留灰负荷随滤袋加速度的增加会明显降低。

5.2.5.7 振动次数

Dennis 和 Wilder 证明，振动次数是残留灰尘量的一个因素：

100 次	最少的振动次数
200 次	为 300 次时残留灰尘量的 80% ~95%
最合适的次数	应为振动次数与滤料损坏之间的折中

5.2.5.8 Dennis 和 Wilder 的推荐参数

Dennis 和 Wilder 在振动清灰的研究中推荐：

（1）振动参数（振动的振幅、频率）应选择在平均滤袋加速度（1.5 ~7.0）g(15 ~69m/s^2）范围内。

（2）振动的总次数应为 200 ~400 次。

（3）在完成上述 5.2.5.3 节的滤袋张力下，其控制和检测是重要的；特别是张力应保持足够确保沿滤袋的整个长度的摆动动作的传播。

5.3 反吹风袋式除尘器

5.3.1 反吹风袋式除尘器的沿革

20 世纪 30 年代：反吹风清灰方法在国外出现，应用在机械抖动/逆气流清灰相结合的袋式除尘器中，主要靠机械抖动清灰，逆气流仅作为辅助措施，在机械抖动的同时用逆气流（热气流）帮助积灰。

20 世纪 60 年代以后：日本在战后的 15 年内主要是发展工业生产，随着工业大发展，环境污染成为突出问题，因此开始从美国、西欧等国（主要是从美国）引进各种除尘技术和专利。日本钢铁、化工、水泥、铁合金工业普遍采用大型反吹风袋式除尘器，其中钢铁工业所占比例极大。当时，日本全国有 50 多家厂商生产袋式除尘器，每年生产约 7500 套左右，日本空气过滤公司（JAF）、甲阳建设工业公司都有大型正压式或负压式反吹风袋式除尘器的系列产品。

20 世纪 80 年代：国外工业发达国家早已将大型反吹风袋式除尘器用于各生产部门，其中以美国、澳大利亚等国较为突出。美国在处理高温烟气和大型袋式除尘器中，一般采用反吹风清灰为主的布袋，对处理高粉尘浓度的烟气和中、小型袋式除尘器则采用脉冲袋式除尘器。美国空气过滤公司（AAF）和金刚砂公司都有大型正压式或负压式反吹风袋式除尘器的系列产品。

我国的反吹风袋式除尘器首先是在炭黑、水泥、有色冶炼和铁合金工业中取得应用，上海正泰橡胶厂于 1956 年即建成投产，当时国内的反吹风袋式除尘器的处理能力约为 6000 ~100000m^3/h，烟气温度低于 150℃，全部采用圆筒玻璃丝布袋，袋径为 ϕ210 ~230mm，袋长 3 ~6m（个别厂采用 8m），过滤面积为 120 ~1958m^2。

当时国内反吹风袋式除尘器实际使用中，普遍反映存在下列问题：

（1）滤袋质量满足不了要求。

上海正泰橡胶厂最初采用的是榨蚕丝作滤袋，使用寿命仅一个月。

1957 年上海耀华玻璃厂试制成功圆筒玻璃丝滤袋后，使滤袋寿命延长到几个月。

当时有些厂矿用高温烟气净化中的玻纤滤袋都是未经硅油处理，滤布又薄，又不紧密，净化效果不好。有些厂虽采用经硅油处理的玻纤滤袋，但由于是采用圆筒形玻璃丝滤袋，使滤袋在硅油处理前就受到一定折伤，影响滤袋的使用寿命。

（2）反吹风袋式除尘器的过滤速度过大，影响滤袋寿命。

有些厂矿的反吹风袋式除尘器，由于分室过少，造成反吹风时除尘器滤袋的过滤速度比在全过滤时的过滤速度大得多，过滤速度波动过大，致使滤袋寿命受到一定影响。

（3）反吹风阀门控制装置不健全，出现卡灰、不严、漏气。

当时国内的反吹风阀门绝大多数采用的是蝶阀，由于其结构的限制，使它的缝隙过大、阀座积灰不严造成漏气，影响除尘器的净化效率。

（4）清灰制度不健全。

反吹风清灰时的清灰周期、清灰时间及清灰程序与被处理气体的含尘浓度、烟尘粒度、烟尘性质、除尘器进气方式等有密切关系。当时国内缺乏一套完整的参数，尚无一套成熟的做法。

鉴于此，国内水泥、炭黑、有色冶炼及铁合金等部门都通过了解国外反吹风袋式除尘器的先进技术，总结国内实际使用中的经验教训，结合国内袋滤产品的具体条件，进行了大量试验工作。其中效果比较显著的有：四川水泥研究所为常州水泥厂设计的反吹风袋式除尘器，以及自贡市四川炭黑研究所为泸州川南矿区炭黑厂仿日本专利设计的圆筒形负压反吹风袋式除尘器等。

1978 年开始建设的上海宝山钢铁总厂，是由日本新日本钢铁公司（NSC）总体设计，它不但为我国建设了一个现代化的600 万吨钢铁联合企业，同时使我国在钢铁工业中引进了一套完整的、成熟的反吹风袋滤技术，从而推动了我国的反吹风袋滤技术，使我国在反吹风袋滤技术方面实现了一个飞跃，促进了我国反吹风袋滤技术的发展。

5.3.2 反吹风袋式除尘器的选型

5.3.2.1 正压式、负压式

反吹风袋式除尘器按其在除尘系统中的设置位置不同分为正压式和负压式两种，一般除尘器设在除尘系统的正压段者，称为正压式（又称压入式）；除尘器设在除尘系统的负压段者，称为负压式（又称吸入式）。

A 正、负压式的结构形式

a 正压式（又称压入式）

正压式是在除尘系统中，含尘气体由风机压入除尘器内，粗颗粒灰尘靠重力落入灰仓，细颗粒灰尘经滤袋过滤后，吸附在滤袋内壁，净化后的气体经滤袋室上部的百叶窗排入大气中（图 5－15）。

当除尘器反吹清灰时，关闭进风口切断除尘器的进风，打开反吹风口，由于反吹风管内的负压抽吸，使大气气流产生倒流，气流经滤袋室顶部的百叶窗及邻室进入，经滤袋外侧吸入滤袋内侧，流经灰仓而被吸出。此时滤袋处于抽瘪状态，滤袋内壁的积灰随之被抖入灰仓内。

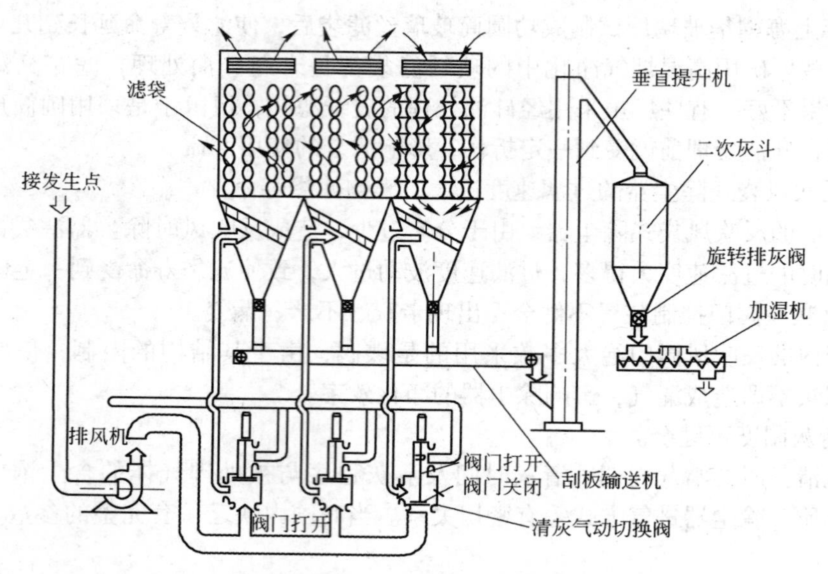

图 5－15 正压、内滤、下进风反吹风袋式除尘器

b 负压式（又称吸入式）

负压式是在除尘系统中，含尘气体从除尘器灰仓吸入滤袋内侧，经滤袋净化后气体进入滤袋室，通过顶部排风管吸入风机内，然后经排气筒排入大气中（图 5－16）。

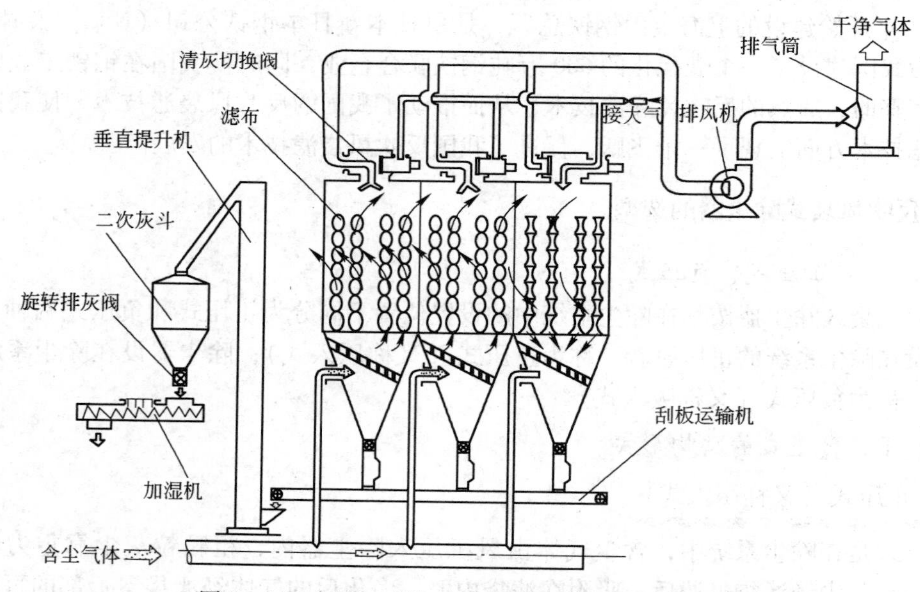

图 5－16 负压、内滤、下进风反吹风袋式除尘器

当除尘器反吹清灰时，通过换向阀关闭排风口，打开反吸风管，切断该室的排风。由于除尘器内各室的进风管是相通的，而且都处于负压状态，因此，由于邻室的负压抽吸，使气流能通过反吸风管风管被吸入滤袋室，透过滤袋外侧进入内侧，经灰仓及该室的进风

管吸入邻室排出。此时，滤袋被吸瘪，滤袋内侧的积灰随之被抖入到灰仓内。

B 正、负压式的特点

a 正压式除尘器的特点

（1）结构轻便、简单。由于净化后气体直接排入大气，因此袋式除尘器的外壳结构只需保护滤袋不被风吹、雨淋湿即可，除尘器外壳结构严密性要求不高，一般都采用薄钢板、塑料板或瓦楞板等轻质材料即可。以除尘器的单位面积重量比较，负压式除尘器为 40 ~ 45kg/m^2，正压式却只有 32 ~ 35kg/m^2。

（2）布置紧凑、维护方便。反吹风袋式除尘器为使滤袋能分组进行反吹清灰，一般都分成几个室，室与室之间的滤袋室（箱体）与灰仓均需设置壁板分隔开来。但是，对于正压式除尘器，由于通过过滤后的干净气体是直接排入大气中，因此各滤袋室（箱体）之间不需用壁板隔开而成为一个统仓（图 5 - 17），这样就可使滤袋布置的有效空间增大、布置灵活、紧凑。

正压反吹风布袋除尘器下花板

图 5 - 17 正压反吹风袋式除尘器的统仓花板

（3）风机易受磨损。正压式除尘器的风机处于含尘侧，当气流中含尘浓度大、颗粒粗、尘质硬时，风机易受磨损（图 5 - 18），这是正压式除尘器的致命弱点。

b 负压式除尘器的特点

（1）密封要求严格。负压式除尘器处于负压状态，结构上的不严、漏风将直接影响除尘器的净化效果和提高风机的负荷。为此，需对除尘器的壳体结构及检查门、孔等加以严格密封，尽量减少除尘器的漏风率。

（2）单仓单室结构。负压式除尘器不仅需要单独的灰仓，而且需要单室布置，在各滤袋室（箱体）之间需增设隔壁，以防滤袋室反吸清灰时受到其他各滤袋室的干扰，影响滤袋室的正常反吸清灰。

（3）结构强度要求高。负压式除尘器由于全部处于负压状态，除尘器的箱体和灰斗一般需承受 7000 ~ 8000mmH_2O 的负压，为此箱体和灰斗需用厚钢板及加强筋增加结构强度。由于除尘器的壳体加强，使箱体支架承重也加重，支架结构也随之增强，因此负压式除尘器结构要比正压式要求高得多。

（4）风机磨损少。负压式除尘系统的风机设在除尘器后面，含尘气体经净化后流入风机，使风机免受烟尘的磨损，这是负压式除尘器的突出优点。

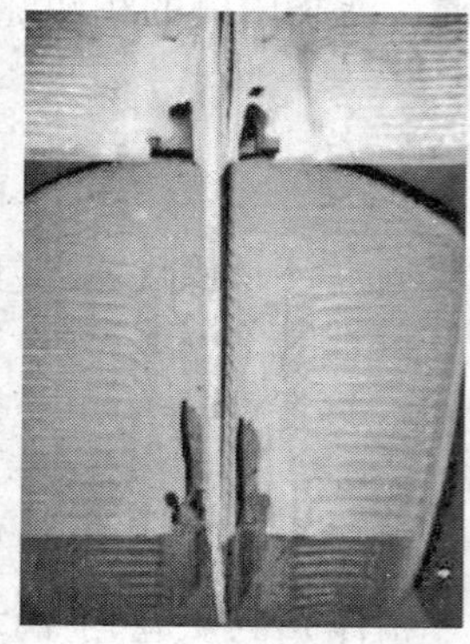

图 5-18 正压式除尘器风机的磨损

C 正、负压式除尘器的选用原则

选用反吹风袋式除尘器时，从技术角度出发，为避免除尘系统的风机磨损，负压式除尘器比正压式除尘器要好，为此应优先采用负压式除尘器；但是从技术经济综合起来考虑，正压式除尘器虽对风机磨损不利，但它具有以下优点：

（1）正压式除尘器的滤袋室（箱体）结构轻便，同时除尘器下部框架负荷减少，从而使除尘器的结构重量可以减轻。

（2）正压式除尘器不存在漏风率，从而可以减少风机的负荷。

（3）正压式除尘器由于含尘气流先经过风机再进入除尘器，因此风机产生的机械噪声和气流噪声可由除尘器滤袋室（箱体）中的滤袋吸收。为此，除尘系统可不设消声器，它不但节约了设备占地，而且可以节约投资。

（4）正压式除尘器净化后的干净气流，一般是通过滤袋室（箱体）顶部的百叶窗或天窗排入大气，除尘系统可不设烟囱，节约了占地和投资。

正压式和负压式除尘器的选用原则：

（1）以含尘浓度 $3g/Nm^3$ 为界线，浓度超过 $3g/Nm^3$ 的含尘气体必须采用负压式，低于 $3g/Nm^3$ 的含尘气体允许采用正压式。

（2）根据烟尘粒度选择，粒度较粗者采用负压式，粒度较细者采用正压式。

（3）按照尘粒硬度（磨琢性）来判断，硬度大、磨琢性强的烟尘采用负压式，硬度小、磨琢性差的采用正压式。

据日本新日铁 1978 年为上海宝钢 600 万吨钢铁厂当初提供的总体设计，宝钢全厂配置有 42 台反吹风袋式除尘器，其中负压式有 25 台，占全厂的 82%，正压式有 7 台，占 18%，全厂 7 台正压式分布在炼铁、炼钢和钢锭模三个车间，如表 5－2 所示。

表 5－2　宝钢正压式反吹风袋式除尘器一览表

车间	系　统	处理风量 $/m^3 \cdot min^{-1}$	烟气温度 /℃	含尘浓度 $/g \cdot Nm^3$	烟 尘 性 质
炼铁	一次除尘	17000	80	0.35～2	烟尘成分：70% 氧化铁，其余为 SiO_2 烟尘粒度：＜30μm 占 70%
	二次除尘	17000	常温	0.35～1	
	铸铁机除尘	300	常温	～5	
炼钢	转炉二次烟气	19500	120	2～5	烟尘成分：47.5% 氧化铁，25% 石墨粉 烟尘粒度：＜10μm 占 57%，＞20μm 占 73%
	铁水处理	16000	100	2～5	
	落锤间除尘	3200	常温		
钢锭模	受铁水除尘	2200	130	5	烟尘成分：主要为石墨粉和石墨粉微粒

据表 5－2 所列的情况，采用正压式除尘器可以归纳为以下几点：

（1）炼铁车间一次、二次除尘，炼钢车间转炉二次系统、铁水处理除尘系统是宝钢最大的四台袋式除尘器，由于其烟尘浓度低、粒度比较细，为简化除尘器结构，节约投资，设计中采用正压式除尘器。

（2）炼铁车间铸铁机室及钢锭模车间的受铁水除尘系统中，由于烟尘成分主要是石墨片，尘质较软，对风机的磨损较少，其灰尘浓度虽高达 $5g/Nm^3$，超过了正压式除尘器的 $3g/Nm^3$ 限制，但仍可采用正压式除尘器。

由此可见，选用正、负压式除尘器的三条原则应该综合考虑。一般应根据技术经济综合考虑，应该认识到：单从技术方面来看，为避免除尘系统的风机磨损，应优先选用负压式；但正压式具有简化系统、节约占地、减少投资的优越性，为此，在烟气含尘条件许可的情况下，也就是在综合考虑烟尘的浓度、磨琢性以及尘粒大小的前提下，正压式也是可以采用的。

5.3.2.2　内滤式、外滤式

A　内、外滤式的结构形式

袋式除尘器内的含尘气体从滤袋内部进入，经滤袋净化后，烟尘积附在滤袋内侧，干净气体透过滤袋排出，称为内滤式。反之，称为外滤式。

除尘器的内滤式与外滤式直接与除尘器的形式有关，一定形式的袋式除尘器，决定了它是内滤式还是外滤式。

一般扁袋型和脉冲型袋式除尘器为外滤式，气环反吹型袋式除尘器肯定是内滤式。反吹风袋式除尘器有内滤式和外滤式两种，绝大部分采用内滤式，个别设备也有用外滤式，如上海金山石油化工总厂高压聚乙酰厂早期引进的日本反吹风袋式除尘器为外滤式，其结构如图 5－19 所示。

进风温度　　常温

滤袋　　ϕ130×2500mm 聚丙酰

室数	6 室
总袋数	288 条
过滤面积	288m^2
清灰周期	60min
反吹间隔	30s（其中反吹两次，每次 10s，间隔 10s，共 30s）
间隔	59min30s

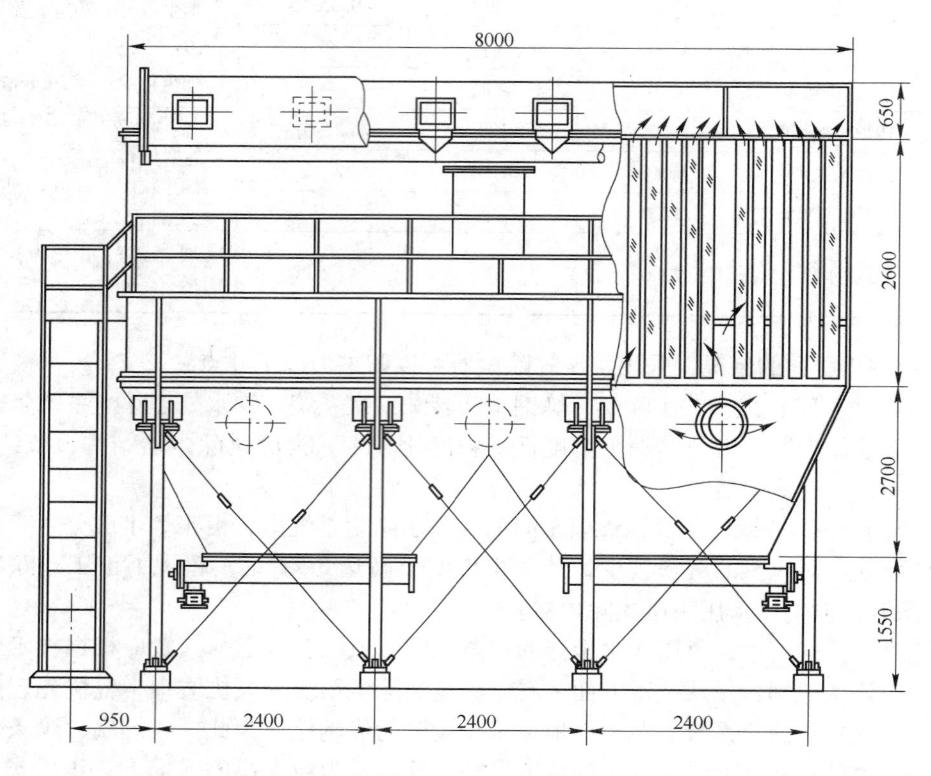

图 5－19　外滤式反吹型袋式除尘器

B　内、外滤式的特点

（1）内滤式滤袋外侧为净化后的气体，对于常温和无毒气体的袋式除尘器，可以在不停机情况下进入滤袋室内部维护检修。

（2）外滤式滤袋的内部通常设有支撑骨架（袋笼），使滤袋容易磨损、维修困难；内滤式滤袋无支撑骨架（袋笼），不存在此问题。

（3）内滤式滤袋在清灰期间滤袋所受挠曲损害较大，特别对于较长的滤袋，矛盾更为显著。

5.3.2.3　上进风、下进风

A　上、下进风式的结构形式

反吹风袋式除尘器按含尘气体进入方式不同可分为上进风式和下进风式两种（图 5－20）。

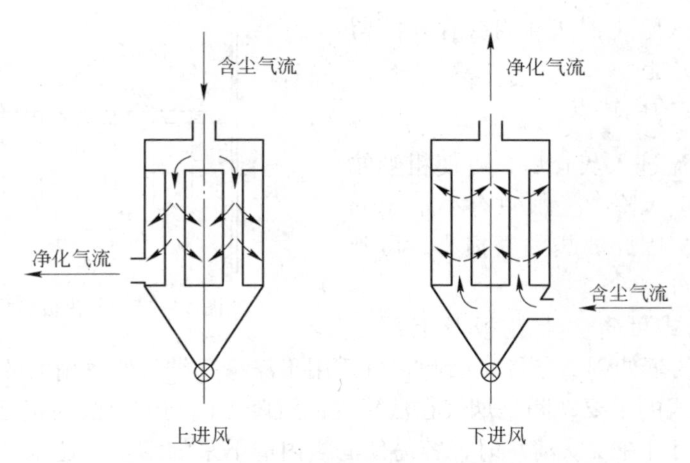

图 5-20 上、下进风式反吹风袋式除尘器

B 上、下进风式的优缺点

a 上进风式的优缺点

（1）上进风式除尘器中烟尘的沉降速度与气流的下降速度相重迭，气流能促进烟尘的下降，使滤袋阻力小。

（2）上进风式滤袋中烟尘在滤袋内迁移的距离比下进风式远，滤袋能形成较均匀的尘饼，而使其过滤性能好。

（3）上进风滤袋除在下部设有花板外，滤袋的上部还必须加一层花板，在有上下两块花板的情况下，滤袋不易调整拉紧。因此，它适用于延伸率小的玻璃纤维滤袋，对于延伸率大的涤纶、尼龙等化纤滤袋会造成滤袋下垂或扭曲（图 5-21）。

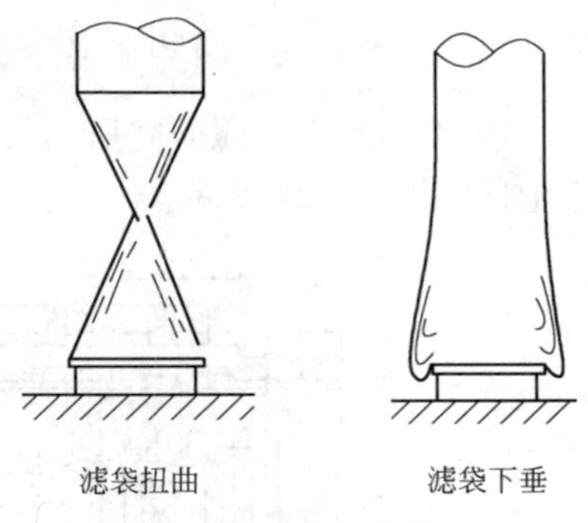

图 5-21 滤袋扭曲或下垂

（4）上进风除尘器中，含尘气流进入上花板后，灰尘易沉积在花板上（图 5-22），特别是烟尘粗、浓度大的烟气。

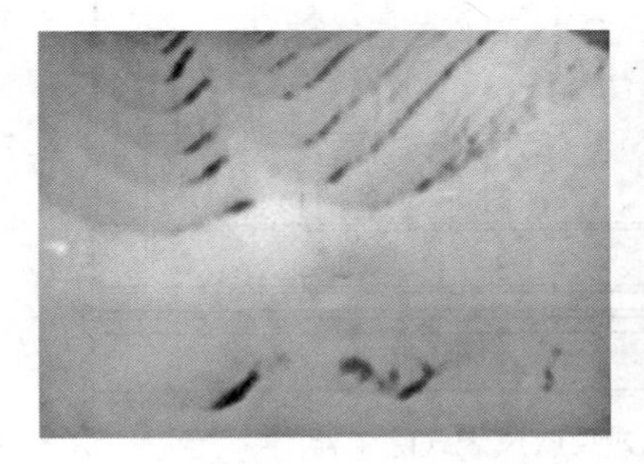
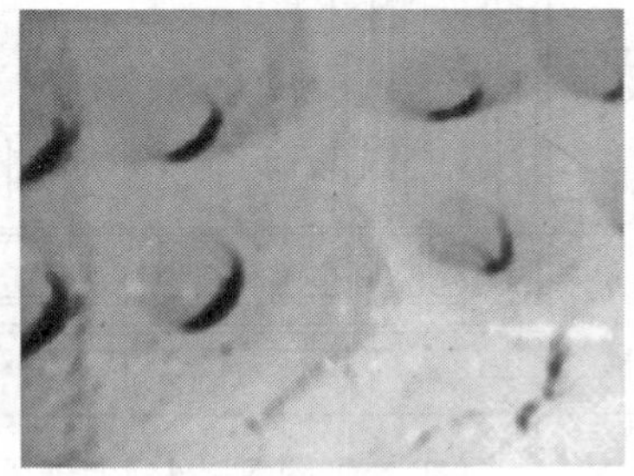

图 5-22 上进风除尘器上花板上的灰尘沉积

日本旭炭黑公司采用上进风式内滤反吹风袋式除尘器时，为防在上花板上堆积炭黑，采取在上花板袋口周围加倾斜板（图 5-23）的办法来解决。

(5) 上进风式除尘器灰斗内会存在滞留空气，有结露的可能。

b 下进风式的优缺点

(1) 含尘气流进入灰仓后，可使粗颗粒烟尘在灰仓内直接沉降，一般只有小于 3μm 的烟尘接触滤袋，因此滤袋的磨损小，可延长清灰的间隔时间。

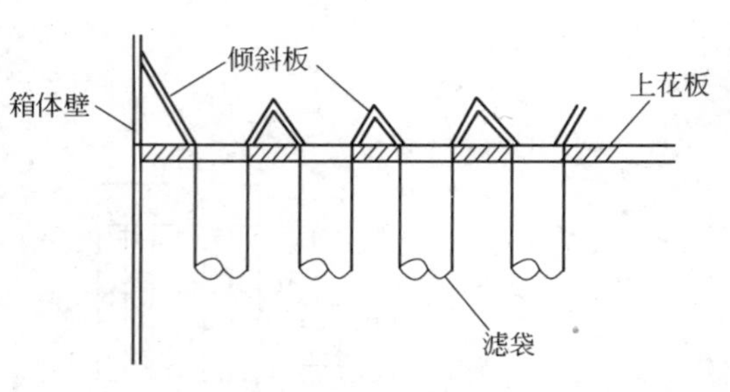

图 5－23 上花板防积灰措施

(2) 下进风式可省去上花板及上部空间，为调节滤袋的延伸创造条件，因此它可适用于涤纶一类延伸率稍大的化纤滤袋。

(3) 下进风式的主要缺陷是烟气在滤袋内的沉降方向与气流流向正好相反，不但阻碍了烟尘的沉降，而且在反吹清灰时，容易使滤袋内清下来的烟尘，还未全部沉到灰仓，又被吹回到滤袋上去，影响滤袋的清灰效率，特别是较长的滤袋更为突出。

(4) 根据日本旭炭黑公司 1977 年来华的技术交流，日本旭炭黑工业中下进风式除尘器的过滤速度采取 0.2～0.3m/min，比上进风式的过滤速度 0.4～0.6m/min 小 1 倍。

(5) 据日本、联邦德国等国的经验，为解决上述问题，将反吹清灰的二状态清灰方式改为三状态清灰，增加了一个自然沉降过程，防止烟尘被气流带回再附在滤袋上。

C 上进风式除尘器的实例

a 常州水泥厂回转窑窑尾上进风式反吹风袋式除尘器

1978 年四川水泥研究所为常州水泥厂回转窑窑尾烟气净化设计的上进风式反吹风袋式除尘器如图 5－24 所示。

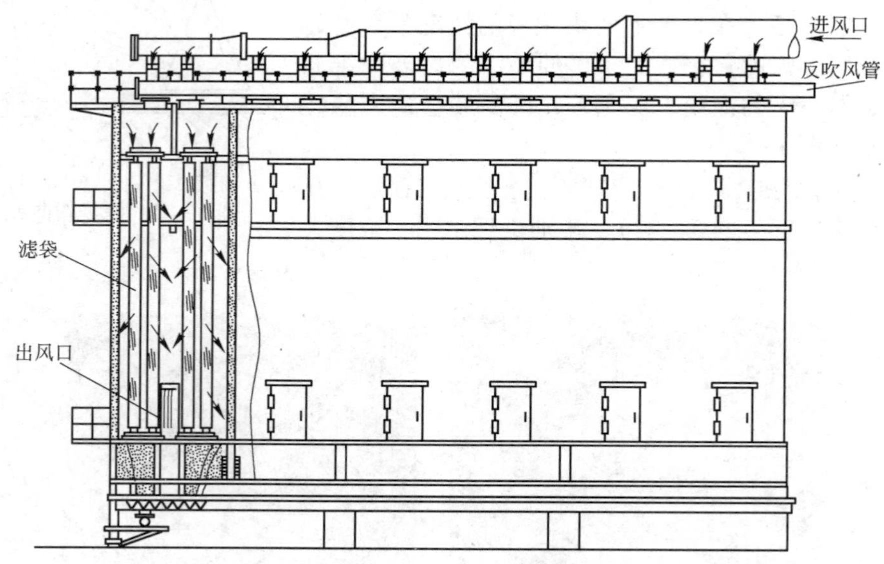

图 5－24 上进风式反吹风袋式除尘器
（常州水泥厂回转窑窑尾烟气净化）

常州水泥厂回转窑窑尾烟气净化的技术参数

处理风量 60000m³/h

进风温度	常温小于260℃
阻力	小于80mmH_2O
过滤风速	0.5m/min
室数	12室
滤袋	ϕ250mm×6580mm玻璃丝袋
总袋数	432条
每室缩袋次数	1~2次
每次时间	10s
清灰次序	按室顺序清灰
清灰周期	48min
反吹风机	9-35-11型锅炉通风机6号，6570m^3/h，210mmH_2O
收尘效率	99%

b 泸州川南矿区炭黑厂上进风式反吹风袋式除尘器

自贡炭黑研究所参考日本专利资料，为泸州川南矿区炭黑厂设计了圆筒形上进风式反吹风袋式除尘器（图5-25）。

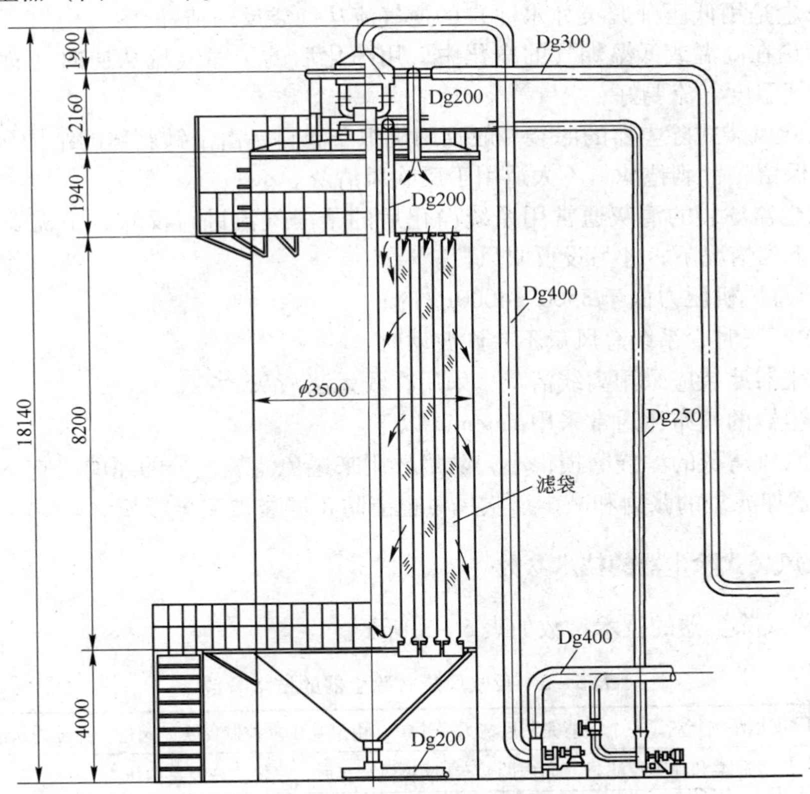

图5-25 圆筒形上进风式反吹风袋式除尘器
（泸州川南矿区炭黑厂）

泸州川南矿区炭黑厂烟气净化的技术参数

处理风量	6000m^3/h

进风温度	220±10℃
阻力	150mmH_2O
过滤面积	301m^2
过滤风速	0.41～0.62m/min
室数	6 室
滤袋	ϕ250mm×8000mm 玻璃丝袋
总袋数	48 条
每室缩袋次数	1～2 次（连动 2 次）
反吹时间	20s
间隔时间	180s
清灰周期	20min
反吹风机	利用气力输送装置的气体进行反吹

5.3.3 反吹风袋式除尘器的特征

（1）反吹风清灰是最温和的清灰方法。

（2）灰尘是用低压（几英寸水柱）的逆气流从滤袋反向清除。

（3）无论在高温或低温烟气的净化中，用净化后的干净气流从逆向（背向）吹刷清灰，比用大气温度气流要好。

（4）反吹风袋式除尘器的滤袋一般宜用机织布滤料，由于针刺毡的结构深厚，在此有更多的灰尘保留，针刺毡滤料不太适用于反吹风清灰。

（5）除尘器滤袋的清灰通常用系统净化后的干净气流进行反吹，不需要另设反吹风机。只有在下列情况下，才另设反吹风机。

1）系统总风机压力低于 3500～4000Pa 时；

2）反吹清灰时，系统总风量不允许波动时。

（6）除尘器滤袋应采用离线清灰，采用在线无法清灰。

（7）除尘器的气布比通常采用 1m/min 以下。

（8）反吹风清灰的滤袋磨损很小，防瘪环用来避免滤袋过分的屈曲，它不会造成滤料严重损害；增加滤袋的张力和减少反吹风量也能防止滤袋被完全吸瘪。

5.3.4 反吹风袋式除尘器的技术参数

反吹风袋式除尘器的技术参数如表 5－3 所示。

表 5－3 反吹风袋式除尘器的技术参数

频率	每次清一个室，一个室清完灰后清另一个室；由最高压降控制反吹风阀进行连续清灰或开始清灰
动作	反吸后柔和地吸瘪滤袋（向内凹），在反吸风清灰后，慢慢再恢复室内压力
形式	离线
持续时间	1～2min（包括阀门打开、关闭和灰尘沉降），滤袋反吸一般为 10～30s
滤袋直径	8in、12in；长 22ft、30ft
滤袋张力/lb	50、75

5.3.4.1 处理风量

袋式除尘器的处理风量是根据除尘系统各抽风点的风量总和，再附加漏风率10% ~ 15%作为其处理能力。

袋式除尘器的处理风量应以工况风量为基础。

5.3.4.2 过滤风速

袋式除尘器内每单位过滤面积所处理的风量称为过滤风速，以m/min为单位。

过滤风速是衡量袋式除尘器先进性的主要技术指标。

过滤风速与烟气的含尘浓度、烟尘粒度和除尘器的清灰方法及滤袋材质有密切关系：

(1) 一般含尘浓度高时，过滤风速宜取慢些，反之，可取快些。

(2) 烟尘粒度越小，过滤风速也越小；粒度越大，过滤风速也大。

(3) 过滤风速过大，会加重滤袋负荷，增加过滤阻力，导致滤袋寿命短，除尘效率低；过滤风速过小，会增加除尘器的过滤面积，导致除尘器过于庞大。

(4) 过滤风速无法根据计算确定，一般应通过实践积累，采用经验参数。

反吹风袋式除尘器的过滤风速一般为0.2 ~ 1.0m/min，最大不超过1.1 ~ 1.2m/min。

5.3.4.3 过滤面积

袋式除尘器过滤面积是除尘器所有滤袋有效面积的总和，以m^2为单位。

反吹风袋式除尘器的过滤面积是在选定一定规格的袋径后，按滤袋的长径比为25 ~ 40确定袋长的基础上计算而得。

5.3.4.4 压力损失

袋式除尘器的压力损失（ΔP）与除尘器的结构设计、滤布性质、粉尘浓度、过滤速度、粉尘层特征、清灰方法、气体温度、气体湿度等许多因素有关。国外许多国家对袋式除尘器的压力损失都是通过试验后进行理论推导，至今尚无统一的完整计算方法。

反吹风袋式除尘器的压力损失（ΔP）是由除尘器结构阻力（ΔP_c）、清洁滤布阻力（ΔP_f）、滤袋表面积附的粉尘阻力（ΔP_d）三部分组成：

A 除尘器结构损力（ΔP_c）

除尘器结构损力（ΔP_c）由烟气通过除尘器的进出口、灰斗挡板、花板及阀门等部位所消耗的阻力构成，在正常过滤风速情况下，该压力损失约为300 ~ 500Pa。

B 清洁滤布阻力（ΔP_f，mmH_2O）

$$\Delta P_f = \zeta_0 \frac{\gamma \mu v}{g} \tag{5-3}$$

式中 ζ_0——清洁滤布的阻损系数，L/m；

γ——气体比重；

μ——气体黏性系数，kg · m/s；

v——过滤风速，m/s；

g——重力换算系数，9.81kg · m/s^2。

清洁滤布阻力（ΔP_f）一般为20 ~ 40Pa。

实际上，在正常运行中，清灰后滤料上会保留一些剩余粉尘（即原始粉尘层）。因此，海米昂（Hemeon）认为：新滤布一经使用后，就不能再恢复原状，从而提出了清洁滤布

与清除残留粉尘黏合的污染滤布阻力损失的概念，即

$$\Delta P_f = K_f v \tag{5-4}$$

式中 K_f——污染滤布的阻力系数，它与清洁滤布的阻损系数 ζ_0 完全不同，K_f 除清洁滤布和粉尘的黏合外，还受到清灰方式的影响，海米昂（Hemeon）认为，K_f 为清灰次数的函数。

国外各种滤布的孔隙率和相应的阻力系数如表 5－4 所示。

表 5－4 国外各种滤布的孔隙率和相应的阻力系数

滤布种类编号	平均纱径 d_f/cm	水力半径 R_H/cm	孔隙率 Q_c	阻损系数 ξ_0/m^{-1}
B 玻璃布 EBC－5454	3.9×10^{-2}	1.8×10^{-3}	1.7×10^{-2}	17×10^{7}
尼龙 9A－100	2.1×10^{-2}	1.1×10^{-3}	5.1×10^{-2}	9.8×10^{7}
聚酯 T－259	2.8×10^{-2}	2.1×10^{-3}	5.3×10^{-2}	4.4×10^{7}
派纶 PP－8040	3.2×10^{-2}	0.8×10^{-3}	3.1×10^{-2}	27×10^{7}
涤纶 602	5.0×10^{-2}	3.6×10^{-3}	3.7×10^{-2}	7.2×10^{7}
涤特纶 T－3335	2.3×10^{-2}	1.8×10^{-3}	9.1×10^{-2}	4.3×10^{7}
特色纶 9A	2.5×10^{-2}	1.4×10^{-3}	8.3×10^{-2}	4.5×10^{7}
维尼纶 282	6.0×10^{-2}	4.2×10^{-3}	1.6×10^{-2}	27×10^{7}
羊毛 320	5.0×10^{-2}	4.6×10^{-3}	6.3×10^{-2}	2.1×10^{7}

C 滤布表面积附的粉尘阻力（ΔP_d，mmH_2O）

$$\Delta P_d = (\zeta_0 + \alpha m)\frac{\gamma\mu v}{g} \tag{5-5}$$

由于 ζ_0 对 ΔP_d 影响极小，故可写为：

$$\Delta P_d = \alpha m\frac{\gamma\mu v}{g} \tag{5-6}$$

式中 α——粉尘层的表面比阻力，m/kg，根据日本东海机械设备制造厂提供，通常在 $10^9 \sim 10^{12}$ 之间；

m——粉尘堆积负荷，kg/m^2，根据气体中的粉尘浓度、过滤速度和过滤时间算出：

常用范围采用 0.1～1.0kg/m^2

对细颗粒粉尘采用 0.1～0.3kg/m^2

对粗颗粒粉尘采用 0.3～1.0kg/m^2

对于反吹风袋式除尘器，滤布表面积附的粉尘阻力（ΔP_d）一般可达 1000～1500Pa。由此可见，反吹风袋式除尘器的总压力损失（ΔP）一般为 100～2000Pa 左右，其中：清洁滤布阻力（ΔP_f）仅占 20～40Pa，微乎其微，可忽略不计。

除尘器结构阻力（ΔP_c）也有限，为 300～500Pa。

除尘器滤袋表面积附的粉尘阻力（ΔP_d）却高达 1000～1500Pa，在除尘器的总压力损失（ΔP）中起主导地位。

5.3.4.5 反吸风量

国内反吹风袋式除尘器反吸风量（Q，m^3/s）的确定基本上有三种方法：

（1）采用除尘器单室过滤风量的100%，即反吸风量与除尘器单室处理风量相同。

（2）采用除尘器单室过滤风量的50%，即反吸风量为除尘器单室处理风量的一半。

（3）采用除尘器单室所有滤袋容积的气体，在10s内抽净（即置换一次）作为反吸风量，其计算方法为：

$$Q = \frac{Vn}{t}K \tag{5-7}$$

式中 V——被清灰的每条滤袋容积，m^3；

n——被清灰的滤袋数，条；

t——被清灰的滤袋内气体抽净所需的时间，s，一般为10～20s；

K——考虑其他各室反吹风阀门关闭时的漏风系数，一般取1.3。

【例】 常州水泥厂回转窑窑尾除尘系统反吹风袋式除尘器：

处理风量 $60000m^3/h$

滤袋 $\phi 250mm \times 6400mm$

滤袋数量 432条

滤袋室数 12个室

单室滤袋的容积为

$$V = \frac{432}{12} \times \frac{\pi}{4}(0.25)^2 \times 6.4 = 11.5(m^2)$$

按10s换一次气，其换气量（即反吸风量）为：

$$Q_0 = \frac{11.5}{10} \times 3600 = 4140(m^3/h)$$

考虑30%漏风量，实际反吸风量为 $4140 \times 1.3 = 5382m^3/h$，占单室处理风量的54%，接近处理风量的一半。

综上所述，反吸风量一般不宜过大，一般情况下取处理风量的一半作为反吸风量为宜。

5.3.4.6 反吹风压

从5.3.5节反吸风清灰方式图5－27～图5－32的六种反吸风方式中可以看出，它们具有一个共同特征，即反吸风气流最终都必须将气流送回进气室（见图5－27～图5－32各图中的A汇合点）。

因此，只有在除尘器进气管的汇合点A（即含尘气体与反吹风气流的汇合点）以前的除尘系统管路阻力，大于反吹风管路阻力（包括抽瘪清灰滤袋时的阻力）时，该除尘系统就可利用系统主风机实现滤袋的反吹清灰，系统内就不必置设反吹风机。

当反吸风量为单室过滤风量的50%～100%时，此时反吹风管路的阻力（包括抽瘪清灰滤袋时的阻力）就是除尘器滤袋阻力的50%～100%。所以，在此情况下，系统主风机的压力只要大于滤袋阻力（150～200mmH_2O）的1.5～2.0倍，除尘系统也可不设置反吹风机，而用系统本身的主风机就可实现滤袋的反吹清灰。

反之，当系统主风机压力小于滤袋阻力（150～200mmH_2O）的1.5～2.0倍时，这种除尘系统就无法用系统主风机来实现滤袋的反吹清灰，而应在系统内增设反吹风机。反吹风机的压力只要能满足克服滤袋反吹时的滤袋清灰用的阻力即可，一般在滤袋最终阻力达

150～200mmH$_2$O 时，增设的反吹风机压力采用 250mmH$_2$O 即可。

5.3.4.7 反吹周期和反吹时间

反吹风袋式除尘器的清灰是靠逐室轮流反吹（或称反吸）来实现的。

A 反吹时间

每个室所需的反吹清灰时间，称为反吹时间。反吹时间是滤袋完成二状态清灰或三状态清灰所需时间的总和。

20 世纪 70 年代末，四川水泥研究所在常州水泥厂回转窑窑尾除尘系统中，通过对 ϕ250mm 的实际观察，发现滤袋（没有防瘪环情况下）开始反吹后，在 10s 内，基本上是松动发软，开始收缩变瘪，反吹延长到 13～20s 后，滤袋即自上而下缩瘪，滤袋两侧的两层滤料紧贴在一起，断面呈一字形。

因此，滤袋的反吹时间一般不宜过长，反吹时间过长，不但无助于清灰，相反的对滤袋寿命及清灰效果都有不良的后果。滤袋的反吹只要达到袋子松动发软，稍有收缩即可，一般反吹时间取 10～20s。

B 反吹周期

每个滤袋室从第一室开始反吹清灰起，经逐室轮流反吹清灰后，到下一次再反吹之间所隔的时间，称为反吹周期。

反吹周期的确定有差压法和容尘量计算法两种。

a 差压法

差压法一般都是采取试验或生产实践积累的数据。

一般反吹风袋式除尘器在反吹清灰后的初阻力为 120～150mmH$_2$O，随着滤袋的连续过滤，灰尘不断堆积在滤袋内表面，滤袋阻力逐渐增加，当阻力增加到 200mmH$_2$O 时，便开始第二次反吹风清灰。在这一过程中所需的时间即为反吹周期。

b 容尘量计算法

容尘量计算法主要是根据每平方米滤袋表面允许堆积粉尘的容尘量（即粉尘堆积负荷）来计算反吹风周期，一般可按下式计算：

$$T = \frac{60W}{\frac{QG}{1000F}} = \frac{1000W}{vG} \tag{5-8}$$

式中 T——反吹周期，min；

W——允许容尘量（即允许粉尘的堆积负荷），kg/m^2；

常用范围　0.1～1.0kg/m^2

对于细粉尘　0.1～0.3kg/m^2

对于粗粉尘　0.3～1.0kg/m^2

Q——单室的过滤风量，m^3/h；

G——除尘器入口含尘浓度，g/m^3；

F——单室过滤面积，m^2；

v——过滤风速，m/min。

采用差压法确定反吹周期比较科学，它可以在运行的各种波动情况下（如入口含尘量的波动等）保持滤袋的正常工作状态，但是，差压法必须通过试验或生产实践来确定。因此，当缺乏上述条件时，可用容尘量计算法计算，然后在实际生产中给以调整确定。

5.3.4.8 反吹次数

反吹风袋式除尘器的反吹次数与处理烟气的含尘浓度、烟尘粒度、烟尘黏性、反吹风量大小、滤料结构等有密切关系，它无规律性，也无法用计算确定，一般应在除尘器投产时通过调试确定。

当除尘器带负荷运行时，滤袋表面逐渐积聚尘饼，此时开始观察滤袋内外的压差，当压差达到需要清灰时（一般为200mmH_2O），即开始反吹清灰，一次、二次、三次……进行反吹，当清到一次滤袋内外压差能降低50mmH_2O（即压力从200mmH_2O降到150mmH_2O）时，这个次数就是该除尘器在的反吹次数，也就是说，反吹到第二次滤袋内外压差降低50mmH_2O，则该除尘器的反吹次数即为二次，反吹到第三次滤袋内外压差降低50mmH_2O，则该除尘器的反吹次数即为三次，以此类推。

5.3.4.9 除尘器分室原则

由于反吹风袋式除尘器都是采用离线清灰，为此一般均将除尘器内的滤袋分成若干个小室（或小格），以利逐室（格）反吹清灰。

滤袋室的数量直接影响除尘器的运行效果，滤袋室数量不宜过多，也不宜过少，其分室原则如下：

（1）在反吹风袋式除尘器中，当一个室进行离线清灰时，会造成其他各室（格）的过滤负荷增加，从而提高过滤速度。为此，当除尘器滤袋室分室过少时，其他各室（格）的过滤速度就会增加太大，从而影响滤袋的除尘效率，并加剧滤袋的磨损。例如，当除尘器采用2个室（格）时，则当一室清灰时，另一室（格）的负荷即需增加1倍。因此，滤袋室的数量应适当加多。

（2）除尘器的滤袋室过少，将会影响滤袋的净化效率和增加滤袋阻力。

（3）除尘器的滤袋室过少，还会影响系统的总抽风量。

（4）除尘器滤袋室（格）的数量也不宜太多，室数过多会使控制阀门增多而复杂，增加除尘器的投资和维修工作量。

（5）一般反吹风袋式除尘器的室（格）数以不少于6个为宜。此时：

室数	过滤速度	反吹清灰的过滤速度
4~5室	1m/min	小于1.35m/min
6室	1m/min	1.10~1.25m/min
10室	1m/min	1.10~1.2m/min

5.3.4.10 反吹风袋式除尘器的设计要领

（1）滤袋一般采用机织布。

（2）除尘器过滤速度取小于1.0m/min，最好不超过1.1m/min。

（3）滤袋径长比L/D=5~40，常用的径长比为15~25。

（4）花板短管入口风速一般取1~1.5m/s。

（5）除尘器在一个室停运清灰时，应能控制其余各室过滤速度的增加小于20%，最好能控制在10%~15%。为此，除尘器的单元至少要有6~20个室左右，也不宜太多，否则阀门太多，将增加维护工作量。

（6）除尘器反吹风量采取单室的过滤风量。

（7）防瘪环一般是用3/16in碳钢制作。根据气流条件，也能用电镀镉或不锈钢组成。防瘪环根据滤袋的长度和直径不同，在滤袋长度方向每隔1.0～1.5m安置一个；通常，防瘪环之间的间距，滤袋顶部稍大些，下部稍小些。

5.3.5 反吹清灰装置及其控制方式

反吹风袋式除尘器为分室型，其中有一个室可以进行停风反吹（即离线清灰），清灰时该室含尘气流停止进入小室，并用低压气流逆向吸瘪滤袋，使滤袋内表面的尘饼破裂落入灰斗内。除尘器每次只有一个室进行清灰（图5－26）。

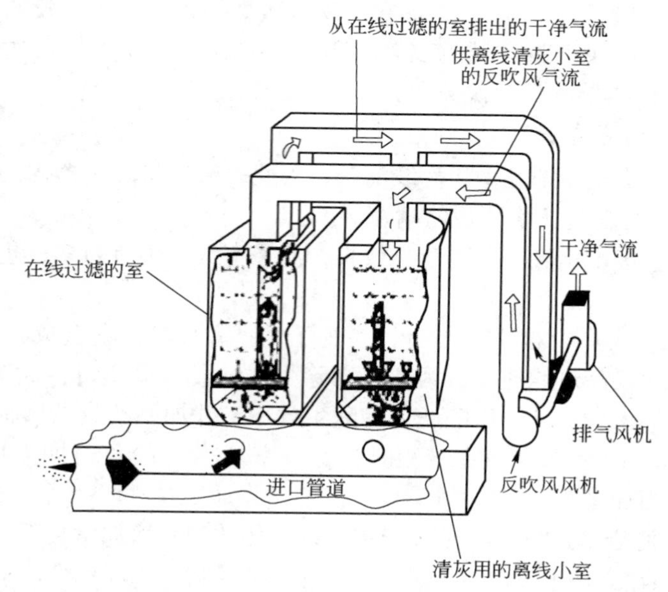

图5－26 典型的反吹风袋式除尘器

除尘器在过滤模式时，过滤小室的排气阀和进气阀都打开。当滤袋开始清灰时，排气阀关闭停止排气。滤袋松懈一个短时间后，打开小室顶部的反吹风阀，反吹气流即进入小室进行滤袋的吸瘪清灰，使灰尘落入灰斗内。

5.3.5.1 反吸风清灰方式

反吹风袋式除尘器清灰用的气流，一般可采用室外空气（大气）或系统循环烟气两种气体。

A 吸室外大气反吸清灰

a 负压式袋式除尘器（不设反吹风机）（图5－27）

负压式袋式除尘器清灰时，首先关闭滤袋室的出口阀门，并打开反吹风阀门。由于其他各室内部都处于负压，使滤袋室外部的大气能通过反吹风管道进入滤袋室进行反吹清灰，清灰后的气体与含尘气体一起进入邻室，经滤袋净化后排入大气。

这种清灰方式的特点为：

（1）反吸风管道配置简单，节约设备。

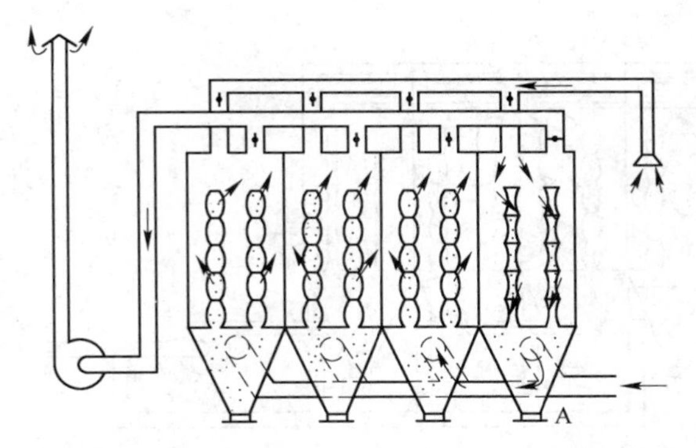

图 5-27 负压式袋式除尘器吸大气反吹风清灰方式
（不设反吹风机）

（2）但由于滤袋室内负压是变化的，吸入空气量和反吹压力不稳定。

（3）在处理高温气体时，由于吸入冷空气，易使高温气体冷却到露点温度以下，出现结露、糊袋，对于潮湿地区及阴雨天，其威胁更大。

（4）大气反吹风清灰形式一般适用于下列情况：

1）用于处理常温气体。

2）由于没有反吹风机，因此，除尘系统的排风机的压力均应在 400mmH_2O 以上，系统压力均较高。从图 5-27 中可看出，反吹风的反吹气流在进入风机前需穿透两层滤袋，在反吹风量采取与过滤风量相同时，反吹气流至少需克服滤袋阻力的 2 倍。

b 负压式袋式除尘器（设反吹风机）（图 5-28）

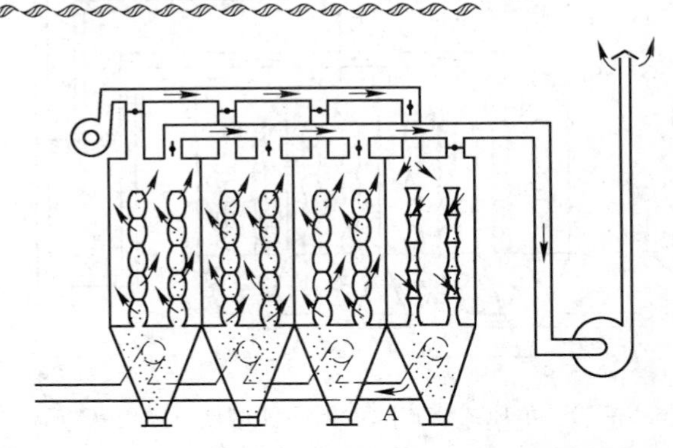

图 5-28 负压式袋式除尘器吸大气反吹风清灰方式
（设反吹风机）

B 吸循环烟气反吸清灰

a 正压式袋式除尘器（不设反吹风机）（图 5-29）

正压式袋式除尘器清灰时，首先关闭除尘器的入口阀门，并打开反吹风阀门。由于机前是负压，并在各滤袋室之间都设有隔板隔开，所以能使邻室滤袋排出的烟气被吸入清灰的滤袋小室内进行反吹清灰，反吹后的气流返回主风机前的负压管道内，与含尘气体一起通过主风机压入各滤袋室净化后排出。

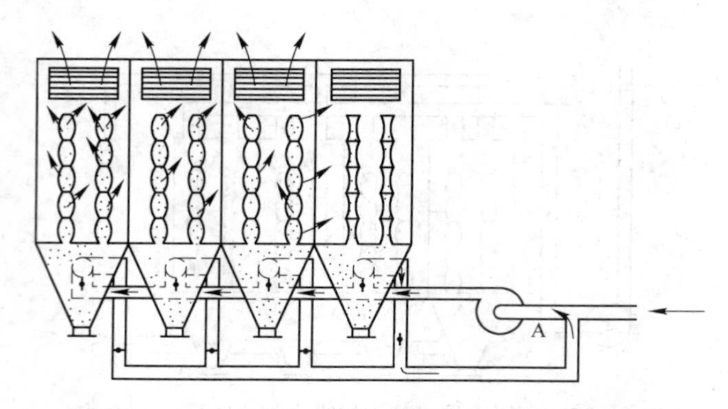

图 5－29 正压式袋式除尘器循环烟气反吹清灰方式
（不设反吹风机）

这种清灰方式的特点如下：

（1）采用的反吹气流不受周围大气条件的影响。

（2）用于处理高温烟气，以避免滤袋结露、糊袋，由于反吹风是接在主风机的入口负压端，它必然使烟气实现循环反吹。

（3）这种形式与图 5－27 相似，没有设置反吹风机，因此，除尘系统的主风机的压力也应在 400mmH_2O 以上，系统压力均较高。

b 负压式袋式除尘器（不设反吹风机）（图 5－30）

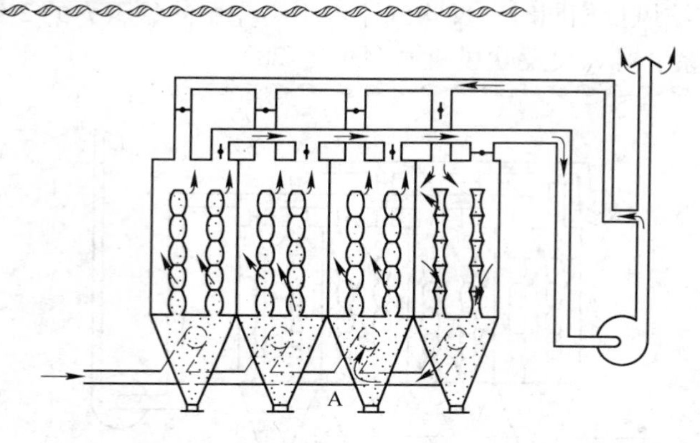

图 5－30 负压式袋式除尘器循环烟气反吹清灰方式
（不设反吹风机）

负压式袋式除尘器清灰时，首先关闭除尘器出口阀门，并打开反吹风阀门。由于其他各滤袋室内部均为负压，而且各滤袋室之间都设有隔板隔开，因此使风机出口正压管道内的烟气，能通过反吹风管道进入滤袋室进行反吹清灰，清灰后气流与含尘气体一起被吸入各滤袋室净化后排出。

上海宝钢一期工程日本设计的钢锭模车间砂处理喷水部的除尘系统采用这种反吹风方式，该系统的露点温度为 51℃，含水分 14.8%，烟气露点温度 54℃，系统温度已低于露点温度。为防止烟气在滤袋内结露，在袋式除尘器的入口管道内设置燃烧器，将入口烟气温度加热到 80℃，并设有自动调节温度装置，保证袋式除尘器的安全运行。

c 正压式袋式除尘器循环烟气反吹清灰（设反吹风机）（图 5 - 31）

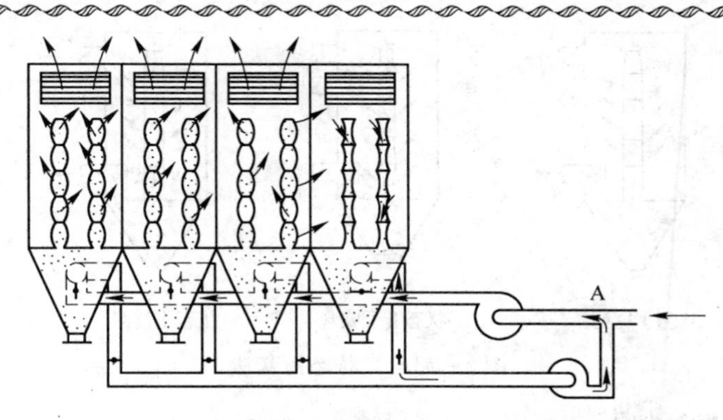

图 5 - 31 正压式袋式除尘器循环烟气反吹清灰方式（设反吹风机）

上海宝钢一期工程日本设计的炼铁厂铸铁机室的铸铁机除尘系统，其处理风量为 $3500m^3/min$，滤袋阻力为 $200mmH_2O$，风机压力仅 $350mmH_2O$。由于是高温烟气，为此采用系统的循环烟气进行反吹清灰，但由于风机压力仅 $350mmH_2O$，低于 $400mmH_2O$，系统的循环烟气无法实现反吹清灰。为此，反吹清灰系统中增设了一台反吹风机，采用设有反吹风机的正压式袋式除尘器循环烟气反吹清灰方式。

d 负压式袋式除尘器循环烟气反吹清灰（设反吹风机）（图 5 - 32）

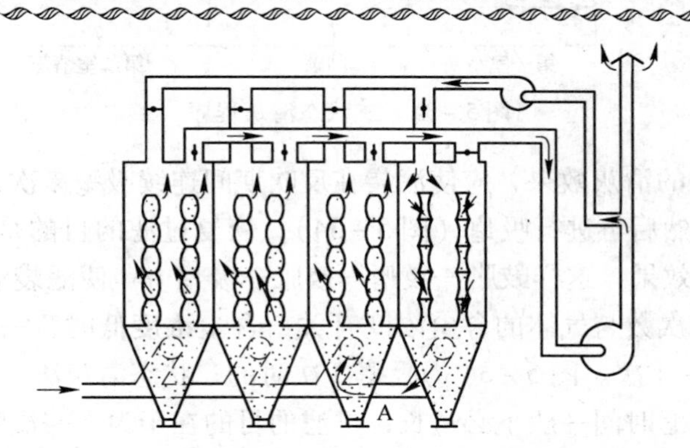

图 5 - 32 负压式袋式除尘器循环烟气反吹清灰方式（设反吹风机）

5.3.5.2 反吸清灰状态

反吹风袋式除尘器的反吸清灰状态有二状态清灰法和三状态清灰法两种。

A 二状态清灰程序

反吹风袋式除尘器一般均采用内滤式，此时含尘气体由滤袋内侧向外渗透，滤袋呈鼓胀状态（图 5 - 33 状态 Ⅰ），烟尘积附在滤袋内表面，净化后的干净气体透过滤袋排出。

当反吹清灰时，关闭排气口（或进气口），打开反吹风口，由于滤袋内侧的负压，使室外冷空气（或系统的循环烟气）被吸入滤袋室进行滤袋的反吹清灰。此时滤袋呈松动发软，并收缩吸瘪（图 5 - 33 状态 Ⅱ），使滤袋内侧烟尘抖落下降到灰斗内，利用滤袋的鼓胀、吸瘪两个状态达到清灰的目的。这种方法称为二状态清灰法。

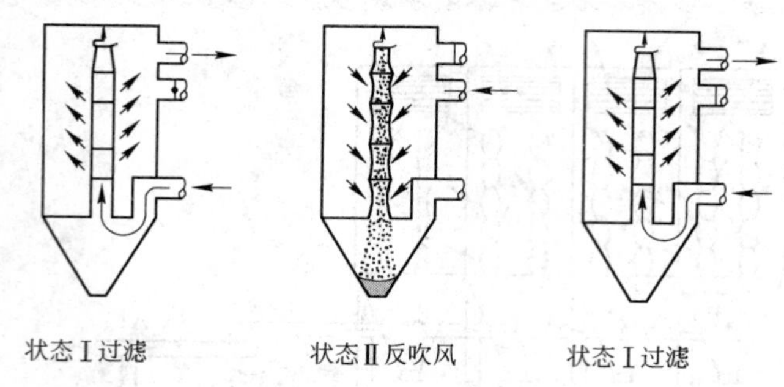

图 5-33　二状态清灰法

二状态清灰的特征如下：

（1）二状态清灰的程序如图 5-34 所示。

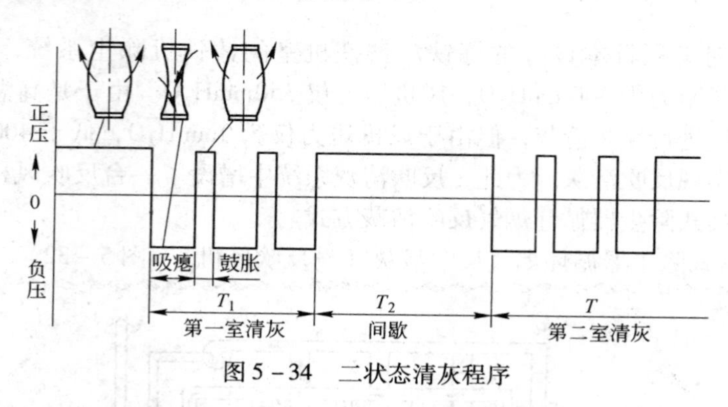

图 5-34　二状态清灰程序

（2）为提高滤袋的清灰效果，应使滤袋在反吹期间连续吸瘪多次，即滤袋吸瘪后立即恢复几秒钟的过滤，然后再进行吸瘪（图 5-34），恢复过滤的目的是为了再次吸瘪抖动，并提高下一次反吹的效果，这样鼓胀—吸瘪—鼓胀—吸瘪……使滤袋清灰彻底。

（3）滤袋吸瘪的次数与气体的含尘浓度有关，含尘浓度低时，一般吸瘪 1～2 次，含尘浓度高时，可取 3～4 次。图 5-34 为吸瘪 3 次时的二状态清灰法。

（4）吸瘪后的过滤时间一般不必过长，过滤的目的在于为下一次吸瘪创造条件，一般可取 5s。

B　三状态清灰法

在二状态清灰法中，发现由于滤袋吸瘪时间较短（10～20s），靠灰斗较近的下半段滤袋内抖落的烟尘尚能降落到灰斗内，而离灰斗较远的上半段滤袋抖落的烟尘还来不及全部降落到灰斗内吸瘪时间就结束，然后被接着而来的过滤（鼓胀）气流带到滤袋内壁，产生再吸附。特别是滤袋长度越长，这种现象就越严重，由此产生了三状态清灰法。

三状态清灰法实际上是在二状态清灰法基础上，增加一个静止的自然沉降状态（即图 5-35 中的状态Ⅲ）

a　三状态清灰法的清灰程序

三状态清灰法的清灰程序有集中自然沉降和分散自然沉降两种。

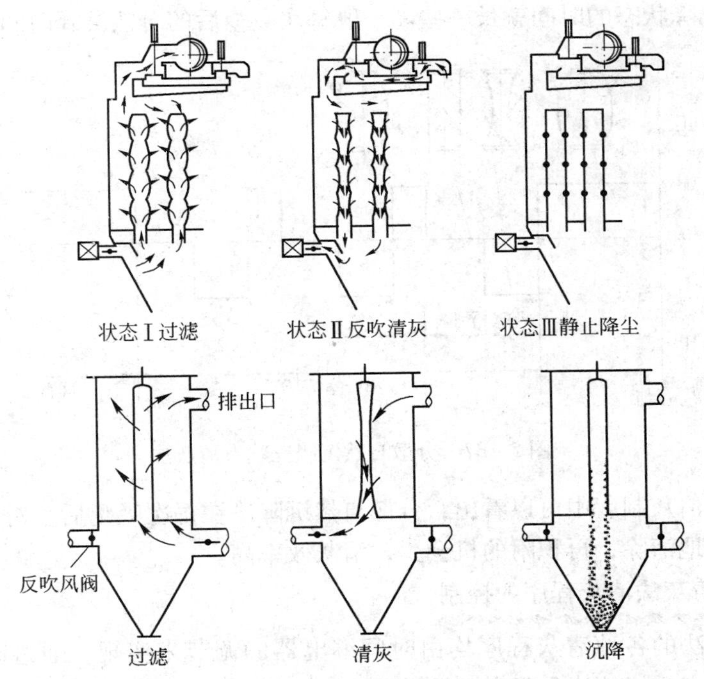

图 5-35 滤袋反吹清灰状态

集中自然沉降三状态清灰法

集中自然沉降三状态清灰法是滤袋在进行二状态清灰后，集中一段时间使其静止自然沉降。自然沉降时通过同时关闭排风阀（或进风阀）及反吹风阀，使滤袋内无气流流通，以达到滤袋的静止状态，为滤袋抖落烟尘创造一个自然沉降的条件，自然沉降的时间一般为 90s。

集中自然沉降三状态清灰法如图 5-36 所示。

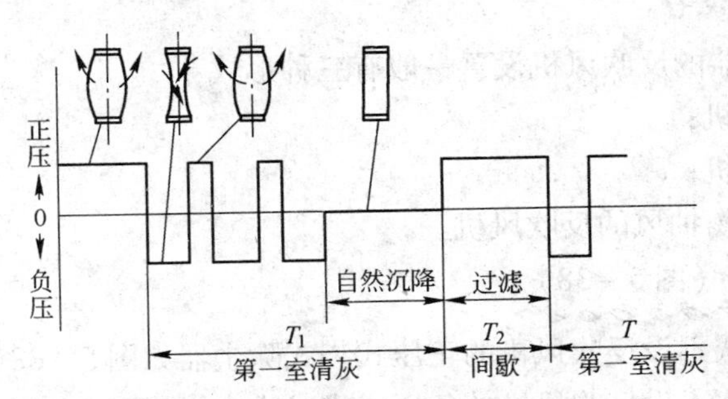

图 5-36 集中自然沉降三状态清灰法

分散自然沉降三状态清灰法

分散自然沉降三状态清灰法是滤袋在每次吸瘪之后，安排一段静止时间，使滤袋内侧抖落的烟尘有可能进行自然沉降。

分散自然沉降三状态清灰法如图 5-37 所示。

自然沉降状态所需的时间与滤袋的长短及灰尘性质有关，一般滤袋较长、灰尘比重较轻，需要自然沉降状态的时间就长一些。一般每次吸瘪后的自然沉降时间约为45s。

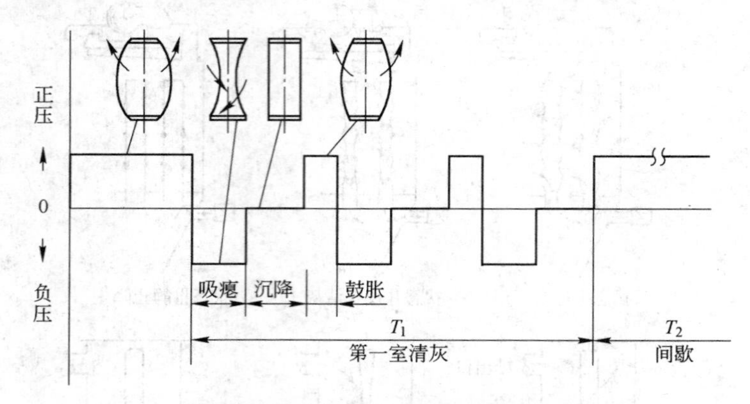

图5-37 分散自然沉降三状态清灰法

从上述两种清灰制度中可以看出，分散自然沉降法在每次吸瘪后，对滤袋内侧抖落的烟尘能比较彻底地清除，再积附的机会少，清灰效率高。

b 三状态清灰法清灰程序的控制

三状态清灰法的各种清灰程序均由时间继电器的调节来实现，通过时间继电器的控制，就可按预先安排好的清灰程序来操纵反吹风转换阀门进行反吹清灰。

第一种集中自然沉降法，是将排气阀（或进气阀）与反吹风阀交替开关几次进行反吹后，集中1.5min，将两个阀门全闭，使在静止状态下完成烟尘的自然沉降，然后再进行下一个室的清灰。

第二种分散自然沉降法，是将排气阀（或进气阀）与反吹风阀交替开关一次后，并安排45s，将两个阀门全闭一次，这样反复几次，以完成烟尘的反吹清灰。

5.3.5.3 反吸风机的配备

A 反吸风机的配备

反吹风袋式除尘器的反吹风机设置一般有三种形式：

（1）不设反吹风机；

（2）设置反吹风机；

（3）设置系统平衡抽风的反吹风机。

a 不设反吹风机（图5-38）

循环烟气反吹清灰不设反吹风机的正压式袋式除尘器如图5-38(a) 所示。

循环烟气反吹清灰不设反吹风机的负压式袋式除尘器如图5-38(b) 所示。

如5.3.4.6反吹风压一节所述，反吹风袋式除尘器在下列情况下可不设反吹风机：

（1）除尘系统主风机压力超过400mmH_2O以上时，可不设反吹风机。

（2）正压式袋式除尘系统主风机入口（图5-38(a) 点A）的负压或负压式袋式除尘器入口（图5-38(b) 点A）负压超过200mmH_2O以上时，可不设反吹风机。

（3）正压式袋式除尘系统主风机入口负压（图5-38(a) 点A）或负压式袋式除尘器入口（图5-38(b) 点A）负压超过滤袋过滤的最大阻力时，可不设反吹风机。

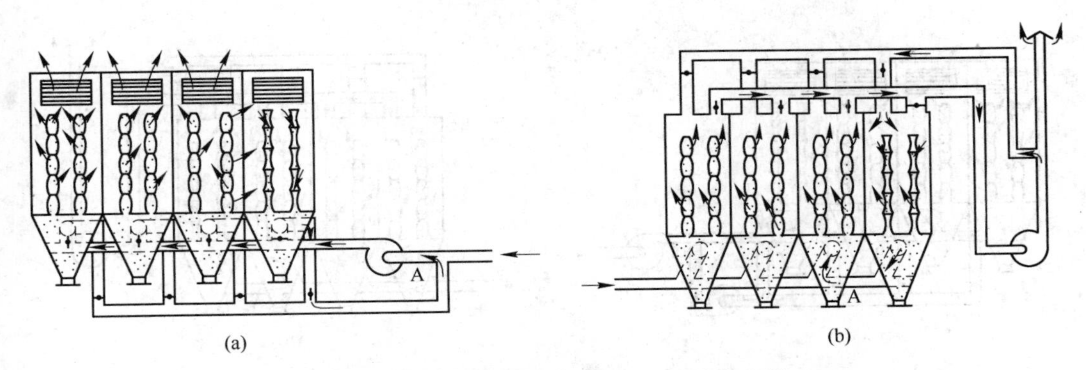

图 5－38　不设反吹风机的反吹风袋式除尘器

（a）正压式袋式除尘器循环烟气反吹清灰方式；（b）负压式袋式除尘器循环烟气反吹清灰方式

b　设置反吹风机

反吹风机设在主风机入口之前的正压式袋式除尘器如图 5－39(a) 所示。

反吹风机设在主风机出口之后的负压式袋式除尘器如图 5－39(b) 所示。

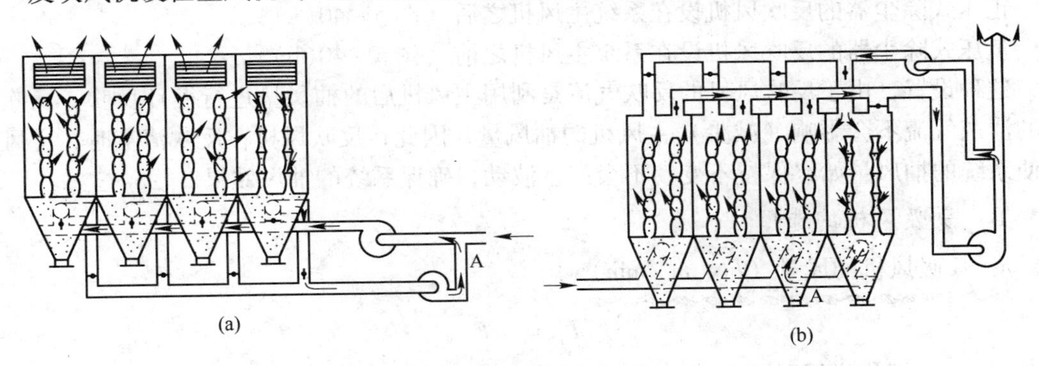

图 5－39　设置反吹风机的袋式除尘器

（a）反吹风机设在正压系统主风机入口之前；（b）反吹风机设在负压系统主风机出口之后

如 5.3.4.6 反吹风压一节所述，反吹风袋式除尘器在下列情况下应设反吹风机：

（1）除尘系统主风机压力低于 400mmH_2O 以下时，应设反吹风机。

（2）正压式袋式除尘系统主风机的入口（图 5－39(a) 点 A）负压或负压式袋式除尘器入口（图 5－39(b) 点 A）负压超过 200mmH_2O 以上时，应设反吹风机。

（3）正压式除尘系统主风机入口（图 5－39(b) 点 A）负压或负压式袋式除尘器入口（图 5－39(b) 点 A）负压超过滤袋过滤的最大阻力时，应设反吹风机。

但是这种设置，由于反吹风机的反吹气流是利用主风机进出口的气流，因此反吹风机在反吹清灰时，会减少主风机的抽风量，使系统的抽风量有所波动，直接影响系统的抽风效果。

c　设置系统抽风平衡的反吹风机

正压式袋式除尘器的反吹风机设在主风机出口之后，如图 5－40(a) 所示。

负压式袋式除尘器的反吹风机设在主风机入口之前，如图 5－40(b) 所示。

一般正压式袋式除尘器反吹风机经常采用设在系统主风机之前（图 5－39(a)），负压式袋式除尘器反吹风机经常采用设在系统主风机之后（图 5－39(b)）。

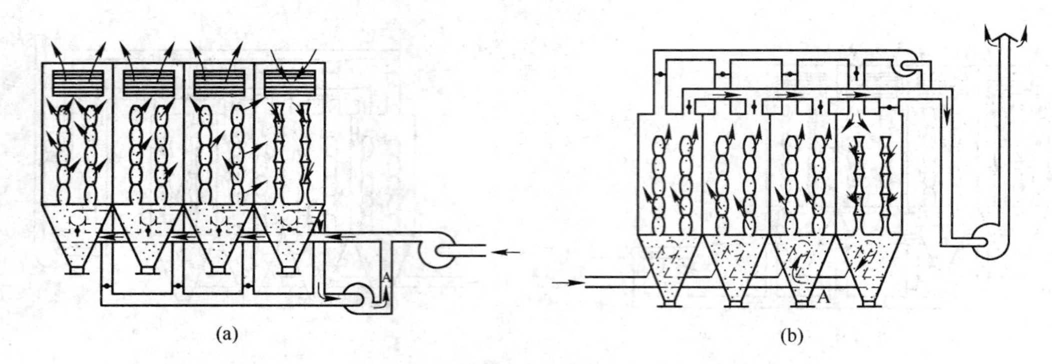

图 5-40 设置系统抽风平衡的反吹风机

(a) 反吹风机设在正压系统主风机出口之后；(b) 反吹风机设在负系统主风机入口之前

当除尘系统抽风量由于生产的要求不允许波动时（如燃煤锅炉的抽风量波动将直接影响锅炉的燃烧效率，从而影响锅炉的产汽量，因此锅炉的抽风量是不允许波动的），则反吹风机应改为以下设置形式：

正压式除尘器的反吹风机设在系统主风机之后（图 5-40(a)）。

负压式除尘器的反吹风机设在系统主风机之前（图 5-40(b)）。

这种设置，由于反吹风机的反吹气流是利用主风机后的抽风量进行循环反吹，反吹风机的清灰气流不会影响（减少）主风机的抽风量，因此，反吹风机在反吹清灰时，主风机能使系统的抽风量始终保持不变，不会产生波动，确保系统的抽风效果。

B 反吸风机的选择

a 反吸风机的风量（L_1，m^3/min）

$$L_1 = v_1 F \tag{5-9}$$

式中 v_1——滤袋逆洗时的风速，m/min，为一般过滤风速的 0.1 ~ 1.0 倍；

F——单室滤袋过滤面积，m^3。

b 反吸风机的风压（H_1，mmH_2O）

(1) 反吹风机设在正压式袋式除尘系统主风机之前（图 5-39(a)）的反吸风机风压：

$$H_1 = \frac{v_1}{v_0} H_0 + P_d - P_b \tag{5-10}$$

式中 v_0——滤袋正常过滤时的风速，m/min；

H_0——滤袋正常过滤风速时的阻力，mmH_2O；

P_b——风机入口处的负压，mmH_2O；

P_d——风机入口到某室灰斗入口的管道空气阻力，mmH_2O。

(2) 反吹风机设在正压式袋式除尘器系统主风机之后（图 5-40(a)）的反吸风机风压：

$$H_1 = \frac{v_1}{v_0} H_0 + P_d \tag{5-11}$$

（3）反吹风机设在负压式袋式除尘系统主风机之后（图 5－39（b））的反吸风机风压，当 $P_e \leqslant \frac{v_1}{v_0}H_0 + P_d$ 时，应设反吹风机：

$$H_1 = \frac{v_1}{v_0}H_0 + P_d \tag{5-12}$$

式中 P_e——除尘器入口集合管的全压力，mmH_2O；

P_d——反吹风管阻力，mmH_2O。

（4）反吹风机设在系统主风机之前的负压式袋式除尘器（图 5－40（b））的反吸风机风压可按式（5－11）计算。

5.3.5.4 反吹清灰程序的实例

A 上海金山石油化工总厂高压聚乙烯车间反吹风袋式除尘器

除尘器系 1974 年随以乙烯为原料生产低密度聚乙烯成套设备由日本引进，除尘器主要用于气力输送的尾气处理，除尘器由日本空气气力输送装置株式会社设计。

滤料材质	聚丙烯
室数	6 室
清灰状态	二状态
反吹风切换阀	气动三通切换阀
清灰形式	图 5－41
清灰周期	1h
吸瘪次数	每个室吸瘪二次，每次 10s，每次吸瘪后留 10s 过滤时间（即鼓胀时间）
实际反吹时间	每室 40s。6 室连续地轮流反吹，没有间歇时间，6 个室共反吹 40×6＝240s。6 个室换室反吹后，排除 56min 总间歇时间
清灰周期	每个室为 60min

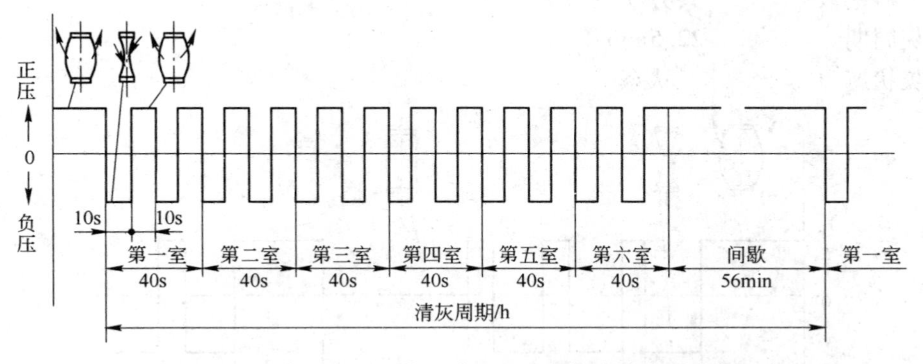

图 5－41 上海金山石油化工总厂反吹风袋式除尘器清灰程序

B 泸州川南矿冶炭黑厂反吹风袋式除尘器

除尘器由四川炭黑研究所与泸州川南矿冶炭黑厂合作，仿造日本专利于 1978 年 3 月正式试用，除尘器用在天然气半补强炉炭黑生产工艺上。

滤料材质　　　　玻璃纤维

清灰状态	二状态
反吹风切换阀	两个电动单体蝶阀，后来改为气动盘形阀
清灰形式	图 5－42
除尘器外形	ϕ3500mm 圆筒形
室数	分 6 格，逐格轮流反吹
清灰周期	20min
清灰方式	每格在 20s 之内吸瘪二次，然后间歇 180s。因此，每格实际反吹清灰时间为 20＋180＝200s，6 格共 1200s，即清灰周期 20min。

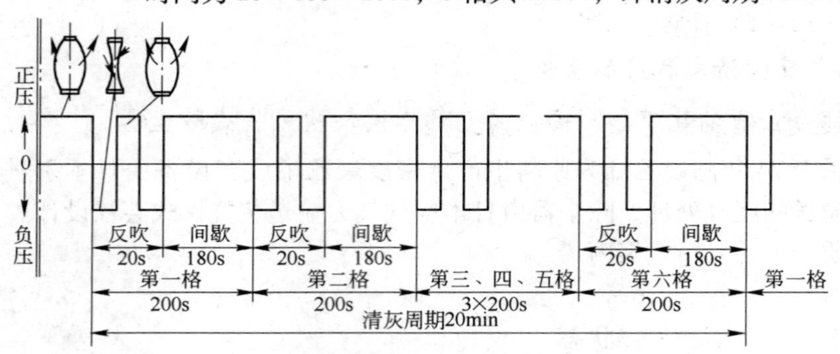

图 5－42　四川泸州川南矿冶炭黑厂反吹风袋式除尘器清灰程序

C　武钢 1700 工程铁水预处理（KR 脱硫法）烟气净化系统反吹风袋式除尘器

日本新日铁为武钢 1700 工程铁水预处理（KR 脱硫法）成套设备报价资料（除尘器后来没有引进）。

清灰状态	三状态
反吹风切换阀	气动盘形切换阀
清灰形式	图 5－43
除尘器室数	共分 6 室
清灰周期	22. 5min
清灰状态	三状态

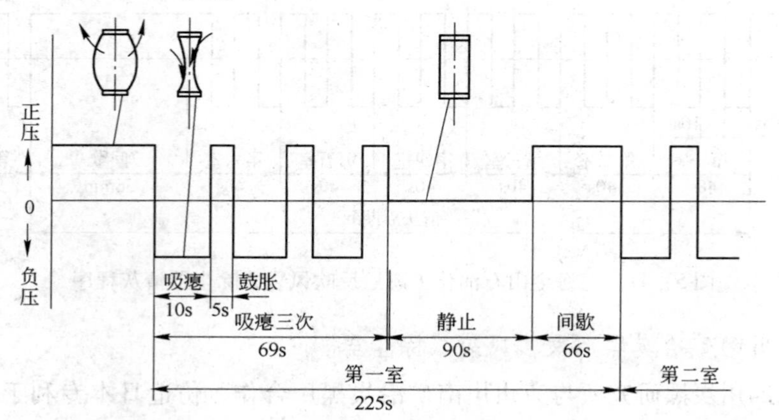

图 5－43　日本新日铁设计的反吹风袋式除尘器清灰程序

（武钢 1700 工程铁水预处理（KR 脱硫法））

吸瘪次数	每个室吸瘪次数可在除尘器运转后根据灰尘负荷情况予以确定，一般为2~4次
清灰时间	每次吸瘪时间为18s，鼓胀时间5s。因此，每次反吹所需时间为23s。每个室在完成2~4次吸瘪后，留有90s的静止自然沉降时间，剩余的时间即为间歇时间，其时间分配如表5-5所示

从表5-5中可知，每个室的反吹时间为225s(即清灰周期为22.5min，共有6室，每室为225s)，当采用每室吸瘪2次，其间歇时间为89s，吸瘪3次时，间歇时间为66s，吸瘪4次时，间歇时间为43s。

表5-5 三状态清灰时间

反吸风清洗次数	阀门	反吹风清洗时间表（├─┤ 表示阀门开启）
2次	进风阀门 反吹风阀门	18s 吸瘪 → 5s 鼓胀 → 18s 吸瘪 → 5s 鼓胀 → 90s 自然沉降 → 80s 间歇时间
3次	进风阀门 反吹风阀门	18s 吸瘪 → 5s 鼓胀 → 18s 吸瘪 → 5s 鼓胀 → 18s 吸瘪 → 5s 鼓胀 → 90s 自然沉降 → 66s 间歇时间
4次	进风阀门 反吹风阀门	18s 吸瘪 → 5s 鼓胀 → 18s 吸瘪 → 5s 鼓胀 → 18s 吸瘪 → 5s 鼓胀 → 18s 吸瘪 → 5s 鼓胀 → 90s 自然沉降 → 43s 间歇时间
		225s

D 日本钢管公司（NKK）反吹风袋式除尘器

日本钢管公司（NKK）1977年来华技术交流时，提供的《NKK-SWINDELL式炼钢用电炉以及电炉用集尘装置》一文中介绍的电炉排烟用的反吹风袋式除尘器，其结构外形如图5-44所示。

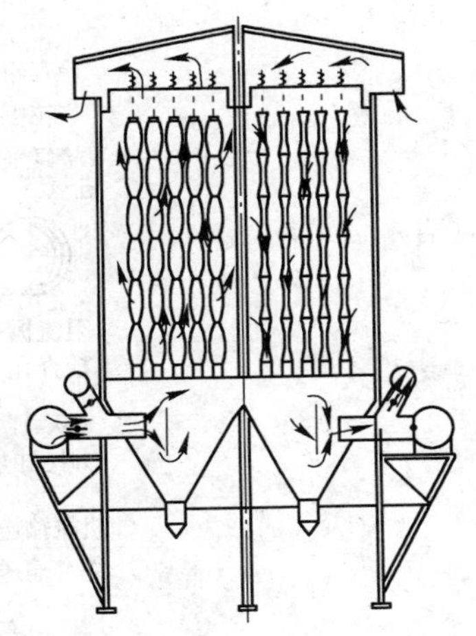

图5-44 日本NKK设计的反吹风袋式除尘器

除尘器采用三状态清灰法，反吹风切换阀装置采用气动盘形切换阀，其清灰程序如图5-45所示。

除尘器分6室，清灰周期22.5min，三状态中每次吸瘪时间为18s，静止自然沉降时间为43s，鼓胀时间为5s。因此，每次反吹所需时间为66s。每个室吸瘪3次，计3×66=198s，每室的反吹时间为225s（即清灰周期为22.5min，共有6室，每室为225s），每室吸瘪3次后，剩余的间歇时间为225-198=27(s)。

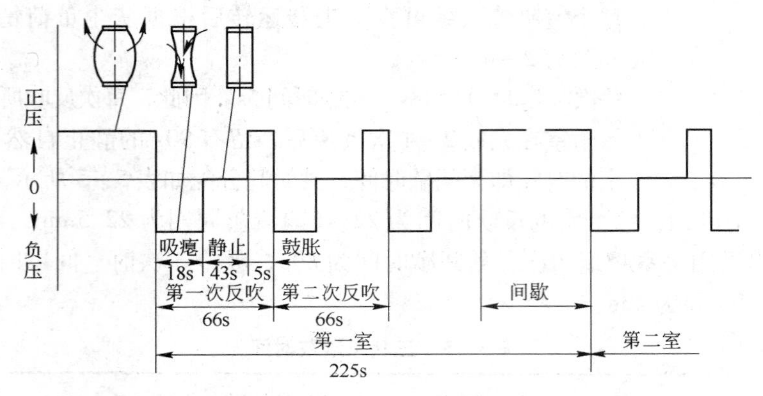

图 5-45 日本 NKK 设计的反吹风袋式除尘器清灰程序

5.3.6 反吹风袋式除尘器的结构

5.3.6.1 除尘器本体结构

大型反吹风袋式除尘器本体结构是由框架、顶板、外壁、隔板、花板、灰斗、反吹风切换阀、平台走台、风管、排气管等组成，其结构如图 5-46 所示。

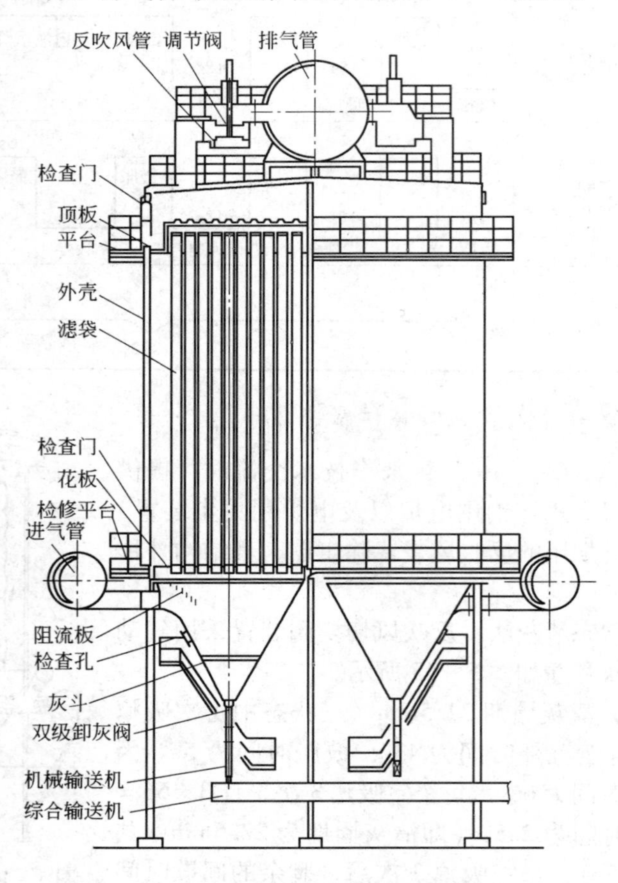

图 5-46 反吹风袋式除尘器的结构外形

滤袋室内滤袋为垂直吊装，各滤袋小室的内部和外部均设有检修用平台走台，和检修、清扫用的门或孔洞，滤袋设有吊装、调正用的螺栓、弹簧，使滤袋具有一定的张拉力。

A 除尘器的框架

除尘器框架由型钢构成，主要起支撑作用，由于滤袋长达 10m，除尘器需高达 24 ~ 26m。因此，框架除了要求稳定外，并需承担风、雪的荷载。

B 除尘器箱体的外壁

a 压入式袋式除尘器

由于含尘气流经滤袋过滤后直接排至室外，一般可采用敞开式滤袋室。除尘室外壁主要起防风、防雨作用，框架檩条外侧的围挡可采用瓦楞板、镀锌钢板或塑料复合钢板，也可采用铝合金瓦楞板。

压入式袋式除尘器的各滤袋室之间可不设隔板（即统仓式），但各滤袋室的灰斗应隔开，以防串气。

b 吸入式袋式除尘器

由于滤袋室内具有一定的负压，为防止外部空气被吸入滤袋室内，干扰含尘气流的净化，需采用密封（不透气）结构。

除尘器的灰斗及上层滤袋室均需隔开，防止相互串气。日本 BCR 型袋式除尘器的外壁及各室的隔板采用 $\delta=3.2$mmSS41 钢板制作成密封的箱体结构，室内可承担 850mmH_2O 的负压。

对于高温、高湿气流，必要时外壁及入口管道均需进行保温隔热，以使烟气不产生结露。

C 底板下花板

除尘器滤袋室的底板（下花板）用作将灰斗与上层滤袋室隔开，以使含尘气流只能通过下花板上的扎袋口短管进入滤袋进行过滤。

下花板可采用 $\delta=5\sim8$mm（一般为 $\delta=6$mm）冲好圆孔的钢板制作，钢板底部应设加筋板。当采用气割挖孔时，要保证下花板的平整，切割断面需整齐。

安装滤袋的扎袋口短管焊在下花板上，由于气流进入袋口具有一定流速，易使滤袋入口处的滤布磨损，对于易磨损的灰尘，扎袋口短管在花板下部可适当加长到 600mm 长。加长的扎袋口短管可避免含尘气流冲向滤袋的某一个部位，又能起到整流作用。

D 灰斗

除尘器下部灰斗一般采用 $\delta=6$mmSS41 钢板制作，箱架式密封结构，倾斜角 60°以上。

灰斗内在气流入口应处设有阻流板（见 4.3 节气流分布装置），使含尘气流中的粗颗粒灰尘撞击沉降，防止含尘气流直接冲击滤袋，并保证气流均匀地流入各滤袋中。

灰斗上设有振动装置（见 4.5.6 节灰斗振动器），以便及时处理粉尘的堆积。

灰斗上应设有检修孔。

E 平台、走梯

反吹风袋式除尘器在易损部位均应设置维修平台，一般滤袋吊挂处、滤袋与底板（下花板）连接处及滤袋袋夹、支撑环等处均易损坏。为此，在上列地点均应设置检修平台：

（1）滤袋室内为安装、检修、维修，在底板（下花板）滤袋的四周应设必要的通道，并在滤袋室外设有通行平台。

（2）滤袋室顶部，为吊挂、调正滤袋的拉伸力，应设有袋间通道，并在滤袋室外设有通行平台。

（3）灰斗的进气口、检查孔、排灰阀门及排灰输送机等处均应设置维修平台。

（4）负压式袋式除尘器排气管的切换阀一般都装在除尘器顶部，可利用除尘器顶部作平台，但需设栏杆，切换阀附近应设维修平台。

按日本新日铁为上海宝钢设计的通用技术说明书要求，除尘器平台、通道、走梯等应按下列条件考虑：

（1）除不得已的情况下，平台、走梯的宽度不小于800mm。

（2）在平台、走梯等处安装的扶手（栏杆），以及为防止人靠近坠落而设置的扶手，其高度应为900mm（按国内规定应为1200mm）。

（3）平台、走梯等边缘，除人要通过的部分外，应安装高度500mm以上的挡板。

（4）平台、走梯等底板厚度为4.5mm以上。

（5）平台、通道地板及走梯踏板应考虑采用格子或网纹钢板及其他防滑材料。

（6）除不得已的情况下，平台、通道等的底板与上方障碍物的间隔应为2000mm以上。

（7）装在除尘器上的走梯的倾斜度应尽可能与水平线成45°，即使在不得已情况下也不能超过75°。

（8）走梯的踏板之间的间隔约按150～230mm成等距离布置。

（9）高度超过4m以上的阶梯，每4m以下设长度为0.9m以上的平台。

F 消音防振

根据环境保护对噪声要求控制的规定，袋式除尘器的连接、布置，可采取下列两种措施：

（1）正压式袋式除尘系统，风机外壳及其出口管道（从风机出口到除尘器灰斗入口止）应包有隔音材料。由于除尘器本身可起消音作用故可不设消音器。

（2）负压式袋式除尘系统，风机外壳及其出口管道（从风机出口到消音器入口为止）除用上述隔音材料外，风机与排出管之间应设有消音器。

G 烟囱

正压式袋式除尘器的烟气经净化后，通过除尘器顶部侧面的百叶窗排入大气，气流通过百叶窗的流速一般取2～3m/s。

负压式袋式除尘器的烟气经净化后，气体通过风机、消音器，由烟囱（排气筒）排入大气中，烟囱高度一般比除尘器顶部高2～3m即可。当除尘器布置在车间附近时，则烟囱应比厂房屋脊高出4m。

5.3.6.2 滤袋室的布置

A 滤袋室的分室原则

反吹风袋式除尘器滤袋室的分室原则见5.3.4.9除尘器分室原则一节。

B 滤袋室的布置

滤袋室布置除满足滤袋数量的要求以及滤袋维修方便的条件外，应尽量使滤袋布置紧凑，以减少占地面积。

a 滤袋的中心距离

ϕ200mm 滤袋　　中心距取 250～280mm

ϕ250mm 滤袋　　中心距取 300～350mm

ϕ300mm 滤袋　　中心距取 350～400mm

b 滤袋的排数

滤袋的排数应按滤袋直径的大小确定：

ϕ200mm 滤袋　　不超过 3 排

ϕ300mm 滤袋　　不超过 2 排，否则造成维修不便（图 5－47）

当滤袋两侧均设有检修通道时可采用 4 排到 6 排。

每排滤袋的布置条数可根据实际需要确定。

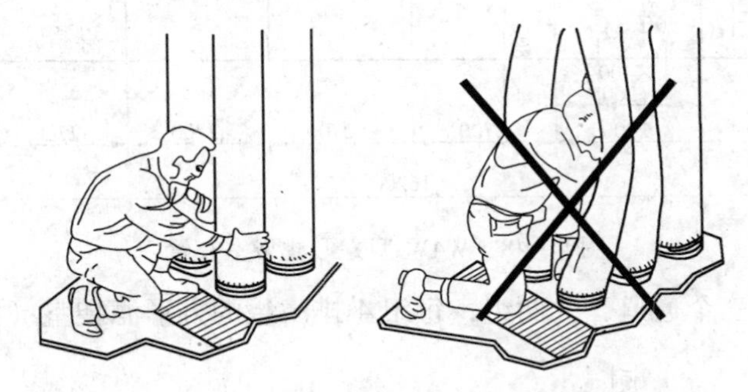

图 5－47　ϕ300mm 滤袋三排时检修不便

c 滤袋室通道距离

ϕ292mm 滤袋，每排滤袋与滤袋室外壁或隔板之间的距离（从滤袋中心算起）：

滤袋与滤袋室外壁或隔板之间的距离，通道要求通行时　　取 700～800mm

滤袋与滤袋室外壁或隔板之间的距离，通道不要求通行时　　取 450mm 左右

滤袋与滤袋之间设有通道时，滤袋中心距　　取 750～900mm

d 滤袋室布置方式

方形滤袋室的布置

方形滤袋室的典型布置方式

ϕ200mm 滤袋：

3W3　　通道在中间，每侧 3 排滤袋

W6W　　通道在两边，中间 6 排滤袋

3W6W3　　两个通道，共 12 排滤袋，分三组

W6W6W　　三个通道，二组 6 排滤袋

ϕ300mm 滤袋：

2W2	通道在中间，每侧2排滤袋
W4W	两条通道，4排滤袋
W4W2	两条通道，一组4排滤袋，一组2排滤袋
2W4W2	两个通道，共8排滤袋，分三组
W4W4W	三个通道，分两组，每组4排滤袋

注：W表示通道。

国外的几种方形滤袋室布置实例

（1）W4W：两条通道，4排滤袋（图5－48）。

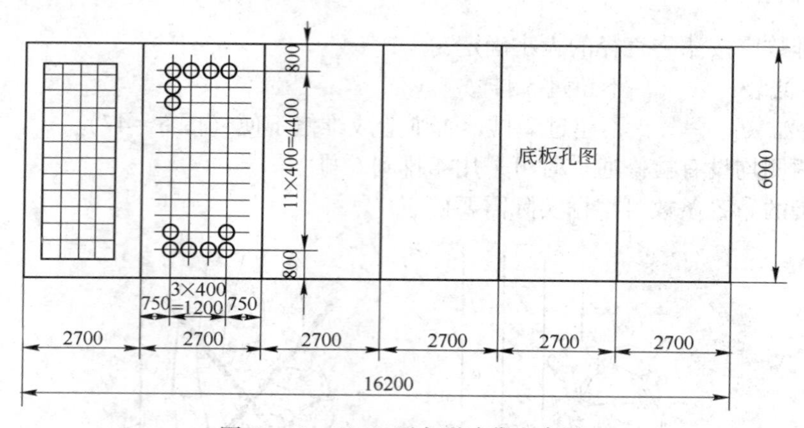

图5－48　W4W型方形滤袋室布置

（2）W4W4W：三个通道，分两组，每组4排滤袋的方形滤袋室（图5－49）。

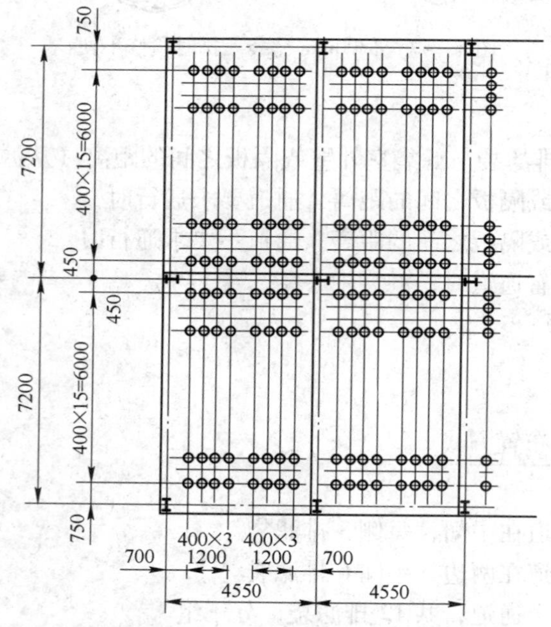

图5－49　W4W4W型方形滤袋室布置

（3）日本NKK的W4W4W：三个通道，8排滤袋的方形滤袋室（图5－50）。

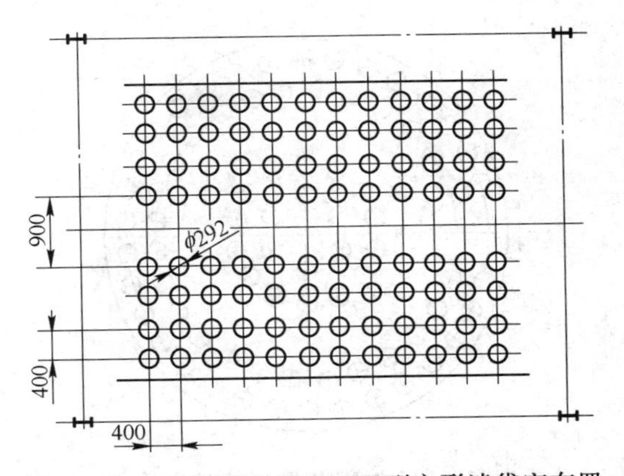

图 5-50 日本 NKK W4W4W 型方形滤袋室布置

（4）美国生产的 2W4W：两条通道，6 排滤袋（图 5-51）。

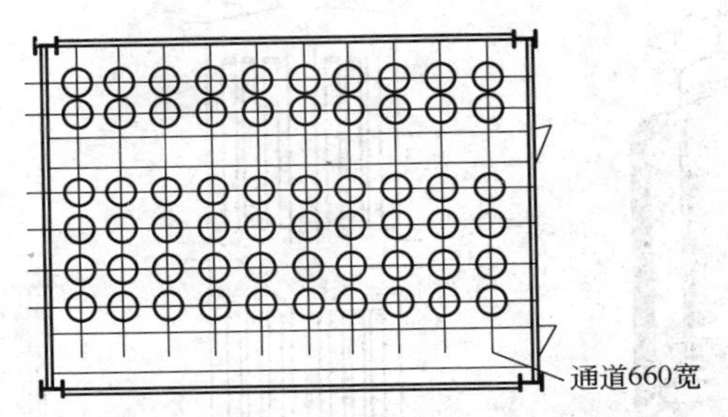

图 5-51 美国生产的 2W4W 型方形滤袋室布置

（5）瑞典 SF 公司 LK 型袋式除尘器的 2W2 型：一条通道，4 排滤袋（图 5-52）。

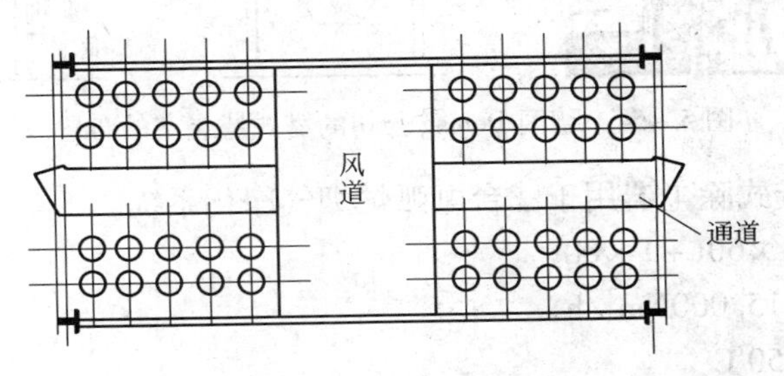

图 5-52 瑞典 SF 公司 LK 型的 2W2 型方形滤袋室布置

圆形滤袋室的布置：一条通道，4 圈滤袋

圆形滤袋室的结构强度比方形大，但每单位面积布置的滤袋数比方形少。

为提高圆形滤袋室的单位面积布置的滤袋数，布置时不采用外圈通道。圆筒的中心布置两排滤袋，圆筒直径一般可采用 ϕ5.5 ~6.0m。

日本 NKK 圆形滤袋室的布置形式如图 5-53 所示。

塔式双层滤袋室的布置

德国 Demag 公司在电弧炉及转炉烟气净化系统中采用过一种塔式双层滤袋室布置的除尘器，塔式双层滤袋室布置节约占地面积，其形式如图 5-54 所示。

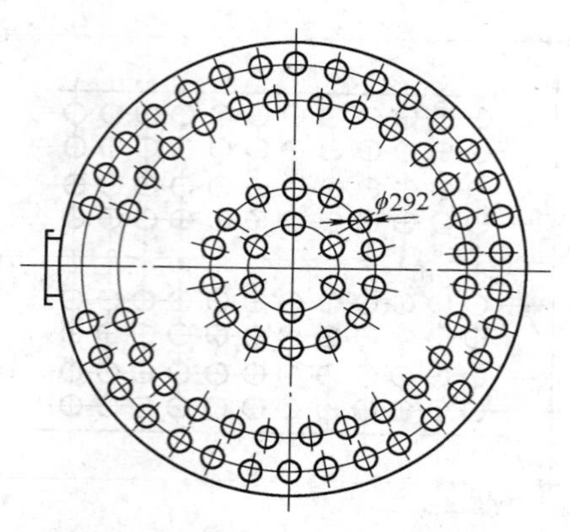

图 5－53　日本 NKK 圆形滤袋室的布置

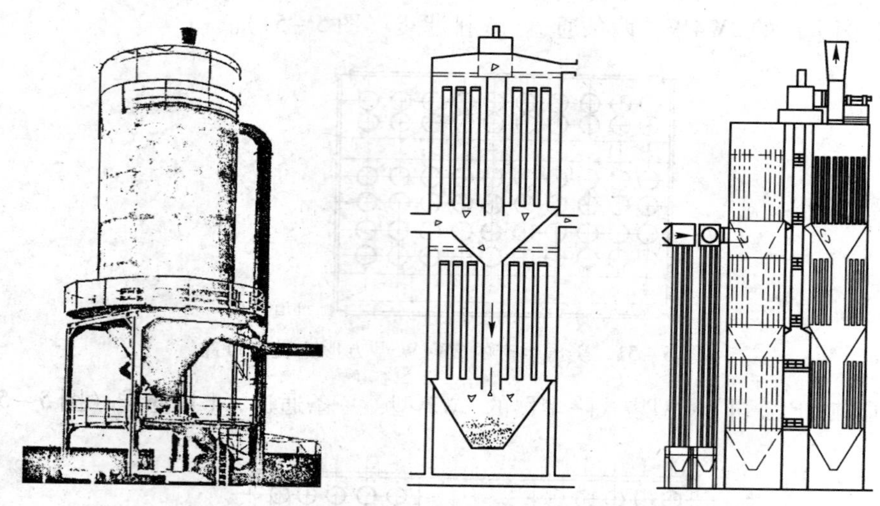

图 5－54　德国 Demag 公司的塔式滤袋室的布置

【例】塔式双层袋式除尘器用于三台电弧炉烟气净化系统。

炉容	2×60t+1×80t
烟气量	115.000Nm^3/h
烟气温度	150℃
滤料材质	聚酯
排放浓度	50mg/Nm^3

除尘系统为节约用地，两台塔式双层袋式除尘器周围设置冷却烟气的管式冷却器，如图 5－54 所示。

5.3.6.3　滤袋

A　滤袋规格

a　滤袋的直径

国外反吹风除尘器的滤袋直径选定主要按照以下两个因素：

（1）滤布的幅宽。国外滤布通常的标准幅宽为 38～39in（相当于 960～985mm），因此，最经济的袋径为 ϕ292 ~ 305mm。所以，美国、日本等国的最大袋径都取 ϕ292mm，如需采用较小的袋径时，也应在幅宽为 38 ~ 39in 的范围内合理地选定，最小为 ϕ80mm。

（2）滤袋的合理布置。滤袋的直径应在满足除尘的技术要求前提下，使除尘器每单位占地面积内的滤袋过滤面积达到最大。

国内滤袋直径所经历的过程：

（1）玻纤圆筒过滤布。国内，上海耀华玻璃厂早期生产的玻纤圆筒过滤布，滤袋直接编织成圆筒形，不用拼接缝制。

用于除尘器的圆筒布周长分别有 400mm、500mm、570mm、630mm、660mm、730mm、800mm、850mm 和 950mm，相当于圆筒滤袋的直径为 ϕ127mm、ϕ159mm、ϕ180mm、ϕ202mm、ϕ210mm、ϕ230mm、ϕ254mm、ϕ270mm 和 ϕ302mm。

由于玻纤滤布抗折性差，圆筒布在编织后表面处理之前的储运过程中，易受折伤，影响滤袋的质量。为解决上述缺陷，南京玻璃纤维研究设计院和上海耀华玻璃厂分别研制了玻纤平幅缝接圆筒过滤布，滤布织成平幅布后，再缝制成圆筒滤袋。

上海耀华玻璃厂生产的平布可加工成的滤袋直径为 ϕ124mm、ϕ163mm、ϕ182mm、ϕ206mm、ϕ210mm、ϕ229mm、ϕ250mm、ϕ274mm 和 ϕ302mm。

（2）208 涤纶斜纹单面绒布。上海色织十厂早期生产的 208 涤纶斜纹单面绒布，幅阔为 31.5in（即 800mm），为此滤袋直径一般不能超过 ϕ250mm。

b 滤袋的长度

反吹风袋式除尘器的内滤式滤袋的长度（L）可按滤袋长径比（即 L/D）确定，长径比一般可取 5 ~ 40，常用 15 ~ 25，为此滤袋长度最长可达 10m 左右。据报道，国外的长径比有取到 50 ~ 60，滤长可达 50 ~ 60ft（相当于 15 ~ 18m）。

滤袋长径比（L/D）的选择与过滤风速（v_f）、气体入口含尘浓度、粉尘粒度及磨损性有关。对于一定直径的滤袋，袋长越长，每条滤袋的过滤风量越大，滤袋袋口的入口风速（v_R）就越大，滤袋袋口的磨损也越厉害，因此袋长不宜过长。

滤袋长径比（L/D）与袋口的入口风速的关系为：

$$v_R = v_f \cdot 4(L/D) \tag{5-13}$$

式中 v_R——滤袋入口风速，m/s，一般取 1 ~ 1.5m/s，最好≤1.25m/s；

v_f——滤袋过滤风速，m/min。

从式（5-13）可知，为使滤袋入口风速（v_R）维持在一定范围内，滤袋在过滤风速（v_f）大时，其长径比（L/D）宜选用较小值，也就是说，滤袋不宜过长。反之，当滤袋在过滤风速（v_f）小时，可选用较长的滤袋。

日本新日铁在宝钢一期工程中采用的三种滤袋，其长径比（L/D）为：

ϕ292mm × 10m　　$L/D = 34$

ϕ320mm × (10 ~ 11)m　　$L/D = 34$

ϕ170mm × 3.37m　　$L/D = 20$

日本各公司制造的袋式除尘器，其滤袋长径比（L/D）为：

ϕ292mm × (6 ~ 12)m　　$L/D = 20.6 \sim 41$

ϕ170mm×(3~5)m　　L/D=17.6~29.4

美国空气过滤器公司（AAF）的S型袋式除尘器滤袋长径比（L/D）为：

ϕ200mm×6.7m　　L/D=33.5

ϕ120mm×4.3m　　L/D=31.5

ϕ292mm×10.4m　　L/D=35.6

ϕ292mm×7.6m　　L/D=26

瑞典SF公司的LKS和LKT型袋式除尘器滤袋的长径比（L/D）为：

ϕ200mm×6m　　L/D=30

ϕ300mm×9m　　L/D=30

B 滤袋的材质选用

滤袋材质选用详见第6章袋式除尘器的滤料。

C 滤袋的缝制

a 滤袋的缝制类型

国内的反吹风袋式除尘器滤袋的缝制一般有无缝袋和有缝袋两类。

一般有缝袋存在下列缺点：

（1）缝合处是滤袋最易损坏的部位。

（2）缝合处不起过滤作用，减少了滤袋的过滤面积。

（3）滤袋缝合后，缝合处会减少滤袋弹性。

（4）缝制会增加滤袋成本。

由于上述缺点，在缝制滤袋时，应尽量减少缝合处的宽度。

b 滤袋的缝制方法

顶部袋口的缝制

滤袋顶部袋口的缝合，一般与滤袋上部吊挂、安装方法有关。

图5-55　滤袋上部吊挂顶盖

一般下进风式反吹风袋式除尘器的滤袋，采用套入顶盖再吊挂的方法（图5-55）。由于滤袋在清灰缩袋时，滤袋与顶盖边缘发生摩擦，很容易磨损，因此在袋顶内侧要加一段130mm长的衬里，其缝制方法如图5-56(a)所示，滤布的毛边应缝在里边。为使袋口能扎紧在顶盖上，在袋口卷边内穿上一根ϕ4mm的绳子。

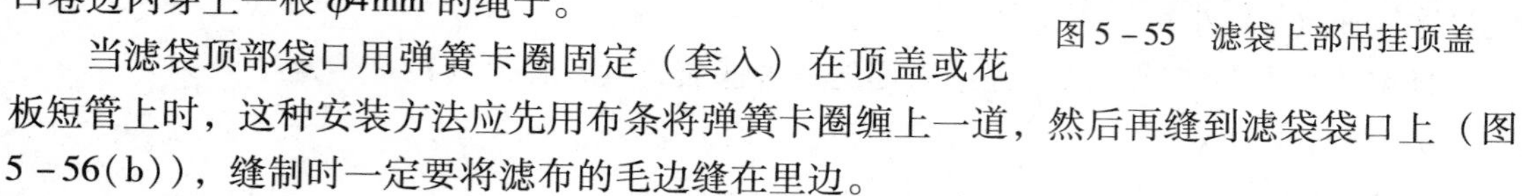

当滤袋顶部袋口用弹簧卡圈固定（套入）在顶盖或花板短管上时，这种安装方法应先用布条将弹簧卡圈缠上一道，然后再缝到滤袋袋口上（图5-56(b)），缝制时一定要将滤布的毛边缝在里边。

滤袋的纵向缝制

滤袋的纵向缝制采取咬口方式（图5-57），咬口搭边12mm，应用机器活扣缝纫，以防滤袋纵向预拉伸缩，缝线被拉断。

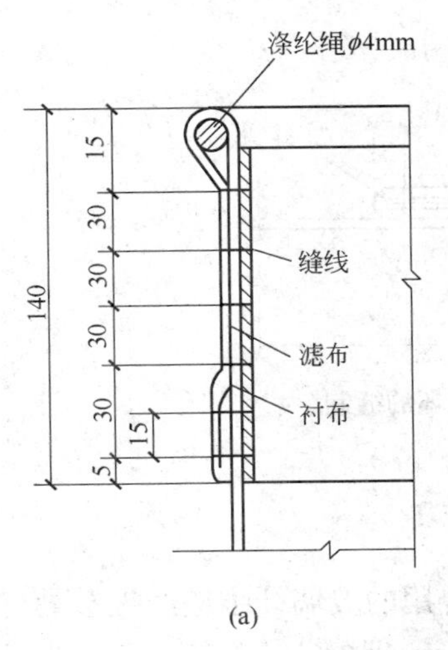

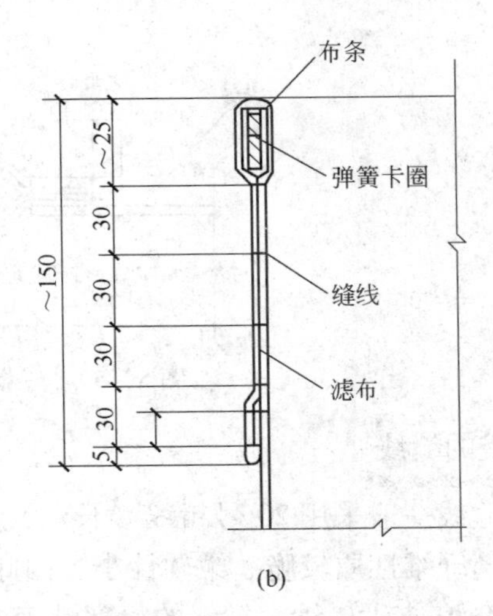

图 5－56　顶部袋口的缝制

滤袋底部袋口的缝制

在下进风袋式除尘器中，滤袋底部入口由于气流流速较高（1～1.5m/s），底部袋口容易磨损。为此，在滤袋底部袋口的内侧应衬一段衬布，以增加抗磨性。滤袋底边应缝入一根 ϕ5mm 左右的绳子，缝口端部使底边缘凸起，以便固定在花板上（图 5－58）。底部袋口如采用弹簧卡圈时，其缝制方法与图 5－56(b) 相同。

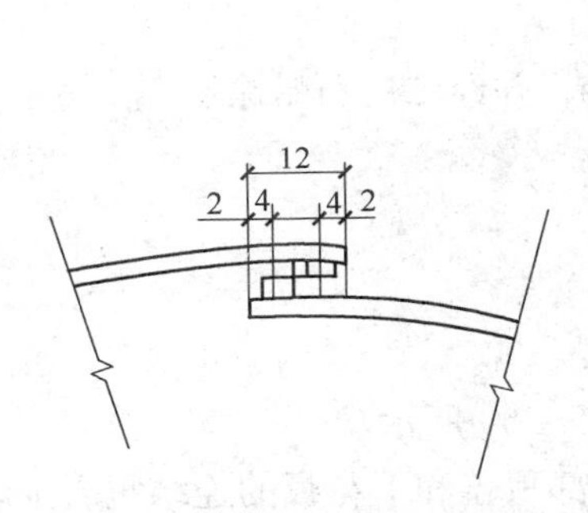

图 5－57　滤袋的纵向缝制

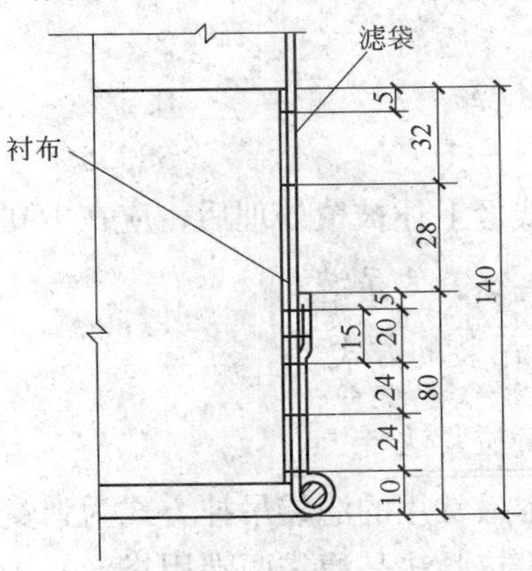

图 5－58　滤袋底部袋口的缝制

滤袋底部袋口内侧衬布的长度与下花板上的连接短管长度有关，图 5－58 的袋口内侧衬布的长度为花板连接短管长度高出花板 100mm 时的尺寸，当为减少入口气流对滤袋底部袋口的冲击、磨损，连接短管长度为 600mm 时（短管长度高出花板 100mm，花板下部 500mm），此时滤袋底部袋口的衬里可短些，反之，则衬里应长些，但是，衬里过长，会使过滤面积减少。

滤袋支撑环的缝制

反吹风袋式除尘器清灰时，滤袋不断地鼓胀和缩瘪，使支撑环与滤袋不断地摩擦，很容易磨损滤袋。为防止磨损，可用袋料布将支撑环包合缝好，然后再缝在滤布上，如图 5－59 所示。

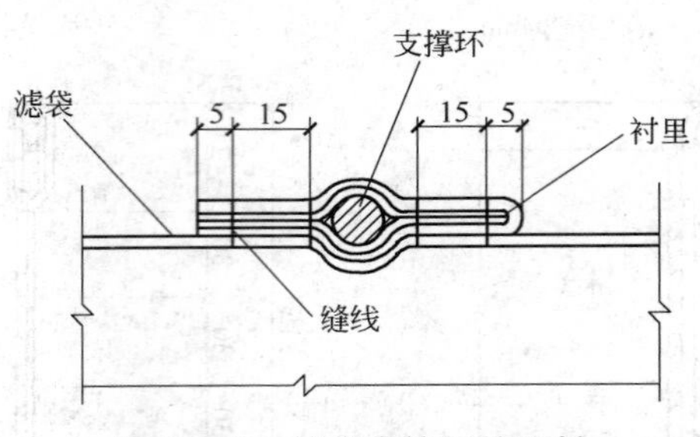

图 5-59　滤袋支撑环的缝制

c　滤袋的缝线

滤袋的缝线一般采用20号粗线（长丝）。

由于玻璃纤维性质较脆、柔软性小，因此缝合用的玻璃纤维应经被覆处理，缝线为直径6～7μm的80支无碱纱，纱线的捻度是254捻/m，股数为80支/9股、80支/12股及80支/150股三种。

玻璃纤维被覆处理的配方为：

PTFE分散液	12.5%
填充树脂液	18.75%
乙基含氢硅油乳液	0.6%
石墨乳液	6%
JEC渗透剂	2%
醋酸锌	0.3%
水	58.55%

缝线经上述被覆处理后，应在150℃温度中烘30s，并经二次石蜡涂层。

D　滤袋的吊装

a　吊装的方式

弹簧拉紧法

日本最常用的滤袋吊挂方式为弹簧拉紧法，如图5-60所示。

弹簧拉紧法是滤袋两端用袋夹（卡箍）固结在上部顶盖和下花板的连结短管上，顶盖利用曲别钩、压缩弹簧及短环链吊挂在上部走台的底座上，链条的吊挂张力要求有20～40kg的拉力，具体安装步骤为：

（1）将曲别钩分别穿在短环链和吊环螺栓上。

（2）用手将曲别钩收缩靠拢，交错地成十字插入压缩弹簧内。

（3）将吊环螺栓插入顶盖内，加上垫圈、螺帽，拧紧、固定。

（4）将滤袋紧套在下花板连接短管上，并用卡箍夹紧。

（5）将滤袋套在顶盖上，并用卡箍夹紧。

（6）用乙烯绳（ϕ4～6mm，约15m）及安装吊钩，从滤袋室顶部花格走台上，将短环链钩住、吊起，吊起时应不使曲别钩缠住短环链。

（7）将吊起的短环链，用弹簧秤（0～50kg）使短环链约有20～40kg的力拉紧滤袋，并将短环链套在底座的缺口处，加以固定。

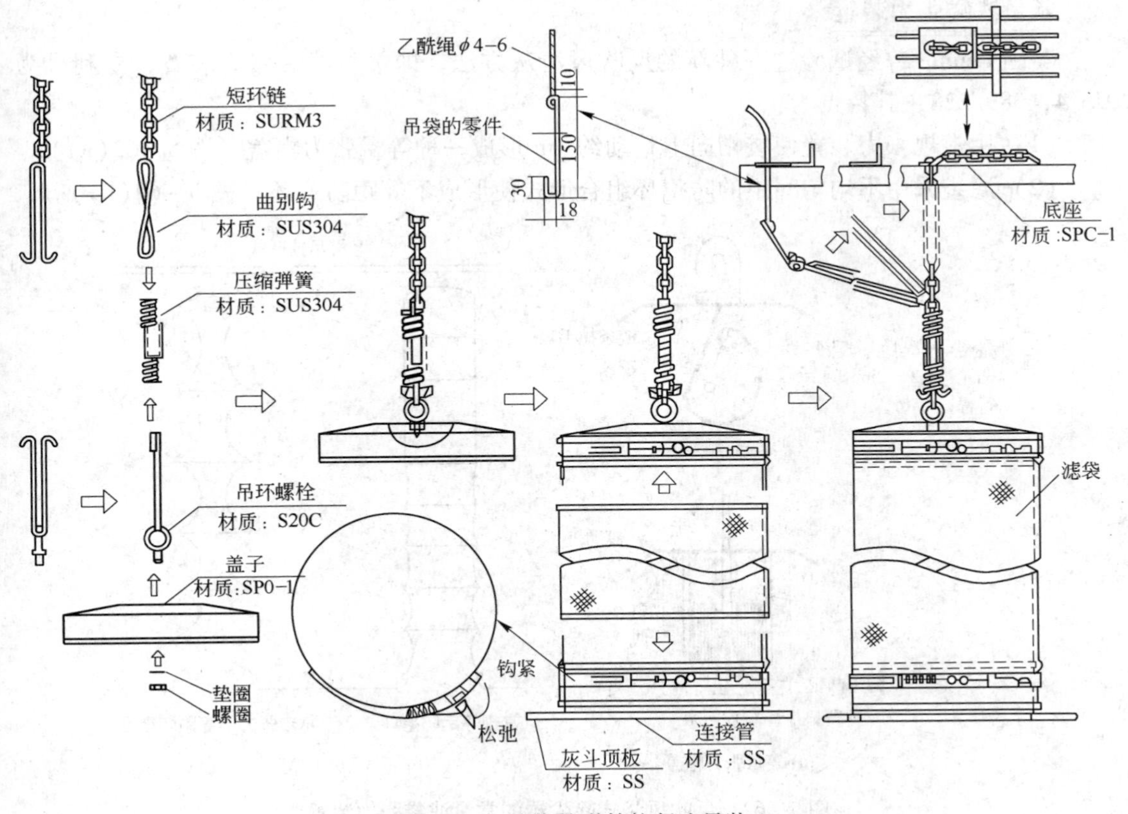

图5－60　滤袋的弹簧拉紧法吊装

弹簧压紧法

日本的BCR型袋式除尘器的滤袋吊挂形式如图5－61所示，滤袋长度的调节采用螺栓压紧弹簧的方法，即称弹簧压紧法。

在弹簧压紧法中，为防止滤袋松弛部分因粉尘的堆积引起破损，可采用以下措施：

（1）增加反吹清灰的次数（即缩短清灰周期）减少滤袋的负载率。

（2）使用一段时间后，再将滤袋吊挂装置拉紧到正常状态（即将短环链再往底座的缺口处拉过去几个扣）。

但是由于增加反吹清灰次数最后会导致滤袋的延伸，同时对滤袋加上多余力量的次数增加后会使滤袋的寿命缩短，因此，可采用弹簧拉紧法。由此可见，滤袋的清灰次数并不是越多越好，它与滤袋的寿命直接有关系。

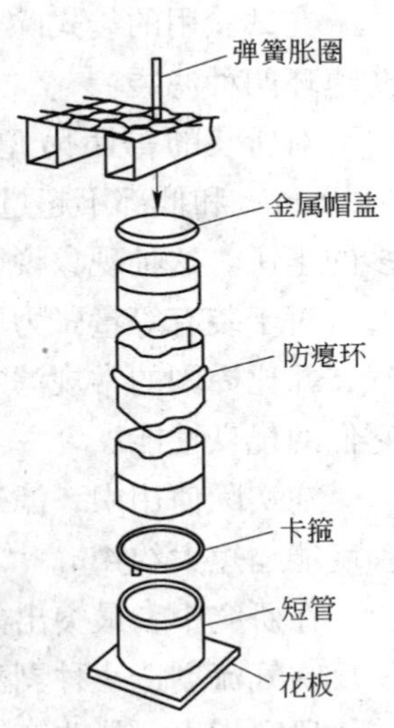

图5－61　滤袋吊装的弹簧压紧法

滤袋的张拉是否合理与滤袋的寿命有密切关系。张拉不足，容易造成滤袋底部折曲损坏，张拉力过大，当反吹风清灰时滤袋缩瘪，会使纤维受拉力过大而断裂。因此，一般应保持在25～40kg，在安装和运行过程中进行调整时，应特别注意这一点。

常量滤袋张力装置

美国 Leunig 曾经试验过一种新的反吹风清灰方法，即常量滤袋张力装置，专利号为 US. 4，389. 228，其特点为：

（1）用常规张力装置使袋帽向上移动约 4in 形成一种等量张力帽盖（图 5－62(a)）；

（2）滤袋采用不均匀间距的防瘪环组合形式使形成不等距防瘪环（图 5－62(b)）。

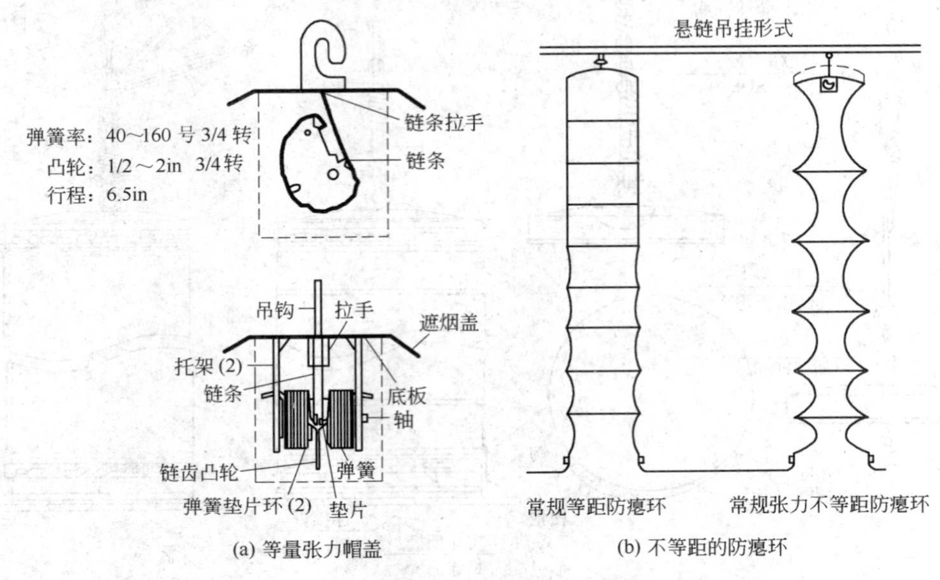

图 5－62 反吹风袋式除尘器的常量滤袋张力装置

在试验用的袋式除尘器上装有等距防瘪环和常规吊挂帽盖以及等量张力帽盖和不等距防瘪环两种滤袋。

对所装的等距防瘪环和常规吊挂帽盖滤袋进行检查时，滤袋的顶部不超过 3/8in（1. 0cm）和低部不超过 1/4in(0. 64cm）处，所有试验用的滤袋其顶部和低部都出现有过多的尘饼。这种现象说明，在常规系统中，任何滤袋的吸瘪对尘饼的剥离是不充分的。

对于装有等量张力帽盖和不等距防瘪环的滤袋，即使它们在过滤室内稳定地流过烟气，并比周围的常规滤袋更快速地建立尘饼，这两种滤袋经过 9 个月使用后却能继续保持它们的优良性能。

在实际使用中，滤袋的悬线（吸瘪）量（指垂直长度）限制在 4in(10cm)，即滤袋的长度能缩短大约 4in。

在研究中，最突出的做法是：使清灰不完全依赖于反吹风量，而是使清灰机构能作到使反吹气流创造一种剥落尘饼的雪崩效应（它相当于气缸中的活塞）。

研究指出，从改变滤袋长度尺寸出发，重要的是清灰时应使滤袋缩短（吸瘪）1. 0～2. 0in(2. 5～5. 1cm)，以提高雪崩效应和促进良好的清灰。滤袋的这个缩短量（吸瘪）可使在不危害滤袋的情况下完成适当的清灰，清灰时弹簧张力的偏转是 1. 0～2. 0in，此时弹簧已转到底，就无法再偏转。

一种替代张力和增加清灰装置（TAAC）

一种替代张力和增加清灰装置（an alternative tensioning and augmental cleaning，TA-AC）系统是由美国ETS，Inc. 设计和试验的。

TAAC装置是装在反吹风/机振袋式除尘器中，为除尘器的每条滤袋提供了更完善的张力，目的是用于改进除尘器的清灰，由此改善除尘器的阻损或压力降（Drag）。

经验证明，机械振动（轻敲）明显地改善了反吹风的有效清灰，经验还显示，滤袋张力的变化，特别是张力不足时，能明显地降低反吹风清灰的有效性。

TAAC系统由一个加有配重的一列横木，为排列的多滤袋提供完美的张力（图5-63）。在这种布置中，12条滤袋同时由一个配重张紧。滤袋的张力由改变重量或重新布置重量杠杆的支点进行调节，当然，类似的布置可以用于对任何数量的滤袋产生张紧。

这是一种新型的滤袋张力方法：即用一个配重装置提供一个大范围的固定张力。配重的目的是为满足安装和维护时滤袋张紧的方便。滤袋和支撑链是在宽松的位置下连接到配重上，当滤袋连接到弹簧上时其张力约为80lbf(36kgf)。一旦滤袋连接到杠杆臂上时，它只需要用较小的重量来张开滤袋，它没有螺栓连接，不需要特殊工具，不要求进行现场测量滤袋的张开长度。更重要的是，张力在第一时间内就可校正，并保持以后的校正。固定张力的特征是消除了尺寸的变化，除尘器滤袋只需要几周后再张紧即可。

TAAC装置设计必须考虑袋长的预期变化和公差，对于一条常规的30ft(9.2m)滤袋可以是：

（1）不同的热伸张　　-0.5in(-1.3cm)

（2）滤袋延伸　　+2.0in(+5.1cm)

（3）滤袋加工公差　　±1.0in(±2.5cm)

（4）安装扭曲和公差　　±1.0in(±2.5cm)

TAAC系统装置通过一种可活动的活塞或金属块（这种金属块是由电磁力或气动力动作）提起、降下，上下升降，当金属块冲击上下行程极限的两端时，就产生冲击或轻敲，然后通过张力横木传送到滤袋上增强滤袋的清灰。

试验结果显示在相对高的气布比下其非常有效；但是，试验后期，在全比例的袋式除尘器上利用一种新的、易清灰的滤袋，并运行在较低的气布比下，则不十分有效。

b　袋夹（卡箍）

滤袋的袋夹国外称onetauchband，国内又称卡箍。

快开式扳手弹簧卡箍

一般设计中，为使滤袋更换操作时便利，滤袋两端用袋夹固紧，袋夹松紧利用快开扳手和弹簧来控制（图5-64），弹簧的一端固定在快开扳手上，另一端套在袋夹的连接板上的孔洞上，连接板上钻有4个孔洞，袋夹的夹紧力，是靠改变弹簧套在孔洞上的位置来调节。袋夹在夹紧滤袋时，应注意滤袋不要有皱（图5-64）。袋夹的材质用SUS304不锈钢。

搭扣式可调卡箍

美国FLex Kleen公司采用的袋夹为搭扣式可调袋夹（图5-65），可以很快地安装、更换滤袋。

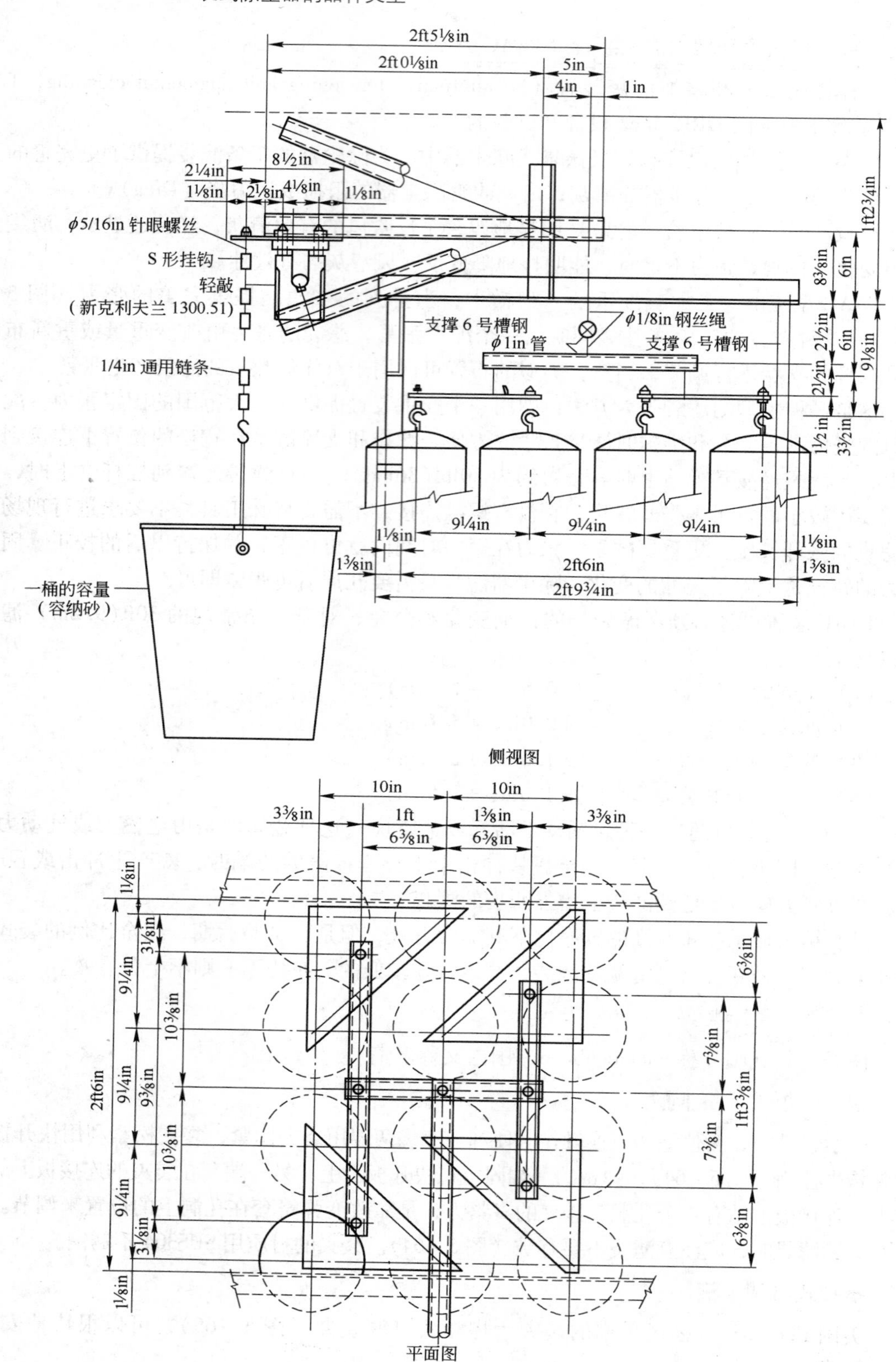

图 5－63　张力和增加清灰（TAAC）系统

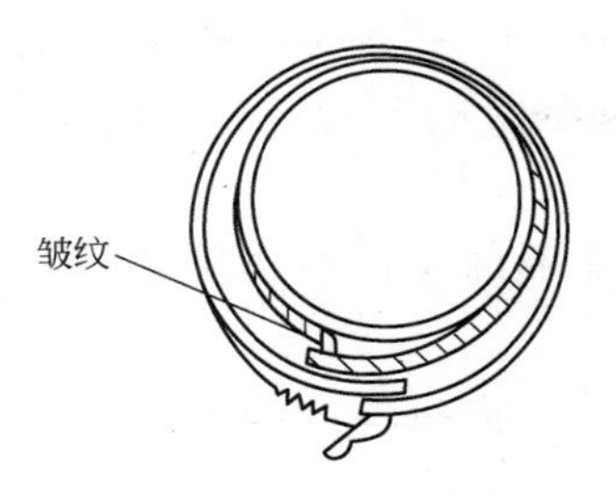

图 5－64 袋夹的固紧

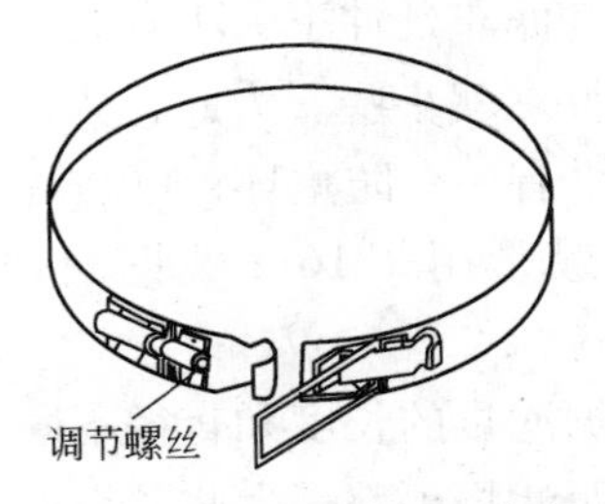

图 5－65 搭扣式可调袋夹

弹簧卡圈

弹簧卡圈（图 5－66）的固定法，是在袋帽和下花板的连接套管内部边缘设有凸缘，在滤袋袋口缝有弹簧卡圈，将滤袋的弹簧卡圈压扁后塞入孔内（或帽盖内），弹簧卡圈撑圆后，即卡在套管内（或帽盖内）。这种方法安装简便，但滤袋要求垂直，不得偏斜，稍有偏移或滤袋抖动过于剧烈时，容易脱圈掉袋。

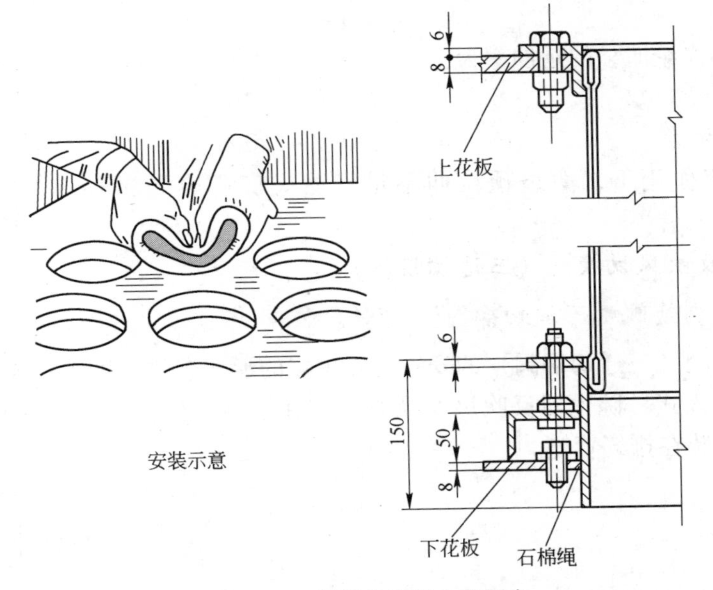

图 5－66 弹簧卡圈袋夹的固定

c 滤袋的支撑环（防瘪环）

国外在 1961 年出现一种 FLO－BAK 环，就是将一串环吊在滤袋内侧，过滤时环与滤布不接触，清灰时，滤袋变形，环在滤袋内起支撑作用。

20 世纪 70 年代初又出现一种 SI 环，它为防止滤袋反吹时缩瘪，在滤袋内侧或外侧缝有防瘪环，过后 SI 环逐渐代替了 FLO－BAK 环。

日本采用的是 SI 环，每隔 1000～1400mm 设一个环。四川泸州炭黑厂的反吹风袋式除尘器采用此种防瘪环，最初用 ϕ4mm 铁丝制作，使用后发现为反吹气流压瘪。为此，防瘪环一般采用 ϕ6mm 钢材制作为宜。

对于反吹风袋式除尘器，内滤式滤袋内部无支撑骨架，滤袋收缩变瘪的程度直接与滤袋的悬吊拉力和滤布延伸率大小有关。一般悬吊拉力小、滤布延伸率大的滤袋，其收缩变瘪就厉害些，反之就小些。为此，为改善滤袋在反吹时的缩瘪，应在滤袋长度方向每隔1.0～1.5m处设有一个防瘪环，以防滤袋的缩瘪。

防瘪环一般是用3/16in碳钢制作。根据气流条件，它们也能用电镀镉或不锈钢制成。

防瘪环根据滤袋的长度和直径不同，在滤袋长度方向每隔2～4ft安置一个。通常，防瘪环之间的间距滤袋顶部稍大些，靠近下部稍小些。

d 滤袋的延伸

滤袋在吊装拉紧和使用过程中，由于灰负荷引起滤袋自重的增大，都会使滤袋自然伸长。滤袋的延伸率与滤布材质有关，玻纤的延伸率最小，尼龙的延伸率较大。涤纶滤袋的延伸率为：

滤袋安装时延伸（张力30kg时） 1.5%

滤袋使用半年后再延伸 0.5%

滤袋共延伸 2.0%

宝钢原料场涤纶滤袋的延伸率为：

初期 0.6%～0.7%

1.0～1.5年 2.0%～5.0%

在反吹气流作用下，滤袋预拉伸不足时滤袋底部容易折坏（图5－67）。

图5－67 在反吹气流作用下，滤袋预拉伸不足时容易折坏

5.3.6.4 反吹风切换阀（三通切换阀）

A 反吹风切换阀（三通切换阀）的安置形式

反吹风切换阀（三通切换阀）的安置与除尘器的形式有关（图5－68）：

正压式（压入式）除尘器反吹风切换阀安装在进气管侧。负压式（吸入式）除尘器反吹风切换阀安装在排气管侧。

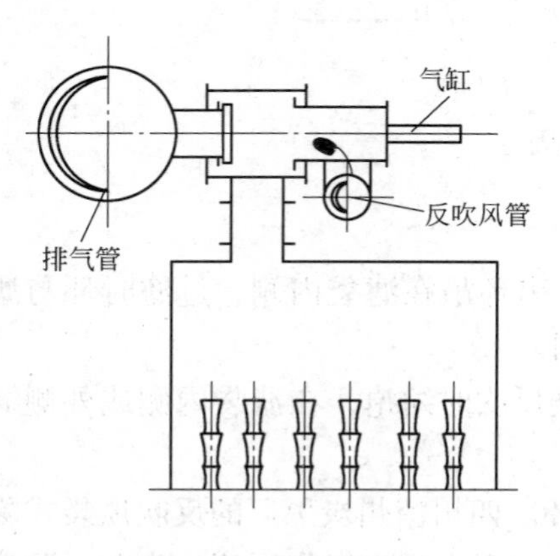

吸入式除尘器反吹

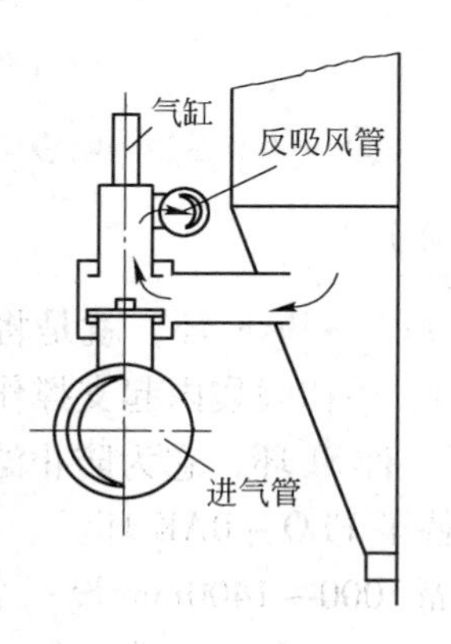

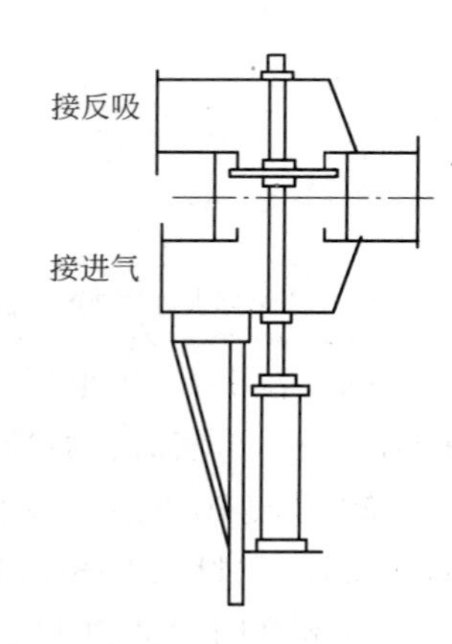

压入式除尘器反吸

图5－68 反吹（吸）风换向阀

B 蝶阀

早期国内各厂反吹风袋式除尘器的三通切换阀都是采用单独的两个蝶阀，其传动方式有气缸、电磁铁和电动减速器三种，一般采用气缸传动较多。

由于蝶阀阀座上容易积灰、卡灰，使蝶阀容易磨损、堵塞，造成密封不良，动作不灵。因此，一般宜采用盘形三通切换阀较好。

C 活塞式盘形三通阀

活塞式盘形三通阀结构灵活、可靠、耐用。

由于盘形三通切换阀在滤袋每次清灰反吹时需往返动作4~8次，当滤袋清灰周期为1h时，盘形三通切换阀每天需往返动作96~384次，每年3.25~13万次，动作极为频繁，为此，阀板与阀座必须坚固耐磨。

当袋式除尘器采用系统内高温烟气循环反吹时，通过盘形切换阀的气流温度高，阀门的设计尚需考虑一定的耐热强度。

盘形三通切换阀一般采用气缸传动，气缸由压力为4~6kg/cm^{2}的压缩空气带动。

气动活塞式双座盘形三通阀分水平气动活塞式双座盘形三通阀（图5-69、图5-70、表5-6）和垂直气动活塞式双座盘形三通阀（图5-71、表5-7）两种。

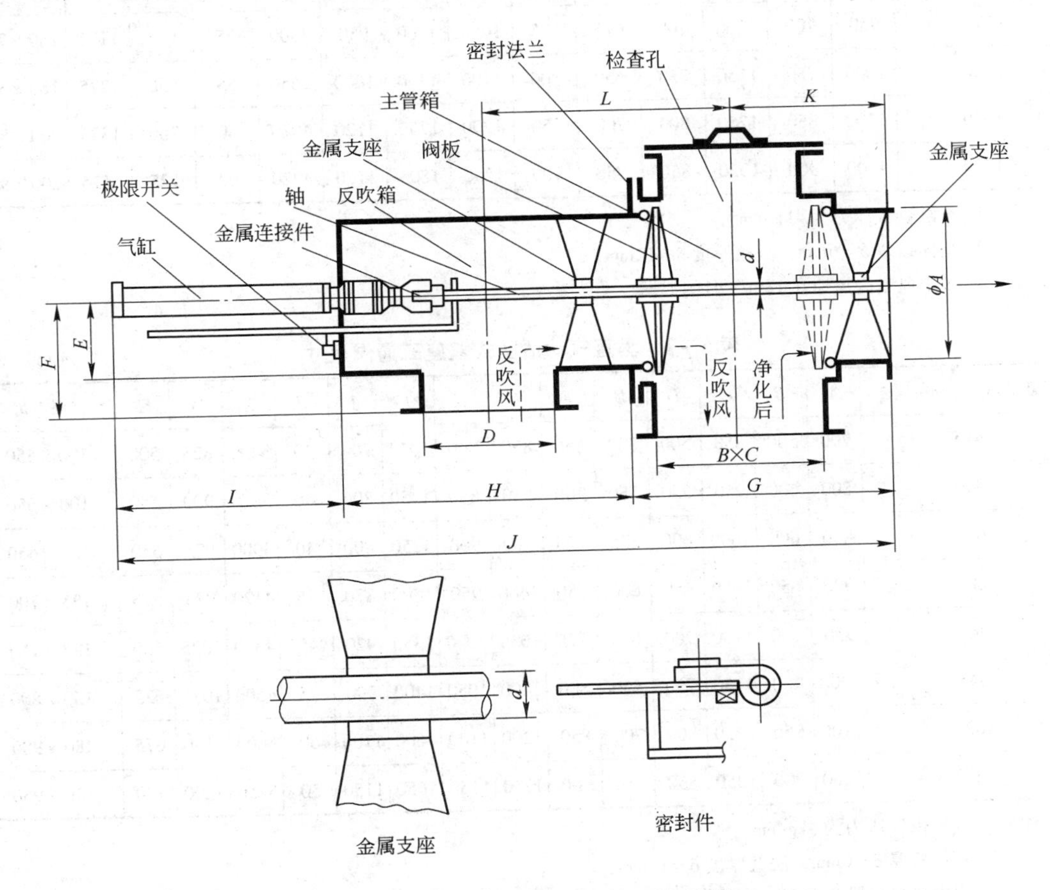

图5-69 水平气动活塞式双座三通阀

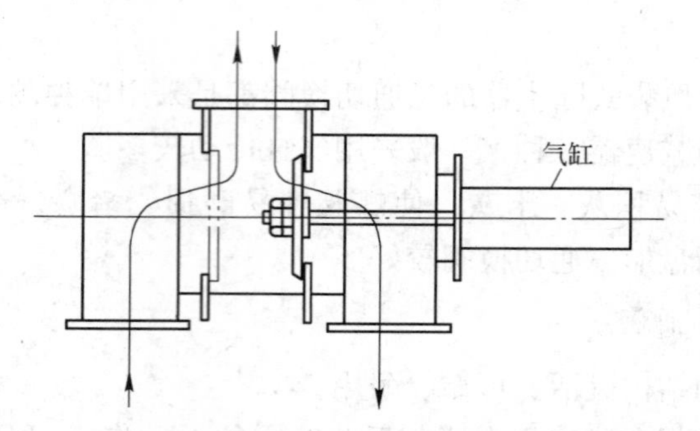

图 5－70 水平气动活塞式盘形三通阀基本形式

表 5－6 水平气动活塞式双座三通阀尺寸 (mm)

风量/$m^3 \cdot min^{-1}$	*A*	*B*	*C*	*D*	*E*	*F*	*G*	*H*	*I*	*J*	*d*	*K*	*L*	行程 ϕ_x
415	700	500	850	500	500	650	850	1150	720	2720	45	525	900	125×550
540	800	600	950	550	550	700	950	1350	840	3140	45	575	1050	150×650
610	850	600	1000	600	575	725	950	1350	840	3140	45	575	1050	150×650
685	900	650	1050	650	600	750	1000	1400	890	3290	45	600	1100	150×700
765	950	700	1100	700	625	775	1050	1500	950	3500	55	625	1175	180×750
845	1000	750	1150	750	650	800	1100	1550	1000	3650	55	650	1225	180×800
1020	1100	850	1250	800	700	850	1200	1750	1120	4070	60	700	1375	200×900
1220	1200	900	1350	850	750	900	1250	1800	1170	4220	60	725	1425	200×950

注：1. 气缸供气压力为 4kg/cm^2；

2. 箱体板厚 $\delta = 6$mm，法兰厚度 $\delta = 12$mm；

3. 表中风量为风速在 18m/s 时的数据。

表 5－7 垂直气动活塞式双座三通阀尺寸 (mm)

风量/$m^3 \cdot min^{-1}$	*A*	*B*	*C*	*D*	*E*	*F*	*G*	*H*	*I*	*J*	*d*	*K*	*N*	*M*	行程 ϕ_x
415	700	500	850	500	500	650	850	800	1050	700	40	3400	825	500	100×550
540	800	600	950	550	550	700	950	850	1250	800	40	3850	900	550	100×650
610	850	600	1000	600	575	725	950	900	1250	800	40	3900	925	550	100×650
685	900	650	1050	650	600	750	1000	950	1300	870	45	4120	975	575	125×700
765	950	700	1100	700	625	775	1050	1000	1350	920	45	4370	1025	600	125×750
845	1000	750	1150	750	650	800	1100	1050	1400	990	45	4500	1075	625	150×800
1020	1100	850	1250	800	700	850	1200	1100	1600	1100	60	5000	1150	675	180×900
1220	1200	900	1350	850	750	900	1250	1150	1650	1150	50	5250	1200	700	180×950

注：1. 气缸供气压力为 4kg/cm^2；

2. 箱体板厚 $\delta = 6$mm，法兰厚度 $\delta = 12$mm；

3. 表中风量为风速在 20m/s 时的数据。

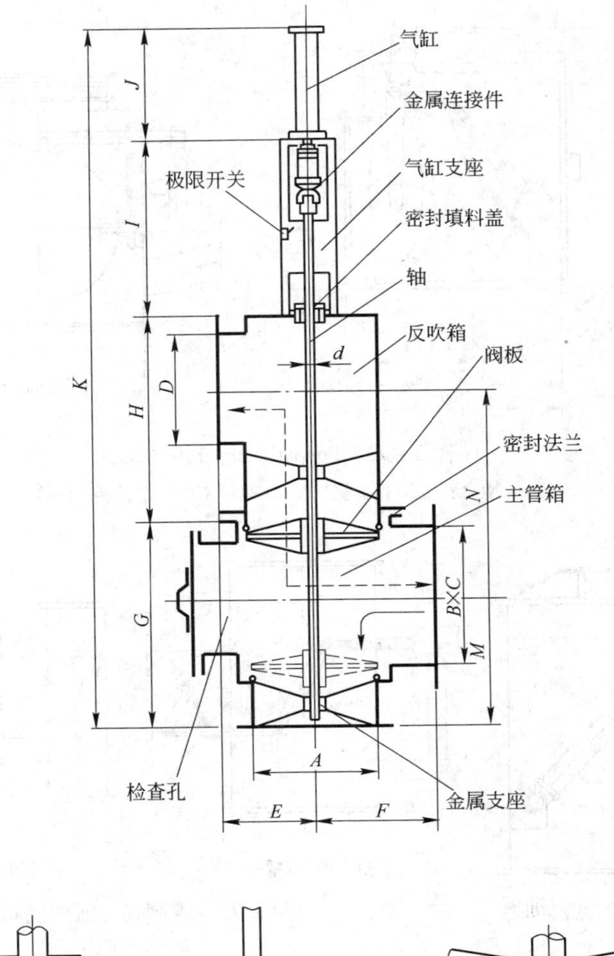

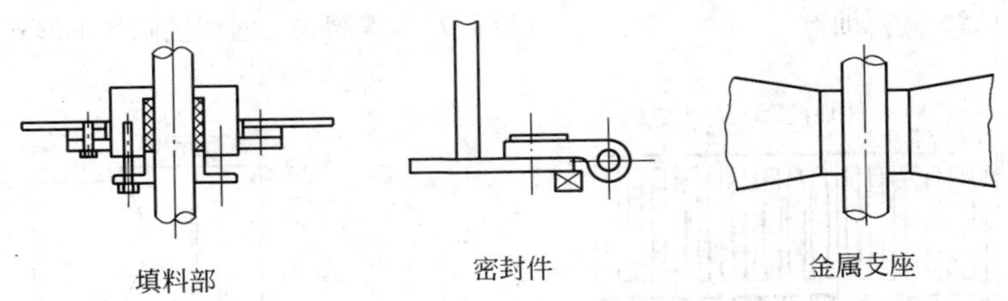

图 5－71 垂直式气动活塞式双座三通阀

D 摆动式三通阀

摆动式三通阀的结构形式有钟摆式（图 5－72、图 5－73）、翻板式（图 5－74）和蝶阀式（图 5－75）等，其动力装置有气缸、电动缸等。

E 回转切换阀

回转切换阀（图 5－76）是针对分室结构类袋式除尘器切换阀门多、故障率高、运行不可靠而开发的。它用一阀代替多阀，实现分室切换定位反吹清灰。回转切换阀具有结构简单、布置紧凑、控制方便、运行可靠等优点。

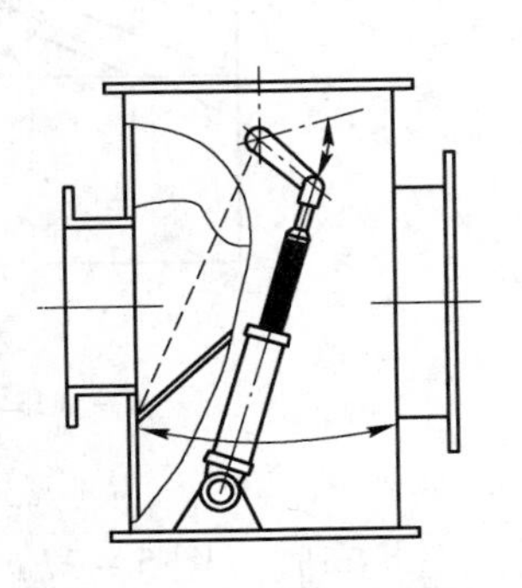

图 5－72 气动钟摆式三通阀

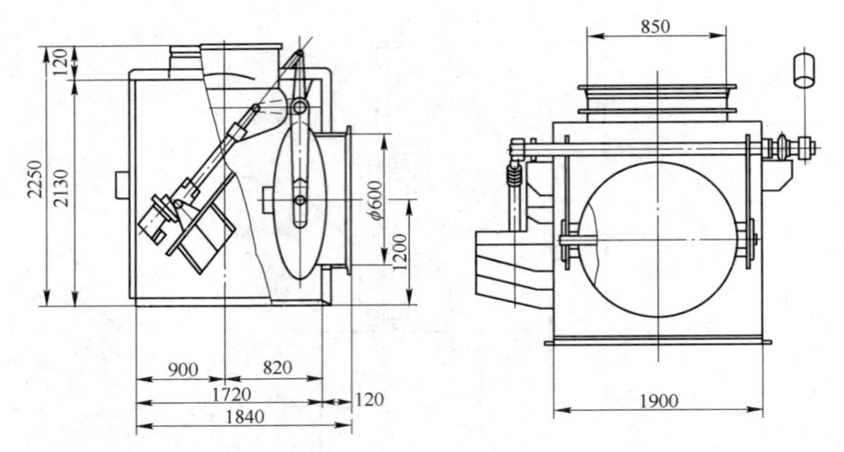

图 5－73　Poppet Damper 基本形式

（摘自：宝钢石灰烧成场 NC 型 5810m² 袋式除尘器）

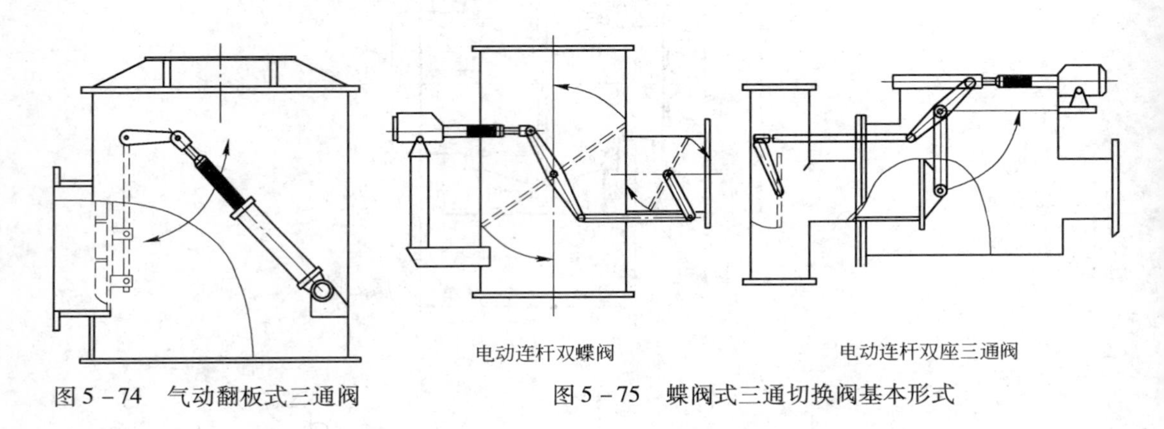

图 5－74　气动翻板式三通阀

图 5－75　蝶阀式三通切换阀基本形式

图 5－76　回转切换阀

1—滤袋室；2—滤袋；3—清洁室；4—反吹风口；5—回转切换阀；
6—传动机构；7—反吹喷嘴；8—阀体

三状态阀（图 5－77）是为实现三状态清灰专门开发的筒形阀体，与回转切换阀配合使用，三状态阀为双筒体结构体，内筒开一窗口作步进旋转，以设定周期与外筒体的过滤或清灰接口重合，实现三状态切换。

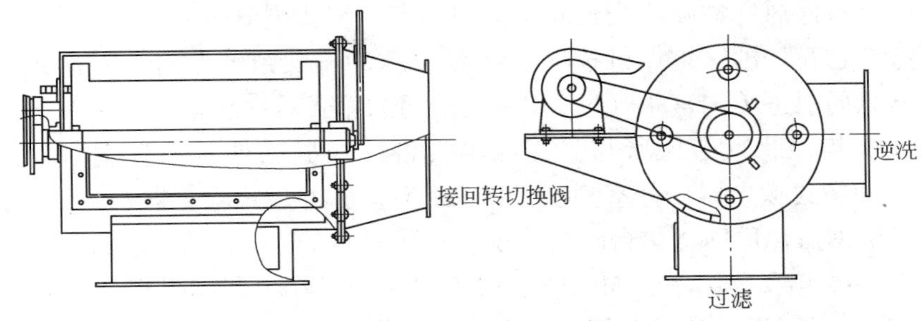

图 5－77 三状态阀

5.4 脉冲袋式除尘器

5.4.1 脉冲袋式除尘器的沿革

1950 年，海赛（H. J. Hersey）发明的逆喷型（即气环反吹）袋式除尘器首次实现连续操作，使滤袋阻力稳定，过滤速度（即气布比）提高数倍，是袋式除尘器袋滤效能的著名首次突破。但由于气环在连续反吹时，气环箱容易刮破滤袋，使滤袋寿命受到一定影响，致使气环反吹袋式除尘器逐渐被淘汰。

1957 年，雷纳哈尔（T. V. Renauer）发明的脉喷型（即脉冲）袋式除尘器被认为是袋滤技术的革命，其操作和清灰也是连续的，但它阻力稳定、气布比高、内部无运动机件、设计简单，因此，至今仍为各国誉为高效能的袋式除尘器。

1960 年代中期，国内根据国外报道的逆喷型（即气环反吹）袋式除尘器进行试验，并在天津水泥厂及鞍钢炼铁厂进行工业性试验。气环反吹袋式除尘器虽具有过滤速度高、连续操作、阻力稳定等特点，但由于气环容易刮破滤袋，滤袋寿命短，传动机构维修频繁等弊病，使气环反吹袋式除尘器的发展和国外一样，受到了限制。

1966 年，北京农药一厂引进英国马克派尔型脉冲袋式除尘器，该除尘器为有触点电动程序，不到一年，触点多半烧坏失效，设备瘫痪。

1968 年，富春江冶炼厂的炼铜烟气处理系统上，首次试验成功我国第一台脉冲袋式除尘器，该除尘器为电动程序，但没有根本解决触点易烧坏的问题。

1971 年后，在各厂矿和有关单位的协作努力下，通过对脉冲控制仪和滤袋材质的不断改进，研制出气控、无触点电控和机控三种定型产品，使脉冲袋式除尘器在常温过滤领域中得到了迅速推广，普及到冶金、矿山、建材、铸造、化工、炭素、粮食等部门，至今仍被公认为是最好的一种袋式除尘器。

1976 年，鞍山焦耐设计院开发出 MC－Ⅰ型，1982 年 5 月 24 日改型为 MC－Ⅱ型。

1979 年，北京钢厂电炉排烟系统引进菲达公司麦克派尔型第一台低压长袋脉冲袋式除尘器。

1980 年，北京劳保所与吴江除尘设备厂根据国外技术自主研发了顺喷（LSB 型）脉冲袋式除尘器。

1982 年，北京劳保所与吴江除尘设备厂根据国外技术在北京解放军报社 10 吨煤粉炉上研发了对喷（LDB 型）脉冲袋式除尘器。

1986 年，炭黑行业引进英国列格公司的 PHR、SHR 脉冲除尘器。

1987 年，分室停风脉冲喷吹袋式除尘器发明专利在我国诞生。

国家科委“七五”国家重点科技项目开展“脉冲喷吹系统及自动控制系统的研究”。1988 年，建材总局引进美国富乐（FULLER）公司的箱式脉冲除尘器。

1990～1991 年，北京劳保所与吴江除尘设备厂根据国外技术自主研发了低压直喷（LYDZ 型）脉冲袋式除尘器、分室侧喷（LCPM 型）脉冲袋式除尘器。

1992 年，宝钢焦化厂回送焦台除尘系统引进了日本 7m 长袋脉冲袋式除尘器。

由此，自 1976 年我国第一套 MC 型系列化脉冲袋式除尘器问世以来，40 来年，国内脉冲袋式除尘器得到不断地改进和提高，至今脉冲袋式除尘器已在各行业的应用中成为一种首选的袋式除尘器。

5.4.2 脉冲袋式除尘器的分类

脉冲袋式除尘器类型可分为：长袋、短袋；高压、低压；在线、离线；行喷、箱喷（气箱式）。

5.4.2.1 长袋、短袋

脉冲袋式除尘器按滤袋长短分：

长袋　　袋长 6.0～8.0m

短袋　　袋长小于 4.0m

我国脉冲袋式除尘器滤袋袋长的进展：

1964 年　　ϕ120mm，$L=2.0\sim2.2$m

1979 年　　ϕ130mm，$L=3.0\sim6.0$m

2000 年后　　ϕ130～160mm，$L=3.0\sim7.0$m

滤袋的径长比　　约 53

袋口流速　　约 3.6m/s

5.4.2.2 高压、低压

脉冲袋式除尘器按滤袋喷吹清灰用的压缩空气的压力分：

高压喷吹　　0.4～0.6MPa

低压喷吹　　0.2～0.3MPa

滤袋喷吹清灰时，利用喷吹孔喷出的高低压压缩空气诱导周围的空气，以扩大喷吹气流，达到滤袋的喷吹清灰（图 5－78）。

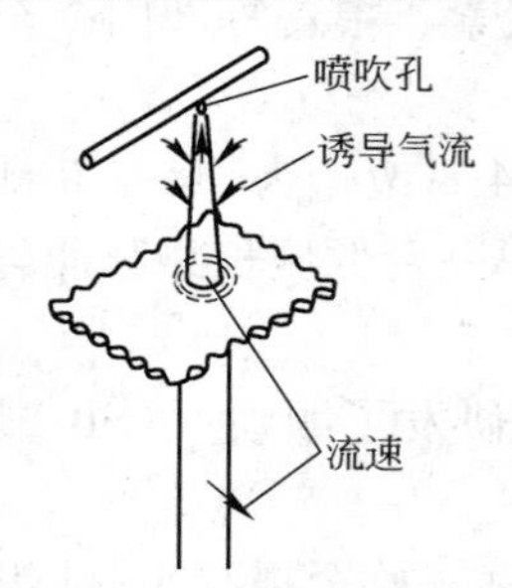

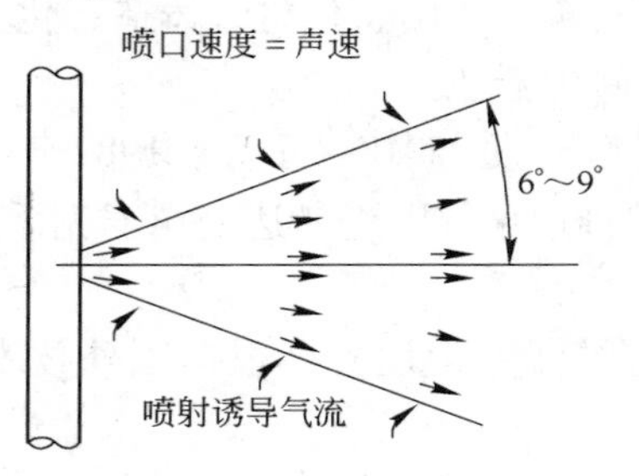

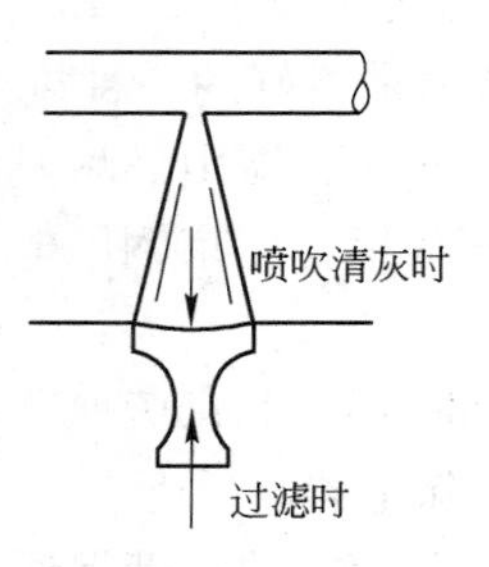

图 5－78　袋式除尘器的脉冲喷吹清灰

一般：高压喷吹袋口带文氏管诱导气流；低压喷吹袋口无文氏管。

脉冲袋式除尘器的脉冲喷吹清灰，国内一般采用低压喷吹较多，而欧美国家习惯采用高压喷吹。至于采用高压还是低压，只要按照正常的设计规律，均可达到有效的清灰。其中值得注意的是：

（1）高压清灰能力大，低压清灰能力小，这是一种误导。

（2）高压清灰靠压力，低压清灰压靠气量，这也是一种误导。

（3）高压喷吹时由于其自身阻力大，因此对滤袋的作用压力并不一定大；而低压喷吹时由于其自身阻力小，因此对滤袋的作用压力也不一定小。

例如，MC 型高压喷吹，$\Delta P = 0.6\text{MPa}$，$L = 2.0\text{m}$，袋底压力峰值 = 1687Pa；CD 型低压喷吹，$\Delta P = 0.25\text{MPa}$，$L = 6.0\text{m}$，袋底压力峰值 = 1940 ~ 2341Pa。

注：滤袋内的压力峰值，一般袋口最小，袋底其次，滤袋中部最大。

（4）1990 年 9 月武汉安全环保研究院为国家科委国家重点科技项目“脉冲喷吹系统及自动控制系统的研究”，通过试验台试验得出：

过滤风速	2.0 ~ 2.2m/min
入口含尘浓度	小于 60g/Nm^3
设备阻力	1200 ~ 1500Pa
滤袋尺寸	ϕ130mm × 6000mm
喷吹压力	0.15 ~ 0.25MPa（低压喷吹）
喷吹时间	56 ~ 96ms
最低袋底压力	1452 ~ 1886Pa
压气耗量	2.92 ~ 5.81L/(m^2 · 次)

5.4.2.3 在线、离线

在线清灰：在同一仓室内，滤袋在过滤状态下进行逐排喷吹清灰。

离线清灰：在各仓室内，逐室关闭停止过滤状态下进行逐排喷吹清灰。

A 离线清灰的特性

（1）滤袋停风喷吹能防止粉尘的再吸附。

（2）滤袋喷吹清灰时无上升气流的干扰。

（3）滤袋有效喷吹，清灰彻底，效果保证。

（4）在同样条件下，离线清灰可提高过滤速度 10% 左右。

（5）滤袋受粉尘的磨损小。

（6）除尘器各仓室阀门增多。

（7）离线清灰的除尘器，滤袋室室数不宜分得过少，否则在一室离线清灰时，将影响其他过滤室的过滤速度。

（8）由此，除尘器应优先采用离线清灰。

1987 年初，分室停风脉冲喷吹袋式除尘器发明专利在我国诞生。专利号：87101659；证书号：4356。

专利首例应用在鞍山化工二厂年产 7000t 炭黑生产线上，过滤风速由 0.4m/min 提高到 0.8m/min。

B 在线清灰粉尘的再吸附

早在1970年代中期，美国利兹（Leith）和福斯特（First）经过试验得出在线清灰的粉尘再吸附率：

过滤风速	3m/min	再吸附率	88%
	6m/min		99%
	9m/min		100%

根据1990年9月武汉安全环保研究院为国家科委国家重点科技项目“脉冲喷吹系统及自动控制系统的研究”试验台试验得知：

过滤风速 2~2.2m/min 再吸附率 60%

5.4.2.4 逐行喷吹、气箱脉冲

逐行喷吹：除尘器滤袋室内进行逐排滤袋喷吹清灰，称为逐行喷吹。

气箱脉冲：除尘器滤袋室内各排滤袋不设喷吹管，喷吹气流进行整箱喷吹，称为气箱脉冲。

5.4.3 脉冲袋式除尘器的特点

（1）除尘器在在线清灰情况下可实现不停机情况下的连续清灰。

（2）过滤风速大，占地面积小，设备重量轻（在相同过滤面积下，脉冲较反吹风设备重量轻30%左右）。

（3）脉冲清灰袋式除尘器可使用分室和不分室两种。

（4）处理烟气量波动小，压力稳定。

（5）除尘器内部基本上没有运转部件，机械维修量小，使用比较可靠。

（6）清灰持续时间一般只有几分之一秒，短于振动和反吹风清灰。

	脉冲喷吹	振动、反吹风
持续时间	小于1.0s	大约1~3min
间隔时间	10~20min	大约15~30min

（7）滤袋在喷吹时变形较小，滤袋使用寿命长。

（8）脉冲喷吹清灰的滤袋一般采用针刺毡滤料。

（9）滤袋通常是固定在上箱体花板上，可以从上箱体净气室更换。

5.4.4 脉冲袋式除尘器的脉冲喷吹技术

5.4.4.1 喷吹清灰机理

国外对脉冲袋式除尘器的喷吹机理有以下各种论点：小气球理论、气泡清灰理论、压力清灰理论。

A 小气球理论

滤袋的喷吹清灰相当于喷吹一个小气球（图5-79）。

（1）气流喷吹后，小气球膨胀，逐渐出现滤袋全部表面积都处于入口速度压力（v_P）状态。

（2）滤袋喷吹清灰时，滤袋就像一个有很多孔洞的小气球，所有喷入的气流从喷嘴顶部（有时配文丘里管）流入小气球，通过小气球的孔洞排出。

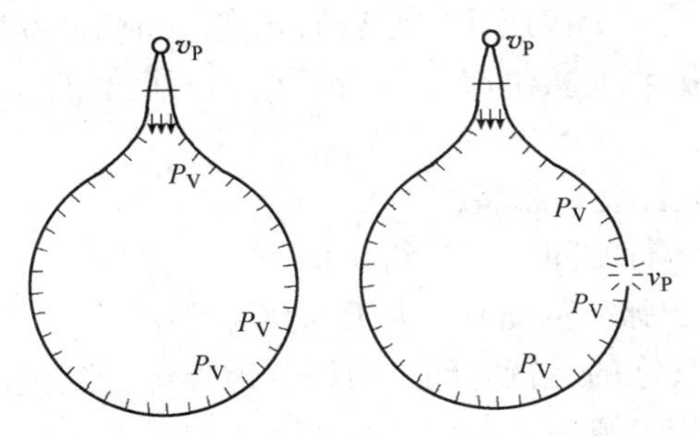

图 5－79 小气球喷吹气流后的膨胀

（3）当小气球上的孔洞面积小于喷嘴面积时，气流流出孔洞的速度将与喷嘴相同，小气球上的压力将保持为喷嘴中的速度压力（v_P）。

（4）一旦小气球上的孔洞面积大于喷嘴面积时，小气球将开始缩小，小气球上的压力将使速度压力（v_P）从孔洞中消失，直到平衡。

（5）但是，常规滤袋与小气球有所不同：

1）滤袋是个圆柱体。

2）滤袋膨胀没有那么扩张。

3）滤袋有袋笼框架，以防滤袋全部吸瘪。

因此，根据小气球理论，滤袋的喷吹清灰应该是：

（1）滤袋在正常过滤时，由于尘粒积聚在滤袋表面形成尘饼（即一次尘）。

（2）尘饼积聚后，滤料表面的孔隙面积缩小，压降增加，这个压力会使尘饼表面继续积灰起块，并使灰尘钻进滤料中去。

（3）为防止压降过高，滤袋必须定期喷吹清灰，以清除滤袋尘饼表面成块的灰尘，从而增加尘饼的孔隙，降低压降，恢复正常过滤。

（4）除尘器在停止过滤时进行逆气流喷吹清灰的，称为离线清灰。除尘器边过滤边逆气流喷吹清灰的，称为在线清灰。

B 气泡清灰理论

脉冲喷吹是通过喷吹压缩空气引射诱导二次气体，使在滤袋内产生一个气泡（震动波），如图 5－80 所示。

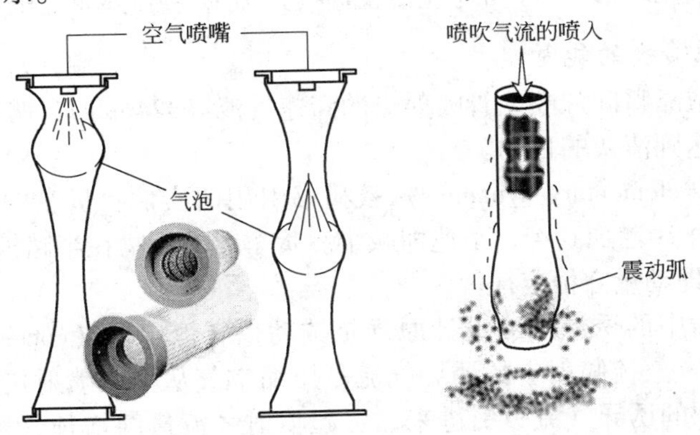

图 5－80 滤袋气泡（震动波）型清灰

脉冲喷吹清灰可视作是一个快速通过滤袋的气泡。当脉冲喷吹气泡往下移动时，气泡经过的地方滤袋瞬间局部膨胀使灰尘层（尘饼）松动，短暂的逆气流就完成了气泡经过滤袋处灰尘层的剥落。

对于一条3m长的常规针刺毡滤袋：

气泡从袋口到袋底的运行时间　　　约0.01s

典型的脉冲持续时间（脉冲宽度）　大于0.06s

因此，脉冲宽度大于气泡的运行时间，所以气泡能运行到袋底，通过从滤袋顶部吹入压缩空气，使灰尘层从滤袋上清除。

在在线清灰时，喷吹的高压空气能使滤袋的过滤气流停止流过。但是，此时除尘器过滤小室的含尘气流没有停止进入，它引起喷入的空气向前流动，使震动波沿滤袋向下移动时引起滤袋屈曲或膨胀。滤袋屈曲时，尘饼断裂，滤袋上积聚的尘粒从滤袋上剥落。

C　压力清灰理论

美国Donovan，et al.认为，事实上，喷吹管喷口压缩空气在脉冲阀打开时，压力是逐步提高的，脉冲气流量是连续增加的，直到脉冲阀完全打开。

Donovan，et al.认为，脉冲气流从袋口进入滤袋底部是连续的，图5－81(b)、(c)、和（d）是滤袋脉冲喷吹运行的极好描述。滤袋在喷吹的全过程中都是压力型的，气泡型的说法是有问题的。

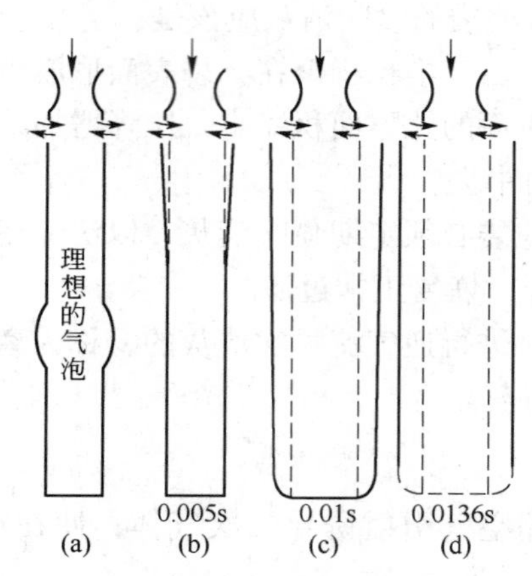

图5－81　一个4ft长的滤袋剖面与开始脉冲后的时间之比

5.4.4.2　脉冲喷吹的能量

脉冲喷吹清灰依靠瞬间从喷吹管喷射出的高速气流（324m/s），吸引周围5～7倍于喷射气量的诱导空气达到清灰的目的。

从初级动力学（elementary dynamics）教科书引用的实例：货车的速度是与所载重量成正比，所载重量由2t增加到4t，车速即减半。货车上的货物在半路掉下，货车即加速前进（图5－82），此即动量守恒定律。

滤袋逆气流喷射中的诱导气流设计原理是按动量守恒定律（conservation of momentun principle）来推理的。气流喷射中的诱导气流是压缩空气从喷口喷射扩散时，由于动量守恒定律，将沿途周围的诱导气流吸引进来，引起喷射气流量的增长（图5－83），此即喷射泵原理。

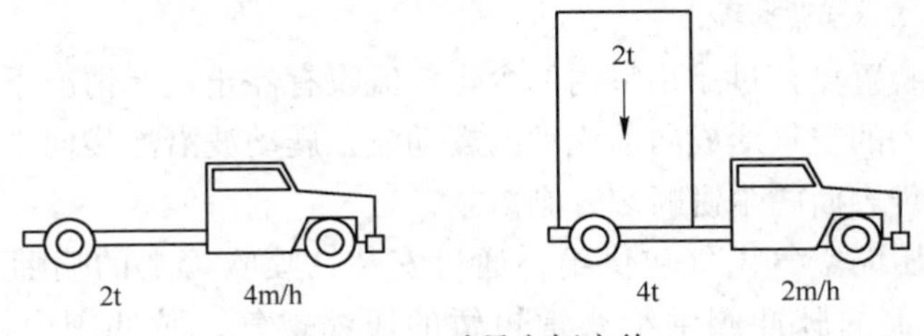

图 5-82 动量守恒定律

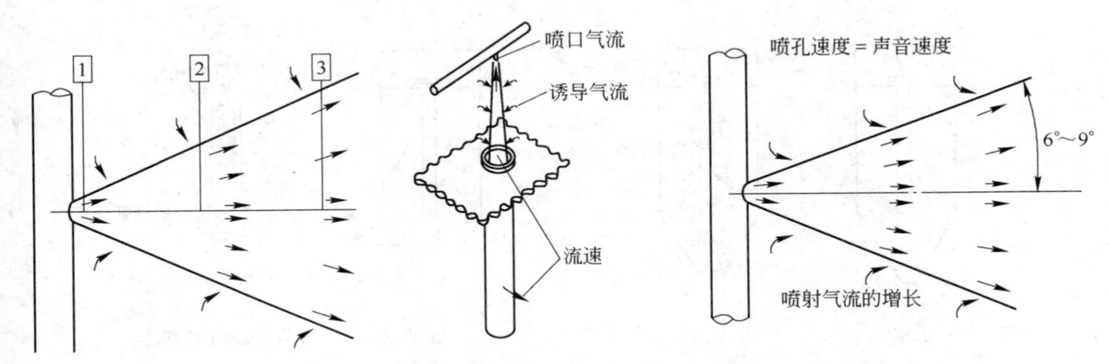

图 5-83 滤袋喷射中的诱导气流

图 5-83 中示出的喷射气流能量在 1、2、3 三个点标记上，其气流能量的相关关系为：

$$M_1v_1 = M_2v_2 = M_3v_3 \quad (5-14)$$

式中 M——每一点的气流质量；

v——每一点气流的平均速度。

图 5-83 中的锥形倾斜界面是一种非常典型的界面，一般脉冲喷射时，其喷射中心的速度较高，喷射边缘的速度较低。气流在袋口喷射的扩散角变化极小，喷射扩散角一般在 6°~9°，设计中最佳扩散角为 7.5°。

用流量 Q(Nm³/s) 代入替换式（5-14）中的 M，则为：

$$Q_1v_1 = Q_2v_2 = Q_3v_3 \quad (5-15)$$

由于 $Q = vA$，则得通常的喷射泵公式：

$$Q_1(v_1) = A_2(v_2)^2 \quad (5-16)$$

式中 Q_1——喷吹管喷孔的气量，Nm^3/s；

v_1——喷吹气流压力为 2.0~17kg/cm² 时的喷孔速度，320m/s；

A_2——喷射气流在文丘里管喉口或滤袋袋口开口处的面积，m^2；

v_2——喷射气流末端开口处的流速，m/s。

5.4.4.3 脉冲喷吹技术

在当前广为使用的脉冲袋式除尘器中，除对除尘器的选型，如高压、低压；长袋、短袋；离线、在线；排喷、箱喷，以及滤料选择方面，极为关注外，除尘器的喷吹技术也是直接影响净化效果的关键技术。

A 脉冲喷吹清灰的形式

脉冲喷吹清灰装置可在过滤小室内的含尘气流没有停止过滤情况下，通过从滤袋顶部吹入压缩空气，喷入的空气形成向前流动的震动波，震动波沿滤袋向下移动，引起滤袋的屈曲或膨胀，使滤袋表面的尘饼断裂、剥落。

脉冲喷吹用的压缩空气由气包供给，通过安装在喷吹管上的喷嘴或喷孔供给脉冲气流，由装在喷吹管上的脉冲阀供给非常短暂的压缩空气，脉冲阀由用电控制的电磁阀启闭。

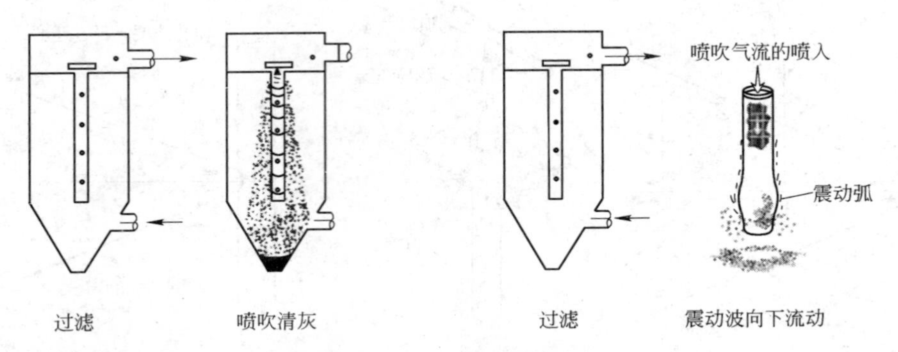

图 5－84 脉冲袋式除尘器的运行

在高压喷吹袋式除尘器设计中，在每根滤袋顶部都有一个文氏管（图 5－85）（设在花板上面，也可设在花板下面），文氏管能帮助增加清灰压力，由此提高滤袋的清灰。低压喷吹脉冲喷吹设计中则一般不用文氏管。

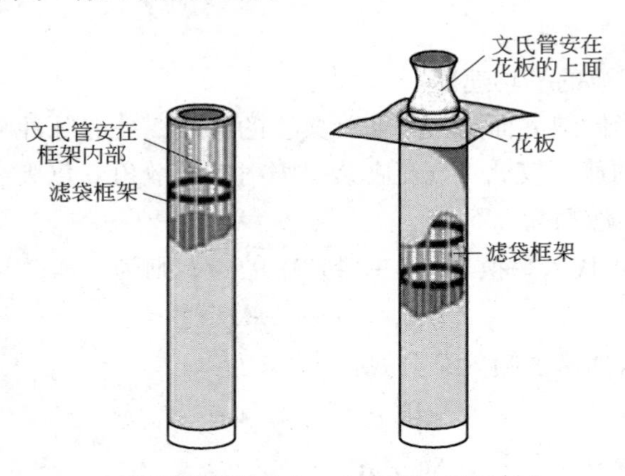

图 5－85 文氏管在脉冲喷吹清灰时的安装

脉冲喷吹袋式除尘器能单室布置，也能分室布置，每个室装置一定数量的脉冲阀，将气流通过喷吹管直接喷到每排滤袋上面。

在离线清灰情况下，除尘器的每个过滤室的进口上应设置阀门，以关闭含尘气流进入过滤室。清灰时关闭阀门，使气流停止过滤，然后开启脉冲阀进行逐排喷吹清灰，直到全室各排滤袋喷吹完毕，过滤室保持一个离线周期（约 30s）后，阀门自动再打开，使过滤室恢复过滤。除尘器各过滤室交替完毕，直到除尘器所有滤袋室全部清灰完毕。每个室的清灰循环，此即为离线清灰。

B 脉冲喷吹气量

脉冲喷吹除尘器的喷吹原理是建筑在喷射泵理论的基础上。

喷吹管喷口喷出的气流量是由选定的脉冲阀规格决定，详见脉冲阀一节。

按美国 Asco Joucomatic 公司资料报道，在一定的进口压力（气包压力）下，脉冲阀的每秒的平均喷吹气量可以通过脉冲阀每次喷吹量（V_p）及其总脉冲宽度（T_{PL}）之商求得：

$$A_{vs} = \frac{V_p}{T_{PL}} \tag{5-17}$$

式中 A_{vs}——平均气量，Nm^3/s。

A_{vs}值表示脉冲阀从开放到关闭之间的时间内的相对流量，因此，脉冲阀高流量时就具有一个相对高的A_{vs}值。但是，除了总的脉冲宽度短之外，脉冲阀启闭时间长也能使A_{vs}值减少。

C 压缩空气的消耗量

a 压缩空气耗气量计算

清灰用压缩空气耗气量可按式（5-18）计算：

$$Q = \frac{ng}{T}a \tag{5-18}$$

式中 Q——每台脉冲袋式除尘器耗气量，m^3/min；

n——电磁脉冲阀的数量，个；

T——清灰喷吹周期，min，一般为10~20min；

g——每个电磁脉冲阀喷吹时的耗气量，m^3/min；低压型（气源压力150~250kPa），阀每次喷吹耗气量0.18~0.25m^3，高压型（气源压力500~700kPa），阀每次喷吹耗气量0.15~0.2m^3；

a——附加系数（包括管道漏气），取1.2~1.5。

b 压缩空气单耗指标

压缩空气的单耗指标一般可取5.5L/(m^2·次)。

从表5-8中可见，喷吹压力小于0.09MPa时，压气的单耗指标小于5.5L/(m^2·次)。

表5-8 压缩空气消耗量

喷吹压力/MPa	喷吹时间/ms	压气耗量/m^3·(次·阀)$^{-1}$	压气单耗/L·(m^2·次)$^{-1}$
0.1	73~87	0.150~0.176	5.10~5.99
0.09	63~77	0.123~0.161	4.18~5.48
0.08	61~76	0.117~0.142	3.98~4.83
0.07	60~76	0.101~0.139	3.44~4.73

c 意大利 Turbo 公司脉冲阀的耗气量（仅供参考）（表5－9～表5－12）

表5－9 FP20(3/4in)

气压/bar	0.1s	0.2s	0.4s	气压/bar	0.1s	0.2s	0.4s
3	29.5	39.3	49.2	6	54.2	68.9	88.6
4	34.5	49.2	64	7	66	83.7	98.5
5	44.3	59	73.8				

表5－10 FP25(1in)

气压/bar	0.1s	0.2s	0.4s	气压/bar	0.1s	0.2s	0.4s
3	40	62	78	6	70	110	144
4	54	78	97.5	7	97.5	125	164
5	63	101	125				

表5－11 FP40(1½in)

气压/bar	0.1s	0.2s	0.4s	气压/bar	0.1s	0.2s	0.4s
3	40	62	78	6	70	110	144
4	54	78	97.5	7	97.5	125	164
5	63	101	125				

表5－12 SP75(3in)

气压/bar	0.025s	0.05s	0.075s	0.1s	气压/bar	0.025s	0.05s	0.075s	0.1s
4.5	—	—	—	4.5	5.5	—	400	—	—
5	—	—	350	—	6	450	—	—	—

D 脉冲喷吹压力

a 脉冲喷吹清灰的袋内压力

一般在高压喷吹离线清灰时，滤袋上所受的压力（P）可按如下方法确定。

设定：喷口直径 $\phi 6.35$mm

压缩空气压力 6.0kg/cm^2

锐边孔口喷出的气量 3.5Nm^3/min

通过滤袋的气量 97m^3/h

除尘器压降 90mmH_2O

由于喷出的气量与喷孔面积成正比，按式（5－16）计算：

常用的文丘里喉口面积 $A_2 = 0.0016\text{m}^2(\phi 45\text{mm})$

喷吹孔口速度 $v_1 = 320\text{m/s}$

喷出的气量 $Q_1 = 3.5\text{m}^3/\text{min} = 0.058\text{m}^3/\text{s}$

由 $Q_1(v_1) = A_2(v_2)^2$，$0.058 \times 320 = 0.0016 \times v_2^2$，得：

文丘里喉口流速 $v_2 = 107\text{m/s}$

则离线清灰时滤袋上所受的压力（P）为：

$$P = \frac{v^2\gamma}{2g} = \frac{107^2 \times 1.2}{2 \times 9.81} = 700(\mathrm{mmH_2O})$$

一般在高压在线清灰时，滤袋上所受的压力（P'）如下计算：

当除尘器通过滤袋的气量为97m^3/h时，除尘器压降约为90mmH_2O。

过滤气流在袋口（文丘里喉口）产生的速度：$v_2' = 97 \div 0.0016 = 16.8\mathrm{m/s}$。

喷射气流袋口（文丘里喉口）作用的实际流速为：$107 - 16.8 = 90.2\mathrm{m/s}$。

喷射气流在滤袋上所受的压力（P'）按上式计算为：500mmH_2O。

b　尘饼剥离所需的压力

脉冲袋式除尘器每次只有一排滤袋进行喷吹清灰（图5－86），此时，滤袋表面尘饼剥离所需的压力可按以下方法考虑：

如按上述计算，在在线清灰时，喷射气流袋口（文丘里喉口）的实际流速为90.2m/s，喷射气流作用在滤袋上的压力为500mmH_2O，而除尘器压降为90mmH_2O。

因此，作用在滤袋上剥离尘饼所需的总压力就要：$500 + 90 = 590\mathrm{mmH_2O}$。

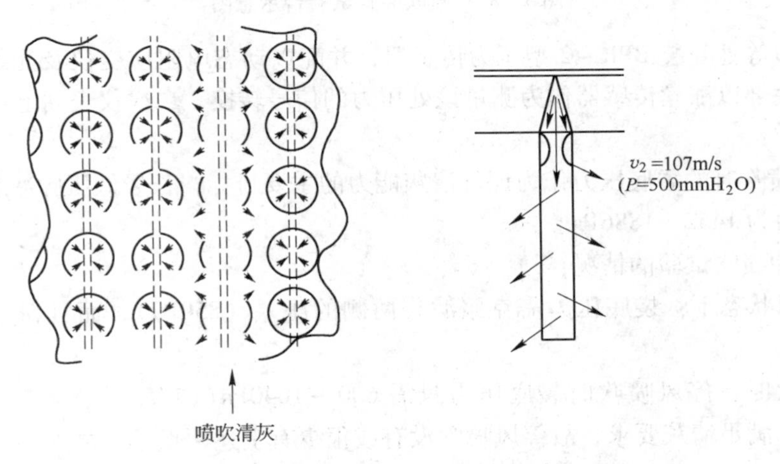

图5－86　尘饼剥离所需的压力

c　喷吹清灰的袋底压力

喷吹清灰袋底压力的试验研究

1987年7月原冶金工业部安全环保研究所（即现在的武汉天澄环保科技股份有限公司）按国家科委国家重点科技项目进行了喷吹清灰的袋底压力的试验研究，试验装置（图5－87）及其技术参数如下：

过滤风速	2.0～2.2m/min
入口含尘浓度	小于60g/Nm^3
设备阻力	1200～1500Pa
滤袋尺寸	ϕ130mm×6000mm
滤袋长度	12m
滤袋数量	12条

总过滤面积	29.4m^2
喷吹压力	0.15～0.2MPa
喷吹时间	56～96ms
压气耗量	2.92～5.81L/(m^2·次)

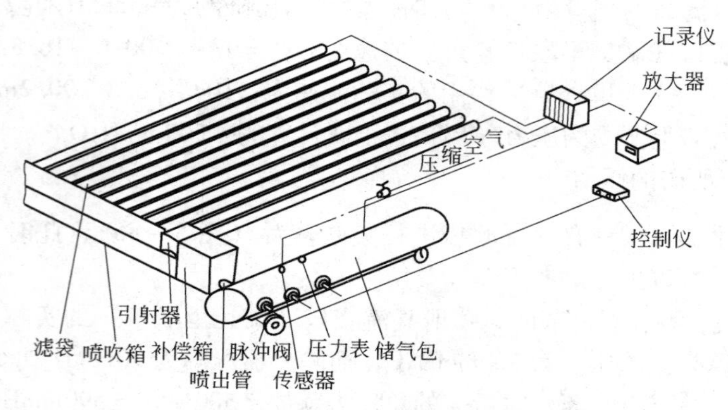

图5－87 喷吹装置试验台示意图

稳压气包等处安装BPR－2型压力传感器，并配以动态电阻应变仪及光线示波器测量压力。滤袋底部以涨丝传感器作为测量该处压力的信号转换，二次仪表同上。

试验结论：

（1）以喷吹时的袋底压力作为评价清灰能力的主要目标，长袋低压脉冲袋式除尘器的最低袋底压力为1452～1886Pa。

（2）脉冲喷吹试验的情况：

在不停风状态下：袋底压力需克服滤袋两侧的压差（850Pa），而且粉尘再吸附现象严重；

停风喷吹时：停风喷吹时袋底压力只需600～1040Pa((1452～1886)－850＝600～1040Pa）即可满足清灰要求，故停风喷吹没有或很少有上述两点不利之处。

（3）袋底压力的试验数据：

在喷吹压力为0.1MPa，喷吹时间小于90ms情况下，试验表明：

1）袋底压力均达到规定指标；

2）引射器距第一排滤袋越近，各排滤袋的袋底压力越不均匀。

（4）当喷吹压力改变时，第一排滤袋袋底压力变化甚微，第8～12排滤袋变化显著。这说明，提高喷吹压力无助于改善靠近引射器的滤袋清灰状态。

（5）具体情况如图5－88及表5－13所示。各滤袋中袋底压力最低者为第1排滤袋，较高者为第8～12排滤袋，而最大值出现在第10排滤袋。

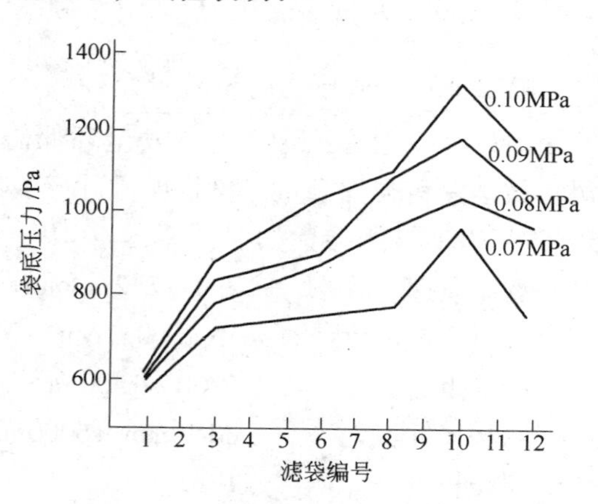

图5－88 各排滤袋的袋底压力

表 5－13 各排滤袋的袋底压力

喷吹压力 /MPa	喷吹时间 /ms	不同滤袋的袋底压力/Pa						平均/Pa
		第 1 排	第 3 排	第 6 排	第 8 排	第 10 排	第 12 排	
0.10	73～87	630	885	1040	1100	1310	1135	1017
0.09	63～77	620	845	950	1090	1180	1035	946
0.08	61～76	615	790	880	965	1040	965	876
0.07	60～76	585	735	765	780	965	750	763

气浪到达袋底压力的计算

气流通过文丘里喉口进入滤袋，滤袋内气流压力下降，气浪开始向下运动，气流介质在声速（305m/s）状态下运动产生作用力。

在 3m 长的圆柱体滤袋中，气浪以 0.010s 时间到达滤袋底部，气浪到达滤袋底部的压力可计算如下。

已知：文丘里喉口（A）—ϕ45mm（0.0016m^2）

喉口流速（$v_{喉}$）—107m/s

滤袋长度—3m

解：进入滤袋内的气浪在 0.010s 内的流量（Q）为：

$$Q = v_{喉} At = 107 \times 0.0016 \times 0.010 = 0.0017(\mathrm{Nm^3/s})$$

气浪所储留的能量不可能大于喷射诱导所具有的能量。

从图 5－89 可见，当喷入气流形成圆柱形气浪进行脉冲喷吹时，首先计算具有同样直径的假设圆柱形气流的高度（h）：

$$h = Q \div A = 0.0017 \div 0.0016 = 1.06(\mathrm{m})$$

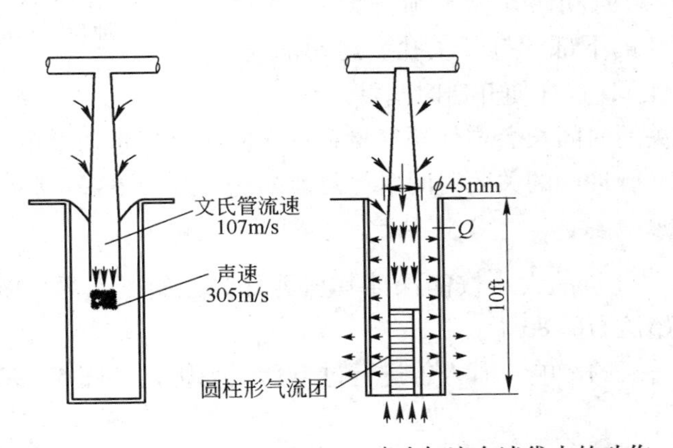

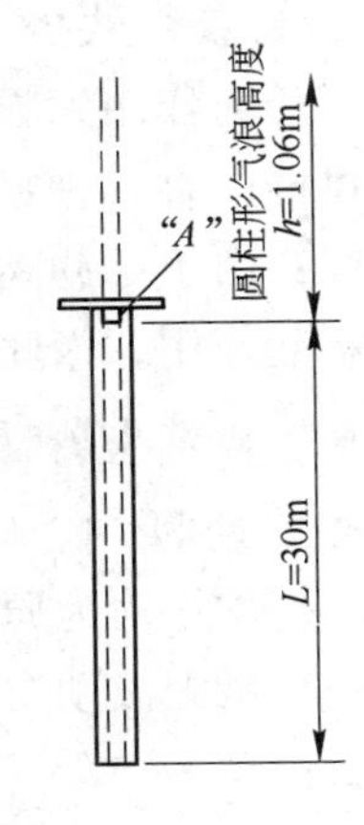

图 5－89 喷吹气流在滤袋内的动作

喷射的能量等于压缩空气所具有的能量：

$$(M)v^2 = F(d) \tag{5-19}$$

式中 M——质量，即 W/g；

v——喷射速度，107m/s；

W——重量，0.0017×1.2＝0.002kg；

F——平均力，kg；

g——重力加速度，$9.81 m/s^2$；

d——喷射距离，1.06m。

解式（5－19），求得平均力 $F=2.25kg$，平均力为最大力的一半，因此，最大力为4.5kg。所以到达射流底部（点 A）的最大压力为

$$4.5 \div 0.0016 = 2800(kg/m^2) \approx 280(mmH_2O)$$

E 喷吹清灰程序

脉冲宽度（t）：脉冲阀电脉冲宽度，通常为0.1s左右。

脉冲间隔（t_a）：前后相邻两只脉冲阀的喷吹间隔时间，通常为5～20s。

等待时间（t_0）：从最后一只脉冲阀喷吹结束，到再次启动第一只脉冲阀喷吹的时间。

脉冲周期（T）：从第一只脉冲阀喷吹开始，到最后一只脉冲阀喷吹所需的时间（并加上等待时间 t_0）。

$$T = (t + t_a)n + t_0$$

式中 n——脉冲阀数量。

脉冲喷吹程序控制一般可采用低喷吹率、正常喷吹率和高喷吹率三种程序（图5－90）：

差压范围	75～125mmH$_2$O
脉冲在线运行时间	0.15s
低喷吹率	20s 间隔
正常喷吹率	15s 间隔
高喷吹率	10s 间隔

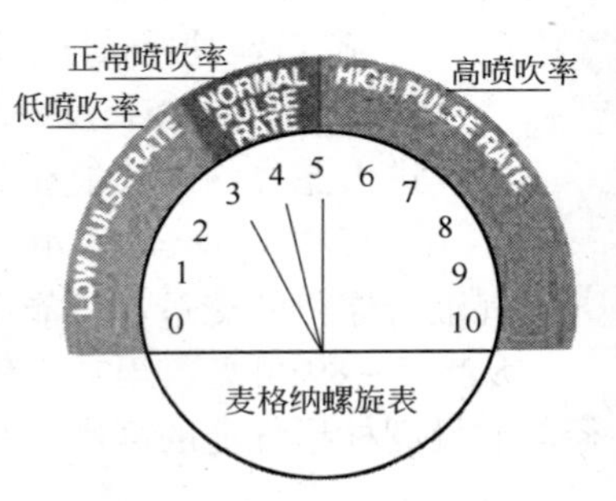

图5－90 低、正常、高喷吹率三种喷吹程序

开启时间：脉冲阀的开启时间必须尽可能地短，以获得最佳性能。为获得快的开启时间，气体必须排得非常快，以使管网压力作用到膜片的下部，打开主孔。运动部件应保持尽可能的轻（惯性小），这样使开启时间短。

关闭时间：由于脉冲阀关闭时间长会增加耗气量，进入的多余气量对总的气体喷吹中的净化效果不起作用，因此，脉冲阀的关闭时间要尽可能缩短，这样更好一些。

F 脉冲喷吹清灰的注意事项

（1）在喷吹期间，除尘器气包的大小按能保证其压力降为原始压力的30%，这就能确保喷吹时的平均压力为原始压力的85%。

对压缩空气压力波动对清灰的影响，有人曾进行过下列试验研究（图5－90）：

试验装置：

文丘里直径：ϕ45mm（$0.0016m^2$）

喷吹孔直径：ϕ7.4mm

喷吹孔面积近似于文丘里管面积的一半。

压力变送器设在三个位置上：第一个在文丘里管下部；第二个在滤袋底部；第三个在滤袋中部。

试验目标：压缩空气管网压力波动对清灰的影响。

试验结果：关闭喷吹管网气流阀门后，袋内压力（图5－91）为：

峰值　　　2159 ~ 2286mmH_2O

最低值　　559mmH_2O（为第一个测点文丘里管下部的动压）

由于压缩空气管网关闭，喷吹后管内气流逐步用尽（消耗），管内压力衰减，整个曲线随时间逐步衰退，压缩空气压力波动超过 80% ~85% 后，清灰效果将受影响。

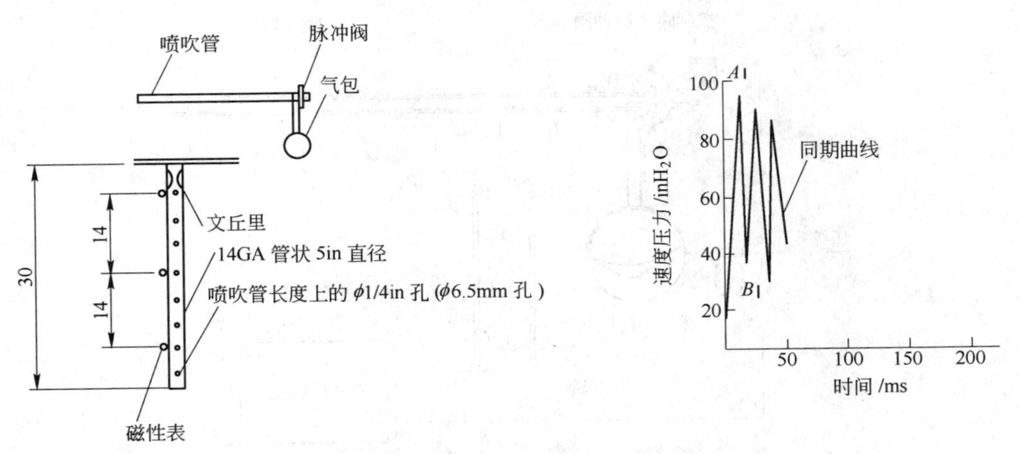

图 5－91　逆气流喷吹试验研究装置

（2）一般滤袋的反吹清灰速度为过滤速度（又称气布比）的 2 倍。

（3）脉冲喷吹清灰是依靠瞬间从喷吹管喷射出的高速气流（324m/s），吸引周围 5 ~7 倍于喷射气量的诱导空气达到清灰的目的。

（4）一般脉冲喷射时，气流中心的速度高于边缘的速度，气流在袋口喷射的扩散角变化极小，喷射扩散角一般在 6° ~9°，设计中最佳扩散角为 7.5°。

（5）经试验得出，在线清灰的粉尘再吸附率：

过滤风速		再吸附率
	2m/min	60%
	3m/min	88%
	6m/min	99%
	9m/min	100%

（6）脉冲宽度的长短有长脉冲与短脉冲两种，有人认为长脉冲比短脉冲好。实际上，脉冲清灰只需要达到以下程度即可以了：

1）袋中形成足够的清灰压力。

2）提供足够的气流，使滤袋从收缩状态变成充气的膨胀状态。

因此，滤袋在充气膨胀后继续充气，即过长的脉冲（过长的脉冲宽度）实际上是浪费。而且在除尘器中，长脉冲形成较大的能量积聚，因而，返回气流中的能量也多。

（7）脉冲喷吹的喷嘴位置能帮助或同样能减损滤袋的清灰。

（8）逆气流喷吹通过滤袋，它用加速度从孔隙结构处冲刷松散凝结的尘饼。如果震动不够，它反而能使松散的粉尘自我凝结成尘饼。

（9）袋滤器喷吹清灰时，在同一时间内清灰的滤袋数应不超过总滤袋数的 10%，否则将使过滤风速提高过多。

5.4.5 脉冲袋式除尘器的喷吹装置

脉冲袋式除尘器的喷吹清灰装置由脉冲阀、喷吹管、气包、诱导器和控制仪等组成，如图 5－92 所示。

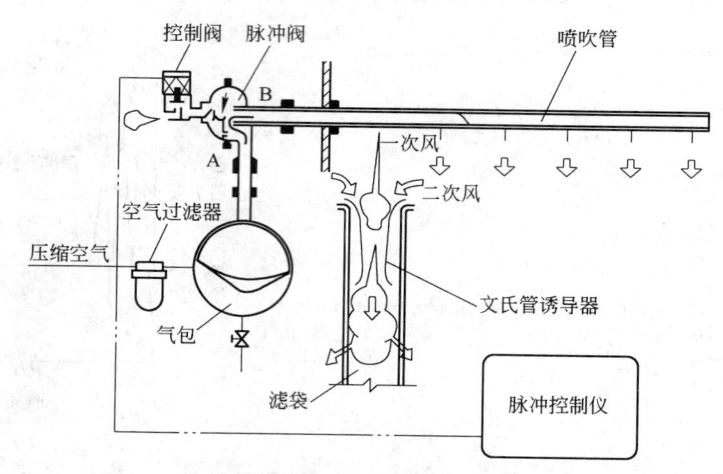

图 5－92 脉冲袋式除尘器的清灰装置

脉冲袋式除尘器喷吹清灰装置的脉冲阀一端接压缩空气气包，另一端接喷吹管，脉冲阀背压室接电磁控制阀，脉冲控制仪控制着电磁控制阀及脉冲阀的开启。当控制仪无信号输出时，电磁控制阀的排气口被关闭，脉冲阀喷口处于关闭状态；当控制仪发出信号时，电磁控制阀的排气口被打开，脉冲阀背压室外的气体泄掉，压力降低，膜片两面产生压差，膜片因压差作用而产生位移，脉冲阀打开喷吹，此时压缩空气从气包通过脉冲阀经喷吹管小孔喷出（从喷吹管喷吹的气体为一次风）。当高速气流通过文氏管诱导器诱导数倍于一次风的周围空气（称为二次风）进入滤袋，造成滤袋内瞬时正压，实现清灰。

5.4.5.1 脉冲阀

A 脉冲阀类型

脉冲阀按启闭动作分膜片式（单膜片和双膜片）和活塞式两种。

脉冲阀按结构形式分直角阀、直通阀、淹没式阀、活塞式阀四种。

a 单膜片脉冲阀

单膜片式脉冲阀（图 5－93(a)）是最早出现的一种结构简单的脉冲阀，但目前由于存在下列缺点，已很少生产。

（1）单膜片易漏气。

（2）单膜片脉冲阀阻力高达 $2kg/cm^2$，喷吹压缩空气要求 $5\sim7kg/cm^2$。

（3）脉冲阀与控制阀连接处要求严密性高，当有漏气时易使膜片失控。

（4）节流孔的孔径精度要求严格，相差 0.1mm 时就可能影响膜片的开启。

b 双膜片脉冲阀

双膜片脉冲阀（图 5－93(b)）采用主膜片和控制膜片两个膜片，主膜片面积大，关闭时作用在两侧的压力差也就大，因此，若要使主膜片开启，必须使控制膜片充分打开，以消除此压力，否则不能实现。为此，双膜片脉冲阀的密封性能要好。

双膜片脉冲阀的操作：

当脉冲阀打开时，控制膜片及主膜片右侧聚集的压力泄压（排气），这样就使主管压力作用到膜片的左侧，打开喷吹管主孔进行滤袋的喷吹清灰。

当脉冲阀关闭时，管线压力作用到控制膜片和主膜片左侧，由此使喷吹管主孔关闭，滤袋停止喷吹清灰。

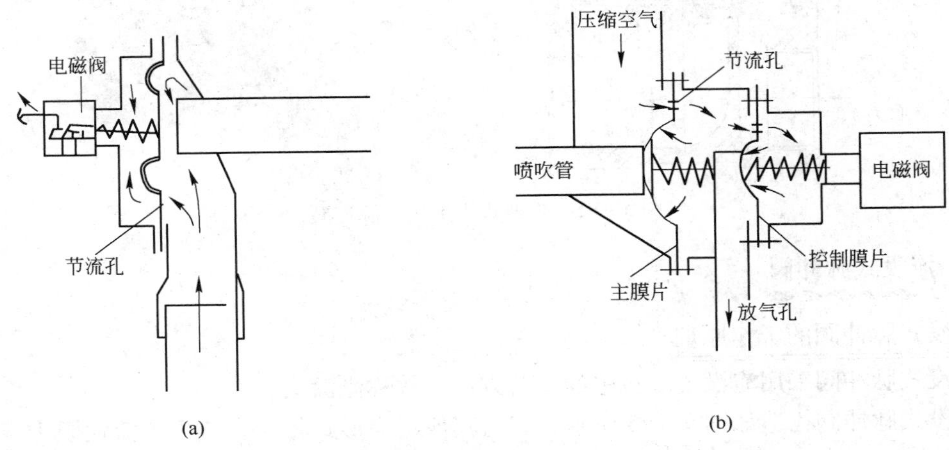

图 5－93 单、双膜片式脉冲阀

(a) 单膜片；(b) 双膜片

c 直角式脉冲阀

直角式脉冲阀（图 5－94）进出口之间的夹角为 90°，方便气包与喷吹管的安装连接。

常用规格：3/4in(20mm)、1in(25mm)、1½in(40mm)、2in(50mm)、2½in(62mm)、3in(76mm) 等。

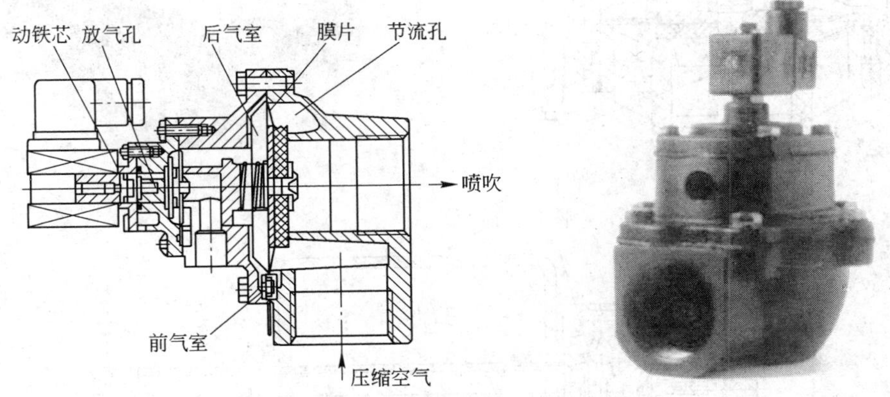

图 5－94 直角式 T 形接口脉冲阀

d 直通式脉冲阀

直通式脉冲阀（图 5－95）的进出口中心为同一直线，进入口与气包连接，输出口与喷吹管连接，阀体结构阻力较大，其使用量逐年减少。

常用规格：3/4in(20mm)、1in(25mm)、1½in(40mm)、2in(50mm)、2½in(62mm) 等。

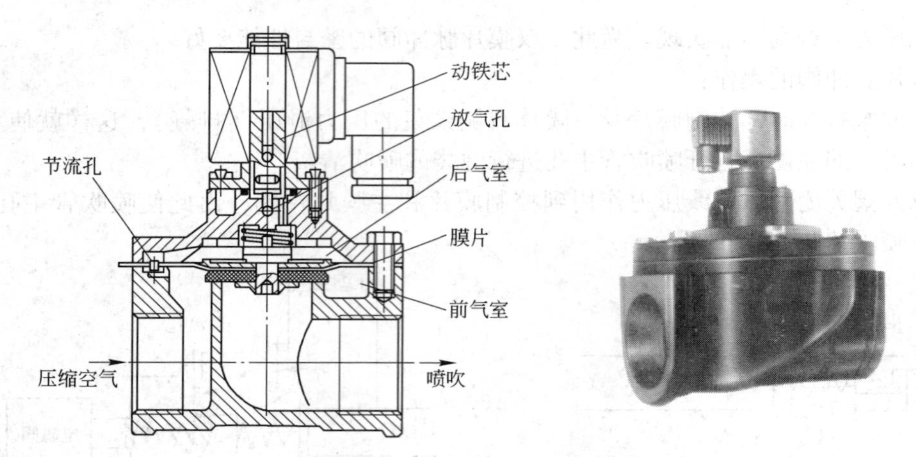

图5-95 直通式T形接口脉冲阀

e 淹没式脉冲阀

淹没式脉冲阀的工作原理

淹没式脉冲阀采用淹没于气包中的安装方法，故称淹没式。

淹没式脉冲阀构造如图5-96所示，它与其他结构形式相比，减少了流通阻力，降低了喷吹气源压力，因而能适用于压力低的场合，且可降低能源消耗和膜片寿命。

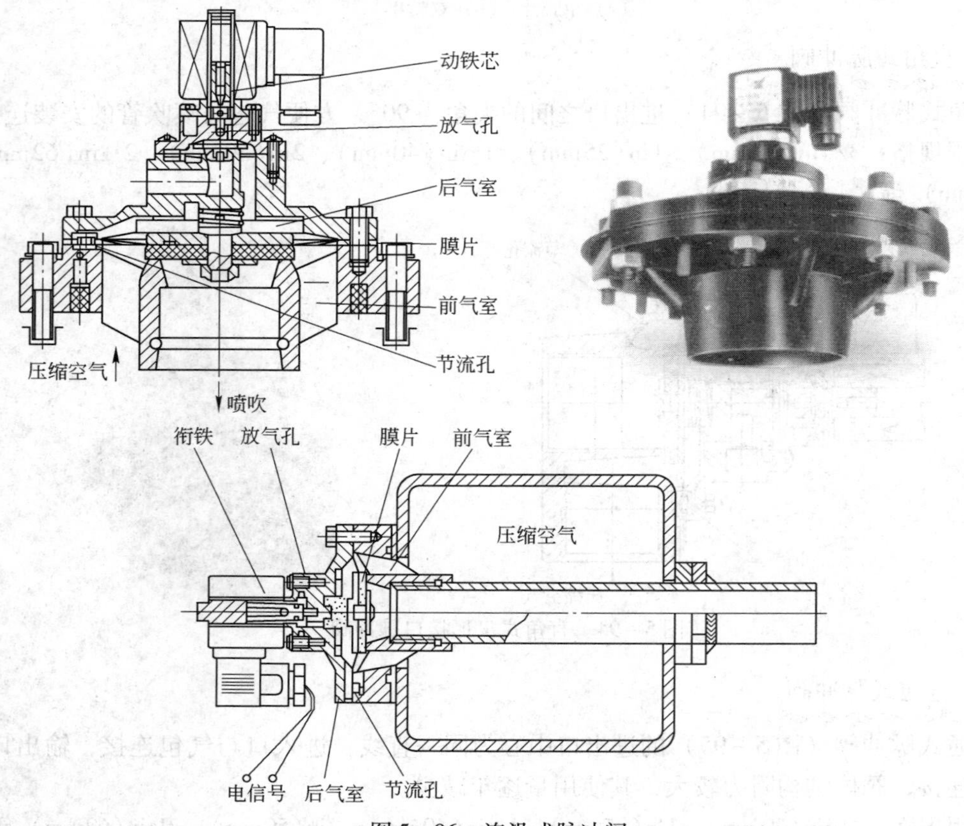

图5-96 淹没式脉冲阀

淹没式脉冲阀的工作原理是膜片将脉冲阀分成前后两个室，当脉冲阀接通压缩空气时，压缩空气通过节流孔进入后气室，此时后气室压力将膜片紧贴阀的输出口，脉冲阀处于关闭状态。

当脉冲控制仪的电信号使脉冲阀衔铁移动，脉冲阀后气室放气孔打开，后气室迅速失压，膜片移动，压缩空气通过阀输出口喷吹，脉冲阀处于开启状态，此时瞬间喷出压缩空气气流进行滤袋的喷吹清灰。

脉冲控制仪电信号消失，脉冲阀衔铁复位，后气室放气孔关闭，后气室压力升高使膜片紧贴阀出口，脉冲阀又处于关闭状态。

淹没式脉冲阀的技术参数

常用规格：1in(25mm)、1½in(40mm)、2in(50mm)、2½in(62mm)、3in(76mm) 等。21 世纪开始国内外开发出大规格的淹没式阀，最大规格达 12in。

适应环境　温度　－10～＋55℃

　　　　　湿度　相对湿度不大于 85%

工作介质　清洁空气

喷吹压力　推荐使用 0.2～0.3MPa，也可使用 0.3～0.6MPa

喷吹气量　在喷吹气源压力为 0.25MPa、喷吹时间为 0.1s 时，喷吹气量据济南华能气动元器件公司样本介绍为：

脉冲阀	1¼in	耗气量	50L/次
	2in		100L/次
	2½in		170L/次
	3in		250L/次

电磁先导阀工作电压、电流　DC24V，0.8A

AC220V，0.14A

AC110V，0.3A

f　活塞式脉冲阀

上述直角阀、直通阀、淹没式阀脉冲阀均采用膜片动作来开启和关闭脉冲阀的动作，一般称膜片阀。使用中由于膜片的疲劳、损坏，会直接影响脉冲阀的使用寿命。

活塞式脉冲阀则是采用活塞的动作来开启和关闭脉冲阀的动作，这就解决了膜片寿命问题，而且由于没有膜片阀中的橡胶膜片与弹簧的阻尼作用，响应速度更快，性能可靠。

Alstom 公司在第一代膜片脉冲阀 OPTIPULSE 的基础上，开发了第二代活塞式脉冲阀 OPTIPOW（图 5－97）。

我国上海尚泰环保配件有限公司于 2009 年，经过多年的研制，开发出了具有我国特色的 STF 型滑动阀片式脉冲阀，并在国内各行业的使用中取得了良好效果。

滑动阀片式脉冲阀的工作原理

STF－Y 型滑动阀片式脉冲阀工作原理如图 5－98 所示。

STF－Y 型滑动阀片式脉冲阀的滑动阀片 1 把电磁脉冲阀的大气腔分为前气室（A）2 和后气室（A）3 两个气室，小阀片 4 把小气腔分为前气室（B）5 和后气室（B）6 两个气室。

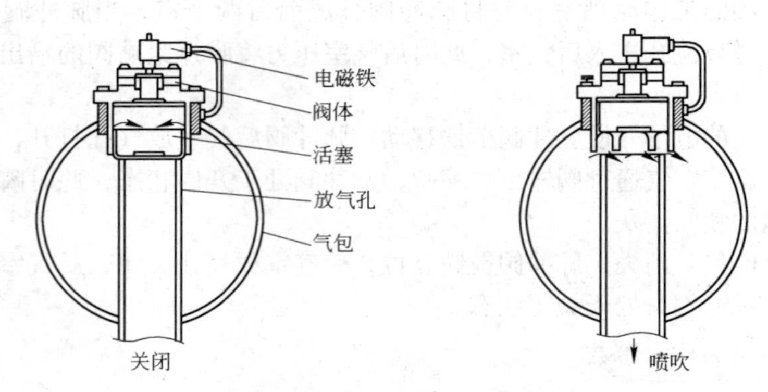

图 5－97 OPTIPOW 活塞式脉冲阀

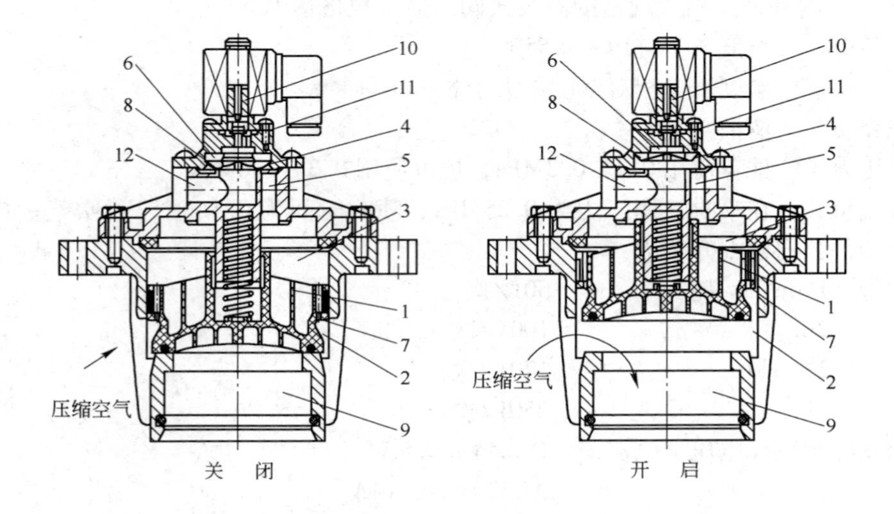

图 5－98 STF－Y 型滑动阀片式脉冲阀工作原理图

1—滑动阀片；2—前气室（A）；3—后气室（A）；4—小阀片；
5—前气室（B）；6—后气室（B）；7—节流孔（A）；8—节流孔（B）；
9—输出口；10—动铁芯；11—放气孔（B）；12—放气孔（A）

当脉冲阀接通压缩空气气源时，压缩空气通过滑动阀片 1 上的节流孔（A）7 和小阀片 4 上的节流孔（B）8 分别进入后气室（A）3 和后气室（B）6，两个放气孔（B）11、（A）12 都被封堵。后气室（A）3 的压力使滑动阀片 1 紧贴输出口 9，电磁脉冲阀处于关闭状态。

当脉冲喷吹控制仪的电信号使电磁脉冲阀动铁芯 10 移动时，放气孔（B）11 被打开，后气室（B）6 迅速失压，小阀片 4 后移，放气孔（A）12 打开，后气室（A）3 迅速失压，前气室（A）2 的压力使滑动阀片 1 后移，压缩空气通过输出口 9 喷吹，电磁脉冲阀处于开启状态。

当脉冲喷吹控制仪的电信号消失，电磁脉冲阀动铁芯 10 复位，放气孔（B）11 堵封，小阀片 4 前移，放气孔（A）12 被堵封，后气室（A）3 压力升高，使滑动阀片 1 紧贴输出口 9，电磁脉冲阀处于关闭状态。

滑动阀片式脉冲阀的技术参数

STF－Y 型滑动阀片式脉冲阀有 25mm(1in)、40mm(1½in)、50mm(2in)、62mm(2½in)、76mm(3in)、89mm(3½in)、102mm(4in) 七种。

适应环境　温度　－10～＋55℃

　　　　　湿度　相对湿度不大于85%

工作介质　清洁空气

工作电压　DC24V ±10%，AC220V ±10%

工作电流　0.9A，0.23A

工作压力　0.15～0.6MPa，一般选用0.25～0.35MPa

电信号宽度　一般选用50～100ms

STF－Y 型滑动阀片式脉冲阀的安装

STF－Y 型滑动阀片式脉冲阀安装最小中心距如表5－14 所示。

表5－14　STF－Y 型滑动阀片式脉冲阀安装最小中心距

电磁脉冲阀规格/mm	25	40	50	62	76	89	102
阀间最小安装中心距/mm	120	135	160	180	195	210	230

STF－Y 型电磁脉冲阀输出口与连接管配合尺寸如表5－15 所示。

表5－15　STF－Y 型电磁脉冲阀输出口与连接管配合尺寸

电磁脉冲阀规格/mm	25	40	50	62	76	89	102
连接管外径配合尺寸/mm	$\phi 34$	$\phi 48$	$\phi 60$	$\phi 75$	$\phi 89$	$\phi 102$	$\phi 114$

B　脉冲阀连接方式

按连接方式分以下四类：

F 系列：丝扣连接式

D 系列：管接头连接式

E 系列：进口、出口法兰连接式

S 系列：方形气包淹没式

C　脉冲阀的技术性能

a　脉冲阀的喷气量

据美国艾默生电气（亚洲）有限公司 Asco 广州办事处2002 年10 月提供的资料，美国 Asco 公司对脉冲阀的喷吹气量（Q，m^3/h 或 L/min）是按式（5－20）计算的：

$$Q = K_V \times 18.9 \times \sqrt{\Delta P(2P - \Delta P)} \tag{5-20}$$

式中　K_V——流量系数，m^3/h 或 L/min；

P——脉冲阀进口压力，bar；

ΔP——脉冲阀进出口压差，bar。

由此，Asco 阀的一次喷吹量（q）可按表5－16 采取。

表 5-16 Asco 阀的一次喷吹量（q）

阀径/in	K_V/L·min^{-1}	ΔP/bar	喷吹气量 q/L·次$^{-1}$			
			$P=3$bar	$P=4$bar	$P=5$bar	Goyen
$\phi3$	2833	1.0	200	236	268	250
$\phi2\frac{1}{2}$	1540	0.85	100	118	133	167
$\phi2$	1290	0.85	84	100	112	130
$\phi1\frac{1}{2}$	768	0.85	50	58	66	80
$\phi1$	283	0.35	12	14	16	40
$\phi3/4$	233	0.35	9.4	11.5	12.6	—

注：1. 脉冲阀喷吹一次时间按 0.1s 计；

2. K_V 及 ΔP 均为直角阀参数；

3. 表中 $K_V=283$ 为单膜片，当双膜片时，$K_V=383$，$\Delta P=0.3$bar。

脉冲阀每次喷吹的气量（V_p）也可由喷吹前后气包中的压差（P_d）乘以气包容积（V_t）求得：

$$V_p = P_d V_t$$

式中 P_d——压差，bar。

据 Asco Joucomatic 样本《Pulse Valves and Cotrols For Dustcollector Systems》P. X003－32。脉冲阀还可用式（5－21）计算在一定脉冲宽度下的脉冲阀喷吹一次的喷气量：

$$V_p \leqslant 0.528CP_uT_{PL}/1000 \tag{5-21}$$

式中 V_p——每喷一次的气量，Ndm^3；

C——流量系数，dm^3/(s·bar)，$C=3.97K_V$ 或 $C=3.39C_V$；

0.528——获得声波或关闭气流的临界压力比；

T_{PL}——总脉冲宽度，ms；

P_u——绝对进气压力，bar。

上述计算的计算值只是表达从气包中供给的气量，该气量对滤袋产生的清灰效果还应考虑下列因素：(1) 喷吹口到袋口的距离；(2) 文氏管形式及其安装形式。

b 脉冲阀的 K_V、C_V

流量系数 K_V、C_V 的含义

脉冲阀的喷吹量是脉冲袋式除尘器性能中的关键参数之一，它直接关系到除尘器的技术、经济指标。只有掌握正确的喷吹量，才能选择脉冲阀的大小，才能确定一个脉冲阀能带多少条滤袋，才能确定气源的供气参数，才能配置气包容积及喷气管大小。由此可见脉冲袋的喷吹气量是脉冲袋式除尘技术至关重要的一个参数。

综观国外各大公司及国内各生产厂的样本资料对脉冲阀的形式、规格及其使用压力等均有准确的、齐全的数据，唯独在喷吹气量方面缺乏完善的数据，究其原因，由于脉冲阀的喷吹脉冲宽度仅 50～100ms，相当于 0.05～0.1s，而世界上至今没有一种仪表可以在这

个瞬间来测得其流量。因此，世界各国在无法直接测得流量的情况下，各自采用了不同的标准或方法来表达其脉冲阀的喷气量参数。

从阀门发明那一天起，阀门的选型就成一个问题，最初，各厂都避免使用阀门流量系数和数字方程，而是直接用图表和列线表的形式标明其流量。

1942 年年中，开始引入了现行的阀门流量系数 C_V，流量系数 C_V 一般是用作不可压缩流体（如水）的测算，但是在很多情况下，它同时也被用作对可压缩流体（如空气）的测算。

直至 20 世纪 50 ~ 60 年代，开始发现同一流量系数 C_V 用来测算不可压缩流体与可压缩流体的结果是不同的，所以对测算可压缩流体时应该有一个换算方法，但是各厂商之间采用的换算方法又各不相同，因此对采用哪一个可压缩流体的流量方程，又产生了分歧。

美国的 Les Driskell（北卡罗纳州 Research Triangles Park）某年初出版的《碳氢化合物加工》杂志第 131 页上的文章中提出可压缩流体流量方程。Driskell 后来又在 ISA（国际标准化协会）学会会报和他的教科书《控制阀门的选择和选型》上，将理论进一步发展，后来演变为 ISA（国际标准化协会）的可压缩流体的流量方程标准。

Driskell 认为，通过阀门的流体与通过细小尖锐的流量计喷吹是十分近似的。但是，气体通过一个小孔或阀门的压力降，会影响气体的密度，因为气体对压力降的反应是体积膨胀，这个特性在液体（水）中是不会有的，因为液体是不可压缩流体，其密度变化是不明显的。因此，Driskell 提出在不可压缩流体的锐孔流量计方程中列入膨胀系数 Y 来校正可压缩流体的压缩性。这个膨胀系数 Y 是气体流量系数与液体流量系数之比。

膨胀系数 Y 由经验公式给出，它说明一种流体从阀门进口到收缩断面的密度变化，以及与压力降有关的收缩断面积的变化。阀门的膨胀系数公式需要用实验的方法来决定临界压降率系数 X_T。

ISA 标准 S75. 01《控制阀门选型的流体防尘》为可压缩和不可压缩两种流体提供了很好的阀门选型方程。在实际运用中，不管介质和阀门型号如何，都能得出在整个压降范围内的可靠结论。

ISA 标准 S75. 02《控制阀门的容量测试方法》提供了两种方法决定阀门流量系数 C_V 及临界压降率系数 X_T。

1989 年出现了 ISO6358 国际标准，在此基础上产生了各国的国家标准（或地区标准），如美国的 ANSI/NFPAT3. 21. 3—1990 标准、德国的 VDI2173 标准等都是按 ISO6358 国际标准编制的。

ISO6358 国际标准测试方法主要是通过测定流量系数 C_V、K_V 来确定其标准名义流量。流量系数 C_V、K_V 越大，说明该阀的流量越大。ISO6358 国际标准中的 C_V 是一个英制的流量系数，它可转换到公制，相当于 K_V。

尽管有 ISA 国际标准及 1989 年颁布的 ISO6358 国际标准，但直到 1995 年左右，还是有越来越多的阀门厂商发布了简化的 ISA 可压缩流体方程，并不使用 X_T 系数。现在大多数常用的公式，对各类阀门而言，在整个压降范围内还是不能够准确地计算出可压缩流体的流量。

流量系数 C_V、K_V 的确定

C_V、K_V 都是指流量系数，C_V 为英制换算，K_V 为公制换算。一般欧美用 K_V，远东地

区用 C_V。

决定阀门的流量（q）或压降（ΔP），最普通的方法是从制造商那里获得 $C_V(K_V)$，将 $C_V(K_V)$ 代入正确的方程式中去。

但是目前大部分制造商的方程式都是基于“不可压缩流体”，在使用“可压缩气体”时，其结果是不相同。同时各制造商提供的方程式也各不相同，由此导致选用阀门时往往出现流量的误差，产生了选型过小会引起流量不足，选型过大会增加投资，在阀门的选用中造成一定的“混乱”。

目前国内脉冲阀的品种基本上有国外公司的进口阀及国内环保厂的国产阀两种。现就作者所掌握的资料，将各种标准（或阀门厂）的流量系数 $C_V(K_V)$ 的计算方程列举如下。

（1）ISA（国际标准协会）S75.01《控制阀门选型的流体方程》

$$YC_V = \frac{Q_{scft}}{1360P_{1psia}}\sqrt{\frac{G_g T_{OR}}{X}}$$

式中 C_V——流量系数；

Y——膨胀系数，为气体流量系数与液体流量系数比；

Q_{scft}——标准状态下气体流量，scft；

P_{1psia}——进气压力，psia；

G_g——气体比重；

T_{OR}——气体温度；

X——临界压降率，阀门阻力（ΔP）与进气压力（P_1）之比，即 $\Delta P/P_1$。

（2）日本 JIS 138375—1981 标准。根据 JIS 标准测试的截面积 S，单位 mm^2，并非 C_V（一种无量纲的数字），有些制造商用有效面积乘以一个常数得出一个推荐的 C_V。最通常的转化是：

$$S = 18.45C_V$$

（3）美国 Asco 公司。据美国 Asco 公司提供资料，脉冲阀的喷吹气量（Q）可按式（5-16）计算。

据 Asco Joucomatic 样本《Pulse Valves and Cotrols For Dustcollector Systems》P. X003-32。脉冲阀还可用式（5-18）计算在一定脉冲宽度下的脉冲阀喷吹一次的喷气量。

（4）Goyen 标准。Goyen 标准是用 K_V 测试方法来求得 C_V 值

$$K_V = \frac{62.42P_1AC\sqrt{(P_2/P_1)^{1.43} - (P_2/P_1)^{1.71}}}{\sqrt{P_1(P_1 - P_2)}}$$

式中 K_V——流量系数；

A——阀孔面积；

P_1——进口压力；

P_2——出口压力；

C——流量系数。

上述公式是基于以下条件：

1）Goyen 认为 K_V 测试是基于在瞬间（50～100ms）时间内的流动测试，因此其流量是相对稳定的。

2）设定 $P_1-P_2=1\text{bar}$，$P_1=7\text{bar}$，$P_2=6\text{bar}$。

（5）《袋式除尘器用电磁脉冲阀》JB/T5916—2013 代替 JB/5916—1991。

在电磁脉冲阀常开状态下，通过调节其出口端节流线，使阀前压力（P_1）与阀后压力（P_2）之差（ΔP）为规定值（如 0.1MPa），用流量计在电磁脉冲阀上游测定流量 Q_g，按式（5-22）计算。

$$K_V=\frac{Q_g}{4.73}\sqrt{\frac{G(273+t)}{\Delta P\cdot P_m}} \tag{5-22}$$

式中 Q_g——标准状态体流量，m^3/h；

K_V——流量系数；

ΔP——阀前后压差，小于 $P_1/2$，kPa；

P_m——$P_1+P_2/2$，kPa；

t——实验介质温度，℃；

P_1——阀前绝对压力，kPa；

P_2——阀后绝对压力，kPa；

G——空气比重，$G=1$。

行业内也常用 C_V，C_V 与 K_V 关系如下：

$$C_V=1.167K_V \tag{5-23}$$

流量系数 C_V、K_V 的转换及比较

流量系数 C_V、K_V 的转换

由前述可知，C_V、K_V 都是表示流量系数，其中 C_V 为英制转换，K_V 为公制转换。

Goyen 公司提出 C_V 与 K_V 的换算为：

$$K_V=0.86C_V \tag{5-24}$$

Asco 公司的流量系数：$C=3.97K_V$，$C=3.39C_V$，得：

$$K_V=0.8539C_V\approx0.86C_V \tag{5-25}$$

《袋式除尘器用电磁脉冲阀》（送审稿）提出：$C_V=1.167K_V$，得：

$$K_V=0.8569C_V\approx0.86C_V \tag{5-26}$$

流量系数 C_V、K_V 的比较

根据世界各实验室的实测证明，不同公司脉冲阀测出的数据，由于其各自采用的标准不同，致使各公司之间的脉冲阀无法进行相互对比。

Parker 实验室测试中指出，在相同的阀门上，将几个以 JIS 标准为基础的公司提供的参数与美国 ANSI/NEPA 标准流量测试的数据相比，实际结果比以 JIS 标准为基础提供的 C_V 值要小 20～35。由此可见，JIS 标准测出的数据偏大，相当于 JIS 标准提出的阀门为 10 加仑，而实际只能有 7 加仑。因此 Parker 实验室推荐采用美国的 ANSI/NFPA 或 ISO 标准。

据 Festo 实验室用五种相同的阀门，按 ISO、ANSI/NFPA 以及 JIS 流量标准进行测试，其结果示于表 5-17 中。

表 5 - 17 五种阀门的测试结果

阀 门	标准流量/L · min^{-1}		
	ISO6358	ANSI/NFPA T3. 21. 3	JIS8375
A	2402	2224	3462
B	486	446	634
C	212	190	282
D	83	79	87
E	18	16	27

由表 5 - 17 中可知:

(1) 同一阀门采用不同标准测算出的流量差异极大。

(2) 不同标准测出的流量差异是不规律的,各标准之间无法用一个统一的修正系数,由此 Festo 实验支持采用 ISO 标准。

(3) Numatics 实验建议采用 ANSI/NFPA T3. 21. 3 标准。

(4) 根据作者在国内收集的各外国公司进口脉冲阀在国内发布的样本、资料、文献中归纳的脉冲阀 C_V、K_V、Q_V 数据如表 5 - 18 所示。

表 5 - 18 各公司进口脉冲阀的 C_V、K_V、Q_V 数据

规格 /in	阻力 ΔP /bar	C_V						K_V						喷吹气量 Q_V/L · 次$^{-1}$					
		Asco 美国	Goyen 澳大利亚	Turbo 意大利	Li Hui 中国台湾	Small-ston 日本	Tac Ha 韩国	Asco 美国	Goyen 澳大利亚	Turbo 意大利	Li Hui 中国台湾	Small-ston 日本	Tac Ha 韩国	Asco 美国	Goyen 澳大利亚	Turbo 意大利	Li Hui 中国台湾	Small-ston 日本	Tac Ha 韩国
$\phi3$	1.0	—	—	—	130	140	142	2833	—	—	—	—	—	268	250	—	—	—	—
$\phi2\frac{1}{2}$	0.85	—	—	—	120	104	110	1540	—	—	—	—	—	133	167	—	—	—	—
$\phi2$	0.85	—	—	—	60	85	68.5 ~ 74.2	1290	—	—	—	—	—	112	130	206	—	—	—
$\phi1\frac{1}{2}$	0.85	—	—	—	43	52	39 ~ 53.9	768	—	—	—	—	—	66	80	134 ~ 175	—	—	—
$\phi1$	0.35	—	—	—	18.5	25	18.7	283	—	—	—	—	—	16	40	58	—	—	—
$\phi3/4$	0.35	—	—	—	11.2	12	10.5	233	—	—	—	—	—	12.6	—	26	—	—	—

注:1. 阻力 ΔP 摘自 Asco 公司资料;

2. 表中参数据均以直角阀为基础,喷吹压力为 5kg/cm^2。

几点注意事项

(1) 袋式除尘器中脉冲阀的选择主要是依据喷吹量(流量)的需求来决定其型号规格,因此喷吹量是脉冲阀的核心参数。但是由于脉冲阀的脉冲宽度仅 0.05 ~0.1s,而目前世界上尚无一种流量计能在这么短的时间内精确测出其流量。因此采用流量系数 $C_V(K_V)$ 来换算其流量,这是一种比较科学的方法。

自 1942 年开始对阀门采用流量系数参数 $C_V(K_V)$ 来表达其性能至今,就全球而言,

始终存在以下两个问题：

第一，流量系数 C_V、K_V 主要是对不可压缩介质而言，而对可压缩介质（气体），始终没有一个统一的处理方式。如 Goyen 公司认为，由于脉冲阀的脉冲宽度仅 0.05 ~ 0.1s，在这瞬间，可压缩气体的流量可以认为是稳定的。ISA（国际标准协会）的标准则采用膨胀系数 Y 来修正可压缩气体在通过阀门时由于压降所引起的流量变化。而 JIS 标准则用标准来测试阀门的截面积（S）来折算 C_V。这些处理方法虽各不相同，但是有一点是相同的，都承认可压缩气体在通过阀门时其流量是有变化的，就是缺乏一个统一认可的准确的、实用的方法。

第二，对于流量系数 C_V、K_V 缺乏一个全球性的测试标准。如国际标准协会的 ISO 6358 标准，美国的 ANSI/NFPAT3.21.3—1990 标准，德国的 VDI2173 标准，日本的 JISB8375—1981 标准等。但是从 Festo 实验室的测试结果中可以看出，在相同阀门中采用上述不同标准进行测试后，其流量差异极大，而且这些差异是不规律的，无法采用一个统一的修正系数进行换算。

（2）目前国内各进口脉冲阀，如美国 Asco、澳大利亚 Goyen、意大利 Turbo、日本 Smallston、韩国 Tac Ha（大河）以及中国台湾 Li Hui（力挥）等公司，都按照各自的测试方法精确测试出 C_V、K_V 或 Q_V 参数，并通过各种方式（样本、论文、文献等）供用户们使用，这些数据应该是可靠的，无可疑的。由此一般选用阀门时，往往习惯于直接用各公司提供的参数来比较各公司产品的性能优劣，流量系数 $C_V(K_V)$ 或每次喷吹量（Q_V）高的当然比低的好，而很少去过问其所提供参数的背景（即测试标准）。应该提醒的是，只有在采用相同标准，而且该标准测试的结果是真实可靠与实际喷吹量是一致的才有比较的可能，否则各公司之间的 $C_V(K_V)$、Q_V 数是无可比性的。

（3）对于国产脉冲阀，从阀门品种的直角阀到直通阀、淹没阀，规格 $\phi3/4$ ~ 3in，阀体的"模铸"到"压铸"，膜片寿命的 15 万次到 100 万次等，产品经过多年来长期的仿制、摸索、完善，在各制造厂的精心打造下，在国内绝大部分脉冲袋式除尘器上得到了有效的应用。但是应该看到对于脉冲阀的主要技术参数（C_V、K_V、Q_V），至今缺乏重视，而满足于参照或引用进口产品的参数。由此可见，由于进口阀各国外公司之间系数无可比性，以及国产阀与参照（引用）的国外公司产品之间，尽管脉冲阀的形式、规格相同，但产品的结构、加工及附件配置等存在差异，在这种情况下其性能参数是否相同也值得探讨。

c　脉冲阀带滤袋的数量

据意大利 Turbo 公司的推荐，脉冲阀带滤袋的数量可参考表 5-19 采用。

表 5-19　脉冲阀过滤面积（供参考）

直角式 ϕ/in	压力/bar	面积/m^2	直角式 ϕ/in	压力/bar	面积/m^2
3/4	6	6 ~ 8	2	6	34 ~ 36
1	6	10 ~ 12	2½	6	40 ~ 42
1½	6	20 ~ 22	3（淹没式）	3 ~ 6	42 ~ 45

注：直角式与淹没式过滤面积大致相同。

5.4.5.2　喷吹管

A　喷吹管设计

喷吹管组件是由喷吹管、引流喷嘴及连接器等组成（图 5-99）。

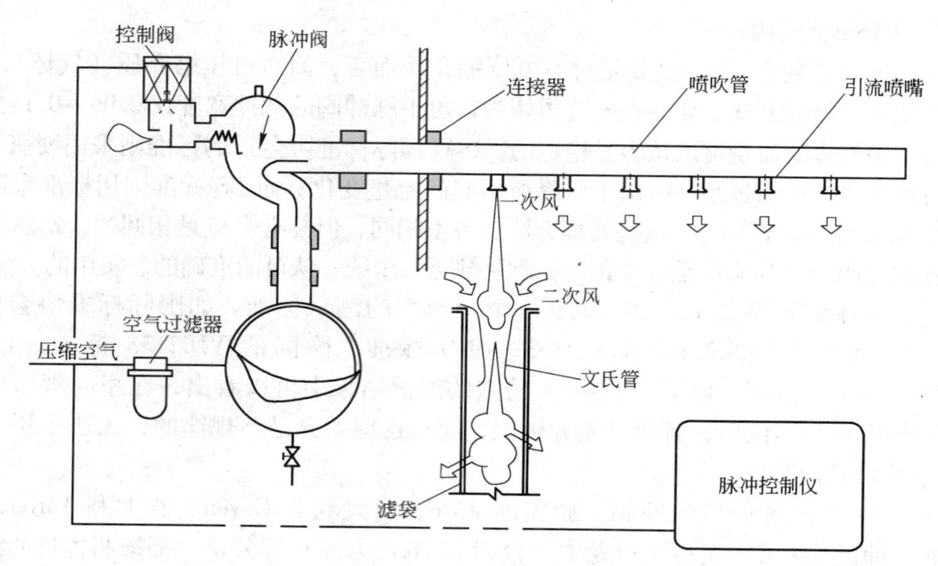

图 5-99 喷吹管组件

喷吹管是一根无缝耐压管，上面按滤袋的数量开有若干喷吹孔口，喷吹管的技术要点在于喷吹管直径、开孔数量、开孔大小及喷吹管中心到滤袋口的距离，如果设计或选用不当，就会影响清灰效果。为保证清灰效果，这些参数应通过试验确定，也可通过实践经验选取。一般认为喷吹孔口应小于 18 个，开孔大小为 ϕ8 ~ 32mm，喷吹管中心到滤袋口的距离以 200 ~ 400mm 为宜。

喷吹管中心到滤袋口的距离是设计脉冲袋式除尘器的重要尺寸，它与喷吹管结构、滤袋大小、粉尘性质等诸多因素有关，设计时应予重视。

(1) 根据滤袋数量确定喷吹管长度。

(2) 喷吹管的壁厚应根据其长度和材质（硬度）确定，以确保不会由于自重而弯曲变形。

(3) 高效率清灰系统的喷吹管上可安装超音速引流喷嘴，以防发生喷吹气流中心的偏斜现象。

(4) 如果不安装引流喷嘴，只在喷吹管下焊接一节短管，它不但不能克服喷吹气流中心的偏斜现象，而且会由于超音速喷吹气流与管道之间的摩擦而产生阻力。

(5) 为了保证脉冲气流量进入第一个滤袋和最后一个滤袋的差别在 ±10% 以内，在同一条喷吹管上，喷吹孔可采取不同的孔径，一般远离气包的喷吹孔比靠近气包的喷吹孔径小 0.5 ~ 1.0mm，喷吹管直径是确定脉冲喷吹系统清灰压力和气体流量的最主要的参数。

(6) 根据气包压力、脉冲阀阻力、喷吹管尺寸、喷吹孔数量等因素，超音速脉冲气流的扩散角度一般是 20°左右。必须结合滤袋口径，根据设计经验和实践数值，确定喷吹管离花板的最佳距离，以保喷吹气流覆盖滤袋整个直径。

B 喷吹管的直径

a 上海袋式配件公司

据上海袋式配件公司 2005 年样本介绍，喷吹管（无缝钢管）的外径可按表 5-20 配合（供参考）。

表 5-20 脉冲阀与喷吹管（无缝钢管）外径的配合（供参考）

电磁脉冲阀/in	1	$1\frac{1}{2}$	2	$2\frac{1}{2}$	3
喷吹管（外径×壁厚）/mm	$\phi34\times4$	$\phi48\times4$	$\phi60\times5$	$\phi75\times6$	$\phi89\times6$

b Asco 公司

根据美国 Asco 公司的资料报道，在计算喷吹孔截面积或单根喷吹管截面积时，式（5-27）可用以获得在进气气流及排气气流温度相同时的声波气流。

$$A \leqslant 0.061K_{V}P_{u} \tag{5-27}$$

式中 A——喷吹管截面积，cm^2；

0.061——尺寸系数。

P_u——喷吹气包压力，bar。

c 喷吹孔孔径

澳大利亚 Goyen 公司

澳大利亚 Goyen 公司推荐用计算图表（图 5-100、图 5-101）来求得喷吹孔的孔径。

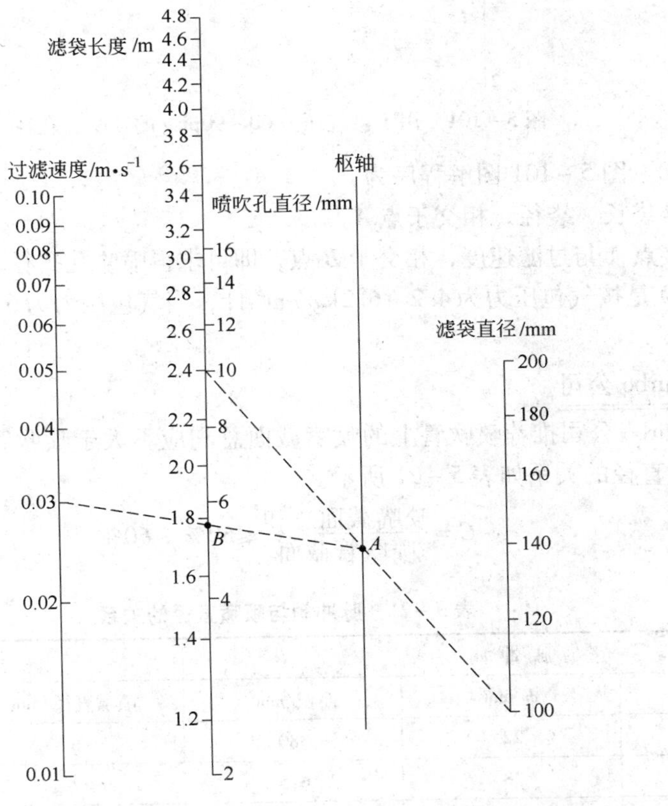

图 5-100 用于供气压力 420~620kPa 的喷吹孔孔径

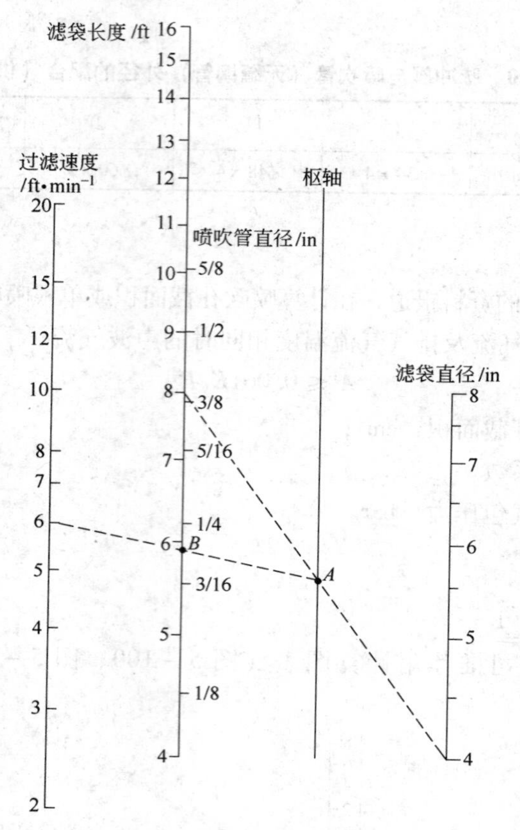

图 5－101 用于供气压力 60～90pisg 的喷吹孔孔径

图 5－100、图 5－101 图解程序为：

（1）连接袋长、袋径，相交于点 *A*。

（2）连接点 *A* 与过滤速度，相交于 *B* 点，即可求得喷吹孔孔径。

图 5－100 是按气包压力为 4.2～6.2kg/cm² 计，当气包压力为 6.2～8.6kg/cm² 时，孔径可减小 15%。

意大利 Turbo 公司

意大利 Turbo 公司推荐喷吹管上的喷嘴截面总和应不大于喷吹管截面的 50%～60%。脉冲阀与喷嘴直径的关系如表 5－21 所示。

$$C=\frac{\text{喷嘴截面总和}}{\text{喷吹管截面}}\leqslant 50\%\sim 60\%$$

表 5－21 脉冲阀与喷嘴直径的关系

脉冲阀			喷嘴	
阀径/in	ϕ/mm	面积/mm²	喷嘴直径/mm	喷嘴面积/mm²
3/4	22	380	6	28.2
1	28	615	7	38.4
1½	42	1384	8	50

续表 5-21

脉冲阀			喷嘴	
阀径/in	ϕmm	面积/mm²	喷嘴直径/mm	喷嘴面积/mm²
2	53	2205	9	63
$2\frac{1}{2}$	69	3737	10	78
3	81	5150	11	95
			12	113
			13	132
			14	153
			15	174
			16	200

喷吹孔孔径的图解（图 5-102）

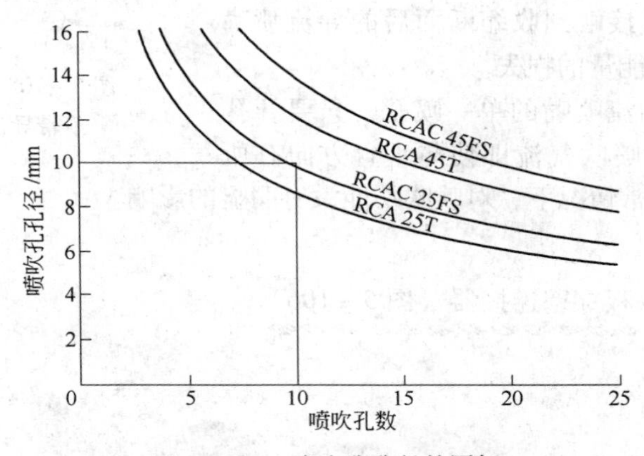

图 5-102 喷吹孔孔径的图解

C 喷吹孔距滤袋口的距离

喷吹孔出口距滤袋口的距离，一般应按喷吹孔喷出气流的扩散角为 20°（或气流单侧流向的扩散角为 7°～9°）来确定（图 5-103）。

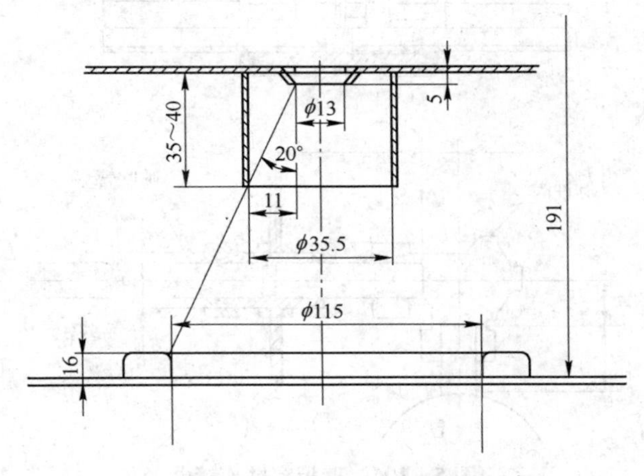

图 5-103 喷吹口出口距花板的距离

D 引流喷嘴

喷吹孔的引流喷嘴有焊接式、抱箍式、螺纹内卡式等形式，如图 5－104 所示。

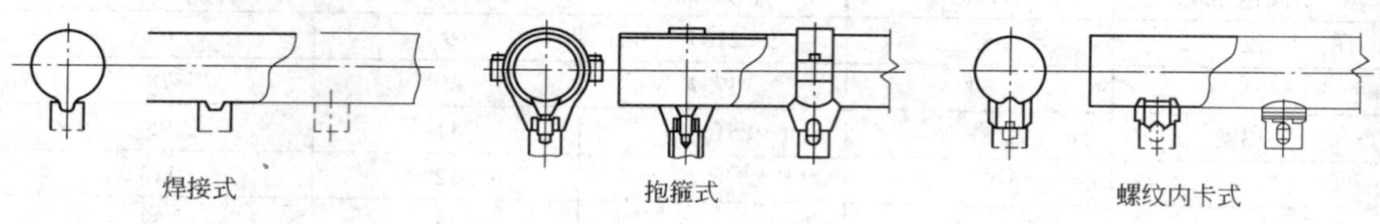

图 5－104 引流喷嘴安装形式

1987 年美国 Robert Duyckinck 在芝加哥技术讲座中提出喷吹管带导流喷嘴与不带导流喷嘴的观点：

(1) 气流从喷口喷出时有一个收缩扩散的流型，其扩散角约为 15°～20°（图 5－105）。

(2) 由此，气流接触到收缩断面后的导流喷嘴就会产生摩擦，造成能量的损失。

(3) 对于不带导流喷嘴的单一喷孔，只要开孔位置符合公差范围，喷吹气流即使与垂直方向有所偏差也不重要，在正常情况下，对喷吹功能没有明显的影响。

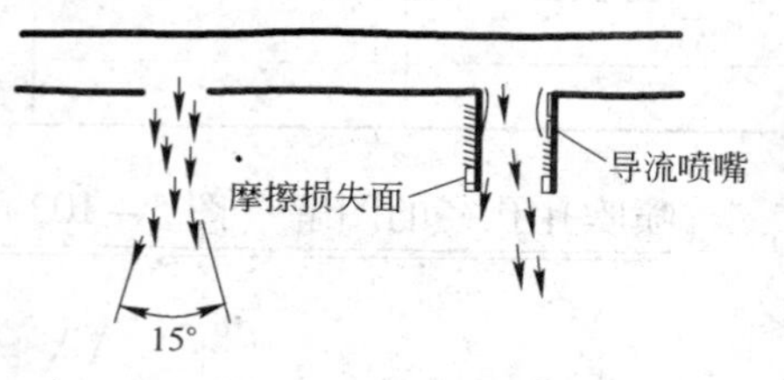

图 5－105 带导流喷嘴与不带导流喷嘴喷吹管

E 连接器

a 束管接头即壁板穿壁连接器（图 5－106）

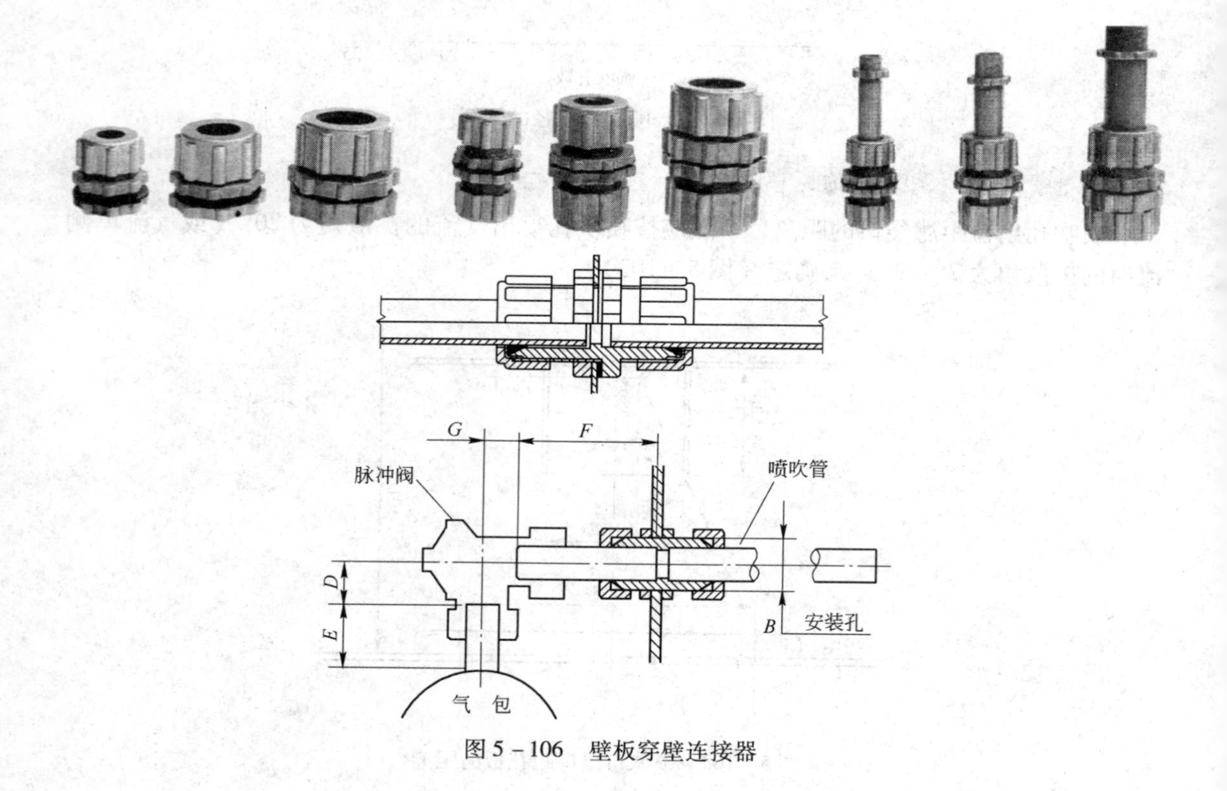

图 5－106 壁板穿壁连接器

中国台湾清境公司生产的MGB系列束管接头的尺寸如表5-22所示。

表5-22 MGB系列束管接头的尺寸

型 号	管径/in	A	B	C	D	E	F	G
MGB-25	1	78	55	48	39	59	140	31
MGB-40	$1\frac{1}{2}$	97	70	88	60	83	159	31
MGB-25D	1	78	55	111	39	59	140	31
MGB-40D	$1\frac{1}{2}$	97	70	135	60	83	159	31

b 气包连接器（图5-107）

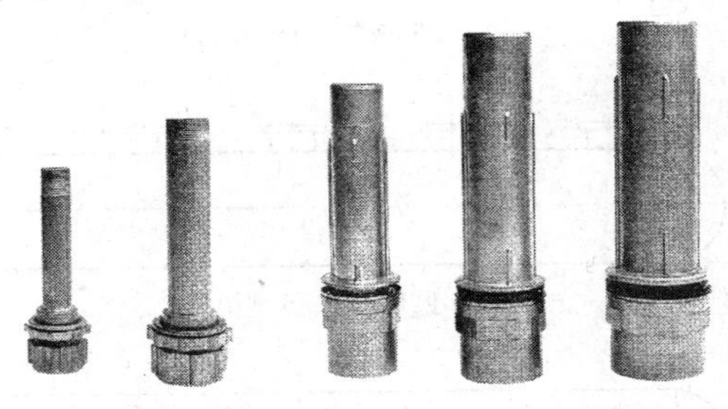

图5-107 气包连接器

5.4.5.3 气包

A 气包的形式

气包（又名分气箱）的用途是主要使脉冲阀供气均匀和充足，其基本形状分为圆形和方形两种（图5-108）。

圆形气包承受压力好、壁薄、重量轻，但不便安装淹没式脉冲阀。

方形气包便于安装淹没式脉冲阀，但气包壁板厚、耗钢量多，每次喷吹时壁板会发生微量位移，喷吹频率较高时钢板容易产生裂痕。

B 气包的设计要点

（1）设计圆形或方形截面气包时，必须考虑安全和质量要求，可参照《袋式除尘器安全要求 脉冲喷吹类袋式除尘器分气箱》（JB/T 10191）制作。

（2）脉冲喷吹后气包内的压降，应不超过原来储存压力的30%。

（3）气包属压力容器，制造完成后应做耐压试验，试验压力以工作压力的1.25~1.5倍为宜。

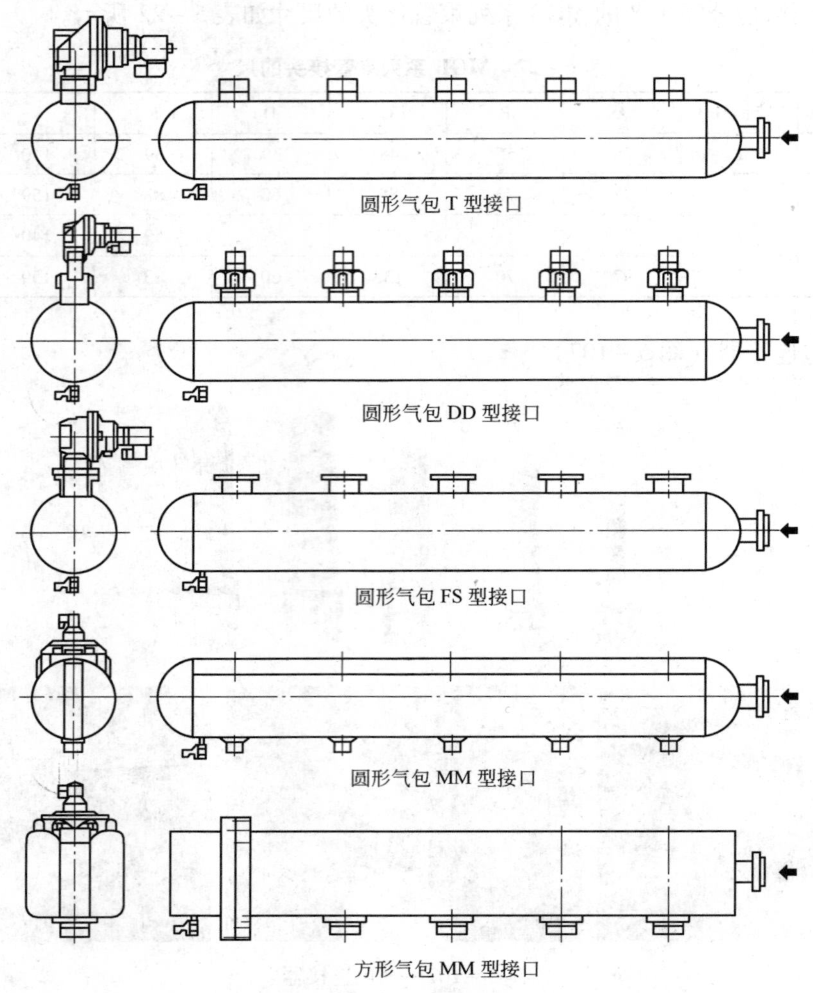

图 5－108　气包的基本形式

（4）气包容器的大小，取决于储气量的多少和脉冲喷嘴安装尺寸。

（5）气包的进气管应尽量选大，以满足补气速度，对大容量气包可设计多个进气输入管路，或用 ϕ76mm 管道把多个气包连接成一个储气回路。

（6）脉冲阀宜安装在气包的上部或侧面，避免气包内的油污、水分经过脉冲阀喷吹进滤袋。

（7）每个气包底部必须带有自动（即两位两通电磁阀）或手动油水排污阀，周期性地把容器内的杂质向外排出。

美国 BHA 集团公司设计的自动排水阀主要用于帮助消除脉冲喷吹系统的压缩空气气包中的水分，以清除压缩空气将水带入滤袋，避免引起滤袋的腐蚀和堵塞，装置如图 5－109 所示。

自动排水阀安置在气包的底部，并连接到脉冲阀上，与脉冲阀组合在一起。当脉冲阀排气时，脉冲阀的排出气流打开组合在气包上的自动排水阀的排出口，以排除气包内存积的水分。

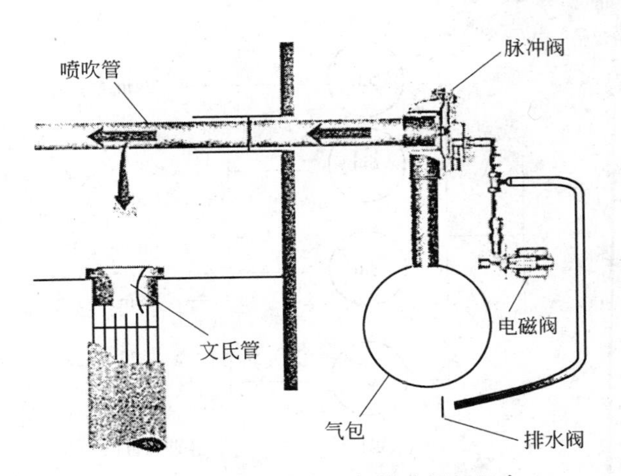

图 5－109 自动排水阀与脉冲阀的组合

(8) 气包在加工生产后，必须先用压缩空气连续喷吹清洗内部焊渣，然后才安装脉冲阀。

(9) 在车间测试脉冲阀时，特别是 ϕ76mm 淹没式脉冲阀时，必须保证气包压缩空气的压力和补气流量，否则脉冲阀将不能打开或者漏气。

(10) 如果在现场安装后发现脉冲阀的上出气口漏气，那就是因为气包内含有杂质，导致小膜片上堆积铁锈不能闭阀，需要拆卸小膜片清洁。

(11) 当气包前另外带有稳压罐（储气罐）时，需要尽量把稳压罐位置靠近气包安装，以防压缩空气在输送时阻力太大。

C 气包的规格

按 JB10191 行业标准，常用的气包规格如表 5－23 所示：

圆形气包可选用无缝钢管 ϕ159mm × 4mm、ϕ189mm × 4mm、ϕ219mm × 4.5mm、ϕ229mm × 5.6mm、ϕ402mm × 6mm、ϕ159mm × 4mm，封头名义厚度应与钢管壁相一致。

表 5－23 气包的常用规格 (mm)

<table>
<tr><th>分气箱形式</th><th colspan="2">带圆角的正方形</th><th colspan="2">圆 形</th></tr>
<tr><td rowspan="5">截面尺寸</td><td rowspan="5">外侧长度 H</td><td>180</td><td rowspan="5">外径 D</td><td>φ159</td></tr>
<tr><td rowspan="2">240</td><td>φ189</td></tr>
<tr><td>φ219</td></tr>
<tr><td rowspan="2">300</td><td>φ229</td></tr>
<tr><td>φ402</td></tr>
</table>

D 气包的容积

气包的容积应满足脉冲阀每次喷吹后气包内压力降不大于喷吹前的35%，并在下一次喷吹前恢复到原压力。

a 气包尺寸和脉冲阀阀径的关系

意大利 Turbo 公司推荐的气包尺寸（圆形气包）和脉冲阀阀径关系如图 5－110 所示。

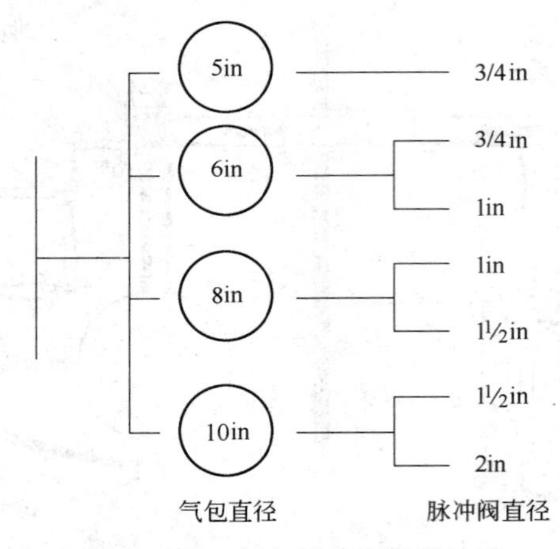

图5-110 气包尺寸和阀径关系

据国内报道，气包尺寸（方形气包）和淹没式脉冲阀阀径的关系为：

ϕ1in 脉冲阀门	方形气包	外径 222mm×222mm，$\delta=6$mm
ϕ1½in 脉冲阀门	方形气包	外径 252mm×252mm，$\delta=6$mm
>ϕ2in 脉冲阀门	方形气包	外径 296mm×296mm，$\delta=6\sim8$mm

b 确定气包容积的条件

气包容积（dm^3）是指储存于供气气包中的气量，气包容积应根据以下条件确定。

（1）清灰时每喷吹一次所需的气量（根据除尘器形式、大小及结构确定）。

（2）气包压力及要求的峰值压力。

（3）脉冲阀尺寸（K_V 值）。

（4）喷吹管尺寸以及喷吹孔数量及尺寸。

（5）每单位时间的喷吹次数。

（6）电脉冲的持续时间以及总的脉冲时间。

（7）气包上的脉冲阀数量。

（8）压缩机的容量。

c 气包容积的确定

确定气包容积最常用的办法是通过试验，使在一定的脉冲宽度中可以达到合适的振波及最佳的清灰效率时的最小容积。

喷吹管中要保持音速条件取决于气包的容积及气包的绝对压力（表压+1bar）。意大利 Turbo 公司认为气包容积至少应为每次喷吹气量的2倍。为此，气包容积可按式（5-28）进行粗略计算：

$$V_t \geqslant 2\frac{V_p}{P_u} \tag{5-28}$$

式中 V_t——气包容积，dm^3；

V_p——每喷吹一次的容积，Ndm^3；

P_u——气包内进气的绝对压力（气包绝对压力），bar。

澳大利亚 Goyen 公司推荐用计算图表（图5-111、图5-112）求得气包容积。

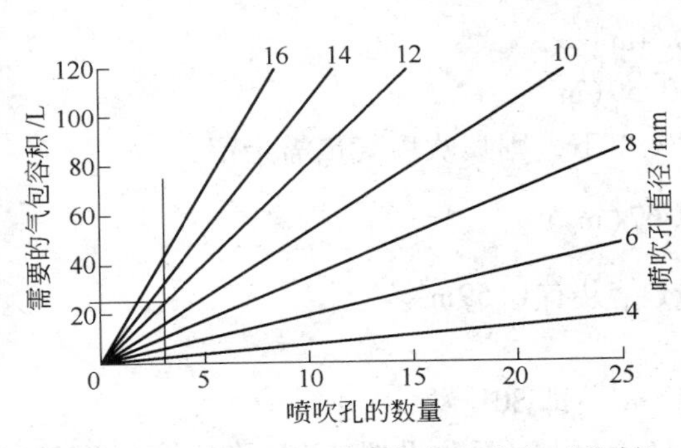

图5-111 用计算图表求得气包容积（公制）

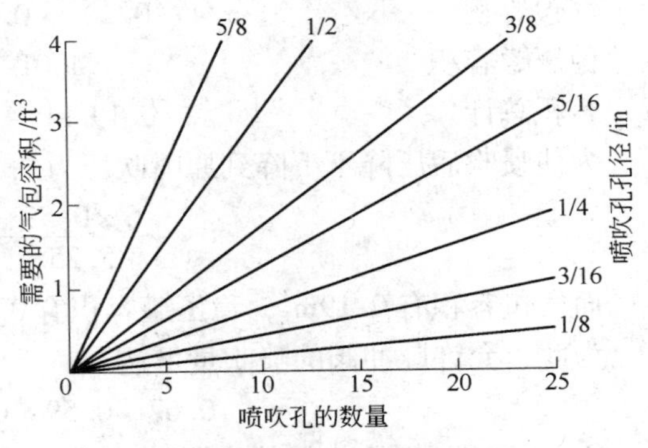

图5-112 用计算图表求得气包容积（英制）

图5-111、图5-112图解程序：按孔数划垂线与孔径相交后划水平线，即得气包容积。

此气包尺寸是按200ms喷吹清灰计，可通过减少喷吹次数来控制气流的耗气量。

设计时可自由确定气包压力，但需确保气流干燥。

d 气包容积的验算

气包必须有足够容量来满足喷吹气量，建议一般在脉冲喷吹后，气包内的压力降不超过原来储存压力的30%（即保持原喷吹压力的70%以上）为宜，最好能使压缩空气保持在原喷吹压力的85%以上。否则应在除尘器气包前增设一个稳压罐（即储气罐）。

当脉冲袋式除尘器的气包具有足够大的容积，能满足除尘器喷吹后压缩空气的压力保持在原喷吹压力的85%以上时，则除尘器的本体气包就是一个压缩空气的稳压罐。

否则，应在除尘器本体的气包前另外增设一个稳压罐（即储气罐），以满足除尘器喷吹后压缩空气的压力保持在原喷吹压力的85%以上。此时，应尽量把稳压罐（即储气罐）的位置靠近除尘器本体的气包安装，以防压缩空气在输送过程中经过细长管道而损耗压力。

稳压罐（即储气罐）大小的验算（图5-113）可按如下进行。

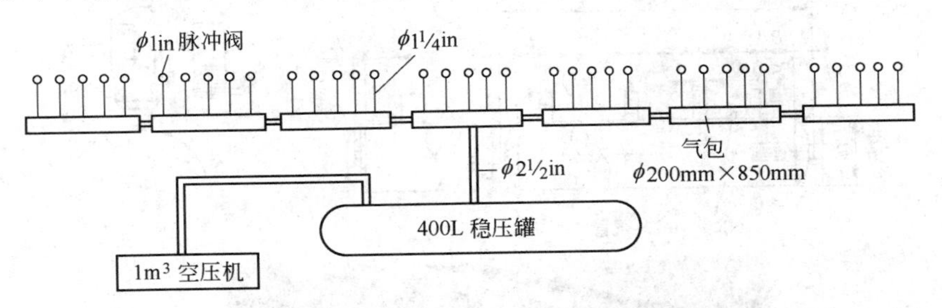

图5-113 400L稳压罐（即储气罐）的喷吹系统

【例】验算400L稳压罐（即储气罐）是否可以。

已知：脉冲阀　Goyenϕ1inSF脉冲阀

喷吹量　73.4L/次

脉冲宽度　0.15s/次

喷吹压力　$P=5$atu（6ata）

解：脉冲阀喷吹后压力下降至85%，即

$$5\times0.85+1=5.25\text{ata}$$

气包容积　　　　$\pi/4\ (0.2)^2 \times 0.85 \times 7 = 0.19(m^3)$

稳压罐容积　　　　$400L = 0.4m^3$

容积总计　　　　$0.19 + 0.4 = 0.59(m^3)$

为使喷吹后压降不下降到原喷吹压力的85%以下，则喷吹后气量需余留：

$$\frac{6 \times 0.59}{5.25} = 0.67(m^3)$$

而气包容积有0.19m^3，稳压罐容积有0.4m^3，共有0.59m^3。

为此，允许脉冲阀的喷吹量可达

$$0.67 - 0.59 = 0.08m^3，即80L$$

Goyenϕ1in SF脉冲阀的实际喷吹量为73.4L<80L，因此设置400L稳压罐（即储气罐）能使喷吹后压力保持不下降到原喷吹压力的85%以下。

E　气包的压力

气包承受的压力应大于脉冲阀的喷吹压力。

气包的设计压力如表5－24所示。

表5－24　气包的设计压力和水压试验压力　（MPa）

脉冲阀类型	低压脉冲阀	高压脉冲阀
设计压力	0.4	0.7
水压试验压力	0.52	0.91

F　气包的连接

气包的连接有丝扣连接的气包、无丝扣连接的气包、淹没式脉冲阀的气包。

a　丝扣连接的气包（DN5in、6in、8in、10in）（图5－114）

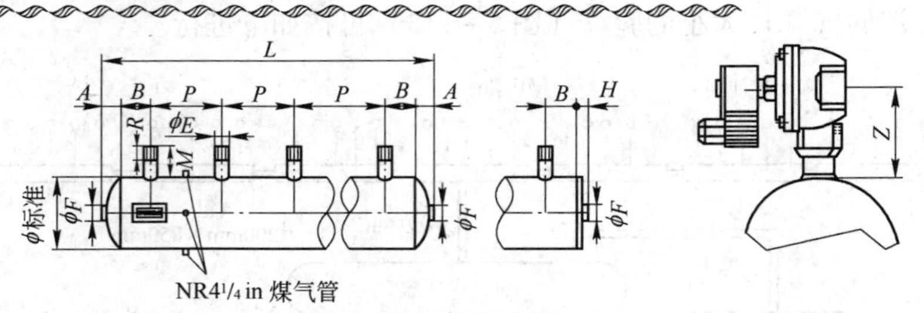

图5－114　丝扣连接的气包

$$L = P \times (N-1) + 2A + 2B$$

式中 P——间距，所有 Y 型阀安装最小间距如表 5－25 所示。

N——连接喷吹管数。

表 5－25 所有 Y 型阀安装最小间距

电磁脉冲阀/in	1	$1\frac{1}{2}$	2	$2\frac{1}{2}$	3
阀间最小安装中心距/mm	120	135	200	220	230

丝扣连接的气包尺寸如表 5－26 所示。

表 5－26 丝扣连接的气包尺寸

内径/in	外径/mm	ϕE BSP/in	A	B（最小）	ϕF BSP/in	H	M	Z	R
5	140	3/4	50	40	1	15	85	120	45
5	140	1	50	40	1	15	85	120	45
6	168.3	3/4	50	40	1	15	85	120	45
6	168.3	1	50	40	1	15	85	120	45
6	168.3	$1\frac{1}{2}$	50	40	1	15	85	136	45
8	219.1	1	70	40	$1\frac{1}{2}$	18	85	120	45
8	219.1	$1\frac{1}{2}$	70	40	$1\frac{1}{2}$	18	85	136	45
8	219.1	2	70	65	$1\frac{1}{2}$	18	85	150	45
10	273	$1\frac{1}{2}$	90	40	$1\frac{1}{2}$	18	85	136	45
10	273	2	90	65	$1\frac{1}{2}$	18	85	150	45
10	273	$2\frac{1}{2}$	90	65	$1\frac{1}{2}$	18	85	150	45

b 无丝扣连接的气包（图 5－115）

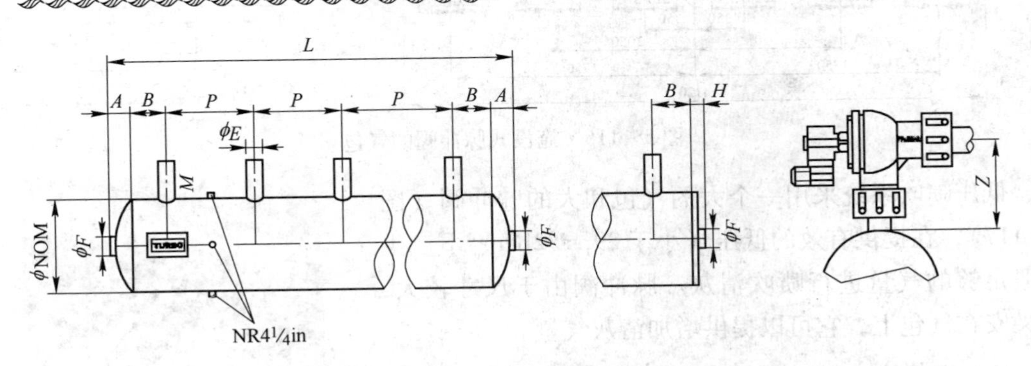

图 5－115 无丝扣连接的气包

无丝扣连接的气包尺寸如表 5－27 所示。

表 5-27 无丝扣连接的气包

内径 /in	外径 /mm	ϕE BSP/in	A	B（最小）	ϕF BSP/in	H	M	Z
5	140	3/4	50	40	1	15	75	125
5	140	1	50	40	1	15	85	133
6	168	3/4	50	40	1	15	75	125
6	168	1	50	40	1	15	85	133
6	168	1½	50	40	1	15	85	138
8	219	1	70	40	1½	18	85	133
8	219	1½	70	40	1½	18	85	138
10	273	1½	90	40	1½	18	85	133

c 淹没式脉冲阀的气包（图 5-116）

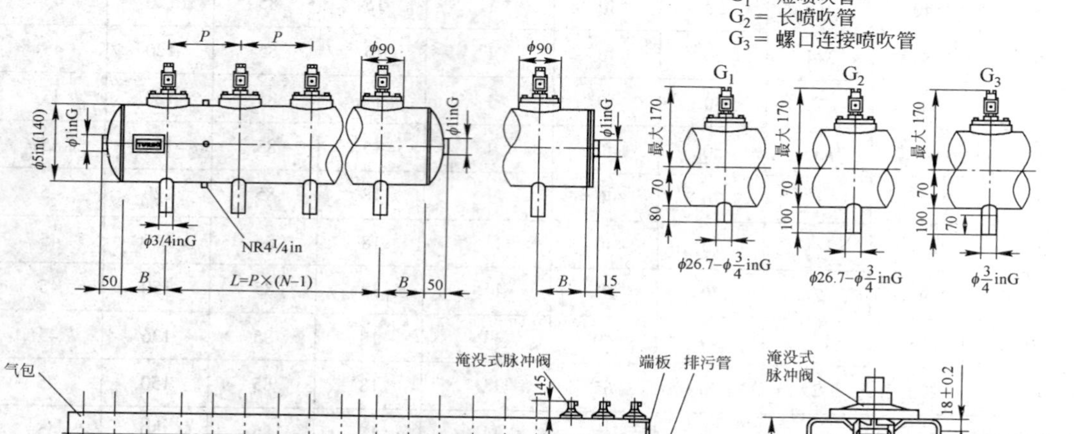

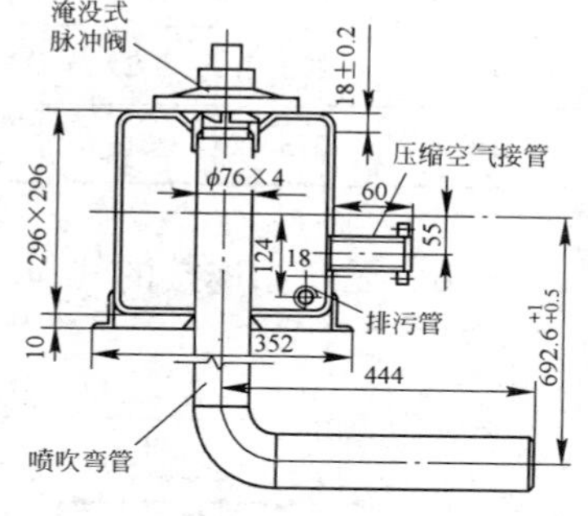

图 5-116 淹没式脉冲阀的气包

低压喷吹系统采用一个大的气包和大的脉冲阀（图 5-117），在提供有效的低压（小于 29psi/2bar）下产生一股足够的气量进行喷吹清灰。脉冲阀由于尺寸较大，交叉安在气包上，它可以提供增加清灰气量。

图 5-117 大脉冲阀交叉安在气包上

G 气包的支架

气包的支架（DN5in、6in、8in、10in）如图 5-118 所示。

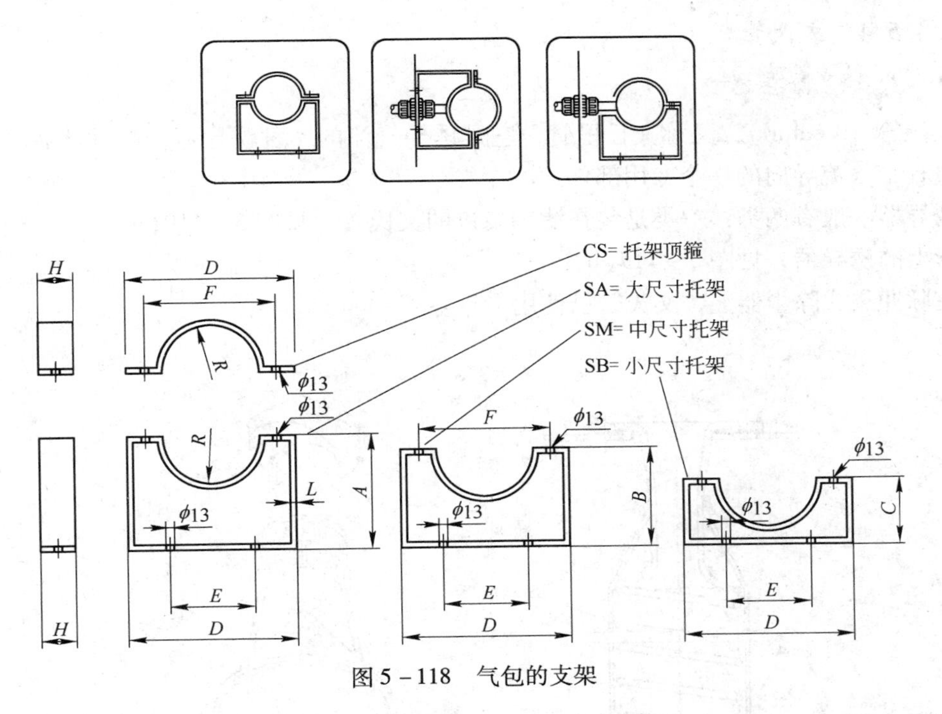

图 5-118 气包的支架

气包支架（DN5in、6in、8in、10in）的尺寸如表 5-28 所示。

表 5-28 气包支架的尺寸

型号	气包/in	A	B	C	D	E	F	H	L	R
CS5	5	—	—	—	264	—	200	50	6	70
CS6	6	—	—	—	292	—	230	50	6	84
CS8	8	—	—	—	348	—	284	50	8	110
CS10	10	—	—	—	424	—	350	50	8	136
SA5	5	180	—	—	264	150	200	50	6	70
SM5	5	—	160	—	264	150	200	50	6	70
SB5	5	—	—	95	264	150	200	50	6	70
SA6	6	200	—	—	292	150	230	50	6	84
SM6	6	—	170	—	292	150	230	50	6	84
SB6	6	—	—	109	292	150	230	50	6	84
SA8	8	270	—	—	348	200	284	50	8	110
SM8	8	—	210	—	348	200	284	50	8	110
SB8	8	—	—	134	348	200	284	50	8	110
SA10	10	273	—	—	424	250	350	50	8	136
SB10	10	—	161	—	424	250	350	50	8	136

5.4.5.4 文氏管

A 文氏管诱导器

文氏管（Venturi），又称文丘里管，它是诱导气流的一种诱导器，是脉冲袋式除尘器清灰过程中气流导向的一个专用部件。

诱导器一般有两类：一类是装在滤袋袋口的文氏管，见图 5－119(a)；另一类是装在喷吹管上的诱导器，见图 5－119(b)。

在脉冲袋式除尘器上，文氏管已使用多年。

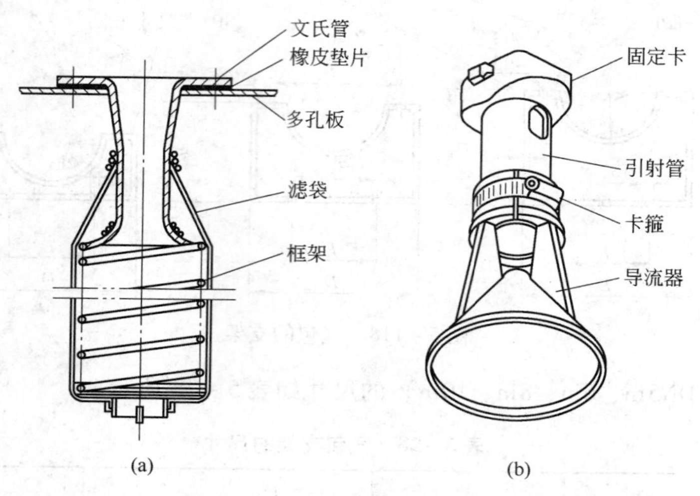

图 5－119 脉冲袋式除尘器上的诱导器外形
(a) 装在滤袋口的文氏管；(b) 装在喷吹管上的诱导器

安装文氏管后，气流经文氏管喉口的横向面积减少，流速加快，并迅速沿滤袋中心由上向下运动，使气流可以有效地将滤袋表面粉尘剥落。文氏管能大大提高脉冲喷吹强度与效果，降低了压缩空气的用量，节省了能源。

文氏管是脉冲喷吹除尘器内部的一个重要部件，它诱导周围的气流来增加压缩空气的喷吹气量。

文氏管能使压缩空气直接吹入滤袋中心，以减少喷吹口不适当引起的滤袋磨损和气流的骚乱，使滤袋能有所需的速度和气量进行有效地清灰。

B 文氏管的特征

(1) 安装文氏管后的引射量为6:1，不安装文氏管的引射量则为2:1。

(2) 文氏管可保持扩散气流的压力，从而提高30%滤袋的清灰效果。

(3) 增加文氏管后，可使滤袋长度增长，直径加大。

(4) 埋入式文氏管能使滤袋口以下200~400mm的滤袋无法过滤。

(5) 文氏管在除尘器反吹喷吹时有利于滤袋的清灰，也就是说在0.1s的喷吹清灰时是有利的；但是在滤袋过滤时，文氏管会增加除尘器的阻力，对除尘器是不利的（图 5－120）。

C 文氏管导流器的阻力

文氏管导流器的阻力一般为 50～150Pa，其气流量与阻力的关系如图 5－121 所示。

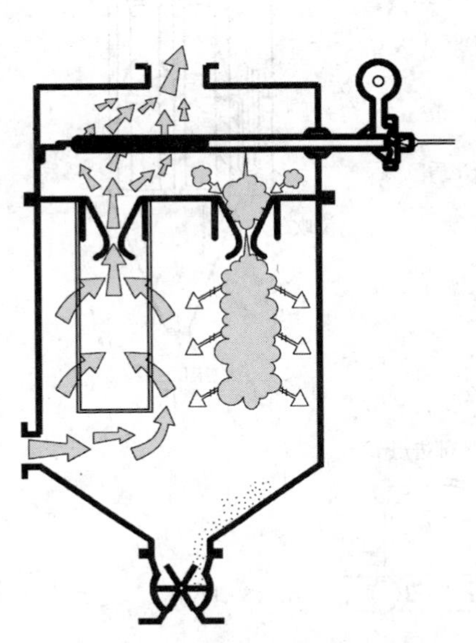

图 5－120 文氏管过滤和清灰时的利弊

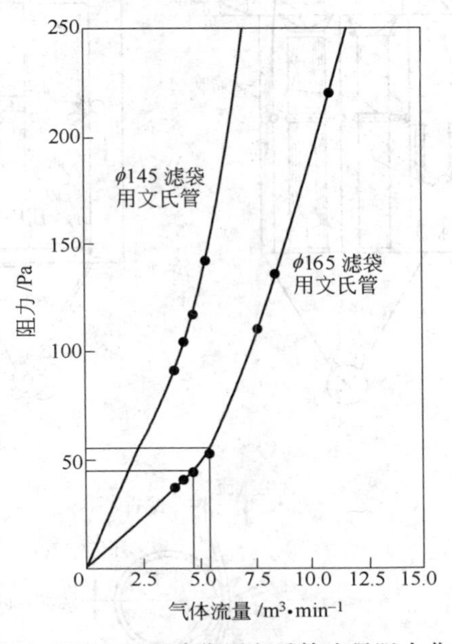

图 5－121 ϕ165 滤袋用文氏管流量阻力曲线

D 两级文氏管对脉冲喷吹的效果

有人认为，在文氏管上附加二级文氏管（图 5－122），可改善脉冲喷吹除尘器的特性。

实际上，由于喷吹的摩擦作用，二级文氏管会造成能量损失，实践表明，撤掉二级文氏管会使除尘器特性提高大约 10%。

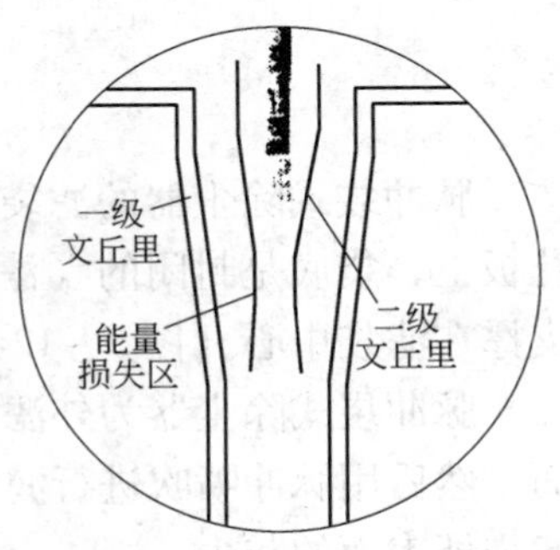

图 5－122 两级文丘里对脉冲喷吹的效果

5.4.6 脉冲袋式除尘器的品种

5.4.6.1 气环反吹式脉冲袋式除尘器

气环反吹式脉冲袋式除尘器是利用移动气环的反吹喷嘴进行在线喷吹清灰的一种袋式除尘器。

气环清灰式是在贴近每条滤袋上设有上下移动的反吹喷嘴，它不是靠将每条滤袋吸瘪来清灰，而是靠一个移动的气环装置，它的移动速度为 0.11m/s，每个环上有许多缝隙，缝隙宽度为 0.5mm，沿滤袋上下移动（图 5－123）的同时，从喷嘴中喷出高速（大约 30.50m/s）气流，气流喷射到滤袋外表，由外向内进行剥离滤袋内表面积聚的尘饼。

有些较老的袋式除尘器设计使用这种方法，但由于除尘器内安有大量活动部件，气环装置（电机、传动装置和气环与风机两者的转换）的费用和复杂性，限制了这种装置在空气污染控制中的适用性，因此没有很流行。

5.4.6.2 逐行喷吹式脉冲袋式除尘器

逐行喷吹脉冲袋式除尘器是最常用的清灰方法，美国目前大约有 40%～50% 的袋式除尘器采用脉冲喷吹清灰。

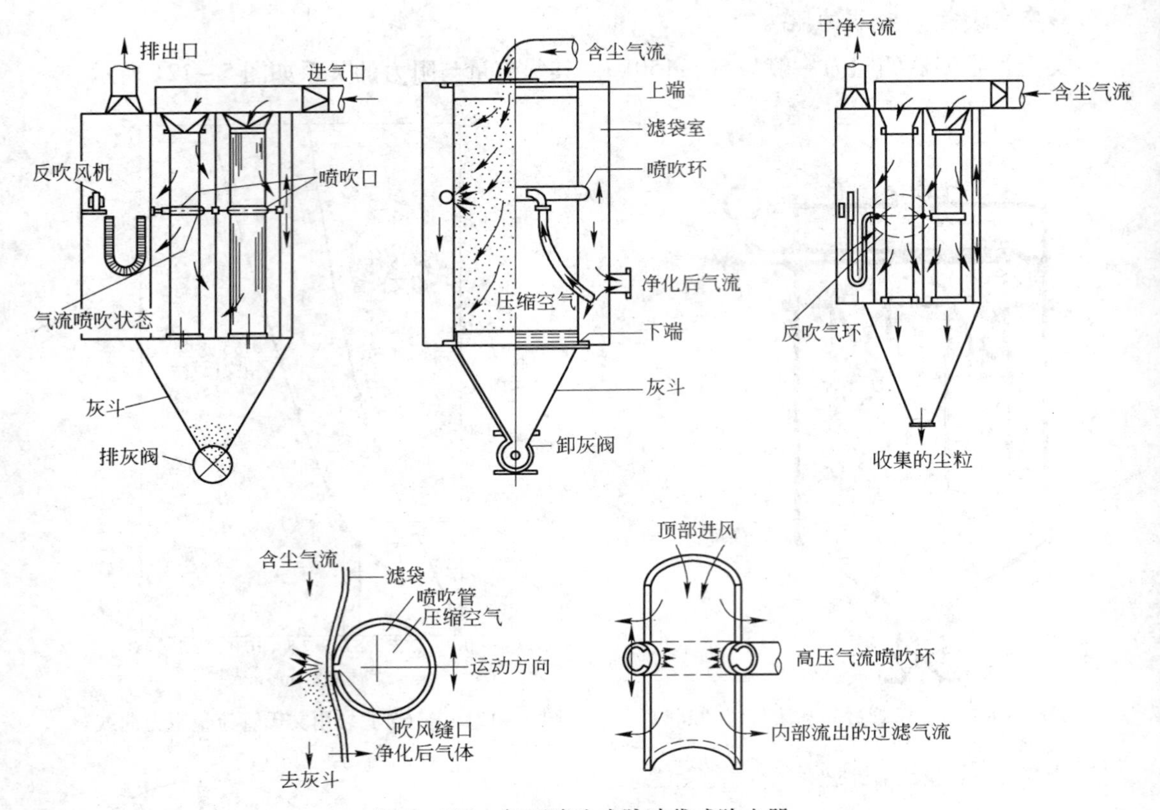

图 5－123　气环喷吹式脉冲袋式除尘器

脉冲袋式除尘器的滤袋袋口是敞口的，在滤袋的顶部袋口缝上弹簧圈，弹簧圈固定在花板上，袋底是封闭的（滤袋底部缝成封闭的），并用金属框架（袋笼）滑入滤袋内侧，支撑在滤袋中心（图 5－124）。

脉冲袋式除尘器为外滤式过滤，含尘气流通过滤袋外表面过滤，灰尘积聚在滤袋外表面，然后用脉冲喷吹进行滤袋的清灰，利用一个高压喷吹气流（压缩空气诱导喷吹）清除滤袋外表面的灰尘。

脉冲喷吹袋式除尘器滤袋直径为 ϕ120～160mm，长度通常为 3. 05～3. 66m，有时长到 6. 0m，最长可达 8. 0m。

逐行喷吹式脉冲袋式除尘器按顶盖的不同可设计为揭盖式和可进入式两种（图 5－125）。

5. 4. 6. 3　环隙喷吹脉冲袋式除尘器

A　环隙喷吹脉冲袋式除尘器的沿革

1979 年，武汉钢铁公司 07 工程冷轧厂引进联邦德国环隙喷吹脉冲袋式除尘器。

1979 年 10 月，冶金部武汉安全技术研究所、湖北省潜江县机械厂联合开发环隙喷吹脉冲袋式除尘器。

1979 年 6 月中旬，在上海耐火材料厂高铝粉除尘系统进行试验。

环隙喷吹脉冲袋式除尘器有负压、外滤、下（中）进风式。

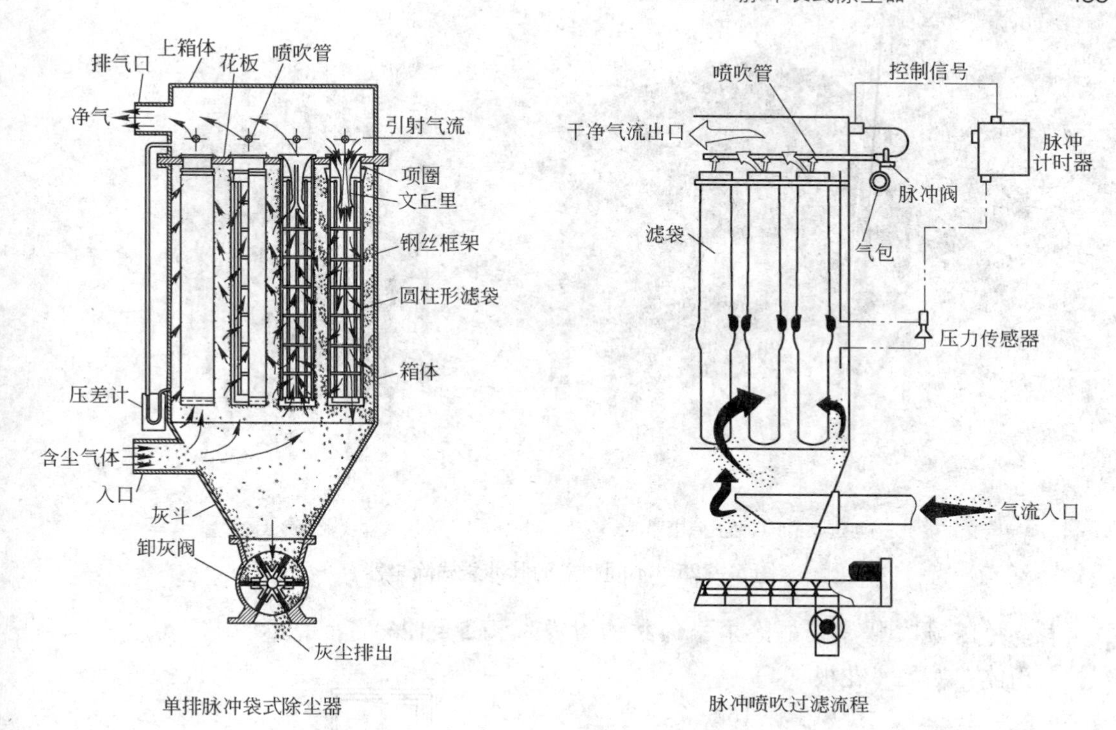

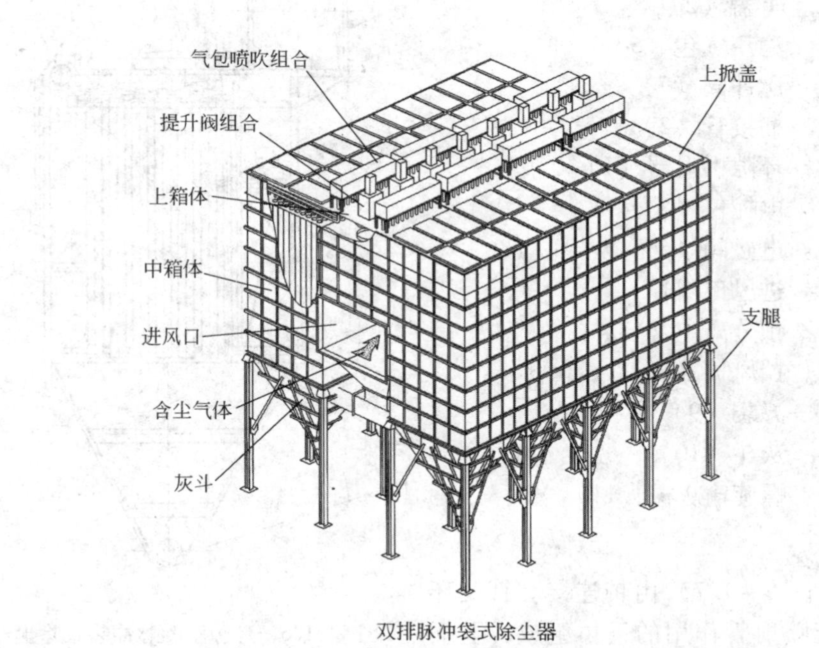

双排脉冲袋式除尘器

图 5-124 逐行喷吹式脉冲袋式除尘器

除尘器产品规格为：

单位过滤面积 19.6m^2/单元

单元数 1~11 单元

处理风量 7600~168000m^3/h

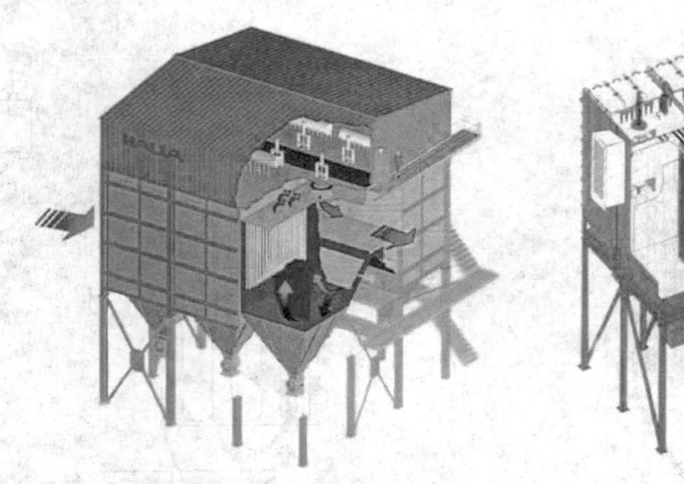

图 5－125　不同顶盖的脉冲袋式除尘器

B　环隙喷吹脉冲袋式除尘器的结构组成（图 5－126）

上箱体：花板（4）
排风管（16）
上盖（2）

喷吹装置：稳压气包（5）
脉冲阀（7）
插接管（3）
环隙引射器（1）
电控仪（8）
电磁阀（6）

中箱体：进风口（14）
预分离室（13）
挡风板（15）
滤袋（9）

下箱体：灰斗（10）
螺旋输灰机（11）

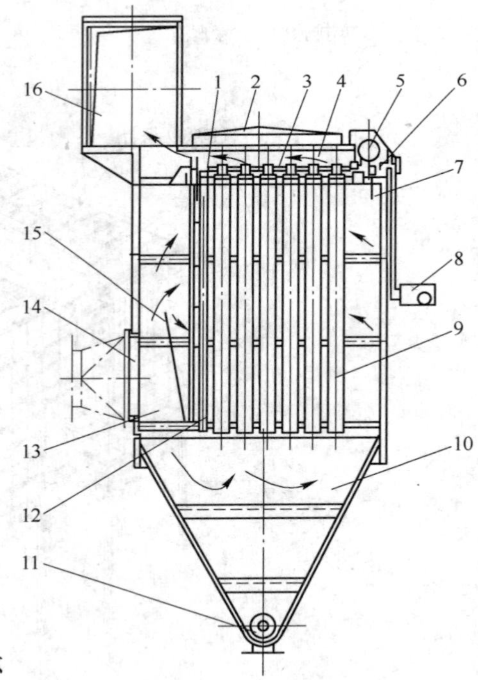

图 5－126　环隙喷吹脉冲袋式除尘器

a　环隙引射器

环隙引射器（图 5－127）由带连接套管及环形通道的上体和起喷射管作用的下体组成，上下体之间有一狭窄的环形缝隙。

除尘器滤袋清灰时，电控仪程序地发出信号开启各脉冲阀，压缩空气由稳压气包（5）经脉冲阀和插接管切向地进入引射器（1）的环形通道，并以声速由环形缝隙喷出诱导二次气流。

压缩空气和诱导的净气组成的冲击气流进入滤袋，产生瞬间的逆气流，并使滤袋急速膨胀，造成对滤袋的冲击、振动，使滤袋外表面的粉尘落入下箱体，经螺旋输灰机排出。

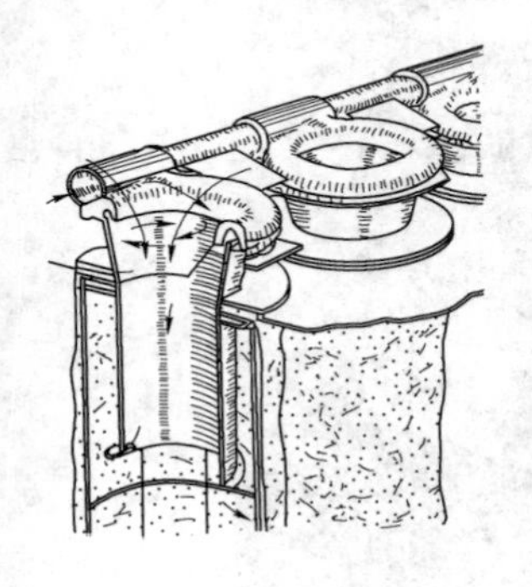

图 5－127 环隙引射器

文氏管与环隙引射器的引射比比较（图 5－128）如下：

文氏管	5 倍
环隙引射器	6.9 倍
武钢 1700 工程	7.8 倍（联邦德国引进）

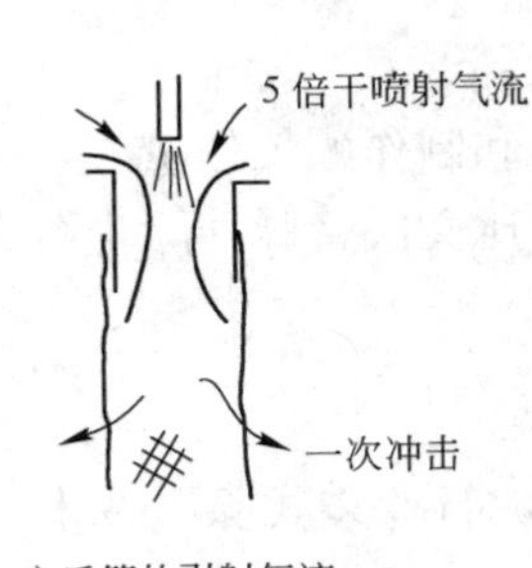

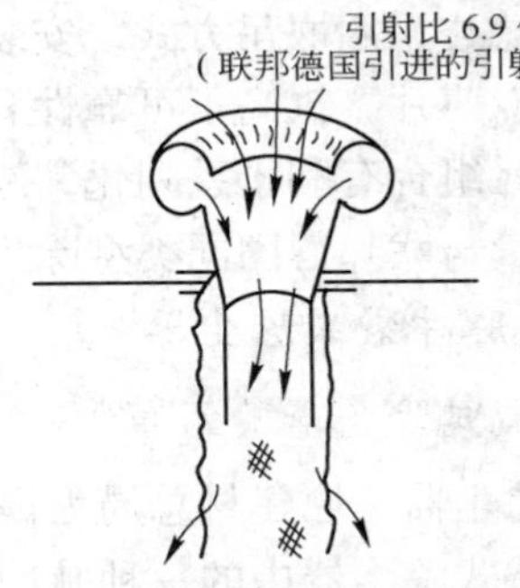

图 5－128 文氏管与环隙引射器的引射比比较

一般文氏管的阻力高达 12～109mmH_2O。环隙引射器由于没有文氏管缩口，减少了阻力，从而有可能加大滤袋的过滤速度。

喷吹压力	kg/cm^2	5.2～6.2		4.5～5.2		
过滤速度	m/min	5.3	4.2	5.0	4.2	3.3
入口浓度	g/Nm^3	<15	<20	<10	<15	<20
设备阻力	mmH_2O			<120		

b 滤袋

滤袋靠缝在其上口的钢圈悬吊在花板孔内，滤袋框架则与引射器嵌为一体放入滤袋，靠引射器将滤袋压在花板上，再用压条压紧（图 5－129）。换袋时，松开压条，抽出引射器及滤袋带笼，再将滤袋由花板孔投入下箱体，从灰斗检查孔取出。

滤袋规格	ϕ160mm×2250mm
滤袋布置	共 5 排，每排 7 条滤袋
滤袋数量	每个单元 35 袋

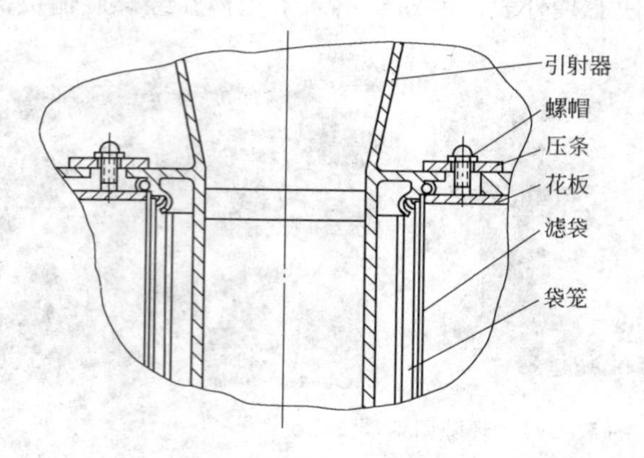

图 5－129　引射器与滤袋的装配

C　环隙喷吹脉冲袋式除尘器的特点

(1) 过滤风速比文氏管脉冲除尘器高。

(2) 喷吹装置采用快速拆卸的插接件，大大减少安装维修的工作量。

(3) 滤袋框架与滤袋采用嵌吊方式，安装方便。

(4) 脉冲阀采用双膜片，提高了可靠性和抗干扰性。

(5) 采用过滤单元组合有利于系列化，减轻了设计和制作的工作量。

(6) 压缩空气耗量与联邦德国同类型除尘器相近，比文氏管脉冲除尘器大 25%。

5.4.6.4　气箱式脉冲袋式除尘器

A　气箱式脉冲袋式除尘器的沿革

气箱式脉冲袋式除尘器是原建材总局为提高我国水泥行业袋式除尘技术，引进美国富乐公司的全套水泥厂袋式除尘器中的一种脉冲除尘器。

1987 年，引进美国富乐公司的全套水泥厂袋式除尘器。

1989 年，消化设计气箱式脉冲袋式除尘器。

1991 年，国产气箱式脉冲袋式除尘器系列产品开始批量生产。

1991 年 2 月，在邯郸水泥厂水泥磨上首先投入使用。

邯郸水泥厂 2 号水泥磨，ϕ3m × 14m，一级闭路磨。

原系统：水泥磨→旋风→电收尘器→风机

改造后：水泥磨→气箱式脉冲→风机

1991 年 2 月，邯郸水泥厂水泥磨除尘器改造竣工，一年半未破袋，测试结果为：

	入口浓度	出口浓度	η
1991 年 9 月 17 日	入口浓度123.7g/Nm^3，	出口浓度14.2g/Nm^3，	η = 99.98%
1991 年 9 月 17 日上午	106.4g/Nm^3，	8.5g/Nm^3，	99.99%
下午	106.4g/Nm^3，	10.0g/Nm^3，	99.99%

B　气箱式脉冲袋式除尘器（图 5－130）的主要性能参数

结构类型　　分室结构

品种规格　　32、64、96、128 袋/室 4 种品种，33 个规格

滤袋　　ϕ130mm × 2.45m，ϕ130mm × 3.06m 两种

压缩空气　　$\Delta P = 5\mathrm{kg/cm^2}$

喷吹时间　　0.1～0.2s 内喷入上箱体，延迟一段时间，每室喷吹一次 10～15s

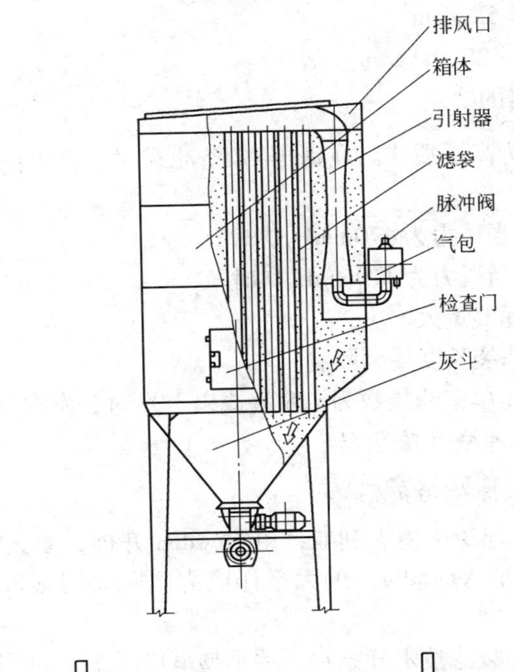

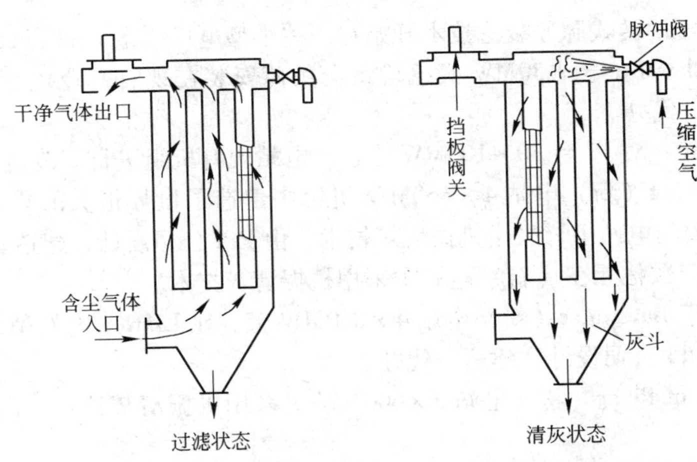

图 5-130　气箱式脉冲袋式除尘器

C　气箱式脉冲袋式除尘器的特点

a　气箱脉冲袋式除尘器的优点

(1) 分室停风喷吹清灰。

(2) 入口伸入灰斗，具有预除尘效果。

(3) 每个箱体一个 $\phi 2\frac{1}{2}$～3in 大脉冲阀，脉冲阀少。

(4) 上揭盖可不进入箱内换袋，袋口无文氏管和喷吹管，更换滤袋简便。

(5) 处理浓度高，对 O-Sepa 选粉机可处理含尘 $1000\mathrm{g/m^3}$ 的高浓度气体。

【例】入口浓度　　$C = 915\mathrm{g/m^3}$

出口浓度　　　　$C = 50\text{g/m}^3$

过滤速度　　　　$v_c = 1.15\text{m/min}$（离线喷吹时为 1.2m/min）

设备阻力　　　　$\Delta P = 5\text{kg/cm}^2$

（6）钢耗少，约为 25.3～20.11kg/m²。

b　气箱脉冲袋式除尘器的缺点

（1）气箱式脉冲除尘器为高压喷吹。在每排 12 条滤袋时，首末滤袋袋底的压力峰值之比为：

1:(1.93～2.20)　　　　当压力为 470mmH_2O 时

1:(4.94～13.49)　　　当压力为 110mmH_2O 时

（2）气箱式脉冲除尘器耗气量大。

（3）气箱式脉冲除尘器滤袋长度受到限制。

（4）单室滤袋数太多时（单室滤袋数为 128 袋或以上）时，室内气流分布不均。

5.4.6.5　低压回转式脉冲袋式除尘器

A　低压回转式脉冲袋式除尘器的沿革

低压回转式脉冲袋滤技术起源于澳大利亚，由 Howden 开创，澳大利亚新南威尔士公司（New South Wales（NSW），Australia）的太平洋电力国际公司（Pacific Power International，PPI）经办。

1960 年：低压回转式脉冲袋滤技术开始在一些小型电厂（老）进行试验。

1972 年：Tallawarra 电站 30MW 机组首台全负荷安装在现有商业运行设备上，由 PPI 公司设计、建造、代办。

1973～1976 年：对 12 台 30～100MW（老）电站现有机组进行了改造。

1978 年：Eraring（新）电站 4×660MW 机组中建造了世界最大的袋式除尘器，并首次安装在一座大型的电站上，采用机振清灰技术，由 PPI 公司设计、建造、代办。

1980 年：投资数亿元在（新）电站中采用机振清灰技术。

1982 年：用于 Bayswater（新）电站 4×660MW 上，比 Eraring 电站稍大些，仍采用机振清灰技术，由 PPI 公司设计、建造、代办。

1985 年：Mount Piper（新）电站 2×660MW 仍采用机振清灰技术，由 PPI 公司设计、建造、代办。

1985 年：PPI 公司和 EPRI 研究所合作提出了一份大型的试验调查报告，在结合电站的实际情况下，比较了大量不同的技术，证明脉冲袋滤技术是电站最佳的技术。

1988～1989 年：Munmorah（老）电站 2×350MW 是世界上最大的电站改造，在静电除尘器内部用脉冲袋式技术进行替代，由 PPI 公司设计、建造、代办。

1989～1993 年：Liddell（老）电站 4×500MW 是世界上最大的脉冲喷吹设备，也是对静电除尘器的改造，同样在静电除尘器内部用脉冲袋式技术来替代。由 PPI 公司设计、建造、代办。

1993 年：用于 Pennsylvania USA 2×500MW（老）电站，PPI 公司向 Major U.S. 保证，对两座大负荷机组推荐采用低压回转式脉冲袋滤器来替代。

1993 年：新西兰铝冶炼厂，PPI 公司对含铝烟气建议采用脉冲袋滤技术。

1993 年：上海杨树浦电厂410t（老）燃煤锅炉引进 Lurgi Howden 低压回转式脉冲袋滤技术。

1995 年：南非 Duvha 6×600MW 大型改造项目中，PPI 公司对难于接受的滤袋短寿命的难题，提出了建议。

1995 年：BHP 钢铁厂，Port Kembla Bolier25 号炉，PPI 公司对 pf.、COG、BFG 及油等气罐排出的废气的现有除尘器，提出了建议，并重新设计，其中包括改造滤袋、清灰系统及除尘器的大量其他部件。

1995 年：Durha（老）电站 6×600MW 采用低压回转式脉冲袋滤技术。

1999 年：Callide 电站 2×450MW，选用 PPI 公司的袋式除尘器，并进行设计、制作、安装。

2000 年：Tarong 北方电站 1×450MW 选用 PPI 公司的袋式除尘器，并进行设计、制作、安装。

2001 年 11 月：内蒙古呼和浩特丰泰电厂（新）2×200MW，PPI 公司承诺保证完成目前中国电站最大的袋式除尘器项目，其中包括袋式除尘器、锅炉的重新设计以及控制系统的适应性、加工制作的监督，以及代办，直至运行。

2005 年：丰泰发电公司赴澳大利亚考察，其情况如表 5－29 所示。

表 5－29　澳大利亚有关电厂考察情况汇总

电厂名称	Munmorah 电厂	Eraring 电厂	Liddell 电厂	Mt. Piper 电厂	Callide 电厂	Gladstone 电厂
机组容量	2×200MW	2×200MW	4×500MW	2×660MW	2×350 + 2×450MW	6×280MW
投产时间	1988/1989（电改布）	1981～1984	1991～1993（电改布）	1993～1994	2×450MW 正在安装	1994～1995（电改布）
烟气参数	120℃/480m³/s	120℃/1300m³/s	120℃/800m³/s	120℃/1300m³/s	120℃/528.4m³/s	120℃/454m³/s
清灰方式	低压/高压脉冲	机械振动	高压脉冲	机械振动	低压脉冲	低压脉冲
过滤风速	0.018/0.02m/s	0.0096m/s	0.02m/s	0.00886m/s	0.02m/s	0.02m/s
生产厂	Lurgi/ABB	Lurgi	ABB	Lurgi	Lurgi	Lurgi
滤袋材料	Acrylic	Acrylic	Acrylic/Ryton	Acrylic	Ryton	Acrylic
控制方式	定时定压	定时定压	定时定压	定时定压	定时定压	定时定压
保护方式	冷风、喷水，烟气＞150℃停机，烟道设安全门，高料位，EDS 监测				无冷风调温	无紧急喷水
滤袋规格	130mm×130mm×7.2m	165 mm×5.5mm	130mm×8m	165mm×5.5m	165mm×8m	165mm×8m
滤袋个数	8×1608/8×1140	40×1184	3×3100 + 2×2650	40×1312	8×1600	10×984
机组运行	3 号运行/4 号停用	3 台运行	3 台运行	1 台运行	2001 年投产	4 台运行
除尘效果	很好（几乎看不到烟）	很好（几乎看不到烟）	很好/4 号布袋已运行 36000h 略差	很好（几乎看不到烟）	2×350MW 机组电除尘器明显冒烟效果差	很好（几乎看不到烟）

续表 5－29

电厂名称	Munmorah 电厂	Eraring 电厂	Liddell 电厂	Mt. Piper 电厂	Callide 电厂	Gladstone 电厂
布袋寿命	30000～35000h	45000h	30000～35000h	45000h	未运行	运行至今未换袋
设备特点	体积小，维护工作量小	体积大，布袋寿命略长	体积小，维护量略小	体积大，布袋寿命略长	体积小，布袋拆装方便	体积小
问题	高压脉冲阀有损坏	调试中出现过高差压	高压脉冲阀有损坏	未发生大的异常		未发生大的异常
	布袋寿命晚期有氧化收缩，阻力增加，易破损情况					

B 低压回转式脉冲袋式除尘器的结构形式

a 除尘器的结构形式

低压回转式脉冲袋式除尘器采用外滤式，袋长 8m，为椭圆形（图 5－131）。

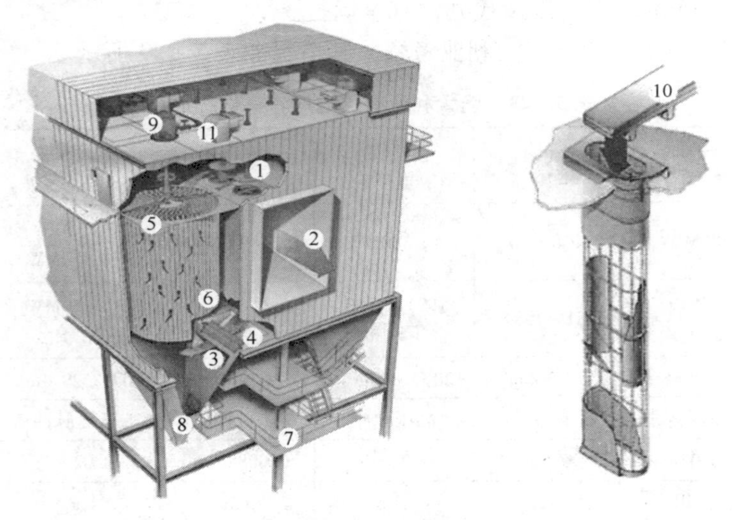

图 5－131 低压回转式脉冲袋式除尘器

1—提升式挡板门；2—净烟气管；3—原烟气入口；4—灰斗入口挡板门；5—花板；6—滤袋；7—检修平台；8—粉尘灰斗；9—膜片阀、驱动电机、压缩空气包；10—清灰空气喷吹管；11—通风室

除尘器（图 5－132）为单元式布置，每个单元的滤袋成圈状，共 1000 条滤袋，分 24 圈。采用低压（0.8kPa）空气通过回转喷吹臂喷嘴进行回转式喷吹清灰。

除尘器由上箱体、净气室（上箱体）、灰斗、滤袋装置、回转式喷吹清灰装置及除尘器的控制装置组成，控制装置采用压差自动反吹清灰，由 PLC 控制。

b 除尘器的上箱体（净气室）

除尘器花板以上的箱体称为上箱体又名净气室（图 5－133），高度在 3m 以上，外壳配有照明的密封的观察窗。

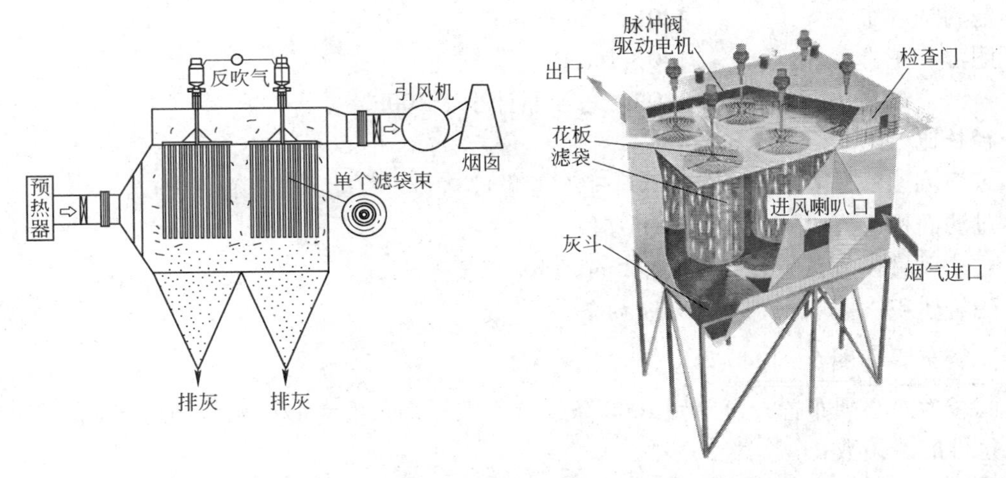

图 5-132 低压回转式脉冲袋式除尘器的结构示意图

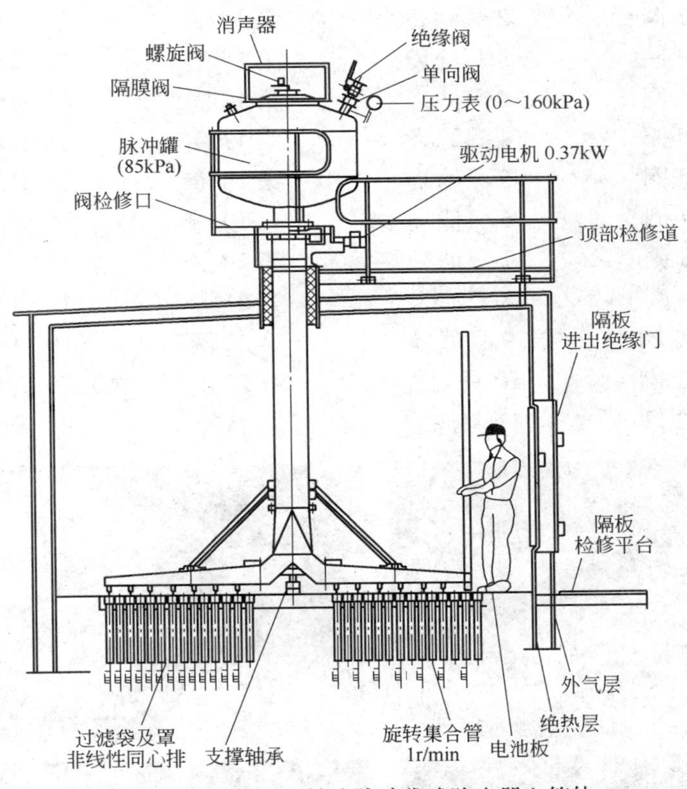

图 5-133 低压回转式脉冲袋式除尘器上箱体

c 滤袋

滤袋技术参数

椭圆袋规格	150mm × 60mm × 8000mm（等效直径 ϕ127mm，长 8.0mm）
供货商	德国 GUSHE 公司
滤料材质	PPS/PI，570g/m^2，δ = 4.8mm，0.32g/m^3

滤料透气量	120L/(dm^2 · min)
耐温：正常	140～160℃
最高	180℃（每年累计小于100h）
径长比	63
袋口流速	4.76m/s（气量1738000m^3/h，8000条滤袋）
过滤面积	3.2m^2/条
过滤风量：每条滤袋	172.25m^3/(h · 条)
滤袋体积	0.1m^3/条

滤袋布置（图5－134）

滤袋为同心圆布置，每单元1000条，分4堆（即每堆为1/4圆），形成24圈。每堆的滤袋数：

第1圈	1只滤袋	第13圈	11只滤袋
第2圈	2只滤袋	第14圈	12只滤袋
第3圈	3只滤袋	第15圈	13只滤袋
第4圈	4只滤袋	第16圈	14只滤袋
第5圈	4只滤袋	第17圈	15只滤袋
第6圈	5只滤袋	第18圈	16只滤袋
第7圈	6只滤袋	第19圈	17只滤袋
第8圈	7只滤袋	第20圈	18只滤袋
第9圈	8只滤袋	第21圈	18只滤袋
第10圈	9只滤袋	第22圈	19只滤袋
第11圈	10只滤袋	第23圈	20只滤袋
第12圈	11只滤袋	第24圈	21只滤袋

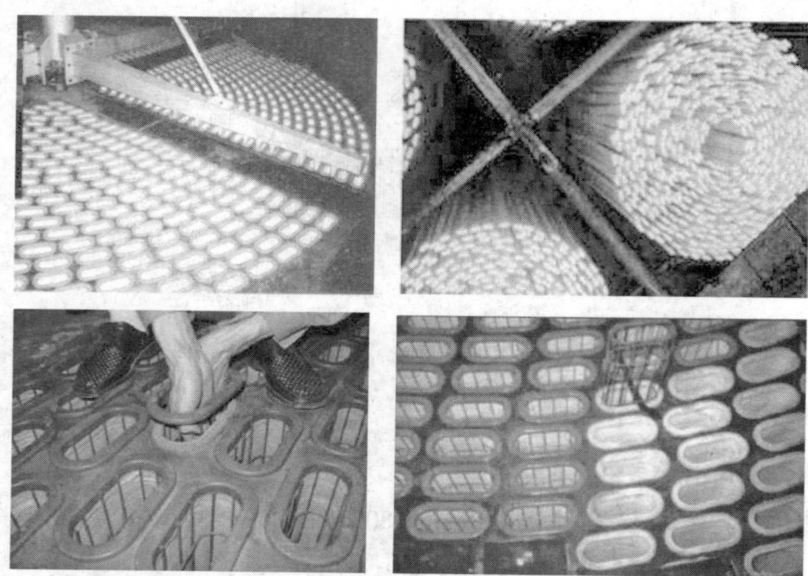

图5－134 低压回转式脉冲袋式除尘器滤袋布置

框架（袋笼）（图 5－135）

框架形式	椭圆形
椭圆袋笼规格	150mm×60mm×8000mm
袋笼节数	3 节
结构形式	承插式结构
袋笼竖筋根数	10 根
竖筋规格	ϕ4.2mm
水平圈规格	ϕ4.0mm
水平圈间距	100mm

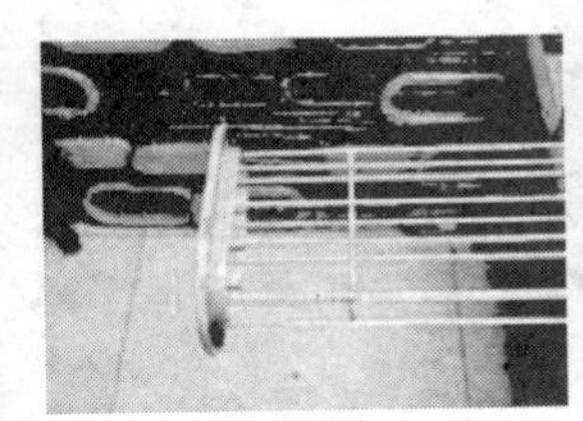

图 5－135 除尘器椭圆形框架（袋笼）

d 花板（图 5－136）

每单元花板上预留 56 个备用滤袋孔，即在 1000 孔中留有 5.6% 的扩容余量。

e 清灰装置

除尘器清灰装置由回转喷吹管、脉冲阀、气包及控制装置等组成，如图 5－137 所示。

回转喷吹管

除尘器共设内圈、中圈、外圈 3 根回转喷吹管（图 5－137），各喷吹管上的喷吹口分别为：

内圈：只在 1 根喷吹管上设有喷吹口

中圈：只在 2 根喷吹管上设有喷吹口

外圈：在 3 根喷吹管上都设有喷吹口

旋臂吹扫的最大滤袋束直径为 ϕ7200mm；喷吹管数量 3 根；喷吹管上喷吹口数 13 个；喷吹管旋转速度 1 圈/min。

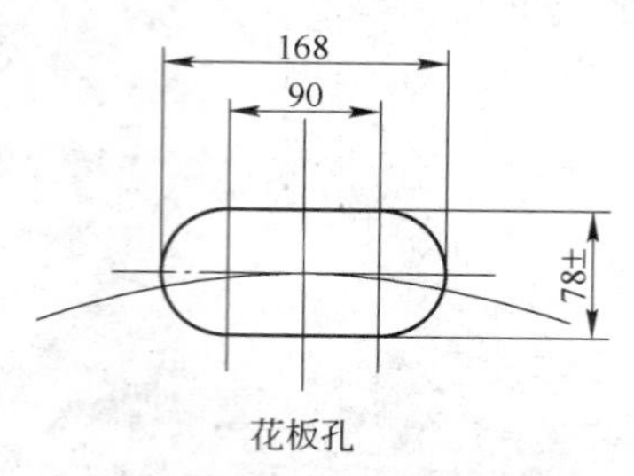

花板孔

图 5-136 除尘器的花板

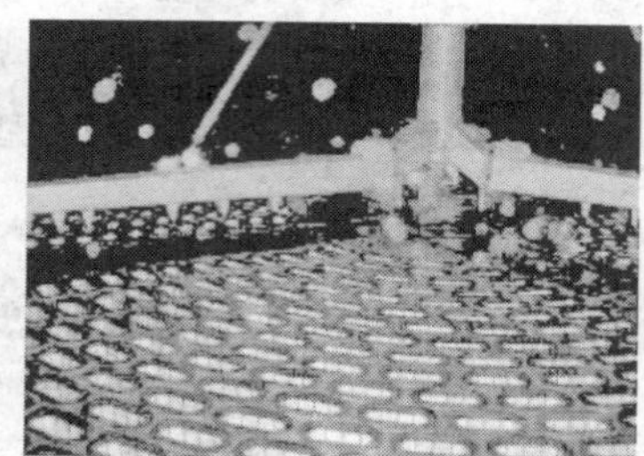
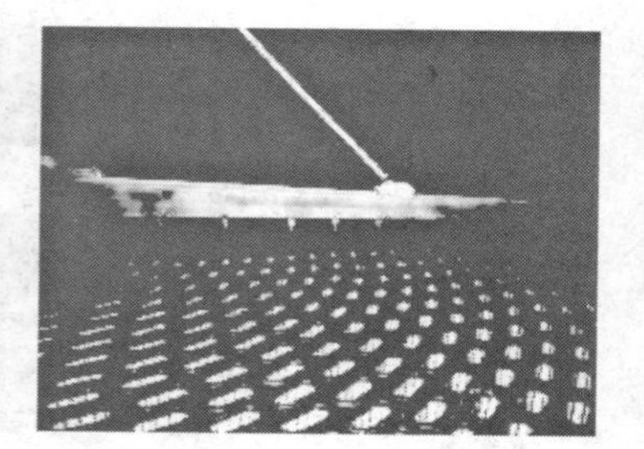

图 5-137 除尘器的回转喷吹管

脉冲阀（图 5-138）

除尘器脉冲阀为 12in 淹没式脉冲阀（图 5-138），脉冲阀由螺式风机供气，压力为 0.85kg/cm^2。

规格　　　　　　ϕ150～350mm（ϕ6～12in）

带动的滤袋圈数　　最多 28 圈

吹扫的布袋数量　　最多 1400 条（8m 长滤袋）

气包（图 5-139）

气包容积　　　　1.0m^3

供气压力　　0.85kg/cm²
喷后下降到　　0kg/cm²

图 5-138　12in 淹没式脉冲阀

图 5-139　气包

气泵

气泵型式　　罗茨风机
气泵容积　　$36m^3/min$
供气压力　　0.85kg/cm²

f　控制装置

(1) 采用 PLC 控制装置。

(2) 采用压差清灰。

(3) 采用慢、中、快三种清灰模式（表 5-30），由 PLC 自动调节。当粉尘负荷大时自动启动慢模式；在滤袋运行初期阻力较低时，自动启动慢模式，当滤袋运行后期阻力升高时，自动启动快模式，并由根据实际情况调试好的预编程序自动运行。

表 5-30　不同清灰模式的参数整定值

清灰模式	差压整定值 ΔP/kPa	脉冲宽度/ms	脉冲间隔/s
停止清灰	<0.7	200	
缓慢清灰	$0.7<\Delta P<0.9$	200	50
中速清灰	$1.0<\Delta P<1.4$	200	5
快速清灰	$\Delta P>1.5$	200	3

C 低压回转式脉冲袋式除尘器的技术特点

（1）同心圆方式布置椭圆袋袋束。

1）每个滤袋束最多1156条，$L=8\text{m}$，最大过滤面积3700m²。

2）滤袋采用弹性圈和密封垫与花板固定。

3）滤袋内有扁圆形袋笼，分三节安装。

4）扁袋使用回转喷吹口，有更大几率对准袋口。

（2）采用扩散器加侧向进气方式。

1）气流均匀，设备阻力低。

2）防止下进风气流与粉尘下沉的矛盾，提高清灰效果。

3）结构紧凑，减少占地面积，降低一次投资。

4）箱体进口流速不大于1.4m/s，有利于粗颗粒粉尘的预分离，并保证气流的均流。

5）流速低，避免气流对滤袋的冲刷，延长滤袋寿命。

（3）采用在线脉冲清灰。

1）在线清灰结构简单、控制方便、机械阻力小、系统阻力变化小。

2）考虑到锅炉烟尘浓度低以及易清灰的特点，故采用在线清灰。

（4）宽大的上箱体。

1）上箱体高大（3m高），回转臂的灵活，有于滤袋的更换。

2）上箱体仅一个检修门，有利于减少漏风率。

3）由于上箱体宽大，使净器室风速较低，有利于袋束气流分布和降低设备运行阻力。

4）袋室上箱体配有照明的密封观察窗。

（5）独特的清灰控制模式。

1）差压控制。

2）采用慢、中、快三种清灰模式。

D 低压回转式脉冲袋式除尘器的技术参数

机组容量	200MW
烟气量	1738000m³/h
烟气温度	140～170℃
烟气浓度：入口	25～30g/Nm³
出口	50mg/Nm³
总过滤面积	25600m²
全过滤风速	1.13m/min
设备阻力（设计）	2100Pa（压差信号0～3000Pa，一般700～1500Pa）
除尘器耐压（设计）	+5000Pa，－6000Pa
室数	4室
单元数	8单元
总滤袋数	8000条（1000条/单元，其中备用滤袋孔112个/单元）
清灰压力	82/84kPa
漏风率	≤1.5%
除尘器进出口尺寸	3000mm×2500mm

除尘器总重　　　　560t

E 国内外机械回转袋式除尘器的动态

美国 Carter – Day 公司的 RF（图 5 – 140）、Pneumafil 公司的（图 5 – 141）机械回转袋式除尘器、日本 Kurimoto 型（图 5 – 142）机械回转袋式除尘器和我国在 1975 年根据日本的专利由原机械电子工业部与上海机修总厂合作研制成的 ZC 型机械回转袋式除尘器（图 5 – 143）都属此类型的除尘器。

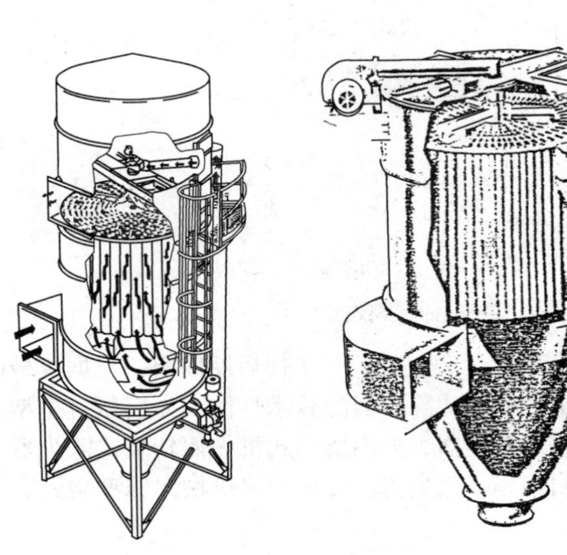

图 5 – 140　美国 Carter – Day 公司 RF 型机械回转袋式除尘器

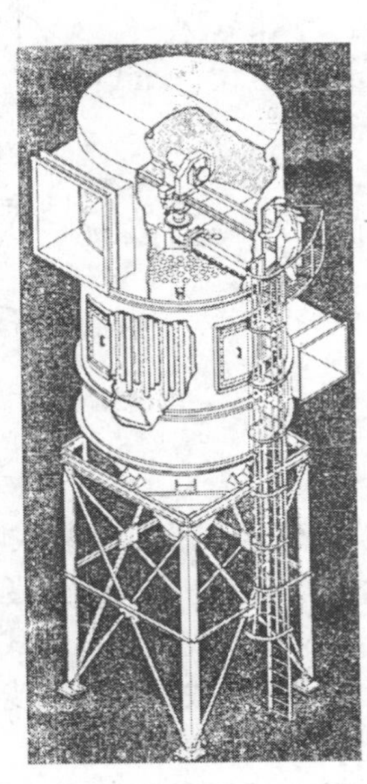

图 5 – 141　美国 Pneumafil 公司的机械回转袋式除尘器

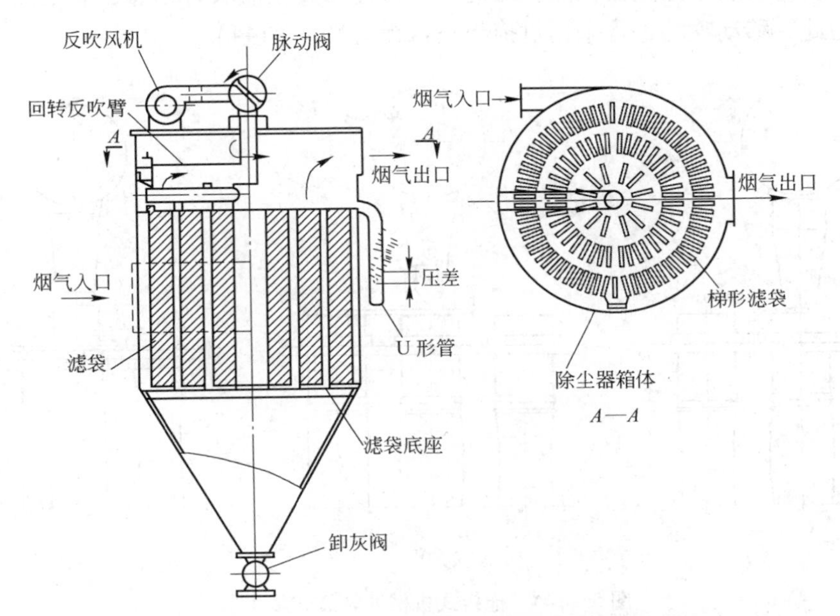

图 5 – 142　日本 Kurimoto 型机械回转袋式除尘器

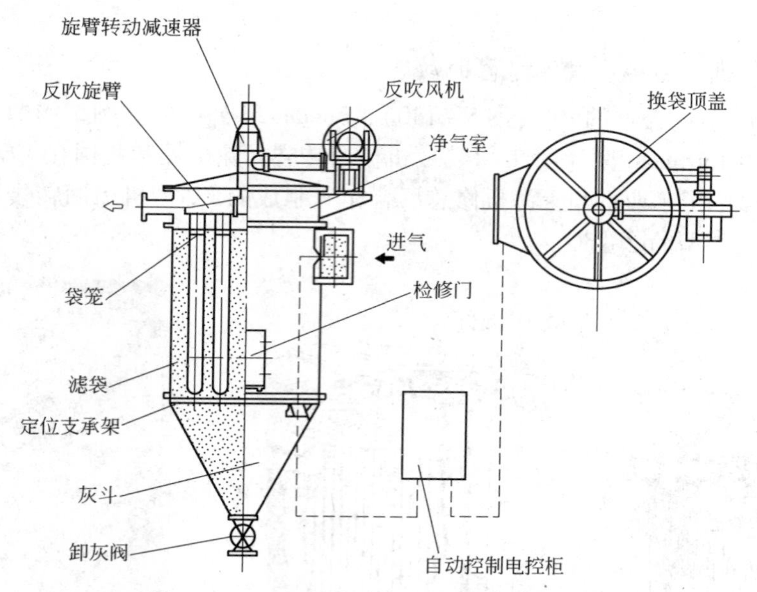

图 5－143 我国 ZC 型机械回转袋式除尘器

我国 ZC 型机械回转袋式除尘器在 1975 年至 20 世纪 90 年代后期期间，根据机械回转袋式除尘器应用中存在的问题，为改善机械回转式除尘器的技术性能，先后做过 I 型、Ⅱ型、Ⅲ型及以下改进：拖板式机械回转袋式除尘器、分圈反吹式机械回转袋式除尘器、脉动式机械回转袋式除尘器、步进式机械回转袋式除尘器……甚至将机械回转型袋式除尘器改为脉冲袋式除尘器。

a 拖板式机械回转袋式除尘器

由于机械回转袋式除尘器只能在线清灰，致使滤袋在清灰时相邻滤袋之间会产生灰尘再吸附。为此，移动喷嘴上曾采用过拖板式盖板（图 5－144）。

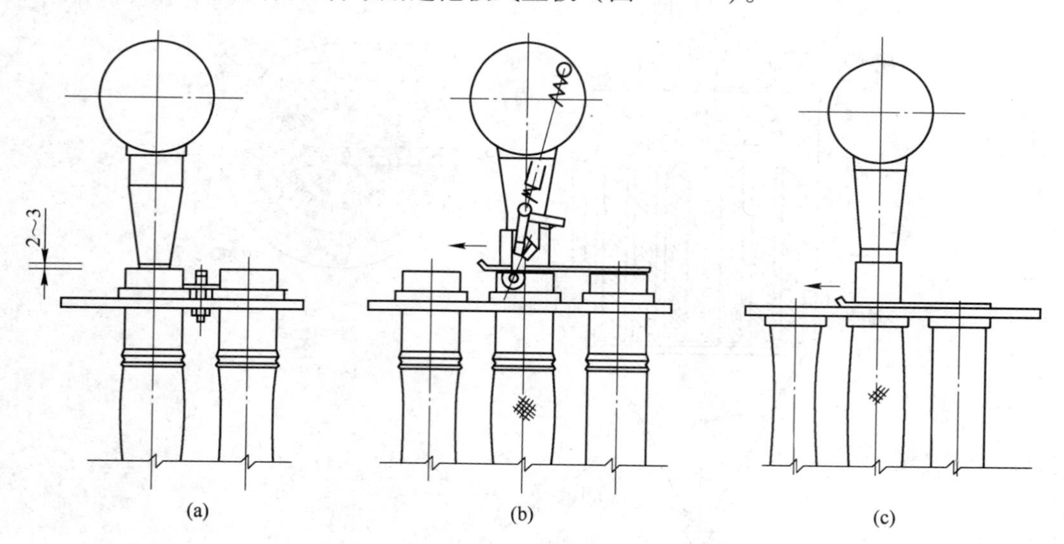

图 5－144 拖板式机械回转袋式除尘器

（a）对口喷嘴（ZC 型）；（b）跌落板喷嘴（美国 RJ 系列，LDB 型）；（c）滑套密封喷嘴（LMF，ZC－Ⅱ型）

开始时，拖板式盖板采用盖住左右 2 个滤袋的盖板（图 5－144(c) 所示的图形是表示盖住右边 1 个滤袋)，使中间滤袋在反吹清灰时左右 2 个滤袋都能被盖住，使左右 2 个滤袋停止过滤，以解决粉尘的再吸附。但后来发现盖住左右 2 个滤袋的盖板太重，使移动回转喷嘴臂旋转费劲，不理想，结果改为只盖住后面（右边）的滤袋的拖板式盖板，如图 5－144(c) 所示的图形。

b 分圈反吹式机械回转袋式除尘器

机械回转袋式除尘器一般都在每圈设有喷嘴，回转臂旋转时每一圈都有一个滤袋在清灰，为此反吹风机功率较大，为了减少反吹风机装机功率，出现了多种分圈反吹机构。

国内的分圈反吹式机械回转袋式除尘器是吸收日本 Kurimoto 系列机械回转袋式除尘器的长处，采用一级拨轮，切换设在喷嘴内的转鼓形阀门，实现分圈反吹清灰，对 1～3 圈规格的袋滤器，采用单臂分圈切换形式，同时有两个滤袋处于反吹清灰；对 4～5 圈规格的袋滤器，采用双臂分圈切换形式，使每条臂只有一个滤袋处于反吹清灰。对大规格袋滤器采用双喷嘴反吹方式，虽然要加大反吹风机装机功率，但可缩短一次清灰时间，实际能耗并不增加。

c 脉动式机械回转袋式除尘器

脉动式机械回转袋式除尘器是利用反吹风机的气流通过脉动阀经反吹风口吹入滤袋，使滤袋产生振幅微小的抖动，抖落滤袋外表面的粉尘的一种机械回转袋式除尘器（图 5－145）。

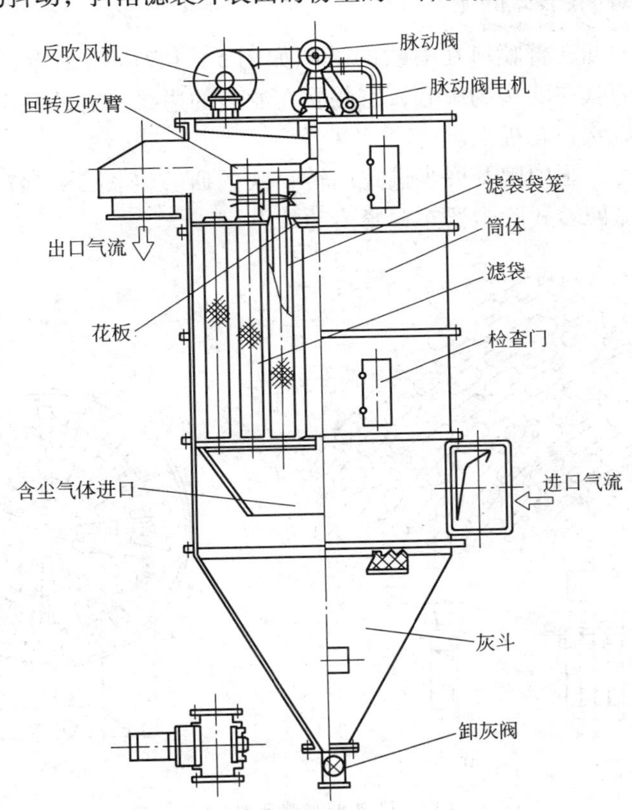

图 5－145 脉动式机械回转袋式除尘器

日本 Kurimoto 系列开始采用两态半波脉动装置，脉动阀转速 500～750r/min，脉动频率 1000～1500Hz，后又推出三态全波脉动装置。我国 LFM 系列仿日本 Kurimoto 系列设计配有三态全波脉动装置（图5－146(a)）。DF 系列采用两态半波脉动装置（图5－146(b)）。

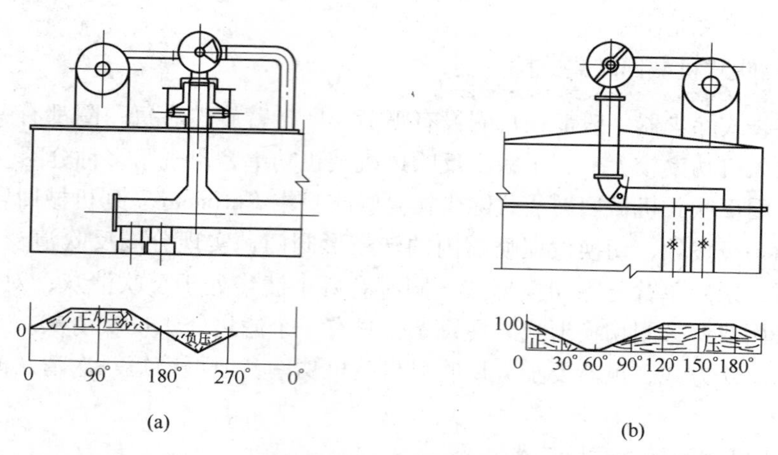

图 5－146 脉动式的脉动装置及压力波形
（a）LFM 系列三态全波脉动装置；（b）DF 系列两态半波脉动装置

d 步进式机械回转袋式除尘器

回转式除尘器的回转臂喷口在喷吹的瞬间如图 5－147(a) 所示，回转臂上的喷口对着若干圈滤袋，有的吹在滤袋的中心，有的吹在滤袋的边缘，有的甚至吹在花板上，每次喷吹总有一部分气流吹在花板上。

为解决上述问题，国内曾开展步进式回转喷吹的研究（图 5－147(b)），但从图中可见，由此失去了机械回转式除尘器布置紧凑的特点。

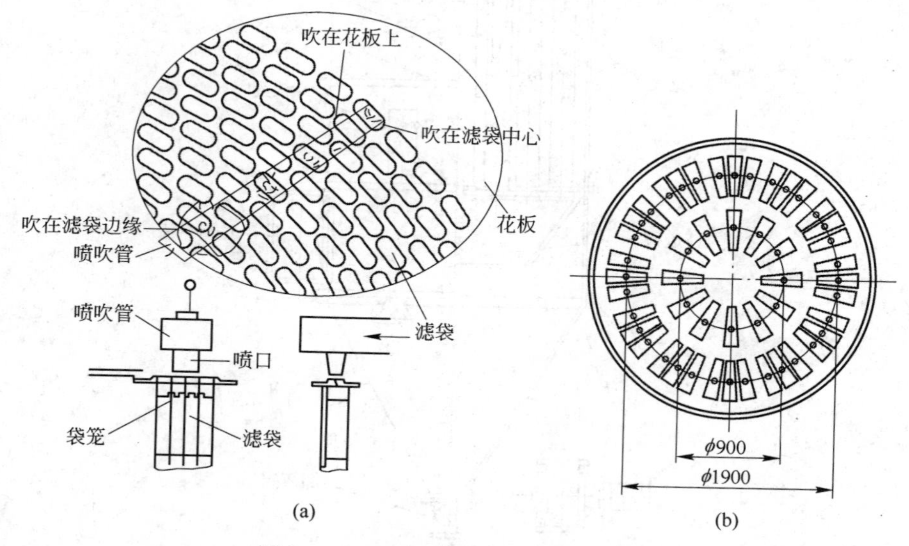

图 5－147 回转臂喷嘴无法对准袋口
（a）回转式回转喷吹；（b）步进式回转喷吹

5.4.6.6 其他类型

（1）侧喷脉冲袋式除尘器。

（2）顺喷脉冲袋式除尘器。

（3）对喷脉冲袋式除尘器。

（4）双层喷吹脉冲袋式除尘器。

（5）回转喷吹脉冲袋式除尘器。

（6）滤筒脉冲喷吹袋式除尘器。

……

5.5 复合式清灰袋式除尘器

复合式清灰袋式除尘器是以袋式除尘器（反吹风式、脉冲喷吹式）为基础，并与其他清灰形式（重力式、旋风式、振动式、声波喇叭式、静电式等）组合起来为滤袋清灰的除尘器，如振动/反吹风袋式除尘器、声波喇叭/反吹风（脉冲喷吹）袋式除尘器、电袋除尘器等，通称为复合式清灰袋式除尘器。

5.5.1 振动/反吹风袋式除尘器

振动/反吹风袋式除尘器（图5－148）中的滤袋，与反吹风袋式除尘器滤袋的悬吊一样，袋底箍在焊在花板上的短管上，顶部用J形吊钩和弹簧系在支撑梁上，支撑梁设计成能振动的。振动/反吹风袋式除尘器中滤袋的振动是由活动推杆连接到支撑梁上，并用一台电机和曲柄系统驱动。

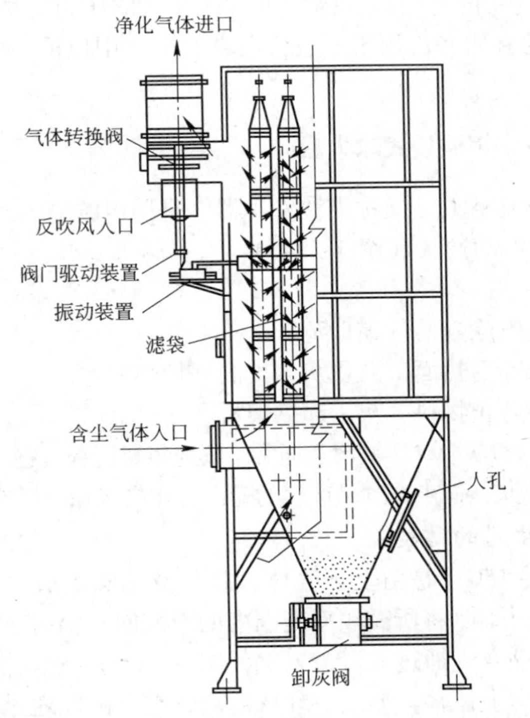

图5－148 采用滤袋中部振动的振动/反吹风袋式除尘器

振动/反吹风袋式除尘器中，滤袋没有防瘪环，通常是200mm直径，6.1～6.7m长，或300mm直径，9.1～10.7m长。

当除尘系统开始清灰时，滤袋利用少量反吹风量将其吸瘪下去，这种反吹气流在滤袋振动之前就停止。

除尘器的滤袋可以在滤袋顶部或滤袋中部振动，振动不是很激烈的，振动的延续时间大约10～15s，但根据需要也可用更长时间进行振动。

这种技术已用在大量燃煤锅炉中，帮助从袋式除尘器的滤袋上清除尘饼，利用振动/反吹风清灰袋式除尘器比单独利用反吹风清灰的压力降要低，它比反吹风清灰袋式除尘器能力大，但滤布损伤也大，一般不适用于玻璃纤维滤布。

由Piulle和Carr研究的最佳抖动/吸瘪清灰报告中认为，抖动/吸瘪清灰在尘饼剥落和降低压力降（Drag）方面比反吹风/声波清灰更有效。因此，抖动/吸瘪清灰设备的*G/C*比（2.5～3.0acfm/ft^{2}或1.3～3.0cm/s）能比反吹风/声波清灰运行的*G/C*比（1.6～2.0acfm/ft^{2}或0.8～1.0cm/s）更高，这就能节约基本投资和运行费用。

5.5.2 脉冲/反吹风袋式除尘器

据美国1989年《Fabric Filter－Baghouses》一书第11章报道，Applewhite提出了另外一种脉冲袋式除尘器离线清灰方法，即脉冲/反吹风组合袋式除尘器，这种除尘器的概念不同于纯脉冲的离线清灰。

脉冲/反吹风袋式除尘器是将除尘器的一个小室用阀门关闭，对该室进行常规的连续脉冲，此时室内压力较低，因此对滤袋的损伤小。脉冲后立即进行反吹风冲洗。组合的脉冲/反吹风清洗能增加清灰的有效性，因此可以在较大的压力降情况下，使设备运行在较高的*G/C*比。这种方法在它考虑用于一般公用事业工业中以前，已广泛用于燃煤锅炉上，并取得成功的经验。

5.5.3 反吹风（振动）/声波袋式除尘器

声波清灰器（即声波喇叭）又称声波发生器，是用声波喇叭产生低频率声波以引起滤袋的振荡，完善滤袋的振动清灰（图5－149）。

声波发生器主要用于：

（1）袋式除尘器、电除尘器的辅助清灰。

（2）锅炉清灰，清除受热面上的积灰，提高锅炉热效率。

（3）料仓、灰斗中防止物料、灰尘起拱架桥。

在袋式除尘器的辅助清灰中，声波清灰通常与其他袋滤清灰装置（振动、反吹风）一起使用，以帮助对脏滤袋的清灰，而声波喇叭产生的噪声，在袋式除尘器外面只能有一点觉察。

5.5.3.1 声波发生器的结构

声波发生器（图5－150）是由上下壳体、膜片及喇叭组成。压缩空气在下壳体呈激发力，使膜片振动，通过喇叭将所需频率范围内的声波向外辐射。

声波发生器中，压缩空气通过入口进入空气腔（气室）内，当腔内的压力达到一定程度时，使金属膜片产生向上位移，形成一环形缝隙，空气由此通过喇叭管冲出，完成一次脉冲。由于压缩空气连续进入腔内，因而连续多次完成上述过程。

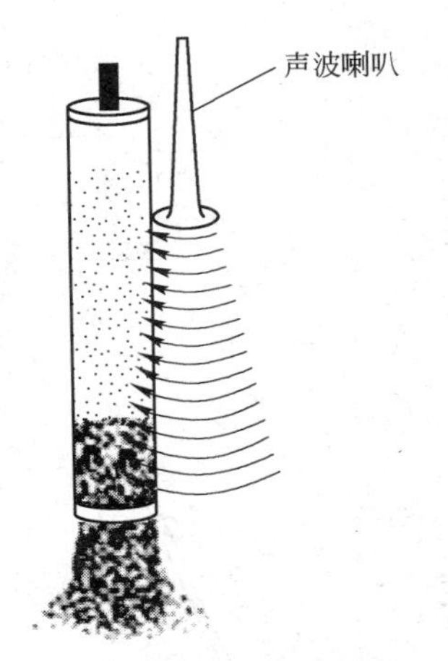

图 5-149 声波振荡

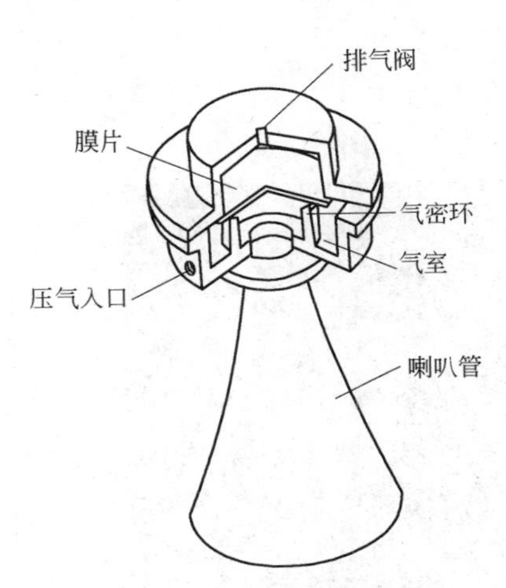

图 5-150 声波发生器的结构

声波发生器发出的声波，使空气中的压力发生变化，声波清灰的效果就取决于滤袋对这种变化的反应。当声波到达滤袋表面时，由于空气压力的振动，产生的压力引起滤袋以与声波相同的频率振动；当声压级达到足够高时，由于滤袋的振动，使滤袋表面的尘饼被破坏而脱落，这种作用与反吹风结合，可以防止形成特别厚的尘饼，从而大大改善清灰效果。

影响声波清灰的因素有压气压力、空气腔的大小、压气入口大小、膜片的材质、厚度和质量及喇叭管的形状与长度等。

袋式除尘器中，在反吹风清灰的同时，采用高能低频的声波清灰器可以有效地将滤袋上积存的尘块清除下来，并可防止剩余的粉尘层过厚，从而降低除尘阻力。

由于声波清灰器装在除尘器内部，同时又是间歇工作，每次工作时间很短，因此所产生的声音并不会引起特别的问题，通常人们不会特别感觉到除尘器内的声波清灰器的声音。

典型的声波喇叭（图 5-151）一般以四个喇叭为一组，声波喇叭一般都装在袋式除尘器的各室滤袋的顶棚上（图 5-152）。

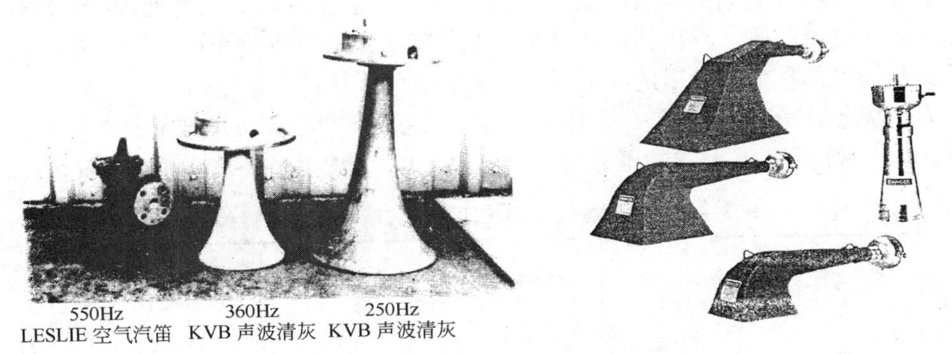

图 5-151 典型的声波喇叭

最常用的气动喇叭（图 5-153）一般由气源、外壳、膜片和扩散管 4 个关键部件组成。

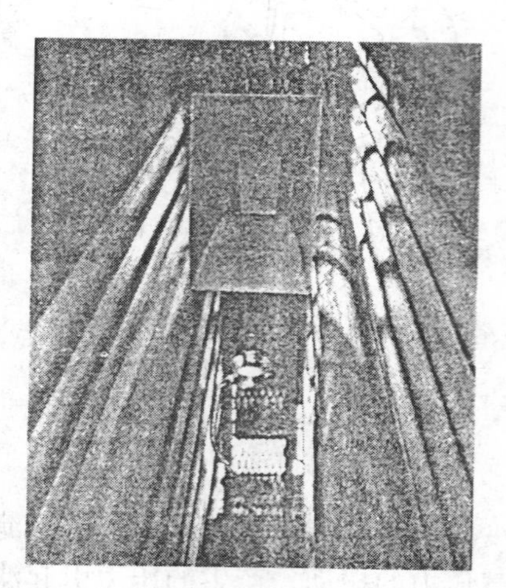

图 5-152 安装在除尘器滤袋上部的声波喇叭

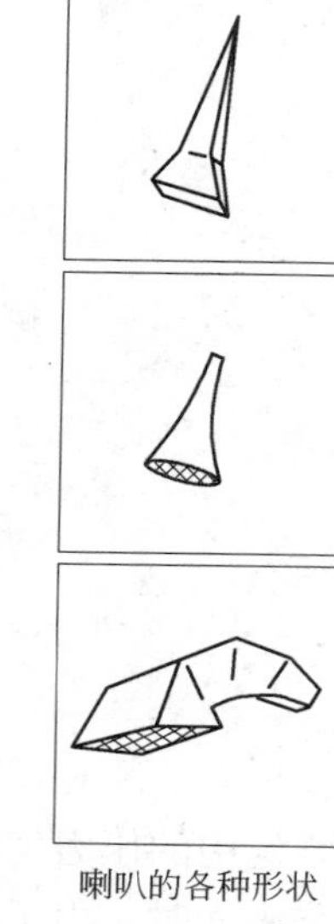

喇叭的各种形状

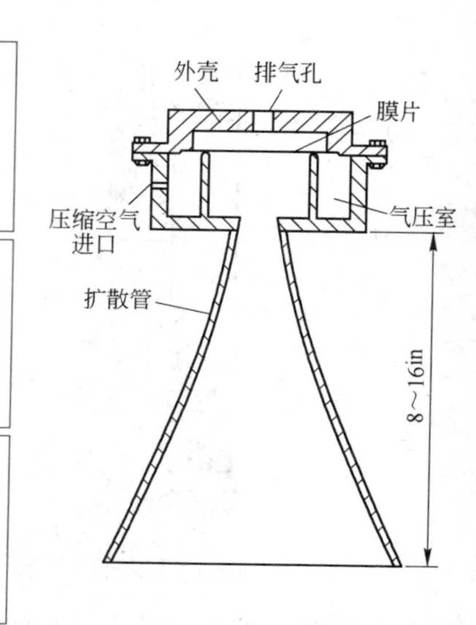

典型的喇叭构造

图 5-153 典型的气动喇叭的构造

喇叭发出的功率和频率主要取决于气压、膜片刚度和扩散管形状三个因素。工业用喇叭需一个较大的压缩空气源，具有气压 40～90lb/in^2，流量 40～90ft^3/min。

膜片密封的气压室空气流量由喇叭外壳上的通道调节。运行中，膜片周期地变形，把空气释放到扩散管。只要供给压缩空气，膜片就会连续振动产生一串压力波导向扩散管。扩散管决定系统的基频波形与波阵方向，固有频率为系统共振的最低频率。

扩散管的作用就像一根一头敞开一头密闭的管子，在其基频上共振。此频率由扩散管的长度决定，有以下近似关系：

$$F = \frac{275}{L}$$

式中 F——基频，Hz；

L——喇叭长度，ft。

扩散管的形状决定喇叭发射声波的类型，目前工业上用的喇叭类似图 5-153 所示的三种形式：从简单的管子发出的声波是半球形波阵面；从指数曲线形扩散管发出的声波是平面波；从圆锥形扩散管发出的波形则介于两者之间。

声波清灰器的气源是压缩空气，压缩空气的压力及气量是保证声波清灰器正常工作的重要条件，在正常情况下，要求的压力为 4kg/cm^2 以上，流量为 68～250m^3/h（表 5-31）。

表 5-31 美国各公司的工业用声波清灰器的运行参数

名 称	基频/Hz	PWMF①/Hz	标准偏差/Hz	综合声压（级）/Pa(dB)②	压气耗量/$m^3 \cdot h^{-1}$
Airchime	85	780	1.87	2312(161.3)	127.5
Airchime	250	984	1.67	272(142.7)	85
Aualytec	125	510	2.08	176(138.9)	91.8
Aualytec	250	740	1.95	220(140.8)	90.1

续表 5－31

名　称	基频/Hz	PWMF①/Hz	标准偏差/Hz	综合声压（级）/Pa（dB）②	压气耗量 /$m^3 \cdot h^{-1}$
Draytom	100	620	2.22	352(144.9)	91.8
Enuirocare	125	179	1.59	250(141.9)	100.3
Fuller	200	211	1.31	116(135.3)	56.1
KVB	250	671	1.98	390(145.8)	224.4
KVB	350	744	1.83	304(136.6)	204.0
Leslie	550	996	1.48	135(136.6)	25.5
Sonic Eugin	250	555	2.12	440(146.8)	238
Sonin Power Systems	230	258	1.26	166(138.4)	212.5

①PWMF，Power－Weighted Mean Frequency，能量加权平均频率；

②声压均指距喇叭口 1m 处的测定值。

但是，由于声波清灰器每次只有一个室清灰，而声波清灰器每次工作仅 10～30s，因而在两次清灰之间，压缩机足以恢复到原始压力，空压机的容量也不要求很大，只需根据一个室的压气耗量来计算清灰即可。

为了控制各室声波清灰器的清灰工作，在通往各室的管路上要设置电磁阀，由控制器来控制开启工作。一般情况下，每次反吹风清灰时同时开启电磁阀，使声波清灰器动作一次（30s），每天使用声波清灰器的频率与阻力下降的关系如图 5－154 所示，每天声波清灰器工作4～8 次（每隔3～6h）已经有较好的清灰效果。对于黏结性小的粉尘，声波清灰器也可不与反吹风清灰同步，而是在滤袋阻力达到一定值时才开启，这样可节约压气耗量。

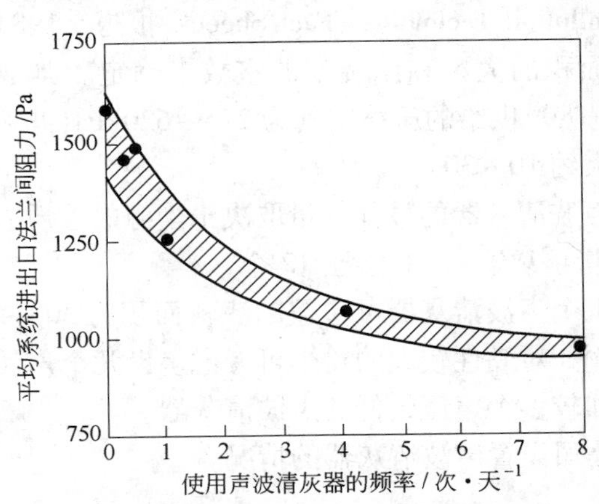

图 5－154　声波清灰器的频率与阻力下降的关系

5.5.3.2　声波清灰的特征

美国 Cushing、Pontius 和 Carr 指出，为了提高袋式除尘器的性能，声波喇叭是一种有效的方法。

声波喇叭的特征如下：

（1）结构简单、费用低。

（2）有效地降低运行压力损失。在公用事业燃煤锅炉中，使用 6 个商用声波喇叭在

EPRI 袋式除尘器试验中证明，带有声波喇叭的反吹风清灰能有效地促进降低运行压力损失。

(3) 通过试验证明，声波喇叭中提高袋式除尘器性能的重要因素是总的声波压力强度和输出频率波谱。

(4) 反吹风清灰袋式除尘器的声波清灰在清除滤袋表面剩余的尘饼方面是非常有效的；但声波喇叭的声波在减少滤袋表面残留灰尘的同时，会促进更多的尘粒渗透，产生一种不利的后果。

(5) 声波清灰总体效应的研究，需要对声波清灰的长期效应、获得声波喇叭的最佳位置以及声波能量的强度、频率和定时等主要指标进行认定。

(6) 在高压差袋式除尘器中或电性能差的静电除尘器中能减少能源费用。

(7) 减少不定期维修和停机时过多的灰尘积聚。

(8) 由于声波清灰运行时产生的高振动，会引起对袋式除尘器结构和滤袋防瘪环和帽盖的机械危害。

(9) 当喇叭连续使用后，会发现喇叭运行一周或一个月以后。重的尘饼比轻的尘饼易于剥落。

5.5.3.3 声波喇叭的声波频率

美国 Pontius 和 Carr 曾试验过在 150 ~ 550Hz 声波频率下能获得喇叭的最好效果，其作用在除尘器内部的相对声压强度为 120 ~ 140dB。BHA 声波喇叭的 125Hz 基本频率能为良好的清灰产生更大能量。

5.5.3.4 声波清灰器的布置

A 声波清灰器的数量

据美国 EPA《Air Pollution Technology Fact Sheet》报道，1984 年 Carr 通过试验得出，喇叭的数量是根据过滤面积的大小和滤袋室的室数来确定。典型地，每个室需要运行在 150 ~ 200Hz 的 1 ~ 4 个喇叭。供给的压缩空气为 275 ~ 620kPa(40 ~ 90lb/in^2)。在每个清灰循环中，声波喇叭动作大约 10 ~ 30s。

除尘器每一室中的声波清灰器的最佳数量取决于尘源的性质、粉尘的化学特性及该室的几何尺寸，在一个室中可少至 4 个，多至 12 个。

一般来说可以认为 1 个声波清灰器可覆盖的滤料面积为 300 ~ 800m^2。这一范围很大，可根据具体情况选择，例如对黏性较大的粉尘可考虑多设几个声波清灰器，如果声波清灰器声压较小，也需要增加较多个声压较低的声波清灰器。

表 5 - 32 为美国各公司设置声波清灰器的情况。

表 5 - 32 美国各公司设置声波清灰器的情况

型 号	每室体积/m^3	每室过滤面积/m^2	每室设置清灰器的数量/个	每个清灰器所覆盖的滤料面积/m^2
FFPP	120	232	1	232
Arapahoe	157	1042	2	520
Holtwood	226	766	2	383
Sunbury	227	766	2	383
Brunner	645	2533	8	316

B 声波清灰器的安置位置

声波清灰器通常安置在滤袋的顶部，使声波直接向下传递。

几种典型的安置方式如图 5－155 所示，其中图 5－155(a) 为垂直安装，由于上部空间的限制，也可如图 5－155(b) 所示安装成一定倾斜角度。

由于声波清灰器安装在顶部，顶部的声压比底部要大，因而上部由于声波大就更有效些。但是由于尘块下落会撞击到滤袋下部表面，使下部的灰尘随之脱落，为此，虽然下部的声压要比上部低，但未发现下部积灰严重。

声波清灰器布置时要防止其开口朝向刚性的反射表面。

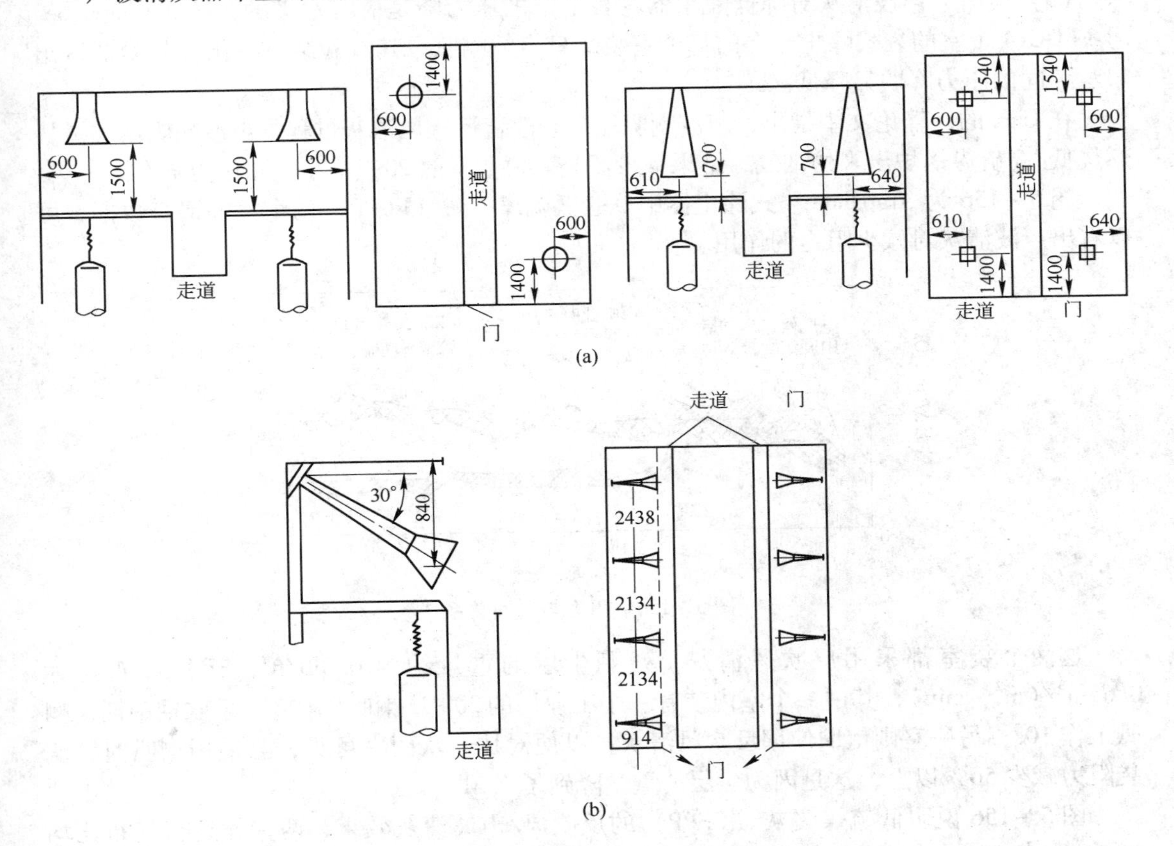

图 5－155 声波清灰器的几种布置形式

(a) 声波清灰器垂直安装；(b) 声波清灰器斜角安装

5.5.3.5 声波清灰的效果

据美国 Menard 和 Richards 在一台西部公用事业的袋式除尘器上测试，在 14 个室的除尘器中的一个室中装置 4 只喇叭，是用 1 只、2 只和 4 只喇叭在 40s 的反吹风周期中振动 10s 运行进行试验，并与没有装置声波喇叭的类似室相比较，其结论为：

（1）利用声波清灰辅助反吹风清灰是花钱不多的。

（2）美国 Menard 和 Richards 发现，声波清灰的效果最明显是反映在滤袋的残余灰负荷的重量上。

	声波喇叭清灰前	声波喇叭清灰后
新滤袋重量	4kg	4kg
滤袋重量	15～25kg	5.7～11kg
平均重量	约21kg	约8.2kg
清灰效果		76%

200mm×6.7m 滤袋的声波清灰效果，其平均重量降低如下：

（1）运行2只喇叭几天后，滤袋重量从20.8kg下降到7.0kg。

（2）运行4只喇叭时，重量下降没有明显的变化。

（3）同时，声波清灰对降低除尘器花板上下的压力降是极有意义的，装在Arapahoe3号FFDC14个室的袋式除尘器上的每个室装2只声波喇叭。其试验结果指出，除尘器进出口法兰间的压力降明显降低。

在Carr的一篇论文中指出，声波喇叭能提高改善反吹风清灰过程，声波喇叭增加了从燃烧低/高硫煤锅炉出来的烟气，结果减少滤袋尘饼重量的20%～25%和压力降。

图5－156为Arapahoe袋式除尘器中试验低硫煤飞灰（FFPP）两个室的清灰数据，可以看出声波清灰对减少阻力的作用。

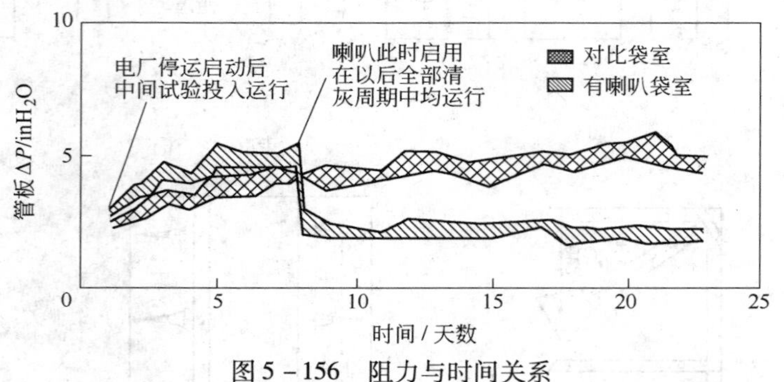

图5－156　阻力与时间关系

这两个袋室都采用反吹风清灰，残剩尘层的重量约为0.6lb/ft^2，运行气布比为0.61m^3/(m^2·min)，其中一个室内装有一个工业用的200Hz喇叭，在30s反吹期中期，喇叭工作10s；另一室则依旧使用反吹风清灰，以便对比。从图中可见，当使用喇叭时，滤袋阻力减少50%以上，这是因为尘层的重量降到了0.3lb/ft^2。

图5－156说明低硫煤飞灰（FFPP）的反吹风/声波清灰效果，两室的运行气布比均为0.61m^3/(m^2·min)，过滤时间3h。

图5－157为上述袋房和低硫煤飞灰（FFPP）使用喇叭后阻力降低情况，对于西部低硫煤，证实可使阻力降低50%～60%；对于东部高硫煤，阻力降低20%～30%。因此，喇叭的效果与飞灰特性有关。

5.5.3.6　*声波清灰的经济比较*

据美国资料报道，对于50万千瓦机组电站的袋式除尘器安装声波清灰器的投资约为700000美元（烧高硫煤）和300000美元（烧低硫煤），其中包括安装费（假设它等于声波清灰器的造价）。

因阻力降低带来的节约费用，对高硫煤灰每年约300000美元，对低硫煤灰为750000美元。这里尚未包括由于阻力降低、引风增加，而使锅炉出力增加带来的效益和除尘器维护方面的效益。

声波清灰器的运行费用与除尘器的费用相比是很低的。将阻力降低25Pa，其节约的费用就可以支付声波清灰器的费用。

对于新的袋式除尘器，加声波清灰器后，由于阻力低，可以加大气布比（加大处理风量），从而降低造价。考虑到设备造价、节能以及运行和维护费用，安装声波清灰器后可降低新袋式除尘器的年费用多达10%。例如，对一现有的反吹风清灰的袋式除尘器，气布比为0.61m/min。加声波清灰器后，其节约造价为：

（1）基建投资节约18%；

（2）能源消耗降低13%；

（3）运行及维护费用节约降低5%。

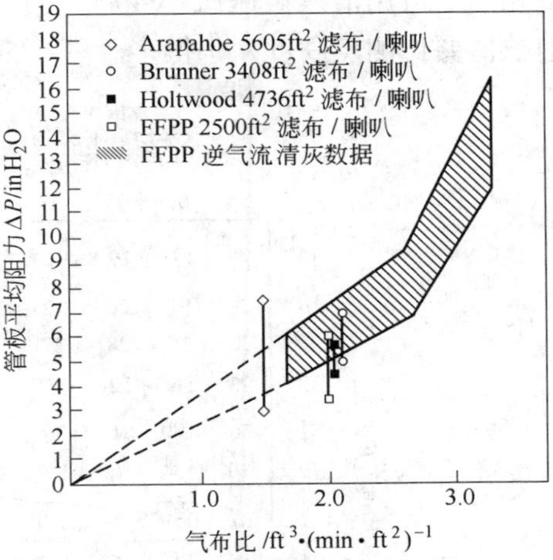

图5－157 反吹风/声波清灰的效果

5.5.3.7 声波清灰的工业性试验

A Arapahoe电站3号机组

袋房共有14个室，每室236条滤袋，袋长22ft，直径5in，每室两个Fuller型200Hz的喇叭，装在袋室顶部中央。

图5－158显示袋室尺寸和靠近顶部、中间、底部三个高度上的30个声压测点。

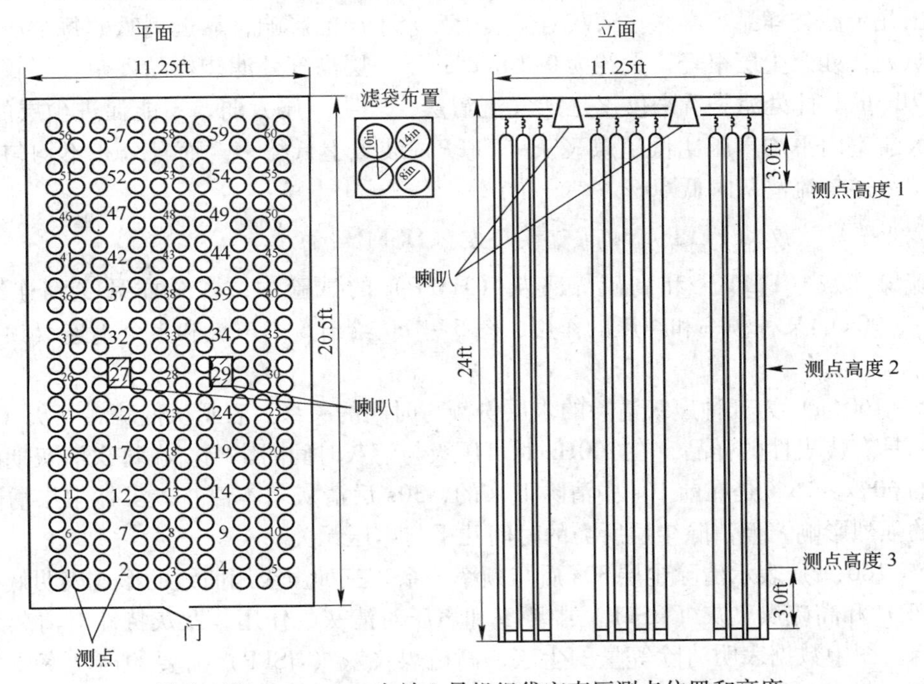

图5－158 Arapahoe电站3号机组袋室声压测点位置和高度

图5－159显示试验中测得的代表性声压值，同时示出行与列的平均值。在离滤袋顶部3ft，即测点高度1的位置上，声压随着与喇叭距离的增加迅速而对称地减小，其减小速

度相当于可用清灰声压减小 40 倍。在离袋底 3ft，即测点高度 3 上，声压分布较为均匀，但数值要比测点高度 1 小得多。

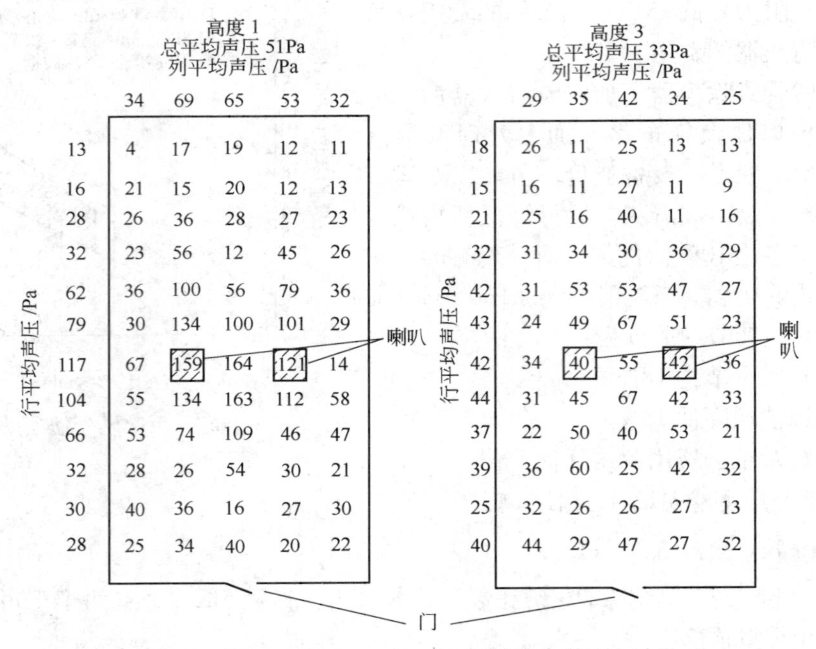

图 5－159　Arapahoe 电站 3 号机组袋室声压测量值

取出几个滤袋样品观察声波清灰对滤袋上残余尘层的影响，靠近喇叭的每个滤袋顶部靠近喇叭处，残余尘层很轻，大约为 0. 3lb/ft^2；下一层高度处滤袋样品残余尘层较重，大约为 0. 7lb/ft^2。此处滤袋看来仅仅是逆气流清灰，表明声压太弱，不能促进尘层的剥落。虽然在大袋室内平均声压比低硫煤飞灰（FFPP）装置上低得多，而且分布不均匀，但阻力仍比单一逆气流清灰时低 60%。

B　低硫煤飞灰（FFPP）和高硫煤飞灰（HSFP）的试验

低硫煤飞灰（FFPP）和高硫煤飞灰（HSFP）的试验中，各个样品受到连续 10s、30s、60s、90s 的某种频率和声压的作用，图 5－160 给出 5 个声级和 4 个不连续频率的试验数据。

图 5－160(a）为五种声级清除的尘层份额与时间的关系。表示从低硫煤飞灰（FFPP）上取下的具有代表性的样品，在 200Hz 时声压级与清灰时间的影响。在每次清灰期间，灰尘总量的 60% ~75% 是在前 10s 中清除下来的，30s 后清灰基本停止。虽然尘层清除份额受声级的强烈影响，但清除尘层所需的时间几乎与声压无关。

图 5－160(b）表示清除尘层 30s 后与频率关系。三种声级用曲线的形式表明低硫煤飞灰（FFPP）和高硫煤飞灰（HSFP）中频率和声压对清灰的作用，及灰特性对清灰效果的不同影响。图中数据表明清除等量的尘层，高硫煤飞灰（HSFP）需要的声功率比低硫煤飞灰（FFPP）大些。同时也可以看出，这两种飞灰的清灰很大程度上取决于频率，频率越低，清灰效果越好。

图 5－160(c）表示清除尘层 30s 后，三种频率下的清除效果。图中更清楚地表明，两

种飞灰尘块清除效果对声压和声压级的依赖关系。频率为100Hz时，处于声压约100Pa的低硫煤样品在30s之后被有效地清除；频率更高，清除同等数量的灰尘则需要更高的声压。无论何种频率，清除同等数量的尘层时，高硫煤需要的能量比低硫煤要多，这再一次说明高硫煤飞灰（HSFP）与滤袋的黏着力比低硫煤飞灰（FFPP）的黏着力大。

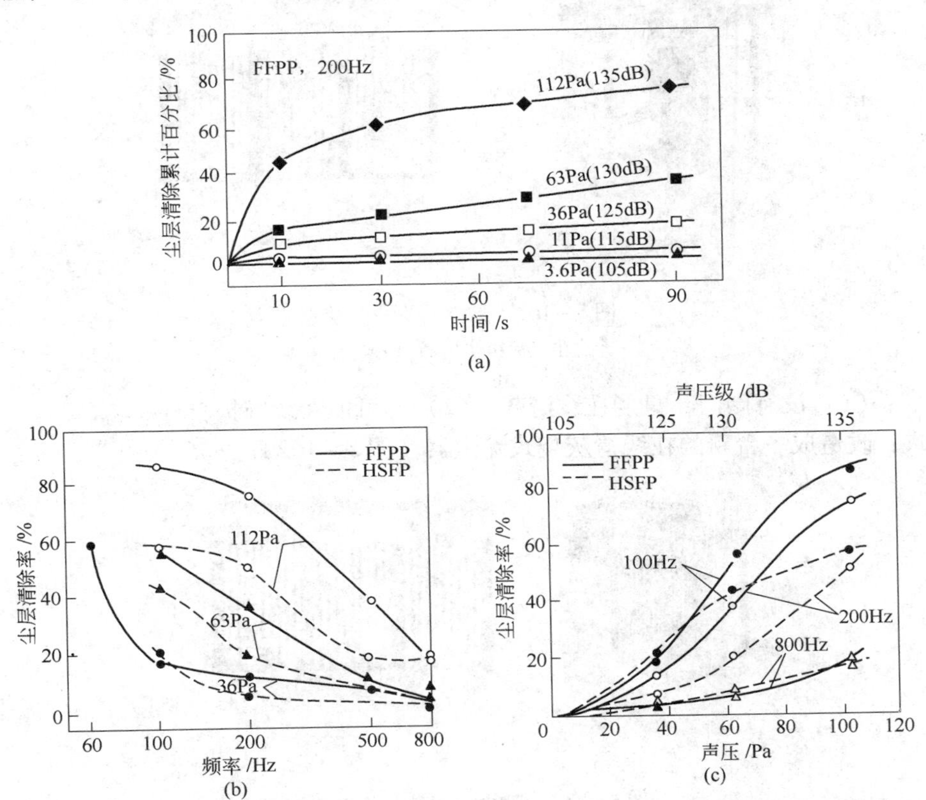

图5－160　用FFPP和HSFP滤袋样品作试验室内声波清灰实验摘要

5.5.4　电袋除尘器

5.5.4.1　电改袋除尘器

A　燃煤电站电改袋的原因

（1）除尘器及电气设备老化。

（2）要求除尘器扩容。

（3）严格的排放标准。

（4）燃料或原料的改变。

B　电改袋的优越性

（1）改造时间短。

（2）投资少。

（3）减少交付时间，设备停产时间短。

（4）充分利用现有设备。

C 电改袋的形式

据丹麦 F. L. Smidth Airtech 公司资料报道，电改袋形式可以有以下 4 种。

A 式：改造成一台新电除尘器（图 5－161）。

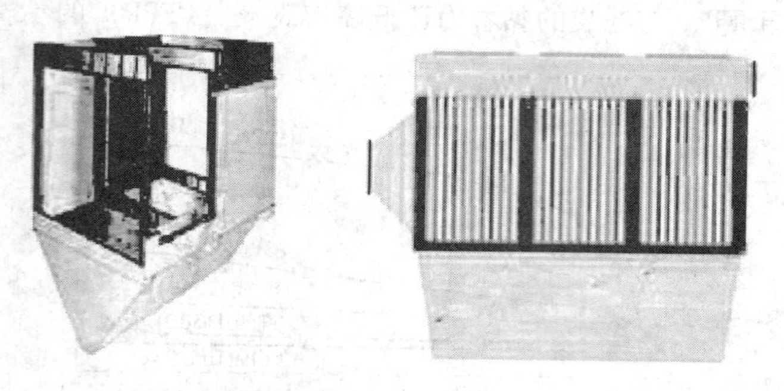

图 5－161 除尘器为一个统仓
（一个含尘气流箱体/一个干净气流箱体）

特点：(1) 没有阀门，只能在线清灰。(2) 不可能在线维护。

B 式：改造成一台新的在线清灰袋式除尘器（图 5－162）。

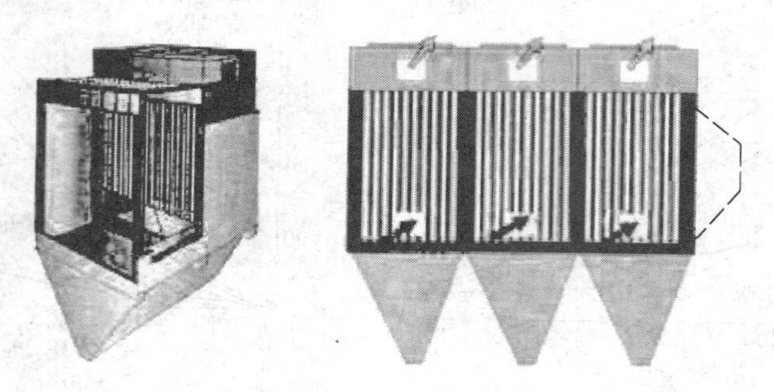

图 5－162 除尘器保持几个净气室
（几个含尘气流箱体，几个干净气流箱体）

特点：(1) 设进出口阀门，可进行在线或离线清灰。(2) 可以进行在线维护。

C 式：改造成一台新的离线清灰袋式除尘器（图 5－163）。

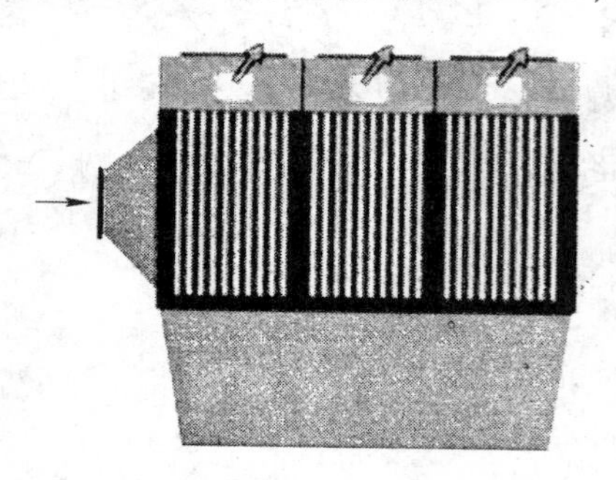

图 5－163 改造成新的离线清灰袋式除尘器
（一个含尘气流箱体，一个干净气流箱体）

特点：(1) 设进排气阀门：可进行在线或离线清灰。(2) 可进行在线维护。

D 式：改造成一台电袋结合式除尘器（图 5－164）。

图 5－164　电袋结合式除尘器

特点：电除尘与袋除尘结合具有联合增效。因此，可减少袋除尘的预期压力损失。

D　电改袋的实例

a　澳大利亚罗克汉普顿太平洋石灰厂电改袋

澳大利亚罗克汉普顿太平洋石灰厂电改袋（图 5－165）于 1997 年 5 月 19 日投运。

（1）罗克汉普顿太平洋石灰厂原有静电除尘器是三电场、HT 绝缘子及振打顶部通风的 Research Cottrell 设备。

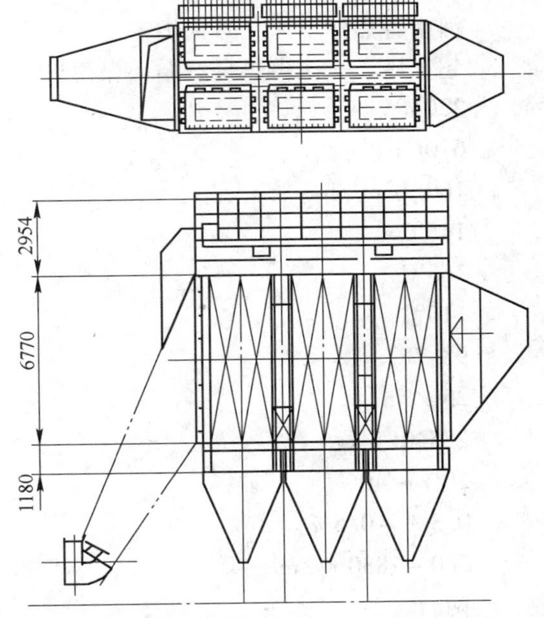

图 5－165　澳大利亚罗克汉普顿太平洋石灰厂电改袋

（2）除尘器改造的特点：

1）除尘器的改造限制在除尘器的壳体范围内。

2）除尘器中心气流通过两侧水平进入滤袋室，然后垂直向上排出除尘器。

3）气流入口设挡板，防止高速气流直接冲刷滤袋。

4）滤袋入口速度低。

5）顶部花板净空为3m高。

6）大的检修门。

（3）滤袋采用美国Gore公司的Superflex薄膜滤料，$\phi150mm \times 8m$。过滤风速高，以减少除尘器的过滤面积，降低投资，并延长滤袋寿命。

（4）脉冲阀及喷嘴来自澳大利亚Goyen公司，除尘器阻力设定为1100Pa。运行初期清灰周期为4h，一个星期后，稳定在2.5h，滤袋表面积灰厚达3mm。

（5）期望排放浓度低于$25mg/Nm^3$。

（6）系统投产前进行预喷涂，要求在3h内完成，以防停炉时窑内气体被水化。

（7）当开炉初期用柴油预热烟气时，烟气应通过旁路排入大气，1h后烟气再通过除尘器。

b　燃煤电厂的电改袋

武汉天澄环保科技股份有限公司在焦作电厂3号炉电改袋工程中采用直通均流式脉冲袋式除尘技术。

电除尘器于1993年建成，因电除尘器排放超标，决定将电除尘器改为袋式除尘器，并于2003年10月4日开工，12月2日正式投产运行，总工期两个月，停炉施工工期60天。

焦作电厂3号炉原电除尘器（图5-166）的技术参数：

工程项目	河南省焦作电厂3号锅炉
锅炉型式	超高压、一次再热自然循环煤粉炉
机组容量	220MW
额定蒸发量	670t/h
烟气量	160万m^3/h
烟气温度	145℃
最高	165℃
最低	110℃
酸露点温度	98.7℃
入口粉尘浓度	$25g/Nm^3$
煤低位发热值	25540kJ/kg
灰分	20%～40%
煤的含硫量	0.3%～0.5%
烟气SO_2含量	$600 \sim 1830mg/m^3$
原有电除尘器：台数	两台
规格	$165m^2$
形式	三电场卧式电除尘器

焦作电厂3号炉电改袋后的技术参数：

设计烟气量	$1600000m^3/h$
烟气温度	140℃
最高	165℃

最低		110℃
酸露点		98.7℃
水露点		38℃
烟气浓度	入口	25 ±2g/Nm^3
	出口	≤30mg/Nm^3
运行阻力		<1500Pa
滤袋材质		PPS
滤袋规格		φ130mm×7300mm
漏风率		≤1%

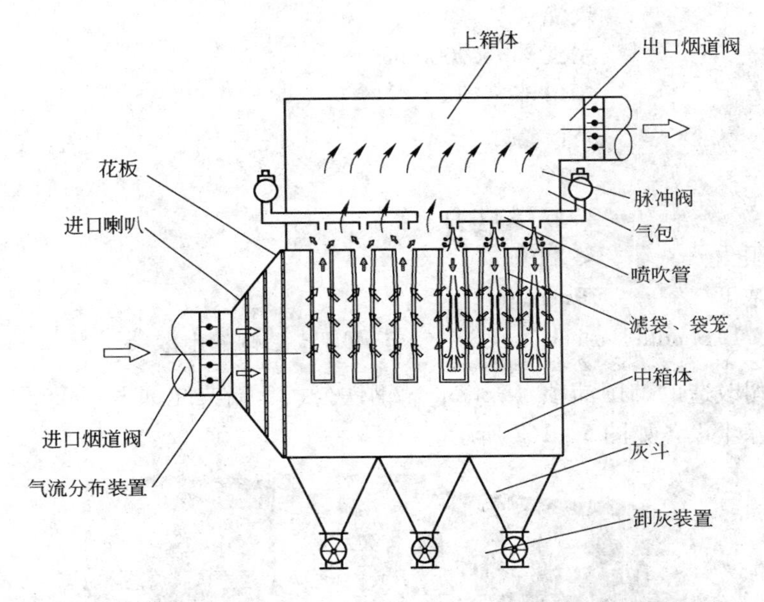

图 5-166 焦作电厂 3 号炉直通均流式脉冲袋式除尘器

直通均流式脉冲袋式除尘器的特点：

(1) 直进直出的进出风方式。

(2) 设有风量调节导流板和导流通道。

(3) 烟气进口喇叭内设气流分布装置。

(4) 管式脉冲是一种强力清灰的袋式除尘器。

(5) 良好的 PPS 滤袋及相应的袋笼。

(6) 先进的自动控制系统。

c 烧结机烟气的电改袋

科林环保装备股份有限公司对宝钢 2 号烧结机进行了电改袋工程改造。

宝钢分公司炼铁厂烧结机电除尘器于 1991 年投产，因电除尘器排放浓度高达 200mg/Nm^3，不能满足宝钢的环保排放要求，于 2006 年进行提标改造，将电除尘器改为袋式除尘器。

烧结机电改袋除尘器的技术参数：

工程项目	宝钢2号烧结机
烧结机规格	$450m^2$
烟气量	100万 m^3/h
烟气温度	≤130℃
过滤面积	$16620m^2$
过滤风速	1.0m/min
入口粉尘浓度	$30g/Nm^3$
出口粉尘浓度	$\leqslant 35mg/Nm^3$
设备阻力	<1200Pa
滤袋材质	聚酯
滤袋规格	ϕ150mm×7000mm
滤袋数量	5040条
分室数	3个
漏风率	≤2%
投产日期	2006年11月
投产运行阻力	<900Pa
实测排放浓度	$19mg/Nm^3$

d 丹麦F. L. Smidth Airtech（FLS）公司TOP式结构的电改袋

Smidth公司改造的韩国浦项（Pohang）钢铁公司、瑞典北部Kiruma厂、美国钢铁厂装置的电改袋除尘设备如图5－167所示。

图5－167 电改袋除尘设备

丹麦F. L. Smidth Airtech（FLS）公司在电改袋中，通常采用一种TOP式结构的上箱体，TOP式结构主要是将袋式除尘器的净气室在制造厂车间内做成预组装形式的整体上箱体，然后运到现场进行安装，这样可以有以下优点：

（1）提高上箱体的装配质量。

（2）加快现场安装时间，节约现场停机时间。

TOP式结构的上箱体包括花板、脉冲喷吹管、上箱体壳体、上箱体盖板、气包、脉冲阀、压缩空气装置以及电控装置（图5－168）。

TOP式净气室的安装步骤。

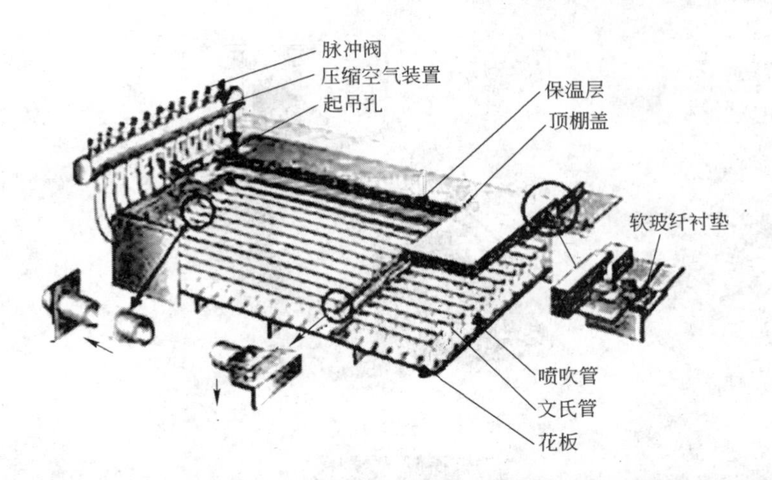

安装前的整体上箱体

安装后的整体上箱体

图 5－168 TOP 式结构组合式的上箱体

步骤 1（图 5－169）：

（1）TOP 式净气室的所有内部、顶部、保温箱体以及 T/R 装置等都预先组装好。

（2）组装好的 TOP 式净气室放置到靠近现有电除尘器边。

（3）其最大的好处是：现有电除尘器仍能正常运行。

步骤 2（图 5－170）：

（1）现有电除尘器的准备工作：

打开电除尘器顶盖（钢结构或混凝土结构），拆除电除尘器内部构件。

（2）新的安装框架在现有电除尘器顶部就位。

步骤 3（图 5－171）：

（1）预先装好的部件吊到现有电除尘器外壳的部位。

（2）完成所有机械及电气部位的安装工作。

（3）改后的除尘器即可投入运行。

（4）所有工作只需锅炉停产 12～20 天。

5.5.4.2 电袋除尘器的原理

电袋除尘器，俗称电布袋，国外又称 electrically enhanced fabric filtration（EEFF），以下简称 EEFF。

一般大部分细颗粒物质都具有静电荷，它们或者在燃烧过程中形成，或者在烟气输送过程中流过管道时摩擦形成。这些静电荷毫无疑问对所有过滤过程是有一定影响的。

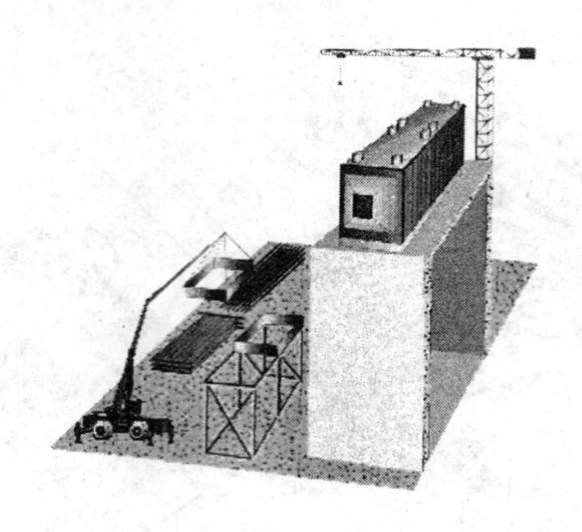

安装用托架

净气室安放在托架上

净气室滤袋的预安装

TOP 式净气室

净气室顶部

图 5－169　TOP 式净气室安装步骤 1

最近，国外有些研究项目探讨这些天然产生的静电效应的影响，这些项目称为：
静电激励的袋式除尘器（ESFF，electrostatic stimulation of fabric filtration）
静电增强的袋式除尘器（EAFF，electrostatic augmentation of fabric filtration）
静电提高的袋式除尘器（EEFF，electrostatic enhancement of fabric filtration）

A　静电电荷的产生

所有细颗粒物质都具有电荷，特别是燃烧过程中的飞灰尘粒，毫无疑问，静电力在所有过滤过程中都存在。

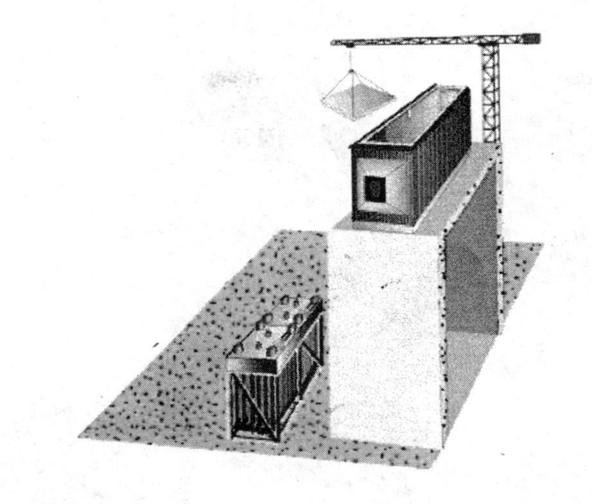

框架就位

净气室就位

指挥安装

就位后的净气室

图 5－170 TOP 式净气室安装步骤 2

Frederick 整理了很多有关电效应的程度及摩擦生电系列极性的过滤织物和几种型式的灰尘。

Turnhout et al. 报道，用非传导性纤维制作导电织物（非传导性织物内嵌入导电纤维），能生成强的正电荷和负电荷，使在烟气过滤中明显地提高净化效率。

据美国 3M 公司报道，他们的 Filtrete Brand Type G 合成纤维空气过滤器是一种带电纤维性的席子。在同样尺寸的情况下，与常规纤维相比，静电荷提高了过滤效率，并在既定效率下，具有极低的压力降，由此可节约大量能源。

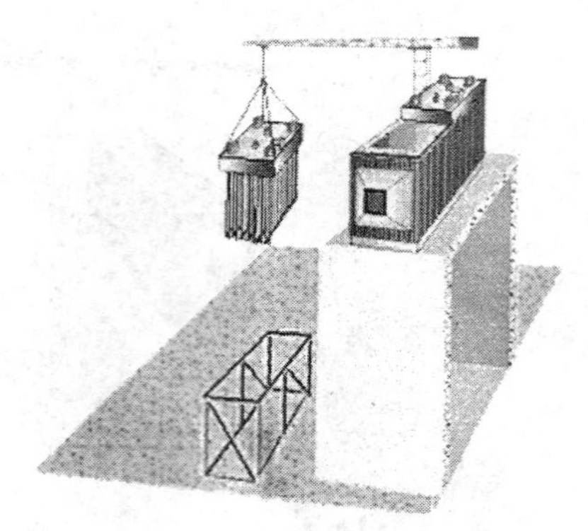

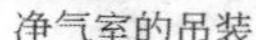

净气室的吊装

净气室的就位

施工时工地全貌

图 5－171 TOP 式净气室安装步骤 3

Donovan and Hovis 对以下两种 EEFF 进行了试验，证明它们都能提高袋式除尘器的性能：

（1）在除尘器滤袋入口设置冠状预充电器。

（2）在滤袋附近设置电极的一种外部电场，并在滤袋的滤料内夹入带电纤维的电袋除尘器。

美国 Helfritch 试验，使烟气首先通过电场再进入滤袋，当电场电压达到起晕电压时，滤袋的压力损失会突然下降，且电压越升高，压力损失下降越多。

袋式除尘器在过滤含尘气流时，有以下两种情况会产生电荷：

（1）某些粉尘颗粒在运动中，颗粒间的相互撞击会放出电子产生静电，使尘粒带上电荷。

（2）含尘气流在冲刷滤布纤维时，由于摩擦作用可使纤维带电荷。

尘粒上的电荷和收尘表面上的电场两种电力参数，一般都有可能会增强，其增强的途径有三种：

（1）过滤表面上游尘粒的预荷电。

（2）一个平行于收尘表面的电场，通常可使用平扫（未增强的）尘粒电荷测试，在有些情况下已经预荷电。

（3）在收尘表面上游设置一种冠状电极装置，它能使尘粒预荷电，并提供一种垂直于收尘表面的电场。

B 静电电荷的作用

粉尘和滤布的电荷会有以下两种现象：

（1）当粉尘与滤布所带的电荷相斥时，粉尘被吸附在滤布上，从而提高了除尘效率，但滤料在清灰时，表面吸引的灰尘较难清除。

（2）反之，如果粉尘与滤布两者所带的电荷相同，相互之间则产生排斥力，致使除尘效率下降。

因此，静电效应既能改善滤布的除尘效率，又会影响滤布的清灰效率。所以，静电作用能改善，也能妨碍滤布的除尘效率。这就是所谓的静电效应（图 5－172）。因此，为保证除尘效率，必须根据粉尘的电荷性质来选择滤布。

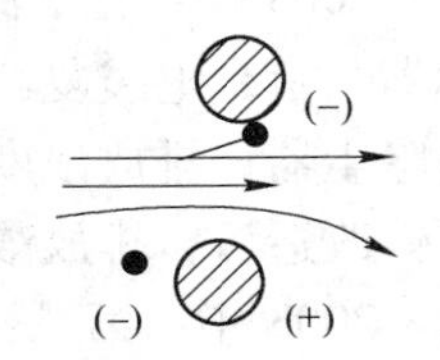

图 5－172 静电效应

带电尘粒与电场之间的相互作用形成的静电力具有以下作用：

（1）控制尘粒的流向；

（2）尘粒捕集后的保留；

（3）尘饼的孔隙率；

（4）改善集尘处理；

（5）降低尘饼的气流阻力。

C 静电效应的出现

当含尘气流在无外加电场流过滤料时，它会出现以下三种静电效应：

（1）尘粒荷电和滤料纤维为中性时，此时在纤维上所具有的反向诱导电荷会出现静电吸引力；

（2）滤料纤维荷电，尘粒为中性时，此时尘粒只有反向诱导电荷，因而会出现静电吸引力；

（3）滤料纤维与尘粒两者均荷电，此时按各自电荷的配对情况，可能会有吸引力，也可能会有排斥力。

D 人为的静电效应

一般尘粒和滤料的自然带电量都很少，其静电作用力也极小。但如果有意识地人为给尘粒和滤料荷电，静电作用力将非常明显，从而使净化效果大大增强。

一般静电效应只有在粉尘粒径大于 1μm 以及过滤风速很低时，才显示出来。在外加电场的情况下，可加强静电作用，提高除尘效率。

当粒子和纤维所带电荷正负相反，并有足够电位差时，粒子就能克服惯性力，沉积在纤维上。如果粒子和纤维带有相同的电荷，则形成多孔的、容易清除的尘饼。

5.5.4.3 前电后袋除尘器

前电后袋除尘器是指前面是电除尘，后面是袋除尘的一种复合式的袋式除尘器，国外称为组合式除尘器（hybrid particulate collector）。

前电后袋除尘器特别适用于电除尘器改造，它可以保留原电除尘器的一电场，而将原电除尘器后面的电场改为袋式除尘器。

A 前电后袋除尘技术的沿革

前电后袋除尘器是电袋除尘器中最早出现的一种电袋除尘器，也是最基本、最简单的一种电袋除尘器。

20 世纪 80 年代：原冶金工业部武汉安全环保研究院（即现在的武汉天澄环保科技有限公司）在武钢铁合金厂的硅锰铁合金电炉反吹风袋式除尘器上，仿造国外的电袋除尘器，在滤袋入口的中心放置一条电晕线的一种电袋除尘器。

2003 年：在上海浦东水泥厂的电除尘器改造中，由天津水泥设计院仿造国外的电袋除尘器，首台电袋复合式（即前电后袋）除尘器成功应用。该厂回转窑窑尾原配一台 $70m^2$ 电除尘器，排放浓度 $150mg/Nm^3$，为使排放浓度达到 $30mg/Nm^3$，改造成电袋复合式除尘器。改造后，排放浓度达 $10 \sim 20mg/Nm^3$，阻力仅增加 500 ~ 600Pa。

2003 年：第二台电袋复合式除尘器在上海金山水泥厂投产。

2004 年：电袋复合式（即前电后袋）除尘器开始在燃煤电厂推广。

2005 年：在天津军粮城电厂使用，排放浓度稳定在 $20mg/Nm^3$ 以下。

2005 ~ 2010 年：电力行业大力推广应用，最大机组达 660MW。

2011 年底：世界上最大一台 1000MW 机组在河南新密电厂应用的电袋复合式（即前电后袋）投产，烟气量 527 万 m^3/h。

B 前电后袋除尘器的特性

据美国 The Mcllvaine Co. 1987 年 12 月《袋式除尘器简报》报道，可在袋式除尘器前面加装电除尘器来提高袋式除尘器的能力。

（1）含尘烟气先在电场区中除去大部分尘粒，一般净化效率达 60% ~ 80%，为此电场中的荷电效果至关重要。

（2）带电粉尘进入袋区，由于粉尘经过一电场后全部都带阴极电，使滤袋表面尘饼上的粉尘层（尘饼）中的粉尘排列规则有序、非常整齐、结构疏松，从而降低了袋区的阻力，达到节能目的。清华大学热能工程系对粉尘荷电对过滤过程的影响进行了试验（其结果如图 5 – 173 所示）。

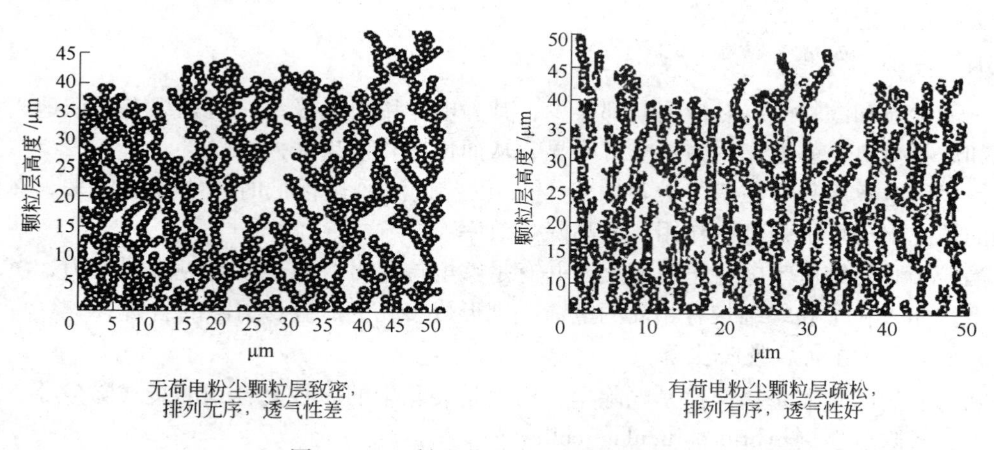

图 5 – 173 粉尘荷电对过滤过程的影响

（3）部分异性荷电粉尘会发生电凝并作用，使尘粒由小颗粒凝并成大颗粒，有利于提高微细粒子（小于 PM10 的粒子）的捕集。

（4）上述 3 条都是指尘粒荷电在袋式除尘器过滤过程的作用，而在滤料清灰过程中，导电性能差的滤布，将使滤布表面电荷增加，直接影响滤料的清灰效果。所以也有采用消静电滤料，即在滤布内编入金属丝或涂石墨涂料来增加导电能力，以消除滤布的静电荷。

（5）自2005年我国开始在燃煤锅炉上使用前电后袋除尘器10年来，由于一电场电晕放电产生的臭氧对燃煤锅炉广泛采用的PPS滤料产生一定的影响，使PPS滤料最短寿命仅为4~8个月（详见6.3.6节）。

C 前电后袋除尘器的结构

前电后袋除尘器的结构如图5-174所示。

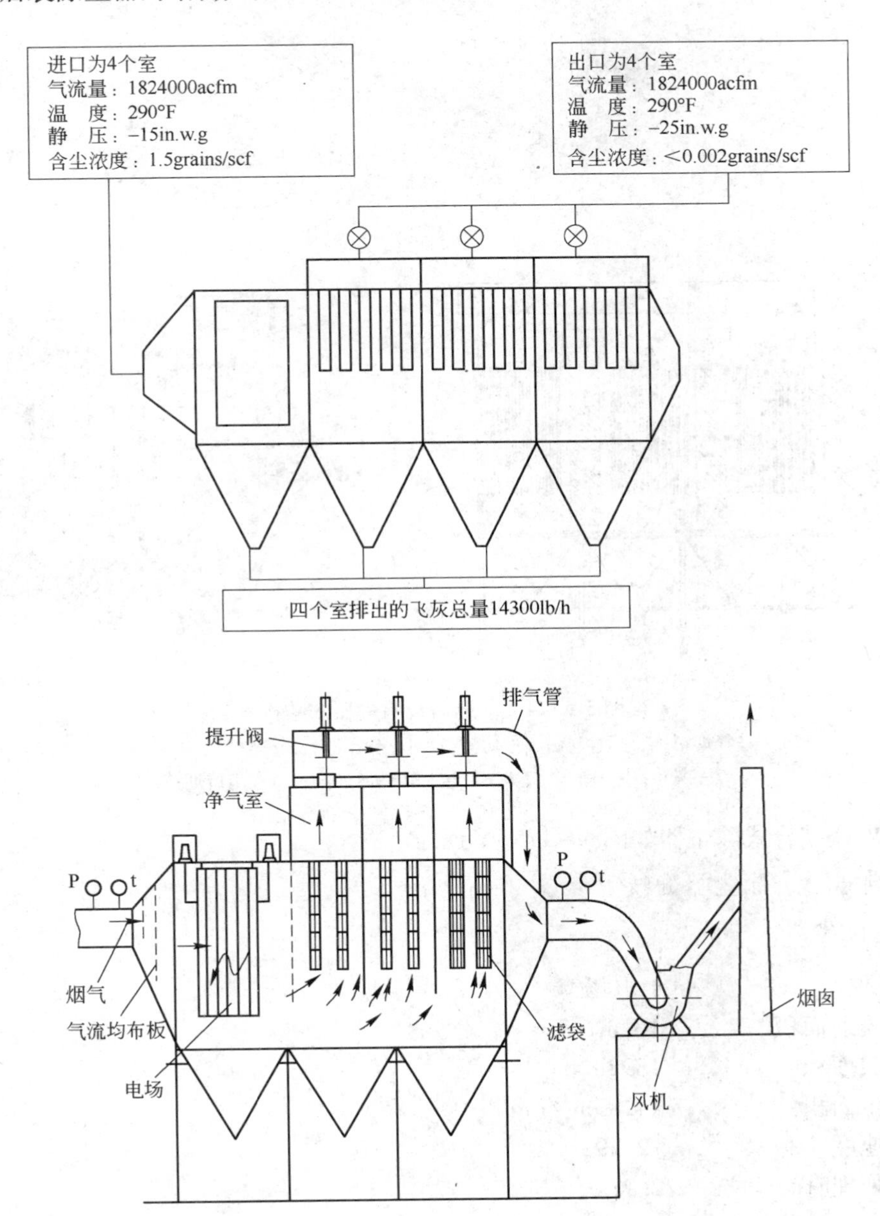

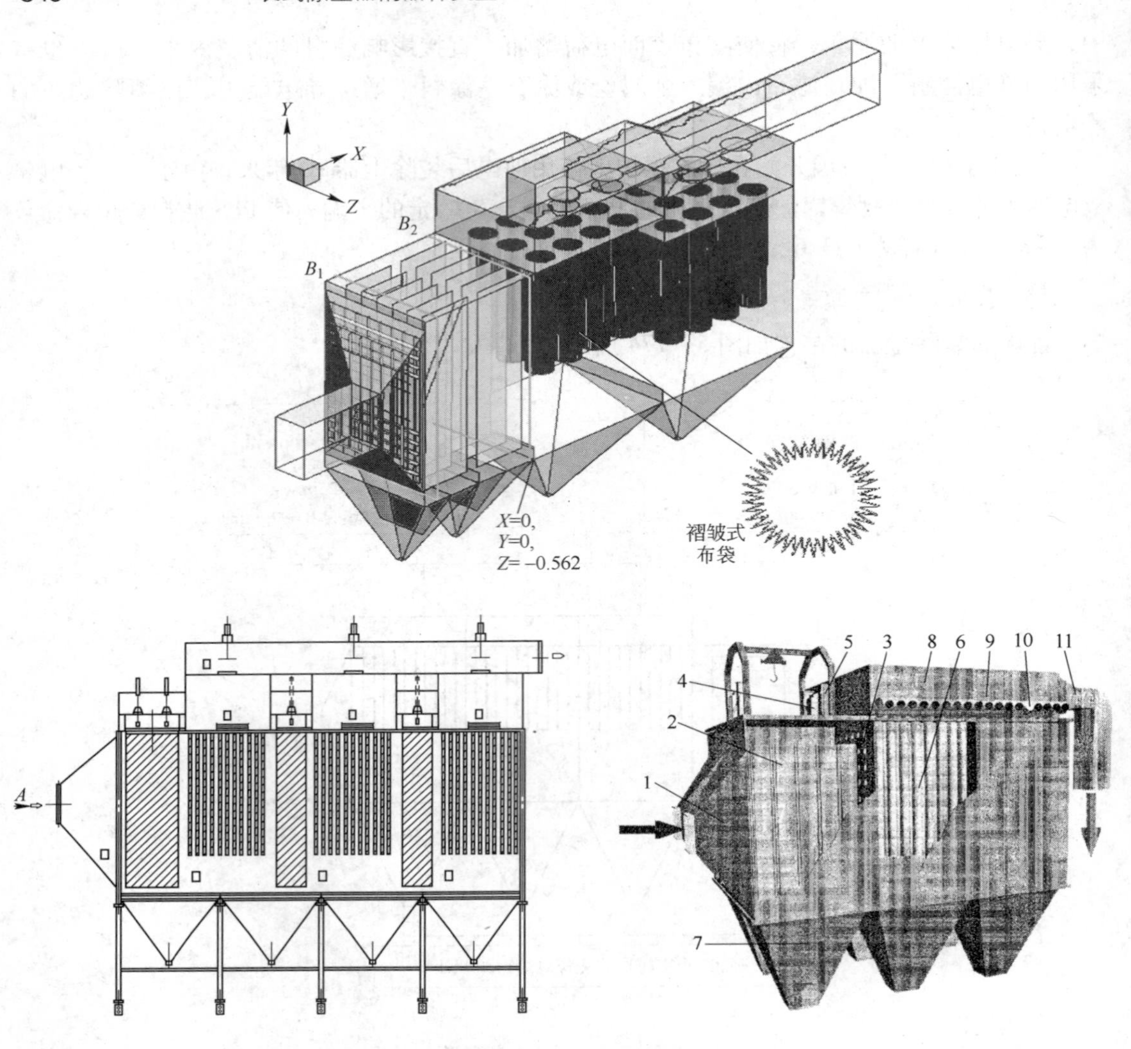

图 5-174 前电后袋除尘器的结构

1—进气烟箱；2—阳极板；3—均流板；4—变压器；5—开关柜；6—布袋；
7—灰斗；8—净气室；9—气包；10—脉冲阀；11—出口烟箱

美国电袋结合式除尘器如图 5-175 所示。

D 前电后袋除尘器的技术参数

a 电除尘器

电场数	1 电场
电场流通面积	$101m^2$
总集成面积	$1898m^2$
比集尘面积	$14.83m^2/(m^3/s)$
驱进速度	12.79cm/s
烟气处理时间	2.92s
电场高宽比	1:2

收尘效率　85%

高压电源　GGAj0.2－0.8A/72kV（利用原电除尘器的电源）

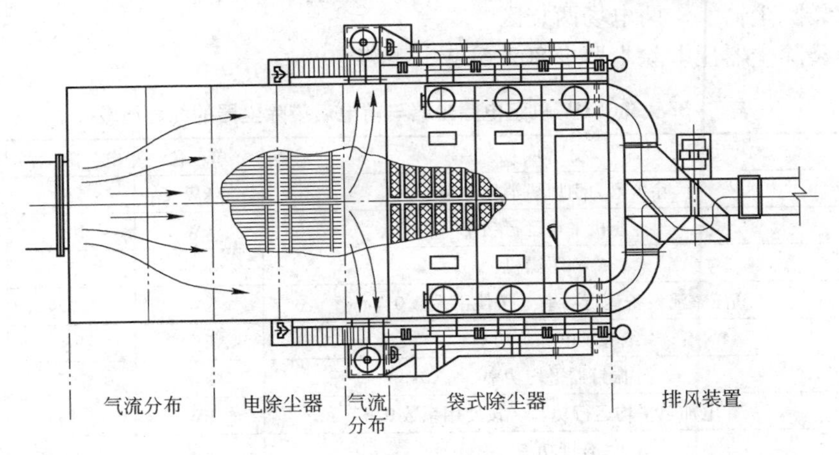

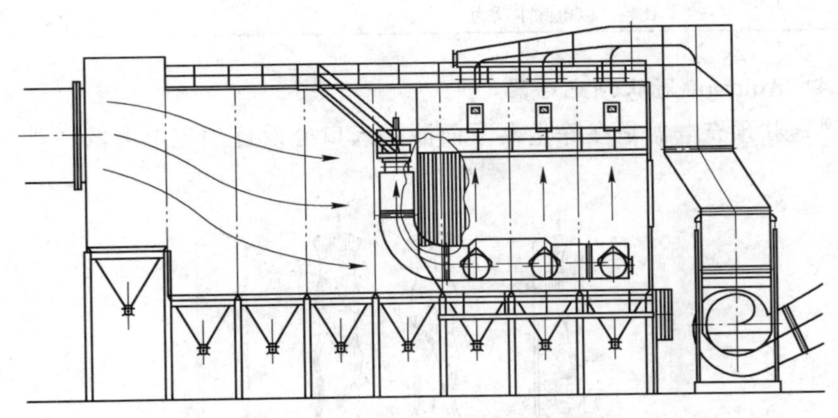

图5－175　美国电袋结合式除尘器

b　袋式除尘器

过滤面积　6221m^2

过滤风速　1.23m/min

滤袋室室数　8室

滤料材质　（覆膜）PPS/PPS1554－MPS（超细纤维）

滤袋规格　ϕ160mm×7000mm

滤袋数量　1768条

每排滤袋数　17条

压缩空气量　6m^3/min

E　300MW机组电除尘器与前电后袋除尘器的能耗比较（表5－33）

锅炉蒸发量　1025t/h

烟气量　1911975m^3/h

烟气温度　132℃

排放浓度　　　　　50mg/Nm^3

静电除尘器　　　　5 电场

前电后袋除尘器　　两电场两袋区

前电后袋除尘器比电除尘器少 802.6kW，下降 39%。

表 5－33　300MW 机组电除尘器与前电后袋除尘器的能耗比较

序　号	分　项	单　位	电袋除尘器	电除尘器
1	除尘阻力引风机消耗功率	kW	531	187
2	空压机平均运行功率	kW	105	0
3	冷冻干燥机	kW	5	0
4	高压整流设备运行功率（按使用系数 0.7）	kW	422.4	1458
5	绝缘子电加热功率	kW	48	192
6	振打器平均功率	kW	7.5	7.5
7	灰斗电加热平均运行功率（按使用系数 0.6）	kW	115	192
8	合计功率	kW	1233.9	2036.5
9	比较（以电除尘器为 1）		0.606	1

5.5.4.4　Apitron®冠状预充电器

Apitron®冠状预充电器是在除尘器下面滤袋入口处设置预充电器的一种电袋除尘器（图 5－176）。

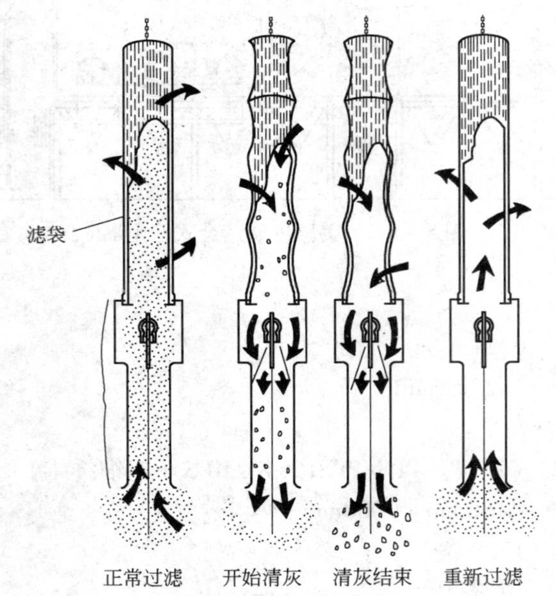

图 5－176　Apitron®的设计和运行

A　Apitron®冠状预充电器的结构

含尘气流在滤袋入口处，受电极放电的作用，给尘粒一种电荷，使尘粒带有静电荷，然后在预充电器内进行除尘净化以减少到达滤料表面的灰尘量，降低滤袋的压力降。

预充电器的清灰装置是利用反吹风气流进行清灰，它除清除滤料上的尘饼外，也清除冠状物充电线和管道上的灰，两部分灰一起进入共用的灰斗。因此，一种清灰动作可起到滤袋和冠状预充电器再生的两种作用。

美国 The Mcllvaine Co. 进行了在振动袋式除尘器前面的管道内加装电除尘器与单独在袋式除尘器滤袋下面设置 Apitron®冠状预充电器的性能比较。

在袋式除尘器前面加装电除尘器，尺寸紧凑，不需要冠状物并能提高充电程度。但是，这种充电的电荷会随空间电荷（space charge）产生的沉淀过程（即电除尘器的沉淀作用）而消耗，致使大部分电荷在到达滤袋前就消失了，灰尘量也明显减少。

通过与常规的、非预充电的袋式除尘器比较，非预充电的袋式除尘器只有少量带电荷灰尘形成一层更多孔隙的尘饼，Apitron®冠状预充电器显著改善了过滤性能。

B Apitron®冠状预充电器的小规模试验

试验时间　　1986 年和 1987 年

烟气性能　　铅熔炉废气

除尘器型式　　振动式袋式除尘器

烟气量　　424000cfm(200m^3/s)

预充电器台数　　两台

预充电器的空间电荷（space charge）引起的沉淀功能：

灰尘浓度　　减少 20% ~30%

气流阻力　　降低 17%

冷电荷预充电器给灰尘大量电荷，由于大规格的管网和灰斗使大部分灰尘消失，只有大约 0.142μC/ft^3（5μC/m^3）到达滤袋上。

5.5.4.5 HII 预荷电器

HII 预荷电器是一种静电提高的袋式除尘器（EEFF）的高强度离子化（High Intensity Ionizer，HII）的预荷电器。

A HII 预荷电器的结构

静电提高的袋式除尘器（EEFF）的高强度离子化（HII）预荷电器是装在除尘器灰斗入口处，使气流中的尘粒荷电的一种预荷电器（图 5 – 177）。

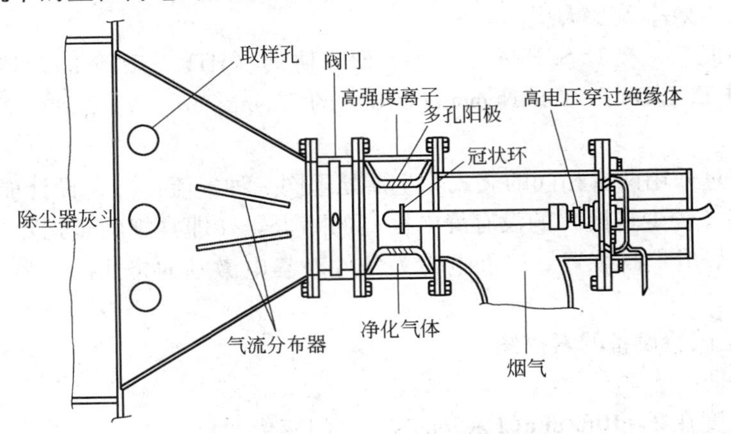

图 5 – 177 EEFF 的 HII 预荷电器

B HII 尘粒预荷电器的试验装置

在一台公用事业煤粉锅炉的试验型规格的反吹风袋式除尘器中，串联一台 HII 尘粒预荷电器进行试验研究。

HII 预荷电器装在除尘器灰斗气流入口处，预荷电器中的冠状环输入一个 75kV 的负电压，这个电压在冠状环和圆形多孔阳极之间建立一个冠状电荷，当尘粒通过这个通道时，根据使用的电流和电压就能取得一个荷电值，荷电后的灰尘进入花板下面的灰斗静压箱体，然后流入滤袋进行收尘。

试验时，通过的尘粒所获得的荷电程度通常是没有预荷电器时的 100 倍。从图 5－178 中可见，HII 预荷电器运行在气布比为 3acfm/ft^2 时，花板的压差（ΔP）大约是 HII 预荷电器没有运转时的一半。

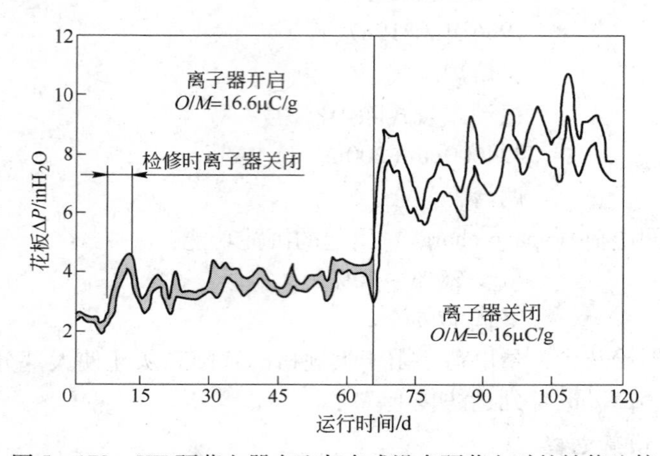

图 5－178 HII 预荷电器在飞灰有或没有预荷电时的性能比较

5.5.4.6 平行电场的 ESFF

A 平行电场的静电激励的袋式除尘器（ESFF）试验研究

1975 年，美国 Costanza 和 Miller 在纺织研究协会（TRI）提出了平行电场的静电激励的袋式除尘器（ESFF）机理，并在实验室条件下证实：当一个电场设在垂直于气流或平行于滤袋时，除尘效率就大大提高。

为评价这种概念，在 U. S. EPA 主持下，研究协会（RTI）、ETS Inc. 和纺织研究协会（TRI）合作，在 E. T. Du Pont de Nemours & Co. 的 Waynesboro，Va 煤粉锅炉的烟气中进行试验。

试验装置通过采用两台相同的袋式除尘器处理同一种气流：一台设计成不是脉冲喷吹就是反吹风形式（较少转换）的没有静电提高的除尘器（即常规的袋式除尘器）；另一台袋式除尘器增设静电提高装置。以静电力为条件对静电激励的袋式除尘器（ESFF）的效果同时监测。

图 5－179 是试验设备的素描图。

测试的条件是：

（1）过滤速度在 2～10ft/min（1～5cm/s）之间变化。

（2）电场强度在 0～5kV/cm 之间变化。

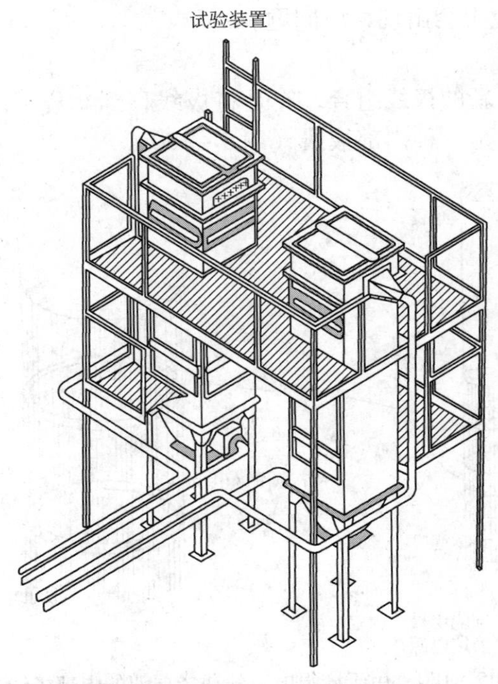

图 5-179 ESFF 试验设备的素描图

测试的三种滤料是：

（1）DuPont 的 23oz/yd^2（780g/m^2）机械拉毛 Teflon®针刺毡；

（2）17oz/yd^2（580g/m^2）在基布的一侧进行针刺的 Teflon®毡；

（3）J. P. Stevens17oz/yd^2 玻纤机织布，有 10% Teflon® B 处理的纬纱。

正常的运行步骤是在白天进行试验程序，并在夜间和周末保留袋式除尘器的自动运行。

平行电场静电激励袋式除尘器（ESFF）装置需要的电源功率非常低，纺织研究协会（TRI）在试验中证实，测量的动力消耗大约是 0.1W/ft^2 滤布（11W/m^2 滤布），确实很低，而在 *G/C* 为 6:1，压降为 1in H_2O 时的消耗大约为 1W/ft^2 滤布（10W/m^2 滤布）。

纺织研究协会（TRI）首先采用脉冲喷吹形式，取得了良好的结论，并得出了下列优点：

（1）能源消耗低；

（2）滤袋清灰更好；

（3）减少堵塞；

（4）改善集尘效率。

B 平行电场 ESFF 装置的内部极线和外部极线

对平行电场静电激励袋式除尘器（ESFF）装置，纺织研究协会（TRI）第一次是采用一组细的（0.016in 或 0.41mm 直径）垂直金属丝编织在滤布的水平纱线上作为极线，整个编织被组合在滤袋的外侧，这就是一种外部极线。

这种外部极线装置在试验设备测试时发现存在以下问题：

（1）金属丝线束的电位限制了滤袋的清灰。

（2）金属丝线束相当脆弱和难于编织。

（3）在高温烟气环境中会出现材质问题。

（4）袋笼要求绝缘。

为此，后来改用一种新的极线组合，它是将极线移到滤袋干净侧（内侧）的袋笼上，极线组合在袋笼上，这就是一种内部极线（图 5－180）。

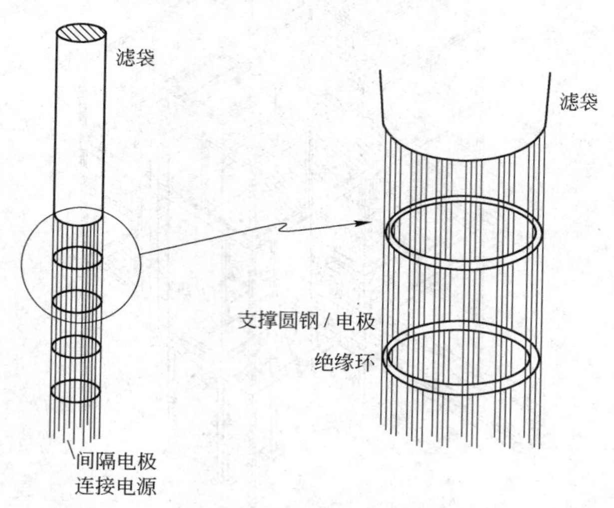

图 5－180　用于增强电力的滤袋框架的内部极线

纺织研究协会（TRI）的早期实验室数据指出，这种内部极线的排列方式，将比极线外部排列的线束（即极线编织在滤袋上的外部极线）减少电位吸引效应。这两种设计在实验室的发现结果基本一致。用 Teflon® 来绝缘会周期性地剥落，后来用陶瓷绝缘来替代。

内部极线试验是在各种不同的电场下，通过一定的烟气速度来评定三种滤料的压力降的上升率、剩余压力降和收尘效率。

这种电袋除尘器是在滤袋的所有空间内，和靠近滤袋的所有气流范围内设置电极，使其产生强表面电场（external electric field）。该电场既朝向滤袋的表面（大致垂直于气流流向），又朝向流过滤袋的气流方向（大致垂直于滤料表面）。

在袋笼或滤料中设置电极的实用优点是：电场设在滤袋表面比设在气流流动方向的作用将更多。

但是，这种配置只限用于低比电阻灰尘，同时滤料的电极的定位和配置的动力消耗将引起进一步探讨。

C　平行电场 ESFF 的压降比（PDR）

据纺织研究协会（TRI）调查，静电激励的袋式除尘器（ESFF）的最大优点是压力降上升的减少及尘粒渗透的减少。

为确定和比较压力降上升方面的效果，采用的一个因素称为 PDR（压降比）。

通过对清灰循环开始时和结束时的 ΔP_s 观察，在条件相同情况下，同时比较有电场的 ΔP 与无电场的 ΔP 之比的 PDR 为：

$$\text{PDR}=\frac{(\Delta P_f-\Delta P_r)_{\text{有电场的ESFF}}}{(\Delta P_f-\Delta P_r)_{\text{无电场的常规除尘器}}}$$

式中　ΔP——通过滤袋的压力降；

ΔP_f——最终状态（刚好是在清灰之前）；

ΔP_r——剩余状态（刚好是在清灰后）。

常规除尘器是指袋式除尘器没有静电提高时的除尘器。

对于一个理想化的袋式除尘器循环，在固定的含尘浓度情况下，滤袋压力降上升的线性是随时间而增加（从 ΔP_r 到 ΔP_f），它可以看作：

$$\mathrm{PDR} = \frac{(K_2)_{\text{有电场的ESFF}}}{(K_2)_{\text{无电场的常规除尘器}}}$$

式中 K_2——特定的尘饼压力降。

图 5－181 给出 Teflon®和玻纤滤袋在纺织研究协会（TRI）试验曲线上比较的典型试验结果。在两种形式的 Teflon®滤袋上，试验没有明显的不同。Teflon®滤袋的结果与纺织研究协会（TRI）试验曲线相似，但是稍为平坦些。它证实了一个确切的压降比（PDR）与电场强度的关系。

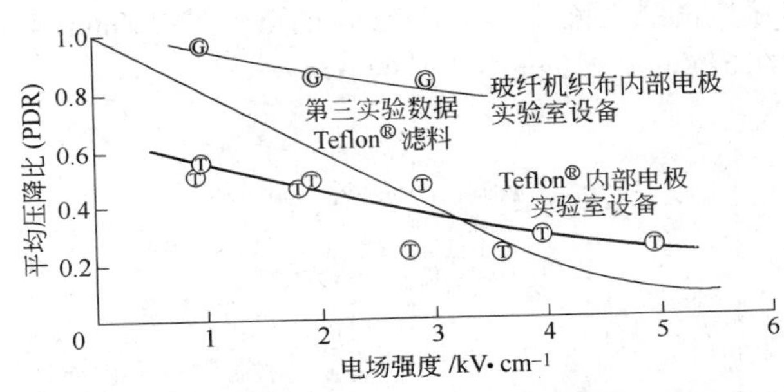

图 5－181 ESFF 的压降比（PDR）与电场强度比较

压降比（PDR）是气布比（G/C）的函数，玻纤袋没有 Teflon®滤袋的低密度表面特性，因此没有显出大的 ESFF 效果。

图 5－182 指出一些压降比（PDR）的细微差别，稍有区别的是由静电激励的袋式除尘器（ESFF）会引起 ΔP 的上升。首先，传统的滤袋在试验的第一个 10min 内，尘饼出现了非线性的曲线，传统滤袋随之即清灰；而静电激励的袋式除尘器（ESFF）滤袋在试验初期没有出现非线性的曲线情况。在经过几百小时在线运行后，静电激励的袋式除尘器（ESFF）滤袋形成了一个明显的较小尘饼。

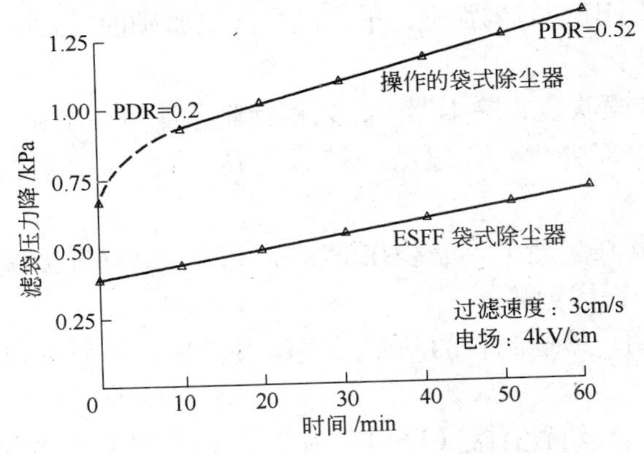

图 5－182 ESFF 的压降比（PDR）与清灰时间的比较

（1）除尘器的压降比（PDR）取决于时间的变化。在10min时压降比（PDR）显示为0.20；在60min后为0.52。

（2）纺织研究协会（TRI）设定大部分试验采用清灰循环为15min。

（3）图5－182给出静电激励的袋式除尘器（ESFF）效应的另外一个方面，一个清灰循环后形成较低的剩余压力降，静电激励的袋式除尘器（ESFF）滤袋的ΔP为常规袋式除尘器的20%～50%。

（4）在较高的气布比（G/C）时，平均压降差达到4～8in. w. g(1～2kPa)。

图5－183中给出在两种过滤速度情况下剩余或初始滤袋ΔP的比较：

（1）在5ft/min(2.5cm/s)时，两种过滤速度的运行是稳定的。两者的剩余ΔP的区别极为明显。

（2）在8ft/min(4cm/s)时，只有ESFF设备运行继续稳定，此时常规袋式除尘器的ΔP上升极迅速。

（3）注意，静电激励的袋式除尘器（ESFF）的ΔP在8ft/min(4cm/s)时，仍旧低于常规袋式除尘器运行在5ft/min(2.5cm/s)时的ΔP。

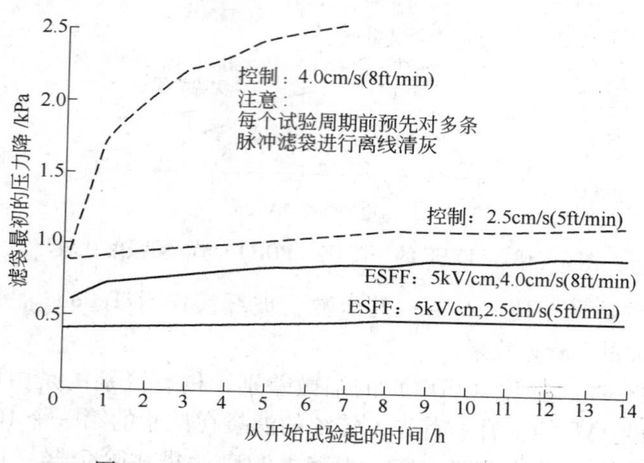

图5－183　ESFF试验设备的高气布比性能

D　平行电场ESFF装置的试验结果

在纺织研究协会（TRI）的试验中，平行电场静电激励的袋式除尘器（ESFF）取得了以下概念：

（1）在常规的脉冲喷吹袋式除尘器中，采用针刺毡滤料，尘粒一般捕集在滤袋迎风面表面，需周期性清除大部分尘饼，以减少滤袋的压力降。在此情况下，它将出现两个现象：

1）滤袋过滤时贴紧在袋笼上，滤袋在清灰循环时，尘粒直接渗透滤料的孔隙或为滤料缝隙所捕集，并积聚在干净侧。

2）尘粒在过滤初期，透过滤料的基布形成渗透积聚，部分尘粒被滤料所捕集，形成较高的压降。

（2）在静电激励的袋式除尘器（ESFF）中，尘粒在流过一个垂直于气流的强电场（≥2kV/cm）时，将给尘粒足够的电力，使尘粒在接近滤料前就能进行收集，形成气流的提前除尘。

(3) 可以看出，静电激励的袋式除尘器（ESFF）的效果被针刺毡滤料迎风面起毛的一面所改善，针刺毡滤料起毛的一面降低了针刺毡外表面的密度，并可起到集尘的作用，从而减少了尘粒在滤料的孔隙中的积聚。基于这个原理，试验证明起毛的针刺毡比光滑的机织布要好。

(4) 平行电场静电激励的袋式除尘器（ESFF）需要的电源功率非常低。纺织研究协会（TRI）在试验中测量的动力消耗大约是 0.1W/ft^2 滤布（11W/m^2 滤布）；在 G/C 为 6ft/min，压降为 1in. w. g 时，动力消耗大约为 1W/ft^2 滤布（10W/m^2 滤布）。

(5) 从静电激励的袋式除尘器（ESFF）除尘室收集的灰尘密度很小。

(6) 静电激励的袋式除尘器（ESFF）在每条滤袋 8 ~ 10kV，电流 1 ~ 20μA 时就能运行正常良好。

(7) 试验设备的经验主要是用脉冲喷吹清灰的 Teflon®针刺毡滤袋，滤袋价格 4.50 美元/ft^2，寿命 4 年，在这种运行中是合理的。

(8) 一种常规的脉冲喷吹清灰袋式除尘器，在燃煤锅炉中运行于 G/C 为 4ft/min (2cm/s) 时，滤袋 ΔP 为 6in. w. g(1.5kPa)。运行在试验设备上，静电激励的袋式除尘器（ESFF）在 G/C 为 4ft/min(2cm/s) 时滤袋的 ΔP 为 2in. w. g(0.5kPa)；它也显示出，运行的气布比（G/C）可高达 8ft/min(4cm/s)。

(9) 静电激励的袋式除尘器（ESFF）滤袋与常规滤袋的尘饼有明显的区别：

1) 无论是内部极线还是外部极线，ESFF 比一般滤袋出现的尘饼厚度要小。

2) 极线影响滤袋的活动，或减弱脉冲清灰，会影响滤袋的彻底清灰。

3) 从静电激励的袋式除尘器（ESFF）除尘室内收集的灰尘密度明显很小。

(10) ESFF 设备的效能。静电激励的袋式除尘器（ESFF）在局部的效能试验，由多级撞击（multiple cascade impactors）得出。静电激励的袋式除尘器（ESFF）在除尘方面显示出，在 0.4 ~ 0.6μm 范围的灰尘中，具有一种数量级的优越性。在这种试验中得出，常规袋式除尘器采用通常的脉清灰方法时，开始过滤除尘时渗漏；但是，如果是静电激励的袋式除尘器（ESFF），实际上，只要求少量的清灰，也就是较低的压降比（PDR）和 ΔP_r，其结果是有效的和显著的。

另一种的观察结果是，静电激励的袋式除尘器（ESFF）在 Teflon®针刺毡的滤袋单侧，如果去掉电场，在新滤袋中就会有更多的灰尘泄漏，其效率就从 97% ~99% 降低到 75%，大大降低。这说明滤袋在出现漂移电场（drift field）时，尘粒就会在滤袋上收集。

E 平行电场 ESFF 的经济分析

图 5 - 184 显示出静电激励的袋式除尘器（ESFF）电耗的经济性。

在气布比（G/C）为 4: 1ft/min（2cm/s）和电价 0.05 美元/(kW · h）时，静电激励的袋式除尘器（ESFF）因为它较高的基本投资而没有什么优势，但在以下情况下，静电激励的袋式除尘器（ESFF）的年电耗费将减少：

(1) 在气布比（G/C）为 4ft/min（2cm/s）下，当电费增加时，电耗费就变成少于常规袋式除尘器。

(2) 当气布比（G/C）提高后，其年耗电费显著节约。

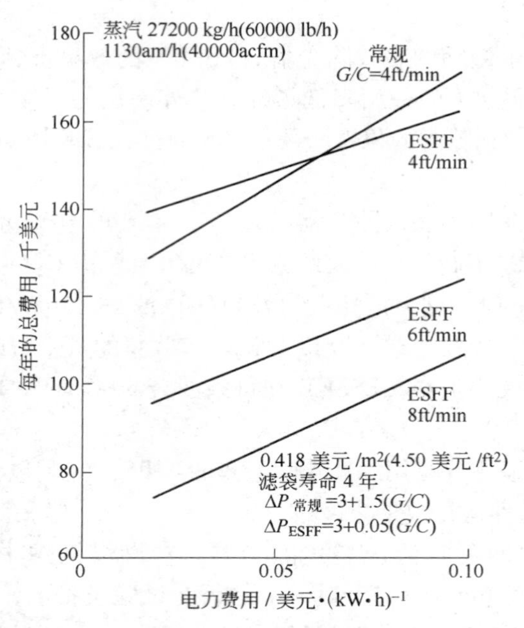

图 5－184 ESFF 的经济分析

气布比（*G/C*）即使超过 8ft/min(4cm/s)，滤袋寿命仍可乐观。

气布比（*G/C*）在 6ft/min(3cm/s）时，每年的总费用将控制在节约 30%。

试验测试指出，静电激励的袋式除尘器（ESFF）降低了滤袋表面堆积灰尘的时间，因此能运行在高的气布比（*G/C*）而不会长时间堆积灰尘。

在降低滤袋 ΔP 的因子为 3 时，发现更有利于降低年度费用，且滤袋寿命增加的因子为 3，或滤袋成本降低的因子为 10。

之后，在经 Teflon® B 处理的玻纤机织布的反吹风清灰滤袋上进行了同样的试验。反吹风滤袋的电极构造采用机织电极，金属纤维极线在滤料机织过程中织到滤料中去。采用同样的试验装置，其结果是剩余压力降明显减少，在过滤循环中的压力降上升。

5.5.4.7 垂直电场的 ESFF

近来，一种新的提高电场的方法在 U. S. EPA 实验室内开始研究，这种新设计被称为优越的静电激励的袋式除尘器（ESFF）。

A 垂直电场的 ESFF 的结构形式

新方法是在滤袋内部中心设置一根电极（图 5－185），当一个高电压施加在电极上时，一个电场就在电极与含尘滤袋面之间建立起来。

电场的出现产生了以下后果：

（1）改变了灰尘沉淀的形式；

（2）尘饼结构变化，结果可降低流过滤袋的压力降。

实验室试验结果显示，这种设计减少压力降增加量 90%，它比 Apitron®除尘器或平行电场除尘器要好得多。

这种除尘器的结构比其他除尘器要简单得多。

静电激励的袋式除尘器（ESFF）的极线是一根钩在常规袋帽下面，由 3 根直径 1/8in

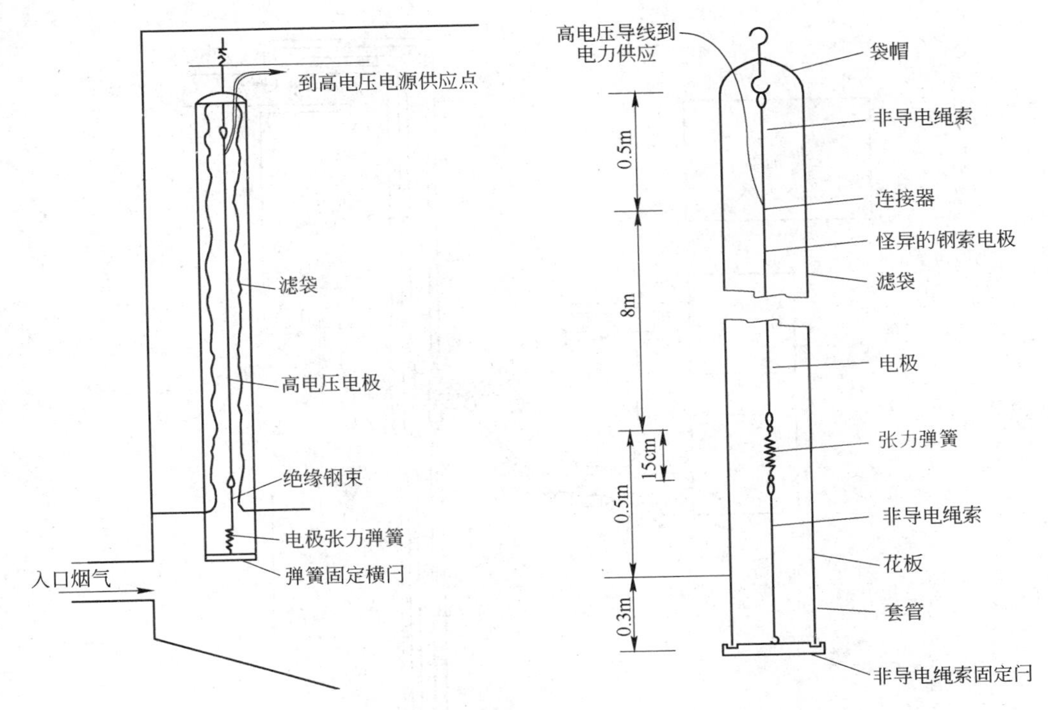

图 5-185 垂直电场的 ESFF

(0.32cm) 的 Teflon®绳索组成一根绝缘绳索。挂钩悬挂在袋帽上。绝缘绳索较低的末端连接到高压极线上，它是一根特殊的不锈钢电缆，长 21ft(6.4m)。一个弹簧接到电极电缆的底部，弹簧底部连接用第二根 3 根 Teflon®组成的绳索，弹簧提供滤袋张紧时电极的弹性。较低的绳索紧拴在滤袋套管内部的制闩中心。

B 垂直电场的 ESFF 实验室设备系统

a 垂直电场 ESFF 的试验设备

优越的 ESFF 试验设备装在 Havelock，NC 的 Cherry Point Marine Corps Air Station (CPMCAS)，用来过滤两台振动式燃煤锅炉的烟气（图 5-186）。

袋式除尘器为双排布置，旁边是一台试验拖车，每排除尘室设一台单独的风机，从每台锅炉的下游电除尘器的入口抽来容量为 $700ft^3/min(19.8m^3/min)$ 的烟气，当一台锅炉停运时，入口管道关闭停运。

为了每个室清灰，由一台反吹风机提供外围的空气。从滤袋上清除的灰尘沉积在每个除尘室灰斗下面的大桶中，灰桶每周提供三次人工清理。

b 垂直电场的 ESFF 电极的电压控制

(1) 垂直电场的 ESFF 实验室设备电极的电压是通过袋帽上钻一个孔插入 Teflon®滤袋内的一根高电压线提供。

(2) 滤袋的中心电极线固定在滤袋底部的入口处，所有滤袋平行分成两组极线，电极的电压控制简图如图 5-187 所示。

(3) 一个可变的变压器控制供给输出电源为 60kV 高电压，输出到数据记录设备的电压下降到 0～6V。

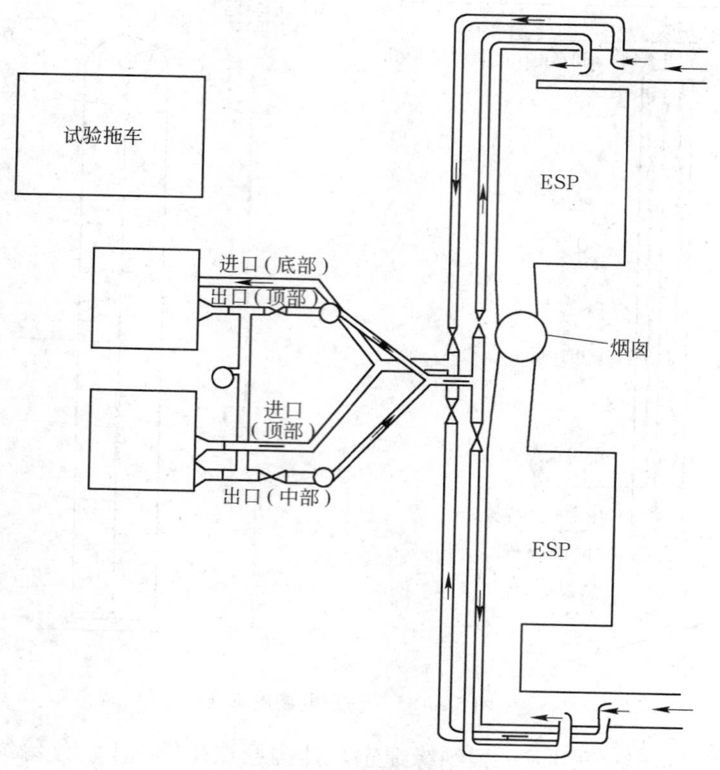

图 5-186 优越的 ESFF 的试验设备

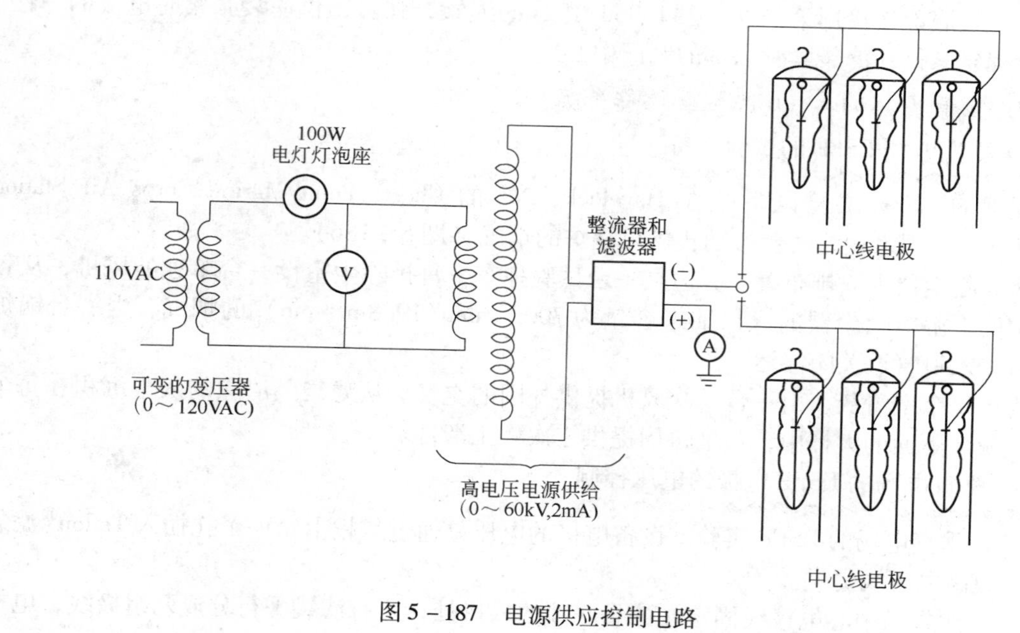

图 5-187 电源供应控制电路

c 垂直电场 ESFF 的接地装置

这个研究的所有滤袋采用 J. P. Stevens648 织成的机织布。开始研究时，不知道如何使灰尘/滤料组合成一个用于接电的接地层为好；不知道灰尘/滤料组合是否能提供足够程度的接地电导率。

为试验这种电导率的意义，在底部入口的小室内设置了两种由机织布做成的滤袋（一种是常规的，另一种是 ESFF），机织布为小直径的、有规则地、间隔性织入不锈钢电极丝的机织布，所有这些机织物电极均连接到小室的接地结构上。

d　垂直电场 ESFF 的过滤速度

优越的 ESFF 的过滤速度可以比常规滤袋更高。因此，这种新过滤技术试验的重点是：要使 ESFF 滤袋比常规滤袋运行在较高的面速度（过滤速度），以延长清灰周期。

为了这个目的，制订了一个长时间试验的测试计划，而不是进行各种短试验来测试各种参数，该计划称为逐步增加过滤速度的单一试验。这种试验特别重要的一点是，很难设定常规滤袋和 ESFF 滤袋的精确流量，它只能在小室底部入口处确定总的流量。这是因为 ESFF 滤袋与常规滤袋之间的气流分布是通过两组滤袋之间压力降（Drag）之差来求得的。

由于表面速度（过滤速度）会影响压降比，带来滤袋的压力降（Drag），因此将滤袋压力降（Drag）作为滤料的含尘负荷的一个因素，示于图 5－188（ESFF 数据）和图 5－189（常规数据数据）中。

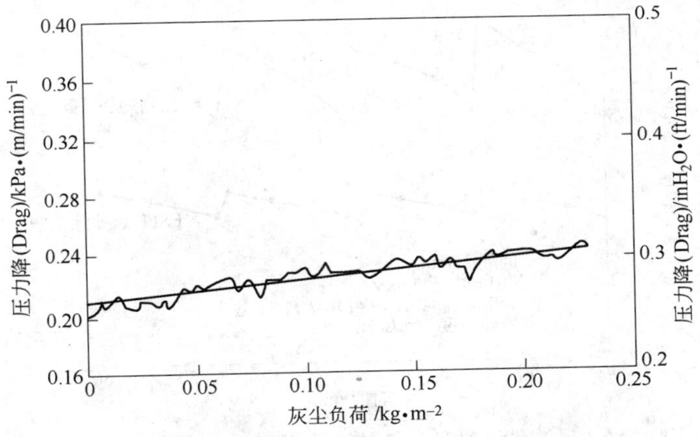

图 5－188　1 号滤袋（ESFF）与压力降（Drag）的相互关系

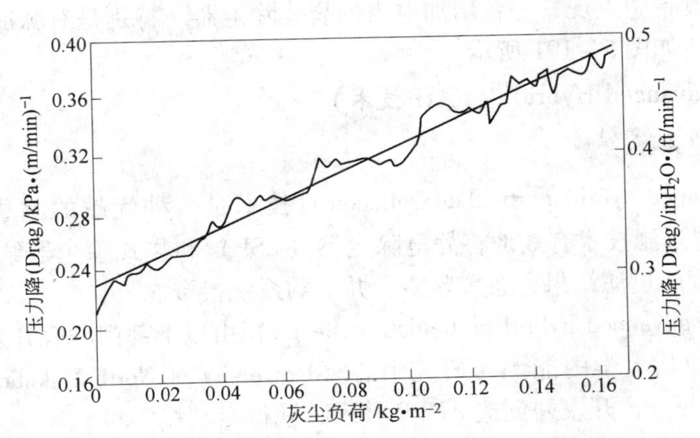

图 5－189　2 号滤袋（常规滤袋）与压力降（Drag）的相互关系

图中直线代表正常的衰退数据，在这些数据中可以注意到它们有两个重要的特征：

（1）直线提供的数据是一种好的正常数据，指出设定压力降（Drag）与含尘负荷之间的一种直线关系，是数据分析中固有的、是合情理的。

（2）两条线的斜度（即 K_2 值）是极为不同的；即，ESFF 的压力降（Drag）与常规滤袋相比，上升得非常慢，常规滤袋比 ESFF 滤袋的剩余压力降（Drag）要稍高些。

e 垂直电场 ESFF 的电场强度

电场强度最高达 6×10^5V/m，大多数取 $2\times10^5\sim4\times10^5$V/m。这是一种电场空间的电压差异的名义电场强度（nominal field strength），滤袋表面的电流一般为 15～30μA/m²。

从图 5－190 和图 5－191 中可以明显看出增加电力的优点。增电袋式除尘器中的干净滤料压力降（ΔP）要小于常规的袋式除尘器。在过去的袋式除尘器中，当安装未使用过的（新的）滤料时，其 ΔP 值开始时非常低，不过很快就能达到一个稳定状态的 ΔP。

图 5－190 中的数据是从使用约 3 个月的滤袋上收集来的。灰尘渗入滤袋的间隙空隙，增加压力降，同时也提高了收尘效率。电场明显地减少了滤料的渗入，因此降低了压力降（ΔP）。

对于一个已知清灰量和入口灰负荷的除尘器，过滤速度如高于图 5－190 所示的状态，在高气流量时，灰尘的积聚会非常快，清灰效率会降低。

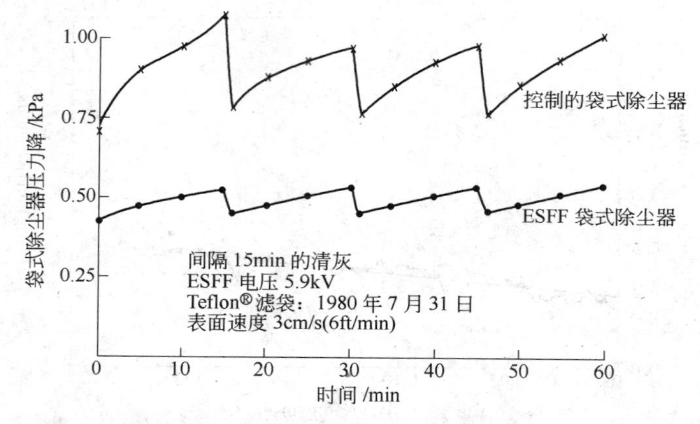

图 5－190 经过几次清灰循环运转的脉冲清灰（有或没有增电）的压力降

但是在试验设备中发现，一台增加电力的袋式除尘器（特别是对脉冲清灰）能在提高过滤速度下运行，如图 5－191 所示。

5.5.4.8 Advanced Hybrid™（AH 技术）

A AHPC 技术的开发

AHPC（advanced hybrid particulate collector）技术是一种优越的电袋结合式除尘器，Advanced Hybrid™过滤技术有效地将静电除尘器（ESP）和袋式除尘器结合在同一过滤室内，它能产生极好的过滤结果，布置紧凑，并节约系统投资。

AHPC 技术（advanced hybrid particulate collector）由以下部门联合开发：

（1）北达科他州大学的能源与研究中心（University of North Dakota's Energy & Research Center，EERC），开发并创造 AHPC 技术，获得专利权。

（2）美国能源部（U. S. Department of Energy，DOE），开发阶段协助探讨，开发早期

阶段的主要财务赞助者。

（3）戈尔股份有限公司（W. L. Gore & Associates，Inc.），合作开发5年之久，并提供Gore－Tex®覆膜滤袋，AHPC技术的财政支持者，全球专用独家许可者。

AHPC技术由以下部门联合制造：

（1）ELEX公司：坚硬的极线、板。

（2）W. L. Gore & Associates，Inc.：Gore－Tex®覆膜滤袋。

1999年7月：在South Dakots的Big Stone燃煤电厂进行试验研究。

2001年10月16日：美国能源部/国家能源技术实验室（U. S. Department of Energy/National Energy Technology Laboratories，DOE/NETL）授予奖励基金支持第一台全规格示范的Advanced Hybrid™过滤技术，并在Otter Tail电力公司设在South Dakots的Big Stone燃煤电厂进行首次应用。

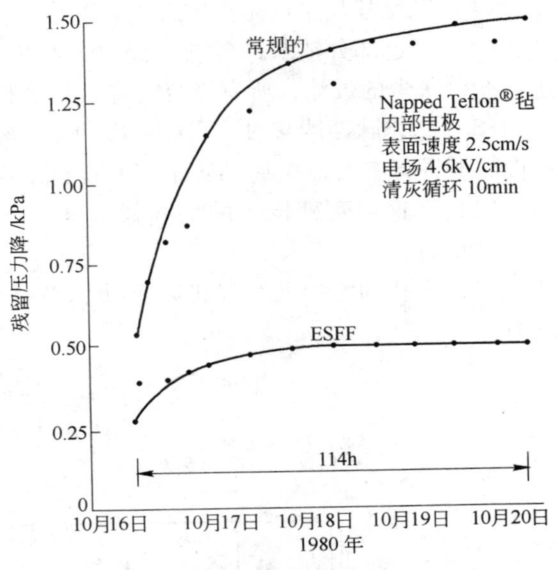

图5－191　增电后提高过滤速度的运转

2002年10月：预定的开炉日期。

Big Stone燃煤电厂是将现有电除尘器（ESP）改造成Advanced Hybrid™除尘器，由总部在瑞士的全球空气污染设备供应商ELEX AG公司提供现有电改袋的交钥匙工程，并被授予许可向市场供应这种技术。W. L. Gore & Associstes，Inc.（Gore）提供该系统的组成部分Gore－Tex®覆膜滤袋。

B　AHPC技术的描述

常规的组合袋式除尘器一般是电除尘器与袋式除尘器组合成前后系列的前电后袋式（图5－192(a)），而优越的组合袋式除尘器则是电除尘器与袋式除尘器混合成一体的电袋混合式（图5－192(b)）。

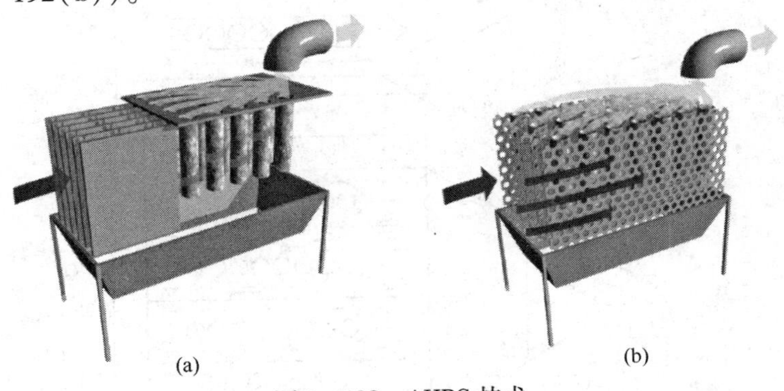

图5－192　AHPC技术

（a）前电后袋式；（b）电袋混合式

Advanced Hybrid™过滤技术独有的结构是在除尘器的ESP除尘室内装入滤袋（图5－193），其过滤程序为：

（1）气流和灰尘首先直接进入ESP区，清除大多数灰尘。

（2）经过部分清灰的气流，经过多孔极板（ESP的收尘极板）的孔洞转移到滤袋上进行剩余灰尘的过滤，所有气流在排出除尘器之前全部通过滤袋过滤。

（3）滤袋脉冲清灰时，表面剥离的尘饼经过多孔极板（ESP的收尘极板）返回到ESP区内，并进行有效地捕集，从而大大减少滤袋上的残留灰尘。

（4）在这种两种技术的协同效应下，Gore－Tex™覆膜滤袋运行的过滤速度可高达11～12ft/min。

（5）穿孔的ESP收尘极板除了捕集带电尘粒外，同时可避免滤袋受放电电极潜在的电损害。

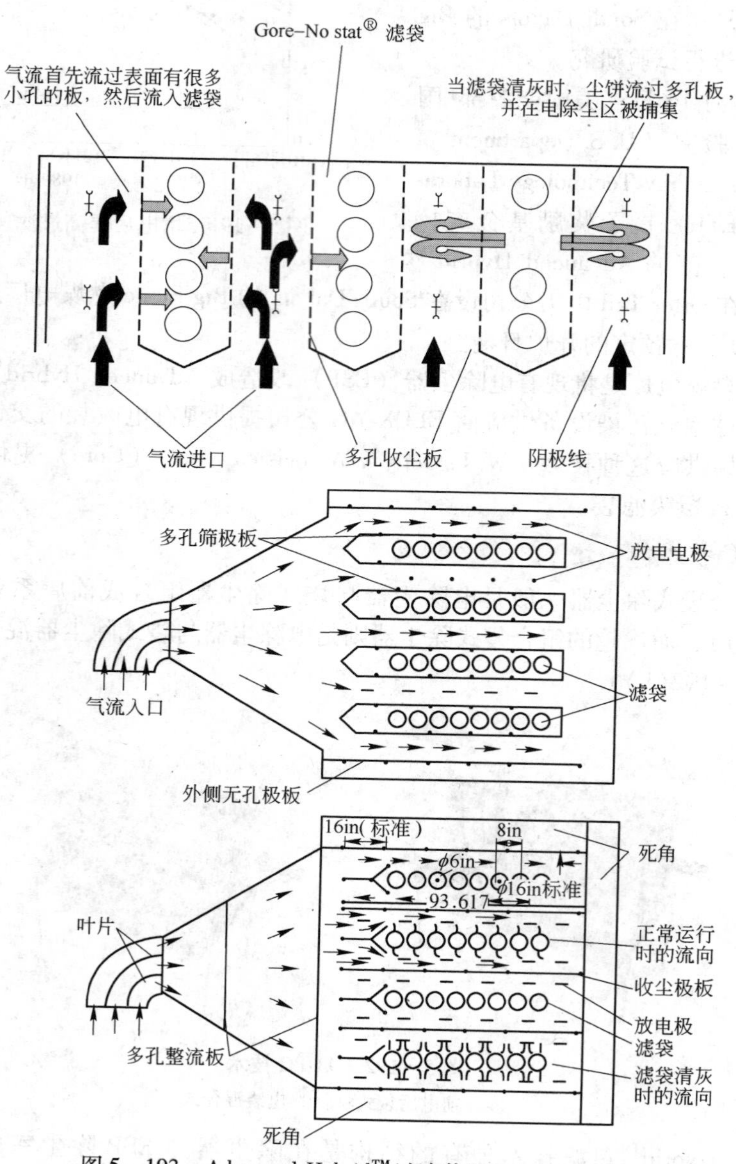

图5－193 Advanced Hybrid™过滤装置的过滤程序

C AHPC 技术的功能与优点（表 5－34）

表 5－34 AHPC 技术的优点

优 点	理 由
低投入费用	布置紧凑、高 G/C 比、部件少
低运行费用	部件少，而且更可靠；耐用、高性能的 Gore－Tex® 覆膜滤袋；可比的能耗费用
低排放浓度	Gore－Tex® 覆膜滤袋
燃料灵活性	优越的 ESP 和袋式除尘器装置使它的性能超过大部分除尘设备

一般前电后袋除尘器，前面的电除尘器虽能使后面的袋式除尘器增高其处理风量，但是，前电后袋却没有电除尘器与袋式除尘器之间的联合增效，为此气布比提高不多，增加了占地。而 AHPC 技术优越的组合袋式除尘器则具有以下特点。

（1）组合现有的电除尘器与袋式除尘器两种技术（图 5－194）。

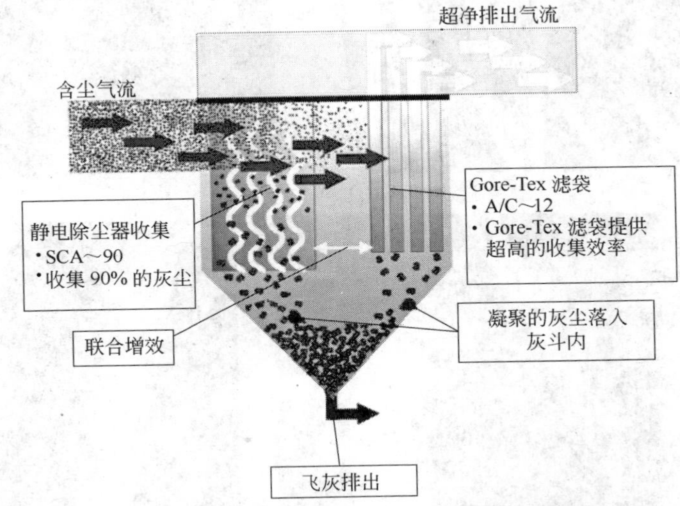

图 5－194 电除尘器与袋式除尘器两种技术的组合

（2）滤袋的高气布比（G/C）和紧凑的设计，使布置紧凑、占地少。

（3）较小的过滤室：滤袋数量只有常规袋式除尘器的 1/3；阴极线数比标准电除尘器少 1/2。

（4）现有电除尘器可改造成优越的组合袋式除尘器：在现有电除尘器内进口紧凑的设计；现有灰处理设备、管道等可保留再用。

（5）设备投资低。

（6）较少的过滤室数，设备运行可靠。

（7）采用 Gore－Tex™ 覆膜滤袋可比常规滤袋捕集更细的灰尘，并提供超低的排放，仅为常规除尘器有效排放标准的 1/10。

（8）耐用持久的优质配件：ELEX 公司的坚硬的阴极线；Gore－Tex® 覆膜滤袋。

（9）经得起考验的技术：标准的电除尘技术；标准的袋式除尘技术。

D AHPC 技术的结构

优越的组合袋式除尘器的结构如图 5－195 所示。

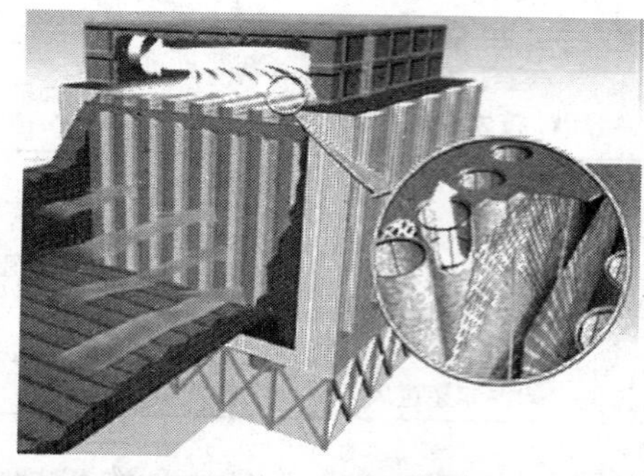

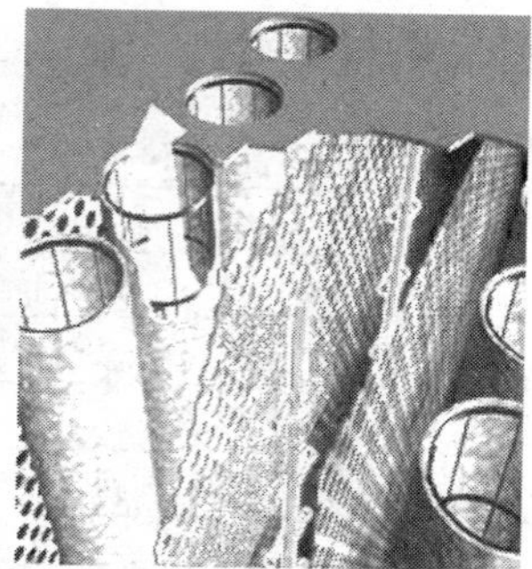

过滤室内部的 ESP

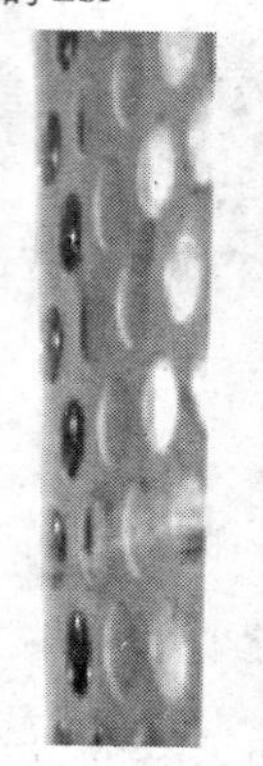

ELEX 公司的坚硬的阴极线

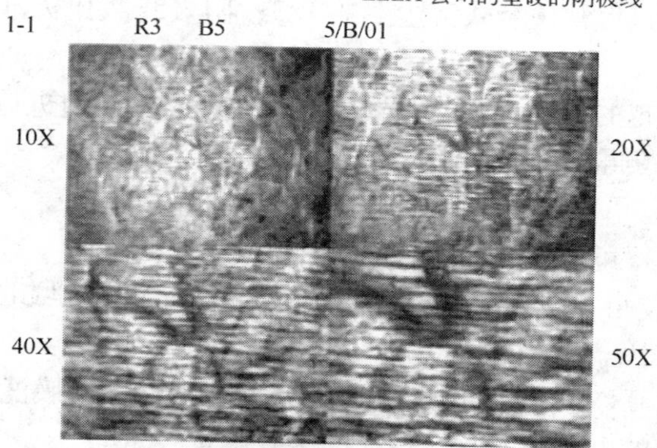

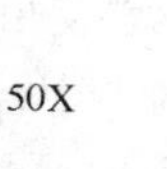

覆膜滤料表面的 AB 面

Gore-Tex® 覆膜滤袋

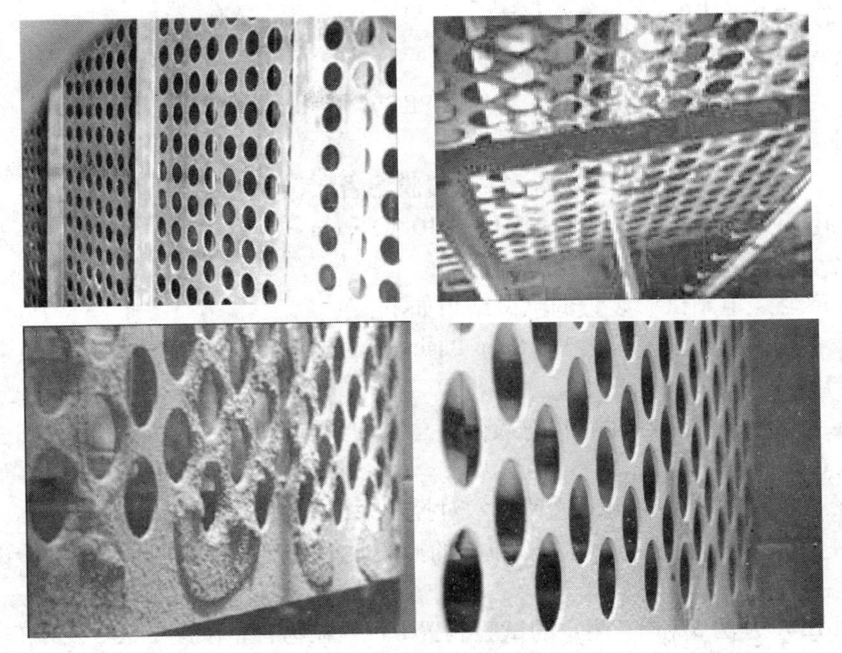

多孔板的布置

图 5－195 优越的组合式电袋除尘器

E AHPC 技术的试验装置

AHPC 技术的试验研究是 1999 年 7 月在 SouthDakota 的 Big Stone 燃煤电厂进行的，试验装置如图 5－196 所示。

图 5－196 优越的组合式电袋除尘器的试验装置

Big Stone 燃煤电站试验装置的摘要：

锅炉装置　旋风锅炉

River Basin 粉煤（PRB）

烟气量　9000acfm

过滤袋　32 条 Gore – Tex®覆膜滤袋

飞灰比电阻　在 135°C 时 $10^{11} \sim 10^{12}\Omega \cdot cm$

气布比（*G/C*）　3.4m/min 运行

Big Stone 燃煤电站试验装置的测试结果如下：

（1）设备用来过滤从燃烧各种 River Basin 煤的旋风锅炉产生的飞灰，稳定运行在气布比（*G/C*）11 ~ 12ft/min 的水平。

（2）连续运行在在线脉冲喷吹清灰循环总平均大于 20min 情况下，法兰到法兰的平均压差维持在 6.5 ~ 8.0inH_2O。

（3）在不断的试验中证明，这种技术对控制汞也有效。

（4）用 EPA 方法 7 测定证明，颗粒物的捕集效率大于 99.99%，现场试验设备的排放效率如图 5 – 197 所示。

（5）用 EPA 方法 5 和 17 测定的试验装置 PM 颗粒物含尘浓度如表 5 – 35 所示。

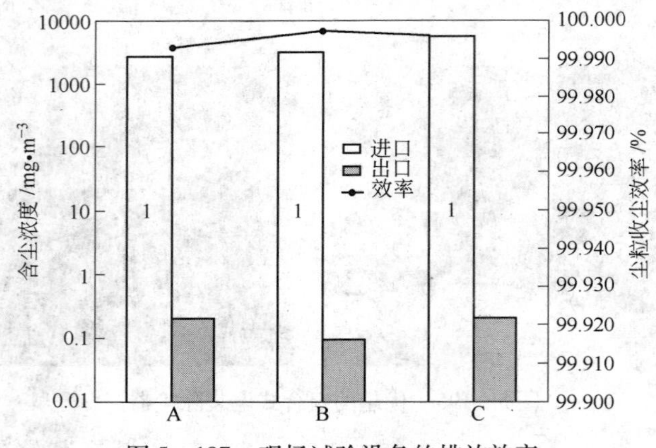

图 5 – 197　现场试验设备的排放效率

表 5 – 35　EPA 方法 5 和 17 测试的试验装置 PM 含尘浓度

进口/mg · m^{-3}	出口/mg · m^{-3}	温度/℃	湿度/%	取样时间/h	排放效率/%
2677	0.21	138	12.2	4	99.992
3112	0.09	138	11.8	17	99.997
5362	0.21	140	12	15	99.996

F　AHPC 技术的应用

a　意大利 Sacci 水泥厂（图 5 – 198）

生产指标

产量　1270000kg 水泥/d

图 5－198 意大利 Sacci 水泥厂

烟气量　　　　78Nm³/s

含尘量　　　　39000mg/Nm³

新的优越的组合袋式除尘器

滤袋质量　　　Gore－Tex®滤袋

袋数　　　　　600 条

袋长　　　　　6.5m

气布比（A/C）　3.6m/min

投产日期　　　2002 年 10 月

b　Big Stone 燃煤电站

Big Stone 燃煤电站优越的组合式电袋除尘器全规格设备安装情况如下：

（1）450MW 旋风式燃煤锅炉（每小时消耗 250t 煤；气流量 600Nm³/s；含尘浓度 4500mg/Nm³）。

（2）优越的组合式电袋除尘器 5½周全部安装完毕。

（3）安装 4830 条 Gore－Tex®覆膜滤袋。

优越的组合式电袋除尘器的全貌如图 5－199 所示。优越的组合式电袋除尘器的安装和滤袋安装如图 5－200 和图 5－201 所示。

图 5－199 优越的组合式电袋除尘器全貌

图 5－200 优越的组合式电袋除尘器的安装

改造后为联合增效的滤袋底部

图 5－201 优越的组合式电袋除尘器滤袋安装

Big Stone 燃煤电站改造后的结果如图 5－202 所示。

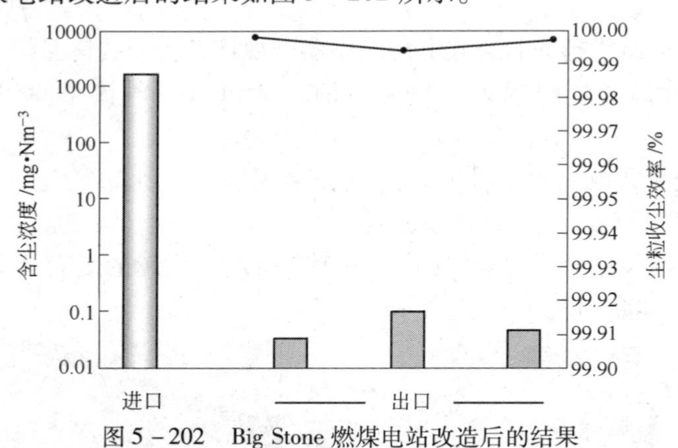

图 5－202 Big Stone 燃煤电站改造后的结果

5.5.4.9 Indigo 凝聚器

A Indigo 凝聚器的沿革

Indigo 凝聚器（The Indigo Agglomerator）是澳大利亚 Indigo 技术集团研制的一种除尘器预处理设备。

静电除尘器（ESP's）、袋式除尘器（Baghouses）、旋风除尘器和洗涤器等传统设备都不能有效去除细小微粒（即小于直径 2.5μm），正是这些细小微粒形成了从工厂烟囱里排出的含有毒性物质的烟尘（如铬、水银、砷等微粒），引起周边地区的健康卫生问题。

Indigo 凝聚器主要用于除去细小微粒，它通过对颗粒物质进行正负极充电，经特别的混合过程，使细小颗粒附着成更大的颗粒，为传统的除尘器或其他污染控制设备创造除尘的先决条件。

2001 年：Indigo 凝聚器在澳洲试用成功。

2003 年：Indigo 凝聚器在美国密西西比电力公司位于 Gulfport 的华森厂首次安装，并正式投入商业运营。

2005 年 5 月：在美国，该设备安装在 Hammond（佐治亚）和 Asbury（密苏里）投入试运行。

在澳洲，Vales Point（新南威尔士）、Tarong（昆士兰）、ValesPoint（新南威尔士）工厂安装的该设备，是 Indigo 凝聚器最初设计的原型所在地。

Indigo 凝聚器经过工业上的实际应用，初步试验证明：

（1）透明度增加 70%，最高达 90%。

（2）排放浓度减少 45%。

（3）PM2.5 细小颗粒排放量减少 50% 以上，美国华森厂安装的 Indigo 凝聚器成功地去除了超过 80% 的水银。

B Indigo 凝聚器的凝聚

1970 年清洁空气法实施后，提高了对粒子凝聚的关注度。由此要求提高除尘效率，强化对细尘粒的收集，使粒子凝聚技术得以发展。

一般细粒灰尘的凝聚（图 5－203）有机械的、化学的、声学的、静电的多种形式，但细尘粒的凝聚方法至今尚无实用而经济的方法。

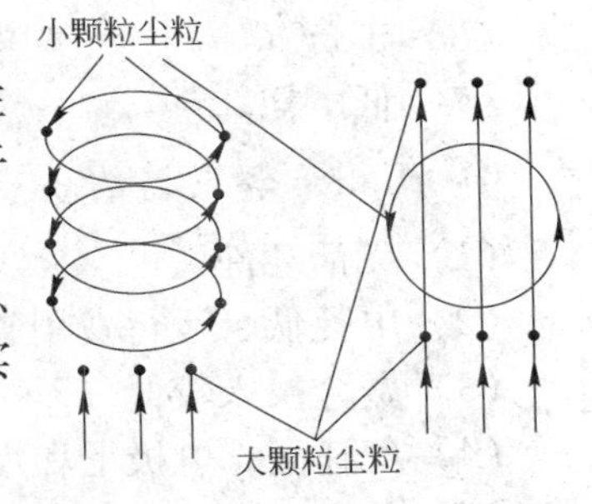

图 5－203 细粒灰尘的凝聚

（1）凝聚是在除尘器之前对烟气进行处理的一种方法。

（2）利用流体力（FAP）和静电力（BEAF）将细尘粒凝聚成大颗粒尘粒，使除尘器的净化得以进一步提高。

（3）Indigo 凝聚器的凝聚是一种利用双电极荷电正负各一半的结果（图 5－204）。

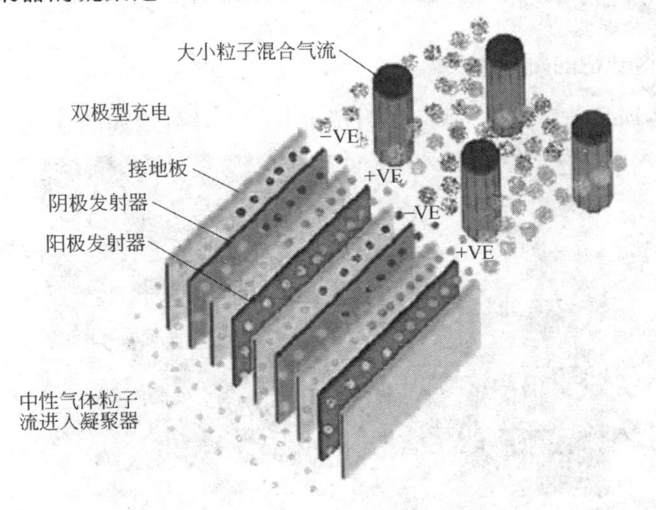

图 5－204 Indigo 凝聚器的凝聚

（4）细粒子与异极性粗粒子选择性的凝聚混合，使尘粒变得更大。
（5）异极性粗细粒子接近、吸引、附着形成大粒子。

C Indigo 凝聚器与电除尘器的区别

Indigo 凝聚器与电除尘器类似，但有所不同。Indigo 凝聚器与电除尘器类似之处：
（1）有接电极板。
（2）有放电极。
（3）两者间隔排列。
（4）高压供电。
（5）低压力降。

Indigo 凝聚器与电除尘器不同之处：
（1）不捕集粉尘。
（2）无灰斗。
（3）无振打装置。
（4）高流速/小尺寸。
（5）湍流/混合。
（6）正负（+/-）高压。
（7）低电耗。

D Indigo 凝聚器的主要特点

（1）无活动件、可靠、少维护。
（2）电耗低、运行费用省（5kW/100MW 装机）。
（3）资金投入较低（2～2.5 美元/kW，包括安装费用）。
（4）气速高，电极上和烟道底部不积灰。
（5）前期所需制造时间短（4～6 星期），安装时停机时间短（1～6 星期）。
（6）体积小，可预先装配，安装停工只需几天。
（7）阻力低，小于 250Pa。

E Indigo 凝聚器的应用

a Vales Point 电站的凝聚器

美国德尔塔（Delta）电气公司 Vales Point 电厂 5 号机组如图 5－205 所示。

图 5－205 Vales Point 电站凝聚器

图 5－206 所示为 2002 年 Vales Point 电站数据。

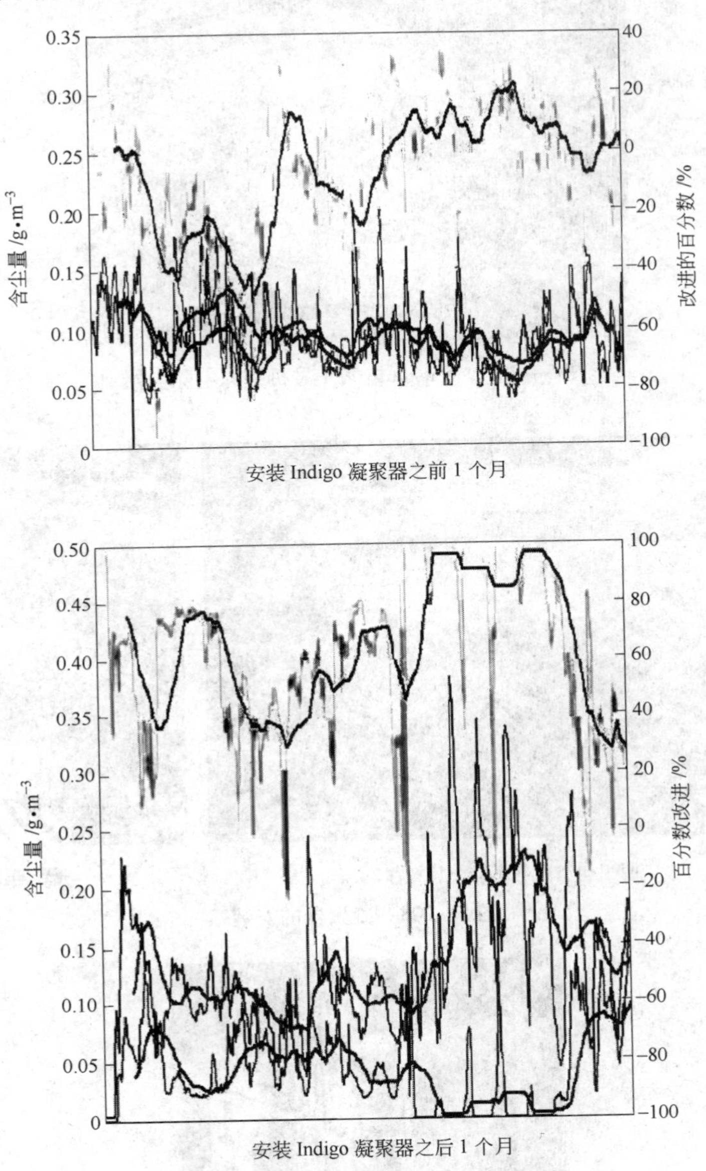

图 5－206 Vales Point 电站数据

b Watson 电站凝聚器

美国密西西比（Mississippi）电力公司 Watson 电站 4 号机组原为电除尘器，如图 5－207 所示。

凝聚器的安装如图 5－208 所示；凝聚器停车时内部状况如图 5－209 所示。

Watson 电站凝聚器的测试数据如下：

（1）第一电场的电气参数如图 5－210 所示。

（2）Watson 电厂的浊度记录如图 5－211 所示。

图 5－207　Watson 电站 4 号机组原电除尘器

Watson 电厂的凝聚器

凝聚器正在吊装

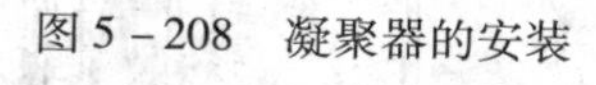

图 5－208　凝聚器的安装

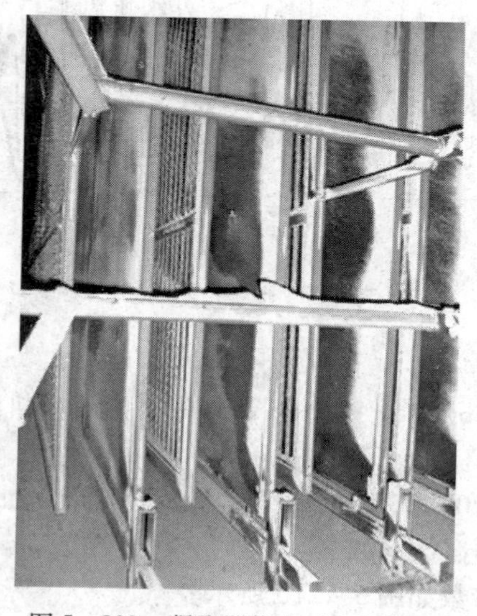

图 5－209　凝聚器停车时内部状况

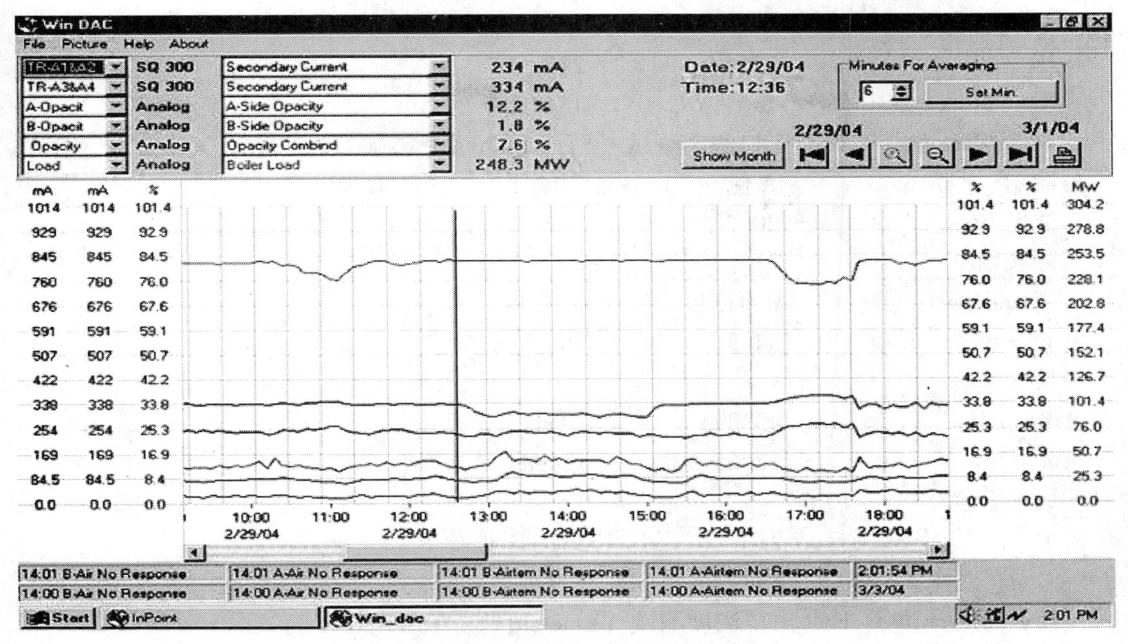

图 5-210　第一电场的电气参数

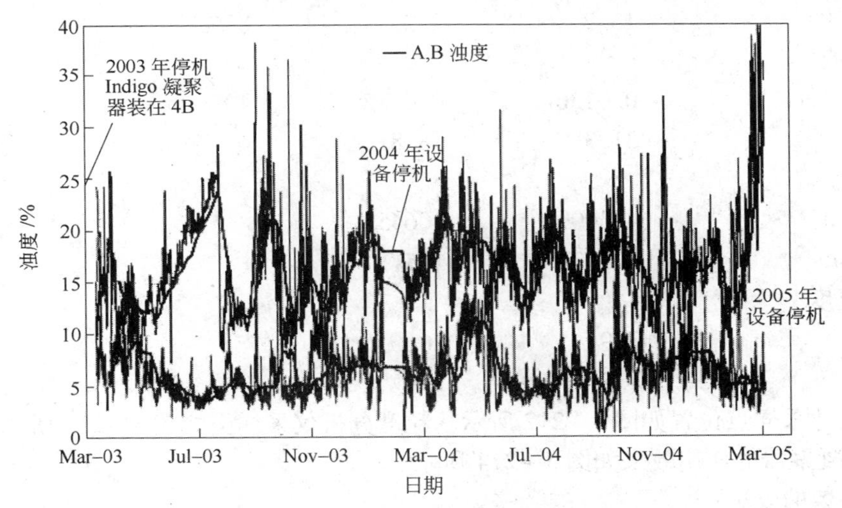

图 5-211　浊度记录

（3）Watson 电厂 ESP 出口浓度测试（西部 ELK 煤）（2003 年 4 月）：

测定	A 侧	B 侧	减少
浊度/%	15	4	73%
颗粒物/			
Grains · acf^{-1}	0.012	0.0066	45%
mg · m^{-3}	27.5	15.1	
烟气量/			
$ft^3 \cdot min^{-1}$	408718	450700	
$m^3 \cdot min^{-1}$	11573	12762	

烟气温度/		
℉	276	273
℃	136	134

（4） Watson 电厂 ESP 出口浓度测试（西部 ELK 煤）（2004 年 4 月）：

测定	A 侧	B 侧	减少
浊度/%	20.2	7.2	64%
颗粒物/			
Grains · acf^{-1}	0.0237	0.0159	33%
mg · m^{-3}	54.3	36.3	
烟气量/			
$ft^3 \cdot min^{-1}$	433093	395412	
$m^3 \cdot min^{-1}$	12265	11198	
烟气温度/			
℉	280	264	
℃	138	129	

（5） Watson 电厂 ESP 出口浓度测试（Emerald 煤）（2004 年 4 月）：

测定	A 侧	B 侧	减少
浊度/%	13.2	2.3	83%
颗粒物/			
Grains · acf^{-1}	0.0136	0.0082	40%
mg · m^{-3}	31.3	18.8	
烟气量/			
$ft^3 \cdot min^{-1}$	443609	406455	
$m^3 \cdot min^{-1}$	12563	11511	
烟气温度/			
℉	269	261	
℃	132	127	

粒子尺寸采样点位置如图 5－212 所示。粒度分析仪采样头如图 5－213 所示。Indigo 凝聚器的使用效果如图 5－214 所示。

电器参数的改进：

（1） 入口电场电器参数的改进如表 5－36 所示。

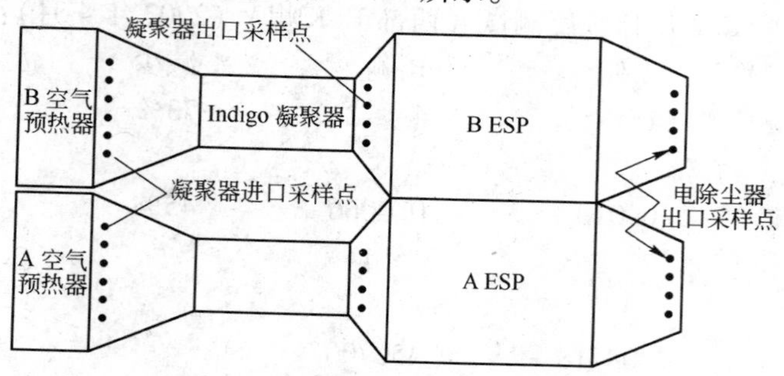

图 5－212 粒子尺寸采样点

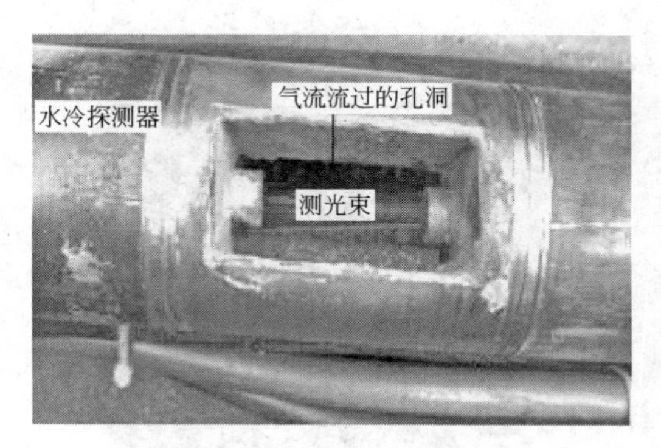

图 5-213 粒度分析仪采样

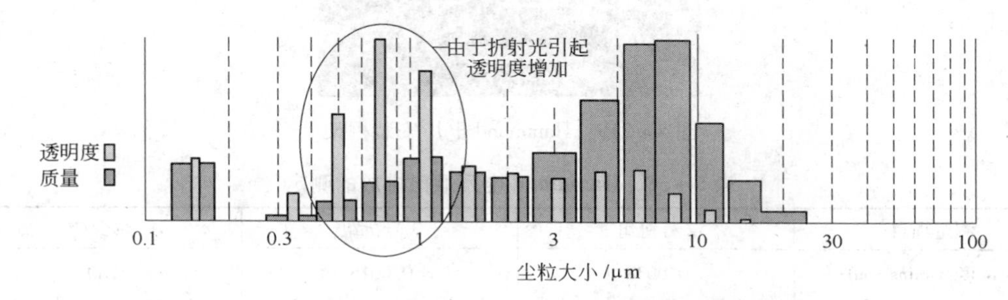

图 5-214 EPS 电除尘器出口的质量、浊度和粒径的典型关系

表 5-36 入口电场电器参数的改进

参　数	A ESP		B ESP		电流增长率
	电压/kV	电流/mA	电压/kV	电流/mA	
A 通道无凝聚器	52.4	217	52.6	230	5.8%
B 通道有凝聚器	55.0	230	55.0	330	43.5%
百分增长率	5.0%	6.0%	4.6%	43.8%	

（2）出口电场电器参数的改进如表 5-37 所示。

表 5-37 出口电场电器参数的改进

参　数	A ESP		B ESP		电流增长率
	电压/kV	电流/mA	电压/kV	电流/mA	
安装凝聚器后	51.6	1197	52.8	1106	0.8%
12 个月后，凝聚器停用之前	48.8	460	54.8	888	93.0%
百分增长率	-5.4%	-58.1%	3.8%	-19%	

c Hammond 电站的凝聚器

佐治亚（Georgia）电力公司 Hammond 电厂 3 号机组如图 5-215 所示。

Hammond 电厂烟囱排放的测定（2004 年 10 月）如表 5-38 所示。

图 5－215 Hammond 电厂安装框架

表 5－38 Hammond 电厂烟囱排放的测定

测定项目	2 号机组	3 号机组	减少/%
尘粒浓度/$Grains \cdot aft^{-3}$	0.0038	0.0015	60
$mg \cdot m^{-3}$	8.7	3.45	60
流量/$acf \cdot min^{-1}$	540000	486000	
烟气温度/℉	261	253	

Hammond 电厂粒子尺寸比较如图 5－216 所示。

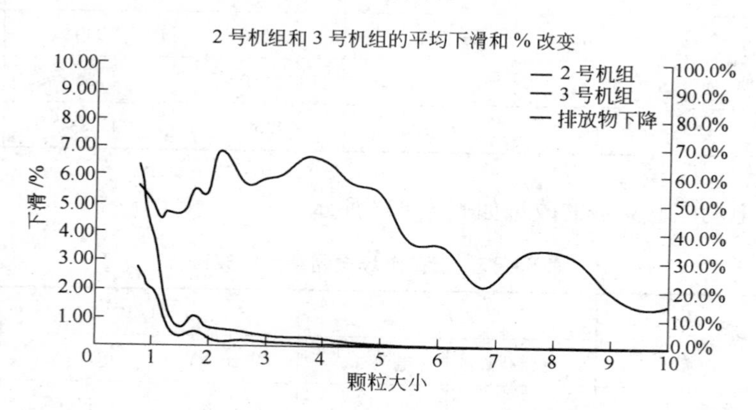

图 5－216 Hammond 电厂粒子尺寸比较

d Tarong 电力公司的凝聚器

Tarong 电厂 1 号机组安装凝聚器之前烟尘排放情况（2004 年）如图 5－217 所示。

Tarong 电厂安装凝聚器后的排放情况（2005 年）如图 5－218、图 5－219 所示。

Tarong 电厂温度的影响如图 5－220 所示。

Tarong 电厂除尘器灰斗的灰尘粒度如图 5－221 所示。

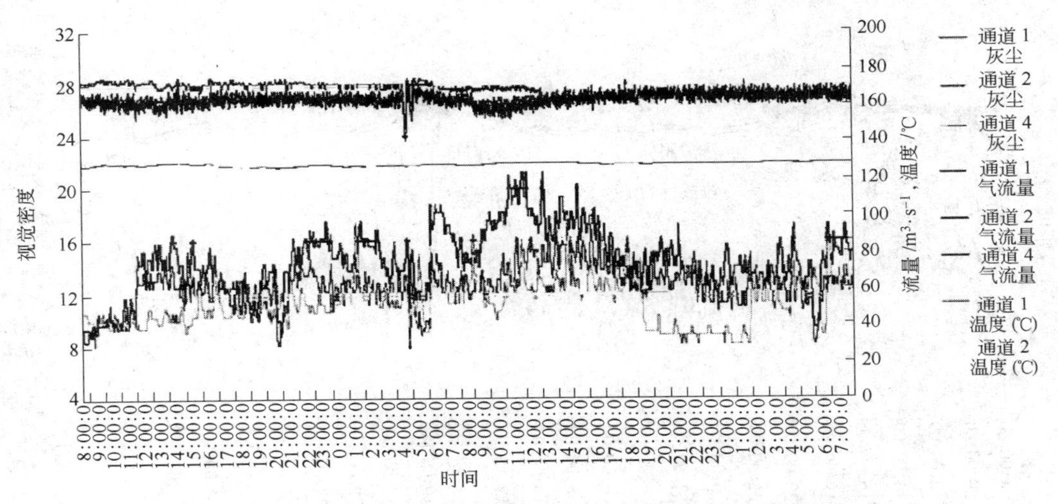

图 5－217　Tarong 电厂安装凝聚器之前烟尘排放情况（2004 年）

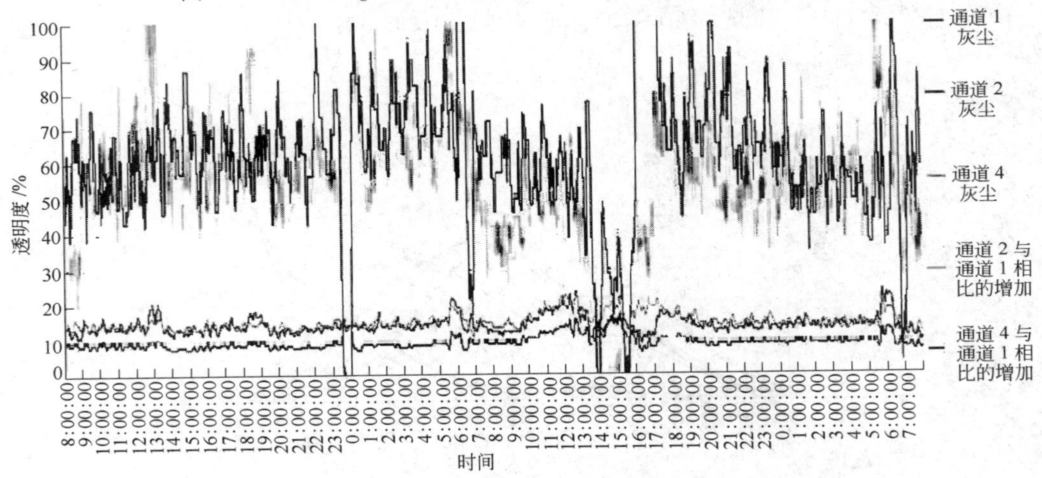

图 5－218　Tarong 电厂安装凝聚器后烟尘排放情况 Ⅰ（2005 年）

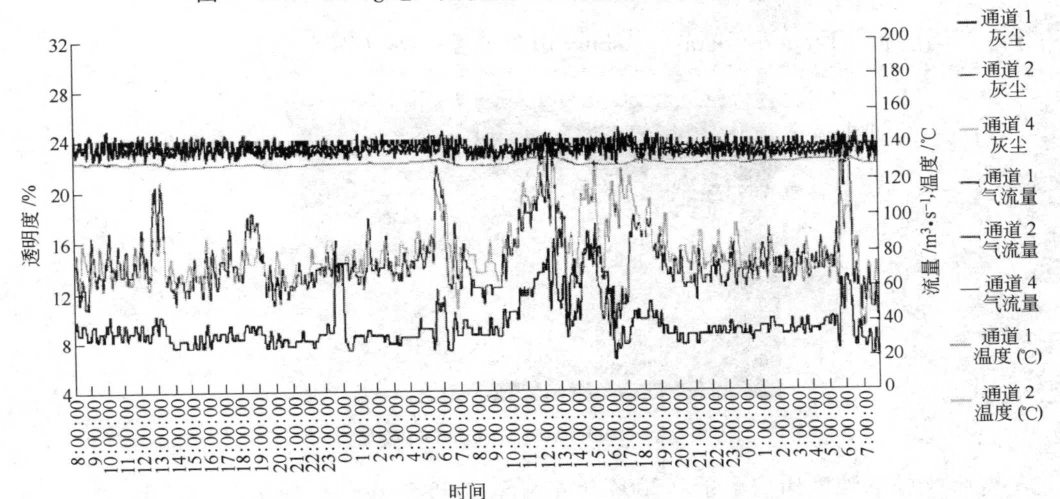

图 5－219　Tarong 电厂安装凝聚器后烟尘排放情况 Ⅱ（2005 年）

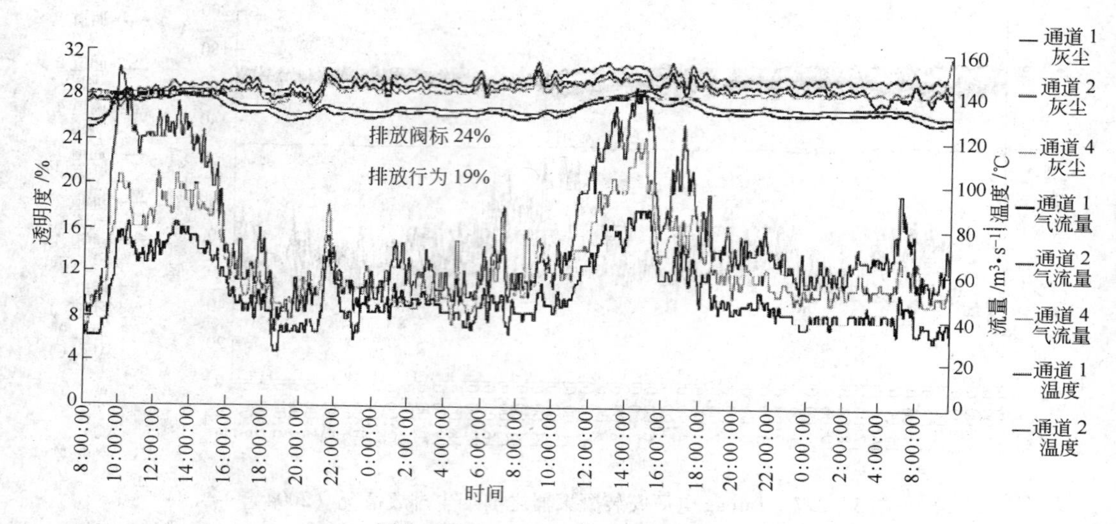

图 5－220　Tarong 电厂温度的影响

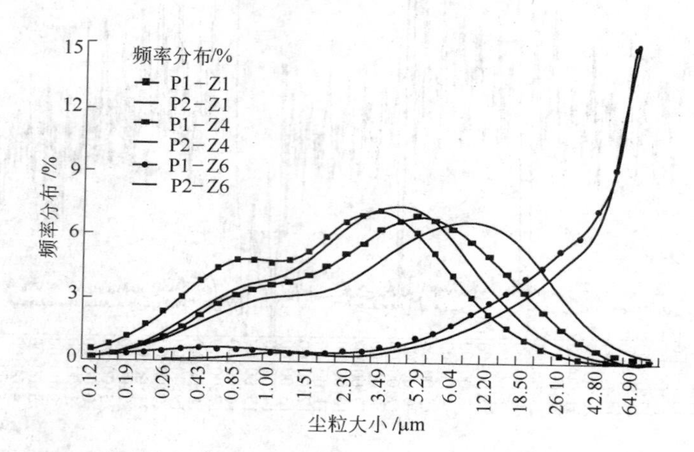

图 5－221　Tarong 电厂除尘器灰斗的灰尘粒度

e　帝国能源（Empire Energy）Asbury 电站的凝聚器（图 5－222）

图 5－222　Asbury 电站的 Indigo 凝聚器

Asbury 电站的浊度历史记录（2004 年 4 月至 2005 年 6 月）如图 5－223 所示。温度对浊度的影响如图 5－224 所示。

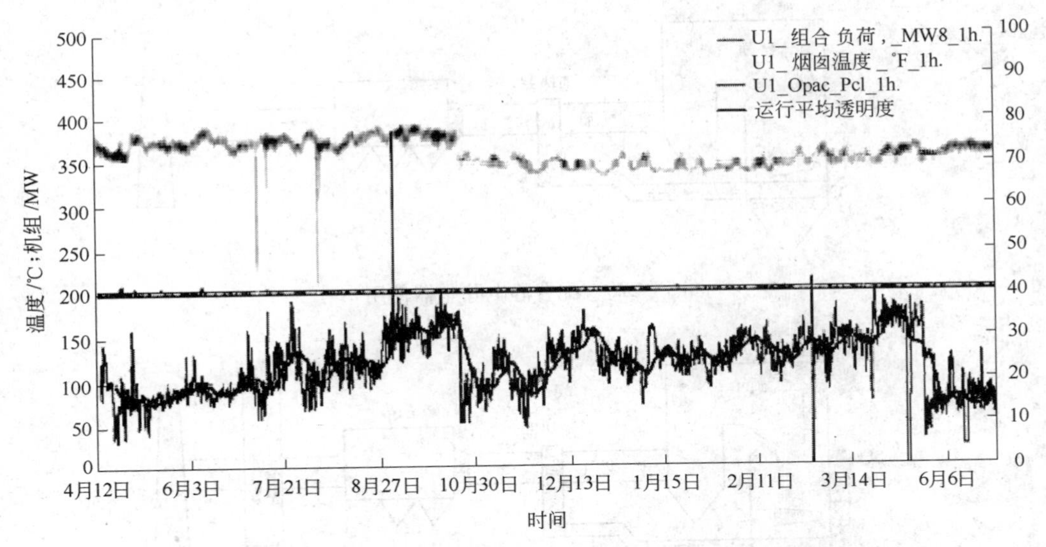

图 5－223 Asbury 电站的浊度历史记录（2004 年 4 月至 2005 年 6 月）

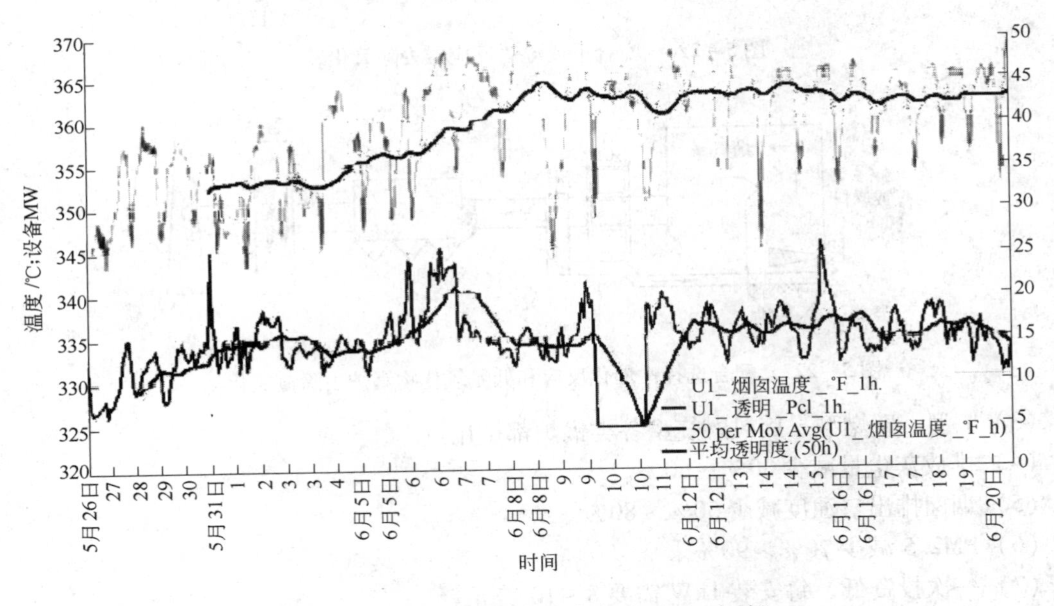

图 5－224 温度对浊度的影响（Asbury 电站）

F Indigo 凝聚器的使用效果

（1）配合静电除尘器可使除尘效率大于 99%（图 5－225）。

（2）使用干或湿法反应器去除氧化硫，去除效率可大于 90%（图 5－226）。

（3）使用选择性催化反应和低氮氧化物锅炉去除氮氧化物，去除效率大于 90%（图 5－227）。

G 总结

（1）此后，已有 5 台凝聚器在运行，其中 2 台运行达 2 年以上。

（2）美、澳、南美的煤都试用过。

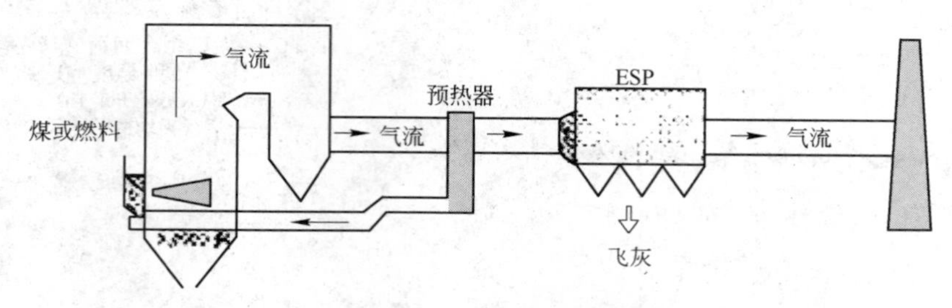

图 5-225 配合静电除尘器使用

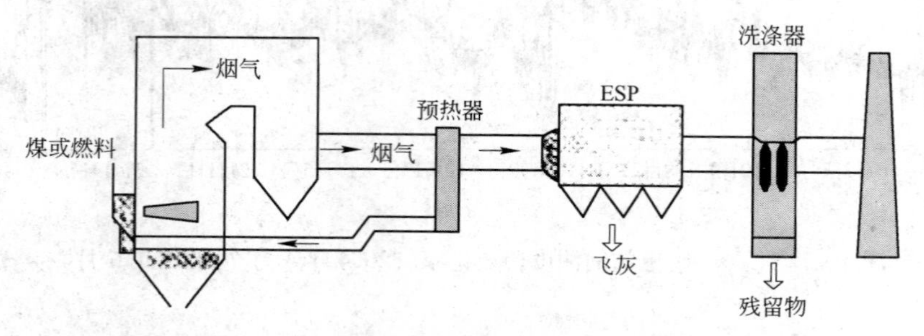

图 5-226 配合干或湿法反应器去除氧化硫

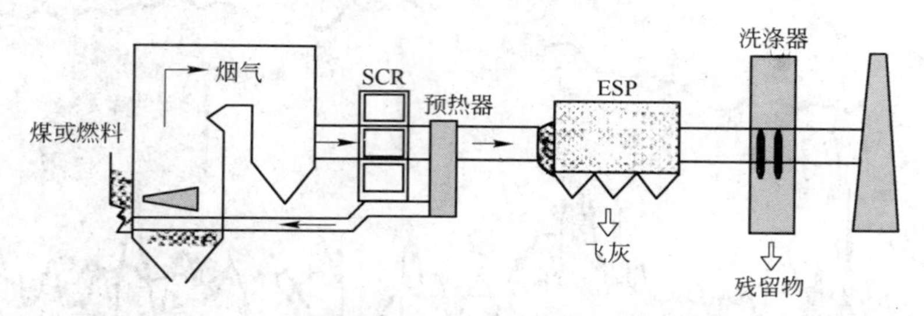

图 5-227 配合选择性催化反应和低氮氧化物锅炉去除氮氧化物

(3) T 型、壁燃型、旋风燃烧型各类锅炉都试用过。

(4) 排放灰尘量减少 30% ~60%。

(5) 烟囱排出口浊度减少 50% ~80%。

(6) PM2.5 减少 70% ~90%。

(7) 一次投资低，每安装 1kW 需要 8 ~10 美元。

(8) 需要停主机时间短（1 ~6 周）。

(9) 需要前期制作的时间短（4 ~6 月）。

(10) 运行维护费用低。

(11) 压力降小（小于 1in. w. g. ）。

(12) 设备耗电少（5kW/100MW 机组）。

6 袋式除尘器的滤料

6.1 国内外纤维、滤料的沿革

6.1.1 国外纤维、滤料的沿革

1910 年：人造纤维及人造丝问世。

1935 年：尼龙纤维问世。

1939 年：化纤滤料开始出现正式商业产品，袋式除尘器才考虑采用合成化纤滤料，从而引起袋滤技术的再次发展。

1950 年：第二次世界大战后，化纤滤料才在袋式除尘应用中起到很大影响。

1954 年：美国 Du Pont 公司于 1938 年发现 PTFE，1954 年进入商品生产，商标 Teflon®。

1960 年：美国 Du Pont 公司开始研制 Nomex®产品。

1969 年：美国 Du Pont 公司正式将 Nomex®纤维在高温滤袋中应用。

1970 ~ 80 年代：R & D 公司为在高温滤料延长滤袋寿命及提高过滤风速，在高于 260℃的烟气中采用烧结滤料、陶瓷滤料及不锈钢丝滤料。

1970 年代：世界滤料生产技术上出现三项重大成就：（1）筒形滤料的织制技术；（2）针刺滤料的加工技术；（3）玻璃纤维滤料的表面处理技术。

1973 年：美国 Gore 公司首创覆膜滤料，开创了袋滤技术表面过滤的新局面。

1973 年：美国开发了 PPS 纤维。

1977 年：美国菲利浦（Phillips）石油公司和纤维公司首创 PPS 纤维。

1983 年：美国菲利浦（Phillips）石油公司和纤维公司正式向市场推出 PPS 纤维，牌号 Ryton®。

1984 年：奥地利 Inspect 公司于 1984 年首创 Polyimide 纤维（聚酰亚胺），牌号为 P84®。

6.1.2 国内纤维、滤料的沿革

1950 年初：中国没有滤料生产厂，市场上也没有专供用作滤料的产品，仅以棉、毛、丝绸、工业呢等天然织物作为滤料。

1957 年：上海耀华玻璃厂首次生产圆筒玻纤袋，为我国袋式除尘器在高温应用中创造了条件。

1974 年：武汉安全环保研究所开发研制的 208 涤纶单面绒布，成为国内第一个用于脉冲除尘器的滤料。

1980 年：膨体纱玻纤滤料诞生。

原国务院环保办组织了五个部委开展研究用于袋式除尘器耐 200℃高温的合成纤维滤

料的课题。

1985 年：抚顺产业用布厂（即原抚顺毛纺三厂）根据沈阳铝镁设计院的要求，与东北大学、冶金部建筑研究院共同研制生产出涤纶针刺毡，并在纺织工业部的积极支持下，引进了英国和联邦德国两条涤纶针刺毡流水线。至此，我国才开始有针刺毡滤料，为我国脉冲除尘器采用针刺毡滤料奠定了基础，赶上了世界水平。

1986 年：上海宝钢与上海火炬工业用布厂共同研制出 729 涤纶机织布，首创我国第一个机织布滤料。

1990 年：在东北大学及抚顺产业用布厂的共同努力下，玻纤针刺毡正式试制成功，并生产出我国第一个玻纤针刺毡系列产品。

1991 年：开始研制 MP－922 消（防）静电滤布。

1992 年：在上海市计委、科委共同主持，上海工业技术发展基金会组织协调下，由上海纺织科学研究院、上海第八化纤厂、上海赛璐珞厂以及上海向阳化工厂共同合作、开发、研制聚砜酰胺（芳砜纶）制品，1980 年代中试成功，并于 1992 年通过国家机械电子工业部的部级鉴定，从而使 Nomex 实现了国产化。

1993 年：上海凌桥环保设备厂在国内首先生产国产薄膜滤料。

1995 年：原抚顺市产业用布厂开发防静电针刺毡。

1996 年：德国 BWF 公司在无锡开办了我国第一个外资滤料公司，首先推出防油防水针刺毡滤料。

1998 年：营口玻璃纤维有限公司、抚顺市工业用布厂合作开发、申请了多功能玻璃纤维复合滤料及其制造方法专利，为我国从单一纤维滤料发展到多种纤维复合滤料开创了先例，并推出氟美斯耐高温针刺毡（FMS）系列产品。

2006 年：PPS 及 PTFE 开始实施国产化。

2009 年：P84®开始实施国产化。

6.2 纤维、滤料的特性

6.2.1 纤维、滤料的特性（表 6－1～表 6－4）

表 6－1 各种滤料的特性

名称	聚酯	丙纶	共聚丙烯腈	均聚丙烯腈	聚苯硫醚	Aramid	聚酰亚胺	玻纤	聚四氟乙烯	
牌号	Dacron	Heroulon	奥纶	Dralon T	Ryton	Nomex	P84®	玻纤	Teflon	Toyoflon
连续运行温度（干态）/℃	132	94	120	125	190	204	260	260	260	260
水汽饱和状态（湿热）/℃	94	94	110	125	190	117	195	260	260	260
最高运行温度（干态）/℃	150	107	120	150	232	240	300	290	290	290
比重	1.38	0.9	1.16	1.17	1.38	1.38	1.41	2.54	1.6	2.3
相对湿度（在 20℃ 及 65% 相对湿度下）/%	0.4	0.1	1	1	0.6	4.5	3	0	0	0

续表 6-1

名称	聚酯	丙纶	共聚丙烯腈	均聚丙烯腈	聚苯硫醚	Aramid	聚酰亚胺	玻纤	聚四氟乙烯	
支持燃烧性	是	是	不	是	不	不	不	不	不	不
耐生物性(细菌、霉)	无效	极好	非常好	非常好	无效	无效	无效	无效	无效	无效
耐碱性	差	极好	差	差	极好	好	非常好	非常好	极好	极好
耐无机酸	差	极好	好	非常好	极好	差	非常好	非常好	极好	极好
耐有机酸	差	极好	好	极好	极好	差	非常好	非常好	极好	极好
耐有机溶液	好	极好	非常好	非常好	极好	非常好	极好	非常好	极好	极好

表 6-2 滤料滤尘性能指标实测参数[①]

测试时段	滤料测试项目									
			滤料型式	覆膜	常规	覆膜	常规	覆膜	常规	覆膜
			材质	PTFE	玻纤	玻纤	PPS	涤纶	涤纶 729	涤纶 729
			类型	纤维毡	机织布	机织布	针刺毡	针刺毡	机织布	机织布
	形态	单位面积质量	g/m^2	932	892	122.9	604	518	300	3.32
		厚度	mm	1.09	1.64	1.24	2.05	1.96	0.75	0.74
Ⅰ时段[②]	洁净滤料阻力系数			106.7	15.9	35.5	11.9	92.5	9.5	57.2
	初阻力[⑤]		Pa	351.7	41.9	132.3	38.9	352.2	63.1	216.6
	残余阻力		Pa	670.4	435.5	238.6	110.7	668.6	192	414.7
	平均除尘效率		%	99.9964	99.9672	99.9981	99.9979	99.9945	99.9420	99.9995
	平均透过率		%	0.0036	0.0328	0.0019	0.0021	0.0055	0.0580	0.0005
Ⅱ时段[③]	老化开始时阻力		Pa	475.2	255.5	203.9	95.7	509.4	150.6	281.1
	老化结束时残余阻力		Pa	620.3	417	397.8	190.3	666.5	190.9	456.1
Ⅲ时段[④]	开始时阻力		Pa	821.6	529.9	385.3	208.5	796.4	730.3	524
	结束时阻力系数			304	213	173	150	257	273	218
	结束时残余阻力		Pa	905.2	845.3	442.2	231.5	785.1	857.7	590
	平均除尘效率		%	99.9971	99.9748	99.996	99.997	99.993	99.9564	99.996
	平均透过率		%	0.0029	0.0252	0.0004	0.0003	0.0007	0.0436	0.0004

①东北大学滤料检测中心提供；

②"时段Ⅰ"指从滤料洁净状态开始，实施滤尘—(定压喷吹) 清灰过程 30 个周期中的测试过程；

③"时段Ⅱ"指滤料在（滤尘—清灰 10000 个周期）老化处理中的测试过程；

④"时段Ⅲ"指滤料经老化处理后再进行（滤尘—清灰 30 个周期）的测试过程；

⑤即洁净滤料阻力。

表 6－3 特种滤料耐温抗腐蚀特性实测参数

序号	滤料类型	使用温度①/℃			耐常温酸浸蚀特性/%		耐热酸浸蚀特性/%		耐常温碱浸蚀特性/%		备注
		连续使用		瞬间上限	断裂强力保持率	断裂伸长率变化	断裂强力保持率	断裂伸长率变化	断裂强力保持率	断裂伸长率变化	
		干态	湿态								
1	Restex（膨化聚四氟乙烯）基布 Kermel 面层针刺毡	180	160	220	135.7	缩 31.9					
2	Ryton（聚苯硫醚）针刺毡	170		200	108.1	缩 5.2	93.7	+3.7	97.2	1.2	
3	Nomex、Conex 芳纶针刺毡	170～200	170	230	85.2	缩 9.1					酸性烟气中不宜使用
4	无碱玻纤针刺毡	200	260	270	74.6	增 4.8					
5	Kermel 针刺毡	180	160	220	46.3	缩 18.2	103.3	3.2	0		
6	P84®（聚酰亚胺）针刺毡（蒸呢）	240		260	113.8	增 3.7	122.7	缩 9.1	0		碱性气氛中不宜使用
7	P84®（聚酰亚胺）针刺毡（轧光）	240		260	136.9	增 13.1					碱性气氛中不宜使用
8	E－PTFE（膨化聚四氟乙烯）（Gore' Tex）	260	260	290							不受酸碱腐蚀，几乎在各种溶剂中都不溶（据美国戈尔公司产品介绍）
9	特氟隆针刺毡（基布为 PTFE 长丝，面层为 PTFE 短纤维）	260	260	270							不受酸碱腐蚀，几乎在各种溶剂中都不溶（据德国 Lomach 公司产品介绍）
试验条件					常温下 60% H_2SO_4 浸 72h		85℃5% H_2SO_4 浸 48h		常温下 40% NaOH 浸 500h		

①东北大学滤料检测中心提供。

表 6－4 滤料对微细颗粒物捕集效率

粒径/μm	计数效率/%			
	防静电针刺毡	玻纤＋针刺	水刺聚四氟	玻纤＋水刺
0.5	50.29764733	32.34690042	73.00697477	11.49729394
1	73.11085016	57.95720763	88.24052646	31.73442092
2	82.5198258	71.09255335	91.67447953	47.85945636
3	89.85450489	83.86249796	95.39763973	68.58383235
5	95.37135048	92.28811731	96.5209717	88.7579865

6.2.2 纤维、滤料的主要理化性能

6.2.2.1 纤维的形状

A 纤维断面形状对滤料的影响

净化用纤维不全是圆的和绝对均匀，这些不同的形状会影响净化效果。

棉纱的断面是中空、扁平的，通常弯成U形；乙烯（vinyl）纤维一般是哑铃（dumb-ell）状；改良丙烯腈（modacrylic）、亚克力（acrylic）纤维是不规则形状；聚酯纤维有时候稍微有点梨形。

a 纤维断面形状与压降的关系

美国Miller等人发现，纤维断面形状改变的结果是具有较高的效率和较低的压降。图6-1为三叶形和圆形断面纤维制成的滤料性能比较曲线。

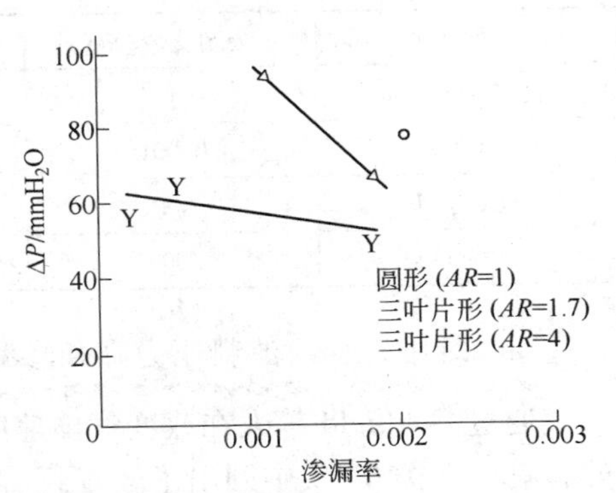

图6-1 不同外形比例（AR）的纤维制成的滤料性能对比曲线

b 纤维断面形状与过滤效率的关系

叶形纤维比圆形纤维具有更高的过滤效率，原因如下：

（1）叶片纤维比圆形纤维的表面积大。叶片纤维是通过其外形比例（AR）来表示其特征，外形比例（AR）是指叶片外圈半径和叶片内圈半径之间的比例（图6-2）。

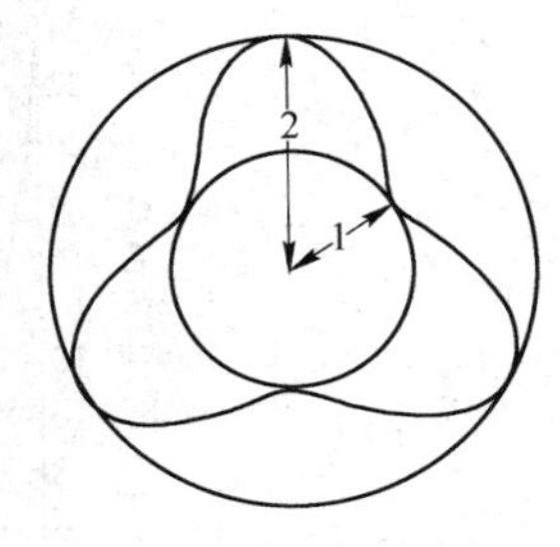

图6-2 外形比例（AR）为2的纤维断面

外形比例（AR）的增加能改善纤维的性能，因为增加外形比例（AR）线性密度后，叶片纤维的表面积就增加。

Miller等人推论，滤料在过滤时，叶片纤维比圆形纤维会随叶片数量和深度的增加而提高其过滤效率。

（2）叶片纤维比圆形纤维的静电效应高。静电在过滤效率中的影响占有显著的位置。Miller等人研究发现，在所有滤料中，纤维和捕集的灰尘都会带电而产生局部电场。因此，由于纤维对这些局部电场的不同反应，它在改变纤维形状时会使净化效率不同。在电场中，叶片纤维比圆形纤维具有更高的过滤效率，而且会随叶片深度和数量的增大而提高效率。

B 纤维直径对滤料的影响

纺纤或纱的粗细度（即纤维直径）是用旦尼尔（D）表示，旦尼尔（D）是指9000m长纤维具有的重量。

对于一种已知比重和表面大小的纤维，例如Ryton纤维，其直径和旦尼尔（D）成正比，而旦尼尔（D）和单位重量的表面积成反比。例如2.7旦尼尔和6旦尼尔的Ryton纤维，其各自的直径分别是17μm、25μm，而它们的表面积分别是175m^2/kg、117m^2/kg。

纤维直径（或称细度或纤度）的定义及换算如表6-5及表6-6所示。一般纤维越细，其织成的织物或针刺毡就越均匀、成品的变形越小、尺寸稳定性越好。

表 6-5 纤维细度定义及计算

细度名称	定　义	公　式
公制支数	纤维单位质量（g）的长度为1m	L/G（Nm）
特数	纤维单位长度（1000m）的质量为1g	$(G/L)\times1000$(tex)
分特数	纤维单位长度（10000m）的质量为1g	$(G/L)\times10000$(dtex)
旦尼尔值	纤维单位长度（9000m）的质量为1g	$(G/L)\times9000$(D)

注：L 表示纤维长度（m）；G 表示纤维质量（m）。

表 6-6 纤维细度换算

细度名称	公制支数/Nm	特/tex	旦尼尔/D	分特/dtex
公制支数/Nm	1	1000	9000	1000
特/tex	0.001	1	9	10
旦尼尔/D	0.00011	0.11	1	1.11
分特/dtex	0.0001	0.1	0.9	1

a　纤维直径对滤料压力降和渗漏率的影响

通过 Goldfield 等人在改变气体速度情况下测定纤维直径对滤料的压力降和尘粒渗漏率的影响，在图 6-3 中列出了较细纤维与较粗纤维在滤料的压力降和渗漏率上的影响。由图中可见，在相同的渗漏率下，细纤维滤料比粗纤维滤料的压力降要低。

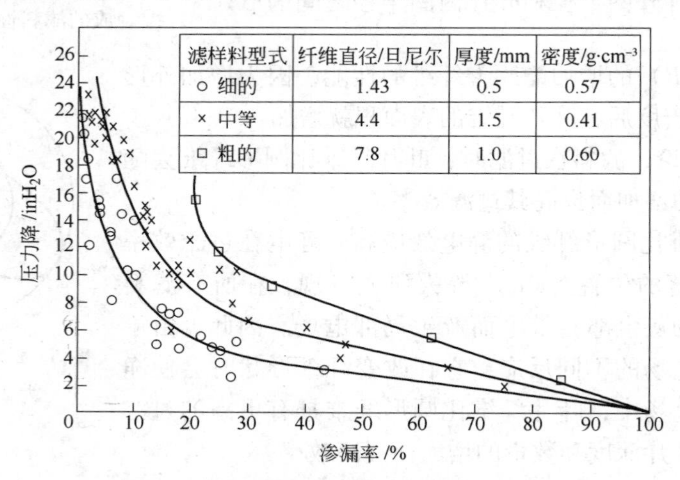

图 6-3　纤维直径对压力降和渗漏率的影响

b　不同直径的纤维在滤料不同层次中的影响

不同直径的纤维在滤料中的不同层次（指滤料的底层、中间层、面层，即通常称为梯度结构）的影响。

最初一般认为，滤料的梯度结构，首先是除去粗颗粒，而较细颗粒将被逐步密集的滤料结构除去，但是，Rodman 发现，滤料最好的纤维层是第一层（即面层），在那里细颗粒物质是被最表面的纤维层所吸引或碰撞－撞击，此时，小圆石或石块是通过机械动作落下捕集。

C　机织布结构的改变对滤料性能的影响

机织布结构的改变也会影响滤料的性能。

表6－7列出简单的机织布结构改变对滤料的各种物理性能的影响。但是，滤料性能的实际改变是错综复杂的、相互关系的，这不可能在表中全部列出。

表6－7　机织布结构改变对性能的影响

结构（增加）	张力强度	开始张力系数	抗撕裂强度	弯曲强度	透气性	耐磨性	耐剪切性	耐弯曲性	厚度
纤维线性密度（断面积）				↑	↑	↑		↓	↑
纱线线性密度	↑	↑	↑	↑	↓	↑	↑	⤵	↑
纱线捻	⤵	↓		↑	↑	⤵	↑	⤵	↓
纱线放在一起	⤵	↑	↓	↑	↓	↑	↑	↓	↑
每单位面积交织（机织型式）	↓	↓	↓	↑	↓	↑	↑	↓	↑

6.2.2.2　耐热性

A　温度的定义

a　软化温度

对于大多数合成纤维，在高温作用下，首先软化，然后熔融。一般把低于熔点20～40℃的温度，称为软化温度。

b　玻璃化温度

有些合成纤维在低于某一温度 T_x 时，分子间作用力很大，分子运动困难，表现为纤维变形能力小和比较硬的玻璃状态，一般称为玻璃态。

反之，当温度高于某一温度 T_x 时，随着温度的升高，引起纤维内部结晶部分的消减和无定形部分的增加，分子间作用力减小，分子运动加强，表现为纤维变得柔软、易伸长和有弹性，并在外力作用下，出现高度变形，合成纤维的这种状态叫高弹态。

由玻璃态转变成高弹态的温度 T_x 称为玻璃化温度。

B　各种人造纤维的耐温性能

（1）按人造纤维最高的连续运行温度顺序排列：

Teflon　550 ℉（290℃）
P84®　570 ℉（300℃）
玻璃纤维　550 ℉（290℃）
Nomex 尼龙　450 ℉（234℃）

PPS 450 ℉（232℃）

聚酯 300 ℉（150℃）

亚克力 300 ℉（150℃）（均聚丙烯腈，homopolymer）

248 ℉（120℃）（共聚丙烯腈，copolymer）

人造丝 275°（136℃）

尼龙6.6 250 ℉（122℃）

尼龙6 250 ℉（122℃）

聚丙烯 225 ℉（108℃）

注：在实际应用中，纤维的最高运行温度只允许一天内出现一次或几次的时间总和不超过10min。

（2）按人造纤维耐干热（dry heat）性能的排列顺序依次为：

Teflon，Nomex，尼龙，聚酯，亚克力/人造丝，尼龙6.6，尼龙6，聚丙烯，改良丙烯酸（Modacrylics），Vinyon。

（3）按人造纤维耐湿热（moist heat）性能的排列顺序依次为：

Teflon，Nomex，尼龙，亚克力，尼龙6.6、尼龙6，人造丝，聚酯，聚丙烯，改良丙烯酸（Modacrylics）。

6.2.2.3 吸湿性

纤维的吸湿性是指在标准温湿度条件下（20℃，RH 65%）纤维的吸水率，一般用回潮率 W 和含水率 M 两个指标来表示。

各种纤维的吸湿性有很大差异，同一种纤维，其吸湿性也因环境温湿度的不同而不同。

因过滤处理的烟气都带有一定量的水汽，如果滤布吸湿率高，会造成灰尘粘结、滤布堵塞。

纤维良好的吸湿性有利于防止纤维在加工或使用过程中产生静电。

常用纤维的回潮率如表6－8所示。

表6－8 常用纤维原料的回潮率

纤维名称	原棉	羊毛	丝	亚麻	涤纶	锦纶	腈纶	丙纶	Nomex	芳砜纶
W/%	11.1	15	11	12	0.4	4.5	2	0	7.5	6.28

6.2.2.4 透气性

A 透气性的定义

气体从滤料一侧流向另一侧时，其流过气体的性能称为透气性。表示滤料透气性的程度称为透气度。

透气度是指滤料两侧在一定压差（美国和日本为127Pa，即13mmH$_2$O，瑞典取10mmH$_2$O）时，单位时间内流过滤料单位面积的气量。

透气度的单位在气体净化中规定为 $m^3/(m^2\cdot min)$（国标GB/T 6719—2009中的规定），一般纺织工业中采用 $m^3/(m^2\cdot s)$。

透气度单位换算如表6－9所示。

表 6-9 透气度单位换算表

透气度	$m^3/(m^2 \cdot h)$	$m^3/(m^2 \cdot min)$	$m^3/(m^2 \cdot s)$	$cm^3/(cm^2 \cdot s)$	$L/(cm^2 \cdot min)$	$L/(m^2 \cdot s)$
$m^3/(m^2 \cdot h)$	1	1/60	1/3600	1/36	1/600	10/36
$m^3/(m^2 \cdot min)$	60	1	1/60	10/6	1/10	100/6
$m^3/(m^2 \cdot s)$	3600	60	1	100	6	1000
$cm^3/(cm^2 \cdot s)$	36	6/10	1/100	1	6/100	10
$L/(cm^2 \cdot min)$	600	10	1/6	100/6	1	1000/6
$L/(m^2 \cdot s)$	36/10	6/100	1/1000	1/10	6/1000	1

例：透气度 $250L/(m^2 \cdot s)$ 换算为 $m^3/(m^2 \cdot min)$ 时，由表 6-9 查得，$1L/(m^2 \cdot s) = (6/100)m^3/(m^2 \cdot min)$，得：$250L/(m^2 \cdot s) = 250 \times 6/100 = 15m^3/(m^2 \cdot min)$。

B 透气性的实用概念

（1）滤料的透气性并不意味着透气度越大越好。

因为透气度越大，其渗透性也越大（也就是说，烟气在过滤时灰尘的渗透越多），除尘效率越低。因此，新的干净滤料的透气度是没有实用意义的，它只是在对不同滤料的透气性进行比较时才有意义。

（2）不同滤料透气性的比较，应该是在同样的过滤效率情况下，透气度越大越好，以提高其清灰效果。

（3）滤料的孔隙大小及其渗透性与织布结构设计有关。

据国外 Kaswell 报道，滤料的渗透性，从选择开孔数量和开孔大小方面来看，应选择减小开孔大小。

（4）在选择滤料时，滤料渗透性的作用。

必须懂得，滤料的渗透性是因残留灰尘的粘附而降低，在实际应用中，干净滤料的渗透性，在滤料渗透性中的作用是很小的。

（5）滤料的设计，应保持一个高的残留灰尘的组合，使只有少量灰尘通过滤料。在这种情况下，滤料的孔隙必须严格控制，其纤维必须选用一种适当的直径。但是，如果纤维过细，它将被灰尘堵塞或使透气度过小。而且在一种理想的滤料中，滤料的所有的孔隙大小应该是相同的，滤料的透气率为 2cfm 或更小时，即为堵塞。

（6）针刺毡的各种后处理对透气度的影响如表 6-10 所示。

表 6-10 针刺毡各种处理对透气度的影响

后处理方法	透气度/$m^3 \cdot (m^2 \cdot min)^{-1}$	后处理方法	透气度/$m^3 \cdot (m^2 \cdot min)^{-1}$
未经后处理的针刺毡	25	易清灰处理针刺毡	20
经烧毛处理的针刺毡	21	经防水防油处理的针刺毡	14
热压光处理针刺毡	11		

（7）透气性好的滤布阻损低，容尘量高。

各种滤料的透气率如下：

长纤维织布的透气率　　$200 \sim 800m^3/(m^2 \cdot h)$

短纤维织布的透气率　　$300\sim1000m^3/(m^2\cdot h)$
毛毡的透气率　　$400\sim800m^3/(m^2\cdot h)$

（8）滤布的透气率包括起始值（净滤布）和使用值（带灰尘后的）两种，透气率使用值约为起始透气率20%～50%。

6.2.2.5 阻燃性

A 纤维的阻燃性分类

纤维燃烧性分易燃性、可燃性、阻燃性和不燃性四类：

易燃性：是指纤维遇到明火易燃烧，且速度快，这类纤维有丙纶、腈纶等。

可燃性：是指其遇到明火能发烟燃烧，但较难着火，燃烧速度慢，这类纤维有涤纶、锦纶、维纶等。

阻燃性：是指其在接触火焰时发烟燃烧，离开火焰就自灭，这类纤维有氟纶、芳纶和改性腈纶等。

不燃性：是指纤维遇到明火不着火，不燃烧，这类纤维有玻璃纤维、金属纤维、石棉和含硼纤维等。

部分易燃粉尘的着火爆炸条件如表6－11所示。

表6－11　部分易燃粉尘的着火爆炸条件

粉尘名称	最小着火能量/mJ	含尘浓度最低爆炸极限/$g\cdot m^{-3}$	引燃温度/℃
煤　粉	40	35	315
镁　粉	80	20	271
铝　粉	50	25	340
棉　绒	25	50	232
木　粉	20	40	221
面　粉	40	60	243
硫　粉	15	35	232
砂　糖	—	19	210
烟　草	—	68	232

按《袋式除尘器技术要求》（GB/T 6719—2009）国家标准规定，阻燃型滤料于火焰中只能阴燃，不应产生火焰，离开火焰，阴燃自行熄灭。

B 纤维的极限氧指数（LOI）

极限氧指数简称LOI值，是表征纤维燃烧特征的一个指标。

极限氧指数是指离开火源后仍能继续燃烧的着火纤维，其所在的环境中氮和氧混合气体内氧的最低百分率。

LOI值越大阻燃性越好，在通常的空气中，氧的体积百分数为21%，故若纤维的LOI <21%，就意味着在空气中仍能继续燃烧。

各类纤维的极限氧指数如图6－4和表6－12所示。

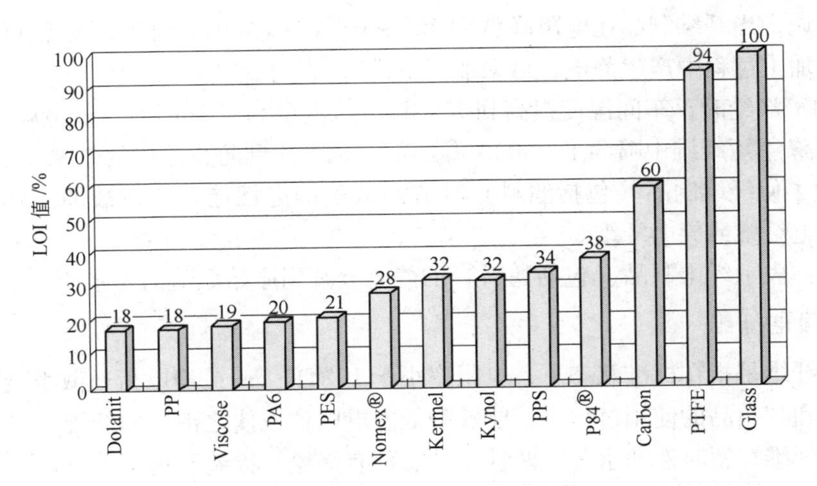

图6-4 各类纤维的极限氧指数

表6-12 各类纤维的极限氧指数

纤维	腈纶	丙纶	维纶	黏胶	棉	锦纶	涤纶	羊毛	改性腈纶	Nomex	芳砜纶	Ryton
LOI/%	18.20	18.60	19.70	19.70	20.10	20.10	20.60	25.20	26.70	28.20	33	34

6.2.2.6 耐折性

耐折性是衡量纤维在横向力作用下弯曲变形直至折断的一个指标。

无机纤维材质较脆，耐折性能较差。纤维越细、其断裂弯曲半径越小，越不容易折断。玻纤直径对耐折次数的影响如表6-13所示。

表6-13 玻纤直径对耐折次数的影响

纤维直径/μm	耐折次数/次	纤维直径/μm	耐折次数/次
3.3	2077	6.6	88
4.4	879	8.8	39
5.5	175		

6.2.2.7 电学性能

A 纤维的电学性能

纤维发生带电现象（荷电），从本质上是由于电荷产生的速度大于其消失的速度所造成。

纤维的电学性能包括纤维的电阻和纤维的静电等。

增加纤维导电性能，即减少纤维的电阻，是防止发生静电的有效措施。一般来说，纯净的、不含杂质的、不经油剂处理的干燥纤维，其比电阻均大于$10^{12}\Omega \cdot cm$。

当纤维比电阻大于$10^{8}\Omega \cdot cm$时纺织加工就比较困难，并在加工过程中在纤维和纤维之间、纤维和金属机件之间，因摩擦而产生电荷便产生静电。

静电的存在会使纤维及其制品易吸灰、易沾污，同时增加纺织加工过程的困难。当静电现象严重时，静电压将高达几千伏，并因放电而产生火花，严重时将引起火灾。

一般来说，当纤维制品比电阻降低到 $10^9 \sim 10^{11}\Omega \cdot cm$ 时，静电现象就可以防止。为防止纤维在加工过程中产生静电，可采取以下措施：

（1）加工涤纶时，车间湿度提高到70%以上，温度高于20℃时，静电就可防止。

（2）在涤纶短纤维中喷洒 E－502A 等油剂，也可达到防止静电的效果。

（3）为了使纤维制品（包括滤料）具有耐久的静电性能，可在被加工纤维中均匀混入少量消静电纤维或导电纤维。

半衰期：表示纤维制品（包括滤料）的静电衰减到原始数值的一半所需的时间。

B 消静电纤维

消静电纤维是指在标准状态下，电阻率小于 $10^{10}\Omega \cdot cm$ 或静电荷逸散半衰期小于60s，在纺织加工和其制品的使用过程中，能够降低静电电位或使之消失的纤维。

消静电纤维有暂时性和永久性两种，其品种有涤纶、锦纶和腈纶等。

C 导电纤维

导电纤维是指其电阻率小于 $10^7\Omega \cdot cm$ 的各种纤维，如金属纤维、碳素纤维、本征型电聚合物纤维、各种高聚物＋导电材料（炭黑、金属、金属化合物等）组成的纤维。各种导电纤维如表6－14所示。

表6－14 各种导电纤维

导电纤维种类		电阻率/$\Omega \cdot cm$	制造方法	性能特点
金属纤维（不锈钢、铜、镍、铝等）		$10^{-4} \sim 10^{-5}$	拉伸法、切削法、结晶析出法等	导电性好、耐热阻燃、可纺性差、染色难、价格高
碳素导电纤维		$10^{-3} \sim 10^{-4}$	黏胶、腈纶、沥青碳化法	高强耐热、耐化学品、韧性差、热收缩性差、染色难、价格高
有机导电纤维	加碘聚乙炔等导电聚合物	10^{-4}	溶剂法或干法纺丝	难熔、不易纺丝、工艺复杂、成本高
	表面镀层纤维	10^{-4}	纤维表面化学镀或真空镀金属	导电性好、耐久性差、可纺性差、染色性差
	表面涂敷纤维	$10^{-3} \sim 10^{-2}$	炭黑或金属粉末加黏合剂涂敷纤维表面后固化	导电性好、耐久性差、染色性差、产量低成本略高
	络合导电纤维	$10^7 \sim 10^8$	在铜盐溶液中腈纶上的氰基与铜离子络合生成铜的硫化物	工艺复杂、可纺性好、导电性略差
	吸附苯胺纤维	1.7×10^{-2}	化纤经氧化剂处理后吸附苯胺单体形成聚苯胺导电层	可纺性好、染色性好
	炭黑复合导电纤维	10^5	中间为35%炭黑的PA，芯精含聚乙二醇等亲水物质或海岛法	可纺性好、色泽较黑
	丙烯腈接枝聚酰胺纤维	$10^3 \sim 10^4$	将带有－CN基团的丙烯腈与聚酰胺接枝共聚，用金属络合处理法使纤维表面形成导电层	可纺性好、导电性好

按 GB/T 6719—2009《袋式除尘器技术要求》国家标准规定，防静电滤料的静电特性应符合表 6－15 的规定。

表 6－15 防静电滤料的静电特性

考 核 项 目	单 位	最大限值
摩擦荷电电荷密度	$\mu C/m^2$	<7
摩擦电位	V	<500
半衰期	s	<1
表面电阻	Ω	$<10^{10}$
体积电阻	Ω	$<10^{9}$

因粉尘和滤料纤维都带有电荷，在粉尘接近通过滤料时，由电荷性的不同会引起相吸或相斥，影响过滤效率。

一般情况下，非金属粉尘带正电荷，金属粉尘带负电荷。当带同性电荷相斥时，将促进尘粒的凝并，相吸时应采用透气性高的滤布。

由于粉尘堆积在滤布表面将导致电荷增加、静电压增高，如果滤布的导电性差，将会发生火花，甚至引起爆炸。

6.2.2.8 水解性

A 水解

水解（hydrolysis）一词由希腊语的 hydro 和 lysis 两字构成：hydro 意即水，lysis 意即分裂或分解。

水解是由于水分子的介入，纤维分子裂解为二的一种分解反应化学过程。一个母体（AB）分子的一个部分，从水分子中获取了一个氢离子（H^+），而另一个基团则从水分子中聚集了剩余的羟基（OH^-）。

$$AB + H_2O \underset{\text{水解}}{\overset{\text{缩合}}{\rightleftharpoons}} AH^+ + BOH^-$$

水解和缩合是一种可逆反应。

B 缩合

缩合作用是制造许多重要纤维聚合物的常用方法，比如尼龙、聚酯：

$$\text{酒精} + \text{酸} \underset{\text{水解}}{\overset{\text{缩合}}{\rightleftharpoons}} (\text{聚})\text{酯} + \text{水}$$

缩合是两个分子互相发生反应并脱水的化学反应过程。

缩合和水解反应通常是同时发生。由于多数纤维是由缩合反应制造而成，故其对水具有高度的敏感性。

C 水解对纤维的影响

聚酯水解时（图 6－5），通过水分子使纤维聚合物的分子链分裂，从而使纤维聚合物受到下列影响：

（1）分子量因此减少。

（2）断裂强度因此减弱。

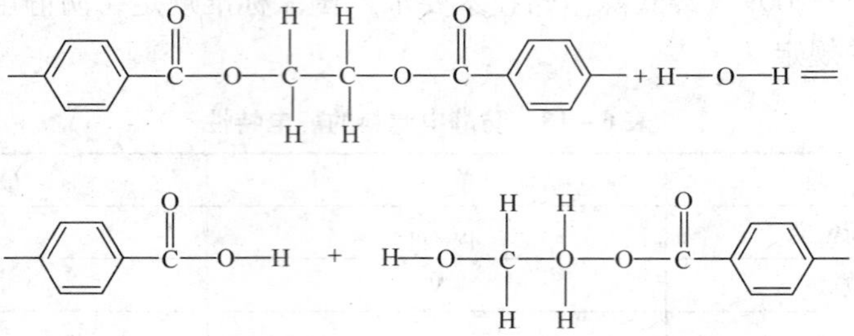

图 6－5 聚酯的水解

D 水解的形成

纤维的水解反应是指化学物与水反应引起自身的分解，并形成新的化合物的作用。

激活纤维水解的三要素是高温、高湿和有机化学物质。

a 加速水解反应发生速度的条件

（1）温度的增高：按阿伦纽斯规则：温度每升高 10℃，反应速度成倍增加。

（2）水汽含量的增长：操作温度越高，则烟气中的含水量必须越低；反之，含水量越高，则温度必须越低。

（3）酸、碱性条件：当温度低于露点时，烟气中所含的水溶液使粉尘成分溶解，在滤料表面造成碱、酸性环境，导致对滤料纤维聚合物的化学攻击。

b 减缓水解反应发生速度的条件

（1）通过控制温度和湿度：水解这一化学反应受很多因素影响，为了使纤维聚合物的分解程度保持在可接受的范围内，必须控制温度和湿度。

（2）高温烟气的冷却与氧化不同，为防水解，宜用空气冷却，尽量不用直接水冷。如果无法做到，则有必要考虑使用其他纤维聚合物，以达到理想的使用寿命。

（3）如果操作条件无法协调，可考虑使用其他纤维聚合物。

c 注意燃料燃烧过程中产生的水分

燃料燃烧过程中，只要燃料中含有氢，氢就会和空气中的氧发生反应生成水。

$$C_xH_y + (X+0.25Y)O_2 + (79/21)(X+0.25Y)N_2 = XCO_2 + 0.5Y\,H_2O + (79/21)(X+0.25Y)N_2$$

天然气的 H/C 比率较高，因此它燃烧后产生的气体的湿度很高。

如果煤和环境空气都较为干燥，则煤燃烧后产生的气体湿度就相对较低。

在干燥过程中也可能带来额外的湿气。

各类燃料的含水分为：

天然气（CH_4）	25%（体积）
油	16%（体积）
褐烟煤、无烟煤	11%（体积）
煤	9%（体积）

在净化燃料燃烧产生的烟气时，滤料选择应充分考虑水解的影响。

E 纤维水解的分类

易水解的纤维有聚酯、聚酰亚胺（Polyimide，P84®）、偏芳族聚酰胺（Nomex）、玻纤。聚酯、Nomex 及 P84®的水解性比较如图 6-6 所示。

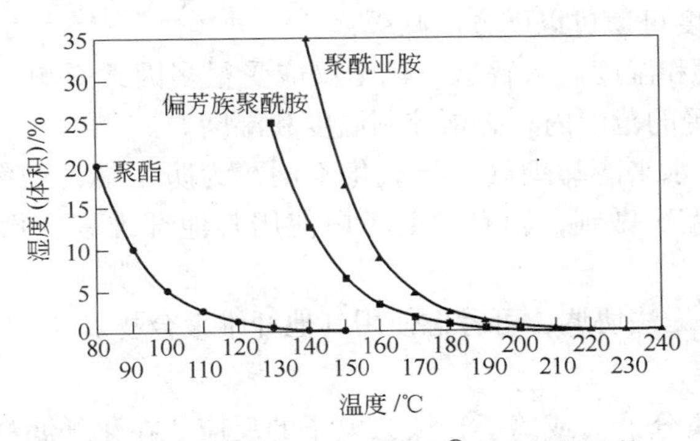

图 6-6 聚酯、Nomex 及 P84®的水解性比较

对水解具有抵抗力的纤维有聚丙烯、聚苯硫醚（Ryton，PPS）、聚丙烯腈（Acrylic，亚克力）、聚四氟乙烯（PTFE，泰氟隆）。

F 水解的物理、化学作用

水解的物理作用：含有气态水的烟气在温度降到露点温度以下时，水汽会在滤料上结露，粉尘颗粒板结（图 6-7），导致滤料压差增加。

图 6-7 板结后难以清除的过滤尘饼

水解的化学作用：烟气中所含的水溶液，在滤料上造成碱、酸性环境，导致对滤料纤维聚合物的化学攻击（图 6-8）。

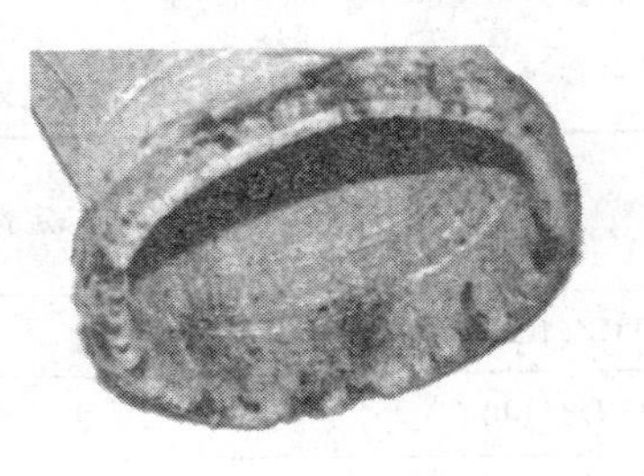

图 6-8 水解的后果

G 总 结

(1) 水解受外部环境影响。

(2) 纤维聚合物的分解反应是必然的。

(3) 水解反应速度可通过以下方法减缓:

1) 通过控制温度和湿度。水解这一化学反应受很多因素影响,为了使纤维聚合物的分解程度保持在可接受的范围内,必须控制温度和湿度。

2) 通过空气而非水来冷却烟气。与氧化不同,为防水解,烟气的冷却适宜用空气,而非水来冷却。如果无法做到,则有必要考虑使用其他纤维聚合物,以达到理想的使用寿命。

3) 如果操作条件无法协调,可考虑使用其他纤维聚合物。

6.2.2.9 氧化性

氧化反应是指物质分子(或离子)失去电子的反应。在化纤滤料中易被氧化的滤料有聚丙烯、聚苯硫醚。

A 氧化和还原的含义

a 直观理解

氧化:加入氧气而形成氧化物。以氢气燃烧为例:$2H_2 + O_2 \rightarrow 2H_2O$。

还原:脱除氧气,氢气被氧化的同时氧气减少了。

从直观上理解,氧化是加入氧气而形成氧化物,同时通常会伴随着氧气的减少而形成还原,两者总是同时出现。

b 另一理解

氧化:损失电子。

还原:增加电子。

$$\underset{\downarrow \atop e}{Na} + \underset{\uparrow \atop e}{Cl} \longrightarrow Na^+ + Cl^-$$

钠被氧化,而氯减少了。

由此可见,从直观角度看,氧化与还原就是氧的加入与脱除;而从另一个角度看,氧化与还原也可理解为电子的损失与增加。

B 氧化对纤维耐用性的影响(表 6-16)

表 6-16 氧化对纤维耐用性的影响

纤维种类	最高温度 持续/(瞬间)	水解稳定性	耐酸性	耐碱性	氧化稳定性
PP	90℃/(100℃)	1	1	1	4
DT	125℃/(140℃)	2	2	3	2
PPS	190℃/(200℃)	1	1	1	3
PI	240℃/(260℃)	2	2	3	2

（1）根据常规经验，纤维的水解稳定性越好，它对氧化的敏感性越高。纤维氧化的敏感程度随其具体操作温度而异。

（2）氧化攻击主要是源于氧气，但往往也有金属盐的辅助作用。氧气可能来自环境空气，也可能来自氧化介质，如 NO_2。

C 纤维的氧化反应

纤维氧化反应是纤维聚合物的分子链结构与氧化介质发生反应的一种反应。

纤维的氧化，主要是对氧气（O_2）及氮氧化物（NO_2）之类的氧化介质产生敏感的反应。

自 2005 年我国燃煤电站采用电袋结合式除尘器以来，由于前级电除尘器的电晕放电时产生臭氧（O_3），影响了后级袋式除尘器中 PPS 滤袋的使用寿命。由此引起了臭氧（O_3）对 PPS 滤料影响的关注。

a 氧气（O_2）的氧化作用

以 PPS 为例，纤维聚合物的分子链结构与 O_2 的氧化介质发生反应，即：

$$\mathrm{PPS} + \mathrm{O} \longrightarrow \mathrm{PPSO}$$

$$\left[-C_6H_4-S- \right]_n + O \longrightarrow \left[-C_6H_4-\overset{\overset{O}{\|}}{S}- \right]_n$$

因此，氧气含量越多，PPS 纤维就越容易受氧化而损伤。

当烟气中氧含量高时，降低操作的持续温度就可以减少 PPS 纤维的损伤。因此，滤料所处的温度高低对滤料的使用寿命有一定影响。

b NO_2 的氧化作用（图 6－9）

燃烧的操作温度越高，烟气中氧化介质的含量越低。反之，氧化介质越高，操作温度必须越低。

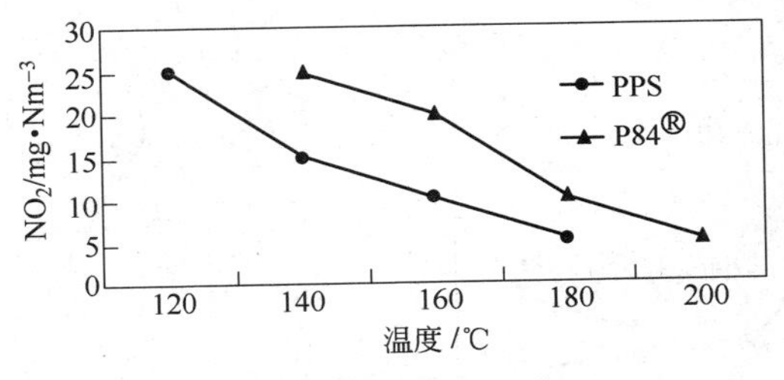

图 6－9 NO_2 的氧化作用

c 臭氧（O_3）的氧化作用

据国内某电力试验研究院通过对 9 台电袋复合式除尘器在 4～12 个月运行中发生大量破袋事故的分析，电除尘器产生的臭氧是造成滤袋腐蚀快速破损的主要原因。

臭氧（O_3）对 PPS 滤袋的影响

前电后袋复合式除尘器中的电除尘器主要是利用高电压电源产生的强电场，使气体电离，产生电晕放电，进而使粉尘荷电。在电场力作用下，将荷电粉尘驱进到收尘极收尘。

电晕放电会产生臭氧（O_3），特别是火花放电时更为严重。虽然设计时可用最佳火花放电频率和最佳电压控制，但每分钟火花放电30~70次，将产生较多的臭氧。

臭氧（O_3）很不稳定，在高温和一定湿度下，易与烟气中其他成分迅速反应，特别是与NO反应生成NO_2，NO_2是侵蚀性氧化剂，对PPS滤袋有很强的腐蚀性。

臭氧（O_3）因与其他成分反应迅速，很难单独测到，一般可通过测量电除尘入口的NO和出口的NO_2来折算臭氧（O_3）的质量浓度。

PPS会因氧化而降解，以致变色、发脆，严重时毡体的纤网会破碎而脱离基布。如图6-10所示，温度一旦超过100℃，PPS能够承受的氧的体积分数就要随温度的上升而减少。

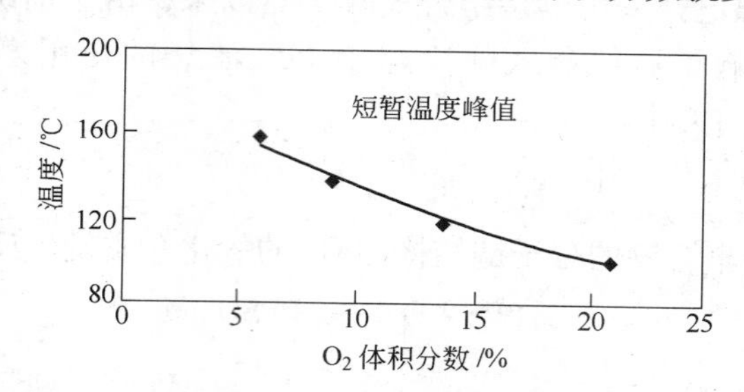

图6-10 PPS能承受的氧的体积分数与温度的关系

东北大学的臭氧（O_3）对PPS滤料强力影响的试验研究

为摸清燃煤电站前电后袋复合式除尘器由于电晕放电产生的臭氧（O_3）对PPS滤袋的强力影响，东北大学于2009年开展了臭氧（O_3）对PPS滤料强力影响的实验研究。

东北大学的实验研究，主要针对臭氧（O_3）浓度、温度和作用时间三个因素对PPS滤料强力的影响。

固定臭氧（O_3）浓度和时间、温度对PPS滤料的影响

当臭氧浓度调整为2.4mg/L，温度设置为25℃、120℃、150℃、170℃和190℃，放置12h后，其断裂强力保持率和断裂伸长率如图6-11所示。

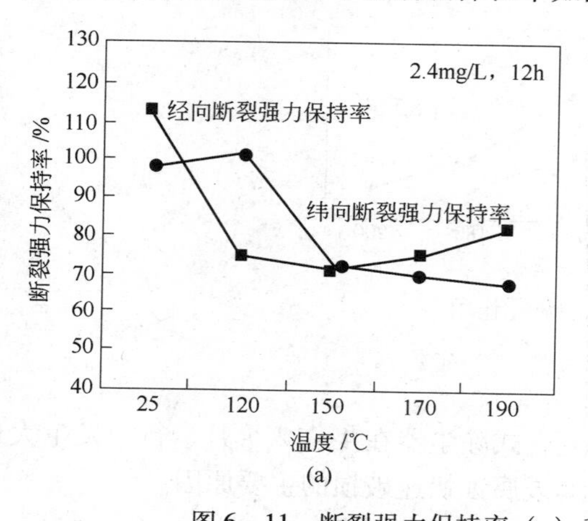

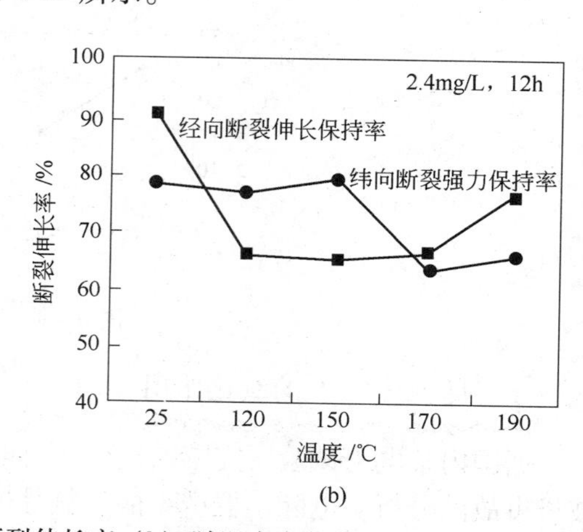

图6-11 断裂强力保持率（a）和断裂伸长率（b）随温度变化曲线

从数据中显示出：

（1）滤料的经向断裂强度在25℃时最大，为1019N，为原试样的1.13倍；随着温度的升高，经向断裂强度下降，在120℃时最小，为683N；然后又随着温度的升高而逐渐变大。

（2）滤料的纬向断裂强力在25～120℃时与原试样相比基本不变；然后随着温度升高而减小。

（3）滤料的经向断裂伸长率的变化与经向断裂强度的变化规律相似，所不同的是伸长率在25℃时比原试样小，25℃时的纬向断裂伸长率最大，然后随着温度的升高而减小。

固定温度和时间，臭氧（O_3）浓度对PPS滤料的影响

试验中固定环境温度190℃，调整臭氧（O_3）浓度分别为2.4mg/L、3.0mg/L、3.4mg/L、3.6mg/L和4.2mg/L，放置12h后，进行强力测试，并与原始样品的数值进行比较，其断裂强力保持率和断裂伸长率如图6－12所示。

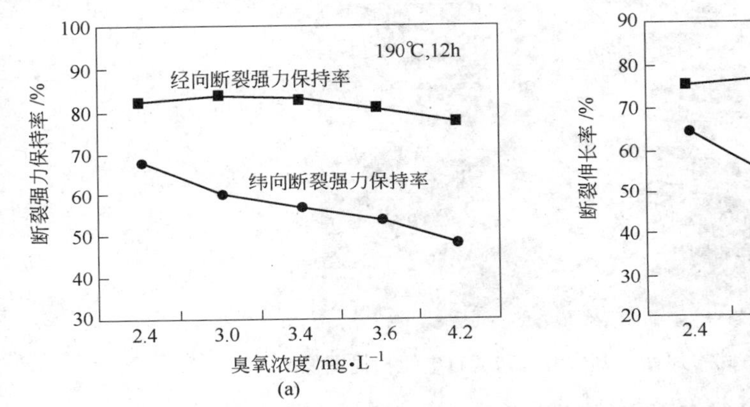

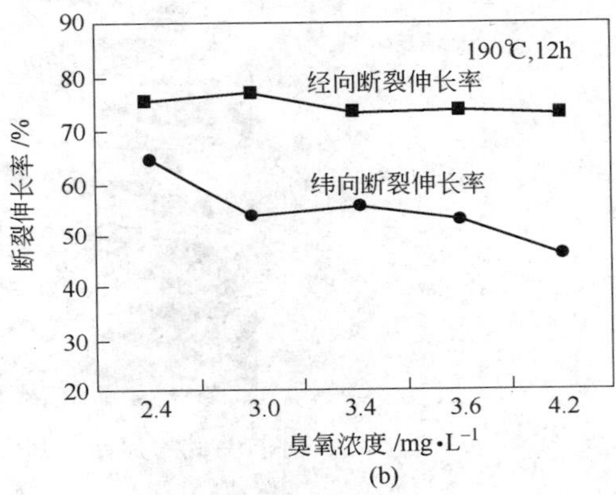

图6－12 断裂强力保持率（a）和断裂伸长率（b）随臭氧浓度变化曲线

由数据可以看出：滤料的经向强力和纬向强力随臭氧（O_3）浓度的增加而减少。在臭氧浓度2.4mg/L时，经向、纬向强力保持率分别为82.2%和67.8%。在臭氧浓度4.2mg/L时，经向、纬向强力保持率分别为77.5%和48.6%。说明臭氧对PPS滤料强力具有明显的破坏作用，浓度越高作用越强，断裂保持率呈现与断裂强力相似的规律。

固定臭氧浓度和温度，作用时间对PPS滤料的影响

试验中调整臭氧浓度为2.4mg/L，温度设置为190℃，分别放置12h、20h、36h、48h和72h后进行强力测试，并与原始样品的数值进行比较，其断裂强力保持率和断裂伸长率如图6－13所示。

由数据可以看出：滤料的经向断裂强力和纬向断裂强力都随臭氧作用时间的增长而减少。在12h时，经向、纬向的断裂强力保持率分别为82.2%和67.8%。在48h时，经向、纬向断裂强力保持率分别下降到63.2%和53.6%。臭氧对PPS滤料的作用时间越长，腐蚀作用越强。断裂伸长率也随臭氧作用时间而减少，表现出与断裂强力相似的规律。

臭氧（O_3）侵蚀使PPS强力下降的现象

通过扫描电镜拍到的纤维形貌图像（图6－14），可以看出原始的PPS针刺毡滤料，其纤维表面光滑，相互交织，纤维未出现断裂，偶尔有纤维直径不均匀。

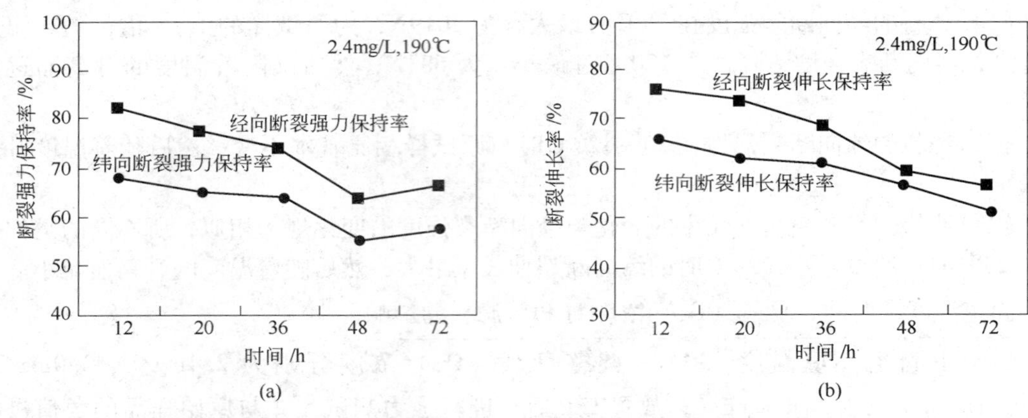

图 6－13　断裂强力保持率（a）和断裂伸长率（b）随时间变化曲线

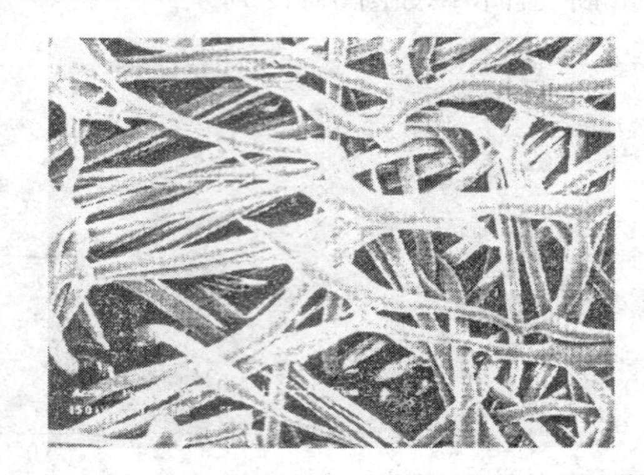

图 6－14　原始的 PPS 针刺毡滤料电镜扫描图像

经过臭氧侵蚀后的 PPS 纤维表面变得粗糙，部分纤维出现断裂（图 6－15），随着温度的升高、臭氧浓度的增大、作用时间的延长，纤维被破坏的程度加大，也就导致了强力的下降。

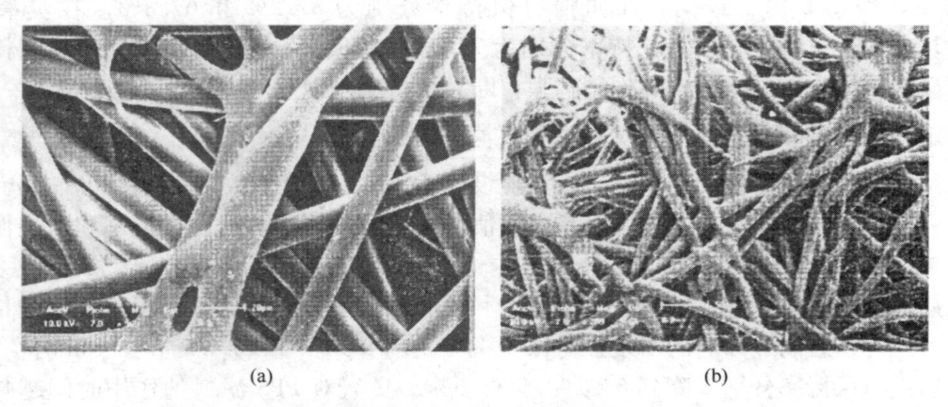

(a)　　(b)

图 6－15　经过臭氧侵蚀后的 PPS 纤维电镜扫描图像

（a）2.4mg/L，72h，190℃；（b）4.2mg/LO_3，12h，190℃

臭氧（O_3）对 PPS 滤料侵蚀后的分析

（1）PPS 滤料是一种半晶体聚合物，在高温及氧化环境中会产生晶体化作用，晶体化作用使 PPS 滤料的分子链发生交联。

(2) 氧与有机物的反应主要发生在双键及三键或带负电性原子上，而臭氧（O_3）与 PPS 的反应主要发生在带负电性原子（S 原子）上。

(3) PPS 与臭氧（O_3）发生的反应为：

$$\left[\!\!-\!\!\langle\bigcirc\rangle\!\!-\!S\!-\right]_n + O_3 \longrightarrow \left[\!\!-\!\!\langle\bigcirc\rangle\!\!-\!\underset{}{\overset{O}{\overset{\|}{S}}}\!-\right]_n + O_2$$

(4) 在氧原子参与聚苯硫醚的分子结构后，PPS 的外观也发生一些变化，其颜色加深，而且臭氧浓度越大，作用时间越长，温度越高，滤料颜色越深。

(5) 滤料的断裂强力拉伸试验时，样品的拉伸变形越来越小，拉伸断裂部位趋于平稳，并且随着臭氧（O_3）浓度越大，作用时间越长，温度越高而愈加明显。这表明 PPS 滤料在氧化后韧性越来越小，脆性越来越明显。

实验研究的结论

通过系统的试验研究，可以得出如下结论：

(1) 经臭氧（O_3）氧化后，PPS 滤料的机械强力变化明显，随着臭氧（O_3）浓度增高、作用时间延长、温度上升，PPS 滤料的断裂强力呈现明显的下降趋势。如在臭氧（O_3）浓度 2.4mg/L，温度 190℃，放置 12h 时，其纬向强力保持率甚至不足 48.6%。

(2) 滤料的扫描电镜显示，经过臭氧（O_3）氧化后的 PPS 部分纤维发生断裂，从而导致了 PPS 滤料整体断裂强力的降低。

(3) 臭氧（O_3）与 PPS 的反应主要发生在带负电性原子（S 原子）上，分子链上氧的加入，导致了纤维强力的下降、颜色的加深和脆性增加。

(4) 鉴于 PPS 滤料的抗氧化能力较差的特性，在工业应用中，要尽可能降低氧含量，避免和减少 PPS 滤料与臭氧（O_3）等氧化性介质的接触，才能延长 PPS 滤料的使用寿命。

D 防止纤维氧化的注意事项

(1) 为防止纤维氧化，在烟气温度越高时应使烟气中氧化介质的含量越低；反之，烟气中氧化介质的含量越高，则烟气温度必须降低。

(2) 在相同烟气情况下，滤料所处的温度高低对滤料使用寿命有一定影响。

(3) 纤维聚合物氧化的程度，取决于纤维聚合物、氧化剂类型及温度。

E 按人造纤维耐氧化性能的优劣顺序排列

Teflon，聚丙烯，Nomex 尼龙，改良丙烯酸（Modacrylics），聚酯，亚克力，尼龙 6.6 和 6，Vinyon，人造丝。

F 总结

(1) 氧化随时随处发生，并受外部环境状况的影响。

(2) 纤维聚合物的氧化退化变质是必然的，但其反应速度可通过以下方法减缓（阿伦纽斯定律）：

1) 协调操作条件。

2) 烟气的冷却采用水冷，尽量不用空气冷却，以减少 NO_x 或 O_2 的含量。

3) 控制温度。

6.2.2.10 耐化学反应

A 各种因素对不同滤袋纤维的影响（表6-17，表6-18）

表6-17 除尘滤布化学纤维性能

纤维名称	化学稳定性				水解稳定性	阻燃性
	无机酸	有机酸	碱	氧化剂		
聚丙烯	V~○	V	V~○	○	×	×
聚酰烯	V~×	△	○	○	○	×
共聚丙烯腈	V~○	V	△	○	○	△
均聚丙烯腈	○	V	△	○	△	×
聚酯	○	V~○	○~△	△	×	△
亚酰胺	△	V~○	○~△	△	△	○
芳香族聚酰胺	△	○	○~△	△	△	○
聚乙撑一胺	△	○	○~△	△	△	○
聚对苯酰胺	○	○	○~△	△	△	○
聚苯撑1.3.4二唑	△	○	△	△	△	○
聚苯撑硫醚	V	V	V~○	×	V	0
聚酰亚胺	○	V	V~○	○	○	V
聚氟乙烯	V	V	V	V	V	V
膨化聚四氟乙烯	V	V	V	V	V	V

注：V—优；△—良；○——般；×—劣。

B 纤维的耐酸、碱反应

纤维的耐酸碱反应是指滤料遇酸、遇碱产生的化学反应。

各种化学滤料对酸碱都有一定的耐受程度，超过该限度后，纤维强度即下降，滤料寿命就缩短。

（1）按人造纤维耐酸性能的优劣，其排列顺序为：

Teflon，聚丙烯，Vinyon，改良丙烯酸（Modacrylics），亚克力，聚酯，Nomex，尼龙，尼龙6.6、6，人造丝。

（2）按人造纤维的耐碱性能的优劣，其排列顺序为：

Teflon，聚丙烯，改良丙烯酸（Modacrylics），尼龙6.6、6，Nomex尼龙，聚酯，人造丝。

（3）各种人造纤维的耐酸、碱比较

	无机酸	有机酸	碱
聚酯（Polyester）	良	良	一般
亚克力（Acrylic）	良	优	一般
Nomex	一般	良	一般
PPS（Ryton）	优	优	良
P84®	良	优	良
玻纤（Fiber Glass）	优（除HF外）	良	良
Teflon	优	良	良

表 6-18 纤维的耐化学反应

纤维种类	醋酸纤维素 Acetate	亚克力 Acrylics	Creslan	Crylor	Dralont	Orlon	改良丙烯酸 Modacrylics	Nytril	聚酰亚胺 Polyamide（尼龙6，6.6）	Nomex 尼龙	聚酯 Polyesters	Drcron	聚乙烯 Polyethylene	聚丙烯 Polypropylene	粘胶人造丝 Rayons-Viscose	Saran	Teflon	Vinton	玻纤	纸	棉布	丝	木材
最高温度/℉（℃）	175（80）	275（136）	275（136）	275（136）	284（141）	275（136）	180（83）	300（150）	250（122）	450（234）	300（150）	300（150）	150（66）	250（122）	225（108）	160（72）	500（262）	120（49）	550（108）	200（90）	225（94）		
矿物酸																							
王水溶液	N	S	S	S	S	S	S	—	N	N	S	S	R	R	N	R	R	R	R	N	N	N	N
铬酸	N	R	R	R	R	R	R	R	N	N	R	R	R	S	N	S	R	R	R	N	N	N	N
盐酸	N	R	R	R	R	R	R	R	N	S	R	R	R	R	N	R	R	R	R	N	N	N	S
氢氟酸	N	S	S	R	R	R	R	S	N	N	S	S	R	R	N	R	R	R	R	N	N	S	S
硝酸	N	R	R	R	R	R	S	S	N	S	R	R	S	S	N	R	R	R	R	N	N	S	S
磷酸	S	S	S	S	R	S	R	R	S	R	R	R	R	R	N	R	R	R	R	N	S	N	S
硫酸	N	S	S	S	S	S	S	R	N	S	S	S	R	R	N	S	R	R	R	N	N	S	S
有机酸																							
醋酸	S	R	R	R	R	R	R	R	S	S	R	R	R	R	R	R	R	S	R	R	R	R	S
苯甲酸	N	R	R	R	R	R	R	R	N	S	R	R	R	R	R	R	R	—	R	R	R	R	S
石碳酸	N	R	R	R	R	R	R	—	N	N	S	S	S	—	R	S	R	N	R	R	R	N	S
甲酸	N	S	S	S	R	R	R	N	S	S	R	R	R	R	R	R	R	R	R	R	R	R	S
乳酸	S	R	R	R	R	R	R	—	S	S	R	R	R	R	R	R	R	R	R	R	R	S	S
草酸	R	R	R	R	R	R	R	S	N	R	R	R	R	R	R	R	R	R	R	R	R	R	S
水杨酸	N	R	R	R	R	R	R	R	S	S	R	R	R	R	N	R	R	—	R	N	N	N	N
碱																							
氢氧化铵	S	N	N	N	S	S	S	R	S	S	N	N	R	R	S	S	R	R	S	S	S	N	N

续表 6 - 18

纤维种类	醋酸纤维素 Acetate	亚克力 Acrylics	Creslan	Crylor	Dralont	Orlon	改良丙烯酸 Modacrylics	Nytril	聚酰亚胺 Polyamide（尼龙6,6.6）	Nomex 尼龙	聚酯 Polyesters	Drcron	聚乙烯 Polyethylene	聚丙烯 Polypropylene	粘胶人造丝 Rayons - Viscose	Saran	Teflon	Vinton	玻纤	纸	棉布	丝	木材
氢氧化钙	N	N	R	N	R	R	R	R	R	R	R	R	R	R	S	R	R	R	N	R	R	N	N
氢氧化钾	N	N	N	N	S	N	S	N	S	S	S	S	R	S	S	S	R	R	N	R	R	N	N
碳 酸 钾	N	S	S	S	S	S	R	S	R	R	S	S	R	R	S	R	R	R	N	R	R	N	N
氢氧化钠	N	S	S	S	S	S	S	N	S	S	S	S	R	S	S	S	R	R	N	R	R	N	N
碳 酸 钠	N	R	N	R	R	R	R	S	R	R	R	R	R	R	S	R	R	R	N	R	R	N	N
盐																							
氯化钙	S	R	R	R	R	R	R	R	N	S	R	R	R	R	R	R	R	R	S	R	R	S	S
氯化铁	N	R	R	R	R	R	R	—	S	S	R	R	R	R	N	R	R	R	N	N	N	N	N
乙酸钠	N	R	R	R	R	R	R	—	R	S	R	R	R	R	R	R	R	R	S	R	R	S	S
苯化钠	R	R	R	R	R	R	R	—	S	S	R	R	R	R	R	R	R	—	S	R	R	R	R
亚硫酸氢钠（sodium bisulfite）	R	N	N	N	R	R	R	—	S	S	R	R	R	R	R	R	R	R	R	R	R	R	S
溴化钠	S	R	R	R	R	R	R	—	R	R	R	R	R	R	R	R	R	—	N	R	R	S	S
氯化钠	R	R	R	R	R	R	R	—	R	R	R	R	R	R	R	R	R	R	N	R	R	R	R
氰化钠	S	R	R	R	R	R	R	—	S	S	R	R	R	R	R	R	R	—	S	R	R	R	S
氮化钠	S	R	R	R	R	R	R	—	S	S	R	R	R	R	R	R	R	R	S	R	R	S	S
硫酸钠	S	R	R	R	R	R	R	—	R	R	R	R	R	R	R	R	R	R	S	R	R	S	S
硫化钠	S	R	R	R	R	R	R	—	R	R	R	R	R	R	R	R	R	R	S	R	R	S	S
氯化锌	S	S	S	S	S	S	R	R	N	S	N	R	R	R	S	R	R	R	N	S	S	S	N

续表 6 - 18

纤维种类	醋酸纤维素 Acetate	亚克力 Acrylics	Creslan	Crylor	Dralont	Orlon	改良丙烯酸 Modacrylics	Nytril	聚酰亚胺 Polyamide（尼龙 6，6.6）	Nomex 尼龙	聚酯 Polyesters	Drcron	聚乙烯 Polyethylene	聚丙烯 Polypropylene	粘胶人造丝 Rayons – Viscose	Saran	Teflon	Vinton	玻纤	纸	棉布	丝	木材
氧化反应																							
溴	S	S	S	S	S	S	S	—	N	—	S	S	N	R	S	N	R	N	R	S	S	N	N
氯化钙（calcium hypochlorite）	S	R	R	R	R	R	R	R	S	—	R	R	R	R	S	R	R	R	R	S	S		N
氯	S	S	S	S	S	S	S	S	N	—	S	S	N	R	S	N	R	S	R	S	S	N	N
氟	N	S	S	S	S	S	S	—	N	—	S	S	S	R	N	N	R	N	N	N	N	N	N
过氧化氢	N	R	R	R	R	R	R	R	S	—	S	R	N	R	S	R	R	N	R	R	R	R	N
碘	S	R	R	R	R	R	R	—	N	—	R	R	N	R	R	S	R	—	R	R	R	R	N
臭氧	—	R	R	R	R	R	R	—	—	—	R	R	S	S	—	R		—	R	—	—	—	N
醋酸（poracetic acid）	S	S	S	S	S	S	S	—	S	S	—	—	N	R	S	S	R	S	R	S	S	N	N
氯酸钾（potassium chlorite）	—	R	R	R	R	R	R	R	S	S	R	R	N	R	S	R	R	R	R	S	S	N	N
锰酸钾（potassium manganate）	—	N	N	R	N	R	S	—	S	—	N	R	N	N	S	S	R	R	R	S	S	N	N
氯化钠（sodium hypochlorite）	N	S	S	S	S	R	R	R	S	—	S	R	S	R	N	R	R	R	R	S	S	N	N

续表 6 - 18

纤维种类	醋酸纤维素 Acetate	亚克力 Acrylics	Creslan	Crylor	Dralont	Orlon	改良丙烯酸 Modacrylics	Nytril	聚酰亚胺 Polyamide（尼龙 6, 6.6）	Nomex 尼龙	聚酯 Polyesters	Drcron	聚乙烯 Polyethylene	聚丙烯 Polypropylene	粘胶人造丝 Rayons - Viscose	Saran	Teflon	Vinton	玻纤	纸	棉布	丝	木材
柠檬酸钠（sodium chlorate）	N	—	—	—	—	—	R	S	—	—	—	—	R	S	S	R	R	R	R	R	R	S	N
有机溶剂																							
丙　酮	N	R	R	R	R	R	N	N	R	R	R	R	S	S	R	S	R	N	R	R	R	R	R
醋酸酶	N	R	R	R	R	R	S	R	R	R	R	R	N	S	—	S	R	N	R	—	—	—	—
苯	R	R	R	R	R	R	R	R	R	R	R	R	N	R	R	S	R	N	R	R	R	R	R
二硫化碳（carbon bisulfide）	R	R	R	R	R	R	S	R	R	R	S	S	R	N	R	S	R	N	R	R	R	R	S
四氯化碳	R	R	R	R	R	R	R	R	R	R	R	R	N	S	R	R	R	S	R	R	R	R	S
三氯甲烷（氯仿）（chloroform）	N	R	R	R	R	R	R	R	R	R	R	R	N	S	R	S	R	N	R	R	R	R	R
环乙酮（cychlohexanone）	—	R	R	R	R	R	S	—	R	R	R	R	S	S	—	N	R	R	R	—	—	—	—
二甘醇	—	R	R	R	R	R	R	—	R	R	R	N	R	R	—	R	—	S	R	—	—	—	—
醋酸（ethyl acetate）	N	R	R	R	R	R	R	R	R	R	R	R	N	S	R	S	R	N	R	R	R	R	S
酒精（rthyl alcohol）	R	R	R	R	R	R	S	R	R	R	R	R	R	R	R	R	R	R	R	R	R	R	S
（rthyl F　er）	R	R	R	R	R	R	R	R	R	R	R	R	S	R	R	N	R	S	R	R	R	R	R

续表 6-18

纤维种类	醋酸纤维素 Acetate	亚克力 Acrylics	Creslan	Crylor	Dralont	Orlon	改良丙烯酸 Modacrylics	Nytril	聚酰亚胺 Polyamide（尼龙 6，6.6）	Nomex 尼龙	聚酯 Polyesters	Drcron	聚乙烯 Polyethylene	聚丙烯 Polypropylene	粘胶人造丝 Rayons - Viscose	Saran	Teflon	Vinton	玻纤	纸	棉布	丝	木材
糠醇（furfur alcohol）	—	R	R	R	R	R	R	—	—	—	R	R	N	—	—	R	R	N	R	—	—	—	—
甲基苯酚（methylphenol）	R	R	R	R	R	R	S	R	R	R	R	R	R	R	R	R	R	R	R	R	R	R	R
甲基乙基（甲）酮，丁酮（methyl ethyl ketone）	N	R	R	R	R	R	N	N	R	R	R	R	S	S	—	S	R	N	R	—	—	—	—
（naptha）	R	R	R	R	R	R	R	—	R	R	R	R	S	S	R	R	R	S	R	R	R	R	S
丙二醇（propylene glycol）	—	R	R	R	R	R	R	—	R	R	N	S	S	R	—	R	R	—	R	—	—	—	—
斯托达德溶剂（stoddard solvent）	R	R	R	R	R	R	R	R	R	R	R	R	S	S	R	R	R	S	R	R	R	R	R
三氯乙烯（trichloro ethylene）	N	R	R	R	R	R	R	—	R	R	R	R	S	R	R	R	R	S	R	R	R	R	R
磷酸三甲苯 tricresyl phosphate）	—	R	R	R	R	R	R	—	R	R	R	R	N	—	—	R	R	—	R	—	—	—	—

续表 6－18

纤维种类	醋酸纤维素 Acetate	亚克力 Acrylics	Creslan	Crylor	Dralont	Orlon	改良丙烯酸 Modacrylics	Nytril	聚酰亚胺 Polyamide（尼龙6，6.6）	Nomex 尼龙	聚酯 Polyesters	Drcron	聚乙烯 Polyethylene	聚丙烯 Polypropylene	粘胶人造丝 Rayons－Viscose	Saran	Teflon	Vinton	玻纤	纸	棉布	丝	木材
甲苯（toluene）	R	R	R	R	R	R	R	R	R	R	R	R	N	S	R	S	R	S	R	R	R	R	R
二甲苯（xylene）	R	R	R	R	R	R	R	—	R	R	R	R	N	S	R	S	R	S	R	R	R	R	R
混合物																							
乙醛（在水中）	N	R	R	R	R	R	R	—	R	R	R	R	—	—	R	—	R	N	R	R	R	R	S
苯甲醛（benzaldehyde）（在水中）	N	R	R	R	R	R	R	—	R	R	R	R	—	—	R	—	R	N	R	R	R	R	S
甲醛	R	R	R	R	R	R	R	R	R	R	R	R	R	S	R	—	R	R	R	R	R	R	S
棉籽油	R	R	R	R	R	R	R	—	R	R	R	R	R	R	R	R	R	R	R	R	R	R	S
甘　油	R	R	R	R	R	R	R	—	R	R	N	S	R	R	R	—	R	—	R	R	R	R	R
乙二醇	S	R	R	R	R	R	R	—	R	R	N	S	R	R	R	—	R	—	R	R	R	R	R
	R	R	R	R	R	R	R	—	R	R	R	R	R	R	R	R	R	—	R	R	R	R	R
	R	R	R	R	R	R	R	—	R	R	R	R	R	R	R	R	R	R	R	R	R	R	R
矿物油	R	R	R	R	R	R	R	—	R	R	R	R	R	R	R	R	R	R	R	R	R	R	R
硝基苯	S	R	R	R	R	R	R	—	R	R	R	R	R	R	R	—	R	N	R	R	R	R	S

注：S—有时能忍受；N—不能忍受；R—能忍受。

按国家标准 GB/T 6719—2009《袋式除尘器技术要求》规定，滤料耐腐蚀性以滤料经酸或碱物质溶液浸泡后的强度保持率表示，其值应符合：

经向　≥95%

纬向　≥95%

6.2.2.11 耐磨性

织物强度和弹性两者是滤料由于摩擦造成的磨损能力的重要参数。

摩擦磨损定义为：纤维和尘粒之间或纤维和邻近纤维之间接触的移动，造成去掉滤料或纤维表面材质的一种侵蚀。

(1) 滤料的磨损特性。

进入袋式除尘器滤袋的尘粒，在一定的速度下打击滤料表面，以磨损和消耗部分纤维，最后磨穿滤料。据 Kaswell 回顾试验的大量数据，并用服装工业研究出织物表面的冲刷，列出了有关耐磨方面影响的磨损的滤料几何形状的 12 种织物的特性：

1) 织物和磨料之间的接触面积；

2) 在特定纱线点上产生的局部压力；

3) 织物每英寸长含有的细丝数；

4) 织物表面凸起的高度；

5) 织物表面凸起的长度；

6) 纱线大小；

7) 纤维厚度；

8) 纱线卷曲度；

9) 纱线黏结性；

10) 挤压力；

11) 织物紧密度；

12) 织物表面覆盖物因素。

(2) 人造纤维耐磨性（湿的和干的）优劣的排列顺序：

1) 尼龙 6.6 和 6；

2) 聚丙烯/聚酯；

3) Nomex、尼龙；

4) 亚克力、改良丙烯酸（Modacrylics）；

5) Teflon；

6) 人造丝；

7) Vinyon。

6.2.2.12 纤维的初始模量

纤维的初始模量：即纤维被拉伸时，当伸长为原长的 1% 时所需的应力。

纤维的初始模量越大，表示在施加同样大小的外力时，它越不容易产生应变。

6.2.2.13 断裂强度和断裂伸长

断裂强度是用来衡量纤维品质的主要指标之一，断裂强度是指纤维受负荷的作用而断裂所承受的强度。

纤维的断裂强度一般有以下几种表示方法：

（1）绝对强力（P）。纤维在连续增加的负荷作用下，直至断裂时所能承受的最大负荷，称为纤维的绝对强力，强力单位为牛顿（N）。

（2）强度极限（σ）。纤维受断裂负荷的作用而断裂时，单位面积上所承受的力，称为纤维的强度极限，强度极限的单位为 N/mm^2。

（3）相对强度（P_T）。纤维绝对强力和细度之比，称为纤维的相对强度，相对强度单位为牛顿/特克斯（N/tex）。

（4）断裂伸长。纤维的断裂伸长是指纤维在连续增加负荷作用下产生伸长变形，直至断裂时所具有的长度。一般用相对伸长率表示。

纤维的相对伸长率，即纤维在拉伸负荷作用下，直至断裂时所伸长部分同纤维原来长度之比。

纺织纤维的断裂伸长一般在15%左右较为合适，在两种纤维原料混用时，应考虑它们的断裂伸长是相同或相近的。

纤维的断裂长度是指纤维本身的重量与绝对强力（P）相等时的纤维长度，单位为千米（km）。

按国家标准《袋式除尘器技术要求》（GB/T 6719—2009）规定，普通及高强低伸型滤料的强力与伸长率应符合表6－19规定，玻璃纤维滤料应符合表6－20的要求。长度超过8m的滤袋宜选用高强低伸型滤料，并考核所选高强低伸型滤料的经向定负荷伸长率。

表6－19 滤料的张力与伸长率

项目		普通型		高强低伸型	
		非织造	织造	非织造	织造
断裂强力/N·(5cm×20cm)$^{-1}$	经向	≥900	≥2200	≥1500	≥3000
	纬向	≥1200	≥1800	≥1800	≥2000
断裂伸长率/%	经向	≤35	≤27	≤30	≤23
	纬向	≤50	≤25	≤45	≤21
经向定负荷伸长率/%		—			≤1

表6－20 玻璃纤维滤料强力要求

项目		非织造滤料	织造滤料
断裂强力/N·(2.5cm×20cm)$^{-1}$	经向	≥2300	≥3400
	纬向	≥2300	≥2400

6.2.2.14 破裂强度

滤料的破裂强度在滤料的过滤特性中不是一种重要参数，但是它是滤料纱线和纤维质量检查中的一种指标，也是表示滤料老化程度的一个参数。

纱线一般都由很多纤维组成，但纱线的强度一般都小于组成纱线的所有纤维的强度的总和。这是由于两个理由：

第一，纱线中央的大部分纤维几乎都是直的和拉紧的。因此，纱线中央的纤维在纱线外部螺旋形纤维达到满负荷之前就先受力而被拉断。

第二，纱线外部纤维受到的部分压力大于纱线的纵向张力，纱线常常是弯成直角而削弱，它与其搓捻和弯曲的形状有关。

6.2.2.15 张力强度

按人造纤维张力强度性能的优劣排列顺序：

尼龙6.6和6，聚酯，聚丙烯，Nomex尼龙，人造丝，亚克力，改良丙烯酸（Modacrylics），Vinyon，Teflon。

6.2.2.16 回弹率

纤维的回弹率是指纤维在外力作用下，发生三部分变形，即普弹形变、高弹形变、塑性形变。当外力去掉后，可恢复的普弹形变和松弛时间较短的那一部分高弹形变将很快回缩（回弹），而其余部分仍旧保持形变，即剩余形变。

纤维的剩余形变值越小表示纤维的回弹性越好。

一般回弹性较好的纤维，其耐疲劳性能也较高，纤维越细，其耐疲劳性也越好。

表6－21列出几种主要合成纤维定伸长（3%）的回弹性。

表6－21 几种主要合成纤维定伸长（3%）的回弹性

纤维	涤纶		锦纶		腈纶短丝	维纶短丝
	长丝	短丝	长丝	短丝		
回弹率/%	95～100	90～95	98～100	95～100	90～95	70～85

6.2.2.17 热塑性

热塑性纤维：是指在熔点可熔化的纤维。热塑性纤维包括聚酯、聚丙烯、亚克力、聚苯硫醚PPS、玻璃纤维及PTFE（聚四氟乙烯），这些纤维可以达到很好的后处理效果。

非热塑性纤维：如Nomex（间位芳香族聚酰胺纤维）、芳纶、P84®（聚酰亚胺），它们是不熔的，不能采用常规的轧光处理，但可以烧毛处理。

6.2.2.18 尺寸稳定性

尺寸稳定性是指滤布经纬向的胀缩率。

常用的各种纤维中，除玻璃丝胀缩很少外，各种天然纤维和合成纤维都有一定的胀缩率，作为滤布，要求胀缩率越小越好。否则，滤布胀缩率越高，将改变纱与纤维间孔隙率，直接影响除尘效率和阻损。

6.3 纤维、滤料的品种

6.3.1 聚酯/涤纶（Polyesters，PET，PE）

聚酯通常是由两种性质截然不同的酸和酒精成分的酯化作用的缩聚物，最常用的聚对苯二甲酸乙二醇酯是由乙二醇和对苯二酸制成的PET，通常称为聚酯。

聚酯/涤纶的分子结构为：

$$n\,HO-(CH_2)_2-OH+n\,HOOC-C_6H_4-COOH \xrightarrow{(n-1)H_2O} \left[O-(CH_2)_2-O-\overset{\overset{O}{\|}}{C}-C_6H_4-\overset{\overset{O}{\|}}{C} \right]_n$$

聚酯/涤纶的某些商品名称有：

Dacron® （DuPont），Enka Polyester® （American Enka Corp.），Fortrel® （Fiber Industries/Celanese），Kodel® （Eastman Chemical）。

6.3.1.1 聚酯滤料的沿革

1941 年继尼龙之后又发明了涤纶－聚酯系纤维，是对苯二酸乙二醇的聚合，有长短两种纤维。涤纶是日本东丽公司和帝人公司的商品名称，在美国称涤纶为达克龙（Dacron®），在英国称为特尼纶，它们与日本的聚酯/涤纶相比，耐热度、强度以及耐化学药品的性能都有若干不足之处。

我国在 1974 年以前，长期以来都使用榨蚕丝、平绸或呢料（工业滤气呢等）作过滤材料。由于榨蚕丝、平绸或呢料（工业滤气呢等）材料耐温低（入口温度不能超过 115℃）、强度小、抗腐蚀性能差，因而滤袋的使用寿命短，烟尘排放浓度高，严重污染了环境。

据 1974 年的调查，当时国外在品种繁多的合成纤维中，聚酯纤维加工的涤纶在烟气冷却上的应用已占有相当大的比重。据美国 1975 年统计，涤纶用量达 50%，使用温度可达 140～150℃，并具有强度大、不吸水、耐磨、耐酸碱等性能，其弹性接近羊毛。

6.3.1.2 聚酯滤料的特性

A 聚酯滤料的性能参数

运行温度		130℃
瞬间温度	干态	150℃
	湿态	100℃
软化温度		230～240℃
熔解温度		250～260℃
吸湿度		0.2%～0.5%
LOI 值		21～22
密度		$1.38g/cm^3$
张力强度（标准条件下）		25～95CN/tex
断裂强度		5.5g/d
吸湿率		0.2%～0.5%（在温度 20℃，相对湿度 65%时）
耐水解		差
耐酸性		中等
耐碱性		弱
耐氧化性		好
耐有机溶剂		中等
耐溶解性		好，除酚、DMF、H_2SO_4 外

B 聚酯滤料的特征

（1）聚酯（PET）具有很高的实用性，可加工为高强度的过滤材料，因其有吸引力的价格水平，而成为用于过滤的最普遍的纤维聚合物。

（2）聚酯（PET）在连续温度 130℃以上工作时会变硬、褪色、发脆，并会使强度变弱。

（3）易水解。

（4）在含有硫酸、硝酸、碳酸的条件下易腐蚀，在低温运行下抗弱碱性良好，抗强碱性一般。涤纶除矿酸浓度高的东西以外，基本上都能抗有机酸和无机酸，但耐碱性差。

（5）抗有机及无机酸性良好，但高浓度氯酸及碳酸除外。

（6）良好的抗氧化性，在一定的温度范围内要发生热氧化，有较强的氧化物时才对聚酯产生损坏。

（7）在140℃下收缩率达10%，断裂伸长率为18%。

（8）聚酯（PET）与聚丙烯相比，在热衰变方面不敏感。

（9）涤纶的强度仅次于尼龙。

C 聚酯滤料的理化特性

a 耐水解性

因为聚酯是通过离析脱水后的聚合分子，聚合物的主要结构会受水解侵蚀并恶化。

聚酯滤料的水解式如下：

$$-O-CH_2-CH_2-O-\overset{\displaystyle O}{\overset{\|}{C}}-C_6H_4-\overset{\displaystyle O}{\overset{\|}{C}}- \quad +H_2O =\!=$$

$$-O-CH_2-CH_2-OH+ \quad \begin{matrix}O\diagdown \\ HO\diagup\end{matrix}C-C_6H_4-\overset{\displaystyle O}{\overset{\|}{C}}-$$

（1）聚酯易水解，最常见的损坏是在较高温度，并有酸碱化学气氛下受水蒸气的水解，水解后会降低滤料的强度，最终导致滤料损坏，特别是温度在210～220 ℉（99～104℃）和在强酸或强碱中会增强水解。聚酯滤料的水解侵蚀与pH值、水含量和温度有关。

（2）聚酯在水解后没有颜色变化，但是会损失所有强度（断裂强度）、粘手和纤维收缩，收缩是所有纤维水解后常见的现象。

（3）水解侵蚀与pH值、水含量和温度有关。聚合物的主要结构受到破坏，导致纤维强度的损失，并最终导致织物的损坏。

（4）聚酯在温度低于80℃和/或湿度较低时，尽管可能有水解，但其反应速度缓慢，影响微弱。如果温度上升或湿度增加，则会加速水解反应，并大大缩短滤袋的使用寿命（图6－16）。

（5）滤袋的断裂强度超过30daN/5cm临界极限时（图6－17）滤袋即开始机械失效。实践表明，聚酯在110℃及湿度60%（体积）的烟气中，经过12个月后，滤料在遭受较强机械压力的金属丝周围，首先开始失效（图6－17）。当含水量降到3%（体积），或温度降至100℃时，据阿伦纽斯规律滤袋的使用寿命将延长至24个月以上。

（6）聚酯的防水解性极差，但均聚丙烯腈（PAN）的水解稳定性极好。因此，聚酯与均聚丙烯腈（PAN）混合后，可提高其防水解性，可使聚酯的寿命增加到2～3年，这是一种极为经济的办法。

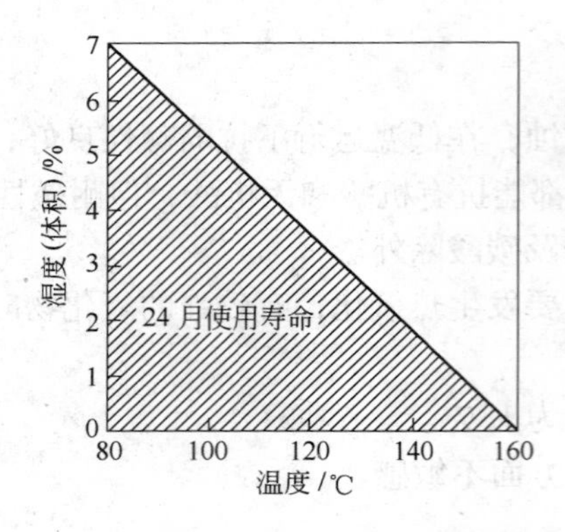

因水解而破损的聚酯滤袋

图 6－16 聚酯水解与温度、湿度的关系

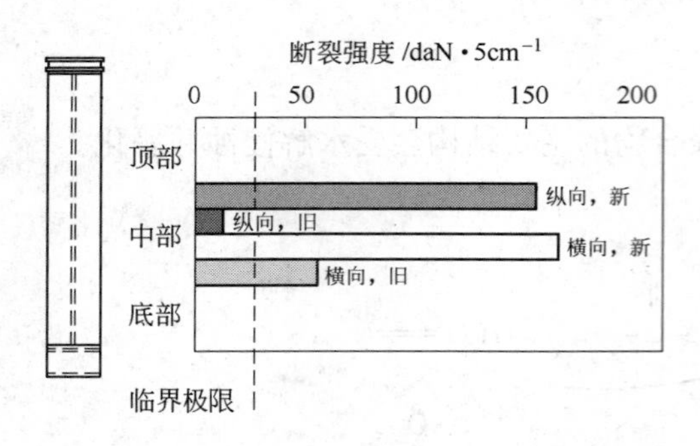

图 6－17 聚酯的断裂强度临界极限

一般可在聚酯滤料的纤网中与基布中混入一些均聚丙烯腈（PAN）纤维，即可延长滤料的使用寿命。这是由于当聚酯纤维受水解影响时，均聚丙烯腈（PAN）纤维能对滤布起支撑作用。由此，在聚酯滤料中混织入一种防水解性好的次等纤维后，即可延长聚酯滤料的使用寿命，降低原材料成本。

b 耐化学性

（1）聚酯纤维除了高浓度的硝酸、硫酸和碳酸之外，它具有良好的耐大部分矿物酸和有机酸的性能。

（2）聚酯纤维除了在强碱及高温下之外，它具有良好的耐弱碱性。但聚酯纤维在低温下耐强酸性差。

（3）聚酯纤维具有良好的耐氧化性。

（4）聚酯纤维具有极好的耐大部分有机溶液性能，但不适应有些酚醛成分。

6.3.1.3 聚酯滤料的结构

（1）聚酯是一种商品纤维，是由一种至少 85% 重量的二元醇和对苯二酸长链式聚合物组成。聚酯纤维由于其原料和聚合方法的不同，可生产出几种不同的产品型号。

（2）聚酯纤维可以制成细丝和短纤维形式，并可织成价廉、尺寸十分稳定的滤料。

（3）短纤维可以和棉、毛、无机纤维等混纺。

（4）长纤维可以制成各种异形断面的标准材质，应用极为广泛。

（5）Dacron®聚酯纤维是圆形的，通常的直径为 10～30μm。

6.3.1.4 聚酯滤料的品种

A 208 涤纶单面绒布

a 208 涤纶单面绒布的沿革

208 涤纶单面绒布是以涤纶短纤维为原料单面起绒的斜纹织物，它是我国早期专为脉冲袋式除尘器开发的机织滤料。

208 涤纶单面绒布是在株洲冶炼厂铜铝锌冶炼的净化系统中，由原冶金部安全技术研究所和株洲冶炼厂共同合作开发的。

株洲冶炼厂铜铝锌冶炼的净化系统，在 1974 年以前，长期使用榨蚕丝、平绸或呢料作过滤材质，其耐温低、净化效率差、寿命短，长期困扰着系统的正常运行。为此，引发了 208 涤纶单面绒布的开发、试制，其开发过程为：

1974 年，材质选择试验。

1975 年 1 月 ~1976 年 3 月，小型工业性试验。

1976 年 3 月 ~1980 年 4 月，大型生产试验。

208 涤纶单面绒布在株洲冶炼厂的使用基础上，推广成为国内第一种化纤滤料。

b 208 涤纶单面绒布的试制

滤料纤维的材质选择

1974 年，通过对国外资料调查，208 单面绒布滤料的材质在品种繁多的合成纤维中，最后选用聚酯纤维加工的涤纶。滤料是在上海纺织院、上海纺织品供应站、国棉色织十厂等单位的协助下，加工成 208 单面涤纶绒布的。

208 单面涤纶绒布的基本组织如表 6-22 所示。

表 6-22 208 单面涤纶绒布的基本结构

单重 /g·m^{-2}	组 织	经 纱		纬 纱		滤布阻力/Pa	
		支 数	根/10mm	支数	根/10mm	3m/min	4m/min
420	7/3 斜纹（双层）	20S/2	260	底：20S/2；绒：8S	272	36.28	48.0

小型工业性试验

208 单面涤纶绒布在 1975 ~1976 年进行了 1000h 的小型工业性试验，试验是在锌浸出渣挥发窑的烟气系统中进行，试验用的袋式除尘器形式为：

袋式除尘器	LD18 型袋式除尘器
箱体分隔	1 号、2 号、3 号三个单独部分
控制的温度	130 ~150℃、140 ~160℃、150 ~170℃三种不同温度
滤袋	18 条/每个箱体
滤袋总数	54 条
过滤面积	45m^2
滤袋规格	ϕ140 ×2100mm
清灰形式	连续机械振打
滤料材质	208 单面涤纶绒布

滤料原始强度　　　　径向断裂强度116.8kg/(3cm×20cm)

运转后滤料的断裂强度及其曲磨、平磨如表6－23和表6－24所示。

表6－23　208单面涤纶绒布运转后的断裂强度

箱号	经向断裂强度 /kg·(3cm×20cm)$^{-1}$			纬向断裂强度 /kg·(3cm×20cm)$^{-1}$			强度降低率(经向)/%
	试样1	试样2	平均	试样1	试样2	平均	
1	86	88	87	29	30.5	29.75	25
2	66	70	68	28		28	41.5
3	70	69	69.5	20.5	21	20.75	40

表6－24　208单面涤纶绒布运转后的断裂强度曲磨、平磨

箱号	曲磨次数（重压1500g）				耐磨次数降低率/%	经向平磨次数（重压200g）	耐磨次数降低率/%
	经　向		纬　向				
	绒面	底面	绒面	底面			
新布	6721	6681	4356	4266	0	41823	0
1	464	232	163	236	93	59015	增长41
2	347	114	115	153	94.6	27302	10.8
3	308	193	207	238	95.5	30469	27

注：耐磨降低率均以经向面计算。

小型工业性试验的结论为：

（1）使用温度宜取140℃左右；

（2）耐磨性随温度升高而降低；

（3）阻力比平绸稍高，运转中除尘器阻力一般在882.64～986.00Pa；

（4）具有良好的除尘效率，高达99%以上。

大型生产试验

从1976年3月9日起至1980年4月底止，在株洲冶炼厂锌挥发窑2100m^{2}的布袋箱中进行了4年的应用试验，其结论为：

（1）提高了原来采用榨蚕丝、平绸滤料时的除尘器入口温度。

（2）滤料使用寿命为榨蚕丝、平绸的3.84倍。

（3）除尘效率由榨蚕丝、平绸滤料的97%～98%提高到99%～99.9%，提高了1.0%～1.9%，致使出口浓度降低，达到了国家排放标准以下。

（4）操作条件得到改善：

1）检查更换滤袋的次数由过去每天3h减少到0.5～1.0h；

2）检查滤袋的操作人员由原来每班2～3人减少到1人；

3）由于温度提高，避免烟气中酸雾及硫酸盐类的冷却，减少系统腐蚀；

4）由于更换滤袋时间减少，减少了烟气排放的金属损失和环境污染。

株洲冶炼厂的全面应用

1976年在株洲冶炼厂锌挥发窑上进行了4年的应用试验。

1979 年在铅鼓风炉、吸风烧结、烟化炉、浮渣反射炉等除尘器上推广使用。

1980 年后，在铜鼓风炉、反射炉、转炉、锌多膛炉、银转炉、铋反射炉等所有袋式除尘器上推广使用，除尘面积达 13 万 m^2。

c 208 涤纶单面绒布的特性

208 涤纶单面绒布的特性参数

连续运行温度	130℃
瞬间运行温度	150℃
织物组织	2/2 斜纹
幅宽	800mm
克重	380 ~400g/m^2
经纱 支纱	20S/2 涤
经密（跟/10cm）	260
纬纱 支纱	20S/2 涤
经密（跟/10cm）	272
孔隙率	60% ~70%
透气量	(350 ~130) ×$10^{-3}$$m^3$/($m^2$ · s)
断裂强力（N/(20cm ×5cm)） 经向	>1000kg
纬向	>500kg
断裂伸长 经向	≤40%
纬向	≤45%
曲磨次数（压重 2kg） 经向	1200 次
纬向	600 次
平磨次数（压重 200kg）	1000 次
滤料初阻力 v =3m/min	37Pa
v =4m/min	49Pa
净化效率	大于 99%

208 涤纶单面绒布的特征

（1）滤料的绒面有助于粉尘层（即尘饼）的形成，因而可提高滤料的捕尘率。

（2）由于滤料的绒面朝向迎尘面，形成紧覆粉尘层（即尘饼）的滤料表面极为松散，可使粉尘层容易脱落，提高了滤料的剥离率。但是通过实践证明，208 涤纶单面绒布在清灰时也会使粉尘层遭到破坏，致使在重新过滤时，滤料的捕尘率显著降低。

（3）208 涤纶单面绒布的孔隙率较高，透气性较好。

（4）208 涤纶单面绒布比较耐磨。

（5）208 涤纶单面绒布的净化效率一般在 99.3% ~99.7% 范围内。

（6）滤料过滤时应防止结露，否则粉尘与绒毛容易黏结、堵塞。

（7）208 涤纶单面绒布由于单面拉绒，纤维受伤，影响滤料寿命。

（8）滤料延伸率大。

d 208 涤纶单面绒布的结构

208 涤纶单面绒布是用涤纶短纤维经纬交织成起绒的斜纹布，机械单面起绒，使其表面形成一层覆盖织物孔隙的短绒的滤料。

常用的208 涤纶绒布为单侧起绒斜纹织布，这种织物的网孔约为 5 ~ 10μm（一般织布网孔约为 20 ~ 50μm），厚度约 1.55mm。

e 208 涤纶单面绒布的应用

（1）208 涤纶单面绒布可用于高过滤速度的脉冲袋式除尘器。

（2）208 涤纶单面绒布滤料由于经纬纱线表面具有短绒，形成织物后又在表面起绒，以遮盖住经纬线间的孔隙，为此，在使用时一般应将绒面朝向迎尘面。

（3）自 1985 年以后，由于涤纶针刺毡的出现，208 涤纶单面绒布至今已不再使用，其主要原因为：

1）208 涤纶单面绒布由于需拼幅（150mm 左右），多了两道径向缝，时间一长缝线老化崩断，造成滤袋裂口。

2）208 滤袋的径向伸长会使滤袋弯曲变形，纬向伸长使袋径增大、袋距变小，致使滤袋与箱壁，或滤袋与滤袋相互摩擦，破损。

3）208 涤纶单面绒布是以机织布为主体，在当前以脉冲袋式除尘器为主的烟气净化中，其除尘效率不如涤纶针刺毡。

4）208 涤纶单面绒布的单面拉绒，使机织布纤维表面拉伤，滤料的寿命不如涤纶针刺毡。

B 聚酯（涤纶）针刺毡

1970 年，东北工学院（现东北大学）与抚顺市第三毛纺厂（现抚顺晶花产业用布有限责任公司）合作，开发净化空气用的非织造织物。1985 年，抚顺产业用布厂（现抚顺晶花产业用布有限责任公司）在纺织部的支持下，引进英国、联邦德国两条针刺毡流水线，由此，我国才开始有针刺毡滤料，即聚酯（涤纶）针刺毡。

有关针刺毡的内容，详见 6.4 有基布针刺毡和无基布针刺毡一节。

C 729 聚酯机织布

a 729 聚酯机织布的沿革

729 涤纶机织布主要是为满足宝钢建设需要和开发国产筒形聚酯滤袋新产品两个方面的要求而开发。

（1）宝钢的建设需要：1978 年宝钢开始建设，年产 600 万吨，由日本新日铁公司总体设计，1985 年 9 月一期工程投产。

当初在日本的总体设计中，全厂共有 108 台袋式除尘器，8 种滤料，计 19.3 万 m^2。其中，ϕ292mm 聚酯机织布总长 17.3 万 m，占全厂滤料总量的 83%。

鉴于此，为满足宝钢的需要，特开展 729 聚酯机织布的研制。

（2）开发国产筒形聚酯滤袋的新产品：筒形滤料织制技术、针刺滤料加工技术以及玻纤滤料表面处理技术，被公认为是 20 世纪 70 年代以来世界滤料生产中的三项重大成就技术。

我国当时也已开展针刺滤料加工及玻纤滤料表面处理的试验研究，并取得一定成绩，但在筒形滤料织制方面，尚属空白。

筒形滤袋具有缝袋方便、形状均一、清灰性能良好、使用寿命长的优点，特别适宜于反吹风清灰及机振振打清灰类的大型低能量清灰的滤袋。

为了解决宝钢大批量备用滤料的需求，并为我国开发一种滤料新品种，根据《冶金工业部（82）冶科字第522号》文下达的任务书，由上海宝山钢铁总厂与上海三十三织布厂协作，共同研制国产筒形聚酯滤袋，简称729滤料。

729聚酯机织布的研制对象是：日本中尼滤料工业公司（Nakao）和日本空气过滤器公司（JAF）的滤料，其研制过程为：

1982年10~11月，技术准备。收集资料，对日本Nakao滤料进行结构分析。

1982年12月~1983年12月，试制阶段。选定729-Ⅰ、Ⅱ、Ⅲ型三种结构。

1984年1~12月，结构定型。采用高强低伸型聚酯中长纤维单纱原料，试制729Ⅳa、Ⅳb二种结构；试验探索以热定型为主的后整理技改术，确定热定型方案。

1984年9~11月，第二次实验。进行Ⅳ型结构与日本JAF滤料和208滤料的第二次实验室对比试验。

1983年1月~1985年5月，工业应用。在上钢五厂30吨电炉除尘系统的正压反吹风袋式除尘器上进行试验。

1985年5月，通过技术鉴定。

1985年，形成产品。宝钢与上海火炬工业用布厂合作研制成功我国第一批筒形聚酯机织滤料，商品名为729。

1986年，批量生产，投入国内市场。

1994年后，国内出现729的二次开发，其品种有：（1）729平布；（2）729聚酯机织布的正反织工艺技术；（3）阻燃729滤布；（4）729消静电滤布；（5）憎湿性（疏水）729滤布；（6）729覆膜滤料（上海凌桥环保设备厂首创）。

729滤料Ⅰ~Ⅳ型结构的演变过程使拉伸强力不断提高和负荷伸长率不断降低，并逐步赶上日本同类滤料水平，最后是试制成功729Ⅳb型滤料的过程。729滤料经过热定型处理后，使在120~140℃范围内的热收缩率由原来的4%~5%减少到2%左右，729Ⅳ型滤料持续受热的强度保持率优于日本滤料。

b 729聚酯机织布的特性参数

729Ⅳb型滤料：

使用温度		<130℃
熔点		274℃
厚度		0.72mm
重度		310.1g/m²
断裂强度（N/(20cm×5cm)）	经向	292.5kg
	纬向	208.6kg
断裂伸长率	经向	22.9%
	纬向	21.4%

耐磨次数 47750 次

透气率 $109.6\times10^{-3}m^3/(m^2\cdot s)$

热收缩率 7.3%

电阻值 $8.0\times10^{10}\Omega$

除尘效率 99.53% ~99.78%

国内某厂滤袋产品：

滤袋 ϕ300mm×10000mm

滤料 729 聚酯无缝滤袋

试样 30mm×200mm（宽×长）

各项目测试（表 6-25）的条件：

组织：按 JIS L1096 6.1。

单重：按 JIS L1096 6.4.2。

厚度：按 JIS L1096 6.5。

织密度：按 JIS L1096 6.6。

拉伸强度：按 JIS L1096 6.12(1) A 波（带条法）试样宽，3cm，夹子间距 20cm，牵行速度 10cm/min。

表 6-25 729 聚酯滤袋测试数据（1994 年 1 月）

试验项目		参数
组织		五枚缎纹
单重/$g\cdot m^{-2}$		340
厚度/mm		0.6
线支数	经向	18.4/2
	纬向	18.6/2
织密度/根·in^{-1}	经向	77
	纬向	53
拉伸强度/(0.1N)	经向	183(187kgf)
	纬向	122(124kgf)
伸长率/%	经向	27
	纬向	24
撕裂强度/(0.1N)	经向	—
	纬向	21（21kgf）
曲磨次数/次	经向	18000
	纬向	26990
缝线拉伸强度/(0.1N)		3.3(3.4kgf)
缝线伸长率/%		29.1
缝线抗折强度/次		1760
透气率/$cm^3\cdot(cm^2\cdot s)^{-1}$		10.8

撕裂强度：按单幅切口法 JIS L1096 6.15 1A－1 法。牵行速度 10cm/min。

曲磨次数：按 JIS L1096 6.17.1(2) 法（波浪法），牵行负荷 2.722kg(26.69N)，压重 1.36kg(13.3N)。

平磨次数：按 JIS L1096 6.17.1(1) A－1 法（平面法），压重 0.45kg(4.41N)，空气压力 0.281kg/cm^2(2.76×10^{6}Pa)。

破裂强度：按 JIS L1096 6.16 2.8 法（等速伸长变形法）。

透气率：按 JIS L1096 5.5 法（布提吉尔法）压力 124.5Pa(12.7mmH_2O) 的压差计测定。

c　729 滤料的特征

（1）729 滤料是一种聚酯纤维的圆筒无缝机织滤料；

（2）729 滤料的升阻速率小，运行阻力低，清灰性能好；

（3）729 滤料为圆筒形织物，缝袋及安装极为方便；

（4）729 滤料连续伸长率可以满足年伸长率不超 2%。

d　729 聚酯机织布的结构

编织结构

729 聚酯机织布的结构为筒形梭织品，选用五枚二飞纬面缎纹织物（图 6－18）为基本结构。

729 聚酯机织布采用经专门改造的 1511 型织机织制，并经热定型处理。热定型是确保滤料在使用工况条件下的结构稳定性的重要工艺手段。

前期为反织法工艺，适用于外滤式。尘面（五枚三飞经线缎纹）在外，净面（五枚二飞纬线缎纹）在内。后期为正织法工艺，适用于内滤式。尘面（五枚三飞经线缎纹）在内，净面（五枚二飞纬线缎纹）在外。

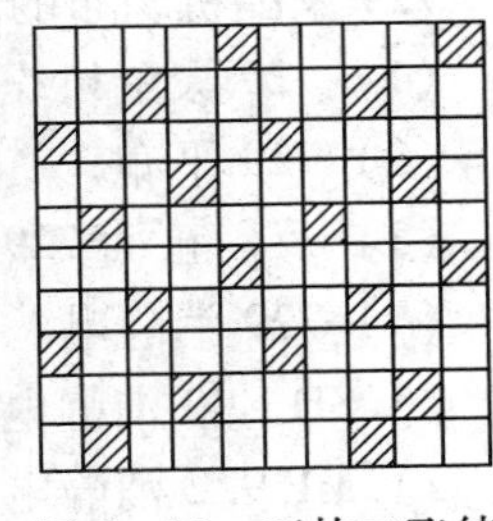

图 6－18　五枚二飞纬面缎纹织物图

产品质量

729 聚酯机织布产品质量的测试结果见表 6－26。

表 6－26　729 滤布技术性能检测数据

检测项目		检测值	GB12625—90 要求
断裂强力 /N·(5cm×20cm)$^{-1}$	经	3222	≥3000
	纬	2270	≥2000
断裂伸长率/%	经	21.6	<17
	纬	21.1	<27
集尘效率/%	静态	99.9	99.9
	动态	99.9	99.5

注：1. 测试样品单位面积质量为 320g/m^2；

2. 滤料是由纺织工业南方科技测试中心和东北大学滤料检测中心测试。

729 聚酯机织布的产品质量根据上海市企业标准《本色聚酯中长圆筒过滤布》（沪 Q/XXX—85）（1985 年 6 月 1 日试行）规定与表 6－26 相同。

表6－27为729聚酯滤袋的性能参数。

表6－27 729聚酯滤袋的性能参数

品种编号	幅宽/cm	直径/mm	原纱号数（英制支数）		密度/根·10cm⁻¹		断裂强度/kg·(5cm×20cm)⁻¹		断裂伸长率/%		透气性/mL·(cm²·s)⁻¹	织物组织
			经向	纬向	经向	纬向	经向	纬向	经向	纬向		
729－180	28.5	180	29.5（20）	29.5（20）	303	216	300	210	23.7	21	14.5	缎纹5/2
729－230	36.5	230										
729－250	39.5	250										
729－300	47.5	300										

e 729聚酯机织布的类型

729聚酯机织布经历从729－Ⅰ型到729－Ⅳ型的发展过程，其中：

Ⅰ、Ⅱ、Ⅲ型：采用棉型纤维（1.4旦尼尔×38mm）；

Ⅳ型：采用高强低伸中长纤维（2.0旦尼尔×51mm），并经热处理。

因棉型纤维的过滤性能较好，中长纤维的清灰再生性能较优，通过综合过滤性能评价，最终选定729 Ⅳb为定型结构。

f 729聚酯机织布的品种

729聚酯机织布的品种共有：

（1）729聚酯机织圆筒布；

（2）729平布；

（3）反、正面729圆筒滤布；

（4）729消静电滤布：

1）SD－90消静电滤布（见SD－90导电纤维机织滤布一节）；

2）MP 922消静电滤布（见MP922消（防）静电机织滤布一节）；

（5）阻燃729滤布；

（6）憎湿性（疏水）729滤布（见本节后述“防油防水针刺毡”的内容）；

（7）729覆膜滤料（见覆膜滤料一节）。

729聚酯机织圆筒布

729聚酯机织布的产品为圆筒形织物。

729聚酯机织圆筒布的规格有ϕ423mm、ϕ300mm、ϕ292mm、ϕ250mm、ϕ230mm、ϕ180mm、ϕ160mm、ϕ128mm等。

各类除尘器适用的729聚酯机织圆筒布规格如表6－28所示。

表6－28 729圆筒滤布适用的除尘器

滤布规格（按直径划分）/mm	适用条件
ϕ124	（喷嘴）脉冲喷吹袋式除尘器
ϕ160	环隙脉冲喷吹袋式除尘器

续表 6-28

滤布规格（按直径划分）/mm	适 用 条 件
ϕ250	Zc、FD、CXBC 等回转反吹袋式除尘器
ϕ292、ϕ300	反吸风（或反吹风）清灰大布袋式除尘器
ϕ423	UF 除尘机组（美国富乐公司产品）

729 平布

729 平布的正规门幅有 80mm、82mm、90mm 和 100mm。根据需要可生产不同规格以适应各种需要。

反、正面 729 圆筒滤布

反织法工艺

729 滤料的前期产品采用反织法工艺，即尘面（五枚三飞经面缎纹）在外，净面（五枚二飞纬面缎纹）在内。

这种结构适用于有袋笼的外滤式除尘器（如回转反吹扁袋除尘器），但对内滤式除尘器（如反吹风清灰类、机振清灰类等），则需在热定型处理或缝袋时，先将圆筒滤料翻个面。这样做要增加一道工序，并且难免会暴露织制时隐藏在内表面的疵点，影响表观质量。

正织法工艺

鉴于反织法工艺的上述缺陷，进一步开发了专门适用于内滤式除尘器的正织法工艺筒形滤料，以满足各种除尘器的需要。

阻燃 729 滤布

阻燃 729 滤布是将 729 滤布经专门处理制作的一种阻燃性滤布。

阻燃 729 滤布经国家防火建筑材料质检中心测试，各项指标均符合难燃材料规定要求，按 GB 8624—1997 的判定，其燃烧性能达到 GB 8624 B1 级。

阻燃 729 滤布的阻燃性测试数据如表 6-29 所示。

表 6-29 阻燃 729 滤布阻燃性检测报告

序号	检测项目	检测依据	技术指标	检测结果	项目标定
1	氧指标	GB/T 5454—95	B1≥32，B2≥26	45.3	B1 级合格
2	垂直燃烧性能	GB/T 5455—95			
2.1	损坏长度/mm		B1≤150，B2≤200	59	B1 级合格
2.2	续燃时间/s		B1≤5，B2≤15	<1	B1 级合格
2.3	阻燃时间/s		B1≤5，B2≤10	<14	B1 级合格

g 729 聚酯机织布的应用

729 聚酯机织布主要用于反吹风式、机振式等低温、低过滤风速类的袋式除尘器。

运行温度 <120～130℃

过滤风速 <1.0～1.2m/min

D 消（防）静电针刺毡

防静电针刺毡在美国、日本、德国等工业发达国家早于20世纪70年代末就开始研究，并迅速推广应用于工业除尘各领域。

a 消（防）静电的原理

静电现象是电荷移动、分离和消失过程中交错复杂产生的一种现象。

一般，物体之间相互接触的摩擦会引起电子的移动，其产生的静电（正负号）与静电量，随摩擦时间、接触面之间的杂质、摩擦频率、摩擦强度、摩擦面积等因素而变化。如果摩擦频率、摩擦强度、摩擦面积不断增加就会产生静电能，使带电体的电位逐步上升。在此过程中，由于物体的放电及漏电，其中一部分电荷消失，而一般观察到的静电，就是发生电荷和消失电荷之间的电位差。

当带电体被完全分离后，带电体残留下来的电荷，其电位差高达300V以上时，带电体即接近导体，就会引起放电，这种放电与分离过程中的放电有区别，称为接近过程中的放电，有火花可见。此时如处于具有火焰的环境中就会着火，一旦具备爆炸条件就会爆炸，即发生事故。

在袋式除尘过程中，粉尘与粉尘、粉尘与除尘器、粉尘与滤袋、滤袋纤维之间的摩擦都会产生静电，静电能有的高达数千伏，静电火花随时都有产生的可能，特别是对于滤料，大部分是高分子聚合成的化学纤维，其表面固有的比电阻通常为$10^{12} \sim 10^{16}\Omega \cdot cm$，纤维本身易积聚电荷而产生放电火花，一旦当它遇到有可能爆炸的烟气及粉尘时，就可能会产生爆炸。鉴于此，需要采用消（防）静电滤料，以防止爆炸的可能。

b 滤料的消（防）静电措施

一般消除滤料上电荷的蓄积有两种措施：

（1）滤布导电；

（2）电晕放电消静电滤布。

电晕放电消静电滤布是滤料在使用过程中，由于粉尘与滤料的摩擦，产生静电，滤料中的导电纤维感应产生异性电荷，并在其周围形成电场。由于织物受电场的影响，表面附近发生电晕放电，形成局部离子活化区，使空气电离产生大量正负离子和带电粒子，当这些正负离子的电荷与滤料上的相反符号电荷（即负正电荷）中和，即可达到消静电的目的。

电晕放电消静电滤布具有以下优点：

（1）电晕放电消静电滤布不受环境温度和湿度的影响。

这种消静电滤布在不同的温度和湿度（包括相对湿度小于30%）条件下，滤布的消静电性能基本无变化。所以电晕放电消静电滤布对环境的适应性较强。

（2）除尘器的接地电阻的大小，以及是否接地，对滤料的消静电性能无显著影响。

（3）由于电晕放电消静电滤布是依靠电晕放电消除静电，而电晕放电不依赖电荷对地的泄漏，因而滤料是否接地，对滤布的消静电功能并无影响，从而提高了设备防爆的可靠性。

（4）由于电晕放电消静电滤布中的导电纤维具有足够的强度，并耐摩擦、耐酸碱，从而使制成的滤布具有广泛的适应性。

目前国内外解决涤纶（纤维）静电荷吸附性的途径大致有两大类：

（1）使用改性涤纶：通过一定的化学处理，使涤纶改变它的疏水性，使之产生离子，将积聚的静电荷泄漏，使纤维及其织物具有耐久的抗静电性能。

（2）在涤纶原料或成品中加入金属物：利用金属导电性降低涤纶的电阻值，使之难以积聚静电荷，纤维及其织物具有永久性抗静电性能。

c 消（防）静电针刺毡的特性

防静电滤料电气特性的国家标准

国家监督局于2009年4月13日发布实施GB/T 6719—2009《袋式除尘器技术要求》国家标准，规定防静电滤料电气特性的指标，如表6－30所示。

表6－30 GB/T 6719—2009关于防静电滤料电气特性指标的规定

抗静电特性	最大限值	抗静电特性	最大限值
摩擦荷电电荷密度/$\mu C \cdot m^{-2}$	<7	表面电阻/Ω	$<10^{10}$
摩擦电位/V	<500	体积电阻/Ω	$<10^{9}$
半衰期/s	<1		

消（防）静电滤料的考核

国外对消（防）静电滤料主要考核以下五项指标：

表面比电阻：表面比电阻的大小决定了滤料消除静电的能力。滤料表面固有比电阻与抗静电效果的关系如表6－31所示。

表6－31 滤料表面固有比电阻与抗静电效果的关系

织物表面固有比电阻/Ω·cm	抗静电效果（表观）	织物表面固有比电阻/Ω·cm	抗静电效果（表观）
$>10^{13}$	完全无效	$10^{10} \sim 10^{11}$	效果良好
$10^{12} \sim 10^{13}$	几乎无效	$<10^{10}$	效果极好
$10^{11} \sim 10^{12}$	稍有效		

体积比电阻：体积比电阻的大小决定了滤料消除静电的能力。

半衰期：半衰期大小反映了电荷消失速度。

摩擦电位：摩擦电位表示产品受摩擦后产生静电电位的高低。

摩擦电荷密度：摩擦电荷密度表示产品受摩擦后单位面积内产生电荷的数量。

消（防）静电针刺毡的导电纤维特性

消（防）静电针刺毡的导电纤维有不锈钢纤维、碳纤维及改性合纤类纤维等。各种导电纤维的性能特点见表6－14。

不锈钢金属纤维的主要技术性能：

容重	7.96～8.02g/cm³
纤维束根数	10000～25000根/束
纤维束不匀率	≤3%
单纤维室温电阻	220～50Ω/cm

初始模量 10000～11000kg/cm^2
断裂伸长率 0.8%～1.8%
耐热熔点 1400～1500℃

不锈钢金属纤维的特点：

（1）纤维的电阻值低，具有良好的导电性能。

（2）纤维的挠性好，其可挠性与有机纤维接近，具有可纺性，且很容易和其他纤维进行混纺。

（3）机械性能好，金属纤维相对强度高，韧性比玻璃纤维、陶瓷纤维等无机纤维大，且具有良好的弯曲加工性和耐疲劳性。

（4）耐热性好，能在600℃高温下正常使用。

（5）耐酸碱及其他化学腐蚀。

d 防静电滤料的静电特性

表6－32给出防静电滤料与一般滤料静电特性的比较。

e 部分常用消（防）静电滤料产品及性能参数

部分常用消（防）静电滤料产品及性能参数如表6－33所示。

f 消（防）静电滤料的结构

消（防）静电针刺毡是在针刺毡的基布经向间隔放入导电纱，或在针刺毡的纤网中掺入适当比例的导电纤维，并经一系列后处理制成的针刺毡滤料，其制作结构为：

（1）针刺毡基布由机织滤料制成，基布经纱中布入导电纱线。

（2）导电纤维（或导电线）的编织。

1）基布的经向每隔20～25mm布置一根不锈钢导线，纬线用长丝纱线。

2）基布经向每隔8～10mm布置一根合成导电纱线。

3）也可在针刺毡面层（纤网）中掺入适当比例的导电纤维。

g 消（防）静电滤布的品种

消（防）静电滤布的品种包括NJ型耐久性抗静电机织滤料、MP922消（防）静电机织滤布、SD－90导电纤维机织滤布和防静电针刺毡。

NJ型耐久性抗静电机织滤料

NJ型耐久性抗静电机织滤料是上海火炬工业用布厂于1989年5月开发的防静电滤料。

NJ型耐久性抗静电机织滤料是在729普通涤纶滤料的基础上，采取改性涤纶的方法，对普通涤纶滤料进行改进，选择涤纶长丝纬纱，以满足滤袋外表光滑及提高纬向强力的要求，同时对涤纶长丝进行抗静电处理制成的机织滤料。滤料的抗静电长丝是采用内部加抗静电剂共混纺丝的方法加工而成。

NJ型耐久性抗静电机织滤料在共纺丝过程中，经混炼形成的抗静电剂和涤纶（PET）混炼物均匀分布，抗静电剂中的一组分子的微纤状态，沿着纤维轴间分布，且因与微纤之间有连结，便在纤维内形成由里向外的吸湿、导电通道，且易与另一组亲水性基团相结合，将积聚于纤维上的静电荷泄漏，达到抗静电的目的。

NJ型耐久性抗静电机织滤料与729普通涤纶滤料的比较如表6－34所示。

表 6-32 防静电滤料与一般滤料的静电特性比较（摘自东北大学资料）

E/O	型号	种类	材质	单位面积质量 /g·m^{-2}	提供样品单位	表面电阻 /Ω	体积电阻 /Ω·cm	摩擦电压 /V	摩擦后 1min 电压/V	半衰期/s	摩擦电荷密度 /μC·m^{-2}	资料来源
E	ZLN-FJ	针刺毡	涤纶	450	抚顺市产业用布厂	5.4×10^{8}	4.5×10^{8}	100	—	0.5	2.8	北京工业学院静电教研室
E		针刺毡	涤纶	500	抚顺市产业用布厂	4.4×10^{8}	9.0×10^{8}	150	—	0.5	2.8	
E		针刺毡	涤纶	500	抚顺市产业用布厂	3.0×10^{9}	2.3×10^{9}	200	—	0.5	3.0	
E		针刺毡	涤纶		日本进口	3.6×10^{9}	1.1×10^{9}	200	—	0.5		
E	ZLN-FJ	针刺毡	涤纶	500	抚顺市产业用布厂		1.05×10^{8}	—	—	0.675	2.08	江苏省纺织科学研究所
E		针刺毡	涤纶		西德进口		2.33×10^{8}	—	—	2.525	3.87	
E	ZLN-FJ		涤纶	500	抚顺市产业用布厂	3.92×10^{9}	2×10^{7}	350	—	0.6	—	
O	ZLN-D		涤纶	500	抚顺市产业用布厂	1.4×10^{10}	8×10^{9}	780	—	0.7	—	
E	ZLN-FJ		涤纶	500	抚顺市产业用布厂	7×10^{9}	26×10^{6}	400	—	0.6	—	
E		机织布	涤纶	340	河北省纺科所	1.0×10^{7}	10×10^{6}	240	—	0.5	0.37	河北省纺科所
O	ES550	针刺毡	涤纶	500	日本吴羽会社	—	7×10^{14}	—	—	—	—	日本吴羽会社产品介绍
E	KES552	针刺毡	涤纶	500	日本吴羽会社	—	7×10^{9}	—	—	—	—	
O	400	针刺毡	涤纶	400	日本东レ会社	—	—	—	2200	—	3.3	日本东レ会社 AHTAR-DF 长丝无纺滤料介绍
E	40SA	针刺毡	涤纶	400	日本东レ会社	—	—	—	400	—	0.8	
O	600	针刺毡	涤纶	400	日本东レ会社	—	—	—	2200	—	3.3	
E	60SA	针刺毡	涤纶	600	日本东レ会社	—	—	—	400	—	0.8	
O	HN6020B	压缩毡	羊毛	676		4×10^{10}	—	—	148	2.0	—	袋式除尘器手册
O	FTO500	针刺毡	涤纶	506		1×10^{10}	—	—	1950	139	—	
O	FPO500	针刺毡	丙纶	506		1×10^{10}	—	—	2000	1600	—	
国家标准对防静电滤料的要求						$<10^{10}$	$<10^{9}$	<500	—	<1	<7	国标 GB/T 6719—2009

注：E—防静电型滤料；O——一般滤料。

表 6－33 各类常用消（防）静电滤料产品及性能参数

特性 \ 项目				针刺毡滤料	机织滤料	
				ZLN－DFJ	ENW（E）	MP922
形态特性	1	材质		涤纶	涤纶	
	2	加工方法		针刺成型后处理	针刺成型后处理	
	3	导电纱（或纤维）加入方法		基布间隔加导电经纱	面层纤维网中混有导电纤维	经向间隔 25mm 置一根不锈钢导电纱
	4	单位面积质量/$g \cdot m^{-2}$		500		325．1
	5	厚/mm		1.95		0．68
强力特性	1	断裂强力/$N \cdot (5cm \times 20cm)^{-1}$	经向	1200	1149.5	3136
	2		纬向	1658	1756.2	3848
伸长特性	1	断裂伸长率/%	经向	23	15.0	26
	2		纬向	30	20.0	15.2
透气性	1	透气度/$m^3 \cdot (m^2 \cdot min)^{-1}$		9．04		
	2	透气度偏差/%		+7		
				－12		
阻力特性	1	洁净滤料阻力系数		11		
	2	再生滤料阻力系数		170		
	3	动态滤尘阻力/Pa		245		
滤尘特性	1	静态捕尘率/%		99.9		
	2	动态捕尘率/%		99.99		
清灰特性	1	粉尘剥离率/%		94.7		
静电特性	1	摩擦荷电荷密度/$\mu C \cdot m^{-2}$		2.8	0.32	0.399
	2	摩擦电位/V		150	19	132
	3	半衰期/s		<0．5	<0．5	<0．5
	4	表面电阻/Ω		9.0×10^3	2.4×10^3	3.26×10^4
	5	体积电阻/Ω		4.4×10^3	1.8×10^3	3.81×10^4

表 6－34 NJ 型耐久性抗静电机织滤料与 729 普通涤纶滤料的比较

技术性能指标		抗静电除尘滤料	729 普通滤料
拉伸断裂强度/$N \cdot (5cm \times 20cm)^{-1}$	T	3000	3000
	W	2600	2000
拉伸断裂伸长率/%	T	23	23
	W	28	21
透气性/$L \cdot (m^2 \cdot s)^{-1}$		85	120
表面比电阻/Ω		7.24×10^8	$>10^{12}$
半衰期/s		0.9	38

注：T—经向；W—纬向。

由表6－36中可见，NJ型耐久性抗静电机织滤料的表面比电阻为$10^8\Omega$，低于标准的$10^9\sim10^{10}\Omega$，半衰期为0.9s，低于标准的1.0s。因此，可以有效防治静电现象。

MP 922 消（防）静电机织滤布

729滤料国产化后，滤料在焦粉、煤粉等导电类粉尘的使用中出现了寿命特别短的问题。这是由于焦粉、煤粉这类导电类粉尘带电，造成滤料表面静电荷积聚，影响清灰脱尘效果，致使除尘器的运行阻力成倍超过设计值，影响了滤料的使用寿命。

为解决此问题，宝钢在消化吸收日本帝人公司节能型滤料T8160样品（这种滤料采用高卷缩性长纤维纺成低捻单股纱制成）的基础上，在729滤料的经向放一根不锈钢纤维导电经纱，开发了国产MP 922消（防）静电机织滤布。

MP 922消（防）静电机织滤布是以不锈钢纤维同涤纶短纤维混纺合成的纱为原料，由于不锈钢纤维具有良好的导电性能，它与涤纶短纤维混纺后，具有永久的抗静电性能。

729滤料的基本结构是五枚二飞缎纹，主要是经面与粉尘接触，所以它是将不锈钢纤维和涤纶混纺纱作织物的经纱，以降低滤料的电阻，减少滤料静电积聚。由此，当织物产生静电时，导电纱可加快静电的衰减速度，直接消除静电，降低滤料对粉尘的吸附性。

一般是在729滤料的经向每间隔25mm放一根不锈钢纤维导电经纱，为提高滤料的纬向强度，滤料的纬向采用涤纶长丝。

MP 922消（防）静电机织滤布的电气特性如表6－35所示。

MP 922消（防）静电滤布的技术性能指标如表6－36所示。

表6－35 MP 922消（防）静电机织滤布的电气特性

序号	项 目	单位	国家标准 GB/T 6719—2009要求	嵌SD－90消静纱滤布		MP922消静电滤布	
				最大值	平均值	最大值	平均值
1	摩擦荷电电荷密度	$\mu C/m^2$	<7	1.3	0.92	0.32	0.32
2	摩擦电位	V	<500	120	90	60	45
3	半衰期	s	<1	0.65	0.62	0.08	0.067
4	表面电阻	Ω	$<10^{10}$	4×10^6	1.6×10^5	7×10^8	1.7×10^8
5	体积电阻	Ω	$<10^9$	8×10^5	5×10^6	3.3×10^4	1.4×10^4

表6－36 MP 922消（防）静电滤布的技术性能

技术性能指标		MP922抗静电除尘滤料	729普通涤纶除尘滤料	GB 12625—90 对高强低伸抗静电滤料要求
拉伸断裂强度/N·(5cm×20cm)$^{-1}$	T	3000	3000	>3000
	W	3500	2000	>2000
透气量/L·(m^2·s)$^{-1}$		135	120	—
表面电阻/Ω		3.81×10^4		$<10^{10}$
摩擦荷电电荷密度/$\mu C\cdot m^{-2}$		0.399		<7

由表6－35中可见，MP 922消（防）静电机织滤布的电气特性优越，且其最大值与平均值之差小，说明其消静电特性波动小。

MP 922 消（防）静电机织滤布的主要特点：

（1）不受温度、湿度的影响，在低湿度下仍具有良好的导电性能。

（2）不受洗涤等外因影响，具有永久的抗静电性能。

（3）能保持729滤料本身原有的性能，不改变原有的风格。

SD－90 导电纤维机织滤布

SD－90 导电纤维机织滤布是苏州大学于1994年开发研制的。

通常的导电滤料，一般是将导电丝（如金属丝、碳纤维等）织入滤料中，从而将在过滤时产生的静电传导出去，以防产生火花，避免事故。这种滤料在使用中必须要有可靠的接地，一旦导电丝断裂，它在若接若离的情况下，反而可能会引起尖端放电，酿成事故。

SD－90 导电纤维机织滤料主要是应用电晕放电原理，当滤料在使用过程中产生静电时，导电纤维因感应而产生大量异种电荷，使在导电纤维四周形成强电场，受电场的影响，织物表面附近发生电晕放电，形成局部离子活化区域，使空气电离产生大量正负离子和带电粒子。其中与滤料上所带电荷符号相反的电荷即与滤料中的电荷中和，从而达到消除静电的目的。

SD－90 导电纤维机织滤料是729滤料的派生产品，它采用高强低伸聚酯中长纤维（或短纤）20S/2 股绒与 SD－90 导电纱，以一定间距交织而成。具有永久性防静电织品的特性。

SD－90 导电纤维机织滤料的物理性能均与729滤料相同，可以织成圆筒形，也可织成平布。目前它是以导电纱织入，以后如将导电纤维按一定比例混纺入纱中，则防静电性能将更好。

SD－90 导电纤维机织滤料的电气特性如表6－37所示。

SD－90 消静电纱的特性如表6－37所示。

表6－37 SD－90 消静电纱特性

项 目	特 性
质量比电阻	$10^{-1} \sim 10^{1} \Omega \cdot g/m^2$
耐酸性	20% H_2SO_4，40℃条件下，浸渍5h，导电性变化小于1～2个数量级
耐碱性	25g/L，40℃ NaOH 溶液中浸渍5h后，导电性变化小于2个数量级

但是 SD－90 消静电纱在潮湿、高温环境中，其螯接的铜离子会被氧化，致使导电性能衰减。为此，可在纤维化学接枝过程中，采取增加耐氧化离子措施，以克服此缺点。

SD－90 导电纤维机织滤料的特点：

（1）它的防静电性能不受温、湿度的影响，即使空气相对湿度低于30%，其防静电性能也基本不变，因此具有对气候的广泛适应性。

（2）由于这种防静电滤料主要是依靠电晕放电消除静电，而不是依靠对地泄漏，因此滤料即使不接地也能同样消除静电，这给使用带来很多方便。

（3）因为所用导电纤维具有很好的耐久性，所以这种滤料耐摩擦、耐洗涤，而且还耐酸、耐碱。

（4）滤料的加工工艺简单，成本低。

ZLN－DFJ 型防静电针刺毡

20 世纪 90 年代，抚顺市产业用布厂根据日本、德国同类产品，开发了防静电针刺毡，在我国首创 ZLN－DFJ 型消（防）静电针刺毡。

ZLN－DFJ 型消（防）静电针刺毡是以涤纶为原料，在基布中加入导电纱的防静电针刺毡。它除具备原针刺毡的一切优良特性外，又增加了防静电功能，是一种多功能过滤材料。

ZLN－DFJ 型防静电针刺毡于 1987 年 12 月 25 日通过辽宁省科学技术委员会的鉴定。

导电纱的选择

日本防静电针刺毡产品所采用的导电纱电阻均小于 $10^{-3}\Omega\cdot cm$。

ZLN－DFJ 型防静电针刺毡的导电纱是在电阻为 $10^{-1}\sim10^{6}\Omega\cdot cm$ 的以下五种半导体材料的改性纱线中进行选取：

（1）红铜软化丝。因金属丝不耐折，针刺过程造成断头点，形成一个放电极，不但起不到防静电，反而会增加副作用，因此被淘汰。

（2）反应型季胺盐棉（锦）纶 66 抗静电丝。它是通过季胺盐亲水基因，吸收空气中的水分子达到导电作用，当所过滤含尘气体相对湿度小于 50% 时，导电性能受影响、使用范围有局限性，因此也被淘汰。

（3）涤纶渗碳抗静电纱。因电阻大故被淘汰。

（4）腈纶经亚铜离子染色改性导电纱。因价格太贵故被淘汰。

（5）最后选定以涤纶为主，并附加腈纶负价铜离子络合物的改性导电纱，其电阻值为 $10^{2}\Omega\cdot cm$，可纺性强，适用工况条件不受任何局限。

导电纱隔距的确定

日本防静电针刺毡产品所采用的导电纱间隔距离为 23mm。

ZLN－DFJ 型防静电针刺毡的间隔距离范围为 8～12mm。

性能参数

ZLN－DFJ 型防静电针刺毡的电学性能如表 6－38 所示，物理性能如表 6－39 所示。

表 6－38　ZLN－DFJ 型防静电针刺毡的电学性能

项　目	产品开发目标	指　标	日本产品	德国产品	GB/T 6719—2009
表面电阻/Ω	$<10^{10}$	7×10^{9}	9.3×10^{9}	2.83×10^{8}	$<10^{10}$
体积电阻/Ω	$<10^{10}$	2.6×10^{9}	3.3×10^{9}	—	$<10^{9}$
摩擦电位/V	<200	150	<200	—	<500
半衰期/s	≤0.5	0.3	<0.5	2.5	<1
摩擦荷电电荷密度/$\mu C\cdot m^{-2}$	≤7	2.80	—	3.87	<7

表 6－39　ZLN－DFJ 型防静电针刺毡的物理性能

项　目	计量单位	指　标	日本产品	德国产品
平方米质量	g/m^2	450	400	596.38
透气量	$m^3/(m^2\cdot s)$	182.9×10^{-3}	233.2×10^{-3}	163.2×10^{-3}
经/纬向断裂强度	N/(5cm×20cm)	1481.76/1032.92	515.48/1330.84	623.28/1037.52
经/纬向断裂伸长率	%	48.20/35.20	100.8/53.90	74.33/44
除尘效率	%	99.93	99.91	99.93

E 防油防水针刺毡

a 防油防水针刺毡的沿革

防油防水针刺毡是指不会被水或油所润湿的针刺毡。防油防水针刺毡是继消（防）静电针刺毡滤料之后，开发成功的又一新的滤料品种。

1996年德国BWF公司在我国建立了必达福（BWF）环保工业技术（无锡）有限公司，推动了防油防水针刺毡在中国市场上的广泛使用、研制、生产。

1998年下半年，上海华成针刺材料有限公司在上海市纺织科学研究院的支持下开始开发研究，并进行批量生产。目前，国内各滤料厂已广泛生产各类防油防水针刺毡产品。

b 防油防水针刺毡的特性

防油防水针刺毡的性能参数

经氟化物表面处理的防油防水针刺毡的物理指标如下：

厚度		2.1mm
重度		$508g/m^2$
断裂强度	经向	875N/(20cm×5cm)
	纬向	1480N/(20cm×5cm)
断裂伸长度	经向	21%
	纬向	36%
透气率		$152\times10^{-3}m^3/(m^2\cdot s)$
表面张力		10dyn/cm

防油防水针刺毡的特征

针刺毡经过防水油剂表面处理后，能在纤维表面形成分子屏蔽，防止水和各种油污的粘附和渗透，使水和油污在滤材表面形成液珠状，易于去除（图6－19）。

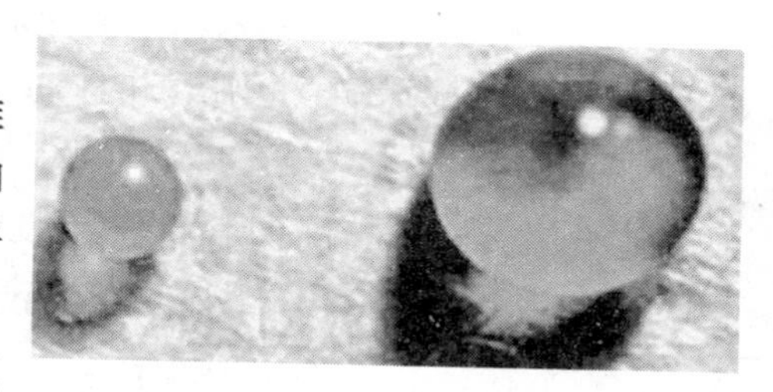

图6－19 防油防水针刺毡的表面形成液珠

防油防水针刺毡与常规针刺毡相比，具有以下功能：

拒油性：避免油性粉尘粘袋，即便在高温下拒油效果仍突出。

拒水性：可排除水溶性粉尘或遇冷凝结的水珠在滤料表面凝聚，影响滤料的过滤能力。

抗黏结性：可使所有的粉尘均附在滤料表面不会渗入滤料内层，提高过滤效率。

剥离性：烟气过滤后，滤料表面由于有防水油剂，粉尘不易粘附在滤料表面，清灰时易于剥离、清灰。

c 防油防水针刺毡的表面处理

通常，针刺毡要想达到防水、疏油的性能，必须使针刺毡的表面张力降低到小于水或油的表面张力。否则，水或油就会渗入或粘附在针刺毡表面，造成滤料的黏结、堵塞。

防油防水针刺毡的表面处理方法

防油防水针刺毡的表面处理有两种方法：

一种是涂敷层法：即用涂层的方法来防止滤料被水或油所浸湿。这种表面处理方法一般会使产品丧失透气性能。

另一种是反应型法：即使用防水防油整理剂，使它与纤维大分子结构中的某些基团起反应，形成大分子链，改变纤维和水油的亲和性能，使滤料变成拒水拒油性。这种表面处理方法一般只是在纤维表面产生拒水拒油性，纤维间的空隙并没有被堵塞，不影响透气性能。

实践证明，要取得防水防油性能优良的合成纤维滤料，关键是选择好防水防油整理剂、合理确定焙烘温度和时间。

一般，在焙烘温度和时间不变的情况下，滤料的防水防油性能随防水防油整理剂的浓度变化而变化，增加浓度可使滤料的防水防油性能提高。通常，滤料的防水防油整理剂浓度，在使滤料达到国家标准 4 级的拒水性和国家标准 6 级的拒油性时，即为优良水平。

防水防油整理剂的选取

防油防水针刺毡表面处理所采用的防水防油整理剂种类极多，如铝皂、有机硅、油蜡、橡胶、硬脂酸酪、聚氯乙烯树脂、氟化物等，必须妥善选取。

防水防油整理剂的选取必须具备以下几点：

（1）能赋予针刺毡拒水性和拒油性。

（2）耐高温性。

（3）耐腐蚀性。

（4）耐久性。

（5）不改变原产品的透气性能。

因此，在众多防水防油整理剂中，只有铝皂、有机硅、氟化物、硬脂酸酪适合于滤料的反应型表面处理。

这些防水防油整理剂的表面张力在 10～30dyn/cm 之间，远低于水的表面张力 72dyn/cm，都不会被水湿润，具有防水性。但重油的表面张力为 29dyn/cm，植物油的表面张力为 32dyn/cm，它们与这些防水防油整理剂相当接近，因此在一定程度上易被湿润，只有氟化物的表面张力为 10dyn/cm 左右，低于各种液体的表面张力，具有更高的防油防水性能。

焙烘温度和时间的确定

焙烘温度　　180℃

焙烘时间　　5min

d　防油防水针刺毡的沾水、沾油等级

防油防水针刺毡的沾水等级如表 6－40 所示。

按《袋式除尘器技术要求》（GB/T 6719—2009）国家标准规定，疏水滤料的疏水特性以淋水等级表示，淋水等级应大于或等于 4 级。

防油防水针刺毡的沾油等级－沾油等级：EBW 04015。按《袋式除尘器技术要求》

（GB/T 6719—2009）国家标准规定，疏油滤料的疏油性等级应大于 3 级。

表 6 - 40 GB/T 4745 沾水等级

沾水等级	沾水现象描述
0 级	整个试样表面完全润湿
1 级	受淋表面完全润湿
1 ~ 2 级	试样表面超出喷淋点处润湿，润湿面积超出受淋表面一半
2 级	试样表面超出喷淋点处润湿，润湿面积约为受淋表面一半
2 ~ 3 级	试样表面超出喷淋点处润湿，润湿面积少于受淋表面一半
3 级	试样表面喷淋点处润湿
3 ~ 4 级	试样表面等于或少于半数的喷淋点处润湿
4 级	试样表面有零星的喷淋点处润湿
4 ~ 5 级	试样表面没有润湿，有少量水珠
5 级	试样表面没有水珠或润湿

6.3.2 聚丙烯/丙纶（Polypropylene，PP）

聚丙烯/丙纶是由天然气体或矿物油经过裂化加工而产生的。

聚丙烯/丙纶（图 6 - 20）的分子结构和化学方程式非常简单，它是基于丙烯单元的聚烯烃（象聚乙烯）。

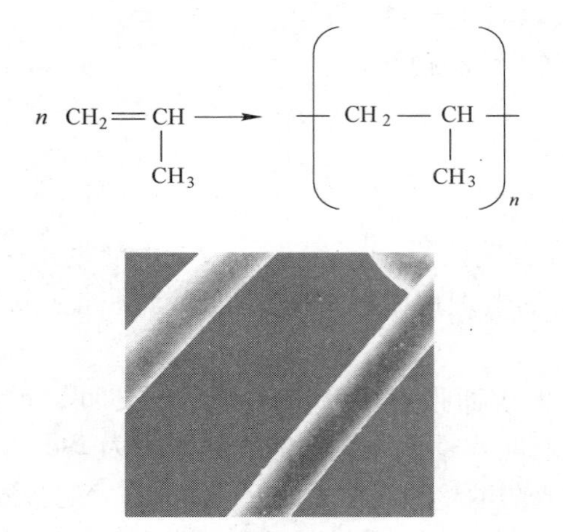

图 6 - 20 聚丙烯/丙纶（Polypropylene）纤维的断面

聚丙烯是丙烯的聚合物，由于它耐化学品性能好，所以使用范围很大。

聚丙烯/丙纶（Polypropylene）的某些商品名称：Herculon®（Hercules）、Reevon®（Phillips 纤维）。

6.3.2.1 聚丙烯/丙纶的特性参数

运行温度		<90℃
瞬间温度		100℃
最高温度	本色织物	74℃（165 ℉）
	热定型织物	120℃（250 ℉）

软化温度	150～155℃
熔解温度	160～175℃
自燃温度	495℃
吸湿度	0%
LOI 值（极限氧指数）	19%
密度	0.9g/cm^3
张力强度	25～60CN/tex
断裂强度	3.4g/d
耐水解性	极好
耐碱性	很好
耐酸性	很好
耐氧化性	弱，有氧化剂、铜及相关盐类时会受损
耐有机溶液	良好
耐溶解性	很好，但甲苯、二甲苯、三氯乙烯和四氯乙烯除外
耐磨性	良好
防静电性	极好

6.3.2.2 聚丙烯/丙纶的特征

（1）聚丙烯/丙纶的最大特点是轻，即比重小，为0.91，低于其他各种人造纤维，致使丙纶/聚丙烯成为所有合成滤料中每磅纱所织成的滤料面积最大的纤维，它是极经济的。

（2）聚丙烯/丙纶（polypropylene）的耐温性极低，只限于低温中使用。连续温度不超过90℃，它是除改性聚丙烯腈之外，在人造纤维中耐温最低的。它在高温时将失去弹性。

（3）聚丙烯/丙纶具有非常好的耐化学性，几乎能耐所有的酸和碱，但是在高温的情况下会被硝酸、氯磺酸腐蚀。另外在高温、高浓度情况下也会被苛性钠、苛性钾腐蚀。

（4）聚丙烯/丙纶不吸湿，它不吸收水，抗水解性优越。目前来说，它是人造有机纤维中唯一对水解不敏感的合成纤维，因此它在干态或湿态情况下可耐相同的温度。

（5）聚丙烯/丙纶纤维表面非常光滑，它织成的滤料具有良好的防止灰尘的积聚和尘饼剥离性能，有助于清灰。

（6）聚丙烯/丙纶具有最大的抗静电积聚性能，在各种人造纤维中静电成分最小。

（7）聚丙烯/丙纶是在目前所有纤维中热传导系数最低的纤维，具有优越的绝热性能，纤维也可制成良好的电气绝缘材料。

（8）聚丙烯/丙纶附着性很低，抗黏结性强。

（9）聚丙烯/丙纶耐磨性好，弹性回复率极高（弹性是纤维、细丝或纱的伸长力，以每旦尼尔的克数计），是一种优良的热塑性纤维。

（10）聚丙烯/丙纶耐磨强度和涤纶相同，但因纤维表面光滑，所以实际上差很多。

（11）因为聚丙烯/丙纶吸水率是零，它的干湿差可以说差不多一点也没有。

6.3.2.3 聚丙烯/丙纶的耐化学性

（1）对有机酸与无机酸都有非常好的抗酸性，但在高温状态下，易受硝酸和氯酸的侵蚀。

（2）良好的抗碱性，除了温度高于90℃的高浓度氢氧化钠和氢氧化钾外。

（3）良好的抗大部分还原剂。

（4）良好的抗各种有机溶剂，除了高温的酮、酯、香料、脂肪质的碳化氢外，它在70℃时溶于氯化氢。

（5）丙纶/聚丙烯无论在干态或湿态都具有良好的抗腐蚀性。

（6）丙纶/聚丙烯耐溶解性很好，但甲苯、二甲苯、三氯乙烯和四氯乙烯除外。

6.3.2.4 聚丙烯/丙纶的耐氧化性

聚丙烯/丙纶最主要的弱点是氧化反应及与铜和相关的盐的反应而变质。氧化攻击主要是源于氧气，但也往往有金属盐的辅助作用。氧气可能来自环境空气，也可能来自氧化介质，如 NO_x，因未经处理的聚丙烯在温度稍微升高后就会迅速被空气中的氧气所降解，所以最好是选择一种带稳定添加剂的纤维聚合物以提高抗氧化性，其反应原理如下：

$$—CH_2—\underset{\displaystyle CH_3}{\underset{|}{CH}}—CH_2—\underset{\displaystyle CH_3}{\underset{|}{CH}}—\xrightarrow{O_2}—CH_2—\overset{O—O—H}{\overset{|}{\underset{\displaystyle CH_3}{\underset{|}{C}}}}—CH_2—\underset{\displaystyle CH_3}{\underset{|}{CH}}—\longrightarrow—CH_2—C\begin{matrix}\diagup\!\!\!\!\diagup O\\ \diagdown CH_3\end{matrix}\ +\ HO—CH_2—\underset{\displaystyle CH_3}{\underset{|}{CH}}—$$

聚丙烯/丙纶如果存在氧化攻击的退化变质，其结果可通过 $1720cm^{-1}$ 波数时 IR－光谱中额外的碳酰基峰值探测到（图6－21）。

聚丙烯/丙纶退化变质的典型案例，其受损程度可通过显著的峰值强度识别。

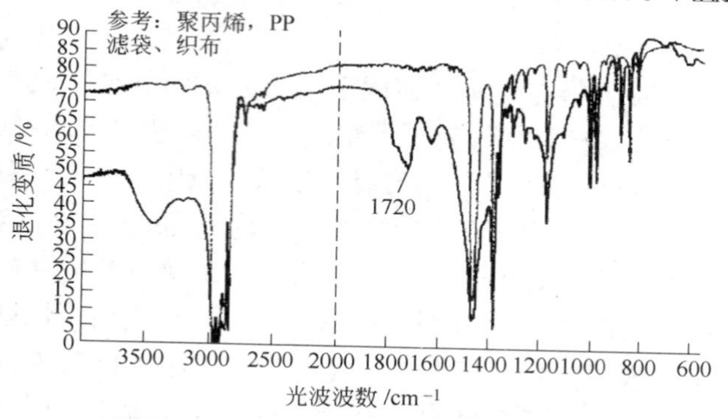

图6－21 PP（丙纶）退化变质光谱分析

6.3.2.5 聚丙烯/丙纶结构

聚丙烯/丙纶纤维由熔融纺丝制造，在高温过程中，它们得使用添加剂，以避免衰变。

本色（又称灰色）聚丙烯/丙纶织物是指刚从织机上编织的（对刚从最后一道工序下来的毡料）或未经任何处理或加工的织物。

聚丙烯/丙纶织物的热定型处理是对松弛的人造织物，使其在低于热定型温度的状态下达到较大稳定性的处理。

聚丙烯/丙纶纤维可制成连续长丝和纤维原料，用于制造针刺毡或机织布滤料。

6.3.3 聚丙烯腈/亚克力（Acrylics，PAN）

6.3.3.1 聚丙烯腈/亚克力的沿革

聚丙烯腈/亚克力（PAN）纤维有以下两种：均聚丙烯腈（Homopolymer Acrylics）、共聚丙烯腈（Copolymer Acrylics）。

均聚物纤维和共聚物纤维均由丙烯腈聚化过程而生产。

共聚丙烯腈（图 6－22）与均聚丙烯腈的性能相同，但均聚丙烯腈优于共聚丙烯腈。

共聚丙烯腈/亚克力分子结构为：

$$-\!\!\left[CH_2 - \underset{\underset{CN}{|}}{\overset{\overset{H}{|}}{C}} \right]_n\!\!-$$

均聚丙烯腈/亚克力（PAN）（图 6－23）分子结构为：

$$- \underset{\underset{H}{|}}{\overset{\overset{H}{|}}{C}} - \underset{\underset{CN}{|}}{\overset{\overset{H}{|}}{C}} -$$

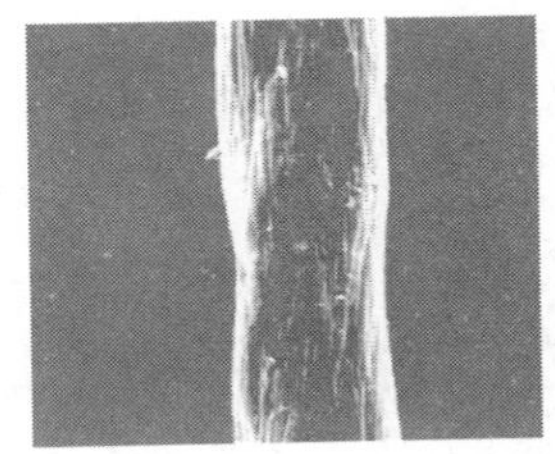

图 6－22　共聚丙烯腈/亚克力的纤维断面

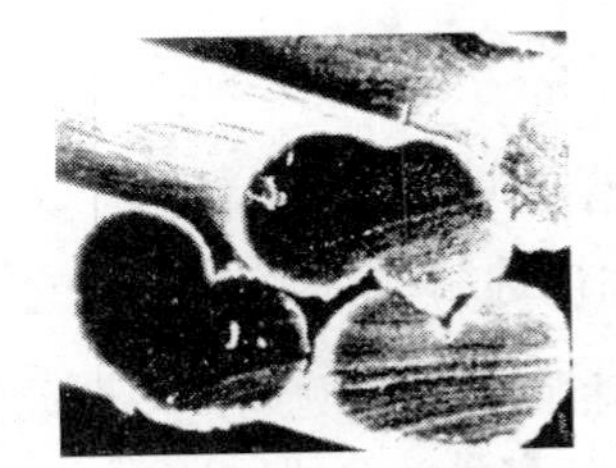

图 6－23　均聚丙烯腈/亚克力的纤维断面

聚丙烯腈/亚克力纤维的商品名称：

（1） Acrilan®（美国制丙烯腈合成纤维的商品名称）（Monsanto）；

（2） Creslan®（甲酚）（American Cyanamid 美国氨基氰）；

（3） Crylor®（Crylor SA）；

（4） Dralon T®（Farbenfabriken Bayer AG）；

（5） Orlon®（奥纶）（DuPont）；

（6） Zefran®（泽氟纶，丙烯腈共聚短纤维和丝束，商品名，BASF Corp.）；

（7） Dolanit®（Hoechst company）；

（8） Ricem®。

6.3.3.2 聚丙烯腈/亚克力的特性

A 聚丙烯腈/亚克力的性能参数

a 共聚丙烯腈纤维

丙烯腈是用块状、乳胶状或溶液状形式进行聚合形成聚合物，或用露珠状聚合成聚合物，以此作为纺织工艺的原料。

纤维包含大约 85% 的丙烯腈（Acrylonitrile）和大约 15% 的 Comomeren。它在减少浓度时会减少热稳定性和耐化学性，与均聚丙烯腈纤维不同。

在共聚物中，假如增加其他单体分子，将会提高纤维的染色性和纺织特性。

共聚丙烯腈纤维的典型特征：

（1） 热塑性塑料。

（2） 能上色（染色）。

（3） 与均聚丙烯腈相比强度较弱。

共聚丙烯腈纤维的性能参数：

热稳定性	正常110℃/最高115℃
熔点	—
自燃温度	—
LOI值	18%
密度	1.14g/cm^3
张力强度（标准状态下）	20～35cN/tex
吸湿度（在65%相对湿度和20℃时）	3.5%～4.5%
耐水解	良好
耐酸性	中等
耐碱性	中等
耐氧化性	良好
耐有机溶液	良好

b 均聚丙烯腈纤维

均聚丙烯腈纤维（例如Hoechst公司的Dolanit®）的材料是丙烯（Propene）、氨（Ammonia）和氧，它是综合研制成丙烯腈后聚合成聚丙烯腈。

均聚丙烯腈纤维通常是在聚酯纤维不能承受水解时用作过滤材料。

均聚丙烯腈纤维主要用湿式纺织制成，这种均聚丙烯腈纤维优于共聚丙烯腈（PAN）纤维，有较高的温度稳定性和良好的耐化学侵蚀性。

均聚丙烯腈纤维的典型特征：

（1）耐老化。

（2）耐水解。

（3）可用湿式纺织制成。

（4）无熔点。

（5）耐UV极佳。

均聚丙烯腈纤维的性能参数：

热稳定性	正常125℃/最高140℃
分解温度	250℃下开始分解
自燃温度	—
LOI值	18%
密度	1.18g/cm^3
张力强度（标准状态下）	35～70cN/tex
吸湿度（在65%相对湿度和20℃时）	1%～2%
耐水解	良好
耐酸性	良好
耐碱性	中等
耐氧化性	良好
耐有机溶液	良好

B 聚丙烯腈/亚克力的特征

（1）聚丙烯腈/亚克力对水具有极优良的抵制能力，具有非常好的耐水解性。聚合物对水解非常稳定，聚合物的主要结构不会被水分子损坏，腈基组对水解也不是非常敏感。

（2）聚丙烯腈/亚克力能经受氧化的攻击，具有良好的氧化稳定性。

（3）聚丙烯腈/亚克力耐酸、耐弱碱好，并耐大部分有机溶液。

（4）聚丙烯腈/亚克力纤维的原料主要是人造短纤维，具有良好的强度特性，但不像尼龙那样强硬、坚韧或具有弹性。共聚丙烯腈比均聚丙烯腈纤维的强度低，但与聚丙烯和聚酯相比，该纤维的强度较低。

（5）聚丙烯腈/亚克力纤维的主要缺点是在温度高于120℃（250 ℉）时适应性差，会大大影响其使用寿命。

（6）聚丙烯腈/亚克力（PAN）纤维的耐磨损性相对较低。

（7）聚丙烯腈/亚克力（PAN）纤维对氯化锌敏感。

C 聚丙烯腈/亚克力纤维的理化特性

（1）耐热性：

1）在耐干热方面，比尼龙、天然纤维好。

2）在低湿条件下，耐温明显比聚酯、聚四氟乙烯和Nomex®差。

3）在高湿条件下，耐热性比聚四氟乙烯和Nomex®差，但明显优于聚酯、尼龙、人造丝及天然纤维。

（2）水解性：

1）均聚丙烯腈（acrylic homopolymers）在温度高达110℃下，具有良好的耐水解性、耐无机酸性，在煤和油烟中耐化学性良好。

2）纤维只有在130～135℃环境中至少暴露48h以后才会发生水解反应，强酸环境会加速其反应。

3）纤维在水解后其颜色变成暗棕色，水解的结果是退化为僵硬。

（3）耐化学性：

1）耐大部分无机或有机酸的性能良好，比聚酰胺（polyamider）、聚酯（polyesters）及有机纤维质的纤维优越，但比其他合成纤维差。

2）与大部分纤维相比，耐碱性差。

3）耐大部分氧化剂性能较差，但优于聚酰胺（polyamider）、聚丙烯（polypropylene）及天然蛋白质纤维。

4）耐一般有机溶液性能极好，优于聚乙烯（polyothylene）、聚丙烯（polypropylene）、维尼龙（vinyon）以及蛋白质纤维（protein fiber）。

（4）耐酸性。亚克力（acrylics）纤维突出的特性之一是具有抵挡热酸气体的能力。

（5）耐磨性。均聚丙烯腈（acrylic homopolymers）纤维有良好的耐磨损性，比聚四氟乙烯（Teflon®）好，但比聚酰胺（polyamider）、聚酯（polyesters）及聚丙烯（polypropylene）差。

6.3.3.3 聚丙烯腈/亚克力的结构

亚克力是从天然气中提炼出的一种热性塑料树脂，形成纤维状的聚丙烯腈/亚克力，剩下的通常是一种共聚丙烯腈（copolymers），就像亚乙烯基氯化物（vinylidene chloride），至少是85%的丙烯腈长链组成的聚合物。

均聚丙烯腈（homopolymers）如Dralon T®，是由100%的丙烯腈组成。

聚丙烯腈/亚克力纤维的表面通常是不规则的、有细线纹，断面有点像哑铃形状。

亚克力纤维直径在15～35μm范围内。

6.3.3.4 聚丙烯腈/亚克力的品种

Tectus PAN是一种国外的滤料产品，它是一种均聚丙烯腈纤维与PPS纤维复合的滤料（图6－24）。

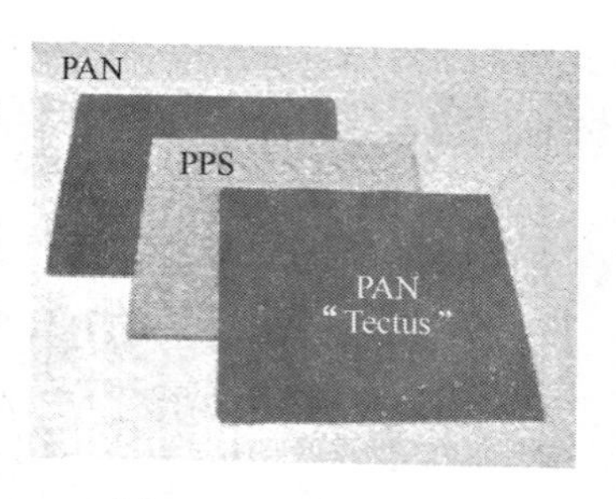

图6－24 Tectus PAN

根据产品的承诺，其耐温可达140～160℃，但其中的均聚丙烯腈纤维由于受分子链中弱元素的限制，因此温度仍然应该是125℃。

据国外某滤料公司的测试（图6－25），Tectus PAN滤料在160℃下试验6天后发现：

（1）氧化侵蚀，颜色显著变化。

（2）断裂强度显著降低。

（3）而PPS的颜色和光谱均无变化。

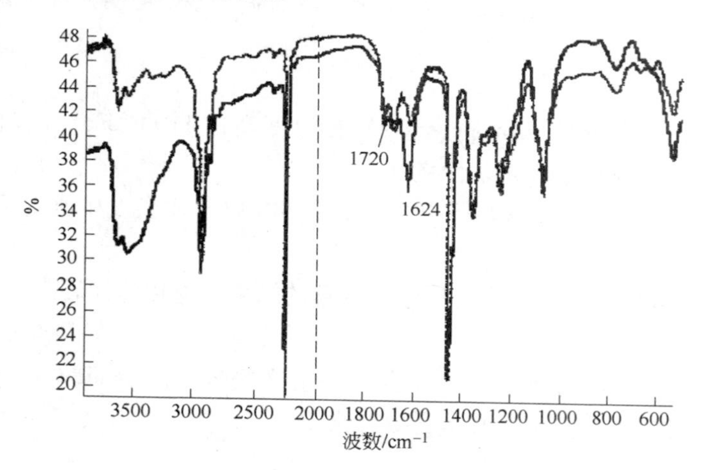

图6－25 Tectus PAN滤料的测试

（两条曲线分别为：LA 28303 "Tectus"样品，干燥炉，150℃，6天；Dolanit（homopol. PAN），干燥炉，150℃，6天）

6.3.3.5 聚丙烯腈/亚克力的应用

聚丙烯腈/亚克力纤维适用于干燥及湿度较高的烟气过滤，如物料干燥系统、沥青搅拌、喷雾干燥、电站烟气等。

聚丙烯腈/亚克力可在连续温度高达125℃下运行。

图 6-26 饲料烘干系统的烟气净化

6.3.4 聚氨基化合物、尼龙 6、尼龙 6.6

6.3.4.1 尼龙 6、尼龙 6.6 的沿革

尼龙（Nylon）属聚酰胺系，又称锦纶。

国外某些尼龙商品的名称：Antron®（Du Pont）、Caprolan®（Allied - Signal）、Zefron®（BASF）。

聚氨基化合物（Polyamides）是尼龙中的一种，用于过滤用的聚氨基化合物纤维有尼龙 6.6、尼龙 6、耐热尼龙（Nomex®）三种。

一般所谓的尼龙也就是尼龙 6（除此之外还有尼龙 11 等，但不太使用），这种尼龙是己内酰胺的聚合，而尼龙 66 是己二胺和己二酰的聚合，耐热尼龙（Nomex®）是芳香族聚酰胺聚合而成。

尼龙 6.6（图 6-27）的分子结构为：

$$\left[\begin{matrix} H \\ | \\ N \end{matrix} - (CH_2)_6 - \begin{matrix} H \\ | \\ N \end{matrix} - CO - (CH_2)_4 - CO \right]_n$$

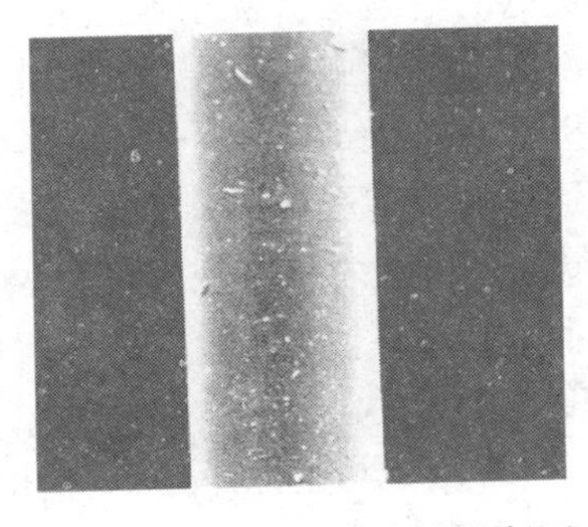

图 6-27 尼龙 6.6 纤维的断面

尼龙6.6在尼龙6之前就已出现。

6.3.4.2 尼龙6、尼龙6.6的特性

A 尼龙6、尼龙6.6的性能参数

尼龙6.6（又名锦纶长涤，Nylon 6.6），尼龙6.6及尼龙6虽然其分子结构不同，但它们具有类似的性能。

运行温度	110℃
最高温度	115℃
熔解温度	215～220℃
自燃温度	530℃
LOI值	20%
密度	1.14g/cm^3
张力强度（标准状态）	30～90cN/tex
吸湿度	3.5%～4.5% （在65%相对湿度和20℃时）
耐水解性	差
耐酸性	中等
耐碱性	好
耐氧化性	中等
耐有机溶液	好

B 尼龙6、尼龙6.6的特征

（1）尼龙6、尼龙6.6是热塑性塑料，尼龙6熔点较低，耐热性稍差。

尼龙6.6与耐纶、锦纶等纤维同属聚酰胺纤维，适用于120℃以下，耐磨性好，比棉、毛高10～20倍，是一种物理强度很大的滤布，尼龙6.6耐碱性能强，但不耐酸，易受无机酸侵蚀，尼龙66无论在有水或无水情况下均能耐热到120℃，纤维表面平滑，粘灰后的滤饼剥落性能极好。

（2）尼龙纤维虽然没有其他合成纤维能具有较高的耐温能力，但其高张力强度、高弹性、高起始张力和极优良的耐磨性，使它在大多数使用中具有良好的选择性。

（3）尼龙纤维的耐酸性差，大部分无机酸会引起尼龙的退化和部分分解，在难于应付的酸中可溶。

（4）在大部分条件下具有良好的耐碱性，优于亚克力。

（5）耐氧化剂差，在高浓度的氧化剂中、高温下会引起全部退化。

（6）尼龙的主要危害是无机酸及氧化剂。

（7）在碱和普通有机酸中是强的（除了蚁酸、碳酸之外），有些石碳酸（苯酚）会溶解尼龙。但除了在硫酸、盐酸等的无机酸之外，在过氧化氢和次氯酸等氧化剂中是差的。

（8）尼龙滤料具有良好的尘饼剥离性。

（9）尼龙在合成纤维中强度是优秀的。

（10）尼龙的吸水率是4%～5%，大约是涤纶的10倍以上。

（11）尼龙的尺寸稳定性较涤纶差。

6.3.4.3 尼龙6、尼龙6.6的结构

尼龙（Nylon）纤维是由许多重复酰胺基同作为聚合物链的成分构成，它按原料和聚合方法的不同而有多种型号。

尼龙纤维是毫无斑点的光滑表面圆柱体，纤维匀称，直径为10μm或更大，产品为连续细丝和短纤纤维（长1.0~5.0in或2.5~13cm）。

尼龙6.6是由脂肪酸（Adipic Acid）和四氮六甲环氨基（Hexamethyl Diamine）在水中形成一种小的氨基化合物（Amides）分子的溶剂反应制成，它是在高温下聚合形成长链分子。当合适的聚氨基化合物（Polyamides）形成后，剩余的液体即排除，熔融的物质冷却成薄片或丝带，再切成细的碎片。碎片再次熔化，通过喷丝头挤出，冷却后形成细丝。冷却的纤维在滚筒之间给予平衡的横向拉伸和竖向拉伸。这种形式的合成纤维的做法，称为熔融式纺纱，它是指将纤维熔融，而不是在溶液中制成。

尼龙6.6是制成它的这种尼龙形式有两种6个碳的化学成分，即脂肪酸及四氮六甲环氨基。

尼龙6是制成它的这种尼龙形式具有一种6个碳的化学成分，即Caprolactam。

6.3.4.4 尼龙6、尼龙6.6的应用

尼龙可用于过滤具有磨损性的粉尘或在低温下的湿的磨损性颗粒物。

尼龙6、尼龙6.6温度高低不是一个要素，它们具有类似的用途，尼龙6.6用于过滤的范围更广。

6.3.5 偏芳族聚酰胺/诺美克斯、聚砜酰胺（芳砜纶）

6.3.5.1 偏芳族聚酰胺/诺美克斯（Nomex®）（图6-28）

偏芳族聚酰胺/诺美克斯（Nomex®）的分子结构为：

$$\left[\mathrm{C(=O)-C_6H_4-C(=O)-N(H)-C_6H_4-N(H)} \right]_n \quad 或 \quad \left[\mathrm{O{=}C-C_6H_3(C(=O))_2N-C_6H_4-N(H)} \right]_n$$

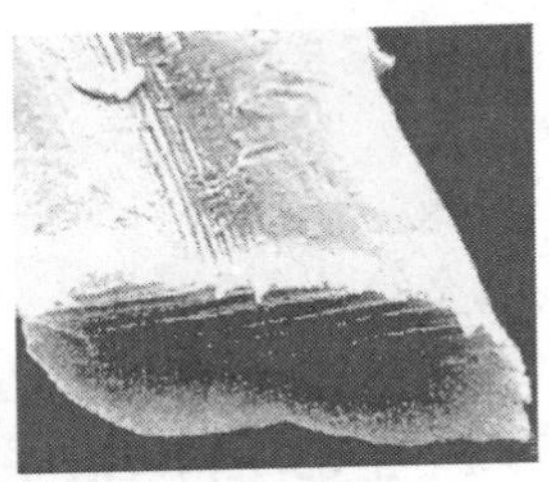

图6-28 偏芳族聚酰胺/诺美克斯（Nomex®）纤维的断面

Aramid是各种偏芳族聚酰胺纤维的统称，Nomex®（Du Pont）是Aramid纤维中的一种商标名称。

Aramid纤维的商品名称有：

（1）Nomex®（美国Do Pont公司的产品）；

（2）Conex®（日本帝人公司的产品）；

（3）Metamax®（美国 Du Pont 和日本帝人合资公司的产品，该合资公司已于 2006 年撤销，目前已无 Metamax®产品）；

（4）Aramide（Nomex®，Teijinconex®、Metamax®的统称）。

m－aramid 纤维是非常有用的纤维，它是由芳香族 1，3 苯二胺和间苯二甲酸制成，美国 Du Pont 公司是 Nomex®最重要的供应商。

A 偏芳族聚酰胺/诺美克斯（Nomex®）的沿革

1960 年：美国杜邦（Du Pont）公司首次制成 Nomex®商业产品。

1966 年：Nomex®是世界滤料市场中第一个高温化纤滤料。

1969 年：正式将 Nomex®纤维应用在高温滤袋上。

1996 年 3 月：美国杜邦公司与日本帝人公司在香港共同投资成立杜邦帝人先进纤维（香港）有限公司（DTAF），致力于中国地区间位芳纶的市场开发，并将杜邦公司的 Nomex®与帝人公司的 Teijinconex®合并更名为 Metamax®品牌。

2006 年 3 月 31 日：杜邦帝人先进纤维（香港）有限公司正式解散，Metamax®品牌正式取消。

Nomex®（Aramid）纤维是从同苯二胺（m－Phenylenediamine）和异苯二胺（Isophthaloyl Choride）氨化物溶剂中制作而成。因为在尼龙 6.6 中发现出现有关联的氨基化合物，最初将它分类成一种偏芳族聚氨基化合物纤维（Aromatic Polyamide Fiber）。但是，由于在 Nomex®中出现的是偏芳族环，它们之间最显著的区别是在耐高温及抵御溶解的能力方面有不同的性能，因此这种纤维就进行了一种新的普通分类——Aramid。

B 偏芳族聚酰胺/诺美克斯（Nomex®）的特性

a 偏芳族聚酰胺/诺美克斯（Nomex®）的性能参数

常用温度	135～202℃
运行温度：湿或干式状态时	204℃
最高温度	220℃
分解温度	370℃时就分解
熔化温度	430℃
吸湿度	4.5%～5.0%
LOI 值	28%
密度	1.38g/cm³
张力强度（标准条件下）	44～53cN/tex
断裂强度	4.9g/d
吸湿度	5%（在 65% 相对湿度和 20℃时）
热稳定性	极佳（177℃时，收缩率 <1%）
燃烧性	阻燃型纤维，接触火焰时发烟燃烧，离开火焰后自灭
水解性	易水解
耐酸性	差
耐碱性	中等

耐氧化性	好
耐有机溶剂	极好
耐磨性	好
加工性能	好
回潮率	4.5%
拉力强度	4.9g/d
破裂延伸	28%
热收缩（177℃）	<1%，0.4%
热传导系数	0.9Btu·in(h·ft^2·℉)

Nomex®纤维的物理和热特性：

密度	1.38g/cm^3
细丝	1.5denier
韧性	3.5~4.5GPD
延长性	35%~22%
模数	70~120GPD
收缩率：在177℃（350℉）时	<1.0%
在285℃（545℉）时	2.5%
在火焰中（815℃）时	>40%
使用最高温度	205~260℃
分解温度	425℃
氧极限指数（LOI）	29

E. I. Du Pont De Nemours and Co. Inc. 已将其注册商标为：Aramid 纤维，Du Pont 公司只生产纤维不生产滤料或滤袋。

b 偏芳族聚酰胺/诺美克斯（Nomex®）的特征

（1）热稳定性极佳，瞬时高温敏感性中等。

（2）良好的阻止火焰性，不燃烧，Nomex®能持久地耐火焰，但当Nomex®织物被点燃，经过相当长时间后就显示出慢慢发红而引起织物完全损坏。Nomex®抗火星尘粒能力较差，一旦遇到火星尘粒滤料易被烧洞、损坏。

（3）Nomex®具有良好的耐磨性，耐折性良好，当用于收集磨损颗粒物质时，具有令人满意的寿命。

（4）Nomex®是非热塑性纤维，不自燃也不助燃，它在高温（如371℃）状态下，只会炭化或分解成小分子，不会像一般热塑性纤维会突然软化，所以不能压光，但可烧毛。

（5）拉伸率强。

（6）无熔点。

（7）对碱及有机溶液具有良好的耐受性。

（8）耐酸性差，气流中含有 SO_2、SO_3 时不宜使用。

（9）在很多情况下易水解损坏，温度高于170℃时耐水解性差。

（10）Nomex®是一种具有低旦尼尔细丝的中等密度纤维，它制成的纤维直径范围相对较窄。因为Nomex®纤维具有高的杨氏模数（Young's modulus），纤维能够承受高重量负荷而不受损坏。

c 偏芳族聚酰胺/诺美克斯（Nomex®）的理化特性

（1）耐热性：

1）Nomex®纤维的使用寿命依赖于运行温度、气体成分和尘粒的组成。

2）图6－29所示为Nomex®纤维在各种温度下的暴露时间（t，h），与保持的强度（G,%）的比例。一般，当强度损伤到低于20%时，滤袋即属于损坏。

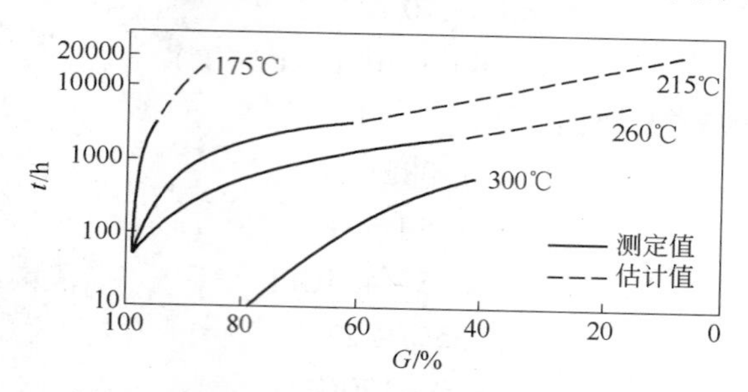

图6－29 Nomex®在热空气中的强度保存率

（在含水（H_2O）1%的热气体中）

由图6－29可见，Nomex®在操作温度177～200℃时，20000h内，其强度仍能保持90%左右，这说明Nomex®在高温时仍保持很大的强力。

3）Nomex®虽能短时承受温度超过204℃（400 ℉），但连续长期暴露在这种高温下将对滤袋寿命有很大影响。

4）Nomex®长时间暴露在高温中仍能保持其特性，不会熔化，但在温度370℃以上时，它将很快退化及烧焦。

5）温度与湿度对寿命的影响。Nomex® 450型针刺毡经实验室测试，其温度、湿度对滤料寿命的影响如图6－30所示。

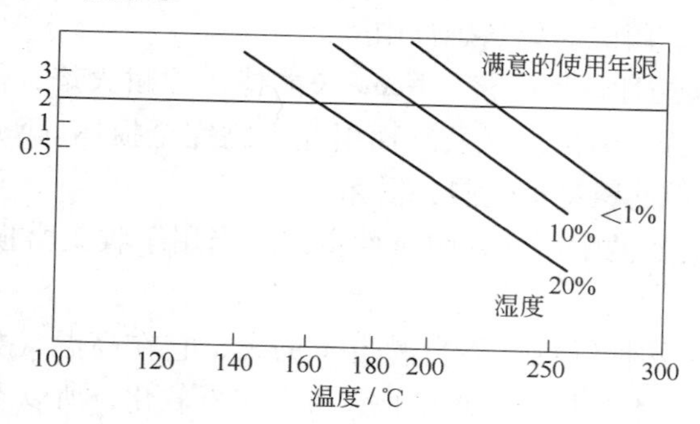

图6－30 温度、湿度对滤料寿命的影响

6）Nomex®与其他纤维的耐温比较如图6－31和图6－32所示。

图中说明，Nomex®（Metamax®）可在204℃高温下连续操作（瞬间温度240℃）。

7）湿度和温度对Nomex®（Metamax®）纤维寿命的影响如图6－33和图6－34所示。在温度120℃时，偏芳族聚酰胺纤维可承受的湿度是聚酯的10倍。

（2）水解性：

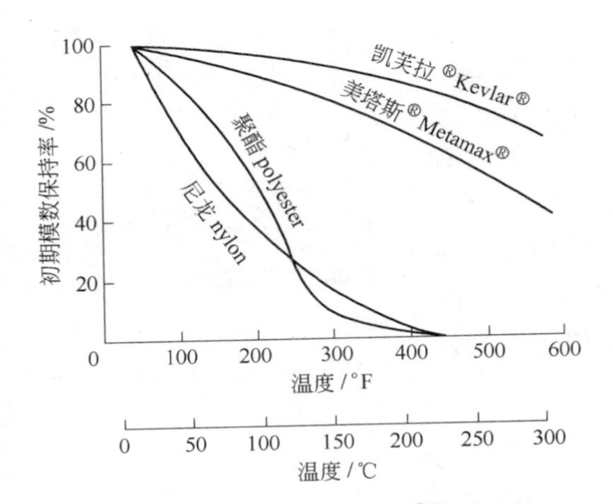

图 6-31 Nomex®(Metamax®) 与其他纤维在不同温度下的模数保持率

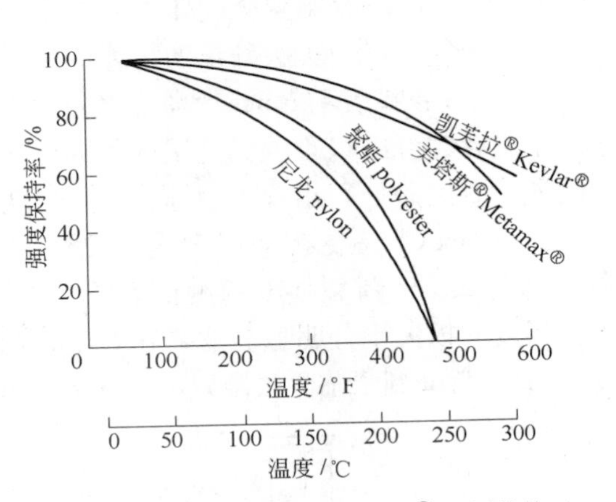

图 6-32 Nomex®(Metamax®) 与其他纤维在不同温度下的强度保持率

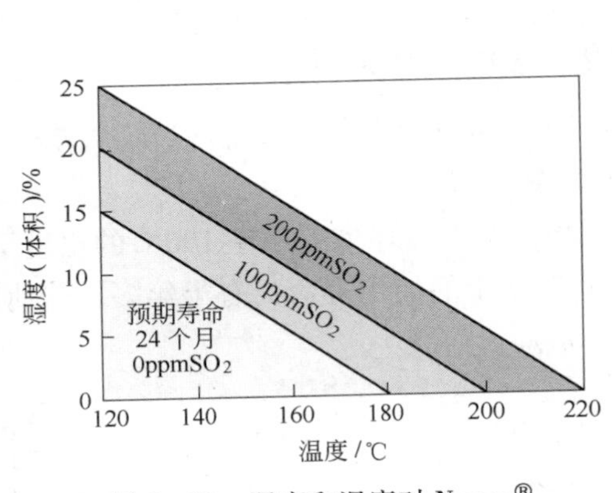

图 6-33 湿度和温度对 Nomex®(Metamax®) 纤维寿命的影响

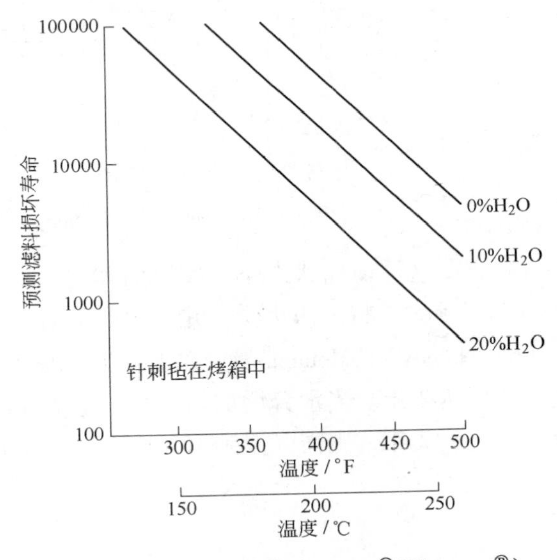

图 6-34 湿度和温度对 Nomex®(Metamax®) 滤袋寿命的影响

1) Nomex®在含有水蒸气的高温和有化学成分气流中，会很快水解而损坏。Nomex®的水解式为：

$$-\underset{|}{\overset{}{N}}- \quad -\underset{|}{N}-\overset{O}{\overset{\|}{C}}-O- \quad -O- \longrightarrow -\underset{|}{N}- \quad -NH_2-HOOC- \quad -\overset{O}{\overset{\|}{C}}-O-$$

（H_2O 作用于 N—C 键）

2) Nomex®水解的程度依赖于水含量的百分数、温度和气流中的酸或基础物质。一般在 $T=190℃$，$\phi>10\%$ 时易水解。有酸性物质存在后会加速水解，水解后颜色由正常的白色或灰白色变红棕色。

3）Nomex®纤维水解会破坏 Aramid 聚合物的连接，将降低分子重量，随后失去纤维的物理特性。

4）图 6－35 表示 Nomex®滤袋经过六个月使用后，由于纤维脆化，纤维织布承受机械压力的区域（纤维织布在沿袋笼垂直筋条处）出现了裂缝，首先出现了水解症状。

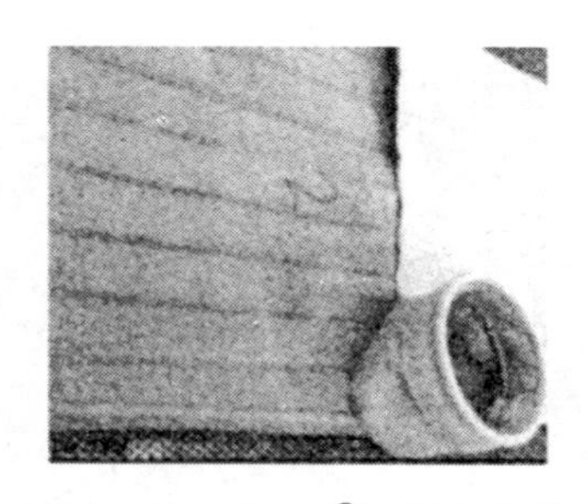

图 6－35 Nomex®滤袋水解后沿袋笼垂直筋条处出现的裂缝

5）Nomex® 滤袋在烟气温度 150℃、湿度 25%（体积）情况下，经断裂强度的测试表明，与其初始值相比，机械强度的损失十分明显。滤袋在 6 个月内，纵向断裂强度（LD）就降到了临界极限以下（图 6－36）。

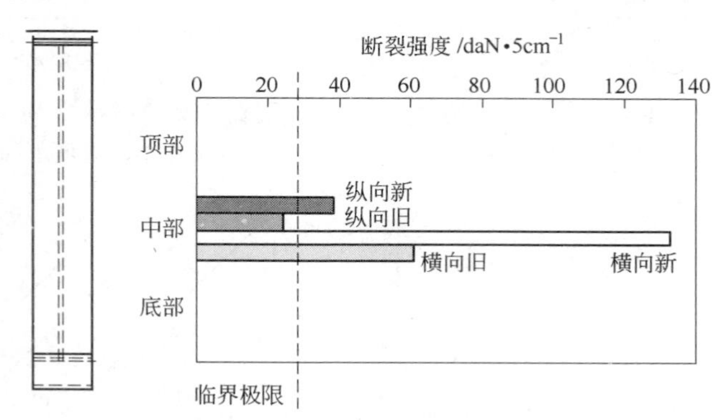

图 6－36 Nomex®（Metamax®）滤袋纵向断裂强度（LD）

滤袋在这种烟气状态下，实际含水量如果达到 25%（体积），尤其是当烟气中含有 SO_2 时，Nomex®将无法承受，并发生严重的水解（图 6－37）。

6）Nomex®（Metamax®）在水分为 10% 及弱酸性及中性环境下用于 190℃ 的温度下，使寿命可达 2 年。当水分增加到 20%，它在 190℃ 温度中的使用寿命只有半年多，若使用寿命需达到 2 年，则需降温到 165℃ 以下（图 6－38）。

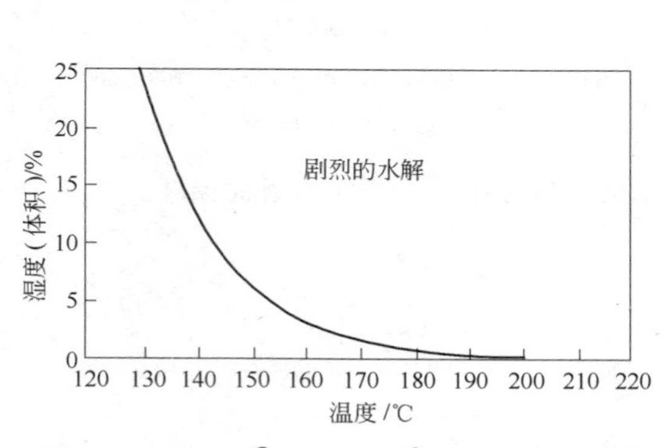

图 6－37 Nomex®（Metamax®）滤袋的水解性

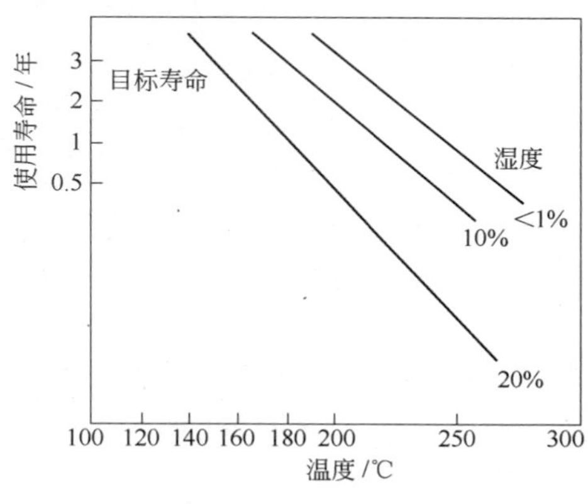

图 6－38 烟气含水分与 Nomex®（Metamax®）的使用寿命的关系

（3）耐酸性：

1）Nomex®的耐酸性差，但比尼龙 6.6 或尼龙 6 的耐酸性要好。

2）酸会引起 Nomex®纤维很快退化，如 SO_x、NO_x 及 HCl。含有 SO_x 和水汽组合的气体对 Nomex®的影响远远大于 Nomex®暴露在单一物质的气体。此时，如出现露点滤料寿命将大大缩短。

3）酸对 Nomex®（Metamax®）滤料强度的影响（图 6-39）。

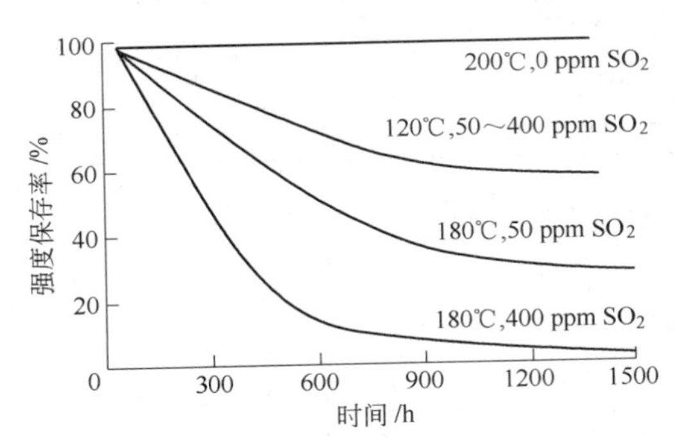

图 6-39 酸对 Nomex®（Metamax®）滤料强度的影响
（H_2O 6%～10%，O_2 20%时）

在温度 120℃，水分 60%及 SO_2 100ppm 下，Nomex®（Metamax®）的强度变化趋于稳定，强度约为 58%。

在含 H_2O 6%～10%，O_2 20%及酸气情况下，Nomex®（Metamax®）的强度：

200℃ SO_2 无 强度一直保持

120℃ SO_2 50～400ppm 强度保持约 50%

180℃ SO_2 50ppm 强度产生很大变化

因此，Nomex®不适用于含酸气体。尽管现在对偏芳族聚酰胺/诺美克斯（Nomex®）纤维滤料可以进行抗酸处理，但建议在酸性、潮湿条件下，尽可能不使用 Nomex®纤维滤料。

（4）耐化学性：

1）Nomex®的颜色变为暗褐色时，表明纤维聚合物发生了化学分解。

2）Nomex®（Metamax®）在室温下，耐弱碱性极好，但在高温的浓碱中，即退化。

3）Nomex®耐氧化性差（类似尼龙）。

4）Nomex®耐大部分碳氢化合物和很多其他有机物性能良好。

5）Nomex®（Metamax®）耐化学品的特性如表 6-41 所示。

表 6-41 Nomex®（Metamax®）耐化学品的特性

化 学 品	浓度/%	温度/℃	时间/h	强度保持率/%
硫酸	60	50	10	90～80
盐酸	35	21	10	100～91
硝酸	30	21	100	75～56
氢氟酸	30	21	360	90～76
氢氧化铵	20	50	650	100～91
苛性钠	20	50	20	90～85

续表 6-41

化学品	浓度/%	温度/℃	时间/h	强度保持率/%
甲酸	91	21	1000	100~91
石油	100	21	1000	100~91
丙酮	100	21	1000	100~91
苯	100	21	1000	100~91
三氯乙烯	100	100	240	100~91

（5）收缩率（图 6-40，图 6-41）。

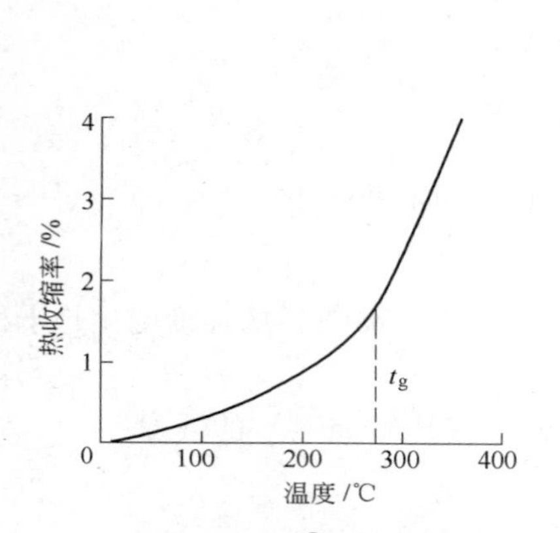

图 6-40 Nomex®在不同温度下的热收缩率

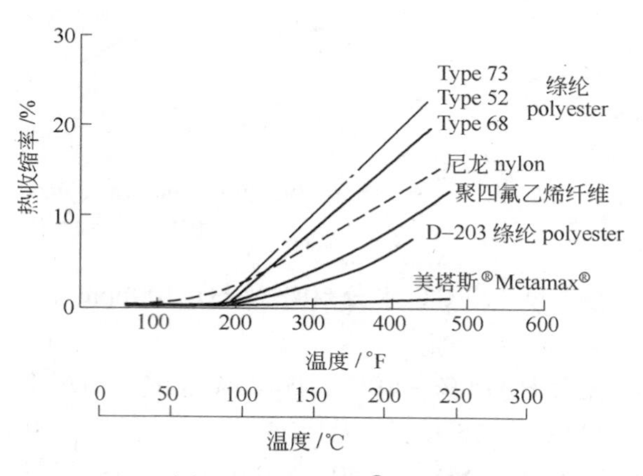

图 6-41 Nomex®与各种不同纤维的热收缩率

Nomex®（Metamax®）的热收缩率：

204℃连续操作温度下　　<1%

250℃左右　　1%

285℃时（靠近玻璃转移温度 T_g）　　<2.5%

由此看出，Nomex®（Metamax®）在高温烟气温度突然增加情况下，仍然具有相当的安全性。

C 偏芳族聚酰胺/诺美克斯（Nomex®）的结构

Nomex®纤维是以同苯二胺和异苯二胺氨化物为主要原料制成的。

Nomex®纤维可制成连续长丝和纤维原料，纤维直径为 10~20μm，用以制造机织布及针刺毡织物。

Nomex®纤维通常有 1.7dtex、2.2dtex、6.1dtex 和 11dtex，另有推荐的 1.0dtex 超细纤维。

D 偏芳族聚酰胺/诺美克斯（Nomex®）的应用

（1）Nomex®可用于过滤沥青工厂、铁合金厂及在烧石灰过程中的烟尘。

（2）由于在燃煤锅炉系统烟气中具有 SO_2 故不推荐使用 Nomex®，但它在燃煤电厂的灰处理系统中使用得很成功。

（3）改善 Nomex®纤维的专门表面处理已经商品化，并成功使用。

（4）Nomex®二年寿命的条件：

Nomex®滤料使用寿命，一般为 2 年，最多 3 年，其条件为：

$t = 200℃$，$SO_2 = 100ppm$，相对湿度 = 6%

或

$t = 200℃$，$SO_2 = 200ppm$，相对湿度 = 3%

6.3.5.2　聚砜酰胺/芳纶（PSA）

聚砜酰胺（又称芳纶）树脂（Polysulfonamide）的聚砜酰胺制品（polysulfonamide produce）简称，PSA，是由二氨基二苯砜与对苯二甲酰氯在二甲基乙酰溶剂中通过低温缩聚而成的一种在高分子主链上，含有砜基（$—SO_2—$）的芳香族聚酰胺纤维。它的理化特性同美国杜邦公司生产的 Nomex®纤维与日本帝人公司生产的 Conex®纤维十分相似。

芳纶全称芳香族聚酰胺纤维，是一类具有耐高温、本质阻燃、高强度、电绝缘、耐腐蚀、抗辐射等优良特性的耐高温有机纤维。

聚砜酰胺/芳纶（PSA）的分子结构为：

$$\left[\text{NH} - C_6H_4 - SO_2 - C_6H_4 - \text{NH} - \text{CO} - C_6H_4 - \text{CO} \right]_m$$

芳纶家族中最具实用价值的品种有两个：

间位芳纶：俗称防火纤维，我国也称芳纶 1313。

对位芳纶：俗称防弹纤维，我国也称芳纶 1414，或芳纶 - Ⅱ。

间位芳纶（芳纶 1313）与对位芳纶（芳纶 1414）的性能相似，对位芳纶（芳纶 1414）的物理特性比间位芳纶（芳纶 1313）高，但对位芳纶（芳纶 1414）的价格远高于间位芳纶（芳纶 1313）。因此，一般过滤材料都采用间位芳纶（芳纶 1313）。

国际上间位芳纶（芳纶 1313）的供需分析（生产能力，千吨和使用率）如图 6 - 42 所示。

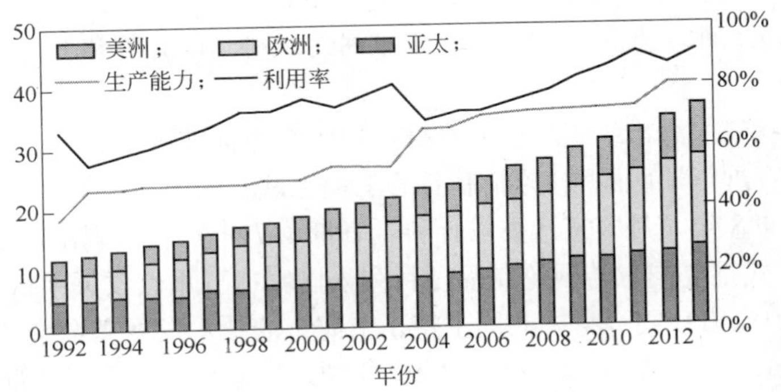

图 6 - 42　间位芳纶供需分析（生产能力和使用率）（单位：千吨）

国内的芳纶商品名称有：

（1）特安纶（Tanlon，芳纶），上海市合成纤维研究所。

（2）彩芳斯（Chinfunex，芳纶 1313），广东彩艳股份有限公司。

（3）纽士达®（New Star®，芳纶），烟台氨纶股份有限公司。

聚砜酰胺/芳纶（PSA）制品和美国杜邦公司 Nomex®产品同属于芳香族聚酰胺类耐高温合成材料。

目前我国间位芳纶产业发展较快，已处于由产业化到工业化阶段，产品在国际市场的影响力逐步增大。据烟台氨纶股份有限公司资料报道，国内外各企业目前（截至 2010 年）的产能如表 6－42 所示。

表 6－42 国内外各企业的产能

生产企业	产品	产能/$t\cdot a^{-1}$
美国杜邦公司	Nomex	28000
烟台氨纶	纽士达	5000
日本帝人公司	Conex	2300
吴江圣欧	超美斯	2000
新会彩艳	彩芳斯	1000
上海特安纶	特安纶	1000

A 聚砜酰胺/芳纶的沿革

从图 6－42 中可见国际有机耐高温材料的研究和生产发展，其增长速度迅猛。

早期世界上能够工业化生产此类耐高温材料的国家不多，美国杜邦公司产品垄断了世界市场，其产品产量占世界产量的 90% 以上。

聚砜酰胺纤维可用作绝缘纸、过滤材料、密封材料、复印机导辊等。

当时，我国每年花大量外汇进口美国杜邦公司 Nomex®产品，且需求量不断增加，由此引发进行聚砜酰胺/芳纶产品的研制和开发。

我国自 20 世纪 70 年代就投入大量人、财、物力进行芳纶研发，但受各种因素限制，长期开发未成，需求完全依赖进口。

1972 年：上海组织芳纶协作组，进行芳纶产品的研制和开发。

1984 年：由原纺织工业部立题主持，以上海纺织科学研究院和上海化纤八厂为承担单位进行联合攻关。

1985 年 9 月：经上海市纺织工业局批准，作为企业标准试行。

1988 年 5 月：进行聚砜酰胺/芳纶制品的工业性试验。

项目时间：1988 年 5 月国家计委以计科〔1988〕799 文《聚砜酰胺制品（包括滤料）工业性试验》，正式批复同意芳砜纶制品项目列入国家七五重点攻关项目。

组织部门：上海市计委、科委共同主持，上海工业技术发展基金会组织协调和资金的管理工作。20 世纪 80 年代，中试成功。1992 年通过国家机械电子工业部鉴定。

承担单位：上海纺织科学研究院——滤料；上海第八化纤厂——纤维；上海赛璐珞厂——树脂；上海向阳化工厂——溶剂。

1989 年：芳纶纤维制品的产量已达 13t。

1990 年：重新补充修订企业标准，制订芳砜纶织物（滤料）的企业标准（Q/WGD 07、08、05、06—92）

1992年10月：由国家计划委员会下达项目，上海市计委、上海市科委主持，上海工业技术发展基金会组织，进行聚砜酰胺/芳纶织（滤料）鉴定会。

小试和中试成果分别通过机械工业部，上海市经委、科委，国家环保局和纺织工业部组织的鉴定，并荣获国家科技进步三等奖、纺织工业部科技进步二等奖、上海市科技进步一等奖以及优秀新产品奖。

聚砜酰胺纤维工业性试验项目的顺利完成，使我国继美国、日本、前苏联和法国之后，成为具有工业规模生产有机耐高温纤维及其制品的国家。

B 聚砜酰胺/芳纶的品种

a 特安纶（Tanlon）

特安纶（Tanlon，芳纶）是我国自制开发的有机高温纤维，专利号02136060. X。

特安纶（Tanlon）的特性

特安纶（Tanlon）的性能参数

断裂强度	2.8～3.0cN/dtex
断裂伸长率	20%～25%
抗拉模量	760kg/mm^2
回潮率（RH 65%，20℃）	6.28%
收缩率 沸水中	0.5%
经300℃热空气处理2h后	小于2%
玻璃化温度	257℃
软化温度	367～370℃
熔点	不熔（没有明显熔点）
起始分解温度	422℃
LOI值	33%（Nomex 20%～28%）
密度	1.42g/cm^3
燃烧性能	难燃，具有自熄性
比电阻	2.6×10^{16}Ω·cm

芳砜纶研究目标——滤料质量指标：

纵向强力	大于70kg/5×20cm
横向强力	大于105kg/5×20cm
透气量	不低于20mL/(cm^2·s)

NWn－H－500芳纶针刺毡滤料的检测报告见表6－43。

表6－43 东北工学院滤料检测研究中心滤料检测报告（1991年）
（NWn－H－500芳纶针刺毡）

检测项目		实测值	国标要求
透气性	透气度/m^3·(m^2·min)$^{-1}$	13.38	—
	透气度偏差/%	±7.8 －12.0	±15

续表 6 - 43

检 测 项 目		实 测 值	国标要求
阻力特性	洁净滤料阻力系数	5.00	<10
	再生滤料阻力系数	10.27	—
	动态滤尘时阻力/Pa	10.8	<80
滤尘特性	静态除尘率/%	99.91	>99.9
	动态除尘率/%	99.99937	>99.5
清灰特性	粉尘剥离率/%	41.75	—

特安纶（Tanlon）的特征

（1）耐高温性：200℃强度保持率达 91.1%。

（2）良好的化学稳定性。

（3）卓越的阻燃性。在常规的耐高温纤维中，按用途混合一定比例的特安纶（Tanlon），可提高其抗热氧老化性和阻燃性。

（4）优良的高温尺寸稳定性：300℃干热收缩率为 4.2%。

（5）良好的染色性与舒适性。

特安纶（Tanlon）的理化特性

（1）耐热性。特安纶（Tanlon）由于其分子结构主链上含有砜基（—SO_2—），所以耐热性和耐稳定性均较好，长时间放置于高温下不会熔化。

特安纶（Tanlon）的强度保持率（图 6 - 43）：

250℃时	70%
250℃时（热空气中处理 100h 后）	90%（Nomex 80% 左右）
300℃时	50%
300℃时（热空气中处理 100h 后）	80%
350℃时	38%

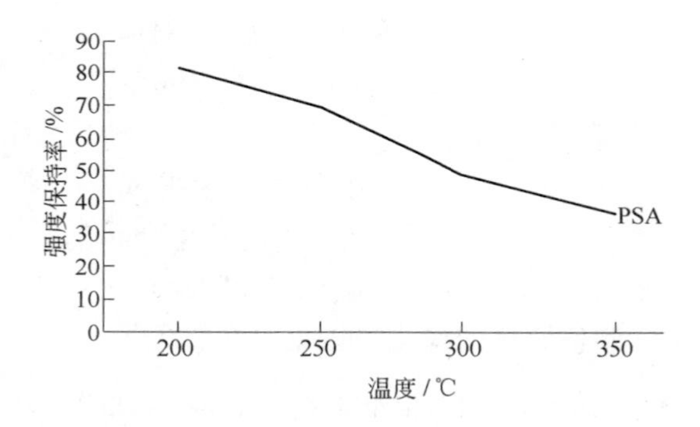

图 6 - 43 特安纶（Tanlon）的高温强度保持率

（2）阻燃性。特安纶（Tanlon）的极限氧指数 LOI 值高达 33（图 6 - 44），不会在空气中燃烧、熔化或产生熔滴。燃烧时很少收缩，只在极高的温度下（>370℃）才开始分解，起始分解温度 422℃，分解时产生的有毒气体很少。

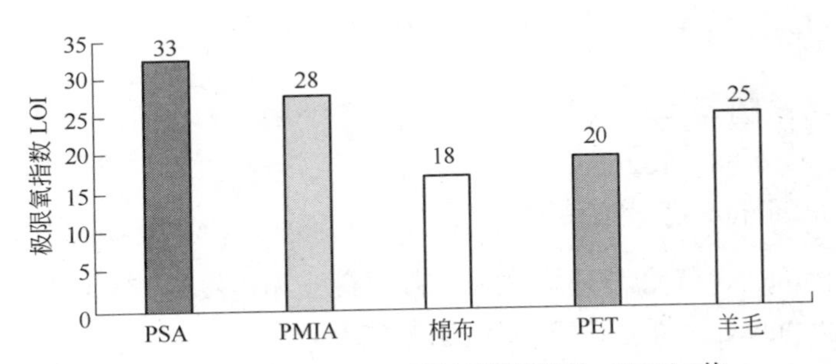

图 6-44 芳纶（PSA）的极限氧指数（LOI）值

（3）尺寸稳定性。特安纶（Tanlon）纤维的热收缩性比较小（图 6-45）。

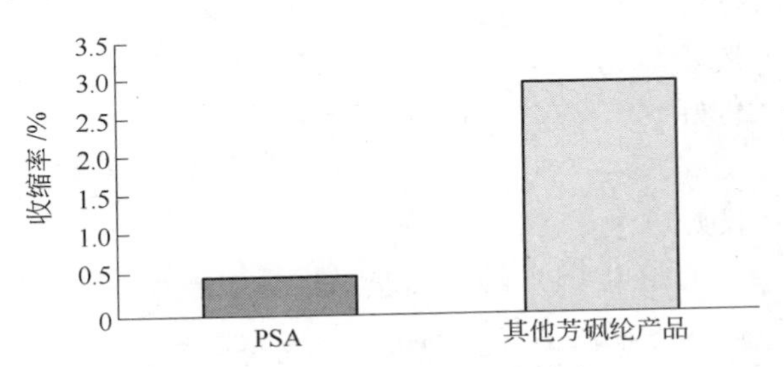

图 6-45 PSA 的沸水收缩率

在沸水中　　　　　　　　　　收缩　0.5%～1.0%
在 300℃干燥空气中，处理 2h 后　收缩　小于 2.0%
无论在干热还是在湿热条件下，芳砜纶（PSA）都能发挥优异的尺寸稳定性（图 6-46）。

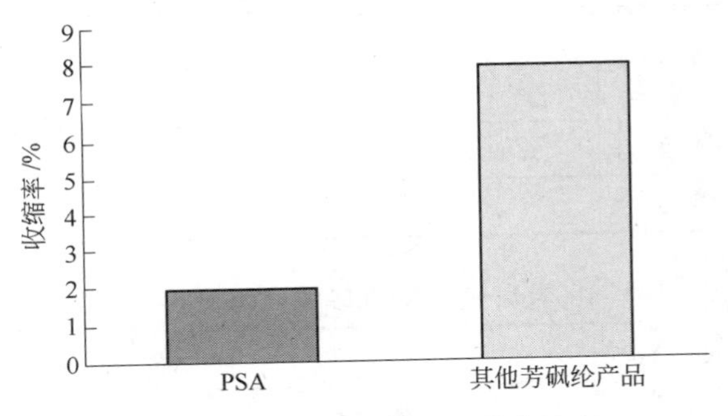

图 6-46 PSA 的 300℃干热收缩率

（4）化学稳定性。特安纶（Tanlon）纤维在化学稳定性上抗酸性较抗碱性强，纤维经 80℃、30% 的硫酸、盐酸和硝酸处理后，除硝酸能使纤维强力稍有下降外，其余均无明显影响。而纤维在同样温度下，以 20% 浓度的 NaOH 水溶液处理后强力损失即达 60% 以上。

特安纶（Tanlon）纤维在抗有机溶剂方面，除了几种强极性溶剂，如二甲基乙酰氨、二甲基甲酰氨、N-甲基吡咯烷酮以及浓硫酸外，一般在常温下纤维对各种化学品均能保持良好的稳定性。

特安纶（Tanlon）的结构

特安纶（Tanlon）纤维的低刚度高伸长特性，使其能够用常规纺织机械进行加工，其短纤维可用一般毛棉织机加工成多种织物和无纺布，其长丝可用制造设备加工成多种纯织物和混纺织物。

纤度 1.2～4dtex

长度 38～102mm

b 彩芳斯（Chinfunex，芳纶 1313）

彩芳斯（Chinfunex，芳纶 1313）是由酰胺桥键互相连接的芳基所构成。

彩芳斯（Chinfunex，芳纶 1313）的性能参数：

耐热性 优良

燃烧性 阻燃

耐辐射性 良好

物理机械性 良好

化学稳定性 良好

尺寸稳定性 良好

电绝缘性 良好

彩芳斯（Chinfunex，芳纶 1313）的产品质量指标如表 6－44、表 6－45 所示。

表 6－44 CAS020051 型芳纶短纤维

项 目	单 位	指 标
纤度	旦尼尔	2.0
长度	mm	51
断裂强度	g/旦尼尔	4.0～4.5
断裂伸长率	%	28～35
回潮率	%	5
沸水收缩率	%	1.5
250℃干热收缩	%	1.5～2.5

表 6－45 芳纶纱线（20 支）

项 目	品 种	
	单 股	双 股
重量/g·100m^{-1}	2.95	5.9
重量不匀/%	2.7	2.1
重偏/%	+0.68	+0.85
单纱强力/CN	572	1292
强力不匀率/%	9.7	7.3
伸长率/%	12	16.9
断裂强度	19.3	21.7
捻度/捻·10cm^{-1}	—	56

彩芳斯（Chinfunex，芳纶 1313）的理化特性：

（1）机械强度。在 260℃，100h 机械强度仍保持原来的 65%。

（2）燃烧性。在火焰中难以自燃，即使点燃，移开火焰后会自熄。在 370℃以上才分解出少量气体：CO_2、CO、N_2。

（3）耐化学性。芳纶 1313 具有优良的耐热化学性，能耐大多高浓度的无机酸，耐碱性稍差些，对其他化学试剂、有机溶剂十分稳定。

（4）耐辐射性。芳纶 1313 耐 β、α 和 X 射线的辐射性能十分优异，如在 50kV 的 X 射线中辐射 100h，它的强度保持原来的 73%，而此时的涤纶、锦纶已变成粉末。

c 纽士达®（New Star®，芳纶）

纽士达®间位芳纶即聚间苯甲酰胺纤维。

1999 年，烟台氨纶股份有限公司开始进行间位芳纶研发，2004 年正式投入间位芳纶产业化生产，产能达 5000t/a，其产能发展如图 6-47 所示。

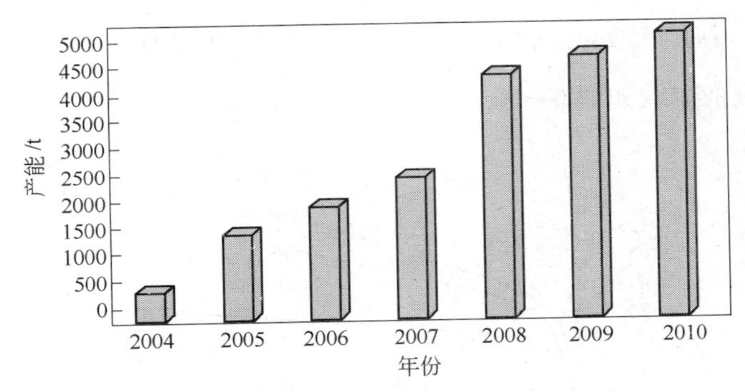

图 6-47 纽士达®间位芳纶的产能发展

纽士达®（New Star®，芳纶）的性能

（1）特性参数。纽士达®芳纶具有与特安纶（Tanlon，芳纶）、彩芳斯（芳纶 1313）相同的特性。

长期使用温度	204℃
短时间	暴露于 300℃也不会脆化、软化或熔融
玻璃化温度	270℃
炭化起始温度	400℃
断裂强度	3.5~6.0g/de
强度保持率	
（热空气中处理 1000h 后）	120℃时 60%
	200℃时 75%
断裂伸长率	25%~45%
初始模量	50~85g/de
回潮率（RH 65%，20℃）	1.0%~5.0%
热收缩率（300℃，30min）	4.6%~5.0%
沸水收缩率（100℃，30min）	<3.0%
尺寸稳定性	好

LOI 值　　≥28
密度　　1.37 ~ 1.38g/cm³
比热（在 20℃）　　42kJ/(kg · ℃)
纤度　　2.0dtex

（2）耐热性。纽士达®（New Star®，芳纶）的耐干热性能如图 6 - 48 和图 6 - 49 所示。

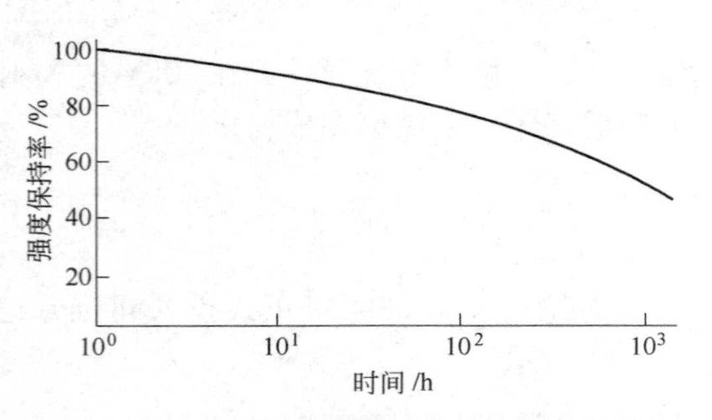

图 6 - 48　250℃时间与强度保持率的关系

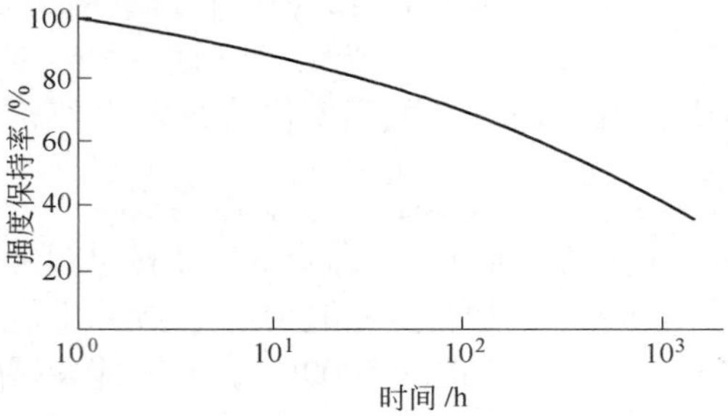

图 6 - 49　300℃时间与强度保持率的关系

（3）应力 - 应变曲线如图 6 - 50 所示。

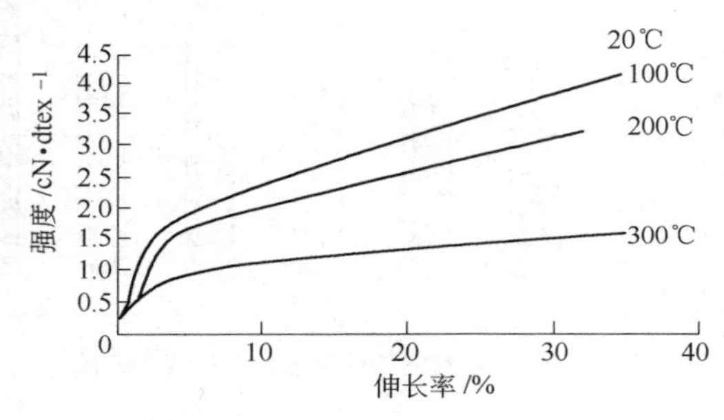

图 6 - 50　纽士达®间位芳纶的应力 - 应变曲线
（在室温及高温环境下）

（4）收缩率。纽士达®间位芳纶结晶度与收缩率的关系如图 6 - 51 所示。纽士达®间位芳纶的玻璃化温度大约为 270℃。

（5）热重分析如图 6 - 52 所示。图 6 - 52 中的热重分析曲线表明，400℃时纤维有很少量的重量损失，到 450℃时才有明显重量损失。

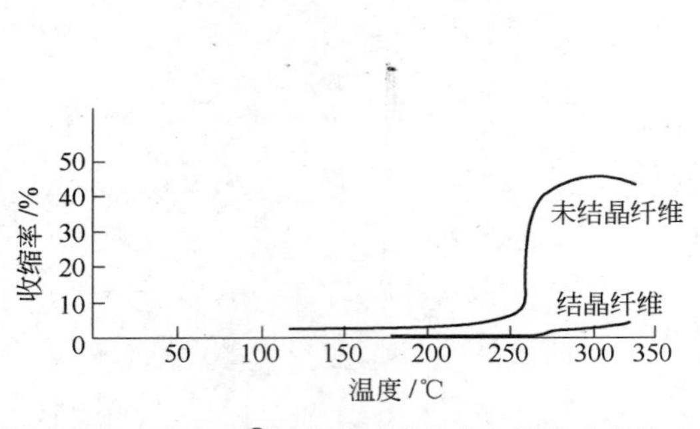

图 6 - 51　纽士达®间位芳纶结晶度与收缩率的关系

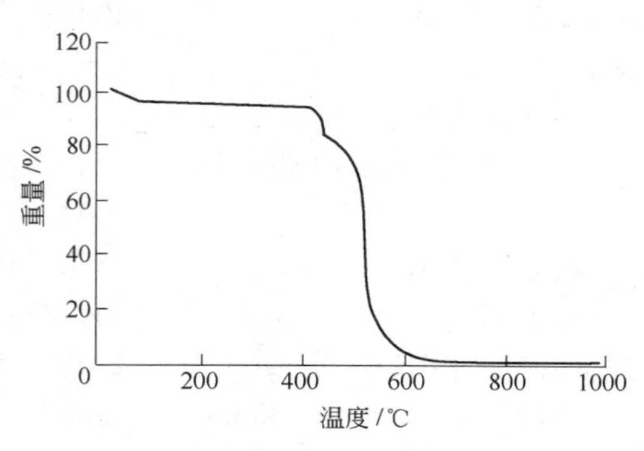

图 6 - 52　热重分析曲线

纽士达®（New Star®，芳纶）与同类产品的比较

纽士达®间位芳纶与国外同类产品比较如表6－46所示。

表6－46 纽士达®间位芳纶与国外同类产品比较

项　　目	国外（2）2D×51mm	国外（1）2D×51mm	New Star®间位芳纶 2D×51mm
细度/dtex	2.13	2.13	2.2
断裂强度/cN·dtex^{-1}	4.6	3.78	4.24
断裂伸长/%	32.36	42.63	27.61
卷曲数/个·25mm^{-1}	10.85	11.92	11.18
卷曲度/%	19.53	15.67	16.43
干热收缩（300℃×15min）	2.3	1.1	1.5

纽士达®间位芳纶与其他耐温纤维比较如表6－47所示。

表6－47 纽士达®间位芳纶与其他耐温纤维比较

纤　维	New Star®间位芳纶	
	优　　点	缺　点
PPS	耐温高、极限氧指数高、抗氧化性好	耐酸性差
PTFE	可纺性好、过滤精度高、高温下无蠕变、成本更低	抗酸碱腐蚀性差、耐温低、易水解
P84®	成本更低	捕尘效果弱
玻纤	耐磨性好、使用寿命长、废袋处理不会形成二次污染	耐温低、成本高

纽士达®间位芳纶的应用

纽士达®间位芳纶应用在郏县中联水泥厂窑尾电改袋除尘器中（图6－53）。熟料在冷却过程中排出大量含尘气体，它具有温度波动范围广、粉尘磨蚀性大、浓度不高的特点。原设计采用电除尘器，后改为袋式除尘器。选用多管冷却器或余热发电系统后，窑头烟气温度最高在200℃左右，综合比较其他耐温纤维，选用间位芳纶滤料。

图6－53 水泥厂窑尾电改袋除尘器

投运日期	2010年2月
处理风量	480000m^3/h
设备阻力	＜1200Pa
滤料	间位芳纶
过滤风速	1.25m/min
滤袋规格	ϕ160mm×6500mm
使用寿命	4年
排放浓度	＜21.1mg/Nm^3

6.3.5.3 聚砜酰胺/芳纶与诺美克斯（Nomex）的差别

芳纶与美国杜邦公司诺美克斯（Nomex）相比，其耐热性、抗化学腐蚀性和物理机械性能，有的指标稍优，有的指标不及。经东北大学滤料检测中心的测定，结论如下：

测定样品：试样重　　500g/m^2

厚　　2mm

纤维规格　　2.5D×51mm

（1）芳纶耐温比Nomex约高10℃左右。

（2）芳纶耐热老化及阻燃方面优于Nomex。

（3）芳纶的物理机械性能（如强度、模量）方面有较大差距，这既有分子结构差异的原因，更主要的是反映出芳纶制品在树脂合成、纤维纺丝、织物后加工、造纸等一系列技术方面与杜邦Nomex的生产技术上的差距。

（4）芳纶的织物加工技术及纺织后加工技术与杜邦Nomex差距较大。

1）从织物加工角度看，芳纶纤维的可纺性差。

2）芳纶纤维卷曲性差，针刺时纤维之间搭接、抱合力差。

3）芳纶纤维静电大，给生产过程中的梳理造成困难。

（5）芳纶纤维强力差，国内有的公司生产的芳纶纤维强力更低。

（6）芳纶和Nomex滤料对无机酸、碱和有机溶剂的抗腐蚀性能比较如表6-48所示。

表6-48 芳纶滤料和Nomex针刺毡的抗腐蚀性能比较

化学物质名称	浓度/%	温度/℃	时间/h	断裂强度保持率/%		
				芳纶机织布	芳纶针刺毡	Nomex针刺毡
盐酸	35	50	24	55~57	70~73	21~55
硝酸	30	50	24	64~89	87~90	21~55
氢氟酸	10	常温	190	92~98	100	91~100
硫酸	20	50	168	78~80	86~93	>55~60
硫酸	60	常温	1000	74~76	89~96	60~75
氢氧化钠	10	50	168	6~7	5~6	>50~55
氢氧化钠	40	常温	1000	破坏	3~4	70~75
次氯化钠	5	50	94	20~26	18~21	>76~90
氯化钠	0.5	50	120	79~96	100	91~100
氯酸钠	0.5	50	120	93~98	100	91~100
过氧化氢	0.5	常温	1000	94~97	100	56~75
丙酮	100	常温	1000	69~94	100	91~100
汽油	100	常温	1000	88~96	100	91~100
二甲基甲酰胺	100	常温	1000	破坏	破坏	

从表6-48中可见，芳纶滤料抗酸腐蚀性能稍优于Nomex针刺滤料，但抗碱腐蚀性能比Nomex针刺滤料差。

（7）芳纶纤维的综合指标（纤维细度、均匀度等）不稳定。

（8）芳纶价格低些。

6.3.6 聚苯硫醚/PPS（Ryton®）

Ryton®滤料所用原料聚苯硫醚（PPS，polyphenylene sulfide）纤维是一种结晶性聚合物。

现在进行工业化生产的方法是由美国 Phillips Petroleum 公司的 J. Edmond 与 W. Hill 开发的，它是由 p－二氯化苯（p－dichlorobenzene）和硫化钠（sodium sulhide）在极性溶剂中进行的浓缩反应的 Phillips 法制成的，纤维本身按熔融纺丝方法生产。

聚苯硫醚/PPS（Ryton®）（polyphenylene sulfide）（图 6－54）的分子结构为：

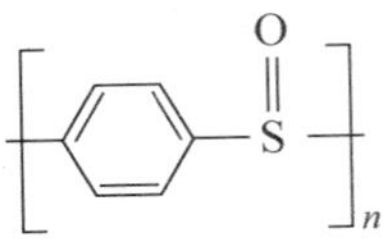

$$\left[-C_6H_4-\overset{O}{\overset{\|}{S}}- \right]_n \quad 或 \quad nCl-C_6H_4-Cl+nNa_2S \xrightarrow{-2nNaCl} \left[-C_6H_4-S- \right]_n$$

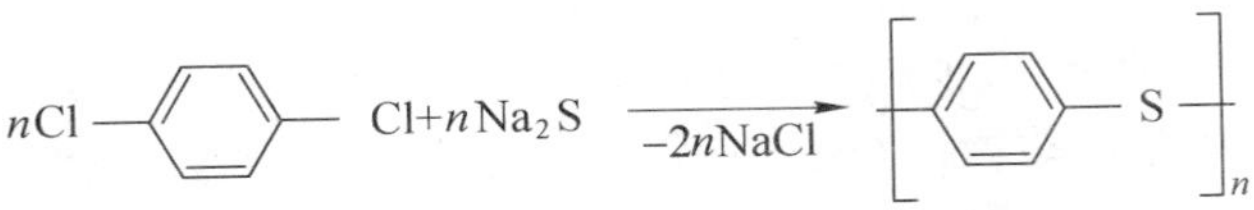

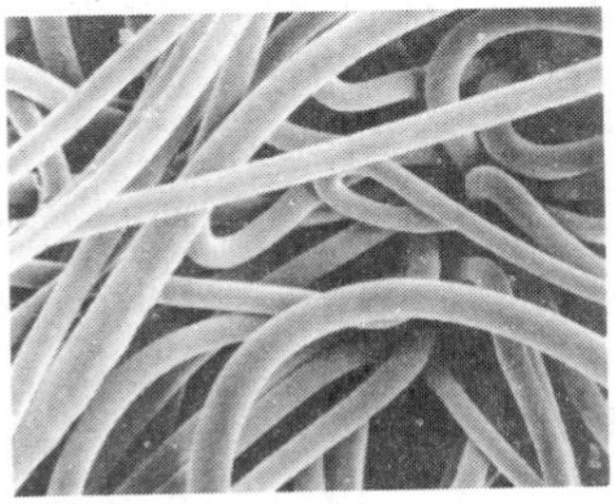

图 6－54 聚苯硫醚/PPS（Ryton®）纤维的断面

6.3.6.1 PPS/Ryton®的沿革

1987 年前，美国开发了两种新的高温纤维，并于 1987 年开始在商业上使用，这两种新的高温纤维是：

Celanese 公司开发的聚苯并咪唑纤维（polybenzimidazole fiber），PBI®，主要用于温度 400 ℉（200℃）的范围内。

Phillips 公司开发的聚苯硫醚纤维（Ryton®，Polyphenylene Sulfide）主要用于温度 375 ℉（191℃）的范围内。

A 国际 PPS/Ryton®的开发

聚苯硫醚（PPS，即原 Ryton®）作为应用范围最广、用量最大的特种工程塑料，世界平均消费量以年均 15%～25% 的速度递增，我国消费量近 3 年（以 2007 年计）更是成倍增长。

据我国商务部信息，2006 年我国聚苯硫醚自给率仅为 13%，主要依靠进口。

聚苯硫醚（PPS，即原 Ryton®）的商品名：

（1）Ryton®，美国菲利浦（Phillips）石油公司和纤维公司。

（2）Procon®，日本东洋纺（Toyobo）公司（其销售工作由奥地利英太 Inspec Fibres 公司进行）。

（3）Torcon®，日本东丽（Toray）公司。

Ryton®纤维应用至今已发生了许多变化，供应链已经改变，Ryton®品牌作为一种用于过滤的纤维已不再存在。

Procon®、Torcon®纤维的树脂切片在化学上与原来的 Ryton®是相同的。

PPS 具有优异的耐高温、耐化学腐蚀及良好的机械和电学性能，且自身阻燃，现已成为特种工程塑料中的第一大品种，产量仅次于五大通用工程塑料。

PPS 可广泛用于汽车、电子电气、机械仪表、石化专用机械设备、国防军工、航空航天、家用电器等领域。

1963 年：由美国 Phillips Petroleum 公司 J. Edmend 和 W. Hill 开发了对氯苯与硫化钠在极性溶剂中进行反应的 PPS 法。美国率先提出了以碱金属硫化物和对二苯为原料，在极性溶剂中制取 PPS/Ryton®的方法，并取得实验室成果。

1977（1973）年：美国菲利浦（Phillips）石油公司和美国纤维和纱公司（American's Fibers and Yarns Company，又称 AMCCO）首先进行实验室 PPS 的工业化生产，建成年产 0.27 万吨工业装置，并由美国生产 6 旦尼尔的赖登（Ryton）商标的高透气性 PPS 纤维。

1983 年：Phillips 公司向市场推出该新材料：商品牌号为 Ryton®。

1985 年：专利保护到期后，日本、德国等国先后建设 PPS 工业化生产装置。

1994 年：PPS 进入中国市场。

2001 年 2 月：日本东丽（Toray）公司收购了美国的 PPS 纤维业务。

2002 年 2 月：东丽（Toray）公司停止 6 旦尼尔 PPS 纤维（即俗称的赖登（Ryton®））的生产，并在日本生产一批 7 旦尼尔的 PPS 纤维，商品牌号为 Torcon，以此代替 6 旦尼尔赖登（Ryton®）。

至 2006 年：世界 PPS 总年产能力已达到约 7.0 万吨，可生产树脂牌号数十种，并形成了改性料上百种、制品上千种的庞大产品链，年销售额逾百亿美元。

目前：世界主要 PPS 生产厂家分布在美国、日本、德国和中国。日本是 PPS 最大生产国，生产能力占世界总产量的 50% 以上；美国菲利浦公司年产能力 0.98 万吨，是世界 PPS 最大生产商；日本东丽－菲利浦公司年产能力 0.85 万吨，居世界第二位次；日本吴羽化学工业公司年产能力为 0.8 万吨。

B 中国 PPS/Ryton®产业化状况

我国 PPS/Ryton®研究基本与国外同时起步，众多高校、科研院所及企业投入了大量人力、物力，从小试开始到千克级扩试，再到吨位级中试至百吨级，大大小小先后上了数十套生产装置，耗资数以亿计。但因为没有突破关键技术而陆续废弃或只能小批量生产。

2001 年，四川华拓科技有限公司在取得加压法合成高相对分子质量（简称高分子量）PPS 树脂中试成果基础上，建成了我国首套千吨级加压法合成线型高相对分子质量 PPS 树脂生产线（在此基础组建了四川德阳科技股份有限公司），聚合年产能力达到 1420t，这套装置的建成投产，使中国成为世界上继美国、日本、德国之后第四个实现 PPS 产业化的国家，为实现我国 PPS 大规模工业化生产奠定了基础。

近年来，四川德阳科技股份有限公司不断扩大 PPS 树脂生产规模，2005 年和 2006 年陆续新建了 2 套 6000 吨/年生产装置，另外 1 套 2.2 万吨/年装置可于 2007 年 11 月投产，届时该公司 PPS 总年产能力将达 3.54 万吨，居世界第一位。国内 PPS 总生产能力合计约 3.93 万吨，但与 2010 年预计需求量相比，还有缺口，尚不能满足未来市场需求。因此，中国 PPS 市场发展前景仍然十分广阔。

C PPS/Ryton®的消费结构

a 世界 PPS 树脂供略大于求

2005 年，世界 PPS 树脂供应总量约为 6.50 万吨。

其中用于：	
模塑制品	5.78 万吨
纤维和薄膜	0.52 万吨
其他	0.20 万吨

2005 年，世界 PPS 树脂消费量：

其中用于：		
电子电气	3.250 万吨	占 50%
汽车工业	2.243 万吨	占 34.5%
精密机械	0.559 万吨	占 8.6%
其他	0.4485 万吨	占 6.9%

美国 PPS 树脂：

年产量	2.3 万吨	占世界总产量 35.4%
年消费量	2.0 万吨	占世界总消费量 30.8%

日本 PPS 树脂：

年产量	3.3 万吨	占世界总产量 50.8%
年消费量	1.6 万吨	占世界总消费量 24.6%

b 我国 PPS 的消费现状

由于我国 PPS 产量不能满足国内市场需求，故只能主要依赖进口。

PPS 过去是属于巴统组织控制物质，中国进口量特别是高端产品量受到一定程度限制，随着近年国外 PPS 出口限制逐步取消，激发了中国 PPS 的潜在消费，消费量呈跳跃式增长，近几年年均增长幅度高达 170% 左右。

据统计，国内 PPS：

	2003 年	2004 年	2005 年	2006 年
总产量/万吨	0.07	0.096	0.14	
进口量（折合纯树脂）/万吨	0.185	0.25	0.76	
消费量/万吨	0.255	0.346	0.90	2.18

由于需求增长迅猛，国内供应不足，2006 年国内市场自给率仅 13% 左右。

目前，我国 PPS 进口主要来自日本和美国菲利浦公司，进口方式以一般贸易为主，主要消费大户是一些合资企业。

国内 PPS 的主要用途：

各类注塑制品（用于电子电气零部件、汽车零配件、石油化工、高级防腐材料、医药设备配件和密封零部件等）	50%
纤维（用于工业滤料）及碳纤维和芳纶复合材料	35%
涂料（用于石油输出管防腐等）	10%
薄膜（用于计算机高电压输送的绝缘）	5%

D 我国 PPS/Ryton®的发展前景

PPS是促进我国高技术产业发展和传统产业升级不可缺少的一种新型高分子材料，作为工程塑料高性能化、特种工程塑料低成本化的品种之一，已被列入《中国高新技术产品目录》和《当前国家重点鼓励发展的产业产品和技术目录》。作为国家大力支持发展的新型材料，PPS市场前景十分广阔，其发展与很多行业密切关联。

我国PPS在各领域的应用前景为：

（1）环保产业。主要用于高温烟气袋式除尘成套设备的滤料，随着我国环保法规、政策对燃煤锅炉烟尘排放指标的要求日趋严格（锅炉烟尘排放指标小于30mg/Nm³），预计今后几年内PPS纤维滤材的需求量定会激增，在未来5年内，滤料将是PPS需求量增长的一大亮点。

（2）抗静电、抗辐射板材。PPS经玻纤、碳纤增强后，有很高的机械强度和阻燃性能。经特殊加工后，还可以做抗静电材料和抗高频射线材料。该材料制成板材后，可用于核设施、高频环境、IT行业的机房、大功率发射与接收等场所的地板、墙板和装置材料，目前国内国际需求量都很大。

（3）汽车零部件。PPS用于汽车零部件在国外已经非常普遍，但国内用量仍较少。国外PPS在汽车制造行业的应用目前占总消费量的30%以上，而国内还不到10%。

目前中国汽车制造业已进入世界前三位，国家正在鼓励促进汽车零部件国产化进程，一些汽车零部件企业也在试图用国产PPS制作的产品，这为国产PPS在汽车领域的应用提供了机遇。

（4）电子电气工业。电子电气是应用PPS最早也是最普遍的行业。

目前国内生产的70%改性PPS都用于电子电气行业。

从总体发展趋势看，电子电气日趋小型化、轻量化，因此，一些流动性好、耐高温、机械强度高的工程塑料备受厂家青睐。特别是一些高性能特种工程塑料应用越来越广泛。

欧洲2006年7月开始执行的RoHS，规定原有电子产品焊接工艺必须改为无铅焊接，这种工艺用的锡炉温度高，因此要更换耐温等级更高的材料，为此，今后电子电气行业中，PPS和耐高温尼龙将成为首选材料。

另外，PPS薄膜在电子电气中的应用，近年来也在成倍增长。

（5）电子封装材料和机械密封材料。PPS以其特有的耐温、耐腐特性，在电子封装材料与机械密封材料中的应用也较为普遍，能抵抗酸、碱、氯代烃、烷烃、醇、酯的化学侵蚀，在200℃以下，几乎不溶于任何化学溶剂，冷流动性为零，吸水率为0.08%。

（6）特种涂料。PPS涂料应用历史比较长，以往低相对分子质量的PPS大多作为涂料使用。一般，PPS用于油井设施、管道、防爆设备、化工装备、船舶等的防腐。

（7）航空航天及军事领域。由于国内PPS没有大规模生产，用量受到限制，以及国产PPS质量、品种与国外产品还有差距，为此，目前尚难以进入航空航天及军事领域。

我国目前和未来一段时期，国产PPS还远远满足不了市场需要。

根据2006年中国PPS实际消费量，考虑到国家对环保、防腐蚀及国家建设的日益重视，据权威专家预测：2007年国内PPS市场仍会出现跳跃式发展。

6.3.6.2 PPS（Ryton®）的特性

A PPS（Ryton®）的性能参数

运行温度　　160～190℃

最高温度	204℃
熔解温度	287℃
自燃温度	500℃
热定型温度	180～230℃
吸湿度（RH65%，21℃时）	0.6%
断裂延伸率	40%
收缩率	小于3%（在260℃下，24h后）
LOI值	39～41
燃烧性	遇明火不着火的不燃性纤维
密度	1.37g/cm^3
张力强度	50cN/tex
断裂强度	5.0g/d
回潮率	0.6%
耐水解	极好
耐酸	极好
耐碱	极好
耐有机物	极好
耐氧化性	易氧化
耐磨性	优越
耐折性	优越
耐有机溶剂	极好

Torcon®纤维在物理特性方面不同于Ryton®纤维。

（1）Torcon®纤维直径除6旦尼尔之外，可以大到27μm。

（2）Torcon®纤维与Ryton纤维在相同条件下相比，一般都具有较高的物理特性和较低的热收缩性。

（3）Torcon®纤维与其他各种纤维的特性比较如表6－49所示。

表6－49 Torcon®纤维与其他各种纤维的特性比较

性能		PPS	PTFE	美塔斯	Polyimid	玻璃纤维	涤纶
		Torcon	Toyoflon Teflon				
密度	g/cm^3	1.34	2.3	1.38	1.41	2.54	1.38
强度	g/d	5～6	1.7	4.5～5.5	4.2	4.3	5.5
断裂伸长率	%	20～30	24	25～35	30	3.5	30
熔点	℃	285	327	—	—	—	256
持续温度（非化学）	℃	190	260	210～230	260	260	105
抗酸		好	极好	弱	好	好	弱
抗碱		极好	极好	好	弱	普通	弱
抗熔解		极好	极好	弱	普通	好	弱
可燃性	LOI	34	65	30	38	不燃	22
抗水解		好	好	弱	弱	弱	弱

B PPS/Ryton®的特征

（1）良好的热稳定性。

（2）耐酸性能（硝酸、溴化物除外）极好。

（3）耐水解性极好，只有在温度高于375 ℉（191℃）时才水解。

（4）非常好的耐化学性，在所有溶剂中都不溶解。

（5）耐氧化性差，例如：$O_2>10\%$，$NO_2>15mg/Nm^3$，$Br>1mg/Nm^3$ 氧化后，失去张力强度。

（6）耐腐蚀及静电性能。

（7）良好的阻燃性，在空气中能自我熄灭。

（8）热塑性塑料。

C PPS/Ryton®的理化特性

a 耐温性

PPS/Ryton®纤维滤料在实验室的理想条件下，可在190℃温度下连续运行，瞬间可承受204℃高温。这些数值只是单纯从温度方面来看，但在实际应用中，其耐温性如图6－55所示。PPS纤维在285℃的温度下开始热融。

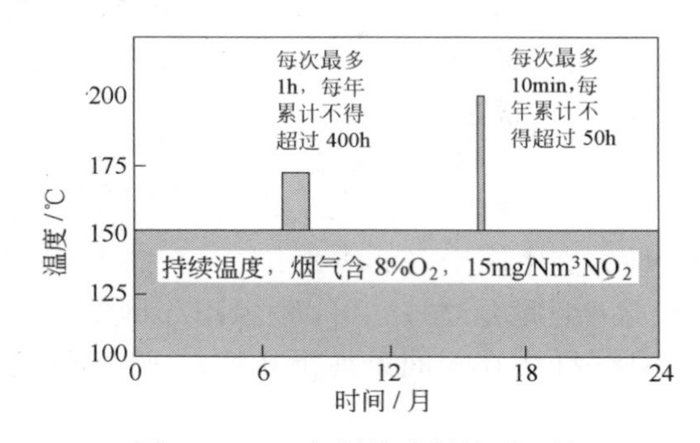

图6－55 PPS纤维滤料的耐温性

b 耐氧化性

PPS/Ryton®的氧化反应

PPS/Ryton®滤料耐化学性非常好，特别是耐硫酸性极好，但其缺点是抗氧化性差。

PPS/Ryton®滤料的使用寿命一般不会少于24个月。氧化是指PPS/Ryton®滤料纤维受单个氧分子的攻击而裂化的过程，它可能出现的机械压力会使纤维更容易断裂，并使滤料破损。

PPS/Ryton®滤料的氧化主要受O_2、NO_2、臭氧（O_3）三种气体的影响。

（1）氧气（O_2）的影响。由于氧分子能攻击PPS分子中的S键，结果使PPS纤维变为深棕色，而且变脆，在严重的氧化反应下，针刺毡的纤维层会开裂，并与基布分离。

大气中氧气的含量是21%（体积），PPS/Ryton®在常温下氧化反应很慢，不会对PPS造成损害。但当温度超过100℃后，PPS就只能承受很低的氧气含量。

PPS/Ryton®滤料对烟气中的O_2含量与温度的关系如图6－56所示。

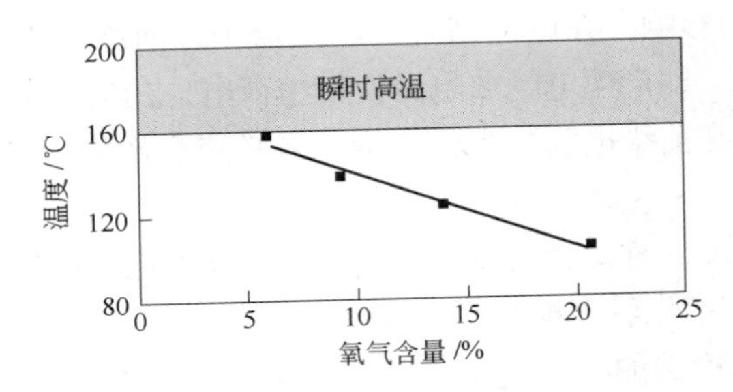

图 6－56 温度与 O_2 含量对 PPS 的影响

PPS/Ryton®滤料要求 O_2 含量小于 14%（体积）、NO_2 小于 622mg/Nm³，若 O_2 含量达 12%，则操作温度应降到 140℃。

PPS/Ryton®纤维滤料当被处理烟气中 O_2 含量超过 10%时，运行温度超过 165℃，PPS 也会发生分解。

总之，氧含量越高，所使用的温度就要越低，按阿伦纽斯定律，即每增加 10℃，化学反应加快 1 倍。也就是说，本来寿命 3 年的情况下，若温度增加 10℃，其寿命就只有 1.5 年。

（2）NO_2 的影响。一般，工业窑炉在燃烧过程中需要空气，燃烧时空气中的氮和燃料中的氧化物在高温下会氧化成 NO_x，其中有 NO、NO_2，主要是 NO，约在 NO_x 中占 95%，通常 NO 通过下式反应转化为 NO_2：

$$NO + O_3 \longrightarrow NO_2 + O_2$$

NO 对 PPS/Ryton®是无害的，有害的是侵蚀性氧化剂 NO_2，NO_2 对 PPS/Ryton®的氧化作用见下式：

$$NO_2 \rightleftharpoons NO + O$$

$$\left[-\!\!\bigcirc\!\!-\overset{\overset{O}{\|}}{S}- \right]_n$$

温度越高，烟气中允许的 NO_2 质量浓度越低，NO_2 质量浓度越高，温度就必须越低。PPS/Ryton®能承受 NO_2 质量浓度与温度的关系如图 6－57 所示。NO_2 是一种有侵蚀性的氧化气体，它对 PPS/Ryton®有侵蚀作用。因此，烟气采用 PPS/Ryton®滤料过滤时，对烟气中的 NO_2 含量应予足够重视。

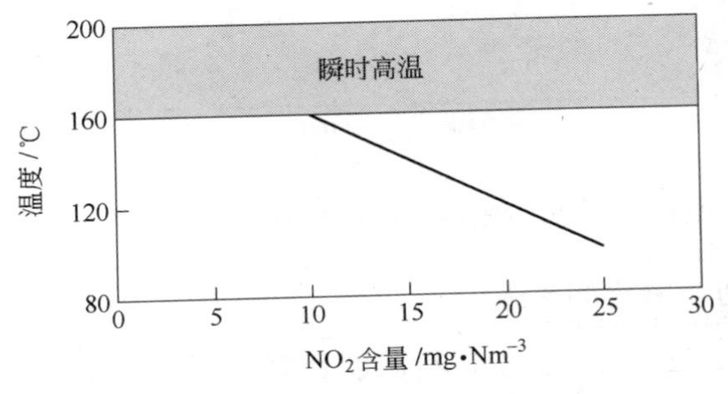

图 6－57 PPS/Ryton®的 NO_2 质量浓度与温度的关系

（3）臭氧（O_3）的影响。在电袋结合式除尘器中，前级电除尘是利用高压电源产生的强电场，使气体电离，即产生电晕放电，使粉尘荷电，在电场力作用下，将荷电粉尘驱进到收尘极进行收尘。在前级电除尘中，电晕放电必定会产生臭氧（O_3），特别是火花放电时更为严重。

虽然在前级电除尘设计时，会用最佳火花放电频率和最佳电压来控制，但每分钟火花放电 30～70 次，将使它产生较多的臭氧（O_3）。

臭氧（O_3）是很不稳定的一种气体，臭氧（O_3）本身对 PPS/Ryton®不会产生侵蚀作用。但当臭氧（O_3）在高温和一定湿度下，与烟气中其他成分迅速反应，特别是与 NO 反应生成 NO_2，而 NO_2是一种侵蚀性氧化剂，它对 PPS/Ryton®滤袋有很强的腐蚀性，应予重视。

臭氧（O_3）因与其他成分反应迅速，很难单独测到它。一般可通过测量电除尘入口的 NO 和出口的 NO_2 来折算 O_3 的质量浓度。

PPS/Ryton®滤料在氧化后受到的影响

（1）颜色变化十分明显（图 6－58）。在 145℃时，含 O_2 低于 9%，NO_2 低于 14.5%。

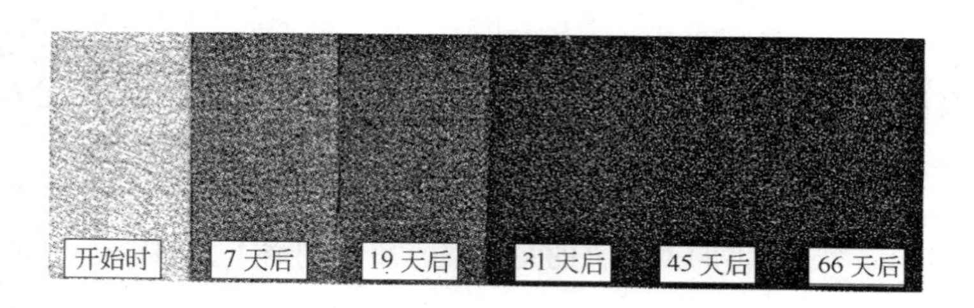

图 6－58　PPS 氧化后的颜色变化

（2）强度损失。试验 31 天后，强度的损失十分明显。试验 66 天后，强度损失值约达到初始值的 10%。

（3）PPS/Ryton®与 P84®滤料的 NO_2 氧化比较如图 6－59 所示。

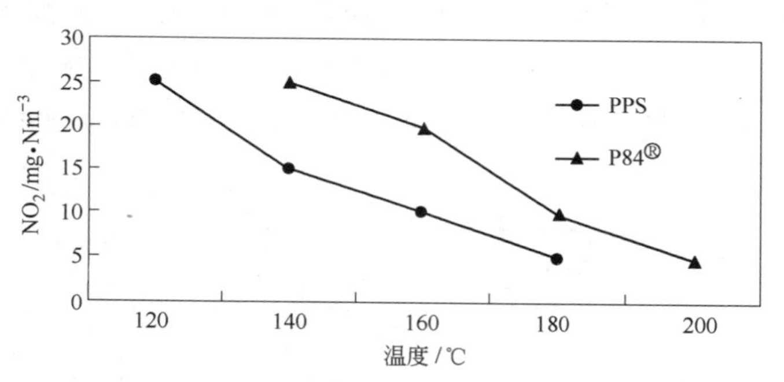

图 6－59　PPS/Ryton®与 P84®滤料的 NO_2 氧化比较

PPS/Ryton®纤维防止氧化的措施

氧化对 PPS/Ryton®的攻击取决于运行温度及氧化介质（如 O_2、NO_2 和 O_3）浓度。

（1）PPS/Ryton®在常温下氧化反应极慢。一旦温度超过 10℃，PPS/Ryton®只能承受较低的氧气含量。因此，减少高温下的含氧量，能减少 PPS/Ryton®受氧化的侵害。

（2）在较低的运行温度中，化学反应的速度会明显减慢。据阿伦纽斯（Arrhenius）规则可知，敏感的纤维聚合体所受的化学攻击，将随烟气运行温度每降低 10℃ 而减少一半。因此，降低烟气运行温度是最安全的方法。

（3）烟气中除 O_2 浓度外，NO_2 也是一种具有氧化性质的气体。一般燃烧烟气中均会形成 NO 及 NO_2 气体。NO_2 是一种具有侵蚀性的氧化气体，它与 O_2 一样，应予控制。

臭氧对 PPS/Ryton®滤料强力影响的实验研究

东北大学于 2009 年开展了臭氧对 PPS 滤料强力影响的试验研究，详见 6.2.2.9 C “纤维的氧化反应”一节。

通过系统的试验研究，得出如下结论：

（1）经臭氧氧化后，PPS/Ryton®滤料的机械强力变化明显，随着臭氧浓度增高、作用时间延长、温度上升，PPS/Ryton®滤料的断裂强力呈现明显的下降趋势。如在臭氧浓度 2.4mg/L、温度 190℃、放置 12h 时，其纬向强力保持率甚至不足 48.6%。

（2）滤料的扫描电镜显示，经过臭氧氧化后的 PPS/Ryton®纤维表面变得粗糙，部分纤维出现断裂，从而导致了 PPS/Ryton®滤料整体断裂强力降低。

（3）臭氧与 PPS/Ryton®的反应主要发生在带负电性原子（S 原子）上，分子链上氧的加入，导致了纤维强力的下降、颜色的加深和脆性增加（图 6－60）。

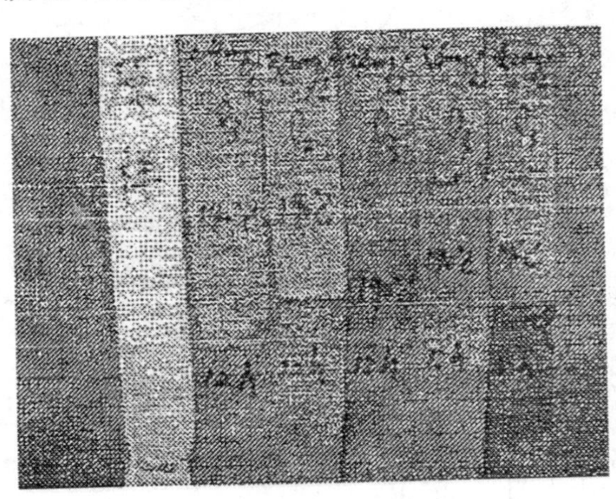

图 6－60　不同臭氧质量浓度下的滤袋

（190℃；12h）

（4）鉴于 PPS/Ryton®滤料的抗氧化能力较差，在工业应用中，要尽可能地降低氧含量，避免和减少 PPS/Ryton®滤料与臭氧等氧化性介质的接触，才能延长 PPS/Ryton®滤料的使用寿命。

（5）在试验中，只能看出单一气体对 PPS/Ryton®滤料的影响，而工业实际应用中，烟气成分更为复杂。烟气中有 O_3、NO、NO_2、SO_2、SO_3、Cl 及水等物质存在，它们对 PPS/Ryton®的综合作用可能更为严重。特别是 SO_2 在 O_3 作用下生成 SO_3，在水分较大时，对 PPS/Ryton®影响会更大。

c 水解性

PPS/Ryton®由于其化学结构，不受水解侵蚀，并完全抵抗水解。但它在高温、潮湿、酸性条件下，会发生水解。PPS/Ryton®在191℃以上才会水解。

PPS/Ryton®的吸水率为0.08%。

d 耐酸性

PPS/Ryton®纤维滤料的抗酸、抗碱性能极好，能抵抗酸、碱、氯代烃、烷烃、醇、酯的化学腐蚀，广泛用于燃烧烟气的处理领域。

PPS/Ryton®纤维具有良好的常温及高温耐酸性。PPS/Ryton®纤维具有良好的常温耐酸性，在常温下（60% H_2SO_4）浸泡0～500h，伸长率无变化，断裂强力为增加趋势。PPS/Ryton®纤维具有良好的高温耐酸性，高温下（85℃，5% H_2SO_4）浸泡48h，伸长率无变化/变化不明显，断裂强度略有下降。

以下为PPS/Ryton®的耐酸试验结果。

2.5% H_2SO_4，85℃耐酸试验（图6－61）

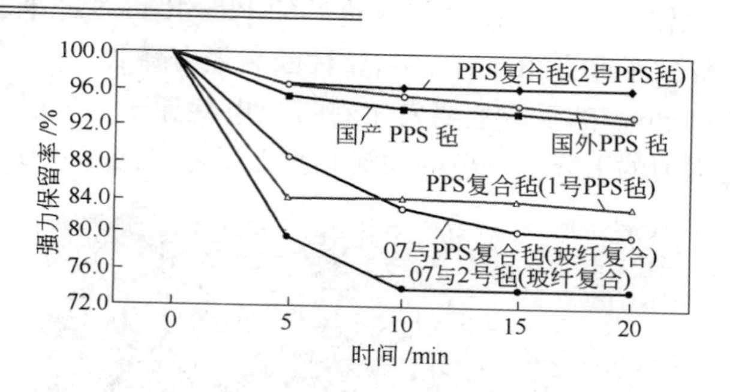

图6－61 2.5% H_2SO_4，85℃耐酸试验

1.0% H_2SO_4，48h 常温浸泡试验（图6－62）

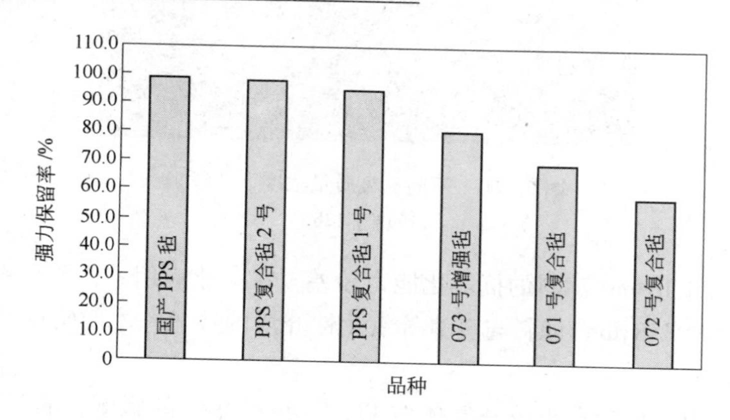

图6－62 1.0% H_2SO_4，48h 常温浸泡试验

80℃，2.5% H_2SO_4 溶液水煮试验结果（图6－63）

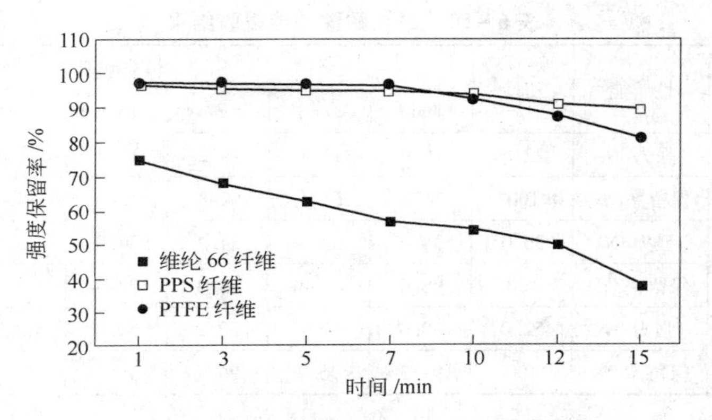

图 6-63 80℃，2.5% H_2SO_4溶液水煮试验结果

渐进式 PPS/Ryton®滤料耐药性强度试验（图 6-64）

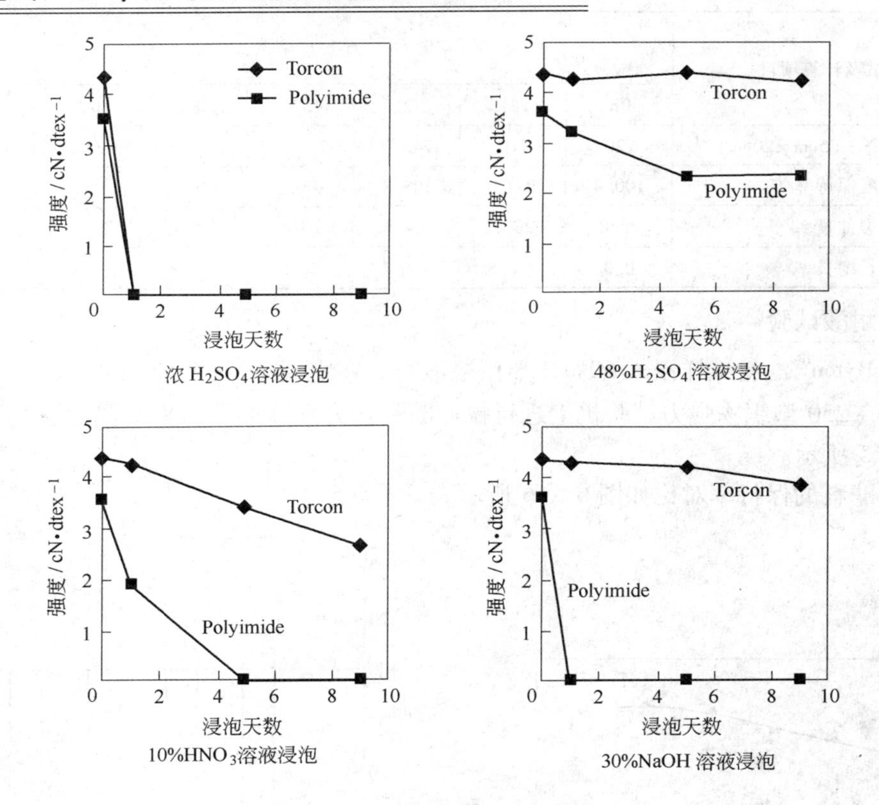

图 6-64 渐进式 PPS 耐药性试验

试验溶液	H_2SO_4	HNO_3	NaOH
	48%	10%	30%
温度	93℃		
处理时间	8 小时 ×9 日		

纤维耐酸性能试验（表 6-50）

表 6－50　纤维耐酸性能试验结果

材料	处理情况	性　能	初始	80℃酸液						
				1min	3min	5min	7min	10min	12min	15min
棉纶 66 纤维	经四氟乙烯处理	强力/N	22.6	16.0	15.4	14.2	12.8	12.2	11.0	8.2
		保留率/%	100	74.8	68.1	62.8	56.6	54.0	48.7	36.3
PPS 纤维	未处理	强力/N	36.0	34.6	34.4	34.2	34.0	33.6	32.6	32.0
		保留率/%	100	96.6	95.5	95.0	94.4	93.3	90.5	88.8
PTFE 纤维		强力/N	52.0	50.6	50.4	50.2	50.0	48.0	45.2	42.0
		保留率/%	100	97.3	96.9	96.5	96.1	92.3	86.9	80.7

东北大学对 PPS/Ryton®滤料耐酸的测试（表 6－51）

表 6－51　PPS/Ryton®滤料耐酸的测试（1995 年）

测试及计算项目	常温 60% H_2SO_4 溶液						85℃ 5% H_2SO_4 溶液
	0h	24h	72h	150h	200h	500h	48h
断裂强力/N·(5cm×20cm)$^{-1}$	720	720	740.0	766.7	766.6	735.0	693.0
强度保持率/%	100.0	100.0	102.8	106.5	107.9	108.1	96.25
断裂伸长率/%	25.0	23.3	24.3	25.8	24.3	23.7	25.0
伸长增长率/%	0.0	−6.8	−6.4	3.2	−2.8	−5.2	0.0

常温耐酸试验

PPS/Ryton®滤料试样浸入 60% H_2SO_4 溶液中，在室温下，按 GB 7689.6—89 的规定，在 YG026－250 型织物强力试验机上进行拉伸断裂强力和断裂伸长率的测定，其测定结果如图 6－65 所示。

几种滤料的保持率对比如图 6－66 所示。

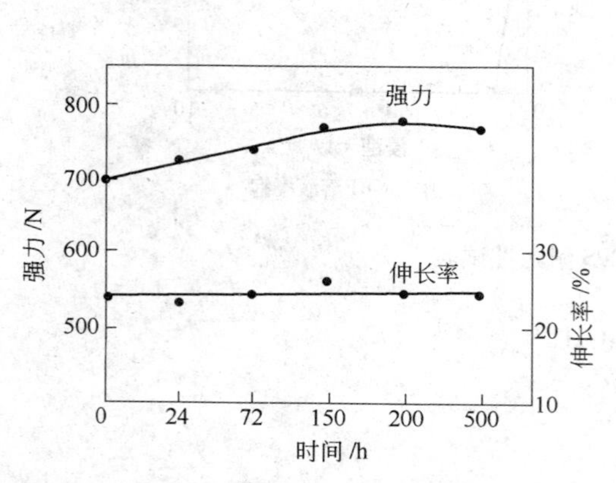

图 6－65　PPS/Ryton®滤料耐酸的强力、伸长率测试

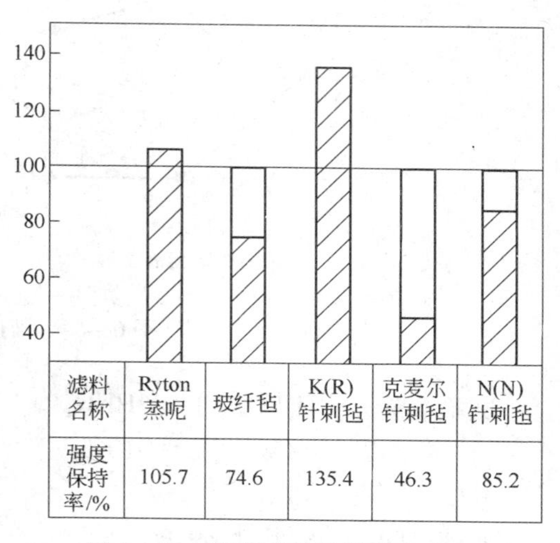

滤料名称	Ryton 蒸呢	玻纤毡	K(R) 针刺毡	克麦尔 针刺毡	N(N) 针刺毡
强度保持率/%	105.7	74.6	135.4	46.3	85.2

图 6－66　几种滤料的保持率对比

几种滤料处理前后强力、伸长率对比如表 6－52 所示。

表 6－52 几种滤料处理前后强力、伸长率对比

滤料名称	断裂强力（经向）/N·(5cm×20cm)$^{-1}$			伸长率（经向）/%			处理方法
	处理前	处理后	保持率/%	处理前	处理后	增长率	
Ryton 蒸呢	700	740	105.7	24.3	24.3	0	常温下 60% H_2SO_4 处理 72h
玻纤针刺毡	1660	1238	74.6	39.7	41.6	4.8	
复合材料针刺毡（克麦尔－Rastex）	347	470	135.4	23.5	16.0	－31.9	
克麦尔针刺毡	756	350	46.3	22	18	－18.2	
Nomex 针刺毡	994.0	846.7	85.2	32.7	29.7	－9.1	
Ryton 蒸呢	700	656	93.7	24.3	25.2	3.7	85℃条件下 5% H_2SO_4 处理 48h

高温耐酸试验

PPS/Ryton®滤料试样浸入 5% H_2SO_4 溶液中，并保持温度 85℃下经 8h，然后按 GB 7689.6—89的规定进行拉伸断裂强力和断裂伸长率的测定，其测定结果如表 6－51 所示。

根据试验结果，可看出以下几点：

- 高温酸性条件下，PPS/Ryton®滤料断裂强力略有降低，伸长率不明显，PPS/Ryton®滤料具有良好的高温耐酸性能。
- 从常温耐酸和高温耐酸试验中可知，PPS/Ryton®滤料具有良好的耐酸性能和较好的尺寸稳定性。

常温耐碱试验

将 PPS/Ryton®滤料试样浸入浓度 40% NaOH 溶液中，并保持溶液在室温状态下，经过 24h、72h、150h、200h 和 500h，按 GB 7689.6—89 的规定测定强力和伸长率，其测定结果如图 6－67 所示。

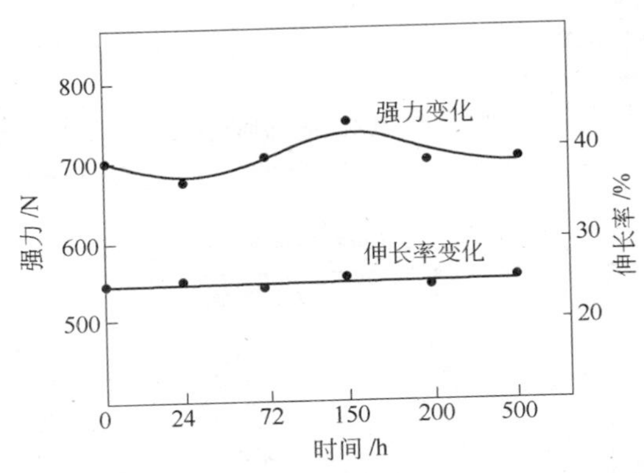

图 6－67 Ryton®滤料耐碱的强力、伸长率测试

从分析测试结果可见，PPS/Ryton®滤料经 40% NaOH 溶液常温处理后，强力、伸长率均无明显变化，说明其耐碱性能良好。

e 耐化学性

PPS/Ryton®在200℃以下的环境中，几乎不溶于任何化学溶剂。

6.3.6.3 PPS/Ryton®的结构

A PPS/Ryton®的横截面、纵截面结构（图6-68）

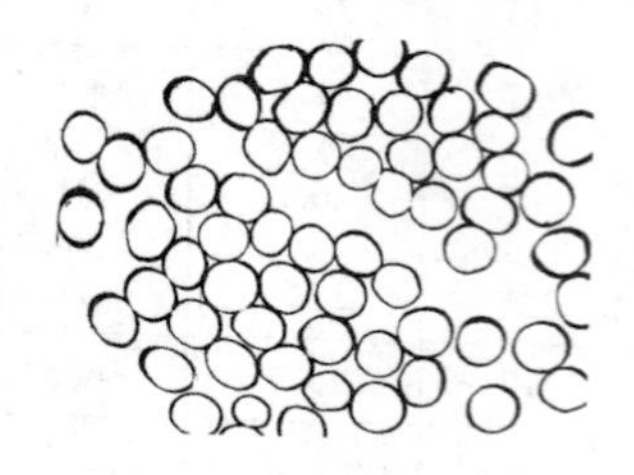

PPS/Ryton® 横截面

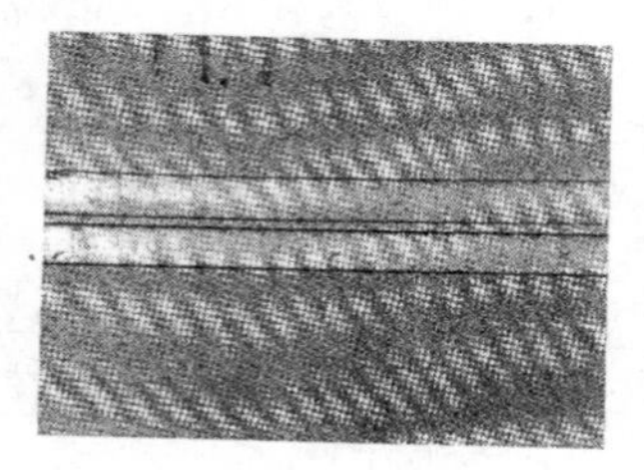

PPS/Ryton® 纵截面

图6-68 PPS/Ryton®横截面、纵截面
（放大倍数500倍）

B PPS/Ryton®滤料的基布

PPS滤料的基布可分为Ryton®基布及Restex®基布两种。

Ryton®基布是用与PPS/Ryton®滤料相同纤维制成的基布。

Restex®基布是用纯膨化PTFE纤维制成的基布。它与常规的PTFE纤维极为不同：

（1）Restex®基布比PTFE基布（用PTFE纤维制成的基布）的强度高3倍；

（2）Restex®基布在260℃下，24h后，其收缩率最大为3%；

（3）Restex®基布具有优越的折叠寿命及耐磨性；

（4）Restex®基布在260℃时具有优越的耐化学性。

6.3.6.4 PPS/Ryton®的品种

A Torcon®高强力纤维

Torcon®高强力纤维是日本东丽（Toray）公司为提高过滤毡强度而开发的一种增强机械性能的PPS/Ryton®纤维。

a Torcon®高强力纤维的特点

Torcon®高强力纤维具有高温下高模量和高机械强度（顶破强度）两个特点：

（1）高温下高模量。Torcon®细纱S-S（纱线）高强力纤维数据如表6-53所示。

表6-53 Torcon®高强力纤维数据

项目		普通纱线	高强度纱线
3%伸长时强度/N	室温	0.906	1.13
断裂强度/N		5.47	5.68
断裂伸长/%		49.5	32.8
3%伸长时强度/N	170℃	0.220	0.336
断裂强度/N		3.21	3.47
断裂伸长/%		42.1	28.6

（2）高机械强度（顶破强度）。Torcon®高强力纤维的机械强度（顶破强度）如图6－69所示。

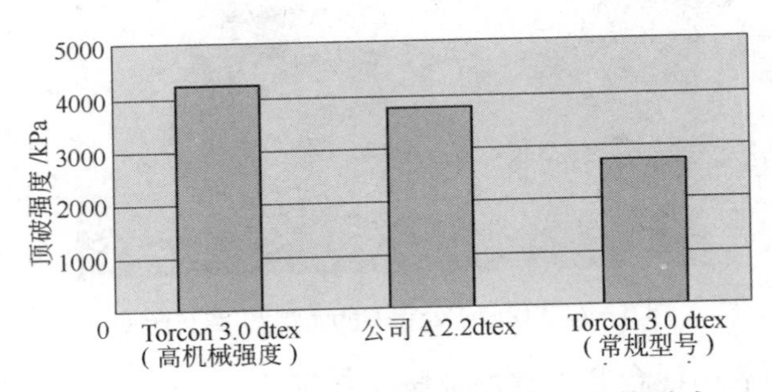

图6－69 清灰后过滤速度与压力降的性能测试

b Torcon®高强力纤维的清灰性能

（1）低压力降（图6－70）。

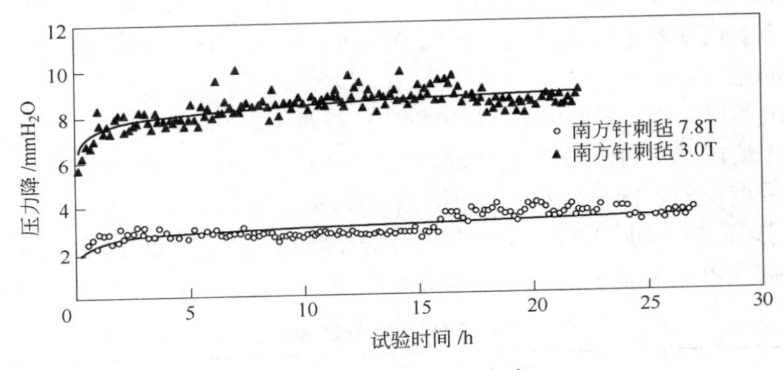

图6－70 清灰低压力降

（2）高过滤速度（图6－71）。

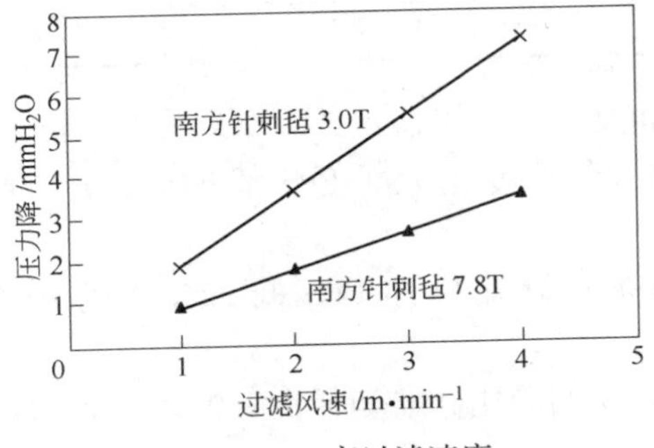

图6－71 高过滤速度

B 德国 Gushe 公司 Optivel® PI 滤料（混合 PPS/P84®）

德国 Gushe 公司为满足燃煤电厂使用对滤料寿命（48000h）的要求，对 PPS 滤料的结构进行了改革，开发了 Optivel® PI 滤料（即混合 PPS/P84®）（图6－72）。

Gushe 公司在开发中，主要考虑了两种结构：

（1）用 PTFE 对 PPS 滤料表面作涂层处理；

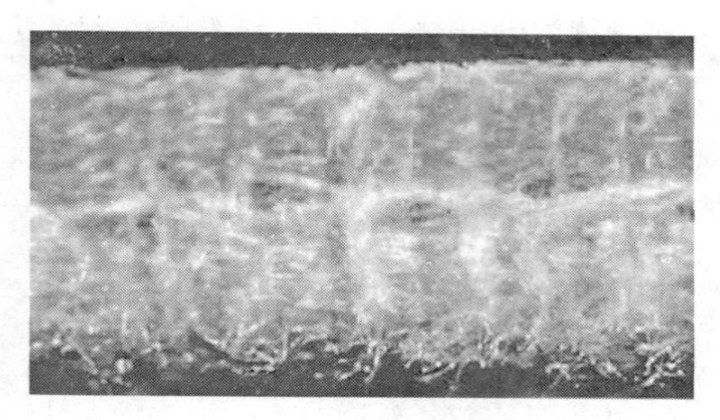

图 6－72　Gushe 公司 Optivel® PI 滤料断面

（2）在 PPS 滤料表面混合 PI（聚酰亚胺）纤维。

由此，德国 Gushe 公司的 PPS 滤料总共有三种类型：

（1）标准 PPS：纯 PPS 纤维。

（2）PTFE 涂层处理 PPS：PTFE 对 PPS 滤料表面作涂层处理。

1985 年德国 Gushe 公司首次用 PTFE 涂层来处理 PPS 滤料，从而用 PTFE 涂层改变了纤维的表面形态。PPS 纤维的截面是光滑的圆柱体，经过 PTFE 涂层可以改变其表面结构，从而提高其过滤效率。

（3）Optivel® PI：PPS 表面混合 PI（P84®）纤维。

Optivel® PI 是在 PPS 纤维滤料表面混合 PI（P84®）纤维，而 P84®纤维断面是不规则的，其单位纤维重量的表面积要更大，这是提高过滤效率的重要因素。

Gushe 公司通过按 VDI/DIN3926 标准配备的滤料试验装置，对标准 PPS、PTFE 涂层处理 PPS 和 Optivel® PI 三种滤料进行非常精确的比较，其测试结果如表 6－54 所示。

表 6－54　VDI/DIN3926 测试结果

滤　料	剩余压降/Pa	循环时间/s	排放浓度/mg · Nm^{-3}
标准 PPS	640	72	1.0
PTFE 涂层处理 PPS	590	138	0.58
Optivel® PI 混合 PPS/P84®	500	233	0.29

从表 6－54 的数据中可知：

（1）Optivel® PI 滤料排放浓度比标准 PPS 低 71%，比 PTFE 涂层处理的 PPS 滤料低 50%。

（2）Optivel® PI 滤料余压降比标准 PPS 低 22%，比 PTFE 涂层处理的 PPS 滤料低 15%。

（3）Optivel® PI 滤料清灰间隔比标准 PPS 长 3.2 倍，比 PTFE 涂层处理的 PPS 滤料长 1.3 倍。

（4）根据实践经验，Optivel® PI 滤料的使用寿命比标准 PPS 和 PTFE 涂层处理的 PPS 还要长。

6.3.6.5　PPS/Ryton®的应用

A　PPS/Ryton®的应用范围

（1）高温烟气的过滤。PPS（Ryton®）在潮湿气体中，可在连续温度高达 160℃下运行，如燃煤锅炉、焚烧炉、冶金、化学工业等。

（2）燃烧工艺产生的烟气过滤。由于 PPS/Ryton®纤维的耐温及耐酸的特点，使 PPS/Ryton®在燃烧工艺产生的烟气过滤中的应用具有极大的特点。

PPS/Ryton®非常适合大约 95% 燃煤锅炉和垃圾焚烧炉烟气的运行温度及其含硫的特性，并在燃煤锅炉中已作为一种首选的滤料。

（3）将来采用流化床系统及粉煤喷射系统的燃烧技术，将运行在含 O_2 量大约为 4% ~ 5% 的范围内，这将有利于 PPS/Ryton®的含 O_2 量为 9% 的极限。

B PPS/Ryton®的使用寿命

用户对 PPS/Ryton®的要求比 20 年前甚至 10 年前更为苛刻，使用寿命 2 ~ 3 年已满足不了当前的要求，根据燃煤电厂大修周期的客观条件，使用寿命要求 30000h，甚至 48000h。

据德国 Gushe 公司报道，南非 Rooiwal 电厂在运行负荷相当低的条件下，其使用寿命有过达到 72000h 的历史。

影响 PPS/Ryton®使用寿命的因素：

（1）充分掌握 PPS/Ryton®的运行条件。通过烟气成分分析准确地获取烟气的化学和热信息参数，为使 PPS 达到预期的使用寿命，其理想的运行参数为：

连续运行温度　低于 150℃

含氧量　小于 8%

含 NO_2 量　小于 5%　（连续运行温度大于 130℃时）

含酸量　露点以上

（2）改善 PPS/Ryton®针刺毡的结构，提高其过滤性能（净化效率、压降、清灰周期）。

1）用 PTFE 对 PPS/Ryton®滤料表面作涂层处理。

2）PPS 表面混合 PI（P84®）纤维——Optinel® PI。

（3）选用适当的除尘器过滤速度。

（4）尽量减少滤袋清灰次数，滤袋喷吹清灰次数越多寿命越短。

C 燃煤锅炉应用实例

a 亚诺特（Arnot）电厂 30 万千瓦机组

据德国 Gushe 公司报道：亚诺特（Arnot）电厂有三套除尘器，每套除尘器有 11000 条滤袋，锅炉烟气参数如表 6－55 所示，其中一套滤袋寿命超过 43000h。除尘器的滤料采用表面混合 PI 纤维的 Optivel®滤袋，为提高滤袋寿命，滤料的基布内加 33% PTFE 纤维。

表 6－55 亚诺特（Arnot）电厂锅炉烟气参数

烟气处理量 /$Am^3 \cdot h^{-1}$	温度/℃	过滤面积/m^2	烟气成分（体积）	入口粉尘浓度 /$g \cdot Nm^{-3}$
2.57×10^6（每套）	125 ~ 160	40000（每套）	O_2 6.0% H_2O 7.6%	34.00

b 呼和浩特市丰泰电厂 20 万千瓦机组

呼和浩特市丰泰电厂 20 万千瓦机组 2001 年 11 月投产，至 2005 年 5 月，滤袋运行

24000h 后进行第一次更换。

除尘器的滤料采用 Optivel®滤袋。

锅炉烟气参数为：

烟气量	1738000Am³/h
烟气温度	140～170℃
过滤面积	28.000m²

烟气成分（体积）

N_2	CO_2	O_2	H_2O	SO_2
74.4%	13.9%	3.9%	7.6%	1650mg/Nm³

入口粉尘浓度 32.0g/Nm³

6.3.7 聚苯并咪唑纤维（polybenzimidazole fiber，PBI®）

6.3.7.1 PBI®纤维的沿革

聚苯并咪唑纤维（polybenzimidazole fiber，PBI®）是美国 Celanese 公司开发的一种新的高温纤维，并于 1987 年与 Phillips 公司开发的 PPS（Ryton®）纤维（聚苯硫醚纤维，polyphenylene sulfide）一起开始在商业上应用。

PBI®纤维是从四氨基联苯（tetra - aminobiphenyl）和间苯二甲酸二苯酯（diphenyl isophthalate），利用有溶解能力的二聚物醋酸纤维素（dimethyl acetamide），经过一种干法纺纱过程而制成。它可以制成塑料薄膜、粘合剂和纤维、毡料和机织料。

聚苯并咪唑纤维（polybenzimidazole fiber，PBI®）是一种具有极好性能的有机纤维，它具有以下几个特点：

- 在空气中不燃烧。
- 在高温下尺寸稳定。
- 在烧焦时还保持软柔。
- 不会熔化。
- 具有极好的耐化学和溶剂性。

6.3.7.2 PBI®纤维的特性

A PBI®纤维的特征

PBI®具有极好的耐化学性、耐溶剂性及热稳定性，在空气中不易燃烧，被认为是防火织物的创先开发，应用范围极广，包括烟尘的过滤。

PBI®按级别计是一种高等级的热和化学稳定性，所有芳香族 PBI 聚合物在氮气中能稳定高达 500℃（930 ℉）。像其他很多耐高温聚合物一样，PBI®只在少数溶剂中容易溶解，如硫酸、蚁酸、二甲基乙酰胺。

空军材料实验室、NASA、盐水办公室具有支持 PBI 聚合物、纤维和薄膜的研究。由 Celanese Research 的研究得出 PBI 的这些基本性能：

（1）在常规的可燃性试验中，PBI 纤维在空气中不燃烧，它的极限氧指数（LOI）（一种物质经受燃烧的最高含氧浓度）是 38%，与石棉相比毫不逊色。

（2）通过大范围的温度和环境，PBI 的强度保持极好。

PBI 纤维暴露于短时间的高温和长时间的中温后强度保持良好。

PBI 纤维暴露于 400℃ 30min 后保持原来断裂强度的 95%。

PBI 纤维在 205℃，24h 后，保持原来断裂强度的 90%。

PBI 纤维在低氧环境中暴露于高温后，有良好的稳定性和强度保持性。例如，试验显示，暴露于在 350℃ 真空 300h 后，PBI 在机械性能上没有变化。

（3）PBI 纤维在 205℃、24h 后没有实质性收缩，在 315℃、24h 后只有 3% 的收缩率。

（4）PBI 纤维具有极好的耐化学性，其张力强度试验数据显示如下：

化学成分	浓度/%	温度/℃（℉）	时间/h	保持率/%
硫酸	50	29(85)	144	90
硫酸	50	71(160)	24	90
氰氢酸	35	29(85)	144	95
氰氢酸	10	71(160)	24	90
硝酸	70	29(85)	144	100
硝酸	10	71(160)	48	90
氢氧化钠	10	29(85)	144	95
氢氧化钠	10	93(200)	2	65
氢氧化钾	10	25(77)	24	88

除了它独特的组合的张力、热和化学性能之外，PBI 对织物性能有很深的影响，它能用常规的纺织设备来制出有用的产品，可以做成机织布、编织、针刺和湿式、干式不织布等大范围的工业产品和服装产品。PBI 还可以包芯（core spun），同时与其他纤维混纺做成具有特殊性能的复合纱。

B PBI® 纤维的性能参数

特性	细丝	短纤
安全的熨烫温度	482℃	（不会熔融）
颜色	深金色	
热传导率/Btu·(h·ft^2·℉)$^{-1}$		0.022
拉力（张力）特性：		
张力/gpd	2.7	1.5~6.0
/dN·tex^{-1}	2.4	1.3~5.3
伸长性/%	2.7	20~80
模数/gpd	34	75~6.0
/dN·tex^{-1}		66~106
比重		1.38
水分限制（65%，20℃）		15.0
LOI 值		41%
染色能力		开始能上色和能留阴暗痕迹
加工能力		极好，相当于 1.5dpf 切断的短纤
舒适度		极好

注：细丝为磺胺商业短纤纤维，短纤为新产品项目。

C PBI®纤维的理化特性

a 耐高温性

在空气中，300℃时的重量保持

2h 后	100%
6h 后	95%

30min 后坚韧性保持

在热空气中 300℃时	100%
400℃时	95%

b 暴露在火焰上时的表现

发火	在空气中不着火
尺寸稳定性	极好 在 540℃下织物皱缩 5% 暴露在火焰上 6s 内不收缩 （无磺胺的细丝时将收缩）
烧焦的形成	烧焦后不收缩 烧焦后织物仍很完整，保持柔软性
冒烟情况	小或无

c 耐化学性

浸泡在无机酸后的强度保持

在 50% 硫酸中，30℃，144h 后	90%
50% 硫酸中，70℃，24h 后	90%
在 35% 盐酸中，30℃，144h 后	95%
10% 盐酸中，70℃，24h 后	90%
在 70% 硝酸中，30℃，144h 后	100%
70% 硝酸中，10℃，24h 后	90%

浸泡在无机基内以后的强度保持

在 10% 氢氧化钠中，30℃，144h 后	90%
93℃，2h 后	65%
在 10% 氢氧化钾中，25℃，24h 后	88%

浸泡在无机化学（30℃、168h）后的强度保持

醋酸	100%
甲醇	100%
乙二氯（Perchloroethylene）	100%
醋酸（Dimethylacetamide）	100%
类似乙撑氧化硫（Simethylsulfoxide）	100%
煤油（火油，Kerosene）	100%

丙酮（Acetone） 100%

汽油 100%

d 光化学特性

光的稳定性，暴露在人造 UV（氙）光下后的强度保持

24h 71%

120h 53%

192h 53%

用 PBI 化合制成的具有不易燃烧性、热稳定性和耐化学性的纤维应用范围广泛，包括烟气过滤。

6.3.7.3 PBI®纤维的结构

Celanese 公司的 PBI®纤维是从四氨基联苯（tetra - aminobiphenyl）和间苯二甲酸二苯酯（diphenyl isophthalate），利用有溶解能力的二聚物醋酸纤维素（dimethyl acetamide），经过一种干法纺纱过程而制成。它可以制成毡料和机织料。

6.3.7.4 PBI®纤维尚待解决的问题

目前的 PBI 具有优良的技术特性，但它们仍有很多商业化问题需要解决，如不可预见的单体成本和可用性，因此对聚合物的价格不能不有所预期。但聚合物的性能能到什么程度还在政府和企业的规划中探讨着，期待它最终能进入市场。

6.3.8 P84®/聚酰亚胺（polyimide）

P84®/聚酰亚胺（图 6－73）（polyimide）的分子结构为：

R_1=Aryl

R_2=Alkyl

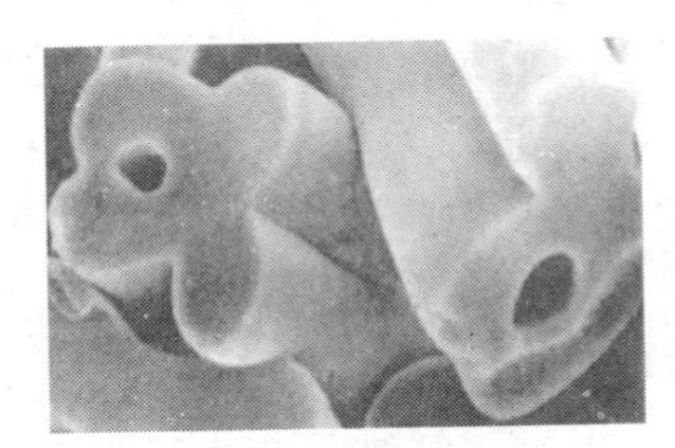

图 6－73 P84®纤维的断面

6.3.8.1 P84®的沿革

道氏化学（Dow Chemical）开发了聚酰亚胺（polyimide）和 PBZ® 两种新的聚合物，它将使 Aramid 纤维更加完善。

道氏的聚酰亚胺 2080 纤维是由（二）苯（甲）酮四酸（benzophenone tetracarboxylic acid dianhydride）、甲苯二异氰酸盐（toluene disocyanate）、及 4，4—二苯基（代）甲烷二

异氰酸盐（4，4—diphenylmethane disocyanate）制成。

道氏（Dow）在澳大利亚的 Lenzing AG 公司的聚酰亚胺（polyimide）2080 为溶剂（solution）形式，这种溶剂可以制成 P84®（芳香聚酰亚胺，aromatic polymide）纤维。

P84®聚酰亚胺（polyimide）是由奥地利英太纤维（Inspec Fibres）公司在市场上销售。

6.3.8.2 P84®的特性

A P84®的性能参数

运行温度	240℃
最高温度	260℃
熔解温度	大约 450℃
熔点	无熔点
吸湿度	3%
LOI 值	36～38
密度	1.41g/cm³
断裂延伸率	30%
燃烧性	阻燃性纤维（遇明火发烟燃烧，离火自灭）
耐酸性	稍差
耐碱性	差
耐水解	弱
耐氧化	好
耐磨性	好

B P84®的特征

（1）P84®纤维是一种黄色纤维材料。

（2）P84®纤维耐温高（高达 240℃），具有良好的温度承受能力，在超过温度范围后仍很稳定，温度高达 260℃后其织物特性基本无变化。

（3）P84®纤维断面为叶片状，是不规则的三叶瓣形截面，它具有：

1）气流通过不规则形状的纤维断面时，纤维断面增加了表面吸尘面积，形成了高过滤效率。

2）P84®纤维的不规则形状，因其内应力大小不同，分布不均，使纤维卷曲，所以纤维之间具有较强的抱合缠结力。

3）滤料的尘饼易于建立，并易于清除。

4）灰尘不会渗透过针刺毡，保护了纤维受灰尘过早的机械和摩擦的损害。

5）滤袋不易堵塞（不堵）。

6）系统的压差能保持在一个低的水平。

（4）P84®纤维在烟气形成酸露点下，其耐酸性稍差。

（5）P84®应避免长期暴露在碱性环境下，除非是在较高的温度下。

（6）P84®是非吸湿性纤维，有时会水解。

（7）P84®无熔点，为难燃性纤维，是不可燃的。

（8）P84®为电绝缘性和耐辐照性纤维。

（9）P84®在 pH 值低的情况下，能延长滤袋的寿命和减少压差。

C P84®的理化特性

a P84®纤维的比表面积（图 6－74）

b 水解性

（1）P84®在烟气含水量达到大于 35% 后，才会受水解影响（图 6－75），必须注意，连续运行温度大于 200℃时，含水量必须控制在小于 10%。

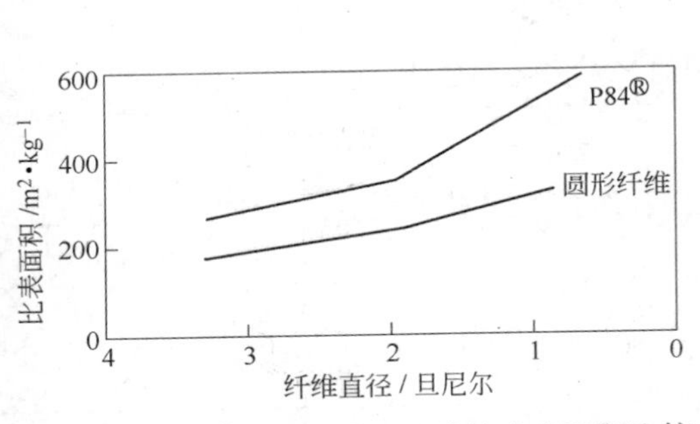

图 6－74 P84®纤维与圆形纤维的比表面积比较

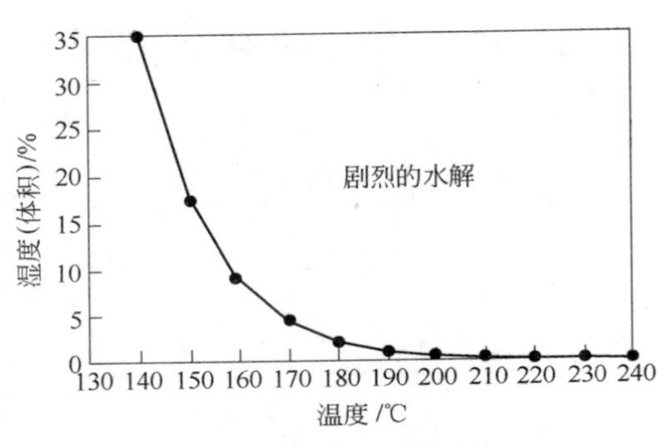

图 6－75 P84®纤维的水解性

（2）P84®针刺毡如用耐水解的 PTFE 作基布，则可经受超过 35%（体积）的含水量（图 6－76）。如果湿度超过 35%（体积），温度高于 140℃时，只有采用 100% 的 PTFE 滤料才能经受得起。

（3）P84®的耐水解性比 Nomex 强，在 160℃时可承受的含水量是 Nomex 的 2 倍（图 6－77）。在相同烟气状态下，使用 9 个月后，P84®滤袋内侧未发生颜色变化，而 Nomex 滤袋内侧则变为暗褐色，说明滤袋已受损害（图 6－78）。

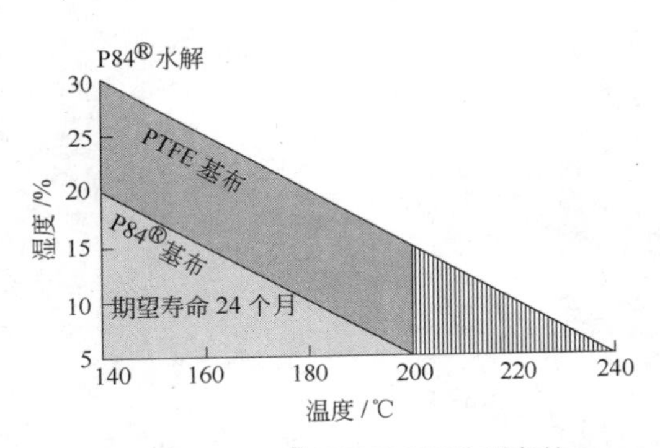

图 6－76 P84®纤网及 PTFE 基布的 P84®针刺毡的水解

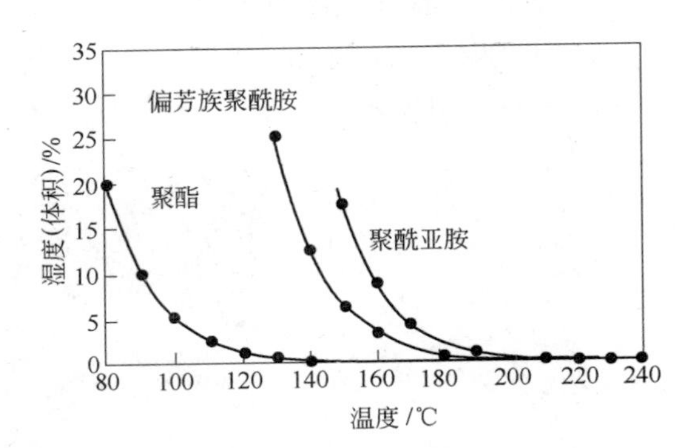

图 6－77 聚酯、偏芳族聚酰胺与 P84®的水解

（4）P84®为非吸湿性纤维，在湿度为 65% 时吸湿率仅 3%。

c 耐酸性

P84®纤维在 60% 的 H_2SO_4 烟气中，室温下 72h 强力能保持 100%。

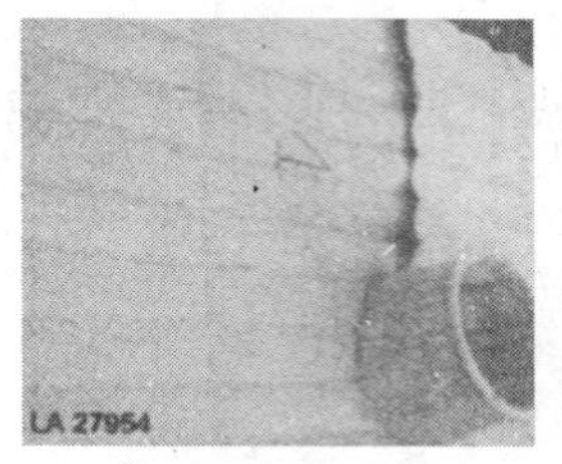

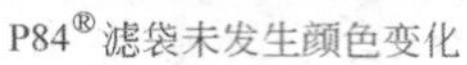
P84®滤袋未发生颜色变化

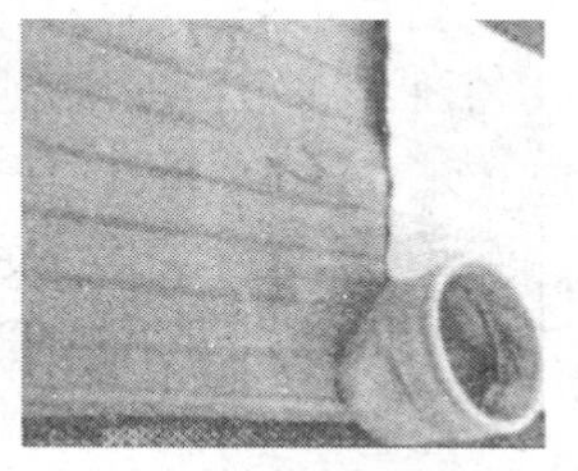
Nomex 滤袋内侧变为暗褐色

图 6－78 聚酰亚胺（P84®）与偏芳族聚酰胺（Nomex）的水解性

美国 Lenzing 公司的 P84®纤维耐酸性如表 6－56 所示。

表 6－56 Lenzing 公司的 P84®纤维耐酸性

化学溶液	浓度/%	温度/℃	时间/h	强度降低/%	
				Lenzing P84®纤维	Lenzing PTFE 纤维
硫　酸	10	20	100	0～15	0～15
硝　酸	10	20	100	0～15	0～15
氰氢酸	20	20	24	16～30	0～15
氢溴酸	37	20	100	0～15	0～15
氢氟酸	40	20	100	0～15	0～15
丙　酮	100	20	1000	0～15	0～15
苯	100	20	1000	0～15	0～15
汽　油	100	20	1000	0～15	0～15

d 耐碱性

P84®纤维在碱性气体中不宜使用。

P84®纤维在 40% 的 NaOH 烟气中，室温 72h 下严重老化、发脆、发黏。

图 6－79 示出 P84®纤维在 200℃时受碱性攻击而破裂的图片。

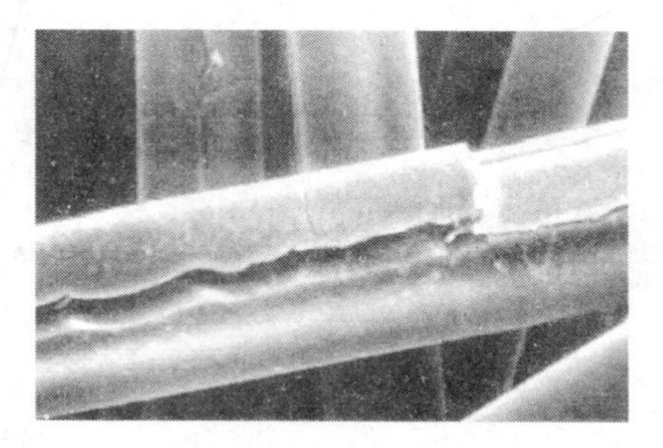

图 6－79 受碱性攻击而破裂的 P84®纤维

e 耐化学性

P84®纤维的耐化学性（溴，Br）比 PPS 好（图 6－80）。

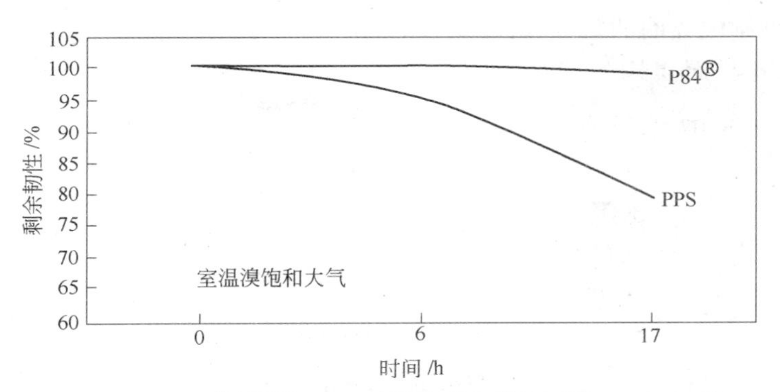

图 6－80 P84®纤维与 PPS 纤维的耐化学性（溴，Br）比较

f 耐氧化性

P84®纤维连续运行温度大于 200℃时含 O_2 量必须控制在 10% 以下。

P84®纤维经受 NO_2 的氧化要小于 PPS（图 6－81）。

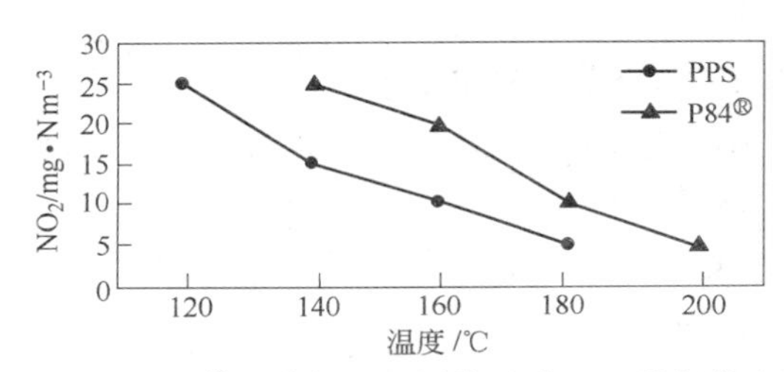

图 6－81 P84®纤维与 PPS 纤维经受 NO_2 的氧化比较

6.3.8.3 P84®的结构

P84®纤维呈自然的金黄色。

P84®纤维的断面为不规则的叶瓣形，而且非常突出（图 6－82、图 6－83）。

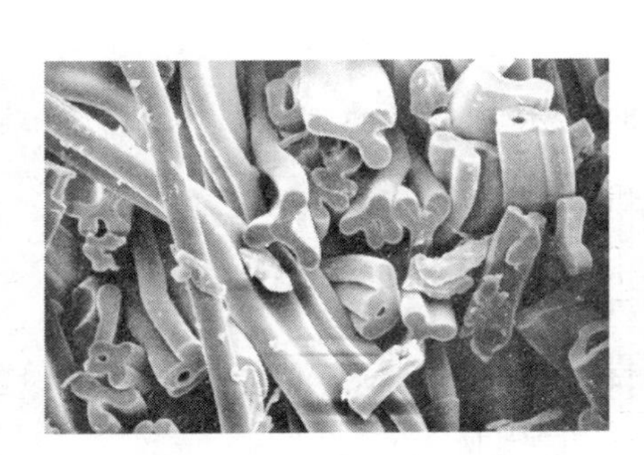

图 6－82 叶瓣状断面的 P84®纤维

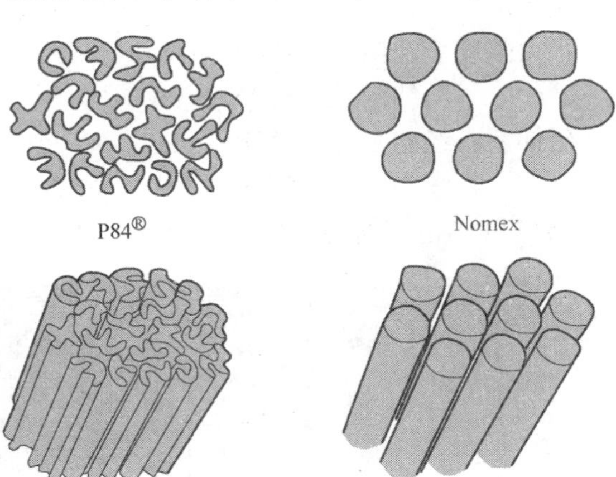

图 6－83 P84®纤维断面积与常规圆断面纤维的比较

P84®纤维断面积比常规圆断面的纤维大 80%。

P84®滤料织物孔隙率大，净化效率极高，可达 99.9%，由此烟尘不易渗入滤料，致使其压力降最小。但 P84®滤料的剥离率稍差，约 93.9%。

P84®纤维可制成卷曲的短纤和连续长丝纱线。

6.3.8.4 P84®的品种

A 美国 Lenzing 公司的 P84®纤维

运行温度	260℃
最高温度	300℃
纤维断面	多叶形
熔点	无熔点
吸湿度	3%（在20℃，65% RH 时）
热收缩性	<1%（在250℃时 10min）
LOI 值	36～38
密度	1.41g/cm^3
断裂延伸率	30%
纤维强度	38cN/tex
	4.2g/den

B 意大利 Testori 公司 P84®针刺毡

滤料材质		P84®针刺毡
基布		P84®机织布
重量		500g/m^2
厚度		2.3mm
密度		0.22g/cm^3
表面处理		表面光滑、PTFE 涂层处理
连续运行温度		240℃
最高运行温度		260℃
吸湿度		3%
张力强度	经向	400N/5cm
	纬向	800N/5cm
延伸率	经向	25%
	纬向	55%

P84®针刺毡滤料透气性与压力降的关系如图 6－84 所示。

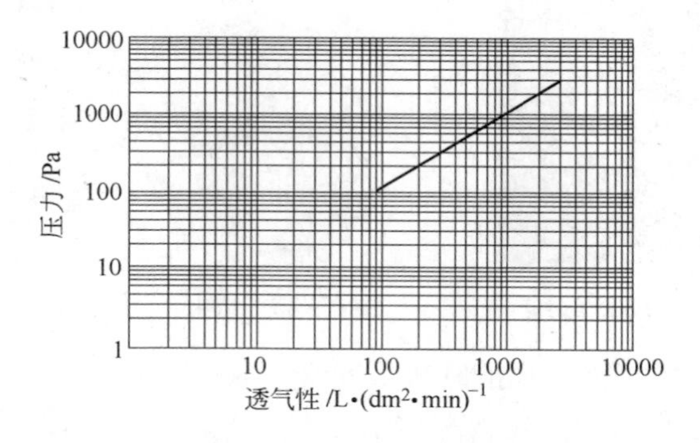

图 6－84 P84®针刺毡滤料透气性与压力降的关系

C 德国 Gutsche 公司 P84®针刺毡（PI 050 PI 15 Membratex）

滤料材质	P84®针刺毡
基布	P84®机织布
表面处理	特殊处理膜、膜类似 PTFE 处理
重量	500g/m^2
厚度	2.3mm
密度	0.22g/cm^3
透气度	150L/(dm^2·min) 在 200Pa(20mmWG/WS) 下
连续运行温度	240℃
最高运行温度	260℃
吸湿度	3%
张力强度 经向	>70daN/5cm
纬向	>70daN/5cm

6.3.8.5 P84®的应用

美国第一套用 P84®滤料的除尘器是在一台焚烧炉脉冲袋式除尘器中替代 Aramid 针刺毡滤料，随后使用在燃煤锅炉、焚烧炉、石灰窑、熔炼炉、窑以及干燥器等烟气净化的除尘器中。

A P84®在燃煤锅炉中的应用

a P84®在供热和发电站锅炉上的应用

P84®在 Milevsko/Cz 厂燃烧褐煤的供热和发电站的应用如图 6-85 所示。

图 6-85 Milevsko/Cz 厂燃烧褐煤的供热和发电站

P84®滤料在燃煤锅炉上的运行条件：

滤袋材质	P84®/P84®
启动日期	1993 年 10 月

使用周期　　滤袋已经过五个供热周期

飞灰 pH 值　　4～5

运行温度　　170℃

最高温度　　200℃

过滤面积　　490m^2

停炉次数　　不规则

G/C　　0.95m/min

脱硫　　无

原始烟气参数见表 6－57。

表 6－57　烟气原始参数

参　数	单　位	数　值
温度	℃	170
H_2O	体积%	7.5
O_2	体积%	17.2
SO_2	mg/Nm^3	2451
NO_x	mg/Nm^3	559
ADP，酸露点	℃	120
气量	Nm^3/h	18522
原始烟气含尘浓度	mg/Nm^3	5000
CO_2	体积%	3.5
CO	mg/Nm^3	1442

b　P84®在焚烧炉中的应用

在垃圾焚烧的废气净化中的要求越来越高，分离散发出来的灰尘、典型的有毒物质，如二氧化硫、氯、氟化氢，更有毒的成分像重金属、二噁英、呋喃树脂。

P84®在垃圾焚烧炉中的优点

（1）耐温高达 260℃（500 ℉），使烟气在温度不稳定的情况下，保证 P84®滤材不受高温影响，安全运行。

（2）P84®滤材能耐废物垃圾中的化学物质，而延长滤料的使用寿命。P84®在城市垃圾焚烧炉烟气中的适用条件，如图 6－86 所示。

P84®滤料在垃圾焚烧炉中的各种形式

（1）P84®/P84®；

（2）PTFE 纱作基布组合的 P84®纤网针刺毡；

（3）P84®针刺毡的纤网中混合 PTFE 或 PPS。

医务室和医院垃圾焚烧炉中的 P84®应用

从医务室和医院中产生的高含量垃圾，其处理标准要求极为严厉。

英国 Bolton 医院垃圾焚烧炉的现代化烟气净化装置设备流程如图 6－87 所示。

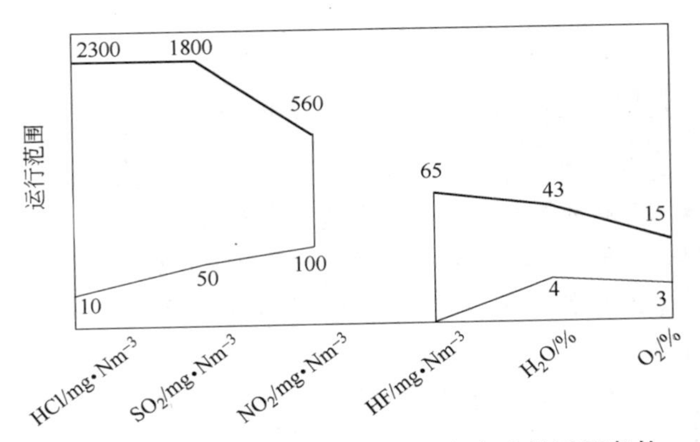

图 6-86 P84®在城市垃圾焚烧炉烟气中的适用条件

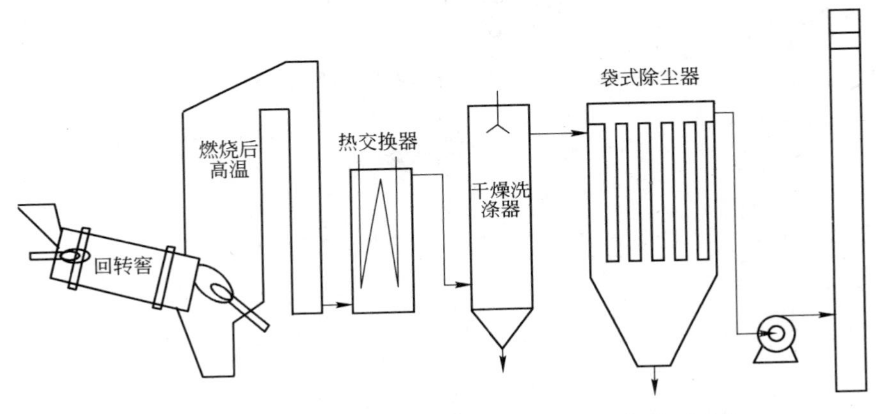

图 6-87 英国 Bolton 医院垃圾焚烧炉烟气净化装置设备

净化流程的上游烟气，其净化原理是利用 $Ca(OH)_2$/活性炭进行干式吸附，以消除重金属、二氧（杂）芑/呋喃（dioxins/furan）和酸有害气体，通过这种处理，对下游烟气的 P84®滤袋的分离效果更为有利，其运行条件为：

运行时间	1995 年
气流量	19197Nm^3/h
运行温度	110～130℃
最高温度	250℃
原始含尘量	2000mg/Nm^3

烟气成分（体积）：

H_2O	O_2	SO_x	HCl
12%	9.5%～11.1%	50～450mg/Nm^3	500～3000mg/Nm^3

过滤面积	400m^2
滤袋材质	P84®/P84®
气布比	1.1m/min
中和剂	干法，$Ca(OH)_2$
停炉次数	连续运行，最多 24 次/年

排放浓度　　　　<3mg/Nm^3

垃圾收集量　　　18t/d

生活垃圾焚烧设备中的 P84®应用

英国伦敦的两个垃圾焚毁设备中，每年有420000t的生活垃圾转化为电源，其中有32MW电量接入电网，只有3.5MW是家庭需要。另外，设备产生大约50MW热水形式的热能进行长距离的供热。它足够供7500家庭、学校和其他建筑的供热。

垃圾焚烧炉中产生的烟气是难以对付，只有非常好的和可靠的滤材才能用在这种条件下使用，P84®滤料是其中的一种。

生活垃圾焚烧炉中产生的烟气净化流程如图6－88所示。

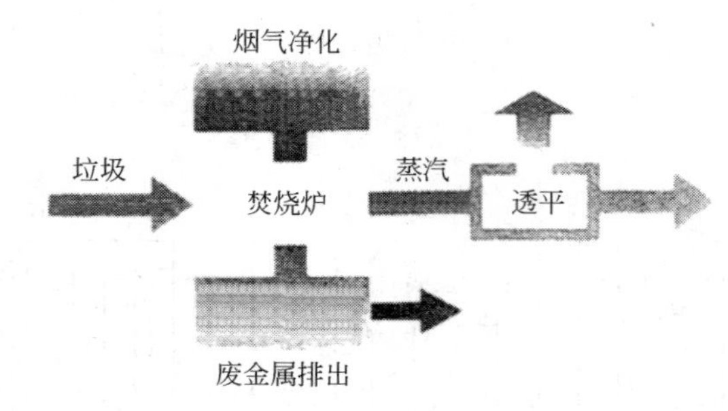

图6－88　生活垃圾焚烧炉烟气净化流程

运行条件：

气流量	220670Nm^3/h
运行温度	140℃
最高温度	250℃
酸露点温度（含ADP量）	115℃
气布比	1.37m/min
过滤面积	8300m^2
原始含尘量	9600mg/Nm^3

烟气成分（体积）：

H_2O	O_2	N_2	CO_2	SO_x	HCl	HF
18%～25%	10%	68%	8%	300ppm	1500ppm	20mg/Nm^3

停炉次数　　　连续运行，最多12次/年

中和剂　　　　半干法

B　P84®在水泥厂的应用

排放标准要求日益严格（图6－89），而水泥厂使用电除尘器（EPS），满足这些要求的难度越来越大。为此，水泥厂的烟气净化越来越多地改用袋式除尘器。

a　P84®滤料在水泥厂烟气净化中的优越性

（1）P84®滤料极佳的耐碱性和碳氢化合物的特性，使它在水泥厂烟气净化中具有突出实用性。

（2）P84®滤料极佳的耐机械磨损性，适用于水泥厂原料除尘的需要。

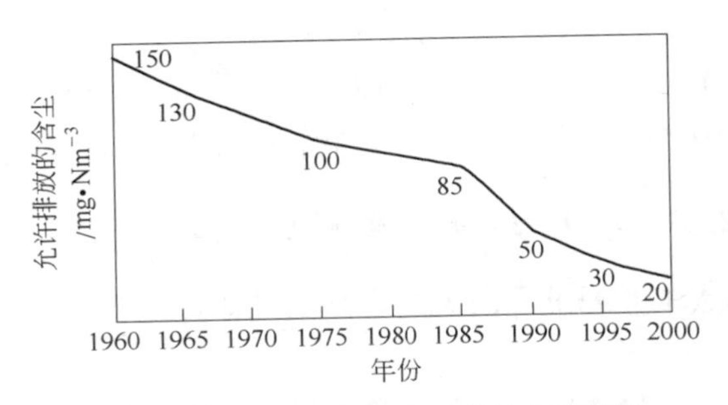

图 6－89 德国排放标准要求的日益严格

（3）P84®滤料具有除尘效率高、压力降低和使用寿命长等特性，都为 P84®纤维在水泥厂中的应用创造了良好的条件。

b P84®滤料在水泥设备烟气中的适用条件

c 韩国 Samchuck 公司 Tong Yang 水泥厂炉子及原料粉尘的除尘

滤袋材质	P84®/P84®组合
开炉日期	1995 年 10 月～1997 年 4 月
原始气流量	600000Nm^3/h（3 台除尘器）
运行温度	120～135℃
最高温度高达	260℃
含尘浓度	高达 130g/Nm^3

d P84®滤料在水泥窑的应用实例（图 6－90）

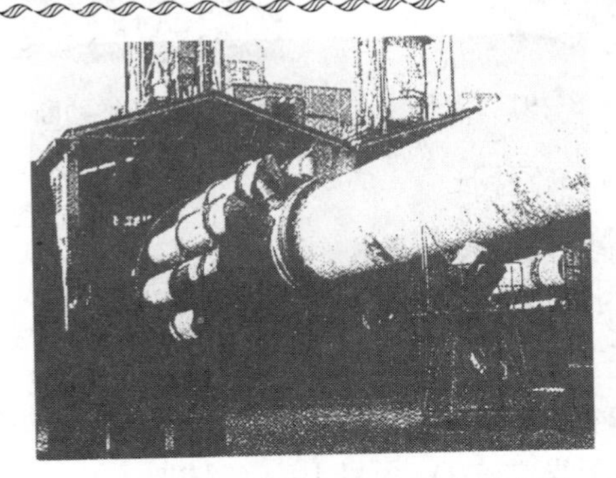

图 6－90 P84®滤料在水泥窑的应用

运行条件：

气流量	387850Nm^3/h
运行温度	102～135℃
最高温度	260℃
过滤面积	3257m^2
原始含尘量	700000mg/Nm^3
G/C	1.38m/min
停炉次数	连续运行，最多 12 次/年

烟气参数（体积）

H_2O	O_2	CO_2	CO
8% ~11%	10.5% ~11.3%	7.3% ~7.8%	1249 ~4372mg/Nm³

6.3.9 Kermel®（可迈尔）Tech 芳香族－聚酰氨－酰氨

Kermel® Tech 芳香族工业纤维专门为迎合高温气体过滤市场不断增加的温度和化学的要求而开发。

Kermel® Tech 芳香族－聚酰氨－酰氨（图 6－91）的分子结构为：

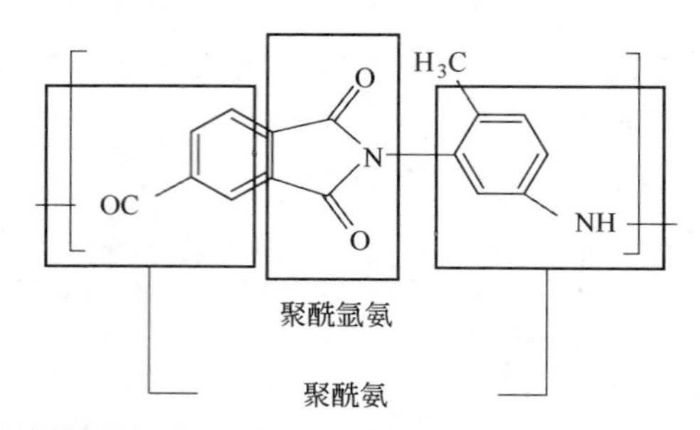

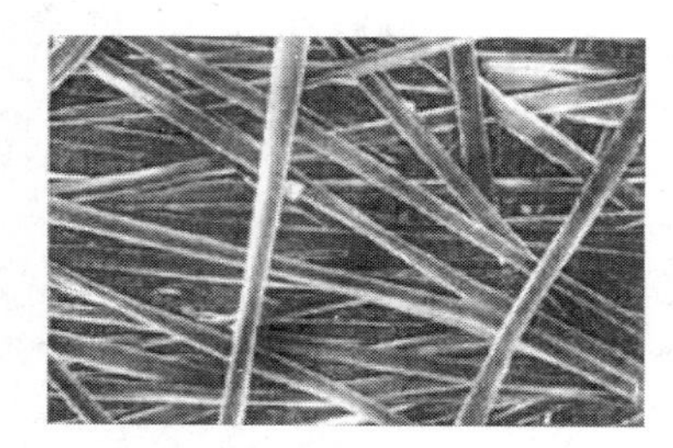

图 6－91 芳香族－聚酰氨－酰氨纤维的断面

6.3.9.1 Kermel® Tech 的特性

A Kermel® Tech 的特性参数

运行温度	220℃ （在干燥空气 O_2 含量 19.8% 情况下）
最高温度	约 240℃ （在干燥空气 O_2 含量 19.8% 情况下）
玻璃软化温度	340℃
损害温度	>450℃
LOI 值	32
燃烧性	不燃性
单丝强度	40 ±6cN/tex
断裂伸长率	35% ±6%
模量	250 ±50cN/tex
耐酸	好
耐水解	好

耐氧化　　　　　好

注：运行温度为经过 12 个月后，还能保留原有性能的 50% 或更高；最高温度为经过 1 个月后，还能保留原有性能的 50% 或更高。

B Kermel® Tech 的特征

（1）显著的抗高温性能，持续工作温度 220℃，最高温度 240℃。

（2）抗机械强度高、高断裂伸长率，使纤维在针刺工序中发挥与众不同的功效。

（3）抗化学性能高，特别对酸性（有机性、矿物性）、氧化剂及酸性水解。

（4）不燃性。

（5）Kermel® Tech 纤维的低结晶结构使它具有优越的抗磨损性能。

C Kermel® Tech 的理化特性

a 耐温性

Kermel® Tech 纤维的化学特性与其高比例的芳香族核及亚胺功效，使其具有显著的抗高温性能。芳香族聚酰氨、氩氨的 Kermel® Tech 纤维，无论对持续性的工作温度还是短暂停留的极高温度，以及抗混合酸性水解及氧化的侵蚀，都能发挥其独特的抗高温效能。

Kermel 的温度与强力保留的关系（干燥空气下抗高温性能）如图 6 – 92 所示，Kermel 的温度与抗张强度、断裂伸长率的关系如图 6 – 93 所示。

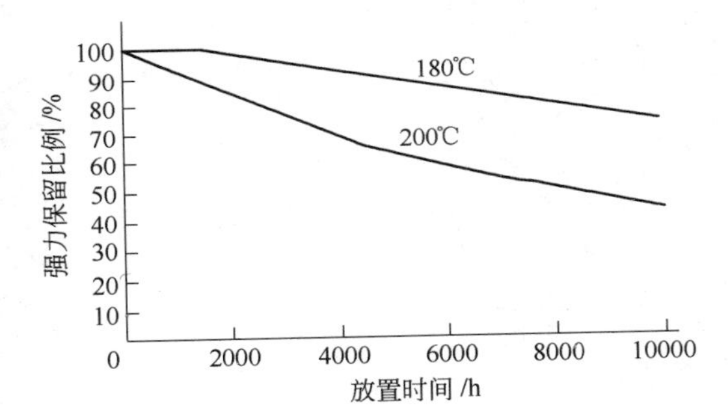

图 6 – 92　Kermel 的温度与强力保留的关系（干燥空气下抗高温性能）

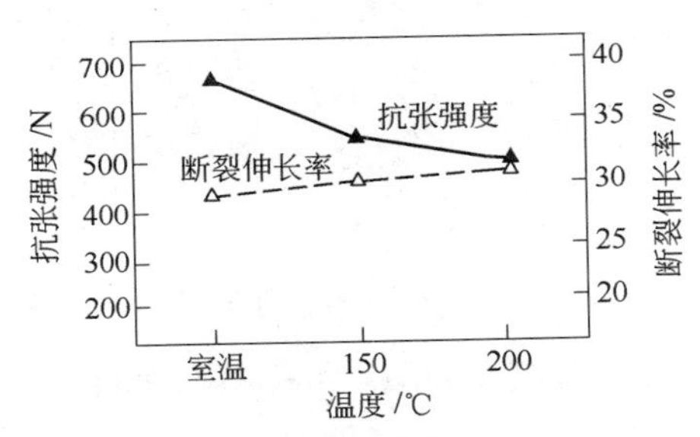

图 6 – 93　Kermel 的温度与抗张强度、断裂伸长率的关系

b 抗机械性能

Kermel® Tech 纤维的强度及高度断裂伸长率性能，使纤维在针对工序中具有与众不同的功效。它在极高的温度下仍可保留其机械参数，并在清理过程中，在经受重复的机械压力下，滤料仍能保持其完整性。

单丝强度　　　　40 ± 6cN/tex

断裂伸长率　　　35% ± 6%

模量　　　　　　300 ± 50cN/tex

Kermel® Tech 纤维的低结晶结构使它具有优越的抗磨损特性。

Kermel® Tech 纤维的机械性能如图 6 – 93 所示。

c 抗水解性

Kermel 的抗水解性如图 6 – 94 所示。

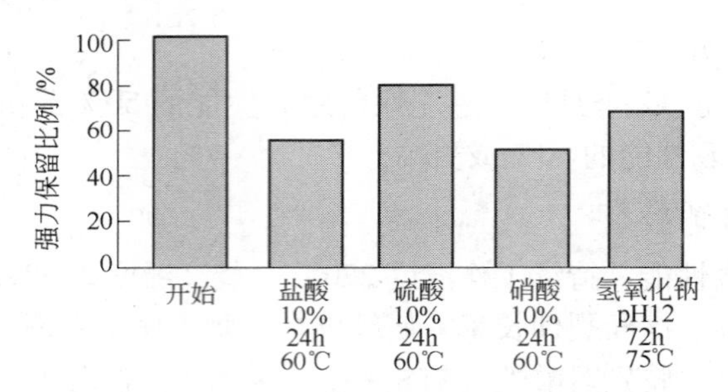

图 6-94 Kermel® Tech 滤料的抗水解性

d 抗化学性能

Kermel® Tech 纤维具有有效的抗化学性能，尤其对酸性水解。

Kermel® Tech 纤维结合其耐热特性及化学稳定性，使它在带酸性及氧化的烟气中即使温度不断提高，仍能保证发挥持久有效的作用。

抗化学性能的测试是在温度 25℃，浓度 2% 的硫酸中浸泡 15s，然后在 180℃ 中烘干 20min。

Kermel® Tech 滤料的抗化学性能如图 6-95 所示。

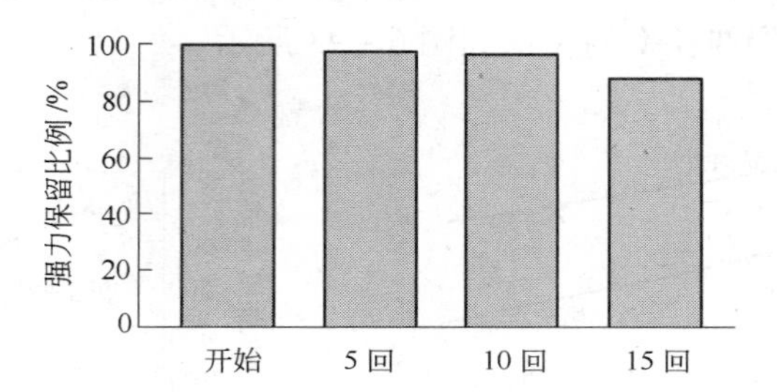

图 6-95 Kermel® Tech 滤料的抗化学/高温性能

Kermel® Tech 与 Metamax、P84®抗化学性的比较如图 6-96 所示。

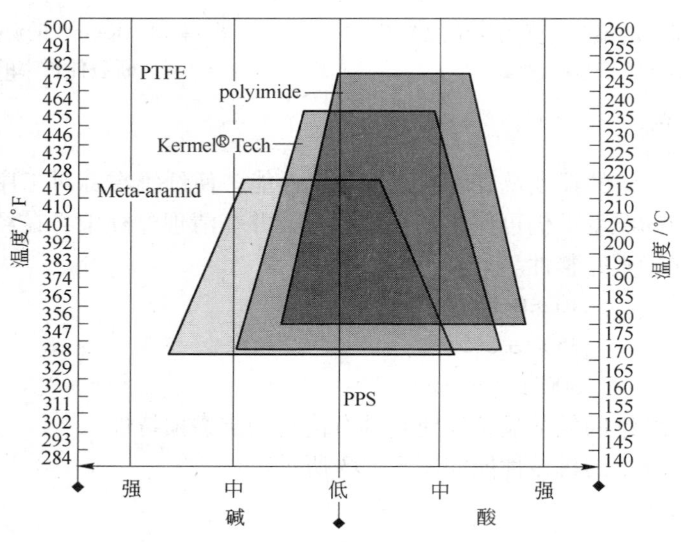

图 6-96 Kermel® Tech 与 Metamax、P84®抗化学性的比较

Kermel® Tech 与 Nomex、P84®的抗化学性比较如图 6－97 所示。

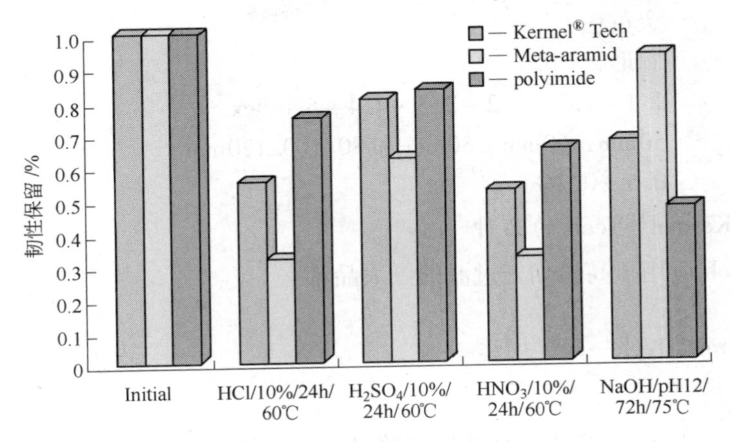

图 6－97 Kermel® Tech 抗化学性的比较

（2.2dtex 短丝纤维）

e 韧性

Kermel® Tech 与 Metamax、P84®的韧性比较如图 6－98 所示。

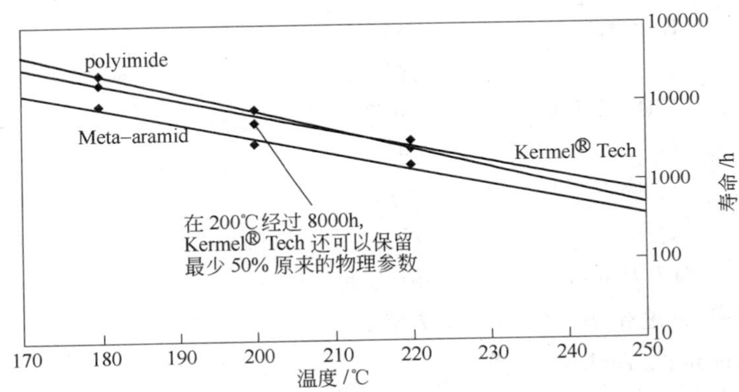

图 6－98 阿伦纽斯（Arrhenius）曲线——纤维保持 50% 韧性

f 分离效率

上海东华大学环境科学及工程学院试验测定的 Kermel® Tech 与各种滤料分离效率的比较如图 6－99 所示。

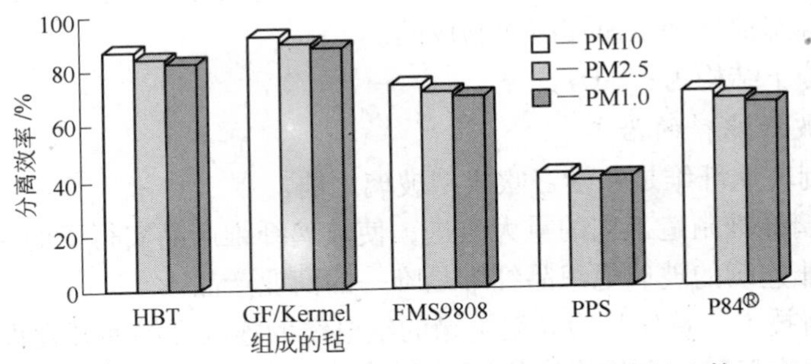

图 6－99 Kermel® Tech 与各种滤料分离效率的比较

6.3.9.2 Kermel® Tech 的结构

颜色	金黄色
横切面	圆形
纱支数	1.1 – 1.7 – 2.2 – 3.3 – 4.4 – 5.6dtex
纤维长度	50mm、60mm、80mm 和 80/100/120mm
含油量	0.5 ±0.2%

6.3.9.3 Kermel® Tech 的品种

Kermel® Tech 应用于高温烟气过滤的三大品种：

Kermel Tech→多样用途

Kermel Micro Tech→高度过滤效果

Kermel Mix→理想价格/优质效果，特别适合于沥青搅拌工业

Kermel® Tech 与 P84®纤维的差异：

	Kermel	P84®
颜色	黄色	黄色
耐温	180 ~ 200℃	240℃
抗氧化	好	好
抗水解	一般	一般
耐酸性	好	好
价格	17 万元/t	46 万元/t

Kermel 与 P84®颜色相仿，价格差 2.7 倍。

6.3.9.4 Kermel® Tech 的应用

Kermel® Tech 纤维特别适用于有色及无色金属厂、矿产业、水泥厂、沥青搅拌（筑路工程）、能源生产及其他工业的烟气净化。

6.3.10 玻璃纤维

玻璃纤维（fiber glass，玻纤）是一种无机纤维，它是将玻璃料在 1300 ~ 1600℃ 的温度熔化后，从熔融态抽丝并迅速淬冷而制成的。

玻璃纤维的分子结构为：SiO_2。

6.3.10.1 玻纤滤料的沿革

人们学会拉制玻璃纤维是在学习吹成型玻璃之前。

1930 年：玻璃纤维制造工艺的重大改进，使玻璃纤维产品实行了商业化。

1930 年前：非连续的玻璃毛织品纤维是唯一的商业产品。

玻璃纤维的新技术，首先是为高温绝缘的细电线的连续纤维而开发设计的，如 E 玻璃纤维，这是因为它有极好的电绝缘性能。至今，E 玻璃纤维几乎已用在所有玻璃纤维的应用中，范围从印刷电路板到船体和过滤织物。

通过改变玻璃成分百分比的其他玻璃纤维产品也被开发，取得了特殊的玻璃纤维性能特性，如C玻璃特有的耐化学性，S玻璃突出的强度特性。迄今，由于生产上和经济上的关系均被广泛应用。

1940年：美国H. B. Menardi首创对玻璃纤维进行表面处理的研究，首先发明有机硅处理玻纤布新技术。

1946年：美国洛杉矶一家铸造厂开始使用玻纤滤布进行烟气收尘。

1950~60年代：开始在热能动力学中研究袋式过滤器的应用，并应用玻纤过滤器来收集冶炼炉、电弧炉和炼铁炉废气粉尘。美国、日本以及其他一些国家水泥工业，使用玻纤滤袋的量也已显著增加。

1956年：国外开始对玻璃纤维布进行表面处理的研究。

1958年：上海耀华玻纤厂首创玻纤机织布。

1960年初：第一代处理：有机硅处理（提高柔软性）。

1960年代中：第二代处理：PTFE处理（提高耐温性）。

1960年代末：第三代处理：石墨处理（提高化学稳定性）

1970年以来：由于石油危机的影响，世界上很多发电工业及公用事业的燃油锅炉都纷纷改成燃煤锅炉，由此加速了玻纤滤袋的发展。

1976年：美国玻纤消耗量为600万m^2，1982年增长到5800~6000万m^2，1987年美国电厂就有110台以上袋式除尘器（相应发电容量20000MW以上）正在运行、设计或施工，其中反吹风除尘器占90%左右。1979年美国火电厂消耗的玻纤滤料占全美玻纤滤料用量26%左右。

1970~80年代末：国内诞生膨体纱。

1980年代中：国内诞生针刺毡，1992年后广泛使用。

1983年底：南京玻璃纤维研究设计院研制成玻纤滤料的FQ、FA、PS三大系列配方，通过部级技术鉴定，并转让给洛阳玻纤厂、营口玻纤二厂和广东玻纤厂等滤料厂。

1998年：FMS玻纤复合滤料诞生。

我国从20世纪60年代初开始，连续对玻璃纤维进行开发、应用，先后经历了三个阶段：

第一阶段：把连续玻璃纤维织成圆筒素布袋。

第二阶段：把连续玻璃纤维织成素布袋，再经化学处理后使用。

第三阶段：发展到先把连续玻璃纤维织成平幅织布，再经化学处理，并根据不同要求进行缝袋。

6.3.10.2 玻璃纤维的特性

玻璃纤维是一种无机非金属材料，与有机合成纤维相比，拉伸强度高、伸长率小，具有很好的耐高温性和化学稳定性。

A 玻璃纤维的特性参数

运行温度 260℃

最高温度 290℃

软化点	540℃
断裂延伸率	<3%
伸长率	2%~3%
抗拉强度	145~158kg/cm^2
抗磨性	差
抗折性	差
尺寸稳定性	极佳（在280℃下，收缩率为0）
LOI值	不燃性
吸湿率	0.3%（20℃时）
水解性	不吸水，不水解 （长期在湿气体下工作易水解）
耐酸性	好（除HF酸外）
耐碱性	差
滤料寿命	较短
价格	低廉

无碱、中碱玻纤滤料的特性参数（$\delta=0.55$mm厚的素布）：

	无碱12.5tex纱（ϕ5.5μm）	中碱22.5tex纱（ϕ8μm）
熔化温度	1580℃	约1530℃
软化点	840℃	770℃
耐水性	一级水解级	二级水解级
湿度100%气流中128天，强度降低	16%	21%
单丝强度	3500N/mm^2	2700N/mm^2
弹性模量	72GPa	66GPa
耐磨次数	92	35
耐折次数	3267	1000
断裂强度 经向	3900N/25mm	2500N/25mm
断裂强度 纬向	3900N/25mm	2400N/25mm

B 玻璃纤维的特征

（1）优良的耐热性，经表面化学处理后，最高使用温度可达280℃。

（2）玻纤的抗拉强度高，伸长率仅2%~3%，只有其他纤维的10%~30%，具有极佳的尺寸稳定性。

（3）优良的耐腐蚀性能。

无碱E玻纤在室温下对酸、碱、湿空气和弱碱溶液具有高度的稳定性，但不耐较高温的酸、碱侵蚀。

中碱玻纤有较好的耐水性和耐酸性。

但氢氟酸、浓硫酸和热磷酸对玻纤滤料有腐蚀作用，在高温状态，弱碱、酸酐、金属氧化物对玻纤滤料也会有损伤。

(4) 玻纤表面光滑，过滤阻力小，有利于粉饼的剥离。

(5) 玻纤为阻燃性纤维，因为它全部是无机物，不燃烧，不变形。

(6) 玻纤抗拉强度特别好，但其抗折性及抗磨性极差。经采用某些化学表面处理（如硅油、石墨、Teflon® B）可改善玻璃纤维的抗折性和磨损性。

(7) 玻纤的吸湿率小，吸湿点为零，几乎不吸水，因此它是完全不水解。

C 玻璃纤维的理化特性

a 耐温性

玻纤滤料的连续耐温可达260℃，瞬间耐温290℃。

在260℃以上温度条件下，玻纤滤料本身不会被直接损坏，但用于增加玻纤纱间润滑性的后处理物质会被蒸发，最终导致加重、加速玻纤丝、玻纤纱间的机械磨损。

b 耐化学性

玻璃纤维的耐酸、碱性

玻璃纤维具有较好的耐酸性（表6-58），能抵抗大部分酸，但不能抗氟化氢、高浓度的硫酸及热态磷酸的腐蚀。

玻璃纤维机织布抗碱性方面相对较弱，不能承受弱碱溶剂、酸酐、金属氧化物的侵蚀。高温下强碱及中碱对玻璃纤维有侵蚀，特别是易受氢氟酸（HF）的侵蚀。

H_2SO_4 浓度大于1000ppm（$1ppm = 0.23mg/m^3$，$1mg/m^3 = 4.38ppm$）下出现酸露点时，会对玻纤滤料有损伤。

HF浓度大于160ppm（相当于大于$180mg/m^3$），未经表面处理的玻纤滤料会受到腐蚀。HF浓度小于300~400ppm，经表面处理的玻纤滤料能安全使用。

SO_x 浓度小于250~300ppm（在炭黑烟气中）

当 $SO_x < 3\%$（150ppm）时，可采用Teflon B或防酸玻纤。

当 $SO_x < 3.5\%$（200ppm）时，可采用Teflon B。

H_2S 浓度小于300ppm会对玻纤滤料有损伤。

表6-58 玻璃纤维耐酸性能试验结果

材料	处理情况	性能	初始	80℃酸液				
				1min	3min	5min	7min	10min
22t/6股中碱纱	未经四氟乙烯处理	强力/N	41.4	21.3	20.5	19.0	18.6	18.0
		保留率/%	100	51.5	49.5	45.9	45.0	43.4
12t/3股无碱纤维	未经四氟乙烯处理	强力/N	215.6	69.4	52	42.8	34	28.8
		保留率/%	100	32.0	24.1	19.9	15.8	13.4
12t/12股无碱纤维缝纫线	经四氟乙烯处理	强力/N	134.0	74.0	70.0	64.4	52.4	49.2
		保留率/%	100	51.7	48.9	45.0	36.6	34.4

氢氟酸对玻纤滤料的影响

氟化物主要对氧化硅有影响，而氧化硅是玻纤中的主要成分。由此，根据烟气中的氟化物、含水量、温度的含量不同，玻纤会随时间慢慢地或逐步分解。

氟化物浓度超过10ppm（1ppm=1.12mg/m³，1mg/m³=0.89ppm）后就会逐渐对玻纤有损伤。

美国Du Pont公司对玻纤滤料耐氢氟酸的试验

据美国Du Pont公司在开发Tefaire®（75% PTFE+25%玻纤）针刺毡时，对玻纤耐HF酸程度的估计为：

长期运行　小于20ppm

瞬间运行　小于50ppm

美国Rollins Environmental Services公司对玻纤滤料耐氢氟酸的试验

美国Rollins Environmental Services公司Aragonite焚烧炉于1999年9月进行氟化物对玻纤影响的试验。

样片材料　采用美国BHA公司的GL 65－Tri－Loft滤料

样片　100mm×100mm正方形

测试方式　在美国Utah州立大学用X射线微波及X射线分解测试样片

HF溶剂　从Baker公司购得

测试装置　所有容器、管道、测试瓶、烧杯等都是用Teflon制成，以防氟化物的影响

溶液浓度　7000mg/L、5000mg/L、3000mg/L、1000mg/L、500mg/L HF五种浓度

溶液量　每种100mL

粉尘中的元素　铁、氯、钙、硅、磷、钠、铝、镁及氟

样品通过X射线分解分析发现有氟化钙（萤石）及氟化镁。氟化硅由于其含量极微，未发现。

测试样片采用以下三种形式进行变质试验：

第一种形式：玻纤滤袋在各种不同浓度的氟化物溶液中进行变质试验。

第二种形式：玻纤滤袋样片在HF湿烟雾条件下进行变质试验。

第三种形式：玻纤滤袋样片在HF干烟雾条件下进行变质试验。

第一种形式——玻纤滤袋在各种不同浓度的氟化物溶液中进行变质试验。

滤袋切下100mm×100mm见方的样片进行试验，5小片样品分别在各种不同浓度的氟化物溶液（500mg/L、1000mg/L、3000mg/L、5000mg/L及7000mg/L）中试验。每个样品的浸泡溶液量为100mL。样片的变质试验结果如表6－59所示。

表6－59　在HF溶液中除尘器滤袋样品的试验结果

试验周期/d	滤袋在各种HF浓度溶液条件下				
	500mg/L	1000mg/L	3000mg/L	5000mg/L	7000mg/L
1	正常	正常	正常	正常	正常
2	正常	正常	正常	轻度损伤	轻度损伤
3	正常	正常	正常	轻度损伤	损伤
7	正常	正常	非常小的损伤	损伤	损伤

续表 6－59

试验周期/d	滤袋在各种 HF 浓度溶液条件下				
	500mg/L	1000mg/L	3000mg/L	5000mg/L	7000mg/L
10	正常	正常	非常小的损伤	损伤	严重损伤
18	正常	正常	非常小的损伤	损伤	试验结束
28	正常	正常	非常小的损伤	损伤	试验结束
39	正常	正常	非常小的损伤	损伤	试验结束
43	正常	正常	非常小的损伤	损伤	试验结束

由表 6－59 中可见：

7000mg/L HF　　2 天后有轻度变质，7 天后严重破坏

5000mg/L HF　　2 天后轻度变质，7～44 天由于 pH 值增加无明显损伤

3000mg/L HF　　3 天前一直正常，7～44 天轻度变质

1000mg/L HF　　一直正常

500mg/L HF　　一直正常

各测试周期中的 pH 值如表 6－60 所示。

表 6－60　各测试周期中改变的 pH 值

测试周期/d	在各种 HF 浓度中的 pH 值				
	500mg/L	1000mg/L	3000mg/L	5000mg/L	7000mg/L
1	1.7	1.5	1.0	0.9	0.8
39	6.0	5.9	5.0	3.2	3.0
43	6.8	6.7	6.4	3.8	3.0

表 6－60 中指出试验期间 pH 值的变动，随时间的推延 pH 值增加极大，这意味着，如果每天更换新的 HF 溶液，滤袋样片的损伤速率将非常快。

第二种形式——玻纤滤袋样片在 HF 湿烟雾条件下进行变质试验。

滤袋样片在第一种试验形式的基础上，从溶液中取出后，放进 125mL 容积的容器中保持其湿度条件。

由表 6－61 中可见：

7000mg/L HF　　9 天后非常轻度损伤，28 天后轻度变质

5000mg/L HF　　28 天前一直正常，43 天后非常轻度变质

3000mg/L HF　　一直正常

1000mg/L HF　　一直正常

500mg/L HF　　一直正常

第三种形式——玻纤滤袋样片在 HF 干烟雾条件下进行变质试验。

滤袋样片在第一种试验形式的基础上，从溶液中取出后，将样片放在干燥炉内，直至干燥。

试验结果：试验 41 天后仍处于正常情况下。

表 6-61 在 HF 湿烟雾条件下滤袋样品的试验结果

测试周期/d	滤袋在各种 HF 浓度溶液条件下				
	500mg/L	1000mg/L	3000mg/L	5000mg/L	7000mg/L
1	正常	正常	正常	正常	正常
8	正常	正常	正常	正常	正常
9	正常	正常	正常	正常	非常轻的损伤
15	正常	正常	正常	正常	非常轻的损伤
28	正常	正常	正常	正常	轻度损伤
43	正常	正常	正常	非常轻的损伤	轻度损伤

试验结论：氢氟酸是一种弱酸，通常在低 pH 值时是不分解的，它将侵害实验室中的常用器具，滤袋一旦采用玻纤，低 pH 值的 HF 气体可能对滤料中的硅起反应，这个反应将危害滤袋。

稀 HF 和 NaF（一种全部分解的氟化物溶液）含水溶液产生的反应产物大概是 SiF_6^{2-}。其反应为：

$$SiF_4(\text{气体}) + 2HF(\text{溶液}) \rightleftharpoons 2H^+ + SiF_6^{2-}$$

HF 溶液容易对石英进行侵害及分解，其反应为：

$$SiO_2(\text{固体}) + 4HF(\text{含水}) \rightleftharpoons SiF_4(\text{气体}) + 2H_2O$$

通过试验，可得到以下结论：

（1）影响玻纤的因素包括氟化物、水分、温度三个因素。

（2）在较高的 pH 值（约为6）时，HF 气体对玻纤滤袋的反应速率很慢。

（3）低 pH 值的 HF 气体对玻纤滤袋中的 Si 起反应以致危害滤袋。出现较低的 pH 值（pH≈3）及较多的［HF］时，其对玻纤中的石英的侵害比［F^-］更严重。

（4）稀 NaF 或 KF 气体/气流与石英反应，其反应是非常慢的，它与 HF 溶液的反应不同，NaF 或 KF 系统与温度的关系很小。

（5）氟化物气流能与固体或液体钙及镁起反应，无证据证明在高温范围内能与固体石英起反应。

氟化物在常温的氟化物溶液中，氟化物能很快地与 SiO_2、Ca、Mg 起反应。因此使用熄火塔（喷雾干燥器），在良好的运行条件下运行，以及进入袋滤器中的含尘气体的湿度降低时，氟化物与石英的反应在没有溶液和水时是非常慢的，它对滤袋的危害是极小的。

（6）实践证明，烟气的含水量将对滤袋寿命有影响：烟气含水量小于1%，滤袋无影响；烟气含水量大于5%，将降低滤袋寿命。

冬季的寒冷将引起系统含水气体的结露，特别是在停炉及启动时。

（7）玻纤在 HF 浓度小于3000mg/L 时，其危害极小，大于7000mg/L 后危害剧增。

c 耐水解性

玻璃纤维在承受高温的同时会遭受水解的攻击。

玻纤只有在含水量较低（湿度15%）的情况下，才能经受230℃的高温，玻纤在较高温度（230℃），湿度为15%时即水解。而在极端严格苛刻的实际工况中，只有 PTFE 滤袋能够达到较为理想的使用寿命。

玻璃纤维滤料在水解后，通过对断裂强度的测试（图6-100），显示了急剧的横向强度损失，距临界极限已十分接近。断裂强度超过30daN/5cm的临界极限时，滤袋将开始机械失效。

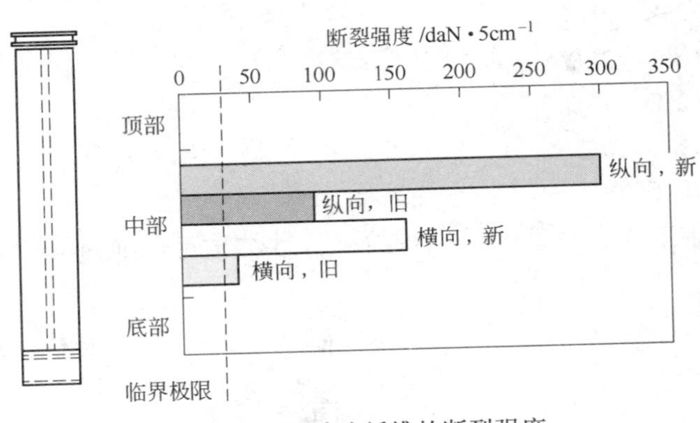

图6-100 玻璃纤维的断裂强度

d 耐磨损性

玻璃纤维在曲挠、磨损上的抵抗性能较差，如果有脉冲或清灰激烈情况下，这一纤维很快就会断裂损坏，玻纤织布的这种脆性使它成为反吹风清灰系统的良好配选滤料，而不能用在振荡式除尘设备上。

由于重量型玻璃纤维的研制推出和玻璃纤维的新的化学处理技术的诞生，及玻璃纤维的价格低廉，目前已广泛被使用在耐高温的脉冲除尘器中，这是任何合成纤维所不能替代的。

玻璃丝本身不会被直接损伤，但玻璃纤维料的玻纤丝、玻纤纱间起润滑作用的化学表面处理剂等会挥发掉，结果导致加重、加速玻纤丝、玻纤纱间的磨损。

玻璃纤维机织布的抗张强度相当良好。

玻璃纤维机织布的抗曲挠性能相对较差，尤其是织物料的纬向纤维。

D 玻纤与各种化纤的比较（表6-62）

表6-62 玻纤与各种化纤的比较

材 料	拉伸强度	伸度/%	吸水性/%	耐酸性	耐碱性
玻纤过滤	6.3~10.6	3~4	0.3以下	好	好
涤纶	4.7~6.5	20~50	0.4~0.5	好	较好
尼龙	4.5~7.5	25~60	3.5~5.0	较好	好
丙纶	4.5~7.5	30~60	0	好	好
芳纶	4.5~5.5	35~50	4.0~5.6	好	好

6.3.10.3 玻璃纤维的结构

玻璃纤维是极细的，细到直径为0.00015in的细丝，它是极柔韧的，可用纤维织成机织布。

大部分玻璃纤维机织布滤料是由3.8μm细玻璃丝纱纺织而成的，其纤维纱的结构、机织布的纺织方式和布料的后处理方式有很多种。玻璃纤维也可制成针刺毡。

玻璃纤维过滤材料包括表面化学处理和未处理的织物和非织造物。

E 玻璃纤维具有的成分为：

二氧化硅　52% ~56%

氧化钙　16% ~25%

氧化铝　12% ~16%

氧化硼　5% ~10%

其他　0 ~6%

国外的玻璃纤维工业有自己的纱结构技术，纱结构可以通过 6 个识别字母或数字称号，如下所示：

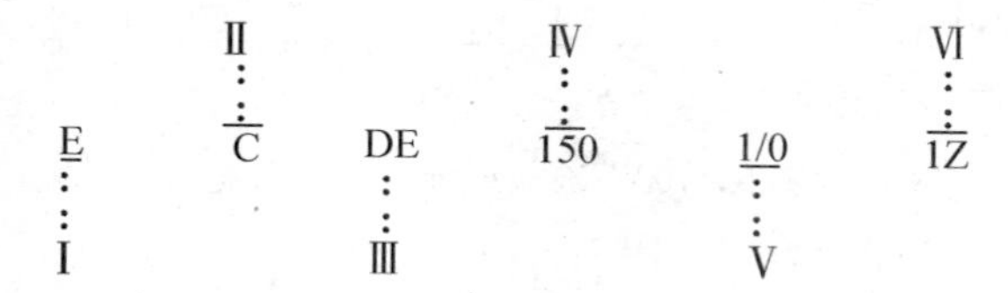

第一位Ⅰ：玻璃的化学代号。

E（Electrical），用在布袋过滤工业。

C（Chemical）和 S（高强度）的称号。

第二位Ⅱ：细丝的型式，C 是指连续细丝。

第三位Ⅲ：是指预先规定的细丝直径，可见表 6 – 63。如 DE 玻璃是指 0. 00025in 的细丝直径。

表 6 –63　细丝直径称号的普通标准

称　号（字母）	对照纤维直径	
	in	μm
B	0. 00014	3. 6
C	0. 00018	4. 6
D	0. 00021	5. 3
DE	0. 00025	6. 4
E	0. 00028	7. 1
G	0. 00036	9. 1
H	0. 00042	10. 7
K	0. 00053	13. 5

第四位Ⅳ：是指束数。如，DE150 纱线具有 408 细丝。数量是表示每磅纤维所具有的 100yd 长（1yd = 3ft 或 36in 或 0. 9144m）的数量。一磅 408 细丝的纱线将产生 15000yd。为了简化，最后两位数字省略，由此束数即为 150。

如果两组 408 细丝聚合在一起，结果纱重量多达两倍，而一磅纱线的展开长度则为 15000yd/2 = 7500yd，只有一半之多。一个 816 细丝纱线将设计为一个 75 支纱。

第五位Ⅴ：是指成品纱线的结构。

第一个数字是指捻在一起的单束数量。

第二个数字是表示单一结构纱线捻成一股的数量。一股纱线是由两个或更多单纱捻在一起的。

例如，一种设计为 DE 150 1/2 的纱线，每根纱线是由 408 根细丝组成，捻在一起形成一种 816 总细丝的成品纱线。

最后一位Ⅵ：是纱线捻的定义。

在这个示例中，1Z 在最后位置上，它意味着纱线在 Z（或左向）方向中每 in 可以旋转的次数。

6.3.10.4 玻纤滤料的品种

A 玻璃纤维成分组成的分类

玻璃纤维按其成分组成来分有三种：无碱玻纤、中碱玻纤、高碱玻纤。

a 无碱玻纤：铝硼硅酸盐玻璃纤维

无碱玻纤（铝硼硅酸盐玻纤）国外称为 E 玻璃纤维（Electrical Fiberglass）。无碱玻纤中碱金属的氧化物（K_2O、Na_2O）含量小于 0.5%。无碱玻纤的单丝为 ϕ5.5mm，12.5tex。

无碱玻纤的特征：

（1）高温下完全不抵酸、碱，在室温下弱酸环境中具有高度稳定性。

（2）良好的耐水性，属一级水解级。

（3）抗拉性强，抗折性差。

无碱玻纤布具有耐热性能好、强度高、支数细、抗弯性好、能抗水及含湿气的侵蚀等特点。

无碱玻纤布有利于提高滤袋使用寿命，因此当滤袋使用温度高（200～300℃），清灰动作频繁，过滤酸性烟气或烟气中含湿气较大时，可选用无碱玻纤布。但无碱玻纤布制造时需硼酸，成本很高。

b 中碱玻纤：钠钙硅酸盐玻璃纤维

中碱玻纤（钠钙硅酸盐玻纤）国外称为 C 玻璃纤维（Chemical Fiberglass）。中碱玻纤中碱金属的氧化物（K_2O、Na_2O）含量在 8%～14% 之间。中碱玻纤的单丝 ϕ8mm，22tex。

中碱玻纤的特征：

（1）较好的耐水性，属二级水解级。

（2）耐磨次数较无碱差，机械强度比无碱玻纤低 10%～20%。

（3）长期在湿气体中易分解，寿命稍短。

中碱玻纤布耐热性、抗磨、抗折性都不如无碱玻纤布，而且耐水性差，长期在湿气体中工作易水解，寿命短。但无碱玻纤布资源充足，价格便宜，一般中小厂都能生产。在含湿量小、温度不很高的烟尘（200℃左右）中尽量采用中碱玻纤布。

c 高碱玻纤

高碱玻纤中碱金属的氧化物（K_2O、Na_2O）含量大于 14%。

高碱玻纤的特征：

（1）耐碱性良好。

（2）对水、湿气不稳定。

B 玻纤滤料结构的分类

1960～70年代初，国内主要研制、开发中、无碱连续纤维滤布，织物结构有斜纹及缎纹，厚度一般0.24～0.5mm左右，适合于过滤风速在0.5m/min以下。

1970年代中期，出现了纬二重连续纤维滤布，厚度在0.5～0.65mm之间，过滤风速可达0.6m/min左右。

1970年代中期～80年代后期，开发出玻璃纤维膨体纱过滤材料，它与相同厚度的连续纤维相比，过滤风速可提高1/3左右；对于厚型膨体纱滤布（厚度达0.7～0.8mm），过滤风速可达0.7～0.8m/min。

1980年代，研制开发出系列玻璃纤维针刺毡。

由此国内玻纤滤料就有：玻纤圆筒过滤袋、玻纤平幅过滤布、玻纤膨体纱过滤布、玻纤针刺毡滤料等品种。

a 玻纤圆筒过滤袋

玻纤圆筒布分前处理、后处理两种。

国内早期的玻纤滤袋由于圆筒布可以直接成袋，不需要缝制，一般都织成圆筒形，但圆筒布存在以下弊病：

（1）生产工艺决定了其织机设备复杂，织造效率低。

（2）圆筒布织造过程中，布边边纬不紧容易形成边部洞状；下层布的疵点难以发现，造成成品的疵布率高；卷纬机构刺毛辊直接带动下层布，上层经纱容易松，造成织造困难。

（3）为提高玻纤圆筒滤袋的耐曲挠、耐磨性能，必须对滤料进行表面化学处理，而处理机组一般是多导辊的，处理过程中布边再次受到挤压。

（4）包装、运输、存放过程中布边仍易受压。

（5）圆筒玻纤滤布在使用过程中，往往发现滤袋折边处首先断裂。

（6）由于织造过程中沿直径方向出现两道平行的折缝，在纺织、处理、运输过程中边部受到挤压，纬纱严重受损，滤袋很容易开裂，严重影响滤袋寿命。

鉴于此，目前国内外已不采用圆筒过滤布。

b 玻纤平幅过滤布

鉴于玻纤圆筒过滤袋存在的缺陷，20世纪70年代中，国内引进了三针缝纫机，将玻纤滤布先织成平幅布，再经过表面处理后，用三针包边缝纫机缝制成圆筒滤袋，缝成各种形式的滤袋，将整织圆筒布改为平幅过滤布技术获得了全国科学大会的嘉奖。

玻纤平幅过滤布的品种

玻纤平幅过滤布有平纹、斜纹（破斜纹）、缎纹等织法（图6－101）。

平纹：组织点多，透气性差，一般不宜作为气体过滤用。

缎纹：综合性能好，有利于提高织物光滑程度，有利于粉尘剥离。

斜纹：织造方便，经济效益高，性能适中。

因此，一般都采用缎纹和斜纹两种组织结构。

图 6－101 玻纤平幅布的织法

玻纤平幅过滤布的特性

玻纤平幅过滤布的性能参数如表 6－64 所示。玻纤平幅过滤布的物理性能如表 6－65 所示。

表 6－64 玻纤织造布性能参数

滤料类型	滤料代号	单位面积质量偏差 /%	透气度偏差 /%	拉伸断裂强力 /N·(50cm×20cm)$^{-1}$		洁净滤料阻力系数	剩余阻力 /Pa	静态除尘率 /%	动态除尘率 /%
				经向	纬向				
中碱玻纤布	GCWF300	±3	≤8	1200	1000	≤20	≤400	≥99.5	≥99.9
	GCWF300A								
	GCWF450			1700	1200				
	GCWF500			1700	1700				
无碱玻纤布	GEWF600			2400	2400				
	GEWF600A								
	GEWF600B			2000	2000				
中碱玻纤膨体纱布	GCTWF450	±3	≤8	1700	900	≤10	≤300	99.9	99.9
	GCTWF500			1700	1200				
	GCTWF650			1700	1500				
无碱玻纤膨体纱布	GETWF450			2200	1100				
	GETWF750			2400	2100				

注：表中阻力及过滤特性指标引自《袋式除尘器滤料及滤袋技术条件》（GB 12625），其他引自《玻璃纤维过滤布》（JC/T 2002）。

玻纤平幅过滤布的特征

（1）玻纤平幅过滤布避免了圆筒滤袋在织造、表面处理、储运等过程中造成的多次折叠、磨损。

（2）平幅布在进行表面处理时能提高渗透性，涂层比较均匀，提高了处理质量和效果。

（3）织造平幅布的生产效率高，布面疵点少，织造设备简单，成本降低。

表 6－65　玻璃纤维布基本物理性能指标

代号	纤维公称直径/μm	品种规格			物理性能							
		纱线结构 线密度（Tex）×股数		织物结构	密度/根·10mm^{-1}		质量/g·m^{-2} ≥	厚度/mm	拉伸断裂强力/N·25mm^{-1}		破裂强度/MPa ≥	透气性/dm^3·(m^2·s)$^{-1}$	后处理方式
		经纱	纬纱		经纱	纬纱			经向 ≥	纬向 ≥			
CWF300－PSi	7.5	22×4	22×4	一上三下斜纹	20+1	16±1	350	0.3	1200	1000	1.9	200～300	硅油、聚四氟乙烯、石墨处理
CWF300－FQ	7.5	22×4	22×4	一上三下斜纹	20+1	16±1	350	0.3	1200	1000	1.9	200～300	硅油、聚四氟乙烯处理
CWF450－PSi	7.5	22×6	22×6	一上四下斜纹	20+1	14±1	500	0.45	1700	1200	2.3	150～250	硅油、聚四氟乙烯、石墨处理
CWF450－FQ	7.5	22×6	22×6	一上四下斜纹	20+1	14±1	500	0.45	1700	1200	2.3	150～250	硅油处理
CWF450－SFA	7.5	22×6	22×6	一上四下斜纹	20+1	14±1	500	0.45	1700	1200	2.3	150～250	防水剂、硅油处理
CWF500－PSi	7.5	22×6	22×6	五枚二飞纬二重	20+1	20±1	550	0.5	1900	1700	2.8	150～250	硅油、聚四氟乙烯、石墨处理
CWF500－FQ	7.5	22×6	22×6	五枚二飞纬二重	20+1	20±1	550	0.5	1900	1700	2.8	150～250	硅油处理
CWF500－SFA	7.5	22×6	22×6	五枚二飞纬二重	20+1	20±1	550	0.5	1900	1700	2.8	100～150	防水剂、硅油处理
EWF480－PSi	5.5	12×12	12×12	一上四下斜纹	20+1	14±1	520	0.48	2200	1100	3.2	100～150	硅油、聚四氟乙烯、石墨处理
EWF480	5.5	12×12	12×12	一上四下斜纹	20+1	14±1	420	0.48	2200	1100	3.2	100～200	前处理、防腐处理
EWBF380	5.5	12×12	12×12	一上三下斜纹	16+1	13±1	400	0.38	2000	1000	3.2	150～250	前处理、防腐处理
EWTF450－PSi	5.5	12×12	12×8T+12×4	一上三下斜纹	18+1	13±1	500	0.45	2200	1100	3.2	150～250	硅油、聚四氟乙烯、石墨处理
CWTF450－PSi	7.5	22×6	22×4T+22×2	一上四下斜纹	20+1	14±1	500	0.45	1700	900	2.3	150～250	硅油、聚四氟乙烯、石墨处理
CWTF450－FQ	7.5	22×6	22×4T+22×2	一上四下斜纹	20+1	14±1	500	0.45	1700	900	2.3	150～250	硅油、聚四氟乙烯处理
CWTF450－SFA	7.5	22×6	22×4T+22×2	一上四下斜纹	20+1	14±1	500	0.45	1700	900	2.3	100～200	防水剂、硅油处理
CWTF500－PSi	7.5	22×6	22×4T+22×2	五枚二飞纬二重	20+1	20±1	550	0.5	1700	1200	2.8	100～200	硅油、聚四氟乙烯、石墨处理
CWTF500－FQ	7.5	22×6	22×4T+22×2	五枚二飞纬二重	20+1	20±1	550	0.5	1700	1200	2.8	100～200	硅油处理
CWTF500－SFA	7.5	22×6	22×4T+22×2	五枚二飞纬二重	20+1	18±1	550	0.5	1700	1200	2.8	100～200	防水剂、硅油处理
EWTF550－PSi	5.5	12×12	12×6T+12×2	五枚二飞纬二重	20+1	18±1	600	0.55	2400	2100	2.8	200～300	硅油、聚四氟乙烯、石墨处理
EWTF700－PSi	5.5	12×12	12×8T+12×4	五枚二飞纬二重	20+1	18±1	750	0.7	2400	2100	4.0	200～300	硅油、聚四氟乙烯、石墨处理
EWTF750－PSi	5.5	12×12	12×8T×2	五枚二飞纬二重	20+1	20±1	800	0.75	2400	2100	4.4	200～300	聚四氟乙烯、石墨、防水剂处理
EWF580－FS_2	5.5	12×12	12×12	五枚二飞纬二重	20+1	20±1	620	0.58	2400	2100	4.4	150～250	PTFE 处理
EWF550－RH	5.5	12×12	12×12	五枚二飞纬二重	20±1	18±1	580	0.55	2400	2000	4.0	150～250	防腐处理

（4）平幅布在缝制滤袋后，包缝处不起过滤作用，减少了过滤面积，还降低了滤袋缝接处的弹性。

（5）缝制滤袋中要求缝纫技术优异，以保证缝线质量。

平幅过滤布织物结构对滤布性能的影响

耐磨性：平纹 > 斜纹 > 缎纹

柔软性：缎纹 > 斜纹 > 平纹

空隙率：缎纹 > 斜纹 > 平纹

细孔径：缎纹 > 斜纹 > 平纹

影响滤布曲挠性能的主要因素

滤布的厚度和纤维直径是影响滤布曲挠性能的主要因素。

一般，滤布越厚其耐折、耐磨性能越佳，纤维直径越细越能经受断裂的弯曲。目前玻纤滤布单纤维直径为 6 ~ 8μm。

玻纤平幅过滤布的品种

中、无碱平幅过滤布

玻纤平幅布初期采用不同厚度、幅宽的素布，后改进为表面处理的平幅布。

由于玻纤在拉丝过程中，为保证拉丝需要加浸渍剂，在织成平幅过滤布后，为进行表面处理，则要洗去这些浸渍剂进行热清洗。

南京玻璃纤维研究设计院推荐的几种整幅处理的平幅过滤滤袋如表 6-66 所示。

表 6-66 推荐的几种整幅处理滤袋

牌号	织纹	厚度/mm	密度/根·cm^{-1}		重量/g·m^{-2}	抗拉强力/kg·25mm^{-1}		透气性/L·(m^2·s)$^{-1}$	用途
			经向	纬向		经向	纬向		
WC300FQ	斜纹	0.30	20	16	310	130	100	250	水泥、陶瓷、发电、炭黑
WC300PSi	斜纹	0.30	20	16	310	130	100	250	
WE270PSi	斜纹	0.27	20	21	300	150	150	190	
WE500PSi	缎纹纬二重	0.50	22	22	540	240	240	210	发电、钢铁
WE550FA	缎纹纬二重	0.55	20	20	580	300	300	250	炭黑、钢铁
WE550FQ	缎纹纬二重	0.55	20	20	580	300	300	250	炭黑

其中：中、无碱布 $\delta = 0.24 \sim 0.5\text{mm}$，$V_c < 0.5\text{m/min}$，$\eta = 99\%$。

纬二重 $\delta = 0.50 \sim 0.65\text{mm}$，$V_c \leqslant 0.6\text{m/min}$。

罗江纬二重平幅缝接处理袋

玻纤布在使用过程中的损坏一般都是纬线折断造成，为了增加纬向强度和抗磨性，目前罗江、营口已研制生产了纬二重结构和双层结构的滤布。纬二重结构是采用一个系统的经纱和两个系统的纬纱交织而成。双层结构是采用二经二纬纱交织而成。它们都具有两层纬纱，增加了纬密，提高了耐磨性和增加了纬向强度，又不会影响滤布的透气性，但价格都比单层结构高得多。

由于滤袋在清灰过程中，主要是纬纱承受弯曲直接影响滤袋的使用寿命，因此就出现了纬二重平幅布。

罗江纬二重平幅缝接处理袋的特点：

透气性好，除尘效率高。一般机织布（平纹、斜纹、缎纹三种）为单层平面结构，其中斜纹、缎纹交织点少，滤布柔软、平滑、透气性好。但是，当滤料织物的密度增大后，虽可提高除尘效率，却会使滤布的透气性差；反之，当滤料织物密度减小时，虽可使透气性好，却会降低除尘效率。因此，平面结构的滤料，难以达到除尘效率既高透气性又好的要求。

罗江纬二重滤料是采用两个系统的纬纱和一个系统的经纱织成表纬和里纬两个平面，纬纱由 14.7 根/cm^2 增加到 20 根/cm^2。纬纱密度虽大，但透气性反而高，并提高了耐磨性。因此，它能达到除尘效率高透气性又好的效果。

平幅缝接布寿命长。罗江纬二重平幅布表面处理时渗透性好，涂层均匀，由此提高了处理质量和效果。

罗江纬二重平幅布表面处理采用石墨、聚四氟乙烯、硅油处理延长寿命。

一般中碱玻璃布	2~3 个月
经石墨、硅油处理	5~6 个月
经石墨、聚四氟乙烯、硅油处理	1~2 年

c 玻纤膨体纱过滤布

玻纤膨体纱就是对连续玻璃纤维长丝束进行空气变形膨化加工，即利用压缩空气喷射的紊流效果，把喂入喷嘴的玻璃纤维长丝束开松（这种长丝束往往由几百根至几千根单纤维组成），开松的单纤维相互穿越、内外转移，相互扭结、交缠，并在无张力状态下曳出喷嘴，由于瞬间的速度变化，使超喂部分形成无规则的毛卷、缠结，最后成为膨松状态的连续的空气变形纱，俗称膨体纱。

玻纤膨体纱过滤布的沿革

玻纤膨体纱滤布是国外在 20 世纪 50 年代研制成功的新型过滤材料，80 年代后期形成市场，以美国为例，据 80 年代的统计，玻纤滤料中 75% 为膨体纱滤布。我国天津炭黑厂 1985 年从法国引进的整条炭黑生产线，其中配套的袋滤器就是采用玻纤膨体纱滤布。

我国玻纤行业起步较晚，虽在 20 世纪 70 年代就有玻纤膨体纱问世，但发展缓慢。为配合水泥窑外分解大型袋滤器技术的开发与应用，80 年代末，在国家建材局的安排下，上海耀华玻璃厂玻纤分厂引进了玻纤专用的膨化机及高性能的玻纤织造专用无梭织机，并用引进人才的方式引进了美国后处理专家，于 1990 年建立了国内第一条引进设备为主体的、比较完整的、软硬件相配合的玻纤膨体纱滤布生产线。经过几年来的不断提高、开发和应用，在处理技术上以及处理配方上，达到了国际上第四代处理技术水平，产品已成系列，其主要指标如耐折、耐磨、透气、憎水、顶破强度、过滤性能、耐腐蚀等性能达到 80 年代水平，其应用范围也从原来只适用于反吹风袋式除尘器，发展到能适用于较强清灰的脉冲袋式除尘器，冲破了玻纤机织布滤袋在脉冲袋式除尘器上应用的禁区。在滤袋形式上也从一般圆袋、扁袋发展到适合加工成折叠形的滤芯，应用到空气过滤器上。

我国玻纤膨体纱滤布在 1990 年投入实际应用。

玻纤膨体纱的特性

玻纤膨体纱的特点是在织造过程中，增加了一道纱线膨化工序，使织物组织出现了以膨松纱线为结构单元的膨松面，许多玻璃纤维弯曲成毛圈状态，呈现出程度不同的三维结构。这种组织的表面与普通玻纤织物相比，具有以下特点：

（1）玻纤膨体纱纤维是用高压气流，通过特定的变形加工喷嘴，对连续纤维丝进行机膨化加工，使之形成无规则的毛圈、结节，从而增大了捕集粉尘的表面积，具有较大的覆盖能力，用作滤材时势必提高捕集尘粒的能力。

（2）由于玻纤膨体纱滤布的滤尘面呈现膨松状态，致使吸附上的尘饼也是疏松状态，因此可降低过滤阻力，同样提高了过滤效率。

（3）玻纤膨体纱滤布纱线呈弯曲状态，部分地克服了玻璃纤维组织表面光滑、易产生位移的缺陷，进而使过滤速度得以适当提高。

玻纤膨体纱布的特征：

（1）织物蓬松，手感柔软。

（2）纤维覆盖能力强。

（3）透气性能好，孔隙率可达65%以上，膨体纱的毛卷可以遮住经纬纱交织的气流通道，增加捕集粉尘的表面积，延长了表面捕集粉尘的时间。

（4）有利于粉尘过滤层的建立，因此可以提高过滤速度（一般过滤速度为0.6～0.8m/min，厚重滤料可达1.0～1.2m/min）。

玻纤膨体纱的性能参数

典型玻纤膨体纱过滤材料的性能（表6－67、表6－68）

表6－67 典型玻纤膨体纱过滤材料性能表（上海耀华玻璃厂玻纤分厂产品）

性能指标		ETWF－300	ETWF－500	ETWF－800
单位面积质量/$g \cdot m^{-2}$		289.2	486.0	790.0
厚度/mm		0.318	0.46	0.81
断裂强力/N·(25mm×100mm)$^{-1}$	经	1338	2016	2368
	纬	1284	1588	1850
耐折次数/次	经	>25000	>25000	>25000
	纬	15000	>15000	>15000
透气量/$cm^2 \cdot (cm^3 \cdot s)^{-1}$		24.6	22.9	21.5
透气量偏差/%			+6.61 −5.54	
静态阻力系数			9.8	
动态阻力系数			65.0	
静态除尘率/%			99.53	
动态除尘率/%			99.9	
粉尘剥离率/%			80	

注：E—无碱；TF—膨体纱；W—机织布。

表 6－68 中碱玻纤膨体纱高温过滤布（袋）（阜宁县正大玻纤有限公司）

牌 号	克重 /g·m^{-2}	厚度/mm	拉伸断裂强度 /N·25mm^{-1}		顶破强度 /N·(ϕ2cm)$^{-1}$ ≥	透气性 /dm^3·(m^2·s)$^{-1}$	组织
			经向	纬向			
CWTF500	480	0.5±0.05	1420	1136	780	220～330	斜纹
CWTF600	620	0.6±0.06	1680	1280	890	270～360	斜纹
CWTF700	720	0.7±0.07	1820	1500	1070	260～350	缎纹
CWTF800	820	0.8±0.08	2066	1788	1160	250～340	缎纹

无碱玻纤膨体纱滤料

无碱玻纤膨体纱滤料（简称无膨）是在连续玻纤平幅滤布基础上发展起来的，由于纱线蓬松，覆盖能力强，透气性好，因而有良好的过滤性能。

20世纪90年代初，针对年产万吨以上的湿法炭黑生产线，中材科技南京滤材分公司研制了无膨滤布的炭黑专用滤袋。其典型性能指标如表6－69所示。

表 6－69 无膨滤布典型性能指标（中材科技南京滤材分公司）

品名	组织	密度 /根·cm^{-1}		质量 /g·m^{-2}	厚度/mm	抗拉强度 /N·25mm^{-1}		透气性/cm^3·(cm^2·s)$^{-1}$	破裂强度 /kg·cm^{-2}	处理剂
		经向	纬向			经向	纬向			
无膨	斜纹	18±1	14±1	550±50	0.55±0.05	>2800	>1800	35～45	>40	RH

至今，经过几十年在炭黑系统中的应用证实其寿命达1.5年，最长达2.5年，耐温小于536℉，过滤风速小于0.5m/min。

国产玻纤膨体纱与国外滤料性能的对比

表6－70是原东北工学院（现东北大学）对国产玻纤膨体纱滤布与美国BGF公司进口滤料过滤性能的测试结果，从表中可以看出，国产滤料过滤性能已接近美国产品。

表 6－70 国产玻纤膨体纱滤布与美国、日本同类产品性能比较表

项 目		单 位	上海耀华玻璃厂玻纤分厂			美国BGF		日 本
			ETWF300	ETWF500	ETWF800	448－625	427－580	814FUH－651
单位面积质量		g/m^2	289.2	486	790	556	315	478
厚 度		mm	0.318	0.46	0.81	0.602	0.31	0.45
织物组织			1/3斜纹	1/3斜纹	破缎纹纬二重	破缎纹	1/3斜纹	1/3斜纹
断裂强力	经向	N/(25mm×100mm)	1338	2016	2368	2175	1480	1845
	纬向		1284	1588	1850	1564	838	1685
耐折次数	经向	2lb/15mm	>25000	>25000	>25000	>25000	>10000	12900
	纬向		>15000	>15000	>15000	>10000	>1000	6686

续表 6－70

项　目	单　位	上海耀华玻璃厂玻纤分厂			美国 BGF		日　本
		ETWF300	ETWF500	ETWF800	448－625	427－580	814FUH－651
顶破强度	kgf/cm^2	25.8	43.6	45.8	34	28.9	43.4
透气量	$cm^3/(cm^2 \cdot s)$	24.6	22.9	21.5	40.5	29	24.9
憎水性	级	>80	>80	>80	100	100	0

国产玻纤膨体纱滤布过滤效率的测试

表 6－71 是上海同济大学对国产玻纤膨体纱滤布对不同粒径过滤效率的测试结果。

表 6－71　滤速、容尘量、过滤效率测试

品　种	单重 $/g \cdot m^{-2}$	厚度 /mm	测　试　结　果				
			初阻力/Pa	终阻力/Pa	滤速/$m \cdot min^{-1}$	容尘量/$g \cdot m^{-2}$	过滤效率/%
ETWF500(126)	485	0.46	360	720	0.5	379	99.24
ETWF500(147)	485	0.50	300	600	0.5	381	99.64
ETWF300(126)	310	0.30	280	560	0.5	380	99.52

玻纤膨体纱厚重滤料脉冲喷吹的测试

表 6－72 是北京劳动保护科学研究所对国产膨体纱厚重滤料耐受脉冲喷吹动态模拟的测试结果。从表中可以看出，国产厚重型玻纤膨体纱滤料在耐受 11 万次脉冲喷吹后，其过滤效率仍保持在 99.97%，说明该滤料具有足够的强度，能满足低压脉冲袋滤器的使用要求。

表 6－72　玻纤膨体纱厚重滤料耐受脉冲喷吹疲劳强度的测试

品　种	滤速 $/m \cdot min^{-1}$	喷吹压力 $/kg \cdot cm^{-2}$	喷吹周期 /s	喷吹时间 /s	入口浓度 $/g \cdot m^{-3}$	喷吹次数 /万次	过滤效率 /%
ETWF800	1.5～2	2～2.5	6	0.1	5～15	21	99.97

国产玻纤膨体纱滤布对不同尘粒径的过滤效率的测试

表 6－73 是上海同济大学对国产厚重滤料在不同粒径下的过滤效率测试结果。由表中可见，膨体纱厚重滤料能过滤掉绝大部分 2μm 及以上的尘粒。

表 6－73　国产玻纤膨体纱滤布对不同尘粒径的过滤效率的测试　（%）

品　种	尘粒径/μm					
	0.3	0.5	1	2	5	10
21.9	39.5	64.7	83.5	94.3	100	
14.2	34	67.1	83.3	100	100	
8.3	28.7	68.98	89.4	100	100	

注：表中品种一栏数据为原始参考资料中摘录。

国产玻纤膨体纱滤布对不同滤速的过滤阻力的测试

表 6－74 是上海同济大学对国产滤料，在不同滤速下的过滤阻力的测试结果。从中可以看出，阻力随滤速加大而升高，但阻力仍低于 $100mmH_2O$。

表 6－74 国产玻纤膨体纱滤布对不同滤速的过滤阻力的测试 （mmH_2O）

品 种	滤速/$m \cdot min^{-1}$						
	0.42	0.7	1.05	1.40	1.75	2.10	2.45
ETWF800	6.53	11.55	18.16	27.28	35.94	46.95	57.55

玻纤膨体纱过滤布的结构

玻纤膨体纱过滤布是用玻纤膨体纱与适量的连续玻纤合股或全部用玻纤膨体纱合股，并捻做纬纱，再与连续玻纤经纱交织后制成的玻纤布。

厚型玻纤膨体纱过滤布的厚度，一般为 $\delta = 0.7 \sim 0.8$ mm。

玻纤膨体纱由于纱线膨松，覆盖能力强，回弹性良好，可比玻纤平幅布过滤风速提高1/3，一般过滤风速可取 $V_c = 0.7 \sim 0.8$m/min。运行阻力降低1/4。滤料透气性好。1μm 左右的尘粒捕集率 $\eta \geqslant 99.5\%$。

玻纤膨体纱过滤布在制作中应注意的事项：

（1）玻纤纱在膨化作业中，受高压气流的猛烈冲击，纤维与气流之间、纤维与纤维之间会产生强烈地摩擦，为保证玻纤顺利通过膨化工艺，避免纤维大量折断，对纤维上的润滑剂保护至关重要，必须采用专用的玻纤膨体纱浸润剂生产玻纤。

（2）玻纤的抱合力、耐曲挠性大大小于天然纤维和有机合成纤维，不能用普通的空气变形机和合成纤维的膨化工艺。

（3）膨体纱在卷纬、纺织过程中要保持膨体纱的蓬松性，减少因加工过程中的张力使纱线变直，必须改造捻线机和织布机，设计新的工艺参数，这是膨体纱布的加工关键。

（4）经过膨化的玻纤纱，与烟气接触面增加，不经过特殊处理，其耐腐蚀能力将有所影响，纱线强力也会有所影响。

（5）玻纤膨体纱布应进行针对性处理，以减少因膨化对滤料性能的影响。

玻纤膨体纱滤料的应用

（1）水泥窑尾袋滤器上的应用：

投产日期　　1992 年 9 月
处理风量　　152000m^3/h
入口温度　　200～280℃
入口浓度　　80～120g/m^3
袋滤器型式　　反吹风袋滤器
过滤风速　　0.5m/min
过滤面积　　6880m^2
滤料　　美国 BGF 玻纤膨体纱机织布滤袋
使用寿命　　2 年 3 个月

（2）水泥厂机立窑上的应用：

处理风量　　50000～55000m^3/h
入口温度　　220～280℃
　　最高不超过 300℃

含湿量	高达15%~20%
露点温度	40~45℃（开门操作）
	50~60℃（闭门操作）
入口浓度	正常15~40g/m^3
	平均30g/m^3
排放浓度	50mg/m^3
袋滤器型式	反吹风袋滤器
过滤风速	0.6~0.8m/min
滤料	国产玻纤膨体纱机织布滤袋
使用寿命	两年左右

（3）水泥厂华新型窑窑头箅冷机系统上的应用：

处理风量	40000~76000m^3/h
入口温度	正常60~170℃
	最高430℃
入口浓度	10~20g/m^3
排放浓度	<40mg/m^3
过滤风速	0.87m/min
滤料	国产玻纤膨体纱机织布滤袋
使用寿命	16个月

d 玻纤针刺毡

玻纤针刺毡滤料是20世纪80年代研究开发的新型高温、高效玻纤滤料。

玻纤针刺毡的特点

玻纤针刺毡与机织滤料相比，具有以下特点：

（1）玻纤针刺毡呈三维微孔结构，是一种高气布比、捕尘效率高（达99.9%以上）的高温滤料。

（2）针刺毡没有或有基布时只有少量加捻的经纬纱线，孔隙率高达70%~80%，为一般机织滤料的1.6~2.0倍，因而透气性好、阻力低。

（3）针刺毡的制作加工易于形成一条龙生产线，便于监控和保证产品质量的稳定性。

（4）针刺毡生产速度快，劳动生产率高，产品成本低。

（5）玻纤针刺毡必须经过表面处理，以加强纤网与基布的结合牢度，保护纤网与基布免受磨损和腐蚀，提高纤网表面的粉尘剥离。

玻纤针刺毡的品种

Huyglas®玻纤针刺毡

Huyglas®是一种用专用树脂制成的针刺玻纤毡，它在磨损和腐蚀环境中，防护玻纤的结构（图6-102）。

Huyglas®是为控制高温气体、高气布比的脉冲喷吹清灰除尘器特殊设计的。它在高温下具有极好的尺寸稳定性，能够在260℃（500℉）下连续运行，同时能经得起温度激增

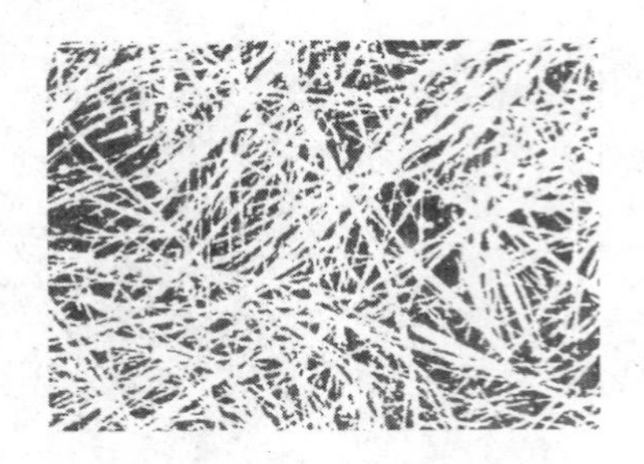
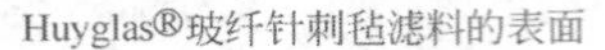
Huyglas®玻纤针刺毡滤料的表面

玻纤机织布滤料的表面

图 6－102 Huyglas®玻纤针刺毡滤料的表面
（显微镜放大 40 倍）

到 290℃（550℉），并具有良好的耐酸性。

Elastoglass®——德国 BWF 公司的玻纤针刺毡

Elastoglass®是德国 BWF 公司开发的一种有弹性的针刺毡，它是用基布支撑，由极细的多种玻纤细丝组成纤网，用直径小于 5μm 的贝它（Beta）玻纤针刺到基布中去形成的针刺毡。针刺毡在经过一定的化学表面处理后可以耐高温、湿度、酸和碱，可预防摩擦和磨损，并提高灰尘的排放性能。

Elastoglass®玻纤针刺毡在使用温度 220℃，瞬间温度高达 250℃下，具有良好的耐酸性、耐碱性和极好的耐水解性。

6.3.10.5 国外各公司的玻纤滤料

A 美国 BGF Industries Inc. 的玻纤滤料

a BGF 公司玻纤滤料的品种

用于反吹风或机械振打式袋式除尘器的玻纤滤料

BGF 公司为反吹风或机械振打式袋式除尘器的排气净化提供了特殊设计和表面处理的一组玻纤滤料，它们在燃煤电厂、沥青生产、水泥生产、炭黑生产及熔炼炉中具有优越的性能（表 6－75）。

表 6－75 BGF 公司反吹风或机械振打式滤料的品种性能参数

类型	计量单位	427 型	457 型	421 型
经纱	US 玻纤系统 纺织系统	ECDE 75 1/0 EC 6 66 纺织	ECDE 150 1/2 EC 6 33 纺织	ECDE 75 1/0 EC 6 66 纺织
纬纱	US 玻纤系统 纺织系统	50 1/0 纹理 + 150 1/0 EC 6 99 纺织 + EC 6 33 纺织	ECDE 150 1/4 纹理 ET 6 33 纺织 ×4	ECDE 75 1/0 EC 6 66 纺织
织物计数（经纱×纬纱）	纱线/in 纱线/cm	54×30 42×23	54×30 42×23	54×52 42×40

续表 6 – 75

类型	计量单位	427 型				457 型				421 型		
编织型式		1×3RH 斜纹				1×3RH 斜纹				4 Harness 缎纹		
表面处理		373	580	615	625	373	580	615	625	580	615	625
点火损失	(最小)%	7.0	1.4	9.0	3.7	7.0	1.4	9.0	3.7	0.9	8.0	2.2
透气率	cfm/ft^2	25 ~ 50	40 ~ 65	35 ~ 60	35 ~ 60	25 ~ 50	40 ~ 65	35 ~ 60	35 ~ 60	5 ~ 15	5 ~ 15	5 ~ 15
	cm^3/(cm^2·s)	13 ~ 25	20 ~ 33	18 ~ 31	18 ~ 31	13 ~ 25	20 ~ 33	18 ~ 31	18 ~ 31	2 ~ 8	2 ~ 8	2 ~ 8
张力强度												
经向	lb/in	225	240	290	290	225	240	290	290	240	250	290
	N/cm	390	420	505	505	390	420	505	505	420	435	505
纬向	lb/in	130	130	160	160	130	130	160	160	220	230	270
	N/cm	225	225	280	280	225	225	280	280	385	400	470
Mullen 爆炸	psi	450	500	500	500	450	500	500	500	575	575	575
	kPa	3100	3445	3445	3445	3100	3445	3445	3445	3960	3960	3960
重量	oz/yd^2	9.3 ~ 10.5	8.7 ~ 9.9	9.4 ~ 10.4	8.9 ~ 10.0	9.5 ~ 10.7	8.9 ~ 10.1	9.5 ~ 10.7	9.2 ~ 10.3	7.7 ~ 8.7	8.8 ~ 9.9	8.3 ~ 9.3
	g/m^2	315 ~ 356	295 ~ 336	319 ~ 359	302 ~ 339	322 ~ 363	302 ~ 343	322 ~ 363	312 ~ 349	261 ~ 295	298 ~ 336	281 ~ 315

类型	计量单位	454 型				484 型				426 型	
经纱	US 玻纤系统 纺织系统	ECDE 37 1/0 EC 6 134 纺织				ECDE 75 1/2 EC 6 66 纺织 ×2				ECDE 75 1/0 EC 6 66 纺织	
纬纱	US 玻纤系统 纺织系统	ECDE 75 1/0 纹理 EC 6 66 纺织 ×3				ECDE 75 1/3 纹理 ET 6 66 纺织 ×3				ECDE 75 1/0 EC 6 66 纺织	
织物计数(经纱×纬纱)	纱线/in 纱线/cm	44×24 36×19				44×24 34×19				54×52 42×40	
编织型式		1×3 RH 斜纹				1×3 RH 斜纹				1×3 RH 斜纹	
表面处理		373	580	615	625	373	580	615	625	580	625
点火损失	(最小)%	7.0	1.4	9.0	3.7	7.0	1.4	9.0	3.7	0.9	2.2
透气率	cfm/ft^2	25 ~ 50	40 ~ 65	35 ~ 60	35 ~ 60	25 ~ 50	40 ~ 65	25 ~ 50	35 ~ 60	35 ~ 60	30 ~ 55
	cm^3/(cm^2·s)	13 ~ 75	20 ~ 33	18 ~ 31	18 ~ 31	13 ~ 25	20 ~ 33	13 ~ 25	18 ~ 31	18 ~ 31	15 ~ 28
张力强度											
经向	lb/in	450	450	500	500	450	450	500	500	240	290
	N/cm	785	785	875	875	785	785	875	875	420	505
纬向	lb/in	200	200	250	250	200	200	250	250	220	270
	N/cm	350	350	435	435	350	350	435	435	385	470
Mullen 爆炸	psi	500	600	600	600	500	600	600	600	500	500
	kPa	3445	4135	4135	4135	3445	4135	4135	4135	3445	3445
重量	oz/yd^2	13.4 ~ 15.6	12.6 ~ 14.1	13.7 ~ 15.3	12.9 ~ 14.4	13.4 ~ 15.0	12.6 ~ 14.1	13.7 ~ 15.3	12.9 ~ 14.4	7.7 ~ 8.7	8.3 ~ 9.3
	g/m^2	454 ~ 508	427 ~ 478	464 ~ 519	437 ~ 488	454 ~ 508	427 ~ 478	464 ~ 519	437 ~ 488	261 ~ 295	281 ~ 315

续表 6－75

类型	计量单位	456 型				486 型			
经纱	US 玻纤系统 纺织系统	ECDE 37 1/0 EC 6 134 纺织				ECDE 75 1/2 EC 6 66 纺织 ×2			
纬纱	US 玻纤系统 纺织系统	ECDE 75 1/4 纹理 EC 6 66 纺织 ×4				ECDE 75 1/4 纹理 ET 6 66 纺织 ×4			
织物计数（经纱×纬纱）	纱线/in 纱线/cm	44×22 34×17				44×22 34×17			
编织型式		2×2 破斜纹				2×2 破斜纹			
表面处理		373	580	615	625	373	580	615	625
点火损失	（最小）%	7.0	1.4	9.0	3.7	7.0	1.4	9.0	3.7
透气率	cfm/ft^2	20～45	25～50	25～50	25～50	30～55	40～65	35～60	35～60
	$cm^3/(cm^2 \cdot s)$	10～23	13～25	13～25	13～31	13～20	20～33	18～31	18～31
张力强度									
经向	lb/in	450	450	500	500	450	450	500	500
	N/cm	785	785	875	875	785	785	875	875
纬向	lb/in	225	250	270	275	225	250	270	275
	N/cm	390	435	470	480	390	438	470	480
Mullen 爆炸	psi	550	625	625	625	550	625	625	625
	kPa	3790	4305	4305	4305	3790	4305	4305	4305
重量	oz/yd^2	14.7～16.4	13.8～15.4	15.0～16.8	14.1～15.8	14.7～16.4	13.8～15.4	15.0～16.3	14.1～15.8
	g/m^2	498～556	468～522	508～569	478～536	498～556	468～522	508～569	478～536

用于脉冲袋式除尘器的玻纤滤料

BGF 的脉冲玻纤滤料可增加清灰时滤袋表面的有效作用效应，同时还能使脉冲系统在恶劣的环境中改善其过滤效率（表 6－76）。

表 6－76 BGF 公司脉冲玻纤滤料的品种性能参数

类型	计量单位	448 型			477 型		
经纱	US 玻纤系统 纺织系统	37 1/0 & 37 1/0 纹理（交替结尾） EC 6 134 纺织 & ET 6 134 纺织			ECDE 75 1/2 EC 6 66 纺织 ×2		
纬纱	US 玻纤系统 纺织系统	ECDE 75 1/3 纹理 EC 6 66 纺织 ×3			ECDE 75 1/4 纹理 ET 6 66 纺织 ×4		
织物计数（经纱×纬纱）	纱线/in 纱线/cm	48×30 37×23			48×40 37×31		
编织型式		双面 crowfoot 缎纹			双纬面		
表面处理		373	615	625	373	615	625

续表 6－76

类型	计量单位	448 型			477 型		
点火损失	（最小）%	7.0	9.0	3.7	7.0	9.0	3.7
透气率	cfm/ft^2 $cm^3/(cm^2 \cdot s)$	20～50 10～23	25～50 10～25	20～50 10～25	20～55 10～25	20～50 10～25	20～50 10～25
张力强度							
经向	lb/in N/cm	275 480	300 525	300 525	450 785	500 875	500 875
纬向	lb/in N/cm	200 350	250 435	250 435	300 525	350 610	350 610
Mullen 爆炸	psi kPa	500 3445	600 4135	600 4135	900 6205	900 6205	900 6205
重量	oz/yd^2 g/m^2	16.0～17.9 542～607	16.2～18.1 549～613	15.4～17.2 522～583	20.5～23.1 695～783	22.3～24.5 758～830	19.9～23.8 674～807

b BGF 公司玻纤滤料的表面处理

玻纤滤料如果没有保护的涂层，滤料中的玻璃丝就会被流过的尘粒磨损，或被气流中所含的化学成分所腐蚀，或者与袋笼接触时受到损伤。选择合适的表面处理能确保滤料的性能和耐久性。

BGF 开发了四种保护滤料的表面处理：

（1）373 耐化学品腐蚀性。在所有聚化物表面进行处理，以防玻璃丝受酸、碱的侵袭，以及提供优越的耐磨性。可用于任何袋式除尘器中。

（2）580 三重处理。一种含有硅油、石墨、Teflon® 的混合物，主要保护玻纤的耐磨性，并可防止部分化学侵袭。可用于水泥和铸造行业。

（3）615 耐磨处理。在玻纤布上覆盖 10% Du Pont 公司的 Teflon B，以防磨损。由于 PTFE 没有与玻璃纱接合在一起，因此玻璃布在强酸及碱环境下仍会受化学品的侵蚀。可用于中性酸碱度的燃煤锅炉上。

（4）625 耐酸处理。在玻纤表面形成一种含有耐酸聚合物、Teflon®、石墨、硅油混合的微粒，以共价键与玻纤纱表面的粒子接合，以防化学侵袭。可用于工业燃煤锅炉和类似炭黑酸环境下以及燃烧矿物燃料的发电厂。

B 日本尤尼吉可玻纤公司（Unitika Glass Fiber Co., Ltd.）的玻纤滤料

a Unitika 公司玻纤织物的特性

Unitika 公司玻纤织物的性能参数（表 6－77）

表 6－77 Unitika 公司玻纤织物的性能参数

品 号	织物	质量/$g \cdot m^{-2}$	厚度/mm	拉伸强度/$daN \cdot 25mm^{-1}$	透气性/$cm^3 \cdot (cm^2 \cdot s)^{-1}$	处 理
S300 Q8	缎纹	300	0.25	经 134 纬 124	6.0	硅石墨＋PTFE
A330 Q5	斜纹	330	0.30	经 158 纬 98.3	28.1	硅石墨＋PTFE

续表 6－77

品　号	织物	质量/$g \cdot m^{-2}$	厚度/mm	拉伸强度/$daN \cdot 25mm^{-1}$	透气性/$cm^3 \cdot (cm^2 \cdot s)^{-1}$	处　理
A410 Q9	斜纹	408	0.37	经 277 纬 162	20.0	拒油拨水处理
A430 Q5	斜纹	416	0.40	经 267 纬 90.8	30.0	硅石墨＋PTFE
A500 Q5	斜纹	485	0.44	经 257 纬 186	25.7	硅石墨＋PTFE
A500 Q6	斜纹	488	0.44	经 201 纬 143	23.0	耐酸处理
A500 Q7	斜纹	511	0.44	经 206 纬 118	23.0	PTFE 处理
T530 Q5	双重织物	533	0.55	经 258 纬 121	23.0	硅石墨＋PTFE
T860 Q6	双重织物	898	0.91	经 223 纬 196	7.2	耐酸处理
T790 Q8	双重织物	853	0.86	经 223 纬 102	13.7	PTFE 处理
GM800	双重织物	845	0.82	经 191 纬 116	2.4	PTFE 膜（覆膜）

注：数值是测定值，不是保证值。

Unitika 公司玻纤机织物的特征

（1）耐高温，常用最高温度 270℃。

（2）拉伸强度和尺寸稳定性好，适用于脉冲式喷吹清灰。

（3）根据使用环境不同，采用不同的表面处理方式。

（4）由特殊的双重结构组成，可达到高气布比。

T860 Q6 型　　0.6～0.8m/min

GM 800 型　　0.8～1.0m/min

（5）采用独家技术，织物纬纱使用膨体纱（图 6－103），织物细密且均匀，可达到高效集尘效果。

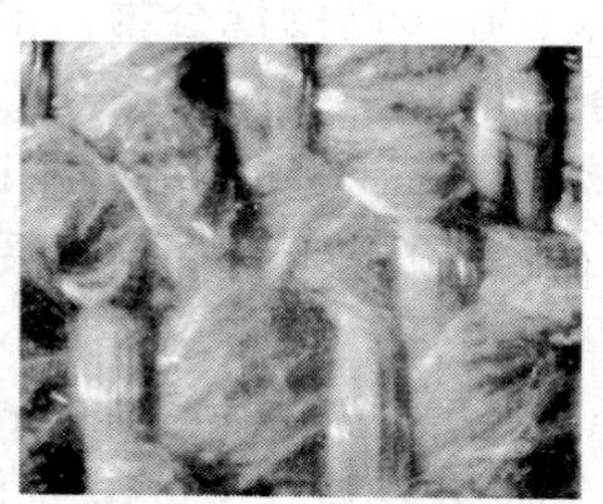

Unitika 公司玻纤机织物

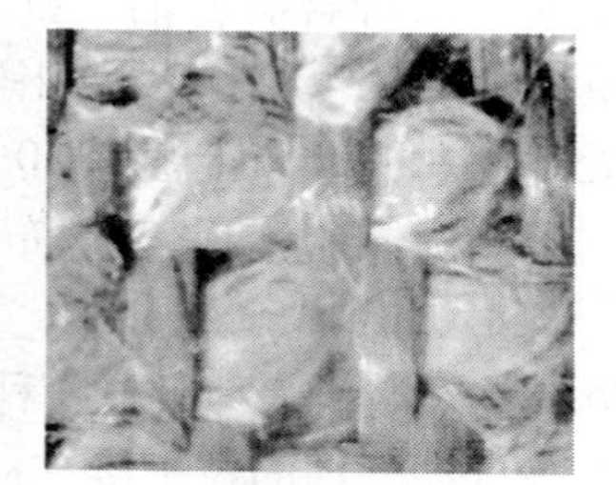

一般玻纤机织物

图 6－103　Unitika 公司的玻纤机织物

T860 Q6 型玻纤布耐酸性能

试验方法：将样品按一定时间放在质量浓度为 1% 的硫酸中浸渍、水洗，干燥后拉伸及进行 MIT 型耐折试验（表 6－78、图 6－104、图 6－105）。

表 6－78　T860 Q6 型玻纤布耐酸抗折性试验

浸渍时间/h	拉伸强度/$N \cdot 25mm^{-1}$		耐折强度/次数		浸渍时间/h	拉伸强度/$N \cdot 25mm^{-1}$		耐折强度/次数	
	经纱	纬纱	经纱	纬纱		经纱	纬纱	经纱	纬纱
0	2437	2519	49000	7700	24	2129	2089	5800	2100
1	2036	1766	13000	2200	48	2402	2152	8200	2400

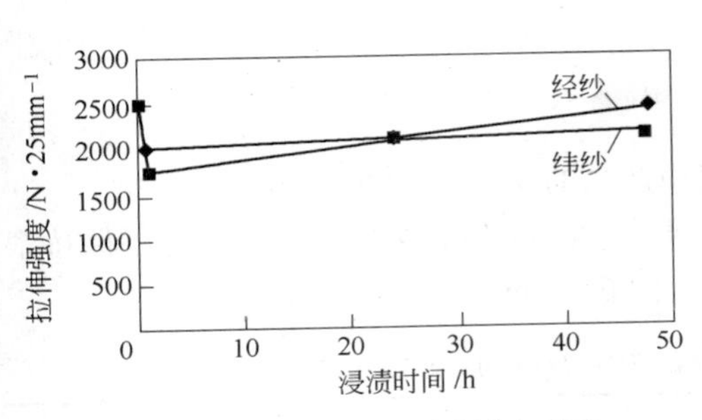

图 6－104　T860 Q6 型玻纤布耐酸拉伸强度试验

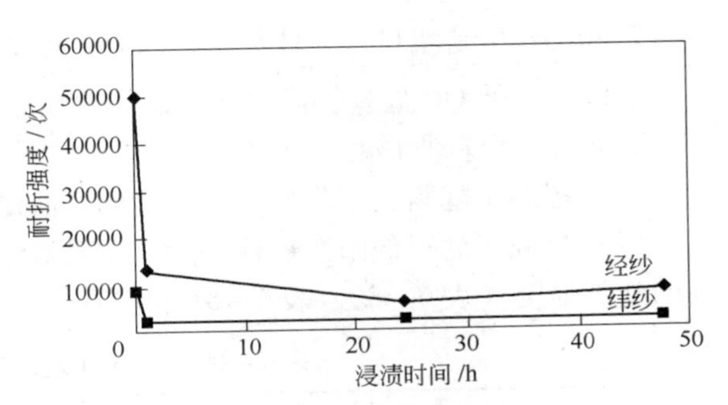

图 6－105　T860 Q6 型玻纤布耐酸MIT 型耐折强度试验

GM800 玻纤覆膜滤料的净化效率（图 6－106）

试验粒子　DOP 粒子（Dioctyl Phthalate）

过滤速度　3.2m/min

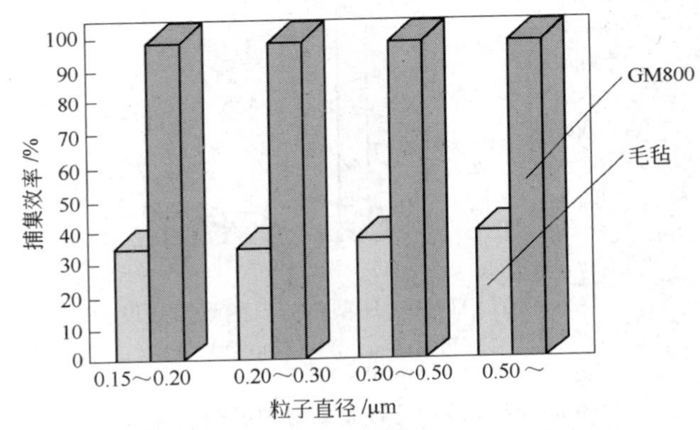

图 6－106　GM800 玻纤覆膜滤料的净化效率

b　Unitika 公司玻纤机织物的品种

玻璃纤维的主要品种（表 6－79）

表 6－79　玻璃纤维的主要品种及其用途

S300（807）	水泥烧结块，合金铁电炉、石灰焚烧炉	A500（814F）（Q7）	煤渣锅炉
A330（823）	石灰焚烧炉、垃圾焚烧炉	T530（809）	炭炉
A410（842）（Q9）	带预热的炼钢电炉	T790（QB）	垃圾焚烧炉（灰熔融炉、气化熔融炉）
A430（825）	炼钢电炉	T860（889）	垃圾焚烧炉、煤渣锅炉
A500（814F）	垃圾焚烧炉、炼钢电炉、铝熔解炉、炭炉	F600（Q6）	垃圾焚烧炉

注：Q5、Q8—硅油、石墨、Teflon 处理，可在干燥空气 280℃高温下连续使用；

Q6—耐酸处理，大大提高了耐折强度；

Q7—Teflon B 处理，适合于燃煤烟气；

Q9—防油防水处理；

QB—Teflon 覆膜玻纤滤料，能除去微细粉尘。

T740 QD 型新滤料——玻纤织物的 QD 处理

玻纤织物的 QD 处理提高了滤料织物的性能。

T740 QD 型新滤料的特点如下：

（1）提高了滤料的耐折性——可达到目前使用产品的 3 倍（图 6－107）。

（2）提高了滤料的耐腐蚀性——放在质量浓度为 1% 的硫酸溶液中浸渍，仍可保持很高的断裂强度（表 6－80、表 6－81 和图 6－108、图 6－109）。

表 6－80　T740 QD 型新滤料的物理性能

滤　料	厚度/mm	克重/g·m^{-2}	断裂强度/N·25mm^{-1}		强热减量/%	透气性/mL·(cm^2·s)$^{-1}$	耐折性/次	
			经	纬			经	纬
目前产品	0.87	796	3812	2058	11.9	14.9	94000	26000
T740 QD	0.80	781	2988	2988	10.6	12.3	320000	43000

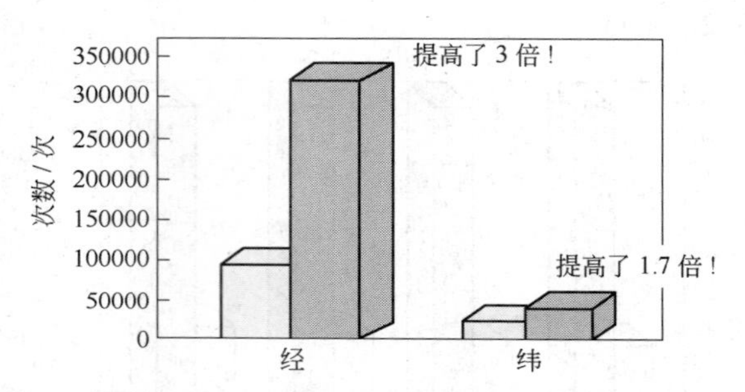

图 6－107　T740 QD 型新滤料的耐折强度

■—目前产品；■—T740 QD

表 6－81　T740 QD 型新滤料的耐腐蚀性

滤　料		断裂强度/N·25mm^{-1}		耐折次数/次	
		经	纬	经	纬
目前产品	空白	3812	2058	94000	26000
	24h	2520	954	44000	4900
	48h	2398	718	38000	4500
T740 QD	空白	2988	1720	320000	43000
	24h	2912	1529	190000	40500
	48h	2811	1519	130000	8200

c　Unitika 公司玻纤机织物在焚烧炉上的应用

Unitika 玻纤织物在日本焚烧炉上的业绩

1989～2004 年期间，GM800 玻纤覆膜滤料及 T860 Q6 型玻纤布在日本垃圾焚烧厂已有 500 家以上投入运行（表 6－82、表 6－83）。

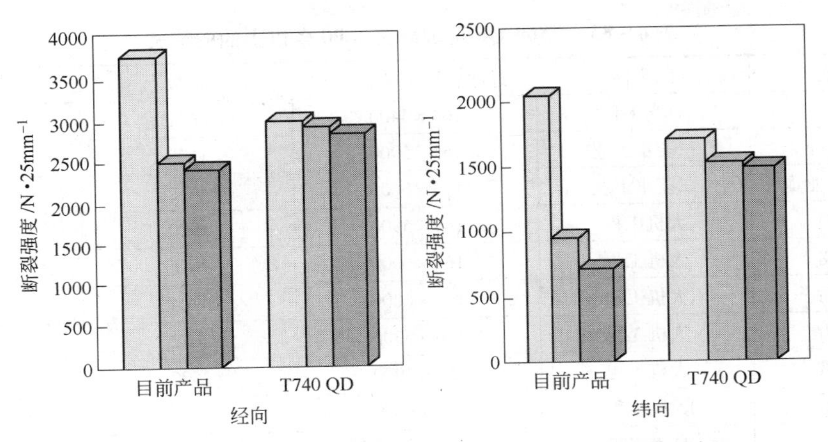

图 6－108 T740 QD 型新滤料的耐腐蚀性比较（断裂强度）

—空白；—24h；—48h

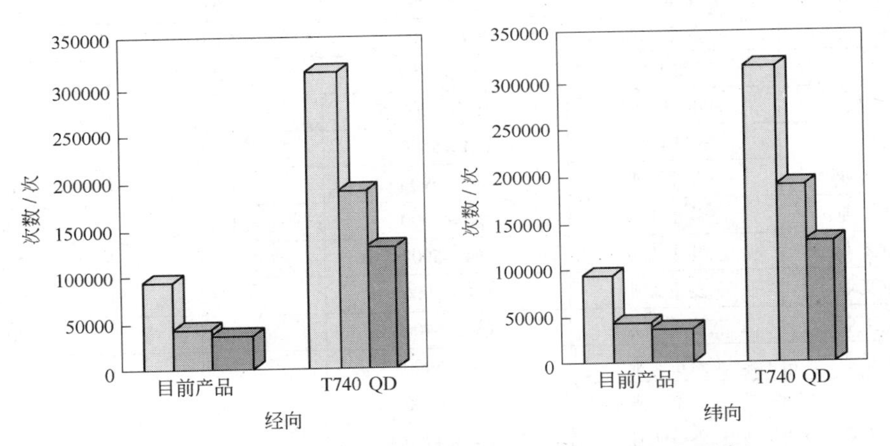

图 6－109 T740 QD 型新滤料的耐腐蚀性比较（耐折强度）

—空白；—24h；—48h

表 6－82 GM800 玻纤覆膜滤料 500 条以上的业绩表

设 备	除尘器	过滤尺寸（$\phi \times L$）	条数	开车年份
大同	日本斯宾德	164× 3500	512	1990
内海	日立成套	152×4855	570	2000
田熊	三和工程	164×5800	1120	2001
NKK	日光工程	164×5200	1540	2001
三菱重工业	三菱重工业	164×5900	581	2001
NKK	日光工程	164×6000	780	2002
大同	日本斯宾德	164×6200	960	2002
NKK	日光工程	164×4300	616	2002
NKK	日光工程	130×4900	836	2002
NKK	日光工程	164×6000	520	2002
NKK	日光工程	165×6000	616	2002
内海	日立成套	152×6955	930	2002
田熊	日立成套	152×6055	1570	2002

表 6－83 T860 Q6 型玻纤布 1000 条以上的业绩表

成套设备	除尘器	过滤袋尺寸（$\phi \times L$）	根数	开车年份
NKK	日光工程	164×5400	2691	2000
三菱重工业	三菱重工业	164×5900	1120	2000
三菱重工业	三菱重工业	170×5600	4032	2000
日立造船	大机工程	164×5900	1920	2001
日立造船	大机工程	164×6000	2016	2001
日立造船	大机工程	130×6000	4704	2001
日立造船	大机工程	130×5900	2072	2001
日立造船	大机工程	164×5900	2520	2001
日立造船	大机工程	130×6000	2856	2001
NKK	日光工程	164×6000	1904	2001
日立造船	大机工程	130×5900	2800	2001
三菱重工业	三菱重工业	164×5900	2304	2001
三菱重工业	三菱重工业	164×5900	5280	2001
田熊	三和工程	164×5750	2496	2002
住友重机	日本斯宾德	164×5900	1920	2002
田熊	三和工程	164×5500	3456	2002
三菱重工业	三菱重工业	164×5900	1120	2002
三菱重工业	三菱重工业	164×5900	1280	2002
三菱重工业	三菱重工业	164×5900	1344	2002
三菱重工业	三菱重工业	164×5900	1512	2004
三菱重工业	三菱重工业	164×5900	2503	2004
三菱重工业	三菱重工业	164×5900	2650	2004
三菱重工业	三菱重工业	203×6100	1522	1982
三菱重工业	三菱重工业	164×4900	1056	1990
三菱重工业	三菱重工业	164×4900	1780	1992
三菱重工业	三菱重工业	164×4900	3168	1993
NKK	日本斯宾德	164×5700	2160	1994
三菱重工业	三菱重工业	164×4900	1024	1994
三菱重工业	三菱重工业	164×4900	1152	1994
三菱重工业	三菱重工业	170×5600	1152	1994
三菱重工业	三菱重工业	164×4900	7776	1994
NKK	日光工程	164×5200	1920	1995
三菱重工业	三菱重工业	170×5600	1256	1996
三菱重工业	三菱重工业	164×4900	1920	1996
三菱重工业	三菱重工业	164×4900	2400	1996
三菱重工业	三菱重工业	164×4900	3240	1996
NKK	日光工程	164×5200	2560	1997
NKK	日光工程	164×5200	2052	1998
NKK	日光工程	164×5200	1500	1998
三菱重工业	三菱重工业	164×4900	1024	1998

续表 6－83

成套设备	除尘器	过滤袋尺寸（$\phi \times L$）	根数	开车年份
三菱重工业	三菱重工业	164×5900	1210	1998
三菱重工业	三菱重工业	164×4900	1280	1998
住友重机	日本斯宾德	164×5900	1800	1999
三菱重工业	三菱重工业	164×4900	1080	1999
三菱重工业	三菱重工业	164×4900	1280	1999
三菱重工业	三菱重工业	164×4900	1320	1999
三菱重工业	三菱重工业	164×5900	1320	1999
三菱重工业	三菱重工业	164×4900	1728	1999
三菱重工业	三菱重工业	164×4900	1920	1999
三菱重工业	三菱重工业	164×4900	3456	1999
田熊	三和工程	164×6000	1800	2000
NKK	日光工程	164×6000	2856	2000

Unitika 公司玻纤织物在焚烧炉中与其他化纤织物的比较（表 6－84）

表 6－84　焚烧炉中 Unitika 玻纤织物与其他化纤织物的比较

项　目	玻纤双重织物 T860	玻纤覆膜 GM800	PPS 毛毡	P84® 毛毡	P84® PTFE 基布	PTFE 毛毡
耐热温度	240℃	240℃	160℃	200℃	220℃	240℃
耐酸性	好	好	很好	好	好	很好
耐碱性	一般	一般	很好	一般	一般	很好
过滤速度	0.8	1.0	0.8	1.0	1.0	1.0

注：1. 玻纤织物和其他产品比，耐热性很好。尤其是和 PPS 比大大高出其耐热温度。
　　2. GM800 具有高耐热性，可在高速过滤下运行。

Unitika 公司玻纤织物在焚烧炉中的案例

（1）日本焚烧炉玻纤滤料的案例一：

除尘器型式　　脉冲喷吹
滤料型号　　T860 Q6
烟气量　　61000Nm³/h
烟气温度　　160℃
滤料耐热温度　　250℃
烟气含水量　　23.5%
气体成分：

H_2O	O_2（干）	HCl	SO_x
21.3%	5.5%	最大 1000ppm	最大 100ppm

含尘量　入口　　4.23g/Nm³（干）（O_2 =12% 换算值）
　　　　出口　　0.01g/Nm³（干）（O_2 =12% 换算值）
净化效率　　99.8%
过滤速度　　0.825m/min

（2）日本焚烧炉玻纤滤料的案例二：

使用单位	都市垃圾焚烧炉
过滤风量	36420m³/h
气体温度	180℃
使用滤料	T860 Q6
过滤速度	0.8m/min

滤袋使用14个月后，仍保持很高的拉伸强度，如图6－110所示。

（3）日本焚烧炉玻纤滤料的案例三：

使用单位	都市垃圾焚烧炉
过滤风量	63000m³/h
气体温度	180℃
使用滤料	GM800
过滤速度	0.91m/min
使用期限	3年后仍在使用
拉伸强度	使用后的强度示于图6－111中

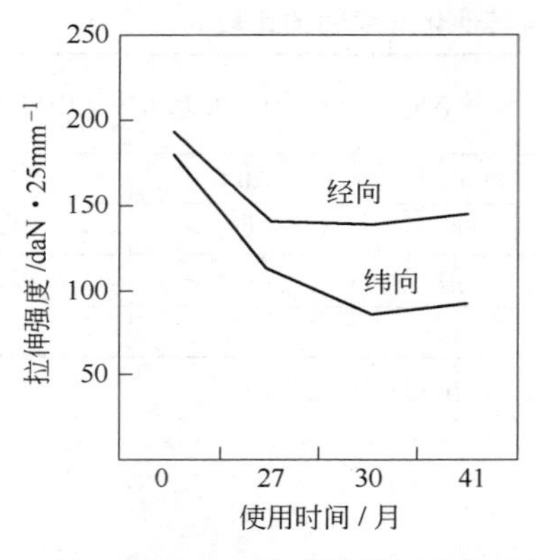

图6－110　案例二：滤袋使用后的拉伸强度

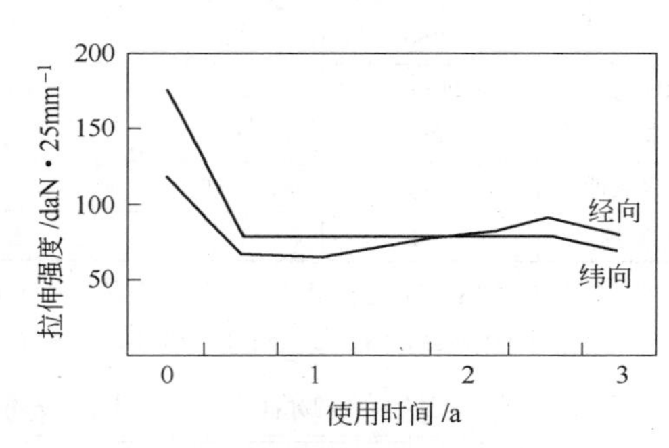

图6－111　案例三：滤袋使用后的拉伸强度

6.3.10.6　玻纤滤料的表面处理

A　玻纤滤料表面处理的必要性

玻璃纤维具有耐高温、拉伸强度大、来源充分等特点，但玻纤不具备很好的耐腐蚀性、疏水性，有质脆、不耐折等缺点。因此，玻纤滤料必须经过表面处理才能满足滤料加工和过滤的需要。

在处理工业高温烟气时，对于未经化学表面处理的玻璃纤维滤料，烟气中的粉尘及酸、碱物质极易侵蚀纤维，加速纤维丝、纱间的磨损，导致滤料的失效。经过合适的化学表面处理后的玻璃纤维滤料，不仅抗化学酸碱能力、耐磨等性能增强了，而且曲挠性能得到改善，满足了各种高温烟气的治理要求。

表面处理是在玻纤滤料表面涂覆不同的高分子有机聚合物以达到：

（1）增强玻纤的化学稳定性，保证长期处于高温状态下，在酸性或碱性气氛中，其强度、耐磨、耐折等性能不受影响。

（2）改善玻纤的曲挠性能。

（3）提高滤料表面的疏水性，使其具备抗结露能力。

玻纤滤料既不能用烧毛，也无法用上光来进行表面后处理。

玻纤滤料可用硅油、石墨、Teflon（灰色）、抗酸（褐色）或保护纤维磨损的 Teflon B（白色）中任何一种来做化学表面后处理，当玻纤与 PTFE 膜覆合时，需用特殊处理方法，对表面先做化学处理，以帮助玻纤滤料与 PTFE 薄膜的覆合。

B 国外玻纤滤料表面处理方式

据国外有关资料的记载，国外在工业过滤应用中，对玻纤机织布料中常见的化学表面处理方式有：抗化学处理、三层化学表面处理、Teflon® B 涂覆处理、抗酸处理、玻纤 ePTFE 覆膜滤料等几种。

a 抗化学处理

纤维采用高分子聚合物及 PTFE 树脂涂覆处理，在纤维表面形成一层保护层，提高了玻璃纤维料的耐化学性能，增强了纤维丝、纱间的耐磨性。

一般经化学表面处理后的玻纤布料，可用于弱酸环境下的过滤环境中。

b 三层化学表面处理

纤维采用硅油、石墨、PTFE 混合处理能较好地提高纤维丝、纱间的耐磨性，但对纤维的耐化学性能的帮助很有限。

c Teflon® B 涂覆处理

纤维采用 10% 美国杜邦公司的 Teflon® B 粒子进行化学表面处理，主要提高玻纤纱的耐磨性能。但由于 PTFE 粒子不是包覆在玻璃纤维纱上，因此处理后的玻璃纤维仍有可能遭受酸、碱的化学侵蚀。

这种处理只适用于中等 pH 酸碱条件下的烟气，如工业锅炉的高温烟气治理。

d 抗酸处理

纤维采用抗酸聚合物、PTFE 树脂、石墨及硅油等进行化学表面处理，在玻璃纤维纱表面形成、包覆了一层分子状的共价层，有效地避免了玻璃纤维受到化学酸碱的侵蚀，提高了纤维的耐用性。

一般可用于工业发电锅炉、炭黑生产过程、各种垃圾焚烧的含酸高温烟气。

e 玻纤 ePTFE 覆膜滤料

1973 年美国 Gore 公司首创了玻纤 ePTFE 覆膜滤料，进一步提升、扩大了玻纤滤料的应用范围。

C 国际上玻纤滤料表面处理的四大系列配方

国际玻纤滤料表面处理的四大系列配方，又称表面处理的四代处理方式。

第一代：1940 年，美国 H. B. Menard 首创发明有机硅表面处理技术，该处理在高温下仍具有润滑性，可防止因挠曲而引起的断裂，提高滤料的粉尘剥离性、耐曲挠性及耐折性，从而使玻纤滤料最严重的缺陷在一定条件下得到了克服。

第二代：1940 ~ 60 年代，为提高有机硅处理后的耐热性，国外在配方中加入聚四氟乙烯。处理后可使耐温达260℃。

Teflon（灰色）：保护纤维免受磨损

Teflon B（褐色）：提高耐磨性

第三代：1960年后，配方中出现微量石墨悬浮分散液。由此，不仅保证高温下滤布的润滑性，且使有机硅在高温下不易分解，从而使玻纤滤料的使用温度提高到280℃。

第四代：1970年末，美国杜邦（DuPont）公司发明了Teflon B处理（代号Q70、Q75）。Teflon B处理是一种耐酸和耐腐蚀系列的配方，呈褐色。Teflon B处理进一步提高了玻纤的耐温，耐酸和耐腐蚀性。

至今，国际玻纤滤料的表面处理有抗酸聚合物、PTFE、石墨、硅油四级处理。

D 表面处理的四大系列配方的功能

a 第一代：硅油（有机硅油）——使粉尘易于剥离

采用甲基硅油或甲基苯基硅油处理能使玻纤滤布有良好的柔软性，改善耐曲挠、耐磨性能。但是，当气体温度在150℃以上时，这种硅油就会慢慢分解，逐渐变硬，失去柔软性，温度在200℃以上时很快恶化，过滤性能下降，这就是滤布破损原因之一。

其特点为：

（1）耐温250℃。

（2）抗弯曲性尚可。

（3）耐酸碱差。

（4）灰尘剥落性尚好。

b 第二代：硅酮+聚四氟乙烯（Teflon）——加强耐化学性

采用聚四氟乙烯（Teflon）处理后：

（1）聚四氟乙烯的微粒在260℃时物理和化学性能都很稳定，改善了滤布的耐化学药品性能。

（2）聚四氟乙烯具有改善玻璃纤维的耐磨、耐老化、憎水等性能的作用，而且它具有极低的摩擦系数，可提高玻璃纤维之间的润滑性，减少其摩擦。

其特点为：

（1）耐温280℃。

（2）抗弯曲性尚可。

（3）耐酸碱差。

（4）灰尘剥落性最好。

c 第三代：硅酮+聚四氟乙烯+石墨——加强耐热性

硅油中加入分散的石墨微粒（层状结构，1μm以下的微粒）处理后，可具有以下作用：

（1）由于石墨在400℃范围内相当稳定，并保持良好的润滑性，因此，它能使硅油在高温下具有良好性能，从而改善了滤布的耐温性能。

（2）石墨具有良好的导电性，可以消除粉尘在滤布上的静电作用，减少滤布的过滤阻力，延长滤布的使用寿命。

（3）石墨的耐腐蚀性能也很好，对各种气体只有物理吸附无化学反应，不会受酸碱性气体的腐蚀。

（4）石墨微粒在高温时能产生还原性气氛，对硅油的氧化性能有一定的保护作用，因而，可保持滤布的柔软性，使粉尘容易剥落，减小过滤阻力。

因此，石墨微粒是一种在高温过滤中比较理想的表面处理剂。

其特点为：

（1）耐温 320℃。

（2）抗弯曲性好。

（3）耐酸碱性较好。

（4）灰尘剥落性最好。

d 第四代：特殊化学剂——Teflon B 处理等

纤维采用 10% 美国杜邦公司的 Teflon B PTFE 粒子进行化学表面处理，主要提高了玻纤纱的耐磨性能。但由于 PTFE 粒子不是包覆在玻纤纱上，因此，处理后的玻纤仍有可能遭受酸、碱的化学侵蚀，一般适用于中等 pH 酸碱条件下的烟气处理，如工业锅炉的高温烟气治理。

其特点为：

（1）耐温 330℃。

（2）抗弯曲性：Q75 好，Q70 很好。

（3）耐酸性：Q70 很好，Q75 好。

（4）耐碱性：Q70 很好，Q75 较好。

（5）灰尘剥落性最好。

e 比利时 Nevele 市 Aclin bvbe 公司的玻纤滤料表面处理技术

比利时 Nevele 市 Aclin bvbe 公司是一个袋式除尘器、静电除尘器及旋风除尘器的制造厂，它提出一种用于净化含氯和氟气体的废气的新方法：Saps - o - Therm® 加强喷塑表面处理。

Saps - o - Therm® 是在玻璃纤维上进行加强喷塑（plastic reinforced），使它能经受温度高达 300℃（570℉），可以消除含酸气体由于冷凝引起的腐蚀危害。

E 国内玻纤滤料的表面处理技术

自 1940 年美国发明了玻纤滤布的有机硅表面处理技术后，我国自 1960 年代初，用玻璃纤维代替棉、麻、丝、毛作为过滤材料以后，就研究了有机硅表面处理技术，在炭黑及化工行业收集微细的工业原料获得成功，从而进入了第一代表面处理技术。

国内玻纤滤料的表面处理方式有前处理和后处理两种，目前国内都采用后处理。

后处理首先是由南京玻璃纤维研究所研制成功，对玻纤布的硅酮（285 号硅油）、石墨、聚四氟乙烯处理（即第三代处理）。

后处理的配方如下：

石墨乳剂	6%
285 号硅油	25%

聚四氟乙烯乳液　　3%

聚丙烯酸酯乳液　　3%

水（去离子）　　63%

前处理首先是由北京建研院研制成功，为进一步提高玻璃纤维布的防腐蚀性能及耐温性能而采用的一种滤料处理工艺。它采用石墨-聚四氟乙烯处理液处理玻璃纤维纱线，处理后再织布。但处理纱线后再织布成本高，而直接处理布的成本较低。

前处理的处理液配方如下：

胶体石墨乳剂（TT-1）　　30%

284号硅油　　10%

聚四氟乙烯悬浮液（F-4）　　20%

水（去离子）　　40%

a 国内玻纤滤料表面处理技术的沿革

20世纪70年代末至80年代初，在建材总局、国家环保局、化工部、冶金工业部的大力支持下，国内研究部门立专项研究出PSi系列、FQ系列、FCA系列、RH系列、FS_2系列等几种典型的表面处理系列。

b 国内几种典型的表面处理系列

FQ系列

FQ系列配方主要成分：以聚四氟乙烯和以高分子量带反应基团的新型硅酮乳液为主要成分，类似国外第四代。

FQ系列配方的特性：

（1）耐温高于260℃。

（2）滤布比较滑爽、柔软，疏水性好，耐折性比素布高2倍，耐磨性高1~1.5倍。

FQ 802、FQ 803滤布的耐折、耐磨性能对比如表6-85所示。

表6-85　玻纤滤布性能对比

布　种	耐折/次	耐磨/次	布　种	耐折/次	耐磨/次
FQ 802滤布	971	472	未经处理的滤布	300	200
FQ 803滤布	959	530			

FQ系列配方适用于水泥旋窑的窑头、窑尾（FQ 802）和炭黑回收（FQ 803）。

PSi系列

PSi系列配方主要成分：以硅油、石墨、聚四氟乙烯三级处理，相当于国际上的第三代。

PSi系列配方的特性：

（1）可在280℃下长期使用。

（2）20世纪70年代研制了PSi系列配方，为了进一步提高滤布的性能，1980年后，又研究配方中各单组分对滤布耐折、耐磨、柔软等性能的影响（表6-86）。据此，确定了PSi 803的新配方。

表 6-86 各单组分对滤布耐折、耐磨、柔软性的影响

性 能	影响效果的强弱	性 能	影响效果的强弱
耐折/次	硅油 > 聚四氟乙烯 > 石墨	柔软性	硅油 ≈ 石墨 > 聚四氟乙烯
耐磨/次	聚四氟乙烯 > 石墨 > 硅油		

PSi 803 新配方的性能对比如表 6-87 所示。从表中可见，其耐折性比素布高 1 ~ 2 倍，耐磨性高 2.5 ~ 3 倍。

表 6-87 PSi 803 新配方的性能对比

布 种	耐折/次	耐磨/次	布 种	耐折/次	耐磨/次
PSi 滤布	249	464	未处理滤布	125	222
PSi 803 滤布	325	899			

PSi 系列配方适用于钢铁和燃煤锅炉方面的滤袋收尘。

FA 系列

FA 系列配方主要成分是聚四氟乙烯。

FA 系列配方的特性：众所周知，聚四氟乙烯具有优越的耐热性、化学稳定性、不吸水及极高的摩擦系数，由此其耐热、耐腐、耐磨性都有明显的提高，但其价格昂贵。

FA 系列配方适用于炭黑回收。

FS_2 系列

FS_2 系列配方的特性：

（1）耐温低于 280℃。

（2）耐腐蚀、耐曲挠性好。

FA 系列配方专为高炉煤气开发。

FCA 系列

FCA 系列配方中引进有机硅类疏水剂，属于低温抗结露滤料，类似国外第四代。

FCA 系列配方的特性：

（1）长期工作温度低于 180℃。

（2）疏水性良好。

（3）耐折、耐磨性良好。

FCA 系列配方适用于高湿低温的水泥磨、原料磨的抗结露、烘干机等含湿量高、温度低的气体。

RH 系列

RH 系列防酸配方中引入耐酸成膜剂，类似国外第四代。

RH 系列配方的特性：

（1）在高温（280℃）含湿（>10%）烟气中具有较长的使用寿命。

（2）良好耐酸性、疏水性。

RH 系列配方适用于大型水泥窑尾、水泥立窑、箅冷机、立窑、炭黑厂及燃煤锅炉等

含酸气体。

c 几种典型的表面处理系列性能的对比

（1）厚度为$\delta=0.3$mm的无碱玻纤布和玻纤素布，在室温下与300℃高温下连续7天老化后的性能比较（表6－88）。

表6－88 玻纤滤料表面处理性能对比

布种类	室温			300℃高温7天后		
	强力/N·25cm^{-1}	耐磨/次	耐折/次	强力/N·25cm^{-1}	耐磨/次	耐折/次
素布	1489.6	635	435	793.8	80	63
FQ处理布	1470.0	415	538	842.8	188	194
FA处理布	1822.8	784	930	929.2	452	348
PSi处理布	1470.0	796	441	902.6	306	215

（2）三种配方滤布的综合性能如表6－89所示。

表6－89 三种配方滤布的综合性能

性能			未处理滤布	PSi 801滤布	FQ 802滤布	FA 801滤布
耐热性	强力/kg·25mm^{-1}	常温	107	110.0	119.1	125.5
		300℃×6天	88.5	108.8	89.6	123.4
	耐折/次	常温	161	454	491	621
		300℃×6天	51	222	128	457
	耐磨/次	常温	211	603	395	810
		300℃×6天	96	291	197	350
耐酸性	强力/kg·25mm^{-1}		51.8	79.0	82.6	100.0
	耐折/次		23	142	181	482
	耐磨/次		16	66	26	146
耐碱性	强力/kg·25mm^{-1}		122.2	131.7	142.5	146.0
	耐折/次		—	346	326	701
	耐磨/次		—	178	227	397
憎水性	5min		0.1	4.5	0	0.8
	10min		0.2	6.0	0	2.5
	1h		0.5	11.0	0	5.0
	7h		2.5	15.0	0.5	11.0

注：1. 耐酸试验是试样在1.418%硫酸溶液中，室温浸泡106天后的性能数据。
2. 耐碱性试验是在水泥滤液中，室温浸泡106天后的性能数据。
3. 憎水性是把试样垂直悬挂于红墨水槽上，试样下端浸入槽水中，观察红墨水沿布面上升的高度。

从表6－89中可见：

1）滤布经PSi、FQ、FA三种配方处理后，其强力、耐折、耐磨、耐酸、耐碱性能比未经处理滤布都有明显的提高。

2）FA 配方滤布耐热、耐酸、耐碱性能都最佳。

3）FQ 配方滤布憎水性好，有利于粉尘剥离。

6.3.10.7 玻纤滤料的制造

A 纺丝工序（图 6－112）

（1）把 E 玻璃球溶解制成玻璃纤维。

（2）玻璃纤维直径为 4～9μm。

（3）滤料机织布采用的都是 6μm 的丝。

（4）纤维是很均匀的 6μm 的丝。

（5）用 6μm 纤维作的织物平滑柔软性很好。

B 捻丝工序（图 6－113）

（1）纺出的丝要加捻。

（2）把捻好的丝再合股作成合股纱。

（3）用捻度很均匀的纱，可大大提高滤布的品质。

（4）捻度可加捻到 10Z 捻（25mm 长度的捻数）。

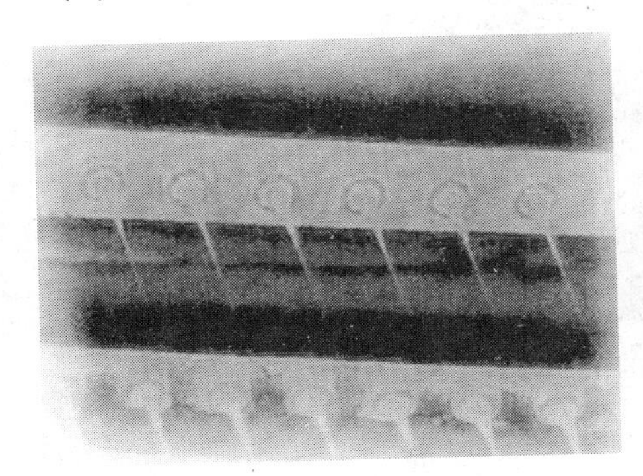

图 6－112 玻璃纤维的纺丝工序

图 6－113 玻璃纤维的捻丝工序

C 膨体纱工序（图 6－114）

膨体纱滤布：具有微细蓬松的效果，稳定性好和粉尘净化率高。

图 6－114 玻璃纤维的膨体纱工序

D 整经工序（图6－115）

图6－115 玻璃纤维的整经工序

E 织布工序（图6－116）

采用喷气织机，织物组织有平纹、斜纹、缎纹和双面织物等品种。

图6－116 玻璃纤维的织布工序

F 后处理工序

（1）织物进行浸渍处理。

（2）为达到均匀含浸，因此要作两次浸渍处理（设备是两次浸渍处理装置）。

（3）为了控制因幅宽造成的含浸和干燥不均的问题，应改进设备，以生产出高品质滤料。

6.3.10.8 玻纤滤料的缝制

根据南京玻璃纤维研究院制定的《玻璃纤维平幅缝接过滤布袋的企业标准（暂定）》要求：

（1）每条滤袋必须用整段布，不得有拼接之处。

（2）纵向接缝要平整，针迹不得起毛，每条缝线不得断开，缝口不得开缝。

（3）缝线针脚，薄布为20～25针/cm，厚布为25～30针/cm。

（4）玻璃纤维缝纫线的基材，采用偶联剂浸润剂，直径为6～7μm的80支无碱纱，经过化学处理剂处理，强力在10kg左右。

（5）在反吹风袋式除尘器中，滤袋上缝制的防瘪环须与滤袋垂直，不能倾斜，防瘪环不能在包布内上下滑动，防瘪环包布与滤袋缝接，上下至少各有两道以上缝线。

6.3.10.9 玻纤滤料的应用

玻纤滤料的过滤风速可参照表6－90选用。

表 6-90 典型玻璃纤维过滤材料性能表

（国家建材局南京玻璃纤维研究院第七研究所研制）

性能指标		玻纤布							玻纤膨体纱						玻纤针刺毡
		CWF300 CWF300A	CWF450 CWF450A	CWF500 CWF500A	EWF300 EWF300A	EWF350 EWF350A	EWF500 EWF500A	EWF600 EWF600A	EWTF500 EWTF500A	CWTF60	CWTF750	EWTF550 EWTF550A	EWTF650	EWTF800	$ENW_9-1050-1$
单位面积质量/$g \cdot m^{-2}$		≥300	≥450	≥500	≥300	≥350	≥500	≥600	≥450	≥550	≥660	≥480	≥600	≥750	1050±100
断裂强度/$N \cdot 25mm^{-1}$	经	≥1500	≥2250	≥2250	≥1600	≥2400	≥3000	≥3000	≥2100	≥2100	≥2100	≥2600	≥2800	≥3000	≥1400
	纬	≥1250	≥1500	≥2250	≥1600	≥1800	≥2100	≥3000	≥1400	≥1800	≥1900	≥1800	≥1900	≥2100	≥1400
断裂强度/MPa		>2.4	>3.0	>3.5	>2.9	>3.1	>3.5	>3.8	>3.5	>3.9	>4.7	>4.4	4.5	>4.9	>3.9
透气量/$cm^3 \cdot (cm^2 \cdot s)^{-1}$ 后缀A产品的透气性		35~45 10~20	35~45 10~20	20~30 20~30	35~40 10~20	35~45 10~20	35~45 10~20	20~30 20~30	35~45 10~20	35~45	30~40	35~45 35~45	30~40	25~35	15~30
织物结构 （后缀A产品的织物结构）		斜纹 破斜纹	斜纹 破斜纹	纬二重 纬二重	斜纹 破斜纹	斜纹 破斜纹	斜纹 破斜纹	纬二重 纬二重	斜纹 纬二重	纬二重	纬二重	斜纹 斜纹	纬二重	纬二重	针刺毡
处理剂配方		FCA（用此配方处理的滤布的工作温度小于180℃）、PSi、FS_2、FQ、RH													
长期工作温度/℃		<260			<280				<260			<280			<280
适用清灰方式		反吹风清灰					反吹风清灰、回转反吹风清灰、机械振打清灰、脉冲清灰								脉冲清灰
过滤风速/$m \cdot min^{-1}$		≤0.40	≤0.45	≤0.50	≤0.40	≤0.45	≤0.50	≤0.55	≤0.50	≤0.55	≤0.70	≤0.55	≤0.65	≤0.8	≤1.0

注：1. FCA系列配方：长期使用温度在180℃以下，具有良好的疏水性，适用于含湿量较高的工业烟气净化，如水泥磨机、各种物料烘干机等。

2. PSi系列配方：长期使用可达280℃，适用于炭黑、水泥立窑、燃煤锅炉等高温烟气粉尘过滤。

3. FS_2 系列配方：工作温度不大于280℃，适用于冶炼行业的高炉、转炉、电炉等扬尘点的烟气粉尘治理。

4. FQ系列配方：工作温度在260℃以下，具有一定疏水性及耐腐蚀性，如水泥旋窑、炭黑等烟尘治理。

5. RH系列配方：具有良好的耐酸性、疏水性，耐高温280℃，适合于处理含酸性成分、温湿度波动大的烟尘粉尘。

6. C—中碱；F—处理；E—无碱；TF—膨体纱；W—机织布；N—针刺毡。

6.3.11 玄武岩纤维

6.3.11.1 玄武岩纤维的沿革

连续玄武岩纤维（continuous basalt fiber）是属于无机非金属纤维。

连续玄武岩纤维的原料为玄武岩，它是由岩浆形成的基本矿石，是一种硬而致密的深色火山岩，其主要矿物质是斜长石。俄罗斯乌拉尔山脉、美国西部、印度尼西亚、菲律宾、越南等地有广泛矿藏分布。我国黑龙江、宁夏、四川、山东、河北等地也有丰富储量。

连续玄武岩纤维的发展历史如下：

1950~60年代：连续玄武岩纤维生产技术的研发源于前苏联，最初产品主要用于军工、航天领域。

1970年代初：我国国家建筑材料科研院和南京玻璃纤维研究院，曾陆续有过相应的研究，但未获成功。

1970~80年代：国内曾有研究单位和个人申请过一些有关玄武岩纤维制备方法及产品应用等的发明专利。终因研发起步较晚，工艺不成熟，技术相对落后，而未能实现工业化生产。这是我国玄武岩纤维开发的迷茫期，它与俄罗斯、乌克兰等发达国家对玄武岩纤维及其制品制造方法的技术封锁、技术垄断息息相关。

1995年：Kravchenko Anatolij Vasilevich等人公开了民用的连续玄武岩纤维制备工艺专利RU 2033977（GLASSMEL TER）。

1997~1999年：在这三年期间，国内出现了一些连续玄武岩纤维的研究成果，并申请公开了相关的发明专利（仅产生了4项专利），这是我国玄武岩纤维开发的萌发期。

跨入21世纪：随着连续玄武岩纤维研发高潮的到来，俄罗斯、乌克兰、美国、日本等少数发达国家的一些企业开发的玄武岩纤维及其制品的专利技术相继公开，并进行跨国间的合作与工业化规模生产，这给中国玄武岩纤维的研发增添了新的活力和助动力，这是我国玄武岩纤维开发的发展期，但国内真正能实现玄武岩纤维生产的企业，却屈指可数。

2002年：我国正式将连续玄武岩纤维列入国家“863”计划。

2003年12月：承担国家“863”计划课题的深圳俄金碳材料科技有限公司（由深圳黄金屋真空科技有限公司与俄罗斯一家军工材料研究院合资组建的）和大型民营企业横店集团等3家股东，联合成立了横店集团上海俄金玄武岩纤维有限公司，重点开发生产连续玄武岩纤维。

国内的玄武岩纤维的研发、生产才刚刚起步，技术尚不成熟，主要的专利技术还停留在玄武岩纤维的制造和设备上，对连续玄武岩纤维制品应用的开发及其增强材料的制造技术更显得相对薄弱。

经国内有关人士从《中国专利文献数据库》的检索（以2006年11月10日当前检索日为例），国内已申请公开的有关玄武岩纤维及其产品的制备方法、生产设备及产品应用等专利技术如表6-91所示。

表 6-91 玄武岩纤维制造方法及其设备的主要公开专利技术

序号	公开（告）号	申请日	公开（告）日	申请（专利权）人及发明人	专利名称
1	CN 1566005	2003-07-07	2005-01-19	深圳国际技术创新研究院 OSNOS Sergey P.，李中郢等	用玄武岩矿石制造连续纤维的方法
2	CN 1609024	2003-12-31	2005-04-27	深圳国际技术创新研究院 OSNOS Sergey P.，李中郢	玄武岩短纤维制造方法与设备
3	CN 830861	2006-03-14	2006-09-13	哈尔滨工业大学深圳研究院 发明人：曹海琳等	改善玄武岩纤维性能的杂化浆料制备方法及改性方法
4	CN 1814561	2005-02-01	2006-08-09	玄武岩纤维复合材料科技发展有限公司 发明人：OSNOS 奥尔加	连续玄武岩纤维生产中矿石熔化和熔融体调制方法及设备
5	CN 1789187	2004-12-14	2006-06-21	玄武岩纤维复合材料科技发展有限公司 发明人：OSNOS 奥尔加	玄武岩短纤维的生产方法与设备
6	CN 1237948	1997-11-18	1999-12-08	G. P. 多曼诺夫；L. G. 阿斯拉诺娃等（已授权）	制造玄武岩纤维的方法和实现该方法的设备
7	CN 1281828	1999-07-26	2001-01-31	华电（蓬莱）铸石有限公司 发明人：王其舜等	玄武岩超细纤维的制造方法
8	CN 1272561	2000-05-26	2000-11-08	营口市建筑材料科学研究院 发明人：刘荣宝等（已授权）	耐碱性玄武岩连续纤维及其制造方法
9	CN 1230526	1998-04-01	1999-10-06	鸡西市梨树区人民政府 发明人：刘荣宝等（已授权）	玄武岩连续纤维及其生产工艺
10	CN 1263058	1999-02-09	2000-08-16	李国斌（已授权）	玄武岩长纤及其制造方法和专用生产窑
11	CN 1696070	2004-05-12	2005-11-16	横店集团上海俄金玄武岩纤维有限公司 发明人：连天峰，胡显奇	调节拉丝漏板两端温差的处理方法及装备
12	CN 2773071	2005-03-03	2006-04-19	横店集团上海俄金玄武岩纤维有限公司 发明人：连天峰，胡显奇（已授权）	加料漏斗与燃烧喷嘴的复合装置
13	CN 1513782	2003-07-24	2004-07-21	深圳俄金碳材料科技有限公司 发明人：胡显奇，盛钢	矿石熔融的感应加热法及装置
14	CN 1562832 CN 2690394	2004-04-20 2004-04-20	2005-01-12 2005-04-06	北京融商网信电子技术开发有限公司（实用新型已授权）	生产连续玄武岩纤维的池窑
15	CN 2421287①	2000-04-17	2001-02-28	南京玻璃纤维研究设计院 发明人：王岚（已授权）	制造玄武岩纤维用铂金漏板
16	CN 2421285	2000-03-27	2001-02-28	南京玻璃纤维研究设计院 发明人：王岚（已授权）	玄武岩化料代铂炉
17	CN 2516548①	2001-12-29	2002-10-16	南京双威科技实业有限责任公司（已授权） 发明人：王岚，李振伟等	拉制玄武岩纤维用铂坩埚
18	CN 2449169①	2000-09-19	2001-09-19	李广信（已授权）	一种全电熔组合窑炉

①已经授权的中国实用新型专利。

连续玄武岩纤维作为21世纪的新型纤维，它比玻纤具有超高强力、耐高温、耐化学腐蚀、隔热、隔音、良好的透波吸波等性能，通过国外的研究成果和生产实践，充分证实了该纤维在很大程度上完全可以替代玻纤、碳纤维和石棉等纤维。

近几年，我国玄武岩纤维开发在工艺技术、设备改造等方面虽有起色，但其增长幅度不明显，这表明连续玄武岩纤维技术仍处于初级阶段，在工业化生产和市场应用方面尚未实现较大突破。

国家发改委制定的中长期规划，其中《中国化纤工业发展战略研究报告——高新技术纤维分报告》中，已明确将连续玄武岩纤维与将碳纤维、芳纶、超高分子量聚乙烯纤维，一并列为我国中长期重点要发展的四大高新技术纤维。由此，连续玄武岩纤维必将成为我国未来10~15年间富有挑战力，能改变现有玻纤、碳纤维和石棉等复合材料的一种新型高新技术纤维。

6.3.11.2 玄武岩纤维的特性

玄武岩纤维是采用纯天然玄武岩矿石为原料，将矿石粉碎后，放进熔炉中与辉绿岩、角闪岩类火成岩，经1750~1900℃的高温熔融后，通过拉丝漏板，经喷丝孔拉制成的一种高性能无机纤维。

玄武岩纤维的成分如表6-92所示。

表6-92 玄武岩纤维成分

成 分	SiO_2	Al_2O_3	Fe_2O_3	CaO	MgO	Na_2O	K_2O	TiO_2	FeO
含量/%	51.3	15.16	6.19	8.97	5.42	2.22	0.91	2.75	7.67

玄武岩纤维具有高强、低伸的特点，耐温、耐酸碱腐蚀、耐折、耐水解性能优于玻纤，耐酸腐蚀性能优于PPS纤维。

A 玄武岩纤维的特性参数

使用温度	-260~200℃
动态使用温度	350℃左右
黏结温度	1050℃
导热系数	0.03~0.038W/(m·K)
单纤维直径	5.5~6.5μm
密度	2630~2650kg/m^3
弹性模量	10000~11000kg/mm^2
拉伸强度	3000~4840MPa
断裂强度	>3000N
耐折性	2000次
吸湿性	<1%
断裂伸长率	3%

热处理下拉伸强度保留率：

20℃	100%
200℃	130%
400℃	82%

化学稳定性（在3h沸腾条件下的失重）：

2mol/L HCl	2.2%
2mol/L NaOH	6.0%
H_2O	0.2%

B 玄武岩纤维的特征

a 玄武岩纤维的优点

（1）玄武岩纤维耐高温，其静态使用温度是零下260℃到零上650℃，动态使用温度为350℃左右，耐热性高达700℃，弹性模量达78～90GPa，在耐温、弹性模量方面优于玻璃纤维，织造性能良好。

（2）玄武岩纤维具有优异的耐化学腐蚀性，化学稳定性非常好，其耐酸与抗蒸汽稳定性方面优于玻璃纤维。

（3）连续玄武岩纤维的断裂伸长率仅3%，几乎不变形。尤其是在高温下，热稳定性特别好。

（4）连续玄武岩纤维具有较高的拉伸强度，它的强力会在160～250℃区间的高温下增加10%～30%。

（5）一级耐水解性。

（6）耐折性非常好。

（7）玄武岩纤维滤料的容尘量很低。由于纤维表面很光滑、单纤维直径很细、比表面积大、截面是规整的圆柱状，使它织成的织物的过滤精度很高，透过织物进入里层的尘粒不易停留在滤料的内部，滤料不易被堵塞。

b 玄武岩纤维的缺点

（1）玄武岩纤维弹性模量高，在高温下变形大，不适宜做针刺毡。根据营口市洪源玻纤科技有限公司的多年反复试验发现，纯玄武岩纤维针刺毡在常温下与玻纤毡区别不大，但在高温条件下，很快就产生针刺毡破损的现象——面层与基布脱离，这是由于玄武岩纤维的弹性模量大，恢复变形的能力很强，导致高温下毡的抱合力急剧衰减，而使面层脱落。因此，在高温工况下，不宜选用纯玄武岩针刺毡，可使用机织的玄武岩滤料或使用面层不超过30%玄武岩短纤维的复合滤料。

（2）不耐氢氟酸和浓磷酸。连续玄武岩纤维和其他无机纤维一样，易受氢氟酸腐蚀，并不适用于磷酸含量高及温度低于180℃的烟气。

（3）价格比玻纤高。

C 玄武岩纤维和无碱玻纤、中碱玻纤的理化特性比较

a 玄武岩纤维和无碱玻纤、中碱玻纤的性能对比（表6－93）

表6－93 玄武岩纤维和无碱玻纤、中碱玻纤的性能对比

性 能	无碱玻纤	中碱玻纤	玄武岩纤维
使用温度/℃	－60～350	－60～300	－269～650
拉伸强度/MPa	3100～3800	2700～3400	3000～4840

续表 6－93

性　能	无碱玻纤	中碱玻纤	玄武岩纤维
耐折性/次	15300	7500	22000
耐酸强力保留率/%	56	96	110
耐碱强力保留率/%	75	49	91
耐水解强力保留率/%	88	75	96
耐磨强力保留率/%	34	23	61

b　玄武岩纤维和无碱玻纤、中碱玻纤的拉伸强度对比（图 6－117）

从图 6－117 中可见，玄武岩纤维的拉伸强度（MPa）高于无碱玻纤、中碱玻纤。

c　玄武岩纤维和无碱玻纤、中碱玻纤的耐折性对比（图 6－118）

从图 6－118 中可见，玄武岩纤维的耐折性非常好，而中碱玻纤的耐折性最差。

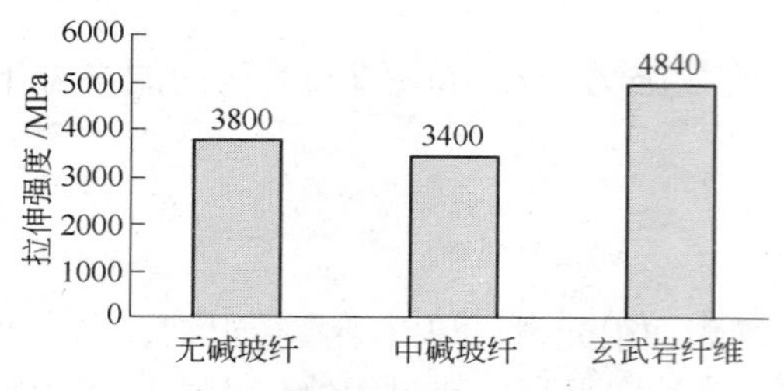

图 6－117　玄武岩纤维拉伸强度的对比

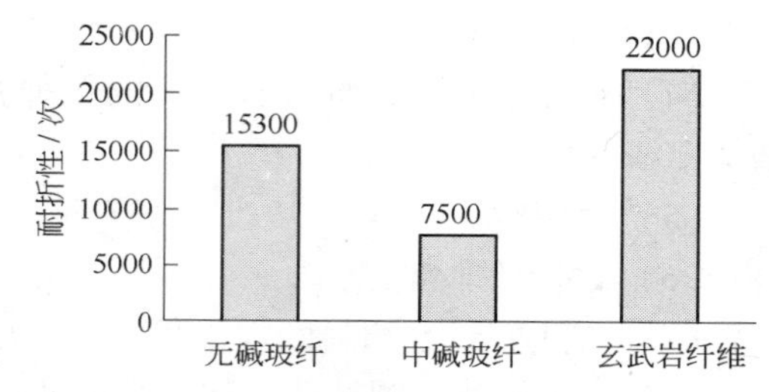

图 6－118　玄武岩纤维耐折性的对比

d　玄武岩纤维和无碱玻纤、PPS 纤维的耐酸强力保留率对比（图 6－119）

从图 6－119 中可见，经 10% 硝酸浸泡后，玄武岩纤维的强力保留率仅比 PPS 纤维低 6%，而玻纤的强力保留则几乎没有了。

e　玄武岩纤维和无碱玻纤、中碱玻纤耐酸、耐碱、耐水解失重对比（图 6－120）

从图 6－120 中可见，无论是 E－glass、C－glass 还是玄武岩纤维，在耐碱条件下失重都相对较大，大约在 5% ～7%，而玄武岩在耐酸和耐水解条件下失重都非常小，均小于 1%，几乎保持原重量。

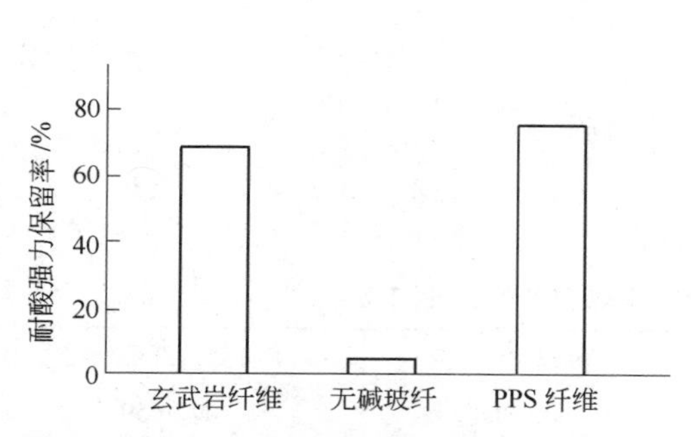

图 6－119　玄武岩纤维耐酸强力保留率的对比

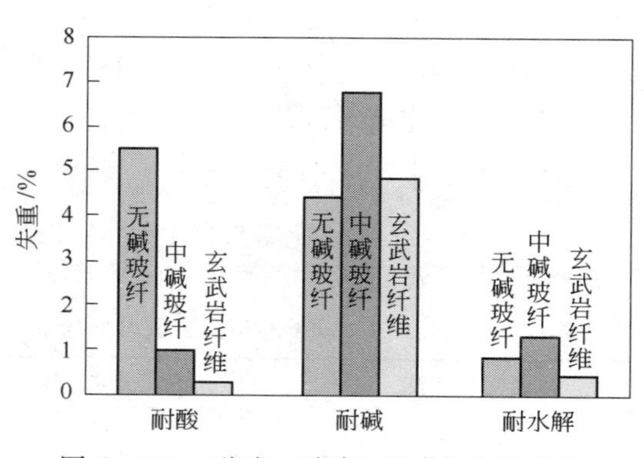

图 6－120　耐酸、耐碱、耐水解失重对比

f 玄武岩纤维和无碱玻纤、中碱玻纤耐水解、耐磨强力保留率对比（图 6－121）

从图 6－121 中可见，在耐水解和耐磨性方面，玄武岩纤维比玻纤要好很多。

g 玄武岩纤维和无碱玻纤、中碱玻纤耐酸、耐碱强力保留率对比（图 6－122）

从图 6－122 中可见，无碱玻纤能耐碱，中碱玻纤能耐酸，而玄武岩纤维的耐酸或耐碱性都非常好。而且试验数据表明，玄武岩纤维的耐化学腐蚀性能可以比普通玻纤提高 1～4倍左右，这对提高滤料的寿命所起的作用是毋庸置疑的。

图中的耐酸性测试是采用 10% 的硫酸浸泡进行的。

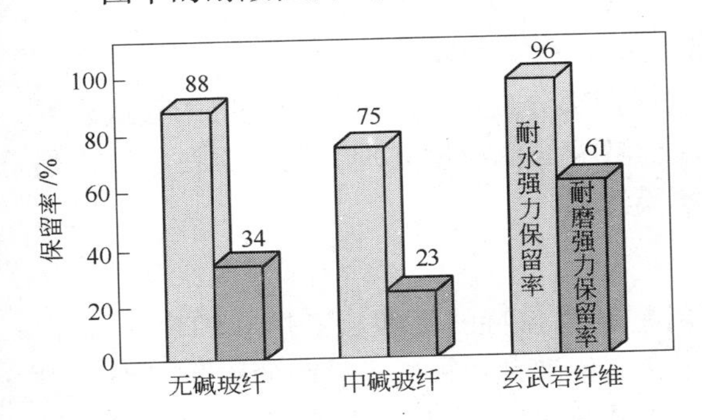

图 6－121 耐水解、耐磨强力保留率对比

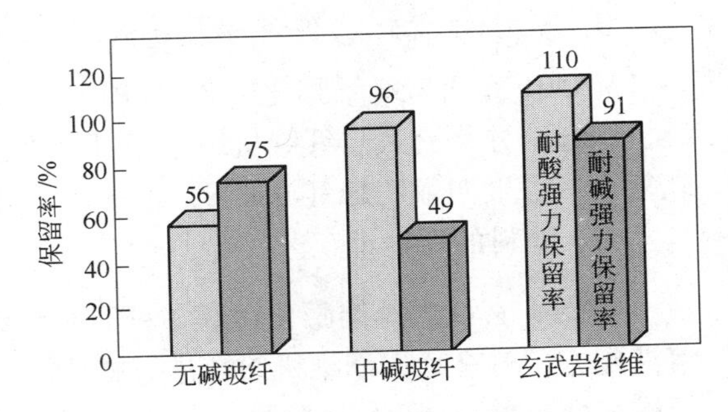

图 6－122 耐酸、耐碱强力保留率对比

6.3.11.3 玄武岩纤维的结构

玄武岩纤维是采用单组分矿物原料熔制而成的一种无机纤维，外表呈光滑的圆柱状，其截面呈完整的圆形。

国内目前生产的连续玄武岩纤维的单纤维直径，已试制成功 6.5μm 细旦尼尔玄武岩纤维，可做到 5μm 以下，并开发玄武岩短切原丝、玄武岩基布、玄武岩机织滤料，用于燃煤锅炉、有色冶炼炉以及燃烧炉烟气。

玄武岩纤维的这种细度是目前已知的在世界范围内最细的。无机纤维的单纤维直径越细，其耐折性越好。

6.3.11.4 玄武岩纤维的品种

近年来，营口市洪源玻纤科技有限公司经过多年的研制和开发，首创了国内玄武岩纤维的 MA501 玄武岩纤维膨体覆膜滤料产品。

玄武岩纤维的加工技术与传统的玻纤加工技术有相似之处。

玄武岩纤维成纤温度 1300～1450℃。由于玄武岩玻璃化速度比玻璃更快，相比之下，其生产比玻璃纤维难控制。

A MA501 玄武岩纤维膨化覆膜（ePTFE）滤料的特性

材质	玄武岩纤维
纤维处理	PTFE 乳液整体浸渍处理
表面处理	表面覆 PTFE 膜
使用温度	≤280℃
瞬间温度	320℃
克重	800～870g/m^2

厚度	1～1.2mm
透气量	2～5cm^3/(cm^2·s)
过滤风速	≤1.0m/min
断裂强度　经向	≥2350N/2.5cm
纬向	≥2050N/2.5cm
断裂伸长率　经向	<3%
纬向	<3%
耐酸碱性	耐强酸、强碱

B　MA501玄武岩纤维膨化覆膜（ePTFE）滤料的制作方法

MA501玄武岩纤维膨化覆膜（ePTFE）滤料是用部分或全部膨体纱织造成的玄武岩纤维机织布，并将玄武岩纤维机织布经过PTFE混合溶液的浸渍后处理工艺后，在其表面热轧复合一层聚四氟乙烯（ePTFE）薄膜的一种覆膜滤料。

a　滤料的后处理工艺

MA501玄武岩纤维膨化覆膜（ePTFE）滤料是利用独特的聚四氟乙烯（PTFE）混合溶液配方，对玄武岩纤维机织布进行整体浸渍处理，以实现单根纤维表面的镀膜（相当于纤维表面包覆一层PTFE薄膜）作用。并使纤维的表面和交叉点形成PTFE保护膜，增强了纤维之间的抱合度，提高了纤维的抗氧化性、耐折性、抗水解性、抗酸碱气体的腐蚀性，进一步提高滤料的整体强度和耐化学性能。

玄武岩纤维滤布通过PTFE混合溶液的浸渍、烘干、热定型等后处理，提高了滤料的耐高温性能和尺寸稳定性，同时减小孔径大小，最大程度地提高过滤精度。

b　滤料的表面覆膜工艺

MA501滤料经过整体浸渍处理后，滤料的覆膜处理是通过对ePTFE的拉伸、牵引，将ePTFE微孔薄膜展开，然后在热复合机器上，经过高温热轧复合一层ePTFE薄膜，使其与滤料达到完美的结合，制成一种耐高温高性能过滤材料。

覆膜滤料具有除尘效率高、排放浓度低、运行阻力小、过滤速度高、清灰效果好、使用寿命长和运行费用低等特点。

6.3.11.5　玄武岩纤维的应用

玄武岩纤维作为高温过滤材料已经成功地应用在具有腐蚀性液体或气体的过滤中，例如过滤铝溶液，还有医学领域中的空气超净化过滤器等。

连续玄武岩纤维在袋式除尘器中允许工作的pH值为1～14，它可以在烟气性质呈酸性或碱性的各种工况下应用，例如燃煤锅炉垃圾焚烧、炭黑、造纸、水泥、钛白粉等。

生活垃圾焚烧炉产生的烟气中，主要污染物为烟尘颗粒物、氯化氢、二氧化硫、氟化物、氮氧化物、一氧化碳等酸性有害气体，汞、铅、镉等重金属以及致癌性物质二噁英，烟气的主要特征如下：

（1）垃圾焚烧过程中会产生大量腐蚀性气体，烟气中有害气体成分复杂，其中酸性成分对布袋的腐蚀性很强，要求滤料的耐腐蚀性极强。

（2）烟气含湿量极高，达65%，且不稳定，粉尘易变潮板结，要求滤料耐湿能力强。

（3）烟气的工况温度波动大，从90～260℃甚至会达到300℃，对滤料的耐温性要求极高。

（4）粉尘黏度大，不容易清灰，易造成系统阻力升高。

（5）烟气内氧及氮化物含量较高，滤料容易被氧化。

MA501 玄武岩纤维膨体覆膜滤料使用 9 个月时，检测滤袋的强力保留率平均值为 90%，16 个月时对布袋再次进行检测，强力保留率平均 89%，滤袋没有被严重的侵蚀或水解。

6.3.12 PTFE/特氟隆（Teflon®）（Polytetra Fluoroethylene）

PTFE/特氟隆（Teflon®）是一种具有独特分子结构（图 6－123），即结构完全对称的中性高分子化合物，特殊的结构使其具有良好的热稳定性、化学稳定性、绝缘性、润滑性、抗水性等。

PTFE/特氟隆（Teflon®）的分子结构为：

$$\left[-\overset{\displaystyle F}{\underset{\displaystyle F}{\overset{|}{\underset{|}{C}}}} - \overset{\displaystyle F}{\underset{\displaystyle F}{\overset{|}{\underset{|}{C}}}} - \right]_n$$

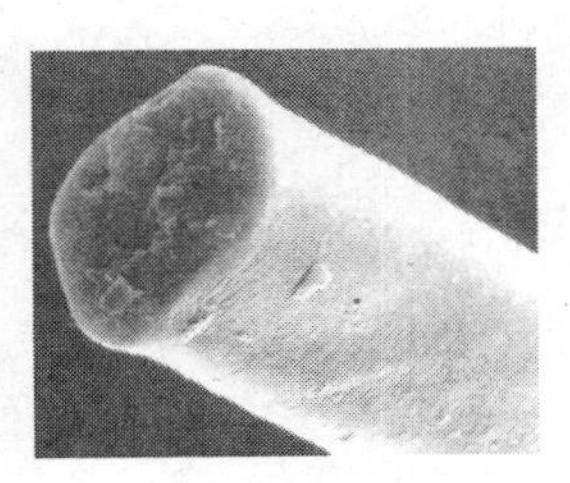

图 6－123 PTFE/特氟隆（Teflon®）纤维的断面

6.3.12.1 PTFE/特氟隆（Teflon®）的沿革

PTFE/特氟隆（Teflon®）是 1938 年 4 月 6 日在美国 Du Pont 公司的实验室中被发现的，1954 年进入商业化。

Teflon®是美国 Du Pont 公司的一种氟化碳（fluorocabon）纤维的商品名称，并注册商标 Teflon®，2002 年日本东丽（Toray）公司收购 Teflon®，商品名称为 Toyoflon®。

PTFE/特氟隆的商品名称有：

（1）Teflon®，美国杜邦（Du Pont）公司；

（2）Toyoflon®，日本东丽（Toray）公司的 Teflon；

（3）Tefaire®，美国杜邦（Du Pont）公司的 Teflon 与玻璃纤维混纺滤料；

（4）Tefaire HG®，日本东丽（Toray）公司的 Teflon 与玻璃纤维混纺滤料。

6.3.12.2 PTFE/特氟隆（Teflon®）的特性

A PTFE/特氟隆（Toyoflon®）的特性参数

运行温度	<260℃
最高温度	288℃
机织布	246℃
针刺毡	260℃

熔解温度		327℃
分解温度		315~400℃时分解
吸湿度		0%
LOI 值		65
尺寸稳定性		好
强度		1.9cN/dtex
伸长		24%
弹性率		8cN/dtex
比重		2.3
热收缩率（30min）：	沸水	3.5%
	干热 150℃	4.9%
比热		0.25cal/(g·℃)
导电率（1×10^6Hz）		2.1（优良）
诱电正接（1000Hz）		0.0002（优良）
摩擦系数（纤维-金属）		0.2 以下（优良）
热传导率		2.5kcal/(m·h·℃)
耐化学药品性		氟化有机液体以外，没有问题
水解性		不吸水，不水解，对蒸汽不产生恶劣反应
燃烧性		难燃性（在通常含氧量情况下）
耐酸性		好（除 HF 酸外）
耐碱性		好
抗磨性		较好
润滑性		在所有聚合物中摩擦系数最小
黏结性		不易黏结
耐气候性		对紫外线具有非常好的稳定性，暴露 15 年后没有变化
导电性		在所有聚合物中，导电率最低

B PTFE/特氟隆（Teflon®）的特征

（1）耐热性极好，长期使用温度 260℃，熔点 327℃，是人造纤维中唯一能耐 232~260℃的化学纤维。

Toyoflon®的长期耐热性如图 6-124 所示。

（2）极好的耐化学性，对酸、碱、有机溶剂等大多数化学药品保持稳定，在任何溶剂中不溶解，是人造纤维中唯一能在整个 pH 值范围内抗化学腐蚀的一种纤维。

（3）难燃性，在通常的氧含量情况下不燃烧。

（4）具有良好的强力以及优越的抗折性。它具有低摩擦系数，使尘饼易于剥落。

（5）耐磨损性差，通常比其他合成（人造）纤维差。

（6）氟化碳（fluorocabon）纤维是不黏性的，纤维表面光滑。

（7）对湿度的吸收为零，而且，不怕酶菌及紫外光（ultra-violet light）。这些性能使氟化碳在过滤介质中成为很贵重的纤维，具有低黏着力，良好的耐黏结性。

（8）在所有的聚合物中，导电率最低。

(9) 尺度稳定性好。

(10) 高比重。

(11) 价格较贵。

C PTFE/特氟隆 (Teflon®) 的理化特性

a 耐温性

PTFE/特氟隆 (Teflon®) 纤维使用温度为 260℃，具有优秀的长期耐热性能 (图 6-124)。

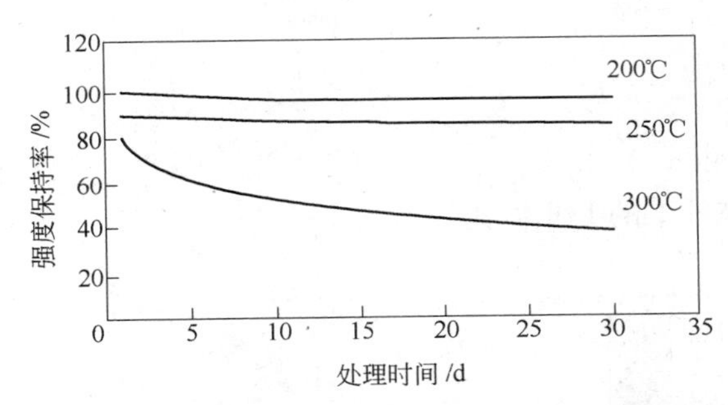

图 6-124 PTFE/特氟隆 (Teflon®) 纤维的长期耐热性

PTFE/特氟隆 (Teflon®) 纤维具有 327℃高熔融温度，在所有有机纤维中具有最好的短期耐热性能 (图 6-125)。

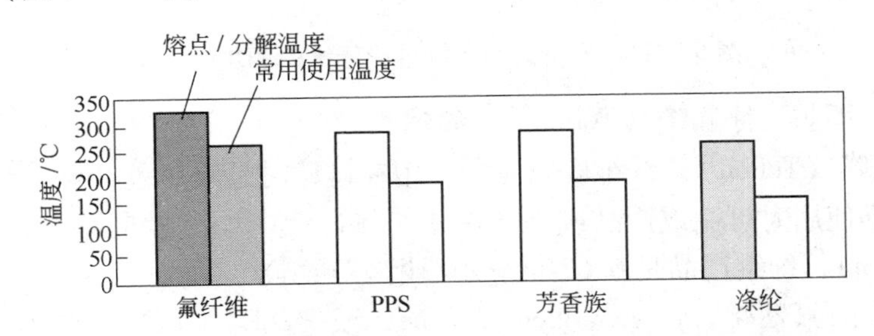

图 6-125 PTFE/特氟隆 (Teflon®) 纤维的短期耐热性能

PTFE/特氟隆 (Teflon®) 纤维在 290℃下开始升华，其重量损失率仅为 0.0002%/h。也就是说，Teflon®纤维没有熔点。

b 耐化学性

PTFE/特氟隆 (Teflon®) 纤维在所有 pH 值范围内，在合成纤维中耐化学影响的能力是独一无二的。

PTFE/特氟隆 (Teflon®) 纤维对酸、碱、有机溶液等具有优秀的耐化学药品性能，对大多数化学药品 (极少一部分除外) 保持稳定，其性能如表 6-94 所示。

表 6-94 侵略性液体中 PTFE/特氟隆 (Teflon®) 纤维的耐化学性 (24h 测试)

化 学 剂	温度/℃	剩余强度/%	化 学 剂	温度/℃	剩余强度/%
浓 H_2SO_4	290	100	饱和 NaOH	100	100
浓 HNO_3	100	100	3HCl + 1HNO_3 (王水)	100	100

氟纤维与各种合成纤维的耐化学性比较如表6－95所示。

表6－95 氟纤维与各种合成纤维耐化学性的比较

性 能	氟纤维	PPS	P芳香族	M芳香族	涤纶	尼龙66
耐碱性	◎	◎	△	△	×	△
耐酸性	◎	○	×	×	△	×
耐有机溶剂性	◎	◎	△	△	△	△

注：◎—极好；○—好；△——般；×—差。

c 难燃性

PTFE/特氟隆（Teflon®）纤维在空气（氧气浓度21%）中具有较高的自熄性。

氟纤维与各种合成纤维的LOI值比较如图6－126所示。

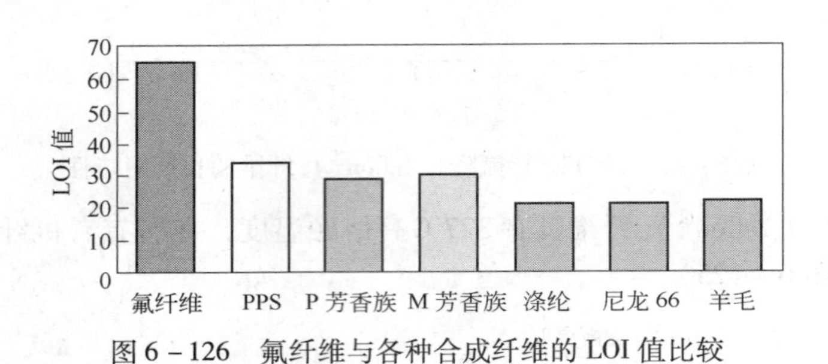

图6－126 氟纤维与各种合成纤维的LOI值比较

6.3.12.3 PTFE/特氟隆（Teflon®）的结构

PTFE/特氟隆（Teflon®）纤维表面光滑，用在过滤时是天然色（深棕色）。

Teflon®纤维使用时可制成产品或细丝形式，在过滤中纱一般是用400旦尼尔的60支纱（filament yarn），纤维产品是6.67旦尼尔/纱。

氟化碳（聚四氟乙烯，polyterafluoroethylene，或PTFE）纤维是由PTFE的合成树脂制成。

Rastex®基布是由纯膨体PTFE制成的织物，它与常规的PTFE极不同，在260℃（500℉）中24h后，具有3倍的强度及3%的最大收缩率。它具有超强的长寿及耐磨性，同样地，在高达260℃（500℉）时具有超强的耐化学性。

6.3.12.4 PTFE/特氟隆（Teflon®）的品种

Toyoflon®：日本东丽（Toray）公司2002年收购Teflon®纤维，并生产出Toyoflon®纤维。Toyoflon®和Teflon®的品种规格如表6－96所示。

表6－96 Toyoflon®和Teflon®的品种规格

Toyoflon®			Teflon®		
直径/dtex（μm）	长度/mm	形式	直径/dtex（μm）	长度/mm	形式
7.4（20）	70、102	常规	7.4（20）	70、102	常规
3.3（14）	51、70、102	超细纤维	3.3（14）	51、70、102	超细纤维

6.3.12.5 PTFE/特氟隆（Teflon®）的应用

PTFE/特氟隆（Teflon®）纤维的针刺毡和机织布可用于微粒净化和产品回收，其主要应用场合如下：

微粒净化：燃煤锅炉、垃圾焚烧炉、金属二次（渣）冶炼。

产品回收：收集二氧化钛、炭黑生产、贵重金属工业的一次、二次冶炼过程、化学作业工业中。

6.3.13 复合滤料——混合纺（blends），组合纺（hybrids）

6.3.13.1 Tefaire®针刺毡（图6-127）

Tefaire®针刺毡是美国Du Pont公司的一个商标，Du Pont公司已申请专利。

US专利号：4361619，1982年11月。

EURO专利号：0066414，1982年12月。

图6-127 Tefaire®针刺毡的断面照片
（电子显微镜扫描，放大倍数1000倍）

A Tefaire®针刺毡的沿革

美国杜邦（Du Pont）公司在高温过滤领域内开发了Teflon®和Nomex®。

Teflon®具有突出的耐热和耐化学性，即使在最严格的条件下也具有极好的运行寿命。Du Pont的设计目的是提供一种新的、合适的滤料。

（1）烟气温度高于205℃（高于400℉）条件下。

（2）使用寿命4年。

（3）保持可接受的压力降及尘粒泄漏率。

Nomex®虽在高温下具有极好的除尘效率，但与Teflon®相比，还受化学侵蚀的一定限制。因此，杜邦（Du Pont）公司专门开发了价格比Teflon®（PTFE）毡便宜，用来净化燃煤锅炉烟气的Tefaire®针刺毡。

Du Pont的Teflon®/玻纤（Tefaire®）针刺毡是一种在Teflon®纤维中混合细直径玻璃纤维的滤料。混合后的这两种纤维的纤网，针刺入100%的Teflon® PTFE氟化碳机织布基布中去，并进行热定型，最终完成的滤料牌号名称为Tefaire®针刺毡。

Tefaire®针刺毡经过在USA Wilmington的Du Pont公司实验室试验，和通过大量工业性的应用，于1985年投入市场。

B Tefaire®针刺毡的特性

a Tefaire®针刺毡的特性参数

运行温度	250℃
最高温度	280℃
熔点	327℃
延伸率	小于1%（$T=260$℃，$t=30$min）
LOI 值	65%
比重	2.3
耐水解	良好
耐化学性	不受限制（除 HF 之外）
耐氧化性	良好

b Tefaire®针刺毡的特征

Tefaire®针刺毡是一种玻纤和 Teflon®的混合物，其机械、化学及耐热特性与 Teflon®相似，但比单纯的玻纤或单纯的 Teflon®的性能都要进一步改善，主要表现在以下几点：

（1）在 Tefaire®针刺毡中，Teflon®纤维独特的柔软机械特性，在掺入玻纤后，Teflon®纤维的弹力模数抵消了玻纤的脆性，可以保持玻纤在针刺毡内的良好状态。

（2）袋式除尘器在脉冲喷吹清灰时，玻璃纤维会产生静电荷，由此提高了 Tefaire®针刺毡的过滤效率。

（3）Teflon®纤维保护了玻纤的不耐磨损的薄弱环节。

（4）在 Tefaire®针刺毡中，Teflon®和超细玻璃纤维（$d=22\mu m$ 和 $4.5\mu m$）的混合，在同样重量情况下与 Teflon®毡相比，明显地增加了（50%）纤维的有效过滤表面。

（5）Tefaire®针刺毡比 100% Teflon®针刺毡的价格要便宜很多。

c Tefaire®针刺毡的理化特性

耐化学性

由于有 Teflon®纤维的保护，Tefaire®针刺毡的耐化学性极好，只有在遇到过量的氢氟酸情况下，Tefaire®针刺毡才有影响。

耐 HF 酸	长期运行小于 20ppm
	瞬间运行小于 50ppm

净化效率

Tefaire®针刺毡具有双重过滤效应。Tefaire®针刺毡是 Teflon®纤维和玻璃纤维的混纺（Blends）针刺毡。因此，它在气体过滤时具有双重过滤效应，即：

（1）Teflon®纤维的表面高效过滤效应。

（2）玻璃纤维的摩擦带电吸引效应。

Tefaire®针刺毡的双重过滤效应，会引起以下效果：

（1）较低的滤料重量。

（2）阻力的降低。

（3）较高的净化效率（特别是在超细纤维范围内）。

（4）由此，允许采用较高的过滤速度。

物理性能和过滤特性

在实验室中利用面板测试器（panel tester）试验其物理性能和过滤特性，结果显示：

（1）通过 Tefaire®针刺毡的尘粒漏泄与 Teflon®针刺毡相比显著低（超过规定值）。

（2）Tefaire®针刺毡在高的过滤效率下，其压力降仍然很低。

（3）测试的物理性能说明，没有过早的反常滤袋破损损伤。

（4）烟气渗透性和电子显微镜的横截面扫描指出，Tefaire®针刺毡在孔隙率较大的情况下，仍能保证较低的灰尘渗漏率。

实验初期仅对一个室进行 Tefaire®滤袋性能测试，结果良好。在测试 12 个月之后，整台袋式除尘器（1344 条滤袋）皆安装了 Tefaire®滤袋。

最终，滤袋在工业燃煤锅炉中暴露 6 个月后拆下，在实验室中测试性能。从暴露滤袋上拆下一小块补丁，放在纺织研究协会实验室的一台过滤测试仪上，对 Teflon®和 Tefaire®滤料在 G/C 比大约 18:1 下，测量过滤效率和压力降，结果显示：

（1）Teflon®中加入了玻纤后，在相等的 ΔP 情况下，Tefaire®和 Teflon®滤料效率分别为 99.81% 和 98.4%，Tefaire®效率较高，降低了灰尘的渗透。

（2）通过在串级冲击式采样器上进行实验，结果表明 Tefaire®针刺毡对超细尘粒的过滤效率明显高于 Teflon®（图 6－128）。

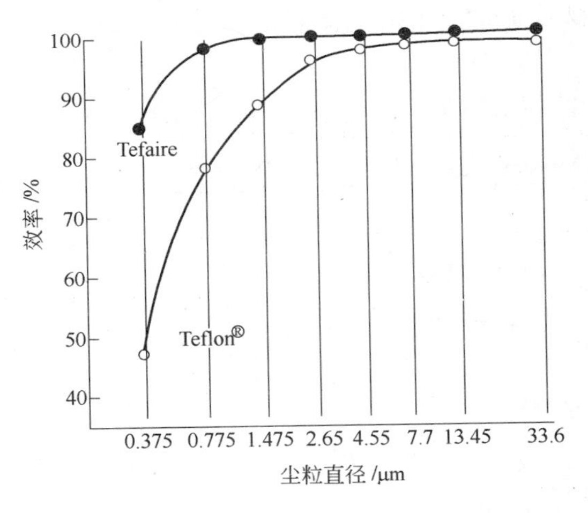

图 6－128 Teflon®针刺毡的尘粒捕集效率

由于 Teflon®纤维远贵于玻纤，Du Pont 特别关注新针刺毡的市场销售的适应性。为了确定滤料性能与滤料价格之间的性价比，开发了一种计算机模型，用于对不同滤料材质的运行费用的比较。模型设置了几个可变参数，包括滤袋价格、滤袋寿命、G/C 比、ΔP、滤袋更换费用、清灰费用和折旧费。结果表明，袋式除尘系统的运行费用能用各种不同的滤料材质来求得，图 6－129 所示为其求得的结果，它们包括：

（1）在现有袋式除尘器中，一条 95 美元的滤袋（9ft 长 ×6in 直径）具有 4 年寿命，相当于有效价格分别像 5 美元、50 美元、75 美元和 120 美元滤袋具有 1 年、2 年、3 年和 5 年寿命。在假设相同过滤量和 ΔP 下，不同过滤材质的相对价格是可以比较的。

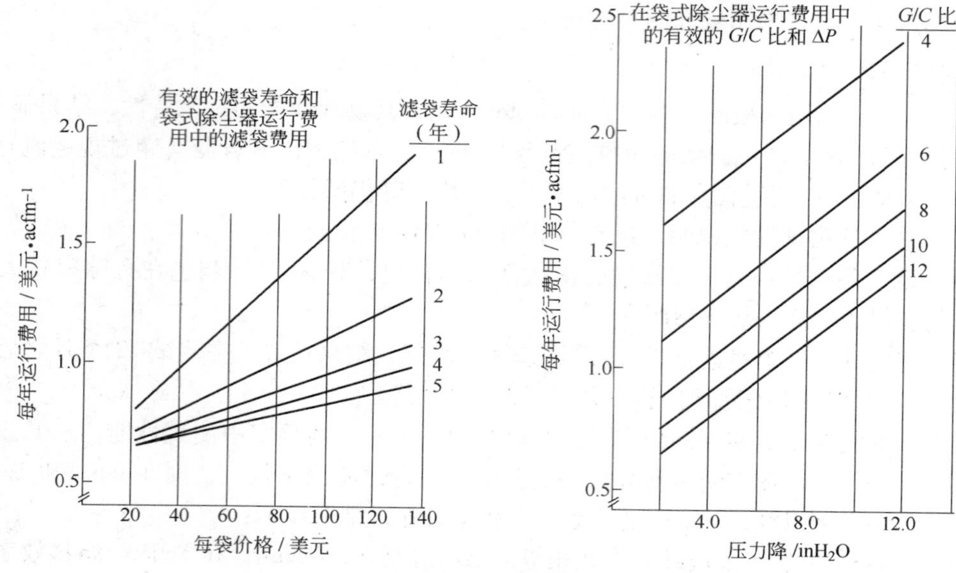

图 6－129 每年运行费用与滤袋变化的对比

（2）在新的袋式除尘装置中，Tefaire®针刺毡可获得较大的 G/C 比（较小规格的袋式除尘器）和较低的 ΔP（较少的风机动力），它将明显减少袋式除尘器的大小、投资和运行费用。Tefaire®针刺毡与 Teflon®相比有着较高的过滤能力，允许减少滤袋使用量，降低运行费用。

Tefaire®和 Teflon®针刺毡的灰尘渗漏率（图 6－130）

Tefaire®和 Teflon®针刺毡的分级效率（图 6－131）

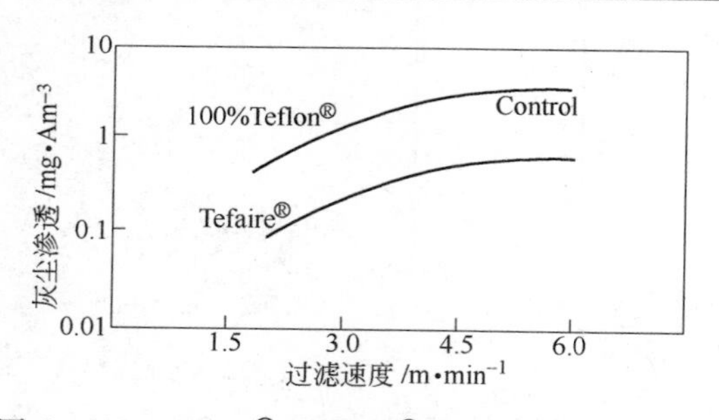

图 6－130 Tefaire®和 Teflon®针刺毡的灰尘渗漏率（实验室测试）

图 6－131 Tefaire®和 Teflon®针刺毡的净化效率（实验室测试）

Tefaire®针刺毡的压力损失（图 6－132）

据美国 Du Pont 公司的测试，Tefaire®针刺毡的灰尘渗漏率、净化效率以及压力损失均优于 100% PTFE 针刺毡。

过滤性能的测试

过滤性能的测试是在混合 Teflon®和玻纤的一系列针刺毡上进行。针刺毡在纤网中含有 3% ~90% 玻纤，它用针刺将混合纤维密集地刺入机织的 Teflon®基布中去，针刺毡将在高于 290℃（高于 550℉）下进行热定型，以达到尺寸的稳定。

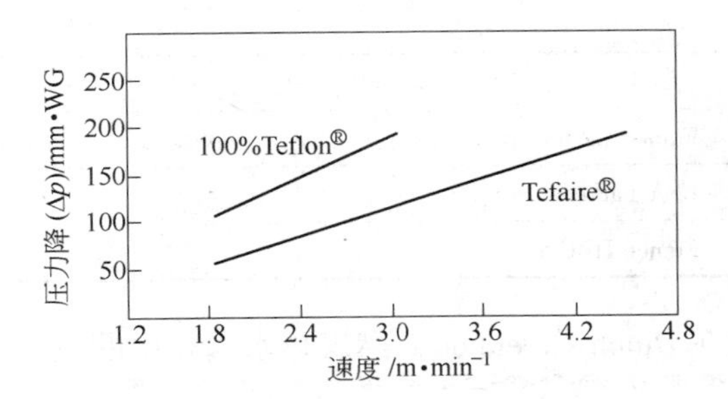

图 6－132 Tefaire®和 Teflon®针刺毡的压力损失
（实验室测试）

过滤性能的测试在实验室仪表试验器上进行（样品 6in×8in），通过类似于燃煤锅炉烟气净化用的振动式袋式除尘器进行飞灰过滤实验，采用适当的 G/C 比。实验结果表明，混合针刺毡的尘粒泄漏明显少于100% Teflon®针刺毡。另外，混合针刺毡在可接受的 ΔP 下，能运行在（15～20）:1 的 G/C 比，而 Teflon®针刺毡不能在该条件下正常运行。细玻璃纤维与 Teflon®纤维的混合降低了滤料针刺毡的原始孔隙，并增加了总纤维的表面积，结果过滤效率较高。通过实验可以发现，玻纤含量增加到25%过滤效率即提高。在玻纤含量高于25%时，过滤效率改善的速度明显降低，此时针刺毡的抗折和耐磨性降低，加工难度明显增加，因此，最佳配比是75% Teflon®和25%玻纤。

在实验观察中发现，静电力对混合纤维性能改善也有所帮助。Frederick 肯定了这种推测，他表示，Teflon®纤维能够获得并保持大量负电荷，同时玻纤也可以获得少量正电荷。Teflon®纤维能够吸引正电荷尘粒，而玻纤可以捕集带有负电荷的尘粒。因此，静电力有助于改善混纺纤维的性能。

接下来对 75/25 Teflon®针刺毡进行了开发和实验。首先，在纺织厂发电机上的袋式除尘器上对不同重量的 Teflon®针刺毡进行实验，其运行时间超过 2 年。然后又在几个工业装置上对 75/25 Teflon®针刺毡做了更多的检验和试验，包括几次锅炉的启动和常规的周末停炉。试验期间，G/C 值保持在（5～12）:1 的范围内。

C Tefaire®针刺毡的结构

75% Teflon® +25% Glass/Teflon®基布

Teflon®纤维：7.4 dtex，直径 ϕ20μm，短纤

表面处理：热定型

D Tefaire®针刺毡的应用

a Tefaire®针刺毡在美国的应用实例（表 6－97）

表 6－97 Tefaire®针刺毡在美国的应用实例

工厂类型	地 点	滤袋数量	安装日期
燃煤电厂	USA New Johnsonville	1344	1983 年
燃煤热水锅炉	The Netherlands Honselersdijk	40	1985 年
热电站	West Germany HKW Braunschweig	2688	1985 年
燃煤电厂	England NCB Cheltenham	324	1985/1987 年

续表 6－97

工厂类型	地　点	滤袋数量	安装日期
燃煤电厂	France Calais	144	1985 年
工业垃圾焚烧厂	USA Parkersburg	135	1986 年
燃煤电厂	France HBCM	158	1987 年

b　Tefaire®针刺毡在 Dutch Greenhouse 燃煤热水锅炉中的应用

锅炉型式　链条炉排
功率　2. 3kW
滤料材质　Tefaire® $710g/m^2$
燃料　含硫煤
烟气温度　120～130℃（最高 180℃）
过滤速度　$4m^3/(m^2 \cdot min)$
压力降　$16 \times 10^2 Pa$
烟气含尘浓度　$500 \sim 1000mg/Nm^3$
排放浓度　$< 5mg/Nm^3$

c　Tefaire®针刺毡在热水和电站锅炉中的应用

锅炉形式　矿渣炉
功率　160MW
滤料材质　Tefaire® $840g/m^2$
燃料　含硫粉煤
烟气温度　130～160℃（最高 250℃）
过滤速度　$\leqslant 2.24m^3/(m^2 \cdot min)$
压力降　$\leqslant 20 \times 10^2 Pa$
烟气含尘浓度　$17g/Nm^3$（烟煤：40）
排放浓度　$20 \sim 30mg/Nm^3$

E　Tefaire® HG 针刺毡

日本东丽（Toray）公司于 2002 年收购 Teflon®纤维，并生产出 Tefaire® HG 针刺毡（图 6－133）。

东丽（Toray）的 Tefaire® HG 针刺毡结构为：50% Teflon＋50% Glass，纤维 7. 4dtex，直径 $\phi 20\mu m$。

东丽（Toray）公司认为：工业废弃物焚烧炉的废气内，可能存在很难预测的重金属物质，所以用得最多的是具有最良耐化学药品性能的 100% PTFE 针刺毡。但在日本多数的垃圾焚烧炉采用的却是 Tefaire® HG 针刺毡。

日本东丽（Toray）公司认为，Tefaire® HG 针刺毡的除尘效率高于 100% PTFE®针刺毡的除尘效率。

由此推荐：

100% PTFE®针刺毡：用于无生石灰喷雾，粉尘颗粒较大（约 $40\mu m$）的烟气。

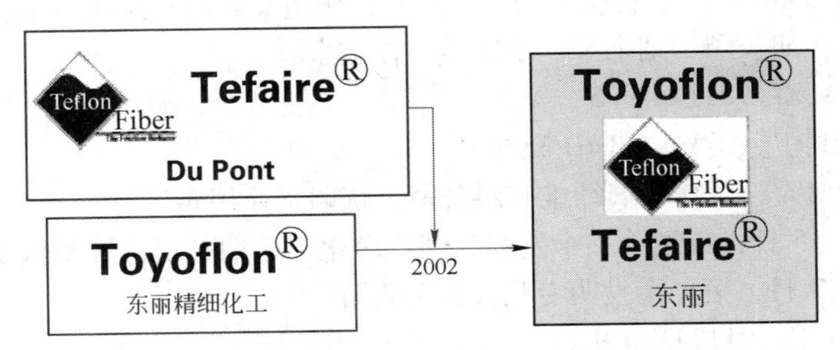

图6-133 日本东丽公司2002年收购Teflon®纤维

Tefaire® HG针刺毡：用于生石灰粒径较小（约7μm）的烟气。

6.3.13.2 氟美斯（FMS）滤料

氟美斯（FMS）滤料是一种纤维基的复合滤料，它是由玻纤和化纤的两种或两种以上不同纤维，融合玻纤和化纤滤料的加工工艺及后整理加工与化学处理技术，精制而成的三维结构的复合玻纤针刺毡。

A 氟美斯（FMS）滤料的沿革

a 氟美斯滤料创始理念

我国于20世纪60年代开发的玻璃纤维，具有耐高温、抗拉和良好的尺寸稳定性，但它存在不耐磨、不抗折、发脆、抱合力差的缺陷，致使玻纤滤料存在过滤风速低、使用寿命短等主要缺陷。

由此，80年代国内研发了膨体纱、针刺毡，并开展了第四代化学表面处理研究，但都无法从根本上改变玻纤的缺陷。

1989年研发的氟美斯滤料，打破了玻纤和化纤的传统界限，采用两种或两种以上的纤维的合成，以发挥各种纤维的特点，取长补短，实现了易清灰、抗水、防油、耐腐蚀和抗结露等多种功能共同发挥的效果。

b 氟美斯滤料的三大功能

氟美斯滤料融合了玻纤和化纤两种纤维的性能特点：

（1）保持玻纤高抗拉强度、耐高温、尺寸稳定不变形的优越性。

（2）发挥化纤耐磨性、抗折性好的特点。

（3）玻纤和化纤混合后，拓宽了使用温度空间，耐磨性、抗折性成倍增加，提高了过滤速度，延长了使用寿命。发挥了玻纤的化学处理及化纤物理后加工技术的双层作用，获得优良的表面状态。

c 氟美斯滤料的发展过程

1998年4月，立项研发，由营口玻璃纤维有限公司开发研制。

1998年8月，样品试制成功，并在高炉煤气上挂袋试验。

1998年10月28日，申报国家发明专利。

1999年5月，通过辽宁省建委技术鉴定，并投放市场。

2000年，获国家经贸委2000年度国家新产品奖。

2000 年 9 月 23 日，获多功能玻璃纤维复合针刺毡及其制法发明专利证书。

发明人：胡长顺、刘书平、于国藩、徐宝余

专利号：ZL. 98114419. 5

国际专利主分类号：BOID 38/00

专利授权人：营口玻璃纤维有限公司，抚顺工业用布厂

2001 年 8 月 15 日，申请第二个发明专利：净化工业烟气复合针刺毡及其制法。

2004 年 7 月 7 日，第二个发明专利授权公告日。

专利号：ZL. 01124120. 9

国际专利主分类号：BOID 39/00

注册商标：特氟美

B 氟美斯（FMS）滤料的特性

a FMS 滤料的性能参数（表 6－98）

b FMS 滤料的特征

FMS 滤料自 1999 年 5 月投放市场后，由于它比玻纤毡质量好，性价比合理，表现出强有力的生命力，迅速获得广泛应用。

（1）FMS 的耐高温范围在 150～400℃，耐高温性略高于 Metamax，接近或略低于玻纤，玻纤与碳纤维预氧丝复合后，可耐 260～300℃的高温。

（2）FMS 的耐磨性好，耐折性强（超过玻纤织物数倍）。

（3）FMS 的耐酸、碱性比玻纤高，可使用于腐蚀性比较强的工况条件，并具有很高的抗氧化性。

（4）FMS 的机械强度高，伸长率低。

（5）FMS 剥离率高。

（6）FMS 动态透气性好，玻纤与 P84®或三聚氢胺纤维等异截面纤维复合，可提高孔隙率。

（7）FMS 过滤效率高。

（8）玻纤与 PTFE 复合后，可提高纤维的抱合力，改善成网性能。

（9）FMS 滤料在玻纤毡基础上，外观呈现出化纤的特征，手感柔软，并且有刚性，表面光滑，运行阻力低，过滤风速高。

（10）使用寿命长，价格便宜。

c FMS 的理化特性

（1）耐高温。FMS 耐高温性能与 Nomex 毡相比得到了改善，FMS 滤料的耐温性能基本接近于玻纤针刺毡，个别的略低，但也有较高的。

（2）机械特性：

1）FMS 的耐磨性经平磨实验机检测，明显优于玻纤。

FMS	2200～3000 次
玻纤	538 次

2）FMS 的抗拉强度比 Nomex 高得多。

表 6－98 FMS 滤料的基本性能参数

品种	材质	厚度/mm	克重 /g·m^{-2}	透气性 /dm^3·(m^2·s)$^{-1}$	拉伸断裂强度		温度 /℃	过滤风速 /m·min^{-1}	后处理方式
					经向	纬向			
ENWn1050	玻纤、玻纤基布	1.8～2.0	1050±105	40～80	>1150	>1150	280	0.8～1.0	PTFE 处理
FMS－9801（炭黑专用）	玻纤、碳玻纤、玻纤基布	1.8～2.0	≥800	60～90	>1100	>1000	300	1.0～1.2	PTFE 处理热压
FMS－9802（化工专用）	玻纤、芳纶、玻纤基布处理	1.8～2.0	≥800	60～90	>1100	>1000	280	1.0～1.2	PTFE 加防水剂处理高温耐压
FMS－9803（电石炉专用）	玻纤、芳纶、玻纤基布处理	1.8～2.0	≥800	60～90	>1100	>1000	280	1.0～1.2	PTFE 处理热压
FMS－9804（电厂、沥青搅拌专用）	玻纤、芳纶、玻纤基布处理	1.5～1.8	500～800	60～90	>1100	>900	220	1.0～1.5	PTFE 处理热压
FMS－9805（垃圾焚烧专用）	玻纤、P84®、玻纤基布（医药垃圾）	1.8～2.0	≥800	60～90	>1100	>1000	280	1.0～1.2	PTFE 处理热压
	玻纤、碳玻纤、玻纤（工业垃圾）	1.8～2.0	≥800	60～90	>1100	>1000	280	1.0～1.2	PTFE 处理热压
	玻纤、亚克力、玻纤基布（生活垃圾）	1.8～2.0	≥800	60～90	>1100	>1000	200	1.0～1.2	PTFE 加防水剂处理
FMS－9806（钢铁、水泥专用）	玻纤、P84®、玻纤基布	1.8～2.0	≥800	60～90	>1100	>1000	280	1.0～1.2	PTFE 处理热压
FMS－9807（燃煤锅炉专用）	玻纤、PPS、玻纤基布	1.5～1.8	≥500	80～100	>1100	>900	200	1.0～1.5	PTFE 处理热压
	玻纤、P84®、玻纤基布	1.8～2.0	≥800	60～90	>1100	>1000	280	1.0～1.2	PTFE 处理热压
FMS－9808（转炉专用）	玻纤、芳纶、玻纤基布	1.5～1.8	600～800	80～100	>1100	>1000	240	1.0～2.0	PTFE 处理热压
FMS－9809（铁合金专用）	玻纤、芳纶、玻纤基布	1.8～2.0	≥800	60～90	>1100	>1000	280	1.0～1.2	PTFE 加高温防水剂处理、热压
FMS－9810（覆膜专用）	PTFE 覆膜	1.8～2.0	≥800	40～80	>1100	>1000	280	1.0～1.2	PTFE 覆膜
FMS－9811（高温复合P84®过滤毡）	玻纤、P84®、玻纤基布	1.8～2.0	≥800	60～90	>1100	>1000	260	1.0～1.2	PTFE

FMS 经向 1778 纬向 2027kg/(100cm×25mm)

Nomex 136 1052kg/(100cm×25mm)

3）FMS 的伸长率比 Metamax 要小好多倍，基本解决了滤袋的伸长变形率。

FMS 3.1%（标准状态） 2.2%（工况）

Nomex 35%~50%（标准状态）

（3）耐酸性。电厂应用中 FMS 与 PPS 在耐酸性中的比较如图 6-61 和图 6-62 所示。

C FMS 滤料的结构（图 6-134）

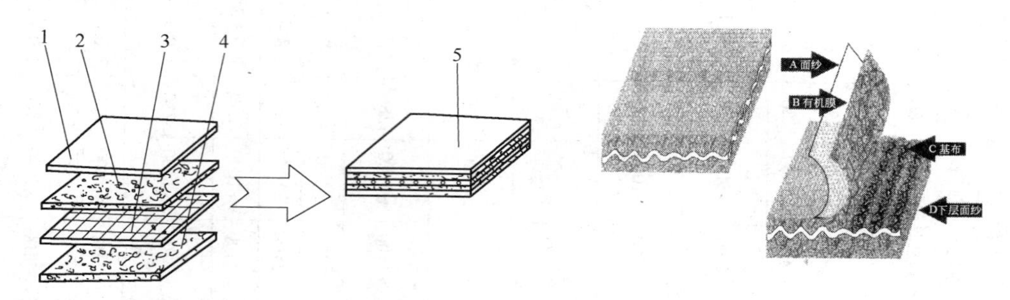

图 6-134 FMS 滤料的结构

1—经化学处理与物理压光整理的有机膜；2—复合面纱；3—玻纤基布；4—复合面纱；5—表面处理

（1）FMS 具有化纤毡的表面状态，发挥了化纤耐磨、抗折性好的作用。

（2）复合后的面纱提高了纤维之间的抱合力，使在梳理过程中形成的网片比较平整，改善了针刺毡厚薄质量均一性。

（3）复合的面纱提高了纤维之间、面纱与基布之间的连接强度，使针刺毡的剥离强度提高，解决了使用过程中掉毛的现象。

（4）玻纤基布夹在复合面纱之间可避免袋笼与气流对玻纤基布的磨损与冲刷，从而提高 FMS 滤料的抗拉强度与尺寸稳定性，延长滤布的使用寿命。

（5）FMS 的面层是一层经化学处理与物理压光后整理加工的有机膜，它有一个致密、光滑的表面质量，可以实现清灰彻底，保证动态透气性与正常状态的过滤等多功能效果。

D FMS 滤料品种（表 6-99）

表 6-99 FMS 滤料品种性能

品 种	厚度/mm	透气性 /$dm^3\cdot(m^2\cdot s)^{-1}$	拉伸断裂强度 /N·(5cm×20cm)$^{-1}$		质量 /$g\cdot m^{-2}$	温度/℃
			经向	纬向		
FMS 9801（高温型）	1.5~2.0	60~90	≥700	≥1100	≥800	80~300
FMS 9802（耐腐蚀型）	1.5~2.0	60~90	≥700	≥1100	≥800	80~260
FMS 9803（通用型）	1.5~2.0	60~90	≥700	≥1100	≥800	80~260
FMS 9804（高耐磨型）	1.5~2.0	60~90	≥700	≥1100	≥800	80~200

续表 6-99

品 种	厚度/mm	透气性 /$dm^3\cdot(m^2\cdot s)^{-1}$	拉伸断裂强度 /N·(5cm×20cm)$^{-1}$		质量 /$g\cdot m^{-2}$	温度/℃
			经向	纬向		
FMS 9805（垃圾焚烧专用型）	1.5~2.0	60~90	≥700	≥1100	≥800	60~240
FMS 9806（耐高温型）	1.5~2.0	60~90	≥700	≥1100	≥800	80~280
FMS 9807（耐腐型）	1.5~2.0	60~90	≥700	≥1100	≥800	60~200
FMS 9808（高效型）	1.5~2.0	40~80	≥700	≥1100	≥800	80~280

FMS 9801（高温型，抗静电型）：

玻纤+碳纤维/玻纤基布，PTFE 处理热压。

抗高温，耐温 300℃，瞬间温度 350℃（不超过 30min）。

用于高炉炉顶、炭黑行业。

FMS 9802（耐酸型）：

玻纤+Metamax+防酸处理/玻纤基布，PTFE 加防水剂处理高温热压。

采用特殊的浸润剂配方进行化学处理，对 SO_2，SO_3 有较好抵抗力。

用于铜、铝、锌等有色行业。

FMS 9803（通用型）：

玻纤+Metamax/玻纤基布，PTFE 处理热压。

通过改性，保持其耐温的特性，改善耐磨、抗折、剥离强度等力学性能。

用于钢铁、水泥、电石炉烟气。

FMS 9804（抗折、耐磨型）：

Metamax（为主）+玻纤/玻纤基布，PTFE 处理热压。

最大特征是使用寿命长，提高了抗拉强度，改善了尺寸稳定性，解决了热变形问题，价格比化纤滤料便宜很多，耐温约 200℃。

但化纤滤料有伸长变形的弱点。

FMS 9805（抗结露型）：

玻纤+Metamax+防水防结露处理/玻纤基布，PTFE 处理热压。

适应于高、低温的变化，且具有耐腐蚀、拒水防油的特征。

用于垃圾焚烧炉烟气。

FMS 9806（高温型）：

玻纤+P84®+双面刺/玻纤基布，PTFE 处理热压。

玻纤和 P84®公称耐温均为 260℃，耐温性能较好，而且 P84®也耐腐蚀。

用于高炉煤气的首选滤料。

FMS 9807（耐酸、防腐型）：

玻纤+PPS/玻纤基布，PTFE 处理热压。

用耐酸性强的玻纤和耐酸碱性好的 PPS 纤维混合，并经耐酸配方处理。

用于 180℃含 SO_2 酸性较大的燃煤锅炉烟气。

FMS 9808（高效型）：

玻纤+Metamax+双面刺、烧毛、压光/玻纤基布，PTFE 处理热压。

比普通高温化纤毡强力高2~3倍。

主要用于炭黑行业的低压长脉冲、细粉尘、出口浓度低于18mg/Nm³的烟气。

E FMS滤料的应用

FMS滤料的应用领域为：钢铁（高炉煤气、电炉、转炉、烧结等）、有色冶金（铜、锌、铝等）、炭黑、水泥（回转窑、磨、立窑等）、铁合金、电石炉、电厂燃煤锅炉、垃圾焚烧炉（生活垃圾、工业垃圾、医用垃圾）、沥青搅拌及其他（农药、染料、石灰窑、钛白粉、石棉风选等）。

F FMS第二代专利——特氟美（TFM）滤料

特氟美（TFM）是氟美斯（FMS）的第二代专利，于2005年获国家专利：专利号ZL 01124120.9。

特氟美（TFM）是针对国内以下对象研制的：大型高炉（大于1800m³）的煤气净化，燃煤电站锅炉烟气净化，大型垃圾焚烧炉（>50t）的烟气净化等。

特氟美（TFM）的特点：

（1）品种增加：

氟美斯（FMS）专利：单纯用Nomex+玻纤。

特氟美（TFM）专利：9801~9810。

（2）滤料性能完善：

耐温、防结露、防火星、防腐。

（3）表面处理配方改进。

（4）滤料基布加强：

氟美斯（FMS）专利：基布用无碱（E-glass）纤维。

特氟美（TFM）专利：基布改用中碱（C-glass）纤维。

特氟美（TFM）滤料的性能指标如表6-100所示。

表6-100 特氟美（TFM）滤料物理性能指标

指标		TFM04-1 大型高炉超细纤维滤料	TFM04-2 大型垃圾焚烧专用滤料	TFM04-3 电厂燃煤锅炉专用滤料	TFM04-4 电厂燃煤锅炉专用滤料	TFM04-5 电厂燃煤锅炉专用滤料	TFM04-6 沥青搅拌专用滤料
厚度/mm		1.8~2.0	1.8~2.0	1.8~2.0	1.6~2.0	1.6~2.0	1.6~2.0
单位质量/g·m⁻²		800	800	800	500	500	500
断裂强度/N·30mm⁻¹	经向	2000	2000	2000	1800	1800	1800
	纬向	1800	1800	1800	1700	1700	1700
过滤风速/m·min⁻¹		1.0~1.5	1.0~1.5	1.0~1.5	1.5~2.0	1.5~2.0	1.5~2.0
温度/℃		80~300	80~300	80~300	80~190	80~190	80~200
透气度/dm³·(m²·s)⁻¹		60~90	60~90	60~90	70~100	70~100	70~100

6.3.13.3 覆膜滤料（薄膜滤料）(Gore-Tex Membrane)

薄膜滤料（Gore-Tex Membrane）（图6-135）是一种用膨化聚四氟乙烯（ePTFE）拉伸成一层覆盖在底布上的薄膜所形成的滤料。由于它是美国Wilbert Gore先生所开发，又名Gore滤料。

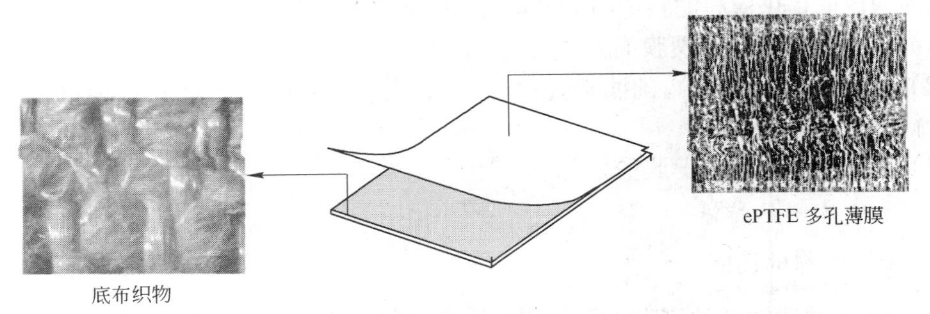

图 6－135 薄膜滤料（Gore－Tex Membrane）

图 6－135 是覆盖在织物表面上的一层 ePTFE 纤维薄膜和织物的横断面照片。图 6－136（a）所示为 Gore－Tex 薄膜，图 6－136（b）所示为聚酯毡。

Gore－Tex 薄膜可用来覆盖在很多材料上，包括聚酯、Nomex®、玻纤、Teflon® 机织布，通常底布是十分透气的，Gore－Tex 滤袋通常可用在脉冲、反吹风和振打式除尘器上，也有用在 Gore－Tex 薄膜滤筒上。

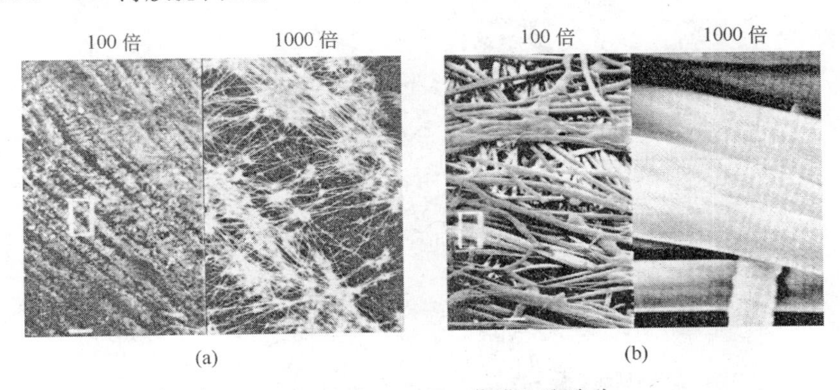

图 6－136 Gore－Tex 薄膜和聚酯毡

（a）Gore－Tex 薄膜；（b）聚酯毡

A 薄膜滤料的沿革

美国 Wilbert Gore 先生于 1985 年创办了 Gore 公司，公司第一项产品是用 PTFE 涂层的电线和电缆，以供计算机、空间和通信工业使用。1970 年，推出了多孔 ePTFE 薄膜，从而把公司改为多方面的高科技公司，占有了多方面市场，这些市场包括接合部密封填料、医用产品（血管接合料、心脏瓣膜等）、防水又透气的衣料、Gore－Tex® 制纤维、泵的密封填料、过滤产品（高温、大流量过滤、过滤筒、液体过滤、超净化房间过滤等），以及氟防护抗化学涂料，所有产品均以 PTFE 为基础材料，并全部满足高技术市场。

1985 年，创办了 Gore 公司。

1973 年，由美国 Gore 公司首创 Gore－Tex 薄膜滤袋，并获专利权。

1994 年，专利权到期，美国 Tetratex、BHA 相继生产薄膜料。

1997 年，美国 Donaldson 公司收购 Tetratex 后，在无锡设立生产基地。

1994 年后，国内生产薄膜滤料的公司有上海大宫新材料有限公司、上海金由过滤净化技术有限公司、上海灵氟隆膜技术有限公司等。

目前国内能提供薄膜滤料产品的公司（厂）有三种类型：

（1）具有制造薄膜及覆膜能力的公司（厂）。

（2）生产滤料（底布）的滤料公司（厂），委托其他公司（厂）代为覆膜，或买进薄膜自行覆膜。

（3）专营生产、销售薄膜的公司（厂）。

B 薄膜滤料的特性

a 薄膜滤料的性能

Gore－Tex 薄膜滤料的诞生，不单纯是在滤料行业中开发了一种新品种，而且使袋式除尘的过滤机理，由过去的深层过滤发展到表面过滤，进一步提高了袋式除尘器的使用效果。

薄膜滤料与普通滤料的运行原理如图 6－137 所示。薄膜滤料与其他滤料的对比如图 6－138～图 6－141 所示。

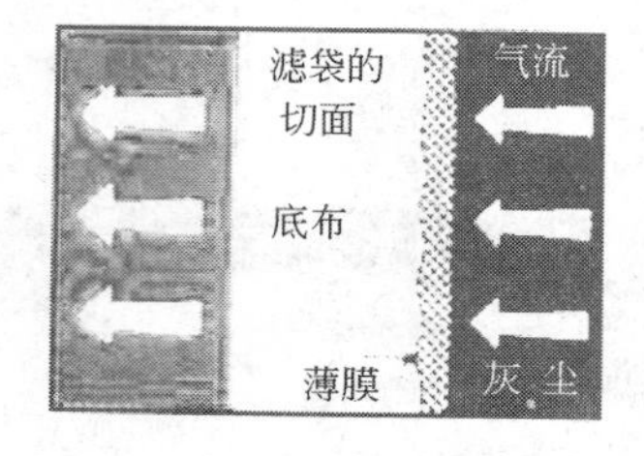

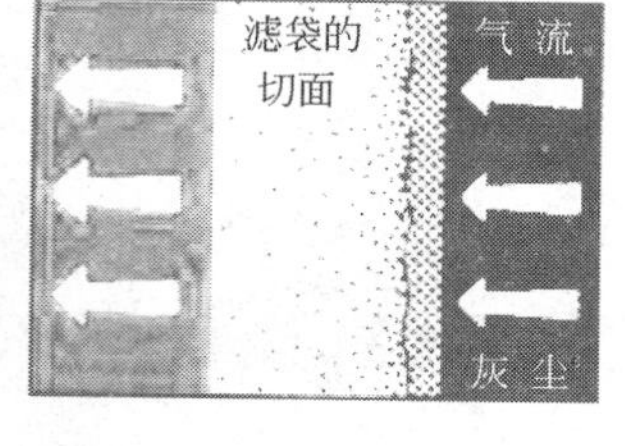

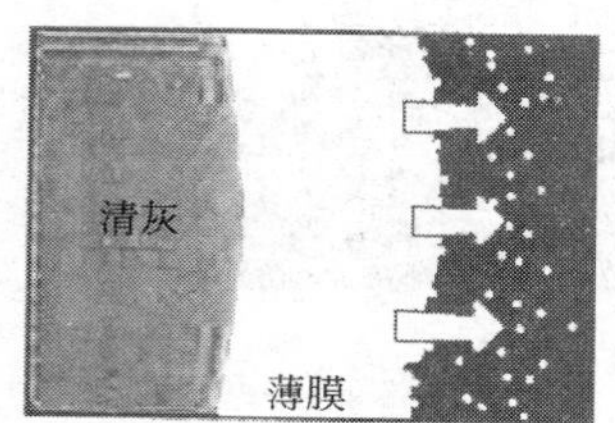

薄膜滤料　　普通滤料

图 6－137 薄膜滤料与普通滤料的运行原理

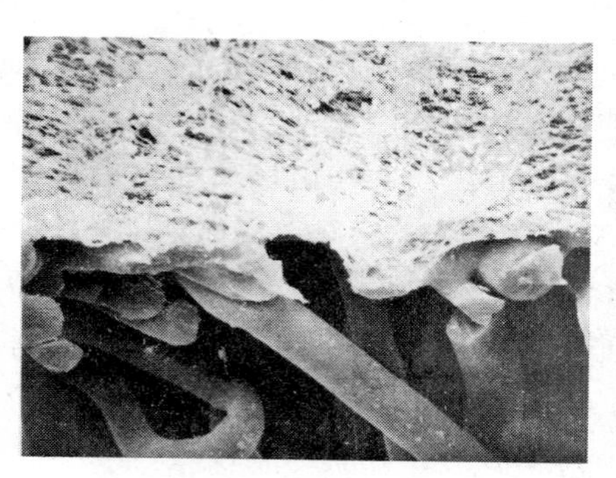

Gore－Tex 涤纶薄膜毡
（700 倍 斜切断面）

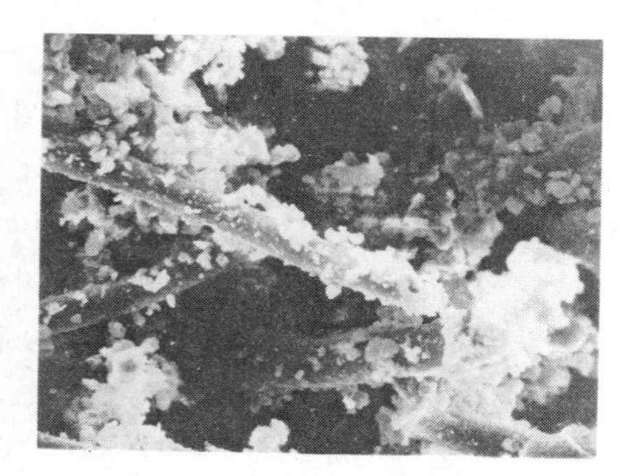

一般涤纶薄膜毡
（700 倍 斜切断面）

图 6－138 覆膜与不覆膜滤料显微镜照片放大图片

（在过滤铝尘中）

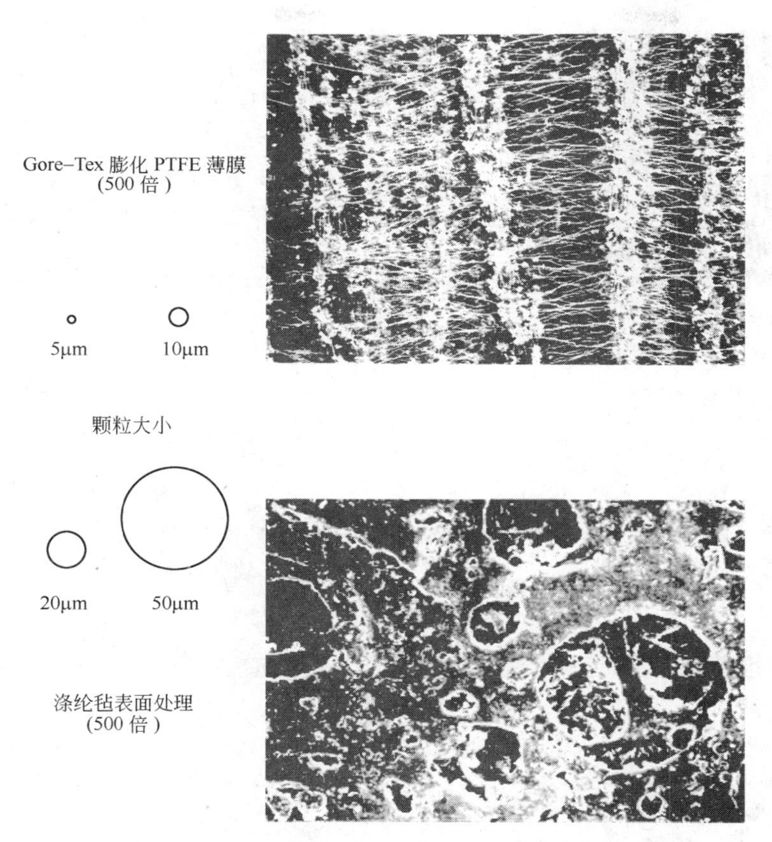

图 6－139 Gore－Tex 膨化 PTFE 薄膜与表面处理的涤纶毡比较

通常用普通滤料过滤含尘烟气时，是依靠滤料表面建立的尘饼来过滤，称为深层过滤；但表面过滤根本不需要这层尘饼，而是依靠滤料表面的薄膜来过滤，称为表面过滤。

b 薄膜滤料的技术参数

W. L. Gore 介绍了其 Gore－Tex 薄膜滤料的技术参数如下：

	连续运行温度	耐酸性	耐碱性
Gore－Tex 薄膜/聚丙烯	88℃	极好	极好
Gore－Tex 薄膜/聚酯	135℃	好	好
Gore－Tex 薄膜/埃匹克导电聚酯	135℃	好	好
Gore－Tex 薄膜/Nomex®	204℃	差	非常好
Gore－Tex 薄膜/耐酸玻纤	260℃	好	差
Gore－Tex 薄膜/Teflon®玻纤	260℃	好	差
Gore－Tex 薄膜/Gore－Tex®织物	260℃	极好	极好

美国 EPA（国家环保局）对 Gore－Tex 薄膜/Nomex®滤袋的实验室评估，指出其过滤效率非常高（大约 99% 以上），排放浓度极低（少于 $9mg/m^3$），可接受的效率和晚期阻力降(Drag)，以及可接受的尘饼阻力，过滤速度在气布比 2～5cm/s 范围内，其变化不敏感。

c 薄膜滤料的特征

（1）PTFE 薄膜具有不黏性、化学稳定、憎水，耐温可达 260℃。

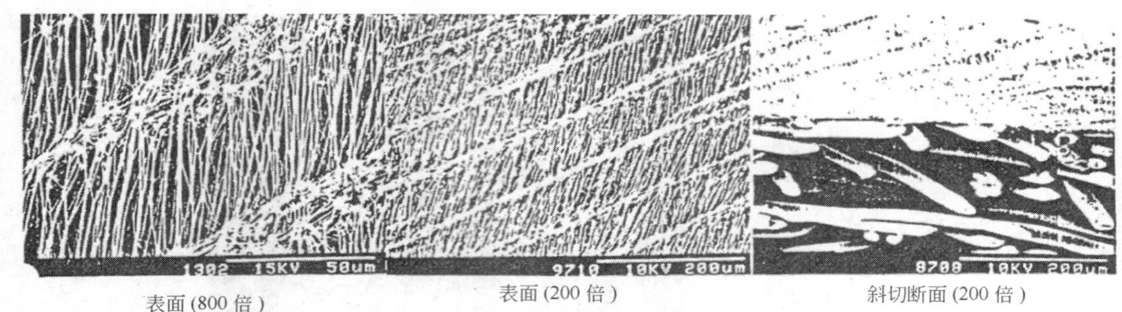

表面 (800 倍)　表面 (200 倍)　斜切断面 (200 倍)

Gore–Tex 膨化 PTFE 薄膜 (4319 号)

表面 (800 倍)　表面 (200 倍)　斜切断面 (200 倍)

研光涤纶毡

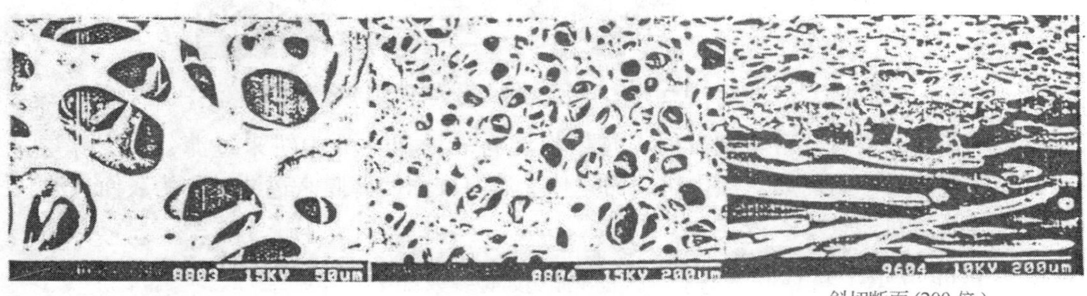

表面 (800 倍)　表面 (200 倍)　斜切断面 (200 倍)

树脂喷涂的涤纶毡

图 6 – 140　Gore – Tex 膨化 PTFE 薄膜与涤纶的对比

（2）抗湿和捕获极细尘粒，可达到最低排放率。

（3）可在压降极低和稳定的高流量下运行，在同样压降下气流量通常可高 30%。

（4）滤袋均有很长的潜在寿命，在滤袋寿命期内压降稳定。

（5）对工艺变化及除尘器的一般故障有很大弹性。

（6）不受粒径分布及颗粒化学性质的影响。

d　薄膜滤料的理化特性

薄膜滤料的压降

由于 Gore – Tex® 薄膜的纤维结构极为细密，其初始压降要比未经使用的普通滤料高（图 6 – 142）。但 Gore – Tex® 薄膜滤袋具有极佳的清灰性能，所以能在运行过程中始终保持比普通滤料低得多的运行阻力，低运行阻力使 Gore - Tex®薄膜滤袋的使用寿命大大延长。

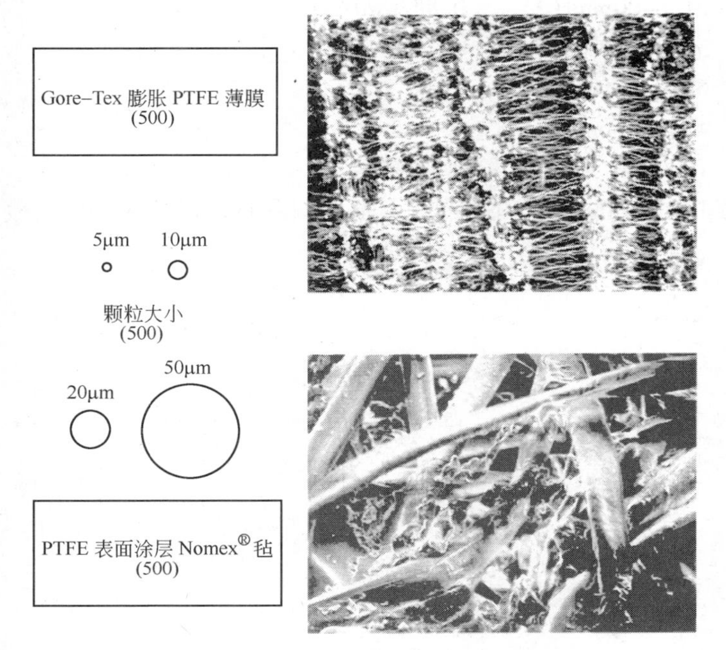

图 6 - 141 Gore - Tex 膨化 PTFE 薄膜与 PTFE 表面涂层的 Nomex® 比较

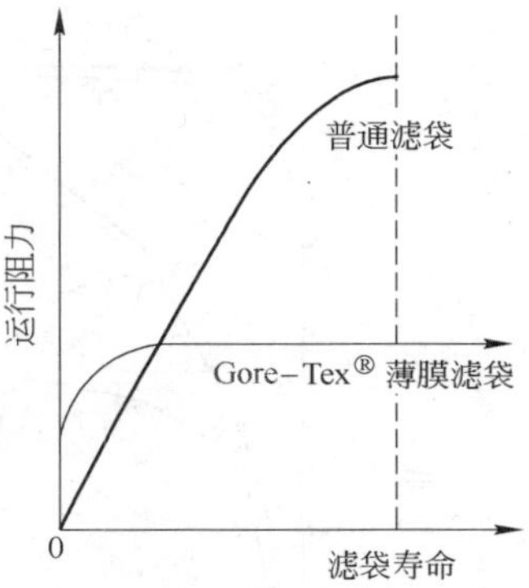

运行阻力

普通滤袋

Gore–Tex® 薄膜滤袋

0

滤袋寿命

图 6 - 142 薄膜滤料的压降

薄膜滤料的净化效率（图 6 - 143）

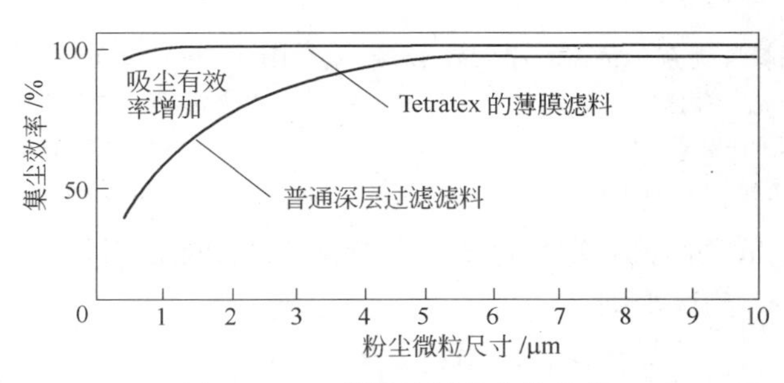

图 6 - 143 薄膜滤料的净化效率

表 6 - 101 给出薄膜滤料对各种大小颗粒（μm）的净化效率（%）。

表 6 - 101 薄膜滤料对各种大小颗粒的净化效率

颗粒/μm	净化效率/%	颗粒/μm	净化效率/%
0.10 ~ 0.12	99.715515	0.35 ~ 0.45	99.715515
0.12 ~ 0.15	99.827156	0.45 ~ 0.60	100.000000
0.15 ~ 0.20	99.937851	0.60 ~ 0.75	100.000000
0.20 ~ 0.25	99.985558	0.75 ~ 0.100	100.000000
0.25 ~ 0.35	99.999825		

表 6 - 101 数据是在下列烟气参数下测得的：

烟气通过样品的流速	3.2376m/min	10.6220ft/min
测得的压力降	21.6400mmH_2O	0.8520inH_2O
测试温度	32.3926℃	
测试湿度	68.7428% RH	
持续时间	4.6989min	
样品面积	1500cm^2	

图6－144和图6－145为美国ETS Inc.在1991年1月9日对各种薄膜滤料的过滤效率测试报告。

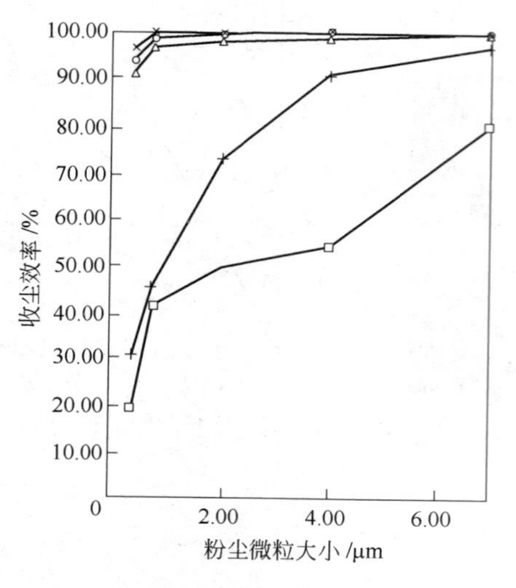

图6－144 未污染的滤料（无灰尘负荷）净灰效率
（G/C＝10ft/min，室内空气灰尘）
□—Gore聚酯；＋—聚酯；○—力顿；
△—Tetratex力顿；×—Tetratex

图6－145 Tetratex和Gore－Tex薄膜滤料未污染（无灰尘负荷）的净灰效率
（G/C＝10ft/min，室内空气灰尘）
□—Gore聚酯；×—Tetratex聚酯

（1）美国ETS，Inc.的薄膜滤料过滤效率及排放浓度测试报告（1992年8月21日）。

滤袋的V.E.S.A.测试准则：

测试灰尘	循环流化床锅炉飞灰
灰尘浓度	10Grain/ft^3
清灰方式	脉冲清灰
气布比	6∶1（6ft/min）
集尘效率	99.9471%
排放量（5.7Mft^3）	4.31lb/h

（2）各种滤料捕尘效率的对比。各种滤料在过滤50h后平均捕尘效率性能的对比结果按次序排列如表6－102所示。

表6－102 各种滤料的平均捕尘效率性能的结果

对比滤料	效率/%	压差/inH_2O	对比滤料	效率/%	压差/inH_2O
Nomex/Gore－Tex	99.99305	4.10	玻璃纤维/Gore－Tex（14 oz）	99.99289	4.10

续表 6－102

对比滤料	效率/%	压差/inH_2O	对比滤料	效率/%	压差/inH_2O
玻璃纤维/Tetratex（14 oz）	99.99300	4.03	Nomex/PTFE 防护涂布	99.99270	5.78
Nomex/Tetratex	99.99299	4.09	Nomex/素布	99.95904	4.43
玻璃纤维/Tetratex（16 oz）	99.99291	4.24			

（3）薄膜滤料的分级效率。美国 Donaldson 公司 Tetratex® 的 PTFE 薄膜滤料分级如下：

1）7005、6255PTFE 薄膜/抗酸玻纤织布滤料（表 6－103、图 6－146）。

产品编号　　7005、6255
测试方式　　表面吸尘效率
测试粉尘　　KCL 型，中性
速度　　10ft/min
表面收集的粉尘　　SAE 微细
测试日期　　1998 年 3 月 30 日

表 6－103　薄膜滤料的分级效率

过滤状态	刚开始	表面积尘后
压降差/inH_2O	1.026	1.226
粉粒大小/μm	表面吸尘效率/%	
0.3～0.5	99.791	99.841
0.5～0.7	99.922	99.976
0.7～1.0	99.695	100.000
1.0～2.0	99.991	100.000
2.0～3.0	99.996	100.000
3.0～5.0	100.000	100.000
>5.0	100.000	100.000

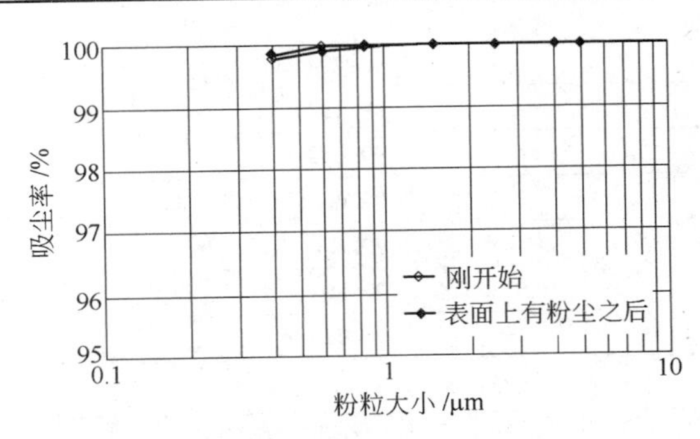

图 6－146　微粒大小与吸尘率关系

2）6252PTFE 薄膜/Teflon® B 玻纤织布滤料、7004PTFE 薄膜/抗酸玻纤织布滤料（表 6－104、图 6－147）。

收集的表面粉尘　　SAE 超细粉尘
速度　　10ft/min
测试日期　　1998 年 3 月 30 日

表 6－104 6252/7004 薄膜滤料的分级效率

状　态	运行开始前	荷载运行后
ΔP/inH₂O	0.984	1.184
尘粒大小/μm	分级效率/%	
0.3～0.5	99.607	99.831
0.5～0.7	99.930	99.985
0.7～1.0	99.961	99.993
1.0～2.0	99.975	100.00
2.0～3.0	99.991	100.00
3.0～5.0	100.00	100.00
＞5.0	100.00	100.00

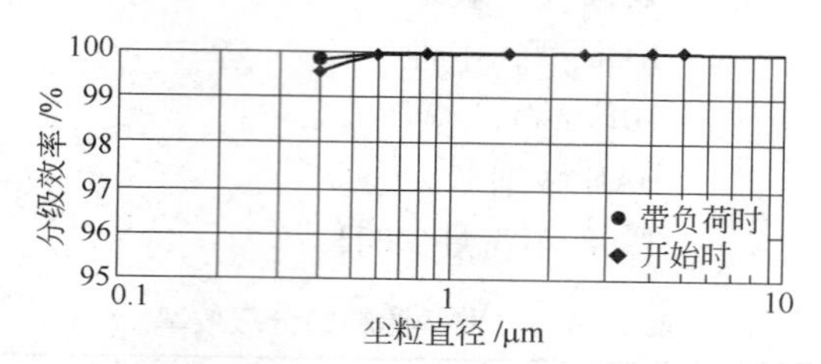

图 6－147 6252/7004PTFE 薄膜/抗酸玻纤织布滤料的分级效率

3）6232PTFE 薄膜/P84®针刺毡滤料（表 6－105、图 6－148）。

收集的表面粉尘　　SAE 超细粉尘

速度　　10ft/min

测试日期　　1998 年 3 月 30 日

表 6－105 6232 薄膜滤料的分级效率

状　态	运行开始前	荷载运行后
ΔP/inH₂O	0.435	0.635
尘粒大小/μm	分级效率/%	
0.3～0.5	96.794	99.922
0.5～0.7	99.132	99.805
0.7～1.0	99.642	99.984
1.0～2.0	99.665	99.995
2.0～3.0	99.676	100.00
3.0～5.0	99.804	100.00
＞5.0	99.920	100.00

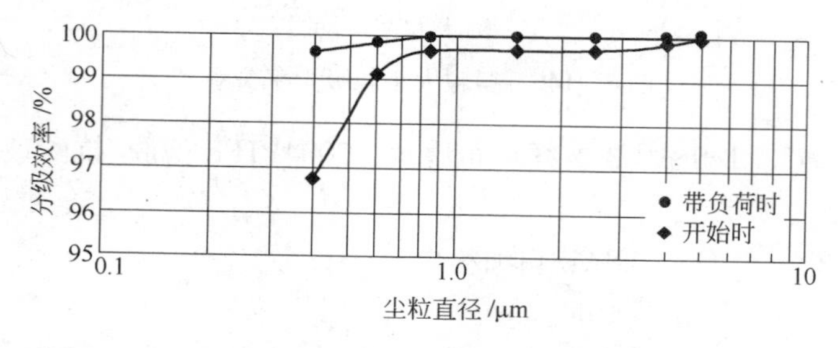

图 6－148 6232PTFE 薄膜/抗酸玻纤织布滤料的分级效率

各种滤料排放浓度的对比

各种滤料排放浓度结果的对比按次序排列如表 6－106 所示。

表 6－106 各种滤料排放浓度的对比

对比滤料	排放浓度		对比滤料	排放浓度	
	gr/Nft³	lb/h		gr/Nft³	lb/h
Nomex/Gore－Tex	0.000695	0.566	玻璃纤维/Gore－Tex（14 oz）	0.000711	0.579
玻璃纤维/Tetratex（14 oz）	0.000700	0.570	玻璃纤维/Gore－Tex（16 oz）	0.000716	0.583
Nomex/Tetratex	0.000701	0.571	Nomex/PTFE 表面涂有 PTFE	0.002730	2.223
玻璃纤维/Tetratex（16 oz）	0.000709	0.577	Nomex/素布	0.004096	3.335

薄膜滤料的透气性

国产薄膜滤料的透气性测试数据（东北大学测定）如表 6－107 所示。

表 6－107 国产薄膜滤料透气性测试数据

（东北大学测定）

品　种	单重/g·m⁻³	透气度/L·(m²·s)⁻¹	透气度偏差①/%
729 薄膜滤料	231.5	33	+28.4，－26.4
729 薄膜滤料	320	21.4	+6.8，－5.2
针刺毡薄膜滤料	500	40.2	+14.5，－19.8
针刺毡薄膜滤料	505	35	+16.9，－22.1

①透气度偏差是指在同一试样表面不同位置测 5 个位置，以（最大值平均值）公式计算的正负偏差。

薄膜滤料的灰尘渗漏（图 6－149）

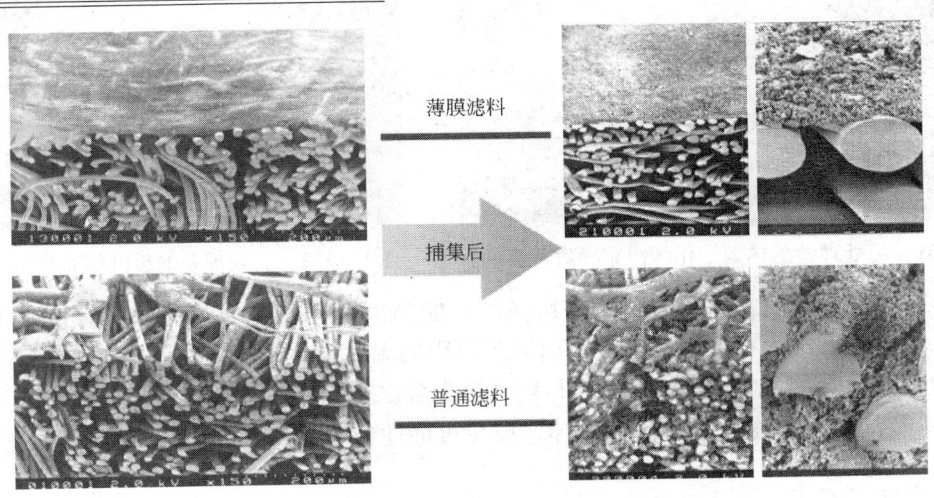

图 6－149 薄膜滤料与普通滤料的灰尘渗漏现象

e 覆膜滤料综合特性（图6－150）

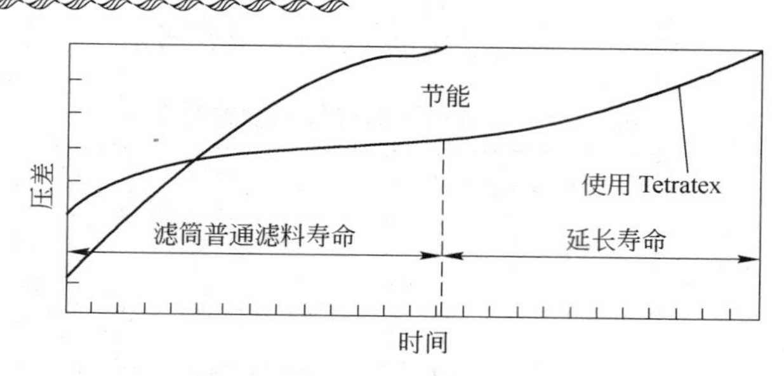

图6－150 覆膜滤料综合特性

C 薄膜滤料的五大技术

硬件技术包括底布技术、薄膜技术、覆膜技术；软件技术包括应用技术、服务技术。

a 底布技术

薄膜滤料底布的质量对滤料性能的影响：

（1）热塑性化纤毡料：滤料表面的处理（如烧毛质量不一致等）会影响薄膜滤料的覆合强度、透气率及过滤气流的均匀性。

（2）热固性化纤毡料：滤料的后处理技术会影响薄膜滤料的覆合强度，图6－151中给出后处理差的热固性化纤织布导致薄膜的剥离。

（3）化纤机织布料：滤料的伸缩率和织物的编织致密度会影响薄膜滤料的复合后膜的龟裂程度。

（4）玻纤机织布料：滤料的后处理技术及织物料的编织致密度会影响薄膜滤料的覆合强度及覆合料表面膜的开裂（龟裂）程度，图6－152中给出后处理差的玻纤织布导致薄膜的剥离。

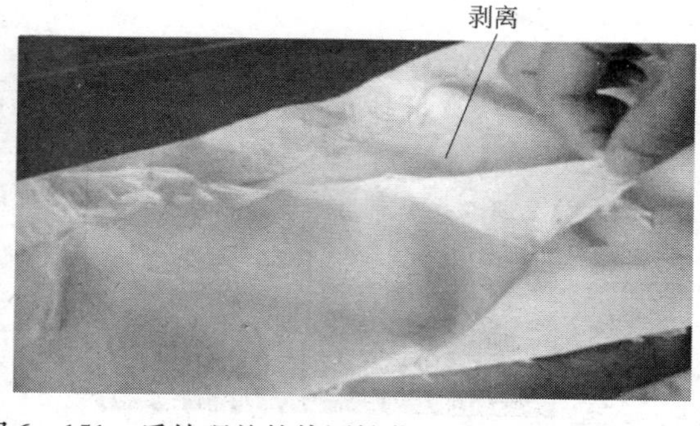

图6－151 后处理差的热固性化纤织布导致薄膜的剥离

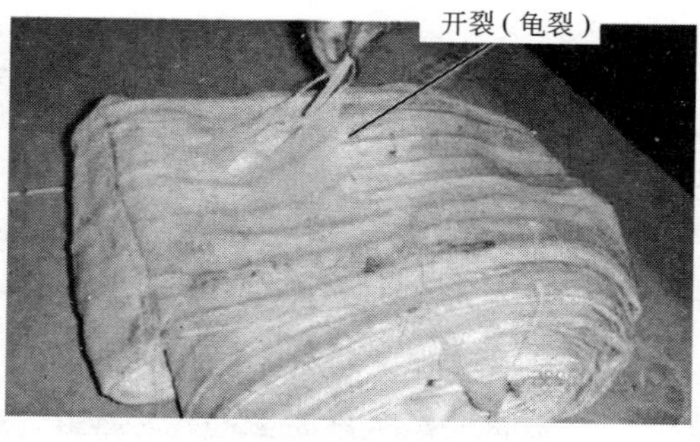

图6－152 后处理差的玻纤织布导致薄膜剥离

对于玻纤薄膜滤料，由于玻纤织物在纱线制造时采用淀粉粘合剂（starch binder）一类的有机物质，这些有机润滑剂在表面处理过程的温度中是不稳定的，它将妨碍薄膜与玻纤织物的覆合。因此，在薄膜与玻纤织物的覆合之前必须将它（指淀粉粘合剂（starch binder）及淀粉、矿物油胶料）清除掉，以尽可能使薄膜接近光秃秃的玻纤织物。

b 薄膜技术

薄膜是用高分子材料膨化聚四氟乙烯（ePTFE）做成。

ePTFE 薄膜的特性

PTFE 的化学性能极佳，除熔融碱金属外，其他所有的酸、碱类，有机溶剂对它几乎没有影响。

ePTFE 薄膜的技术参数为：

有效孔径　　0.10～7.00μm

分级捕尘率　　97%～100%（对 0.10～1.0μm 粒径的粉尘）

国内目前的制造水平：

最大门幅　　2400mm

一般厚度　　0.04mm（最薄厚度 0.01mm）

孔隙率　　70%～80%

间隙的距离　　0.1～0.4μm

ePTFE 薄膜的加工流程（图 6－153）

薄膜是将聚四氟乙烯树脂经过分子激活、梳理等非常规塑料的预处理工艺后，再经过常规的塑料压延、双向拉伸等过程，得到没有边界但有间隙的薄膜。

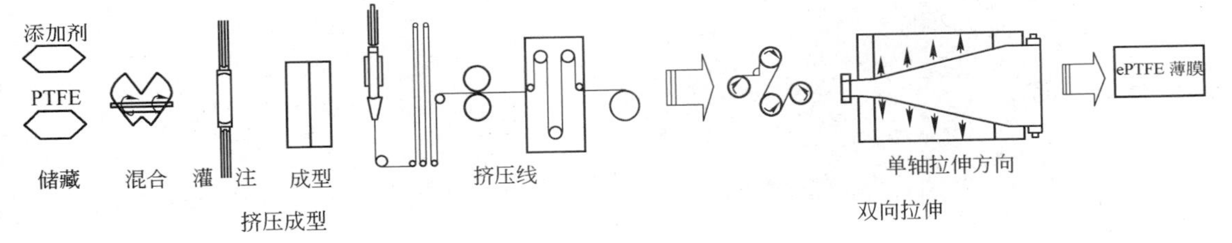

图 6－153　ePTFE 薄膜的加工流程

ePTFE 薄膜的加工注意事项：

（1）薄膜孔径大小的偏差会导致过滤时超细粉尘的渗漏。

（2）薄膜加工时过分追求高强度，势必损失薄膜的韧性，致使覆合后覆膜料表面的龟裂。

（3）薄膜的微孔分布不均匀，直接导致透气率不均匀（图 6－154）。

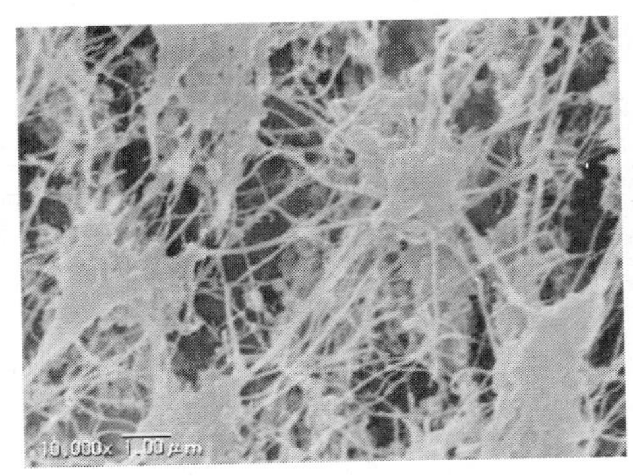

不合格的膜

树脂未拉开，网孔大小不均，透气率小

合格的膜

纤维均布，网孔小而均匀，透气率大

图 6－154　薄膜的微孔分布

美国某公司和日本尤尼吉可公司的膜如图 6－155 和图 6－156 所示。

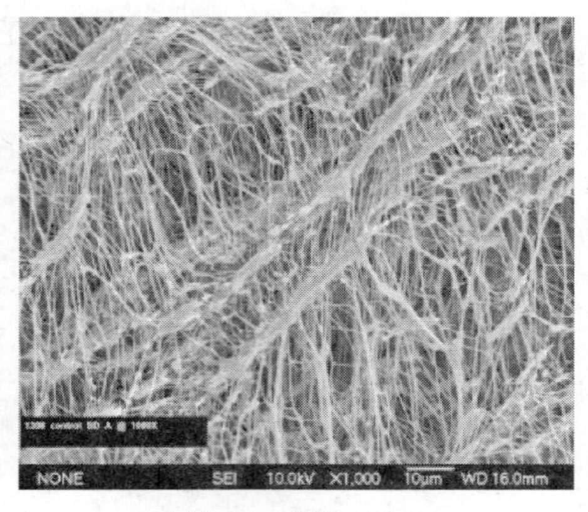

早期 ePTFE 薄膜 (X1000)　　新一代的薄膜 (X1000)

图 6－155　美国某公司不同时期的膜

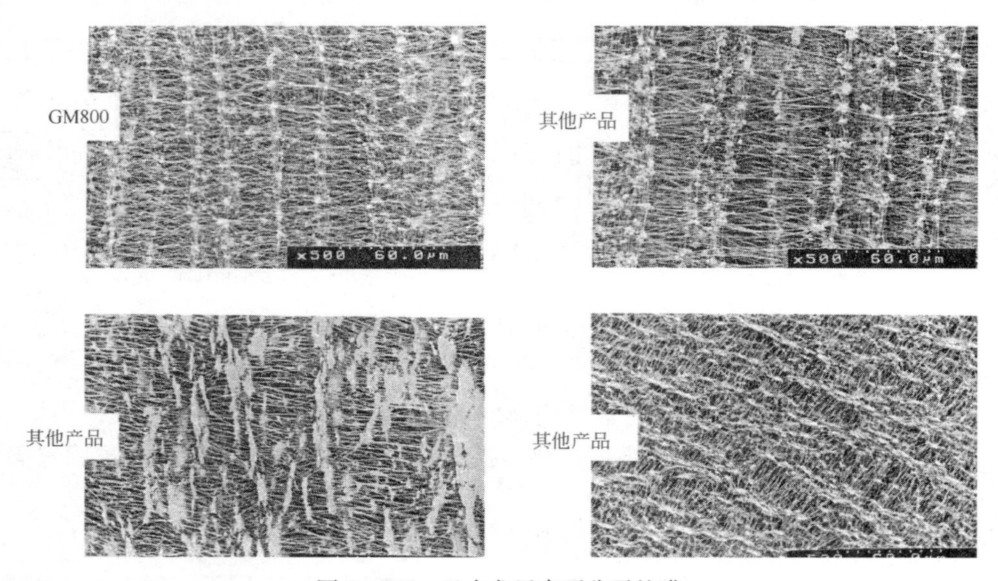

图 6－156　日本尤尼吉可公司的膜

c　覆膜技术

ePTFE 薄膜滤料的覆合工艺如图 6－157 所示。

不适当的温度及热熔覆时间的控制会影响：

（1）薄膜的覆合强度，导致薄膜的剥离，如图 6－158 和图 6－159 所示。

（2）覆合料的透气性及均匀性。

（3）孔径分布偏差。

（4）薄膜的韧性，即薄膜被脆化。

729 滤料覆膜前后的透气度偏差：

729 滤料透气度偏差　　　7.1% ~7.2%

729 覆膜后透气度偏差　　　+28.4% ~ －26.4%

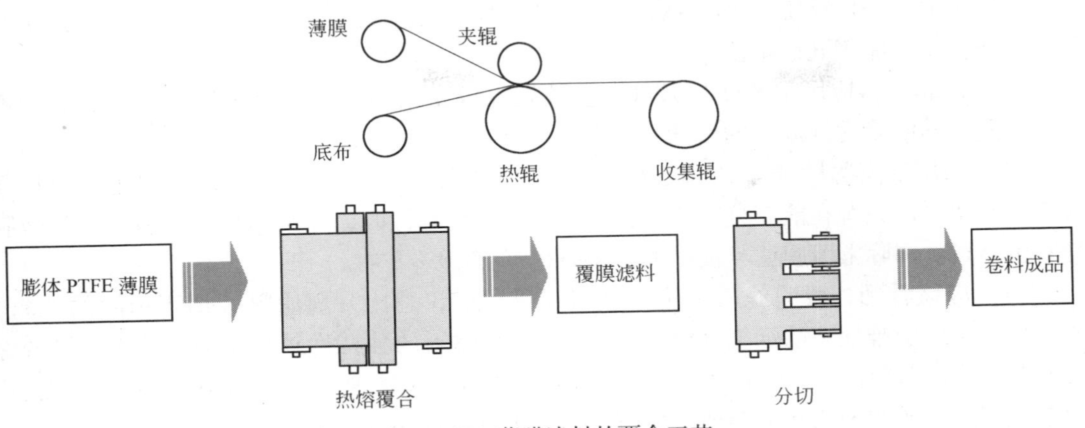

图 6－157 薄膜滤料的覆合工艺

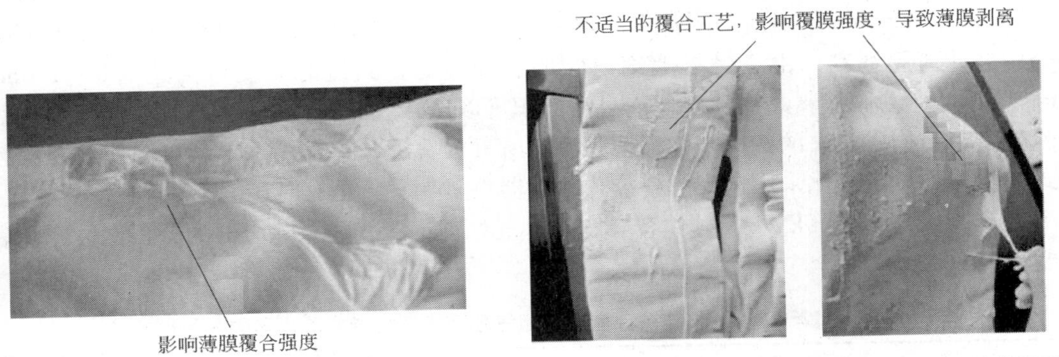

图 6－158 覆合不当影响薄膜的覆合强度　图 6－159 覆合不当影响薄膜的覆合强度，导致薄膜剥离

日本尤尼吉可公司的薄膜滤料膜的黏着力测试方法如图 6－160 所示。

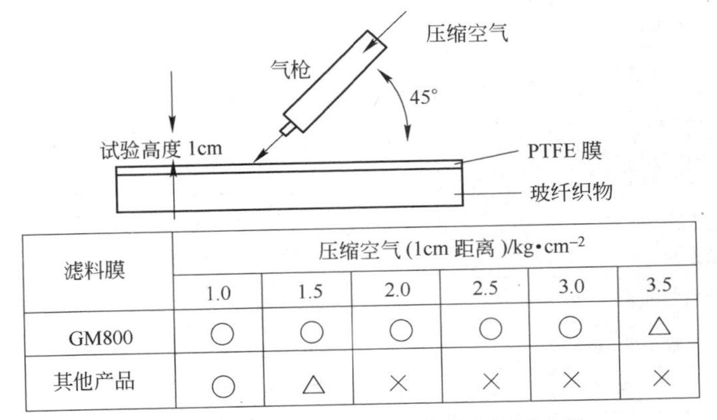

滤料膜	压缩空气 (1cm 距离)/kg·cm^{-2}					
	1.0	1.5	2.0	2.5	3.0	3.5
GM800	○	○	○	○	○	△
其他产品	○	△	×	×	×	×

图 6－160 薄膜滤料膜的黏着力测试方法

○—无剥离；△—部分剥离；×—剥离

d 应用技术

对薄膜滤料的认识

（1）充分理解深层过滤和表面过滤的过滤机理。

（2）滤料 PTFE 浸渍、涂层是滤料表面的一种后处理，而覆合 ePTFE 薄膜的滤料是一种覆合滤料，不能等同而论。

（3）薄膜滤料应用中的使用条件、参数选择以及结构构成与常规滤料的概念有所不同。为此，不能将常规滤料的概念应用在薄膜滤料上。

（4）采用薄膜滤料时，应从技术、经济方面全面、统筹考虑，可以用常规滤料时还是采用常规滤料，只有在能充分发挥薄膜滤料的独特优越性时，才采用薄膜滤料，因为薄膜滤料价格贵。国际上薄膜滤料使用的覆盖率也只有10%左右。

（5）应该看到，薄膜滤料无论是进口还是国产，总比常规滤料（即不覆膜的滤料）要贵。但是对于难处理的烟气（烟尘），由于薄膜滤料的独特优越性，经过技术经济的综合分析，虽然薄膜滤料本身比常规滤料贵，但是由薄膜滤料组成的袋式除尘器不一定会比由常规滤料组成的袋式除尘器要贵多少，甚至于有时候还会不贵。

以硅铁合金电炉为例，由于硅铁粉尘的温度高（低于250℃）、粒度细（3～5μm）、比重轻（0.25kg/m^3），因此采用常规的玻纤滤料时，其过滤速度只能取0.3～0.4m/min，而采用玻纤薄膜滤料，由于是靠超细薄膜的表面过滤，其过滤速度可高达0.8～1.0m/min。鉴于此，薄膜滤料袋式除尘器的过滤面积可以比常规滤料袋式除尘器小一半。由此，将除尘器钢结构省下来的费用来弥补薄膜滤料所贵的费用，这样一来，就可以使薄膜滤料袋式除尘器不一定会比采用常规滤料袋式除尘器贵多少，甚至有时还会不贵。

表6－108为12500kV·A硅铁合金电炉烟气处理正压式袋式除尘器的分析比较，此表编制于1996年。

表6－108　12500kV·A硅铁合金电炉烟气处理正压式袋式除尘器的分析比较

项　　目	12500kV·A	
	国产玻纤滤料	进口薄膜滤料
处理风量/$Nm^3 \cdot h^{-1}$	约75000	约75000
处理风量/$Am^3 \cdot h^{-1}$	132700	132700
烟气温度/℃	180～210	180～210
分室数量/室	4	10
滤袋总数/条	592	840
过滤面积/m^2	5250	2800
过滤风速/$m \cdot min^{-1}$	0.42 全运行/0.56 一室清灰	0.79 全运行/0.87 一室清灰
滤料材质	普通玻纤布滤料	Gore－Tex 薄膜/抗酸玻纤滤料
滤袋规格（$\phi \times l$）/mm	ϕ292×10000	ϕ180×6100
滤袋单价/元·条$^{-1}$	约480.00	1230
滤袋寿命/a	<1.0	>4.0
除尘器重量/t	203	95
排放浓度/$mg \cdot Nm^{-3}$	约100	<20
滤袋运行阻力/mmH_2O	200～250	150～200
外形尺寸/m	16.5×8.20×26.30	9.58×7.29×13.42

续表 6－108

项　目	12500kV·A	
	国产玻纤滤料	进口薄膜滤料
除尘器设备投资比较		
金属结构件（含电控）/万元	182.70	85.50
滤料/万元	28.42	103.32
合计/万元	211.12	188.82
初次投资比较	除尘器约便宜10%（约22.3万元）	
除尘器每年运行费用比较		
更换滤袋费用/万元·a^{-1}	28.42	25.83
风机电耗量值/万元·a^{-1}	7.0	—
少回收硅粉/万元·a^{-1}	7.17万元/a（47.8t/a）	—
合计/万元·a^{-1}	42.59	25.83
每年节约运行费用约16.76万元		

（6）根据国内的现状，不要认为覆上膜的滤料就是薄膜滤料，都能起到薄膜滤料的功能，而在选用薄膜滤料时价格不应作为首选因素。

薄膜滤料应用中的注意事项

根据薄膜滤料在国内应用的几十年经验，选用薄膜滤料时应注意以下几点：

（1）薄膜滤料适用的工况条件。

（2）过滤速度。

（3）清灰喷吹方式。

（4）除尘器结构要求。

（5）袋笼框架的筋数。

（6）除尘器开、停车的建议等。

e　服务技术

薄膜滤料自1994年开始进入国内市场后，国外公司相继进入我国，为我国提供了以下的服务技术。

（1）薄膜滤料选用的技术指导。

（2）滤袋现场安装指导及技术培训用的安装说明书：

1）滤袋安装指导。

2）滤袋二次张力调节。

3）风量平衡测试。

4）薄膜滤料的包装、运输等。

（3）滤袋安装后的泄漏检测：荧光粉检漏。

（4）预涂层的要求及指导。

（5）失效滤袋的实验室分析。

（6）除尘器故障的分析及解决方案指导。

D 薄膜滤料的结构

Gore－Tex® ePTFE 薄膜是一种由纤丝（fibrils）结节起来相互连接的模铸微孔结构，微孔的大小是可以控制的，微孔面积占 0～95％。

ePTFE 薄膜加工时，要求低冷流动（low cold flow）、低收缩、高强度及较少蠕动（creep），就像一种黏稠的 Teflon 在快速地延伸，构成了张开细小的微孔，与此同时，相近的聚合物分子自我排列起来，因此细长的纤丝是极其坚强的。

（1）薄膜的孔径：

过滤普通粉尘时　＜2μm

过滤细菌时　＜0.3μm

过滤病毒时　＜0.05μm

美国某公司的薄膜滤料：

有效孔径　0.10～7.0μm

灰尘粒径　0.01～1.0μm 时 η＝97％～100％

（2）薄膜厚度：大约 10μm

（3）Rastex®基布：Rastex®基布是由纯膨体 PTFE 制成的织物，Rastex®与常规的 PTFE 极不相同，它在 260℃中 24h 后有 3 倍的强度及 3％的最大收缩率，它具有超强的寿命及耐磨性，同样地，在高达 260℃时，具有超强的耐化学性。

E 薄膜滤料的品种

a 美国 Gore 公司薄膜滤料（表 6－109，录自 Gore 公司 1990 年代样片）

b 美国 Donaldson 公司的 Tetratex®薄膜滤料（表 6－110 和表 6－111）

c PTFE＋P84®（Polyimide）覆膜滤料

P84®是非热塑性纤维，无法对其表面进行后处理（覆膜），只有在经过专利性的表面处理方法后才能与 PTFE 膜很好地熔合。

PTFE＋P84®（Polyimide）覆膜滤料的性能参数：

纤维		ePTFE Rastex®短纤和 P84®短纤的混合
基布		Rastex® ePTFE 纤维
连续耐温		260℃
最高温度		274℃
耐酸性		高
耐碱性		高
重量		675g/m² （20.0oz/yd²）
破裂强度	顺机器方向	91kg/5cm 宽的样品（200lb/2in）
	与机器交叉方向	68kg/5cm 宽的样品（150lb/2in）
爆裂强度		4520kPa（650psi）
厚度		0.90mm（0.035in）

表 6-109 美国 Gore 公司薄膜滤料的性能参数

序号	技术参数		PTFE 薄膜/聚酯织布（6oz/yd²）	PTFE 薄膜/重磅聚酯毡（16oz/yd²）	PTFE 薄膜/高抗折抗静电聚酯毡（14oz/yd²）	PTFE 薄膜/聚丙烯毡（12oz/yd²）	PTFE 薄膜/抗静电聚合丙烯酸（亚克力）毡（14oz/yd²）	PTFE 薄膜/高性能 Aramide 毡（即 Amazon™）①（14oz/yd²）	PTFE 薄膜/Ryton 毡（Rastex®基布）（16oz/yd²）	PTFE 薄膜/TeflonB®玻纤布（10oz/yd²）
1	织物结构		3x1 斜纹	针刺毡	针刺毡	针刺毡	针刺毡	抗酸 Aramide 毡	针刺毡	机织布
2	纤维成分		对苯聚乙烯	对苯聚乙烯	对苯聚乙烯和抗静电纤维层网状聚酯基布	石　蜡	聚合丙烯腈和抗静电纤维	100%纯芳族聚酰胺		
3	连续工作温度/℃		135	135	135	70	127	204		
4	瞬间最高温度/℃		149	149	149	88	140	218		
5	抗酸性能		一般	一般	一般	极佳	极佳	—		
6	抗碱性能		一般	一般	一般	极佳	好	—		
7	重量/$g \cdot m^{-2}(oz \cdot yd^{-2})$		204(6)	543(16)	475(14)	407(12)	475(14)	475(14)		339(10)
8	抗断强度/$kg \cdot 5cm^{-1}$	经向	136	68	61	45.4	68.2	127		
		纬向	90.9	164	107	114	77.2	204		
	延伸率（22.7kg 力）/%	经向					—	2.3		
		纬向					—	4.6		
9	Mullen 胀破强度/psi(bar)		450(31.5)	375(26.25)	350(24.5)	300(21)	400(387)	700		
10	滤料厚度/mm		0.33	1.91	1.52	1.91	2.16	1.91		
11	静电衰减期/s(NFPA99)		—	—	0.01	—	0.01	—		—
12	热稳定性		—	—	—	—	—	—	—	—
13	耐用性		—	—	—	—	—	—	—	—
14	MIT 抗折性测试		—	—	—	—	—	—	—	—

续表 6－109

序号	技术参数		PTFE 薄膜/TeflonB®玻纤布（16.8oz/yd²）	PTFE 薄膜/TeflonB®玻纤布（22oz/yd²）	PTFE 薄膜/抗酸玻纤布（10oz/yd²）	PTFE 薄膜/抗酸玻纤布（16.8oz/yd²）	PTFE 薄膜/Superflex™玻纤布（20oz/yd²）	PTFE 薄膜/Gore－Tex®玻纤布（8.5oz/yd²）	PTFE 薄膜/Gore－Tex®毡（8.5oz/yd²）	PTFE 薄膜/Gore－Nostat®毡（20oz/yd²）
1	织物结构		Modified Crowfoot	双面填充料	1x3RH 斜纹	Modified Crowfoot	Modified Crowfoot	特殊 Harness	针刺毡	
2	纤维成分		ECDE 玻纤	ECDE 玻纤	ECDE 玻纤	ECDE 玻纤		Gore－Tex®膨体聚四氟乙烯	Gore－Tex®膨体聚四氟乙烯纤网/Gore－Tex®膨体聚四氟乙烯基布	
3	连续工作温度/℃		260	260	260	260	260	260	260	260
4	瞬间最高温度/℃		288	288	288	288	288	274	274	288
5	抗酸性能		很好	很好	很好	很好	很好	极佳	极佳	很好
6	抗碱性能		一般	一般	一般	一般	一般	极佳	极佳	一般
7	重量/g·m⁻²(oz·yd⁻²)		570(16.8)	746(22)	339(10)	570(16.8)	678(20)	288(8.5)	678(20)	
8	抗断强度/kg·5cm⁻¹	经向	132	159	148	136	159	100	68	
		纬向	102	159	91	114	182	100	91	
	延伸率(22.7kg 力)/%	经向	—	—	—	—	—	—	—	—
		纬向	—	—	—	—	—	—	—	—
9	Mullen 胀破强度/psi(bar)		600(42)	900(63)	500(35)	600(42)	900(63)	500(63)	500(35)	
10	滤料厚度/mm		0.71	0.84	0.38	0.71	0.86	0.25	0.89	
11	静电衰减期/s(NFPA99)		—	—	—	—	—	—	—	
12	热稳定性		—	—	—	<1%（260℃下持续 2h）	—	—	260℃下持续 2h（无限制）的收缩量小于 2%	—
13	耐用性		—	—	—	好	—	—	极佳	—
14	MIT 抗折性测试		—	—	—	—	1000000 次以上	—	—	—

①Amazon™滤袋在对机械疲劳、湿度、抗酸性、产品恢复和排放控制上均不同于它的前一代产品，它比一般薄膜滤袋寿命更长，同时在湿热的除尘器中能最大化的发挥其过滤效果。

表 6－110 Donaldson 公司薄膜滤料的性能参数

产品编号		6202 PTFE 薄膜/聚酯针刺毡	6212 PTFE 薄膜/聚酯针刺毡	6214 PTFE 薄膜/高强度聚酯针刺毡	6222 PTFE 薄膜/聚丙烯针刺毡	6232 PTFE 薄膜/P84® 针刺毡	6235 PTFE 薄膜/丙烯酸聚合体针刺毡	6242 PTFE 薄膜/Nomex® 针刺毡	6243 PTFE 薄膜/耐酸 Nomex® 针刺毡	6244 PTFE 薄膜/Teijin Conex® 针刺毡	6252 PTFE 薄膜/玻纤织布
基布组成		聚酯	聚酯	聚酯高强度支撑网	聚丙烯	P84®	丙烯酸聚合体	Nomex®	Nomex®	Teijin Conex®	玻璃纤维
滤料重量/$g \cdot m^{-2}$		440	540	540	510	475	510	475	475	475	540
表面处理		—	—	—	—	—	—	—	防酸处理	—	聚四氟乙烯
贴膜后重量/$g \cdot m^{-2}$		390～492	490～595	490～595	460～560	460～560	525～630	475～610	475～610	475～610	560～630
织法		—	—	—	—	—	—	—	—	—	双面织法
组纤维数目（+/−2）		—	—	—	—	—	—	—	—	—	19×12
厚度/mm（±0.25mm）		1.40	1.91	1.91	2.29	2.54	2.29	2.16	1.91	2.16	
门幅宽度/cm（+2.5/−0cm）		167.6 或 210	210	167.6 或 210	167.6 或 210	171.5 或 210	174.5 或 210	171.5 或 210	171.5 或 210	171.5 或 210	137.2 或 165.1
平均透气量（200Pa）/$L \cdot (min \cdot m^2)^{-1}$		33～53	33～58	33～53	33～53	33～53	33～53	33～53	33～53	33～53	19～39
持续操作温度/℃		135	135	135	90	240	125	200	200	200	260
爆破强度/$kg \cdot cm^{-2}$	正常	—	—	—	—	—	—	—	—	—	N/A
	最低允许值	24.6	28.1	35.1	35.2	24.6	21.1	28.1	28.1	28.1	42.2
拉断强度/$kg \cdot 50mm^{-1}$											
正常值	经向	75	90	N/A	110	90	90	90	90	90	N/A
	纬向	135	105	N/A	240	185	125	205	205	205	N/A
最低允许值	经向	27	34	83	36	68	68	54	54	54	138
	纬向	54	68	202	45	102	102	77	77	77	113
最大收缩率/%		3	3	3	3	1.5	3	2	2	2	—
延伸率/%	经向	—	—	—	—	—	—	—	—	—	—
	纬向	—	—	—	—	—	—	—	—	—	—

续表 6 - 110

产品编号		6253 PTFE 薄膜/玻璃纤维织布	6254 PTFE 薄膜/玻璃纤维织布	6255 PTFE 薄膜/玻璃纤维织布	6262 PTFE 薄膜/Ryton®针刺毡	6272 PTFE 薄膜/抗静电聚酯针刺毡	6273 PTFE 薄膜/抗静电聚酯针刺毡	6274 PTFE 薄膜/高强度抗静电聚酯针刺毡	6277 PTFE 薄膜/高效率聚酯滤筒滤料	6278 PTFE 薄膜/高效率聚酯滤筒滤料	6279 PTFE 薄膜/标准效率聚酯滤筒滤料
基布组成		玻璃纤维	玻璃纤维	玻璃纤维	Ryton®	抗静电碳化纤维	抗静电碳化纤维	抗静电碳化纤维	热电溶合聚酯	Spunbond 聚酯	Spunbond 聚酯
滤料重量/g·m^{-2}		475	340	750	540	475	540	540	227	227	220
表面处理		聚四氟乙烯	聚四氟乙烯	聚四氟乙烯	—	—	—	—	—	—	—
贴膜后重量/g·m^{-2}		440 ~ 560	320 ~ 390	750 ~ 880	508 ~ 577	425 ~ 526	490 ~ 595	490 ~ 595	227 ± 50	227 ± 50	220 ± 50
织法		3 × 1 斜纹	3 × 1 斜纹	双面织法	—	—	—	—	—	—	—
组纤维数目（+/-2）		17 × 9.5	21 × 12	19 × 16	—	—	—	—	—	—	—
厚度/mm（±0.25mm）				—	1.90	1.65	1.91	1.91	0.58	0.08	0.08
门幅宽度/cm（+2.5/-0cm）		97.8 或 137.2	97.8	137.2 或 165.1	167.6 或 210	167.6 或 210	167.6 或 210	167.6 或 210	138 或 200	138 或 200	150 或 210
平均透气量（200Pa）/L·(min·m^2)$^{-1}$		24 ~ 48	24 ~ 48	19 ~ 39	33 ~ 53	33 ~ 53	33 ~ 53	33 ~ 53	19 ~ 38	33 ~ 63	33 ~ 53
持续操作温度/℃		260	260	260	190	135	135	135	135	175	175
爆破强度/kg·cm^{-2}	正常	N/A	N/A	N/A	—	—	—	—	—	—	—
	最低允许值	42.2	35.1	56.2	26.7	24.6	28.1	35.1	14	5.5	5.5
拉断强度/kg·50mm^{-1}											
正常值	经向	N/A	N/A	N/A	75	75	90	N/A	N/A	N/A	N/A
	纬向	N/A	N/A	N/A	135	135	150	N/A	N/A	N/A	N/A
最低允许值	经向	180	130	225	45	34	34	83	45	40	40
	纬向	110	73	155	45	68	68	182	25	20	20
最大收缩率%		—	—	2	2	3	3	3	—	—	—
延伸率/%	经向	—	—	15	—	—	—	—	—	—	—
	纬向	—	—	15	—	—	—	—	—	—	—

续表 6－110

产品编号		6280 PTFE 薄膜/抗静电聚酯针刺毡	6281 PTFE 薄膜/Ryton®织布	6283 PTFE 薄膜/贴合聚四氟乙烯织布	6285 PTFE 薄膜/Nomex®织布	6288 PTFE 薄膜/高效率聚酯织布	6289 PTFE 薄膜/标准效率聚酯织布	7001 PTFE 薄膜/丙烯酸聚合织布	7002 PTFE 薄膜/防酸型玻璃纤维织布	7003 PTFE 薄膜/防酸型玻璃纤维织布	7004 PTFE 薄膜/防酸型玻璃纤维织布
基布组成		热电溶合聚酯	Ryton®	聚四氟乙烯	Nomex®	聚酯	聚酯	丙烯酸聚合体	玻璃纤维	玻璃纤维	玻璃纤维
滤料重量/g·m^{-2}		290	305	305	340	305	305	205	340	475	540
表面处理		—	—	—	—	—	—	—	防酸+聚四氟乙烯	防酸+聚四氟乙烯	防酸+聚四氟乙烯
贴膜后重量/g·m^{-2}		290±50	270～340	320～390	355～425	270～340	270～340	261～281	340～390	455～580	575/660
织法		—	平纹	4Harness 织缎	2×2 斜纹	棉毛织缎	棉毛织缎	4×1	3×1 斜纹	3×1 斜纹	双面织法
组纤维数目（+/−2）		—	16×9	35×31	16×15	38×22	39×22	35×20	21×12	17×9.5	19×12
厚度/mm（±0.25mm）		0.58	1.91	—	—	—	—	—	—	—	—
门幅宽度/cm（+2.5/−0cm）		175 或 200	99 或 138 或 195.6	136.9	99 或 138 或 204.4	98.1 或 138	135.9 或 137.2	138	97.8 或 101.6 或 138	97.8 或 137.2	165.1
平均透气量（200Pa）/L·(min·m^2)$^{-1}$		28～48	19～39	19～53	19～39	19～39	28～48	19～38	24～48	24～48	19～39
持续操作温度/℃		135	190	260	200	135	135	135	260	260	260
爆破强度/kg·cm^{-2}	正常	—	—	—	—	—	—	—	N/A	N/A	N/A
	最低允许值	14	21	33	35	25	25	20	35.1	42.2	42.2
拉断强度/kg·50mm^{-1}											
正常值	经向	N/A	N/A	N/A	135	N/A	N/A	110	N/A	N/A	N/A
	纬向	N/A	N/A	N/A	130	N/A	N/A	80	N/A	N/A	N/A
最低允许值	经向	45	90	59	113	136	136	55	130	225	136
	纬向	25	54	50	108	118	118	45	73	110	113
最大收缩率/%		—	—	—	—	—	—	—	—	—	—
延伸率/%	经向	—	—	—	—	—	—	—	—	—	—
	纬向	—	—	—	—	—	—	—	—	—	—

续表 6 - 110

产品编号	7005 PTFE 薄膜/ 防酸型玻璃 纤维织布	7008 PTFE 薄膜/ 贴合聚 四氟乙烯织布	7009 PTFE 薄膜/ 高效率 聚酯织布	7010 PTFE 薄膜/ 高效不锈钢丝 聚酯织布	7011 PTFE 薄膜/ 高效防酸 PTFE 玻纤织布	8001 PTFE 薄膜/ 抗静电 聚丙烯针刺毡	8002 PTFE 薄膜/ 经济型抗静 电聚酯针刺毡	8003 PTFE 薄膜/ 经济型聚酯 纤维针刺毡	8004 PTFE 薄膜/ 经济型聚丙 烯针刺毡	8005 PTFE 薄膜/ 高效率聚酯 纤维针刺毡
基布组成	玻璃纤维	聚四氟乙烯	聚酯	聚酯	玻璃纤维	3% 碳化 聚丙烯纤维	聚酯	碳化纤维	聚丙烯	聚酯
滤料重量/g·m^{-2}	745	305	205	205	1020	510	500	500	500	540
表面处理	防酸 + 聚四氟乙烯	—	—	纬向含有板有 3% 不锈钢丝	防酸 + 聚四氟乙烯	—	—	—	—	—
贴膜后重量/g·m^{-2}	760 ~ 915	320 ~ 390	193 ~ 220	193 ~ 220	880 ~ 1020	460/560	475 ~ 595	485 ~ 595	460 ~ 560	490 ~ 595
织　法	双面织法	4Harness 织缎	3 × 1 斜纹	3 × 1 斜纹	双面织法	—	—	—	—	—
组纤维数目（+/−2）	19 × 16	35 × 31	31 × 31	31 × 31	19 × 19	—	—	—	—	—
厚度/mm（±0. 25mm）	—	—	—	—	—	2. 29	1. 91	1. 91	2. 29	1. 91
门幅宽度/cm （+2. 5/ −0cm）	165. 1	138	138 或 213	137. 2	165. 1	210	210	210	210	210
平均透气量（200Pa） /L·(min·m^2)$^{-1}$	19 ~ 39	19 ~ 39	19 ~ 39	19 ~ 39	19 ~ 34	33 ~ 53	57 ~ 96	57 ~ 96	57 ~ 96	19 ~ 34
持续操作温度/℃	260	260	135	135	260	90	135	135	90	135
爆破强度/kg·cm^{-2}　正　常	N/A	—	—	—	N/A	—		—	—	—
爆破强度/kg·cm^{-2}　最低允许值	56. 2	33	21	21	49. 2	28. 1	28. 1	28. 1	35. 2	28. 1
拉断强度/kg·50mm^{-1}										
正常值　经向	N/A	N/A	N/A	N/A	N/A	N/A	N/A	N/A	N/A	90
正常值　纬向	N/A	N/A	N/A	N/A	N/A	N/A	N/A	N/A	N/A	150
最低允许值　经向	226	59	113	113	225	36	34	34	36	34
最低允许值　纬向	155	50	102	102	155	45	68	68	45	68
最大收缩率/%	—	—	—	—	—	3%	3	3	3	3
延伸率/%　经向	—	—	—	—	—	—	—	—	—	—
延伸率/%　纬向	—	—	—	—	—	—	—	—	—	—

注：Tetratex®注册商标，并属于 Donaldson 集团公司。

表 6-111 Tetratex®薄膜滤料参考表

产品	编号	内容		宽度/cm
低温针刺毡薄膜滤料	6222-83	聚丙烯针刺毡	510g/m²	210
	8001-83	聚丙烯针刺毡—抗静电	510g/m²	210
	8004-83	聚丙烯针刺毡—经济型	510g/m²	210
	6235-68	丙烯酸聚合体针刺毡	510g/m²	173
	6235-83	丙烯酸聚合体针刺毡	510g/m²	210
	6202-83	聚酯针刺毡	440g/m²	210
	6212-83	聚酯针刺毡—标准有效率	540g/m²	210
	6214-83	聚酯针刺毡—增强型	540g/m²	210
	8002-83	聚酯针刺毡—经济型	500g/m²	210
	8005-54	聚酯针刺毡—高效率	540g/m²	137
	6272-83	聚酯针刺毡—抗静电	475g/m²	210
	6274-66	聚酯针刺毡—抗静电	540g/m²	169
	6274-83	聚酯针刺毡—抗静电	540g/m²	210
	8003-83	聚酯针刺毡—抗静电，经济型	500g/m²	210
高温针刺毡薄膜滤料	6232-68	P84®型针刺毡	475g/m²	173
	6232-83	P84®型针刺毡	475g/m²	210
	6242-68	Nomex 针刺毡	475g/m²	173
	6242-83	Nomex 针刺毡	475g/m²	210
	6243-68	Nomex—防酸针刺毡	475g/m²	173
	6243-83	Nomex—防酸针刺毡	475g/m²	210
	6244-68	Conex 针刺毡	475g/m²	173
	6244-83	Conex 针刺毡	475g/m²	210
高温织布薄膜滤料	6254-38.5	玻璃纤维织布	340g/m²	98
	6254-54	玻璃纤维织布	340g/m²	137
	7002-38.5	玻璃纤维织布—防酸	340g/m²	98
	7002-54	玻璃纤维织布—防酸	340g/m²	137
	6253-38.5	玻璃纤维织布	475g/m²	98
	6253-54	玻璃纤维织布	475g/m²	137
	7003-38.5	玻璃纤维织布—防酸	475g/m²	98
	7003-54	玻璃纤维织布—防酸	475g/m²	137
	6252-54	玻璃纤维织布	540g/m²	137
	6252-65	玻璃纤维织布	540g/m²	165
	7004-65	玻璃纤维织布—防酸	540g/m²	165
	6255-54	玻璃纤维织布	745g/m²	137
	6255-65	玻璃纤维织布	745g/m²	165
	7005-65	玻璃纤维织布—防酸	745g/m²	165
	7011-65	玻璃纤维织布—防酸	1017g/m²	165
	6281-54	Ryton®织布	305g/m²	137
	6285-54	Nomex®织布	340g/m²	137
	7008-54	聚四氟乙烯织布	305g/m²	137
	7001-54	丙烯酸聚合体（亚克力）织布	240g/m²	137
	7009-54	聚酯织布—高效率	205g/m²	137
	7010-54	聚酯织布—不锈钢	205g/m²	137
	6288-54	聚酯织布—高效率	305g/m²	137
	6289-54	聚酯织布—标准有效率	305g/m²	137
折叠式滤筒薄膜滤料	6277	热电溶合聚酯（1310 号）薄膜滤料	272g/m²	137
	6280	热电溶合聚酯（1311 号）薄膜滤料	272g/m²	175
	6278	热溶合薄膜聚酯（1310 号）滤料	205g/m²	137
	6279	热溶合薄膜聚酯（1311 号）滤料	205g/m²	150
	6290	热溶合薄膜聚酯（1310 号）滤料	205g/m²	150

d Superflex™薄膜滤料

Gore－Tex®的Superflex薄膜滤料是W. L. Gore&Associates Inc. 开发的一种新的高温过滤织物，用于工作温度高达260℃的气体过滤，包括水泥窑、石灰窑、碱旁路、废物焚烧过程、燃煤锅炉和金属冶炼等，这就是Gore－Tex®薄膜/Superflex™织物滤料。

Gore－Tex®薄膜/Superflex™织物滤料对抗机械弯曲疲劳强度极高，大大延长了滤袋的有效过滤寿命，同时降低过滤压降，保持极高的粉尘过滤效率，控制重金属粒子排放低于规定指标，Gore－Tex® Superflex™薄膜滤料已获ISO 9002质量标准证书。

Gore－Tex® Superflex™薄膜滤料的抗弯曲能力测试。

实验室测试结果是：MIT弯曲值超过1000000次（在MIT弯曲试验中，将Superflex™编织物反复弯折10^6次，其纤维也没有断裂）。

MIT弯曲试验是一种材料在断裂前所经受的弯折次数，为标准的评定材料强度的方法。相比较下，569g/m^2Teflon® B玻纤织物的填充纤维的MIT弯曲值仅有300000次。这种测试是一种适当的评价材料机械弯曲寿命的方法，因为它模拟了脉冲滤袋在实际过滤、清灰的反复过程中，沿框架直挡（阻挡）所产生的反复弯折现象，这种现象会引起纤维的机械弯曲疲劳，最终导致材料断裂失效。

发展这种专利的Superflex™织物覆膜底材是基于向工业高温除尘提供一种比传统滤料（包括玻纤织物）更耐用的滤料，更为了提供一种有效使用寿命超过5年的高温脉冲织物滤料。这种优异的聚四氟乙烯/玻纤复合编织结构提高了材料的抗弯折能力，大大提高了滤料的抗机械弯曲疲劳强度（滤袋在过滤和清灰过程中反复在框架直挡（阻挡）处弯折磨损，最终导致破洞出现）。Superflex™织物滤料在表面覆合了膨体聚四氟乙烯薄膜，这种覆膜结构实现了表面过滤，因此具有许多传统滤料所不具备的特点，如：优异排放控制性能、更稳定的气流量（窑）、更低操作压降。另外，因为粉尘粒子被挡在薄膜表面，粒子没有渗入底材，不会造成因粒子与玻纤之间摩擦引起的滤料加速退化。

Gore－Tex、Superflex和Superflex设计是W. L. Gore & Associates Inc. 的商标。

Teflon是E. I. Du Pont de Nemoursand Co., Inc. 的商标。

e Pristne™薄膜滤料

Pristne™滤料是由美国Gore公司生产的一种薄膜滤料，又称2002Pristyne™（伯乐神通）滤料，它在2001年12月开始进入中国市场。

2002Pristyne™滤料基材的类型

2002Pristyne™滤料基材的类型按所用纤维种类编号示例为：

序列号	所用纤维名称
1000	丙纶纤维
2000	聚丙烯腈纤维（亚克力）
3000	涤纶纤维（聚酯）
4000	聚苯硫醚纤维（PPS）
5000	芳纶纤维（Nomex、Conex）
6000	玻璃纤维
7000	聚四氟乙烯纤维（Restex）

2002Pristyne™滤料的特性

涤纶 3110 低温毡

涤纶 3110 低温毡是在高强度涤纶织造物基底上刺以超细涤纶纤维的针刺毡滤料。

用 2.25 旦尼尔纤维的纤维层作为底料（即覆膜前滤料）的表面与膨体聚四氟乙烯薄膜极好地结合，形成稳定的结构。这不仅可以提高滤料使用寿命、表面质地均匀，而且能充分发挥 ePTFE 表面光滑的特性，使滤料具有极强的脱灰能力。

涤纶 3110 低温毡的主要特点为：100% 纯涤纶、2.25 旦尼尔细纤维、机织高强低伸原料的基底（或称底布）、优越的性价比（性能有所提高、价格有所下降）。

性能指标：脱灰率——73%

压降——1.3in H_2O

清灰周期——216s

涤纶 3320 低温纺粘滤料

涤纶 3320 低温纺粘滤料具有很强的耐磨和抗高折曲的性能。

涤纶 3320 低温纺粘滤料的主要特点如下。

性能指标：脱灰率——73%

压降——1.4in H_2O

清灰周期——183s

排放浓度——4.7mg/dscm（PM2.5）

玻璃纤维 6220 抗酸滤料

Pristyne™6220 抗酸滤料是通过高标准（ASTMD2176—97）抗酸处理，成为耐高温，抗化学腐蚀，高结构稳定性，长寿命，可在苛刻条件下使用的滤料。

Pristyne™6220 抗酸滤料的主要特点如下：疵点最少，可在低能的条件下获得高效的清灰效果，具有强抗酸性。

性能指标：脱灰率——82%

压降——1.3in H_2O

清灰周期——229s

排放浓度—1.0mg/dscm（PM2.5）

玻璃纤维 6230 中等重量织造滤料

玻璃纤维 6230 中等重量织造滤料的结构如下：

单位面积质量	570g/m^2
织法	双面/四经破缎纹
经纬密度	48×30 的织造物

玻璃纤维 6230 抗酸滤料的主要特点如下：质轻、柔软、高剥离率、长寿命。

性能指标：脱灰率——82%

压降——1.3in H_2O

清灰周期——229s

排放浓度——1.0mg/dscm（PM2.5）

玻璃纤维6250大重量覆膜玻纤织造滤料

玻璃纤维6250大重量覆膜玻纤织造滤料是利用复合玻璃丝织造而成。

玻璃纤维6230大重量覆膜玻纤织造滤料的结构为：

单位面积质量	$746g/m^2$（$22.0\ oz/yd^2$）
织法	双面机织的基布
经纬密度	48×30的织造物

玻璃纤维6250大重量覆膜玻纤织造滤料的主要特点有：疵点少、原料优良、高清灰性能（高剥离率）、长清灰周期。

性能指标：脱灰率——80%

压降——1.2in H_2O

清灰周期——241s

排放浓度——3.1mg/dscm（PM2.5）

2002Pristyne™滤料的技术参数（表6-112）

F 薄膜滤料的应用

薄膜滤料的应用优势：

（1）高温（260℃）、高腐蚀性气体的过滤。

（2）高湿气体和吸湿粉尘的过滤。

（3）超细粉尘的过滤。

（4）高粉尘浓度的气体过滤。

（5）现有运行阻力高的除尘设备改造（指阻力高于250mm H_2O）。

（6）滤袋使用寿命短的除尘设备改造（指寿命小于6~12个月）。

6.3.13.4 渗膜滤料

A 渗膜滤料的沿革

渗膜滤料是将膨化后的PTFE通过特殊工艺压入滤料内部制造而成。

渗膜滤料是由英国Ravensworth研究所研制成功的，Ravensworth研究所在PTFE涂层的开发和制造已有约三十年经验，在过滤行业中已有十余年经验。

渗膜滤料品名为：Ravlex™。

Ravlex™是英国Ravensworth研究所开发的一种渗膜滤料，它具有良好的过滤效率、耐磨性以及粉尘的剥离性。

Ravlex™是在滤料表面增补一层PTFE纤维薄膜，该膜不是形成一片薄膜，而是渗入式的，不是粘合式的，所以它的膜是不会剥落脱膜的。渗入的纤维薄膜可采各种聚合物，包括PTFE及聚氨酯。滤料可以是聚酯、Metamax、PPS、P84®、聚丙烯、玻纤及PTFE的各种滤料。

B 渗膜滤料的特征

（1）渗膜滤料是在滤料表面渗入一层纤维薄膜，而不是在滤料表面覆合一层薄片，所以它不会分层（脱膜）。

表 6-112 2002Pristyne™滤料的技术参数

原料纤维		丙纶	聚丙烯腈纤维		涤纶			丙纶	涤纶		PPS		芳纶		玻纤					RASTEX
滤料编号		1110	2210	2120	3110	3120	3130	3140	3220	3360	4110	4120	5210	5120	6210	6220	6230	6240	6250	7110
结构形式		毡	织造物	毡	毡	毡	毡	毡	织造物	纺粘涤纶	毡	毡	织造物	毡	织造物	织造物	织造物	织造物	织造物	毡
单位面积质量	DPSY (oz/yd²)	13.0	7.0	140	12.0	14.0	16.0	16.0	6.0	8.0	16.0	6.0	10.0	14.0		10.0	16.8	16.8	22.0	8.5
	g/m²	440	237	475	407	475	543	543	203	271	543	543	339			339	600	600	746	288
连续使用温度	°F	160	260	260	275	275	275	275	275	250	375	375	500	400		500	500	500	500	500
	℃	71	123	123	135	135	135	135	135	121	190	190			260	260	260	260	260	260
经纬密度		NA	88×50	NA	NA	NA	NA	NA	80×80	NA	NA	NA	54×30	NA	54×30	54×30	48×30	48×30	48×30	85×75
织物组织		NA	4×1缎纹	NA	NA	NA	NA	NA	3×1斜纹	NA	NA	NA	3×1斜纹	NA	3×1斜纹	3×1斜纹	双面缎纹	双面五经缎纹	双纬面	四面缎纬
强力 /lb·2in⁻¹	经向	100	125	150	135	100	300	300	300	100	125	125	325	125		250	300	290	350	150
	纬向	150	100	170	200	200	250	200	200	60	150	150	200	200		150	250	225	350	150
顶破强力	PSi(lb/in²)	400	350	350	300	350	900	400	400	200	500	500	500	500		450	600	600	800	500
	kg/cm²	28.1	24.6	24.6	21.1	24.6	28.1	28.1	28.1	14.1	35.1	35.1	35.1			31.6	42.2	42.2	56.2	35.2
整理		NA	NA	NA	NA	NA	NA	NA	NA	NA	NA	NA	EPTFE覆膜	NA	EPTFE覆膜		抗酸	EPTFE覆膜	抗酸	EPTFE覆膜
底布		丙纶	NA	NA	涤纶	涤纶	涤纶	涤纶	NA	NA	PPS	RASTEX	NA	芳纶	NA	NA	NA	涤纶	芳纶	RASTEX
最大卷宽	in	47	48	46		48	48	46	48	40.5	48	48	48	39		39	41	44	44	45
	mm	1194	1219	1168		1219	1219							990		990	1041	1118	1118	1143

（2）Ravlex™渗膜滤料有极好的耐磨性（图6－161），在过滤高磨损性铸铁研磨粉尘中，纯聚酯滤袋（图6－161（b））损坏，而用Ravlex® YP的聚酯滤袋（图6－161（a））仍保持完好。

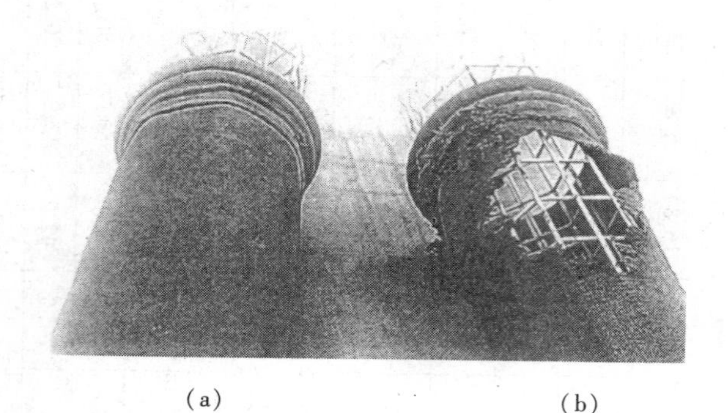

（a）　　（b）

图6－161　高磨损性铸铁研磨粉尘过滤的滤袋比较

（3）极好的耐化学性。

（4）具有强大的表面过滤效果和高收尘效率（图6－162、图6－163，粉灰）。

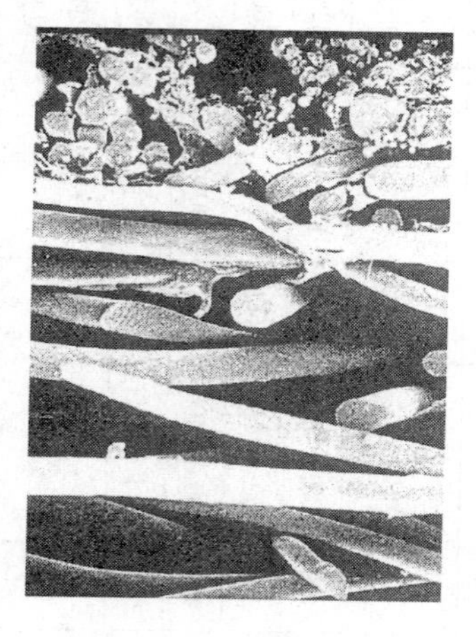

图6－162　具有灰尘的Ravlex™渗膜滤料断面

图6－163　Ravlex™渗膜滤料过滤耐磨泥浆时的尘饼剥落

（5）特有的火花障碍特性。

（6）耐温可达250℃。

（7）Ravlex™渗膜滤料不是一种抗静电滤料，在用作抗静电滤料时，滤料中仍需要加埃比特罗比克（Epitropic）或不锈钢纤维。

（8）渗膜滤料在安装或制作滤料和滤袋时，不像PTFE压层薄膜那样，要特别小心。

（9）Ravlex™渗膜滤料可采用热熔焊接方式来加工成滤袋。

（10）Ravlex™渗膜滤料是允许洗涤的，可通过向Ravensworth研究所咨询进行清洗指导。

C　渗膜滤料的结构

Ravlex™渗膜滤料包括：

（1）纤维加强膜，形成一种表面过滤的织物。

（2）薄膜是由各种聚合物制成，它包括氟化物聚合物和聚胺酯。

（3）渗膜滤料的底布可由聚酯、玻纤到 PTFE 所有过滤织物制成。

Ravlex™渗膜滤料表面组合中最常用的织物如表 6－113 所示。

表 6－113 Ravlex™渗膜滤料表面组合中最常用的织物

滤料结构	常用的除尘器，滤袋型式	Ravlex™型号
针刺毡： 所有纤维均为 500 g 还可含抗静电的	袋式除尘器： 圆袋 信封式袋 液体过滤（只用 MX）	Ravlex™ MX Ravlex™ PPC 阻火花型 FB
针刺毡： 所有纤维均为 350 g 400 g	除尘器（振打、多室式）： MX 只有 350g/m² 用在流化床干燥器（“章鱼”型）	Ravlex™ MX Ravlex™ PPC 阻火花型 FB
针刺毡： 聚酯 还可含抗静电 所有重量	袋式除尘器： 包括脉冲、振打、反吹风等工业真空净化器	Ravlex™ YP Ravlex™ YR
可打摺的滤筒： 聚酯针刺毡 只有 0.8mm 厚	摺叠式除尘器： 滤筒等	Ravlex™ MX Ravlex™ PPC Ravlex™ YP Ravlex™ YR 阻火花型 FB
机织布 玻纤	热烟气除尘器、干燥器和其他用途： 此处不宜用不耐水解或化学的人造纤维	Ravlex™ MX
P84®纺粘	反吹风除尘器、振打、真空清扫滤袋（可洗涤）	Ravlex™ MX Ravlex™ YR

D 渗膜滤料的品种

a 滤料膜的品种

Ravlex™YP－F1PU 渗膜滤料

多孔的聚胺酯称为 Ravlex™YP。

F1PU 渗膜滤料（图 6－164）的薄膜强韧并有透气孔，它除了具有极强的穿透力外，还具有最佳的表面过滤。F1PU 渗膜滤料具有与 Ravlex™ PPC 相似的细孔。

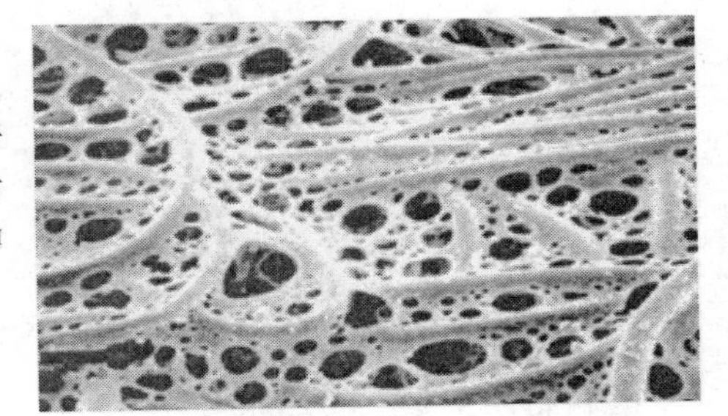

图 6－164 F1PU 渗膜滤料

F1PU 渗膜滤料的特性：

滤料材质　　聚胺酯（PU）

颜色　　绿色或白色

细孔大小　　30μm
耐化学性　　与聚酯相同
耐温性　　130℃
其他特性　　可洗涤性、可熔合性

F1PU 渗膜滤料的应用：

F1PU 渗膜滤料可用于细的烧结粉尘、矿物，包括水泥、易磨损的粉尘（例如爆破介质、喷砂粉料）、精细化工、制药和食品，包括干燥、研磨和磨碎尖锐灰尘或危险粉尘、非常细黏的、油腻的或吸湿的粉尘和纤维尘埃（如纸纤维、具有反静电的纤维）、动物食品及类似粉尘。

警告：对于高于130℃的烟气及具有对环境影响的化学物质不宜使用。

Ravlex™ PPC - F8 PTFE 渗膜滤料

多孔的 PTFE 称为 Ravlex™ PPC。

F8PTFE 渗膜滤料（图 6 - 164）与 Ravlex™ MX 相似，其结构松弛、透气量大，并有利于脉冲反吹且经济。

滤料材质　　PTFE
滤料色泽　　白色半透明
细孔大小　　30μm
耐化学性　　极好的抗化学性
耐温性　　240℃
其他特性　　非黏结性薄膜（PTFE）、可熔合性、可洗涤性、阻燃性、良好的抗水解性

F8 PTFE 渗膜滤料的应用：F8 PTFE 渗膜滤料可用于细的烧结粉尘、纤维性和黏的粉尘、高温和化学应用，以及在指定用 ePTFE 薄膜滤料的地方。

警告：对于高于 250℃ 的烟气，以及某些溶剂、酮等应与 Ravensworth 研究所商榷后采用。

Ravlex™ MX - F10 PTFE 渗膜滤料（图 6 - 165）

微孔的 PTFE 称为 Ravlex™ MX，F10 PTFE 渗膜滤料是用多孔 Polyurethane 薄膜制成。

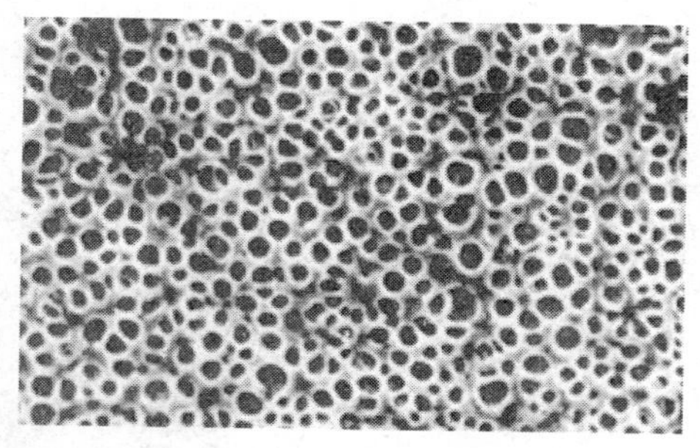

图 6 - 165　Ravlex™MX：PTFE 渗膜滤料

滤料材质　　PTFE 薄膜细孔，表面过滤形式
颜色　　白色半透明

耐化学性	对大部分成分不起化学变化
耐温性	240℃
细孔大小	5 ~ 8μm
其他特性	非黏结性薄膜（PTFE），具有可熔合性、可洗涤性、阻燃性及良好的抗水解能力

F10PTFE 渗膜滤料的应用：F10 PTFE 渗膜滤料可用于精细化工、制药和食品，包括干燥、研磨和磨碎、尖锐灰尘或危险粉尘、非常细黏的、油腻的或吸湿的粉尘。

警告：对于高于 250℃ 的烟气以及某些溶剂、酮等应与 Ravensworth 研究所商榷后采用。

阻火花型

多孔石墨品位，称为 FB 阻火花的纤维重石墨表面处理。

FB 阻火花型用于冶金、焚烧、金属研磨和其他领域，应用设计中应保持烟气温度低于 250℃，并设有控制烟气中夹带火星（不是火焰）的设施。

b 渗膜滤料的品种

渗膜滤料是由英国 Ravensworth 研究所研制成功，早期的滤料产品是由英国 Andrew Textile Industries 生产（表 6 – 114）。

表 6 – 114 Andrew Textile Industries 生产的 Ravlex™ 渗膜滤料

项　目	滤料规格				
	T500TFH – F2	T550TFH – LR – F8	R503RSS – F8	XS550XKH – LR – F8	I500LFS – F8
结　构	基布支撑的针刺毡				
纤维成分	聚　酯	聚　酯	PPS	Aramid – 不锈钢	P84®
基布成分	聚酯支纱	聚酯支纱	PPS 纤维	Aramid 纤维 + 不锈钢	PTFE 纱
毡重/$g \cdot m^{-2}$	550	590	500	550	500
厚度/mm	1.75	1.85	1.60	2.45	2.30
密度/$g \cdot m^{-3}$	0.31	0.32	0.31	0.22	0.22
平均透气性/$dm^3 \cdot (dm^2 \cdot min)^{-1}$ (200Pa)	114	125	120	150	190
破裂强度（MD）/$N \cdot (5cm)^{-1}$	1700	2000	600	600	550
破裂强度（CMD）/$N \cdot (5cm)^{-1}$	1100	1300	600	600	550
延伸率（50N/5cm，MD）/%	1.5	2	1.5	3	3
延伸率（50N/5cm，CMD）/%	3	3	3	3	3
干收缩率（℃，MD）/%	3	3	3	3	3
干收缩率（℃，CMD）/%	3	3	3	3	3
推荐最高连续温度/℃	115	150	180	200	240
推荐最高瞬间温度/℃	130	170	210	230	260
表面后处理	热定型	热定型	热定型及烧毛	热定型	热定型及烧毛
化学处理	Ravlex TFE 三元共聚物涂层	PTFE 表面处理	大孔隙 PTFE 渗膜	抗水及微孔 PTFE 三元共聚物	PTFE 处理

E 渗膜滤料与薄膜滤料的区别

Ravlex™渗膜滤料与 Gore - Tex 薄膜滤料的区别：

（1）Gore - Tex 微孔为长形，Ravlex™为圆形，故强度大。

（2）Ravlex™圆孔容易均匀，Gore - Tex 长孔不易均匀。

（3）Ravlex™圆孔容易制造。

（4）Gore - Tex 长孔渗膜后强度小，Ravlex™圆孔强度大。

（5）Ravlex™渗膜后永远不会脱落。

（6）Gore - Tex 膨化拉伸时会有死结，死角多，透气性比 Ravlex™小 50%，易使阻力大。

（7）Gore - Tex 使用后拉伸的结丝易断。

（8）Ravlex™制袋时可用热熔焊接熔合。

（9）Ravlex™电性好。

（10）Ravlex™比 Gore - Tex 便宜。

F 渗膜滤料的应用

食品工业：	面筋	麦芽榨取
	糖	胭脂虫
	人造果浆	面粉
	可可豆粉	水果饮料粉
	奶粉	汤料粉
	蛋白粉	瓜尔豆口香糖
化学及处理工业：	氧化铈	水泥有关工业
	纸纤维灰尘	氧化镍
	陶瓷黏土	氧化铅
	调色剂	二氧化钛
	颜料	Chrome sulphate 硫酸铬
	氧化锆	月见草油
	硅酸钠	黄铜打磨
	杀虫剂	羧甲基纤维
	碳化硅	各种制药
其他灰尘：	真空输送	移动真空卡车
	流化床干燥器	各种液体过滤
	（章鱼）滤袋	

a 英国医疗废弃物焚烧炉（4 万吨/年，130t/d）

烟气量 220000Nm³/h

烟气温度 140℃

烟气成分

H_2O	O_2	NO_x	SO_x
20%	10%	3 ~ 50mg/m³	100 ~ 400mg/m³

滤料材质 P84®

滤袋数量	1800 条
过滤面积	4050m^2
过滤风速	1.2m/min
压缩空气压力	5.5kg/cm^2
滤袋寿命	24～30 个月
排放浓度	10mg/Nm^3

b 燃煤锅炉（一）

烟气量	1680～1800Nm^3/h
烟气温度	140℃（最高 180℃）
烟气成分	

H_2O	O_2	NO_x	SO_x
7%	7%	330ppm	500～600mg/m^3

含尘浓度	5.4g/Nm^3
排放浓度	2mg/Nm^3

c 燃煤锅炉（二）

污染物	锅炉烟气
除尘器形式	脉冲除尘器
过滤面积	略
过滤风量	略
过滤风速	略
温度	略
滤料	F10 薄膜微孔，Ryton 500g/m^2 底布

注：Ravlex 用以取代 PTFE 薄膜滤料。

新装的 Ravlex F10 滤袋安设在靠近除尘器内侧的位置上，以防出现磨损的危险（原有 PTFE 薄膜滤料滤袋出现过磨损），除尘器剩余部位保留 PPTF 薄膜滤料。

d 水泥粉尘（一）

污染物	水泥粉尘
除尘器形式	DCE 型，20 袋
过滤面积	30m^2
过滤风量	略
过滤风速	略
温度	常温
滤料	F10 薄膜，微孔，聚酯 500g/m^2

注：Ravlex 用以取代常规针刺毡滤料。

滤袋以前寿命为 1 年，现在 2 年以上。

e 水泥粉尘（二）

污染物	水泥粉尘

工艺设备 包装
除尘器形式 脉冲，120 袋
过滤面积 略
过滤风量 略
过滤风速 略
温度 大气（设在沿海，有一定湿度）
滤料 F10 薄膜，微孔，聚酯 500g/m^2

注：Ravlex 用以取代常规针刺毡滤料。
滤袋以前 2～3 周出现堵塞，现可运行 18 个月。

f 水泥粉尘（三）

污染物 水泥粉尘
工艺设备 通风装置
除尘器形式 脉冲，100 袋
过滤面积 略
过滤风量 略
过滤风速 略
温度 大气
滤料 F1 薄膜，PU 500g/m^2，PE 底布

注：Ravlex 用以取代常规针刺毡滤料。

g 石灰粉尘（一）

污染物 窑内产生的石灰粉
工艺设备 生产过程
除尘器形式 Peabody 型脉冲除尘器，218 袋
过滤面积 304m^2
过滤风量 22000m^3/h
过滤风速 1.2m/min
温度 100～200℃
滤料 MX 级 F10 薄膜，微孔，Aramid 500g/m^2 底布

注：Ravlex™用以取代 ePTFE 薄膜滤料。
阻力小于 180mm H_2O，排放浓度低于 25mg/m^3（要求低于 50mg/m^3）。

h 石灰粉尘（二）

污染物 石灰石
工艺设备 磨机
除尘器形式 Mikropul 脉冲除尘器，144 袋
过滤面积 136m^2
过滤风量 12240m^3/h
过滤风速 1.5m/min
温度 60℃

滤料　　YP 级 F1 薄膜，PU，$500g/m^2$，PE 底布

注：Ravlex™用以取代薄膜/Acrylic 滤料

最初设置 ePTFE 薄膜滤料，寿命 2 年，后改用薄膜/Acrylic 滤料，但运行中很快就堵塞，采用 F1 薄膜后与原先采用的 ePTFE 薄膜滤料寿命相当。

i 石灰粉尘（三）

污染物	石灰石
工艺设备	磨机
除尘器形式	Molyneux 脉冲除尘器，100 袋
过滤面积	$94m^2$
过滤风量	$10152m^3/h$
过滤风速	1.8m/min
温度	略
滤料	F1 薄膜，PU，$500g/m^2$，PE 底布

注：Ravlex™用以取代薄膜/Acrylic 滤料。

原薄膜/Acrylic 滤料过早堵塞。

j 炉窑烟气（一）

污染物	铝烟气
工艺设备	回收炉
除尘器形式	Carter Midag，168 袋（9 个室）
过滤面积	$1991m^2$
过滤风量	$160674m^3/h$
过滤风速	1.4m/min
温度	130～170℃
滤料	F10 薄膜，微孔，P84® $500g/m^2$ 底布

注：Ravlex™用以取代常规 Aramid 针刺毡滤料。

从熔化含有油漆、涂料的物件中产生黏结性烟气。

F10 薄膜滤料可解决堵塞的形成。

滤袋经常遇到灼热的尘粒而烧出一个洞，F10 滤料就不会有洞。

k 炉窑烟气（二）

污染物	氧化金属：铁、钙、锌
工艺设备	炼钢时加入的碳化物
除尘器形式	AAF 脉冲布袋，96 袋（8 个室）
过滤面积	$1344m^2$
过滤风量	$100000m^3/h$
过滤风速	1.2m/min
温度	80～120℃
滤料	F10 薄膜，微孔，聚酯针刺毡 $500g/m^2$ 底布

注：Ravlex™用以取代常规针刺毡滤料。

烟气入口浓度最大 $10g/m^3$，排放浓度要求最大 $15mg/m^3$。

灰尘粒度：	小于 1.0	小于 3.0	小于 8.0	μm
	10	50	90	%

1 炉窑烟气（三）

污染物	铸铝时产生的烟气
工艺设备	制造引擎外
除尘器形式	脉冲袋式除尘器
过滤面积	$230m^2$
过滤风量	$360000m^3/h$
过滤风速	2.6m/min
温度	略
滤料	F10 薄膜，微孔，聚酯针刺毡 $500g/m^2$ 底布

注：Ravlex™用以取代常规针刺毡/Acrylic 表面涂层滤料。

常规针刺毡/Acrylic 表面涂层滤料过早堵塞，只有 3 个月寿命，灰尘含油，有黏性，并有一些砂。

6.3.13.5 Voltain®混合滤料

Voltain®混合滤料是由奥伯尼国际公司（Albany International）开发的。

Voltain®混合滤料是一种聚酯纤维和 Epitropic 纤维的混合物。Voltain®混合纤维表面埋藏有一种 Epitropic 纤维的颗粒物，由此它改变了纤维的一种或多种性能。

Epitropic 纤维的一种制作方法是在它外表面混入炭化纤维，使它能导电，以消除静电荷，防护静电荷的积聚，由此 Voltain®混合纤维是一种导电纤维。

6.3.13.6 Aviex ES®组合滤料

Aviex ES®组合滤料是一种聚乙烯（polyethylene）/聚丙烯（polypropylene）纤维的组合，是用来制造坚韧、耐火及不受化学影响的滤料，可用作低温的空气过滤。

6.3.13.7 Saps－o－Therm®滤料

Saps－o－Therm®滤料是由比利时 Nevele 市 Aclinbvbe 公司开发的。

比利时 Nevele 市 Aclinbvbe 公司是一个袋式除尘器、静电除尘器及旋风除尘器的制造厂，它提出一种用于净化含氯和氟气体的废气的新方法——Saps－o－Therm®滤料。

Saps－o－Therm®滤料是在玻璃纤维上进行加强喷塑（plastic reinforced），使它能经受温度高达 300℃（570 ℉），同时可以消除含酸气体由于冷凝而引起腐蚀的危害。

6.3.13.8 催化滤料

A Remedia 催化过滤覆膜滤料的沿革

传统的袋式除尘器只能过滤烟气中的颗粒物而无法清除有害气体（如 SO_x、NO_x、二噁英等），欧洲及北美经常使用喷雾干燥器、干式喷射和湿式喷淋器，配合掺杂活性炭的石灰来控制处理酸性成分的气体，这种方法应用十分普遍。

早在十几年前，美国 Babcock and Wilcox 公司开发了一种具有催化作用的滤袋，它是一种 Nextel™的 3M 高温滤材。这种滤料当时在俄亥俄州的一台机器上用来清除烟气中的 SO_2，烟气温度达到 850～1000 ℉。当时，二噁英/呋喃的清除还没有提到主要议题，这就是催化滤料的雏形。

随着垃圾焚烧炉在世界各国的日益发展，其释放的烟气不仅有微颗粒和SO_2，还有汞等重金属，而且还有二噁英/呋喃致癌物质。开始在欧洲，然后在北美，最后是日本，都相应地采取对二噁英/呋喃的治理措施，要求二噁英/呋喃的排放控制在0.01ng（TEQ）/Nm^3以下。

1980年，在日本的垃圾焚烧市场销售了1800~2000台焚烧炉，这些设备都采用静电除尘设备，产生的烟气都含有二噁英/呋喃气体。

早在20世纪90年代初，日本政府就鼓励使用袋式除尘器（织物滤袋），因为它能在保证高效除尘的同时，配合石灰和活性炭能很好地清除SO_2、二噁英/呋喃等有害物质。

在过去的十多年里，国际众多公司开发了所谓的具有催化作用的滤袋，其基本思想就是用特殊的催化剂来过滤有害物质，使二噁英/呋喃在滤袋表面发生化学分解反应，并将其清除。其中美国W. L. Gore&Associates公司开发了一种系统，用的就是Remedia™过滤袋的概念。

与此同时，几家日本制造商，如Mitsubishi Heavy Industries、日立公司，开发了他们自己的具有催化作用的滤袋，同时日本早在1990年就开始使用了这样的系统，它用的是第二代Tefaire®针刺毡加上催化剂，这是继美国戈尔公司Remedia™后的另一种催化滤料。

1991年4月，Mitusubishi Heavy Industries有限公司在日本对马岛开始了第一步评测，从那之后，该公司就在50多个城市进行评测。

1995年前，美国Babcockand Wilcox公司开发了一种催化作用的滤袋。

1997年，W. L. Gore申请了世界第一个催化滤料专利WO 97/068771998，日本引进Remedia™。

美国Gore公司开发了一种催化过滤覆膜滤料用于过滤垃圾焚烧炉烟气时清除二噁英，该覆膜滤料命名为Remedia。

自1994年以来，Gore公司进行了200多项测试试验，解决了二噁英/呋喃的清除问题，其中一个实验场所在比利时Roeselar Ivro的一个煅烧工厂车间。

1997年美国Gore公司申请了世界第一个催化滤料专利WO 97/06877。

这种过滤装置采用的是具有纤维结构的膨体聚四氟乙烯纤维，在这种纤维节点上附有催化颗粒，催化剂并入了聚四氟乙烯的水分散体中。针刺毡的纤网刺入Gore的膨体聚四氟乙烯Rastex®基布上，由于针刺毡的结构比较疏松，可确保过滤过程中压降低，同时许多小微粒能够植入到很大的表面积，使得其催化活性得到提高。

这种滤料可以用于振动式、反吹风式和脉冲喷吹式的袋式除尘器，其聚四氟乙烯纤维的使用温度可高达250~260℃，可过滤0.5~100μm的微粒直径，通常过滤颗粒直径小于40μm，最好是在15μm以下。合适的填料应该是贵金属（如金、银、钯和铑），也可以是非贵金属，如金、铜、铁、钒、钴、锰和钨的各种各样的氧化物。过滤器的容量达到30%~90%，混合物在聚四氟乙烯纤维的快速搅拌中凝固，然后材料用润滑剂处理，如矿油精、乙二醇和压出胶，挤出物在规定时间内会很快被拉紧，拉伸的长度是原来长度的2~100倍最为合适，推荐使用伸长率35%~41%。成型之后，材料被针刺在毛毡上，然后把材料切开，切成许多条带，再拿到纹钉滚筒（有原纤维组织的）做成由纤维束形成的纱线，一旦薄膜被纤化就会形成由随机的、相互联系的纤维组成的格子。这种结构是一种开放式的结构，这种结构由于在纹钉滚筒上的高速旋转所以具有很高的比表面积。

Remedia®滤袋表面催化过滤系统由 e-PTFE 薄膜热熔在内含特殊催化剂底料的表面，底料是一种针刺结构，由 PTFE 纤维与特殊配方催化剂组成，起支撑作用。气态的 PCDD/F 穿过薄膜进入含有催化剂的底料，被有效分解，可确保二噁英稳定达标排放。这种催化滤袋通过复合催化剂，能够在一个温度范围内（180～260℃）将 PCDD/F 催化氧化成 CO_2、H_2O 和 HCl。

Remedia 催化过滤覆膜滤料已在世界 10 个城市 45 个系统的最严厉的排放标准中应用。

Remedia 催化过滤覆膜滤料先后获得 Filtration Separation 协会 2001 年环境革新产品年度奖，以及 Air & Water Management 协会 2002 年空气污染控制杰出成就的 J. Deane Sensenbaugh 奖。

B Remedia 催化过滤覆膜滤料的组成

Remedia 催化过滤覆膜滤料是两种有效技术（表面过滤技术和催化过滤技术）的演变、组合，如图 6-166～图 6-169 所示。

a ePTFE 薄膜的表面过滤

ePTFE 薄膜的表面过滤（图 6-170）可以起到以下作用：

（1）控制细尘粒；

（2）保护催化剂；

（3）减少吸附设备；

（4）减少压力损失。

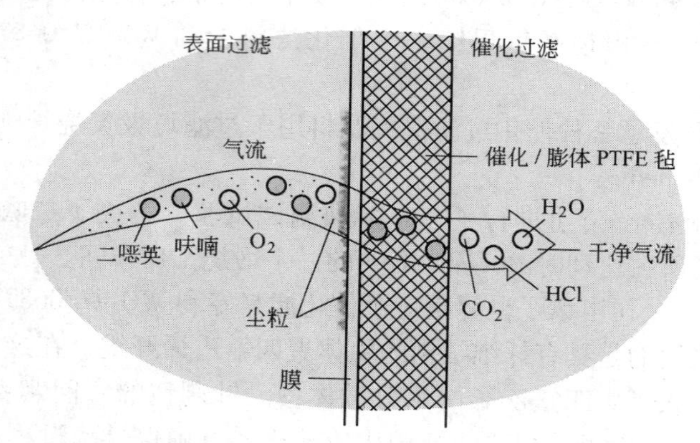

图 6-166 催化过滤的流程

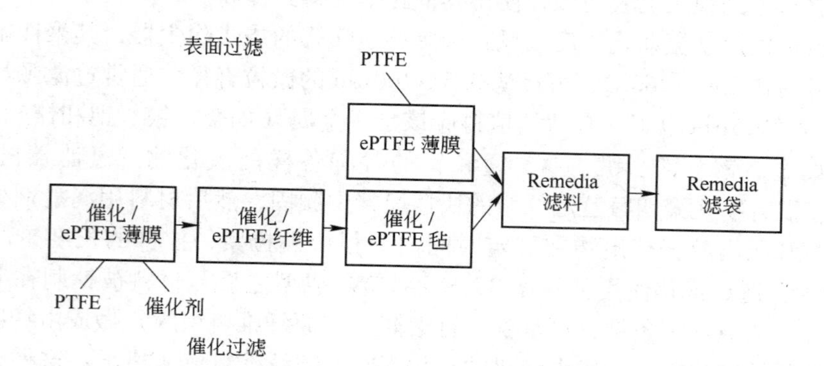

图 6-167 催化过滤的制作流程

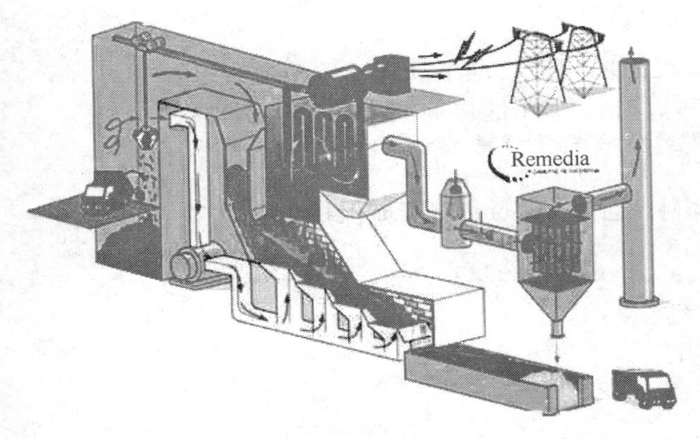

图 6 - 168 垃圾焚烧的催化过滤的流程

图 6 - 169 正在过滤的 Remedia 滤料

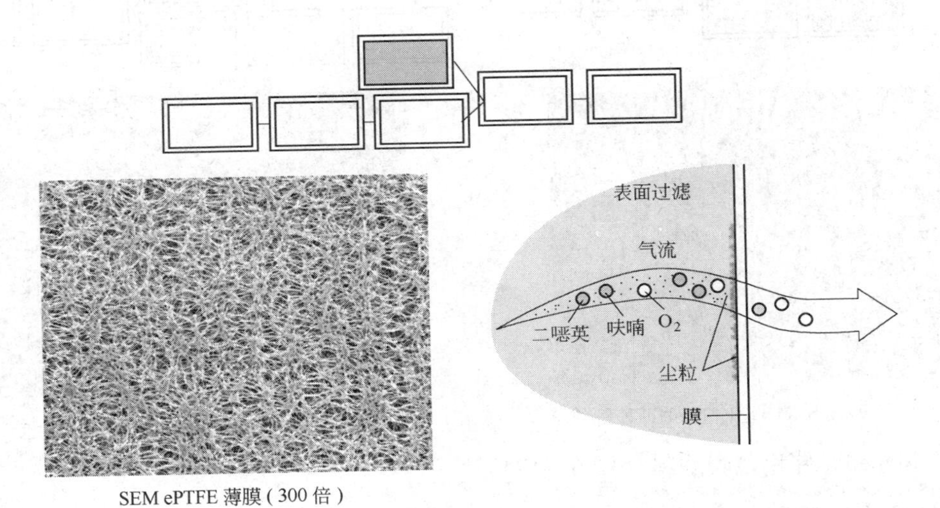

SEM ePTFE 薄膜（300 倍）

图 6 - 170 表面过滤

b SEM 催化剂填满 ePTFE 薄膜的催化/ePTFE 薄膜（图 6 - 171）

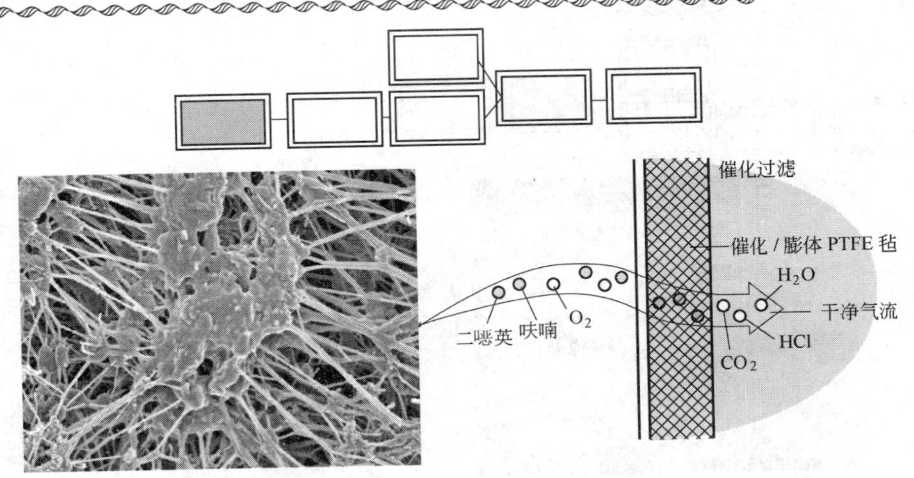

SEM 催化剂填满 ePTFE 薄膜（20000 倍）

图 6 - 171 催化/ePTFE 薄膜

（1）纤维的初期制造形式。

（2）催化剂固定在 PTFE 里的结构：过滤期间催化剂不损耗。

c SEM 催化剂/ePTFE 纤维（图 6－172）：SEM 催化剂填满 ePTFE 纤维

（1）分子结构：高机械强度。

（2）高孔隙率：高流量/相互催化影响；通过 poisoning/遮掩保护催化。

d 催化剂/ePTFE 纤维毡（图 6－173）

（1）互锁纤维强度：高机械强度支撑滤袋。

（2）高弯曲率：高流量/相互催化影响。

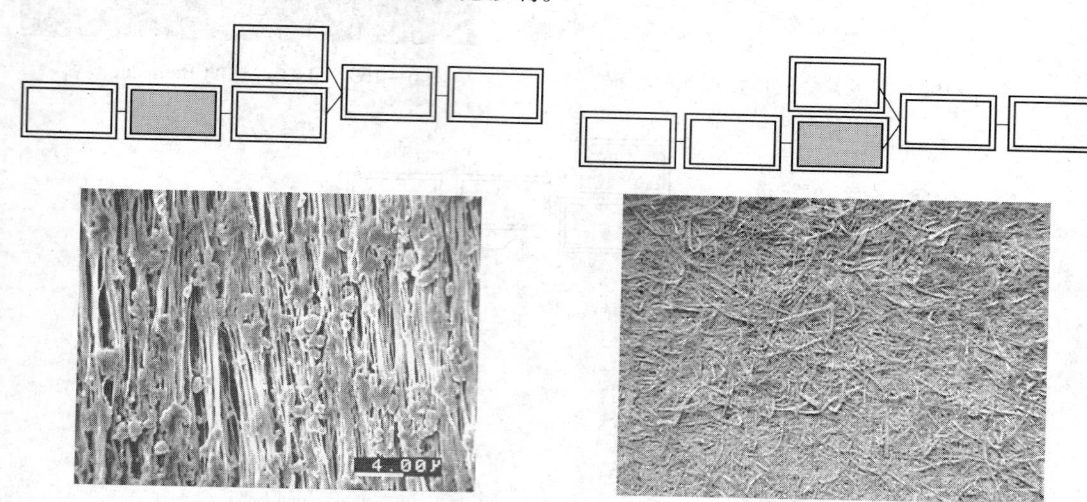

图 6－172 SEM 催化剂/ePTFE 纤维

图 6－173 催化剂/ePTFE 纤维毡

e Remedia 催化薄膜滤料（图 6－174）

（1）联合增效：在一个结构上实现表面过滤和催化过滤。

（2）兼容性：可用于现有袋滤技术中。

f Remedia 催化滤袋（图 6－175）

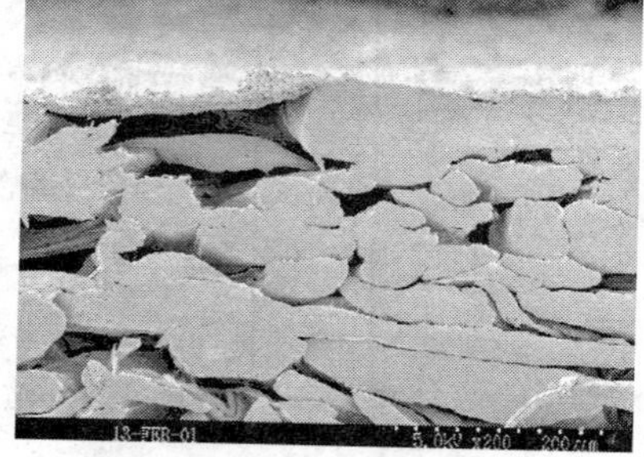

图 6－174 Remedia 薄膜滤料（×200）

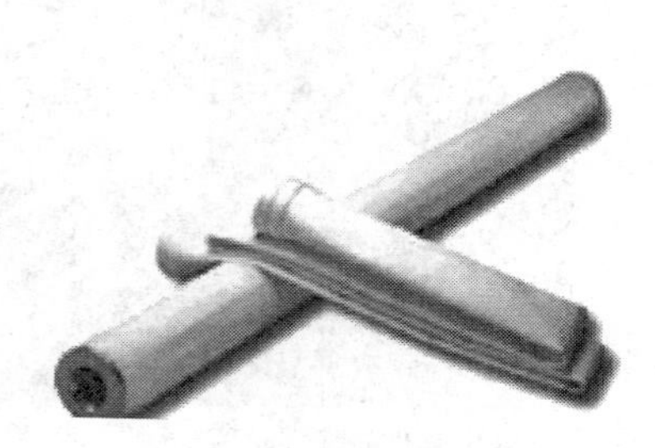

图 6－175 Remedia 薄膜滤袋

C Remedia 催化过滤器的优越性

a Remedia 催化过滤器与吸附作用的对比（图 6－176）

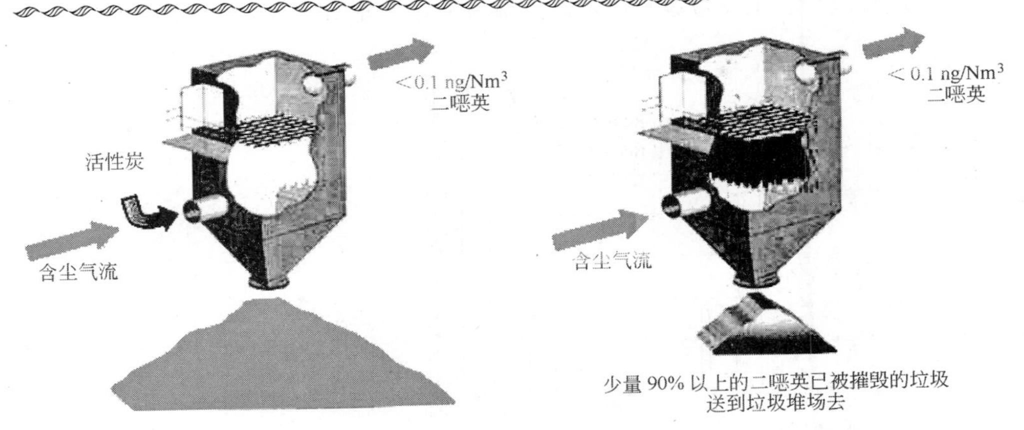

图 6－176 Remedia 催化过滤器与吸附作用的对比

b Remedia 催化过滤器与催化反应塔的对比（图 6－177）

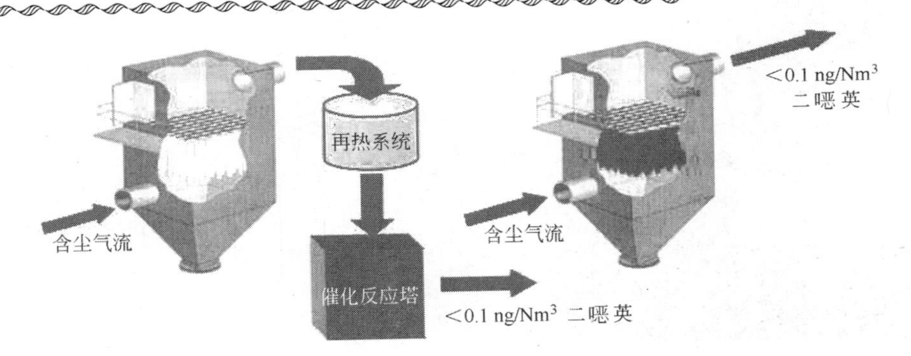

图 6－177 Remedia 催化过滤器与催化反应塔的对比

D Remedia 滤袋的制作（图 6－178）

Remedia 滤袋制作流程：从粉剂到产品。

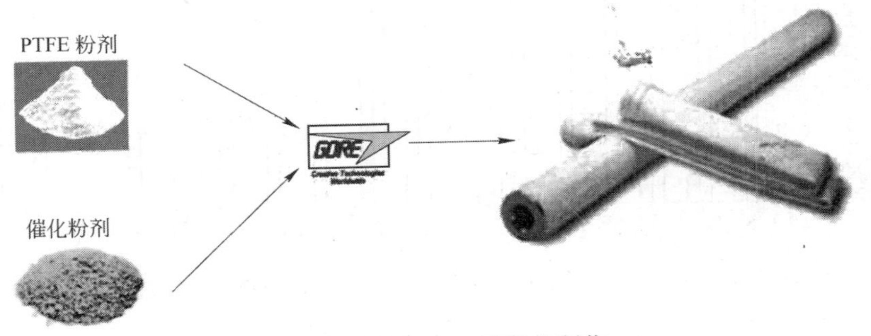

图 6－178 Remedia 滤袋的制作

E Remedia 的应用（图 6－179）

通过了世界上排放规定极严格的 10 个城市 45 个系统中的应用，包括市政垃圾焚烧炉、医药垃圾焚烧炉、工业垃圾焚烧炉、高温冶金、火葬场。

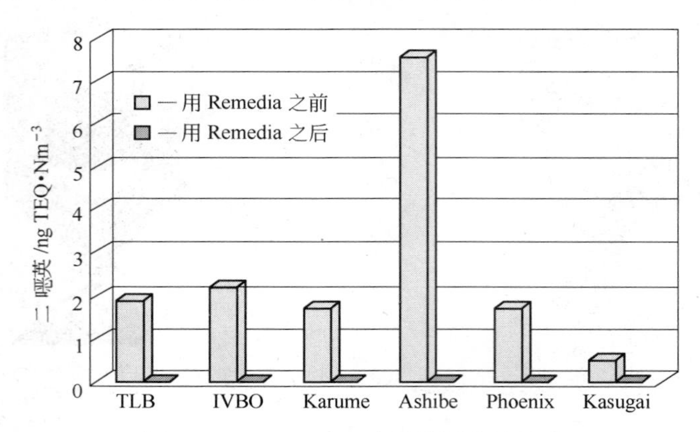

图 6－179 Remedia 应用范围内的效果

a Ivro 市政垃圾焚烧炉（图 6－180～图 6－182）

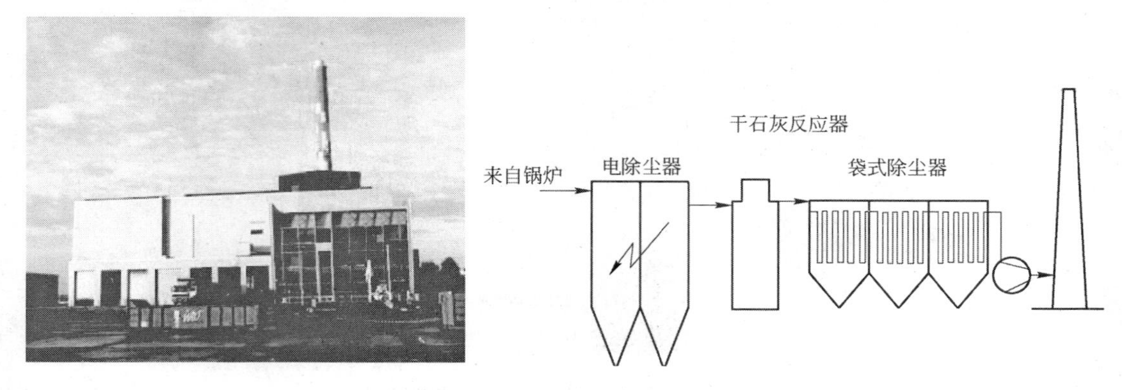

图 6－180 Ivro 市政垃圾焚烧炉烟气净化系统

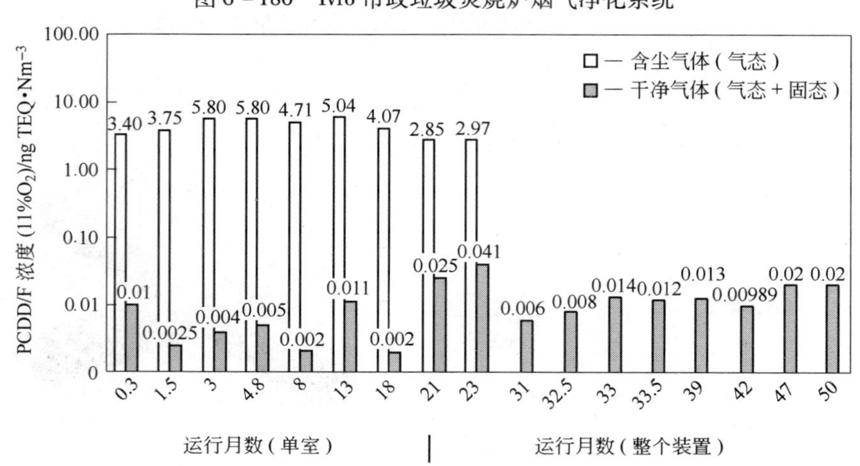

图 6－181 Ivro 市政垃圾焚烧炉用催化滤料过滤二噁英

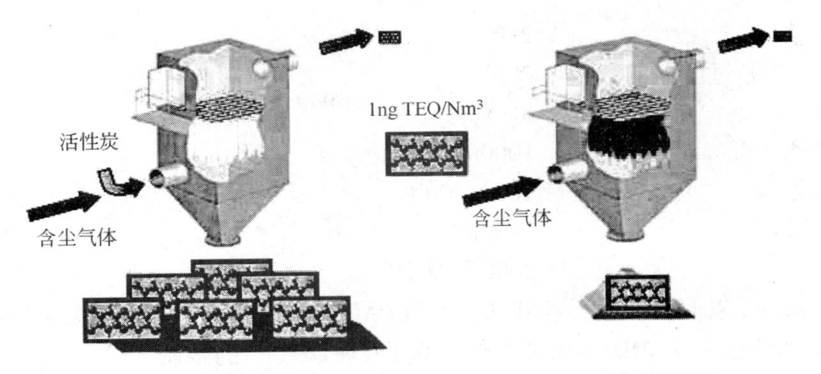

图 6－182 Ivro 测试比较

Ivro 的结果：

（1）经过 10 次测量，气态二噁英平均为总量的 75%。

（2）经过 52 个月二噁英排放量低于 0.1ng TEQ/Nm^3。

（3）气态二噁英消除量大于全部异构体 99%。

（4）尘粒排放量低于 0.4mg/Nm^3。

b Imog 市政垃圾焚烧炉（图 6－183）

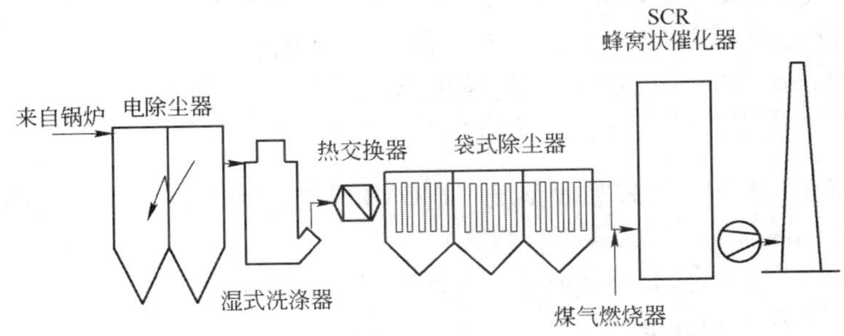

图 6－183 Imog 市政垃圾焚烧炉烟气净化系统

装置形式	市政垃圾焚烧炉，1 条线
装置地点	比利时
流程描述	炉子→锅炉→电除尘器→湿式洗涤器→预热器→袋式除尘器→NO_x 催化反应塔→烟囱

装置数量	2 台
Remedia D/F 过滤器的数量	2 套
加料量	5t/套
总烟气量（湿）	100000Nm^3/h
烟气温度	180～200℃
过滤面积	2460m^2
安装时间	2000 年 2 月

安装 Remedia 以前：开始，粉状活性炭（PAC）加到湿式洗涤器中去，以控制 PCDD/F。但是，它难于维持 PCDD/F 污染物低于 0.1ngTEQ/Nm^3 的限制。

安装 Remedia 以后：用 Remedia 催化滤袋过滤器替代 PAC 控制 PCDD/F，袋式除尘器进口的 PCDD/F 浓度范围为 1.2～2.6ng TEQ/Nm^3，出口浓度大大低于调整后的规定（图 6－184），Remedia 系统运行后表明，进口的 PCDD/F 清除率大于 99%。

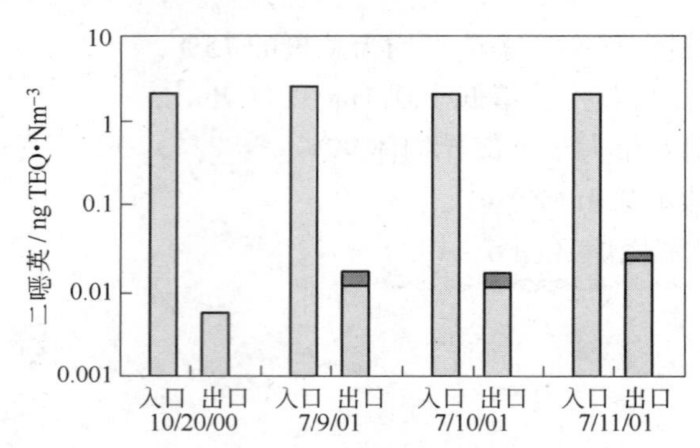

图 6－184 Imog 袋式除尘器二噁英测定

▪—尘粒；▫—气态

Imog 的结果：

（1）二噁英进入袋式除尘器为 99.4% 气态。

（2）摧毁效率大于 99.4%。

（3）尘粒排放量低于 0.6mg/Nm^3。

（4）每周袋式除尘器的灰尘量从 6700kg 降低到 1.5kg。

c 法国 Thonôn－les－Bains 市政垃圾焚烧炉（图 6－185）

流程描述：

炉排炉→锅炉→ESP→干式吸收系统（BICAR 喷雾）→袋式除尘器→烟囱

Ronaval、Thonôn－les－Bains 设计参数：

装置形式	市政垃圾焚烧炉，1 条线
容量	120t/d
烟气量	35000Nm^3/h
烟气温度	180～220℃
过滤面积	1050m^2
安装时间	2000 年 4 月

Thonon 催化过滤结果如图 6－186 所示。

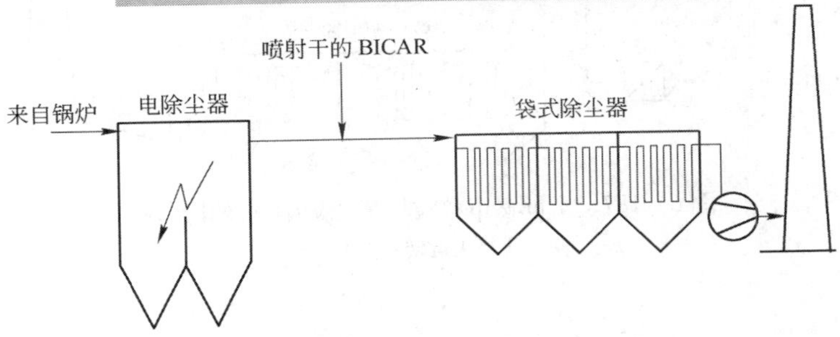

图 6－185　Thonôn－les－Bains 市政垃圾焚烧炉烟气净化系统

Thonon 结果：

安装 Remedia 以前：低温会产生腐蚀，温度提高到 200℃将引起活性炭火烧，BICAR 消耗量减少 20%～30%。

安装 Remedia 以后：二噁英总量的测量远低于规定要求的 0.1ng TEQ/Nm^3，除尘器清灰间隔时间为以前采用 PTFE/P84®混合滤袋的 1/10，BICAR®消耗量减少 20%～30%。

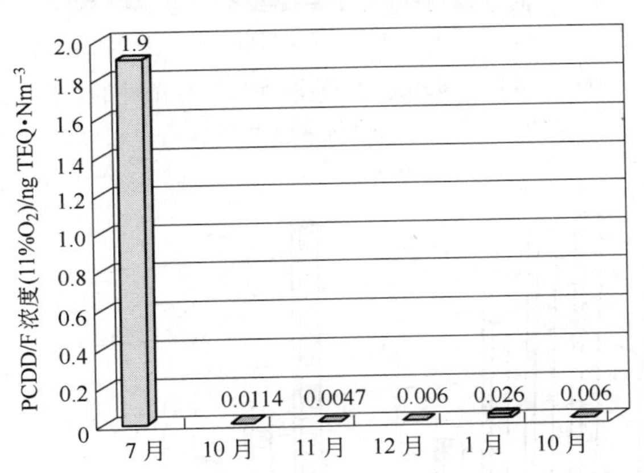

图 6－186　Thonon 催化过滤结果（2000～2001 年）

d　Ashibe 市政垃圾焚烧炉（图 6－187）

二噁英消除与运行条件的对照如图 6－188、图 6－189 所示。

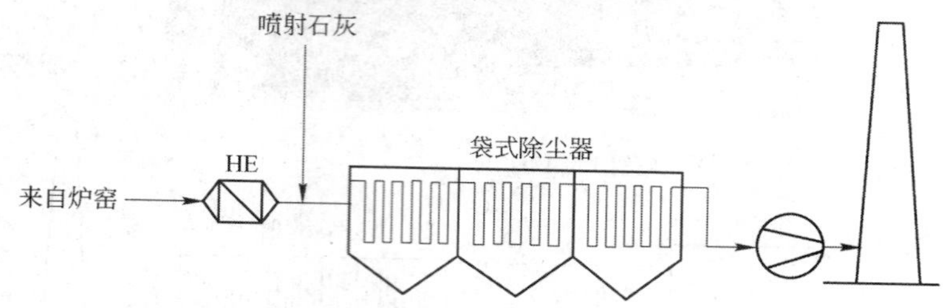

图 6－187　Ashibe 市政垃圾焚烧炉烟气净化系统
（每天运转一炉）

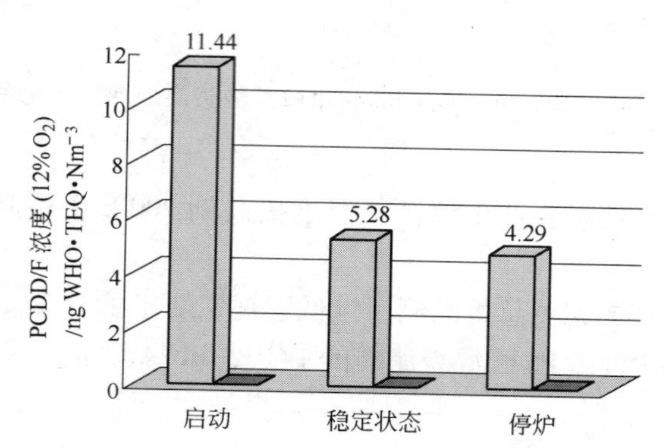

图 6－188　Ashibe 二噁英消除与运行条件的对照

▨—入口；■—出口

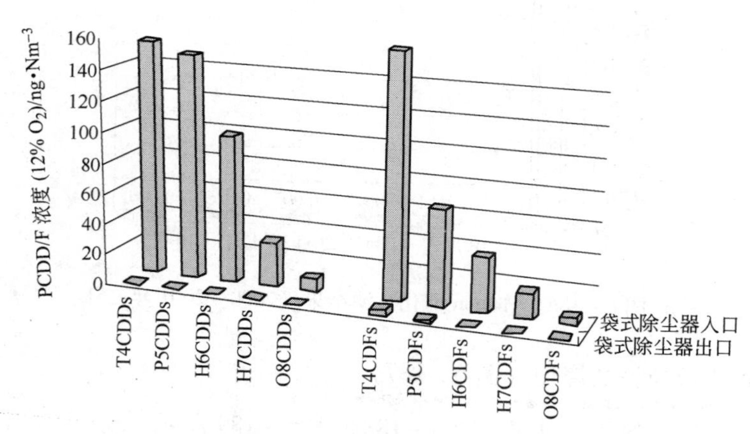

图 6－189　Ashibe 二噁英异构体的清除（入口/出口）

装置形式 市政垃圾焚烧炉，1 条线
装置地点 日本
流程描述
加料机→冷却室→热交换器→干石灰喷射→袋式除尘器→烟囱
装置数量 2 台
装置 Remedia D/F 过滤器的数量 2 套
加料量 8.5t/(8h·套)
烟气量 20000Nm³/(h·套)
烟气温度 190～210℃
过滤面积 504m²
安装时间 2000 年 6 月

装置 Remedia 以前：
(1) 从 1999 年开始使用粉状活性炭（PAC）。
(2) PCDD/F 污染物排出高于 0.1ng TEQ/Nm³（在 O_2 含量为 12% 时）。
(3) 按 2002 年新规定，应达到污染物排出低于 0.1ng TEQ/Nm³。

装置 Remedia 以后：
(1) 如图 6－194 所示，PCDD/F 中废气污染物的测定，在每天运行的各个阶段（开炉、正常运行、关炉）均低于 0.1ng TEQ/Nm³（在 O_2 含量为 12% 时）。
(2) 袋式除尘器内飞灰 PCDD/F 浓度大约 60%，低于 PAC 喷射时达到的浓度。

Ashibe 结果：
(1) 在各种入口浓度的条件下，二噁英控制在大于 99.5%。
(2) 在每天一炉的运行状态下都能有效地消除二噁英。
(3) 符合和有效地消除所有 TEQ 异构体。
(4) 所有二噁英排放值显著低于 0.1ng 的原则。

e 日本市政垃圾焚烧炉（图 6－190）

图 6－190 日本市政垃圾焚烧炉烟气净化系统

装置形式 市政垃圾焚烧炉
装置地点 日本
流程描述
加煤机→锅炉→空气加热器→干石灰喷射→袋式除尘器→烟囱
装置数量 2 台

装置 Remedia D/F 过滤器的数量　2 套

加料量　5t/(h·套)

烟气量　$29000Nm^3$/(h·套)

烟气温度　200℃

过滤面积　$705m^2$

安装时间　第一条线　2000 年 11 月

第二条线　2001 年 2 月

装置 Remedia 以前：设备操作人员需关注增加二噁英/呋喃的控制，以适应将来污染物的限制。

装置 Remedia 以后：设备达到二噁英/呋喃污染物明显低于 0.1ng TEQ/Nm^3（在 O_2 含量 12% 时）（图 6－191）。

f　比利时市政垃圾焚烧炉（图 6－192）

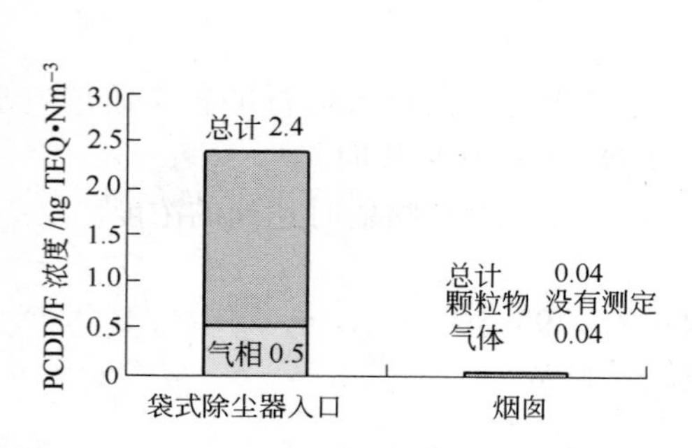

图 6－191　市政垃圾焚烧炉二噁英/呋喃污染物的数据
▒—粒相；▒—气相

图 6－192　比利时市政垃圾焚烧炉烟气净化系统

装置形式　市政垃圾焚烧炉

装置地点　比利时

流程描述

加料机→锅炉→电除尘器→干石灰喷射→袋式除尘器→烟囱

装置数量　2 台

装置 Remedia D/F 过滤器的数量　2 套

加料量　4t/(h·套)

烟气量　$30000Nm^3$/(h·套)

烟气温度　180～240℃

过滤面积　$707m^2$

安装时间　3 个室　1997 年 7～10 月

所有保留的滤袋室　1998 年 10 月

装置 Remedia 以前：

（1）设备在装置 Remedia D/F 滤袋前用粉状活性炭（PAC）来吸附 PCDD/F。

（2）为了避免富氧飞灰被点火而引起燃烧及简化设备管理，设备采用 Remedia D/F 滤袋。

装置 Remedia 以后（图 6－193）：

（1）PCDD/F 污染物排放明显低于 0.1ng TEQ/Nm^3（在 O_2 含量为 11% 时），颗粒物排放明显低于 1mg/Nm^3（在 O_2 含量为 11% 时）。

（2）从烟囱及除尘器灰斗灰尘排出的总 PCDD/F 污染物减少 90% 以上，远高于粉状活性炭（PAC）系统。

（3）除尘器灰斗内的灰尘所含 PCDD/F 污染物比用粉状活性炭（PAC）系统少 13 倍。

（4）另外，设备可节约粉状活性炭（PAC）的采购、储藏及其装置费用。

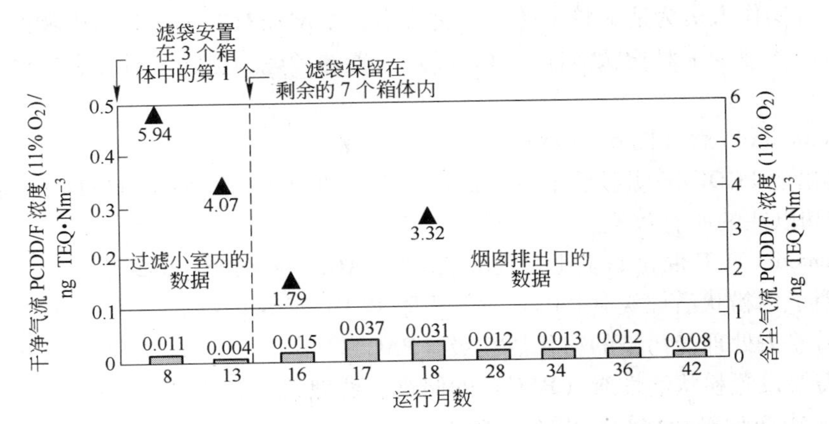

图 6－193 烟囱及除尘器灰斗灰尘排出的总 PCDD/F 污染物

▲—含尘气流［气相］；■—干净气流［固相和气相］

g 美国市政垃圾焚烧炉（图 6－194）

图 6－194 美国市政垃圾焚烧炉烟气净化系统

装置形式　　市政垃圾焚烧炉

装置地点　　美国

流程描述

焚烧炉→锅炉→干式洗涤器→袋式除尘器→烟囱

(sodium sesquicarbonate)

装置数量	2台
装置Remedia D/F过滤器的数量	2套
加料量	68t/(d·套)
烟气量	50000Nm^3/(h·套)
烟气温度	180~200℃
过滤面积	1177m^2
安装时间	1999年5~6月

装置Remedia以前：

(1) 设备操作人员为适应将来的污染物规定，要增加对PCDD/F污染物的控制。

(2) 新设备减少了对粉状活性炭（PAC）装置的考虑，免除了对含有二噁英的残余物质的处理。

装置Remedia以后（图6-195）：

(1) 排出的PCDD/F明显低于0.1ng TEQ/Nm^3（在O_2含量为11%时），显然低于新标准的规定和以往的所有数值。

(2) Remedia D/F催化滤袋比粉状活性炭（PAC）技术的优点在于：

1) 取消了用粉状活性炭（PAC）系统吸附PCDD/F污染物。

2) 不需要去处理受污染的粉状活性炭（PAC）。

3) 不需要设置粉状活性炭（PAC）的储藏、处理和喷射装置。

h 日本市政垃圾焚烧炉（图6-196）

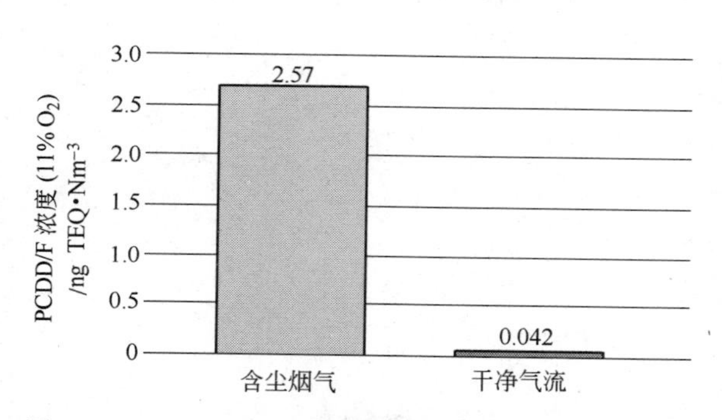

图6-195 含尘烟气与干净气流的PCDD/F浓度比较
■—含尘烟气；■—干净气流

图6-196 日本市政垃圾焚烧炉烟气净化系统

使用单位	市政垃圾焚烧炉
单位地址	日本
流程描述	

振动机→锅炉→干石灰→洗涤器→袋式除尘器→烟囱

焚烧垃圾量	100t/(d·条线)
每条线排放量	19400Nm^3/h（干）
过滤器温度	194℃

每条线过滤面积 $768m^2$

安装日期 1999 年 3 月

安装 Remedia 以前：操作人员需要关注 PCDD/F 系统的排放情况。

安装 Remedia 以后（图 6－197），PCDD/F 系统达到：污染物排放明显低于 0.1ng TEQ/Nm^3（在含 O_2 量 12% 时）；颗粒物明显低于 1mg/m^3（在含 O_2 量 12% 时）。

i 德国火葬场一（图 6－198）

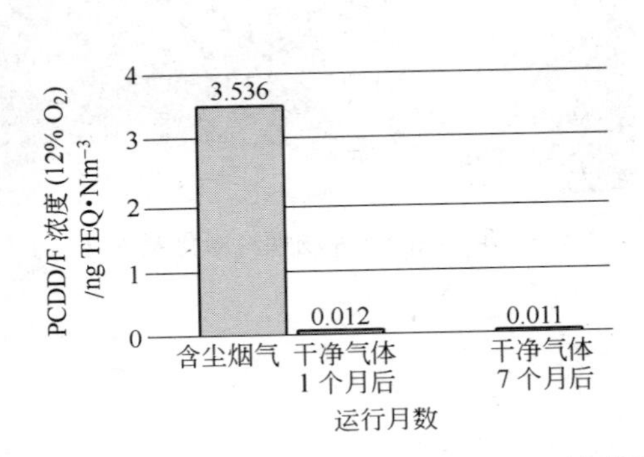

图 6－197 含尘烟气与干净气流的 PCDD/F 浓度比较
■—含尘气体；■—干净气体

图 6－198 德国火葬场烟气净化系统（一）

装置形式 火葬场

装置地点 德国

流程描述

窑→后烧炉→热交换器→旋风除尘器→袋式除尘器→烟囱

装置数量 2 台

装置 Remedia D/F 过滤器的数量 2 套

烟气量 1300Nm^3/h（干）

烟气温度 220℃

过滤面积 第一条 $60m^2$

第二条 $64m^2$

安装时间 第一条 1998 年 10 月

第二条 2000 年 2 月

装置 Remedia 以前：

（1）1997 年，德国在火葬场的排烟系统中正式通过了一个二噁英（0.1ng TEQ/Nm^3）和颗粒物（10mg/Nm^3）的新标准。

（2）现在的袋式除尘设备采用常规的针刺毡滤袋，对于高标准的要求就需增加场地和新设备。

装置 Remedia 以后（图 6－199）：

二噁英和颗粒污染物都要求低于新标准的限值，因此应早日采购新设备和安装 Remedia D/F 催化滤袋系统装置。

j 德国火葬场二（图 6-200）

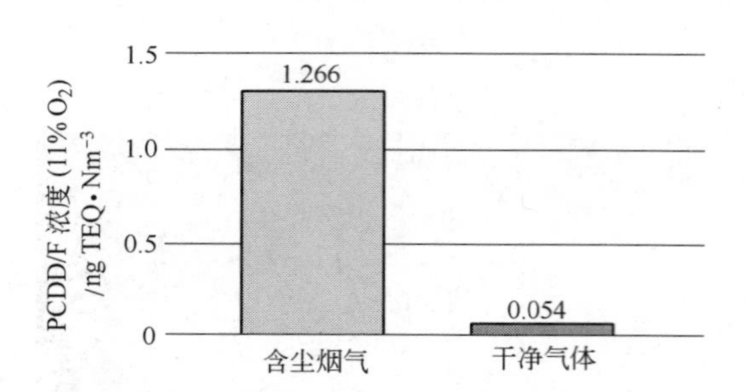

图 6-199 含尘烟气与干净气流的 PCDD/F 浓度比较

■—含尘气流；■—干净气流

图 6-200 德国火葬场烟气净化系统（二）

装置形式　　火葬场

装置地点　　德国

流程描述：

窑→后烧炉→燃烧空气预热器→空气/水冷却器→旋风除尘器→袋式除尘器→烟囱

装置数量	2 台
装置 Remedia D/F 过滤器的数量	2 套
烟气量	1300Nm^3/h（干）
烟气温度	220℃
过滤面积 第一条	60m^2
第二条	64m^2
安装时间 第一条	1998 年 10 月
第二条	2000 年 2 月

装置 Remedia 以前：

（1）1997 年，德国在火葬场的排烟系统中正式通过了一个二噁英（0.1ng TEQ/Nm^3）和颗粒物（10mg/Nm^3）的新标准。

（2）现在的袋式除尘设备采用常规的针刺毡滤袋，对于高标准的要求就需增加场地和新设备。

装置 Remedia 以后（图 6-201）：

二噁英和颗粒污染物都要求低于新标准的限值，因此应早日采购新设备和安装 Remedia D/F 催化滤袋系统装置。

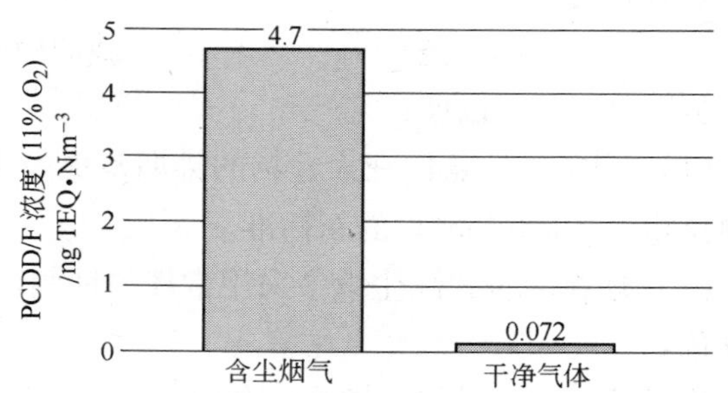

图 6-201 含尘烟气与干净气流的 PCDD/F 浓度比较

■—含尘气体；■—干净气体

F 日本的催化过滤覆膜滤料

a 引进 Gore 公司的催化滤袋（W. L. Gore 公司 2001 年出版的报纸中报道）

Iki 岛 Magasaki 县的 Ashibe 县清洁中心城市垃圾焚烧炉

日本 1998 年引进了 Gore 公司的 Remedia™并用于 Iki 岛 Magasaki 县的 Ashibe 县清洁中心城市垃圾焚烧炉上。

焚烧能力	8.5t/炉
排放量	$20000Nm^3/h$
运行时间	8h/d
过滤面积	$500m^2$
PCDD/F 排放量	$<0.025ng\ TEQ/Nm^3$

滤袋在 2000 年 5 月安装到机器上替代原来传统的过滤袋。

操作集尘室在 200℃时吹入石灰。

Aichi 县清洁中心的连续型城市废弃物焚烧炉

工作能力	130t/(d·条)
焚烧炉	有 2 条工作线
总排放量	$27000Nm^3/h$
总过滤面积	$700m^2$
投产日期　第一条工作线	2000 年 11 月
第二条工作线	2001 年 2 月

用具有催化作用滤袋代替传统过滤袋。操作集尘室在 200℃时吹入石灰。

b 日立牌催化滤袋

日立设备安装使用公司是日本在全球范围内焚烧装置的主要提供商，公司总部坐落于东京。

日立牌催化滤袋主要是一种聚四氟乙烯纤维和玻纤的混纺针刺毡，与美国杜邦公司的 Tefaire®专利产品非常相像（日本 Toray Industries 在 2002 年购买了杜邦公司的 Tefaire®），它是由 85% 的聚四氟乙烯纤维和 15% 的玻纤组成。这种氟化聚合物纤维上浸满了以二氧化钛为主的催化剂，可以使二噁英在 200℃时分解。

在与日本极为相同的商业垃圾焚烧炉的测试中，可使二噁英浓度降至 $0.05ng\ TEQ/Nm^3$。

公司估计，现有处理设备使用的是昂贵的活性炭系统，它包括吸附塔、活性炭储料仓、鼓风机和一些其他的辅助设备。为此，采用催化滤袋系统后的投资费用将会降到现有费用的 1/10。

2000 年 1 月 15 日日本通过一项新的立法以及实施细则，要求焚烧炉的二噁英排放量不能超过 $0.01ng\ TEQ/Nm^3$。

脉动喷吹过滤器现在采用催化作用的滤袋代替，催化作用滤袋的成本大概是原有活性炭设备成本的 1/2。

日立牌催化滤袋在机械化控制的垃圾燃煤锅炉中安装：

焚烧垃圾	8t
焚烧时间	8h
总的排放量	8200Nm³/h
排放温度	190 ~ 208℃
滤袋直径	ϕ155mm
滤袋长度	6m
滤袋数量	100 个

c　Sinto Kogio/Sinto Ecotec/C – FI 型催化滤袋

Sinto Ecotec 也是焚烧装置的提供商，原来也曾制造除尘系统，现在也是制造催化滤袋的生产商之一，其催化式滤袋的载体用的也是 Tefaire®或芳族聚酰胺针刺毡，催化剂也是植入针刺毡结构中。

据 Sinto Ecotec 在日本的一台设备的试验结果：

运行时间	2 年
装置工作时间	16h/d
排出气体的二噁英含量	0.05ng TEQ/Nm³
催化剂寿命	至少 4 ~5 年

d　Mitsubishi Heavy Industries（MHI）有限公司对催化滤袋的评测

早在 1991 年 4 月，在日本对马岛就开始进行了对催化滤袋的评测。MHI 是第一批对催化滤袋系统进行评价的公司之一，从那之后，该公司就在 50 多个城市开始评测。

MHI 总结催化式滤袋的作用如下：

（1）催化滤袋能消除灰尘、重金属、二噁英（微粒面）、盐酸和含硫氧化物（SO_x），同时也可清除气态的二噁英。

（2）排出烟气中的气态二噁英，其比率随着气体温度的升高而升高。

（3）气态二噁英的清除是整个过程中最困难的，因为这个过程需要用催化剂来反应。滤袋的过滤表面通过与催化剂处理反应后能够清除气态二噁英。

（4）重金属、SO_x 和微粒二噁英颗粒相是由滤袋的表面产生的沉积物进行清除，该沉积物是化学反应成功的关键。为使沉积物产生化学反应，在催化滤袋除尘器前面还应设一个工序，即用熟石灰和氨水在聚冷室内控制温度。最主要的化学反应发生在滤袋的表面灰尘，借此滤袋的洁净面可以使气态二噁英成功地得到清除。

G　结论

a　催化滤袋的价格

据美国过滤介质咨询公司 Lutz Bergmann 估计：催化滤袋的价格在 30000 元/袋到 200000 元/袋之间，相信其平均价格为 100000 元/袋（85000 美元）是一个合理的价格。

b　催化滤袋的材质

具有催化作用的滤袋大部分是与聚四氟乙烯或杜邦公司的 Tefaire®一同使用。

新 Tefaire®：美国专利 6，365，532 –7 –2 –2002。

6.3.14　超细滤料

6.3.14.1　超细滤料的定义

A　粗细纤维的标定

纤维一般可分为超细纤维、微细纤维、细纤维、标准纤维、粗纤维等类型，其标定如图 6－202 所示。

B　超细纤维的规格（图 6－203）

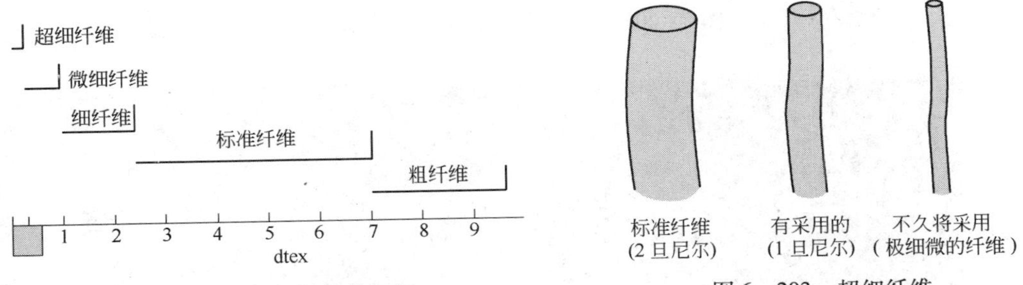

图 6－202　粗细纤维的标定

图 6－203　超细纤维

由表 6－115 中可见，1.0 旦尼尔的细纤维在同样 1.0g 重量下，其表面积比 5.0 旦尼尔的细纤维大 2.2 倍。

表 6－115　常规纤维与超细纤维的参数比较

旦尼尔数	重量/g	体积/cm^3	纤维长度/m	直径/μm	表面积/cm^2
5.0	1	1.0	1800	26.6	1500
1.0	1	1.0	9000	11.9	3362

日本 Torcon®超细纤维的品种：0.7～1.2μm（表 6－116）。

表 6－116　Torcon®纤维的品种

纤维旦尼尔数	纤维长度/mm	品　种	纤维旦尼尔数	纤维长度/mm	品　种
2.2	51/76	常规	1.0	51	细纤维
3.0	76	常规	2.2	51/76	高强度
7.8	76	粗纤维	3.0	76	高强度

C　标准纤维、微细纤维与超细纤维的比较

标准纤维与微细纤维的比较如图 6－204 所示。

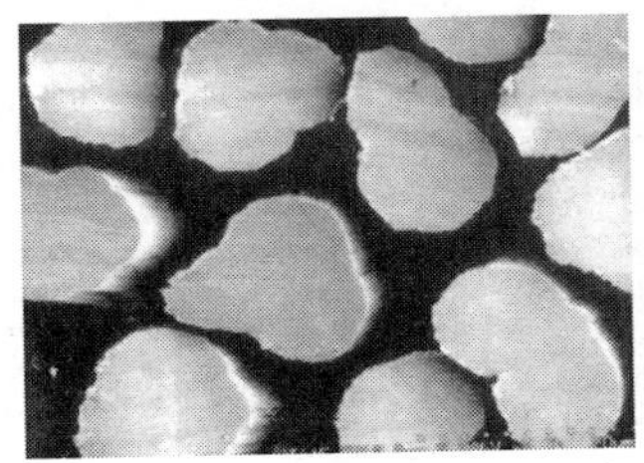

2.2dtex 标准纤维

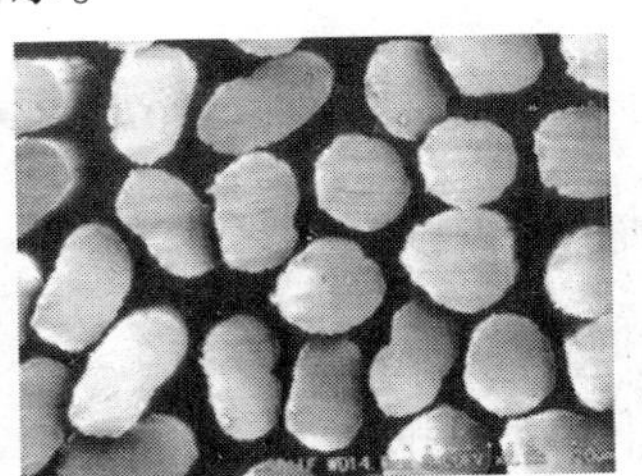

0.9dtex 微细纤维

图 6－204　标准纤维与微细纤维的比较

微细纤维与超细纤维的比较如图 6 – 205 和图 6 – 206 所示。

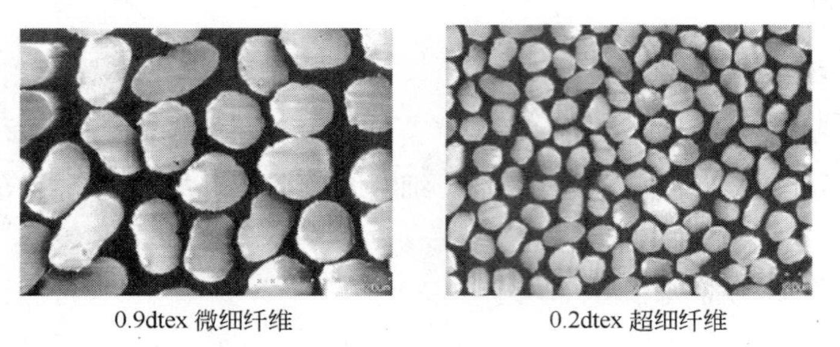

图 6 – 205　微细纤维与超细纤维的比较

图 6 – 206　纤维细度

D　各种纤维的旦尼尔直径（图 6 – 207）

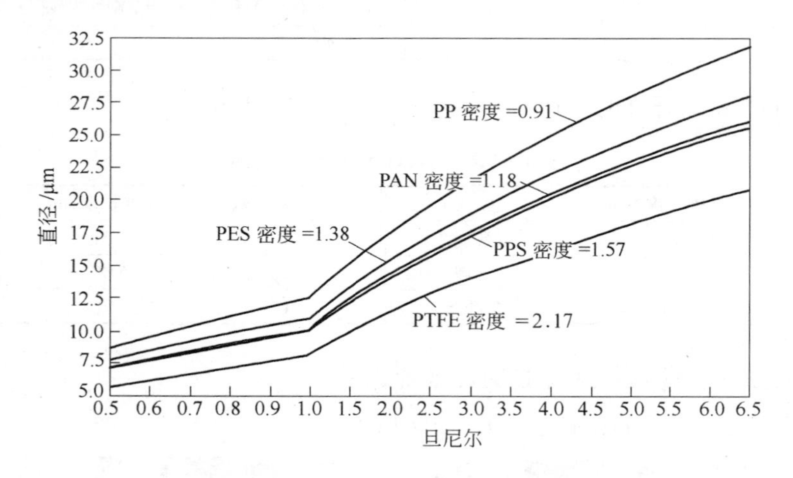

图 6 – 207　各种纤维的旦尼尔直径

6.3.14.2　超细滤料的特性

A　粗细纤维滤料的表面积

纤维细度与纤维表面积的关系如图 6 – 208 所示。

以聚酯纤维为例，从图 6 – 209 中可见，如果用 1.0dtex 的纤维取代 3.3dtex 的纤维制造滤料，滤料就能获得近 1 倍的纤维过滤表面积。

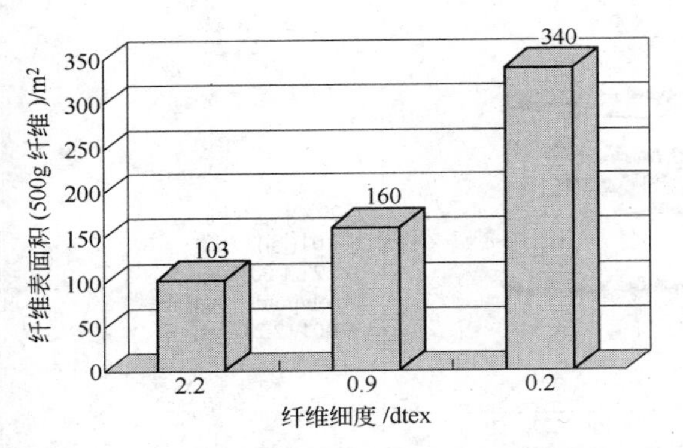

图 6-208 纤维细度与纤维表面积的关系

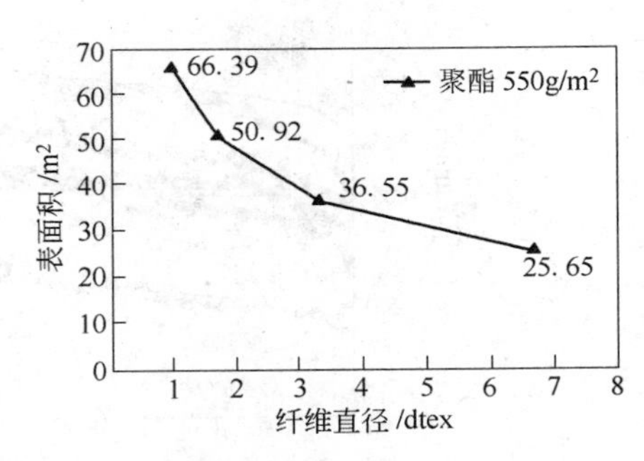

图 6-209 聚酯滤料（550g/m²）迎尘面粗、细纤维表面积总和的比较

B Toray PPs 细纤维毡与 P84® + PPs 混合毡的比较

（1）超细纤维过滤效率更高（图 6-210）。

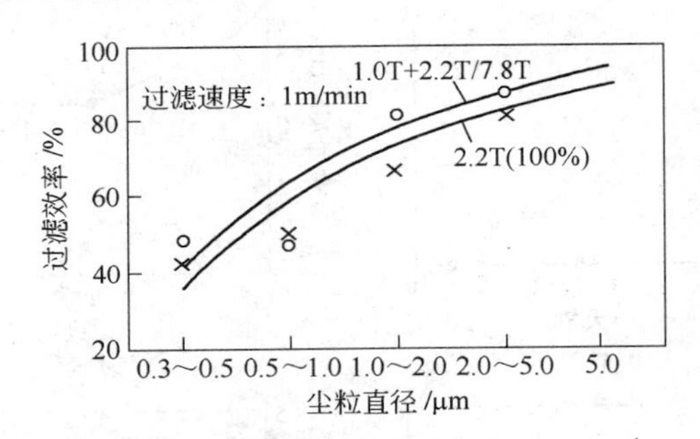

图 6-210 超细纤维的高过滤效率

（2）压力降更低（图 6-211 和图 6-212）。

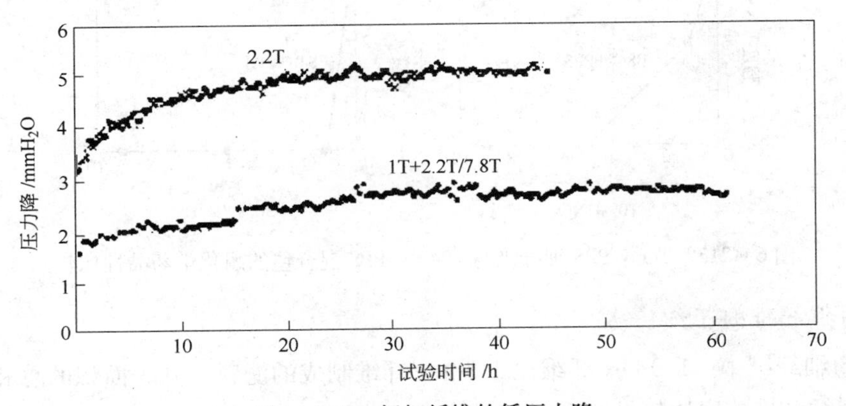

图 6-211 超细纤维的低压力降

（3）耐化学药品性更好（图 6-213）。

化学药品　浓 H_2SO_4　H_2SO_4 48%　HNO_3 10%　NaOH 30%

处理条件　93℃（8h）×9 天

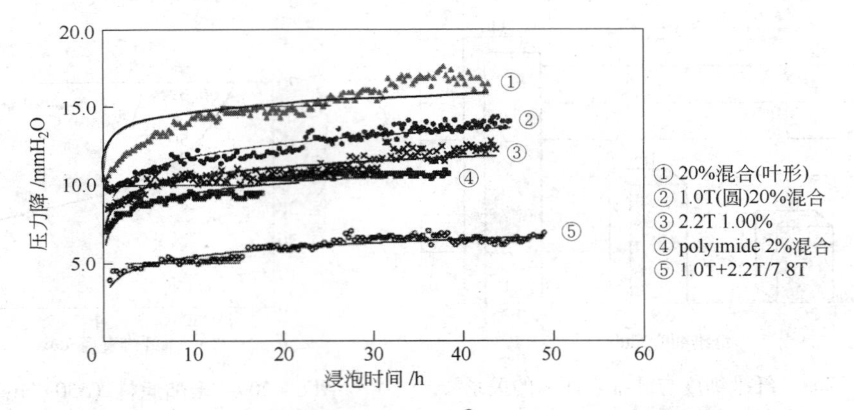

图 6－212 Toray PPS 细纤维与 P84® + PPS 混合毡的压力降比较

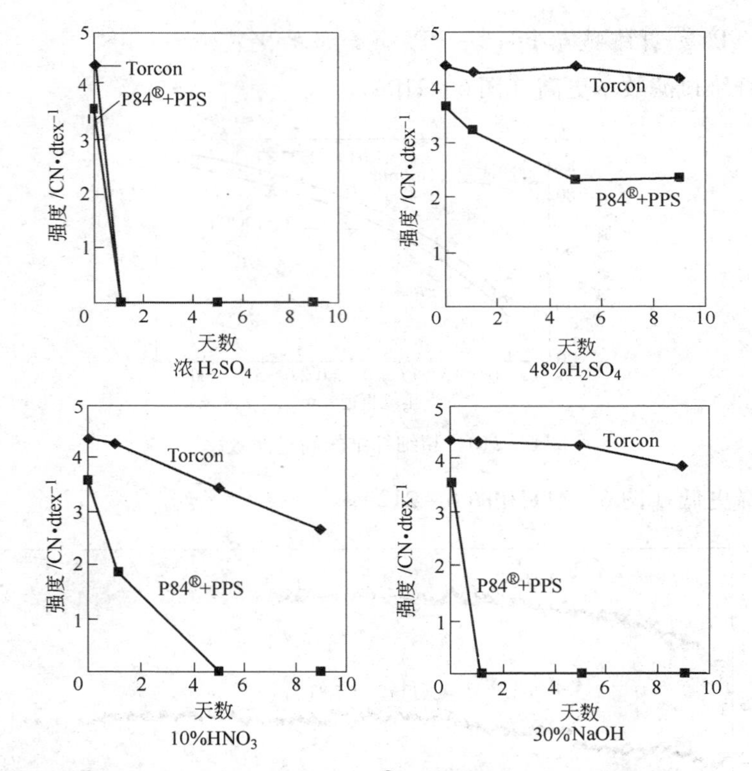

图 6－213 Toray PPS 细纤维与 P84® + PPS 混合毡的耐化学药品性比较

C 超细纤维的粗细优劣

（1）超细纤维中，1. 0dtex 纤维比 3. 3dtex 纤维制成的滤料，其表面积的总和要大 1 倍左右。粗细纤维排放率比较见图 6－214。

（2）美塔斯®细纤维。美塔斯®纤维是一种经干式抽丝法制成的一种耐温纤维。商品上有 1. 5dtex、2. 0dtex、5. 5dtex、10dtex；后来发展有 1. 0dtex、0. 7dtex 细纤维。

在同样重量下，细 dtex 的纤维具有较高的表面积，可以增加过滤效果。

在同样过滤效果下，细 dtex 所制成的滤布重量较轻，经济效益较好。

（3）超细纤维难制造，由于纤维细，针刺负荷大，针容易断。

（4）超细纤维滤料强度差。

6.3.14.3 超细滤料的结构（图6－215）

超细滤料一般是结合细纤维（1.0T）、常规纤维（2.2T）和粗纤维（7.8T）为一体的滤料，以达到高过滤效率、低压强降、高机械性能。

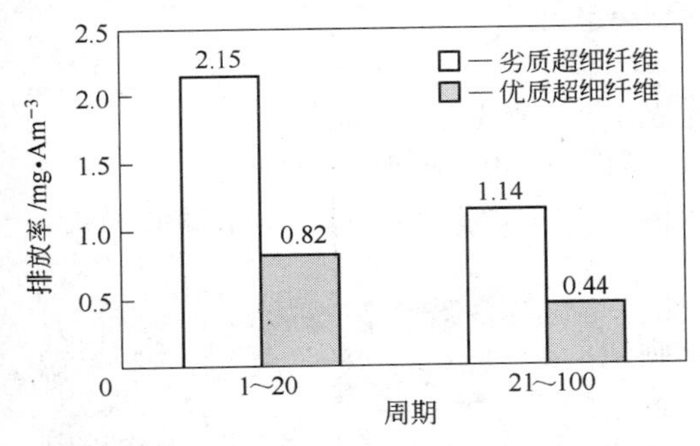

图6－214 粗细超细纤维滤料的排放率比较

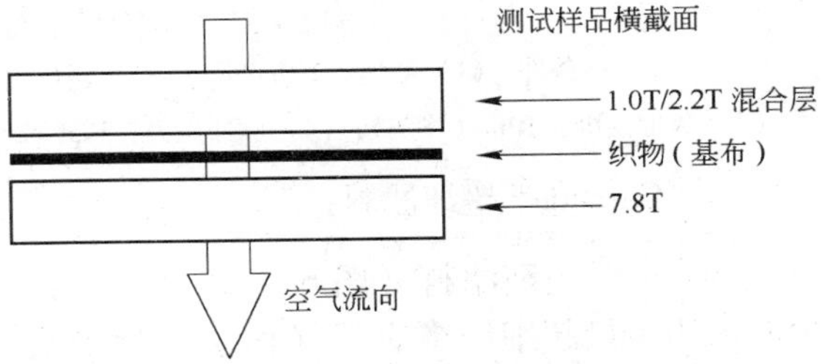

图6－215 超细纤维滤料的横截面

6.3.14.4 超细滤料的品种

A 日本 Torcon®超细滤料（图6－216）

日本 Fujico 制造厂生产的 Torcon®细旦尼尔纤维的结构有三种：

（1）1T＋2.2T/7.8T 滤料；

（2）1T＋2.2T/2.2T 滤料；

（3）2.2T 滤料。

a Torcon®超细滤料的过滤效率

在运行过滤速度为1m/min 时，其过滤效率如图6－216所示。

渐进式 PPS 超细滤料的过滤效率如图6－217所示。

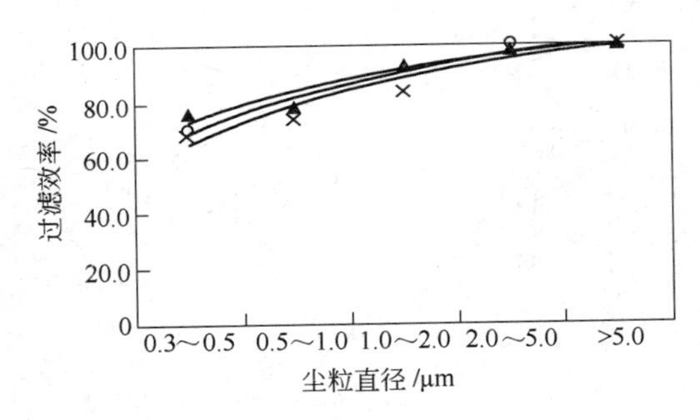

图6－216 超细滤料的过滤效率

○—1T＋2.2T/7.8T；▲—1T＋2.2T/2.2T；×—2.2T

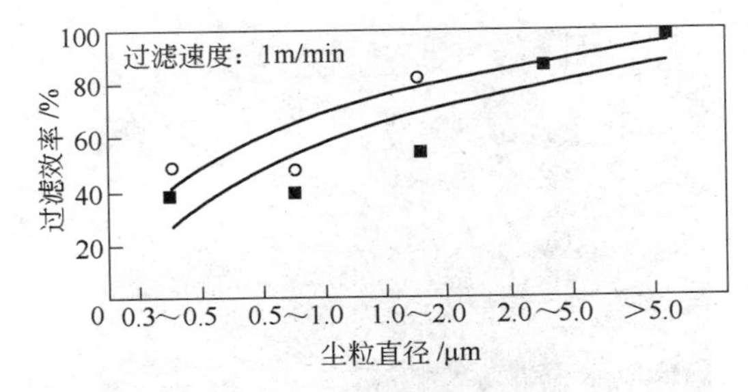

图6－217 渐进式 PPS 超细滤料的过滤效率

○—1.0T＋2.2T/7.8T；■—Polyimide max

b 超细滤料的清灰性能（图6－218）

B 德国 Heimbach 公司的 Cascade®超细滤料

德国 Heimbach 公司生产以下两种超细滤料：Cascade®超细滤料和 Solitair®超细滤料。

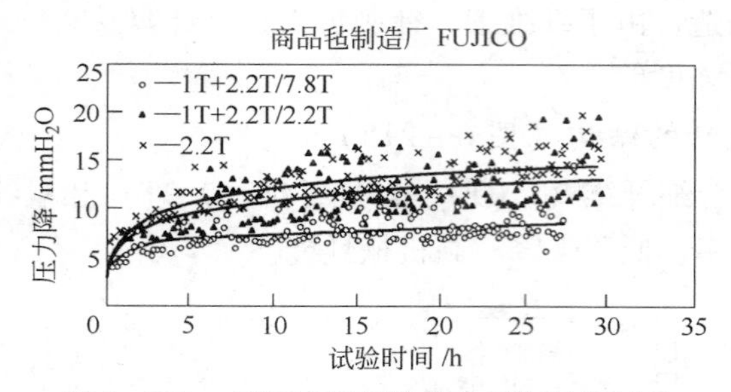

图 6－218 超细滤料纤维毡的清灰性能试验

条件：（1）滤速：2.0m/min；（2）当压力降上升到 100mmH_2O（1000Pa）用脉冲；（3）灰尘：JIS－10th（飞灰）；（4）脉冲压力：3kgf/cm^2 ×0.1s；（5）粉尘浓度：20g/m^3；（6）用脉冲 150 次

a Cascade®超细滤料

Cascade®超细滤料（图 6－219）是在过滤针刺毡的迎尘面采用少量超细纤维表层（面层）使形成一层致密的纤维层，因而能捕集更细小颗粒的粉尘，并保证在过滤毡的表面顺利地建立起一层粉尘层，从而有效地取得良好的过滤效率。

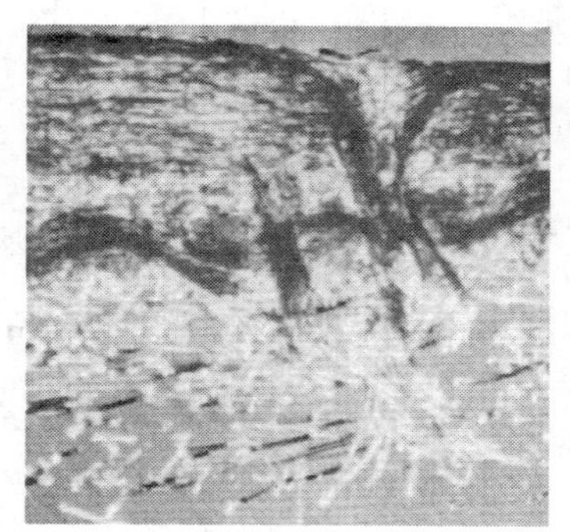

图 6－219 Cascade®设计的针刺毡的断面

b Solitair® Cascade®超细滤料针刺毡

Heimbach 公司在传统 Cascade®技术的基础上，又生产了 Solitair®超细针刺毡。

Solitair®超细针刺毡是在滤料表面增加了超细纤维的结构，它创造了过滤精细的、亚微米的新的过滤精度水平。Solitair®超细针刺毡断面和孔大小的分布分别如图 6－220 和图 6－221 所示。

Solitair®超细针刺毡采用 0.5～0.8dtex 的超细纤维，它与通常的 1.5～3.5dtex 细小纤维相比，每平方米同克重的滤料中，Solitair®纤维拥有非常巨大的表面积，其有效过滤面积增加 1.5 倍以上（1dtex＝1g/10000m 纤维）。

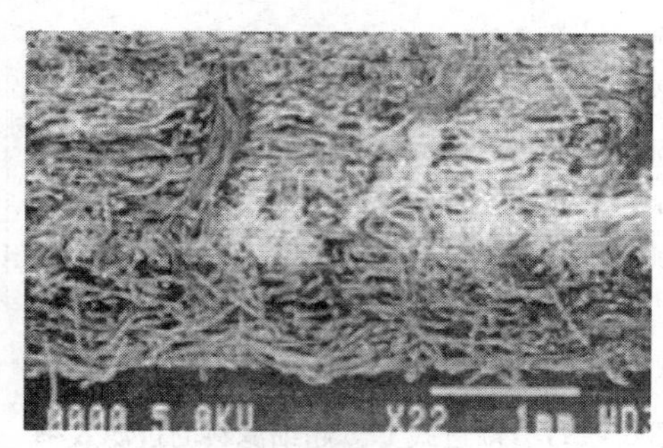

图 6－220 Solitair®超细针刺毡的断面

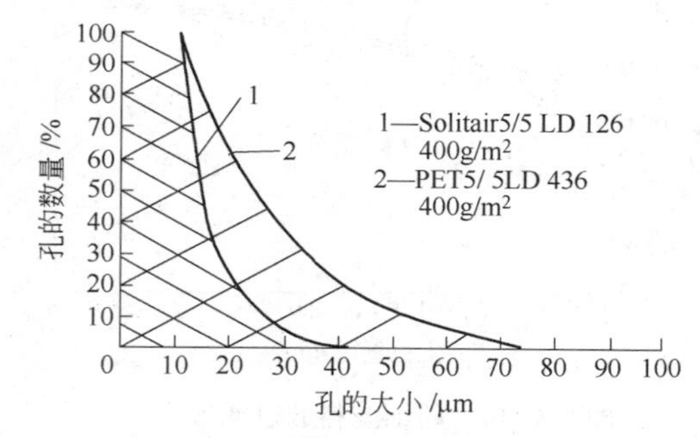

图 6－221 Solitair®超细针刺毡孔大小的分布

6.3.15 碳素纤维

6.3.15.1 碳素纤维的沿革

碳素纤维是指纤维化学组成中碳元素占总质量 90% 以上的纤维。

碳素纤维是由合成纤维和天然纤维在惰性气氛中高温合成的。开始时温度是以2℉/min慢速提高，以驱除易挥发的物质，到1800℉（980℃）时，只有碳和一些氮留下，至此加热加速，待温度达到2280℉（1250℃）和2730℉（1500℃）之间时，其处理的纤维才是真正的纯碳。

碳素纤维在商业上使用是从1950年才开始。

6.3.15.2 碳素纤维的特性

A 碳素纤维的性能参数

我国生产的碳素纤维性能参数如表6－117所示。

表6－117 我国生产的碳素纤维性能参数

指标名称	通用型	标准型			高强中模型		高模型	标准型
	硫氰酸钠法原丝	硝酸法原丝			硝酸法原丝	DMF法原丝	DMSO法原丝	DSMO法原丝
	兰州金利	山工大	吉化	上碳	北京化工大学			
纤维直径/μm	8～9	6	—	—	约6.2	5.5	约6.5	—
纤维根数	3000	1000	6000	3000	3000	1000	—	1000
碳含量/%	≥90	92～94	95.64	≥96		—	—	—
拉伸强度/GPa	1.96～2.16	≥3.5	3.25	3.75	4.0～4.2	4.0～4.2	2.85	3.98
CV/%	—	5～10	4.3	7.0	—	—	—	3.0～4.6
拉伸模量/GPa	—	220～240	208	230	260～265	270～280	382	—
CV/%	—	3	3.2	4.0	—	—	—	—
断裂伸长率/%	—	1.6～1.9	1.64	1.7	1.5～1.6	1.45～1.55	—	—
CV/%	—	≤5	3.0	7.0	—	—	—	—
密度/g·cm^{-3}	1.75	1.77	1.75	1.78	1.76	1.76	—	—
线密度/g·cm^{-3}	—	0.172	0.0572	0.166	0.13～0.15	0.035～0.036	—	—
CV/%	—	—	2.7	6.0	—	—	—	—
剪切强度/GPa	—	—	—	98～104	—	—	68	—

B 碳素纤维的理化特性

（1）耐热性。碳素纤维在空气中耐温高约达400℃（750℉），在还原气氛中温度更高。在高级别的聚丙烯腈（polyacrylonitrile，PAN）基础上提炼的碳素纤维可稳定到大约320℃（600℉），在较低级别时可稳定到大约230～260℃（450～500℉）。

（2）耐化学性。碳素纤维具有良好的耐中子（neutron）及X射线辐射性能，也耐化学蒸气。

（3）传导性。碳素纤维具有良好的热传导和电传导。

（4）过滤性。碳素纤维活跃（触发）后表面积相对增大，从而可提供良好的吸收能力。

这些特性的组合表明，碳素纤维作为有些气体过滤应用的可能性极大。

6.3.15.3 碳素纤维的结构

商业上所用的碳素纤维直径，在密度小于1.2g/cm^3（0.7oz/in^3）时，大约大于7μm。

6.3.15.4 碳素纤维的品种

碳素纤维按原料来源分，1950年商业使用初期，其产品有三种：聚丙烯腈基碳纤维、纤维素基碳纤维、沥青基碳纤维。

A 聚丙烯腈基碳纤维

英国制造业最初是在聚丙烯腈（polyacrylonitrile）（PAN）基础上，使用丙烯腈（acrylic）纤维制成，称为聚丙烯腈基碳纤维。

聚丙烯腈基碳纤维呈黑色，含碳量95%～99%，密度1.75～1.78g/cm^3，含碳量大于98%的称为石墨纤维，又称高模量碳纤维。

高级别的聚丙烯腈基碳纤维可稳定到大约320℃（600℉），当较低级别时，可稳定到大约230～260℃（450～500℉）。

聚丙烯腈基碳纤维是在聚丙烯腈（polyacrylonitrile，PAN）基础上提炼的碳素纤维，它除了是在高温时加工外，比人造丝（Rayon）纤维具有适当低的碳和更高的氮，因此在低级别的聚丙烯腈（polyacrylonitrile，PAN）基础上提炼的碳素纤维，不具有像从人造丝（Rayon）中制出的纤维那样的温度稳定性，但是，它们是比较结实的。

聚丙烯腈基碳纤维应用在气体过滤中，价格将是其主要缺点。

B 纤维素基碳纤维

美国产品通常是用纤维素（cellulose）为基础来制造的，例如人造丝（Rayon）纤维，称为纤维素基碳纤维。

C 沥青基碳纤维

日本制造业从沥青（pitch）中制出市场上的碳素纤维，它是从石油挥发油（benzene）中热分解出来的，称为沥青基碳纤维。

Amoco Performance Products也生产沥青（pitch）制的碳素纤维，具有生产碳素纤维的Thornel®流水线，它与人造丝（Rayon）纤维的分级不同。

Thornel®织物具有极好的耐温性，即使是等级较低的纤维，其抗氧化温度也高达320℃（600℉），它只局限用于特殊的袋式除尘器，比较易损坏、价格昂贵。

Amoco生产的沥青基碳纤维比较结实、坚硬，而且比日本沥青（pitch）中制出的碳素纤维更贵。

从沥青（pitch）中提炼的碳素纤维用于除尘滤袋容易损坏，但用于水过滤是很好的。

D 聚丙烯腈基碳纤维、纤维素基碳纤维、沥青基碳纤维三种碳素纤维的比较

（1）聚丙烯腈基碳纤维的碳素纤维是比较结实的，而且比沥青基碳纤维具有较高的模数（modulus）。

（2）Amoco制造的聚丙烯腈基碳纤维用于飞机行业，它除了是在高温时加工外，它比人造丝（Rayon）纤维具有适当低的碳和更高的氮，因此低级别的聚丙烯腈基碳纤维不具有像人造丝纤维那样的温度稳定性。但是，它们是比较结实的。

E 国外其他碳素纤维产品

国外其他制造厂的碳素纤维产品有：

（1）Hercules，Magnamite®纤维；

（2）BASF，Celion®纤维；

（3）Hysol - Grafil、Ashland - Carboflex®纤维，由沥青（pitch）制造。

F ZC 型活性炭纤维毡（ACF）——秦皇岛市紫川碳纤维有限公司

a 产品特性

活性炭纤维毡（ACF）具有丰富的微孔、高的表面积和优异的吸附性能，同时它还具有良好的还原能力，它能吸附大量高电位的离子，并将其还原为单质金属或低氧化碳离子。

活性炭纤维毡（ACF）主要以粘胶基纤维、聚丙烯腈基碳纤维为主要原料，经特殊的化学、物理工艺加工处理得到，其主要成分是碳元素，含有少量氢、氧、氮基。

活性炭纤维毡（ACF）的性能参数：

比表面积　　1000 ~ 1600m^2/g

微孔体积　　占总孔体积 80% 左右

氧化还原性　　良好

吸附能力　　优异

解吸特性　　快速

再生、重复使用性　　良好

强度　　好

装填性　　良好

适应性　　良好

b 主要技术指标（表 6 - 118）

表 6 - 118 ZC 型活性炭纤维毡（ACF）主要技术指标

型 号	ZC - 1000	ZC - 1200A	ZC - 1200B	ZC - 1600T
比表面积/$m^2 \cdot g^{-1}$	900 ~ 1050	1050 ~ 1150	1150 ~ 1250	1250 ~ 1550
苯吸附值（质量）/%	30 ~ 35	35 ~ 50	45 ~ 60	≤80
碘吸附值/$mg \cdot g^{-1}$	850 ~ 950	950 ~ 1100	1100 ~ 1200	> 1200
亚甲蓝值/$mL \cdot g^{-1}$	> 150	> 180	> 220	> 250
pH 值	5 ~ 7			
平均孔径/nm	1.7 ~ 2.0			
着火点/℃	> 500			

c 产品规格

ZC 型粘胶基活性炭纤维毡（ACF）的产品性能如下：

外观　　黑色、柔软毡状

单丝直径　　10 ~ 20μm

堆积密度　　0.03 ~ 0.07g/cm^3

灰分　　0.1% ~ 0.5%

比表面积		900～1600m^2/g
总比孔容		0.6～1.2mL/g
外形尺寸	厚度	1.0～5.0mm
	宽度	1.2m
	长度	≤5.0m

d 产品应用领域

（1）空气净化：化工、医药、制胶、制鞋、喷漆、化纤、食品等行业的生产车间的环境治理，净化由有机溶剂及各种挥发性物质引起的空气污染。

（2）有机溶剂回收：用于化工、制胶、制鞋、喷漆、化纤、橡胶、油漆等行业的（气、液）溶剂的分离净化回收，同时净化环境。

（3）重金属的回收：用于对含重金属（金、银、铂）等废品、废气的回收，可用活性炭纤维毡（ACF）集浓缩、吸附、还原和分离于一体。吸附容量大、回收率高、选择性好。适用于金银矿、照相、制版、盐业、化学分析等领域。

（4）水质净化：用于饮水工业、饮料、啤酒、直饮水及各种食品用水的净化，循环系统的水质净化。

（5）污水治理：化工、电镀、冶金、印染、造纸、制革、医疗、生活等各种污染源产生的污水，去除水中的有机物质、细菌、有机染料等，尤其是含高价金属离子的有毒、有害废水。

（6）适用于放射性场所的封闭及隔断，辐射设备的屏蔽等。

（7）耐高温的保温、耐烧蚀材料。

6.3.15.5 碳素纤维的应用

碳素纤维是高强度、高模量纤维，具有耐化学腐蚀性、耐疲劳、导电性，在无氧条件下具有极好的耐温性，主要用于制造防静电滤料。

6.3.16 陶瓷滤料

6.3.16.1 陶瓷滤料的类型

A 陶瓷纤维的种类

很多陶瓷纤维常常由金属氧化物组成，像纤维状，它们适合加工成织物，可以用作隔热毯，Babcock and Wilcox 的 Fiferfrax®就是这样的一种纤维，一种类似 Hitco 的 Refrasil®纤维适用于航天用的火箭发动机喷管和再返回体。

陶瓷纤维的种类有：氧化铝纤维、莫来石纤维、堇青石纤维、碳化硅纤维等。

陶瓷纤维是脆弱的，因此难于制造成针刺毡。但是，在国外有关报道中描述了一种高纯度的垫子过滤器，细直径的矾土（氧化铝）纤维中间夹机织布滤料。垫子过滤良好，但是难于清灰，或许是因为选用非常高的过滤速度来抵消构件的高价格。

目前虽然还没有看到一种柔软的商业产品，但是潜在的可以用在540～1090℃(1000～2000 ℉）温度有效过滤过程的商业用陶瓷纤维正在开发中。

B 陶瓷纤维的制造方法

陶瓷纤维的制造方法有两条技术路线：

第一条技术路线：将陶瓷材料在玻璃态高温下熔融、纺丝、冷却固化而成，或通过纺丝助剂的作用，纺成纤维，经高温烧结而成。

第二条技术路线：利用含有目标元素裂解，可得到目标陶瓷的先驱体，经干法或湿法纺得纤维，高温裂解而成。

C 陶瓷多孔过滤材料的材质

陶瓷滤料可由硅、铝、锆、硼、镁或硅碳基材料制成，能经受1090℃（2000 ℉）以上高温。

陶瓷多孔过滤材料从材质上可分为：氧化物陶瓷、SiC陶瓷。

6.3.16.2 陶瓷滤料的结构

陶瓷滤料的结构形式可以是织布、垫子或硬性的。

陶瓷滤料在870℃，1100kPa烟气中可采用以下结构：烧结金属管，刚硬的、铸造陶瓷结构件，多材质的陶瓷滤料，机织布式的陶瓷滤料。

（1）烧结金属管和铸造陶瓷结构件的微孔应小到足以保持所有微细尘粒形成一层尘饼。

（2）当微细尘粒渗入微孔中，它会堵住微孔，在逆气流清灰之后，用化学清洗来清除堵塞的灰尘，也许会对陶瓷容器造成损伤。

（3）多材质和机织布式的陶瓷滤料能用细到足够阻止细小尘粒渗漏的陶瓷铸造，但其流动阻力较大、过滤表面积巨大。

（4）大部分陶瓷滤料都是为宇航及绝缘市场而制作，若想用作烟气过滤滤料，必须通过实践证明其有效性、可清灰性及具有较长寿命。

（5）标准的刚性蜡烛状过滤单元是一端封闭，另一端带有法兰，以固定到除尘器的花板上。

（6）机织布式的陶瓷滤料滤袋的直线缝制，比滤袋的无线缝制更经济，其原因是：

1）因为直线缝制虽然需要用线，但它将使滤袋的缝口更耐用。

2）滤袋的直线缝制，其缝口损伤是一个问题，但用无线缝制，其缝口的强度，并不比滤料织物本身强。

（7）机织布式滤袋的缝线需注意：

1）缝口不要用Nextel®细线来缝制，应用Inconel细线缝制缝口。

2）经PTFE处理的石英细线来缝制接口会使接口变弱。

6.3.16.3 陶瓷滤料的特性

工作温度	1090℃
热稳定性	优良
抗腐蚀性	很好（在氧化、还原等高温环境下）
机械性能	性脆
抗热冲击性	差（在急剧温度变化下易断裂）

6.3.16.4 陶瓷滤料的品种

陶瓷滤料的常用品种有：Fiberfrax布、Fiberfrax纸、Zircar Zirconia毡、Saffil Alumina（ICI）垫子（Mat）和纸、Kaowool（Babcock & Wilcox）、Fiberfrax（碳化硅，金刚砂）、

Fiberchrome（Johns Manville）针刺毡、Astroquartz（J. P. Stevens）布、Refrasil（Hiteco）布、Refrasil 布。

目前开发的新陶瓷纤维（滤料）品种有：

（1）Nextel®纤维，美国 3M 公司；

（2）FP 纤维，美国 Du Pont 公司；

（3）硼（boron）及碳化硅（silicon carbride）纤维，美国 Avco 公司；

（4）Pyrotex® KE 85 陶瓷纤维，德国 BWF KG 公司；

（5）太棉（Tenmat）高温滤管，英国 Tenmat 公司；

（6）三层多材质的不织布滤料，Acurex 开发。

A　Fiberfrax 布

使用温度　　2300℉

无有机粘合物：

（1）L－126TT 级，斜纹织物，厚 1/8in，21pcf，32oz/yd^2；

（2）L－144TT 级，斜纹织物，厚 0.1in，28pcf，32oz/yd^2。

添入镍铬线后可提高到 2000 ℉。

B　Fiberfrax 纸

成分	$Al_2O_3$52%，$SiO_2$48%
使用温度	2300 ℉
长度	1in
纤维直径（平均）	2～3μm
密度	2.53g/cm^3
970－AH 级	厚 1/32in，无粘合剂，12pcf，4.5oz/yd^2
970－J 级	厚 1/8in，粘合剂高达 5%，10pcf，15oz/yd^2

C　Zircar Zirconia 毡

ZYF－100 毡　厚 0.1，无粘合剂，15pcf，19oz/yd^2，96%空隙

密度	5.8g/cm^3
透气率	600scfm/ft^2（在 0.5psi 纤维 4.5μm 时）
破裂强度	1.6lb/in 宽

D　Saffil Alumina（ICI）

成分	$Al_2O_3$95%，$SiO_2$5%
使用温度	3000 ℉
纤维直径	3μm
长度	1～2in
表面积	1.5cm^2/g
密度	3.4g/cm^3
垫子（Mat）	厚 0.5in，无粘合剂，4pcf，2.4oz/yd^2
纸	厚 0.04in，有粘合剂，12pcf，6oz/yd^2

E Kaowool（Babcock & Wilcox）

成分	Al47%，Si53%
使用温度	2600 ℉时良好
纤维直径	2.8μm
长度	2～4in
密度	2.6g/cm^3
厚度	1/4in、1/2in、1in
粘合剂	无
单重	18oz/yd^2、36oz/yd^2、72oz/yd^2

F Fiberfrax（碳化硅，金刚砂）

型号	Durablanket
成分	$Al_2O_3$48%，$SiO_2$52%
使用温度	2300 ℉
纤维直径（平均）	3μm
长度	长纤维
密度	2.62g/cm^3
厚度	1/4in
粘合剂	无
单重	18oz/yd^2

G Fiberchrome（Johns Manville）

滤料结构	针刺毡
成分	Al41%，Si55%，$Cr_2O_3$4%
使用温度	2700 ℉
纤维直径	3.5μm
厚度	1/2in
单重	48oz/yd^2

H Astroquartz（J. P. Stevens）

a 有粘合剂的布

570 类

滤料结构	5 线缎纹 300－2/8，38×24 细线数/in
成分	Si99.9%
使用温度	2000 ℉
细丝直径	约 6μm
宽度破损强度：经向	325lb/in
纬向	300lb/in
厚度	27mil
单重	19.5oz/yd^2

581 类

滤料结构	8 线缎纹 300 -2/2，57 ×54 细线数/in
成分	Si99.9%
使用温度	2000℉
细丝直径	约 6μm
宽度破损强度：经向	175lb/in
纬向	170lb/in
厚度	11mil
单重	8.4oz/yd^2

b 惯例织法（FMI 天然石英）

滤料结构	鱼尾纹缎纹（Crowfoot Stain） 300 -2/2（经向），4/2（纬向） 54（经向）×36（纬向）细线数/in
成分	Si99.9%
使用温度	2000℉
厚度	约 11mil
单重	约 11oz/yd^2

I Refrasil（Hiteco）

Refrasil（Hiteco）是一种爱尔兰 Irish（染色体（chromized））。

C 1554 -48

滤料结构	8 线缎纹，53 ×40 细线数/in
成分	通常由含 1% ~3% 氧化铬的纯硅组成
使用温度	2300℉
纤维直径	8 ~10μm
破损强度：经向	96lb/in
纬向	62lb/in
厚度	26mil
单重	19.2oz/yd^2

J Refrasil——热清洗（预收缩）

C 100 -48

滤料结构	8 线缎纹，52 ×39 细线数/in
成分	Si >99.9%
使用温度	2300℉
破损强度：经向	86lb/in
纬向	61lb/in
厚度	26mil
单重	18.6oz/yd^2

C 100 -96

滤料结构	12 线缎纹，50×39 细线数/in
成分	Si >99.9%
使用温度	2300°F
破损强度：经向	130lb/in
纬向	65lb/in
厚度	50mil
单重	37.1oz/yd^2

K Nextel®纤维——3M 公司

a Nextel®纤维的沿革

Nextel®滤袋经过 430 ~ 870℃（800 ~ 1600°F）长时间的试验，于 1987 年在 200 ~ 480℃（400 ~ 900°F）的商业应用中得到了良好的运行。

3M 公司的 Nextel®高温滤袋由 3M 新产品分部开发，其中 Nextel® 312（由矾土（氧化铝）、硅土（二氧化硅）和载体组成）是一种不寻常的纤维，它相对经济，并在温度高达 1430℃（2600°F）时显示出机械强度大和化学稳定性好的性能。

Nextel®滤袋在脉冲袋式除尘器中可作烟气净化或产品回收。由于 Nextel®陶瓷滤料的耐高温能力强，烟气在过滤前就不需要进行冷却，这就消除了露点问题、增加投资以及用空气稀释烟气的麻烦。

国外有关资料描述了 Nextel® 312 用于加压燃煤燃烧炉，如燃煤烟气的透平的烟气过滤的测试。Nextel®机织布滤料相对典型的脉冲清灰过滤系统虽然取得良好的过滤效果，但它们最困难的是缺乏高温润滑剂（就像 Teflon® B 涂层保护玻纤滤料一样）来保护它们以减少磨损。

b Nextel®纤维的特性

耐高温性

3M 公司的 Nextel®陶瓷纤维已使用在 290 ~ 870℃（550 ~ 1600°F）的高温过滤中。其中，Nextel®纤维的 N－312 能承受温度高达 1200℃（2200°F），N－440 达 1370℃（2500°F）。

Nextel®滤袋在热烟气中所能承受的温度，不仅要考虑纤维的承受温度，而且还受滤袋的金属构件及烟尘的熔融温度的限制。

耐化学性

Nextel®陶瓷纤维在氢氧化碱和磷酸中，织物的强度将有严重的损害。

Nextel®陶瓷滤袋在高温烟气的应用中，积聚在滤袋上的固体尘粒一般是不会有化学影响，但当烟气中的化学物质（通常溶盐或低熔点灰烬等成分）在气态或夹带液体时，由于在滤料上化学凝结，结果造成灰尘嵌入滤料而使滤袋损坏。

Nextel®陶瓷纤维受液态或气态碱的影响，在温度超过 760℃（1400 °F）时，钠和钾就对滤袋有影响；但低于 650℃（1200 °F）时，钠和钾成为固体，不会影响滤袋。

耐磨性

Nextel®纤维耐磨性好，比玻纤和硅纤维耐磨。

Nextel®纤维具有高拉力系数，在同样直径下，它不像玻纤或硅纤维那样不能绕成一个尖锐的半径，不像玻纤或硅纤维那样在安装、使用时应避免起褶和折叠。

物理特性

Nextel®纤维收缩率小，与其他高温滤料相比，尺寸稳定。

Nextel®滤袋容易适应热膨胀的金属袋笼。

c　Nextel®纤维的结构

（1）Nextel®纤维是由氧化铝、硼及硅组成。

（2）Nextel®纤维用化学溶液制作比用熔化方式好，因为化学溶液制作可以使 Nextel®纤维成分比较精确，从而控制 Nextel®纤维的物理和化学性能。

（3）Nextel®纤维能很容易织成机织布，Nextel®纤维可制成直径 11μm 的连续细丝，从而制成一种不织布的毡，称为 Nextel® Ultrafiber。

（4）为取得一致的渗透性、最大的弹性以及最佳的耐化学性，3M 公司要求其滤袋产品如下：

1）在 1200 ℉（650℃）下热过滤 30min 后，才改变其尺寸；

2）在洗衣机的干燥机中翻滚 30min 后，才出现织物收缩；

3）在 1740 ℉（950℃）下，纤维热定型热处理 30min，并增加弹性和耐化学性。

（5）缝制式 Nextel®滤袋在使用中没有什么损伤，但是，能看到灰烬聚合和起折痕两个现象，这应予避免，同时缝口的损伤是一个问题，由此，无线缝制正在开发中。通过一段时间的开发，用来织造无线缝制滤袋的缝制技术，通过对缝口处的测试，它并不比平布织物强，但比其他的缝制形式要强。

d　Nextel®纤维的品种规格

Nextel® 312 型滤料

Nextel® 312 型滤料为 5 线缎纹，是由 11μm 纤维成捻和成股的纱线织成，它在经向和纬向具有的细线数量为 30 根/in，表示为 5H 1/2 30 ×30。

实践证明，5 线缎纹机织布净化振动燃煤锅炉烟气的除尘效果良好，比平布或 basket 布好，而且十分耐用，其除尘效率为 95%，经得起 90000 次脉冲喷吹（如果滤袋是半小时喷吹一次，则大约一年喷吹 17000 次）。它在 430 ~470℃（800 ~870 ℉）范围下连续运行 882h 的净化效率高于 99.9%，滤袋没有损伤。但能看到灰烬的积聚和滤袋起折痕。

滤袋材质		Nextel® 312 无缝机织布制成
滤料结构		5 线缎纹
纤维成分		$Al_2O_3$62%，$B_2O_3$14%，$SiO_2$24%
滤料后处理		经热清洗、滚动（tumbled）和热处理
可以使用温度		1200℃（2200 ℉）
渗透性		5 ~8cm/s（在 125Pa 压降下）
张力强度（净宽 1.3cm）	经向	34kg
	纬向	43kg
单重		16oz/yd²（542g/m²）
除尘效率		>99.9%

除尘器压降 1 ~ 2kPa

以上性能参数是在以下烟气条件下使用的数据：

烟气性质	中等尘粒（8μm）的燃煤飞灰
含尘浓度	4.6g/Nm^3（2gr/Ncf）
过滤速度	3cm/s
压降	1 ~ 2kPa
脉冲喷吹	2 ~ 4 次/h

Nextel® AB312 型滤料

Nextel® AB312 型滤料为 8 线织布滤料。

根据 Acurex 调查，利用 Nextel® AB 312 型 8 线织布滤料来净化 PFBC 排出的气体，因为在热气流中容易损坏，所以采用天然石英（Astroquartz）细丝来缝制滤袋。

在改成 Nextel® AB 312 细丝以后，在 430℃（800 ℉）下，滤料的基底压降维持在小于 250Pa（ <1inH_2O），使用 500h，压力喷吹 PFBC 飞灰为 170h，在过滤速度为 2.5cm/s（5.0ft/min）下，用在线脉冲清灰成功地使净化效率大于 99%。

在使用 500h 后，发现靠近底部边上的缝线及底部的缝线两个缝口损坏。

Nextel® 440 型滤料

使用温度 1370℃（2500 ℉）

ES1866 型滤料

ES1866 型滤料是一种与 Nextel® 312 型滤料几乎一样的滤料，它好于成捻和成股的纱线（即 Nextel® 312 型滤料）。它是由粗纱纺成的织布，纤维直径为 8μm。除尘效率可达 98%，经得起 141000 次脉冲喷吹。它由于是细微的细丝直径，或非成捻（比成捻和成股强）的纱线，或者两者都是，因此改善了除尘效率。

e Nextel®纤维的应用

在 3M 公司的产品中，Nextel®纤维是昂贵陶瓷纤维中最低价的滤料，Nextel®纤维主要是针对冶金市场。

（1）Nextel®纤维对火星的防治。Nextel®织物表面预先涂上高熔点的灰烬，可以避免小火星造成的损伤，大火星应在除尘器前预先处理掉。

（2）除尘器启动时，应避免烟气的露点和进入液体。通常，如果气流中灰烬出现低熔点，这就要防止气流温度高于灰烬的最低熔点。

（3）Nextel®滤袋必须用打孔的金属袋笼来支撑。典型的，滤袋两端用温度补偿夹具夹住，尽管出现短时高温时，也可以保持固定的压力。Nextel®滤袋不采用处理，必须小心安装以避免滤料的损伤。

（4）Nextel®滤袋通过防止出现露点来延长寿命。当脏滤袋在冷却后，并出现露点时，熔解物质开始熔解。当脏滤袋经过热烟气再加热，灰烬长期保持固态聚集在滤袋表面，这就没问题。但是如果再受热，温度上升，灰烬就会熔解，此时熔解的灰烬就会对滤料表面造成损伤。

（5）3M 公司的陶瓷滤袋在燃烧工艺中的应用展望：

1）增压的流化床燃烧器；

2）公用事业工业的其他热烟气；

3）从燃煤锅炉的污染中排出的 NO_x，含 NH_3 催化床的污染物。催化床上游的过滤废气，其运行温度在400℃，为了消除催化剂表面经常要求洗涤。在德国的公用事业中，目前必须排除 NO_x，这将是趋势。

L FP 陶瓷纤维

FP 陶瓷纤维是美国 Du Pont 公司开发的一种陶瓷纤维。

Du Pont 公司的 FP 纤维是一种干纺聚透明氧化铝（poly crystalline alumina）纤维，目前还在开发阶段。

FP 陶瓷纤维是由非铁金属、陶瓷、环氧和聚酰亚胺（P84®）树脂组成，由此提供了极良好的压力强度、硬度、中等张力强度和高温稳定性。

M 硼及碳化硅纤维

硼（boron）及碳化硅（silicon carbride）纤维是美国 Avco 公司开发的一种陶瓷纤维。

硼纤维具有高强度 - 重量比、高比强度、高比硬度，以及比碳环氧矿物压力强度大的特点，在环氧、铝或钛的矿物中，硼纤维比重金属材料更好。硼纤维是由蒸发的三氯化硼（trichloride boron）在钨丝热电阻上沉淀制成，由于其制作过程缓慢及原材料昂贵，所以价格昂贵。

碳化硅（silicon carbride）纤维在具有相同的强度特性下，比硼（boron）纤维价格低，同时还有高耐热（高达1200℃）的特点。

Avco 公司采用氢气和硅气（silane gases）的化学沉积转变为碳细丝酶（substrate）来生产连续细丝的碳化硅纤维（silicon carbride fiber）。碳化硅纤维类似硼纤维，但其生产过程快5～7倍，制造碳化硅纤维要比硼纤维便宜。

N Pyrotex® KE85 陶瓷纤维

Pyrotex® KE 85 陶瓷纤维是德国 BWF KG 公司开发的一种陶瓷纤维。

a KE 85 陶瓷纤维的组成

陶瓷纤维因其耐磨性非常低，不能用一般的纺织机械进行加工。

Pyrotex® KE 85 陶瓷纤维是德国（KG，Federal Repulblic of Germany）BWF KG 公司开发的。

Pyrotex® KE 85 陶瓷纤维（图6－222）是利用铝硅纤维通过 Peripheral 特殊生产工艺在非常高的温度下熔融的陶瓷原料制造法制成的，其耐温可望达1000℃（1830 ℉）。

KE 85 陶瓷纤维过滤元件是用无机增强（inorganic reinforcement）的陶瓷纤维制成，为自我支撑式（图6－223）。

b KE 85 陶瓷纤维的特性

Pyrotex® KE 85 陶瓷元件的性能参数：

连续温度　850℃

最高温度　1000℃

重量　3500g/m²

厚度	20mm
密度	0.18g/cm³
空气渗透性	70L/(dm²·min)（在200Pa差压时相当于速度6m/min即360m/h）
孔隙率	93%
过滤效率	>99.99%
排放率	<1mg/Nm³

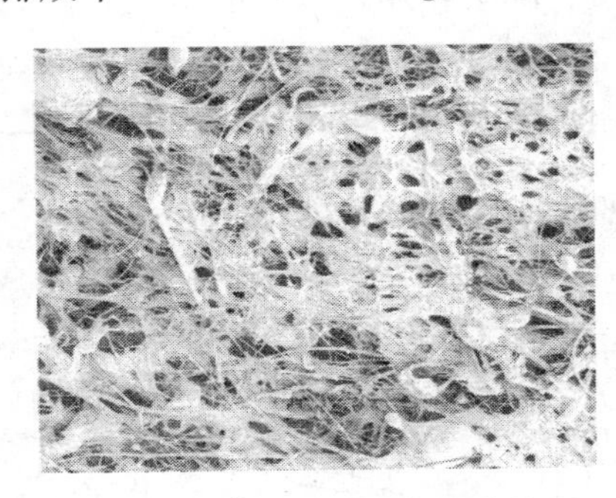
图6-222 Pyrotex® KE 85陶瓷纤维的SEM照片

图6-223 Pyrotex® KE 85陶瓷元件

Pyrotex® KE85陶瓷元件的特征：

（1）耐温高达850℃，对温度的变化不敏感。

（2）耐火星，对火星不敏感，不燃性。

（3）极高的耐化学性。

（4）自我支撑。

（5）在极细的灰尘下，具有最高程度的净化率。

（6）极低的排放率（排放浓度小于1mg/Nm³）。

（7）表面过滤。

（8）高透气性，高孔隙率。

（9）重量轻，比烧结陶瓷重量稍轻，除尘器箱体较大。

c KE 85陶瓷元件的理化特性

耐高温

（1）Pyrotex® KE85过滤元件耐连续温度850℃，最高温度1000℃。新的电站技术如压力流化床燃烧和汽化煤要求大量耐850℃的高温过滤元件，而常规化纤滤袋在遇到高于300℃的温度时就会随时出现故障、危险，过滤元件在这种温度条件下是无法使用的。

（2）过滤元件的耐高温意味着耐火星和不燃性（耐火星和不燃性应按DIN 4102 Class A1规定执行）。化纤滤袋通常由于其耐温的不适应或其可燃性是难以适应含火星或燃烧粉尘的，烟气过滤受到了一定的限制，使用后会遇到热腐蚀（图6-224）而使除尘设备立即停止运行。

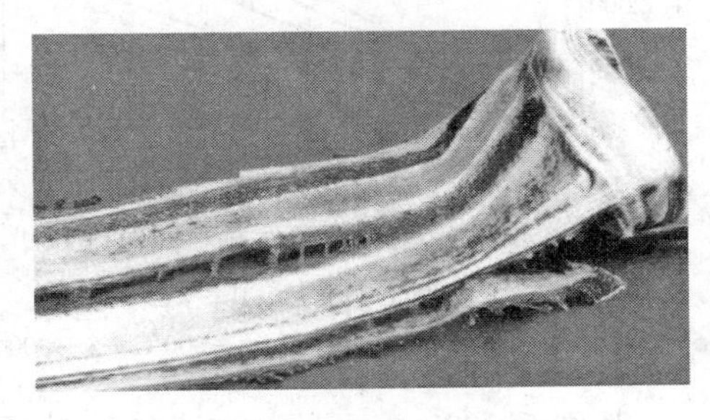
图6-224 常规滤袋遇到火星或火的侵害

（3）从物料再循环系统的无污染气流中分离污染物变得越来越重要，400~500℃的温度不是很罕见的。

（4）由于增加温度后会提高气流的黏度，从而使烟气能更好地过滤，在这种情况下，即使是非常细的尘粒也会流入灰斗内。

耐化学性

Pyrotex® KE 85 过滤元件由于具有铝硅纤维独特的特性，使它除氢氟酸和磷酸之外能耐大部分碱性和酸性物质，但在高温下，它对氢氟酸、磷酸和强碱具有高耐化学性的预防措施。

铝硅纤维陶瓷的独特优点是：即使在还原气体成分，类似氢、一氧化碳、甲烷和氨在再结晶化时有影响，但它在氧化气氛的运行温度下却稍微减少。

陶瓷纤维元件在含有盐酸的450℃气氛中能没有危险地存在。

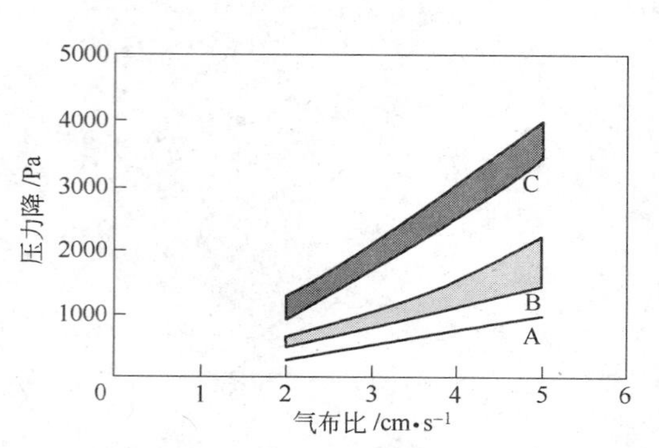

图 6－225　陶瓷纤维元件的压力降

过滤温度 820℃；A—未使用前；B—清灰循环后；C—清灰前

压力降

新的 Pyrotex® KE 85 过滤元件的压力降及其使用时清灰前后的压力降如图 6－225 所示。

压力降是在增压流化床（PFBC）燃烧烟气中试验的，整个测试过程中即使在不同的烟气流量下，其排放浓度仍无大的波动。

烟气的参数为：

烟尘粒度		5～40μm
含尘浓度	正常	2～5g/Nm³
	最高	200g/Nm³
排放浓度		<1mg/Nm³

在不同温度和气布比下的压力降如图 6－226 所示。

陶瓷纤维元件随运行时间长短产生的压力降如图 6－227 所示。

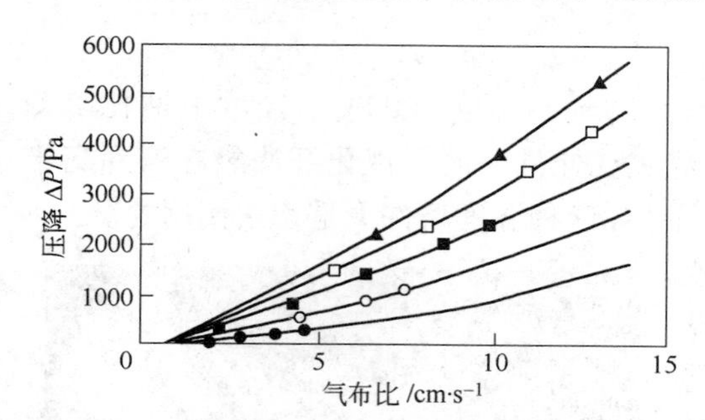

图 6－226　陶瓷纤维元件在不同温度和气布比下的压力降

●—20℃；○—200℃；■—400℃；□—600℃；▲—800℃

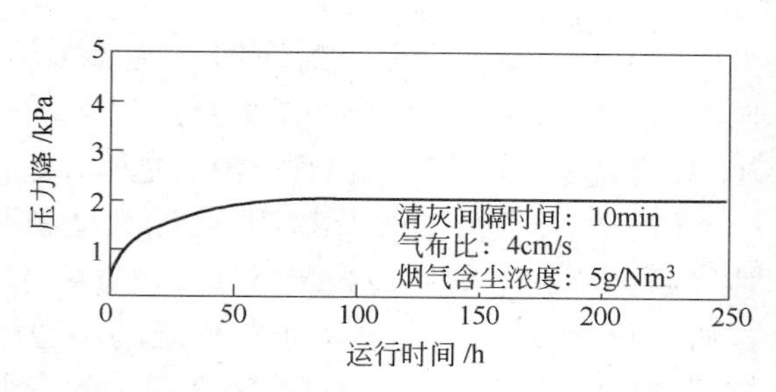

图 6－227　陶瓷纤维元件随运行时间长短产生的压力降

从图 6－227 中可见，在清灰间隔 10min 和含尘量 5g/Nm³，过滤速度为 4cm/s 时，经测试，除尘器在运行温度800℃的熔融炉烟气中运行100h后，就如图中所示压力降稳定在2kPa。

但问题是煤燃烧在920℃，此时压力降也很稳定，但是其值超过6kPa。原因是煤燃烧中有烧结粉尘在过滤元件表面结起了尘饼，喷吹清灰时只能部分剥离，因此，压力降变成稳定在这么高的程度下。

但是，当随着喷入石灰和降低过滤温度到820℃，这种征状就可避免，压力降即稳定到3kPa。

从Essen的Environmental Process Engineering实验室的试验中证明，陶瓷纤维元件在接近900℃的高温烟气时是最合适的。一般约850℃的高温烟气，在过滤速度3cm/s时，压力降将稳定在2kPa，不管含尘量和颗粒分布有多大变化，其排放浓度都能固定在$1mg/Nm^3$以下。另外，高温烟气的温度高于900℃后，密封将是一个大问题。

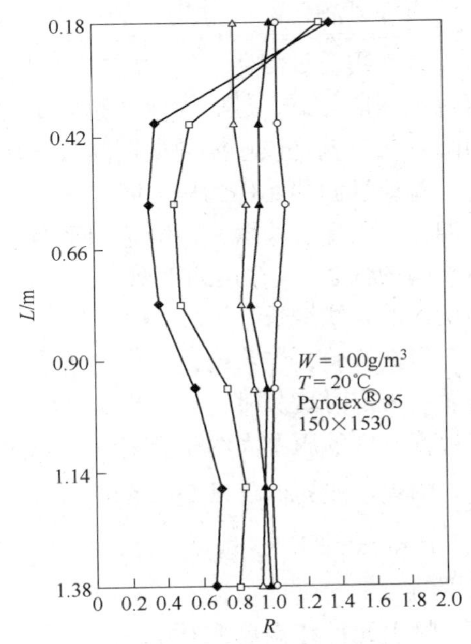

图6－228 Pyrotex® KE 85的净化程度R

◆—$P_T=2\times10^2$kPa；□—$P_T=3\times10^2$kPa；

△—$P_T=4\times10^2$kPa；

▲—$P_T=5\times10^2$kPa；○—$P_T=6\times10^2$kPa

自我支撑

Pyrotex® KE 85过滤元件不需要袋笼或防瘪环，能自我支撑，这在特殊的高温范围内是极重要的，如采用袋笼或防瘪环等金属材料，就必须考虑热膨胀系数的变化。

极低的排放率

排放浓度低于$1mg/Nm^3$是过滤元件的显著特征之一，经验表明，对标态下每立方米初含尘浓度高达几百克的烟气，排放率也没有出现负面影响，一般都低于$1mg/Nm^3$。这种良好的效果是由Pyrotex® KE 85陶瓷元件表面的微孔特性所获得的，它纯粹是表面过滤，同时由于高透气性，使Pyrotex® KE 85陶瓷元件具有低压降和优越的净化效率（图6－228）。

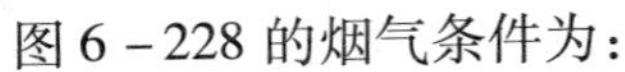

图6－228的烟气条件为：

净化前的含尘量	$W=100g/m^3$
烟气温度	$T=20$℃
陶瓷元件	Pyrotex® 85型
陶瓷元件规格	$\phi150mm\times1530mm$
喷吹压力	$P_T=(2\sim6)\times10^2$kPa
净化程度	R，是沿过滤元件长度方向的压力P_T的一个因素

表面过滤

Pyrotex® KE 85陶瓷元件运行16000h后的断面（图6－229）显示出，KE 85陶瓷元件表面的微孔做到了真正的表面过滤。

图 6 - 229 Pyrotex® KE 85 运行 16000h 后的断面

陶瓷过滤元件（滤袋）的平衡点状态

对于陶瓷过滤器元件，压力降和过滤速度的变化与运行时间的长短有关。在过滤速度保持不变情况下，过滤周期（指每次清灰后到下次清灰之间的过滤时间）接近结束时的压力降变化，就是该过滤周期期间所增加的总压力降。

陶瓷过滤器元件的压力降和过滤速度之间的关系保持正常条件下，大约在 200 个清灰周期后，陶瓷过滤器元件即达到平衡点状态（即每次清灰周期后元件所增加的总压降都基本相同的状态）。在达到平衡点之前，元件从一个清灰周期到另一个清灰周期之间的压降是快速的直线增长。

根据经验，当系统设定为定压清灰时，达到平衡点状态的清灰周期次数会减少；而系统设定为定时清灰时，达到平衡点状态时的总压降会提高，等到到达平衡点状态之后，陶瓷过滤元件的压差大约是新的（未用过的）陶瓷过滤元件的 2 倍。

陶瓷过滤元件（滤袋）的耐久性

Pyrotex® KE 85 陶瓷元件经过所有有关的试验结果，元件在长时间运行中的特性是极优良的。

除尘元件在温度 850℃ 中经受了用 6bar 压力喷吹 200000 次的磨炼，过后，清灰压力增加到 10bar 压力，又喷吹了 50000 次，随之检查元件，没有发现纤维分离、裂开或穿孔，然后一个纤维元件样品又在 1000℃ 中磨炼了 250h，即使在这种极端的温度下也没有发现不稳定。

在整个测试过程中，同时检验了用陶瓷毡密封的圆锥项圈，安装在支撑圆锥体和元件的圆锥项圈之间的轻刺陶瓷纤维毡，在设备启动和停运时，要严格密封，同时在发现有改变时要给予补偿。

d KE 85 陶瓷滤料的结构

KE 85 陶瓷滤料的材质

KE 85 陶瓷纤维是用硅在非常高的温度下熔融的陶瓷原料制成，这种过滤元件含有陶瓷纤维，称之为硅质黏土岩煅烧（argillaceous earth calcination）纤维。

多孔可渗透陶瓷为减少高昂的费用可用各种成分制作，这些材质的物理特性很不同，如，它们的重量和耐热性显著不同：石英（quartz）(SiO_2)、Mullite（$3Al_2O_3 \cdot 2SiO_2$）、氧化铝（Al_2O_3）、碳化硅（SiC）。

KE 85 陶瓷元件的结构

KE 85 陶瓷元件（图 6－230）是用一种特殊工序制作而成，元件项圈是圆锥式，形成半球形。目前，这种类型的过滤元件在外径 ϕ150mm 下的有效长度达 1810mm，这种尺寸不能看作是最适宜的参数，和其他长度和直径相比，其壁厚是可变的。

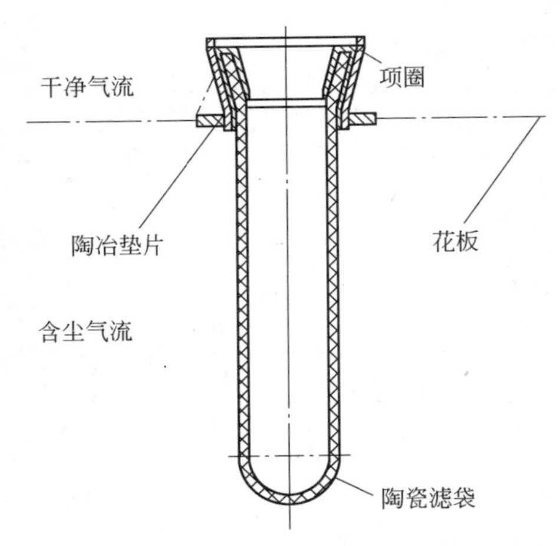

图 6－230　陶瓷纤维过滤元件紧扣在花板上

由于高温时金属花板和陶瓷过滤元件的不同热膨胀，除尘器花板处固定过滤元件用的袋圈是陶瓷的，或者在过滤元件与袋圈之间用一种软的、柔韧的无机纤维来密封。

对 ϕ150mm、δ = 20mm 的过滤元件，用 2 ~ 3μm 厚的无机毡包扎圆锥体颈布，使它能在 800 ~ 900℃温度，差压超过 20kPa 时保持平坦完整。在室温下，应无空气渗透率的变化。

轻刺的陶瓷纤维毡固定在圆锥体和过滤元件的圆锥项圈之间，在除尘设备启动和停运时要严密地密封，在发现有变化时要给予校正。

陶瓷元件是自我支撑式的，在高温过滤中这是特别重要的。

由于除尘器的各种构件（如花板、袋笼）的热膨胀系数不同，会使强度上升。由于陶瓷元件本体的密度只有 0.18g/cm^3，难以抵消强度，因而会引起破裂和密封问题。由此，陶瓷元件的头部用一个圆锥体扣紧来支撑元件，使在结构上足以消除其强度。

陶瓷元件的形式

多孔可渗透的陶瓷材料可制成平板型、筒型、法兰滤袋型各种形式。

平板型陶瓷元件

平板型陶瓷元件用作气流分布、除尘器底部、催化床底部。它们都是 0.4 ~ 1.2in（1 ~ 3cm）厚，通常需要金属支撑。

筒型陶瓷元件

筒型陶瓷元件典型的是用 0.40 ~ 0.6in（1.0 ~ 1.5cm）壁厚，2.4 ~ 2.8in（6.1 ~ 7.1cm）直径。它们是很耐用的，为解决它在除尘器内部不同的热膨胀所引起的问题，设置金属拉棒用来固定筒体内侧。

法兰滤袋型陶瓷元件

法兰滤袋型陶瓷元件是圆柱形，而且有一侧末端是法兰。法兰滤袋允许安装时不装拉棒。法兰滤袋的整体的结构能使法兰滤袋很坚硬，使内部没有应力和缺陷。

陶瓷元件的等级

陶瓷元件的等级是按微孔大小而分，它是按在 $\Delta P = 2\text{inH}_2\text{O}$ 时，气流通过 1ft^2 陶瓷的气量 scfm（Nft^3/min）数来分。也就是说，陶瓷元件的等级意味着微孔的大小，过滤器元件等级和微孔大小的选择根据许可的压力降和灰尘特性确定。

e KE 85 陶瓷元件的品种（表6-119）

表6-119 Pyrotex® KE 85 陶瓷元件的标准尺寸

项目	KE 85 /60×960	KE 85 /60×1515	KE 85 /150×1530	KE 85 /150×1820	KE 85 /200×1100
外径 ϕ_a/mm	60	60	150	150	200
内径 ϕ_1/mm	42	42	110	110	160
滤袋长度 L/mm	950	1515	1530	1820	1100
项圈长度 L_1/mm	10	10	130	100	100
项圈形式	T	T	V	V	V
重量/g·m^{-1}	1600	1600	3500	3500	3500
每个滤袋重量/g	300	450	2600	2800	2600
厚度/mm	9	9	20	20	20
密度/g·cm^{-3}	0.18	0.18	0.18	0.18	0.18
透气量（200Pa）/Pa·mL·min^{-1}	120	120	60	60	60
孔隙量/%	93	93	93	93	93
每个滤袋过滤面积/m^2	0.18	0.28	0.66	0.81	0.60

f KE 85 陶瓷元件的应用

在实际使用中，陶瓷过滤筒体或滤袋的选择应根据实际工况条件进行实验室试验，如不能在实验室进行试验，则应尽量选择现场条件做小型工业性试验。

高温烟气引起的物理、化学及灰尘的常惯性变化：

（1）在高温下，细灰不推荐采用脉冲在线喷吹清灰，因为细灰的粘合力低，不容易凝聚，它在在线清灰时灰尘会再吸附，从而引起过滤元件的阻力上升和堵塞。离线或反吹风等清灰可用于非常细的灰尘中。

（2）在温度849℃（1560 ℉）时，过滤器元件可以用600kPa（6bar）压缩空气喷吹200000次，甚至增加到1000kPa（10bar）压缩空气喷吹50000次而不会出现纤维松弛、裂缝或穿孔。

（3）高温烟气的动力黏度会随烟气温度的升高而升高，例如，空气从20℃升高到1000℃，动力黏度就要升高3倍，这种现象在烟气过滤中有以下影响：一方面，在压力稳定情况下提高过滤温度后，更黏的气流流经滤料时会引起压力降的升高；另一方面，由于烟气的黏度升高，在尘粒表面没有湿度情况下，烟气中尘粒的沉积率减少，细尘在清灰循环以后能引起悬浮状态，灰尘团聚更厉害。

（4）灰尘的再吸附。在温度高于200℃喷吹后灰尘引起改变，其中细的尘粒被压缩空气喷吹后从滤袋表面清掉，容易立即被气流吸回到过滤元件上去，结果增加压力降。因此，在高温烟气净化时，过滤元件最好的净化条件是流动静止。

无论是在线还是离线清灰，除上述影响外，更重要的是依赖于尘粒的比重，此外，残留的熔融金属和盐在温度900～1000℃之间时，会使灰尘附着在过滤元件表面，由此堵塞滤料。

BWF 通过数据证明，KE 85 陶瓷元件适宜用于温度高达 1000℃（1830 ℉）的热烟气净化中，并可改进燃烧技术和汽化技术。

BWF 发现，KE 85 陶瓷元件在一定的运行条件下，对运行压力降有非常大的影响，即使灰尘和气体的数据已知，也无法予以计算确定，一般可以通过试验来引导。

KE 85 陶瓷元件虽然适用于高温烟气的净化，但它在低温除尘器中也具有以下优点：

（1）KE 85 陶瓷元件具有小于 $1mg/Nm^3$ 的低排放率；

（2）KE 85 陶瓷元件能满足 A1 DIN 4102 型的不燃性要求。因此，它适用于易燃灰尘的收集和对返回工作室的空气净化方面，对有毒粉尘分离和为节能的目的进行空气再循环。

德国控制协会（German Control Institute）在一台具有 46 个元件的常温除尘器的下列条件下进行了测试：

过滤速度　180m/h
灰尘形式　IKO 板岩灰 DIN70
含尘量　$1g/Nm^3$
清灰方式　在线清灰，差压控制
清灰压力　4×10^2kPa

经过大约 60～70h 的运行时间之后，在上述过滤速度下，压力降低于 2kPa，排放率稳定地低于 $1mg/Nm^3$。

BWF KE 85 陶瓷元件的应用实例如表 6－120 所示。

表 6－120　KE 85 陶瓷元件的应用实例

地　点	燃烧形式	滤料材质	温度/℃	含尘浓度 $/g\cdot Nm^{-3}$	排放浓度 $/mg\cdot Nm^{-3}$	气布比 $/cm\cdot s^{-1}$	压力降 /kPa	运行时间 /h
Völklingen	流化床燃烧	KE 85/200	680	150～200 ($d_{s50}=40\mu m$)	1	5.1	2	35
Bexbach	冶炼室燃烧	KE 85/200	800	2～5 ($d_{s50}=10\mu m$)	1	4	2	500
Weiher Ⅲ	煤粉燃烧	KE 85/200	920	1.5～6 ($d_{s50}=5\mu m$)	1	2～5	1～4	2600
Weiher Ⅱ	冶炼室	KE 85/200	400	1.5～6 ($d_{s50}=15\mu m$)	1	1～5	1～4	500
Dorsten	压力流化床燃烧	KE 85/200	650	2～6 ($d_{s50}=10\mu m$)	1	2～5	5	500
Neuwied	从 HCl 组成的设备中回收含铁灰尘	KE 85/200	850	1～16 ($d_{s50}=6\mu m$)	1	5	1～1.5	1250

g　Pyrotex® KE 85 陶瓷元件的安装及更换

Pyrotex® KE 85 陶瓷元件的安装及更换和常规滤袋一样是在干净侧，不需要支撑的袋笼。

KE 85 陶瓷元件与花板连接处干净侧与含尘侧的密封是用柔韧的耐温材料毡，它包裹在过滤元件的圆锥体头部上（图 6－231、图 6－232）。密封弥补了金属喀嚓声环（指一般化纤滤袋袋口的弹簧圈）与过滤元件与金属之间的热膨胀。

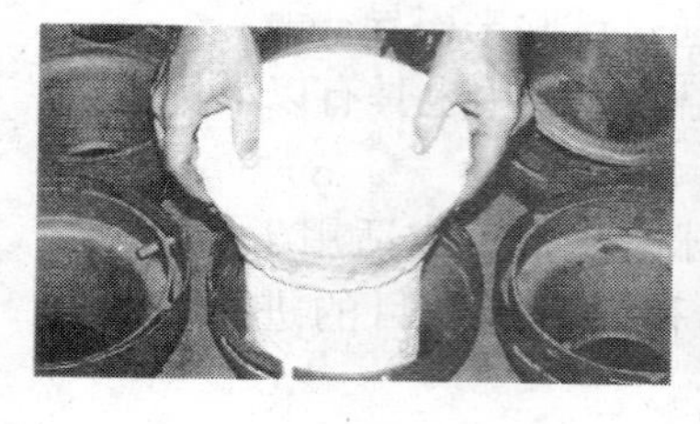

图 6－231 装有密封件的过滤元件

O 太棉（Tenmat）高温滤管

a 太棉（Tenmat）高温滤管的沿革

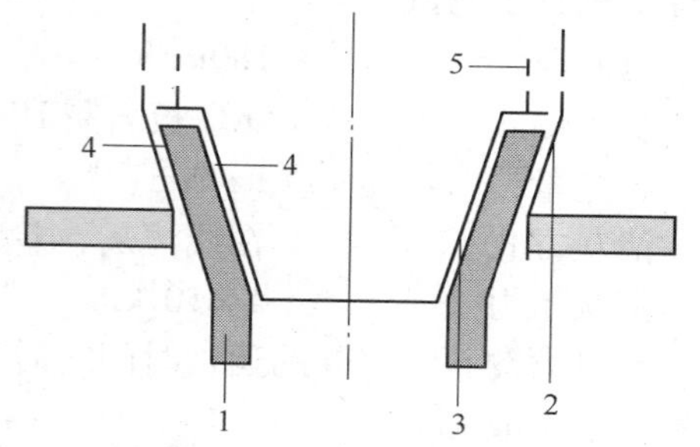

图 6－232 过滤元件安装方法的素描
1—Pyrotex® KE 85；2—锥体外部；3—锥体内部；4—过滤密封件；5—喀嚓声环

太棉（Tenmat）公司是一家生产高性能（非金属）工程材料和部件的企业，总部设在英国曼彻斯特的特拉弗德公园，并在英国、法国、德国、意大利和美国设有分公司。

太棉（Tenmat）公司生产的产品品种从普通的窑炉隔热材料到航天工业所需的关键部件和陶瓷材料、复合材料等，太棉（Tenmat）高温滤管是英国 Tenmat 公司开发的一种高温滤管。太棉（Tenmat）高温过滤器产品已在欧美等发达国家应用近 20 年，并在世界范围内获得或正在申请专利。

太棉（Tenmat）高温滤管（图 6－233）是一种陶瓷滤料，它由黏结粒状无机物和纤维制成的低密度多孔介质制成，采用的是无害材料，绝对不像石棉、陶瓷纤维或其他材质，在安装、运行过程中会随气体散发有害物质。太棉（Tenmat）高温滤管应与太棉（Tenmat）公司生产的密封圈配套使用，以保持过滤系统的密封性。

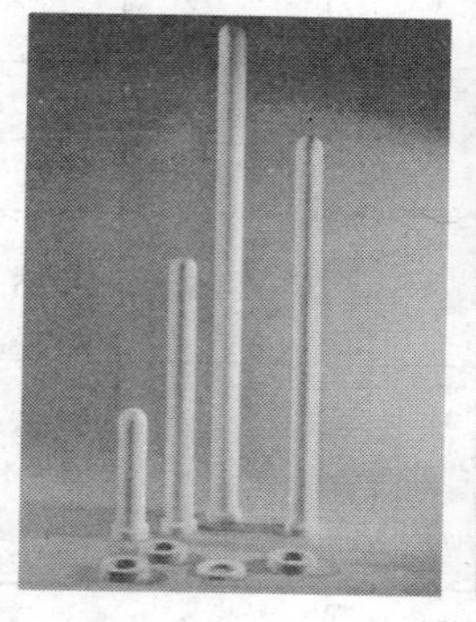
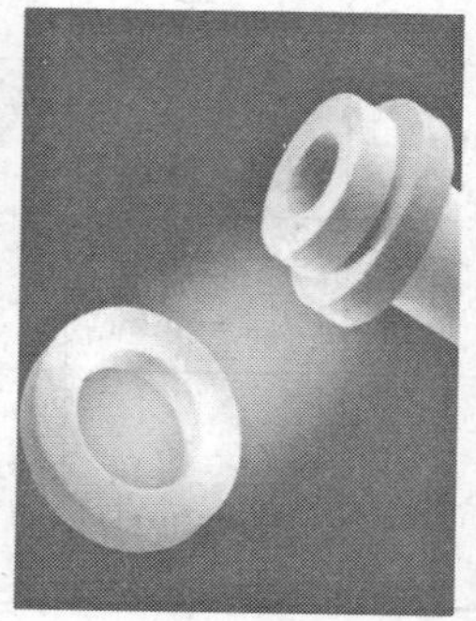
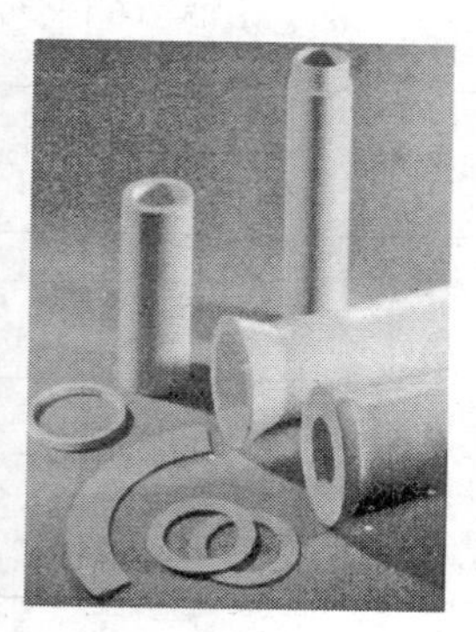

图 6－233 太棉（Tenmat）高温滤管

太棉（Tenmat）高温过滤器为开口端具有凸缘的管式滤芯，另一端闭口。

b 太棉（Tenmat）高温滤管的特性

太棉（Tenmat）高温滤管的性能参数

运行温度 1200℃
最高温度 1600℃
压降 极低
过滤速度 2～10cm/s
多孔性 85%～95%
过滤精度 <1μm
过滤效率 >99.99%
排除浓度 <1mg/m^3
密度 450kg/m^3（耐温 1150℃时）
240kg/m^3（耐温 1600℃时）
材料强度 较陶瓷滤料纤维坚硬 3 倍以上（温度 500℃时）

太棉（Tenmat）高温滤管的特征

（1）耐高温达 1600℃，不燃烧。
（2）过滤效率高，排放浓度低于 1mg/m^3。
（3）过滤精度高，可过滤小于 1μm 的尘粒，过滤效率高达 99.99% 以上。
（4）使用寿命长达 10 年之久。
（5）耐强酸、强碱等化学腐蚀。
（6）不可燃。
（7）低压降，运行费用低。
（8）产品材质不含任何有害物质成分。

太棉（Tenmat）高温滤管的理化特性

（1）耐温性（表 6－121）。太棉（Tenmat）高温气体过滤器是专门为超过袋式除尘器、电除尘器等传统除尘器所承受的工作温度而开发的硬式表面过滤器，产品可适应高达 1600℃的温度，由于它具有耐高温的优势，是其他除尘设备所无法比拟的。同时，由于它的优秀的耐腐蚀性和出色的过滤性能（过滤后的排放浓度低于 1mg/Nm^3），也被用于很多低温工艺。

表 6－121 太棉（Tenmat）高温滤管的耐温性能

滤料名称	耐温/℃		滤料名称	耐温/℃	
	长期	最高		长期	最高
太棉	1200	1600	玻璃纤维	250	—
尼龙	75～85	95	诺梅克斯	220	260
奥纶	125～135	150	聚四氟乙烯	220～250	—
聚酯	140	160			

（2）低压降。图 6－234 示出 FIREFLY CS1150 型太棉（Tenmat）高温滤管的过滤温

度与压力降的关系，由图6－235中可见，太棉（Tenmat）公司生产的过滤器，在运行中具有超低的压力降。

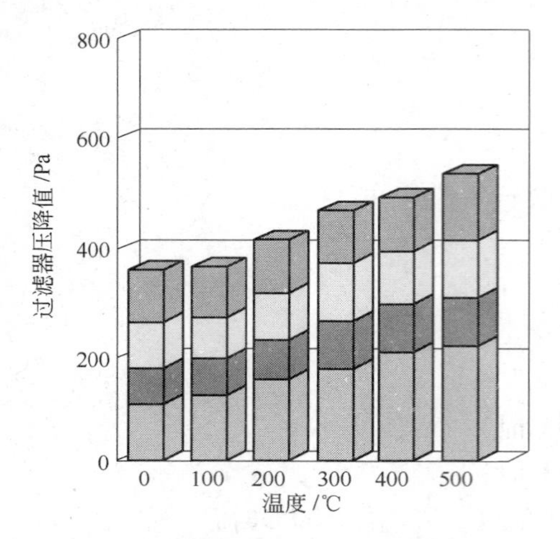

图6－234 太棉（Tenmat）高温滤管过滤温度与压降的关系（FIREFLY CS1150型）

■—2.0cm/s；■—4.0cm/s；■—3.0cm/s；■—5.0cm/s

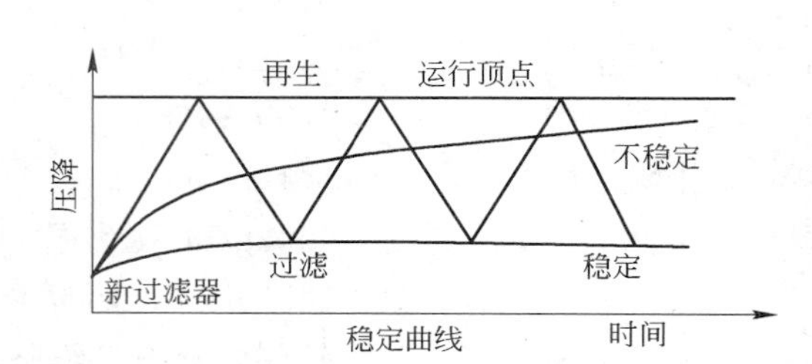

图6－235 太棉（Tenmat）高温滤管的运行压降

（3）过滤风速。太棉（Tenmat）高温滤管的强度比同类型的陶瓷元件高3倍以上，在燃烧的烟气条件下更是如此。因此，太棉滤管能承受较大的压差，由此使过滤风速可高达超过3m/min。

c 太棉（Tenmat）高温滤管的结构

太棉（Tenmat）高温滤管除尘器主要由过滤箱体、Tenmat高温滤管、反吹系统等组成（图6－236）。

过滤管均为自撑式，在酸性环境下不需要用易腐蚀的金属袋笼来支撑。

太棉（Tenmat）高温滤管固定在过滤箱体上部的花板上，花板起到对含尘区与净气区的隔离作用（图6－237）。过滤管的过滤除尘和逆气流清灰与一般化纤滤料相同。

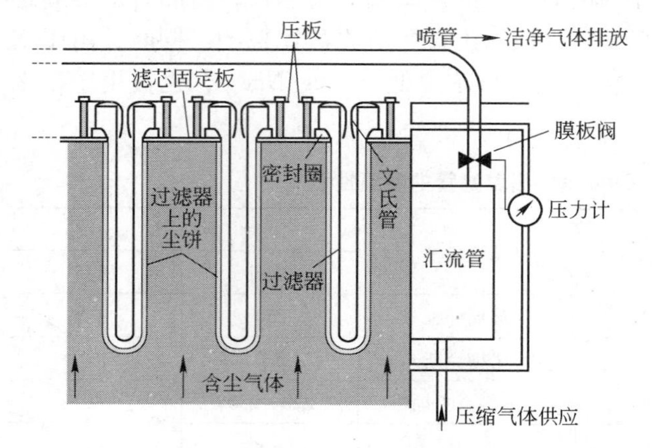

图6－236 太棉（Tenmat）高温滤管除尘器

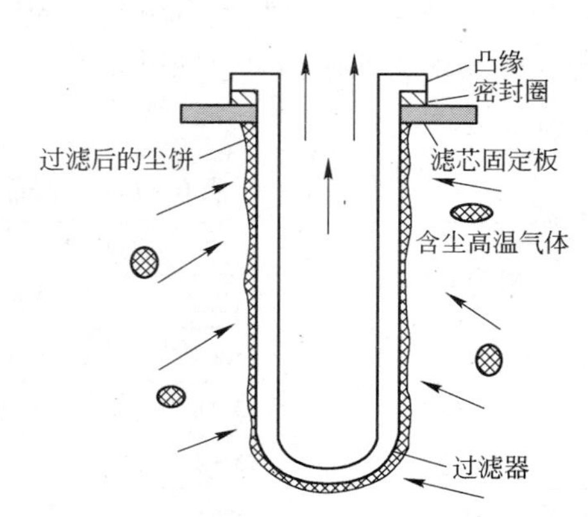

图6－237 太棉（Tenmat）高温滤管装置

（1）过滤器箱体：温度低于400℃，箱体用$\delta>5$mm的高级低碳钢制成方形。温度高于400℃，箱体用不锈钢制成圆柱形，接缝两面连续焊接，以防泄漏，过滤器箱体或每个单元下面安装一个圆锥形灰斗。

（2）太棉（Tenmat）高温滤管：根据需要选择不同规格的太棉（Tenmat）高温滤管（表6－122）。

表6－122 Tenmat高温滤管的标准规格

型 式	蜡 烛 式				大 管 式					
内径/mm	40	40	40	40	95	95	100	110	110	110
外径/mm	60	60	60	60	125	125	125	150	150	150
长度/mm	650	1000	1250	1500	1800	2400	1500	1800	2400	3000
凸缘直径/mm	80	80	80	80	155	155	160	190	190	190
凸缘厚度/mm	20	20	20	20	20	20	15	30	30	30
表面积/m^2	0.12	0.19	0.23	0.28	0.69	0.93	0.55	0.83	1.11	1.40

（3）反吹系统：采用脉冲清灰喷吹系统。

d 太棉（Tenmat）高温滤管的品种

太棉（Tenmat）高温滤管的类型分蜡烛式和大管式两种。

蜡烛式：ϕ40/60mm，长度650～1500mm，像蜡烛一样，故此得名。

大管式：ϕ95～110/125～150mm，长度1800～3000mm。

e 太棉（Tenmat）高温滤管的安装

Tenmat蜡烛式滤管的安装

（1）安装密封圈（表6－123）。安装密封圈时，最好将密封圈置于花板（图6－238）上的开口处，或其他支撑工具上，并把滤管小心地滑入孔中直至套好，以避免直接把密封圈套入滤管时所产生的磨损。

表6－123 Tenmat高温滤管的配套密封圈标准

内径/mm	60	60	60	60	125	125	150	150
外径/mm	80	80	100	100	155	155	190	230
厚度/mm	10	15	10	18	10	20	10	20

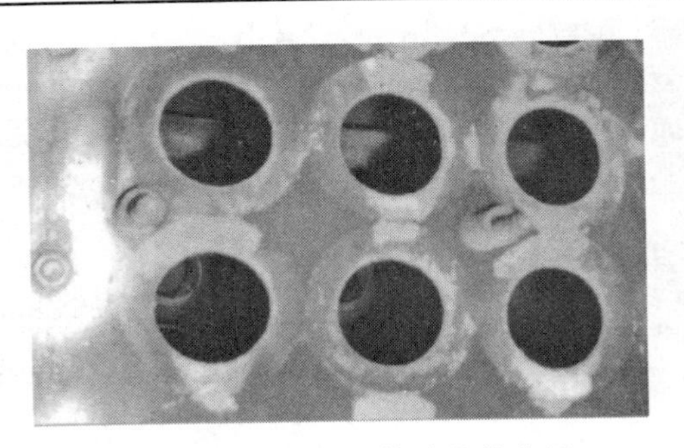

图6－238 固定滤管滤芯的花板

密封圈应安装在孔的中央部位，避免它的边缘撞击到孔的周围，而导致凸缘受力不均、滤管位置的移动，使滤管悬挂不垂直。

（2）放置滤管。滤管垂直插入花板孔时应避免花板孔的边沿蹭破滤管表面。

（3）安装文氏管。如果太棉（Tenmat）高温滤管需要文氏管，则应在安装压板时保证文氏管位于滤管入口内，位置居中。如文氏管位置不当，压缩空气会吹损滤管内壁，造成滤管损坏。

（4）固定滤管。花板上采用压板压住滤管（图 6－239），每块压板压住两根滤管，压板上用压条压紧，每根压条压紧 6 块压板，每根压条最多压紧 6×2＝12 根滤管。

图 6－239 固定滤管用的压板、压条

（5）荧光粉检漏。滤管安装完毕后，用荧光粉检查清洁区与含尘区之间是否存在泄漏，如出现滤管受损、密封圈压缩不够或焊接不良应及时修补。

（6）试运行。试运行时，应检查新安装的设备有可能存在的潜在碳氢化合物和煤烟排放问题，如发现，应及时进行离线干燥处理。

（7）预稳定。在试运行过程中，包含一个稳定阶段。通常，试运行应进行 100 个过滤—再生循环。预稳定前，须保证过滤设备及滤管彻底干燥；确保气体流量以及每个单元内的气流速度不超过设计参数值。

（8）运行。经预稳定程序后，过滤系统即可正常运行。

Tenmat 大管式滤管的安装（图 6－240）

滤管的安装

大管式滤管最好能单独固定。

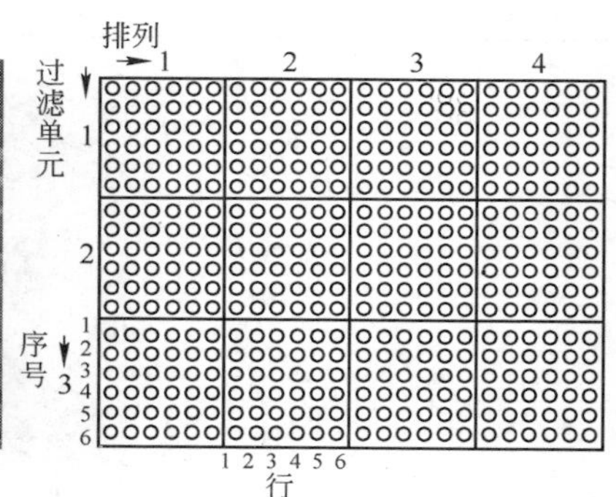

图 6－240 大管式滤管的安装

大管式滤管最长达3000mm，如果滤管固定稍有偏差，滤管底部就会产生很大的偏差。

滤管花板上所开的孔，必须使滤管周围留有3mm的孔隙，以免安装滤管时对滤管产生摩擦，以及固定时与滤管颈部接触。

密封圈的安装

安装滤管密封圈时，最好是将密封圈放在花板上的开口处或其他支撑工具上，然后将滤管小心地放入花板孔中直至套好，这样可避免直接将密封圈套入滤管（图6-241）时所产生的磨损。

图6-241 滤管管口

滤管应安装在花板孔的中央部位，避免其边缘撞击到花板孔的外围，导致凸缘受力不均，滤管位置移动导致滤管悬挂不垂直。

滤管的预喷涂

Tenmat滤管可以与许多试剂或吸附剂配合起来使用，以清除酸性气体和二噁英。特别是在具有大量小于1μm的颗粒时，可通过预喷涂形式，以可控的方式用已知特性的惰性材料（如吸附剂）在过滤管表面形成一个涂层，以阻止亚微颗粒进入过滤管壁内，从而大大提高对亚微颗粒的过滤效果及过滤精度。

f 太棉（Tenmat）高温滤管的应用

太棉（Tenmat）高温滤管的应用行业：

(1) 各种工业、化学、生活及医疗垃圾的焚烧；
(2) 冶金工业：金属冶炼、黑色金属及有色金属加工；
(3) 水泥工业；
(4) 火力发电；
(5) 土壤修复（焚烧修复）；
(6) 制砖工业；
(7) 木材焚烧；
(8) 煤炭衍生物加工。

太棉（Tenmat）高温滤管的应用实例如表6-124、图6-242所示。

表6-124 太棉（Tenmat）高温滤管的应用实例

客户名称	应用领域	技术参数
英国化学工业公司	重铬酸钾烟气处理	操作温度：400℃ 实际流量：14500Am³/h；过滤速度：2.1cm/s 烟气性质：由粒径为0.5～2μm重铬酸钾粉尘组成 使用数量：40/60/1250蜡烛式过滤器864根
英国布朗特熔炉公司	25t反吹熔炉烟气处理	操作温度：225℃ 实际流量：40131Am³/h；过滤速度：3.9cm/s 烟气性质：由粒径为0.2～0.5μm的飞灰及炭粒组成 使用数量：40/60/1250蜡烛式过滤器1512根

续表 6－124

客户名称	应用领域	技 术 参 数
法国熔炉集团	医疗垃圾以及动物排泄物焚烧烟气处理	操作温度：180/200℃ 实际流量：12000Am³/h；过滤速度：4.1cm/s 烟气性质：由粒径小于1μm的飞灰组成 使用数量：40/60/1000 蜡烛式过滤器 432 根
法国电力公司	废物焚烧烟气处理	操作温度：140℃ 实际流量：4085Am³/h；过滤速度：10.2cm/s 烟气性质：由1μm左右的飞灰组成 使用数量：40/60/1000 蜡烛式过滤器 245 根
德国荷克泰弗公司	土壤焚烧修复烟气处理	操作温度：650℃ 实际流量：1919Am³/h；过滤速度：1.3cm/s 烟气性质：由小于10μm的燃弃土壤颗粒组成 使用数量：110/150/2400 大管式过滤器 36 根
比利时欧斯藤迪公司	石化废物的焚烧烟气处理	操作温度：350/400℃ 实际流量：12945Am³/h；过滤速度：3.4cm/s 烟气性质：由铁氧化物尘粒组成 使用数量：110/150/2400 大管式过滤器 96 根
捷克艾斯基公司	土壤修复转炉焚烧烟气处理	操作温度：250/450℃ 实际流量：50000Am³/h；过滤速度：1.98cm/s 烟气性质：土壤焚烧废物组成 使用数量：40/60/1500 蜡烛式过滤器 2592 根
澳大利亚莫特莱克公司	转炉烟气处理	操作温度：350℃ 实际流量：34231Am³/h；过滤速度：2.87cm/s 烟气性质：飞灰等焚烧废物组成 使用数量：95/125/1800 大管式过滤器 464 根
阿尔巴尼亚金属熔炉公司	金属回收利用	操作温度：200～350℃ 实际流量：80237Am³/h；过滤速度：4.8cm/s 烟气性质：由粒径小于1μm的飞灰组成 使用数量：110/150/3000 大管式过滤器 380 根

太棉（Tenmat）高温滤管可以与许多试剂或吸附剂共同使用，以清除酸性气体和二噁英。

P 三层多材质的不织布滤料

a 三层多材质滤料的结构

三层多材质滤料是由 Acurex 公司开发的一种三层多材质的机织布组成的含有锆陶瓷纤维的滤料。

图 6-242 太棉（Tenmat）高温滤管的应用实例

三层多材质滤料是由支撑层、中间层以及外层三层组成：

支撑层：陶瓷粗斜纹织布；

中间层：任意量的陶瓷 Saffil alumina 纤维棉花胎；

外层：大网眼陶瓷纤维。

三层多材质滤袋是由不锈钢袋笼支撑，袋笼套在滤袋内，并悬挂在花板上，气流从滤袋外侧流向滤袋内侧，滤袋用压缩空气进行逆气流喷吹清灰。

b 三层多材质滤料的特征

（1）三层多材质滤料适用于 820℃（1500 ℉）和 1000kPa（10 个大气压），具有高于 99% 的效率。

（2）三层多材质滤袋经不断喷吹清灰后，除尘器的压力降上升，经过一个短时期，滤袋将损坏，其失败的原因是由于极高效率的灰尘层造成高阻力，使灰尘渗入滤料层，用脉冲喷吹清灰也无法清除。

（3）三层多材质滤袋造成失败的原因：

1）会熔合的飞灰容易损害滤料。

2）滤料的压力降上升后引起周期性的挤压负荷，即在清灰周期内，尘饼会挤压滤料。

3）脉冲持续时间过久，引起高速气流流过纤维的大孔隙处的薄弱点。

4）滤料的基布太稀。

5）Saffil alumina 纤维棉花胎中间层机械性能的改变。

6）由于袋笼及滤袋的热膨胀不同所造成的张力。

7）气流或灰分对陶瓷纤维的化学反应。

（4）三层多材质滤袋失败的预防措施：

1）用旁通措施来避免流量及温度的超量，滤袋运行温度保持低于灰尘的熔点，如温度超过极限，应使烟气流经旁路。

2）缩短袋笼，以减少热膨胀不平衡问题。

3）采用其他网孔大小的基布或织法。Acurex 公司还没有找到最佳的网孔大小的基布或织法，一种针刺的陶瓷纤维方法仍在开发中。

4）认真、明确地编制过滤材质及结构的说明书。

为改善这些问题，可试用其他陶瓷纤维。

c 三层多材质滤袋的应用

这种高温陶瓷颗粒控制技术的三层多材质滤袋，在 PFBC 和综合气化组合循环系统（Integrated Gasification Combined Cycle Systems）（IGCC）的使用中发现有以下问题：

（1）滤料受机械损害。

（2）灰尘通过滤料渗漏。

（3）滤料脆化。

（4）缝线的损坏。

（5）拆缝处缝口的损坏。

6.3.16.5 陶瓷滤料的应用

A 陶瓷滤料应用的注意事项

（1）目前，陶瓷滤料一般都用在温度高达 260℃（500 ℉）的烟气除尘中，先进的燃烧技术将要求更高温度的烟气除尘，这就为陶瓷纤维制成的滤料提供了广阔的应用条件。

（2）陶瓷滤料一般用于脉冲喷吹袋式除尘器，可作为烟气净化或产品回收的有效途径。

（3）由于陶瓷滤料耐高温能力强，烟气在过滤前就不需要进行冷却，这就消除了露点问题、增加投资以及用空气稀释烟气的麻烦。

（4）采用陶瓷滤料用作过滤材料时，需要了解烟气高温、高压和含化学成分的各种气体条件和飞灰性能，以选择合适的陶瓷滤料。

（5）美国 Shackleton 和 Kennedy 报道，陶瓷纤维在温度为 820 ~ 980℃（1500 ~ 1800 ℉）的燃煤气体涡轮机燃烧烟气中的应用，早于燃煤汽轮机。

Shackleton 和 Kennedy 指出：在高温、高压过滤系统中，可采用高气布比（G/C），由此可使除尘设备缩小，减少设备费用，但它需要采用专门的清灰技术。

（6）陶瓷滤料在 PFBC 使用中，其有关的特性资料应包括：滤料的形式，重量、厚度，编织、纱的支数，经纱/纬纱的形式、压缩及复原、缩水性、空气渗透性、张力破损强度和拉力破损强度、研磨爆裂强度（Mullen burst strength）、MIT 屈服性（flex）、热屈曲（Heat flex）、耐挤压性、净化效率、可清灰性。

陶瓷滤料在各行业高温气体净化中的适用性实例：

(1) 冶金企业中产生的大量工艺可燃气体（CO，H_2），采用目前的净化方法，烟气要进行洗涤或冷却到一定温度（260℃）。

(2) 化学工业的很多煅烧凝聚、热凝聚及干法生产中经常产生热烟气，在排放到大气之前需要采用高温气体净化，以回收能量和物料，具有很大的经济效益。

(3) 随着对高效净化高温气体要求的日益增长，试图使袋式除尘器在1000℃下工作，但这类除尘系统，不但投资和维护费用高，而且设计也是极复杂的。鉴于此，从实际角度出发，可以认为500～600℃作为上限较为合适。

(4) 目前在很多工业系统中，含尘气体首先通过热交换器，以冷却到织物滤料可能接受的温度（图6-243），高温气体的这种冷却净化存在的缺点：

1) 热交换器设备庞大。

2) 消耗大量热能。

3) 必须经常清洗。

4) 易于腐蚀。

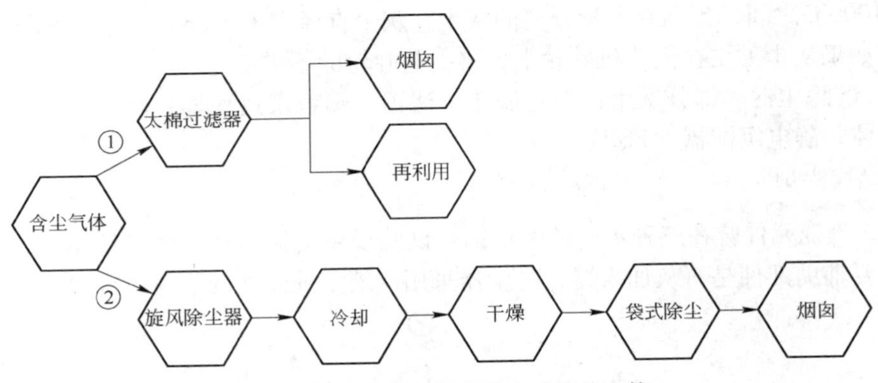

图6-243 高温气体的除尘系统的比较

对于非僵硬尘饼的陶瓷滤料，清灰是决定性的动作：

(1) 它可能会引起灰尘通过过滤面积的渗漏。

(2) 同时因为清灰动作可能引起滤料损伤。

B 陶瓷滤料的工业应用

a 气化煤气炉除尘

通过一种单纯碳化硅（SiC）过滤袋在试验室进行气化煤气炉的气流中除尘的试验，在连续在线清灰下滤袋运行良好，并没有由于气化煤气炉气流的冷凝而在过滤袋上积灰和剥落碎片。

b 增压流化床燃烧器（Pressurized Fluidized Bed Combustion，PFBC）

新的电站技术，如增压流化床燃烧和汽化煤，要求大量过滤元件，耐850℃的高温是基本的，正常的过滤元件一般遇到这种耐温的需要时是无效的。

增压流化床燃烧器（PFBC）在高温、高压下的煤燃烧是一种先进的燃烧应用，它对陶瓷过滤材料有相当大的兴趣。1985年，Melvin First的调查结果报道，它是煤燃烧的高温、高压中是最适合的烟气净化系统。

增压流化床燃烧器（PFBC）发电是在气体透平之前，将870℃（1600 ℉）和1100kPa（11个大气压）的燃烧气体输送到烟气净化系统中，接着进入一台蒸汽发电机带动一台蒸汽透平（联合周期）运行，PFBC是值得采用的，其燃料效率高于目前的燃烧方法的15%～20%，采用PFBC后，可达到：

（1）脱硫处理。煤里加入碎石灰岩可使PFBC达到至少90%的废气脱硫（FGD）。

（2）脱硝处理（Denitrification）。由于PFBC在较低燃烧温度下会形成少量的NO_x，因此高温燃烧的PFBC也将减少NO_x污染物。通过对燃煤电厂市场净化系统的调查，能达到美国国家环保局（EPA）的《New Source Performance Standards》（NSPS）标准。在脱硝（NO_x）处理（denitrification）的SCR系统中，净化用的催化剂在气体温度350～450℃时能有效地脱除NO_x，如烟气在催化过程之前未经过滤，它就有堵塞孔隙和磨损的危险。由此，减少催化剂的有效表面积，在催化过程之前设置除尘，就能使催化剂具有使气流大量穿流的孔隙结构，由此可增加气流的反应量。

（3）保护汽轮机叶轮。当净化气化煤（gasification of coal）散发的烟气，其温度控制在800～1000℃之间，预测有大量分离的灰尘，灰尘直径大于5μm时，会引起汽轮机叶轮的损伤，如果灰尘黏结在汽轮机叶轮上，将引起叶轮的不平衡。

PFBC的除尘器大部分采用：陶瓷滤布过滤器；颗粒层过滤器；刚硬、多孔可渗透的陶瓷结构体；静电沉淀器（ESP）。

c 燃煤锅炉

KE 85陶瓷元件曾在三种不同的燃煤锅炉试验设备上进行在线的长期运行试验，净化系统的重要辅助部件是石灰加入器，除尘器采用压缩空气喷吹的清灰系统（图6－244）。

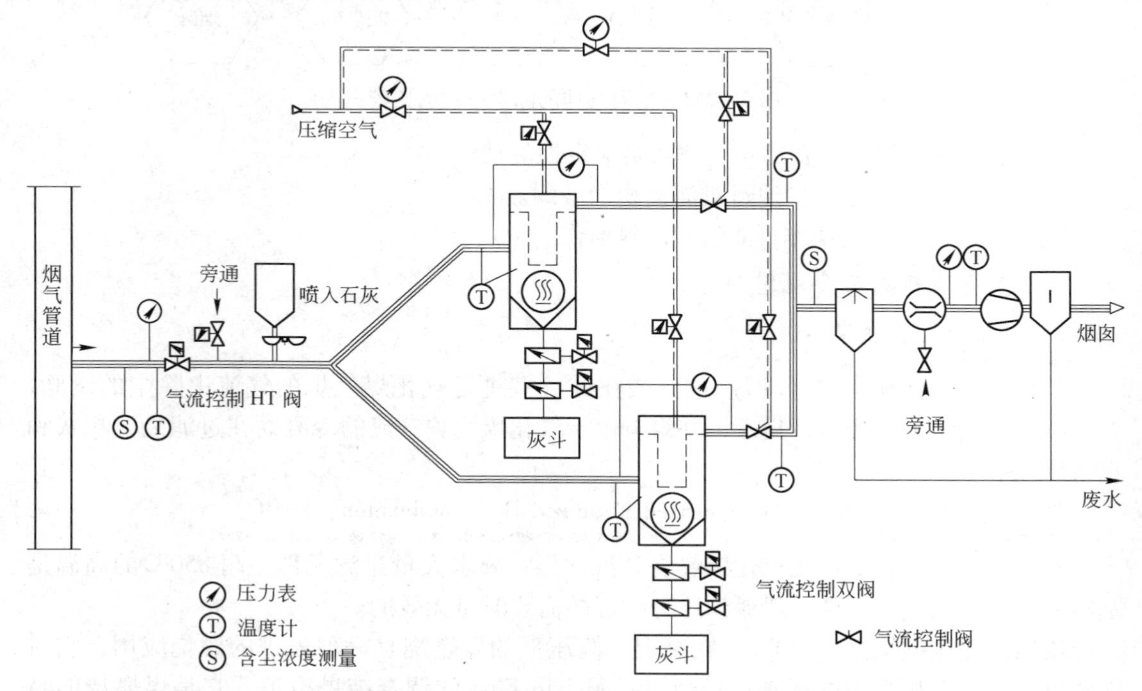

图6－244 温度高达920℃的陶瓷纤维元件试验设备简图

d 其他应用

其他应用包括：核技术或核化学工业；木材燃烧在350℃、400℃的污染土壤高温分解；350℃的回收辐射物；350℃的铁合金炉；350℃的催化流化床；800℃的垃圾焚烧炉；400～500℃的煅烧工艺流程；800℃的喷煤粉燃烧炉；400℃的金属熔炼。

6.3.17 金属纤维

6.3.17.1 金属纤维的特征

金属纤维在1987年已用于净化热烟气。

金属纤维具有以下特征：

（1）金属纤维能在500～590℃（930～1100 ℉）温度下运行，将来可能在更复杂的系统中使用。

（2）当前，在对高效净化高温气体的要求日益增长情况下，希望使袋式除尘器在1000℃下工作，这不仅会引起袋式除尘系统投资和维护费用高，而且会导致设计复杂化。鉴于此，从实际出发，可以认为500～600℃作为上限是较为合适的。

（3）金属纤维在高温下承受高压降、净化能力及稳定性都优于陶瓷滤料。

（4）金属纤维具有不规则断面和常规表面积，使它具有非常大的比表面积。

6.3.17.2 金属纤维的品种

A Bekinox 纤维和 Bekipor 滤料

Bekaert 公司开发、生产了 Bekinox 纤维和 Bekipor 滤料（图6－245）。它引导了金属纤维的应用，特别是在滤料中，它可用于各种形式的烟气过滤和其他用处。

a 纤维材质

Bekinox®金属纤维可根据使用的需要，采用各种金属和合金制成：

（1）316L 不锈钢：0.03% C，16%～18% Cr，10%～14% Ni，2%～3% Mo，其余 Fe；

（2）Carpenter 技术的 Carpenter 20Cb3：0.06% C，20% Cr，34% Ni，2.5% Mo，3.5% Cu，其余 Fe；

（3）镍、铬、铁合金 601 耐热钢：0.05% C，23% Cr，14% Fe，0.5% Cu，1.5% Al，其余 Ni；

（4）Hasteloy X：0.1% C，22% Cr，9% Mo，18% Fe，0.5% Co，0.6% W，其余 Ni；

（5）钛，钽，镍。

这些纤维可制成短纤（切断纤维）、散装纤维或纱线等不同形式，其直径为4～22μm，各不相同。

b 纤维的耐温性

Bekinox®金属纤维在250～550℃（480～1020 ℉）的热烟气中能保持传统的、良好的织物过滤效率。

Bekinox®镍、铬、铁合金601细丝的断裂强度与温度的函数关系如图6－246所示。

X 5CrNi188 和 X 2CrNiMo1810 金属纤维可在温度高达450℃（840 ℉）的低压和高压中使用。

图 6－245 Bekipor®滤料

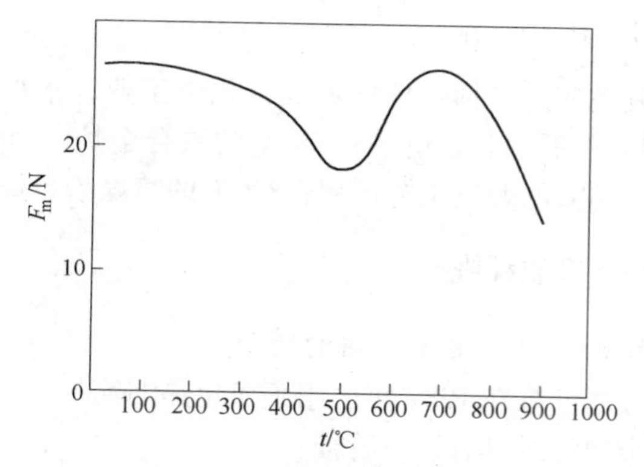

图 6－246 Bekinox®镍、铬、铁合金细丝的断裂强度与温度的函数关系

Inconel 纤维更耐化学性，耐温高达 600℃（1110 ℉）。

c 纤维的耐腐蚀性

英国国立物理研究所对合金 AISI 316、310、镍、铬、铁合金 601 及耐腐蚀基合金 X 作成的 12μm 及 22μm Bekipor 纤维进行了耐腐蚀性试验。

试验期　　1056h

温度　　600℃

环境大气　　燃烧含 1%（按重量）硫的油生成的烟气，加入 100ppm，或不加

试验结果：

（1）在各种含酸情况下，这些合金耐侵蚀的程度由低到高排列的次序为：

AISI 316，310，耐腐蚀基合金 X，镍、铬、铁合金 601

（2）在具有 HCl 的情况下，镍、铬、铁合金 601 及耐腐蚀基合金 X 所需要增加的重量都很小。对铁鳞进行分析表明，具有 HCl 情况下，所需形成的氧化保护层也很薄。

（3）图 6－247 所示为直径 22μm（编者注：恐为 12μm 之误）的 Bekipor 镍、铬、铁合金 601 随时间变化的重量。

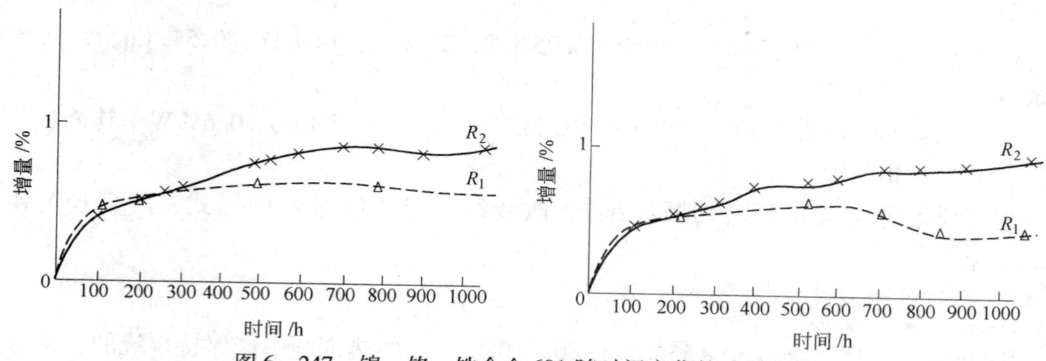

图 6－247 镍、铬、铁合金 601 随时间变化的重量曲线

R_1—SO_2+SO_3；R_2—附加有氯

d Bekipor®滤料的特点

Bekipor®滤料在高温烟气过滤中，通常具有以下特点：

（1）在氧化气氛（生锈）和出现SO_2的气体时，Bekipor®滤料能用于温度高达550℃（1020 ℉）的烟气中。

（2）在压降1.2kPa下，过滤速度可高达5cm/s（3m/min）。

（3）可用常规清灰方法（振打清灰、反吹风清灰、脉冲清灰）进行清灰或用化学方法清灰。

（4）不会产生静电荷，无爆炸危险。

（5）Bekipor® NP针刺毡和Bekipor® FA机织布的性能与化纤滤料相同，容尘能力的数量级也相同。

（6）耐磨性强。

（7）耐腐蚀（根据金属或合金而定）。

（8）纤维无水解问题，不怕湿度、压力峰值、放射物。

（9）不燃性。

（10）可根据使用对象的需要，调节开孔的孔隙。

e Bekipor®滤料的品种

Bekinox®纤维可制作各种不同类型的多孔滤材（Bekipor®滤料）：Bekipor® FA机织布、Bekipor® NP针刺毡、Bekipor® ST立体网状卷筒、金属网板及冲孔金属板。

Bekipor® FA机织布

Bekipor® FA机织布在材质及网眼大小方面的范围很广，它能用所有柔软的金属来拉成线织成，其材质有：磷铜、不锈钢、蒙乃尔铜－镍合金（monel）。

Bekipor® FA机织布广泛使用的其他材质有：

铝合金：在重量轻及耐腐蚀条件下，具有良好的强度。

铜：比青铜更便宜，但不适用于腐蚀条件。

黄铜：比铜更坚强，但更受腐蚀限制。

普通低碳钢或镀层低碳钢：如镀锌或镀锡。

镍、镍铬合金和钛：可用作网状高温过滤用。

织成机织布织物的线丝的最小实用直径，取决于合金成分、要求的强度、温度及磨损度，不经常采用较细的直径的铝、黄铜、青铜或铜线，不锈钢线可用于直径小到20μm。

Bekipor® NP针刺毡

Bekipor® NP针刺毡可制成有基布和无基布两种。

Bekipor® NP针刺毡的基布可用Bekipor® FA机织布制作，基布是用Bekinox®连续长丝织成，在基布的一侧或两侧通过针刺作成针刺毡。

Bekipor® NP针刺毡和Bekipor® FA机织布可像常规织物一样使用。

Bekipor® ST立体网状卷筒

Bekipor® ST滤料是用无规则铺设的Bekinox®纤维做成的三维卷材（纤网），再用烧结（热处理）的办法形成一种立体的固体多孔板材。这种板材是柔性的，易于弯曲，其孔隙大小能满足过滤的要求，多孔的或渗透性的卷材（纤网）烧结后形成卷筒形。

Bekipor®滤料也有采用各种金属制成的毡，它是通过加热，由金属粉末烧结制成，而不是熔化的黏合产品。

多孔或渗透性的薄板是由选择粉末的粗细来控制。

这种板材具有以下特性：

(1) 耐温达1200℃ (2190 ℉)。

(2) 是柔性的。

(3) 易弯曲。

(4) 滤料的孔隙大小能满足过滤要求，Bekipor® ST 根据具体情况，滤料孔隙率可以达60% ~95%。

(5) 滤料渗气性可用研光来调节。

(6) Bekipor® ST 滤料具有光滑的表面，有助于很快形成尘饼，易于清灰。

(7) Bekipor® ST 滤料可以焊接，它能制成圆形、扁状、曲线形各种形式。

金属网板及冲孔金属板

金属网板是指由金属丝编织而成的网板，而冲孔金属板，则是在金属板上冲孔而成的金属孔板。

一般，$1ft^2$ 的金属板只能生产出 $1ft^2$ 的冲孔金属板产品，而 $1ft^2$ 的金属材料则可以生产出 $2 \sim 3ft^2$ 的金属网板，因此，金属网板的价格要比冲孔金属板便宜。

冲孔金属板一般微孔大小为0.03in (8mm)，可小到0.003in (0.08mm) 或更小。厚度则根据其重要性，可在0.0025 ~0.015in (0.06 ~0.4mm) 之间变动。冲孔金属板的网孔是光滑、平滑的，易于冲压、切割、弯曲和成型，可用软焊接（锡焊）或点焊或接缝的熔接来连接。

用于过滤的金属网板可用以下金属制成：铝（特别是空气过滤）、黄铜、铜、钢、不锈钢、耐热合金、蒙乃尔 (Monel) 铜镍合金、钛。

金属网板及冲孔金属板具有以下特点：

(1) 良好的耐温性。

(2) 优良的机械性能。

(3) 良好的韧性。

(4) 良好的导电性。

(5) 良好的抗热冲式能力。

(6) 良好的加工性能和焊接性能。

(7) 近年来，金属多孔过滤材料在抗腐蚀方面也有较大的改进。

f Bekipor®滤料的应用

Bekipor®滤料已成功使用在以下场合：

(1) 水泥炉渣冷却器。

(2) 生产聚磷酸盐 (polyphosphate) 中取代湿式洗涤器设备，可以直接回收加工产品、节约能源、使用中不需要水以及生产中无淤泥。

(3) 铁合金电炉。

（4）小型钢厂的电弧炉。
（5）铜铸造厂。
（6）铅玻璃炉。
（7）燃煤锅炉。
（8）分离 Pb－Sb 和 As 成分的分馏冷凝。
（9）金的精炼。
（10）替代收集金属灰尘中频繁出现穿孔的 Aramid 和 PTFE 化纤滤袋。
（11）核废物的焚烧。

B Pyrotex®（aerex）针刺毡

Pyrotex®（aerex）是由 Bekinox®纤维制成，是一种不锈钢纤维针刺毡。
Pyrotex®针刺毡的使用温度可稳定在400℃（750 ℉）。
Pyrotex T 是一种温度稳定高达320℃（600 ℉）的矿物质纤维针刺毡。

C SIGF 型金属纤维烧结毡

SIGF 型金属纤维烧结毡是广州市新力金属有限公司研制、生产的一种金属纤维烧结毡。

a SIGF 型金属纤维烧结毡的特性

SIGF 型金属纤维烧结毡是经高温真空烧结成一体形成的网状立体结构，具有高过滤精度、高孔隙率、高透气性、耐高温、抗气流冲击、抗机械振动等特点，其物理特性如表 6－125 所示。

表 6－125 金属纤维烧结毡的物理特性

材料性能		单位	参数		
			316L	310S	OCr21Al6
材料密度（20℃）		g/cm³	7.98	7.98	7.16
熔点		℃	1400～1450		1500
工作温度	氧化性气氛	℃	400	600	800
	还原性或惰性气氛	℃	550	800	1000
烧结毡规格		SSF－（0.3＋12＋25）1500/0.65			
厚度		mm	0.65		
孔隙率		%	71	71	68
透气系数（200Pa）		L/(m²·s)	350～450		
过滤效率		%	≥98		
抗拉强度		N/mm²	≥20		

b SIGF 型金属纤维烧结毡的结构

广州市新力金属有限公司自主研发的 SIGF 型金属纤维烧结毡是由金属板网、粗金属纤维、细金属纤维三层复合组成。

SIGF 型金属纤维烧结毡管式过滤管如图 6－248 所示。

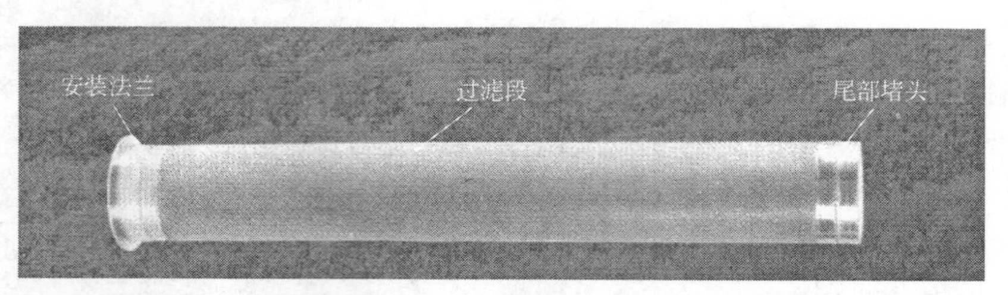

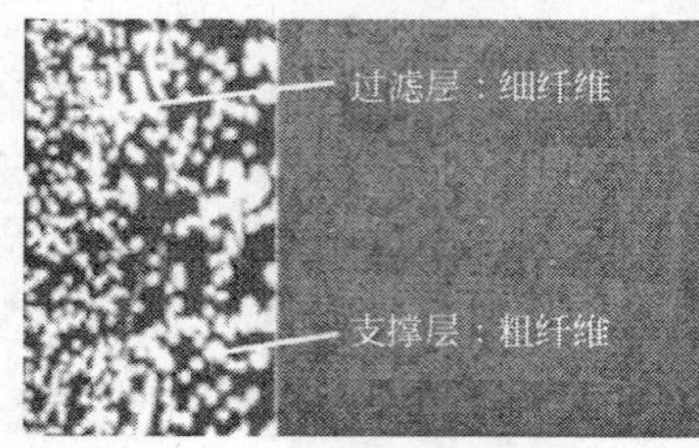

图 6－248 金属纤维烧结毡管式过滤管（电镜照片）

c SIGF 型金属纤维烧结毡的品种（图 6－249、表 6－126）

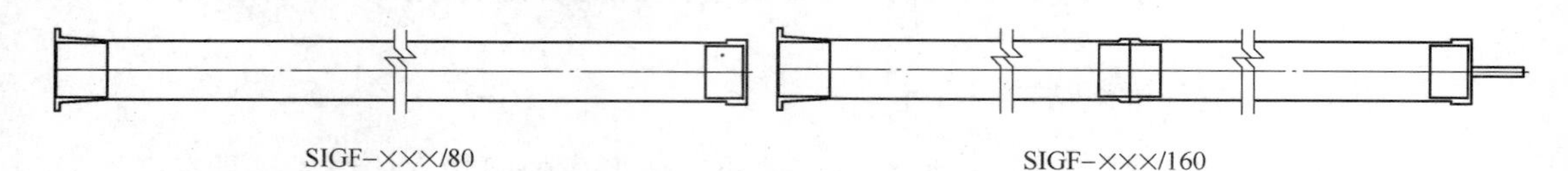

图 6－249 高温烟气过滤管

表 6－126 高温烟气过滤管产品型号规格

型 号	过滤面积/m^2·件$^{-1}$	A	B	C	D
SIGF－060/80	0.134	ϕ60	ϕ80	ϕ62	ϕ56
SIGF－060/160	0.270	ϕ60	ϕ80	ϕ62	ϕ56
SIGF－100/80	0.223	ϕ100	ϕ120	ϕ102	ϕ95
SIGF－100/160	0.449	ϕ100	ϕ120	ϕ102	ϕ95
SIGF－150/80	0.335	ϕ150	ϕ170	ϕ152	ϕ144
SIGF－150/60	0.674	ϕ150	ϕ170	ϕ152	ϕ144

D 我国研制成功的几种金属多孔滤料

我国已研制成功的几种金属多孔滤料的特性参数及过滤性能曲线如表 6－127 及图 6－250 所示。

表 6－127 几种金属多孔滤料的特性参数

过滤材料	孔径/μm			相对渗透性 /L·min^{-1}·cm^{-2}·Pa^{-1}	孔隙率 /%	强度 /MPa	延伸率 /%
	R_{max}	R_{ave}	R_{min}				
A SPM－10（烧结粉末）	10.9	10.1	14.7	3.48×10^{-4}	33.5	95	0.5～2
B 10AL3SS（烧结纤维）	20.9	10.0	8.99	2.68×10^{-3}	60	—	—
C SSW010（烧结丝网）	25.7	8.24	7.46	2.52×10^{-3}	35	120	>30

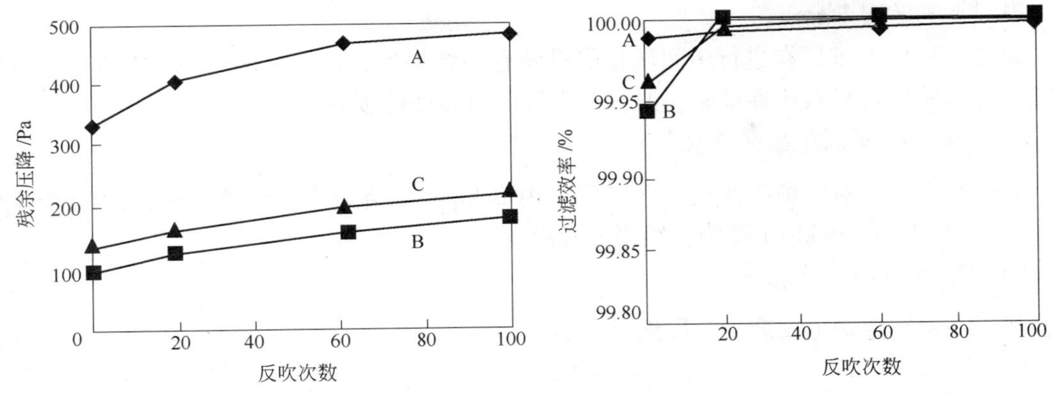

图6-250　金属多孔滤料的过滤性能

6.3.17.3　金属纤维的应用

Verplancke 和 Weber 等人提供了金属纤维用于工业生产过程烟气的几种实例。

A　水泥熟料冷却器（表6-128）

1980年7月在水泥熟料冷却器上安装了一台中间试验过滤器，并投入运行，运行一年后仍保持稳定，未发现腐蚀或磨蚀。

烟气量		7200～14000m^3/h
烟气温度		250～350℃（最高450℃）
过滤速度		180m/h（有时270m/h及325m/h）
滤袋		Bekipor 滤袋
滤袋数量		24个
喷吹压力		6×10^2kPa
喷吹周期		6min喷吹一次
含尘浓度	入口	100g/m^3
	排出	25～50mg/m^3
压力损失		1600Pa（过滤风速180m/h）
		3000Pa（过滤风速325m/h）

表6-128　水泥熟料冷却器滤料的测试结果

日　期	滤速/$m\cdot h^{-1}$	入口含尘量/$g\cdot m^{-3}$	排放浓度/$mg\cdot m^{-3}$	过滤器阻力 ΔP/Pa
1980年7月29日	169	44.8	45	1600
1980年7月30日	207	36.1	26	1650
1980年8月25日	219	17	46	1500
1980年9月11日	203	52.9	17	2600
1980年10月10日	324	11.7	21	3050
1981年3月27日	180	25.0	29	1600
1981年4月23日	166	86.6	36	2000

B 铁合金电炉

挪威 Elkem A/S 厂在进行中间试验取得满意的结果后，对 Bekipor 滤料在 350~500℃ 的工业性试验上进行对比性试验，滤料上未见任何腐蚀的迹象。

C 炼钢厂电炉排烟的试验

近年来，法国对电炉第四孔烟气净化采用 Bekipor 滤袋进行了试验，试验的除尘器安装了 12 条长 3m 的 Bekipor 滤袋，结果非常满意。

D 铜铸造炉

最近在铜铸造炉上安装了金属滤料过滤器。

温度	270~300℃
含尘浓度	$4g/Nm^3$
烟尘粒度	1μm 占 80%

E 化学工业

采用 Bekipor ST 滤料，具有下述优点：

（1）回收能量和节能。

（2）回收粉尘。

（3）避免了废水处理。

采用 Bekipor ST 滤料净化的烟气参数为：

运行温度	360℃
含尘浓度 入口	$\pm 1g/m^3$
排出	$\pm 10mg/m^3$
压力损失	$70mmH_2O$
清灰压力	$(4\sim4.5)\times10^2kPa$
清灰间隔	1min
过滤风速	180m/h
气体中的含氟量	$\pm 30mg/Nm^3$
气体中的含氯量	$\pm 35mg/Nm^3$

F 原子能电站

德国 Julich 原子能研究中心进行了 Bekipor 滤料净化焚烧炉废气的试验，CEGB 目前正在进行 Bekipor ST 滤料的工业过滤设备净化气体反应器冷却系统中的 CO_2 气体的对比性试验。

6.3.18 梯度滤料

梯度滤料（图 6-251）的结构：

表层：过滤层由细纤维和超细纤维组成的致密面层。

中层：为高强低伸基布。

里层：为易于空气通过的粗孔层。

梯度滤料与常规滤料的显微镜放大图如图 6-252 所示。

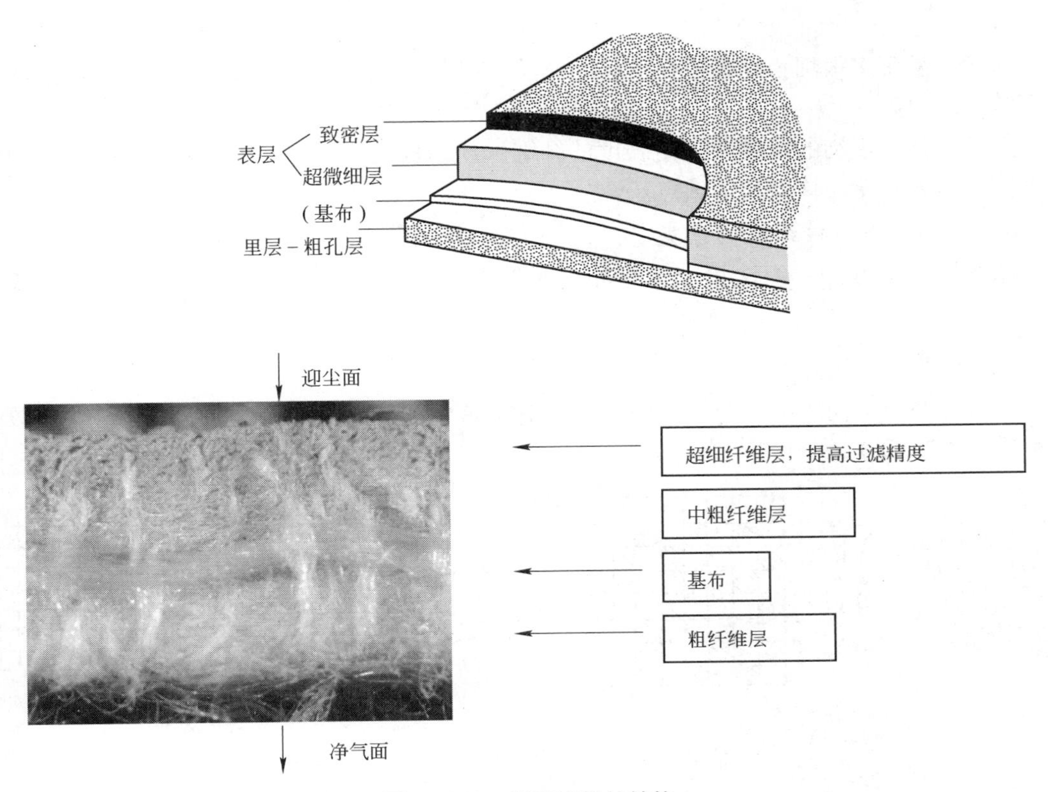

图 6－251　梯度滤料的结构

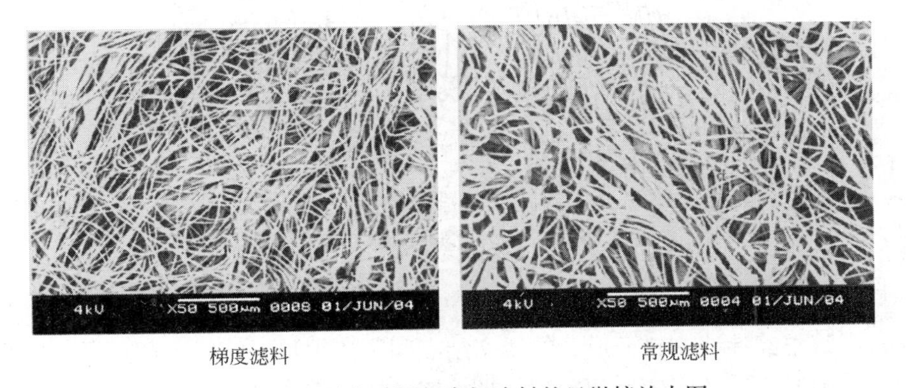

图 6－252　梯度滤料与常规滤料的显微镜放大图

该梯度层状结构的设计使滤毡过滤精度高且保持较大的透气量。

6.4 有基布针刺毡和无基布针刺毡

6.4.1 滤料的分类

6.4.1.1 滤料按丝（纤维）的形状分类

滤布按原丝的形状分类，可分为单丝、多丝和短丝三种。

单丝：即一根粗丝，它的处理能力最大，滤饼的剥落性能也最好，但不适用于微细粒子的过滤。

多丝：是用多根细长纤维搓在一起的原丝，用多丝纤维织出的滤布强度大，而且滤饼的剥落性能也好。

短丝：是用短细的纤维（一定长度的纤维）纺织成的原丝，其集尘能力高，但有滤饼的剥落性能差，滤布堵塞快的缺点。

6.4.1.2 滤布按织法的分类

滤布按加工方法、织法可分为织布、无纺布（不织布）、针刺毡或呢料和特殊滤布四种。

A 织布

织布为滤布中使用最普遍的一种，它是由经线和纬线交织而成，分平纹、斜纹和缎纹三种（图6－253）。

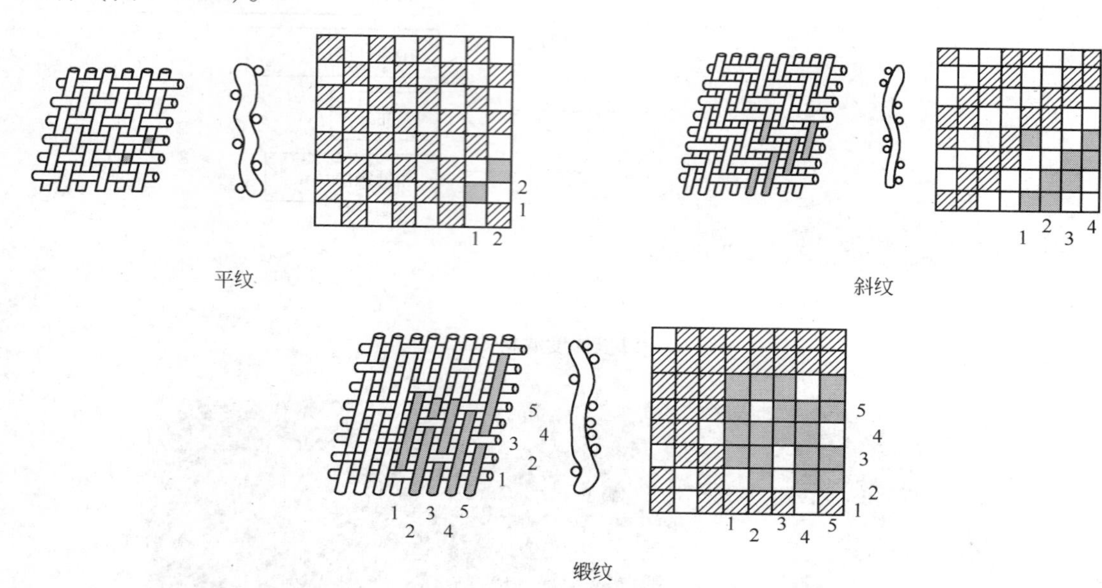

图6－253 滤布编织方法

a 平纹

平纹是由每根经纬线交错而成，纱线交结点间距离很近，纱线互相压紧，能得到最致密的滤布，受力时不易产生变形和伸长。平纹滤布净化效率高，但透气性差，阻力大，难清灰，易堵塞。

b 斜纹

斜纹是由经线和纬线有两根以上连续交错织成，织物中的纱线具有较大的迁移性，弹性大，受力后比较容易错位。滤布强度大，但比平纹差些，斜纹滤布表面不光滑，耐磨性好，净化效率和清灰效果都较好，滤布堵塞少，处理量大，是最常用的一种织布。

c 缎纹

缎纹是一根纬线有五根以上经线通过而织成，具有透气性好，弹性好，织物平坦等优点，而且由于纱线具有迁移性，易于清灰，剥落性好，很少堵塞。但缎纹滤布的强度比平纹、斜纹都低，净化效率低。

织布中，不起绒的滤布称为素布，经起绒使表层纤维形成绒毛的称为绒布。绒布的透气性及净化效率都比素布好，但清灰较难，透气性是指滤布在一定压差下单位面积上通过的烟气量，透气性良好的滤布，其阻损低，容尘量高。

纺织低熔点纤维布除靠纤维本身捕集粉尘外，更重要的是考虑滤布容尘后形成的粉尘层阻留粉尘。素布的过滤风速控制在1m/min以内，过高则会产生粉尘层的穿孔现象，效率剧降；绒布和呢料的过滤风速可以提高到2m/min以上。

B 无纺布（不织布）

无纺布是不需要纺纱的滤布，是用各种短纤维经碾压或黏结而成型的毡布。毡的整个厚度上均匀分布着纤维，容尘均匀，毡内永远剩留着粉尘，过滤过程是在毡内进行的。因此，对于毡布，粉尘层的过滤作用并不具有特别重要的意义，这是毡布与织布之间的区别，也是毡布特有的过滤特性。因此，毡的过滤风速可高，但是毡需要有很强的清灰措施，通常用于脉冲喷吹袋式除尘器中。

以往用羊毛或其他动物毛碾压成毡，用于造纸等行业的液体过滤。现在用羊毛制成2mm左右厚的压缩毡作为烟气过滤材料，取得很好的效果。后来，国外在化学纤维中喷入一种黏结粉，或在高熔点纤维中混入低熔点纤维，再经热风烘烤，使黏结剂或低熔点纤维熔化而黏结，压缩成型。

这种滤料孔隙率高，透气性好，但不适用于高温，一般用于处理80℃以下或常温气体。

C 毡或呢料

毡或呢料包括各种针刺毡和各种滤气呢等。

针刺毡是一种新型滤布，它的制法是在一幅平纹的基布上铺上一层短纤维，用带刺的针垂直布面上下移动，用针将纤维扎到基布纱线缝中去，基布的两面都铺两道以上的纤维层（纤网），反复针扎即成素针刺毡，再经各种处理加工成两面带绒的针刺毡，是一种性能优良的滤布。

针刺毡表面处理对除尘效率和清灰性能影响很大，如果处理不好，微细尘粒将钻到毡里去，不是造成穿透就是引起滤布的堵塞，大大降低了滤布的透气性。

D 特殊滤布

电气植毛滤布、金属纤维滤布等即属此类。

金属纤维的直径一般为75～150μm，金属纤维在遇450℃高温时即发生氧化反应。它可做成金属针刺毡，有可能将过滤速度提高到16m/min。它和其他介质相比，除高温、高过滤速度外，还有极好的消静电性质。

6.4.2 针刺毡

6.4.2.1 针刺毡的沿革

4000年前，第一种商用不织布是纸草制成之纸（papyrus），早在4000年前埃及就生产出一种湿式平放的不织布。

1942年，美国第一个生产现代商用的不织布是由结合纤维制成的纺织品产品，于是，不织布织物开始问世，从此，开发了大量更新的不织布制造技术，并形成了商品化。

20世纪50年代中~60年代末，国际上非织造织物（针刺毡）技术迅速发展。

20世纪70年代中~80年代末，西欧在这10年内增长79%，美国在1980~1985年的5年内，增长82%。

International Non - Woven and Disposables Association，INDA是一个不织布织物工业的行业协会。

1970年，东北工学院与抚顺市第三毛纺厂合作开发净化空气用非织造织物（即密度逐渐变大、容尘量大的化纤滤料）。

1985年，抚顺产业用布厂在原纺织部支持下，引进英国和联邦德国的两条针刺毡流水线，我国才开始有针刺毡滤料。

6.4.2.2 针刺毡的特征

针刺毡为现代的不织布织物提供了一些优越性，如能吸收和抵抗液体特性、有弹力、柔软性、拉力强度和断裂强度、延缓火焰、清灰能力及其他特性，使不织布获得了使用寿命及价格之间的平衡。

由于针刺毡具有工艺流程简单、生产速度快、产量和劳动生产率高、成本低、可用的纤维来源广泛、工艺容易变化等特点，使其可生产的产品品种繁多。

（1）针刺毡的纤维呈立体交错排列，可充分发挥纤维的捕尘率，针刺毡表面易于形成粉尘层，清灰后也不存在直通孔隙，有利于过滤，且捕尘率稳定，其静态捕尘率可达99.5%~99.99%，可捕集0.1μm以下尘粒，比绒布高一个数量级，并高于一般滤料。

（2）针刺毡的透气性好，阻力低，孔隙率高达70%~80%，为一般织布的1.6~2.0倍。

（3）针刺毡生产流程简单，易形成一条龙自动化，保证质量，稳定性好。

（4）针刺毡的生产速度快、劳动生产率高、成本低。

（5）针刺毡的结构除了具有高效特性的滤料外，其优点是比机织布滤料具有更高的过滤流量，由此使它在袋式除尘器中具有极高的经济意义。

6.4.2.3 针刺毡的结构

非织造织物制造技术可以有湿法工艺、干法工艺、纺毡工艺及针刺工艺等多种形式。针刺法滤料是非织造织物中的一种，很多非织造织物制造技术可以用来生产过滤材料，但在袋式除尘器中，使用的滤料是以针刺法生产为主。

针刺毡（不织布）织物一般是用机器、热、化学或溶剂等将纤维、纱线或细丝结合起来，或针织成薄片、网状结构。

针刺织物是由形成的一层片状或气流铺设的纤网来制造的，如图6-254所示。纤网进入机器，由专门设计的鱼钩状的针来连接起来，当纤网夹在底板（bed plate）和条板（stripper plate）之间时，针刺穿过它，并使纤维定位，由此使各单根纤维达到有机的联结。针刺结合工艺通常用来制作织物，它具有保持一定膨胀度下的高密度特点。

针刺用组合多层纤网来制成针刺毡，通常中间夹有一层机织布织物，称为基布（scrim），它有助于织物的尺寸稳定性。针刺是用鱼钩状的刺针，将铺成棉絮状的纤网穿入基布，在针刺退出时纤维就留在里面。

为了改善织物表面的过滤特性，它可以采用各种后处理和表面处理。

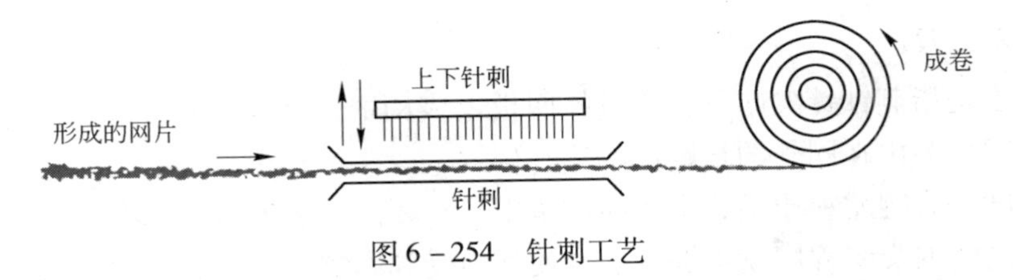

图6－254　针刺工艺

美国 Mohammed 和 Afify 指出：针刺毡的结构常常除了具有高效特性的滤料外，其优点是比机织布滤料具有更高的过滤流量，它在袋式除尘器中具有经济意义。

由于生产设备的差异，国内外企业生产的针刺毡或针刺毡滤料产品，无论是外观，还是内在品质都有较大的差别。

针刺毡分有基布针刺毡和无基布针刺毡两大类。

6.4.3　有基布针刺毡

6.4.3.1　有基布针刺毡的织造

有基布针刺毡织物通常是用多层纤网刺入基布（scrim）内来制成毡的一种织物。

基布（scrim）是一种机织布织物，当基布进入针刺机后，由鱼钩状的针将纤维刺入基布内连接起来（图6－254）。

有基布针刺毡的针刺法非织造布生产流程如图6－255所示。

纤维原料准备→混合开松→梳理铺网→预刺
纤维原料准备→纺纱→织造→基布
纤维原料准备→混合开松→梳理铺网→预刺
（以上三路）复合→主刺（一般2～3次）→热融烧毛→成品检验

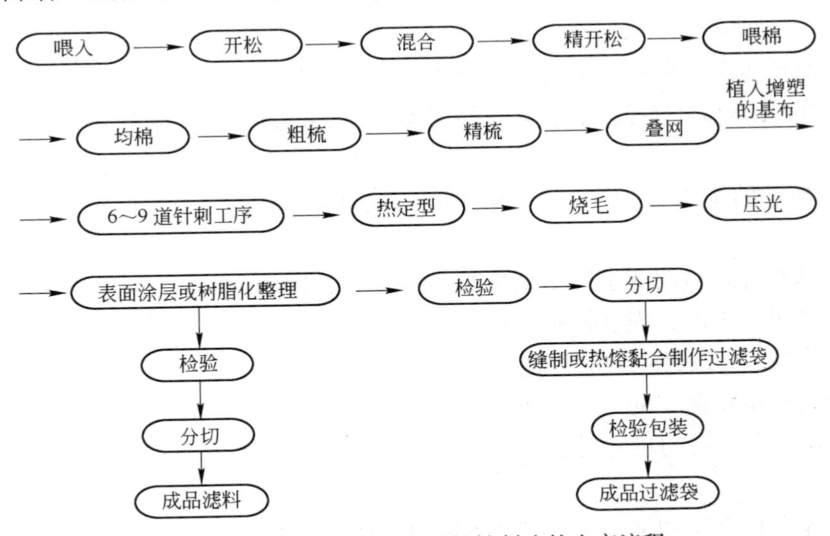

图6－255　有基布针刺毡的针刺法的生产流程

6.4.3.2　有基布针刺毡的加工工艺

在加工针刺毡过程中，针刺工序是一道十分重要的关键工序，滤料基布和纤网层的组成，经针刺加工后才能成为具有一定紧密度和强力的毡状过滤材料。加工中的纤维特性、针刺深度、针刺密度、铺网层数、刺针型号规格等因素都会影响针刺的质量。

A 针刺深度

针刺深度是指刺针针尖向下，通过托网板上表面的距离（对下针尖机而言），也就是刺针刺穿纤网后突出在网外的长度。

针刺深度是影响滤料质量、半成品质量中最重要的工艺参数之一，针刺深度不够，纤网层里纤维之间的交织程度就不够，这会使强力受到影响；针刺深度过大会加剧纤维的损伤，也会使滤料强度降低。

针刺深度一般在 3 ~ 17mm 之间。

B 针刺密度

针刺密度是指单位面积纤网里受到的刺针的数量。

一般情况下，滤料的强力主要依靠基布，而刺针密度越大成品的强度也越大。但刺针密度过密后，成品反而过硬、过挺，不利于使用，且还有可能刺伤基布、降低滤料的强力。

在针刺中，当穿孔密度增加后，它增加了织物密度，单纯采用最大的针刺穿孔密度，织物不足以具有高效过滤。

C 铺网层数

一般铺网层数以 16 ~ 20 层较好，并要求纤网重量均匀，网边整齐。对于薄型滤料的铺网层数可少些，厚型滤料的铺网层数则需多些。

D 针刺参数对织物的影响

经美国 Mohammed 和 Afify 的研究，各种针刺参数及其影响织物性能和过滤参数的结论是：

（1）纤维长度和针刺的方向对大部分织物性能没有明显的影响。

（2）针的大小和针的渗入是重要的参数，大规格的针制成的织物在过滤中不受欢迎。

（3）增加针的渗入会改善织物的性能，但针刺过分的渗入会引起纤维的损伤和变坏。

（4）有基布针刺毡改善了针刺织物的性能而不影响过滤性能。

（5）针刺过程中的高强度针刺，其结果会损伤纤维和基布。低强度针刺和从两面重复地针过一定数量，会改善织物的特性。

（6）织物每单位面积的重量和形成的密度是影响织物特性的重要因素，织物的气流渗透性和厚度与干净空气的压降的关系，比单纯的气流渗透性与干净空气的压降的关系更有关。

（7）研光会损害织物结构，并且在效率没有成比例提高的情况下，使过滤压力降明显增加。

6.4.3.3 基布（scrim）

基布（scrim）在针刺毡中相当于人体的肌肉或钢筋混凝土中的钢筋。它作为针刺毡的骨架为针刺毡提供了良好的机械强度和稳定性。

不同的应用环境应选用不同的基布，以使针刺毡适应不同的高机械力、高化学环境和高温环境的要求。

基布（scrim）有采用短纤维纺成的纱线和长丝纺成的纱线两种织造类型。采用长丝织造的基布断裂强度、断裂伸长率和热收缩等指标，较采用短丝织造的基布要好。

基布一般采用与纤网纤维相同的纤维制作，为了加强基布的强度，通常也可以采用与纤网纤维不同的纤维或其混合的纤维。

6.4.3.4 典型的化纤有基布针刺毡滤料

典型的化纤有基布针刺毡滤料品种及其性能参数如表6-129~表6-131所示。

表6-129 聚酯（涤纶）针刺毡滤料性能参数

项目					ZLN-D 350	ZLN-D 400	ZLN-D 450	ZLN-D 500	ZLN-D 550	ZLN-D 600	ZLN-D 650	ZLN-D 700	无基布③
Ⅰ	形态特性	1	材质		涤纶	涤纶	涤纶	涤纶	涤纶	涤纶	涤纶	涤纶	涤纶
		2	加工方法		针刺成形，热定型，热辊压光								热定型、烧毛
		3	单位面积质量/g·m^{-2}		350	400	450	500	550	600	650	700	500
		4	厚度/mm		1.45	1.75	1.79	1.95	2.1	2.3	2.45	2.60	1.9
		5	体积密度/g·cm^{-3}		0.241	0.229	0.251	0.256	0.262	0.261	0.265	0.269	
		6	孔隙率/%		83	83	82	81	81	81	81	80	
Ⅱ	强力特性	1	断裂强力/N·(5cm×20cm)$^{-1}$	经向	870	920	970	1020	1070	1120	1170	1220	1100
		2		纬向	1000	1100	1200	1350	1500	1700	2000	2100	1500
Ⅲ	伸长特性	1	断裂伸长率/%	经向	23	21	22	23	22	23	23	26	40
		2		纬向	40	40	35	30	27	26	26	29	45
Ⅳ	透气性	1	透气度	L/(m^2·s)	480	420	370	330	300	260	240	200	
		2		m^3/(m^2·min)	28.8	25.2	22.2	19.8	18	15.6	14.4	12	18
		3	透气度偏差/%		±5	±5	±5	±5	±5	±5	±5	±5	
Ⅴ	阻力特性	1	洁净滤料阻力系数					15					
		2	再生滤料阻力系数					32					
		3	动态阻力/Pa					216					
Ⅵ	捕尘特性	1	静态捕尘率/%					99.8					
		2	动态捕尘率/%					99.9					
		3	粉尘剥离率/%					93.2					
Ⅶ	使用特性	1	使用温度/℃	连续	<130								
		2		瞬间	<150								
		3	耐酸性		良(分别在浓度为35%盐酸、70%硫酸或60%硝酸中浸泡，强度几乎无变化)								
		4	耐碱性		一般（分别在浓度为10%氢氧化钠或28%氨水中浸泡其强度几乎不下降)								
资料来源					①			②	①				

①全国袋滤技术研讨会文集（第七期）附录Ⅴ、Ⅵ、Ⅶ数据；

②国家环保局全国环保产品认定检测报告；

③摘自上海安德鲁公司产品样本。

表 6-130 丙纶针刺毡滤料性能参数

项目					ZLN-B500	ZLN-B550	ZLN-B600
Ⅰ	形态特性	1	材质		聚丙烯		
		2	真比重		1.14~1.17		
		3	加工方法		针刺成形，热烘燥，热辊压光		
		4	单位面积质量/$g \cdot m^{-2}$		500	550	600
		5	厚度/mm		2.1	2.15	2.2
		6	体积密度/$g \cdot cm^{-3}$		0.238	0.256	0.273
		7	孔隙率/%		79.4	77.9	76.4
Ⅱ	强力特性	1	断裂强力/N·$(5cm \times 20cm)^{-1}$	经向	900	950	1000
		2		纬向	1200	1400	2036
Ⅲ	伸长特性	1	断裂伸长率/%	经向	34	32	32
		2		纬向	30	35	38
Ⅳ	透气性	1	透气度	$L/(m^2 \cdot s)$			200
		2		$m^3/(m^2 \cdot min)$			12
		3	透气度偏差/%				+5/-7
Ⅴ	阻力特性	1	洁净滤料阻力系数				19.8
		2	再生滤料阻力系数				38.2
		3	动态阻力/Pa				209
Ⅵ	捕尘特性	1	静态捕尘率/%			99.8	99.5
		2	动态捕尘率/%			99.9	99.9
		3	粉尘剥离率/%			93.2	93.7
Ⅶ	使用特性	1	使用温度/℃	连续	85		
		2		瞬间	100		
		3	耐酸性		优	优	优
		4	耐碱性		优	优	优
资料来源					①	①	②

①全国袋滤技术研讨会论文集（第七期）；

②国家环保局全国环保产品认定检测报告。

表 6-131 耐热抗腐针刺毡滤料性能参数

项目				芳纶针刺毡			PPS 针刺毡		P84®针刺毡		玻纤复合针刺毡
				ZLF-D 450	ZLN-F 500	ZLN-F 550	ZLN-R 500	ZLN-R 550	ZLN-P 500	ZLN-P 550	
Ⅰ	形态特性	1	材质	芳香聚酰胺			聚苯硫醚		聚酰亚胺		玻纤芳纶复合
		2	真比重	1.38			1.37		1.41		
		3	加工方法	针刺成形，热烘燥，热辊压光（根据需要可烧毛）							
		4	单位面积质量/$g \cdot m^{-2}$	450	500	600	500	600	500	550	1090
		5	厚度/mm	2.0	1.8	2.2	2.0	2.1	2.6	2.7	2.7
		6	体积密度/$g \cdot cm^{-3}$	0.225	0.217	0.25	0.25	0.28	0.19	0.20	
		7	孔隙率/%	83.7	84.2	81.9	81.8	79	86	86	

续表 6－131

项目					芳纶针刺毡			PPS 针刺毡		P84®针刺毡		玻纤复合针刺毡
					ZLF－D 450	ZLN－F 500	ZLN－F 550	ZLN－R 500	ZLN－R 550	ZLN－P 500	ZLN－P 550	
Ⅱ	强力特性	1	断裂强力 /N·(5cm×20cm)$^{-1}$	经向	800	851	980	890	866	830	930	2000
		2		纬向	950	1213	1300	1010	1184	1030	1080	2000
Ⅲ	伸长特性	1	断裂伸长率/%	经向	30	22	27.4	24.8	34.4	25	26	3.8
		2		纬向	43	36	40.4	38.6	34.5	34	35	1.7
Ⅳ	透气性	1	透气度	L/(m^2·s)		210	222	275	137	186		80
		2		m^3/(m^2·min)		12.6	13.3	16.5	8.25	11.17		4.8
		3	透气度偏差/%			+12 −6	+10	+16 −8	+7 −4	+4 −5		+7 −7
Ⅴ	阻力特性	1	洁净滤料阻力系数				5.3	10.5	18	9.4		28
		2	再生滤料阻力系数				22.0	17.4		19.1		
		3	动态阻力/Pa				347	132	198	75		
Ⅵ	捕尘特性	1	静态捕尘率/%				99.5	99.6		99.9		
		2	动态捕尘率/%				99.9	99.9	99.996	99.9		99.9
		3	粉尘剥离率/%				96.3	95.2	84.8	93.9		
Ⅶ	使用特性	1	使用温度/℃	连续	170～200			130～190		160～240		160～200
		2		瞬间	250			200		260		220
		3	耐酸性		一般			优		优		一般
		4	耐碱性		良			优		差		一般
资料来源					①	③	②③	②③	①	③	①	

①全国袋滤技术研讨会论文集（第七期）；

②国家环保局全国环保产品认定检测报告；

③东北大学滤料检测中心检测报告（抚顺晶花产业用布有限公司样品）。

6.4.4 无基布针刺毡（self supported needlefelts）

6.4.4.1 无基布针刺毡的沿革

所有过滤用的针刺毡习惯上都用基布支撑，欧洲市场上有人认为，既重又结实的增强基布对滤料的空间稳定性和物理强度是必不可少的。

1980 年，无基布针刺毡观念是英国 Andrew 工业集团在 1980 年首创，并投入大量的研究和投资。

1984 年，Andrew 工业集团在美国过滤市场上提出了第一个 Fiberlox™聚酯无基布针刺毡。Fiberlox™无基布针刺毡是英国 Andrew 工业集团的注册商标，并能用各种纤维中的任何一种，生产出各种 Fiberlox™产品。

至 2005 年，Andrew 工业集团已提供了将近 6000 万 m^2 的这种产品，而没有出现过任何问题。

此后，美国几乎所有的主要滤袋加工商，都可以提供 Fiberlox™芳纶无基布针刺毡滤袋，这些产品已被用在原来有基布针刺毡使用的场所，一般也可用于袋长超过6m的滤袋。

6.4.4.2 Fiberlox™无基布针刺毡的特点

（1）减少针刺毡的原料用量。有基布针刺毡是利用纤网和基布制造，而Fiberlox™无基布针刺毡取消了基布，单用纤网制造，从而减少了基布纤维原材料。

（2）有利于提高过滤效率。在有基布针刺毡中，基布一般只起支撑作用而不起过滤作用，滤料的真正过滤主要是靠纤网。因此，在同样重量的滤料中，Fiberlox™无基布针刺毡中没有基布，用于制造基布的纤维改成用来制造纤网，因此在同样重量的针刺毡中，无基布针刺毡滤料中用作过滤的纤网重量就增加，从而提高了Fiberlox™无基布针刺毡的过滤效率。

据Nomex® Fiberlox™产品的测定：Fiberlox™ A0559ZZS产品的压降比有基布支撑的X550XSZ产品低9.5%；Fiberlox™ X550UZ产品的排放浓度比有基布支撑的A0559NZS低8.0%。

（3）滤袋寿命长。

（4）价格低。Fiberlox™引人注意的特点是重量，有基布针刺毡在同等重量下比Fiberlox™无基布针刺毡要浪费，取消了基布，使Fiberlox™滤料的价格有机会降低，使它具有更大的竞争力。

6.4.4.3 Fiberlox™无基布针刺毡的开发与研制

Fiberlox™的首创产品　　聚酯无基布针刺毡
Fiberlox™第二次开发　　芳纶无基布针刺毡
Fiberlox™扩展品种　　PPS、P84®无基布针刺毡
Fiberlox™下一代新产品　　超细纤维针刺毡

A Fiberlox™的首创产品——聚酯无基布针刺毡

a 聚酯无基布针刺毡的性能参数（表6－132）

表6－132 聚酯无基布与有基布的性能参数

参 数	有基布	Fiberlox™	参 数	有基布	Fiberlox™
克重/g·m^{-2}	556	540	经向伸长率@50N/%	2.2	1.8
厚度/mm	2.1	1.9	经向断裂伸长率@峰值/%	87	78
透气量/cfm	32	34	顶破强度/kPa	2875	4206
经向断裂强度/N·5cm^{-1}	1150	1339			

b 聚酯无基布针刺毡的优越性

从表6－132的分析中可表明：

（1）无基布针刺毡的强度和拉伸率都优于有基布针刺毡，聚酯无基布针刺毡最令人感兴趣的是它的强度。

（2）无基布针刺毡的拉伸和顶破强度分别比有基布针刺毡高16.5%和46%。

（3）聚酯有基布针刺毡滤袋的延伸率，一般工业标准是在50N负荷时最大为3.5%，而聚酯无基布针刺毡不仅达标，而且在局部还优于有基布针刺毡。

（4）在大多数应用领域中，无基布针刺毡足够满足其应用要求，在美国许多实际应用中，无基布针刺毡比有基布针刺毡更有优势。

c 聚酯无基布针刺毡的测试报告（表6-133）

表6-133 聚酯无基布针刺毡的测试报告（2010年7月19日）

序号	测试项目		试验方法	规格	结果
1	克重		ASTM D 461—93 Part11	500±5% g/m²	540g/m²
2	厚度		ASTM D 461—93 Part10	1.9±10% mm	1.72mm
3	透气性		GB/T5453—1977/ISO 9237：1995	180±20% L/(dm²·min)	128L/(dm²·min)
4.1	断裂强度	经向	GB/T 3923.1—1977	>1000N/5cm	1336N/5cm
		纬向	GB/T 3923.1—1977	>1100N/5cm	1456N/5cm
4.2	断裂伸长率	经向	GB/T 3923.1—1977	40%	39%
		纬向	GB/T 3923.1—1977	45%	50%
4.3	伸长率	经向	GB/T 3923.1—1977	≤2	1.28%
		纬向	GB/T 3923.1—1977	≤3	2.84%
5	线性收缩率	经向	TL-W003	≤3	1.00%
		纬向	TL-W003	≤3	1.00%
6	顶破强度		GB/T 7742—2005/ISO 13938-1：1999	>450psi	850+psi
7	防油防水性		GB/T 4745—1997/ISO 4920：1981	级	级
8	表面导电性		DIN 54345 Part5	Ω	Ω

B Fiberlox™第二次开发——芳纶无基布针刺毡

a 芳纶无基布针刺毡的研制

Andrew 工业集团在开发了聚酯无基布针刺毡后，进一步研制了非热塑性无基布针刺毡的新 Fiberlox™产品。

显然，理论上芳纶纤维制造无基布滤料是可行的，但实施的关键是必须了解应用的切实可行性。首先，要分析应用工况，然后要使滤料技术参数满足应用。在所有的无基布针刺毡中，针刺毡中的所有纤维（100%纤维）都用来过滤气体，大多数情况下使用有基布针刺毡的传统滤料，基布对过滤效率毫无帮助（但液体过滤中，基布有助于提高过滤效率），只会造成滤料成本的大幅提高。欧洲使用的有基布针刺毡，与美国相比，滤料趋向于使用重基布。因此，其成本的提高将形成更大的差价，但对过滤效率的影响甚微。

不久以前，人们还认为用芳纶纤维制造过滤产品，不用基布几乎是不可能的。

由于这些情况，Andrew 工业集团经过几年的多次尝试，但最终产品的特征和性能都不理想，其主要困难是纤维聚在一起后，如何确保针刺毡的物理性能的稳定与纤维自身特性。

在过去几年中，由于针刺毡制造技术的大幅度提高，如纤维质量的提高、梳理和重量控制系统、交叉铺网整形功能以及针刺机和刺针设计的技术进步，推动了曾一度被认为是不可能生产的无基布滤料的发展。

现在，Andrew 工业集团已能制造芳纶无基布针刺毡。

b 芳纶无基布针刺毡的性能参数（表6-134）

表6-134 芳纶无基布与有基布的性能参数

参数	有基布	Fiberlox™	参数	有基布	Fiberlox™
克重/g·m^{-2}	485	491	经向断裂伸长率/%	25	56
厚度/mm	2.0	1.9	纬向断裂伸长率/%	54	74
透气量/cfm	42	27	伸长率（50N）/%	1.1	1.7
经向断裂强度/N·5cm^{-1}	752	1339	顶破强度/kPa	3344	4482
纬向断裂强度/N·5cm^{-1}	1504	1513			

c 推动芳纶无基布针刺毡制作的无基布针刺毡流程

（1）成包的人造纤维（图6-256），开松后喂入梳理机（图6-257），经梳理机梳理过的平行纤维网，喂入交叉铺网机（图6-258），交叉铺网机将纤网在严格控制状态输送到铺网底帘，从而保持了最终产品的重量一致性。

图6-256 成包的人造纤维

图6-257 经梳理机梳理过的平行纤维网

图6-258 经梳理机梳理过的平行纤维网，喂入交叉铺网机

（2）经交叉铺叠的纤维网，喂入装满毡料刺针的针刺机（图6-259），针刺机使纤维网内的纤维相互缠绕加固在一起。

（3）在传统的有基布针刺毡加工工艺中，在进入针刺工序前，平行纤维网中纤维主要沿横机入口方向分布，这是区别于 Fiberlox™传统无基布针刺毡的根本缺陷。

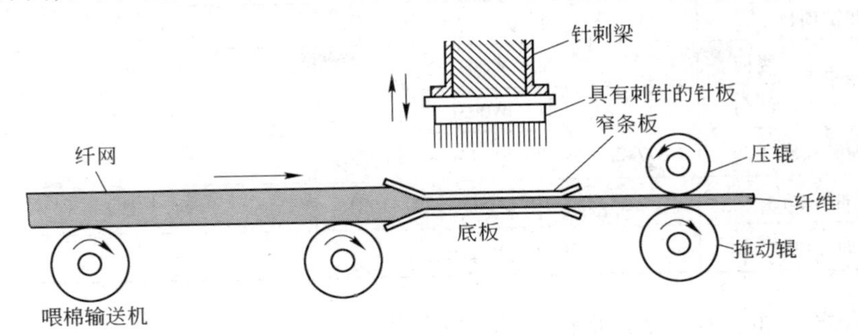

图 6-259 针刺工序的工艺流程

（4）近年来，滤料生产商已找到一些最新设计的刺针，刺针的新特性使提高交叉纤维网的稳定性成为可能。

（5）刺针外形有点像倒置的鱼钩，在刺针刺入纤维中时，它的倒钩会把纤维向里（即向纤维网里）推进，使纤维穿透毡料。当它返回时，倒钩并不带动纤维，这样便使纤维留在原处。为了保持产品完整性，每平方厘米毡料的针密度需要控制在几百针内。

（6）现在新的刺针设计已经允许降低偏斜度，以减少对纤维和针的损伤。同样的技术也允许改变刺针倒钩的设计花样，以便每次刺针可以刺入更多纤维。而顶端带有分叉的针，远胜于只有一处倒钩的针，四边结构的针也远比传统三角形的要好。这些改变都有益于形成优良规格的刺针，并提升表面光洁度，同样也会减少纤维的受伤。很难想象，虽然刺针都是由钢制成，非常耐磨，但甚至于超细纤维都会磨损掉针钩，如果了解到刺针需要连续针刺 2 千多万次，那就很容易理解为什么会发生针钩的磨损了。为了延长针钩的寿命，制造厂提供了含钛技术的针，它的寿命会比以前强 2~3 倍。

（7）正是由于这些技术的提高，推动了芳纶无基布针刺毡的制造技术的进步，结果是非常令人欣喜的。

d 芳纶有基布针刺毡的测试报告

测试报告之一如表 6-135 所示。

表 6-135 芳纶有基布针刺毡的测试报告（2010 年 7 月 28 日）

序号	测试项目		测 试 方 法	规 格	结 果
1	克重		ASTM D461—93 part11	500 ±5% g/m²	503g/m²
2	厚度		ASTM D461—93 part10	2.2 ±10% mm	2.34mm
3	透气性		GB/T 5453—1997/ISO 9237：1995	230 ±20% L/(dm²·min)	237L/(dm²·min)
4.1	断裂强度	经向	GB/T 3923.1—1997	>850N/5cm	1018N/5cm
		纬向	GB/T 3923.1—1997	>1200N/5cm	1478N/5cm
4.2	断裂伸长率	经向	GB/T 3923.1—1997	20%	16%
		纬向	GB/T 3923.1—1997	35%	37%
4.3	伸长率	经向	GB/T 3923.1—1997	≤2%	0.99%
		纬向	GB/T 3923.1—1997	≤3%	2.37%

续表 6－135

序号	测试项目		测 试 方 法	规 格	结 果
5	线性收缩率	经向	TL－W003	≤3%	%
		纬向	TL－W003	≤3%	%
6	顶破强度		GB7742.1—2005/ISO 13938－1：1999	>450psi	650＋psi
7	防油防水性		GB/T4745—1997/ISO 4920：1981	级	级
8	表面导电性		DIN 54345 part5	Ω	Ω

测试报告之二如表 6－136 所示。

表 6－136 芳纶无基布针刺毡的测试报告（2010 年 6 月 17 日）

序号	测试项目		测 试 方 法	规 格	结 果
1	克重		ASTM D461—93 part11	500±5% g/m²	517g/m²
2	厚度		ASTM D461—93 part10	2.4±10% mm	2.46mm
3	透气性		GB/T 5453—1997/ISO 9237：1995	230±20% L/(dm²·min)	176L/(dm²·min)
4.1	断裂强度	经向	GB/T 3923.1－1997	>900N/5cm	1066N/5cm
		纬向	GB/T 3923.1—1997	>1300N/5cm	1620N/5cm
4.2	断裂伸长率	经向	GB/T 3923.1—1997	45%	47%
		纬向	GB/T 3923.1—1997	40%	45%
4.3	伸长率	经向	GB/T 3923.1—1997	<3%	2.17%
		纬向	GB/T 3923.1—1997	<5%	3.15%
5	线性收缩率	经向	TL－W003	<3%	%
		纬向	TL－W003	<3%	%
6	顶破强度		GB7742.1—2005/ISO 13938－1：1999	>400psi	500psi
7	防油防水性		GB/T 4745—1997/ISO 4920：1981	级	级
8	表面导电性		DIN 54345 part5	Ω	Ω

C Fiberlox™扩展品种——PPS 无基布针刺毡

a PPS 无基布针刺毡的测试报告（表 6－137）

表 6－137 PPS 无基布针刺毡的测试报告

参 数	有基布	Fiberlox™	参 数	有基布	Fiberlox™
克重/g·m⁻²	573	566	经向断裂伸长率/%	23	57
厚度/mm	1.9	2.0	纬向断裂伸长率/%	42	56
透气量/cfm	35	31	伸长率@50N/%	1.0	1.4
经向断裂强度/N·5cm⁻¹	778	1019	顶破强度/kPa	4040	4551
纬向断裂强度/N·5cm⁻¹	1335	1580			

b P84®无基布针刺毡的测试报告（表6－138）

表6－138 P84®无基布针刺毡的测试报告

参 数	有基布	Fiberlox™	参 数	有基布	Fiberlox™
克重/g·m⁻²	498	485	经向断裂伸长率/%	57	40
厚度/mm	2.5	2.5	纬向断裂伸长率/%	40	40
透气量/cfm	37	36	伸长率@50N/%	1.2	2.2
经向断裂强度/N·5cm⁻¹	774	1001	顶破强度/kPa	3102	4137
纬向断裂强度/N·5cm⁻¹	1205	1268			

D Fiberlox™下一代产品——超细纤维针刺毡

为进一步提高Fiberlox™无基布针刺毡的过滤效率，Fiberlox™的下一代产品是开发超细纤维的无基布针刺毡。

a 超细纤维针刺毡的特点

过滤行业正在快速开发新产品，全球的需求快速增长，空气排放浓度要求越来越低。为此，Andrew工业集团开发了超细纤维针刺毡产品。

众所周知，过滤用针刺毡主要是用1.5～3.0旦尼尔纤维制作，旦尼尔定义是长度9000m的单根纤维的克重，它取决于纤维直径的大小。

Andrew工业集团对超细纤维的定义为：纤维相对直径小于10μm。

图6－260阐明了旦尼尔的变化对纤维长度的影响，示出0.5kg纤维的长度（英里数）。

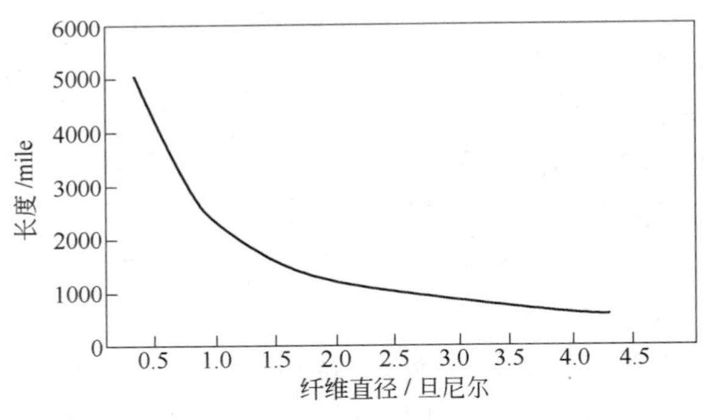

图6－260 0.5kg纤维的长度（英里数）

由于无基布针刺毡具有更多的纤维，对于气体的过滤，用同等重量的纤维做成的针刺毡，纤维越细，其长度越长，使毡中纤维的距离拉近，内部孔隙尺寸降低，就能捕集更小的尘粒，使烟气的排放浓度降低。另外，由于尘埃粒子几乎不可能进入针刺毡内部，滤袋清灰效果也会更好。

b 标准聚酯针刺毡和超细纤维针刺毡的比较

滤料名称	PE－16－US	PE－16/M－SPEG
制造厂	美国南方毡料公司	美国南方毡料公司
提供的灰尘	纯NF	纯NF

测定时间	2004-01-11	
核对试验结果	ASTM D6830-02	
平均出口尘粒浓度：		
PM2.5/gr·dscf^{-1}	0.0001140	0.0000095
总量/gr·dscf^{-1}	0.0001153	0.0000170
初始残余压力降/in. wg	1.48	1.49
残余压降的改变/in. wg	0.42	0.23
平均残余压力降/in. wg	1.74	1.63
滤料样品的质量增加/g	1.43	0.70
平均过滤周期时间/s	48	97
喷吹次数	448	223
残余压力降：		
开始于条件时期/in. wg	0.05	0.10
残余时期/in. wg	1.39	1.43
性能测试时期/in. wg	1.48	1.49
清灰效率：		
尘粒浓度/gr·dscf^{-1}	8.17	7.87
PM 2.5	99.99818659	99.99984
总量	99.9985893	99.99978

c 超细纤维针刺毡的过滤效率

超细纤维针刺毡滤料的过滤效率是令人惊讶的，排放浓度可以精确到小数点后6位数，而标准有基布针刺毡只能达到3位数。

超细纤维针刺毡与标准聚酯针刺毡，虽然最初的 ΔP 数据是相同的，但由于尘埃颗粒不能进入超细纤维针刺毡滤料内部，所以超细纤维针刺毡的压力损耗不会太大，而同样的压差，普通聚酯针刺毡只能清掉50%的灰。

由于清灰成本昂贵，所以当清灰频率减少50%时，成本的节约将非常明显，同时还可使排放浓度大大降低。

6.4.4.4 Andrew 工业集团的无基布针刺毡产品

Andrew 工业纺织品制造（上海）有限公司的产品技术参数如表6-139所示。

6.4.4.5 结论

安德鲁工业集团在开发涤纶 Fiberlox™无基布针刺毡的基础上，进一步研制出非热塑性的 Fiberlox™产品，如 Meta-Aramid and PI。现在，美国南方毡料公司 Fiberlox™产品已有聚酯、Meta-aramid、PPS、P84 和丙纶等所有纤维的针刺毡。

安德鲁工业集团及其下属美国南方毡料公司，在开发 Fiberlox™无基布针刺毡产品的基础上，进一步研制出更高的过滤效率的超细纤维针刺毡产品，以适应当前国际上环保要求不断提高的需要。

当前，如何将 Fiberlox™无基布针刺毡生产制造技术向超细纤维针刺毡方向发展，这将是未来发展的方向，利用超细纤维来达到更高的净化效率。

表 6-139 Andrew 工业纺织品制造（上海）有限公司的产品技术参数

产品名称	产品描述		克重/g·m^{-2}	厚度/mm	透气性/dm^3·dm^{-2} (20mmH_2O)	断裂强度/N·5cm^{-1}		断裂伸长率/%		伸长率(50N)/%		线性收缩率/%			使用温度/℃	
	纤维	基布				经向	纬向	经向	纬向	经向	纬向	温度/℃	经向	纬向	连续	瞬时
TZZ0500TY	涤纶 PET	涤纶短丝基布	500	1.70	200	650	950	21	60	1.00	3.00	170	<3	<3	150	170
TZZ0500TF	涤纶 PET	涤纶长丝基布	500	1.70	185	2000	1800	25	27	0.50	2.00	170	<3	<3	150	170
TZZ0500SS	涤纶 PET	无基布	500	2.00	190	1100	1500	47	47	2.00	3.00	170	<3	<3	150	170
PZZ0500PF	聚丙烯 PP	聚丙烯长丝基布	500	2.00	165	1200	1400	30	30	3.00	3.00	110	<3	<3	100	110
PZZ0500SS	聚丙烯 PP	无基布	500	2.10	175	1100	1350	95	115	2.50	4.00	110	<3	<3	100	110
HZZ0500HY	均聚丙烯酸 HOMO. ASF	均聚丙烯酸基布	500	2.50	190	900	850	10	25	3.00	3.00	140	<3	<3	125	140
RZZ0500RY	聚苯硫醚 PPS	聚苯硫醚基布	500	1.60	200	650	1000	21	60	1.00	2.50	200	<3	<3	180	200
RZZ0500SS	聚苯硫醚 PPS	无基布	500	1.70	190	950	1350	70	70	2.50	3.50	200	<3	<3	180	200
YZZ0500XY	国产芳纶 Aramid	进口芳纶基布	500	2.00	160	600	1500	20	45	3.00	3.00	220	<3	<3	200	220
XZZ0500XY	进口芳纶 Aramid	进口芳纶基布	500	2.00	160	600	1500	20	45	3.00	3.00	220	<3	<3	200	220
XYL0500XY	进口、国产芳纶混合 Aramid	进口芳纶基布	500	2.50	200	800	1100	27	50	2.50	4.00	220	<3	<3	200	220
YZZ0500SS	国产芳纶 Aramid	无基布	500	2.10	165	1000	1000	46	57	3.00	3.00	220	<3	<3	200	220
XZZ0500SS	进口芳纶 Aramid	无基布	500	2.10	165	1000	1000	50	60	3.00	3.00	220	<3	<3	200	220

注：1. 表面处理类型：热定型、烧毛、压光、超级压光。

2. 化学处理类型：防油防水处理、防火处理、防酸浸入处理、PTFE 浸入处理、亚克力涂层处理、PTFE 低温涂层、PTFE 高温涂层。

3. 测试标准：ISO 9073-3。

6.5 滤料的前处理、后处理和表面处理

6.5.1 定义

纤维在织造成坯布（greige）（刚从机器上制作成的毛坯织物）之前需要进行前处理。坯布在织物准备用作滤料时，要在织成织物后采用一定的后处理（treatments）和/或进行表面处理（finishes），以改善织物的过滤性能和清灰（剥离）性能，它同样会改善织物的寿命和强度。

前处理是纤维在织造成滤料之前所进行处理的工艺。

后处理（treatments）定义是织物在加工制作中的最终一道纺织工序。它影响整个织物的全部，而表面处理（finishes），它只影响织物的表面。

表面处理（finishes）定义是织物在离开织机后，为了改善织物外表面或其使用性所采取的一种加工处理工序。

6.5.2 前处理

目前纱线前处理主要用于玻璃纤维。

由于玻璃纤维性脆，在织造过程中常会有部分纤维折断，从而严重影响滤料织物性能，通过对纱线进行处理，在纱线表面涂覆高分子有机聚合物，增加纱线的柔性，可改善耐折、耐磨及可织造性能。

玻璃纤维的纱线处理早期以硅油为主，后来发展到硅油、石墨、聚四氟乙烯处理剂，近年来又开发成功包括具有耐酸、疏水和增加柔性等多重功能的新型处理剂。

玻璃纤维的纱线处理方法基本上是将纱线在清洗槽中脱蜡、在浸渍槽中浸渍，再通过干燥设备干燥后形成处理纱。

6.5.3 后处理

棉布和羊毛织物常常可以用清洗（洗涤或冲刷）、漂白、化学处理等后处理工序，以达到防水、防蛀虫、防发霉或防火的功能。

人造织物的后处理，可以使滤料质地均匀、尺寸稳定、性能改善、外观美化，从而扩大其应用范围。

人造织物常用的后处理有：

（1）烧毛，改善尘饼的剥离。

（2）研光（calendering），改善尘饼的剥离。

（3）热定型，稳定尺寸。

（4）起绒（拉毛），改善过滤效率。

6.5.3.1 烧毛处理

A 滤料的烧毛工艺

滤料的烧毛工艺是将滤料以一定速度通过燃烧煤气、天然气或液化气的火口（图6－261），将悬浮于滤料表面的纤毛烧掉，以改善滤料表面结构，有助于滤料的清灰。

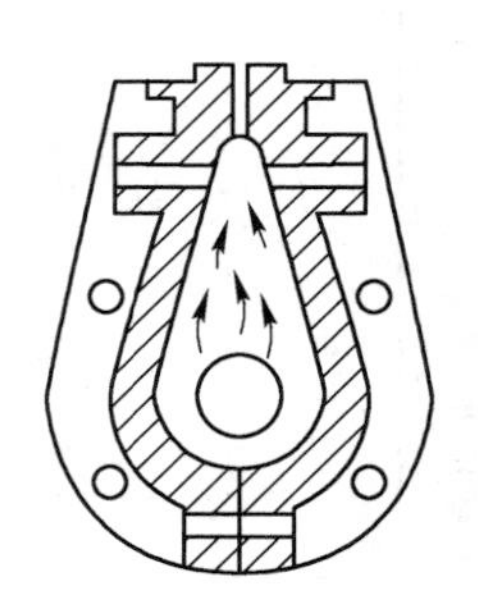

图6－261 狭缝式烧毛火口

由于热轧光等技术同样可以使滤料表面光滑，而且比较均匀，因此，滤料不一定都需要进行烧毛处理。

几乎所有材质的针刺毡在迎尘面都可烧毛，但 PTFE 和 PVC 例外，因为它们在烧毛时会分解出有毒物质。

B 粉尘性质与滤料烧毛的关系

粉尘一般可分为自由流动性粉尘和凝结性粉尘两种（图 6 – 262）。

凝结性粉尘　　自由流动的粉尘

图 6 – 262　粉尘特性

凝结性好的粉尘很容易结块，它会粘在一起（图 6 – 263）。它在粉尘之间以及粉尘与纤维之间的黏着力很高，即使是细微的粉尘也会粘在一起，并极易形成一个连贯的粉饼层，因此，粉尘的分离较易实现。

图 6 – 263　凝结成粒的粉尘

但是，自由流动的粉尘就不一样，它不会结块，它像水一样流动，存在于粉尘之间以及粉尘与纤维之间的黏着力很低，由于粉尘不会粘在一起，而是一个个地接触到滤料表面（图 6 – 264），细微的粉尘将有可能渗入滤料之中，从而导致较高的排放。

C 滤料烧毛的作用

（1）烧毛是通过对针刺毡表面的松散纤维末端的熔化或热分解，以消除纤维末端的粉尘凝结。

（2）烧掉滤料表面的纤毛有助于滤料清灰。

（3）熔融烧毛不均匀形成熔结斑块状，反而不利于滤尘。

（4）通常，烧毛面用于分离自由流动的粉尘。

（5）因为烧毛是用煤气火苗来燃烧移动着的松散的纤维末端，烧除的只是滤料外表的纤维，整个滤料不会受到影响（图 6 – 265）。

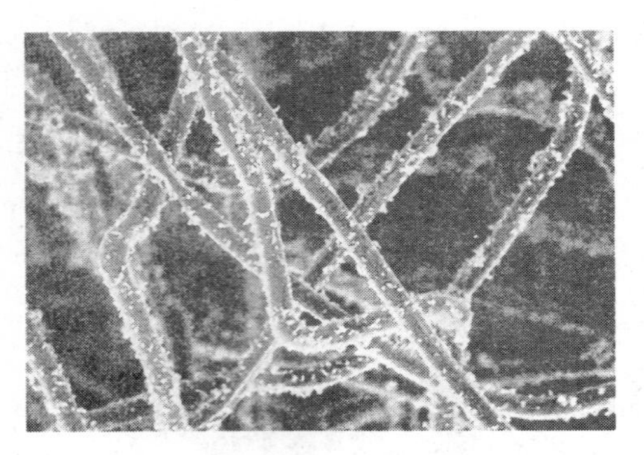

图 6－264 从纤维表面分离出的自由流动粉尘

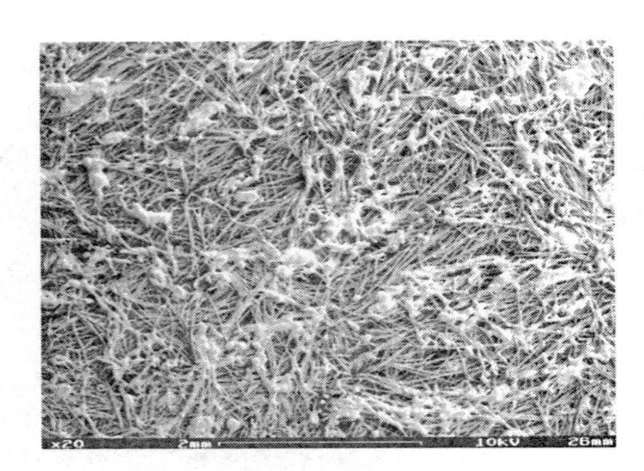

图 6－265 烧毛面

（6）如果未经烧毛处理，松散的纤维末端在露点经过时可能会像一个浓缩点，会在该处首先形成水滴捕获粉尘，它在温度升高时，水分蒸发掉后留下的粉尘就形成结节。通常可做 SI 处理，以减少粉尘与纤维之间的摩擦力。

6.5.3.2 研光与热轧光

A 研光处理

研光（calendering）处理（图 6－266）是将织物在非常高的压力下，在冷辊和热辊之间通过，从而使织物产生压平迫使经线压下。如果辊子上有足够的压力，它将压平纱线使之形成织布。如果上部辊子比下部辊子的速度转得更快，上部辊子将在织物上滑动引起热摩擦，并产生釉面表面处理，这种处理大部分用在棉布织物上，很少用于人造织物。

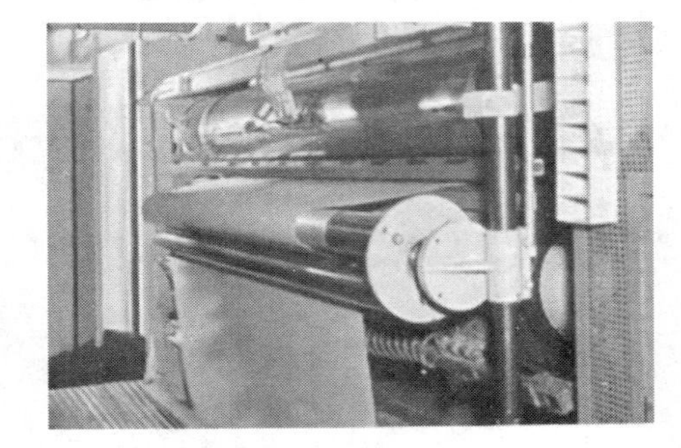

图 6－266 研光处理

B 研光处理的作用

研光处理用于控制透气量、降低针刺毡的孔径大小、提高分离效率和减少粉尘储电量，并且研光表面在凝聚性高的粉尘方面可提高清灰效率。

为达到光滑表面而不降低透气量，采用轧光处理也是可以的。

研光处理和轧光处理的区别见图 6－267 SEM 照片。

滤料的研光通常用于处理凝聚的粉尘，滤料表面被热和压力上光后，使表面光泽产生平滑面以消除粉尘的聚集。而且，在喷吹清灰时，滤料表面会以雪崩的效应，使尘饼剥离滤料表面，促使剩余的粉尘脱离滤料表面。

当频繁地出现露点时，滤料光滑表面的粉尘不易分离，相反，它封闭了一部分滤料表面。因此，需要将研光面滤料做额外的防油防水处理（例如 CS17 处理），以便更好地清除黏结的粉尘。

C 研光处理的特性

（1）研光处理用于人造织物有三种理由：

1）研光处理能使织布表面光滑，以提供更好的尘饼剥离。

2）研光处理使织布紧缩，以减少孔隙。

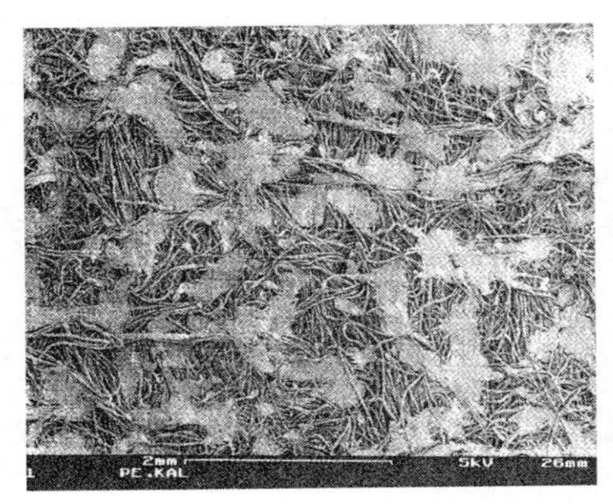

研光

轧光

图 6－267 研光和轧光的 SEM 照片

3）研光处理能压紧分散在布纹上的单根细丝。

（2）过度光滑的研光处理会产生一定的弊病。一般在滤料处理时都以为极度光滑的表面性能较好，但是，事实却相反，过度的研光处理（图 6－268）却会使滤料表面闭塞。如果有 50% 的表面孔隙被闭塞，则使剩余的一半滤料表面必须承受 2 倍的过滤速度。由此，导致粉尘渗入，造成高排放浓度及高压差。

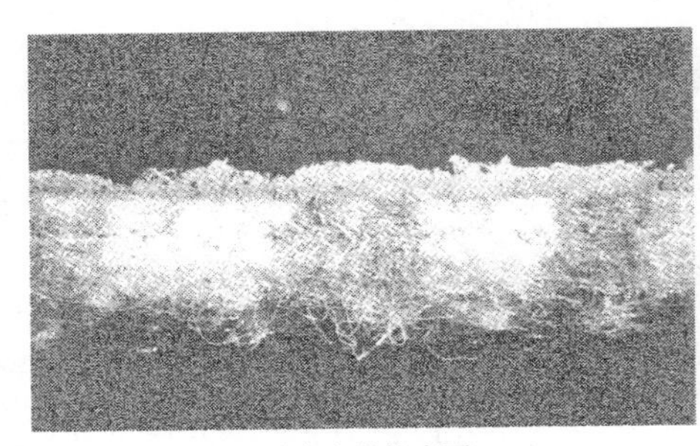

过度光滑的表面

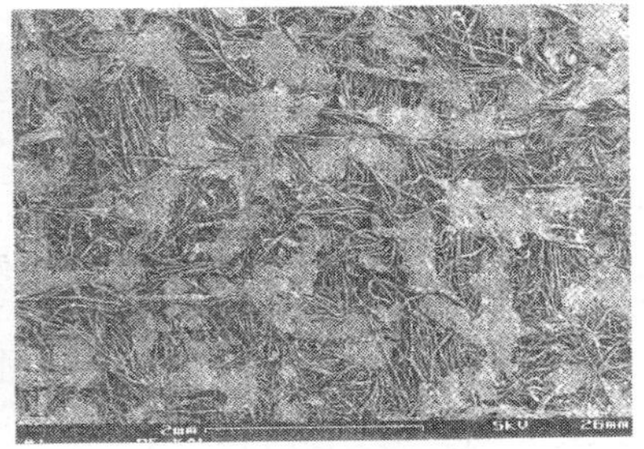

孔隙被堵塞的表面

图 6－268 过度研光的表面及孔隙被堵塞的表面

（3）在研光处理中，由于辊子的温度、压力和速度等各种因素的影响，导致研光织物孔隙难以达到均匀。

（4）研光处理是一种重要的处理工序。当纬线纤维在经线上面或下面编织时，由于单根纬线纤维细丝纱线就像一个实心的杆棒，它在经线上打滑，而不可能裹得很紧。用压平纱线的方法来研光压紧织物能帮助填满纱线之间的间隙。

（5）由此，基于上述原因，在粉尘具有黏性的情况下，推荐使用轻微研光的表面。如果是自由流动性的粉尘，推荐使用不经研光的烧毛处理，以使纤维孔隙保持敞开。

D 热轧光的特性

（1）热轧光处理可使滤料表面光滑平整，厚度均匀。

（2）热轧光处理后虽然阻力高一些，但不易透灰，有利于灰尘的过滤。

（3）钢辊与棉辊之间可消除棉辊表面的轧痕。

E 烧毛与研光的对比

为了比较烧毛面与研光面的不同，在 VDI 3962 平台上，分别对 PE/PE 551 和 PE/PE

554 CS17 两块滤料进行测试，其结果如下。

a 砑光面比烧毛面的清灰能力好

两块滤料在相同的透气量（150L/(dm^2 · min）@200Pa）情况下运行，砑光面的 PE/PE 554 CS17 滤料，压损增加较慢，粉尘较易清除，清灰能力比烧毛面好。清灰后的剩余压损如图 6－269 所示。

b 砑光面比烧毛面的粉尘沉积少

烧毛面滤料（PE/PE 551）比砑光面滤料（PE/PE 554 CS17）有更多的纤维表面，致使更多的粉尘会粘附在纤维上，甚至在清灰后也是如此。

砑光面滤料（PE/PE 554 CS17）的表面纤维孔隙部分封闭，使渗入滤料的粉尘很少。

砑光面与烧毛面表面的粉尘储存情况如图 6－270 所示。

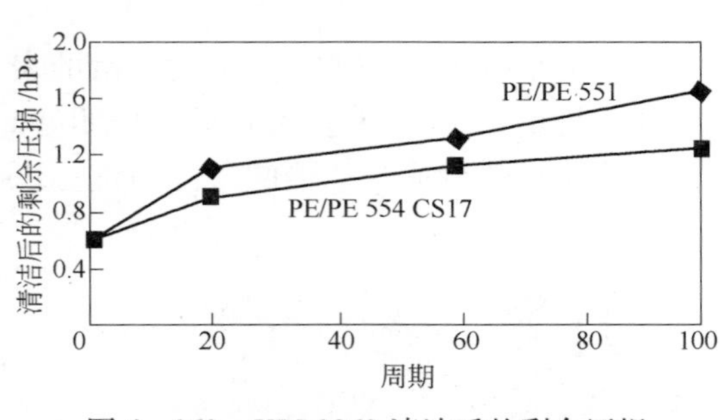

图 6－269 VDI 3962 清洁后的剩余压损

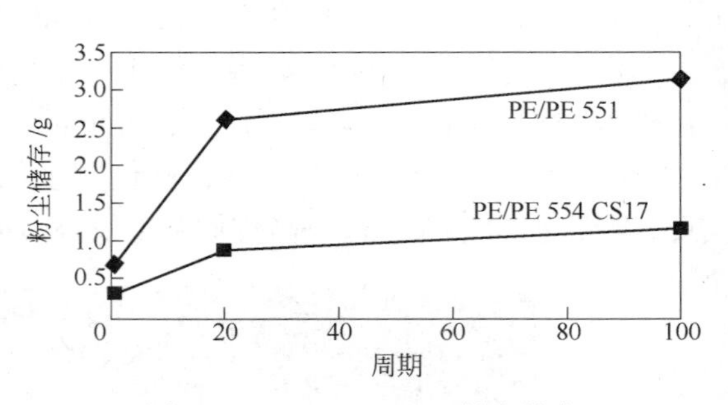

图 6－270 VDI 3962：粉尘储存

c 砑光处理的滤料比烧毛处理的清灰周期短

由于砑光处理会使滤料部分孔隙封闭，减少滤料的有效过滤面积，随着压差迅速升高，缩短清灰周期，必须进行频繁清灰。

烧毛处理保留了所有的纤维表面，没有封闭孔隙，压差上升慢，清灰次数少，除尘器清灰周期较长，延长了滤料使用寿命。

砑光处理与烧毛处理的清灰周期情况如图 6－271 所示。

d 砑光处理滤料（PE/PE 554 CS17）的排放浓度明显增加

由于砑光处理后部分孔隙封闭，从而减少了有效的过滤面积，使剩余的开放孔隙处于相当高的过滤风速中，促使粉尘快速进入滤料，引起穿透，滤料的排放浓度明显增加。在使用流动性好的粉尘时，这种效果会更明显，因为聚集性好的粉尘将更容易分离，并产生较低的排放浓度。

砑光处理与烧毛处理滤料的排放浓度情况如图 6－272 所示。

6.5.3.3 热定型

A 热定型处理的作用

热定型是指将滤料在张紧状态和特定温度下保持一定时间的工艺过程，人造织物常采用热定型以放松织物中的纱线，消除其加工过程残存的应力，提高织物尺寸的稳定性，以获得稳定的尺寸和平整的表面。同时也可起到防护湿气和抗静电的作用。

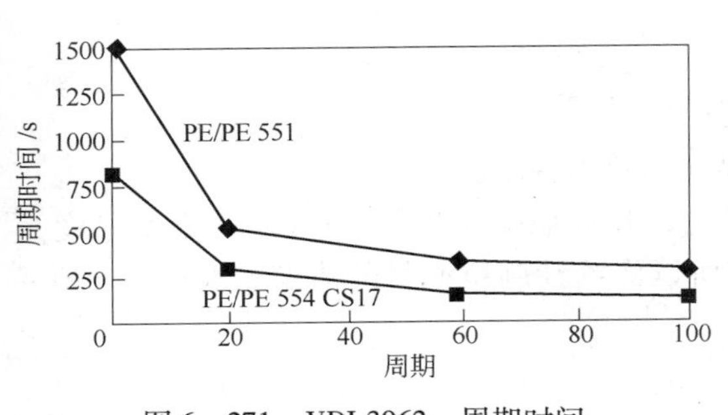

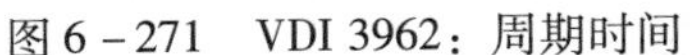
图 6－271　VDI 3962：周期时间

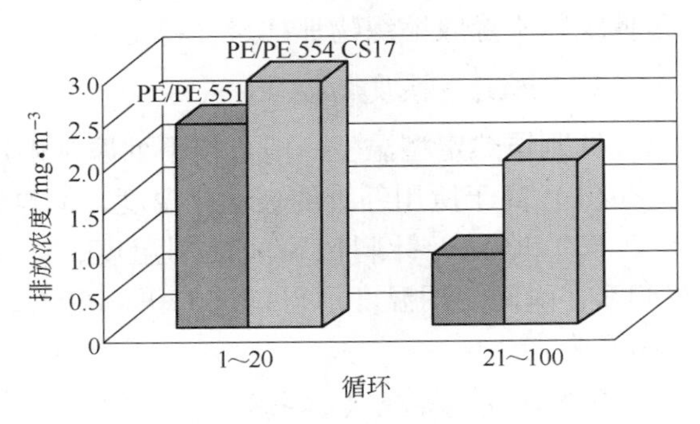

图 6－272　VDI 3962：排放浓度

为保证滤料的尺寸稳定性、维护袋式除尘器的可靠工作，应对滤料进行热定型。对于反吹风除尘器的机织滤料，除专门规定高强低伸型滤料的断裂延伸率不超过1%的规定外，未经热定型或定型温度不够的滤料，对袋式除尘器的运行是极为不利的，未经热定型的滤料主要会造成以下问题：

（1）滤袋纬向伸长使外滤式滤袋断面扩大，增加滤袋与框架的摩擦。

（2）滤袋的纵向伸长导致内滤式滤袋下部弯曲、积尘，甚至堵塞袋口。

（3）滤袋断面缩小，框架不易抽出。

（4）导致框架顶出花板。

B　热定型的处理工序

在热定型处理工序中，织物是压在一个类似张布架的机器上，经向和纬向都保持张紧，通过加热炉使其温度处于使用温度之上，保持在张力下进行后处理。

热定型能减少收缩，但没有消除收缩，张力完全消除是不可能的。热定型应使织物孔隙保持不变，宽度必须保持不变。

织物在纺织加工过程中产生的张力和拉力，可通过织物的热定型来减少。织物可以在松弛情况下，就像煮开织物或冲刷织物似的通过沸水进行预收缩，以放松纱线在编织时的张力，减少其在使用时的收缩。

织物的一种较好的热定型方法是在它通过炉子时，尽可能地保持它的松弛。它是用送入式的压紧张布架进行，织物的送入量以比它在表面处理（finishes）末端的卷筒还要快的速率送入。

预收缩的第三种方法是在环状干燥器中完成，织物可以挂在悬挂辊轴的圈上，然后通过一台炉子，用织物本身的重量在经向提供张力。热定型织物在一种松弛状态将允许收缩率高达15%，它将自然改变织物的孔隙。

任何形式的预收缩是难于完全一样的，因为织物的最初拉力大部分是依赖于织布机中的纱线张力、机织布的湿度、纺织前纱线中最初的拉力、细丝的搓捻、股和短纤。

织物的延伸必须避免。延伸经常是由于纤维对液体的吸收，其结果是增加了纱线的直径和长度，纱线的这些改变反过来引起织物各种尺寸的变化，它影响织物的原始结构，即，纱线紧度、纺织时纱线上的拉力大小、机织布的形式以及纤维的形式。

收缩和延伸也会使织布孔隙改变，孔隙会增加或减少——织物的收缩减少了它的孔隙。正常情况下，织物孔隙的减少比增加要容易些，因为纤维的收缩易于延伸。同样地，延伸织物不像收缩织物那样尺寸稳定。

C 热定型温度的确定

针刺毡热定型温度一般可按下列原则确定：

（1）高于所用纤维的玻璃化温度，但要低于软化点温度。

（2）略高于针刺毡瞬间使用温度，如涤纶，其玻璃化温度为69℃，软化点温度为230℃，瞬间使用温度不得超过150～160℃，所以涤纶针刺毡滤料的热定型温度取180～190℃为宜。

6.5.3.4 起绒（拉毛）

织物用作过滤时，起绒（拉毛）是一种重要的后处理。

208涤纶单面绒布是将利用涤纶短纤维机织而成的斜纹布，通过起绒机械起绒，使其表面形成一层覆盖织物孔隙的短绒。

由于机织布滤料的结构具有过大或过多变化的气孔，使含尘气体通过时灰尘容易透过滤料，大大削弱了滤料的净化效率。因此，为改善、提高滤料的过滤效率，特进行织物的起绒（拉毛）处理。

滤料表面的起绒及纤维卷曲会引起纤维的损伤，但它形成的多毛孔会使尘饼易于积聚，改善了灰尘的净化效果。

起绒（拉毛）是破坏织物表面的细丝或绢丝，以使其起绒，用鼓状物上带有圆柱形的刷子，或用粗糙物包在鼓状物外面，破坏纱线引起绒毛或细毛。这种绒毛称为起绒，尘粒聚集在绒毛上比在织布表面还好。

6.5.4 表面处理

人造织物常用的表面处理（finishes）有：

（1）表面涂层（coating）：改善滤料特性，保护滤料；

（2）涂料（glazing）：改善滤料特性及尘饼的剥离，保护滤料；

（3）浸渍整理；

（4）耐酸处理；

（5）Gore－Tex 薄膜滤料。

常见的处理方法有：防水防油处理、PTFE浸渍处理、抗火花及阻燃处理、防水防油聚四氟乙烯表面预涂层处理等形式。

6.5.4.1 表面涂层整理（图6－273）

涂层整理是将某种浆性材料均匀涂布于滤料表层的一种工艺过程。

通过涂层可改变滤料单面、双面或整体的外观、手感和内在质量，也可使产品性能满足某些特定（如使针刺毡防油、耐磨、硬挺等）的要求。

A 浸渍整理

将滤料在浸渍槽中用含有特定性能的浸渍液浸渍后，再将浸渍后的滤料干燥，称之为滤料的浸渍整理。

通过浸渍整理可使滤料具有诸如疏水、疏油、阻燃等特殊性能，或改善滤料的某些性能，例如，玻纤滤料通过浸渍整理可增强其柔软性，提高其耐折性。

浸渍整理工艺流程（图6－274）是：滤料在输送装置的输送下，送入装有浸渍液的浸渍槽中，滤料在浸渍液中穿过后，通过一对轧辊或吸液装置，除去多余的浸渍液，最后通过烘燥系统，使浸渍剂受热固化及滤料干燥。

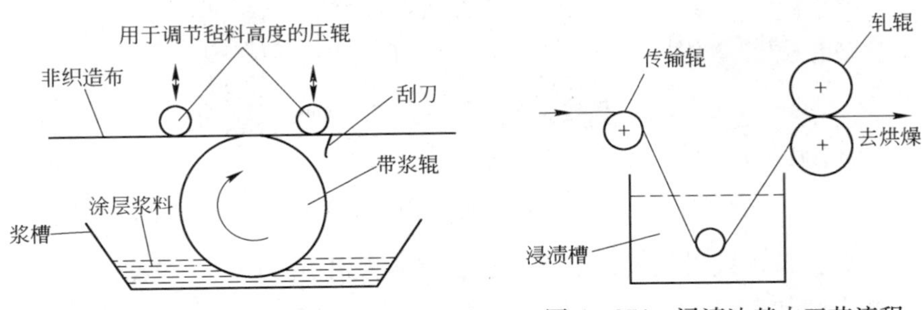

图6－273 带浆辊的涂层

图6－274 浸渍法基本工艺流程

各种纤维经浸渍整理后的性能试验结果如表6－140和表6－141所示。

表6－140 各种纤维经浸渍整理后的性能试验结果

材料	处理情况	性能	初始	80℃酸液						
				1min	3min	5min	7min	10min	12min	15min
锦纶66纤维	经四氟乙烯处理	强力/N	22.6	16.0	15.4	14.2	12.8	12.2	11.0	8.2
		保留率/%	100	74.8	68.1	62.8	56.6	54.0	48.7	36.3
PPS纤维	未处理	强力/N	36.0	34.8	34.4	34.2	34.0	33.6	32.6	32.0
		保留率/%	100	96.6	95.5	95.0	94.4	93.3	90.5	88.8
PTFE纤维		强力/N	52.0	50.6	50.4	50.2	50.0	48.0	45.2	42.0
		保留率/%	100	97.3	96.9	96.5	96.1	92.3	86.9	80.7

表6－141 玻璃纤维经浸渍整理后的性能试验结果

材料	处理情况	性能	初始	80℃酸液				
				1min	3min	5min	7min	10min
22t/6股中碱纱	未经四氟乙烯处理	强力/N	41.4	21.3	20.5	19.0	18.6	18.0
		保留率/%	100	51.5	49.5	45.9	45.0	43.4
12t/30股无碱纤维	未经四氟乙烯处理	强力/N	215.6	69.4	52	42.8	34	28.8
		保留率/%	100	32.0	24.1	19.9	15.8	13.4
12t/12股无碱纤维缝纫线	经四氟乙烯处理	强力/N	143.0	74.0	70.0	64.4	52.4	49.2
		保留率/%	100	51.7	48.9	45.0	36.6	34.4

B 防油防水处理

a 滤料的防油防水处理

防油防水处理（图6－275）可用浸渍法或涂层法。

防油防水处理可选用下列疏水剂（拒水剂）：

（1）石蜡乳液或蜡乳液：只能用在洗涤牢度要求不高时。

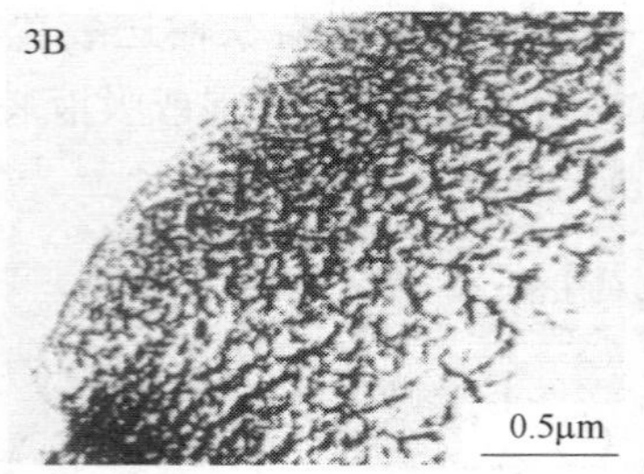

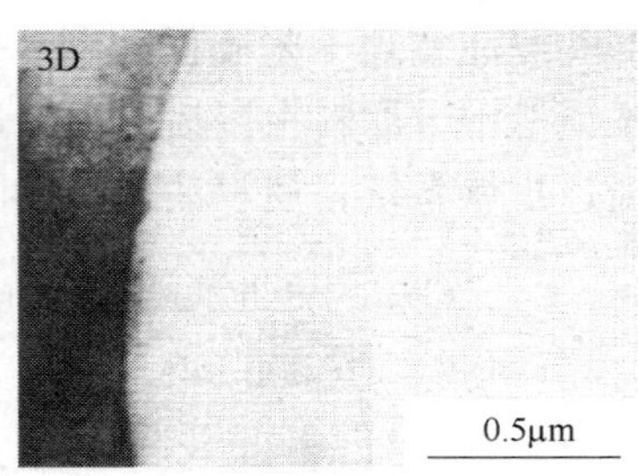

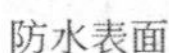

防水表面　　未处理的 Nomex®　　处理后的 Nomex®

图 6－275　防油防水处理

（2）有机硅：疏水效果显著，但不耐水压，不宜用于湿式承压过滤。

（3）烷基吡啶盐。

（4）带长链脂肪酸铝盐。

（5）固着在脂酸上的氨基塑料预聚物、氟化物（氟烷基类）浸渍。

目前，在滤料表面涂层中使用较多的疏水剂是长链氟烷基丙烯酸酯类聚合物的乳液或溶液产品。

经防油防水处理后，使纤维可以防水、防结露和保持过滤孔隙的稳定性，即使结块的灰尘也会很容易地从表面清除。

b　防油防水处理的品种

CS17 处理——德国 BWF 公司

CS17 处理是德国 BWF 公司进入我国后在我国出现的第一个防油防水处理滤料，它对推动我国防油防水处理滤料起到了积极的作用。

CS17 处理是一种以碳氟化合树脂为基础的防水防油（纤维）表面处理，可用于潮湿的、油性的或黏性的粉尘分离。

即使是在非连续工作状态下，当温度降到露点以下时 CS17 处理仍能防止水汽在针刺毡上聚集，从而降低过多粉尘在针刺毡上堆积和凝结的风险。

CS17 处理的主要性能：

（1）可防油防水（图 6－276）。

（2）改善清灰性能。

（3）提高非连续工作状态下的安全性。

KL（KLEENTES）纤维覆膜处理——意大利 Testori 公司

KL 处理是一种涤纶（PE）和亚克力等的低温滤料防油防水处理（图 6－277）。

KL 处理是将针刺毡或织布的纤维，经高浓度 PTFE 浸渍，在干燥后经高温加固处理，使每一根纤维表面形成一层保护膜的一种处理方法。

KL 处理的主要性能：

（1）滤料中的纤维不会受烟气和灰尘中的化学物质破坏。

（2）能提高滤料的抗水解性，可用于处理高温、含水量大的烟气。

（3）滤料经处理后能使纤维聚合，并均匀分布。

（4）处理后的滤料不吸水、不吸油。

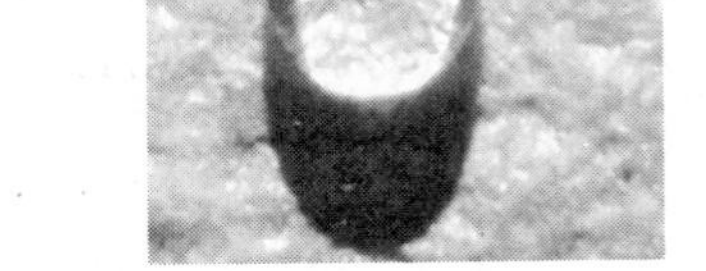

图6－276 CS17处理的防油防水效果

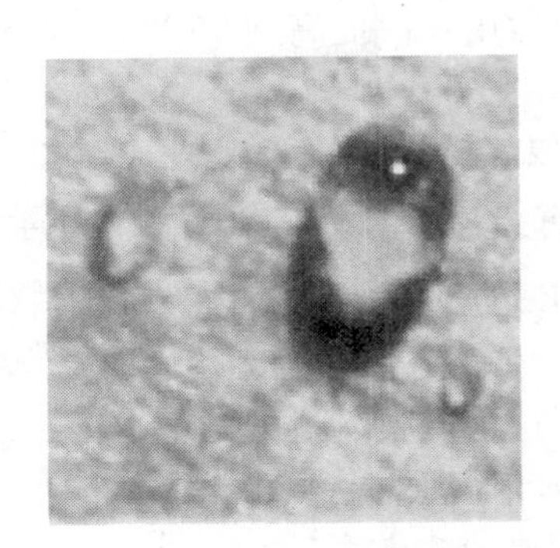

图6－277 KL（KLEENTES）纤维覆膜处理的防油防水

（5）由于KL处理后的抗黏性，灰尘排放浓度一般小于10mg/m^3。

（6）KL处理本身并不会改变滤料的透气性、气孔性和抗拉伸性。

（7）提高使用寿命，经对KL处理聚酯滤料的酸试验，其抗拉强度降低到50%时，滤料的清灰循环次数可由2.5次提高到7.5次（图6－278）。

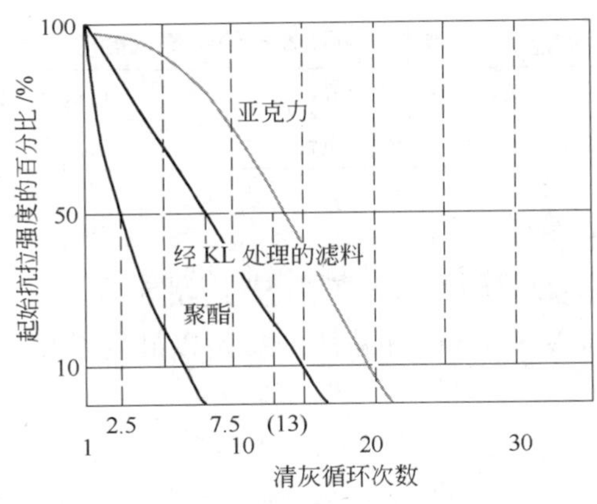

图6－278 经KL处理滤料与其他滤料的比较

（8）经KL处理的滤料配合Testori公司规范的研光处理可以处理含极细尘粒的烟气。

RH（Rhytes）纤维覆膜处理——意大利Testori公司

RH处理是一种Nomex®、PPS（Ryton）及P84®等高温滤料的防油防水处理。

RH处理是将针刺毡或织布的每一个纤维，经过高含量PTFE和其他特殊化合物浸镀，在干燥后经高温加固处理，经过处理的每一根纤维的表面都形成了一层保护膜，它可以大大增加针刺毡防水、防酸以及耐高温的性能。

由于RH处理后的抗黏性好，灰尘排放得到了很大的改善，RH处理本身并不会改变针刺毡和织布的透气性、气孔和抗拉伸性。

RH处理的主要性能：

（1）由于纤维经过含氟树脂的浸镀处理及抛光处理，抗高温性能很好。

（2）经RH处理后，纤维聚合并分布均匀，灰尘排放一般小于20mg/m^3。

（3）滤料中的纤维不会受烟气和灰尘中的化学物质破坏。

（4）提高滤袋使用寿命，经 RH 处理的滤料的酸试验，其抗拉强度降低到50%时，其清灰循环次数由 4 次提高到 35 次。试验证明，经过处理的针刺毡比不经过处理的寿命增加了 8 倍多。

6.5.4.2 防火花表面处理

FIRETES（防火花）表面覆膜处理——意大利 Testori 公司

FIRETES 处理是在滤料表面进行特殊的覆膜处理，这种技术主要用于烟气中有火花或火焰的环境，一般适用于聚酯、P84® 等覆膜用的滤料，主要根据烟气的工况进行选择，在显微镜下这种覆膜清晰可见。

FIRETES 处理的主要性能：

（1）提高收尘效率。

（2）表面光滑，易于清灰。

（3）在有火星的烟气中能有效地保护滤料不受损害。

（4）耐酸性及耐水解性良好。

6.5.4.3 抗静电处理——德国 BWF 公司

德国 BWF 公司的抗静电处理如表 6-142 所示。

表 6-142 德国 BWF 公司的特殊抗静电处理

As	通过添加不锈钢纤维而产生导电性	可以和上述所有纤维混合使用
As-acu	通过添加二元纤维而产生导电性	可以和 PE 混合使用

6.5.4.4 抗黏性、抗磨性处理

A Code 9/x-surt 抗黏性处理——德国 BWF 公司

德国 BWF 公司的 Code 9/x-surt 抗黏性处理是以硅为基础的纤维处理，具有抗黏性能，并具有以下优点：

（1）改善清灰性能。

（2）降低压差。

（3）降低研磨粉尘的纤维与颗粒的摩擦比（图 6-279）。耐磨性表现为损失的克重，按 DIN 53863（负荷：1000g，500r/min，摩擦面积 $50cm^2$）计。

（4）增加弹性。

Code 9/x-surt 抗黏性处理可用于以下纤维：聚酯、均聚丙烯腈、聚丙烯、偏芳族聚酰胺、P84®、PPS。

B CS18 表面涂层处理——德国 BWF 公司

CS18 表面涂层处理是用 PTFE 在滤料表面形成具有微孔的表面涂层，它主要用于分离凝结性强的或黏性的灰尘。

CS18 表面涂层处理具有两个主要作用：

（1）灰尘的分离是在过滤涂层的表面上。

（2）抗黏结性的 PTFE 表面减少了滤料和尘饼的黏结。

由此，它减轻了清灰能力，避免滤料的过早堵塞。

CS18 处理的表面涂层的特征：

（1）最有利的清灰能力。

（2）由于表面涂层的作用，延长了滤料的使用寿命。

（3）高分离效率。

（4）运行稳定。

CS18 处理的表面涂层净化灰尘的比较如图 6－280 所示。

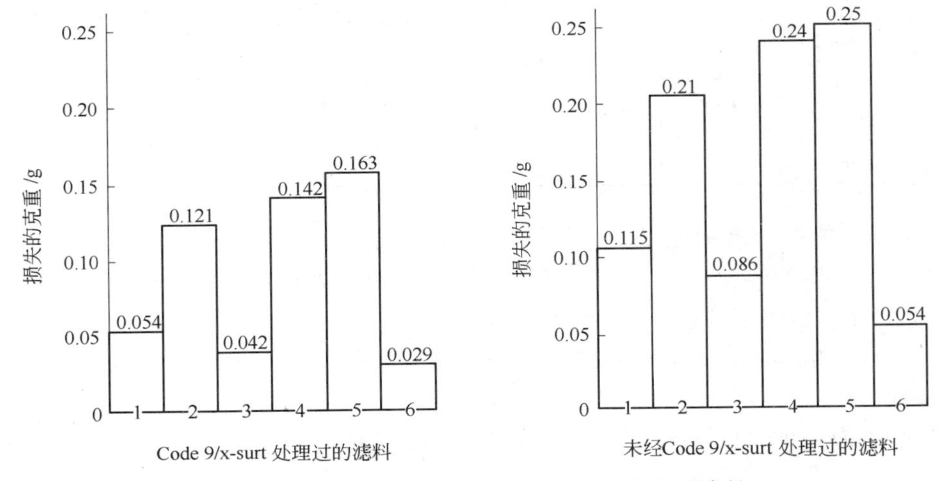

图 6－279 Code 9/x－surt 抗黏性处理滤料的耐磨性

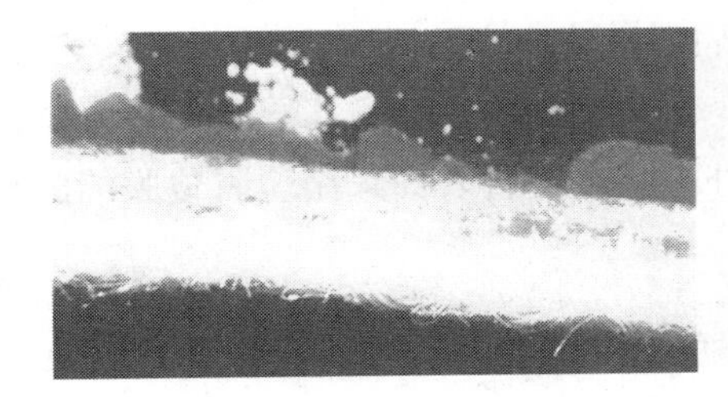

具有 CS18 表面涂层处理　　没有 CS18 表面涂层处理

图 6－280 CS18 表面涂层净化灰尘的比较

6.5.4.5 耐酸处理

耐酸涂层是使每根纤维上形成胶囊状，以防酸直接接触到纤维，Nomex®织布及针刺毡即采用这种耐酸涂层。

6.5.4.6 化学防护处理——德国 BWF 公司

德国 BWF 公司的滤料化学防护表面处理示于表 6－143。

表 6－143 德国 BWF 公司的滤料化学防护表面处理

代 号	说 明	适 用 范 围
Code 9/x－surt	易清灰处理	适用于所有纤维
CS 17®	防油防水处理	
CS 30	防火花处理	
CS 31	防火花、防油防水处理	
FL	阻燃	适用于 PE

6.5.4.7 物理表面处理——德国 BWF 公司

德国 BWF 公司的滤料物理表面处理示于表 6－144。

表 6－144 德国 BWF 公司的滤料物理表面处理

代 号	说 明	适用范围
Code 1	单面烧毛	适用于所有纤维
Code 2	不烧毛	
Code 3	双面烧毛	
Code 4	单面研光	
Code 5	双面研光	适用于 PE、PP、PPS

6.5.4.8 玻纤的表面涂层

玻纤织物所用的表面处理（finishes）必须热稳定在处理温度（500～550 ℉或 260～550℃）条件下，以及适应玻纤滤袋所使用的气体环境中的耐化学性。

表面处理（finishes）的目的是保护玻纤本身免受磨损，延长玻纤的寿命，也能提高灰尘的清灰性。

玻纤的表面处理（finishes）常常是将织物浸在溶液中一次或几次，也可以采用喷雾或一层薄膜。

滤料的表面涂层可保护滤料的自我磨损或化学腐蚀，从而改善滤袋过滤时灰尘的渗漏。现代的玻纤表面涂层包括石墨、硅油、Teflon B 以及这三种的组合。

6.5.4.9 表面薄膜滤料

在烟气过滤中增加一种特殊的表面薄膜处理是在织物表面采用薄膜覆膜的滤料。

A Gore－Tex 薄膜滤料

参见 6.3.13.4 覆膜滤料（薄膜滤料）（Gore－Tex 滤料）一节。

B 渗膜滤料

参见 6.3.13.5 渗膜滤料一节。

6.5.4.10 Chattanooga Sewing and Sales Co. 的专利表面处理

1987 年，Chattanooga Sewing and Sales Co. 提供织物表面处理，它是由联邦德国 MGF－Gutsche Co. 开发的，品种有：

（1）Porotex－Skin®，PTS 处理；

（2）Micro－Porotex®－Skin，MPTS 处理；

（3）Statex/MPT，MPTS 表面处理；

（4）Sparktex®－Blocker，PTS 表面处理。

PTS 处理和 MPTS 处理将提供与 Gore－Tex 薄膜滤料的竞争。

A Porotex®－Skin——PTS 处理

Porotex®－Skin（PTS）为高温过滤的一种纤维处理。它由氟化碳成分的薄膜化学黏合在纤维上，然后针刺入毡里面。PTS 在毡上采用的第二层涂层是在纤维之间形成一种微孔薄片网。

PTS 处理大大增加了滤料的过滤表面（高达 300 倍），产生了更高的气流量，并改善了耐磨、耐水解、耐酸和耐氧化性能。PTS 处理增强了对灰尘和水的亲和，具有更好的清灰功能。

PTS 处理能承受温度达 260℃（500 ℉），可以用于所有高温过滤介质上，如 Dralon T®、Nomex®、Ryton®、P84®、Teflon®、聚酯、玻纤等。

经过 PTS 处理后，过滤介质将获得极好的清灰性，压力降减少，过滤效率增加，使用寿命延长。

B Micro - Porotex® - Skin——MPTS 处理

Micro - Porotex® - Skin（MPTS）处理是一种微孔表面处理（finishes），它对粒径范围在 2 ~ 50μm 的尘粒都具有高效过滤性能。

MPTS 处理是在毡织物上重叠涂抹一种 0.1mm 厚的亚克力多孔层。

MPTS 处理具有 PTS 处理中除了提高对极细颗粒的收集之外的所有优点。

C Statex/MPT——MPTS 表面处理

Statex/MPT 处理（即 MPTS 表面处理）除提供 MPT 处理或 MPTS 处理的性能外，在纤网结构中有抗静电性能，还具有接地效应，使电荷不会积聚，提高了有些灰尘的收集效率，并防止灰尘的爆炸。

D Sparktex® - Blocker——PTS 表面处理

Chattanooga Sewing and Sales Co. 和 MGF - Gutsche Co. 也生产一种层压针刺毡织物的 Sparktex® - Blocker，它具有高透气性、火焰阻燃和火星拦截性能。

针刺毡织物的迎尘层侧为炭和石墨，基布为 Rastex® PTFE，干净侧为 P84®纤维。

针刺毡织物采用 PTS 表面处理，使迎尘侧能经受温度 1090℃（2000 ℉），并可阻止火星对织物的危害。干净侧的 P84®层能经受运行温度 260℃（500 ℉），峰值到 320℃（600 ℉），且耐酸。

PTS 表面处理提高了清灰能力，柔软性，耐磨、耐化学性，较低的压力降和较长的使用寿命，这种织物可与不锈钢针刺毡相竞争。

6.5.4.11 意大利 Testori 公司的表面覆膜处理

A NV（Novates）表面覆膜处理

NV 表面覆膜处理是在针刺毡或织物表面覆上一层具有特殊的物理和化学性能的膜，这层膜的结构是蜂窝状的，类似橡胶的一层胶，聚氨基甲酸酯在放大镜下其蜂窝状结构清晰可见（图 6 - 281），这种膜的耐磨性非常好，可以处理磨损性非常大、颗粒非常精细的或有黏性的粉尘。

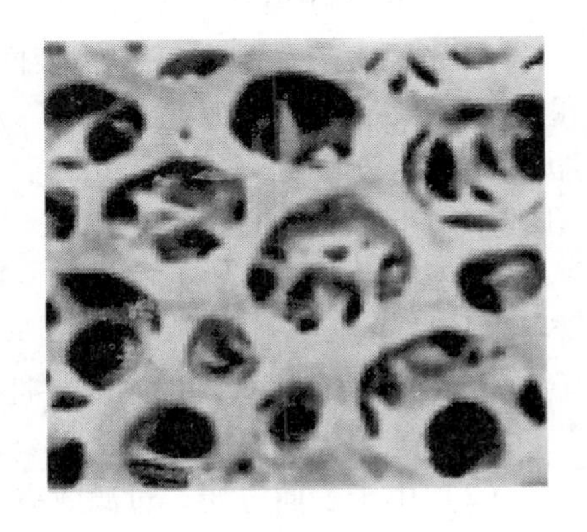

图 6 - 281 放大镜下的蜂窝状结构

试验证明，一般针刺毡的孔径平均为 30μm，而经 NV 处理的膜的孔径平均小于 15μm，覆膜后的孔径比未经处理的一般针刺毡的孔径小一半，但其透气性能却很好。

通常，NV 覆膜处理适用于涤纶和亚克力滤料。

NV 覆膜处理的主要性能：

（1）连续工作温度 140～150℃。

（2）过滤效率显著改善，尤其是对微细、黏结性的粉尘。

（3）压降的增加显著降低，5 年内压降增加不会超过 20%，减少了维护成本。

（4）根据烟气的工况、收尘器和粉尘的特性，采用 NV 覆膜处理后的滤料，可使排放浓度达到 1mg/m³ 以下。

（5）NV 膜由于其特殊的处理工艺，不吸水、不吸油。因此，滤料的孔隙不易被堵塞，尤其是对烟灰或黏结性的粉尘。

（6）使用寿命长，维护成本低。

B MT（MANTES）纤维覆膜处理

MT 纤维覆膜处理是将纤维经高浓度 PTFE 和其他特殊化合物进行浸镀，然后通过干燥及特别的热压技术，使溶液固定在每一根纤维表面，在纤维表面形成一种 PTFE 保护膜，然后将覆膜后的纤维制作成针刺毡。

经实验室试验表明，经 MT 处理的孔径平均小于 23μm，不经过 MT 处理的孔径平均为 30μm，这意味着孔径比处理前减小 23%。

通常，MT 处理可以适用于亚克力和高温滤料，如 PPS（Ryton®）、P84® 以及 Nomex®上。

MT 纤维覆膜处理的主要性能：

（1）过滤效能显著改善，排放浓度明显降低，尤其是对微细的粉尘。在一般工况下，排放浓度可以达到 3mg/m³ 以下。

（2）由于在滤料迎尘侧形成大量微细毛孔，滤料的透气性不受影响。

（3）MT 纤维覆膜处理后，滤料表面不吸水、不吸油，改善了灰尘排放效率。

（4）良好的化学特性、抗水解性和优良的抗腐蚀性，可增加滤袋使用寿命。

（5）纤维的结构没有改变，还会影响滤料本身的化学性能。

（6）由于经过特殊的表面处理，过滤表面光滑而毛孔不会堵塞。

（7）表面过滤，使阻力增加很小，维护费用低。

C RS（Rextes）亚克力覆膜处理技术

RS 处理是在针刺毡或织物表面覆上一层亚克力膜，也适用于聚酯及亚克力混纺滤料。在放大镜下，其蜂窝状的结构清晰可见（图 6－282），经过 RS 处理的膜的孔径平均小于 15μm。

图 6－282 RS 亚克力覆膜处理的滤料表面

由于亚克力良好的工作性能，这层亚克力薄膜对滤料起到很好的保护作用。

RS 亚克力覆膜处理的主要特性：

（1）连续工作温度 130℃。

（2）由于表面过滤，过滤效率显著改善。

（3）排放浓度大幅度降低。

（4）抗化学腐蚀性能显著提高。

（5）性价比极高。

6.5.4.12 滤料表面处理的形式（表6－145）

表6－145 各种滤料表面处理的形式

表面处理形式	聚丙烯	聚酯	均聚丙烯腈（亚克力）	Nomex®	PTFE®
浅表面烧焦和研光（侧面）	⊙	⊙	⊙	⊙	
平针	⊙	⊙	⊙	⊙	⊙
浅表面烧焦和研光（两侧）	⊙	⊙	⊙	⊙	
可塑剂（一侧）	⊙	⊙			
Dchesive	⊙	⊙	⊙	⊙	
含纤维性灰尘的清灰	⊙	⊙	⊙		
Dchesive，防水		⊙	⊙	⊙	
耐用的 Dchesive			⊙	⊙	
泰氟隆（氟化物，Gore－Tex）		⊙		⊙	
化学/水解（中等）		⊙			
化学/水解（严重）					
酸，水解（中等）				⊙	
酸，水解（严重）具有 PTFE 基布				⊙	
S/S 纤维/S/S 网格		0/0	0（DT/PE）		
盐酸：高除尘效率		⊙			
GB：熔融尘粒		⊙			
FL：火焰阻燃		⊙			
Alukleen		⊙			
Asbestokleen		⊙			
克利内丝煤 Coalkleen		⊙			
克利内丝铁 Ferrokleen		⊙	0（DT/PE）		
克利内丝食品 Foodkleen	⊙	⊙			
克利内丝紫胶 Lackleen	⊙				
克利内丝铅 Leadkleen		⊙			
克利内丝石灰 Limekleen		⊙			
煤壳		⊙			

6.5.5 滤料后处理及表面处理的作用（表6－146）

表6－146 滤料后处理及表面处理的作用

滤料材质	处理形式	处理的作用	适用的滤料
非玻璃纤维(即化纤滤料)	烧毛（Singe）	推荐用于改善尘饼的剥离	聚酯，聚丙烯，亚克力，Nomex®，Procon®，PPS，P84®（毡）
	釉（上光）/蛋壳（Glaze/Eggshell）	提供短暂的改进尘饼的剥离（可阻止气流流动）	聚酯，聚丙烯（毡）

续表 6 - 146

滤料材质	处理形式	处理的作用	适用的滤料
非玻璃纤维(即化纤滤料)	硅树脂（Silicone）	有助于开始过滤时尘饼的积聚，及提供防水	聚酯（毡和机织布）
	延缓着火的阻化剂（Flame Retardant）	延缓燃烧（不是防火）	聚酯，聚丙烯（毡和机织布）
	丙烯酸涂层（胶状基底）(Acrylic Coatings（Latex base）)	改善过滤效率和尘饼剥离（有些应用中可以阻止气流）	聚酯，亚克力（毡）
	PTFE 渗入处理（PTFE Penetrating Finishes）	改善防水防油；防止尘饼的剥离	Nomex®（毡）
	BHA - TEX® PTFE 膜	用于捕集细粉尘，改善过滤效率、尘饼剥离和流过的气流量	Nomex®，聚酯，亚克力，聚丙烯，（毡和机织布）P84®，Procon®，PPS（毡）
玻璃纤维	硅树脂，石墨，PTFE	防止玻纤纱的磨损，提高光滑度	用于非酸条件下，主要用于水泥和金属铸造
	耐酸	保护玻纤纱的酸影响	用于燃煤锅炉、炭黑、焚烧炉、水泥行业和锅炉
	Teflon B	提高纤维与纤维之间的耐摩擦及其耐化学性	用于中等 pH 值条件下的工业锅炉和公用事业锅炉
	Blue Max CRF - 70®	改善耐酸性，减少纤维与纤维之间的摩擦，耐碱的影响，改善纤维的包裹	用于高峰值的公用事业燃煤锅炉（高硫或低硫），流化床锅炉，炭黑，焚烧炉
	BHA - TEX® PTFE 膜	用于捕集细粉尘，改善过滤效率和尘饼剥离，及流过的气流量	用于水泥/石灰窑，焚烧炉，燃煤锅炉，铜、硅铁/合金炉

6.5.6 滤料后处理及表面处理在各行业中的应用

根据德国 BWF 公司的报道，该公司生产的经过后处理及表面处理的滤料，在各主要行业中的应用情况如下。

6.5.6.1 钢铁行业中的应用（表 6 - 147）

表 6 - 147 钢铁行业中的应用

材 质	过滤面积 /m²	气布比 /m · min⁻¹	温度/℃		尘量 /g · Nm⁻³
			持续	最高	
PE/PE 551 ferrosurf	6.498	2.40	80	130	<10
PE/PE 521 ferrosurf	10.912	1.50	50	150	<20
PE/PE 554/90 CS31	17.837	1.50	50	140	<10
PE/PE 551/150 CS17	24.940	1.33	40	40	<10
PE/PE 451/275 ferrosurf	48.552	1.00	130	130	<12
PE/PE 551 ferrosurf	32.361	1.60	40	130	<10
PE/PE 451/275 ferrosurf	114.473	1.00	130	130	<20
PE/PE 504	5.200	1.10	90	125	75
PE/PE 504	2.080	1.20	90	150	55

在粉尘黏度很高的情况下，经 CS17 化学浸渍的防油防水处理的滤料，可提高滤料的清洁度，成为一种低压反吹清洁滤料。

CS30、CS31 PTFE 处理滤料在粉尘可燃性较高的情况下使用。

6.5.6.2 水泥行业中的应用（表 6－148）

表 6－148 水泥行业中的应用

材 质	过滤面积 /m^2	气布比 /$m \cdot min^{-1}$	温度/℃		尘量 /$g \cdot Nm^{-3}$
			持续	最高	
PI/GP554 CS29	3.260	1.38	135	260	70
PI/GP 551 CS29	17.784	1.16	180	280	110
PI/GX551	1.134	1.17	200	240	50
PE/PE554 PTFE	724	1.10	80	130	600
NO/NO 501	4.999	1.05	150	220	<50
PE/PE 604	1.920	0.87	70	120	<1000
PE/PE 554acu	2.350	1.00	60	100	<800

6.5.6.3 燃煤电厂锅炉中的应用（表 6－149）

表 6－149 燃煤电厂锅炉中的应用

材 质	过滤面积 /m^2	气布比 /$m \cdot min^{-1}$	温度/℃		尘量 /$g \cdot Nm^{-3}$
			持续	最高	
PPS/PPS 611	9.180	1.20	155	190	<30
PI/PI551 MPS CS29	13.572	1.40	145	160	3.5
PPS/PPS 554 CS18	38.000	1.10	110	190	30
PPS/PPS 551	25.500	1.10	150	180	26
PI/PI 604 CS18	5.343	1.50	195	200	9.3
PI/GL 751 MPS CS30	7.800	1.35	180	250	37
PTFE/PTFE752 MPS	3.620	1.09	170～200	220	6

6.5.6.4 垃圾焚烧炉中的应用（表 6－150）

德国垃圾焚烧炉烟气净化后的排放标准为 10mg/Nm^3。

适用于垃圾焚烧炉烟气的典型滤料有 PPS、PI（P84®）和 PTFE，并根据废气的不同净化方法，可对滤料采取纤维浸渍和表面处理等化学防护处理。

表 6－150 垃圾焚烧炉中的应用

材 质	过滤面积 /m^2	气布比 /$m \cdot min^{-1}$	温度/℃		尘量 /$g \cdot Nm^{-3}$
			持续	最高	
RY/GX 551	2.402	1.20	160	180	<5
RY/GR 604 MPS CS18	3.519	0.40	107	122	<5
TFL/GX 754 MPS CS18	1.500	1.30	190	280	<5

续表 6－150

材质	过滤面积/m^2	气布比/$m \cdot min^{-1}$	温度/℃		尘量/$g \cdot Nm^{-3}$
			持续	最高	
PR/PR804 CS18	2.030	0.76	210	240	<5
RY/GX 604 MPS CS18	5.888	0.93	130	150	<5
RY/GR 654 MPS AB CS31	5.516	1.00	135	180	<3
RY/GX 601	10.914	1.20	125	170	<5
TF/TF 842	10.927	1.30	140	270	<5

6.6 滤料的选择

6.6.1 选择滤料应具备的条件

（1）使用行业的简要生产工艺；
（2）除尘系统的简要配置流程；
（3）充分了解除尘器入口烟气的性能参数；
（4）根据已知入口烟气的性能参数，选定合适的滤料。

6.6.2 入口烟气的性能参数

（1）温度：最高温度、最低温度、露点温度。

（2）含尘浓度：入口含尘量（用以确定气布比、预测 ΔP、清灰方式要求的排放标准）。

（3）烟气成分：特别是含硫、碱、水、氧（O_2、NO_2）、可燃性、可爆炸性。

（4）烟尘成分：粒度分布、比重、磨损性。

6.6.3 所选滤料的性能特性

（1）耐温性；
（2）抗酸、碱性；
（3）耐水解性；
（4）抗氧化性；
（5）滤料类型；
（6）克重；
（7）厚度；
（8）透气性；
（9）拉力强度；
（10）破裂伸长率；
（11）破裂强度；
（12）耐摩擦性；
（13）可燃、爆炸性。

6.6.4 根据烟气性能选择滤料

6.6.4.1 按耐温要求选择滤料

各种滤料的耐温性如图 6－283 所示。

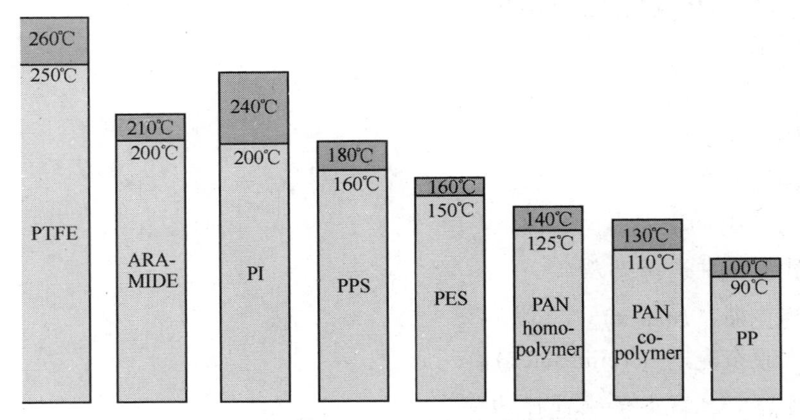

图 6－283 各种滤料的耐温性

按温度要求选择滤料：

<90℃：使用聚丙烯或加抗静电和任何其他介质的滤料，聚丙烯不能用于含有氯化物的烟气。

<135℃：使用聚酯（干温时）或加抗静电、聚丙烯酸聚体的滤料，但不能用于含有氯化锌酸的烟气。

由于聚酯易水解，当温度大于100℃，含水汽大于6%时，不宜采用聚酯。

<190℃：使用赖登（Ryton），如烟气含氧量大于15%和含有溴化物时，不宜采用赖登（Ryton）。

<200℃：使用诺梅克斯（Nomex）、帝人康奈克斯（Teijinconex）、耐酸诺梅克斯（Nomex）和耐酸帝人康奈克斯（Teijinconex），如有水汽和 SO_2 时，不宜采用诺梅克斯（Nomex）和帝人康奈克斯（Teijinconex）。

<260℃：在干温无高酸、碱时，使用P84®、玻璃纤维经 Teflon B 表面处理或经表面的特殊防酸处理的玻纤。

PTFE 薄膜覆合聚四氟乙烯机织布的滤料。

<270℃：使用特殊1625 抗酸处理，并经 Teflon B 处理的玻璃纤维。

最高瞬间温度不超过278℃，每天少于15min。

当氟氢化物高于160ppm 时，不应使用玻璃纤维。

6.6.4.2 按耐酸、碱要求选择滤料

A 防酸

（1）聚四氟乙烯机织布——但不能用于含有吸湿性盐酸的烟气。

（2）赖登（Ryton）。

（3）经 Teflon B 处理加特殊1625 防酸处理或只有 Teflon B 处理的玻纤。

1）当氟氢化物低于160ppm 时，用 Teflon B 处理加特殊1625 防酸处理。

2）当煤含 SO_x 量低于2%（1000ppm）时，用经 Teflon B 处理加特殊 1625 防酸处理或只有 Teflon B 处理的玻纤。

3）当煤含 SO_x 量低于3%（1500ppm）时，采用经防酸和 Teflon B 表面处理的玻纤。

4）当煤含 SO_x 量低于3.5%（2000ppm）时，采用经 Teflon B 表面处理的玻纤。

5）当烟气中氯化氢酸低于1100ppm 时用玻纤。

（4）聚丙烯。

（5）聚酯。

B 防碱

（1）聚四氟乙烯。

（2）赖登（Ryton）。

C 按耐磨要求选择滤料

（1）诺梅克斯（Nomex）。

（2）帝人康奈克斯（Teijinconex）。

D 按防静电、防爆要求选择滤料

（1）滤料掺入导电纤维或无静电荷的材料。

（2）不锈钢或碳纤维抗静电聚酯。

（3）碳素纤维抗静电聚丙烯。

（4）碳素纤维抗静电聚丙烯酸均聚体。

6.6.5 根据除尘器类型选择滤料

6.6.5.1 各类除尘器的滤料选择（表6-151）

表6-151 各类除尘器的滤料选择

滤料类型	运行温度/℃	单位重量/g·m^{-2}	滤料基本特性	应用限制
脉冲清灰—— 一般首先考虑选择针刺毡类滤料				
聚丙烯针刺毡	90	约500	极佳耐酸碱性能	仅适用于低温
涤纶/聚酯针刺毡	132	440~610	一般耐酸碱性能，较经济的选择	仅适用于中低温，不耐水解，尤其在酸性环境中
防静电涤纶/聚酯针刺毡	275①	475~540	适用处理流动性强的粉尘，例如墨粉、煤粉及易产生静电的粉尘	仅适用于中低温，不耐水解，尤其在酸性环境中
均聚丙烯腈（亚克力）针刺毡	26②	约500	很好的耐酸碱性能	仅适用于中低温
偏芳族聚酰胺（Nomex®）针刺毡	202	约475	适用于高温运行，良好的耐碱性	较差耐酸性
聚苯硫醚（Ryton®/PPS）针刺毡	190	约540	很好的耐酸性能（硝酸、溴化物除外）	对烟气中含氧量较敏感，建议烟气中含氧量小于10%
聚酰亚胺（P84®）针刺毡③	240	约475	阻燃，耐高温	在高温、潮湿、酸性条件下，会发生水解

续表 6－151

滤料类型	运行温度/℃	单位重量 /g·m^{-2}	滤料基本特性	应用限制
Teflon® B 玻纤机织布	260	540～745	阻燃，耐高温，很好的耐酸碱性（氢氟酸除外）	对滤袋和滤袋框架的配合相当敏感、关键
抗酸玻纤机织布	260	540～745	阻燃，耐高温，很好的耐酸碱性（氢氟酸除外），比抗酸玻纤机织布更经久耐用	对滤袋和滤袋框架的配合相当敏感
聚四氟乙烯（PTFE®）针刺毡	260	约 680	优异的耐酸碱性能	成本高
反吹风、振打清灰—— 一般首先考虑选择机织布类滤料				
涤纶/聚酯机织布	132	305～340	一般耐酸碱性能，较经济的选择，特别适用于振打清灰式除尘器	仅适用于中低温，不耐水解，尤其在酸性环境中
聚苯硫醚（Ryton®/PPS）纤维机织布	190	约 305	很好的耐酸性能（硝酸、溴化物除外）	对烟气中含氧量较敏感，建议烟气中含氧量小于 10%
偏芳族聚酰胺（Nomex®）纤维机织布	202	约 305	适用于高温运行，良好的耐碱性	较差耐酸性
聚酰亚胺（P84®）机织布③	240	约 305	阻燃，耐高温	在高温、潮湿、酸性条件下，会发生水解
Teflon® B 玻纤机织布	260	340～475	阻燃，耐高温，很好的耐酸碱性（氢氟酸除外）	不适用于振打清灰式除尘器
抗酸玻纤机织布	260	340～475	阻燃，耐高温，很好的耐酸碱性（氢氟酸除外），比 Teflon® B 机织布更经久耐用	不适用于振打清灰式除尘器
聚四氟乙烯（PTFE®）机织布	260	约 305	优异的耐酸碱性能，适用于振打清灰式除尘器	成本高

①恐为 130℃之误；

②恐为 127℃之误；

③P84®是非热塑性纤维，无法对其表面进行覆膜，只有经过专利性的表面处理方法后，才能与 PTFE 膜很好地贴合。

6.6.5.2 各类除尘器滤料的单重

(1) 脉冲袋式除尘器：

聚酯针刺毡	475～600g/m^2
抗静电聚酯针刺毡	475～540g/m^2
聚丙烯针刺毡	510g/m^2
聚丙烯酸均聚体针刺毡	510g/m^2
诺梅克斯（Nomex）、康奈克斯（Conex）针刺毡	475g/m^2
赖登（Ryton）针刺毡	540g/m^2
玻纤织物（经特殊处理）	750～1000g/m^2
P84®针刺毡	475g/m^2
聚四氟乙烯织物	650g/m^2

(2) 反吹风袋式除尘器:

聚酯织物 310g/m²

不锈钢聚酯织物 210g/m²

诺梅克斯 (Nomex) 织物 310g/m²

玻璃纤维特殊处理 340 ~ 475g/m²

赖登 (Ryton) 织物 310g/m²

聚丙烯酸均聚体 270g/m²

(3) 振动式袋式除尘器:

聚酯织物 205 ~ 310g/m²

聚丙烯酸均聚体织物 270g/m²

诺梅克斯 (Nomex) 织物 340g/m²

赖登 (Ryton) 织物 310g/m²

聚丙烯织物 PTFE 聚四氟乙烯织物 310g/m²

6.6.6 滤料的综合特性

6.6.6.1 滤料的综合特性 (表 6 - 152)

表 6 - 152 滤料的综合特性

项 目	Polypropylene 聚丙烯	Homo - Polmer Acrylic 均聚丙烯腈	Polyester 聚酯/涤纶	Ryton® PPS 聚苯硫醚
建议连续运行温度/℃ (瞬间耐温/(干热状态))	90①/(94)	125/(140)	132/(150)	190/(200)
耐磨性	极佳	好	极佳	好
耐湿热性	好	好	极佳	很好
耐水解性	极佳	很好	差	极佳
耐碱性	极佳	一般	好	极佳
耐有机酸	极佳	极佳	一般	极佳
耐矿物酸	极佳	很好	一般	极佳
抗氧化性 (15% +)	好	好	好	差
项 目	Nomex® Aromatic Aramid 偏芳族聚酰胺	P84™ Polyimide 聚酰亚胺	Fiberglass 玻璃纤维	Telfon® (PTFE) 聚四氟乙烯
建议连续运行温度/℃ 瞬间耐温/(干热状态)	202/(220)	260/(300)	260/(290)	240/(290)
耐磨性	好	好	一般	极佳
耐湿热性	极佳	极佳	一般	一般
耐水解性	好	好	极佳	极佳
耐碱性	好	一般	一般	极佳
耐有机酸	一般	很好	很好	极佳
耐矿物酸	一般	很好	很好	极佳
抗氧化性 (15% +)	一般	很好	极佳	极佳

注:在实际选择滤料时,必须将滤料的其他一些特性综合考虑。

①滤袋与滤袋框架的配合相当敏感、关键:经过抗酸后处理的滤材,具有良好的抗酸性能。

6.6.6.2 各类滤料的适用性

各类滤料在各种烟气条件下的适应程度如表6－153所示。

表6－153 各种滤料的适应程度

项 目	聚丙烯	聚酯	Acrylic	玻纤	Nomex®	Ryton®	P84®①	Telfon®①
最大连续工作温度	170 ℉ (77℃)	275 ℉ (135℃)	265 ℉ (130℃)	500 ℉ (260℃)	400 ℉ (204℃)	375 ℉ (190℃)	500 ℉ (260℃)	500 ℉ (260℃)
耐磨	优秀	优秀	良好	一般	优秀	良好	一般	良好
能量吸收比	良好	优秀	良好	一般②	良好	良好	良好	良好
过滤性能	良好	优秀	良好	一般	优秀	优秀	优秀	一般
水解	优秀	差	优秀	优秀	差	良好	一般	优秀
耐碱	优秀	一般	一般	一般	良好	优秀	一般	优秀
耐酸	优秀	一般	良好	差③	一般	优秀	良好	优秀
氧化（15%）	优秀	优秀	优秀	优秀	优秀	差	优秀	优秀
成本对比	1	1	2	3	4	6	6	7

①在232℃以上滤袋热收缩；
②滤袋与笼骨装配灵敏；
③通常需化学或耐酸整理。

聚丙烯（PP）：含湿气体中连续温度可达90℃，如食品、化学工业。

聚酯（PES）：干燥气体中连续温度可达150℃，例如水泥、金属熔炼工业、木材加工、粉碎等。

亚克力（PAN）：含湿条件下连续温度可达125℃（均聚丙烯腈，对共聚丙烯腈则为110℃），如沥青搅拌、喷雾干燥、电站等。

芳族聚酰胺（Nomex®）：干燥运行条件下，以及远离酸露点温度时，连续温度可达200℃，如沥青工厂、冶金工业。

聚苯硫醚（PPS）：在湿的条件下，连续运行温度可达160℃，如燃煤锅炉、焚烧炉、冶金工业、化学工业。

聚酰亚胺（P84®）：干燥及远离酸露点温度的运行条件下，连续温度可达240℃，如水泥工业、具有脱硫的焚烧炉烟气。

聚四氟乙烯（PTFE）：适用于极差的化学条件下，温度高达250℃的所有高温烟气过滤，如垃圾焚烧炉、电站、化学工业。

6.7 纤维、滤料的检测

6.7.1 滤料检测的内容

实验室测试成品滤料或滤袋有三个目的：

（1）作为确定该规格产品的均匀性和完整性的一种方法；

（2）作为监测使用时滤料保持的物理性能和多孔性（疏松）的一种方法；

（3）作为解决故障的一种排除方法。

6.7.1.1 滤料的形态

滤料的单位面积的质量（克重）：《非织造布单位面积质量的测定》（FZ/T 60003—1991）

滤料的厚度:《非织造布厚度的测定》(FZ/T 60004—1991)
滤料的幅宽:《机织物幅宽的测定》(GB/T 4667—1995)
机织滤料的织物组织
机织滤料的织物密度
非织物滤料的体积密度
非织物滤料的孔隙率等

6.7.1.2 滤料的机械性能

滤料的断裂强力:《纺织品断裂强力和断裂伸长率的测定》(FZ/T 60005—1991)
滤料的断裂伸长率:《纺织品断裂强力和断裂伸长率的测定》(FZ/T 60005—1991)
滤料的经向定负荷伸长率
滤料的胀破强力:《非织造布破裂强力试验方法》(FZ/T 60019—1994)
滤料的顶破强力:《土木布顶破强力试验方法》(GB/T 14800—1993)

6.7.1.3 滤料的流体动力性能

透气度:《织物透气性的测定》(GB/T 5453—1997)
洁净滤料阻力系数等

6.7.1.4 滤料的过滤性能

过滤效率:《高效空气过滤器性能试验方法—透过率和阻力》(GB/T 6166—2008)
静态除尘率
动态除尘率
动态阻力
再生阻力系数
粉尘剥离率等

6.7.1.5 滤料的物理性能

静电特性:《纺织品静电性能的评定》(GB/T 12703.1—2008)
疏水性:《纺织防水性能的检测和评价—沾水法》(GB/T 4745—1997)
耐温性等

6.7.1.6 滤料的化学性能

耐腐蚀性
阻燃性:《纺织品燃烧性能试验—垂直法》(GB/T 5455—1997)
组成成分等

6.7.2 滤料检测的依据

滤料检测的依据如表 6-154 所示。

表 6-154 滤料检测的依据

检测项目	合纤及其复合滤料		玻纤及其复合滤料	
	织造滤料	非织造滤料	织造滤料	非织造滤料
厚度	GB/3820	FT/Z 60004	GB/T 7689.1	GB/T 7689.1

续表6－154

检测项目	合纤及其复合滤料		玻纤及其复合滤料	
	织造滤料	非织造滤料	织造滤料	非织造滤料
单位面积质量	GB 4669	FT/Z 60003	GB/T 9914.3	GB/T 9914.3
织物密度	GB/T 4668	—	GB 7689.2	—
幅宽	GB 4667	GB/T 7689.3	GB 7689.3	GB 7689
长度	GB 4669	GB/T 7689.3	GB 7689.3	GB 7689
断裂强力与伸长	GB/T 3923	FT/Z 60005	GB/T 7689.5	GB/T 6006.3
透气度偏差	GB/T 5453			
体积密度	按GB/T 12625式（1）计算			
孔隙率	按GB/T 12625式（2）计算			
抗湿性（沾水等级）	GB/T 4745			
燃烧性能试验垂直法	GB/T 5455			
纺织品静电	GB/T 12703			
耐腐蚀性	GB/T 12625			
耐温性能	GB/T 12625			

6.7.3 纤维、滤料的检测设备

6.7.3.1 纤维的线密度检测

纤维的线密度检测设备（图6－284）是测试纤维的线密度的设备。

测试范围：0.1～67.5dtex，每批原材料入库都要抽样测试其线密度，并储存在数据库中。

图6－284 纤维的线密度检测设备

6.7.3.2 滤布过滤性能（VID）测试设备

VID测试设备是测试滤布在过滤过程时的压差损失、循环周期、排放浓度等。

A VID测试设备的类型

a 美国方式（图6－285，图6－286）

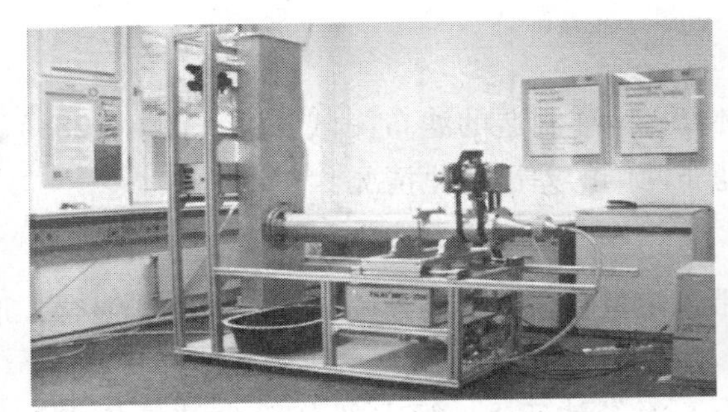

图6－285 美国方式的VID测试设备

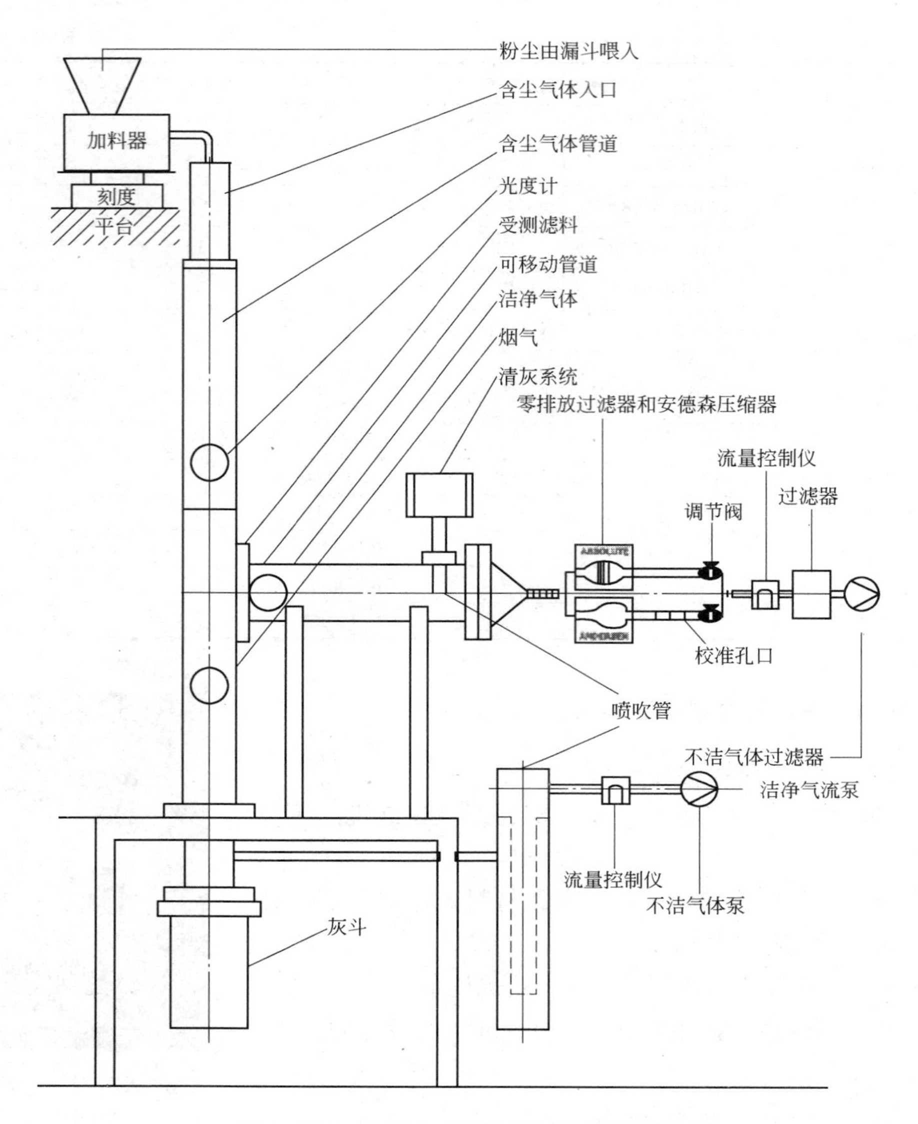

图 6 - 286　美国方式 VID 测试设备的图解

b　德国方式（图 6 - 287）

c　日本方式（图 6 - 288）

日本方式的 VID 测试设备是根据日本 JIS 标准制造的滤布测试装置（图 6 - 288）。该设备可在连续的过滤和清灰过程中测试滤布两侧的差压变化情况。

测试装置（图 6 - 289）的工作流程

（1）由供粉装置 1 向粉尘分散器 2 喂入定量粉尘，与高速喷出的压缩空气混合，形成粉尘浓度稳定的含尘气流。

（2）含尘气流在真空泵 8 的吸引下，流经滤布 5，绝大部分粉尘被捕集在滤布 5 表面。

图 6－287 德国方式 VID 测试设备

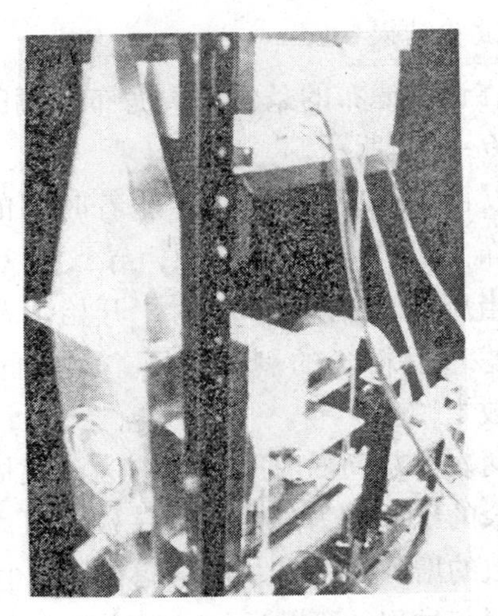

图 6－288 日本方式 VID 测试设备

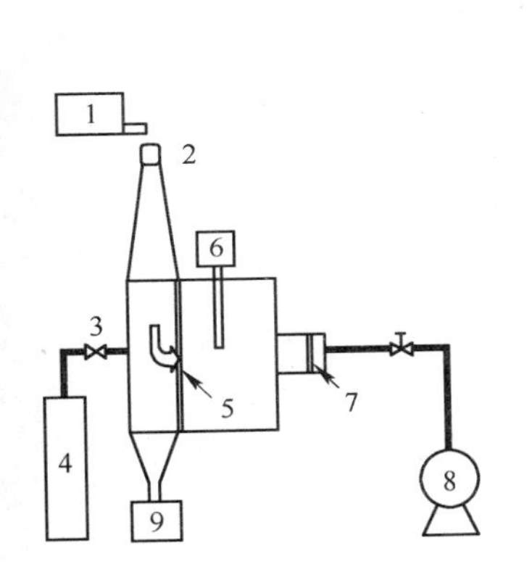

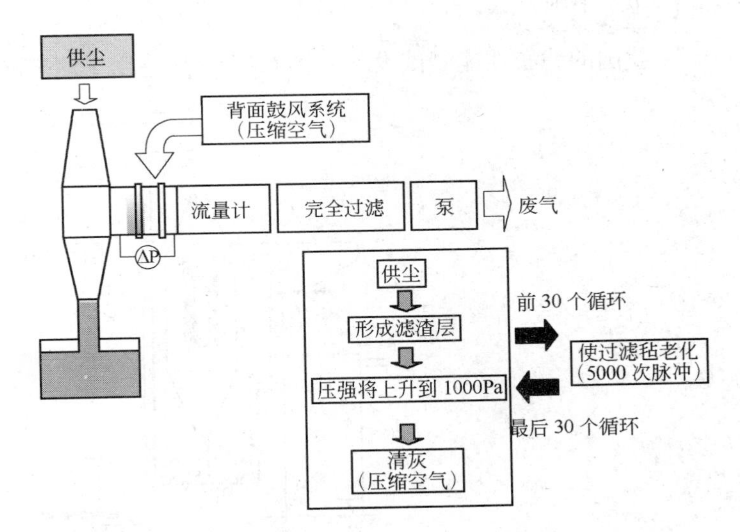

图 6－289 日本 JIS 标准制造的滤料测试装置

1—供粉装置；2—粉尘分散器；3—逆止阀；4—过滤器；5—滤布；
6—压缩空气罐；7—滤纸；8—真空泵；9—灰斗

(3) 透过滤布 5 的粉尘，则被下游的滤纸捕集。

(4) 当滤布 5 两侧的差压达到设定值时，压缩空气罐 6 内即喷出高压气流进行清灰处理。

(5) 滤布 5 清灰时，逆止阀 3 自动打开，以使尘气通过过滤器 4 外排。

试验滤布的条件

试验滤布	PPS 针刺毡，500g/m^2，表面烧毛
试验粉尘	JIS10 标准粉尘－粉煤灰，d_{50} = 5.2μm，含尘浓度 5g/m^3
过滤速度	3m/min
清灰参数	压力 0.5MPa，设定喷吹时间 60ms

试验结果

在试验滤布的条件下，滤布两侧的压差变化如图 6－290 所示。

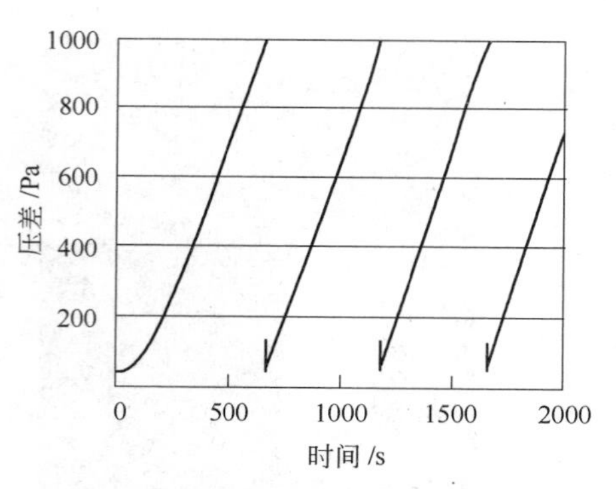

图 6－290 滤布两侧压差的周期性变化

从图 6－290 中可见，随着时间的增加，由于滤布上粉尘的不断堆积，导致压差的不断增高。当压差达到 1000Pa 时，开始清灰，随着堆积在滤布上粉尘的剥离，压差在瞬间从 1000Pa 降到数十帕。

两次清灰间的时间间隔称为清灰周期。清灰后剩余的压差称为残余阻力。残余阻力会随着清灰次数的增加而升高，也与滤布、粉尘的性质，尤其是与清灰参数有很大的关系。随着过滤—清灰过程的不断反复，残余阻力会逐渐增加，而清灰周期则不断缩短。

d 中国方式

我国的滤布性能测试设备（图 6－291）是用于测定除尘效率和阻力损失。

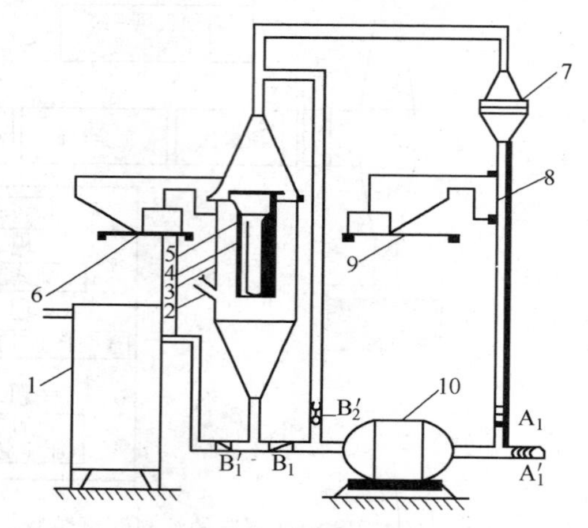

图 6－291 滤料动态性能测试装置

1—净化器；2—发尘孔；3—除尘器箱体；4—框架；5—滤料；6，9—微压计；7—取样漏斗；8—孔板；10—吹吸气泵；A_1，B_1，B'_1—常开阀门；A'_1，B'_2—常闭阀门

我国的滤布性能测试设备的试验条件为：

滤袋过滤面积　　0. 02m^2

过滤风速　　1m/min

每次发一定质量的粉尘，重复 5 次。

B 滤布试样（图 6－292）

德国、美国试样　　直径 140mm

日本试样　　300mm×300mm

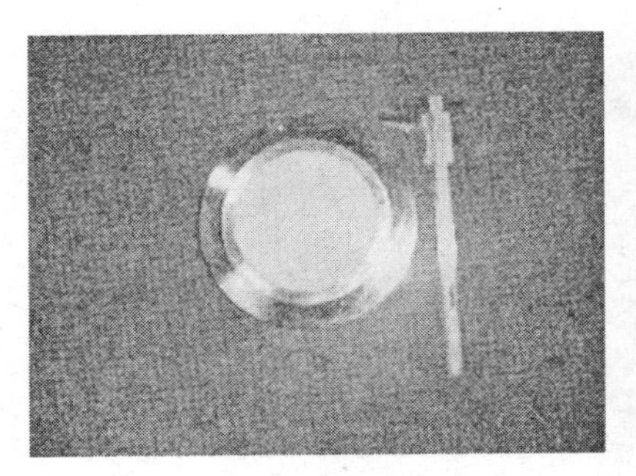

德国、美国试样

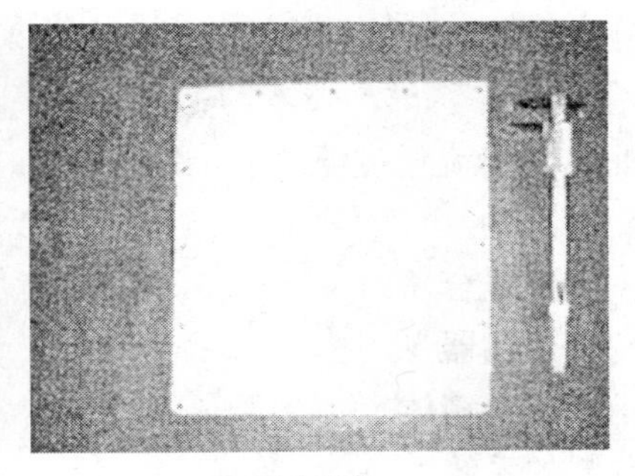

日本试样

图 6－292 滤布试样

C 试验条件

试验粉尘　　氧化铝粒子——Pural NF $d_{50}=4\mu m$，Pural SB $d_{50}=45\mu m$

　　　　　　粉煤灰粒子——JIS10 $d_{50}=5\mu m$

　　　　　　滑石粉——$d_{50}=8\sim12\mu m$

试验条件　　过滤速度——3m/min，1m/min

　　　　　　脉冲清灰——压力 500kPa，持续时间 60ms

　　　　　　入口浓度——5g/m³

测试项目　　残余阻力、清灰周期、出口粉尘浓度

6.7.3.3 薄膜滤料过滤效率的测试——美国 Tetratex 公司（Donaldson 收购）

A 薄膜滤料过滤效率测试（LMS 空气测试）技术

薄膜滤料过滤效率测试（LMS 空气测试）的过滤测试系统（图 6－293）是用来提供测量流量和压降的确切数据、试验分级效率和加载量的。

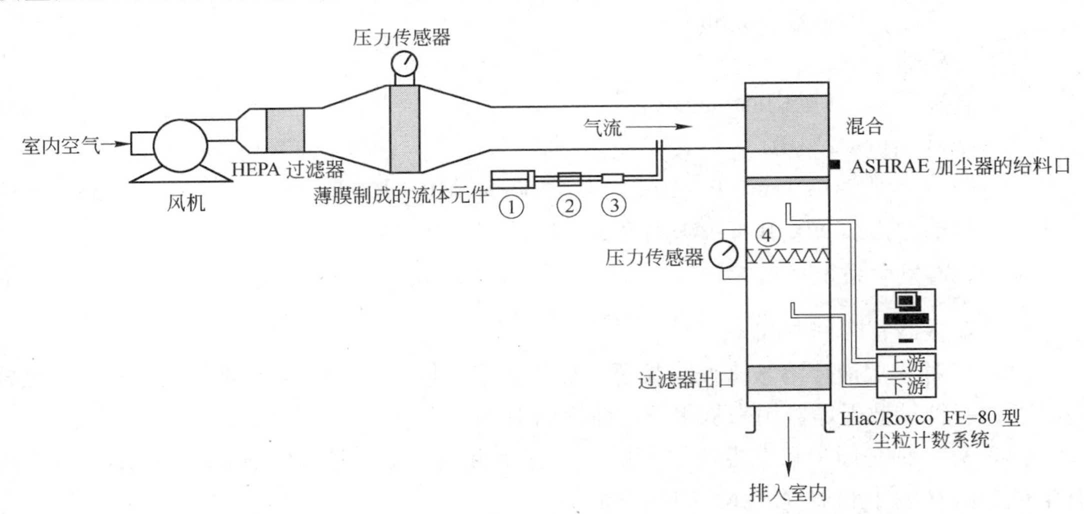

图 6－293 薄膜滤料过滤效率测试（LMS 空气测试）的图解

①—BGI 喷雾器；②—扩散干燥机；③—Kr－85 中和机；④—测试装置和测试样品

过滤测试系统的组成：

高流量风机	1台
HEPA 过滤器	2台
流量机（薄膜流量过滤件）	1台
气雾发生器	1台
空气－灰尘混合器	1台
光学粒子计数器	4台
过滤元件试验箱体	3台
获取数据的系统	1套

a 风机

风机是从过滤元件试验箱体中增压或抽真空用，风机最大流量是3000cfm。

风机带有一台AC转换器，用来控制泵的速度，以调节气流量：

制造厂　Dayton Electric Manufacturing Company

型号　1×C98A

频率　75±5 ℉时为±0.01%

b HEPA 过滤器

HEPA 过滤器两台，每台的最大流量为2000cfm，两台接合起来提供3000cfm的含尘气流。

c 流量计/压力传感器

薄膜制成的流体过滤件（LFE）是用来测量流过系统的气流。

制造厂　Meriam Instrument

型号　50MC2－8

精确度　读数±0.86%

压力传感器

制造厂　KMS Instrument

型号　223BD

能力　0～1cm、0～10cm、0～100cm和0～1000cmH_2

精确度　±0.01%，满刻度数±1

d 烟雾发生系统

粒子发生器有两种型式：

（1）一种是用液体溶液来发生粒子。液体溶液可以是NaCl、KCl或其他溶液，在这种情况下，一种扩散干燥器用来从水滴中排除所有潮气。

（2）另一种是用尘粒发生器发生粒子。它能将尘粒分散成AC细度、PTI细度等，所有尘粒是由β源中和器（^{85}Kr）中和发生。

e 气流－粒子混合器

气流和粒子在一个T形箱体内混合，于是，一个特殊设计的混合箱体是用来均衡气流和粒子后进入第一测试箱体。特殊设计的混合箱体包括一个设有带孔板的带孔的圆柱。

f 光学粒子计数器

光学粒子计数器（Hiac/Royco FE－80 型）用于测量粒子大小和浓度，典型的是 2，但是可高达 4。

光学粒子计数器采用“国际标准化组织动力”（Isokinetic）样品进行探查。

计数器的大小和计数粒子从 0.3μm 到 25μm。

g 过滤片测试箱体（3 个）

测试箱体是设计来测试单一的过滤片、2 个过滤片或 3 个过滤片。

有铰链的有机玻璃门用来便于观察、进入室内安装和取走过滤片。

B 薄膜滤料过滤效率测试技术的运行操作

所有测试数据能自动记录在计算机中，以提高无误差的数据分析。

光学粒子计数器每 30min 转动一次。

光学粒子计数器转动后启动风机，空气即流入 HEPA 过滤器。于是，清除掉粒子的气流流过薄膜制成的流体过滤件（LFE），进入空气－粒子混合器。

压力计用作 LFE 上压力差的读数，以指出气流速度。

NaCl 或 KCl 溶液形成喷雾状的液滴。当这些液滴流过扩散干燥器，其所含的水分被消除。于是，干燥粒子流入中和器，中和所有干燥粒子上的电荷。

在空气－粒子混合器中，中和粒子与从 LFE 中流出的经净化的空气混合，于是，混合气流进入特殊混合室，进入第一个过滤片测试箱体，灰尘直接从灰尘发生器送入特殊混合室。

国际标准化组织动力（Isokinetic）样品的探测器是用来为光学粒子计数器抽取样品，粒子的大小和浓度是在测试过滤片的上游和下游同时测量。

压力计用来测量测试过滤片的压降。

最后，空气－粒子气流排入大气，在含尘气流排入大气之前，采用最终的一片过滤片。

粒子计数器每 6 个月校验一次，它具有 13 种不同大小的精度粒子。

6.7.3.4 透气性测试

透气性测试是表示织物透过气体的能力。在固定的压差下，以一定面积的织物在单位时间里通过的空气量来表示，单位为 $dm^3/(m^2 \cdot s)$。

透气性测试设备是测试半成品、成品的透气性。

透气性的测试单位有：cfm、$m^3/(m^2 \cdot h)$、$m^3/(m^2 \cdot s)$、$cm^3/(cm^2 \cdot h)$、$L/(dm^3 \cdot min)$、$L/(m^2 \cdot s)$ 六种。

A 测试仪器——用于玻纤滤料

织物透气量仪主要由试样夹、垂直水柱压力计、定压压力计、箱体和吸风风扇等部件组成。

B 测量原理

如图 6－294 所示，当气流流经调节口径时，流束在口径处形成收缩，而使流速增加，静压力降低，于是在装置口径处产生了压力降（或压力差）。

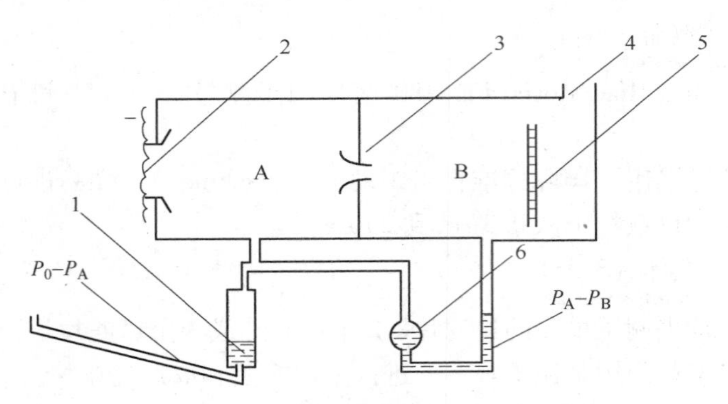

图 6－294 织物透气量仪原理图

1—定压压力计；2—样品；3—调节口径；4—吸风；5—滤流器；6—垂直水柱压力计；
P_0—大气压；P_A—A 室的压力；P_B—B 室的压力

气流的流量越大，压差也就越大，所以可通过测量压差来衡量气流流量大小。

织物透气量仪就是根据织物的不同选用不同的口径，在稳流的情况下，使试验织物两边的压差保持一定，测量空气的流量大小。

C 样品制备

在样品布上，从离开布边 50mm 处顺序剪取尺寸为 180mm×180mm 的样品 5 块，保证所有样品与布边的距离均不小于 50mm。

D 试验步骤

透气性测试设备如图 6－295 所示。将样品平放在试样座上，并套上适当的夹紧环，合上试样夹，用压簧将试样座与箱体夹紧。在开始进行测量时，相应地调节口径，然后启动吸风电动机，用调压变压器调速，当定压压力计的液面下降至 50. 8mm (2in) 时，观察并记录垂直水柱压力计的读数，根据 $P-Q$ 曲线或附表的曲线数值，可查得被测织物的透气量。

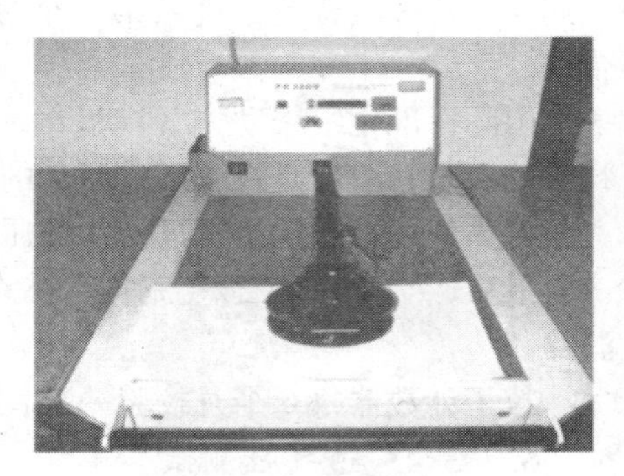

图 6－295 透气性测试设备

E 数据处理

测试 5 个样品，记录数值，取其平均值。

德国 BWF 公司采用的单位是 L/(dm^2 · min · 200Pa)。

6. 7. 3. 5 渗透性测试

渗透性测试用于求得通过一定织物面积所流过的气流量。在 ASTM Standard D－737－69 中，透气性定义为：在压力降不超过 0. 5in. w. g（125Pa）下，每平方英尺所能流过的气流量。渗透性是采用类似图 6－296 所示的装置进行测试。有一种这样的机器是由 Frazier Precision Instruments 制造，它包括一台在测量面积的滤料上抽过一定气量的抽风机，一个垂直压力计通过一个标定孔板测量压力降，它提供通过滤料的气流量，以及一台倾斜压力计测量通过滤料的压力降。因为气流渗透性不是流过滤料表面测得的压力差的线性函数，ASTM 方法规定，渗透性测试时的压力降是 0. 5in. w. g（125Pa）。某些滤料可能是太

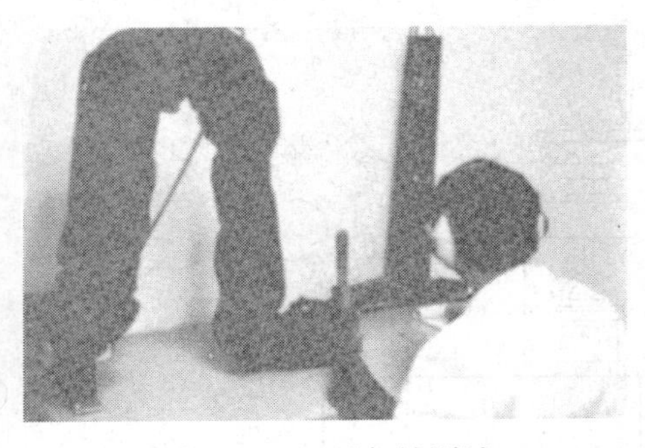

图6－296 透气性测试

密或太稀，都要维持这个压降。在这种情况下，ASTM 方法规定了在测试报告中所需测得的压力降。

在进行渗透性测试之前，倾斜压力计是零，渗透性机器正常带有一个标定孔板。滤料测试时是放在机器的面上，安置在一个固定环上。采用各种不同大小的孔板，垂直压力计的读数为4～25in. w. g（1～6kPa）。渗透性机器有一个变阻器来调节通过滤料的压力降到0. 5in. w. g。垂直压力计指示的压力差是记录在案的，这些数值（随着孔口尺寸）是用来计算在单位立方英尺每分钟（cfm）每 ft^2 织物或 ft/min 的面速度（透气性的 *G/C* 比）。

干净毡的渗透性范围通常是在15～35ft/min（8～18cm/s），材质较轻的机织布的渗透性值大于50ft/min（25cm/s）。渗透性可以在干净滤袋或脏滤袋上测试，脏滤袋通常是在接收到的状态下测试。收到后可用真空吸或清洗后再测试。如果滤袋使用后堵塞（堵塞的意思是滤料的孔隙被塞住，由此限制了气流流过滤料），可以将测量值与原来干净滤料的渗透性相比较来证实。它同样可能在长时间使用后，织物的孔隙扩大开放，显示出渗透性值大于原来数值的情况。无论如何，在这种情况下，就不会出现频繁的堵塞。在 ETS Inc. 的实验室，改造渗透性机器来允许测量高压力降和提升温度。这种帮助模拟在线袋式除尘器的情况，以提供袋式除尘器如何继续进行的一种指示。

6.7.3.6 含氧指数（LOI）测试

含氧指数（LOI）的测试不局限于用于表面涂层的滤料，如玻纤涂以 Teflon®、硅油、石墨或其他涂层、保留涂层。这种试验是在 ASTM Standard D－578 中介绍。

滤料样品大约2in×2in，重量至少1g，切好并在炉内225 ℉下干燥1h。样品于干燥器内冷却到大气温度，然后称重精确到0. 1mg。然后将样品放在一个坩埚内，并加热到500 ℉至少25min，样品再进行称重，LOI 可按下列公式计算：

$$\mathrm{LOI}=\frac{\text{开始的重量}-\text{最后的重量}}{\text{开始的重量}}\times 100\%$$

利用同样的程序，LOI 也能用1250 ℉求得。

6.7.3.7 断裂强度、断裂伸长率测试

Zwick 测试设备（图6－297）可测试半成品、成品的断裂强度、断裂伸长率，该设备的测试结果均应储存在数据库中。

6.7.3.8 破裂强度测试

一定面积的织物，在液体（一般为甘油）的均匀压力下，通过橡胶隔膜使织物突破时的强度称为破裂强度，单位为 N/cm^2（kgf/cm^2）。

A 测试仪器——用于玻纤滤料

破裂强度试验机主要由样品固定圆盘、甘油自动供给装置、压力表等部件组成，如图6－298 所示。

图 6-297 Zwick 测试设备

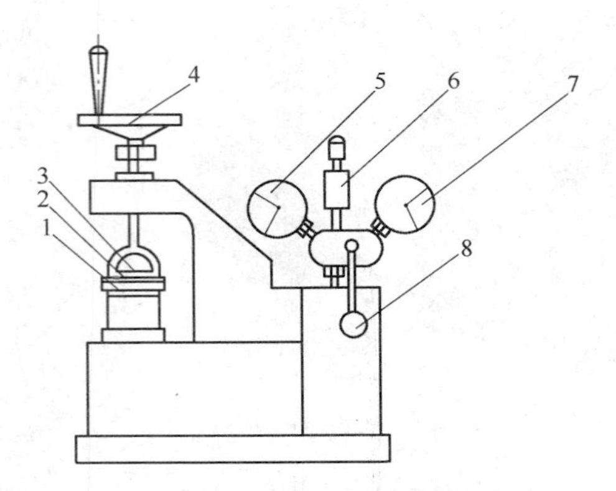

图 6-298 破裂强度试验机示意图

1—样品下固定盘；2—样品；3—样品上固定盘；4—样品压力手轮；5，7—压力表；6—甘油供给瓶；8—压力转换手轮

B 样品制备

在样品布上，沿纬向顺序剪取尺寸为 100mm × 100mm 的样品 7 块，保证所有样品与布边的距离均不小于 50mm。

C 试验步骤

破裂强度试验机在完成了橡胶片的安装及释放压力等程序之后，就可以进行操作。

将样品放入上下圆盘之间，旋转压力手轮，使样品在平整无折皱的情况下，用施有均匀张力的夹具夹紧，此时开动电动机接通压力转换手柄，活塞运动，压力增加至橡皮膜突破样品。

加压用油的增加速度为 170 ± 20mL/min。

D 数据处理

测试 7 个样品，去掉最大值和最小值，用 5 个测定值的平均值表示。

6.7.3.9 Mullen 破裂强度测试

Mullen 胀破强度（mullen burst strength），或马伦式胀破强度起源于织物测试，开始时使用油压做胀破，现在一般使用（金属）顶破强力替代。

Mullen 爆破（破裂）强度试验在 ASTM Standard D-231 中介绍，用来表示滤料承受脉冲或压力的相对总的滤料强度。

Mullen 爆破（破裂）仪器如图 6-299 所示。仪器在滤料样品上施压，通常样品为 4in × 4in 或 3in × 3in，它牢固地压在钳口上，如图 6-299 所示，使滤料在施压下增加压力，直到滤料爆裂或断裂，爆破压力以 lbs/in^2 为单位。

对于表面涂层如 Teflon®或硅油、石墨处理以前的新玻纤滤料，Mullen 爆破（破裂）试验能提供滤料热过滤所给予的变弱的良好提示。

6.7.3.10 张力强度（tensile strength）测试

张力强度试验（拉伸断裂强力）提供滤料伸长、延伸率和断裂。这种试验是在 ASTM Standard D-1682-64 中介绍，为滤料织物提供延伸和破裂的负荷。

张力试验仪器如图 6-300 所示。在一条 6in 长 1.25in 宽的滤料上，切割使宽度的边

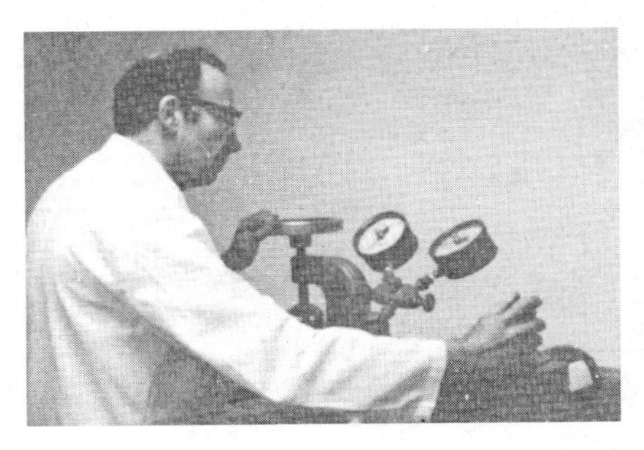

图 6－299 Mullen 爆破（破裂）强度

（南京玻纤院购买美国的 Mullen 破裂强度检测仪）

正好切到 1.00in，长条滤料的顶部和底部是带状的，它们为大约 3in 的非带状长度。样品夹在仪器的钳口上，钳口移动开来，引起滤料延伸直到它损坏。张力强度单位为 lb/in，示于仪器的刻度盘上。滤料测试同时在经向上、纬向上进行。这种测试也能通过移动钳口，在滤料拉破前求得滤料的延伸率或伸长率。

随着滤料的形式和重量的不同，张力强度也有所不同。化纤滤料通常比天然滤料要延伸得更长，即显示出更大的延伸率。玻纤材质通常具有高的张力强度。张力试验与 Mullen 爆破（破裂）强度试验组合在一起可以比较新的和用过的滤料的强度，能够指出所用的滤料的强度恶化的程度。

6.7.3.11 滤料分解（水解）程度的测定

A 用控制黏度特性处理器（图 6－301）测定

（1）通过一个控制黏度特性处理器测定。

（2）通过 Schulz/Blaschke 评估数值。

（3）得到一个具有可比性的结果，单位为 dL/g 或 cm^3/g。

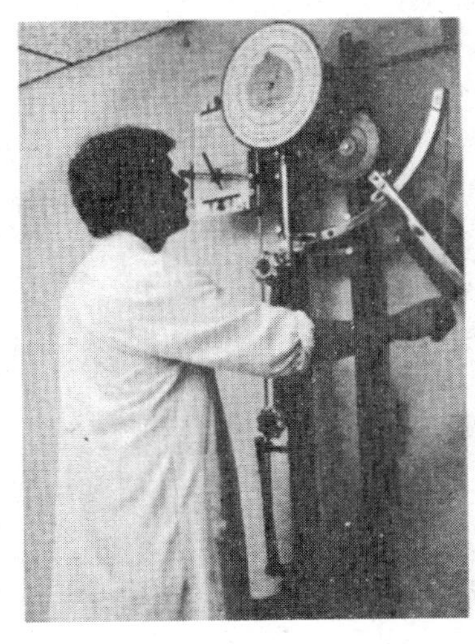

图 6－300 张力试验

图 6－301 黏度特性处理器

溶液黏度特性测定在许多不同种类的纤维中有着广泛的应用，其测定值可用以评估纤维分子分解的类型及程度（表6－155）。

表6－155 各种纤维分解程度参数表 (dL/g)

纤维	无损伤	轻度损伤	中度损伤	高度损伤	严重损伤
聚酯	0.60～0.50	0.49～0.45	0.44～0.40	0.39～0.33	0.29
P84®	0.58～0.50	0.49～0.44	0.44～0.39	0.38～0.35	0.34
Nomex	0.80～1.50	1.49～1.30	1.29～1.00	0.99～0.70	0.690
玻纤①	不可测	不可测	不可测	不可测	不可测

①由于玻纤无法溶解，因此无法测定其特性黏度，但可通过比较断裂强度值来了解其退化变质情况。

这种方法适用于纤维有其特有的分子链长度的聚合物质，尤其适合于测定聚酯、P84®和偏芳族聚酰胺（Nomex）纤维。由于这些纤维对水解攻击比较敏感，会导致聚合物链的短缩，断裂链的摩擦力较小，因而溶液通过毛细管所用的时间较少，故可得出较低的黏性。

B 滤料溶解后黏度的测定——厄布洛德黏度计

厄布洛德黏度计（图6－302）用于滤料溶解后黏度的测定，是将待测纤维聚合物在特定溶剂中溶解后，注入厄布洛德黏度计中。

厄布洛德黏度计的测定步骤：

（1）样品在特定溶剂中溶解后，用厄布洛德黏度计测定溶液的黏度特性。

（2）用挡光板测定聚合物溶液通过毛细管所需的时间。

（3）然后根据 Schulz/Blaschke 公式测算出特性黏度。

（4）得出的结果单位是 dL/g。

（5）通过这个标准单位，可得到与全新材料的初始值的比较结果。

（6）由此便可推断该滤料是否受到损坏。

C 对PES纤维和基布进行标准测试的压煮器（图6－303）

PES 标准测试：131℃，3bar，48h。

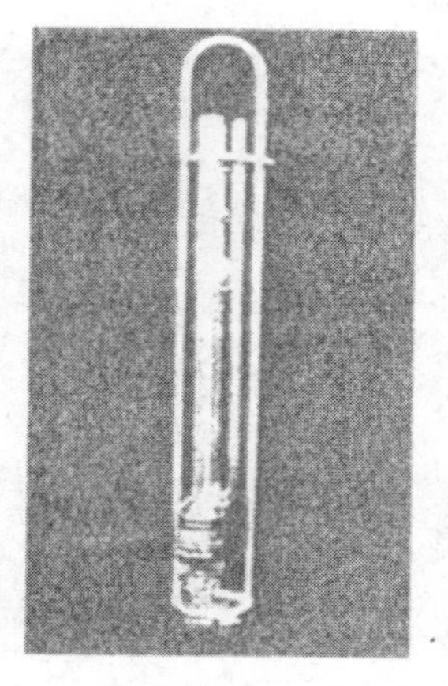

图6－302 厄布洛德黏度计

图6－303 压煮器

对 PES 纤维和基布进行标准测试：

在压煮器中 131℃温度和 3bar 压力下，以水汽处理 48h 后，比较其与全新材料间的断裂强度。

断裂强度的减幅应不超过 50%，而特性黏度值应在 0.60～0.35 之间，具体取决于初始纤维。

通过对大量不同的纤维进行测试，结果发现，剩余断裂强度值介于 10%～54%，而初始纤维的特性黏度值介于 0.60～0.34dL/g。

因此，如果已知使用滤袋的初始纤维材质，便可很快地分析出滤袋的黏度。

D 结论

（1）水解受外部环境影响。

（2）纤维聚合物的分解反应是必然的。

（3）其反应速度可通过以下方法减缓：

1）通过控制温度和湿度。水解这一化学反应受很多因素影响，为了使纤维聚合物的分解程度保持在可接受的范围内，必须控制温度和湿度。

2）通过空气而非水来冷却烟气。与氧化不同，为防水解，烟气的冷却宜用空气，而非水来冷却，如果无法做到，则考虑使用其他纤维聚合物以达到理想的使用寿命。

3）如果操作条件无法调协，可考虑使用其他纤维聚合物。

6.7.3.12 纤维氧化后的测定——FTIR－光谱分析仪（图 6－304）

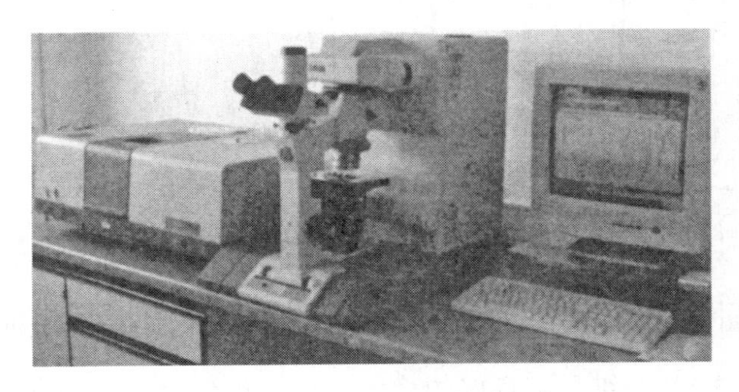

图 6－304 FTIR－光谱分析仪

纤维分子链的任何变化，如氧化，都可以通过 FTIR－光谱分析仪测到。

从 FTIR－光谱分析仪发射源发射出的红外光束穿透准备好的测试样品，并被样品有选择地吸引后到达探测器。

由此生成一份干涉图，再通过傅里叶变换法，得到有可比性的 IR 光谱。

IR 光谱将被记录到电脑中，并可进行参考比较。这使得 FTIR 光谱学家能够识别该纤维聚合物，并在某些情况下，确定纤维聚合物的退化变质的程度。

A FTIR－光谱分析仪的测定步骤

a 纤维的准备

KBr 圆盘	标准，需 2mg
箔片	可使用 PP 和 PAN，需 30mg

Dura Sample IR　　　表面导向分析
FT－IR 显微镜　　　单根纤维或微小颗粒

b　关于纤维的准备

（1）首先，剥取一些滤料迎尘面和干净面的纤维，使其基布暴露出来，然后从经向和纬向分别取一些纤维。

（2）准备一个 KBr 圆盘，需要 2mg 纤维，它是一种特殊的盘，非常有助于光谱分析。

（3）准备一个箔片，至少 30mg 纤维材料（可使用 PP 和 PAN）。

（4）如果仅需要对表面进行分析，比如表面涂层，可使用一种称作 Dura Sample IR 的辅助设备，它可进行的深度约 10μm。

（5）FTIR－显微镜可用于对单根纤维或微小颗粒的分析。

B　氧化后退化变质的光谱分析

a　PAN（均聚丙烯腈，亚克力）退化变质的光谱分析（图 6－305）

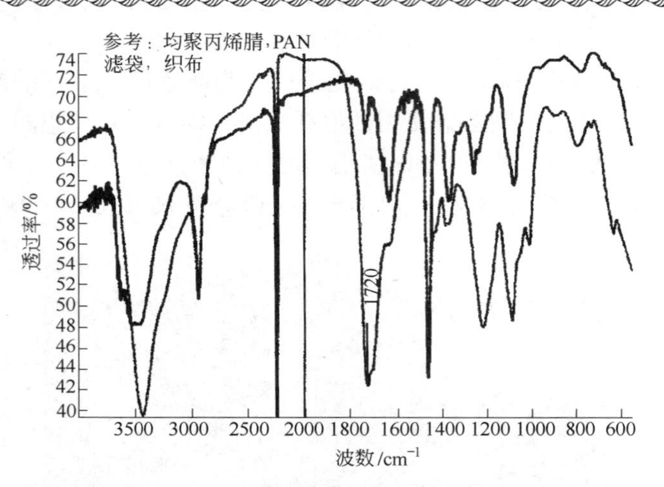

图 6－305　PAN（均聚丙烯腈，亚克力）退化变质光谱分析

从化学角度看，PAN 纤维具有良好的稳定性，它能经受水解及氧化的攻击，比 PP 有更好的氧化稳定性。

如果存在氧化攻击，其结果可通过 $1720cm^{-1}$ 波数时 IR－光谱中额外的碳酰基峰值探测到。

b　PPS（聚苯硫醚）退化变质光谱分析（图 6－306）

PPS（聚苯硫醚）纤维是热塑性的和高结晶的纤维，其抗溶解力接近 PTFE，完全不受水解影响，且耐酸性和耐碱性极佳。

由于 PPS 不惧水解，所以这种聚合物材料的失效多数是因氧化而造成，氧化是它的主要弱点。

氧化可通过红外线谱探测到，其指示峰值在 $765cm^{-1}$、$1040cm^{-1}$、$1160cm^{-1}$ 和 $1225cm^{-1}$。

c　P84®（聚酰亚胺）退化变质光谱分析（图 6－307）

在气体成分、粉尘或温度极具侵蚀性的情况下，P84®仍能经受水解及氧化的攻击。

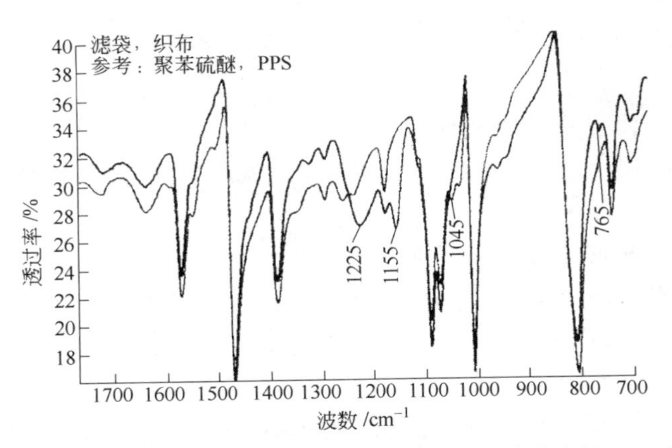

图 6-306 PPS（聚苯硫醚）退化变质光谱分析

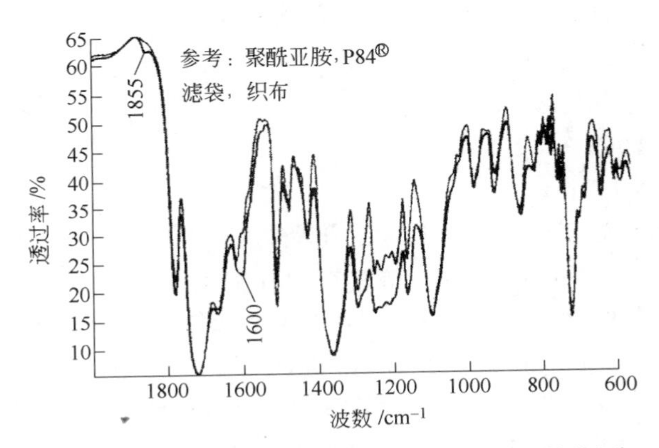

图 6-307 P84®（聚酰亚胺）退化变质光谱分析

对 P84®的探测有时会比较困难，因为它受损的原因通常是多方面的。氧化可通过红外线谱探测到，其指示峰值在 1600cm^{-1}和 1855cm^{-1}。

6.7.3.13 臭氧检测仪（图 6-308）

美国 ESC 公司　　Z-1200XP
测试范围　　0~2ppm
精度　　0.01ppm

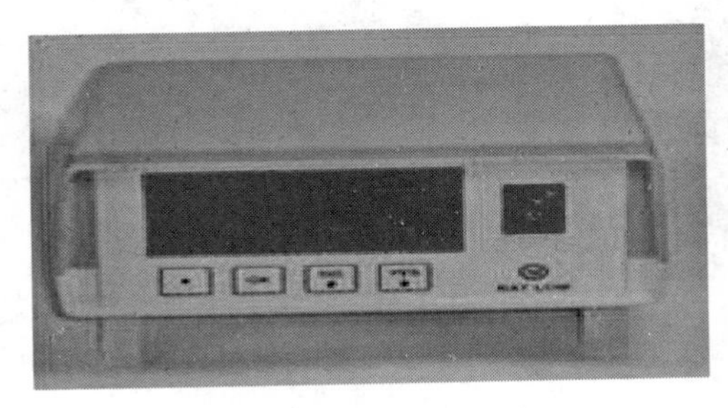

图 6-308 臭氧检测仪

6.7.3.14 滤料的耐磨性的测试

典型的滤料耐磨性测量的标准测试方法是：用一块滤料样品，通过一块粗糙表面来回摩擦（有时候是用砂粒），直到出现穿孔，滤料的耐磨等级是按穿孔所需的时间分级。

滤料耐磨性测量的其他办法：包括喷砂和打摺测试。打摺试验是在新的和含尘滤料上进行，表示一种尘粒物质的磨损影响。

其他试验，有时采用滚动的皱筒来回逆向打磨滤料，损坏的周期次数即表示滤料的耐弯曲性和耐磨性。

6.7.3.15 MIT 耐折强度（MIT Flex）

MIT 耐折强度测试是用来测量滤料在曲折时经受自我磨损的能力。这种测试方法在 ASTM Standard D－2176－69 中描述，它是测试 MIT 破裂强度耐久性的一种标准方法的仪器。

MIT Flex Endurance Test 抗弯特性测试：滤料样本在特定载荷下按照某弧度快速弯曲，直到折断。

MIT Flex Endurance Test 抗弯特性测试的测试条件为：

温度	270℉
折弯次数	180 次/min
负载	4lb
宽样品	1/2in

MIT 耐折强度测试仪如图 6－309 所示。准备好一块正好 0.5in 宽和大约 5in 长的滤料样品，测试时用胶带包扎滤料两端的末端，在包扎的末端之间折成（纵向）2in。包扎的末端牢固地夹紧到机器的钳口上。滤料折成像一个弹簧，凸轮设备来回滚动 135°度角 4 次。记录滚动的次数，直到滤料折叠处破损。MIT 屈曲强度试验设备利用一个 4lb 的固定重量和一个 8 号弹簧。弹簧动作像一个减振器来确保负荷的均匀性。每次试验时记录试验室内的相对湿度。滤料破损前的折曲次数是调节到对应于一个特定的相对湿度（55%）。ETS Inc. 是在有控制相对湿度的房间内进行耐折试验的。

图 6－309　MIT 耐折强度测试

（南京玻纤院购买的美国 MIT 耐折仪）

耐折试验经常帮助公用事业燃煤锅炉装置的袋式除尘器中的玻纤滤袋求得它的恶化率，这种试验也帮助提供关于影响滤袋寿命的滤袋张力。折曲试验有时可以为滤料暴露在类似公用事业燃煤锅炉袋式除尘器的热和/或酸条件的情况下进行。试验不能在滤料上连续灰负荷下进行，它无法与现场实际条件进行比较。

6.7.3.16 热稳定性、热收缩率的测试——电热鼓风干燥箱（图6-310）测试设备

电热鼓风干燥箱用来测试半成品、成品的热稳定性，即产品的热收缩率。电热鼓风干燥箱设备的最高温度为300℃。

6.7.3.17 电子天平测试设备（图6-311）

电子天平测试设备用来测试半成品、成品的每平方米的重量。

电子天平测试设备的精度：0.00～0.001mg和0.00～0.01mg。

图6-310 电热鼓风干燥箱

图6-311 电子天平测试设备

6.7.3.18 Stemi 2000-c显微镜（图6-312）

通过Stemi 2000-c显微镜可拍摄到纤维的表面及纤维内部的粉尘渗透情况。

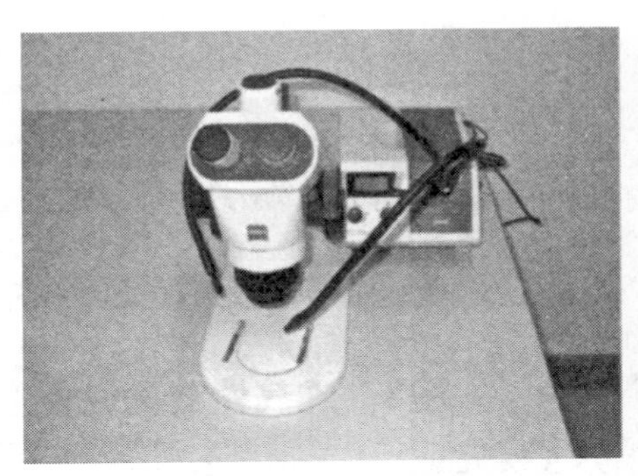

Stemi 2000-c显微镜

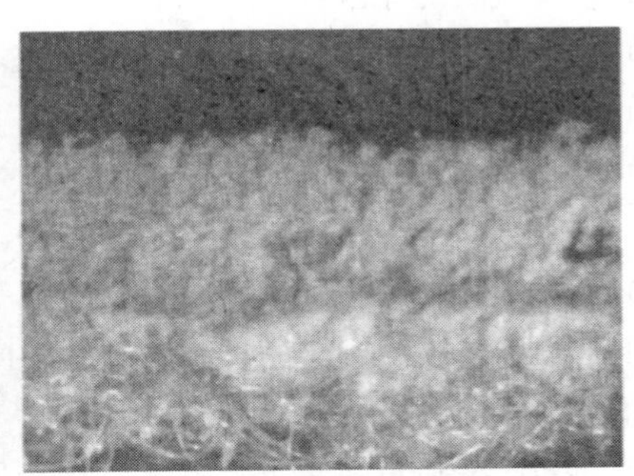

显微镜下旧的滤料的剖面

图6-312 Stemi 2000-c显微镜

显微镜分析：

显微镜分析常常用来检查滤料和滤料涂层，包括在新滤袋和在运行中的滤袋。高分辨率显微镜具有放大大于1000倍的放大倍数，能用来观察检查滤料。如果要求的倍数更大，则可选用放大倍数为5000～10000倍的扫描式电子显微镜。

可以采用显微镜来检查袋式除尘器所收集的灰尘，显微镜分析产生的数据包括尘粒大小、尘粒形状、尘粒磨损或尘粒凝聚的趋势。这些数据可用于对一般滤料和/或袋式除尘器的形式的选择中，显微镜用于滤袋的检查，可以求得关于灰尘的类似资料，同时看出是否有灰尘堵塞滤料。

6.8 纤维、滤料的失效控制

6.8.1 滤袋袋口吹破的控制

袋口吹破的现象如图 6 - 313 所示。

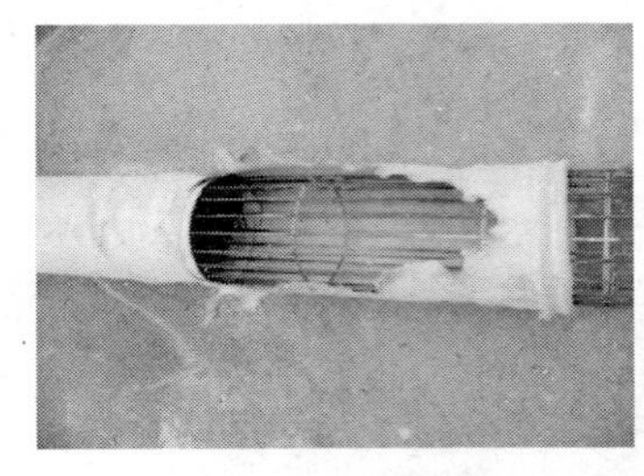
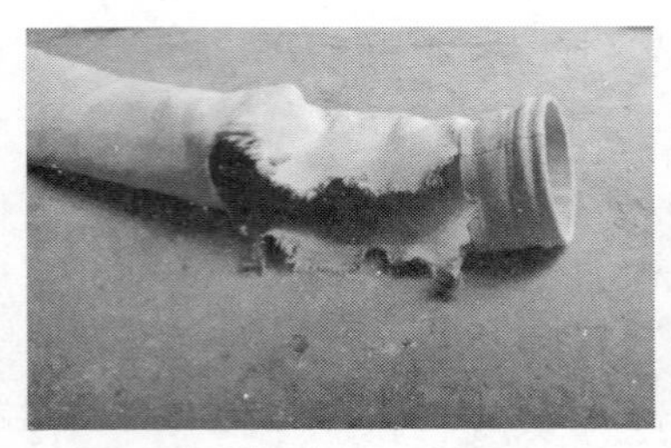
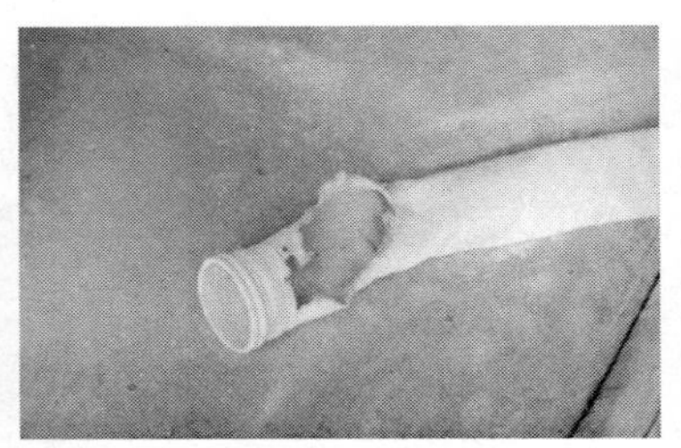

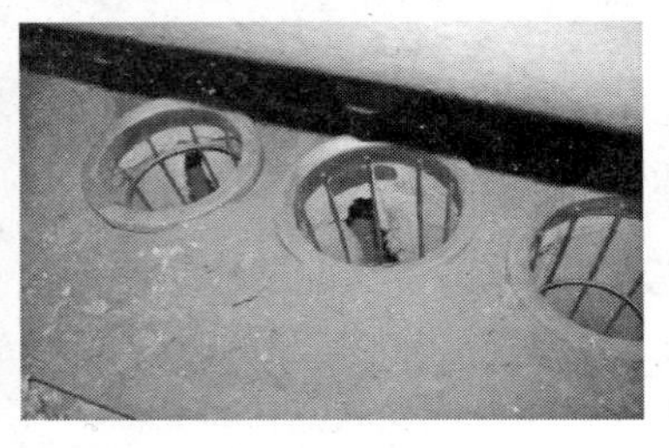

图 6 - 313 袋口吹破的各种现象

造成袋口吹破的原因：

(1) 喷吹管上，喷吹孔之间间距的误差。

(2) 花板孔之间间距的误差。

(3) 花板平整度超标。

(4) 安装时，喷吹孔与花板孔没有对中。

(5) 喷吹管上喷吹孔垂直度偏差。

特别是，上述误差的累积误差，导致袋口吹破。

防止袋口吹破的措施：

(1) 标准要求喷吹孔中心与花板孔中心偏差 $\Delta \leq 2$mm。

(2) 可在框架口内装一个稍带束口的套管（不宜装文丘里管），以防袋口吹破，套管长度 = 200mm。

6.8.2 滤袋被火星烧坏

被火星烧坏的现象如图 6 - 314 所示。

防止被火星烧坏的措施：

(1) 袋式除尘器前设置火星捕集器。

(2) 袋式除尘器前设置喷水灭火。

(3) 合理地控制扬尘点处吸风罩的位置、罩口速度不大于 4m/s。

(4) 设置旁通烟道，及时排出带火星的烟气。

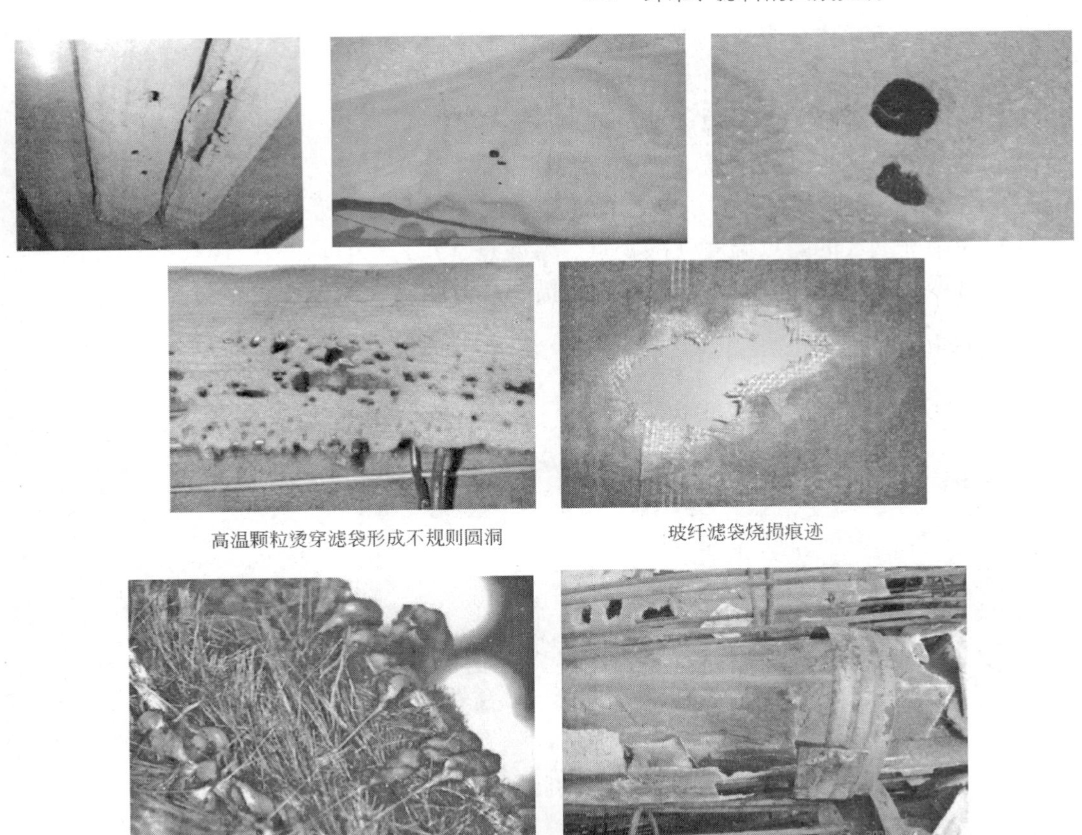

高温颗粒烫穿滤袋形成不规则圆洞　　玻纤滤袋烧损痕迹

PTFE 线被高温烤　　玻纤滤袋被高温烧碎

图 6－314　被火星烧坏的各种现象

6.8.3　防止滤袋结露黏结

滤袋结露黏结的现象如图 6－315 所示。

图 6－315　滤袋结露黏结的各种现象

造成滤袋结露黏结的原因：

（1）烟气中含湿量过高。

（2）含湿烟气在低于露点温度下运行。

（3）烟气中含有黏结性物质（如油烟、沥青）。

防止滤袋结露黏结的措施：

（1）控制好烟气的露点温度（酸露点、水露点、T_P）。

（2）对烟气中的黏结性物质采取防黏结措施。

6.8.4 花板孔漏灰

花板孔漏灰的现象如图 6－316 所示。

花板孔过小

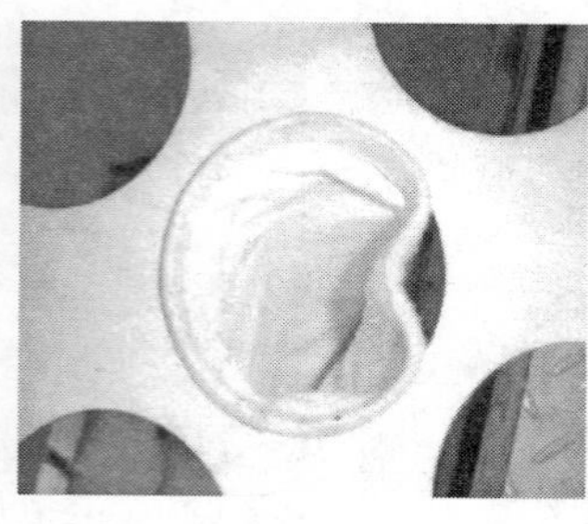

弹簧圈太大

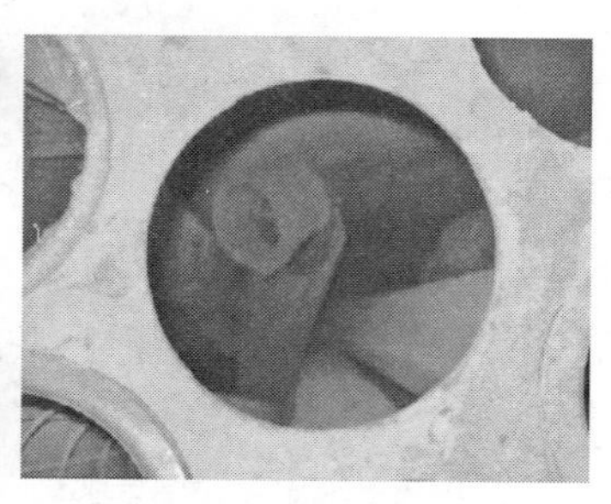

滤袋、框架掉入灰斗内

图 6－316 花板孔漏灰的各种现象

花板孔漏灰的原因：

（1）花板孔过小。

（2）袋口弹簧圈太大。

（3）滤袋、框架掉入灰斗内。

（4）花板与箱体焊接不严。

（5）滤袋破损。

防止花板孔漏灰的措施：

（1）根据发现的现象，采取相应的措施。

（2）花板孔直径公差应为 －0，＋0.3。

滤袋 ϕ130mm

花板孔 $\phi 133^{+0.3}_{-0}$mm

花板孔直径最大允许椭圆度误差为 0.76mm。

6.8.5 滤袋底边摩擦、粘灰、搭桥

滤袋底边摩擦、粘灰、搭桥的现象如图 6－317 所示。

滤袋底边摩擦、粘灰、搭桥的原因：

（1）花板不平、袋笼不直，造成滤袋底部边的摩擦（图 6－318）。

（2）花板孔过密，滤袋底部容易摩擦（图 6－319）、粘灰、搭桥。

（3）滤袋框架质量不佳。

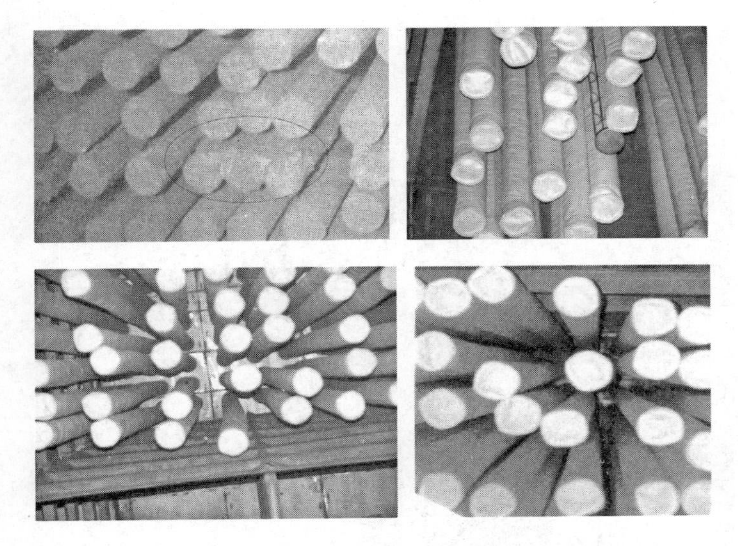

图 6－317 滤袋底边的摩擦、粘灰、搭桥现象

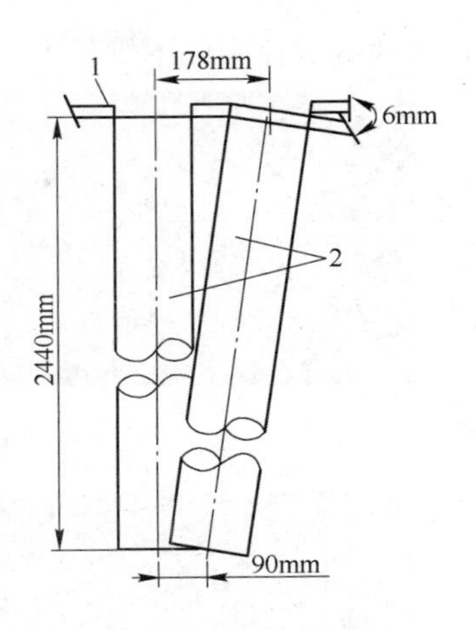

图 6－318 花板不平、袋笼不直造成滤袋底边部摩擦

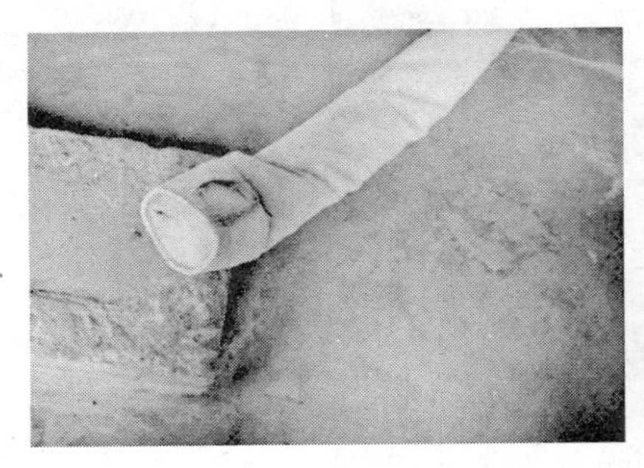

图 6－319 滤袋底边部的摩擦

防止滤袋底边摩擦、粘灰、搭桥的措施：

（1）加强除尘器各部件的制作质量。

（2）正确设计花板孔与孔之间的间距：

滤袋长度	不大于 4m	间距	35mm
	4～6m		50mm
	6～8m		75mm

（3）采用调节式袋笼：

1）滤袋调节前（图 6－320）。

2）滤袋调节后（图 6－321）。

3）调节式袋笼的规格尺寸（图 6－322）。

袋笼尺寸	ϕ130mm×2450mm
材质	20 号钢
规格	ϕ4mm 钢丝
竖筋数	10 根
支撑环	12 个

底盘	$\delta = 1.2$mm
表面处理	除锈后热镀锌处理
两端支撑中间下垂扰度	要求小于 3mm

图 6－320　滤袋调节前的状况

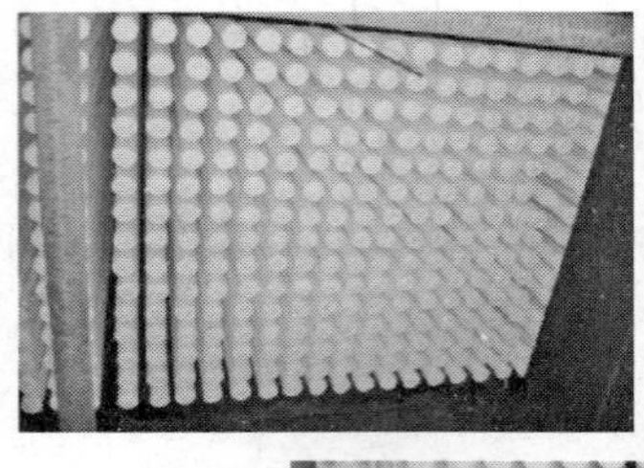
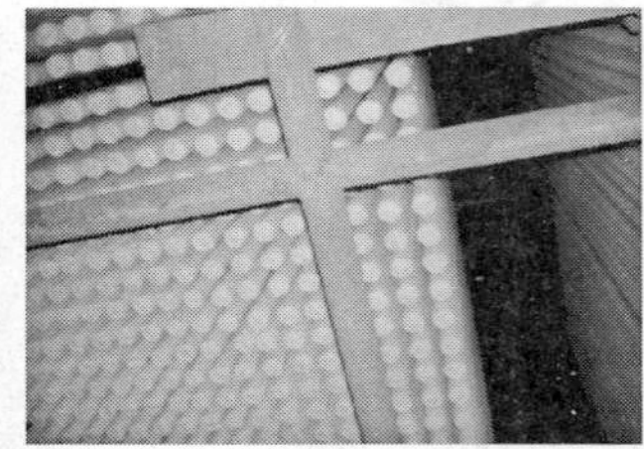

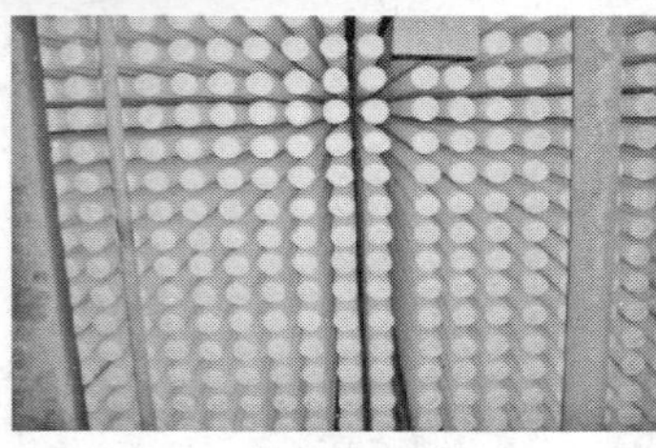
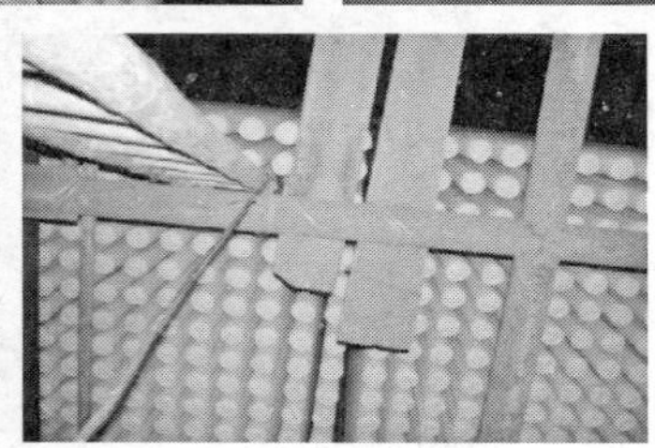

图 6－321　滤袋调节后的状况

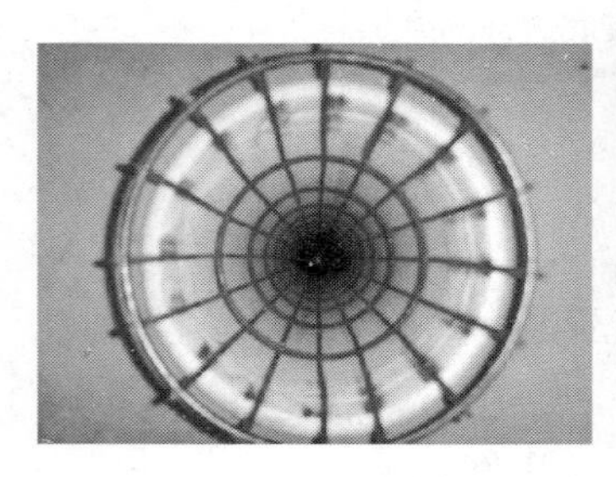

图 6－322　调节式袋笼

4）调节式袋笼的使用（图 6－323）。

图 6－323　调节式袋笼的使用（广州宏运电厂）

6.8.6　滤袋未热定型造成的后果

未热定型造成滤袋的失效现象：

（1）框架上浮顶出花板之上的现象（图6－324）。

（2）滤袋未热定型使用后滤袋收缩，无法从框架上脱下，只好用气焊从框架上口法兰切开（图6－325）。

图6－324　框架上浮顶出花板之上的现象

图6－325　框架无法脱下，只好用气焊从上口法兰切开

滤袋未热定型造成失效的原因：滤袋与框架的热胀冷缩收缩。

改善措施：做好滤袋的热定型处理。

6.8.7　滤袋受框架竖筋、横圈处的腐蚀、磨损

滤袋受框架竖筋、横圈处的腐蚀、磨损现象如图6－326～图6－328所示。

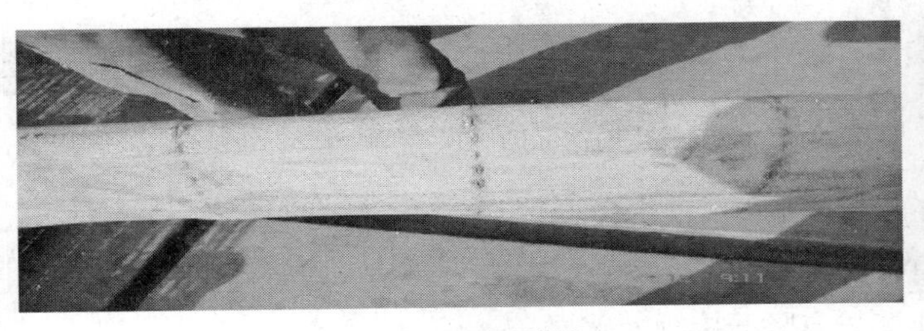

滤袋受框架横圈的影响

滤袋受框架竖筋的影响

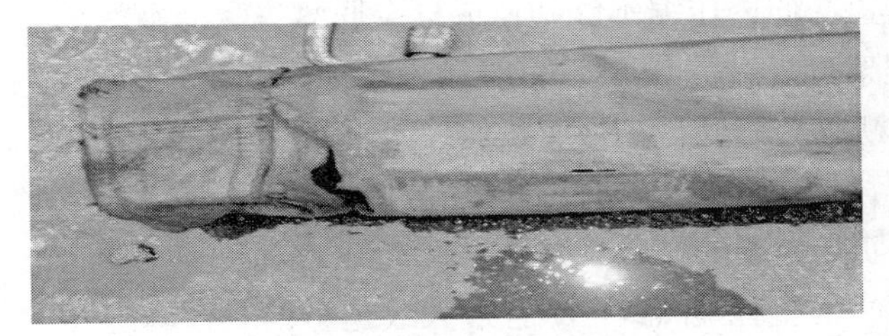

框架底盘边缘磨破滤袋

图6－326　滤袋受框架竖筋、横圈处的磨损现象

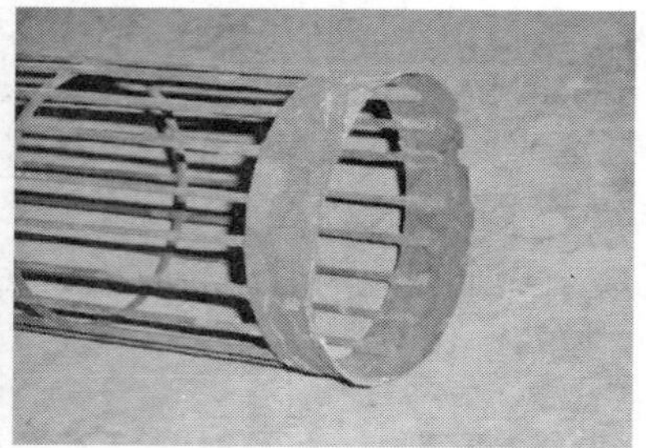

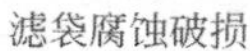

滤袋腐蚀破损　　框架锈蚀

框架腐蚀、锈蚀、底盘脱落　　框架的腐蚀、锈蚀

图 6－327　框架腐蚀造成滤袋与竖筋接触处的破损

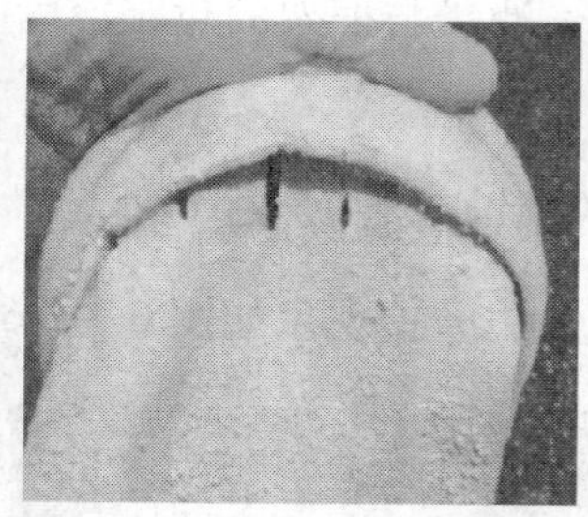

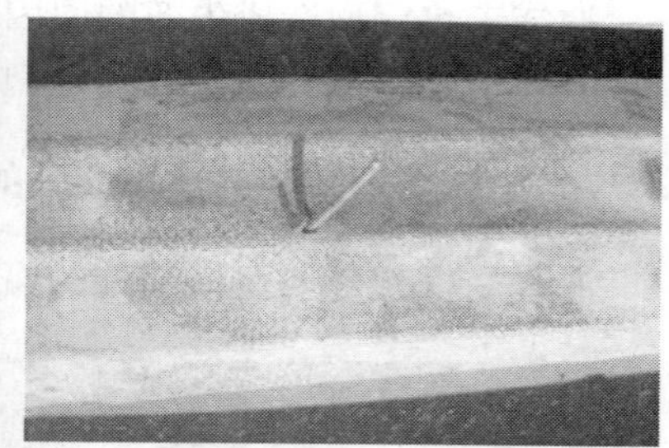

图 6－328　袋笼脱焊对滤袋的破损

滤袋受框架竖筋、横圈处腐蚀、磨损的原因：

（1）滤袋与框架之间的直径差过小。

（2）由于框架腐蚀，造成滤袋与竖筋接触处破损。

（3）框架底盘边缘向内压缩不够，造成框架底盘边缘磨破滤袋。

（4）滤袋比框架过长，滤袋底部的加强段落在底盘下部，在清灰和过滤的反复伸缩中，滤袋加强段不断与袋笼底盘拍打所致。

（5）袋笼脱焊，造成滤袋的破损。

滤袋受框架竖筋、横圈处腐蚀、磨损的改善措施：

（1）框架与滤袋的直径差（Δ）不宜过大或过小：$\Delta \approx 5$mm。

（2）框架采用合适的表面处理，并加强框架的制作质量。

（3）提高框架的加工制作质量。

6.8.8 除尘器滤袋袋底破损

滤袋袋底破损的现象如图 6－329、图 6－330 所示。

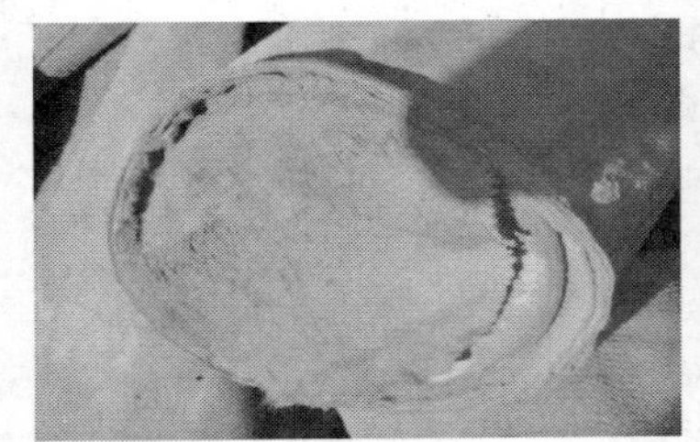

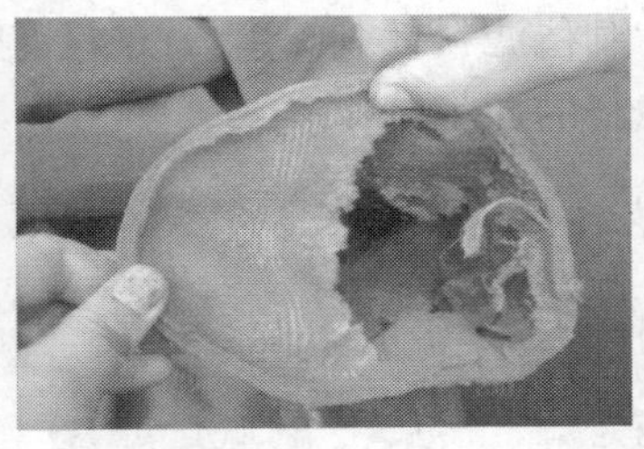

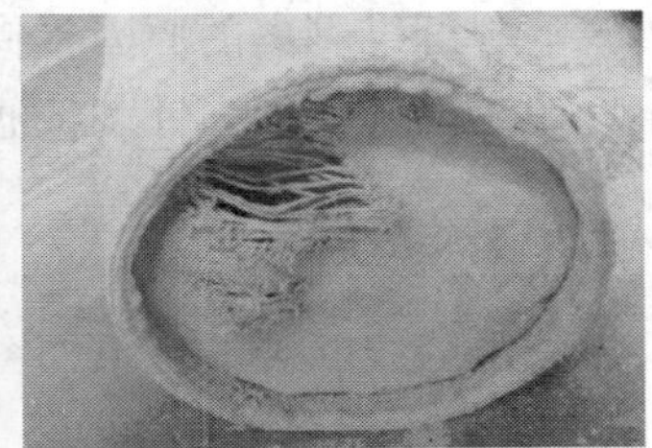

图 6－329 滤袋底部受入口气流冲刷的影响

图 6－330 灰斗内积灰，烟气腾尘而起，造成袋底磨损

滤袋袋底破损的原因：

（1）除尘器入口气流冲刷滤袋，造成袋底露出基布、滤袋缝线开裂等破损。

（2）灰斗进风时无气流分布装置，或气流分布装置不完善。

（3）除尘器入口气流位置设计不当。

（4）卸灰阀堵塞，灰斗内积灰，烟气腾尘而起。

改善措施：

（1）合理设计选定除尘器入口气流的位置。

（2）必要时，灰斗内设置气流分布装置。

（3）除尘器灰斗内增设上下料位计。

6.8.9 滤料纤维剥离

滤料纤维剥离的现象如图 6－331 所示。

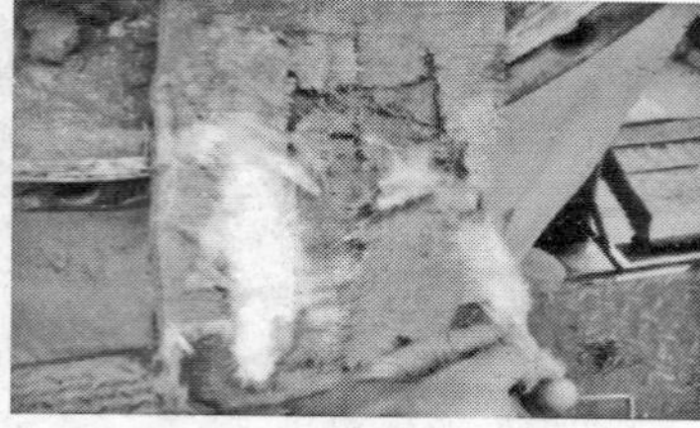

图 6－331 滤料纤维剥离的现象

滤料纤维剥离的原因：针刺毡滤料针刺深度太浅、密度太稀，造成纤维剥离。

改善措施：加强针刺毡滤料的加工制作。

6.8.10 滤袋缝线断裂

滤袋缝线断裂的现象如图 6－332 所示。

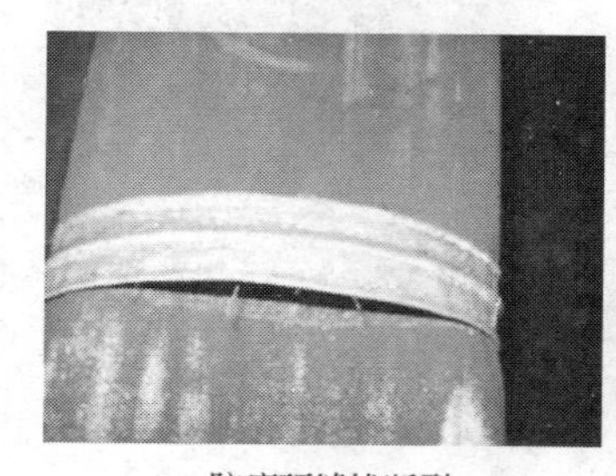
防瘪环缝线断裂

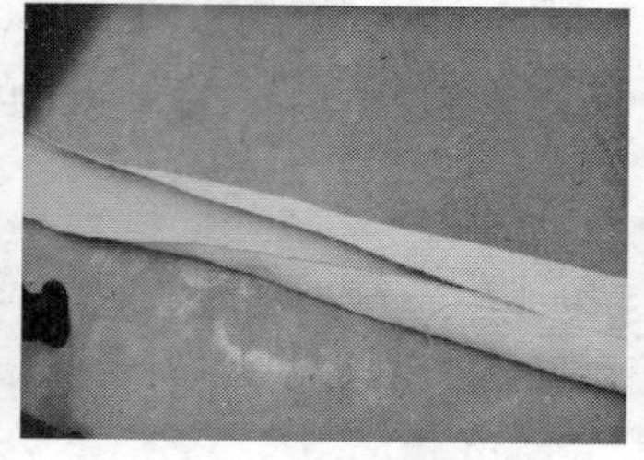
滤袋竖缝缝线断裂

滤袋底盘缝线脱落

图 6－332 滤袋缝线断裂的现象

滤袋缝线断裂的原因：

（1）缝线质量不良。

（2）缝线材质与烟气性质不符。

（3）滤袋的加工缝制缺陷。

改善措施：正确选用缝线的材质，提高缝线的质量，改进滤袋加工制作。

6.8.11 袋笼影响滤袋的损伤

袋笼影响滤袋的现象如图 6－333 所示。

袋笼影响滤袋的原因：

（1）袋笼加工粗糙，表现为筋条有焊疤、毛刺、开焊等，由此加快滤袋的机械磨损，导致滤袋穿孔、漏气、失效。

（2）袋笼生锈腐蚀影响滤袋破损。

（3）袋笼与滤袋尺寸配合不当。

（4）袋笼包装、运输、保管及安装不当。

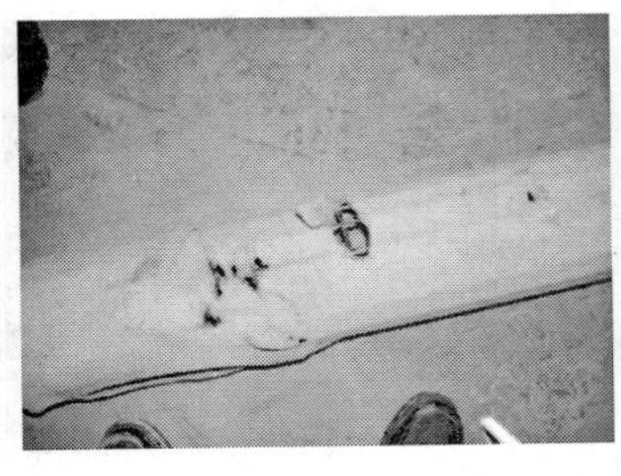
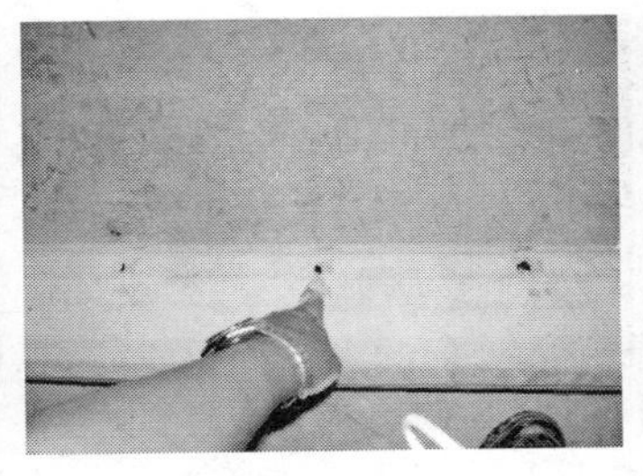

图 6-333 框架竖筋及横圈对滤袋的损伤

（5）袋笼采用的表面处理方式与除尘器烟气工况不符。

改善措施：针对原因，采取相应的措施。

6.8.12 预喷涂失效，造成滤袋表面积灰

6.8.12.1 预喷涂的作用

一般燃煤锅炉开炉时常采用煤油混烧以提高锅炉烟气温度，为此，为防止滤袋表面受含油烟气黏结，在锅炉投产时需用粉尘进行预涂层（图 6-334），以防滤袋的黏结。

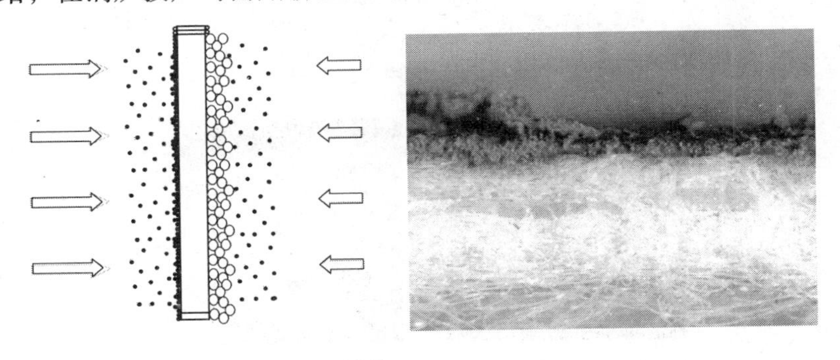

图 6-334 滤袋表面的预涂层

6.8.12.2 预喷涂失效的现象

某 300MW 燃煤锅炉在除尘器预喷涂后，由于预喷涂不当，锅炉在低温喷油点火燃烧时，半小时内滤袋阻力由 100Pa 上升到 3000Pa（图 6-335）。

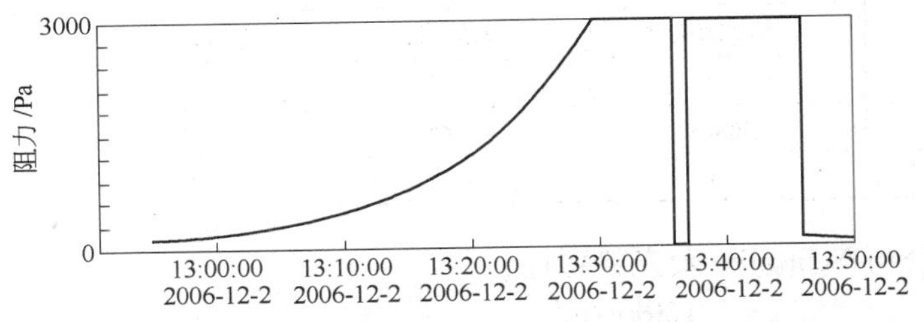

图 6-335 半小时内滤袋阻力由 100Pa 上升到 3000Pa

6.8.12.3 预喷涂失效的原因

由于预喷涂后未及时检查滤袋内外阻力是否达到要求值，导致滤袋表面积灰不足，低温喷油点火燃烧后，滤袋表面黏结（图 6-336），阻力急剧上升。

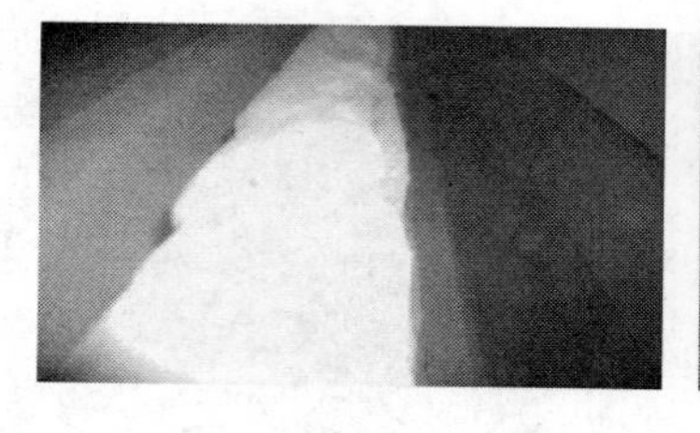

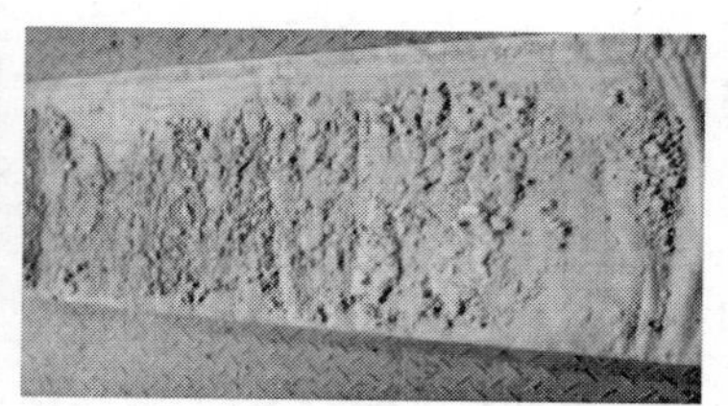

图 6-336 滤袋表面的黏结

6.8.12.4 预喷涂的过滤效果

预喷涂前后的滤袋如图 6-337 所示。

预喷涂前的滤袋

预喷涂后滤袋表面

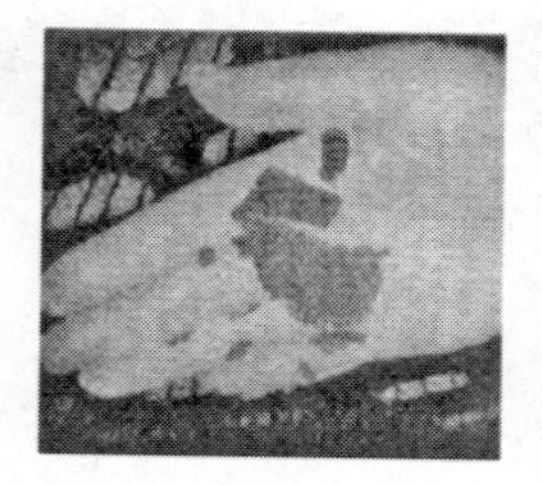

点火烧油后滤袋外表面的粉尘

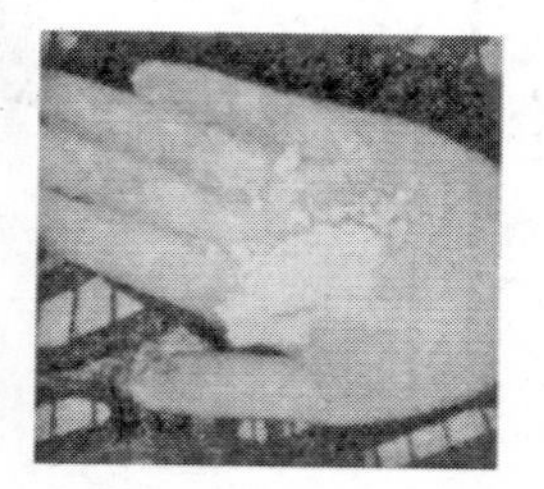

点火烧油后滤袋内表面的粉尘

图 6-337 预喷涂前后的滤袋

美国 BHA 公司采用 Neutralite 荧光粉进行预喷涂试验，其结果如表 6-156 所示。

表 6-156 预喷涂试验结果

试验时间/h	阻力/Pa		效率/%	
	有预涂层	无预涂层	有预涂层	无预涂层
2	100	489	99.88	93.47
4	200	1000	99.80	99.74
6	224	1070	99.85	99.74

美国 BHA 公司 Neutralite 荧光粉特性：

密度 $160kg/m^3$

pH 值 7

主要成分 SiO_2、Al_2O_3、Na_2O、K_2O、MgO、CaO、Fe_2O_3 等

特性 呈白色、化学稳定性好、无毒、不燃、无气味、吸水性达 300%（重量）、吸油性达 250%（重量）

涂层厚度　　　　　大约 1.6mm

当预涂层厚度 1.6mm 时，每 1kg Neutralite 荧光粉可覆盖 $4m^2$ 滤料（平均 $250g/m^2$），单位造价约为 0.43 美元/m^2

BHA 公司采用专用喷射机械

压力　　　　　20.6kPa

喷射高度　　　　30m

喷射量　　　　4536kg/h

由表 6 – 156 中可看出，不加 Neutralite 粉（无预涂层）的阻力约为有预涂层的 4.8 倍，有预涂层的效率也有明显提高，特别是在锅炉运行初期。

6.8.12.5 预涂层的技术参数

（1）预涂层处理粉料——干的石灰粉、生料粉或硅藻土等。

（2）预涂粉的粒径

粒径	<20μm	<15μm	<5μm
比例	75%	50%	25%

（3）预涂粉加入量——投入大于 $200g/m^2$ 过滤面积。

（4）应使除尘器滤袋内外压差增加 120 ~ 250Pa，即比未预涂层处理前增加 120 ~ 250Pa。

6.8.13 焚烧炉 P84®滤袋水解破损

焚烧炉 P84®滤袋水解破损的现象（图 6 – 338）：

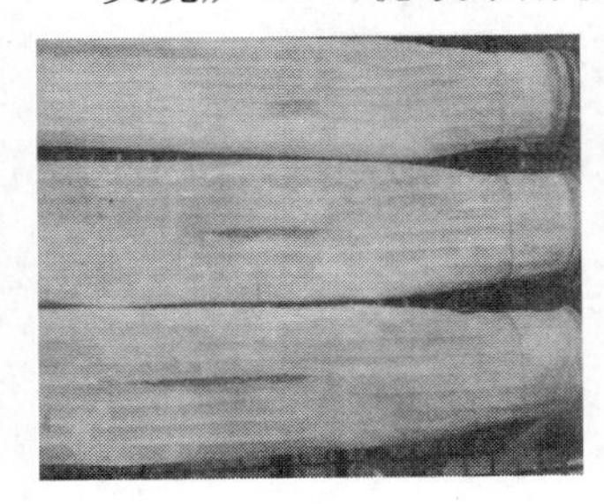

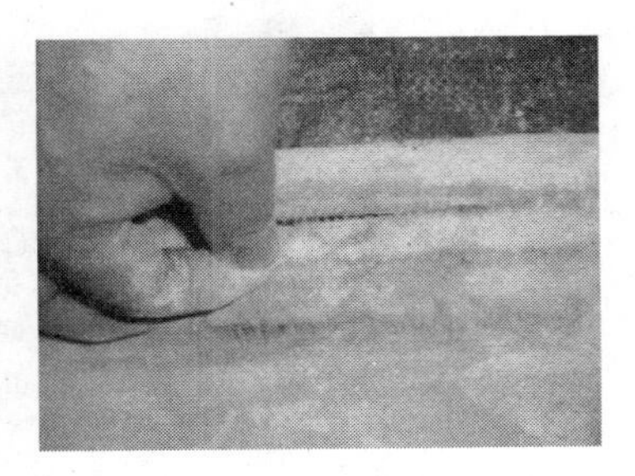

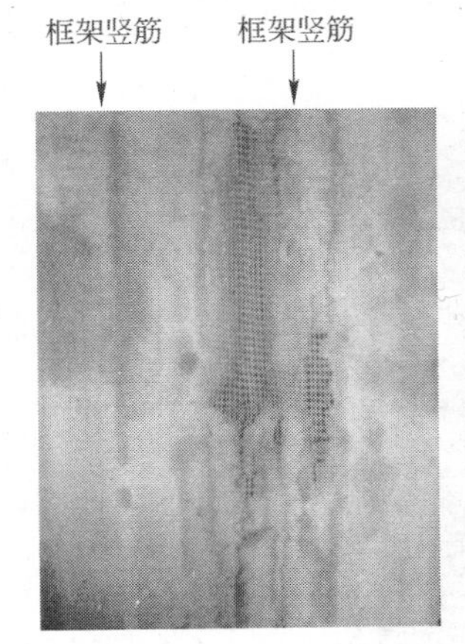

两条竖筋之间的中线滤料损伤　　　两条竖筋之间的中线滤料损伤的延伸

图 6 – 338 焚烧炉 P84®滤袋水解破损的现象

（1）滤袋距袋口 300mm 处纵向裂开破口长 300~400mm，最长达 500mm。

（2）滤袋水解后颜色变暗，强度显著下降，纤维层容易撕下。

焚烧炉 P84®滤袋水解破损的原因：由于滤袋太松，气体过滤时，滤袋在框架两条竖筋之间内塌陷较深。清灰时，又向外鼓起，如此反复进行，使该部位滤料上的纤维折断、裂开，甚至有的滤料中线表面的裂缝一直延伸到滤袋中部。

改善措施：认真解决造成水解的原因。

6.8.14 维修、安装时滤袋的破损

（1）滤袋的钩破（图 6－339）。

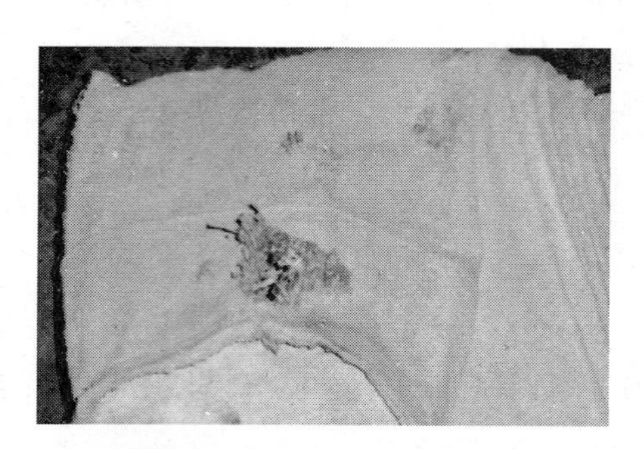

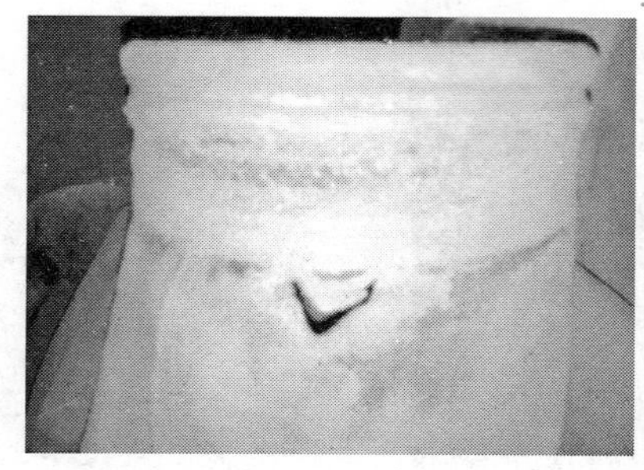

图 6－339 滤袋的钩破

（2）安装时损伤袋口（图 6－340）：由于花板孔出现负公差，滤袋无法就位，安装时敲击袋口所致。

图 6－340 安装时损伤袋口

（3）施工工地散装部件的堆放未垫平、泡在水中（图6－341）。

图6－341 施工工地散装部件的堆放

（4）袋口安装时，应将滤袋与框架同时装好，以防袋口被脚踩坏（图6－342）。

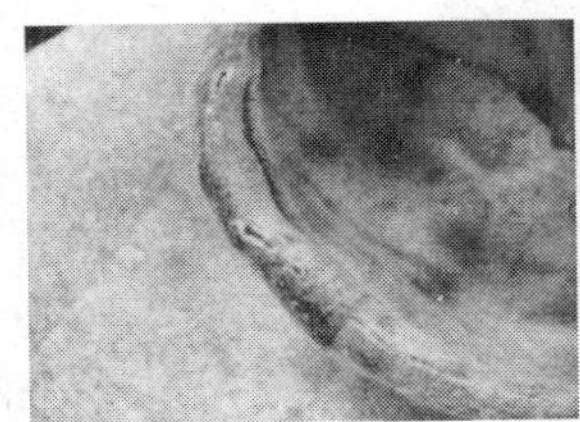

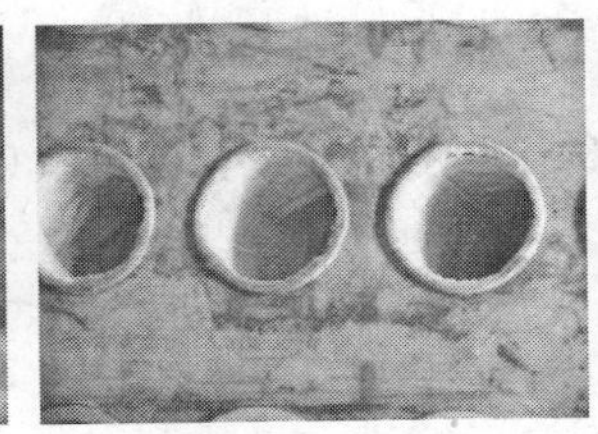

图6－342 滤袋安装时，应将滤袋与框架同时装好

（5）滤袋安装不规范（图6－343）。

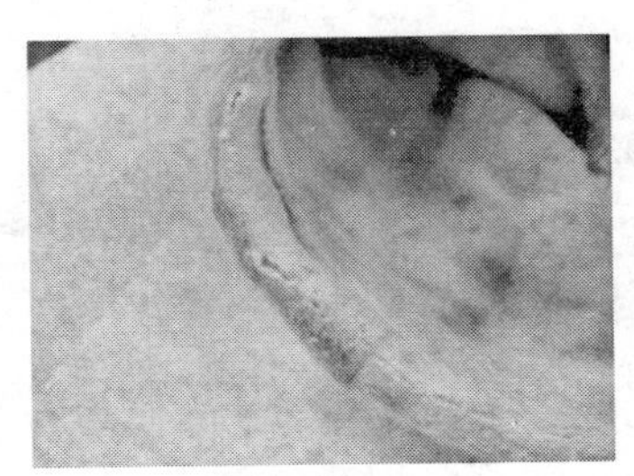

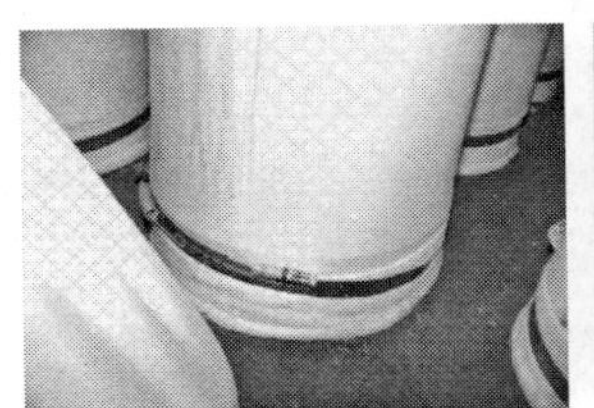

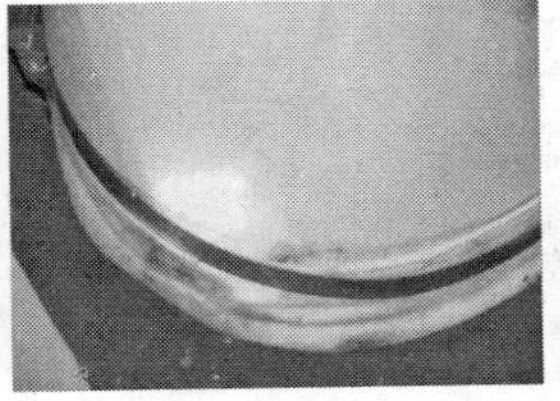

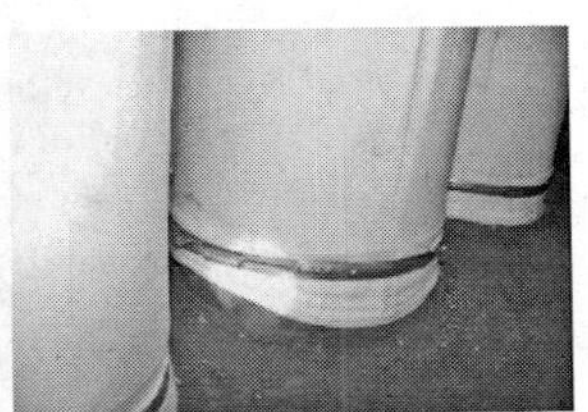

图6－343 滤袋安装不规范

（6）现场的包装、堆放（图6－344）

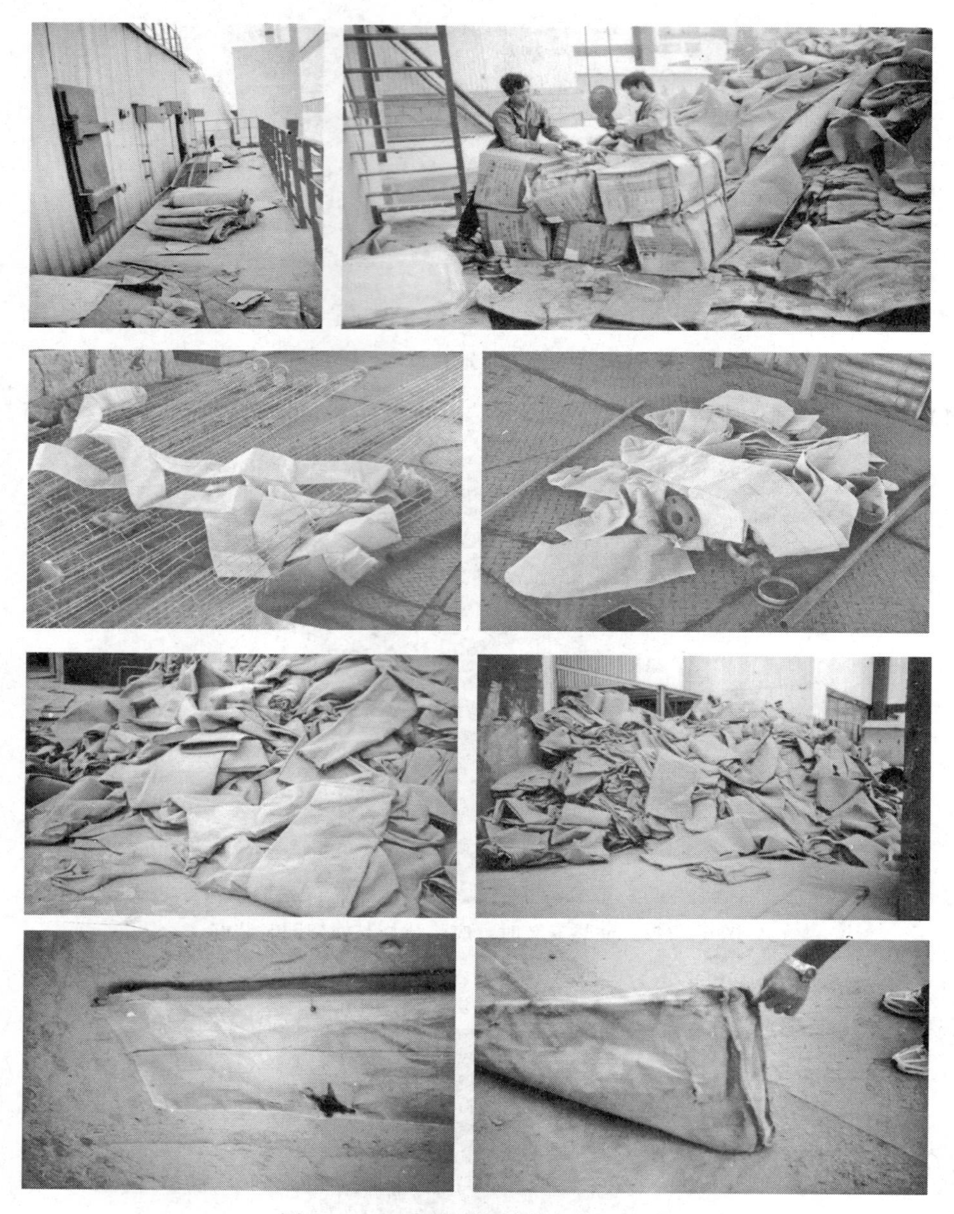

图6－344　现场不规范的包装、堆放

7 袋式除尘器的应用

袋式除尘器净化设备主要依靠其清灰方式的改革和滤料的改进取得了不断的发展。近年来，通过对除尘系统及除尘设备的适当处理，使袋式除尘器的应用范围更趋广泛。

目前，袋式除尘器已能用来处理高温、高湿、黏结性、爆炸性、磨琢性、腐蚀性等各种烟气，甚至过滤含有超细烟尘的空气。

同时，袋式除尘器可适用于各种连续运行及间隙运行生产工艺的烟气净化。

连续运行——24 小时/日，7 日/周，8000 小时/年。

间隙运行——8 小时/日，每日每 4 小时停运 30 分钟等。

7.1 各种烟气中的应用

7.1.1 高温烟气的处理

在钢铁工业、水泥行业、燃煤电站锅炉以及垃圾焚烧炉等高温炉窑的烟气中，袋式除尘器在国内外已日益被广泛采用。虽然袋式除尘器受其滤料的限制，但通过对系统烟气的适当处理，袋式除尘器已能处理温度高达 1200～1400℃的高温烟气。

由于各种高温炉窑生产工艺的特性，在高温烟气处理中应考虑以下综合因素：(1) 温度；(2) 露点；(3) 耐酸；(4) 防爆；(5) 氧化；(6) 水解。

烟气的降温范围：为适应滤料的耐温以及减少系统处理烟气量，冷却温度的上限不宜超过 280℃，下限除在考虑上述因素外，应高于烟气的露点温度以上 10～20℃左右。

7.1.1.1 高温烟气的冷却

各种冷却方式都需要保持热平衡，即烟气放出的热量应等于冷却介质（水或空气）所吸收的热量。

A 高温烟气放出的热量

烟气量为 L_g 的烟气由温度 t_g 冷却到 t_m 所放出的热量为：

$$Q = \frac{L_g}{22.4}(C_g t_g - C_m t_m) \tag{7-1}$$

式中 Q——烟气放出的热量，kJ/h；

L_g——烟气量，Nm^3/h；

t_g，t_m——烟气冷却前后的烟气温度，℃；

C_g，C_m——烟气冷却前后的烟气平均定压摩尔比热，kJ/(kmol·℃)。

B 冷却介质吸收的热量

(1) 冷却介质为空气时，其所吸收的热量为：

$$Q = \frac{L_a}{22.4}(C_{a2}t_m - C_{a1}t_a) \tag{7-2}$$

式中 L_a——冷却空气量，Nm^3/h；

t_a，t_m——冷却空气的初温和终温，℃；

C_{a1}，C_{a2}——冷却空气在温度 t_a、t_m 时的平均定压摩尔比热，kJ/(kmol · ℃)。

（2）冷却介质为水时，其所吸收的热量为：

$$Q = GC_p(t_{w2} - t_{w1}) \times 1000 \tag{7-3}$$

式中 G——冷却水量，m^3/h；

C_p——水的比热，30～45℃时，$C_p \approx 4.18$kJ/(kg · ℃)；

t_{w1}，t_{w2}——水的初温（通常采用30℃）和终温（通常采用45℃），℃；

1000——水的密度，kg/m^3。

（3）冷却器的传热计算，冷却介质所吸收的热量（Q，W）为：

$$Q = Fk\Delta t_m \tag{7-4}$$

式中 F——冷却器的传热面积，m^2；

k——冷却器的传热系数，$W/(m^2 \cdot ℃)$；

Δt_m——冷却器的对数平均温差，℃。

（4）冷却器的对数平均温差（Δt_m，℃）为：

$$\Delta t_m = \frac{\Delta t_1 - \Delta t_2}{\ln(\Delta t_1/\Delta t_2)} \tag{7-5}$$

$$\Delta t_1 = t_g - t_{a2}$$

$$\Delta t_2 = t_m - t_{a1}$$

式中 Δt_1——冷却器入口处管内外流体的温差，℃；

Δt_2——冷却器出口处管内外流体的温差，℃；

t_g，t_m——烟气入口、出口的温度，℃；

t_{a1}，t_{a2}——逆流时，为冷却介质进、出口温度，℃；

顺流时，为冷却介质出、进口温度，℃；

自然空冷时，二者均为同一环境空气温度，℃。

（5）冷却器的传热系数（k，$W/(m^2 \cdot ℃)$）为：

$$k = \frac{1}{\frac{1}{\alpha_i} + \frac{\delta_h}{\lambda_h} + \frac{\delta_s}{\lambda_s} + \frac{\delta_b}{\lambda_b} + \frac{1}{\alpha_0}} \tag{7-6}$$

式中 α_i——烟气与管内壁的换热系数，$W/(m^2 \cdot ℃)$；

α_0——管外壁与冷却介质（空气或水）的换热系数，$W/(m^2 \cdot ℃)$；

当冷却介质为水时，$\alpha_0 = 5800 \sim 11600 W/(m^2 \cdot ℃)$；

当冷却介质为空气时，则需根据不同的情况对 α_0 进行计算；

δ_h，λ_h——管内灰层的厚度，m，及其导热系数，W/(m · ℃)；

δ_s，λ_s——冷却器内水垢的厚度，m，及其导热系数，W/(m · ℃)，一般取 $\delta_s = 0$；

δ_b——管壁厚度，一般为0.003～0.008m；

λ_b——钢管的导热系数，一般为45.2～58.2W/(m · ℃)。

7.1.1.2 烟气的冷却方式

烟气冷却是袋式除尘器处理高温烟气的主要手段，一般可采用以下四种冷却方式：（1）直接空冷；（2）间接空冷；（3）直接水冷；（4）间接水冷。

直接空冷可用于温度低于200℃以下的烟气。

间接水冷300℃以上的烟气，可在妥善考虑烟气的余热利用基础上采用。

直接水冷的冷却效果好，但易使滤袋粘灰。

间接空冷设备虽简单，但钢材耗量多、占地大、投资高，较少采用。

A 直接空冷

直接空冷又名稀释法冷却或掺风冷却，是一种最简单的冷却方式，它是在除尘器入口前的吸入口处设置野风阀（必须装在除尘器前水平或垂直管道的弯管前 >8D 处），吸入常温空气与高温烟气掺混，以降低高温烟气温度。野风阀后应设温度测点，以控制野风阀的开关。

a 直接空冷的特征

（1）装置简单，费用低。

（2）直接空冷中的空气吸入口到除尘器之间需有足够的长度，以使高温烟气与常温空气充分混合。

（3）为了控制进入烟气除尘器的温度，在除尘器入口前应设置测温仪表，并用自动调节阀吸入空气量，烟气温度及过滤气体的速度应自动控制。

（4）高温烟气用冷空气稀释后，大大提高了除尘系统的处理工况烟气量。

b 直接空冷的冷风量计算

直接空冷的冷风量可根据热平衡方程式计算：

$$\frac{L_g}{22.4}(C_g t_g - C_m t_m) = \frac{L_a}{22.4}(C_{a2} t_m - C_{a1} t_a)$$

$$L_a = \frac{L_g(C_g t_g - C_m t_m)}{C_{a2} t_m - C_{a1} t_a} \tag{7-7}$$

式中 L_g——高温烟气量，Nm³/h；

L_a——冷风量，Nm³/h；

t_g——高温烟气的温度，℃；

t_m——高温烟气掺冷风后的温度，℃；

C_g——高温烟气的平均比热；kJ/(kmol·℃)（查表7-1）；

C_m——高温烟气掺冷风后的平均比热，kJ/(kmol·℃)（查表7-1）；

C_{a1}——空气在混合后的平均比热，kJ/(kmol·℃)（查表7-1）；

C_{a2}——空气的平均比热，kJ/(kmol·℃)（查表7-1）。

c 直接空冷的实例

已知：烟气量 36190Nm³/h

烟气温度 280℃

冷风温度 35℃

烟气掺冷风后的温度　　130℃

求：混入的冷风量（L_a）。

解： 查表求得

烟气的平均比热　　0～280℃时，$C_g=30.27\text{kJ/(kmol}\cdot℃)$

0～130℃时，$C_m=29.844\text{kJ/(kmol}\cdot℃)$

空气的平均比热　　0～130℃时，$C_{a2}=30.206\text{kJ/(kmol}\cdot℃)$

0～35℃时，$C_{a1}=29.103\text{kJ/(kmol}\cdot℃)$

按式（7－7）求得混入的冷风量为：

$$L_a=\frac{36190\ (30.27\times280-29.844\times130)}{30.206\times130-29.103\times35}=59870(\text{Nm}^3/\text{h})$$

混入冷风量占原烟气量的百分比：59870/36190＝1.65%或165%

由此可见，直接空冷的烟气量大，相应除尘器、风机、管道附件及动力消耗均较大。

B　间接空冷

间接空冷分自然风冷器和机力风冷器两种形式，它是一种通过烟管管壁外表面的自然对流散热，或在风机强力下使冷空气通过烟管管壁外表面将热量带走的一种冷却方式。

一般烟管内通烟气烟管外通冷空气，它通过冷却降温可将烟气体积逐渐减小。

自然风冷器和机力风冷器适用于冷却初始温度300～500℃的烟气。当烟气初始温度高于700℃时，必须用耐热钢的表面冷却器或先经管式水冷却器，将烟气温度降到300～500℃后再经自然风冷器或机力风冷器进行冷却降温。

一般间接空冷较之水冷的传热效率低，结构虽简单但庞大，耗钢量大。

间接空冷有利于节约用水，且无水垢影响。

a　自然风冷器

自然风冷器如图7－1所示。

图7－1　自然风冷器

自然风冷器的结构设计

（1）管径（D）选择和所需总的传热面积有关，管径一般取$D=426\sim920\text{mm}$。

（2）管内速度：平均速度$v_{cp}=16\sim20\text{m/s}$；最终出口流速大于14m/s。

（3）管壁厚度：5～8mm，并考虑1mm的外腐蚀余量。

（4）管道长度：一般取$h=(30\sim40)D$，地震设防区应取低位。

当取$h>40D$时，应采取相应措施和进行稳定性校验。

（5）管道材质：烟温高于450℃，耐热合金钢（20g）或冷却器的后半段。烟温低于450℃，碳素钢、低合金结构钢或冷却器的前半段。

（6）管束排列：管束用顺列（棋盘格排列）排列，以布置支架的梁柱。

（7）管间节距支架使净空500～800mm为宜，以利于安装和维修。

（8）冷却管的固定支架应接近中部，最好和进出口联箱的管子接口平齐，以减少管子在联箱上接口所承受的弯矩。否则应验算热胀应力，并可设筋加固。在固定点上下至少应各设一处导向支架以增加抗风和抗震性。

（9）冷却管可以纵向加筋，以增加传热面积。

（10）冷却器上的机械振打装置：为获得较高的平均传热系数，空冷器宜设机械振打装置，振打频率以每分钟2～3次为宜，频率过高对焊缝强度损伤过大。

（11）机械振打装置不宜采用仓壁振动器等电磁振动装置。当冷却管上要装机械振打装置时，振打装置宜装在冷却管全高上部的1/3处，该处应设梯子、检修平台和安全走道。砧铁与管壁的焊接应牢固，该处应设加强圈，加强圈与管壁应满焊，砧铁与加强圈应满焊。

（12）冷却器设有振打装置时，可将传热系数提高15%进行计算。由于冷却器的冷却能力受大气影响，为节能，振打装置不能长期使用。它应受出口烟温控制，超标时自动投入，低于标准10℃时自动解除。

（13）管段上涂耐热漆：烟温高于450℃涂800℃耐热漆。烟温低于450℃涂HG/G 3362—2003的银白色耐热漆。烟温低于300℃涂绿色耐热漆。

自然风冷器的设计计算

（1）自然风冷器的冷却面积（S）为：

$$S = \frac{W}{k\Delta t_{m}} \tag{7-8}$$

式中 S——冷却面积，m^2；

W——烟气在冷却器内放出的热量，kJ/h：

$$W = L(C_{pm1}t_1 - C_{pm2}t_2) \tag{7-9}$$

L——烟气体积流量，m^3/h；

t_1，t_2——烟气进出口温度，℃；

C_{pm1}，C_{pm2}——t温度烟气定压下的平均容积比热，kJ/(m^3·℃)，见表7-1；

k——传热系数，kJ/(m^2·h·℃)，受进口温度t_1直接影响，其关系如图7-2所示。

表7-1 气体在定压下的平均容积比热（C_{pm}） （kJ/(m^3·℃)）

t/℃	O_2	N_2	CO	CO_2	H_2O	H_2	CH_4	SO_2	空气
0	1.3031	1.2914	1.2976	1.5912	1.4925	1.2755	1.5640	1.7313	1.2935
100	1.3152	1.2947	1.2997	1.7112	1.5083	1.2880	1.6519	1.8107	1.2989
200	1.3340	1.2989	1.3060	1.7940	1.5201	1.2964	1.7648	1.8860	1.3060
300	1.3549	1.3056	1.3156	1.8689	1.5406	1.3006	1.8902	1.9571	1.3160
400	1.3763	1.3156	1.3273	1.9354	1.5636	1.3006	2.0199	2.0157	1.3278

续表 7－1

t/℃	O_2	N_2	CO	CO_2	H_2O	H_2	CH_4	SO_2	空气
500	1.3963	1.3269	1.3416	1.9943	1.5874	1.3048	2.1411	2.0700	1.3411
600	1.4156	1.3395	1.3562	2.0470	1.6125	1.3089	2.2666	2.1119	1.3554
700	1.4237	1.3528	1.3708	2.0943	1.6393	1.3131	2.3795	2.1495	1.3696

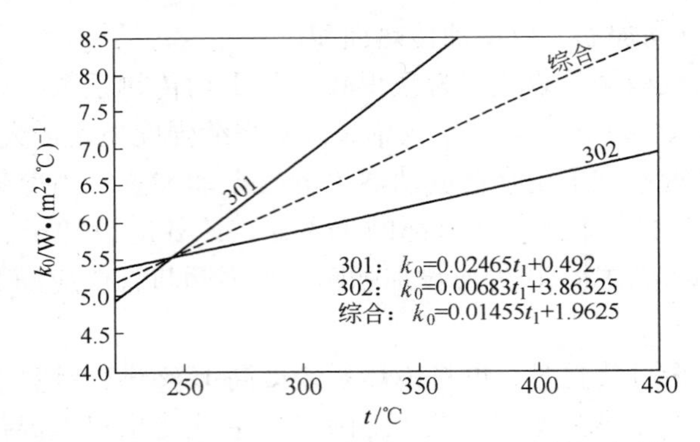

图 7－2　空冷器传热系数在 $v_{cp}=18$m/s 时的测试值

$$k = n\alpha k_0 \tag{7-10}$$

式中　n——振打影响系数，当设置机械振打时，$n=1.15$，不设时，$n=1$；

α——管内平均流速对传热系数的修正系数 α 可按下式计算：

$$\alpha = 0.076336v_{cp} - 0.374048 \tag{7-11}$$

k_0——平均流速为 18m/s 时的传热系数，W/(m²·℃)：

$$k_0 = (0.01455t_1 + 1.9625) \tag{7-12}$$

t_1——空冷器进口温度,℃；

v_{cp}——空冷管内平均流速，m/s。

对于新设计，v_{cp}可由 t_1 和 t_2 计算，t_2 可由已知的 t_1、S（自然风冷器的冷却面积）和 t_0（周围空气温度）求得。

$$v_{cp} = v_1 P_t \tag{7-13}$$

式中　v_1——空冷管在烟气进口状态下的平均流速，m/s；

P_t——烟温修正系数：

$$P_t = \frac{0.734t_1 + 303.287}{t_1 + 273} \tag{7-14}$$

Δt_m——对数平均温差,℃。

周围气温（t_0）按夏季平均气温计算。

（2）自然风冷器的传热系数（k）为：

$\Delta t_m < 260$℃时，k 值按图 7－3 确定。

$\Delta t_m > 300$℃时，$k \approx 125$kJ/(m²·h·℃)。

图 7－3 系在钢板烟管内径 ϕ300mm，烟气量 2600Nm³/h 条件下测得。

一般 k 值可按 8～10kcal/(m²·h·℃)，设备重量按 80～100kg/m² 估计。

自然风冷器实例一（图 7－4）

烟气量		$170000Nm^3/h$
烟气温度	冷却器入口	550℃
	冷却器出口	240℃
周围空气温度		50℃
U 形管排数		18 排
每排管径	进口侧	$D610\times4mm$，长 70.5m
	出口侧	$D570\times4mm$，长 63m
总散热面积		$4700m^2$
烟气进口流速		27.8m/s
烟气出口流速		19.9m/s
烟气平均流速		23.8m/s

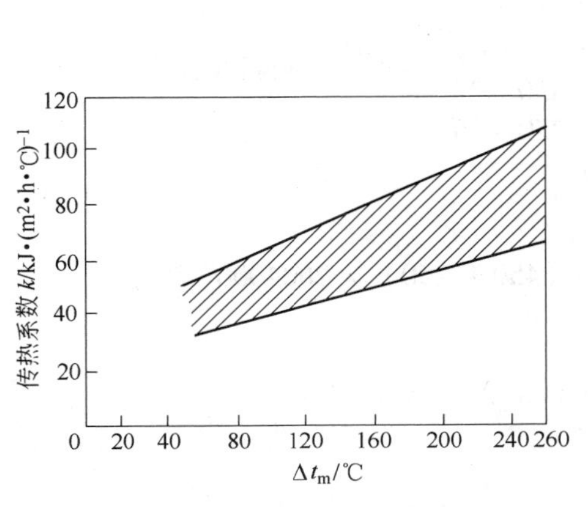

图 7－3 钢板烟管自然对流间接空冷时的传热系数

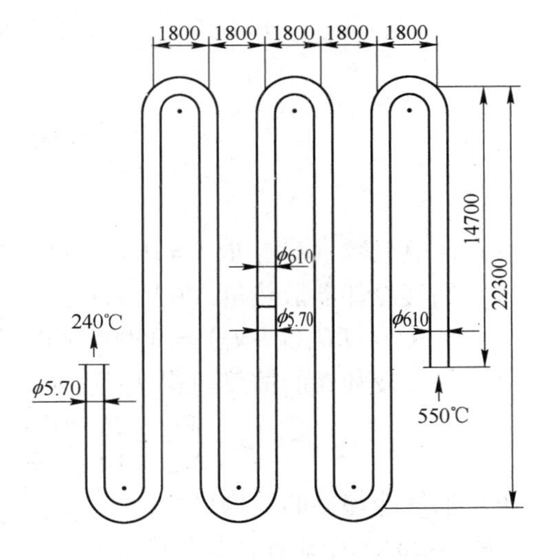

图 7－4 自然风冷器单排管

烟气传热系数（k）如表 7－2 所示。

表 7－2 传热系数 k 值

位 置	烟气温度 t_g/℃	管壁温度 t_w/℃	k/kcal·(m^2·h)$^{-1}$
进 口	550	312	12.7
出 口	240	171	9.76
平 均	395	256	11.5

自然风冷器传热系数（k）为 8～10kcal/(m^2·h·℃)，设备重量 80～100kg/m^2。

自然风冷器实例二

工艺技术参数

烟气量　　$L=35000Nm^3/h$

烟气温度：冷却器入口 $t=450℃$

烟气成分（%）：

N_2	O_2	CO_2	H_2O	SO_2
76.43	20.32	3.05	0.1	0.01

烟气含尘量 $3.2g/Nm^3$

烟尘成分： $SiO_2>90\%$

烟尘粒度： 0.05～1.0μm 90%

>1.0μm 10%

烟管冷却器

（1）采用自然空气冷却U形烟管冷却器：

烟气入口温度 $t=450℃$

烟气出口温度 $t_1=250℃$

（2）对数温差（Δt_m）为：

$$\Delta t_m=\frac{(t-t_H)-(t_1-t_H)}{\ln\frac{t-t_H}{t_1-t_H}}$$

$$=\frac{(450-29)-(250-29)}{\ln\frac{450-29}{250-29}}=309(℃)$$

（3）传热系数（k）：取 $k=10W/(m^2\cdot℃)$

（4）烟气冷却器散热量（Q）为：

$$Q=LC_p(t-t_1)=35000\times0.32\times(450-250)=2604000(W)$$

（5）烟气冷却器的散热面积（F）为：

$$F=\frac{W}{k\Delta t_m}=\frac{2604000}{10\times309}=843(m^2)，采用920m^2$$

（6）烟气冷却器的结构尺寸：

采用D426X5冷却管，其长度（l）

$$l=\frac{F}{\pi D}=\frac{920}{3.14\times0.426}=687.78(m)\approx700m$$

结构并联 $n=10$ 组，每组长度（l_1）

$$l_1=\frac{l}{n}=\frac{700}{10}=70(m)$$

（7）烟气冷却器管内的流速：

冷却器入口烟气流量（L_1）

$$L_1=L\times\frac{273+t_1}{273}\times\frac{P}{B-H_1}\times K_1$$

$$=35000\times\frac{273+450}{273}\times\frac{101325}{93465.7-500}\times1.04$$

$$=105054(m^3/h)$$

式中 H_1——烟气冷却器前管道阻损，$H_1=500Pa$；

K_1——烟气冷却器前管道漏风率，$K_1=1.04$。

冷却器出口烟气流量（L_2）

$$L_2 = L \times \frac{273 + t_1}{273} \times \frac{P}{B - H_1 - H_2} \times K_1 \times K_2$$
$$= 35000 \times \frac{273 + 450}{273} \times \frac{101325}{93465.7 - 500 - 800} \times 1.04 \times 1.03$$
$$= 77875(\mathrm{m^3/h})$$

式中 H_2——烟气冷却器阻损，$H_2 = 800\mathrm{Pa}$；

K_2——冷却器本体漏风率，$K_2 = 1.03$。

冷却器平均烟气流量（L_m）

$$L_m = \frac{L_1 + L_2}{2}$$
$$= \frac{105054 + 77875}{2}$$
$$= 91465(\mathrm{m^3/h})$$

冷却器入口烟气流速（v_1）

$$v_1 = \frac{L_1}{n \times \pi\left(\frac{D - 0.01}{2}\right)^2 \times 3600}$$
$$= \frac{105054}{10 \times 3.14 \times \left(\frac{0.416}{2}\right)^2 \times 3600}$$
$$= 21.47(\mathrm{m/s})$$

冷却器出口烟气流速（v_2）

$$v_2 = \frac{L_2}{n \times \pi\left(\frac{D - 0.01}{2}\right)^2 \times 3600}$$
$$= \frac{77875}{10 \times 3.14 \times \left(\frac{0.416}{2}\right)^2 \times 3600}$$
$$= 15.92(\mathrm{m/s})$$

冷却器平均烟气流速（v_m）

$$v_m = \frac{v_1 + v_2}{2}$$
$$= \frac{21.47 + 15.92}{2}$$
$$= 18.7(\mathrm{m/s})$$

1500m^2 自然风冷器实例三（图 7-5）

b 机力风冷器

机力风冷器（图 7-6）是一种以强力迫使冷空气以较高速度通过管束外表，与管束内的高温烟气进行热交换，从而将烟气冷却的一种冷却方式。

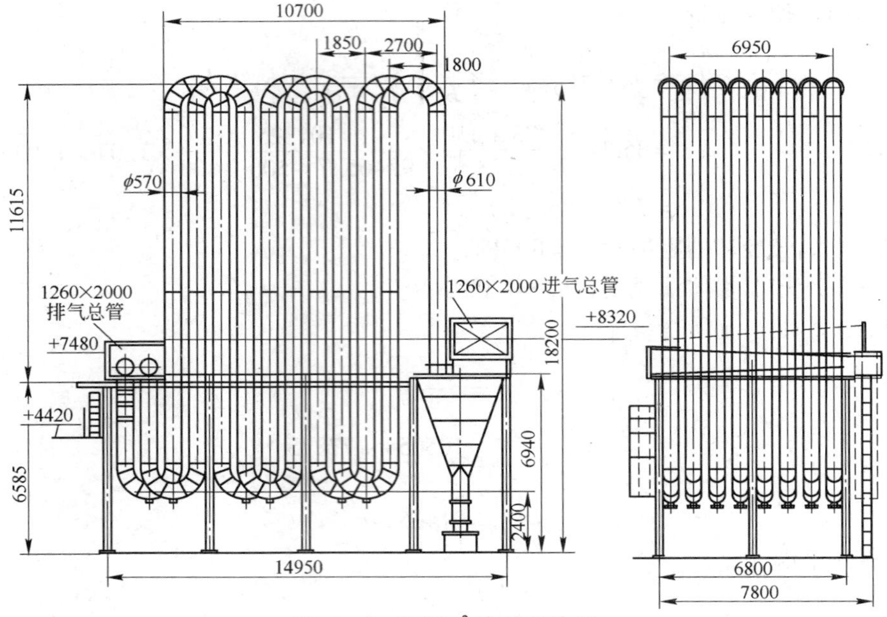

图 7－5　1500m² 自然风冷器

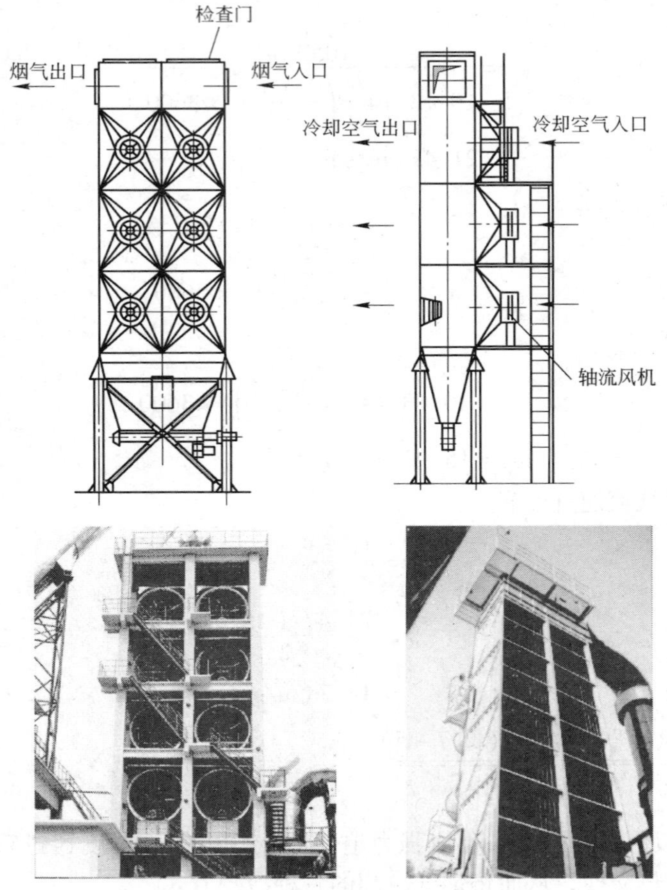

图 7－6　机力空气冷却器

机力风冷器的结构性能

机力风冷器是在冷却器的壳体内设有一组管束，管内通烟气，管外用轴流风机将冷空气强制高速通过管束，使之冷却管内的高温烟气。机力风冷器上部为烟气出入管，下部为灰斗，顶部设检查口。

机力风冷器管束的排列方式如图 7－7 所示，分顺排和交叉排列两种形式。

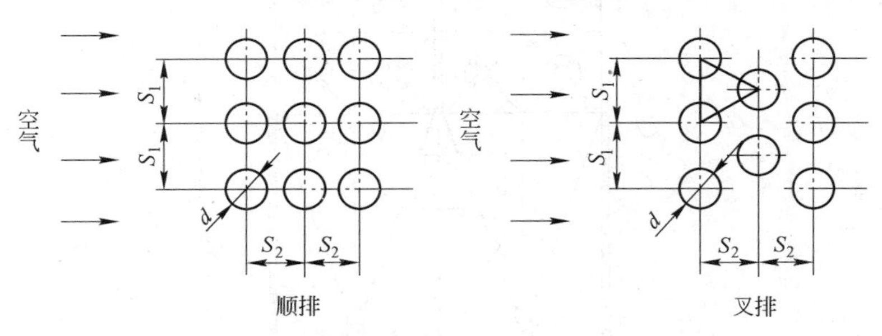

图 7－7 管束的排列

通常一般采用三等边叉排列方式，管与管之间的中心距为（1.3～1.5）D，管径 D 用 ϕ89～140mm。常用管径及交叉排列尺寸见表 7－3。管内烟气速度一般可取 16～22m/s，宜不大于 18m/s，不小于 16m/s。

表 7－3 常用叉排管束尺寸

管径 D/mm	$\phi 89\times3.5$	$\phi 102\times3.5$	$\phi 114\times3.5$	$\phi 140\times4.5$
顺气流方向 S_1/mm	130	150	160	196
叉排管侧 S_2/mm	113	130	139	170

机力风冷器管束内为防止烟气中粉尘在管内的积附，烟气流速一般应大于 18m/s。

机力风冷器的传热系数（k）一般为 15kcal/(m^2·h·℃)，设备重量为 64kg/m^2。

机力风冷器的特征

（1）机力风冷器较自然风冷器的传热效率可提高 50%～75%，占地面积少，金属耗量减少 20%～25%。

（2）气流的流量、温度、压力或突发事件、压力峰值平稳或减弱。

（3）系统初期投资最高，管道价格较高。

（4）管道堵塞管理工作量大。

（5）空气通过管束的流速一般应控制在 10m/s 以下，否则阻力会超过 600Pa，轴流风机难以克服。

机力风冷器的实例

实例一：串联并列机力空冷器（图 7－8）

烟气量		60000Nm^3/h
烟气温度	入口	600℃
	出口	350℃
换热面积		684m^2

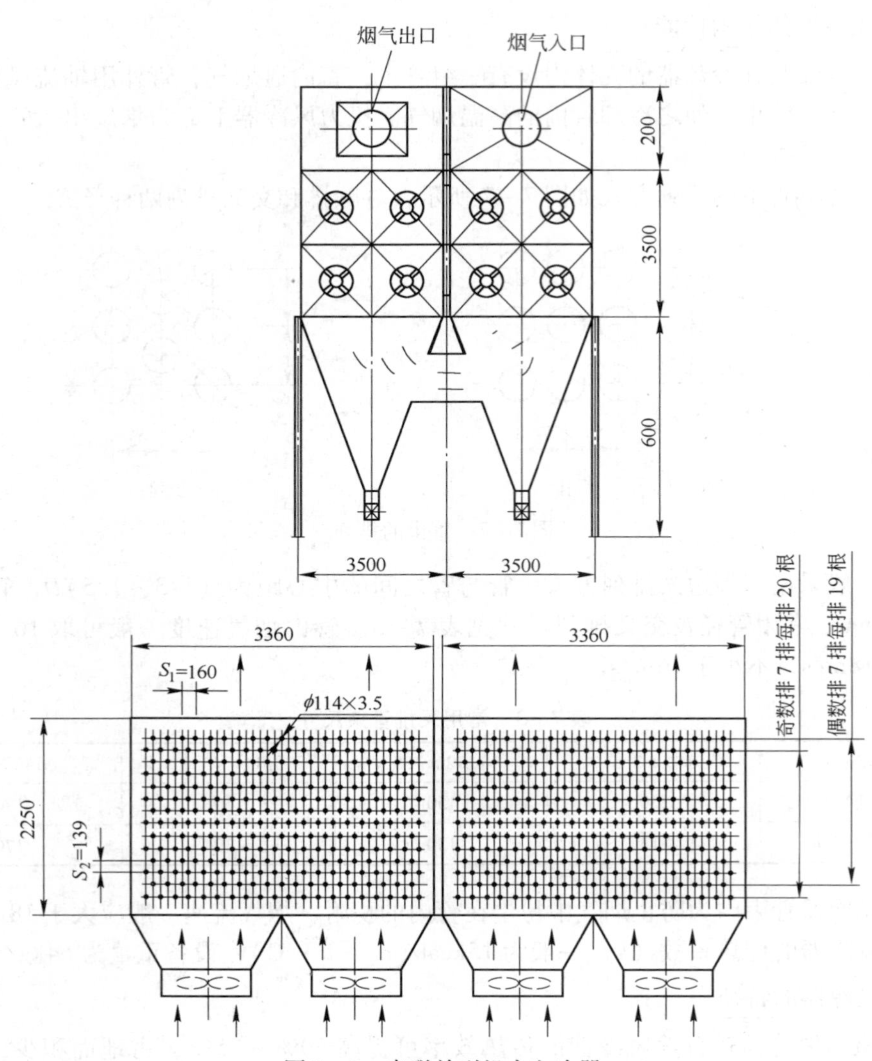

图 7-8 串联并列机力空冷器

高温烟气通过冷却器的阻力		550Pa
冷却空气通过冷却器的阻力		571Pa
烟管直径		ϕ114mm × 3.5mm 钢管
管内烟气流速		18.6m/s
烟管长度		3.5m
管束的根数		278 根
烟管布置	各管交叉排列	奇数排为 7 排，每排 20 根
		偶数排也为 7 排，每排 19 根
	分成两组串联并列	
冷却空气量		273740Nm^3/h
冷却空气温度	初温	40℃
	吸入后终温	120℃

	平均温度	80℃
轴流风机	台数	8 台（分成4组）
	风量	$30340m^3/h$
	风压	580Pa
	功率	11kW
空气通过管束的流速		10m/s
冷却器箱体		3.36m（宽）×2.25m（长）

实例二：扁管式清灰型机力风冷器

扁管式清灰型机力风冷器的结构如图7-9所示。

扁管式清灰型机力风冷器是一种利用自身清灰机构连续清除粘附在管壁外表面的烟尘的一种机力风冷器。

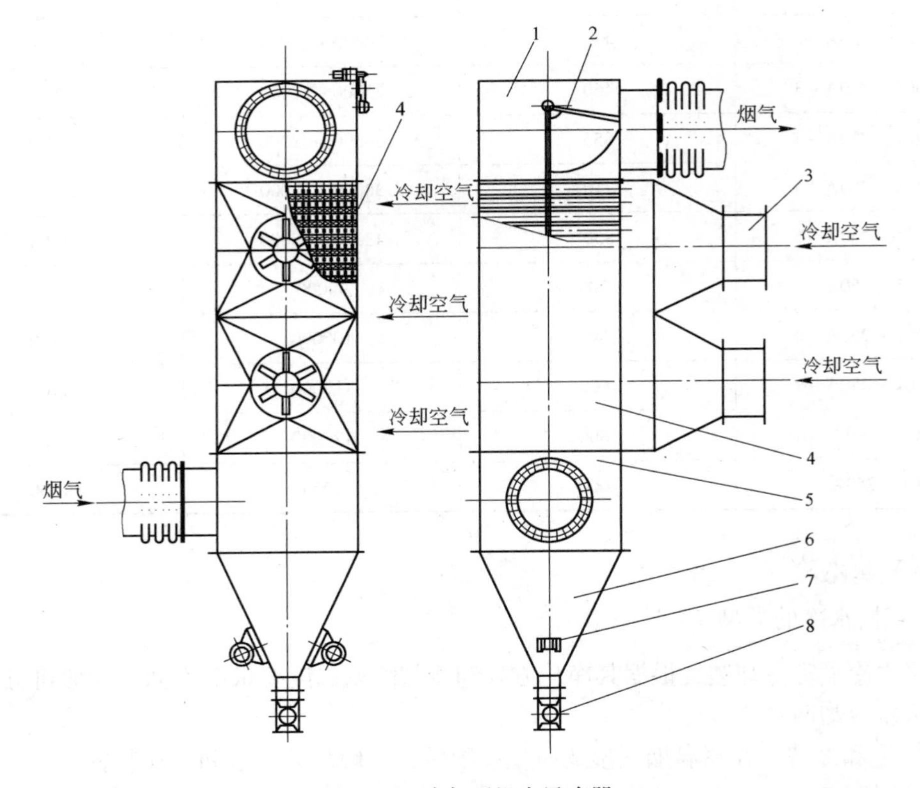

图7-9 清灰型机力风冷器

1—上联箱；2—清灰机构；3—冷却风机；4—换热扁管；5—接管；6—灰斗；7—振打电机；8—卸灰阀

清灰型机力风冷器的特征：

（1）清灰型机力风冷器实现了动态清灰，避免了普通型机力风冷器不能清除冷却管壁黏结的烟尘，从而提高了冷却器的传热效率。

（2）清灰型机力风冷器的冷却管采用的是扁管，工作时，被冷却的高温烟气在冷却管道外流动，外界冷却空气在风机的作用下被吹入管道内高速流动，实现高温烟气的冷却。

（3）清灰型机力风冷器是利用挂帘式链条栅沿冷却管外壁来回拖动，以清除冷却管外部粘附的烟尘，其清灰机构的传动装置设在上部，不会妨碍风冷器的正常运行。

（4）但清灰型机力风冷器增加了清灰机构，使冷却器结构较为复杂。

清灰型机力风冷器性能规格：

烟气进口温度　　≤400～600℃

烟气出口温度　　≥350～150℃

平均冷却温度　　150～250℃

规格及技术参数如表7-4所示。

表7-4　清灰型机力风冷器规格及技术参数

型　号	换热面积/m^2	处理烟气量/$Nm^3 \cdot h^{-1}$	风冷器阻损/Pa
ZQQCL-250A-1	365	20000～22000	800
ZQQCL-250A-2	435	23000～25000	850
ZQQCL-250A-3	460	25000～27000	900
ZQQCL-250A-4	555	28000～32000	950
ZQQCL-250A-5	710	38000～42000	950
ZQQCL-250A-6	850	43000～48000	1000
ZQQCL-250A-7	1300	90000	1000
ZQQCL-250A-8	1500	100000	1100
ZQQCL-250A-9	1600	110000	1100
ZQQCL-250A-10	1800	120000	1150
ZQQCL-250A-11	2000	130000	1200

C　直接水冷

a　直接水冷的类型

直接水冷喷雾冷却装置根据其净化方式和冷却降温温度要求的不同，一般可分为饱和冷却和蒸发冷却两种。

（1）饱和冷却：在高温烟气湿式净化系统中，一般均采用饱和冷却装置。

高温烟气通过大量喷水，其液气比高达1～4kg/Nm^3，使高温烟气在瞬间（约1s）冷却到相应的饱和温度，在冷却降温的同时，也起到了除尘作用。大量烟尘被水捕集形成污水进入污水处理系统，该冷却方法称为饱和冷却。

（2）蒸发冷却：在高温烟气干式净化（即袋式除尘）系统中，一般均采用蒸发冷却装置。

在蒸发冷却装置中，对烟气喷入一定量的水必须充分雾化。雾化后的水滴粒径越细越好，使其雾粒在冷却装置内与高温烟气接触的时间很短（3～5s），水雾吸收烟气显热后，全部汽化，并被烟气再加热形成一种不饱和的过热蒸汽，从而使烟气达到预期的冷却效果。该喷雾冷却装置称为蒸发冷却塔。

一般在蒸发冷却塔内，冷却后烟气的相对湿度为10% ~20%，不出现机械水。蒸发冷却塔喷水量的确定，可根据烟气冷却前后的焓差计算。当高温烟气流量与温度不稳定时，则要求根据其烟气的焓差，通过自动化仪表检测的信号随时进行水量的自动调节。

烟气在喷雾冷却过程中，水雾与尘粒产生凝并效应，粉尘粒径增大，由于重力作用沉降在塔的底部起到粗除尘的作用。

b 直接水冷的特征

直接水冷采用喷雾的方法，将水喷成水雾使之在高温烟气中直接进行热交换，利用雾滴蒸发吸热的原理，将高温烟气降到所要求的温度。直接水冷是一种有效的冷却方法。其特点是：

(1) 设备简单。

(2) 气流阻力小。

(3) 热交换效率高。

(4) 用水量少，能耗小，烟气量增加不多，效果好。

(5) 除尘器需控制好水的注入，当水雾蒸发不完全时会增加烟气中的含湿量，增加管道与设备结露的可能性，易使烟气产生黏结或腐蚀，造成袋式除尘器运行的失效。

(6) 直接水冷时，随着烟气中含湿量的增加，也可降低烟气中的比电阻，改善粉尘的荷电性能，对于提高电除尘器净化效率有利，因而直接水冷设置在电除尘器的入口处之前，在增湿的同时，也起到了降温的作用，一般称增湿塔。

c 蒸发冷却塔的技术性能

蒸发冷却塔的结构形式

(1) 蒸发冷却塔如图 7－10 所示。烟气自塔的顶部进入下部排出，雾化水的流向与气流相同，称为顺喷。蒸发冷却塔也可根据现场具体情况设计成自下部进入，上部排出，喷嘴呈逆喷布置。

(2) 蒸发冷却塔的有效长度取决于气流速度和喷嘴喷入的水雾蒸发所需的时间，而蒸发时间又取决于雾滴的大小和烟气进出口的温度。

(3) 蒸发冷却塔内气流速度一般为 1.5 ~2.0m/s，若气流速度增大，则必须增大塔体的有效高度，以便烟气在塔内有足够的停留时间，使其水雾容易达到充分蒸发。

(4) 蒸发冷却塔内气流停留时间一般为5s 以上。

(5) 蒸发冷却塔的有效高度取决于喷嘴喷入的水滴大小和烟气的进出口温度，为此，为降低塔的高度，必须尽可能减小水滴直径。

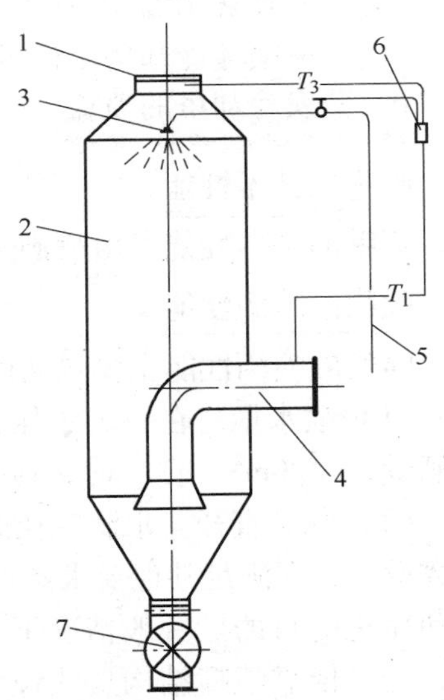

图 7－10 蒸发冷却塔

1—烟气入口；2—塔体；3—喷雾装置；4—烟气出口；5—供水管；6—控制仪表；7—卸灰装置

(6) 蒸发冷却塔的有效容积（V）如果喷出的水滴全部蒸发，所需的蒸发冷却塔有效容积（V，m^3）为：

$$q = SV\Delta t_m \tag{7-15}$$

式中 q——高温烟气放出热量，kJ/h；

S——蒸发冷却塔的热容量系数，kJ/(m^3·h·℃)；

采用雾化性能好的喷嘴，可取 $S = 627 \sim 836$kJ/(m^3·h·℃)；

V——蒸发冷却塔的有效容积，m^3；

Δt_m——水滴和高温烟气的对数平均温差，℃：

$$\Delta t_m = \frac{\Delta t_2 - \Delta t_1}{2.31\lg\dfrac{\Delta t_2}{\Delta t_1}} \tag{7-16}$$

Δt_1——蒸发冷却塔出口处烟气与水滴的温差，℃；

Δt_2——蒸发冷却塔入口处烟气与水滴的温差，℃。

蒸发冷却塔的喷水量

$$G = \frac{q}{\Gamma + C_w(100 - t_w) + C_v(t_w - 100)} \tag{7-17}$$

式中 G——蒸发冷却塔的喷水量，kg/h；

q——高温烟气放热量，kJ/h；

Γ——100℃下水的汽化热，$\Gamma = 2257$kJ/kg；

C_w——水的比热，$C_w = 4.19$kJ/(kg·℃)；

C_v——在100℃下水蒸气的比热，$C_v = 2.14$kJ/(kg·℃)；

t_w——喷雾水温，℃；

t_1——喷雾冷却塔出口风温，℃。

d 蒸发冷却塔的喷嘴

喷嘴的技术性能

喷嘴的基本性能可由喷洒性能和机械性能两方面来衡量。

喷嘴的喷洒性能

喷嘴的喷洒性能主要包括以下五个参数：

（1）喷水量。在一定水压条件下，当要求较大的喷洒强度（设备单位面积或容量的喷洒量，m^3/(m^2·h)）时，应采用喷水量大的喷嘴，喷水量与水压及喷嘴特性有关。

（2）水滴直径。水滴直径即喷出的水粒度粗细（单位为：mm或μm），装有喷嘴的大多数设备，在满足其他要求条件下都要求水滴直径小些，以增大气液两相接触面积达到冷却和净化的目的。一般情况下，除缩小喷嘴孔径、加大进水压力可使水滴直径变小以外，还需依靠喷嘴结构形式设计，使水以旋转运动离开喷嘴喷入气体中，水被分散成雾滴。

（3）喷洒角。喷洒角是指喷出水锥的外夹角大小，一般喷嘴以旋转运动喷出的水都成锥体状，并且多为空心锥（中间无水），个别的也有实心锥（中间有水均匀分布）。当为空心锥状时，有内夹角和外夹角（中间水滴层）之别（图7-11）。喷嘴数目确定后，即可根据喷洒角大小布置喷嘴。但必须注意逆喷与顺喷对喷洒角的影响，一般资料给出的喷洒角都为空气静止状态下的试验数据。

(4) 水滴分布均匀度。水滴分布均匀度即在水锥横断面上水滴均匀分布的程度，有时会产生偏心现象（图7-12），这是选用或设计时不希望有的，产生偏心现象的原因有几方面：

1）喷嘴结构尺寸不合理。

2）进水压力不当。

3）进水管径不够大。

4）喷嘴加工粗糙。

(5) 水锥射程。水锥射程是指喷嘴水平喷洒时水锥的水平有效直径长度，以mm计（图7-13）。当喷嘴多排布置时，它是决定排距的主要因素，水锥射程与喷嘴的形式及压力有关。

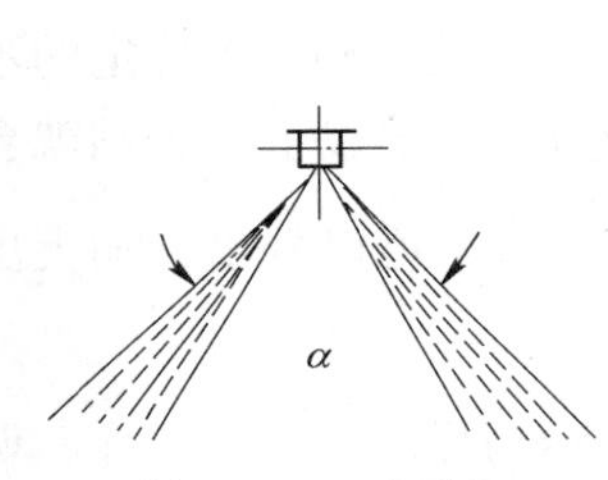

图7-11 喷洒角

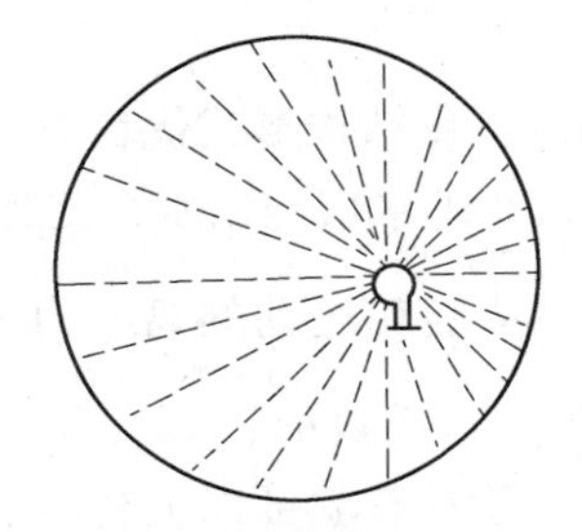

图7-12 喷洒的偏心现象

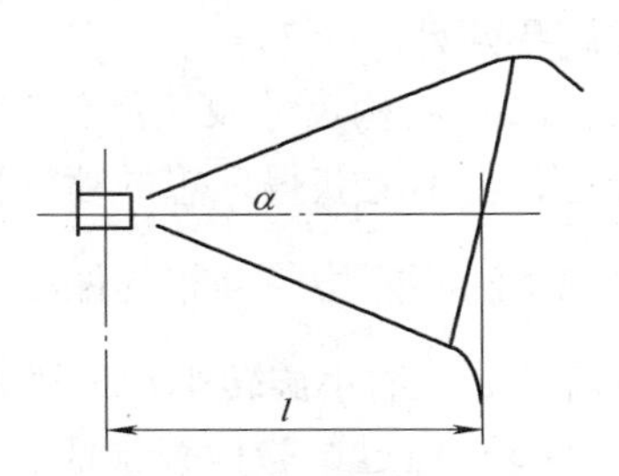

图7-13 水锥射程长度

对于一个喷嘴，往往不可能兼备以上五个因素中的优点，在一定条件下喷水量与水滴直径是矛盾的，喷洒角与水锥射程也是矛盾的。因此，在选用喷嘴时应根据不同的喷洒要求，找出五个因素中主要矛盾进行选择比较。比如湿式板式电除尘器的喷雾装置，它主要要求较细的水滴直径（最大水滴直径小于1.0mm，平均0.4mm以下），以防止极间击穿，喷洒强度要求则不大。而对于填料洗涤塔喷淋主要是较大的喷洒量和均匀度，喷洒角要大些，而水滴直径不要求太细。

喷嘴的机械性能

喷嘴的机械性能包括以下四项：

(1) 进水压力及阻损。一般必须对喷嘴的最小进水压力有所了解（即喷洒水压），当进水压力低于此压力时就达不到前述的喷洒性能。喷嘴的压力损耗大小是决定喷洒水压的主要因素之一。以上两者表现为水的动力消耗指标，优良的喷嘴应在较低进水压力下就能获得较好的喷洒性能。

(2) 对水质的要求。喷嘴主要表现在是否容易堵塞。因此，不同结构的喷嘴对水中的悬浮物的含量限度提出不同的要求。如采用$\phi 1 \sim 2$mm细喷嘴时，即使供给的是地下水，喷嘴前也要加水过滤装置。当采用$\phi 10$mm以上螺旋形喷嘴时，供循环污水（经沉淀池处理）也不易堵塞。

(3) 耗金属指标。降低金属耗量，特别是节约有色金属是设计者的重要任务。喷水量1kg（或$1m^3$）所消耗金属量是喷嘴的优劣指标之一，目前国产的部分喷嘴已改为陶瓷或塑料。

(4) 对加工及材质要求。喷嘴对材质的一般要求是防腐蚀和耐磨，内表面要光滑，加工要求不应太复杂，精度也不宜太高，否则喷嘴的制造成本就高。

喷嘴的设计

喷嘴的设计比较复杂，据目前资料介绍，几乎每一种喷嘴都是靠试验测得有关系数和结构尺寸的相互比例关系后，再整理出计算曲线和公式，而纯理论计算往往和实际有较大差距。

喷嘴设计的原始条件是水压、水量和喷洒水滴细度（分粗、中、细），可按下列步骤进行设计：

（1）结构形式的选定。除少数喷嘴是靠碰撞反溅把水打碎外，几乎所有喷嘴都是靠改变水流直线运动为旋转运动，把水喷进空气中，在离心力作用下分散成水滴和增大喷嘴射角的。改直线运动为旋转运动的办法，从结构形式分，基本上有喷嘴壳为螺旋状和芯子为螺旋状两种。

（2）结构尺寸及比例关系的确定。仅结构形式优良，而结构尺寸及比例关系确定的不合适，仍不能获得理想的喷洒性能，如进水口与出水口之比至少应在2倍以上，否则就会出现水滴不能均匀分布的偏心现象。从旋转运动的离心力公式 $F=\frac{MV^2}{r}$ 可以看出，加大出口流速 v 和缩小旋转半径 r 都能使水滴直径减小。

（3）通过试验检查验证。通过试验检查验证以上初步确定的结构形式和结构尺寸，调整比例关系，找出计算用的各种系数，测出真实的水滴直径（最大、最小、平均值）、喷射角和水锥射程，以供选用和系列化计算。这里首要的是测出（或验证）压力－流量关系式中的系数 k，一般应用计算公式如下：

$$Q = FkP = Fk\sqrt{P} \qquad (7-18)$$

式中 Q——喷嘴流量，m^3/h；

F——喷嘴出水口断面积，m^2；

k——喷嘴比例系数；

P——进水压力，mH_2O；

n——喷嘴构造特性指数，小于1，一般在0.5～0.6左右。

有些资料，将 F 和 k 合成一个系数，称 A，即：

$$Q = A\sqrt{P} \qquad (7-19)$$

式中 A——喷嘴的流量系数。

喷嘴的分类

喷嘴按结构形式可分成五类：

（1）外壳为螺旋形的喷嘴。外壳为螺旋形的喷嘴是一种靠改变水流直线运动为旋转运动，在离心力作用下把水分散成水滴的喷嘴。

外壳为螺旋形喷嘴的喷嘴壳为圆筒形，水从圆筒的切线向接入。常用的有以下几种：螺旋形的喷嘴、针型喷嘴、瓶型喷嘴、角型喷嘴、杯型喷嘴、渐伸型喷嘴。

（2）芯子为螺旋形的喷嘴。芯子为螺旋形的喷嘴也属于水为旋转运动，靠离心力但不从中心把水分散成细滴，而是径向接入喷嘴，在喷嘴壳内有一旋涡片（或螺旋体），借助旋涡片把水由直线运动改为旋转运动。喷嘴壳和旋涡片可以做成各种形状，其形状必须以有利于水的旋转运动和减少阻力系数为原则。常用的有以下几种：1）碗形——Ⅰ型、Ⅱ型喷嘴；2）旋涡喷射型喷嘴；3）旋塞形喷嘴；4）圆柱旋涡型喷嘴；5）旋芯型喷嘴；6）旋涡型雾化喷嘴；7）T形喷嘴；8）ϕ1/3in、ϕ1/2in、ϕ1in 旋流型喷嘴；9）ϕ2in 多头型喷嘴。

（3）喷溅型喷嘴。喷溅型喷嘴是在渐缩形（或直管口）喷口头部设置一反射板（或反射锥、反射盘），中间留有一定间距，水自喷口至反射板上撞击成碎滴四溅喷出，或从喷口出来至一反射锥上水柱被反射锥分成水锥（空心）然后散成水滴。

喷溅型喷嘴结构简单，水阻损也较小，要求进水压力低，但喷射的水滴不会太细。常用的有以下几种：1）反射板型（图7－14(a)）；2）反射盘型（图7－14(b)）；3）反射锥型（图7－14(c)）；4）多层反溅盘型（图7－14(d)）。

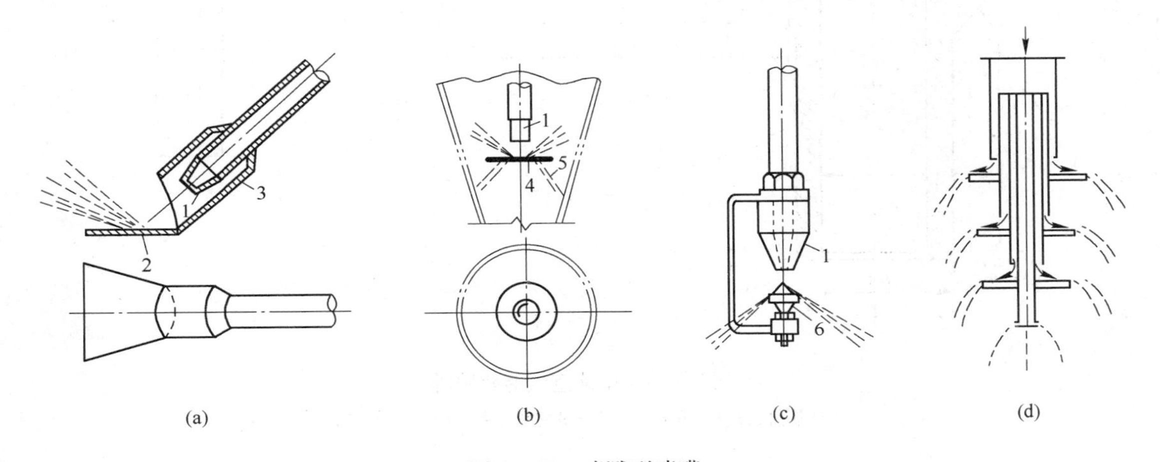

图7－14 喷溅型喷嘴

（a）反射板型；（b）反射盘型；（c）反射锥型；（d）多层反溅盘型

1—喷嘴；2—反射板；3—扩大管；4—反射盘；5—支架；6—反锥盘

（4）喷洒型喷头（图7－15）。喷洒型喷头是在喷头外壳上钻很多小孔，水靠水压从小孔中喷出，喷头外壳可做成半球形、圆筒形或弹头形，喷洒型喷头具有以下特点：

1）喷头制造简单；

2）喷出的水滴不是很细，水滴分布不匀。

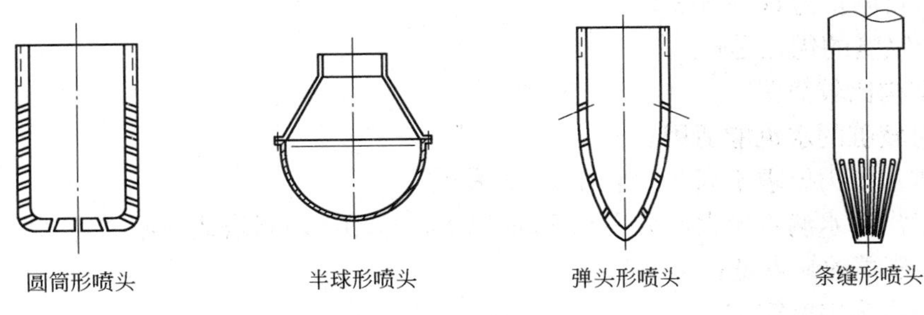

图7－15 喷洒型喷嘴

常用的喷洒型喷头有弹头形、孔眼形、条缝形、半球形。

（5）压缩空气雾化喷嘴（图7－16）。

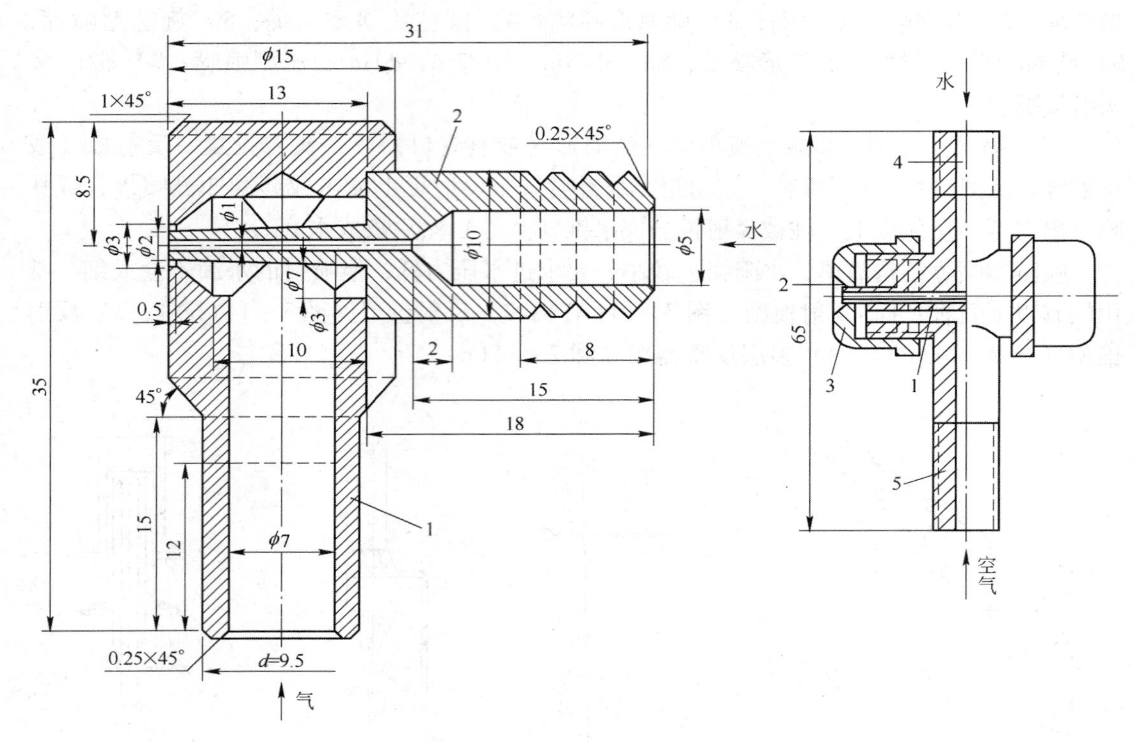

图7－16 压缩空气雾化喷嘴

1—总孔道；2—嵌入套；3—喷嘴头；4—水管；5—气管

喷嘴的品种

螺旋形喷嘴（图7－17）

螺旋形喷嘴（渐开线型、离心型）包括单面喷口与双面喷口两种。

螺旋形喷嘴的构造是在一缩径管的一端有一按阿基米德曲线制造的涡旋壳，水进入涡壳后改直线运动为旋转运动，随着旋转半径的减小旋转速度逐渐加快，在达到出水口时水呈旋转状态离开喷嘴，受离心力作用将水喷成空心锥体，然后分散成水滴。

喷嘴系数 k 值大约在20000左右。

喷嘴的喷洒角为60～70℃。

螺旋形喷嘴的优点是：

（1）结构比较简单。

（2）对较脏的水也能适用。

（3）进水压力要求不高，一般在1～2表压。

（4）喷出的水滴直径大部分在0.5mm以下，适用于填料塔或空心塔。

螺旋形喷嘴的缺点是：

（1）出水为中空锥体。

（2）水量在整个断面上分布不均匀。

（3）在加工尺寸有误差时，会产生偏心现象。

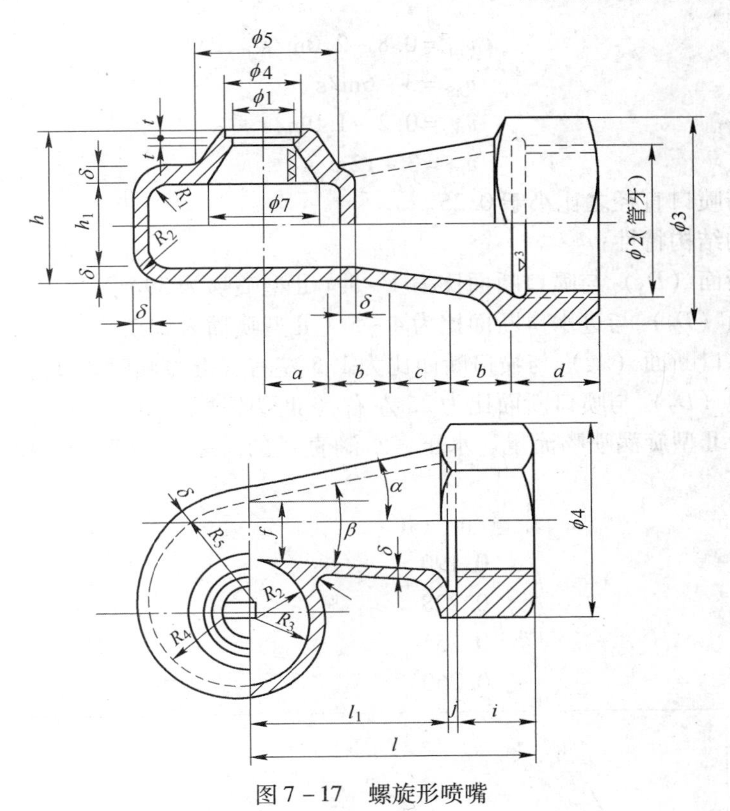

图 7 – 17 螺旋形喷嘴

碗形旋涡喷嘴（图 7 – 18）

碗形旋涡喷嘴分Ⅰ型、Ⅱ型两种。

碗形喷嘴属于芯子为螺旋形的一类，在碗形的外壳内有一带螺旋沟槽的芯子，水通过沟槽时旋转力给予水，水在旋涡室内旋转，当通过渐缩喷口时旋转力逐渐增加，然后，水离开喷口形成中空的锥状水伞水再与空气冲撞分散成水滴。

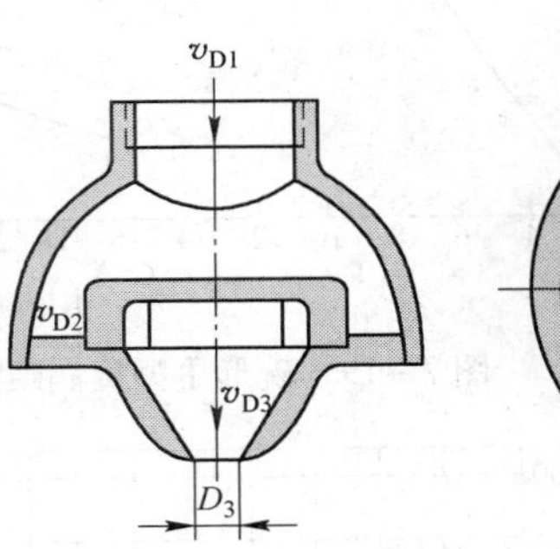

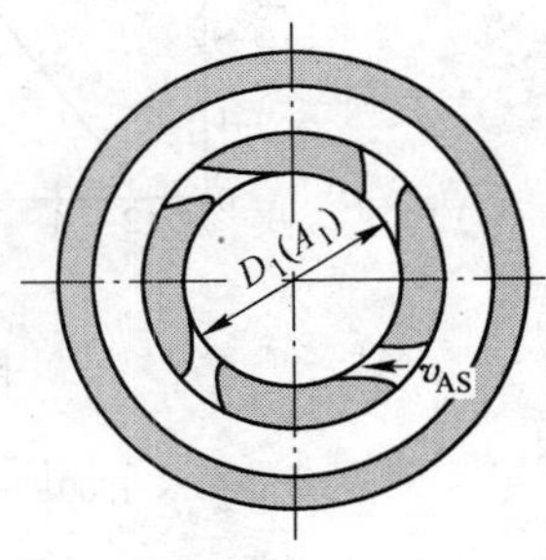

图 7 – 18 碗形旋涡喷嘴

碗形喷嘴的优点是：

（1）喷洒角较大，一般为 70°～80°。

（2）喷出的水流对周围的气体影响剧烈，容易与气体混合。

（3）水压不需要很高。

（4）碗形喷嘴在水压较低时喷出的水滴直径较细，大部分 0.5mm 以下。

碗形喷嘴的缺点是：

（1）碗形喷嘴的外壳体积较大，在喷雾塔内占体积较多。

（2）耗费金属量较多。

（3）水滴向前的穿透力弱。

（4）喷嘴容易积灰，使用循环水时沟槽容易堵塞。

（5）碗形Ⅰ型喷嘴，在水压为 $1kg/cm^2$ 时，各点的水流速为：

$$v_{D1} = 0.8 \sim 2.0\text{m/s}$$
$$v_{AS} = 3 \sim 6\text{m/s}$$
$$v_{D2} = 0.2 \sim 1.0\text{m/s}$$
$$v_{D3} = 3 \sim 12\text{m/s}$$

喷口高度与喷口直径之比小于0.25。

碗形喷嘴的结构特性：

旋涡片横断面（D_2）与喷口断面比为4～5（Ⅱ型喷嘴为39）。

旋涡壳断面（D_7）与进水口断面比为4～5（Ⅱ型喷嘴为31）。

旋涡片进水口断面（A_S）与喷口断面比为1.5左右（Ⅱ型喷嘴为2）。

旋涡壳断面（D_7）与喷口断面比为25左右（Ⅱ型喷嘴为80）。

碗形Ⅰ型、Ⅱ型旋涡喷嘴流量、水压、水滴直径的关系如图7－19和图7－20所示。

喷嘴流量选择：

水压/$\text{kg} \cdot \text{cm}^{-2}$	流量/$\text{m}^3 \cdot \text{h}^{-1}$
1.0	0.190
1.5	0.228
2.0	0.255
2.5	0.260

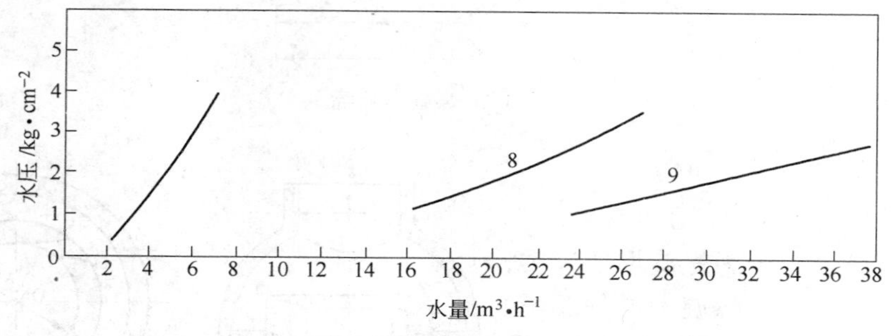

图7－19 碗形Ⅰ型旋涡喷嘴流量与水压的关系

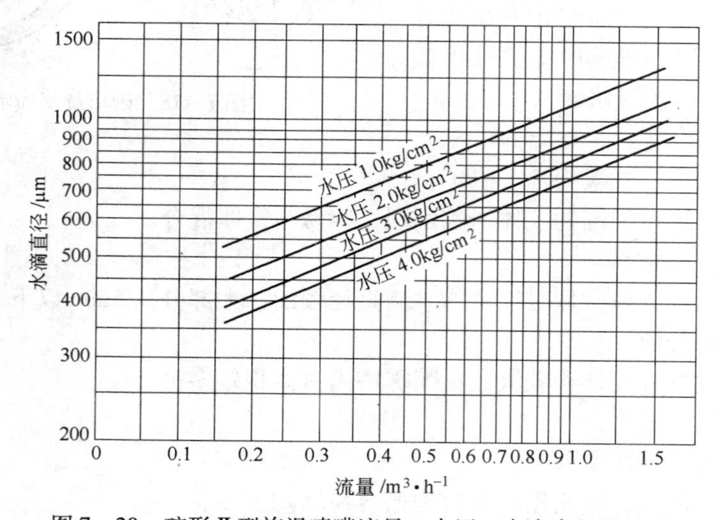

图7－20 碗形Ⅱ型旋涡喷嘴流量、水压、水滴直径的关系

旋涡喷射型喷嘴（图 7－21）

旋涡喷射型喷嘴是属于芯子为螺旋形的一种，在喷嘴腔体内有一旋片，旋片平面上有 8 条成 45°的斜槽，这些斜槽在旋片断面上与水平成 30°倾斜角，旋片中心尚有一 ϕ6mm 孔。当水进入腔体内时，一部分水顺旋片的斜槽旋转运动，通过旋片进入腔体下部空腔继续旋转，另一部分水直接从旋片中间小孔通过，进入下部腔体。因此，在喷嘴下部的空腔内由多股旋转水流与中心直流互相冲撞，导致早期雾化，混杂的水流离开喷口后形成锥状水伞，水滴比较均匀地分布在射流横断面上。

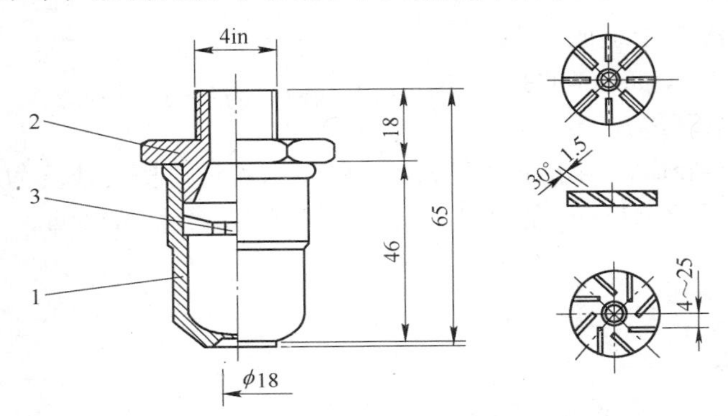

图 7－21 ϕ10mm 旋涡喷射型喷嘴
1—腔体；2—接头；3—旋片

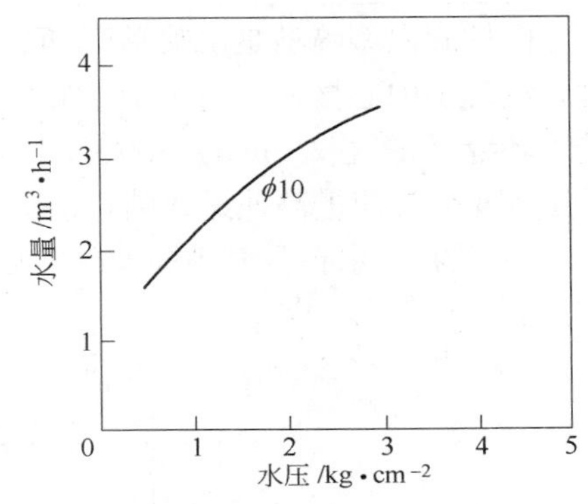

图 7－22 旋涡喷射型喷嘴的流量曲线

旋涡喷射型喷嘴的流量与压力的关系（图 7－22）：

$$Q = A\sqrt{P} \tag{7-20}$$

式中 A——喷嘴的流量系数，0.68。

旋涡喷射型喷嘴的优点是：

（1）水滴在射流横断面上分布，有利于提高热交换效率。

（2）在同样喷水量下，耗金属量比较小。

旋涡喷射型喷嘴的缺点是：

（1）水滴不是很细。

（2）喷洒角约 60°～70°，不是很大。

旋塞型喷嘴（图 7－23）

旋塞型喷嘴由带长锥空腔的外壳和按阿基米德螺旋线加工的梯形双螺纹旋塞芯子两部分组成，喷口直径为 ϕ12.5mm，水径向接入后，按旋塞芯子的螺纹转向，水呈旋转运动通过旋塞段，进入锥形空腔内继续旋转，旋转速度逐渐加快到达喷口为最高点，然后离开喷口，为减小阻力消耗，喷口外有一双曲线渐扩段长 10mm，水以空锥状喷出，靠离心力分散成细滴。

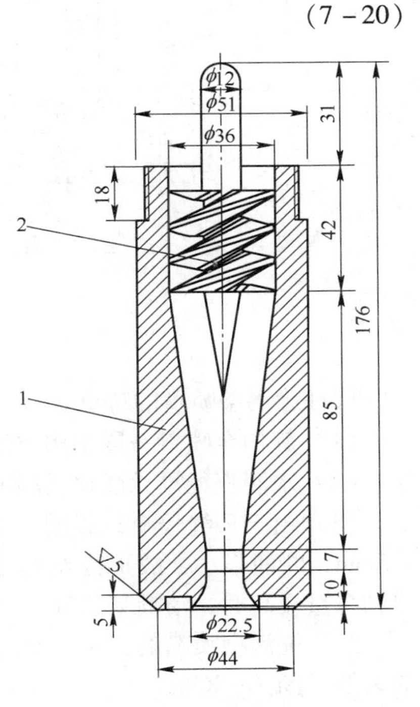

图 7－23 旋塞型喷嘴
1—喷嘴壳；2—旋芯

旋塞型喷嘴的特点是：

（1）锥形空腔比较长，即渐缩段的夹角很小，约 15°。

（2）阻力系数较小。

（3）喷洒角约为90°。

旋塞形喷嘴的流量（Q，m^3/h）与压力（P）的关系（图7－24）：

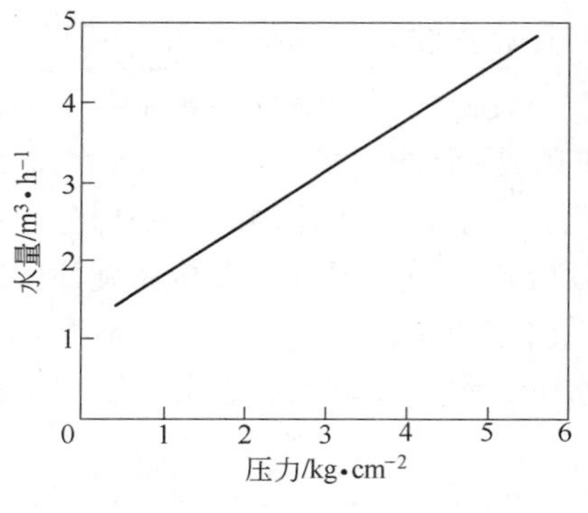

图7－24　旋塞型喷嘴的流量曲线

$$Q = A\sqrt{P}$$

式中　A——喷嘴的流量系数，0.57左右。

圆柱旋涡型喷嘴（图7－25）

圆柱旋涡型喷嘴是由喷嘴壳和旋流芯子组成，水自旋流芯子中心接入，通过旋芯侧壁4个ϕ6mm的孔进入环缝（缝宽2.5mm）中往下流至环缝底部，然后压入4个旋流槽高速进入喷口前的空腔内，当水压为$2kg/cm^2$时，水流过流槽的速度为8.7m/s左右。水在空腔内高速旋转后离开ϕ11mm的喷口，水成空锥状喷出分散成细滴。

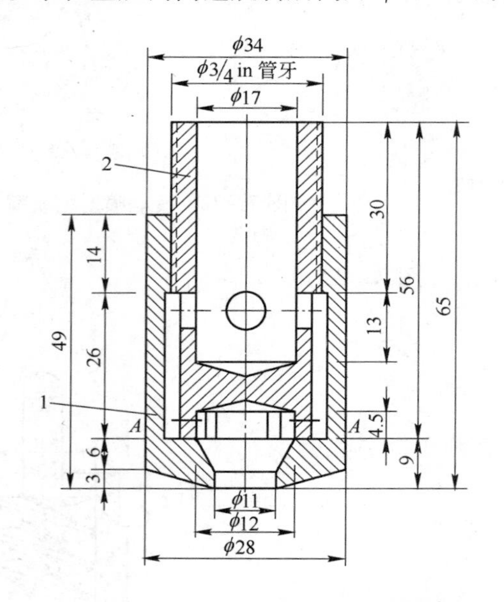

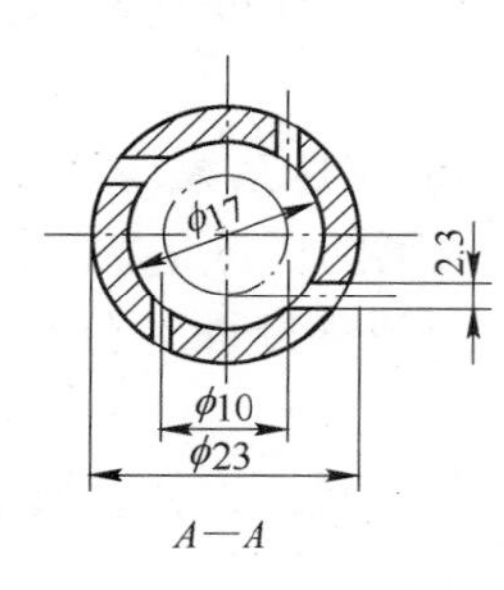

图7－25　圆柱旋涡型喷嘴

1—喷嘴壳；2—旋嘴芯

圆柱旋涡型喷嘴的特点是：

（1）旋槽至喷口一段结构类似碗形喷嘴，因此喷洒角比较大、水滴直径也较细。

（2）水滴直径尺寸尚缺乏测定资料。

（3）由于环缝较窄，旋槽只有4个宽2.3mm，高4.5mm，断面很小，故形成结构上的缺点：当进入悬浮物含量较高时，喷嘴易堵塞。

圆柱旋涡型喷嘴的流量（Q，m^3/h）与压力（P）的关系（图7－26）：

$$Q = A\sqrt{P}$$

式中　A——喷嘴的流量系数，0.3。

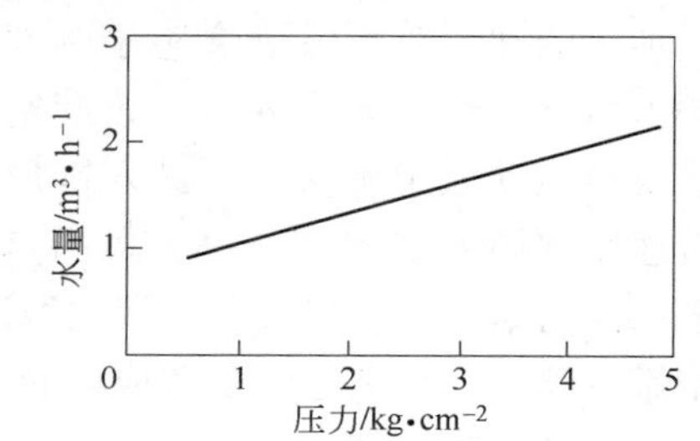

图7－26　圆柱旋涡型喷嘴的流量曲线

旋流型喷嘴（图 7 - 27）

旋流型喷嘴结构比较轻巧，它由旋流芯和喷嘴壳组成（ϕ1/2in 的喷嘴壳与喷口分成两部分），其接管口径有 ϕ1/2in 和 ϕ3/4in 两种，喷口直径均为 ϕ6mm。

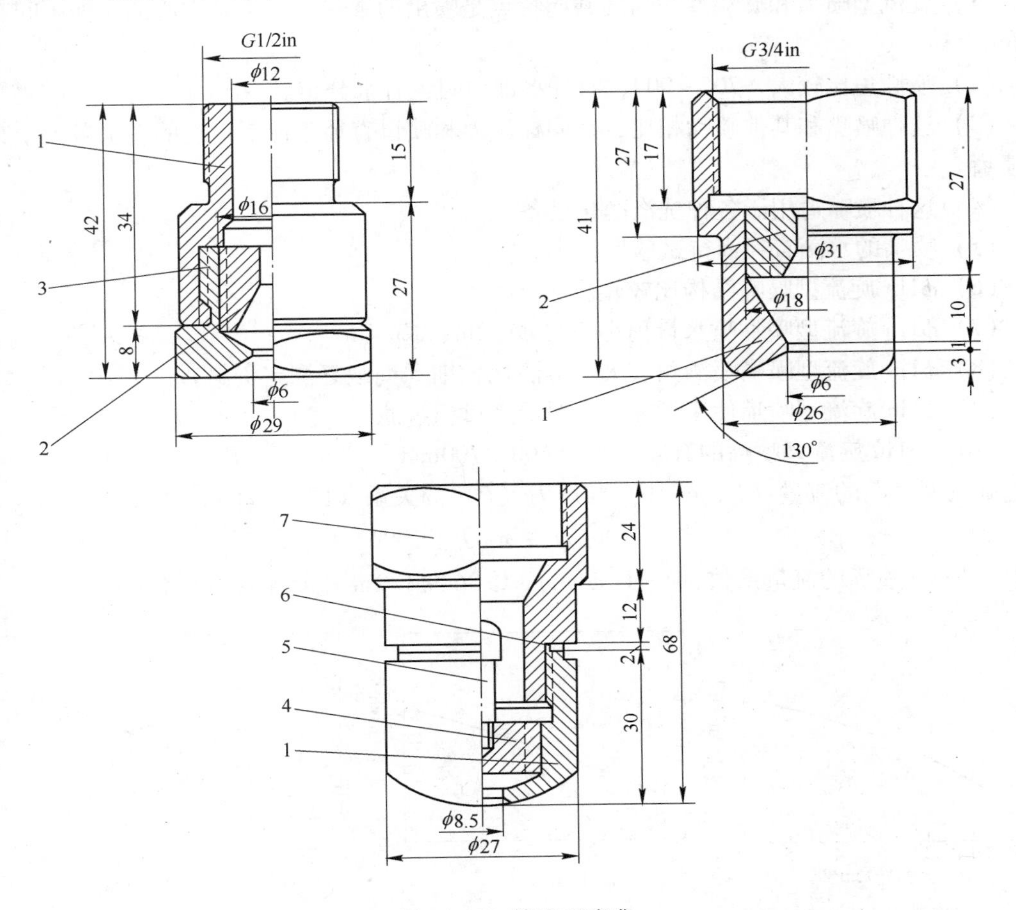

图 7 - 27 旋流型喷嘴

（ϕ1/2in 旋流型喷嘴；ϕ3/4in 旋流型喷嘴；ϕ1in 旋流型喷嘴）

1—喷嘴壳；2—旋流芯；3—喷口；4—旋芯；5—插件；6—垫片；7—连接件

水从径向接入后压入旋流芯，一部分水流过旋槽改为旋转运动，另一部分水直接通过旋流芯的中心小孔（ϕ3mm），中心小孔下半段为 60°扩张形。两股水流都进入喷口的渐缩段，呈旋转运动的水在渐缩段旋转速度逐渐加快，以直线运动从中心孔流过的水扩张后，靠水束边部的水与旋转水流撞击，达到早期雾化。两股水通过喷口和喷口渐扩段（渐扩段有利于加大喷洒角）离开喷嘴成锥状水伞，在离心力作用下分散成细滴。

ϕ1in 旋流型喷嘴与 ϕ1/2in、ϕ3/4in 结构类似，主要由旋流芯和喷嘴壳组成，与管道连接一端还有一连接件，接口直径为 ϕ1in，它与 ϕ1/2in、ϕ3/4in 不同点是旋流芯子中心没有孔。

ϕ1in 旋流型喷嘴的水从径向连接件接入，经一渐缩段，进入旋流芯有 5 条成 28°螺旋角的旋槽，槽为 3.5mm × 3.5mm，水成旋转运动通过旋芯达到旋涡室，旋涡室为一渐缩段，旋转速度逐渐加快，然后离开 ϕ8.5mm 喷口，形成锥状空心水伞，在离心力的作用下分散成雾滴，喷洒角约为 80°~90°。

旋流型喷嘴的特点是：

（1）旋流型喷嘴和旋涡型喷嘴的共同特点是喷出的锥状水伞不是空心的，即中间有水分布。

（2）喷洒角比较大，70°~90°，而且水锥中间也有水分布。

（3）这种喷嘴和其他喷嘴相比，在同样压力和喷口直径条件下，它的喷水量大于其他型喷嘴。

（4）这种喷嘴适用于各种洗涤净化设备。

（5）喷嘴的水滴直径尚待试验后得出。

（6）ϕ1in 旋流型喷嘴结构比较轻。

（7）ϕ1in 旋流型喷嘴喷水量稍小于与 ϕ1/2in、ϕ3/4in。

（8）ϕ1in 旋流型喷嘴喷洒角较大，雾滴比较细（尚缺乏测定资料）。

（9）ϕ1in 旋流型喷嘴使用循环污水时应经过粗过滤。

（10）ϕ1in 旋流型喷嘴的有效射程为 600~700mm。

旋流型喷嘴的流量（Q，m^3/h）与压力（P）的关系（图 7-28）：

$$Q = A\sqrt{P}$$

式中 A——喷嘴的流量系数，0.34（ϕ1in），0.36（ϕ1/2in），0.436（ϕ3/4in）。

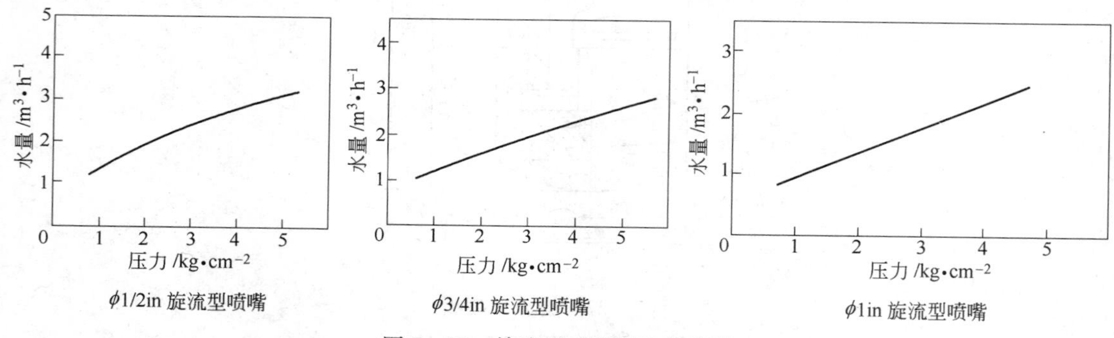

图 7-28 旋流型喷嘴的流量曲线

由上式看出，ϕ1/2in 的 A 值比 ϕ3/4in 大，因此在同一压力下，ϕ1/2in 的出水量比 ϕ3/4in 大些。其原因是 ϕ1/2in 的旋槽为 6 条，旋角 45°，而 ϕ3/4in 的旋槽为 4 条，旋角 30°。

旋芯型喷嘴（图 7-29）

旋芯型喷嘴（又称 11-A 型、B 型）是由喷嘴壳和螺旋状芯子组成，螺旋芯子是在一中心管上焊四片螺旋叶片，螺旋角为 45°。水从径向接入后，即顺螺旋芯叶片成旋转运动，少部分水从螺旋芯的中心管通过，中心管内径 ϕ5mm，大部分水旋转流过芯子后到达喷嘴壳的渐缩喷口，旋流速度逐渐加快离开喷嘴形成锥状水伞，大部分水分布在锥状水伞的边缘部分，少量水分布在中心部分。由于水通过螺旋芯的叶片时流速不是增加太多，离心力不是很大，因此，喷洒角不够大，喷出的水滴也比较粗。

旋芯型喷嘴的特点是：

（1）旋芯型喷嘴适用于空心塔，但由于水滴直径较粗，效率比较低。

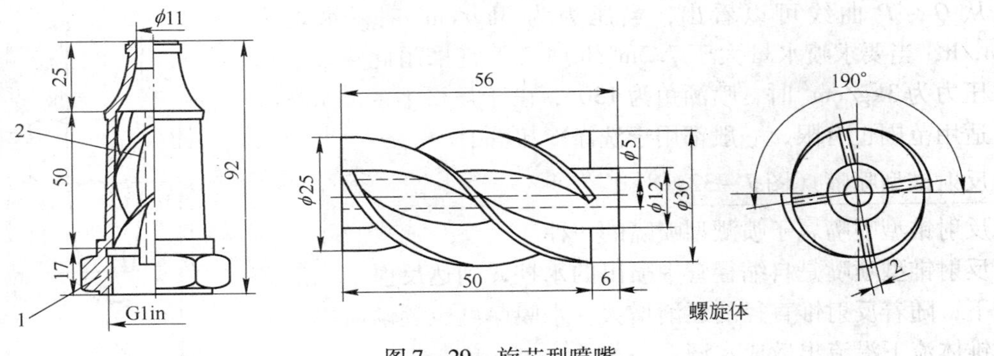

图7-29 旋芯型喷嘴

1—喷嘴壳；2—螺旋体

（2）当喷淋量比较大，而不要求太细的雾滴时可用此喷嘴。

（3）由于它的螺旋芯的叶片空间大，当为循环污水时不易堵塞。

多头型喷嘴（图7-30）

净化气体和冷却设备中，由于喷水量大，往往要很多喷嘴组装在一起供水，安装比较麻烦。

多头型喷嘴就是按喷水量大和喷洒角大的特点设计，它由7个带旋芯的喷头构成，每个喷头的喷口直径为 ϕ8mm，喷头的供水总管为 ϕ2in。

水由总接管口进入后，均分到7个小喷头中去，每个小喷头有一旋芯，旋芯有两条旋槽，水进入后成旋转运动，旋芯的喷头壳都为渐缩形，水的旋转速度逐渐加快，高速下离开喷头，每喷头喷出的水锥都为空心伞状，7个小水锥伞交叉在一起，组成一大锥状水伞，大锥状水伞的角度为130°左右，因小水锥伞交叉在一起，故大锥状水伞中间也有水分布。

多头型喷嘴的特点是：多头型喷嘴与大口径相比，不但具有水量大，喷洒角大的特点，而且保持了小口径喷嘴水滴比较细的优点。

多头型喷嘴的流量（Q）与压力（P）的关系（图7-31）：

$$Q = A\sqrt{P}$$

式中 A——喷嘴的流量系数，1.32（ϕ1in）。

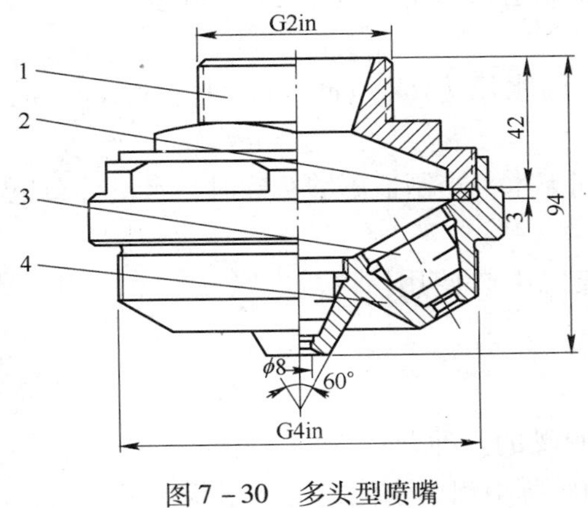

图7-30 多头型喷嘴

1—盖；2—垫片；3—芯子；4—喷嘴

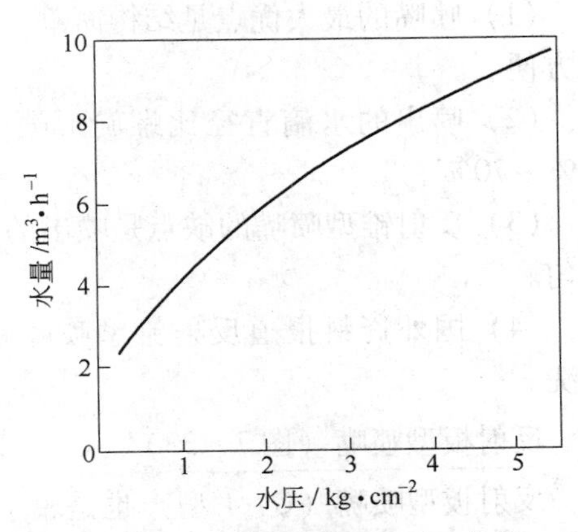

图7-31 多头型喷嘴的流量曲线

从 $Q-P$ 曲线可以看出，当压力为 $3kg/cm^2$ 时，水量为 $7.2m^3/h$，当要求喷水量大于 $7.2m^3/h$ 时，不宜采用此喷嘴。当供水压力为 $3kg/cm^2$ 时，喷洒角为 130°，由于规格不多，水量限制，适用范围也有限，一般都用于洗涤冷却塔中。

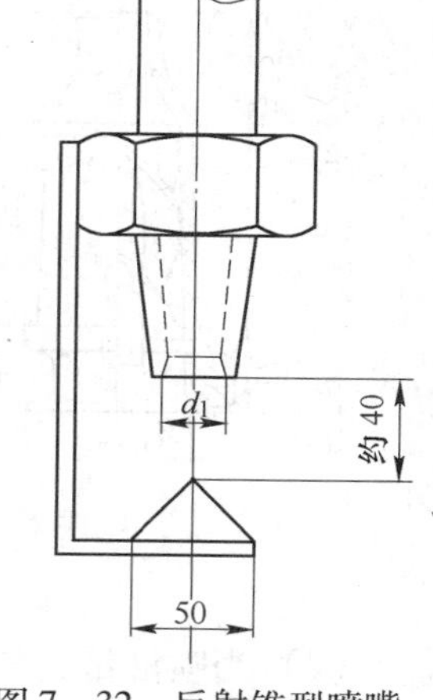

图 7－32　反射锥型喷嘴

反射锥型喷嘴（图 7－32）

反射锥型喷嘴属于喷溅型喷嘴的一种。

反射锥型喷嘴是自缩径管中喷出的水柱，到达反射锥后沿锥体流下，随着反射锥直径的逐渐增大，水膜厚度也逐渐减薄，最后自锥体流下沿流出散成水滴。

反射锥型喷嘴的流量（Q）与压力（P）的关系：

$$Q=\mu F\sqrt{2gh} \tag{7-21}$$

式中　Q——水量，m/s；

μ——喷嘴的流量系数，由水力学手册中查出为 0.94；

h——进水压，mH_2O。

反射锥型喷嘴的水滴大小与水量 Q 及锥体下沿圆周长 πd_1 有关。水量越小，πd_1 越大，则水到达锥体下沿时水膜厚度越小，因此，水滴也越小。

反射锥型喷嘴的结构尺寸设计。

目前没有收集到这种喷嘴的设计资料，在有关试验中，按水力学手册上资料选定缩径管的收缩夹角为 13°。

挡水锥体的直径可根据对水滴大小的要求来决定，需要的水滴直径越小，则锥体直径应越大（在出水口径相同条件下），以使水膜高度分散，但目前还没有计算办法，只能从实际中摸索。

挡水锥体距喷水口的距离与水量及水滴大小没有关系，但不应过远，以避免挡水锥体的中心线偏离喷水口中心线（距离远时，容易因制造时少许偏斜造成偏离过多的现象）；也不应过近，以免造成水流不畅或积灰堵塞喷水口，试验资料中定为 40mm。

反射锥型喷嘴的特点如下：

（1）喷嘴的最大优点是结构简单，易于加工制造，当用于循环污水时不易堵塞，清理也方便。

（2）喷出的水滴直径比螺旋形喷嘴还细，当水压为 $1kg/cm^2$ 时，小于 0.5mm 的占 60%～70%。

（3）反射锥型喷嘴的缺点是喷出的水伞中间无水，当制造不够精确时，水量分布也不均匀。

（4）国外资料报道反射锥型喷嘴在高炉煤气中有使用，国内一些工厂也用于煤气清洗。

反射板型喷嘴（图 7－33）

反射板型喷嘴（C－1 型）也是属于喷溅型喷嘴的一种。

反射板型喷嘴多用于挡水板的喷淋，它是由喷嘴射出的水流撞击反射板后形成较大的喷洒面，要求的水压较低。

反射板型喷嘴的流量曲线如图 7－34 所示。

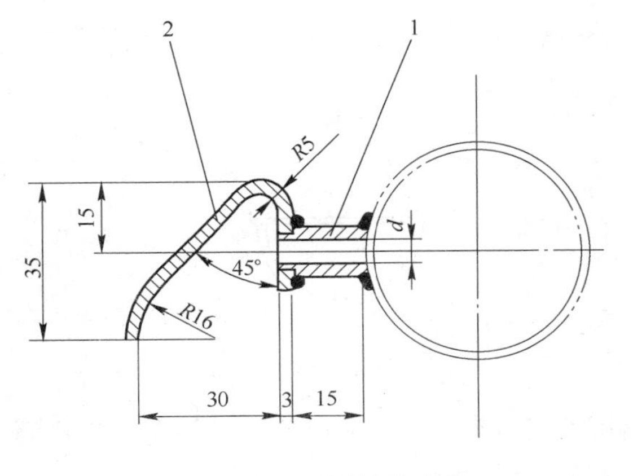

图 7－33 反射板型喷嘴
1—短管；2—挡板

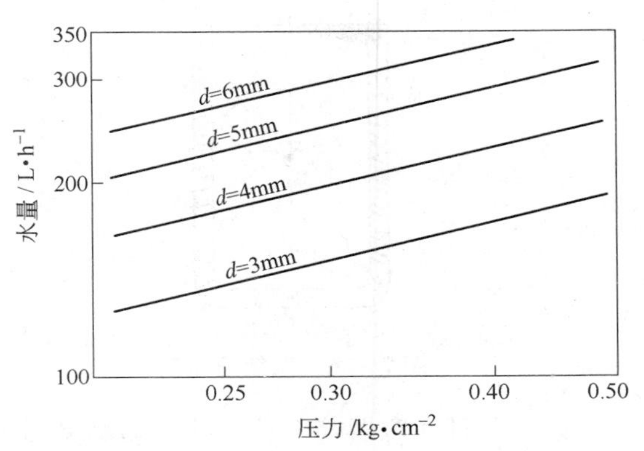

图 7－34 反射板型喷嘴的流量曲线

喷洒型喷嘴

喷洒型喷嘴是结构比较简单，而喷水量很大，水滴较粗的喷嘴，它主要靠在一容器上钻很多小孔，水从小孔中喷出，淋浴用的莲蓬头就是其中的一种。

喷洒型喷嘴多用在对喷出水滴要求不很细，喷洒面上水滴分布不是很均，喷洒水量较大的设备中，如填料洗涤塔的供水、填料层冲洗水和靠气体动力把水冲击碎的文氏管供水等。

常用的喷洒型喷嘴有弹头形、圆筒形和半球形。

弹头形喷嘴（图 7－35） 弹头形喷嘴多用于内喷文氏管供水，做成弹头形状，主要为防止对气流产生涡流的不良影响，在外壁上钻很多倾斜 5°～10°小孔，分布在平面的各个角度内，小孔可做成平层或多层，小孔数可根据喷水量计算得出。

对于 12 个 ϕ6mm 小孔的弹头形喷嘴，其喷水能力为：

$P/\mathrm{kg\cdot cm^{-2}}$	0.4	0.8	1.0	1.2	1.5
$Q/\mathrm{m^3\cdot h^{-1}}$	5.112	5.916	6.984	7.562	8.280

弹头形喷嘴的给水管径按约等于 4～5 倍喷水小孔的总面积决定。

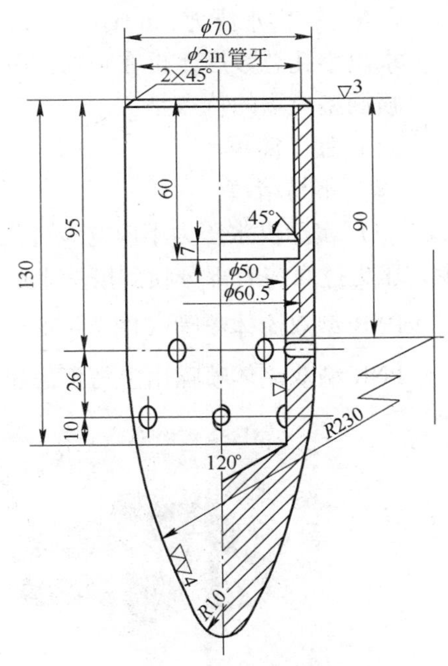

图 7－35 弹头形喷嘴

圆筒形喷嘴（图 7－36） 圆筒形喷嘴多用在填料塔内供水，把它悬在填料上方 800～1000mm 处，在圆筒壁和底部钻很多小孔，孔径 ϕ4～15mm，多层成各种角度分布，喷淋水量可大到每小时几百立方米。

半球形喷嘴（图 7－37）半球形喷嘴多用在填料塔供水或填料层冲洗用水，在半球形体的表面上钻很多小孔，半球形喷嘴还可用联焊接出塔外，做成可回转的，以便冲洗用。

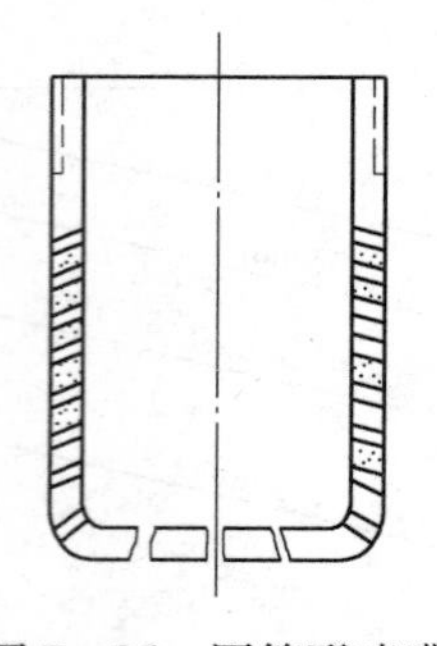

图 7－36 圆筒形喷嘴

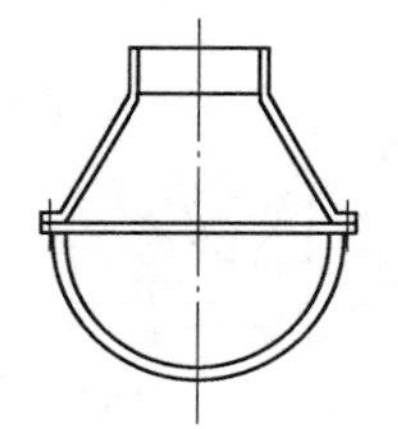

图 7－37 半球形喷嘴

以上三种在容器壁上钻小孔的喷洒型喷嘴可按式（7－22）进行计算。首先确定喷洒总水量和小孔的直径，喷洒型喷嘴的小孔总数 n 为：

$$n = \frac{Q}{3600 \times 0.785 \times d^2 \times \mu\sqrt{2gH}} \tag{7-22}$$

式中 Q——总喷洒水量，m^3/h；

d——小孔直径，m；

μ——流量系数，采用 0.82 或查水力学手册；

H——供水压力，mH_2O。

求出小孔总数后，再在喷嘴上分布。

喷洒型喷嘴的特点是：

（1）加工简单。

（2）不易堵塞。

（3）实际供水压力不应与设计压力出入太大，如果波动太大压力过低，喷嘴面积会减少；压力过高将有部分喷到塔壁上起不到作用。

PNR 型双流体喷嘴（图 7－38）

PNR 型双流体喷嘴由上海汇思机电有限公司生产。

图 7－38 双流体喷嘴

PNR 型双流体喷嘴正常工作时，需要同时供给一定压力的压缩空气和一定压力的水。在喷嘴内部，压缩空气和水经过若干次的打击，产生非常小的颗粒。当被雾化后的颗粒与高温烟气混合后，在短时间内迅速蒸发带走热量，通过调节供水回路的压力来调节喷雾水量。

PNR 型喷嘴的技术性能：

水量调节比　　10∶1

供水压力　　$<7\times10^2$kPa

供气压力　　$(3\sim4)\times10^2$kPa

喷雾雾滴　　10μm

喷雾水量　　见表7-5

表7-5　PNR 900A 系列双流体喷嘴喷雾水量

喷嘴型号	液体工作压力/kPa	推荐喷雾水量范围/$L\cdot min^{-1}$
A02A	<700	2~9.6
A04A	<700	7.0~29.7
A06A	<700	14.6~49.6
A08A	<700	56.4~96.2

注：喷嘴材质可选 316L、C276、C22、C4。

PNR 型喷嘴的结构组成：典型双流体烟气喷雾冷却系统配置如图7-39所示。

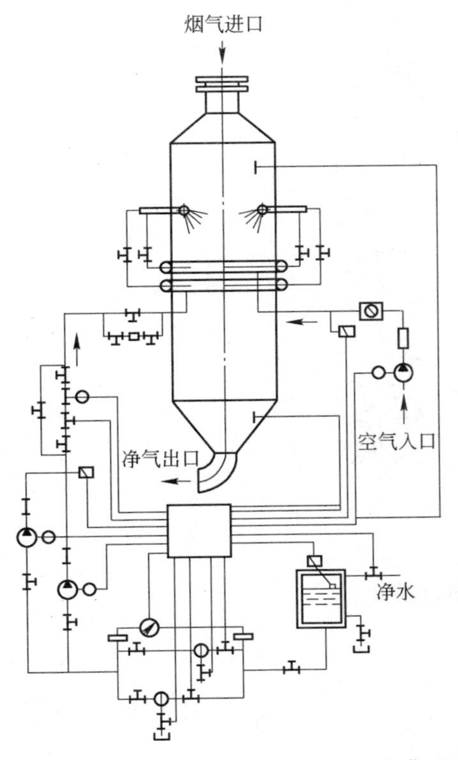

图7-39　典型双流体烟气喷雾冷却系统配置

双流体喷枪的组成如图7-40所示。

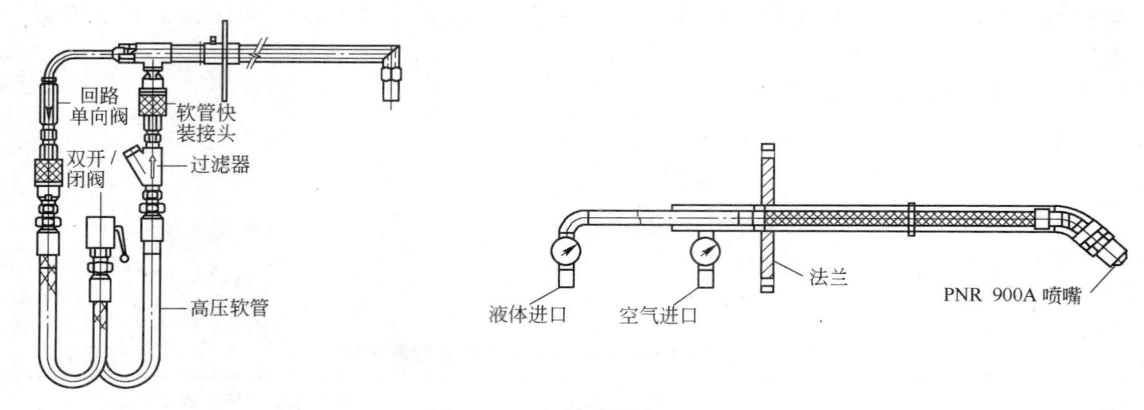

图 7-40 双流体喷枪的组成

矩形三线螺旋喷嘴（图 7-41）

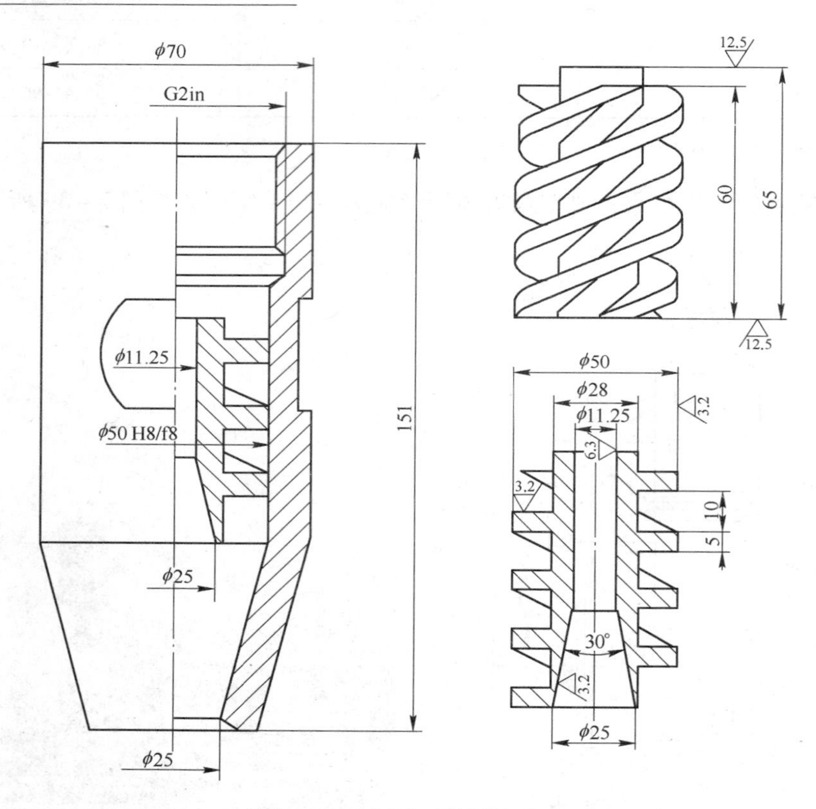

图 7-41 矩形三线螺旋喷嘴

M 型气体雾化喷嘴（图 7-42）

（1）FogJet®细雾喷嘴。喷雾形状为浓密的大流量实心锥形，这种由全质棒材制作的喷嘴带有一个内螺纹接口。

（2）FullJet®实心锥形喷嘴。这种喷嘴能在大范围的流量下产生分布均匀、液滴大小为中等到偏大的喷雾。这种均匀的喷雾分布来源于独特的叶片设计和大而畅通的孔径以及优良的控制特性，允许检查和清洗叶片和可拆卸的帽盖，而不必卸下喷嘴体。

(3) SprialJet®螺旋形喷嘴。这种螺旋喷嘴可使液体在给定尺寸的管道上达到最大流量，畅通的孔径设计最大程度地减少了阻塞现象。这种喷嘴可在绝大多数管道系统上安装或更新。螺旋喷嘴是池塘水蒸汽洗涤、气体冷却、防火灭火的最佳选择。

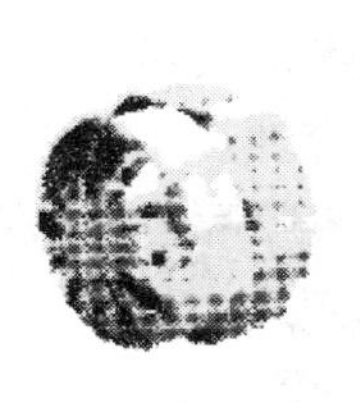

FogJet®细雾喷嘴　FullJet®实心锥形喷嘴　SprialJet®螺旋形喷嘴

图 7-42　M 型气体雾化喷嘴（上海喷雾系统公司）

e　烟气冷却净化的喷淋特点

烟气冷却净化工程直接喷水冷却和除尘时，由于采用的设备不同，喷淋特点特点也不一样，按喷淋水滴粗细大致可分为粗喷、中喷、细喷三种。

(1) 粗喷。粗喷对喷出水滴不要求太细，只要使设备容积横断面上水均匀分布就行，不要求有死角，而喷淋强度往往很大，设备单位横断面积喷水量达 $10m^3/(m^2 \cdot h)$ 左右，或高达几十立方米。它增加气液两相接触面积不是靠水滴表面积多少，而是靠水喷湿的填料层表面积进行传热和除尘。如填料塔和塑料球湍动塔就属于这类设备。常用的喷淋装置有各种喷洒型喷头，如孔眼形喷头、弹头形喷头、条缝形喷头等。

(2) 中喷。中喷要求喷出的水滴比较细，靠水滴总表面积多少来增加气液两相接触面积进行除尘降温。中喷的喷淋强度比较大，如空心洗涤塔就属于这类设备。它就靠喷出水滴总表面积不小于填料塔内填料层的总表面积，这才能显示出空心洗涤塔可代替填料塔，节省填料（大量木材、金属等），降低造价的优越性。这种设备要求的水滴平均直径应在 0.5mm 左右，但不宜过细，微细水滴太多时容易被气流带走，不利于除掉尘粒，因水滴与尘粒应有一定相对速度才能湿润灰尘达到除尘的目的，要求喷射角大些。常用喷嘴有螺旋形喷嘴、碗形Ⅰ型喷嘴、旋芯型喷嘴等。

(3) 细喷。细喷要求喷出的水滴成雾状非常细，但喷淋强度不大，如湿式板式电除尘器是在不停电下进行冲洗，不允许有大水滴，否则会发生极间击穿，水喷成雾状使沉淀极板表面有一层水膜不断下流，把灰尘冲下。湿式板式电除尘器喷水用喷嘴为碗形Ⅱ型喷嘴，喷嘴孔径 ϕ4mm。又如蒸发冷却塔要求喷出的水滴极细，水在塔中几乎全部蒸发，以便控制被冷却的气体终温不致太低（如有色冶金含硫炉的冷却的气体终温不低于 300℃）。蒸发冷却塔喷水用喷嘴为旋涡雾化型喷嘴，喷嘴孔径 ϕ1～2mm，要求供水压力 15～$20kg/cm^2$。

f　烟气冷却净化的喷淋用水

烟气冷却塔的喷淋用水，根据选用喷嘴不同，对水中含有悬浮物的限量也不同，对于粗喷和中喷可用沉淀后的循环水，吸水笼头要加粗过滤装置，防止沉淀池中杂物进入管路堵塞喷嘴。而对于细喷，必须在供水管上加过滤网装置，特别是旋涡雾化型喷嘴，每个喷嘴前都应有过滤器，网孔不大于0.5mm×0.5mm（即每平方厘米144个孔）。

g 装设喷嘴的注意事项

（1）喷洒角与喷嘴平面布置的关系：当气流与喷水方向相逆（逆喷）时，喷洒角将受气流影响而加大，因此，两个以上喷嘴平面布置时，应考虑喷洒角扩大问题，而把喷嘴向中心集中些，以免水喷到塔壁上不能与气体充分进行热交换。

（2）选用体积比较大的喷嘴时（如碗型喷嘴），为减少喷嘴占据设备的容积，喷嘴应在塔壁四周倾斜布置，塔的直径在喷嘴装设段应适当加大。

（3）塔中有几层喷嘴喷水时，为保证各段喷水均匀，应注意以下问题：

因喷嘴分层后，上下距离很大，根据水量与水压关系式可知，下层喷水量将大大增加，而上层喷水量将减少，甚至没有水，为不增加总水量，可采用两种办法：

1）采用不同出水口径的喷嘴，下层喷水压力较大，选用小口径喷嘴，上层喷水压力较小，选用大口径喷嘴。

2）每一层（或每二层）喷嘴由单独供水管供水（分层供水），并按各层高差，验算水量的均匀性。

h 喷嘴喷洒性能的测定

喷嘴的简单试验装置（图7－43）

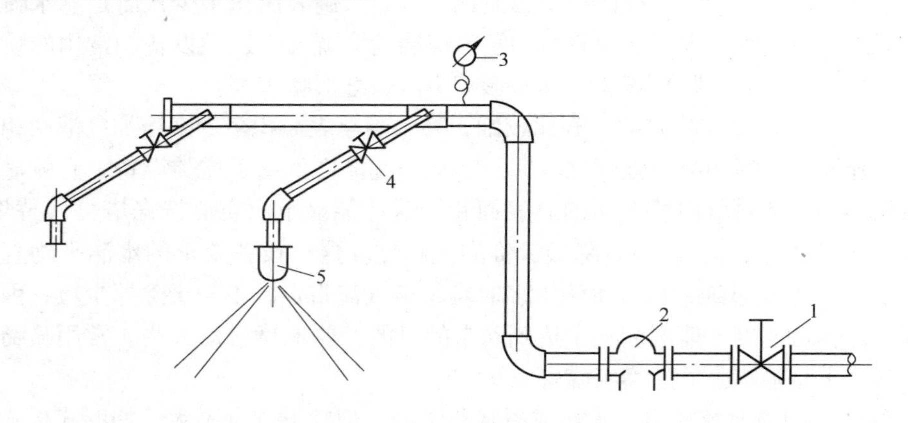

图7－43 喷嘴的测定装置

1—总闸门；2—水流量表；3—压力表（0～6kg/cm²）；4—水门；5—喷嘴

测定方法

（1）水量与压力关系。用总闸门调节水压，使喷水情况正常后，记下一定时间内（以10min或20min为准）的水流量，如没有专用水泵供水，时间应取得短些以免供水管路压力波动的影响。压力间隔可取1/4或1/2表压测一次流量，然后画出曲线，再根据流量公式反推计算出喷嘴的比例系数 k 平均值。

（2）水滴大小。沿喷嘴的喷射直径排列一排玻璃培养皿，培养皿中放入2～3mm厚的一层蓖麻油，试验前，先将这排玻璃培养皿用一块长板盖住，待喷射正常后，瞬间撤去盖板，敞开玻璃皿，接受水滴，水滴在油中成为球状，然后将玻璃皿在暗室中放在洒相纸上，露光留影，洗出水点的阴影，经实测后，基本上与原水滴大小相同。为了测出不同地点水滴大小情况，可在距喷嘴中心线不同距离处取样实测之。这样测定只是在水点阴影相片上计数时较烦琐。

（3）水量分配。用150mL的烧杯，沿喷射半径排列，取样前，先用盖板把杯口盖住，待喷嘴喷水正常后，移去盖板取样，然后用量筒量取每个烧杯中的水量。

（4）喷射角。可根据水量分配情况计算出喷射角。

i 蒸发冷却塔的实例

已知：烟气量　60000m^3/h

烟气温度　入口（t_2）　350℃

出口（t_1）　150℃

喷雾水温（t_w）　10℃

求：蒸发冷却塔直径、有效高度和喷水量。

解：

0～350℃烟气的平均比热 $C_{p2}=31.8$kJ/(kmol·℃)

0～150℃烟气的平均比热 $C_{p1}=30.9$kJ/(kmol·℃)

冷却塔内烟气放出的热量：

$$q = Q_0(C_{p2}t_2 - C_{p1}t_1) = 60000 \times (31.8 \times 350 - 30.9 \times 150) = 1.74 \times 10^7 (\text{kJ/h})$$

$$\Delta t_2 = 350 - 10 = 340(℃)；\ \Delta t_1 = 150 - 10 = 140(℃)$$

$$\Delta t_m = \frac{\Delta t_2 - \Delta t_1}{2.31 \times \lg\frac{\Delta t_2}{\Delta t_1}} = \frac{340 - 140}{2.31 \times \lg\frac{340}{140}} = 225(℃)$$

取蒸发冷却塔的热容量系数 $S=800$kJ/(m^3·h·℃)

蒸发冷却塔的有效容积（V）：

$$V = \frac{q}{S \cdot \Delta t_m} = \frac{1.74 \times 10^7}{800 \times 225} = 96.7(\text{m}^3)$$

蒸发冷却塔内烟气平均气量（Q_1）：

$$Q_1 = Q_0\left(\frac{t_2 + t_1}{2} + 273\right)/273$$

$$= 60000 \times \left(\frac{350 + 150}{2} + 273\right)/273$$

$$= 1.15 \times 10^5 (\text{m}^3/\text{s})$$

蒸发冷却塔内气流速度取 $v=1.5$m/s

蒸发冷却塔的断截面积

$$A = \frac{Q_1}{3600v} = \frac{1.15 \times 10^5}{3600 \times 1.5} = 21.3(\text{m}^2)$$

蒸发冷却塔有效高度（H）：

$$H = \frac{V}{A} = \frac{96.7}{21.3} = 4.5\,(\mathrm{m})$$

取5m。

喷水量（G_w）：

$$G_w = \frac{1.74 \times 10^7}{2257 + 4.19(100 - 10) + 2.14(150 - 100)} = 6348\,(\mathrm{kg/h})$$

烟气中增加的水蒸气体积（Q_w）：

$$Q_w = \frac{6348}{0.804} \times \frac{273 + 150}{273} = 11233\,(\mathrm{m^3/h})$$

蒸发冷却塔出口烟气量（Q）：

$$Q = 60000 \times \frac{273 + 150}{273} + 11233 = 1.06 \times 10^5\,(\mathrm{m^3/h})$$

计算和选择蒸发冷却塔后面的管道和设备时，应按冷却后湿烟气流量计算，采用蒸发冷却法宜在 Δt_m 大的高温范围使用，冷却后烟气温度若在150℃以下，不宜采用。

D 间接水冷

间接水冷是高温烟气通过烟管管壁将热量传出，由流动的水带走的一种冷却方式。间接水冷有水冷夹套（或密排管）和水冷烟气冷却器（或称列管冷却器）两种形式。

a 水冷夹套

水冷夹套又称水冷套管（图7－44），是由直径不同的两根管道同心套在一起组成，内管通烟气，套管中通冷却水，通过内管壁进行换热以冷却烟气。

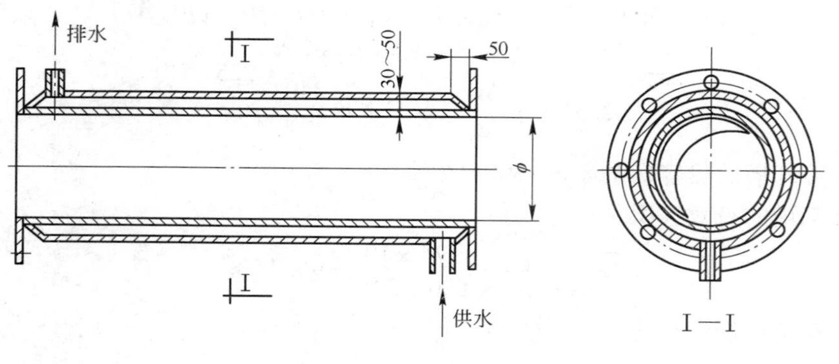

图7－44 水冷套管

水冷夹套的特征

（1）水冷夹套具有结构简单、实用可靠、设备运行费用较低等特点，是一种常用的冷却方式。

（2）水冷夹套的传热效率低，需要较大的传热面积，耗水量大。

水冷夹套的结构设计

（1）烟管直径较大时，夹层中设分水板，以使水路加长，增大水速，加强传热，并可加固内外管的连接。

（2）夹层厚度由所使用的冷却介质而定：

使用软化水时　　　　　　　　　一般为40～60mm，不宜过小

使用非软化水且硬度大时　　　　一般为80～120mm

为防止水层太薄、水循环不良产生局部死角，水冷夹层厚度不应太薄。

（3）一般烟管厚度取：

水冷夹套内部　　　　　　　　　6～8mm

水冷夹套外部　　　　　　　　　4～6mm

一般水冷夹套管道取3～5m。

（4）供水进口在下，出水管在上，水的流向采取与烟气流向相反的逆流形式，供水进口管设在烟气出口端，其供水温度为：

进水温度　　　　　　　　　　　30℃，进出口水温差 $\Delta t<15$℃

出口水温　　　　　　　　　　　小于45℃（硬度大的非软化水），以防结垢

（5）一般进口水压采用0.3～0.5MPa。

（6）管内烟气流速，工况下取20～30m/s（标况下取10～15Nm/s），水流速取0.5～1.0m/s。

（7）水冷套管的传热系数（k）可用经验数据，也可由图7－45查得。

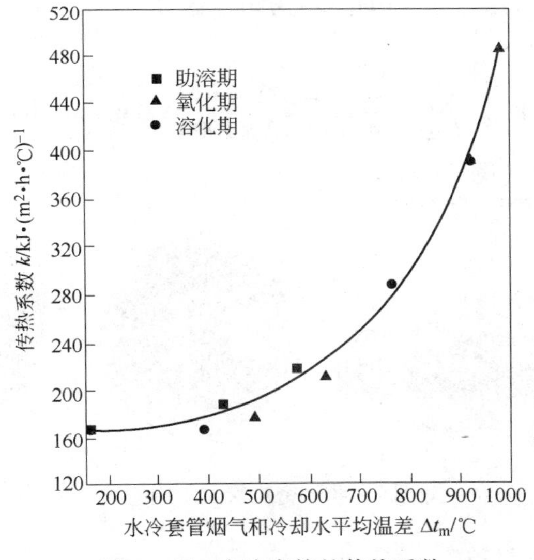

图7－45　水冷套管的传热系数

此图是在钢板烟管内径 ϕ300mm，烟气量 $2600Nm^3/h$ 条件下测得。

水冷夹套实例

已知：烟气量　　　　　　　　$35000Nm^3/h$

烟气流速　　　　　　　　　　24m/s

水冷夹套　　进口热量　　　　$38\times10^6kJ/h$

　　　　　　出口热量　　　　$20\times10^6kJ/h$

传热系数 k	$48W/(m^2 \cdot K)$
烟气进口温度	750℃
出口温度	400℃
冷却水进口温度	32℃
出口温度	45℃

求：传热面积（S）和冷却水量（W）。

解： 传热面积（S）

$$S = \frac{Q_g}{K\Delta t_m} = \frac{(38 \times 10^6 - 20 \times 10^6) \times 1000 \div 3600}{48 \times \frac{(750-45)+(400-32)}{2}} = \frac{5 \times 10^6}{25752} = 194.5(m^2)$$

水冷管道直径（D）

$$D = \sqrt{\frac{4V}{\pi v \times 3600}} = \sqrt{\frac{4 \times 35000 \times \frac{273 + \frac{750+400}{2}}{273}}{3.14 \times 24 \times 3600}} = \sqrt{\frac{434872}{271434}} = \sqrt{1.6} = 1.27(m)$$

每米长度冷却面积（S）

$$S = \pi D \times 1 = 3.1416 \times 1.27 \times 1 = 3.989(m^2)$$

水冷夹套总长度（L）

$$L = 194.5/3.989 = 48.7(m)$$

冷却水量（W）

$$W = \frac{Q_g}{C\Delta t} = \frac{(38-20) \times 10^6}{4.18 \times 13 \times 1000} = 330(m^3/h)$$

b　密排管式水冷管（图7-46）

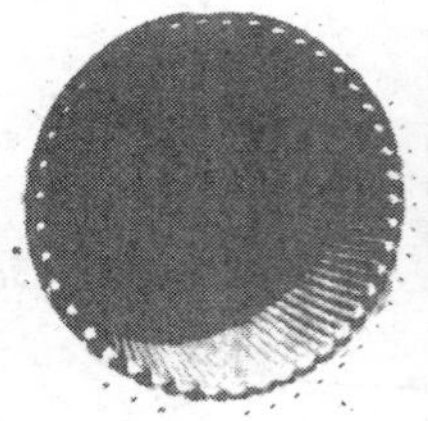
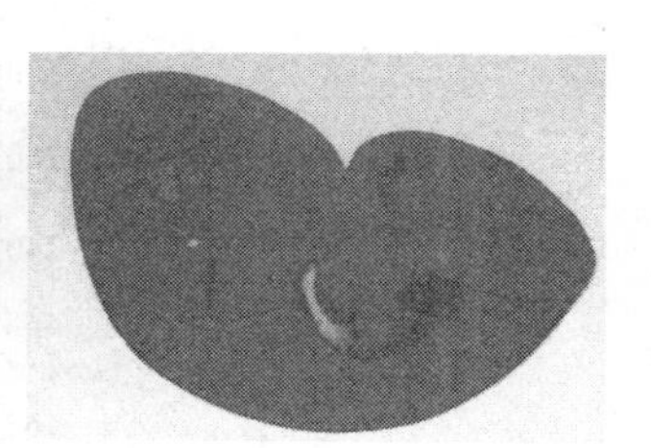

图7-46　密排管式水冷管

密排管式水冷管技术参数：

水冷管直径	$\phi 60mm \times 5mm$
钢管材质	20锅
烟气流速	25～40m/s
入口水温	30℃
出口水温	45℃
管内水流速	1.2～1.8m/s
水压	$1.5 \sim 2.0kg/cm^2$

每米降温	烟气温度600℃时	5~6℃
	烟气温度1100℃时	8~9℃
密排管重量	ϕ950mm 时	600kg/m
	ϕ1200mm 时	800kg/m

c 水冷烟气冷却器

水冷烟气冷却器（图7-47）是在一密闭壳体内平行设置多排管束，烟气从管内通过，壳体内烟管外流过冷却水，通过冷却水与烟管外壁热交换使烟气冷却。

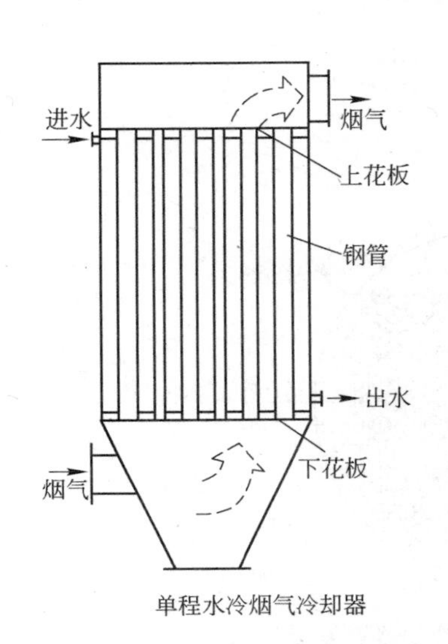

单程水冷烟气冷却器

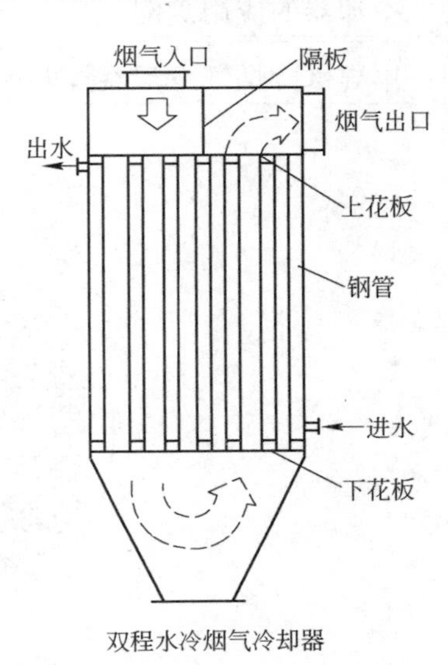

双程水冷烟气冷却器

图7-47 水冷烟气冷却器

水冷烟气冷却器的特征

（1）优点是传热效果好，冷却面积小，钢耗少。

（2）缺点是水耗大，特别是对于缺水、节水地区，较难应用。

水冷烟气冷却器的结构设计

（1）水冷烟气冷却器的烟气进出口尽可能布置在两侧，顶部开检查门，便于维护清灰。

（2）一般传热面积小、烟管较短者，采用单程水冷烟气冷却器；传热面积大、烟管较长者，采用双程水冷烟气冷却器。

（3）烟管管束的布置，可采取如图7-47所示的形式，布置成矩形、等边三角形、菱形等形式。

（4）为防积附粉尘，便于清灰，烟管管径通常用ϕ76~140mm，管中心距取管径的1.3~1.5倍。

（5）管内烟气流速，标准状况下取10~15m/s，水流速取0.5~1.0m/s。

（6）为增大换热量，水冷烟气冷却器的结构设计可采取以下措施：

1）冷却器壳体内部可设横隔板，使水的纵向流动变为横向流动或多次折流，以增加水的流程，加大流速，消灭死角。

2）烟管采用螺旋管、螺旋翅片、管壁凸缘等措施，以增大传热面。

（7）一般进水温度为30℃，进出口水温差 $\Delta t<15$℃，出口水温应低于45℃（对于硬度大的非软化水），以防结垢。冷却水流向与烟气流向相反，形成逆流形式，传热效率高。水的入口在烟气出口侧，水的出口在烟气入口侧，水压采用0.3～0.5MPa。

（8）间接水冷传热系数 k 一般受管内壁的管壁的换热系数、水垢厚度、灰层厚度等因素的影响较大，在计算中多项数值难以准确确定，所以 k 值通常参照同类装置的经验数据确定，通常取 $k=30\sim60$J/(m·s·℃)（108～215kJ/(m³·h·℃)）。

水冷烟气冷却器的应用实例

实例一：单程水冷烟气冷却器管束布置（图7－48）

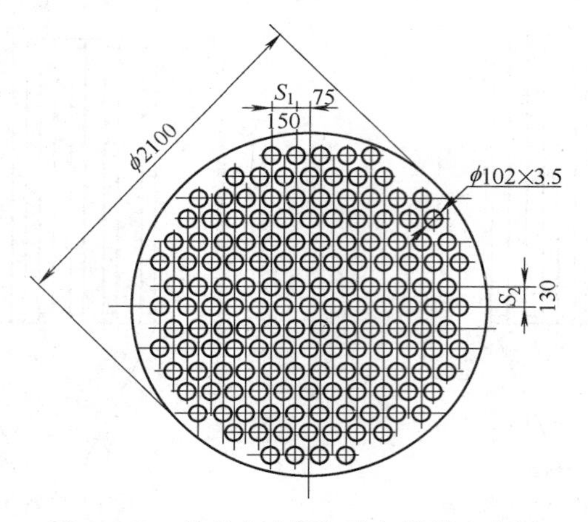

图7－48 单程水冷烟气冷却器管束布置

烟气量	36190Nm³/h
烟气入口温度	280℃
烟气出口温度	130℃
冷却水入口温度	30℃
冷却水出口温度	45℃
换热面积	336m²
壳体直径	φ2100mm
烟管直径	φ102mm×3.5mm 钢管
烟管长度	7m
烟管布置	等边三角形

壳体内布置有6块横隔板。

实例二：单程水冷烟气冷却器（图7－49）

冷却器总装完毕后，应进行水压试验，水压为6kg/cm²，试压时间为30min。试压时发现漏水应进行补焊，而后进行试压，直至无渗漏为止。

7.1.1.3 高温烟气处理的原则

（1）高温烟气冷却方式的选择是前提。

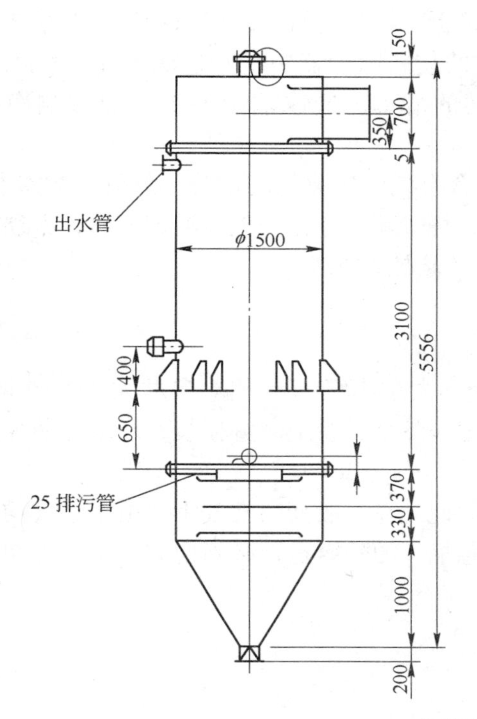

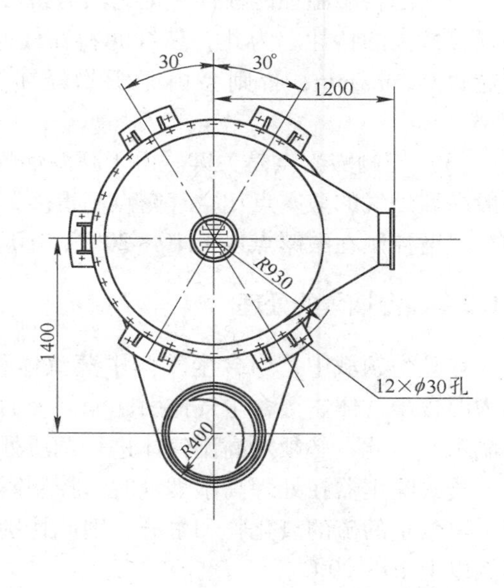

冷却器全貌

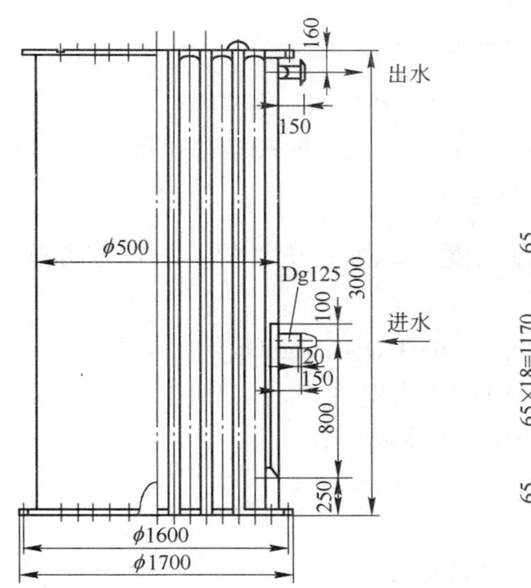

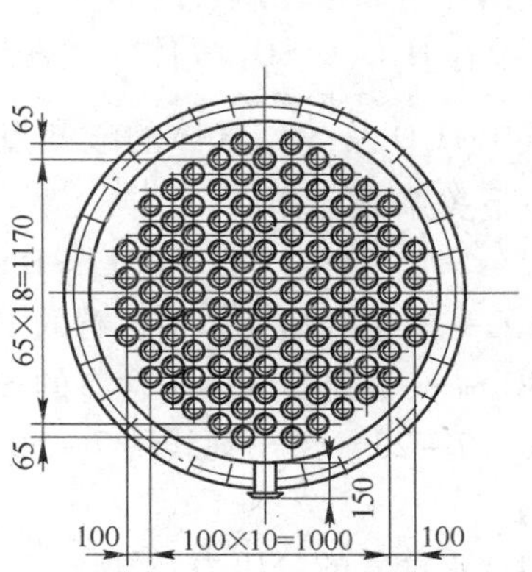

冷却器中部筒体

图 7-49 φ1500mm 单程水冷烟气冷却器

（2）滤料是袋式除尘器处理高温烟气的保证。

国内目前常用的涤纶滤料（208 涤纶绒布、729 涤纶圆筒布、涤纶针刺毡）耐温 130℃，短期 150℃，耐热尼龙（Nomex 针刺毡）耐温 200℃，玻纤滤料耐温 250～280℃。近年来，还研制成功耐温 200℃的合成纤维滤料——芳砜纶及恶二唑滤料。

玻纤滤料耐温性能极佳，但它具有抗拉，不抗折，纤维光滑，织成织物后，纤维之间的迁移性大的特性。为此，玻纤滤料在任何形式的袋式除尘器中，其过滤风速一般不允许超过0.6m/min，否则会由于织物经纬线之间的滑动，造成烟尘的渗漏而影响净化效率。

（3）控制酸露点是关键。由于高温烟气中均含有硫的氧化物和水分，形成了酸露点，一般高温烟气的酸露点比空气露点高得多。为此，袋式除尘器在处理高温烟气时，必须使烟气温度控制在酸露点以上10~20℃，不应按空气露点来处理。

7.1.2 高湿烟气的处理

在除尘领域中，当含尘气体中蒸汽体积百分率大于10%，或相对湿度大于80%时，称为湿含尘气体。湿含尘气体引起滤袋表面粉尘湿润黏结、粉尘潮解糊袋，严重时灰斗出口淌水。为此，必须对高湿气体进行调质处理。

袋式除尘器在处理高湿烟气时，控制露点是关键，在一般高温烟气中，由于烟气均含有一定数量的硫的氧化物和水分，因此特别应注意烟气的酸露点，必须使烟气温度控制在露点以上10~20℃。

7.1.2.1 烟气的露点

A 露点的形成

露点的形成详见2.2.3一节所述。

B 露点的计算

烟气中的露点一般有空气露点和酸露点两种。

a 空气露点

空气露点可以根据烟气的温度和其相对湿度从一般表格中查得。

b 含有 H_2O 及 SO_3 气体的酸露点温度

烟气中 H_2O 及 SO_3 气体的酸露点温度（t_p,℃）的计算，可按前苏联 A. И. Барановъа 绘制的以下关系式计算：

$$t_p = 186 + 20\lg H_2O + 26\lg SO_3 \qquad (7-23)$$

式中 H_2O——被冷却气体中含有的 H_2O%（体积）；

SO_3——被冷却气体中含有的 SO_3%（体积）。

按式（7-23）绘出列线图7-50。

【例】

已知：水蒸气的分压力在气体中为5.17kPa；

气体中 SO_3 的浓度为1.1g/m^3；

设备的压力接近10.1kPa。

求：气体的露点。

解： 在图7-50中，从分压力 P_{H_2O} = 5.17kPa，求得相应水蒸气的浓度为（5.17×100)/10.1 = 5%（体积）。

由列线图7-50中，将 SO_3 浓度1.1g/m^3 和 H_2O 浓度为5%的两点连直线，在温度标尺上得到在此条件下的露点为161℃。

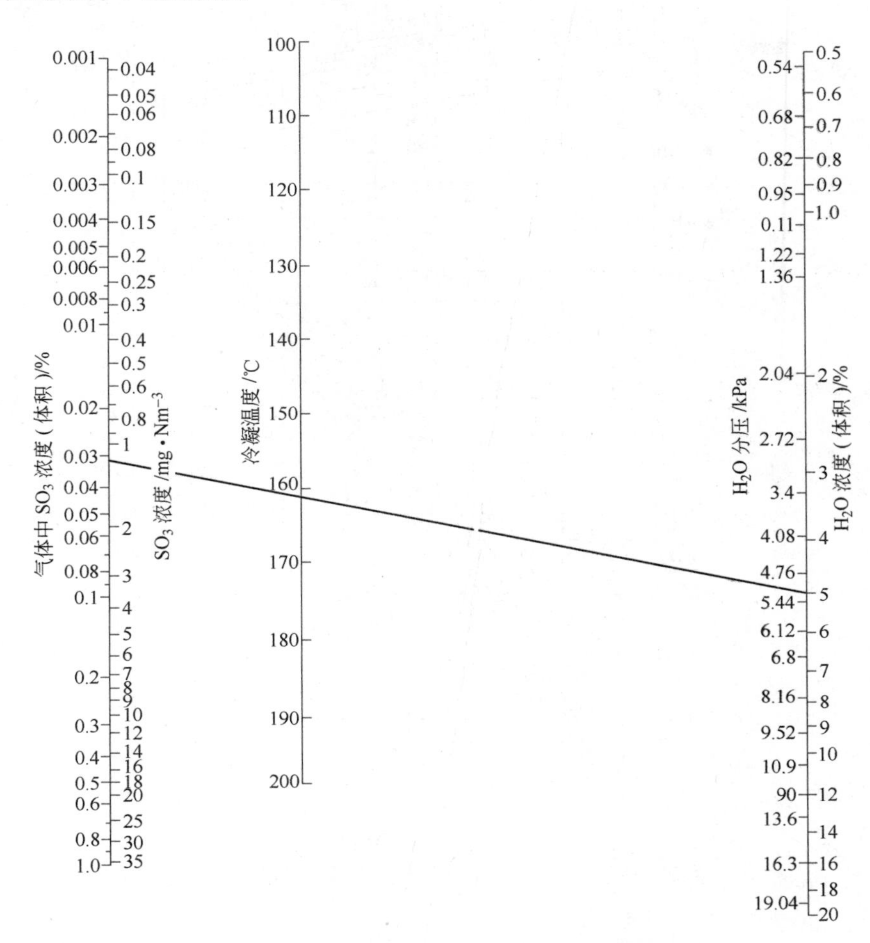

图7－50 含有H_2O和SO_3气体的露点温度列线表

c 含有H_2O及HCl气体的酸露点温度

含有H_2O及HCl气体的酸露点温度可从图7－51中查得。

【例】

已知：水蒸气的分压力在气体中$P_{H_2O}=5.44\times10^3$Pa；

HCl的分压力；$P_{HCl}=2.72\times10^3$Pa。

求：气体的冷凝温度和冷凝液浓度。

解：

从横坐标上$P_{H_2O}=5.44\times10^3$Pa的点引水平线与相应于$P_{HCl}=2.72\times10^3$Pa的线相交于a点，交点a的横坐标给出了冷凝温度值50℃，由点a继续作垂线到点b，与$P_{HCl}=2.72\times10^3$Pa的线相交于b点（向右引线），求得冷凝液浓度为26.3%。

d 含有H_2O及HF气体的酸露点温度

含有H_2O及HF气体的酸露点温度可从图7－52中查得。

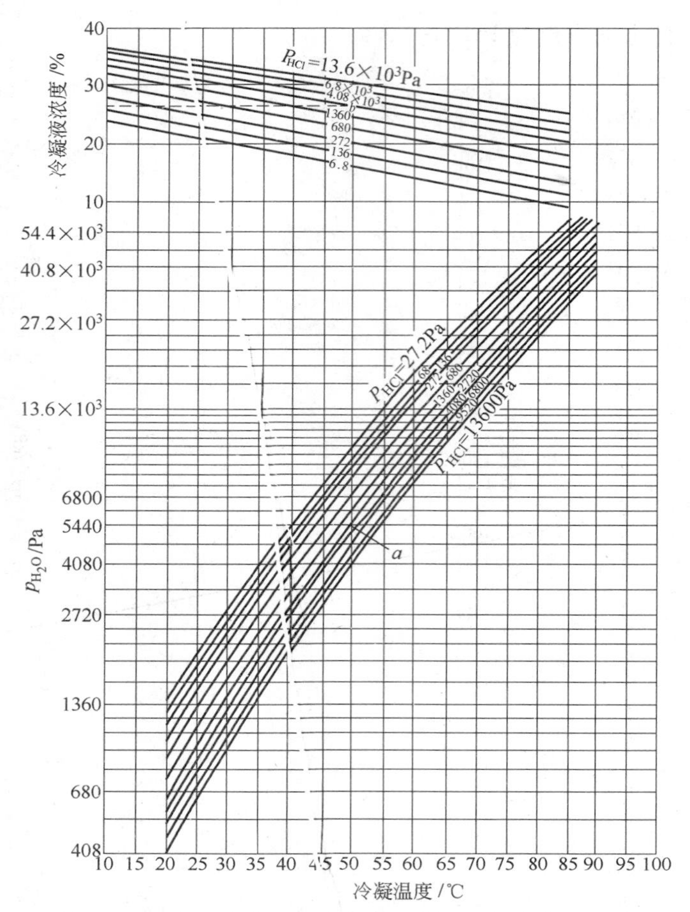

图 7－51 含有 H_2O 和 HCl 气体的露点温度列线表

【例】

已知：水蒸气的分压力在气体中 $P_{H_2O}=8.16\times10^3$Pa；

HF 的分压力 $P_{HF}=680$Pa。

求：气体的酸露点温度。

解：

由图 7－52 中查得：酸露点温度 $t_p\approx49$℃；冷凝液的最初浓度约为 24%。

7.1.2.2 高湿烟气的防治措施

（1）烟气温度的控制。对进入袋式除尘器的烟气，控制好其温度、湿度及含酸度，在先决条件下控制产生酸露点。烟气温度应控制在露点以上 10～20℃，一般对于憎水性粉尘可取低些，亲水性粉尘可取高些。

（2）采取加热措施以提高烟气温度。当进入袋式除尘器的烟气温度低于酸露点温度时，应对烟气进行加热升温，一般可采用：混入热烟气提高烟气温度；煤气加热器直接加热；电加热器间接加热。

如高炉煤气袋式除尘系统，在高炉点火开炉及休风复炉等不正常工况时，含湿量可达 10%～20%，炉气温度低于 100℃。为此，采用燃气烧嘴加热措施或直接混入热风炉废气

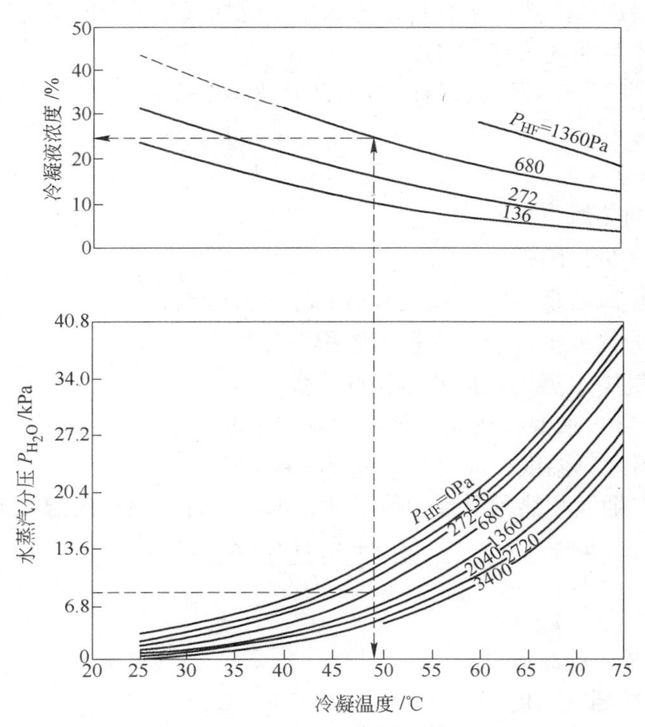

图 7-52 含有 H_2O 和 HF 气体的露点温度列线表

对荒煤气升温调质，以防除尘器低温结露。

加热措施有直接加热法（混入热空气）和间接加热法（拌管和盘管加热）两种方法。

直接加热法的混风方式：当生产工艺过程有其他的热风时，可把这些热风的一部分混入除尘系统中，以提高被处理气体的温度。如果无其他的热风源（余热部分），则需设置产生热风的设备。一般用热风炉产生热风，也可用电加热法直接加热要处理的空气，但这种方法耗电量太大，一般不用。热风炉一般用煤气作燃料，在许多工厂中燃料比较容易解决，尤其是钢铁企业的生产过程（如炼铁、炼钢、炼焦）往往有大量的副产品煤气产生。

根据需要，可在吸尘点排风罩处混入热风。当排风罩到除尘器入口之间的管段（保温后）内会出现结露时，应在排风罩处混入热风；当排风罩到除尘器入口之间管段不会结露，而除尘器内会结露时，可在除尘器入口处混入热风，这样可减少从排风罩到除尘器入口之间管段由于混入热风而增加的散热损失，当这段管道较长时，这样做是合适的。如果这段管道很短，也可从排风罩处混入热风。由于混入了热风，系统风量增大，因此除尘器的处理容量也要相应增大。

如垃圾焚烧炉烟气净化系统，一般都设有急冷反应塔，使进入袋式除尘器的烟气温度控制在催化反应温度（≤230℃）以下，抑制二噁英类有机物的再合成。但是垃圾焚烧炉烟气属高湿气体，温度太低，会引起结露糊袋。为此，通常在急冷反应塔增设电加热器装置，自动控制袋式除尘器入口的烟气温度不低于 140℃。

混入热风直接加热的计算可采用试算法，其计算方法如下：

1）先设定直接加热的热风量（L_r）为除尘系统烟气量的20%左右。

2）求混入热风后烟气的露点温度。

混入热风后，烟气中水蒸气含量的体积百分数 n_{H_2O} 按下式计算：

$$n_{H_2O} = \frac{L_r n_{H_2O \cdot r} + L_y n_{H_2O \cdot y}}{L_r + L_y} \tag{7-24}$$

式中 L_r——混入的热风量，Nm^3/s；

L_y——原烟气量，Nm^3/s；

n_{H_2O}——混入热风后烟气中水蒸气含量的体积百分数；

$n_{H_2O \cdot r}$——混入的热风中水蒸气含量的体积百分数；

$n_{H_2O \cdot y}$——原烟气中水蒸气含量的体积百分数。

3）按式（7-23）求混入热风后烟气的露点温度（t_p）。

4）确定除尘器入口温度，应为：$t_p + (20 \sim 40)$℃。

5）然后再根据烟气和热风混合的热平衡，求出混合后热风的温度 t_r：

$$t_r = \frac{(G_y + G_r)Ct - G_y C_y t_2}{G_r C_r} \tag{7-25}$$

式中 G_y——原烟气量，kg/s；

G_r——热风量，kg/s；

t——混合后烟气温度，℃，$t > t_1 + (20 \sim 40)$℃；

t_r——热风温度，℃；

t_2——混合前的烟气温度，℃；

C_y——原烟气的比热，kJ/(kg·℃)；

C_r——热风的比热，kJ/(kg·℃)；

C——混合后的烟气比热，kJ/(kg·℃)，可近似认为 $C = C_y$。

由式（7-25）求得的热风温度如果超过了热风源所能提供的最高温度，说明热风量设定为除尘系统烟气量的20%不够，混风以后的混合温度会在露点温度以下，应重新设定计算，或在 $t \geqslant t_1 + (20 \sim 40)$℃的范围内重新选取混合后的温度，直到求出热风温度满足要求为止。

（3）对高湿烟气应采用自然风冷或机力空冷装置的间接冷却，切忌水雾与粉尘直接接触。

（4）采用耐温耐水解滤料。

（5）除尘器壁面保温、伴热措施。

对进入袋式除尘器以前的高温管道进行保温，必要时除尘器也应进行保温，以防降温，产生露点。除尘器筒体，尤其是灰斗壁面必须保温，必要时设置拌热措施。

（6）增设旁炉通道。

对于某些工业炉窑，仅在开炉等不正常炉况条件下短时间出现高湿烟气，除尘器可增设旁炉通道临时放散处理，待炉况正常后再切换到袋式除尘器上去运行，但一定要有效防止旁炉阀门的泄漏和卡塞。

（7）除尘器采用循环烟气清灰。

袋式除尘器的逆气流清灰中，应控制好清灰气流中对产生烟气露点的不利因素，如对反吹风清灰的袋式除尘器，宜用除尘器系统净化后的高温尾气循环反吹，切不可采用周围冷空气反吹，以防烟气降温产生结露。

【例】 已知：气体中的水蒸气分压力为38mmHg；气体中 SO_3 浓度为1.1g/m³；装置内的压力约为760mmHg。

求：气体露点。

解： 由分压力 P_{H_2O} = 38mmHg 算出此相当水蒸气浓度为：

$$\frac{3800 \times 1000}{760} = 5\%（体积）$$

由图7－50解，相当于 SO_3 浓度为1.1g/m³ 和 H_2O 浓度为5g/m³ 的两点之间连成一直线，即可从温度标尺上查得此条件下的露点为161℃。

7.1.3　吸湿性、潮解性粉尘的处理

在电石炉、石灰窑以及垃圾焚烧炉的烟气中含有CaO、$CaCl_2$ 等吸湿性、潮解性粉尘，通过滤袋的过滤处理易在滤袋表面板结、糊袋。为此，可采取以下措施：

（1）选用低吸水率、耐水解滤料。

（2）控制烟气温度不低于露点温度，并对除尘器、管道进行保温，必要时在灰斗等部位设置保温、拌热设施。

（3）滤袋的预喷涂措施。

（4）对高湿烟气应采用间接风冷（自然风冷或机力风冷）装置，切忌使水雾与粉尘直接接触。

（5）对间断发生的吸湿性尘源，除尘器入口应增设热风循环加热装置。

（6）对气力输送装置必须采用无水高温源作为输灰动力。

7.1.4　黏结性粉尘的处理

黏结性粉尘在滤袋表面容易板结，袋式除尘器可以通过吸附作用来处理黏结性粉尘，即在系统管道内掺入适量多孔隙的粉料，利用粉料来吸附黏结性粉尘，然后由袋式除尘器进行净化处理。如耐火厂用白云石筒磨粉吸附净化沥青烟气、铝厂用氧化铝吸附沥青合氟化氢、道路公司沥青混凝土车间用石灰石粉料吸附沥青烟，其吸附效率可达92%～99%。

利用吸附法净化沥青烟气应注意以下几点：

（1）沥青烟气进入袋式除尘器前所掺入的粉料量，必须使吸附作用达到饱和状态，一般每1m³ 烟气至少掺入30～60g粉料。

（2）粉料加入沥青烟气中以后，在进入袋式除尘器前必须有一段足够长的管道，使粉料有充裕的时间来吸附沥青烟，一般要求10～20m以上。

（3）加入粉料的下料点应尽可能靠近尘源点，使沥青烟气及时与粉料混合而被吸附，在下料点前的沥青烟气管道应采用蒸汽夹层保温。

（4）严格掌握操作制度，加强设备连锁装置，除尘风机开动前，必须先开动粉料下料装置，防止沥青烟气直接吸入袋式除尘器内。

沥青混凝土搅拌站、炭素制品工部、铝厂阳极焙烧炉及焦炉生产工艺的排出烟气中均含有沥青、焦油黏结性物质。为此，必须妥善加以处理，其处理方式有掺混调制法、喷入

吸附剂法和预喷涂法等措施。

7.1.4.1 掺混调制法（图 7-53）

通常沥青混凝土搅拌站从拌和机和成品卸料处排放的烟气都含有沥青焦油雾，但从石料干燥机排出的是含有一定湿度的含尘热烟气，而从破碎筛分、转运工位排出的是常温的含尘气流。因此，将这三股气流掺混后，就可以对含有沥青焦油雾的烟气起到将沥青焦油雾凝聚的预处理作用。

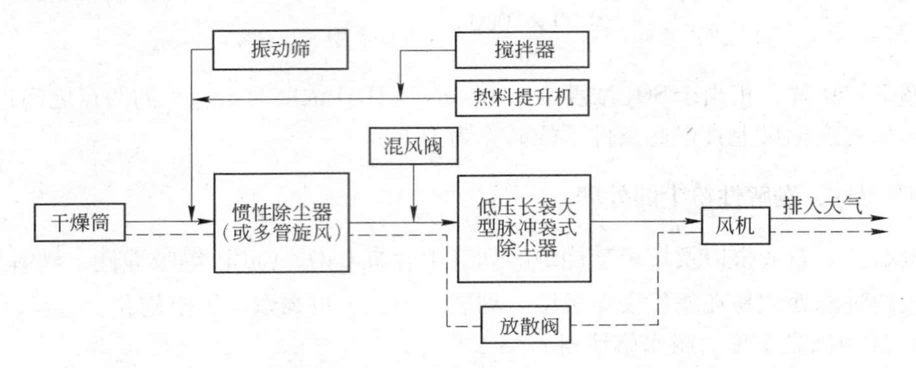

图 7-53 沥青混凝土搅拌站烟气治理流程

7.1.4.2 喷入吸附剂法（图 7-54）

在铝厂阳极焙烧炉中，烟气中通常含有沥青焦油及氟化氢等黏性物质，一般采用电解铝原料 Al_2O_3 作为吸附剂，喷入反应器内吸附沥青油雾及氟化氢气体，然后进入袋式除尘器，其净化效率可达 95%。吸附后的 Al_2O_3 重新返回到电解车间回用。

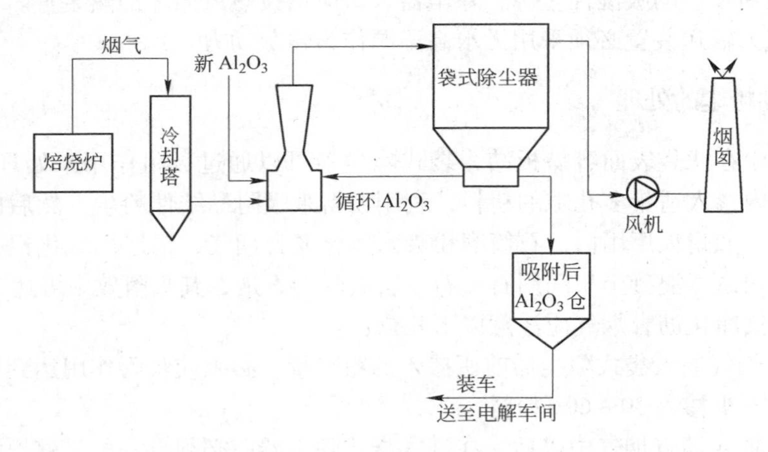

图 7-54 铝厂阳极焙烧炉烟气综合治理流程

炭素成型工艺产生石油沥青烟气和焦油，其尘粒细（0.1~1.0μm）、黏性强、易燃易爆，而且含有少量苯并吡有害物，一般可采用石油焦炭粉作为吸附剂进行吸附处理。

石油焦炭粉具有良好的静态亲油、憎水和多孔毛细的特性，是沥青烟气和焦油的最佳吸附剂，它在 130~180℃温度工况下具有稳定而可靠的吸附效能。

7.1.4.3 预喷涂法

预喷涂法可详见 8.1 预喷涂技术一节。

7.1.5 腐蚀性气体的处理

在烟气净化系统中，对袋式除尘器具有腐蚀性影响的主要为有害气体和粉尘两种介质，如煤、重油燃料中因硫分存在而形成的硫酸气体，或者遇水会产生各种盐类的粉尘。

袋式除尘器的防腐措施：

一般袋式除尘器可采用以下防腐措施：

（1）由于烟气净化中的腐蚀性现象都是在烟气温度出现在酸露点以下的情况下产生的。为此，首先应确保系统烟气在露点温度以上运行。

（2）在滤料选择上，应按烟气产生腐蚀性物质的特征采用相应滤料，一般气体和粉尘为酸性和中性时，最好使用对大部分无机酸和有机酸具有抗腐蚀性的聚酯和聚丙烯滤料，其中聚丙烯耐温80℃以下，聚酯耐温130℃以下，超过130℃的烟气可采用玻纤滤料或耐热尼龙（Nomex），但耐热尼龙在SO_2浓度高的燃烧废气及对磷酸性气体的抗腐蚀性极差。

（3）对腐蚀严重及要求高的净化系统，如制药、食品、炭黑生产等行业，袋式除尘器的箱体、灰斗、阀门等构件可采用不锈钢制作。

（4）对于重油、煤炭等燃料生成的硫氧化物，使用普通钢制作后，可以涂以硅树脂系或环氧树脂系（氯磺化聚乙烯）的耐温、耐酸的涂料。

（5）对于强烈腐蚀性气体也可在袋式除尘器箱体内做上塑料、橡胶或玻璃钢内衬，但应防止高温气体对内衬材料的影响。

（6）袋笼采用阴离子电泳处理，喷涂耐酸涂料，或采用不锈钢丝制作。

7.1.6 磨琢性粉尘的处理

在处理氧化铝、硅石、烧结矿等磨琢性粉尘时，由于烟尘中的粗颗粒以及气流在袋式除尘器中的运动流速过高，致使对除尘器的滤袋及其箱体、灰斗、入口等装置产生剧烈的磨损。为此，一般应从减少烟尘中的粗颗粒粉尘的绝对数量、除尘设备及管道采取防磨措施和降低含尘空气的流速方面采取相应的措施。

（1）袋式除尘器前增置预收尘器。袋式除尘器前增置预收尘器以除掉烟气中较粗颗粒的粉尘，预收尘器可用阻力小、设备简单的旋风除尘器，不追求除尘效率，通常采用沉降室、重力除尘器、惯性除尘器等。

（2）尽量选用外滤式除尘器。内滤式袋式除尘器中，为保护滤袋减少磨损，严格控制滤袋入口的速度保持在1.5m/s以下，并可将花板上的滤袋短管加长到500~700mm，花板上伸出100mm，其余400~600mm留在花板下面。

对于外滤式除尘器，过滤后的清洁气流从袋口流出，清灰时粉尘从袋间降落，不存在对滤袋的磨损，所以对磨琢性粉尘应优先选用外滤式除尘器。

（3）采用较低的过滤速度。在处理磨琢性粉尘时，为减少滤料的磨损，应选用较低的过滤速度，一般不宜超过1.0m/s。

（4）改善除尘器入口设计。为减少除尘器的磨损，可将除尘器入口设计成下倾状（图7-55(a)），使粗颗粒尘粒顺势沉降，也可在水平入口设多孔板或阶梯栅状均流缓冲装置（图7-55(b)）。

（5）在袋式除尘器气流入口易磨处加耐磨材料，气流入口倾斜向下，以减少气流对滤

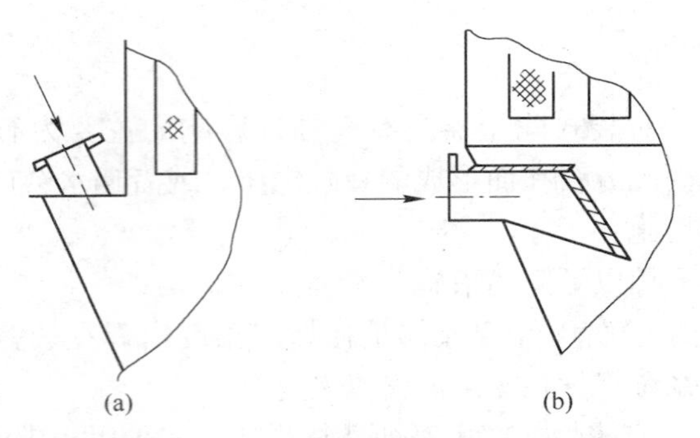

图 7－55 袋式除尘器入口防磨装置

（a）除尘器下倾状入口；（b）除尘器入口多孔板

袋的磨损。入口气流处设置缓冲、扩散装置，以降低气流的冲刷。

（6）灰斗钢材加厚，或灰斗内衬以橡胶。

（7）其他耐磨措施：

1）增加灰斗钢板厚度，改用耐磨钢板制作，或在灰斗内敷设橡胶衬等防护板。

2）对卸灰阀的阀板或叶片，贴衬橡胶防磨材料。

7.1.7 爆炸性烟气的处理

饲料（除碳酸钙之外）、面粉、亚麻、制糖、奶粉、橡胶、煤粉、木材粉、聚乙烯塑料、硫黄粉、铝粉等都是属于可能产生爆炸的行业。

7.1.7.1 粉尘爆炸的机理

粉尘一般可分成可燃性粉尘与非燃烧性粉尘两类，可燃性粉尘又分为普通可燃性粉尘与爆炸物粉尘，它们之间的主要区别体现在爆炸条件、反应速度和爆炸所产生的气体数量与压力的差别上。有许多可燃性粉尘，它们在堆积状态下并没有爆炸危险；但在与空气混合呈悬浮状态的情况下，达到某一特定的浓度范围时，由于外界能量的诱发，可以发生强烈的爆燃或爆炸。这就是通常所说的粉尘爆炸，如面粉、塑料、染料等。爆炸物粉尘在堆积和悬浮状态下，都可以由于外界能量的作用而发生爆炸，其破坏性更大。一般易燃粉尘即可燃性粉尘。

爆炸是自然界物质剧烈运动的一种表现，它在短时间释放的大量能量产生大量高温高压气体，使周围空气发生强烈震荡与急剧膨胀形成冲击波，以300m/s速度向周围冲击。

可燃粉尘是一种粒径很小（$<10^{-3}$cm）能悬浮在空气中的可燃物质微粒，其粒度越小，单位重量可燃粉尘的表面积越大，吸附的氧气量就越多。自重越小，在空气中悬浮的时间就越长，越容易与空气混合形成爆炸混合物。同时，表面积与体积之比越大，燃烧的速度也越快。

7.1.7.2 粉尘爆炸的条件

可爆性物质必须同时具备以下三个条件时才会爆炸。

（1）可燃物质以适当浓度在烟气中存在。可燃粉尘在遇到火源时，它只能燃烧而不会爆炸。只有当可燃粉尘在气体中的浓度达到爆炸极限（即爆炸下限和爆炸上限）时才会引起爆炸。在浓度低于下限和高于上限时，可燃粉尘接触到火源也不会引起爆炸。粉尘的爆炸上下限相差几十倍，而浓度欲达到爆炸上限很难，所以爆炸下限就是粉尘爆炸的危险性依据，即下限参数预示着爆炸的危险。

下限浓度为16~65g/m^{3}的粉尘规定为有爆炸危险的粉尘，下限浓度为15g/m^{3}的可燃粉尘规定为爆炸危险性最大的粉尘。爆炸上下限之间的幅度越大，形成爆炸混合物的机会越多，发生爆炸的危险性越大，爆炸下限越小，形成爆炸混合物的浓度越低，则产生爆炸的条件就越容易满足。

（2）有充足的空气和氧化剂。

（3）有着火源。

为点燃上述爆炸混合物，必须有一个最小点火能量。可燃粉尘在没有火焰、电火花等着火源的作用下，于空气或氧气中被加热而引起的燃烧，称为自燃。火灾危险性最大的粉尘为自燃温度低于250℃。

7.1.7.3 粉尘爆炸的极限（表7-6~表7-8）

表7-6 各种可燃气体的特性

名　称	爆炸浓度界限/%		燃点/℃	爆炸危险度指数
	下限	上限		
氢	4.0	75.6	560	17.9
一氧化碳	12.5	74.0	605	4.9
二氧化碳	1.0	60.0	102	59.0
硫化氢	4.3	45.5	272	9.6
乙炔	2.7	28.5	425	9.6
甲苯	1.2	7.0	535	4.8
氨	15.0	28.0	630	0.9
城市煤气	4.0	30.0	560	6.5
焦炉煤气	5.5	31.0		
高炉煤气	35.0	74.0		
天然气	4.5	17.0		

表7-7 各种可燃易爆粉尘的特性

粉尘名称	平均粒径/μm	爆炸浓度下限/g·m^{-3}	点燃温度/℃		危险性质
			粉尘层	粉尘云	
铝	10~15	37~50	320	590	易爆
镁	5~10	44~59	340	470	易爆
钛			290	375	可燃
锆	5~10	92~123	305	360	可燃
聚乙烯	30~50	26~35	熔	410	可燃
聚氨酯	50~100	46~63	熔	425	可燃
硬质橡胶	20~30	36~49	沸	360	可燃

续表 7－7

粉尘名称	平均粒径 /μm	爆炸浓度下限 /g·m⁻³	点燃温度/℃		危险性质
			粉尘层	粉尘云	
软木粉	30～40	44～59	325	460	可燃
有烟煤粉	3～5		230	485	可燃
木炭粉	1～2	39～52	340	595	可燃
煤焦炭粉	4～5	37～50	430	750	可燃

表 7－8　各种粉尘爆炸的极限

粉尘种类	最低着火温度 /℃	爆炸下限 /g·m^{-3}	最小着火能量 /mJ	最大爆炸压力 /kN·m^{-2}	压力上升速度 /kN·(m^2·s)$^{-1}$
锆	室温	40	15	290	28000
镁	520	20	20	500	33300
铝	645	35	20	620	39900
钝	460	45	120	310	7700
铁	316	120	<100	250	3000
锌	680	500	900	90	2100
苯粉	460	35	10	430	22100
聚乙烯	450	25	80	580	8700
尿素	470	70	30	460	4600
乙烯树脂	550	40	160	340	3400
合成橡胶	320	30	30	410	13100
无水苯二（甲酸）	650	15	15	340	11900
树脂稳定剂	510	180	40	360	14000
酪朊	520	45	60	340	3500
棉植绒	470	50	25	470	20900
木粉	430	40	20	430	14600
纸浆	480	60	80	420	10200
玉米	470	45	40	500	15120
大豆	560	40	100	460	17200
小麦	470	60	160	410	—
花生	570	85	370	290	24500
砂糖	410	19	—	390	—
煤尘	610	35	40	320	5600
硬质橡胶	350	25	50	400	23500
肥皂	430	45	60	420	9100
硫	190	35	5	290	13700
硬脂酸铝	400	15	15	430	14700

7.1.7.4　粉尘的防爆措施

在处理可爆性烟气中可采取下列措施进行防爆、泄爆：

(1) 控制成分，消灭火种：

1）采用混风方式掺入周围冷空气，可以冲淡烟气中的可燃成分，使其达到爆炸下限以下，从根本上消除净化系统中的爆炸可能性。这种方法比较简单，但它将增大烟气量，使系统设备庞大，从而提高了设备费用和维护费用。

2）采用燃烧方法使可燃气体在进入净化系统之前进行充分燃烧，但可燃气体回收后温度升高、体积膨胀，使系统设备庞大，费用增高。而且，从能源回收角度出发，将可燃气体燃烧后回收其物理热比不上将可燃气体回收后综合利用的价值高。

3）采用灭火箱对烟气直接喷水，以消灭火种，但应严格控制烟气的温度保持在露点以上。

4）在加强密闭，严格采取防爆、泄爆措施基础上，直接回收可燃气体进行综合利用，这种方式处理烟气量小，能源回收最彻底。

（2）消除静电，设备接地。

某些资料认为，至少有10%的粉尘爆炸是由静电直接引起的，有20%是与静电有关，粉尘的起电除了与粉尘本身的物理化学性质有关外，主要还与粉尘浓度、分散度、速度及周围空气的温度和相对湿度有关，并与除尘系统内的管道、设备和滤袋的材质有关。

袋式除尘器应采用防止带电的滤袋，即消静电滤袋（如滤料中编织有5%的不锈钢丝纤维），以消除滤袋在摩擦时产生的静电。

系统管道接地电阻大于4Ω时，管道上应设置接地装置。当管道采用法兰连接时应防止法兰间的垫片使法兰两端绝缘，此时应采用金属丝将法兰两侧连通并接地。

（3）设置防爆安全措施：

1）除尘系统的管道、设备和构件宜用导电性材质制造，其电阻率应小于$10^7\Omega$，并接地。不同材料对同一粉尘所产生的静电电压是不同的，如表7-9所示。

表7-9 不同材料对同一粉尘所产生的静电电压

材料	铝	松木	镀锌钢板	不锈钢	黄铜
带电电压/V	-510	-1800	-850	-500	-1600

2）除尘系统主要的防爆安全措施是在袋式除尘器顶部设置防爆阀，防爆阀的类型及其选用详见4.10.2.6节所述。

3）泄爆孔是系统爆炸时及时泄爆的一种常用装置，其结构有泄爆门、爆破片、重砣式、破裂板等形式，见4.10.2.6节所述。

4）当处理含湿量高的煤尘时，为防止煤尘黏结、积聚，在净化系统的弯头、三通和袋式除尘器的灰斗壁板外可采用100kPa饱和蒸汽作介质的蒸汽夹层保温，以增加系统中烟气的流动性，防止烟气积聚爆炸。同时，设计中应使弯头的曲率半径在1.5以上，变径管的张开角在15°以下。

5）袋式除尘器的灰斗是爆炸性粉尘及气体最易积聚的部位。为此，应在灰斗中妥善设置连续卸灰装置，不使灰斗内存灰过多，并要经常监视灰斗及袋室内的温度，一旦高于规定温度，应立即停车或采用适当的处理措施。

6）含油雾的系统和含可燃气体的系统应分开处理，绝对不允许将处理含可燃性粉尘的除尘系统与有机溶剂作业的通风系统相连。

7）控制粉尘浓度不超过爆炸下限浓度。据国外报道，对于悬浮状态的可燃性粉尘或纤维，如果它的爆炸浓度下限不超过$65g/m^3$，则属于有爆炸危险的粉尘，爆炸浓度下限接近 15g/m^3 的粉尘危险性最大。

在实际工作中，要严格控制粉尘的浓度是很困难的，特别是在除尘器的清灰、卸灰期间，某些局部空间的粉尘浓度将会很高，只能依赖预防措施来弥补。

8）控制含氧量，防止形成爆炸条件。

对于含有 CO 等可燃气体的混合气体，其助燃引爆的最低含氧量为 5.6%。因此，只要控制含氧量低于 5%～8%，即使是可燃气体或易爆粉尘的浓度达到爆炸界限，也不致于发生爆炸。

图 7－56 为利用热风炉惰性气体对易爆粉尘进行干燥处理的典型工艺流程，其含氧浓度控制在低于 5%。

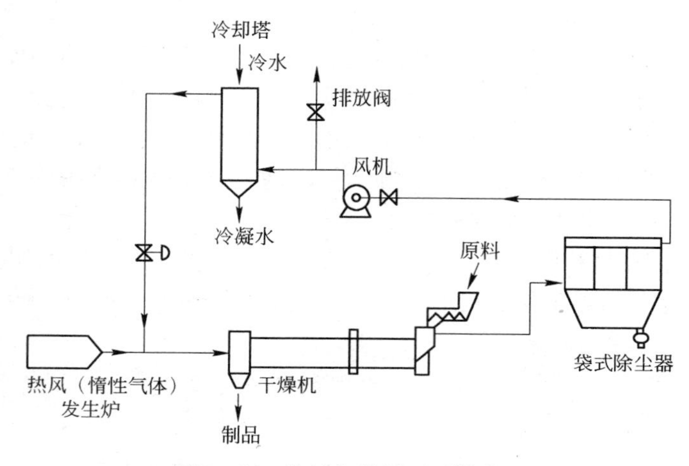

图 7－56 惰性气体循环干燥装置

9）防止火种引燃起爆，一般可采取以下措施：

①增设火花捕集器或其他预除尘器，捕集灼热粗颗粒。

②增设喷雾冷却塔，将烟气温度降到着火温度以下，抑制静电荷产生。

10）在除尘器入口管道上安装火星探测器，采用光电放大器作传感器，发生事故时及时发出报警或采取灭火措施，火星探测器装置如图 7－57 所示。

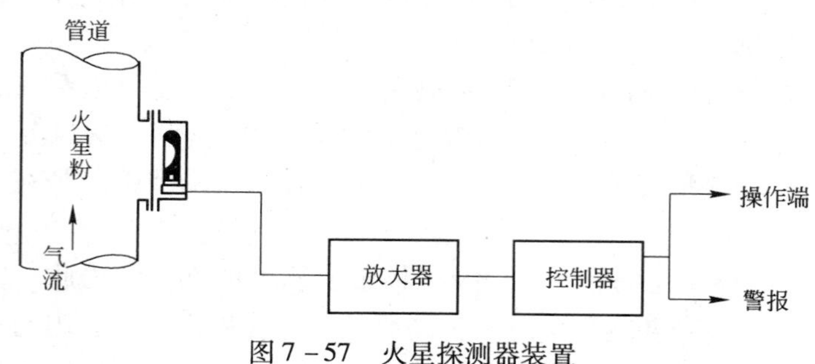

图 7－57 火星探测器装置

11）选用消静电滤料，表面电阻小于 $10^{10}\Omega$，半衰期小于 1s。

12）易燃易爆粉尘的除尘系统应采用防爆风机和防爆电机。

13）除尘器粉尘出料机构应按照粉尘出料的需要尽量减小转速，减小摩擦。

14）所有能相互摩擦的构件、零件，应采用摩擦时不会发生火花的材料制造，通常可使用有色金属与黑色金属搭配，既解决发火问题又能导走静电。

15）控制风动输送粉尘的速度，使粉尘聚集的能量不超过除尘系统允许的安全点火能量。

16）在粉尘作业环境中应防止表面温度超过自燃温度和阴燃温度。

17）在燃烧爆炸事故频率很高比较危险的房间内，除尘风管不应与其他房间相通。

18）对于容易产生燃烧的粉尘（如铝、镁、锆、硫等），除尘过程中应控制空气中的含氧量，其办法是加入惰性气体。

19）易燃易爆的风管不宜敷设在地下或做成地沟风道。

20）易燃易爆粉尘的除尘系统，为防止系统产生爆炸，也可采用吸入定量的气体进行稀释或掺混黏土类不燃性粉尘（图7－58），以改变烟气或粉尘成分，防止发生爆炸。

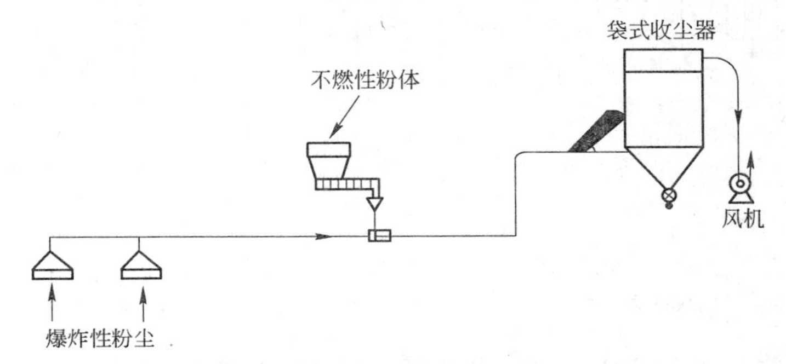

图7－58 稀释法调制易爆粉尘

21）炭黑烟气的爆炸极限因尾气成分的差异，稍有不同（体积百分数）：

爆炸下限　　20%（空气）或4.5%(O_2)

爆炸上限　　85%（空气）或17.7%(O_2)

在有明火存在又在爆炸范围内的炭黑烟气，包藏火星的局部自燃所产生的热量足以使邻近部分燃烧，使燃烧速度加快，温度骤然升高。气体体积猛烈膨胀而发生爆炸。

火星多蕴藏在花板上堆积的炭黑中，应认真解决上下花板上的积炭黑粉尘的问题。除尘器必须进行良好的密封，设备上尽量少开孔洞，在满足使用要求的条件下开小孔，开孔处设计良好的密封措施。在完善的措施前提下，还需考虑防爆阀设施。

一般炭黑烟气在圆筒袋滤器的上流通室可作不分格的改进，在该室开一个检修门，袋滤器顶设6个ϕ500mm孔，运行时用橡胶石棉密封作防爆孔，检修时可打开作通风孔。

22）装卸和搬运易燃易爆粉尘时要轻铲、轻放，一次的量不能多。

7.1.8 高含尘浓度烟气的处理

用于高炉喷煤粉及燃煤电厂的磨煤系统、粉碎机、分级机等制粉工艺及气力输送尾气净化用的袋式除尘器，所处理的气体含尘浓度每标立方米可高达数百至上千克。为此，需对其采取以下积极措施。

7.1.8.1 袋式除尘器的设计选型

（1）采用重力（沉降）除尘器、旋风除尘器、预荷电除尘器等，对粉尘进行预除尘。

（2）选用入口有利于起预除尘作用的除尘器。

1）选用圆形筒体切向入口的袋式除尘器（图 7－59(a)），使高浓度烟气起到旋风除尘的预分离作用。

2）除尘器入口加设防护板（图 7－59(b)），防止粗颗粒粉尘冲刷滤袋，合理分布气流，并起到惯性分离的预除尘作用。

3）对双排袋式除尘器可采用如图 7－59(c) 所示的入口形式，它具备气流分布和兼作粉尘沉降的分离作用。

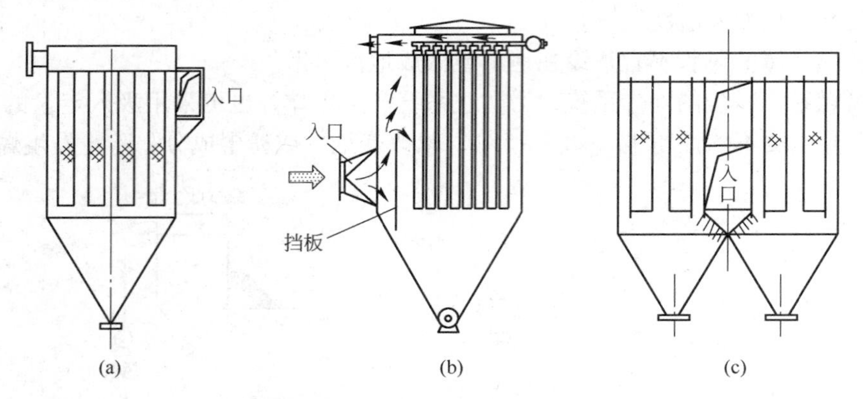

图 7－59 入口起预除尘作用的除尘器

（a）筒体切向入口除尘器；（b）入口加设防护板除尘器；（c）粉尘沉降分离式除尘器

（3）采用外滤式袋式除尘器，滤袋间间距适当加大，使粉尘顺利沉降落入灰斗。

（4）灰斗容积及输灰能力应适当加大，以满足正常输灰及外排的要求。

（5）除尘器选用较低的过滤速度，通常不超过 1.0m/min。

（6）采用高效清灰方式实现短周期清灰，以致连续清灰。

7.1.8.2 除尘器预除尘的类型

（1）为减轻袋式除尘器入口烟气的含尘浓度设置预除尘。

（2）为保护除尘器及滤袋的正常运行，设置预除尘。对于含有熔融渣粒或灼热尘粒的灰尘，如炼钢电炉内排烟烟气，为避免熔融渣粒粘附管壁，或防止灼热尘粒烧损滤袋，一般均设火花捕集器或沉降室进行预除尘。

（3）为回收有价值的粉尘，设置预除尘。硅铁合金电炉烟气中含有大量硅粉，硅粉含量达 92%～95% 时，其回收价值极高，含量低于 92% 就没有太大价值。但硅铁合金电炉在冶炼时，由于使用大量焦炭，致使电炉排出的烟气中含有一定量的炭粉，直接影响袋式除尘器收集的烟尘质量，降低了烟尘的回收价值。由于炭粉的比重比硅粉大，为此，可在袋式除尘器入口前增设旋风除尘器，将炭粉除去，从而提高袋式除尘器回收的尘粒中的硅粉含量，确保粉尘的回收价值。

（4）为提高袋式除尘器的性能，设置预除尘。

（5）为提高生产工艺的生产指标设置预除尘。在高炉煤气干法除尘收下的烟尘中，氧化铁含量高达 50% 以上，大部分为粗粒尘，极具回收价值，同时含有少量 K、Na、Mg、Zn 等轻金属元素分布于细尘粒中。若粗细粉尘一起收集，并送烧结回用，Zn 等元素将在高炉内富集，对高炉冶炼工艺十分不利。为此，将轻质细尘粒由袋式除尘器捕集，再提炼分离轻金属元素后回用。

7.1.8.3 除尘器设置预除尘应注意的事项

（1）预除尘最特殊的优点是：可以降低袋式除尘器入口浓度，从而减轻袋式除尘器的除尘负荷。但预除尘增加了系统的复杂性，提高了系统的运行能耗。

（2）据有关部门研究表明，预除尘除去了粗颗粒后剩余的均匀细粒，在滤袋表面形成高吸附致密粉尘层，降低了滤料的透气性，增加了滤料的过滤阻力，影响了滤料的清灰效果，其综合效应反而弊大于利。

（3）对于预荷电除尘器，它除了上述特性外，还具备以下特征：

1）对尘粒的静电凝聚作用，有利于提高袋式除尘器对微细尘（包括 PM10 以下呼吸尘）的捕集效率。

2）尘粒的静电可使滤料表面截留粉尘有序排列，尘饼结构疏松，有利于提高清灰效果、降低过滤阻力。

7.1.9 空气的净化处理

近年来，袋式除尘器已发展到逐步应用在制氧机、炼铁高炉脱硫鼓风等空气过滤系统中，一般空气中大气的含尘浓度每立方米仅为几毫克，含尘粒度以 A（埃）计（$1A = 10^{-10}m$）。由于袋式除尘器是利用滤袋作骨架，使其建立起一次尘（底灰），再利用一次尘来过滤空气中的尘埃，也可以说是用灰尘本身来过滤灰尘，因此，袋式除尘器对超细微尘也有极高的过滤效率，国内外的制氧机空分塔已配有专用的袋式除尘器。

当前，袋式除尘器的发展，其清灰方式已由过去的单一清灰方式进入复合清灰，滤料已由材质的改进发展到滤料表面处理，再通过对系统的适当处理，袋式除尘器必将取得更广泛的应用。

7.2 各行业的应用

各行业应用的典型场合如表 7－10 所示。

表 7－10 各行业中应用的典型场合

行业	典型应用场合	
公用事业蒸汽发生器及工业锅炉	燃煤	
	燃油	
	气体吸附	
水泥工业	干法窑	
	湿法窑	
	煤渣冷却器	
	厂内应用	生煤磨循环
		终煤磨循环
		原料干燥器
		卡车倾倒，回转车倾倒

续表 7－10

<table>
<tr><th>行 业</th><th colspan="2">典型应用场合</th></tr>
<tr><td rowspan="9">钢铁工业</td><td colspan="2">熔炼设备</td></tr>
<tr><td colspan="2">吹氧炉</td></tr>
<tr><td colspan="2">熔炼车间屋顶排烟</td></tr>
<tr><td colspan="2">感应炉</td></tr>
<tr><td rowspan="5">电弧炉</td><td>直接排烟控制</td></tr>
<tr><td>侧排烟</td></tr>
<tr><td>侧排罩</td></tr>
<tr><td>伞形罩</td></tr>
<tr><td>组合系统</td></tr>
<tr><td rowspan="12">铁合金电炉</td><td rowspan="8">铁合金制品</td><td>硅铁</td></tr>
<tr><td>锰铁</td></tr>
<tr><td>铬合金</td></tr>
<tr><td>钒铁</td></tr>
<tr><td>硅镁合金</td></tr>
<tr><td>铬硅合金</td></tr>
<tr><td>硅金属制品</td></tr>
<tr><td>钙碳制品</td></tr>
<tr><td rowspan="4">铁合金铸件</td><td>化铁炉、冲天炉(Cupola)</td></tr>
<tr><td>工作车间</td></tr>
<tr><td>生产</td></tr>
<tr><td>有害物的装卸</td></tr>
<tr><td rowspan="17">铁合金金属制品</td><td rowspan="8">一次熔融</td><td>烧结机械</td></tr>
<tr><td>鼓风炉</td></tr>
<tr><td>反射炉</td></tr>
<tr><td>发汗（Sweating）炉</td></tr>
<tr><td>铅锅</td></tr>
<tr><td>锌反应炉</td></tr>
<tr><td>铜铸造炉气体吸附</td></tr>
<tr><td>铜火反应炉</td></tr>
<tr><td rowspan="9">二次熔融（Cu、Pb、Zn）</td><td>反射炉</td></tr>
<tr><td>鼓风炉</td></tr>
<tr><td>黄铜和紫铜制品</td></tr>
<tr><td>Schwartz 炉</td></tr>
<tr><td>感应炉</td></tr>
<tr><td>铅锅</td></tr>
<tr><td>锌回炉</td></tr>
<tr><td>铝制品 矾土窑
铝煅烧炉
锅里衬通风</td></tr>
<tr><td>氟化物回收</td></tr>
</table>

续表 7-10

行业	典型应用场合	
石灰制品	窑（喂入岩石）	
	轮转机	
	冷却器	
	窑的回转（喂入矿泥）	
炭黑制品	气炭黑	
	油炭黑	
	石墨	
	灯黑	
非金属矿物加工	窑	镁
		膨胀页岩（很少积聚）
		珍珠岩破碎
	干燥器	黏土
		页岩
		石灰石
		岩石
		砂

7.2.1 燃煤锅炉——燃烧

7.2.1.1 振动炉排燃煤锅炉

美国的振动炉排锅炉是一种最经济的工业锅炉，通常蒸汽容量小于 100000lb/h (45400kg/h)。

在振动炉排锅炉中，煤是通过回转给料机喂入炉内，在炉内燃烧区未燃煤粒达到最少的情况下，锅炉的产汽量可达大约 32000kg/h(70000lb/h)。

通常锅炉烟气是用旋风除尘器进行净化，收集的尘粒再喷入炉内燃烧区进行进一步燃烧。这种再喷入能减少飞灰中40%以上的碳含量。但离开燃烧区的总含尘量，由于细尘的再循环，会增加大约30%。

在所有振动炉排锅炉中，由于空气的渗透使锅炉增加了过量空气量，在高空气量的情况下会增加尘粒的带出，在低空气量时，会出现冒烟。

一般传统习惯中所有振动炉排锅炉采用旋风除尘器。新的排放规范促使使用袋式除尘器。

总烟气量	$32m^3/s$(67000acfm)
烟气温度	180℃(350℉)
清灰形式	脉冲喷吹
气布比	2cm/s(4ft/min)
尘粒直径	48～70μm
滤料	Teflon®毡

滤袋规格　　　　　　ϕ15cm(6.0in)×2.4m(8.0ft)

在振动炉排锅炉中，采用一种独特的边流抽风（side - streaming）烟气控制系统，它是从旋风除器（或多管旋风除尘器）的圆筒体侧边抽出总排气量的10%～20%的气流，然后进入一台小型袋式除尘器中进行过滤，过滤的净气返回到旋风除尘器的出口，以改善旋风除尘器的净化效率。

7.2.1.2 粉煤炉燃煤锅炉——燃烧

美国的粉煤（PC）燃煤锅炉改进了煤的燃烧方法，它可提供：

（1）能用于任何大小粒度的煤；

（2）改进了负荷改变的反应；

（3）由于需要较少的过剩空气和碳损失，提高了热效率；

（4）较少的操作人力；

（5）改善了在燃煤时混合油和煤气的可能性。

煤粉（PC）燃烧方法大大改变了尘粒排放控制系统的要求，但是由于所有煤都烧成了飞灰，致使其烟尘量比振动炉排锅炉大。

煤粉（PC）燃烧由于煤的研磨，尘粒粒度变小了，高温熔融烟气尘粒的形状是不同的，由于较高的燃烧效率烟气的成分也会不同。

对于一台煤粉（PC）燃烧锅炉，尘粒直径为11～20μm。典型的煤粉（PC）燃烧锅炉产生的飞灰量要比振动炉排锅炉大13～17倍。

总烟气量	$470m^3/s$(1000000acfm)
烟气温度	150℃(300℉)
出口浓度	1.1～$18g/m^3$(0.5～8gr/acf)
	平均量为5～$7g/m^3$(2～3gr/acf)
煤中灰分含量	5%～30%
清灰形式	反吹风
气布比	1cm/s(2ft/min)
尘粒直径	48～70μm
滤料	玻纤机织布，Teflon® B处理
滤袋规格	ϕ30.5cm(12in)×10.7m(35.0ft)

袋式除尘器在这种锅炉中的应用多于其他锅炉。

美国《电站研究协会》的最新刊物中有它的详细介绍。

7.2.1.3 旋风炉燃煤锅炉——燃烧

目前，美国粉煤（PC）炉大大发展，而且仍旧是烧各种煤的最好方法。但是，在近40年来，另外一种烧煤的方法，旋风炉（cyclone furnace）已经开发并广泛使用。旋风炉可以用于1430℃(2600℉）渣的黏度为25Pa·s(250P）或更低的煤，经过灰的分析，其中没有形成过分铁或硫化铁。对于这种煤，旋风炉除了有粉煤（PC）炉的优点外，而且还有下列优点：

（1）废气中飞灰的含量减少；

（2）燃料的备料费用节约；

（3）炉子尺寸缩小。

由于旋风炉（cyclone furnace）非常像一台旋风除尘器，由此减少了飞灰量，缩小了飞灰的颗粒，但是，较大颗粒仍留在炉内。

总烟气量	$380m^3/s$(800000acfm)
清灰形式	反吹风
滤料	玻纤机织布，Teflon® B 处理
气布比	2ft/min(1cm/s)
滤袋规格	ϕ30.5cm(12in)×10.7m(35.0ft)

7.2.1.4 流化床燃煤锅炉——燃烧

在美国流化床燃烧（FBC）是一种相对新的燃烧方法，它在各种传统的烧煤方法中具有两个显著的优点：

（1）锅炉更小；

（2）酸气排放控制系统十分简单。

流化床燃烧（FBC）还具有以下特征：

（1）流化床含有石灰石或白云石，结果使煤所含的大量硫化物留存在床内，排放的只是飞灰。

（2）流化床会影响飞灰的量和其他性质。因为煤的惰性使它像飞灰一样排出，所以飞灰量增加了。

（3）流化床中的烟气除了石灰石或白云石外，还会腐蚀流化床的结构材料。

（4）流化床中煤飞灰的物理性质与粉煤（PC）炉不同，在粉煤（PC）锅炉内常常观察到飞灰的熔融，而在流化床内的低燃烧温度820～980℃(1500～1800℉）中不常遇到。

（5）因为没有热的黏性颗粒的凝聚，和在流化床燃烧（FBC）的挤压作用下，从流化床燃烧（FBC）出来颗粒尺寸分布要比粉煤（PC）炉要细。

总烟气量	—
清灰形式	反吹风
气布比	1cm/s(2ft/min)
滤料	玻纤机织布，Teflon® B 处理
滤袋规格	ϕ30.5cm(12in)×10.7m(35.0ft)

虽然流化床燃烧（FBC）工艺是一种新工艺，但它从1920年才开始采用。

7.2.1.5 我国袋式除尘器在燃煤锅炉上的应用

20世纪80年代，我国引进了袋式除尘技术，但受当时滤料种类少、设备处理风量的能力较小以及缺乏设计选型经验的限制，未能将袋式除尘技术在燃煤锅炉除尘中大面积推广使用。随着滤料技术的迅速发展、清灰控制技术不断完善，特别是高温滤料和大型脉冲喷吹袋式除尘器的研制成功，同时为满足国家对于排放浓度日趋严格的要求，袋式除尘器在燃煤锅炉除尘中的应用比例迅速增加。

A 热电燃煤锅炉上的应用

张家港某热电厂100t/h煤粉炉电改袋参数如下：

处理风量	$210000m^3/h$
烟气温度	140～160℃

过滤速度　　1.09m/min
清灰方式　　脉冲行喷式
滤料　　PPS/PTFE（基布）
滤袋规格　　ϕ152mm×6000mm
压力损失　　<1200Pa
出口浓度　　<20mg/m^3

B　300MW 机组燃煤锅炉上的应用

上海某电厂320MW 机组燃煤锅炉除尘系统电改袋参数如下所示：

处理风量　　2000000m^3/h
烟气温度　　127℃
过滤速度　　0.9m/min
清灰方式　　脉冲行喷式
滤料　　PPS/PTFE（基布）
滤袋规格　　ϕ160mm×8000mm
压力损失　　<1000Pa
出口浓度　　<10mg/m^3

C　600MW 机组燃煤锅炉上的应用

九江某电厂660MW 机组的燃煤锅炉除尘系统选用了袋式除尘器进行烟（粉）尘净化，具体参数如下：

处理风量　　3323880m^3/h
烟气温度　　124℃
过滤速度　　0.9m/min
清灰方式　　脉冲回转式
滤料　　50% PPS + 50% PTFE/PTFE（基布）
滤袋规格　　ϕ127mm×8130mm
压力损失　　<1000Pa
出口浓度　　<26mg/m^3

7.2.2 烧木材锅炉

在美国，有些企业如造纸厂、松节油企业和家具厂的锯碾和夹板废料，利用原木废弃的材料用作燃料。

这种燃料的废气一般可采用袋式除尘器和颗粒层过滤器两种。

当袋式除尘器用于烧木材锅炉时，常用旋风除尘器与袋式除尘器组合在一起，以作火星防止器来防止起火。

试验数据证明，袋式除尘器和颗粒层过滤器能满足最严厉的排放标准。数据还说明，袋式除尘器过滤后烟气的不透明度比颗粒层过滤器更好。

总烟气量　　47m^3/s(100000acfm)
清灰形式　　脉冲喷吹

气布比 1.8cm/s(3.5ft/min)

滤料 玻纤机织布，Teflon® B 处理

滤袋规格 ϕ13cm(5.0in)×4.3m(14ft)

因为在美国有的公司有时每年要处理大量木材（约 200 百万英尺），在特殊情况下，所有这些木材不是在盐水中储藏，就是在盐水中分类或处理，因此其最主要的因素是盐。

7.2.3 燃油锅炉（辅助燃料）

在很多锅炉中，油只用作燃煤或木材锅炉的辅助燃料，如油只作开炉或用作主要燃料在发生故障中断时使用。

这些锅炉的经验指出，锅炉中的袋式除尘器只能用作正常运行时使用，如果在主要燃料的飞灰中出现了油的着火，其结果不是 CO 就是燃料或主要燃料优先燃烧。如果需要用油单独运行的话，正常的实际运行是将烟气沿袋式除尘器旁通，虽然在有些例子中可以看到，在与油一起运行时，袋式除尘器的压降会上升，在锅炉转向烧主要燃料后，压降就会慢慢趋向于正常。

总烟气量 按主要燃料设计

清灰形式 按主要燃料设计

气布比 按主要燃料设计

滤料 按主要燃料设计

滤袋规格 按主要燃料设计

袋式除尘器不适用于燃油锅炉，主要有三个理由：

（1）大部分燃油锅炉的排放尘粒满足不了排放的要求；

（2）在关于油燃烧过程所产生烟气的经验中可见，当在满足燃烧效率下节约燃料，加油燃烧的结果常常是增加了滤袋的压力降；

（3）显然，加油燃烧后，由于碳氢化合物的加重，其产生的颗粒物质是极黏的，使滤料在清灰时难于从滤料表面剥落。

7.2.4 垃圾焚烧锅炉

在美国，市政固体垃圾大约每年超过 200 百万吨。这些废物大约有 90% 是土埋。土埋是经济的，但有用的面积缩小了，市政垃圾的焚化在节约占地和运输费用方面是吸引人的。

袋式除尘器在废物焚烧锅炉中是一种值得考虑的有效的治理空气污染设备。市政垃圾作燃料的不完全燃烧排出的颗粒物质，以及在废气中夹带未燃无机物质和金属成分，其排出尘粒的大小和数量依赖于尘粒在燃烧区内停留的时间、燃烧区域内的温度以及炉内的氧化和还原条件。

在热回收焚烧炉中，锅炉内有充满水的管子，通常燃烧后转化热为蒸汽。垃圾首先进行清理，使垃圾成为同等大小的小粒子，之后将垃圾当作燃料（Refuse Derived Fuel, RDF）。

总烟气量 $47m^3/s$(100000acfm)

清灰形式 反吹风

气布比 2ft/min(1cm/s)

尘粒直径大小　　　　$<0.1\sim500\mu m$ 以上

滤料　　　　　　　　玻纤机织布，耐酸处理

滤袋规格　　　　　　ϕ20cm(8.0in) ×6.7m(22ft)

近来，有关环境和公共卫生的大气排放的影响，促进了市政固体垃圾转化为能量装置的发展。规范发展成为公共压力，这将要求尘粒的排放不是以前所规定的，而降低到尽可能的低，就像氯的碳氢化合物和重金属。

在中国，根据住建部数据，2009 年城市生活垃圾清运量为 1.57 亿吨，另有统计资料表明全国垃圾累积堆存量将近 80 亿吨，占地 80 多万亩，同时我国城市生活垃圾发生量以每年 7% ~8% 的速度增长。通常焚烧技术可使处理生活垃圾减重 80% 和减容 90% 以上，其无害化、减量化和资源化相比于卫生堆填具有较大的优势。典型的垃圾焚烧量 500t/d 的袋式除尘器参数如下：

处理风量　　　　　　147800Nm^3/h

烟气温度　　　　　　150℃

过滤速度　　　　　　0.81m/min

清灰方式　　　　　　脉冲行喷式

滤料　　　　　　　　PTFE/PTFE（覆膜）

滤袋规格　　　　　　ϕ160mm ×6000mm

压力损失　　　　　　$<1000Pa$

出口浓度　　　　　　$<10mg/m^3$

7.2.5 石油焦炭燃烧

从各种石油裂解过程中产生的大量残余，可利用各种方法生产出高量的、易燃的碳氢化合物和固体残余物，可用作燃料。

这些从石油中加工的固体燃料包括延时焦炭（delayed coke）、流体焦炭（fluid coke）和黑石油（petroleum pitch）。

延时焦炭（delayed coke），又称热残余油（heating residual oil），它是用泵将它抽到一个反应器中去焦炭化。焦炭沉积成一种固态物质的块状和颗粒状物，接着不是用机械就是用水压剥离，这种焦炭易于燃烧和研磨成粉。

流体焦炭（fluid coke）是由喷射热残余物到流化床中形成热籽焦炭制成的。流体焦炭出来时是一种小颗粒，堆积如山。这种焦炭能研磨成粉和燃烧，它能满足旋风炉所能接受的颗粒大小，进行燃烧。

上述两者形式的生火需要一些补充燃料来帮助点火。

黑石油（petroleum pitch）的加工过程是一种转变为焦炭的过程，能产生不同的性能。其熔点的变化相当大，物理特性的变化从软和黏到硬和易碎。低熔点的黑石油像重油一样可以加热和燃烧，当这些黑石油具有较高的熔点时，它就能研磨成粉，或压碎和燃烧后像在流化床锅炉一样可以在旋风炉内燃烧。

石油焦炭（petroleum coke）硫含量高达 10%，其飞灰量约小于 1%。

总烟气量　　　　　　190m^3/s(400000acfm)

清灰形式　　　　　　反吹风

气布比 1cm/s(2ft/min)

滤料 玻纤机织布，Teflon® B 处理

滤袋规格 ϕ30.5cm(12in)×9.1m(30.0ft)

在美国 Sunbury Plant of Pennsylvania Power and Light，大部分采用石油焦炭，在锅炉中采用有独创性的袋式除尘器，有关资料中论述了大量关于运行石油焦炭燃料中的袋式除尘器问题。

7.2.6 甘蔗渣和其他植被的燃烧

许多植被，一般作为废物或不再加工而用作燃料，常见的废物中，有一种是甘蔗渣，即糖在榨汁后剩下的是含有纤维的残渣。为了产生蒸汽，常用碾磨挤压糖汁后的甘蔗渣用作燃料。

在挤糖季节，碾磨常常每天运转 24 小时，使用的甘蔗渣不可能再精炼成糖，但可用作燃料来产生蒸汽。其他食品工厂也会产生许多植被废料可以用作燃料，包括谷物外壳、制作 furfural 的残余、从生产即溶咖啡中产生的咖啡粉末、烟草杆。

总烟气量 $47m^3/s$(100000acfm)

清灰形式 脉冲喷吹

气布比 2cm/s(4ft/min)

滤料 玻纤机织布，Teflon® B 处理

滤袋规格 ϕ13cm(5.0in)×2.4m(8.0ft)

7.2.7 谷物提升机——食品和饲料

在美国大约有 10000 台谷物提升机用来储藏和处理像玉米、小麦、黑麦、燕麦、大麦、亚麻籽、高粱谷物和大豆。对提升机转运和输送谷物所产生的灰尘的控制，是用管道将各扬尘点的含灰气流送到一个共用除尘系统中去，各提升机、转运点、储藏箱的抽风排气口由管道集中到除尘器中去。

从谷物提升机排出的尘粒，主要是从不干净的谷物接受处散出。谷物中含有少量的孢子、污迹和部布分昆虫、杂草籽、各式各样花粉和从泥土中来的硅酸盐灰尘。

大部分尘粒是由于个别内核的谷粒磨损所产生的外圈谷物灰尘。

谷物灰尘所有的比重正常范围为 0.8~1.5，与其他各种工业粉尘相比，其他各种工业粉尘的比重通常范围在 2.0~2.5 之间。谷物灰尘的粒径正常范围为 10~100。

总烟气量 $47m^3/s$(100000acfm)

清灰形式 脉冲喷吹

气布比 7cm/s(14ft/min)

滤料 $750g/m^2$ ($22oz/yd^2$) Dacron®针刺毡

滤袋规格 ϕ13cm(5.0in)×2.4m(8.0ft)

大部分影响从谷物提升机排出尘粒的因素，精确地评价它们的排放量还研究得不够详细。有些谷物比其他的谷物更含粉末，但其不同的数据不足以估计，例如大豆、燕麦和高粱常常是非常脏的，然而，小麦是一种极干净的谷物。通常燕麦和黑麦产生的灰尘，在给定的谷物提升机中比小麦或玉米要多。

7.2.8 牛奶干燥器——食品和饲料

奶粉用喷雾干燥生产已有很多年，旋风分离器最早用于从干燥器排出的干燥空气中收集一部分较细的奶粉，此时大量奶粉从干燥器底部，通过回转阀排出。在目前的设计中，旋风分离器由袋式除尘器替代，它增加了收集效率，而奶粉的收集与其他收集方法没有什么改变（它也采用包装），同时减少排放和增加奶粉的产量。高效收集中的附加好处是，在干燥器排出的气流，经过热交换器有利于回收废气。

总烟气量	—
清灰形式	脉冲喷吹
气布比	—
滤料	Dacron®针刺毡
滤袋规格	ϕ13cm(5.0in)×2.4m(8.0ft)

脉冲喷吹袋式除尘器已经在很多奶粉干燥器中被使用，在很多牛奶场中场地是最宝贵的，它极需要采用有效的除尘器，使占地面积尽可能最小。

7.2.9 硫酸工厂——无机化学

有效净化从硫酸工厂排放的大量酸雾气体可以采用纤维消雾器或静电除尘器。虽然在酸厂的净化中部分静电除尘器常被采用，但近几年来，它在硫酸工厂中没有被采用，这是由于它涉及的尺寸大以及装置的费用比纤维消雾器高。

硫酸工厂的纤维消雾器有三种不同的构造，即立管式、立屏式和水平双重衬垫式。它的效率范围为低到高的酸雾负荷，以及粗到细的雾粒大小。

一台垂直立管式纤维消雾器，设计的体积流量大约0.47sm^3/s(1000scf/min)，每个元件通常是ϕ0.61m，高3.0m(ϕ2.0ft，高10ft)。

根据硫酸厂的规模，可以采用10~100个元件，通过元件的压力降为1.2~3.8kPa(5~15in. wg.)。对于颗粒大于3μm，标准的除雾效率是100%；颗粒小于3μm，标准的除雾效率是99%~99.8%，其平均效率是99.3%。

总烟气量	25m^3/s(50000acfm)
清灰形式	湿式排水装置
气布比	8cm/s(16ft/min)
滤料	夹有不锈钢丝屏的玻纤机织布
滤袋规格	ϕ0.61m(2.0ft)×3.0m(10.0ft)

由于硫酸厂的大量烟气中存在大量百分数的超细酸雾，以及在生产发烟硫酸（oleum）多于20%的工厂，立屏式酸雾消雾器通常不适用。

7.2.10 水泥厂——无机化学

从水泥厂中产生的最大量污染物是尘粒，尘粒的中等粒子大小范围是8~12μm。主要是从下列地方散发出来的。

（1）采石和破碎。

（2）混合和碾磨。

（3）在回转窑内产生的熔渣。

（4）最终的碾磨、包装和发运。

只用旋风除尘器进行排放控制，窑内每吨原料能排放出多达22kg/t(45lb）尘粒，矿渣冷却器的排放能多达15kg/t(30lb）尘粒。美国新污染源执行标准（U. S New Source Performance Standards）要求新厂排放尘粒不多于0. 15kg/t(0. 30lb/t）加入窑内的干料。可见排放物在林格曼标准中不超过黑度No. 1，或20%的等价透明度（equivalent opacity)。

窑烟气的袋式除尘器设计：

总烟气量	$120m^3/s$(250000acfm)
清灰形式	反吹风
气布比	2ft/min(1cm/s)
滤料	玻纤机织布，Teflon® B 处理
滤袋规格	φ30. 5cm(12. 0in) ×9. 1m(30. 0ft)

混料和碾磨的袋式除尘器设计：

总烟气量	$25m^3/s$(50000acfm)
清灰形式	脉冲喷吹
气布比	5cm/s(10ft/min)
滤料	Dacron®针刺毡
滤袋规格	φ13. 5cm(5. 0in) ×2. 4m(8. 0ft)

我国是水泥生产与消费大国，据2012年统计数据显示，全国水泥产量达21. 9万吨，占世界水泥产量的一半以上，据测算，水泥行业颗粒物排放占全国颗粒物排放量的20% ~30%，SO_2排放占5% ~6%，NO_x排放占12% ~25%，鉴于此，国家出台了新的排放标准《水泥工业大气污染物排放标准》(GB 4915—2013)，对除尘技术提出了更高的要求。典型新型干法水泥窑尾（5000t/d）配置的袋式除尘器参数如下：

处理风量	$820000Nm^3/h$
烟气温度	110 ~220℃
过滤速度	1. 09m/min
清灰方式	脉冲行喷式
滤料	玻璃纤维机织布（PTFE覆膜）
滤袋规格	φ160mm ×6000mm
压力损失	<1500Pa
出口浓度	$<20mg/m^3$

7.2.11 化学肥料——无机化学

在化学肥料成粒工厂，干燥器烟气常常排到一台多室的振动或脉冲袋式除尘器内，通过一台诱导风机抽到烟囱内排出。

从化肥接收和发运操作产生的难以捕集的灰尘被收集在单室振动或脉冲袋式除尘器中，这些设备连续运转，收集的灰尘周期性排出，并储藏作为生产所用。

硝酸铵是最广泛使用的固体氮肥。硝酸铵储存在一个prilling塔内；prill是在大约在177℃(350℉）时，将硝酸铵液体通过在prilling塔顶部表面有许多小孔的板喷洒出来，同时经过在下降时的反向气流的冷却中形成。

如果不控制，塔将吐出大约2kg/t烟的产品（4lb/t）；一台典型600t/d（540t/d）的塔生产烟2400lb/d（1.1t/d）。

当前的排放控制，实际上是为了冷却prill，利用一股有限的空气量，只是将该气量送入一台袋式除尘器。大量的prill塔气流直接排入大气，并含有少量的烟。在这种情况下，这些气量必须过滤，以大约减少到只有总量的1/4。

总烟气量	—	
清灰形式	振动式	脉冲喷吹
气布比	1cm/s（2ft/min）	3.3cm/s（6.5ft/min）
滤料	$200g/m^2$（$6oz/yd^2$）聚酯机织布	Dacron®针刺毡
滤袋规格	ϕ13cm（5in）×3m（10ft）	ϕ1cm（5in）×2.4m（8.0ft）

7.2.12 玻璃——无机化学

从大型玻璃熔炼炉内排放的尘粒，一开始是从少部分挥发性成分的汽化中产生像硫酸盐或金属的氧化物。

尘粒也从炉内夹带的一些细灰的燃烧烟气排出，离开炉内的烟气中冷凝挥发的金属氧化物在袋式除尘器内运行。

烟气在230℃（450℉）时产生一种能见的烟羽，炉内烟气在冷却时会引起冷凝，为此在到达袋式除尘器之前，将冷凝蒸汽完全冷却，再经袋式除尘器过滤，以清除大部分金属氧化物。

碳酸钠石灰炉典型的未控制排放率为1kg/t玻璃（2lb/t），减少排放的方法包括：

（1）减少或消除硫酸盐和炉内的其他挥发物；

（2）使用少量细原料，如浓的碳酸钠灰；

（3）控制炉内的释放成分（free components）为大约4%~5%（最理想的掸灰）；

（4）控制空气与燃料比；

（5）增补运行电能，减少使用燃料（提高电力）；

（6）减少炉子的抽风量，低于正常风量；

（7）提高清灰能力。

玻璃熔炼炉采用玻纤滤袋极为频繁，其温度冷却到260℃（500℉），通过进一步降低温度可选用玻纤以外的其他滤料。有的在200℃（400℉）下采用Nomex®滤袋，在120℃（250℉）下采用Dacron®滤袋。

总烟气量	—
清灰形式	振动式，反吹风
气布比	0.8cm/s（1.5ft/min）
滤料	玻纤机织布，Nomex®或Dacron®针刺毡
滤袋规格	ϕ13~20cm（5~8in）×2.4~6.1m（8~20ft）
出口排放	低于$0.05g/sm^3$（0.02gr/scf）
	通常0.011~$0.034g/sm^3$（0.005~0.015gr/scf）
出口烟气透明度	高于20%，确保透明度低于20%

7.2.13 石灰窑——无机化学

石灰窑是袋式除尘器第二个最常用的工艺设备。在 IGCI 调查美国 79 个安装在 1960～1970 年的回转石灰窑污染控制系统中，35 个是洗涤器，18 个是袋式除尘器，5 个是静电除尘器，21 个是机械除尘器。但是，若以总处理气量计，袋式除尘器接近 1700000cfm，对比之下，洗涤器为 2000000cfm，静电除尘器为 581000cfm，机械除尘器为 915000cfm。由于新的规范需要较高的要求，近几年来，袋式除尘器的使用更加普遍了。

石灰窑应用中经常选用玻纤机织滤料，其他滤料使用时要受温度的限制。脉冲袋式除尘器运行气布比为 4:1，振动式袋式除尘器运行气布比为 2.5:1，反吹风式袋式除尘器运行气布比为（2～2.5）:1 下，都能取得有效的性能。

除了石灰窑本身之外，在石灰处理过程的各个地方能产生大量外逸的排出物，如石灰石储藏、处理和运输过程中，外逸的尘粒的直径为 3～6μm，其中 45%～70% 小于 5μm。

总烟气量	$47m^3/s$（100000acfm）
清灰形式	反吹风
气布比	1cm/s（2ft/min）
滤料	玻纤机织布
滤袋规格	φ30.5cm（12in）×9.1m（30.0ft）

7.2.14 杀虫剂——无机化学

杀虫剂生产过程中的气流排放包括尘粒、烟气和蒸汽，是由各种组合设备中散发出来的（如反应器、干燥器和冷凝器）。

所有常用的排放控制设备都适用，包括袋式除尘器、旋风分离器、静电除尘器、焚烧炉和烟气洗涤设备。

在杀虫剂制造行业中，气流污染设备的设计和性能方面只有少量的数据，各学会和协会仍在进行研究，以谋求改善杀虫剂行业空气污染的面貌。

总烟气量	$19m^3/s$（40000acfm）
清灰形式	脉冲喷吹
气布比	2.5cm/s（5.0ft/min）
滤料	聚酯机针刺毡
滤袋规格	φ13cm（5.0in）×2.4m（8.0ft）

7.2.15 炭黑——有机化学

美国的炭黑工业，在过去的 100 年来，至今在 9 个州内已有 8 个生产公司 33 个厂，公司规模范围的产量大约为 30～300Mt/a，大多数是在 60～150Mt/a。

因为排放的污染物与进料的性能及储备的进料很有关系，虽然很多现代美国公司运行用天然气，并将建造新的烧气的炭黑公司，但这种情况是不太可能的。

据报道，有些欧洲公司和部分美国公司完全采用油，有些采用煤焦油。有一个美国公司使用废轮胎作储备的进料。利用废轮胎后对污染物排放可能产生的影响尚不得而知。

袋式除尘器用于炭黑工业也是生产过程一部分，它主要是控制大气污染。在生产过程中，根据袋式除尘器的净化效率，粉尘以一定比率排放，尘粒物质主要是炭黑。

总烟气量	$190m^3/s$(400000acfm)
清灰形式	反吹风
气布比	0.5～1cm/s(1.2ft/min)
滤料	玻纤机织布，硅油/石墨处理
滤袋规格	ϕ13～30.5cm(5～12in)×3～9.1m(10～30ft)
排放浓度	0.07～0.30g/m^3(0.03～0.13gr/dscf)
排放量	低于0.0015lb/lb 产品（1～5g/kg，平均1.5g/kg）

7.2.16 塑料——有机化学

在美国，塑料和树脂处理工业有将近10000台处理机，1982年的生产总值为370亿美元。

塑料和树脂原材料是工业有机化学制品，它是采用像 monomers 或 platicizer 和特殊化学品等再附加一些缓和的树脂制成。

据报道，美国1980年聚乙烯、聚氯乙烯、聚丙烯和聚苯乙烯塑料的生产量达80%(按重量计)。

塑料和树脂生产过程产生烟气排放、废水和固体废物，悬浮物和乳剂聚合过程产生大量的尘粒排放。

7.2.17 制药——有机化学

世界卫生组织、美国食品和药物管理部门以及其他制药工业，都对空气清洁度有非常严格的条款规定，因为药物生产对人类和工作环境的空气污染是一个危险的源泉。很多新原材料具有强烈的毒素或生物活性，对人类极为有害。

在制药厂的工作场所，除了温度和湿度之外，必须对空气加以控制，因为这些场所将受最终产品的直接影响。当产品在碾磨、密封、混合、分匀、微粒化、干燥、制粒、涂层、压缩、称重、包装等过程中，直径1～10μm的细灰或更细，将散发出来。这些细灰可用好几种形式的设备来控制，包括静电除尘器、HEPA过滤器和袋式除尘器。在抗生素和激素的生产中，HEPA过滤器是设置在过滤的最后阶段。

总烟气量	$9.4m^3/s$(20000acfm)
清灰形式	反吹风
气布比	3cm/s(6ft/min)
滤料	聚酯针刺毡
滤袋规格	0.56m(22in) 长滤筒

7.2.18 石油焦炭煅烧炉——有机化学

石油焦炭在回转窑中煅烧加热带出碳氢化合物，最终产品是炭，它可用作精制铝的电极。

从窑内排出的烟气，为了控制硫的氧化物，通常首先经过一台石灰浆喷雾干燥器，然后进入袋式除尘器控制排出的尘粒。

尘粒物质主要含有从喷雾干燥器内出来的石灰成分，它随少量从窑内出来的炭基成分一起排出。

总烟气量　　$71m^3/s$(150000acfm)
清灰形式　　反吹风
气布比　　0.84cm/s(1.65ft/min)
滤料　　玻纤机织布，Teflon® B 处理
滤袋规格　　ϕ20cm(8.0in)×6.7m(22.0ft)

7.2.19　沥青厂——有机化学

加工热混合沥青的块石路面，以一定比例的沥青用粗和细冷混合物、热和干燥混合物以及表层混合物搅拌成一种特殊的块石路面。在混合以后，热铺盖混合物从卡车上卸下铺盖路面。

乳浆沥青的加工范围为50~350t/h(45~320罐/h)，平均为163t/h(148罐/h)。在全部混合物中，通常沥青含量为5%~6%(以重量计)。

在热沥青混合设备运行时，释放到空气中去的污染物是气体和固体尘粒。烟气是在干燥器的燃烧器、热沥青加热器和现场的发电机燃料燃烧时产生，也有些是从搅拌机的热沥青外逸，从工厂的卡车外运时产生有气味蒸气。尘粒排放包含从干燥器的燃烧器和热油加热器（及从发电机中，如果有的话）产生的烟气，以及主要从干燥器中排出的灰尘。

若干年来，袋式除尘器证明其使用没有什么问题。近几年来，袋式除尘器已在圆桶混合机上使用。出口排放量为 $0.018g/sm^3$（0.0077gr/dscf）。入口含尘量为 $27g/sm^3$（12gr/dscf)，或1670kg/h(3680lb/h)（接近聚集的喂入量的1%）。

袋式除尘器常常将捕集的灰尘返回到生产过程中去。在沥青工业中，袋式除尘器运行的压力损失为1.5kPa(6in. w. g）或更多，值得注意的是，对于湿式洗涤器则约为小于5kPa(20in. w. g)。袋式除尘器不需要水，没有泥浆处理问题。

总烟气量　　$24m^3/s$(50000acfm)
清灰形式　　脉冲喷吹
气布比　　3~5cm/s(6~9ft/min)
滤料　　$470g/m^2$($14oz/yd^2$) Nomex®针刺毡
滤袋规格　　ϕ13cm(5.0in)×2.4m(8.0ft)

我国目前国内市场的沥青搅拌机生产能力基本在180~400t/h范围之内，沥青搅拌机搅拌和形式主要分为间歇式和连续式，我国普遍采用间歇式结构，即有强制性拌和缸，骨料经过初级配合，进行加热、分级、逐盘时各种分级骨料及沥青、矿粉进行称量，然后按顺序放入拌和缸内强制拌和，国内拌和机基本上以干燥滚筒的扬尘量为主，振动筛和提升机的扬尘量基本不予考虑，但随着环保标准的日益提高，对少量扬尘也应进行捕集，典型的沥青搅拌机除尘器参数如下：

处理风量　　18000~$118800m^3/h$
过滤速度　　1.2~1.5m/min
清灰方式　　脉冲行喷式

滤料 Nomex®针刺毡

压力损失 <1500Pa

7.2.20 油页岩——有机化学

预计全世界油页岩（oil shale）总的保持量大约2000000百万桶，包括美国的大约168000百万桶在内。美国有关资料简要地回顾了油页岩（oil shale）企业将来的发展和关于袋式除尘的潜力。

在世界范围内最大和最富有的储量是在Rocky Mountain Section of Colorado、Utah、he1Wyoming，就像已知的Green River Formation。这些岩石的储藏量估计为1800百万桶的页岩油（shale oil）。

页岩油（shale oil）可以用表面或地上式、就地式和改进的就地式三种蒸馏法（retorting）过程从油页岩（oil shale）中提炼生产。

在每种情况下，油页岩（oil shale）必须加热（回驳）到402℃（755℉）或更高，以带来关于煤油的高温分解和生产页岩油（shale oil）或煤气。从这些油页岩（oil shale）的生产过程中部分排放包括：一氧化碳（CO）、碳氢化合物（HC）、二氧化氮（NO_2）、颗粒物和二氧化硫（SO_2）。除此之外，它们有一部分放散微量危险物到大气中去，就像聚核芳族有机物质（polynuclear aromatic organic matter）和微量金属。

一项调查显示，Dacron®在所有袋式除尘器收集系统中是一种适宜的材料，除非是回驳页岩（retort shale）的释放和一种湿气排放的地面回驳（retort）外。由于回驳页岩的排放温度将比Dacron®的极限温度120℃(250℉)高，烟气将含SO_2、氨和碳氢化合物。为了适应排放，Teflon®是一种合适的材料。在应用中，因为蒸汽将饱和为水汽，适用的袋式除尘器排气中将不会出现湿气。

总烟气量 $47m^3/s$(100000acfm)

清灰形式 脉冲喷吹

气布比 3cm/s(6ft/min)

滤料 Dacron®针刺毡

滤袋规格 ϕ15cm(6.0in)×4.3m(14.0ft)

7.3 有害气体和尘粒的复合净化技术

有害气体和尘粒的复合净化技术是在烟气进入袋式除尘器前喷射一些湿式泥浆或干式粉末，使烟气中的有害气体与喷射的粉末通过化学反应形成固体混合物，然后在袋式除尘器中给予收集净化。化学反应能出现在喷射点处，同时也出现在喷射粉末后的气流中和在袋式除尘器滤袋表面的尘饼上。

7.3.1 有害气体和尘粒的特性

各种生产过程的燃烧，特别是垃圾焚烧炉产生的有害气体和尘粒物质，主要有：

(1) 尘粒污染物，包括固体废物、燃料未燃的无机物和金属成分。排出尘粒的大小和质量依赖于尘粒在燃烧区所停留的时间、燃烧区的温度以及炉内的氧化/还原条件。

尘粒可以是液态（气溶胶）或固态，从焚烧炉排出的尘粒大小，直径范围从小于

0.1μm 到大于 500μm。

高温和氧化条件能产生挥发的和氧化的有机金属成分，由此，废气中就出现无机氧化物和金属盐。

从焚烧炉废气中的试验数据得到的浓度，其变化从低于 26g/sm^3（0.55grains/dscf。）到高为 3.96g/sm^3（1.73grains/dscf）。

（2）有害气体（SO_x、HCl、HF 和 NO_x）。从焚烧炉中排放出的烟气能与水或大气组合成酸，这些酸气包括氮氧化物（NO_x）、硫氧化物（SO_2 和 SO_3）、氟化氢（HF）、氯化氢（HCl）、二氧化碳（CO_2）。

（3）有毒气体污染物，如重金属化合物。垃圾在燃烧时会排放包括金属化合物和高分子量的有机化合物，其金属元素成分是锑、砷、铍、镉、铬、铜、汞、镁、钼、镍、铅、硒、锡、钒、锌。

（4）不完全燃烧的气体。固体废物燃烧设备中的不完全燃烧排出的有害物质有一氧化碳、碳氢化合物、氯化烃（包括二噁英，是目前已知的最毒的物质）。

一般在炉温至少 820～980℃（1500～1800℉）和烟气在炉内停留时间 1～2s 情况下，可使不完全燃烧烟气的产生量最少。

7.3.1.1 氮氧化物

燃烧过程中所形成的氮氧化物（NO_x），最突出的是一氧化氮（NO），也可以形成二氧化氮物（NO_2），通常在低浓度时 NO_2 是一种棕红色气体。

气体在释放到大气中去后，NO 转换成二氧化氮物（NO_2），在太阳出来时，在光合化学烟雾的形成中 NO_x 和碳氢化合物是主要成分。

NO_2 在大气中与水化合形成氮酸，它在出现氨或空气中尘粒时能转换成氮盐。

焚烧炉烟气中的 NO_x 值变化极大，其变化主要有以下因素：

（1）燃烧温度；

（2）在燃烧空气中可利用的氧的含量；

（3）当燃烧时释放的热量；

（4）在高温下，燃烧反应的停留时间；

（5）燃料中氮的含量。

焚烧炉烟气中的 NO_x 的控制可在喷雾吸附器中，利用石灰钠混合物试剂在一个特定的温度范围内与 SO_2 一起被清除掉。

表 7－11 为垃圾焚烧设备在 NO_x 未控制情况下的排放烟气的参数。

表 7－11 垃圾焚烧设备在 NO_x 未控制情况下的排放烟气的参数

设备形式	NO_x			
	ppm（干的，12% CO）		lb/10^6Btu	
	低	高	低	高
耐火墙水墙	145	274	0.11	0.47
旋转水墙	117	240	0.28	0.35
RDF 分散加料机	55	176	0.08	0.3

7.3.1.2 二氧化硫、三氧化硫

二氧化硫和三氧化硫是燃料中的硫氧化而成。

在大气中 SO_2 会氧化成 SO_3，它与空气中的水形成硫酸，硫酸进一步反应成硫酸盐，硫酸盐是一种特殊的气溶胶。

硫酸在大气中会降低能见度、腐蚀金属和形成酸雨或雾。

表 7－12 为垃圾焚烧设备在 SO_2 未控制情况下的排放烟气的参数。

表 7－12 垃圾焚烧设备在 SO_x 未控制情况下的排放烟气的参数

设备形式	SO_x			
	ppm（干的，12% CO_2）		lb/10^6 Btu	
	低	高	低	高
耐火墙水墙	72	159	0.13	0.31
旋转水墙	178	338	0.08	1.19
RDF 分散加料机	78	267	0.02	0.46

7.3.1.3 氯化氢、氟化氢

氯化氢是燃料中的氯氧化而成。

在很多固体废物中，聚氯乙烯（PVC）是氯的主要源泉。

氯化氢在空气中能腐蚀金属以及刺激黏膜。

氟化氢对健康的影响和从氯化氢相同。

表 7－13 为垃圾焚烧设备在 HCl 未控制情况下的排放烟气的参数。

表 7－13 垃圾焚烧设备在 HCl 未控制情况下的排放烟气的参数

设备形式	HCl			
	ppm（干的，12% CO_2）		lb/10^6 Btu	
	低	高	低	高
耐火墙水墙	70	603	0.18	0.73
旋转水墙	296	1338	0.25	1.49
RDF 分散加料机	282	479	0.20	0.60

7.3.1.4 一氧化碳

一氧化碳是一种无色、无味的气体，是燃料中碳未完全燃烧形成。

一氧化碳在血流中，能使人体血色素不活跃，而血色素的功能是携带氧气到身体的细胞中去。通常接触 CO 浓度大于 750ppm 时能使人致命，浓度低于 750ppm 时将会引起头痛、眩晕、呼吸短缺和推理能力衰减。

一般在燃烧过程中，当火焰过去后烟气中氧化的一氧化碳转化为二氧化碳的主要反应如下：

$$CO + OH \rightleftharpoons H + CO_2 \quad (7-26)$$

在燃烧中遇到高温未完全燃烧时，它有丰富的自由基氢（H）。而丰富的自由基氢（H）具有形成高浓度二氧化碳的力量。丰富的自由基氢（H）和氢氧（OH）在低于燃烧

温度下重组成烟气。但其重组反应是极慢的，在烟气气流中重组后形成的是过量的CO_2。

在燃烧区下游遇到的较低温度区中，水转移反应开始支配形成的二氧化碳：

$$H_2O + CO \rightleftharpoons H_2 + CO_2 \tag{7-27}$$

水转变反应会随温度的降低而减少。因此，随着烟气的快速冷却，反应后会形成浓的CO。由此，烟气慢慢冷却（如用热回收设备）使CO排放减少很明显，在没有热回收设备的系统中，高温烟气直接进入喷雾吸附/袋式除尘系统将会产生更大量的CO。

7.3.1.5 碳氢化合物（烃类）

碳氢化合物（烃类）也是从未完全燃烧中排出的一种有害气体。

碳氢化合物排放物有各种形式的有机成分，出现在阳光下的碳氢化合物和NO_x形成氧化（光化学烟雾）。氧化能降低能见度、裂解橡胶和刺激黏膜，有些碳氢化合物如聚环状的有机成分，是已知的致癌物质。

碳氢化合物（烃类）像一氧化碳一样，在火焰过去后与自由基物质起反应。但是它不像一氧化碳，它不只是依靠控制烟气温度来排放减少。

碳氢化合物能在高温和低温两种范围内热分解。在高温时的热分解过程中，断裂的化学键和脱氢裂解过程占主导地位。低分子量的碳氢化合物形成高度的不饱和。不饱和的碳氢化合物容易在较低温度下的聚合。同样，在低温范围内，聚合最主要的热解反应。因而，在出现碳氢化合物反应预兆时，无论是高温或低温分解，结果是形成高分子量的多环芳烃（polycyclic aromatic hydrocarbons，PAH）。

随着热解形成的超高分子量碳氢化合物，可以通过加入氧来阻止。在燃烧过程中，氧可以像二次空气一样加入。二次空气产生一种氧化过程，它能在火焰过去后出现，构成烃热解反应。氧化烃类形成低分子量的碳氢化合物稳定的物种。

因而，可以看到，控制碳氢化合物的排放，特别是高分子量的碳氢化合物是炉子设计的需要。但是，碳氢化合物有一种形式是固体或冷凝成固体，可用尘粒控制设备进行净化。

在采用喷雾吸附/袋式除尘器系统中，从一台烧木材碎片的流化床炉子中测量碳氢化合物的排放，使用了热回收和袋式除尘器。在测量试验时发现，袋式除尘器排出的重多环芳烃特别低。经验指出，PAH是被碳质材料所吸附，并被除尘器所净化。

7.3.1.6 氯化碳氢化合物（氯化烃类）

最近的一些研究指出，某些多氯二苯并（polychorinated dibenzofurans，PCDF），由于它的毒性和最近的垃圾转能源系统，与其他氯化碳氢化合物相比，已受到多方关注。二噁英，特别是2，3，7，8－四氯B级二噁英（2，3，7，8－tetrachlorodibenzo－p－dioxin2，3，7，8－TCDD）被美国EPA认定是有可能的75PCDD最毒的异构体。

从垃圾转能源系统中排出的一氧化氯和呋喃中可知从焚烧垃圾的PCDD/PCDF系统中的化学成分，即，它们来自燃烧源的不完全燃烧。但PCDD/PCDF系统也可以通过燃烧形成这些化学成分，包括氯或在固体废物中产生非氯有机物的前身。

当前，美国和其他国家垃圾焚烧装置的大量2，3，7，8－TCDD样品指出，每吨固体废物燃烧后产生的这种排放物的程度大约有$10^{-8} \sim 10^{-9}$。无论期望达到的排放程度多低，从确保公共卫生角度出发，它需要设置固体废物焚烧装置使颗粒适当燃烧，为此，打开PCDD和PCDF，和/或排放就能达到最小或清除。因此，科学家和技术人员继续努力以解决燃烧时间、温度和清除二噁英和呋喃的问题。

7.3.1.7 金属复合物

垃圾焚烧产生的金属化合物和高分子量的有机化合物元素的有害影响包括：

（1）不利于健康；

（2）知道或怀疑为致癌和致畸胎物质；

（3）据报道，金属在细颗粒或气态状态下排放有可能影响呼吸。

这种金属化合物在垃圾焚烧炉内的燃烧温度至少在1800℉，它在燃烧时将反应形成金属氧化物或氯化物，金属氧化物在到达除尘设备之前，当出现冷凝后就会吸附到悬浮飞灰尘粒中。

Block and Dams 发现，飞灰在冷的烟道废气温度冷区的收集比在高的烟道废气温度的收集有明显的较高金属浓度。

通过喷雾吸附器降低烟气温度，可额外降低挥发金属化合物不被吸附到尘粒中去。袋式除尘器是净化细飞灰（特别是超细飞灰）的最有效的好方法，其净化效率能超过99%。

汞和二价汞化合物单靠冷凝不能控制在理想的程度，但是，烟气中的汞，可以经过用 $CaCl_2$ 作为催化剂（即反应物）的喷雾吸附器和袋式除尘器的组合系统来净化。详见资料《Dry Scrubber Removal of Toxic Gases》（Anderson，Jens，P. Orkild. Niro Atomizer，1981）。

7.3.2 复合净化技术

当前，利用袋式除尘器同时清除有害气体和尘粒物质的技术有两种基本技术：

（1）喷雾吸附器（Spray Adsorptioin），又称干洗涤器（Dry Scrubbing）；

（2）干喷射器（Dry Injection）。

干式喷射是用一种干粉喷入一个特殊混合容器（又称干喷粉器）内，或喷入袋式除尘器入口前的管道中。干粉的成分是多样化的，它将在干态下与有害气体起反应而达到净化，有时在干喷粉器之前喷入水以增加烟气中的湿度，以提高随后的化学反应。在喷粉器前面和后面产生的脱硫化学反应，然后给袋式除尘器所净化。干式喷射用于铝的生产过程中控制氟化氢的排放已经很多年了，同时它普遍被认为可用于燃煤锅炉和市政垃圾焚烧。

7.3.2.1 喷雾吸附器

A 系统描述

喷雾吸附器酸气净化系统是由喷雾吸附器、除尘器、风机及其他辅助设备组成，流程如图7-60所示。

喷雾吸附器（干洗涤器）是在热烟气中，喷射一种含水的溶液或泥浆，热烟气经绝热加湿（即没有失去也没有得到热）和冷却，泥浆或溶液明显地干燥蒸发，并通过化学吸附作用净化有害气体的一种设备。

喷雾吸附器是用碱性吸附剂（又称反应剂）对烟气进行喷雾，吸附剂不是一种以钙为基底的泥浆就是一种钠的溶液，它能与烟气中的酸气起反应，使烟气中的酸气转换成干的固体颗粒，该固体颗粒然后在袋式除尘器中进一步被净化清除掉。

喷雾吸附器是将像速溶咖啡一样的粉末制成泥浆，泥浆中的含水量是控制好的，因此所有在溶液或泥浆中的水，在进入袋式除尘器前就完全蒸发了，它对控制燃煤锅炉排放的尘粒物质和硫的化合物极为有效，最近，在燃煤锅炉的烟气脱硫系统（FGD）中也已采用

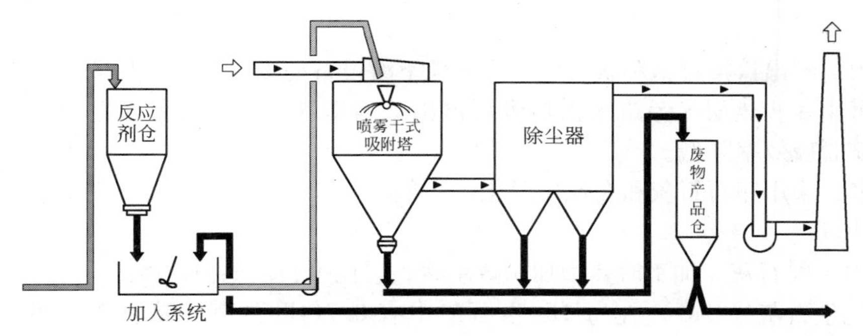

图 7-60 喷雾吸附器酸气净化系统

这种技术，它是一种成熟的技术。

喷雾吸附器（干式洗涤器）后面跟着一台袋式除尘器，它不单纯只控制尘粒物质和 SO_2，而且也对 HCl、NO_x 和有毒气体（例如重金属成分和氯的碳氢化合物，包括二噁英）提供良好的净化效果，被认为是固体废物焚烧炉中控制排放最有效的技术。原因有两点：

（1）干式洗涤过程同时促进酸成分水汽的冷凝并反应成为固体，如果理想地控制，能将所有排出物转换成尘粒。

（2）袋式除尘器是高效净化细尘粒最流行的可用技术。

利用喷雾吸附器作为烟气接触器，需要绝热加湿烟气，使烟气高于饱和温度一定度数。饱和温度是根据烟气的入口烟气温度、湿度和含酸程度来确定，水量在烟气中的蒸发可从热平衡中计算求得。

吸附剂的化学计量是根据泥浆中所含的吸附剂浓度的上升或降低来设定水量而变化，图 7-61 给出以熟石灰作为吸附剂的酸气净化效率与吸附剂化学计量之比。增加吸附剂化学计量能使酸气净化率上升，然而，它受到两个因素的限制：

（1）降低吸附剂的利用率，从而提高吸附剂和处理的成本。

（2）吸附剂化学计量的上限受溶液中吸附剂的可溶性，或泥浆中固体吸附剂的质量百分数限制。

图中 ER（当量比）计算公式如下：

$$\text{ER（当量比）} = \frac{\text{当量的构成起吸附作用的吸附剂}}{\text{当量的入口烟气}}$$

为避免受到上述两种限制，有两种方法可以解决：

（1）吸附剂再循环。它是将从喷雾吸附器排出的，或从尘粒排出控制设备收集来的固体物质再循环，以增加飞灰中尚未被吸附的剩余碱的再利用。同时，如果它是直接再循环到吸附剂泥浆罐中去的话，再循环也会增加喷雾器泥浆中吸附剂的质量百分数。

（2）采用较低的喷雾吸附器出口温度（即接近饱和温度）。运行在这种情况下，它对液滴的停留时间和干固体的剩余湿度两者都会提高效果。由于接近饱和温度，酸气的净化率和吸附器的利用率通常会大

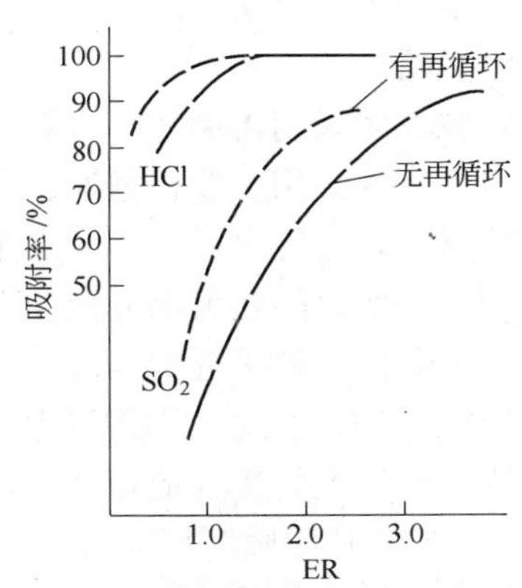

图 7-61 同时吸附 HCl 和 SO_2 的结果

大增加。

喷雾吸附器出口接近饱和状态后，可避免下游设备的冷凝，以确保安全。当出口温度较低时，可用一些热烟气旁路来预热吸附器出口的烟气，但用旁路未经处理的烟气来加热，将会使脱硫效率降低。

多年来，采用卵石石灰和在现场湿化（一般用于大多数大型系统）来替代熟石灰，它具有以下特点：

（1）由于熟石灰在加工时要增加一些步骤，它比生石灰要稍贵些。

（2）纯生石灰（CaO）在每 1lb 生石灰中有 0.714lb 的钙。熟石灰在每 1lb 水合物（$Ca(OH)_2$）中有 0.541lb 的钙。

（3）熟石灰与生石灰相比是一种细的、低密度的产品（25 ~ 35lb/ft^3 或 400 ~ 560kg/m^3），它通常处理成块度 1/2in，密度 55 ~ 60lb/ft^3（880 ~ 960kg/m^3）。

（4）熟石灰的上面几项要比生石灰贵 30% 和运输费较高。生石灰是用于较大的设备，一般对于一个处理固体废物的氯含量为 1%，计量比为 2，每月运行 20 天，容量为固体废物 250 ~ 300t/d 的焚烧炉，每月需要石灰 100 ~ 125t。

B 喷雾吸附器

a 喷雾吸附器的设计

通常喷雾吸附器的这种喷雾干燥技术用在大型垂直的或水平的管道上进行逆向混合。

一般含飞灰和酸气的烟气进入喷雾吸附器内，与非常细的雾化碱性泥浆或溶液接触。烟气在喷雾吸附器内停留大约 10s 时，经绝热加湿，使泥浆或溶液中的水蒸发。同时，烟气与碱类反应生成固体盐（如氯化钙和硫化钙），固体盐是干的，一般自由湿度少于 1%。烟气通常保持在饱和温度以上 20 ~ 50℉，通过喷雾吸附器的烟气进入尘粒控制装置，通常采用袋式除尘器。

在有些设计中，部分固体盐从喷雾吸附器内分离出来，随着飞灰被袋式除尘器收集，碱性物质和酸性烟气之间的反应，在烟气通过管道和袋式除尘器时继续进行。

商业用的喷雾吸附系统可以设计成几种形式。虽然有些采用商业苏打灰，但大部分系统利用石灰作为吸附剂。

喷雾吸附系统大部分采用袋式除尘器净化飞灰和废的颗粒，少数采用电除尘（ESP）。袋式除尘器中，反吹风袋式除尘器被选作可用的除尘器，大部分工业系统则选用脉冲喷吹袋式除尘器。

颗粒大多采用再循环，主要是因为再循环改善了吸附剂的利用率，同时试剂价格较低。再循环的采用主要根据通过烟气的酸气净化需要来决定。

喷雾吸附运行中主要不同点是烟气停留时间和吸附器出口处的接近饱和温度。

烟气停留时间在大部分商业设计中一般为 7 ~ 20s，大部分为 10 ~ 12s。

吸附器出口处接近饱和温度。在干燥器出口，一些常见的商业系统设计要求烘干机出口比较接近饱和温度（即饱和温度以上 18 ~ 25℉）。另外一种是其酸气净化效率要求严格时需要一种较大的接近饱和（即饱和温度以上 30 ~ 50℉）。

b Niro 喷雾吸附反应器

Niro 喷雾吸附反应器（图 7 - 62）是作喷雾泥浆和烟气的均匀混合之用。

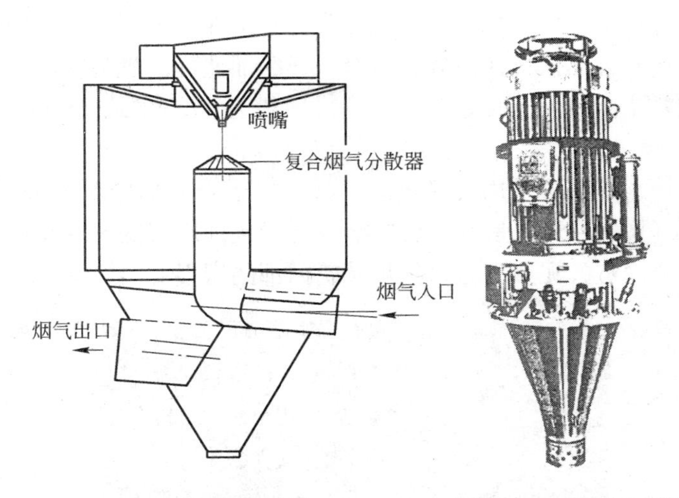

Niro 喷雾吸附反应器　　硝基 (NITRO) 回转喷雾器

图 7－62　Niro 喷雾吸附反应器

Niro 喷雾吸附反应器是烟气通过一个复合烟气分散器，以旋涡流形式送入反应器，复合烟气分散器中心对准喷嘴中心，上下对称。

烟气分散器喷入的烟气控制雾化液滴云的形状，并提供烟气和吸附泥浆在喷雾器周围的狭窄区域内的有效混合，以完成吸附的主要反应。

烟气通过气体分散器形成一股旋风效应的螺旋气流，并通过吸附器底部的圆锥扩散，然后由出口管锥中心排出。

此时，积聚在壁上的所有物质可能会影响系统的正常运行，应避免烟气出口的堵塞。大约 30% 的主要吸附剂干颗粒物质集中在容器的底部，并通过摆动阀（flap valve）排出，剩下来的干颗粒物质随烟气带到除尘器中。

从吸附器排出的颗粒物质与除尘器回收的颗粒物质的比例，可以通过烟气出口管道的修改来改动。

Niro 喷雾吸附反应器的结构尺寸主要是按正常的停留时间确定，即，烟气的气流量除以反应罐的体积。气流的停留时间一般范围为 7～12s，大部分在 10～12s 范围内。

采用回转喷雾器时，喷雾吸附器可采用长径比（L/D）小的垂直筒体。采用双流喷嘴时，通常筒体可采用垂直或水平形式，其长径比（L/D）可更大些，以使烟气和筒体内的吸附喷雾混合得更好。

关于回转喷嘴的设计，泥浆为放射形喷入，并要求喷入的泥浆必须在到达器壁前干燥。如果不是这样，它就会在器壁上积聚干的泥浆。

通常，反应器的外壁应设保温，以减少热损失和避免冷凝。

c　喷雾器

喷雾吸附器中的喷雾器有回转喷嘴、双流体喷嘴、雾化喷嘴三种。虽然有些设计采用雾化喷嘴，但大部分商业喷雾吸附系统采用回转雾化喷嘴。

回转喷嘴

回转喷嘴是一种开发优良的技术，在喷雾干燥工业已用了 40 年。

回转喷嘴出口有一个杯形雾化轮，石灰泥浆几乎是在零压下送入快速回转轮内部，泥浆靠喷嘴杯内壁的离心力，保持像泥浆轮转速一样的加速度。从陶瓷喷嘴沿着轮子的周边甩出来，其喷雾现象是由快速回转轮（外围速度一般为450ft/s或137m/s）和进入烟气之间的剪切力形成。

喷雾器轮的设计，在系统采用再循环时，必须考虑吸附剂中所含的飞灰的磨损因素。耐磨的杯形雾化轮（图7-63）是一个出口镶嵌有碳化硅底板的不锈钢轮体，底板镶嵌成突出轮体，保持一个固定的泥浆层，以保护叶轮内部的磨损。

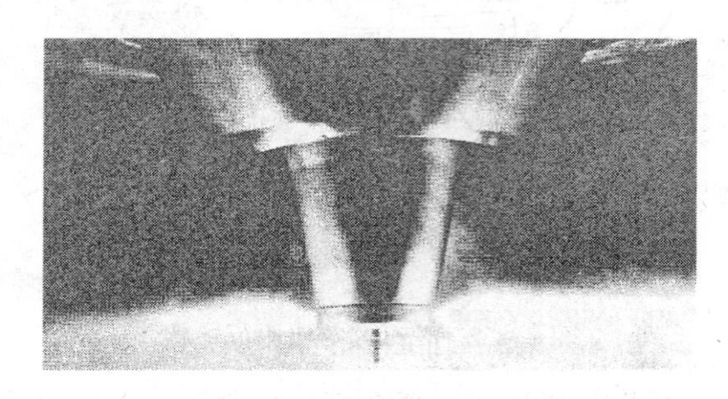

图7-63 杯形雾化轮侧视图

回转喷雾器设计为连续运行，并保持最少的维护。按常规，设备将可靠地运行很多年。

回转喷雾器几乎能在各种试剂流量流入下，喷雾液的尘粒分布没有明显的变化，在烟气量变动范围大的情况下，使水的蒸发率和最终产品的性质一致。

双流体喷嘴

虽然回转喷雾器在喷雾吸附系统中使用最广泛，但双流体喷嘴在有些制造厂也有生产和使用。

Babcock and Wilcox凭在锅炉燃烧喷雾器上50多年的经验，开发了一种双流体喷嘴（图7-64）。

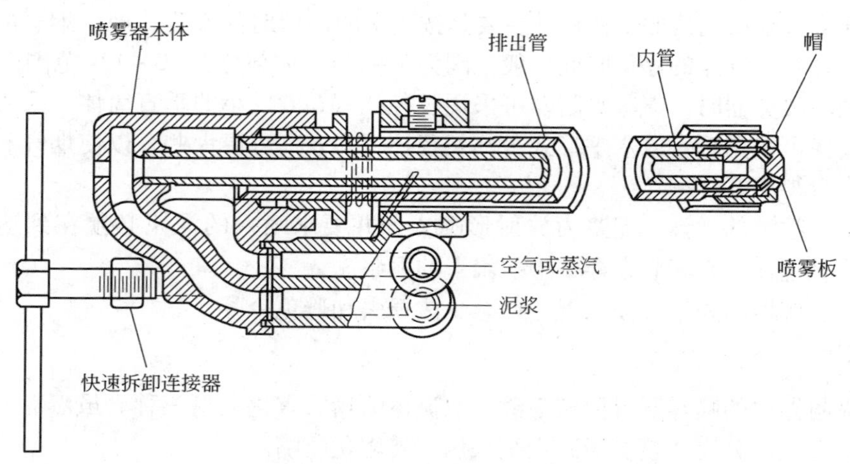

图7-64 Y形喷射泥浆双流体喷嘴

双流体喷嘴是用一种同心管来送入喷雾用的液体（蒸汽）和试剂（石灰泥浆），其主要优点是没有活动部件。

标准的 Babcock and Wilcox 喷雾器（图 7-65）配有 12 个 Y 喷嘴。喷嘴水平地安装在反应器墙前面的圆周喉口的中心，喉口安有控制烟气流动状态的叶片，喷雾器喷出的雾气角度与烟气流动的形状相匹配，使喷雾器喷出的泥浆与烟气取得最好的混合。

有些厂的双流体喷嘴利用空气作为喷雾器流体，而不是蒸汽。

双流体喷嘴，特别是多喷嘴安装时，其优点是可在不停机情况下方便安装；但是，其能源费用比回转喷雾器增加显著。

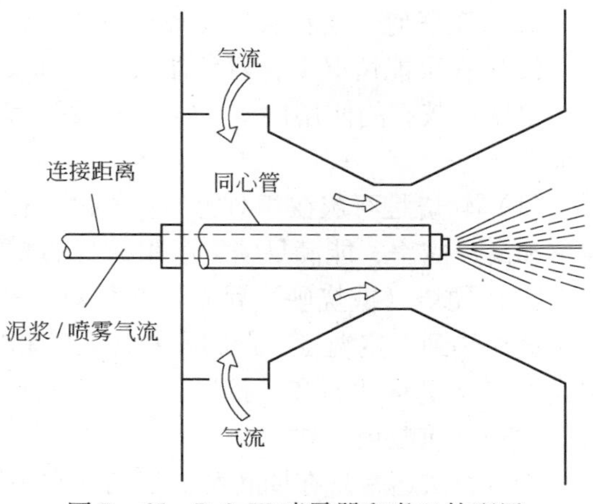

图 7-65 B & W 喷雾器和喉口的配置

雾化喷嘴（简单的压力喷嘴）

一般不太使用，因为它在低流量时会雾化不足；同时由于喷入的泥浆的自然腐蚀，会引起喷嘴的快速侵蚀。

C 试剂处理

a 试剂种类

用于喷雾吸附过程的试剂有钠化合物和钙化合物两种。

（1）钠化合物——如天然碱或苏打石

钠化合物由于具有高溶解性，故容易加工。

钠化合物的加工是在已知体积的水箱中，加入称好重量的干的化合物，制成一种溶液，这种溶液经冲淡后，作为喷雾器的喷雾剂。

为了根据喷雾吸附器出口所需的温度值来控制水量，和根据酸气出口所需的含量程度来控制反应剂的量，故一般采用两级喷雾器喷入方式。

（2）钙化合物——如卵石石灰（pebble lime，CaO）

常用的钙化合物的溶解性相对较低，卵石石灰的大小大约 1/2in，通常在加工中要困难些，所以卵石石灰制成泥浆要比溶液更好一些。

卵石石灰一般用气力输送从发送罐送到储仓，然后落入石灰消和器。

b 石灰的煅烧

氧化钙（CaO）是一种苛性白色固体，是已知的石灰、烧石灰、矿灰（金属灰），生石灰或苛性石灰。

石灰在商业上是由石灰石在窑内烘焙或燃烧配置而成，它从碳酸钙（$CaCO_3$）在以下煅烧反应中制出二氧化碳：

$$CaCO_3(\text{固体}) + 78000\text{Btu/lb-mole} \longrightarrow CaO(\text{固体}) + CO_2(\text{气体})$$

由于这种反应随时会逆转，因此对石灰在空气中的储藏和处理是至关重要。最切实可行的解决方法是：

（1）使用 1/4in 大小或更大一些的颗粒，使石灰暴露在空气中的表面积相对缩小。

（2）在任何时候石灰的储藏尽可能密封。

（3）在可能情况下，避免储藏时间过长。

根据石灰石的使用性质、窑炉的设计和运行温度以及煅烧的持续时间，石灰有各种等级。

（1）软烧是石灰在相对短的时间内、在一个相对低的温度下煅烧。这种石灰具有高孔隙率和高反应率，能满足喷雾吸附过程的需要。

（2）硬烧（或烧硬）是石灰在相对长的时间内，在一个相对高的温度下煅烧。这种石灰被加热到一定温度，此时颗粒的孔隙趋向于熔融，减少了它的反应。硬烧是在立窑中制成2~8in 的成块石灰，接近于烧硬，它在喷雾吸附系统制成的熟石灰泥浆品质太低，并需要在破碎前湿化（熟化）。

卵石石灰通常是在回转窑内烧制，常用轻烧，是理想的适宜做泥浆或用于喷雾吸附过程的粒状石灰，为 8~80 号大小和更小，最常用的是 0.25~2in 大小的卵石石灰，就像地面生石灰，石灰粉分离得极细，可避免在大量储藏时大量碳化，而不适用于喷雾吸附。

极透气的和高反应的石灰是由高钙石灰石的无固定形状的结构和鲕粒（贝壳化石）焙烧而成。这种形式的石灰石在美国大部分地区是极为丰富的。结晶灰岩、变质石灰岩和白云质石灰岩具有较低的钙含量，将产生少的石灰反应，因此应避免。

c 石灰消和器

石灰消和器是一种用水混合石灰制成氢氧化钙的装置。

石灰消和器的设计和运行必须考虑以下因素：

（1）石灰消和是一种放热过程，加工时有明显的、快速的发热。

（2）加入的石灰中含有的细粒最好除去，以保护下游的泥浆处理设备。

（3）消和过程的温度必须控制，以保持产品的质量。

不同的商业喷雾吸收系统用来消和石灰的方法有所不同，常用的有球磨消和机、糨糊消和机、缓和（detention）消和机。

球磨消和机和糨糊消和机是经常使用的，其优点是：

（1）球磨消和机一般能产生出一种极细的和反应更强的泥浆。

（2）糨糊消和机不需要清除和处理粗砂。

（3）糨糊消和机的投资较低、噪声较低、动力需要较少。

（4）糨糊消和机制成的泥浆，比球磨消和机制成的泥浆磨料少，它能减少磨损，以保护系统的泵和管道。

缓和（detention）消和机出口大约25%是固体，称为石灰乳，通常是送入一个或两个石灰乳储藏罐，以维持再循环时泥浆的均衡。它的运行很像钠化合物，石灰乳称量后进入喷雾器，石灰乳的称量常常是按出口 SO_2 检测器的反应和按维持喷雾吸附器出口温度的喷雾器冲淡水的水量检测确定。

d 石灰的制浆

石灰制浆是水合石灰成氢氧化钙的过程，也像已知的熟石灰或消石灰那样。制浆是用过量的水进行放热反应：

$$CaO(\text{固体}) + H_2O(\text{液体}) \longrightarrow Ca(OH)_2(\text{固体}) + 27500\ \text{Btu/lb-mole}$$

当高钙、软烧的卵石石灰用温和、干净的水，在水和石灰比为 3 ~4 情况下制成熟石灰，石灰卵石就快速瓦解在一种爆炸熟石灰链的反应中，制成一种极细的（1 ~3μm）悬浮熟石灰颗粒的泥浆，它用于喷雾吸附过程中是很理想的。这种理想的熟石灰，在喷雾吸附过程中可以随时观察到以下几点：

（1）完成全部熟石灰过程至少要 3min。

（2）在水和石灰比为 3.5 时其反应温度上升大约 43℃(110℉)。

（3）制成的泥浆黏性非常高，其黏度为 8 ~14Pa · s（容忍度，Brookfield）。

熟化时间长、温度上升少以及黏性低的泥浆就成为一种反应少的熟石灰泥浆。较大的颗粒很少能适应喷雾吸附过程。

D 渣处置

灰斗用于暂时储藏从干洗涤器和袋式除尘器收集来的、处理以前的灰尘。

灰尘应尽可能地立即从灰斗内排除，以免堵塞。

灰斗的坡度通常设计成 60°，以使灰尘可在灰斗内流动自由。

灰斗应具有挡板、多孔板、振动器和振打器，以防灰斗内壁积聚灰尘。灰斗加热器也能帮助避免灰尘粘贴在灰斗的内壁，引起灰尘搭桥。

所有灰斗需设灰斗指示器，它在堵塞问题出现危险之前，报警提示操作者。

灰斗底部的排灰装置通常采用细流阀（trickle valve）、回转锁气器、螺旋输送机或气力输送器。

飞灰和/或失效的吸附反应剂物质必须处理到环境能接受的程度。

在喷雾干燥器内，如采用以钠为基础的反应剂时，由于钠化合物具有非常可溶性，能引起渣液的渗滤问题，但是，内衬能帮助缓和这些渗滤问题。

如果收集的飞灰中有一部分是有毒金属，这些物质必须正确填埋，EPA 在不久的将来会对处理这些物质进行限制。

E 喷雾吸附器和除尘器之间的相互作用

至今，在所有商业喷雾吸附系统中，除尘器选择袋式除尘器多于电除尘器，其优点是：因为收集在滤袋表面的未曾反应的碱性物质和飞灰，在烟气通过滤袋时能进一步与剩余在烟气中的 HCl 和 SO_2 进行反应，有些报道提及，通过袋式除尘器净化的 SO_2，至少可提高大约 10% 左右。

喷雾吸附器酸气净化系统设计的袋式除尘器，主要不同的是滤袋、清灰频率和清灰形式。在喷雾吸附系统中，虽然亚克力滤袋的价格比较便宜，但大部分选用的是 Teflon®涂层的玻纤滤袋，亚克力滤袋只是在吸附器烟气温度较低时被替代。

袋式除尘器在喷雾吸附系统中主要应关注：

（1）袋式除尘器内灰尘的含湿量过分潮湿时，将造成尘饼的清灰性能降低，引起袋式除尘器的压力降极度上升。

（2）经验表明，一台成功的袋式除尘器，烟气的入口温度应高于绝热饱和温度 20℉以上，如果低于这个温度，在运行时间较短时，由于原有滤料上的尘饼还是干灰，还能允许它继续在清灰循环中成功地清灰，因此，袋式除尘器还可以容纳，对除尘系统还没有大的干扰；但是，当烟气湿度过高，就应在下一个清灰循环来到之前恢复干燥，否则会影响除尘器的正常运行。

7.3.2.2 干灰喷射

干式喷射是在烟气进入袋式除尘器之前，用气流喷射一种干的、粉状的化合物，随后颗粒由袋式除尘器中收集的一种复合净化技术。

干式喷射复合净化的喷射点可以是各种形式：

（1）炉子的上游。

（2）袋式除尘器的入口处。

试剂和 SO_2 之间的反应可以在：

（1）烟气的气流中。

（2）滤袋表面。试剂收集在滤袋表面成为尘饼的一部分，在烟气通过滤袋时净化 SO_2。

干式喷射的喷射形式可以有两种：

（1）将干粉喷入一个安置在袋式除尘器前面的混合容器内（又称干式喷射器）。

（2）将干粉直接喷入袋式除尘器上游的管道系统中。

干粉的成分是多样性的，它将在干态下与有害气体起化学反应，从而完成净化，化学反应后的尘粒随后为袋式除尘器所捕集。

有时在干式喷射器之前喷入一点水分，以增加烟气中的湿度，能提高随后的干式喷射器内的化学反应。

干式喷射过程在铝行业的生产过程中控制氟化氢（HF）的排放已用了很多年，并普遍认为可以用于燃煤锅炉和市政垃圾焚烧炉中。

一台22MW燃煤锅炉控制 SO_2 排放的干式喷射试验装置在 Public Service of Colorado Cameo Station 建成，采用的是美国西部低硫煤，烟气中含有450ppm SO_2，采用的天然碱和苏打石计量比分别为1.3和0.8，试验结果表明，SO_2 的净化率为70%，干式喷射比喷雾吸附的试剂费用要便宜些。

虽然干灰喷射在袋式除尘器上游已试用过各种碱性反应剂（如石灰和石灰石），只有某些钠化合物在烟气中具有高的 SO_2 净化能力。

苏打石（Nahcolite）和天然碱矿（trona ores）含有天然的钠化合物，它们在干灰喷射中无论从反应和价格方面都是最有希望的反应剂。

苏打石含有超过70%的碳酸氢钠（$NaHCO_3$），它在美国与西部油页岩一起找到丰富的储量，它在烟气中与 SO_2 的反应更有效。

天然碱矿含有纯碱（Na_2CO_3）和碳酸氢三钠（$Na_2CO_3 \cdot NaHCO_3 \cdot 2H_2O$），它在美国的 Wyoming 和 California 找到大量的储量。

苏打石和天然碱矿影响 SO_2 净化的主要因素是：

（1）喷射点的计量比（Na_2O 与入口 SO_2 的摩尔比）。高的计量比能取得更高的 SO_2 净化率。同时，较高的计量比，也会导致使用较少的反应剂。

（2）烟气温度。当在太低的温度下喷射反应剂，将会降低 SO_2 的初始反应率，并限制整个 SO_2 的净化。对于苏打石，在喷射点温度低于270℉(135℃）时，其脱硫效率显著下降。

（3）其他参数，包括反应剂的颗粒大小、喷射形式（批次、半批次或连续）、袋式除尘器的气布比和滤袋的清灰频率，在干灰喷射过程中也是极重要的。

干灰喷射技术于1990年由Public Service Company of Colorado在一台500 MW设备上首次商业化应用，其情况为：

（1）系统采用天然碱矿作为吸附剂。

（2）炉子烧的是含0.4%硫的西部煤。

（3）SO_2的净化率设计为70%。

（4）天然碱（trona）在袋式除尘器上游、烟气温度大约270～280℉(132～138℃)处喷入。

（5）黏土和衬塑垃圾填埋场用作固体的处理。

在干灰喷射过程中（图7－66），做过袋式除尘器和电除尘器的试验。由于袋式除尘器滤袋表面积附着尚未吸附过的吸附剂，在烟气流过时，吸附剂和烟气中的SO_2之间的反应进一步改善了SO_2的净化效率，为此，绝大多数人都赞成用袋式除尘。

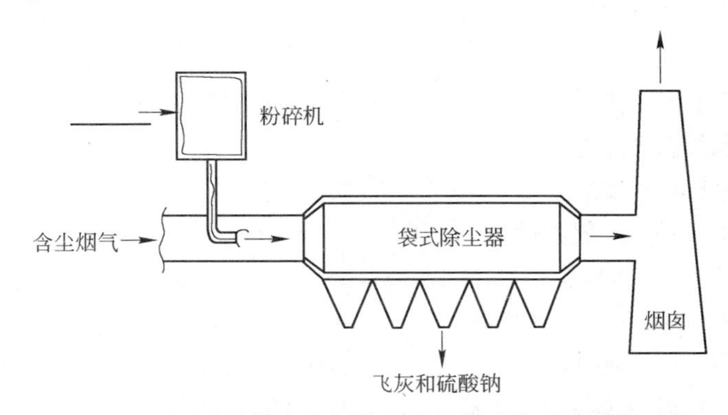

图7－66 同时净化有害气体和尘粒物质的干式喷射过程

由于大部分SO_2的净化反应出现在滤袋表面，吸附剂的喷入方法有好几种：

（1）连续的：滤袋清灰后，吸附剂从除尘器上游喷射点连续喷入。

（2）批次的：在滤袋清灰后，烟气恢复过滤前，一批吸附剂从袋式除尘器上游的喷射点喷入。

（3）半批次：这种喷入方法是(1)型和(2)型的折中。在滤袋清灰后，有一部分吸附剂从袋式除尘器上游的喷射点喷入加入到滤袋表面（像预涂层），剩余的在整个除尘器运行过程中，从喷射点上游连续喷入。

试验这些技术是用苏打石，一种天然存在的含高碳酸氢钠的矿，对二氧化硫来说是最好的净化。

在美国，采用含高碳酸氢钠的矿来净化二氧化硫，存在以下两个问题：

（1）苏打石在美国科罗拉多州的油页岩矿床附近存在大量的储量，但尚未被大量开采。

（2）对所有高水溶性的钠化合物废物的处理。

由于上述理由，目前研究趋势是加强采用如石灰石和石灰等钙化合物的净化处理。

在干式过程净化二氧化硫时，可以用增加烟气中的湿度来改善。

风动/机械混合的干式喷射过程如图7－67所示。

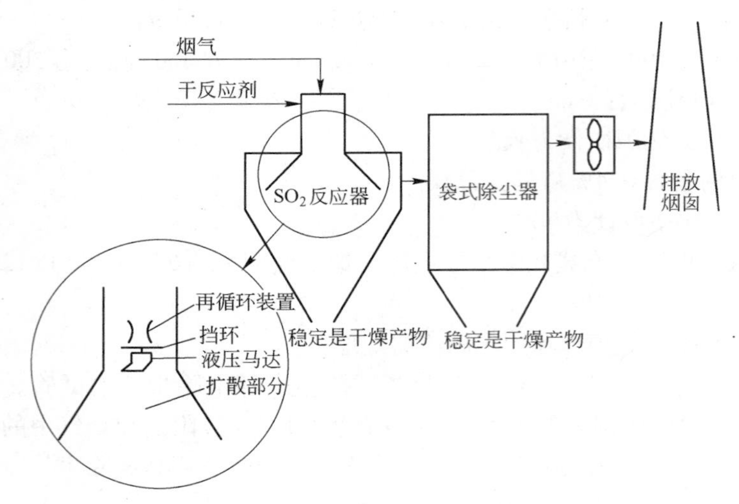

图 7 - 67 风动/机械混合的干式喷射过程

风动/机械混合过程是将反应剂经机械粉碎，以提高反应剂的表面积，然后与气流混合，以提高混合剂的净化性能。

这种系统在净化垃圾焚烧炉排出烟气中的氯化氢时已显示出运行效果良好。

7.3.2.3 改造的干石灰石过程（MDLP）

改性干石灰石过程（MDLP）是 Morgantown Energy Technology Center（METC）开发的一种干的石灰石 FGD 过程，并在 1976 年由 Shale 和 Cross 申请了专利。

改性干石灰石过程（MDLP）是在热烟气 149℃(300℉) 中加入水蒸气，使它在通过净化 SO_2 用的石灰石碎片颗粒层之前，提高烟气的饱和温度，使其达到最低临界温度之上。

在实验室中经过动力学研究和大量评价研究。动力学研究的结论表示：

(1) 其反应率与石灰流程中发现的相当。

(2) 在石灰石颗粒层的钙表面发软，并易于为机械搅拌所清除。

大量评价研究中显示：

(1) 模拟的干烟气加热到 138℃(280℉)，在进入石灰石碎片颗粒层之前通过饱和器，烟气在 66 ~ 71℃(150 ~ 160℉) 进入石灰石碎片颗粒层。

(2) 通过石灰石碎片颗粒层的速度为 10 ~ 15ft/min(5 ~ 8cm/s)。

测试采用直径 1.0in (2.5cm) 和深 9.0in (23cm)、直径 1/2in (1.3cm) 和深 4.0in (10cm) 两种石灰石碎片颗粒层进行。石灰石碎片经测量为 1/16 ~ 1/2in(1.6 ~ 13mm)。

对入口烟气中含 SO_2 为 1600ppm 的大量研究中显示，饱和温度在 66℃(150℉) 时，SO_2 的净化效率大于 90% 保持 3 个小时以上。在较低的饱和温度（如 38 ~ 43℃ 或 100 ~ 110℉）时，因为成粒状的 $CaSO_3/CaSO_4$ 形成层状的原因，在开始期间的高净化效率后，净化效率会随时间快速降低。

更高的石灰石碎片颗粒层层速（100ft/min 或 51cm/s）试验证实，当烟气中由饱和器控制加入的水，使加入的水蒸气达到饱和温度时，SO_2 的净化效率能达到大于 90%。该饱和温度应高于进入石灰石颗粒层的实际温度 30℉ 以上。吸附剂利用率据报道能达到小于90%。

7.3.2.4 ETS干式反应器系统

ETS Inc.，Roanoke，VA最近试验并发展了一种实验室规模的完全干式FGD系统（图7-68）。这种系统是由Energy和Pollution Controls Inc. 的Flick-Reedy Inc. 子公司首先开发。

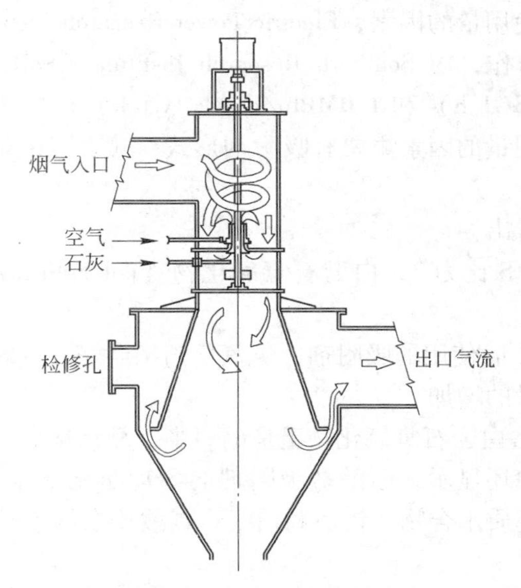

图7-68 干式反应的空气污染控制（SO_2）反应器

ETS干式反应器系统的第一个商业装置是安装在Fairfax Hospital，Fairfax，VA。它是美国医疗垃圾中第一个酸气净化系统干式反应器。

这种干式FGD反应器是与袋式除尘器组合在一起，形成工业应用上的一个完整的干式FGD系统。反应器设计成气旋式烟气气流，近似一种液力传动的抛投器。它将干的熟石灰逆向抛向烟气气流中，熟石灰是用一种商业可用的干化学剂喂料器喂入抛投器中。抛投器的上半部分是一个气动操作喷射器，它捕集和再循环少量使用过的吸附剂。反应器的下面再循环部分，一个圆锥扩散降低了气流速度，使烟气气流在到达袋式除尘器之前将重的颗粒物质排出。

早期开发的反应器试验是针对燃烧含3.3%硫的伊利诺伊州煤的燃煤热水锅炉（1.6MBtu/h或1.7GJ/h）的烟气。烟气的硫含量为1600~2300ppm SO_2，反应器内的烟气温度为350~500℉(177~260℃)，而下游滤筒过滤装置的温度为保护Nomex®滤筒限制在350℉(177℃)。整个测试中，通过反应器的压力降小于0.5inH_2O(125Pa)。在计量比为0.8~3.0时，SO_2的净化效率为45%~95%。

后来，在一台EI Dorado，AR的焚烧炉上试验ETS干式反应器，处理一股尚未控制的焚烧炉排出的烟气气流，并使用EPA方法5的抽样装置在设备的进口和出口测量烟气中的总颗粒物质和HCl，进出口的颗粒大小用安德森冲击器测量，得到了高净化度的颗粒物质和HCl（HCl净化率达99%）。

7.3.2.5 炉内喷射

吸附剂直接喷射到炉内，通过实验室的试验，在有效的应用中能降低50%二氧化硫

(SO_2) 或更多。

在这个过程中，煤粉吸附剂，如石灰石或氢氧化钙喷进炉腔上部热的区域（2000℉或1093℃），吸附剂很快分解成石灰颗粒，并与 SO_2 反应成硫酸钙（$CaSO_4$）。这种产物（还带有一些尚未反应的石灰）与飞灰一起，在袋式除尘器或静电除尘器（ESP）中被清除。实质上，这个过程提供了燃煤锅炉的一种脱硫技术，它同样可用于流化床锅炉。

为求得影响吸附剂使用量的因素，Electric Power Research Institute（EPRI）和 Southern Company Services Inc. 合作，由 Southern Research Institute（SoRI）和 KV 在 Birmingham AL. 的 0.5MBtu/h（0.53GJ/h）和 1.0MBtu/h（1.1GJ/h）试验规模的炉子上进行试验。试验得出影响吸附剂使用量的因素主要有吸附剂形式、喷射点的烟气温度和焙烧（加热）吸附剂的表面积。

从图 7－69 中可以看出：

（1）一种典型的 Ca/S 比为 2，白云石氢氧化物（dolomitic hydroxide）是净化 SO_2 最有效的吸附剂。

（2）然而，根据每小时使用的吸附剂，氢氧化钙相当好，氢氧化钙对 SO_2 净化效率的提高，抵消了它的使用量的增加。

（3）显然，镁，它占白云石氢氧化物重量的一半，靠钙来提高 SO_2 的净化是没有任何作用的。这种吸附剂试验还显示，碳酸盐吸附剂的 SO_2 净化率比氢氧化物在可比的 Ca/S 比下少。就像白云石和钙质水合物、钙质和白云石碳酸盐在每小时所用的吸附剂磅数是同样好。

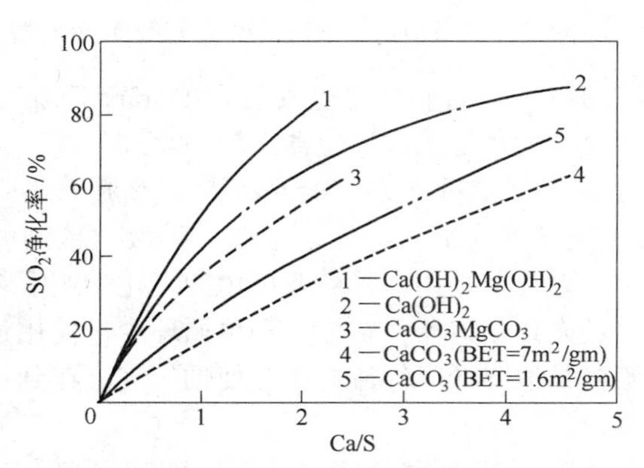

图 7－69 用各种形式的钙吸附剂净化 SO_2

对于一个给定的吸附剂，炉子吸附剂喷射点的烟气温度是最重要的变量。SO_2 的净化最高温度是在 980～1200℃(1800～2200℉) 之间，每种试验的吸附剂其理想温度都有所变化。这个温度通常是发生在炉子的上部辐射和引起对流的部分，远高于火焰和燃烧区域之上，因此，在最常用的锅炉中，吸附剂从燃烧区喷入不是一种好方法。根据现有的酸雨立法，对于 pre－NSPS 锅炉，SO_2 和 NO_x 两者都有限制。结果也显示，在喷射点后面烟气冷却太快会降低 SO_2 的净化效率。

炉内喷射吸附剂是一种有前途的提高 SO_2 净化的技术，因为它与湿式洗涤器和喷雾干燥相比费用较低，特别是对现有电站。这种技术对老厂和目前还未处理的厂特别有吸引力。这使它除了可在改造时使用之外，也可以与其他 SO_2 控制措施一起使用以满足新厂的严格的排放规定。

改善钙的利用率，选择炉内喷射吸附，从经济意义上看，控制 SO_2 的费用优点显著增强。当前的典型利用率是15% ~40%，改善吸附剂会降低费用，减少吸附剂使用量，减少可能出现的锅炉结渣和对流管的积垢，缓解微粒控制负担并简化废物的处理。

在工业炉中应用吸附喷射能达到减少50%二氧化硫（SO_2）或更多。在这个过程中，研磨成粉的吸附，如石灰石或氢氧化钙是喷入炉内较热（约2000℉，约为1090℃）的区域，在那里，它们迅速分解成石灰颗粒，并与 SO_2 反应形成硫酸钙（$CaSO_4$）。

硫酸钙（$CaSO_4$）和所有没有反应的石灰的烟气在袋式除尘器或电除尘器中随飞灰一起被净化。实质上，这些过程像所有控制 SO_2 的化学作用一样用于流化床燃煤锅炉中。

因为使用费用低，炉内吸附喷射是一种专门的、有前途的技术。在现有的电力设备中，为了提高 SO_2 的净化，所用的是一种替代湿式洗涤和干式喷雾（spray drying）的技术。这种技术是比较老的，但它特别吸引人之处在于不需要控制设备，电耗较低，设备运转费用低。同时，这个过程可以应用在新设备上，与其他 SO_2 控制一起来适应严格的排放规定。

8　袋式除尘系统的技术措施

8.1　预喷涂技术

8.1.1　预喷涂的功能

除尘器滤袋在开始运行前干净滤袋的透气性极好，含尘气体流动畅通。一般在高温烟气净化中，为防止低温启动及燃油点火时的滤袋黏结，均采用预喷涂技术。预喷涂技术的功能主要有低温启动防结露和燃油点火防黏结。

8.1.1.1　低温启动防结露

高温炉窑开始运转时炉温较低，启动时烟气含有相当数量的水汽和其他易冷凝气体（如含 SO_x 气体）。在燃料开始燃烧时燃烧不完全，流经滤料的烟气温度将低于酸露点温度。因此，当烟气在没有达到正常操作温度时，就会产生结露。为尽可能保护滤袋表面不产生结露、堵塞，预喷涂将在滤袋表面覆盖一层灰尘层，以防止含尘烟气中的酸和水汽引起滤料堵塞（图 8 – 1）。

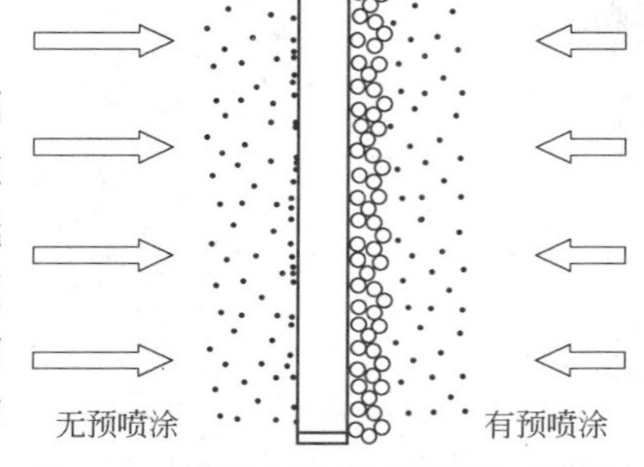

图 8 – 1　滤料表面有无预喷涂的区别

8.1.1.2　燃油点火防黏结

燃煤电厂锅炉在启动初期，一般都采用燃油低温点火，为防止干净滤袋表面受油烟的黏结，应在点火燃油前采用预喷涂，使滤袋表面覆盖一层灰尘层，以吸附油烟防止滤料的黏结、堵塞（图 8 – 2）。

预涂灰前的滤袋

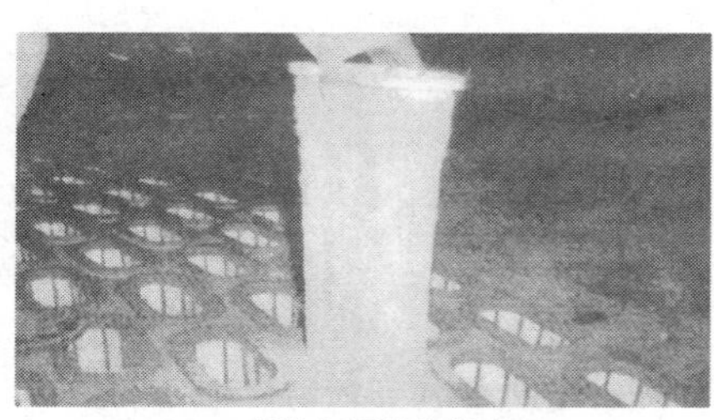

预涂灰后滤袋表面

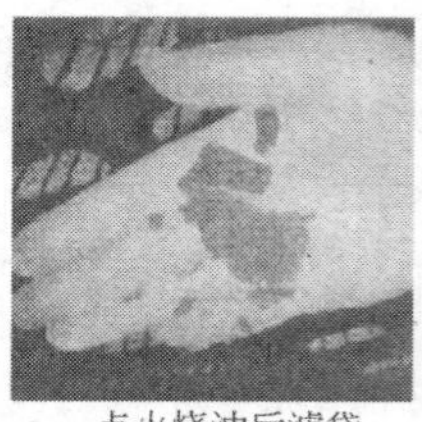

点火烧油后滤袋外表面的粉尘

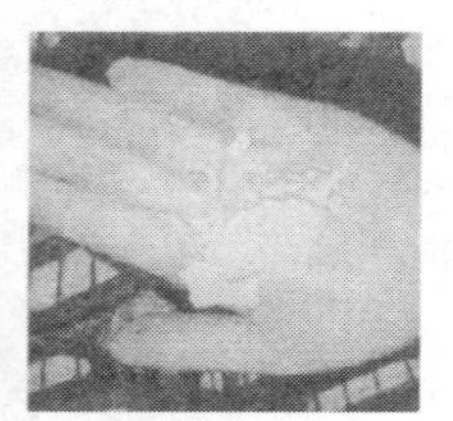

点火烧油后滤袋内表面的粉尘

图 8 – 2　预涂层点火烧油后的状况

8.1.2 预喷涂的作用原理

滤料表面进行预喷涂后，其预喷涂粉尘层即可具有物理性及化学性两种作用。

8.1.2.1 物理性作用

当风机在满负荷运行时，燃烧产生的烟气通过滤料的过滤风速高，此时大量油烟从滤料表面渗透过去，并黏结在滤料表面引起堵塞。

滤料经预喷涂后，即会在滤料表面形成一层预喷涂粉尘层（即尘饼）。该尘饼对烟气中的油雾通过物理吸附作用吸收，待燃油点火燃烧结束后（此时燃烧的油量应不超过预喷涂粉尘层的饱和状态），就可利用除尘器的清灰装置进行喷吹清灰，滤料即可恢复正常过滤运行。

8.1.2.2 化学性作用

在高温炉窑启动初期低温燃烧时，由于燃料燃烧中具有酸气及水分，烟气达到酸露点温度以下会引起滤料的结露、黏结。

滤料经预喷涂后，即会在滤料表面形成一层预喷涂粉尘层（即尘饼），该尘饼为碱性物料，对烟气中的酸气起中和作用，大大降低了酸露点温度，从而避免烟气的结露、黏结。特别要注意的是，由于预喷涂层的碱性粉料是一次性定量喷涂（碱性粉料是有限的）在滤料表面，因此，通过滤料表面的含酸烟气量（即酸烟气通过的时间）不能超过滤料表面碱性粉料量所能吸收的能力。当烟气温上升到酸露点温度以上时，利用除尘器的清灰装置喷吹清灰，滤料即可恢复正常过滤运行。

各种酸露点的吸附作用：

$$HCl + Ca(OH)_2 \longrightarrow CaCl_2 + H_2O$$

$$SO_2 + Ca(OH)_2 \longrightarrow CaSO_3 + H_2O$$

$$SO_3 + Ca(OH)_2 \longrightarrow CaSO_4 + H_2O$$

$$HF + Ca(OH)_2 \longrightarrow CaF_2 + H_2O$$

SO_3 酸露点（图 8－3）的形成：

$$2SO_2 + O_2 \longrightarrow 2SO_3$$

$$SO_3 + H_2O \longrightarrow H_2SO_4$$

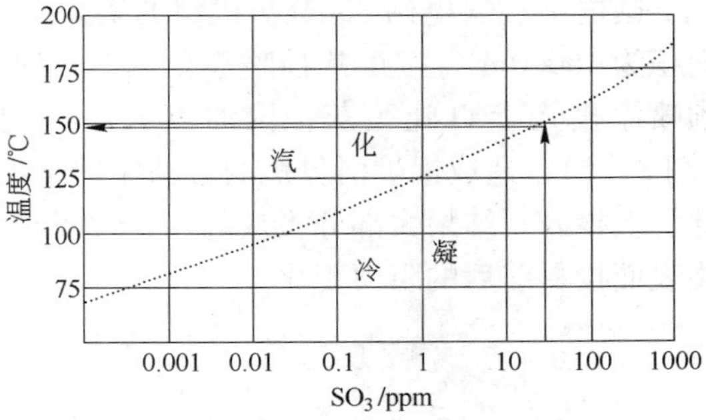

图 8－3 SO_3 酸露点温度

预喷涂粉尘层对 SO_3 酸露点的吸附量：

$$SO_3 + Ca(OH)_2 \longrightarrow CaSO_4 + H_2O$$

分子量	80	74
$Ca(OH)_2$ 喷涂量		$250g/m^2$
滤袋对 SO_3 的吸附量		270270mg
燃油（含 2% S）		$3442mg\ SO_2/m^3$ 烟气
吸附率		5%，约 $172mg/SO_3$
G/C 比（气布比）		1.3m/min
S/C 比（硫布比）		$224mg\ SO_3/(m^2$ 滤料 · min)

所以，预喷涂一次后，可吸附 SO_3 的时间为：

$$270270mg \div 224mg = 1206min \approx 20h$$

8.1.3 预喷涂的形式类型

8.1.3.1 一次性（连续性）含油、水烟气的预喷涂

袋式除尘器在过滤高温含尘烟气时，由于开机初期烟气温度较低，或烟气中含有黏性物质，采用预喷涂措施可防止水汽、黏性物质对滤袋的结露、堵塞。预喷涂完成后，通过除尘器的清灰装置，将预喷涂粉尘层清除干净，以保护除尘器进入稳定运行，在进入正常过滤后，不需要再进行预喷涂。这类预喷涂的应用，最典型、最常见的是燃煤电站锅炉的袋式除尘系统。

燃煤电站锅炉通常在低温启动时采用投油点火，由于燃油一般都含硫（S），因此，点火燃烧时，空气中的水分及燃油中的S形成烟气的酸露点温度极高，加上启动时烟气温度较低，致使过滤时滤料极易黏结、堵塞。为此，必须对滤袋进行预喷涂处理，以确保除尘器的正常运行。

当采用含硫为2%的燃油时，预喷涂在每1m^2滤袋喷250g粉料的情况下可维持投油燃烧20h，即在20h之内，滤袋表面的预喷涂粉尘层足以吸收油雾（水分），使滤袋不致形成板结、堵塞。燃油燃烧超过20h后，滤袋仍会被黏结、堵塞。

电站锅炉在投油点火时，预喷涂的喷涂量一般采用每1m^2滤袋喷250g粉料即能满足要求。但是，喷入除尘器的粉料必须保证能有效地吸附在滤袋表面，否则，滤袋表面仍会产生黏结、堵塞。因此，电站锅炉在投油点火预喷涂时在预喷涂结束后，必须验证滤袋内外的压差，应保证增加120~250Pa，以确认滤袋表面是否已挂上预喷涂粉尘层。

国内某燃煤电站300MW机组的锅炉电除尘器改造为袋式除尘器，袋式除尘器总过滤面积为46000m^2，按正常预喷涂要求，其喷粉量采用11.5t即可。除尘器在投油点火前，预喷涂投入上百吨飞灰，投油点火后压差由300Pa瞬间（半小时内）上升到3000Pa（图8-4），造成锅炉引风机的自动保护动作，锅炉灭火。经分析，发现预喷涂是在烟道立管上投入，结果大部分飞灰落入立管底部，甚至从投料口中满溢出来，同时也未验证滤袋表面投料前后的阻力变化。

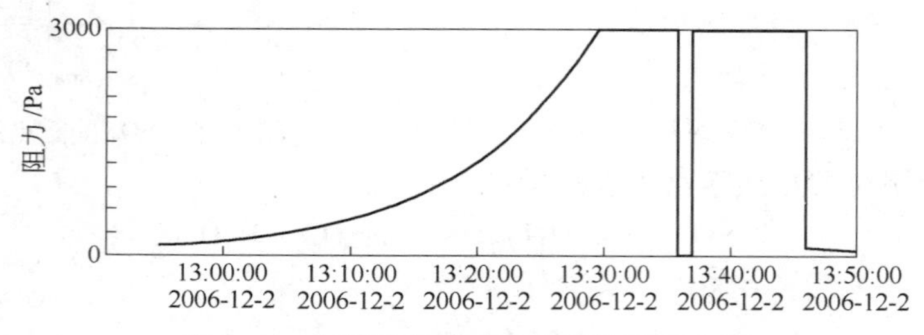

图8-4 预喷涂投油点火后压差瞬间上升

由此可见，预喷涂过程中，除投料量及滤袋表面压差是确保预喷涂效果的关键外，投料位置也是影响预喷涂效果值得关注的内容。一般投料位置应选择在距除尘器入口8~10m外的水平管道上（图8-5）。

8.1.3.2 周期性（间断性）含油、水烟气的预喷涂

A 顶装煤焦炉烟气的预喷涂

在生产工艺周期性地散发含油、水烟气时，除尘系统也应采用预喷涂措施，以防止水

图 8 -5 预喷涂投料口人工投料

汽、黏性物质对滤袋的黏结、堵塞，确保除尘器的正常运行。

由于是周期性散发含油、水烟气，所以如果采用一次性（连续性）含油、水烟气的预喷涂，含油、水烟气在再次过滤时，滤袋仍将产生黏结、堵塞。为此，除尘器在每次（或几次）过滤烟气前，必须进行一次预喷涂，以此类推，需要周期性地进行预喷涂，预喷涂措施应与生产工艺设备连锁动作。这类预喷涂的应用，最典型、最常见的是炼焦厂焦炉装煤车的装煤除尘。

焦炭是煤在焦炉炭化室内通过干馏而成，一座焦炉由多个炭化室组成。一般装煤车从煤塔装满煤后，沿轨道行驶，对准焦炉炭化室装煤口向炉内装煤，此即称为顶装煤焦炉（图 8 -6、图 8 -7）。

顶装煤焦炉在往炭化室装煤时，煤受炭化室炉墙高温影响，炭化室内温度达 1000℃以上，室内呈红色，产生大量荒煤气和水蒸气，当其不能及时由上升管导出时，此时大量黑黄色的高温烟气即从装煤口冲出，冲出的烟气夹带大量细小煤尘，烟气中含有煤尘、荒煤气、焦油烟以及大量 BSO（苯可溶物）、BaP（苯并［a］吡），其成分如下：

水蒸气	250 ~450mg/Nm^3
焦油气	80 ~120mg/Nm^3
硫化氢	6 ~30mg/Nm^3
氨	8 ~16mg/Nm^3
苯	10mg/Nm^3
粗苯	6 ~30mg/Nm^3
氢化物	1.0 ~2.5mg/Nm^3
硫化物	2.0 ~2.5mg/Nm^3
轻吡啶盐基	0.4 ~0.6mg/Nm^3
二氧化硫	1.25mg/Nm^3
苯并芘	0.0025mg/Nm^3
粉尘浓度	662.5 ~1160mg/Nm^3

炭化室装煤口的烟气通过装煤车上的套罩进行捕集，由于套罩的作用混入周围大量冷空气，使烟气温度降到 300℃，再通过除尘系统的管道（活动管道和固定管道）进行灭火及冷却，最后烟气在进入袋式除尘器前进行预喷涂，焦炉装煤除尘系统预喷涂流程如图 8 -8和图 8 -9 所示。

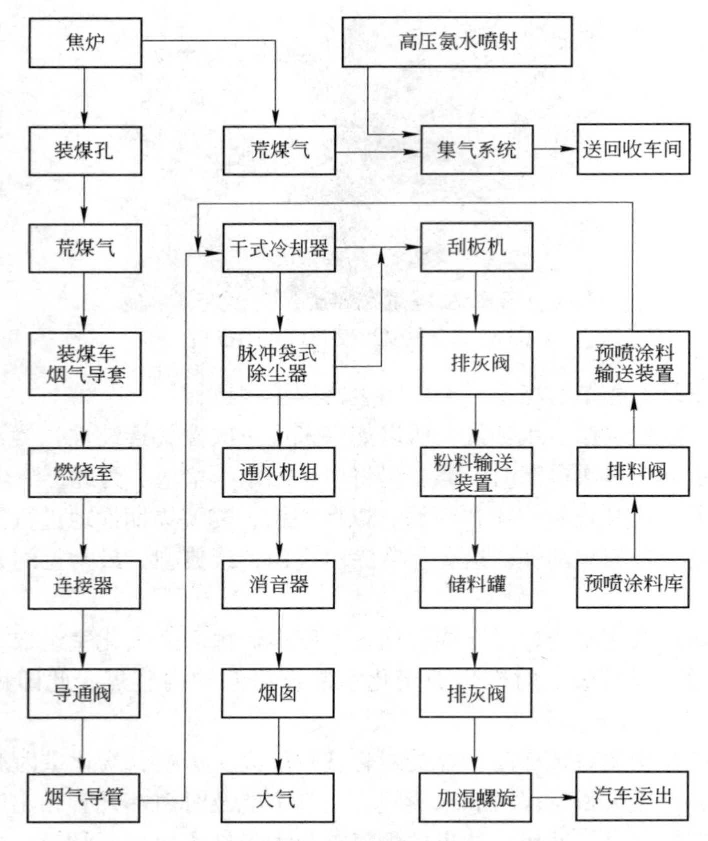

图 8 – 6　装煤烟气在地面干式净化的流程

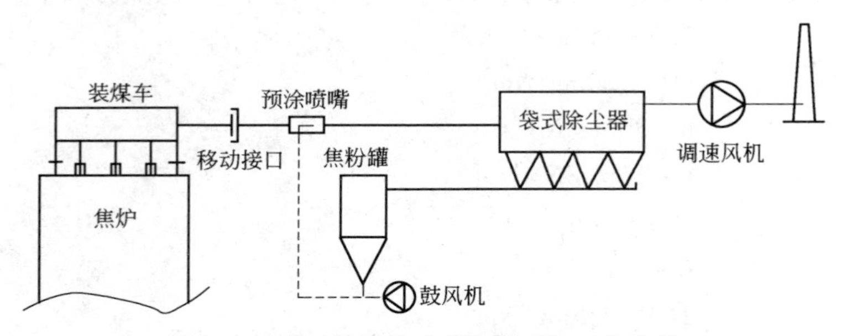

图 8 – 7　焦炉装煤除尘系统预喷涂工艺流程

除尘系统预喷涂流程如下：

储灰斗（约 35m^3）→回转卸灰阀→给料器→溜槽→除尘管道

装煤车除尘系统预喷涂的技术参数为：

焦炉日装煤次数	120 ~ 125 次/日
预喷涂次数	每隔 17 ~ 20 炉喷一次（相当于 7 ~ 8 次/日）
预喷涂粉料	焦粉，CaO 或 $Ca(OH)_2$
喷粉量	150 ~ 200g/m^2（或 2200kg/d）

预喷涂应与装煤车连锁。焦炉装煤车在装煤口装煤时，装煤时间约为 3min，一般间隔

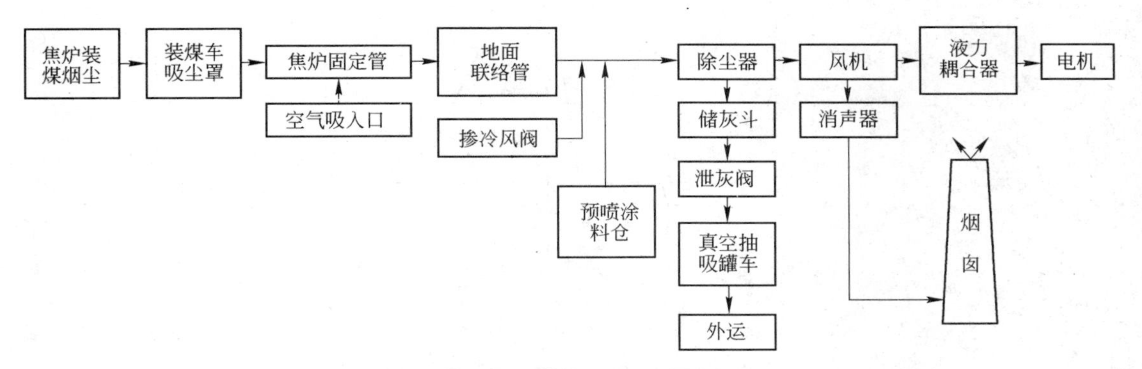

图 8－8 焦炉装煤车除尘系统流程

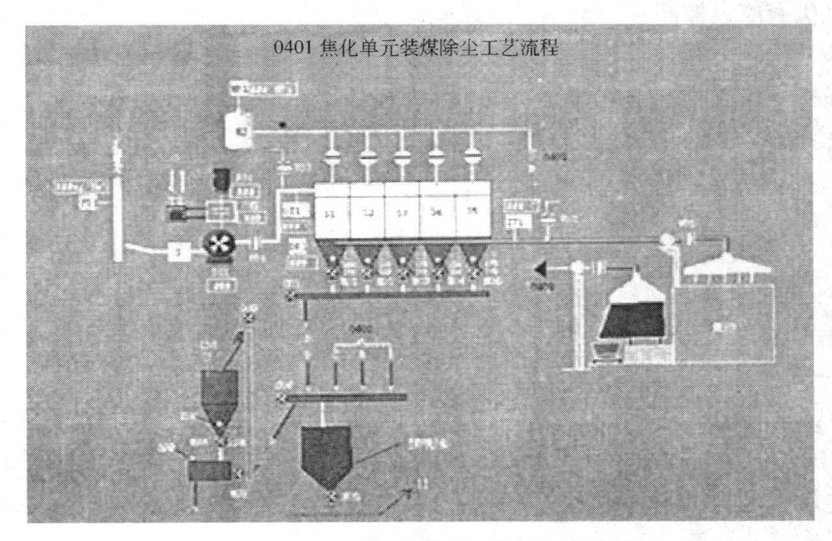

图 8－9 焦炉装煤车烟气预喷涂除尘工艺流程

8min 后再装第二次煤。因此，其烟尘的散发是阵发性，装煤车除尘系统风机只是在焦炉装煤的过程时才全速运转，其他时间风机维持全速的 3/4 ~ 1/3 运转，风机调速操作由装煤车上发出电讯号指令，装煤车自动联通阀门打开时（即为装煤时，也即有烟尘散发需要排烟过滤时）风机即进入高速，阀门关闭后（即为装煤时，也即除尘系统没有含尘烟气过滤时）风机进入低速。风机的运行、停止是与装煤同步连锁。此时预喷涂应与低速风机相连锁，即风机每隔 17 ~ 20 次低速运转后，预喷涂即启动一次，以此周期性进行预喷涂。

装煤车除尘的风机调速操作要求如下：

（1）由中央集中控制室控制联动操作风机的调速运转及系统运行。

（2）风机调速动作的执行由装煤车上发出电讯号指令，其动作顺序是：首先启动开启固定风管上自动联通阀门的推杆，接着发出风机进入高速指令；上述推杆退回原位启动时（自动联通阀门关闭），发出风机进入低速的指令。

（3）一般情况下风机应具备高速、低速两个运行状况，抽烟时用高速，不抽烟时用低速，低速约为高速的 3/4 ~ 1/3，其运行曲线见图 8－10。为了直观地了解风机转速，机旁应设转数显示仪表。

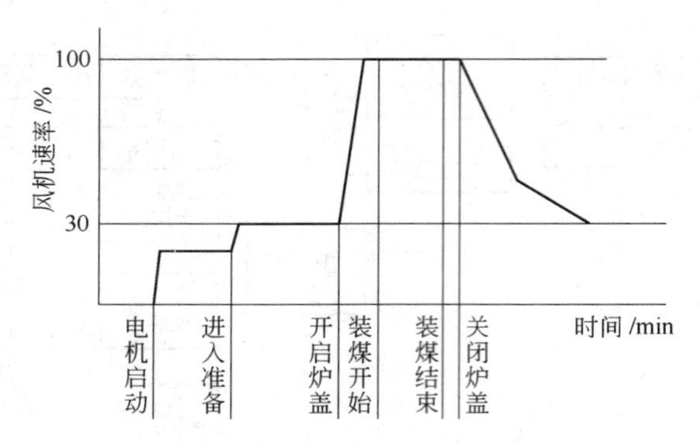

图 8－10　装煤除尘风机调速操作曲线

（4）风机旁应设控制柜，可用于通风机旁手动操作，直接控制风机调速运转。

（5）若采用液力耦合器作风机的调速设备，耦合器的油温、油压均应参加系统连锁。

（6）风机入口设电动调节阀门，用于风机调试及工况调整。

预喷涂活性粉用量可按下式计算：

$$A = \frac{Fab}{1000} \qquad (8-1)$$

式中　A——每次装煤之前，滤袋上预喷涂粉料量，kg/次；

F——袋式除尘器滤料过滤面积，m^2；

a——单位过滤面积活性粉用量（按每炉活性粉用量计），g/m^2，一般采用 3.5～7g/m^2；

b——安全系数，取 1.1～1.5。

由于装煤时炭化室内排出的荒煤气量小、焦油少，且在抽风过程中混入大量空气，为此，系数 a 仅取 3.5～7g/m^2。特别要注意的是，系数 a 应根据产生含油、水烟气的生产工艺的不同，凭实用经验、参考类似生产工艺或按吸附原理计算选取确定，切不可盲目套用。

B　老薄板轧钢厂轧机轴承沥青烟气的预喷涂

国内某薄板轧钢厂（旧的老厂）采用人工操作在轧机上轧制一片一片薄钢板，轧机轧辊轴承采用冷却润滑，每轧一次薄板使轧辊旋转轴承摩擦发热轴承上的沥青即发热冒烟，其散发的沥青烟气实属阵发性，沥青烟气直接影响车间卫生条件。为此，轧辊轴承上采用排烟罩抽风，用袋式除尘器净化后通过烟囱排入大气，为防止沥青烟气对滤袋的黏结、堵塞，烟气进入除尘器前设有预喷涂装置。预喷涂装置的技术参数为：

烟气量	6000Am^3/h
过滤面积	100m^2
过滤风速	1.0m/min
石灰粉用量	40kg/次
预喷涂周期	8h（即每一个班）喷一次

投入运行后，结果发现滤袋粘油，除尘器阻力居高不下，其主要原因为：

（1）100m^2 过滤面积的滤袋，按预喷涂粉量 200g/m^2 计，每次预喷涂量 20kg 即可，实际每次预喷涂量却用 40kg，用量过多，滤袋表面无法吸附，自动剥落到除尘器灰斗内，没有真正起到吸附作用。

（2）预喷涂周期8h喷一次，间隔时间太长，吸附在滤袋上的预喷涂粉量过饱和，形成滤袋粘袋堵塞。

鉴于此，预喷涂周期及预喷涂粉料量应根据产生烟气的具体条件进行具体确定，认真对待，切勿大意。

（3）连续性含湿烟气的预喷涂。

垃圾焚烧炉烟气属于高湿气体（含湿量高达30%左右），并含有 $CaCl_2$ 等吸湿性生成物，一般可采用一种保水性的多孔矿粉作为助剂与脱硫剂一起喷入，覆盖在滤料表面，缓解吸湿性飞灰在滤料表面的黏着性和致密度，以确保垃圾焚烧炉烟气净化系统的正常运行。

8.1.4 预喷涂技术参数

粉料	干的石灰粉、生料粉、煤炭粉（锅炉飞灰）或硅藻土等
粒径	小于20μm　小于15μm　小于5μm 75%　50%　25%
加入量	200～250g/m^2 滤袋
滤料阻力控制	120～250Pa（比未预涂层前滤袋阻力的增加）

美国BHA公司配置的一种新的称作Neutralite的粉料，其技术参数如下：

密度	160kg/m^3
pH值	7
主要成分	SiO_2、Al_2O_3、Na_2O、K_2O、MgO、CaO、Fe_2O_3 等
颜色	白色粉末
化学稳定性	好，无毒、不燃、无气味
吸水性	达300%（按重量），很强
吸油性	达250%（按重量），很强

一般在过滤烟气前，将Neutralite的粉料喷入除尘器中，使其在滤料上形成一薄层，约1.6mm厚。试验结果如表8-1所示。

表8-1 Neutralite粉料的预喷涂试验结果

试验时间/h	阻力/Pa		效率/%	
	有预涂层	无预涂层	有预涂层	无预涂层
2	100	489	99.88	93.47
4	200	1000	99.80	99.74
6	224	1070	99.85	99.74

由表8-1可见，除尘器没有加Neutralite（无预涂层）的阻力约为有预涂层的4.8倍；有预涂层的效率也有明显提高，特别是在工作初期。

BHA公司还推出了一种专用的喷射机械，其技术参数为：

压力	20.6kPa
喷射高度	可达30m

喷射量　　　　　　　　4.536kg/h

BHA 公司推荐，当预涂层厚为 1.6mm 时，每 1kg 的 Neutralite 可覆盖 $4m^2$ 的滤料。

8.1.5 预喷涂启动程序

袋式除尘器首次使用之前，必须在冷态下对布袋进行预喷涂，保证滤袋预喷涂层厚度、滤袋预喷涂层的均匀度。

预喷涂的总体步骤（图 8－11）如下：

（1）预喷涂要在锅炉点火之前完成。

（2）在启动除尘系统之前，切断清灰系统，打开除尘器各室的入口及出口阀门，关闭其他进出提升阀，关闭给粉机插板，严禁投油，运转制粉系统及给粉机。

（3）启动锅炉吸、送风机，慢慢打开风机进风阀，开度达 30%～40%，逐步增加除尘系统的气流量，直至达到设计的气流量，并记录下除尘器每个分室滤袋内外（花板上下）的压差（ΔP）。

（4）将预喷涂装置（车）安置在除尘器进风口附近合适的地方，将装置（车）上输送管和烟道内的预喷涂喷嘴（如果有喷嘴时）连接。

（5）从除尘器上游入口管道开口处加入农用 $Ca(OH)_2$ 石灰粉（或干燥无油的飞灰），连续投入预喷涂粉，直到滤袋内外压差增加到 120～250Pa，或滤袋表面粉尘厚度达到 0.5mm（即相当于 $250g/m^2$ 粉尘）。此时应观察气流或风机的速度，判断压差 120～250Pa 的增长是滤料上的预喷涂层造成的，而不是风量增加所造成的。

（6）预喷涂完成后，应特别注意在没有开始启动点火、开机前不得启动滤袋的清灰装置。

（7）在维持气量的同时，开始启动点火、开机，逐步使除尘系统进入正常满负荷运行。

（8）除尘器进入正常过滤、清灰状态，预喷涂粉尘层随着清灰系统的运行而被清除。

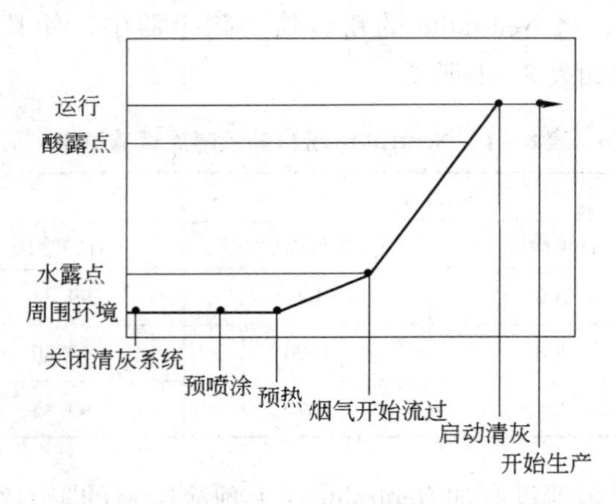

图 8－11　燃煤锅炉烟气预喷涂的操作程序

8.2 喷水降温技术

喷水降温技术详见 7.1.1.2 中“直接水冷”一节。

8.3 旁通措施

8.3.1 旁通措施的条件

（1）在连续运行的生产过程中除尘器需要定时进行停机维修时。

（2）生产出现烟气异常时（如超温、带火星、冷凝等），为保护滤袋正常运行。

（3）除尘器发生故障，需要采取临时措施时。

通过旁通管道和阀门的气流量，一般可按除尘器总气流量的50%设计。

8.3.2 旁通措施的形式

（1）除尘器进出口之间设旁通管道，并设阀门及时切换（图8－12）。

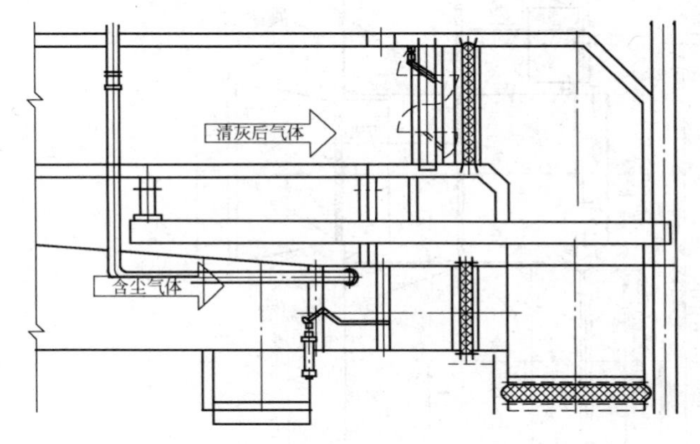

图8－12　除尘器进出口之间设旁通管道

（2）除尘器进口的提升式旁通切换阀如图8－13、图8－14所示。

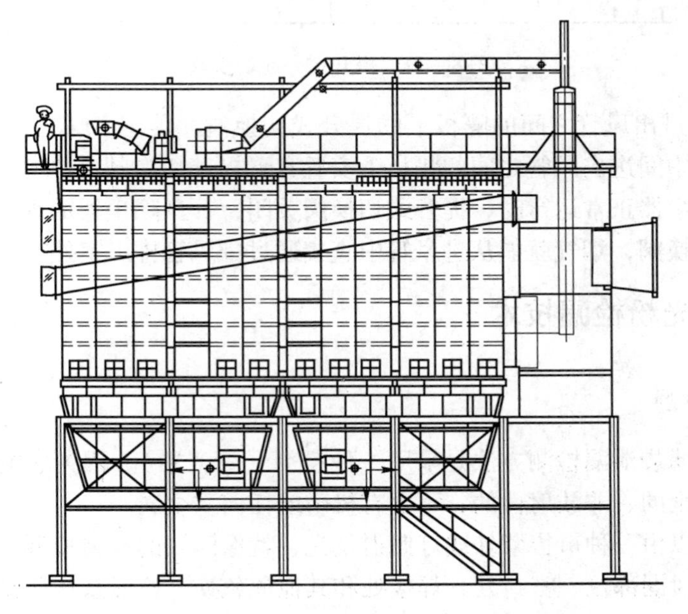

图8－13　除尘器进口的提升式旁通切换阀

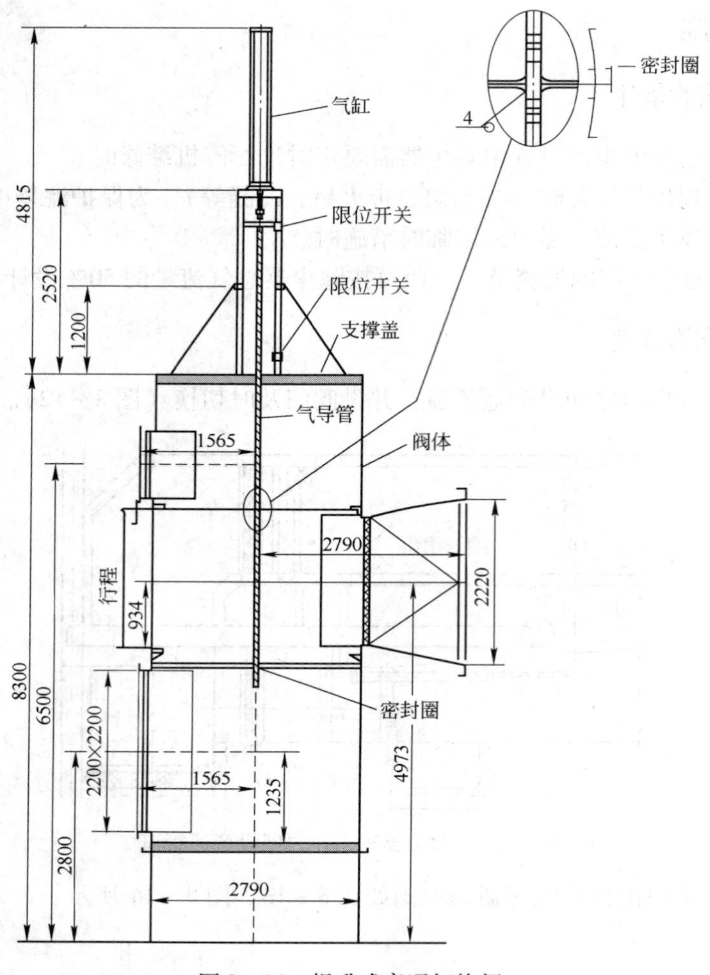

图 8 - 14 提升式旁通切换阀

（3）除尘器进出风管之间的隔板上的提升式切换阀。美国 EEC 公司提出，在双排脉冲袋式除尘器的中间进出风管之间的隔板上安置盘形提升切换阀（图 8 - 15）作为除尘器的旁通阀。当除尘器正常运行时，提升式切换阀关闭，一旦除尘器的烟气需要旁通时，只要提起提升式切换阀，烟气就能从进风管中直接通过排风管排出室外。

8.4 滤袋荧光粉检漏技术

8.4.1 荧光粉粉剂

一种常用的滤袋泄漏检测方法是采用一种粉剂（荧光粉），因为它能在紫外线照射下发光。粉剂是安全的、非放射性的，不含有机磷或任何重金属。

这种粉剂可以由一种市售紫外线灯照射发光，就像已知的滤袋检漏。检漏可以用在袋式除尘器的滤袋泄漏部位、密封处、焊接处和其他危急处。检漏系统包括一台具有选择性波长滤波器的紫外线灯和一种检测粉剂，它能在紫外线的照射下发光。

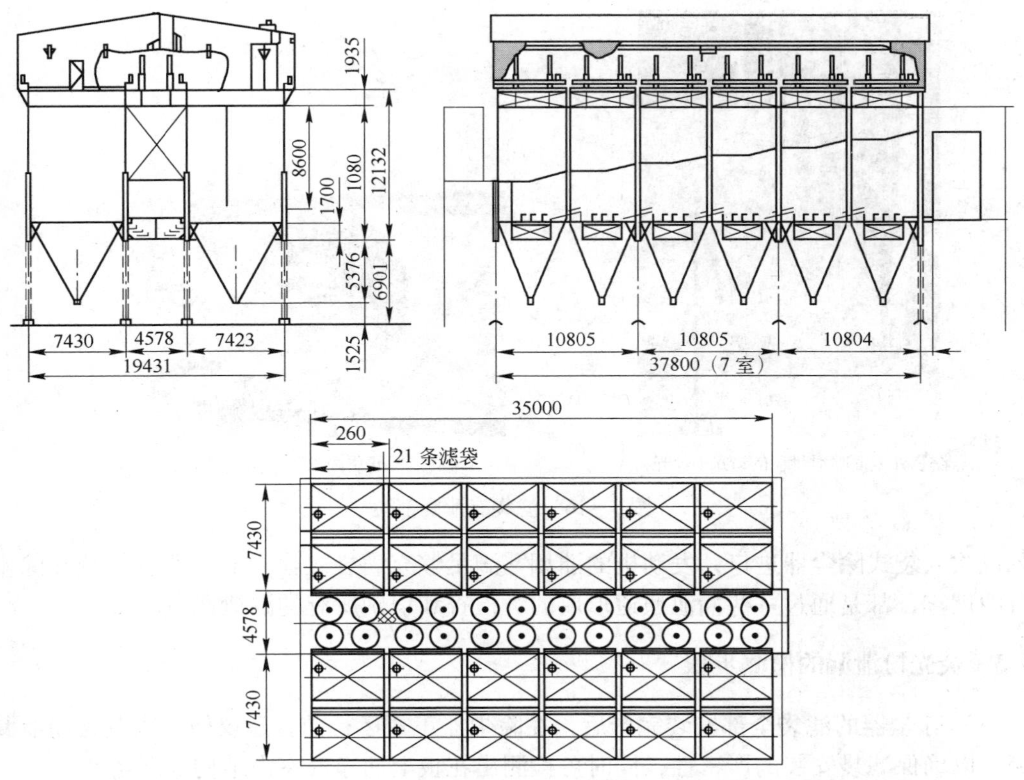

图 8－15 除尘器的中间进出风管之间隔板的盘形提升切换阀

美国 BHA 公司采用一种 Visolite 示踪粉末进行检漏。这种粉末在破孔处会沉积，遇单色光照射会发光，从而能准确地发现破袋的位置及其严重程度。

1kg Visolite 粉剂可用于检查 $205m^2$ 的滤袋。

8.4.2 荧光粉的检漏

将粉剂送入除尘器的含尘烟气侧，粉剂送入后只能通过漏缝或孔洞进入干净侧。在手提检漏的光束下就可检测出粉剂散发出一种磷光，渗漏点可辨认出粉剂的痕迹（图 8－16）。

荧光粉的检漏方式为：

（1）粉剂送入位置。发光的粉剂在袋式除尘器上游入口大约 10m 管道前送入检漏，如果在该点无法送入，就要在管道适当位置处开一个洞。

（2）粉剂送入时间。粉剂送入除尘器正常运行大约 20min，以给粉剂足够时间来达到检漏，然后停止风机进行检查。

（3）检查渗漏点。在脉冲喷吹除尘器中净化气流是在花板上面，打开除尘器顶部检查门，在文丘里（即滤袋口）头部检查检漏点范围内的发光。如果除尘器处理的烟气没有有害气体，检查人员还可进入每个滤袋干净气流侧的分室内部检查每个滤袋，从滤袋的下部向上检查。

一个替代的检漏方法是利用一种烟雾发生器，通常含有一个小的内部燃烧发动机传动的风机。将一种特殊的油喷入发动机的热废气中，结果产生细的油滴或烟雾。这种烟雾由

滤袋外表面喷射带色的粉剂（荧光粉）

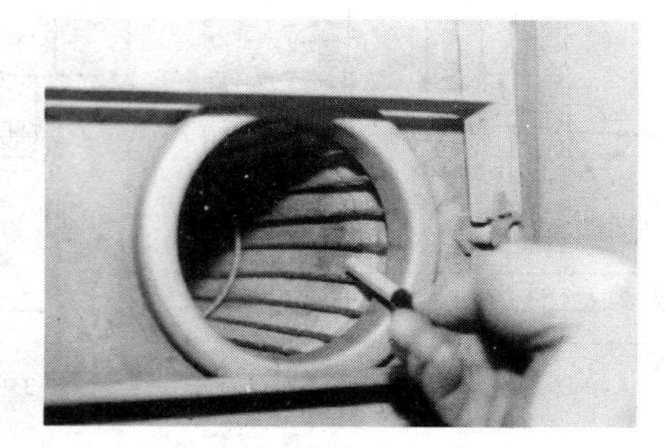

滤袋内部显示出有泄漏处

图8－16 滤袋有泄漏部位

吹风机吹入袋式除尘器进口，发动机的油烟雾滴足够充满袋式除尘器，所有出现在除尘器出口的烟雾，都是通过一些漏泄通道形成的，检查和识别所有的漏泄通道。

8.4.3 荧光粉泄漏的检测步骤

（1）除尘器的滤袋全部安装完毕后，在除尘器正式运行前，建议做一次荧光粉泄漏的检测，以确保滤袋安装的严密性，同时可检测出花板上面净气室内结构的严密性。

（2）一般应在除尘系统空转（气体不含尘的空气中）时进行荧光粉泄漏测试。当烟气的运行温度超过135℃时，就不能使用热塑性粉而应使用D或T系列颜料或P－1700系列颜料。

（3）荧光粉的投放量按除尘器每1m^2过滤面积投放5～10g计。

（4）对于现有除尘器更换新滤袋时，在安装好滤袋后，应对除尘室进行脉冲喷吹（或反吹风）清灰，一般应采用5～10个清灰周期（或反吹风采用鼓胀、吸瘪5～10次）清洁滤袋。新建的除尘器不必进行此项工作。

（5）在离除尘器进风管前方15～25m处找一个荧光粉投料点，可以是测试孔、清灰孔或混风阀。一般投料点的孔洞至少应保持ϕ50～100mm，长100mm的投料口。

（6）打开主风机引导气流。

（7）在桶内搅拌荧光粉，将荧光粉慢慢倒进投料口。

（8）荧光粉投料全部完成后，让主风机运行15min左右，再关闭主风机。

（9）关上除尘器的进出口阀门、所有的检查门孔以及风机。

（10）用紫外光灯（荧光灯）观察花板干净一侧的每一处，以发现是否有荧光粉末。室内亮度越暗越容易发现泄漏点，当心不要被紫外光灯的导电线刺痛。如必要，可在夜间或采用适当遮盖措施进行泄漏测试。

（11）注意：投料和检测不能由同一人担任，否则投料时荧光粉对操作人员衣物的污染会影响测试的准确性。

（12）仔细检查袋身、缝线、整个花板及除尘器的焊接部分是否有发散状的荧光粉痕迹。花板上的个别斑点如无明显的发散特征，则可忽略。

(13) 如果发现滤袋存在泄漏，应及时处理，或更换所有发现有泄漏孔洞的滤袋。

(14) 滤袋泄漏处理完毕后，应用另一种颜色的荧光粉再做一次测试，其过程与前相同，如第一次荧光粉测试未发现泄漏，则可不必进行第二次荧光粉测试。

8.5 除尘器热风循环加热技术

一般在潮湿地区或秋冬季节，特别是处理含湿烟气（如城市垃圾焚烧炉烟气）时，袋式除尘器在停机时滤袋极易结露、黏结。为此，袋式除尘器应设置热风循环加热系统，以确保开机后除尘器的正常运行。

8.5.1 袋式除尘器的热风循环加热系统

袋式除尘器的热风循环加热系统是由旁通管、风机、加热器及有关阀门等组成，其布置如图 8－17 所示。

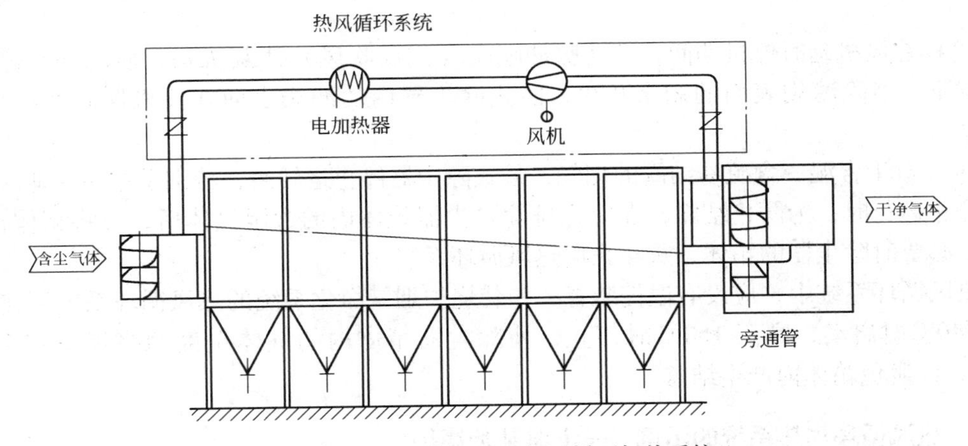

图 8－17 袋式除尘器的热风循环加热系统

8.5.1.1 热风循环加热系统

当热、湿烟气通过冷的滤袋室除尘器时，它们将因酸露点引起腐蚀，为了避免这些问题，在炉子开机前除尘器必须先加热，为此设置预热循环系统使在除尘器冷态时对其加热。

一般冷空气由风机从除尘器出口（净气侧）抽出，并经过管道将风机的气流吹向预加热器，它能使气流加热 30～40℃后吹入除尘器的进口（含尘气流侧）。除尘器的进出口用阀门封锁起来，这是一个密闭循环。

电加热器由设在除尘器出口的温度敏感器控制在 120/130℃。并在排气风机出口设一个安全恒温器，控制温度不超过 180℃。当温度一旦出现异常升高，电加热器被切断，风机仍在运转以确保除尘器循环气流的冷却，避免过热。

8.5.1.2 热风循环系统的风机

风机能使系统实现气流的密闭循环，风机应满足以下条件：

(1) 风机必须能在最高温度 200℃下很自然地启动。

（2）风机的风量为系统正常风量的30%。

（3）风机的压力应为：最低1200Pa，正常1500Pa，最高2000Pa。

（4）风机的温度应为：正常150℃，最高250℃。

8.5.1.3 热风循环的电加热器

热风循环的电加热器用以使循环气流加热，它应满足以下条件：

（1）电加热器应能确保循环气流在20h内从0℃加热到120℃。

（2）电加热器的进出口温差应为30～40℃。

（3）电加热器是由多种功率级别（一般应设计成倍增长级）组成，以允许最佳的调控来限制启动电流。

8.5.2 热风循环加热系统的启动步骤

（1）生产设备停止运转。

（2）5min后除尘风机停止运转，以排除除尘器箱体内的剩余烟气，防止滤袋受潮、板结。

（3）在风机延时停机期间，开动脉冲喷吹（或反吹风）清灰机构，使滤袋在停止过滤情况下，清除滤袋表面的剩余灰尘，防止除尘器内的滤袋表面在停机期间产生板结、堵塞。

（4）对于含湿、含硫易结露的烟气，袋式除尘器停止运转后，特别是在寒冷地区或长时间停止运行时，为防止结露，在完全排除除尘器箱体内的含湿气体后，应将箱体密封、保温，必要时除尘器的箱体、灰斗采用热风循环系统。

热风循环系统中，应设有温控装置，如焚烧炉烟气净化系统的热风循环系统可在温度低于140℃时启动，高于160℃时停止，使除尘器箱体内的气体温度始终保持在140～160℃，以避免箱体内产生结露。

8.5.3 热风循环加热系统的示例——上海某焚烧炉厂

过滤风量		$145440m^3/h$
风机：	型号	ZSCQT75型C3G57号
	风量	$12000Nm^3/h(140℃) \approx 18145m^3/h$
	风压	$214mmH_2O$
除尘器体积		$400m^3$
热风循环换气次数		18.145/400＝45次/时
热风加热器	型号	283156A PLAN 830754－01
	容量	4台×49.5kW
除尘器保温	箱体	矿渣棉 $\Gamma = 70kg/m^3$，$\delta = 100mm$
	灰斗	下部1/3高度设电伴热表面 保温厚度 $\delta = 160mm$

9　袋式除尘器的测试

9.1　测试条件的选择

9.1.1　测试项目

（1）气体的流量、温度、压力。

（2）气体和粉尘的性质。

（3）除尘器入口含尘浓度和出口含尘浓度。

（4）除尘器效率及粉尘通过率。

（5）压力损失。

（6）除尘器的气密性或漏风率。

（7）粉尘的磨损性。

（8）本体的保温、加热或冷却方式。

（9）按照其他需要，还有风机、电动机、压缩机等的容量、效率及特定部分的内容等。

9.1.2　测定时间

（1）测试时应充分考虑生产工况的运转状况，使其符合正常的工况条件。

（2）测定时应注意除尘系统与尘源运转状况之间的配合。

（3）测定时应确保除尘系统正常、稳定运行。

（4）测定应在除尘器运行一定时间后进行，不宜在除尘器滤袋刚清完灰时测定。

（5）当尘源工况出现周期性变化时，测试时间至少要多于一个周期的时间，一般选择3个生产周期的时间。

（6）验收测试时应在运转后经过1~3个月以上时间进行：

湿式除尘系统	1~3个月
惯性力和离心力系统	1周~1个月
电除尘系统	1~3个月
袋式除尘系统	1~3个月

9.1.3　测定位置和测定点

目前含尘气流普遍采用直接取样的测定方法，即取样管从含尘气流中抽出一小部分具有代表性的气体样品，通过测定系统进行分析测定。每个抽风点及主风机的前后面应设测定孔，以便测定风量及压力，GB/T 16157—1996已做出了相应的规定。

9.1.3.1 取样位置

取样位置的选定必须合适，否则测定误差可高达100%。因此，必须注意以下情况：

（1）取样位置必须安排在气流流动稳定、粉尘浓度分布均匀的直管段中，不能在弯头、接头、阀门、变径管以及其他断面形状急剧变化的部位。

（2）取样位置要求布置在直管段中的适当位置，取样位置上游的直管长度应为 $L_1 \geqslant 6D$，下游的直管长度为 $L_2 \geqslant 3D$。当测定条件不许可时，在悬浮粉尘粒径小于75μm时，可适当减少布置取样位置的直管长度，要求 $L_1 \geqslant (1 \sim 3)D$。

（3）取样位置应优先考虑在垂直管道上，避免在水平管道。因为含尘气流在水平管道内流动时，由于重力作用，气流随水平流动时较大颗粒的粉尘将同时产生向下的沉降，造成所抽的气流尘浓不准。

（4）选择取样位置时还要考虑取样方便、操作安全等因素。

（5）测定孔设在高处时，测定孔中心线应设在约比站脚平台高1.2～1.3m位置处，测定孔的位置一定要高出平台的栏杆。

9.1.3.2 取样点数

A 圆形断面管道

取样点的点数一般按管径大小、气流流动状态及尘浓分布情况，可分为单点取样和多点取样两大类。

a 单点取样

当管道直径小于300mm、气流流动稳定、管道断面上尘浓分布比较均匀时，可采用单点取样。

b 多点取样

当被测管道直径大于300mm或管内气流流动及尘浓分布不均匀时，必须采用多点取样，以各点测定结果的数学平均值作为含尘气流的平均含尘浓度。

多点取样的取样点数按管道直径大小而定（见图9－1、表9－1）。

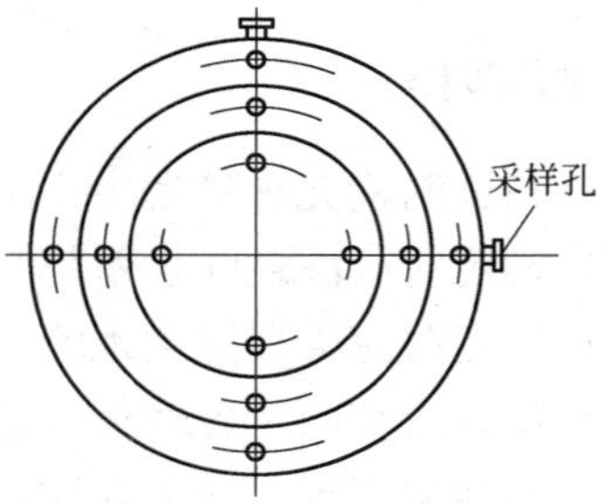

采样孔

图9－1 圆形管道取样点布置图（$n=3$ 为例）

表9－1 圆形管道取样点的确定

烟道直径/m	等面积环数	测量直径数	测点数
<0.3			1
0.3～0.6	1～2	1～2	2～8
0.6～1.0	2～3	1～2	4～12
1.0～2.0	3～4	1～2	6～16
2.0～4.0	4～5	1～2	8～20
>4.0	5	1～2	10～20

续表 9-1

测点号	环数				
	1	2	3	4	5
1	0.146	0.067	0.044	0.033	0.026
2	0.854	0.250	0.146	0.105	0.082
3		0.750	0.296	0.194	0.146
4		0.933	0.704	0.323	0.226
5			0.854	0.677	0.342
6			0.956	0.806	0.658
7				0.895	0.774
8				0.967	0.854
9					0.918
10					0.974

在管道横断面上，确定取样点位置的方法是在圆管横断面上划分 n 个等面积同心圆环，在每个圆环的等面积平分线上均布 4 个取样点，如图 9-1 所示。等面积环数 n 和取样点数及取样点距烟道内壁距离见表 9-1。

在垂直管道上多点取样时，应在管壁上开上下垂直的 2 个孔。在水平管道上取样时，取样孔宜与管道水平线成 45°角。

c 国外文献显示单点取样和多点取样的测定比较

$\phi>500$mm 时，误差 ±5%。

$\phi>700$mm 时，误差 ±(4~11)%。

$\phi>1000$mm 时，单点取样不宜采用。

B 长方形和正方形断面管道

长方形和正方形断面管道的测点如图 9-2 所示。

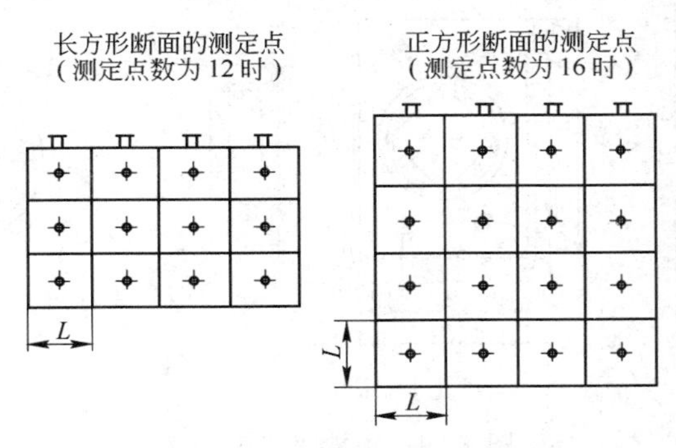

图 9-2 长方形和正方形断面的测点

将测定断面分为 4 个以上等断面积的长方形或正方形小格，小格的边长（L）应小于 1m；当烟道断面积小于 0.1m^2，且上下游直管段符合要求，可取断面中心作为测点。

测定点需选择在小格中心处，测定孔设在连接各测定点的延长线上的管道壁面的上下方向或左右方向上。

在管道断面积超过 9m^2 时，等分管道断面，使小格一边之长小于 1m，取其中心为测定点。

管道划分数和适用管道尺寸见表 9－2。

表 9－2 矩（方）形烟道的分块和测点数

烟道断面积/m^2	等面积小块长边长度/m	测点总数	烟道断面积/m^2	等面积小块长边长度/m	测点总数
<0.1	<0.32	1	1.0～4.0	<0.67	6～9
0.1～0.5	<0.35	1～4	4.0～9.0	<0.75	9～16
0.5～1.0	<0.50	4～6	>9.0	≤1.0	≤20

9.1.3.3 取样孔

A 常温、常压或负压的含尘气流取样孔（图 9－3、图 9－4）

在管壁上开一个内径 ϕ(40～80)mm 圆孔，孔外焊一段带有外螺纹的短管，短管与风管保持垂直。平时，取样孔用闷头或橡皮塞堵住，取样时，打开闷头或橡皮塞，把带橡皮塞的取样管插入管道内，并调整好取样口方向（取样口对准气流流动方向）即可取样。

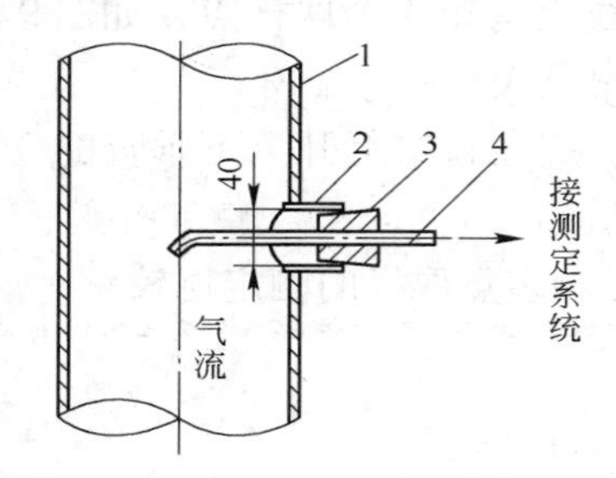

图 9－3 简易取样孔结构

1—管道；2—短管；3—橡皮塞；4—取样管

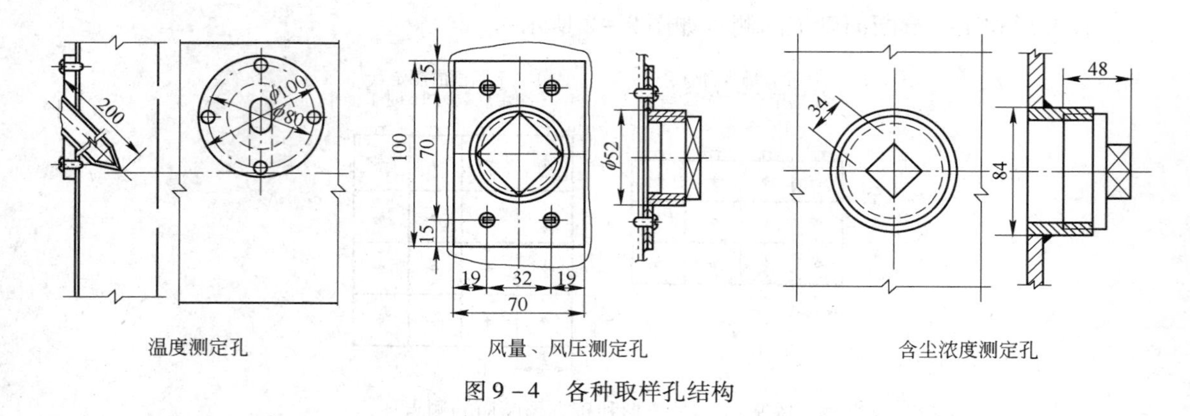

图 9－4 各种取样孔结构

B 高温（高于 200℃）、高压（绝对压力量大于 0.12MPa）的含尘气流或有毒、有害、易燃、易爆等危险气体的取样孔（图 9－5）

平时关上闸阀、按上盲板法兰，防止气体外漏。取样时，首先拆除盲板法兰，安装带有取样管的填料函密封部件，稍微移开填料函的压盖；然后打开闸阀，把取样管慢慢地插入管道内，到取样点为止；调整取样口的方向；最后拧紧填料函压盖。取样时，先连接测定系统，然后打开取样管上的阀门进行取样。

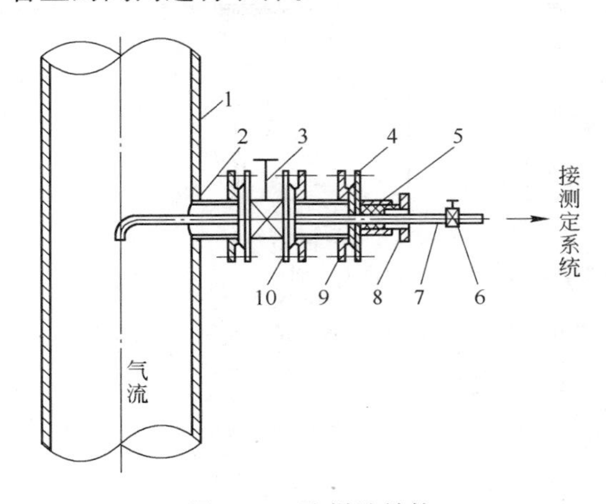

图9－5 取样孔结构

1—管道；2—短管（ϕ3in）；3—3in 闸阀；4—填料函；5—密闭填料；6—球阀；7—取样管；8—压盖；9—3in 法兰；10—螺栓

测定时，第一次的取样测定数据，往往由于在安装、调整取样装置时取样管内容易积灰而影响测定结果，一般认为第二次取样以后的几次测定结果是比较可靠的，可取其平均值表示测定结果。

9.1.3.4 取样管

最简单的取样管是用一根薄壁不锈钢管制作，头部用锉刀加工成锐角，长度按保证取样管能露出风管壁外连接测定系统为准，简易取样管可按图9－6(a)制造。

被测定的气流速度小于10m/s时，为防止等速取样时，取样管内流速太低造成取样管内积灰，可放大取样头直径（图9－6(b)）。

若需要采用厚壁制作取样管时，取样头可按图9－6(c)制造，其计算如下：

$$D_0^2 = \frac{D_w^2 + D_n^2}{2} = D_w^2\left[1 - 2\left(\frac{S}{D_w}\right) + 2\left(\frac{S}{D_w}\right)^2\right] \tag{9-1}$$

式中 D_w——取样管外径，mm；

D_n——取样管内径，mm；

S——取样管壁厚，mm；

D_0——取样口尖端直径，mm。

取样头的其他点外形尺寸计算如下：

$$D_a^2 - D_0^2 = D_0^2 - D_i^2 \tag{9-2}$$

D_i 可选用对气流影响最小的外形尺寸。

9.1.3.5 取样口直径

一般取样口直径不宜小于5mm，常用的取样口直径为6mm、8mm、10mm。特殊情况下，如管道气速很高，而且粉尘颗粒较小、浓度较低时，也可选用直径为4mm的取样口。

取样口直径不宜太小，否则会使大颗粒尘粒被排斥在取样管外，造成取样误差。表9－3列出不同粒径范围下取样口直径对尘浓测定误差的影响。

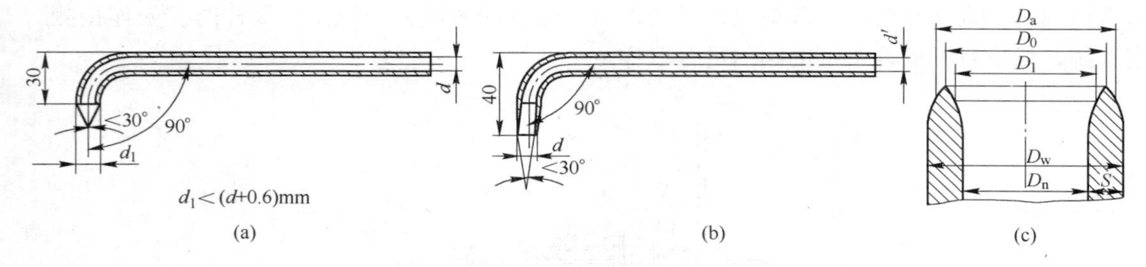

图 9－6 取样管结构

（a）简易取样管；（b）扩大口取样管；（c）厚壁取样管

表 9－3 取样口直径对尘浓测定误差的影响

取样口直径 d/mm	测定浓度/实际浓度		取样口直径 d/mm	测定浓度/实际浓度	
	粒径 5～25μm	420～500μm		粒径 5～25μm	420～500μm
3. 2	1～1. 04	0. 78～0. 80	9. 5	1	1
6. 4	1～1. 03	0. 84～0. 9			

9. 1. 4 测定地点的安全操作

（1）操作平台的宽度、强度以及安全栏杆（高度大于 1200mm）应符合安全要求。

（2）在测定操作中，要防止金属测定仪器与电线接触，以免引起触电事故。

（3）要防止有害气体和粉尘造成的危险。

（4）测定用仪器、装置所需的电源开关和插座的位置，测定仪器的安放地点，均应安全可靠，保证测定操作不发生故障。

9. 1. 5 烟囱排放物的测定

9. 1. 5. 1 烟囱测试取样点的选择

目前国内对于烟囱测试取样未有特别规定，一般取样点要求避开紊流区的位置，如图 9－7 所示。

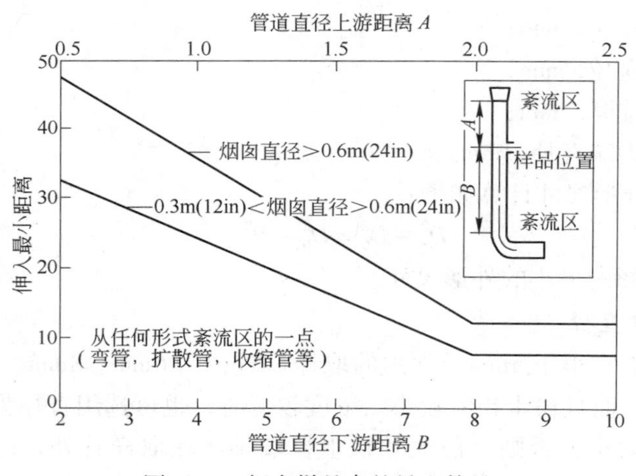

图 9－7 烟囱样品点的最少数量

9.1.5.2 国外典型的烟囱取样测试规定（图9-8）

A 烟囱测试取样接口设置

a 接口位置

(1) 接口的位置至少在任何弯头、进口、收缩管、治理设备或其他流体的紊流区的8倍烟囱直径下游以上。

(2) 烟囱出口或其他流体的紊流区的上游至少2倍直径以上。

(3) 如满足不了这种要求则烟囱应伸长，除非这种补救不可行。

b 接口型式

(1) 取样接口应该是内径3in的标准工业法兰管（ID），并具有螺丝中心孔直径为6in的法兰。

(2) 法兰带有易于拆卸的盲板，以在不用时盲板用来堵塞接口。

(3) 大直径、双层壁的烟囱需要较大的接口，接口可以大于3in。其接口也将装置一个同样ID的标准工业法兰接口。

(4) 在异常烟囱条件或出现有害物质时，为确保安全，接口管上需装置闸阀。

c 接口安装

(1) 接口应安装在烟囱内壁经过冲洗过的位置。

(2) 接口应伸出烟囱外壁面不少于2in、不大于8in，除非有安装闸阀时，还需附加所需的长度。

(3) 接口应安装在离平台地面以上不少于2ft、不大于6ft的位置上。

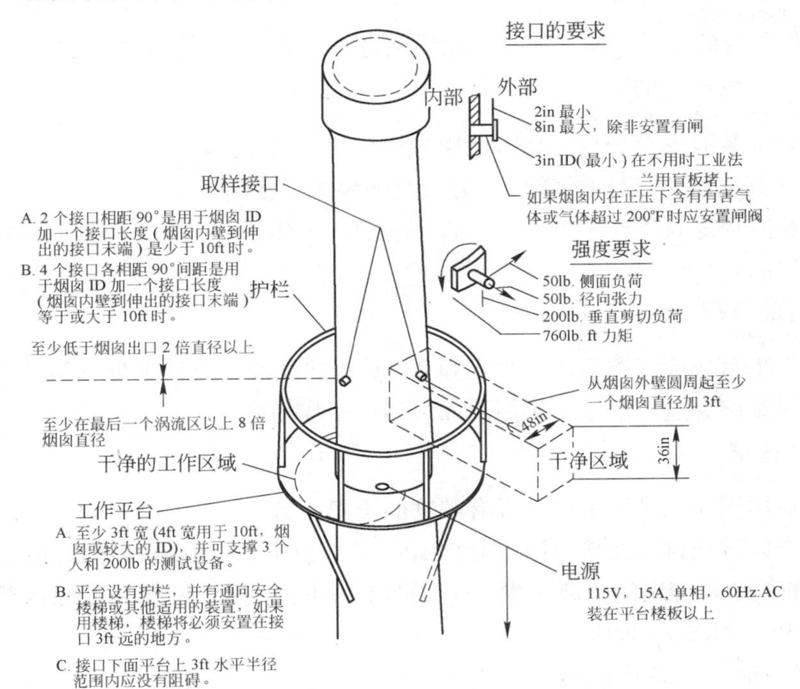

图9-8 国外典型的取样规定

d 接口要求的数量

（1）如果烟囱 ID 加一个接口长度（烟囱内壁到伸出的接口末端）少于 10ft 时，在烟囱圆周的 90°间距内允许安装 2 个接口。

（2）如果烟囱 ID 加一个接口长度（烟囱内壁到伸出的接口末端）等于或大于 10ft 时，在烟囱圆周的 90°间距内，应安装 4 个接口。

（3）美国 EPA 指南提出，在连续监测某些类别的污染源时，有必要在烟囱的圆周的 90°间距内，装置 4 个接口。

e 接口荷重

接口装置应能支撑下列负荷：

（1）垂直剪切负荷 200lb。

（2）水平剪切负荷 50lb 和径向张力 50lb（沿着烟囱直径）。

B 烟囱测试的工作平台

a 平台大小和规模

（1）如果两个接口之间相距 90°，工作平台将采用在两个接口之间的烟囱圆周的 1/4，并在每个接口一侧至少延伸出去 3ft，宽度最小 3ft。

（2）如果 4 个接口每个接口要求相距 90°，工作平台将采用整个烟囱的圆周。宽度至少 4ft，当烟囱 ID 加一个接口长度（烟囱内壁到伸出的接口末端）小于 10ft 时，工作平台最小宽度可为 3ft。

b 平台的进入

为了工作平台的安全和易于通行，应提供进入的笼梯、楼梯或其他适用的装置。

c 护栏、楼梯井和楼梯

（1）平台应装有安全护栏，如可能应采用棱角分明而不是圆形。

（2）装在离地面 3ft 以内的接口，可不设楼梯井、楼梯。

（3）楼梯井应靠近工作平台，并应将楼梯引入工作平台，在开放处应装设一个安全护栏圈（或类似的）。

d 平台的负荷

（1）工作平台应能支撑至少 3 个人和 200lb 测试设备（总计至少 800lb）。

（2）如果烟囱穿过厂房屋顶则屋顶面可当作工作平台。

e 干净区域

（1）接口周围应该是三维的、没有脏物的干净区域。

（2）这个区域应该是在接口以上伸出 1ft、接口以下 2ft 和接口周围其他方向 2ft。该区域应从烟囱的外壁延伸出的距离至少一个烟囱 ID 加一个接口长度（烟囱内壁到伸出的接口末端）加 3ft，如图 9－8 所示。

9.1.5.3 烟囱的连续检测

烟囱的连续检测是指通过探测器来连续测定烟囱内气流的含尘浓度，而不是指由管理部门所掌控的连续空气检测。

在美国，1987 年以前要求连续监测的工厂数量很少，因为污染源的人工测试方法比连续监测能提供更全面的排放数据。但是 1987 年以后，由于州和地方政府的要求，连续监测的工厂数量不断增加。

连续监测采用同样一种报警系统，在流程出现故障时用来监测设备的正常运行，它除了能验证排放浓度是否满足环保要求外，同时也能获得有回收价值的尘源是否有过度的排放，因此也是具有一定的经济效益。

美国的连续监测系统如图 9 – 9 所示。它具有读出数据、数据的处理、演示报告和数据储存等程序，这是连续监测程序非常重要的环节。

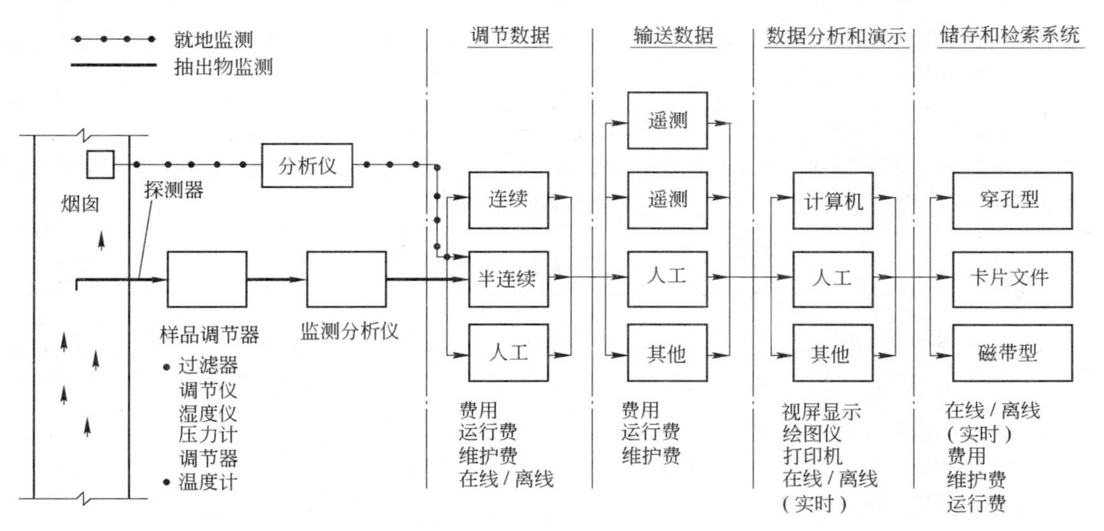

图 9 – 9 连续监测系统

9.2 气体温度的测定

测定气体温度时，测点应选在靠近测点断面的中心位置，并将在各测点上测得 3 次以上的数值取平均值。

常用的测温仪器有玻璃温度计、双金属温度计、热电偶温度计、热电阻温度计和光电温度计等（表 9 – 4）。最常用的是玻璃温度计和热电偶温度计。

表 9 – 4 常用测温仪表

仪表名称		测温范围/℃	使用注意事项
玻璃温度计	内封酒精	0 ~ 100	适合于管径小、温度低的情况，测定时至少稳定 5min 方可读数
	内封水银	0 ~ 500	
热电偶温度计	镍铬 – 康铜	0 ~ 600	用前需校正，插入管道后，待毫伏计稳定再读数。高温测定时，为避免辐射热干扰，最好将热电偶导线置于烟气能流动的保护套管内
	镍铬 – 镍铝	0 ~ 1300	
	铂铑 – 铂	0 ~ 1600	
铂热电阻温度计		0 ~ 500	用前需校正，插入管道后指示表针稳定后再读数

9.2.1 玻璃温度计

（1）玻璃温度计使用方便。

（2）容易损坏。

（3）温度值不能自动记录。

（4）测定范围低于500℃。

9.2.2 热电偶温度计

9.2.2.1 热电偶温度计的特征

热电偶温度计（thermocouples）是根据两根不同金属导线，在接点处产生的电位差随温度变化的原理制成。

热电偶温度计的量程和精度随使用金属材料不同而变化，详见表9－5。

安装热电偶具有能弯曲、耐高温、响应时间快和坚固耐用等优点，可直接测量0～1200℃范围内的液体、蒸汽和气体介质以及固体表面等的温度。

表9－5 热电偶温度计测量范围

	普通热电偶材料	型 号	分 度 号	使用范围/℃	
				长时间测量	短时间测量
热电偶温度计	铂铑30－铂铑6	WRR	B	0～1600	1800
	铂铑10－铂	WRP	S	0～1300	1600
	镍铬－镍硅	WRN	K	0～1200	1300
	镍铬－铜镍	WRK	E	0～600	800

	材料及型号	分度号	套管材料	外径 d /mm	常用温度/℃	最高使用温度/℃	允许偏差		公称压力/MPa	
							测量范围/℃	允差值	固定卡套装置	可动卡套装置
铠装热电偶温度计	镍铬－铜镍（WRKK）	E	1Cr18Ni9Ti	2	500	700	0～300	±3℃	$p \leqslant 500$	常压
				≥3	600	800	300以上	测定温度的±1%		
	镍铬－镍硅（WRNK）	K	1Cr18Ni9Ti	2	700/800	850/900	0～400	±3℃		
				≥3	800/950	950/1050	400以上	测定温度的±0.75%		
	铂铑10－铂（WRPK）	S	耐热不锈钢GH－30	2	1000	1100	0～600	±3℃		
				≥3	1100	1200	600以上	测定温度的±0.5%		

热电偶温度计具有结构小、测温范围广、性能好、热响应时间短等特点，可用于各种液体、蒸汽和气体的温度测量，其性能如下：

种类　　铂热电阻

型号　　WZP

测温范围　　－200～500℃

分度号　　P_1 100

保护管材质　　1Cr18Ni9Ti

9.2.2.2 热电偶的工作原理

温度传感元件一般要求快速，时间常数小于10s。

这种温度传感元件一般有热电阻、热敏电阻、热电偶和PN结半导体热敏元件。

PN结半导体热敏元件具有最小的时间常数，可达3s以下，而且灵敏度很高，可达2~3mV/℃。但是，致命的弱点是一致性差，很难互换，使现场难以接受。三根半导体PN结温度计曲线如图9-10所示。

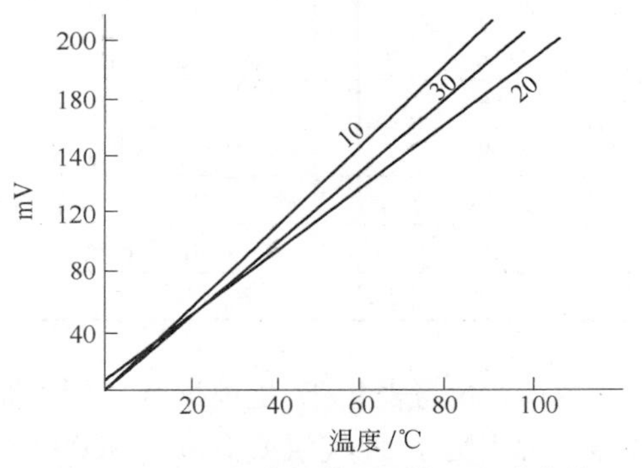

图9-10 三根半导体PN结温度计曲线

一般袋式除尘系统常用的温度传感器有三种：热电偶、阻抗式温度计（resistance thermometer）、充满液体的温度计（fluid - filled thermometer）。这三种传感元件的每一种，可以用可视仪器或可读仪器来表示，而其关键元件却是感应器本身，在传感器中它是核心。

对热电偶的工作经无数研究结果说明，它的工作原理有三条定律：

（1）同类电路定律（Law of the Homogeneous Circuit）——一股电流在一个单一同类金属的电路中是不可能持续不变的，无论什么时候部件的改变只有通过热量。

（2）中间金属定律（Law of Intermediate Metals）——如果在任何一个固体导电体的电路中，从任何一点P经过所有导电物质到点Q的温度是始终一致的，在整个电路中，其热电测力（thermal electromotive forces）（热量emf）的代数和就是这些中间物质的整个全部。同时，如果P点及Q点连接在一起也是一样。

（3）连续或中间温度定律（Law of Successive or Intermediate Temperatures）——在任何同类金属的热电偶中所显示的热量emf，其T_1和T_3连接点的温度热量，是T_1到T_2点的热量和T_2到T_3点热量的总和。

在图9-11(a)中，如果a和b是在T_1点上，测量仪表将读到的是T_2-T_1的emf值的比值；如果电线是同类的，所读的数据是不依赖于A点和B点的自然倾斜（梯度）。

在图9-11(b)中，如果a，a'，b，b'是在同一温度T_1上，其热量将与图9-11(a)相同。如果所有电线都是同类的，不会由于沿线的倾斜引起误差，在电路中相异金属的C和D，emf是不受影响的。

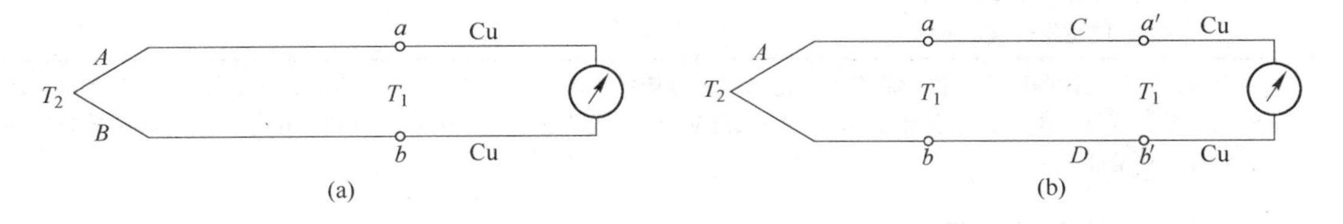

图9-11 热电偶定律的因故关系

9.2.2.3 热电偶的形式

热电偶有不同的结构，它可以在各自不同的应用中使用。

在选择热电偶接线形式时，特别重要的因素是热电偶所测的温度（表9-6）。

表 9-6 一般热电偶常用的温度范围

美国国家标准型式（ANSI）	阳极元件	阴极元件	常用温度范围	
			℉	℃
B	铂 20% 铑	铂 6% 铑	1600 ~ 3100	870 ~ 1700
E	原始镍铬合金™	铜镍合金	32 ~ 1600	0 ~ 870
J	铁	铜镍合金	32 ~ 1400	0 ~ 769
K	原始镍铬合金™	原始镍基合金™	32 ~ 2300	0 ~ 1260
R	铂 13% 铑	铂	32 ~ 2700	0 ~ 1480
S	铂 10% 铑	铂	32 ~ 2700	0 ~ 1480
T	铜	铜镍合金	-300 ~ +700	-180 ~ +370

表 9-6 与表 9-7 是根据 ANSI 标准热电偶形式在特殊用途中经常采用的非标准化热电偶，如用于惰性气氛或温度为 5000℉（2760℃）真空中的钨或钨 50% 铼、钨 26% 铼，可以参考其他有关资料。多数制造厂可提供方便的超小型的（可以放在口袋里的）温度—emf 表。

表 9-7 一般热电偶常用的腐蚀特性

热电偶型式	温度及烟气气氛①的影响
B，R，S	1. 抗氧化气氛：极好； 2. 抗还原气氛：差； 3. 温度在 1000℃ 以上，铂容易腐蚀，应采用不漏气的陶瓷防护管，决不能用金属管
K	1. 抗氧化气氛：好到极好； 2. 抗还原气氛：差； 3. 受硫、还原气氛及硫化物（SO_2 和 H_2S）影响
J	1. 氧化和还原气氛对热电偶的精确度方面有一点影响，在干燥气氛中使用良好； 2. 抗氧化：400℃ 以上良好，但 700℃ 以上差； 3. 抗还原：400℃ 以上良好； 4. 在氧气、潮湿、硫中需保护
T	1. 在潮湿气氛中抗腐蚀； 2. 抗氧化气氛：良好； 3. 抗还原气氛：良好； 4. 在酸烟气中需要保护
E	1. 受酸化物气氛的化学攻击； 2. 抗氧化气氛：良好； 3. 抗还原气氛：差

①一方面，氧化气体的影响，首先是直接氧化以金属为基材的热电偶的成分；另一方面，还原气体（CO、H_2）的影响，对于 B 型、R 型及 S 型通常是部分地还原热电偶接线的连接点上的难熔材料，接着，热电偶受还原影响的材料通常是硅。

9.2.2.4 热电偶的连接

用一个热电偶测量可以采用各种连接方式，以提供所需的强度及电接触。电线可以在锡焊或焊接前进行双绞线以提高其连接强度，也可以用粗大的一端进行焊接。以金属作为基础的热电偶的连接通常是用焊料，该焊料具有高于热电偶使用场合的任何温度以上的熔点。酸性焊接用的熔剂不宜采用，因为它们对电线有腐蚀影响。焊接连接能用于较高的温度，一般都很结实。

在选择热电偶接线中，特别重要的因素是测定的温度（表9－6），同时还应考虑热电偶所处的环境条件（表9－7）。

如果热电偶在没有采用防护管的情况下使用，接线直径的大小会影响反应速度、测定能量及接线的寿命：

（1）小直径的接线对温度变化的反应较快，在测量处的热量传导少，一个重要的因素是当热电偶只在很短的时间内接触时才可以使用。

（2）小直径的接线腐蚀快而影响其校正值，同时它们的emf很容易受到从弯曲处造成的冷态引起的不均匀的影响。在良好保护的套管内，传导误差及反应速度不如导线粗细的影响大，通常可按在良好结构中求得那样。

热电偶导线与固体之间的良好接触，常常可以减少要去测量的温度的接触误差。例如，当测量一根管道的温度，测量点应压在管道表面，同时，绝缘材料的热电偶导线应在测量器具在运行前，预先沿管道绕3圈或4圈。

热电偶导线绝缘材料的特性见表9－8。

表9－8 热电偶导线绝缘材料的特性

绝缘材料	温度极限	防电	防湿	耐磨	耐老化	颜色编码	价格	备注
尼龙	－50～320℉（－45.6～160℃）	好	好	非常好	非常好	是	非常低	一般轻负荷导线，只在室内用，不用于沟渠内
珐琅	到225℉（107℃）	好	一般	差	非常好	无	非常低	用于实验室
珐琅和棉布	到225℉（107℃）	好	一般	一般	一般	是	非常低	不适合用在有水汽的场合
特氟隆及玻纤	－190～482℉（－123～250℃）	非常好	非常好	好	非常好	无	中等高	在化学、油及低温下使用良好，仅适用于室内
石棉及玻纤混合硅树脂	到900℉（482℃）	好	500℉（482℃）时好	500℉（482℃）时一般，高于500℉（482℃）时差	无限制	是	低	在室内中等负荷导线中使用
浸渍过的玻纤	到900℉（482℃）	好			无限制	是	低	在室内中等负荷导线中使用，绝缘体可自由剥去
石棉及玻纤	到900℉（482℃）	好			无限制	是	低	在室内高负荷导线中使用
处理过的玻纤	到1200℉（649℃）	好			无限制	无	低	特别适用于高温
石棉毡	到1200℉（649℃）	好			无限制	是	低	只用于室内
石棉盖上石棉	到1200℉（649℃）经过编织后到1400℉（760℃）	好			无限制	是	中等	不适用于高温环境
耐火玻璃布™（高温玻璃）	到2000℉（1093℃）	好			无限制	无	贵	当导线覆盖有不锈钢织布时，耐磨性有所改善
硅橡胶覆以玻纤	－40～450℉（－40～232℃）	好			非常好	是	中等高	用于室内，适用于化学工业及食品工业

9.2.2.5 热电偶的测定（使用）方法

当测定高温烟气时，接点通过周围冷壁辐射出去的冷却是非常重要的。热电偶周围的辐射状的护罩（盾状物）可以使热电偶测到一个比所需测定的烟气温度稍低的表面温度。可以设置多种形式的护罩（盾状物），图 9－12、图 9－13 示出具有压力式辐射护罩（盾状物）的热电偶。图 9－14 为不同材质的辐射护罩（盾状物）的比较，包括两种钢管护罩（盾状物）及一种裸露的热电偶接点。

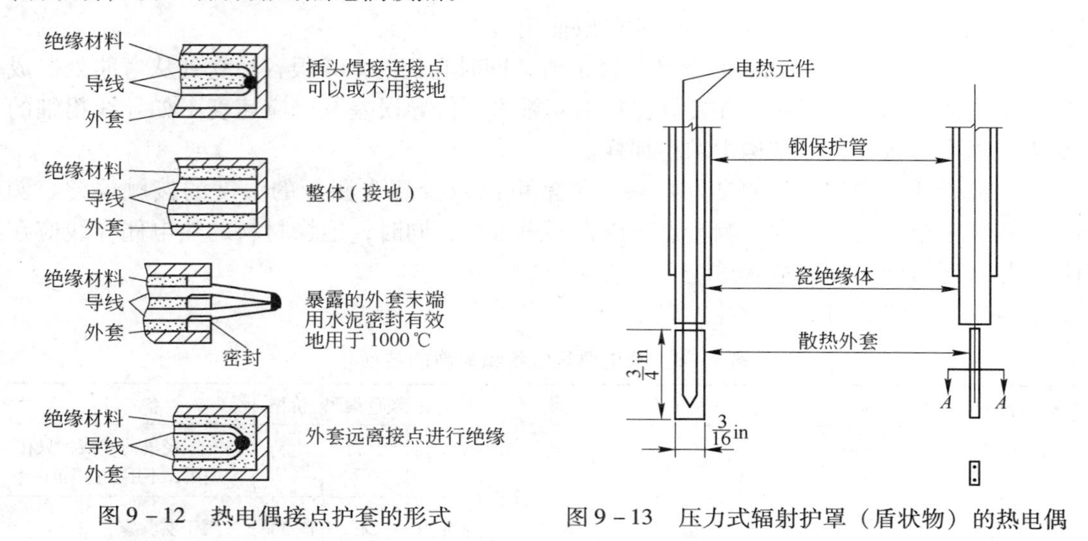

图 9－12 热电偶接点护套的形式

图 9－13 压力式辐射护罩（盾状物）的热电偶

图 9－14 各种形式热电偶接点的辐射误差

热电偶 emf 的表示依赖于所测的温度及参考接点。为此，使用者在测定温度时必须了解：

（1）热电偶的刻度数据；

（2）测得的 emf；

（3）有关接点的温度。

几种典型的热电偶电路如图 9－15 所示。

指示仪表可以用测量小型直流电 emf 的任何装置，导线可以用铜的，如图 9－15（c）

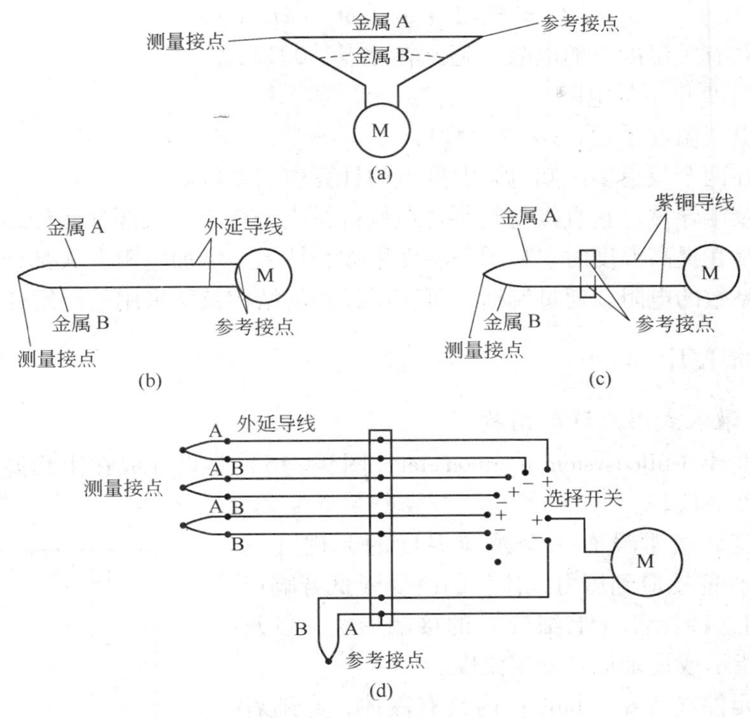

图 9－15　典型的热电偶电路

所示。提供连接热电偶的导线可以处于相同的已知温度，否则，就要求用延长热电偶导线，如图 9－15(b) 所示。这种线不是用与热电偶导线相同的线就是用与热电偶导线测定 emf 的温度有关的线。

在热电偶电路中，毫伏计依然是作为指示仪表。在有些要求严格的情况下，可以要求仪表的电阻低于 12 ～15Ω。在这种电路中，极为重要的是热电偶的电阻及延长导线的电阻要低些，并保持不变。高电阻指示仪表是最常用的，外部电路的阻力变化是次要的。如果在上述例子中，仪表的电阻是 600Ω，通过仪表产生的电阻为 0.5Ω，仪表所引起的电压降约为 0.0007mV，大约相当于 0.2℃。由此可以看出，在其他条件一致时，与外部电路的电阻变化时，指示仪表的电阻将尽可能地高，毫伏计带动的小电流在 10^5 ～10^8Ω。

有一种测量一个目标或一种气体的平均温度的方法是连接几个热电偶串联在一起。其测出的 emf 较大，因为其单个的 emf 是相加的，以及电路的阻力是单个热电偶阻力的总和。这样的一个电路，反应相当灵敏，但是不会增加测量的精确度，因为由于不均匀度造成的不正常也在增加。这种串联电路在温度变动小、要求测量灵敏度高时经常使用。

9.2.3　耐热性温度计

耐热性温度计（Thermoresistive Thermometers）是利用与耐热特性有关的测温技术。它是 Faraday 老年时代（大约在 1935 年）的早期工作，在 1925 年耐热性温度计就在工业中应用。在测量生产过程中，反复性和稳定性是极为重要的。最近，重大的创新和精细的制造技术提供了新品质的耐热性温度计元件，配有界面所需的计算机程序系统。

耐温测定法测定温度是采用与温度有关的电阻，对于纯金属，这种关系可以表示为：

$$R_1 = R_0(1 + at + bt_2 + ct_3 + \cdots)$$

式中 R_0——在有关温度下的电阻（通常在冰点，0℃）；

R_1——温度 t_1 下的电阻；

a——电阻温度系数，Ω/(ft·℃)；

b，c——在两个或更多已知电阻温度点的计算中的系数。

对于合金及半导体，它直接与其所含颗粒材料成分有关。大部分元件结构是由金属导电体组成，通常在提高温度时它显示正温度系数，结果是增加电阻，大部分半导体显示的特性是负温度系数的电阻。通过制造厂可获得详细的结构及所采用的温度计系数。

9.2.4 灌入式温度计

9.2.4.1 灌入式温度计的结构

灌入式温度计（filledsystem thermometer，图 9－16）是设计成在距测温点一定距离处指示或记录温度的仪表。

灌入式温度计通常设有一个感应温度的元件（球根，bulb），元件能感应到压力或体积的改变（低音响声或振动膜），用这种元件（毛细管）的接触形式，以及用一种仪器来指示或记录信号测定温度。

温度感应元件（球根，bulb）内具有液体，它随着温度改变其体积或压力，压力感应元件（低音塞，bourdon）通过授予一种动作或力的反应，使它传递一种信号改变成有用的形式传递到这个装置上。

通常是用一种机械连接来传动一个指示器或笔，但是，也可以用气动或电动装置，它可以较长距离传递温度信号，这种温度信号常常用作程序控制。

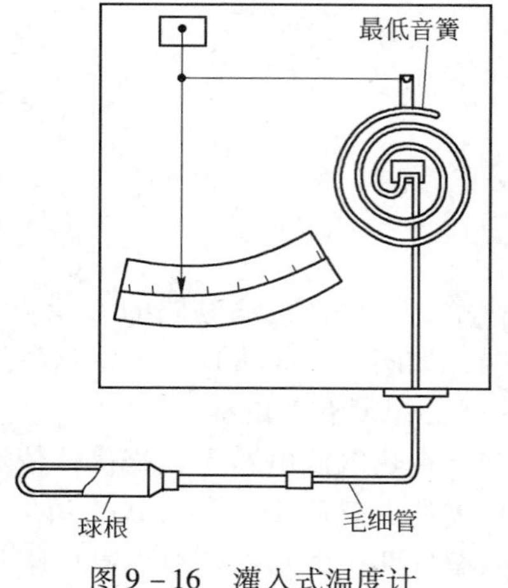

图 9－16 灌入式温度计

9.2.4.2 灌入式温度计的特点

灌入式温度计的优点有：

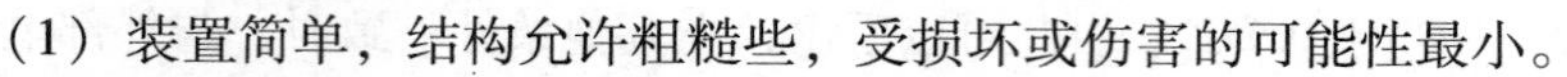

（1）装置简单，结构允许粗糙些，受损坏或伤害的可能性最小。

（2）系统简单，可以用便宜的设计。

（3）敏感度、反应时间以及准确度一般与其他测量仪表相同。

（4）毛细管允许被测点与指示仪表之间有较大的距离。虽然毛细管用在 400ft 长是很成功，但它用来作传感器单一传送长度为 100 ft 或更多一些通常更经济。

（5）测量系统为自我动作，除非是与气动或电动传送系统相结合，否则不需要辅助动力。

（6）系统能够设计成递送足够的动力，如果需要，还能递送指示或控制装置，包括阀门。

灌入式温度计的限制有：

（1）为适应所使用地方的空间，球根大小应该大些。

（2）灌入式温度计随灌入液体的形式不同其性能特性会改变，使用者必须把握合适，在特殊形式的系统中不要被误用。

（3）灌入式温度计测定的最高温度比有些电气测量系统要低些。

（4）灌入式温度计在失灵时，整个仪表必须维修或更换。

（5）感应件（球根）及指示仪表之间分开的距离限制在30～400ft，取决于像灌入的液体及精确度的要求等其他特性。

9.2.4.3 灌入式温度计的基本形式

灌入式温度计根据感应件（球根）的反应可分为两种基本形式：

（1）体积改变的反应。对于要求体积改变的反应是将液体全部灌满，液体随温度变化而膨胀大于球根金属的膨胀，然后，纯体积的改变感应（传递）到感应件（球根）上去。

（2）压力改变的反应。一种内在系统压力的改变，常常是与感应件（球根）体积的改变有关，但是这种影响不是很重要的。系统在压力上的反应不是灌满一种气体，就是部分地充入一种挥发性液体。随着感应件（球根）温度的改变，改变气体或蒸汽的压力，然后传递到感应件（球根）上去。感应件（球根）将随压力的提高增加其体积，但是这种影响不是很重要的。

9.2.4.4 灌入式温度计分级

测定体积的原理：

灌入液体（Hg以外）	Ⅰ级
灌入Hg	Ⅴ级

压力原理：

灌入蒸汽	Ⅱ级
灌入气体	Ⅲ级

灌入Hg测温系统可用于－38～＋650℃之间，在可压缩性较低的Hg中使它易于适应长距离测定。

灌入有机液体可在很低的温度下结冰，通常可用于－75～＋300℃之间。由于有机液体具有较高的膨胀系数，它较能适应短距离测定。

9.3 气体压力的测定

9.3.1 气体的压力

气体在管道内流动时呈现三种压力：静压（p）、动压（p_d）、全压（p_t）。

（1）静压（p）是静止流体在一点上作用于各方向相等的压力，或者流体在流动情况下流体垂直作用于平行流动平面的局部压力。

（2）全压（p_t）为流体流动的自由断面上静压力与动压力之和，即：

$$p_t = p_d + p \tag{9-3}$$

（3）动压（p_d）又称速度头，其值为流体密度和速度平方乘积的1/2（Pa），即：

$$p_d = \frac{1}{2}v^2\rho \tag{9-4}$$

9.3.2 气体压力的测定

气体压力（静压、动压和全压）的测量通常是用插入风道中的测压管将信号取出，在与之连接的压力计上读出，取信号的仪器是皮托管，读数的仪器是压力计。

气流压力测定值大于大气压力称为正压；反之，小于大气压力称为负压。

测量管道内气体的压力应在气流比较平稳的管段进行，即应是离开弯头、三通、变径管、阀门等影响气流流动的管段，风道中气体压力的测定如图9－17所示。

测试时应测试气体的静压（p）、动压（p_d）、全压（p_t），测全压的仪器孔口要迎着管道中气流的方向，测静压的孔口应垂直于气流的方向。由于全压等于动压与静压的代数和，所以只测其中两个值，另一值可通过计算求得。

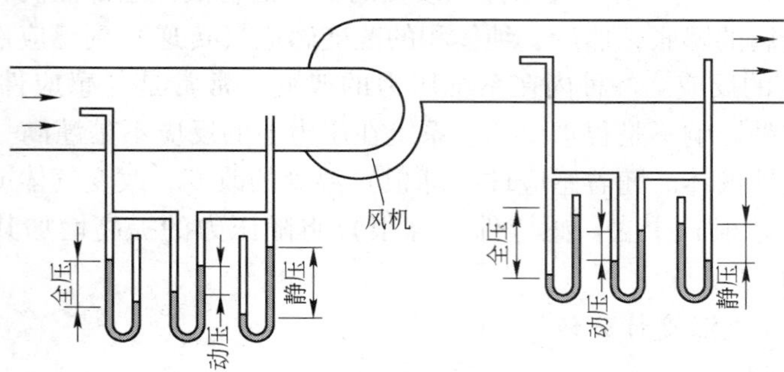

图9－17 管道内流动流体的压力测定

9.3.3 测定仪器

常用的测压仪器有皮托管（标准皮托管和S形皮托管）、弹簧压力计、U形压力计和倾斜式微压力计（图9－18）等。

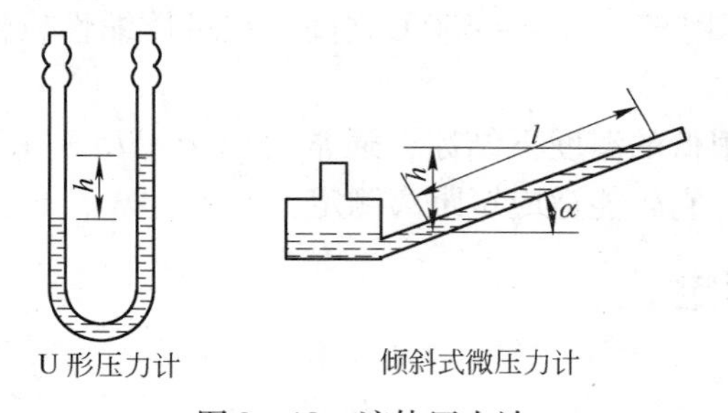

图9－18 液体压力计

U形压力计、倾斜式微压力计由玻璃管制成，管内注入一定量的液体介质，如酒精、水、汞等，当被测压力较小时可用密度较小的酒精或水。酒精具有较小的表面张力，常用于倾斜式微压力计中。当被测压力值较大（表压大于（1.0～1.5）×10^4 Pa或小于（－1～1.5）×10^4Pa）时，为避免U形管过长，应采用密度大的汞作测压液体。

9.3.3.1 标准皮托管测速仪

A 标准皮托管的结构

标准皮托管如图9－19所示。它是由铜管或不锈钢管制成，结构为带有90°弯头的双层同心圆套管，头部呈半圆球形，其开口端同内管相通，可测定气流的全压。在靠近管头一定距离的外管管壁上开若干个小孔，可测定气流的静压，全压与静压之差为动压。

标准皮托管的校正系数$K=1$。

皮托管外径一般为5～20mm，被测管道的内径应大于皮托管外径的40倍以上。

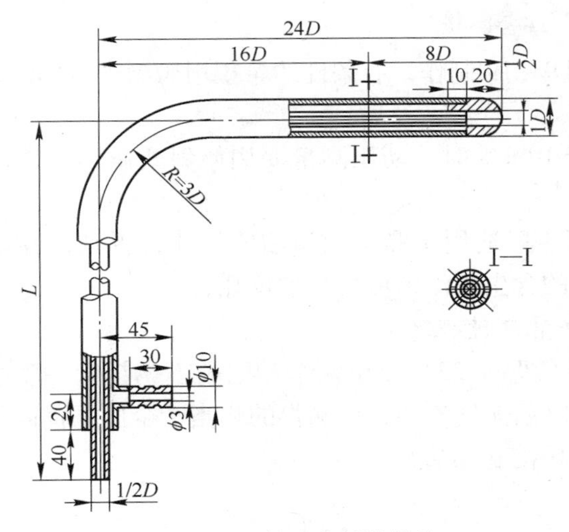

图 9－19 标准皮托管结构

B 皮托管的测定

皮托管可直接配 U 形压力计或倾斜式微压力计进行测量。

皮托管的测定步骤：

（1）把皮托管从取样孔中插入管道内，将皮托管头部放在需要测定的位置上。

（2）调整皮托管头部对准气流方向，直杆与管道壁垂直。图 9－20 显示皮托管未对准气流运动方向产生的测定误差，一般要求皮托管与气流的偏差角小于 5°。

（3）用橡皮塞固定皮托管，按图 9－21 所示把皮托管与测压计（U 形压力计或倾斜式微压力计）用橡皮塞连接起来。

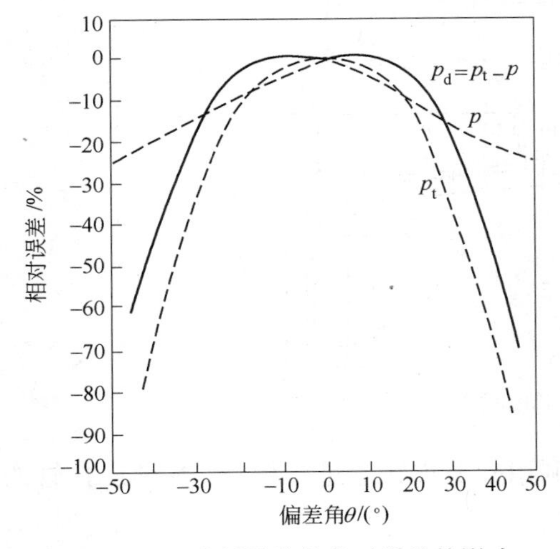

图 9－20 皮托管偏差角对误差的影响

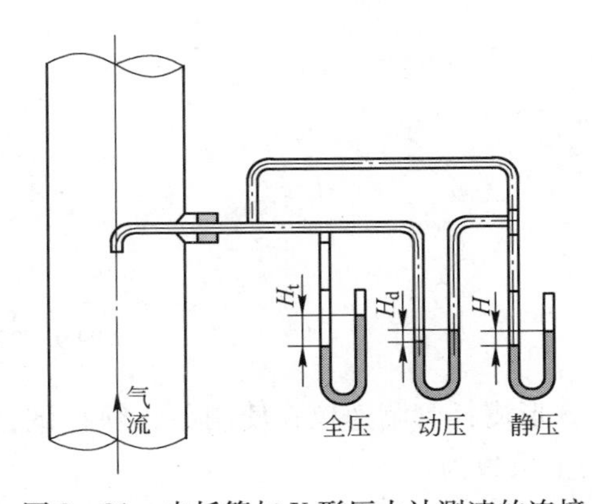

图 9－21 皮托管与 U 形压力计测速的连接

（4）检查整个系统是否漏气，特别要注意检查连接处是否有漏气现象。橡皮管内不能有积水或粉尘沉积。

（5）测定开始，记录读数，计算流速。

C 皮托管的测定注意事项

（1）皮托管要按图9－19制作，有条件的希望用风洞进行标定，实测皮托管校正系数K值。

（2）气体流速低于10m/s时，动压测量要用倾斜式微压力计，放大压差读数，减少测定误差。

（3）标准型皮托管一般适用于测定较清洁的气体，否则，容易堵塞，影响测量准确性。测定含尘浓度较大的含尘气流，可用S形皮托管。

9.3.3.2 S形皮托管测速仪

S形皮托管测速仪（图9－22）是由两个相同的不锈钢管并联组成。测量端有开口方向相反两个开口，测定时面向气流的开口测得的相当于全压；背向气流开口测得的相当于静压，两管的开口为180°对称布置。

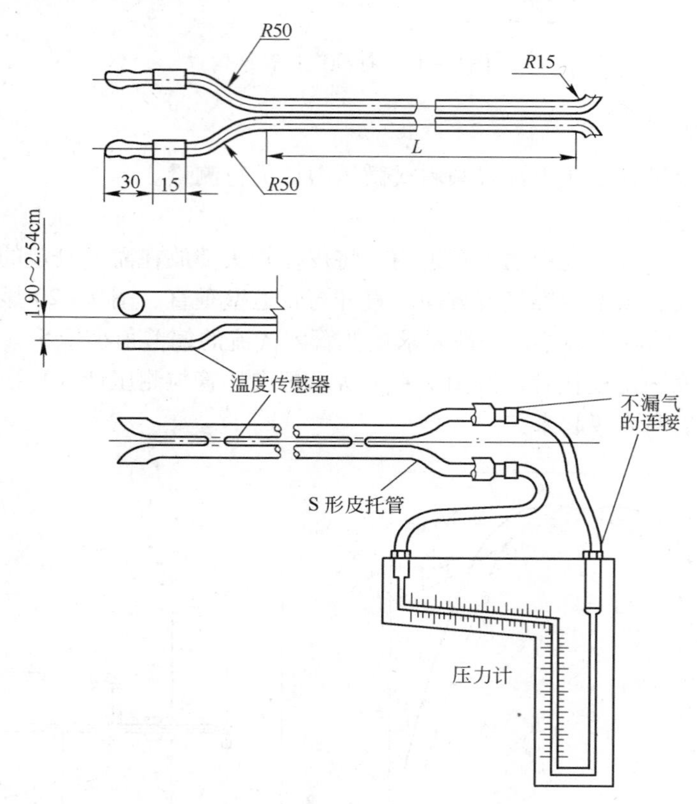

图9－22 S形皮托管

S形皮托管测速仪在使用前，须在试验风洞用标准皮托管进行校正，S形皮托管的动压校正系数为：

$$K_{pS} = \sqrt{\frac{p_{dN}}{p_{dS}}} \tag{9-5}$$

管内实际动压：

$$p_d = K_{pS}^2 p_{dS} \tag{9-6}$$

式中 K_{pS}——动压校正系数；

p_{dN}——标准皮托管测得的动压值；

p_{dS}——S形皮托管测得的动压值。

S形皮托管测速仪的校正系数 $K=0.8\sim0.9$，比标准皮托管小。所以，在测定同样流速时，S形皮托管的动压测定值比标准皮托管测定值大，适用于测定流速低的气流。

S形皮托管的校正系数变化范围较大，最好由标准风洞实测或用已标定过的标准皮托管进行标定。

流速低于3.0m/s时，不宜采用皮托管测速仪，推荐用热球风速仪。

9.3.3.3 U形压力计

U形压力计是由内径为6~12mm的玻璃管或有机玻璃管制成（图9-21），内装测压液体，常用的测压液体有水、乙醇和汞。

使用U形压力计时应注意玻璃管必须保持垂直，当U形压力计一端连接被测系统后，两根玻璃管内的液面就出现液位差 h，根据 h 值按下式计算压力值 p：

$$p=hSg\times10^{-3} \tag{9-7}$$

式中 p——压力值，Pa；

h——液位差，mm；

S——测压液体介质的密度，查表9-9，kg/m^3；

g——重力加速度，$g=9.81m/s^2$。

表9-9 常用测压液体密度表（0~20℃）

液体名称	酒精（100%）	酒精（70%）	水	汞
密度/$kg\cdot m^{-3}$	793	850	1000	13546

U形压力计的测定误差一般为1~2mmH_2O（用酒精或水作测压液体介质）。测定微压力时，如测定气体动压值，为了提高测定精度必须采用倾斜式微压力计或其他精度较高的微压计。

测定方法：

（1）测试前，将仪器调整至水平，检查液柱有无水泡，并将液面调整到零点，然后根据测定内容用乳胶管或橡皮管将测压管与压力计连接。图9-21为皮托管与U形压力计测量烟气全压、静压、动压的连接方法。

（2）测压计皮托管的管嘴要对准气流流动方向，其偏差不大于5°，每次要反复测定3次，取平均值。

9.3.3.4 倾斜式微压力计

倾斜式微压计是由一个截面较大的容器和一根截面积小得多的玻璃管连接而成，它要求容器的截面积比玻璃管的截面积大100~500倍以上。

倾斜式微压计适用于测定表面压力为±1~±2mH_2O的压力。

测压时，将微压计容器开口与测定系统中压力较高的一端相连，斜管与测定系统中压力较低的一端相连，作用于两个液面上的压力差使液柱沿斜管上升，压力 p 按下式计算：

$$p = L\left(\sin\alpha\frac{S_1}{S_2}\right)\rho_g \tag{9-8}$$

令
$$K = \left(\sin\alpha \frac{S_1}{S_2}\right)\rho_g \tag{9-9}$$
则
$$p = LK \tag{9-10}$$
式中 p——压力值，Pa；

L——斜管内液柱长度，mm；

α——斜管与水平面夹角，(°)；

S_1——斜管截面积，m^2；

S_2——容器截面积，m^2；

ρ_g——测压液体介质的密度，kg/m^3，查表 9－9，常用的乙醇密度为 0.81kg/m^3。

测定正压系统时，被测系统与微压力计的容器一端相接，测定负压系统时，被测系统与微压力计的玻璃管相接。

测定前要调整倾斜式微压力计保持水平，调整玻璃管内的液面到 0 刻度或读出原始读数 l_2（测定时读得玻璃管内的液面上升后的读数 l_2）。

倾斜式微压力计的测量精度随 α 值减小而提高，但是，当 $\alpha<3°$，即 $\sin\alpha<0.05$ 时，测压液体在玻璃管内存在的弯月面现象将影响测定值的读数，从而降低测量精度，一般推荐 $\alpha\geqslant10°$。

9.3.3.5 弹性压力测定仪

一般测量绝对压力、表压、真空度或抽风压力及压差可以采用两种基本形式的元件：(1) 彩色液柱，利用液体的密度和高度测量压力；(2) 弹性压力元件。

弹性压力元件有振动膜（diaphragm）、波纹管式（bellows）或 Bourdon 及带或不带反作用的弹簧等形式，元件随之带有一个指示或记录测定压力或真空的某些型号放大倍数的机械或电气放大装置，或者一般常用两者结合在一起的装置。

电气压力的元件主要形式有振动膜（diaphragm）、波纹管式（bellows）、Bourdon 三种。它们的设计基本上是按照物理定律，在不超出弹性极限下，压力与张力成比例（Hooke 定律）。在压力监视器中可利用的压力和真空范围如表 9－10 所示。

表 9－10 弹性元件的范围

元 件	应 用	最 小 范 围	最 大 范 围
振动膜（diaphragm）	压力 真空 真空及压力复合	0～0.2inH_2O 0～0.2inH_2O 真空度 真空及压力总范围 0.2inH_2O 的任何范围内	1～1000psi 0～30inHg 真空度
风箱（bellows）	压力 真空 真空及压力复合	0～5inH_2O 0～5inH_2O 真空度 真空及压力总范围在 5inH_2O 的任何范围内	1～800psi 0～30inHg 真空度
低音塞（bourdon）	压力 真空 真空及压力复合	0～5inH_2O 0～30inHg 真空度 真空及压力总范围在 12psi 的任何范围内	1～100000psi

A 振动膜

振动膜（diaphragm）的组成有金属振动膜和合成振动膜两种设计。

a 金属振动膜

金属振动膜元件是测量低压最早的一种装置，金属振动膜是利用其自身压扁（pressure - deflection）的特性，由一个单一的振动膜或一个或者多个中空的盘连接在一起组成。因此，它在施加压力后每个盘即压扁。总的压扁度是所有盘的压扁度之和，每个空盘是由两片膜片壳盘用锡焊、铜焊或焊接连接在一起。

一个振动膜壳体是一个单一的圆形金属圆盘，它不是平的就是波纹状的。通常作为低压测量装置，振动膜壳体是同心圆波纹状，以确保其性能。波纹状由适当硬度的金属盘通过水力或机械压制而成。

图 9 - 23(a) 所示为一个由 4 个空盘组成的简单的金属振动膜元件。在这种装配中，每个空盘都与下一个空盘同轴连接，它可以不受拘束地张开。元件设有过量程或欠量程的停止保护措施。

振动膜外壳可有多种材质，金属通常采用黄铜、磷（青）铜、铍铜、不锈钢、Ni - span - C 或蒙乃尔（Monel）铜镍合金（Huntington，WVA 国际 Nickel 有限公司 Huntington 合金制造分厂的商标）、哈司特（Hastelloy）镍合金（Union Carbide Corp.，New York，NY 的商标）、钛（titanium）及钽（tantalum）等。振动膜外壳的材料可根据各自的弹性要求，采用各种材料来改变其硬度，通常金属在制成最大弹性极限前应进行热处理。成型后振动膜外壳通过热处理来确定其压力，然后在装配为成品前进行化学清洗。

振动膜外壳的变形是取决于各种不同的因素：

（1）外壳的直径。

（2）金属外壳的厚度。

（3）起皱的形状。

（4）起皱的折皱数量。

（5）弹性系数。

（6）使用时的压力。

振动膜外壳的一种通常构思使其变形与压力成线性关系，在实用中其范围很广，并具有微小的滞后和/或永久的零位移。在需要时，振动膜外壳可以设计成非线性关系。

振动膜的设计中，起皱的深度和数量及振动膜表面的形成角度决定其灵敏度（每单位压力的膨胀度）及振动膜的线性。增加盘旋的数量、减少起皱的深度可以增加灵敏度，其关系为线性。采用一种平的、不起皱的振动膜可获得在极小动作下的最大灵敏度。

压差表使用的一种元件示于图 9 - 23(b) 中，绝对压力的测量是在具有密封壳体元件的外部进行，测量动作转移到通过一个密封风箱的壳体外部指示仪上去。这种装置可以用一端的压力接到振动膜元件内部作压差计用，同时用作超压停机保护用。

振动膜元件通常还可用于压力感应系统，保护感应元件振动膜（Diaphragm）、风箱（Bellows）、低音塞（Bourdon）抵抗进入物质的腐蚀或堵塞。化学密封的振动膜传递所测的压力是在感应元件中灌满液体。

b 合成振动膜

合成振动膜经常是用非金属材料由校准过的弹簧圈或类似弹性成分的材料来对付（Opposed）的，这种形式的合成振动膜只对付（Opposed）忍受压力和运用力时用。

柔软的振动膜（非金属的）常用于非常低的压力或真空时替代金属振动膜，柔软的振

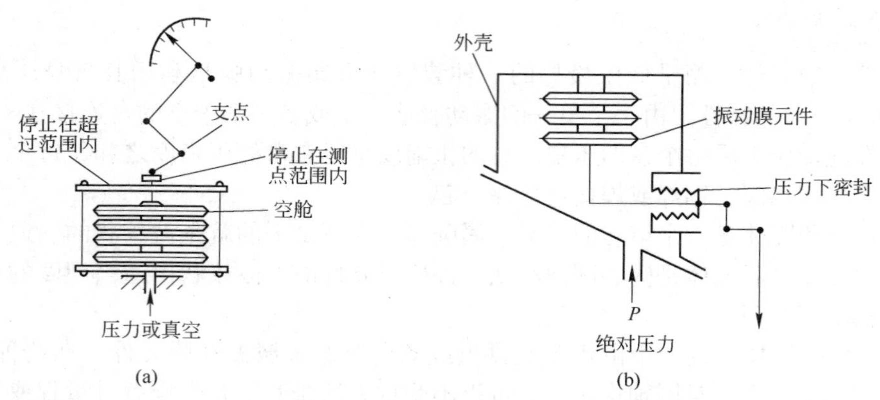

图 9-23 金属振动膜元件

(a) 振动膜元件；(b) 绝对压力表

动膜（非金属的）是十分柔软的，具有非常低的压力恒量。振动膜是由一个弹簧顶住，在一个给定压力下测定其变量。

B 波纹管式（风箱式，bellows）

波纹管式（bellows）元件是一个能张开的轴环形元件，并能向轴向弯曲变形。

波纹管式（bellows）的主要制造方法有：

（1）一个薄的（细的）管子用水压连续压制而成。

（2）管子用机械连续工作制成。

（3）波纹管用金属板围起来，管子在金属板的内部及外部连续焊接而成。

（4）电镀板绕在一个芯轴上成形后取出来或者焊接起来。

波纹管式（bellows）的尺寸可以从 ϕ1/16in 到几英尺，用于压力测量，通常限用大约 ϕ6in。波纹管式（bellows）可由一个到几个盘旋或皱折制成，无缝波纹管通常有黄铜、磷（青）铜、铍铜、蒙乃儿铜镍合金、不锈钢、Inconel 及其他金属，焊接的波纹管式（bellows）可用近似的任何可焊金属。材料的选择是根据压力范围、敲击要求以及腐蚀等条件。波纹管式（bellows）可以与振动膜类似的场合下使用，如绝对压力表及压差计。

C Bourdon

在 1852 年 E. Bourdon 发表的独创专利中，Bourdon 管被描述成一种曲线状或双绞管状，从圆周方向看其横断面（曲率半径）是不一致的。

在原理上，如图 9-24 所示，管道封闭其一端末端，它就不是一个完整的循环，当一端封闭时，如果管道内部压力变化改变，管道形状就会变形。增加内部压力会引起圆周横断面（曲率半径）的扩大，使管道改变和形状更直一些。倘若管道开启端保持固定不动，它将使管道封闭末端产生移动，这种移动通常称为末端传播，就像图 9-24（弹性 Bourdon 型式）中的 T。末端传播的量是管道长度、管道壁厚、管道断面的几何形状以及管道材质的模数（系数），在特殊情况下，管端就变成一个弹性 Bourdon 元件。

Bourdon 的形式通常有：

C 形：由管道绕成一段圆形形式（图 9-24(a)）。

盘旋形：由管道绕成比一圈还要多的一种轴向盘旋形形式（图 9-24(b)）。

螺旋形：由管道类似螺旋形地绕成比一圈还多的一种螺旋形形式（图9－24(c)）。

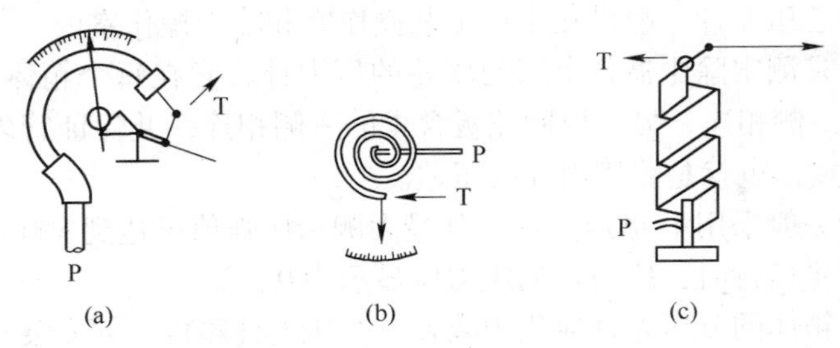

图9－24 弹簧型 Bourdon 形式

(a) C形；(b) 盘旋形；(c) 螺旋形

弹簧型 Bourdon（Bourdon Spring）可以采用各种具有良好弹性的金属或合金制成。

精确分析 Bourdon 管（tube）在压力下的动作是极为复杂的，到目前为止，Bourdon 管（Bourdon tube）设计完全是基于在实践观察中积累的经验而得。

9.3.3.6 压差传感元件

压差传感元件要求抗震和抗过载能力强。

以前，广泛使用的压差传感元件有 CE 型、LE 型、CW 型、CP 型膜盒膜片压差变送器，该压差变送器存在体积大、安装复杂、价格昂贵的缺点。

其后新型半导体固体压差传感器得到迅速的发展和应用。其特点是体积小、安装方便、价格低廉，但其抗震和抗过载能力差。

目前，新型的半导体硅片压差传感器，它是应用新颖的硅横向电压应变计技术，利用压阻效应而设计出的硅器件，具有可靠性高、性能稳定的特点，其抗震和超载能力得到大大改善。

压差的监控：

(1) 利用量度除尘器的压差的变量来进行除尘器的监控，这种量度是较为合理的。

(2) 对于袋式除尘器，如果处于一个最佳的压力损失范围（约 800～1400Pa）内运行，可说明除尘器的清灰系统功能处于正常状态。

(3) 压力损失增加就表示除尘器存在功能性故障。

(4) 用于监控估算除尘器中粉尘通过量的压差监控是绝对行不通的，因为有些粉尘通过的现象（如滤袋破损、各种裂缝等），对除尘器的压差反应不明显，而对除尘器中粉尘的通过量却可能有影响。

9.3.4 除尘器的压力计

(1) 除尘器除设总压差计（连接除尘器进出口的压差计）外，应在除尘器每个箱体上设置分压差计。

(2) 总压差计是测定除尘器进出口压差的压力计，它在除尘器上设有两根管子，一根同除尘器进口管相连，一根同除尘器出口管相连，以正确反映除尘器进出口的压差，也就是除尘器的总压差。

(3) 总压差计一般采用自动化程度较高的带有差压变送器的压差计，其最大测量压强值应根据除尘器的设计压力降来确定，一般为2000Pa 左右，有时为应付异常事故，最高可达3000Pa。

（4）除尘器的总压差计一般设在生产工艺操作室和除尘操作室内。

（5）分压差计是测定除尘器各个室的压差的压力计，它在每个箱体上设有两根管子，一根同花板清洁的一侧相连，另一根同花板含尘的一侧相连，并保证管内无堵塞，以正确反映花板上下的压差，也就是滤袋内外的压差。

（6）分压差计一般采用U形压力计，其最大测量压强值可达到500mm。

（7）除尘器停止运行时，压力计的压力应显示为0。

（8）除尘器各箱体的分压差计应集中装在一个压差计箱内，并安装在除尘器周围易于观察的位置。

9.4 气体流速与流量的测定

9.4.1 流速的测定

常用的测定管道内风速方法有间接式和直接式两种。

9.4.1.1 间接式

间接式气体流速的测定是先测得管内某点动压 p_d，再用下式算出该点的流速 v。

$$v = \sqrt{\frac{2p_d}{\rho_g}} \tag{9-11}$$

式中 v——测定的流速，m/s；

ρ_g——管道内空气的密度，kg/m^3；

p_d——测点的动压值，Pa。

用皮托管只能测量某一个或几个点的流速，而流体在管道中流动时，同一截面上各流速并不相同，为了求出流量可以测几个点求平均流速（v_p），即：

$$v_p = \sqrt{\frac{2}{\rho}}\left(\frac{\sqrt{p_{d1}} + \sqrt{p_{d2}} + \cdots + \sqrt{p_{dn}}}{n}\right) \tag{9-12}$$

式中 v_p——平均流速，m/s；

n——测点数。

此法虽较复杂，但由于精度高，测定中广泛使用。

9.4.1.2 直读式

常用的直读式测速仪有热球式热电风速仪和热线式热电风速仪。

这种仪器的传感器是测头，其中为镍铬丝弹簧圈，用低熔点的玻璃将其包成球或不包仍成线状。弹簧圈内有一对镍铬－康铜热电偶，用以测量球体的温升程度。测头用电加热，测头的温升会受周围空气流速的影响，根据温升的大小即可测得气体的流速。

仪器的测量部分采用电子放大线路和运算放大器，并用数字显示测量结果。测量的范围为0.05～30m/s。

9.4.2 流量的测定

9.4.2.1 流量的计算

风道内的流量可在平均流速（v_p）确定后，按下式计算：

$$Q = v_p S \tag{9-13}$$

式中　Q——风道内的流量，m^3/s；

S——管道断面积，m^2；

v_p——管道内平均流速，m/s。

9.4.2.2　流量测定仪（流量计）

A　孔板流量计

孔板流量计是风管中最常用的测定仪。

用途　　一般用于中、小型风管

结构　　在薄板中心设有边很整齐的孔，它夹在一对法兰中间

材料　　不锈钢板

厚度　　$\delta = 1/8$in（对于16in或更大的管道，$\delta = 1/4$in）

孔径　　$\phi 1/4$in（最小孔径）

工作原理　孔板通过流过法兰两侧的压力连接到指示仪、记录仪或传播仪表中

孔板安在管网内，当气流通过时，其压力沿孔板管线一路上是变化的，如图9－25所示。通过孔板进出口两侧之间的压差变化的比例显示出流量，其最简单的匹配仪表是U形压力计。

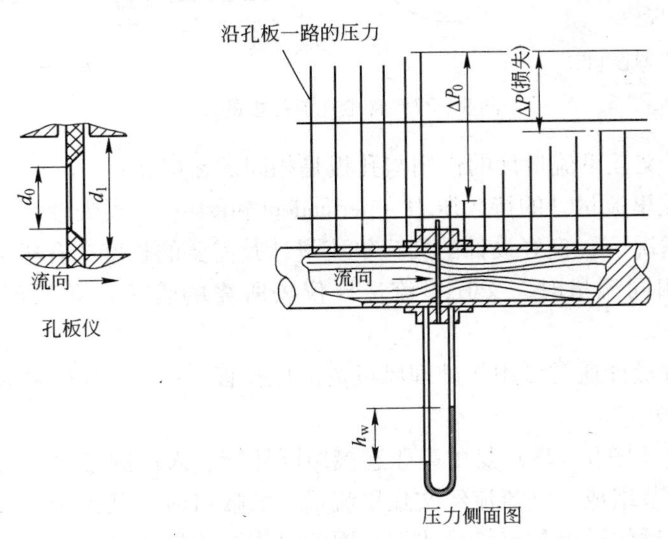

图9－25　孔板流量计

典型的孔板的特点是：压力降可以利用流量系数的图表（图9－26）来精确地预测。但是，通常所有的这种配置都具有一种骚扰流量损失，如果采用一种流量计作为校正用器，它还是可以使用的。

偏心孔板及圆缺孔板（图9－27）是两种用来测量含尘气流的孔板，含尘气流在通常一般孔板中比干净气流容易积聚灰尘，从而改变其标度。

B　文丘里流量计

文丘里流量计适用于含尘气流的测定。

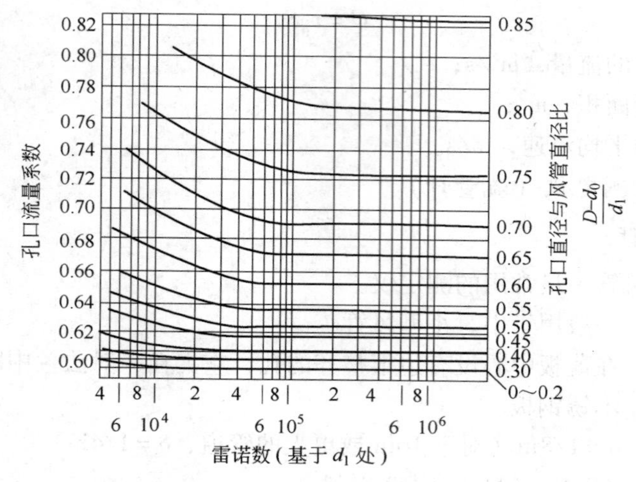

图 9－26 孔板流量系数

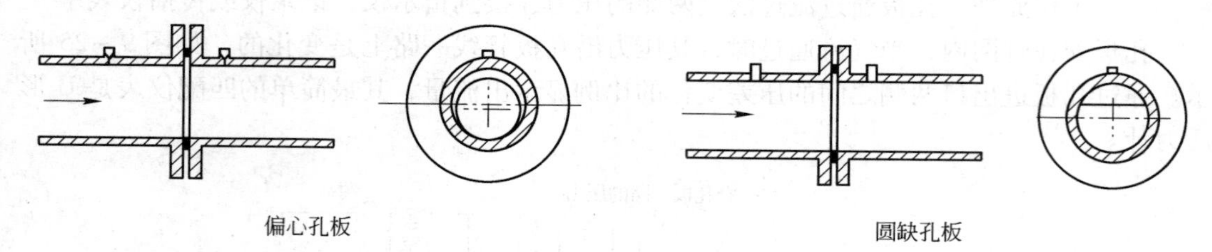

图 9－27 含尘气流孔板的结构

从原理上看，文丘里流量计的作用与孔板是相同的，但是：

（1）通过文丘里流量计的持久压力（permanent pressure）损失较小。

（2）在同样情况下，良好设计的文丘里流量计其需要的长度比孔板流量计长 1.5 倍。

（3）在测定相同流量时，文丘里流量计仪表所需的管子比孔板流量计要求的尺寸要小。

（4）文丘里流量计通常可用作处理风量范围比孔板（4:1）容量更大（10:1，甚至于 20:1）。

文丘里流量计（图 9－28）是由高压连接短圆柱管、入口圆锥管、低压连接管的喉口以及出口圆锥管四节组成。气流流经文丘里流量计的喉口时，其流速增加，压力降低。由于文丘里流量计前后的压差与流量成比例，因此可作为流量计来用。

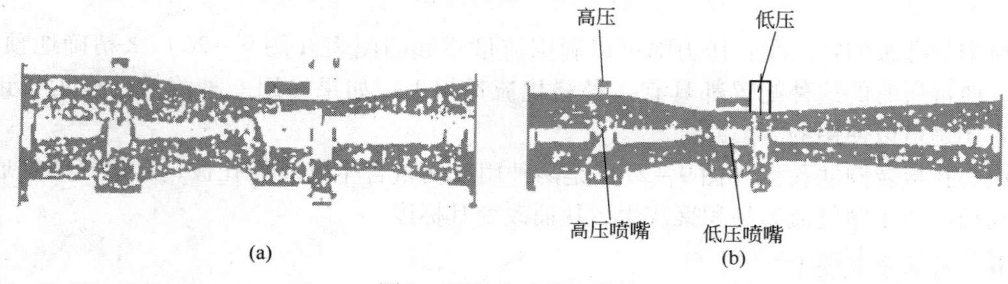

图 9－28 文丘里流量计

（a）短型"文丘里流量计"；（b）长型"文丘里流量计"

典型的短型文丘里管（图9-28(a)）在工业应用中具有极广的范围，在文丘里管的进口圆柱部件周围及喉口周围的环形圆腔体两端分别是高压端及低压端。在进口圆柱部件及喉口部件腔体之间具有小的放射形孔洞相互连接，在这种情况下，在压力分交点处是平均压力。因此，这种文丘里管对不规律气流速度的分布不很敏感。

典型的长型文丘里管（图9-28(b)）比短型文丘里管的持久压力损失小，特别是在喉口直径与管道直径之比较小的情况下。

短型文丘里管和长型文丘里管由于其流量系数是一个常数保持不变，因此，可以运行于较广范围的流量中。因为在进口周围和喉口处设有环形室，使其在上游气流的骚动下对测量的精确度几乎没有影响，1~48in都可以使用。

图9-29所示为典型文丘里管的压力剖面及通过文丘里管的持久压力损失。

文丘里管流量计一般都配有每台仪表的流量刻度计。

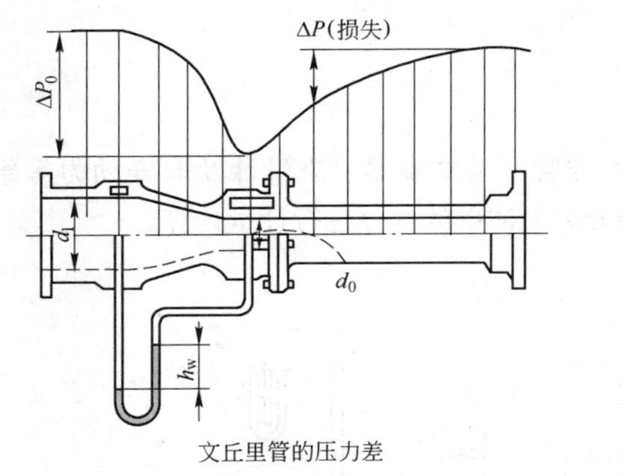

文丘里管的压力差

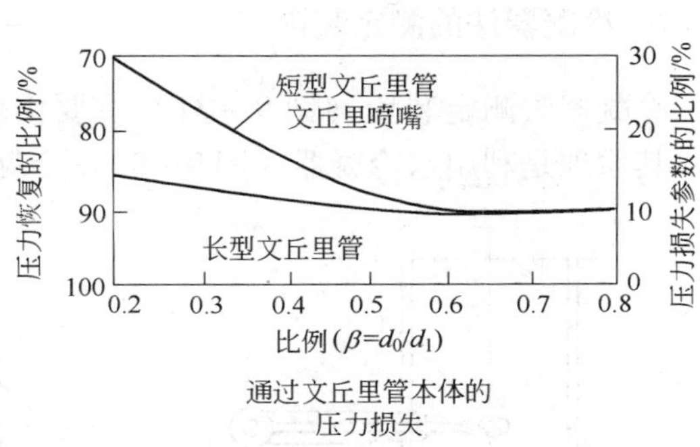

通过文丘里管本体的压力损失

图9-29 典型文丘里管的压力剖面及压力损失

C 皮托管流量计

一般皮托管是用在干净气体中测量高速气流的速度，通常用于较大管道的流量测定。它还具有测量高风量范围的功能，并易于安装和拆卸。

皮托管测量高风量的原理不变，在测量流量仪表中的限制比在管网中要好一些。它在管网中的压力损失可以忽略不计，对一个常用的皮托管的压差是用高压冲击孔直对着气流方向之间来测量，同时，一个静压孔开在测量孔的90°或180°的位置处。

因为测量孔是单一的、小的，皮托管在管网上的一个测量点进行测量，为了获得良好的测量值，皮托管必须设置在平均速度或最高速度点上，并朝向气流的方向。改变速度会引起改变流量，必须将孔板尽量在直管中测量。

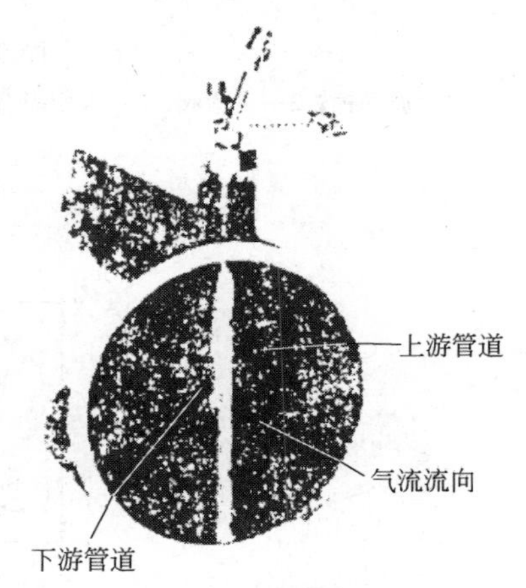

图9-30 一种Annubar仪表的均压皮托管

一种称为Annubar（图9-30）的均压皮托管（Averaging Pitot Tube）消除了大部分常用皮托管的不足。这种装置含有两个感应管道。上游管道（高压侧）朝向气流方向，具有一个到几个紧贴的小孔。一个内部管道通过4个冲击小孔感应其均布的压力。下游管道（低压侧）从气流的负压中减去测量的静压。

Annubar在初期投资和运行费方面是一种经济的装置，在一般使用中流量元件可以安装在管道内部，而不需从管道内引出测量，这种装置可用于0.5～180in的管网中，压力范围从－14.5～2500psi，温度为1200℉（650℃）。

9.5 气体含湿量的测定

气体含湿量的测定方法有冷凝器法、吸湿管法及干湿球法几种，一般常用冷凝器法。

冷凝器法测定含尘气体含湿量的原理是把一定体积气体中的水分，经冷凝器收集起来，精确称量冷凝水量，并把冷凝后气体中的饱和水蒸气量加起来，由此来确定含尘气体的含湿量。

9.5.1 冷凝器法的测定装置

冷凝器法测定装置（图9－31）主要由取样管、水冷凝器、流量计及取样动力等组成。其原理是利用水冷凝器（图9－32）冷凝分离气体中的水分进行计量计算。

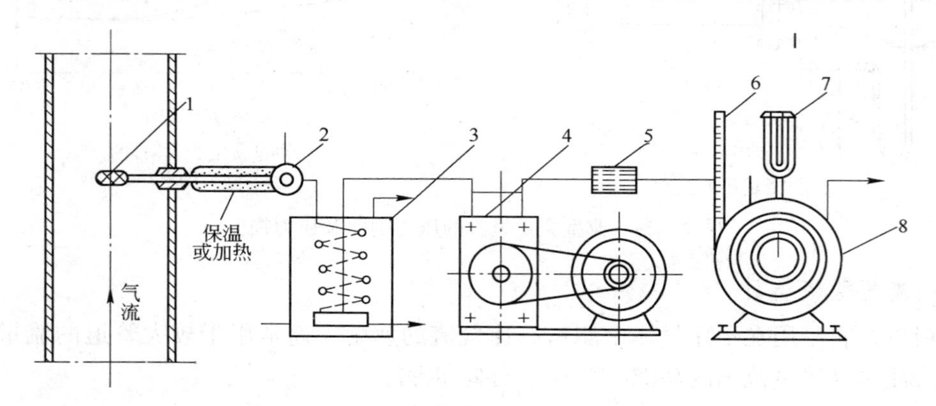

图9－31 气体含湿量的冷凝器法测定

1—玻璃棉；2—三通阀；3—水冷凝器；4—真空泵；5—油雾去除器；6—温度计；7—压力计；8—气体流量计

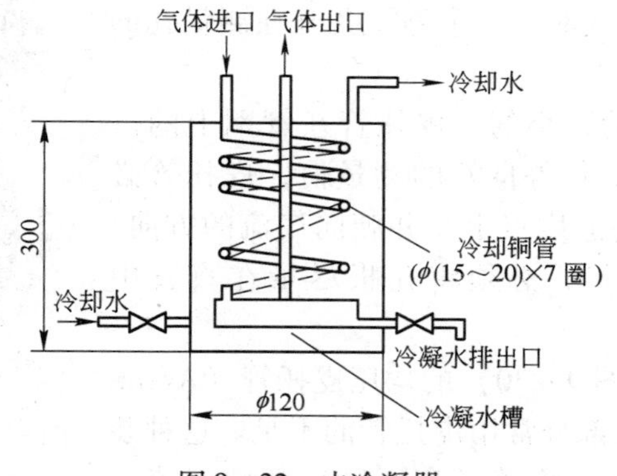

图9－32 水冷凝器

9.5.2 冷凝器法的测定步骤

（1）按图9－31建立测定系统，全系统检漏，通入冷凝水。

（2）按0.6～1.8Nm^3/h的取样速度进行取样，控制取样量使水冷凝器中的冷凝水量为20mL以上。

（3）含湿量计算：

$$x_w = \frac{1.24m_c + \frac{p_v}{p_a + p_m} \times q \times \frac{273}{273 + T_m} \times \frac{p_a + p_m}{100000}}{q \times \frac{273}{273 \times T_m} \times \frac{p_a + p_m}{100000} + 1.24m_c} \times 100\% \quad (9-14)$$

式中 x_w——气体中水蒸气的体积百分率,%；

m_c——冷凝器中冷凝水量，g；

p_v——温度为T_m的饱和水蒸气分压力，Pa；

p_a——大气压，Pa；

p_m——流量计上的气体表压，Pa；

q——气体取样量（流量计读数），L；

T_m——流量计中的气体温度,℃。

（4）干气体的流量计算

$$Q'_n = Q_n\left(1 - \frac{x_w}{100}\right) \quad (9-15)$$

式中 Q'_n——换算成干气体的气体流量，Nm^3/h；

Q_n——含湿气体的实际流量，Nm^3/h。

9.6 露点温度的测定

烟气中的蒸气开始凝结的温度称为露点温度，烟气中水蒸气的露点称为水露点。烟气中酸蒸气的露点称为酸露点。

常用的测定烟气露点的方法有含湿量法、降温法，另外还有露点仪法。

9.6.1 含湿量法

含湿量法是利用测定含湿量求露点的方法之一，测得烟气的含湿量后从焓－湿图上可以查到气体的露点，此法适用于测水露点。

9.6.2 降温法

用带有温度计的U形玻璃管组（图9－33）接上真空泵，连续抽取管道中的待测气体，当气体流经U形管组时逐渐降温，直至在某个U形管的管壁上产生结露现象（可观察到），则该U形管上温度计指示的温度就是露点温度。

此方法虽然不十分精细，但非常实用、可靠，它既可测水露点，也可测酸露点。

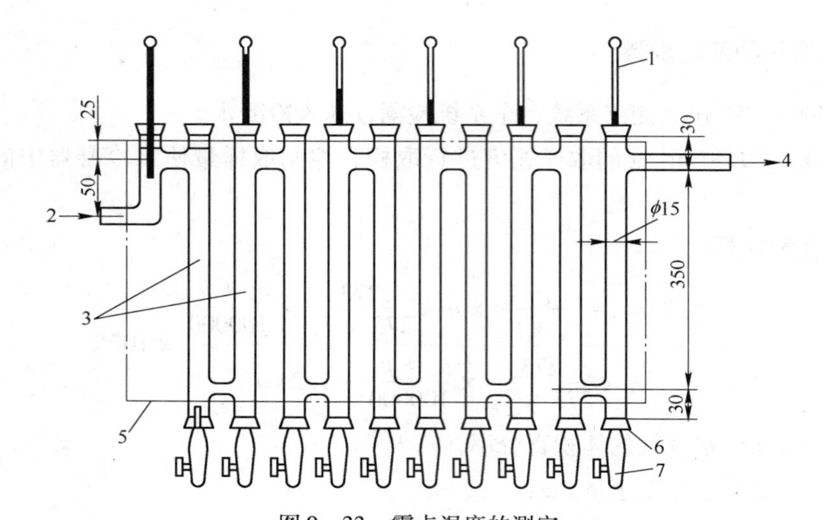

图 9－33 露点温度的测定

1—温度；2—气体入口；3—U 形管；4—气体出口；5—框架；6—旋塞；7—三通开关

9.6.3 露点仪法

9.6.3.1 烟气露点测定仪

（1）光电式露点计：由于稳定性差没有得到广泛使用。

（2）导电式露点计：国内外广泛使用，它的主要元件是表面上设有电极的玻璃探头，在烟气结露时，电极间的导电度发生变化，这时探头表面的温度即作为露点。

A 电阻法确定露点

用兆欧表测定电极之间的电阻变化来确定露点，探头表面的温度用热电偶测量。

电阻法确定露点如图 9－34 所示。测定时将探头逐渐降温，每隔半分钟测一次电阻及温度，当电阻降到某一值时，探头的表面温度即为露点。

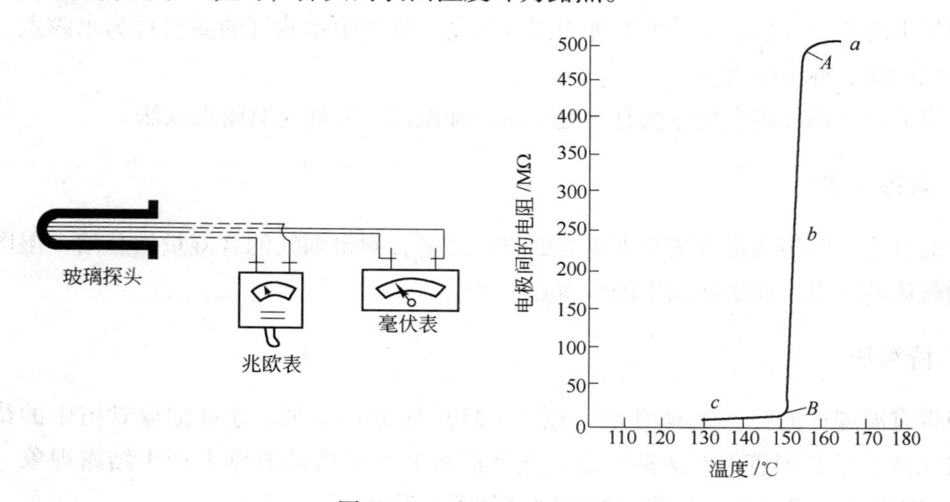

图 9－34 电阻法确定露点

A—开始结露；B—露膜开始形成；a—结露前（表面干燥）；b—结露形成区域；c—露膜区域

电阻法确定烟气露点最简单，但操作麻烦，而且，由于向电极上加了很高的电压，容易使电极极化，增加电阻。同时，由于兆欧表的电压为250～500V，易使电极击穿使电阻突然降低，由于击穿和极化常使电阻忽高忽低，指针跳动。

B 电流法确定露点

在兆欧表处改接成微安表，测量回路里的电流。降低探头表面温度，当回路里出现一定的电流值时，探头表面温度即为露点。

C 导电度法（见“导电式露点计”）

9.6.3.2 露点测定仪的结构

（1）插入式露点计：由玻璃探头、插入管、冷却管、探头降温管以及测温度和导电度的仪表等组成。

（2）抽出式露点计：由玻璃探头、插入管、冷却管、探头降温管以及测温度和导电度的仪表等部分组成。

（3）钢管式露点计：由烟气取样管、露点计本体、抽气系统、冷却系统、温度及导电度测量仪表等组成。

9.6.3.3 露点测定仪的注意事项

（1）应使探头处的烟气流速与烟道内的烟气流速连通。

（2）插头应插在烟道内烟温较高一些的区域。

（3）探头的降温速度原则上越慢越好，降温速度以每分钟1～2℃为宜。

（4）探头应插入烟气的主流中，因此，插入烟道的深度不应小于1m。

9.7 气体含尘浓度的测定

气体含尘浓度的测定一般采用过滤式分离方法捕集取样气体中的粉尘，按取样气量及捕集粉尘量计算气体含尘浓度。

以等速采样捕集粉尘，从抽取气体量算出含尘浓度，在管道测定求出粉尘量，其最终目的是要得知管道内气体含尘浓度。

9.7.1 采样装置

粉尘采样装置由粉尘捕集器（捕集器）、采样管（取样管）、测定抽吸含尘气体流量装置（转子流量计）和抽气装置（真空泵）等组成。为了调节流量，在抽气管道系统中加设调节阀。为了防腐蚀，系统可安设SO_2吸收瓶和除雾瓶。

采样装置按粉尘捕集器（图9－35中件3）设在管道内、外的形式分别称为内滤式尘浓测定系统和外滤式尘浓测定系统两种。外滤式尘浓测定系统如图9－35所示。

整个取样装置的全部管路不能漏气，否则测定将产生误差。

9.7.1.1 采样管（取样管）

采样管（取样管）由采样嘴和连接管构成。

采样管根据采样嘴结构形式可分为普通型和平衡型两类。

A 普通型采样管（图9－36）

采样量在10～60L/min范围内时，采样嘴的直径（d）为4～22mm，共16种。

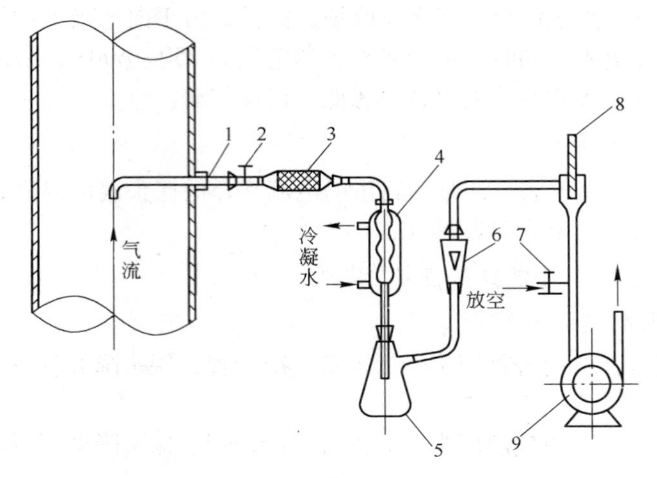

图 9－35 外滤式尘浓测定系统

1—取样管；2—弹簧夹；3—捕集器材；4—冷凝器；5—分水瓶；6—转子流量计；7—调节阀；8—温度计；9—真空泵

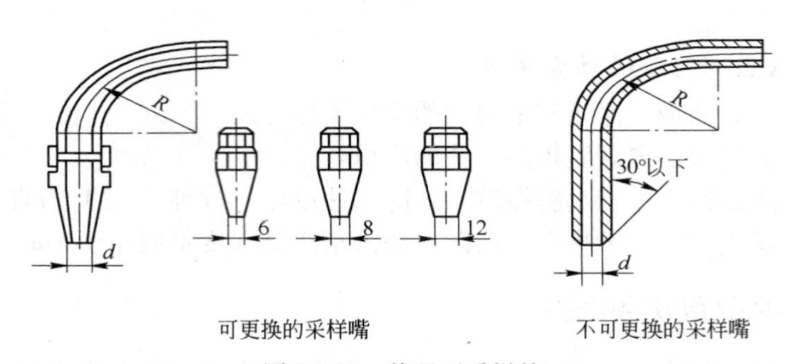

图 9－36 普通型采样管

B 平衡型采样管

平衡型采样管（等速采样管）是在烟气流速未知或流速波动较大的测点采样时采用，它分静压平衡型和动压平衡型两种。

图 9－37 为静压平衡型等速采样管的一种。其使用方法是：在烟气采样过程中不断调节流量，使等速采样管的内外静压差为零，此时从理论上可认为采样管内流速等于烟道内测点上的烟气流速。

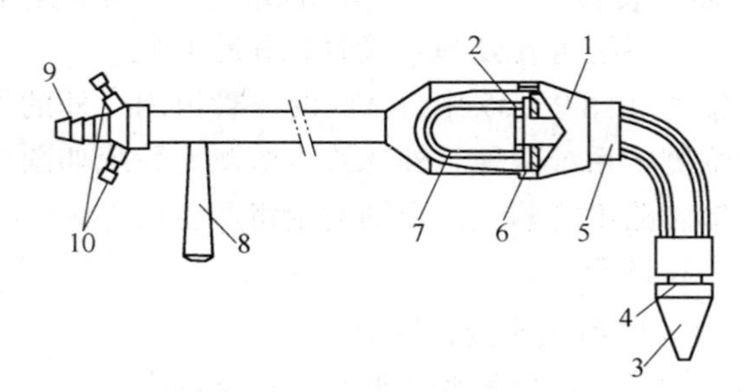

图 9－37 静压平衡型采样管结构

1—紧固连接法；2—滤筒压环；3—采样嘴；4—内套管；5—取样座；6—垫片；7—滤筒；8—手柄；9—抽气接头；10—静压接头

但应指出，由于气流进入采样嘴时的局部阻力、摩擦阻力以及紊流损失等影响，采样管内的静压往往比管外静压要小。在实际情况下，虽测得内外静压相等，但内外速度并不相等。因此，只有当内外静压孔位置选择恰当时才能符合真正的等速要求。

9.7.1.2　粉尘捕集器（捕集器）

粉尘捕集器（捕集器）采样的准确性与捕集器的效率密切相关，要求捕集器的捕集效率在99%以上。

常用的粉尘捕集器有滤筒、滤膜（滤纸）、集尘管几种。

A　滤筒

滤筒（图9－38）适用于内滤式尘浓测定系统。

国产滤筒的材质有玻璃纤维和刚玉（Al_2O_3）两种，其性能见表9－11。

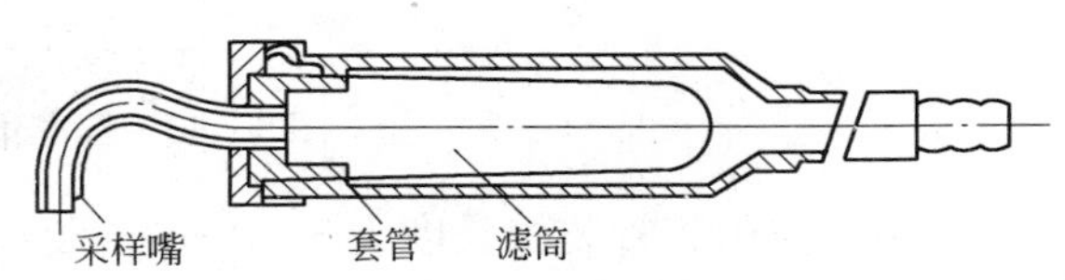

图9－38　滤筒粉尘捕集器

表9－11　国产滤筒的主要技术性能

名　称	适用烟气温度/℃	阻力损失	捕尘效率/%	高温减重/%		
				200℃	300℃	400℃
聚苯砜胶玻璃纤维滤筒	<400	较高	99.99	0.2	0.4	0.5
聚酯胶玻璃纤维滤筒	<200	低	99.9	0.4	—	—
不加胶玻璃纤维滤筒	<500	低	99.9	高温减重可忽略不计		
刚玉滤筒	<800	高	99.99	高温减重可忽略不计		

由表9－11中可知，当精确测定或捕集的烟尘样量小时，使用前可将滤筒在烘箱中按不同适用温度预热2h，除去滤筒中大部分有机物质，然后再进行采样，这样可得到较为准确的结果。

滤筒称重一般采用感量为0.1mg的天平。

B　滤膜（滤纸）

将超细玻璃纤维材质制的滤膜（滤纸）放在如图9－39所示的夹具上。滤膜粉尘捕集器用于低浓度烟尘的外滤式尘浓测定系统。当通过滤膜的烟气流速小于0.1m/s时，滤膜捕尘效率几乎达到100%。称量滤膜宜用感量为0.1mg的天平。用于高温含湿量大的烟尘采样时，必须将滤膜捕集器保温，并加热采样管，以防产生冷凝水。

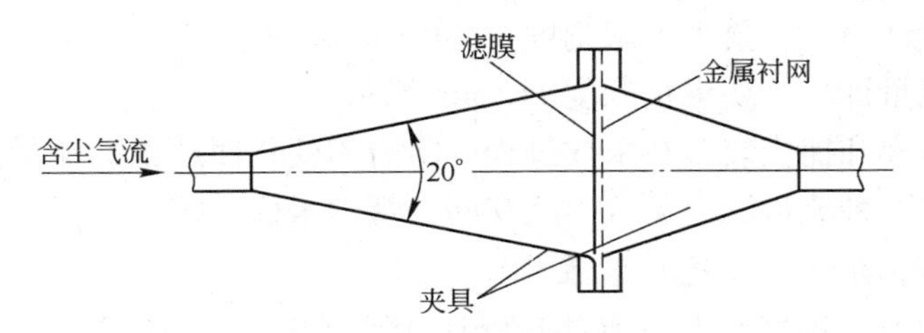

图9－39　圆形滤膜粉尘捕集器

C　集尘管

当烟气温度高、烟尘浓度大时，常用玻璃集尘管进行外滤式尘浓测定。

图9－40为标准集尘管粉尘捕集器，管内装填的滤材为：

烟气温度低于250℃　　絮状玻璃纤维棉或聚苯乙烯维棉

烟气温度低于150℃　　长纤维清洁的脱脂棉

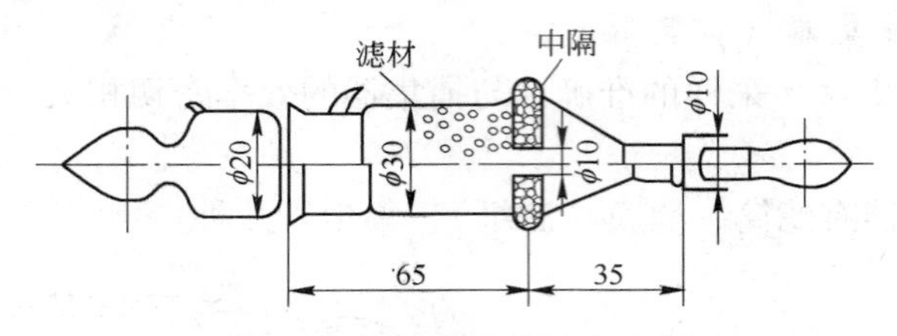

图9－40　标准集尘管粉尘捕集器

一般集尘管管装棉长度为3～4cm，装填量约为3～5g。采样前后，要将集尘管在烘箱中加热105℃，烘干3～5h。在干燥器内放冷后称重，称重用感量为0.1mg的天平。

D　捕集装置的选择

捕集装置大部分采用过滤的方法。捕集器的主要性能和结构形式见表9－12和图9－41。

表9－12　捕集器主要性能

项　目	玻璃集尘管	滤筒式过滤器	小旋风滤膜过滤器
适用浓度/$g \cdot m^{-3}$	<10	<10	>30
使用温度/℃	<200	<400	<400
滤　料	常温：脱脂棉花 100～200℃：玻璃毛	用聚醋酸乙烯酯胶合的玻璃纤维滤筒	超细玻璃纤维滤纸
通气阻力	小	大	大
容许捕集尘量/g	<2	<1	大
连接方式	橡皮管连接	橡皮管或金属接头连接	橡皮管或金属接头连接
材　料	硬质玻璃	金属	金属

9.7.1.3　流量测量装置

在烟尘系统中常用瞬时读数的转子流量计和累积式流量计作为流量测定装置。

转子流量计　　要求上限刻度为50L/min左右

累积式流量计　　要求精确度1L/min流量

考虑到等速取样和捕尘装置在采样过程中阻力的变化而产生的流量波动，为了计算上的方便，通常将这两种流量测定装置串联在同一烟尘采样系统中。

9.7.1.4　采样动力（抽气）装置

常用的采样动力（抽气）装置有油封旋片真空泵和干式刮板泵。

采样时应保证采样嘴入口处有一定风速，又要能克服烟道内负压和整个采样系统阻损的要求，一般采样动力的流量达到40L/min时能有26～50kPa的负压，即可满足烟尘采样的需要。

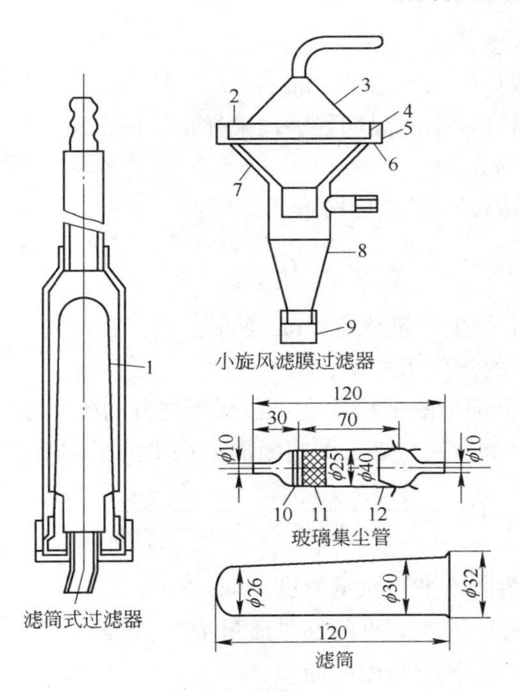

图 9-41 捕集器的结构形式

1—滤筒；2—螺母；3—上锥体；4—两个钢圈；5—滤膜；6—硅橡胶垫圈；7—内锥体；8—下锥体；9—灰斗；10—砂芯；11—滤料；12—磨口

9.7.2 测定步骤

（1）按图 9-35 建立测定系统，全系统检漏。

（2）捕集器准备，烘干后称得原始重 G_1。

（3）用吸球吹去取样管内积灰，用橡皮管把取样管与捕集器连接起来，中间用弹簧夹夹住，连接橡皮管要短，以防止橡皮管内积尘过多影响测定正确性。

（4）启动真空泵，打开弹簧夹，迅速调节放空阀，使取样流量达到规定的数值，同时开启计时。

（5）取样时，随时调节放空阀，使取样速度保持恒定。

（6）取样到原定的取样时间，因含尘浓度太高过滤阻力不断升高，以至无法继续保持规定的取样速度时就停止取样。夹紧捕集器进口处的弹簧夹，记录取样时间，取下捕集器，关闭真空泵电门。

（7）烘干捕集器，放下干燥器内冷却半小时后，用天平称得捕集器测后的重量 G_2。

9.7.3 烟尘浓度的计算

计算烟尘浓度时应将其换算成标准状态下 $1m^3$ 干烟气所含烟尘重量（mg 或 kg），以便统一计算烟囱的污染物排放速率量（kg/h）或（mg/m^3）。

（1）工况烟尘浓度（C）可按下式计算：

$$C = \frac{G}{q_r t} \times 10^3 \quad (9-16)$$

式中 C——烟尘质量浓度，mg/m^3；

G——捕尘装置捕集的烟尘重量，mg；

q_r——由转子流量计读出的湿烟气平均采样量，L/min；

t——采样时间，min。

（2）标准状况烟尘浓度（C'）可按下式计算：

$$C' = \frac{G}{q_0} \tag{9-17}$$

式中 C'——标准状况下烟尘质量浓度，mg/Nm^3；

q_0——标准状况下的烟气采样量，L。

（3）烟道测定断面上烟尘的平均浓度：根据所划分的各个断面测点上测得的烟尘质量浓度，按式（9－18）可求出整个烟道测定断面上烟尘的平均浓度。

$$\overline{C}_p = \frac{C'_1S_1v_{s1} + C'_2S_2v_{s2} + \cdots + C'_nS_nv_{sn}}{S_1v_{s1} + S_2v_{s2} + \cdots + S_nv_{sn}} \tag{9-18}$$

式中 $\overline{C}_p$——测定断面的平均质量浓度，mg/Nm^3；

C'_1，…，C'_n——各划分断面上测点的烟尘质量浓度，mg/Nm^3；

S_1，…，S_n——所划分的各个断面的面积，m^2；

v_{s1}，…，v_{sn}——各划分断面上测点的烟气流速，m/s。

采用移动采样法进行测定时也要按式（9－18）进行计算。

如果等速采样速度不变，利用同一捕尘装置一次完成整个烟道测定断面上各测点的移动采样，则测得的烟尘浓度值即为整个烟道测定断面上烟尘的平均浓度。

（4）尘浓度计算：根据气体取样量和捕集的粉尘重量计算气体的含尘浓度：

$$C = \frac{G_2 - G_1}{Q_s} \times \frac{3600}{t} \tag{9-19}$$

$$Q_s = Q\sqrt{\frac{p'}{p_a}\frac{273}{T'}\frac{\rho}{\rho'}} \tag{9-20}$$

式中 C——标准状态下气体的含尘量，g/Nm^3；

G_1——测定前集尘瓶或滤料的原始质量，g；

G_2——测定后集尘瓶或滤料的质量，g；

Q_s——标准状态下取样速度，Nm^3/h；

t——取样时间，s；

Q——转子流量计的刻度标定值，Nm^3/h；

p'——测定时的流量计操作压力（绝对压力），Pa；

T'——测定时的流量计操作温度，K；

p_a——大气压，101325Pa；

ρ'——标准状态下被测气体密度，kg/m^3；

ρ——标定转子流量计的气体的密度，kg/m^3。

每测定点至少重复测定两次，相对误差小于10%，取两次平均值作为测定结果。多点取样测定时，气体含尘浓度按各点含尘浓度的平均值计算。

9.7.4 国产测尘仪简介

国产测尘仪器主要有滤筒过滤法和光电法两大类（表9-13）。

表9-13 气体含尘浓度测定仪

型 号	名 称	原 理	制造厂
JSC-1	粉尘采样仪	过滤法	苏州地区环保设备公司
TH-880F	微电脑烟尘平行采样仪	滤筒过滤	武汉市天虹仪表有限责任公司
3012H	自动烟尘（气）测试仪	滤筒过滤	青岛崂山应用技术研究所
J674	尘埃浓度快速测定仪	光电法	辽阳市综合仪器厂

9.7.5 烟囱透明度测定

透明度是度数的计量，是烟囱排出物与大气背景相比的一种视图。

透明度的读数（以百分数给出）示出总气流的可见度遮蔽性能，它不单纯是颗粒物，透明度监测仪不提供一种颗粒物浓度的读数（mg/m^3 或其他单位）。大部分烟囱监测颗粒物浓度仍用人工方法，取样运行是通过一定的周期时间（如最少1~2h）来抽取样品；在这个周期时间内收集的总样品称为一种完整的样品，同时它分析产生一个在这个取样期间的复合的颗粒物浓度图像。

颗粒物的连续仪器检测设备的开发已有多年，一种有前途的商业设备β射线衰减技术在市场上已用作过滤。这种设备是由冲淡、过滤、检测到的β射线的衰减和其读数结合组成。监测仪器的研究和开发同时产生其他优越的系统和新的监测技术。

当用人工求取透明度时，用人工观察求得朦胧的程度，它能看到排出烟雾。在商业透明度监测器中其运行的观察是通过设置的一种光源和一种光探测器来求得。一束光束直接通过排放物来测量和进入探测器。如果排出物是不遮挡或光线未减少，于是100%的光束射到探测器上，其不透明度即为零。如果排出物完全遮挡光线，于是光束射不到探测器上，其不透明度即为100%。在使用过滤器时，它就吸收一定百分数的光线，监测器的刻度上能看到各种不同的不透明度。在与肉眼观测的比较下，就能正确地读出烟囱现场的状态。不透明度检测仪也可参用透射或烟雾检测器。

商业不透明度监视仪有两种形式：单侧和双侧（图9-42）。两种形式的测量原理都是在污染物通过可见光线的吸收情况下运行的。

9.7.5.1 双侧不透明度监视仪

双侧不透明度监视仪的光源设置在烟囱的两侧，每一侧探测仪的光束都能射过污染物。双侧不透明度监测仪可以比单侧不透明度监测仪用于光速射出距离较长和造价更便宜些。但是，它有一些问题。因为光源和探测仪是在烟囱的相对两侧，它难于对准所需的细度。同时，当改变光源与探测仪之间线电压时，将改变不透明度的读数，这种形式的监视仪比单侧系统更难于零和量程的检查。

9.7.5.2 单侧不透明度监测仪

单侧不透明度监测系统是光源和探测仪设在烟囱的同一侧，一个镜子或类似形式的反射装置设置在烟囱与光源相对的另一侧。在到达探测仪之前，光束从光源处通过两条路径

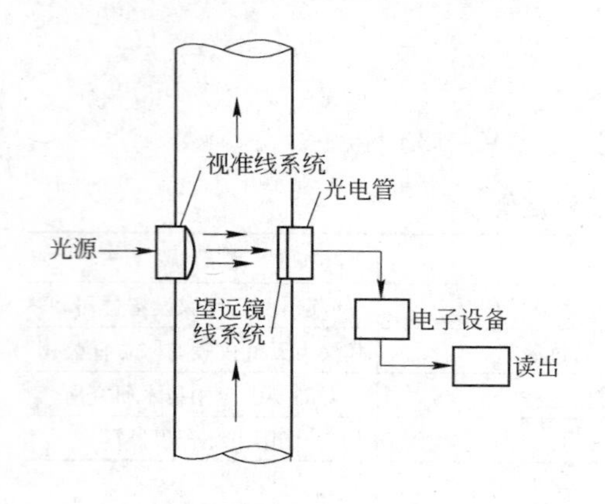

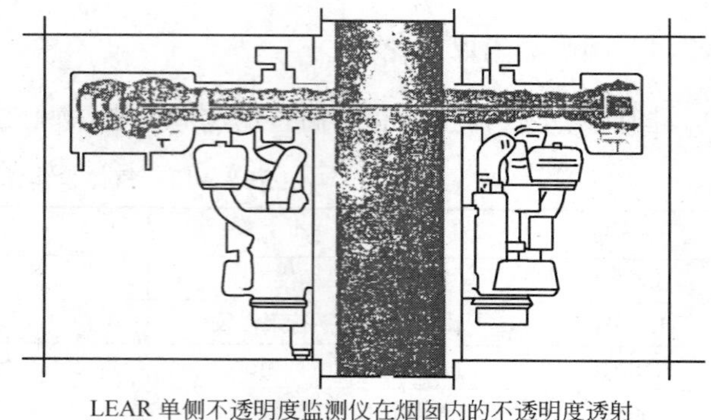

LEAR 单侧不透明度监测仪在烟囱内的不透明度透射仪计量烟雾容量和排出的颗粒物

图 9－42 可见的排出物检测技术

穿过排出物。这种光束双重穿越途径增加了敏感性。因为两者光源和探测仪是在烟囱的同一侧，这是很简单的事情，在光源强度和到达探测仪的光量之间会形成一个相对的或测量的误差。如电压变化和电子漂移问题会消除这种形式的相对计量。

在这两种不透明度监测系统中，光窗要求用一种固定的干净空气来吹刷，以避免灰尘的建立，否则会减少敏感度和引起读数的误差。

不透明度监测系统必须能每 10s 测量一次不透明度。平均读数将由适当的带式记录仪或数据记录装置每 6min 记录一次。

在设置运行之前，不透明度监测系统必须经过 168h 的性能试验。系统应用认定的过滤器校验，它给出低、中等和高的不透明读数。表 9－14 给出的说明在测试时必须满足。

表 9－14 不透明度监测的性能说明

参 数	说 明	参 数	说 明
校验误差	≤3% 不透明度	校验漂移（24h）	≤2% 不透明度
零的漂移（24h）	≤2% 不透明度	响应时间	10s（最大）

一旦不透明度监测器投入运行，记录仪连续地平均每 6min 人工或自动记录一次，报告必须持续。为确保运行每天应保持零和隔一段时间进行校对，必须进行维护、清洗和光学校准。

当选择设置不透明度监测的位置时下列问题需要考虑：

（1）设计过程中所设置的监测位置是否代表排放物？

（2）这些测得的排放物是否代表从烟囱中排出的排放物？

（3）这个位置是否易于操作？

（4）在不良的环境下，监测器是否得到保护？

在很多设备上，只有在特定的污染源上才必须设置连续监测，不透明度监测器应安设在这个污染源控制装置的后面。在多污染源合用一根烟囱的设备中，如果污染源是处于同一标准时，可以用一个单一的监测器。在多污染源使用同一烟囱，但污染源是处于不同的标准时，必须设置各自独立的不透明度监测器。

监测的位置必须选择在能代表污染源样品的地方，避免在以下地方：

（1）监测点气流中的灰尘出现分层或堆积成层的地方。

（2）能引起水滴影响的地方。

（3）在水平管道上由于重颗粒易于沉降到管道底部，而引起灰尘分层的地方。

（4）在垂直管道上，两个或更多气流的连接点也会引起灰尘分层。

（5）其他需要避免的地方是急转弯、障碍物或管道断面变化的地方。

（6）气流中的水滴像尘粒一样同样影响不透明度监测仪，如果水滴是一个问题，必须考虑替代监测。

（7）不透明度监测仪应设在没有过分摆动的地方，以免频繁地改变光的对准，造成过多的维护。

（8）监测仪支架的热膨胀和收缩也会引起问题。

气流污染的连续监测的一般准则如表9－15所示。

表9－15　气流连续监测的一般准则

性　能	只是追随物质产生的反应
灵敏度，范围	监测的灵敏度必超过污染物的变化
稳定性	样品必须在分析仪中稳定
精确度，准确性	在与参考方法的气体比较时，实际烟囱浓度的结果必须是可再现的和必须是具有代表性的
样品平均时间	监测方法必须是适合所需的样品控制的平均时间
可靠性，可行性	设备投资和维护费用、分析时间和人工必须根据需要和资源考虑
校　准	设备将不会产生漂移；校准和其他改正将自动进行
反　应	设备必须在显著的生产变化时具有足够快的记录能力
大气条件的影响	温度和湿度的改变必须不影响实际的检测结果
数据输出	在有些应用中分析仪的输出应为机器可读的格式

EPA已颁布具体企业用于求得符合NSPS的检测仪器规范，如表9－16所示。

表9－16　气流连续监测的准则

SO_2 和 NO_2 检测仪：	
准确度①	参考方法测试数据的平均值的≤20%
校准误差①	每种混合的校验气体（50%，90%）的≤5%
零点漂移（2h）①	量程的2%
零点漂移（24h）①	量程的2%
校准的漂移（2h）①	量程的2%
校准的漂移（24h）①	量程的2%
反应时间	最大15min
运行周期	最大168h
O_2 和 CO_2 检测仪：	
零点漂移（2h）①	≤0.4%的 O_2 和 CO_2
零点漂移（24h）①	≤0.5%的 O_2 和 CO_2
校准的漂移（2h）①	≤0.4%的 O_2 和 CO_2
校准的漂移	≤0.5%的 O_2 和 CO_2
反应时间	10min
运行周期	168h

①表现为一个总的绝对平均值加上一系列测试的95%可信的间隔。

每个连续监测仪必须测试证明，它满足 Vol. 40 CFR，Part 60 的要求（就像颁布在 Federal Register，Oct. 6，1975），这些测试在硫酸厂的 SO_2 中是典型的要求，它证明连续监测仪的准确性必须满足以下 7 个步骤：

步骤 1：标定气体的分析。监测仪必须标定 SO_2 的三个浓度 0%、50%、90% 间隔。每个标定的气体必须用 EPA 参考方法分析，一式三份。

步骤 2：标定的校验。三个标定气体必须用监测仪分析，共计 15 个读数。

步骤 3：零点漂移的校验。零点的设置必须至少有 10% 的跨度偏移来检查负零点的漂移。

步骤 4：运行测试。监测仪必须在额外时间来验证其正确性，设备运行后运转。

步骤 5：测试的准确性。气体的样品是从烟囱中提取，并用人工参考方法分析 SO_2，至少必须收集 9 个样品。

步骤 6：现场标定的校验。零和间隔的漂移必须最少每 2h 校验 15 次。

步骤 7：反应时间的校验。一旦监测仪定位，仪表在响应的时间内的计量应从零读数到最大浓度。

一个认证计划中的监测仪的典型程序如下：

（1）认证程序的开始。在监测要求详细审定后，为了 SO_2 监测仪的认证将进行一个程序。这个程序将按工厂的需要进行运行，并将按认证的每一级进行长篇报告数据。

（2）监测仪的验证检查。1）标准气体将是样品，并通过分析来确认它们的监测仪浓度。2）EPA 要求最少 3 个样品。每个分析的浓度必须为这种气体的平均 20% 以内。3）在标准气体分析以后，监测仪必须计量气体至少 15 次来确认，验证。监测仪的反应时间将也测量最少 3 次（步骤（1）、（2）和（7））。

（3）监测仪的运行检查。监测仪安装运行至少两周以后，必须给整个运行一个完整的检查。第一周仅仅是检查零的漂移，运行的第二周要求去演示监测仪的最初的可靠性（步骤（3）和（4））。

（4）监测仪现场准确性的检查。监测仪的准确性是在从烟囱气流中所收集的样品上完成的，样品分析是参考 SO_2 的方法，并将其分析结果与监测仪的平均相比较。为实验室分析，9h 内至少收集 9 个样品。取样时应同时对监测仪校验零的漂移和间隔的漂移，漂移在 2h 周期内至少进行 15 次。

（5）报告的准备。所有产生的数据将制成表格，表格应少于 EPA 规定的页数。实验室分析的结果将直接与监测仪报告进行比较。最后的报告将包含收集的数据、计算值和监测仪认定的证明数据。

很明显，工厂必须花费一些时间来考虑和花一些费用在统筹认证烟囱监测仪设备来满足 NSPS。

烟囱监测含尘气流的其他因素是监测仪位置的设置，必须考虑管道和烟囱气流内的分层，通过烟囱的一系列试探性测试来求得测量的气流浓度是否均匀或分层。

如果检查气流是分层，则需要考虑换一个其他的位置。在气流取样中，如果监测仪安置在紊流区的后面，此时气流就应改在混合气体前进行测量。

9.7.6 测尘仪（检漏仪）

9.7.6.1 摩擦静电式滤袋破漏探测器

摩擦静电式滤袋破漏探测器（图 9－43）是利用摩擦电测定粉尘的原理：

（1）利用测定探头上的电荷与流过烟气中的粉尘颗粒直接撞击到测定头上的颗粒进行电荷的交换。

（2）测定电流的上升，由电子线路记下，并予以放大。

（3）所导出的讯号是烟气中粉尘含量的量度。它取决于粉尘的种类和气体的流速。

（4）测定前，还可事先设定上下报警值，一旦突破该值就会启动无电势接触。

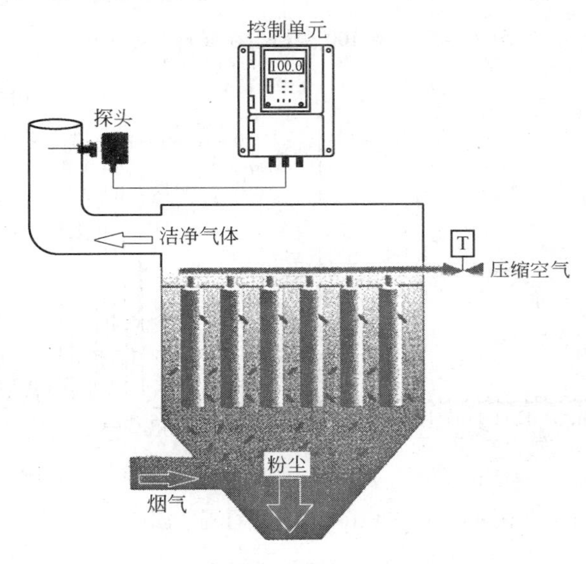

图 9－43 摩擦静电式滤袋破漏探测器

9.7.6.2 FW 100 型粉尘自动监测探测器（图 9－44）

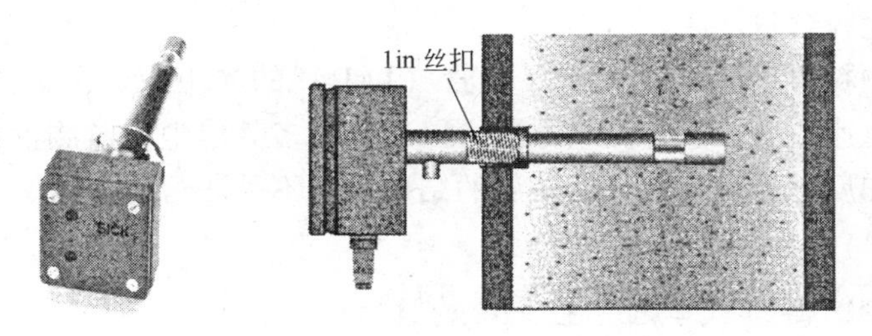

图 9－44 FW 100 型粉尘自动监测探测器

	FW 101	FW 102
管道直径	大于 500mm	大于 200mm
探头长度	435mm、735mm	180mm、280mm
气体温度	<400 ℃	220℃
探头直径	53mm	25mm
连接方式	用法兰连接管道	用 1in 丝扣或专用三卡夹头（TRI CLAMP®）连接

9.7.6.3 粉尘自动监测记录仪（图9－45、图9－46）

粉尘自动监测仪是可在线解读的紧凑式过滤控制，并设有除尘器排放浓度的自动记录。

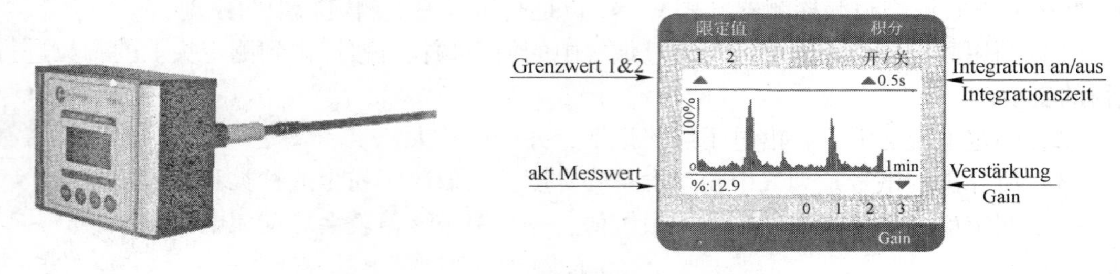

图9－45 FW 100型粉尘在线解读记录仪

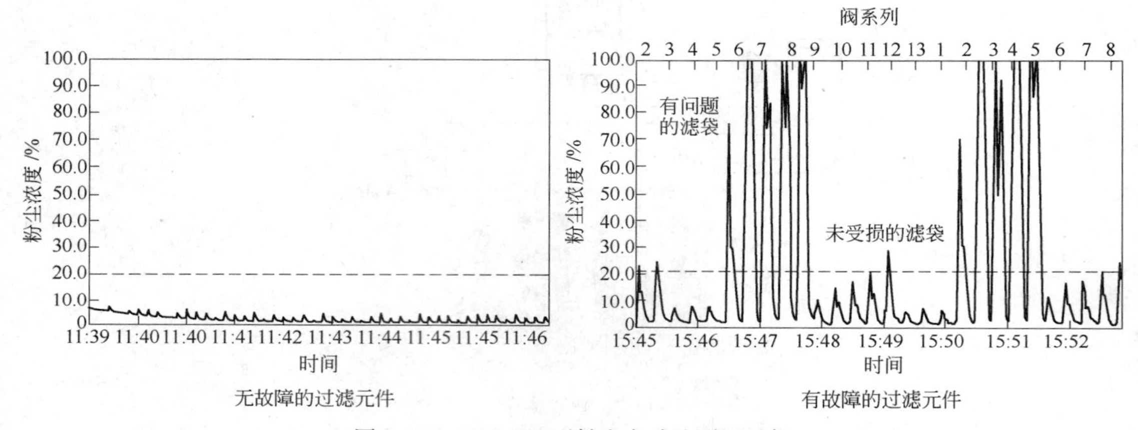

图9－46 FW 100型粉尘自动监测记录仪

9.7.6.4 连续式尘粒监控系统

美国BHA公司的CPM 5000™连续式尘粒监控系统（图9－47）能通过测量光强度的快速变化来监控尘粒含量。

尘粒或灰分颗粒移过激光或发光二极管（LED）的光束时，因为这些尘粒有吸光效果，导致光强度急速改变。这种测量方法可以避免许多其他尘粒监测仪器的技术问题，如尘粒累积在接收和反射面上；而且，监测的结果完全不受沾污的光效、老旧的光源或失调的仪器影响。

A CPM 5000™连续式尘粒监控系统的运行

当灰尘通过放射器和接收器之间时，尘粒瞬间封锁（妨碍）光线引起接收器受到放射器的一种变调（调谐）信号。灰尘的浓度增加后，变调（调谐）信号即大量增加。接收器对变调（调谐）信号极为敏感，同时通过微处理机将它转变为一种灰尘的浓度。因此，变调（调谐）信号就对应成灰尘的浓度。

CPM™只是在尘粒流过管道或烟囱时有反应，因为尘粒流过时减少了光束的感触，使测定信号变化。CPM™比较不怕尘粒积聚在放射器头部的窗口上、光线不排列成行（直线）或放射器和接收器的老化。

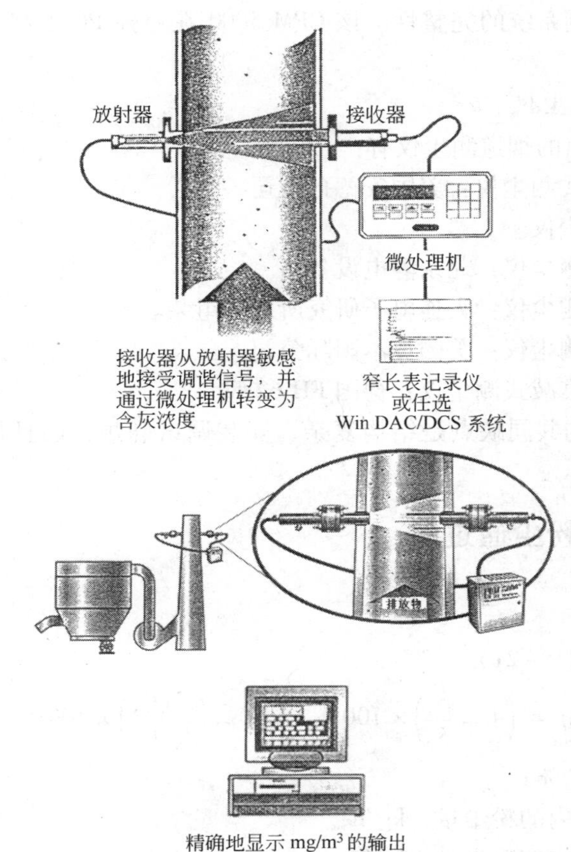

图 9-47 CPM 5000™连续式尘粒监控系统

B CPM™测尘仪的特征

(1) 破袋的报警。

(2) 偏离的光束。

(3) 在部分镜头粘灰时还能有准确的读数。

(4) 只对流过的尘粒进行测定。

(5) 对流过的大颗粒尘粒的读数能力十分强。

(6) 排泄物的警报，同时提醒需要进行的维修。

(7) 选用 LED 或激光光源。

C CPM™测尘仪的优点

(1) 为了预防性维修，发现和/或预防破袋。

(2) 避免过多的排放物和产品的流失。

(3) 避免危及邻近滤袋。

(4) 最小的需要对全部滤袋进行更换。

(5) 多点能力：CPM™测尘仪能多达 255 个点，CPM 5000 尘粒监测器能连接和监测在单一的遥控 PC 上。如果 CPM 5000 监测系统中有任何一个监测点失灵或关闭，该点就自动旁通，以保持监测系统的完整性。该 CPM 5000 在遥控 PC 上将简单显示出一个无反应的信息。

9.7.6.5 烟道测尘仪

目前国内外研制出的烟道测尘仪有：

（1）红外线散射式测尘仪：美国安德孙公司。

（2）光透射式测尘仪。

（3）双束激光式测尘仪：北京静电设备厂。

（4）单束激光式测尘仪：大连电子研究所进口组装。

（5）摩擦起电式测尘仪：美国奥本国际公司。

（6）放射性射线衰减式测尘仪：德国 FH 62 型。

上述烟道测尘仪的共同缺点是结构复杂，安装调试麻烦，而且最致命的缺点是成本高，价格昂贵。

9.8 除尘效率及粉尘通过率

9.8.1 除尘效率

除尘效率可按式（9－21）计算：

$$\eta = \left(1 - \frac{S_o}{S_i}\right) \times 100\% = \left(1 - \frac{c'_{oN}Q'_{oN}}{c'_{iN}Q'_{iN}}\right) \times 100\% \tag{9-21}$$

式中 η——除尘效率，%；

S_i——入口管道内的粉尘量，kg/h；

S_o——出口管道内的粉尘量，kg/h；

Q'_{iN}——标准状态下换算出入口管道内的干处理气体流量，m^3/min；

Q'_{oN}——标准状态下换算出出口管道内的干处理气体流量，m^3/min；

c'_{iN}——标准状态下换算出入口管道内的干处理气体中的粉尘质量（含尘浓度），g/m^3；

c'_{oN}——标准状态下换算出出口管道内的干处理气体中的粉尘质量（含尘浓度），g/m^3。

当 $Q'_{iN} = Q'_{oN}$时，除尘效率可由式（9－22）求得：

$$\eta = \left(1 - \frac{c'_{oN}}{c'_{iN}}\right) \times 100\% \tag{9-22}$$

9.8.2 粉尘通过率

粉尘通过率（P）可按式（9－23）计算：

$$P = 100\% - \eta \tag{9-23}$$

9.9 粉尘粒径分散度的测定

粉尘粒径分散度是反映粉尘颗粒大小的分布频率。

粉尘粒径分散度可分为重量分散度和颗粒计数分散度两种，一般常用重量分散度。

粉尘粒径分散度测试方法有沉降法、光透过法和电导法。

在实际应用中粉尘的形状十分复杂，而且悬浮的粉尘在运动中还存在差凝聚、粉碎的现象，它们影响了分散度测定的正确性。

9.9.1 粉尘粒径分散度的测定仪器

测定粉尘粒径分散度的仪器很多，如显微镜读数、筛分法、气相分离、液相沉降、气相冲击等。

各类粉尘粒径分散度仪器是根据不同的分离原理设计的，它们所表示的粒径概念都是不同的。因此，用不同仪器测定的分散度，其结果是不一致的，无法进行相互比较。为此，设计或试验所采用的分散度数据一定要出自同一类仪器的测定结果。

各类粉尘粒径分散度测定仪的原理、性能和适用范围如表 9 - 17 所示。

表 9 - 17　典型粉尘粒径分散度测定方法

<table>
<tr><th colspan="3">测定方法</th><th>仪器名称</th><th>原　理</th><th>测定范围 /μm</th><th>粒径定义</th><th>粒径分布</th><th>备　注</th></tr>
<tr><td colspan="3">直接观察法</td><td>读数显微镜</td><td>颗粒计数</td><td>1 ~ 100</td><td>长度、面积</td><td>颗粒分散度</td><td>读 500 颗以上的粉尘颗粒</td></tr>
<tr><td colspan="3">筛分法</td><td>振动筛</td><td>筛分</td><td>44 以上</td><td>筛网直径</td><td>质量分散度</td><td></td></tr>
<tr><td rowspan="3">沉降法</td><td>重力</td><td>液相</td><td>沉降天平比重计法、移液管法</td><td>沉降速度</td><td>1 ~ 100</td><td>动力直径</td><td>质量分散度</td><td></td></tr>
<tr><td>离心力</td><td>气相</td><td>气动筛分仪</td><td>沉降速度</td><td>10 ~ 100</td><td>动力直径</td><td>质量分散度</td><td></td></tr>
<tr><td></td><td>气相</td><td>Bahco 测粒仪</td><td>离心沉降</td><td>1.5 ~ 100</td><td>动力直径</td><td>质量分散度</td><td></td></tr>
<tr><td colspan="3">小孔透过法</td><td>Coulter 测粒仪</td><td>粒子体积</td><td>0.5 ~ 800</td><td>等体积球径</td><td>质量分散度</td><td>在电解液中测定</td></tr>
<tr><td colspan="3">惯性冲击法</td><td>冲击式测粒仪</td><td>惯性力</td><td>0.5 ~ 30</td><td>动力直径</td><td>质量分散度</td><td>在管道内直接取样分析</td></tr>
<tr><td colspan="3">衍射各光环强度</td><td>激光测粒仪</td><td>衍射光角度和强度</td><td>0.1 ~ 200</td><td>衍射光栅</td><td>质量分散度</td><td>分散在液相中测定</td></tr>
</table>

9.9.2 冲击式测粒仪

冲击式测粒仪是根据不同大小的粒径具有不同冲击惯性而设计，再经过实际测定对比，冲击式测粒仪是测定气溶胶的粉尘分散度的理想仪器之一。

9.9.2.1 冲击式测粒仪的原理及其结构

冲击式测粒仪的结构如图 9 - 48 所示，主要由直径逐级减小的一组串联喷嘴和收集盘组成。

通常含尘气体进入测粒仪后，通过喷嘴的气速逐级增大，使粒子从大到小获得足够的惯性而被收集盘捕集分离。

9.9.2.2 冲击式测粒仪的特点

（1）由于冲击式测粒仪可以直接在管道上进行分散度测定，不需要预先取得一定量的粉尘样品，因此它消除了粉尘取样中的误差，能比较客观地反映气体中粉尘颗粒凝聚、粉碎的真实状况。

（2）冲击式测粒仪能测定小于 1μm 的粉尘颗粒，粉尘颗粒直径大于 30μm 时，重力沉降的影响会产生较大的误差。

（3）仪器结构简单，操作方便。

9.9.2.3 设计参数

喷嘴级数 I	5 ~ 7 级
喷嘴形状	圆形
喷嘴直径 D_j	2 ~ 27mm
喷嘴速度 v_j	0.1 ~ 150m/s
喷嘴雷诺数 Re_j	100 ~ 5000
操作流量 Q_1	3×10^{-3} ~ 6m³/h
每级喷嘴与收集距离 L	$(2 \sim 3)D_j$

喷嘴速度必须比该级捕集极限粒径的沉降速度大 10 倍，粒径的自由沉降速度可从图 9 - 49 查得。

收集盘用铝合金制作，收集盘上涂有一层防弹油脂，低于 200℃时可用 7501 真空硅脂。

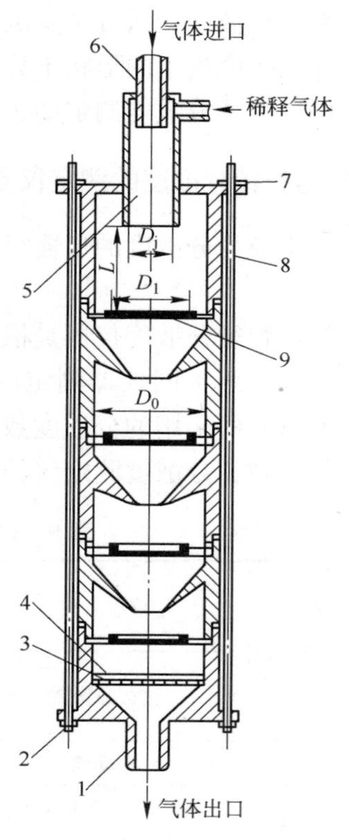

图 9 - 48 冲击式测粒仪的结构

1—出口管；2—螺母；3—多孔板；4—滤膜；5—喷嘴；6—进口管；7—螺母；8—拉杆；9—收集盘

Stokes
$$v_s = \frac{D_p^2(\rho_p - \rho)g}{18\mu} \qquad (9-24)$$

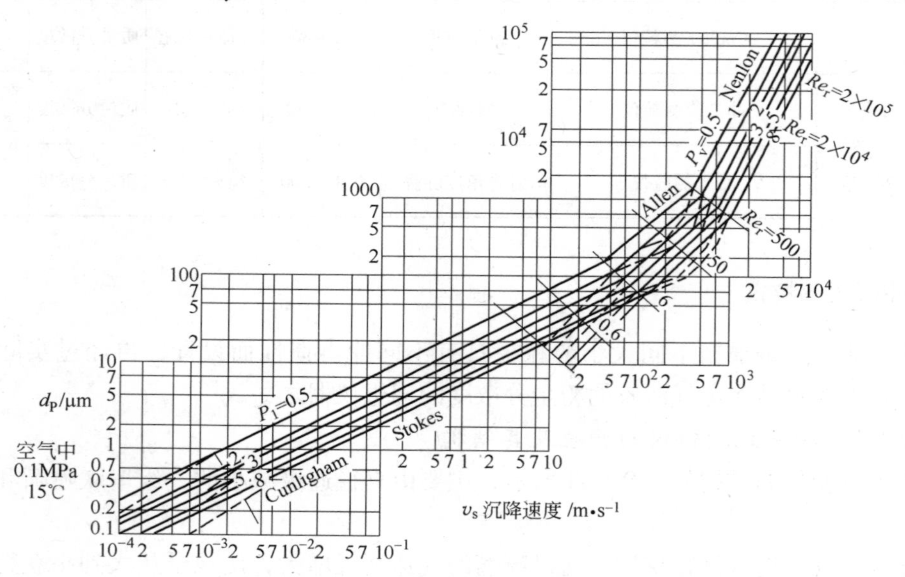

图 9 - 49 尘粒的自由沉降速度

Newton
$$v_s = \sqrt{3g\frac{\rho_p - \rho}{\rho}D_p} \qquad (9-25)$$

D_p 修正系数
$$C=1+\frac{0.17}{D_p} \tag{9-26}$$

Allen
$$v_s=\left\{\frac{4(\rho_p-\rho)^2}{22.5\mu\rho}g^3\right\}^{1/3}D_p \tag{9-27}$$

雷诺数
$$Re_p=\frac{v_s D_p\rho}{\mu} \tag{9-28}$$

9.9.2.4 测定系统及仪器

采用冲击式测粒仪可直接取样测定含尘气体中粒径分散度，测定系统如图 9－50 所示。

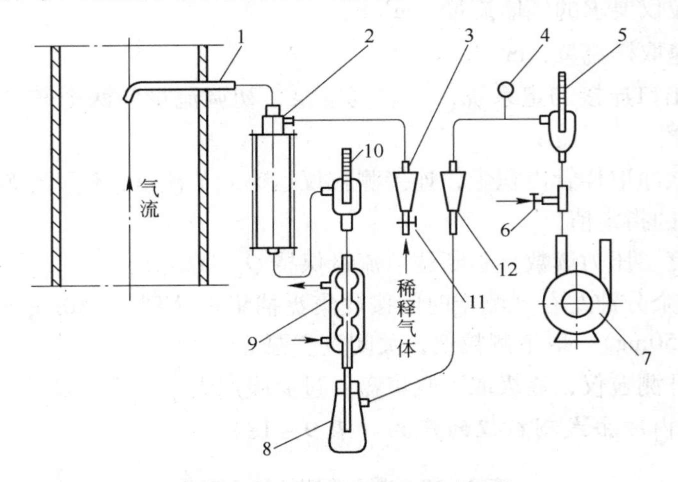

图 9－50 冲击式测粒仪测定系统

1—取样管；2—冲击式测粒仪；3—转子流量计；4—真空表；5—温度计；6，11—调节螺丝夹；7—真空泵；8—分水瓶；9—冷凝器；10—温度计；12—控制稀释气体

测定仪器：

取样器	1 根
冲击式测粒仪	1 台
转子流量计	2 只
真空表	1 只
真空泵	1 台
温度计	2 支
冷凝分水装置	
弹簧夹	
橡皮管	
调节阀	
吸球等	

实验室仪器：

分析天平	最大称量 200g，精度 0.1mg
测尘滤膜	高温时采用玻璃毛
7501 真空硅脂	

9.9.2.5 测定步骤

（1）按图9－50建立测定系统。

（2）测尘仪准备：捕集盘内均匀地涂一层薄薄的油脂，然后称重得原始质量 G_1。按图9－48装配测粒仪保证仪器完全密封。

（3）根据测粒仪预定的气体流量和按等速取样所要求的取样流量计算稀释气体量：

$$Q_2 = Q_1 + Q_3 \quad (9-29)$$

式中 Q_2——稀释气体流量，m^3/h；

Q_1——测粒仪要求的气体流量，m^3/h；

Q_3——等速取样流量，m^3/h。

（4）测粒仪出口连接测定系统，开启真空泵，初调流量使两个转子流量计分别达到 Q_1、Q_2 的指定读数。

（5）用吸球吹净取样管内积尘，连接测粒仪迅速调节流量，使两个转子流量计分别保持原来的 Q_1、Q_2 的指定值。

（6）记录温度、压力读数，不断调节流量保持 Q_1、Q_2 值。

（7）测定10余分钟左右（测定时间按收集盘捕集量达到5～50mg而定，收集盘最大捕集量不得超过150mg）。取下测粒仪，关闭真空泵。

（8）轻轻打开测粒仪，逐级取下收集盘、过滤膜用天平称重（G_2）。

9.9.2.6 国内冲击式测粒仪的产品（表9－18）

表9－18 冲击式测粒仪的产品

型号及名称	测粒范围/μm	制造单位
多级气相冲击式测粒仪	平均粒径0.6～33	上海化工研究院
YCJ－Ⅰ型冲击式飘尘粒度浓度测定仪		承德市仪表厂

9.9.3 贝库测粒仪

贝库（Bahco）测粒仪是工业粉末和粉尘粒度测定的通用仪器，它是用离心方法强制粉尘在气体介质中加速沉降，然后进行逐级分离测定。其结构如图9－51所示。

贝库（Bahco）测粒仪以功率为0.6kW、转速约为3000r/min的三相交流电动机为动力，直接带动直径120mm的给料旋盘（件17）旋转，被测粉尘通过给料头部（件8）落入旋盘（件17）内。旋盘（件17）旋转后，使粉尘获得一定离心力分散粉尘进入分离室。电动机还直接带动风扇叶轮（件9）旋转，使分离室内形成一个平面的旋转汇流场。进入分离室的粉尘，既受离心力的作用，又受到方向相反的空气阻力作用。当粉尘的离心力大于空气阻力时，粉尘落入灰斗成为筛上物。反之，粉尘的离心力小于空气阻力时，则被空气吸入通过叶片沉积于外圈的周边上成为筛下物。由于气量可以由小到大调节，相当于筛孔由小到大更换着，粉尘也就由小到大分离出不同的粒级。

承德市仪表厂生产的YFJ型离心式粉尘分级仪就属于这一类型的仪器，测粒范围为3～70mm，分成八个粒级组。

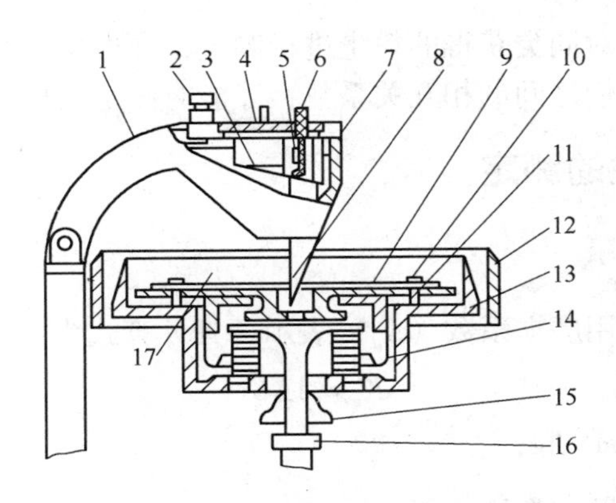

图 9－51　Bahco 测粒仪

1—固定器；2，6—调节螺钉；3—金属筛；4—透明盖板；5—垂直遮板；7—振导器；8—给料头；9—风扇叶轮；10—锁闭螺钉；11—挡环；12—保护圈；13—转盘护圈；14—储尘容器；15—风挡；16—定位螺母；17—给料旋盘

9.9.4　库尔特测粒计

库尔特（Coulter）测粒计又称计数仪，是确定悬浮在导电液中粒子的数目和大小的仪器。

库尔特（Coulter）测粒计是强制带有粉尘粒子的悬浮液通过一个小孔，小孔两侧一组电极（图 9－52）。当粒子通过小孔时，改变电极之间的电阻，产生一短暂的电压脉冲，其高度正比于粒子大小。然后将一系列脉冲用电导仪器度量和计数，累计计算即为粉尘的粒径分散度。

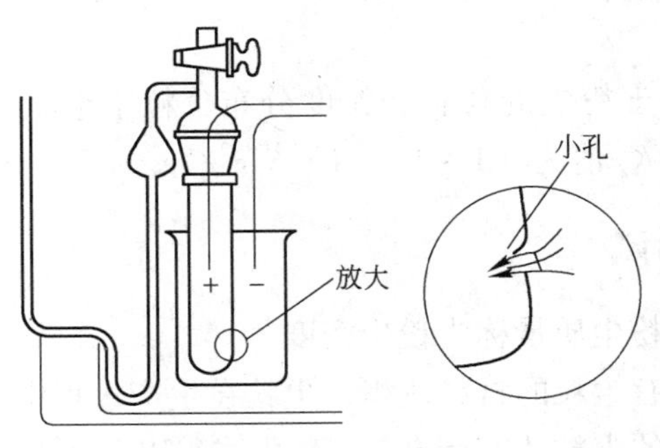

图 9－52　Coulter 测粒计

20 世纪 70 年代末，北京市环境监测站等单位引进英国库尔特（Coulter）测粒计，它是利用电导法原理来检查大气飘尘的颗粒组成。80 年代初，湘西仪器总厂仿制成功了 KF－9 型颗粒分析仪。这种分析仪是利用尘粒随电解液通过小孔口引起电阻变化而形成电压脉冲，并根据脉冲高度与所通过尘粒直径成直线性关系进行粉尘分级测定的。

这种仪器有带自动输出电打结果和从荧光屏上测取读数两种。由于用它测定粉尘的粒径分布所需尘样少，分析速度快，因此，它适用于除尘器排出端的低浓度的冲击式采样分析和大气飘尘分析。

由于不同的方法和仪器测量粉尘的粒径分布的原理不同，它们所测得的粒径的含义也不相同，如沉降法测得的是 Stokes 直径，光透过法测得的是表面积径，而电导法测得的是体积相当径。如果试样为非球形粒子，各种方法所测结果就会不一致，甚至差别很大。它就需要用不同方法，通过对同类获得的粉尘进行测定，并根据对测定结果的分布曲线进行数学的分析归纳，找出它们之间的相互关系数，才能对测定结果进行比较。

9.10 粉尘的磨损性的测定

9.10.1 粉尘磨损性的表示

粉尘的磨损性一般是用磨损系数（K_a）表示，其计算式为：

$$K_a = A\Delta G \tag{9-30}$$

式中 K_a——磨损系数，m^2/kg；

A——仪器常数，m^2/kg^2；

ΔG——材料的磨损量，kg。

9.10.2 粉尘磨损性的测试

各种粉尘的磨损系数可通过测量粉尘对试片的磨损量求得，其测试方法为：

（1）采用20号钢制作10mm×12mm×2mm大小的试片。

（2）将试片置于旋转的圆管中，试片与旋转圆管成45°角。

（3）以大于3m/min的速度向管内加入10g试验粉尘，试片在含尘气流的冲刷下被磨损。

（4）称量试片磨损前后的质量，按式（9-30）便可求得磨损系数。式（9-30）中的仪器常数A，在圆管长度为150mm，并以314rad/s速率旋转时，则仪器常数$A=1.185\times10^{-6}m^2/kg^2$。

粉尘的磨损系数取决于粉尘的材料、粒度分布、粒子形状、表面光滑程度及其他性质，各种飞灰的磨损系数K_a值为（1~2）$\times10^{-11}m^2/kg$。

9.11 粉尘密度的测试

粉尘单位体积所含的粉尘质量称为粉尘密度。

由于粉尘松体积包含有尘粒的材料体积，尘粒在生产过程中形成的闭孔体积（一般在燃烧和其他化学过程产生的尘粒才有闭孔）、开孔体积以及尘粒间的空隙体积，所以粉尘密度有真密度和堆积密度（又称假密度、表观密度）之分。

9.11.1 粉尘的真密度

粉尘的真密度是指单位尘粒材料体积的粉尘质量。

日、美等国测定粉尘的真密度用标准协会规定的统一方法。

我国工业除尘中用比重瓶法，它是采用抽真空排出粉尘中的空气来测量尘粒的材料体积。

目前国内生产的比重瓶规格有25mL和50mL两种。经较长时期使用试验证明，测试时用50mL比重瓶比用25mL比重瓶容易达到测试精度要求（即，平行样品中两值之差与两值算术平均值之比小于2%）。为此，建议一般采用50mL容积的比重瓶较为合适。

9.11.2 粉尘的堆积密度

粉尘的堆积密度（又称假密度、表观密度）是指单位粉尘松体积的粉尘质量。

日、美和前苏联等国的标准是用等容积称量法。

9.11.2.1 粉尘堆积密度的等容积称量法

等容积称量法（图9－53）是将120mL（或150mL）的粉尘，使它通过标准漏斗（孔径ϕ12.7mm，漏斗锥度60°），自202.7mm的高度落到容积为100mL的量筒（图9－53件1，量筒内径ϕ39mm，高度83.7mm）中，然后称取该量筒中的粉尘质量。

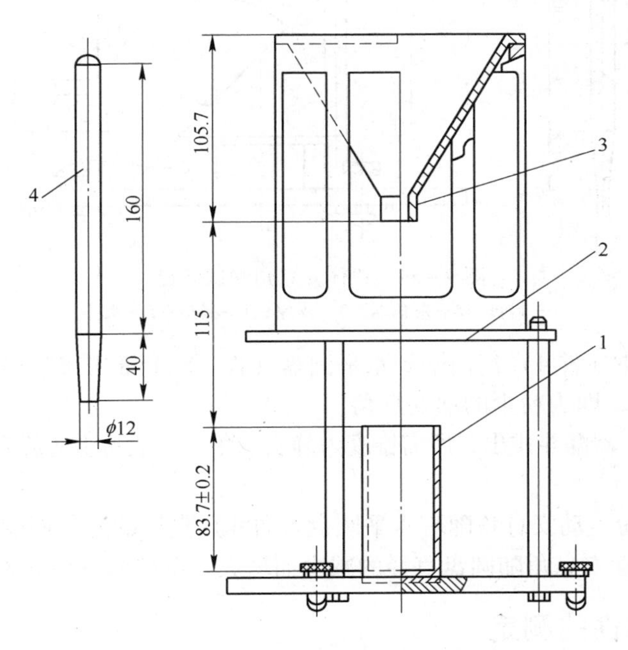

图9－53 粉体表观密度测定装置

1—量筒；2—支座；3—漏斗；4—塞棒

粉尘的堆积密度可由式（9－31）算出：

$$\rho_B = \frac{(M_1 + M_2 + M_3)/3}{100} \quad (9-31)$$

式中 ρ_B——粉尘的堆积密度，g/cm^3；

M_1，M_2，M_3——分别为三次测量所得的粉尘质量，g；

100——量筒的体积，cm^3。

9.11.2.2 国内粉尘堆积密度测试仪

国内过去测量粉尘堆积密度没有标准方法和仪器，往往随便取用容器，而且用随意的方法堆放粉尘进行测量，使各自测量结果相差不一。

武汉振华机械厂生产的WAZ型三参数粉尘测试仪测量粉尘堆积密度的测量误差小于1%。

9.12 粉尘安息角的测定

测量粉尘安息角的主要、简单的方法是注入法（图9－54）。

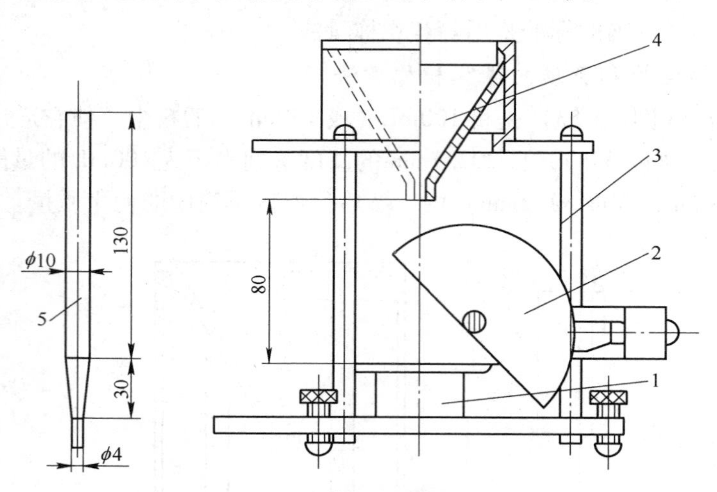

图9－54 粉体安息角测试装置

1—料盘；2—量角器；3—支座；4—漏斗；5—塞棒

（1）粉尘自漏斗（件4）流出落到水平圆盘（件1）上堆积成锥形体，用量角器（件2）直接测量其堆角，即为粉尘的动安息角。

（2）粉尘自除尘器漏斗排出，所需锥度为静安息角，一般粉尘的静安息角＝动安息角＋(10°～15°)。

（3）测量时，粉尘动安息角随着水平圆盘（件1）直径的变化而变化。当圆盘直径小于80～100mm时，动安息角随圆盘直径的减少而增大。试验时一般φ80mm较为合适。

9.13 粉尘浸润性的测定

粉尘的浸润性就是固－液界面取代固－气界面的能力。

一般美国和日本大都采用毛细作用法，前苏联采用浮沉分析法。

9.13.1 毛细作用法

毛细作用法主要用于测量磨料粒料的亲水性，也可测量工业除尘中粉尘的亲水性。

毛细作用法测试装置（图9－55）是由三支φ7±0.4mm带刻度（刻度间隔为1mm）的毛细玻璃管和水盘构成。

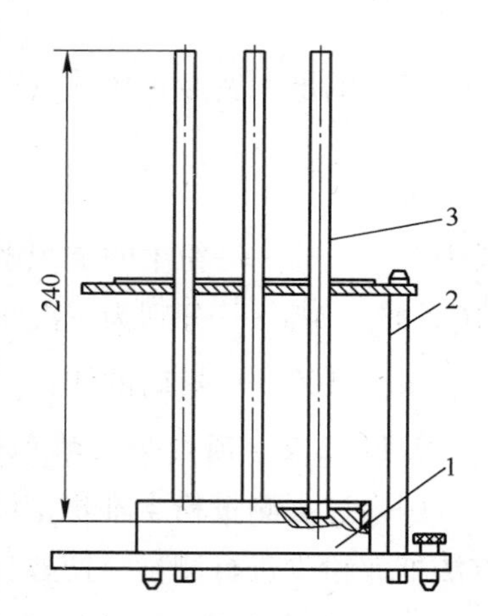

图9－55 粉尘浸润度测定装置

1—水盘；2—支座；3—试管

（1）当水与试管中下端部粉尘接触时，水便沿着管内粒子间所形成的毛细管逐步上升。

（2）显然，水在亲水性好的粉尘中的上升速度比在亲水性差的粉尘中上升速度快。

（3）由此，通过测取在一定浸润时间内水所上升的高度，便可得出粉尘与水的亲和能力。

这种方法所使用的仪器简单，操作也很容易。但测量过程中应注意使粉尘在玻璃管中的充填率每次都要稳定，以保证测量条件不变。

9.13.2 浮沉分析法

浮沉分析法的测定如下：

（1）浮沉分析法是将1g粉尘在两分钟内撒入水盘中（注意撒入水面的粉尘不能落到浮于水面上的粉尘上）。

（2）然后将浮于水面上的粉尘与沉于底部粉尘分开。

（3）将沉于底部粉尘烘干称重，求出沉于底部粉尘占撒入水盘总粉尘的百分比，即为粉尘的亲水性。

浮沉分析法的特点：

（1）这种方法操作简单。

（2）这种方法虽然操作简单，但在将水中沉浮两部分粉尘分开时，有时由于操作太慢不迅速，使漂浮的粉尘继续往下沉，致使测定结果有可能偏大；而在撇浮游粉尘时，有些粉尘还在漂浮而来不及下沉，致使测定结果偏小。

（3）沉降粉尘量，不仅取决于粉尘的浸润性，而且与粉尘粗细、密度等都有关。

9.13.3 国内粉尘浸润性测试仪

武汉振华机械厂生产的WAZ型三参数粉尘测试仪具有测量粉尘堆积密度、安息角、浸润性三项性质参数，每项参数的测量精度均可达到国外有关测试标准规定的要求。

9.14 粉尘黏度的测定

粉尘的黏度是粉尘粒子间力、电性力和湿润粉尘表面水分形成的毛细作用力等诸力的综合结果。

9.14.1 粉尘黏性力的测量方法

拉伸断裂法是工业粉尘中测量粉尘黏性力的方法。

拉伸断裂法测量装置（图9-56）可由一台天平改装。图9-56中，Ⅰ是待测粉尘，装待测粉尘的容器是由上下两段组成的薄壳圆筒（件1）和圆盒（件3）组成。Ⅱ是测力装置，由注水器（件5）、滴水管（件6）及水杯（件7）组成。

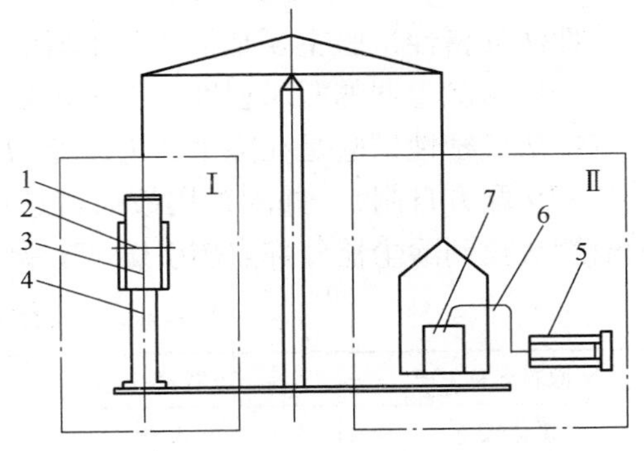

图9-56 粉体黏度天平
1—圆筒；2—夹具；3—圆盒；4—可调支架；5—注水器；6—滴水管；7—盛水容器

9.14.2 粉尘黏性力的测定步骤

（1）粉尘用振动装填的方法充填到容器中。

（2）当天平横梁左端挂上待测粉尘后，天平将因不平衡而倾斜，通过注水器（件5）向右边盛水容器（件7）注水。

（3）当注入的水量使天平两边的质量相等时，粉尘层从上下两段容器间被拉断，其断裂应力可由下式求得：

$$f = \frac{(\Sigma \Delta W - G_B)g}{A} \tag{9-32}$$

式中 f——粉尘断裂应力，Pa；

A——被拉断处粉尘层截面积，m^2；

G_B——上部筒体及粉尘质量，kg；

$\Sigma\Delta W$——加入水杯的水的质量，kg。

9.14.3 测定时的注意事项

（1）用这种方法测量粉尘的黏性应力需要特别仔细操作，否则将碰坏已粘着的粉尘层。

（2）此外，还需严格控制测量条件，如粉尘层充填方法及所形成的充填率。

（3）但是，粉尘粒子形成粉尘层的充填结构是极其复杂的，在制作粉尘试样时，即使在同一条件下进行粉尘填充，也难得到相同的粉尘层充填结构，因而造成测定结果误差较大，有时竟达数倍之多。

（4）因此，这种测量装置的某些结构及如何获得充填结构相同的粉尘层，需进一步研究完善才能使测试结果获得较好的再现性。

9.15 除尘器的气密性（漏风率）的测定

9.15.1 气密性试验的方法

气密性试验的方法有定性法气密性试验和定量法气密性试验两种。

9.15.1.1 定性法气密性试验

定性法气密性试验主要是检查除尘器的漏风现象，以便及时加以解决。定性法气密性试验无法检验除尘器的漏风程度，无法定量测定除尘器的密闭程度。

定性法气密性试验是在除尘器进口处的适当位置放入烟雾弹（可用65－1型发烟罐或按表9－19配方自制），并配置用鼓风机送风，让除尘器内形成正压使烟雾溢出，将烟雾弹的引燃线拉到除尘器外部点燃引爆烟雾弹，产生大量烟雾，使泄漏部位冒出白烟。

表9－19 每10kg烟雾弹成分

原料名称	数量/kg	原料名称	数量/kg
氯化铵	3.89	氯化钾	2.619
硝酸钾	1.588	松香	1.372
煤粉	0.531		

9.15.1.2 定量法气密性试验

定量法气密性试验主要是检查除尘器的漏风程度，可以定量地确定除尘器的密封程度，它与定性法气密性试验相比更加准确、科学，可以对除尘器进行严格的定量试验。

9.15.2 实用定量法气密性试验法

定量法气密性试验一般在除尘器安装完毕后进行，以及时发现泄漏加以解决。所以对大中型除尘器多要求进行定量法气密性试验，并应控制除尘器的静态泄漏率小于1%～2%为合格。

9.15.2.1 试验依据和标准

除尘器安装完毕后应对各室和整体泄漏进行检验，其条件为：

检验压力　　5～7kPa（根据风机压力值确定）

测试时间　　1～2h（一般采用1h）

压缩空气压力　　5～6kg/cm^2

测试时间　　一般在中午气温高时进行测定

泄漏率　　小于1%

泄漏率计算公式：

$$A = \frac{1}{t}\left(1 - \frac{p_a + p_2}{p_a + p_1} \times \frac{273 + T_1}{273 + T_2}\right) \times 100\% \quad (9-33)$$

式中 A——每小时平均泄漏率,%；

t——检验时间（应不小于1 h），h；

p_a——大气压力，Pa；

p_1——试验开始时设备内表压（一般按风机压力选取），Pa；

p_2——试验结束时设备内表压，Pa；

T_1——试验开始时温度,℃；

T_2——试验结束时温度,℃。

9.15.2.2 漏风率的测定

通常除尘器的漏风率按式（9－34）计算：

$$\alpha = \frac{Q_o - Q_i}{Q_i} \times 100\% \quad (9-34)$$

式中 α——除尘器的漏风率,%；

Q_o——除尘器出口标况风量，Nm^3/h；

Q_i——除尘器入口标况风量，Nm^3/h。

应当特别指出：

（1）在严格考核的测定中，因除尘器入口和出口位置高低差异，大气压引起的误差应考虑在内。

（2）对袋式除尘器而言，由于反吹风清灰或脉冲清灰进入除尘器的额外风量也应扣除，不能算在除尘器漏风之内。

9.15.2.3 泄漏率试验程序（图9－57）

在对除尘器进行泄漏率试验时，在其内部充入压缩空气使形成正压状态。这种正压式

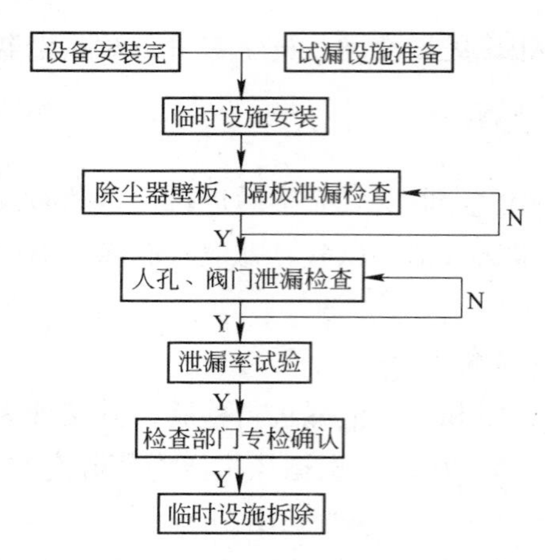

图 9-57 泄漏率（气密性）试验程序

测漏方法，无论对正压式除尘器或对负压式除尘器其效果都是一样的。

9.15.2.3 大型除尘器气密性试验工程实例

A 除尘器规格

袋式除尘器型号　LFSF-14500
除尘器外形尺寸　27.3m×15.2m×30.9m
室数　双排 12 室
每室尺寸　4550mm(长)×7600mm(宽)×20000mm(高)
处理风量　840000m^3/h
过滤面积　14500m^2
进排风形式　两侧进风，上面排风
进风管直径　ϕ2800mm
排风管直径　ϕ4200mm
反吹风管直径　ϕ1100mm
反吹风阀　回转切换阀
排灰阀　300mm×300mm

B 泄漏率试验的准备

（1）准备 6m^3/min 空压机 1 台按每座除尘器 1 台布置用于临时气源供应。

（2）准备 0~100℃玻璃温度计 4 支，用于测定除尘器内各室温度差，分别放在除尘器上下各两个部位。

（3）准备 U 形压力计 2 支用于测定压力降，分别放在远离气源的两个部位。

（4）准备临时用管材、脚手架、盲板，准备检漏用小桶、肥皂水。

（5）盲板安装，盲板数量见表 9-20。

表 9-20 盲板规格数量

部　位	规　格	数　量	部　位	规　格	数　量
进风支管入口	ϕ1200	12	灰斗出口	310×310	12
排风支管出口	ϕ4280	12	反吹阀出口	ϕ1175	1

（6）安装管径为 ϕ33.5mm 的钢管、阀门、软胶管等临时管线，安装检漏压力计。

（7）敷设100kV·A的临时电源，安装空压机1台，电焊机1台。

（8）壁板、漏斗搭设检漏临时脚手架。

C 泄漏试验（表9-21）

表9-21 气密性试验记录及结果

试验介质	试验压力/Pa	试验部位	稳压时间/min	试验结果
空气	5000	分袋室试验	60	合格

泄漏率试验	起止地点	试验压力/MPa		试验温度/℃		试验时间/h		允许泄漏率/%	实际泄漏率/%
		开始 p_1	终止 p_2	开始 T_1	终止 T_2	开始 t_1	终止 t_2		
	B_1 室	5.3×10^{-3}	6.05×10^{-3}	11	14.5	9：50	10：50	2	0.52
	B_3 室	5.40×10^{-3}	5.7×10^{-3}	22	23.5	3：45	4：45	2	0.2
	B_5 室	5.43×10^{-3}	4.05×10^{-3}	17	15	5：15	6：15	2	0.6
	A_2 室	5.1×10^{-3}	5.04×10^{-3}	13	13	8：40	9：40	2	0.06
	A_4 室	5×10^{-3}	5.03×10^{-3}	11	11.5	8：40	9：40	2	0.15
	A_6 室	5.2×10^{-3}	4.9×10^{-3}	11.5	11	8：40	9：40	2	0.11
	整体	5.0×10^{3}	4.8×10^{3}	22.2	24.2	9：30	10：30	2	0.86
	泄漏率计算公式：$A=(100/t)(1-p_2T_1/(p_1T_2))\%$								
备注	进风管→ A_6 A_5 A_4 A_3 A_2 A_1 / B_6 B_5 B_4 B_3 B_2 B_1 →排风管								

（1）利用肥皂水和刷子对所有焊缝进行检查，尤其要注意对壁板和支柱连接处、拐角处应进行仔细检查。

（2）发现焊缝漏气应进行补焊，补焊应在泄气后进行。

（3）将肥皂水滴入两片法兰之间检查是否漏气，若漏气应紧固螺栓或更换垫片使之严密。

（4）对于进风管手动蝶阀、回转切换阀和电动卸灰阀，使用肥皂水检查阀体和阀芯，若泄漏，应通知设备制造商处理。

（5）经确认除尘器壁板、漏斗、管道、阀门、法兰无泄漏后，可进行除尘器各室和整体气密性试验。

（6）试验前应检查临时管道是否漏气，U形玻璃水柱压力计是否完好，温度计是否安装到指定的位置。

（7）试验整个除尘器12室即可试完所有各室的密封情况。试验开始每一次充气5000Pa，然后稳压30min后开始记录初始时间、温度、压力，再1h后记录结束时间、温度、压力。

（8）根据泄漏记录计算各室泄漏率，试验结果见表9-21。

D 除尘器泄漏率测试报告（表9-22）

表9-22 除尘器泄漏率测试报告

<table>
<tr><td>设备名称</td><td colspan="3"></td></tr>
<tr><td>制造单位</td><td colspan="3"></td></tr>
<tr><td>安装单位</td><td></td><td>测试日期</td><td></td></tr>
<tr><td>测试地点</td><td></td><td>当地大气压（P）</td><td>Pa</td></tr>
<tr><td colspan="2">测试开始参数记录</td><td colspan="2">测试结束参数记录</td></tr>
<tr><td colspan="2">时间（t_1）：______时______分
箱压（P_1）：____________ Pa
箱温（T_1）：____________ K</td><td colspan="2">时间（t_2）：______时______分
箱压（P_2）：____________ Pa
箱温（T_2）：____________ K</td></tr>
<tr><td colspan="4">计算公式：
$$A = 1/t\left[1 - \frac{(P+P_2)\times T_1}{(P+P_1)\times T_2}\right]\times 100\%$$
式中：t 为测试开始至结果的时间（小时）
泄漏率：$A=$ %</td></tr>
<tr><td colspan="4">判定：
经测试，该设备泄漏率低于规定值，判定为合格。</td></tr>
<tr><td colspan="4">测试人员签名：</td></tr>
</table>

9.16 气体成分的测定

9.16.1 CO、CO_2、O_2 等气体的分析

奥氏气体分析仪常用来分析气体中的 CO、CO_2、O_2 等气体。

测定时可先测出采样气体的容量，使气体通过苛性钠溶液，完全吸收 CO_2，再测定剩余的气体的容量，从前后的差值便可得知 CO_2 量，采用同样的方法，再测定 CO 和 O_2 量。

奥氏气体分析仪外形如图9-58所示。

9.16.1.1 CO 吸收液

将250g 氯化铵溶于750mL 蒸馏水中，并加入200g 氯化亚铜，同时再加入密度为0.91的氨水，体积比为3:1。1mL 吸收液约可吸收16mL CO。

9.16.1.2 O_2 吸收液

将50g 焦性没食子酸溶于89mL 约60℃热蒸馏水中，冷却后加入77g 苛性钾溶于160mL 蒸馏水的溶液混合，此吸收液用于测定时的温度须不低于15℃。

9.16.1.3 CO_2 吸收液

将132g 苛性钾溶于268mL 的蒸馏水中。每毫升吸收液约可吸收40mL CO_2。

9.16.1.4 封气液

平衡瓶内1% 硫酸溶液以氯化钠饱和，并加甲基橙指示剂至微红色。

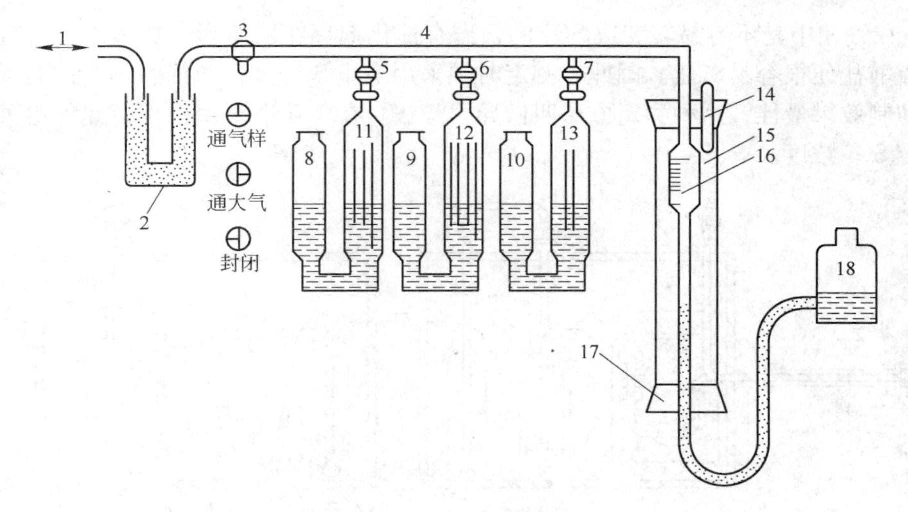

图 9-58 奥氏气体分析仪

1—进气管；2—干燥管；3—三通旋塞；4—梳形管；5，6，7—旋塞；8，9，10—缓冲瓶；11，12，13—吸收瓶；14—温度计；15—水套管；16—量气管；17—胶塞；18—水准瓶

9.16.1.5 操作程序

奥氏气体分析仪操作按图 9-58 所示的顺序进行。

9.16.1.6 浓度（C）的计算

烟气中成分浓度为：

$$C_{CO_2}=\frac{q-q_1}{q}\times 100\% \tag{9-35}$$

$$C_{O_2}=\frac{q_1-q_2}{q}\times 100\% \tag{9-36}$$

$$C_{CO}=\frac{q_2-q_3}{q}\times 100\% \tag{9-37}$$

$$C_{N_2}=\frac{q_3}{q}\times 100\% \tag{9-38}$$

式中 q——吸收前烟气采样体积，mL；

q_1——吸收 CO_2 气后剩余的烟气体积，mL；

q_2——吸收 O_2 气后剩余的烟气体积，mL；

q_3——吸收 CO 气后剩余的烟气体积，mL。

但应指出，当燃料完成燃烧时，烟气中 CO 含量很少，很难用奥氏气体分析仪精确测出。一般 CO 浓度低于 0.1% 的烟气不宜采用该仪器测定。

9.16.2 SO_2、SO_3 的测定

9.16.2.1 异丙醇法测定 SO_3 浓度（图 9-59）

燃料中的硫燃烧大部分成为 SO_2，只有 0.5% ~5% 变成 SO_3，因此烟气中 SO_3 的浓度极微，只有容积的百万分之几至十万分之几。但是，它却能使烟气的露点由 40 ~50℃ 提高到 120 ~160℃。

SO_2 在气相中是不容易转变成 SO_3 的，需有催化剂存在。而当 SO_2 进入液相变成亚硫酸或亚硫酸盐便很容易氧化。因此，测定时须采用防止 SO_2 氧化的抑制剂。试验证明，异丙醇的抑制效果最佳，这种测定方法叫做异丙醇法。在工业上应用很广，此外也可以用冷凝法测定 SO_3 浓度。

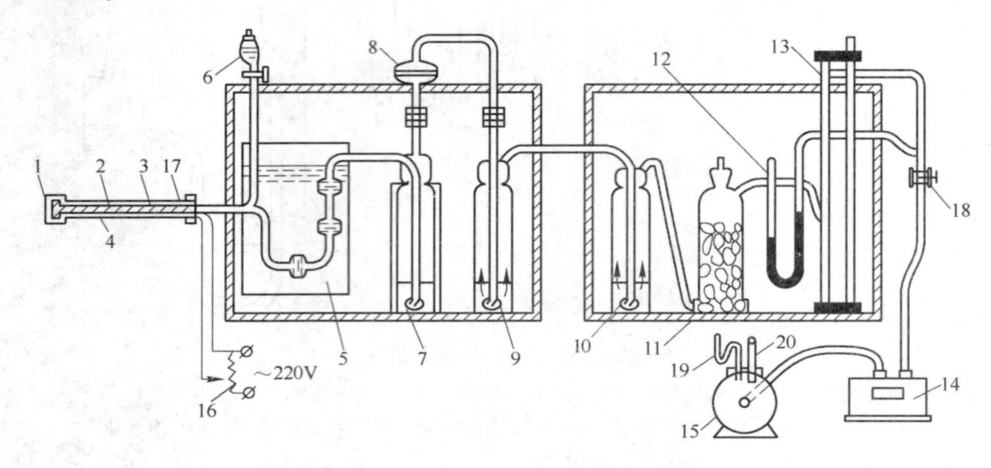

图 9－59　异丙醇法测定装置系统

1—烟气过滤器；2—石英取样管；3—加热电阻丝；4—保护套；5—第一吸收塔；6—分液漏斗；7—第二吸收塔；8—滤管（4 号微孔）；9—第三吸收塔；10—第四吸收塔；11—干燥塔；12—U 形水银压差计；13—浮子流量计；14—真空泵；15—湿式流量计；16—自耦变压器；17—石棉绳；18—调节丝夹；19—U 形管；20—温度计

气体由石英取样管（件 2）经玻璃过滤器（件 1）滤掉粉尘后，进入第一吸收塔（U 形吸收器，件 5），第一吸收塔的入口烟温保持在 220℃以上，在那里和由分液漏斗（件 6）流下的 80% 异丙醇水溶液相遇，立即将烟气中的 SO_2 保护起来使其不被氧化，SO_3 则被异丙醇水溶液全部吸收，由于分液漏斗（件 6）中有异丙醇逐渐流下，U 形管（件 19）内的异丙醇逐渐溢流到后面的一个普通吸收瓶中，利用一般的分析硫酸根 SO_4^{2-} 的方法，可以鉴定吸收到溶液中的 SO_2，分析吸收溶液中的 SO_4^{2-}，可求出烟气中的 SO_2 的浓度，同时测定 SO_2 可以校验取样的准确性，并可检查系统的漏气或取样位置是否正确。

测定了 SO_2，还可计算 SO_3 的氧化率，其反应式如下：

（1）$SO_3 + H_2O \longrightarrow H_2SO_4$

（2）$SO_2 + NaOH \longrightarrow Na_2SO_3 + H_2O$

$Na_2SO_3 + H_2O_2 \longrightarrow Na_2SO_4 + H_2O$

（3）$SO_4^{2-} + BaCl_2 \longrightarrow Ba_2SO_4 \downarrow + 2Cl$

过量 $BaCl_2$（或 $MgCl_2$）$+ Na_2H_2T \longrightarrow BaNa_2T$（或 $MgNa_2T$）$+ 2HCl$

取样管需加热，以防止硫酸蒸气在取样管内凝结，一般要求取样管管壁温度加热到 250℃以上，因为在这种条件下烟气中的 SO_3 与水蒸气很少化合而呈游离的 SO_3 存在，能可靠地避免凝结。

取样速度一般可选 1 ~ 2L/min。

对于水平烟道取样点不宜在下部取样，以免下部粉尘的停滞，烟道弯曲处气流紊流，也不宜取样。

$$SO_3\text{容积比}=\frac{\frac{200}{100}(N_1V_1-N_2V_2)\times 40\times 22.4}{80\times 1000\times V_0}\times 100\%=224(N_1V_1-N_2V_2)/V_0\quad(\%)$$

$$SO_2\text{容积比}=\frac{\frac{200}{100}(N'_1V'_1-N'_2V'_2)\times 32\times 22.4}{64\times 1000\times V_0}\times 100\%$$

$$=224(N'_1V'_1-N'_2V'_2)/V_0\quad(\%)$$

式中 N_1V_1，$N'_1V'_1$——分别为滴定 SO_3、SO_2 时加入的 $BaCl_2-MgCl_2$ 混合液的毫克当量数；

N_2V_2，$N'_2V'_2$——分别为测定 SO_3、SO_2 时综合过剩的 $BaCl_2-MgCl_2$ 液消耗的特里隆－B 液的毫克当量数；

V_0——所取干烟气容积，L（标准状态下）。

当用湿式气体流量计时：

$$V_0=\frac{(P_3+P_{H_2O})V_3T_0}{P_0T_3}=\frac{0.359(P_3+P_{H_2O})V_3}{T_3}$$

式中 P_3——取样时大气压力，mm H_2O；

P_{H_2O}——取样时按室温查得的饱和蒸气压力，mm Hg；

P_0——标准大气压力，760mm Hg；

T_0——标准状态下的气体温度，等于273K；

T_3——取样时流量计上温度读数，K；

V_3——流量计上烟气体积，L。

9.16.2.2 美国 EPA 的测定二氧化硫（SO_2）方法

美国 EPA 开发了几种求得各种气体成分的固定污染源的测试方法。当然，它不是测量这种气体的唯一方法。它们有很多可用的测定污染源的分析方法，就像 ASME 和 ASTM。

EPA 测试方法 4（联邦注册，1977）是求得废气含 H_2O 的产品。

EPA 测试方法 6（联邦注册，1977）是求得废气含 SO_2 的产品。

EPA 测试方法 7（联邦注册，1977）是求得废气含 NO_x 的产品。

EPA 测试方法 8（联邦注册，1977）是求得废气含硫酸雾和 SO_2 的产品。

对于气体污染，样品的分析比样品的收集更浪费时间，因为样品的收集要使用化学溶液（它不是一个过滤器）。EPA 方法 6（图 9－60）是除了硫酸厂以外的所有静止污染源中求得排放二氧化硫（SO_2）的一种引用的方法。

A SO_2 样品的收集

当取 SO_2 样品时，一个气体试样是从烟囱中心的一个单点位置或离壁面 3.28 ft 以外处取样。方法 6 规定样品是按一定的固定量来抽取，要求在烟囱内的速度在任何变化时，用调节试样量来补偿。

在气流流过取样仪表时，硫酸雾和三氧化硫已清除，SO_2 是通过一种过氧化氢溶液的化学反应取出，并测量其样品气流量。在运行全部完成后，硫酸雾和 SO_3 即丢弃，收集的含有 SO_2 的物质保留作为实验室分析。样品中 SO_2 的浓度是用滴定法求得。

为了求得总的 SO_2 排出量必须测量排出气流的含湿量和流量，方法 6 说明每次取样时

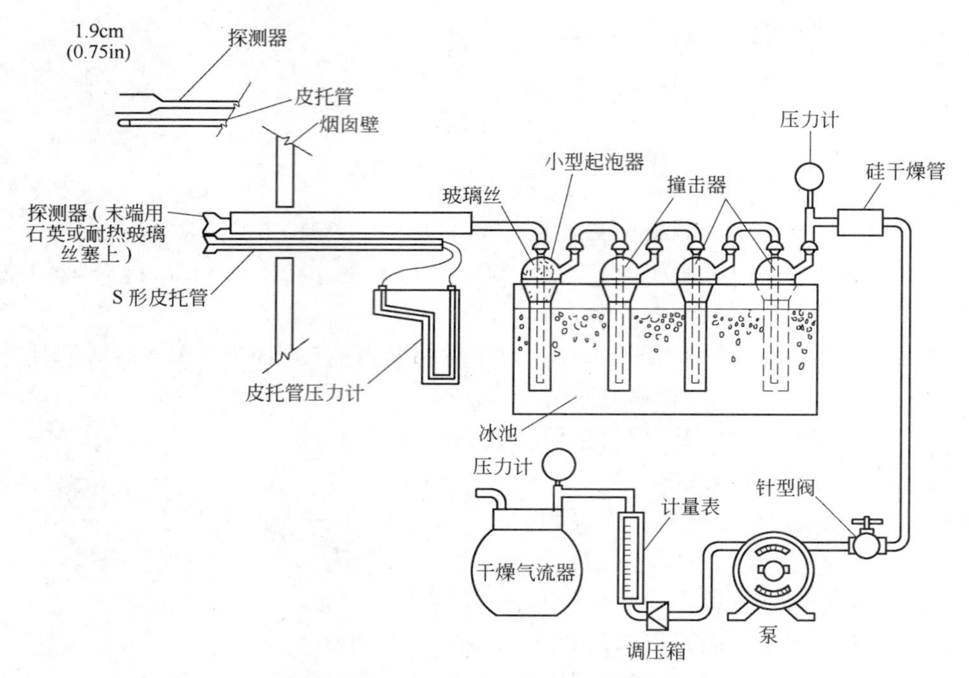

图 9 - 60 EPA 方法 6 的 SO_2 试样程序

其最小取样时间为 20min，和两个单一的样品的组合构成一个运行。需要三个运行六个单一的样品。每次样品之间要求间隔 30min，如果需要较大的样品就要求更长的取样时间。

用这种方法可以求得 50 ~ 10000ppm 的烟囱浓度，最小的极限是 2.1×10^3lb SO_2/ft^3（3.4mg SO_2/m^3）。它测试 SO_2 的准确度在 ±4% 范围内。

取样分析需提供：

（1）去离子水，蒸馏水；

（2）异丙醇（80%）；

（3）过氧化氢（3%）；

（4）索林指标（1 -（0 - 阿森纳偶氮苯（arsenophenylazo））- 2 - 萘酚（napthol）- 3，6 - 二磺酸，二钠盐）或当量；

（5）高氯酸钡溶液（0.01mol/L）；

（6）标准的硫酸（0.01mol/L）。

B SO_2 样品的测试

EPA 的 SO_2 取样仪器的装配简图示于图 9 - 60 上，是一种可用的商用设备，这种装置需要装置下列设备和用品：

（1）玻璃丝（高硼硅或石英）；

（2）活塞油脂；

（3）真空表；

（4）洗涤瓶（聚乙烯或玻璃）和储藏瓶（聚乙烯）；

（5）热电偶和电位器；

（6）吸液管（5mL、20mL 和 25mL 各一个）；

（7）量筒；

（8）容量瓶（100mL 和 1000mL）；

（9）滴定管（5mL 和 50mL）和滴瓶（250mL）；

（10）锥形烧瓶（250mL）。

所有的玻璃器皿由于容易破损，应备有备用品。

其他取样方法采用不同的化学溶液（如 NaOH 溶液）来处理 SO_2，需要一种不同的分析方法。EPA 方法 8 也能用作替代方法来求得固定污染源排放的 SO_2。

一些国家会指定一种取样方法来收集硫酸、SO_3 和 SO_2，分析产生一个总的 SO_2 报告，这种报告通常比方法 6 取得的数值大约高 1% ~5%。

工厂运行者将注意到，当方法 6 用于 SO_2 和用 F 因素来求得每 1MBtu 输入热量的 SO_2 数值时，在取出 SO_2 样品点的相同时间内，应测量一个精确的氧含量，这是很重要的。

9.16.2.3 冷凝法测定 SO_3 的方法

SO_3 采用蛇形管收集器（图 9-61）外蛇水浴，将水温控制在 60 ~90℃，在此温度下烟气中 SO_3 全部变成硫酸雾，大部分在蛇形管中凝结，小部分随烟气逸出蛇形管，全部被 4 号微孔玻璃滤板挡住沉积在玻璃滤板之前，烟气中的水蒸气露点一般低于 50℃，所以 SO_2 不会化合成 H_2SO_4 而冷凝下来，在滤板前收集下来的硫酸浓度很高（约 15% ~70%），SO_2 也不会被硫酸溶液所溶解，进入蛇形管收集器的烟气温度必须加热到露点以上，取样完了之后，将蛇形管收集器与微孔滤板用水清洗，洗出凝结下来的硫酸，用溴酚当作指示剂，以标准的 0.02 当量浓度的 NaOH 溶液进行中和滴定，从而求出凝下来的 H_2SO_4。

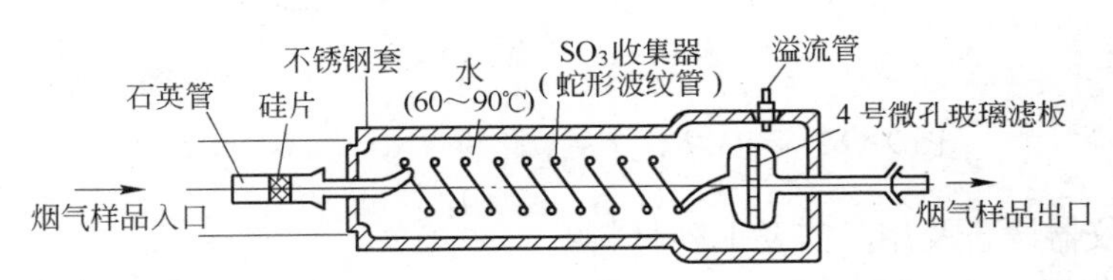

图 9-61 冷凝法的蛇形管收集器

冷凝法测定 SO_3 的优点：

（1）操作简单、迅速，可在 30 ~40min 完成一次测定工作，而异丙醇法则需 2 ~3h。

（2）不需要价格很高的异丙醇，试验费低，并可在现场应用。

（3）用冷凝法求得的分析值和异丙醇法一致，数据的重现性良好。

（4）气流速度 3 ~10L/min 范围内，对分析值没有影响，增加取样速度可缩短取样时间。

9.16.3 氮氧化物（NO_x）的测定

美国 EPA 方法 7 是求得从固定污染源排出氮氧化物（NO_x）的参考方法。用适当的设备，用这种方法取 NO_x 样品相对简单。

一个取样探测器安放在烟囱的任何位置，将抽取的样品收集在真空烧瓶内，包括硫酸和过氧化氢溶液，它与 NO_x 起反应。为了计算总排出物，排出气流的体积和湿量必须求得。样品送到一个试验室，在那里，除了氧化二氮（氧化亚氮、笑气）外，可用比色法测量 NO_x。

每个抽取的样品获得相当快（15～30s），样品抽取4次构成一次操作。一个完整的三个系列需要抽取12次。这种方法覆盖的 NO_x（如 NO_2）范围为2～400mg/N·m^3（干）气流（没有冲淡）。一个有经验的测试团队能使氮氧化物（NO_x）的测试准确度达±6.6%以内。

图9－62所示的氮氧化物（NO_x）污染源测试取样仪表的简图，是一种可用的商业用取样设备。EPA方法7用的玻璃器皿是采自一些玻璃制药厂。

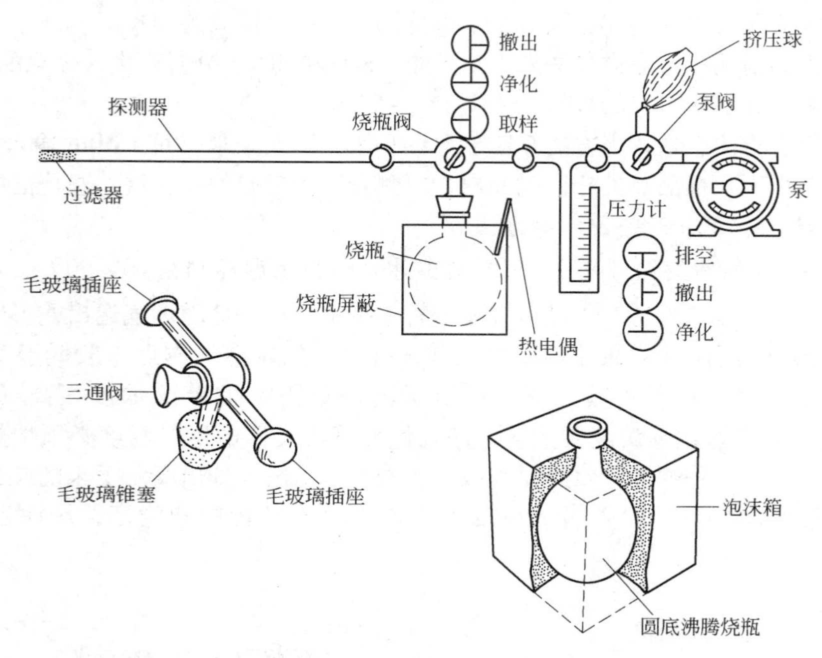

图9－62　EPA方法7氮氧化物（NO_x）试样程序

其他取样仪器设备及用品需要下列材料：

（1）在探测器内能维持250℃的热胶带；

（2）S形皮托管；

（3）活塞油脂；

（4）倾斜式压力计；

（5）皮托管到压力计的连接管；

（6）吊带式干湿球温度计；

（7）瓶子的玻璃丝刷；

（8）蒸汽浴；

（9）烧杯（250mL，每个样品的一个；标准坯体）；

（10）移液器体积（1mL、2mL和10mL）；

（11）长颈瓶（100mL，每个样品的一个；对于1000mL的标准坯体）；

（12）分光光度计计量在420 nm处测定吸光度；

（13）量筒（100mL，分每1.0mL的刻度）；

（14）分析天平计量到0.1mg。

需要的试剂为：

（1）浓的、试剂级的硫酸；

（2）蒸馏水；

（3）过氧化氢；

（4）氢氧化钠；

（5）红色石蕊试纸；

（6）去离子水、蒸馏水；

（7）发烟硫酸（15%～18%，以重量计）；

（8）游离三氧化硫；

（9）苯酚（白色固体试剂级）；

（10）硝酸钾。

当用来求得lb/MBtu输入热量的氮氧化物（NO_x）计算F因素时，一个准确的氧测量必须与样品的收集同时进行。氮氧化物（NO_x）取样比大部分取样产品的技巧和时间要少。

9.16.4 氟化物（F）的测定

美国EPA的方法13A和方法13B两个参考方法能用来求得从一个固定的污染源排出的总的氟。两种方法之间的区别是求得总的氟的分析方法不一样。氟能像颗粒物质或形成气流状的状态出现，颗粒物状的氟是捕集在过滤器上，而含氟的气流则是通过配有水的化学反应清除。

方法13A或13B的任何一种样品是由方法5颗粒物概述的程序获得。就像气流通过取样仪时，气流状的氟通过配有水的化学反应清除，颗粒物状的氟则是捕集在一个过滤器上，并计量其样品量。方法13A和13B的分析程序是错综复杂的，需要一个有经验的化学家在实验室中进行。方法13A是一种比色法，方法13B则是利用一个特定的离子电极。

任何一种方法的取样周期一般需要用一个小时。取样周期是按可适用的标准来确定的，例如，对三磷酸厂（Triple Superphosphate Plants）可适用的标准要求取样一个小时或更多。标准也规定一种最小的样品量，它将指定取样周期的最小长度。

方法13A的获得范围是0～1.4μg(F)/mL，对于方法13B其范围是0.2～2000μg(F)/mL。

协同测试的结果指出，现场取样采用方法13A和13B一般是可靠的。

图9－63是用方法13A和13B的一种组合氟取样的仪器组合简图，商用设备是可用的。需要如下设备和用品。

现场设备和用品：

（1）过滤器加热系统能加热过滤器到大约250℉；

（2）清洗探测器的刷子；

（3）玻璃洗手瓶（2个），样品储藏瓶（宽瓶口，高密度聚乙烯，1L）；

（4）塑料储藏器；

（5）量筒（250mL）；

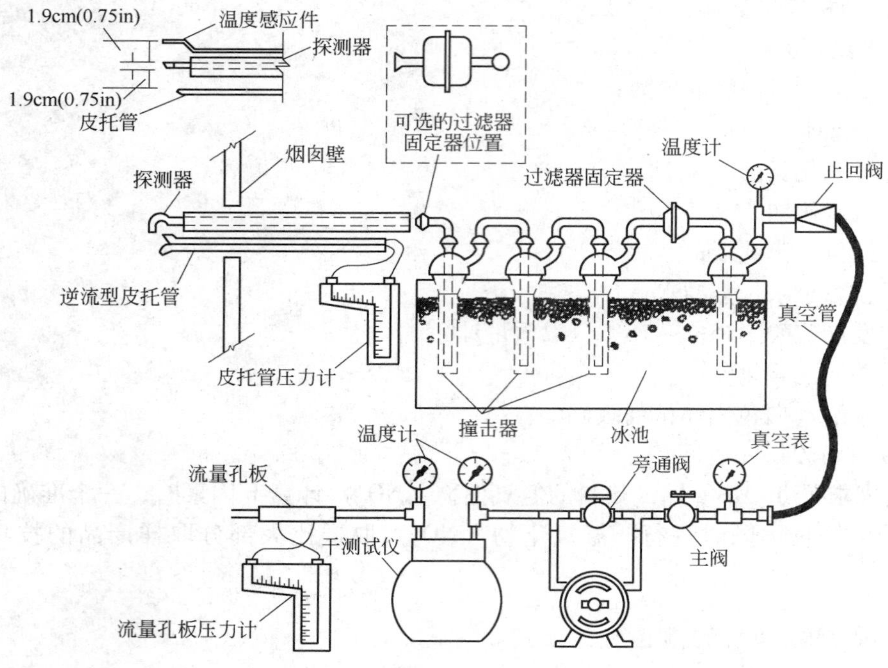

图 9－63 氟的取样仪表

（6） 漏斗和橡胶塞。

取样用品：

（1） 过滤器（Whatman No. 1 或相当）；

（2） 硅胶（指定形式）；

（3） 蒸馏水；

（4） 碎冰；

（5） 活塞油脂。

方法 13A 和 13B 的样品分析：

（1） 蒸馏水仪器（图 9－64）；

（2） 加热板（容量能加热到 500℃）；

（3） 电马弗炉（容量能加热到 600℃）；

（4） 坩埚炉（镍，容量 75～100mL）；

（5） 烧杯（1500mL）；

（6） 容量瓶（50mL）；

（7） 锥形烧瓶或塑料瓶（500mL）；

（8） 恒温箱（容量能在室温范围内维持温度在 ±1℃）；

（9） 天平（300g 容量，测量 ±0.5g）；

（10） 天平（300g 容量，测量 ±0.5g）；

（11） 氧化钙（认证级维持 0.005% 钙）；

（12） 酚酞指示剂（在 1∶1 乙醇水中混合 0.1%）；

（13） 硫酸（浓度，ACS 试剂级或相当）；

（14）过滤器（Whatman No. 541 或相当）；

（15）氟化钠（试剂级）。

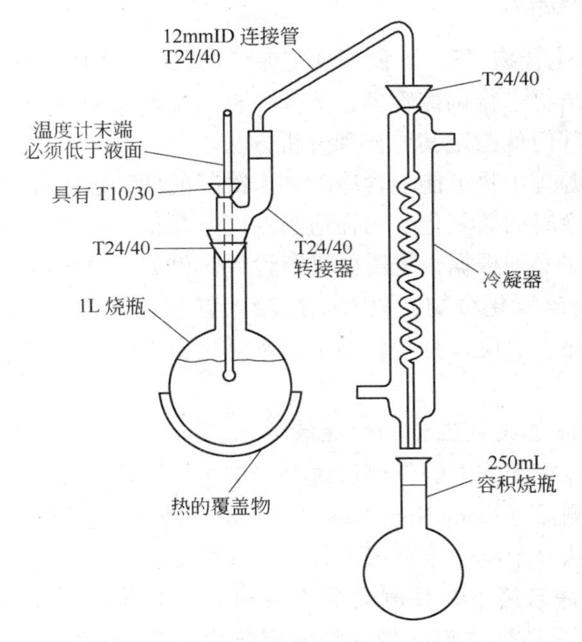

图 9-64 蒸馏器仪表

样品分析的辅助设备或用品（只用于方法 13A）：

（1）分光光度计（测量吸光度在 570nm，提供至少 1cm 光路）；

（2）分光光度计电池（1cm）；

（3）硫酸银（ACS 试剂级或相当）；

（4）盐酸，浓（ACS 试剂级或相当）；

（5）SPADNS 溶液；

（6）氧氯化锆水合物。

样品分析的辅助设备或用品（只用于方法 13B）：

（1）氟离子活性感应电极；

（2）参比电极（单一接合，套筒型）；

（3）静电计（一个具有毫伏刻度容量为 ±0. 1mV 分辨率的 pH 计，或一个特殊离子计）；

（4）磁性搅拌器和 TFE 氟碳涂层的搅拌棒；

（5）冰醋酸；

（6）氯化钠；

（7）亚环己基 dinitrilo 四乙酸（Cyclohexylene Dinitrilo Tetra - Acetic Acid）。

在现场取样时应设置备用的玻璃器皿，如果测定的污染源是一个大的烟囱（直径大于 5ft），就需要一个较大的取样探测器，这将增加成本。

氟的其他取样方法可使用化学溶液从样品中清除气态氟，需要不同的分析程序。例如，美国旧金山城市方法是用氢氧化钠（NaOH）清除氟，这种方法所用的较低检测极限大约为 16μg(F)/1. 7m^3 样品气流。

氟取样需要熟练的和受过培训的取样人员，分析程序只需要正常的实验室技术。

9.16.5 碳氢化合物的测定

美国EPA对碳氢化合物（CH）没有规定参考的污染源测试方法。每个州或地方控制部门对碳氢化合物排出物进行调控管理，选择一种污染源的测试方法。如果污染源需要测试碳氢化合物，管理部门就指定其取样和分析方法。

碳氢化合物污染源排出物可能包含冷凝和未冷凝的两种碳氢化合物。未冷凝的碳氢化合物是简单的气体；冷凝的碳氢化合物在适当温度下是呈气态体、或在低温下能呈液态或甚至于固态。取样方法必须根据数据需要进行设计，例如，总的碳氢化合物（冷凝的和未冷凝的）、只有冷凝的碳氢化合物、只有未冷凝的碳氢化合物。每种取样方法简要地说，有些碳氢化合物是光化学反应，有些就不是。碳氢化合物标准通常没有指定未反应的碳氢化合物。

9.16.5.1 为获得总碳氢化合物的连续方法

一个样品探测器设在烟囱中的任何位置上，烟囱气流接着流过一个热的样品流程到一个具有火焰离子化检测器（Flame Ionization Detector）的气流色谱法（Gas Chromatography）（GC－FID）。由此，从一个电位记录仪上可读出其浓度。

9.16.5.2 为获得只简单采样测定非冷凝碳氢化合物取样方法

烟囱气流的Grab样品是收集在像收集氮氧化物（NO_x）所描述的同样方法的排空干烧瓶中。取样探测器和排出烧瓶不是用玻璃，而是采用不锈钢。样品也用与CO集合样品袋的同样收集方法。分析可以一种红外光谱仪或气相色谱法进行。

9.16.5.3 只用于冷凝的碳氢化合物取样的吸附技术

样品是与获得二氧化硫同样的方法获得。在取样仪器中设置吸取一氧化碳的化学溶液，样品可用一种气相色谱法来分析，依靠化学溶液冷凝的碳氢化合物能使样品具有不低于320℉的沸点。

9.16.5.4 指定取碳氢化合物样品的吸附技术

样品可以吸附在同样的收集介质中，如硅胶或活性炭。将吸附介质和样品带到实验室中，在那里碳氢化合物在分析器中解析。这种方法相对更准确和可靠。如果碳氢化合物形式已知，一种预测碳氢化合物的标准溶液就能用来校准分析仪器。如果指定的碳氢化合物（CH）成分未知，那么求得确切的成分的费用就要高很多。

在测试碳氢化合物时，取样方法的选择是关键的，很多明显的错误包括正负偏差是会出现的。在排出气流中碳氢化合物的制定形式的知识将参与到一般的取样方法的选择中去，总的费用、需要的设备、取样时间和检测极限依赖于指定的使用方法。

9.17 袋式除尘器性能监测仪表（BPM™）

BPM™仪表设计应能监测袋式除尘器的性能，同时能监测满负荷条件下的输出压力降和过滤速度的记录带，这种连续分析和表达能确保除尘器的正常运行，它可在除尘器性能参数一旦出现偏离制订的基线、出现危险和负荷极限问题之前，警告操作人员及时采取措施加以更正（图9－65）。

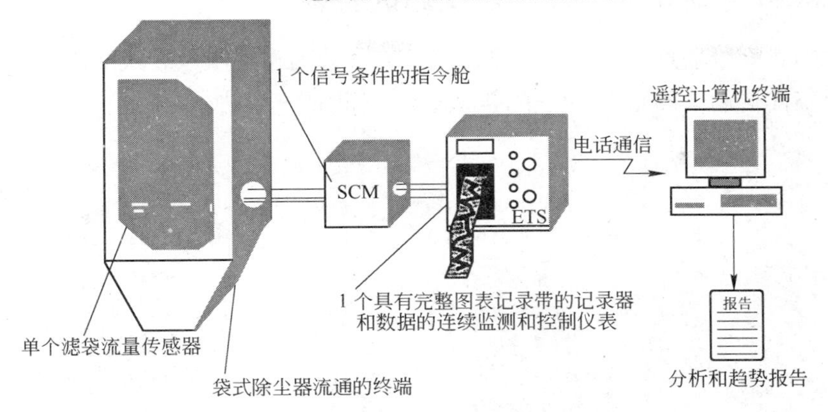

图9－65 ETS袋式除尘器性能监测系统

BPM^{TM}系统包括一个标定的锐边孔板（Calibrated Sharp－Edge Orifice）、一个信号调整部件、一个数据采集部件与所有需要的部件连接。

对于脉冲喷吹袋式除尘器，它是相当的简单，图9－66为单条滤袋流量的监测仪（$IBFM^{TM}$）的脉冲喷吹传感器照片。

反吹风和振动式袋式除尘器就要复杂些。一种方式是脉冲喷吹袋式除尘器在现场的套管或花板上接上传感器，另一种方式是在反吹风和振动式袋式除尘器安装滤袋后，需要安设两个传感器接口——一个传感器接口在上面，一个接口在下面，两个传感器接口必须保持干净。

此时，脉冲喷吹袋式除尘器的传感器装置是装在滤袋的干净侧，而反吹风和振动式袋式除尘器的传感器装置是在含尘一侧。在正常运行时，传感器接口不仅必须保持干净，而且它们在清灰循环时，也必须保持不被清下来的灰尘堵塞，孔板的开口处的尺寸必须保持滤袋上清洗下来的灰尘能有效地落入灰斗内。反吹风袋式除尘器$IBFM^{TM}$传感器的研究试验结果如图9－67所示，它能满足这些需要，并证明传感器之间能达到±5%的精确度和在所有时间内是稳定的。在试验设备上研究6个月后，用实际流量来证实和校准传感器，证明了这种系统能达到±5%精确度。

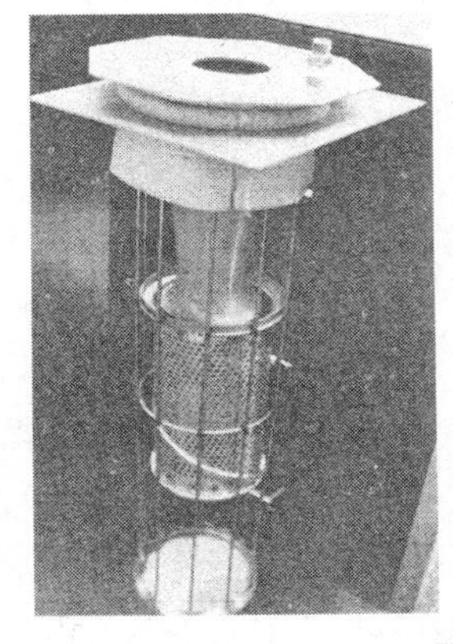

图9－66 脉冲喷吹滤袋的$IBFM^{TM}$传感器

图9－67 反吹风或振动式除尘器的$IBFM^{TM}$传感器

9.18 Elkem 整体移动式除尘器现场试验装置

整体移动式除尘器现场试验装置是挪威 Elkem 公司在反吹风袋式除尘器上开发的一种现场试验用整体移动式的除尘器性能测试装置，如图 9－68 所示。

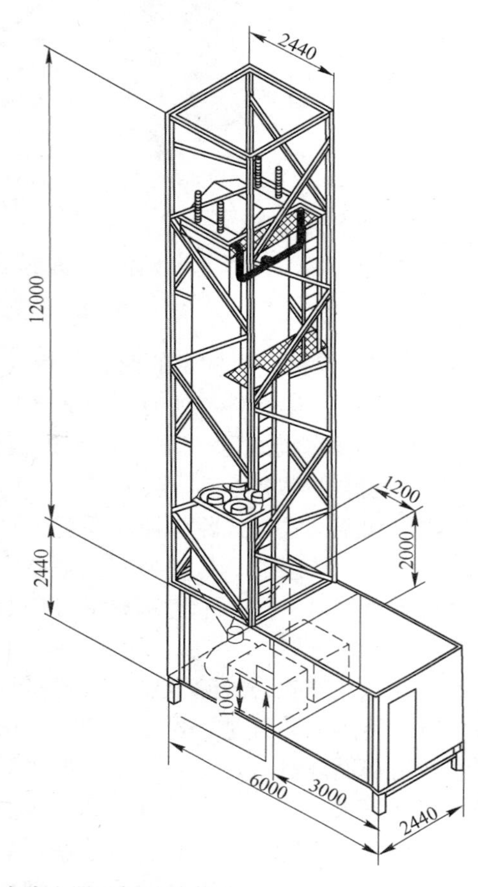

图 9－68 Elkem 整体移动式除尘器现场试验装置

9.18.1 整体移动式除尘器现场试验装置的特征

整体移动式除尘器现场试验装置是一个可装卸、全自动的现场试验设备，它可连续测试生产过程产生的各种气体。

整体移动式除尘器现场试验装置具有一个灵活的数据储存系统，并连接计算机屏幕的接口程序，直接收集、展示其主要设计参数及其趋势数据。

系统可存入的数据包括温度、压力降、流量。

系统可直接收集、展示 5 种标准图标：滤袋阻力系数（Drag）、过滤速度、滤袋压降、温度、流量。

系统的辅助测试设备：当被测气体中含有害气体及元素时，可在整体移动式除尘器现场试验装置前设置喷射有关物质进行处理，以防止影响整体移动式除尘器现场试验装置的有关部件。

9.18.2 整体移动式除尘器现场试验装置的技术参数

烟气量　　　　　　1000～4000m³/h
气体温度　　　　　270℃
滤袋直径　　　　　292mm
滤袋长度　　　　　10000mm
滤袋数　　　　　　1 条/室
室数　　　　　　　4 室
除尘系统规格：
　　宽度　　　　　2440mm
　　长度　　　　　6000mm
　　高度　　　　　14440mm
整台设备可装在 20ft 及 40ft 两只标准的集装箱内运输。

10 袋式除尘器的调试、维护、维修

10.1 袋式除尘器的调试

调试材料是以燃煤锅炉烟气为例。

10.1.1 试运转前的准备工作

（1）试运转前必须准备好有关设备运转的一切技术资料。

（2）设备进厂前应按设计要求及有关标准进行严格的检查验收，达不到要求的，不得进行安装。

（3）设备各部分必须按图纸要求安装完毕，各螺栓无松动现象，各处密封良好，检查门开启灵活、关闭严密，花板、灰斗、管道、法兰连接处检漏无漏风。

（4）滤袋无破损，张紧适度，垂直度符合要求。

（5）对滤袋进行荧光粉检查，确保滤袋无破损，滤袋口安装密封（详见8.4.2节荧光粉检漏）。

（6）确保有关辅助设备如风机、除尘器配管、电气设备等完好平衡。

（7）除尘器安装完毕调试时，各室风量必须保持平衡率不大于5%。

（8）各润滑点应注入规定数量的润滑油。

（9）设备的电控程序及接线应按图纸要求进行测试、调整好。

（10）配备好调试人员和使用仪器工具。

（11）除尘器试运行记录表、试运转项目及程序表如表10－1和表10－2所示。

（12）检查空压机各仪表显示是否正常，空气压缩运行时应保持干燥机运行正常。

表10－1 除尘器试运转记录表

年　月　日

内容 班次　时间		操作选择		布袋压差/Pa				脉冲阀运行情况	卸料阀运行情况	风机开启度/%	交班记录
		手动	自动	进出口压差	清灰压力	清前	清后				
夜	0：00										值班员：
	2：00										
	4：00										
	6：00										
白	8：00										值班员：
	10：00										
	12：00										
	14：00										

续表 10－1

班次	时间	操作选择：手动	操作选择：自动	布袋压差/Pa：进出口压差	布袋压差/Pa：清灰压力	布袋压差/Pa：清前	布袋压差/Pa：清后	脉冲阀运行情况	卸料阀运行情况	风机开启度/%	交班记录
中	16：00										值班员：
	18：00										
	20：00										
	22：00										

表 10－2　运转项目及程序表

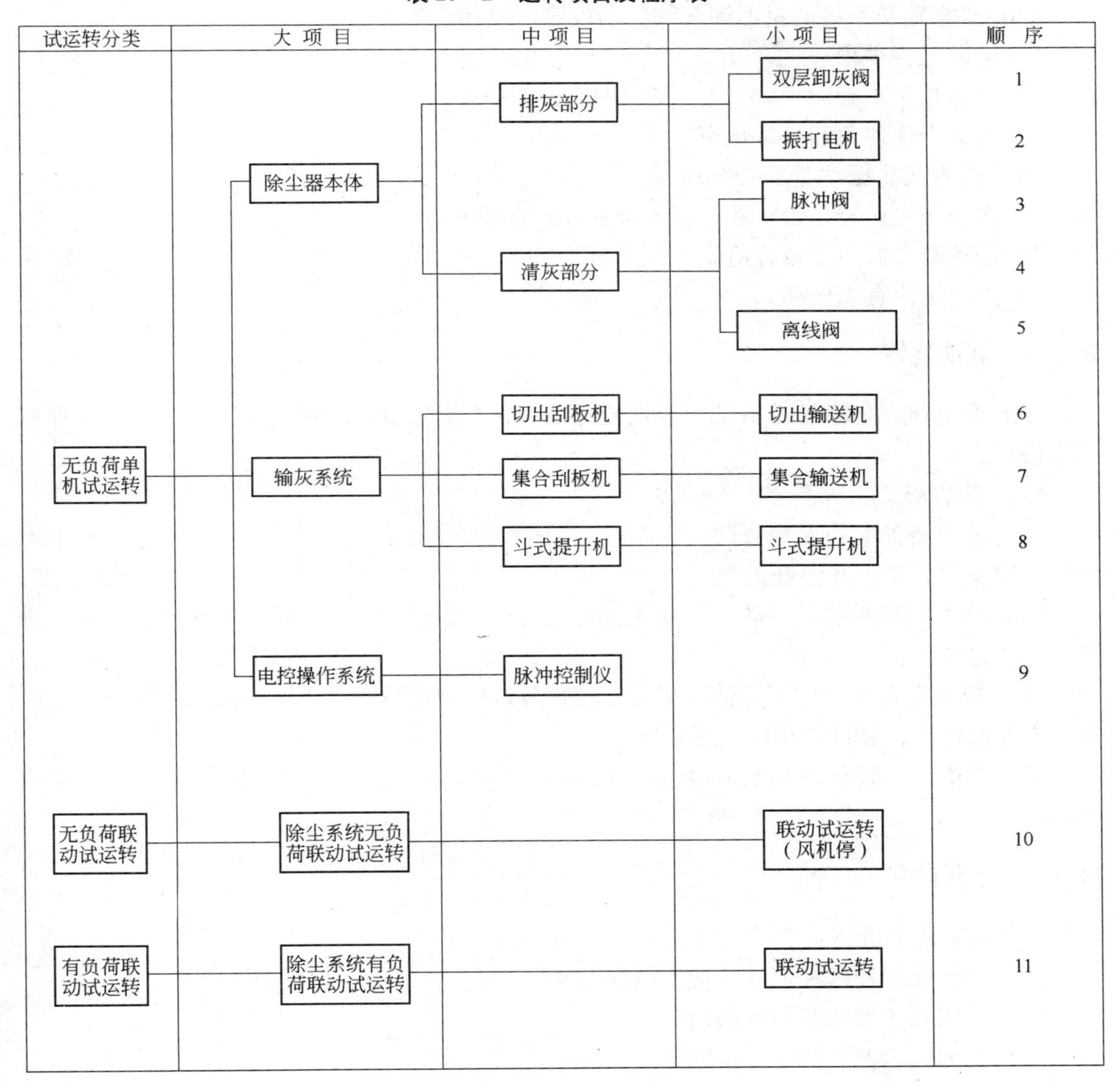

10.1.2　单机调试

（1）压缩空气配管系统进行通气试验并检查：

1）压缩空气管路上的空气过滤装置、减压阀、油雾器和有关阀门运转是否正常。

2）空气过滤装置、减压阀、油雾器和有关阀门有无漏气或堵塞现象。

（2）各阀门应在通电、通气情况下进行试运转：

1）气动阀门应检查行程时间、压缩空气压力等指标是否达到要求。

2）各阀门阀板是否到位。

3）气缸工作有无杂音和异常现象。

4）做好调试检查记录。

（3）脉冲阀开关是否灵活可靠，有无拉长气流声。

（4）检查输灰系统的星形卸灰阀、刮板输送机和斗式提升机。

1）运转是否平稳。

2）连锁是否正确。

3）有无卡住现象和异常响声。

（5）检查灰斗振动器。

1）振动电机运转是否正常，有无杂音和异常现象。

2）振动器击振力是否合适。

3）固定螺栓有无松动。

10.1.3 联动运转

（1）联动试车前系统单机试车必须全部结束，并有负责各单项试车人员签字的单项试车合格单。

（2）各清灰、输灰系统投入运转。

（3）检查各滤袋室及检查门、检查孔、进排气管连接处有无漏风现象，并将检查中发现的问题及时处理，并做好记录。

（4）检查电控系统及电动、气动执行机构与相关装置的配合程序、各阀门启动是否协调，工作是否正常。

（5）按既定程序进行逐室脉冲喷吹，检查微机控制运行是否正常，显示功能和信号传递是否准确可靠，脉冲阀动作是否正常。

除尘器单机、联动试运转结束后，应形成试运转检验表格，作为产品质量检验的依据。

10.1.4 空载试车

设备启动前的准备：

（1）关闭除尘器脉冲喷吹系统所有阀门。

（2）关闭除尘器旁路提升阀门。

（3）关闭除尘器大灰斗卸灰阀门。

（4）首次启动袋式除尘器应在专业人员的监督下进行。

10.1.5 启动条件

锅炉除尘器烟气进口温度大于120℃小于220℃，对滤袋已进行预喷涂且除尘器前后压差大于300Pa（初定）以上时方可接收烟气，大于700Pa（初定）时方可启动脉冲清灰系统，开启除尘器旁路提升阀门，关闭各个室进出口提升阀，锅炉才能有煤粉投入燃烧。

10.1.6 负载试车

（1）在确认空载联动试运转完成后方可进行负载试车。

（2）打开除尘系统总开关，使除尘设备、输灰系统、控制系统、控制装置处于工作状态，使各电动执行机构进入正常工作。

（3）进一步检查各滤袋室及检查门、检查孔、进出风管连接处有无漏风现象，发现问题及时处理。

（4）再次检查电控系统及电动、气动执行机构与相关装置的配合程序、各阀门启动是否协调、工作是否正常。

（5）按既定程序进行逐室脉冲清灰、检查微机控制运行是否正常，显示功能和信号传递是否正确可靠。如有误差应及时调整。

10.1.7 操作步骤

（1）除尘器值班员接到点火启动命令前，检查并确认除尘器各室进出口提升阀的关闭情况。

（2）接到点火启动命令后，开启旁路提升阀。

（3）在确保旁路系统已经开启后方可启动风机、点火。

（4）锅炉在投粉前通知除尘器操作人员。

（5）除尘器操作人员在确保锅炉给粉机全部投入并撤油后，且在确认烟气温度已在露点温度上，依次开启除尘器各室进出口提升阀，再关闭旁路阀，将旁路系统转移到除尘器本体运行。除尘器操作人员应注意除尘器入口烟温，及时与生产操作人员联系。

（6）除尘器操作人员在每项操作前要通知生产操作人员，生产操作人员应密切注意炉膛负压的调整。

（7）当确证各室出入口提升阀开启，旁路、冷风提升阀关闭后，将电源柜选择开关由手动切为自动。

（8）除尘器值班员观察除尘室前后压差达到900Pa时，除尘器各室投入定阻清灰方式。

（9）在机组启动前1h对出入口提升阀、旁路提升阀、冷风阀进行开关试验。

10.1.8 事故处理

10.1.8.1 滤袋泄漏的现象、原因及处理

现象：

（1）如有观察窗可见泄漏滤袋附近花板上方有积灰，且随时间延长积灰量不断增加。泄漏严重时，泄漏袋口上方可看见较明显烟气粉尘沉降在周围。

（2）泄漏严重时烟囱冒烟。

（3）吹灰时可见泄漏滤袋处有灰尘飞起。

（4）滤袋内部有粉尘黏附现象。

原因：

（1）滤袋本身存在质量缺陷（破损或开线）。

（2）安装时对布袋造成损伤。

（3）使用期间对布袋维护不当，如超温、油污腐蚀等。

（4）滤袋已达到使用寿命。

处理：

（1）确认滤袋泄漏应立即采取补救措施。

（2）如负荷允许，则关闭泄漏除尘室进行通风降温，检查并更换滤袋。

（3）如负荷紧张应降低负荷，保证检修尽快完成，防止损坏周围滤袋。

10.1.8.2 除尘器运行阻力高的现象、原因及处理

现象：

（1）入口烟温升高、信号灯亮发出报警。

（2）压差明显增大，清灰后压降不明显。

原因：

（1）过热器、省煤器、水冷壁泄漏或爆管造成滤袋结露。

（2）压缩机入口过滤器堵塞、脏污造成清灰气源压力不够。

（3）某室压差指示仪表失灵造成偏高报警。

（4）输灰故障，灰斗积灰导致阻力高。

处理：

（1）与生产人员联系，立即调整锅炉运行工况，降低烟温。

（2）在自动情况下，当烟气温度升高时冷风阀自动打开，当烟气温度上升过高，自动打开旁路阀，关闭各室进出口提升阀。

（3）入口烟温上升泄漏严重时，应将入口烟温迅速降低。

（4）将电源柜上提升阀切换开关由自动切至手动位置。

（5）将各室清灰选择开关切至手动位置，停止清灰。

（6）关闭各除尘器提升阀，防止发生糊袋现象。

（7）检查冷冻干燥机及过滤器的接线正确性、压力表的准确性。

（8）检查空压机各仪表显示是否正常，空气压缩机运行时应保证干燥机的运行。

（9）检查输灰系统是否正常。

（10）检查压差显示仪表是否正常。

10.2 袋式除尘器的开机、停机

10.2.1 开机

（1）除尘系统开机前，应全面检查运行条件，符合要求后，按开机程序启动。

（2）除尘器开机前，应对除尘器及系统烟道进行吹风清扫，清除积灰和可燃物质，烟道清扫吹风的时间一般为 5～10min，风量为额定工况的 25% 左右。

（3）开机前应检查：

1）电气高低压系统、PLC 控制是否正常。

2）压缩空气系统和冷却水系统是否有压。

3）除尘器各单元过滤室的进口阀门是否都打开。

4）风机前的启动阀是否处于关闭状态。

5）储灰仓料位是否在低位或满仓状态。

6）所有电磁阀是否正常。

7）所有测量回路是否正常，有信号。

8）所有调节阀处于自动模式和需要的位置。

9）打开所有检查人孔、门，检查设备运动部件（如风机转子和阀门的阀板等）是否被灰或外来物卡住。

10）清除水平管道中的积灰。

11）事故空气混合阀的报警是否解除。

（4）检查后，关闭所有检查人孔门，并检查所有管道和设备检查孔是否关闭。

（5）对于高温烟气，除尘器开机期间，通常要求气流旁路不流入除尘器内，直到气流达到运行温度（即露点温度以上），然后将气流转切换到除尘器中去，并确保气流温度始终保持在露点温度以上。

10.2.2 停机

（1）确认除尘系统需要停运。

（2）除尘器停止运行前，应进行：

1）将灰斗内的积尘排除干净，并使除尘器内保持彻底干净。

2）排除除尘器内的含湿气流。

3）除尘器箱体保持密封。

4）在冰冻寒冷地区，除尘系统停车时，冷却水和压缩气体的冷凝水必须完全放掉，切断配电柜和控制柜电源。

（3）除尘器在停机前，系统风机延时 5~10min，用周围环境的空气将除尘器内部全部吹扫一遍，以将除尘器内剩余的气体彻底赶尽，然后再关机。

（4）停机后，应开动袋式除尘器的清灰装置，对滤袋进行喷吹清灰，彻底清除滤袋表面的积灰，以防滤袋表面粘灰结饼。

（5）除尘器停机期间，特别是在北方地区，必要时可采用热风循环加热装置（见 8.5 节），保持除尘器内部，尤其是滤袋，始终维持在露点温度以上 10~20℃，避免产生结露现象。

（6）停止排烟风机。

（7）在排烟风机停机后，延迟停止除尘器和输灰系统。

（8）调节阀回复到各自的位置。

（9）停机时的维护项目包括：

1）观察判断滤袋的使用和磨损程度，有无变质、破坏、老化、穿孔等情况。

2）凭经验或试验调整滤袋拉力和观察滤袋非过滤面的积灰情况。

3）检查滤袋有无互相摩擦、碰撞情况。

4）检查滤袋或粉尘是否潮湿或被淋湿，发生黏结情况。

5）注意风机的清扫、防锈等工作，特别要防止灰尘和雨水等进入电动机转子和风机、电机的轴承。

（10）停运期间，最好能定期作动态维护，进行短时间的空车运转，风机最好每 3 个月启动运转一次。

10.3 袋式除尘器的维护管理

10.3.1 日常的维护管理

（1）除尘系统应在生产工艺设备开机前开机、停机后停机。

（2）除尘工程开机前，应全面检查运行条件，符合要求后按开机程序启动。

（3）除尘系统的运行控制应与生产工艺设备的操作密切配合：

1）选择自动控制状态。

2）系统风量不得超过额定处理风量。

3）当生产工艺设备工况发生变化时，除尘系统应通过调节，确保正常运行和排放达标。

（4）袋式除尘系统入口气体温度必须低于滤料使用温度的上限，且符合运行要求；系统阻力保持在正常范围内。

（5）防爆的袋式除尘系统，应控制温度、压力和一氧化碳含量，并经常检查泄压阀、检测装置、灭火装置等。一旦发生燃爆现象系统能自动启动防爆、泄爆措施。

（6）生产工艺设备停机后，除尘器的清灰、排灰机构还应运行一段时间，且先停清灰后停排灰。

（7）沿海等空气潮湿地方的袋式除尘器，负载启动前宜采用热风循环加热系统（见 8.5 节），使除尘器内温度始终保持符合运行要求。

（8）除尘系统中通用设备的备品备件，按机械设备管理规程储备，专用备品备件如脉冲阀、滤袋、滤袋框架、气动元件等储备量为正常运行量的 10% ~15%。

（9）袋式除尘器滤袋破损率一般不得高于 2%，滤袋累计破损率达到 13% 时，就必须全部更换，尽量避免坏多少换多少。

（10）除尘器灰斗内堆积的粉尘量不宜过多，否则将产生：

1）阻力增大，处理风量减少。

2）已落入灰斗的粉尘又被吹起，使滤袋堵塞或粉尘进入滤袋中造成滤袋破损、伸长、张力降低等。

3）堵塞灰斗气流进口管。

4）灰斗排出口产生搭桥现象，造成排灰困难。

（11）除尘器的维护应采用一开始就加强检查、记录、及时维修的预防性维护，一般预防性维护比损坏后维护更节约。

10.3.2 各类袋式除尘器的维护管理

10.3.2.1 振打清灰除尘器

（1）检查并确认动作程序：检查一个振动清灰循环是否按规定的动作程序进行工作，

定时器的时间调整是否得当。

（2）检查清灰室的阀门开关：根据分室压力计的读数是否为零，可以了解阀门的开关情况是否严密。如果阀门没有关闭就会流入部分气体，使滤袋在鼓气的状态下振动，这样不仅清灰不充分，而且还会缩短滤袋寿命。

（3）检查振动机构动作状况：主要应注意有无异常声音，传动皮带和轴承等动作是否合适。还要进行电机电流检查和传动皮带的张力调整。

（4）检查滤袋的安装状况和松紧程度：通常保持松弛度约30mm为宜，滤袋过于拉紧会导致滤布的损伤，过于松弛会造成清灰困难。

10.3.2.2 反吹风清灰除尘器

（1）反吹风清灰除尘器一般应停机维修，即离线维修。

（2）检查阀门的动作及密封情况。阀门的密封性能不好，将不能进行有效的清灰。

（3）检查反吹风管道的粉尘堆积情况以及反吹风管上调节阀开度是否适当、到位。

（4）检查滤袋的拉力（10m长滤袋拉力约35kg），拉力不足将产生：

1）滤袋运行、清灰时产生晃动，各排滤袋相互摩擦破损。

2）清灰过程中，滤布皱曲厉害的地方，尤其是下部固定在套管上的滤袋周围下垂，容易使滤袋与花板之间产生磨损、变薄或穿孔，应充分注意。

3）影响清灰效果，使清灰效果变坏。

10.3.2.3 气环反吹清灰除尘器

（1）要对链条进行检查、调整和注油。如果驱动和平衡用的链条发生伸长或生锈可能会出现清灰位置改变，使滤袋的一部分发生粉尘堵塞现象。

（2）检查气环喷口是否堵塞。喷口堵塞后会因喷射气流减少而使清灰效果变坏，特别是长时期没有注意滤袋破损情况而连续运转，更应仔细地检查。

（3）检查喷射气流的主管与气环间的连接软管有无破裂和漏气现象。

（4）滤袋拉力如果不够（图10－1）可能阻碍气环上下运动，引起驱动电机过负荷和断链等事故，并在和气环相接触处会因滤袋急剧收缩而产生纵向皱纹。

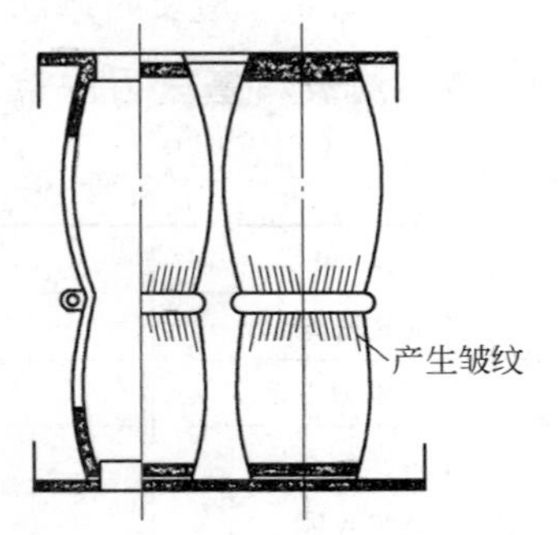

图10－1 滤袋拉力不足的情况

10.3.2.4 脉冲喷吹清灰除尘器

（1）认真检查电磁阀、脉冲阀及脉冲控制仪等的动作情况。

（2）检查固定滤袋的零件是否松弛，滤袋的拉力是否合适，滤袋内支撑框架是否光滑，对滤袋的磨损情况如何。

（3）在北方地区，应注意防止喷吹系统因喷吹气流温度低，导致滤袋结露或冻结现象，以免影响清灰效果。

10.3.2.5 振动反吹联合清灰除尘器

（1）检查并确认排气阀和反吹阀门动作是否准确、灵活，密封性是否好。

（2）检查动力传递与振动动作是否正常。因为振动电机的动力须经振动机构的传递，才能使滤袋产生振动，达到清灰目的。

(3) 检查滤袋的拉紧程度。若拉力过弱，反吹不能均匀地作用于全滤袋，就需要调整。

10.3.3 袋式除尘器各部件的维护管理

10.3.3.1 箱体的维护管理

(1) 箱体外部的维护：

1) 检查油漆、漏雨、螺栓及周边密封情况。

2) 对于高温、高湿气体设有保温层的箱体外部，检查有无破损或腐蚀。

(2) 箱体内部的维护：

1) 检查箱体钢板之间及钢板与角钢之间的焊接，花板边缘等有无破损、腐蚀。

2) 箱体缝隙垫的橡皮、胶垫、石棉垫有无老化变质、损坏脱落。

(3) 除尘器的净气室是否有腐蚀和积灰，每年至少检查两次。

10.3.3.2 清灰机构的维护管理

(1) 根据压差计读数了解清灰状况，压差过大或过小均属异常。

(2) 压缩空气压力是否符合要求，压力过低会造成清灰不良，压差偏大。

(3) 电磁阀动作状况，电磁阀动作异常往往是清灰不良直接原因。

(4) 换向阀门的动作状况。

(5) 压缩空气气包内积水至少每天排一次，高温及寒冷地区次数应更多。

(6) 脉冲阀与喷吹管之间的连接件每年至少检查两次。

10.3.3.3 排灰机构的维护管理

(1) 灰斗每天检查一次是否有积灰和搭桥现象。

(2) 灰斗螺旋输送机轴承润滑油，每天注4次。

10.3.3.4 滤袋的维护管理

A 滤袋堵塞原因的检查、维修和采取的措施（表10-3）

表10-3 滤袋堵塞原因的检查、维修和采取的措施

现 象	调 查 项 目	措 施
滤袋淋湿	漏水等	消除漏水、干燥、反复清灰
滤袋张力不足	悬挂方法	调整、维修
滤袋安装不良	安装方法	调整、维修
滤袋收缩	查明原因	换袋
滤速过快	风量	调整
粉尘潮湿	查明原因	消除根源、维修
滤袋下部堵塞	查明原因	维修、调整
清灰不良	(1) 灰斗密封不良； (2) 清灰机构不良； (3) 反吹风量不足； (4) 喷吹压力不足； (5) 卸灰阀漏风	维修、调整

（1）滤袋堵塞可由压差计数值显示出来，具体表现是滤袋阻力增高。

（2）滤袋堵塞将引起滤袋磨损、穿孔、脱落等损坏。

（3）加强清灰可消除堵塞。

（4）滤袋堵塞后可部分或全部更换滤袋。

B 滤袋破损的检查、维修和采取的措施（表10－4）

表10－4 助长滤袋破损的原因及预防措施

原 因	措 施	原 因	措 施
清灰周期过短	周期加长	滤袋老化	消除原因
清灰周期过长	周期缩短	滤袋因热变硬	消除原因
滤袋张力不足	调整加强	烧 毁	消除原因
滤袋过于松弛	增加拉力	泄漏粉尘	更新滤袋材质
滤袋安装不良	调整固定	滤速过高	调整减少

C 滤袋老化的检查

（1）是否因温度过高而老化。

（2）是否因与酸、碱或有机溶剂的蒸气接触反应而老化。

（3）是否与水分发生反应而老化。

（4）是否因滤袋使用时间达到其寿命时间。

D 检查滤袋安装不当出现的现象

（1）排气筒向外冒烟。

（2）除尘器阻力降低或增高。

（3）滤袋破损或助长滤袋破损。

（4）从滤袋安装部位漏尘。

（5）清灰作用变坏。

（6）滤袋脱落。

（7）滤袋拉紧程度如表10－5所示。

表10－5 滤袋拉紧程度

清灰方式	滤袋拉紧程度
机械振动	给予适当的松弛安装
反吹风	施加拉力（加拉力10～60kg，10m长滤袋拉力30kg）
脉冲喷吹	因有支撑骨架，不需要拉力，但滤袋不宜太松弛
反吹风、振动并用	给予比较弱的拉力
脉冲反吹	用插入滤袋框安装时，需加拉力； 用支撑骨架安装时，不需加拉力
回转反吹风	拉紧到中等程度

E 除尘系统的维护管理

(1) 定期检查风机皮带的松紧程度及有无损坏，风机启动时，皮带不应有叫声。

(2) 每天检查一次烟囱排出烟气的能见度。

(3) 下列数据应记录在运行日志中：压差、入口温度、出口温度。

10.4 袋式除尘器的维修

袋式除尘系统检修时间应与工艺设备同步，每6个月对主机配套的袋式除尘系统主要技术性能检查一次，对可能有问题的袋式除尘系统应随时检查，检修和检查结果应记录并存档。

应制订袋式除尘工程中的大修计划和应急预案。

10.4.1 袋式除尘系统的日常维护

(1) 袋式除尘系统的维护包括：

1) 正常运行时的检查；

2) 管路和设备清扫、疏通堵塞；

3) 定期加注或更换润滑油（脂）；

4) 及时进行的小修；

5) 定期进行的中修和大修。

(2) 除尘系统最好每天（每班）巡回检查一次设备。

(3) 为便于维护、检修作业，必须设置必要的梯子、通道以及照明设备等，其中手持灯电源应是安全电压。

(4) 在设备运转时进行维护、检修应在确认确无有毒、有害气体的情况下方可进行。

(5) 在设备停止运转的时候，也要用空气把系统内部的气体置换出去，并用仪器检查，确认安全后方可进行维护作业，不宜单人操作。

(6) 除尘设备安装后开始投入运行时，一周内应进行以下维护：

1) 对各连接件进行紧固。

2) 对运动部件逐一检查。

3) 检查清灰机构。

4) 检查滤袋滤尘情况。

5) 阀门开闭的灵活、密封、准确性等动作状况。

6) 漏水、冷却排水量、排水温度，冬季注意保温，防止水的冻结。

7) 驱动装置（气缸或电动缸）的动作状况，气源配件的动作状况。

(7) 分室内滤反吹类袋式除尘器使用1~2个月后，应对滤袋张力进行检查，并按照JB/T 8534的规定进行张力调整。

(8) 对运转部件定期注油。

(9) 压缩空气系统的空气过滤器要定期清洗滤芯，分气箱的最低点的排水阀要定期放水。

(10) 除尘器灰斗排出口有无黏结、搭桥现象（图10-2）。

（11）对大型袋式除尘器，每天都要把阻力值记录下来，及时分析和检查滤袋的破损、劣化及堵塞等情况，并采取必要的措施。

（12）定期检查电磁脉冲阀的工作情况：

1）发现电磁阀有“嘀哒”吸声，而脉冲阀不喷吹（听不到“叭”声响），则说明分气箱内无压缩空气。如果是空压站未供气，则应及时供气；如果是脉冲阀膜片已损坏而漏气，则应及时调换膜片或脉冲阀。

2）调换脉冲阀前，首先应关闭单只分气箱进气截止阀，打开排污阀，使分气箱内压缩空气放空，如果是只调换电磁脉冲阀膜片，则只需将电磁脉冲阀盖螺栓拧下打开，换上同型号规格膜片即可，如果是要调换电磁脉冲阀，应将电磁脉冲阀拆下，重新装上同规格的新脉冲阀。

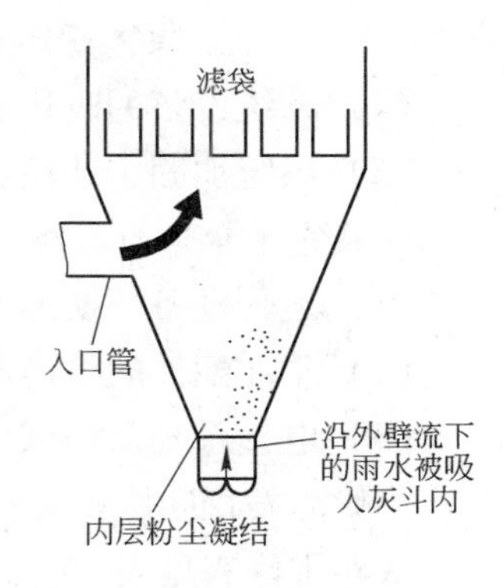

图 10－2 灰斗内部排出口的粉尘凝结

3）发现电磁阀听不到“嘀哒”吸声而不喷吹，则说明是电磁线圈已烧坏，或者是电磁线圈至定时控制器之间的线路有故障，也可能是电磁线圈进线接错，应分别检查、测量、维修、调换或纠正接线。

（13）灰斗出灰口处有卸灰不畅搭桥、堵塞现象，可打开灰斗振动电机，使卸灰通畅，并及时检查振动电机是否工作正常，找出故障，及时排除。

（14）除尘器可在关闭灰斗出口检修插板阀时，进行不停机地维修卸灰阀。

（15）为保证滤袋的使用寿命，进入除尘器前的烟气温度应保持低于滤料所承受的运行温度。因此要求除尘器前应有烟温监控及相应的联锁设备，在工作时必须位于遥控→自动状态，且温控阀门的动作应灵活、可靠。

（16）除尘系统运行中的维护项目包括：

1）压力表与安全阀应按有关部门的规定定期校验。

2）测定阻力并做好记录。

3）用肉眼观察排气口的烟尘情况，如发现烟囱口排出烟尘超标，可及时采取以下措施检查滤袋的破损：

①首先用手动操作逐室转换清灰作业，逐室关闭阀门，观察排气口。当转换到哪个室烟囱口无烟尘排出时，就说明是哪个室内有滤袋破损。

②先停风机，然后打开除尘器上盖，如袋口处有积灰，则说明该滤袋已破损，须更换。

（17）设备维修出现故障要及时处理，不能带病运行，设备的年运转率、完好率均不得低于95%。

10.4.2 袋式除尘系统的大修、中修、小修

大修宜2～5年进行一次，包括：

（1）中修的所有项目；

（2）各种仪器仪表的检定；

（3）滤袋或滤袋框架的更换；
（4）系统设备的改造和更换；
（5）系统加固、油漆和保温。
中修宜半年进行一次，包括：
（1）运转设备的换油及调整；
（2）重要配件的更换和修理；
（3）电气系统及测试设备的调整。
小修为发现问题及时进行维修的预防性维修。
灰斗维修表见表 10－6。

表 10－6 灰斗维修表

项 目	经 常 维 修	停 车 维 修
灰斗体	1. 粉尘的堆积状况； 2. 排尘口密封状况	1. 粉尘堆积量； 2. 清除附着粉尘
粉尘输送机	1. 检查驱动装置和旋转情况； 2. 拉紧驱动链条； 3. 消除转动异声； 4. 添足润滑油	1. 螺旋磨损； 2. 消除罩内积尘； 3. 清扫和检修螺旋轴和叶片； 4. 检查输送机磨损情况
卸灰阀	1. 密封是否良好； 2. 有无异常声音； 3. 润滑油是否充足； 4. 粉尘排出是否畅通	1. 清扫叶片粉尘； 2. 检查叶片磨损； 3. 清扫罩内侧粉尘； 4. 检查润滑情况

10.4.3 袋式除尘器的安全措施

（1）排净粉尘，把系统内的有毒有害气体用空气充分置换，以防可能发生的事故。特别是防爆系统，逐级用安全气体置换出内部残留的气体，确认设备内一氧化碳等有毒、有害气体浓度降至安全限度以下。

（2）进入除尘器内部维修时，必须做好以下几项工作：

1）关闭除尘器引风机。

2）采取降温措施，使除尘器温度降至 40℃以下。

3）进入除尘器之前，先打开上盖和灰斗人孔门，用大约两个小时时间散热，并用强制通风方式清除逗留的烟气。

4）进入除尘器前，应先手动清灰两次。

5）安排足够时间让输灰系统清空灰斗。在此之前，绝对不要进入灰斗，而且进入前须检查输灰系统是否已经关闭锁定。

6）在线检修的袋式除尘器，应切断该单元过滤室的风道，维修人员一旦出现不适，应立即停止作业撤离。

（3）进入除尘器内部的维修人员不得吸烟。

（4）采取防止维修人员进入除尘器后检修门自动关闭的措施。

（5）检查作业时必须注意以下几点：

1）为不使除尘设备被人开动，作业人员要自己携带操作盘的钥匙，并在操作盘挂上严禁启动的字牌。

2）必须切断开关的总电源，切断设备运行电源。

3）在检修门、电控柜处挂警示牌，保管好安全联锁钥匙。

（6）单元过滤室内应在拆除相应滤袋及做好必要的防护工作后才能进行局部的电焊、气割作业。

（7）打开人孔门时应注意：

1）不要站在除尘器近处，以防有热烟气冲出；操作者必须有逃离的道路。

2）注意金属表面会很烫，应戴好手套。

3）检验风机、除尘器是否都已锁定在关闭位置。

（8）灰斗检修门一般不要打开，只在非进入不可的情况下才打开。开启灰斗检修门前，须判断门的另一面是否有积灰，办法是：

1）如果感觉灰斗检修门没有箱体那样烫，那就是可能有积灰。

2）抽掉几条滤袋，吊个重物和灯下去用肉眼观察。

参考文献

[1] John D McKenna, James H Turner. Fabric Filter - Baghouse I [M]. 1989.
[2] 金国淼. 化工设备设计全书——除尘设备 [M]. 北京: 化学工业出版社, 2002.
[3] 郭丰年编译. 高温袋式除尘器 [R]. 重庆: 重庆钢铁设计研究院, 1988.
[4] 陶晖. 分室反吹袋式除尘器在宝钢工程中的应用 [R]. 上海: 宝钢设计研究院, 1988.
[5] 中国劳动保护科学技术学会工业防尘专业委员会. 工业防尘手册 [M]. 北京: 劳动人事出版社, 1989.
[6] 张殿印, 张学义. 除尘技术手册 [M]. 北京: 冶金工业出版社, 2002.
[7] 张殿印, 王纯. 除尘器手册 [M]. 北京: 化学工业出版社, 2003.
[8] 徐志毅主编. 环境保护技术和设备 [M]. 上海: 上海交通大学出版社, 1999.
[9] 中国环保产业协会袋式除尘器委员会编. 袋式除尘器滤料及配件手册 [M]. 沈阳: 东北大学出版社, 2007.
[10] 陈隆枢, 陶晖主编. 袋式除尘技术手册 [M]. 北京: 机械工业出版社, 2010.
[11] 郭丰年. 袋式除尘器的应用 [J]. 重庆环境保护, 1987 (3): 17.
[12] 谭天祐, 梁凤珍. 工业通风除尘技术 [M]. 北京: 中国建筑工业出版社, 1984.
[13] HJ 2020—2012. 袋式除尘工程通用技术规范 [S]. 2012.
[14] 梁凤珍. 工业除尘的粉尘测试技术及应用 [J]. 通风除尘, 1985 (4): 28.
[15] 北京钢铁设计研究院通风科. 高温烟气冷却器计算 (内部资料). 1989.
[16] 包头钢铁设计研究院通风科. 硅铁电炉烟气除尘系统空气冷却器设计 (内部资料). 1990.
[17] 北京钢铁设计研究院通风科. 高温烟气管道及管道附件设计统一规定 (试行). 1987.
[18] 《燃油锅炉燃烧设备及运行》编写组. 燃油锅炉燃烧设备及运行 [M]. 北京: 水利电力出版社, 1976.
[19] 张结光. 防止除尘系统结露的设计计算方法 [J]. 通风除尘, 1994 (2): 28.
[20] 柳树凯. 除尘中的粉尘爆炸和设防 [J]. 通风除尘, 1982 (4): 33.
[21] 高放. 饲料厂粉尘爆炸机理与防爆措施 [J]. 通风除尘, 1992 (3): 37.
[22] 郭丰年. 袋式除尘器的应用 [J]. 重庆环境保护, 1987 (3).
[23] 《钢铁企业采暖通风设计参考资料》编写组. 钢铁企业采暖通风设计参考资料 [M]. 北京: 冶金工业出版社, 1993.
[24] EPA. Air Pollution Technology Fact Sheet [R].
[25] Rebert R Pierce. Estimating acid dewpoint in stack gases [J]. J. Chemical Engineering, 1977 (4): 125-128.
[26] George H. Babcock, Stephen Wilcox. Steam Its Generation and Use [M]. New York: Babcock and Wilcox Company, 1972.
[27] Perkins Rowan P. The Case for Fabric Filter on Boilers [C]. Presented at the Semi - Annual Technical Conference on Air Pollution Control Equipment, Philadelphia, PA, 1976.
[28] Hoit Robert S. Baghouse Filters on Wood Fueled Power Boilers [C]. 3rd International Fabric Alternatives Forum, Sponsored by Arizona State U. and American Air Filter Co. Inc., Phoenix, AZ, 1978.
[29] California Air Resources Board. Air Pollution Control at Resource Recovery Facilities, Final Report [R]. Sacramento, CA, 1984.
[30] Nissen W R, Sarafim A F. Incinerator Air Pollution: Facts and Speculation [C]. Proceedings of the 1980 National Incinerator Conference, Cincinnati, OH, 1980.
[31] Mills D R. Air Pollution Control of Municipal Solid Waste Incinerator [C]. Presented at the 77th Annual

Meeting of the Air Poll. Control Assoc. , San Francisco, CA, 1984.
[32] Domalski F. Material and Energy Balances for Chlorine During MSW Combustion [S] . U. S. National Bureau of Standards, Gaithersburg, MD, 1984.
[33] Teller A J. Dry System Emission Control for Municipal Incinerators [C] . Proceedings: 1980 National Waste Processing Conference, Am. Soc. of Mechanical Engineers (ASME), Washington, DC, 1980.
[34] Air Emissions Test of Solid Waste Combustion in a Rotary Combustor/Boiler System at Gallatin, Tennessee [R] . Cooper Engineers, Inc. , Richmond, CA, 1983.
[35] Greenberg R R. Composition and Size Distribution of Particle Released in Refuse Incinerators [J]. Env. Science and Technology, 1978, 12 (5): 572.
[36] Cass R W, Bradway R M. Fractional Efficiency of a Utility Boiler Baghouse: Sunbury Steam Electric Station [R] . U. S. Environmental Protection Agency, Research Triangle Park, NC, 1976.
[37] Donovan J R, et al. Analysis and Control of Sulfuric Acid Plant Emissions [J] . Chem. Eng. Progress, 1977, 73 (6): 89 -94.
[38] Connor J M. Control of Emissions from Sulfuric and Nitric Acid Plants [J] . Pollution Monitor.
[39] Rinckhoff J, Fricdman L J. Design Options for Sulfuric Acid Plant [J] . Chem. Eng. Progress, 1977 (3) .
[40] Korchler W, Funke G. Dust Controls in the Cement Industry of the German Federal Republe [C]. Proceeding: Second International Clean Air Congress, Academic Press, NY, 1971.
[41] Midwest Research Institute. A Study of Fugitive Emissions from Metallurgical Processes [R] . Monthly Progress Report No. 8, 1976.
[42] Gerstle R W, Richards J, Kothari A. Carbon Black Emissions and Controls [C] . Presented at the 69th Annual Meeting of the Air Poll. Control Asssoc. , 1976.
[43] Hustvedt K V, Evans L B, Vatavuk W M. An Investigation of the Best System of Emissions Reduction for Furnace Process Carbon Black Plants in the Carbon Black Industry [R] . 1976.
[44] Beaty R W, Binz L V. Hot Recycling of Asphalt Pavement Materials: State of the Art [R] . Barber - Greene Co. , 400 N Highland Ave. , Aurora, Ⅱ. 60507.
[45] Environmental Protection Control at Hot Mix Asphalt Plants [R] . The National Asphalt Pavement Assoc. , Hygienists, Cincinnati, OH, 1973.
[46] Process Flow Diagrams and Air Pollution Estimates [C] . American Conf. of Governmental Industrial Hygienists, Cincinnati, OH, 1973.
[47] EPA Program Status Report: Oil Shale, 1979 Update [R] . US Environmental Protection Agency, NTIS PB -294 -998, 1979.
[48] Electric Furance Steelmaking [R] . AIME, Iron and Steel Soc. , Warrendale, PA, 1985.
[49] Caine K E Jr. A Review of New Electric Furnace Technologies [C] . AISE Yearbook, 1983: 423 -425.
[50] 直通均流式脉冲袋式除尘技术在焦作电厂的应用（内部资料）. 燃煤电厂袋滤技术研讨会，上海，2005.
[51] 王永忠，宋七棣编著. 电炉炼钢除尘 [M] . 北京：冶金工业出版社，2003.
[52] GB/T 15605—2008. 粉尘爆炸泄压指南 [S] . 2008.
[53] 邓望蓉. 浅谈除尘风机的噪声控制（内部资料）. 武钢设计院，1988.
[54] 邵强. 烟囱高度计算方法 [J] . 通风除尘，1983 (1): 8.
[55] EPA. Fabric Filter Operation Review [R] . 美国 EPA 培训教材.
[56] 刘亚洲，王自宽. 丰泰发电公司除尘器使用情况介绍 [C] . 全国袋式过滤技术研究会论文集，2005.
[57] 陈敏摘译，王励前校. 电厂袋式除尘器清灰方法的发展与评价 [J] . 原载 Journal of Air Pollution

Control Association, 1984 (5).
[58] 谭天祐，梁凤珍. 声波清灰器——一种袋式除尘器的辅助清灰装置 [C]. 工厂通风防尘实用技术论文集，1995.
[59] EEC. 脉冲式及反吹风式布袋除尘器系统——不同寻常的灰尘微粒控制 [R]. 美国 EEC 环境技术公司资料.
[60]《脉冲袋式除尘器》编写组. 脉冲袋式除尘器 [M]. 北京：冶金工业出版社，1979.
[61] 胡鉴仲，隋鹏程. 袋式收尘器手册 [M]. 北京：中国建筑工业出版社，1984.
[62] 郭丰年. 宝钢大型反吹风袋式除尘器 [R]. 重庆钢铁设计研究院，1979.
[63] 郭丰年. 脉冲阀喷吹量及流量系数 K_v、C_v 的探讨 [R]. 重庆钢铁设计研究院，2004.
[64] Henry Fleischer, Kart Foster, David C Franson. 阀门流量系数 C_v 的正确理解 [J]. 美国机器设计，2000 (10).
[65] 屠长荣. 电动三通阀在布袋除尘器上的应用 [J]. 通风除尘，1984 (2).
[66] 陶晖，黄斌香. 回转切换定位喷吹清灰装置 [J]. 通风除尘，1991 (3).
[67] 陶晖，黄斌香. FEF 型旁插扁袋除尘器的开发及其应用 [J]. 通风除尘，1995 (2).
[68] 马军等. CZ 型旁插扁袋除尘器的改进 [C]. 袋式除尘专业委员会年会论文集，1992.
[69] 周敬武. 横插扁袋除尘器浅析 [J]. 通风除尘，1994 (1).
[70] 于通祥，陈景龙. 法国空气工业公司蜂窝状袋滤器的结构及其应用 [C]. 袋式除尘专业委员会年会论文集，1991.
[71] 谢星明. 旋转门三通阀的结构改进 [C]. 袋式除尘专业委员会年会论文集，1999.
[72] 冶金部安全研究院，上海耐火材料厂，湖北省潜江县机器厂. 环隙喷吹脉冲袋式除尘器的工业性试验报告 [R]. 武汉，1979.
[73] Robert Duyckinck. 对脉冲喷吹除尘器流行的模糊观念的澄清 [J]. Power and Bulk Engineering, 1987, 1 (10).
[74] 彭亦明. 负压反吹风布袋除尘器三通换向阀的研究与应用 [J]. 环保工程，1996 (2).
[75] 四川自贡碳黑工业研究所. 圆筒袋滤器的设计和运行技术报告 [R]. 自贡.
[76] 江得厚，孙宁，董雪峰，等. 燃煤电厂电袋复合除尘器不是最佳组合 [C]. 2009 年火电厂环境保护综合治理技术研讨会论文集，2009: 179.
[77] 林宏. 电袋复合除尘技术简介 [C]. 第一届钢铁工业产业大会论文集，北京，2011: 250.
[78] 上海喷雾系统公司. 除尘喷嘴及其他 [R]. 上海：Spraying Systems Co.
[79] 上海汇思机电有限公司. PNR 型双流体喷嘴 [R]. 上海汇思机电有限公司.
[80] Fisher Body Div., Warren, MI. The Side - Stream Separator [R]. General.
[81] 重庆钢铁设计研究院通风科. 宝钢大型反吹风布袋除尘器 [R]. 上海宝钢国外通风除尘设计资料汇编（四），1979.
[82] The Mcllvaine Co. The Fabric Filter Manual [M]. The Mcllvaine Co.
[83] Thimsen D J, Aften P W. A Proposed Design for Grain Elevator Dust Collection [J]. J. Air Poll. Control Assoc., 1968, 18: 738 - 742.
[84] Environmental Protection Agency, Research Triangle Park, NC, National Technical Information Service (NTIS). Final Guideline Document: Control of Sulfuric Acid Mist Emissions from Existing Acid Production Units [R]. 1977.
[85] 成庚生. 上升速度和侧进气对脉冲袋式除尘器大型化的影响探讨 [C]. 2009 年中国硅酸盐学会环境保护分会学术年会论文集，2009.
[86] 成庚生. 侧向进气与脉冲长袋（内部资料）. 河南中材环保有限公司，2008.
[87] 黎在时. 静电除尘器（内部资料）. 冶金工业部安全环保研究院，1989.
[88] 陈景龙，于通祥. 法国空气工业公司蜂窝状袋滤器的结构及其应用 [C]. 全国袋式过滤技术研究

会论文集，第四期，1991.
[89] 台湾 YH 咏翔焊接网厂有限公司．框架生产流程（PPT）（内部资料）．
[90] 台湾 YH 咏翔焊接网厂有限公司．厂内预组装（PPT）（内部资料）．
[91] 陶晖．回转反吹扁袋除尘器 [C]．全国袋式过滤技术研究会论文集，1987.
[92] 王世昌．RBD 型柔性橡胶膨胀器（内部资料）．武汉钢铁设计研究院，1988.
[93] 顾仁良，舒家骅．美国久益技术公司的薄板式提升阀技术性能（内部资料）．哈尔滨环保设备研究所．
[94] 王浩明，张其俊．分室反吹清灰袋式除尘器用提升切换阀的研究和使用 [J]．水泥，1999 (7)：22.
[95] 沈继平，于凤英，等．防爆门的设计（内部资料）．朝阳重型机器厂，1992.
[96] 北京华通公司．大气反吹风布袋除尘器电气控制系统使用说明书 [R]．北京华通公司．
[97] 李年杰，杜国柱．浅谈电除尘器的保温 [J]．通风除尘，1986 (1)：16.
[98] 朱德生．袋式除尘器配件（内部资料）．上海尚泰环保配件有限公司．
[99] Imminger. 过滤设备的常见问题 [C]．德国必达福研究开发部．必达福纤维过滤研讨会，第二卷，2002：31.
[100] ASCO. Technical Information：Diaphragm Pulse Valves for Dust Collector Systems [R]．美国 ASCO Joucomatic，2003.
[101] Flow Coefficient Calculation in CKD Certification.
[102] Goyen. 在 CKO 证书中流量系数的计算 [R]．澳大利亚 Goyen 公司．
[103] The Truth about Valve C'_vs [R]．Machine Design，2000.
[104] TAHAI. 关于阀门 C_V 值的准确性 [R]．TAHAI.
[105] 上海袋式配件公司．一种用于测试脉冲阀流动型的设备 [R]．上海袋式配件公司，2010.
[106] JB/T 5916—2004. 袋式除尘器用电磁脉冲阀 [S]．2004.
[107] ASCO. Pulse Valves and Controls for Dust Collector System [R]．美国 ASCO 公司．
[108] 力挥企业．力挥膜片阀 [R]．台湾力挥企业有限公司．
[109] Turbo. Product Range of Pulse Valves [R]．意大利图尔波（Turbo）公司《电磁脉冲阀产品目录》．
[110] TAE－HA. Pulse Valves & Controls for Dust Collector System [R]．韩国大河（TAE－HA）公司．
[111] Tim Fisher. Advanced Hybrid™ Filter [R]．W. L. Gore & Associates，Inc.
[112] Indigo. The Indigo Agglomerator [R]．Indigo Technologies Group Pty Ltd.
[113] Rechard Gebert，Craig Rinschler. Advanced Hybrid™ Filter Technology [R]．W. L. Gore & Associstes，Inc.
[114] EEC. Patented Vaned Hopper，Pressure Drop & Counterweight [R]．美国环境技术公司（简称 EEC 公司）．
[115] Michael Clayton. 燃煤电厂 PPS 以及 PPS/PI 混合滤料的选用 [R]．德国 Gutsche 公司，2006.
[116] 姚宇平．滤布过滤性能的测试 [C]．BWF 纤维过滤研讨会，第四卷，2003：38.
[117] 余国藩，胡长顺．氟美斯滤料的特征及其发展 [R]．营口特氟美滤材科技有限公司，2006.
[118] 刘书平．脉冲滤袋使用问题与处理方法（PPT）（内部资料）．西冶 2008 年培训资料，2009.
[119] Ernst Rohner. 滤料在实际应用中的水解 [R]．德国 BWF 公司．
[120] Claus Strehle. 滤料纤维的水解 [R]．德国 BWF 公司．
[121] 上海宝钢设计研究院，上海第三十三织布厂．729 滤料研制报告 [R]．上海，1985.
[122] 孙熙，宋晓杰，李小辉．Ryton 针刺毡滤料性能研究 [C]．全国袋式过滤技术研讨会论文集，1995.
[123] Zhaoguang Yang，Aptus Rollins. The effects on baghouse filter bag during the incineration of high－fluoride wastes [R]．Environment Sereices，Salt Lake City，1999.
[124] Thomas Hilligardt，Offingen. Hot Gas Filtration with Fiber Ceramic Filter Elements [R]．BWF Textile

GmbH & Co. KG Filtration Division.
[125] 田牛摘译．用金属纤维滤料对高温气体进行过滤的进展［J］．［英］过滤分离，1982（3）．
[126] Robert N Waters. FiberLox™ Self Supported Needlefelts：Advancing Designs for the APC Filtration Industry（PPT）［C］．安德鲁工业集团美国南方毡料有限公司．全国袋式过滤技术研讨会报告，2005.
[127] Imminger. 聚丙烯，聚酯，聚丙烯腈的化学性能及热性能特点［C］．德国 BWF 研究开发部．必达福纤维过滤研讨会，第二卷，2002：12.
[128] Imminger. 偏芳族聚酰胺，聚苯硫醚，聚酰亚胺，聚四氟乙烯过滤介质的化学性能［C］．德国必达福研究开发部．必达福纤维过滤研讨会，第二卷，2002：68.
[129] Imminger. 过滤介质的表面及化学处理［C］．德国必达福研究开发部．必达福纤维过滤研讨会，第二卷，2002：116.
[130] 柳静献，郭彦波，毛宁等．臭氧对 PPS 滤料强力影响的实验研究［C］．全国环保产业协会袋式除尘委员会论文集，2009：56.
[131] 曾宪淦，邓亲贤，郭定芳．208 涤纶绒布在高温烟气净化方面的应用［C］．袋式除尘器委员会成立大会论文集（二）滤料，上海，1987：1－17.
[132] 吴玉志，李一民，宋晓杰．拒油拒水针刺毡滤料的开发［C］．袋式除尘专业委员会年会论文集（1992—1999），2001.
[133] 吴婉林，包林初．防水防油合成针刺毡滤料的研制应用［C］．全国袋式过滤技术研讨会论文集，1999：190.
[134] 杨人骥，吴文龙．机织 729 滤布的新发展［C］．全国袋式过滤技术研究会论文集，1999：192.
[135] 龚善根，陈志华．MP922 抗静电除尘滤袋的研究和应用［C］．全国袋式过滤技术研究会论文集，1999：181.
[136] 富明梅，马秀芝．防静电针刺过滤毡的开发及其应用［C］．全国袋式过滤技术研究会论文集，1996：58.
[137] 杨荣庆．玻璃纤维膨体纱滤布的研制与应用［C］．全国空气污染治理装备技术学术会议论文集，1991：185.
[138] 林彬彬．玻璃纤维膨体纱滤料的开发及其应用［C］．全国袋式过滤技术研究会论文集，1996：64.
[139] 唐纳森（无锡）过滤器有限公司．ePTFE 覆膜滤料应用实践［C］．7th Filter Bag Exhibition & Seminar，Shanghai，2008：3－5.
[140] 杜玉春．纽士达 Newstar®间位芳纶的特点及应用［C］．第九届上海国际袋式除尘技术与设备展览会，2010.
[141] 营口洪源玻纤科技有限公司．玄武岩纤维覆膜滤料在垃圾焚烧工况中的应用［C］．第九届上海国际袋式除尘技术与设备展览会，2010.
[142] 杨薇炯．连续玄武岩纤维国内专利技术解析［R］．2006.
[143] Tetratex® PTFE 薄膜滤料过滤效率测试方法说明．
[144] 博格工业用布有限公司．博格环保企业［R］．上海，2011.
[145] 博格工业用布有限公司．袋式除尘器应用现场滤袋运行过程中应控制的几大要点［R］．上海，2011.
[146] Lutz Bergmann. 具有催化作用的滤袋，从日本垃圾焚烧炉中除去二噁英的一种新方法［R］．美国过滤介质咨询公司．
[147] 曹天民，黄道．PTFE 裂隙膜在过滤与生物质能源上的试用［C］．第四届中国国际过滤研讨会论文集，2006.
[148] GB 7687—87. 玻璃纤维过滤布［S］．1988.
[149] 朱德生．滤袋缝制安装的失效防止（PPT）（内部资料）．西冶培训资料，2008.